Kießling / Puschmann / Schmieder
Fahrleitungen elektrischer Bahnen

Autoren:

Dr.-Ing. Friedrich Kießling (verantwortlich für Kapitel 2, 5, 6, 7, 8, 10, 13)
Rosenstrasse 18, 91083 Baiersdorf, Deutschland
fkiess@josebus.org

Dipl.-Ing. Rainer Puschmann (verantwortlich für Kapitel 3, 4, 12, 15, 16, 17)
Unterer Kirchenweg 11, 91338 Igensdorf, Deutschland
rainer.puschmann@powerlines-group.com

Dr.-Ing. Axel Schmieder (verantwortlich für Kapitel 1, 9, 11, 14)
Hans-Geiger-Strasse 3, 91052 Erlangen, Deutschland
axel.schmieder@siemens.com

Titelbild:

Oberleitungsbauart Sicat H1.0 auf der Hochgeschwindigkeitsstrecke Frankfurt/M.-Köln mit ICE 3. Das Bild wurde mit freundlicher Unterstützung der Deutschen Bahn AG bereitgestellt.

Fahrleitungen elektrischer Bahnen

Planung
Berechnung
Ausführung
Betrieb

von Friedrich Kießling,
Rainer Puschmann und Axel Schmieder

3., wesentlich überarbeitete und
erweiterte Auflage, 2014

Publicis Publishing

Bibliografische Information Der Deutschen Nationalbibliothek

Die Deutsche Nationalbibliothek verzeichnet diese Publikation in der Deutschen Nationalbibliografie; detaillierte bibliografische Daten sind im Internet über http://dnb.d-nb.de abrufbar.

Autoren und Verlag haben alle Texte in diesem Buch mit großer Sorgfalt erarbeitet. Dennoch können Fehler nicht ausgeschlossen werden. Eine Haftung des Verlags oder der Autoren, gleich aus welchem Rechtsgrund, ist ausgeschlossen. Die in diesem Buch wiedergegebenen Bezeichnungen können Warenzeichen sein, deren Benutzung durch Dritte für deren Zwecke die Rechte der Inhaber verletzen kann.

www.publicis-books.de

ISBN 978-3-89578-407-1

3. Auflage, 2014

Herausgeber: Siemens Aktiengesellschaft, Berlin und München
Verlag: Publicis Publishing, Erlangen
© 2014 by Publicis Erlangen, Zweigniederlassung der PWW GmbH

Das Werk einschließlich aller seiner Teile ist urheberrechtlich geschützt. Jede Verwendung außerhalb der engen Grenzen des Urheberrechtsgesetzes ist ohne Zustimmung des Verlags unzulässig und strafbar. Das gilt insbesondere für Vervielfältigungen, Übersetzungen, Mikroverfilmungen, Bearbeitungen sonstiger Art sowie für die Einspeicherung und Verarbeitung in elektronischen Systemen. Dies gilt auch für die Entnahme von einzelnen Abbildungen und bei auszugsweiser Verwendung von Texten.

Printed in Germany

Geleitwort zur dritten deutschen Auflage

Die zweite deutschsprachige Auflage des Buches Fahrleitungen war seit vielen Jahren vergriffen. Für alle im Fachgebiet Tätigen, bei Bahnbetreibern, Beraterfirmen und Behörden sowie in der Bahnindustrie ist es eine große Freude, dass nun eine dritte, neu gestaltete Auflage vorliegt. Diese Auflage entstand mit Unterstützung der Siemens AG und wurde von den Autoren neben ihrer beruflichen Tätigkeit erstellt.

In seinem Geleitwort zur ersten deutschen Auflage wies Klaus Niekamp auf die Bedeutung der Fahrleitung für die elektrischen Bahnen des Nah- und Fernverkehrs als Medium zur Übertragung der in ortsfesten Kraftwerken oder in Umformeranlagen erzeugten elektrischen Energie auf die Fahrzeuge hin: Die Fahrleitung muss ständig verfügbar sein, die Instandhaltungsaufwendungen sollen über die gesamte Lebensdauer der Anlage gering sein, mechanischer Verschleiß sollte möglichst nicht stattfinden, Kurzschlüsse dürfen keine Schäden verursachen, hohe und niedrige Temperaturen und auch Eisansatz an den Leitern sollten keinen Einfluss auf die Energieübertragung haben. Aus technischen Gründen lässt sich die Fahrleitung nicht redundant ausführen. Im Schadensfall soll sich die Fahrleitung schnell wieder in Betrieb nehmen lassen können und auch mit notwendigen Investitionen muss die elektrische Bahn wirtschaftlich bleiben.

Mit Zunahme der Leistungen und Fahrgeschwindigkeit elektrischer Bahnen im Fernverkehr haben auch die Anforderungen an die Fahrleitungen ständig zugenommen: In vielen Ländern entstehen neue Bahnstrecken für den Schienenschnellverkehr. Reisegeschwindigkeiten bis 350 km/h sind in mehreren Ländern, so z. B. in Frankreich, Spanien und China, bereits erreicht. Mit 575 km/h stellten Versuchsfahrten in Frankreich einen Höchstwert für schienengebundene Fahrzeuge auf. Dafür ist die zuverlässige Versorgung der ortsveränderlichen Verbraucher mit elektrischer Energie eine wesentliche Voraussetzung. Dieses Ziel zu erfüllen, erfordert auch Weiterentwicklungen der Fahrleitungen.

Die Harmonisierung europäischer Bahnen, um den grenzüberschreitenden Betrieb ohne technische Hindernisse zu ermöglichen, wurde und wird von der Europäischen Union weiter vorangetrieben. Hierfür entstanden Richtlinien, technische Spezifikationen und neue Normen. Diese brachten für die Fahrleitungen wichtige Vorgaben, die bei der Gestaltung der Anlagen zu erfüllen sind. Eine sorgfältige Analyse der Anforderungen und deren Beachtung bei der Auslegung der Oberleitungen und bei der Errichtung sind Voraussetzung für den interoperablen Betrieb der Bahnen. Der Aufbau und der gegenüber den früheren Ausgaben erweiterte Inhalt des Buches folgen dem Systemgedanken und tragen diesen Anforderungen Rechnung:

- Nach einer Einführung in die heute verwendeten Bahnenergieversorgungsarten folgen die grundlegenden Anforderungen an Fahrleitungen mit den Ausprägungen Oberleitungen und Stromschienen.
- Die elektrischen und mechanischen Grundlagen für Oberleitungen schließen sich an, wobei auch die Auswirkungen auf bahneigene und bahnfremde Anlagen be-

handelt werden. Beispiele ergänzen die Theorie. Das Zusammenwirken zwischen Stromabnehmer und Fahrleitung ist dabei von besonderer Bedeutung.
- Die elektrische und mechanische Auslegung, die Bemessung der Tragwerke und die Anlagenplanung werden ausführlich behandelt.
- Weltweit ausgeführte Anlagen erlauben dem Leser einen internationalen Vergleich.
- Die Kapitel Errichtung, Betrieb und ein eigenes Kapitel zur Instandhaltung geben die umfangreichen Erfahrungen der Autoren wider.

Ausführliche Unterlagen über internationale, europäische und nationale Normen sowie Richtlinien der Bahnbetreiber sind in Anhängen zum Buch enthalten. Darin spiegelt sich auch die zunehmende Internationalisierung der Normen für Bahnen wider, die heute nicht mehr national, sondern regional bei CEN und CENELEC und international bei ISO und IEC entstehen.

Das Buch ist für den täglichen Gebrauch bei der Planung und Ausführung von Oberleitungen als auch insbesondere für das Studium und für die Aus- und Weiterbildung der in der Praxis in diesem Fachgebiet tätigen Mitarbeiterinnen und Mitarbeiter der Bahnunternehmen wichtig. Die Deutsche Bahn begrüßt daher die neue Auflage des Buches ausdrücklich und dankt sowohl den Autoren für ihre erhebliche Mühe, das rund 1 000 Seiten umfassende Buch zu erstellen, der Siemens AG für die Unterstützung der Autoren bei der Gestaltung des Inhalts sowie dem Verlag für die gute Ausstattung des Werkes.

Berlin,
im Oktober 2012

Dr. Volker Kefer
Vorstand Technik, Systemverbund,
Dienstleistungen und Infrastruktur
der DB AG

Vorwort zur ersten Auflage

Im Jahr 1866 fand der deutsche Ingenieur und Unternehmer Siemens das dynamoelektrische Prinzip und schuf damit die Grundlage für die Erzeugung und Anwendung der elektrischen Energie im heutigen Ausmaß. Auf dieser Basis baute er auch die erste elektrisch angetriebene Lokomotive für Eisenbahnen, die am 31. Mai 1879 mit drei Wagen auf der Gewerbeausstellung in Berlin erstmals fuhr. Da die elektrische Energie nicht ausreichend speicherbar ist, erfordert ihre Anwendung für den Bahnbetrieb, von Ausnahmen bei Speichertriebwagen geringer Leistung abgesehen, eine ständige Verbindung zwischen dem Kraftwerk und dem Triebfahrzeug. Bei der ersten Bahn führten die beiden Fahrschienen der Lokomotive die Leistung von 2,2 kW mit einer Gleichspannung von 150 V zu, dies auch bei der ebenfalls von Siemens 1881 gebauten ersten elektrischen Straßenbahn der Welt, jedoch mit einer Nennspannung von 180 V. Es kam dabei zu Unfällen mit Pferden durch gleichzeitiges Berühren beider Schienen. Diese Übertragungsart ist bei ausgedehnten Bahnsystemen technisch nicht realisierbar und darüber hinaus bei größeren Leistungen, wie das Beispiel zeigt, auch gefährlich. Der bei der Weiterführung der Straßenbahn 1882 in Spandau eingesetzte zweipolige, an Drähten über dem Gleis aufgehängte und nachgezogene Kontaktwagen entgleiste häufig und erwies sich nicht als dauerhaft brauchbar. Erst der 1889 von dem Siemens-Ingenieur Reichel vorgeschlagene Bügelstromabnehmer, der von einem oberhalb des Gleises einpolig aufgehängten Fahrdraht den Stromfluß mit Rückleitung über die Fahrschienen ermöglichte, brachte den Durchbruch für in der Praxis anwendbare Oberleitungen zur Leistungsübertragung auf fahrende Züge.
Die ersten elektrischen Bahnen verwendeten Gleichspannungen und für den Bahnbetrieb gut geeignete Reihenschlußmotoren. Dies hatte den Nachteil, daß die Leistung den Triebfahrzeugen mit der niedrigen Betriebsspannung der Motoren zugeführt werden musste, was die Leistungen begrenzte und große Leiterquerschnitte erforderte. Es gab daher schon frühzeitig Bemühungen, Wechselspannungen, entweder Drehstrom oder Einphasenwechselstrom, für den Bahnbetrieb zu verwenden und mit der Transformierbarkeit auf den Fahrzeugen die Übertragungsspannung von der Motorspannung unabhängig zu machen. Wechselspannungssysteme ließen sich mit einer niedrigeren Frequenz als bei der allgemeinen Elektrizitätsversorgung verwirklichen, die den Bau von zuverlässigen einfachen Bahnmotoren gestattete. In Deutschland setzte sich nach Anwendungen für die Strecken Murnau–Oberammergau und Bitterfeld–Dessau die Frequenz 16,7 Hz mit dem 1912/13 geschlossenen Vertrag der preussisch-hessischen, bayerischen und badischen Staatsbahnen durch, der auch die Spannung mit 15 kV, die Fahrdrahthöhe mit 6,0 m und die damit einhergehende Stromabnehmerbreite mit 2,10 m festlegte.
Die Entwicklung und Anwendung der Leistungselektronik ebnete schließlich den Weg für die Industriefrequenz auch bei Bahnsystemen, so daß neue Vollbahnanlagen heute vorwiegend mit 50 oder 60 Hz und meist mit 25 kV versorgt werden. Vor rund 25 Jahren ist die Bahnenergieversorgung in ein neues Stadium getreten, das durch die Unabhängigkeit der Übertragung von der Antriebstechnik gekennzeichnet ist. Seitdem lässt sich

für den Antrieb die vorteilhafte Drehstromtechnik nutzen und für die Leistungsübertragung das hierfür jeweils günstigste System im Hinblick auf Frequenz und Spannung verwenden.

Mit diesen Entwicklungen ist die elektrische Bahn in Bereiche vorgedrungen, die vor rund 20 Jahren noch als nahezu utopisch galten: Die Betriebsgeschwindigkeiten stiegen auf 300 km/h und demnächst 350 km/h an; bei Hochgeschwindigkeitsfahrten erreichte der ICE der DB 1988 mit 407 km/h erstmals mehr als 400 km/h auf Eisenbahnschienen und der TGV-A der SNCF stellte 1990 mit 515 km/h den noch heute gültigen Geschwindigkeitsrekord auf. Entscheidend gerade für die beiden letzten Erfolge war eine zuverlässige Zuführung der hohen elektrischen Leistung über Oberleitung und Stromabnehmer, die vorher unter diesen Bedingungen als kaum möglich galt.

Die beschriebene Entwicklung der elektrischen Bahntechnik ging einher mit der Steigerung sowohl der Geschwindigkeiten als auch der Übertragungsleistungen auf die Züge. Die Oberleitungen der Deutschen Bahn für Geschwindigkeiten von 160 km/h, 200 km/h, 250 km/h und 330 km/h belegen diese Aussage.

Fahrleitungen dienen im Bahnenergieversorgungssystem sowohl als Verteilungsleitungen als auch als gleitende Kontakte zu den Stromabnehmern der Fahrzeuge. Sie müssen diese Aufgaben unter extremen Witterungsbedingungen und bis zu höchsten Geschwindigkeiten sicher erfüllen. Daraus leiten sich entsprechend hohe Anforderungen elektrischer und mechanischer Art ab. Über die Kontaktstelle fließen Ströme bis zu mehreren 1 000 Ampere; mit der Steigerung der Geschwindigkeiten nehmen dynamische Kriterien an Bedeutung zu. Aus der räumlichen Trennung von Hin- und Rückleitung können Beeinflussungen anderer Systeme und Gefährdungen folgen. Da Fahrleitungen aus technischen und wirtschaftlichen Gründen im Gegensatz zu vielen anderen Komponenten der Eisenbahntechnik nicht redundant gestaltet sind, bestimmen sie im starken Maß die Zuverlässigkeit des Betriebs, zumal vielfach Grenzleistungen hinsichtlich Strom und Geschwindigkeit zu erbringen sind. Bahnenergieversorgungssysteme und Fahrleitungen als wesentlicher Bestandteil hiervon sind langlebige Wirtschaftsgüter, die mit hohen Investitionen verbunden sind.

Die genannten Aspekte verlangen daher eine sachkundige Gestaltung der Fahrleitungskomponenten, eine gewissenhafte Projektierung jeder einzelnen Anlage und eine sorgfältige Errichtung mit ausgereiften, geprüften Bauelementen, die bei sachgemäßer Instandhaltung eine lange Lebensdauer sicherstellen.

In dem Buch „Elektrische Bahnen", erschienen 1929, widmete Höring im deutschsprachigen Raum dem Thema Fahrleitung ein eigenes Kapitel. Erstmals behandelte 1938 Sachs in dem Buch „Ortsfeste Anlagen der elektrischen Zugförderung" das Fachgebiet Fahrleitungen sowohl hinsichtlich der elektrischen als auch der mechanischen Aspekte zusammenfassend und ausführlich. Süberkrüb befasste sich in seinem 1971 erschienenen Buch „Technik der Bahnstromleitungen" vorwiegend mit mechanischen Fragen. Diese stehen auch in dem 1975 herausgegebenen VEM-Handbuch „Energieversorgung elektrischer Bahnen" im Mittelpunkt. Das 1985 erschienene Buch „Oberleitungen für hochgespannten Einphasenwechselstrom in Deutschland, Österreich und der Schweiz" von Schwach stellt detailliert und fachlich fundiert die Entwicklung der $16\,2/3$-Hz-Fahrleitungen in Mitteleuropa dar und bildet eine Fundgrube für viele Details.

Vorwort zur ersten Auflage

Die Steigerung der Fahrgeschwindigkeiten und elektrischen Leistungen beim Hochgeschwindigkeitsverkehr stellte auch an Fahrleitungen Anforderungen, die zur Entstehungszeit der genannten Bücher noch keine Rolle spielten. Das Überwiegen des dynamischen Zusammenwirkens von Oberleitungen und Stromabnehmern, die Auslegung für sehr hohe Ströme und Sicherheitsaspekte, die aus den hohen Belastungen, aber auch aus neuen Oberbauformen resultieren, seien erwähnt. Im Hinblick auf Kosten für Betrieb und Instandhaltung kommt der korrosionsfesten, instandhaltungsarmen Ausführung und der Verlustminimierung zunehmende Bedeutung zu.

Diese Gesichtspunkte haben die Verfasser veranlaßt, ein aktuelles Fachbuch über Fahrleitungen elektrischer Bahnen vorzulegen, das die Grundlagen für Planung, Bau und Betrieb von Fahrleitungen darstellt, die in den letzten Jahren erreichten Fortschritte im Verständnis für die Leistungsübertragung behandelt, die heutigen Methoden für Projektierung und Berechnung enthält und moderne Ausführungen von Fahrleitungen beschreibt. Das Buch ist als Unterlage für Planung, mechanische, elektrische und thermische Auslegung, konstruktive Gestaltung und Baudurchführung gedacht. Es wendet sich an interessierte Studierende, Berufsanfänger und an mit dem Fachgebiet bei Bahnunternehmen und einschlägigen Baufirmen befasste Ingenieure.

Die mit dem einheitlichen europäischen Markt eng verknüpfte Neugestaltung aller technischen Normen betrifft auch das Fachgebiet Fahrleitungen elektrischer Bahnen. Diese Neugestaltung ist zwar voll im Gang, aber noch nicht vollständig abgeschlossen. Um dem Leser das Arbeiten mit den einschlägigen Normen zu erleichtern, ist dem Buch eine Übersicht über Fahrleitungsanlagen betreffende oder tangierende Normen mit Stand vom Juli 1997 angefügt. Im Buchtext werden deswegen nur die Normennummern, auf die Bezug genommen wird, angegeben. Der Titel der jeweiligen Norm kann aus Anhang 1 entnommen werden. Anhang 2 enthält mehrfach verwendete Abkürzungen.

Das Buch entstand mit wohlwollender Förderung des Bereichs Verkehrstechnik der Siemens AG Erlangen, des Instituts Elektrische Verkehrssysteme der Technischen Universität Dresden und des Instituts für Bahntechnik, Niederlassung Dresden. Die Autoren danken für diese Förderung, ohne die das Buch nicht zu schaffen gewesen wäre.

Weiter danken die Autoren Dr.-Ing. K. Müller, Dr.-Ing. A. Kontcha, Dipl.-Ing. R. Seifert, Dipl.-Ing. M. Semrau und Dipl.-Ing. (FH) K. Dollack für Beiträge, Hinweise und Anregungen zur inhaltlichen Gestaltung. Dr. rer. nat. H. Wonn half bei der Manuskriptgestaltung mit und gab hierfür viele Anregungen ebenso wie M. Schwarz und D. Schlegl, die wesentliche Teile des Manuskripts zum Druck vorbereiteten. Der Verlag kam den Verfassern bei Umfang und Ausstattung des Buches großzügig entgegen.

Die Autoren widmen dieses Buch dem Bereich Verkehrstechnik der Siemens AG aus Anlaß des 150-jährigen Bestehens des Hauses Siemens, dessen Gründer und Mitarbeiter viele grundlegende Beiträge zum behandelten Fachgebiet leisteten.

Moskau, Erlangen, Dresden,   *Anatoli Ignatjewitsch Gukow, Friedrich Kießling,*
im September 1997   *Rainer Puschmann, Axel Schmieder, Peter Schmidt*

Vorwort zur zweiten Auflage

Wenige Monate nach dem Erscheinen der ersten Auflage war das Buch „Fahrleitungen elektrischer Bahnen", das die elektrotechnischen, mechanischen, bautechnischen und bahnbetrieblichen Gesichtspunkte des Errichtens und Betreibens von Fahrleitungen darstellt, bereits vergriffen. Verlag und Autoren werten dies als Beleg dafür, dass das Buch eine Lücke in der technischen Literatur über ein komplexes Fachgebiet füllen konnte. Besonders freuten sich die Autoren über zahlreiche zustimmende Äußerungen zu diesem Buch und viele Hinweise auf missverständliche Darstellungen, Fehler und wünschenswerte Ergänzungen. Die Autoren danken allen Lesern für ihre Anregungen und insbesondere den Herren Georg Schwach und Günther Tix für die ausführliche, gewissenhafte Durchsicht des Buches.

In der vorliegenden, kurz nach der ersten Auflage neu bearbeiteten zweiten Auflage des Buches waren die Autoren bemüht, die erhaltenen Anregungen weitgehend zu berücksichtigen, erkannte Druckfehler zu beseitigen und wichtigen Neuerungen aus der Weiterentwicklung Europäischer Normen Rechnung zu tragen. Eine vollständige Überarbeitung muß jedoch einem späteren Zeitpunkt nach der Konsolidierung der Europäischen Fachnormen für ortsfeste Bahnanlagen vorbehalten bleiben.

Herr Professor A. I. Gukow ist aus dem Autorenkreis ausgeschieden. Für seine Beiträge zur ersten Auflage auch an dieser Stelle vielen Dank!

Die Autoren danken dem Geschäftszweig Bahnelektrifizierung, insbesondere dessen Leiter Hans Habermann, für die Unterstützung auch bei der Vorbereitung der zweiten Auflage und dem Verlag für deren gute technische Ausstattung.

Erlangen, Dresden, im März 1998

Friedrich Kießling, Rainer Puschmann, Axel Schmieder, Peter Schmidt

Vorwort zur dritten Auflage

Die erste deutsche Auflage des Buches „Fahrleitungen elektrischer Bahnen" erschien 1997 im Verlag B. G. Teubner, Stuttgart – Leipzig und war schnell ausverkauft, weshalb bereits 1998 im gleichen Verlag eine zweite, überarbeitete Auflage erschien. Auch diese zweite Auflage ist seit vielen Jahren vergriffen. Die Leser mussten daher auf die 2001 erschienene erste englische Ausgabe „Contact Lines for Electric Railways", verfasst von den Autoren Friedrich Kießling, Rainer Puschmann und Axel Schmieder, zurückgreifen. Die Mitautoren der deutschen Auflagen Anatoli I. Gukow und Peter Schmidt waren zwischenzeitlich verstorben. Eine zweite englische Ausgabe folgte 2009. Dabei wirkte als weiterer Autor Egid Schneider mit. Die Ausgaben in englischer Sprache erschienen im Verlag Publicis MC&D Erlangen-München als Fachbuch der Siemens AG. Übersetzungen in die chinesische und spanische Sprache erschienen 2003 bzw. 2008, wobei zur letzteren Tomas Vega wesentlich beitrug.
Nach der Fertigstellung der zweiten englischen Ausgabe hatten der Verlag und die Siemens AG den Wunsch, eine aktualisierte dritte Auflage dieses Fachbuches in deutscher Sprache herauszubringen. Diese Auflage nutzt die Inhalte der englischen Fassung von 2009 für das Anwendungsgebiet in Deutschland. Der Inhalt ist nunmehr in siebzehn statt bisher vierzehn Kapiteln gegliedert. Der Umfang stieg von bisher 994 Seiten auf 1 250 Seiten. Aus dem Autorenkreis ist Egid Schneider ausgeschieden. Wesentliche Teile der dritten deutschen Ausgabe gehen auch auf seine Beiträge zurück.
Im Jahr 1996 begann mit der Herausgabe der Richtlinie 96/49/EG über die Interoperabilität des europäischen Hochgeschwindigkeitssystems der Übergang von der nationalen Bahnnormung auf regionale und internationale Normen. Die Grundlagen für die Planung und Errichtung von Fahrleitungen haben damit zunehmend die internationalen Normen in IEC und CENELEC zur Basis. Auf dem Gebiet der elektrischen Bahnen und insbesondere der stationären Anlagen veränderten sich viele wichtige Berechnungsannahmen und -abläufe. Die Norm für Oberleitungen DIN EN 50 119 wurde verfasst und eine Reihe anderer Normen, die für das Fachgebiet wesentlich sind, kam hinzu.
Die letzten Jahre brachten eine deutliche Erhöhung der Fahrgeschwindigkeiten sowohl im kommerziellen Betrieb als auch bei Hochgeschwindigkeitsfahrten, welche erhebliche Auswirkungen auf Fahrleitungen hatten. Ein Meilenstein dieser Entwicklung war 2002 die Rekordfahrt eines Hochgeschwindigkeitszuges der SNCF auf der Strecke Paris–Straßburg, wobei die noch heute gültige Höchstmarke mit 575 km/h erreicht wurde.
In einigen europäischen und asiatischen Ländern, so in Österreich, der Schweiz und in China, wurde der Hochgeschwindigkeitsbetrieb neu aufgenommen. Die Hochgeschwindigkeitsnetze in Deutschland, Italien, Spanien und Frankreich wurden erweitert. Insbesondere in China entstand das größte Hochgeschwindigkeitsnetz mit Betriebsgeschwindigkeiten bis 350 km/h, das ständig erweitert wird.
In der Schweiz ging der Lötschberg-Tunnel als erste Hochgeschwindigkeitsverbindung durch die Alpen in Betrieb; der Gotthardbasistunnel ist im Bau und wird 2016 fertiggestellt werden. Für all diese Anlagen waren angepasste Bauweisen für die Fahrleitungen

erforderlich. Die Anforderungen und die Ausführungen für solche Anlagen nehmen einen wesentlichen Teil dieser neuen Auflage ein.

Das Buch gliedert sich in die grundlegenden Kapitel mit der Darstellung der Theorie der Energieübertragung, mit den Anforderungen und den prinzipiellen Möglichkeiten zur Ausführung. Ein Kapitel erläutert die Bauteile und Baugruppen der Fahrleitung. Weitere Kapitel behandeln die Planung der Fahrleitungsanlagen. Hierfür finden zunehmend Rechner mit entsprechenden Programmen Verwendung.

Einige Kapitel sind der Errichtung der Anlagen, den ausgeführten Anlagen und der Instandhaltung gewidmet. Die für die Errichtung und Instandhaltung verwendeten Werkzeuge und Maschinen wurden in den letzten Jahren weiterentwickelt, unter anderem auch angepasst an die für Hochgeschwindigkeitsstrecken erforderlichen Fahrdrahtwerkstoffe mit spezifischen Eigenschaften.

Das Kapitel über ausgeführte Anlagen behandelt Straßenbahnen, Stadt- und U-Bahnen, S-Bahnen sowie Bahnen des Regionalverkehrs, konventionellen und insbesondere des Hochgeschwindigkeitsfernverkehr in vielen Ländern.

Ein Buch wie das vorliegende schreibt sich nicht von selbst, sondern bedarf vieler Stunden Arbeit und auch vielfältiger Unterstützung beim Erstellen der Manuskripte, der Bearbeitung der Zeichnungen, des Layouts und der Druckvorbereitung. Für die mannigfaltige Unterstützung danken die Autoren insbesondere:

- Der Siemens AG, Sektor Infrastructure and Cities mit den Geschäftsbereichen Rail Electrification und Customer Service, Roland Edel, Mirko Düsel, Johannes Emmelheinz, Daniel Leckel, Bernhard Brauns förderten das Buch.
- Vielen Personen und Einrichtungen, die mit Zuarbeiten das Entstehen des Buches unterstützten. Genannt seien die Fachkollegen Andreas Bauer, Albrecht Brodkorb, Hartmut Bülow, Wieland Burkert, Andre Dölling, Markus Franke, Ralf Hickethier, Ralf Knode, Sonja Leistner, Hans-Herbert Meyer, Dietwalt Moschkau, Thomas Nickel, Konrad Puls, Egid Schneider, Jan-Thomas Walter und Steffen Walter.
- Gerhard Seitfudem von Publicis MC&D Erlangen für die exzellente Ausstattung des Buchs mit Vierfarbendruck und verständnisvoller Unterstützung.
- Allen Lesern für die Erkennung von Fehlern und Vorschläge für Verbesserungen.
- Dorle Puschmann für die Erledigung der umfangreichen Schreibarbeiten.
- Michael Schwarz, der Manuskripte und Layout bearbeitete.

Die Autoren hoffen, dass die überarbeitete und stark erweiterten dritte Auflage des Buches „Fahrleitung elektrischer Bahnen" die Interessen der Fachwelt erfüllt und so zur Weiterentwicklung des Fachgebietes sowie zur flächendeckenden Einführung der Interoperabilität in Europa beitragen kann. Die Autoren sind für Hinweise und Anregungen dankbar. Nur durch die Anwendung des Buches in der Praxis werden Schwachstellen, Fehler und Notwendigkeiten zu Verbesserungen erkannt.

Erlangen,
im Oktober 2013

Friedrich Kießling, Rainer Puschmann, Axel Schmieder

Inhaltsverzeichnis

1 Bahnenergieversorgung   **37**
1.0   Symbole und deren Bedeutung 37
1.1   Aufgaben der Bahnenergieversorgung 38
1.2   Bahnstromarten 38
1.3   Aufbau der Bahnenergieversorgung 42
    1.3.1   Bereitstellung und Übertragung 42
    1.3.2   Verteilung und Zuführung 44
1.4   Gleichstrombahnnetze 45
    1.4.1   Allgemeines 45
    1.4.2   Metro Ankaray in Ankara 46
       1.4.2.1   Streckenversorgung und Schaltung 46
       1.4.2.2   Unterwerke und Komponenten 46
    1.4.3   Speisung mit DC 3,0 kV in Spanien 47
       1.4.3.1   Einführung 47
       1.4.3.2   Unterwerke 48
       1.4.3.3   Steuerung und Schutz 50
1.5   AC-16,7-Hz-Bahnnetze 51
    1.5.1   Energieerzeugung 51
    1.5.2   16,7-Hz-Bahnenergienetze in Europa 55
    1.5.3   16,7-Hz-Bahnenergieversorgung der DB AG 56
       1.5.3.1   Energieerzeugung 56
       1.5.3.2   Energieübertragung und Streckenspeisung . . . 58
       1.5.3.3   Bahnstromschaltanlagen, Funktion und Bauarten 58
       1.5.3.4   110-kV-Freiluftschaltanlagen 59
       1.5.3.5   15-kV-Innenraumschaltanlagen 63
       1.5.3.6   Eigenbedarfsversorgung 65
       1.5.3.7   Schutz 67
       1.5.3.8   Stationsleittechnik 69
       1.5.3.9   Ortssteuereinrichtungen und Fernwirktechnik . 72
       1.5.3.10   Gebäude und Tragwerke 72
    1.5.4   Netzleittechnik der DB AG 73
       1.5.4.1   Entwicklung, Aufgaben und Aufbau 73
       1.5.4.2   Zentralschaltstellen 75
       1.5.4.3   Hauptschaltleitung 75
1.6   AC-50-Hz-Bahnnetze 76
    1.6.1   Energiebereitstellung und Netzaufbau 76
    1.6.2   Zweispannungs-Energieversorgung 78
    1.6.3   Vergleich der Einspannungs- und Zweispannungs-Energieversorgung . 79
    1.6.4   Strecke Madrid–Sevilla, Versorgung mit AC 25 kV 50 Hz 81

	1.6.4.1	Beschreibung der Anlage	81
	1.6.4.2	Beschreibung der elektrischen Auslegung	82
	1.6.4.3	Unterwerke	82
	1.6.4.4	Fernsteuerung	84
1.6.5		Strecke HSL Zuid, Versorgung mit 2 AC 50/25 kV 50 Hz	87
	1.6.5.1	Beschreibung der Anlage	87
	1.6.5.2	Unterwerke und Autotransformatorstationen	87
1.7	Literatur		88

2 Anforderungen und Vorgaben — 93

2.0 Symbole und deren Bedeutung 93
2.1 Allgemeine Anforderungen 94
    2.1.1 Einführung 94
    2.1.2 Mechanische Anforderungen 95
    2.1.3 Elektrische Anforderungen 96
    2.1.4 Umgebungsbedingte Anforderungen 97
    2.1.5 Anforderungen aus der Interoperabilität 97
    2.1.6 Wirtschaftliche Anforderungen 99
2.2 Bahnbautechnische und betriebliche Vorgaben 100
    2.2.1 Einführung 100
    2.2.2 Betriebliche Anforderungen 100
        2.2.2.1 Fernverkehr über lange Strecken 100
        2.2.2.2 Nahverkehr 102
    2.2.3 Anforderungen aus dem Gleisabstand 103
        2.2.3.1 Fernverkehr 103
        2.2.3.2 Nah- und Regionalverkehr 104
    2.2.4 Anforderungen aus Gleisquer- und -längsneigungen 104
        2.2.4.1 Fernverkehr 104
        2.2.4.2 Nahverkehr 104
    2.2.5 Anforderungen aus den Lichtraumprofilen 106
        2.2.5.1 Lichtraumprofil nach EBO für Fernverkehrsstrecken 106
        2.2.5.2 Lichtraumprofil nach TSI Energie für Fernverkehrsstrecken . . . 109
        2.2.5.3 Nahverkehr 114
2.3 Vorgaben durch die Stromabnehmer 117
    2.3.1 Auslegung und Funktion 117
    2.3.2 Eigenschaften von Schleifstücken 121
    2.3.3 Kontakte zwischen Stromabnehmer und Oberleitung 122
        2.3.3.1 Statische Kontaktkraft 122
        2.3.3.2 Aerodynamische Kontaktkraft 123
        2.3.3.3 Fahrdynamische Kontaktkraft 124
2.4 Klimatische Bedingungen 125
    2.4.1 Temperaturen 125
    2.4.2 Windgeschwindigkeiten und Windlasten 127
        2.4.2.1 Nachweis der Gebrauchstauglichkeit und der Standsicherheit . . . 127

2.4.2.2	Basis- und Böenwindgeschwindigkeit	127
2.4.2.3	Wiederkehrdauer von Windgeschwindigkeiten	129
2.4.2.4	Windzonenkarte	129
2.4.2.5	Basisstaudruck	130
2.4.2.6	Höhenabhängiger Bemessungsstaudruck	130
2.4.2.7	Windlast auf Leiter	131
2.4.2.8	Windgeschwindigkeit und Staudruck einschlägiger Normen	132
2.4.3	Schnee- und Eislasten	133
2.4.4	Atmosphärilien	134
2.4.5	Blitzüberspannungen	135
2.5	Vorgaben für Zuverlässigkeit und Sicherheit	136
2.5.1	Regeln und Normen	136
2.5.2	Beanspruchung und Beanspruchbarkeit	136
2.5.3	Gefährdungen infolge des Stromes	136
2.5.4	Isolationskoordination	137
2.5.5	Schutz gegen elektrischen Schlag	139
2.5.5.1	Allgemeiner Schutz gegen elektrischen Schlag	139
2.5.5.2	Schutz gegen elektrischen Schlag durch direktes Berühren	139
2.5.5.3	Schutz gegen elektrischen Schlag durch indirektes Berühren . . .	141
2.5.5.4	Schutz gegen elektrischen Schlag durch das Schienenpotenzial . .	142
2.6	Umweltverträglichkeit	142
2.6.1	Allgemeines	142
2.6.2	Schadstoffemmision	143
2.6.3	Landschaftsverbrauch	143
2.6.4	Natur- und Vogelschutz	143
2.6.5	Ästhetik	143
2.6.6	Elektrische und magnetische Felder	144
2.7	Literatur	145

3 Fahrleitungsbauweisen und -arten   149

3.0	Symbole und deren Bedeutung	149
3.1	Historische Entwicklung der Fahrleitungen	149
3.1.1	Allgemeines	149
3.1.2	Fernbahnen	154
3.1.3	Oberleitungen für Straßenbahnen	159
3.1.4	Oberleitungen für gleislose Fahrzeuge	160
3.1.5	Stromschienen für Stadtbahnen und Metros	162
3.2	Begriffe	163
3.3	Oberleitungen	167
3.3.1	Aufbau und Eigenschaften	167
3.3.2	Einfachoberleitungen	169
3.3.2.1	Eigenschaften	169
3.3.2.2	Einpunktaufhängung mit fest abgespanntem Fahrdraht	170
3.3.2.3	Pendelaufhängung mit oder ohne selbsttätige Nachspannung . . .	170

      3.3.2.4   Gleitende Aufhängung 171
      3.3.2.5   Elastische Stützpunkte 171
      3.3.2.6   Einfachoberleitung mit Beilseilaufhängung 172
  3.3.3   Hochkettenoberleitungen 172
      3.3.3.1   Ausführungsarten 172
      3.3.3.2   Kettenwerk mit Hängern am Stützpunkt 173
      3.3.3.3   Kettenwerk mit versetzten Stützpunkthängern 173
      3.3.3.4   Kettenwerk mit Y-Beiseil 174
      3.3.3.5   Kettenwerk mit windschiefer Anordnung 175
      3.3.3.6   Kettenwerk mit elastischen Hängerelementen 176
      3.3.3.7   Kettenwerk mit Hilfstragseilen als Verbundoberleitung 177
  3.3.4   Flachkettenoberleitungen 177
  3.3.5   Wahl der Bauweise, Gestaltung und Kennwerte 178
      3.3.5.1   Grundlagen 178
      3.3.5.2   Leiterquerschnitte und Zugkräfte 179
      3.3.5.3   Spannweitenlänge 179
      3.3.5.4   Systemhöhe 180
      3.3.5.5   Kettenwerke im Tunnel 181
      3.3.5.6   Vordurchhang 181
      3.3.5.7   Y-Beiseil 182
      3.3.5.8   Nachspannlänge 182
      3.3.5.9   Festpunkte 183
      3.3.5.10   Nachspannung 186
      3.3.5.11   Feste Endverankerungen 187
      3.3.5.12   Nicht isolierende und isolierende Überlappungen 187
      3.3.5.13   Elektrische Trennungen und Trenneinrichtungen 189
      3.3.5.14   Elektrische Verbindungen 189
      3.3.5.15   Schutzstrecken und Phasentrennstellen 189
3.4   Stromschienenoberleitung 192
3.5   Dritte-Schienen-Anlagen 193
3.6   Bahnenergieleitungen 195
3.7   Literatur 195

4 Berechnungen für Fahrleitungen   199

4.0   Symbole und deren Bedeutung 199
4.1   Lasten und Belastbarkeiten 205
  4.1.1   Einführung 205
  4.1.2   Eigenlasten 205
  4.1.3   Fahrdrahtverschleiß 207
  4.1.4   Senkrechte Kraftkomponenten 208
4.2   Zugspannungen und -kräfte in Leitern 209
  4.2.1   Gleichbleibende Zugspannungen und -kräfte 209
  4.2.2   Änderung der Zugspannungen und -kräfte 213
      4.2.2.1   Einzelleiter 213

	4.2.2.2 Kettenwerke	218
	4.2.2.3 Bahnenergieleitungen	222
4.3	Durchhänge und Zugspannungen	224
	4.3.1 Leiter mit gleich hohen Aufhängungen	224
	4.3.2 Leiter mit ungleich hohen Aufhängungen	227
4.4	Hochzug am Stützpunkt	230
4.5	Radiale Kraftkomponenten	232
	4.5.1 Allgemeines	232
	4.5.2 Fahrdrahtseitenlage am Stützpunkt in der Gleisgeraden	233
	4.5.3 Gleisbogen	235
	4.5.4 Endverankerungen	237
	4.5.5 Festpunktverankerung	238
	4.5.6 Rückstellkräfte	242
4.6	Fahrzeug- und Lichtraumbegrenzungslinien	243
4.7	Mechanisches und elektrisches Lichtraumprofil	245
4.8	Grenzen der Fahrdrahtseitenlage	245
	4.8.1 Allgemeines	245
	4.8.2 Vorsorgewerte für die Fahrdrahtseitenlage	247
	4.8.3 Fahrdrahtseitenlage für nicht interoperable Strecken	247
	4.8.4 Fahrdrahtseitenlage für interoperable Strecken	248
	4.8.4.1 Konventionelle Strecken	248
	4.8.4.2 Hochgeschwindigkeitsstrecken	255
	4.8.4.3 Horizontale Zuschläge	261
4.9	Fahrdrahtauslenkung unter Wind	262
	4.9.1 Windlasten auf Leiter	262
	4.9.2 Auslenkung in der Geraden	266
	4.9.3 Fahrdrahtseitenlage und Windabtrieb in Gleisbögen	269
	4.9.3.1 Fahrleitungsseitenlage ohne Wind	269
	4.9.3.2 Fahrdrahtlage mit Wind	271
	4.9.4 Fahrdrahtseitenlage in Übergangsbögen	276
	4.9.4.1 Fahrdrahtseitenlage ohne Wind	276
	4.9.4.2 Fahrdrahtseitenlage mit Wind	279
	4.9.5 Windabtrieb des Kettenwerks	281
4.10	Fahrdrahtseitenlage und Spannweite	285
	4.10.1 Anforderungen	285
	4.10.2 Fahrdrahtseitenlage und Radialkraft am Stützpunkt	286
4.11	Spannweitenlänge	290
	4.11.1 Allgemeines	290
	4.11.2 Einflüsse auf die Spannweite	291
	4.11.3 Zulässige Spannweitenlängen	293
4.12	Ablauf zum Nachweis der Gebrauchsfähigkeit	299
4.13	Literatur	300

5 Ströme und Spannungen im Fahrleitungsnetz — 303
- 5.0 Symbole und deren Bedeutung 303
- 5.1 Elektrische Eigenschaften von Fahrleitungen 307
  - 5.1.1 Grundlegende Zusammenhänge 307
  - 5.1.2 Impedanzen 309
    - 5.1.2.1 Komponenten 309
    - 5.1.2.2 Widerstandsbelag 309
    - 5.1.2.3 Induktivität, Reaktanz und Impedanz 312
    - 5.1.2.4 Impedanz der Fahrschienen 314
    - 5.1.2.5 Impedanz der AC-Oberleitungen 315
    - 5.1.2.6 Messung von Oberleitungsimpedanzen 319
    - 5.1.2.7 Berechnete und gemessene Impedanzbeläge 323
  - 5.1.3 Kapazitätsbelag 324
- 5.2 Spannungen im Fahrleitungsnetz 325
  - 5.2.1 Grundlegende Anforderungen und Prinzipien 325
  - 5.2.2 Spannungsfall 327
    - 5.2.2.1 Einführung 327
    - 5.2.2.2 Einseitige Speisung 327
    - 5.2.2.3 Zweiseitige Speisung 329
  - 5.2.3 Weitere Berechnungsalgorithmen 332
  - 5.2.4 Mittlere nutzbare Spannung 334
    - 5.2.4.1 Anforderungen und Begriffe 334
    - 5.2.4.2 Berechnung 335
- 5.3 Elektrische Traktionslasten 336
  - 5.3.1 Einführung 336
  - 5.3.2 Zeitgewichtete Belastungsdauerlinie 338
  - 5.3.3 Bahnen des allgemeinen Verkehrs 340
  - 5.3.4 Leistungsfaktor 346
  - 5.3.5 Hochgeschwindigkeits- und Hochleistungsbahnen 346
  - 5.3.6 Zulässige Zugströme 347
  - 5.3.7 Kurzschlusslasten 348
- 5.4 Fahrleitungsschaltungen 352
  - 5.4.1 Grundlegende Anforderungen 352
  - 5.4.2 Grundschaltungen 353
  - 5.4.3 Fahrleitungsschaltungen bei AC-16,7-Hz-Bahnen 355
    - 5.4.3.1 Entwicklung 355
    - 5.4.3.2 Fahrleitungsschaltungen bei der Deutschen Bahn .. 356
    - 5.4.3.3 In den Schaltplänen verwendete Bezeichnungen .. 358
    - 5.4.3.4 Schaltungen europäischer 16,7-Hz-Bahnen 360
- 5.5 Eis an Oberleitungen 362
  - 5.5.1 Eisansätze an Oberleitungen 362
  - 5.5.2 Mechanische Methoden 363
  - 5.5.3 Chemische Methoden 364
  - 5.5.4 Elektrische Methoden 364

5.5.5 Kombination mehrerer Enteisungsmethoden 369
5.6 Literatur 370

6 Stromrückleitung und Erdung   375
6.0 Symbole und deren Bedeutung 375
6.1 Einführung 377
6.2 Begriffe und Definitionen 378
   6.2.1 Einführung 378
   6.2.2 Erde 378
   6.2.3 Erder und Erdelektroden 379
   6.2.4 Boden- und Erdungswiderstand 379
   6.2.5 Bauwerkserde, Tunnelerde 379
   6.2.6 Schienenpotenzial und Gleis-Erde-Spannung 379
   6.2.7 Berührungsspannung 380
   6.2.8 Oberleitungs- und Stromabnehmerbereich 380
   6.2.9 Rückleitung 380
   6.2.10 Streustrom 381
6.3 Auslegungsprinzipien und Anforderungen 382
   6.3.1 Prinzipien bei AC- und DC-Bahnen 382
   6.3.2 Rückleitung von DC-Bahnen 382
   6.3.3 Rückleitung von AC-Bahnen 383
   6.3.4 Personenschutz, Schutz gegen elektrischen Schlag 383
   6.3.5 Zulässige Berührungsspannungen 386
      6.3.5.1 Anforderungen 386
      6.3.5.2 Körperstrom, Körperspannung und Berührungsspannung 386
      6.3.5.3 Messungen der Berührungsspannungen 389
   6.3.6 Beeinflussung 389
   6.3.7 Streustromkorrosion 390
   6.3.8 Messungen zur Rückleitungsauslegung 390
6.4 Rückströme und Schienenpotenzial 391
   6.4.1 Spezifischer Bodenwiderstand und Leitfähigkeit 391
   6.4.2 Erder in der Nähe von Bahnen 392
      6.4.2.1 Erdungswiderstand von Erdern und Masterdungen 392
      6.4.2.2 Wirksamer Ableitbelag zwischen Gleisen und Erde . . . 395
   6.4.3 Gleis-Erde-Schleife 398
      6.4.3.1 Allgemeines 398
      6.4.3.2 Gleis-Erde-Schleife bei DC-Stromversorgungsanlagen 398
      6.4.3.3 Gleis-Erde-Schleife bei AC-Bahnen 400
   6.4.4 Schienenpotenziale 406
      6.4.4.1 AC-Energieversorgungen 406
      6.4.4.2 DC-Versorgungsanlagen 407
      6.4.4.3 Schienenpotenzial im Betrieb 408
      6.4.4.4 Gleis-Erde-Spannungen im Kurzschlussfall 410
6.5 DC-Stromversorgungsanlagen 411

6.5.1		Grundlagen	411
6.5.2		Personensicherheit	412
6.5.3		Streustromschutz	414
	6.5.3.1	Elektro-chemische Korrosion	414
	6.5.3.2	Spannungs- und Stromverteilung	415
	6.5.3.3	Einfluss der Polarität	417
	6.5.3.4	Vorgaben zum Schutz gegen Streustromwirkungen	418
	6.5.3.5	Maßnahmen an beeinflussten Bauwerken	419
	6.5.3.6	Messungen und Prüfungen	423
	6.5.3.7	Der Einfluss des Streustroms auf metallene Anlagen	424
	6.5.3.8	Streustromsammelnetze	425
6.5.4		Gestaltung im Hinblick auf Rückleitung und Erdung	427
	6.5.4.1	Grundlegende Empfehlungen	427
	6.5.4.2	Bahneigene Erdungsanlagen	427
	6.5.4.3	Drehstromenergieversorgung	428
	6.5.4.4	Traktionsunterwerke	428
	6.5.4.5	Offene, ebenerdige Streckenabschnitte	429
	6.5.4.6	Bahnhöfe für den Personenverkehr	430
	6.5.4.7	Signal- und Telekommunikationsanlagen	430
	6.5.4.8	Depot- und Werkstattbereiche	430
	6.5.4.9	Tunnel	432
	6.5.4.10	Blitzschutz	434
	6.5.4.11	Erdung bahnfremder Anlagen	434
	6.5.4.12	Durchführung von Elektrifizierung	435
	6.5.4.13	Messungen für Nachweise	435
6.5.5		Erdung und Rückleitung bei der LRT-Anlage Ankaray	436
	6.5.5.1	Messungen des Erdausbreitungswiderstandes	436
	6.5.5.2	Messung der Schienenpotenziale	436
	6.5.5.3	Messung der Schienenisolierung	436
	6.5.5.4	Messung des Potenzials zwischen Bauwerks- und Bezugserde	436
	6.5.5.5	Spannungsbegrenzungseinrichtungen in den Bahnhöfen	437
6.5.6		Instandhaltung	437
6.5.7		Schlussfolgerungen für Rückleitung und Erdung in DC-Anlagen	438
6.6		AC-Stromversorgungsanlagen	438
6.6.1		Grundlagen	438
6.6.2		Personensicherheit	440
6.6.3		Rückleitung	442
	6.6.3.1	Rückleitung durch Schienen und in der Erde verlegte Leiter	442
	6.6.3.2	Rückleiter	442
	6.6.3.3	Autotransformatoren	444
	6.6.3.4	Boostertransformatoren	445
6.6.4		Gestaltung der Rückleitung und Erdung	447
	6.6.4.1	Grundlegende Empfehlungen	447
	6.6.4.2	Unterwerke und Bahnhöfe	447

6.6.4.3	Freie Strecken zur ebenen Erde	449
6.6.4.4	Tunnelabschnitte	449
6.6.4.5	Viadukte	451
6.6.4.6	Depots und Werkstattbereiche	451
6.6.4.7	Signal- und Telekommunikationsanlagen	451
6.6.4.8	Bahnfremde Erdungsanlagen	452
6.6.4.9	Blitzschutz	453
6.6.4.10	Abstimmung mit Baumaßnahmen	454
6.6.4.11	Nachweise für die Erdung und Prüfungen durch Messungen	454
6.6.4.12	Verringerung der Gefahren durch Berührungsspannungen	455
6.6.5	Erdung und Vermaschung in Anlagen der DB	456
6.6.5.1	Ausführung der Rückleitung	456
6.6.5.2	Gleise mit nicht isolierten Schienen	457
6.6.5.3	Gleise mit einschieniger Isolierung	458
6.6.5.4	Gleise mit zweischieniger Isolierung	458
6.6.5.5	Gleise mit Tonfrequenzgleisstromkreisen	459
6.6.5.6	Anforderungen an die Gleis- und Schienenverbinder	460
6.6.5.7	Vermaschung zwischen der Rückleitung und den Stahlbewehrungen von Betonbauwerken und Schallschutzwänden	460
6.6.6	Erdung und Vermaschung der Hochgeschwindigkeitsstrecke Madrid–Sevilla	461
6.6.7	Schlussfolgerungen für die Gestaltung der Rückleitung und Erdung bei AC-Anlagen	464
6.7	Parallelbetrieb von AC- und DC-Bahnen	465
6.7.1	Einführung	465
6.7.2	Bereiche der gegenseitigen Beeinflussung	466
6.7.3	Grenzwerte für Berührungsspannungen	466
6.7.4	Technische Anforderungen	466
6.8	Oberleitungs- und Stromabnehmerbereich	468
6.8.1	Definition	468
6.8.2	Schutzmaßnahmen	468
6.9	Literatur	469

7 Thermische Bemessung 473

7.0	Symbole und deren Bedeutung	473
7.1	Stromtragfähigkeit	475
7.1.1	Einführung	475
7.1.2	Einfachleiter	475
7.1.2.1	Grundlegende Beziehungen	475
7.1.2.2	Lang anhaltende Betriebslasten	476
7.1.2.3	Kurzschlussstromtragfähigkeit	483
7.1.2.4	Veränderliche Betriebslasten	487
7.1.2.5	Stromschienen	489
7.1.3	Kettenwerke	491

7.1.4		Berechnungen für thermische Auslegungen	494
	7.1.4.1	Ausgangsalternativen	494
	7.1.4.2	Auslegung nach dem höchsten Strom	494
	7.1.4.3	Vergleich von Belastungs- und Tragfähigkeitskennlinien	495
7.2		Leitertemperatur und Fahrdrahteigenschaften	498
7.2.1		Einführung	498
7.2.2		Eigenschaften der Fahrdrahtwerkstoffe	500
7.2.3		Auswirkungen der Temperatur auf die Festigkeit	501
7.2.4		Einfluss der Erwärmungsdauer auf die Zugfestigkeit	503
7.2.5		Fahrdrahterwärmung an Stellen erhöhten Verschleißes	504
7.2.6		Schnittstelle zwischen Fahrdraht und Schleifstück	506
7.3		Literatur	509

8 Beeinflussung 511

8.0		Symbole und deren Bedeutung	511
8.1		Einführung	512
8.2		Beeinflussung durch die elektrische Traktion	513
8.3		Kopplungsmechanismen	514
8.3.1		Allgemeines	514
8.3.2		Galvanische Beeinflussung	515
8.3.3		Induktive Beeinflussung	516
	8.3.3.1	Induktive Beeinflussung bei Betriebsfrequenz	516
	8.3.3.2	Induktive Beeinflussung infolge von Oberschwingungen	521
8.3.4		Kapazitive Beeinflussung	525
8.4		Elektrische und magnetische Felder im Fahrleitungsbereich	527
8.4.1		Grundlagen	527
8.4.2		Wirkungen von Feldern auf Menschen	528
8.4.3		Auswirkungen der Felder auf technische Geräte	530
	8.4.3.1	Allgemeine Auswirkungen	530
	8.4.3.2	Herzschrittmacher	531
	8.4.3.3	Technische Anlagen	531
	8.4.3.4	Elektrische Bahnen als Quelle von Funkstörpegeln	532
8.5		Schlussfolgerungen	533
8.6		Literatur	534

9 Fahrleitungsschutz und Fehlerortung 537

9.0		Symbole und deren Bedeutung	537
9.1		Fahrleitungsschutz	537
9.1.1		Aufgaben, Anforderungen, Wirkungsweise	537
9.1.2		Ausführung und Komponenten	540
	9.1.2.1	Überblick	540
	9.1.2.2	Hochstrom- und Überstromzeitschutzstufen	542
	9.1.2.3	Distanzschutz	542
	9.1.2.4	Anfahrstromschutz	543

9.1.2.5	Überlastschutz	543
9.1.2.6	Weitere Komponenten in digitalen Schutzeinrichtungen	544
9.2 Schutzeinstellungen		546
9.2.1	Einführung	546
9.2.2	Distanz- und Hochstromstufen	547
9.2.3	NOT-UMZ- und Reserveschutz	550
9.2.4	Überlastschutz	551
9.2.5	Fehlerortung	552
9.3 Literatur		553

10 Zusammenwirken von Stromabnehmer und Oberleitung   555

10.0 Symbole und deren Bedeutung		555
10.1 Einführung		557
10.2 Technische Grundlagen		558
10.2.1	Fahren des Stromabnehmers entlang einer Oberleitung ...	558
10.2.2	Verhalten des gespannten Fahrdrahtes bei Belastung mit einer längsbeweglichen, konstanten Kraft	560
10.2.3	Fahrdrahtanhub bei hohen Geschwindigkeiten	562
10.2.4	Reflexion von längs des Fahrdrahtes laufenden Transversalimpulsen an einer konzentrierten Masse	564
10.2.5	Reflexion von längs des Fahrdrahts laufenden Transversalimpulsen an einem Hänger	566
10.2.6	Dopplerfaktor	567
10.2.7	Eigenfrequenzen eines Kettenwerkes	570
10.2.8	Dynamische Kennwerte einiger Oberleitungen	571
10.3 Simulation des Zusammenwirkens von Oberleitung und Stromabnehmer .		571
10.3.1	Aufgaben und Ziele	571
10.3.2	Stromabnehmernachbildung	573
10.3.3	Kettenwerksnachbildung	576
10.3.3.1	Grundlagen	576
10.3.3.2	Modellierung mit Finite-Elemente-Methode	576
10.3.3.3	Analytische Lösung im Frequenzbereich	577
10.3.3.4	Methode der frequenzabhängigen finiten Elemente	577
10.3.3.5	Modellierung mit der d'Alembertschen Wellengleichung	578
10.3.4	Bestätigung der Simulationsverfahren	578
10.3.4.1	Einführung	578
10.3.4.2	Anforderungen an Simulationsverfahren	578
10.3.4.3	Bestätigung durch Vergleich mit dem Referenzmodell	580
10.3.4.4	Bestätigung mit gemessenen Werten	581
10.3.5	Simulation mit frequenzabhängigen finiten Elementen	582
10.3.6	Simulation mit handelsüblichen Finite-Elemente-Programmen	584
10.3.7	Simulation mit einem auf die Oberleitung zugeschnittenen Programm	586
10.4 Messungen und Prüfungen		588
10.4.1	Einführung	588

10.4.2		Anforderungen an das Zusammenwirken	591
	10.4.2.1	Einführung	591
	10.4.2.2	Statische Kontaktkraft	591
	10.4.2.3	Mittlere Kontaktkraft	591
	10.4.2.4	Dynamisches Verhalten und die Stromabnahmegüte	592
	10.4.2.5	Vertikale Höhe des Kontaktpunktes	593
	10.4.2.6	Konformitätsbewertung des Oberleitungskettenwerkes	594
	10.4.2.7	Kompatibilitätsbewertung eines Stromabnehmers	595
	10.4.2.8	Bewertung der Oberleitung einer neuen Strecke	595
	10.4.2.9	Bewertung eines Stromabnehmers auf neuen Triebfahrzeugen . .	596
	10.4.2.10	Statistische Berechnungen und Simulationen	596
10.4.3		Messung des Zusammenwirkens von Oberleitung und Stromabnehmer	596
	10.4.3.1	Grundlagen	596
	10.4.3.2	Anforderungen an die Messung der Kontaktkräfte	597
	10.4.3.3	Messung des Fahrdrahtanhubs	598
	10.4.3.4	Messung der Lichtbögen	599
	10.4.3.5	Beschreibung der Kontaktkraftsmesstechnik der DB	599
	10.4.3.6	Messgrößen	602
	10.4.3.7	Aerodynamische Auftriebskräfte auf die Schleifstücke	605
	10.4.3.8	Auswertung und Bewertung der Messergebnisse	606
10.4.4		Messung der Kettenwerkslage und der Fahrdrahtstärke	610
10.4.5		Beurteilung dynamischer Stromabnehmerkennwerte	612
10.4.6		Messung von Fahrdrahtanhub und dynamischer Elastizität	615
	10.4.6.1	Stationäre Messung des Fahrdrahtanhubs	615
	10.4.6.2	Mobile Messung des Fahrdrahtanhubs	616
	10.4.6.3	Messung der dynamischen Elastizität	617
10.5 Einfluss der Konstruktionsparameter			617
10.5.1		Einführung	617
10.5.2		Kriterien für die Gestaltung von Oberleitungen	618
	10.5.2.1	Elastizität und Anhub	618
	10.5.2.2	Dynamische Kriterien	620
10.5.3		Oberleitungsparameter	623
	10.5.3.1	Leiterquerschnitte und Zugspannungen	623
	10.5.3.2	Spannweiten und Systemhöhe	624
	10.5.3.3	Vordurchhang und Beiseile	627
	10.5.3.4	Einfluss der Regulierungsgenauigkeit	628
10.5.4		Beurteilung von Hochgeschwindigkeitsoberleitungen nach TSI Energie	629
10.6 Einfluss der Stromabnehmerausführung			630
10.6.1		Einführung	630
10.6.2		Konstruktionseigenschaften des Stromabnehmers	630
10.6.3		Weiterentwickelte Stromabnehmerbauarten	633
10.6.4		Fahren mit mehreren Stromabnehmern	634
10.7 Werkstoffe für Schleifstücke und Fahrdrähte			636
10.8 Beispiele für die Bewertung des Zusammenwirkens			640

10.8.1	Bewertung der interoperablen Oberleitung EAC 350 in Spanien	640
10.8.2	Oberleitung für hohe Geschwindigkeiten in Österreich	641
10.8.3	Dynamisches Verhalten der Oberleitung Wuhan–Guangzhou, China	641
10.9	Schlussfolgerungen	641
10.9.1	Grenzen für die Leistungsübertragung Oberleitung/Stromabnehmer	641
10.9.2	Vorgaben für Oberleitungen	643
10.9.3	Vorgaben für die Stromabnehmer	645
10.9.4	Vorgaben für das Zusammenwirken	647
10.10	Literatur	648

11 Bauteile und Baugruppen   653

11.0	Symbole und deren Bedeutung	653
11.1	Gliederung der Oberleitungsanlagen	653
11.1.1	Struktur	653
11.1.2	Allgemeine Anforderungen	655
11.2	Oberleitungen	657
11.2.1	Quertrageinrichtungen	657
11.2.1.1	Rohrschwenkausleger	657
11.2.1.2	Ausleger über mehrere Gleise	662
11.2.1.3	Flexible Quertragwerke	663
11.2.1.4	Joche	668
11.2.1.5	Seitenabzug	669
11.2.1.6	Quertrageinrichtungen im Tunnel und unter Brücken	669
11.2.1.7	Elastische Stützpunkte	669
11.2.2	Längstragwerk	671
11.2.2.1	Aufgaben und Anforderungen	671
11.2.2.2	Fahrdrähte	671
11.2.2.3	Stahldrähte	674
11.2.2.4	Metallseile	674
11.2.2.5	Kunstoffseile	676
11.2.2.6	Klemmen	676
11.2.2.7	Hänger	681
11.2.2.8	Elektrische Verbinder	684
11.2.3	Nachspanneinrichtungen	684
11.2.3.1	Aufgaben und Anforderungen	684
11.2.3.2	Nachspanneinrichtungen mit Gegengewichten	684
11.2.3.3	Nachspanneinrichtungen ohne Gegengewichte	688
11.2.4	Trenneinrichtungen	689
11.2.4.1	Aufgaben und Anforderungen	689
11.2.4.2	Streckentrenner	691
11.2.4.3	Trenner mit neutralen Abschnitten	694
11.2.5	Oberleitungstrenn- und Erdungsschalter	696
11.2.5.1	Aufgabe und Anforderungen	696
11.2.5.2	Oberleitungstrennschalter für Wechselstrombahnen	697

11.2.5.3		Oberleitungstrennschalter für Gleichstrombahnen	699
11.2.5.4		Erdungsschalter	702
11.2.5.5		Schalterantriebe	703
11.2.6	Isolatoren		703
11.2.6.1		Aufgaben und Anforderungen	703
11.2.6.2		Isolierwerkstoffe	704
11.2.6.3		Ausführungsformen und Anwendungen	704
11.2.6.4		Elektrische und mechanische Bemessung	708
11.2.6.5		Auswahl und Anwendung	708
11.3	Stromschienenoberleitungen		710
11.3.1	Stützpunktbaugruppen		710
11.3.2	Stromschienenprofile		712
11.3.2.1		Verbundprofil	712
11.3.2.2		Einfachprofil	713
11.3.3	Mechanische Verbindungen und Bauteile		713
11.3.3.1		Stromschienenstöße	713
11.3.3.2		Sektionswechsel und Weichen	714
11.3.3.3		Dehnstoß	715
11.3.3.4		Festpunkt	716
11.3.4	Elektrische Verbindungen		716
11.3.4.1		Strombelastbarkeit	716
11.3.4.2		Einspeisung	717
11.3.4.3		Stromverbinder zwischen Sektionen	717
11.3.4.4		Anschluss zum Erden und Kurzschließen	719
11.3.5	Trenneinrichtungen		719
11.3.5.1		Isolierender Sektionswechsel	719
11.3.5.2		Streckentrenner	720
11.3.6	Oberleitungsübergänge		720
11.4	Dritte-Schiene-Anlagen		722
11.4.1	Stützpunktbaugruppen		722
11.4.2	Stromschienenprofile und Schutzabdeckungen		724
11.4.3	Mechanische Verbindungen und Bauteile		726
11.4.3.1		Stromschienenstoß	726
11.4.3.2		Stromschienenauflauf, Sektionswechsel und Weichen	727
11.4.3.3		Dehnstoß	727
11.4.3.4		Festpunkt	728
11.4.4	Elektrische Verbindungen		728
11.4.4.1		Strombelastbarkeit	728
11.4.4.2		Einspeisung	729
11.4.4.3		Stromverbinder zwischen Stromschienen und Sektionen	729
11.4.5	Trenneinrichtungen		730
11.4.6	Trennschalter und Antriebe		730
11.5	Prüfung von Bauteilen und Baugruppen		731
11.5.1	Einleitung		731

11.5.2	Klemmen, Armaturen und Verbindungsteile		732
	11.5.2.1	Typprüfung	732
	11.5.2.2	Stichprobenprüfung	735
	11.5.2.3	Stückprüfung	737
11.5.3	Fahrdrähte und andere Leiter		737
11.5.4	Nachspanneinrichtungen		737
11.5.5	Hänger		738
11.5.6	Elektrische Verbindungen		739
11.5.7	Isolatoren		740
11.5.8	Streckentrenner		740
	11.5.8.1	Typprüfung	740
	11.5.8.2	Stichproben und -Stückprüfungen	742
11.5.9	Oberleitungstrennschalter und Antriebe		742
11.6	Literatur		743

12 Planung der Oberleitung — 745

12.0	Symbole und deren Bedeutung		745
12.1	Ziel und Ablauf		751
12.2	Grundlagen und Ausgangsdaten		754
	12.2.1	Allgemeines	754
	12.2.2	Technische Anforderungen und Kenndaten	754
	12.2.3	Planungsunterlagen	760
		12.2.3.1 Einführung	760
		12.2.3.2 Elektrifizierung neuer Strecken	760
		12.2.3.3 Elektrifizierung bestehender Strecken	762
		12.2.3.4 Umbau elektrifizierter Strecken	762
		12.2.3.5 Neu- und Umbau von Oberleitungen auf TEN-Strecken	762
		12.2.3.6 Gleise und Topografie	763
		12.2.3.7 Schaltplan der Oberleitung	764
	12.2.4	Signale für die elektrische Traktion	766
12.3	Wahl der Fahrdrahthöhe		766
12.4	Wahl der Fahrdrahtseitenlage		769
12.5	Fahrdrahtseitenlage und Seitenhalterlänge		773
12.6	Tragseilhöhe und -seitenverschiebung		773
12.7	Wahl der Längsspannweite		775
12.8	Wahl der Nachspannlänge		776
	12.8.1	Bemessung	776
12.9	Lage der Überlappungsbereiche		778
12.10	Fahrdrahtlage in Überlappungen		779
12.11	Zwangspunkte für die Planung		781
	12.11.1	Allgemeines	781
	12.11.2	Bespannung von Weichen	781
		12.11.2.1 Einführung	781
	12.11.3	Bezeichnung und Darstellung von Weichen in Plänen	782

12.11.4	Prinzipien der Weichenbespannung	786
12.11.5	Kreuzende Weichenbespannung	787
12.11.5.1	Anforderungen	787
12.11.5.2	Klemmenfreier Raum	791
12.11.5.3	Fahrdrahthöhen im Weichenbereich	795
12.11.5.4	Anordnung von Wechselhängern im Weichenbereich	798
12.11.5.5	Verbindung kreuzender Kettenwerke im Weichenbereich	799
12.11.5.6	Fahrdrahtseitenlage über Weichen	801
12.11.6	Tangentiale Weichenbespannung	811
12.11.6.1	Anforderungen	811
12.11.6.2	Beispiele und Anwendungen	813
12.12	Zwangspunkte für die Bespannung	821
12.12.1	Allgemeines	821
12.12.2	Maststandorte im Weichenbereich	821
12.12.3	Signalsicht	824
12.12.4	Oberleitungen an Bahnübergängen	825
12.12.5	Bahnenergieleitungen über Bahnübergängen	826
12.12.6	Bahnenergieleitungen über Straßenbrücken	826
12.12.7	Oberleitungen unter Bauwerken	827
12.12.8	Eisenbahnbrücken	841
12.12.9	Freileitungskreuzungen über Oberleitungen	841
12.12.10	Anordnung von Trennstellen	842
12.12.10.1	Anforderungen	842
12.12.10.2	Elektrische Abstände	843
12.12.10.3	Anordnung von Phasentrennstellen oder Schutzstrecken	845
12.12.10.4	Trennstellen zwischen unterschiedlichen Stromarten	846
12.12.10.5	Anordnung der Stromabnehmer	847
12.13	Lageplan	848
12.13.1	Ziele und Inhalte	848
12.13.2	Oberleitungssymbole	849
12.13.3	Fahrleitungsstützpunkte und Mastpositionen	849
12.13.4	Einzelmasten	851
12.13.5	Flexible Quertragwerke	854
12.13.6	Mehrgleisausleger	855
12.13.7	Joche	855
12.13.8	Tunnelstützpunkte	855
12.13.9	Elektrische Verbindungen	855
12.13.10	Stromrückführung und Bahnerdung	857
12.13.11	Ausführung von Lageplänen	857
12.14	Querprofilplan	859
12.14.1	Ziele und Inhalt	859
12.14.2	Masttypen und ihre Einordnung	859
12.14.3	Mastbild	860
12.14.4	Schalterleitungen, Oberleitungsschalter	860

12.14.5 Ermittlung der Mastlänge ... 861
12.14.6 Ausleger ... 862
12.14.7 Mast- und Fundamentwahl ... 864
12.14.8 Quertragwerke ... 865
12.14.9 Joche ... 868
12.15 Längsprofile ... 870
   12.15.1 Inhalt ... 870
   12.15.2 Hängeranordnung ... 870
   12.15.3 Kettenwerksabsenkungen ... 871
   12.15.4 Höhenplan für Bahnenergieleitungen ... 871
   12.15.5 Mindestabstände zu Ober- und Bahnenergieleitungen ... 872
      12.15.5.1 Einführung ... 872
      12.15.5.2 Schutz durch Abstand ... 874
      12.15.5.3 Standflächen ... 877
      12.15.5.4 Schutz durch Hindernisse oder Schranken ... 877
   12.15.6 Bahnenergieleitungen ... 879
      12.15.6.1 Festlegungen und Anforderungen ... 879
      12.15.6.2 Leitungsführungen an Masten ... 880
      12.15.6.3 Abstandnachweis ... 881
12.16 Projektdokumentation ... 886
12.17 Rechnergestützte Projektierung ... 888
   12.17.1 Ziele ... 888
   12.17.2 Struktur und Module ... 888
   12.17.3 Projektverwaltungsmodul ... 889
   12.17.4 Verfahrensdatenmodul ... 889
   12.17.5 Gleislagemodul ... 892
   12.17.6 Bespannungsmodul ... 892
   12.17.7 Ausgabe ... 893
   12.17.8 Hard- und Software ... 896
   12.17.9 Anwendung ... 896
12.18 Literatur ... 897

13 Tragwerke   **901**
13.0 Symbole und deren Bedeutung ... 901
13.1 Mechanische Lasten und ihre Einwirkung ... 908
   13.1.1 Einführung ... 908
   13.1.2 Einteilung der Lasten ... 908
   13.1.3 Ständige Lasten ... 909
   13.1.4 Veränderliche Lasten ... 910
      13.1.4.1 Allgemeines ... 910
      13.1.4.2 Windlasten ... 910
      13.1.4.3 Windlasten auf Leiter ... 911
      13.1.4.4 Windlasten auf Leitungskomponenten ... 911
      13.1.4.5 Windlasten auf Gitterfachwerke ... 912

13.1.4.6	Windlasten auf Beton- und Stahlvollwandmasten	912
13.1.4.7	Eislasten	913
13.1.4.8	Gleichzeitige Wirkung von Wind und Eis	914
13.1.4.9	Temperatureinwirkungen	915
13.1.5	Lasten aus Montage und Instandhaltung	915
13.1.6	Ausnahmelasten	915
13.1.7	Sonderlasten	915
13.2	Quertrageinrichtungen und Seitenauszüge	916
13.2.1	Quertrageinrichtungen	916
13.2.2	Rohrschwenkausleger	916
13.2.3	Ausleger über mehrere Gleise	916
13.2.4	Flexible Quertragswerke	917
13.2.5	Joche	917
13.3	Masten	918
13.3.1	Mastenarten	918
13.3.2	Lastannahmen	919
13.3.3	Teilsicherheitsbeiwerte für Einwirkungen	921
13.3.4	Ausführungen und Werkstoffe	922
13.4	Bemessung der Quertragwerke	925
13.4.1	Einführung	925
13.4.2	Ausleger	925
13.4.2.1	Belastungen und Schnittkräfte	925
13.4.2.2	Bemessung auf der Basis von DIN EN 50 119	927
13.4.3	Flexible Quertragwerke	930
13.4.3.1	Einführung	930
13.4.3.2	Belastungen, Schnittkräfte und Durchhang der Quertragseile	930
13.4.3.3	Bestimmung der Mastlängen des Querfeldes	932
13.4.3.4	Belastungen und Schnittkräfte der Richtseile	933
13.4.3.5	Bemessung der Quertragseile und Richtseile	934
13.4.4	Flachkettenverspannungen	934
13.5	Bemessung der Masten	936
13.5.1	Einführung	936
13.5.2	Bestimmung der Mastlängen	937
13.5.3	Belastungen, Schnittkräfte und -momente	937
13.5.4	Bemessung der Tragwerkskomponenten	939
13.5.4.1	Einführung	939
13.5.4.2	Stahlgittermasten	940
13.5.4.3	Rahmenflachmasten	943
13.5.4.4	Masten aus Doppel-T-Trägern	943
13.5.4.5	Stahlbetonmasten	946
13.5.4.6	Durchbiegung	948
13.6	Baugrund	951
13.6.1	Einführung	951
13.6.2	Gewachsener Boden	951

13.6.2.1	Klassifizierung	951
13.6.2.2	Nichtbindige, rollige Böden	952
13.6.2.3	Bindige Böden	952
13.6.2.4	Gemischtkörnige Böden	952
13.6.2.5	Organische Böden	952
13.6.3	Fels	953
13.6.4	Geschütteter Boden	953
13.6.5	Baugrunderkundung	954
13.6.6	Gewinnung von Bodenproben	955
13.6.6.1	Einführung	955
13.6.6.2	Probebohrungen	956
13.6.6.3	Sondierbohrungen	956
13.6.7	Sondierungen	956
13.6.7.1	Einführung	956
13.6.7.2	Rammsonden nach DIN EN ISO 22 476-2	957
13.6.7.3	Standard Penetration Test	957
13.6.7.4	Beurteilung und Klassifizierung von Fels	958
13.6.7.5	Betonangreifende Wässer und Böden	958
13.6.8	Auswertung der Bodenerkundung; Bodenkennwerte	959
13.6.9	Praktische Anwendungen	961
13.7	Gründungen	962
13.7.1	Grundlagen der Auslegung	962
13.7.2	Blockgründungen mit tragenden Seitenflächen	963
13.7.3	Blockgründungen mit Stufen	967
13.7.4	Rammpfahlgründungen	970
13.7.5	Gründungen für Mastanker	974
13.8	Beispiel für Bemessung der Ausleger, Masten und Gründungen	976
13.8.1	Oberleitungsdaten	976
13.8.2	Lasten	978
13.8.3	Bemessung des Mastes	979
13.8.4	Bemessung des Auslegers	980
13.8.5	Bemessung Gründung	983
13.9	Literatur	985

14 Ausführungen für besondere Anwendungen — 987

14.0	Symbole und deren Bedeutung	987
14.1	Einführung	987
14.2	Instandhaltungswerke und -werkstätten	987
14.3	Wehrkammertore zum Tunnelverschluss	990
14.4	Systemtrennstellen	991
14.4.1	Einführung und Anforderungen	991
14.4.2	Systemtrennstellen auf freien Strecken	992
14.4.3	Systemwechselbahnhöfe	995
14.4.4	AC- und DC-Triebfahrzeuge auf denselben Gleisen	997

14.5	Bewegliche Brücken	997
14.5.1	Allgemeines	997
14.5.2	Klappbrücken	998
14.5.3	Drehbrücken	999
14.5.4	Hubbrücken	1002
14.5.5	Elektrische Schaltungen und Signalisierung	1004
14.6	Niveaugleiche Kreuzungen von Bahnlinien unterschiedlicher Stromarten	1005
14.6.1	Kreuzungen zwischen Vollbahnen und Straßenbahnen	1005
14.6.2	Kreuzungen zwischen Straßenbahn- und Obusanlagen	1008
14.7	Niveaugleiche Straßenkreuzungen	1010
14.7.1	Ausführungen für alltägliche Straßentransporte	1010
14.7.2	Kreuzungen für Transporte mit Übermaßen	1011
14.7.3	Anordnung von Lücken in der Oberleitung	1012
14.7.4	Vorübergehender Anhub der Oberleitung durch elektrischen Antrieb	1012
14.7.5	Vorübergehender Anhub oder Entfernung der Oberleitungen mit manuellen Methoden	1017
14.8	Containerbahnhöfe, Lade- und Kontrollgleise, Grubenbahnen	1017
14.8.1	Schwenkbare Oberleitungen	1017
14.8.2	Schaltungen für Lade- und Kontrollgleise	1018
14.8.3	Schwenkstrossen und seitliche Oberleitungen	1020
14.9	Oberleitungen für Nutzfahrzeuge im Tagebau und auf Straßen	1021
14.9.1	Oberleitung für Kipper im Tagebau	1021
14.9.2	Oberleitung für Lastkraftwagen und Busse auf Verkehrstrassen	1023
14.10	Fahrleitung in historischen Stadtzentren	1024
14.10.1	Oberleitungen mit architektonischer Gestaltung	1024
14.10.2	Ladestationen für Fahrzeuge mit Energiespeichern	1025
14.10.3	Bodenstromschiene	1027
14.11	Literatur	1028

15 Errichtung und Abnahme — 1031

15.0	Symbole und deren Bedeutung	1031
15.1	Grundlagen	1031
15.2	Herstellen der Gründungen	1033
15.3	Maststellen	1036
15.4	Montage der Ausleger und Quertragwerke	1036
15.5	Montage der Kettenwerke	1038
15.5.1	Längskettenwerk	1038
15.5.2	Hochgeschwindigkeitsoberleitungen	1041
15.5.3	Streckentrenner	1043
15.5.4	Weichenkettenwerke	1044
15.5.5	Erdungsleitungen	1045
15.5.6	Bahnenergieleitungen	1046
15.6	Mittel zum Errichten	1046
15.6.1	Allgemeines	1046

15.6.2	Hubschrauber		1046
15.6.3	Straßenfahrzeuge		1047
15.6.4	Schienenfahrzeuge		1049
15.6.5	Zweiwege-Fahrzeuge		1054
15.6.6	Leitern		1058
15.6.7	Kommunikationsmittel		1058
15.6.8	Prüf- und Erdungsvorrichtungen für die Oberleitung		1058
15.6.9	Signal- und Sicherheitsausrüstung		1059
15.6.10	Beleuchtungsmittel		1060
15.6.11	Presswerkzeuge		1060
15.6.12	Spann- und Lastaufnahmemittel		1060
15.6.13	Werkstattausrüstung		1061
15.6.14	Persönliche Schutzausrüstung		1062
15.7	Abnahme		1062
15.7.1	Allgemeines		1062
15.7.2	Aufgaben des Errichters für den folgenden Betrieb		1062
15.7.3	Aufgaben des Abnahmeingenieurs		1062
15.7.4	Vorbereitung des Abnahmeverfahrens		1063
15.7.5	Durchführung der Abnahme		1064
15.8	Inbetriebnahme		1068
15.8.1	Ablauf		1068
15.8.2	Verantwortlicher für die Inbetriebnahme		1069
15.8.3	Aufgaben der Benannten Stelle		1069
15.8.4	Aufgaben des Eisenbahn-Bundesamts		1070
15.9	Literatur		1071

16 Ausgeführte Anlagen — 1073

16.0	Symbole und deren Bedeutung		1073
16.1	Elektrischen Bahnen und deren Fahrleitungen		1073
16.1.1	Fernverkehr		1073
16.1.2	Nahverkehr		1073
	16.1.2.1	Verkehrsarten	1073
	16.1.2.2	Regionalbahnen	1074
	16.1.2.3	S-Bahnen	1074
	16.1.2.4	Straßenbahnen	1075
	16.1.2.5	Stadtbahnen	1075
	16.1.2.6	U-Bahnen	1076
	16.1.2.7	Obus-Anlagen	1076
16.1.3	Industriebahnen		1077
	16.1.3.1	Schienengebundene Bahnen	1077
	16.1.3.2	Elektrisch angetriebene Lastkraftwagen	1077
16.2	Anlagen des konventionellen Fernverkehrs		1078
16.2.1	DC-1,5-kV-Oberleitung ProRail in den Niederlanden		1078
16.2.2	DC-1,5-kV-Oberleitung der SNCF in Frankreich		1079

16.2.3	AC-15-kV-16,7-Hz-Oberleitung Flughafenanbindung	1079
16.2.4	AC-15-kV-16,7-Hz-Tunnel-Bauart Re200 der DB	1080
16.2.5	AC-25-kV-50-Hz-Oberleitung Sicat SX in Ungarn	1081
16.2.6	AC-15-kV-Stromschienenoberleitung Zimmerbergtunnel, Schweiz	1082
16.3	Anlagen des Hochgeschwindigkeitsverkehrs	1083
16.3.1	AC-15-kV-16,7-Hz-Oberleitung Köln–Düren	1083
16.3.2	AC-15-kV-16,7-Hz-Oberleitung Oslo–Gardermoen, Norwegen	1084
16.3.3	AC-15-kV-16,7-Hz-Oberleitung Lötschberg-Basis-Tunnel	1085
16.3.4	AC-15-kV-16,7-Hz-Oberleitung Wien–St. Pölten	1088
16.3.5	AC-25-kV-50-Hz-Oberleitung Ankara–Eskişehir	1089
16.3.6	AC-15-kV-16,7-Hz-Oberleitung Frankfurt–Köln	1091
16.3.7	AC-15-kV-16,7-Hz-Oberleitung Berlin–Hannover	1092
16.3.8	AC-25-kV-50-Hz-Oberleitung der Strecke HSL Zuid	1092
16.3.9	AC-25-kV-50-Hz-Oberleitung Motilla–Valencia, Spanien	1093
16.3.10	AC-25-kV-50-Hz-Oberleitung Paris–Tour, Frankreich	1094
16.3.11	AC-25-kV-50-Hz-Oberleitung Beijing–Tianjin, China	1095
16.3.12	AC-25-kV-50-Hz-Oberleitung Zhengzhou–Xi'an, China	1095
16.3.13	AC-25-kV-50-Hz-Oberleitung Beijing–Shijiazhuang–Wuhan, China	1099
16.3.14	AC-25-kV-60-Hz-Oberleitung Tokaido, Japan	1100
16.3.15	DC-3,0-kV-Oberleitung Direttissima Rom–Florenz, Italien	1101
16.4	Regionalbahnen	1104
16.4.1	DC-0,6-kV-Oberleitung Gotha–Tabarz	1104
16.4.2	AC-15-kV-16,7-Hz-Oberleitung Eutingen–Freudenstadt	1105
16.4.3	AC-15-kV-16,7-Hz-Oberleitung Borna–Geithain	1106
16.5	S-Bahnen	1107
16.5.1	S-Bahnen mit Oberleitungen	1107
16.5.1.1	AC-15-kV-16,7-Hz-Oberleitung Nürnberg–Lauf	1107
16.5.1.2	AC-15-kV-16,7-Hz Oberleitung Wien–Schwechat	1108
16.5.1.3	AC-15-kV-16,7-Hz-S-Bahn-Oberleitung der DB	1110
16.5.1.4	DC-1,5-kV-Oberleitung der RER, Paris	1111
16.5.1.5	DC-1,5-kV-Oberleitung Santo Domingo, Dominikanische Republik	1111
16.5.2	S-Bahnen mit Dritter Schiene	1113
16.5.2.1	DC-0,75-kV S-Bahn Berlin	1113
16.5.2.2	DC-1,2-kV-Dritte-Schiene S-Bahn, Hamburg	1114
16.5.2.3	DC-0,75-kV-Dritte-Schiene S-Bahn, Oslo	1116
16.6	Stadtbahnen mit Oberleitung	1116
16.6.1	DC-0,75-kV-Oberleitung Mannheim-Ost–Maimarkt	1116
16.6.2	DC-0,75-kV-Oberleitung Houston, USA	1117
16.6.3	DC-0,75-kV-Oberleitung Bielefeld	1119
16.6.4	DC-0,75-kV-Stromschienen-Oberleitung Calgary, Kanada	1120
16.6.5	DC-3,0-kV-Stromschienen-Oberleitung Fortaleza, Brasilien	1121
16.6.6	DC-0,75-kV-Dritte-Schiene-Fahrleitung BTS Bangkok, Thailand	1122
16.7	Straßenbahnen	1124
16.7.1	Straßenbahn Nürnberg	1124

16.7.2 DC-0,6-kV-Oberleitung der Straßenbahn Leipzig 1126
16.7.3 DC-0,75-kV-Oberleitung Kayseri, Türkei 1127
16.8 U-Bahnen 1128
16.8.1 DC-1,5-kV-Stromschienenoberleitungen Santo Domingo 1128
16.8.2 DC-1,5-kV-Oberleitung MTR Hong Kong 1128
16.8.3 DC-0,75-kV-Dritte Schiene Nürnberg 1130
16.9 Obus Anlagen 1132
16.9.1 DC-0,75-kV-Obus-Oberleitung Eberswalde 1132
16.9.2 DC-0,75-kV-Obus-Oberleitung Beijing, China 1137
16.10 Industriebahnen 1137
16.10.1 DC-2,4-kV-Fahrleitungen im VEM-Tagebau, Brandenburg 1137
16.10.2 AC-6,6-kV-50-Hz-Oberleitung Hambach 1140
16.11 Literatur 1142

17 Betrieb und Instandhaltung 1145
17.0 Symbole und deren Bedeutung 1145
17.1 Betrieb 1146
17.1.1 Begriffe 1146
17.1.2 Ausbildung und Unterweisung des Personals 1146
17.1.3 Elektrotechnische Verhaltensnormen und Richtlinien 1148
17.1.4 Schalten und Erden 1148
17.1.5 Aufgaben des Infrastrukturbetreibers für den Betrieb 1150
17.1.6 Erdungsanlagen für Fahrleitungen 1150
17.1.6.1 Allgemeines 1150
17.1.6.2 Notfallerdung in Deutschland 1151
17.1.6.3 Notfallerdung in Tunneln in den Niederlanden 1152
17.1.7 Unregelmäßigkeiten und ihre Erfassung 1154
17.2 Verschleiß und Alterung 1155
17.2.1 Einteilung der Bauteile 1155
17.2.2 Betonmasten und -fundamente 1155
17.2.3 Stahlmasten, Ausleger und andere Trageinrichtungen 1157
17.2.4 Leitungen, Tragseile, Hänger und Stromverbinder 1158
17.2.5 Fahrdrähte 1159
17.2.6 Isolatoren 1162
17.2.7 Trennschalter und Streckentrenner 1164
17.2.8 Stromschienenanlagen 1165
17.3 Instandhaltung 1165
17.3.1 Umfang 1165
17.3.2 Bodennahe Stromschienen 1166
17.3.3 Zuverlässigkeit 1167
17.3.4 Diagnostik 1172
17.3.4.1 Grundlagen 1172
17.3.4.2 Inspektionsplan der Deutschen Bahn 1173
17.3.5 Mess- und Diagnosemittel 1175

17.3.5.1	Allgemeines	1175
17.3.5.2	Messungen der Fahrdrahtlage	1175
17.3.5.3	Optische, kontaktlose Inspektion	1178
17.3.5.4	Messung der Mast- und Seitenhalterneigung	1181
17.3.5.5	Messung der Schichtdicke des Korrosionsschutzes	1182
17.3.5.6	Messung der Leiterzugkräfte	1182
17.3.5.7	Anhubmessung	1184
17.3.5.8	Fahrleitungsüberwachung	1186
17.3.5.9	Messung der Fahrdrahtverschiebung durch Wind	1188
17.3.5.10	Überwachungsanlage für Stromabnehmer	1190
17.3.5.11	Überwachung des Schienenpotenzials in DC-Bahnstromanlagen	1190
17.3.5.12	Temperaturmessungen	1192
17.3.5.13	Wärmebild-Kamera-Diagnose	1193
17.3.5.14	Kontaktkraftmessung	1194
17.3.5.15	Diagnose von Dritte-Schienen-Anlagen	1195
17.3.6	Statistische Erfassung und Auswertung von Störungen	1195
17.3.7	Instandsetzungen	1199
17.4	Recycling und Entsorgung	1200
17.4.1	Demontage	1200
17.4.2	Recyclinggerechtes Aufbereiten und Entsorgen	1200
17.5	Signale der elektrischen Zugförderung	1201
17.6	Lebenszyklus-Betrachtungen	1203
17.7	Literatur	1204

Anhang: Normen   **1209**

Stichwortverzeichnis   **1216**

1 Bahnenergieversorgung

1.0 Symbole und deren Bedeutung

Symbol	Bezeichnung	Einheit
AGP	Abzweigebundene Prüfung	–
Bf	Bahnhof	–
BS	Bremssteller	–
Gkw	Gemeinschaftskraftwerk	–
GS	Synchrongenerator	–
KS	Kurzschließer	–
KST	Kuppelstelle	–
Kw	Kraftwerk	–
L1 (2,3)	Außenleiter	–
M	Drehmoment	kN
MMDC	Multilevel-Direktumrichter (Modular Multilevel Direct Converter)	–
MS	Synchronmotor	–
OL	Oberleitung	–
OLPA	Oberleitungs-Prüfautomatik	–
OLRA	Oberleitungs-Rückspannungsprüfautomatik	–
OLWA	Oberleitungs-Wiedereinschaltautomatik	–
P	Leistung	kW
PWR	Pulsgleichrichter	–
RSS	Regelschutzstrecke	–
RSSA	Regelschutzstreckenautomatik	–
S_K''	Kurschlussleistung des Drehstromnetzes	MVA
S_l	Traktionsleistung	MVA
SP	Schaltposten	–
U_i	inverse Spannung	kV
$U_{\max 1}$	höchste Dauerspannung	V
$U_{\max 2}$	höchste nicht-permanente Spannung	V
$U_{\max 3}$	Überspannungsspitze	V
$U_{\min 1}$	niedrigste Dauerspannung	V
$U_{\min 2}$	niedrigste nicht permanente Spannung	V
U_n	Nennspannung	kV
Ufw	Zentrales Umformerwerk	–
Urw	Zentrales Umrichterwerk	–
Uw	Unterwerk, Umspannwerk	–
ZES	Zentralschaltstelle	–
di/dt	Anstiegsgeschwindigkeit des Stromes	A/s
f	Frequenz	Hz

Symbol	Bezeichnung	Einheit
p	Polpaarzahl	–
n	Drehzahl	1/s, 1/min
n_u	Vielfaches der Nennspannung	–
u_U	Spannungsunsymmetrie	%
4QS	Vierquadrantensteller	–

1.1 Aufgaben der Bahnenergieversorgung

Elektrische Bahnen haben die Aufgabe, Personen und Güter mit Hilfe elektrischer Energie wirtschaftlich und umweltfreundlich zu transportieren. Im Hochgeschwindigkeitsbereich und im städtischen Nahverkehr sind elektrisch angetriebene Züge praktisch alternativlos. Die *Bahnenergieversorgung* soll einen zuverlässigen Bahnbetrieb mit *elektrischen Zügen* ermöglichen und umfasst dabei die Gesamtheit der festen Einrichtungen der elektrischen Traktion [1.1, 1.2]. Die Bahnenergieversorgung lässt sich in *Erzeugung, Übertragung und Verteilung der Bahnenergie* auf elektrische Triebfahrzeuge unterteilen. Die Speisung mobiler Verbraucher über Fahrleitungen stellt den wesentlichen Unterschied zum öffentlichen Stromversorgungsnetz dar. Die Bahnenergie wird entweder in bahneigenen Kraftwerken erzeugt, über bahneigene Netze übertragen und dann in die Traktionsunterwerke eingespeist oder von öffentlichen Netzen bezogen und umgeformt oder direkt in die Traktionsunterwerke eingespeist. Die *Verteilung der Traktionsenergie* führen *Unterwerke* und Fahrleitungen durch.

Dieses Buch widmet sich vorwiegend den *Fahrleitungen*, die einen Teil der *Bahnenergieversorgung* und einen Oberbegriff für Oberleitungen, Dritte Schienen, Stromschienen-Oberleitungen und Sonderfahrleitungen darstellen.

Um die Anforderungen eines zuverlässigen elektrischen Betriebs zu erfüllen, müssen Fahrleitungen
- die für die Traktion erforderliche Leistung am Stromabnehmer der Triebfahrzeuge ununterbrochen bereitstellen,
- anfallende Bremsenergie aufnehmen,
- die Spannungsqualität an den Stromabnehmern der elektrischen Triebfahrzeuge entsprechend den Normvorgaben einhalten.

Die *Bahnbelastung* unterscheidet sich von der Belastung in öffentlichen Energieversorgungen, weil sie ortsveränderlich und sehr zeitabhängig ist.

1.2 Bahnstromarten

Der Begriff *Stromart* wird allgemein verwendet, um die verschiedenen Arten der elektrischen Energieversorgung für die Traktion zu unterscheiden. Die ersten elektrifizierten Bahnen verwendeten Gleichstrom für die Zugförderung (siehe Kapitel 3). Grund hierfür war die für Bahnantriebe günstige hyperbolische Zugkraft-Geschwindigkeits-Charakteristik des Reihenschlusskommutatormotors. Deswegen sind weltweit auch heute noch fast ein Drittel aller elektrischen Bahnen Gleichstrombahnen. Nachteil der Gleichstrom-

1.2 Bahnstromarten

Tabelle 1.1: Nennspannungen und ihre betrieblichen Grenzen für elektrische Bahnen gemäß DIN EN 50 163:2008.

Stromart	$U_{\min 2}$ V	$U_{\min 1}$ V	U_n V	$U_{\max 1}$ V	$U_{\max 2}$ V	$U_{\max 3}$ V
DC 600 V		400	600	720	800	–
DC 750 V		500	750	900	1 000	1 270
DC 1,5 kV		1 000	1 500	1 800	1 950	2 540
DC 3,0 kV		2 000	3 000	3 600	3 900	5 075
AC 15 kV 16,7 Hz	11 000	12 000	15 000	17 250	18 000	24 300
AC 25 kV 50 Hz	17 500	19 000	25 000	27 500	29 000	38 750

U_n Nennspannung
$U_{\min 1}$ niedrigste Dauerspannung
$U_{\min 2}$ niedrigste nicht permanente Spannung, darf während maximal 10 min auftreten
$U_{\max 1}$ höchste Dauerspannung
$U_{\max 2}$ höchste nicht-permanente Spannung, darf während maximal 5 min auftreten
$U_{\max 3}$ Überspannungsspitze von 20 ms Dauer

speisung sind die wegen der fehlenden Transformierbarkeit niedrigen Nennspannungen und die daraus resultierenden großen Ströme zum Übertragen der erforderlichen Traktionsleistungen.

Anfang des zwanzigsten Jahrhunderts begannen daher erste Versuche, die Vorteile des Reihenschlussmotors mit der Transformierbarkeit des Wechselstromes zu verknüpfen. Ziel war damals, einen Reihenschlussmotor als Antriebsmaschine zu verwenden, der mit Einphasenwechselstrom der Frequenz der Landesnetze, in Deutschland und in Mitteleuropa 50 Hz, gespeist werden sollte. Bedingt durch den damaligen technischen Entwicklungsstand ließen sich einige Probleme bei der Nutzung des 50-Hz-Einphasenwechselreihenschlussmotors wie

– enormer Kommutatorverschleiß des 50-Hz-Einphasenreihenschlussmotors durch eine transformatorische Spannung in der eingängigen Schleifenwicklung,
– hohe induktive Beeinflussungen der zur elektrischen Bahn parallel verlaufenden Leitungen,
– unvertretbar große Werte der Spannungsunsymmetrie im speisenden 50-Hz-Drehstromnetz durch die einphasige Entnahme der Bahnleistung

nicht ausräumen. Mannigfaltige Bemühungen führten deswegen in Deutschland und einigen Nachbarländern zu der Stromart *Einphasenwechselstrom* mit der Frequenz $50/3 = 16\,2/3$ Hz, wobei die Elektroenergie einphasig in einem eigenen Bahnnetz erzeugt und übertragen wurde. Drei deutsche Länder führten diese Bahnstromart 1912/1913 ein [1.1, 1.3], die auch später von den anderen deutschen Ländern übernommen wurde. Unabhängig davon führten Entwicklungen in Österreich, Schweiz, Norwegen und Schweden zum gleichen Ergebnis. Die 16-2/3-Hz-Einphasenwechselstromart hat sich auch für die Energieversorgung des elektrischen Hochgeschwindigkeits- und Hochleistungsverkehrs als besonders leistungsfähig und effektiv erwiesen, da sie zentral gespeiste Netze mit durchgeschalteten Oberleitungen ermöglicht. Im Jahr 2000 legten die österreicherischen, die deutschen und Schweizer Eisenbahnen die Sollfrequenz auf 16,7 Hz [1.4]–[1.6] fest. Seither verwenden einige Normen wie DIN EN 50 163 und DIN EN 50 388 diesen Wert

Tabelle 1.2: Stromarten europäischer elektrischer Fern- und Regionalbahnen in Streckenkilometer [1.8].

Land	DC			AC			Gesamt
	1,5 kV	3,0 kV	Andere	15 kV 16,7 Hz	25 kV 50 Hz	Andere	
Belgien	0	2647	0	0	303	0	2950
Bosnien-H.	0	0	0	0	590	0	590
Bulgarien	0	0	0	0	2880	0	2880
Dänemark	172	0	0	0	458	0	630
Deutschland	0	0	505	19231	0	0	19736
Estland	0	133	0	0	0	0	133
Finnland	0	0	0	0	3067	0	3067
Frankreich	5904	0	63	59	9138	0	15164
Georgien	37	0	1562	0	0	0	1599
Griechenland	0	0	0	0	764	0	764
Großbritannien	19	0	2014	0	3345	0	5378
Irland	49	0	0	0	0	0	49
Italien	181	12453	32	0	407	0	13073
Kroatien	0	133	0	0	1066	0	1199
Lettland	0	0	257	0	0	0	257
Litauen	0	0	0	0	122	0	122
Luxemburg	0	19	0	0	243	0	262
Mazedonien	0	0	0	0	223	0	223
Monaco	0	0	0	0	2	0	2
Montenegro	0	0	0	0	169	0	169
Niederlande	0	0	0	0	291	0	291
Norwegen	0	0	0	2700	0	0	2700
Österreich	0	0	0	3526	0	84	3610
Polen	0	11799	0	0	0	0	11799
Portugal	25	0	0	0	1411	0	1436
Rumänien	0	0	0	0	3292	0	3292
Russland[1)]	0	18800	0	0	21500	0	40300
Schweden	65	0	0	7531	0	0	7596
Schweiz	246	0	317	3685	0	469	4718
Serbien	0	0	0	0	1196	0	1196
Slowakei	42	807	6	2	758	0	1615
Slowenien	0	1006	0	0	0	0	1006
Spanien	746	6950	186	0	1347	0	9229
Tschechien	24	1764	0	1	1306	0	3095
Türkei	0	0	0	0	1928	0	1928
Ukraine	0	4930	0	0	4320	0	9250
Ungarn	0	0	0	0	2858	0	2858
Weißrussland	0	0	0	0	874	0	874

[1)] einschließlich asiatischer Teil von Russland

1.2 Bahnstromarten

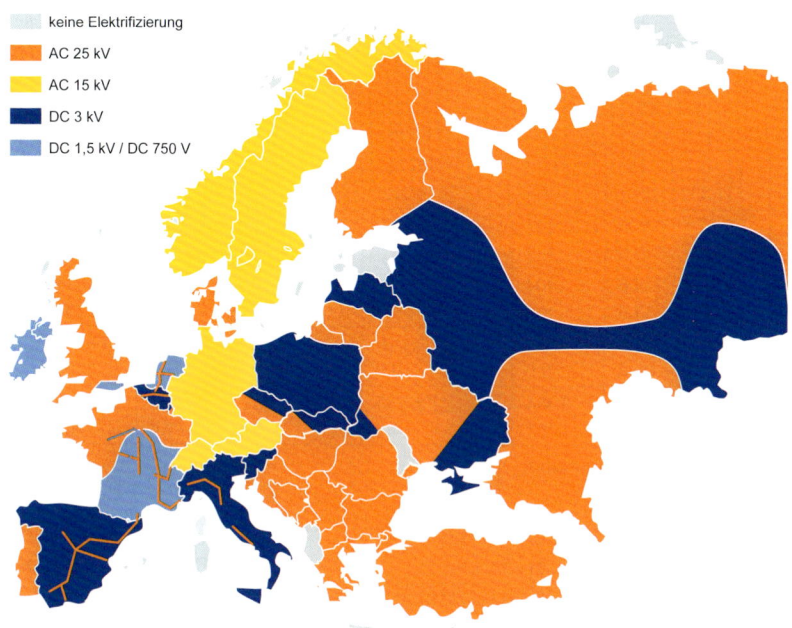

Bild 1.1: Übersicht über Bahnstromarten für Vollbahnen in Europa.
In einzelnen Ländern sind Abweichungen möglich

zur Bezeichnung der Nennfrequenz. Daher wird im Folgenden die Frequenz 16,7 Hz für die Bezeichnung der in Mittel- und Nordeuropa gebräuchlichen Stromart verwendet.

Erste Erfahrungen mit Bahnstrom AC 25 kV 50 Hz wurden in den vierziger Jahren bei der Höllentalbahn gewonnen [1.7] und führten dank des schnellen Fortschritts auf dem Gebiet der Leistungselektronik zur bevorzugten Nutzung dieser Stromart in Ländern, die mit der Elektrifizierung ihrer Bahnen später begannen. Bei Ländern mit Landesfrequenz 60 Hz gilt Entsprechendes.

Die am häufigsten verwendeten Stromarten sind:
- Gleichstrom mit 0,6 kV, 0,75 kV, 1,5 kV und 3 kV
- Wechselstrom 16,7 Hz mit 15 kV
- Wechselstrom 50 Hz mit 25 kV

Tabelle 1.1 zeigt die Nennspannungen zusammen mit ihren betrieblichen Grenzen. Unter Betriebsbedingungen dürfen die Spannungen an den Stromabnehmern zwischen $U_{\min 1}$ und $U_{\max 2}$ schwanken. Spannungen zwischen $U_{\min 1}$ und $U_{\min 2}$ dürfen nicht länger als zwei Minuten und Spannungen zwischen $U_{\max 1}$ und $U_{\max 2}$ nicht länger als fünf Minuten anstehen.

Bild 1.1 und Tabelle 1.2 zeigen Bahnstromarten der Fern- und Regionalbahnen der europäischen Länder. Nach den in [1.8] veröffentlichten Statistiken wurden am Jahresende 2010 weltweit rund 262 000 km elektrisch betrieben, deren Streckenanteile der Tabelle 1.3 zu entnehmen sind.

Tabelle 1.3: Stromarten weltweiter elektrischer Fern- und Regionalbahnen in Streckenkilometer [1.8].

Kontinent		DC			AC			Gesamt
		1,5 kV	3,0 kV	Andere	15 kV 16,7 Hz	25 kV 50 Hz	Andere	
Europa [1]	km	7 510	61 440	4 943	36 735	63 858	553	175 039
	%	4,3	35,1	2,8	21,0	36,5	0,3	100
Asien, Australien	km	8 700	3 800	107	0	51 666	4 628	68 901
	%	12,6	5,5	0,2	0,0	75,0	6,7	100
Amerika	km	0	1 956	304	0	441	815	3 516
	%	0,0	55,6	8,6	0,0	12,6	23,2	100
Afrika	km	62	7 148	0	0	3 716	861	11 787
	%	0,5	60,6	0,0	0,0	31,5	7,3	100
Welt	km	16 272	74 344	5 354	36 735	119 681	6 857	259 243
	%	6,3	28,7	2,1	14,2	46,2	2,6	100

[1] einschließlich asiatischer Teil von Russland

Sonstige Bahnstromarten sind DC 0,6 kV; DC 0,75 kV; DC 0,8 kV; DC 0,85 kV; DC 0,86; DC 0,90 kV; DC 1,0 kV; DC 1,125 kV; DC 1,2 kV; DC 1,25 kV; DC 1,35 kV und DC 3,3 kV, die weltweit 2,1 % Anteil an den elektrifizierten Strecken haben, und AC 11 kV 16,7 Hz; AC 6,5 kV 25 Hz; AC 20 kV 50 Hz; AC 50 kV 50 Hz; AC 20 kV 60 Hz und AC 25 kV 60 Hz, die weltweit 2,6 % Anteil an den elektrifizierten Strecken haben.

Nahverkehrsbahnen nutzen überwiegend DC 600 V, 750 V oder 1 500 V.

Die Systemauswahl und -auslegung von AC- oder DC-Bahnenergieanlagen erfordern umfassende Untersuchungen und Berechnungen auf Grundlage der Strecken-, Fahrzeug- und Betriebsdaten. Sie erstrecken sich auf die elektrische Dimensionierung der Unterwerke und Fahrleitungsanlagen mit:

- System- und Variantenvergleichen
- wirtschaftlicher Auslegung der Anlagen
- Planen von Leistungsreserven für künftige Erweiterungen
- Berechnung des Energieverbrauchs
- Ermittlung der Errichtungskosten

Zur Auslegung von Bahnenergieanlagen lassen sich Simulationsprogramme wie Sitras Sidytrac verwenden [1.9]. Das Zusammenwirken von Bahnenergieanlage mit den Fahrzeugen kann im Prüf- und Validationscenter in Wegberg-Wildenrath (PCW) der Siemens AG verifiziert werden [1.10]. Dort stehen alle gängigen Bahnstromarten zur Verfügung.

1.3 Aufbau der Bahnenergieversorgung

1.3.1 Bereitstellung und Übertragung

Im Bild 1.2 ist der Aufbau für die Bahnenergieversorgung dargestellt. DC-Bahnen und AC-50-Hz-Einphasenwechselstrombahnen entnehmen die Bahnenergie dem Landesnetz; AC-15-kV-16,7-Hz-Bahnen erhalten die Bahnenergie aus

- eigenen Kraftwerken und Übertragung mit eigenen Netzen,

1.3 Aufbau der Bahnenergieversorgung

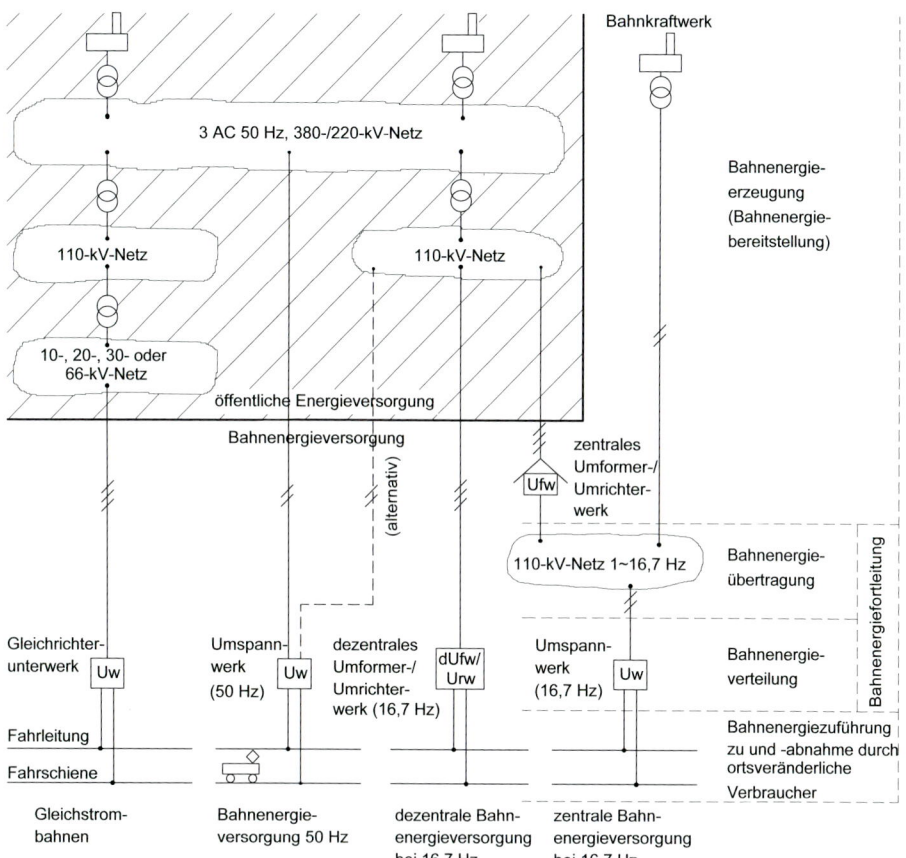

Bild 1.2: Aufbau der Bahnenergieversorgung [1.11].

- dem öffentlichen Netz gespeisten zentralen Umformer- und Umrichterwerken, die in das bahneigene Übertragungsnetz einspeisen oder
- dem öffentlichen Netz gespeisten dezentralen Umformer- oder Umrichterwerken, die direkt das Fahrleitungsnetz speisen.

Wie aus Bild 1.2 hervorgeht, werden die Unterwerke der Gleichstrombahnen aus Drehstromnetzen mit Nennspannungen zwischen 10 kV und 66 kV gespeist. Gleichstromfernbahnen verwenden überwiegend die Nennspannungen 1,5 kV oder 3 kV. Die weit über hundert AC-110-kV-Teilnetze der öffentlichen Stromversorgung in Deutschland sind in der 110-kV-Ebene nicht miteinander verbunden. Diese Maßnahme begrenzt die Kurzschlussströme und vereinfacht den Schutz der Netze. Die übergeordneten 220-kV- oder 380-kV-Netze verbinden das mit 110 kV Nennspannung betriebene Netz. Daher sind alle 110-kV-Netze über die Verknüpfung mit dem Verbundnetz synchronisiert. Dies ist eine wesentliche Voraussetzung für den Parallelbetrieb der dezentralen Bahnenergieversorgung im kleineren Teilnetz der DB.

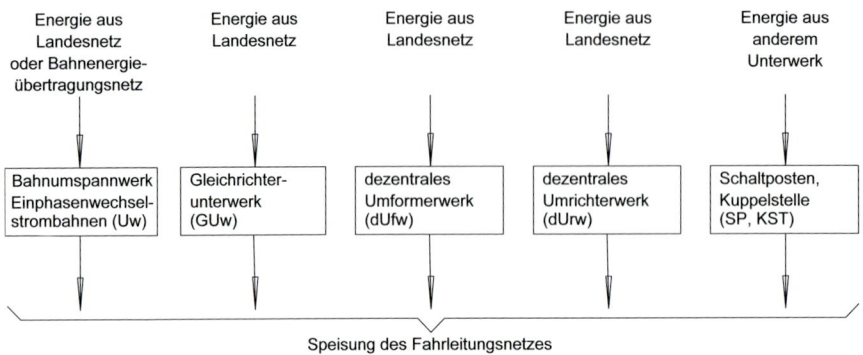

Bild 1.3: Einspeisungen für die Bahnenergieversorgung.

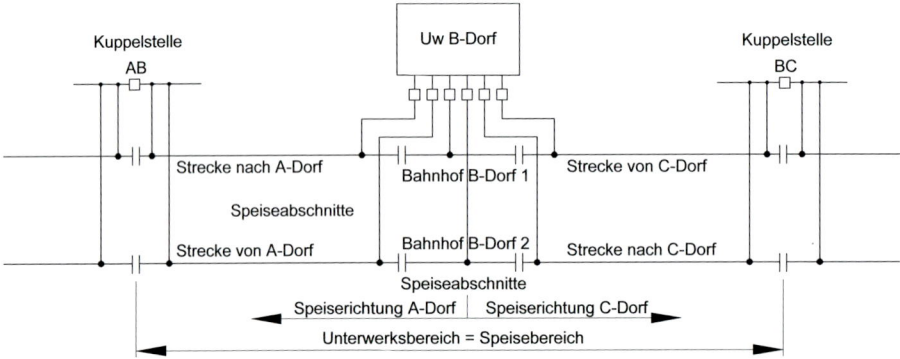

Bild 1.4: Energieversorgung eines dezentral gespeisten Unterwerksbereiches bei Vollbahnen.

1.3.2 Verteilung und Zuführung

Die *Bahnenergieverteilung* dient der Umwandlung der Energie in geeignete Spannungen und Frequenzen für die elektrische Traktion und der Speisung der Fahrleitungen und der Zuführung zu den Verbrauchern. Nach Bild 1.3 lassen sich unterscheiden:

– *Bahnumspannwerke*, im Umgangssprachgebrauch häufig als *Unterwerke* (Uw) bezeichnet, die die Spannung des Übertragungsnetzes in die Nennspannung des Fahrleitungsnetzes umspannen und in die Fahrleitungen einspeisen.

– *Bahngleichrichterunterwerke* (GUw), die bei Gleichstrombahnen den Drehstrom des Landesnetzes in die Nennspannung des Fahrleitungsnetzes umspannen, gleichrichten und die Fahrleitungen speisen.

– *Dezentrale Umformerwerke* (dUfw), die die dreiphasige Energie des 50-Hz-Landesnetzes mit Hilfe rotierender Maschinen in einphasige Energie des 16,7-Hz-Bahnnetzes umwandeln und auf die entsprechende Spannung des Fahrleitungsnetzes umspannen,

- *Dezentrale, statische Umrichterwerke* (dUrw), die die gleiche Funktion wie dezentrale Umformerwerke haben, aber mit Komponenten der Leistungselektronik anstelle der rotierenden Maschinen ausgerüstet sind,
- Schaltposten und *Kuppelstellen* verwenden einen oder mehrere Leistungsschalter, um die Längs- und Querkupplung der Fahrleitungsabschnitte herzustellen und so die Spannungsfälle und Verluste im Fahrleitungsnetz zu verkleinern. Über die Fahrleitung verbinden sie Unterwerksabschnitte oder speisen abgehende Strecken einseitig. Dies ermöglicht den selektiven Schutz der Fahrleitung und die Rückleitung der erzeugten Bremsenergie in andere Streckenabschnitte mit Verbrauchern oder Unterwerken.

In Bild 1.4 ist am Beispiel einer dezentral gespeisten Wechselstrombahn die Energieverteilung durch Unterwerke dargestellt. Der Begriff *Speisebereich* bezeichnet dabei die Gesamtheit aller von einem Unterwerk im regulären Betrieb gespeisten Abschnitte. Ein *neutraler Abschnitt* ist ein Teil der Fahrleitungsanlage, der angrenzende Speiseabschnitte so trennt, dass sich diese nicht durch Stromabnehmer elektrischer Fahrzeuge überbrücken lassen.

Schaltabschnitte und *Schaltgruppen* in den Unterwerksbereichen sind durch Streckentrennungen oder Streckentrenner elektrisch abtrennbar, die im Grundschaltzustand durch Oberleitungsschalter überbrückt und beim Befahren mit dem Stromabnehmer der Triebfahrzeuge kurzzeitig verbunden sind.

1.4 Gleichstrombahnnetze

1.4.1 Allgemeines

Weltweit sind heute noch ungefähr ein Drittel aller elektrischen Vollbahnen *Gleichstrombahnen*. Von den im Nahverkehr verwendeten Nennspannungen bis DC 1,5 kV sind die Spannungen 0,6 kV und 0,75 kV am meisten verbreitet. Dabei liegen die Abstände der Unterwerke bei 1,5 bis 6 km. Bei Fernbahnen findet man DC 1,5 kV und DC 3 kV mit Unterwerksabständen bis 20 km. Die Leistungen von Gleichstromunterwerken reichen bei Straßenbahnen bis 3 MW und bei Massentransportanlagen und Vollbahnen bis 20 MW.

Die aus dem Landesnetz anstehende dreiphasige Spannung formt das *Gleichrichterunterwerk* in Gleichspannung der jeweiligen Nennspannung des Fahrleitungsnetzes um. Als Gleichrichter wurden früher sechspulsige und werden heute vorwiegend 12- und 24-pulsige Stromrichter verwendet.

Die einzelnen Speisebereiche der Gleichstrombahnen sind in der Fahrleitung durch Streckentrenner getrennt und über die Sammelschienen der Unterwerke durchgeschaltet. Die Schaltanlagen in Gleichrichterunterwerken sind fabrikfertige Einheiten, die meist für die Belastungsklasse VI nach DIN EN 60 146-1-3 bemessen sind. Aus Bild 1.5 ist der Aufbau eines Gleichstromunterwerkes einer Straßenbahn ersichtlich. Besondere Sorgfalt beim Errichten und Betreiben der Gleichstrombahnen ist der Triebstromrückführung zu widmen, um Gefährdungen durch Schienenpotenziale und die *Streustromkorrosion* zu vermeiden. Nähere Ausführungen hierzu finden sich im Abschnitt 6.5.

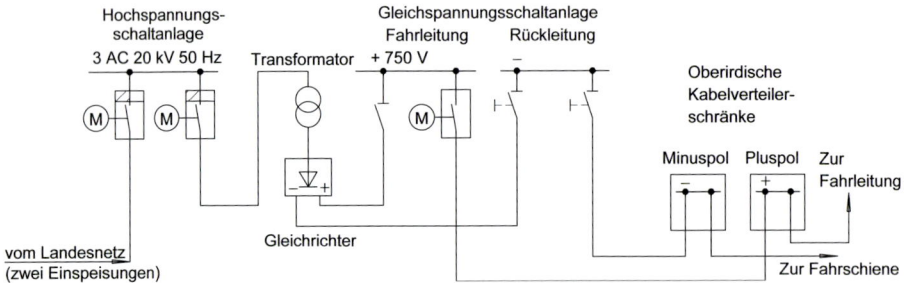

Bild 1.5: Aufbau eines Gleichstromunterwerks einer Straßenbahn.

1.4.2 Metro Ankaray in Ankara

1.4.2.1 Streckenversorgung und Schaltung

Die Ankaray-Untergrundbahn in Ankara (Türkei) stellt ein typisches Beispiel für eine Speisung mit DC 0,75 kV dar. Die Strecke ist 9 km lang und hat 11 Stationen. Die Fahrzeuge verkehren mit 120 s Zugfolge und *Seitenstromschienen* versorgen die Züge. Die Anfahrströme erreichen 3 000 A. Die installierte Traktionsleistung beträgt rund 1,2 MW pro km.

Die städtische Energieversorgung stellt mit zwei Speisestationen an beiden Streckenenden die elektrische Energie aus dem 154-kV-Netz bereit (Bild 1.6). Die Transformatoren 154/34 kV speisen den 34-kV-Mittelspannungsring zur Versorgung der Gleichrichterunterwerke und der Bahnhöfe über weitere Transformatoren und einen 10-kV-Mittelspannungsring.

Die vier 2,5-MW-*Gleichrichterunterwerke* stellen die Gleichspannung DC 750 V für die Hauptstrecke bereit. Der maximale Unterwerksabstand beträgt rund 2,8 km. Ein eigenes Gleichrichterunterwerk versorgt die Depot- und Instandhaltungsanlagen. Diese sind von der Hauptstrecke am Tunneleingang durch Isolation der Schienen sowie Lücken in den Stromschienen getrennt. Dadurch war es möglich, die Schienen im Depot mit der Schutzerde der Depot-Erdungsanlage zu verbinden.

Die Fahrschienen der Hauptstrecke sind zur Vermeidung von *Streuströmen* gegenüber der *Tunnelerdungsanlage* isoliert verlegt. Damit treten aufgrund der Bahnrückströme Längsspannungen in den Fahrschienen auf, die ein erhöhtes Gleis-Erde-Potenzial und damit Potenzialdifferenzen zu den Bahnsteigen zur Folge haben. *Kurzschließer* vom Typ SCD (Short Circuiting Device) zwischen den Fahrschienen und der Erdungsanlage vermeiden unzulässige Berührungsspannungen, die beim gleichzeitigen Anfahren mehrerer Fahrzeuge sonst nicht auszuschließen wären. Nach rund 10 Sekunden öffnen die Kurzschließer und reaktivieren die Überwachungsfunktion.

1.4.2.2 Unterwerke und Komponenten

Bild 1.7 zeigt den Übersichtsschaltplan eines Unterwerkes für AC 34,5 kV/DC 750 V, das über eine Mittelspannungsschaltanlage an den 34-kV-Mittelspannungsring angeschlos-

1.4 Gleichstrombahnnetze

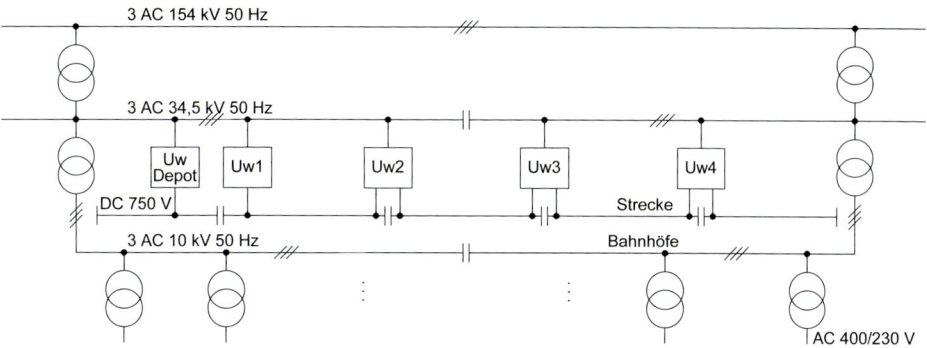

Bild 1.6: Strecken- und Bahnhofsspeisung für die Metro Ankaray in Ankara/Türkei.

sen ist. Die Mittelspannungsanlage umfasst zwei Leistungsschalter zur Durchverbindung des Kabelringes, die AC-Leistungsschalter für den Stromrichtertransformator und den Transformator für die Gebäudeversorgung des benachbarten Bahnhofs und die erforderlichen Messwerterfassungen. Der *Stromrichtertransformator* in Gießharzausführung besitzt zwei Sekundärwicklungen, die um 30° versetzte Spannungen liefern. An jede Sekundärwicklung ist ein *Diodengleichrichter* in *Drehstrom-Brückenschaltung* angeschlossen, so dass auf der Gleichstromseite eine zwölfpulsige Gleichspannung entsteht.

Der Pluspol speist über zwei Streckenabzweige mit Gleichstromleistungsschaltern und Trennschaltern in die Fahrleitungen links und rechts des Unterwerks ein, wogegen der Minuspol über die Rückleitung mit den Gleisen verbunden ist. Eine Streckentrennung lässt sich in der Fahrleitung vor dem Unterwerk für Instandhaltungszwecke oder Störfälle durch die Trennschalter Q24 überbrücken. Der Schutz erfasst Kurzschlüsse selektiv durch Messung der absoluten Stromwerte, des Anstiegs di/dt und der Sprunghöhe. *Gleichstromschnellschalter* mit *Löschkammern* schalten die Kurzschlussströme der Strecke nach der Auslösung durch den Streckenschutz ab.

1.4.3 Speisung mit DC 3,0 kV in Spanien

1.4.3.1 Einführung

Das Netz des Infrastrukturbetreibers ADIF in Spanien ist rund 13 000 km lang. Davon sind rund 7 700 km elektrifiziert. Die elektrifizierten Strecken mit der spanischen Spurweite 1 668 mm sind mit DC 3,0 kV ausgerüstet. Insgesamt umfasst dieses Netz rund 6 500 km, wovon rund 2 900 km der Strecken zweigleisig und 3 600 km eingleisig sind. 330 Unterwerke versorgen diese Strecken. Vierzehn Fernsteuerzentralen steuern den elektrischen Betrieb. Hochspannungsseitig sind die Unterwerke an das 50-Hz-Landesnetz mit Spannungen zwischen 15 kV und 66 kV angeschlossen.

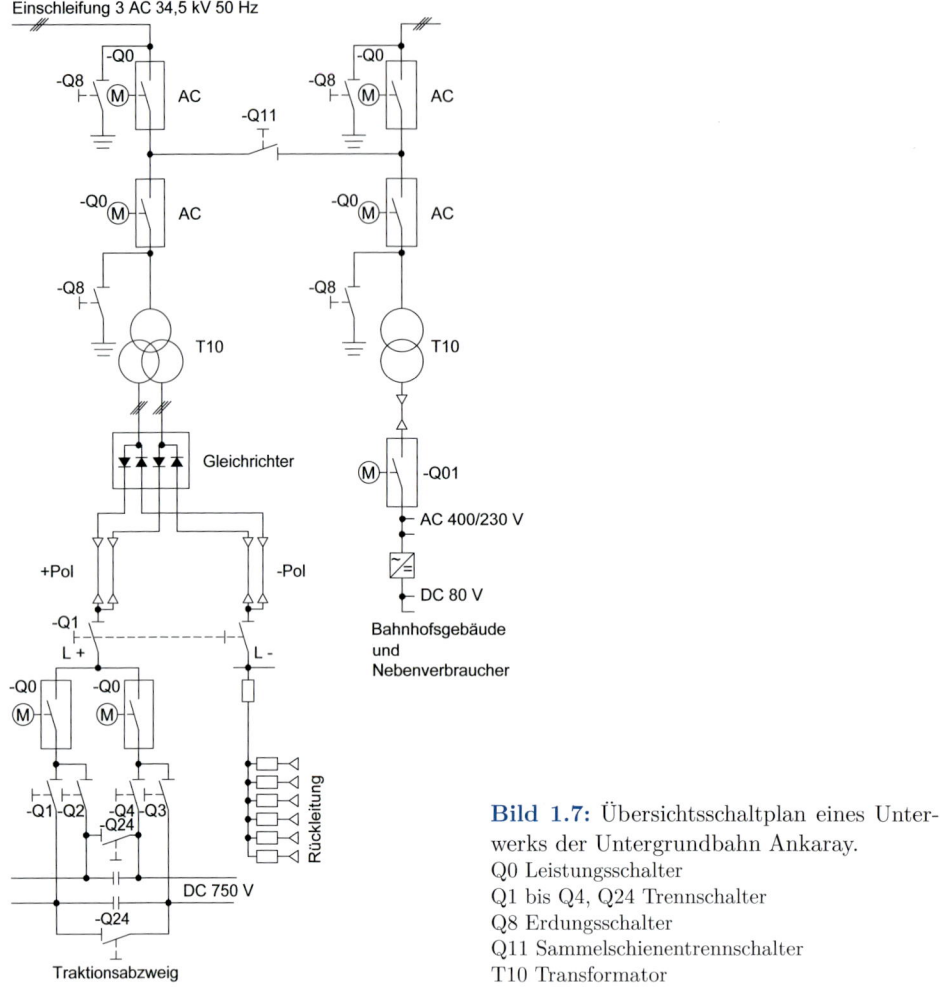

Bild 1.7: Übersichtsschaltplan eines Unterwerks der Untergrundbahn Ankaray.
Q0 Leistungsschalter
Q1 bis Q4, Q24 Trennschalter
Q8 Erdungsschalter
Q11 Sammelschienentrennschalter
T10 Transformator

1.4.3.2 Unterwerke

Bild 1.8 zeigt den Übersichtsschaltplan eines Gleichrichterunterwerkes zur Versorgung einer eingleisigen Strecke mit DC 3,0 kV.
Das Unterwerk verfügt über
- zwei Einspeisungen,
- zwei Transformatorgleichrichtergruppen mit je 6,6 MVA Leistung, eine davon ist dargestellt,
- drei oder sechs Oberleitungsabzweige, je nach der Versorgung einer eingleisigen oder zweigleisigen Strecke,
- einen Transformator zur Speisung der Signaltechnik mit AC 50 Hz 2,2 kV und 25 kVA Leistung sowie einen Hilfstransformator, die im Bild nicht gezeigt sind.

1.4 Gleichstrombahnnetze

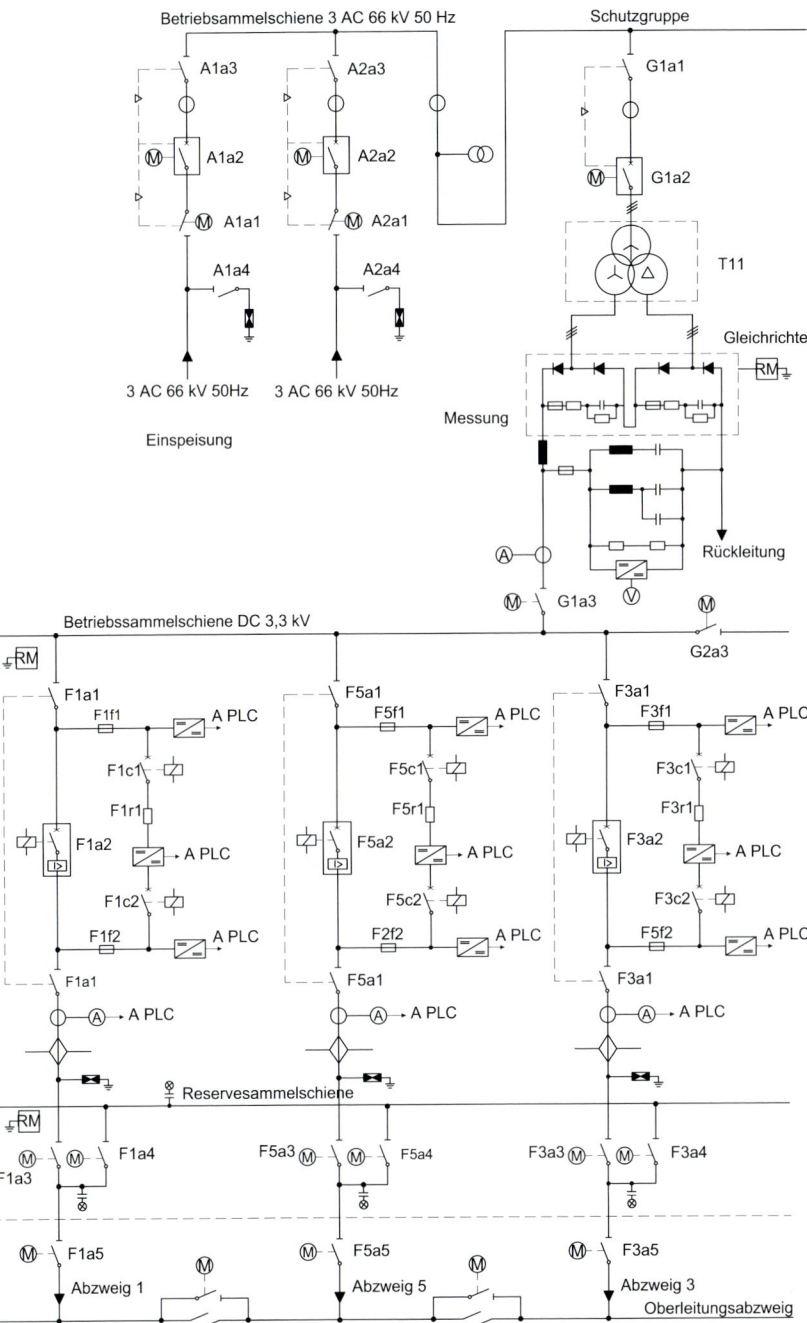

Bild 1.8: Übersichtsschaltplan für ein DC-3-kV-Unterwerk der ADIF.

Jede Einspeisung besitzt einen Leistungsschalter und speist auf die 66-kV-Sammelschiene. Die Messeinrichtung für die Leistung und Energie schließt sich an. Die Energieversorgungsunternehmen können über eine gemeinsame Übertragungseinheit den Energieverbrauch der Unterwerke überwachen. Diese Messeinrichtungen, erst nach der Liberalisierung der elektrischen Energieversorgung eingebaut, ermöglichen es der ADIF, günstigere Preise für die Energieversorgung zu erzielen.

Die Leistungstransformatoren T11 mit je 6,6 MVA haben einen Primärkreis und zwei Sekundärkreise. Ein Sekundärkreis ist jeweils in Sternschaltung und der andere in Dreieckschaltung angeschlossen, sodass ein Unterschied zwischen den Außenleitern von 60° erreicht wird. Jeder Sekundärkreis speist einen ungesteuerten, dreiphasigen Zweiwegebrückengleichrichter der Bauart Graetz mit der Ausgangsspannung DC 1,5 kV. Deren Reihenschaltung führt zur Ausgangsspannung DC 3,0 kV und zu einer zwölfpulsigen Gleichrichtung.

Zur Glättung des Ausgangsstroms ist am Pluspol des Gleichrichters eine Drossel mit rund 0,3 mH Induktivität angeschlossen. Zwischen dem positiven und negativen Pol der Gleichrichter sind zwei Oberschwingungsfilter mit den Frequenzen 600 bzw. 1 200 Hz angeordnet. Der Oberschwingungsfilter besteht aus einer Drossel und einem Kondensator.

Jeder Gleichrichterausgang ist über einen motorgetriebenen Trennschalter an einen Sammelschienenabschnitt angeschlossen. Die einzelnen Sammelschienenabschnitte lassen sich über Trennschalter verbinden. Im Normalbetrieb speist einer der Sammelschienenabschnitte die Streckenabschnitte links, der andere Sammelschienenabschnitt die rechts des Unterwerks über Oberleitungsabzweige mit Trenn- und Leistungsschaltern. Mit dieser Schaltung wird die Kurzschlussleistung begrenzt. Jeder Speiseabzweig verfügt über die erforderlichen Prüfeinrichtungen. Oberleitungstrennschalter zur Überbrückung der Streckentrennungen und die Reservesammelschiene ermöglichen Ersatzspeisungen für Instandhaltungs- und Störfälle.

1.4.3.3 Steuerung und Schutz

Ließen sich die Unterwerke bis 1992 über dezentrale Steuertafeln mit Relais und Tastern steuern, führte ab 1992 der Einbau von programmierbaren Steuerungen zunächst im Master-Slave-Betrieb zur weiteren Zentralisierung der *Steuerung der Unterwerke*.

Im Jahr 1997 begann eine neue Epoche der Steuerung der Unterwerke: Von der zentralen Steuerung wurde zur verteilten Steuerung übergegangen, wobei jede Funktionsgruppe des Unterwerks eine programmierbare Steuerung erhielt. Diese Steuerungseinheiten sind durch ein Kommunikationsnetzwerk mit Punkt-zu-Punkt-Übertragung und ein MByte/s Übertragungsgeschwindigkeit für den Informationsaustausch sowie für die Datenübertragung mit der Fernsteuerzentrale verbunden.

Am Unterwerk sind *Schutzeinrichtungen* vorhanden gegen

- Überstrom und Kurzschluss in jeder Einspeisung,
- Überspannung, Kurzschluss und Erdschluss, gegen das Schmelzen der Gleichrichtersicherungen, gegen erhöhte Temperatur sowie Buchholz- und Ölstandsschutz in jeder der Transformatorgleichrichtergruppen,

– Überspannung, Überstrom und Kurzschluss in jedem der Oberleitungsabzweige.

In den Unterwerken befinden sich folgende Funktionsgruppen:
- Einspeisungen
- Hilfsbetriebe
- Traktionsleistungsgruppe mit den Transformator-Gleichrichtern
- Oberleitungsabzweige
- Schutzeinrichtung

Zusätzlich zu den Funktionsgruppen sind noch weitere Steuer- und Überwachungselemente vorhanden:
- Fernwirkmodul für den Informationsaustausch mit der Fernsteuerzentrale
- Stationsleittechnik
- Parametrierungen und Ortssteuereinrichtungen
- Verwaltung der Schutzgeräte

Diese *verteilte Steuerung*, die jede Funktionsgruppe überwacht, erhöht die Betriebszuverlässigkeit eines jeden Unterwerks.

1.5 AC-16,7-Hz-Bahnnetze

1.5.1 Energieerzeugung

Einphasenwechselstrom mit der Sonderfrequenz 16,7 Hz kann durch *Einphasengeneratoren* erzeugt werden. Zwischen der Frequenz f, der Polpaarzahl p und der Drehzahl n eines Generators besteht der Zusammenhang $f = p \cdot n$. Da die niedrigste mögliche Polpaarzahl 1 ist, erhält man für die höchste Drehzahl, mit der ein 16,7-Hz-Generator angetrieben werden kann, $n = 16{,}7\,\text{s}^{-1}$ oder $n = 16{,}7 \cdot 1\,\text{s}^{-1} \cdot 60\,\text{min}^{-1}/\text{s}^{-1} = 1\,000\,\text{min}^{-1}$. Leistung P und Drehzahl n sind mit dem Moment M gemäß $P = M \cdot n$ verknüpft. Beim Vergleich von 50-Hz- und 16,7-Hz-Generatoren ist zu erkennen, dass ein dreimal größeres Moment erforderlich ist, um bei 16,7 Hz gleiche Leistung zu erreichen. Ein dreifaches Moment bedeutet aber dreifache Abmessungen. Die Generatoren des Landesnetzes sind Dreiphasen-Drehstrom-Generatoren. Die bei der Bahnenergieversorgung mit der Frequenz 16,7 Hz verwendeten Generatoren sind Einphasen-Generatoren. Wegen des Fehlens von zwei Wicklungen wird das Ständerblechpaket bei 16,7 Hz um den Faktor $\sqrt{3}$ weniger gut genutzt. Eine 16,7-Hz-Einphasenmaschine ist deswegen vom Grundsatz her im Volumen $3 \cdot \sqrt{3} = 5{,}2$-mal größer als ein 50-Hz-Drehstromgenerator gleicher Leistung. Reale Werte liegen beim 4,5fachen. Der größte 16,7-Hz-Einphasengenerator mit 187,5 MVA Nennleistung im stillgelegten KKW Neckarwestheim besitzt die gleichen Maße wie ein 850-MVA-Generator des 50-Hz-Drehstromnetzes.

Der aus dem 50-Hz-Drehstromnetz gespeiste Motor, der über eine mechanische Kupplung einen 16,7-Hz-Einphasengeneratoren antreibt wird als *rotierender Umformer* bezeichnet. Bezüglich des Frequenzverhältnisses von 50 Hz auf 16,7 Hz sind *elastische* und *starre Umformer* zu unterscheiden. Elastische Umformer verwenden Asynchronmotoren und werden auch als *Asynchron-Synchron-Umformer* bezeichnet. Durch einen frequenz- und damit drehzahlvariablen Antrieb mit dem Asynchronmotor ist ein Parallelbetrieb

Bild 1.9: Dezentrale Umformerwerk (dUfw) (Fotos: DB Energie, T. Groh).
a) 110-kV-Schaltanlage, b) Umformerstand, c) für den Transport vorbereiteter Umformer, d) Verbindungswelle zwischen Motor und Generator, e) 15-kV-Leitungsabgänge

1.5 AC-16,7-Hz-Bahnnetze

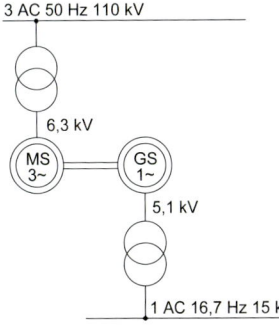

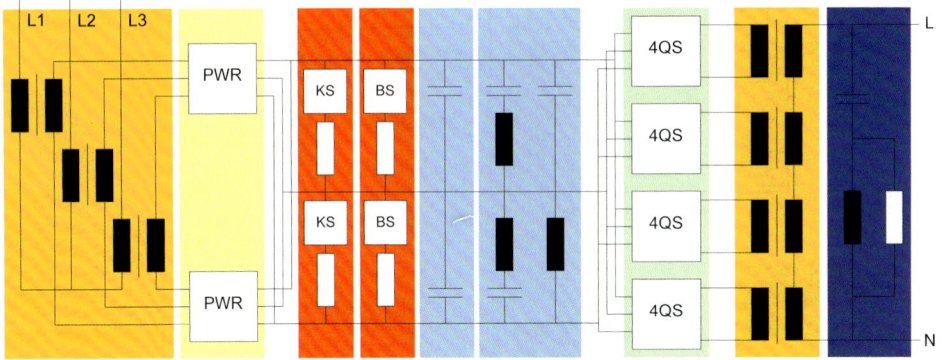

Bild 1.10: Aufbau eines dezentralen Umformerwerkes mit Synchron-Synchron-Umformern, d. h. starren Umformern. MS Synchronmotor, GS Synchrongenerator

Bild 1.11: Prinzipschaltbild eines Gleichspannungs-Zwischenkreisumrichters in Dreipunktschaltung. PWR Pulsgleichrichter, KS Kurzschließer, BS Bremssteller, 4QS Vierquadrantensteller

von elastischen Umformern mit Bahnkraftwerken möglich. Elastische Umformer werden zum Abdecken von Belastungsspitzen in zentral versorgten Netzen verwendet. Die Leistungen von elastischen Umformern liegen zwischen 10,7 und 50 MVA.

Starre Umformer sind *Synchron-Synchron-Umformer*. Aus Vorfertigungs- und Revisionsgründen sind sie meist fahrbar ausgeführt (Bild 1.9). Damit sie das Lichtraumprofil der Eisenbahnen nicht überschreiten, sind ihre Maße und damit die Leistung auf 10 MVA begrenzt [1.11]. In dezentralen Umformerwerken (dUfw) sind zwei bis vier dieser Synchron-Synchron-Umformer eingesetzt. Die dUfw vereinen in einer räumlichen Einheit zwei Funktionen:

- *Frequenzumformung* von 50 Hz auf 16,7 Hz
- Verteilung der 16,7-Hz-Energie über Sammelschienen und Streckenabzweige auf die Oberleitungsanlage (Bild 1.10)

Rotierende Umformer werden zunehmend durch *statische Umrichter* ersetzt [1.12, 1.13]. Es wird unterschieden zwischen Umrichtern mit einem Gleichstromzwischenkreis und Direktumrichtern, die Energie in nur einem Schritt ohne Zwischenkreis umwandeln. Die ersten Umrichter waren netzgeführte Direktumrichter, die bis Anfang der 90er Jahre gebaut wurden. Sie haben einen hohen Wirkungsgrad, führten aber zu pulsierenden Belastungen der Drehstromnetze und Einkopplung von Oberschwingungen.

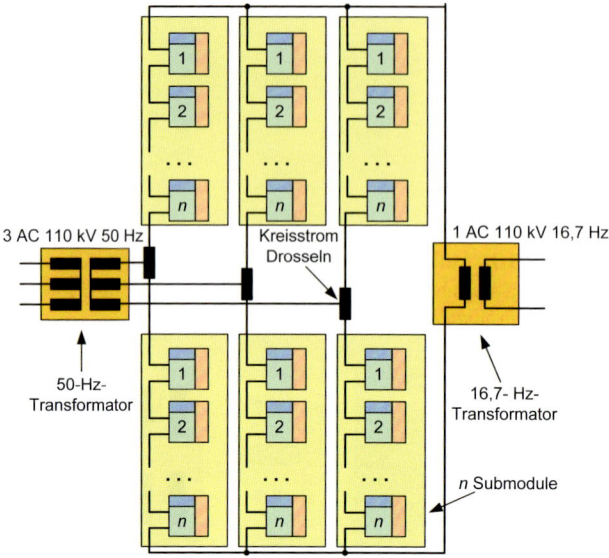

Bild 1.12: Prinzipschaltbild eines Umrichters in MMDC-Technologie [1.15].

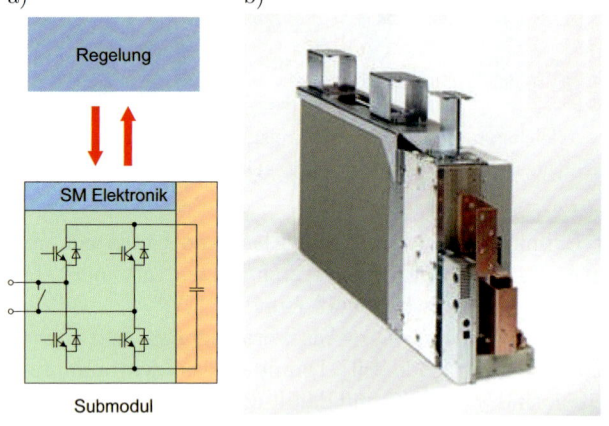

Bild 1.13: Submodul mit Kondensator [1.15].
a) Schaltbild
b) Ausführung

Statische Umrichter mit Gleichstromzwischenkreis (Bild 1.11) wurden in den 80er und 90er Jahren entwickelt und z. B. in den USA in Richmond mit 5×45 MVA, in Norwegen, Schweden und Deutschland errichtet. Die netzgeführten oder Pulsgleichrichter (PWR) wandeln die dreiphasige Spannung des Drehstromnetzes in Gleichspannung um. Vierquadrantensteller (4QS) erzeugen daraus die einphasige Bahnnetzspannung. Der Zwischenkreis entkoppelt mit Kondensatoren und Saugkreisen die beiden Netze [1.14].

Für zentrale und dezentrale Umrichterwerke entwickelte Siemens einen modularen, selbstgeführten *Multilevel-Direktumrichter* (MMDC – Modular Multilevel Direct Converter). Anders als bisher bekannte, fremdgeführte Direktumrichter formt er die Energie nahezu ohne Netzrückwirkungen um [1.15].

1.5 AC-16,7-Hz-Bahnnetze

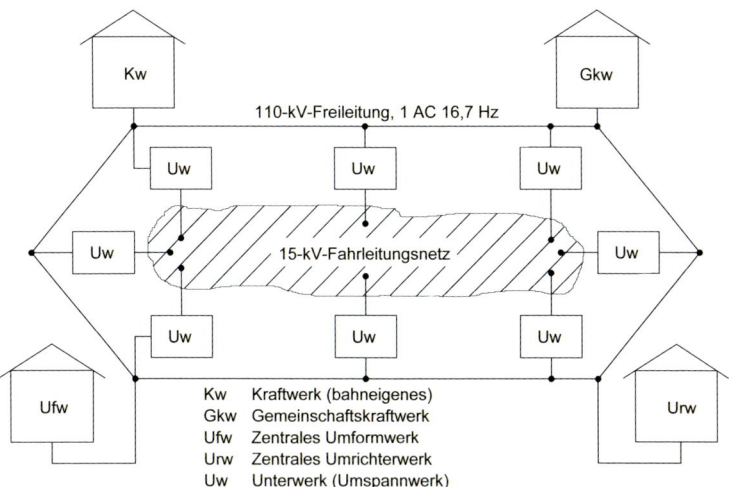

Bild 1.14: Grundsätzlicher Aufbau der zentralen AC-Bahnenergieversorgung mit AC 15 kV 16,7 Hz.

Dafür werden mehrere Stromrichtermodule pro Phase als schaltbare Spannungsquellen in Reihe geschaltet (Bild 1.12). Sie sind als Vollbrückenmodule ausgeführt und bestehen aus IGBT-Leistungshalbleitern mit integrierten Freilaufdioden, Kondensator, Steuer- und Überwachungselektronik als eigenständige Einheiten (Bild 1.13).
Aufgrund der Modulbauweise ist die im Umrichter gespeicherte Energie auf viele Submodule verteilt. Bei einem Halbleiterschaden wird nur das betroffene Submodul kurzgeschlossen und der Umrichter ohne Unterbrechung weiter betrieben. Durch Reihenschaltung der Module kann auf spannungssummierende Trafoschaltungen verzichtet und direkt in die Oberleitung eingespeist werden. Weitere Vorteile der MMDC wie der Entfall der Saugkreise, Entkopplung der Netze, bessere Beherrschung von Netzfehlern und Kurzschlussstrombegrenzung sind in [1.15] beschrieben. Der erste MMDC mit zwei 37,5-MVA-Umrichterblöcken zur Speisung des 110-kV-Netzes der DB wurde in Nürnberg-Gebersdorf im Auftrag der E.ON AG errichtet und 2012 in Betrieb genommen. Weitere MMDC speisen die dezentralen Bahnstromnetze der DB (siehe Abschnitt 1.5.3.1) und die Bahnnetze in Schweden.

1.5.2 16,7-Hz-Bahnenergienetze in Europa

Entwicklungsbedingt bildeten sich in Europa zwei Arten der 16,7-Hz-Netze zur Bahnenergieversorgung heraus. Seit 1913 gibt es in Deutschland, Österreich und der Schweiz die *zentrale Bahnenergieversorgung* (Bild 1.14) mit:
  – *Erzeugung* der Einphasenenergie in 16,7-Hz-Einphasengeneratoren, die in Wasser-, Wärme- und Kernkraftwerken installiert sind und durch Wasser- oder Dampfturbinen angetrieben werden, sowie rotierende oder statische Umformer, die aus dem öffentlichen Netz gespeist werden.

– *Übertragung der elektrischen Energie* über 110- oder 132-kV-Freileitungsnetze mit der Frequenz 16,7 Hz von den Kraftwerken zu den Unterwerken. Diese einphasigen Freileitungen sind meist mit zwei Stromkreisen bestückt mit je einem Hin- und einem Rückleiter.
– *Verteilung der Traktionsenergie* über Bahnumspannwerke, die die Spannung von 110 kV oder 132 kV auf die Fahrleitungsspannung 15 kV transformieren.
– *Einspeisung* der einphasigen 16,7-Hz-Energie über Leistungsschalter in die Abzweige der Unterwerke zu den einzelnen Speiseabschnitten der Fahrleitung.

Wesentliches Merkmal der *dezentralen Bahnenergieversorgung*, die seit 1921 in Norwegen, seit 1926 in Schweden und seit 1968 in einem Teilnetz der Deutschen Reichsbahn (DR), seit 1994 DB, betrieben wird, sind *dezentrale Umformerwerke* (dUfw).
Die beiden Arten der einphasigen Bahnenergienetze mit der Frequenz 16,7 Hz weichen in ihren Eigenschaften voneinander ab. Sowohl zentrale als auch dezentrale Energieversorgung sind in der Lage, die Züge zuverlässig und mit den geforderten Qualitätsparametern mit Energie zu versorgen [1.16]. Über achtzig Jahre elektrische Zugförderung auf 20 000 km zentral versorgter Eisenbahnstrecken sowie über siebzig Jahre elektrische Traktion auf 13 000 Streckenkilometern dezentral versorgter Strecken belegen die Verlässlichkeit der beiden 16,7-Hz-Bahnenergieversorgungsarten.
Bedingt durch die großen kurzzeitigen Belastungsspitzen in den dUfw sind in Deutschland hohe Leistungspreise für die aus dem AC-50-Hz-Drehstromnetz entnommene Energie zu entrichten. Dieser energiewirtschaftliche Nachteil im Vergleich zur zentralen 16,7-Hz-Energieerzeugung und -übertragung im 110-kV-Netz führten zur Entscheidung, den zentralen Versorgungsbereich bei der DB auszubauen.

1.5.3 16,7-Hz-Bahnenergieversorgung der DB AG

1.5.3.1 Energieerzeugung

Bei der DB AG wurde die *16,7-Hz-Bahnenergie* im Jahr 2011 [1.17] erzeugt in
– sieben zentralen Wärmekraftwerken mit 988 MW,
– fünf zentralen und zwei dezentralen Wasserkraftwerken mit 347 MW,
– zehn zentralen und zwölf dezentralen Umformerwerken mit 399 bzw. 304 MW,
– elf zentralen und drei dezentralen Umrichterwerken mit 853 bzw. 90 MW.

Damit waren im DB-Netz 2 981 MW Erzeugungsleistung installiert, davon im zentralen Netz 2 587 MW und im dezentralen Netz 394 MW. Einmalig ist das für die Deckung von Belastungsspitzen im Bahnnetz dienende *Pumpspeicherwerk* in Langenprozelten mit zwei 16,7-Hz-Einphasengeneratoren mit je 75 MW Leistung. Die installierte Leistung in den Umformerwerken des dezentralen Bahnnetzes (dUfw) betrug im Jahr 2010 304 MW. Die Leistung der statischen Umrichterwerke, die teilweise dUfw ablösen oder das zentrale Bahnstromnetz speisen, betrug 943 MW.
In den Jahren seit 1990 wurden zunehmend Umrichterwerke im zentralen und dezentralen Netz der DB errichtet, so in Bremen, Karlsfeld und Jübeck [1.18]. Aufgrund guter Erfahrungen mit statischen Umrichtern hatte die DB Ende der 90er Jahre ein Standardumrichterkonzept auf Basis von 18,75-MVA/15-MW-Umrichtermodulen vor-

1.5 AC-16,7-Hz-Bahnnetze

Bild 1.15: Zentrales modulares Multilevel-Direktumrichterwerk Nürnberg.

gegeben [1.19]–[1.21], um den Planungs- und Errichtungsaufwand für neue Umrichter zu verringern. Die Umrichter- und Sekundärtechnik wird bei diesem Konzept in semiportablen Containern untergebracht. Das Konzept fand u. a. Verwendung im dUrw Düsseldorf, im dUrw Wolkramshausen und im dUrw Thyrow. Herstellerabhängig wurden die Umrichter mit GTO oder IGC-Thyristoren (Integrated Gate Commutated) sowie mit Gleichstromzwischenkreis ausgerüstet.

Das mit 413 MVA bisher leistungsstärkste statische Umrichterwerk wurde in Datteln gebaut [1.22]. Es besteht aus vier 103-MVA-Umrichterblöcken mit je vier Umrichtereinheiten, die von der 400-kV-Schaltanlage des Kraftwerks Datteln versorgt und in das zentrale 110-kV-Bahnstromnetz der DB einspeisen werden. Durch das gewählte Transformatoren- und Schaltungskonzept sind auf der Eingangseite 17 und auf der Ausgangsseite 65 verschiedene Spannungszustände möglich. Aufgrund ihrer Multilevelausführung erfordern die Umrichter keine Filter. Die acht 16,7-Hz/55-kV-Transformatoren besitzen je 16 Durchführungen, die Drehstromtransformatoren je 24 auf der Sekundärseite. Da das dUrw Datteln als Ersatz für die früheren rotierenden Grundlasterzeuger am Standort vorgesehen ist, wird seine Wirkleistung auf einen vorgegebenen Sollwert geregelt.

Das erste modulare *Multilevel-Direktumrichterwerk* für die Einspeisung in das 110-kV-Netz der DB in Nürnberg-Gebersdorf (Bild 1.15) besteht aus zwei Blöcken zu je 37,5 MVA, die von einer 110-kV-Drehstromschaltanlage über 800 m lange Kabel versorgt werden und über die 110-kV-Schaltanlage des benachbarten DB-Unterwerkes Nürnberg-Neu in das zentrale 110-kV-16,7-Hz-Bahnstromnetz einspeisen. Das Umrichterwerk hat 34×27 m Grundfläche und einen nur geringen Lärmpegel, der trotz des nahen Wohngebietes keine Schallschutzmaßnahmen erfordert. Die dezentralen Umformerwerke in Rostock, Adamsdorf, Frankfurt/Oder und Cottbus wurden ab 2012 durch dezentrale Umrichterwerke in MMDC-Technologie ersetzt.

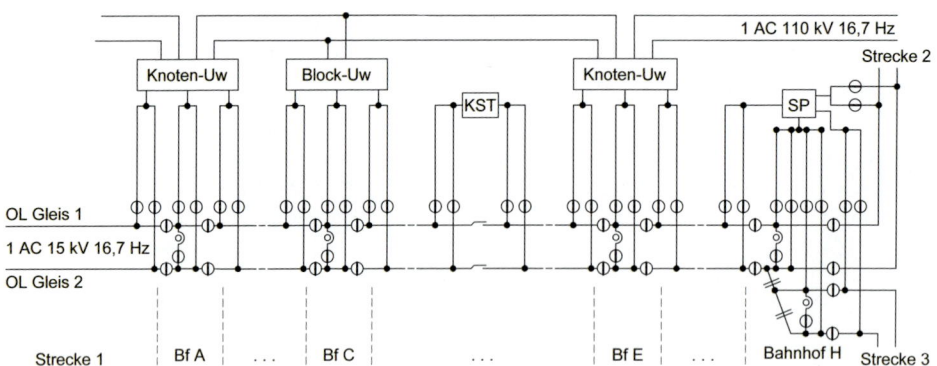

Bild 1.16: Schematische Darstellung einer Streckenspeisung der DB.
Uw Unterwerk, SP Schaltposten, KST Kuppelstelle, OL Oberleitung, Bf Bahnhof, -⊖- Trennschalter geschlossen, -⦵- Trennschalter offen.

Alle eigenen Kraft-, Umformer- und Umrichterwerke der DB werden unbesetzt betrieben und durch die Hauptschaltleitung Frankfurt überwacht und gesteuert (siehe Abschnit 1.5.4.3).

1.5.3.2 Energieübertragung und Streckenspeisung

Die 16,7-Hz-Bahnenergie wird im zentralen Netz mit 2 AC 110 kV 16,7 Hz der DB über die 110-kV-Freileitungen verteilt [1.23]. Die Betriebsspannung zwischen den Außenleitern R und T beträgt 115 kV und die Spannung zwischen den Außenleitern und dem Mittelpunkt jeweils 58 kV. Am Ende des Jahres 2011 war das Freileitungsnetz der DB 7 763 km lang und versorgte 182 Unterwerke. Über drei Kuppeltransformatoren in Haltingen und Singen ist es mit dem 132-kV-Bahnstromnetz der Schweizer Bundesbahnen (SBB) verbunden. In Steindorf und Zirl ist das 110-kV-DB-Netz direkt mit dem 110-kV-Netz der Österreichischen Bundesbahnen (ÖBB) verbunden. Das 110-kV-Freileitungsnetz der DB ermöglicht einen optimalen Energiebezug und trägt zu einer hohen Versorgungszuverlässigkeit der elektrischen Zugförderung bei. Da es als gelöschtes Netz betrieben wird, sorgen 16 teils regelbare *Erdschlusslöschspulen* mit je 90 bis 200 A Strom für die Kompensation der Leitungskapazitäten.

Ein Teil der 110-kV-Freileitungen führt entlang der Hauptstrecken der DB zu den einzelnen Unterwerken (siehe Abschnitt 1.5.3.3). Ein Beispiel für eine Streckenspeisung der DB zeigt Bild 1.16.

1.5.3.3 Bahnstromschaltanlagen, Funktion und Bauarten

Nach dem in Normen festgelegten Sprachgebrauch sind *Schaltanlagen* elektrotechnische Anlagen mit Schaltern sowie Steuer-, Mess-, Schutz- und Meldeeinrichtungen mit den dazu gehörigen Wandlern. Mit ihnen ist es möglich, Stromkreise beliebig ein- und auszuschalten und fehlerbehaftete Betriebsmittel schnell und selektiv abzuschalten oder für die Instandhaltung freizuschalten.

Bei der DB werden Unterwerke, Schaltwerke, Schaltposten und Kuppelstellen für Einphasenwechselstrom 15 kV 16,7 Hz auf der Grundlage der DB-Richtlinie 955 [1.24], dem Eku-Zeichnungswerk und Schaltungsbüchern errichtet.

Die Schaltanlagen bestehen aus standardisierten Komponenten mit vereinheitlichten Schnittstellen, die bausteinartig entsprechend den funktionalen Erfordernissen bemessen und zusammengestellt werden können [1.25]. Sie werden verwendet für

– Unterwerke (Uw) mit einer 110-kV-Anlage und einer 15-kV-Anlage,
– Schaltwerke (Sw) mit einer 110-kV-Anlage,
– Schaltposten (Sp) mit einer 15-kV-Anlage sowie
– Kuppelstellen (Ks) mit nur einem 15-kV-Leistungsschalter.

Unterwerke der DB spannen die 110-kV-Nennspannung des 16,7-Hz-Bahnleitungsnetzes auf die Nennspannung 15 kV der Oberleitungen um und verteilen die Bahnenergie in die einzelnen Speiseabzweige.

Schaltwerke dienen dem Verbinden und Verzweigen der 110-kV-Bahnstromleitungen.

Schaltposten verbinden die Oberleitungen mehrerer Strecken sowie Speiseleitungen und versorgen einseitig gespeiste Oberleitungsabschnitte mit der Spannung 15 kV.

Kuppelstellen verbinden zwei Speisebereiche und werden insbesondere bei großen Unterwerksentfernungen oder langen, einseitig gespeisten Abschnitten aus schutztechnischen Gründen eingesetzt.

Die DB-Schaltanlagen berücksichtigen die Besonderheiten der Bahnenergieversorgung, zu denen eine 150fache Kurzschlusshäufigkeit und größere Kurzschlussströme im Vergleich zur Landesenergieversorgung gehören. Daraus erwachsen besondere Anforderungen an die Anlagengestaltung, die Schalt- und Schutzgeräte sowie an die Stations- und Netzleittechnik bezüglich der schnellen, sicheren und selektiven Abschaltung unzulässiger Ströme sowie der effektiven Verarbeitung größerer Informationsmengen. Technische Standardlösungen und Geräte der Landesenergieversorgung werden dafür, soweit wirtschaftlich möglich, modifiziert und bahntauglich gestaltet.

DB-Normschaltanlagen der ersten Generation besitzen noch pneumatisch betriebene Leistungsschalter sowie Steuer-, Signalisierung- und Schutztechnik auf der Basis mechanischer Relais. Die Anfang der achtziger Jahre eingeführten *15-kV-Vakuumleistungsschalter* und die elektronischen Informationsverarbeitungs- und Schutzsysteme führten zum Übergang zur zweiten Generation von Normschaltanlagen, für die u. a. eine wesentliche Verringerung der Anlagengröße sowie des Errichtungs- und Instandhaltungsaufwandes charakteristisch ist [1.25]. Mit der abzweiggebundenen Prüfeinrichtung AGP und metallgeschotteten, luftisolierten Schaltzellen nach DIN EN 62 271-200 wurden die DB-Schaltanlagen ab 2005 weiterentwickelt (siehe Abschnitt 1.5.3.5).

1.5.3.4 110-kV-Freiluftschaltanlagen

Für die Gestaltung der 110-kV-Anlagenteile enthält die DB-Richtlinie 955 [1.24] Vorgaben, die die jeweiligen betrieblichen Anforderungen erfüllen. Die wesentlichen Unterscheidungsmerkmale sind:

– 110-kV-Anlagen mit einer *Doppelsammelschiene*, zwei Längstrennungen und einer Kupplung

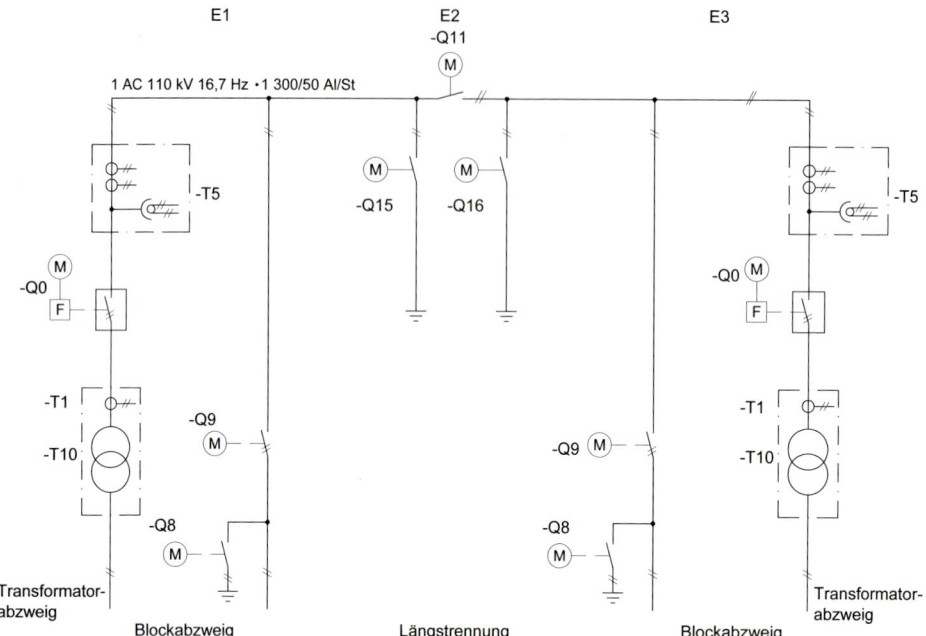

Bild 1.17: 110-kV-Übersichtschaltplan eines Blockunterwerks.

- 110-kV-Anlagen mit *Einfachsammelschiene* und zwei Längstrennungen und
- 110-kV-Anlagen im Blockbetrieb für *Blockunterwerke*.

Die einzelne Schaltanlage setzt sich aus mehreren Abzweigen, z. B. Bahnstromleitungs-, Transformator- und Längstrennungsabzweigen zusammen, die entsprechend den örtlichen Erfordernissen aus zahlreichen Abzweignormbausteinen ausgewählt werden. Ein typischer Übersichtsplan für ein Blockunterwerk ist im Bild 1.17 dargestellt. Bild 1.18 stellt den zugehörigen Grundriss dar. Während Unterwerke mit Einfach- oder Doppelsammelschienen im Transformator- und im Bahnstromleitungsabzweig mit Leistungsschaltern ausgerüstet sind, enthält das Blockunterwerk der DB AG keine Bahnstromleitungsabzweige mit Leistungsschaltern.

Derart vereinfachte Anlagen werden als Zwischenunterwerk zwischen voll ausgerüsteten Knotenunterwerken eingesetzt, deren Leistungsschalter in den Bahnstromleitungsabzweigen die Ausschaltung fehlerbehafteter Bahnstromleitungen einschließlich des Blockunterwerkbereichs übernehmen.

Für die Schaltmittel und -geräte gelten ebenfalls Einheitsvorgaben zur elektrischen, mechanischen und geometrischen Gestaltung der Leistungs- und Trennschalter, Wandler, Transformatoren und Erdschluss-Spulen, um damit die Passfähigkeit und Austauschbarkeit der Geräte verschiedener Hersteller zu erreichen.

In Unterwerken und Schaltwerken werden die einzelnen Stromkreise der ankommenden Bahnstromleitungen über Bahnstromleitungsabzweige mit der Sammelschiene verbunden (Bild 1.19). Die Leiter der Freileitungen werden dazu an Abspannmasten oder

1.5 AC-16,7-Hz-Bahnnetze

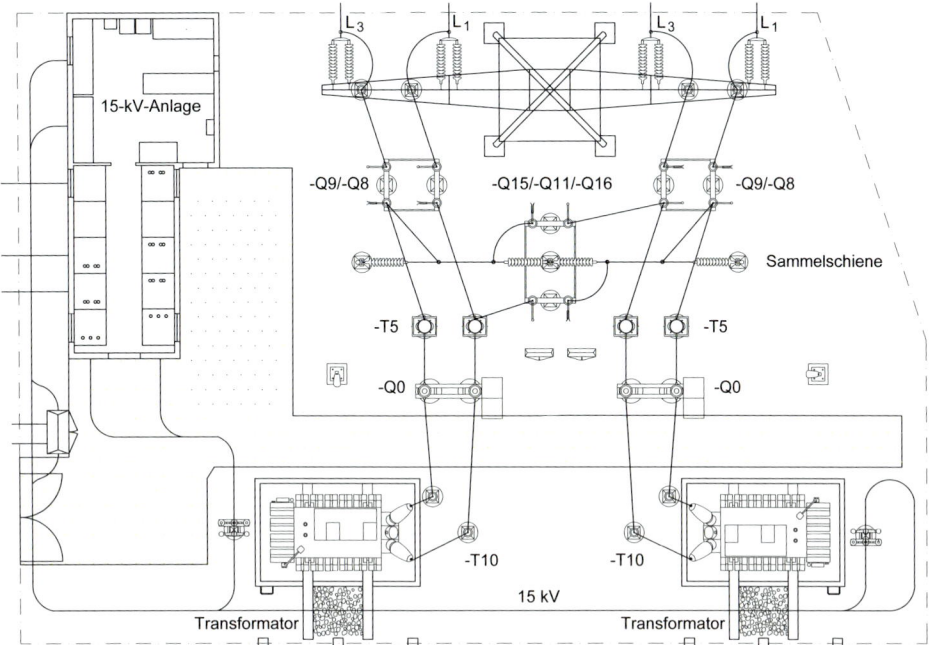

Bild 1.18: Grundriss eines Blockunterwerkes. Q0 Leistungsschalter, Q8 bis Q16 Trenner; T5 Spannungswandler im Kombiwandler, T10 Transformator

Bahnstromleitungsendmasten mit vertikalen Abführungen abgespannt und anschließend an die als zweipolige Drehtrennschalter mit angebauten Erdungstrennern (Q8) ausgeführten Leitungstrenner (Q9) angeschlossen (Bilder 1.17 und 1.18), die wie alle Trennschalter in Normschaltanlagen der zweiten Generation mit der gesicherten Gleichspannung 60 V angetrieben werden. Die zweipoligen *Leistungsschalter* (Q0) verwenden SF6-Gas als Löschmittel und einen elektrisch betriebenen Federkraft- oder einen Druckluftantrieb. Stromwandler (T1) und Spannungswandler (T5) sind in den einpoligen, ölgefüllten oder SF6-*Kombiwandlern* enthalten.

Als Transformator (T10) kommen 10- oder 15-MVA-*Einphasen-Öl-Transformatoren* für Freiluftaufstellung mit der Kühlart ONAN zum Einsatz (Bild 1.18). 15-MVA-Umspanner werden ab 6 000 MWh Abgabe verwendet. Eine Besonderheit dieser Transformatoren stellen Hubbegrenzungsdruckstücke dar, die mit einem speziellen Mechanismus die Lockerung der Wicklungen durch Kurzschlüsse [1.16] verhindern. Seit 2004 wurden auch Hermetiktransformatoren eingesetzt. Die Transformatoren sind isoliert aufgestellt und über *Kesselschutzwandler* geerdet. Sie sind mit Stromwandlern (T1) ausgerüstet.

Die *Sammelschienentrennschalter* (Q1, Q2) dienen bei Unterwerken und Schaltwerken mit Doppelsammelschienen u. a. dem Sammelschienenwechsel. Die Sammelschienenlängstrennschalter (Q11, Q21, Q12, Q22) sind mit ein oder zwei angebauten Erdern (Q15–Q17, Q25–Q27) verbunden (Bild 1.19). Der Sammelschienentrennschalter (Q11)

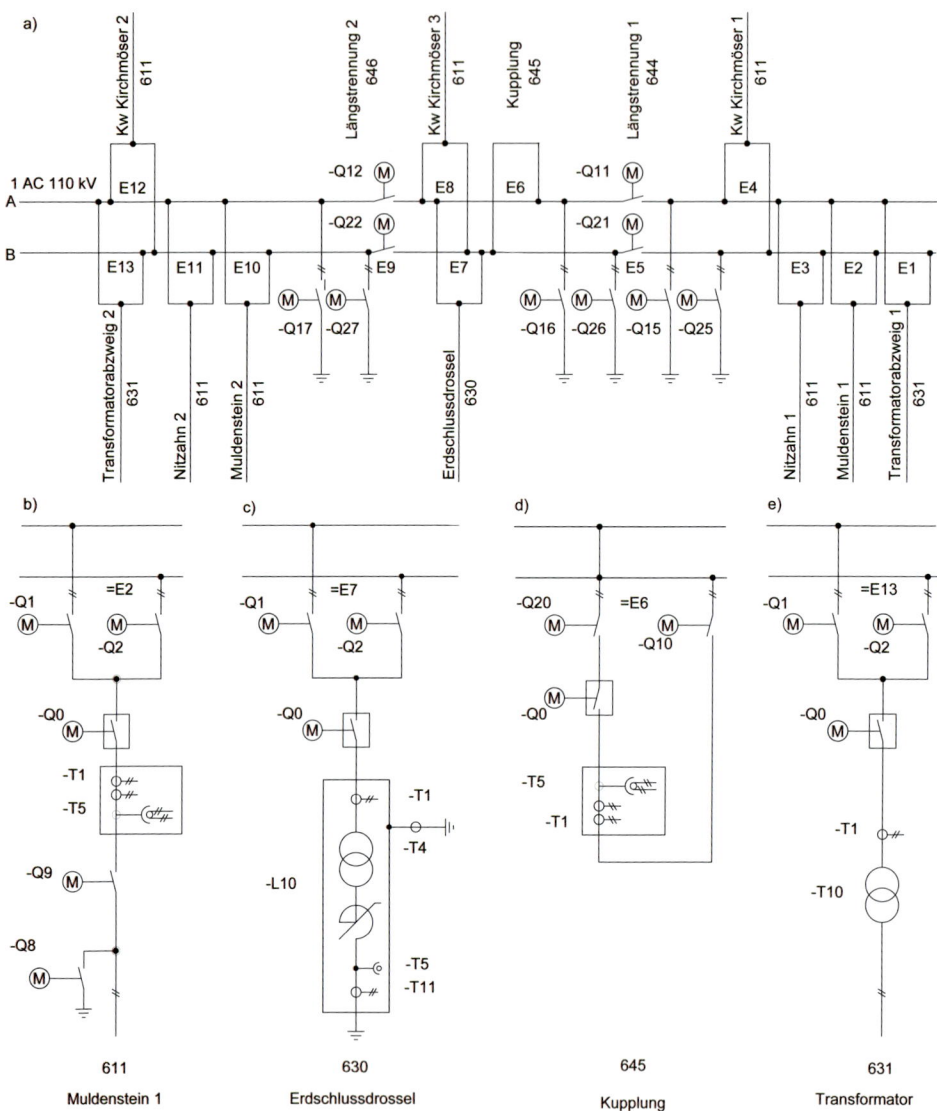

Bild 1.19: 110-kV-Übersichtsschaltplan eines Unterwerks mit Doppelsammelschiene A und B.
a) Übersicht, b) Bahnstromleitungsabzweig, c) Erdschlussdrossel, d) Kupplung, e) Trafoabzweig
Q0 Leistungsschalter;
Q1, Q2, Q9, Q11, Q12, Q21, Q22 Trennschalter;
Q8, Q15–Q17, Q25–Q27 Erdungstrennschalter;
T1, T11 Stromwandler; T4, T5 Spannungswandler; T10 Umspanner; L10 Erdschlussdrossel

mit angebauten Erdern (Q15, Q16) ermöglicht die Speisung der Transformatoren des jeweils anderen Freileitungsstromkreises bei teilweisem Ausfall der Leitung.

Die Deutsche Bahn AG betreibt das 110-kV-Netz als *gelöschtes Netz*. In ausgewählten Schaltanlagen befinden sich *Erdschlusslöschspulen* (L10) mit eingebauten Mittelpunktbildnern, die als Festkernspulen mit Stufenschalter oder zur Kompensationsregelung als Tauchkernspulen mit 10 A bis 200 A induktiven Strom ausgeführt sind.

Die eingebauten Maschenerder bestehen aus verzinntem Kupferseil mit 95 mm² Querschnitt und werden über Schlaufen mit allen Stahlbauteilen sowie mit den Kugelfestpunkten verbunden. Auf den Beleuchtungsmasten angebrachte Blitzschutzstangen, die Abspannstützen sowie das Erdseil über den Bahnstromleitungsabzweigen und den Sammelschienen schützen die Anlagen vor atmosphärischen Überspannungen.

1.5.3.5 15-kV-Innenraumschaltanlagen

Die Mehrzahl der DB-Schaltanlagen wurde als luftisolierte 15-kV-Schaltanlage nach DIN VDE 0101 als Bestandteil der Normschaltanlage der zweiten Generation ausgeführt [1.16, 1.24, 1.25]. Diese Bauform kommt heute nur noch selten zum Einsatz [1.26]. Stattdessen werden seit einigen Jahren metallgeschottete, luftisolierte Schaltanlagen nach DIN EN 62 271-200 verwendet. Im 15-kV-Bereich werden diese Anlagen mit den folgenden Konfigurationen errichtet:

- 15-kV-Anlagen mit einer *Betriebsschiene* und zwei Längstrennungen
- 15-kV-Anlagen mit einer *Betriebsschiene* (nur für Kuppelstellen).

Wegen der verwendeten vorteilhaften Querkupplung der Oberleitungen zweigleisiger Strecken werden jede Speiserichtung und der Bahnhof in Unterwerksnähe nur über je einen Oberleitungsabzweig versorgt. Daraus ergeben sich mindestens drei Oberleitungsabzweige pro Schaltanlage, deren Anzahl sich bei Speisung weiterer Strecken erhöht, und die üblichen zwei Transformatorabzweige eines Unterwerkes (Bild 1.20). Die *Betriebssammelschiene* (BSS) kuppelt die einzelnen Abzweige, um den Strom zu verteilen und die Spannung zu halten. Für die Instandhaltung und Störungsbeseitigung ist die BSS durch die Längstrenner Q11, Q12 in drei Abschnitte auftrennbar. Ein dritter Transformator oder zusätzlich ein fahrbares Unterwerk können in den Mittelabschnitt, wenn vorgesehen, einspeisen. Durch die Verteilung der sich ergänzenden Leitungsabzweige auf verschiedene BSS-Abschnitte mit z. B. einem Bahnhofsabzweig als Ersatzspeisung im Mittelabschnitt wird eine hohe Verfügbarkeit der Abzweige u. a. bei Instandhaltungsarbeiten erzielt.

Die Anforderungen der DB an metallgeschottete, luftisolierte Schaltanlagen nach DIN EN 62 271-200 sind Bestandteil eines DB-Lastenheftes für einpolige Bahnstromschaltanlagen [1.26]. Auf dessen Grundlage wurde die luftisolierte Mittelspannungsschaltanlage Sitras ASG15 entwickelt (Bilder 1.20 bis 1.23) [1.27]. Sie ist eine fabrikgefertigte und typgeprüfte Kompaktschaltanlage, die seit 2010 in Bahnnetzen mit bis zu 40 kA Kurzschlussstrom eingesetzt wird. Zur Absicherung der hohen Kurzschlussströme wurde der kompakte 40-kA-Einröhren-Vakuum-Leistungsschalter 3AH4766-6 mit 125 kV Bemessungsblitzstoßspannung entwickelt [1.28].

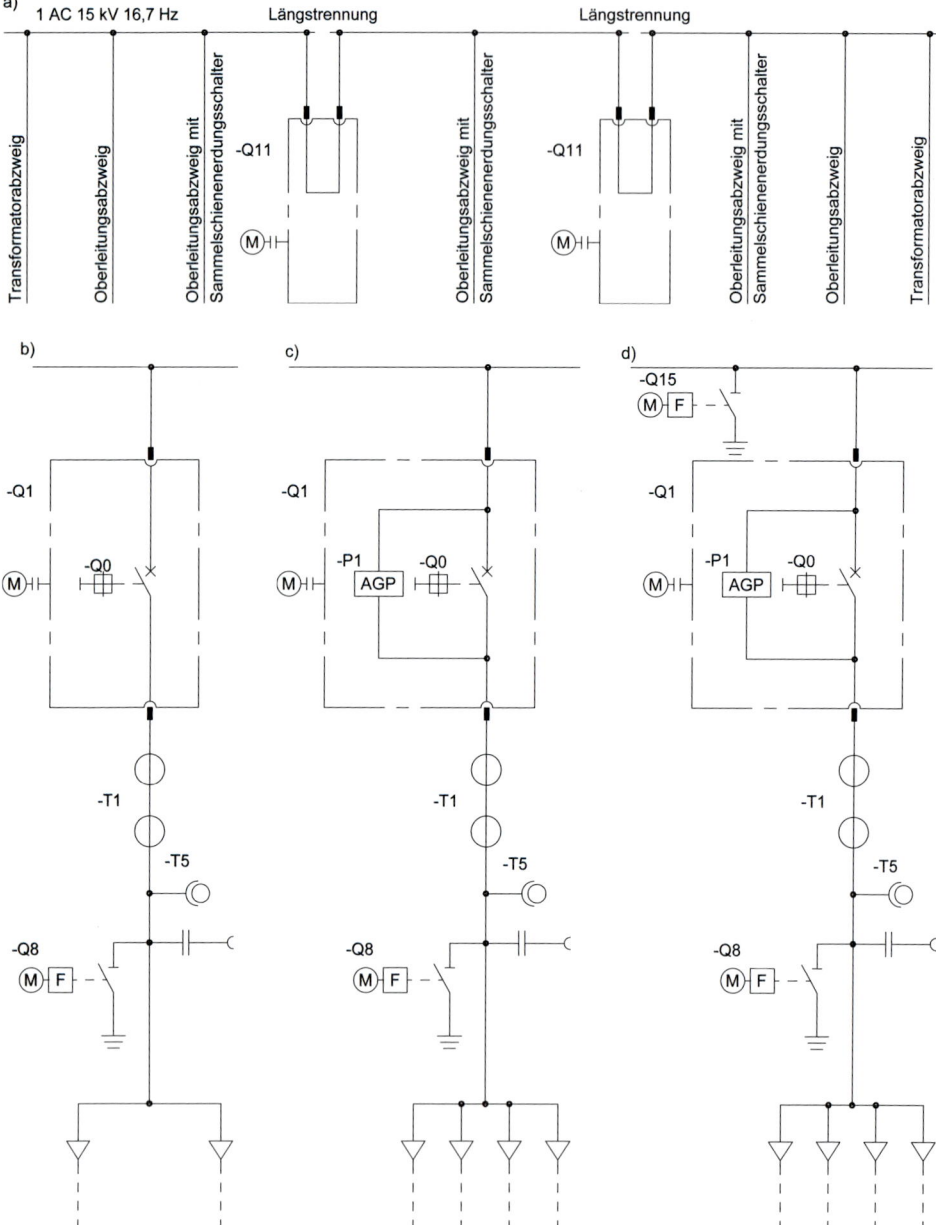

Bild 1.20: 15-kV-Übersichtsschaltplan des Unterwerkes mit metallgeschotteter Kompaktanlage und AGP. a) Übersicht, b) Transformatorabzweig, c) Oberleitungsabzweig, d) Oberleitungsabzweig mit Sammelschienenerdungsschalter

1.5 AC-16,7-Hz-Bahnnetze

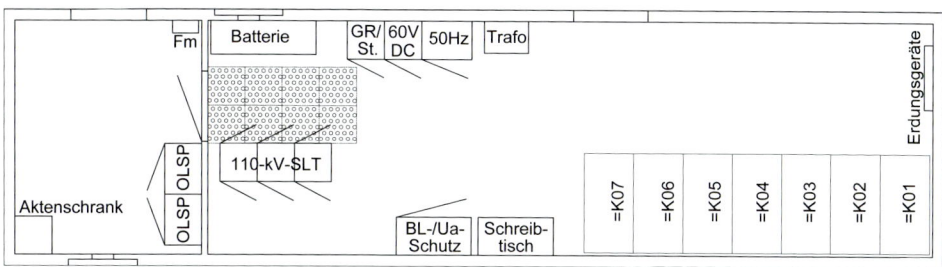

Bild 1.21: Aufstellungsplan für die Mittelspannungs- und Sekundärtechnik eines DB-Unterwerkes.

Jeder Abzweig dieser Schaltanlage besteht aus drei gegeneinander lichtbogenfest geschotteten Hochspannungsbereichen: Leistungsschalterraum, Sammelschienenraum und Kabelanschlussraum (Bild 1.22). Hierdurch wird im Falle eines Störlichtbogens dessen Übertreten in einen benachbarten Funktionsraum oder das Nachbarfeld verhindert. Im oberen Bereich jeder Zelle ist ein Druckentlastungskanal angeordnet, der mit jedem Funktionsraum verbunden ist. Die sekundärtechnische Ausrüstung wie Schutz-, Steuerungs- und Leittechnik ist in einem von vorne zugänglichen Niederspannungskasten untergebracht. Die Zellen sind mit einem motorisch verfahrbaren Schalterwagen (Bild 1.23) ausgerüstet, auf dem je nach Feldtyp ein Leistungsschalter, die abzweiggebundene Prüfung (AGP), ein Stromwandler, ein Spannungswandler, eine Sicherung oder eine Brücke montiert werden können. Der Schalterwagen übernimmt durch das Bewegen zwischen Betriebs- und Trennstellung auch die Funktion des Betriebsschienentrennschalters. Mit der Schaltanlage Sitras ASG15 können die Bauarten
  – Oberleitungsabzweige,
  – Transformator- und Umrichterabzweige und
  – Längstrennung mit und ohne Eigenbedarfsabgang
realisiert werden.

Die Oberleitungsabzweige enthalten Spannungswandler T5, die die Messspannung für den Oberleitungsschutz, die OLPA und die OLRA bereitstellen. Spannungs- und Stromwandler in den Transformatorabzweigen dienen der Energiezählung. Der AGP-Zylinder [1.28, 1.29] ist parallel zum Leistungsschalter und Stromwandler angeordnet (Bilder 1.22 und 1.23). Um Kurzschlüsse über das Metallgehäuse erfassen zu können, werden die Schaltzellen gegen das Gebäude isoliert und über einen Gerüststromwandler mit einem Übersetzungsverhältnis 1 000 zu 1 geerdet.

1.5.3.6 Eigenbedarfsversorgung

Die Basis für die *Eigenbedarfsversorgung* (Bild 1.24) der Schaltanlagen ist die Trennung der zu versorgenden Betriebsmittel in zwei oder drei Gruppen, entsprechend ihrer Bedeutung für das Aufrechterhalten der Funktionsfähigkeit der Anlage und damit des Zugbetriebes. Die erste Gruppe bestehend aus Betriebsmitteln, auf die kurzzeitig, z. B. bei Ortsnetzausfall, verzichtet werden kann, versorgt man mit einem Isoliertransfor-

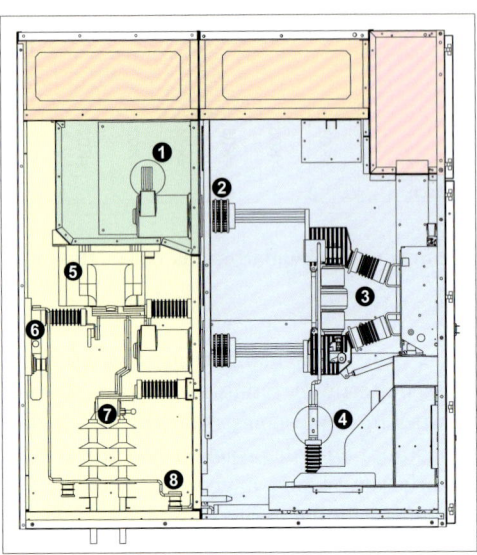

Bild 1.22: Schnittansicht der Bahnschaltanlage Sitras ASG15.
1 Sammelschiene, 2 Einfahrkontakt, 3 Vakuumleistungsschalter auf Fahrwagen, 4 AGP, 5 Messwandler, 6 Erdungsschalter, 7 Kabelanschluss, 8 Erdungsschiene
Funktionsräume: *blau* Leistungsschalterraum, *gelb* Kabelanschlussraum, *grün* Sammelschienenraum, *orange* intergrierter Druckentlastungskanal, *rosa* Niederspannungsraum

Bild 1.23: Bahnschaltanlage Sitras ASG15 mit geöffneter Hochspannungstür und Schalterwagen mit Vakuumleistungsschalter 3AH4766-6 der Siemens AG.

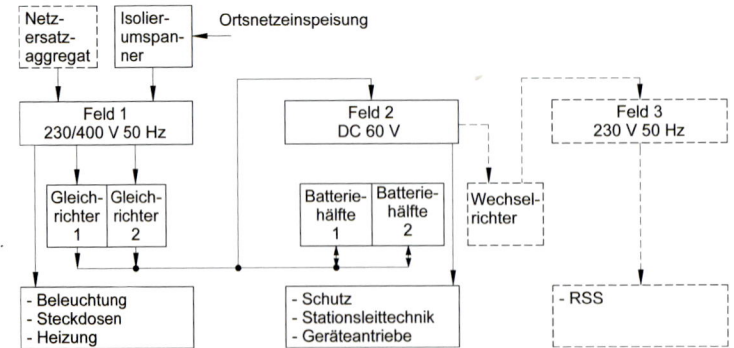

Bild 1.24: Schematische Darstellung der Eigenbedarfsversorgung von Schaltanlagen der DB. RSS Regelschutzstrecke
—— in jeder Anlage enthalten   - - nur bei Bedarf vorhanden

Tabelle 1.4: Verwendung der Schutzarten in Schaltanlagen der DB.

Schutzart	Kuppel-stelle	Schalt-posten	Block-Unterwerk	Unterwerk	Schaltwerk
Oberleitungsschutz	×	×	×	×	
Umspannerschutz			×	×	
Bahnstromleitungsschutz				×	×
Übergeordneter Schutz		×	×	×	

mator und einer Wechselstromverteilung 230/400 V/50 Hz (Feld 1). Dazu gehören die Beleuchtung, die Steckdosen und die Heizung. Die zweite Gruppe, bestehend aus ständig benötigten Geräten wie Schutz, Stationsleittechnik und Geräteantriebe wird über getaktete Gleichrichter und eine Batterie in Pufferschaltung durch die Gleichstromverteilung DC 60 V gespeist.

Für unterbrechungsfrei zu betreibende Geräte wie Oberleitungstrennschalter oder EL-Signale einer Regelschutzstrecke (RSS) muss eine Stromversorgung mit 230 V ständig zur Verfügung stehen. Dies wird durch eine zusätzliche Verteilung mit 230 V/50 Hz (Feld 3) erreicht. Die gesicherte Spannung für das Feld 3 wird durch Wechselrichter bereitgestellt, die sich ihrerseits mit der gesicherten Spannung des Feldes 2 mit DC 60 V versorgen.

Eine Besonderheit ist die *Eigenbedarfsversorgung von Kuppelstellen*. Für diese wird die 15-kV-Spannung der Oberleitung über Eigenbedarfstransformatoren auf die erforderliche Spannung transformiert und mit Gleichrichtern die Batterie geladen. Diese Versorgungsart dient auch als Ersatzspeisung für den Eigenbedarf in Umrichterwerken.

Der *Isoliertransformator* mit 10 bis 40 kVA Leistung je nach Größe der Anlage und der Schaltgruppe DYN trennt schutz- und beeinflussungstechnisch die Anlage vom 50-Hz-Ortsnetz. Die Gleichrichter, von denen der zweite erst nach Ausfall des ersten zugeschaltet wird, speisen die zwei getrennt abgesicherten und für einen fünfstündigen Notstrombetrieb ausgelegten 60-V-Batteriehälften.

Das Feld 1 enthält eine Anschlussmöglichkeit für ein Netzersatzgerät, das bei Ortsnetzausfällen von über fünf Stunden Dauer rechtzeitig zur Verfügung stehen muss.

1.5.3.7 Schutz

Tabelle 1.4 zeigt die Schutzarten der einzelnen Schaltanlagen. In Kuppelstellen gibt es nur den *Oberleitungsschutz* und in Schaltposten zusätzlich den *übergeordneten Schutz*. Blockunterwerke enthalten außerdem den *Transformatorschutz*. Alle anderen Unterwerke sind, wie im Bild 1.25 dargestellt, mit Oberleitungs-, Transformatoren-, Bahnstromleitungsschutz und übergeordnetem Schutz ausgerüstet. Schaltwerke enthalten nur den *Bahnstromleitungsschutz*.

Das *übergeordnete Schutzgerät* verfügt über drei Schutzfunktionen:
- den *Sammelschienenschutz* für Schaltposten und Unterwerke, der bei einem Kurzschlussstrom über das isoliert aufgestellte Schaltgerüst der 15-kV-Anlage und den in Reihe geschalteten Gerüststromwandler ab rund 150 A unverzüglich aktiviert wird

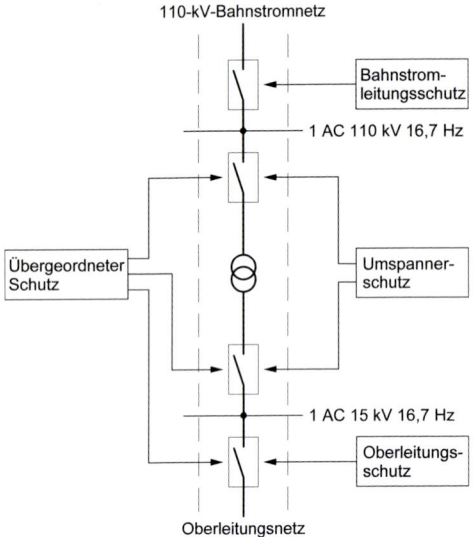

Bild 1.25: Schematische Darstellung der Schutzausführung eines DB-Unterwerkes.

- die *Leistungsschalterüberwachung*, die ihre Anregung durch den „Aus"-Befehl des *Oberleitungs-* oder *Bahnstromleitungsschutzes* für einen Leistungsschalter erhält und die Abschaltung herbeiführt, wenn dieser Leistungsschalter nicht innerhalb einer parametrierbaren Zeit ausgelöst wurde
- in Unterwerken den *Summenstromschutz*, der reagiert, wenn der über den Summenstromwandler gemessene Strom der Umspanner einen einstellbaren Wert während einer vorgegebenen Zeit überschreitet

Beim Ansprechen einer der Komponenten werden in Schaltanlagen alle Leistungsschalter abgeschaltet und in Unterwerken zusätzlich die 110-kV-Leistungsschalter der Umspannerabzweige. Das übergeordnete Schutzgerät schützt somit neben den anderen Schutzarten wichtige Anlagenteile zusätzlich.

Als *Bahnstromleitungsschutzgerät* ist in den ersten Normschaltanlagen der zweiten Generation ein statisches und in ab 1993 errichteten Anlagen ein digitales Schutzgerät im Einsatz. Dieses Schutzgerät verfügt u. a. über mehrere zeitlich gestaffelte und gerichtete Distanzstufen, eine kreisförmige Anregecharakteristik, eine polygonale Auslösekennlinie, Richtungsbestimmung mit hoher Empfindlichkeit, Schnellauslösung beim Schalten auf kurzschlussbehaftete Leitungen, Fehlerortung, Erdschlussrelais und Wiedereinschaltautomatik. Über eine optische Kommunikationsschnittstelle ist der Informationsaustausch mit der Stationsleittechnik möglich. Zum Erkennen der Netzfehler wird eine Impedanzanregung verwendet, mit der die Stromkreisimpedanz ausgemessen wird. Ist die Anregeprüfung positiv, d. h. die Netzfehlerimpedanz liegt innerhalb des Anregebereichs, so wird durch eine Winkelmessung die Richtung des Energieflusses während des Kurzschlusses bestimmt. In Abhängigkeit von der Fehlerimpedanz und dem gemessenen Winkel erhält der Leistungsschalter unter anderem beim Vorhandensein einer Unterimpedanz auf beiden Leiter-Erde-Schleifen über eine Reihe von Zeitgliedern einen Auslösebefehl. Eine analoge Erdschlusswischereinrichtung zur Messung der Erdschlüsse meldet den Wischer mit Richtungsangabe und den Dauererdschluss über die binären Ausgänge des Schutzrelais. Im Fall eines einfachen *Leiter-Erdschlussfehlers* können die Freileitung und daher auch die versorgten Unterwerke den Betrieb für zwei Stunden begrenzt fortsetzen.

Als *Transformatorschutz* ist in den Normschaltanlagen der zweiten Generation ein statisches Schutzgerät und seit 1995 ebenfalls ein digitales Schutzgerät im Einsatz. Das statische Schutzgerät verfügt über je einen Überstromzeitschutz für die Oberspannungs- und die Unterspannungsseite, einen Kesselschutz, der den Fehlerstrom über die Kesselschutzwandler erfasst, sowie über die Auslösevervielfachung für den Buchholzschutz und den Stufensteller des Haupttransformators. Das digitale Transformatorschutzgerät umfasst auch einen Differenzialschutz, einen thermischen Überlastschutz mit Berücksichtigung der Transformatortemperatur und die genannten Möglichkeiten der Zwischenspeicherung der Auslösedaten. Eine ausführliche Beschreibung des *Oberleitungsschutzes* ist im Kapitel 9 enthalten. In großen Unterwerken dienen Schutzdatenzentralgeräte zum Zwischenspeichern und Übertragen der Daten aller digitalen Schutzrelais.

1.5.3.8 Stationsleittechnik

Die *Stationsleittechnik* (SLT) umfasst die Steuerung und Überwachung von Betriebsmitteln, die Automatisierung von betrieblichen Verfahren sowie die Aufzeichnung, Verarbeitung und Übertragung von Daten und Informationen. Sie wurde Mitte der 70er Jahre als Schaltanlagen-Informationsverarbeitungs-Anlage (Sch-In-A) zur Protokollierung und Registrierung eingesetzt und entwickelte sich seitdem zu einer multifunktionalen Schaltanlagensteuerungs- und -überwachungsanlage mit Bildschirmtechnik. Bild 1.26 zeigt eine Übersicht der Stationsleittechnik und ihre Verbindung zu den Schaltanlagen, Schutzgeräten und zur Netzleittechnik. Ihre Verbindung zu den Betriebsmitteln und -geräten aller Spannungsebenen in den Bahnstromanlagen wird mittels Parallelverdrahtung über geschirmte Kabel hergestellt. Dabei wurden bis 2005 alle Schaltgeräte und Stromwandler direkt und ohne zusätzliche Nischen- oder Schaltschränke in den 15-kV- oder 110-kV-Anlagen angeschlossen.

Bei metallgeschotteten 15-kV-Bahnstromschaltzellen werden seit 2005 die Schutzrelais und Feldmodule der Stationsleittechnik abzweigbezogen im Niederspannungsraum der Schaltzellen untergebracht. Alle anderen Komponenten befinden sich in den zentralen Leit- und Schutztechnikschränken. Die Stationsleittechnik besteht aus den Funktionen:
– Nahsteuerung
– Automatisierung und Verriegelung
– Meldungs-, Befehls- und Messwertverarbeitung
– Zählerstandsverarbeitung (DZE)
– Energiemanagement
– Stationskommunikation und Kommunikation zu Leitstellen und anderen Stationsleittechniken

Zur *Nahsteuerung* dient in Schaltanlagen ein EMV-fester Bildschirm mit voll grafischer Darstellung. Jede Bedienhandlung wird in zwei Schritten mit Plausibilitätsprüfung durchgeführt.

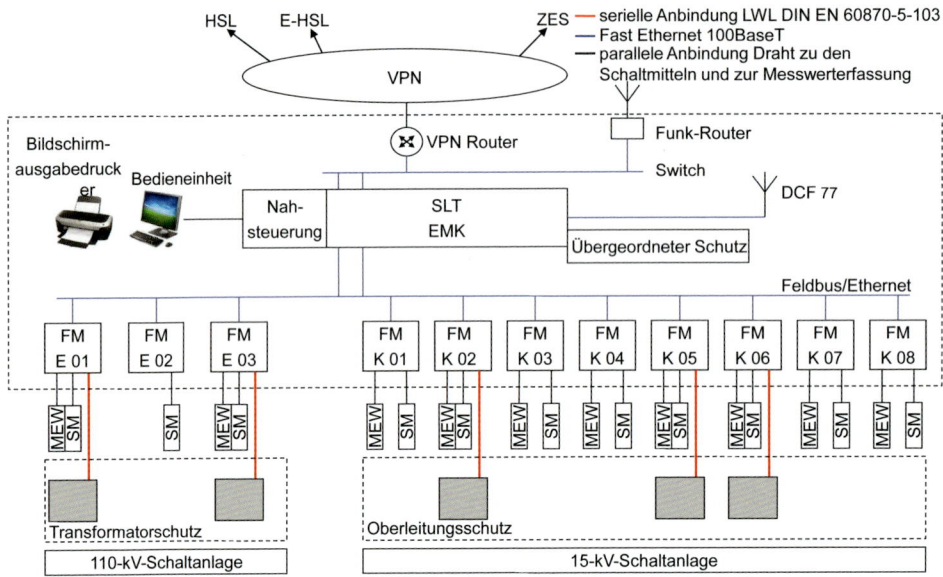

Bild 1.26: Schematische Darstellung der Stationsleittechnik der DB.
FM Feldmodul, MEW Messwerterfassung, SM Schaltmittel

Die *Automatisierungsfunktionen*
- Oberleitungs-Prüfautomatik (OLPA),
- Oberleitungs-Rückspannungsprüfautomatik (OLRA),
- Oberleitungs-Wiedereinschaltautomatik (OLWA),
- Regelschutzstreckenautomatik (RSSA) und
- 15-kV- und 110-kV-Parallelschaltung (PSG)

sichern den automatischen Betrieb der unbesetzten Schaltanlagen und verringern den Arbeitsaufwand des Bedienpersonals in den Leitstellen.

Die *Oberleitungs-Prüfautomatik* prüft vor dem Leistungsschaltereinschalten und nach jeder Oberleitungsschutzauslösung den Oberleitungsabzweig auf Kurzschlussfreiheit. In konventionellen Anlagen mit einer Prüfschiene ist das Prüfkriterium die Spannung am Spannungswandler eines Prüfabzweiges mit Prüfwiderstand. Bei Einsatz einer leistungselektronischen, abzweiggebundenen Prüfeinrichtung (AGP) wird ein zur Netzspannung synchron gesteuerter Stromimpuls von der spannungsführenden Betriebssammelschiene auf den zu prüfenden Oberleitungsabzweig abgegeben. Mit einer integrierten Steuereinheit wird das resultierende Stromzeitintegral ausgewertet. Ist das Prüfergebnis gut, wird der Leistungsschalters Q0 unverzögert und bei Thermoschutzauslösungen bis zum Abkühlen der Oberleitung verzögert automatisch eingeschaltet.

Ein schlechtes Prüfergebnis wird zur *Zentralschaltstelle* (ZES) gemeldet. Der gesamte Prüfvorgang dauert von der Schutzauslösung bis zur Leistungsschaltereinschaltung für einen Oberleitungsabzweig bei konventionellen Anlagen mit Prüfwiderstand in einem Prüfabzweig rund 10 s. Lösen mehrere Oberleitungsabzweige gleichzeitig aus, wird die

Prüfung nach einer definierten Reihenfolge durchgeführt, damit die wichtigsten Speisebereiche rasch wieder in Betrieb genommen werden können.

Bei Einsatz der AGP können mehrere Abzweige gleichzeitig und ohne thermische Verluste geprüft werden. Die Gesamtprüfzeit für den eigentlichen Prüfzyklus beträgt nur noch 2,5 s. Die Prüfanforderung, das Prüfergebnis sowie der Status der Prüfeinrichtung werden über eine LWL-Verbindung zwischen der AGP-Steuereinheit und dem Abzweigfeldmodul kommuniziert [1.28, 1.29].

Die *Oberleitungs-Rückspannungsprüfautomatik* prüft bei einem Befehl zum Schließen des Erdungstrenners Q8 den Oberleitungsabzweig auf Rückspannung.

Die *Oberleitungs-Wiedereinschaltautomatik*, die in Bahnstromschaltanlagen ohne Oberleitungsprüfung verwendet wird, schaltet nach einer Schutzauslösung und der nachfolgenden Rückkehr der Betriebsspannung innerhalb parametrierbarer Zeiten bei erfolgreicher Prüfung der Oberleitung durch benachbarte Schaltanlagen automatisch den Leistungsschalter Q0 ein.

Die *Regelschutzstreckenautomatik* steuert die Oberleitungstrennschalter und EL-Signale (Triebfahrzeug-Hauptschalter AUS/EIN) der im Oberleitungsnetz befindlichen Regelschutzstrecken.

Die *Parallelschaltfunktionen* (PSG, Synchrocheck) prüfen vor Freigabe des Ein-Befehls für den Leistungsschalter die Einhaltung der Parallelschaltbedingungen. Dazu zählen Frequenz, Phasenlage, Amplitudengleichheit unter Berücksichtigung zulässiger Spannungsdifferenzen durch unterschiedliche Streckenlast sowie Umgebungsbedingungen bei einseitiger Spannungslosigkeit.

Die *Verriegelungsfunktionen* werden auf Software-Basis realisiert. Die Schaltgeräte-Stellung wird mit Doppelmeldung überwacht. Zum Vermeiden von Verriegelungsfehlern wird die Anzahl der gleichzeitig steuerbaren Schaltmittel auf eins je Abzweig eingeschränkt. Die Schaltwagen in metallgeschotteten 15-kV-Zellen und die 110-kV-Trennschalter mit angebauten Erdern sind zusätzlich mechanisch verriegelt.

Die *Meldungs-, Befehls-, und Messwertverarbeitung* beinhaltet das Erfassen und Vorbehandeln aller *genormten, abzweigbezogenen und übergeordneten Betriebsmeldungen* (BEM), wie Schalterstellungs- und Störmeldungen sowie der Abzweigströme, Sammelschienen- und Prüfspannungen, Blind- und Wirkleistungen, die für den Betrieb und die Störungsanalyse einer unbesetzten Schaltanlage erforderlich sind. Die Messwerte werden über Direkteingänge 1 A, 100 V an den Abzweigfeldmodulen erfasst. Die Befehlsverarbeitung und -ausgabe an die Betriebsmittel umfasst die Prüfung der Verriegelungsbedingungen und kann innerhalb der Automatisierungskomponenten zusätzlich durchgeführt werden.

Die Zählwertverarbeitungsfunktion erfasst und verarbeitet nach einem zeitlich und wertmäßig parametrierbaren Algorithmus die von den Wirk- und Blindleistungszählern kommenden Impulse und gibt Zählerstandswerte für die im Minutenbereich liegenden Übertragungszyklen an die Kommunikationsschnittstellen weiter.

Die *Stationskommunikation und Leitstellenanbindung* zwischen Feldleitgeräten und der Stationszentraleinheit findet heute mittels objektorientierter, firmenspezifischer Datenprotokolle oder nach DIN EN 60 870-5-101/-104 statt. Zu den digitalen Schutzrelais wird ausschließlich nach DIN EN 60 870-5-103 mit zwischen der Bahn und der Industrie abgestimmten Spezifikationen kommuniziert. Die Leitstellenanbindung von Bahnstromschaltanlagen wird durchgängig mittels routingfähiger Kommunikationsprotokolle nach DIN EN 60 870-5-104 durchgeführt.

DB Energie erprobte 2012 in mehreren Bahnstromschaltanlagen die Anwendung des Kommunikationsstandards DIN EN 61 850 für die gesamte Kommunikation innerhalb einer Anlage und zu den Nachbaranlagen auf der Stationsebene. Ziel war die Anwendung eines einheitlichen Kommunikationsprofils und eines firmenneutralen Engineering- und Prüfprozesses auf der Ebene der Stationskommunikation. In weiteren Schritten wird die Anwendung der DIN-EN-61 850-Kommunikation auch auf die direkte Netzwerkanbindung der Betriebsmittel über Prozessbus und zu den Leitstellen ausgeweitet.

1.5.3.9 Ortssteuereinrichtungen und Fernwirktechnik

Um eine hohe Verfügbarkeit der Energieversorgung selbst im Störungs- oder Instandhaltungsfall zu erreichen, sind Oberleitungen in zahlreiche *Haupt-* und *Nebenschaltgruppen* unterteilt. Die einzelnen Oberleitungsabschnitte werden über elektrisch angetriebene *Oberleitungstrennschalter* (OTS), auch als *Masttrennschalter* (MTS) bezeichnet, eingespeist. Kurzschlussmeldewandler an den 5er-Schaltern (siehe Abschnitt 5.4.3.2), die die Oberleitungen paralleler Hauptgleise verbinden, dienen der Kurzschlusslokalisierung. Zur Steuerung und Meldung dieser Betriebsmittel werden *Ortssteuereinrichtungen* (OSE) verwendet, die im Stellwerk eines jeden Bahnhofs untergebracht sind. Die Oberleitungstrennschalter sind über Gestänge mit Schalterantrieben verbunden, die über drei Adern und dafür konzipierte Schalterbaugruppen an die OSE angeschlossen sind. Die Baugruppen wandeln die 60-V-Steuerbefehle der *Fernsteuermodule* (FWM) in die 230-V-Ebene der Motorantriebe um und erzeugen potenzialfreie Rückmeldungen abhängig von der Antriebsstellung. Sie besitzen überwachte Sicherungsautomaten, um die Stromkreise abzusichern und die elektronischen Bauteile gegen die in den Verbindungskabeln induzierten Spannungen abzuschirmen. Spezielle Erfassungsbaugruppen stehen für die Messung, Anzeigen und Quittieren der Wischerimpulse von Kurzschlüssen zur Verfügung.

1.5.3.10 Gebäude und Tragwerke

Die *genormten Gebäude* zum Unterbringen der 15-kV-Anlagen und der Sekundärtechnik bestehen bei der zweiten Generation der Normschaltanlagen aus Fertigteilen mit integrierter Wärmedämmung, d. h. einer Sandwichbauweise, und sind auf Streifenfundamenten und einer Betonplatte errichtet. Die Bewehrung aller Betonteile einschließlich der Fertigteildecke ist über Erdungsstäbe mit dem Fundamenterder verbunden, sodass ein Faradayscher Käfig entsteht. Die Stromtragfähigkeit dieser Erdverbinder beträgt im Kurzschlussfall 40 kA für 0,5 s. Der Fundamenterder ist in Schaltposten über die Hauptpotenzialausgleichsschiene und Erdungskabel und in den Unterwerken über den Nullschienenschrank und Rückleiterkabel mit den Hauptgleisen verbunden.

Bei Schaltposten und Unterwerken werden im wesentlichen die Gebäudetypen K 4 bis K 16 mit zwei Räumen und GW 10 bis GW 20 mit einem größeren Eigenbedarfsraum und einem zusätzlichen Werkstattraum unterschieden. Der GW-Typ wird in der Regel nur für *Knotenunterwerke* verwendet. Die Ziffer hinter dem K oder GW gibt Auskunft über die Anzahl der 15-kV-Abzweige, deren Breite mit 1,40 m unter Berücksichtigung der Parallelanordnung die Länge des 15-kV-Raumes bestimmt [1.31].

Bei Einsatz der kompakten, gekapselten und fabrikgefertigten Schaltanlagen kann ein Einraumgebäude verwendet werden, da eine räumliche Trennung der Mittelspannungs- von der Sekundärtechnik nicht mehr erforderlich ist. Das Gebäude wird mit vollständig eingebauter Ausrüstung auf die Baustelle geliefert [1.29].

1.5.4 Netzleittechnik der DB AG

1.5.4.1 Entwicklung, Aufgaben und Aufbau

Die *Netzleittechnik* der DB umfasst die Gesamtheit aller technischen Einrichtungen, die der Betriebsführung des *Bahnstrom-* und *Fahrleitungsnetzes*, der *Schaltanlagen*, *Umformerwerke* und *Kraftwerke* dienen. Ihre Gestaltung und Funktionsweise stehen in einem engen Zusammenhang zur Energiezuführung durch Oberleitungen, dem unbemannten Betrieb der Unterwerke und der Anforderungen für einen zuverlässigen und wirtschaftlichen Bahnbetrieb.

Die Netzleittechnik hat zentralen Charakter und umfasst heute das gesamte Netz der DB, insbesondere die Steuerung und Überwachung der

- 15-kV-Oberleitungstrennschalter,
- 15-kV- und 110-kV-Schaltgeräte in Bahnstromschaltanlagen,
- Umformer-, Umrichter- und Kraftwerksanlagen mit den 50-Hz-Schaltanlagen,
- 50-Hz-Mittelspannungsschaltanlagen der DB Energie,
- DC-Schaltanlagen der S-Bahnen und Grenzbahnhöfe,
- Übertragung und Verarbeitung der Informationen auf der Geräteebene und
- Ferndiagnose und den Service.

Der *Betrieb unbesetzter Anlagen* erfordert die Übertragung sämtlicher Informationen zum aktuellen Zustand der Schaltmittel, der Schutz- und Eigenbedarfsanlagen, insbesondere im Störungsfall, sowie eine gezielte Registrierung und Klartextprotokollierung. Im Fehlerfall kann das Überwachungspersonal die Situation analysieren und schnell die erforderlichen Handlungen einleiten, um Fehler zu lokalisieren und Ersatzeinspeisungen und Störungsbeseitigungen ohne längere Unterbrechungen des elektrischen Zugbetriebes zu veranlassen. Die dazu erforderlichen Anlagen verfügen über Systemeigenmeldungen, die ebenfalls in das Informationsvolumen der übergeordneten *Netzleittechnik* eingehen. Zusätzlich ist das Aufzeichnen und Übertragen der Messdaten und Störaufzeichnungen der Schutzrelais notwendig. Um einen übermäßigen Übertragungs- und Verarbeitungsaufwand zu vermeiden, werden immer mehr Informationen auf der unteren Ebene vorverarbeitet und die Prozesse weitgehend automatisiert.

Durch programmierte, automatisch ablaufende Schaltfolgen, z. B. zum Freischalten und Erden von Fahrleitungsschaltgruppen oder -speisebereichen, können Schaltdienstleiter entlastet werden. Mit Hilfe der *Ferndiagnose* wird eine schnellere Störanalyse durch spezialisiertes, zentral platziertes Personal möglich.

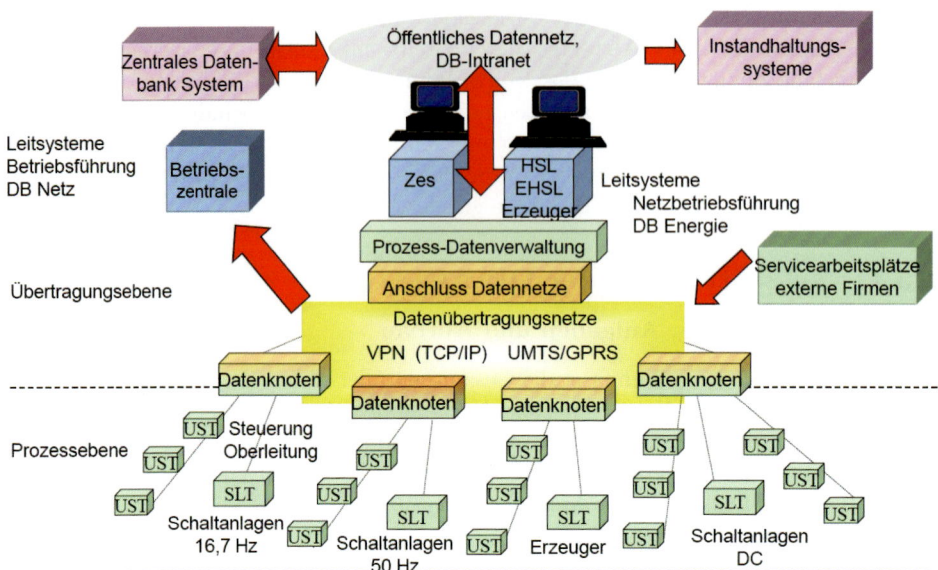

Bild 1.27: Schematische Darstellung der Netzleittechnik der DB.
HSL Hauptschaltstelle, Zes Zentralschaltstellen, VPN Virtuell Print Network, TCP/IP Transmission Control Protocol/Internet Protocol, GPRS General Packet Radio Service, UMTS Universal Mobile Telecommunications System, SLT Stationsleittechnik, UST Unterstationen
SLT Erzeuger: Umformer- und Umrichterwerke, Kraftwerke
SLT Schaltanlagen: Unterwerk, Schaltposten, Kuppelstelle, Schaltwerk

Für die Ferndiagnose werden das TCP/IP-basierte Virtuell Print Network (VPN) und das UMTS/GPRS-Netz verwendet. Über vereinbarte Dienstleistungen werden für wichtige Anlagen eine hohe Verfügbarkeit und Bandbreite gesichert. Der Informationsumfang und die schnelle Einflussnahme auf die ablaufenden Prozesse erfordern geeignete Übertragungsmedien, die den Datenverkehr mit hoher Geschwindigkeit absichern. Dazu wird ein deutschlandweites VPN auf Basis Ethernet TCP/IP genutzt mit Anschlussbandbreiten zwischen 64 kB bis 2 MB in der Fläche und 2 MB bis 100 MB in den Leitstellen. Als Rückfallebene für das VPN wird ein Funk-VPN auf Basis UMTS/GPRS genutzt. Entsprechende Maßnahmen zur IT-Sicherheit sind auf Basis des BDEW-Whitepaper [1.30] (Bundesverband der Energie- und Wasserwirtschaft) umgesetzt. Als Datenübertragungsprotokoll zwischen der Stationsleittechnik und der Fernwirktechnik zu den Leitstellen werden einheitlich die Protokolle nach DIN EN 870-5-101 (für Datendirektverbindungen) und DIN EN 870-5-104 (für VPN TCP/IT) verwendet. Für den Anschluss von Datendirektverbindungen nach DIN EN 870-5-101 an das VPN DB Energie gemäß DIN EN 870-5-104 werden Protokoll-Gateways (Kompaktumsetzer) eingesetzt. Der Aufbau der Netzleittechnik ist in Bild 1.27 dargestellt.

1.5.4.2 Zentralschaltstellen

Das 15-kV-Fahrleitungsnetz der DB ist in sieben Bereiche unterteilt, die jeweils von einer Zentralschaltstelle (Zes) gesteuert werden. Die Zes müssen die ständige Verfügbarkeit der elektrotechnischen Anlagen des jeweiligen Versorgungsbereiches gewährleisten. Schwerpunkte der Betriebsführungsfunktionen einer Zes sind das schnelle Wiedereinschalten von Leistungsschaltern in den Unterwerken, das Ersatzversorgen von Fahrleitungsabschnitten nach Kurzschlussauslösungen und das Schalten im Fahrleitungsnetz für Instandhaltungsarbeiten an der Fahrleitung. Darüber hinaus sind die Zes für die Betriebsführung von 3-AC-50-Hz-Mittel- und Niederspannungsanlagen und -netzen zuständig.

Alle sieben Zentralschaltstellen wurden als Konvoi geplant und vergeben. Es entstanden sieben baugleiche Netzleitsysteme auf UNIX-Basis, besonders geeignet für große Datenmengen und schnelle grafische Darstellung von umfangreichen Versorgungsnetzen. Die Zeiten für den Bildaufbau, die Netzberechnungen und die Suchfunktionen sind gering. Die Leitplatzrechner, Koppelrechner und Datenbankrechner haben redundante Standard-Ethernet-LAN-Verbindungen. Die Betriebsführung mit der Leitstelle ist möglich, wenn mindestens ein Rechner jeder Verarbeitungsebene und eine LAN-Verbindung vorhanden sind. Die Leitplatzrechner können ihre Bilder auf einer Rückprojektionswand darstellen.

Am Standort der Hauptschaltleitung (HSL), siehe Abschnitt 1.5.4.3, entstand 2010 ein zentrales Datenbanksystem, das online zunächst nur mit den Zes kommuniziert. Dort werden alle Betriebsjournale der Zentralschaltstellen sowie für das externe Berichtswesen relevante Daten abgelegt. Das Datenbanksystem hält zentral Telefon- und Bereitschaftslisten vor. Die Hauptfunktion dieses Systems ist die zentrale Kopplung zum Instandhaltungs- und Planungssystem (SAP PM) der DB Energie. In den Netzleitsystemen auflaufende Störungsfunktionen werden zur Anlage von Störungsmeldungen an SAP PM übergeben.

1.5.4.3 Hauptschaltleitung

Das 110-kV-Bahnenergienetz der DB Energie GmbH erstreckt sich über die gesamte Bundesrepublik. Es ist galvanisch mit dem 110-kV-Netz der ÖBB und induktiv über Kuppelumspanner mit dem 132-kV-Netz der SBB verbunden. Das gesamte Netz einschließlich der Kuppelumspanner zur SBB wird von der *Hauptschaltleitung* (HSL) gesteuert.

Das Leitsystem stellt dem Bediener alle Funktionen zur Überwachung und Steuerung des Bahnenergienetzes zur Verfügung. Dazu gehören neben der Meldungs-, Befehls- und Messwertverarbeitung weiterführende Funktionen wie eine topologische Netzeinfärbung oder eine automatische Erdschlusssuche. Die Erstellung von Schaltfolgen für komplexe Netzschaltungen ist ebenso möglich, wie deren Prüfung im Studienmodus. Für wiederkehrende Schaltungen, wie das Ausschalten und Erden einer Freileitung, stehen Schaltprogramme zur Verfügung. Generell kann vor jeder erforderlichen Schaltung eine Netzsicherheitsrechnung gestartet werden, um eine ausreichende Verfügbarkeit des Netzes zu wahren. Außergewöhnliche Netz- und Anlagenzustände werden alarmiert.

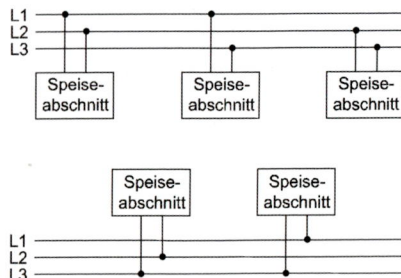

Bild 1.28: Dezentrale Oberleitungsspeisung bei AC-50-Hz-Bahnen.

Simulations- und Trainingsmodus basieren auf Netzberechnungen, die mit Onlinedaten durchgeführt werden. Selbstverständlich wird der gesamte Betriebsablauf manipulationssicher dokumentiert und archiviert (siehe [1.32]).

In der Hauptschaltleitung werden neben der Netzführung auch die Aufgaben der klassischen Lastverteilung sowie der physikalische Anteil des *Energiehandels* wahrgenommen. Die Lastverteilung folgt dem Ziel minimierter Betriebskosten. Die Bahnenergieerzeugung wird mit mehreren Zeithorizonten prognostiziert und optimiert.

Für die sekundäre Frequenz-Leistungs-Regelung im Bahnenergienetz werden hauptsächlich Umformer- und Umrichterwerke eingesetzt. Ein aufwändiges Optimierungstool steuert den wirtschaftlichen Einsatz der Regelwerke. Es ermittelt im 15-min-Zyklus die Energiebezugspreise der verfügbaren Regelwerke, errechnet nutzbare Leistungs- sowie Arbeitsmengen und übergibt diese Informationen an den Netzregler. Dieser setzt die Regelwerke gemäß den Vorgaben des Neztleitsystems ein, um die Regelgröße Netzfrequenz bei schwankender Bahnenergiebelastung möglichst konstant zu halten. Im störungsfreien Betrieb kann das Bahnenergienetz in jedem 15-min-Abschnitt mit den jeweils minimalen Betriebskosten gefahren werden.

Das Leitsystem wird zukünftig auf zwei Standorte verteilt und ist komplett redundant aufgebaut. Beide Standorte verfügen über eine Prozessankopplung und sind somit völlig unabhängig. Anders als beim Vorgängersystem gibt es nur eine Datenbank, sodass keine Kopplung erforderlich ist und an beiden Standorten zu jeder Zeit das aktuelle Datenmodell zur Verfügung steht.

1.6 AC-50-Hz-Bahnnetze

1.6.1 Energiebereitstellung und Netzaufbau

Die für den Betrieb von *AC-50-Hz-Einphasenbahnen* notwendige Energie wird einphasig aus den Außenleitern des 50-Hz-Drehstromnetzes der öffentlichen Stromversorgung bezogen. Die Außenleiter in den Bahnunterwerken werden jeweils abwechselnd an einzelne Außenleiter der Drehstromleitungen angeschlossen. Zwischen den von den einzelnen Unterwerken versorgten Oberleitungsspeiseabschnitten entstehen damit Phasenunterschiede, die ein Verbinden der Speiseabschnitte auf der Fahrleitungsebene unmöglich machen. Es bildet sich eine dezentrale Netzstruktur heraus, die für den Betrieb nachtei-

1.6 AC-50-Hz-Bahnnetze

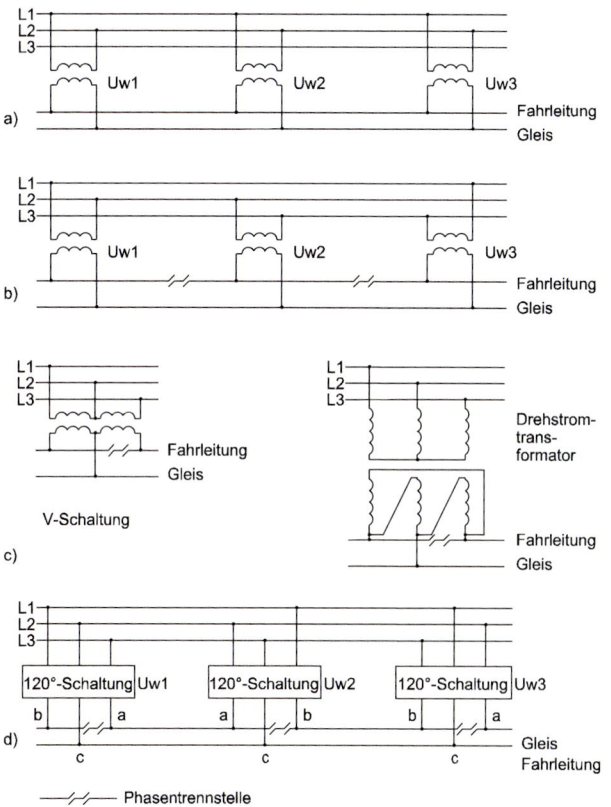

Bild 1.29: Anschlussmöglichkeiten von 50-Hz-Einphasen-Bahnunterwerken an das Drehstromnetz.
a) Anschaltung ohne Ausgleich der Unsymmetrie
b) zyklisch vertausche Anschaltung, dadurch mittelbarer Ausgleich der Unsymmetrie
c) 120°-Schaltung zum direkten Ausgleich der Unsymmetrie
d) zyklisch vertauschte Anschaltung parallel arbeitender Unterwerke mit unmittelbarem Ausgleich durch 120°-Schaltung (Schaltungen der Russischen Eisenbahn RZD)

lig ist (siehe Bild 1.28). Diese einphasige Last verursacht Unsymmetrien in den Spannungen und den Strömen der Drehstromnetze. Die Stromunsymmetrie hat nur geringen Einfluss auf die Generatoren, aber erhebliche Auswirkungen auf die Verbraucher.

Die *Spannungsunsymmetrie* u_U ist das Verhältnis zwischen der inversen Spannung U_i und der Spannung U_d. Die Spannungsunsymmetrie ist umgekehrt proportional zur Kurzschlussleistung S_k'' des Drehstromnetzes. Wenn die aus dem Drehstromnetz bezogene Traktionsleistung S_e bekannt ist, dann beträgt die Spannungsunsymmetrie im Drehstromnetz am Speisepunkt:

$$u_U = U_i/U_d \approx S_e/S_k \cdot 100 \text{ in } \% \quad . \tag{1.1}$$

Bei Kurzschlussleistungen zwischen 700 MVA und 3 000 MVA im 110-kV-Drehstromnetz und Leistungen der Bahnunterwerke bis 40 MVA sind deswegen hohe Werte der Spannungsunsymmetrie zu erwarten. Die Spannungsunsymmetrie führt zu einer Verkürzung der Lebensdauer von Asynchronmotoren, die mit Drehstrom betrieben werden. Um die ungünstigen Auswirkungen der Spannungsunsymmetrie zu begrenzen, sind die zulässigen Grenzen für u_U vorgegeben. So dürfen entsprechend DIN EN 60 034-1 Drehstrommotoren nur an einem Netz betrieben werden, in dem die Spannungsunsymmetrie

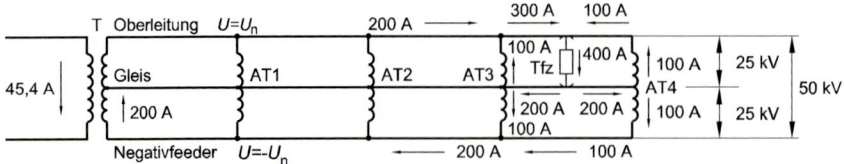

Bild 1.30: Prinzipieller Aufbau der Speiseart $2 \times U_\mathrm{n}$.
$U_\mathrm{n} = 25\,\mathrm{kV}$, Speisung aus dem 220-kV-Netz, T Unterwerkstransformator, AT Auto-Transformator, Tfz Triebfahrzeug, Ströme bei der Nennleistung $S_\mathrm{n} = 10\,\mathrm{MVA}$

dauernd 1 % und für wenige Minuten 1,5 % nicht übersteigt. Um diese strengen Anforderungen erfüllen zu können, ist es daher notwendig die Unsymmetrien zu begrenzen oder zu kompensieren [1.34].
Die Anschaltung der Unterwerke einer Strecke an nur eine Phase des Drehstromnetzes (Bild 1.29 a) wäre zwar günstig für die Bahnenergieversorgung, da sie keine Phasentrennstellen erfordert, würde aber zu starken Unsymmetrien im Drehstromnetz führen. In der Praxis wird deswegen meist die einphasige Leistung zyklisch vertauscht dem Drehstromnetz entnommen, wie dies in Bild 1.29 b) erkennbar ist. Es sind Phasentrennstellen in der Fahrleitung erforderlich, die nur eine einseitige Speisung der Fahrleitung zulassen. An diesen Phasentrennstellen haben die anstehenden Spannungen 120° Phasenunterschied. Die Spannungsdifferenz an den Phasentrennstellen beträgt somit $\sqrt{3} \cdot 25\,\mathrm{kV} \approx 43{,}3\,\mathrm{kV}$. Als Folge ergeben sich höhere Spannungsfälle im Fahrleitungsnetz. Dies führt zu ungünstigen Bedingungen für Fahrzeuge hinsichtlich Nutzung der Bremsenergie. Die Speisung nach Bild 1.29 b) wird bei der SNCF bevorzugt angewendet. Diese Speiseart wird auch auf der Strecke Madrid–Sevilla verwendet [1.35]. Auf dieser Strecke sind die Transformatoren mit einer 60°-Schaltung in den einzelnen Unterwerken in der Weise angeordnet, dass die Spannungsdifferenz an den einzelnen Phasentrennstellen der Nennspannung 25 kV entspricht [1.36], siehe Abschnitt 1.6.4.2.
In Russland, wo über 21 500 km Streckenkilometer (1999) mit Einphasenwechselstrom AC 25 kV 50 Hz elektrifiziert sind, wird eine Transformatorschaltung verwendet, welche die Asymmetrien teilweise ausgleicht, siehe Bild 1.29 c) und d). Die Phasentrennstellen werden in der Nähe der Unterwerke angeordnet. Der Parallelbetrieb benachbarter Unterwerke ermöglicht eine zweiseitige Speisung der Triebfahrzeuge, kann aber auch zu Ausgleichsströmen führen. Eine Verbindung unterschiedlicher Hochspannungsnetze auf der Sekundärseite, wie sie beim Durchverbinden der Oberleitungen mehrerer Speiseabschnitte entstehen würde, ist nicht zulässig. Auf Phasentrennstellen mit ständigen neutralen Abschnitten in der Oberleitung, die Hauptschalterausschaltungen auf den elektrischen Triebfahrzeugen erfordern, könnte verzichtet werden, wenn die gesamte Strecke über parallelgeschaltete, statische Umrichterwerke versorgt würde [1.37].

1.6.2 Zweispannungs-Energieversorgung

Um die Übertragungseigenschaften zu verbessern, wird u. a. für den Hochleistungsverkehr in Frankreich, Japan, Russland und China die Speiseart 2 AC 50 Hz 50/25 kV verwendet [1.38]–[1.42]. Dabei gibt der erste Spannungswert die Übertragungsspannung, auch Summenspannung genannt, und der zweite Wert die Nennspannung der Oberleitung an. Diese Speiseart, auch 2×25-kV-System genannt, ist durch *Autotransformatoren* und einen Leiter auf dem Potenzial 25 kV mit um 180° unterschiedlicher Phasenlage, genannt *Negativfeeder*, gekennzeichnet, siehe Bild 1.30.

Zweipolige Schalteinrichtungen sind aus diesem Grund im Fahrleitungsnetz und in den Unterwerken notwendig. Die Strecken werden dabei durch einen Transformator mit Mittenanzapfung gespeist. Die Mittenanzapfung ist mit dem Gleis verbunden. Zwischen Negativfeeder und dem Gleis liegen ebenso wie zwischen Oberleitung und Gleis 25 kV an. Die Potenzialdifferenz zwischen Oberleitung und Negativfeeder beträgt somit 50 kV. Die Leistung zwischen einem Unterwerk und den Autotransformatoren wird bis zum Abschnitt, in dem sich das elektrische Triebfahrzeug augenblicklich befindet, somit über eine zweipolige 50-kV-Leitung übertragen. Die mit der Übertragung der gleichen Leistung verbundenen geringeren Stromstärken schlagen sich damit in geringeren Spannungsfällen in der Oberleitung nieder. Im Bereich zwischen Unterwerk und Autotransformator ist wegen der nahezu gleich großen Ströme in Oberleitung und Negativfeeder der im Gleis fließende Strom gering.

Die Beeinflussung benachbarter Leitungen ist damit kleiner als bei der Einspannungsversorgung. In dem Abschnitt zwischen zwei Autotransformatoren werden die Triebfahrzeuge beidseitig gespeist, wobei die Schienen in der herkömmlichen Weise zur Rückleitung dienen. Die Beeinflussung benachbarter Leitungen ist damit auch hier geringer als bei einseitiger Speisung.

Obwohl bei einzelnen Betriebszuständen die beiden Spannungszeiger PF-E und E-NF die gleiche Phasenlage haben können, werden Zweispannungs-Energieversorgungen auch als Zweiphasensysteme bezeichnet, weil die Ströme in den beiden Außenleitern PF und NF meist unterschiedliche Größe und Phasenlage haben.

Vom Grundsatz her lässt sich dieses Speiseprinzip auch mit unsymmetrischen Zweispannungssystemen, z. B. 2 AC 50 Hz 75/25 kV anwenden. Dabei würde die Leistung bis zu den Auto-Transformatoren, zwischen denen sich das Leistung aufnehmende Triebfahrzeug befindet, mit 75 kV Spannung übertragen werden. Dieses Speiseprinzip ist für alle Einphasenwechselstrombahnen unabhängig von deren Nennfrequenz nutzbar. Die Elektrifizierung der DB-Strecke Prenzlau–Stralsund, ausgeführt mit 2 AC 16,7 Hz 30/15 kV, bildet ein Beispiel hierfür [1.43]. Die Anforderungen an die Gestaltung der Isolation erhöhen sich bei Speisungen mit $n_\mathrm{U} \cdot U_\mathrm{n}$. So sind z. B. in den Oberleitungsanlagen die größeren Luftstrecken zwischen Teilen mit mehrfachem Nennspannungspotenzial zu beachten. Die notwendige zweipolige Ausführung der Leistungsschalter in den Schaltanlagen und Trennschalter im Oberleitungsnetz ist ein weiterer genereller Nachteil der Zweispannungs-Energieversorgungen.

1.6.3 Vergleich der Einspannungs- und Zweispannungs-Energieversorgung

Errichtung und Betrieb der Einspannungs-Energieversorgung sind einfach. Die Anlagen entlang der Bahnstrecke bestehen aus der Fahrleitung und der Rückleitung. Der

Bild 1.31: Oberleitungsbauart Re250 und Unterwerk auf der Hochgeschwindigkeitsstrecke Madrid–Sevilla in Spanien (Foto: ADIF, T. V. Vega).

hohe Anteil der Rückströme zwischen 40 und 100 %, der durch die Gleise und die Erde fließt, kann unerwünschte Beeinflussungen hervorrufen. Diese können elektromagnetische Störungen in den Kabeln und in der Umgebung der Strecke verursachen, wenn keine Gegenmaßnahmen getroffen werden. Infolge dessen müssen Kabel durch Kabelschirme geschützt werden. Die größte Leitungsstrecke, die von einem Unterwerk einseitig gespeist werden kann, ist auf ungefähr 25 km begrenzt, um die zulässigen Spannungsfälle nicht zu überschreiten.

Da niedrige Ströme durch die Gleise und die Erde bei Zweispannungs-Versorgungen in den Abschnitten zwischen Auto-Transformatoren fließen, die momentan nicht von Zügen befahren werden, ist die elektromagnetische Beeinflussung viel geringer als bei einphasiger Wechselstromspeisung. Es können höhere Ströme und höhere Leistungen übertragen werden, welche die Leistungsfähigkeit der Strecken erhöhen. Der Spannungsfall ist bei der gleichen Leistung geringer und ermöglicht bis zu 50 km lange Speiseabschnitte.

Jedoch kostet die erhöhte Leistungsfähigkeit mehr. Autotransformatoren werden alle 10 bis 12 km erforderlich. Ein zusätzlicher Speiseleiter ist zwischen den Autotransformatoren-Stationen und den Unterwerken zu verlegen. Die Unterwerke müssen für zwei Außenleiter anstelle von einem ausgelegt sein. Auch der Oberleitungsschutz ist wegen des Negativfeeders aufwändiger. Die Wahl einer Ein- oder Zweispannungs-Energieversorgung hängt von technischen und wirtschaftlichen Aspekten ab. Wenn die Belastung relativ gering ist und die Beeinflussung keine Beschränkungen nach sich zieht, wird AC 15 kV oder AC 25 kV vorgezogen. Im anderen Fall sind 2 AC 30/15 kV und 2 AC 50/25 kV adäquate Optionen. Beide Optionen sollten also auch wirtschaftlich mit einander verglichen werden.

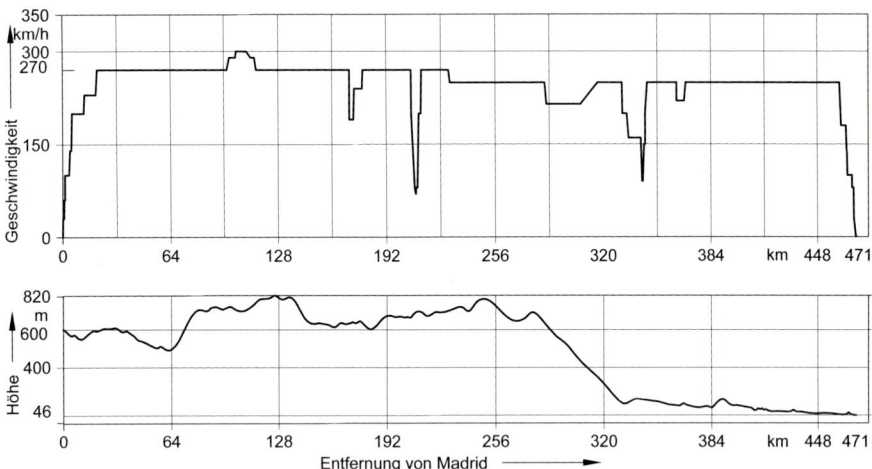

Bild 1.32: Höhen- und Geschwindigkeitsprofil der Strecke Madrid–Sevilla.

1.6.4 Strecke Madrid–Sevilla, Versorgung mit AC 25 kV 50 Hz

1.6.4.1 Beschreibung der Anlage

Die im April 1992 zum Beginn der Weltausstellung in Sevilla eröffnete Hochgeschwindigkeitsstrecke Madrid–Sevilla ist 471 km lang. Sie beginnt in Madrid im Bahnhof Puerta de Atocha und endet in Sevilla im Bahnhof Santa Justa. Die maximale Betriebsgeschwindigkeit der Züge beträgt 300 km/h. Die Strecke wurde mit der europäischen Standardspurweite 1 435 mm errichtet und wird mit den Hochgeschwindigkeitszügen AVE 100 mit 8,8 MW Leistung, der Lokomotive der Serie AVE 252 mit 5,6 MW Leistung und den Triebzügen der Serie AVE 104 mit 4,4 MW Leistung je Einheit befahren.

Den Hauptteil der Strecke elektrifizierte die RENFE mit 1 AC 25 kV 50 Hz und der Oberleitungsbauart Re250 bis jeweils an den Stadtrand von Madrid und Sevilla (Bild 1.31). Die letzten 8,5 km Fahrleitung bis Madrid-Atocha und 12,5 km bis Sevilla wurden mit DC 3 kV gespeist. Der Grund hierfür waren Befürchtungen wegen elektromagnetischer Beeinflussungen der Signal- und Kommunikationsanlagen. Im Jahr 2001 wurden auch die beiden Endabschnitte der Strecke auf AC 25 kV umgestellt [1.44]. Damit war für die Ausrüstung der Züge nur noch eine Stromart erforderlich und die Systemtrennstellen in der Oberleitung konnten abgebaut werden [1.45]. Seit der Inbetriebnahme wurden bis 2010 rund 100 Millionen Reisende gezählt. Die Pünktlichkeit der Züge erreichte Spitzenwerte bis 99,8 % je Jahr, wobei bis zu 20 Hochgeschwindigkeitszüge je Richtung und Tag fahren. Dies zeigt die Qualität der Streckenauslegung und der Instandhaltung.

Das Bild 1.32 zeigt das Höhenprofil und die jeweiligen Fahrgeschwindigkeiten der Strecke. Die Strecke beginnt in Madrid 640 m über den Meeresspiegel und endet in Sevilla 46 m über den Meeresspiegel. Die Strecke ist zweigleisig mit 4,3 m Abstand zwischen den Gleisachsen. Entlang der Strecke gibt es drei Personenbahnhöfe in Ciudad Real, Puertollano und Cordoba.

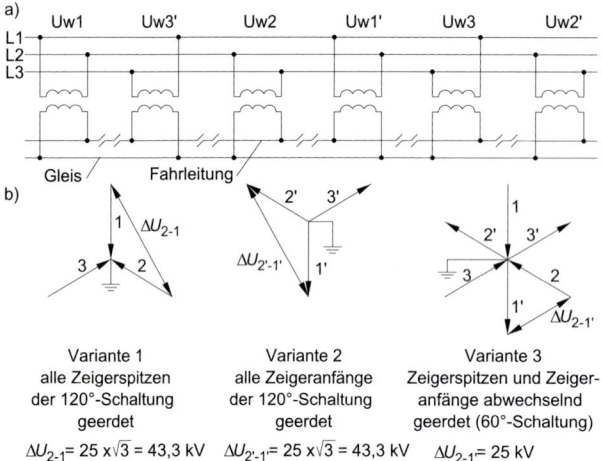

Bild 1.33: Zyklisch vertauschte Anschaltung der Unterwerke der Strecke Madrid–Sevilla.
a) Anschaltung,
b) Zeigerdiagramm

Schienen vom Typ UIC 60 wurden mit 288 m Teillängen geliefert und thermisch zu einem stoßfreien Gleis verschweißt. Unterschiedliche Ausführungen der Weichen wurden verwendet, wobei solche mit 17 000 m Radius im Abzweig mit 220 km/h befahren werden können. Die beweglichen Herzstücke erlauben den Betrieb mit 300 km/h im durchgehenden Gleis.

1.6.4.2 Beschreibung der elektrischen Auslegung

Die elektrische Auslegung ging von fünf Minuten Zugfolge und Fahrzeugeinheiten mit den angegebenen Merkmalen aus. Es wurde die Stromart AC 25 kV 50 Hz gewählt, woraus sich mit den Möglichkeiten der Einspeisung insgesamt zwölf Unterwerke ergaben. Es war zu berücksichtigen, dass die Spannungsunsymmetrie im Hochspannungsnetz dauernd 1,2 % und in der Spitze 2 % nicht überschreitet. Der Abstand der Unterwerke beträgt 40 bis 50 km, wobei ein Unterwerk in beiden Streckenrichtungen ungefähr je 25 km speist. Die erforderlichen Phasentrennstellen liegen zwischen den beiden benachbarten Unterwerken. Neun Unterwerke der Strecke Madrid–Sevilla wurden an das 220-kV- und drei an das 132-kV-Hochspannungsnetz nach Bild 1.33, Variante 3, angebunden. Auf diese Weise entstand ein 60°-Winkel wischen den Außenleitern der Nachbarunterwerke. Daher beträgt der Potenzialunterschied an der Phasentrennstelle nur 25 kV und die Isolationsklasse 36 kV war durchgehend ausreichend. Dies ermöglichte den Einsatz kostengünstiger standardisierter Komponenten in den Unterwerken [1.35, 1.36].

1.6.4.3 Unterwerke

Die Bahnunterwerke wurden an das Hochspannungsnetz der öffentlichen Energieversorgung über Drehstromunterwerke neben jedem Bahnunterwerk angeschaltet. Zu diesen Unterwerken wurden die Drehstromhochspannungsleitungen geführt. Die Hochspannungsschaltanlagen werden von den für die öffentliche Energieversorgung zuständigen

1.6 AC-50-Hz-Bahnnetze

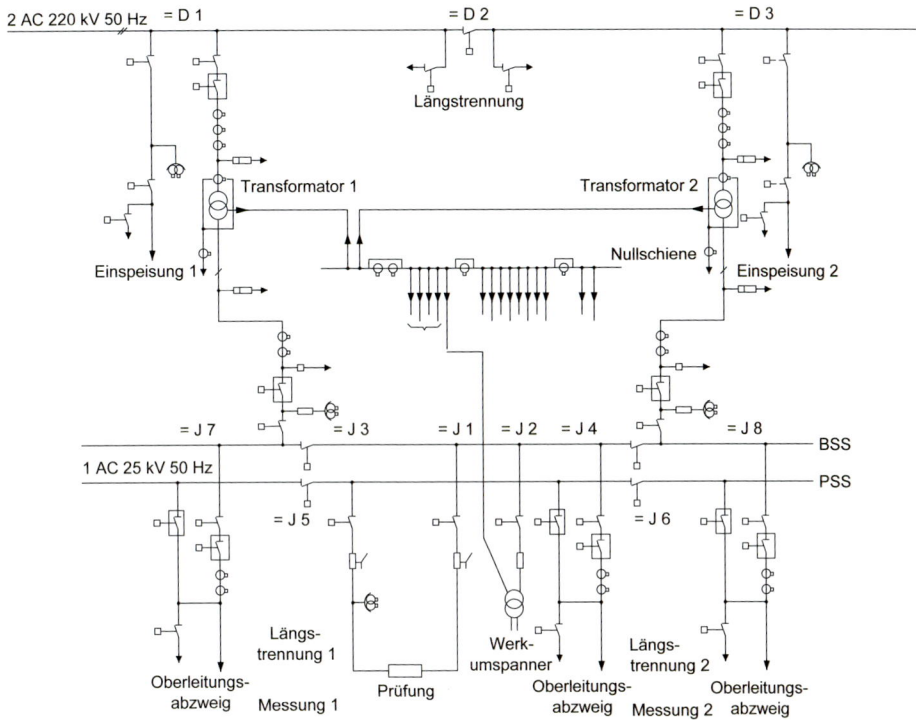

Bild 1.34: Schaltschema für die 25-kV-Anlage der Unterwerke.
BSS Betriebssammelschiene, PSS Prüfsammelschiene

Unternehmen betrieben. Alle Unterwerke wurden in Einheitsbauweise ausgeführt. Der Übersichtsschaltplan für den Hochspannungsteil gemäß Bild 1.34 weist große Ähnlichkeit mit den Blockunterwerken der DB AG (Bild 1.17) auf. Als zusätzliche Komponenten sind Sammelschienentrenner auf der Hochspannungsseite sowie Hilfsumspanner für die Eigenbedarfsversorgung auf der Mittelspannungsseite enthalten. Die Freiluftschaltanlagen für den Hochspannungsteil haben wegen der unterschiedlichen Spannungen von 220 kV und 132 kV unterschiedliche Polabstände. Die Hauptumspanner haben je 20 MVA Nennleistung und sind nach den vorgegebenen Nennbetrieb für die Belastung mit 150 % für 15 Minuten und 200 % während 6 Minuten ausgelegt. Auf der Hochspannungsseite werden SF6-Leistungsschalter mit hydraulischem Antrieb verwendet.

Der 25-kV-Teil der Unterwerke ist in Gebäuden untergebracht und umfasst eine Betriebssammelschiene und eine Prüfschiene (Bild 1.34). Die verwendeten Vakuumleistungsschalter sind für 1 600 A Nennstrom und 25 kA Abschaltstrom bemessen. Nach dem Ausschalten eines Leistungsschalters durch den Oberleitungsschutz beginnt die automatische Prüfung der Oberleitung. Dabei wird die Oberleitung mit 25 kV über die Prüfschiene, dem Lasttrenner Q6 und einem Prüfwiderstand gespeist. Die Prüfung des Oberleitungszustandes wird als gut eingestuft, wenn über den Spannungswandler T5

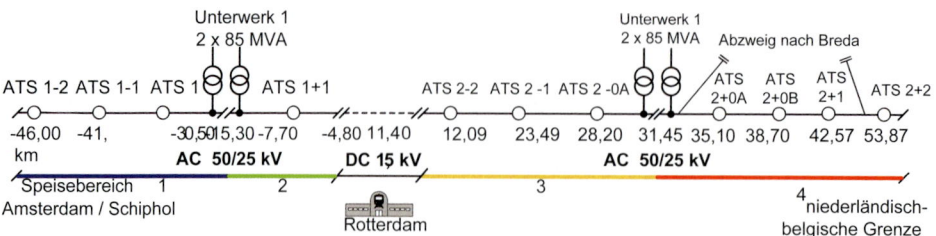

Bild 1.35: Bahnenergieversorgung der Strecke HSL ZUID.

eine Spannung zwischen 7 und 8 kV gemessen wird. Anschließend schließt der Leistungsschalter Q0 wieder. Bei negativer Prüfung bleibt der Leistungsschalter offen, da anzunehmen ist, dass ein Dauerkurzschluss vorhanden ist. Die Prüfung dauert ungefähr 10 Sekunden. In jedem Unterwerk sind die Leistungstransformatoren durch
- einen Überstromzeitschutz,
- einen Differenzialschutz,
- die Überwachung des Schalterversagens und
- einen Buchholzschutz, Temperatur- und Kesselschutz

geschützt.

Für die Oberleitungseinspeisungen gibt es je einen
- unverzögerten Überstromschutz,
- Überstromzeitschutz,
- übergeordneten Überstromzeitschutz,
- thermischen Schutz und eine
- Überwachung des Schalterversagens.

1.6.4.4 Fernsteuerung

Die Betriebsleitstelle im Bahnhof Madrid–Atocha überwacht und steuert die technischen Prozesse mit einer SCADA Bauart Siemens Vicos P 500. Für die Steuerung genügen Tastatur und Maus. An die Fernsteuerung sind 41 Einheiten vom Typ Sinaut angeschlossen, wovon zwölf die Steuerung der Unterwerke betreffen. Die übrigen 29 Einheiten steuern die technischen Anlagen in den Gebäuden, die Oberleitungstrennschalter und die Sicherungseinrichtungen längs der Strecke und die Weichenheizungen. Die Fernwirkeinheiten in technischen Gebäuden sind mit der Betriebsleitzentrale über Lichtwellenleiter verbunden. Zwischen den Unterwerken und den technischen Gebäuden werden die Daten über Modem und Kabel ausgetauscht. Das System Vicos P 500 ist projektorientiert programmiert und damit hinsichtlich Anlagenänderungen und Instandhaltung in hohem Maß flexibel.

1.6 AC-50-Hz-Bahnnetze

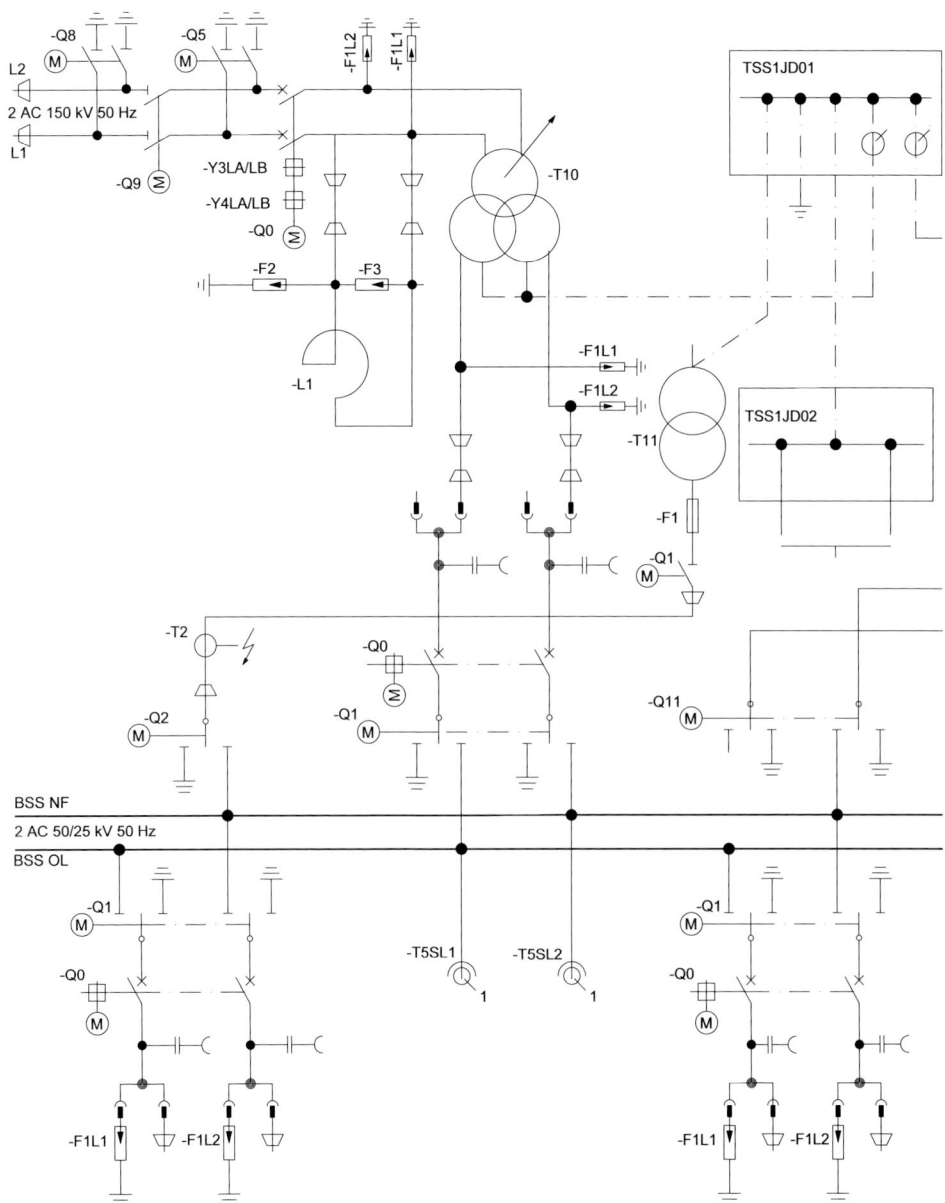

Bild 1.36: Übersichtsschaltplan der linken Hälfte der symmetrisch aufgebauten Schaltanlagen AC 150 kV und 2 AC 50/25 kV eines Unterwerkes auf der Strecke HSL Zuid.
Q0 Leistungsschalter; Q1, Q9 Trennschalter; Q5, Q8 Erdungsschalter; T1 Stromwandler; T5 Spannungswandler; T10 Leistungstransformator; T11 Eigenbedarfstransformator; F1, F2, F3 Überspannungsableiter im Freileitungsabzweig und den Streckeneinspeisungen sowie Hochspannungssicherung für die Eigenbedarfsversorgung; BSS Betriebssammelschiene, NF Negativfeeder, OL Oberleitung

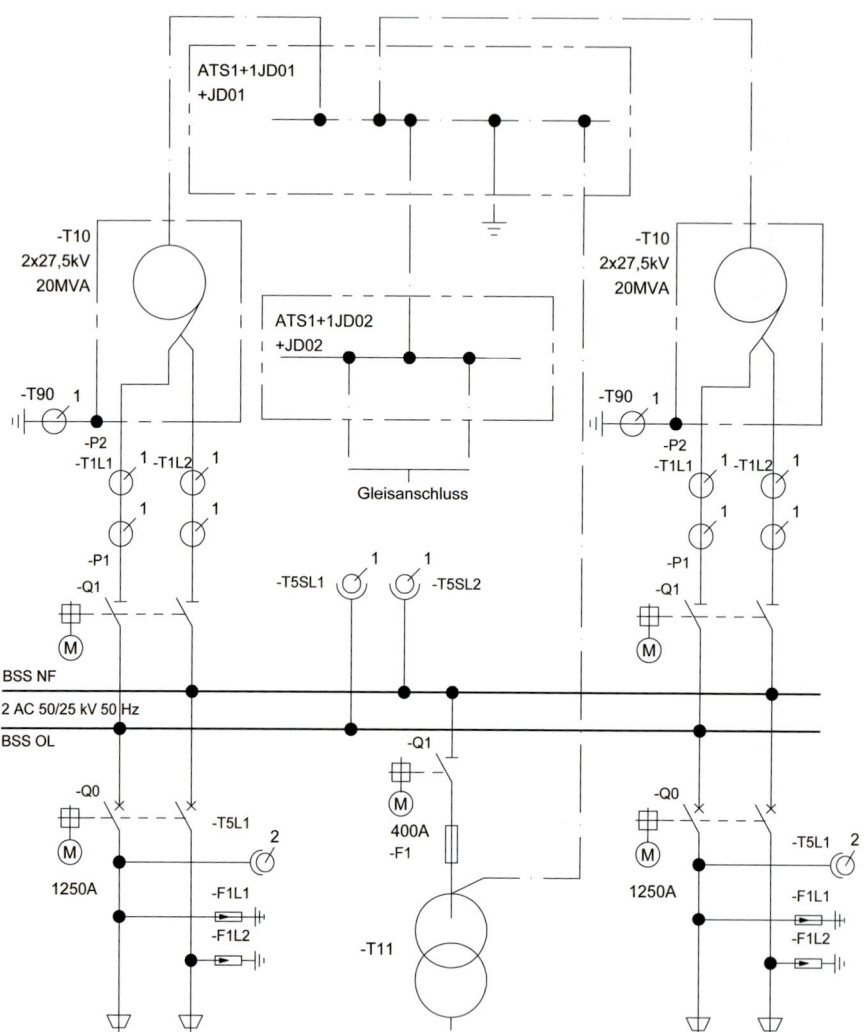

Bild 1.37: Übersichtsschaltplan einer Autotransformatorstation auf der Strecke HSL Zuid. T10 Autotransformator; P1, P2 Stromwandler; T90 Spannungswandler; weiter Erläuterungen siehe Bild 1.36

1.6 AC-50-Hz-Bahnnetze

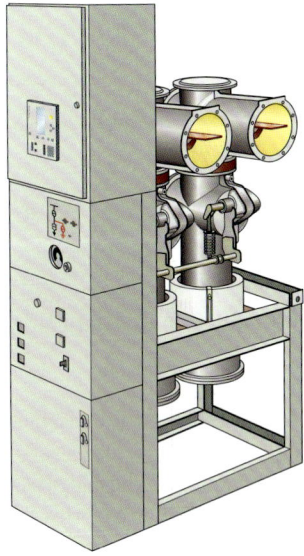

Bild 1.38: Abzweig einer zweipoligen GIS-Schaltanlage Sitras 8DA12 für 2×25-kV-Systeme und 1×25-kV-Systeme mit Prüfschiene.

1.6.5 Strecke HSL Zuid, Versorgung mit 2 AC 50/25 kV 50 Hz

1.6.5.1 Beschreibung der Anlage

Die niederländische Hochgeschwindigkeitsstrecke HSL Zuid ist Bestandteil des transeuropäischen Eisenbahnnetzes (TEN) und verbindet Amsterdam mit Rotterdam und Brüssel [1.42]. Sie ist zweigleisig, 88 km lang und beginnt nahe dem Amsterdamer Flughafen Schiphol und verläuft über Rotterdam zur belgischen Grenze (Bild 1.35). Die Strecke ist für Geschwindigkeiten bis 300 km/h und drei Minuten minimaler Zugfolgezeit mit zwei gekoppelten, je 200 m langen Zugeinheiten ausgelegt. Diese hohe Traktionsleistung führte auf den Hauptabschnitten zur Energieversorgung mit 2 AC 25 kV 50 Hz, zwei Unterwerken und sieben Autotransformatorstationen. Die angrenzenden Streckenabschnitte für 160 km/h werden, wie in den Niederlanden sonst üblich, mit DC 1,5 kV versorgt, sodass auf der Strecke Mehrsystemfahrzeuge im Einsatz sind. Es gibt fünf Systemtrennstellen AC 25 kV/DC 3,0 kV und drei Phasentrennstellen.

1.6.5.2 Unterwerke und Autotransformatorstationen

Beide Unterwerke werden aus dem 150-kV-Hochspannungsnetz versorgt. Durch die Anschaltung an unterschiedliche Außenleiter des Hochspannungsnetzes bleibt die Unsymmetrie unter der niederländischen 1 %-Grenze für die 10-Minuten-Spannungsmittelwerte. Eine Hälfte des symmetrisch aufgebauten Uw-Übersichtsschaltplanes zeigt Bild 1.36. Der Freileitungsabzweig bestehend aus Trennschalter, Leistungsschalter, Erdungsschalter, Wandlern und Überspannungsableitern speist direkt, d. h. ohne Sammelschiene, den 150/2×27-kV-85-MVA-Unterwerkstransformator. Dieser ist über den Transformatorabzweig an die 2-AC-25-kV-Betriebssammelschienen der gasisolierten Schaltanlage

Bild 1.39: Autotransformatorstation.

Sitras 8DA12 (Bild 1.38) und mit der Mittenanzapfung an die Rückleitersammelschiene angeschlossen, von der Rückleiterkabel zum Gleis führen. Zwei Streckenabzweige speisen die Sammelschienenspannungen jeweils in die Oberleitungen und die Negativfeeder beider Fahrtrichtungen der zweigleisigen Strecke ein. Spannungswandler erfassen die Betriebssammelschienenspannung. Die dargestellte zweipolige linke Sammelschienenhälfte ist mit der nicht dargestellten rechten Hälfte über Längstrennungen verbunden. Ein zusätzlicher, nur einmal vorhandener Abzweig und ein 50-kVA-Transformator 27,5/0,23 kV dienen der Eigenbedarfsversorgung des Unterwerkes.

Die Autotransformatorstationen sind jeweils mit zwei 20-MVA-Transformatoren und einer luftisolierten 2-AC-25-kV-Schaltanlage ausgerüstet (Bilder 1.37 und 1.39).

Das Bild 1.37 zeigt den Übersichtsschaltplan mit den Transformatorabzweigen, den Streckeinspeisungen, der Eigenbedarfsversorgung und der Rückleiterschiene. In den Unterwerken und Autotransformatorstationen sind digitale Schutzgeräte der SIPROTEC-Serie eingesetzt. Der Oberleitungsschutz SIPROTEC 7ST61 schützt sowohl die Oberleitung als auch den Negativfeeder. Ein SCADA-System vom Typ Telegyr 8000 im Kontrollzentrum (SMC) Rotterdam steuert und überwacht in Verbindung mit der Stationsleittechnik auf SIMATIC-S7-Basis die Unterwerke und Autotransformatorstationen. Die SCADA-Anlage steuert auch die Oberleitungstrennschalter.

1.7 Literatur

1.1 *Sachs, K.*: Die ortsfesten Anlagen elektrischer Bahnen. Orell Füssli Verlag, Zürich–Leipzig, 1938.

1.2 *Kummer, W.*: Die Maschinenlehre der elektrischen Zugförderung. Verlag von Julius Springer, Berlin, 1920.

1.3 *Rossberg, R. R.*: Murnau-Oberammergau: 100 Jahre Wechselstrom mit Bahnfrequenz. In: Elektrische Bahnen 103(2005)1-2, S. 45–50.

1.4 *Lindner, Ch.; Heinze, R.*: Umstellung der Sollfrequenz im zentralen Bahnnetz von 16 2/3 Hz auf 16,7 Hz. In: Elektrische Bahnen 100(2002)12, S. 447–454.

1.5 *Behmann, U.*: Nennfrequenz 16 2/3 Hz. In: Elektrische Bahnen 100(2002)12, S. 455–457.

1.6 *Behmann, U.*: Bahn-Normfrequenz bei IEC, CENELEC, DIN und VDE unverändert 16 2/3 Hz. In: Elektrische Bahnen 110(2012)1-2, S. 454–455.

1.7 *Courtois, C.*: Fifty years of 50 Hz energy supply in France – Development and solutions. In: Elektrische Bahnen 105(2007)4-5, S. 232–240.

1.8 *Harries, K.*: Jane's World Railways 2009–2010. Verlag Jane's Information Group, London, 2011.

1.9 *Edel, R.; Schneider, E.; Schweller, M.*: Systemauslegung der Bahnstromversorgung von Gleichstrom- und Wechselstrombahnen. In: Elektrische Bahnen 96(1998)7, S. 213–221.

1.10 *Achtziger, K.-H. u. a.*: Energieversorgung, Signalanlagen und Fahrleitungen für das Schienenfahrzeug-Prüfcenter Wegberg-Wildenrath. In: Elektrische Bahnen 96(1998)1-2, S. 29–39.

1.11 *Schmidt, P.*: Energieversorgung elektrischer Bahnen. Verlag transpress, Berlin, 1988.

1.12 *Lönhard, D.; Northe, J.; Wensky, D.*: Statische Bahnumrichter – Systemübersicht ausgeführter Anlagen. In: Elektrische Bahnen 93(1995)6, S. 179–190.

1.13 *Pfander, J.-P.; Simons, K.*: Technik und Betrieb der Netzkupplungsanlagen 50/16,7 Hz bei der SBB. In: Elektrische Bahnen 109(2011)1-2, S. 55–62.

1.14 *Schneider, E.; Schuster, R.; Weschta, A.*: Statische Umrichter für die 15-kV-Bahnstromversorgung – Anlagenkonzept und Betriebserfahrungen. In: ETG-Fachbericht 54, VDE-Verlag, Offenbach, (1994), S. 87–100.

1.15 *Halfmann, U.; Recker, W.*: Modularer Multilevel-Bahnumrichter. In: Elektrische Bahnen 109(2011)4-5, S. 174–179.

1.16 *Biesenack, H.; George, G.; Hofmann, G.; Schmieder, A. u. a.*: Energieversorgung elektrischer Bahnen. Verlag B. W. Teubner, Stuttgart-Leipzig-Wiesbaden, 2006.

1.17 *Perschbacher, M.*: Bahnenergieversorgung der DB. In: Elektrische Bahnen 109(2011)1-2, S. 50–54.

1.18 *Schneider, E.; Schuster, R.*: Zwischenkreisumrichter, Energieversorgung von Wechselstrom-Bahnnetzen aus dem Landesnetz. In: Eisenbahningenieur 45(1994)2, S. 106–112.

1.19 *Schmidt, R.*: Standardumrichterkonzept der DB Energie. In: Elektrische Bahnen 98(2000)10, S. 354–357.

1.20 *Schmidt, R.*: Der Standardumrichter bei der Deutschen Bahn. In: Elektrische Bahnen 101(2003)4-5, S. 177–181.

1.21 *Baumeler, H.*: 15-MW-Standardumrichter für die DB Energie. In: Elektrische Bahnen 98(2000)10, S. 358–363.

1.22 *Maibach, P. u. a.*: Leistungsstärkste Bahnumrichteranlage in Datteln. In: Elektrische Bahnen 109(2011)6, S. 282–290.

1.23 *Niekamp, K.*: Traktionsstromversorgungskonzept der BD Energie. In: Elektrische Bahnen 98(2000)3, S. 79–85.

1.24 *DB-Richtlinie 955*: Schaltanlagen für Bahnstrom. Deutsche Bahn AG, DB Energie GmbH, Frankfurt am Main, 2011.

1.25 *Rattmann, R.; Walter, S.*: Zweite Generation 16-2/3-Hz-Normschaltanlagen der Deutschen Bahn. In: Elektrische Bahnen 96(1998)9, S. 277–281.

1.26 *Ebhard, S.; Moschkau, W. u. a.*: Lastenheft – Einpolige 15-kV-16,7-Hz-Innenraumbahnstromschaltanlagen. DB Energie GmbH, I. EBZ5, Frankfurt am Main, 2009.

1.27 *Kinscher, J.; Jentzsch, P.*: Kompakte 40-kA-Bahnschaltanlage für 15 kV 16,7 Hz. In: Elektrische Bahnen 109(2011)10, S. 520–525.

1.28 *Siemens AG*: Produktinformation Abzeiggebundene Prüfeinrichtung AGP. Erlangen, 2009.

1.29 *Weiland, K.; Ebhart, S.; Walter, S.*: Neue technische Entwicklung für Bahnstromanlagen. In: Elektrische Bahnen 105(2007)4-5, S. 206–212.

1.30 *Becker, B. u. a.*: White paper–Anforderungen an sichere Steuerungs- und Telekommunikationssysteme. Bundesverband der Energie- und Wasserwirtschaft e. V., Berlin, 2008.

1.31 *Wittke, V.; Bauer, G.*: Standardisierte Bahnstromschaltanlagen ohne zentrale Druckluftversorgung bei der Deutschen Bundesbahn. In: Elektrische Bahnen 83(1985)8, S. 246–249.

1.32 *Sternberg, E.; Walther, T.*: Netzleittechnik in der 16,7-Hz-Bahnenergieversorgung. In: Elektrische Bahnen 109(2011)4-5, S. 180–183.

1.33 *Harprecht, W.*: Moderne Anlagen der Bahnstromversorgung. In: Die Bundesbahn 62(1986)7, S. 499–505.

1.34 *Schmidt, P. u. a.*: Energieversorgung elektrischer Bahnen. Verlag Technik, Berlin, 1975.

1.35 *Braun, E.*: Stromversorgung der Hochgeschwindigkeitsstrecke Madrid–Sevilla. In: Elektrische Bahnen 88(1990)12, S. 415–427.

1.36 *Braun, E.*: Connection of railway substations to the national three-phase power supply for the Madrid–Seville high-speed line. In: Elektrische Bahnen 88(1990)5, S. 215–216.

1.37 *Behmann, U.; Rieckhoff, K.*: Umrichterwerke bei 50-Hz-Bahnen – Vorteile am Beispiel der Chinese Railways. In: Elektrische Bahnen 109(2011)1-2, S. 63–74.

1.38 *Alain, L.; Courtois, C.; Mentel, J.-P.*: Energieversorgung der SNCF Hochgeschwindigkeitsstrecken. In: Elektrische Bahnen 103(2005)7, S. 346–354.

1.39 *Courtois, C.*: Fifty years of 50 Hz energy supply in France – Development and solutions. In: Elektrische Bahnen 105(2007)4-5, S. 232–240.

1.40 *Zynovchenko, A.; George, G.; Olsen, H.*: Elektrifizierung von Eisenbahnstrecken mit Autotransformatorsystemen. In: Elektrische Bahnen 107(2009)4-5, S. 233–239.

1.41 *Brodkorb, A.; Tornow, T.*: Elektrische Ausrüstung der Hochgeschwindigkeitsstrecke Beijing–Tianjin. In: Elektrische Bahnen 107(2009)4-5, S. 344–350.

1.42 *Altmann, M.; Matthes, R.; Rister, S.*: Elektrifizierung der Hochgeschwindigkeitsstrecke HSL Zuid. In: Elektrische Bahnen 103(2005)4-5, S. 248–252.

1.43 *Groh, T. u. a.*: Elektrischer Betrieb bei der Deutschen Bahn im Jahre 2007. In: Elektrische Bahnen 106(2008)1-2, S. 4–50.

1.44 *Vega, T.*: Schnellfahrstrecke Madrid–Sevilla durchgehend mit AC 25 kV 50 Hz betrieben. In: Elektrische Bahnen 101(2003)3, S. 134–135.

1.45 *Braun, E.; Kistner, H.*: Systemtrennstellen auf der Schnellfahrstrecke Madrid–Sevilla. In: Elektrische Bahnen 92(1994)8, S. 229–233.

2 Anforderungen und Vorgaben

2.0 Symbole und deren Bedeutung

Symbol	Bezeichnung	Einheit
C_C	aerodynamischer Staudruckbeiwert für Leiter	–
F_K	aerodynamische Kontaktkraft	N
F'_W	längenbezogene Windlast auf Leiter	kN/m
G_C	Leiterreaktionsbeiwert	–
G'_{Eis}	längenbezogene Eislast auf Leiter	N/m
H	Höhe der Anlage über NN	m
I_B	Blitzstromscheitelwert	kA
K_1	Formbeiwert	–
L_1	halbe Breite des Stromabnehmerlichtraums bei – kleinster Fahrdrahthöhe	m
L_2	– Nennfahrdrahthöhe	m
L_3	– Nennfahrdrahthöhe plus Anhub	m
L_N	Häufigkeit von indirekten Blitzüberspannungen	
ΔP	Leistungsverlust	kW
R_{St}	aerodynamischer Widerstand	kN
S	Anhub	m, mm
SO	Schienenoberkante	–
T	absolute Temperatur	K
$U_{B\,max}$	Scheitelwert der Blitzüberspannung	kV
U_{Ni}	Bemessungsstoßspannung	V, kV
U_{Nm}	Bemessungsspannung	V, kV
$U_{max\,1}$	Höchste Dauerspannung	V, kV
U_n	Nennspannung	V, kV
Z	Wellenwiderstand	Ω
a	Höhe des Infrastrukturlichtraumprofils	m
b	halbe Breite des Stromabnehmerlichtraumprofils	m
$c1$	Höhe der Schrägung des Lichtraumprofils	m
$c2$	Breite der Schrägung des Lichtraumprofils	m
d	Leiterdurchmesser	m
f_U	Spannungsabhängiger Abstand	m
h_{FD}	Fahrdrahthöhe	m
h	Höhe über Gelände	m
h_{SH}	Systemhöhe	m
n	Exponent	–
p	Überschreitenswahrscheinlichkeit, allgemein	–
$q_{b;0,02}$	Staudruck, Überschreitenswahrscheinlichkeit 0,02	N/m^2
$q_{b;0,10}$	Staudruck, Überschreitenswahrscheinlichkeit 0,10	N/m^2

Symbol	Bezeichnung	Einheit
$q_{b;0,20}$	Staudruck, Überschreitenswahrscheinlichkeit 0,20	N/m^2
$q_{b;0,33}$	Staudruck, Überschreitenswahrscheinlichkeit 0,33	N/m^2
q_b	Basisstaudruck	N/m^2
q_h	Bemessungsstaudruck in der Höhe h	N/m^2
q_{bH}	Staudruck in der Höhe H über NN	N/m^2
$q_{h=6}$	Staudruck in 6 m Höhe	N/m^2
$qs'_{i,a}$	quasistatische Seitenbewegung des Fahrzeugs in der Bogeninnenseite (i) oder Bogenaußenseite (a)	m
u	Überhöhung des Gleises im Gleisbogen	m
u_0	Referenzwert der Überhöhung, $u_0 = 0,066$ m	m
u_f	Überhöhungsfehlbetrag	m
u_{f0}	Referenzwert des Überhöhungsfehlbetrags, $u_{f0} = 0,066$ m	m
v	Vorsorgewert	m
v_b	Basiswindgeschwindigkeit in 10 m Höhe über Gelände, gemittelt über 10 min und mit einer Wiederkehrdauer	m/s
$v_b(p)$	Basiswindgeschwindigkeit mit einer Auftretenswahrscheinlichkeit p, die von der Wiederkehrdauer 50 Jahren abweicht	m/s
v	Windgeschwindigkeit	m/s
$v_{b,0,02:h=10}$	mittlere Windgeschwindigkeit mit 50 Jahren Widerkehrdauer	m/s
v_b	Basiswindgeschwindigkeit	m/s
$v_{h=6}$	Böengeschwindigkeit in 6 m Höhe über dem Gelände, Dauer 2 s	m/s
$v_{b;p}$	Basiswindgeschwindigkeit, Überschreitenswahrscheinlichkeit p	m/s
$v_{b;0,02}$	Basiswindgeschwindigkeit, Überschreitenswahrscheinlichkeit 0,02	m/s
$v_{b;0,10}$	Basiswindgeschwindigkeit, Überschreitenswahrscheinlichkeit 0,10	m/s
$v_{b;0,20}$	Basiswindgeschwindigkeit, Überschreitenswahrscheinlichkeit 0,20	m/s
$v_{b;0,33}$	Basiswindgeschwindigkeit, Überschreitenswahrscheinlichkeit 0,33	m/s
$\sum j$	Zufallsbedingte Seitenverschiebungen von Eisenbahnfahrzeugen	m
γ_F	Teilsicherheitsbeiwert auf der Lastseite	–
γ_M	Teilsicherheitsbeiwert auf der Materialseite	–
ϱ	Luftdichte, bei 15 °C und 0 m Höhe über NN 1,225	kg/m^3

2.1 Allgemeine Anforderungen

2.1.1 Einführung

Die *Zuverlässigkeit des elektrischen Bahnbetriebes* hängt im hohen Maße von der Verfügbarkeit und Zuverlässigkeit der Bahnenergieversorgung ab. Die *Anforderungen an die Fahrleitungen* ergeben sich aus deren doppelter Funktion als

– *Übertragungsleitung* für die Energie vom Unterwerk zum Triebfahrzeug und als
– *Gleitkontakt* für die ortsveränderliche Energieentnahme mit den Stromabnehmern.

Fahrleitungen, seien es Oberleitungsanlagen oder Dritte- und Vierte-Schiene-Anlagen, sind Komponenten in der Bahnenergieversorgung, die sich aus technischen und wirtschaftlichen Gründen nicht redundant gestalten lassen. Die deshalb notwendige hohe *Verfügbarkeit* der Fahrleitungsanlage erfordert bereits beim Vorbereiten der Elektrifi-

zierung eine gewissenhafte Projektierung. In Fahrleitungsanlagen sollten nur Ausführungen und Bauteile mit langer Lebensdauer verwendet werden, die sorgfältig geprüft, ausgereift, richtig eingebaut sind und eine effektive Instandhaltung ermöglichen. Die Grundforderungen an die Konstruktion einer Fahrleitungsanlage sind daher:
- Der Betrieb der Fahrleitungsanlagen darf Personen und Anlagen nicht gefährden.
- Bis zur zulässigen Höchstgeschwindigkeit der betrachteten Fahrleitungsbauart muss durch das *dynamische Zusammenwirken* von Stromabnehmern und Oberleitung oder Dritter- als auch Vierter-Schiene eine unterbrechungslose Leistungsübertragung zum Triebfahrzeug möglich sein.
- Eine möglichst lange *Lebensdauer* mit
  - hoher mechanischer und elektrischer Festigkeit,
  - ausreichender Festigkeit gegen Belastungen durch *Wind-* und *Eislasten*,
  - *Korrosionsbeständigkeit* aller Bauelemente und
  - gleichmäßigen, möglichst geringen Verschleiß des Fahrdrahtes.
- Bei der Planung und Errichtung der Oberleitungsanlagen in bebauten Gebieten sind auch städtebauliche Gesichtspunkte zu beachten.
- Die Belange des *Umweltschutzes* sind zu berücksichtigen.
- Die *Investitionen* für das Errichten und die *Kosten für das Betreiben* und *Instandhalten* sollten während der Nutzungsdauer so niedrig wie möglich sein.

Die grundlegenden Anforderungen an eine Fahrleitungsanlage teilen sich in mechanische, elektrische, umgebungsbedingte sowie betreiber- und instandhaltungsbedingte Forderungen. Die Anforderungen an die Interoperabilität über die Gebietsgrenzen einzelner Bahnbetreiber hinweg sind dabei zu beachten. Eine strenge Trennung der Einzelanforderungen ist nicht in jedem Fall möglich und nötig.

2.1.2 Mechanische Anforderungen

Die notwendige Festigkeit der verwendeten Drähte, Seile und anderer Elemente ist Grundvoraussetzung für eine funktionsfähige Fahrleitungsanlage. Um ein einwandfreies Zusammenwirken von Fahrdraht oder Stromschiene mit dem Stromabnehmer zu ermöglichen, sind *definierte Abstände* zwischen Fahrdraht oder Stromschiene und dem Gleis einzuhalten. Bei Oberleitungen wird die *Fahrdrahtlage* auf die Mittelsenkrechte zur Schienenkopfberührenden eines Gleises bezogen. Die Fahrdrahthöhe über Schienenoberkante entspricht der Art der Bahnanlage und dem Anwendungsbereich. Es sind die *kleinste* und *größte Fahrdrahthöhe*, die *zulässige Fahrdrahtneigung* und die Änderung der Fahrdrahtneigung (Tabelle 2.3) in Gleisrichtung zu beachten.

Die Kräfte in Leitern und anderen Bauteilen müssen unter den Betriebsbedingungen in den zulässigen Grenzen bleiben; der *Durchhang* von Leitern darf zulässige Werte nicht überschreiten, um die Sicherheit der Personen und des Betriebes zu gewährleisten. *Gefährdungen* wären möglich, wenn der erforderliche Sicherheitsabstand oder elektrische Mindestabstand unterschritten würde. Gegenüber potenzialführenden Teilen sind *Mindestluftstrecken* bei allen Betriebsbedingungen, wie Lageveränderungen infolge Stromabnehmerdurchgang, unterschiedlichen Durchhängen usw. einzuhalten. Wind- und Eislasten an Leitern und Bauteilen sollten den Bahnbetrieb möglichst wenig beeinflussen.

Um eine möglichst gleichmäßige Abnutzung der Stromabnehmerschleifstücke elektrischer Triebfahrzeuge und des Fahrdrahtes selbst zu erreichen, ist der *Fahrdraht* mit einer *Seitenverschiebung*, umgangssprachlich *Zick-Zack* genannt, zu verlegen. Vorgaben für die Grenzwerte und Mindeständerung der Fahrdrahtseitenverschiebung je Meter Gleislänge sind bei der Planung zu beachten.

Im Betrieb auftretende mechanische Kräfte müssen über Ausleger, Masten und Fundamente sicher in den Baugrund übertragen werden. Deformationen wie Mastdurchbiegungen und Schwingungen dürfen die Leistungsübertragung nicht beeinträchtigen.

Oberleitungen, vor allem Kettenwerksoberleitungen für hohe Geschwindigkeiten, müssen anspruchsvolle Gütekriterien der Leistungsübertragung erfüllen. Dazu gehören *statische Gütekriterien* wie *Elastizität* und deren *Gleichförmigkeit* entlang der Längsfelder und der Fahrdrahtanhub. Zu den *dynamischen Gütekriterien* gehören die *Ausbreitungsgeschwindigkeit* von Störimpulsen, der *Dopplerfaktor* und der *Reflexionsfaktor*. Die Kontaktkraft als Funktion der Fahrgeschwindigkeit und deren Streuung sind wesentliche Gütemerkmale. Oberleitungen müssen mit mehreren anliegenden Stromabnehmern je Zug befahrbar sein (Kapitel 10).

2.1.3 Elektrische Anforderungen

Stromart und *Nennspannung* einschließlich der zulässigen Abweichungen (siehe Tabelle 1.1) sind die Hauptmerkmale. Wesentliches Kriterium für die Leistungsfähigkeit einer elektrifizierten Strecke ist die *Stromtragfähigkeit* der Fahrleitungsanlage. Naturgemäß treten im Vergleich zu Freileitungsanlagen der allgemeinen Elektrizitätsversorgung in Fahrleitungsnetzen häufiger *Kurzschlüsse* auf. Deswegen ist auch die *Kurzschlussstrombelastbarkeit* einer Fahrleitungsanlage eine wichtige Bemessungsgröße.

In Fahrleitungsanlagen muss die *Spannung des Netzes* unter allen Betriebsbedingungen innerhalb vorgegebener Grenzen gehalten werden. Ein Maß hierfür ist die mittlere nutzbare Spannung (Abschnitt 5.2.4). Dabei sollten auch die Verluste bei der Energieübertragung innerhalb akzeptabler Grenzen bleiben.

Um Folgen von Fehlern und Instandhaltungsarbeiten für den Bahnbetrieb zu minimieren, sind die Anlagen in getrennt *speisbare Abschnitte* zu unterteilen. Die Oberleitungsanlage ist so zu gestalten, dass sich Fehler schnell und möglichst genau orten lassen. Wenn Leiter oder andere Bauteile der Fahrleitungsanlage versagen, sollten sich definierte Störzustände einstellen, die eine Bestimmung der *Fehlerumstände* ermöglichen.

Der geforderten *Isolationskoordination* ist durch die Wahl entsprechender Luftstrecken, Isolierstoffe und Kriechweglängen unter Berücksichtigung der Umgebungsbedingungen Rechnung zu tragen. *Schutzmaßnahmen* und -vorkehrungen müssen sicherstellen, dass Personen vor der Gefahr eines *elektrischen Schlages* geschützt sind.

Unerwünschte Beeinflussungen auf das speisende Netz der Landesenergieversorgung, z. B. *Oberschwingungen und Unsymmetrien*, sollten so klein wie möglich sein.

Durch den Leistungstransport über das Fahrleitungsnetz können benachbarte Leitungen aller Art durch induktive, kapazitive und galvanische Kopplung beeinflusst werden. Bei Gleichstrombahnen sind Maßnahmen erforderlich, um die *Streustromkorrosion* einzugrenzen. Beim Parallelbetrieb von Wechsel- und Gleichstrombahnen auf gleichen

Gleisen sind die Anforderungen zur elektrischen Trennung der Speisekreise gemäß DIN EN 50 122-3 zu erfüllen. Die im Betrieb auftretenden *Gleis-Erde-Spannungen* dürfen auch bei Fehlerzuständen annehmbare Grenzwerte nicht übersteigen.

2.1.4 Umgebungsbedingte Anforderungen

Fahrleitungsanlagen sind so zu gestalten, dass sie in definierten Bereichen der *Außentemperatur*, in Nord- und Mitteleuropa $-30\,°C$ bis $40\,°C$, in Südeuropa bis $45\,°C$, voll funktionsfähig sind. Die Normen DIN EN 50 119 und DIN EN 50 125-2 legen die bei der Konstruktion von Oberleitungsanlagen zu beachtenden Bedingungen fest. In Deutschland gilt nach DIN EN 50 119, Beiblatt 1:2011, der Außentemperaturbereich $-30\,°C$ bis $40\,°C$. Durch Windkräfte treten seitliche Auslenkungen der Fahrdrähte auf, die unter ungünstigen Bedingungen zur Entdrahtung des Stromabnehmers führen könnten. Deswegen sind bei Oberleitungen Belastungen für die Gebrauchstauglichkeit und für die Standsicherheit zu unterscheiden. Die Auslegung hinsichtlich Gebrauchstauglichkeit muss das Zusammenwirken von Oberleitung und Stromabnehmer sicher stellen. Extreme Windlasten dürfen nicht zu mechanischen Schäden an der Fahrleitungsanlage selbst führen. Windlasten sind für die Bemessung von Fundamenten, Masten, Auslegern und Leitungen häufig maßgebend. Die Windlasten, die für den Nachweis der *Gebrauchstauglichkeit* einerseits und die *statische Bemessung* andererseits zugrunde zu legen sind, geben die Betreiber vor oder können den Normen DIN EN 50 119, DIN EN 50 125-2, DIN EN 1991 oder DIN EN 50 341-3-4 entnommen werden.

Durch *Eislasten* können an Fahrleitungsanlagen hohe Belastungen entstehen. Allgemeine Vorgaben sind in DIN EN 50 119 und DIN EN 50 125-2 enthalten, die bei der Bemessung der Anlage zu beachten sind. Einzelheiten finden sich in den Abschnitten 2.4, 4.1 und 13.1.4.8.

Niederschläge, aggressive Dämpfe, Gase und Stäube, kurz *Atmosphärilien* genannt, sind beim Bemessen der Bauteile zu berücksichtigen.

Die Eigenschaften der Isoliermaterialien und anderer Elemente der Fahrleitungsanlagen sollten sich nicht durch klimatische Einflüsse und Sonneneinstrahlung so verändern, dass dadurch der Betrieb beeinträchtigt wird.

2.1.5 Anforderungen aus der Interoperabilität

Die *Interoperabilität* des europäischen Bahnsystems ist ein politisches Ziel der europäischen Union (EU) zur Verbesserung des Bahnverkehrs in der EU. Im Hinblick auf dieses Ziel erließ die Kommission der EU die Richtlinien:
– 96/48/EG für das transeuropäische Hochgeschwindigkeitsbahnsystem [2.1], 1996
– 2001/16/EG für das konventionelle Bahnsystem [2.2], 2001
– 2004/50/EG für die Änderung der Richtlinie 96/48/EG [2.3], 2004
– 2008/57/EG für die Interoperabilität in der Gemeinschaft [2.4], 2008

Die Richtlinien sind gegliedert nach den Teilsystemen:
– *Infrastruktur*
– *Energie*

Bild 2.1: Hierarchie der Europäischen Spezifikationen für die Interoperabilität.

– *Zugsteuerung*, Zugsicherung und Signalgebung
– Verkehrsbetrieb und Verkehrssteuerung
– *Fahrzeuge*
– *Instandhaltung*
– Telematikanwendungen für Personen- und Güterverkehr

Technische Spezifikationen für die Interoperabilität (TSI) wurden als Bindeglied zwischen den Richtlinien und den europäischen Normen eingeführt (Bild 2.1). Für jedes Teilsystem wurde eine TSI erstellt und veröffentlicht. Die Fahrleitungen sind im Teilsystem Energie enthalten. Eine erste Ausgabe der TSI für das Teilsystem Energie [2.5] wurde 2002 veröffentlicht und in [2.6] beschrieben. Die Ziele der Interoperabilität sind

– die technischen und betrieblichen Grenzen für den Schienenverkehr und
– die Hindernisse für die Beschaffung von Ausrüstungen für den Schienenverkehr

zu beseitigen. Die *Hochgeschwindigkeitszüge* müssen unter Beachtung der technischen Weiterentwicklung so gebaut werden, dass sie das Reisen ermöglichen bei

– mindestens 250 km/h Geschwindigkeit auf für den Hochgeschwindigkeitsverkehr eigens gebauten Strecken, wobei Geschwindigkeiten über 300 km/h auf geeigneten Strecken erreicht werden können oder
– Geschwindigkeiten um 200 km/h auf bestehenden, speziell ausgebauten Strecken.

Deshalb sind Hochgeschwindigkeitszüge für 250 km/h und mehr ausgelegt.
Die Hochgeschwindigkeitsstrecken umfassen

– für den *Hochgeschwindigkeitsverkehr* gleich oder größer 250 km/h errichtete Strecken (Hochgeschwindigkeitsstrecken, Streckenkategorie I),
– speziell ausgebaute Hochgeschwindigkeitsstrecken für Geschwindigkeiten in der Größenordnung um 200 km/h (Ausbaustrecken, Streckenkategorie II),
– speziell ertüchtigte *Hochgeschwindigkeitsstrecken mit besonderen Eigenschaften* als Ergebnis der Topographie oder städtebaulicher Beschränkungen, wobei die Geschwindigkeit an jeden Einzelfall entsprechend angepasst wird (Verbindungsstrecken, Streckenkategorie III).

Als Folge der TSI Energie waren Änderungen der bestehenden Normen und das Erstellen neuer Normen notwendig. Die bestehenden Normen DIN EN 50 163 und DIN EN 50 119 waren betroffen. Neue Normen sind:

– DIN EN 50 388 für technische Kriterien für die Koordination zwischen Energieversorgung und rollendem Material, um die Interoperabilität zu erreichen
– DIN EN 50 367 für technische Kriterien für das *Zusammenwirken zwischen Stromabnehmern und Oberleitung*

– DIN EN 50 317 für die Anforderungen und Bestätigung von *Messungen für das dynamische Zusammenwirken* zwischen Stromabnehmer und Fahrleitungen und
– DIN EN 50 318 für die *Simulation des dynamischen Zusammenwirkens* zwischen Stromabnehmer und Fahrleitung

Die Normen DIN EN 50 367 und DIN EN 50 388 betreffen Gegenstände, die in den Anhängen zur ersten Ausgabe der TSI Energie [2.5] behandelt wurden.

Zwischenzeitlich wurde eine überarbeitete Ausgabe der TSI Energie für Hochgeschwindigkeitsstrecken angenommen und 2008 in Kraft gesetzt [2.7]. Diese Ausgabe berücksichtigt geänderte und neue Normen, geänderte Vorgaben für die TSI Infrastruktur und geänderte Ausgaben der Richtlinie [2.3]. In [2.8] werden die Änderungen im Vergleich zur ersten Ausgabe der TSI Energie [2.5] beschrieben. Die TSI Energie für das konventionelle europäische Bahnsystem wurde im Jahr 2011 veröffentlicht [2.9].

Beide TSI Energie behandeln:
– *Unterwerke*, die die Oberleitungen mit Bahnenergie versorgen
– *Schaltposten* und *Autotransformatoren* zwischen den Unterwerken
– *Oberleitungen*, die die Energie zu den elektrischen Triebfahrzeugen leiten
– *Rückleitungen*, die alle Betriebs- und Fehlerrückströme leitenden Komponenten umfassen
– *Zusammenwirken zwischen Stromabnehmern und Oberleitung*

Die TSI legen die Vorgaben für die Auslegung der Teilsysteme und ihrer Komponenten fest. Diese Vorgaben sind zu erfüllen, wenn Oberleitungen für das interoperable Bahnsystem ausgelegt werden. Die TSI enthalten wesentliche Anforderungen betreffend:
– Sicherheit
– Zuverlässigkeit, Verfügbarkeit und Instandhaltbarkeit
– Gesundheit
– Umweltschutz
– technische Kompatibilität

Eine strikte Anwendung der TSI stellt die Übereinstimmung der Oberleitungsanlage mit den Anforderungen der Richtlinien sicher. Die Konformität der Ausführung mit den Vorgaben der TSI ist zu bewerten [2.10]. Der Einfluss beider TSI Energie auf Auslegung und Ausführung von Oberleitungsanlagen wird in den entsprechenden Abschnitten dieses Buches behandelt. Die Einhaltung der Vorgaben der TSI Energie ist auch für den Zugang von Fahrzeugen zum DB-Netz eine Voraussetzung [2.11].

2.1.6 Wirtschaftliche Anforderungen

Die Investitionen für die Errichtung und der Aufwand für Betrieb und Instandhaltung der Fahrleitungsanlagen während der Betriebszeit sollten insgesamt möglichst klein sein. Daher müssen die Bauteile und Bauelemente die vorgegebenen technischen Anforderungen erfüllen, zuverlässig sein und nur wenig oder keine Instandhaltung erfordern. Armaturen, Isolatoren und andere Komponenten sollten einfach einzubauen und austauschbar sein.

Um den *Verschleiß des Fahrdrahtes* und der *Schleifstücke* des Stromabnehmers gering zu halten, müssen die Kontaktpaarung des Fahrdrahtes und der Schleifstücke mit ge-

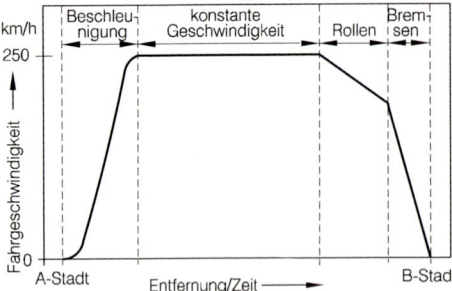
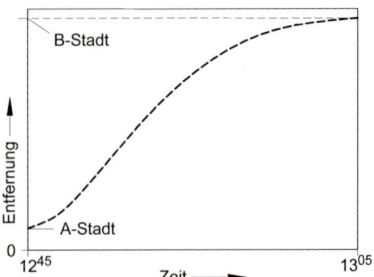

Bild 2.2: Geschwindigkeits-Zeit-Diagramm eines Zuges auf einer Strecke.

Bild 2.3: Weg-Zeit-Diagramm eines Zuges auf einer Strecke.

eigneten Werkstoffen ausgeführt werden. Die Gestaltung der Stromabnehmer und der Oberleitung muss auch auf einen geringen Verschleiß abzielen.

Falls Unterbrechungen im Betriebsablauf auftreten, sollten geplante Maßnahmen sicherstellen, dass es möglich wird, auf benachbarten Gleisen zu fahren. Zumindest muss die *elektrische Trennung* der Fahrleitungen auf benachbarten Gleisen und wo sinnvoll und möglich die Verwendung von Einzelmasten für jedes Gleis angestrebt werden, um dynamische Beeinflussungen und betriebliche Abhängigkeiten zwischen den Oberleitungen benachbarter Hauptgleise zu vermeiden. Die Oberleitung sollte so ausgeführt werden, dass die Dauer der Betriebsunterbrechung für geplante Instandhaltungen oder Reparaturen niedrig gehalten wird.

2.2 Bahnbautechnische und betriebliche Vorgaben

2.2.1 Einführung

Abhängig von der Art der Bahnanlage, den Betriebsbedingungen, der Strecken- und Gleisart entsteht eine Reihe von Anforderungen und Ansprüchen an die Fahrleitungen. Die Anforderungen aus den Betriebsbedingungen ergeben sich aus der Art des geforderten Transports, z. B. lokaler oder Langstreckenverkehr, der Verkehrshäufigkeit und dem Gewicht der Züge, die die Strecke befahren. Auf die Gestaltung der Fahrleitung wirken sich insbesondere Streckenführung, Gleislage, Lichtraumprofil und geographische Region aus.

2.2.2 Betriebliche Anforderungen

2.2.2.1 Fernverkehr über lange Strecken

Im *Fernverkehr* sind Züge einer gegebenen Masse zwischen zwei Orten in einer vorgegebenen Zeit entsprechend dem vorgegebenen Fahrplan zu befördern. Die Oberleitungsanlage muss den Anforderungen des Verkehrsaufkommens entsprechen. Das *Verkehrsaufkommen* ist ein Maß für den Verkehr, den eine Eisenbahnstrecke bewältigen muss.

Tabelle 2.1: Zuordnung der Oberleitungsbauarten der DB AG und der Siemens AG zu betrieblichen Höchstgeschwindigkeiten.

Oberleitungs-bauart	v_{zul} km/h	Anwendung
Re 100	100	Durchgehende Hauptgleise, Neben- und Überholgleise
Re 200	200	Durchgehende Hauptgleise
Sicat S1.0	230	Durchgehende Hauptgleise und Überholgleise
Re 250	280[1)]	Durchgehende Hauptgleise
Sicat H1.0	330[2)]	Durchgehende Hauptgleise
Re 330	330[2)]	Durchgehende Hauptgleise

[1)] für Züge mit zwei Stromabnehmern, 300 km/h mit einem Stromabnehmer
[2)] für Züge mit zwei Stromabnehmern, 350 km/h mit einem Stromabnehmer

Dieses wird definiert als die Anzahl der Züge, die auf einer Strecke in einem gegebenen Zeitraum verkehren. Nach Bild 2.2 kann eine Zugfahrt unterteilt werden in:
- Beschleunigung
- Fahren mit konstanter Geschwindigkeit
- Bremsen

Diese Phasen wiederholen sich in zeitlich unterschiedlichen Abständen abhängig von der Streckentopografie und der Zugart. Die fahrplanmäßige Fahrt, das Gleis und die geographische Lage der Strecken bestimmen auch die zulässige und erforderliche Geschwindigkeit, für die die Oberleitung ausgelegt werden muss. Beim Fernverkehr ist die Geschwindigkeit die wichtigste Anlagenkenngröße, die zur Klassifizierung von Oberleitungsanlagen führt. So enthält die Tabelle 2.1 die geschwindigkeitsbezogenen Regelbauarten der DB AG und der Siemens AG.

Das Bild 2.2 zeigt das *Geschwindigkeit-Zeit-Diagramm* eines Zuges auf einer Strecke. Die Kraft, die notwendig ist, um einen Zug zu bewegen, hängt von der Streckentopografie und der Zugkraftcharakteristik des Zuges ab, die eine Funktion der angestrebten Geschwindigkeit (Bild 2.3) und des Bogenradius ist. Geforderte Geschwindigkeit und zugehöriger Wirkungsgrad bestimmen die Leistung, die über die Stromabnehmer übertragen werden muss. Während des Beschleunigens überlagert sich die hierfür erforderliche Kraft dem für die Überwindung des Fahrwiderstandes notwendigen Aufwand. Triebfahrzeuge erreichen ihre maximale Leistung bei Geschwindigkeiten zwischen 80 km/h und 100 km/h entsprechend ihren *Zugkraft-Geschwindigkeitskennlinien*. Sie können den Leistungsüberschuss über den zur Aufrechterhaltung einer konstanten Geschwindigkeit erforderlichen Bedarf zur Beschleunigung nutzen. Stromversorgungsart und Oberleitungsanlage müssen die Leistung für den geplanten Zugverkehr bereitstellen.

Die größte Zuglänge bestimmt die Länge der Bahnsteige, der Haupt-, Neben- und Überholgleise in Bahnhöfen wie auch von Schutzstrecken, neutralen Abschnitten und Standorten von Signalen. Die Auslegung der Oberleitungsanlage hängt auch von diesen Faktoren ab.

Die betrieblichen Anforderungen und die *Stromart* des Fernverkehrs sind die bestimmenden Faktoren, die die Auslegung von Oberleitungen und der Anlagen für die Traktionsenergieversorgung der Fernbahnen bestimmen.

Tabelle 2.2: Kenngrößen von Straßen-, Stadt- und U-Bahnen.

Kenngröße	Straßenbahn	Stadtbahn	U-Bahn
Fahrzeugbreite	2,20–2,30 m	2,30–2,65 m	2,50–3,00 m
Durchschnittsgeschwindigkeit	20–25 km/h	25–40 km/h	> 40 km/h
Reservierte eigene Trasse	selten	überwiegend	ausschließlich
Haltestellenabstand	< 400 m	400–800 m	500–2 500 m

2.2.2.2 Nahverkehr

Im *Nahverkehr* lässt sich nach den Hauptmerkmalen zwischen *Straßen-*, *Stadt-* und *U-Bahnen* unterscheiden (Tabelle 2.2). *Obusstrecken* ergänzen die Nahverkehrsanlagen. Während Straßenbahnen ihre Trassen meist mit dem anderen Straßenverkehr teilen, sind andere Stadtbahnen weitgehend und die großstädtischen Bahnanlagen vom übrigen Verkehr vollständig getrennt. Aus diesem Grund müssen Straßenbahnen und innerstädtische Bahnen Oberleitungen verwenden. U-Bahnen können *Dritte- als auch Vierte-Schienen* oder Oberleitungen nutzen.

Die engen Fahrpläne des Nahverkehrs, insbesondere während der Hauptverkehrszeiten, und die niedrigen Fahrleitungsspannung bedeuten, dass die Fahrleitungen in der Lage sein müssen, große Ströme zu führen. Dies ist auch ein Kennzeichen der Dritte-Schiene-Anlagen. Oberleitungen, die früher häufig als einfache Fahrleitungen ohne Tragseil gebaut waren, werden heute vielfach als Kettenwerke ausgeführt, womit

– höhere *Geschwindigkeiten,*
– höhere *Stromtragfähigkeit,*
– bessere *Laufeigenschaften der Stromabnehmer,*
– weniger *Schleifstückverschleiß,*
– geringere Auswirkungen bei *Fahrdrahtrissen* und
– größere *Spannweiten*

erreicht werden. Die Verwendung von *Hochkettenfahrleitungen* wird nur in Bereichen vermieden, wo ästhetische, städteplanerische und architektonische Aspekte die Installation solcher Bauarten nicht möglich machen. Dann werden *Einfachfahrleitungen* mit Doppelfahrdrähten oder parallele Verstärkungsleitungen verwendet.

Um die *Spannungsfälle* und die damit verbundenen *Leistungsverluste* zu minimieren, können die Oberleitungen zweigleisiger Strecken durch Oberleitungstrennschalter in regelmäßigen Abständen elektrisch verbunden werden.

Nach den deutschen Betriebsvorgaben für Straßenbahnen BOStrab beträgt die *kleinste Fahrdrahthöhe* auf offenen Strecken 4,7 m. Mit Rücksicht auf die Erfahrungen mit modernen, übergroßen Straßenfahrzeugen verwenden die meisten Straßenbahnbetriebe Fahrdrahtanlagen mit Höhen zwischen 5,0 und 5,5 m auf offenen Strecken und ungefähr 4,0 m in Tunneln, entsprechend dem dort beschränkt verfügbaren Raum.

Die *Seitenverschiebung* (Zick-Zack) des Fahrdrahtes an den Stützpunkten beträgt in Deutschland üblicherweise ±0,40 m. Um örtliche Einkerbungen des Schleifstücks (siehe Tabelle 4.12 und [2.12]) wegen langer Schleifphasen des Fahrdrahts auf einer Stelle der Schleifstücke zu verhindern, sollte die Änderung der Seitenverschiebung nicht weniger als 3 mm/m betragen, wenn die Schleifstücke am Fahrdraht laufen (siehe Tabelle 4.12).

Tabelle 2.3: Fahrdrahtneigungen und -neigungswechsel nach DIN EN 50 119: 2010.

Geschwindigkeit	Größte Neigung		Größter Neigungswechsel	
km/h		‰		‰
< 50	1/40	25	1/40	25
< 60	1/50	20	1/100	10
< 100	1/167	6	1/333	3
< 120	1/250	4	1/500	2
< 160	1/300	3,3	1/600	1,7
< 200	1/500	2	1/1 000	1,0
< 250	1/1 000	1	1/2 000	0,5
≥ 250	0	0	0	0

Um die erforderliche Breite und die benötigten Flächen der Bahnstrecke möglichst klein zu halten, lassen sich Tragwerke zwischen den Gleisen anordnen.

Im Nahverkehr werden die Speisebereiche der Fahrleitungen meist von beiden Seiten über *Gleichrichterunterwerke* eingespeist, um eine adäquate Verteilung der Stromspitzen während der Beschleunigungs- und Verzögerungsvorgänge zu erreichen.

Elektrische Trennungen und *Fahrleitungstrennschalter* sollten in unmittelbarer Nähe der Unterwerke angeordnet werden, um die Speisekabel für die Fahrleitung so kurz wie möglich zu halten. Die Oberleitungstrennschalter in der Nähe der elektrischen Trennungen müssen nicht ferngesteuert sein. Elektrische Trennungen sollten dort eingebaut werden, wo der Betrieb auf einem Gleis im Störungsfall fortgesetzt werden soll.

Mit Fahrzeugen, die Bremsenergie in das Netz zurück speisen können, treten Spannungen oberhalb der Nennspannung auf, was mit der vorgesehenen Isolationskoordination abgedeckt ist, wenn die Grenzwerte gemäß Tabelle 1.1 eingehalten werden.

Die größten zulässigen *Fahrdrahtneigungen* und -neigungswechsel sind von der Geschwindigkeit nicht aber von der Oberleitungsbauart abhängig und in Tabelle 2.3 nach DIN EN 50 119:2010, Abschnitt 5.10.3, angegeben.

2.2.3 Anforderungen aus dem Gleisabstand

2.2.3.1 Fernverkehr

Elektrisch betriebene *Fernbahnnetze* haben ihre eigenen Trassen, die weitgehend eine freie Wahl der Maststandorte möglich machen. Um die mechanische Trennung der Oberleitungen der zweigleisigen Strecken zu erreichen, werden die Masten auf der Außenseite der Strecke angeordnet. Der Gleisabstand ist dann nicht durch die Oberleitung bedingt. Auf Strecken mit mehr als zwei parallelen Gleisen können Einzelmasten zwischen den Gleisen erforderlich werden, um die Fahrleitungen der einzelnen Gleise *mechanisch* und *elektrisch* zu trennen. Dann ist ausreichender Raum für die Masten zwischen den Gleisen erforderlich, der z. B. zu 6,40 m Abstand zwischen den Gleisachsen der Hauptstrecke und den Überholgleisen bei der DB AG führt.

In Rechteck-Tunneln können die Stützpunkte der Ausleger an der Tunnelwand und in Rundtunneln an der Tunneldecke zwischen den Gleisen angeordnet werden. Der *Gleisabstand* in Tunneln beträgt bei der DB AG

– 4,00 m für Fahrgeschwindigkeiten bis 200 km/h und
 – 4,50 m für Fahrgeschwindigkeiten bis 350 km/h.

Die SNCF verwendet 4,20 m Gleisabstand für ihre Hochgeschwindigkeitsstrecken.

2.2.3.2 Nah- und Regionalverkehr

Nahverkehrsbahnen verlaufen auf oder neben Straßen ohne speziellen Raum für die Gleise. Hier werden bestehende Bauwerke und an dafür geeigneten Stellen errichtete Masten als Tragwerke verwendet. Auf Strecken ohne Masten zwischen den Gleisen haben die Gleisabstände keinen Einfluss auf die Gestaltung der Oberleitung. Masten zwischen den Gleisen werden aber häufig bei Strecken verwendet, die auf eigenen Trassen verlaufen. In diesem Fall sollte mindestens 3,60 m bis 3,90 m Gleisabstand bei Straßen- und innerstädtischen Bahnen verwendet werden. Die Masten für Oberleitungen müssen so gewählt werden, dass noch genügend Freiraum vorhanden ist.

2.2.4 Anforderungen aus Gleisquer- und -längsneigungen

2.2.4.1 Fernverkehr

Die *Fahrgeschwindigkeiten* bestimmen auch die Geometrie und die topografische Führung der Bahnstrecken im Fernverkehr, insbesondere die Gleisradien, die *Gleisüberhöhung* und den *Überhöhungsfehlbetrag*.

Die Überhöhung kann maximal 180 mm erreichen. Zusätzlich kann ein *Überhöhungsfehlbetrag* bis zu 150 mm [2.13] zugelassen werden, wodurch die nicht kompensierte Zentrifugalbeschleunigung bis 1 m/s^2 ansteigen kann.

Züge mit Neigetechnik erlauben eine weitere Erhöhung der Fahrgeschwindigkeiten um 14 %, wenn passive Neigemechanismen verwendet werden, oder um bis 30 %, wenn aktive Neigemechanismen eingebaut sind. Wenn die Fahrgeschwindigkeiten in Gleisbögen erhöht werden, hat dies unmittelbaren Einfluss auf die *Fahrdrahtseitenlage*. Die Fahrzeuge mit Neigetechnik und deren Stromabnehmer erfahren größere Zentrifugalkräfte bei höheren Geschwindigkeiten. Dies bedeutet, dass die Seitenlage der Fahrdrähte geprüft werden muss und die Fahrdrahtseitenverschiebung gegebenenfalls nachzujustieren ist. Es kann auch notwendig werden, die Seitenhalter und die Ausleger zu ersetzen. Änderungen an den Tragwerken werden meist nicht notwendig, wenn Triebfahrzeuge mit aktiver Neigetechnik und aktiver Stromabnehmersteuerung verwendet werden.

Die maximale Gleisneigung in Längsrichtung ist bei zukünftigen Hochgeschwindigkeitsstrecken und konventionellen Strecken auf 3,5 % begrenzt [2.17, 2.18].

2.2.4.2 Nahverkehr

In *Nahverkehrsanlagen* liegt die Betriebsgeschwindigkeit unter 100 km/h. Die Auslegung der Fahrleitungsanlagen wird weniger durch die Fahrgeschwindigkeit als durch die wegen der meist geringeren Traktionsspannung höheren Traktionsströme bestimmt. Die Kurvenradien sind kleiner als bei Fernbahnen. In Wendeschleifen von Straßenbahnen

2.2 Bahnbautechnische und betriebliche Vorgaben

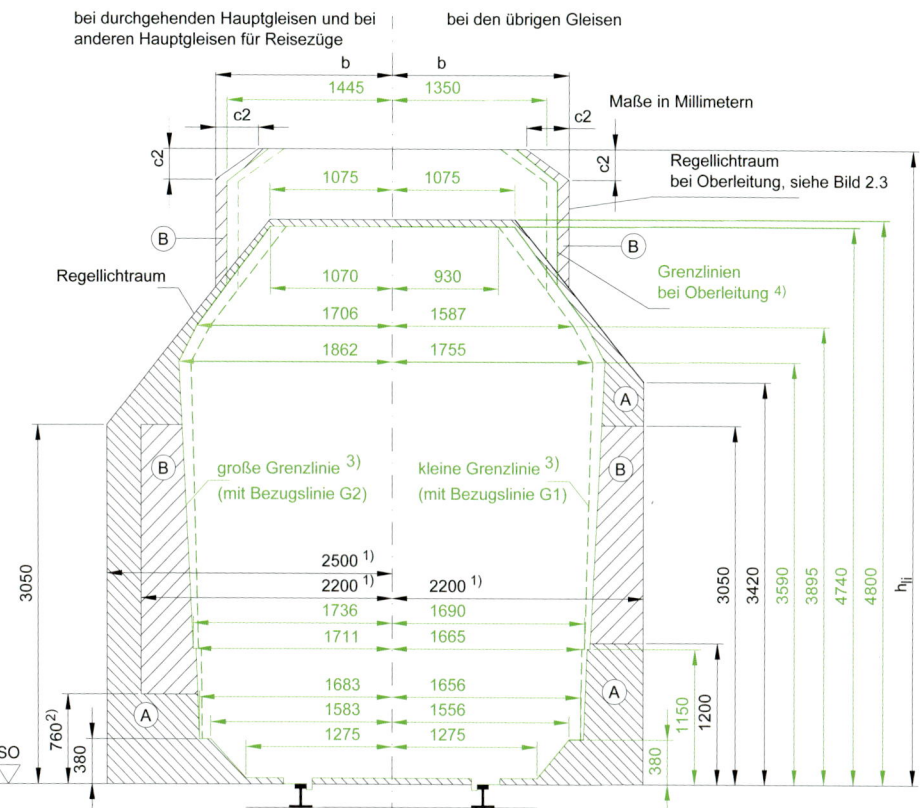

Die Maße beziehen sich auf die Verbindungslinie der Schienenoberkanten (SO) in Sollage; die Mittellinie steht senkrecht auf der Verbindungslinie.

Bild 2.4: Lichtraum nach EBO.
1) Bei Gleisen, auf denen ausschließlich Stadtschnellbahnfahrzeuge verkehren, dürfen die Maße um 100 mm verringert werden
2) Bei Gleisen, auf denen überwiegend Stadtschnellbahnfahrzeuge verkehren, dürfen die Maße um 60 mm verringert werden
3) Den Grenzlinien liegen die Bezugslinien G1 und G2 sowie der Regelwert $s_0 = 0{,}4$ des Neigungskoeffizienten eines Fahrzeuges zugrunde; weitere Einzelheiten siehe [2.15]
A zulässig sind Einragungen von baulichen Anlagen, wenn es der Bahnbetrieb erfordert, z. B. Bahnsteige, Rampen, Rangiereinrichtungen, Fahrleitungsfundamente, Signalanlagen, sowie Einragungen bei Bauarbeiten mit erforderlichen Sicherheitsmaßnahmen
B zulässig sind Einragungen bei Bauarbeiten mit erforderlichen Sicherheitsmaßnahmen

Tabelle 2.4: Maße des kinematischen, mechanischen Stromabnehmerprofils in Gleisradien größer 250 m nach EBO [2.15].

Stromart	Nenn-spannung	Mindest-höhe	Halbe Mindestbreite b im Arbeits-höhenbereich des Stromabnehmers über SO				Abschrägung der Ecken	
			$\leq 5\,300$	über 5 300 bis 5 500	über 5 500 bis 5 900	über 5 900 bis 6 500	c	d
		a						
	kV		mm					
Wechsel-strom	15	5 200	1 430	1 440	1 470	1 510	300	400
	25	5 340	1 500	1 510	1 540	1 580	335	447
Gleich-strom	bis 1,5	5 000	1 315	1 325	1 355	1 395	250	350
	3	5 030	1 330	1 340	1 370	1 410	250	350

können 18 m als kleinste Radien auftreten. Bestehende Anlagen weisen *Streckenneigungen* bis 11,0 % bei Adhäsionsfahrzeugen auf. Bei neuen Strecken wird angestrebt, die Neigungen auf 5,0 % zu begrenzen.

2.2.5 Anforderungen aus den Lichtraumprofilen

2.2.5.1 Lichtraumprofil nach EBO für Fernverkehrsstrecken

Für Vollbahnen in Deutschland sind entsprechend der Eisenbahn-Bau- und Betriebsordnung (EBO) [2.15] und der DB-Konzernrichtlinie 800.01 [2.16] das *Lichtraumprofil* und der *Gleisabstand* die Ausgangsgrößen für zu errichtende Fahrleitungsanlagen. Bild 2.4 zeigt das Lichtraumprofil nach EBO mit kleiner und großer Grenzlinie, die sich auf die Bezugslinie G1 für Fahrzeuge im grenzüberschreitenden Verkehr bzw. G2 für übrige Fahrzeuge beziehen. Die Tabellen 2.4 und 2.5 enthalten ergänzende Angaben zur Lichtraumerweiterung für Oberleitungen und feste Anlagen in Gleisradien unter 250 m. Die *Bezugslinie* bildet die Schnittstelle zwischen Fahrzeug und Infrastruktur. Von der Bezugslinie sind die Einflüsse des Fahrzeugs aus

Tabelle 2.5: Lichtraumerweiterung für die Infrastrukturanlagen in Gleisbögen mit Radien unter 250 m nach EBO [2.15].

Bogenradius	Lichtraumerweiterung der halben Breitenmaße b		
	an der Bogen-innenseite	an der Bogen-außenseite	bei Oberleitung
m	mm		
250	0	0	0
225	25	30	10
200	50	65	20
190	65	80	25
180	80	100	30
150	135	170	50
120	335	365	80
100	530	570	110

Zwischenwerte dürfen geradlinig interpoliert werden

2.2 Bahnbautechnische und betriebliche Vorgaben

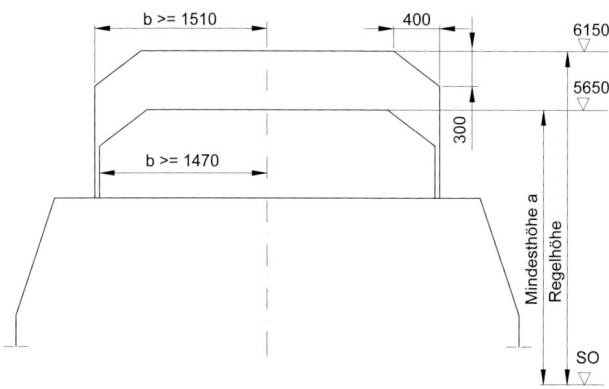

Bild 2.5: Ergänzung des Lichtraumprofils für Oberleitungen nach EBO [2.15].

Tabelle 2.6: Maße des Regellichtraums bei Oberleitungen in Gleisbögen mit Radien über 250 m (siehe Bilder 2.5 und 2.6).

Stromart	Nennspannung	Mindesthöhe	Halbe Mindestbreite b im Arbeitshöhenbereich des Stromabnehmers über SO				Abschrägung der Ecken	
		a	≤ 5300	über 5300 bis 5500	über 5500 bis 5900	über 5900 bis 6500	c	d
	kV		mm					
Wechselstrom	15	5200	1430	1440	1470	1510	300	400
	25	5340	1500	1510	1540	1580	335	447
Gleichstrom	bis 1,5	5000	1315	1325	1355	1395	250	350
	3	5030	1330	1340	1370	1410	250	350

- horizontalen Verschiebungen aus Querspielen zwischen Fahrzeugaufbau und Radsätzen sowie aus der Stellung der Radsätze im Gleisbogen und in der Gleisgeraden,
- Veränderungen der Fahrzeughöhe infolge Abnutzung,
- senkrechten Fahrzeugausschlägen,
- senkrechten Fahrzeugverschiebungen infolge Kuppen- und Wannenausrundungen,
- quasistatischen Seitenverschiebungen bei Stillstand des Fahrzeugs im bis zu 50 mm überhöhten Gleis oder bei Fahrt im Gleis bis zu 50 mm Überhöhungsfehlbetrag,
- über ein Grad hinausragenden Unsymmetrien infolge von Bau- und Einstellungstoleranzen des Fahrzeuges und der vorgesehenen Belastung

abzuziehen. Dieser Vorgang, als Einschränkungsrechnung bezeichnet, führt zur *Begrenzungslinie für die Fahrzeugkonstruktion*. Zur Bezugslinie hinzufügende horizontal wirkenden Einflussgrößen

- Ausladung S',
- *quasistatische Seitenneigung* $qs'_{i,a}$ für den die Bezugslinie überschreitenden Betrag für Überhöhung oder Überhöhungsfehlbetrag von 50 mm und
- zufallsbedingte Seitenverschiebung $\sum j$

führen zur *Begrenzungslinie für feste Anlagen*. Durch Addition der Zuschläge für

- außergewöhnlich große Wagenladungen und
- starke Winde

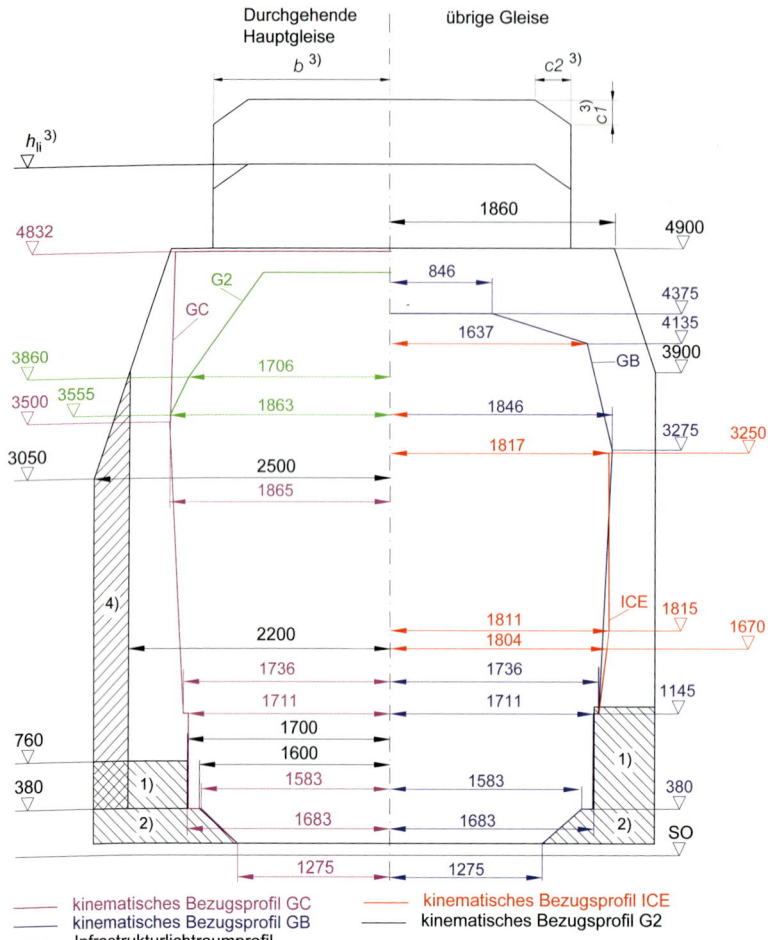

Bild 2.6: Lichtraum GC und kinematische Fahrzeugbegrenzungslinien nach [2.16].
Anmerkung: Gültig auch für Bogenradien ≥ 250 m, Maße in mm
1) Raum für Bahnsteige, Rampen, Rangiereinrichtungen und Signale
2) Raum für Bauwerksteile, Einrichtungen und Oberleitungsfundamente, soweit diese für den Bahnbetrieb erforderlich sind
3) Maße siehe Tabelle 2.6
4) Raum für Signale und Kabelanlagen zwischen den Gleisen oder den durchgehenden Hauptgleisen

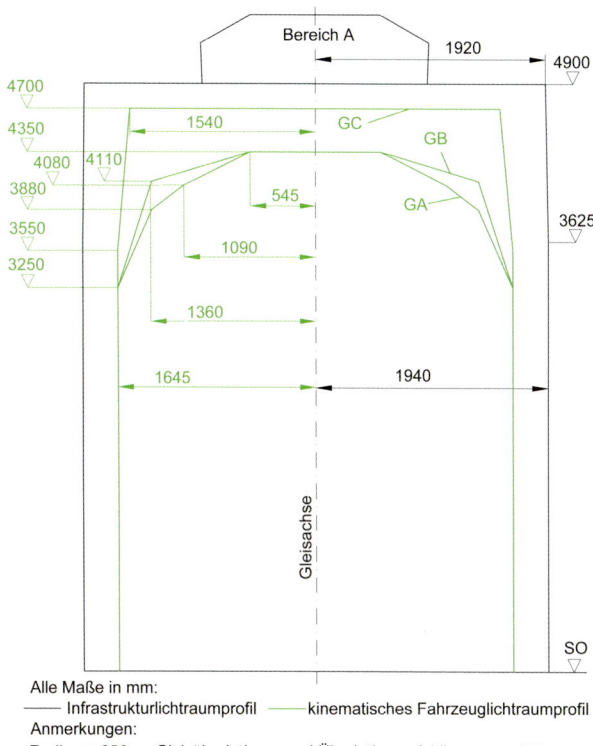

Bild 2.7: Infrastrukturlichtraum GC und kinematisches Bezugsprofil für das europäische interoperable Hochgeschwindigkeitsbahnsystem gemäß DIN EN 15 273-2:2008, DIN EN 15 273-3:2008 und [2.14].

entsteht das *kinematische Lichtraumprofil*, welches auch bei der Anordnung von Oberleitungsmasten zu berücksichtigen ist.

2.2.5.2 Lichtraumprofil nach TSI Energie für Fernverkehrsstrecken

Die Zuschläge zur halben Stromabnehmerlänge zur Berücksichtigung der
- Schwingungen des Stromabnehmers bis 66 mm Überhöhungsfehlbetrag,
- Auslenkung des Stromabnehmers im Gleisbogen,
- Ausladung S',
- quasistatischen Seitenneigung $qs'_{i,a}$ für den 66 mm überschreitenden Anteil des Überhöhungsfehlbetrags beim Stand des Fahrzeugs im Gleis mit Überhöhung oder bei Fahrt im Gleisbogen,
- zufallsbedingten Seitenverschiebung $\sum j$ und
- des elektrischen Mindestabstands

führen zur *Begrenzungslinie für Oberleitungen* nach EBO, auch als mechanisches Stromabnehmerprofil nach TSI ENE CR bezeichnet, welches bei der Planung von Oberleitungen zu beachten ist.

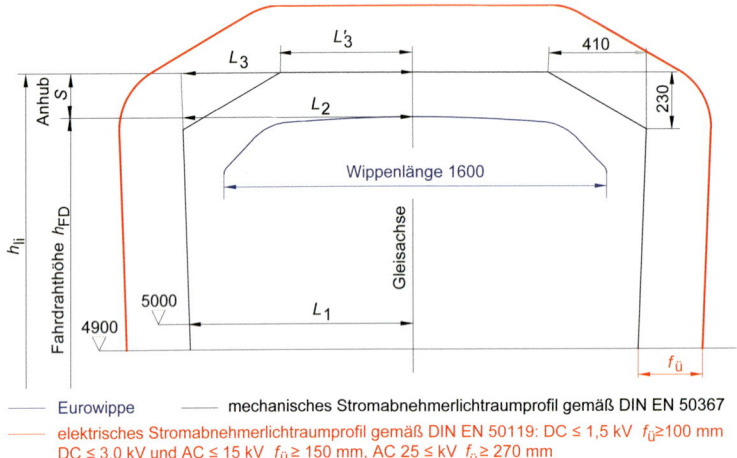

Bild 2.8: Infrastrukturlichtraum für den Euro-Stromabnehmer im geraden Gleis nach DIN EN 50 367 (Bereich A im Bild 2.7).

Außer Fahrdraht und Seitenhalter dürfen keine Komponenten der Fahrleitung in dieses Profil hineinragen (Abschnitt 4.7). In den unteren Teil des Raums A (Bild 2.4) dürfen Oberleitungsfundamente bis zur Höhe 0,38 m über der Schienenoberkante hineinreichen.

Die eigenständige Entwicklung bei europäischen Bahnen führte in der Vergangenheit zu unterschiedlichen Lichtraumprofilen. Die in Europa verwendeten Profile GA, GB und GC wurden durch die TSI für die Teilsysteme Infrastruktur [2.17] und Fahrzeuge [2.19] sowie die *Internationale Eisenbahnvereinigung* (UIC) in den Broschüren 505-4 und 506 mit dem Ziel harmonisiert, *Interoperabilität* der europäischen Bahnen zu erreichen. Das kleine Profil GA (Gabarit A) muss bei allen Strecken eingehalten werden. Für den *kombinierten Straßen-/Schienenverkehr*, für *Lastwagenverladung* usw. wurden die größeren Profile GB und GC auf der Basis vorgegebener Modellasten auf Spezialgüterwagen festgelegt. Das Lichtraumprofil GB wurde so ausgelegt, dass Standardschifffahrtscontainer befördert werden können. Um den Transport von 2,60 m breiten Containern anstelle der 2,50 m breiten Einheiten verwenden zu können, wurde die Profilvariante GB1 festgelegt. Die Lichtraumprofil-Variante GB2 wurde für den *Huckepacktransport* von Aufliegerhängern auf niederen Waggons mit 0,27 m Bodenhöhe gestaltet. Übliche Lastwagen und ihre Aufliegeranhänger (*gelenkige Lastwagen*) werden auf Spezialgüterwagen auf bestimmten Korridorstrecken transportiert.

Das Profil GC (Bild 2.7) wurde speziell für den Transport von Lastwagen festgelegt. Das Profil GC ist auch erforderlich, um komfortable *Doppelstockfahrgastwagen* auf Hochgeschwindigkeitsbahnstrecken verwenden zu können. Aus diesem Grund werden alle neuen Bahnstrecken für den Hochgeschwindigkeitsverkehr in Europa mit dem Lichtraumprofil GC errichtet. Die in [2.17] und [2.19], DIN EN 15 273-2:2008, Bild B.2, und DIN EN 15 273-3:2008, Bild G.3, enthaltenen Festlegungen für die *Interoperabilität des transeuropäischen Hochgeschwindigkeitsbahnsystems* auf

2.2 Bahnbautechnische und betriebliche Vorgaben

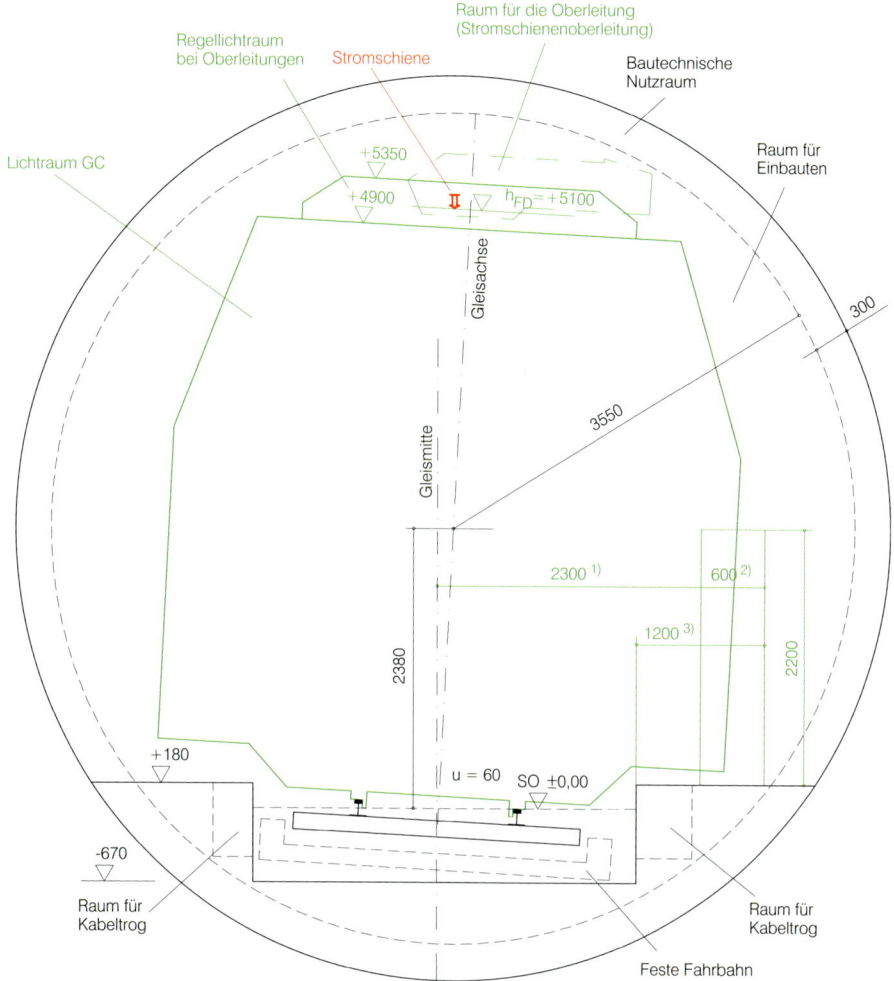

Bild 2.9: Kreisförmiger Tunnelquerschnitt mit 39,6 m² Einbauraum für das Lichtraumprofil GC mit Stromschienen-Oberleitung im Nord-Süd-Tunnel Berlin [2.22].
Alle Maße in mm, 1) Gefahrenbereich, 2) Sicherheitszuschlag, 3) Notausgang, h_{FD} Fahrdrahthöhe

- neuen Hochgeschwindigkeitsstrecken,
- bestehenden Hochgeschwindigkeitsstrecken,
- für den Hochgeschwindigkeitsverkehr ertüchtigten Strecken und
- deren Verbindungsstrecken

schreiben das Lichtraumprofil GC vor. Die Maße des Stromabnehmer-Lichtraumprofils werden in Abschnitt 4.7 bestimmt.

Die TSI für das Teilsystem Infrastruktur erlaubt die Verwendung größerer Lichträume für die Infrastruktur als diejenigen nach [2.14], wie sie im Bild 2.7 dargestellt sind. Da-

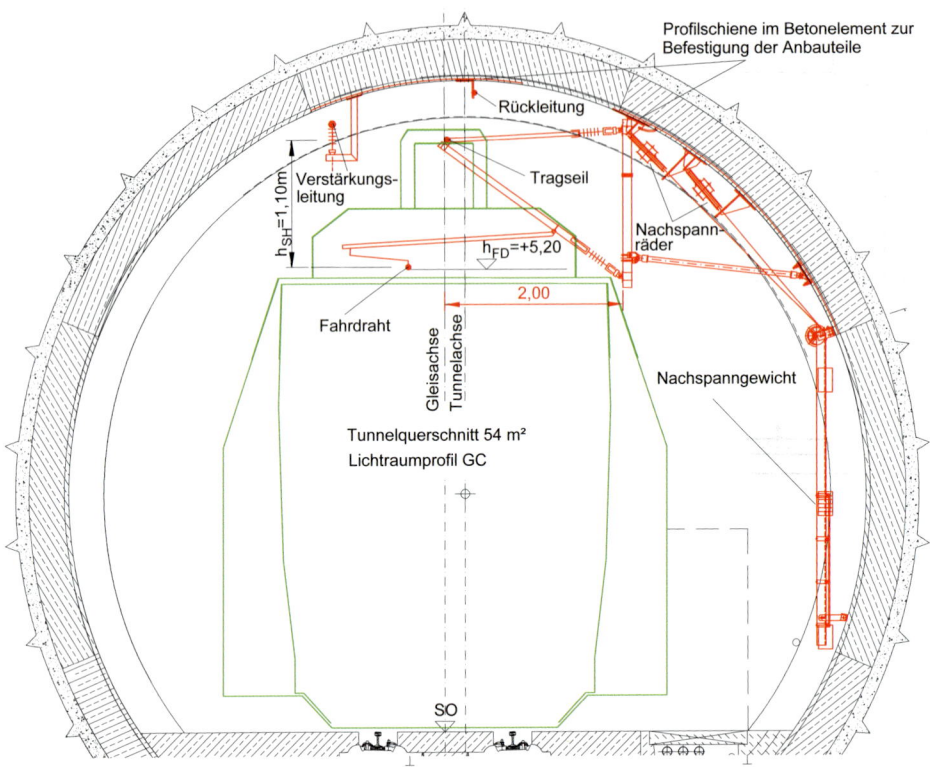

Bild 2.10: Kreisförmiger Tunnelquerschnitt mit $54\,\text{m}^2$ für das Lichtraumprofil GC mit Standard-Oberleitung Re 200 für 200 km/h Betriebsgeschwindigkeit im neuen Schlüchterner Tunnel bei Fulda.

her verwendet die DB in Deutschland das in Bild 2.6 [2.16] gezeigte Lichtraumprofil. Die Tabelle 2.6 enthält zusätzliche Angaben für die Maße des deutschen Oberleitungslichtraumes entsprechend Bild 2.6.

Im Allgemeinen muss für Tunnel der kleinstmögliche Querschnitt gewählt werden, um die Baukosten zu begrenzen. Bild 2.9 zeigt das Lichtraumprofil GC in einem Tunnel mit $39{,}6\,\text{m}^2$ Querschnittsfläche für eine Oberleitung, die Fahrgeschwindigkeiten bis 160 km/h ermöglicht.

Bild 2.10 zeigt das Tunnelprofil des Schlüchterner Tunnels mit $54\,\text{m}^2$ Querschnitt, in dem Nachspannvorrichtung und Ausleger ausreichend Platz finden. Die Profilschienen zur Befestigung der Oberleitung wurden bei der Fertigung der Tubing-Elemente aus Beton in diese integriert. Dies senkt den Aufwand bei der Installation der Oberleitung. Für ein gutes Zusammenwirken zwischen Oberleitung und Stromabnehmer sowie geringen Verschleiß ist eine annähernd konstante Fahrdrahthöhe günstig. Wenn Oberleitungsanlagen unter Bauwerken verlaufen, wird üblicherweise versucht, die *Fahrdrahthöhe* durchgehend gleich zu halten. Wenn jedoch der Abstand zwischen Fahrleitung und

2.2 Bahnbautechnische und betriebliche Vorgaben

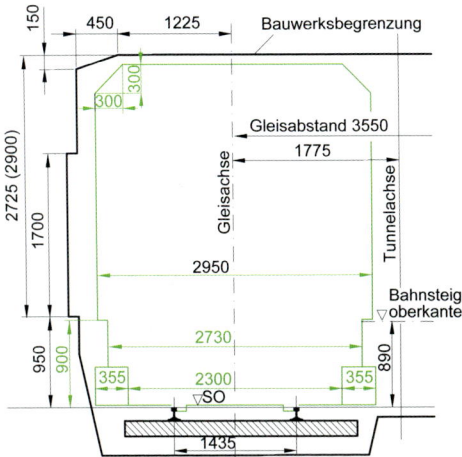

Bild 2.11: Erweitertes Lichtraumprofil der U-Bahn Berlin nach BO-Strab.

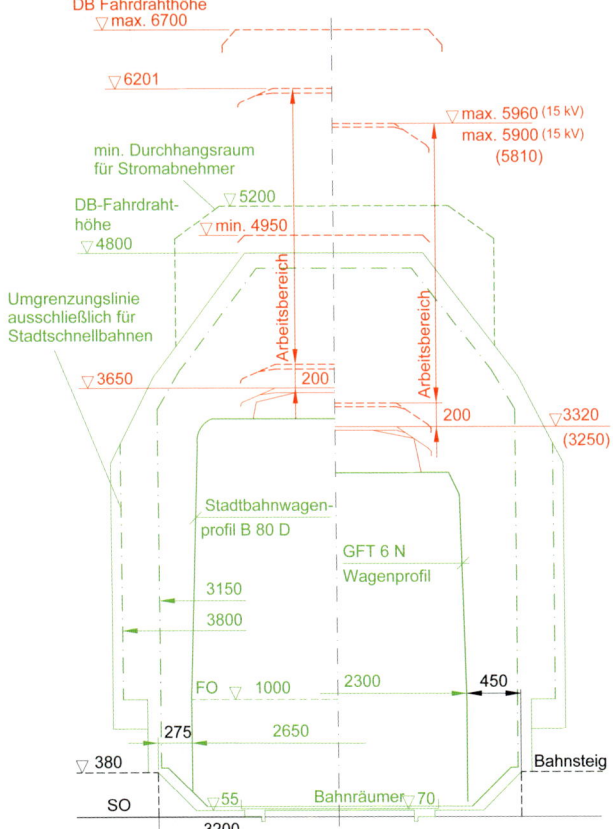

Bild 2.12: Infrastrukturlichtraumprofile von Straßen- und Stadtbahnen mit DB-Regellichtraum.

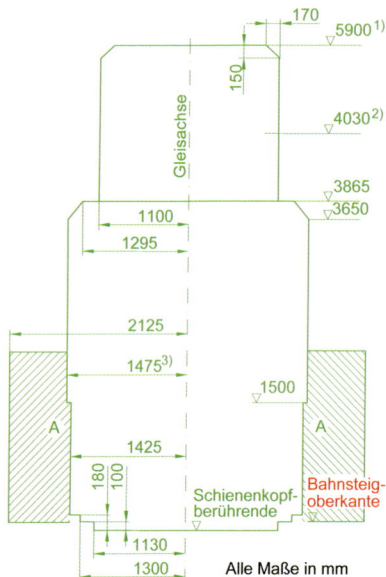

Bild 2.13: Lichtraumprofil der Straßenbahn Stuttgart. 1) größte Fahrdrahthöhe, 2) kleinste Fahrdrahthöhe, 3) nur gerade Strecken, A Sicherheitsbereich

Bild 2.14: Vier-Schienen-Anordnung an einem Bahnsteig.

Bauwerk zu gering ist, müssen fahrleitungstechnisch und/oder gleisbauseitig Maßnahmen ergriffen werden (Abschnitt 12.15.5).

2.2.5.3 Nahverkehr

Bei Nahverkehrsanlagen gibt es eine größere Vielfalt der Lichtraumprofile als bei Fernverkehrsbahnen. Dies ist das Ergebnis der getrennten Entwicklung der unterschiedlichen Nahverkehrsgesellschaften und deren Inselnetze. Bild 2.11 zeigt das Lichtraumprofil der Berliner U-Bahn nach BOStrab.

Die steigende Bedeutung des gemischten Betriebes, z. B. der Verwendung des gleichen Gleises für den Fernverkehr, den Nahverkehr und die Straßenbahn, wie es beispielsweise in Karlsruhe, Chemnitz und Kassel der Fall ist und in Bild 2.12 gezeigt wird, erhärtet die Notwendigkeit, die Lichtraumprofile und Spurweiten zu harmonisieren. Bild 2.13 zeigt das Lichtraumprofil Stuttgart. Um Bahnsteige durch Straßen- und Regionalbahnen gemeinsam zu nutzen, werden zusätzliche Schienen mit einem entsprechenden seitlichen Versatz verlegt (Bild 2.14).

2.2 Bahnbautechnische und betriebliche Vorgaben

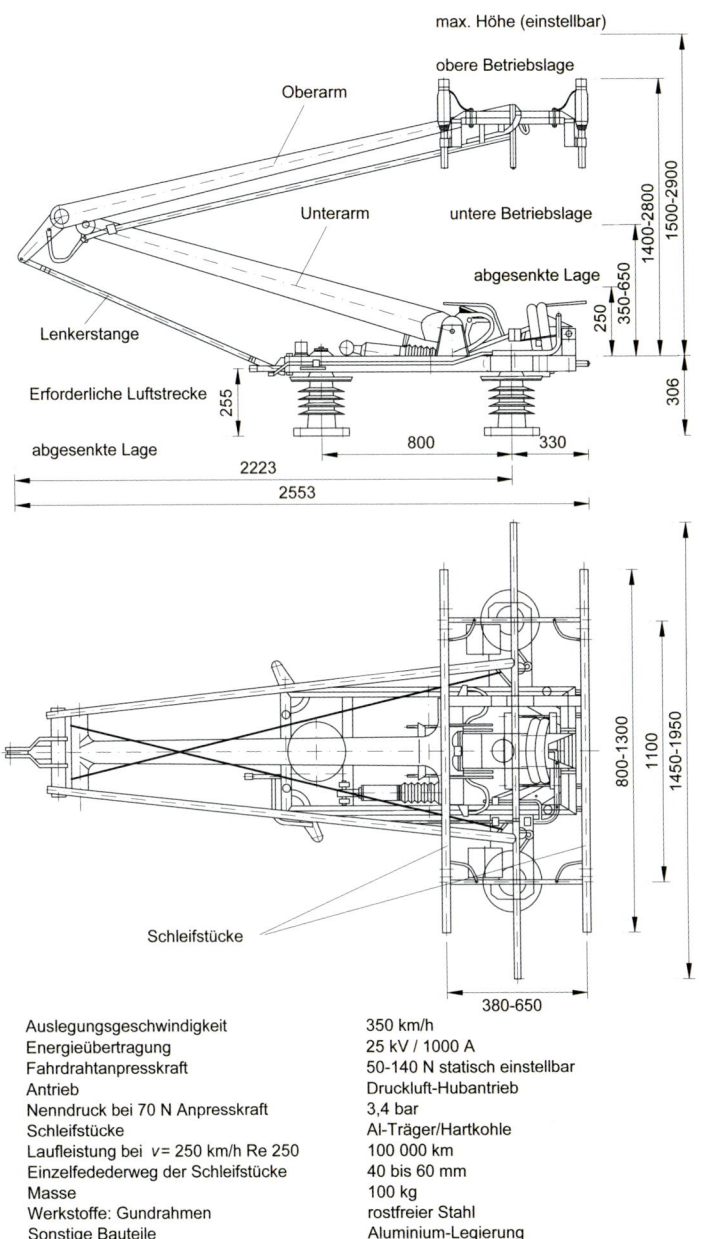

Auslegungsgeschwindigkeit	350 km/h
Energieübertragung	25 kV / 1000 A
Fahrdrahtanpresskraft	50-140 N statisch einstellbar
Antrieb	Druckluft-Hubantrieb
Nenndruck bei 70 N Anpresskraft	3,4 bar
Schleifstücke	Al-Träger/Hartkohle
Laufleistung bei $v = 250$ km/h Re 250	100 000 km
Einzelfedederweg der Schleifstücke	40 bis 60 mm
Masse	100 kg
Werkstoffe: Gundrahmen	rostfreier Stahl
Sonstige Bauteile	Aluminium-Legierung

Bild 2.15: Stromabnehmer DSA-350 S [2.13, 2.31, 2.32].

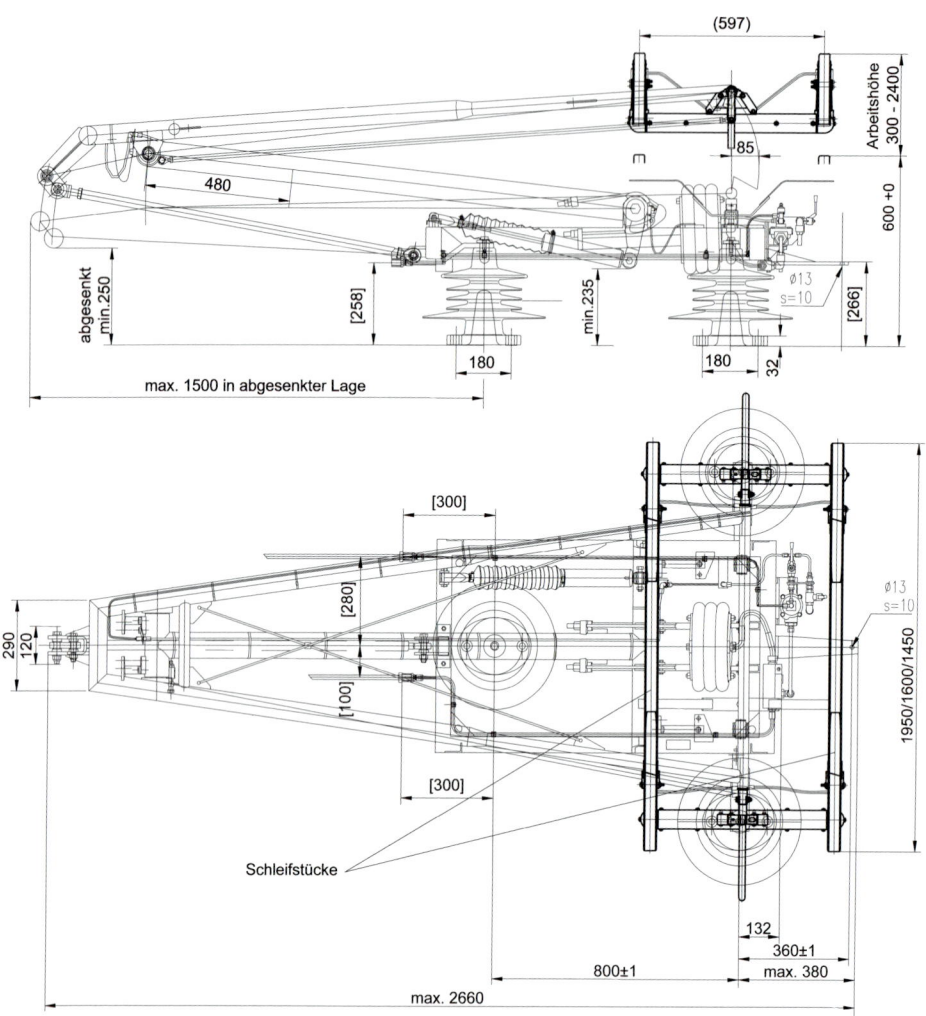

Auslegungsgeschwindigkeit	350 km/h
Nennisolationsspannung	25 kV
Energieübertragung mit Vollkohle/- metallimprägnierter Kohle	1000 A/2200 A
einstellbare, statische Fahrdrahtanpresskraft	60-150 N
Antrieb	Druckluft-Hubantrieb
Nenndruck bei 70 N Anpresskraft	3,4 bar
Schleifleisten	Al-Träger/Hartkohle
Laufleistung bei v= 250 km/h Re 250	100 000 km
Einzelfedederweg der Schleifstücke	40 bis 60 mm
Gesamtmasse	140 kg
Werkstoffe: Gundrahmen	rostfreier Stahl
Sonstige Bauteile	Aluminium-Legierung

Bild 2.16: Stromabnehmer SSS 400+ [2.33, 2.34, 2.35, 2.36].

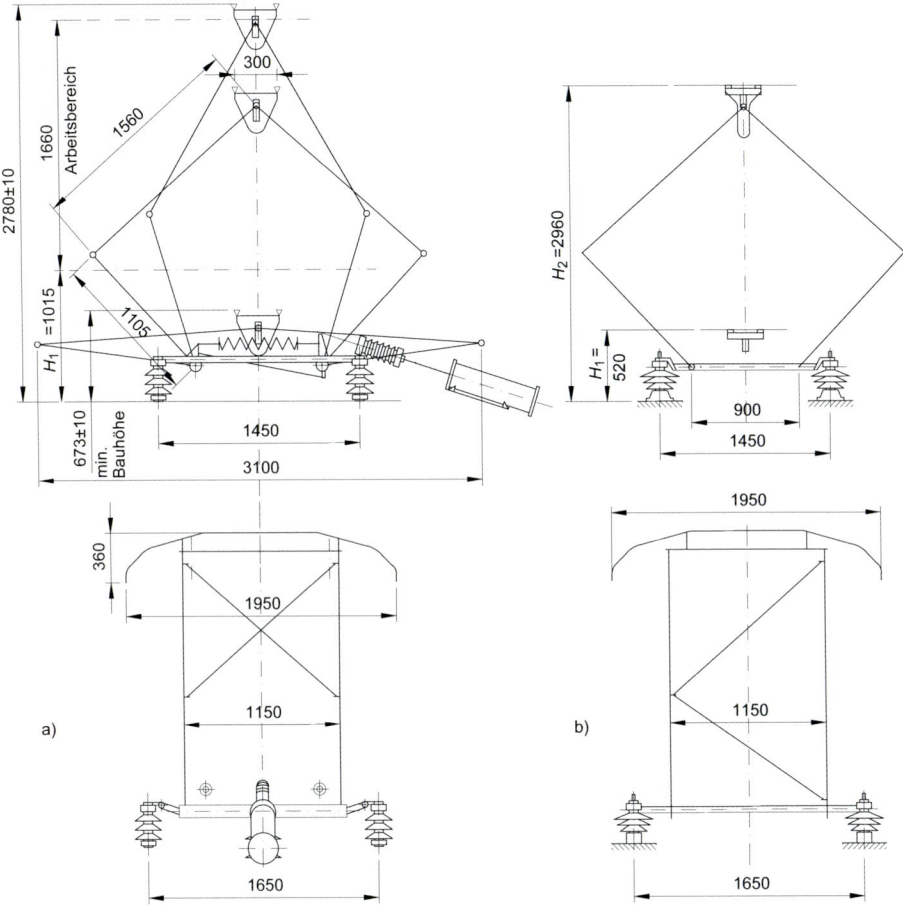

Bild 2.17: Stromabnehmer RBS 70 (a) und DBS-54 (b) [2.37, 2.38].

2.3 Vorgaben durch die Stromabnehmer

2.3.1 Auslegung und Funktion

Der *Zweck des Stromabnehmers* ist es, die elektrische Leistung von der ortsfesten Fahrleitung abzunehmen und auf das sich bewegende Triebfahrzeug zu übertragen. Diese Übertragung muss sowohl im Stillstand für die *Hilfsbetriebe* und *Komfortanlagen* als auch beim fahrenden Zug für die Gesamtleistung zuverlässig möglich sein.

Die Bilder 2.15 und 2.16 zeigen die Hochleistungsstromabnehmer DSA 350 S und SSS 400+. Diese bestehen aus Grundrahmen, Gestell, Wippe und Antrieb (Bild 2.16). Der *Hochleistungsstromabnehmer* DSA 350 S ist ein Einarmgerät [2.13, 2.31] und für 350 km/h ausgelegt. Der *Grundrahmen* hat mit *Hubantrieb* und *Dämpfer* 53 kg Masse.

Tabelle 2.7: Kennwerte der Wippengeometrie.

Wippenlänge	Mindestlänge der Schleifstücke	Arbeitslänge	Wippenüberstand
mm	mm	mm	
1 450	690	1 070	190 (SBB: 165)
1 600	800	1 200	200
1 800	–	1 394	205
1 950	1 100	1 550	200 (DB: 150)

Der Unterarm und die Lenkerstange weisen 35 kg Masse auf, Oberarm und Kopf wiegen zusammen 9 kg. Jedes Schleifstück mit Halterungen wiegt 3 kg. Die Gesamtmasse beträgt also rund 100 kg. Der Stromabnehmerkopf, bestehend aus den Schleifstückhalterungen, der Wippenführung mit Auflaufhörnern und den Schleifstücken, ist auch für AC 25 kV 1 000 A sowie DC 3 kV 2 400 A verfügbar. Aus Bild 2.15 sind die wesentlichen *Kenndaten* dieses Stromabnehmers ersichtlich.

Für die Hochgeschwindigkeitsstrecken Beijing–Tianjin in China und Madrid–Barcelona in Spanien verwendet der *Velaro-Zug* der Siemens AG den Stromabnehmer SSS 400+ [2.33]–[2.36] (Bild 2.16). Dieser erfüllt die Anforderungen der TSI Energie, der DIN EN 50 206-1 und der DIN EN 50 119. Die in Bild 2.17 gezeigten Stromabnehmer DBS54 (DB) und RBS70 (DR) sind Beispiele für ältere Scherenstromabnehmer.

In Deutschland werden Oberleitungsanlagen der DB für eine 1 950-mm-Wippe ausgelegt. Dieses Wippenmaß wurde 1942 im Zuge der Eingliederung des österreichischen in das deutsche Bahnnetz eingeführt, um damit auch Strecken im erweiterten Gebiet befahren zu können. In [2.38] und [2.39] finden sich Unterlagen über in Europa verwendete Stromabnehmerprofile (Bild 2.18). Die Tabelle 2.7 enthält einige Kennwerte der Wippengeometrie. Das Bild 2.19 zeigt die Einsatzgebiete dieser Wippenprofile.

Die Anforderungen an das *Zusammenwirken von Oberleitung und Stromabnehmer* werden an Hand des Bildes 2.20 für den 1 950 mm langen Stromabnehmer erläutert. Bild 2.20 zeigt den 1 600 mm langen EURO-Stromabnehmer, wie er in DIN EN 50 367 festgelegt ist. Durch TSI HS ENE [2.5] wurde die Eurowippe mit 1 600 mm Wippenlänge als Standardprofil für das europäische Hochgeschwindigkeitsnetz eingeführt. Damit sollten gegebenenfalls erforderliche Änderungen an bestehenden Anlagen möglichst gering gehalten werden [2.41].

Bei allen Seitenbewegungen von Stromabnehmer und Fahrdraht muss die Wippe mit dem Wippenüberstand immer über die äußerste im Betrieb zu erwartende Lage des Fahrdrahtes hinausreichen. Ein störungsfreier Betrieb ist nur möglich, wenn der Fahrdraht die Arbeitslänge der Stromabnehmerwippe während der Fahrt nicht verlässt. Im Betrieb ohne hohen Wind ist es wesentlich, dass sich der Fahrdraht im Bereich des *Schleifstückes* bewegt. Daher muss die Schleifstücklänge mindestens der doppelten nutzbaren Fahrdrahtseitenlage entsprechen (Abschnitt 4.8). In der Gleisgeraden beträgt diese Länge 1 100 mm bzw. 800 mm für die 1 950 mm und 1 600 mm lange Wippe. Jeder Stromabnehmer hat eine untere und obere Arbeitslage, die seinen *Arbeitsbereich* beschreiben. Die höchste und die niedrigste Arbeitshöhe liegen zwischen ungefähr 2 800 mm bzw. 300 mm in Bezug auf die Oberkante des Grundrahmens. Auf interopera-

2.3 Vorgaben durch die Stromabnehmer

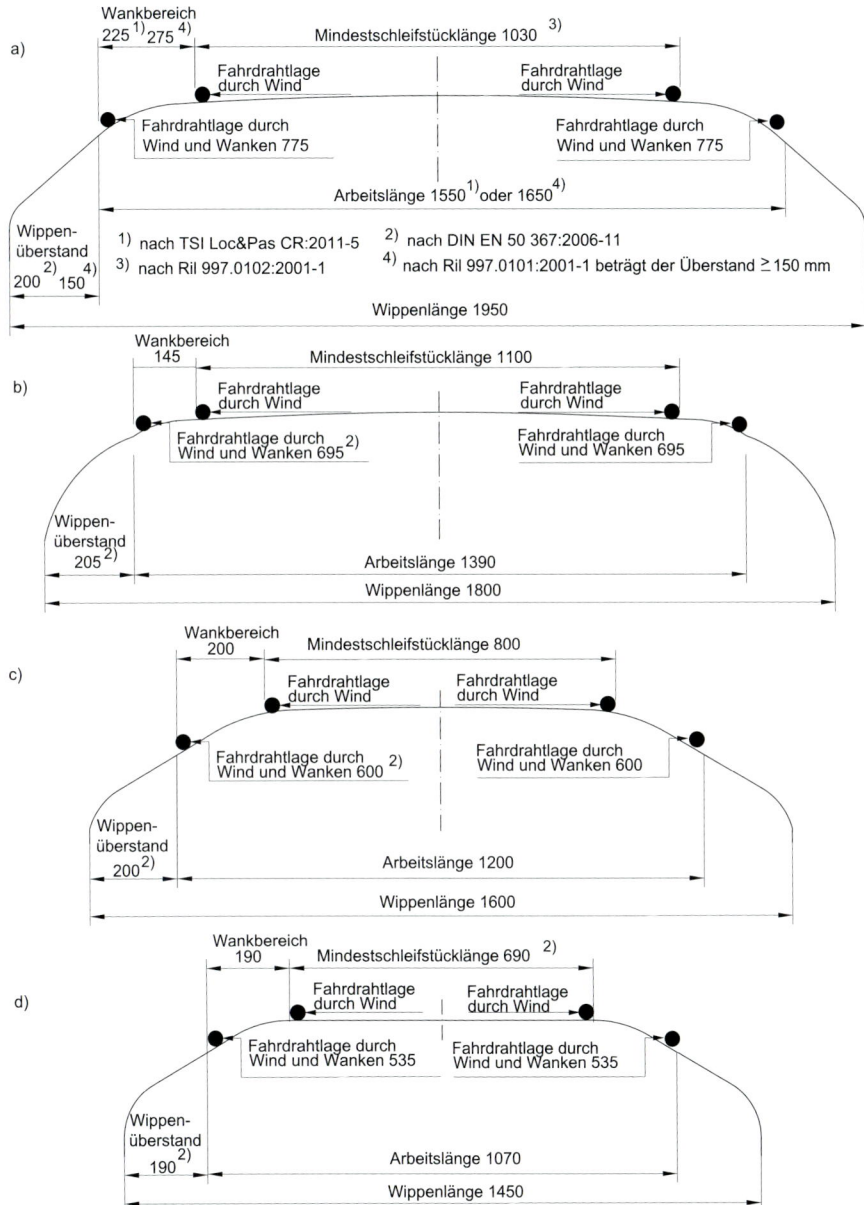

Bild 2.18: Geometrie der Stromabnehmerwippen in Europa nach DIN EN 50 367.
a) deutsche Stromabnehmerwippe, b) norwegische und schwedische Stromabnehmerwippe,
c) 1 600-mm-Euro-Wippe, d) französische und Schweizer Stromabnehmerwippe

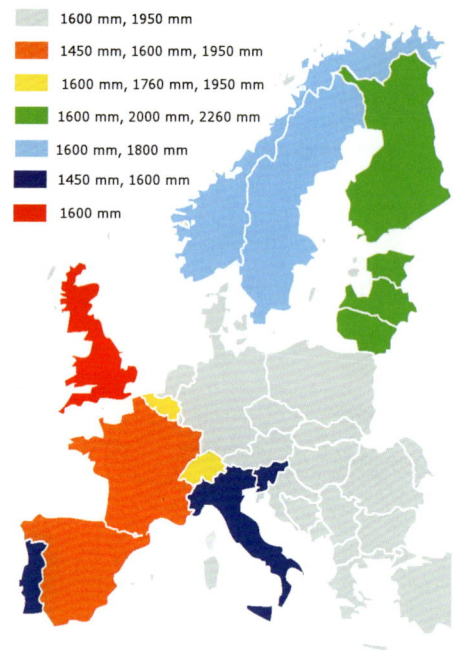

Bild 2.19: Bevorzugte Längen der Stromabnehmer in Europa [2.42], Tabelle 2.8. In einzelnen Ländern sind Abweichungen möglich.

Tabelle 2.8: Fahrdrahtseitenlage am Stützpunkt und Wippenlängen europäischer Fernbahnen.

Land	Konventionelle Strecken		Hochgeschwindigkeitsstrecken	
	Seitenlage mm	Wippenlänge mm	Seitenlage mm	Wippenlänge mm
Belgien	350	1 950	200	1 450 oder 1 600
Dänemark	275	1 950		
Deutschland	400	1 950	300	1 600 oder 1 950
Frankreich	200	1 600 oder 1 950	200	1 450 oder 1 600
Großbritannien	230	1 600	200	1 600
Niederlande	350	1 600 oder 1 950	300	1 600
Norwegen	200	1 800	300	1 600 und 1 800
Italien	300	1 600	300	1 600
Österreich	400	1 950	300	1 600 oder 1 950
Portugal	200	1 450 oder 1 600		
Schweden	200	1 800	300	1 600 und 1 800
Schweiz	400	1 450 oder 1 600	400	1 450
Spanien	200	1 950	300[1]) oder 200[2])	1 950 und 1 600

[1]) Hochgeschwindigkeitsstrecke Madrid–Sevilla
[2]) Hochgeschwindigkeitsstrecke Madrid–Barcelona und folgende Hochgeschwindigkeitsstrecken

2.3 Vorgaben durch die Stromabnehmer

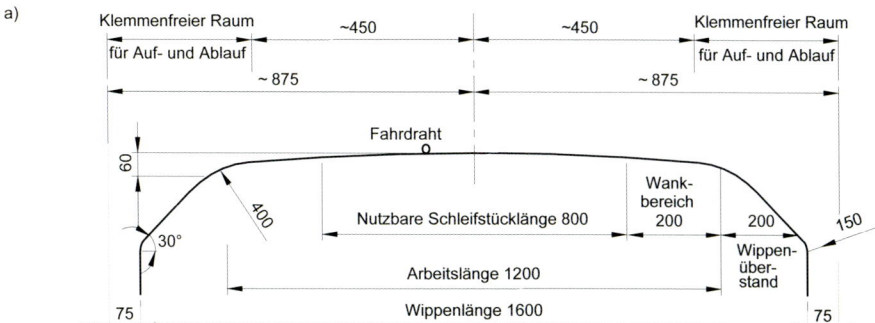

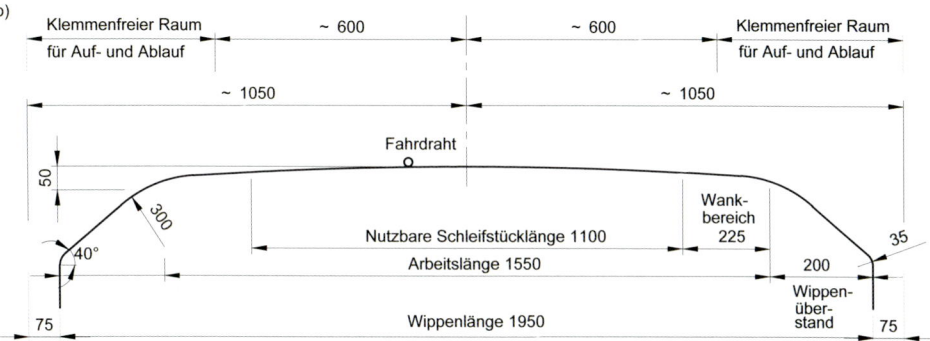

Bild 2.20: Für das geometrische Zusammenwirken zwischen Fahrdraht und Stromabnehmer wichtige Maße in der Gleisgeraden.
a) 1 600 mm langen Stromabnehmer, b) 1 950 mm langen Stromabnehmer

blen Strecken des konventionellen europäischen Eisenbahnnetzes dürfen nur Stromabnehmer verwendet werden, die in der TSI für konventionelle Fahrzeuge [2.43] zugelassen sind. Dies sind die 1 600 mm lange EURO-Wippe (Bild 2.20 a)) und die 1 950 mm lange Wippe (Bild 2.20 b)). Die Wippen sind im Einzelnen in DIN EN 50 367:2006, Anhänge A2 bzw. B2, dargestellt. Der Infrastrukturbetreiber entscheidet über das zu verwendende Stromabnehmerprofil.

2.3.2 Eigenschaften von Schleifstücken

Die *Schleifstücke* sind Teile der Stromabnehmerwippe und stehen zum Übertragen der Leistung direkt in Kontakt mit dem Fahrdraht. Die Schleifstücke müssen also so ausgewählt und bemessen werden, dass sie die Anforderungen des Stromübergangs während des Fahrens und im Stillstand erfüllen. Der letztere Zustand entscheidet häufig über die Wahl der Schleifstücke bei DC-Anwendungen. Vorgaben für den Werkstoff der Schleifstücke finden sich auch in [2.43]. Für AC-Anwendungen sollte nur Kohle verwendet werden.

Tabelle 2.9: Grenztemperaturen für Leiterwerkstoffe nach DIN EN 50 119:2010.

Werkstoff	Höchste Temperatur		
	bis 1 s Kurzschlussstrom °C	bis 30 min Fahrzeug im Stillstand °C	dauernd °C
Kupfer mit normaler und hoher Festigkeit und hoher Leitfähigkeit	170	120	80
Kupfer-Silber-Legierung	200	150	100
Kupfer-Zinn-Legierung	170	130	100
Kupfer-Magnesium-Legierung mit mindestens 0,2 % Mg	170	130	100
Kupfer-Magnesium-Legierung mit mindestens 0,5 % Mg	200	150	100
Aluminium-Legierung	130	–	80
Verbundleiter AL1/ST1A und AL3/ST1A	160	–	80

Bei modernen Zügen können die Leistungsanforderungen für Komfort- und Hilfsbetriebe 1 000 kVA erreichen. Diese Leistung muss auch im Stillstand über den Stromabnehmer auf das Fahrzeug übertragen werden. Die TSI Energie fordert, Fahrleitungen so auszulegen, dass sie 300 A bei DC 1,5 kV oder 200 A bei DC 3,0 kV im Stillstand übertragen können. Um Schaden am Fahrdraht zu verhindern, dürfen die Temperaturen die maximal möglichen Werte gemäß DIN EN 50 119, wiedergegeben in Tabelle 2.9, nicht überschreiten. Wenn höhere Temperaturen als die in der Tabelle 2.9 angegebenen Grenzwerte zu erwarten sind, muss die mögliche Minderung der Zugfestigkeit bewertet und, wo nötig, der Leiterquerschnitt erhöht werden. Das Verhalten der Schleifstücke bei hohen Temperaturen kann mit einem Versuch, wie er in DIN EN 50 367, Anhang A4.1 beschrieben ist, geprüft werden. Abschnitt 7.2.6 behandelt Einzelheiten über die Auslegung und Prüfung der Kontaktstelle zwischen Fahrdraht und Schleifstücken.

2.3.3 Kontakte zwischen Stromabnehmer und Oberleitung

2.3.3.1 Statische Kontaktkraft

Die Kontaktkraft bestimmt das Zusammenwirken zwischen Stromabnehmer und Fahrleitung, wobei sich statische, aerodynamische und dynamische Kraftanteile unterscheiden lassen.

Die *statische Kontaktkraft* ist die Kraft, mit der die Schleifstücke infolge der Krafteinleitung durch den Stromabnehmerantrieb auf die Oberleitung wirken. Sie wird im Stillstand gemessen. Um möglichst konstante Arbeitsbedingungen zu erreichen, soll sie über den gesamten Arbeitsbereich sowohl bei der Aufwärts- als auch bei der Abwärtsbewegung gleich groß sein. Praktisch sind jedoch zwischen Aufwärts- und Abwärtsbewegungen wegen der Gelenkreibung Unterschiede vorhanden (Bild 2.21).
Die TSI Energie [2.7] empfiehlt die folgenden Kontaktkräfte, auch als statische Anpresskraft im Stillstand des Fahrzeugs bezeichnet, für die Auslegung der Fahrleitungen:

2.3 Vorgaben durch die Stromabnehmer

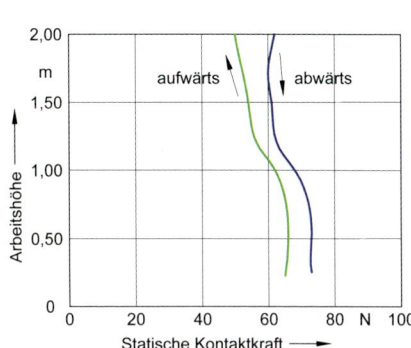

Bild 2.21: Statische Kontaktkraft des Stromabnehmers DBS 54 abhängig von der jeweiligen Arbeitshöhe [2.44].

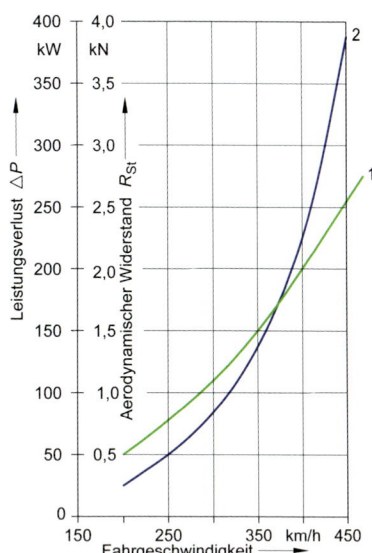

Bild 2.22: Aerodynamischer Widerstand R_{St} (1) und Leistungsverlust ΔP (2) am Stromabnehmer DSA 350 S im Betrieb abhängig von der Fahrgeschwindigkeit gemäß [2.44].

– AC   70 N für neue Anlagen, 60 bis 90 N für ertüchtigte Abschnitte bestehender Strecken
– DC 3,0 kV   110 N für neue Anlagen, 90 bis 120 N für ertüchtigte Abschnitte bestehender Strecken
– DC 1,5 kV   90 N für neue Anlagen, 70 bis 110 N für ertüchtigte Strecken bestehender Anlagen. Zusätzlich sollten die Fahrleitungen für 140 N statische Kontaktkraft ausgelegt werden, um das Überhitzen der Fahrdrähte bei einem Zug mit arbeitenden Hilfsbetrieben zu vermeiden

Die statische Kontaktkraft kann von der Arbeitshöhe und der Bewegungsrichtung abhängen. Ein Beispiel für den Stromabnehmer DBS 54 ist im Bild 2.21 dargestellt.

2.3.3.2 Aerodynamische Kontaktkraft

Die Summe aus statischer Kontaktkraft und dem von der Fahrgeschwindigkeit und damit von der aerodynamischen Wirkung abhängigen Anteil wird als *aerodynamische Kontaktkraft* bezeichnet. Sie wirkt senkrecht und wird gemessen, wenn die Wippe festgelegt ist und die Oberleitung nicht berührt. Im Hochgeschwindigkeitsbereich sollte die aerodynamische Kontaktkraft nur relativ geringfügig mit der Geschwindigkeit ansteigen. Der aerodynamische Einfluss auf den in Fahrtrichtung auf dem Fahrzeug vorderen Stromabnehmer ist größer als auf den hinteren Stromabnehmer. Deshalb werden im Hochgeschwindigkeitsbereich die Stromabnehmer vorwiegend am hinteren Ende eines Fahrzeuges betrieben.

Tabelle 2.10: Grenzen für dynamische Kontaktkräfte nach DIN EN 50119.

Stromart	Geschwindigkeit in km/h	Kontaktkraft in N Maximum	Minimum
AC	≤ 200	300	positiv
AC	> 200	350	positiv
DC	≤ 200	300	positiv
DC	> 200	400	positiv

Von der aerodynamischen Kontaktkraft zu unterscheiden ist die *aerodynamische Widerstandskraft* des Stromabnehmers, die entgegen der Fahrtrichtung durch den Wind erzeugt wird. Der Hauptanteil des Strömungswiderstands entsteht an der Wippe und wird auch Zugkraft genannt. In Bild 2.22 ist der gesamte aerodynamische Widerstand abhängig von der Windgeschwindigkeit für den Stromabnehmer der DSA 350 S gezeigt. Die aerodynamische Kontaktkraft wird auch als *mittlere Kontaktkraft* bezeichnet. Bei Einholmstromabnehmern hängt die aerodynamische Kontaktkraft auch von der Fahrt im Knie- oder Spießgang ab. Mit der Ausführung der Stromabnehmer ist es möglich, die aerodynamische Kontaktkraft und die Widerstandskraft einzustellen. Zielwerte für die mittlere Kontaktkraft werden in der TSI Energie [2.7] festgelegt, um eine entsprechende Kontaktqualität ohne Lichtbögen und begrenztem Verschleiß ohne Schäden an Schleifstücken zu erreichen. Abschnitt 7.2.6 behandelt die Schnittstelle Fahrdraht/Schleifstücke.

2.3.3.3 Fahrdynamische Kontaktkraft

Die Summe aus aerodynamischer Kontaktkraft und den dynamischen Kraftanteilen infolge der Wechselwirkung zwischen Oberleitung und Stromabnehmer wird nach DIN EN 50 206-1 als *fahrdynamische Kontaktkraft* bezeichnet. Sie hängt insbesondere von der Geschwindigkeit, von den dynamischen Eigenschaften der Oberleitung und der Stromabnehmer, von deren Anzahl und Abstand aber auch von den Laufeigenschaften und Form des Triebfahrzeuges und der Güte der Gleisanlagen ab.

Unregelmäßigkeiten in der Oberleitung, z. B. diskrete Massen wie Streckentrenner, können zu ausgeprägten Spitzen der aerodynamischen Kontaktkraft führen, die möglichst gering zu halten sind. Die Güte des Kontakts zwischen Oberleitung und Stromabnehmern lässt sich durch Auswerten der dynamischen Kontaktkräfte oder durch das Bewerten der Anzahl und Dauer von Lichtbögen beurteilen, siehe dazu Abschnitt 10.4.3. Um Lichtbögen einerseits zu vermeiden und anderseits Anhub und Verschleiß der Komponenten in Grenzen zu halten, sollten die dynamischen Anpresskräfte die Anforderungen nach der TSI Energie für Hochgeschwindigkeitsstrecken, nach DIN EN 50 367 für mit 160 km/h befahrene Strecken und darüber und nach DIN EN 50 119 erfüllen, siehe auch Abschnitt 10.4.2.4. Nach DIN EN 50 119 sollten die dynamischen Kontaktkräfte innerhalb der in Tabelle 2.10 angegebenen Grenzen liegen.

An Streckentrennern oder anderen massebehafteten Komponenten darf die Kontaktkraft bis 350 N in Anlagen für Geschwindigkeiten bis 200 km/h ansteigen. Für DC-Bahnen sind höchstens 400 N zulässig. Die für beide Stromversorgungsarten festgelegten unteren Grenzwerte werden aus der mittleren Kontaktkraft abzüglich drei Standardab-

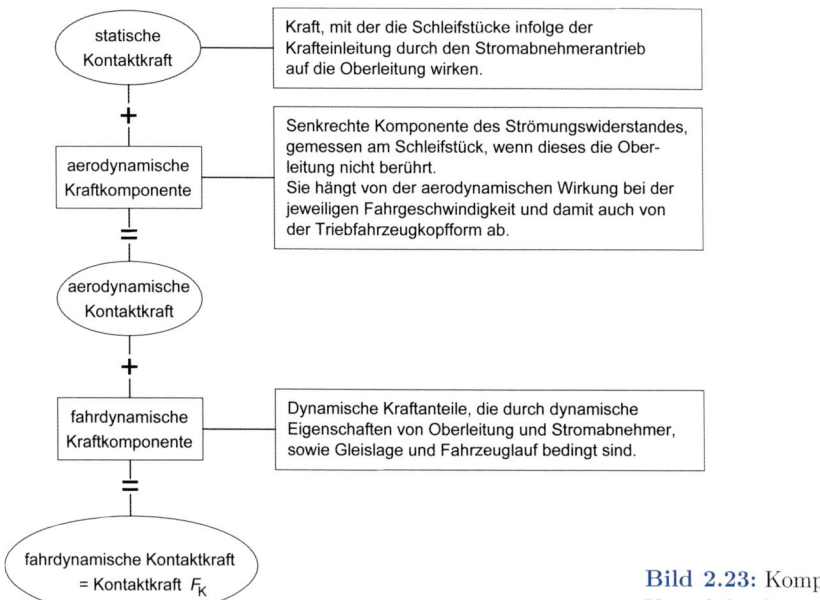

Bild 2.23: Komponenten der Kontaktkraft.

weichungen erhalten und sollten größer als Null sein. Bild 2.23 erklärt die einzelnen Komponenten der Kontaktkraft und deren Zusammenhang.

2.4 Klimatische Bedingungen

2.4.1 Temperaturen

Bei der Auslegung von Oberleitungsanlagen sind die im jeweiligen Gebiet zu erwartenden *klimatischen Bedingungen* zu beachten. Die in den Normen DIN EN 50 125-2 und DIN EN 50 119 Bbl. 1 enthaltenen Temperaturgrenzen für Mitteleuropa sind:
- höchste Umgebungstemperatur +40 °C
- niedrigste Umgebungstemperatur −30 °C

Außentemperaturen über 35 °C treten in Mitteleuropa nur selten auf. Die jährlichen Mittelwerte liegen zwischen 8 °C und 10 °C. In Frankreich betragen die Mittelwerte ungefähr 15 °C. In Russland müssen niedrigste regionale Außentemperaturen bis −60 °C beachtet werden. Nach DIN EN 60 529 sollten an Betriebsmitteln in Gehäusen von Anlagen im Freien bis 1 200 m Höhe über NN, z. B. Ortsteuereinrichtungen, keine irreversiblen Schäden im Temperaturbereich −35 °C bis +70 °C entstehen.

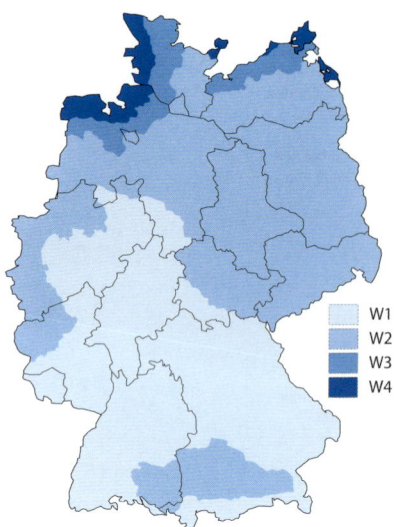

Bild 2.24: Windzonen in Deutschland nach DIN EN 1991-1-4/NA:2010-12.
W1: 22,5 m/s, W2: 25,0 m/s
W3: 27,5 m/s, W4: 30,0 m/s

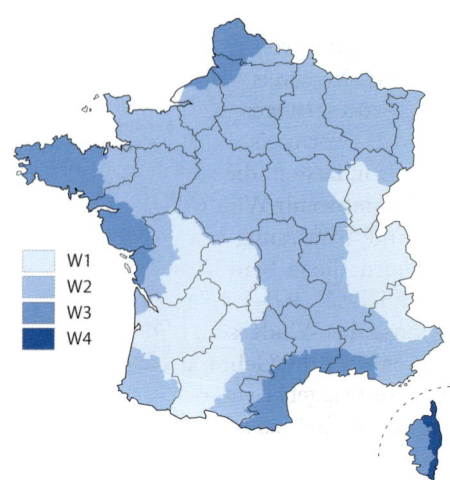

Bild 2.25: Windzonen in Frankreich nach NF EN 1991-1-4:2005.
W1: 22,0 m/s, W2: 24,0 m/s
W3: 26,0 m/s, W4: 27,5 m/s

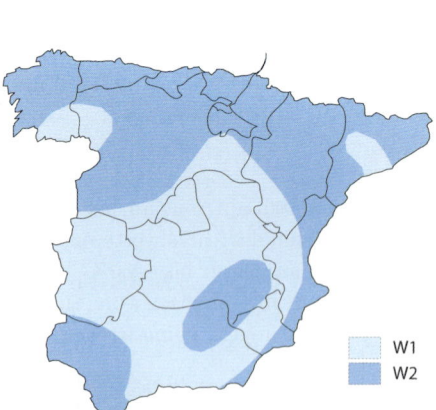

Bild 2.26: Windzonen in Spanien [2.23].
W1: 24,0 m/s, W2: 28,0 m/s

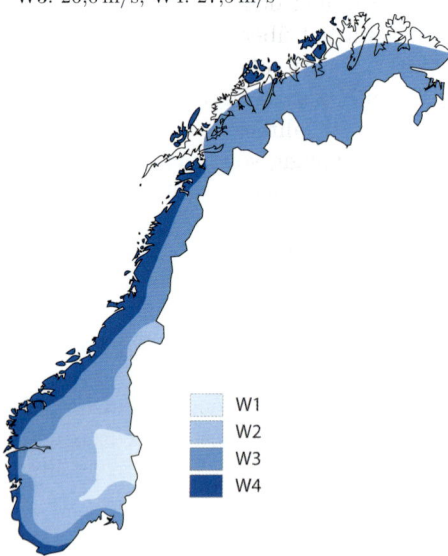

Bild 2.27: Windzonen in Norwegen (NS-EN 1991-1-4).
W1: 22 m/s, W2: 25 m/s, W3: 27 m/s, W4: 30 m/s

2.4.2 Windgeschwindigkeiten und Windlasten

2.4.2.1 Nachweis der Gebrauchstauglichkeit und der Standsicherheit

Die Auslegung von Fahrleitungen für Windlasten betrifft zwei Aspekte
- den Nachweis der *Gebrauchstauglichkeit* mit dem Vermeiden von Stromabnehmerentdrahtungen bei durch Wind ausgelenktem Fahrdraht und
- den Nachweis der *Standsicherheit der Tragelemente* im Hinblick auf die höchsten Windlasten, die während der Lebensdauer der Anlage zu erwarten sind.

Die Vorgaben für Windlasten sind in DIN EN 50 119, Abschnitt 6.2.4, enthalten. Danach sollte die Bemessung von Oberleitungen von der meteorologischen Windgeschwindigkeit ausgehen, die in 10 m Höhe in einem relativ offenen Gelände, bezeichnet mit Geländeart II in DIN EN 1991-1-4/NA:2010, gemessen wird. Für die Standsicherheit der Stützpunkte muss die Windgeschwindigkeit mit 50 Jahren Wiederkehrdauer verwendet werden, während für die Gebrauchstauglichkeit die Wiederkehrdauer der Windgeschwindigkeit vom Auftraggeber vorgegeben werden kann. Nach DIN EN 50 119 werden hierfür Windlasten mit drei bis zehn Jahren Wiederkehrperiode empfohlen.

2.4.2.2 Basis- und Böenwindgeschwindigkeit

Die Auslegung von Oberleitungsanlagen im Hinblick auf Windlasten geht von der *Basiswindgeschwindigkeit* v_b aus. Diese wird ermittelt:
- 10 m über dem Boden
- gemittelt über 10 Minuten
- im flachen, offenen Gelände unter Berücksichtigung der NN-Höhe, (Geländekategorie II nach DIN EN 1991-1-4, Tabelle 4.1)
- mit 50 Jahren mittlerer Wiederkehrdauer
- unabhängig von der Windrichtung und Jahreszeit

Als eine *Böe* bezeichnet DIN EN 50 341-1:2010 eine turbulente Windgeschwindigkeit. Der Deutsche Wetterdienst (DWD) definiert eine Böe als einen kräftigen Windstoß, der oft mit einer plötzlichen Windrichtungsänderung verbunden ist und den 10-Minuten-Mittelwert um mindestens 5,0 m/s überschreitet.

Windgeschwindigkeiten werden durch die Wetterdienste seit vielen Jahren gemessen. In den meisten Ländern sind daher statistische Unterlagen über die Winddaten abhängig von der jeweiligen Region verfügbar. Werte für die Windlasten können
- aus der Windlastnorm DIN EN 1991-1-4,
- aus der Norm DIN EN 50 125-2 für die Umweltbedingungen von Bahnen oder
- aus einer Projektspezifikation des Auftraggebers

entnommen werden. In Deutschland gilt für das allgemeine Bauwesen der nationale Anhang DIN EN 1991-1-4/NA. Im Beiblatt 1 zu DIN EN 50 119 ist festgelegt, den Staudruck zur statischen Auslegung der Fahrleitungen nach der Norm DIN EN 1991-1-4/NA zu wählen. Danach hängen die Windlasten vom Baugebiet ab. Hinsichtlich Windlasten wird Deutschland in vier Zonen nach Bild 2.24 geteilt. Für Oberleitungen können die angegebenen Windgeschwindigkeiten und Basisstaudrücke verwendet werden, die in den Tabellen 2.11 und 2.12 angegeben sind. In DIN EN 50 125-2:2002 werden vier Windklas-

Tabelle 2.11: Basiswindgeschwindigkeiten v_b und Basisstaudrücke q_b nach einschlägigen Normen mit der Luftdichte $\varrho = 1{,}225\,\text{kg/m}^3$ in 10 m Höhe über dem Gelände bei NN.

Norm	DIN EN 1991-1-4/NA DIN EN 50 341-3-4		DIN EN 50 125-2		DIN EN 50 119 Beiblatt 1	
Veröffentlichung	2010-12 2011-01		2003-07		2011-04	
Wiederkehrdauer	50 Jahre		50 Jahre		keine Angabe	
Windart	10-min-Mittel		10-min-Mittel		Böe mit 2 s Dauer	
Nachweisart	Festigkeitsbemessung		Festigkeitsbemessung		Gebrauchstauglichkeit	
	$v_{b;0,02;h=10}$[1] m/s	$q_{h=10}$[1] N/m²	$v_{b;0,02;h=10}$[1] m/s	$q_{h=10}$[2] N/m²	$v_{h=6}$[1] m/s	$q_{h=6}$[2] N/m²
Windzonen						
W1	22,5	320	24,0	353	26,0[3]	414
W2	25,0	390	27,0	463	26,0[3]	414
W3	27,5	470	32,0	627	29,8[3]	544
W4	30,0	560	36,0	974	32,1[3]	631
					33,0[4]	667
					37,0[5]	838

[1] vorgegebene Werte;   [2] berechnete Werte
[3] Fahrgeschwindigkeit bis 250 km/h, Oberleitungshöhe bis 6 m über dem Gelände
[4] Fahrgeschwindigkeit über 250 km/h, bis 100 m über dem Gelände, Windzone W1 bis W4
[5] Fahrgeschwindigkeit über 250 km/h, 100 bis 150 m über dem Gelände, Windzonen W1 bis W4

Tabelle 2.12: Basiswindgeschwindigkeiten und -staudrücke unterschiedlicher Wiederkehrdauern nach DIN EN 1991-1-4/NA und DIN EN 50 341-3-4 in der NN-Höhe 0 m und bei 10 °C mittlerer Temperatur.

	Wiederkehrdauer in Jahren							
	50		10		5		3	
$v_{bp}/v_{b0,02}$	1,000		0,902		0,855		0,815	
v_{bp}	$v_{b,0,02}$	$q_{b,0,02}$	$v_{b,0,10}$	$q_{b,0,10}$	$v_{b,0,20}$	$q_{b,0,20}$	$v_{b,0,33}$	$q_{b,0,33}$
Windzonen	Windgeschwindigkeit v in m/s							
W1	22,5	320	20,3	260	19,2	234	18,3	213
W2	25,0	390	22,6	317	21,4	285	20,4	259
W3	27,5	470	24,8	383	23,5	344	22,4	312
W4	30,0	560	27,1	456	25,6	410	24,5	372

sen mit den Windgeschwindigkeiten 24,0 m/s, 27,5 m/s, 32,0 m/s und 36,0 m/s definiert. Die Werte sind 10-min-Mittelwerte mit 2 % jährlicher Überschreitenswahrscheinlichkeit. Der Vergleich der Werte aus der DIN EN 1991-1-4/NA mit denen der IN EN 50 125-2 für 10 m Höhe in Tabelle 2.11 zeigt, dass die Werte der DIN EN 50 125-2 deutlich höher sind. In vielen Fällen geben Bahnbetreiber Windgeschwindigkeiten aufgrund ihrer langjährigen Erfahrung vor, die von aktuellen Normen abweichen können, was nach DIN EN 50 119:2010 zulässig ist. Vorgaben für Windgeschwindigkeiten und -lasten sind auch in DIN EN 50 119, Bbl. 1:2011, enthalten. Für Oberleitungen können die in den Tabellen 2.11 und 2.12 angegebenen Werte abgeleitet werden.

2.4.2.3 Wiederkehrdauer von Windgeschwindigkeiten

Für den Nachweis der Gebrauchstauglichkeit kann nach DIN EN 50 119 der Auftraggeber die Windlasten vorgeben. Sinnvoll hierfür sind Windlasten mit drei bis zehn Jahren Wiederkehrdauer. Aus den meteorologischen Beobachtungen in Deutschland wurden für die Windzonen die Basiswindgeschwindigkeiten v_b mit 50 Jahren Wiederkehrdauer ermittelt. Die Wahrscheinlichkeit für das Überschreiten der Basiswindgeschwindigkeit innerhalb eines Jahres beträgt dann für:

- 50 Jahre Wiederkehrperiode gleich $1/50 = 0{,}02$ je Jahr
- 10 Jahre Wiederkehrperiode gleich $1/10 = 0{,}10$ je Jahr
- 5 Jahre Wiederkehrperiode gleich $1/5 \;= 0{,}20$ je Jahr und
- 3 Jahre Wiederkehrperiode gleich $1/3 \;= 0{,}33$ je Jahr

Aus der Basiswindgeschwindigkeit $v_{b;0,02}$ mit 50 Jahren Wiederkehrdauer lassen sich Basiswindgeschwindigkeiten mit der Wiederkehrdauer p mit Hilfe des Bildes 2.28, dem die Gumbel-Verteilung zugrunde liegt, ermitteln.

$$v_{b,p} = v_{b,0,02} \cdot \left[\frac{1 - K_1 \cdot \ln\left[-\ln(1-p)\right]}{1 - K_1 \cdot \ln(-\ln 0{,}98)}\right]^n \quad \begin{array}{c|c|c|c|c} v_{b,p} & v_{b,0,02} & K_1 & p & n \\ \hline \mathrm{m/s} & \mathrm{m/s} & - & - & - \end{array} \quad , \quad (2.1)$$

wobei

$v_{b,p}$ Basiswindgeschwindigkeit mit der Überschreitenswahrscheinlichkeit p, die von der Wiederkehrdauer 50 Jahren abweicht,

$v_{b,0,02}$ Basiswindgeschwindigkeit mit der Überschreitenswahrscheinlichkeit $p = 0{,}02$, d. h. einmal in 50 Jahren,

K_1 Formbeiwert der gemäß DIN EN 50 125-2:2003-07 mit 0,2 gewählt wurde,

p Überschreitenswahrscheinlichkeit je Jahr und

n Exponent, der nach DIN EN 50 125-2:2003-07 mit 0,5 angenommen werden kann.

Für die Umrechnung des Basisstaudrucks gilt entsprechend

$$q_{b,p} = q_{b,0,02} \cdot \frac{1 - K_1 \cdot \ln\left[-\ln(1-p)\right]}{1 - K_1 \cdot \ln(1 - \ln 0{,}98)} \;.$$

Die Tabelle 2.12 enthält die Basiswindgeschwindigkeiten und Staudrücke mit Wiederkehrdauern 50, 10, 5 und 3 Jahre für die Windzonen nach DIN EN 1991-1-4/NA.
Der Formbeiwert K_1 hängt von der Standardabweichung und weiteren Parametern der Gumbelverteilung ab. In DIN EN 50 341-1:2010 wird für K_1 der Wert 0,1 genannt. Der Wert $K_1 = 0{,}2$ führt im Vergleich zu Angaben z. B. in DIN EN 50 341-1:2010 zu konservativen Relationen zwischen den Werten für 50 und p Jahre Wiederkehrperiode.

2.4.2.4 Windzonenkarte

Die Windgeschwindigkeiten hängen von der jeweiligen Region ab. Statistiken aus Beobachtungen des DWD über mehr als 60 Jahre führten zur Klassifizierung anhand des 10-min-Mittels und zu der *Windzonenkarte* für Deutschland (Bild 2.24), die in DIN EN 1991-1-4/NA:2010 und DIN EN 50 341-3-4:2011 enthalten ist. Dort finden sich auch die genauen geografischen Abgrenzungen.

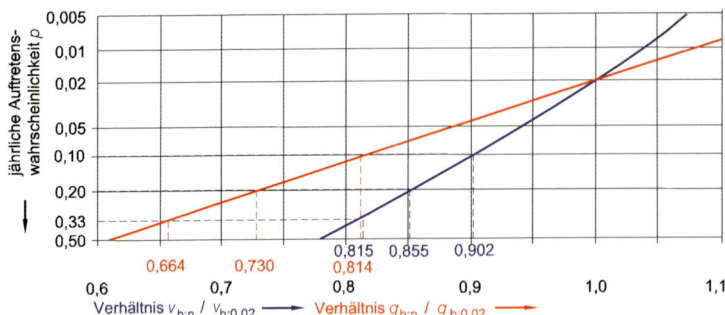

Bild 2.28: Verhältnis der Basiswindgeschwindigkeit $v_{b,p}$ und des Basisstaudrucks $q_{b,0,02}$ mit der jährlichen Überschreitenswahrscheinlichkeit p zur Basiswindgeschwindigkeit $v_{b,p}$ und dem Basisstaudruck $q_{b,0,02}$ mit 2 % jährlicher Überschreitenswahrscheinlichkeit nach Bild 1 in DIN EN 50 125-2:2003.

2.4.2.5 Basisstaudruck

Der Zusammenhang zwischen *Basiswindgeschwindigkeit* v_b in der Höhe $h = 10$ m und Basisstaudruck q_b ist gegeben durch

$$q_b = (\varrho/2) \cdot v_b^2 \quad , \qquad \begin{array}{c|c|c} q_b & \varrho & v_b \\ \hline \text{N/m}^2 & \text{kg/m}^3 & \text{m/s} \end{array} \qquad (2.2)$$

mit
- ϱ die Luftdichte 1,225 kg/m³ bei 15 °C und in Meereshöhe,
- v_b die Basiswindgeschwindigkeit in 10 m Höhe h über Gelände, gemittelt über 10 min und mit einer Wiederkehrdauer, wie sie für den Nachweis notwendig ist (siehe Abschnitte 2.4.2.1 und 2.4.2.3).

Für andere Werte der absoluten Temperatur T und der Höhe H über NN kann gegebenenfalls die Luftdichte ϱ bis 750 m Höhe berechnet werden aus

$$\varrho = 1{,}225 \cdot (288/T) \cdot \exp(-0{,}00012 \cdot H) \quad . \qquad \begin{array}{c|c|c} \varrho & T & H \\ \hline \text{kg/m}^3 & \text{K} & \text{m} \end{array} \qquad (2.3)$$

2.4.2.6 Höhenabhängiger Bemessungsstaudruck

Der *Bemessungsstaudruck* q_h ist abhängig von der Höhe h über dem Gelände und berücksichtigt Windböen. Aus dem Basisstaudruck q_b in der Höhe $h = 10$ m lässt sich nach DIN EN 1991-1-4/NA:2010 der Bemessungsstaudruck q_h in anderen Höhen h über dem Gelände einschließlich der Böenwirkung ermitteln aus

$$q_h = 1{,}5 \cdot q_b \qquad \text{für } h \leq 7\,\text{m} \quad , \qquad (2.4)$$

$$q_h = 1{,}7 \cdot q_b \cdot (h/10)^{0{,}37} \qquad \text{für } 7\,\text{m} < h \leq 50\,\text{m} \quad , \qquad (2.5)$$

$$q_h = 2{,}1 \cdot q_b \cdot (h/10)^{0{,}24} \qquad \text{für } 50\,\text{m} < h \leq 300\,\text{m} \quad , \qquad (2.6)$$

2.4 Klimatische Bedingungen

wobei in den Beziehungen (2.4) bis (2.6)
q_h der Bemessungsstaudruck in der Höhe h über dem Gelände,
q_b der Basisstaudruck 10 m über dem Gelände gemittelt über zehn Minuten und
h die Höhe der Oberleitung über dem Gelände

bedeuten. Die Beziehungen (2.4) bis (2.6) gelten für NN-Höhen bis 750 m.
Für NN-Höhen H zwischen 750 m und 1 100 m gilt für den Basisstaudruck

$$q_{b,H} = (0{,}25 + H/1\,000) \cdot q_b \quad . \tag{2.7}$$

Die Bemessungsstaudrücke q_h in (2.4) bis (2.7) berücksichtigen zwei-Sekunden-Böen mit Spitzenwindgeschwindigkeiten. Für Kamm- und Gipfellagen der Mittelgebirge sowie oberhalb NN-Höhen $H = 1\,100$ m sind besondere Festlegungen unter Mitwirkung meteorologischer Dienste erforderlich.
Die Berechnung des Staudrucks in der Höhe h nach den Gleichungen (2.4) bis (2.6) gilt für die Geländekategorie II nach DIN EN 1991-1-4/NA:2010-12, Tabelle 4.1.

2.4.2.7 Windlast auf Leiter

Die *längenbezogene Windlast* F'_W, die rechtwinklig zum Leiter oder Draht wirkt, folgt aus

$$F'_W = q_h \cdot G_C \cdot C_C \cdot d \quad , \qquad \begin{array}{c|c|c|c|c} F'_W & q_h & G_C & C_C & d \\ \hline \text{N/m} & \text{N/m}^2 & - & - & \text{m} \end{array} \tag{2.8}$$

wobei bedeuten
q_h höhenabhängiger Bemessungsstaudruck nach den Gleichungen (2.4) bis (2.7),
G_C Bauteilreaktionsbeiwert, der die Reaktion beweglicher Leiter auf die Windlast berücksichtigt und nach DIN EN 50 119:2010 mit $G_C = 0{,}75$ für die Festigkeitsberechnung angenommen werden kann. Für den Nachweis der Gebrauchsfähigkeit wird $G_C = 1{,}0$ empfohlen,
C_C Staudruckbeiwert für Leiter mit kreisförmigem Querschnitt
       nach DIN EN 50 119:2010 $C_C = 1{,}0$ oder
       nach DIN EN 50 341-3-4:2011, Tabelle 4.3.2,
       – Leiter bis 12,5 mm Durchmesser $C_C = 1{,}2$,
       – Leiter über 12,5 mm bis 15,8 mm Durchmesser $C_C = 1{,}1$,
       – Leiter über 15,8 mm Durchmesser $C_C = 1{,}0$,
d Leiterdurchmesser.

Wenn Leiter parallel verlaufen, darf für den windabgewandten Leiter die Windlast auf 80 % gegenüber dem windseitigen Leiter verringert werden, wenn der Abstand zwischen den Achsen weniger als das Fünffache des Durchmessers beträgt. So ergibt sich beispielsweise für einen Doppelfahrdraht AC-100 der Staudruckbeiwert zu

$$C_C = 1{,}2 + (0{,}8 \cdot 1{,}2) = 2{,}16 \quad .$$

2.4.2.8 Windgeschwindigkeit und Staudruck einschlägiger Normen

DIN EN 50 119:2010 verweist hinsichtlich Windlasten auf DIN EN 50 125-2, DIN EN 1991-1-4/NA oder auf Projektspezifikationen der Auftraggeber. DIN EN 1991-1-4/NA: 2010 ist die Grundnorm für Windlasten in Deutschland und DIN EN 50 341-3-4 für den Bau von Freileitungen. Diese Normen geben die Bezugsstaudrücke q_b vor. Die Norm DIN EN 50 125-2 definiert Windgeschwindigkeiten. Die Vorgaben gelten für 10 m über dem Boden, sind über 10 min gemittelt und haben 50 Jahre Wiederkehrperiode.

DIN EN 50 119, Anhang 1, führt die Böenwindgeschwindigkeiten 26,0 m/s, 29,8 m/s, 32,1 m/s, 33,0 m/s und 37,0 m/s auf. Im Jahr 1939 legte die Deutsche Reichsbahn für die Elektrifizierung von Bahnstrecken die Windgeschwindigkeiten 20,0 m/s, 24,0 m/s, 28,0 m/s und 31,0 m/s fest [2.24]. Die Windgeschwindigkeit 26 m/s hat ihren Ursprung in der DV 997 aus dem Jahr 1953. Die DB verwendete einheitlich für die Elektrifizierungen ihrer Strecken [2.25] bis 1978 die Windgeschwindigkeit 26,0 m/s, die dem in VDE 0210: 1969-05 „Bau von Starkstrom-Freileitungen mit Nennspannungen über 1 kV", Tabelle 3, aufgeführten Basisstaudruck $q_b = 440\,\text{N/m}^2$ für Leitungen bis 15 m Höhe über dem Gelände entsprach. DIN VDE 0210:1969 und DIN VDE 0210:1985 definierten keine Windzonen.

Im Jahr 1978 wurde die Ebs 02.05.32 herausgegeben, die die Anwendung differenzierter Windgeschwindigkeiten vorschreibt. Danach wird ein arithmetisches Mittel aus dem 10-min-Mittel und dem Böen-Mittel gebildet. Mit der so gefundenen Windgeschwindigkeit wird die maximale Fahrdrahtseitenlage berechnet. Als Regelwindgeschwindigkeiten wurden 1978 hierfür 26,0 m/s, 29,8 m/s und 32,1 m/s festgelegt.

Für den Bau von Hochgeschwindigkeitsstrecken und deren Führung über Talbrücken fügte die Deutsche Bundesbahn 1981 die Windgeschwindigkeiten 33,0 m/s und 37,0 m/s hinzu. Ab diesem Zeitpunkt nutzte die Deutsche Bundesbahn für Oberleitungen mit Fahrgeschwindigkeiten bis 250 km/h die Windgeschwindigkeiten 26,0 m/s, 29,8 m/s und 32,1 m/s. Für die Hochgeschwindigkeitsoberleitungen wurden von 1981 an 33,0 m/s für Höhen kleiner 100 m und 37,0 m/s für Höhen zwischen 100 m und 150 m über dem Gelände angenommen.

Die bis 2011 verwendeten Windgeschwindigkeiten entsprechen nicht mehr den heute üblichen Festlegungen, da

- durchgängig regional strukturierte Windzonen fehlen,
- die Abhängigkeit von der Höhe h über dem Gelände und der NN-Höhe fehlt,
- eine konsequente Abhängigkeit der Windgeschwindigkeiten oder der Staudrücke von der Oberflächenbeschaffenheit des umgebenden Geländes nicht besteht,
- die Wiederkehrdauer für den Nachweis der Gebrauchstauglichkeit fehlt,
- die Windgeschwindigkeiten nicht von Fahrgeschwindigkeiten der Züge abhängen,
- die Ermittlung der Windgeschwindigkeit für die Nachweise der Gebrauchstauglichkeit und Festigkeitsbemessung aus dem arithmetischen Mittel der Böen und dem 10-min-Mittel [2.26] nicht sachgerecht ist,
- die Windgeschwindigkeiten für den Nachweis der Gebrauchstauglichkeit kleiner sein sollte als die Windgeschwindkeiten für den Standsicherheitsnachweis und
- die Windgeschwindigkeiten für den Nachweis der Gebrauchstauglichkeit nach DIN

2.4 Klimatische Bedingungen

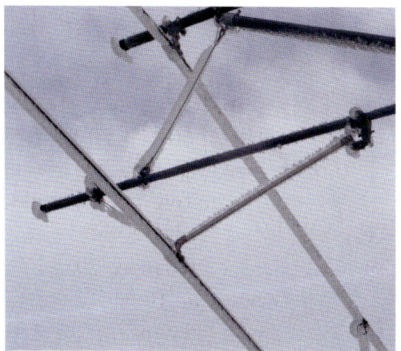

Bild 2.29: Eis- und Schneeansatz an einem Oberleitungsausleger (Bild: SPL Powerlines GmbH, M. Goschke).

Bild 2.30: Oberleitungsanlage bei Eis und Schnee in der Schweiz [2.28].

EN 50 119, Beiblatt 1, von den Windgeschwindigkeiten der Normen des allgemeinen Bauwesens und des Freileitungsbaus abweichen.

Es werden daher die in Abschnitten 2.4.2.6 und 2.4.2.7 abgeleiteten Windlasten für die Bemessung von Oberleitungen empfohlen. Die Windgeschwindigkeiten in Europa finden sich auch im *Europäischen Windatlas* [2.27].

2.4.3 Schnee- und Eislasten

Eisbehang an Drähten und Seilen von Oberleitungsanlagen belastet Oberleitungen und behindert den Betrieb. Näheres hierzu ist in den Abschnitten 4.3.2 und 13.1.4.7 enthalten. Während unter anderen in Deutschland, Österreich und der Schweiz gefordert wird, Eislasten zu beachten, ist dies in Frankreich nicht notwendig. In Russland in Gebieten mit großen Eisbelastungen kam es bei nachgespannten Oberleitungen zu großen *Durchhangsvergrößerungen* und damit zur Behinderung des Bahnbetriebes. Auch in Deutschland kam es zu erheblichen Aneisungen an Oberleitungen, die zu Betriebsunterbrechungen führten, zuletzt am Jahresende 2009 [2.28]. Bild 2.29 zeigt einen Ausleger mit Eisansatz und Bild 2.30 eine Oberleitungsanlage in der Schweiz mit Eisansatz.

Hohe Belastungen infolge Eis, Raureif oder Schnee, zusammenfassend als *Eislasten* bezeichnet, sind in Mitteleuropa relativ seltene Ereignisse. Aus den Beobachtungen der Eisbildungen konnten Berechnungswerte für Eisansätze an frei gespannten Leitern abgeleitet und in Normen für Freileitungen verwendet werden. Es gibt zwei Hauptarten von Eislasten:

- Eisbildung aus Niederschlägen: Dabei bildet sich blankes Eis ungefähr mit der Dichte $0{,}9\,\text{t/m}^3$ aus unterkühltem Regen oder Nieselregen bei Temperaturen um den Gefrierpunkt. Eis aus *Schneeregen* mit der Dichte 0,3 bis $0{,}6\,\text{t/m}^3$ gehört auch zu dieser Kategorie von Eislasten (Bild 2.29).
- Eisbildung an Leitern in Wolken oder aus Nebel: Raureif wird durch unterkühlte Wassertropfen gebildet. Die Raureifbildung ist typisch für Höhen über der Wol-

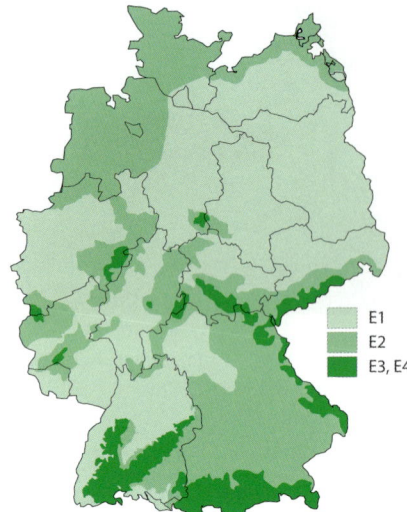

Bild 2.31: Eislastzonen in Deutschland nach DIN EN 50 341-3-4:2011.

kenuntergrenze. Harter Raureif mit 0,4 bis 0,6 t/m³ Dichte und weicher Raureif mit 0,2 bis 0,4 t/m³ Dichte entstehen unter diesen Bedingungen.
Kombinationen unterschiedlicher Eislasten werden ebenfalls beobachtet.
Nach DIN EN 50 119, Beiblatt 1:2011, ergeben sich die Eislasten für Leiter mit einem Durchmesser d in mm aus den halben Eislasten von DIN EN 50 341-3-4:2011 für die Eislastzonen E1 bis E4 (Bild 2.31) zu

Eislastzone E1 $G'_{Eis} = 0{,}5 \cdot (5 + 0{,}1 \cdot d)$,
Eislastzone E2 $G'_{Eis} = 0{,}5 \cdot (10 + 0{,}2 \cdot d)$,
Eislastzone E3 $G'_{Eis} = 0{,}5 \cdot (15 + 0{,}3 \cdot d)$,
Eislastzone E4 $G'_{Eis} = 0{,}5 \cdot (20 + 0{,}4 \cdot d)$,

wobei die Eislast G'_{Eis} in der Eislastzone E4 aufgrund der Erfahrung des Betreibers oder durch ein Gutachten festzulegen ist, jedoch mindestens den für die Eislastzone E4 angegebenen Wert entsprechen muss. In Deutschland wird meist die Eislastzone E1 für Oberleitungen verwendet. Berechnungsbeispiele für Durchhänge infolge Eislast finden sich in Abschnitt 4.3. Maßnahmen zum Vermeiden und Entfernen von Eis an Oberleitungen werden in Abschnitt 5.5 behandelt.

2.4.4 Atmosphärilien

Aggressive Stäube, Dämpfe, Gase und extreme Werte der Luftfeuchtigkeit können, vor allem kombiniert auftretend, Ursache für rasche Verschmutzung von Isolatoren und beschleunigte Alterung von Bauteilen in Fahrleitungsanlagen sein. Diese *Atmosphärilien*, z. B. in der Nähe von Anlagen, die solche Stoffe emittieren, aber auch in Meeresnähe, sind beim Errichten der Fahrleitungsanlage zu berücksichtigen. Atmosphärilien haben Einfluss auf die *Isolationsbemessung* (siehe Abschnitt 2.5.4).

2.4 Klimatische Bedingungen

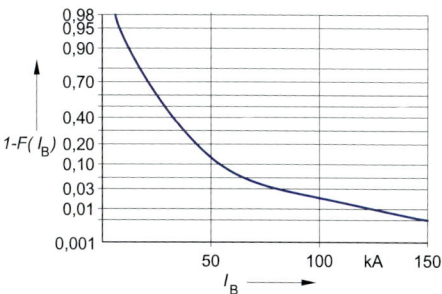
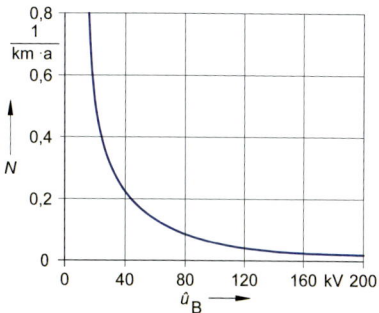

Bild 2.32: Überschreitungswahrscheinlichkeit für Blitzströme i_B [2.30].

Bild 2.33: Häufigkeit von indirekten Blitzüberspannungen je Kilometer elektrifizierter Strecke und Jahr [2.30].

2.4.5 Blitzüberspannungen

Blitzeinschläge in Fahrleitungsanlagen können zu Überschlägen der Isolation und damit zu Schäden führen [2.29]. Aus Messungen der DB [2.30] ist bekannt, dass mit rund einem *Blitzeinschlag* je 100 km Fahrleitung und Jahr in Mitteleuropa zu rechnen ist. Diese Einschlagwahrscheinlichkeit weist aber einen hohen Streuwert auf und ist örtlich unterschiedlich. Die Blitztätigkeit wird durch den *keraunischen Pegel* bewertet, der die Anzahl der Tage mit Donnern je Jahr darstellt.

Ein direkter Einschlag des Blitzes in eine Fahrleitung verursacht *Blitzüberspannungen*. Die Scheitelwerte der Überspannung infolge dieser Einschläge können mit der Beziehung

$$U_{B\,max} = I_B \cdot Z/2 \text{ in kV} \tag{2.9}$$

mit

I_B Blitzstromscheitelwert in kA und
Z Wellenwiderstand in Ω

abgeschätzt werden. Die Wahrscheinlichkeit, dass *Blitzströme* einen gegebenen Wert überschreiten, kann aus Bild 2.32 entnommen werden.

Indirekte Blitzüberspannungen entstehen, wenn sich ein Blitz entlädt, in dessen elektrischem Feld zwischen Wolke und Erde eine Oberleitung liegt. Naht ein Gewitter, so werden durch ein elektrisches Feld Ladungen auf der Oberleitung influenziert, wobei die negativen Ladungen über die Ableitwiderstände der vielen parallelen Fahrleitungsisolatoren zur Erde abfließen, die positiven Ladungen aber durch das von der Wolke ausgehende Feld gebunden werden. Wenn sich eine Wolke in der Nähe einer Oberleitung entlädt, werden die Ladungen auf der Fahrleitung frei und breiten sich als Wanderwelle entlang der Oberleitung aus. Die indirekten Blitzüberspannungen sind in ihrer Höhe geringer als die Überspannungen bei direktem Blitzeinschlag. Sie steigen auch langsamer an und weisen weniger steile Flanken als die direkten Einschläge auf. Bild 2.33 enthält eine Aussage zu den je Jahr und Kilometer zu erwartenden indirekten Blitzüberspannungen gegebener Größe.

In Oberleitungsanlagen lässt sich ein lokal begrenzender Überspannungsschutz durch Überspannungsschutzgeräte erreichen [2.29]. Wichtigste Überspannungsschutzeinrichtung ist der *Ventilableiter*. Ein zuverlässiger Schutz ist auch durch Überspannungsschutzeinrichtungen nicht möglich. Deswegen wird heute, sofern nicht eine extreme Gefährdung durch Blitze vorliegt, aus ökonomischen Gründen bei Oberleitungsanlagen in Deutschland meist auf Überspannungsschutzeinrichtungen verzichtet.

2.5 Vorgaben für Zuverlässigkeit und Sicherheit

2.5.1 Regeln und Normen

Beim Errichten und Instandhalten von Fahrleitungsanlagen sind viele miteinander verknüpfte Einflussfaktoren zu beachten, die Gegenstand internationaler, regionaler und nationaler Normung sind. Wesentliche, derzeit gültige *Normen* enthält der Anhang 1. Die Normung zu Fahrleitungen elektrischer Bahnen ist Gegenstand eines kontinuierlichen Entwicklungsprozesses. Einige hundert unterschiedliche Vorschriften und Normen sind derzeit vorhanden. Wichtige Regeln und Normen für das Errichten und Betreiben von Fahrleitungen sind die TSI Energie für Hochgeschwindigkeits- und konventionelle Strecken, DIN EN 50 119, DIN EN 50 121, DIN EN 50 122, DIN EN 50 163 und DIN EN 50 367.

2.5.2 Beanspruchung und Beanspruchbarkeit

Im Betrieb sind Fahrleitungen *elektrischen* und *mechanischen Beanspruchungen* unterworfen, die aus elektrischen Spannungen und Strömen, mechanischen Lasten und Umwelteinflüssen resultieren. Alle Bauelemente einer Fahrleitung müssen diesen Einwirkungen elektrisch und mechanisch mit hoher Zuverlässigkeit gewachsen sein. Die erforderliche Zuverlässigkeit wird mit Teilsicherheitsfaktoren auf der Lastseite und auf der Seite der Beanspruchbarkeiten, auch Widerstandsseite genannt, berücksichtigt:

$$\text{Last} \cdot \gamma_F \leq \text{Tragfähigkeit}/\gamma_M \quad .$$

Dabei sind
γ_F der Teilsicherheitsbeiwert auf der Lastseite und
γ_M der Teilsicherheitsbeiwert auf der Seite der Beanspruchbarkeiten.

Das Einhalten dieser Gleichung erfüllt die grundlegenden Auslegungsanforderungen.

2.5.3 Gefährdungen infolge des Stromes

Durch die Gegenwart und Erscheinungsformen der Elektrizität in der Nähe von Bahnen könnten sich Gefährdungen für Leben, Anlagen und Ausrüstungen ergeben aus:
– Spannungen zwischen Fahrleitung und Gleis
– Betriebs- und Kurzschlussströmen
– elektrischen Feldern

2.5 Vorgaben für Zuverlässigkeit und Sicherheit

Tabelle 2.13: Zuordnung der Bemessungs- und Bemessungsstoßspannung zu Nennspannung und Überspannungskategorie nach DIN EN 50 124-1:2006.

Nennspannung U_n kV		Höchste Dauerspannung[1] $U_{max\,1}$ kV	Bemessungsspannung $U_{N\,m}$ kV	Bemessungsstoßspannung $U_{N\,i}$ kV	
DC	AC			Überspannungskategorie	
				OV 3	OV 4[2]
0,60		0,72	0,72	6	8
0,75		0,90	0,90	6	8
1,50		1,80	1,80	10	15
3,00		3,60	3,60	25	30
–	6,25[3]	8,00	8,30	45	75[1]
–	15,00	17,25	17,25	95	125
–	25,00	27,50	27,50	170	200

[1] nach DIN EN 50 163, [2] gilt für Oberleitungen, [3] aus Praxisanwendung

- magnetischen Feldern
- Potenzialdifferenzen zwischen Schiene und Erde
- induzierte Längsspannungen
- kapazitiven Ladungen

Die Gefährdungen müssen auf akzeptable Werte begrenzt bleiben, was durch entsprechende Auslegung der elektrotechnischen Anlagen in Übereinstimmung mit den einschlägigen Normen erreicht wird. Dieser Grundsatz ist auch bei der Instandhaltung von Oberleitungen anzuwenden. Elektrische Abstände von abgeschalteten und geerdeten Anlagen zu unter Spannung stehenden Anlagenteilen müssen den normativen Vorgaben entsprechen.

2.5.4 Isolationskoordination

Isolationskoordination ist die Auswahl der elektrischen Festigkeit der elektrotechnischen Betriebsmittel abhängig von den im Fahrleitungsnetz auftretenden Spannungen. Die Vorgaben hierfür sind in DIN EN 50 124-1:2006 enthalten. Das Kriterium für die elektrische Festigkeit ist dabei die Bemessungsspannung, die von der Nennspannung und der Einsatzart der Betriebsmittel abhängt. Die Einsatzart wird durch die Überspannungskategorie gekennzeichnet. Bei richtiger Wahl des Bemessungsisolationspegels wird sicher gestellt, dass die Betriebsmittel die geforderten Stehspannungen aufweisen. *Stehspannungen* sind dabei Spannungen mit repräsentative Form, denen die Isolation mit einer definierten Wahrscheinlichkeit widersteht.

Bei Fahrleitungsanlagen elektrischer Bahnen wird die Isolationskoordination mit folgenden Schritten ausgeführt:
- Bestimmung der *Bemessungs-Stoßspannung* abhängig von Nennspannung und Überspannungskategorie als Grundlage für die elektrische Prüfung von Komponenten. Fahrleitungen und Speiseleitungen elektrischer Bahnen sind dabei der Überspannungskategorie OV4 nach DIN EN 50 124-1 zugeordnet. Stromkreise,

Tabelle 2.14: Elektrische Schutzabstände für Oberleitungen gemäß DIN EN 50 119, Tabellen 2 und 3.

Art der Energieversorgung	Schutzabstand		Empfohlener Schutzabstand zwischen unterschiedlichen Leitern		
	dauernd	kurzzeitig	Relative Spannung	dauernd	kurzzeitig
	mm	mm	kV	mm	mm
DC 0,60 kV	100	50	nicht anwendbar		
DC 0,75 kV	100	50	nicht anwendbar		
DC 1,5 kV	100	50			
DC 3,0 kV	150	50	nicht anwendbar		
AC 15 kV	–	–	26,0	260	175
	150	100	30,0	300	200
AC 25 kV	–	–	43,3	400	230
	270	150	50,0	540	300

die unmittelbar mit der Fahrleitungsanlage verbunden sind, aber durch direkte oder indirekte *Überspannungsschutzeinrichtungen* geschützt sind, zählen hingegen zur Überspannungskategorie OV3. Die Bemessungs-Stoßspannungen werden dabei gemäß Tabelle 2.13 zugeordnet.
- Bestimmung der *Mindestluftstrecken* abhängig von der Nennspannung gemäß den Tabellen 2 und 3 von DIN EN 50119:2010 (siehe Tabelle 2.14). Dabei wird zwischen dauernden und zeitweisen Beanspruchungen unterschieden. Der Abstand zwischen den aktiven Komponenten bei Streckentrennern darf dauernd 50 mm für Spannungen bis 3 kV, 100 mm bis 15 kV und 150 mm bis AC 25 kV betragen.
- Bestimmung der *erforderlichen Kriechwege* in Abhängigkeit von der Nennspannung gemäß Tabelle 2.13 und dem Verschmutzungsgrad gemäß Tabelle 2.15. In DIN EN 50 124-1 sind sieben Verschmutzungsgrade definiert. Für Fahrleitungen kommen die Grade PD3A, PD4, PD4A und PD4B infrage. Für den Kriechweg der Fahrleitungsisolation wird auf IEC 60 815 verwiesen.

Beispiel 2.1: Die Isolationskoordination kann am Beispiel einer 15-kV-Oberleitung gezeigt werden: Für die Überspannungskategorie OV4 und AC 15 kV folgt aus der Tabelle 2.13 als Bemessungs-Stoßspannung 125 kV. Damit ergeben sich nach Tabelle 2.14 150 mm Schutzabstand für statische, d. h. dauernde Belastungen und 100 mm für kurzzeitige Annäherung, z. B. bei Lageänderung einer Leitung durch Wind. Der Nennspannung AC 15 kV ist die Bemessungsspannung 17,25 kV nach Tabelle 2.13 zugeordnet. Für den Verschmutzungsgrad stark (PD4) ergibt die Tabelle 2.15 die spezifische Kriechstrecke 43 mm/kV; daraus folgen insgesamt $17{,}25 \cdot 43\,\text{mm} = 742\,\text{mm}$ Mindestkriechweg.

Bei gleichzeitiger elektrische Beanspruchung und elektrolytischer Verschmutzung entstehen auf der Oberfläche der Isolierstoffe leitende Pfade und damit Kriechwege. Die Isolierstoffe werden nach der *Vergleichszahl* der *Kriechwegbildung* (Comparative Traking Index, CTI) nach DIN EN 60 664-1 in vier Kategorien eingeteilt. Für Oberleitungen sind nur Isolierstoffe der Kategorien I und II nach DIN EN 60 664-1 zugelassen. Die Isolierstoffe werden nach den Normen DIN EN 61 302, DIN EN 60 112 und DIN EN 60 587 geprüft. Kriech- und Luftstrecken dürfen nach DIN EN 50 124-1 nicht als in Summe wirkend betrachtet werden.

2.5.5 Schutz gegen elektrischen Schlag

2.5.5.1 Allgemeiner Schutz gegen elektrischen Schlag

Wenn ein elektrischer Strom durch den menschlichen Körper oder den Körper eines Tieres fließt, können pathophysiologische Effekte ausgelöst werden, die als *elektrischer Schlag* oder *Elektrounfall* bezeichnet werden. Dies kann durch zufälliges direktes oder indirektes Berühren spannungsführender Teile eintreten. Als indirektes Berühren bezeichnet die Norm DIN EN 50 122-1 die Berührung eines leitfähigen Bauteils der Fahrleitungsanlage, welches im Fehlerfall Spannung annehmen kann. Beim Errichten und Betreiben von Fahrleitungsanlagen sind deshalb Maßnahmen erforderlich, die einen elektrischen Schlag verhindern. Diese präventiven Maßnahmen beziehen sich auf den Schutz gegen zufälliges direktes oder indirektes Berühren und sind festgelegt für Fahrleitungsanlagen mit Nennspannungen
- bis AC 1 000 V und DC 1 500 V und
- größer AC 1 000 V und DC 1 500 V.

DIN EN 50 122-1 enthält die Schutzmaßnahmen, die das unabsichtliche Berühren unter Spannung stehender Anlagenteile verhindern sollen. Diese Schutzmaßnahmen können das absichtliche Berühren nicht verhindern.

2.5.5.2 Schutz gegen elektrischen Schlag durch direktes Berühren

Ein Schutz gegen elektrischen Schlag durch direktes Berühren kann mit *Schutz durch Abstand* oder, wenn sich der dafür erforderliche Abstand nicht herstellen lässt, mit *Schutz durch Hindernis* realisiert werden.

Schutz durch Abstand

Standflächen für Personen müssen als Schutz gegen direktes Berühren der aktiven Teile von Fahrleitungsanlagen oder spannungsführende Teile der Fahrzeuge die im Bild 2.34 gezeigten Mindestabstände bei allen Betriebsbedingungen gewährleisten.

Voraussetzung für einen sicheren Schutz durch Abstand ist das Einhalten der Mindesthöhen von Oberleitungen, Verstärkungs- und Speiseleitungen. An Straßenkreuzungen mit einer AC-15-kV-Oberleitung muss der Mindestabstand zwischen Straßenoberfläche und tiefstem Punkt der Oberleitung 5,5 m betragen (Abschnitt 12.12.4). Ferner ist zwischen Oberleitungen und Ästen von Bäumen und Sträuchern unter allen Bedingungen mindestens 2,5 m Abstand ständig einzuhalten (Abschnitt 12.15.5.2).

Schutz durch Hindernisse

Schutz gegen direktes Berühren ist auch durch das *Abschirmen spannungsführender Teile* mit Hindernissen wie Vollwänden, Vollwandtüren, Gitter und Gittertüren aus lei-

Tabelle 2.15: Verschmutzungsgrade und spezifische Mindestkriechstrecken zur Isolationsbemessung nach IEC 60 815:1986-01 und DIN EN 50 124-1:2006 bezogen auf die Bemessungsspannung als Leiter-Erde-Spannung.

Verschmutzungsgrad	Spezifische Mindestkriechstrecke in mm/kV			Beispiele typischer Umgebungsbedingungen[1]
	AC[2]	AC[3]	DC[4]	
leicht PD3A	28	25	28	– Gebiete ohne Industrie und mit geringer Dichte von Häusern mit Heizungsanlagen – Gebiete mit geringer Dichte an Industrie oder Häusern, die aber häufig Wind und/oder Regen ausgesetzt sind – Landwirtschaftliche Gebiete – Bergige Gebiete Diese Gebiete müssen mindestens 10 bis 20 km vom Meer entfernt sein und dürfen keinen direkten Winden vom Meer ausgesetzt sein
mittel PD4	35	30	36	– Gebiete mit Industrie, die keine besonders verschmutzenden Abgase erzeugt und/oder mit einer durchschnittlichen Dichte von Häusern mit Heizunganlagen
stark PD4A	43	40	46	– Gebiete hoher Industriedichte und Vorstädte großer Städte mit hohe Verschmutzung verursachenden Heizungsanlagen – Gebiete mit dichter Bebauung und/oder Industrie, die häufigen Winden und/oder Regen ausgesetzt sind – Gebiete nahe dem Meer und mit starken Winden vom Meer – Fahrleitungen im Tunnel
sehr stark PD7	54	50	58	– Dem Meereswind ausgesetzte Gebiete, die nicht sehr küstennah sind (mindestens 10 bis 20 km Entfernung) – Gebiete mit begrenzter Ausdehnung, die leitfähigem Staub und Industrieabgasen ausgesetzt sind, die besonders dicke, leitfähige Niederschläge bilden – Gebiete mit begrenztem Ausmaß, die sehr nahe der Küste gelegen und Sprühwirkungen vom Meer oder starken, verschmutzenden Seewinden ausgesetzt sind – Wüstengebiete lange ohne Regen, salz- und sandhaltigen Winden ausgesetzt und mit regelmäßiger Taubildung – Fahrleitungen im Tunnel mit starker Verschmutzung

[1] siehe auch DIN EN 50 119:2002, Tabelle A.1
[2] nach IEC 60 815:1986
[3] nach DIN EN 50 124-1:2006
[4] empfohlene Erfahrungswerte

2.5 Vorgaben für Zuverlässigkeit und Sicherheit

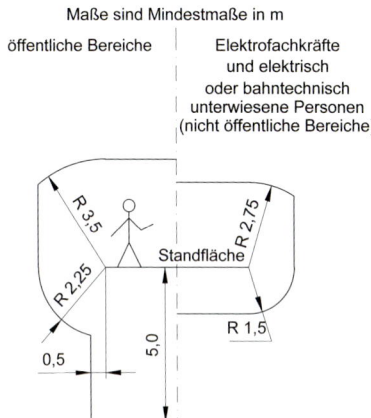

Bild 2.34: Mindestabstände von aktiven, berührbaren Teilen an den Außenseiten von Fahrzeugen sowie von Oberleitungsanlagen zu Standflächen, die von Personen betreten werden dürfen, bei Nennspannungen über AC 1 kV/DC 1,5 kV bis AC 25 kV oder gegen Erde (nach DIN EN 50 122-1).

Bild 2.35: Kletterschutzmaßnahme an Masten bei den JBV in Norwegen.

tendem Material möglich. Gitter sollten höchstens 1 200 mm² Maschengröße besitzen. Das Hindernis ist bis mindestens 1,8 m Höhe erforderlich, wenn die spannungsführenden Teile höher als der Standort liegen. Hindernisse müssen mindestens 0,6 m Abstand zu spannungsführenden Teilen haben. Standflächen über spannungsführenden Teilen müssen vollwandig sein und die aktiven Teile mindestens 0,5 m nach beiden Seiten überragen. *Kletterschutzmaßnahmen* sind üblicherweise nicht notwendig. Einige Bahnverwaltungen, so die Jernebaneverket (JBV) in Norwegen, treffen jedoch Maßnahmen zum Kletterschutz (Bild 2.35).

2.5.5.3 Schutz gegen elektrischen Schlag durch indirektes Berühren

Indirektes Berühren ist das Berühren durch Personen oder Nutztiere von leitfähigen Anlagenteilen im Bahnbereich, auch Körper elektrotechnischer Betriebsmittel genannt, die bei einem Fehler unter Spannung stehen können. Deshalb werden in DIN EN 50 122-1 Oberleitungs- und Stromabnehmerbereiche definiert, innerhalb derer alle leitfähigen Teile bahnzuerden sind. Einzelheiten finden sich im Abschnitt 6.8.

Tabelle 2.16: Umwelteigenschaften moderner Transportmittel [2.47, 2.48].

Eigenschaft	Einheit	Pkw	ICE	A 320
spezifischer Energiebedarf	kWh/100 P km	48,7	10,3	62,8
CO_2-Emission	kg/100 P km[1)]	12,29	4,75	17,0
NO_x-Emission	g/100 P km	133	3,8	88
CO-Emission	g/100 P km	209	0	20
Kohlenwasserstoff-Emission	g/100 P km	27	0	8
Ruß-Emission	g/100 P km	0	1,0	
Flächenbedarf bei gleicher Leistungsfähigkeit, Neubau	%	285	100	170
Schallpegel in 25 m Abstand	dB(A)	73	92	

[1)] 100 P km bedeutet, dass die Daten auf eine Person bezogen sind, die 100 km fährt.

Anmerkungen:
– Pkw mit Otto-Motor
– Beim ICE wurden Emissionen der versorgenden Kraftwerke anteilig berücksichtigt
– Über die Hälfte der Fläche der Bahnstrecke ist ein biologisch wertvoller Lebensraum, weil die Luft entlang elektrifizierter Strecken nicht verschmutzt wird

2.5.5.4 Schutz gegen elektrischen Schlag durch das Schienenpotenzial

Die Fahrschienen werden bei elektrischen Bahnen als Rückleiter für den Traktionsstrom verwendet. Die Schienenpotenziale steigen
– mit der Leistung der Triebfahrzeuge,
– infolge der verbesserten Isolationseigenschaften des Gleisoberbaus,
– bei Anlagen mit isolierten Schienen und
– bei fester Fahrbahn.

Beim Zugbetrieb bilden sich infolge der Übertragung der elektrischen Leistung *Gleis-Erde-Potenziale* am Zug und am Unterwerk aus. Gleis-Erde-Potenziale werden in einschlägigen Normen auch als Schienenpotenziale bezeichnet. Sie sind orts- und zeitabhängige Größen.

Schutzmaßnahmen sind erforderlich, um elektrische Schläge infolge der Schienenpotenziale zu verhindern. Die zulässigen Schienenpotenziale und Berührungsspannungen sind für AC- und DC-Anlagen unterschiedlich. Angaben und nähere Ausführungen hierzu einschließlich der Ausführung von Schutzmaßnahmen finden sich in den Abschnitten 6.3.4 und 6.3.5.

2.6 Umweltverträglichkeit

2.6.1 Allgemeines

Im Abschnitt 2.4 werden die klimatischen Einwirkungen beschrieben, die bei der Auslegung und Errichtung von Oberleitungsanlagen berücksichtigt werden müssen. Der Abschnitt 2.5.4 behandelt die Verschmutzung. Weitere Aspekte der Beeinflussung zwischen Fahrleitungsanlagen und der Umwelt werden nachstehend erläutert.

2.6.2 Schadstoffemmision

Der Transport von Personen und Gütern benötigt relativ wenig spezifische Energie, wenn er auf den Schienen durchgeführt wird. Der Transport mit elektrisch angetriebenen Fahrzeugen ist die umweltfreundlichste Art der Bewegung von Personen und Gütern. Der spezifische Energieverbrauch der Schifffahrt ist zwar geringer; diese ist aber erheblich langsamer und kann vielerorts nicht genutzt werden, zum Beispiel nicht in Gebirgen.

Die Tabelle 2.16 vergleicht Eigenschaften, die die *Umweltaspekte* der Transportanlagen kennzeichnen. Die Umwelteigenschaften moderner Flugzeuge und Autos werden mit denjenigen eines ICE-Zuges verglichen.

2.6.3 Landschaftsverbrauch

Landschaftsverbrauch ist der Bedarf an Flächen, die betoniert, asphaltiert, mit Schotter ausgelegt oder anderweitig versiegelt werden. Diese Flächen gehen der natürlichen Wasserzirkulation und anderen für die Umwelt bedeutsamen Zwecken verloren.

Bestehende Bahnstrecken haben bereits Landschaft verbraucht. Durch die Elektrifizierung einer Bahnstrecke wird der Landschaftsverbrauch nur unbedeutend durch den Bedarf von Flächen für Mastgründungen erhöht. Werden die Masten auf Flächen gegründet, die bereits beim Bau der Bahn verbraucht wurden, z. B. auf Bahngelände, so entsteht durch Fahrleitungsanlagen kein zusätzlicher Flächenbedarf.

Während der Errichtung der Oberleitungsanlage kann es notwendig werden, zeitlich begrenzt für Zufahrtsstraßen sowie für Aushub- und die Errichtungsarbeiten weiteres Land zu nutzen. Nach der Fertigstellung der Anlage wird dieses Land wieder in den ursprünglichen Zustand zurückgeführt. Die Oberleitungs- und die Stromabnehmerbereiche verbrauchen kein zusätzliches Land. Der Landschaftsverbrauch für eine neue zweigleisige Bahnstrecke beträgt nur 36 % des jenigen einer vierspurigen Autobahn [2.45].

2.6.4 Natur- und Vogelschutz

Beim Elektrifizieren von Bahnstrecken müssen die einschlägigen regionalen oder nationalen Richtlinien und Gesetze für den *Natur- und Vogelschutz* berücksichtigt werden. Oberleitungsanlagen sind oft Ruhe- und Ansitzplätze für Vögel. Dies ist eine Ursache für eine mögliche Gefahr für Vögel, aber auch für den Betrieb von Oberleitungsanlagen. Abspannisolatoren und die Kollision mit Oberleitungen stellen Gefahren dar. In Gebieten, in denen erfahrungsgemäß häufig mit nach Ruhe- und Ansitzplätzen suchenden Vögeln zu rechnen ist, können *Vogelschutzmaßnahmen* das Gefährdungspotenzial verringern. Bild 2.36 zeigt einen Vogelschutz gegen Kollisionen der Vögel mit der Feeder-Leitung der Hochgeschwindigkeitsoberleitung Madrid–Motilla–Valancia.

2.6.5 Ästhetik

Die Einschätzung von Auswirkungen auf die Umwelt im Rahmen des Raumordnungsverfahrens heißt *Umweltverträglichkeitsprüfung*. Beim Neu- und Ausbau von Bahnstrecken

Bild 2.36: Vogelschutz an Feeder-Leitungen der Hochgeschwindigkeitsstrecke Madrid–Valencia in Spanien.

ist eine Umweltverträglichkeitsprüfung erforderlich. Schwierig ist eine objektivere Einschätzung der Auswirkungen einer Oberleitung auf das Landschaftsbild. Die Bahntrasse, die Höhe der Oberleitungsmasten, die Ausführung der Ausleger, der Kettenwerke, der Verstärkungs- und Rückleitungen wirken komplex zusammen.

Eine Bewertung der Landschaftswirkung durch die Elektrifizierung durch Personengruppen wird dabei immer einen subjektiven Charakter tragen. Eine objektivere Bewertung des ästhetischen Einflusses auf die Landschaft ist mit der Hilfe von Computerprogrammen mit dreidimensionaler Darstellung der Objekte im Gelände [2.46] möglich.

2.6.6 Elektrische und magnetische Felder

Im zugänglichen Bereich von Fahrleitungsanlagen sind bei AC-25-kV-Bahnen *elektrische Feldstärken* mit höchstens 3,0 kV/m zu erwarten. Bei den mit AC-15-kV-Nennspannung elektrifizierten Strecken in Deutschland liegen die erwarteten Werte an Bahnsteigkanten unter 2,0 kV/m. Die *Magnetfelder* im Bahnbereich sind zeit- und ortsabhängige Größen mit kurzzeitigen Spitzenwerten bis 80 A/m.

Sowohl das elektrische als auch das magnetische Feld im Bereich elektrischer Bahnen sind für den Menschen völlig ungefährlich. Werden Bildschirme und andere empfindliche Geräte in der Nähe elektrischer Bahnen betrieben, so kann es zu störenden Beeinflussung kommen. Detailaussagen hierzu enthält das Kapitel 8.

2.7 Literatur

2.1 *Richtlinie 96/48/EG*: Richtlinie über die Interoperabilität des transeuropäischen Hochgeschwindigkeitsbahnsystems. In: Amtsblatt der Europäischen Gemeinschaften Nr. L235 (1996), S. 6–24.

2.2 *Richtlinie 2001/16/EG*: Richtlinie über die Interoperabilität des konventionellen transeuropäischen Bahnsystems. In: Amtsblatt der Europäischen Gemeinschaften Nr. L110 (2001), S. 1–27.

2.3 *Richtlinie 2004/50/EG*: Richtlinie zur Änderung der Richtlinie 96/48/EG und der Richtlinie 2001/16/EG über die Interoperabilität der transeuropäischen Bahnsysteme. In: Amtsblatt der Europäischen Gemeinschaften Nr. L220 (2001), S. 40–57.

2.4 *Richtlinie 2008/57/EG*: Richtlinie über die Interoperabilität des Eisenbahnsystems in der Gemeinschaft. In: Amtsblatt der Europäischen Union Nr. L191 (2008), S. 1–45.

2.5 *Entscheidung 2002/733/EG*: Technische Spezifikation für die Interoperabilität des Teilsystems Energie des transeuropäischen Hochgeschwindigkeitsbahnsystems. In: Amtsblatt der Europäischen Gemeinschaften Nr. L245 (2002), S. 280–369.

2.6 *Courtois, C.; Kießling, F.*: Technische Spezifikation Energie und zugehörige europäische Normen. In: Elektrische Bahnen 101(2003)4-5, S. 144–153.

2.7 *Entscheidung 2008/284/EG*: Technische Spezifikation für die Interoperabilität des Teilsystems Energie des transeuropäischen Hochgeschwindigkeitsbahnsystems. In: Amtsblatt der Europäischen Union Nr. L104 (2008), S. 1–79.

2.8 *Courtois, C.; Kießling, F.*: Überarbeitung der TSI Energie für Hochgeschwindigkeitsstrecken. In: Elektrische Bahnen 103(2005)4-5, S. 178–186.

2.9 *Beschluss 2011/274/EG*: Technische Spezifikation für die Interoperabilität des Teilsystems Energie des konventionellen transeuropäischen Eisenbahnsystems. In: Amtsblatt der Europäischen Union Nr. L126 (2011), S. 1–52.

2.10 *Behrends, D.; Brodkorb, A.; Matthes, R.*: Konformitätsbewertung und EG-Prüfverfahren für das Teilsystem Energie. In: Elektrische Bahnen 101(2003)4-5, S. 158–166.

2.11 *Resch, M.; Ruch, M.*: Zugang von Fahrzeugen zur DB-Netz-Infrastruktur. In: Elektrische Bahnen 101(2003)4-5, S. 167–171.

2.12 *VDV-Schrift 550*: Oberleitungsanlagen für Straßenbahnen und Stadtbahnen. Verband Deutscher Verkehrsunternehmen, Köln, 2003.

2.13 *Bartels, S.; Herbert, W.; Seifert, R.*: Hochgeschwindigkeitsstromabnehmer für den ICE. In: Elektrische Bahnen 89 (1991)11, S. 436–441.

2.14 *UIC Kodex 506*: Rules governing application of the enlarged GA, GB, GB1, GB2, GC and GI3 gauges. UIC, Paris, 2008.

2.15 *EBO*: Eisenbahn-Bau und Betriebsordnung. Bundesrepblik Dutschland, BGBl. 1967 II S. 1 563, mit letzter Änderung durch Artikel 1 der Verordnung vom 25. Juli 2012 (BGBl. I S. 1703).

2.16 *DB Richtlinie 800.0130*: Netzinfrastruktur Technik entwerfen; Streckenquerschnitte auf Erdkörpern. Deutsche Bahn AG, Frankfurt, 1997.

2.17 *Entscheidung 2008/217/EG*: Technische Spezifikation für die Interoperabilität des Teilsystems Infrastruktur des transeuropäischen Hochgeschwindigkeitsbahnsystems. In: Amtsblatt der Europäischen Union Nr. L77 (2008), S. 1–105.

2.18 *Entscheidung 2011/275/EU*: Technische Spezifikation für die Interoperabilität des Teilsystems Infrastruktur des konventionellen transeuropäischen Eisenbahnsystems. In: Amtsblatt der Europäischen Union Nr. L126 (2011), S. 53–120.

2.19 *Entscheidung 2008/232/EG*: Technische Spezifikation für die Interoperabilität des Teilsystems Fahrzeuge des transeuropäischen Hochgeschwindigkeitsbahnsystems. In: Amtsblatt der Europäischen Union Nr. L84 (2008), S. 132–392.

2.20 *Nationale Vereinigung der Transporteure*: Mit 2,2 Milliarden Euro kann man ein Wunder bewirken. In: Optionen für die Verbindung zwischen Grenoble und Sisteron. 26(2005)10, Marseille.

2.21 *ADIF*: Beschreibung des spanischen Bahnnetzes. Erklärungen über das Netz 2008. Neuausgabe Madrid, 2008.

2.22 *Furrer, B.*: Deckenstromschiene im Berliner Nord-Süd-Fernbahntunnel. In: Elektrische Bahnen 101(2003)4-5, S. 191–194.

2.23 *Spanisches Ministerium für Entwicklung*: Instrucción sobre las acciones a considerar en el proyecto de puentes de carretera (IAP) (Vorschrift über die zu berücksichtigenden Einwirkungen bei der Planung von Straßenbrücken). In: Orden por la que se aprueba (Genehmigungsverordnung), Madrid, 1998.

2.24 *Deutsche Reichsbahn Ezs 867*: Bauzeichnung, Wechselstromfernbahn, Seitliche Festhaltung des Fahrdrahts abhängig vom Bogenhalbmessser R und der Windgeschwindigkeit w für Reichsstromabnehmer 1950. DR, Berlin, 1939.

2.25 *Schwach, G.*: Oberleitungen für hochgespannten Einphasenwechselstrom in Deutschland, Österreich und der Schweiz. Verlag Wetzel-Druck KG, Villingen-Schwenningen, 1989.

2.26 *Deutsche Bahn Ebs 02.05.32*: Anleitung für die Ermittlung der für die Fahrleitung zu berücksichtigenden Windgeschwindigkeiten. Deutsche Bahn, 1978.

2.27 *Troen, I.; Petersen, E. L.*: Europäischer Windatlas. Risø National Laboratorium Roskilde, Roskilde Dänemark, 1990.

2.28 *Behmann, U. u.a.*: Elektrischer Betrieb bei der Deutschen Bahn im Jahre 2009. In: Elektrische Bahnen 108(2010)1-2, S. 4–54.

2.29 *Biesenack, H.; Dölling, A.; Schmieder, A.*: Schadensrisiken bei Blitzeinschlägen in Oberleitungen. In: Elektrische Bahnen 104(2006)4, S. 182–189.

2.30 *Wilke, G.*: Neuere Untersuchungen zur Überspannungsbekämpfung in elektrischen Bahnanlagen. In: Elektrische Bahnen 16(1940)10, S. 161–170.

2.31 *Blaschko, R.; Jäger, K.*: Hochgeschwindigkeitsstromabnehmer für den ICE 3. In: Elektrische Bahnen 98(2000)9, S. 332–338.

2.32 *Herbert, W.*: Entwicklung und Betriebserfahrung mit den Hochgeschwindigkeitsstromabnehmern DSA 350 S für den ICE. In: Eisenbahntechnische Rundschau 41(1992)6, S. 385–390.

2.33 *Brockmeyer, A.; Gerhard, Th.; Lübben E.*: Vom ICE S zum Velaro: 10 Jahre Betriebserfahrung mit Hochgeschwindigkeits-Triebwagen. In: Elektrische Bahnen 105(2007)6, S. 362–368.

2.34 *Horstmann, D.; Budzinski, F.; Pirwitz, J.*: Die Mehrsystemtraktionsausrüstung des Hochgeschwindigkeitszuges Velaro für Russland. In: ETG-Fachberichte Nr. 107/108, 2007, S. 1–10.

2.35 *Budzinski, F.; Fischer, J.; Markowetz, H.*: Elektrische Ausrüstung des Hochgeschwindigkeitszuges Velaro E. In: Elektrische Bahnen 102(2004)3, S. 99–108.

2.36 *Schunk Bahntechnik*: Full speed into the future. In: Schunk Report, Heuchelheim, Österreich, Dezember 2003.

2.37 *Bendel, H.*: Elektrische Lokomotiven. Transpress-Verlag, Berlin, 1981.

2.38 *Zöller, H.*: Entwicklung der Pantographen der Lokomotiven der Deutschen Bundesbahn. In: Elektrische Bahnen 49(1978)7, S. 168–175.

2.39 *Nickel, T.*: Untersuchung zu Auswirkung der verminderten Fahrdraht-Seitenlage auf das Ebs-Zeichnungswerk. Diplomarbeit, TU Dresden, 2011.

2.40 *Auditeau, G.; Avronsart, S.; Courtois, C.; Krötz, W.*: Carbon contact strip materials – Testing of wear. In: Elektrische Bahnen 111(2013)3, S. 186–195.

2.41 *Wili, U.*: Vereinheitlichte Stromabnehmerwippe – die Eurowippe. In: Elektrische Bahnen 92(1994)11, S. 301–304.

2.42 *UIC Kodex 608*: Bedingungen für die Stromabnehmer der Triebfahrzeuge im internationalen Verkehr. UIC, Paris, 2003.

2.43 *Beschluss 2011/291/EU*: Technische Spezifikation des Teilsystems Lokomotiven und Personenwagen des konventionellen transeuropäischen Eisenbahnsystems. In: Amtsblatt der Europäischen Union Nr. L139 (2011) S. 1–151.

2.44 *Harprecht, W.; Kießling, F.; Seifert, R.*: „406,9 km/h" Energieübertragung bei der Weltrekordfahrt des ICE. In: Elektrische Bahnen 86(1988)9, S. 268–290.

2.45 *Strebele, J.*: Zur Umweltverträglichkeit raumbedeutsamer Bahnanlagen. In: Die Bundesbahn, (1986)9, S. 701–705.

2.46 *Groß, M.*: Graphische Datenverarbeitung in der Freileitungsplanung – Innovative Methoden mittels Sichtbarkeitsanalyse. In: Elektrizitätswirtschaft 89(1990)6, S. 260–271.

2.47 *v. Lersner, H.*: Umweltpolitische Anforderungen an den Schienenverkehr. In: Konferenz der Deutschen Maschinentechnischen Gesellschaft, Würzburg, 1991.

2.48 *Bundesminister für Umwelt, Natur und Reaktorsicherheit*: Beschluss der Bundesregierung zur Reduzierung der CO_2-Emission in der BRD bis zum Jahr 2005. Bund – Service E. Böhm – Hanssen 11/1990 und 3/1991.

3 Fahrleitungsbauweisen und -arten

3.0 Symbole und deren Bedeutung

Symbol	Bezeichnung	Einheit
D	Länge des neutralen Abschnitts in Phasentrennstrellen	m
F_R	Fahrdrahtradialkraft am Stützpunkt	N
F'_{WFD}	längenbezogene Windlast auf Fahrdraht	N/m
F'_{WTS}	längenbezogene Windlast auf Tragseil	N/m
H_{FD}	Fahrdrahtzugkraft	kN
H_{TS}	Tragseilzugkraft	kN
H_y	Zugkraft im Y-Beiseil	kN
SO	Schienenoberkante	–
L_{nach}	Nachspannlänge, die aus zwei halben Nachspannlängen besteht	m
$L_{neutral}$	Länge der neutralen Zone	m
L_{Strab}	Abstand zwischen den Stromabnehmern	m
TGV	Train à Grande Vitesse (Hochgeschwindigkeitszug)	–
$a_{SÜ}$	Abstand zwischen Signal und dem ersten Mast mit Doppelausleger	
a_i	Spannweitenlänge des Feldes i	m
b_i	Fahrdrahtseitenverschiebung am Stützpunkt i	m
c_i	Fahrdrahtseitenlage in der Mitte des Feldes i	m
e_{max}	maximale Fahrdrahtseitenlage	m
l	Spannweitenlänge	m
$l_{H\,min}$	Mindesthängerlänge	m
v	Fahrgeschwindigkeit	km/h
ΔL_{nach}	zulässige Längenänderung in einem Nachspannabschnitt	m

3.1 Historische Entwicklung der Fahrleitungen

3.1.1 Allgemeines

Die Nutzung gegen das Erdreich isolierter Schienen für die Energieübertragung zu den elektrischen Triebfahrzeugen, wie bei der ersten elektrischen Lokomotive im Jahr 1879 (Bild 3.1) [3.1], oder das Beschleifen einer Kontaktleitung in einem Kanal unter der geschlitzten Schiene (Bild 3.2) [3.2], konnten sich nicht durchsetzen. Elektrische Unfälle und Störungen führten zur Verlegung einer Leitung auf Holzmasten neben dem Gleis. Von einem Wagen, der auf dieser Seitenleitung fuhr, übertrug eine Leitung die Energie zum Fahrzeug (Bild 3.3). Erst die Erfindung des *Stromabnehmers* im Jahr 1889 durch den Siemens-Ingenieur Walter Reichel [3.3, 3.4] führte zur Nutzung einer Oberleitung über dem Gleis (Bild 3.4). Die Fahrdrahthöhe 4,6 m dieser Oberleitung bei der Lichterfelder Straßenbahn verhinderte Unfälle durch Kontakte mit Fahrzeugen an Kreuzungen

Bild 3.1: Erste elektrische Lokomotive der Welt (Siemens, 1879).

 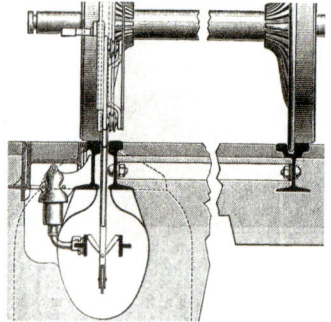

Bild 3.2: Stromschienenführung im Kanal bei der Budapester Straßenbahn (Siemens, 1891). links: Ansicht, rechts: Schnittbild

und mit Personen. Oberleitungen wurden daraufhin im öffentlichen Bereich mit unterschiedlichen Bauweisen weltweit genutzt. Für alle Arten von Bahnen war der von Reichel entwickelte Stromabnehmer die Voraussetzung für höhere Geschwindigkeiten. Im Nahverkehr setzten sich Oberleitungen in öffentlich zugänglichen Bereichen durch. Stromschienen nahe den Schienen oder über dem Gleis bei Metros und Untergrundbahnen mit eigenen Trassen fanden in nicht öffentlich zugänglichen Bereichen Anwendung. Als Stromarten für Oberleitungen verbreiteten sich DC 0,6 bis DC 1,5 kV im Nahverkehr sowie DC 1,5 und 3 kV und 1 AC 15 kV 16,7 Hz bis 1 AC 25 kV 50/60 Hz im Fernverkehr.

Bild 3.3: Stromentnahme mittels Leitungswagen von einer Seitenleitung für die Straßenbahn in Berlin-Westend (Siemens, 1882).

3.1 Historische Entwicklung der Fahrleitungen

Bild 3.4: Bügelstromabnehmer von Walter Reichel (Siemens, 1890) [3.1].

Für Stromschienen werden DC 0,75 bis 1,5 kV verwendet. Für die Energieversorgung mit Spannungen über AC 1,0 und DC 1,5 kV sind im Hinblick auf den Schutz gegen direkte Berührungen nur Oberleitungen zugelassen.

Im Jahr 1890 wurde die Lichterfelder Straßenbahn mit einer *Oberleitung mit Einfach- oder Queraufhängung* und Bügelstromabnehmern ausgerüstet (Abschnitt 3.3.2). Diese Bauweise bestand aus einem Fahrdraht, der am Ausleger (Bild 3.5) oder an Querspanndrähten in 30 m bis höchstens 40 m Abständen in der Geraden und in kürzeren Abständen in Bögen aufgehängt war [3.1]. Die *Einfachoberleitung* für den Bügelstromabnehmer-Betrieb erlaubte größere Spannweitenlängen als für Stangenstromabnehmer.

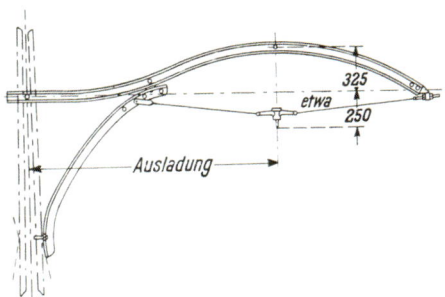 

Bild 3.5: Einfachoberleitung der Lichterfelder Straßenbahn in Berlin (Siemens, 1890).

Bild 3.6: Siemens-Rollenstromabnehmer mit Dickinson-Rolle (Siemens, 1890).

Bild 3.7: 3-AC-10-kV-50-Hz-Drehstromoberleitung Marienfelde–Zossen und Triebwagen (Siemens, 1901–1903).

Bild 3.8: 1-AC-6-kV-25-Hz-Hochkettenoberleitung auf der Versuchsstrecke Niederschöneweide–Spindlersfeld (AEG, 1903).

Der Durchhang der Oberleitung führte bei der Einfachoberleitung zu Fahrdrahtabwinklungen an der Aufhängung. Die Rolle des Stangenstromabnehmers neigte dort zum Entdrahten. Um dieses Entdrahten zu vermeiden, waren beim Stangenstromabnehmer-Betrieb kürzere Spannweitenlängen und Abwinklungen am Stützpunkt kleiner als 11° notwendig. Die Zugkraft im Fahrdraht betrug 5 kN bis 8 kN.

Im Jahr 1894 entwickelte Alfred Dickinson in South Staffordshire für den Betrieb mit *Stangenstromabnehmer* und der Dickinson-Rolle (Bild 3.6) eine Einfachoberleitung, die bis zu 2 m neben dem Gleis in Richtung Mast an kürzeren Auslegern montiert war. Diese Bauart verbreitete sich bei gleisgebundenen elektrischen Bahnen nicht weiter. Bei gleislosen Bahnen, wie *Oberleitungsbuslinien* wird diese Bauart noch heute verwendet (siehe Abschnitt 3.1.3).

Nach Versuchen mit Drehstrom auf dem Siemens-Firmengelände in Berlin wurde 1901 eine 3-AC-10-kV-50-Hz-Dreiphasenwechselstrom-Versuchsstrecke von Marienfelde nach Zossen eingerichtet (Bild 3.7), die AEG und Siemens & Halske gemeinsam finanzierten. Diese Strecke verfügte über eine seitlich am Gleis geführte Fahrleitung in 5 bis 7 m Höhe. Auf dieser Strecke stellte am 07.10.1903 ein AEG-Triebwagen mit 210,2 km/h einen Weltrekord auf. Drehstrom-Bahnstromnetze wurden nur begrenzt verwendet. In Norditalien gab es von 1912 bis 1976 ein 1 840 km langes Drehstrom-Bahnnetz mit 3 AC 3,6 kV 16 2/3 Hz [3.5]. Die Führung der *Drehstromoberleitung* an Weichen und Kreuzungen war aufwändig, daher fanden bei Fernbahnen Dreiphasenwechselstrom-Fahrleitungen keine breite Anwendung. Heute gibt es noch einige Drehstromanwendungen bei Bergbahnen [3.6].

Im Jahr 1903 errichtete die AEG eine Versuchsstrecke zwischen Niederschöneweide und Spindlersfeld [3.7] mit der ersten *Hochkettenoberleitung* mit gleichbleibender Fahrdrahthöhe, die sich für Straßenbahnen ins Umland und Fernbahnen mit höheren Geschwindigkeiten eignete und mit 1 AC 6 kV 25 Hz betrieben wurde. Bei dieser Oberleitung trugen V-förmig in 3 m Abstand angeordnete Hänger, die an zwei Stahl-Tragseilen befestigt waren, den Fahrdraht (Bild 3.8). Fahrdraht und Tragseil waren fest abgespannt. Am 1. Januar 1905 wurde die erste mit 1 AC 5,0 kV 16 Hz [3.8, 3.9] elektrifizierten Fern-

3.1 Historische Entwicklung der Fahrleitungen

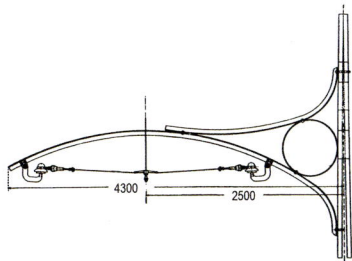

Bild 3.9: Einfachoberleitung am Ausleger auf Murnau–Oberammergau (Siemens, 1905).

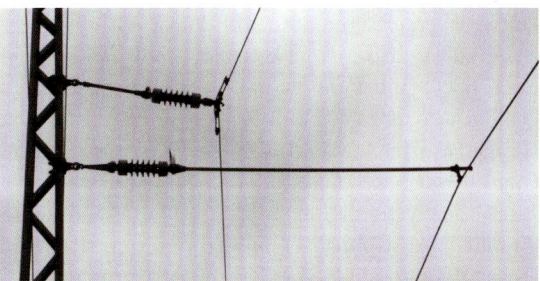

Bild 3.10: Stützpunkt der windschiefen Flachkettenwerksoberleitung auf der Strecke Murnau–Oberammergau (Siemens, 1905).

bahnstrecke mit kommerzieller Nutzung von Murnau nach Oberammergau in Betrieb genommen. Ursprünglich war eine Drehstromversorgung vorgesehen, die jedoch nicht ausgeführt wurde. Die von den damaligen Siemens-Schuckert-Werken (SSW) errichtete Einfachoberleitung (Bild 3.9) umfasste auch ein 1,1 km langes Teilstück mit einer *windschiefen Oberleitung* (Bild 3.10) mit festabgespannten Fahrdrähten und Tragseilen (siehe Abschnitt 3.3.3.5). An den Stützpunkten hatte die Oberleitung nur geringe Elastizität. Bereits bei 40 km/h Fahrgeschwindigkeit kam es zu Anschlägen des Stromabnehmers und zu Kontaktunterbrechungen [3.10].

Es folgte 1906 die Elektrifizierung der Versuchsbahn bei Oranienburg bestehend aus einem 1,7 km langen Gleisring mit einer 6-kV-25-Hz-Oberleitung [3.11]. AEG errichtete für den Versuchsring eine Hochkettenoberleitung, bei der eine Nachspannvorrichtung den Fahrdraht und das Tragseil gemeinsam nachspannte. Zusätzlich spannte die Hebelnachspannvorrichtung einen Spanndraht, der an jedem Tragseilstützpunkt isoliert befestigt war und für eine gleichbleibende Fahrdrahthöhe sorgte.

a)

b)

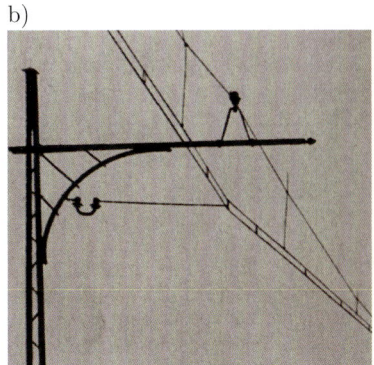

Bild 3.11: Ausleger der Hamburger Stadtbahn (Siemens, 1908).
a) Zweigleis-Ausleger, b) Eingleis-Ausleger mit Rohrseitenhalter

Die SSW errichteten 1908 auf dem Hamburger S-Bahn-Abschnitt Ohlsdorf–Blankenese eine 6,3-kV-25-Hz-Hochkettenoberleitung bestehend aus fest abgespanntem Tragseil (Bild 3.11) und Fahrdraht mit Hilfstragseil, die mit einer Hebelnachspannvorrichtung gemeinsam nachgespannt waren (Bild 3.11). Den 100-mm²-Kupfer-Fahrdraht trugen Hänger in 6 m Abstand, die am Hilfstragseil befestigt waren. Das 35-mm²-Stahl-Hilfstragseil war am Tragseil mittels Hänger befestigt. Die Fahrdrahthöhe betrug 5,2 m und 1,4 m die Systemhöhe [3.12]. In 40 m Abstand trugen Masten die Zweigleis-Ausleger, die mit ihren Rohrseitenhaltern den Fahrdraht mit der Seitenlage 0,45 m fixierten. Die Überlappungen hatten 800 m bis 1 300 m Abstand [3.13].

3.1.2 Fernbahnen

Mit den Betriebserfahrungen der Oberleitung des Hamburger S-Bahn-Abschnittes Blankenese–Ohlsdorf von 1908 und der Oranienburger Versuchsoberleitung von 1906 errichteten SSW und AEG die Oberleitung Dessau–Bitterfeld [3.9, 3.14].

Im April 1908 beschloss das bayerische Verkehrsministerium, Einphasenwechselstrom 15 kV 16 2/3 Hz für die „Einführung des elektrischen Zugbetriebs" anzuwenden. Diese erste Entscheidung zur Vereinheitlichung der Stromarten führte 1912 zur „Übereinkunft betreffend die Ausführung der Elektrischen Zugförderung" [3.15] und zur Entwicklung einfacher Kettenwerksoberleitungen. Aus den Erfahrungen bezüglich des Zusammenwirkens von Stromabnehmer und Einfachfahrleitung auf der Strecke Murnau–Oberammergau resultierte bereits die Mehrfachaufhängung des Fahrdrahts am Tragseil mit Hängern, die bei den Oberleitungen der Strecken Mittenwald–Reutte und Salzburg–Berchtesgaden bei der Elektrifizierung in den Jahren 1908–1913 verwendet wurden. Am Stützpunkt fixierte ein Seitenhalter als waagerechtes Rohr die Fahrdrahtseitenlage. Verlegte man das Tragseil noch fest, spannten Gewichte über Hebel (Bild 3.12 b)) oder Rollen den Fahrdraht beweglich nach. Diese Bauweise wurde auch als *halbkompensierte Oberleitung* bezeichnet.

Um die Übertragungsverluste zu senken, erhöhten die Elektrifizierungsfirmen in den folgenden Jahren die elektrische Fahrleitungsspannung. Im Jahr 1908 ging der Hamburger S-Bahn-Abschnitt Blankenese–Ohlsdorf ähnlich wie die Versuchsstrecke Niederschöneweide–Spindlersfeld mit 1 AC 6,3 kV 25 Hz in Betrieb. Im Jahr 1910 folgte die Fernbahnstrecke Dessau–Bitterfeld mit 1 AC 10 kV 15 Hz [3.23, 3.24]. Die unterschiedlichen Stromarten und Oberleitungsbauweisen behinderten den Aufbau eines durchgängig elektrisch betriebenen Fernbahnnetzes. Folgerichtig vereinbarten Bayern, Baden und Preußen 1912 die Stromart 1 AC 15 kV 16 2/3 Hz, heute 16,7 Hz [3.15]. Bestand nun bezüglich der Stromart zwischen den Ländern Übereinstimmung, entwickelten die Oberleitungsfirmen in diesen Jahren eigene Oberleitungsbauarten mit stets neuen Bauteilen. Die notwendige Vereinheitlichung der Bauweisen und Bauarten mündete 1926 in eine noch regional geprägte Fahrleitungsbauweise der ersten Generation [3.8, 3.10, 3.25] mit vorgegebenen konstruktiven Merkmalen wie

– 6,00 m Fahrdrahthöhe,
– 3,00 m Systemhöhe,
– teilweise V-förmige Anordnung der Hänger in Spannweitenmitte,

3.1 Historische Entwicklung der Fahrleitungen

Bild 3.12: Historische und aktuelle Bauarten der Nachspannvorrichtungen.
a) Rollennachspannung Bauart SSW von 1939 [3.16, 3.17], b) Hebelnachspannung Bauart SSW-Hannes von 1928 [3.18], c) Radspanner für zweimal 10 kN Bauart AEG von 1938 [3.19], d) Radspanner Bauart SSW von 1941 [3.20], e) Kleinradspanner von 1950 [3.21], f) Siemens-Radspanner von 2006 [3.22]

- 12,5 m Hängerabstand,
- Hochkettenwerk mit senkrecht über dem Fahrdraht angeordnetem Tragseil,
- fest oder beweglich nachgespanntes Tragseil,
- beweglich abgespannter Rillenfahrdraht,
- teilweise parallel zum Fahrdraht verlegte Hilfstragseile,
- doppelte Isolation,
- 500 mm bis 600 mm Fahrdrahtseitenlage am Stützpunkt,
- 75 m Spannweitenlänge,
- zweifeldrige, nicht isolierende Überlappung,
- einfeldrige, isolierende Überlappung,
- Einzelmasten auf der freien Strecke,
- Joche oder Querseiltragwerke im Bahnhof.

Nach der Übereinkunft zur Stromart und den ersten Anwendungen von Kettenwerksoberleitungen folgten in Deutschland weitere Elektrifizierungen sowohl der Wiesentalbahn in Baden, Freilassing–Berchtesgaden und Garmisch–Griesen in Bayern als auch auf den mitteldeutschen Strecken in Preußen und der schlesischen Gebirgsbahn [3.24]. Die Strecken New York–New Haven, London–Brighton und South Coast Railway wurden ebenfalls mit Hochkettenoberleitungen und Dreieckshängern elektrifiziert [3.25].

Mit den Betriebserfahrungen entstanden ab 1931 weitere Vereinheitlichungen der Oberleitungsbauweisen und -bauarten, die erstmals zu Regelzeichnungen für den Bau von Oberleitungen führten, und sich als Fahrleitungsbauarten der zweiten Generation bezeichnen lassen. Wichtige Merkmale waren

- Tragseil aus Kupfer oder Stahl, fest oder mit 10 kN bis 11 kN nachgespannt,
- nachgespannter 100 mm^2 Kupfer-Fahrdraht,
- 5,5 m Fahrdrahthöhe,
- 0,5 m Fahrdrahtseitenlage,
- 80 m maximale Spannweitenlänge,
- Ausleger aus Winkelprofilen am Mast festgeschraubt, Seilanker und Stützrohr auf der freien Strecke,
- zwei- und dreifeldrige nicht isolierende Überlappungen,
- dreifeldrige isolierende Überlappungen,
- Einzelmasten auf der freien Strecke,
- Querseiltragwerke in den Bahnhöfen.

Die unterschiedlichen Entwicklungen erforderten 1926 die Vereinheitlichung des Stromabnehmers und seiner Wippengeometrie. Die Schleifstücke der Wippen bestanden bis 1926 aus Aluminium. Die neueren Stromabnehmer SBS 10, SBS 39 und SBS 54 besaßen Kohleschleifstücke. Mit der Einführung des nachspannten Tragseils, des Y-Beilseils an den Stützpunkten, der umgelenkten Fahrdrahtstützpunkte, wobei der Seitenhalter von nun an nur Zugkräfte übertrug, ließ sich im Jahr 1941 die Geschwindigkeit auf 150 km/h steigern, wobei das Kontaktkraftverhalten noch nicht voll befriedigte. Mit der Einführung der Regelfahrleitungen 1950 [3.10], nun nach Geschwindigkeiten unterteilt, entstanden die Bauarten Re75, Re100 (Bild 3.13 a)) und Re160 mit den Nachspannvorrichtungen nach den Bildern 3.12 a) bis 3.12 d).

3.1 Historische Entwicklung der Fahrleitungen

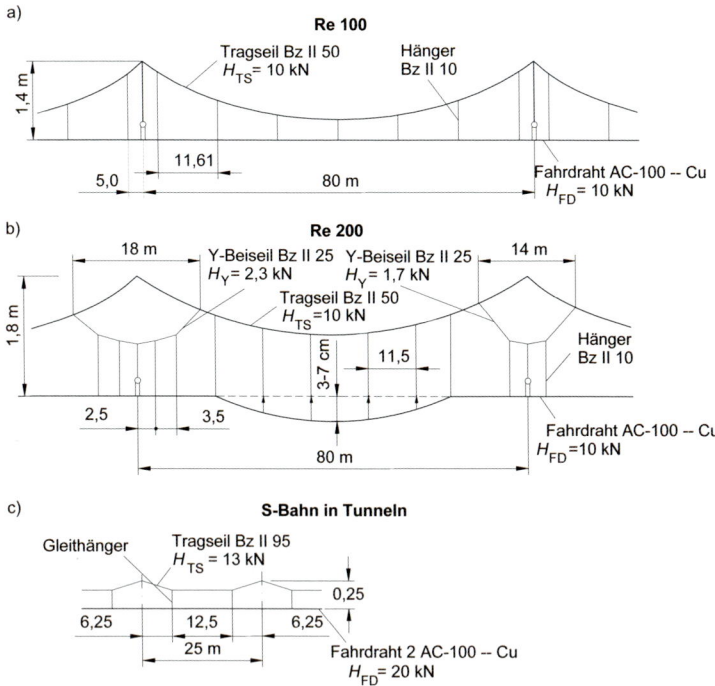

Bild 3.13: Oberleitungsbauarten der DB für konventionelle Strecken im Jahr 2013.
a) Bauart Re100, b) Bauart Re200, c) Bauart S-Bahn in Tunneln

Die *Flaschenzugnachspannung* mit und ohne Sperrvorrichtung übertrug die Gewichtskraft im Verhältnis 1:2 auf Fahrdraht oder Tragseil (Bild 3.12 a)). Die *Hebelnachspannung*, die die Flaschenzugnachspannung in Deutschland ablöste, übertrug die Gewichtskraft 1:3 auf den Fahrdraht, wobei das Tragseil meist fest abgespannt war (Bild 3.12 b)). Die daraus entwickelten Radspanner übersetzten die Gewichtskraft 1:3 oder 1:4 auf das Tragseil oder den Fahrdraht (Bild 3.12 c) und d)). Doppelhebel übertrugen die Zugkraft des Radspanners auf Tragseil und Fahrdraht. Im nächsten Entwicklungsschritt entstanden kleine Radspanner (Bild 3.12 e)), die Tragseil und Fahrdraht getrennt nachspannten. Den so nachgespannten Fahrdraht fixierten zwei Z-Seile am Tragseil nahe dem Festpunkt ungefähr in der Mitte der Nachspannlänge.

Bei der Bauart Re160 wurde ein 12 m langes *Y-Beiseil* eingesetzt. Der erstmals für diese Bauart genutzte *Leichtbauseitenhalter* verringerte die Masse am Fahrdrahtstützpunkt. Ein *Stützrohrhänger* befestigte das Stützrohr elastisch im Y-Beiseil. Kontaktkraftmessungen auf rund 10 000 km Gesamtlänge bestätigten im Jahr 1963 das gute Zusammenwirken dieser neuen Komponenten; somit ließ sich die Betriebsgeschwindigkeit auf 160 km/h erhöhen.

Das Ziel, die Betriebsgeschwindigkeit auf 200 km/h zu steigern, führte 1963 zur Errichtung der Versuchsstrecke Forchheim–Bamberg mit 16 Nachspannlängen [3.26]. Unter

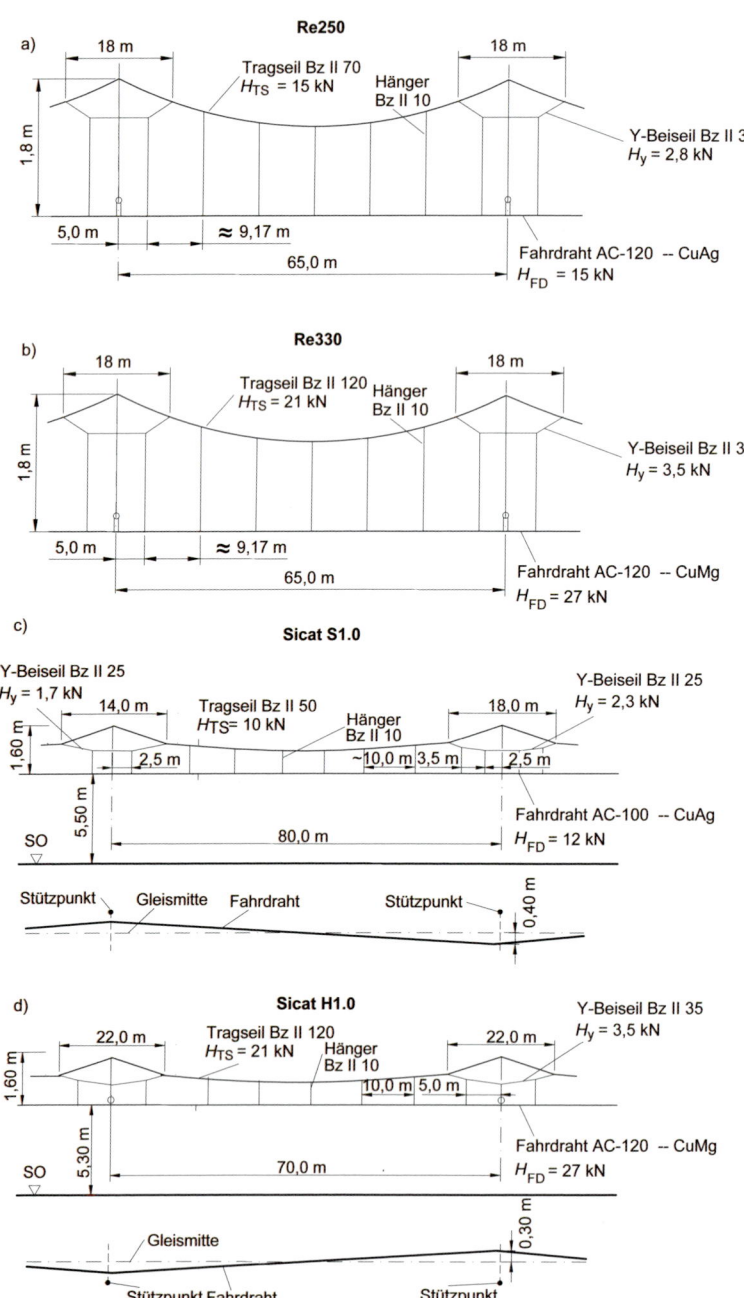

Bild 3.14: Oberleitungsbauarten für Hochgeschwindigkeit der DB und Siemens im Jahr 2013.
a) DB-Bauart Re250, b) DB-Bauart Re330, c) Siemens-Bauart Sicat S1.0, d) Siemens-Bauart Sicat H1.0

den Varianten befanden sich Oberleitungen mit Doppelfahrdraht, Hilfstragseil, verkürztem Mastabstand und größeren Fahrdrahtquerschnitten. Der *Fahrdrahtvordurchhang*, der den größeren Anhub in Feldmitte in Bezug zum Anhub am Stützpunkt ausgleichen sollte, wurde als neues Element erprobt. Die Versuche führten zur Erkenntnis, dass sich die gestellten Anforderungen mit 30 mm Vordurchhang, 18-m-Y-Beiseil am angelenkten Stützpunkt und 14 m am umgelenkten Stützpunkt erfüllen ließen. Die auf diese Weise entwickelte Oberleitungsbauart, als Re200 bezeichnet (Bild 3.13 b)), nutzte die Deutsche Bundesbahn 1965 erstmals bei der Neuelektrifizierung der Strecke München–Augsburg für höhere Geschwindigkeiten.

Für den Ausbau des S-Bahnbetriebs in München und Frankfurt am Main war eine leistungsfähige Oberleitung für Tunnelstrecken erforderlich. Bild 3.13 c) zeigt das Längskettenwerk für die Tunnelstrecken mit 0,25 m Systemhöhe.

Am 12.03.1973 begannen Schnellfahrten auf einem Abschnitt der Strecke Gütersloh–Neubeckum, in deren Verlauf am 06.08.1973 der Messzug 250 km/h Fahrgeschwindigkeit erreichte. Das Ziel dieser Versuche bestand in der Erprobung einer Oberleitungsbauart, die sich für Geschwindigkeiten bis 250 km/h eignete. Durch verkürzte Mastabstände, Erhöhung des Querschnitts und der Zugkräfte für Fahrdraht und Tragseil sowie eine weitere Verbesserung der Beiseilwirkung entstand die Bauart Re250. Die wichtigen Merkmale dieser als *Hochgeschwindigkeitsoberleitung* bezeichneten Bauart sind im Bild 3.14 a) dargestellt. Der am 01.05.1988 mit 406,9 km/h erzielte Weltrekord [3.27] bestätigte die gewählten Parameter der Bauart Re250, allerdings mit auf 21 kN erhöhter Fahrdrahtzugkraft.

Zur weiteren Steigerung der Betriebsgeschwindigkeit erarbeitete die Siemens AG 1992 eine Studie, in deren Folge die Hochgeschwindigkeitsoberleitung Re330 [3.28] entstand. Die wesentlichen Merkmale sind dem Bild 3.14 b) zu entnehmen. Nachdem seit 1996 die Deutsche Bahn AG funktionale Ausschreibungen zu Hochgeschwindigkeitsoberleitungen durchführt, entstanden die Siemens-Oberleitungsbauarten Sicat H1.0 für die Hochgeschwindigkeitsstrecke Köln–Rhein/Main und Sicat S1.0 für die Anschlussstrecken zur Hochgeschwindigkeitsstrecke. Die Bauart Sicat H1.0 unterscheidet sich zur Bauart Re330 durch 70 m Spannweite und 1,6 m Systemhöhe. Die Oberleitungsbauart Sicat H1.0 (Bild 3.14 d)) eignet sich für Geschwindigkeiten bis 400 km/h mit einem Stromabnehmer. Die wesentlichen Merkmale der Bauart Sicat S1.0, die sich für Geschwindigkeiten bis 230 km/h eignet, sind im Bild (Bild 3.14 c)) dargestellt.

3.1.3 Oberleitungen für Straßenbahnen

Ende des 19. Jahrhunderts setzte sich zunehmend die elektrische Straßenbahn gegen die in Großstädten verbreiteten Pferdebahnen durch. Beginnend mit der *Einfachoberleitung* bis hin zur *Hochkettenoberleitung* der Gegenwart übertragen Oberleitungen die Energie zur Straßenbahn. Auf der ersten Strecke, die im Jahr 1888 in Richmond (USA) in Betrieb ging, nutzten die Straßenbahnfahrzeuge *Stangenstromabnehmer* mit Kontaktrollen. Zwischen Masten und Häusern gespannte Querseilaufhängungen trugen die einpolige, fest abgespannte Oberleitung [3.29]. Der Betrieb mit Stangenstromabnehmern und Kontaktrollen erwies sich als störanfällig. Entdrahtungen traten häufig an vertikalen Fahrdrahtabwinklungen auf. Um diese klein zu halten, waren daher kleinere Stützpunktabstände notwendig, die zu höheren Investitionen führten.

Erst mit dem *Bügelstromabnehmer* ließen sich größere Abstände nutzen, Oberleitungskreuzungen vereinfachen und höhere Geschwindigkeiten erreichen. Als Stromart nutzte man Gleichspannung wie auch heute noch nahezu im gesamten Nahverkehr. Die ersten Oberleitungen für Straßenbahnen, noch als Einfachfahrleitungen errichtet, waren einfach zu installieren, beanspruchten wenig Platz und störten das Stadtbild nicht wesentlich. Mit dem Ziel, höhere Fahrgeschwindigkeiten und größere Abstände zu erreichen, wurden Hochkettenoberleitungen auch im Nahverkehr angewendet. So bestand die Oberleitung auf der Strecke Berlin-Heerstraße–Spandau 1927 aus einer Hochkette mit Mastabständen bis 120 m, die sich mit 50 km/h sicher befahren ließ [3.30]. Mit Hinblick auf geringen Verschleiß und hohe Verfügbarkeit verkürzte man in den folgenden Jahren die Mastabstände von Kettenwerksoberleitungen. Ab Mitte der 1960er Jahre ließ sich mit nachgespannten Hochkettenoberleitungen der Fahrdrahtverschleiß durch gleichbleibende Zugspannung im Fahrdraht und Tragseil weiter senken [3.29].

Mit immer leistungsfähigeren und klimatisierten Fahrzeugen, kleineren Zugfolgezeiten und dem damit höheren Energiebedarf ergaben sich höhere Anforderungen an die Strombelastbarkeit der Oberleitungen [3.31]. Die Einfach- oder Hochkettenoberleitungen mit Doppelfahrdrähten oder/und Tragseilen erfüllten diese Anforderungen. Als Ergebnis dieser Entwicklung finden sich heute Straßenbahnoberleitungen als

– *Einfachoberleitung* mit
  – einem Fahrdraht oder
  – Doppelfahrdraht mit 80 bis 150 mm^2 Cu- oder CuAg-Fahrdrahtquerschnitt
– *Hochkettenoberleitung* mit
  – einem Fahrdraht und einem Tragseil oder
  – Doppelfahrdraht und einem Tragseil oder
  – Doppelfahrdraht und Doppeltragseil
  – jeweils mit fest verankertem Fahrdraht und Tragseil oder
  – nachgespanntem Fahrdraht und nachgespanntem oder fest abgespanntem Tragseil
  – 80 bis 150 mm^2 Cu- oder CuAg-Fahrdrahtquerschnitt.

3.1.4 Oberleitungen für gleislose Fahrzeuge

Im Jahr 1882 entwickelt Werner von Siemens erstmals ein elektrisch angetriebenes gleisloses Fahrzeug, *Elektromote* genannt. In einer ersten Anwendung in Hallensee bei Berlin versorgte eine Oberleitung dieses Fahrzeug mit Energie. Dieser erste Vorläufer der Oberleitungsbusse nutzte für die Stromentnahme einen Kontaktwagen mit acht Rollen, welcher auf einer zweipoligen Oberleitung rollte, die in festen Abständen an Masten aufgehängt war. Die Aufhängung entsprach der einer Einfachoberleitung, die das Fahrzeug mit DC 550 V versorgte. Aufgrund der hohen Störanfälligkeit und des aufkommenden elektrischen Straßenbahnbetriebs der folgenden Jahre verfolgten die Firmen und Betreiber gleislose Fahrzeuge mit Energieversorgung über Oberleitungen bis Anfang des zwanzigsten Jahrhunderts nicht weiter [3.32].

Bild 3.15: Stromschienenfahrleitungen. a) Dritte Schiene in Oslo (SPL Norwegen), b) Stromschienenoberleitung in Santo Domingo (Siemens AG Deutschland)

Erst im Jahr 1901 entstand in Bielatal bei Dresden die erste *Oberleitungsbusstrecke* mit der noch heute üblichen Nutzung von Stangenstromabnehmern. Der von *Schiemann* entwickelte Stangenstromabnehmer befand sich auf dem Dach des Triebfahrzeugs. Federn drückten die beiden Stangen von unten an die beiden Fahrdrähte. Kupferschleifstücke entnahmen die Energie aus der Oberleitung. Das Prinzip des *Stangenstromabnehmers* mit Schleifkontakten ermöglichte einfachere Oberleitungskonstruktionen als mit dem Kontaktwagen vor allem in Kreuzungsbereichen. Die einfache Gestaltung der Oberleitung für Oberleitungsbusse führte zur Verbreitung der Stromabnehmer nach *Schiemann*. Die Oberleitung für die mit dem gleichen Stromabnehmertyp befahrene Strecke Blankenese–Marienhöhe verwendete 1911 ein einfaches Kettenwerk. Masten in 50 m Abstand trugen die Oberleitung. Der mit 440 V gespeiste Gleichstrommotor des Fahrzeugs erreichte 15 PS Leistung. Ein geerdetes Tragseil befand sich über dem Fahrdraht und hielt über einen Zwischenisolator den Fahrdraht mittig zwischen zwei Masten. Die *Obus-Oberleitung* führte zu von der Straßenbahn-Oberleitung abweichenden Fahrdrahtstützpunkten. 1935 nutzte man auf der Obusstrecke Steglitz–Marienfeld eine Fahrdrahtaufhängung, die eine halbkreisförmige Pendelbewegung des Fahrdrahts quer zur Fahrtrichtung ermöglichte. Dadurch ließ sich der Fahrdraht auch bei größeren seitlichen Abständen des Obusses von der Oberleitung störungsfrei beschleifen. Der Betrieb von Obusstrecken nahm bis Mitte der 1950er Jahre zu. Ab diesem Zeitpunkt stellten immer mehr Städte den Obusbetrieb zu Gunsten des Autobusverkehrs ein. Im Jahr 2012 betreiben in Deutschland Eberswalde, Esslingen und Solingen Obuslinien [3.33].

Weitere Entwicklungen der Obus-Oberleitungen führten zur Erhöhung der Zuverlässigkeit während des Betriebs, zur Senkung des Verschleißes und zur Reduzierung der Kosten. Die Obus-Oberleitungen der Gegenwart, als Einfachfahrleitungen ausgeführt, besitzen feste oder bewegliche Abspannungen und lassen durch ihre Fahrdrahtaufhängung am Stützpunkt und deren Weichenbespannungen höhere Befahrgeschwindigkeiten zu. Als Stromart verwenden die Betreiber in Deutschland DC 600 V [3.34]. Wegen der Umweltfreundlichkeit und im Besonderen wegen der geringen Lärmemission und Wirtschaftlichkeit entstanden in mehreren Ländern ausgedehnte Obus-Netze.

3.1.5 Stromschienen für Stadtbahnen und Metros

Stromschienen werden entweder als *Dritte Schiene* parallel zu den Fahrschienen (Bild 3.15 a)) oder als *Stromschienenoberleitung* über dem Gleis (Bild 3.15 b)) verwendet. Zu Beginn der Elektrifizierung von Straßen- und Stadtbahnen lehnten größere Städte die oberirdische Führung der Stromzuführung ab. Deswegen entwickelte und errichtete Siemens & Halske im Jahr 1891 eine Straßenbahnlinie von Ofen nach Pest im heutigen Budapest mit unterirdischer Stromzuführung. Unterhalb einer der beiden Schienen verlief ein Kanal, in dem sich zwei T-förmige Schienen für Hin- und Rückleitung des Stroms befanden. Durch einen Schlitz neben einer der Schienen beschliff der Stromabnehmer die beiden Stromschienen. Der als Platte ausgeführte Stromabnehmer bestand aus zwei voneinander isolierten Stromschuhen, die eine Feder an die Stromschienen drückte, um möglichst unterbrechungsfrei das Fahrzeug mit Energie zu versorgen. Die hohen Anlagenkosten, schwierige Weichenkonstruktionen und die aufwändige Instandhaltung verhinderten weitere Anwendungen dieses Systems [3.35].

Stromschienen eignen sich wegen ihrer Stromtragfähigkeit für elektrische Bahnen mit hohem Strombedarf. So ermöglichte 1896 bei der ersten Metro auf dem europäischen Festland in Budapest eine Decken-Stromschiene ein kleines Tunnelprofil. Eine der ersten Anwendungen der Stromschiene als *Dritte Schiene* findet sich bei der Hochbahn in Chicago, die 1892 ihren Betrieb eröffnete. Die 600-V-Stromschiene wurde neben den Fahrschienen in erhöhter Position montiert. Ein Isolator trägt die T-förmige Stahlstromschiene, deren Kontaktfläche aus einer Kupferschicht bestand. Ein am Triebwagen angebrachter Stromabnehmerschuh beschliff die Stromschiene von oben [3.36].

Stromschienen für eine Stromabnahme von oben sind auf offenen Strecken bei Eis und Schnee störanfällig. Aus diesen Erfahrungen entschied man sich 1924 bei der Errichtung der Berliner S-Bahn, die Stromschiene von unten zu beschleifen. Das Doppel-T-Profil der Stromschiene ermöglicht eine Aufhängung mit isolierten Stromschienenträgern in einer festgelegten Höhen- und Seitenlage in Bezug zum Gleis. Die ursprünglichen Stromschienen aus Weicheisen wurden seit 1985 durch *Verbundstromschienen aus Aluminium* ersetzt, deren von unten beschliffene Kontaktfläche aus Edelstahl besteht [3.37]. Diese Ausführung verwenden die meisten europäischen U- und S-Bahnbetreiber [3.38].

Die 1890 in London eröffnete erste U-Bahnstrecke verfügt zusätzlich zur dritten Stromschiene neben den Fahrschienen über eine vierte Stromschiene als Rückleiter zwischen den Fahrschienen. Die Triebfahrzeuge beschleifen die beiden Stromschienen mit Stromabnehmerschuhen von oben. Durch die Isolation der Stromschiene für die Rückleitung gegen Erde lassen sich Streuströme minimieren.

3.2 Begriffe

Als Ergebnis der breiten Vielfalt von Anforderungen und des langen Zeitraums, über den sich die heutigen Fahrleitungsbauweisen und -bauarten herausgebildet haben, ergaben sich unterschiedliche Begriffe für den gleichen Gegenstand oder die gleiche Bedeutung. Einige dieser Begriffe sind in IEC 60 050-811, DIN EN 50 119 und DIN EN 50 122-1 beschrieben. In diesem Buch werden die folgenden Begriffe verwendet:

Fahrleitungsanlagen sind die Betriebsmittel der elektrischen Energieversorgung von den Unterwerken zu den elektrischen Triebfahrzeugen bestehend entweder aus *Oberleitungen* oder aus *Stromschienen*; die elektrischen Grenzen der Fahrleitungsanlage im Stromkreis bilden der Speisepunkt und die Kontaktstelle zum *Stromabnehmer*.

Die Fahrleitungsanlage kann nach DIN EN 50 119:2010 bestehen aus
- Fahrleitung,
- Masten und Gründungen,
- Tragkonstruktionen und Komponenten, die der Seitenführung oder Abspannung der Leiter dienen,
- Querfeldern und *Quertragwerke*,
- Abspannvorrichtungen,
- Speiseleitungen, Verstärkungsleitungen und andere Leitungen wie Erdseile und Rückleitungsseile, sofern diese an den Tragkonstruktionen der Fahrleitungsanlage befestigt sind,
- Einrichtungen, die für den Betrieb der Fahrleitung notwendig sind und
- mit der Fahrleitung fest verbundene Leiter zur Versorgung weiterer elektrischer Einrichtungen wie Beleuchtung, Signalanlagen, Weichensteuerung und Weichenheizung.

Fahrleitungen bestehen aus mehreren Leitern zur Versorgung von Fahrzeugen mit elektrischer Energie über Stromabnahmeeinrichtungen. Sie umfassen Oberleitungen und Stromschienen. Zur Fahrleitung gehören auch Isolatoren. Diese sind als Teile der elektrischen Anlage und damit als unter Spannung stehend zu betrachten.

Oberleitungsanlagen sind nach DIN EN 50 119 Fahrleitungsanlagen, die eine Oberleitung zur Energieversorgung von Fahrzeugen verwenden.

Oberleitungen sind oberhalb oder seitlich der oberen Fahrzeugbegrenzungslinie angebrachte Fahrleitungen, die Fahrzeuge mit elektrischer Energie über eine auf deren Dach angebrachte Stromabnahmeeinrichtung versorgen. Sie bestehen aus
- *Tragseilen,*
- *Fahrdrähten,*
- *Hängern,*
- *Klemmen,*
- *Ankerseilen,*
- *Festpunkten,*
- *Abspannungen,*
- *Streckentrennern,*
- *nicht isolierenden Überlappungen,*
- *isolierenden Überlappungen,*

- *elektrischen Verbindern,*
- *Isolatoren,*
- *Nachspanneinrichtungen* und
- *Streckentrennungen.*

Stromschienenanlagen sind Fahrleitungsanlagen, die die Energie über eine biegesteife Stromschiene den Fahrzeugen zuführen.

Stromschienen sind Fahrleitungen, die aus biegesteifen Ein- oder Mehrstoffmetallprofilen bestehen. Sie werden entweder als über dem Fahrzeug montierte Stromschienenoberleitungen oder als Dritte Schiene verwendet.

Stromschienenoberleitungen, auch als *Deckenstromschienen* bezeichnet, sind Oberleitungen aus biegesteifen, elektrisch leitenden Stromschienen oberhalb der Fahrzeuge. Die Deckenstromschiene kann aus einem Aluminiumprofil mit einem U-förmigen Querschnitt und einer Öffnung auf ihrer Unterseite, in die der Fahrdraht eingeklemmt wird, oder auch aus einem massiven Kupferprofil bestehen.

Dritte Schienen sind Fahrleitungen mit Stromschienen, die an Isolatoren in Gleisnähe angeordnet sind.

Quertrageinrichtungen fixieren die Seiten- und Höhenlage von Oberleitungen sowie Stromschienen und sind quer zum Gleis angeordnet. Sie bestehen aus Einzel- und Mehrgleisauslegern, Jochen und flexiblen Quertragwerken.

Masten und *Hängesäulen* sind *Tragkonstruktionen* zur Fixierung der Quertrageinrichtungen.

Gründungen, auch als *Fundamente* bezeichnet, verankern die Masten im Boden und leiten die Kräfte aus der Fahrleitung in den Boden.

Schalter, ein- oder zweipolig ausgeführt, verbinden oder trennen elektrische Abschnitte der Fahrleitung und der Bahnenergieleitungen miteinander oder mit Einspeisungen. Es werden unterschieden
- Trennschalter,
- Lasttrennschalter und
- Erdungsschalter.

Bahnenergieleitungen sind elektrische Leitungen, die aus blanken Leitern oder Kabeln bestehen und entweder über Isolatoren oberhalb des Erdbodens aufgehängt oder im Erdboden verlegt sind. Sie transportieren die Bahnenergie längs der Fahrleitung und quer der Gleisanlage vom Unterwerk oder Schaltposten zur Fahrleitung. Sie umfassen
- Verstärkungsleitungen,
- Speiseleitungen,
- Umgehungsleitungen,
- Kompensationsleitungen sowie
- Schalterquer- und -fallleitungen vom Schalter zur Fahrleitung.

Die Funktion der Bahnenergieleitungen wird in Abschnitt 3.6 beschrieben.

Speiseleitungen sind Freileitungen, die in der Nähe der Oberleitungen auf den gleichen Tragwerken angeordnet sind und die Speisepunkte mit Energie versorgen.

Verstärkungsleitungen sind Freileitungen, die in der Nähe der Oberleitungen eingebaut sind und mit diesen in bestimmten Abständen verbunden sind, um den wirksamen Leiterquerschnitt zu erhöhen.

3.2 Begriffe

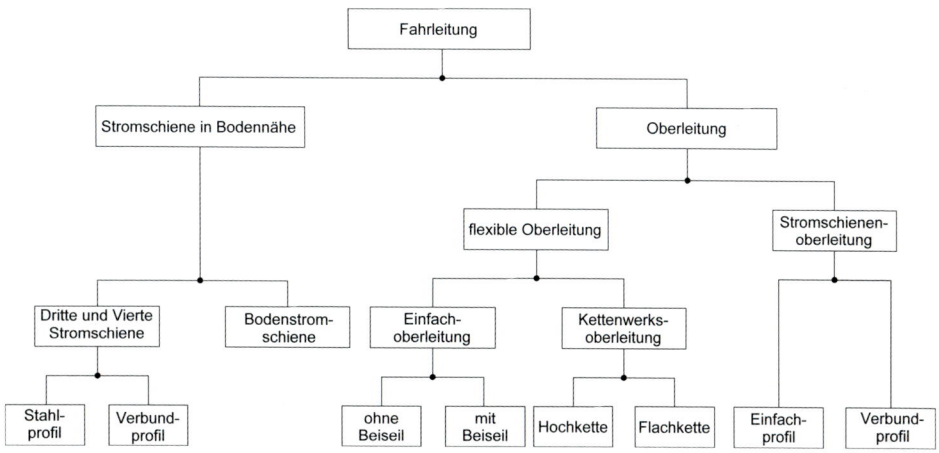

Bild 3.16: Fahrleitungsbauweisen elektrischer Bahnen.

Umgehungsleitungen dienen zum Sicherstellen der ununterbrochenen Energieversorgung durch die Umgehung besonderer Speiseabschnitte, z. B. Bahnhöfe auf eingleisigen Abschnitten einer Bahnstrecke.

Rückleitungen bilden den vorgesehenen Pfad für den Bahnrückstrom im Betrieb und im Fehlerfall und umfassen
- Fahrschienen,
- Rückleitungsstromschienen,
- Rückleitungsseile,
- Erdungsseile,
- Rückleitungskabel und
- alle anderen Komponenten, die den Rückstrom führen.

Schienenrückleitung ist eine Anlage, bei der die Fahrschienen als Rückstromleitung und als Leiter für Fehlerströme verwendet werden.

Erdleiter sind metallene Leiter, die die Stützpunkte mit der Bahnerde verbinden, um Personen und Anlagen im Falle von Isolationsfehlern zu schützen.

Die *Bahnerdung* schützt gegen das Auftreten von unzulässigen Berührungsspannungen und begrenzt das *Schienenpotenzial*. Die Bahnerdung besteht bei Wechselstrombahnen in der Verbindung von leitfähigen, nicht zum Betriebsstromkreis gehörenden Teilen mit einem Erder.

Der *Erder* bildet ein leitfähiges Teil oder mehrere leitfähige Teile, die in gutem Kontakt mit Erde sind und mit dieser eine elektrische Verbindung bilden.

Die *Erde* hat an jedem Punkt vereinbarungsgemäß das elektrische Potenzial null. Bei Gleichstrombahnen darf wegen der Gefahr von Streustromkorrosion keine direkte Verbindung zur Erde bestehen (siehe Kapitel 6).

Den *Oberleitungs-* und *Stromabnehmerbereich* überschreitet eine Oberleitung und ein unter Spannung stehender Stromabnehmer auch bei Bruch oder Entdrahtung in der Regel nicht.

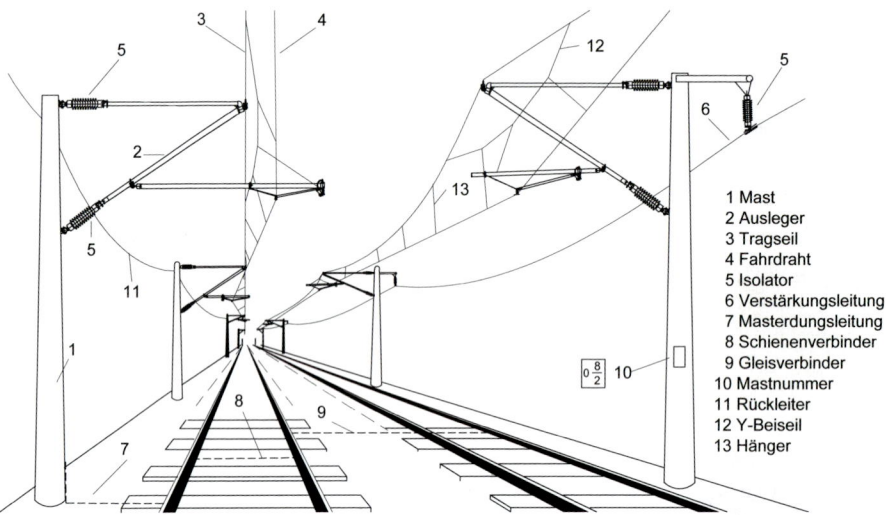

Bild 3.17: Oberleitung an Einzelstützpunkten.

Fahrleitungsbauweise ist die Ausprägung einer Fahrleitung gekennzeichnet durch die charakteristischen Merkmale ihres Längstragwerkes, z. B. *Hochkettenoberleitung mit Beiseil* oder *Flachkettenoberleitung*. Bild 3.16 gibt einen Überblick über die unterschiedlichen Fahrleitungsbauweisen.

Fahrleitungsbauart ist die Bezeichnung für eine besondere Form der Ausführung einer Oberleitung, z. B. die Ausführung Sicat H 1.0 der Siemens AG für Hochgeschwindigkeitsanlagen.

Spannweitenlänge ist der Abstand in Fahrtrichtung zwischen zwei aufeinander folgenden Masten einer Fahrleitung.

Nachspannlänge ist der Abstand zwischen zwei Abspannpunkten eines Oberleitungsabschnitts.

Nachspanneinrichtung ist eine Einrichtung, die selbsttätig eine konstante Zugkraft in der Oberleitung innerhalb eines vorgegebenen Temperaturbereiches aufrecht erhält und dabei Längenänderungen, z. B. aus Temperaturänderungen resultierend, ausgleicht.

Halbe Nachspannlänge ist die Länge einer Oberleitung zwischen einem Festpunkt oder einer festen Abspannung und der zugehörigen Nachspanneinrichtung.

Festpunkt ist eine Einrichtung, die an einem Punkt ungefähr in der Mitte eines Nachspannabschnittes angeordnet wird, um die Lage des Kettenwerkes in Längsrichtung zu fixieren. Festpunkte sorgen dafür, dass die Leiter temperaturbedingt in Richtung beider Nachspanneinrichtungen wandern.

Überlappungen, auch Parallelfelder genannt, sorgen für den Übergang der Stromabnehmer von einem Nachspannabschnitt zum nächsten ohne Geschwindigkeitsreduzierung oder Unterbrechung der Stromversorgung (DIN EN 50 119, Abschnitt 5.12).

Nicht isolierende Überlappungen, auch *Nachspannungen* genannt, werden mit elektrischen Verbindern überbrückt.

3.3 Oberleitungen

a)

b)

Bild 3.18: Oberleitungen an Quertrageinrichtungen in Jåttåvågen bei Stavanger in Norwegen.
a) Joch
b) Mehrgleisausleger jeweils mit Hindernis

Isolierende Überlappungen, auch *Streckentrennungen* genannt, können nur mit Oberleitungstrennschaltern überbrückt werden.

3.3 Oberleitungen

3.3.1 Aufbau und Eigenschaften

Den typischen Aufbau einer Oberleitungsanlage mit *Einzelmasten* auf beiden Seiten der Gleise zeigt Bild 3.17. Dies ist die Vorzugsbauweise im Fernverkehr und wird auch mehr und mehr im Nahverkehr verwendet. Der Aufbau ist im Bild 3.17 schematisch dargestellt. Die Rohrschwenkausleger werden im Abschnitt 11.2.1.1 beschrieben. Bild

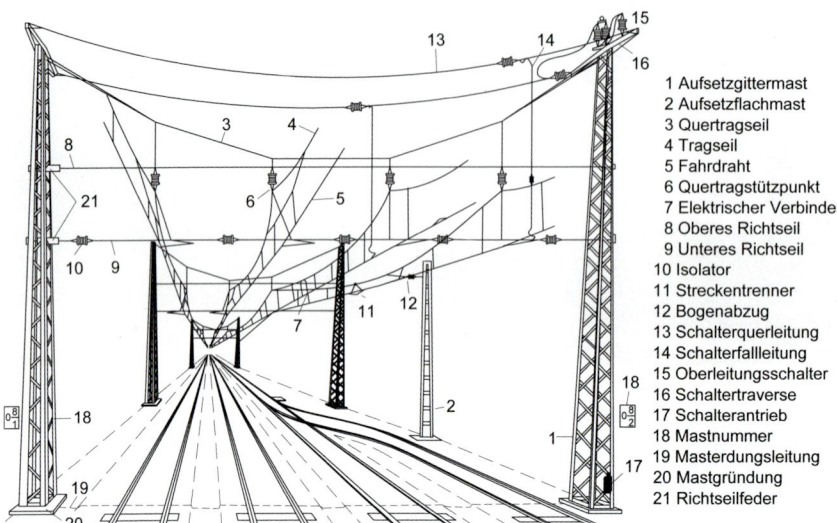

Bild 3.19: Oberleitungen an fexiblen Quertragwerken.

1 Aufsetzgittermast
2 Aufsetzflachmast
3 Quertragseil
4 Tragseil
5 Fahrdraht
6 Quertragstützpunkt
7 Elektrischer Verbinder
8 Oberes Richtseil
9 Unteres Richtseil
10 Isolator
11 Streckentrenner
12 Bogenabzug
13 Schalterquerleitung
14 Schalterfallleitung
15 Oberleitungsschalter
16 Schaltertraverse
17 Schalterantrieb
18 Mastnummer
19 Masterdungsleitung
20 Mastgründung
21 Richtseilfeder

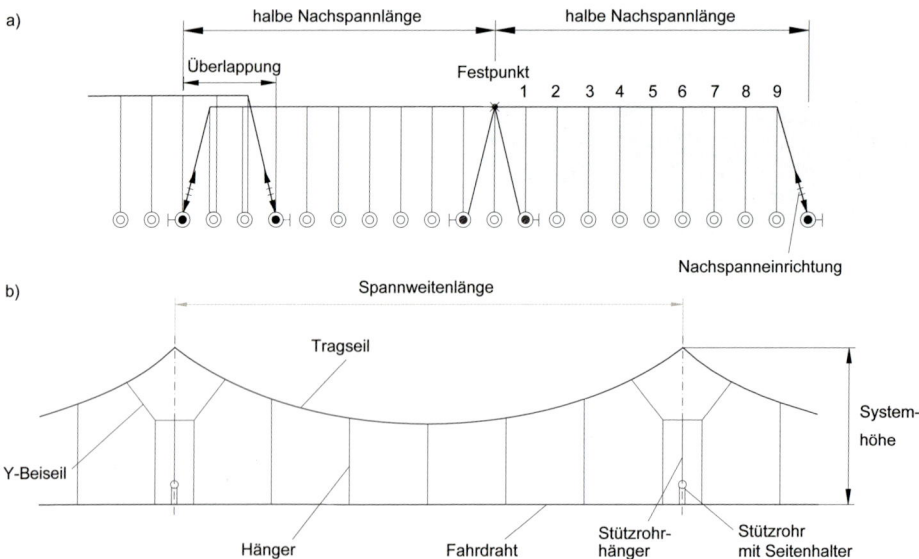

Bild 3.20: Aufbau einer Oberleitung. a) Nachspannabschnitt, b) Einzelfeld

3.3 Oberleitungen

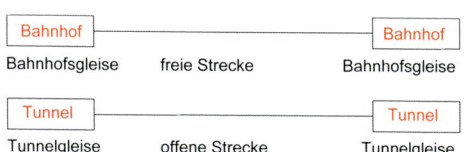

Bild 3.21: Bezeichnungen für unterschiedliche Streckenarten.

3.18 a) zeigt als Alternative zur Bauweise mit Einzelmasten eine an *Querjochen* geführte Oberleitung. Weitere *Quertrageinrichtungen* sind *Ausleger über mehrere Gleise* (Bild 3.18 b)) und *flexible Quertragwerke* (Bild 3.19). Ausführungen und Bauteile von Quertragwerken sind im Abschnitt 11.2.1.2 beschrieben.

Der Aufbau einer Nachspannlänge ist im Bild 3.20 a) dargestellt. Sie besteht aus einzelnen Feldern, deren Merkmale dem Anwendungszweck der Oberleitung entsprechen. Das Kettenwerk wird in Nachspannlängen unterteilt, an deren Enden feste oder bewegliche Abspannungen angeordnet sind. Die *bewegliche Abspannung* hält die Zugkraft bei sich ändernden Temperaturen im Fahrdraht und Tragseil nahezu konstant. Ungefähr in der Mitte des Nachspannabschnittes befindet sich ein *Festpunkt* mit Ankerseilen, die Drehbewegungen des Auslegers und Längsbewegungen des Tragseils verhindern. Seilverbindungen, Z-Seile genannt, zwischen Tragseil und Fahrdraht befestigen den Fahrdraht am Tragseil und verhindern Längsbewegungen des Fahrdrahts (Bild 3.38).

Das Kettenwerk muss im Hinblick auf die Anwendung entsprechend den statischen, dynamischen, thermischen und elektrischen Anforderungen gestaltet werden. Die folgenden Abschnitte, die die Begriffe im Bild 3.21 verwenden, beschreiben den Einfluss der einzelnen Parameter auf das Leistungsvermögen der Oberleitung:

– Oberleitungen in Bahnhöfen
– Oberleitungen auf freien Strecken
– Oberleitungen in Tunneln und
– Oberleitungen auf offenen Strecken

Die Ausführungen für diese Strecken ergeben sich aus den Anforderungen des Betriebs, die die Hersteller mit ihren Erfahrungen und Fähigkeiten umsetzen. Die entstandenen *Oberleitungsbauarten* lassen sich entweder nach ihren Anwendungsbereichen oder nach wesentlichen konstruktiven Merkmalen, wie der Art der Trag- und Nachspanneinrichtungen unterscheiden.

3.3.2 Einfachoberleitungen

3.3.2.1 Eigenschaften

Oberleitungsbauweisen, die über kein durchgehendes Tragseil verfügen, also nur aus einem oder mehreren Fahrdrähten bestehen, und damit einfach aufgebaut sind, werden als *Einfachoberleitung* bezeichnet. Im Vergleich zu *Kettenwerksoberleitungen* ist der Fahrdrahtdurchhang dieser Bauweisen groß und lässt nur geringere Abstände zwischen den Stützpunkten zu, um der Forderung nach einer möglichst gleichbleibenden Fahrdrahthöhe zu entsprechen. Mit bis ungefähr 80 km/h Befahrgeschwindigkeit ist diese Bauweise auf Straßenbahn-, Obus- und Industriebahnstrecken sowie auf Nebenstrecken und Nebengleise von Vollbahnen beschränkt.

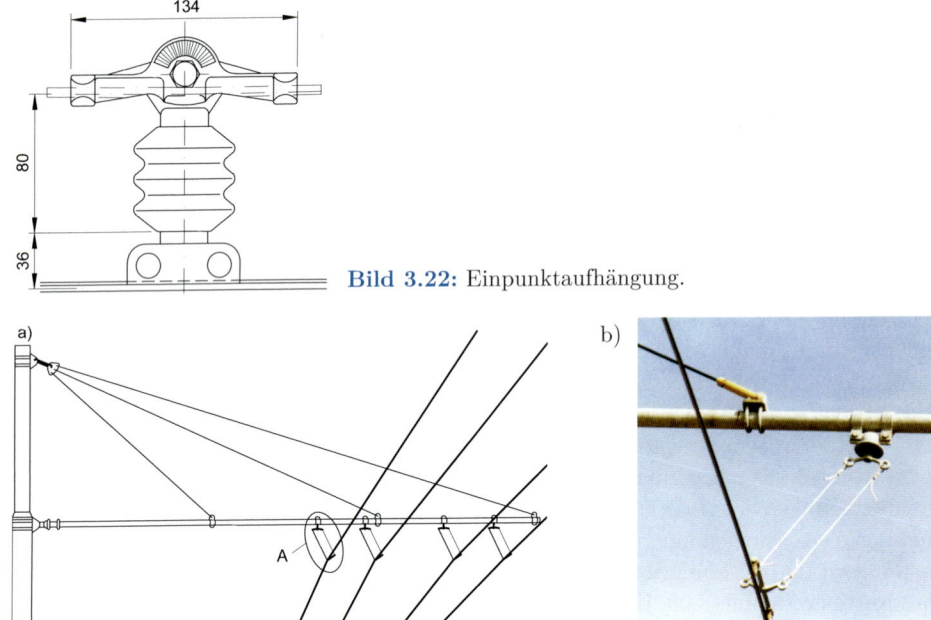

Bild 3.22: Einpunktaufhängung.

Bild 3.23: Pendelaufhängung einer Obus-Oberleitung. a) Überblick, b) Einzelheit A

3.3.2.2 Einpunktaufhängung mit fest abgespanntem Fahrdraht

Bei der *Einpunktaufhängung* wird der Fahrdraht über eine Klemmstelle eines Fahrdrahthalters unmittelbar an einem Querseil oder Ausleger befestigt (Bild 3.22). Trotz der mit 30 m geringen Mastabstände treten bei dieser Bauweise wegen nicht vorhandener Kompensationseinrichtungen für temperaturbedingte Längenänderungen des Fahrdrahtes Durchhänge bis 0,4 m in Feldmitte auf. Beim Beschleifen des Fahrdrahtes ist ein Bügelstromabnehmer großen Vertikalbewegungen und ein Stangenstromabnehmer sowohl großen horizontalen als auch vertikalen Bewegungen ausgesetzt. Die plötzliche Richtungsumkehr am Stützpunkt führt zum Springen des Stromabnehmers oder zur Unterbrechung des Kontakts und zu hohen Anpresskräften. Der Fahrdraht wird ungleichmäßig abgenutzt. Die Fahrgeschwindigkeit ist deshalb auf rund 40 km/h beschränkt. Die Bauweise ist bei Straßenbahnen zu finden.

3.3.2.3 Pendelaufhängung mit oder ohne selbsttätige Nachspannung

Die *Pendelaufhängung* (Bild 3.23) wurde entwickelt, um die Nachteile der in Abschnitt 3.3.2.2 beschriebenen Bauweisen zu vermeiden. Der Fahrdraht ist bei dieser Bauweise an den Stützpunkten über freibewegliche Hänger mit einem seitlichen Versatz aufgehängt. Die freischwingenden Hängerdrähte sind an den Aufhängepunkten befestigt. Diese Anordnung verbessert die Elastizität der Oberleitung am Stützpunkt und verringert die Umkehrkräfte der vertikalen Stromabnehmerbewegung im Stützpunktbereich.

3.3 Oberleitungen

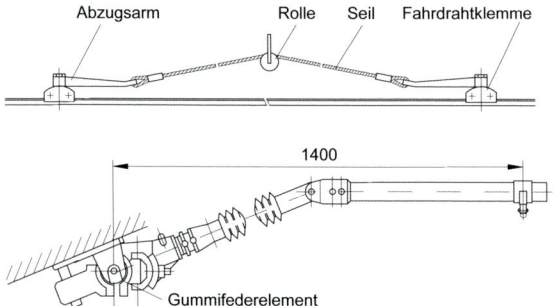

Bild 3.24: Gleitende Beiseilaufhängung.

Bild 3.25: Elastischer Stützpunkt.

Schräge Pendel vermindern den Durchhang des Fahrdrahtes. Diese ziehen den Fahrdraht an den Stützpunkten wechselseitig nach links und rechts. Die Gewichtskraft des Fahrdrahtes führt bei temperaturbedingten Längenänderungen zum Anheben und Absinken der Schrägpendel und somit zu einer teilweisen Kompensation der Durchhangsänderung [3.39]. Dadurch lassen sich Mastabstände bis 40 m erreichen. Die parallelogramm- oder trapezförmige Pendelaufhängung verhindert ein seitliches Beschleifen des Fahrdrahtes und ein Anschlagen der Schleifschuhe von Obussen an die Klemmen (Bild 3.23). Der Fahrdraht nimmt auch bei Drehbewegungen des Pendels die gewünschte Lage ein. Der entstehende Fahrdraht-Zick-Zack führt allerdings zu einem unruhigen Lauf der Stangenstromabnehmer. Befahrgeschwindigkeiten bis 50 km/h sind möglich.

3.3.2.4 Gleitende Aufhängung

Der Fahrdraht ist bei dieser Oberleitungsbauweise über zwei Klemmstellen an einem Beiseil befestigt, das an einer *Gleitführung* frei in Längsrichtung oder einer Rolle im Quertragseil oder an einem Auslegerstützpunkt wandern kann (Bild 3.24). An den Endmasten werden Nachspanneinrichtungen verwendet, die die Längenausdehnung des Fahrdrahtes kompensieren. Die dadurch erreichte Verringerung des Fahrdrahtdurchhangs in Feldmitte lässt die Erhöhung der Mastabstände auf rund 55 m zu. Dennoch ist der Mangel an Elastizität und die Konzentration von Massen an den Aufhängepunkten ein Nachteil, der erhöhten Verschleiß an diesen Punkten verursacht und die Befahrgeschwindigkeit auf 60 km/h beschränkt.

3.3.2.5 Elastische Stützpunkte

Elastische Stützpunkte oder *elastische Ausleger* stellen Auslegerausführungen mit elastischer Befestigung des Auslegerarmes über Gummielemente dar (Bild 3.25), die die vertikale Fahrdrahtbewegungen dämpfen (siehe Abschnitt 11.2.1.6). Sowohl Einfachfahrdrähte als auch Doppelfahrdrähte lassen sich in der Fahrdrahtklemme führen. Wenn elastische Stützpunkte die einzige Aufhängung für Fahrdrähte darstellen, sollte ihr Abstand 12 m nicht überschreiten. Diese Bauweise ist für Befahrgeschwindigkeiten bis 100 km/h geeignet.

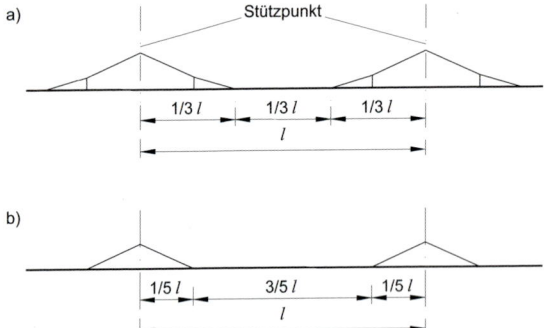

Bild 3.26: Oberleitung mit Beiseilaufhängung.
a) Anwendung bei Vollbahnen
b) Anwendung im Nahverkehr

Eine zusätzliche Tragseilklemme ermöglicht den Einbau eines Tragseils und damit die Verlängerung der Spannweitenlängen auf 30 m. In Tunneln und unter Brücken mit begrenzten Einbauräumen eignen sich elastische Stützpunkte besonders.

3.3.2.6 Einfachoberleitung mit Beilseilaufhängung

Eine *Einfachoberleitungen mit Beilseilaufhängung*, auch als tragseilarme Oberleitung bezeichnet, ist eine *einfache Oberleitungsbauweise*, wobei ein *Beiseil* in Dreiecksform (Bild 3.26) den Fahrdraht im Stützpunktbereich trägt. Die ersten Ausführungen dieser Oberleitungsbauweise hatten kurze Beiseile ohne Hänger. Sie waren ähnlich dem Schrägpendel seitlich verspannt, um ein gewisses Maß *selbsttätiger Kompensation* der thermischen Längenänderung des Fahrdrahtes und eine geringere Auslenkung durch Wind zu erreichen [3.39]. Weiterhin lassen sich über Beiseile die Elastizitätsunterschiede längs der Oberleitung ausgleichen, was die Qualität der Stromabnahme erhöht. Abhängig von der Länge der Beiseile, Anzahl der Hänger zwischen Fahrdraht und Beiseil, der Zugspannung und der Art der Nachspanneinrichtungen lassen sich Befahrgeschwindigkeiten bis 80 km/h bei 65 m Mastabstand erzielen.

3.3.3 Hochkettenoberleitungen

3.3.3.1 Ausführungsarten

Hochkettenoberleitungen mit Tragseil nutzen ein oder in einigen Fällen zwei Tragseile, die oberhalb der Fahrdrähte angeordnet sind. Die Tragseile tragen die Fahrdrähte über *Hänger*. Wegen ihres vergleichsweise einfachen Aufbaus und den günstigen Befahreigenschaften werden Hochkettenoberleitungen weltweit verwendet. Sie ermöglichen längere Spannweiten als Einfachoberleitungen und vermindern den Verschleiß der Komponenten, die am Zusammenwirken von Oberleitung und Stromabnehmer beteiligt sind. Auch im Nahverkehr werden Hochkettenoberleitungen zunehmend angewendet.
Es gibt *vollständig nachgespannte Hochketten* entweder mit gemeinsamer oder getrennter Nachspannung der Fahrdrähte und Tragseile und *halbkompensierte Hochketten* mit einem fest abgespannten Tragseil und einem oder zwei nachgespannten Fahrdrähten.

3.3 Oberleitungen

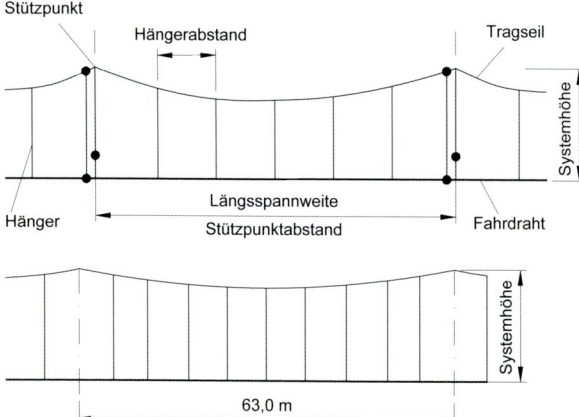

Bild 3.27: Kettenwerk mit einem Hänger am Stützpunkt.

Bild 3.28: Kettenwerk mit versetzten Stützpunkthängern.

Angepasst für den jeweiligen Verwendungszweck entstanden mehrere Kettenwerksbauweisen, die sich insbesondere im Stützpunktbereich und in den Befahrgeschwindigkeiten unterscheiden. Die Bauteile sind im Abschnitt 11.2.2 beschrieben.

3.3.3.2 Kettenwerk mit Hängern am Stützpunkt

Die ersten einfachen Bauweisen der Hochkettenoberleitungen waren halbkompensiert mit einem fest abgespannten Tragseil, einem beweglich abgespannten Fahrdraht und durch einen Hänger zwischen Tragseil und Fahrdraht in Stützpunktnähe gekennzeichnet (Bild 3.27). Weitere Hänger verteilten sich in 8 bis 12 m Abstand über die Längsfelder. Aufgrund der festen Abspannung des Tragseils und der starren Auslegerbefestigung am Mast führte die temperaturbedingte Längenänderung des Tragseiles immer noch zu beträchtlichen Änderungen der Fahrdrahthöhe. Während diese Bauweise im Mittelteil des Feldes eine ausreichende Elastizität gewährleistet, ist eine solche an den Stützpunkten nicht gegeben, was zu erheblichen Elastizitätsunterschieden im Feld führt. Daher kann diese Bauweise nicht empfohlen werden.

3.3.3.3 Kettenwerk mit versetzten Stützpunkthängern

Die *Oberleitungsbauweise mit versetzten Hängern* vermeidet die im Abschnitt 3.3.3.2 beschriebenen Nachteile. Hänger in unmittelbarer Nähe der Stützpunkte sind nicht vorhanden und die Hängerabstände zum Stützpunkt betragen 2,5 bis 10 m (Bild 3.28). *Nachspanneinrichtungen* an beiden Seiten des Nachspannabschnitts vermeiden die temperaturabhängige Änderung der Fahrdrahthöhe. Ein *Festpunkt* fixiert das Kettenwerk ungefähr in der Mitte des Nachspannabschnitts. Die Nachspanneinrichtungen können *Radspanner- oder Flaschenzugeinrichtungen* mit Gegengewichten sein, die die Seile bei temperaturabhängigen Längenänderungen auf- und abwickeln und nahezu konstante Zugkräfte bewirken. Anstelle der bei halbkompensierten Oberleitungen üblichen, starr an den Masten befestigten Auslegern verwendet diese Bauart Schwenkausleger, die der

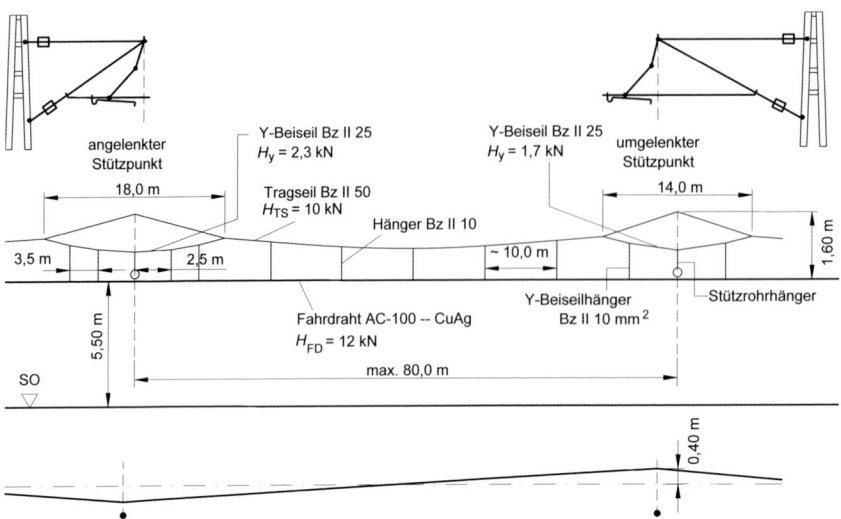

Bild 3.29: Oberleitungsbauart Sicat S1.0 [3.42] mit unterschiedlichen Y-Beiseillängen.

vom Festpunkt zu den Nachspanneinrichtungen zunehmenden Längswanderungen des Kettenwerks aufgrund ihrer drehbaren Befestigungen am Mast folgen.

Zu den Einsatzgebieten dieser Kettenwerksbauweisen zählen heute Vollbahnen mit Geschwindigkeiten bis 120 km/h, z. B. bei der DB die Bauart Re100 [3.40], als auch Straßenbahnen. Mit einer erhöhten Zugspannung und rund 6 m Hängerabständen nutzt die französische Bahn diese Bauweise auch im Hochgeschwindigkeitsbereich [3.41].

3.3.3.4 Kettenwerk mit Y-Beiseil

Als *Y-Beiseil* wird ein Verbindungselement bezeichnet, das sich zwischen dem Tragseil und den Fahrdrähten befindet (Bild 3.29). Bei *halbkompensierten Kettenwerken* gleicht das Y-Beiseil die Fahrdrahthöhendifferenzen zwischen Feldmitte und Stützpunkt teilweise aus. Die Höhenänderung der Befestigungspunkte des Y-Beiseils am fest abgespannten Tragseil führt bei Temperaturänderung zusammen mit der Längen- und Zugspannungsänderung des Y-Beiseils über die Beiseilhänger zu einem Anheben oder Absenken des Fahrdrahtes, ähnlich den Höhenänderungen in Feldmitte. Die Federwirkung des Y-Beiseils gleicht die *Elastizität* am Stützpunkt der Elastizität in Feldmitte an. Dieser Aspekt führte zur Verwendung von Y-Beiseilen in *vollständig nachgespannten Kettenwerken*. Abhängig von der gewünschten Fahrgeschwindigkeit verwendet die DB für die Standardoberleitungsbauarten 6, 12, 14, 18 oder 22 m lange Y-Beiseile mit ein bis vier Y-Beiseilhängern [3.40]. Bei der Siemens-Oberleitungsbauart Sicat S1.0 [3.42]–[3.45] nach Bild 3.29 und der DB-Bauart Re200 sind die Stützrohre über einen Hänger am Y-Beiseil aufgehängt. Diese Bauarten berücksichtigen die unterschiedliche Federwirkung von kurzen Stützrohren bei *angelenkten Stützpunkten* und langen Stützrohren bei *umgelenkten Stützpunkten* durch die Verwendung entweder 18 m oder 14 m langer Y-

3.3 Oberleitungen

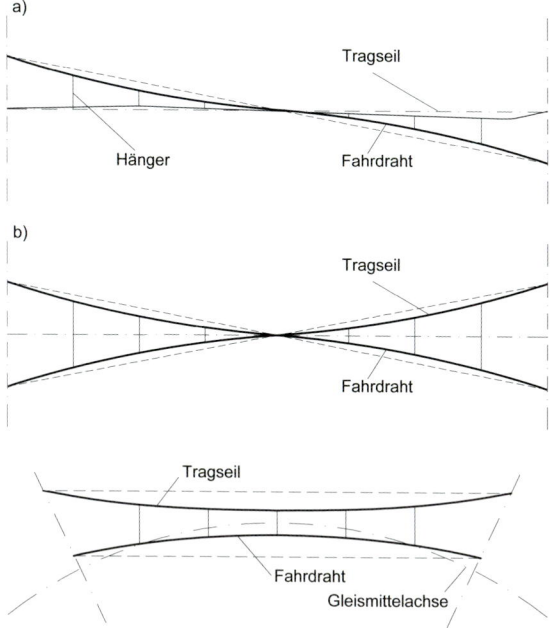

Bild 3.30: Windschiefe Oberleitung in der Geraden.
a) halbwindschief
b) vollwindschief

Bild 3.31: Windschiefe Oberleitung in Bögen.

Beiseile mit vier bzw. zwei Hängern (Bild 3.29). Bei angelenkten Stützpunkten wirkt die vom Fahrdraht ausgeübte Radialkraft vom Mast weg, bei umgelenkten Stützpunkten zum Mast hin.

Die Zugkraft in den Y-Beiseilen verringert die Elastizitätsunterschiede zwischen Stützpunkt und Feldmitte. Kettenwerke mit Y-Beiseilen erfordern eine sorgfältige Regulierung. Spezialwerkzeuge erleichtern dabei die Montage des Y-Beiseils (siehe Abschnitt 15.5.1). Richtig dimensionierte Y-Beiseile verbessern wesentlich die Befahrgüte von Oberleitungen (siehe Kapitel 10) und führen zu geringeren Baukosten, da größere Mastabstände möglich sind. In Kombination mit hohen Zugspannungen im Fahrdraht und Tragseil zählen Y-Beiseile zu den wesentlichen Merkmalen von modernen, verschleißarmen Bauweisen für *Hochgeschwindigkeitsoberleitungen*. Mit diesen Oberleitungsbauweisen lassen sich Fahrgeschwindigkeiten bis 400 km/h erreichen.

3.3.3.5 Kettenwerk mit windschiefer Anordnung

Bei vielen Oberleitungsbauarten, z. B. der Siemens-Hochgeschwindigkeitsoberleitung Sicat H1.0 [3.44], wird das Tragseil vertikal über dem Fahrdraht angeordnet. Jedoch kann sich in geraden Strecken das Tragseil auch über der Gleismitte befinden, während der Fahrdraht in wechselnder Seitenlage verläuft. Die seitliche Lage von Fahrdraht und Tragseil beeinflusst die Wechselwirkung zwischen Tragseil und Fahrdraht. In geraden Abschnitten findet sich diese Anordnung bei der Siemens-Standardoberleitung Sicat S1.0 [3.42]. Wegen der wechselnden Seitenlage vom Fahrdraht und gleismittig angeordnetem Tragseil bezeichnet man diese Ausführung auch als *halbwindschiefes Kett-*

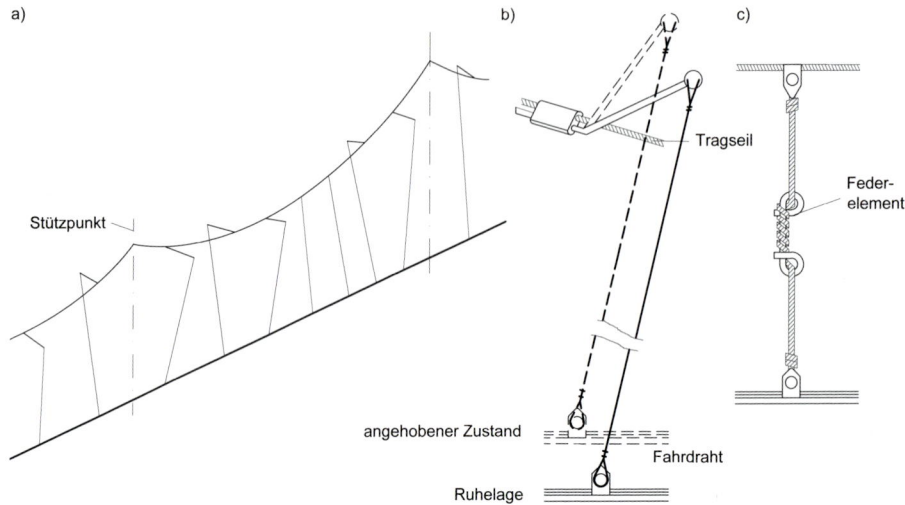

Bild 3.32: Kettenwerk mit elastischen Hängerelementen.
a) Anordnung im Kettenwerk, b) Hänger mit Hebelelementen, c) Hänger mit Federelementen

tenwerk (Bild 3.30 a)). Bei dem *vollwindschiefen Kettenwerk* liegen sowohl Tragseil und Fahrdraht außerhalb der Gleismitte. In geraden Streckenabschnitten liegen Fahrdraht und Tragseil auf gegenüberliegenden Seiten bezogen auf die Gleisachse, in Bögen jedoch auf der gleichen Seite. Das Tragseil befindet sich weiter ab von der Gleismitte als der Fahrdraht. Die schräge Lage des Kettenwerks führte auch zur Bezeichnung *halbe Flachkette*. Bei der vollwindschiefen Oberleitung lässt sich der Fahrdrahtverlauf an die Gleiskrümmung anpassen, was größere Stützpunktabstände ermöglicht. Bild 3.31 zeigt die Anordnung des Tragseiles und des Fahrdrahtes bei einer windschiefen Oberleitung. Oberleitungsbauweisen dieser Art waren bis 2010 selten und vorwiegend auf Bergstrecken mit engen Radien zu finden. Planung und Montage solcher Kettenwerke erfordern beträchtliches Wissen und auch Montageerfahrungen. Oberleitungsbauweisen mit einem entgegengesetzt zur Fahrdraht- oder Tragseilseitenlage angeordneten Beiseil und 100 m Spannweitenlänge führten zu nicht zulässigen Windabtrieb und erforderten z. B. auf der Strecke Halle–Leipzig Zwischenmasten [3.46]. Mit neuen Werkstoffen und Berechnungs- und Montagemethoden entwickelte Siemens die Standardoberleitung Sicat SX mit bis 100 m Spannweitenlänge. Diese Bauart wurde zwischen 2010 und 2013 in Ungarn erfolgreich erprobt und ist dort seither bei der MAV im Betrieb (Abschnitt 16.2.5, [3.47]).

3.3.3.6 Kettenwerk mit elastischen Hängerelementen

Elastische Hängerelemente gleichen die Elastizitäten im Längsfeld an. Bei einer Ausführungsform [3.48] sind die Hänger an den Enden von Hebeln befestigt, die verbunden mit dem gezielt verdrillten Tragseil eine zusätzliche Federwirkung auf den Fahrdraht ausüben (Bild 3.32 a)). Die Länge der Hebel und damit deren Wirkung nimmt im Stütz-

3.3 Oberleitungen

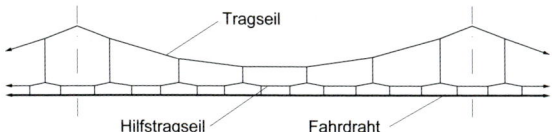

Bild 3.33: Kettenwerk mit Hilfstragseil als Verbundoberleitung.

punktbereich zu, um die dort geringere Elastizität auszugleichen. Federelemente als Teil der Hänger (Bild 3.32 b)) sollen die gleiche Wirkung erzielen. Aufgrund des höheren Material-, Regulierungs- und Instandhaltungsaufwandes werden diese Bauweisen nur selten verwendet, z. B. bei der Schweizer Bundesbahn (SBB) [3.25].

3.3.3.7 Kettenwerk mit Hilfstragseilen als Verbundoberleitung

Eine *Verbundoberleitung* besitzt ein *Hilfstragseil* zwischen dem Haupttragseil und dem Fahrdraht. Es ist über Hänger mit dem Tragseil und den Fahrdrähten verbunden und ergibt eine nahezu konstante Elastizität (Bild 3.33). Diese Oberleitungsbauweise, von Siemens erstmals 1912 verwendet, nutzen die SNCF in Frankreich bei 1,5-kV-Gleichstromoberleitungen und die japanische Eisenbahn für Hochgeschwindigkeitsstrecken wegen der ausgezeichneten Befahrungseigenschaften (siehe Abschnitt 16.3.14). Sie erfordert jedoch einen höheren Material- und Montageaufwand.

3.3.4 Flachkettenoberleitungen

Bei *Flachkettenoberleitungen* befinden sich die einzelnen Seile und Fahrdrähte in einer stärker ausgeprägt horizontalen Lage zueinander. Diese Bauweise ist weniger windanfällig, ermöglicht geringere Bauhöhen und größere Mastabstände. Der Planungs-, Montage- und Instandhaltungsaufwand ist höher als bei vergleichbaren vertikal ausgerichteten Kettenwerksoberleitungen.

Es gibt mehrere Bauweisen für Flachkettenoberleitungen (Bild 3.34). Bei früheren Ausführungen mit direkten Aufhängungen der Fahrdrähte an den Stützpunkten traten bei Temperaturänderungen größere Fahrdrahthöhenunterschiede auf (Bild 3.34 a)). Bauweisen mit einer Aufhängung ähnlich einem *horizontalen Y-Beiseil* ohne Quertragseil

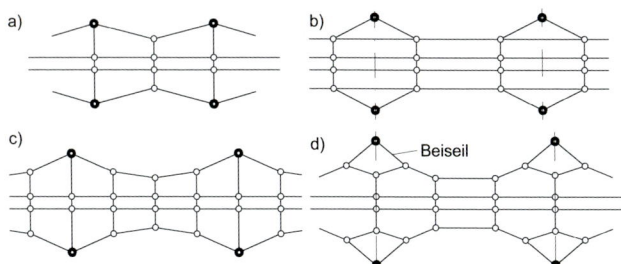

Bild 3.34: Volle Flachkette.
a) alte Obus-Flachkette, Mastabstand 45 m, b) neue Obus-Flachkette, Mastabstand 35 bis 55 m,
c) alte Obus-Flachkette, Mastabstand 60 m, d) neue Obus-Flachkette, Mastabstand 50 bis 75 m

Tabelle 3.2: Oberleitungsbauweisen und deren Anwendung.

Nr.	Bauweise	Eigenschaften	Anwendung
1	Einfachoberleitung ohne durchgehendes Tragseil, fest oder nachgespannt	Fahrdrahthöhe verändert sich mit der Temperatur; Spannweite und Stromtragfähigkeit sind begrenzt	Straßenbahnen mit geringer elektrischer Belastung, Nebengleise von Vollbahnen, Geschwindigkeiten bis 100 km/h
2	Hochkettenoberleitung ohne Y-Beiseil, Fahrdraht nachgespannt, Tragseil fest oder nachgespannt	Fahrdrahthöhe temperaturabhängig, Spannweite bis 80 m, Stromtragfähigkeit kann durch Wahl der Tragseil- und Fahrdrahtquerschnitte angepasst werden, große Elastizitätsunterschiede zwischen Feldmitte und Stützpunkten	Straßenbahnen mit hoher elektrischer Belastung, Vollbahnen mit Geschwindigkeiten bis 120 km/h, bei Energieversorgung mit DC häufig zwei parallele Fahrdrähte
3	wie (2), jedoch mit Y-Beilseil, Fahrdraht und Tragseil nachgespannt	wie (2), jedoch geringere Elastizitätsunterschiede zwischen Feldmitte und Stützpunkt	Vollbahnen mit hoher elektrischer Belastung und Geschwindigkeit bis 350 km/h
4	Hochkettenoberleitung mit Hilfstragseil, nachgespannt	wie (3), jedoch höhere Stromtragfähigkeit und gleichmäßigere Elastizität	Vollbahnen mit sehr hoher elektrischer Belastung und sehr hohen Geschwindigkeiten

an den Stützpunkten ermöglichen nahezu gleiche Höhenlage bei Temperaturwechsel, allerdings mit kurzen Mastabständen (Bild 3.34 b)). Die Bauweise im Bild 3.34 c) mit mehreren Quertragseilen erlaubt größere Mastabstände im Vergleich zu Bild 3.34 a). Neuere Bauweisen mit *Y-Beiseilen* und Quertragseilen an den Stützpunkten ermöglichen nahezu gleiche Fahrdrahthöhenlage bei Temperaturwechsel sowie größere Mastabstände (Bild 3.34 d)).

Eine Dissertation aus dem Jahr 1927 [3.46] beinhaltete erstmals die mechanische Berechnung von Flachketten. Diese Arbeit weist die Selbstkompensation der temperaturabhängigen Längenänderung und die fast gleichmäßige Elastizität nach. Die Befahrgeschwindigkeit kann 100 km/h erreichen. Als Kriterien für den Einsatz dieser Bauweisen gelten Anforderungen in Städten, die Begrenzung der lichten Höhe und die geringere Windanfälligkeit. Flachkettenoberleitungen mit Tragseilbefestigungen an Hauswänden reduzierten die Mastanzahl in Stadtgebieten.

3.3.5 Wahl der Bauweise, Gestaltung und Kennwerte

3.3.5.1 Grundlagen

Die Wahl der *Oberleitungsbauweise* setzt die Kenntnis der Betriebsparameter voraus und muss die im Kapitel 2 beschriebenen Anforderungen berücksichtigen. Die Bauweise lässt sich anhand der in Tabelle 3.2 beschriebenen Anwendungen typischer Oberleitungsbauweisen wählen.

Ausführung und Anordnung ihrer Komponenten für eine gegebene Anwendung bestimmen die *Oberleitungsbauart*. Folglich ist die Oberleitung so zu gestalten, dass sie den Anforderungen während der gesamten Lebensdauer mit minimalen betrieblichen Lebenszykluskosten entspricht. Der Eignung einer Oberleitungsbauart für eine vorgegebene Anwendung lässt sich durch die Simulation des Zusammenwirkens von Oberleitung und Stromabnehmer und Messungen auf der Strecke nachweisen.

3.3.5.2 Leiterquerschnitte und Zugkräfte

Wegen der davon abhängigen Kosten sind die Querschnitte von Fahrdraht und Tragseil möglichst klein zu halten und so zu bemessen, dass die Anforderungen mit geringstem Aufwand erfüllt werden. Die Bahnenergieversorgungsart, das Zugförderungsprogramm und das Streckenprofil bestimmen die Höhe der über die Oberleitung fließenden Ströme. Die *elektrische Bemessung* des Längskettenwerkes wird im Kapitel 7 behandelt. Die Tabelle 7.12 enthält Angaben für die dauernd zulässige Strombelastung von Kettenwerken für häufig angewandte Kombinationen von Tragseil und Fahrdraht bei Betrieb mit 16,7 Hz und 50 Hz.

Die *mechanische Bemessung* zielt auf möglichst lange Spannweiten ab, die sich mit hohen Zugkräften und langen Stromabnehmerwippen verwirklichen lassen. Dies vermindert die Zahl der Stützpunkte und daher die Investitionen. Die Wahl und die mechanische Bemessung von Tragseilen und Fahrdrähten behandelt der Abschnitt 4.2.1.

Die *Elastizität* und deren Unterschiede im Längskettenwerk bestimmen die Befahrungsgüte. Sie folgt im Wesentlichen aus der Spannweitenlänge und den Zugkräften im Fahrdraht und Tragseil. Der Abschnitt 10.5.2.1 behandelt die Ermittlung der Elastizität.

Die Werkstoffe und Zugspannungen bestimmen die *Wellenausbreitungsgeschwindigkeit* im Fahrdraht als eine kennzeichnende, dynamische Größe (siehe Abschnitt 10.2.1). Die *Betriebsgeschwindigkeit* sollte 70 % der Wellenausbreitungsgeschwindigkeit nicht überschreiten (siehe [3.43], Anhang 1).

Die Eignung eines Längskettenwerkes für eine vorgesehene Geschwindigkeit lässt sich auch aus dem *Dopplerfaktor* (Abschnitt 10.2.6) bewerten. Der dimensionslose Dopplerfaktor sollte mindestens 0,15, vorzugsweise aber 0,20 betragen.

Für den Hochgeschwindigkeitsbetrieb sollte der *Fahrdrahtanhub* am Stützpunkt 100 mm und in Spannfeldmitte weitere 80 mm nicht überschreiten. Die Elastizität muss bei Oberleitungen für hohe Geschwindigkeiten klein und gleichmäßig sein. Die Erhöhung der Zugkraft lässt sich durch größeren Querschnitt und größere Zugspannung des Fahrdrahts erreichen. Der Querschnitt sollte jedoch nicht größer als 120 mm^2 sein, um Welligkeiten und Knicke bei der Fahrdrahtmontage zu vermeiden.

Bei Kettenwerken, deren Dauerstrombelastbarkeit die gewünschte Stromtragfähigkeit und den zulässigen Spannungsfall nicht sicherstellen, vergrößern *Verstärkungsleitungen* parallel zur Oberleitung die Stromtragfähigkeit. Die Abschnitte 7.1.2.2 und 7.1.2.3 behandeln die Auslegung der Fahrleitungen hinsichtlich Stromtragfähigkeit.

3.3.5.3 Spannweitenlänge

Im Hinblick auf niedrigere Errichtungskosten sind möglichst große Spannweitenlängen anzustreben. Auch bei Wind muss sich der aus der Ruhelage bewegte Fahrdraht innerhalb der nutzbaren Fahrdrahtseitenlage befinden. Die Festlegung der *Spannweitenlänge* muss die spannweitenbezogene Windlast für den Fahrdraht $F'_{\mathrm{W\,FD}}$ und für das Tragseil

$F'_{W\,TS}$ nach Abschnitt 4.9 für die zu erwartenden *regionalen Windgeschwindigkeiten* berücksichtigen. Die regionale Windgeschwindigkeit und Höhe der Fahrleitung über dem Gelände bestimmen die anzusetzende Windlast.

Die *maximale Fahrdrahtseitenlage* e_{max} bei Wind, die vom Arbeitsbereich des Stromabnehmers abhängt, beeinflusst neben der Fahrdrahtseitenlage an den Stützpunkten maßgeblich die Spannweitenlänge. Stromabnehmer geringerer Arbeitslänge verkürzen die mögliche Spannweitenlänge. Kleine Gleisradien führen ebenso zur Verkürzung der realisierbaren Spannweitenlänge. Die Zusammenhänge zwischen Windbelastung, Zugkräften, Bogenradien, Seitenlage und Spannweitenlänge werden in den Abschnitten 4.10 und 4.11 behandelt.

Am Fahrdrahtstützpunkt entsteht durch die Abwinklung des Fahrdrahtes eine *Fahrdrahtradialkraft* (siehe Abschnitt 4.10.2), die im Bereich $80\,\text{N} < F_H < 2\,000\,\text{N}$ für Leichtbauseitenhalter liegen sollte. Eine Unterschreitung der Mindestradialkraft bewirkt einen lockeren Sitz und damit einen erhöhten Verschleiß des *Seitenhaltergelenkhakens* am Abzughalter. Eine Überschreitung der zulässigen Radialkraft durch große Abwinklung des Fahrdrahts kann zur Zerstörung des Seitenhalters führen. Über die Wahl der Spannweitenlänge und der Seitenverschiebungen besteht die Möglichkeit, die Abwinklung des Fahrdrahtes am Stützpunkt zu verändern und somit die Fahrdrahtradialkraft zu beeinflussen. Wie im Abschnitt 3.3.5.2 erläutert, beeinflusst die Spannweitenlänge die Elastizität gemäß der Beziehung (10.77).

Bei Kettenwerken mit verringerten Systemhöhen sind die Spannweitenlängen anzupassen, um die *kleinste Hängerlänge* $l_{H\,min}$ nicht zu unterschreiten. Mit 1,55 m Fahrdrahtgrenzlage (siehe Bild 4.26 d)) ihrer 1 950 mm langen Stromabnehmer können DB, ÖBB und REB längere Spannweiten realisieren und auf diese Weise Investitions- und Instandhaltungskosten senken. Die 1 600-mm-Wippe erfordert kürzere Spannweiten, als diese auf für 1 950-mm-Wippen errichteten Strecken vorhanden sind.

3.3.5.4 Systemhöhe

Die kleinste Hängerlänge $l_{H\,min}$ nach deren Ausführung im Bild 11.46 beträgt in Abhängigkeit von der Fahrgeschwindigkeit:

$$v \leq 120\,\text{km/h} \qquad l_{H\,min} = 300\,\text{mm},$$
$$120 < v \leq 230\,\text{km/h} \qquad l_{H\,min} = 500\,\text{mm und}$$
$$v > 230\,\text{km/h} \qquad l_{H\,min} = 600\,\text{mm}.$$

Wenn diese Mindesthängerlängen unterschritten werden müssen, z. B. unter Bauwerken, lassen sich kürzere, flexible Hänger und schließlich *Gleithänger* mit Mindesthöhe einsetzen. Die letzteren übertragen den Fahrdrahtanhub wenig elastisch auf das Tragseil und erzeugen somit Kraftspitzen im Kontaktkraftverlauf. Die Beachtung der kleinsten Hängerlängen ist für das dynamische Verhalten wichtig. Kürzere Hänger zusammen mit nicht ausreichend *flexiblen Hängerseilen* erhöhen die Wahrscheinlichkeit von Hängerbrüchen, besonders bei hohen Geschwindigkeiten und größeren Fahrdrahtanhüben. Beim Kettenwerk mit Bz II 50 Tragseil, 15 kN Tragseilzugkraft und AC-120-CuAg Fahrdraht ohne Vordurchhang ergibt sich aus (4.53) 0,63 m Tragseildurchhang in der Mitte des 65-m-Spannfelds. Mit 0,6 m minimaler Hängerlänge folgt 1,23 m kleinste Systemhöhe. Größere Systemhöhen als auf freien Strecken sind oftmals in Bahnhöfen für den Einbau von Trennern vorhanden.

3.3.5.5 Kettenwerke im Tunnel

Bei *Tunneloberleitungen* besteht die Forderung zum Minimieren des Einbauraums. Daher sollte die Fahrdrahthöhe so niedrig wie möglich sein, um den *Tunnelquerschnitt* und die für dessen Bau erforderlichen Investitionen möglichst klein zu halten. Jedoch sind bei Hochgeschwindigkeitsoberleitungen keine Fahrdrahtneigungen zulässig, sodass die gleiche Fahrdrahthöhe im Tunnel, z. B. 5,3 m oder niedriger, wie auf offenen Strecken zu planen ist. Daraus folgt eine möglichst niedrige Nennfahrdrahthöhe auch auf offenen Strecken bei Hochgeschwindigkeitsoberleitungen. Eine Verringerung des erforderlichen Einbauraums für die Oberleitung im Tunnel ist durch eine kleinere Systemhöhe möglich, woraus geringere Spannweiten, z. B. 55 m, unter Beachtung der Mindesthängerlänge folgen. Abhängig von der Betriebsgeschwindigkeit sind alternative Kettenwerksformen möglich, z. B. Kettenwerke mit *elastischen Stützpunkten* (siehe Abschnitt 3.3.2.5) oder *Stromschienenoberleitungen*, auch *Deckenstromschienen* genannt, mit kurzen Stützpunktabständen (siehe Abschnitt 3.4).

3.3.5.6 Vordurchhang

Bei einigen Bauarten von Oberleitungen befindet sich der Fahrdraht nicht in einer konstanten Höhe über der Schienenoberkante. So ist beispielsweise bei der Bauart Sicat S1.0, Bild 3.29, und den TGV-Hochgeschwindigkeitsoberleitungen der SNCF der Fahrdraht mit einem *Vordurchhang*, z. B. 0,1 % der Feldlänge, verlegt. Ein Vordurchhang in Spannfeldmitte soll eine nahezu konstante Betriebshöhe für den Stromabnehmer während der Durchfahrt des Zuges ergeben und die Unterschiede des Anhubs am Stützpunkt und in Feldmitte ausgleichen. Die dynamischen Anteile des Fahrdrahtanhubs vergrößern sich jedoch mit zunehmender Geschwindigkeit und damit wird der Stromabnehmer durch den Vordurchhang in Feldmitte nach unten gedrückt. Die während der Entwicklung der Oberleitung für die Neubaustrecken der DB durchgeführten Prüfungen (siehe Abschnitt 10.5.3.3) zeigten, dass ein Vordurchhang für Hochgeschwindigkeitsoberleitungen ungünstig im Hinblick auf die Befahreigenschaften ist.
Nach den Erfahrungen der SNCF ist ein Vordurchhang auch für Hochgeschwindigkeitsoberleitungen ohne Y-Beispiel günstig, wie dies sowohl Studien als auch Versuche zeigten. Beim Einbau des Fahrdrahtes für Oberleitungen ohne *Y-Beiseil* ist 0,05 % der Spannweite als Vordurchhang anzustreben. Ein anfangs eingestellter Durchhang kann dazu beitragen, die Auswirkungen des Verschleißes zu verringern, den ansonsten ein negativer Durchhang, also eine nach oben gerichtete Wölbung des Fahrdrahts, bewirkt.
Ein Vordurchhang führt zu einer besseren Befahrgüte von Oberleitungen bis 200 km/h mit ihrem relativ großen Unterschied der Elastizität entlang der Oberleitung, wobei in diesem Geschwindigkeitsbereich das statische Verhalten bei dem Zusammenwirken zwischen Oberleitung und Stromabnehmer überwiegt.

3.3.5.7 Y-Beiseil

Die vertikale Bewegung des Kontaktpunktes, an dem die Schleifstücke den Fahrdraht berühren, sollte innerhalb eines Feldes so gering wie möglich sein. Geringe Elastizitätsunterschiede haben eine nahezu konstante Höhe des Kontaktpunktes zur Folge und ergeben damit eine höhere Stromübertragungsqualität. Nach der TSI ENE HS [3.43] soll die Differenz zwischen dem höchsten und dem niedrigsten dynamischen Kontaktpunkt innerhalb eines Feldes bei Oberleitungen für AC-Strecken
  – 80 mm für Strecken mit Auslegungsgeschwindigkeiten $\geq$ 250 km/h,
  – 100 mm für Strecken mit Auslegungsgeschwindigkeiten $<$ 250 km/h,
und bei Oberleitungen für DC-Strecken
  – 80 mm für Strecken mit Auslegungsgeschwindigkeiten $\geq$ 250 km/h und
  – 150 mm für Strecken mit Auslegungsgeschwindigkeiten unter 250 km/h
nicht überschreiten. Das Erfüllen dieser Vorgaben für Fahrdrahtanhub innerhalb eines Feldes ist an der errichteten Anlage nachzuweisen (siehe Abschnitt 10.4.6).

Die Elastizität an den Stützpunkten lässt sich mit der Zugkraft und der Länge der Y-Beiseile steuern und damit eine gleichmäßigere Elastizität in einer Spannweitenlänge erreichen. Bild 10.55 zeigt den Zusammenhang zwischen Zugkraft und Länge der Y-Beiseile und der Elastizität an den Stützpunkten.

Der *Ungleichförmigkeitsgrad* (siehe Gleichung (10.78)) erlaubt eine Aussage zur Eignung einer Oberleitungsbauart für eine geplante Anwendung. Empfehlungen für die anzustrebende Ungleichförmigkeit sind in der Tabelle 10.11 abhängig von der Betriebsgeschwindigkeit angegeben.

Die SNCF verwendete Y-Beiseile auf der Hochgeschwindigkeitsstrecke Paris–Lyon und stellte fest, dass diese schwierig einzubauen und Instand zu halten sind. Seither nutzt die SNCF keine Y-Beiseile in Hochgeschwindigkeitsoberleitungen.

3.3.5.8 Nachspannlänge

Der Temperaturbereich der Oberleitung, die mögliche Horizontalzugkraftänderung, die zulässigen Toleranzen der Fahrdrahtseiten- und -höhenlage und der Arbeitsbereich und Wirkungsgrad der Nachspanneinrichtungen bestimmen die *Nachspannlänge* L_{nach}.

Der *Arbeitsbereich der Nachspanneinrichtung* begrenzt die zulässige Längenänderung ΔL_{nach} nach Abschnitt 4.3.2. Das Bild 11.52 a) zeigt die Größen, die den Arbeitsbereich einer Nachspanneinrichtung mit Gewichten bestimmen.

Aus dem Übersetzungsverhältnis, der Einbauhöhe, der Länge der Gewichtssäule und dem Freiraum über dem Boden folgt der Arbeitsweg ΔL_{nach} der Gewichtssäule. Höhere Zugkräfte erfordern längere Gewichtssäulen und vermindern damit den Arbeitsbereich. Hinsichtlich Arbeitsbereich und Länge der Gewichtssäule hat sich in Deutschland die Übersetzung 3 : 1 als günstig herausgebildet. Die neu entwickelte und geprüfte Nachspanneinrichtung mit dem Übersetzungsverhältnis 1,5 : 1 ermöglicht größere Nachspannlängen und den Einsatz preiswerterer Betongewichte anstelle der teuren gusseisernen Gewichte [3.51]. Diese Verbesserung ließ sich durch Verkleinerung des Arbeitsbereichs der Gewichtssäule wegen des kleineren Übersetzungsverhältnisses und Verlängerung der

Höhe der Gewichtssäulen erreichen. Mehrere Bahnverwaltungen verwenden Übersetzungen zwischen 2 : 1 und 5 : 1 in ihren Anlagen.

Die größere Dichte von Grauguss im Vergleich zu Beton vermindert die Länge der Gewichtssäulen und damit den Einbauraum. Eine *platzsparende Nachspanneinrichtung* ist besonders in den Tunneln gefordert (siehe Bild 11.50).

Um im gesamten Temperaturbereich gute Befahrungseigenschaften zu erreichen, ist bei der Festlegung der Nachspannlänge besonders im Bogenbereich auch der Zugkraftverlust im Fahrdraht und Tragseil durch Rückstellkräfte am Ausleger und durch Reibung in der Nachspanneinrichtung zu beachten. Nach früheren Erfahrungen sollte der Zugkraftverlust durch Rückstellkräfte 8 % nicht überschreiten [3.52]. Mit mindestens 97 % Wirkungsgrad der *Nachspanneinrichtung* würde sich dann die Zugkraft insgesamt um bis zu 11 % ändern. Mit Simulations- und Messverfahren lässt sich der für die jeweilige Oberleitungsbauart maximal zulässige Zugkraftverlust ermitteln.

Die temperaturbedingten Längenänderungen der Oberleitung verursachen Drehbewegungen der Ausleger und *radiale Verschiebungen der Fahrdrahtseitenlage* im rechten Winkel zum Gleis (siehe Abschnitt 4.5.6).

Ein weiteres Kriterium für die Festlegung der Nachspannlängen sind die Drehbewegungen der Doppelausleger in den Überlappungsbereichen. Durch gegenläufige Bewegung in der Überlappung nähern sich diese. In isolierenden Überlappungen nach Abschnitt 3.3.5.11 ist der elektrische Mindestabstand zwischen Bauteilen der beiden Kettenwerke und ihrer Trageinrichtungen auch bei extremen Lagen einzuhalten.

Kürzere Nachspannlängen als 750 m, auch als *halbe Nachspannlängen* bezeichnet, sind an nur einem Ende nachgespannt und an dem anderen Ende fest abgespannt. Halbe Nachspannlängen finden sich

– zwischen dem Bahnhof und der offenen Strecke als Ausgleichslänge,
– am Tunnelportal, um einen Festpunkt an dieser Stelle zu vermeiden und
– in Weichenbereichen und Überleitstellen.

Einseitig nachgespannte Kettenwerke bieten Vorteile für Oberleitungen über Weichen und im Übergangsbereich zwischen offener Strecke und Tunnel. Dort können ansonsten Längsverschiebungen des Kettenwerks und asymmetrische Lasten auf die Festpunkte wirken. Diese treten durch unterschiedliche Temperaturen im Tunnel und auf der offenen Strecke bei Verwendung von an beiden Enden nachgespannten Kettenwerken auf.

3.3.5.9 Festpunkte

Mechanische Festpunkte, auch *Ankerpunkte oder Festlegungen* genannt, sind in einer Nachspannlänge nach Bild 3.37 ungefähr in der Mitte angeordnet. Damit lässt sich sicherstellen, dass sich die Leiter nicht nach einem Ende des Nachspannabschnittes verschieben und damit Änderungen der Belastungsbedingungen hervorrufen. Längsverschiebungen des Fahrdrahts gegenüber dem Tragseil und umgekehrt führen zur Verzerrung der Y-Beiseile, zur Schrägstellung der Hänger und damit zur ungewollten Änderung der Fahrdrahthöhe. In den Feldern neben dem Festpunktausleger fixieren die Z-Seile den Fahrdraht am Tragseil und reduzieren ungewollte Längsverschiebungen des Fahrdrahts (Bild 3.38). Die Ausbildung des Tragseilfestpunktes berücksichtigt die unter-

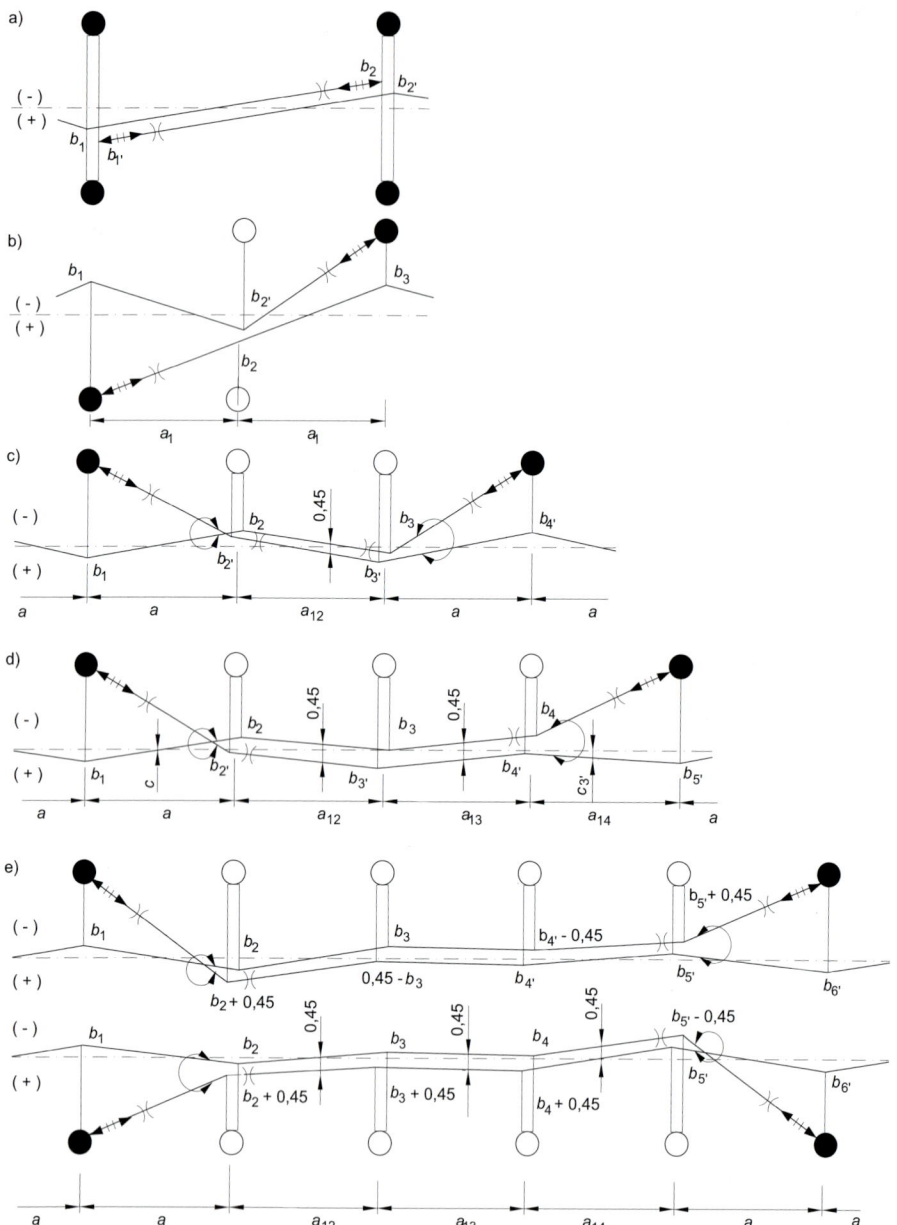

Bild 3.35: Isolierende Überlappungen in geraden Streckenabschnitten für 15-kV-Oberleitungen, auch Streckentrennungen genannt.
a) einfeldrige Überlappung mit Abspannquerjochen, b) zweifeldrige Überlappung, c) dreifeldrige Überlappung; d) vierfeldrige Überlappung, e) fünffeldrige Überlappung

3.3 Oberleitungen

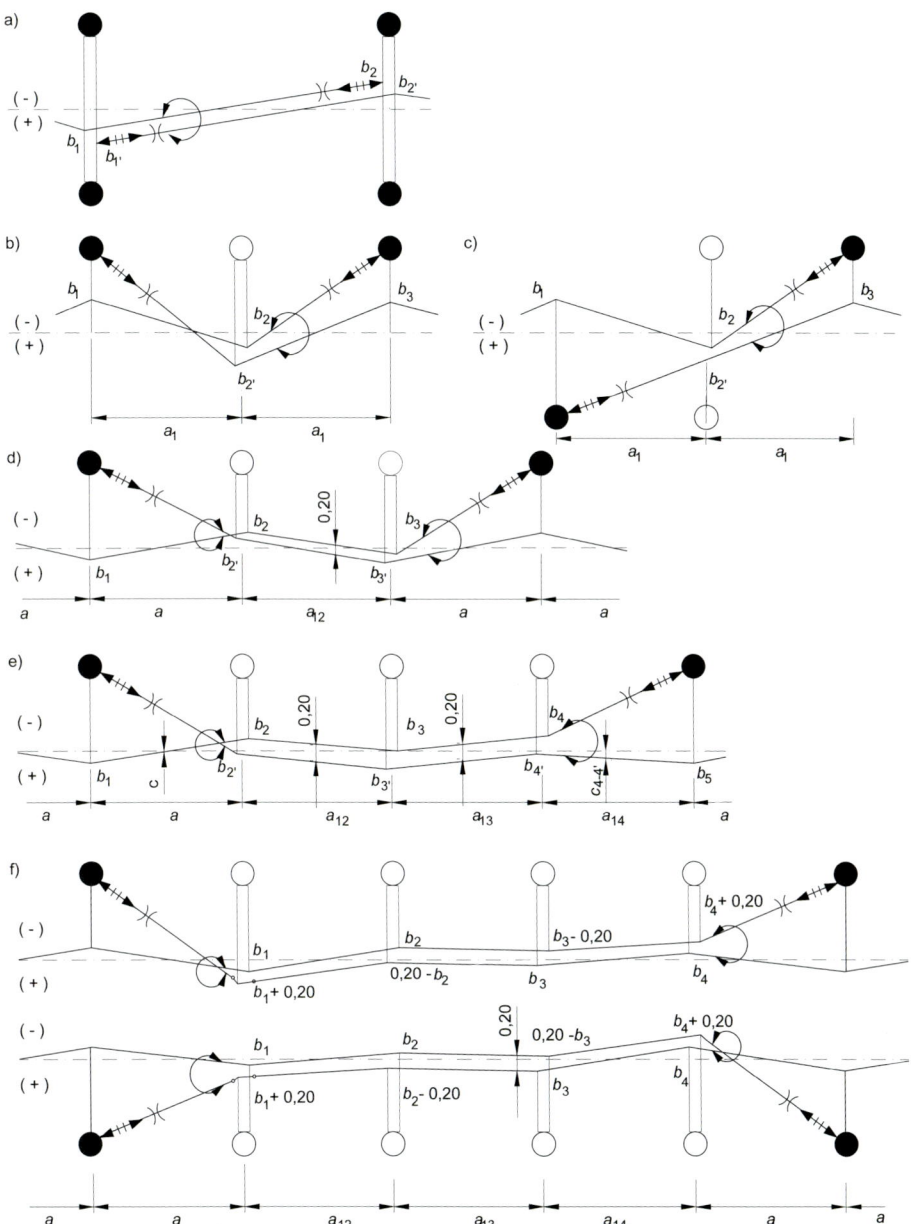

Bild 3.36: Nicht isolierende Überlappungen in geraden Streckenabschnitten, auch Nachspannungen genannt.
a) einfeldrige Überlappung mit Abspannquerjochen, b) zweifeldrige Überlappung, c) zweifeldrige Überlappung ohne Kreuzung, d) dreifeldrige Überlappung, e) vierfeldrige Überlappung, f) fünffeldrige Überlappung

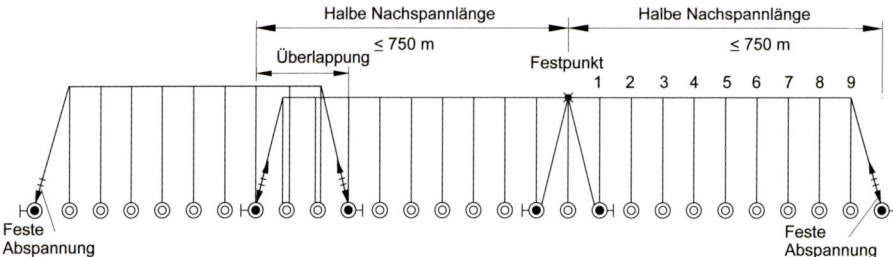

Bild 3.37: Aufbau einer beidseitig beweglich und einer einseitig fest abgespannten Nachspannlänge bzw. halben Nachspannlänge.

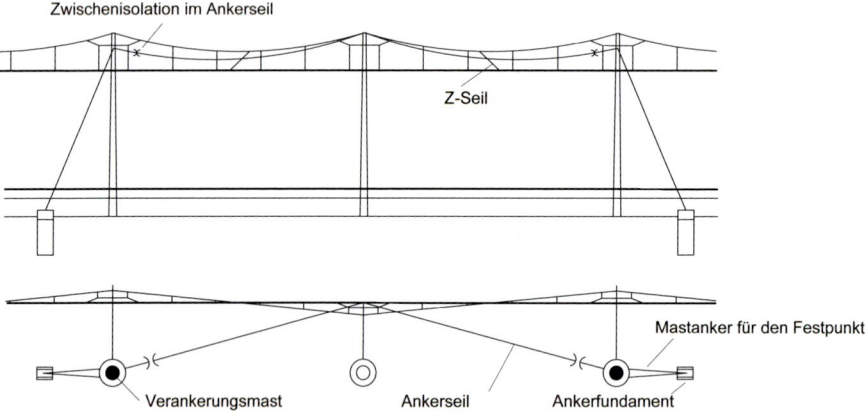

Bild 3.38: Festpunkt mit Rohrschwenkausleger.

schiedlichen Zugkräfte des Tragseils und Fahrdrahts. Die höchste Last bestimmt dabei die Auslegung der Ankerseile, der Ankermasten und der Z-Seile. Festpunktankermasten und Ankerseile werden für die Summe der Zugkräfte von Fahrdraht und Tragseil bemessen und Z-Seile für die Fahrdrahtzugkraft jeweils mit Teilsicherheitsbeiwerten.

Es lassen sich zwei Arten der Festpunktausführung unterscheiden, solche mit einem Schwenkausleger und solche in flexiblen Querfeldern oder festen Jochen. Bild 3.38 zeigt einen Festpunktanker mit Rohrschwenkausleger, der nach beiden Seiten nachgespannte Kettenwerke fixiert.

Bei Festpunkten im Querfeld muss das obere Quertragseil der auftretenden Längskraft standhalten. Auch können mehrere benachbarte Querfelder gemeinsam als Festpunkt arbeiten.

3.3.5.10 Nachspannung

Die *Nachspanneinrichtungen* haben die Aufgabe, bei temperaturbedingten Längenänderungen von Fahrdraht und Tragseil die Zugkraft möglichst konstant zu halten. Damit

3.3 Oberleitungen

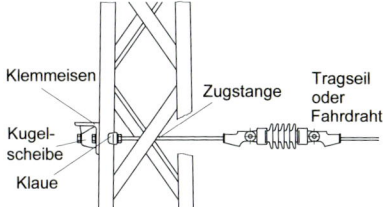

Bild 3.39: Endverankerung.

bleiben die Durchhänge des Fahrdrahtes nahezu gleich. Die Nachspanneinrichtung sollte auch einen vorgegebenen Wirkungsgrad erreichen. Der Wirkungsgrad, gemessen als Verhältnis der tatsächlichen zur vorgesehenen Zugkraft, sollte nahe bei eins liegen, aber nicht kleiner als 0,97 sein [3.46]. Die einzelnen Nachspanneinrichtungen sind in den Abschnitten 3.1.2 und 11.2.3 beschrieben.

3.3.5.11 Feste Endverankerungen

Feste Endverankerungen in Längskettenwerken schließen Tragseile und Fahrdrähte direkt an Masten an. Die Isolation befindet sich im Sicherheitsabstand vom Mast entfernt, um die Besteigung des Mastes zu Inspektionszwecken zu ermöglichen (Bild 3.39).

3.3.5.12 Nicht isolierende und isolierende Überlappungen

Überlappungsbereiche mit Parallelführung der Kettenwerke sorgen für den Übergang der Stromabnehmer von einem zum nächsten Nachspannabschnitt ohne Unterbrechung der Energiezufuhr mit nahezu gleich bleibender Kontaktgüte. Sie werden elektrisch isolierend oder nicht isolierend ausgeführt.

Isolierende Überlappungen, auch *Streckentrennungen* genannt, trennen elektrisch die Nachspannabschnitte voneinander. Hinsichtlich der Ausführung sind isolierende Überlappungen mit ein-, zwei-, drei-, vier- und fünf Feldern zu unterscheiden. Das Bild 3.35 zeigt die Arten der isolierenden Überlappungen in der Gleisgeraden.

Nicht isolierende Überlappungen werden auch *Nachspannungen* genannt. Bild 3.36 zeigt diese Nachspannungen in der Gleisgeraden. Bei der zwei- und vierfeldrigen Überlappung beschleift der Stromabnehmer an den Stützpunkten zwei Fahrdrähte. Die dabei auftretenden ungünstigen Kraftspitzen favorisieren die Anwendung von drei- oder fünffeldrigen Überlappungen, wobei der Übergang der Stromabnehmer zwischen den Kettenwerken im mittleren Bereich des Feldes stattfindet. Oberleitungen für Geschwindigkeiten bis 300 km/h verwenden auf offenen Strecken dreifeldrige oder fünffeldrige Überlappungen und in Tunneln fünffeldrige Überlappungen (Bild 3.40). Im Mittelfeld steht der Stromabnehmer auf rund einem Drittel des Feldes mit beiden Fahrdrähten in Kontakt. Der Hochzug des Fahrdrahts des jeweils abgehenden Kettenwerkes beträgt
– 0,5 m für Oberleitungen bis 200 km/h und
– 0,2 m für Oberleitungen über 200 km/h
am Stützpunkt gegenüber dem befahrenen Fahrdraht. Somit berührt der Stromabnehmer am Stützpunkt nur einen Fahrdraht. Die Stützpunkte der abgehenden Kettenwerke

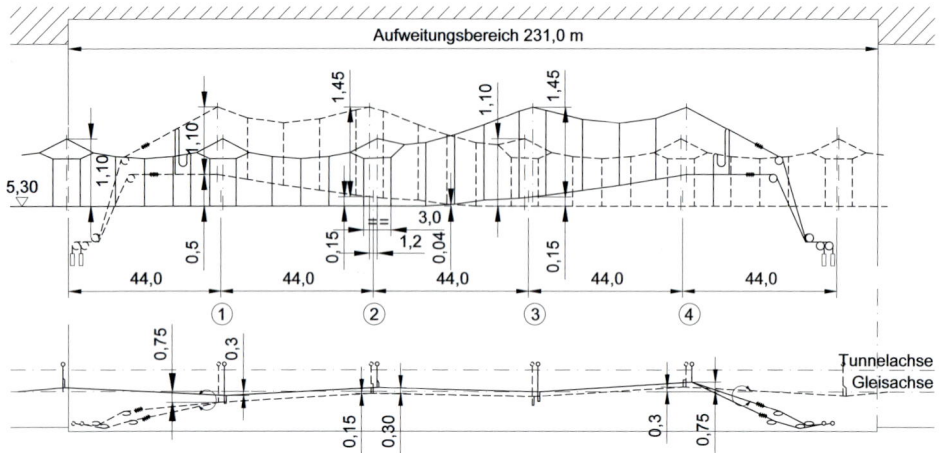

Bild 3.40: Überlappungen im Tunnel mit Aufweitungsbereich.

sind wegen der Abwinklung des Fahrdrahtes und den auftretenden Radialkräften weniger elastisch als die anderen Stützpunkte und sollten daher nicht befahrbar sein.

Bei Hochgeschwindigkeitsoberleitungen lässt sich durch die verminderten Spannweitenlängen und die höheren Fahrdrahtzugkräfte der Fahrdraht allenfalls auf 0,20 m hochziehen. Deshalb ist ein weiterer Stützpunkt notwendig, um den Fahrdraht auf 0,5 m hoch zuführen und bei isolierenden Überlappungen Isolatoren einbauen zu können. Diese Bauweise führt zur fünffeldrigen Überlappung. Nur bei geringeren Abständen der Kettenwerke im Übergangsfeld sind längere Spannweitenlängen möglich, die zur wirtschaftlicheren Bauweise mit dreifeldrigen Überlappungen führen. In Deutschland betragen die Abstände zwischen Kettenwerken in isolierenden Überlappungen 0,45 m, in der Schweiz 0,30 m. Der von der Deutsche Reichsbahn gewählte 0,45 m Abstand basiert auf den zur damaligen Zeit geltenden elektrischen Sicherheitsabstand 0,3 m in Luft, der seit 1982 nach DIN VDE 0115, Teil 3, wegen der betrieblichen Erfahrungen auf 0,15 m in 15-kV-Anlagen ermäßigt wurde.

Bei nicht isolierenden Überlappungen beträgt der Abstand zwischen den Kettenwerken 0,20 m in Deutschland und der Schweiz. Er soll ein Zusammenschlagen der Kettenwerke verhindern. Um dreifeldrige isolierende Überlappungen nutzen zu können, lassen sich auch Verbundisolatoren mit Notlaufeigenschaften anstelle eines Isolators verwenden (Bild 11.61). In kleinen Gleisradien mit kurzen Feldlängen können fünffeldrige Überlappungen erforderlich sein.

Für die Standorte isolierender Überlappungen als elektrische Grenzen zwischen Bahnhöfen und freien Strecken sind Mindestabstände zu Signalen einzuhalten (Bild 3.41). Geschlossene Oberleitungstrennschalter verbinden die Nachspannabschnitte elektrisch während des Normalbetriebes. Sie können aber auch geöffnet sein, so dass unterschiedliche Potenziale in der Überlappung vorhanden sind. Größere Potenzialdifferenzen können beim Stromabnehmerdurchgang zu Lichtbögen und zum Abbrand der Oberleitung

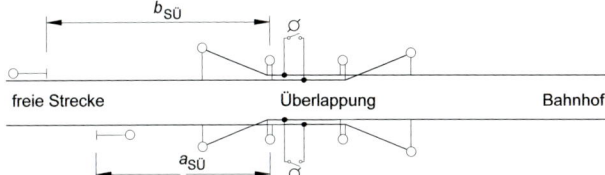

Bild 3.41: Streckentrennung mit Oberleitungsschalter.

führen. Um die *isolierenden Überlappungen* zu schützen, werden Signale in einem Mindestabstand zum ersten Mast mit Doppelausleger platziert. Dieser Abstand ermöglicht es Triebfahrzeugführern, die nach Halt am Signal anfahren müssen, bereits mit kleinerem Strom die Überlappung zu passieren. Damit entsteht auch bei geöffneten Oberleitungstrennschaltern kein Schaden an der Oberleitung durch Spannungsdifferenzen zwischen den Speiseabschnitten. Der kleinste Abstand $a_{\text{SÜ}}$ zwischen dem Signal und dem ersten Stützpunkt mit Doppelausleger der Überlappung hängt von der Streckenart ab (Bild 3.41). Die Abstände sind dem Abschnitt 12.9 zu entnehmen.

3.3.5.13 Elektrische Trennungen und Trenneinrichtungen

Oberleitungsanlagen werden durch *Längstrennungen* in Schaltabschnitte getrennt. Bis 160 km/h Betriebsgeschwindigkeit, selten bis 200 km/h, finden *Streckentrenner* in Bahnhöfen und Nebengleisen Anwendung. Für Geschwindigkeiten größer 160 km/h werden meist isolierende Überlappungen nach Abschnitt 3.3.5.12 in den durchgehenden Hauptgleisen genutzt. Die Streckentrenner werden im Abschnitt 11.2.4 beschrieben.

3.3.5.14 Elektrische Verbindungen

Feste und schaltbare *elektrische Verbindungen* unterteilen die Speiseabschnitte und Schaltgruppen. *Feste elektrische Verbindungen*, auch Strom- oder elektrische Verbinder genannt, führen den Betriebs- und Kurzschlussstrom zwischen Fahrdraht, Tragseil und Kettenwerken verschiedener Nachspannabschnitte sowie zwischen Bahnenergieleitungen und Kettenwerken. Die Verbindungen werden im Abschnitt 11.2.2.8 behandelt.

3.3.5.15 Schutzstrecken und Phasentrennstellen

Schutzstrecken trennen Abschnitte einer Oberleitung in der Weise, dass beim Befahren mit Triebfahrzeugen der oder die Stromabnehmer die Abschnitte nicht elektrisch überbrücken. Schutzstrecken grenzen ab:
- unterschiedliche *Energieversorgungsarten* in Systemtrennstellen, z. B. DC 3 kV und AC 25 kV 50 Hz oder AC 15 kV 16,7 Hz
- *Speiseabschnitte mit unterschiedlichen Phasenlagen*, z. B. Speiseabschnitte in AC 25 kV Netzen, die aus unterschiedlichen *Außenleitern* der Landeselektrizitätsversorgung gespeist werden, auch als *Phasentrennstelle* bezeichnet
- Speiseabschnitte, die zeitweise unterschiedliche Phasenlagen annehmen können, z. B. zur Trennung von Oberleitungsabschnitten, die von dezentralen Umformerwerken gespeist werden

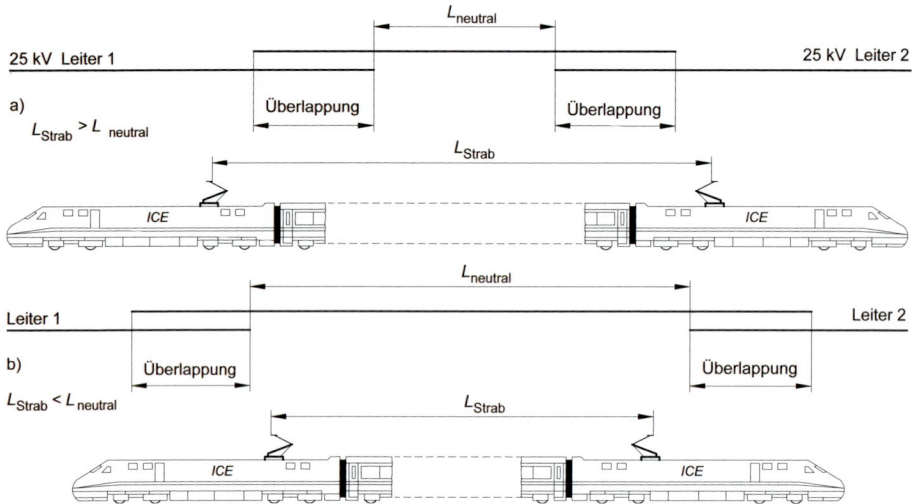

Bild 3.42: Varianten der Schutzstreckenausführung.
$L_{neutral}$ Länge des neutralen Abschnittes, L_{Strab} Abstand zwischen den Stromabnehmern, a) Schutzstrecke ist kürzer als Abstand der Stromabnehmer, b) Schutzstrecke ist länger als Abstand der Stromabnehmer

- ständig geerdete Oberleitungsabschnitte gegen spannungsführende Oberleitungsabschnitte, z. B. unter Bauwerken

Schutzstrecken in Oberleitungsanlagen für Geschwindigkeiten über 160 km/h bestehen aus zwei benachbarten isolierenden Überlappungen mit einem dazwischen liegenden, neutralen Oberleitungsabschnitt. Es gibt hierfür zwei Ausführungen (Bild 3.42)

- Die gesamte Schutzstrecke ist kürzer als der kleinste Abstand zwischen zwei Stromabnehmern auf Triebzügen oder
- der neutrale Abschnitt ist länger als der größte Abstand zwischen den äußersten Stromabnehmern eines Triebzuges.

Schutzstrecken nach dem ersten Prinzip (Bild 3.42 a)) nutzt die SNCF auf der TGV-Nord-Strecke (Bild 3.43) [3.53], während die AVE-Strecke Madrid–Sevilla ein Beispiel für das zweite Prinzip darstellt (Bild 3.42 b)).
Die TSI Energie geht davon aus, dass ein Absenken der Stromabnehmer nicht notwendig ist, die Energieentnahme des Zuges jedoch durch ausgeschaltete Hauptschalter unterbrochen sein muss, wenn der Zug die Schutzstrecke befährt. Die TSI Energie gibt drei Ausführungen für die Gestaltung der Schutzstrecken vor

- *Lange Schutzstrecke*, bei der alle Stromabnehmer des längsten interoperablen Zuges sich innerhalb des neutralen Abschnittes befinden. In diesem Fall gibt es keine Einschränkungen für die Anordnung und die Abstände der Stromabnehmer auf den Zügen. Die Länge der neutralen Abschnitte sollte mindestens 402 m betragen (Bild 3.42b)).

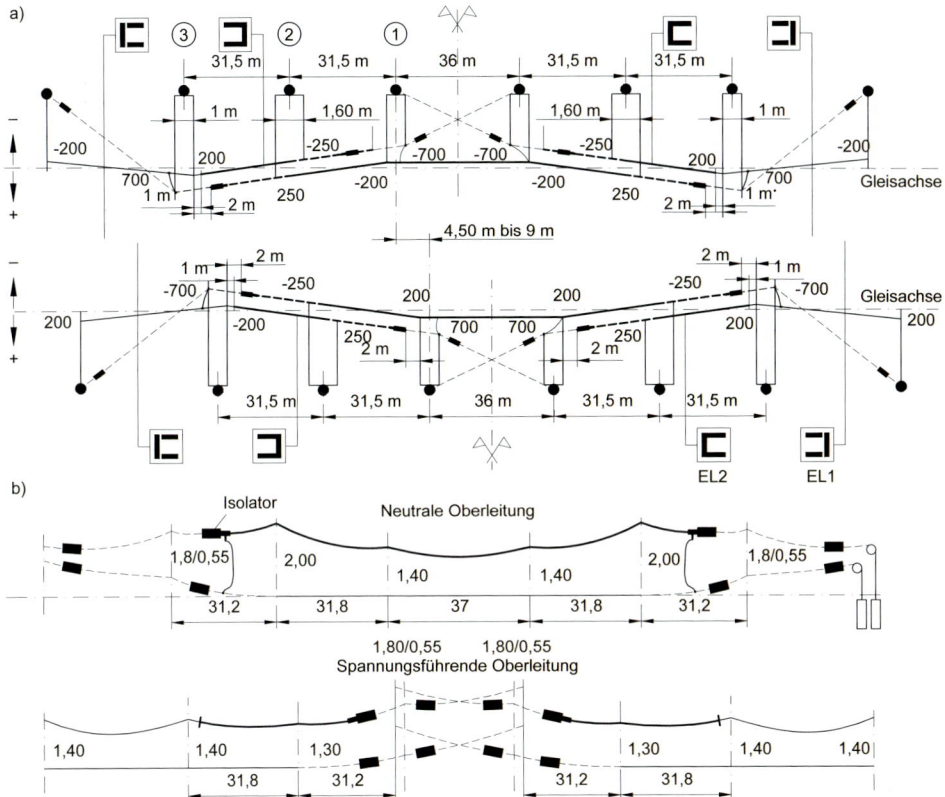

Bild 3.43: Phasentrennstelle auf der Hochgeschwindigkeitsstrecke TGV-Nord in Frankreich. a) Draufsicht, b) Längsprofil

- *Kurze Schutzstrecke*, bei der eine Beschränkung der Stromabnehmeranordnung auf den Zügen besteht. Die gesamte Länge dieser Ausführung ist kleiner als 142 m. Die Verwendung dieser Ausführung setzt voraus, dass der Abstand zwischen drei aufeinander folgenden Stromabnehmern im Betrieb mehr als 143 m beträgt.
- *Verkürzte Schutzstrecken* bestehen aus zwei neutralen Zonen mit einem geerdeten Abschnitt dazwischen (Bild 3.44).

Schutzstrecken sind nicht unmittelbar vor oder nach Signalen, in engen Bögen oder in steilen Rampen anzuordnen, um das Liegenbleiben langsam fahrender Triebfahrzeuge in der Schutzstrecke zu vermeiden. Sollte dieser Fall dennoch eintreten, so lässt sich der neutrale Abschnitt mit dem in Fahrtrichtung liegenden Oberleitungsabschnitt zusammenschalten, wodurch das selbständige Herausfahren des Triebfahrzeugs aus der Schutzstrecke möglich wird.

Bild 3.44: Verkürzte Schutzstrecke der MAV in Ungarn (Siemens 8WL5544-4D) (Foto: Siemens AG, A. Wolf).

3.4 Stromschienenoberleitung

Die *Stromschienenoberleitung*, auch als *Deckenstromschiene* bezeichnet, besteht aus starren Verbund- oder Vollprofilen, die oberhalb oder seitlich der oberen Fahrzeugbegrenzungslinie angebracht sind. Stützpunkte tragen, wie bei anderen Oberleitungen, die Stromschienen zur gleichmäßigen Abnutzung der Schleifleisten mit wechselnder Seitenlage und versorgen die Fahrzeuge mit elektrischer Energie über eine auf dem Dach angebrachte Stromabnahmeeinrichtung (siehe DIN EN 50 119).
Die Qualität der Stromabnahme und damit die zulässige Befahrgeschwindigkeit von starren Stromschienen hängt stärker als bei flexiblen Oberleitungen von der horizontalen Lage der Gleitebene ab. Deshalb sind mit steigender Befahrgeschwindigkeit die Stützpunktabstände zu verkürzen, wodurch sich die aus der Durchbiegung der Schiene resultierenden Neigungen und Neigungswechsel, verringern.
Höhenunterschiede zwischen benachbarten Stützpunkten dürfen für Befahrgeschwindigkeiten größer 140 km/h nur wenige Zehntel Millimeter betragen.
Die größeren Querschnitte erhöhen die Stromtragfähigkeit und Kurzschlussfestigkeit und verringern den Spannungsfall und die Energieverluste.
Bei der Auswahl der Stützpunktisolatoren und der elektrischen Mindestabstände sind die Isolationsanforderungen für Nennspannungen DC 750 bis 3 000 V und AC 15/25 kV zu berücksichtigen. Bei 25-kV-Anlagen beträgt im Regelfall die notwendige Einbauhöhe im Stützpunktbereich 600 mm. Bei niedriger Spannung und der Nutzung von speziell für den Anwendungsfall konzipierten Stützpunkten lässt sich die notwendige Einbauhöhe reduzieren. Die Stromschiene benötigt einen Ausdehnungsbereich für temperaturbedingte Längenänderungen. Sie ist deshalb an den Stützpunkten beweglich angeordnet und in Sektionen unterteilt. Der Sektionswechsel ermöglicht die thermische Ausdehnungskompensation der Stromschienen beider Sektionen. Dehnungsstöße haben die gleiche Funktion. An Schaltgruppen- oder Speisebereichsgrenzen unterteilen die Sek-

tionswechsel oder Trenner die elektrischen Speisebezirke. In der Mitte der Sektion befindet sich ein Festpunkt. Die Sektionslänge ist die Gesamtlänge einer Stromschiene von Sektionswechsel zu Sektionswechsel. Die halbe Sektionslänge ist die Gesamtlänge einer Stromschiene vom Festpunkt bis zum Sektionswechsel, sie beträgt maximal 500 m.
Die Verwendung von biegesteifen Stromschienen vermindert den erforderlichen Einbauraum, weil
- die Nennhöhe der Stromschienenoberleitungen nur um das Maß der Gleislage- und Stromschienenmontagetoleranzen über der minimalen Fahrdrahthöhe liegt,
- ihre Bauhöhe relative niedrig ist und
- keine Nachspanneinrichtungen erforderlich sind.

Stromschienenoberleitungen lassen sich deshalb vorwiegend in engen Tunnelanlagen, unter Brücken und in Werkstätten verwenden, wenn der Einbau einer Hochkettenoberleitung schwierig ist.
Weitere Anwendungsgebiete sind feste und verschwenkbare Oberleitungen auf Hub-Dreh- oder Klappbrücken (siehe Abschnitt 14.5).
Die Entscheidung zur Nutzung einer elastischen oder eine biegesteifen Oberleitung hängt von den technischen Anforderungen, den Einsatzbedingungen und wirtschaftlichen Aspekten ab.
Weltweit wurden bis 2012 rund 2 000 km Stromschienenoberleitungen vorwiegend für Betriebsgeschwindigkeiten bis 140 km/h errichtet [3.54]. Einzelheiten sind im Abschnitt 11.3 enthalten. Die Abschnitte 16.2.6 und 16.8 enthalten Beispiele. Über Versuchsfahrten mit Geschwindigkeiten bis rund 250 km/h wird in [3.55] berichtet.

3.5 Dritte-Schienen-Anlagen

Stromschienen, ausgeführt als Dritte-Schienen-Anlagen, bilden die ältesten Fahrleitungen zur Stromversorgung elektrischer Bahnen. Die meisten der mit Gleichstrom und Nennspannungen bis 1 000 V versorgten U- und S-Bahnen auf eigenem Gleiskörper verwenden Dritte-Schienen für die Energieübertragung, während die meisten elektrischen Bahnen mit Nennspannungen über 1 000 V Oberleitungen verwenden. Für Nennspannungen über 1 500 V sind Dritte-Schiene-Anlagen nur im Versuchsstadium bekannt.
Stromschienen sind *biegesteife Leiter*, die an einer Seite des Gleises auf isolierten Stützpunkten außerhalb des Fahrzeuglichtraums so angeordnet sind, dass die Energieübertragung im Normalbetrieb möglich ist, wobei Personen die Schienen nicht unbeabsichtigt berühren dürfen.
Aus Stromschienen kann der Strom von oben, von der Seite oder von unten entnommen werden. Während in Frankreich, England, den USA, aber auch in Berlin noch die konstruktiv einfachere, von oben beschliffenen Bauform anzutreffen ist, nutzen überwiegend die Bahnunternehmen in Deutschland, Österreich, Russland und anderen europäischen Ländern die von unten beschliffene Bauform. Die Hamburger S-Bahn nutzt eine seitlich bestrichene Stromschiene. Isolierende Stromschienenabdeckungen schützen gegen das unbeabsichtigte Berühren der unter Spannung stehenden Stromschiene, die an den Aufhängungen der Stromschienen oder an den Stromschienenträgern befestigt ist.

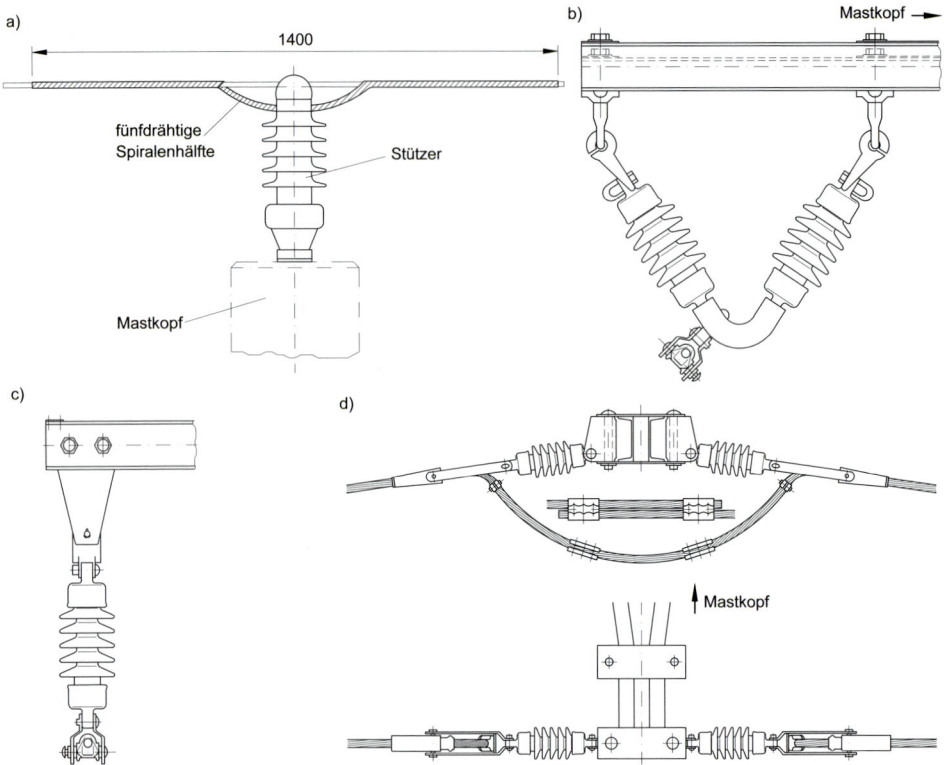

Bild 3.45: Stützpunktbauweisen für Bahnenergieleitungen. a) Stützbauweise, b) Hängebauweise als Einfachaufhängung, c) Hängebauweise als Doppelaufhängung, d) Endverankerung an der Traverse

Im Bereich von Weichen und Übergängen sind Lücken in den Stromschienen, die anlagen- und fahrzeugspezifisch gestaltet sind. Rampenförmige Endstücke führen die Stromabnehmer vor der Lücke in ihre obere Endstellung und nach der Lücke zurück in den vorgesehenen vertikalen Arbeitsbereich für das Beschleifen der Stromschiene. Die Stromschiene wird wegen ihrer thermischen Längsbewegung in Sektionen geteilt, am Ende oder mittig mit einem Festpunkt fixiert und kann sich so nach einer bzw. beiden Seiten ausdehnen. An den Enden dieser Sektionen wird die Längenänderung meist durch Dehnstöße ausgeglichen. Speise- und Verbindungskabel mit äquivalentem Stromschienenquerschnitt transportieren die Traktionsenergie von den Unterwerken zur Stromschienenanlage und zwischen den Stromschienenabschnitten. Die wichtigsten Komponenten der Dritte-Schiene-Anlagen sind im Abschnitt 11.4 erläutert.

3.6 Bahnenergieleitungen

Abschnittsweise führen die Oberleitungsmasten und Hängesäulen *Bahnenergieleitungen* (BEL) mit. Nach der Art der Befestigung am Mast sind die Stützerbauweise (Bild 3.45 a)) und die Hängebauweise (Bild 3.45 b) und c)) zu unterscheiden. Die Stützerbauweise gestattet die Anordnung der BEL am Betonmastkopf ohne Querträger. Diese Bauweise ist auf eine, höchstens zwei Leitungen je Mast beschränkt. Bei mehreren parallelen BEL, in Gleisbögen, bei Kreuzung von Quertragseilen oder im Hinblick auf einzuhaltende Abstände ist die Hängebauweise möglich. Die Hängebauweise ist als Einfach- (Bild 3.45 b)) oder Doppelaufhängung (Bild 3.45 c)) ausführbar, soweit letztere Anordnung wegen der Normvorgaben für die Leitungsgestaltung notwendig ist. Bei der Hängebauweise werden die BEL an Querträgern befestigt. Abspannisolatoren grenzen die einzelnen BEL-Abspannabschnitte ab, wie im Bild 3.45 d) gezeigt. An Endverankerungen beginnt und endet eine BEL-Abspannlänge, die nach den Grundsätzen des Freileitungsbaus mit Aluminium- oder Aluminium/Stahl-Verbundleitern ausgeführt wird [3.56]. Wenn sich BEL und andere Leitungen oder Bauwerke behindern, zwingt dies zur Verkabelung, wobei Kabelendverschlüsse den Übergang von der Bahnenergiefreileitung auf das Kabel herstellen. Einzelheiten für die Planung und Ausführung von BEL sind in den Abschnitten 12.12.5, 12.12.6 12.12.9, 12.13.3 und 12.15.4 enthalten.

3.7 Literatur

3.1 *Höring, D. O.*: Siemens-Handbücher, 15. Band: Elektrische Bahnen. Verlag Walter de Gruyter & Co., Berlin und Leipzig, 1929.

3.2 *Kyser, H.*: Die elektrischen Bahnen und ihre Betriebsmittel. Verlag von Friedrich Vieweg und Sohn, Braunschweig, 1907.

3.3 *Reichel, W.*: Versuche über Verwendung hochgespannten Drehstromes für den Betrieb elektrischer Bahnen. In: Elektrotechnische Zeitschrift 21(1900)23, S. 453–461.

3.4 *Reichel, W.*: Über die Zuführung elektrischer Energie für größere Bahnnetze. In: Elektrotechnische Zeitschrift 25(1904)23, S. 486–493.

3.5 *Molino, N.*: Trifase in Italia 1902-1925. Verlag Gulliver, Torino, 1991.

3.6 *Aeschbacher, P.; Roth, G.; Schomburg, A.*: Kompakte DC-Bahnstromschaltanlage für die Jungfraubahnen. In: Elektrische Bahnen 110(2012)8-9, S. 476–483.

3.7 *Eichenberg, E.*: Das Einphasen-Bahnsystem der Union-Elektricitätsgesellschaft, insbesondere die Versuchsbahn Niederschöneweide–Spindlersfeld. In: Z VDI (1904)9.

3.8 *Kroll, U.*: Beitrag zur Entwicklungsgeschichte der Fahrleitungen für Einphasenwechselstrom in Europa. In: Elektrische Bahnen 31(1960)6, S. 121–132.

3.9 *Wiesinger, K.*: Die elektrische Zugförderung auf den Haupteisenbahnen mit besonderer Berücksichtigung der Strecke Dessau–Bitterfeld. In: Glasers Annalen 68(1911)4, S. 72–79.

3.10 *Seifert, R.*: Zusammenwirken von Fahrleitung und Stromabnehmer. In: Die Eisenbahntechnik, Entwicklung und Ausblick. Hestra Verlag, Darmstadt, 1982.

3.11 *Heymann, H*: Die Versuchsbahn in Oranienburg – die maschinentechnischen Anlagen der Bahn. In: Glasers Annalen 68(1911)4, S. 66–71.

3.12 *Kniffler, A.*: Die elektrische Hamburger S-Bahn, Anlagen und Betriebsführung. In: Die Bundesbahn 28(1954)9/10, S. 168–179.

3.13 *Kotzlott, K.*: 50 Jahre Einphasenwechselstrom mit 25 Hz und 6 300 V auf der Hamburg–Altonaer Stadt- und Vorortbahn. In: Elektrische Bahnen 26(1955)5, S. 97–104.

3.14 *Usbeck, W.*: Die Fahrleitung der Allgemeinen Elektricitäts-Gesellschaft auf der Strecke Dessau–Bitterfeld. In: Elektrotechnische Zeitschrift 32(1911)25, S. 609–612.

3.15 *Preusisch-heßische, bayerische und badische Staatseisenbahnen*: Übereinkommen betreffend die Ausführung der elektrischen Zugförderung. Berlin, München und Karlsruhe, 1912/1913.

3.16 *Deutsche Reichsbahn Ezs 823*: Rollen-Fahrdrahtspanner für Nebengleise. München, 1939.

3.17 *Sachs, K.*: Die ortsfesten Anlagen elektrischer Bahnen. Orell Füssli Verlag, Zürich-Leipzig, 1938.

3.18 *Deutsche Reichsbahn Ezs 828*: Grundsätzliche Anordnung der Hebel-Fahrdrahtspanner. München, 1931.

3.19 *Deutsche Reichsbahn EzsN 188, Bl. 1*: Radspanner für Fahrdraht und Tragseil oder für Doppelfahrdraht, ü = 1 : 3, Abspannzug maximal 2500 kg. München, 1946.

3.20 *Deutsche Reichsbahn EzsN 187, Bl. 1*: Radspanner für Fahrdraht, ü = 1 : 3, Abspannzug maximal 2 500 kg. München, Juli 941.

3.21 *Wagner, R.*: Die Einheitsfahrleitung 1950 der Deutschen Bundesbahn. In: Elektrische Bahnen 25(1954)7, S. 177–180.

3.22 *Abst, S.; Fiegl, B.; Fihlon, M.; Puschmann, R.*: Elektrifizierung der Hochgeschwindigkeitsstrecke HSL Zuid in den Niederlanden. In: Der Eisenbahningenieur 58(2007)11, S. 46–57.

3.23 *Pforr, P.*: Werdegang des elektrischen Zugbetriebs bei der vormals Preußisch-Hessischen Eisenbahn und bei der Reichsbahn. In: Elektrische Bahnen 11(1935)11, S. 310–314.

3.24 *Stockklausner, H.*: 50 Jahre Elektro-Vollbahnlokomotiven in Österreich und Deutschland. In: Sonderheft, Eisenbahn, Wien, 1952.

3.25 *Schwach, G.*: Oberleitungen für hochgespannten Einphasenwechselstrom in Deutschland, Österreich und der Schweiz. Verlag Wetzel-Druck KG, Villingen-Schwenningen, 1989.

3.26 *Dorenberg, O.*: Versuche der deutschen Bundesbahn zur Entwicklung einer Fahrleitung für sehr hohe Geschwindigkeiten. In: Elektrische Bahnen 63(1965)6, S. 148–155.

3.27 *Harprecht, W.; Kießling, F.; Seifert, R.*: „406,9 km/h" Energieübertragung bei der Weltrekordfahrt des ICE. In: Elektrische Bahnen 86(1988)9, S. 268–289.

3.28 *Kießling, F. u. a.*: Die neue Hochgeschwindigkeitsoberleitung Bauart Re 330 der Deutschen Bahn. In: Elektrische Bahnen 92(1994)8, S. 234–240.

3.29 *Becker, W. u. a.*: Entwicklung der Bahnenergieversorgung für Gleichstrom-Nahverkehrsbahnen. In: Elektrische Bahnen 101(2003)6. S. 276–282.

3.30 *N. N.*: Entwicklung der Fahrleitung der elektrischen Straßenbahn. In: Die Fahrt 13(1930) S. 299–304.

3.31 *Thiede, J.*: Strombelastbarkeit von Oberleitungen bei Straßen- und Stadtbahnen. In: Elektrische Bahnen 95(1997)5, S. 123–129.

3.32 *Vuchic, V. R.*: Urban Transit. Systems and Technology. Verlag Wiley & Sons, Inc., Hoboken, New Jersey (USA), 2007.

3.33 *Zabel, R.*: Trolleybusse in Schweizer und anderen Ballungsräumen, Stand und Perspektiven – Teil 1. In: Elektrische Bahnen 103(2005)8, S. 390–400.

3.34 *Röhlig, S.*: DC-Bahnen in Deutschland. In: Elektrische Bahnen 104(2006)3, S. 145–147.

3.35 *N. N.*: Meyers großes Konversations-Lexikon, Band 5. Leipzig 1906, S. 605–609.

3.36 *Gerry, M. H.*: Electric Traction. Notes on the Application of Electric Motive Power to Railway Service, with Illustration from the Practice of the Metropolitan Elevated Road of Chicago. Paper from 14th Meeting of the AIEE, New York (USA), 1897.

3.37 *Mahlke, D.*: Die Aluminium-Stahl-Stromschiene als wichtiger Bestandteil der Stromschienenanlage der S-Bahn Berlin. In: Der Eisenbahningenieur 56(2005)2, S. 24–29.

3.38 *Lerner, F. u. a.*: Bahnleitungsbau der AEG. Reminiszenzen, Daten und Fakten. Sonderdruck, 1997.

3.39 *Eichenberger, M. u. a.*: Pendelaufhängungen für Einfachfahrleitungen. In: Elektrische Bahnen 105(2007)7, S. 391–396.

3.40 *N. N.*: Die Regelfahrleitung der Deutschen Bundesbahn. In: Elektrische Bahnen 77(1979)6, S. 175–180 und S. 207–208.

3.41 *Gourdon, C.*: Die TGV-Oberleitungsanlage der SNCF. In: Elektrische Bahnen 88(1990)7, S. 285–290.

3.42 *Grimrath, H.; Reuen, H.*: Elektrifizierung der Strecke Elmshorn–Itzehoe mit der Oberleitung Sicat S 1.0. In: Elektrische Bahnen 96(1998)10, S. 320–326.

3.43 *Entscheidung 2002/733/EG*: Technische Spezifikation für die Interoperabilität des Teilsystems Energie des transeuropäischen Hochgeschwindigkeitsbahnsystems. In: Amtsblatt der Europäischen Gemeinschaften Nr. L245 (2002), S. 280–369.

3.44 *Schwab, H.-J.; Ungvari, S.*: Development and design of new overhead contact line systems. In: Elektrische Bahnen, 104(2006)5, S. 238–248.

3.45 *Matthes, R.*: Oberleitung für die Modernisierung von Gleichstromstrecken in Russland. In: Elektrische Bahnen 102(2004)12, S. 433–438.

3.46 *Süberkrüb, M.*: Technik der Bahnstrom-Leitungen. Verlag von Wilhelm Ernst & Sohn, Berlin-München-Düsseldorf, 1971.

3.47 *Kökenyési, M.; Kunz, D.*: Oberleitung Sicat SX – Zulassung und Betriebserfahrungen in Ungarn. In: Elektrische Bahnen 111(2013)6-7, S. 440–444.

3.48 *Borz, J. W.; Tschekulajev, W. E.*: Oberleitungen (in russischer Sprache). Verlag Transport, Moskau, 1981.

3.49 *Brodkorb, A.; Semrau, M.*: Simulationsmodell des Systems Oberleitungskettenwerk und Stromabnehmer. In: Elektrische Bahnen 91(1993)4, S. 105–113.

3.50 *Altmann, M.; Matthes, R.; Rister, S.*: Die Elektrifizierung der Hochgeschwindigkeitsstrecke HSL ZUID. In: Elektrische Bahnen 104(2005)4-5, S. 248–252.

3.51 *Siemens AG*: Fahrleitungsmaterial für den Nah- und Fernverkehr. Produktkatalog. Siemens AG, Erlangen. 2012.

3.52 *Süberkrüb, M.*: Technik der Bahnstrom-Leitungen. Verlag von Wilhelm Ernst & Sohn, Berlin-München-Düsseldorf, 1971.

3.53 *SNCF*: Principes d'equipement. Dossier EF 7B 24.3, sectionnements à lame d'air, Sections de séparation, isolateurs de section (Grundlagen der Errichtung. Dokument EF 7B 24.3, Isolierende Überlappungen, nicht isolierende Überlappungen, Streckentrenner). Interner SNCF Standard VZC 21400/300100 Teil 28.

3.54 *Lörtscher, M.; Urs, W.; Furrer, B.*: Stromschienenoberleitungen. In: Elektrische Bahnen 92(1994)9, S. 249–259.

3.55 *Kurzweil, F.; Furrer, B.*: Deckenstromschienen für hohe Fahrgeschwindigkeiten. In: Elektrische Bahnen 109(2011)8, S. 398–403.

3.56 *Kiessling, F.; Nefzger, P.; Nolasco, J. F.; Kaintzyk, U.*: Overhead power lines – Planning, design, construction. Springer-Verlag, Berlin-Heidelberg-New York, 2003.

3.57 *Rosenke, D.; Uyanik, A.*: Neuentwicklung einer Stromschienenoberleitung für Tunnelstrecken. In: Verkehr und Technik (1985)5, S. 136–138.

3.58 *Janetschke, K.; Freidhofer, H.; Mier, G.*: Einführung von neuen Stromschienenanlagen mit Aluminium-Verbundstromschienen bei der Berliner S-Bahn. In: Elektrische Bahnen 80(1982)1, S. 17–23.

4 Berechnungen für Fahrleitungen

4.0 Symbole und deren Bedeutung

Symbol	Bezeichnung	Einheit
A	Querschnittsfläche	mm²
$A_{\text{Verschleiß}}$	abgenutzte Fahrdrahtquerschnittsfläche	mm²
ACSR	**A**luminum **C**onductor **S**teel **R**einforced (Aluminium-Stahl-Leiter)	–
AACSR	**A**luminum **A**lloy **C**onductor **S**teel **R**einforced (Aldrey-Stahl-Leiter)	–
BA	Anfang des Gleisbogens	–
BE	Ende des Gleisbogens	–
C_C	Staudruckbeiwert für Leiter mit kreisförmigem Querschnitt nach DIN EN 50341-3-4:2011-01, Tabelle 4.3.2 – Leiter bis 12,5 mm Durchmesser mit $C_C = 1{,}2$, – Leiter 12,5 mm–15,8 mm Durchmesser mit $C_C = 1{,}1$, – Leiter über 15,8 mm Durchmesser mit $C_C = 1{,}0$	–
D	Wankweg in Gleisgeraden für 1 600-mm-Wippen 0,200 m und für 1 950-mm-Wippen 0,225 m	m
D_k	Kontaktpunkt zwischen Stromabnehmerwippe und Fahrdraht	–
E	Elastizitätsmodul	kN/mm²
F_{Br}	Mindestbruchkraft	kN
F_{Klemme}	Zugkraft der Fahrdraht- oder Tragseilstoßklemme	kN
F_{Ri1}	Radial wirkende Kraftkomponente am Seitenhalter des Stützpunkts i aus dem Spannfeld 1	N
F_{Ri2}	Radial wirkende Kraftkomponente am Seitenhalter des Stützpunkts i aus dem Spannfeld 2	N
F_{Ri}	Radial wirkende Kraft am Seitenhalter des Stützpunkts i	N
$F_{Ri\,\text{Anker}}$	Radial wirkende Kraft an der Tragseildrehklemme am Festpunktausleger i, die sich aus den Komponenten F_{Ri1} und F_{Ri2} zusammensetzt	N
$F_{Ri\,\text{FD Riss}}$	Radialkraft an der Tragseildrehklemme am Festpunktausleger i im Fall eines Fahrdrahtrisses	N
$F_{Ri\,\text{TS Riss}}$	Radialkraft an der Tragseildrehklemme am Festpunktausleger i im Fall eines Tragseilrisses	N
$F'_{W\,\text{TS tot}}$	Streckenlast, die zur vollständigen Auslenkung des Tragseils durch Wind führt	N/m
$F'_{W\,\text{FD tot}}$	Streckenlast, die zur vollständigen Auslenkung des Fahrdrahts durch Wind führt	N/m
F'_W	längenbezogene Windlast F'_W, die rechtwinklig zum Leiter oder Draht wirkt	N/m
$F'_{W\,\text{FD TS}}$	Kraftbelag, den die Hänger zwischen Tragseil und Fahrdraht übertragen	N/m
$F'_{W\,\text{FD}}$	Kraftbelag infolge Windlast auf den Fahrdraht	N/m
$F'_{W\,\text{Kl}}$	Kraftbelag infolge Windlast auf die Klemmen	N/m

Symbol	Bezeichnung	Einheit
$F'_{W\,TS}$	Kraftbelag infolge Windlast auf das Tragseil	N/m
$F'_{W\,Ol}$	Kraftbelag infolge Windlast auf die Oberleitung	N/m
F_{zul}	zulässige Zugkraft des Leiters	kN
FD	Fahrdraht	–
FEM	Finite-Elemente-Methode	–
G_C	Leiterreaktionsbeiwert, der die Reaktion beweglicher Leiter auf die Windlast berücksichtigt. Erfasst die Böenbreite einer kompletten Spannweite. Nach EN 50 341-1:2010-04 beträgt er $G_C = 1,0$	–
G	Gewicht des Leiters oder Gewichtskraft	kg oder N
G'	spezifisches Gewicht des Leiters, Gewichtskraftbelag	N/m
G'_{Eis}	spezifisches Gewicht der Eis- und Schneelast, Gewichtskraftbelag	N/m
$G'_{Eis\,TS}$	Eislast des Tragseils	N/m
$G'_{Eis\,FD}$	Eislast des Fahrdrahts	N/m
G'_{FD}	spezifisches Gewicht des Fahrdrahts, Gewichtskraftbelag	N/m
G'_{Ol}	spezifisches Gewicht der Oberleitung bestehend aus Fahrdraht, Tragseil, Hängern, Y-Beiseil und Klemmen, Gewichtskraftbelag	N/m
G'_{TS}	spezifisches Gewicht des Tragseils, Gewichtskraftbelag	N/m
$G'_{Ol\,Eis}$	spezifisches Gewicht der Oberleitung mit Eislast	N/m
G'_0	spezifisches Gewicht des Leiters beim Zustand Null	N/m
G_{infra}	zusätzliche Seitenverschiebungen, womit das Fahrzeug über die Bezugslinie hinaus die Infrastrukturbegrenzungslinie erreicht	m
G'_x	spezifisches Gewicht des Leiters beim Zustand x	N/m
H	Zugkraft im Leiter	kN
H_{Anker}	Zugkraft im Ankerseil am Festpunkt	kN
H_{NN}	Höhe der Strecke über NN, Bezugshöhe der Strecke ist SO	m
H_{FD}	Zugkraft im Fahrdraht	kN
H_{Ol}	Zugkraft im Kettenwerk, bestehend aus Zugkraft im Fahrdraht und Tragseil	kN
$H_{FD\,1}$	Zugkraft im Fahrdraht der halben Nachspannlänge 1	kN
$H_{TS\,1}$	Zugkraft im Tragseil der halben Nachspannlänge 1	kN
H_{TS}	Zugkraft im Tragseil	kN
H_0	Leiterzugkraft im Zustand Null	kN
H_x	Leiterzugkraft im Zustand x	kN
H_{10}	Mittelzugkraft bei 10 °C	kN
MVK	MVK-Maß Abstand zwischen Gleisachse und Mastvorderkante	m
NN_i	relative Höhe bezogen auf eine Referenzhöhe am Stützpunkt i	m
L	Länge eines Leiters	m
L_{AS}	Fahrdrahtanhub am Stützpunkt	m
L_N	Nachspannlänge eines Kettenwerks oder eines Fahrdrahts vom Festpunkt bis zur Nachspanneinrichtung	m
L_S	Abstand zwischen den Mittellinien der Schienen eines Gleises	m
L_h	kinematische Grenze des mechanischen Stromabnehmerprofils in der Höhe h	m
L_o	kinematische Grenze in der Nachweishöhe $h_o = 6,5$ m	m
L_0	Länge des Leiters im Zustand Null	m

4.0 Symbole und deren Bedeutung

Symbol	Bezeichnung	Einheit
L_x	Länge des Leiters im Zustand x	m
L_u	kinematische Grenze in der Nachweishöhe $h_u = 5{,}0\,\text{m}$	m
R	Gleisradius	m
S	Scheitelpunkt des Leiters in der Spannweite	–
$S_{B\,u}$	Sicherheitszuschlag zur mechanisch kinematischen Begrenzungslinie an der unteren Nachweishöhe $h_u = 5{,}0\,\text{m}$	m
$S_{B\,o}$	Sicherheitszuschlag zur mechanisch kinematischen Begrenzungslinie an der oberen Nachweishöhe $h_u = 6{,}5\,\text{m}$	m
S_o	Neigungskoeffizient des Fahrzeuges, $S_o = 0{,}225$	–
S_i	Stützpunkt i	–
S'	Ausladung als eine Überschreitung der Bezugslinie, wenn sich das Fahrzeug in einem Gleisbogen und/oder auf einem Gleis mit einer Spurweite größer der Regelspurweite befindet	m
SO	Schienenoberkante	–
TS	Tragseil	–
UA	Anfang des Übergangsbogens	–
UE	Ende des Übergangsbogens	–
V_i	vertikale Kraftkomponente am Stützpunkt i	N
$V_{i\,\text{rechts}}$	vertikale Kraftkomponente am Stützpunkt i aus der rechten Spannweite l_{i+1}	N
$V_{i\,\text{links}}$	vertikale Kraftkomponente am Stützpunkt i aus der linken Spannweite l_i	N
a_K	Breite der Fahrdrahtkontaktfläche	m
$b_{i\,\text{FD}}$	Fahrdrahtseitenlage am Stützpunkt i	m
$b_{i\,\text{TS}}$	Tragseilseitenlage am Stützpunkt i	m
c	Abstand zwischen Fahrdraht und Mittelsenkrechten zur Schienenkopfberührenden in Feldmitte	m
c_F	Federkonstante	m/N
c_T	Verlauf der Gleisachse im Übergangsbogen	–
d	Leiterdurchmesser	m
$d_{\text{Mast}-\text{UA}}$	Abstand zwischen Mast und Anfang des Übergangsbogens	m
e_{FD}	Auslenkung des Fahrdrahts infolge Windbelastung	m
e_{TS}	Auslenkung des Tragseils infolge Windbelastung	m
e_g	Grenzseitenlage des Fahrdrahts	m
$e_{\max}$	maximale Auslenkungen des Fahrdrahts bezogen auf die Gleismitte	m
e_{nutz}	nutzbare Fahrdrahtseitenlage	m
e_{po}	Wankweg des Stromabnehmers gleich 0,170 m bei $h_o = 6{,}5\,\text{m}$	m
e_{pu}	Wankweg des Stromabnehmers gleich 0,110 m bei $h_u = 5{,}0\,\text{m}$	m
e_K	absoluter Betrag des Abstands zwischen Gleisbogen und der Geraden, die die Gleismitten an den Stützpunkten verbindet	m
$e_{1\,\max\,1}$	Fahrdrahtseitenlage infolge Wind auf der in Blickrichtung gesehen rechten Seite der Gleisachse in der Spannweite 1	m
$e_{2\,\max\,1}$	Fahrdrahtseitenlage infolge Wind auf der in Blickrichtung gesehen linken Seite der Gleisachse in der Spannweite 1	m

Symbol	Bezeichnung	Einheit
$e_{1\,\max\,2}$	Fahrdrahtseitenlage infolge Wind auf der in Blickrichtung gesehen rechten Seite der Gleisachse in der Spannweite 2	m
$e_{2\,\max\,2}$	Fahrdrahtseitenlage infolge Wind auf der in Blickrichtung gesehen linken Seite der Gleisachse in der Spannweite 2	m
e_S	Fahrdrahtseitenlage in Ruhelage ohne Windeinwirkung	m
e_{Sk}	Sekante im Übergangsbogen zwischen dem Radius R_{i-1} am Stützpunkt P_{i-1} und dem Radius R_i am Stützpunkt P_i	m
$e_{\text{Ü}}$	Fahrdrahtseitenlage im Übergangsbogen ohne Windeinwirkung	m
$e_{\text{Ü Gl}}$	Gleisachse im Übergangsbogen	m
$e_{\text{Ü W}}$	Fahrdrahtseitenlage im Übergangsbogen mit Windeinwirkung	m
f	Leiterdurchhang	m
f_a	Leiterdurchhang im Abstand a vom Stützpunkt	m
$f_{e\,\max}$	maximaler Leiterdurchhang in der Ergänzungsspannweite	m
$f_{\max}$	maximaler Leiterdurchhang	m
$f_{\text{FD Eis max}}$	maximaler Fahrdrahtdurchhang infolge Eislast	m
$f_{\text{FD St-St Eis max}}$	maximaler Fahrdrahtdurchhang zwischen den Stützpunkten infolge Eislast	m
$f_{\text{FD H-H Eis max}}$	maximaler Fahrdrahtdurchhang zwischen den Hängern infolge Eislast	m
f_i	Leiterdurchhang in der Spannweitenlänge i	m
f_{id}	Leiterdurchhang in der idealen Spannweitenlänge	m
f_{TS}	Tragseildurchhang	m
$f_{\text{TS max}}$	maximaler Tragseildurchhang	m
g	Erdbeschleunigung, $g = 9{,}81\,\text{m/s}^2$	m/s²
h_{FD}	Fahrdrahthöhe über Schienenoberkante	m
$h_{\text{FD St}}$	Höhe des Fahrdrahts über Schienenoberkante am Stützpunkt	m
h_G	Höhe der Oberleitung über dem Gelände, Bezugshöhe der Strecke ist die Schienenoberkante	m
h_{LH}	Lichte Höhe des Bauwerks	m
h_{Rest}	verbleibende Fahrdrahtresthöhe	m
h_{SH}	Systemhöhe am Stützpunkt als senkrechter Abstand der Unterseite des Fahrdrahtes zur Mitte des Tragseiles	m
h_{TS}	Höhe des Tragseils über der Schienenoberkante	m
$h_{\text{TS St}}$	Höhe des Tragseils am Stützpunkt über der Schienenoberkante	m
$h_{\text{Verschleiß}}$	Verschleißhöhe des Fahrdrahts	m
h_{c0}	Referenzhöhe des Wankpols, $h_{c0} = 0{,}5\,\text{m}$	m
h_o	obere Nachweishöhe über der Schienenoberkante, $h_o = 6{,}5\,\text{m}$	m
h_u	untere Nachweishöhe über der Schienenoberkante, $h_u = 5{,}0\,\text{m}$	m
k	Koeffizient nach DIN EN 15 273-3:2010, $k = 1{,}0$	–
k_{Ab}	Faktor, der die zulässige Abnutzung des Fahrdrahts berücksichtigt, wobei x_V den Verschleiß des Fahrdrahts in Prozent ausdrückt	–
$k_{\text{Eis Wind}}$	Faktor, der den Einfluss von Wind- und Eislasten berücksichtigt	–

4.0 Symbole und deren Bedeutung

Symbol	Bezeichnung	Einheit
k_{Klemme}	Faktor, der den Wirkungsgrad der Abspannklemmen berücksichtigt und für das Verhältnis aus Klemmkraft zur Nennzugkraft des Fahrdrahts größer als 95 % mit 1,0 und kleiner als 95 % gleich dem Verhältnis der vorhandenen Klemmkraft zur Nennzugkraft des Fahrdrahtes zu setzen ist	–
k_{Last}	Faktor, der die Wirkung von zusätzlichen Lasten am Tragseil berücksichtigt, wobei ohne Hängerlasten	–
$k_{\text{Stoß}}$	Faktor, der den Einfluss von Stößen in Leitern berücksichtigt	–
k_{Temp}	Faktor, der den Zusammenhang zwischen höchster Betriebstemperatur und Zugfestigkeit berücksichtigt	–
k_{eff}	Faktor, der den Wirkungsgrad der Nachspanneinrichtung berücksichtigt, wobei der vom Hersteller vorgegebene Wert, z. B. 0,97, zu benutzen ist; bei fester Verankerung ist $k_{\text{eff}} = 1,0$	–
l	Spannweite zwischen zwei Masten oder Querfeldern	m
l_{A}	Arbeitslänge der Stromabnehmerwippe mit – $l_{\text{A}} = 1,200$ m für die 1 600-mm-Wippe – $l_{\text{A}} = 1,550$ m für die 1 950-mm-Wippe	m
$l_{\text{A}li}$	Länge des Auslegers am Stützpunkt i	m
l_{o}	Grenzspurweite des Gleises als Abstand zwischen den Fahrkanten der Schienen eines Gleises gemäß den Vorgaben des Infrastrukturbetreibers: – Nebenbahnen und Nebengleise $l_{\text{o}} = 1,470$ – Gleise mit $v \leq 160$ km/h $l_{\text{o}} = 1,465$ – Gleise mit $v > 160$ km/h $l_{\text{o}} = 1,463$	m
l_{S}	Minimale Schleifleistenlänge	m
l_{W}	Wippenlänge der Stromabnehmerwippe	m
l_{e}	Länge der Ergänzungsspannweite	m
l_{g}	Gewichtsspannweite	m
l_{H}	Hängerlänge, als Abstand von Mitte Tragseil bis Unterkante Fahrdraht an den Hängern. Diese Länge entspricht auch dem Abstand zwischen Tragseil und Fahrdraht in der Spannweite	m
l_i	Spannweitenlänge zwischen zwei Oberleitungsmasten oder Querfeldern der Spannweite i	m
l_{id}	ideelle Spannweitenlänge	m
l_{k}	Breite des Fahrdrahtkontaktspiegels	m
l_{max}	maximale Spannweitenlänge zwischen zwei Oberleitungsmasten	m
$l_{\text{ü}}$	Wippenüberstand des Stromabnehmers	m
m'	Massebelag	kg/m
n	Anzahl der Drähte eines Leiters	–
p	Auftretenswahrscheinlichkeit je Jahr	–
q_{b}	Basisstaudruck 10 m über dem Gelände	N/m²
q_{h}	Bemessungsstaudruck in der Höhe h über dem Gelände	N/m²
$qs'_{i\,(a)}$	quasistatische Seitenbewegung des Fahrzeugs, i bogeninnenseitig, a bogenaußenseitig	m
t_0	Querverschiebung des Gleises	m
t_{12}	quasistatische Wirkung eines Überhöhungsfehlers	m

Symbol	Bezeichnung	Einheit
$t_{3i\,(3a)}$	Schwankung des Fahrzeugs durch Gleisunebenheiten i bogeninnenseitig, abogenaußenseitig	m
t_4	Asymmetrie durch ungleiche Lastverteilung des Fahrzeugs	m
t_5	Asymmetrie durch Toleranz der Federung des Fahrzeugs	m
u	Überhöhung des Gleises im Gleisbogen	m
u_0	Referenzwert der Überhöhung, $u_0 = 0{,}066\,\mathrm{m}$	m
u_f	Überhöhungsfehlbetrag	m
$u_{f\,e}$	Überhöhungsfehler	m
$u_{f\,0}$	Referenzwert des Überhöhungsfehlbetrags, $u_{f\,0} = 0{,}066\,\mathrm{m}$	m
v	Vorsorgewert bei Fahrdrahtseitenverschiebungen	m
v_b	Basiswindgeschwindigkeit in 10 m Höhe h über Gelände, gemittelt über 10 min und mit einer Wiederkehrdauer, wie sie für den Nachweis notwendig ist	m/s
$v_{b(p)}$	Basiswindgeschwindigkeit mit einer Auftretenswahrscheinlichkeit p, die von der Wiederkehrdauer 50 Jahren abweicht	m/s
$v_{b\,0{,}02}$	Basiswindgeschwindigkeit mit einer Auftretenswahrscheinlichkeit $p = 0{,}02$, d. h. einmal in 50 Jahren	m/s
v_g	Böenwindgeschwindigkeit	m/s
v_M	Vorsorgewert für die Lageänderung des Fahrdrahts durch Mastneigung infolge Wind	m
v_S	Vorsorgewert für die Bautoleranz der Seitenverschiebung des Fahrdrahts am Stützpunkt	m
v_T	Vorsorgewert für die Verschiebung der Fahrdrahtseitenlage infolge der temperaturabhängigen Längenänderung des Fahrdrahts	m
x	Längenkoordinate	m
x_V	Verschleißfaktor für den Fahrdraht	%
y_{Ol}	Abstand zwischen Tragseilmitte und Fahrdrahtunterkante in Spannweitenmitte	m
$z_{i-1\,TS}$	Abstand zwischen Gleisachse und Tragseilverankerung am Mast $i-1$	m
ΔL_E	Änderung der Leiterlänge infolge elastischer Dehnung	m
ΔL_F	Änderung der Leiterlänge bei vorhandener Feder	m
ΔL_T	Änderung der Leiterlänge infolge thermischer Dehnung	m
Δb_i	Änderung der Fahrdrahtseitenlage infolge Drehung des Auslegers i	m
Δb_m	minimale Änderung der Fahrdrahtseitenverschiebung	mm/m
Δh_{AB}	Höhendifferenz der Leiteraufhängungen zwischen Stützpunkt A und B	m
$\sum j$	Summe der horizontalen Zuschläge zur Berücksichtigung von Zufallsphänomenen (siehe Abschnitt 4.8.4.1)	m
$\sum j_o$	Summe der horizontalen Zuschläge zur Berücksichtigung von Zufallsphänomenen am oberen Nachweispunkt $h_o = 6{,}5\,\mathrm{m}$	m
$\sum j_u$	Summe der horizontalen Zuschläge zur Berücksichtigung von Zufallsphänomenen am unteren Nachweispunkt $h_u = 5{,}0\,\mathrm{m}$	m
α	Ausdehnungskoeffizient von Leitern	1/K
η_{FD}	Wirkungsgrad der Fahrdrahtnachspannvorrichtung	–
η_{TS}	Wirkungsgrad der Tragseilnachspannvorrichtung	–

Symbol	Bezeichnung	Einheit
γ_C	Teilsicherheitsbeiwert für Leiterkräfte	–
γ_M	Materialteilsicherheitsbeiwert	–
σ	Zugspannung des Leiters	N/mm^2
$\sigma_{C\,max}$	Höchstzugspannung des Leiters	N/mm^2
$\sigma_{min\,TS}$	minimale Zugfestigkeit für das Tragseil	N/mm^2
$\sigma_{min\,FD}$	minimale Zugfestigkeit für den Fahrdraht	N/mm^2
$\sigma_{min\,Stoß}$	minimale Zugfestigkeit für Leiterstöße	N/mm^2
σ_{vorh}	vorhandene Zugspannung des Leiters	N/mm^2
$\sigma_{zul\,FD}$	zulässige Zugspannung für den Fahrdraht	N/mm^2
$\sigma_{zul\,TS}$	zulässige Zugspannung für das Tragseil	N/mm^2
ϱ	Luftdichte bei 15 °C und NN-Höhe 0 m gleich 1,225	kg/m^3
ϑ_x	Leitertemperatur beim Zustand x	°
ϑ_0	Leitertemperatur beim Zustand Null	°
ξ	allgemeines Symbol für eine Unbekannte	–

4.1 Lasten und Belastbarkeiten

4.1.1 Einführung

Fahrleitungen sind *mechanischen, elektrischen, klimatischen* und *chemischen Beanspruchungen* ausgesetzt. Diesen Beanspruchungen müssen Fahrleitungen innerhalb vorgegebener Grenzen und mit Einhaltung der Anforderungen einschlägiger Normen wie DIN EN 50 119, DIN EN 50 122 und Richtlinien der Bahnbetreiber standhalten.

Die Auslegung von *Stromschienen* oder *Dritte-Schienen-Anlagen* mit großen Querschnitten berücksichtigt die Längenänderung infolge von Temperaturschwankungen. Bei Stromschienen, die in Tunneln geschützt entweder bodennah neben dem Gleis oder an der Decke montiert sind, spielen andere klimatische Umgebungseinflüsse eine weniger wichtige Rolle. Oberleitungen hingegen verlaufen rund 6 m über der Geländeoberfläche und sind deutlich stärker klimatischen Einflüssen ausgesetzt. Es treten Längs-, Vertikal- und Querbewegungen auf. Die äußeren Belastungen und die Bewegungen erzeugen Kräfte, die die *Stützpunkte* aufnehmen müssen.

Gemäß DIN EN 50 119 sind als Lasten auf Oberleitungsanlagen zu berücksichtigen
- *Eigenlasten* aller Leiter, Drähte und Bauteile,
- *Zugkräfte* von Leitern und Drähten und deren Komponenten,
- *Windlasten* auf Leiter, Drähte, Masten und Ausleger,
- *Zusatzlasten* in Form von *Montagelasten* und *Eislasten* sowie
- *vorübergehende Lasten*, die durch den Fortfall, der Minderung oder den Bruch von Leitern entstehen können, wenn sich Lasten plötzlich ändern.

4.1.2 Eigenlasten

Die *Eigenlasten* von Oberleitungen entstehen durch die Gewichtskräfte der Drähte, Leiter, Isolatoren, Klemmen und Armaturen. Der *Massebelag* m' ist die auf einen Meter

Tabelle 4.1: Meterlasten für Oberleitungen der Siemens AG und der Deutsche Bahn AG .

Bezeichnung	G' N/m						
Bauarten	Siemens AG Sicat			Deutsche Bahn AG Re			
	L1.0	S1.0	H1.0	100	200	250	330
Fahrdraht	8,46	8,46	10,15	8,46	8,46	10,15	10,15
Tragseil	4,38	4,38	10,40	4,38	4,38	5,85	10,40
Hänger	0,15	0,24	0,19[1)]	0,15	0,27	0,21	0,21
Klemmen	0,24[2)]	0,43[3)]	0,37[4)]	0,24[2)]	0,39[3)]	0,37[5)]	0,37[4)]
Y-Beiseil	0,00	0,53	0,84	0,00	0,53	0,75	0,84
Summe	13,22	14,02	21,96	13,22	14,02	17,33	21,97
Verwendeter Wert bei der Planung	≈ 14,00	≈ 15,00	≈ 22,00	≈ 14,00	≈ 15,00	≈ 18,00	≈ 22,00

[1)] Hängerseil Siemens 8WL7060-2 Bronze 10×49 mit 0,09 kg/m
[2)] 1 Stück Fahrdrahtklemme 16R Siemens 8WL4517-1K mit 0,30 kg/Stück und
    12 Stück Hängerklemmen Siemens 50 8WL4620-0 mit 0,11 kg/Stück
[3)] 1 Stück Fahrdrahtklemme 16R Siemens 8WL4517-1K 16R mit 0,30 kg/Stück,
    13 Stück Hängerklemmen 50 Siemens 8WL4620-0 mit 0,11 kg/Stück,
    3 Stück Hängerklemmen 25 Siemens 8WL4620-1 mit 0,16 kg/Stück und
    2 Beiseilklemmen Siemens 8WL4505-7 mit 0,31 kg/Stück
[4)] 1 Stück Fahrdrahtklemme 16R Siemens 8WL4517-1K 16R mit 0,30 kg/Stück,
    5 Stück Hängerklemmen 120 Siemens 8WL4624-4 mit 0,11 kg/Stück,
    7 Stück Hängerklemmen 50 Siemens 8WL4620-0 mit 0,11 kg/Stück,
    2 Stück Hängerklemmen Siemens 8WL4624-2 mit 0,11 kg/Stück und
    2 Beiseilklemmen Siemens 8WL4505-7 mit 0,31 kg/Stück
[5)] 1 Stück Fahrdrahtklemme 16R Siemens 8WL4517-1K 16R mit 0,30 kg/Stück,
    5 Stück Hängerklemmen 70 Siemens 8WL4624-2 mit 0,11 kg/Stück,
    7 Stück Hängerklemmen 50 Siemens 8WL4620-0 mit 0,11 kg/Stück,
    2 Stück Hängerklemmen Siemens 8WL4624-2 mit 0,11 kg/Stück und
    2 Beiseilklemmen Siemens 8WL4505-7 mit 0,31 kg/Stück

bezogenen *Masse* und ergibt nach der Multiplikation mit der Erdbeschleunigung g den auf einen Meter bezogenen Gewichtskraftbelag G'

$$G' = m' \cdot g \quad . \tag{4.1}$$

Die spezifischen Massen der Fahrdrähte und Seile sind in den Tabellen 11.3 bzw. 11.6 und die Meterlasten typischer Oberleitungsbauarten in Tabelle 4.1 enthalten.
Durch die Verseilung sind die Einzeldrähte bis zu 3 % länger als das Seil selbst. Durch die unterschiedliche Anzahl von Hängern und Armaturen können sich die auf die Spannweitenlängen bezogenen Meterlasten in den Längsfeldern unterscheiden. In der Auslegungspraxis werden die Eigenlasten dieser Bauelemente für eine repräsentative Spannweitenlänge, z. B. für 65 m mit Y-Beiseilen, 1,6 m Systemhöhe in der Geraden ermittelt und in Meterlasten umgerechnet. Deren gerundete Werte sind für deutsche Oberleitungsbauarten in Tabelle 4.1 aufgeführt.

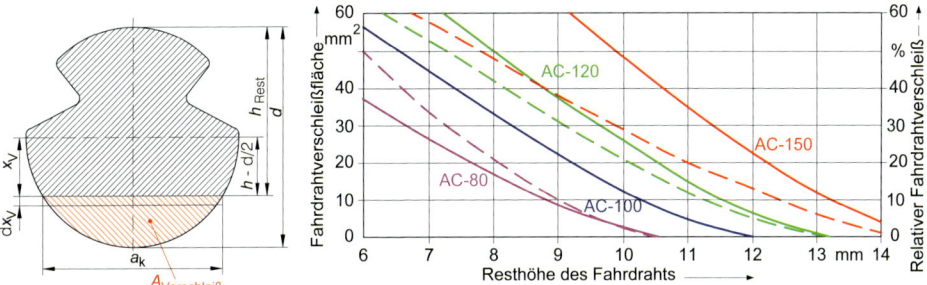

Bild 4.1: Fahrdrahtquerschnitt mit Restdicke h_Rest und Breite a_k der Kontaktfläche.

Bild 4.2: Fahrdrahtverschleiß als Funktion der Resthöhe h_Rest des Fahrdrahts.
ausgezogene Linien: absoluter Fahrdrahtverschleiß (mm²)
gestrichelte Linien: relativer Fahrdrahtverschleiß (%)

4.1.3 Fahrdrahtverschleiß

Im Zuge der Instandhaltung wird der *Fahrdrahtverschleiß* ermittelt, um sicher zu stellen, dass der verbliebene Querschnitt größer ist als der kleinste zulässige Querschnitt. Während der Instandhaltung kann nur die verbliebene Dicke h (Bild 4.1) oder die Breite a des Kontaktspiegels gemessen werden, sodass es notwendig wird, die Zusammenhänge zwischen den Messgrößen h_Rest oder a_k und dem verbliebenen Querschnitt darzustellen. Im Falle eines Rillenfahrdrahtes der Ausführung AC (Bild 4.1) mit kreisförmigem Querschnitt kann die Verschleißfläche berechnet werden aus

$$A_\text{Verschleiß} = 2 \int_{h_\text{Rest}-d/2}^{d/2} \sqrt{d^2/4 - x^2}\, dx \quad . \tag{4.2}$$

Die Lösung dieses Integrales ist

$$\begin{aligned} A_\text{Verschleiß} &= (d^2/4) \cdot \arcsin(2x/d) + x \cdot \sqrt{d^2/4 - x^2} \Big|_{h_\text{Rest}-d/2}^{d/2} \\ &= (d^2/4)\left[\pi/2 - \arcsin(2 \cdot h_\text{Rest}/d - 1)\right] \\ &\quad - (h_\text{Rest} - d/2) \cdot \sqrt{h_\text{Rest} \cdot (d - h_\text{Rest})} \quad . \end{aligned} \tag{4.3}$$

Da $\pi/2 - \arcsin x = \arccos x$, ergibt die Gleichung (4.3)

$$A_\text{Verschleiß} = (d^2/4) \cdot \arccos(2 \cdot h_\text{Rest}/d - 1) - (h_\text{Rest} - d/2) \cdot \sqrt{h_\text{Rest}(d - h_\text{Rest})} \quad . \tag{4.4}$$

Die untere Grenze in Gleichung (4.4) kann durch die Breite a_k des Kontaktspiegels ersetzt werden: $h_\text{Rest} - d/2 = \sqrt{d^2 + a_\text{k}^2}/2$, woraus sich ergibt

$$A_\text{Verschleiß} = (d^2/4) \cdot \left(\pi/2 - \arcsin\sqrt{1 - a_\text{k}^2/d^2}\right) - (a_\text{k}/4) \cdot \sqrt{d^2 - a_\text{k}^2} \tag{4.5}$$

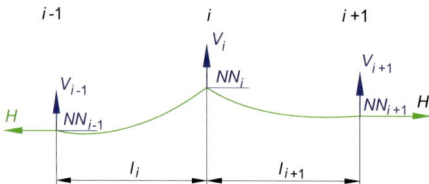

Bild 4.3: Einfluss ungleich hoher Aufhängepunkte auf die Auflagerkräfte.

da $\pi/2 - \arcsin\sqrt{1-x^2} = \arcsin x$ kann die Gleichung (4.5) umgeformt werden auf

$$A_{\text{Verschleiß}} = (d^2/4) \cdot \arcsin(a_k/d) - (a_k/4) \cdot \sqrt{d^2 - a_k^2} \tag{4.6}$$

Im Bild 4.2 ist der Verschleiß als Funktion der Fahrdrahtresthöhe h_{Rest} dargestellt.

4.1.4 Senkrechte Kraftkomponenten

Entsprechend der Wirkungsrichtung ist zwischen senkrechten und waagerechten Komponenten der Zugkräfte von Leitern zu unterscheiden. Die Gewichtskraft G eines Leiters der Länge L wird aus der längenbezogenen Gewichtskraft G' des Leiters mit $G = G'L$ berechnet. Bei Fahrleitungen kann mit rund einem Promille Fehler anstelle der Leiterlänge L mit dem Stützpunktabstand l gerechnet werden:

$$G = G'l \quad . \tag{4.7}$$

Die Anteile der *Auflagerkräfte* aus einem Feld findet man mit Hilfe des Momentensatzes nach Bild 4.3. Die vertikale Komponente V_i ergibt sich aus

$$V_i = V_{i\,\text{rechts}} + V_{i\,\text{links}} \quad .$$

Aus dem Feld l_{i+1} ergibt sich die vertikale Lastkomponente mit

$$V_{i\,\text{rechts}} = G'\,l_{i+1}/2 + H\,(NN_i - NN_{i+1})\,/\,l_{i+1}$$

, wobei H die horizontale Zugkraft ist. Aus dem Feld l_i folgt

$$V_{i\,\text{links}} = G'\,l_i/2 + H\,(NN_i - NN_{i-1})\,/\,l_i \quad .$$

Dabei ist NN_i die relative Höhe bezogen auf eine gemeinsame Referenzhöhe. Die gesamte Auflagekraft ergibt sich daraus zu

$$V_i = G'\,(l_i + l_{i+1})\,/\,2 + H\,[(NN_i - NN_{i-1})\,/\,l_i + (NN_i - NN_{i+1})\,/\,l_{i+1}] \quad . \tag{4.8}$$

Wenn die benachbarten Stützpunkte höher gelegen sind als der betrachtete, wird die Auflagerkraft im Vergleich zu Feldern mit gleichen Auflagerhöhen vermindert, im umgekehrten Fall erhöht.

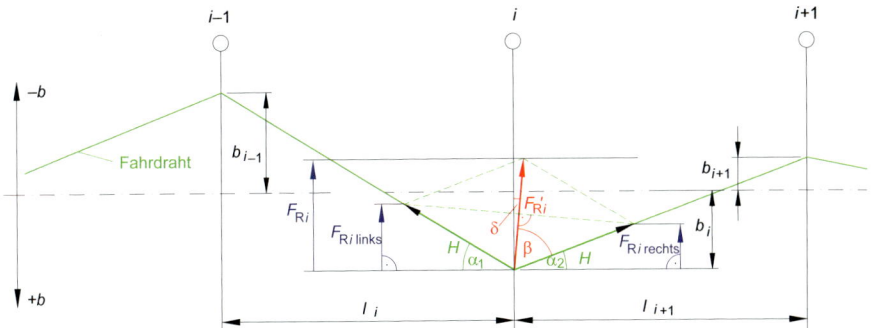

Bild 4.4: Betragsbezogene Bestimmung der Radialkomponente $F_{R\,i}$ der Leiterzugkraft H infolge Seitenverschiebung b_i in der Gleisgeraden.

4.2 Zugspannungen und -kräfte in Leitern

4.2.1 Gleichbleibende Zugspannungen und -kräfte

Die *Zugkräfte* in Leitern sind durch die Funktion und Auslegung der Oberleitung vorgegeben. Für nachgespannte Oberleitungen bis zur Geschwindigkeit 230 km/h liegen die Fahrdraht- und Tragseilzugkräfte in Kettenwerken zwischen 10 und 12 kN, bei Hochgeschwindigkeitsoberleitungen zwischen 15 kN und 31 kN [4.1]–[4.3]. Bei den Rekordfahrten der SNCF im Jahre 2007 betrug die Fahrdrahtzugkraft 40 kN [4.4].

Ausgangsbasis zur Ermittlung der zulässigen Zugkräfte sind die Werkstofffestigkeiten. In den Tabellen 4.1, 11.4 und 11.6 sind die wesentlichen Kenngrößen für die verwendeten Fahrdrähte bzw. Seile aufgeführt. Aus der zulässigen Zugspannung σ_{zul} und der Nennquerschnittsfläche A eines Leiters ergibt sich die *zulässige Zugkraft* F_{zul} aus

$$F_{\text{zul}} = \sigma_{\text{zul}} \cdot A \quad . \tag{4.9}$$

Nach DIN EN 50 119 folgt die zulässige Zugspannung für Fahrdrähte und Tragseile unter Betriebsbedingungen aus

$$\sigma_{\text{zul,FD,TS}} = \sigma_{\min} \cdot 0{,}65 \cdot k_{\text{Temp}} \cdot k_{\text{Ab}} \cdot k_{\text{Wind}} \cdot k_{\text{Eis}} \cdot k_{\text{eff}} \cdot k_{\text{Klemme}} \cdot k_{\text{Verbindung}} \cdot k_{\text{Last}} \;,\tag{4.10}$$

wobei 0,65 einen Faktor darstellt, um die zulässige Zugspannung in Relation zur Mindestzugfestigkeit festzulegen. Die weiteren Faktoren in der Gleichung (4.10) bedeuten

$\sigma_{\text{zul,FD,(TS)}}$	*zulässige Zugspannung* des Fahrdrahts (Tragseils),
$\sigma_{\min,\text{FD,(TS)}}$	*Mindestzugfestigkeit* des Fahrdrahts, (Tragseils) nach Tabelle 4.3,
k_{Temp}	Faktor, der den Zusammenhang zwischen höchster Betriebstemperatur und Zugfestigkeit berücksichtigt, nach Tabelle 4.2,
k_{Ab}	Faktor, der die zulässige Abnutzung des Fahrdrahts berücksichtigt, wobei x den Verschleiß des Fahrdrahts in Prozent ausdrückt,
$k_{\text{Wind}}, k_{\text{Eis}}$	Faktor, der den Einfluss von Wind- und/oder Eislasten berücksichtigt,

Tabelle 4.2: Faktoren zur Bemessung von Fahrdrähten und Tragseilen nach DIN EN 50 119.

	Fahrdrähte (FD)		Tragseile (TS)	
Temperatureinfluss k_{Temp}				
Werkstoff	höchste Betriebstemperatur 80 °C	höchste Betriebstemperatur 100 °C	höchste Betriebstemperatur 80 °C	höchste Betriebstemperatur 100 °C
Cu	1,00	0,80	1,00	0,80
Aluminiumlegierung	–	–	1,00	0,80
CuAg0,1	1,00	1,00	1,00	1,00
CuSn0,4	1,00	1,00	1,00	1,00
CuMg	1,00	1,00	1,00	1,00
Stahl	–	–	1,00	1,00
ACSR, AACSR	–	–	1,00	0,80
Verschleiß k_{Ab}, zulässige Abnutzung x_V in %				
Nahverkehr	$k_{Ab} = 1 - x_V/100$, $x_V \leq 30$		$k_{Ab} = 1,00$	
Fernverkehr	$k_{Ab} = 1 - x_V/100$, $x_V \leq 20$		$k_{Ab} = 1,00$	
Einfluss der Wind- und Eislast $k_{Eis,Wind}$, k_{Eis} und k_{Wind}				
Art der Abspannung	Wind- und Eislast k_{Eis}	Windlast k_{Wind}	Eislast k_{Eis}	Windlast k_{Wind} ≤ 100 km/h | > 100 km/h
FD und TS b	0,95	1,00	1,00	1,00 | 0,95
FD b, TS f	0,90	0,95	0,95	0,95 | 0,90
FD und TS f	0,70	0,80	0,95	0,95 | 0,90
FD b (Einfachoberleitung)	0,90	0,95	–	– | –
Wirkungsgrad der Nachspanneinrichtung k_{eff}				
FD und TS b	η_{FD}		η_{TS}	
FD b, TS f	η_{FD}		1,00	
FD und TS f	1,00		1,00	
Einfachoberleitung FD b	η_{FD}		–	
Einfluss der Klemmkraft k_{Klemme}				
Klemmkraft F_{Klemme} ohne Klemme: $\geq 0{,}95\,\sigma_{min,FD,TS} \cdot A$	1,00		1,00	
mit Klemme: $< 0{,}95\,\sigma_{min,FD,TS} \cdot A$	$F_{Klemme}/(\sigma_{FD} \cdot A)$		$F_{Klemme}/(\sigma_{min,FD} \cdot A)$	
Einfluss von Verbindungen $k_{Verbindung}$				
ohne Stöße	1,00		1,00	
mit Stößen	$\sigma_{min,Stoß}/\sigma_{min,FD}$		1,00	
Einfluss von Einzellasten am Tragseil k_{Last}				
mit Lasten	1,00		0,80	
ohne Lasten [1)]	1,00		1,00	

A Fahrdraht- oder Tragseilquerschnitt, η_{FD}, η_{TS} Wirkungsgrad der Nachspannvorrichtung für FD oder TS nach Herstellerangaben, [1)] Hängerlasten finden beim Faktor k_{Last} keine Berücksichtigung b nachgespannt, f fest abgespannt

4.2 Zugspannungen und -kräfte in Leitern

k_{eff} — Faktor, der den Wirkungsgrad der Nachspanneinrichtung berücksichtigt, wobei der vom Hersteller vorgegebene Wert, z. B. 0,97, zu benutzen ist; bei der festen Verankerung ist $k_{\text{eff}} = 1{,}0$,

k_{Klemme} — Faktor, der den Wirkungsgrad der Abspannklemmen berücksichtigt und für das Verhältnis aus Klemmkraft zur Nennzugkraft des Fahrdrahtes größer als 95 % mit 1,0 und kleiner als 95 % gleich dem Verhältnis der vorhandenen Klemmkraft zur Nennzugkraft des Fahrdrahts zu setzen ist,

$k_{\text{Verbindung}}$ — Faktor, der die mögliche Verringerung der Festigkeit eines Fahrdrahtstoßes berücksichtigt. Ohne Stoß ist dieser Faktor mit 1,00 anzusetzen, sonst muss $k_{\text{Verbindung}}$ dem Verhältnis der Zugfestigkeit der Stöße zur Zugfestigkeit des Fahrdrahts entsprechen,

$\sigma_{\text{zul TS}}$ — *zulässige Zugspannung* des Tragseils,

$\sigma_{\text{min TS}}$ — *Mindestzugfestigkeit* des Tragseils nach Tabelle 4.3,

k_{Last} — Faktor, der die Wirkung von zusätzlichen Lasten am Tragseil berücksichtigt, wobei Hängerlasten nicht zu berücksichtigen sind,

F_{Br} — Mindestbruchkraft

Beispiel 4.1: Wie groß ist die zulässige Zugspannung des Fahrdrahts AC-100–Cu-ETP in einer Oberleitung mit voll kompensiertem Kettenwerk ohne Fahrdrahtstoß? Wie ist das Verhältnis zwischen zulässiger Zugkraft F_{zul} und Mindestbruchkraft F_{Br} des Fahrdrahts?
Aus den Tabellen 4.2 und 4.3 folgen $\sigma_{\text{min}} = 355\,\text{N/mm}^2$ aus Tabelle 4.3 gemäß DIN EN 50 149; $k_{\text{Temp}} = 1{,}00$ für $\vartheta_{\text{max}} = 80\,°\text{C}$ aus Tabelle 4.2; $k_{\text{Ab}} = 0{,}80$ für höchstens 20 % Verschleiß aus Tabelle 4.2; $k_{\text{Wind}} = 1{,}00$ aus Tabelle 4.2; $k_{\text{Eis}} = 0{,}95$ aus Tabelle 4.2; $k_{\text{eff}} = 0{,}97$ entsprechend der Angaben des Herstellers; $k_{\text{Klemme}} = 1{,}00$, weil die übertragbare Klemmkraft der Abspannklemme größer ist als 95 % der Nennzugkraft des Fahrdrahts und $k_{\text{Verbindung}} = 1{,}00$, weil keine Stoßverbindungen im Fahrdraht vorhanden sind.
Damit ergibt sich nach Gleichung (4.10) die zulässige Zugspannung für den Fahrdrahttyp AC-100–Cu-ETP mit 170,11 N/mm². Für den betrachteten Fahrdraht sind damit

$$F_{\text{zul}} = 170{,}11 \cdot 100 = 17\,011\,\text{N},$$

also 17,0 kN Zugkraft möglich (siehe rot markierten Wert in Tabelle 4.3). Die Relation zwischen der Mindestzugspannung σ_{min} und der zulässigen Zugspannung $\sigma_{\text{zul FD}}$ des auf 80 % abgenutzten Fahrdrahts beträgt 2,09.

Da der Verschleiß des Fahrdrahts bereits in Gleichung (4.10) mit dem Faktor k_{Ab} Berücksichtigung findet, ist in die Gleichung (4.9) die Nennquerschnittsfläche des Fahrdrahts, d. h. im Beispiel 4.1 der Fahrdrahtquerschnitt 100 mm², einzusetzen.

Beispiel 4.2: Wie groß ist die zulässige Zugspannung eines siebendrähtigen beweglich abgespannten Tragseiles 50 mm² aus Bronze Bz II in einer Oberleitungsanlage nach DIN EN 50 119 mit 20,3 m/s Windgeschwindigkeit (Tabelle 4.2) mit einem Streckentrenner?
Aus Tabelle 4.3 wird $\sigma_{\text{min}} = 572\,\text{N/mm}^2$ erhalten und aus Tabelle 4.2 ergibt sich k_{Temp} 1,0; k_{Ab} 1,0; k_{Wind} 1,0 mit $v_{\text{Wind}} = 73{,}1\,\text{km/h} < 100\,\text{km/h}$; k_{Eis} 1,0; k_{eff} 0,97 nach Angaben des Herstellers der Nachspanneinrichtung; k_{Klemme} 1,0 und k_{Last} 0,8 für die Berücksichtigung eines Streckentrenners.

Tabelle 4.3: Parameter und berechnete zulässige Zugkräfte F_{zul} für Fahrdrähte und Tragseile.

Draht- und Seiltyp	n	E kN/mm²	A mm²	σ_{min} N/mm²	σ_{zul} N/mm²	F_{zul} kN
Fahrdrähte nach DIN EN 50 149:2013						
AC-80–Cu-ETP	1	120	80	355	170,1	13,6
AC-100–Cu-ETP	1	120	100	355	170,1	17,0
AC-107–Cu-ETP	1	120	107	350	167,7	17,9
AC-120–Cu-ETP	1	120	120	330	158,1	19,0
AC-150–Cu-ETP	1	120	150	310	148,5	22,3
AC-80–CuAg	1	120	80	365	174,9	14,0
AC-100–CuAg	1	120	100	360	172,5	17,3
AC-107–CuAg	1	120	107	350	167,7	17,9
AC-120–CuAg	1	120	120	350	167,7	20,1
AC-150–CuAg	1	120	150	350	167,7	25,2
AC-80–CuMg	1	120	80	520	249,2	19,9
AC-100–CuMg	1	120	100	510	244,4	24,4
AC-107–CuMg	1	120	107	500	239,6	25,6
AC-120–CuMg	1	120	120	490	234,8	28,23
AC-150–CuMg	1	120	150	470	225,2	33,8
AC-80–CuSn	1	120	80	460	220,4	17,6
AC-100–CuSn	1	120	100	450	215,6	21,6
AC-107–CuSn	1	120	107	430	206,0	22,0
AC-120–CuSn	1	120	120	420	201,3	24,2
AC-150–CuSn	1	120	150	420	201,3	30,2
Tragseile nach DIN 48 201-1:1981 bzw. DIN 48 201-2:1981						
DIN 48 201–50–E-Cu	7	113	50	397	250,3	12,5
DIN 48 201–70–E-Cu	19	105	70	377	237,7	16,6
DIN 48 201–95–E-Cu	19	105	95	394	248,4	23,6
DIN 48 201–120–E-Cu	19	105	120	391	246,5	29,6
DIN 48 201–150–E-Cu	37	105	150	392	247,2	37,1
DIN 48 201–50–Bz II	7	113	50	572	360,6	18,0
DIN 48 201–70–Bz II	19	105	70	552	348,0	24,4
DIN 48 201–95–Bz II	19	105	95	576	363,2	34,5
DIN 48 201–120–Bz II	19	105	120	563	355,0	42,61
DIN 48 201–150–Bz II	37	105	150	576	363,2	54,5

n	Drahtanzahl	E	Elastizitätsmodul	k_{eff}	0,97
A	Nennquerschnitt	σ_{min}	Mindestzugfestigkeit	k_{Eis}	0,95
σ_{zul}	zulässige Zugspannung	F_{zul}	zulässige Zugkraft	k_{Klemme}	1,00
k_{Wind}	1,00, $v_{Wind} \leq 100$ km/h	k_{Temp}	1,00	$k_{Verbindung}$	1,00
k_{Ab}	0,80 für Fahrdrähte	k_{Ab}	1,00 für Tragseile	k_{Last}	1,00

Aus Gleichung (4.10) ergibt sich die zulässige Zugspannung zu 288,5 N/mm². Für einen Faktor $k_\text{Last} = 1,0$, was den üblichen Fall wiedergibt, würde die zulässige Zugspannung 360,6 N/mm² betragen. Abhängig davon, ob vertikale Lasten am Tragseil wirken, sind unter Berücksichtigung des Nennquerschnitts des Tragseils (Tabelle 4.3) die zulässigen Zugkräfte für dieses Seil 14,4 kN bzw. 18,0 kN (siehe blau markierten Wert in Tabelle 4.3). Für $k_\text{Last} = 1,0$ beträgt die Relation zur Bruchkraft 1,59. Für $k_\text{Last} = 0,8$ erreicht die entsprechende Relation 1,98.

Die Gleichung (4.10) lässt sich auch für die Ermittlung der zulässigen Zugspannungen von Bahnenergieleitern verwenden, die an Gestängen für Oberleitungen mitgeführt werden. Die hierfür benutzten Leiter haben ähnlichen Aufbau wie Leiter für Tragseile. Wie bei fest abgespannten Tragseilen ändert sich ihre Zugspannung mit der Temperatur und bei Einwirkung von Wind- und/oder Eislasten. Die Annahmen für Wind- und Eislasten ergeben sich aus den gleichen klimatischen Bedingungen wie bei der statischen Auslegung von Oberleitungstragwerken. Die in (4.10) verwendeten Faktoren lassen sich der Tabelle 4.2 entnehmen. Einzellasten, wie Trenner im Kettenwerk, kommen meist nicht infrage.

Beispiel 4.3: Wie groß ist die zulässige Zugspannung für die Bahnenergieversorgungsleitung 243-AL1 nach DIN EN 50 182 für 20,3 m/s Windgeschwindigkeit nach Tabelle 4.10?
Aus Tabelle 4.3 wird $\sigma_\text{min} = 182\,\text{N/mm}^2$ erhalten und aus Tabelle 4.3 ergibt sich $k_\text{Temp} = 1,0$; $k_\text{Ab} = 1,0$; $k_\text{Wind} = 0,95$ mit $v_\text{Wind} = 73,1\,\text{km/h} < 100\,\text{km/h}$, fest abgespannte Leitung; $k_\text{Eis} = 0,95$; $k_\text{eff} = 1,0$ für feste Abspannung; $k_\text{Klemme} = 1,0$; $k_\text{Stoß} = 1,0$ und $k_\text{Last} = 1,0$ ohne Zusatzlast.
Aus der Gleichung (4.10) wird die zulässige Zugspannung mit 106,8 N/mm² erhalten. Unter Berücksichtigung des Nennquerschnitts des Seils mit 242,5 mm² (Tabelle 4.3) beträgt die zulässige Zugkraft für diesen Leiter 25,9 kN.

Tabelle 4.3 enthält die zulässigen Zugkräfte nach der Gleichung 4.10 für übliche Fahrdrähte, Trag- und andere Seile.

4.2.2 Änderung der Zugspannungen und -kräfte

4.2.2.1 Einzelleiter

Die in Fahrleitungsanlagen verwendeten Leiter verändern infolge thermischer Ausdehnung und durch elastische Dehnung infolge Belastung ihre Länge. Ein Leiter der Länge L dehnt sich linear um

$$\Delta L_\text{T} = \alpha \cdot L \cdot (\vartheta_x - \vartheta_0) \quad , \tag{4.11}$$

wenn sich seine Temperatur von ϑ_0 auf ϑ_x erhöht, wobei α der lineare *Wärmeausdehnungskoeffizient* ist. Die Tabellen 11.2, 11.5 und 11.6 enthalten die Wärmeausdehnungskoeffizienten von Werkstoffen, die bei Fahrleitungen zu verwenden sind.

Beispiel 4.4: Welche Längenänderungen treten auf, wenn sich die Temperatur des Leiters von $\vartheta_0 = -30\,°\text{C}$ auf $\vartheta_x = +70\,°\text{C}$ verändert? Mit den Werten für α nach den Tabellen 11.2 und 11.5 ergibt sich:

- $\Delta L_\mathrm{T} = 12{,}0 \cdot 10^{-6}\,\mathrm{K}^{-1} \cdot 15\,\mathrm{m} \cdot [70-(-30)]\,\mathrm{K} = 0{,}018\,\mathrm{m}$ für 15 m lange Weicheisen-Stromschienen,
- $\Delta L_\mathrm{T} = 23{,}1 \cdot 10^{-6}\,\mathrm{K}^{-1} \cdot 18\,\mathrm{m} \cdot [70-(-30)]\,\mathrm{K} = 0{,}042\,\mathrm{m}$ für 18 m lange Aluminium-Stahl-Verbund-Stromschienen und
- $\Delta L_\mathrm{T} = 17 \cdot 10^{-6}\,\mathrm{K}^{-1} \cdot 700\,\mathrm{m} \cdot [70-(-30)]\,\mathrm{K} = 1{,}190\,\mathrm{m}$ für 700 m lange Fahrdrahtabschnitte aus Cu-ETP.

Bei Eisen- oder Aluminium-Verbund-Stromschienen ist es deswegen notwendig, alle 90 bis 120 m Überlappungen oder Dehnstöße vorzusehen und auch Stützpunkte zu verwenden, welche die Längendehnung nicht behindern.

Wirken Längskräfte in Leitern, treten elastische Längendehnungen ein. Überschreiten diese Längskräfte die Elastizitätsgrenze nicht, nehmen die Leiter nach dem Wegfall dieser Belastung ihre ursprüngliche Länge an. Die Längenänderung eines Leiters infolge elastischen Verhaltens lässt sich mit Hilfe des Elastizitätsmoduls E entsprechend den Tabellen 11.2, 11.5 und 11.6, auch als E-Modul bezeichnet, berechnen. Ändert sich die Zugkraft von H_0 auf H_x, beträgt die Längenänderung

$$\Delta L_\mathrm{E} = (H_x - H_0) \cdot L \big/ (E \cdot A) \quad . \tag{4.12}$$

Beispiel 4.5: Welche Längenänderung erfährt ein 750 m langer Fahrdraht AC-100 – Cu, wenn seine Zugkraft von 0 kN auf 10 kN Zugkraft erhöht wird?

$$\Delta L_\mathrm{E} = 750 \cdot 10\,000 / (120 \cdot 10^3 \cdot 100) = 0{,}625\,\mathrm{m}.$$

Ein Verstärkungsleiter aus Aluminium 243-AL1 mit dem Querschnitt 242,5 mm² wird sich um $(75 \cdot 10\,000)/(60 \cdot 10^3 \cdot 242{,}5) = 0{,}052\,\mathrm{m}$ innerhalb eines 75-m-Feldes ändern, wenn sich die Last von 0 auf 10 kN erhöht.

Nachspanneinrichtungen gleichen die Längenänderungen von Fahrdraht und Tragseil automatisch aus und halten die Zugkraft nahezu konstant.
Die Leiter sind auch äußeren Lasten, z. B. Eislasten, ausgesetzt. Diese zusätzlichen Lasten ändern die axiale Zugkraft der nicht nachgespannten Leiter.
Das Bild 4.7 zeigt die Zusammenhänge zwischen der Länge dL eines Leiterelements und den horizontalen und vertikalen Komponenten dx und dy. Aus Bild 4.7 folgt

$$\mathrm{d}L^2 = \mathrm{d}x^2 + \mathrm{d}y^2 \text{ und } (\mathrm{d}L/\mathrm{d}x)^2 = 1 + (\mathrm{d}y/\mathrm{d}x)^2 \text{ und weiter } \mathrm{d}L = \sqrt{1+(\mathrm{d}y/\mathrm{d}x)^2} \cdot \mathrm{d}x \quad .$$

Aus Bild 4.7 folgt weiter, dass $\mathrm{d}y/\mathrm{d}x = G' \cdot x/H$. Da $(G'x/H)^2 \ll 1$ für Leiter in Oberleitungsanlagen gilt, lässt sich wegen der allgemeinen Beziehung

$$\sqrt{1+\xi} \approx 1 + \xi/2$$

für dL auch schreiben

$$\mathrm{d}L = \left[1 + (G'x/H)^2/2\right]\,\mathrm{d}x \quad .$$

Tabelle 4.4: Durchhänge und Zugspannungen in einem nicht nachgespannten Leiter 243-AL1 abhängig von der Temperatur.

	\multicolumn{12}{c}{Spannweite in m}											
	65		67		69		71		73		75	
ϑ	f	σ	f	σ	f	σ	f	σ	f	σ	f	σ
°C	m	N/mm²	m	N/mm²	m	N/mm²	m	N/mm²	m	N/mm²	m	N/mm²
−30	1,05	13,7	1,14	13,3	1,24	13,0	1,31	12,8	1,44	12,6	1,54	12,4
−20	1,19	12,0	1,28	11,9	1,38	11,7	1,48	11,6	1,58	11,4	1,68	11,3
−10	1,32	10,8	1,41	10,8	1,51	10,7	1,61	10,6	1,71	10,6	1,81	10,5
− 5[1)]	1,48	20,0	1,57	20,0	1,67	20,0	1,77	20,0	1,87	20,0	1,97	20,0
0	1,44	9,9	1,54	9,9	1,63	9,9	1,73	9,9	1,83	9,9	1,94	9,9
10	1,56	9,2	1,65	9,2	1,75	9,2	1,85	9,3	1,95	9,3	2,05	9,3
20	1,67	8,6	1,76	8,6	1,86	8,7	1,96	8,7	2,06	8,8	2,16	8,8
30	1,77	8,1	1,86	8,2	1,96	8,2	2,06	8,3	2,16	8,3	2,27	8,4
40	1,87	7,7	1,96	7,8	2,06	7,8	2,16	7,9	2,27	8,0	2,37	8,0
50	1,96	7,3	2,06	7,4	2,16	7,5	2,26	7,6	2,36	7,6	2,47	7,7
60	2,05	7,0	2,15	7,1	2,25	7,2	2,35	7,3	2,46	7,4	2,56	7,4

[1)] mit Eislast $G'_{\text{Eis}} = 0{,}5 \cdot (5 + 0{,}1 \cdot 20{,}3)$, = 3,5 N/m für die Eislastzone 1 nach DIN EN 50119, Beiblatt 1, maximale Zugspannung mit 20 N/mm² begrenzt

Durch Integration über die Spannweite wird die Länge des Leiters in einem Feld mit Durchhang erhalten zu

$$L = l + (G'/H)^2 \cdot (l^3/24) \tag{4.13}$$

oder ausgedrückt mit dem *maximalen Durchhang* $f_{\max}$ nach (4.54)

$$L = l + (8/3) \cdot (f_{\max}^2/l) \quad . \tag{4.14}$$

Beispiel 4.6: Die Länge eines mit 10 kN gespannten Tragseils, das ein Sicat S1.0-Kettenwerk mit 15 N/m Gewicht nach Tabelle 4.1 trägt, ist bei 75 m Spannweitenlänge

$$L = 75 + (15/10\,000)^2 \cdot (75^3/24) = 75 + 0{,}040 = 75{,}040\,\text{m},$$

d. h. 40 mm oder 0,5 ‰, länger als der Abstand zwischen den Stützpunkten.

Wenn sich das längenbezogene Gewicht vom Zustand 0 bis zum Zustand x ändert, z. B. durch das Vorhandensein von Eislasten, ändert sich auch die Bogenlänge des betroffenen Leiters. Diese Änderung wird mit der Gleichung (4.13) beschrieben durch

$$L_x - L_0 = \left[(G'_x/H_x)^2 - (G'_0/H_0)^2\right] \cdot (l^3/24) \quad , \tag{4.15}$$

wobei L_x und L_0 aus der Beziehung (4.13) eingesetzt wurden. Die *Änderung der Bogenlänge* eines festabgespannten Leiters beim Übergang vom Zustand 0 in den Zustand x ist gleich der Summe von thermischer und elastischer Dehnung. Daher gilt:

$$L_x - L_0 = \Delta L_{\text{T}} + \Delta L_{\text{E}}$$

oder, wenn die einzelnen Terme ausführlich ausgeschrieben werden,

$$\left[(G'_x/H_x)^2 - (G'_0/H_0)^2\right] \cdot (l^3/24) = \alpha\, L\,(\vartheta_x - \vartheta_0) + [(H_x - H_0)/(E\,A)]\, L \quad .$$

Da für Oberleitungen $L \approx l$, folgt

$$\left[(G'_x/H_x)^2 - (G'_0/H_0)^2\right] \cdot (l^2/24) = \alpha\,(\vartheta_x - \vartheta_0) + (H_x - H_0)/(E\,A) \quad . \quad (4.16)$$

Die Gleichung (4.16) ist die *Zustandsgleichung* und dient zur Bestimmung der Zugkraft in fest abgespannten Leitern. Für praktische Untersuchungen lässt sich diese Gleichung nach ϑ_x oder nach H_x auflösen. Beim Auflösen nach H_x erhält man eine Gleichung dritten Grades, deren analytische Lösung unhandlich ist, sodass die Gleichung (4.16) iterativ, heute mit Rechenprogrammen, numerisch gelöst wird. Für eine Bahnenergieleitung 243-AL1, die an Oberleitungsmasten als Verstärkungs- oder Umgehungsleitung geführt wird, gelten beispielsweise die in der Tabelle 4.6 aufgeführten Werte. Die nach Gleichung (4.16) berechneten Werte in Tabelle 4.6 werden im Abschnitt 4.2.2.3 zur Durchhangermittlung von Bahnenergieleitungen für den Abstandsnachweis genutzt. Die Anwendung der Gleichung (4.16) soll am Beispiel eines fest verlegten, also nicht nachgespannten Fahrdrahts einer Straßenbahnoberleitung gezeigt werden. Durch Auflösen der Gleichung (4.16) nach der gesuchten Zugkraft H_x ergibt sich

$$H_x^2 \left[H_x - H_0 + E\,A\,G_0'^{\,2}\,l^2/(24\,H_0^2) + E\,A\,\alpha(\vartheta_x - \vartheta_0) \right] = E\,A\,G_x'^{\,2}\,l^2/24 \quad . \quad (4.17)$$

Falls der *Abspannabschnitt n* unterschiedliche Spannweitenlängen l_i aufweist, kann man ersatzweise mit der *ideellen Spannweite* l_{id} rechnen, wie in [4.5] erläutert:

$$l_{\text{id}} = \sqrt{\sum_{i=1}^{n} l_i^3 \Big/ \sum_{i=1}^{n} l_i} \quad . \quad (4.18)$$

Beispiel 4.7: Gesucht ist die Zugkraft eines in einem Oberleitungsabschnitt mit 10 Feldern bei $-30\,°\text{C}$ und der ideellen Spannweite $30\,\text{m}$ fest verlegten Fahrdrahts AC-100–Cu, der mit $8\,\text{kN}$ Zugkraft bei $+10\,°\text{C}$ montiert wurde. Nach den Tabellen 11.3, 11.5 gilt: $A = 100\,\text{mm}^2$; $E = 120\,\text{kN/mm}^2$; $\alpha = 17 \cdot 10^{-6}\,\text{K}^{-1}$; $G_0' = G_x' = 0{,}862\,\text{kg/m} \cdot 9{,}81\,\text{m/s}^2 = 8{,}46\,\text{N/m}$, wobei für das spezifische Gewicht des Leiters die Mindestmasse nach Tabelle 11.3 genutzt wird. Durch Einsetzen dieser Werte in die Gleichung (4.17) folgt

$$H_x^2 \cdot \left[H_x - 8\,000 + \frac{120 \cdot 10^3 \cdot 100 \cdot 8{,}46^2 \cdot 30^2}{24 \cdot 8\,000^2} + 120 \cdot 10^3 \cdot 100 \cdot 17 \cdot 10^{-6}(-30 - 10) \right]$$

$$= 120 \cdot 10^3 \cdot 100 \cdot 8{,}46^2 \cdot 45^2/24 \quad ,$$

$$H_x^2\,(H_x - 15\,657\,\text{N}) = 32{,}21 \cdot 10^9\,\text{N}^3 \quad .$$

Diese kubische Gleichung für H_x kann man durch Iteration lösen:
$H_x = 16\,000\,\text{N}$ resultiert in $H_x^2\,(H_x - 15\,657\,\text{N}) = 87{,}87 \cdot 10^9\,\text{N}^3$

4.2 Zugspannungen und -kräfte in Leitern

$H_x = 15\,800\,\text{N}$ resultiert in $H_x^2(H_x - 15\,657\,\text{N}) = 35{,}76 \cdot 10^9\,\text{N}^3$
$H_x = 15\,786\,\text{N}$ resultiert in $H_x^2(H_x - 15\,657\,\text{N}) = 32{,}21 \cdot 10^9\,\text{N}^3$

Die Zugkraft bei $-30\,°\text{C}$ beträgt 15 786 N. Bei Erhöhung der Temperatur auf $+70\,°\text{C}$ fällt die Zugkraft auf 2 160 N. Die dazugehörigen Durchhänge sind 0,060 m bei $-30\,°\text{C}$ und 0,440 m bei $+70\,°\text{C}$. Die Durchhangsänderung beträgt also 0,380 m.

Die Zugkraftänderung kann durch Einbau einer Feder vermindert werden. Die Längenänderung der Feder beträgt

$$\Delta L_\text{F} = (H_x - H_0)/c_\text{F} \quad , \tag{4.19}$$

wobei c_F die *Federkonstante* ist. Da sich die Längenänderungen aus den unterschiedlichen Einflussfaktoren addieren, gilt:

$$L_x - L_0 = \Delta L_\text{T} + \Delta L_\text{E} + \Delta L_\text{F} \quad .$$

Mit den Beziehungen (4.83), (4.11), (4.15) und (4.19) folgt daraus die Zustandsgleichung für einen Nachspannabschnitt mit Feder, die der Gleichung (4.17) ähnlich ist:

$$H_x^2 \left[(H_x - H_0) \cdot \left(\frac{1 + (E \cdot A)}{c_\text{F} \cdot \sum_{i=1}^n l_i} \right) + \frac{E \cdot A \cdot {G'_0}^2 \cdot l_\text{id}^2}{24 \cdot H_0^2} + E \cdot A \cdot \alpha \cdot (\vartheta_x - \vartheta_0) \right]$$
$$= E \cdot A \cdot {G'_x}^2 \cdot l_\text{id}^2 / 24 \quad , \tag{4.20}$$

wobei
H_0 Zugkraft beim Zustand 0 in N,
H_x Zugkraft beim Zustand x in N,
E Elastizitätsmodul in N/mm^2,
A Querschnittsfläche in mm^2,
G'_0 längenbezogenes Gewicht beim Zustand 0 in N/m,
G'_x längenbezogenes Gewicht beim Zustand x in N/m,
l_id ideelle Spannweitenlänge in m,
l_i Spannweitenlänge des Feldes i in m,
c_F Federkonstante,
α linearer Wärmeausdehnungskoeffizient in K^{-1},
ϑ_0 Temperatur des Leiters beim Zustand $0 = 10\,°\text{C}$ im Beispiel 4.7 und
ϑ_x Temperatur des Leiters beim Zustand $x = x\,°\text{C}$ ist.

Beispiel 4.8: In dem im Beispiel 4.7 beschriebenen Abspannabschnitt mit 10 Feldern, der ideellen Spannweite $l_\text{id} = 30\,\text{m}$ und der Abspannlänge $\sum_{i=1}^n l_i = 300\,\text{m}$ wird eine Feder mit der Federkonstanten $c_\text{F} = 10\,\text{kN/m}$ eingebaut. Es gilt $G'_0 = G'_\text{x}$, da keine Eislast zu berücksichtigen ist. Die Zugkraft H_x bei $-30\,°\text{C}$ folgt dann aus der Gleichung (4.20)

$$H_x^2 \cdot \left[(H_x - 8\,000) \cdot \frac{1 + (120 \cdot 10^3 \cdot 100)}{10 \cdot 10^3 \cdot 300} + \frac{120 \cdot 10^3 \cdot 100 \cdot 8{,}46^2 \cdot 30^2}{24 \cdot 8\,000^2} \right.$$
$$\left. + 120 \cdot 10^3 \cdot 100 \cdot 17 \cdot 10^{-6} \cdot (-30 - 10) \right] = 120 \cdot 10^3 \cdot 100 \cdot 8{,}46^2 \cdot 30^2 / 24 \quad ,$$

$$H_x^2 \cdot [(H_x - 8\,000) \cdot 4{,}0 + 503{,}2 - 8\,160{,}0] = 32{,}21 \cdot 10^9\,\text{N}^3$$

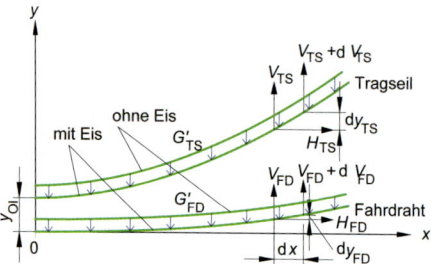

Bild 4.5: Durchhang im Kettenwerk.

zu $H_x = 9\,994{,}8\,\text{N}$. Bei $+70\,°\text{C}$ beträgt die Zugkraft $5\,121{,}2\,\text{N}$ und somit die Änderung der Zugkraft $4\,843{,}6\,\text{N}$. Der Einbau einer Feder vermindert die Änderung der Zugkraft von $13\,626\,\text{N}$ im Beispiel 4.7 auf $4\,843{,}6\,\text{N}$ im Beispiel 4.8 und Durchhänge mit der Temperatur von $0{,}380\,\text{m}$ auf $0{,}091\,\text{m}$ erheblich.

Die Beispiele verdeutlichen die großen Zugkraft- und Durchhangsänderungen bei festverlegten Fahrdrähten. Die Zugkraftänderung wird mit abnehmender ideeller Spannweite größer. Die Länge des gesamten Nachspannabschnitts, also die Feldanzahl, hat hierauf keinen Einfluss. Zum Vermeiden von starken Zugkraftschwankungen, wie in den Beispielen 4.7 und 4.8 beschrieben, eignen sich Nachspannvorrichtungen.

Bei halb-kompensierten Kettenwerken mit festverlegtem Tragseil können mit Gleichung (4.17) Spannungen und Durchhänge des Tragseils bestimmt werden. Nach [4.6] gilt die folgende Beziehung für den größten Tragseildurchhang für einen gegebenen Zustand x:

$$f_{\text{TS max}} = \frac{l^2}{8} \cdot \frac{G'_{\text{Ol}\,x} + G'_{\text{Ol}} \cdot H_{\text{FD}}/H_{\text{TS}\,0}}{H_{\text{FD}} + H_{\text{TS}\,0} - \alpha_{\text{TS}} \cdot E_{\text{TS}} \cdot A_{\text{TS}} \cdot (\vartheta_x - \vartheta_0)} \quad . \tag{4.21}$$

Bei Eislast und $-5\,°\text{C}$, gilt $G'_{\text{Ol}\,x} = G'_{\text{Ol}} + G'_{\text{Eis}}$. Für alle anderen Fälle ist $G'_{\text{Ol}\,x} = G'_{\text{Ol}\,0} = G'_{\text{TS}} + G'_{\text{FD}}$. Die Tragseilzugkraft $H_{\text{TS}\,0}$ ist durch numerisches Lösen der angegebenen Gleichung zu bestimmen, wenn der Tragseildurchhang $f_{\text{TS max}}$ begrenzt ist.

4.2.2.2 Kettenwerke

Als Kettenwerk wird bei Fahrleitungen eine Anordnung bezeichnet, bei dem ein Fahrdraht über Hänger an einem Tragseil so aufgehängt ist, dass zwischen dem Tragseil und dem Fahrdraht entsprechend der Länge der einzelnen Hänger ein gegebener Abstand eingehalten wird [4.6]. Anhand des Bildes 4.5 können die folgenden Zusammenhänge abgeleitet werden:

$$\begin{aligned} \mathrm{d}V_{\text{TS}} &= G'_{\text{TS}} \cdot \mathrm{d}L_{\text{TS}} \;, & \mathrm{d}V_{\text{FD}} &= G'_{\text{FD}} \cdot \mathrm{d}L_{\text{FD}} \;, \\ \mathrm{d}y_{\text{TS}}/\mathrm{d}x &= V_{\text{TS}}/H_{\text{TS}} \quad \text{und} & \mathrm{d}y_{\text{FD}}/\mathrm{d}x &= V_{\text{FD}}/H_{\text{FD}} \;. \end{aligned}$$

Die Indices TS und FD bezeichnen jeweils Tragseil bzw. Fahrdraht. Durch Differenzieren und Einsetzen in die entsprechenden Differenzialgleichungen werden die folgenden Ausdrücke erhalten:

$$\begin{aligned} H_{\text{TS}} \,\mathrm{d}^2 y_{\text{TS}}/\mathrm{d}x^2 &= G'_{\text{TS}} \cdot \mathrm{d}L_{\text{TS}}/\mathrm{d}x \quad \text{und} \\ H_{\text{FD}} \,\mathrm{d}^2 y_{\text{FD}}/\mathrm{d}x^2 &= G'_{\text{FD}} \cdot \mathrm{d}L_{\text{FD}}/\mathrm{d}x \quad . \end{aligned} \tag{4.22}$$

4.2 Zugspannungen und -kräfte in Leitern

Durch Einsetzen der bezogenen Gewichtskraft des gesamten Kettenwerks $G'_{Ol} = G'_{TS} + G'_{FD}$ und Anwendungen der Näherung $dL_{TS} \approx dL_{FD} \approx dx$, folgt aus (4.22)

$$H_{TS}\, d^2 y_{TS}/dx^2 + H_{FD}\, d^2 y_{FD}/dx^2 = G'_{Ol} \quad . \tag{4.23}$$

Durch zweimaliges Integrieren nach x erhält man

$$H_{TS}\, y_{TS} + H_{FD}\, y_{FD} = G'_{Ol}\, x^2/2 + C_1\, x + C_2 \quad .$$

Die Integrationskonstanten folgen aus den Randbedingungen nach Bild 4.5:

$y'_{TS}(0) = 0 \quad$ und $\quad y'_{FD}(0) = 0 \longrightarrow C_1 = 0$,
$y_{TS}(0) = y_{Ol} \quad$ und $\quad y_{FD}(0) = 0 \longrightarrow C_2 = H_{TS}\, y_{Ol}$,

womit sich schließlich ergibt

$$H_{TS}\, y_{TS} + H_{FD}\, y_{FD} = G'_{Ol}\, x^2/2 + H_{TS}\, y_{Ol} \quad . \tag{4.24}$$

Ohne Eis ist der Fahrdrahtdurchhang nahezu Null. Daher ist $y_{FD} = 0$ und

$$y_{TS} = (G'_{Ol}/H_{TS}) \cdot \left(x^2/2\right) + y_{Ol} \quad . \tag{4.25}$$

Mit Eis beträgt der Tragseildurchhang

$$y_{TS\,Eis} = y_{TS} + y_{FD\,Eis} \quad .$$

Unter Verwendung von (4.25) ergibt sich

$$y_{TS\,Eis} = (G'_{Ol}/H_{TS}) \cdot \left(x^2/2\right) + y_{Ol} + y_{FD\,Eis} \quad . \tag{4.26}$$

Die längenbezogene Streckenlast mit Eis ist

$$G'_{Ol\,Eis} = G'_{Ol} + G'_{Eis} \quad .$$

Daher ergibt sich aus (4.24)

$$H_{TS}\, y_{TS,Eis} + H_{FD}\, y_{FD,Eis} = (G'_{Ol} + G'_{Eis})\, x^2/2 + H_{TS}\, y_{Ol} \quad .$$

Das Einfügen von $y_{FD\,Eis}$ entsprechend (4.26) führt zu

$$H_{TS}\, y_{TS\,Eis} + H_{FD}\, y_{TS\,Eis} - G'_{Ol}\, (H_{FD}/H_{TS}) \left(x^2/2\right) - H_{FD}\, y_{Ol}$$
$$= (G'_{Ol} + G'_{Eis}) \left(x^2/2\right) + H_{TS}\, y_{Ol} \tag{4.27}$$

und

$$y_{TS\,Eis}\, (H_{FD} + H_{TS}) = G'_{Ol}\, [(H_{FD} + H_{TS})/H_{TS}] \left(x^2/2\right)$$
$$+ (G'_{Eis}) \left(x^2/2\right) + (H_{FD} + H_{TS})\, y_{Ol} \quad . \tag{4.28}$$

Die Durchhänge des Tragseils und des Fahrdrahts bei Eisbelastung $y_{\text{TS Eis}}$ bzw. $y_{\text{FD Eis}}$ können einzeln aus (4.27) und (4.28) abgeleitet werden. Daher gelten:

$$y_{\text{TS Eis}} = (x^2/2)\left[(G'_{\text{Ol}}/H_{\text{TS}}) + G'_{\text{Eis}}/(H_{\text{TS}} + H_{\text{FD}})\right] + y_{\text{Ol}} \quad \text{und} \tag{4.29}$$

$$y_{\text{FD Eis}} = (x^2/2)\left[(G'_{\text{Ol}}/H_{\text{TS}}) + G'_{\text{Eis}}/(H_{\text{TS}} + H_{\text{FD}})\right]$$
$$+ y_{\text{Ol}} - G'_{\text{Ol}}/H_{\text{TS}}(x^2/2) - y_{\text{Ol}} \quad\quad \text{und}$$

$$y_{\text{FD Eis}} = (x^2/2)\left[G'_{\text{Eis}}/(H_{\text{TS}} + H_{\text{FD}})\right] \quad . \tag{4.30}$$

Wenn der Durchhang in Bezug auf die Aufhängepunkte ausgedrückt wird und die Variable x durch die Variable a ersetzt wird, ergeben sich ähnlich der Gleichung (4.52) die folgenden Gleichungen:

$$y_{1\,\text{TS Eis}} = [a(l-a)/2] \cdot \left[G'_{\text{Ol}}/H_{\text{TS}} + G'_{\text{Eis}}/(H_{\text{TS}} + H_{\text{FD}})\right] + y_{\text{Ol}} \quad \text{und}$$

$$y_{1\,\text{FD Eis}} = [a(l-a)/2] \cdot \left[G'_{\text{Eis}}/(H_{\text{TS}} + H_{\text{FD}})\right] \quad .$$

Der *größte Fahrdrahtdurchhang* ergibt sich in der Mitte des Spannfeldes bei $a = l/2$. Für diesen Punkt erhält man:

$$f_{\text{FD Eis max}} = \left[G'_{\text{Eis}}/(H_{\text{TS}} + H_{\text{FD}})\right](l^2/8) \quad . \tag{4.31}$$

Beispiel 4.9: Um wie viel hängt der Fahrdraht eines nachgespannten Oberleitungskettenwerks der Oberleitungsbauart Sicat S1.0 für eine nationale Anwendung mit dem 1 950 mm langen Stromabnehmer und für eine interoperable Anwendung mit dem 1 600 mm langen Stromabnehmer unter Eislast in der Eislastzone 1 zwischen den beiden Aufhängepunkten und zwischen den Hängern durch?
Gegeben sind

Eislastzone 1 $\quad\quad G'_{\text{Eis}} = 0{,}5 \cdot (5 + 0{,}1 \cdot d)$ nach Abschnitt 2.4.3,
Durchmesser des Tragseils Bz II 50 mm² $\quad d_{\text{TS}} = 9{,}0$ mm nach DIN 48 201,
Durchmesser des Fahrdrahts AC-100–Cu $\quad d_{\text{FD}} = 12{,}0$ mm nach DIN EN 50 149,
Spannweitenlänge $\quad\quad$ nach Beispiel 4.35:
$\quad\quad l_{\text{max}} = 71{,}4$ m (1 600-mm-Stromabnehmer)
$\quad\quad l_{\text{max}} = 80{,}0$ m (1 950-mm-Stromabnehmer)
Stromabnehmerlänge $\quad\quad$ 1 600 mm, 1 950 mm,
Zugkraft im Fahrdraht $\quad\quad H_{\text{FD}} = 12$ kN und
Zugkraft im Tragseil $\quad\quad H_{\text{TS}} = 10$ kN.

Ohne Eislast hat der Fahrdraht dieser Oberleitungsbauart nahezu keinen Durchhang. Die Eislast beträgt für die Oberleitungsbauart Sicat S1.0 am Tragseil

$$G'_{\text{Eis TS}} = 0{,}5 \cdot (5 + 0{,}1 \cdot d) = 0{,}5 \cdot (5 + 0{,}1 \cdot 9{,}0) = 3{,}0\,\text{N/m}$$

und am Fahrdraht

$$G'_{\text{Eis FD}} = 0{,}5 \cdot (5 + 0{,}1 \cdot d) = 0{,}5 \cdot (5 + 0{,}1 \cdot 12{,}0) = 3{,}1\,\text{N/m} \quad .$$

4.2 Zugspannungen und -kräfte in Leitern

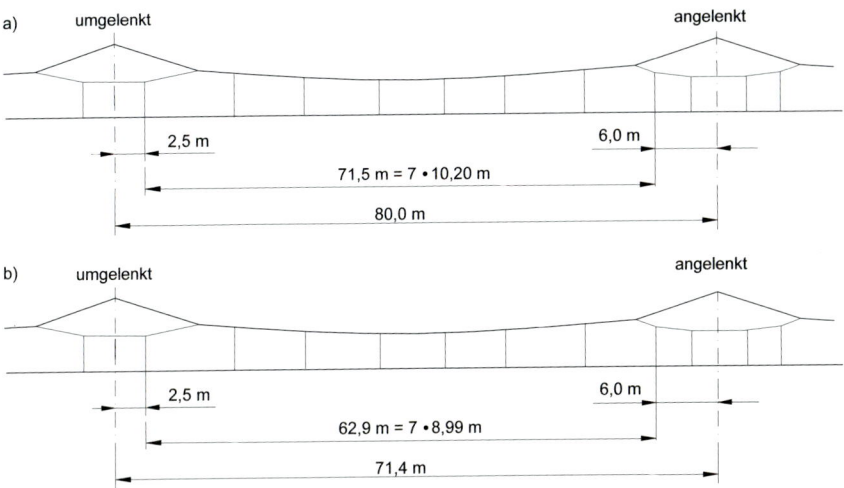

Bild 4.6: Hängerabstände nach Tabelle 12.36 für Beispiel 4.9.

Die Fahrdrahtabsenkung zwischen den Stützpunkten (St) berechnet sich nach Gleichung (4.31) für die Längsspannweite 80,0 m für den Betrieb mit der 1 950-mm-Wippe zu

$$f_{\text{FD St–St Eis max}} = [6{,}1/(12\,000 + 10\,000)] \cdot 80{,}0^2/8 = 0{,}222 \text{ m}.$$

Bei 80,0 m Spannweite ist der größte Hängerabstand 11,25 m (Bild 4.6), sodass ein zusätzlicher Fahrdrahtdurchhang zwischen den Hängern (H) entsteht

$$f_{\text{FD H–H Eis max}} = [3{,}1/(12\,000)] \cdot 11{,}25^2/8 = 0{,}004 \text{ m}.$$

Der Gesamtdurchhang des Fahrdrahts mit Eis- und Schneelast beträgt somit 0,222 m.
Auf interoperablen Strecken für den Betrieb mit dem 1 600 mm langen Stromabnehmer ist die nutzbare Fahrdrahtseitenlage geringer und daher die Spannweitenlänge kürzer (siehe Beispiel 4.36). Die Berechnung des Fahrdrahtdurchhangs mit Eis- und Schneelast für die maximale Spannweite ergibt sich zu

$$f_{\text{FD St–St Eis max}} = [6{,}1/(12\,000 + 10\,000)] \cdot 71{,}4^2/8 = 0{,}177 \text{ m}.$$

Ein zusätzlicher Fahrdrahtdurchhang entsteht zwischen den Hängern (H) mit 8,99 m Abstand nach Bild 4.6

$$f_{\text{FD H–H Eis max}} = [3{,}1/(12\,000)] \cdot 8{,}99^2/8 = 0{,}003 \text{ m}.$$

Die Gesamtabsenkung des Fahrdrahts mit Eis- und Schneelast beträgt somit 0,180 m.

Beispiel 4.10: Die bei der Oberleitungsbauart Re 330 verwendeten Radspanner haben Gleitlager und besitzen mindestens 97 % Wirkungsgrad. Für das Tragseil vom Typ DIN 48 201-120-Bz II (Tabelle 11.6) beträgt die Zugspannung 21 kN. Die weiteren Daten folgen aus der

Tabelle 11.6. Der E-Modul beträgt für das verwendete 19drähtige Tragseil nach Tabelle 11.6 $E = 105\,\text{kN/mm}^2$.

Wie groß ist die Zugkraftänderung, bevor die Radspanner die Zugkraft des Tragseils nachregulieren können? Welche Temperaturdifferenz entspricht der Zugkraftänderung? Welche Absenkung des Fahrdrahts tritt bei Radspannern mit 97 % Wirkungsgrad auf?

Bei dem mit 21 000 N gespanntem Tragseil entspricht 3 % Zugkraftverlust 1 050 N Zugkraftänderung. Nach Gleichung (4.16) entspricht dies der Temperaturdifferenz
- von $-26{,}2\,°\text{C}$ auf $-30\,°\text{C}$ mit 3,8 K und
- von $80\,°\text{C}$ auf $76{,}2\,°\text{C}$ mit 3,8 K.

Die Temperaturdifferenz ist an den Temperaturgrenzen der Oberleitungsbauart gleich und mit 3,8 K gering.

Die *größte Fahrdrahtabsenkung* ergibt sich nach Gleichung (4.31) in der Mitte des Spannfeldes bei $a = l/2$. Für diesen Punkt erhält man:

$$\Delta f_{\text{FD max}} = [G'_{\text{Ol}}/(H_{\text{TS0}} + H_{\text{FD0}})]\,(l^2/8) - [G'_{\text{Ol}}/(H_{\text{TSx}} + H_{\text{FDx}})]\cdot(l^2/8)$$
$$= [23/(21\,000\,\text{N} + 27\,000\,\text{N})]\cdot(65^2/8) - [23/(21\,630\,\text{N} + 27\,810\,\text{N})]\cdot(65^2/8) = 0{,}012\,\text{m}\ .$$

Die Absenkung beträgt 0,012 m, was vertretbar ist.

4.2.2.3 Bahnenergieleitungen

Die Berechnung der Zugspannung und des Leiterdurchhangs basiert auf der *Mittelzugspannung* bei der Jahresmitteltemperatur $+10\,°\text{C}$ ohne Windlast, bezeichnet mit σ_{10}. Für den gewählten Leitertyp lässt sich die Mittelzugspannung nach DIN EN 50 341-3-4, Tabelle 9/DE.2, Spalte 5, ermitteln. Für die Leiterzugkraft und die daraus resultierenden Durchhänge sind die *Lastfälle* zu beachten mit
- $-20\,°\text{C}$ ohne Eislast,
- $-5\,°\text{C}$ und Eislast entsprechend den Eislastzonen 1 bis 4 nach Abschnitt 2.4.3 mit
  - Eislastzone E1: $G'_{\text{Eis}} = 5 + 0{,}1 \cdot d$,
  - Eislastzone E2: $G'_{\text{Eis}} = 10 + 0{,}2 \cdot d$,
  - Eislastzone E3: $G'_{\text{Eis}} = 15 + 0{,}3 \cdot d$,
  - Eislastzone E4: $G'_{\text{Eis}} = 20 + 0{,}4 \cdot d$.
- $+5\,°\text{C}$ und höchste Windlast der zutreffenden Windzone nach Abschnitt 2.4.2.8,
- $+40\,°\text{C}$ mit ausgeschwungenem Leiter bei Wind mit 3 Jahren Wiederkehrperiode,
- höchste zulässige Leitertemperatur $80\,°\text{C}$ für Cu-Leiter und $80\,°\text{C}$ für AL1- und AL1/ST1A-Leiter in Ruhelage.

Der Nachweis von Abständen bei gleichzeitiger Wirkung extremer Wind- und Eislast wird nach DIN EN 50 341-3-4:2011 nicht gefordert.

Die Horizontalkomponente der Leiterzugspannung ist für jeden Lastfall zu berechnen und darf die Grenzen nach DIN EN 50 341-3-4, Abschnitt 9/DE.4, nicht überschreiten. Nach DIN EN 50 341-3-4, Abschnitt 9/DE.4, darf die Zugspannung bei
- $-20\,°\text{C}$ oder $-30\,°\text{C}$ ohne Eislast,
- $-5\,°\text{C}$ mit Eislast,
- $-5\,°\text{C}$ mit Eislast mit Windlast,
- $+5\,°\text{C}$ mit Windlast,

4.2 Zugspannungen und -kräfte in Leitern

jeweils multipliziert mit dem Teilsicherheitsbeiwert $\gamma_C = 1{,}35$, die zulässige Beanspruchung bei Höchstlasten nicht überschreiten. Die Höchstzugspannung ergibt sich aus 95 % der rechnerischen Bruchspannung des Leiters geteilt durch den Material-Teilsicherheitsbeiwert $\gamma_M = 1{,}25$. Für die Höchstzugspannung gilt somit

$$\sigma_{C\,max} = 0{,}95 \cdot \sigma_{min}/(1{,}35 \cdot 1{,}25) \quad . \tag{4.32}$$

Bei 243-AL1 ist σ_{min} gleich $180\,\text{N/mm}^2$ und damit $\sigma_{C\,max} = 101\,\text{N/mm}^2 \approx 100\,\text{N/mm}^2$. Sind bei einer Leitung nahezu gleiche Aufhängehöhen und die Aufhängung an Hängeketten gegeben, so stellt sich in den Längsfeldern a_1, a_2 und a_3 bei der Mittelzugkraft H_{10} eine gleiche Zugkraft ein mit

$$H_{10} = A \cdot \sigma_0 = H_1 = H_2 = H_3 \quad . \tag{4.33}$$

Die Bedingung gleicher Zugspannung gilt für die *ideelle Spannweitenlänge* a_{id}

$$a_{id} = \sqrt{\sum a_i^3 \Big/ \sum a_i} \quad , \tag{4.34}$$

wobei a_i die einzelnen Spannweiten des betrachteten Leitungsabschnitts darstellen. Der Durchhang im ideellen Längsfeld berechnet sich zu

$$f_{id} = \frac{G' \cdot a_{id}^2}{8 \cdot H_{id}} \quad . \tag{4.35}$$

und für die Spannweitenlängen der einzelnen Felder zu

$$f_i = f_{id} \cdot \frac{a_i^2}{a_{id}^2} = \frac{G' \cdot a_{id}^2}{8 \cdot H_{id}} \cdot \frac{a_i^2}{a_{id}^2} = \frac{G' \cdot a_i^2}{8 \cdot H_{id}} \quad . \tag{4.36}$$

Bei der Ermittlung des Hochzugs am Stützpunkt B (Bild 4.9) ist im ersten Schritt die ideelle Spannweitenlänge a_{id} nach Gleichung (4.34) zu berechnen. Mit der Gleichung (4.35) lässt sich im zweiten Schritt der Durchhang f_{id} in der ideellen Spannweitenlänge ermitteln. Die Durchhänge f_1 und f_2 für ungleich lange Längsfelder lassen sich mit Hilfe der Gleichung (4.36) berechnen.

Beispiel 4.11: Eine Bahnenergieleitung ist mit dem Leiter 243-AL1 nach DIN EN 50 182, Tabelle F17, zu planen. Nach DIN EN 50 341-3-4, Tabelle 9/DE.2, gilt hierfür die höchst zulässige Mittelzugspannung $30\,\text{N/mm}^2$. Die Leiter werden bei $10\,°\text{C}$ mit $20\,\text{N/mm}^2$ verlegt. Wie groß sind die Durchhänge des Leiters in den Längsfeldern $a_1 = 60\,\text{m}$, $a_2 = 80\,\text{m}$ und $a_3 = 65\,\text{m}$ des Abspannabschnitts bei $-30\,°\text{C}$ und bei $80\,°\text{C}$?
Die ideelle Spannweitenlänge a_{id} folgt aus Gleichung (4.34) zu

$$a_{id} = \sqrt{\frac{60^3 + 80^3 + 65^3}{60 + 80 + 65}} = 69{,}9\,\text{m} \quad .$$

Die Zustandsgleichung (4.16) lautet für $-30\,°\text{C}$ mit $E = 55 \cdot 10^3\,\text{N/mm}^2$ und $\alpha = 23 \cdot 10^{-6}$:

$$H_{-30}^2 \left[H_{-30} - 4\,850 + 55\,000 \cdot 242{,}5 \cdot 6{,}58^2 \cdot 69{,}9^2/(24 \cdot 4\,850^2) \right.$$
$$\left. + 55\,000 \cdot 242{,}5 \cdot 23 \cdot 10^{-6} \cdot (-30 - 10) \right] = 55\,000 \cdot 242{,}5 \cdot 6{,}58^2 \cdot 69{,}9^2/24$$

Tabelle 4.5: Leiterdurchhänge in cm für Beispiel 4.11.

Temperatur	a_{id}	Feldlänge in m		
		60	65	80
$-30\,°C$	31	23	27	41
$80\,°C$	180	133	156	237

und damit

$$H_{-30}^2 \left[H_{-30} - 4\,850 + 4\,997{,}9 - 12\,270{,}5\right] = 117{,}6 \cdot 10^9$$

$$H_{-30}^2 \left[H_{-30} - 12\,122{,}6\right] = 117{,}6 \cdot 10^9 \quad .$$

Durch Iteration wird erhalten

$H_{-30} = 12\,610{,}0\,\text{N}$ ergibt $H_{-30}^2 \left(H_{-30} - 12\,122{,}6\,\text{N}\right) = 77{,}5 \cdot 10^9\,\text{N}^3$,
$H_{-30} = 12\,850{,}0\,\text{N}$ ergibt $H_{-30}^2 \left(H_{-30} - 12\,122{,}6\,\text{N}\right) = 120{,}1 \cdot 10^9\,\text{N}^3$,
$H_{-30} = 12\,836{,}1\,\text{N}$ ergibt $H_{-30}^2 \left(H_{-30} - 12\,122{,}6\,\text{N}\right) = 117{,}6 \cdot 10^9\,\text{N}^3$.

Das Ergebnis beträgt $\sigma_{-30} = 12\,836{,}1\,\text{N}/242{,}5\,\text{mm}^2 = 52{,}9\,\text{N}/\text{mm}^2$. Die Zustandsgleichung (4.16) für 80 °C lautet:

$$H_{80}^2 \left[H_{80} - 4\,850 + 55\,000 \cdot 242{,}5 \cdot 6{,}58^2 \cdot 69{,}9^2/(24 \cdot 4850^2)\right.$$
$$\left. + 55\,000 \cdot 242{,}5 \cdot 23 \cdot 10^{-6} \cdot (80 - 10)\right] = 55\,000 \cdot 242{,}5 \cdot 6{,}58^2 \cdot 69{,}9^2/24$$

$$H_{80}^2 \left[H_{80} + 21\,621{,}3\right] = 117{,}6 \cdot 10^9\,N^3$$

$H_{80} = 2\,220{,}6\,\text{N}$ ergibt $H_{80}^2 \left(H_{80} + 21\,621{,}3\right) = 117{,}6 \cdot 10^9\,\text{N}^3$

Die Spannung σ_{80} wird damit $\sigma_{80} = 2\,220{,}6\,\text{N}/242{,}5\,\text{mm}^2 = 9{,}16\,\text{N}/\text{mm}^2$. Aus der Tabelle 4.4 ergeben sich mit Iteration für $a_{id} = 69{,}9\,\text{m}$ zwischen 70 m und 65 m $\sigma_{-30} = 52{,}9\,\text{N}/\text{mm}^2$ und $\sigma_{80} = 9{,}15\,\text{N}/\text{mm}^2$.

Die Durchhänge in den Einzelfeldern sind in der Tabelle 4.5 aufgeführt. Die Spannung bei $-30\,°C$ ist kleiner als $100\,\text{N}/\text{mm}^2$, die nach DIN EN 50 341-3-4:2011 noch als Höchstzugspannung zulässig wäre.

4.3 Durchhänge und Zugspannungen

4.3.1 Leiter mit gleich hohen Aufhängungen

Dieser Abschnitt behandelt den *Durchhang* von Fahrdrähten und Seilen unter einer vorgegebenen Streckenlast und konstanter Zugkraft S.

Die vertikale Komponente von S wird mit H bezeichnet. Da die Biegesteifigkeit der bei Oberleitungen verwendeten Leiter relativ klein ist, reicht eine Betrachtung der in diesen Leitern wirkenden Zugkräfte aus. An den Aufhängepunkten werden die Leiter als gelenkig und in ihrer Position fest gelagert betrachtet, sodass Längsbewegungen nicht möglich sind. Das Kräftegleichgewicht an einem Leiterelement der Länge ΔL ergibt sich gemäß Bild 4.7 für die horizontalen Kräfte

$$H + dH - H = 0, \qquad \longrightarrow dH = 0 \qquad (4.37)$$

4.3 Durchhänge und Zugspannungen

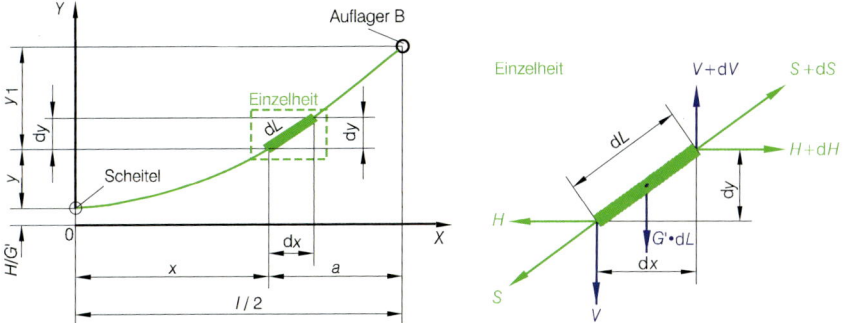

Bild 4.7: Durchhang eines gespannten Leiters.

und nach Integration $H = $ konstant folgt für die vertikalen Kräfte

$$V + \mathrm{d}V - V - G' \cdot \mathrm{d}L = 0, \quad \longrightarrow \mathrm{d}V = G' \cdot \mathrm{d}L \quad . \tag{4.38}$$

Mit

$$\mathrm{d}L = \mathrm{d}x\sqrt{1 + (\mathrm{d}y/\mathrm{d}x)^2} \tag{4.39}$$

und der aus Bild 4.7 ableitbaren Beziehung

$$\frac{\mathrm{d}y}{\mathrm{d}x} = \frac{V}{H} \tag{4.40}$$

findet man durch Einsetzen von (4.39) in (4.38)

$$\mathrm{d}V = G' \cdot \mathrm{d}x \cdot \sqrt{1 + (\mathrm{d}y/\mathrm{d}x)^2} \tag{4.41}$$

und durch Umformen

$$\mathrm{d}V/\mathrm{d}x = G' \cdot \sqrt{1 + (\mathrm{d}y/\mathrm{d}x)^2} \quad . \tag{4.42}$$

Die Ableitung von (4.40) nach x ergibt

$$\frac{1}{H} \cdot \frac{\mathrm{d}V}{\mathrm{d}x} = \frac{\mathrm{d}^2 y}{\mathrm{d}x^2} \tag{4.43}$$

und durch Auflösen erhält man

$$\frac{\mathrm{d}V}{\mathrm{d}x} = H \cdot \frac{\mathrm{d}^2 y}{\mathrm{d}x^2} \quad . \tag{4.44}$$

Durch Einsetzung von (4.44) in (4.42) findet man die Differenzialgleichung für die Leiterdurchhangslinie

$$\frac{\mathrm{d}^2 y}{\mathrm{d}x^2} = \frac{G'}{H} \cdot \sqrt{1 + (\mathrm{d}y/\mathrm{d}x)^2} \quad . \tag{4.45}$$

Die Lösung der Gleichung (4.45) ist allgemein als die *Kettenlinie* bekannt

$$y = \frac{H}{G'} \cdot \cosh \frac{G' \cdot x}{H} \quad , \tag{4.46}$$

die im Einzelnen in [4.5] erläutert ist. Die Lösung (4.46) lässt sich durch Einsetzen in die Gleichung (4.45) bestätigen. Durch Ableiten von (4.46)

$$\frac{\mathrm{d}y}{\mathrm{d}x} = \sinh\left(\frac{G' \cdot x}{H}\right) \quad \text{und nochmaligem Ableiten ergibt sich} \tag{4.47}$$

$$\frac{\mathrm{d}^2 y}{\mathrm{d}x^2} = \frac{G'}{H} \cdot \cosh\left(\frac{G' \cdot x}{H}\right) \quad \text{und einsetzen in (4.45) folgen} \tag{4.48}$$

$$\frac{G'}{H} \cdot \cosh\left(\frac{G' \cdot x}{H}\right) = \frac{G'}{H} \cdot \sqrt{1 + \sinh^2\left(\frac{G' \cdot x}{H}\right)} = \cosh\left(\frac{G' \cdot x}{H}\right) \quad . \tag{4.49}$$

Für $x = 0$ ergibt sich aus (4.46) $y = H/G'$ (Bild 4.7).
Bei Oberleitungen ist die Seillänge L nur 0,5 ‰ bis 1,0 ‰ länger als der Stützpunktabstand l. Deswegen kann man von der Näherung $\mathrm{d}L \approx \mathrm{d}x$ ausgehen, womit sich in (4.37) $\sqrt{1 + (\mathrm{d}y/\mathrm{d}x)^2} = 1$ ergibt und somit aus (4.45) folgt

$$\frac{\mathrm{d}^2 y}{\mathrm{d}x^2} = \frac{G'}{H} \quad . \tag{4.50}$$

Die Lösung der Differenzialgleichung (4.50) für den *Leiterdurchhang* folgt dann zu

$$y = (G'/H) \cdot \left[\left(x^2/2\right) + 1\right] \quad . \tag{4.51}$$

Der Durchhang bezogen auf den Aufhängepunkt B sei y_1 (Bild 4.7). An einem Punkt im Abstand a vom Stützpunkt gilt dann

$$y_1(a) = f_a = (G'/2\,H) \cdot a\,(l - a) \quad . \tag{4.52}$$

Der Durchhang y_1 als Funktion des Abstandes x vom Scheitelpunkt des Spannfeldes wird erhalten zu

$$y_1(x) = (G'/2\,H) \cdot \left(l^2/4 - x^2\right) \quad . \tag{4.53}$$

Der maximale Durchhang ist für $a = l/2$ (Gleichung (4.52)) bzw. für $x = 0$ (Gleichung (4.53)) zu erhalten und beträgt

$$y_{\max} = f_{\max} = (G'/8\,H) \cdot l^2 \quad . \tag{4.54}$$

Der Durchhang y_1 im Abstand a vom Aufhängepunkt kann auch durch den maximalen Durchhang $f_{\max}$ ausgedrückt werden

$$y_1 = f_a = 4\,f_{\max}\,a\,(l-a)/l^2 = G'\,a\,(l-a)/(2\,H) \quad . \tag{4.55}$$

4.3 Durchhänge und Zugspannungen

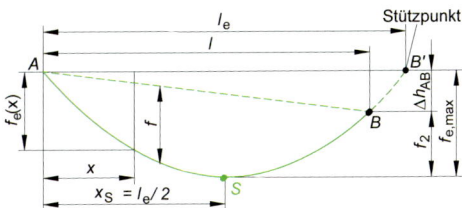

Bild 4.8: Durchhang bei ungleich hohen Aufhängepunkten.

Beispiel 4.12: Der größte Durchhang f_max eines mit $10\,\mathrm{kN}$ nachgespannten Fahrdrahts AC-100–Cu bei $l = 40\,\mathrm{m}$ Spannweite ist zu bestimmen. Dieser tritt in Feldmitte auf und beträgt

$$f_\mathrm{max} = \frac{8{,}46\,\mathrm{N/m} \cdot 40^2\,\mathrm{m}^2}{8 \cdot 10\,000\,\mathrm{N}} = 0{,}169\,\mathrm{m} \quad .$$

Der gleiche Fahrdraht hat in einem Oberleitungskettenwerk zwischen den Hängern 0,015 m Durchhang, wenn diese 12 m Abstand haben.

Die Tabelle 4.6 enthält Durchhänge für gleichhohe Aufhängungen des Leiters.

4.3.2 Leiter mit ungleich hohen Aufhängungen

In einem Feld der Länge l mit dem Höhenunterschied Δh_AB (Bild 4.8) folgt aus den Gleichungen (4.54) und (4.55) die Leiterkurve zu

$$y = \frac{G' \cdot l^2}{2 \cdot H}\left(\frac{x}{l} - 1\right)\frac{x}{l} - \frac{\Delta h_\mathrm{AB}}{l} \cdot x \quad . \tag{4.56}$$

Die Lage x_s des tiefsten Punktes S der Leiterkurve kann erhalten werden aus

$$\frac{dy}{dx} = \frac{G' \cdot l^2}{2 \cdot H}\left(\frac{2x_\mathrm{s}}{l^2} - \frac{1}{l}\right) - \frac{\Delta h_\mathrm{AB}}{l} = 0 \quad \mathrm{zu} \quad x_\mathrm{s} = \frac{l}{2} + \frac{H}{G'} \cdot \frac{\Delta h_\mathrm{AB}}{l} \quad . \tag{4.57}$$

Die *Ergänzungsspannweite* l_e wird dann erhalten aus

$$l_\mathrm{e} = 2 \cdot x_\mathrm{s} = l + \frac{2 \cdot H \cdot \Delta h_\mathrm{AB}}{G' \cdot l} \tag{4.58}$$

mit
H Leiterzugkraft in N,
Δh_AB Höhenunterschied der Leiteraufhängungen an A und B in m,
l Spannweite in m und
G' spezifisches Gewicht des Leiters in N/m.

Der Durchhang in der Mitte des Ergänzungsfeldes l_e am Scheitelpunkt S kann ausgedrückt werden mit

$$f_\mathrm{e,max} = \frac{G' \cdot l_\mathrm{e}^2}{8 \cdot H} = \frac{m \cdot g}{8 \cdot H} \cdot \left(l + \frac{2 \cdot H \cdot \Delta h_\mathrm{AB}}{G' \cdot l}\right)^2 \quad . \tag{4.59}$$

Für die Durchhangslinie im Ergänzungsfeld gilt

$$f_e(x) = 4 \cdot f_{e,\max} \cdot \left(1 - \frac{x}{l_e}\right) \cdot \frac{x}{l_e} \quad . \tag{4.60}$$

Im Punkt B folgt mit $x = l$

$$f_B = 4 \cdot \frac{G'}{8 \cdot H} \cdot l_e^2 \cdot \left(1 - \frac{l}{l_e}\right) \cdot \frac{l}{l_e} = \frac{G'}{2 \cdot H} \cdot (l_e - l) \cdot l \tag{4.61}$$

$$= \frac{G'}{2 \cdot H} \cdot \left(l + \frac{2 \cdot H \cdot \Delta h_{AB}}{G' \cdot l} - l\right) \cdot l = \Delta h_{AB} \quad . \tag{4.62}$$

Der Durchhang im Feld AB (Bild 4.82) bezogen auf die Verbindungslinie der Punkte A und B ist

$$f(x) = 4 \cdot f_{e,\max} \cdot \left(1 - \frac{x}{l_e}\right) \cdot \frac{x}{l_e} - \frac{\Delta h_{AB}}{l} \cdot x \tag{4.63}$$

und mit

$$f_{e,\max} = \frac{G'}{8 \cdot H} \cdot \left(l + \frac{2 \cdot H \cdot \Delta h_{AB}}{G' \cdot l}\right)^2 \tag{4.64}$$

wird erhalten

$$f(x) = \frac{G'}{8 \cdot H} \cdot (l - x) \cdot x \tag{4.65}$$

wie auch im Feld ohne Höhenunterschied. Dabei wurde angenommen, dass der Höhenunterschied Δh_{AB} klein gegenüber der Feldlänge l ist.

Beispiel 4.13: Aus dem Leitungshöhenplan geht hervor, dass die Verstärkungsleitung mit dem Leiter 243-AL1 am Mast B um 2 m niedriger als am Mast A hängt. Die Spannweitenlänge l beträgt 75 m. Nach Tabelle 11.6 betragen die längenbezogene Gewichtskraft $G' = 6{,}58\,\text{N/m}$ und der Leiterquerschnitt $A = 242{,}5\,\text{mm}^2$. Es ist der Durchhang der Leitung bei der niedrigsten Temperatur $-30\,°\text{C}$ zu ermitteln. Bei der niedrigsten Temperatur sollte die Zugspannung $20\,\text{N/mm}^2$ nicht überschreiten.
Die größte Zugkraft stellt sich bei $-30\,°\text{C}$ mit $H_{-30} = 20 \cdot 242{,}5 = 4850\,\text{N}$ ein. Aus Gleichung (4.64) folgt für den Durchhang im Ergänzungsfeld l_e

$$f_{e\,\max} = \frac{6{,}58}{8 \cdot 4850} \cdot \left(75 + \frac{2 \cdot 4850 \cdot 2}{6{,}58 \cdot 75}\right)^2 = 2{,}22\,\text{m}$$

vom höher gelegenen Stützpunkt aus gesehen.

4.4 Hochzug am Stützpunkt

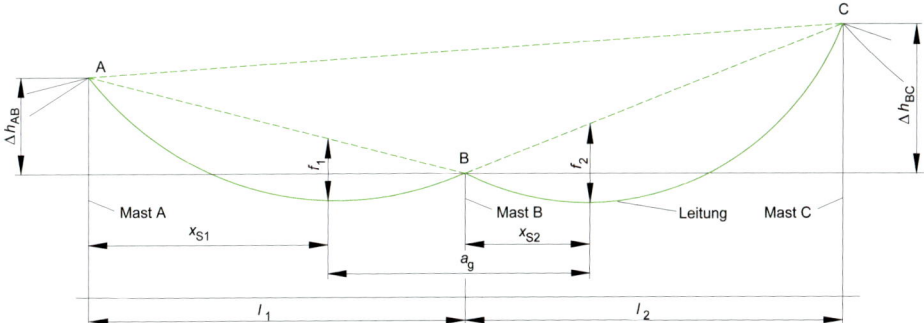

Bild 4.9: Verlauf der Durchhangskurve bei ungleich hohen Aufhängepunkten. f bedeutet den Leitungsdurchhang, Maße in mm

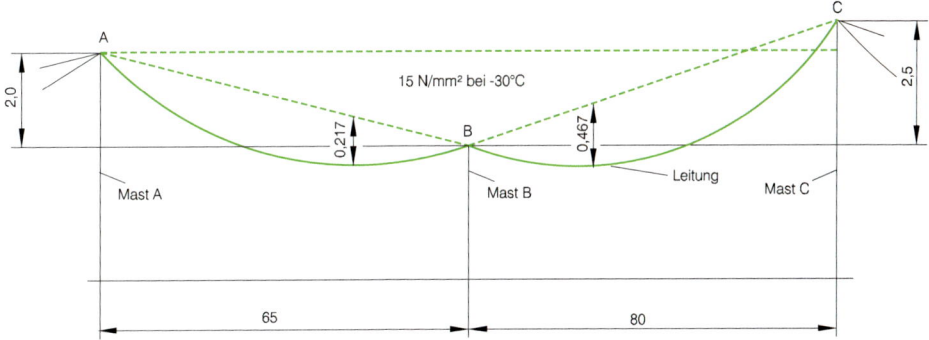

Bild 4.10: Unmaßstäblicher Verlauf der Durchhangskurve nach Beispiel 4.11, Zugspannung verringert. Maße in m

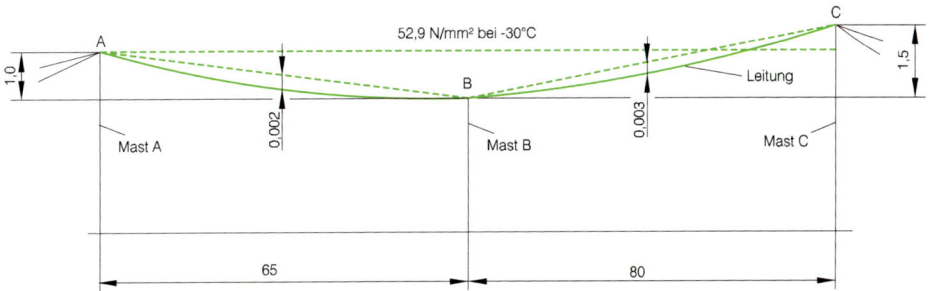

Bild 4.11: Unmaßstäblicher Verlauf der Durchhangskurve nach Beispiel 4.14, Mast B erhöht. Maße in m

Tabelle 4.6: Durchhänge und Zugspannungen des Leiters 243-AL1 nach DIN EN 50 182:2001.

Längsspannweite m	Temperatur in °C						
	-30	-20	0	10	20	40	80
30	5 67,14	6 54,66	10 30,49	15 20,00	24 12,81	42 7,24	69 4,45
35	6 65,91	8 53,50	14 29,81	21 20,00	31 13,51	51 8,13	81 5,12
40	8 64,50	10 52,19	19 29,09	27 20,00	38 14,13	61 8,96	94 5,77
45	11 62,92	14 50,73	24 28,35	34 20,00	47 14,68	71 9,72	107 6,40
50	14 61,17	17 49,14	31 27,63	42 20,00	56 15,16	81 10,41	121 7,00
55	17 59,28	22 47,45	38 26,93	51 20,00	66 15,59	93 11,06	136 7,58
60	21 57,26	27 45,67	47 26,26	61 20,00	76 15,97	105 11,65	150 8,13
65	26 56,11	33 43,83	56 25,65	72 20,0	88 16,32	118 12,19	166 8,66
70	31 52,87	40 41,96	66 25,10	83 20,00	100 16,62	131 12,70	181 9,17
75	38 50,57	48 40,11	78 24,60	95 20,00	113 16,89	145 13,16	198 9,65
80	45 48,23,0	57 38,30	90 24,15	109 20,00	127 17,14	160 13,59	215 10,11
85	53 45,89	67 36,57	103 23,76	123 20,00	141 17,35	175 13,98	233 10,55

Durchhang f; Horizontalzugspannung σ in N/mm²
Daten des Leiters 243-AL1:
    gewählte Mittelzugspannung   20 N/mm²
    mittlere Temperatur   10 °C
    Meterlast G' 6,58 N/m
    Längenausdehnungskoeffizient α $23{,}0 \cdot 10^{-6} \cdot 1/\text{K}$
    Leiterquerschnitt A 242,5 mm²
    Durchmesser   20,3 mm
    Elastizitätsmodul E 55 kN/mm² (siehe Tabelle 11.6)
    zulässige Zugspannung σ_{zul} 182 N/mm² nach DIN EN 50 182:2001

4.4 Hochzug am Stützpunkt

Bei der Leitungsführung an Masten mit unterschiedlichen Aufhängehöhen kann am unteren Stützpunkt eine nach oben gerichtete Kraft, „Hochzug" genannt, entstehen (Bild 4.9, Stützpunkt B). Die Folgen könnten Beschädigungen an Isolatoren, Leitern oder auch Erdschlüsse sein. Daher ist bei Leitungen mit unterschiedlich hohen Aufhängepunkten ein Leitungshöhenplan zu erstellen, um Höhenänderungen der Leitungen zu erkennen und die vertikalen Kräfte an den unteren Aufhängepunkten zu berechnen.

4.4 Hochzug am Stützpunkt

In Bild 4.9 muss die Last am Stützpunkt B größer Null sein, damit kein Hochzug auftritt. Vereinfacht braucht dabei nur die Leiterlast berücksichtigt zu werden. Das Gewicht der Isolatoren und weitere Lasten können außer Betracht bleiben, da diese belastend wirken. Die vertikale Last am Stützpunkt B ist das Leitergewicht zwischen den Scheitelpunkten in den benachbarten Feldern. Die Lage des Scheitels im linken Feld des Bildes 4.9 ist nach Gleichung (4.57) mit den im Bild 4.9 verwendeten Bezeichnungen

$$x_{S1} = \frac{l_1}{2} + \frac{H \cdot \Delta h_{AB}}{G' \cdot l_1} \qquad (4.66)$$

und für das rechte Feld

$$x_{S2} = \frac{l_2}{2} + \frac{H \cdot \Delta h_{BC}}{G' \cdot l_2} \qquad (4.67)$$

mit
x_{S1}, x_{S2} Abstände zwischen den Masten A und B und Scheiteln in den Feldern 1 bzw. 2 in m,
l_1, l_2 Spannweiten in den Feldern 1 und 2 in m,
$\Delta h_{AB}, \Delta h_{BC}$ Höhenunterschiede in den Feldern AB und BC in m,
H Leiterzugkraft bei der geringsten Temperatur in N, $H = \sigma_{max} \cdot A$,
σ_{max} maximale Leiterzugspannung bei niedrigster Temperatur in N/mm^2,
A Querschnitt des Leiters in mm^2 und
G' Meterlast des Leiter in N/m.

Der Abstand der Scheitelpunkte wird Gewichtsspannweite l_g genannt

$$l_g = (l_1 - x_{S1} + x_{S2}) \quad . \qquad (4.68)$$

Mit Einsetzen von (4.67) in (4.68) und der Beziehung $H = A \cdot \sigma_{vorh}$ ergibt sich für die Gewichtsspannweite l_g

$$l_g = \frac{l_1 + l_2}{2} - \frac{A \cdot \sigma_{vorh}}{G'} \left(\frac{\Delta h_{AB}}{l_1} + \frac{\Delta h_{BC}}{l_2} \right) \quad . \qquad (4.69)$$

Die vertikale Last V_B am Stützpunkt B wird dann

$$V_B = l_g \cdot G' = G' \cdot \frac{l_1 + l_2}{2} - A \cdot \sigma_{vorh} \cdot \left(\frac{\Delta h_{AB}}{l_1} + \frac{\Delta h_{BC}}{l_2} \right) \quad . \qquad (4.70)$$

Da kein Hochzug am Stützpunkt B auftreten darf, müssen somit V_B in Gleichung (4.70) und l_g nach Gleichung (4.68) größer Null sein.

Beispiel 4.14: Aus dem Leitungshöhenplan geht hervor, dass der Mast B die niedrigste Aufhängung einer Verstärkungsleitung nach Bild 4.9 mit dem Leiter 243-AL1 aufweist. Gegeben sind die Meterlast $G' = 6{,}58\,\text{N/m}$, die Mittelzugspannung $20\,\text{N/mm}^2$ bei $10\,°\text{C}$, die vorhandene Zugspannung $\sigma_{vorh} = 52{,}9\,\text{N/mm}^2$ bei der niedrigsten Temperatur $-30\,°\text{C}$, die Höhenunterschiede $\Delta h_{AB} = 2{,}0\,\text{m}$ und $\Delta h_{BC} = 2{,}5\,\text{m}$ gemäß Bild 4.9. Es ist der Hochzug am Mast B zu prüfen.

Aus Gleichung (4.69) folgt die Gewichtsspannweite am Mast B zu

$$l_\mathrm{g} = \frac{65 + 80}{2} - \frac{242{,}5 \cdot 52{,}9}{6{,}58} \cdot \left(\frac{2{,}0}{65} + \frac{2{,}5}{80}\right) = -48{,}4\,\mathrm{m} \quad .$$

Aus Gleichung (4.70) ergibt sich

$$V_\mathrm{B} = 6{,}58 \cdot \frac{65 + 80}{2} - 242{,}5 \cdot 52{,}9 \cdot \left(\frac{2{,}0}{65} + \frac{2{,}5}{80}\right) = -318{,}5\,\mathrm{N} \quad .$$

Am Mast B ist eine mit $-318{,}5\,\mathrm{N}$ nach oben gerichtete Kraft, also ein Hochzug, vorhanden, der eine Umplanung erfordert. Dazu wird die Mittelzugspannung auf $10\,\mathrm{N/mm^2}$ ermäßigt. Bei $-30\,°\mathrm{C}$ beträgt dann die vorhandene Zugspannung $\sigma_\mathrm{vorh} = 15\,\mathrm{N/mm^2}$. Die vertikale Kraft folgt aus Gleichung (4.70) zu

$$V_\mathrm{B} = 6{,}58 \cdot \frac{65 + 80}{2} - 242{,}5 \cdot 15 \cdot \left(\frac{2{,}0}{65} + \frac{2{,}5}{80}\right) = 251{.}5\,\mathrm{N} \quad .$$

Durch Verringern der Leiterzugspannung auf $\sigma_\mathrm{vorh} = 15\,\mathrm{N/mm^2}$ ergibt sich am Stützpunkt B die Last $+251{,}5\,\mathrm{N}$. Damit ist kein Hochzug vorhanden. Bild 4.10 zeigt die Durchhangslinie ohne Hochzug am Stützpunkt B.

Im Beispiel 4.14 wurde die Zugkraft vermindert, um den Hochzug am Stützpunkt B zu vermeiden. Alternativ lassen sich auch die Höhen Δh_AB und Δh_BC reduzieren, wie im Beispiel 4.15 dargestellt.

Beispiel 4.15: Um den Hochzug am Mast B zu vermeiden, wird die Aufhängung am Mast B um 1,0 m erhöht. Aus Gleichung (4.69) folgt die Gewichtsspannweite bei $-30\,°\mathrm{C}$ zu

$$l_\mathrm{g} = \frac{65 + 80}{2} - \frac{242{,}5 \cdot 52{,}9}{6{,}58} \cdot \left(\frac{1{,}0}{65} + \frac{1{,}5}{80}\right) = 6{,}0\,\mathrm{m} \quad .$$

Aus Gleichung (4.70) ergibt sich

$$V_\mathrm{B} = 6{,}58 \cdot \frac{65 + 80}{2} - 52{,}9 \cdot 242{,}5 \cdot \left(\frac{1{,}0}{65} + \frac{1{,}5}{80}\right) = 39\,\mathrm{N}.$$

Damit ist am Mast B kein Hochzug vorhanden. Bild 4.11 zeigt die Leiterführung, bei der am Stützpunkt B kein Hochzug vorhanden ist.

4.5 Radiale Kraftkomponenten

4.5.1 Allgemeines

Richtungsänderungen von Leitern bewirken infolge der Umlenkung *Radialkräfte*. Richtungsänderungen von Leitern treten auf durch
  – *Seitenverschiebungen* von Fahrdrähten oder Tragseilen,
  – *seitliche Ablenkungen* zur Verankerung oder Nachspannung,
  – *Radien von Gleisbögen* und
  – *Windlasten*.
Die radialen Komponenten erhalten positives Vorzeichen, wenn sie zum Mast wirken.

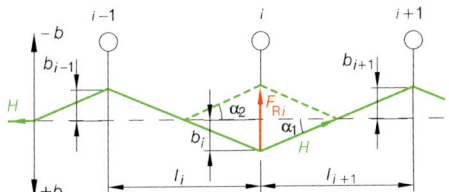

Bild 4.12: Richtungsbezogene Bestimmung der Radialkomponente F_{Ri} der Leiterzugkraft H infolge Seitenverschiebung b_i in der Gleisgeraden.

4.5.2 Fahrdrahtseitenlage am Stützpunkt in der Gleisgeraden

Aus Bild 4.4 folgen die geometrischen Beziehungen:

$$\beta = (180 - \alpha_1 - \alpha_2)/2 \quad , \quad \cos\beta = F_R/(2H)$$

und

$$\sin\alpha_1 = (|b_{i-1}| + |b_i|)/l_i \quad , \quad \sin\alpha_2 = (|b_i| + |b_{i+1}|)/l_{i+1} \quad .$$

Daraus ergibt sich für die Berechnung der Radialkraft

$$F_{Ri} = 2 \cdot H \cdot \cos\left[(180 - \sin^{-1}(|b_{i-1}| + |b_i|)/l_i - \sin^{-1}(|b_i| + |b_{i+1}|)/l_{i+1})/2\right] \quad .$$

Da der Winkel δ klein ist, lässt sich näherungsweise $F'_R = F_R$ setzen. Damit ergibt sich

$$F_{Ri} = F_{Ri\,\text{links}} + F_{Ri\,\text{rechts}} \quad .$$

Die Komponenten ergeben sich zu

$$F_{Ri\,\text{links}} = H \cdot \sin\alpha_1 = H \cdot \frac{|b_{i-1}| + |b_i|}{l_i}, \quad F_{Ri\,\text{rechts}} = H \cdot \sin\alpha_2 = H \cdot \frac{|b_i| + |b_{i+1}|}{l_{i+1}}$$

und lässt sich die Berechnung der Radialkraft F_{Ri} mit Hilfe der absoluten Beträge für die Fahrdrahtseitenlage vornehmen nach

$$F_{Ri} = H \cdot \left(\frac{|b_{i-1}| + |b_i|}{l_i} + \frac{|b_i| + |b_{i+1}|}{l_{i+1}}\right) \quad . \tag{4.71}$$

Für die Berechnung der Radialkraft F_{Ri} mit Hilfe der *richtungsbezogenen Fahrdrahtseitenlage* folgen aus Bild 4.12 die Näherungen

$$\begin{aligned}\tan\alpha_1 &= (b_i - b_{i+1})/l_{i+1} \approx \sin\alpha_1 = F_{Ri1}/H \quad \text{und} \\ \tan\alpha_2 &= (b_i - b_{i-1})/l_i \approx \sin\alpha_2 = F_{Ri2}/H \quad .\end{aligned} \tag{4.72}$$

Die Näherung $\tan\alpha \approx \sin\alpha$ gilt für kleine Winkel. So beträgt der Fehler für $\alpha = 10°$ rund 1,5 %. Die Kraft

$$F_{Ri} = F_{Ri1} + F_{Ri2} = H\left[(b_i - b_{i-1})/l_i + (b_i - b_{i+1})/l_{i+1}\right] \tag{4.73}$$

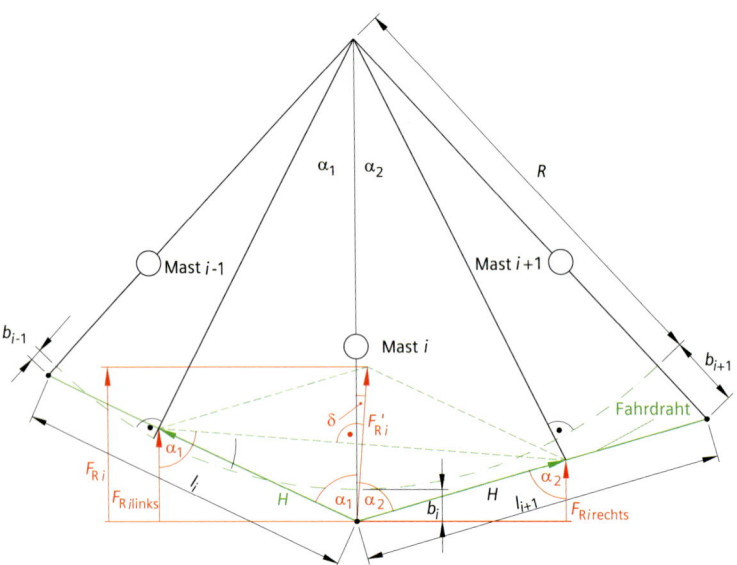

– – – – – Mittelsenkrechte zur Schienenkopfberührenden in der Fahrdrahthöhe

Bild 4.13: Radiale Kraftkomponente F_{Ri} im Gleisbogen.

stellt die *Radialkomponente der Leiterzugkraft* infolge Seitenverschiebung dar, die erforderlich ist, um den Fahrdraht aus der Mittelachse abzulenken. Für den in einer geraden Strecke häufigen Fall $b_i = b$ und $b_{i-1} = b_{i+1} = -b$ sowie $l_{i+1} = l_i = l$ erhält man

$$F_R = 4\,H \cdot b/l \quad . \tag{4.74}$$

Vereinbarungsgemäß ist die Radialkraft positiv, wenn sie in Richtung Mast mit einem umgelenkten Stützpunkt wirkt. Sie ist negativ, wenn sie weg vom Mast mit einem angelenkten Stützpunkt wirkt.

Beispiel 4.16: Mit der Berechnung der Radialkraft nach Gleichung (4.73) für $H = 10\,\text{kN}$, $b_{i-1} = -0{,}3\,\text{m}$, $b_i = 0{,}1\,\text{m}$, $b_{i+1} = -0{,}3\,\text{m}$, $l_i = 64\,\text{m}$ und $l_{i+1} = 53\,\text{m}$ folgt die Radialkraft zu 138 N, was 1,4 % der Fahrdrahtzugkraft entspricht. Die Radialkraft ist positiv und wirkt daher in Richtung des Mastes.
Um den Windabtrieb zu verringern soll die Fahrdrahtzugkraft der Oberleitung auf 27 kN erhöht werden. Damit vergrößert sich die Radialkraft am Seitenhalter auf 373 N.
Nach Gleichung (4.73) ergibt sich für $H = 10\,\text{kN}$, $b_{i-1} = -0{,}3\,\text{m}$, $b_i = 0{,}1\,\text{m}$, $b_{i+1} = -0{,}3\,\text{m}$, $l_i = 64\,\text{m}$ und $l_{i+1} = 53\,\text{m}$ die Radialkraft zu 138 N.

Bei der Gleichung (4.71) sind die Absolutwerte der Seitenlage an den Stützpunkten zu verwenden, für die Gleichung (4.74) sind die vorhandenen Werte der Seitenlage vorzeichenbehaftet einzusetzen. Beide Berechnungsmethoden liefern gleiche Ergebnisse.

4.5 Radiale Kraftkomponenten

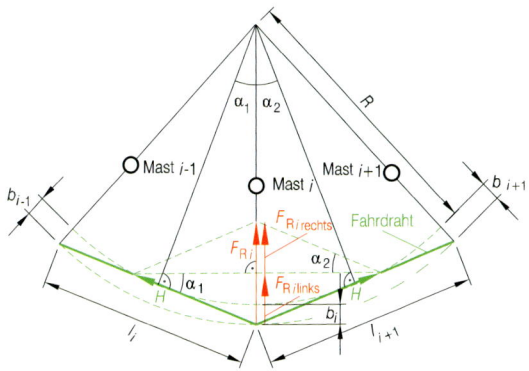

------- Mittelsenkrechte zur Schienenkopfberührenden in der Fahrdrahthöhe

Bild 4.14: Radiale Kraftkomponente F_{Ri} im Gleisbogen.

4.5.3 Gleisbogen

Im Gleisbogen entstehen Radialkomponenten der Leiterzugkräfte auch aus der Abwinklung infolge des Bogenradius.
Aus Bild 4.13 folgen für einen Gleisbogen mit dem Radius R

$$F_{Ri\,\text{links}} = H \cdot \cos \alpha_1 \quad \text{und} \quad F_{Ri\,\text{rechts}} = H \cdot \cos \alpha_2 \quad . \tag{4.75}$$

Da der Winkel δ klein ist, lässt sich mit ausreichender Näherung $F'_{Ri} = F_{Ri}$ setzen, sodass sich die *Radialkraft am Stützpunkt i* aus der Summe der Radialkraftkomponenten der Leiterzugkraft aus den Nachbarfeldern links und rechts ergibt zu

$$F_{Ri} = F_{Ri\,\text{links}} + F_{Ri\,\text{rechts}} \quad .$$

Mit Hilfe des Cosinus-Satzes lassen sich die Winkel α_1 und α_2 ermitteln zu

$$\cos \alpha_1 = \frac{(R+b_i)^2 + l_i^2 - (R+b_{i-1})^2}{2 \cdot (R+b_i) \cdot l_i}, \quad \cos \alpha_2 = \frac{(R+b_i)^2 + l_{i+1}^2 - (R+b_{i+1})^2}{2 \cdot (R+b_{i+1}) \cdot l_{i+1}} \quad .$$

Somit folgt für die Radialkraft am Stützpunkt i

$$F_{Ri} = \frac{H \cdot (R+b_i)^2}{2} \cdot \left[\frac{l_i^2 - (R+b_{i-1})^2}{(R+b_i) \cdot l_i} + \frac{l_{i+1}^2 - (R+b_{i+1})^2}{(R+b_{i+1}) \cdot l_{i+1}} \right] \quad . \tag{4.76}$$

Es lassen sich zusätzlich aus Bild 4.14 die folgende Beziehung entnehmen

$$\sin \alpha_1 \approx l_i/(2\,R) = F_{Ri1}/H \quad \text{und} \quad \sin \alpha_2 \approx l_{i+1}/(2\,R) = F_{Ri2}/H$$

$$F_{Ri} = F_{Ri1} + F_{Ri2} = \pm H \cdot (l_i + l_{i+1})/(2\,R) \quad . \tag{4.77}$$

Im Fall gleich langer Felder folgt aus der Gleichung (4.77)

$$F_{Ri} = H\,l/R \quad . \tag{4.78}$$

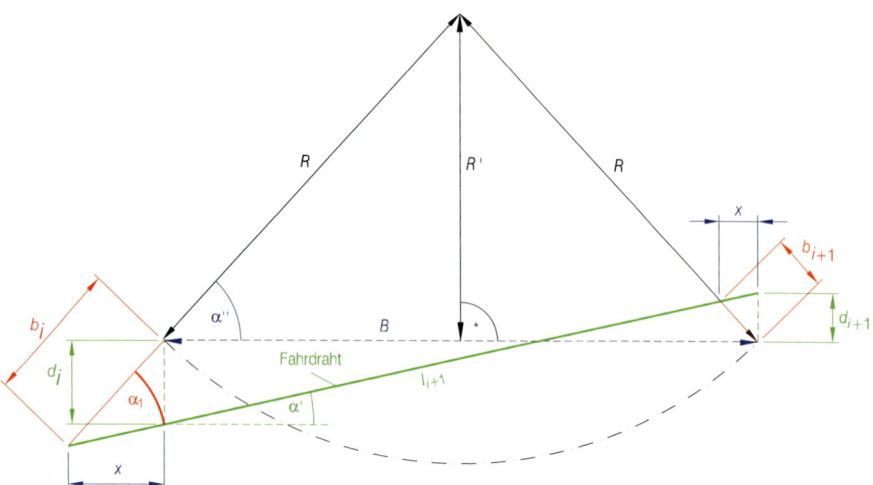

Bild 4.15: Bestimmung der radialen Kraftkomponente F_{Ri} im Gleisbogen mit Hilfe der Superposition.

Die Bogenzugkraft ist positiv, wenn sie zum Mast hin wirkt (umgelenkter Stützpunkt) und negativ, wenn sie vom Mast weg wirkt (angelenkter Stützpunkt)). Die Beziehung (4.78) stellt nur dann die gesamte Radialkraft am Stützpunkt dar, wenn $b_{i-1} = b_i = b_{i+1}$, andernfalls gilt

$$F_{Ri} = H \left[\frac{(b_i - b_{i-1})}{l_i} + \frac{(b_i - b_{i+1})}{l_{i+1}} \right] \pm H \cdot \frac{(l_i + l_{i+1})}{2 \cdot R} \quad . \tag{4.79}$$

Beispiel 4.17: Mit der Berechnung der Radialkraft nach Gleichung (4.76) und (4.79) für $H = 10\,\text{kN}$, $b_{i-1} = -0{,}3\,\text{m}$, $b_i = 0{,}1\,\text{m}$, $b_{i+1} = -0{,}3\,\text{m}$, $l_i = 64\,\text{m}$, $l_{i+1} = 53\,\text{m}$ und $R = -2\,000\,\text{m}$ folgt die Radialkraft zu 430,5 N.
Mit der Kraftrichtung zum Mast, also einem positiven Vorzeichen in Gleichung (4.77), liefern beide Gleichungen das gleiche Ergebnis.

Es lassen sich Radialkräfte in Gleisgeraden und -bögen mit Hilfe der Superposition berechnen. Aus dem Bild 4.15 lässt sich die trigonometrische Funktion ableiten zu

$$\alpha_1 = \alpha'' - \alpha' \quad .$$

Der Kosinus von α_1 beträgt

$$\cos \alpha_1 = \cos(\alpha'' - \alpha') = \cos \alpha' \cdot \cos \alpha'' + \sin \alpha' \cdot \sin \alpha'' = F_{Ri\,1/2}/H \quad . \tag{4.80}$$

Da der Radius viel größer als die Spannweiten ist, ergibt sich aus Bild 4.15 mit $B \approx l_{i+1}$

$$x \approx 0 \text{ und daher } d \approx b_i \text{ somit } R' \approx R \quad .$$

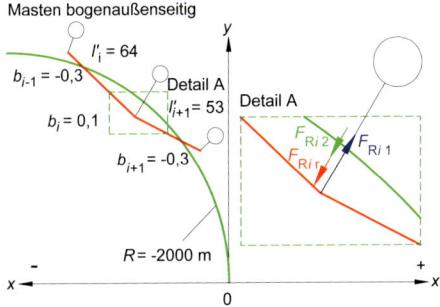

Bild 4.16: Bezeichnungen im Gleisbogen nach Beispiel 4.17.

Somit ergibt sich

$$\cos\alpha' = \frac{l_{i+1}}{B} = 1, \ \cos\alpha'' = \frac{l_{i+1}}{2\cdot R}, \ \sin\alpha' = \frac{b_i + b_{i+1}}{l_{i+1}} \ \text{und} \ \sin\alpha'' = \frac{R'}{R} = 1 \quad.$$

Somit vereinfacht sich Gleichung (4.80) zu

$$\cos\alpha_2 = \frac{l_{i+1}}{2\cdot R} + \frac{|b_i| + |b_{i+1}|}{l_{i+1}} = \frac{F_{\text{R}i\,1/2}}{H} \quad.$$

Die *Radialkraft* $F_{\text{R}i}$ lässt sich somit berechnen zu

$$F_{\text{R}i} = H \cdot \left(\frac{l_i}{2\cdot R} + \frac{|b_i| + |b_{i-1}|}{l_i} + \frac{l_{i+1}}{2\cdot R} + \frac{|b_i| + |b_{i+1}|}{l_{i+1}} \right) \tag{4.81}$$

oder nach Umstellung der Gleichung (4.81) ergibt sich

$$F_{\text{R}i} = H \cdot \left(\frac{|b_i| + |b_{i-1}|}{l_i} + \frac{|b_i| + |b_{i+1}|}{l_{i+1}} \right) \pm H \cdot \left(\frac{l_i + l_{i+1}}{2\cdot R} \right) \quad. \tag{4.82}$$

Die *Bogenzugkraft* $\pm H \cdot [(l_i + l_{i+1})/(2\cdot R)]$ ist positiv, wenn sie zum Mast hin wirkt (umgelenkter Stützpunkt) und negativ, wenn sie vom Mast weg wirkt (angelenkter Stützpunkt).

4.5.4 Endverankerungen

Wie Bild 4.17 zeigt, lässt sich die durch die Oberleitungsabwinklung am Ausleger i auftretende *Radialkomponente* aus (4.77) berechnen. Durch den Ersatz von b_{i+1} durch z_{i+1}, wobei z_{i+1} in Richtung steigender Kilometrierung gesehen einen negativen Wert annimmt, folgt für die Radialkraft an der Tragseildrehklemme

$$F_{\text{R}i} = H_{\text{TS}} \cdot [(b_{i\text{TS}} - b_{i-1\,\text{TS}})/l_i + (b_{i\text{TS}} - z_{i+1})/l_{i+1}] \quad. \tag{4.83}$$

Wird in Gleichung (4.83) H_{TS} durch H_{FD} ersetzt und $b_{i\text{TS}}$ durch $b_{i\text{FD}}$ ergibt sich die Radialkraft $F_{\text{R}i\text{FD}}$ an der Fahrdrahtklemme am Stützrohr.

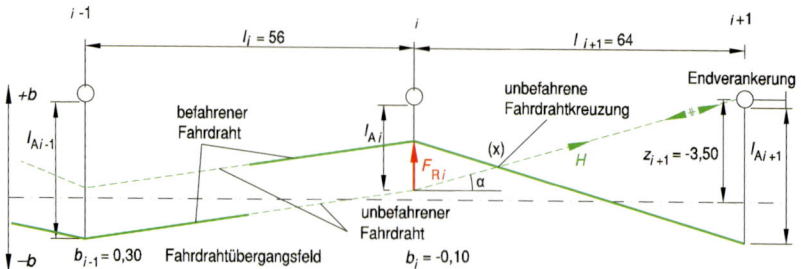

Bild 4.17: Anordnung der Überlappung mit beweglicher Endverankerung am Mast nach Beispiel 4.18.

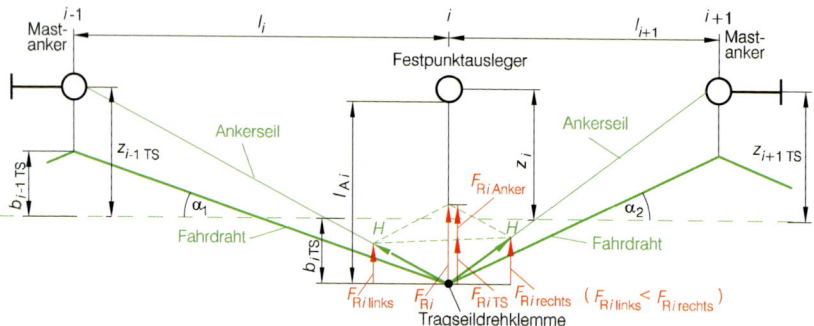

Bild 4.18: Radiale Komponente $F_{Ri\,\text{links/rechts}}$ am Festpunktausleger.

Beispiel 4.18: Es ist für eine gerade Strecke die Radialkraft F_{Ri} am Stützpunkt i nach Bild 4.17 gesucht.
Die Fahrdrahtseitenlagen betragen $b_{i-1} = 0{,}3$ m, $b_i = -0{,}10$ m und an der Endverankerung $z_{i+1} = -3{,}5$ m. Die Spannweitenlängen ergeben sich für eine interoperable Oberleitung mit 10 kN Fahrdrahtzugkraft im Fahrdrahtübergangsfeld $l_i = 56$ m und für das Nebenfeld $l_{i+1} = 64$ m. Die Radialkraft F_{Ri} kann aus (4.72) erhalten werden mit

$$F_{Ri} = 10\,000 \cdot \left[\frac{(-0{,}10)-(+0{,}30)}{56} + \frac{(-0{,}10)-(-3{,}50)}{64}\right] = 460\,\text{N}\ .$$

Die Kraft ist positiv und wirkt damit in Richtung des Mastes.

4.5.5 Festpunktverankerung

Im Falle eines intakten Kettenwerks wirkt auf den Festpunktausleger i an der Tragseildrehklemme die *Radialkraft* F_{Ri} mit

$$F_{Ri} = F_{Ri\,\text{Anker}} + F_{R\,i\,\text{TS}}\quad,$$

4.5 Radiale Kraftkomponenten

wobei sich die Tragseilradialkraft F_{Ri} aus der Ankerradialkraft $F_{RiAnker}$ und der Tragseilradialkraft F_{RiTS} zusammensetzt (Bild 4.18). Für den Festpunktausleger (Bild 4.18) wird aus Gleichung (4.72) und (4.75) mit $H = H_{Anker}$, die Tragseilseitenlage am Festpunktausleger b_{iTS} sowie den Fahrdrahtseitenlagen an den Ankermasten $b_{i-1} = z_{i-1\,TS}$ und $b_{i+1} = z_{i+1\,TS}$ erhalten

$$F_{Ri\,Anker} = H_{Anker} \left(\frac{z_{i-1\,TS} - b_{i\,TS}}{l_i} + \frac{z_{i+1\,TS} - b_{i\,TS}}{l_{i+1}} \pm \frac{l_i + l_{i+1}}{2R} \right) \quad . \tag{4.84}$$

Wirkt die Radialkraft zum Mast hin (umgelenkter Stützpunkt), ist das positive Vorzeichen in Gleichung (4.84) zu verwenden. Am angelenkten Stützpunkt wirkt die Kraft weg vom Mast und somit ist das negative Vorzeichen zu verwenden.
Für die Ankerkraft H_{Anker} nimmt die DB 80 % der Tragseilzugkraft H_{TS} bei $-30\,°C$, z. B. für ein Ankerseil BzII 50 mm², an [4.7].
Zusätzlich wirkt die *Radialkraft des Tragseils* F_{RiTS} an der Tragseildrehklemme nach Gleichung (4.73), sodass die Gesamtradialkraft F_{Ri} unter Berücksichtigung der Tragseilseitenlagen an den Nachbarstützpunkten entsteht

$$\begin{aligned} F_{Ri\,TS} &= H_{Anker} \cdot \left(\frac{b_{i\,TS} - z_{i-1\,TS}}{l_i} + \frac{b_{i\,TS} - z_{i+1\,TS}}{l_{i+1}} \pm \frac{l_i + l_{i+1}}{2R} \right) \\ &+ H_{TS} \left(\frac{b_{i\,TS} - b_{i-1\,TS}}{l_i} + \frac{b_{i\,TS} - b_{i+1\,TS}}{l_{i+1}} \pm \frac{l_i + l_{i+1}}{2R} \right) \quad . \end{aligned} \tag{4.85}$$

Im Störungsfall, z. B. bei Baumeinfall, können entweder der Fahrdraht oder das Tragseil oder beide reißen (Bild 4.19). Normalerweise rasten die Nachspannvorrichtungen des gerissenen Fahrdrahts oder Tragseils nach einer kurzen Drehbewegung des Radspannerrades ein, stoppen die weitere Drehbewegung und verhindern auf diese Weise größeren Schaden im Kettenwerk.
Beim Fahrdrahtriss in der halben Nachspannlänge 2 entfällt in der schadhaften halben Nachspannlänge 2 die Zugkraft (Bild 4.19 a)) und der Festpunktanker der Nachspannlänge 1 wird belastet. Die Radialkraft $F_{Ri\,FD\,Riss}$ an der Tragseilklemme des Festpunktauslegers i ergibt sich bei Wegfall der Fahrdrahtzugkraft $H_{FD\,2}$ nach Gleichung (4.85) zu

$$\begin{aligned} F_{Ri\,FD\,Riss} &= F_{Ri\,Anker\,1\,2} + F_{Ri\,TS\,1\,2} + F_{Ri\,FD\,1\,Riss} \\ &= H_{Anker\,1\,2} \cdot \left(\frac{b_{i\,TS} - z_{i-1\,TS}}{l_i} + \frac{b_{i\,TS} - z_{i+1\,TS}}{l_{i+1}} \pm \frac{l_i + l_{i+1}}{2R} \right) \\ &+ H_{TS\,1\,2} \cdot \left(\frac{b_{i\,TS} - b_{i-1\,TS}}{l_i} + \frac{b_{i\,TS} - b_{i+1\,TS}}{l_{i+1}} \pm \frac{l_i + l_{i+1}}{2R} \right) \\ &+ H_{FD\,1} \cdot \left(\frac{z_{i-1} - b_{i\,FD}}{l_i} \pm \frac{l_i + l_{i+1}}{2 \cdot R} \right) \quad . \end{aligned} \tag{4.86}$$

Bei der zusätzlichen Kraftkomponente $F_{Ri\,FD\,1}$ bei Fahrdrahtriss in der halben Nachspannlänge 2 ist die Fahrdrahtseitenlage $b_{i\,FD}$ zu nutzen. Die Seitenlagen im Fahrdraht $b_{i\,FD}$ und Tragseil $b_{i\,TS}$ können unterschiedlich sein.

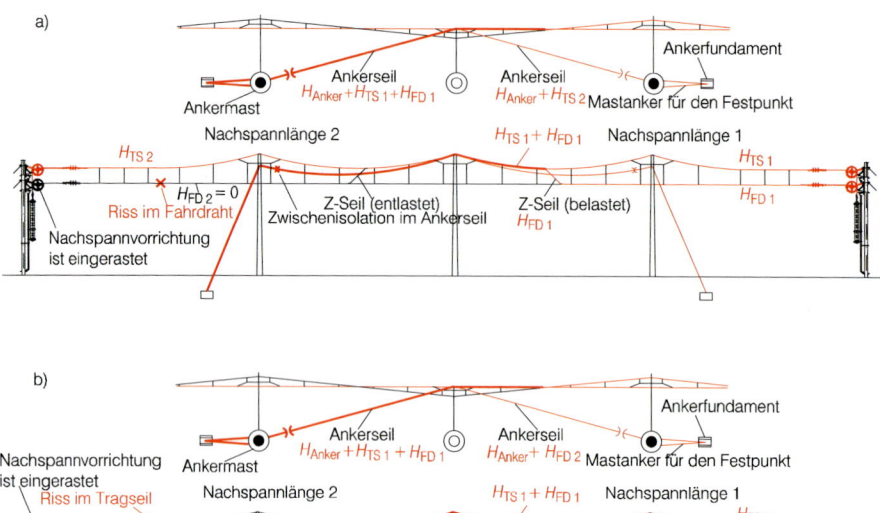

Bild 4.19: Draht- und Seilrisse in der Oberleitung. a) Fahrdrahtriss, b) Tragseilriss

Im Falle des Tragseilrisses in der halben Nachspannlänge 1 berechnet sich die Radialkraft an der Tragseildrehklemme des Festpunktankers zu

$$\begin{aligned}
F_{Ri\,TS\,Riss} &= F_{Ri\,Anker\,1\,2} + F_{Ri\,FD\,1\,2} + F_{Ri\,TS\,1\,Riss} \\
&= H_{Anker\,1\,2} \cdot \left(\frac{b_{i\,TS} - z_{i-1}}{l_i} + \frac{b_{i\,TS} - z_{i+1}}{l_{i+1}} \pm \frac{l_i + l_{i+1}}{2\,R}\right) \\
&\quad + H_{FD\,1\,2} \cdot \left(\frac{b_{i\,FD} - b_{i-1\,FD}}{l_i} + \frac{b_{i\,FD} - b_{i+1\,FD}}{l_{i+1}} \pm \frac{l_i + l_{i+1}}{2\,R}\right) \\
&\quad + H_{TS\,1} \cdot \left(\frac{z_{i-1} - b_{i\,TS}}{l_i} + \frac{b_{i+1\,TS} - b_i}{l_{i+1}} \pm \frac{l_i + l_{i+1}}{2 \cdot R}\right) \quad . \quad (4.87)
\end{aligned}$$

Bild 4.19 zeigt den Kraftverlauf bei Seil- oder Drahtriss. Das Tragseil zwischen Z- und Tragseildrehklemme am Festpunktausleger in der nicht gestörten Nachspannlänge wird am stärksten belastet. In diesem Abschnitt addieren sich die Zugkraft des Tragseils und des Fahrdrahts, sodass bei der Bauart Sicat S1.0 zwar 22 kN Zugkraft auftreten, aber die 28,6 kN Bruchkraft nach Beispiel 4.2 nicht überschritten wird und somit kein Bruch auftritt, die ausreichende Bemessung des Z-Seils vorausgesetzt.

Beispiel 4.19: Es ist für eine gerade Strecke die Radialzugkraft F_{Ri} an der Tragseildrehklemme des Festpunktauslegers i nach Bild 4.20 gesucht.

4.5 Radiale Kraftkomponenten

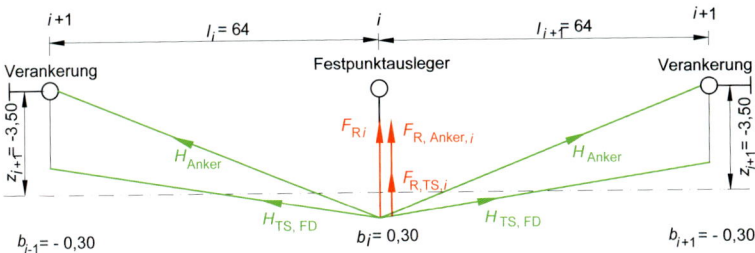

Bild 4.20: Fahrdraht-, Tragseilseitenlage und Spannweiten im Beispiel 4.19.

Es sind gegeben:
Fahrdrahtseitenlagen $\quad b_{i-1\,\mathrm{FD}} = -0{,}30\,\mathrm{m},\ b_{i\,\mathrm{FD}} = 0{,}30\,\mathrm{m},\ b_{i+1\,\mathrm{FD}} = -0{,}30\,\mathrm{m}$
Tragseilseitenlagen $\quad b_{i-1\,\mathrm{TS}} = -0{,}30\,\mathrm{m},\ b_{i\,\mathrm{TS}} = 0{,}30\,\mathrm{m},\ b_{i+1\,\mathrm{TS}} = -0{,}30\,\mathrm{m}$
Abstand zwischen Verankerung und Gleismitte $z_{i-1} = z_{i+1} = -3{,}5\,\mathrm{m}$
Zugkraft im Fahrdraht $\quad 10\,\mathrm{kN}$
Zugkraft im Tragseil $\quad 10\,\mathrm{kN}$
Spannweitenlängen $\quad l_i = l_{i+1} = 64\,\mathrm{m}$
Zugkraft in den Ankerseilen $\quad H_{\mathrm{Anker}} = 8\,\mathrm{kN}$ bei $-30\,°\mathrm{C}$

Die Radialkraft F_{Ri} an der Tragseildrehklemme des Festpunkts bei $-30\,°\mathrm{C}$ kann aus den Gleichungen (4.73) und (4.84) erhalten werden mit

$$F_{Ri} = F_{Ri\,\mathrm{Anker}} + F_{Ri\,\mathrm{TS}}\ .$$

Für das intakte Kettenwerk ergibt sich

$$\begin{aligned}F_{Ri} &= 8\,000\,\{[0{,}3-(-3{,}5)]+[0{,}3-(-3{,}5)]\}\,/64\\ &\quad + 10\,000\,\{[0{,}3-(-0{,}3)]+[0{,}3-(-0{,}3)]\}\,/64 = 950 + 188 = 1\,138\,\mathrm{N}\ .\end{aligned}$$

Die Kraft F_{Ri} ist positiv und wirkt in Richtung des Mastes. Bei Fahrdrahtriss in der halben Nachspannlänge 2 gilt nach (4.87) und Bild 4.19 a)

$$\begin{aligned}F_{Ri\,\mathrm{FD\,Riss}} &= F_{Ri\,\mathrm{Anker}} + F_{Ri,\mathrm{TS}\,1\,2} + F_{Ri\,\mathrm{FD\,Riss}}\\ &= 8\,000\cdot\{[0{,}3-(-3{,}5)]+[0{,}3-(-3{,}5)]\}\,/64\\ &\quad + 10\,000\,\{[0{,}3-(-0{,}3)]+[0{,}3-(-0{,}3)]\}\,/64\\ &\quad + 10\,000\,[(-3{,}5)-0{,}3]\,/64 = 950 + 188 - 594 = 544\,\mathrm{N}\ .\end{aligned}$$

Die Kraft $F_{Ri\,\mathrm{FD\,Riss}}$ ist positiv und wirkt in Richtung des Mastes. Bei Tragseilriss in der halben Nachspannlänge 2 gilt nach (4.87) und Bild 4.19 b)

$$\begin{aligned}F_{Ri\,\mathrm{TS\,Riss}} &= F_{Ri\,\mathrm{Anker}\,1\,2} + F_{Ri\,\mathrm{FD}\,1\,2} + F_{Ri\,\mathrm{TS}\,1\,\mathrm{Riss}}\\ &= 8\,000\cdot\{[0{,}3-(-3{,}5)]+[0{,}3-(-3{,}5)]\}\,/64\\ &\quad + 10\,000\,\{[0{,}3-(-0{,}3)]+[0{,}3-(-0{,}3)]\}\,/64\\ &\quad + 10\,000\,\{[(-3{,}5)-0{,}3]+[(-0{,}3)-0{,}3]\}\,/64 = 950 + 188 - 688 = 450\,\mathrm{N}.\end{aligned}$$

Die Kraft $F_{Ri\,\mathrm{TS\,Riss}}$ ist positiv und wirkt in Richtung des Mastes. Bei intakter Oberleitung ist die Radialkraft am Festpunktausleger am größten. Bei Fahrdraht- oder Tragseilriss verringert sich die Radialkraft am Festpunktausleger jeweils.

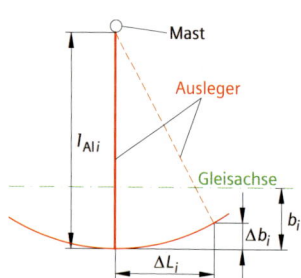

Bild 4.21: Veränderung der Seitenverschiebung Δb am Stützpunkt infolge Drehung des Auslegers.

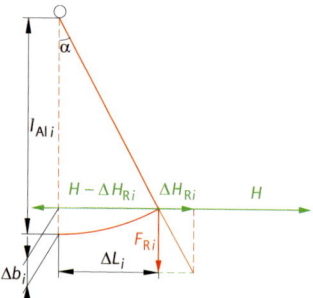

Bild 4.22: Rückstellkräfte ΔH_{Ri} an einem Ausleger der Länge l_{Ali} infolge der Lageveränderung um die Auslenkung ΔL_i.

4.5.6 Rückstellkräfte

Die *Rückstellkräfte*, auch als *Auslegerzugkräfte* bezeichnet, entstehen durch thermisch bedingte Längenänderungen der Fahrdrähte und Tragseile und ändern die Leiterzugkräfte. Eine Änderung Δb der Seitenverschiebung kann sich aus der thermischen Längenänderung des Fahrdrahts oder des Tragseils um ΔL, wie im Bild 4.22 dargestellt, ergeben. Unter Verwendung von

$$l_{Ali}^2 = (l_{Ali} - \Delta b_i)^2 + \Delta L_i^2 \quad \text{und} \quad l_{Ali}^2 = l_{Ali}^2 - 2 \cdot l_{Ali} \cdot \Delta b_i + \Delta b_i^2 + \Delta L_i^2$$

und mit Vernachlässigung des Terms Δb_i^2 ergibt sich als Näherung für die Änderung der Seitenlage

$$\Delta b_i = \Delta L_i^2 / 2\, l_{Ali} \quad \text{mit} \tag{4.88}$$

$$\Delta L_i = \alpha \cdot l_{iF} \cdot \Delta T \quad . \tag{4.89}$$

Es bedeuten:
- Δb_i Änderung der Tragseil- oder Fahrdrahtseitenlage in m
- l_{Ali} Abstand zwischen Mastvorderkante und Mitte Tragseildrehklemme bei der Berechnung der Tragseilrückstellkräfte oder Abstand zwischen Mastvorderkante zur Mitte der Fahrdrahtklemme bei der Berechnung der Fahrdrahtrückstellkräfte am Ausleger i in m
- l_{iF} Abstand zwischen dem Ausleger i und dem Festpunkt in m
- ΔL_i thermische Längenänderung des Fahrdrahts oder Tragseils
- α Ausdehnungskoeffizient für Kupferfahrdraht oder Bronzetragseil in K^{-1}
- ΔT halber Temperaturbereich der Oberleitung in K

Beispiel 4.20: Wie groß ist die Seitenverschiebung Δb_i des Fahrdrahts am letzten Auslegers vor der Endverankerung des Fahrdrahts?

Gegeben sind:
l_{iF} 700 m
α $17 \cdot 10^{-6}$ K^{-1} für Fahrdraht AC-100–Cu
ΔT 40 K für Re200
l_{Ali} 3,6 m

Damit ergibt sich für

$$\Delta l_i = 700 \cdot 17 \cdot 10^{-6} \cdot 40 = 0{,}476 \,\text{m} \quad \text{und} \quad \Delta b_i = 0{,}476^2 / 2 \cdot 3{,}6 = 0{,}031 \,\text{m} \quad .$$

Die Änderung der Fahrdrahtseitenlage Δb_i beträgt am letzten Ausleger 31 mm.
Bei Berücksichtigung einer 20 K Temperaturdifferenz ergibt sich am letzten Ausleger 0,008 mm Änderung der Fahrdrahtseitenlage Δb_i.

Die Änderung ΔL_i in der Lage der Ausleger führt zu Bogen- oder Seitenzugkräften, die ein Moment um die Drehachse der Ausleger ausüben. Diesem Moment wirkt ein Moment aus der Differenz der Horizontalkomponenten der Fahrdrahtzugkräfte entgegen. Diese Differenzkraft wird als *Rückstellkraft* bezeichnet. Ein Teil der Horizontalzugkraft H wird dann in Richtung Mast umgelenkt.
Aus Bild 4.22 folgt mit der Näherung für kleine Winkel

$$\tan \alpha \approx \Delta H_{Ri} / F_{Ri} \approx \Delta L_i / l_{Ali}$$

die Rückstellkraft

$$\Delta H_{Ri} = F_{Ri} \Delta L_i / l_{Ali} \quad . \tag{4.90}$$

Diese Berechnung der Rückstellkräfte setzt voraus, dass
 – die Ausleger bei der Montage für eine bestimmte Umgebungstemperatur eingestellt wurden und
 – die Seitenhalter sich auch um ihre Gelenke drehen können.

Zusätzliche Rückstellkräfte ergeben sich aus der Reibung in den Auslegerdrehgelenken und in den Nachspanneinrichtungen. Messungen nach DIN EN 50119 an neuen Nachspanneinrichtungen gemäß Bild 11.49 für AC-Anlagen zeigten, dass die reibungsbedingten Kräfte ungefähr 3 % der Zugkraft betragen.

4.6 Fahrzeug- und Lichtraumbegrenzungslinien

Für die Berechnung der Fahrdrahtseitenlage ist die Kenntnis der Begriffe
 – Fahrzeugbegrenzungslinie A, auch als *Lademaß* bezeichnet,
 – Bezugslinie B und
 – Lichtraumbegrenzungslinie C

notwendig. Die *statische Fahrzeugbegrenzungslinie* A (Bild 4.23) beschreibt die Hüllkurve des Fahrzeugs, aus der kein Fahrzeugteil herausragen darf. Das Fahrzeug befindet sich dabei im Stillstand, in der Gleisgeraden und ohne Gleisquerneigung. Fahrzeugbewegungen während der Fahrt sind in der Fahrzeugbegrenzungslinie nicht berücksichtigt.

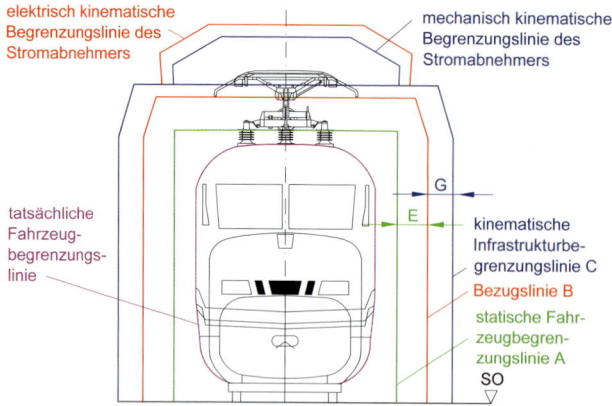

Bild 4.23: Fahrzeug-, Bezugs- und Lichtraumbegrenzungslinie.

Die Berücksichtigung von Fahrzeugbewegungen führt zur *kinematischen Fahrzeugbegrenzungslinie*. Von der statischen Fahrzeugbegrenzungslinie führen folgenden Einflüsse E im Bild 4.23 zur Bezugslinie B:
- horizontale Verschiebungen durch Querspiele zwischen Fahrzeugaufbau und Radsätzen, z. B. Achslagerquerspiel sowie die Stellung der Radsätze im Spurkanal
- Veränderungen der Fahrzeughöhe wegen Abnutzungen, z. B. Radreifenverschleiß
- senkrechte Ausschläge durch Federwege, hervorgerufen durch statische und dynamische Belastungen des Fahrzeugs
- senkrechte Verschiebungen, die sich aus der Stellung des Fahrzeugs in Kuppen- und Wannenausrundungen ergeben
- quasistatische Seitenneigungen wegen eines *Überhöhungsfehlbetrages* oder Überhöhungsüberschusses von 50 mm
- über 1° hinausgehende Unsymmetrien des Wagenkastens, die sich aus Bau- und Einstelltoleranzen des Fahrzeugs und vorgesehener Belastung ergeben

Die Einflüsse E sind durch den Fahrzeughersteller für die Einschränkungsrechnung zu berücksichtigen [4.8], wobei hierfür die Bezugslinie B als Referenz dient. Die Bezugslinie bildet die Schnittstelle zwischen Fahrzeug und Infrastruktur.

Durch die Addition der Ausladung S zur Bezugslinie, als eine Überschreitung der Bezugslinie, wenn sich das Fahrzeug in einem Gleisbogen und/oder auf einem Gleis mit einer Spurweite von mehr als 1,435 m befindet, entsteht die Begrenzungslinie für den statischen Raumbedarf der Fahrzeuge (siehe Gleichung (4.98)). Durch weiteres Hinzufügen der *quasistatischen Seitenbewegung* qs'_{ia} des Fahrzeugs in der Bogeninnenseite (i) oder Bogenaußenseite (a), entsteht die Begrenzungslinie für den kinematischen Raumbedarf der Fahrzeuge. Indem man nun abschließend noch die Summe der *zufallsbedingten Seitenverschiebungen* $\sum j$, die aus unregelmäßiger Gleislage folgen, addiert, entsteht die Infrastrukturbegrenzungslinie C im Bild 4.23.

Das Fahrzeug kann mit den Verschiebungen E die Bezugslinie B erreichen und mit zusätzlichen Verschiebungen G, als die Summe aus

$$G_{\text{infra}} = S + qs'_{ia} + \sum j \tag{4.91}$$

die kinematische Infrastrukturbegrenzungslinie C, auch als Begrenzungslinie für feste Anlagen bezeichnet. Die zusätzlichen Verschiebungen G (Bild 4.23) sind durch die Infrastrukturerrichter und -betreiber zu berücksichtigen.

Beschreibt die Fahrzeugbegrenzungslinie A die Umrisslinie, aus der kein Fahrzeugteil herausragen darf, so bildet die kinematische Infrastrukturbegrenzungslinie C eine Umrisslinie, in die kein Infrastrukturgegenstand hineinragen darf.

4.7 Mechanisches und elektrisches Lichtraumprofil

Die Seitenbewegungen des Stromabnehmers bestimmen seinen Betriebsbereich (Bild 4.23) in TSI ENE CR als *mechanisch kinematische Begrenzungslinie* des Stromabnehmers bezeichnet. Auf Strecken, die mit einem Stromabnehmertyp befahren werden, bestimmt dieser die mechanische Begrenzungslinie. Verkehren auf Strecken mehrere Stromabnehmertypen unterschiedlicher Geometrie, folgt die mechanische kinematische Begrenzungslinie aus der längsten Wippe.

Innerhalb der mechanisch kinematischen Begrenzungslinie dürfen sich nur der Fahrdraht und der Seitenhalter befinden. Bis an die mechanisch kinematische Begrenzungslinie dürfen nur unter Spannung stehende Teile der Oberleitungsanlage heranreichen. Keinesfalls dürfen sich diese über die mechanische Begrenzungslinie hinweg in das Profil des Stromabnehmers bewegen.

Wenn zur mechanischen Begrenzungslinie der elektrische Mindestabstand hinzugefügt wird, entsteht die *elektrische Begrenzungslinie* des Stromabnehmers (Bild 4.23 und 4.28). Stromabnehmer mit isoliertem Wippenüberstand erfordern um die Überstandslänge kleinere elektrische Begrenzungslinien.

Zur gleichzeitigen Berücksichtigung mechanischer und elektrischer Einflüsse, die zur mechanischen bzw. elektrischen Begrenzungslinie führen, bezeichnet TSI ENE CR die beiden Begrenzungslinien auch als doppelte Begrenzungslinie, die beide vom Infrastrukturbetreiber zu berücksichtigen sind.

Bei der Energieentnahme steht der Stromabnehmer in dauerndem Kontakt mit dem Fahrdraht, wodurch seine Höhe variabel ist. Daher ist auch die Höhe der Begrenzungslinie des Stromabnehmers veränderlich von der niedrigsten bis zur größten Fahrdrahthöhe unter Berücksichtigung des Stromabnehmeranhubs einschließlich der Höhentoleranzen und weiterer Einflüsse wie in diesem Abschnitt aufgeführt.

4.8 Grenzen der Fahrdrahtseitenlage

4.8.1 Allgemeines

Die Geometrie des Stromabnehmers der Deutschen Reichsbahn mit dem nutzbaren Bereich für den Fahrdrahtkontakt, als Arbeitslänge l_A bezeichnet, entstand als das Ergebnis von Vereinbarungen zwischen den deutschen Länderbahnen [4.11, 4.13]. Wegen der Gefahr der Entdrahtung darf der Fahrdraht die Arbeitslänge des Stromabnehmers (Bild 4.24) nicht verlassen. Die Arbeitslänge l_A lässt sich in zwei Bereiche unterteilen. Diese

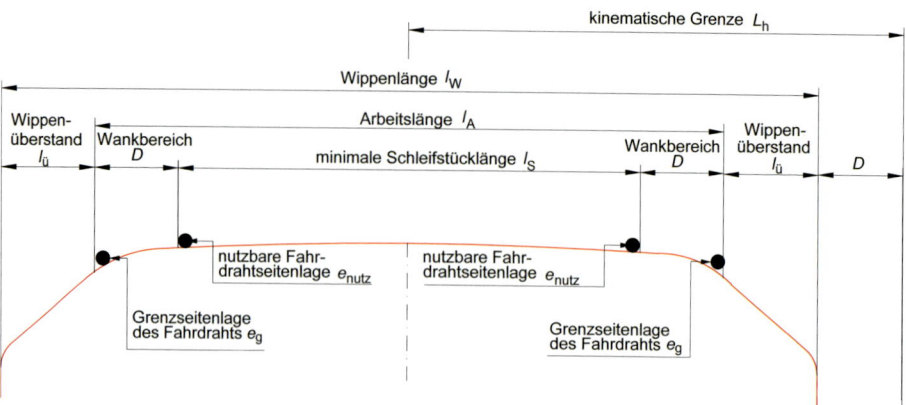

Bild 4.24: Bezeichnungen an der Stromabnehmerwippe.

sind der Schleifstückbereich l_S, in dem die Seitenbewegungen des Fahrdrahts stattfinden, und das Zweifache des Wankbereiches D, in dem der Fahrdraht bei zusätzlichen Wankbewegungen des Stromabnehmers die extreme Position der Arbeitslänge erreichen kann (Bild 4.24). Für die 1950 mm lange Wippe beträgt l_A mindestens 1550 mm nach der TSI LOC & PAS CR [4.12] und für die 1600 mm lange Wippe 1200 mm. Die Schleifstückhersteller führen das Schleifstück für die 1600 mm lange Wippe überwiegend mit mindestens 1200 mm [4.14], also mindestens der Arbeitslänge, aus. Beim Zusammentreffen von Wanken des Fahrzeugs und starkem Wind ist es zulässig, dass über kurze Streckenabschnitte der Fahrdraht die Grenze der Arbeitslänge erreicht, als *Grenzseitenlage des Fahrdrahts* e_g bezeichnet. Das Wanken hängt vom Gleisradius, der Gleisüberhöhung und dem *Überhöhungsfehlbetrag* ab. Der Wankbereich D beträgt bei der 1950 mm langen Wippe 225 mm und bei der 1600 mm langen Wippe 200 mm jeweils in der Gleisgeraden. In Gleisbögen kann die Wankbewegung des Stromabnehmers größer als die vorgesehenen 225 mm bzw. 200 mm sein. Die Überschreitung führt zur Verkleinerung der nutzbaren Fahrdrahtseitenlage. Die nutzbare Fahrdrahtseitenlage e_{nutz} ergibt sich danach aus

$$e_{nutz} = l_A/2 - D \quad . \tag{4.92}$$

Wird die *nutzbare Fahrdrahtseitenlage* e_{nutz} von der Geometrie des Stromabnehmers und dessen Wankbewegungen bestimmt, so hängt die *maximale Fahrdrahtseitenlage* e_{max} von der Führung des Fahrdrahts am Stützpunkt und dessen Auslenkung bezogen auf die Mittelsenkrechte zur Schienenkopfberührenden unter Wind ab. Es gilt

$$e_{max} \leq e_{nutz} \quad .$$

Die maximale Fahrdrahtseitenlage e_{max} ergibt sich aus der Seitenbewegung des Fahrdrahts zu

$$e_{max} = e_{1,2} + v \quad , \tag{4.93}$$

wobei
$e_{1,2}$ Fahrdrahtseitenlage infolge Fahrdrahtführung und Windeinwirkung in m,
v Vorsorgewert für die Seitenverschiebung des Fahrdrahts in m.

4.8.2 Vorsorgewerte für die Fahrdrahtseitenlage

Die *Vorsorgewerte* für die Ermittlung der *maximalen Fahrdrahtseitenlage* sind erforderlich wegen

v_T temperaturbedingte Änderung der Fahrdrahtseitenlage durch Drehung der Ausleger,
v_S Toleranzen der Fahrdrahtseitenlage an den Stützpunkten und
v_M Durchbiegung der Masten bei Wind.

Das geometrische Mittel dieser Anteile liefert den Vorsorgewert v

$$v = \sqrt{v_T{}^2 + v_S{}^2 + v_M{}^2} \quad . \tag{4.94}$$

Nach klimatischen Beobachtungen des Deutschen Wetterdienstes sind für Mitteleuropa die größten Windgeschwindigkeiten im Temperaturbereich 0 °C bis 20 °C zu erwarten.

Beispiel 4.21: Es ist die Fahrdrahtseitenverschiebung am letzten Ausleger vor der Nachspannvorrichtung gesucht. Die Ausleger der Oberleitungsbauart Sicat S1.0 sind an HEB-Masten befestigt.
Unter der Annahme, dass der Ausleger bei 20 °C Temperatur seine Mittelstellung einnimmt, beträgt der zu betrachtender Temperaturbereich 20 K zwischen den Temperaturextremen 0 °C und 20 °C. Für die Berechnung der maximalen Fahrdrahtseitenverschiebungen am Ausleger in 700 m Entfernung zum Festpunkt ergeben sich die Teilvorsorgewerte zu

v_T = 0,008 m für 20 K (siehe Beispiel 4.20),
v_S = 0,030 m [4.15] und
v_M = 0,025 m für HEB-Masten [4.16].

Aus Gleichung (4.94) folgt $v = 0{,}040$ m. Bei der Nutzung von Betonmasten und damit $v_M = 0{,}000$ m ergibt sich nach (4.94) $v = 0{,}031$ m. Der seit dem Jahr 1931 bei den Deutschen Bahnen berücksichtigte Vorsorgewert beträgt 0,030 m [4.17, 4.18]. Langjährige Erfahrungen bestätigten diesen Wert.

4.8.3 Fahrdrahtseitenlage für nicht interoperable Strecken

Im Jahr 1939 harmonisierte die Deutsche Reichsbahn mit der Zeichnung Ezs 837 „Seitliche Festhaltung des Fahrdrahts" [4.18] die Arbeitslänge l_A für die 1950 mm lange Stromabnehmerwippe. Der Fahrdraht durfte, von der Stromabnehmermitte aus gesehen, die halbe Arbeitslänge $l_A/2 = 750$ mm nicht überschreiten. Die *nutzbare Fahrdrahtseitenlage*, damals bereits mit e bezeichnet, betrug in der Geraden 550 mm. Ein Zuschlag s gegen „Entdrahtung", definiert als $s = l_A/2 - e$ betrug $s = 200$ mm in der Geraden. Dieser Zuschlag ist heute als Wankbereich D definiert. Der Wippenüberstand $l_ü$ errechnete sich damals zu

$$l_ü = l_s/2 - l_A/2 = 975 - 750 = 225 \text{ mm}. \tag{4.95}$$

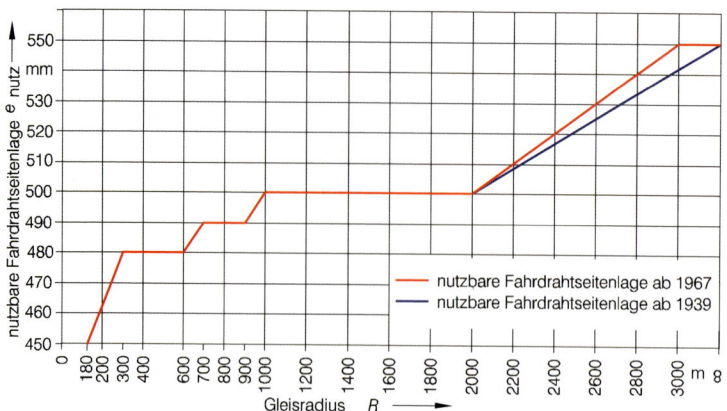

Bild 4.25: Nutzbare Fahrdrahtseitenlage e_nutz in Abhängigkeit vom Radius R bei der DB.

Die im Jahr 1939 mit der Ezs 837 festgelegte nutzbare Fahrdrahtseitenlage e (Bild 4.25) bezog sich auf 6 250 mm Fahrdrahtnennhöhe [4.18] und galt mit einer geringfügigen Änderung im Jahr 1967 bis 2013 in Deutschland (Bild 4.25). Im Bild 4.26 a) bis c) ist die Veränderung der Wippengeometrie dargestellt. Die Schleifstücklänge war von 1931 bis 1971 mit 1 000 mm bis 1 300 mm festgelegt. UIC 608, 1. Ausgabe:1971 [4.21] legte die *Mindestschleifstücklänge* mit 1 030 mm fest, die 1995 die Deutsche Bahn in die Ril 997.0101 übernahm [4.23]. Die Mindestschleifstücklänge sollte der zweifachen *nutzbaren Fahrdrahtseitenlage* entsprechen (Bild 4.26 d)). Während die Hüllkurve der Stromabnehmerwippe aus dem Jahr 1931 keine Veränderung erfahren hat, änderte sich der Wippenüberstand von 225 mm in 250 mm [4.24]. DIN EN 50 367:2013 und TSI LOC & PAS CR [4.12] geben einen realistischen Wippenüberstand von 200 mm vor.

4.8.4 Fahrdrahtseitenlage für interoperable Strecken

4.8.4.1 Konventionelle Strecken

Die technischen Spezifikation für Interoperabilität auf konventionellen Eisenbahnstrecken TSI ENE CR [4.25] erlaubt den Betrieb entweder nur mit der 1 950-mm-Wippe, mit der 1 600-mm-Wippe oder mit beiden Wippen auf gleicher Strecke. Die jeweilige Wippengeometrie bestimmt die *Fahrdrahtseitenlage*. Für den dualen Betrieb mit beiden Wippen bestimmt die kürzere 1 600-mm-Wippe die nutzbare Fahrdrahtseitenlage und die längere 1 950-mm-Wippe den freizuhaltenden Raum für den Stromabnehmer. Die Berechnung der nutzbaren Fahrdrahtseitenlage e_nutz nutzt die Berechnung der mechanisch kinematischen Begrenzungslinie für das Stromabnehmerprofil nach DIN EN 15 273-3:2010, die bisher in UIC 505-1 enthalten war.
Die kinematische Grenze L_o für die obere Nachweishöhe $h_\text{o} = 6{,}5$ m berechnet sich nach TSI ENE CR zu

$$L_\text{o} = l_\text{W}/2 + e_\text{po} + S' + (qs'_\text{i/a})_\text{max} + \sum j_\text{o} \tag{4.96}$$

4.8 Grenzen der Fahrdrahtseitenlage

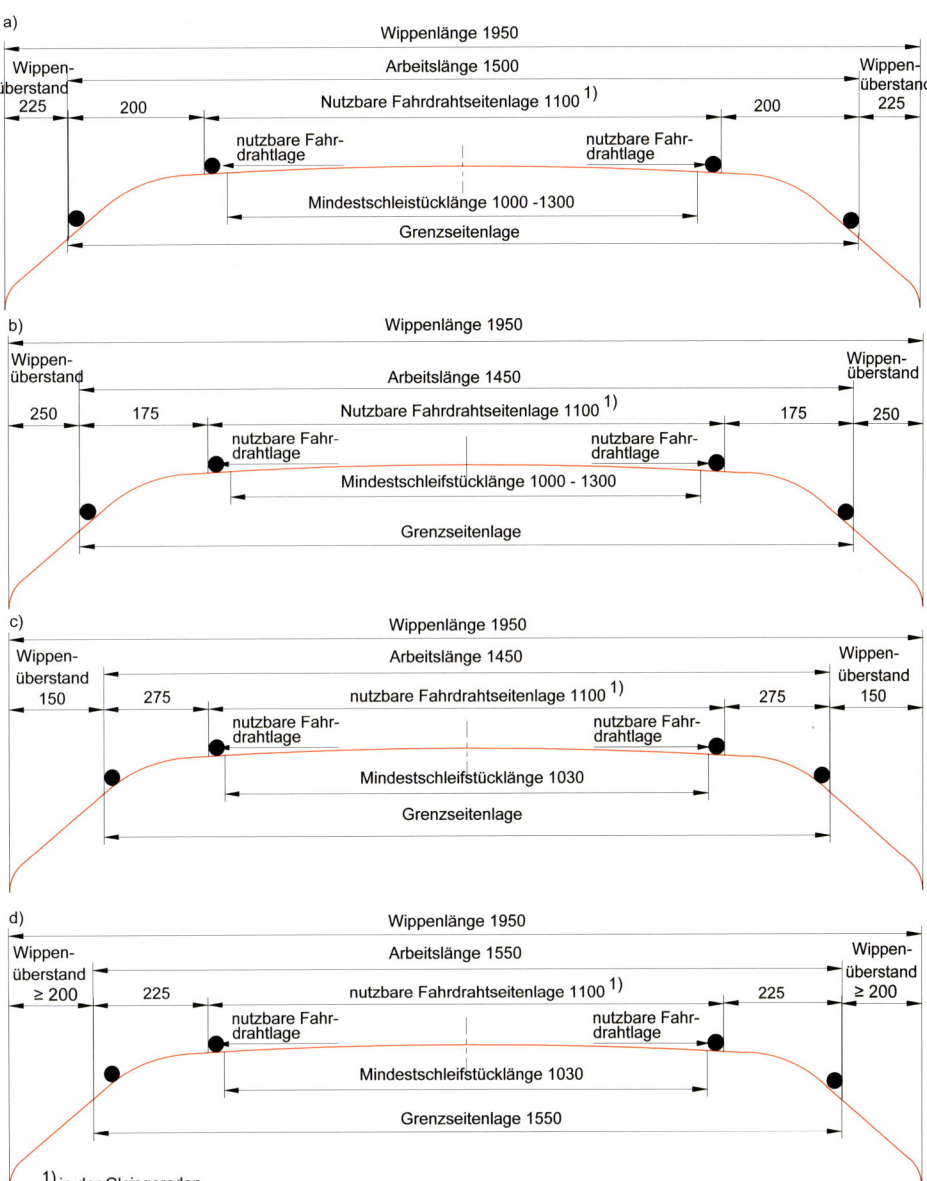

Bild 4.26: Ausführung der 1950-mm-Stromabnehmerwippe von 1931 bis 2013.
a) 1931 [4.18], b) 1956 [4.19], c) 2001 [4.20]–[4.24], d) 2011 [4.12]

Tabelle 4.7: Spurweite nach [4.8].

Bogenradius in m	Spurweite in mm		
	Minimum	Regelmaß	Maximum
Hauptgleise			
$\infty > R \geq 150$	1 430	1 435	1 465
Nebengleise			
$\infty > R \geq 150$	1 430	1 435	1 470
$150 > R \geq 125$		1 440	
$125 > R \geq 100$		1 445	

und die kinematische Grenze L_u für die untere Nachweishöhe $h_u = 5{,}0\,\text{m}$ zu

$$L_u = l_W/2 + e_{pu} + S' + (qs'_{i/a})_{\max} + \sum j_u \quad . \tag{4.97}$$

Dabei sind
e_{nutz} nutzbare Fahrdrahtseitenlage,
$l_A/2$ halbe Arbeitslänge der Wippe,
 – 0,600 m für die 1 600-mm-Wippe,
 – 0,775 m für die 1 950-mm-Wippe,
$l_W/2$ halbe Wippenlänge,
 – 0,800 m für die 1 600-mm-Wippe,
 – 0,975 m für die 1 950-mm-Wippe,
L_h kinematische Grenze in der Nachweishöhe h,
L_o kinematische Grenze in der oberen Nachweishöhe bei $h'_o = 6{,}5\,\text{m}$,
L_u kinematische Grenze in der unteren Nachweishöhe bei $h'_u = 5{,}0\,\text{m}$,
e_{po} Wankbewegung des Stromabnehmers mit 0,170 m bei $h'_o = 6{,}5\,\text{m}$,
e_{pu} Wankbewegung des Stromabnehmers mit 0,110 m bei $h'_u = 5{,}0\,\text{m}$,
S' zulässige zusätzliche Ausladung,
$qs'_{i,a}$ quasistatische Bewegung in der Bogeninnenseite (i) oder Bogenaußenseite (a),
$\sum j$ Summe der horizontalen Zuschläge zur Berücksichtigung von Zufallsphänomenen:
 – Asymmetrie der Beladung in m,
 – seitliche Querverschiebung des Gleises in m,
 – Überhöhungstoleranz und Schwingungen durch Gleisunebenheiten, deren Werte der Infrastrukturbetreiber festlegt und in Deutschland der EBO [4.8], Tabelle 3, zu entnehmen sind,
D Bereich am Stromabnehmer für Wankbewegungen des Fahrzeugs,
 – für die 1 600-mm-Wippe $D = 0{,}200\,\text{m}$ und
 – für die 1 950-mm-Wippe $D = 0{,}225\,\text{m}$.

Für die zulässige zusätzliche Ausladung S' in Gleichung (4.97) gilt

$$S' = 2{,}5/R + (l - 1{,}435)/2 \quad . \tag{4.98}$$

Dabei sind
R Radius in m und
l maximale Spurweite als Abstand zwischen den Fahrkanten der Schienen eines Gleises in m (Tabelle 4.7).

4.8 Grenzen der Fahrdrahtseitenlage

Die berechnete *nutzbare Fahrdrahtseitenlage* ist nach (4.98) vom Reziprokwert des Radius $2,5/R$ und von der örtlich vorhandenen Spurerweiterung $(l-1{,}435)/2$ abhängig. Nach DIN EN 15 273-3:2010 und [4.26] bezieht sich die zusätzliche Ausladung auf den Anfang, die Mitte und das Ende des Fahrzeugs. Sind Stromabnehmer über der Drehgestellachse angeordnet, könnte der Anteil $2,5/R$ entfallen. Wegen des Betriebs mit unterschiedlichen Fahrzeugen, deren Stromabnehmer nicht exakt an der Drehgestellachse angeordnet sind, ist deswegen für die Berechnung der nutzbaren Fahrdrahtseitenlage der ungünstigste Fall zu beachten, d. h. es sind die Einflüsse aus Radius und Spurerweiterung zu berücksichtigen.

Die *quasistatische Seitenbewegung* in Richtung bogeninnen errechnet sich zu

$$qs'_i = S_o/L \cdot (u - u_0)_{>0} \cdot (h_{FD} - h_{co}) \tag{4.99}$$

und in Richtung bogenaußen zu

$$qs'_a = S_o/L \cdot (u_f - u_{f0})_{>0} \cdot (h_{FD} - h_{co}) \quad , \tag{4.100}$$

wobei

S_o Neigungskoeffizient, $S_o = 0{,}225$,
L_S Abstand zwischen den Mittellinien der Schienen eines Gleises mit $L = 1{,}5$ m nach DIN EN 15 273-3:2010 zuzüglich Spurerweiterung bis 1,570 m,
u Überhöhung in m,
u_0 Referenzwert der Überhöhung, $u_0 = 0{,}066$ m ,
u_f Überhöhungsfehlbetrag in m,
u_{f0} Referenzwert des Überhöhungsfehlbetrags, $u_{f0} = 0{,}066$ m,
h_{FD} Fahrdrahthöhe über Schienenoberkante in m und
h_{co} Referenzhöhe des Wankpols, $h_{co} = 0{,}5$ m.

Nach TSI ENE CR ist der größere der beiden Werte aus den Gleichungen (4.96) oder (4.97) zu verwenden. Nach [4.27] ist die Überhöhung u überwiegend größer als der *Überhöhungsfehlbetrag* u_f und somit entfällt die Berechnung von qs'_a und der Term qs'_i wird zu qs'.

Für die Berechnung der *mechanisch kinematischen Stromabnehmer-Begrenzungslinie* ist der Term qs' in der Geraden und im Gleisbogen bis zu Überhöhungen $u \leq 0{,}066$ m gleich Null, weil die in TSI ENE CR und DIN EN 50 367:2013 mit Bezug auf DIN EN 15 273-3:2010 geltenden Berechnungsvorgaben

- den ungehinderten Durchgang des Stromabnehmers berücksichtigen und
- Überhöhungen kleiner der Referenzüberhöhung durch $(u - 0{,}066)$ zu negativen Werten des quasistatischen Effekts führen, durch die Vorgabe $(u - 0{,}066)_{>0}$ nicht zu berücksichtigen sind und somit zu einer Vergrößerung der Stromabnehmer-Begrenzungslinie führen.

Durch diese Vorgehensweise entsteht eine Reserve bei der Berechnung der mechanisch kinematischen Stromabnehmer-Begrenzungslinie, die bei der Berechnung der nutzbaren Fahrdrahtseitenlage nicht erforderlich ist, weil

- UIC 606-1 und
- TSI ENE HS mit Verweis auf DIN EN 50 367:2006

jeden Wert der Überhöhung größer Null bei der Berechnung der Fahrdrahtseitenlage nutzt. Das Zusammentreffen von
- maximaler Windlast,
- maximaler Seitenbewegung des Stromabnehmers,
- Standort des Fahrzeugs am kritischen Ort im Längsfeld,
- maximalem Vorsorgewert und
- maximaler Ausnutzung der maximalen Fahrdrahtseitenlage durch den Oberleitungsplaner

ist unwahrscheinlich und führt nicht zwangsläufig zur Entdrahtung des Stromabnehmers, auch wenn der Fahrdraht den Arbeitsbereich des Stromabnehmers verlässt. Die Summe der Zuschläge folgt nach [4.26] aus DIN EN 15 273-3:2010 zu

$$\sum j_\text{o} = 0{,}082 \, \text{m} \quad \text{und} \quad \sum j_\text{u} = 0{,}067 \, \text{m} \quad .$$

Der Abschnitt 4.8.3 enthält die Berechnung und die Tabelle 4.9 eine Übersicht der nach [4.8] und DIN EN 15 273-3:2010 ermittelten zufallsbedingten Seitenverschiebungen.
Für eine beliebige Zwischenhöhe h_FD wird die Länge der *mechanisch kinematischen kinematischen Begrenzungslinie* durch Interpolation ermittelt aus

$$L_\text{h} = L_\text{u} + \frac{h_\text{FD} - h_\text{u}}{h_\text{o} - h_\text{u}} \cdot (L_\text{o} - L_\text{u}) \quad . \tag{4.101}$$

Da die zusätzliche Ausladung und die halbe Breite der Arbeitslänge der Stromabnehmerwippe nicht höhenabhängig sind und die quasistatische Seitenbewegung sich direkt für die Nachweishöhe berechnen lässt, folgen für die *Höhenabhängigkeit der Wankbewegung* des Stromabnehmers und der Zuschläge

$$\left(e + \sum j\right)_\text{h} = \left(e_\text{pu} + \sum j_\text{u}\right) + \frac{h_\text{FD} - h_\text{u}}{h_\text{o} - h_\text{u}} \cdot \left[\left(e_\text{po} + \sum j_\text{o}\right) - \left(e_\text{pu} + \sum j_\text{u}\right)\right] \tag{4.102}$$

und mit Zahlenwerten

$$\left(e + \sum j\right)_\text{h} = \\ \left(0{,}11 + \sum j_\text{u}\right) + \frac{h_\text{FD} - 5{,}0}{6{,}5 - 5{,}0} \cdot \left[\left(0{,}17 + \sum j_\text{o}\right) - \left(0{,}11 + \sum j_\text{u}\right)\right] \quad . \tag{4.103}$$

Mit $S_0 = 0{,}225$, $L_\text{S} = 1{,}5 \, \text{m}$, h_c0 unter Berücksichtigung auch negativer Werte im Ausdruck $(u - 0{,}066)$ wie in DIN EN 50 367:2006 und unter Berücksichtigung, dass die Überhöhung u in der Regel größer als der Überhöhungsfehlbetrag ist, lässt sich die quasistatische Seitenverschiebung in Richtung bogenaußen qs'_a vernachlässigen und es folgt für die *quasistatische Seitenverschiebung*

$$qs' = 0{,}225/1{,}5 \cdot (u - 0{,}066) \cdot (h_\text{FD} - 0{,}5)$$

$$qs' = 0{,}15 \cdot (u \cdot h_\text{FD} - 0{,}5 \cdot u - 0{,}066 \cdot h_\text{FD} + 0{,}033)$$

und schließlich

$$qs' = 0{,}15 \cdot u \cdot h_\text{FD} - 0{,}075 \cdot u - 0{,}0099 \cdot h_\text{FD} + 0{,}00495. \tag{4.104}$$

4.8 Grenzen der Fahrdrahtseitenlage

Mit den Gleichungen (4.96) bis (4.104) lässt sich die nutzbare Fahrdrahtseitenlage berechnen zu

$$e_\text{nutz} = \frac{l_\text{A}}{2} - \frac{2{,}5}{R} - \frac{l - 1{,}435}{2} - 0{,}15 \cdot u \cdot h_\text{FD} + 0{,}075 \cdot u + 0{,}0099 \cdot h_\text{FD} - 0{,}00495$$
$$- \left\{ \left(0{,}11 + \sum j_\text{u}\right) + \frac{h_\text{FD} - 5{,}0}{6{,}5 - 5{,}0} \cdot \left[\left(0{,}17 + \sum j_\text{o}\right) - \left(0{,}11 + \sum j_\text{u}\right)\right] \right\}. \tag{4.105}$$

Mit der maximalen Spurweite $l = 1{,}450\,\text{m}$, den Zuschlägen $\sum j_\text{o} = 0{,}082$ und $\sum j_\text{u} = 0{,}067$ folgt für den 1 600-mm-Stromabnehmer aus DIN EN 50 367:2006

$$e_\text{nutz} = 0{,}600 - \frac{2{,}5}{R} - \frac{1{,}450 - 1{,}435}{2} - 0{,}15 \cdot u \cdot h_\text{FD} + 0{,}075 \cdot u + 0{,}0099 \cdot h_\text{FD}$$
$$- 0{,}00495 - \left\{ (0{,}11 + 0{,}067) + \frac{h_\text{FD} - 5{,}0}{6{,}5 - 5{,}0} \cdot [(0{,}17 + 0{,}082) - (0{,}11 + 0{,}067)] \right\}$$
$$= 0{,}588 - \frac{2{,}5}{R} - 0{,}15 \cdot u \cdot h_\text{FD} + 0{,}075 \cdot u + 0{,}0099 \cdot h_\text{FD}$$
$$- \left[(0{,}177) + \frac{h_\text{FD} - 5{,}0}{6{,}5 - 5{,}0} \cdot (0{,}075) \right]$$

und schließlich

$$e_\text{nutz} = 0{,}66 - 0{,}04 \cdot h - 0{,}15 \cdot h_\text{FD} \cdot u + 0{,}075 \cdot u - 2{,}5/R \quad. \tag{4.106}$$

Nach TSI ENE HS ergibt sich die nutzbare Fahrdrahtseitenlage in Abhängigkeit zur Höhe des Kontaktpunkts mit Berücksichtigung von Überhöhungswerten kleiner der 0,066 m Referenzüberhöhung zu

$$e_\text{nutz} = 1{,}4 - L_\text{h} \tag{4.107}$$

und L_h nach DIN EN 50 367:2006 mit

$$L_\text{h} = 0{,}74 + 0{,}4 \cdot h_\text{FD} + 0{,}15 \cdot h_\text{FD} \cdot u - 0{,}075 \cdot u + 2{,}5/R \quad. \tag{4.108}$$

Mit (4.107) und (4.108) berechnet sich die nutzbare Fahrdrahtseitenlage aus

$$\begin{aligned} e_\text{nutz} &= 1{,}4 - (0{,}75 + 0{,}4 \cdot h_\text{FD} + 0{,}15 \cdot h \cdot u - 0{,}075 \cdot u + 2{,}5/R) \\ &= 0{,}66 - 0{,}4 \cdot h_\text{FD} - 0{,}15 \cdot h_\text{FD} \cdot u + 0{,}075 \cdot u - 2{,}5/R \quad, \end{aligned} \tag{4.109}$$

womit die Berechnungsmethoden nach TSI ENE CR und TSI ENE HS mit Hinweis auf DIN EN 50 367:2006 übereinstimmen.

Beispiel 4.22: Die Oberleitung für eine konventionelle Bahnstrecke, die nach dem Infrastrukturregister zum konventionellen Transeuropäischen Netz (TEN) gehört, ist im Rahmen der geplanten Elektrifizierung für den Betrieb mit 1 600-mm- und 1 950-mm-Stromabnehmern zu planen. Welche nutzbare Fahrdrahtseitenlage sind in Geraden in den Nachweishöhen $h_\text{o} = 6{,}50\,\text{m}$, $h_{5,5} = 5{,}50\,\text{m}$ und $h_\text{u} = 5{,}00\,\text{m}$ nach TSI ENE CR, DIN EN 15 273-3:2010 und EBO [4.8] möglich?

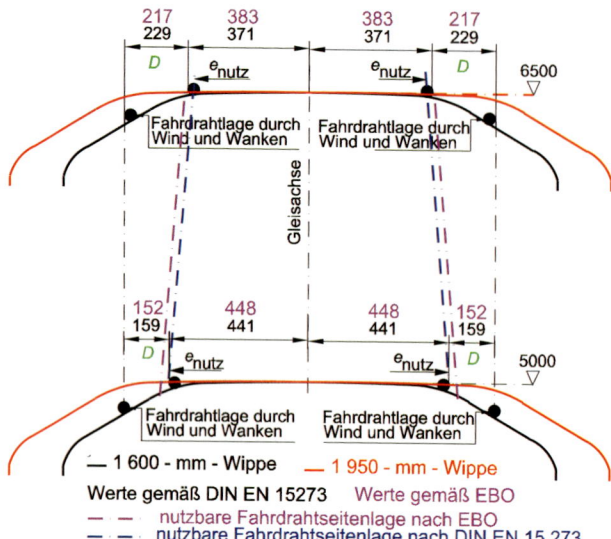

Bild 4.27: Nutzbare Fahrdrahtseitenlagen nach Beispiel 4.22 in der Gleisgeraden mit den zufallsbedingten Zuschlägen nach DIN EN 15 273-3:2010 (blau) und EBO (magenta) für konventionelle Strecken.

Gegeben sind
- Gleisgerade,
- Betrieb mit 1 600-mm- und 1 950-mm-Stromabnehmern,
- Schotteroberbau für ein „anderes Gleis" nach DIN EN 15 273-3:2010 und den zufallsbedingten Seitenverschiebungen für die untere Nachweishöhe $\sum j_\text{u} = 0{,}086$ m und für die obere Nachweishöhe $\sum j_\text{o} = 0{,}111$ m,
- Schotteroberbau für „nicht festgelegtes Gleis" nach EBO [4.8] und den zufallsbedingten Seitenverschiebungen für die untere Nachweishöhe $\sum j_\text{u} = 0{,}079$ m und für die obere Nachweishöhe $\sum j_\text{o} = 0{,}099$ m.

Beim Betrieb mit mehreren Stromabnehmern bestimmt der Stromabnehmer mit der kürzeren Wippenlänge die *nutzbare Fahrdrahtseitenlage* e_nutz. Nach Gleichung (4.105) ergibt sich mit den zufallsbedingten Seitenverschiebungen nach DIN EN 15 273-3:2010 für ein „anderes Gleis" in der Nachweishöhe $h_{5,0}$

$$\begin{aligned}
e_\text{nutz} &= l_\text{A}/2 - \frac{2{,}5}{R} - \frac{l-1{,}435}{2} - 0{,}15 \cdot u \cdot h_\text{FD} + 0{,}075 \cdot u + 0{,}0099 \cdot h_\text{FD} \\
&\quad - 0{,}00495 - \left[(0{,}11 + \sum j_\text{u}) + \frac{h_\text{FD}-5{,}0}{6{,}5-5{,}0} \cdot \left((0{,}17 + \sum j_\text{o}) - (0{,}11 + \sum j_\text{u}) \right) \right] \\
&= 0{,}600 - 0 - \frac{1{,}450-1{,}435}{2} - 0 + 0 + 0{,}0099 \cdot 5{,}0 - 0{,}00495 \\
&\quad - \left\{ (0{,}11 + 0{,}086) + \frac{5{,}0-5{,}0}{6{,}5-5{,}0} \cdot [(0{,}17 + 0{,}111) - (0{,}11 + 0{,}086)] \right\} \\
&= 0{,}441 \text{ m (blau markierter Wert in Tabelle 4.8)},
\end{aligned}$$

für die Nachweishöhe $h_{5,5}$ zu 0,418 m und für $h_{6,5}$ zu 0,371 m.

Die nutzbare Fahrdrahtseitenlage e_nutz ergibt sich nach (4.105) mit den zufallsbedingten Seitenverschiebungen nach EBO für ein „nicht festgelegtes Schottergleis" für die Nachweishöhe

$h_{5,0}$ zu

$$e_{\text{nutz}} = l_A/2 - \frac{2{,}5}{R} - \frac{l - 1{,}435}{2} - 0{,}15 \cdot u \cdot h_{\text{FD}} + 0{,}075 \cdot u + 0{,}0099 \cdot h_{\text{FD}}$$
$$- 0{,}00495 - \left[(0{,}11 + \sum j_u) + \frac{h_{\text{FD}} - 5{,}0}{6{,}5 - 5{,}0} \cdot \left((0{,}17 + \sum j_o) - (0{,}11 + \sum j_u) \right) \right]$$
$$= 0{,}600 - 0 - \frac{1{,}450 - 1{,}435}{2} - 0 + 0 + 0{,}0099 \cdot 5{,}0 - 0{,}00495$$
$$- \left[(0{,}11 + 0{,}079) + \frac{5{,}0 - 5{,}0}{6{,}5 - 5{,}0} \cdot \left((0{,}17 + 0{,}099) - (0{,}11 + 0{,}079) \right) \right]$$
$$= 0{,}448 \,\text{m} \;(\text{rot markierter Wert in Tabelle 4.8}),$$

für die Nachweishöhe $h_{5,5}$ zu 0,426 m und für $h_{6,5}$ zu 0,383 m.
Die nutzbaren Fahrdrahtseitenlagen mit den zufallsbedingten Seitenverschiebungen nach EBO sind größer als die mit den zufallsbedingten Seitenverschiebungen nach DIN EN 15 273-3:2010 für gleiche Gleisqualität konventioneller Strecken. In Bild 4.27 sind die nutzbaren Fahrdrahtseitenlagen dargestellt.

4.8.4.2 Hochgeschwindigkeitsstrecken

Mit den Annahmen
- Betrieb mit der 1 600-mm-Wippe,
- halbe Arbeitslänge $l_A/2 = 0{,}600$ m,
- maximale Spurweite $l = 1{,}450$ m,
- Zuschläge $\sum j_o = 0{,}082$ und $\sum j_u = 0{,}067$,
- Überhöhung u größer als der Überhöhungsfehlbetrag u_f,
- Neigungskoeffizient $S_0 = 0{,}225$,
- Abstand $L = 1{,}5$ m zwischen den Mittellinien der Schienen eines Gleises und
- Referenzhöhe des Wankpols $h_{c0} = 0{,}5$ m

lässt sich die Gleichung

$$e_{\text{nutz}} = l_A/2 + l_W/2 - L_h$$

aus TSI ENE CR als Gleichung (4.106) für die Berechnung der nutzbaren Fahrdrahtseitenlage für *Hochgeschwindigkeitsoberleitungen* nach DIN EN 50 367:2006 anwenden. Die Länge der Stromabnehmerwippe l_W bestimmt die kinematische Begrenzungslinie des Stromabnehmers. Beim Betrieb mit nur einem Stromabnehmerwippentyp folgt die Berechnung aus der jeweiligen Wippenlänge. Beim dualen Betrieb mit der 1 600-mm- und der 1 950-mm-Wippe bestimmt die kürzere der beiden Wippen, also die 1 600-mm-Wippe, die nutzbare Fahrdrahtseitenlage e_{nutz} und für die längere 1 950-mm-Wippe muss ein ungehinderter Durchgang möglich sein. Für die 1 600-mm-Wippe sind für die mechanisch kinematische Begrenzungslinie gemäß TSI ENE CR nur Überhöhungen größer der Refernzüberhöhung zu berücksichtigen. Wie bereits dargestellt, ist dieser Zuschlag zur Begrenzungslinie S_B für die Berechnung der Fahrdrahtseitenlage nicht relevant, aber bei der Berechnung der mechanisch kinematischen Begrenzungslinie zu berücksichtigen. Daher ist der Betrag des Zuschlags S_B bei Überhöhungen kleiner der Referenzüberhöhung

$$|S_\mathrm{B}| = \left|\frac{S_0}{L_\mathrm{S}} \cdot (u - u_0) \cdot (h_\mathrm{FD} - h_\mathrm{C0})\right| \tag{4.110}$$

zur mechanisch kinematischen Begrenzungslinie zu addieren. Der maximale Zuschlag lässt sich bei $u = 0$ an der unteren Nachweishöhe $h_\mathrm{u} = 5{,}0\,\mathrm{m}$ ermitteln zu

$$|S_{\mathrm{B}\,\mathrm{u}}| = \left|\frac{0{,}225}{1{,}5} \cdot (0 - 0{,}066) \cdot (5{,}0 - 0{,}5)\right| = |\,0{,}045\,\mathrm{m}| \tag{4.111}$$

und an der oberen Nachweishöhe $h_\mathrm{u} = 6{,}5\,\mathrm{m}$

$$|S_{\mathrm{B}\,\mathrm{o}}| = \left|\frac{0{,}225}{1{,}5} \cdot (0 - 0{,}066) \cdot (6{,}5 - 0{,}5)\right| = |\,0{,}059\,\mathrm{m}| \quad . \tag{4.112}$$

Für die 1 600-mm-Wippe mit $l_\mathrm{A}/2 = 0{,}600\,\mathrm{m}$ und $l_\mathrm{W}/2 = 0{,}800\,\mathrm{m}$ ergibt sich die halbe mechanisch kinematische Begrenzungslinie für $5{,}0\,\mathrm{m}$ Höhe ohne Berücksichtigung kleinerer Überhöhungswerte als die Referenzüberhöhung zu

$$\begin{aligned} L_\mathrm{u} &= l_\mathrm{A}/2 + l_\mathrm{W}/2 - e_\mathrm{nutz} + S_{\mathrm{B}\,\mathrm{u}} = 0{,}600 + 0{,}800 - e_\mathrm{nutz} + 0{,}045 \\ &= 1{,}445 - e_\mathrm{nutz} \end{aligned} \tag{4.113}$$

und für $6{,}5\,\mathrm{m}$ Höhe

$$\begin{aligned} L_\mathrm{o} &= l_\mathrm{A}/2 + l_\mathrm{W}/2 - e_\mathrm{nutz} + S_{\mathrm{B}\,\mathrm{o}} = 0{,}600 + 0{,}800 - e_\mathrm{nutz} + 0{,}059 \\ &= 1{,}459 - e_\mathrm{nutz} \quad . \end{aligned} \tag{4.114}$$

Für die 1 950-mm-Wippe mit $l_\mathrm{A}/2 = 0{,}775\,\mathrm{m}$ und $l_\mathrm{W}/2 = 0{,}975\,\mathrm{m}$ berechnet sich die halbe *mechanisch kinematische Begrenzungslinie* für $5{,}0\,\mathrm{m}$ Höhe ohne Berücksichtigung kleinerer Überhöhungswerte als die Referenzüberhöhung zu

$$\begin{aligned} L_\mathrm{u} &= l_\mathrm{A}/2 + l_\mathrm{W}/2 - e_\mathrm{nutz} + S_{\mathrm{B}\,\mathrm{u}} = 0{,}775 + 0{,}975 - e_\mathrm{nutz} + 0{,}045 \\ &= 1{,}795 - e_\mathrm{nutz} \end{aligned} \tag{4.115}$$

und für $6{,}5\,\mathrm{m}$ Höhe

$$\begin{aligned} L_\mathrm{o} &= l_\mathrm{A}/2 + l_\mathrm{W}/2 - e_\mathrm{nutz} + S_{\mathrm{B}\,\mathrm{o}} = 0{,}775 + 0{,}975 - e_\mathrm{nutz} + 0{,}059 \\ &= 1{,}809 - e_\mathrm{nutz} \quad . \end{aligned} \tag{4.116}$$

Zwischenhöhen lassen sich durch Interpolation nach Gleichungen (4.113) bis (4.123) ermitteln.
Die Gleichung (4.107) berücksichtigt auch kleinere Überhöhungswerte als die *Referenzüberhöhung* zur Berechnung der nutzbaren Fahrdrahtseitenlage. Soll die mechanisch kinematische Stromabnehmer-Begrenzungslinie ermittelt werden, sind die Gleichungen (4.113) bis (4.116) zu nutzen.

4.8 Grenzen der Fahrdrahtseitenlage

Beispiel 4.23: Welche nutzbaren Fahrdrahtseitenlagen sind in Geraden an den Nachweishöhen $h_\text{o} = 5{,}00$ m, $h_{5,3} = 5{,}30$ m, und $h_\text{u} = 6{,}50$ m für die Oberleitungsbauart Sicat H1.0 auf einer Hochgeschwindigkeitsstrecke nach DIN EN 50 367 und EBO möglich? Die interoperable Oberleitung wird mit der 1 600-mm-Wippe und der 1 950-mm-Wippe befahren. Welche mechanisch kinematische Begrenzungslinie ergibt sich für den dualen Betrieb auf einem gut erhaltenen Schottergleis mit $\sum j_\text{o} = 0{,}082$ m und $\sum j_\text{u} = 0{,}067$ m nach DIN EN 15 273-3:2010 und auf der Festen Fahrbahn mit $\sum j_\text{o} = 0{,}032$ m und $\sum j_\text{u} = 0{,}025$ m nach EBO [4.8]?

Die *nutzbaren Fahrdrahtseitenlagen* ergeben sich nach Gleichung (4.105) für die Nachweishöhe $h_{5,0}$ auf der gut erhaltenen Schotterfahrbahn nach DIN EN 15 273-3:2010 zu

$$e_\text{nutz} = l_\text{A}/2 - \frac{2{,}5}{R} - \frac{l-1{,}435}{2} - 0{,}15 \cdot u \cdot h + 0{,}075 \cdot u + 0{,}0099 \cdot h$$
$$- 0{,}00495 - \left[(0{,}11 + \sum j_\text{u}) + \frac{h-5{,}0}{6{,}5-5{,}0} \cdot \left[(0{,}17 + \sum j_\text{o}) - (0{,}11 + \sum j_\text{u})\right]\right]$$
$$= 0{,}600 - 0 - \frac{1{,}450 - 1{,}435}{2} - 0 + 0 + 0{,}0099 \cdot 5{,}0 - 0{,}00495$$
$$- \left[(0{,}11 + 0{,}067) + \frac{5{,}0-5{,}0}{6{,}5-5{,}0} \cdot [(0{,}17 + 0{,}082) - (0{,}11 + 0{,}067)]\right]$$
$$= 0{,}460 \,\text{m} \; (\text{grün markierter Wert in Tabelle 4.8}),$$

für die Nachweishöhe $h_{5,3}$ zu $0{,}448$ m, $h_{6,5}$ zu $0{,}400$ m.

Nach EBO ergeben sich auf Fester Fahrbahn für die Nachweishöhen $h_{5,0}$ $e_\text{nutz} = 0{,}502$ m, $h_{5,3}$ $e_\text{nutz} = 0{,}491$ m und $h_{6,5}$ $e_\text{nutz} = 0{,}450$ m.

Nach Gleichung (4.106) ergibt sich für die Nachweishöhe $h_{5,0}$

$$e_\text{nutz} = 0{,}66 - 0{,}04 \cdot h - 0{,}15 \cdot h \cdot u - 2{,}5/R + 0{,}75 \cdot u = 0{,}66 - 0{,}04 \cdot 5{,}0 = 0{,}460 \,\text{m},$$

für die Nachweishöhe $h_{5,3} = 0{,}448$ m und $h_{6,5} = 0{,}400$ m.

Die Ergebnisse der Berechnungsmethoden nach TSI ENE CR und DIN EN 50 367:2006 nach den Gleichungen (4.105) bzw. (4.106) stimmen überein. Mit den Werten $e_{\text{nutz}\,5,0} = 0{,}460$ m, $e_{\text{nutz}\,5,3} = 0{,}448$ m und $e_{\text{nutz}\,6,5} = 0{,}400$ m nach DIN EN 15 273-3:2010 und $e_{\text{nutz}\,5,0} = 0{,}502$ m, $e_{\text{nutz}\,5,3} = 0{,}491$ m und $e_{\text{nutz}\,6,5} = 0{,}450$ m nach EBO lassen sich die Hüllkurven im Bild 4.27 für die nutzbare Fahrdrahtseitenlage e_nutz für die Oberleitungsbauart Sicat H1.0 im geraden Gleis darstellen. Die mechanisch kinematische Begrenzungslinie für den Stromabnehmer berücksichtigt die längere der beiden Wippen, also in diesem Beispiel die 1 950-mm-Wippe zuzüglich der Zuschläge S_Bu und S_Bo nach den Gleichungen (4.113) bis (4.123). Somit ergibt sich die mechanisch kinematische Begrenzungslinie nach DIN EN 15,273-3:2010 zu

$$L_\text{u} = 1{,}795 - e_\text{nutz} = 1{,}795 - 0{,}460 = 1{,}335 \,\text{m} \quad ,$$

für 5,3 m Fahrdrahthöhe $L_{5,3} = 1{,}350$ m und für 6,5 m Fahrdrahthöhe $L_\text{o} = 1{,}409$ m. Somit ergeben sich

$$L_\text{u} = 1{,}795 - e_\text{nutz} = 1{,}795 - 0{,}502 = 1{,}293 \,\text{m}$$

und für 6,5 m Fahrdrahthöhe $L_\text{o} = 1{,}359$ m. In Bild 4.28 ist die mechanisch kinematische Begrenzungslinie für den dualen Betrieb der 1 600-mm- und 1 950-mm-Wippen dargestellt (siehe auch Abschnitt 4.7).

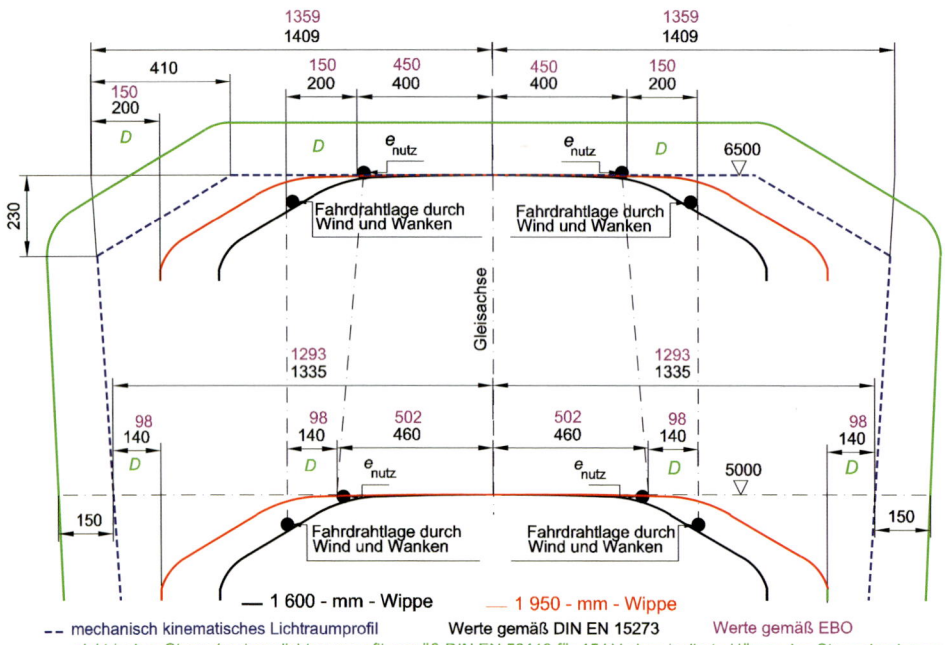

Bild 4.28: Mechanisch kinematische und elektrische Begrenzungslinie des Stromabnehmerprofils nach Beispiel 4.23 in der Gleisgeraden mit den zufallsbedingten Zuschlägen nach DIN EN 15 273-3 und EBO für Hochgeschwindigkeitsstrecken mit 15-kV-Nennspannung.

Beispiel 4.24: Welche nutzbaren Fahrdrahtseitenlagen sind im Gleisbogen in den Nachweishöhen $h_o = 6,50$ m und $h_u = 5,00$ m für die Oberleitungsbauart Sicat H1.0 auf einer Festen Fahrbahn nach EBO [4.8] möglich? Die Nachweishöhen $h_o = 6,50$ m und $h_u = 5,00$ m aus der TSI ENE CR dienen dazu, Zwischenhöhen für die Hochgeschwindigkeitsoberleitung zu ermitteln. Gegeben sind

Gleisüberhöhung $\quad u = 0,17$ m und
Gleisradius $\quad R = 3\,400$ m.

Die nutzbare Fahrdrahtseitenlage ergibt sich nach (4.103) für die Nachweishöhe $h_{5,0}$ zu

$$\begin{aligned}
e_{\text{nutz}} &= l_A/2 - \frac{2,5}{R} - \frac{l-1,435}{2} - 0,15 \cdot u \cdot h + 0,075 \cdot u + 0,0099 \cdot h \\
&\quad - 0,00495 - \left\{ \left(0,11 + \sum j_u\right) + \frac{h-5,0}{6,5-5,0} \cdot \left[\left(0,17 + \sum j_o\right) - \left(0,11 + \sum j_u\right)\right]\right\} \\
&= 0,600 - \frac{2,5}{3\,400} - \frac{1,450-1,435}{2} - 0,15 \cdot 0,17 \cdot 5,0 + 0,075 \cdot 0,17 + 0,0099 \cdot 5,0 \\
&\quad - 0,00495 - \left\{(0,11 + 0,025) + \frac{5,0-5,0}{6,5-5,0} \cdot \left[(0,17 + 0,032) - (0,11 + 0,025)\right]\right\}, \\
&= 0,387 \text{ m}
\end{aligned}$$

für die Nachweishöhe $h_{5,3}$ zu 0,368 m sowie für $h_{6,5}$ zu 0,296 m.

4.8 Grenzen der Fahrdrahtseitenlage

Tabelle 4.8: Nutzbare Fahrdrahtseitenlage e_{nutz} in m nach DIN EN 50 367:2006 und EBO [4.8] für konventionelle- und Hochgeschwindigkeitsstrecken für 1 600-mm- und 1 950-mm-Stromabnehmerwippen.

Gleisform	konventionelle Strecken				Hochgeschwindigkeitsstrecken			
	TSI ENE CR		EBO		DIN EN 50 367:2006		EBO	
Gleisart	anderes Gleis		Schottergleis		gut erhaltenes Gleis		Feste Fahrbahn	
Nachweishöhe	5,0	6,5	5,0	6,5	5,0	6,5	5,0	6,5
Betrieb mit der 1 600-mm-Stromabnehmerwippe								
Gleisgerade	0,441	0,371	0,448	0,383	0,460	0,400	0,502	0,450
Gleisradius $R = 3\,400$ m $u = 0{,}170$ m	0,326	0,218	0,333	0,230	0,345	0,247	0,387	0,296
Betrieb mit der 1 950-mm-Stromabnehmerwippe								
Gleisgerade	0,616	0,546	0,623	0,558	0,635	0,575	0,677	0,625
Gleisradius $R = 3\,400$ m $u = 0{,}170$ m	0,501	0,393	0,508	0,405	0,520	0,422	0,562	0,472

Nach Gleichung (4.105), die nach DIN EN 50 367:2006 und DIN EN 15 273-3:2010 auf zufälligen Seitenverschiebungen der Schotterfahrbahn beruht und in Deutschland nicht zur Anwendung kommt, ergibt sich e_{nutz} für die Nachweishöhe $h_{5,0}$ m aus

$$e_{\text{nutz}} = 0{,}66 - 0{,}04 \cdot h - 0{,}15 \cdot h \cdot u - 2{,}5/R + 0{,}075 \cdot u$$
$$= 0{,}66 - 0{,}04 \cdot 5{,}0 - 0{,}15 \cdot 5{,}0 \cdot 0{,}17 - 2{,}5/3\,400 + 0{,}075 \cdot 0{,}17 = 0{,}345\,\text{m},$$

für die Nachweishöhe $h_{5,3} = 0{,}325$ m und $h_{6,5} = 0{,}246$ m.
Die Differenzen betragen rund 40 mm bis 50 mm nutzbarer Fahrdrahtseitenlage für die 1 600-mm-Wippe bei der Oberleitungsbauart Sicat H1.0 im Radius $R = 3\,400$ m. Die mechanisch kinematische Begrenzungslinie L_h lässt sich wie im Beispiel 4.23 ermitteln.

Die Berechnung der *nutzbaren Fahrdrahtseitenlage* nach DIN EN 50 367:2006 berücksichtigt jeden Gleisüberhöhungswert größer Null. Da dies nach TSI ENE CR nicht vorgesehen ist, sondern nur Überhöhungen größer der Referenzüberhöhung 0,066 m zu berücksichtigen sind, ist die berechnete horizontale Auslenkung des Stromabnehmers für das konventionelle Bahnsystem größer und somit die nutzbare Fahrdrahtseitenlage kleiner als die nach DIN EN 50 367:2006 ermittelte. Der Ausschluss von Überhöhungen kleiner der Referenzüberhöhung resultiert aus der Berechnung der kinematischen Begrenzungslinie nach DIN EN 15 273-3:2010. Gemäß dieser Norm ist die *kinematische Begrenzungslinie* die Grundlage für die Bemessung der Infrastruktur, um Kollisionen des Stromabnehmers mit der Infrastruktur zu vermeiden. Der Zuschlag für die zufallsbedingten Seitenverschiebungen ist nur auf Gleisabschnitten zu berücksichtigen, auf denen die Überhöhung den Referenzwert 0,066 m überschreitet. Die Auswirkungen niedrigerer Werte sind vereinbarungsgemäß in den Wankbewegungen des Stromabnehmers berücksichtigt. Gemäß den Berechnungsverfahren nach DIN EN 50 367:2006 und UIC 606-1 [4.28] werden bei der Bestimmung der zulässigen horizontalen Auslenkung

Tabelle 4.9: Horizontalen Zuschläge $\sum j$ an den Nachweishöhen h_u und h_o in mm.

Zuschläge	DIN EN 15 273-3:2010						EBO [4.8]					
	gut erhaltenes Gleis			anderes Gleis			Schotterfahrbahn			Feste Fahrbahn mit Querhöhenfehler $<5\,\mathrm{mm}$		
	u_fe	h_u	h_o	u_fe	h_u	h_o	u_fe	h_u	h_o	u_fe	h_u	h_o
Für $v<80$ km/h												
t_0	25	25	25	25	25	25	25	25	25	0	0	0
t_1	15	50	65	15	67	86	15	50	65	15	50	65
t_2	15	10	13	15	13	18	15	10	14	15	10	14
$t_{3\,\mathrm{i}}$	7	5	6	13	9	12	7	5	6	0	0	0
$t_{3\,\mathrm{a}}$	39	26	35	65	44	58	39	26	35	0	0	0
t_4	50	34	45	50	34	45	50	34	45	15	10	14
t_5	15	10	14	15	10	14	15	10	14	15	10	14
$\sum j$		78	101		101	131		78	101		62	81
Für $v\geq80$ km/h												
t_0	25	25	25	25	25	25	25	25	25	0	0	0
t_1	10	33	43	11	50	65	15	50	65	5	17	22
t_2	10	7	9	11	10	14	15	10	14	5	3	4
$t_{3\,\mathrm{i}}$	7	5	6	13	9	12	7	5	6	0	0	0
$t_{3\,\mathrm{a}}$	39	26	35	65	44	58	39	26	35	0	0	0
t_4	50	34	45	50	34	45	50	34	45	15	10	14
t_5	15	10	14	15	10	14	15	10	14	15	10	14
$\sum j$		65	82		86	111		78	101		25	32
Zielwerte		67	82					79	99		25	32

u_fe Überhöhungsfehler h_u Nachweishöhe $5{,}00\,\mathrm{m}$ h_o Nachweishöhe $6{,}50\,\mathrm{m}$
L_S $1{,}5\,\mathrm{m}$ S_0 $0{,}225$ k $1{,}0$ nach DIN EN 15 273

negative Ergebnisse des quasistatischen Effekts zugelassen und von der Wankbewegung des Stromabnehmers abgezogen. Dieses Vorgehen ist berechtigt, da die theoretisch zu erwartenden Wankbewegungen bei Überhöhungen kleiner als 0,066 m geringer sind als die vorgegebenen Referenzwerte. TSI ENE CR schließt *negative quasistatische Effekte* aus und berücksichtigt demzufolge nur Überhöhungen größer 0,066 m und den resultierenden quasistatischen Effekt. Dies wirkt sich auf die nutzbare Fahrdrahtseitenlage bei Streckenabschnitten mit Überhöhungen kleiner 0,066 m aus. Die nach DIN EN 50 367:2006 ermittelten nutzbaren Fahrdrahtseitenlagen werden mit der Berechnung gemäß TSI ENE CR nicht erreicht. Damit lässt sich schlussfolgern, dass die Angabe $(u-0{,}066)_{>0}$ in TSI ENE CR zu nicht erforderlichen Reduzierungen der nutzbaren Fahrdrahtseitenlage führt. Daher sollte die Berechnung der nutzbaren Fahrdrahtseitenlage auf interoperablen Strecken konsequent den Vorgaben der TSI ENE CR folgen, allerdings ohne Berücksichtigung der Vorgabe $(u-0{,}066)_{>0}$. Für die zufallsbedingten Seitenverschiebungen sind die Werte der EBO zu nutzen. Für die Berechnung der mechanisch kinematischen Begrenzungslinie ist den Vorgaben der TSI ENE CR zu folgen, allerdings mit Berücksichtigung der Vorgabe $(u-0{,}066)_{>0}$.

Die Differenz der Spannweitenlängen l beträgt rund vier Meter bezüglich der Nutzung der Summe der zufallsbedingten Seitenverschiebungen nach DIN EN 15 273-3:2010 oder EBO. Ungefähr drei Meter größere Spannweitenlängen lassen sich mit 5,0 m anstatt mit 5,5 m Fahrdrahthöhe erzielen [4.29]. Bei der Nutzung von 5,0 m Fahrdrahthöhe ist der Fahrdrahtdurchhang infolge Eislast und Durchschwingen bei Stromabnehmerdurchgang zu berücksichtigen, der nicht zur Unterschreitung der 4,80 m Mindestfahrdrahthöhe führen darf [4.30].

4.8.4.3 Horizontale Zuschläge

Der korrekten Wahl der *horizontalen Zuschläge* $\sum j$ kommt eine wichtige Bedeutung zu. Die Berechnung nach TSI ENE CR, die zur Gleichung (4.106) führt, nutzt für die Summe der horizontalen Zuschläge $\sum j$ die Einzelwerte nach Tabelle 4.9. Diese Werte weichen geringfügig von den Zielwerten nach EBO und DIN EN 15 273-3:2010 ab. Der Berechnungsablauf für die Werte $\sum j$ folgt den Vorgaben der DIN EN 15 273-3:2010 mit

$$\sum j = k \cdot \sqrt{t_0^2 + (t_1 + t_2)^2 + t_{3a}^2 + t_4^2 + t_5^2} \quad , \tag{4.117}$$

wobei
k \qquad Koeffizient nach DIN EN 15 273 zur Berücksichtigung der Unsicherheiten, für Stromabnehmer; $k = 1{,}0$ für Gleichung (4.117),
t_0 \qquad Querverschiebung des Gleises,
t_1, t_2 \qquad Wirkung eines *Überhöhungsfehlers* bei Geschwindigkeiten > 80 km/h:
geometrische Wirkung $t_1 = u_{fe} \cdot h_{FD}/L_S$
quasistatische Wirkung $t_2 = (S_0 \cdot u_{fe}/L_S) \cdot (h_{FD} - 0{,}5)_{>0}$,
t_1, t_2 \qquad Wirkung eines *Überhöhungsfehlers* bei Geschwindigkeiten ≤ 80 km/h:
geometrische Wirkung $t_1 = u_{fe} \cdot h_{FD}/L_S$
quasistatische Wirkung $t_2 = (S_0 \cdot u_{fe}/L_S) \cdot (h_{FD} - 0{,}5)_{>0}$,
t_{3i}, t_{3a} \qquad Schwankungen durch Gleisunebenheiten für gut erhaltene Gleise
Bogeninnen $t_{3i} = (S_0 \cdot u_{fe}/L_S) \cdot (h_{FD} - 0{,}5)_{>0}$
Bogenaußen $t_{3a} = (S_0 \cdot u_{fe}/L_S) \cdot (h_{FD} - 0{,}5)_{>0}$
Schwankungen durch Gleisunebenheiten für andere Gleise
Bogeninnen $t_{3i} = (S_0 \cdot u_{fe}/L_S) \cdot (h_{FD} - 0{,}5)_{>0}$
Bogenaußen $t_{3a} = (S_0 \cdot u_{fe}/L_S) \cdot (h_{FD} - 0{,}5)_{>0}$,
t_4 \qquad Asymmetrie durch ungleiche Lastverteilung $t_4 = (S_0 \cdot u_{fe}/L_S) \cdot (h_{FD} - 0{,}5)_{>0}$,
t_5 \qquad Asymmetrie durch Toleranz der Federung $t_5 = (S_0 \cdot u_{fe}/L_S) \cdot (h_{FD} - 0{,}5)_{>0}$.

DIN EN 15 273-2, Tabelle B.1 gibt den jeweiligen Wert für u_{fe} in m vor (siehe Tabelle 4.9). Unter Berücksichtigung von $S_0 = 0{,}225$ und $L_S = 1{,}5$ m ergeben sich für „gut erhaltene Gleise" und „andere Gleise" die Werte $\sum j$ nach Gleichung (4.117) in der Tabelle 4.9 nach DIN EN 15 273-3:2010. Für die Berechnung der nutzbaren Fahrdrahtseitenlage in Deutschland für den Infrastrukturbetreiber DB Netz AG sind die Werte nach [4.8] zu nutzen (Tabelle 4.9).

Die Gegenüberstellung der nutzbaren Seitenlage e_{nutz} für Hochgeschwindigkeitsstrecken in Tabelle 4.8 zeigt den Unterschied zwischen den Vorgaben nach DIN EN 50 367:2006 und EBO mit dem „gut erhaltenen Gleis" bzw. der „Festen Fahrbahn", der in der Geraden rund 10 m Spannlängendifferenz entspricht. Die Tabelle 4.8 beinhaltet die nutzbaren Fahrdrahtseitenlagen für konventionelle Strecken nach DIN EN 50 367:2006 für „anderes Gleis" und EBO für „Schottergleis". Mit der Möglichkeit zur Berechnung von e_{nutz} nach DIN EN 15 273-3:2010 und EBO erübrigt sich künftig die Vorgabe einer Begrenzung von e_{nutz} auf 550 mm beim Betrieb mit 1 950-mm-Wippen oder auf 400 mm beim Betrieb mit 1 600-mm-Wippen. Die nutzbare Fahrdrahtseitenlage in der Gleisgeraden lässt sich erweitern bis zum Beginn des klemmenfreien Raums, der für die 1 600-mm- und 1 950-mm-Wippe bei 450 mm bzw. 600 mm von der Gleisachse aus gesehen beginnt. Dann ist es nicht mehr notwendig, die maximale Seitenlage am Stützpunkt auf 400 mm und 300 mm für den Betrieb mit der 1 600-mm- bzw. 1 950-mm-Wippe zu begrenzen, wichtig ist dann die Einhaltung der *nutzbaren Fahrdrahtseitenlage* e_{nutz} von 450 mm bzw. 600 mm. Die TSI ENE CR und TSI ENE HS begrenzen nicht die Fahrdrahtseitenlage an den Stützpunkten auf 400 mm bzw. 300 mm.

4.9 Fahrdrahtauslenkung unter Wind

4.9.1 Windlasten auf Leiter

Dieser Abschnitt weist die *Gebrauchstauglichkeit der Fahrleitung* unter Windeinfluss nach. Die Annahmen für Windlasten auf Leiter sind in Abschnitt 2.3.2 behandelt. Die Windlast auf Leiter ist zu ermitteln aus

$$F'_W = q_h \cdot G_C \cdot C_C \cdot d \quad . \tag{4.118}$$

Für den Nachweis der Gebrauchstauglichkeit brauchen nicht die gleichen Annahmen wie für die Standsicherheit der Anlage getroffen zu werden, da das Zusammentreffen von extremer Windlast mit einem Triebfahrzeug an einem Ort der Bahnstrecke unwahrscheinlich ist. Für die Gebrauchstauglichkeit genügt die Annahme der zehnjährigen Wiederkehrperiode. In der Beziehung (4.118) sind

q_h der Staudruck der jeweiligen Windlastzone für 10 Jahre Wiederkehrperiode in der Höhe h. Dieser wird aus der entsprechenden Windgeschwindigkeit mit 50 Jahren Wiederkehrperiode $v_{0,02}$ gemäß Bild 2.28 erhalten zu $q_{h10} = q_{h50} \cdot (0{,}902)^2 = q_{h50} \cdot 0{,}813$,

G_C Leiterresonanzbeiwert, der auch die Änderung der Windwirkung längs des Feldes berücksichtigt. Nach DIN EN 50 341-1:2010 sollte der Beiwert G_C mit 1,0 wegen der geringen räumlichen Ausdehnung gewählt werden,

C_C Staudruckbeiwert für Leiter mit kreisförmigem Querschnitt; nach DIN EN 50 119:2010 ist $C_C = 1{,}0$; nach DIN EN 50 341-3-4:2011, Tabelle 4.3.2/DE.1, und DIN EN 50 119/NA:2010, DIN EN 1991-1-4/NA:2010 gilt
– Leiter bis 12,5 mm Durchmesser $C_C = 1{,}2$,
– Leiter über 12,5 mm bis 15,8 mm Durchmesser $C_C = 1{,}1$,
– Leiter über 15,8 mm Durchmesser $C_C = 1{,}0$,

d Leiterdurchmesser.

Wenn Leiter parallel verlaufen, darf für den windabgewandten Leiter eine Verringerung der Windlast auf 80 % gegenüber dem windseitigen Leiter angenommen werden, wenn der Abstand zwischen den Achsen weniger als der fünffache Durchmesser beträgt. So ergibt sich beispielsweise für einen Doppelfahrdraht AC-100 der Staudruckbeiwert zu

$$C_\mathrm{C} = 1{,}2 + (0{,}8 \cdot 1{,}2) = 2{,}16 \quad .$$

In der Tabelle 4.10 ist dieser Wert grün gekennzeichnet.

Beispiel 4.25: Es ist geplant, die Oberleitung der Strecke Nürnberg–Würzburg auf eine interoperable Oberleitung umzubauen. Diese Strecke liegt in der Windregion W1 mit $q_b = 320\,\mathrm{N/m^2}$ Basisstaudruck und $v_b = 22{,}5\,\mathrm{m/s}$ Basiswindgeschwindigkeit nach DIN EN 1991-1-4/NA:2010 für 50 Jahre Wiederkehrdauer. Für den Nachweis der Gebrauchstauglichkeit sind die Windlasten für die Wiederkehrdauern drei, fünf und zehn Jahre zu berechnen.
Nach Bild 2.28 findet man für drei, fünf und zehn Jahre Wiederkehrdauer $v_{b;0{,}33}/v_{b;0{,}02} = 0{,}815$, für $v_{b;0{,}20}/v_{b;0{,}02} = 0{,}855$ und $v_{b;0{,}10}/v_{b;0{,}02} = 0{,}902$ und damit die Basiswindgeschwindigkeiten $v_{b;0{,}33} = 18{,}3\,\mathrm{m/s}$, $v_{b;0{,}20} = 19{,}2\,\mathrm{m/s}$ bzw. $v_{b;0{,}10} = 20{,}3\,\mathrm{m/s}$, die in Tabelle 4.9 mit magenta markiert ist.

Beispiel 4.26: Gegeben ist die Basiswindgeschwindigkeit $v_b = 20{,}3\,\mathrm{m/s}$ für die Windzone W1 für zehn Jahre Wiederkehrdauer für den Nachweis der Gebrauchstauglichkeit einer Oberleitung nach Beispiel 4.25. Für die mittlere Temperatur ist 10 °C (283 K) und die Höhe $H = 0\,\mathrm{m}$, also NN, anzunehmen. Es ist der Basisstaudruck q_b gesucht.
Der Basisstaudruck für den Nachweis der Gebrauchstauglichkeit mit zehn Jahren Wiederkehrdauer ergibt sich nach Gleichung (2.3) zu

$$q_b = (\varrho/2) \cdot v_b^2 = (1{,}25/2) \cdot 20{,}3^2 = 258\,\mathrm{N/m^2} \quad .$$

Das Ergebnis $q_b = 258\,\mathrm{N/m^2}$ ist auf $260\,\mathrm{N/m^2}$ gerundet und in der Tabelle 4.10 blau markiert.

Beispiel 4.27: Die Oberleitung der Eisenbahnstrecke Nürnberg–Würzburg soll zu einer interoperablen Oberleitung ertüchtigt werden. Auf dieser Strecke befindet sich eine Brücke mit $h = 140\,\mathrm{m}$ über dem Gelände. Für die Oberleitung ergibt sich die Höhe über dem Gelände mit $h_\mathrm{G} = 146\,\mathrm{m}$. Gegeben ist der Basisstaudruck für die Windzone W1 mit $q_b = 260\,\mathrm{N/m^2}$ für zehn Jahre Wiederkehrdauer für den Nachweis der Gebrauchstauglichkeit (siehe Beispiel 4.26). Es ist der Staudruck in 146 m Höhe für den Nachweis der Gebrauchstauglichkeit gesucht.
Nach Gleichung (2.6) ergibt sich für den Staudruck in der Höhe $h_\mathrm{G} = 146\,\mathrm{m}$ über dem Gelände

$$q_{h=146} = 2{,}1 \cdot q_b \cdot \left(\frac{h_\mathrm{G}}{10}\right)^{0{,}24} = 2{,}1 \cdot 260 \cdot \left(\frac{146}{10}\right)^{0{,}24} = 1\,039\,\mathrm{N/m^2} \quad .$$

Tabelle 4.10: Längenbezogene Windlasten F'_W in N/m für den Nachweis der Gebrauchstauglichkeit für Teile von Kettenwerken für 10 Jahre Wiederkehrdauer nach DIN EN 1991-1-4/NA:2010-12 im offenen Gelände bis 7 m Höhe.

Element	Anwendung	Quer-schnitt	Durch-messer	Stau-druck-bei-wert	Windzonen			
					W1	W2	W3	W4
					Windgeschwindigkeit in m/s			
					20,3	22,6	24,8	27,1
					Basisstaudruck q_b N/m²			
		A	d	C_C [6)]	260	317	383	456
					Bemessungsstaudruck q_h			
					390	476	575	684
		mm²	mm	–	Windlast F'_W N/m			
AC-80	Fahrdraht	80	10,6	1,2	4,96	6,05	7,31	8,70
AC-100	Fahrdraht	100	12,0	1,2	5,62	6,85	8,27	9,85
AC-107	Fahrdraht	107	12,3	1,2	5,76	7,02	8,48	10,10
AC-120	Fahrdraht	120	13,2	1,1	5,66	6,90	8,34	9,93
AC-150	Fahrdraht	150	14,8	1,1	6,35	7,74	9,35	11,14
2 ×AC-80	Fahrdraht	80	10,6	2,16	8,93	10,89	13,15	15,66
2 × AC-100	Fahrdraht	100	12,0	2,16	10,11	12,32	14,89	17,73
2 × AC-107	Fahrdraht	107	12,3	2,16	10,36	12,63	15,26	18,17
2 × AC-120	Fahrdraht	120	13,2	1,98	10,19	12,43	15,02	17,88
2 × AC-150	Fahrdraht	150	14,8	1,98	10,43	13,93	16,84	20,04
Seil 10 × 49[1)]	Hänger	10	4,50	1,2	2,11	2,57	3,10	3,69
Seil 10 × 49[2)]	Hänger	10	4,65	1,2	2,18	2,65	3,21	3,82
Seil 16 × 84[1)]	Hänger	16	6,20	1,2	2,90	3,54	4,27	5,09
Seil 25 × 133[1)]	Hänger	25	7,50	1,2	3,51	4,28	5,17	6,19
Seil 25 × 7[3)]	Y-Beiseil	25	6,30	1,2	2,95	3,59	4,34	5,17
Seil 35 × 7[3)]	Y-Beiseil	35	7,50	1,2	3,51	4,28	5,17	6,16
Seil 50 × 7[3)]	Tragseil	50	9,00	1,2	4,21	5,14	6,20	7,39
Seil 70 × 19[3)]	Tragseil	70	10,5	1,2	4,91	5,99	7,24	8,62
Seil 95 × 19[3)]	Tragseil	95	12,5	1,2	5,85	7,13	8,62	10,26
Seil 120× 19[3)]	Tragseil	120	14,0	1,1	6,01	7,32	8,85	10,53
182-AL1[4)]	Speiseleitung	181,6	17,5	1,0	6,83	8,32	10,05	11,97
243-AL1[4)]	Speiseleitung	242,5	20,3	1,0	7,92	9,65	11,66	13,89
299-AL1[4)]	Speiseleitung	299,4	22,5	1,0	8,78	10,70	12,93	15,39
122-AL1/71-ST1A[5)]	Speiseleitung	193,4	18,0	1,0	7,02	8,56	10,34	12,31
243-AL1/39-ST1A[5)]	Speiseleitung	234,1	21,8	1,0	8,50	10,37	12,52	14,91
FD AC- 80+TS 50	Oberleitung	80/50	–	–	10,55	12,86	15,54	18,50
FD AC-100+TS 50	Oberleitung	100/50	–	–	11,30	13,78	16,65	19,82
FD AC-107+TS 50	Oberleitung	107/50	–	–	11,46	13,98	16,89	20,11
FD AC-120+TS 70	Oberleitung	120/70	–	–	12,16	14,83	17,92	21,33
FD AC-120+TS 120	Oberleitung	120/120	–	–	13,42	16,36	19,77	23,54
FD AC-150+TS 95	Oberleitung	150/95	–	–	14,03	17,10	20,67	24,60
FD AC-150+TS 120	Oberleitung	150/120	–	–	14,21	17,32	20,93	24,92

[1)] nach DIN 43 138 aus Bronze oder Kupfer; [2)] nach 8WL7060-2 der Siemens AG, [3)] nach DIN 48 201-2 aus Bronze oder Kupfer [4)] nach DIN EN 50 182 Aluminiumleiter, [5)] nach DIN EN 50 182 Aluminium-Stahl-Verbundleiter, [6)] nach DIN EN 50 341-3-4:2011 und nach DIN EN 50 119, Abschnitt 6.2.4.3, für den Doppelfahrdraht

4.9 Fahrdrahtauslenkung unter Wind

Beispiel 4.28: Gegeben ist der Staudruck $q_\mathrm{h} = 1\,039\,\mathrm{N/m}$ als Ergebnis aus dem Beispiel 4.27 für eine Oberleitung, die in Höhe $h_\mathrm{G} = 146\,\mathrm{m}$ über dem Gelände installiert werden soll. Als Oberleitung ist die Bauart Re200 vorgesehen, die einen Fahrdraht AC-100–Cu verwendet. Der Durchmesser des Fahrdrahts ist $d = 12$ mm und damit $C_\mathrm{C} = 1{,}2$. Es ist die Windlast $F'_\mathrm{W\,FD}$ für den Fahrdraht gesucht. Die Windlast berechnet sich nach Gleichung (4.118) zu

$$F'_\mathrm{W} = q_\mathrm{h} \cdot G_\mathrm{C} \cdot C_\mathrm{C} \cdot d = 1\,039 \cdot 1{,}0 \cdot 1{,}2 \cdot 0{,}012 = 15{,}0\,\mathrm{N/m} \quad .$$

Beispiel 4.29: Eine zu elektrifizierende Eisenbahnstrecke liegt in der Windzone W1 mit der Basiswindgeschwindigkeit $v_{\mathrm{b};0,10} = 20{,}3\,\mathrm{m/s}$ und dem Basisstaudruck $q_{\mathrm{b};0,10} = 260\,\mathrm{N/m^2}$ für die Gebrauchstauglichkeit (Tabelle 4.10). Für den Nachweis der Gebrauchstauglichkeit ist die Wiederkehrdauer mit 10 Jahren vom Auftraggeber vorgegeben. Als Oberleitung ist eine interoperable Bauart mit einem Fahrdraht AC-100–Cu mit 12 mm Durchmesser vorgesehen. Der Staudruckbeiwert beträgt $C_\mathrm{C} = 1{,}2$. Gesucht ist die längenbezogene Windlast für den Fahrdraht bis zur Höhe $h_\mathrm{G} = 7\,\mathrm{m}$.

Der Bemessungsstaudruck für den Nachweis der Gebrauchstauglichkeit mit 10 Jahren Wiederkehrdauer ergibt sich nach Gleichung (2.4) bis $h_\mathrm{G} = 7\,\mathrm{m}$ Höhe über dem Gelände zu

$$q_\mathrm{h} = 1{,}5 \cdot q_\mathrm{b} = 1{,}5 \cdot 260 = 390\,\mathrm{N/m^2} \quad .$$

Das Ergebnis $q_\mathrm{h} = 390\,\mathrm{N/m^2}$ findet sich als braun markierter Wert in Tabelle 4.10. Die Windlast F'_W für den Fahrdraht in der Windzone W1 folgt aus Gleichung (4.118) zu

$$F'_\mathrm{W} = q_\mathrm{h} \cdot G_\mathrm{C} \cdot C_\mathrm{C} \cdot d = 390 \cdot 1{,}0 \cdot 1{,}2 \cdot 0{,}012 = 5{,}62\,\mathrm{N/m} \quad .$$

Das Ergebnis $F'_\mathrm{W} = 5{,}62\,\mathrm{N/m}$ ist in der Tabelle 4.10 als rot markierter Wert gekennzeichnet. Die Tabelle 4.10 enthält längenbezogene Windlasten für Oberleitungsbauteile nach dem Beispiel 4.29.

Zur Berücksichtigung des Einflusses der Klemmen, Hänger, Y-Beiseile usw. sind die Werte $F'_\mathrm{W} = 5{,}62\,\mathrm{N/m}$ in der Tabelle 4.10 mit 1,15 zu multiplizieren. So ergibt sich für AC-100 $F'_\mathrm{W} = 5{,}62\,\mathrm{N/m} \cdot 1{,}15 = 6{,}46\,\mathrm{N/m}$ und für AC-120 $F'_\mathrm{W} = 5{,}66\,\mathrm{N/m} \cdot 1{,}15 = 6{,}51\,\mathrm{N/m}$.

In den folgenden Beispielen finden die Werte aus Beispiel 4.29 Verwendung.
Wegen der nach Abschnitt 2.4.2.8 bestehenden Schwierigkeiten bei der Anwendung der Werte nach DIN EN 50 119, Beiblatt 1, Ergänzung zum Abschnitt 6.2.4.1, wird die Anwendung der Vorgaben aus DIN EN 1991-1-4/NA:2010-12 für den Nachweis der Gebrauchstauglichkeit und Festigkeitsbemessung empfohlen. Damit kann auch der Fahrleitungsbau die Windnormen des allgemeinen Bauwesens in Deutschland nutzen. Die in DIN EN 1991-1-4/NA und DIN EN 50 341-3-4 übereinstimmend aufgeführten Windlasten basieren auf Daten aus meteorologischen Beobachtungen des Deutschen Wetterdienstes (DWD).

In der Tabelle 4.10 sind die Basisstaudrücke q_b nach Gleichungen (2.1) und (2.2) und die Bemessungsstaudrücke nach Beispiel 4.29 bis 7 m Höhe für 10 Jahre Wiederkehrdauer berechnet, die aus DIN EN 1991-3-4/NA:2010-12 abgeleitet wurden.

In der Tabelle 4.10 sind Windlasten auf Komponenten der Oberleitung angegeben für geringe (W1), normale (W2), hohe (W3) und besondere Windbedingungen (W4) nach

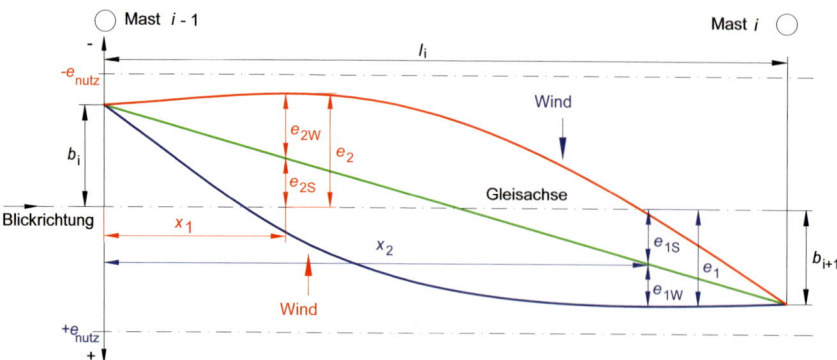

Bild 4.29: Auslenkung eines Fahrdrahts bei Wind mit Seitenverschiebung im geraden Gleis.

DIN EN 1991-1-4/NA:2010-12, wobei zehn Jahre Wiederkehrdauer angesetzt wurde, wie für den Nachweis der Gebrauchstauglichkeit empfohlen.
Die in Tabelle 4.10 aufgeführten Windlasten für den Nachweis der Gebrauchstauglichkeit basieren auf der Berechnung nach Beispiel 4.29 und auf den Annahmen
- Höhe über NN mit $H_{NN} = 0$ m,
- Oberleitungshöhe bis $h_G = 7{,}0$ m über dem Gelände,
- Wiederkehrdauer zehn Jahre,
- offenes Gelände.

Die in der Tabelle 4.10 aufgeführten Windlasten auf Kettenwerke wurden durch Addieren der Windlasten auf die Hauptkomponenten und der Multiplikation des Ergebnisses mit 1,15 zur Berücksichtigung des Einflusses der Klemmen, Hänger, Y-Beiseile usw. ermittelt.

4.9.2 Auslenkung in der Geraden

Im Koordinatensystem (Bild 4.29) ist die Fahrdrahtseitenlage rechts der Gleisachse in Richtung aufsteigender Mastnummern gesehen positiv definiert. Ohne Windeinwirkung wird die Lage des Fahrdrahts beschrieben durch

$$e_S(x) = (b_i - b_{i-1})\, x/l_i + b_{i-1} \quad . \tag{4.119}$$

Die vom Wind auf die Drähte und Leiter eines Kettenwerks ausgeübte Kraft lenkt diese horizontal aus. Diese Auslenkung ist der Windlast direkt proportional und umgekehrt proportional zur Horizontalzugkraft im Leiter. Die akzeptable *Auslenkung* (Abtrieb) der Fahrdrähte ist durch den Arbeitsbereich der Stromabnehmer beschränkt. Die Auslegung des Längskettenwerks muss sicherstellen, dass im Betrieb die maximale Auslenkung kleiner der nutzbaren Fahrdrahtseitenlage bleibt, siehe Abschnitt 4.8. Die Windlast auf Leiter ist nach Abschnitt 4.9.1 zu bestimmen. Ähnlich der Beziehung (4.52) wird die Auslenkung eines einfachen Drahtes durch Wind, z. B. des Fahrdrahts einer Einfachoberleitung am Punkt x im Abstand vom Bezugsstützpunkt, wie in Bild 4.29 gezeigt, beschrieben durch

4.9 Fahrdrahtauslenkung unter Wind

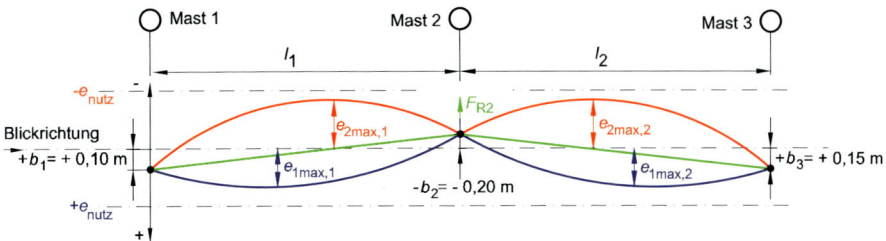

Bild 4.30: Windabtrieb im geraden Gleis für Beispiel 4.30.

$$e_W(x) = \pm F'_W \cdot x \, (l_i - x)/(2\,H) \quad . \tag{4.120}$$

Die *Seitenlage bei Windwirkung* entsteht also durch Überlagern der beiden Einflussfaktoren $e_W(x)$ und $e_S(x)$ aus der Leiterverlegung.
Die vollständige Gleichung zur Beschreibung der seitlichen Lage bei Wind ist damit

$$\begin{aligned} e = e_S + e_W &= [\pm F'_W\, x/(2\,H) + (b_{i-1} - b_i)/l_i] \cdot (l_i - x) + b_i \\ &= [\pm F'_W(l_i - x)/(2\,H) + (b_i - b_{i-1})/l_i] \cdot x + b_{i-1} \quad . \end{aligned} \tag{4.121}$$

Durch Differenzieren und Null setzen erhält man daraus die Stelle der *größten Seitenlage*:

$$x_{max} = l_i/2 + (b_i - b_{i-1}) \cdot H/(\pm F'_W \cdot l_i) \quad . \tag{4.122}$$

Die *größte Auslenkung unter Wind* beträgt damit

$$e_{max} = \pm F'_W\, l_i^2 / (8\,H) + (b_{i-1} - b_i)^2 \cdot H \big/ (\pm 2 \cdot F'_W\, l_i^2) + (b_{i-1} + b_i)/2 \quad . \tag{4.123}$$

Die Gleichung (4.123) gilt, wenn der Windlastbelag F'_W größer ist als $2\,|b_{i-1} - b_i|\,H/l_i^2$. Wenn dies nicht der Fall ist, liegt das mathematische Maximum der Auslenkung unter Wind außerhalb des betrachteten Feldes. Bei dem in der Praxis häufig anzutreffenden Fall $b_{i-1} = -b$ und $b_i = +b$ gilt auf geraden Strecken

$$e_{max} = \pm F'_W\, l^2/(8\,H) + 2\,H\,b^2/(\pm F'_W\, l^2) \quad . \tag{4.124}$$

Beispiel 4.30: Windabtrieb in Gleisgeraden nach Bild 4.30

Im geraden Gleisabschnitt ist die maximale Fahrdrahtseitenlage e_{max} infolge Wind gesucht. Es sollen bei der Berechnung der Windlast die Hänger, Klemmen und Y-Beiseile Berücksichtigung finden. Gegebene Daten:

- Spannweitenlänge $\quad l_1 = l_2 = 70\,\text{m}$,
- Systemhöhe $\quad h_{SH} = 1{,}6\,\text{m}$,
- Fahrdrahttyp und Durchmesser $\quad$ AC-120, $d = 0{,}0132\,\text{m}$,
- Windzone $\quad$ W1,
- Höhe der Oberleitung über dem Gelände $\quad h_G = 6\,\text{m}$,
- Wahrscheinlichkeit für die Wiederkehrdauer des Windes $\quad$ zehn Jahre,
- Fahrdrahtzugkraft H_{FD} $\quad$ 27 kN,

– Fahrdrahtseitenlage
$$b_1 = +0{,}10\,\text{m},$$
$$b_2 = -0{,}20\,\text{m},$$
$$b_3 = +0{,}15\,\text{m}.$$

Gesuchte Daten: Radialkraft F_{R2} am Stützpunkt 2, Windlast $F'_{w\,FD}$ und maximale Fahrdrahtseitenlagen $e_{1\,\text{max}\,1}$, $e_{2\,\text{max}\,1}$, $e_{1\,\text{max}\,2}$ und $e_{2\,\text{max}\,2}$ infolge Wind.

– Berechnung der Windlast F'_{wFD}:

Die Windlast $F'_{w\,FD}$ wird aus der Gleichung (4.118) berechnet

$$F'_{w\,FD} = q_h \cdot G_c \cdot C_c \cdot d \quad,$$

wobei

$$G_C = 1{,}0 \text{ und } C_G = 1{,}1 \text{ wegen } 12{,}5 < d < 15{,}8$$

und nach Gleichung (2.4) ergibt sich mit $q_{b\,0,10} = 320 \cdot (0{,}902)^2 = 260\,\text{N/m}^2$

$$q_h = 1{,}5 \cdot q_{b\,0,10} = 1{,}5 \cdot 260 = 390\,\text{N/m}^2 \quad.$$

Es wird erhalten

$$F'_{wFD} = 390 \cdot 1{,}0 \cdot 1{,}1 \cdot 0{,}0132 = 5{,}66\,\text{N/m} \quad.$$

Um den Einfluss der Klemmen, Hänger und Y-Beiseile usw. zu berücksichtigen, wird das Ergebnis mit 1,15 multipliziert. So ergibt sich die Windlast auf den Fahrdraht F'_{wFD} zu

$$F'_{wFD} = 5{,}66 \cdot 1{,}15 = 6{,}51\,\text{N/m} \quad.$$

Die Berechnung von F'_{wTS} ist nicht erforderlich.

– Berechnung der Radialkraft F_{R2} am Stützpunkt 2:

Für die Radialkraft F_{R2} am Stützpunkt 2 mit unterschiedlichen Seitenverschiebungen $b_1 \neq b_2 \neq b_3$ gilt nach Gleichung (4.73)

$$F_{R2} = H_{FD} \cdot [(b_1 - b_2)/l_1 + (b_3 - b_2)/l_2] \quad,$$

$$\begin{aligned}F_{R2} &= 27\,000 \cdot \{[(+0{,}10) - (-0{,}20)]/70 + [(+0{,}15)\\ &\quad - (-0{,}20)]/70\} + 27\,000 \cdot (70+70) \cdot 0 = 251\,\text{N} \quad.\end{aligned}$$

– Berechnung der Fahrdrahtauslenkungen $e_{1\,\text{max}\,1}$, $e_{2\,\text{max}\,1}$, $e_{1\,\text{max}\,2}$ und $e_{2\,\text{max}\,2}$:

Nach Gleichung (4.123) folgen im Feld l_1 zwischen Mast 1–Mast 2 für $e_{1\,\text{max}\,1}$ und $e_{2\,\text{max}\,1}$ und positiver Windlast F'_W

$$\begin{aligned}e_{1\,\text{max}\,1} &= +6{,}51 \cdot 70^2/(8 \cdot 27\,000) + [(+0{,}1) + (-0{,}2)]/2\\ &\quad + [(-0{,}2) - (+0{,}1)]^2 \cdot 27\,000/[2 \cdot 70^2 \cdot (+6{,}51)]\\ &= +0{,}148 - 0{,}050 + 0{,}038 = 0{,}136\,\text{m}\end{aligned}$$

und negativer Windlast F'_W

$$\begin{aligned} e_{2\max 1} &= -6{,}51 \cdot 70^2/(8 \cdot 27\,000) + [(-0{,}2) + (+0{,}1)]/2 \\ &\quad + [(-0{,}2) - (+0{,}1)]^2 \cdot 27\,000/[2 \cdot 70^2 \cdot (-6{,}51)] \\ &= -0{,}148 - 0{,}050 - 0{,}038 = -0{,}236\,\mathrm{m} \quad . \end{aligned}$$

Aus (4.123) werden $e_{1\max,2}$ und $e_{2\max,2}$ im Feld l_2 erhalten

$$\begin{aligned} e_{1\max 2} &= +6{,}51 \cdot 70^2/(8 \cdot 27\,000) + [(-0{,}2) + (+0{,}15)]/2 \\ &\quad + [(+0{,}15) - (-0{,}2)]^2 \cdot 27\,000/[2 \cdot 70^2 \cdot (+6{,}51)] \\ &= +0{,}148 - 0{,}025 + 0{,}052 = +0{,}175\,\mathrm{m} \quad , \end{aligned}$$

$$\begin{aligned} e_{2\max 2} &= -6{,}51 \cdot 70^2/(8 \cdot 27\,000) + [(+0{,}15) + (-0{,}2)]/2 \\ &\quad + [(+0{,}15) - (-0{,}2)]^2 \cdot 27\,000/[2 \cdot 70^2 \cdot (-6{,}51)] \\ &= -0{,}148 - 0{,}025 - 0{,}052 = -0{,}225\,\mathrm{m} \quad . \end{aligned}$$

Die berechneten Fahrdrahtauslenkungen $e_{\max}$ infolge Wind im Feld 1 und Feld 2 sind dem Bild 4.30 zu entnehmen.

Die Berechnung der Fahrdrahtauslenkung $e_{1\max}$ bzw. $e_{2\max}$ infolge Wind im geraden Gleis lässt sich auch nach den Gleichungen (4.137) und (4.141) für den Gleisbogen vornehmen, wenn die Krümmung $1/R \sim 0$ mit $R = 10^6$ m als hinreichend klein angenommen wird.

4.9.3 Fahrdrahtseitenlage und Windabtrieb in Gleisbögen

4.9.3.1 Fahrleitungsseitenlage ohne Wind

Im Gleisbogen muss die *Fahrdrahtseitenlage* relativ zur Senkrechten auf die Gleismittelachse ermittelt werden, da diese Linie auch die Ganglinie der Stromabnehmermitte darstellt. Im (x, e)-Koordinatensystem des Bildes 4.31 ist die Seitenlage des Fahrdrahts $e_{R(x)}$ bei in x-Richtung aufsteigender Streckenkilometrierung auf der rechten Seite positiv und auf der linken Seite negativ. Die Gleisachse ist bei konstantem Gleisradius eine Kreislinie. Die Pfeilhöhe e_K ergibt sich aus

$$R^2 = (R - e_K)^2 + (l_i/2)^2$$

durch Auflösen nach e_K zu

$$e_K = R - \sqrt{R^2 - (l_i/2)^2} = R \cdot \left(1 - \sqrt{1 - [l_i/(2 \cdot R)]^2}\right) \quad . \tag{4.125}$$

Es gilt $\sqrt{1 - \xi_1} \approx 1 - \xi_1/2$ für $\xi \ll 1$. Bei Fahrleitungen ist $[l_i/(2 \cdot R)]^2 \ll 1$. Mit $\xi_1 = [l_i/(2 \cdot R)]^2$ folgt aus (4.125)

$$e_K = R \cdot \left[1 - \left(1 - \frac{1}{2} \cdot \frac{l_i^2}{(2 \cdot R)^2}\right)\right] = \frac{l_i^2}{8 \cdot R} \quad . \tag{4.126}$$

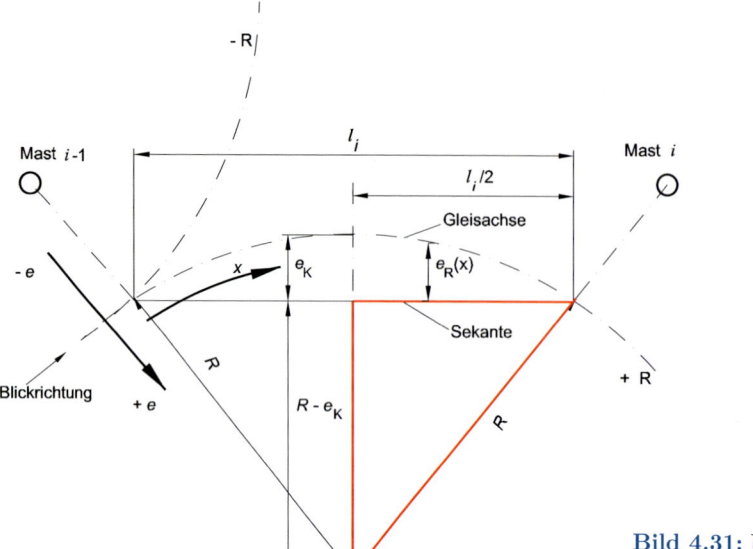

Bild 4.31: Bezeichnungen im Gleisbogen.

Die Kreiskurve wird durch eine Parabel angenähert, für die gilt $e_R(0) = e_R(l_i) = 0$. Die Parabel hat die allgemeine Form

$$e_R(x) = a \cdot x^2 + b \cdot x + c \quad . \tag{4.127}$$

Wegen $e_R(0) = 0$ folgt $c = 0$. Für $e_R(l_i) = 0$ ergibt sich $a \cdot l_i^2 + b \cdot l_i = 0$, also $b = -a \cdot l_i$. Der Koeffizient a ergibt sich aus

$$e_R(l_i/2) = e_K = \frac{l_i^2}{8 \cdot R} = a \cdot \left(\frac{l_i}{2}\right)^2 + b \cdot \frac{l_i}{2} = a \cdot \left(\frac{l_i}{2}\right)^2 - a \cdot \frac{l_i^2}{2} = a \cdot \frac{l_i^2}{4} - a \cdot \frac{l_i^2}{2}$$

zu

$$a = -\frac{1}{2 \cdot R} \quad .$$

Somit folgt für $e_R(x)$ aus (4.127) durch Einsetzen von a, b und c

$$e_R(x) = -\frac{1}{2 \cdot R} \cdot x^2 + \frac{l_i}{2 \cdot R} \cdot x = \frac{x \cdot (l_i - x)}{2 \cdot R} \quad . \tag{4.128}$$

Durch Beachtung des Vorzeichens für den Radius, Rechtsbogen (+) oder Linksbogen (−) im Bild 4.31, erhält man aus (4.128) die Beziehung (4.129) für die Gleisachse im gewählten Koordinatensystem

$$e_R(x) = \frac{x \cdot (l_i - x)}{2 \cdot (\pm R)} \quad . \tag{4.129}$$

4.9 Fahrdrahtauslenkung unter Wind

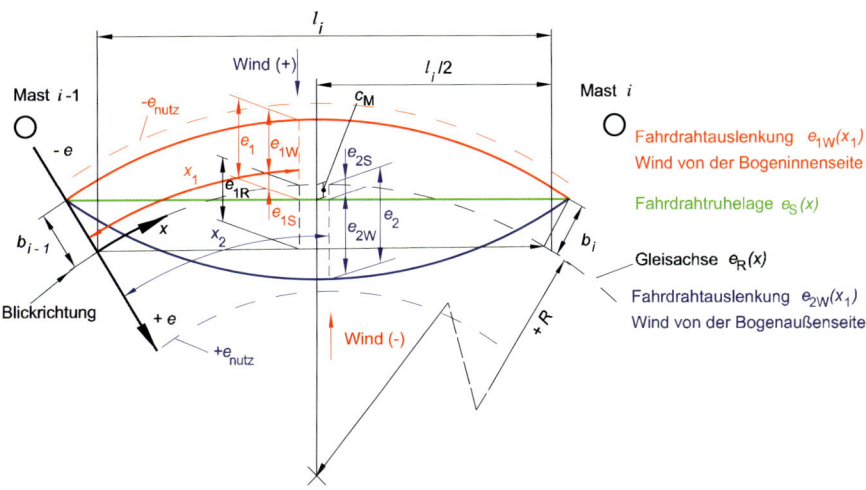

Bild 4.32: Windabtrieb eines Fahrdrahts oder Tragseils im Gleisbogen.

Der Fehler bei dieser Näherung für die Auslenkung e_K beträgt 0,2 % für Bogenradius 180 m und Stützpunktabstand 33,4 m.

Mit den Seitenverschiebungen b_{i-1} und b_i an den Stützpunkten $i-1$ und i folgt die Ruhelage des Fahrdrahts im Koordinatensystem des Bildes 4.32 zu

$$e_{SR}(x) = e_S(x) + e_R(x) = (b_i - b_{i-1}) \cdot x/l_i + b_{i-1} + x \cdot (l_i - x)/(2 \cdot (\pm R)) \quad . \tag{4.130}$$

In Feldmitte bei $x = l_i/2$ folgt die seitliche Fahrdrahtlage c_M zu

$$e_{SR}(l_i/2) = c_M = (b_i + b_{i-1})/2 + l^2/(8 \cdot (\pm R)) \quad . \tag{4.131}$$

Für den Rechtbogen folgt mit $R = +R$, $b_{i-1} = b_i = -b$ und $l_i = l$

$$c_{M+} = -b + l^2/(8 \cdot R) \tag{4.132}$$

und für den Linksbogen mit $R = -R$, $b_{i-1} = b_i = +b$

$$c_{M-} = +b - l^2/(8 \cdot R) \quad . \tag{4.133}$$

Die Seitenverschiebung c_M in Feldmitte, als c-Maß bezeichnet, ist im Rechtssbogen positiv, wenn $l^2/(8\,R) > b$.

4.9.3.2 Fahrdrahtlage mit Wind

Bei der Bestimmung der *Fahrdrahtlage mit Wind* ist zwischen Windabtrieb des Fahrdrahts nach rechts (+) oder links (−) zu unterscheiden (Bild 4.32). Ähnlich den Gleichungen (4.52) und (4.120) ergibt sich die Seitenverschiebung e_W eines Fahrdrahts unter Windeinwirkung zu

$$e_W(x) = \pm F'_W \cdot x \cdot (l_i - x) \big/ (2 \cdot H) \quad . \tag{4.134}$$

Das positive Vorzeichen gilt für Wind nach Bild 4.32 von links, der den Fahrdraht in Blickrichtung gesehen nach rechts (+) abtreibt und das negative Vorzeichen für Wind von rechts, der den Fahrdraht in Blickrichtung gesehen nach links (−) abtreibt. Bezüglich der Gleisachse gilt für die Seitenlage des Fahrdrahts e

$$e(x) = e_{SR} + e_W = e_S(x) + e_R(x) + e_W(x) \quad .$$

Die größte Wirkung tritt für die Fahrdrahtlage bezogen auf die Gleisachse bei Wind von der Bogenaußenseite (+) im Rechtsbogen + (Bilder 4.33 und 4.34) auf:

$$\begin{aligned} e(x) &= e_S(x_1) + e_R(x_1) + e_{1W}(x_1) \\ e(x) &= \frac{(b_i - b_{i-1}) \cdot x}{l_i} + b_{i-1} + \frac{x \cdot (l_i - x)}{2 \cdot R} + \frac{F'_W \cdot x \cdot (l_i - x)}{2 \cdot H} \\ e(x) &= \frac{(b_i - b_{i-1}) \cdot x}{l_i} + b_{i-1} + \frac{x \cdot (l_i - x)}{2} \cdot \left(\frac{1}{R} + \frac{F'_W}{H} \right) \quad . \end{aligned} \quad (4.135)$$

Um den Ort der *maximalen Seitenlage* zu bestimmen, wird die Ableitung der Gleichung (4.135) gebildet und $de(x)/dx = 0$ gesetzt. Daraus folgt

$$x_{1\max} = \frac{l_i}{2} + \frac{b_i - b_{i-1}}{l_i \cdot (1/R + F'_W/H)} \quad , \tag{4.136}$$

woraus sich die maximale Seitenverschiebung des Fahrdrahts unter Wind von der Bogenaußenseite ergibt zu

$$e_{1\max} = \frac{l_i^2}{8} \cdot \left(\frac{1}{R} + \frac{F'_W}{H} \right) + \frac{(b_i + b_{i-1})}{2} + \frac{(b_i - b_{i-1})^2}{2 \cdot l_i^2 \cdot (1/R + + F'_W/H)} \quad . \tag{4.137}$$

Für den Fall $b_{i-1} = b_i = -b$ und folgt unter Betrachtung der Vorzeichen daraus

$$e_{1\max} = \frac{l_i^2}{8} \cdot \left(\frac{1}{R} + \frac{F'_W}{H} \right) \quad . \tag{4.138}$$

Der Wind von der Bogeninnenseite beim Rechtsbogen (+) treibt den Fahrdraht nach bogenaußen (−) ab (Bilder 4.33 und 4.34) mit

$$\begin{aligned} e_2(x) &= e_S(x_2) + e_R(x_2) + e_{1W}(x_2) \\ e_2(x) &= \frac{(b_i - b_{i-1}) \cdot x}{l_i} + b_{i-1} + \frac{x \cdot (l_i - x)}{2 \cdot R} - \frac{F'_W \cdot x \cdot (l_i - x)/H}{2 \cdot H} \quad . \end{aligned} \tag{4.139}$$

Die *maximale Seitenlage* wird erhalten zu

$$x_{2\max} = \frac{l_i}{2} + \frac{b_i - b_{i-1}}{l_i \cdot (1/R - F'_W/H)} \quad , \tag{4.140}$$

woraus die maximale Seitenverschiebung des Fahrdrahts unter Windeinfluss folgt

$$e_{2\max} = \frac{l_i^2}{8} \left(\frac{1}{R} - \frac{F'_W}{H} \right) + \frac{b_i + b_{i-1}}{2} + \frac{(b_i - b_{i-1})^2}{2 \cdot l_i^2 \cdot (1/R - F'_W/H)} \quad . \tag{4.141}$$

4.9 Fahrdrahtauslenkung unter Wind

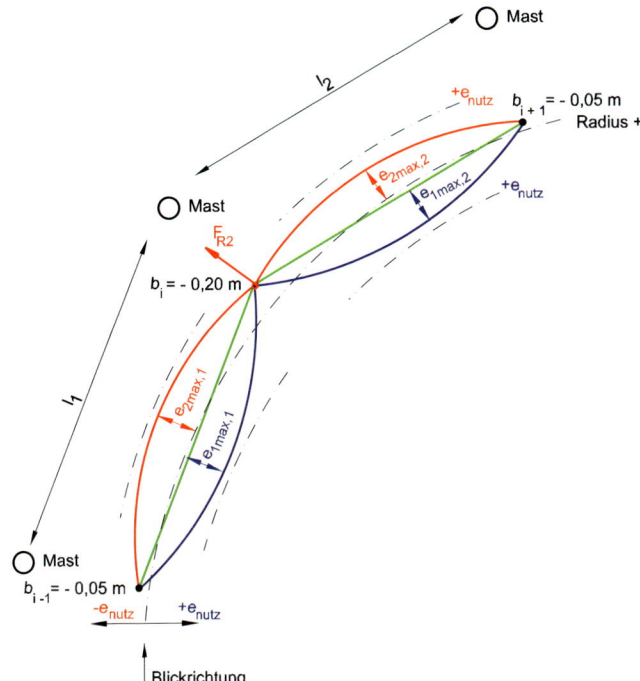

Bild 4.33: Windabtrieb in Rechtsbögen.

Für den häufigen Fall mit $b_{i-1} = b_i = -b$ im Rechtsbogen, ergibt sich aus (4.141)

$$e_{2\,\max} = \frac{l^2}{8} \cdot \left(\frac{1}{R} - \frac{F'_W}{H} \right) - b \quad . \tag{4.142}$$

Wenn R gegen ∞ geht, wird die Gleichung (4.141) in die Gleichung (4.123) übergeführt. Die folgenden Beispiele zeigen die Berechnung der Radialkräfte des Fahrdrahts am Stützpunkt im Gleisbogen und dessen Auslenkung durch Wind.

Beispiel 4.31: Windabtrieb in Rechtsbögen nach Bild 4.33

Gegebene Daten:
$R = +3\,400\,\text{m}$, Fahrdraht AC-120, $H_{\text{FD}} = 27\,\text{kN}$, $l_1 = l_2 = 70\,\text{m}$, $b_1 = -0{,}05\,\text{m}$, $b_2 = -0{,}20\,\text{m}$, $b_3 = -0{,}05\,\text{m}$ und F'_W nach Tabelle 4.10 multipliziert mit 1,15 zur Berücksichtigung der Klemmen $F'_W = +6{,}51\,\text{N/m}$.

Gesuchte Daten:
F_{R2}, $e_{1\,\max 1}$, $e_{2\,\max 1}$, $e_{1\,\max 2}$ und $e_{2\,\max 2}$.

Berechnung der Radialkraft F_{R2} am Stützpunkt i mit unterschiedlichen Seitenverschiebungen $b_0 \neq b_1 \neq b_2$

$$F_{R2} = H_{\text{FD}} \cdot \left[\frac{b_1 - b_2}{l_1} + \frac{b_3 - b_2}{l_2} \right] + H_{\text{FD}} \cdot \left[\frac{l_1 + l_2}{2 \cdot R} \right]$$

$$F_{H2} = 27\,000 \cdot \left[\frac{(-0{,}05)-(-0{,}2)}{70} + \frac{(-0{,}05)-(-0{,}2)}{70}\right] + 27\,000 \cdot \left[\frac{70+70}{2\cdot 3400}\right]$$
$$= 27\,000 \cdot 0{,}0043 + 27\,000 \cdot 0{,}0206 = +672\,\text{N} \quad .$$

Berechnung von $e_{1\,\text{max}\,1}$, $e_{2\,\text{max}\,1}$, $e_{1\,\text{max}\,2}$ und $e_{2\,\text{max}\,2}$ in den Spannweiten l_1 und l_2: In der Spannweite l_1 folgt

$$e_{1\,\text{max}\,1} = \left(\frac{1}{3\,400} + \frac{6{,}51}{27\,000}\right) \cdot \frac{70^2}{8} + \frac{(-0{,}05)+(-0{,}2)}{2} + \frac{[(-0{,}2)-(-0{,}05)]^2}{2\cdot 70^2 \cdot (1/3\,400 + 6{,}51/27\,000)}$$

$$= 0{,}328 - 0{,}125 + 0{,}003 = +0{,}206\,\text{m} \quad .$$

Die Lage für die maximale Seitenverschiebung folgt aus

$$x_{1\,\text{max}\,1} = \frac{70}{2} + \frac{(-0{,}20)-(-0{,}05)}{70\cdot(1/3\,400 + 1/27\,000)} = 31{,}00\,\text{m} \quad .$$

In der Spannweite l_1 mit Wind von bogeninnen, $R = +3\,400\,\text{m}$ und $F'_W = -6{,}51\,\text{N/m}$ folgt

$$e_{2\,\text{max}\,1} = \left(\frac{1}{3\,400} - \frac{6{,}51}{27\,000}\right) \cdot \frac{70^2}{8} + \frac{(-0{,}2)+(-0{,}05)}{2} + \frac{[(-0{,}2)-(-0{,}05)]^2}{2\cdot 70^2 \cdot (1/3\,400 - 6{,}51/27\,000)}$$

$$= 0{,}032 - 0{,}125 + 0{,}043 = -0{,}050\,\text{m} \quad .$$

Das negative Vorzeichen von $e_{2\,\text{max}\,1}$ bedeutet, dass $e_{2\,\text{max}\,1}$ in Bezug zur Gleisachse auf der negativen Seite in Blickrichtung gesehen liegt (siehe Bild 4.33). Für die Lage der maximalen Seitenverschiebung folgt $x_{2\,\text{max}\,1} = -5{,}4\,\text{m}$. Das Maximum liegt nicht in der Spannweite l_1, sondern in der vorhergehenden Spannweite l_0. In der Spannweite l_2 mit Wind von bogenaußen, $R = +3\,400\,\text{m}$ und $F'_W = +6{,}51\,\text{N/m}$ folgt

$$e_{1\,\text{max}\,2} = \left(\frac{1}{3\,400} + \frac{6{,}51}{27\,000}\right) \cdot \frac{70^2}{8} + \frac{(-0{,}2)+(-0{,}05)}{2} + \frac{[(-0{,}05)-(-0{,}2)]^2}{2\cdot 70^2 \cdot (1/3\,400 + 6{,}51/27\,000)}$$

$$= +0{,}328 - 0{,}125 + 0{,}003\,\text{m} = +0{,}206 \quad .$$

Für die Lage der maximalen Seitenverschiebung folgt $x_{1\,\text{max}\,2} = 39{,}00\,\text{m}$. Das Maximum liegt in der Spannweite l_2. In der Spannweite l_2 mit Wind von bogeninnen, $R = +3\,400\,\text{m}$ und $F'_W = -6{,}51\,\text{N/m}$ folgt

$$e_{2\,\text{max}\,2} = \left(\frac{1}{3\,400} - \frac{6{,}51}{27\,000}\right) \cdot \frac{70^2}{8} + \frac{(-0{,}05)+(-0{,}2)}{2} + \frac{[(-0{,}05)-(-0{,}2)]^2}{2\cdot 70^2 \cdot (1/3\,400 - 6{,}51/27\,000)}$$

$$= 0{,}032 - 0{,}125 + 0{,}043 = -0{,}050\,\text{m} \quad .$$

Das Ergebnis bedeutet, das $e_{2\,\text{max}\,2}$ in Bezug zur Gleisachse auf der negativen Seite liegt (siehe Bild 4.33). Für die Lage der maximalen Seitenverschiebung folgt $x_{2\,\text{max}\,2} = 75{,}4\,\text{m}$. Das mathematische Maximum liegt nicht in der Spannweite l_2, sondern in der angrenzenden Spannweite l_3.

4.9 Fahrdrahtauslenkung unter Wind

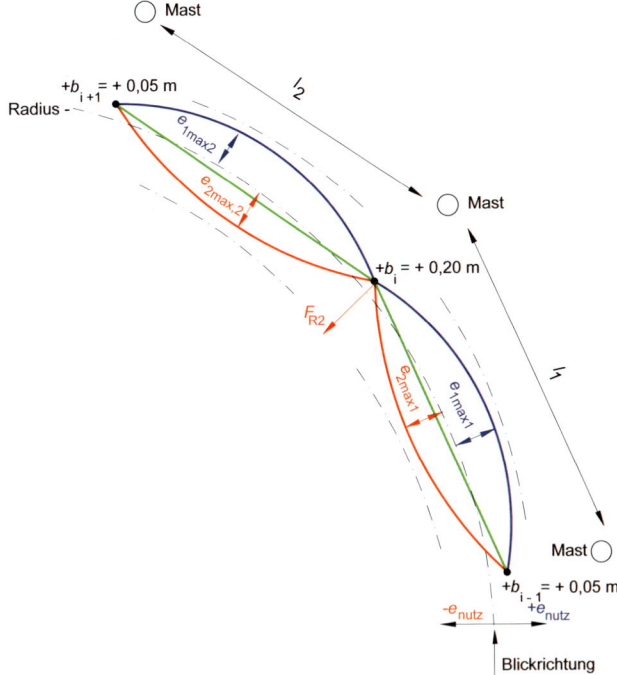

Bild 4.34: Windabtrieb in Linksbögen.

Beispiel 4.32: Windabtrieb in Linksbögen (Bild 4.34)

Gegebene Daten:
AC-120 Fahrdraht, $H_{\text{FD}} = 27\,\text{kN}$, $R = -3\,400\,\text{m}$, $l_1 = 70\,\text{m}$, $l_2 = 70\,\text{m}$, $b_1 = -0{,}05\,\text{m}$, $b_2 = -0{,}20\,\text{m}$, $b_3 = -0{,}05\,\text{m}$, $e_{\text{nutz}} = 0{,}40\,\text{m}$ und F'_{W} nach Tabelle 4.10 multipliziert mit 1,15 zur Berücksichtigung der Klemmen $F'_{\text{W}} = +6{,}51\,\text{N/m}$.

Gesuchte Daten: $e_{1\,\text{max}\,1}$, $e_{2\,\text{max}\,1}$, $e_{1\,\text{max}\,2}$ und $e_{2\,\text{max}\,2}$.

Berechnung der Radialkraft F_{R2} am Stützpunkt 2 mit unterschiedlichen Seitenverschiebungen $b_1 \neq b_2 \neq b_3$:

$$F_{\text{R2}} = H_{\text{FD}} \cdot \left(\frac{b_1 - b_2}{l_1} + \frac{b_3 - b_2}{l_2} \right) - H_{\text{FD}} \cdot \left(\frac{l_1 + l_2}{2 \cdot R} \right)$$

$$F_{\text{R2}} = 27\,000 \cdot \left(\frac{0{,}05 - 0{,}2}{70} + \frac{0{,}05 - 0{,}2}{70} \right) - 27\,000 \cdot \left[\frac{70 + 70}{2 \cdot (-3\,400)} \right]$$

$$= 27\,000 \cdot (-0{,}0043) + 27\,000 \cdot (-0{,}0206) = -672\,\text{N} \quad .$$

Berechnung von $e_{1\,\text{max}\,1}$, $e_{2\,\text{max}\,1}$, $e_{1\,\text{max}\,2}$ und $e_{2\,\text{max}\,2}$ in den Spannweiten l_1 und l_2: In der Spannweite l_1 mit Wind von bogeninnen, $R = -3\,400\,\text{m}$ und $F'_{\text{W}} = +6{,}51\,\text{N/m}$ ergibt sich

$$e_{1\,\text{max}\,1} = \left(\frac{1}{-3\,400} + \frac{6{,}51}{27\,000} \right) \cdot \frac{70^2}{8} + \frac{0{,}2 + 0{,}05}{2} + \frac{[0{,}2 - 0{,}05]^2}{2 \cdot 70^2 \cdot [1/(-3\,400) + 6{,}51/27\,000]}$$

$$= -0{,}032 + 0{,}125 - 0{,}043 = +0{,}050\,\text{m} \quad .$$

In der Spannweite l_1 mit Wind von bogenaußen, $R = -3\,400\,\text{m}$ und $F'_W = -6{,}51\,\text{N/m}$ folgt

$$e_{2\max 1} = \left[\frac{1}{-3\,400} - \frac{6{,}51}{27\,000}\right] \cdot \frac{70^2}{8} + \frac{0{,}05 + 0{,}2}{2} + \frac{[0{,}2 - 0{,}05]^2}{2 \cdot 70^2 \cdot [1/(-3\,400) - 6{,}51/27\,000]}$$

$$= -0{,}328 + 0{,}125 - 0{,}003 = -0{,}206\,\text{m} \quad .$$

In der Spannweite l_2 mit Wind von bogeninnen, $R = -3\,400\,\text{m}$ und $F'_W = +6{,}51\,\text{N/m}$ folgt

$$e_{1\max 2} = \left[\frac{1}{-3\,400} + \frac{6{,}51}{27\,000}\right] \cdot \frac{70^2}{8} + \frac{0{,}05 + 0{,}2}{2} + \frac{[0{,}05 - 0{,}2]^2}{2 \cdot 70^2 \cdot [1/(-3\,400) + 6{,}51/27\,000]}$$

$$= -0{,}032 + 0{,}125 - 0{,}043 = +0{,}050\,\text{m} \quad .$$

In der Spannweite l_2 mit Wind von bogenaußen, $R = -3\,400\,\text{m}$ und $F'_W = -6{,}51\,\text{N/m}$ folgt

$$e_{2\max 2} = \left[\frac{1}{-3\,400} - \frac{6{,}51}{27\,000}\right] \cdot \frac{70^2}{8} + \frac{0{,}2 + 0{,}05}{2} + \frac{[0{,}05 - 0{,}2]^2}{2 \cdot 70^2 \cdot [1/(-3\,400) - 6{,}51/27\,000]}$$

$$= -0{,}328 + 0{,}125 - 0{,}003 = -0{,}206\,\text{m} \quad .$$

4.9.4 Fahrdrahtseitenlage in Übergangsbögen

4.9.4.1 Fahrdrahtseitenlage ohne Wind

Übergangsbögen verbinden Gleisgeraden und Gleisbögen sowie Gleisbögen mit unterschiedlichen Radien. Die Übergangsbögen mit linear zunehmender Krümmung gewährleisten einen ruckfreien Übergang zwischen diesen Abschnitten. Die Abfolge eines typischen Streckenabschnitts zeigt Bild 4.35.
Mathematisch bildet eine Kurve mit linear zunehmender Krümmung eine *Klothoide*, die sich durch eine kubische Parabel annähern lässt und deren zweite Ableitung die Krümmung ergibt

$$e''_{\text{Ü}}(x) = c \cdot x + b \quad . \tag{4.143}$$

Mit $1/R_{i-1}$, als Krümmung am Stützpunkt P_{i-1} mit $x = 0$, und $b = 1/R_i$, als die Krümmung am Stützpunkt P_i mit $x = l_i$, wird erhalten

$$c = (1/l_\text{i}) \cdot (1/R_i - 1/R_{i-1}) \quad .$$

Die Integration der zweiten Ableitung $e''_{\text{Ü}}$ ergibt die erste Ableitung

$$e'_{\text{Ü}}(x) = c \cdot x^2/2 + b \cdot x + d \quad . \tag{4.144}$$

4.9 Fahrdrahtauslenkung unter Wind

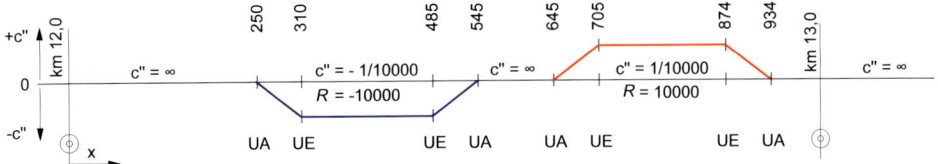

Bild 4.35: Gleisradien als Krümmung dargestellt in einem typischen Streckenabschnitt der Hochgeschwindigkeitsstrecke Köln–Aachen.
e'' Krümmung, R Radius, UA Übergangsbogenanfang, UE Übergangsbogenende

Die Integration von $e'_{\ddot{U}}$ führt zur kubischen Parabel

$$e_{\ddot{U}}(x) = (1/6) \cdot c \cdot x^3 + (1/2) \cdot b \cdot x^2 + d \cdot x + e \quad , \tag{4.145}$$

wie sie bei Bahnen zur mathematischen Darstellung der Gleisachse in Übergangsbögen verwendet wird. Weil die Koordinate und die erste Ableitung für $x=0$ am Bogenanfang gleich Null sind, ergeben sich die Integrationskonstanten d und e zu Null. Somit werden erhalten

$$e_{\ddot{U}\,Gl} = (1/6) \cdot c \cdot x^3 + (1/2) \cdot b \cdot x^2 \quad \text{und} \tag{4.146}$$

$$e'_{\ddot{U}\,Gl}(x) = c \cdot x^2/2 + b \cdot x \quad . \tag{4.147}$$

Mit $b = 1/R_{i-1}$ und $c = (1/l_i) \cdot (1/R_i - 1/R_{i-1})$ nach Gleichung (4.143) ergibt sich

$$e_{\ddot{U}\,Gl}(x) = \frac{x^3}{6 \cdot l_i} \cdot \left(\frac{1}{R_i} - \frac{1}{R_{i-1}} \right) + \frac{x^2}{2 \cdot R_{i-1}} \quad , \tag{4.148}$$

wobei in Gleichung (4.148) und Bild 4.36 gelten

$e_{\ddot{U}\,Gl}(x)$ Gleisachse im Übergangsbogen als Funktion der Laufvariablen x,
l_i Spannweitenlänge im betrachteten Feld in m,
R_{i-1} Radius am Stützpunkt P_{i-1} in m,
R_i Radius am Stützpunkt P_i in m und
x Laufvariable mit $x=0$ am Stützpunkt P_{i-1}.

An der Stelle $x = l_i$ hat die Koordinate der Gleisachse den Wert

$$e_{\ddot{U}\,Gl}(l_i) = \pm \frac{l_i^2}{6} \cdot \left(\frac{1}{R_i} - \frac{1}{R_{i-1}} \right) + \frac{l_i^2}{2 \cdot R_{i-1}} = \frac{l_i^2}{6} \cdot \left(\frac{1}{R_i} + \frac{2}{R_{i-1}} \right) \quad , \tag{4.149}$$

woraus die Sekantengleichung folgt mit

$$e_{\ddot{U}\,Sk} = \pm \frac{l_i \cdot x}{6} \cdot \left(\frac{1}{R_i} + \frac{2}{R_{i-1}} \right) \quad . \tag{4.150}$$

Das Bild 4.36 zeigt die Gerade $e_{\ddot{U}\,Sk}$ als Sekante zwischen dem Radius R_{i-1} am Stützpunkt P_{i-1} und dem Radius R_i am Stützpunkt P_i.

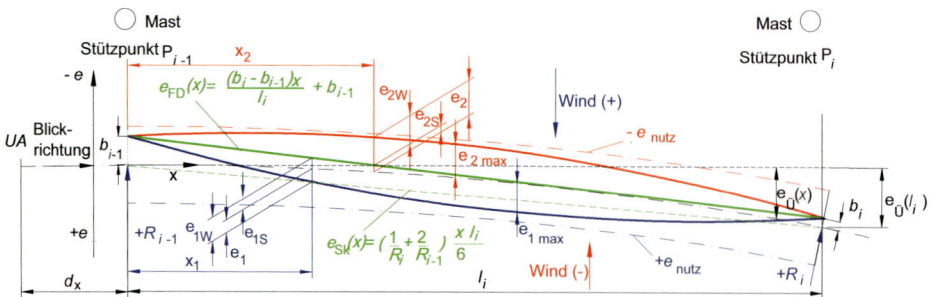

Bild 4.36: Windabtrieb in einem Übergangsbogen für den Fall B im Bild 4.37.
R_{i-1} und R_i Radien an den Stützpunkten P_{i-1} und P_i mit der Seitenverschiebung b_{i-1} bzw. b_i, d Abstand zwischen dem Anfang des Übergangsbogens UA und dem Stützpunkt P_{i-1} (Bild 4.37, Fall B, l_i Spannweite i)

Die Koordinate der Gleisachse an der Stelle $x = l_i$ ist in Rechtsbögen positiv $(+)$ und in Linksbögen negativ $(-)$, d. h. die Sekante ist in Rechtsbögen rechts der x-Achse und in Linksbögen links der x-Achse, wobei die Radien positive bzw. negative Werte annehmen (Bild 4.36).

Bild 4.37 zeigt drei Fälle für die Lage von Spannfeldern in Übergangsbögen. Im Fall B liegt das Feld vollständig innerhalb des Übergangsbogens. Die folgenden Berechnungen behandeln diesen Fall B. Für die Fälle A und C ist die Gleisachse abschnittsweise zu beschreiben, wobei die Verbindungslinie zwischen den Gleismitten an den Stützpunkten als Bezugslinie verwendet wird. Dabei werden ideelle Stützpunkte bei UA und UE angenommen.

Zur Festlegung des Übergangsbogens in einem Spannfeld ist es notwendig, den Abstand d vom Anfang des Übergangsbogens UA bis zum Stützpunkt P_{i-1} zu kennen (siehe Bild 4.36 und Bild 4.37 Fall B). Die Gleichung (4.143) stellt den Zusammenhang mit den Radien R_{i-1} und R_i her zu

$$\frac{1}{R_{i-1}} = e''_T(d) \quad \text{und} \quad \frac{1}{R_i} = e''_T(d + l_i) \quad . \tag{4.151}$$

Im Übergangsbogen ist die Fahrdrahtruhelage $e_{\text{Ü}}$ ohne Wind die Verbindungslinie zwischen den Punkten $P_{i-1}(0; b_{i-1})$ und $P_i(l_i; e_{\text{ü}\,GL}(l_i) + b_i)$, wobei b_{i-1} bzw. b_i die Seitenverschiebungen am Stützpunkt P_{i-1} und P_i darstellen.

Die Gleichung (4.148) stellt die Gleisachse im Koordinatensystem nach Bild 4.36 dar. Die Fahrdrahtruhelage $e_{\text{Ü Sk}}(x)$ im Koordinatensystem des Bildes 4.36 ist die lineare Verbindung der Punkte P_{i-1} und P_i:

$$e_{\text{Ü Sk}}(x) = \frac{(b_i - b_{i-1}) \cdot x}{l_i} + b_{i-1} + \frac{l_i \cdot x}{6} \cdot \left(\frac{1}{R_i} + \frac{2}{R_{i-1}} \right) \quad . \tag{4.152}$$

Mit den Gleichungen (4.152) und (4.149) ergibt sich im Übergangsbogen die Fahrdrahtruhelage $e_{\text{ü}}(x)$ relativ zur Gleisachse aus

4.9 Fahrdrahtauslenkung unter Wind

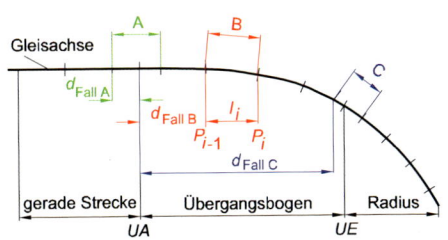

A   Feld, teilweise in der geraden Strecke und im Übergangsbogen
B   Feld im Übergangsbogen
C   Feld, teilweise im Übergangsbogen und im Bogen
UA   Beginn des Übergangsbogens
UE   Ende des Übergangsbogens
P_{i-1} Erster Stützpunkt im betrachteten Feld l_i
P_i Zweiter Stützpunkt im betrachteten Feld l_i
d Abstand zwischen Anfang des Übergangsbogens und Stützpunkt P_{i-1} des Feldes l_i

Bild 4.37: Anordnung von Spannfeldern in Übergangsbögen.

$$\begin{aligned} e_{\ddot{U}}(x) &= e_{\ddot{U}\,\mathrm{Sk}} - e_{\ddot{U}\,\mathrm{Gl}} \\ &= x \cdot \left[\frac{(b_i - b_{i-1})}{l_i} + \left(\frac{1}{R_i} + \frac{2}{R_{i-1}} \right) \cdot \frac{l_i}{6} \right] + b_{i-1} \\ &\quad - \left(\frac{1}{R_i} - \frac{1}{R_{i-1}} \right) \cdot \frac{x^3}{6 \cdot l_i} - \frac{x^2}{2 \cdot R_{i-1}} \quad . \end{aligned} \qquad (4.153)$$

In Rechtsbögen sind die Radien positiv (+), in Linksbögen negativ (−).

4.9.4.2 Fahrdrahtseitenlage mit Wind

Ähnlich zur Beziehung (4.120) und mit den im Abschnitt 4.9.2 getroffenen Annahmen ergibt sich die seitliche Verschiebung e_W des Fahrdrahts unter Windlast aus

$$e_{\ddot{U}\,\mathrm{w}}(x) = \pm F'_W \cdot x \cdot (l_i - x) / (2 \cdot H) \quad . \qquad (4.154)$$

Die Fahrdrahtlage bei Wind ergibt sich aus den Gleichungen (4.153) und (4.154) zu

$$e_{\ddot{U}\,\mathrm{W}}(x) = e_{\ddot{U}}(x) + e_{\ddot{U}\,\mathrm{w}}(x)$$

$$\begin{aligned} e_{\ddot{U}\,\mathrm{W}}(x) &= e_1(x) = x \cdot \left[\frac{(b_i - b_{i-1})}{l_i} + \left(\frac{1}{R_i} + \frac{2}{R_{i-1}} \right) \cdot \frac{l_i}{6} \right] + b_{i-1} \\ &\quad - \left(\frac{1}{R_i} - \frac{1}{R_{i-1}} \right) \cdot \frac{x^3}{6 \cdot l_i} - \frac{x^2}{2 \cdot R_{i-1}} \pm \frac{F'_{\mathrm{wFDZ}} \cdot x \cdot (l_i - x)}{2 \cdot H} \quad . \end{aligned} \qquad (4.155)$$

Um den Ort der *maximalen Seitenlage* $x_{1\,\mathrm{max}}$ zu ermitteln, wird die Ableitung $d e_1(x)/d x$ Null gesetzt, woraus folgt

$$x_{1\,\mathrm{max}} = \left[-\frac{1}{R_{i-1}} - \frac{F'_{\mathrm{wFDZ}}}{H} + \sqrt{\left(\frac{1}{R_{i-1}} + \frac{F_{\mathrm{wFDZ}}}{H} \right)^2 + 2 \cdot \left(\frac{1}{R_i} - \frac{1}{R_{i-1}} \right) \cdot } \right.$$

$$\left. \cdot \left\{ \left(\frac{1}{R_i} + \frac{2}{R_{i-1}} \right) \cdot \frac{l}{6} + \frac{b_i - b_{i-1}}{l^2} + \frac{F'_{\mathrm{wFDZ}}}{2 \cdot H} \right\} \right] / \left[\frac{1/R_i - 1/R_{i-1}}{l} \right] . \qquad (4.156)$$

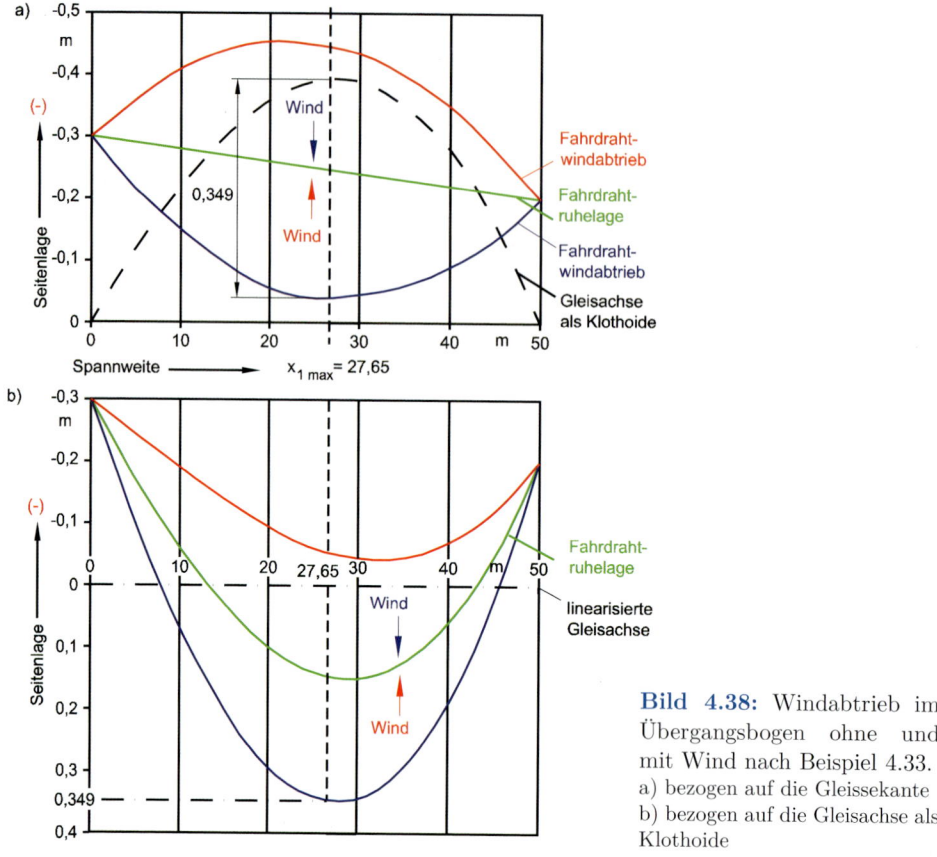

Bild 4.38: Windabtrieb im Übergangsbogen ohne und mit Wind nach Beispiel 4.33.
a) bezogen auf die Gleissekante
b) bezogen auf die Gleisachse als Klothoide

Mit $x_{1\,max}$ lässt sich das Maximum der Windauslenkung aus (4.155) ermitteln.
Die Gleichung (4.155) lässt sich für die Berechnung des Windabtriebs im Gleisbogen mit $R_{i-1} = R_i = R$ in die Gleichung (4.135) überführen, wobei Radius R und Windwirkung F'_{wFDZ} Vorzeichen abhängig sind. In der Geraden geht R gegen unendlich und aus (4.155) folgt die Gleichung (4.121) für die Berechnung des Windabtriebs in der Gleisgeraden.

Beispiel 4.33: Es ist die Auslenkung des Fahrdrahts im Übergangsbogen zu berechnen (Bild 4.31 a) und b)).
Gegebene Daten:
Seitenverschiebung $b_{i-1} = -0{,}3\,\mathrm{m}$, $b_i = -0{,}2\,\mathrm{m}$; Radius $R_{i-1} = 2\,000\,\mathrm{m}$, $R_i = 500\,\mathrm{m}$; Spannweite $l = 50\,\mathrm{m}$; $e_{\mathrm{nutz}} = 0{,}4\,\mathrm{m}$; Fahrdraht AC-100; $H_{\mathrm{FD}} = 10\,\mathrm{kN}$ und $F'_{\mathrm{wFDZ}} = 6{,}46\,\mathrm{N/m}$ (Tabelle 4.10, Windzone W1 multipliziert mit 1,15 zur Berücksichtigung der Klemmen).
Gesuchte Daten: $x_{1\,max}$ und $e_{1\,max}$
Ermittlung der Lage des Stützpunktes 2 an der Stelle $x = l$ nach Gleichung (4.149):

$$e_{\mathrm{ü\,GL}}(50) = \frac{(1/500 + 2/2\,000) \cdot 50^2}{6} = 1{,}25\,\mathrm{m}\ .$$

Danach wird die Lage der maximalen Auslenkung $x_{1\max}$ nach Gleichung (4.156) bestimmt:

$$x_{1\max} = \left[-\frac{1}{2\,000} - \frac{6{,}46}{10\,000} + \sqrt{\left(\frac{1}{2\,000} + \frac{6{,}46}{10\,000}\right)^2 + 2 \cdot \left(\frac{1}{500} - \frac{1}{2\,000}\right) \cdot} \right.$$

$$\left. \cdot \left\{\left(\frac{1}{500} + \frac{2}{2\,000}\right) \cdot \frac{1}{6} + \frac{-0{,}2 - (-0{,}3)}{50^2} + \frac{6{,}46}{2 \cdot 10\,000}\right\} \right] / \left[\frac{1/500 - 1/2\,000}{50}\right]$$

$$x_{1\max} = [-0{,}001146 + 0{,}001976] / [0{,}00003] = 27{,}65\,\text{m} \quad .$$

Das Bild 4.38 zeigt die Gleismittelachse und die Fahrdrahtlagen ohne und mit Wind. Bei Wind von der linken Seite in Richtung aufsteigender Kilometrierung entsteht kein mathematisches Maximum der Fahrdrahtseitenlage in der betrachteten Spannweite.
Mit dem Einsetzen von $x_{1\max}$ in Gleichung (4.155) ergibt sich:

$$\begin{aligned} e_1(27{,}65) &= 27{,}65 \cdot \left[\frac{(-0{,}20 - (-0{,}30))}{50} + \left(\frac{1}{500} + \frac{2}{2\,000}\right) \cdot \frac{50}{6}\right] + (-0{,}30) \\ &\quad - \left(\frac{1}{500} - \frac{1}{2\,000}\right) \cdot \frac{27{,}65^3}{6 \cdot 50} - \frac{27{,}65^2}{2 \cdot 2\,000} + \frac{6{,}46 \cdot 27{,}65 \cdot (50 - 27{,}65)}{2 \cdot 10\,000} \\ &= 0{,}349\,\text{m} \quad . \end{aligned}$$

Die Fahrdrahtseitenlage $e_1(27{,}65) = 0{,}349\,\text{m}$ ist im Bild 4.38 a) und im Bild 4.38 b) markiert.

4.9.5 Windabtrieb des Kettenwerks

In einem Kettenwerk ergeben sich aus der Windwirkung und aus den Zugkräften unterschiedliche Seitenlagen, wenn man die Beziehungen (4.123), (4.124), (4.130) und (4.134) einzeln auf das Tragseil oder den Fahrdraht anwendet. Wenn Fahrdraht und Tragseil durch die Windwirkung unterschiedlich ausgelenkt werden, wirken zwischen Tragseil und Fahrdraht wegen der Verbindung über die Hänger auch horizontale Kraftkomponenten.

In der Praxis wird der *Windabtrieb im Kettenwerk* meist unter der Annahme berechnet, dass das gesamte Kettenwerk, d. h. Fahrdraht und Tragseil, unter Windeinwirkung gleich ausgelenkt wird. In den genannten Beziehungen wird dabei die Windkraft für das gesamte Kettenwerk betrachtet und als Zugkraft die Summe der Zugkräfte von Fahrdraht und Tragseil eingesetzt (siehe Gleichungen (4.130) und (4.134)). Abhängig von den jeweiligen Bedingungen ergeben sich damit Abtriebswerte, die gegenüber den detaillierten Annahmen berechneten Werten zu klein oder zu groß sind.

Eine Alternative hierzu ist die Ermittlung der Auslenkung unter Wind einzeln für Fahrdraht und Tragseil. In der Tabelle 4.11 finden sich diese Werte in den Spalten Näherung. Weisen Fahrdraht und Tragseil bei hohen Windbelastungen unterschiedliche Seitenlagen auf, stellen sich die Hänger schräg und übertragen einen Teil der Windkraft auf das Element mit dem geringeren Windabtrieb. Basierend auf [4.31] wurde ein Verfahren entwickelt, das Wechselwirkungen zwischen Fahrdraht und Tragseil über die Hänger berücksichtigt. Die Kräfte, die zwischen Fahrdraht und Tragseil infolge Windeinwirkung übertragen werden, sind Kraftbeläge, die mit $F'_{W\,FD\,TS}$ bezeichnet werden. Es

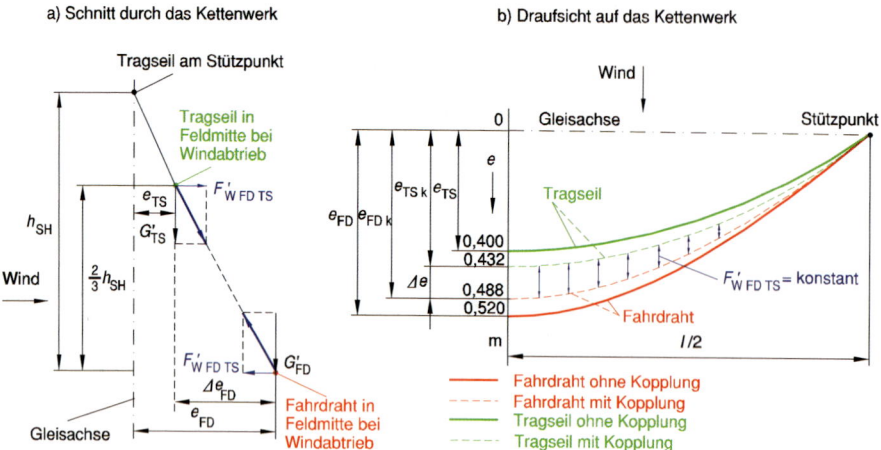

Bild 4.39: Ausschwingungen des Kettenwerks, wenn der Fahrdraht stärker als das Tragseil ausgelenkt und die Hänger Koppelkräfte $F'_{\mathrm{FD\,TS}}$ vom Tragseil auf den Fahrdraht übertragen. Die Fahrdraht- und Tragseilseitenlage ist zur Vereinfachung Null gesetzt (siehe Werte nach Gleichung (4.162) in Tabelle 4.11).

wird näherungsweise angenommen, dass die Hängerlängen im Spannfeld einen mittleren, gleichgroßen Wert haben. Dies bedeutet, wie im Bild 4.39 gezeigt, dass alle Hänger im Spannfeld einen gleich großen Abtriebswinkel quer zum Gleis haben. Die Tabelle 4.11 zeigt, dass diese Annahmen für den Windabtrieb in Feldmitte zu Werten führen, die praktisch mit den Ergebnissen der genaueren Finite-Elemente-Methode übereinstimmen. Die mit dieser Methode ermittelten Werte finden sich in der Tabelle 4.11 in den mit (4.162) bezeichneten Spalten.

Diese Annahme ist für Systemhöhen über 1,4 m zulässig. Darunter stellt dies eine brauchbare Näherung zur Berücksichtigung gegenseitiger Beeinflussungen dar, wie Vergleichsrechnungen mit FEM zeigen.

Für die waagerechten Auslenkungen des Tragseils infolge des vom Fahrdraht übertragenen Kraftbelages $F'_{\mathrm{W\,FD\,TS}}$ wird eine Parabelform zugrunde gelegt. Ihre Darstellung lautet bezogen auf die im Bild 4.39 b) abgebildete halbe Spannweitenlänge

$$y = F'_{\mathrm{W\,FD\,TS}}\, x^2/(2\,H) \quad . \tag{4.157}$$

Für das Berechnen der vollständigen Auslenkung von Tragseil $F'_{\mathrm{W\,TS\,tot}}$ und Fahrdraht $F'_{\mathrm{W\,FD\,tot}}$ durch Wind sind folgende Streckenlasten zu berücksichtigen

– für das Tragseil : $\quad F'_{\mathrm{W\,TS\,tot}} = F'_{\mathrm{W\,TS}} + F'_{\mathrm{W\,FD\,TS}} \quad ,\tag{4.158}$

– für den Fahrdraht : $F'_{\mathrm{W\,FD\,tot}} = F'_{\mathrm{W\,FD}} - F'_{\mathrm{W\,FD\,TS}} \quad . \tag{4.159}$

Dabei wurde angenommen, dass bei gleich großen Zugkräften im Tragseil und Fahrdraht die Auslenkung des Fahrdrahts bei größerem Durchmesser auch größer ist als die des Tragseils. Dann wird der Windabtrieb des Fahrdrahts durch das Tragseil verringert.

4.9 Fahrdrahtauslenkung unter Wind

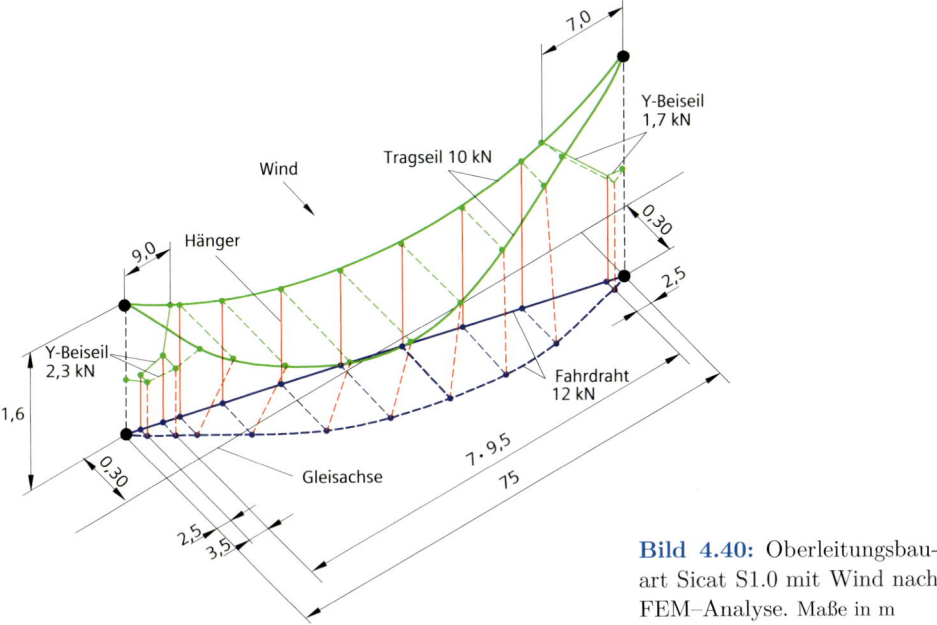

Bild 4.40: Oberleitungsbauart Sicat S1.0 mit Wind nach FEM–Analyse. Maße in m

Der Unterschied der seitlichen Auslenkung infolge des unterschiedlichen Abtriebs von Fahrdraht und Tragseil in Feldmitte wird mit Δe bezeichnet. Er wird berechnet mit:

$$\Delta e = e_{\text{FD}} - e_{\text{TS}} = \frac{(F'_{\text{W FD}} - F'_{\text{W FD TS}})\, l^2}{8\, H_{\text{FD}}} - \frac{(F'_{\text{W TS}} + F'_{\text{W FD TS}})\, l^2}{8\, H_{\text{TS}}} \quad . \tag{4.160}$$

Ferner ist aus Bild 4.39 die Beziehung zu erhalten:

$$\Delta e / (2\, h_{\text{SH}}/3) = F'_{\text{W,FD TS}} / G'_{\text{FD}} \quad ,$$

wobei h_{SH} die Systemhöhe bedeutet. Daraus ergibt sich für

$$\Delta e = 2\, F'_{\text{W FD TS}}\, h_{\text{SH}} / (3\, G'_{\text{FD}}) \quad . \tag{4.161}$$

Durch Eliminieren von Δe aus den Beziehungen (4.160) und (4.161) wird eine Gleichung für die *längenbezogene Koppelgröße* zwischen Fahrtdraht und Tragseil bei Windeinwirkung erhalten:

$$F'_{\text{W,FD TS}} = \frac{F'_{\text{W FD}} \cdot H_{\text{TS}} - F'_{\text{W TS}} \cdot H_{\text{FD}}}{H_{\text{FD}} + H_{\text{TS}} + (16 \cdot H_{\text{FD}} \cdot H_{\text{TS}} \cdot h_{\text{SH}})/(3 \cdot l^2 \cdot G'_{\text{FD}})} \quad . \tag{4.162}$$

Eine wirklichkeitsnahe Berechnung der *Kettenwerksauslenkung* ist mit Hilfe der *Finite-Elemente-Methode* (FEM) möglich. Die Anwendung der FEM wird anhand typischer Beispiele gezeigt. Aus Bild 4.40 sind die mittels FEM ermittelten Lagen von Fahrdraht und Tragseil einer Regeloberleitung mit 75 m Spannweite ersichtlich.

Tabelle 4.11: Windabtrieb für Oberleitungen Sicat S1.0 und Sicat H1.0 berechnet mit herkömmlichen Näherungen (Spalten 3 und 6), mit der Finite–Element–Methode (Spalten 4 und 7) und nach Gleichung (4.162) mit Koppelfaktor (Spalten 5 und 8), alle Werte in m.

Bauart	Element	ohne Berücksichtigung b-Maß			mit Berücksichtigung b-Maß		
		Näherung	FEM	(4.162)	Näherung	FEM	(4.162)
1	2	3	4	5	6	7	8
Sicat S1.0	Fahrdraht e_{FD}	0,520	0,481	0,488	0,597	0,570	0,570
	Tragseil e_{TS}	0,400	0,437	0,432	0,400	0,450	0,434
	Kettenwerk e_{FDk}, e_{TSk}	0,460	–	–	0,547	–	–
Sicat H1.0	Fahrdraht e_{FD}	0,268	0,282	0,277	0,352	0,363	0,358
	Tragseil e_{TS}	0,345	0,342	0,335	0,410	0,406	0,402
	Kettenwerk e_{TSk}, e_{FDk}	0,302	–	–	0,369	–	–

Beispiel 4.34: Es sind die Auslenkungen des Fahrdrahts und des Tragseils infolge Wind für die Oberleitungen Sicat S1.0 und Sicat H1.0 zu berechnen.
Daten für die Oberleitungsbauart Sicat S1.0 (Bild 4.40) sind

G'_{FD}	8,46 N/m	Meterlast des Fahrdrahts (Tabelle 4.1),
H_{FD}	12 kN	Zugkraft im Fahrdraht,
H_{TS}	10 kN	Zugkraft im Tragseil,
$-b_{i-1} = +b_i$	0,30 m	Fahrdrahtseitenlage am Stützpunkt,
q_b	260 N/m	Basisstaudruck für Windzone W1 (Tabelle 4.10),
$F'_{W\,Ol}$	11,30 N/m	Windlast des Kettenwerks (Tabelle 4.10),
$F'_{W\,FD}$	5,62 N/m	Windlast des Fahrdrahts (Tabelle 4.10), Drahttyp AC-100,
$F'_{W\,TS}$	4,21 N/m	Windlast des Tragseils (Tabelle 4.10), Seiltyp 50×7,
$F'_{W\,KL}$	1,47 N/m	Windlast für Klemmen, Hänger und Beiseile (Tabelle 4.10),
l	75 m	Spannweite zwischen den Stützpunkten.

Daten für die Oberleitungsbauart Sicat H1.0 sind

G'_{FD}	10,15 N/m	Meterlast des Fahrdrahts nach Tabelle 4.1,
H_{FD}	27 kN	Zugkraft im Fahrdraht,
H_{TS}	21 kN	Zugkraft im Tragseil,
$-b_{i-1} = +b_i$	0,30 m	Fahrdrahtseitenlage am Stützpunkt,
q_b	260 N/m	Basisstaudruck für Windzone W1 (Tabelle 4.10),
$F'_{W\,Ol}$	13,42 N/m	Windlast des Kettenwerks (Tabelle 4.10),
$F'_{W\,FD}$	5,66 N/m	Windlast des Fahrdrahts (Tabelle 4.10), Drahttyp AC-120,
$F'_{W\,TS}$	6,01 N/m	Windlast des Tragseils (Tabelle 4.10), Seiltyp 120×19,
$F'_{W\,KL}$	1,75 N/m	Windlast für Klemmen, Hänger und Beiseile (Tabelle 4.10),
l	70 m	Spannweite zwischen den Stützpunkten.

Die Berechnung wird unter Verwendung der Koppelgröße $F'_{W,FD\,TS}$ nach Gleichung (4.162) mit und ohne Berücksichtung der Seitenverschiebung b durchgeführt. Die Ergebnisse sind in Tabelle 4.11 dargestellt. Daraus ist ersichtlich, dass die mit der Beziehung (4.162) erzielten Ergebnisse gut mit den Ergebnissen der Berechnung mit FEM übereinstimmen.

Das Beispiel der Oberleitung Sicat S1.0 zeigt, dass die Auslenkung, wenn man allein den Fahrdraht als durch Wind belastet annimmt, größere Werte liefert als die Berechnung für das über die Hänger gekoppelte Kettenwerk. Der Wind hat geringere Auswirkungen auf das Tragseil als auf den Fahrdraht, wenn beide die gleiche Zugkraft besitzen und

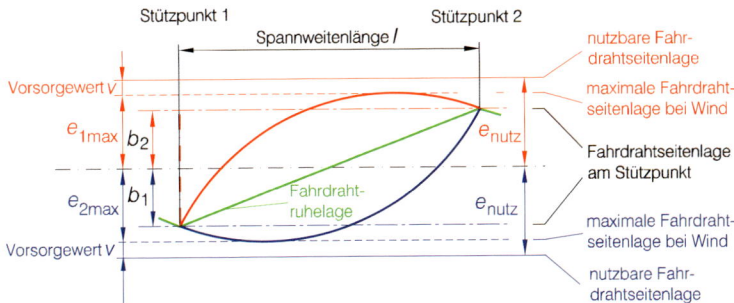

Bild 4.41: Bezeichnungen in der Spannweite.

der Durchmesser des Tragseils kleiner als der des Fahrdrahts ist. Die Ergebnisse mit der FEM und der Berechnung entsprechend der Gleichung (4.162) stimmen für den Fahrdraht praktisch überein.

Auch beim Beispiel der Oberleitung Sicat H1.0 stimmen der Ergebnisse nach der FEM für den Fahrdraht nach Beziehung (4.162) gut überein. Hier ergibt die Betrachtung des Fahrdrahts allein zu geringe Werte für den Windabtrieb. Ursache dafür ist bei gleicher Windlast bei Fahrdraht und Tragseil die geringere Zugspannung im Tragseil. In der Tabelle 4.11 sind die Zahlenwerte für die beiden Beispiele bis zur dritten Dezimalstelle angegeben, um die Unterschiede der betrachteten Methoden zu zeigen. Praktisch ist allenfalls die zweite Stelle nach dem Komma relevant.

4.10 Fahrdrahtseitenlage und Spannweite

4.10.1 Anforderungen

Das Bild 4.41 zeigt die Bezeichnungen in der *Spannweite mit der Fahrdrahtseitenlage* bei Wind. Somit kann der Fahrdraht die Schleifstücke gleichmäßig beschleifen und damit gleichmäßig abnutzen. Jedoch ist der *Verschleiß der Schleifstücke* auf dem Stromabnehmer weniger wichtig als der Verschleiß der Fahrdrähte selbst. Der Ersatz von Schleifstücken ist weniger kostenintensiv als der Ersatz eines Fahrdrahts.

Der Planungsingenieur beeinflusst mit der Wahl der Fahrdrahtseitenlage den Verschleiß der Schleifstücke. Bild 4.42 zeigt die relative Häufigkeit der Fahrdrahtseitenlage für zwei Hochgeschwindigkeitsstrecken in Deutschland und die Hochgeschwindigkeitsstrecke Madrid–Lérida in Spanien. Die relative Häufigkeit der Fahrdrahtseitenlage zeigt die Auswirkungen einer vorwiegend geraden Strecke (blau), einer Strecke mit vielen Gleisbögen (rot) und die Auswirkung einer nur 0,2 m großen Seitenlage an den Stützpunkten auf der Hochgeschwindigkeitsstrecke Madrid–Lérida (grün). Die Daten wurden mit der Kontaktkraft-Messeinrichtung der DB (siehe Abschnitt 10.4.3.5) gewonnen. Die im Bild erkennbaren Überschreitungen der statisch nutzbaren Seitenlagen sind eine Folge der Wankwirkungen bei den hohen Geschwindigkeiten, bei denen die seitlichen Verschiebungen ausgewertet wurden.

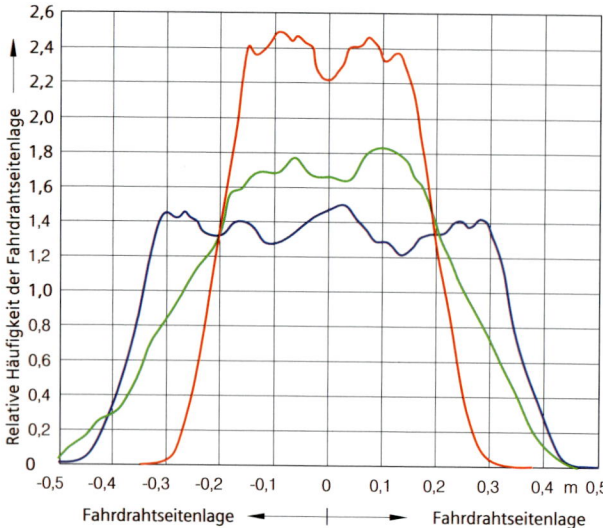

Bild 4.42: Relative Häufigkeit der Fahrdrahtseitenlage auf der Stromabnehmerwippe für vorwiegend gerade Hochgeschwindigkeitsstrecken für 300 km/h in Deutschland, eine Hochgeschwindigkeitsstrecke mit Gleisbögen für 300 km/h in Deutschland und für die Hochgeschwindigkeitsstrecke Madrid–Lerida für 350 km/h mit nur 0,2 m Fahrdrahtseitenlage.

Durch Wahl der Fahrdrahtseitenlage legt der Planungsingenieur die radiale Kraft F_R an den Fahrdrahtstützpunkten fest und als Folge hiervon die Differenzen der radialen Kräfte an den angrenzenden Stützpunkten (Bild 4.43). Im Lageplan Bild 4.43 a) beträgt der Unterschied der Radialkräfte 794 N bei 27 kN Fahrdrahtzugkraft in einem 50-m-Feld mit 3 400 m Radius und 0,17 m Überhöhung, während bei der Auslegung gemäß Bild 4.43 b) gleiche Radialkräfte erhalten werden.

Die Radialkraft F_R bestimmt die Elastizität und daher den Anhub des Fahrdrahts an den Stützpunkten. Die Fahrdrahtseitenlage beeinflusst somit über die Radialkraft das Zusammenwirken der Fahrleitung mit dem Stromabnehmer. Ein gleichmäßiger und niedriger Anhub des Stromabnehmers ist eine wesentliche Voraussetzung hierfür. Daher sollte die Differenz der Kräfte ΔF_R an benachbarten Stützpunkten möglichst klein sein. Bei der Planung der Fahrdrahtseitenlage sind folgende Prioritäten zu beachten

- Fahrdrahtlage stets innerhalb der Arbeitslänge der Stromabnehmerwippe,
- Einhaltung der Radialkräfte 80 N < F_R < 2 000 N,
- möglichst große Spannweitenlänge,
- möglichst gleichmäßige Abnutzung der Schleifstücke und
- Differenz der Radialkräfte so niedrig wie möglich mit minimaler Änderung der Seitenlage des Fahrdrahts größer 3 mm/m (Tabelle 4.12).

4.10.2 Fahrdrahtseitenlage und Radialkraft am Stützpunkt

Die Ausnutzung der Spannweitenlängen, die gleichmäßige Abnutzung der Schleifstücke und die Mindeständerung der Seitenlage des Fahrdrahts auf dem Schleifstück, wie zunehmend auch im Nahverkehr gefordert, bestimmt die Wahl der Fahrdrahtseitenlage (Tabelle 4.12). Auf geraden Strecken und Gleisbögen mit großen Radien verläuft der

4.10 Fahrdrahtseitenlage und Spannweite

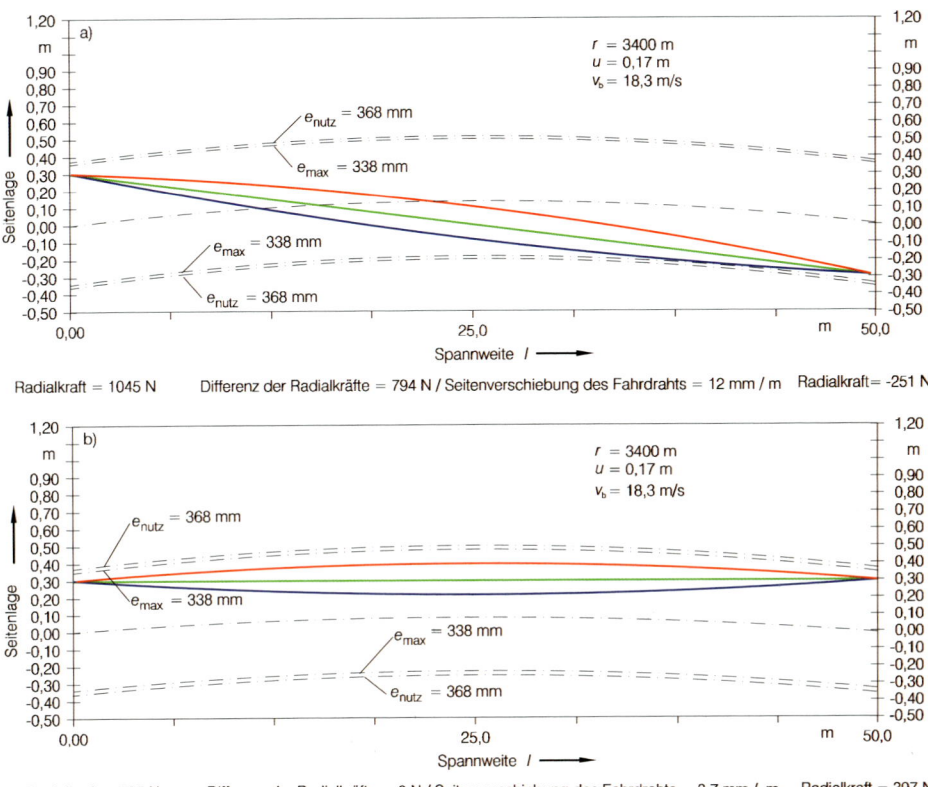

Bild 4.43: Differenz der Radialkräfte F_R als Ergebnis der Fahrdrahtseitenlage an den Stützpunkten und der Berechnung der nutzbaren Fahrdrahtseitenlage nach Beispiel 4.24.
a) Die Ausnutzung der nutzbaren Fahrdrahtseitenlage e_{nutz} führt zu hohen Differenzen der Radialkräfte an den Stützpunkten, aber zu einem gleichmäßigen Verschleiß der Schleifstücke durch eine große Änderung der Fahrdrahtseitenverschiebung Δb_m, b) Gleiche Fahrdrahtseitenlagen führen zu gleichen Radialkräften an den Stützpunkten, aber zu einem ungleichmäßigen Verschleiß der Schleifstücke durch die geringere Änderung der Fahrdrahtseitenverschiebung Δb_m, a) und b) zeigen die Unterschiede für die Bauart Sicat H1.0 mit 27 kN Fahrdrahtzugkraft, 21 kN Tragseilzugkraft, 1,6 m Systemhöhe, 5,3 m Fahrdrahthöhe, 3400 m Gleisradius und 0,17 m Überhöhung

Fahrdraht mit wechselnder Seitenlage von Stützpunkt zu Stützpunkt (Bilder 4.44 und 4.45), in kleinen Radien bogenaußenseitig (Bild 4.46 a) und b)).
Bei der Festlegung der *Fahrdrahtseitenlage am Stützpunkt in Gleisbögen* ist die Auslenkung des Fahrdrahts durch Wind sowohl in der Bogeninnen- als auch in der Bogenaußenseite zu beachten. Die größte Fahrdrahtauslenkung e_{max} innerhalb eines Spannfeldes sollte kleiner oder höchstens gleich $e_{nutz} - v$ sein (siehe Bilder 4.37 und 4.44). Im Fernverkehr sollte die Änderung der Fahrdrahtseitenlage $\geq 1{,}5$ mm/m sein, um das Einschleifen von Rillen in die Schleifstücke zu vermeiden [4.29, 4.32].

Tabelle 4.12: Minimale Änderung der Seitenverschiebung des Fahrdrahts Δb_m bei ausgewählten Betreibern.

Verkehrsunternehmen	Spannung kV	Seitenverschiebung mm/m	Quelle
Nahverkehr Deutschland (VDV)	DC 0,75	$\geq 10{,}0$	VDV 550 Oberleitungsanlagen [4.9]
Mass Transit Railway (MTR) Hong Kong / China	DC 1,50	$\geq 1{,}5$	Consultant Kennedy & Donkin
Córas Iompair Éireann (CIÉ) Dublin / Ireland	DC 1,50	$\geq 3{,}0$	Consultant Mott Hay & Anderson
Perth Electric Perth / Australien	AC 25	$\geq 3{,}0$	Consultant ELRail
Fernverkehr International	AC	$> 5{,}0$	[4.10] für $v > 200\,\mathrm{km/h}$
West coast route Großbritanien	AC 25	$\geq 2{,}5$	WCRM Ole Alliance Design Group
British Railway Board Großbritanien	AC 25	$\geq 3{,}0$	Network Rail

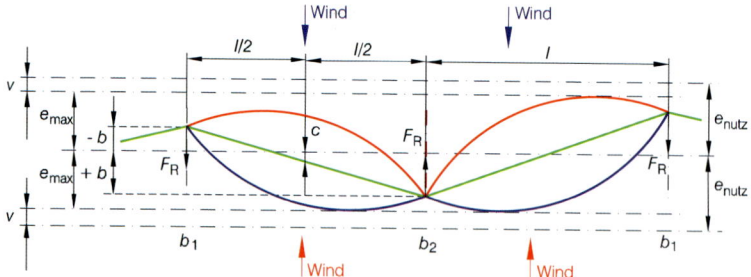

Bild 4.44: Fahrdrahtseitenlage am Stützpunkt auf geraden Strecken.
l Spannweitenlänge, e_nutz nutzbare Fahrdrahtseitenlage, b Fahrdrahtseitenlage am Stützpunkt, v Vorsorgewert, e_max maximale Fahrdrahtseitenlage, F_R Radialkraft

Die Wahl der *Fahrdrahtseitenverschiebung in städtischen Nahverkehrsanlagen* sollte so weit wie möglich darauf abzielen, eine Mindeständerung der Seitenlage des Fahrdrahts auf dem Schleifstück zu erreichen, um eine punktuelle Überhitzung zu vermeiden und somit einen gleichmäßigen Verschleiß zu bewirken. Im Nahverkehr sind 1,5 bis 10 mm/m *Mindeständerung der Seitenlage* des Fahrdrahts je zurückgelegte Strecke beim Beschleifen der Stromabnehmer üblich (Tabelle 4.12) [4.33]. Auch im Nahverkehr ist der Windabtrieb des Fahrdrahts wie im Fernverkehr zu berücksichtigen.

Es ist vorteilhaft, bei der Wahl der Fahrdrahtseitenverschiebung in Bögen zu beginnen, da die seitliche Lage dort durch die Gleisradien bestimmt wird. Im Übergangsbogen kann ein Wechsel der Seitenlage aus der Bogeninnen- auf die Bogenaußenseite notwendig werden. Die Berechnung des *Windabtriebes*, wie in Abschnitt 4.9 dargestellt, sichert eine anforderungsgerechte Fahrdrahtlage innerhalb einer Spannweite. Die Tabelle 4.13 gibt einen Überblick zur Fahrdrahthöhe, Fahrdrahtseitenlage, Systemhöhe, Tragseilhöhe und Tragseilseitenlage für ausgewählte Bahnunternehmen in Europa.

4.10 Fahrdrahtseitenlage und Spannweite

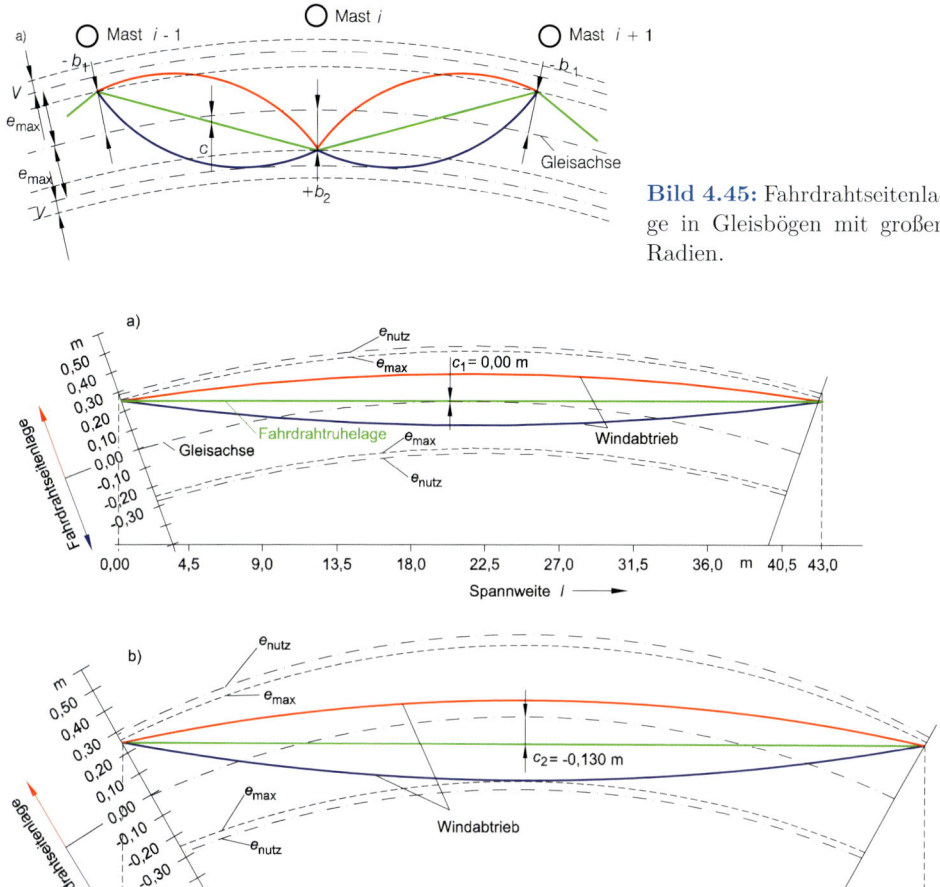

Bild 4.45: Fahrdrahtseitenlage in Gleisbögen mit großen Radien.

Bild 4.46: Fahrdrahtseitenverschiebung in einem Feld mit 800 m Radius.
a) für $c_1 = 0$ mm mit $l = 43$ m und b) für $c_2 = 130$ mm und $l = 51$ m für Oberleitungsbauart Sicat S1.0 bei 20,3 m/s Windgeschwindigkeit, 1 600-mm-Wippe, $u = 0{,}15$ m Überhöhung, $R = 800$ m Radius, $h_{h_{FD}} = 5{,}3$ m, $e_{nutz} = e_{max} + v = 0{,}258$ m $+ 0{,}030$ m $= 0{,}288$ m nutzbare Fahrdrahtseitenlage für eine nicht festgelegte Schotterfahrbahn nach [4.8]

In *Überlappungen* liegt, abhängig von der Art der Überlappung, der Abstand zwischen den Fahrdrähten in Ruhelage fest. In isolierenden Überlappungen, auch als Streckentrennung bezeichnet, haben die Kettenwerke in 15-kV-Anlagen in Deutschland 450 mm Mindestabstand. In nicht isolierenden Überlappungen, als Nachspannung bezeichnet, beträgt der Abstand 200 mm. Die Spannweitenlängen und die Fahrdrahtseitenlagen an den Stützpunkten (Bild 4.47) resultieren aus der höchsten Windgeschwindigkeit für den Nachweis der Gebrauchstauglichkeit und der nutzbaren Fahrdrahtseitenlage e_{nutz}.

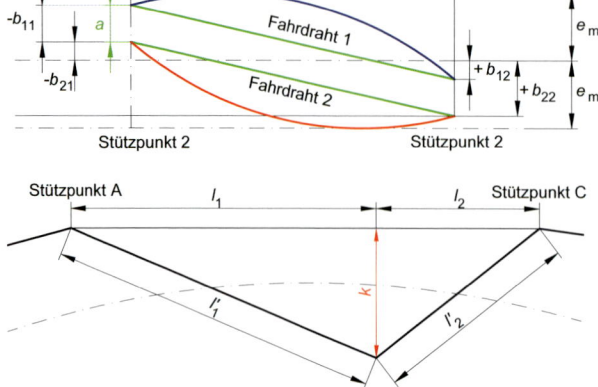

Bild 4.47: Fahrdrahtseitenlage in Überlappungen.

Bild 4.48: Bestimmung des Abstandes k am Stützpunkt B.

Die Schweizerischen Bundesbahnen (SBB) nutzen in 15 kV isolierenden Überlappungen 300 mm Abstand und in nicht isolierenden Überlappungen 200 mm [4.34]. In 25-kV-Anlagen verwendet SNCF 500 mm Abstand in isolierenden Überlappungen und 200 mm in nicht isolierenden Überlappungen.

Durch Abwinklung des Kettenwerks an Stützpunkten treten Fahrdraht- und Tragseilradialkräfte auf. Bei der DB soll die *Fahrdrahtradialkraft* F_R dabei in einem vorgegebenen Bereich liegen, z. B. innerhalb $80\,\text{N} < F_R < 2\,000\,\text{N}$ für Leichtbauseitenhalter. Eine Unterschreitung der Radialkraft verursacht hohen Verschleiß im Abzugshaltergelenk des Seitenhalters (siehe auch Abschnitt 17.2.3) und kann bei einer geringen Abwinklung der Oberleitung am Stützpunkt, d. h. bei zu kleinen Fahrdrahtseitenlagen, auftreten. Die Radialkraft am Fahrdrahtstützpunkt lässt sich nach Abschnitt 4.5 ermitteln.

Die Fahrdrahtradialkraft erhöht sich durch Verkürzen der Spannweite oder Vergrößern der Fahrdrahtseitenlage am Stützpunkt. Eine Überschreitung zulässiger Werte ist bei einer starken Abwinklung der Oberleitung und bei in gleicher Richtung wie die Radialkraft wirkendem Wind möglich und deshalb zu prüfen. Die Ermittlung der Radialkräfte dient als Grundlage zur Prüfung der Masttorsion, insbesondere bei H-Profilmasten nach Abschnitt 13.3.4, die durch zwei Ausleger an einem Mast entstehen kann.

4.11 Spannweitenlänge

4.11.1 Allgemeines

Die *Spannweitenlänge* hat bedeutenden Einfluss auf die Investitionen für Oberleitungen. Sie beeinflusst auch die Qualitätsparameter, z. B. die Elastizität und das Kontaktkraftverhalten. Große Spannweitenlängen senken die Investitionen am wirksamsten.

Im Falle von Oberleitungen für Fahrgeschwindigkeiten über 230 km/h ist es notwendig, die Spannweitenlänge zu begrenzen, um die Anforderungen an das dynamische Zusammenwirken zwischen Stromabnehmer und Oberleitung zu erfüllen (Abschnitt 10.5.3.2).

Tabelle 4.13: Fahrdrahthöhe (h_{FH}), Fahrdrahtseitenlage (b_{FD}), Systemhöhe (h_{SH}), Tragseilhöhe (h_{TS}) und Tragseilseitenlage (b_{TS}) europäischer AC-Bahnen in m.

Bahnunternehmen	h_{FH}	b_{FD}		h_{SH}	h_{TH}	b_{TS}	
		Gerade	Bogen			Gerade	Bogen
Deutsche Bahn (DB)							
– Betrieb mit der 1 950-mm-Wippe							
$v \leq 200\,\mathrm{km/h}^{1)}$	5,50	$\leq 0{,}4$	$\leq 0{,}4$	1,80	7,30	0	$\leq 0{,}4$
$v \leq 230\,\mathrm{km/h}^{2)}$	5,50	$\leq 0{,}4$	$\leq 0{,}4$	1,60	7,10	0	$\leq 0{,}4$
– Betrieb mit der 1 600-mm-Wippe							
$v \leq 230\,\mathrm{km/h}^{1),\,2)}$	5,50	$\leq 0{,}25$	$\leq 0{,}3$	1,80	7,30	$\leq 0{,}25$	$\leq 0{,}3$
$v > 230\,\mathrm{km/h}^{3)}$	5,30	$\leq 0{,}3$	$\leq 0{,}3$	1,80	7,30	$\leq 0{,}3$	$\leq 0{,}3$
$v > 230\,\mathrm{km/h}^{4)}$	5,30	$\leq 0{,}3$	$\leq 0{,}3$	1,60	6,90	$\leq 0{,}3$	$\leq 0{,}3$
Französische Bahn (SNCF)							
$v \leq 230\,\mathrm{km/h}^{5)}$	5,50	$\leq 0{,}2$	$\leq 0{,}2$	1,25/1,40	6,75/7,15	$\leq 0{,}2$	$\leq 0{,}2$
$v > 230\,\mathrm{km/h}^{6)}$	5,08	$\leq 0{,}2$	$\leq 0{,}2$	1,40	6,48	$\leq 0{,}2$	$\leq 0{,}2$
Spanische Bahn (ADIF)							
$v \leq 230\,\mathrm{km/h}^{7)}$	5,30	$\leq 0{,}3$	$\leq 0{,}3$	1,80	7,10	$\leq 0{,}3$	$\leq 0{,}3$
$v > 230\,\mathrm{km/h}^{8)}$	5,30	$\leq 0{,}2$	$\leq 0{,}2$	1,40	6,70	$\leq 0{,}2$	$\leq 0{,}2$
Niederländische Bahn[9)]							
$v \leq 230\,\mathrm{km/h}^{10)}$	5,30	$\leq 0{,}3$	$\leq 0{,}3$	1,60	6,90	$\leq 0{,}3$	$\leq 0{,}3$
$v > 230\,\mathrm{km/h}^{11)}$	5,30	$\leq 0{,}3$	$\leq 0{,}3$	1,60	6,90	$\leq 0{,}3$	$\leq 0{,}3$
Norwegische Bahn (JBV)							
$v \leq 230\,\mathrm{km/h}^{12)}$	5,60	$\leq 0{,}3$	$\leq 0{,}4$	1,60	7,20	$\leq 0{,}3$	$\leq 0{,}4$
$v > 230\,\mathrm{km/h}^{13)}$	5,30	$\leq 0{,}3$	$\leq 0{,}3$	1,80	7,10	$\leq 0{,}3$	$\leq 0{,}3$

[1)] DB Oberleitung Re100, Re200
[2)] Siemens Oberleitung Sicat S1.0
[3)] DB Oberleitung Re330
[4)] Siemens Oberleitung Sicat H1.0
[5)] Fahrdrahtzugkraft 12 kN/15 kN
  Tragseilzugkraft 10 kN/14 kN
[7)] Fahrdrahtzugkraft 15 kN
  Tragseilzugkraft 15 kN
[6)] Fahrdrahtzugkraft 14 kN
  Tragseilzugkraft 20 kN
[8)] ADIF Oberleitung EAC 350
[9)] HSL ZUID
[10)] Siemens Oberleitung Sicat H1.0
[11)] Siemens Oberleitung Sicat S1.0
[12)] JBV Oberleitung S20 und S35
[13)] JBV Oberleitung S25

4.11.2 Einflüsse auf die Spannweite

Die *größtmögliche Spannweitenlänge* ist der maximale Abstand zwischen zwei benachbarten Oberleitungsstützpunkten, bei dem unter Berücksichtigung der Fahrzeugbewegungen, Toleranzen und vorgegebener Windlasten der Fahrdraht noch nicht die Arbeitslänge der Wippe des Stromabnehmers verlässt. Die Interaktion zwischen Gleis, Fahrzeug, Stromabnehmer und Oberleitung bestimmt die *nutzbare Fahrdrahtseitenlage* e_{nutz}, wobei die folgenden Einflüsse bei der Bestimmung von e_{nutz} zu beachten sind

- die Gleisgeometrie mit
  - Radius R,
  - Überhöhung u,
  - Referenzüberhöhung u_0,
  - Grenzspurweite l_o,

- Abstand zwischen den Mittellinien der Schienen L_S,
- Summe der horizontalen Zuschläge $\sum j$ an der unteren Nachweishöhe h_u und der oberen Nachweishöhe h_o,
- die Fahrzeugeigenschaften mit
  - Neigungskoeffizient S_0,
  - Referenzhöhe des Wankpols h_{c0},
- der Stromabnehmer mit
  - Wippenlänge l_W,
  - Arbeitslänge l_A,
  - Wankbereich D,
- die Oberleitung mit
  - Fahrdrahthöhe h_{FH},
  - Fahrdrahtanhub am Stützpunkt L_{AS},
  - größte Höhe des Kontaktpunkts D_n im Spannfeld.

Bei der Bestimmung von e_{max} sind folgende Einflüssen zu berücksichtigen
- die Windlast mit
  - Windgeschwindigkeiten, in Deutschland $W1$ bis $W4$,
  - Höhe der Strecke über NN, Bezugshöhe der Strecke ist SO,
  - Basis- und Böenstaudruck q_b und q_h,
  - die Wiederkehrdauer der Windgeschwindigkeit $v_{b;p}$,
  - Höhe h_G der Oberleitung über dem Gelände, Bezugshöhe der Strecke ist SO,
- die Oberleitung mit
  - Windangriffsfläche der Leiter und Klemmen,
  - Reaktionsbeiwert G_C,
  - Staudruckbeiwert C_C.

Die maximale Fahrdrahtseitenlage e_{max}, die nicht vom Stromabnehmer bestimmt wird, sondern von der Oberleitung, wird im Abschnitt 4.9 berechnet.

Im Vergleich zur 1 950-mm-Wippe führt die kürzere Arbeitslänge der 1 600-mm-Wippe zu einer kleineren nutzbaren Fahrdrahtseitenlage und somit bei gegebener Windgeschwindigkeit zu kürzeren Spannweiten, womit höhere Investitionen beim Neu- und Umbau von Oberleitungsanlagen auf den interoperablen Betrieb mit 1 600-mm-Stromabnehmern entstehen. Zur Minderung der Mehrkosten lassen sich auf interoperablen Strecken folgende Möglichkeiten anwenden:
- Verringerung der Fahrdrahthöhe bis auf 5,00 m nach TSI ENE CR und auf 5,08 m nach TSI ENE HS,
- Aufhebung der Beschränkung e_{nutz} mit 400 mm TSI ENE CR, TSI ENE HS,
- Wahl der Windgeschwindigkeit (Abschnitt 2.4.2) entsprechend den örtlichen Gegebenheiten,
- Wahl der zufallsbedingten Seitenverschiebungen (Abschnitt 4.8.4.3) entsprechend Gleisqualität und -typ und
- Erhöhung der Fahrdrahtzugkraft.

Die Kombination dieser Maßnahmen führt zur Vergrößerung von e_{nutz}, e_{max} und damit zu längeren Spannweitenlängen. Weitere Überlegungen sind bei der Gestaltung von isolierenden und nicht isolierenden Überlappungen bezüglich des Abstandes der Kettenwerke notwendig. Die SBB nutzt diese Gestaltungsmöglichkeiten; das Beispiel 4.38 zielt darauf ab.

4.11.3 Zulässige Spannweitenlängen

Der Windabtrieb ist die entscheidende Einflussgröße für die Ermittlung der zulässigen *Spannweitenlänge* der Oberleitungen. Wenn die maximale Fahrdrahtseitenlage e_max bekannt ist, lassen sich die in Abschnitt 4.9 dargestellten Gleichungen als Grundlage für die Berechnungen der Spannweitenlänge verwenden. Die größtmögliche Spannweite findet man mit den Bezeichnungen nach Bild 4.32 und der Gleichung (4.137) zu

$$l_\text{max} = \sqrt{\frac{2 \cdot H_\text{FD}}{F'_\text{W FD} + H_\text{FD}/R} \left(2\, e_\text{max} + b_{i-1} + b_i + \sqrt{(2\, e_\text{max} + b_{i-1} + b_i)^2 - (b_{i-1} - b_i)^2}\, \right)}. \tag{4.163}$$

Diese für einen Fahrdraht allein abgeleitete Gleichung wird häufig für Kettenwerke angewendet. Anstelle der Fahrdrahtzugkraft H_FD wird in diesem Fall gesetzt

$$H_\text{Ol} = H_\text{FD} + H_\text{TS}$$

und anstelle von $F'_\text{W FD}$

$$F'_\text{W Ol} = F'_\text{W FD} + F'_\text{W TS} \quad .$$

Die Zulässigkeit dieser Näherung hängt vom Verhältnis des Windabtriebes des Fahrdrahts und des Tragseils ab. Zur theoretisch genaueren Berechnung der zulässigen Spannweitenlängen ist die mechanische Kopplung des Tragseils mit dem Fahrdraht, wie im Abschnitt 4.9.5 beschrieben, zu berücksichtigen. In der Geraden geht R gegen unendlich und häufig gilt $b_{i-1} = -b_i = b$. Damit erhält man aus (4.163)

$$l_\text{max} = 2\sqrt{\frac{H_\text{Ol}}{F'_\text{W Ol}} \left(e_\text{max} + \sqrt{e_\text{max}^2 - b^2}\right)} \quad . \tag{4.164}$$

Beispiel 4.35: Wie groß ist für die interoperable Oberleitung Sicat S1.0, die für den Betrieb mit der 1 600-mm-Stromabnehmerwippe geeignet ist, die mögliche Spannweitenlänge in der Geraden?

Gegebene Daten für die Oberleitungsbauart Sicat S1.0:

h_FH	= 5,5 m/5,0 m	Fahrdrahthöhe
v	= 0,03 m	Vorsorgewert
H_FD	= 12 kN	Zugkraft im Fahrdraht
H_TS	= 10 kN	Zugkraft im Tragseil
$-b_{i-1} = +b_i$	= 0,30 m	Fahrdrahtseitenlage am Stützpunkt
q_b	= 260 N/m²	Basisstaudruck für Windzone W1 (Tabelle 4.10)
q_h	= 390 N/m²	Bemessungsstaudruck bis 7 m Höhe (Tabelle 4.10)
$F'_\text{W Ol}$	= 11,30 N/m	Windlast des Kettenwerks (Tabelle 4.10)
$F'_\text{W FD}$	= 5,62 N/m	Windlast des Fahrdrahts (Tabelle 4.10)
$F'_\text{W TS}$	= 4,21 N/m	Windlast des Tragseils (Tabelle 4.10)
$F'_\text{W KL}$	= 1,47 N/m	Windlast für Klemmen, Hänger, Beiseile (Tabelle 4.10)

Die *nutzbare Fahrdrahtseitenlage* beträgt gemäß Tabelle 4.8 für die Fahrdrahthöhen 5,5 m und 5,0 m $e_{\text{nutz }5,5\,\text{m}} = 0{,}426$ m bzw. $e_{\text{nutz }5,0\,\text{m}} = 0{,}448$ m. Durch Abzug des Vorsorgewerts $v = 0{,}03$ m findet man $e_{\text{max }5,5\,\text{m}} = 0{,}396$ m und $e_{\text{max }5,0\,m} = 0{,}418$ m.
Die Horizontalzugkräfte für Tragseil und Fahrdraht betragen 10 kN bzw. 12 kN. Man findet für $b = 0{,}30$ m für die Fahrdrahthöhe 5,5 m

$$l_{\max} = 2\sqrt{\frac{22\,000\,\text{N}\cdot\text{m}}{11{,}30\,\text{N}}\left(0{,}396\,\text{m} + \sqrt{0{,}396^2\,\text{m}^2 - 0{,}3^2\,\text{m}^2}\right)} = 71{,}39\,\text{m}$$

und für die Fahrdrahthöhe 5,0 m $l_{\max} = 74{,}31$ m. Durch die um 0,5 m niedrigere Fahrdrahthöhe lassen sich rund 3,0 m längere Spannweiten erzielen.
Im Falle einer Zugkraftminderung um 8 % in Festpunktnähe wären nur 68,5 m bzw. 71,3 m als maximaler Mastabstand zulässig. Bei der Zugkraftminderung um 11 % ergäbe sich als größter Mastabstand 67,4 m bzw. 70,1 m.
Für eine interoperable Oberleitungsbauart Sicat S1.0, die nur für den Betrieb mit der 1 950-mm-Stromabnehmerwippe zu planen ist, wird die mögliche Spannweite gesucht.
Gegeben ist $-b_{i-1} = b_i = 0{,}40$ m, anstatt 0,30 m.
Die nutzbare Fahrdrahtseitenlage aus Tabelle 4.8 für die Fahrdrahthöhen 5,0 m ist $e_{\text{nutz }5,0\,\text{m}} = 0{,}623$ m und für 5,5 m $e_{\text{nutz }5,5\,\text{m}} = 0{,}601$ m. Durch Abzug des Vorsorgewerts $v = 0{,}03$ m findet man $e_{\text{max }5,0\,\text{m}} = 0{,}593$ m und $e_{\text{max }5,5\,\text{m}} = 0{,}571$ m.
Die Horizontalzugkräfte für Tragseil und Fahrdraht betragen 10 kN bzw. 12 kN. Man findet für $b = 0{,}40$ m und die Fahrdrahthöhe 5,5 m

$$l_{\max} = 2\sqrt{\frac{22\,000\,\text{N}\cdot\text{m}}{11{,}30\,\text{N}}\left(0{,}571\,\text{m} + \sqrt{0{,}571^2\,\text{m}^2 - 0{,}4^2\,\text{m}^2}\right)} = 87{,}3\,\text{m}$$

und für die Fahrdrahthöhe 5,0 m $l_{\max} = 89{,}6$ m. Durch die um 0,5 m niedrigere Fahrdrahthöhe lassen sich 2,3 m längere Spannweiten erzielen. In der Windzone W1 sind maximal 87,3-m-Spannweiten im Ergebnis der erläuterten Windabtriebsberechnung möglich.

In Gleisbögen hängt die zulässige Spannweitenlänge davon ab, ob der Wind von der Bogeninnenseite oder von der Bogenaußenseite wirkt (Bild 4.32). Wenn $e = e_{\max}$ in die Gleichung (4.163) eingesetzt wird und $b_{i-1} = b_i = -b$ ist, ergibt die Gleichung für die mögliche Spannweitenlänge in einem Bogen für das Kettenwerk

$$l_{\max} = 2\sqrt{\frac{H_{\text{Ol}}}{F'_{\text{W Ol}} + H_{\text{Ol}}/R} \cdot (e_{\max} + b)} \quad . \tag{4.165}$$

Beispiel 4.36: Wie groß ist die Spannweite für die Oberleitung Sicat S1.0 im Beispiel 4.35 im Gleisbogen mit 3 400 m Radius und einer Überhöhung $u = 0{,}17$ m?
Die nutzbare Fahrdrahtseitenlage aus Tabelle 4.8 für die Fahrdrahthöhen 5,5 m und 5,0 m sind $e_{\text{nutz }5,5\,\text{m}} = 0{,}299$ m bzw. $e_{\text{nutz }5,0\,\text{m}} = 0{,}333$ m. Nach Abzug des Vorsorgewerts $v = 0{,}03$ m findet man $e_{\text{max }5,5\,\text{m}} = 0{,}269$ m bzw. $e_{\text{max }5,0\,\text{m}} = 0{,}303$ m.
Für die Berechnung soll eine Verringerung der Zugkraft um 11 % am Festpunkt Berücksichtigung finden, sodass die Zugkraft 22 kN − 2,42 kN = 19,58 kN beträgt. Wie in der Tabelle 4.10 dargestellt, beträgt die bezogene Windlast 11,30 N/m für ein Kettenwerk, bestehend aus einem Fahrdraht AC-100 und einem Tragseil Bz 50. Für $b_{5,5} = 0{,}269$ m und $e_{\text{max }5,5\,\text{m}} = 0{,}269$ m

4.11 Spannweitenlänge

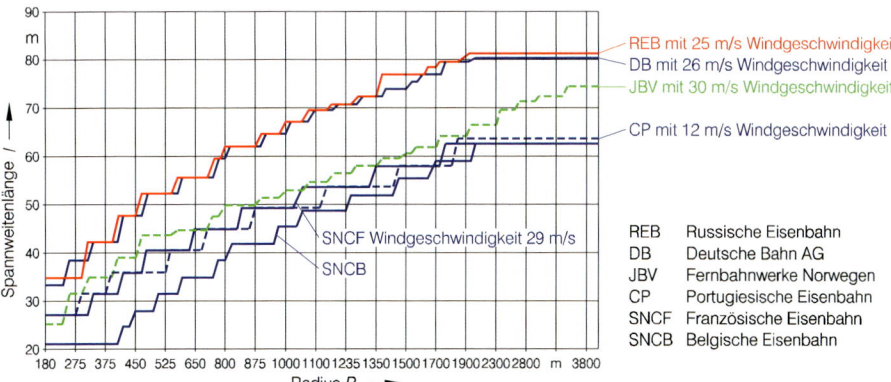

Bild 4.49: Spannweitenlänge und Radius für europäische Bahnunternehmen.

bzw. $b_{5,0} = 0{,}269$ m und $e_{\max 5,0\,\mathrm{m}} = 0{,}303$ m (Tabelle 4.8) wird die mögliche Spannweitenlänge für die Fahrdrahthöhe 5,5 m berechnet zu

$$l_{\max} = \sqrt{8 \cdot (0{,}269\,\mathrm{m} + 0{,}269\,\mathrm{m}) \bigg/ \left(\frac{11{,}30\,\mathrm{N/m}}{19\,580\,\mathrm{N}} + \frac{1}{3400\,\mathrm{m}} \right)} = 70{,}3\,\mathrm{m}$$

und für die Fahrdrahthöhe 5,0 m mit der dabei möglichen 0,303 m Fahrdrahtseitenlage ergibt sich $l_{\max} = 74{,}6$ m. Die Differenz der möglichen Spannweite beträgt 4,3 m zwischen 5,0 m Fahrdrahthöhe und 5,5 m Fahrdrahthöhe.

Beispiel 4.37: Wie lang ist die mögliche Spannweite für die Oberleitung im Beispiel 4.36 im Gleisbogen mit 3400 m Radius und einer Überhöhung $u = 0{,}17$ m? Die Fahrdrahtseitenlagen an den Stützpunkten sind nicht gleich, sondern wechseln zwischen $b_{i-1} = -0{,}3$ m für die 5,0 m Fahrdrahthöhe und 0,265 m für 5,5 m Fahrdrahthöhe sowie $b_i = 0{,}0$ m.
Die *maximale Fahrdrahtseitenlage* $e_{\max}$ beträgt wie im Beispiel 4.36 für die Fahrdrahthöhen 5,5 m und 5,0 m $e_{\max 5,5\,\mathrm{m}} = 0{,}269$ m bzw. $e_{\max 5,0\,\mathrm{m}} = 0{,}303$ m.
Für die Berechnung wird eine Verringerung der Zugkraft um 11 % am Festpunkt berücksichtigt, d. h., die Zugkraft beträgt 22 kN − 2,42 kN = 19,58 kN. Wie in der Tabelle 4.8 dargestellt, beträgt die bezogene Windlast 11,30 N/m für ein Kettenwerk bestehend aus einem Fahrdraht AC-100 und einem Tragseil Bz 50. Für $b_{i-1} = +0{,}3$ m in 5,0 m Fahrdrahthöhe, $b_{i-1} = +0{,}265$ m in 5,5 m Fahrdrahthöhe, $b_i = 0{,}0$ m in 5,0 m Höhe wird die mögliche Spannweitenlänge für die Fahrdrahthöhe 5,5 m berechnet zu

$$\begin{aligned} l_{\max} &= \sqrt{\frac{2 \cdot 19\,580}{11{,}30 + 19\,580/3\,400} \left(2 \cdot 0{,}269 + 0{,}265 + \sqrt{(2 \cdot 0{,}269 + 0{,}265)^2 - (0{,}265)^2}\right)} \\ &= 59{,}9\,\mathrm{m} \end{aligned}$$

und für die 5,0 m Fahrdrahthöhe ergibt sich $l_{\max} = 63{,}6$ m. Die Differenzen der Spannweiten in 5,0 m und 5,5 m Fahrdrahthöhe betragen 3,7 m. Die Differenzen der Spannweiten zwischen der gleichen Fahrdrahtseitenlage $b_{i-1} = b_i = 0{,}3$ m (Beispiel 4.36) und den ungleichen Spannweiten $b_{i-1} = 0{,}3$ m und $b_i = 0{,}0$ m (Beispiel 4.37) betragen rund 11 m. Im Einklang mit ihren

Bild 4.50: Elstertal-Brücke.

Betriebserfahrungen berücksichtigen Bahnbetreiber die Minderung der Tragseilzugspannung häufig nicht.

Die Planung der *Maststandorte* zielt aus wirtschaftlichen Gründen auf maximale Spannweitenlängen unter Beachtung der Mindestseitenverschiebung $\Delta b_\mathrm{m} \geq 1{,}5\,\mathrm{mm/m}$ des Fahrdrahts (Tabelle 4.12) ab. Bild 4.49 zeigt das Verhältnis zwischen Bogenradius und Spannweiten für mehrere europäische Bahnunternehmen.

Beispiel 4.38: Die Eisenbahnstrecke auf der Elstertal-Brücke in Sachsen, der weltweit zweitgrößten Ziegelsteinbrücke (Bild 4.50), soll mit einer interoperablen Oberleitung bespannt werden. Da diese Strecke nach dem Infrastrukturregister dem konventionellen Transeuropäischen Netz (TEN) angehört, soll die Planung den Betrieb mit 1 600-mm- und 1 950-mm-Stromabnehmern berücksichtigen. Dabei bestimmt der 1 600-mm-Stromabnehmer die nutzbare Fahrdrahtseitenlage und der 1 950-mm-Stromabnehmer das mechanisch kinematische Lichtraumprofil für den ungehinderten Durchgang des Stromabnehmers.
Gegeben sind:
- Gleisgerade mit seitlich festgelegtem Schottergleis nach EBO [4.8] mit den zufallsbedingten Seitenverschiebungen für die untere Nachweishöhe $\sum j_\mathrm{u} = 0{,}073\,\mathrm{m}$ und für die obere Nachweishöhe $\sum j_\mathrm{o} = 0{,}095\,\mathrm{m}$
- Windzone W2 mit Basisstaudruck $317\,\mathrm{N/m^2}$ für 10 Jahre Wiederkehrdauer
- Höhe H der Strecke 412 m über NN
- Jahresmitteltemperatur 9,25 °C oder 282,25 K
- Höhe h der Oberleitung über der Talsohle 68 m
- Oberleitungsbauart Re200, bestehend aus Fahrdraht AC-100 – CuAg mit 10 kN, 13 kN oder 15 kN Zugkraft und Tragseil Bz II 50 mm² mit 10 kN Zugkraft
- Vorsorgewert für eine 100 K Oberleitung, deren 3,5 m lange Ausleger an H-Profilmasten befestigt sind $v_\mathrm{T} = 0{,}008\,\mathrm{m}$ $v_\mathrm{S} = 0{,}030\,\mathrm{m}$ und $v_\mathrm{M} = 0{,}025\,\mathrm{m}$

Gesucht sind:
- nutzbare Fahrdrahtseitenlage e_nutz im Höhenprofil 5,0 m bis 6,5 m ohne Einschränkung der nutzbaren Fahrdrahtseitenlage auf 0,4 m
- drei Spannweiten
- Radialkraft am mittleren Stützpunkt

Tabelle 4.14: Nutzbare Fahrdrahtseitenlage e_{nutz}, maximale Fahrdrahtseitenlage $e_{\max}$ und Spannweitenlänge l nach Beispiel 4.38.

Vorgabe nach	EBO		
Fahrdrahthöhe	$\sum j$	e_{nutz}	$e_{\max}$
m	m	m	m
6,5	0,095	0,379	0,339
5,5	-	0,424	0,384
5,0	0,073	0,447	0,407

Kettenwerkszugkraft $H_{\text{FD}} + H_{\text{TS}}$	Fahrdrahthöhe	Spannweitenlänge
kN	m	m
10 +10	5,5	40,4
10 +10	5,0	42,2
13 +10	5,5	42,4
13 +10	5,0	44,3
15 +10	5,5	45,2
15 +10	5,0	47,2

Nutzbare Fahrdrahtseitenlage e_{nutz}

Für das seitlich festgelegte Gleis nach [4.8], wie es auf der Elstertal-Brücke vorhanden ist, mit den zufallsbedingten Seitenverschiebungen ergeben sich für die untere Nachweishöhe $\sum j_{\text{u}} = 0{,}073$ m und für die obere Nachweishöhe $\sum j_{\text{o}} = 0{,}095$ m sowie die nutzbaren Fahrdrahtseitenlagen e_{nutz} nach Gleichung (4.103) für die untere Nachweishöhe $h_{5{,}0}$ zu

$$e_{\text{nutz}} = l_{\text{A}}/2 - \frac{2{,}5}{R} - \frac{l - 1{,}435}{2} - 0{,}15 \cdot u \cdot h + 0{,}075 \cdot u + 0{,}0099 \cdot h - 0{,}00495$$
$$- \left\{ (0{,}11 + \sum j_{\text{u}}) + \frac{h - 5{,}0}{6{,}5 - 5{,}0} \cdot \left[(0{,}17 + \sum j_{\text{o}}) - (0{,}11 + \sum j_{\text{u}}) \right] \right\}$$
$$= 0{,}600 - 0 - \frac{1{,}465 - 1{,}435}{2} - 0 + 0 + 0{,}0099 \cdot 5{,}0 - 0{,}00495$$
$$- \left\{ (0{,}11 + 0{,}073) + \frac{5{,}0 - 5{,}0}{6{,}5 - 5{,}0} \cdot \left[(0{,}17 + 0{,}095) - (0{,}11 + 0{,}073) \right] \right\} = 0{,}447 \, \text{m} \ ,$$

für die obere Nachweishöhe $h_{6{,}5}$ zu 0,379 m und für die Fahrdrahthöhe $h_{5{,}5}$ zu 0,424 m.

Vorsorgewert v

Der *Vorsorgewert* v innerhalb einer halben Nachspannlänge ist nicht gleich groß. Vom sich nicht drehenden Festpunktausleger mit $v_{\text{T}} = 0{,}000$ m bis zum letzten befahrenen Stützpunkt vor der Nachspannung, die rund 700 m vom Festpunkt entfernt ist, steigt der temperaturbedingte Wert bis $v_{\text{T}} = 0{,}008$ m an. Für die Berechnung ist der größte Wert $v_{\text{T}} = 0{,}008$ m zu wählen, sodass sich ergibt

$$v = \sqrt{v_{\text{T}}^2 + v_{\text{S}}^2 + v_{\text{M}}^2} = \sqrt{0{,}008^2 + 0{,}030^2 + 0{,}025^2} = 0{,}040 \, \text{m} \quad .$$

Der Vorsorgewert v soll im Höhenbereich 5,0 m bis 6,5 m gelten.

Maximale Fahrdrahtseitenlage e_{max}

Unter Berücksichtigung von

$$e_{max} \leq e_{nutz} - v$$

folgen für die maximale Fahrdrahtseitenlage e_{max} die Werte nach Tabelle 4.14.

Basiswindgeschwindigkeit v_b

Die Elstertal-Brücke befindet sich in der Windzone W2 mit der $390 \, \text{N/m}^2$ Basisstaudruck für die 50-jährige-Wiederkehrdauer nach DIN EN 1991-1 NA:2010. Mit dem Diagramm Bild 2.28 lässt sich der Basisstaudruck $q_{b;0,02} = 390 \, \text{N/m}^2$ in den Basisstaudruck für eine zehnjährige Wiederkehrdauer für den Nachweis der Gebrauchstauglichkeit umrechnen zu

$$q_{b\,0.10} = 390 \cdot 0{,}902^2 = 317 \, \text{N/m}^2 \quad .$$

Höhenabhängiger Bemessungsstaudruck q_h

Der *höhenabhängige Bemessungsstaudruck* q_h lässt sich unter Berücksichtigung der Höhe der Oberleitung über der Talsohle $h = 68 \, \text{m}$ nach Gleichung (2.6) ermitteln zu

$$q_{h=68} = 2{,}1 \cdot q_b \cdot \left(\frac{h}{10}\right)^{0{,}24} = 2{,}1 \cdot 317 \cdot \left(\frac{68}{10}\right)^{0{,}24} = 1\,055 \, \text{N/m}^2 \quad .$$

Windlast F'_W

Die aus q_b und q_h folgende Windlast F'_W berechnet sich nach Gleichung (4.118) für den Fahrdraht AC-100 mit $G_C = 1{,}00$, $C_C = 1{,}2$ und $d = 0{,}012$ zu

$$F'_{W\,FD} = q_h \cdot G_C \cdot C_C \cdot d = 1055 \cdot 1{,}00 \cdot 1{,}2 \cdot 0{,}012 = 15{,}2 \, \text{N/m}$$

und für das Tragseil mit einem Durchmesser $d = 0{,}009 \, \text{m}$ zu

$$F'_{W\,TS} = q_h \cdot G_C \cdot C_C \cdot d = 1055 \cdot 1{,}00 \cdot 1{,}2 \cdot 0{,}009 = 11{,}4 \, \text{N/m} \quad .$$

Für das Kettenwerk ergibt sich nach Addition der Windlast des Fahrdrahts und Tragseils sowie der Multiplikation mit dem Faktor 1,15 zur Berücksichtigung der Hänger, Y-Beiseile und Klemmen die Windlast des Kettenwerks zu

$$F'_{W\,Ol} = (15{,}2 + 11{,}4) \cdot 1{,}15 = 30{,}6 \, \text{N/m} \quad .$$

Maximale Spannweitenlänge l

Für die Berechnung der größtmöglichen Spannweitenlänge in der Gleisgeraden ist die maximale Fahrdrahtseitenlage e_{max} unter Berücksichtigung der Fahrdrahtzugkraft 10 kN, 13 kN und 15 kN sowie jeweils 10 kN Tragseilzugkraft und der Fahrdrahtseitenlage am Stützpunkt maßgebend. Die Seitenverschiebungen seien $b = \pm 0{,}30 \, \text{m}$. Die größtmögliche Spannweite l findet man mit den Bezeichnungen nach Bild 4.29 und der Gleichung (4.123) zu

$$l_{max} = 2 \sqrt{\frac{H_{Ol}}{F'_{W\,Ol}} \left(e_{max} + \sqrt{e_{max}^2 - b^2}\right)} \quad .$$

Mit Zahlenwerten ergibt sich für die Fahrdrahthöhe 5,5 m mit $e_{max} = 0{,}384 \, \text{m}$

$$l_{max} = 2 \sqrt{\frac{20\,000}{30{,}6} \left(0{,}384 + \sqrt{0{,}384^2 - 0{,}3^2}\right)} = 40{,}5 \, \text{m} \quad .$$

Die berechneten Spannweiten l sind in der Tabelle 4.14 enthalten.

Änderung der Seitenverschiebung des Fahrdrahts

Die Änderung der Seitenverschiebung des Fahrdrahts ergibt sich aus der Fahrdrahtseitenlage an den Stützpunkten und der Spannweitenlänge l. Sie berechnet sich für die größte Spannweitenlänge l in der Tabelle 4.14 zu

$$\Delta b_\mathrm{m} = (|b_1| + |b_2|) \cdot 1000/l = (|0{,}3| + |0{,}3|) \cdot 1000/47{,}2 = 12{,}7\,\mathrm{mm/m}$$

Die *minimale Änderung der Seitenverschiebung* des Fahrdrahts $\Delta b_\mathrm{m} \geq 1{,}5\,\mathrm{mm/m}$ lässt sich in jeder Spannweitenlänge der Tabelle 4.14 für die Oberleitung der Elstertalbrücke einhalten.

Radialzugkraft an den Stützpunkten

Die Radialzugkraft an den beiden mittleren Stützpunkten berechnet sich nach Gleichung (4.74) mit der Fahrdrahtseitenlage $b_{i-1} = -b_i = 0{,}3\,\mathrm{m}$ zu

$$F_\mathrm{R} = 4 \cdot H_\mathrm{FD} \cdot b/l$$

und mit Zahlenwerten für die längste Spannweite in Tabelle 4.14 ergibt sich bei der Fahrdrahtzugkraft 15 kN

$$F_\mathrm{R} = 4 \cdot 15\,000 \cdot 0{,}3/47{,}2 = 381\,\mathrm{N}\quad.$$

Die erhaltene Radialkraft wird für die Mastberechnung genutzt und findet sich im vorgegebenen Bereich $80\,\mathrm{N} \leq F_\mathrm{R} \leq 2\,000\,\mathrm{N}$.

Bewertung

Die Berücksichtigung der Brückenhöhe über dem Gelände, wie im Beispiel Elsterta-Brücke dargestellt, zeigt deren erheblichen Einfluss. Nach den bisher verwendeten Berechnungsannahmen, die für konventionelle Oberleitungen in der Windzone W2 26 m/s Windgeschwindigkeit und damit 11,44 N/m Windlast festlegen, ließen sich für eine interoperable Oberleitung Re200i auf der Brücke 63,9 m Spannweiten realisieren.

Sieben Meter größere Spannweitenlängen ließen sich mit 5,0 m anstatt mit 5,5 m Fahrdrahthöhe und der Erhöhung der Fahrdrahtzugkraft von 10 kN auf 15 kN erreichen.

4.12 Ablauf zum Nachweis der Gebrauchsfähigkeit

Folgende Schritte sind für den Nachweis der Gebrauchsfähigkeit von Oberleitungen notwendig:

1. Berechnung e_nutz
2. Ermittlung des Vorsorgewerts v
3. Berechnung e_max
4. Ermittlung der Windzone W1 bis W4
5. Ermittlung der Basiswindgeschwindigkeit mit 50jähriger Wiederkehrdauer v_b
6. Berechnung der Basiswindgeschwindigkeit mit 10jähriger Wiederkehrdauer v_b
7. Berechnung des Basisstaudrucks q_b
8. Berechnung des höhenabhängiger Bemessungsstaudrucks q_h
9. Berechnung der Windlast auf den Leiter F'_w
10. Berechnung der Rückstellkräfte und Abzug dieser von der Fahrdraht- und Tragseilzugkraft
11. Berechnung der Längsspannweite l

4.13 Literatur

4.1 *Ungvari, S.; Paul, G.*: Oberleitung Sicat H1.0 für die Neubaustrecke Köln–Rhein/Main. In: Elektrische Bahnen 96(1998)7, S. 236–242.

4.2 *Bausch, J.; Kießling, F.; Semrau, M.*: Hochfester Fahrdraht aus Kupfer-Magnesiumlegierungen. In: Elektrische Bahnen 92(1994)11, S. 295–300.

4.3 *Payan Cuevas, F.; Puschmann, R.; Vega, T.*: Overhead contact line maintenance for the Madrid–Lérida high-speed line. In: Elektrische Bahnen 106(2008)5, S. 211–221.

4.4 *Bobillot, A.; Mentel, J.-P.*: World record – 574,8 km/h on rails. In: Elektrische Bahnen 107(2009)9, S. 396–375.

4.5 *Kiessling, F.; Nefzger, P.; Nolasco, J. F.; Kaintzyk, U.*: Overhead power lines – Planning, design, construction. Springer-Verlag, Berlin-Heidelberg-New York, 2003.

4.6 *Schmidt, P. u. a.* VEM Handbuch, Energieversorgung elektrischer Bahnen. VEB Verlag Technik, Berlin, 1975.

4.7 *Deutsche Bahn AG, Ebs 02.05.61*: Spann- und Durchhangskurven zum Einregulieren der Festpunktverankerungsseile (Höchstspannung 8 000 N bei $-30\,°C$). Frankfurt, 1997.

4.8 *EBO*: Eisenbahn-Bau- und Betriebsordnung. Bundesrepublik Deutschland, BGBl. 1967 II S. 1563, letzte Fassung in: BGBl. 2008 I S. 467.

4.9 *VDV Schrift 550*: Oberleitungsanlagen für Straßen und Stadtbahnen. Verband Deutscher Verkehrsunternehmen, Köln, 2003.

4.10 *UIC Kodex 799*: Kenndaten für Oberleitungen mit AC- Versorgung für Strecken, die mit Geschwindigkeiten über 200 km/h. UIC, Paris, 2001.

4.11 *Preußisch-heßische, bayerische und badische Staatseisenbahnen* Übereinkommen betreffend die Ausführung elektrischer Zugförderung. Berlin-München-Karlsruhe, 1912/1913.

4.12 *Entscheidung 2011/291/EU*: Technische Spezifikation für die Interoperabilität des Fahrzeug-Teilsystems Lokomotiven und Personenwagen des konventionellen transeuropäischen Eisenbahnsystems (TSI LOC&PAS CR). In: Amtsblatt der Europäischen Union 2011, DE Nr. L139, S. 1–186.

4.13 *Groh, T.; Harprecht, W.; Puschmann, R.*: Interoperabilität elektrischer Bahnen – 100 Jahre Vereinbarung für 15 kV 16 2/3 Hz. In: Elektrische Bahnen 10(2012)12, S. 686–699.

4.14 *Wili, U.*: Vereinheitlichte Stromabnehmerwippe – die Europawippe. In: Elektrische Bahnen 92(1994)11, S. 301–304.

4.15 *Deutsche Bahn AG, Ebs 02.05.29*: Toleranzen für Oberleitungen. München, 1982.

4.16 *Deutsche Bahn AG, Ebs 02.03.20*: Verwendung der IPB-Maste auf der freien Strecke. München, 1974.

4.17 *Deutsche Reichsbahn*: Dienstvorschrift für die Ausführung und die Festigkeitsberechnung der Fahrleitungen für Wechselstrombahnen mit 15 kV. München, 1931.

4.18 *Deutsche Reichsbahn, Ezs 837*: Bauzeichnung, Wechselstromfernbahn, Seitliche Festlegung des Fahrdrahts, abhängig vom Bogenhalbmesser R und der Windgeschwindigkeit w für Reichsstromabnehmer 1950. München, 1931.

4.19 *Deutsche Bundesbahn*: Richtlinien für die Errichtung von Fahrleitungen für 15 kV und 25 kV Nennspannung und Regelstromabnehmer (Fahrleitungsrichtlinien). München, 1953.

4.20 *Olv 1*: Vorschrift für Oberleitungsanlagen, Teilheft 1: Errichtung und Instandhaltung von Oberleitungsanlagen, Oberleitungsvorschrift (Entwurf). Deutsche Bundesbahn, Frankfurt, 1986.

4.21 *UIC Kodex 608*: Bedingungen für Stromabnehmer der Triebfahrzeuge im internationalen Verkehr. UIC, Paris, 1. Ausgabe, 1971.

4.22 *Richtlinie 997.0104*: Oberleitungsanlagen planen, errichten und instandsetzen. Deutsche Bundesbahn, Frankfurt, 1993.

4.23 *Richtlinie 997.0101*: Oberleitungsanlagen; Allgemeine Grundsätze. Deutsche Bahn AG, Frankfurt, 1995.

4.24 *Richtlinie 997*: Oberleitungsanlagen; Allgemeine Grundsätze. Deutsche Bahn AG, Frankfurt, 2001.

4.25 *Beschluss 2011/274/EG*: Technische Spezifikation für die Interoperabilität des Teilsystems „Energie" des konventionellen transeuropäischen Eisenbahnsystems. In: Amtsblatt der Europäischen Union 2011, DE Nr. L126, S. 1–52.

4.26 *Nickel, T.*: Untersuchung zur Auswirkung der verminderten Fahrdraht – Seitenlage auf das Ebs – Zeichnungswerk. Diplomarbeit, TU Dresden, 2011.

4.27 *Richtlinie 800.0110*: Netzinfrastruktur; Technik entwerfen, Linienführung. Deutsche Bahn AG, Frankfurt, 2008.

4.28 *UIC Kodex 606-1*: Gestaltung des Oberleitungssystems unter Berücksichtigung der Auswirkungen der Kinematik der Fahrzeuge nach den UIC-Blättern der Reihe 505. UIC, Paris, 1987.

4.29 *Puschmann, R.*: Maximale Fahrdrahtseitenlage und Spannweiten für interoperable Strecken. In: Elektrische Bahnen 110(2012)7, S. 336–348.

4.30 *Berthold, G.*: Mindestfahrdrahthöhe bei der Deutschen Bahn. In: Elektrische Bahnen 100(2002)10, S. 404–408.

4.31 *Wlassow, I. I.*: Fahrleitungsnetz. Fachbuchverlag, Leipzig, 1955.

4.32 *Puschmann, R.*: Contact wire lateral position and span lengths of interoperable lines. In: Elektrische Bahnen 110(2012)11, S. 612–632.

4.33 *Puschmann, R.*: Zulässige Fahrdrahtseitenlage für interoperable Strecken. In: Elektrische Bahnen 110(2012)6, S. 270–279.

4.34 *SBB*: Anordnung der Parallelführung mit Auslegern – Grundlagen. Zeichnung Nr.: 0162.2010.0003. SBB, Bern, 1980.

5 Ströme und Spannungen im Fahrleitungsnetz

5.0 Symbole und deren Bedeutung

Symbol	Bezeichnung	Einheit
A	Leiterquerschnitt, Schienenquerschnitt	mm²
C'_{CE}	Kapazitätsbelag einer Schiene gegen Erde	µF/m
C'_{TE}	Kapazitätsbelag eines oder mehrerer Gleise gegen Erde	µF/m
I	Strom	A
I'	Stromdichte	A/mm²
$\underline{I}_{\mathrm{b}}$	bekannter Strom	A
I_{a}	Ausgleichsstrom zwischen Unterwerken	A
$I_{\max}$	größter Enteisungsstrom zwischen Unterwerken	A
$I_{\min}$	kleinster Enteisungsstrom zwischen Unterwerken	A
I_{th}	thermisch gleichwertiger Kurzschlussstrom	kA
I_{FD}	Strom im Fahrdraht zum Enteisen	A
$\underline{I}_{\mathrm{e}}$	gesuchter Strom	A
$\mathbf{I}_{\mathrm{e}}$	Vektor der unbekannten Ströme	A
I''_{rG}	Generatorbemessungsstrom	kA
I''_{K}	Anfangskurzschluss-Wechselstrom	kA
I_{Kd}	Dauerkurzschlussstrom	kA
I_{Ka}	Ausschaltkurzschluss-Wechselstrom	kA
I_{KW}	Strom im Kettenwerk zum Enteisen	A
$I_{\mathrm{K\,min}}$	minimaler Kurzschluss-Wechselstrom	kA
I_{K}	Einspeisestrom am Punkt i	A
I_{P}	Stoß-Kurzschlussstrom	kA
I_{R}	Strom im Gleis	A
I_{RL}	Strom im Rückleiter	A
I'_{S}	Streustrombelag	A/m
I_{T}	Messstrom	A/m
$I_{\max}$	größter Strommittelwert	A
I_{an}	anodischer Teilstrom	A
I_{12}	Strom zwischen den Punkten 1 und 2	A
I_{p}	Spitzenwert des Blitzstroms	kA
I'_{KW}	gleich verteilte Streckenlast	A/m
$|\underline{I}_{\mathrm{P}i}|$	Absolutwert des mittleren Stromes, den der Zugs i entnimmt	A
I_{t}	Streustrom in parallelen Leitern	A
I_{tot}	Gesamtstrom im Leiter	A
I_{trc}	Traktionsstrom	A

Symbol	Bezeichnung	Einheit
$I_{ka}Z$	kathodischer Teilstrom	A
L	Induktivität	mH
L_C	charakteristische Länge	km
L_E	Länge eines Banderders	m
L_{trans}	Übergangslänge	m
L'_{ex}	äußerer Induktivitätsbelag des Leiters	mH/m
L'_{in}	innerer Induktivitätsbelag des Leiters	mH/m
G'_{RE}	Ableitungsbelag	S/m
G'_{RE}	bezogene Ableitung	S/m
$G'_{RE\,eff}$	wirksamer Ableitungsbelag	S/m
G'_{RS}	Ableitungsbelag zwischen Rückleitung und Bauwerk	S/m
G'_{SE}	Ableitungsbelag zwischen Bauwerk und Erde	S/m
M	Anzahl der Berechnungsschritte im betrachteten Zeitabschnitts	–
P_d	größte Tagesmittelleistung	kW
P_h	Stundenmittelleistung	kW
P_{hx}	variable Grenze der Stundenmittelleistung	kW
$P_{h\,max}$	größte Stundenmittelleistung	kW
P_j	Jahresmittelleistung	kW
N	Anzahl der Integrationsschritte bei der Simulation	–
R	reeller Anteil der Impedanz	Ω
R'_C	Widerstandsbelag eines Leiters	Ω/m
R_E	gemessener Bodenwiderstand	Ω
R'_E	Bodenwiderstandsbelag	Ω/m
R'_{Rl}	bezogener Widerstand einer Schiene	Ω/m
R'_T	Messwert des Widerstandsbelags	Ω/m
R_{Euw}	Erdausbreitungswiderstand im Unterwerk	Ω
R'_{tot}	Widerstandsbelag paralleler Leiter	Ω/m
$R_{Räq}$	äquivalenter Gleiswiderstand	Ω
R_{Kreis}	Schleifenwiderstand im Kurzschlusskreis	Ω
R_{a1}	Schuhsohlenwiderstand	Ω
R_{trc}	Triebfahrzeugwiderstand	Ω
R_{dis}	Stoßerdungswiderstand	Ω
S''_K	Anfangskurzschluss-Wechselstromleistung	MVA
T	Integrations- oder Untersuchungszeitraum für den Zug i	s
T_i	Referenzzeitdauer für die Ermittlung der zeitgewichteten Belastung	s, min
S_{trc}	Leistung des Zuges	kW
$U_{j,k}(t)$	augenblickliche Spannung bei der Ermittlung von $U_{mean\,useful}$ $\underline{U}_b$ bekannte Spannungen	V
U_{C1}	zulässige Körperspannung	V
$\underline{U}_e$	gesuchte Spannungen	V
U_{PE}	Spannung zwischen Punkt und Bezugserde	V
U_R	Spannung im Gleis	V
U_{RE}	Schienenpotenzial	V

5.0 Symbole und deren Bedeutung

Symbol	Bezeichnung	Einheit
U_{RP}	Spannung zwischen Schiene und Punkt P	V
U_S	Längsspannung zwischen zwei Punkten eines Bauwerks	V
U_S	treibende Spannung	V
U_{RS}	Spannung zwischen Rückleitung und Bauwerk	V
$\underline{U}_{Pi}$	augenblickliche rms-Spannung am Stromabnehmer des Zuges i	V
U_{SE}	Spannung zwischen Bauwerk und Erde	V
U_{SS}	Sammelschienenspannung	V, kV
$\underline{U}_{iE}$	Einspeisespannung am Punkt i	V
U_T	Messspannung	V
U_{trc}	Spannung am Stromabnehmer	V
$U_{mean\,useful}$	mittlere nutzbare Spannung	V
$\mathbf{U}_x$	äquivalenter Spannungsvektor	V
$U_{te\,max}$	höchste zulässige Berührungsspannung	V
U_{uw}	Speisespannung im Unterwerk	V
V_G	Volumen einer Betongründung	m³
$W1, W2$	Stromwandler	–
W_j	jährlicher Energiebedarf	kWh
W_P	Wirkenergie je Zugfahrtzyklus	kWh
W_Q	Blindenergie je Zugfahrtzyklus	kWh
X	reaktiver Anteil der Impedanz	Ω
X_{trc}	Triebfahrzeugreaktanz	Ω
X'_{ex}	äußerer Reaktanzbelag des Leiters	mΩ/km
X'_{in}	innerer Reaktanzbelag des Leiters	mΩ/km
$X'_{in\,R}$	innerer Reaktanzbelag einer Schiene	mΩ/km
X'_{ik}	Gegenreaktanzbelag des Leiters	mΩ/km
Z'	Impedanzbelag einer Strecke	Ω/km
Z_A	Abschlussimpedanz einer Strecke	Ω
Z_E	äquivalente Teilmatrix der Koppelimpedanzmatrix	Ω
Z_i	Teilmatrizen der Koppelimpedanzmatrix	Ω
$\underline{Z}_{line}$	Streckenimpedanz	Ω
Z_k	Kurzschlussimpedanz des Netzes	Ω
Z'_{KE}	Kopplungsimpedanzbelag der Gleis-Erde-Schleife	Ω/m
$|\underline{Z}|$	Modul oder Absolutwert der Impedanz	Ω
Z_{12}	Impedanz zwischen den Punkten 1 und 2	Ω
Z'_T	Messwert des Impedanzbelags	Ω/m
$\underline{Z}'_{ii}$	Eigenimpedanz einer Schleife i	Ω/km
$\underline{Z}'_{ik}$	Gegenimpedanz der Schleifen i und k	Ω/km
$\underline{Z}'_{in\,R}$	innere Impedanz der Scienen	Ω/km
a	Abstand zwischen Messelektroden	m
a_1	Faktor für Erhöhung der zulässigen Berührungsspannung	m
a_2	Faktor für Erhöhung der zulässigen Berührungsspannung	m
a_{ik}	gegenseitiger Abstand der Leiter i und k in den beiden Schleifen	m
c_d	Tagesfaktor	–

Symbol	Bezeichnung	Einheit
c_h	Stundenfaktor	–
c_S	Spannungsfaktor	–
d_G	Ersatzdurchmesser einer Betongründung	m
f	Stromfrequenz	Hz
h_m	mittlere Höhe des Kettenwerks	m
h_{FD}	Fahrdrahthöhe	m
k	Kopplungsfaktor	–
k_a	überbrückbarer Teil des Schienenpotenzials	–
k_{FD}	Anteil des Stroms im Fahrdraht am Strom im Kettenwerk	–
l	Länge des Leiters	km, m
l_T	Messlänge	km, m
l_T	Messlänge	km, m
l_{max}	größte Abschnittslänge zwischen zwei Unterwerken	km
l_{min}	kleinste Abschnittslänge zwischen zwei Unterwerken	km
m'	Massenbelag, längenbezogene Masse	kg/m
n_R	Anzahl paralleler Schienen	–
m_P	Faktor zur Berücksichtigung der Wärmewirkung der Gleichstromkomponente	–
n	Anzahl der Züge im betrachteten Abschnitt	–
n_R	Anzahl paralleler Schienen	–
n_P	Faktor zur Berücksichtigung der Wärmewirkung der Wechselstromkomponente	–
p_H	ph-Wert	–
r	Leiterradius	mm
$r_{äq}$	äquivalenter Leiterradius	mm
$r_{äqA}$	äquivalenter Schienenradius	mm
r_{ers}	Ersatzradius des Kettenwerks	m
t_B	Stromeindringtiefe im Boden	m
t_E	Tiefe eines Tiefenerders	m
t_D	Zeitschrittweite für die Ermittlung der zeitgewichteten Belastung	s, min
t^*	Zeitfenster für die Ermittlung der zeitgewichteten Belastung	s, min
t	Zeitdauer	s
t_K	Wirkdauer des Kurzschlusses	s
t_{RE}	Kommandozeit eines Schutzrelais	s
t_{SA}	Ausschaltzeit eines Leistungsschalters	s
t_{zz}	Quotient aus Zeitdauer t_{an} zwischen zwei Zuganfahrten und gesamter Zeitdauer t_{ges}	–
v_p	Variationskoeffizient der der Stundenleistung	–
v_W	Windgeschwindigkeit	m/s
$\Delta \underline{U}$	Spannungsfall	V
$\Delta \underline{U}_l$	Längsspannungsfall	V
$\Delta \underline{U}_{xe}$	Spannungsfall bei einseitiger Speisung ohne Querkupplung	V
$\Delta \underline{U}_q$	Querspannungsfall	V
$\Delta \underline{U}_{max}$	Maximaler Spannungsfall	V

Symbol	Bezeichnung	Einheit
ΔP	Leistungsverlust	W
α_R	Temperaturkoeffizient des Widerstands	1/K
β	Winkelmaß	1/km
ε_r	relative Permittivität	–
ε_0	elektrische Feldkonstante $8{,}85 \cdot 10^{-9}$	F/km
γ	Fortpflanzungskonstante	1/km
κ_P	Kurzschlussstoßfaktor	–
λ_{dx}	Grenze der Variablen der normierten Gauß-Verteilung	–
λ_P	Faktor nach DIN EN 60 865-1	–
φ	Phasenwinkel, allgemein	°
φ_Z	Phasenwinkel der Impedanz	°
μ	Permeabilität der Erde	V s/(A m)
μ_o	Permeabilitätskonstante	V s/(A m)
μ_P	Abklingfaktor für Kurzschluss	–
μ_r	relative Permeabilität	–
ω	Kreisfrequenz	s^{-1}
ϱ_E	spezifischer Bodenwiderstand	Ω·m
ϱ_{20}	spezifischer Widerstand bei 20 °C	Ω·m
ϑ	Leitertemperatur	°C
ϱ	spezifischer Widerstand	Ω·m,
κ	spezifische Leitfähigkeit	$1/\varrho$ 1/Ω·m
σ_p	Standardabweichung der Stundenleistung	kW
θ_{air}	lufttemperatur bei Enteisung	°C

5.1 Elektrische Eigenschaften von Fahrleitungen

5.1.1 Grundlegende Zusammenhänge

Elektrotechnische Eigenschaften wie *Impedanz*, *Stromaufteilung* und *Stromtragfähigkeit* bestimmen das *Energieübertragungsverhalten* einer Fahrleitungsanlage. Die elektrischen Eigenschaften einer Fahrleitung und die dazu gehörigen, für die elektrischen Anlagen und die Betriebsführung erforderlichen Schutzanlagen werden im Hinblick auf den über die Fahrleitungsanlage zu übertragenden Strom ausgelegt. Wenn die Kenngrößen der Übertragung und Ströme bekannt sind, ist es möglich, auch die von einer elektrifizierten Bahnstrecke ausgehenden *elektromagnetischen Beeinflussungen* zu ermitteln. Die Fahrleitungsanlage kann als ein langer, oberhalb der Erde angeordneter Leiter betrachtet werden. Das Bild 5.1 zeigt schematisch den Aufbau der Energieversorgung.

Die Aufgaben innerhalb der Fahrleitungsanlage sind:
- Das Unterwerk stellt die elektrische Energie mit einer Quellenspannung $\underline{U}_{12}$ und dem Strom $\underline{I}_{trc}$ zur Verfügung.
- Die Energie wird vom Unterwerk zu den Triebfahrzeugen über die Fahrleitung übertragen. Die Streckenimpedanz $\underline{Z}$ im Falle von AC-Versorgungen oder der Widerstand R im Falle von DC-Versorgungen verursacht einen Spannungsfall $\Delta \underline{U}$

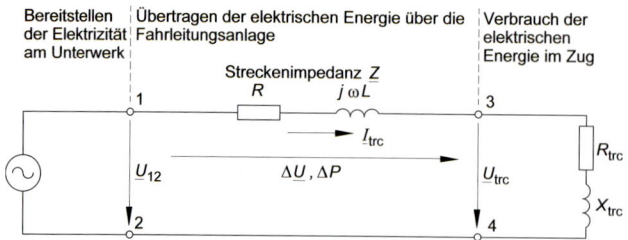

Bild 5.1: Schematische Darstellung der Bahnenergieversorgung.

und einen Leistungsverlust ΔP entlang der Fahrleitung, wobei der Rückstromkreis eingeschlossen ist.
- Die elektrische Leistung hängt vom Betriebszustand des Zuges im entsprechenden Zeitpunkt ab.
- Der Traktionsstrom $\underline{I}_{\mathrm{trc}}$ fließt über den Rückstromkreis, der aus den Schienen und den Rückleitern besteht, zum Unterwerk zurück. Bei AC-Versorgungen ist die Erde Teil des Rückstromkreises.

Die nachfolgenden Gleichungen wurden für Einphasen-AC-Bahnen formuliert. Da es keine reaktiven Komponenten bei DC-Versorgungen gibt, können die für DC-Bahnen geltenden einfacheren Zusammenhänge aus den auf AC-Anlagen bezogenen Gleichungen durch Ersatz der Impedanz durch den Widerstand erhalten werden.

Die Leistung $\underline{S}_{\mathrm{trc}}$ des Zuges übertragen Stromabnehmer unter den entsprechenden Bedingungen von der Fahrleitung auf den Zug und ergibt den komplexen Wert

$$\underline{S}_{\mathrm{trc}} = \underline{U}_{\mathrm{trc}} \cdot \underline{I}^*_{\mathrm{trc}} \quad , \tag{5.1}$$

wobei $\underline{U}_{\mathrm{trc}}$ die Spannung am Stromabnehmer und $\underline{I}^*_{\mathrm{trc}}$ der konjugiert komplexe Wert des Stromes sind. Die Fahrleitungsanlage muss diese Leistung vom Unterwerk zum Stromabnehmer übertragen. Die Fahrleitung und der Rückstromkreis bilden einen elektrischen Widerstand für die Energieübertragung. Dieser Widerstand lässt sich durch Anlegen einer Spannung zwischen den Punkten 1 und 2 entsprechend Bild 5.1 und Kurzschließen der Punkte 3 und 4 messen. Die Größe der Impedanz $\underline{Z}_{12}$ wird aus der Spannung $\underline{U}_{12}$, die zwischen den Punkten 1 und 2 anliegt, und dem damit fließenden Strom $\underline{I}_{12}$ bestimmt. Dieser Widerstand, auch als *Impedanz* bezeichnet, ist der komplexe Wert

$$\underline{Z}_{12} = \underline{U}_{12}/\underline{I}_{12} \quad . \tag{5.2}$$

Die Impedanz hat eine reelle Komponente R und eine *reaktive Komponente* X:

$$X = \omega L \quad . \tag{5.3}$$

In dieser Formel bedeutet ω die *Kreisfrequenz*. Diese ist proportional zur Frequenz f des Traktionsenergienetzes:

$$\omega = 2\pi f \quad . \tag{5.4}$$

In (5.3) ist L die *Induktivität* der Anlage zwischen den Punkten 1 und 2. Diese kann ebenfalls gemessen werden, wenn die Punkte 3 und 4 kurzgeschlossen sind. Die *reelle Komponente* R der Impedanz ist der *Wirkwiderstand* der Fahrleitung und des Rückstromkreises. Die Impedanz ist daher

$$\underline{Z}_{12} = R + \mathrm{j}\,\omega\,L \quad . \tag{5.5}$$

Ausgedrückt in allgemein verwendeten Formaten kann $\underline{Z} = \underline{Z}_{12}$ geschrieben werden als

$$\underline{Z} = R + \mathrm{j}\,\omega\,L = R + \mathrm{j}\,X = |\underline{Z}|\angle \arctan(X/R) = |\underline{Z}|\angle \varphi_Z \quad . \tag{5.6}$$

In der Gleichung (5.6) ist $|\underline{Z}|$ der absolute Wert (*Modul*) der Impedanz und $\arctan(X/R)$ der *Phasenwinkel* φ_Z. Die angegebene Darstellung in der *CIS-Form* wird durch DIN EN 60 027-1 empfohlen und ist international gebräuchlich. Der Term $\angle \varphi_Z$ steht dabei für $e^{\mathrm{j}\,\varphi_Z} = \exp(\mathrm{j}\,\varphi_Z) = \cos\varphi_Z + \mathrm{j}\sin\varphi_Z$.

5.1.2 Impedanzen

5.1.2.1 Komponenten

Die Impedanz der aus der Fahrleitung und dem Rückstromkreis bestehenden Schleife wird allgemein als *Fahrleitungs- oder Streckenimpedanz* bezeichnet. In DC-Bahnanlagen wird die Leitungsimpedanz aus den Widerständen der parallelen Fahrleitungen, Verstärkungsleitungen oder -kabel und dem Rückstromkreis bestehend aus dem Gleiswiderstand einschließlich aller parallelen Rückleiter erhalten. Die Impedanzen der Fahrleitungen werden üblicherweise in Bezug zur Länge gesetzt und als Belagsgrößen längenbezogen angegeben.

5.1.2.2 Widerstandsbelag

Der *Widerstandsbelag* der Leiter, Drähte, Kabel und Schienen wird aus den elektrischen Eigenschaften der Werkstoffe, aus denen diese Komponenten hergestellt sind, und aus deren Maßen bestimmt. Eine Zusammenstellung der Materialeigenschaften, die sich in Normen und Veröffentlichungen über Fahrleitungsmaterialien finden lassen, sind in den Tabellen 5.1 bis 5.4 angegeben. Der Widerstandsbelag von Drähten, Leitern, Schienen und der Erde wird im Folgenden bestimmt.

Drähte und Seile

Der Widerstandsbelag von Drähten und Seilen wird berechnet aus

$$R'_\mathrm{C} = R/l = \varrho \cdot l/(A \cdot l) = \varrho/A = 1/(\kappa \cdot A) \quad , \tag{5.7}$$

wobei
- ϱ spezifischer Widerstand in $\Omega \cdot$m,
- κ spezifische Leitfähigkeit $1/\varrho = 1/\Omega \cdot$m,
- l die Länge in m oder km,
- A den Querschnitt in mm²

Tabelle 5.1: Widerstandsbeläge von Leitungen bei 20 °C und 40 °C, Werte in mΩ/km.

Leiter	A mm²	R' bei 20 °C neu	20 % abgenutzt	R' bei 40 °C neu	20 % abgenutzt
Fahrdrähte					
AC-80–Cu	80	223	278	240	300
AC-100–Cu	100	179	223	193	240
AC-120–Cu	120	149	186	160	200
AC-150–Cu	150	119	149	128	160
Tragseile					
Cu	50[1)]	360	–	390	–
Cu	70	271	–	292	–
Cu	95	191	–	206	–
Cu	120	153	–	165	–
Cu	150	121	–	131	–
Bz II	50[1)]	561	–	605	–
Bz II	70	422	–	455	–
Bz II	95	298	–	321	–
Bz II	120	237	–	255	–
Bz II	150	189	–	204	–
Stahl	50[1)]	3 880	–	4 230	–
Stromschienen					
Weicheisen	5 100	22,5	–	25,2	–
Weicheisen	7 625	15,0	–	16,8	–
Verbund[2)]	5 100	6,8	–	7,3	–
Verbund[2)]	2 100	16,4	–	17,6	–
Verstärkungs- und Speiseleitungen					
243-AL1	240	118	–	126	–
625-AL1	625	45	–	48	–

[1)] siebendrähtig, [2)] Aluminium-Stahl Verbundschiene

bedeuten. Der *spezifische Widerstand* ϱ des Leitmaterials hängt auch von der Temperatur ab. Die Leitfähigkeit κ wird als $\kappa = 1/\varrho$ definiert. Bis rund 200 °C gilt die Beziehung

$$\varrho = \varrho(\vartheta) = \varrho_{20} \cdot [1 + \alpha_R \cdot (\vartheta - 20)] \quad , \tag{5.8}$$

wobei ϑ die Leitertemperatur in °C und α_R den Temperaturkoeffizienten des Widerstandes bedeuten.

In den Tabellen 11.2, 11.5 und 11.6 sind die Eigenschaften bei 20 °C und die *Temperaturkoeffizienten* für Fahrleitungsmaterial angegeben.

Der gesamte Widerstandsbelag von n_l parallelen Leitern wird erhalten aus

$$R'_{\text{tot}} = 1 \Big/ \sum_{i=1}^{n_l} (1/R'_{Ci}) \quad . \tag{5.9}$$

Die Tabelle 5.1 enthält Widerstandbeläge von oft in Fahrleitungsanlagen verwendeten Leitern. Gleichung (5.9) kann verwendet werden, um die Widerstandsbeläge der in Tabelle 5.2 aufgeführten Oberleitungsbauarten zu berechnen.

Tabelle 5.2: Resistanzbeläge in R' mΩ/km von Oberleitungen bei 20 °C und 40 °C.

Konfiguration der Oberleitung Fahrdraht	Tragseil	\multicolumn{10}{c}{Querschnitt des Tragseils in mm²}

Konfiguration der Oberleitung Fahrdraht	Tragseil	50 20°C	50 40°C	70 20°C	70 40°C	95 20°C	95 40°C	120 20°C	120 40°C	150 20°C	150 40°C
AC-100–Cu[1]	Bz II	136	147	126	135	112	121	102	110	92	99
AC-100–Cu[1]	Cu	119	129	108	116	92	100	82	89	72	78
AC-100–Cu[2]	Bz II	160	172	146	157	128	137	115	124	102	110
AC-100–Cu[2]	Cu	138	148	122	132	103	111	91	98	78	85
AC-120–Cu[1]	Bz II	118	127	110	119	99	107	91	99	83	90
AC-120–Cu[1]	Cu	105	114	96	104	84	90	75	81	67	72
AC-120–Cu[2]	Bz II	140	151	129	139	115	123	104	112	94	101
AC-120–Cu[2]	Cu	123	132	110	119	94	102	84	90	73	79
AC-150–Cu[1]	Bz II	98	106	93	100	85	92	79	85	73	79
AC-150–Cu[1]	Cu	89	96	83	89	73	79	67	72	60	65
AC-150–Cu[2]	Bz II	118	127	110	118	99	107	92	98	83	90
AC-150–Cu[2]	Cu	105	114	96	103	84	90	76	81	67	72
2 AC-120–Cu[1]	Bz II	66	71	63	68	60	64	57	61	53	57
2 AC-120–Cu[1]	Cu	62	67	58	63	54	58	50	54	46	50
2 AC-120–Cu[2]	Bz II	80	86	76	82	71	76	67	72	62	67
2 AC-120–Cu[2]	Cu	74	80	69	75	63	67	58	62	53	57
2 AC-120–Cu[1]	2Bz II	59	63	55	59	50	54	46	49	42	45
2 AC-120–Cu[1]	2Cu	53	57	48	52	42	45	38	41	33	36
2 AC-120–Cu[2]	2Bz II	70	75	65	70	57	62	52	56	47	51
2 AC-120–Cu[2]	2Cu	61	66	55	59	47	51	42	45	37	40

[1] neuer Fahrdraht, [2] um 20 % abgenutzter Fahrdraht

Fahrschienen und Stromschienen

Der Widerstand von Stahlfahrschienen kann aus den Gleichungen (5.7) und (5.8) mit $\varrho_{20} = 0{,}222\,\Omega\text{mm}^2/\text{m}$ und $\alpha_R = 0{,}0047\,\text{K}^{-1}$ erhalten werden. Die Tabelle 5.3 gibt charakteristische Eigenschaften von allgemein verwendeten Fahrschienen wieder. Der Widerstand von eingleisigen und zweigleisigen Strecken beträgt die Hälfte bzw. ein Viertel der angegebenen Werte. Wo Schienenstöße vorhanden sind, ist der Widerstandsbelag R'_C entsprechend dem Werkstoff und dem Querschnitt zu erhöhen. Ein allgemein anerkannter Wert ist 2,5 m Schienenlänge zusätzlich je Stoß.

Der Widerstand von Stromschienen aus Weicheisen kann aus den Gleichungen (5.7) und (5.8) mit $\varrho_{20} = 0{,}115\,\Omega\text{mm}^2/\text{m}$ und $\alpha_R = 0{,}006\,\text{K}^{-1}$ erhalten werden.

Die Leitfähigkeit von Aluminiumverbundschienen wird durch die elektrischen Eigenschaften des Aluminiums mit $\varrho_{20} = 0{,}0345\,\Omega\text{mm}^2/\text{m}$ einschließlich des Stahlanteils bestimmt, wobei $\alpha_R = 0{,}0036\,\text{K}^{-1}$ gesetzt werden kann. Der Verschleiß der Stahlauflage braucht nicht berücksichtigt zu werden, um den Widerstand zu bestimmen. Die Tabelle 5.4 enthält Widerstandsbeläge von Stromschienen.

Zum Beispiel besitzt eine Stromschiene hergestellt aus Weicheisen mit 5 100 mm² Querschnitt und 20 Stößen je km ohne Verschleiß den Widerstandbelag $0{,}115 \cdot (1\,000 + 20 \cdot 2{,}5)/5\,100 = 23{,}7\,\text{m}\Omega/\text{km}$ bei 20 °C.

Tabelle 5.3: Eigenschaften und Widerstandsbeläge von Fahrschienen.

Schienenart	m' kg/m	H mm	F_w mm	A mm²	U mm	$r_\text{äq A}$ mm	R'_C mΩ/km Verschleiß 0 %	R'_C mΩ/km Verschleiß 15 %
S 49	49,43	149	125	6297	600	44,77	35,7	42,0
R 50	50,50	152	132	6450	620	45,31	34,5	40,6
S 54	54,54	154	125	6948	630	47,03	32,0	37,6
UIC 54	54,40	159	140	6934	630	46,98	32,0	37,6
S 60	60,30	172	150	7650	680	49,35	28,9	34,0
UIC 60	60,34	172	150	7686	680	49,46	28,9	34,0
R 65	65,10	180	150	8288	700	51,36	25,2	29,9

m' längenbezogene Masse
H Schienenhöhe
F_w Fußbreite
A Querschnitt
$r_\text{äq A}$ umfangsäquivalenter Ersatzradius $r_\text{äq A} = \sqrt{A/\pi}$
R'_C Widerstand bei 20 °C

Rückstromführung

Obwohl die unterschiedlichen Bodenarten eine große Streuung der Widerstände zeigen, ist der Widerstand Erde bei Gleichströmen wegen des riesigen Querschnitts Null. Jedoch besitzt die Erde für AC-Ströme einen Widerstand. Der Widerstandsbelag R'_E für den Rückstrom durch die Erde ist eine Funktion der Frequenz der Energieversorgungsart. Entsprechend der Veröffentlichung [5.1] gilt die Formel

$$R'_\text{E} = (\pi/4)\mu_0 \cdot \mu_\text{r} \cdot f = (\pi/4) \cdot \mu_0 \cdot f \quad , \tag{5.10}$$

wobei

μ_0 Permeabilitätskonstante gleich

$$4\pi \cdot 10^{-7}\,\text{H/m} = 4\pi \cdot 10^{-4}\,\text{Vs/(A km)} \quad , \tag{5.11}$$

μ_r relative Permeabilität,
f Frequenz
bedeuten.
Die relative Permeabilität μ_r des Bodens kann als 1 angenommen werden [5.2]. Wenn man μ_0 aus der Gleichung (5.11) in die Gleichung (5.10) einsetzt, erhält man

$$R'_\text{E} = 10^{-4} \cdot \pi^2 \cdot f \; \Omega/\text{km} \quad . \tag{5.12}$$

Daher ergibt sich für den Widerstandsbelag der Erde für 16,7- Hz-Anlagen 16,4 mΩ/km und für 50- Hz-Anlagen 49,3 mΩ/km.

5.1.2.3 Induktivität, Reaktanz und Impedanz

Die Impedanz einer *Leiter-Erde-Schleife* besteht aus einem Widerstand und der Reaktanz. Die Reaktanz hängt von der Induktivität L und der Frequenz f ab.

5.1 Elektrische Eigenschaften von Fahrleitungen

Tabelle 5.4: Widerstandsbeläge R'_C in mΩ/km von Stromschienen.

$\vartheta_{\text{Schiene}}$ °C	Stromschienenart					
	Weicheisen 5 100 mm² Verschleiß		Weicheisen 7 625 mm² Verschleiß		Al-Verbundschiene 5 100 mm² Verschleiß 0 %	Al-Verbundschiene 2 100 mm² Verschleiß 0 %
	0 %	20 %	0 %	20 %		
−30	15,8	19,7	10,5	13,2	5,6	13,4
20	22,5	28,1	15,0	18,8	6,8	16,4
40	25,2	31,5	16,8	21,0	7,3	17,6

Die Eigenimpedanz einer Leiter-Erde-Schleife setzt sich zusammen aus dem Widerstand, der inneren Induktivität und der äußeren Induktivität. Die *Eigenimpedanz* der Schleife i kann ausgedrückt werden als

$$\underline{Z}'_{ii} = R' + R'_E + j\left(X'_{\text{ex}} + X'_{\text{in}}\right) \quad , \tag{5.13}$$

mit
R' Widerstandsbelag in Ω/km, siehe Abschnitt 5.1.2.2,
R'_E Widerstandsbelag der Erdrückleitung entsprechend (5.12),
X'_{ex} äußerer Reaktanzbelag des Leiters,
X'_{in} innerer Reaktanzbelag des Leiters.

Der *äußere Reaktanzbelag* kann erhalten werden aus

$$X'_{\text{ex}} = 2\pi \cdot f \cdot L'_{\text{ex}} = 4\pi \cdot 10^{-7} \cdot f \cdot \ln(t_B/r) \quad \Omega/\text{km} \tag{5.14}$$

mit
L'_{ex} äußere Induktivität,
f Frequenz der Stromversorgung,
t_B Eindringtiefe des Stromes im Boden und
r Leiterradius.

Der *innere Reaktanzbelag* X'_{in} wird erhalten aus

$$X'_{\text{in}} = 2\pi \cdot f \cdot L'_{\text{in}} = 4 \cdot \pi \cdot 10^{-7} \cdot f \cdot \ln(r/r_{\text{äq A}}) \quad \Omega/\text{km} \tag{5.15}$$

mit
L'_{in} innere Induktivität,
$r_{\text{äq A}}$ equivalenter Radius.

Die *Eindringtiefe* t_B des durch die Erde fließenden Stromes kann erhalten werden aus

$$t_B = 0{,}738/\sqrt{f \cdot \mu_0/\varrho_E} \quad , \tag{5.16}$$

mit ϱ_E spezifischer Bodenwiderstand in Ωm.
Die Beziehung (5.16) führt zu

$$\begin{aligned} t_B &\approx 160\sqrt{\varrho_E} \quad \text{für} \quad f = 16{,}7\,\text{Hz} \quad \text{und} \\ t_B &\approx 90\sqrt{\varrho_E} \quad \text{für} \quad f = 50\,\text{Hz} \quad . \end{aligned} \tag{5.17}$$

Tabelle 5.5: Äquivalente Radien, Induktivitäts- und Reaktanzbeläge L'_i und X'_in bei 16,7 und 50 Hz.

Leiter	$r_\mathrm{äq}/r$	L'_i mH/km	X'_in mΩ/km 16,7 Hz	50 Hz
Fahrdrähte	0,7788	0,0500	5,24	15,71
Leiter (Hänger, Tragseile, Verstärkungsleiter, Erdseile)				
7 Drähte 10 ... 50 mm²	0,726	0,0640	6,72	20,12
19 Drähte 70 ... 120 mm²	0,758	0,0554	5,81	17,41
37 Drähte 150 ... 185 mm²	0,768	0,0528	5,54	18,59
61 Drähte 240 ... 500 mm²	0,772	0,0518	5,43	16,26
91 Drähte 630 mm²	0,774	0,0512	5,38	16,10

Zur Berechnung der Eindringtiefe wurde vereinfacht angenommen, dass die Erde durch einen homogenen Körper mit halbkreisförmigem Querschnitt unterhalb der elektrifizierten Bahnstrecke nachgebildet wird. Dies ist eine Näherung, da der Bodenwiderstand sich mit der Tiefe ändert.

Der innere Reaktanzbelag X'_in wurde zu $\mu/8\pi$ für massive Leiter mit kreisförmigem Querschnitt unabhängig von Leiterradius erhalten. Daher gilt,

$$L'_\mathrm{in} = 2 \cdot 10^{-7} \cdot \ln(r/r_\mathrm{äq\,A}) = 4\pi \cdot 10^{-7}/8\pi \quad (\mathrm{H/m}) \quad . \tag{5.18}$$

Aus dieser Gleichung ergibt sich

$$\ln(r/r_\mathrm{äq\,A}) = 1/4 = 0{,}25$$

und

$$r_\mathrm{äq\,A} = r \cdot e^{-0,25} = 0{,}7788 \cdot r \quad .$$

In der Tabelle 5.5 ist der innere Reaktanzbelag X'_in für einige für Fahrleitungen verwendete Leiterarten angegeben.

Die *Gegenimpedanz* $\underline{Z}'_{ik}$ von zwei Leiterschleifen i und k kann ausgedrückt werden durch

$$\underline{Z}'_{ik} = R'_\mathrm{E} + \mathrm{j}\, X'_{ik} \quad . \tag{5.19}$$

In der Gleichung (5.19) beträgt die *Gegenreaktanz*

$$X'_{ik} = 4\pi \cdot 10^{-7} \cdot f \cdot \ln(t_\mathrm{B}/a_{ik}) \quad , \tag{5.20}$$

wobei a_{ik} den gegenseitigen Abstand der Leiter in den Schleifen bedeutet.

5.1.2.4 Impedanz der Fahrschienen

Die Gleichungen in Abschnitt 5.1.2.3 sind wegen des Skin-Effekts und der strom- und frequenzabhängigen relativen Permeabilität μ_r des Stahls nicht geeignet, um die Eigenimpedanz der Fahrschienen zu berechnen. Der Skin-Effekt kann wegen des großen

5.1 Elektrische Eigenschaften von Fahrleitungen

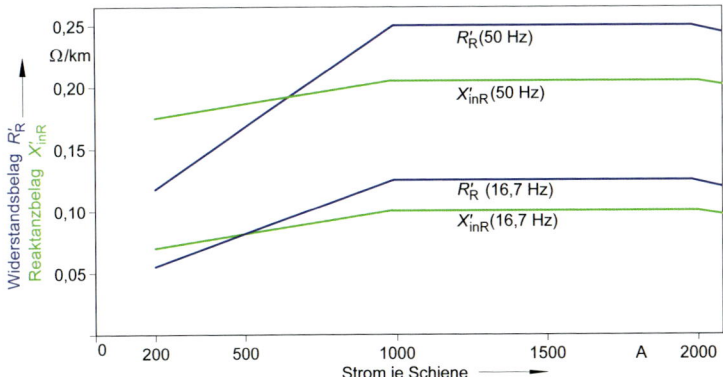

Bild 5.2: Widerstandsbelag R'_R und Belag der inneren Reaktanz X'_{inR} für Schienen.

Querschnitts der Schienen nicht vernachlässigt werden. Dieser Einfluss nimmt mit der Frequenz zu und ist bei den Betriebsfrequenzen entscheidend. Daher ist es nicht ratsam, die Eigeninduktivität der Schienen auf der Basis der Schienenmaße und der Permeabilität zu berechnen. Es ist zuverlässiger, den Widerstand und die Eigenreaktanz der Schienen bei Betriebsfrequenzen in Abhängigkeit vom Strom zu messen. In der Literatur finden sich einige Berichte über Messungen, z. B. in [5.3]. Die Ergebnisse der Messungen schwanken abhängig von den unterschiedlichen Werkstoffen und Unterschieden in der Messanordnung. Für Berechnungen mit 50 Hz können die folgenden Daten verwendet werden:
- Widerstandsbelag R'_R 0,12 bis 0,25 Ω/km
- innerer Reaktanzbelag X'_{inR} 0,15 bis 0,22 Ω/km.

Die Werte gelten für Ströme zwischen 100 und 1 000 A je Schiene, wobei die niedrigeren Werte den niedrigeren Strömen und die höheren Werte den höheren Strömen zugeordnet werden können. Für 16,7-Hz-Anlagen können die Werte als halb so groß wie diejenigen für 50-Hz-Anlagen angenommen werden. In Bild 5.2 sind die Schienenwiderstandsbeläge und Reaktanzbeläge dargestellt.

Der Widerstand und die Reaktanz nehmen linear mit dem zunehmenden Strom bis ungefähr 1 kA zu. Zwischen 1 kA und 2 kA bleiben sie konstant und fallen dann wieder mit weiter zunehmendem Strom. Die gemessenen Widerstände und Reaktanzen können für die Berechnung der *Streckenimpedanz* direkt als Werte für die innere Eigenimpedanz der Schiene $\underline{Z}'_{inR} = R'_R + j\, X'_{inR}$ verwendet werden.

5.1.2.5 Impedanz der AC-Oberleitungen

Gemäß [5.4] kann der Impedanzbelag einer Oberleitungsanordnung durch Aufstellung und Lösen von Gleichungen für Spannungen und Ströme in den einzelnen Leitern, die die Oberleitung und den Rückstromkreis bilden, berechnet werden. Mit der Benutzung entsprechender Computerprogramme können alle dabei beteiligten Leiter mit ihren spezifischen Kenngrößen beachtet werden.

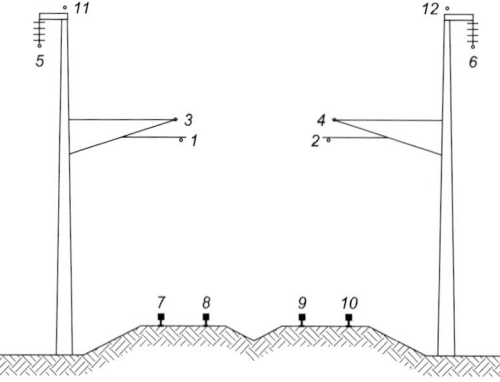

Bild 5.3: Zweigleisige Strecke als n-Leitersystem.
1, 2 Fahrdrähte
3, 4 Tragseile
5, 6 Verstärkungsleitungen
11, 12 Rückleiter
7, 8, 9, 10 Schienen

Jede Art der Oberleitungsanordnung kann durch ein n-Leitersystem, wie in Bild 5.3 gezeigt, dargestellt werden. In einem solchen n-Leitersystem bilden einige Leiter einen Kettenleiter mit der Erde. Die Ströme in den speisenden Leitern werden mit I_1 bis I_h, in der Rückleitung mit I_{h+1} bis I_n und der Strom durch die Erde mit I_E bezeichnet.
Auf der Grundlage der Spannungs-/Strombeziehungen eines differenziell kleinen Abschnittes des n-Leitersystems kann die Gleichung (5.21) für die Leiter-Erde-Schleife erhalten werden. In der Gleichung (5.21) sind die Impedanzen auf die gemeinsame Rückleitung durch die Erde bezogen. Die Leiter-Erde-Schleifen werden durch die Koppelimpedanzen $\underline{Z}'_{ik}$ in der Impedanzmatrix dargestellt. Die Eigenimpedanzbeläge $\underline{Z}'_{ii}$ der Leiter-Schleifen bilden die Diagonalelemente der Impedanzmatrix.

$$\begin{pmatrix} \mathrm{d}\underline{U}_{1E} \\ \mathrm{d}\underline{U}_{2E} \\ \vdots \\ \mathrm{d}\underline{U}_{hE} \\ \vdots \\ \mathrm{d}\underline{U}_{nE} \end{pmatrix} = \mathrm{d}x \begin{pmatrix} \underline{Z}_{11} & \cdots & \underline{Z}_{1h} & \underline{Z}_{1h+1} & \cdots & \underline{Z}_{1n} \\ \underline{Z}_{21} & \cdots & \underline{Z}_{2h} & \underline{Z}_{2h+1} & \cdots & \underline{Z}_{2n} \\ \vdots & \ddots & \vdots & \vdots & \ddots & \vdots \\ \underline{Z}_{h1} & \cdots & \underline{Z}_{hh} & \underline{Z}_{hh+1} & \cdots & \underline{Z}_{hn} \\ \underline{Z}_{(h+1)1} & \cdots & \underline{Z}_{(h+1)h} & \underline{Z}_{(h+1)(h+1)} & \cdots & \underline{Z}_{(h+1)n} \\ \vdots & \ddots & \vdots & \vdots & \ddots & \vdots \\ \underline{Z}_{n1} & \cdots & \underline{Z}_{nh} & \underline{Z}_{n(h+1)} & \cdots & \underline{Z}_{nn} \end{pmatrix} \cdot \begin{pmatrix} \underline{I}_1 \\ \underline{I}_2 \\ \vdots \\ \underline{I}_h \\ \underline{I}_{h+1} \\ \vdots \\ \underline{I}_n \end{pmatrix} \quad (5.21)$$

Die Spannungen $\underline{U}_{iE}$ der Einspeisungen werden durch Integration des Gleichungssystems (5.21) berechnet. Die durch die Rückleitung fließenden Ströme werden durch Lösen der Gleichungen bezüglich der Ableitungen $\mathrm{d}\underline{U}_{iE}/\mathrm{d}x$ der Spannungsfälle im Rückleitersystem zur Erde erhalten. Durch Betrachten der Randbedingungen können die Integrationskonstanten bestimmt werden. Das Ergebnis ist ein lineares Gleichungssystem für die speisenden Ströme $\underline{I}_i$.
Die Streckenimpedanz wird dann iterativ berechnet. Für diesen Zweck können die Matrizengleichungen des n-Leitersystems partitioniert werden, sodass die
  – bekannten Spannungen und Ströme, die als Startwerte für den Iterationsprozess benutzt werden, zu den Teilvektoren $\underline{U}_b$ und $\underline{I}_b$ und
  – die zu ermittelnden Spannungen und Ströme zu den Teilvektoren $\underline{U}_e$ und $\underline{I}_e$
zusammengefasst werden.

5.1 Elektrische Eigenschaften von Fahrleitungen

Ebenso kann dann die Impedanzmatrix umgeformt werden in

$$\begin{pmatrix} \underline{U}_e \\ \underline{U}_b \end{pmatrix} = \begin{pmatrix} \underline{Z}_1 & \underline{Z}_2 \\ \underline{Z}_3 & \underline{Z}_E \end{pmatrix} \cdot \begin{pmatrix} \underline{I}_b \\ \underline{I}_e \end{pmatrix} \quad . \tag{5.22}$$

In der Gleichung (5.22) stellt $\underline{Z}_E$ die Teilmatrix der Koppelimpedanzmatrix dar, die als eine äquivalente Matrix verwendet wird. $\underline{Z}_1, \underline{Z}_2$ und $\underline{Z}_3$ bezeichnen die restlichen Teilmatrizen der Koppelimpedanzmatrix.

Im Teilvektor $\underline{U}_b$ sind die Spannungen der speisenden Leiter gegeben. Zuerst werden die Ströme in den speisenden Leitern mit der Annahme berechnet, dass die Ströme entsprechend den Ohmschen Widerständen verteilt sind. Zusätzliche Umformungen führen zu den Matrizengleichungen

$$\mathbf{U}_b = \mathbf{Z}_3 \cdot \mathbf{I}_b + \mathbf{Z}_E \cdot \mathbf{I}_e \tag{5.23}$$

und

$$\mathbf{U}_x = \mathbf{U}_b - \mathbf{Z}_3 \cdot \mathbf{I}_e, \tag{5.24}$$

wobei $\mathbf{U}_x$ als ein äquivalenter Spannungsvektor eingeführt wurde.

Die Lösung der Gleichung (5.23) ergibt den Vektor $\mathbf{I}_e$ der unbekannten Ströme. Anschließend können die Elemente des äquivalenten Spannungsvektors aus der Gleichung (5.24) erhalten werden.

Die berechneten Daten ermöglichen es, die Impedanzen aller Leiterschleifen zu bestimmen. Dann ist zu prüfen, ob der gesamte Strom auf die Teilimpedanzen entsprechend den Startannahmen verteilt ist. Die Differenzen der Spannungen in den einzelnen Leitern werden als Kriterium für die Beurteilung verwendet. Dieses Kriterium wird dadurch geprüft, dass von Neuem die Teilströme, die durch ihre Moduli und Phasenwinkel charakterisiert sind, bestimmt werden und dann wiederum das Gleichungssystem gelöst wird. Die Streckenimpedanz ist durch den Quotienten aus dem Spannungsfall entlang des betrachteten Streckenabschnitts und der Summe aller speisenden Ströme definiert:

$$\underline{Z}_{\text{line}} = \frac{\underline{U}_c(x=0) - \underline{U}_c(x=l)}{\sum \underline{I}_h} \quad . \tag{5.25}$$

Die Impedanz wird meist auf 1 km Strecke bezogen. Wenn die auf eine Streckenlänge bezogenen Impedanzen in der Gleichung (5.21) verwendet werden, dann ergibt sich die Streckenimpedanz direkt im Bezug auf die Längeneinheit.

Das beschriebene Vorgehen setzt eine ausgeglichene Stromverteilung in den einzelnen Leitern voraus und führt zu Ergebnissen, die für genügend lange Leitungsabschnitte gelten, wobei die Einflüsse nahe des Unterwerkes und nahe der elektrischen Last nicht berücksichtigt werden müssen. Die Berechnungsmethode einschließlich der iterativen Lösung der Gleichungssysteme erfordert einen Rechnereinsatz. Wenn jedoch Rechenprogramme aufgestellt sind, können die Resultate rasch berechnet werden.

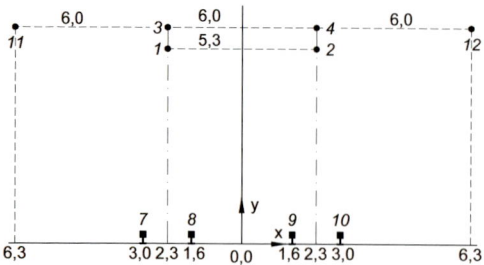

Bild 5.4: Leiteranordnung auf der Hochgeschwindigkeitsstrecke Madrid–Sevilla.
1, 2 Fahrdrähte AC-120–CuAg
3, 4 Tragseile Bz70
7, 8, 9, 10 Schienen UIC60
11, 12 Rückleiter 239-AL1

Tabelle 5.6: Beispiel zur Berechnung der Strecken- und Eigenimpedanz.

Nr.	Leiterart	Widerstand R_i Ω/km	Äquivalenter Radius $r/r_{äq}$ –	Reaktanz X_{iE} Ω/km	Reaktanz X_{ii} Ω/km	Eigenimpedanz Z_{ii} Ω/km
1	Fahrdraht AC-120–Cu	0,15	0,7788	0,765	0,16	$0,20 + j \cdot 0,93$
2	Fahrdraht AC-120–Cu	0,15	0,7788	0,765	0,16	$0,20 + j \cdot 0,93$
3	Tragseil BzII70	0,27	0,758	0,778	0,17	$0,32 + j \cdot 0,95$
4	Tragseil BzII70	0,27	0,758	0,778	0,17	$0,32 + j \cdot 0,95$
7	Schiene UIC60	0,03	–	–	–	$0,20 + j \cdot 0,20$
8	Schiene UIC60	0,03	–	–	–	$0,20 + j \cdot 0,20$
9	Schiene UIC60	0,03	–	–	–	$0,20 + j \cdot 0,20$
10	Schiene UIC60	0,03	–	–	–	$0,20 + j \cdot 0,20$
11	Rückleiter 240-AL1	0,12	0,772	0,738	0,16	$0,17 + j \cdot 0,90$
12	Rückleiter 240-AL1	0,12	0,772	0,738	0,16	$0,17 + j \cdot 0,90$

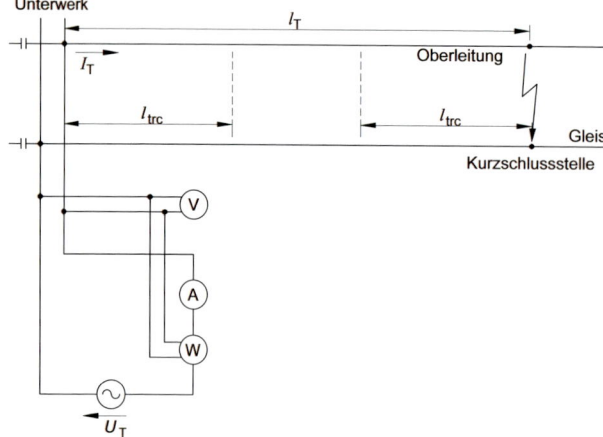

Bild 5.5: Prinzip der Impedanzmessung an Oberleitungen. l_T Messlänge

5.1 Elektrische Eigenschaften von Fahrleitungen

Tabelle 5.7: Werte für die Berechnung der Streckenimpedanz, Koppelreaktanz X'_{ik} in Ω/km für 50 Hz nach Beispiel 5.1.

	Leiter	1	2	3	4	7	8	9	10	11	12
a_{ik}	1	–									
X_{ik}		–									
a_{ik}	2	4,60	–								
X_{ik}		0,35	–								
a_{ik}	3	0,70	4,65	–							
X_{ik}		0,47	0,35	–							
a_{ik}	4	4,65	0,70	4,60	–						
X_{ik}		0,35	0,47	0,35	–						
a_{ik}	7	5,30	7,50	6,00	8,00	–					
X_{ik}		0,34	0,32	0,34	0,32	–					
a_{ik}	8	5,30	6,60	6,00	7,20	1,50	–				
X_{ik}		0,34	0,33	0,34	0,33	0,43	–				
a_{ik}	9	6,60	5,30	7,20	6,00	4,60	3,20	–			
X_{ik}		0,33	0,34	0,33	0,34	0,35	0,38	–			
a_{ik}	10	7,50	5,30	8,00	6,00	6,10	4,60	1,50	–		
X_{ik}		0,32	0,34	0,32	0,34	0,34	0,35	0,43	–		
a_{ik}	11	4,1	8,60	4,00	8,60	6,80	7,65	9,70	11,10	–	
X_{ik}		0,36	0,31	0,36	0,31	0,33	0,32	0,30	0,30	–	
a_{ik}	12	8,60	4,10	8,60	4,00	11,10	9,70	7,65	6,80	12,00	–
X_{ik}		0,31	0,36	0,31	0,36	0,30	0,30	0,32	0,33	0,29	–

Beispiel 5.1: Gesucht ist die Impedanz der zweigleisigen Strecke Madrid–Sevilla mit zwei quer gekuppelten Oberleitungen und zwei Rückleitern. Bild 5.4 zeigt die Anordnung der einzelnen Leiter. Der Widerstand der Erde ist 200 Ωm und ergibt die Eindringtiefe

$$t_\mathrm{B} = 90\,\sqrt{200} = 1\,270\,\mathrm{m}.$$

Der Erdwiderstand ist (Abschnitt 5.1.2.2, Gleichung (5.12)) $R'_\mathrm{E} = 49{,}3\,\mathrm{m\Omega/km} \approx 0{,}05\,\Omega/\mathrm{km}$. Die Tabelle 5.6 gibt die Eigenimpedanzen an, wie sie aus den Gleichungen (5.13), (5.15) und (5.18) berechnet werden. Die Eigenimpedanz der Schienen wurde mit $0{,}20 + \mathrm{j}\,0{,}20\,\Omega/\mathrm{km}$ (siehe Abschnitt 5.1.2.4) berechnet. Die Tabelle 5.7 enthält die Koppelreaktanzen, die mit der Gleichung (5.20) berechnet wurden.
Als Ergebnis der Berechnung ergibt sich $\underline{Z}'_\mathrm{line} = 0{,}08 + \mathrm{j}\,0{,}20\,\Omega/\mathrm{km}$ [5.5]; der gemessene Wert beträgt $\underline{Z}' = 0{,}07 + \mathrm{j}\,0{,}20\,\Omega/\mathrm{km}$. Die berechneten und gemessenen Werte stimmen ausreichend gut überein.

5.1.2.6 Messung von Oberleitungsimpedanzen

Der Streckenimpedanzbelag von Oberleitungen kann auch durch Messung der Ströme und Spannungen bestimmt werden. Das Prinzip der *Messschaltung für die Messung der Impedanz* ist in Bild 5.5 dargestellt. Bei der Messung ist zu empfehlen,
– die Impedanzwerte eines Gleises unter gleichen Bedingungen mehrfach zu messen, um die Ergebnisse statistisch zu sichern,

- alle Messungen mit gleichen Voraussetzungen durchzuführen, d.h. mit gleicher Methode zur Kurzschlusseinleitung und mit gleich großen Strömen in der kurzgeschlossenen Schleife,
- den möglichen Einfluss der Speiseleitungen zu beachten und
- zusätzlich zu Strom und Spannung die Blind- und die Wirkleistung zu messen, um realistische Werte zur Bestätigung und zum Vergleich zu erhalten, wenn die Oberleitung für eine AC-Anlage verwendet wird.

Bei Gleichstrombahnen sind die Messungen einfach. Es genügt, eine Messspannung U_T zwischen Fahrleitung und Fahrschienen im Abstand l_T vom Kurzschlussort anzulegen und den sich dabei einstellenden Strom I_T zu messen. Der Widerstandsbelag wird dann als Quotient der angelegten Spannung und des gemessenen Stromes multipliziert mit Länge berechnet aus

$$Z'_T = R'_T = U_T / (I_T \cdot l_T) \quad . \tag{5.26}$$

Bei Einphasen-Wechselstrombahnen ergeben sich zuverlässige Messwerte der Impedanz dann, wenn die gesamte Messlänge l_T merklich größer ist als die doppelte *Übergangslänge* l_trc. Die Übergangslänge l_trc bezeichnet dabei den Bereich, in dem Ströme infolge induktiver Kopplung in die Erde ein- oder aus dieser austreten. Die Begriff *Übergangslänge* wird im Abschnitt 6 erklärt und liegt üblicherweise zwischen 5 km und 8 km. Gleichzeitig sollten die Ströme kurzgeschlossener Messstromkreise so hoch wie möglich gewählt werden und im Bereich der Betriebsströme liegen. Wenn die Werte der Spannung U_T, des Scheinstromes I_T und die Wirkleistung P_T so wie die Messlänge l_trc des kurzgeschlossenen Abschnittes bekannt sind, folgt der Impedanzbelag aus den folgenden Gleichungen:

$$\varphi = \arccos\left[P_T / (\underline{U}_T \cdot \underline{I}_T)\right]$$

$$\underline{Z}'_T = |\underline{U}_T / \underline{I}_T| \cdot (\cos\varphi + \text{j}\sin\varphi) \text{ und } \underline{Z}' = |\underline{U}/(\underline{I} \cdot l_T)| \cdot (\cos\varphi + \text{j}\sin\varphi) \tag{5.27}$$

Daher wird $R'_T = |U_T/(I \cdot l_T)| \cdot \cos\varphi$ und $X'_T = |U_T/(I_T \cdot l)| \cdot \sin\varphi$.

Bei Messungen an Einphasen-AC-Strecken mit Messlängen l_T kleiner als $2 \cdot l_\text{trc}$ ergeben sich in der Tendenz Widerstandbeläge, die zu groß sind und Reaktanzbeläge, die zu klein sind. Bei kurzer Messlänge wird nur die Schleifeneigenimpedanz der Kettenwerk-Gleis-Schleife gemessen.

Beispiel 5.2: Auf einer 50-Hz-Einphasen-Bahnstrecke wurden auf einem 3,58 km langen Messabschnitt die folgenden Werte erhalten:
$U_T = 23{,}8\,\text{V}$; $I_T = 19\,\text{A}$ und $P_T = 190\,\text{W}$.
Daher ergibt sich die Streckenimpedanz aus:
- $\varphi = \arccos\left[190/(23{,}8 \cdot 19)\right] = \arccos 0{,}4202 = 65{,}2°$
- $|\underline{Z}'| = 23{,}8/(19 \cdot 3{,}58) = 0{,}35\,\Omega/\text{km}$
- $\underline{Z}' = 0{,}35\,\angle 65{,}2° = 0{,}35 \cdot (0{,}419 + \text{j}\,0{,}908) = (0{,}147 + \text{j}\,0{,}318)\,\Omega/\text{km}$
- $R' = 0{,}147\,\Omega/\text{km}$; $X' = 0{,}318\,\Omega/\text{km}$

Der Impedanzbelag kann genauer bestimmt werden, wenn es möglich ist, die vorher erwähnten Größen I_T, U_T und P_T am Unterwerk und gleichzeitig die Spannung U_trc am

5.1 Elektrische Eigenschaften von Fahrleitungen

Tabelle 5.8: Streckenimpedanzbeläge zweigleisiger Strecken von 16,7-Hz-Einphasenwechselstrombahnen nach [5.4] und [5.5] in Ω/km und Stromaufteilung.

Oberleitung	KW	VL	RL	Impedanzbeläge R'	X'	$\underline{Z}'$	FD	TS	VL	R	RL
Re 200	1	n	n	0,148	0,140	0,204 ∠45°	0,74	0,27		0,70	
	1	n	j	0,152	0,127	0,198 ∠40°	0,74	0,27		0,50	0,32
	1	j	n	0,073	0,105	0,127 ∠55°	0,39	0,14	0,49	0,68	
	1	j	j	0,078	0,085	0,115 ∠47°	0,38	0,14	0,49	0,47	0,38
Re 200	2	n	n	0,077	0,091	0,119 ∠50°	0,74	0,27		0,70	
	2	n	j	0,080	0,079	0,112 ∠45°	0,74	0,27		0,50	0,32
	2	j	n	0,038	0,070	0,080 ∠61°	0,38	0,14	0,50	0,68	
	2	j	j	0,043	0,052	0,068 ∠50°	0,37	0,13	0,51	0,45	0,38
Re 250	1	n	n	0,122	0,135	0,182 ∠48°	0,71	0,30		0,71	
	1	n	j	0,125	0,123	0,176 ∠44°	0,71	0,30		0,52	0,32
	1	j	n	0,065	0,101	0,121 ∠57°	0,40	0,17	0,45	0,68	
	1	j	j	0,071	0,082	0,109 ∠49°	0,39	0,16	0,45	0,46	0,38
Re 250	2	n	n	0,064	0,087	0,108 ∠54°	0,71	0,30		0,71	
	2	n	j	0,067	0,075	0,100 ∠49°	0,71	0,30		0,51	0,32
	2	j	n	0,035	0,068	0,076 ∠63°	0,39	0,16	0,45	0,68	
	2	j	j	0,040	0,051	0,064 ∠52°	0,38	0,16	0,47	0,46	0,38
Re 330	1	n	n	0,126	0,126	0,178 ∠45°	0,51	0,49		0,70	
	1	n	j	0,127	0,113	0,171 ∠41°	0,51	0,49		0,51	0,32
	1	j	n	0,064	0,099	0,120 ∠56°	0,29	0,27	0,44	0,68	
	1	j	j	0,073	0,080	0,108 ∠48°	0,28	0,27	0,45	0,45	0,38
Re 330	2	n	n	0,066	0,083	0,105 ∠52°	0,51	0,49		0,70	
	2	n	j	0,068	0,071	0,098 ∠46°	0,51	0,49		0,51	0,32
	2	j	n	0,036	0,067	0,076 ∠62°	0,29	0,27	0,45	0,68	
	2	j	j	0,040	0,049	0,064 ∠51°	0,28	0,26	0,46	0,45	0,39

n = nein, j = ja
Re 200 Fahrdraht AC-100–Cu, neu; Tragseil Bz II 50 mm²; Schienen UIC 60
Re 250 Fahrdraht AC-120–CuAg0,1, neu; Tragseil Bz II 70 mm²; Schienen UIC 60
Re 330 Fahrdraht AC-120–CuMg0,5, neu; Tragseil Bz II 120 mm²; Schienen UIC 60
KW Kettenwerk, FD Fahrdraht, TS Tragseil, VL Verstärkungsleitung Al 240 mm²,
RL Rückleitung Al 240 mm², R Gleis
Bei zwei Kettenwerken Parallelschaltung der Kettenwerke.
Ein oder zwei Kettenwerke jeweils mit zwei Gleisen und zwei Rückleitern kombiniert.
Abweichungen von 1,00 bei der Summe der Teilströme resultieren aus unterschiedlichen
Phasenlagen der einzelnen Komponenten.

Stromabnehmer des Triebfahrzeuges und die vom Triebfahrzeug aufgenommene Wirkleistung P_{trc} zu messen. Dies bedeutet, dass der *Spannungsfall* $\Delta U = U_{12} - U_{\text{trc}}$ und der *Leistungsverlust* $\Delta P_{\text{T}} = P - P_{\text{trc}}$ entlang der Oberleitung durch die Messung bestimmt werden können. Analog zu Gleichung (5.35) und mit Bezug auf Bild 5.6 gilt

$$\Delta \underline{U} = \underline{U}_{12} - \underline{U}_{\text{tr}} \approx |\Delta \underline{U}| \qquad \underline{Z} = \Delta \underline{U}/\underline{I}_{\text{T}} \quad .$$

Der gesuchte Widerstand R_{T} wird berechnet aus

$$R_{\text{T}} = \Delta P_{\text{T}}/I_{\text{T}}^2 \quad .$$

Tabelle 5.9: Streckenimpedanzbeläge zweigleisiger Strecken von 50-Hz-Einphasenwechselstrombahnen nach [5.4] und [5.5] in Ω/km und Stromaufteilung.

Oberleitung	KW	VL	RL	Impedanzbeläge			Stromaufteilung				
				R'	X'	$\underline{Z}'$	FD	TS	VL	R	RL
AC-100 + Cu 95	1 [1]			0,148	0,422	0,447 ∠71°					
	1 [2]			0,139	0,414	0,437 ∠74°					
	2 [1]			0,110	0,297	0,317 ∠70°					
	2 [2]			0,092	0,289	0,303 ∠72°					
AC-100 + Cu 120	1 [1]			0,139	0,422	0,444 ∠72°					
	1 [2]			0,130	0,414	0,434 ∠73°					
	2 [1]			0,097	0,297	0,312 ∠72°					
	2 [2]			0,088	0,289	0,302 ∠73°					
Re 200	1	n	n	0,170	0,396	0,431 ∠67°	0,66	0,37		0,70	
	1	n	j	0,172	0,355	0,394 ∠64°	0,66	0,38		0,47	0,35
	1	j	n	0,087	0,297	0,309 ∠74°	0,39	0,22	0,42	0,68	
	1	j	j	0,088	0,233	0,249 ∠65°	0,36	0,20	0,46	0,40	0,42
Re 200	2	n	n	0,090	0,269	0,274 ∠71°	0,66	0,37		0,70	
	2	n	j	0,091	0,220	0,237 ∠68°	0,66	0,37		0,47	0,35
	2	j	n	0,047	0,199	0,204 ∠77°	0,38	0,20	0,44	0,68	
	2	j	j	0,048	0,142	0,150 ∠71°	0,34	0,18	0,49	0,40	0,43
Re 250	1	n	n	0,141	0,382	0,407 ∠70°	0,62	0,40		0,71	
	1	n	j	0,142	0,342	0,371 ∠68°	0,62	0,41		0,48	0,35
	1	j	n	0,077	0,289	0,299 ∠75°	0,38	0,24	0,40	0,69	
	1	j	j	0,079	0,227	0,247 ∠71°	0,35	0,23	0,44	0,41	0,42
Re 250	2	n	n	0,075	0,246	0,257 ∠73°	0,62	0,40		0,71	
	2	n	j	0,076	0,209	0,222 ∠70°	0,62	0,40		0,48	0,35
	2	j	n	0,043	0,192	0,197 ∠77°	0,37	0,22	0,42	0,69	
	2	j	j	0,044	0,138	0,145 ∠72°	0,34	0,21	0,47	0,41	0,42
Re 330	1	n	n	0,139	0,366	0,391 ∠70°	0,52	0,48		0,71	
	1	n	j	0,132	0,329	0,354 ∠68°	0,51	0,49		0,48	0,35
	1	j	n	0,075	0,284	0,294 ∠75°	0,33	0,30	0,38	0,69	
	1	j	j	0,077	0,223	0,236 ∠71°	0,30	0,28	0,42	0,41	0,42
Re 330	2	n	n	0,071	0,240	0,250 ∠74°	0,53	0,48		0,71	
	2	n	j	0,071	0,202	0,214 ∠71°	0,52	0,48		0,48	0,35
	2	j	n	0,042	0,190	0,195 ∠77°	0,33	0,28	0,40	0,68	
	2	j	j	0,043	0,136	0,143 ∠72°	0,29	0,25	0,46	0,41	0,42

[1] Schienen R50   [2] Schienen R65
Alle anderen Bezeichnungen und Annahmen wie in Tabelle 5.8.

Der Impedanzbelag wird bestimmt aus

$$\underline{Z}'_\mathrm{T} = \Delta \underline{U}_{12}/(\underline{I}_\mathrm{T} \cdot l_\mathrm{T}) \quad . \tag{5.28}$$

Der *Phasenwinkel* kann aus R'_T und $\underline{Z}'_\mathrm{T}$ berechnet werden:

$$\varphi = \arccos(R'_\mathrm{T}/Z'_\mathrm{T}) \quad .$$

Diese Methode wurde zum Bestimmen der Impedanzbeläge der Oberleitungsanlage der Strecke Magdeburg–Marienborn im Jahre 1993 verwendet [5.6].

Tabelle 5.10: Gemessene und berechnete Impedanzbeläge in Ω/km.

Anzahl KW	Kettenwerksanordnung FD mm²	TS mm²	VL mm²	RL mm²	Impedanzbelag berechnet	gemessen	Quelle
AC 15 kV 16,7 Hz							
1	100	50	–	–	0,206 $\angle 45°$	0,215 $\angle 58°$	DR [5.7, 5.8]
						0,230 $\angle 45°$	DB [5.8]
2	100	50	–	–	0,119 $\angle 50°$	0,117 $\angle 54°$	DR [5.7, 5.8]
						0,130 $\angle 48°$	DB [5.8]
2	100	50	240	–	0,080 $\angle 61°$	0,118 $\angle 60°$	DB [5.8]
						0,088 $\angle 48°$	SBB
2	100	50	240 [1)]	240	0,068 $\angle 50°$	0,077 $\angle 40°$	DB [5.9]
1	2×100	2×95	–	–		0,150 $\angle 53°$	DB [5.8], S-Bahn im Tunnel
1	120	70	–	–	0,182 $\angle 48°$	0,172 $\angle 47°$	DB [5.8], freie Strecke
1	120	70	–	–	0,182 $\angle 48°$	0,165 $\angle 46°$	DB [5.8], Tunnel
1	120	70	240	–	0,121 $\angle 57°$	0,110 $\angle 59°$	DB [5.8]
2	120	70	–	–	0,108 $\angle 54°$	0,106 $\angle 52°$	DB [5.8]
						0,096 $\angle 48°$	DB [5.8], Tunnel
2	120	70	240	–	0,076 $\angle 63°$	0,070 $\angle 63°$	DB [5.8]
AC 25 kV 50 Hz							
1	120	70	–	–	0,407 $\angle 70°$	0,420 $\angle 69°$	Hambachbahn, Deutschland
1	120	70	–	240	0,371 $\angle 62°$	0,330 $\angle 69°$	ADIF [5.9]
2	120	70	–	–	0,257 $\angle 73°$	0,280 $\angle 71°$	Hambachbahn, Deutschland
2	120	70	–	240	0,222 $\angle 66°$	0,210 $\angle 71°$	ADIF [5.9]

[1)] nur ein Gleis mit Verstärkungsleitung ausgerüstet

5.1.2.7 Berechnete und gemessene Impedanzbeläge

Die Werte in den Tabellen 5.8 bis 5.10 wurden entweder berechnet oder gemessen. Es gibt eine große Anzahl von Faktoren, die die Impedanzbeläge von Einphasen-AC-Bahnen beeinflussen und zu Unterschieden in den berechneten und gemessenen Werten führen. Die Tabelle 5.8 zeigt die berechneten Werte des Widerstandsbelags, des Reaktanzbelags und des *Impedanzbelags* für drei Oberleitungsbauarten, die für 16,7-Hz-Anlagen verwendet werden, einschließlich der Stromverteilung in unterschiedlichen Konfigurationen. In der Tabelle 5.9 werden die Impedanzbeläge für 50-Hz-Einphasen-AC-Oberleitungen gezeigt. In der Tabelle 5.10 sind berechnete und gemessene Impedanzbeläge verglichen. In wenigen Fällen sind die Differenzen zwischen den gemessenen und den berechneten Werten kleiner als 10 %. Daher können die berechneten Werte als durch Messungen bestätigt betrachtet werden. Um die Einstellung der Schutzrelais der Leistungsschalter festlegen zu können, sollte die effektive Impedanz vor Ort gemessen werden, sodass die wirklichen Bedingungen wie die Zahl der Gleise und die Rückleiteranordnung auch korrekt beachtet werden.

5.1.3 Kapazitätsbelag

Die Ausbreitung von Oberschwingungen im Fahrleitungsnetz wird durch die *Kapazitätsbeläge* beeinflusst. Jeder Leiter einer Fahrleitungsanlage ist in Bezug zur Erde auch ein Kondensator. Diese Eigenschaft hängt von der Form und den Maßen der Leiter und vom Dielektrikum im Bereich des betrachteten elektrischen Feldes ab. Im Ergebnis haben Kettenwerke, Stromschienen und auch Gleise einen Kapazitätsbelag gegenüber Erde.

Kapazitätsbeläge von Oberleitungen gegen Erde

Der Kapazitätsbelag einer einfachen Oberleitung gegenüber Erde kann beschrieben werden durch [5.7]:

$$C'_{\text{CE}} = 2\pi \left(\varepsilon_{\text{o}} \cdot \varepsilon_{\text{r}}\right) \Big/ \ln(2\,h_{\text{m}}/r_{\text{ers}}) \quad , \tag{5.29}$$

wobei
ε_{r} relative Permittivität ungefähr ≈ 1 für Luft,
ε_0 elektrische Feldkonstante $8{,}85 \cdot 10^{-9}\,\text{F/km}$,
h_{m} mittlere Höhe der Oberleitung über den Schienen $\approx 6{,}1\,\text{m} = h_{\text{FD}} + D_{\text{m}}/2$,
D_{m} mittlerer Abstand zwischen Fahrdraht und Tragseil und
r_{ers} Ersatzradius.

Der *Ersatzradius* r_{ers} wird aus

$$r_{\text{ers}} = \sqrt{D_{\text{m}} \cdot r} \quad , \tag{5.30}$$

berechnet, mit r Radius des Fahrdrahts.
Für $r = 0{,}0056\,\text{m}$ bei Fahrdraht AC-100–Cu, $D_{\text{m}} = 1{,}2\,\text{m}$, $h_{\text{FD}} = 5{,}5\,\text{m}$ und $h_{\text{m}} = 6{,}1\,\text{m}$ mittlerer Höhe über Grund beträgt der Kapazitätsbelag von zwei parallelen Kettenwerken einer zweigleisigen Strecke zur Erde $2 \cdot 11\,\text{nF/km} = 22\,\text{nF/km}$.

Kapazitätsbelag von Stromschienen (Dritte-Schienen) gegen Erde

Der Kapazitätsbelag einer Stromschiene bezüglich Erde kann mit der Gleichung (5.29) abgeschätzt werden. Der Ersatzradius r_{ers} einer Stromschiene wird aus dem Querschnitt A abgeleitet:

$$r_{\text{ers}} = \sqrt{A/\pi} \quad . \tag{5.31}$$

Wenn die Permittivität ε_{rel} mit 2,5 angenommen wird, um das Schotterbett unter den Schienen zu berücksichtigen, ergibt sich der Kapazitätsbelag einer Stromschiene mit $A = 5\,100\,\text{mm}^2$ und $h_{\text{m}} = 500\,\text{mm}$ Höhe über dem Boden aus (5.29) zu $43\,\text{nF/km}$. Von der Deutsche Reichsbahn (DR) mit einer anderen Leiteranordnung durchgeführte Messungen ergaben Kapazitätsbeläge zwischen 70 und $100\,\text{nF/km}$.

Kapazitätsbelag der Schienen gegen Erde

Entsprechend (5.29) und (5.31) wird der *Kapazitätsbelag* zwischen zwei Schienen eines Gleises gegenüber Erde berechnet als

$$C'_{\text{TE}} = 2 \cdot C'_{\text{RE}} \quad . \tag{5.32}$$

Es gelten:
h_m 0,3 m
A 7 680 mm² für die Schiene UIC 60
ε_rel 2,5 für trockenes Schotterbett

Die Kapazität je Schiene wird mit 56 nF/km berechnet, sodass sich ein Wert von 223 nF/km für zwei Gleise ergibt. Der Unterschied zu den Messungen [5.8] mit Werten um 120 nF/km einer zweigleisigen Strecke kann durch eine andere Höhe h_m oder einen anderen Wert für die Permittivität ε_rel als bei der Berechnung begründet sein.

5.2 Spannungen im Fahrleitungsnetz

5.2.1 Grundlegende Anforderungen und Prinzipien

Beim Übertragen der elektrischen Leistung von den Unterwerken zum fahrenden Triebfahrzeug treten *Spannungsfälle* entlang der Fahrleitungen auf. Umgekehrt steigt die Spannung am Triebfahrzeug an, wenn ein nutzbremsfähiges, elektrisches Triebfahrzeug beim Bremsen Leistung zurückspeist, damit die Bremsenergie in das Fahrleitungsnetz zurück fließen kann.

Die am Stromabnehmer eines Triebfahrzeuges anstehende Spannung hängt demnach sowohl von den elektrischen Eigenschaften der Fahrleitungen, als auch von der augenblicklichen Leistungsfähigkeit aller elektrischen Triebfahrzeuge des Abschnitts und von deren Entfernungen zu den *Einspeisepunkten* ab. Unter *planmäßigen Betriebsbedingungen* sollten die Spannungen die in der Tabelle 1.1 angegebenen Spannungsgrenzen nicht überschreiten oder unter diese abfallen. Für Bahnstrecken des Hochgeschwindigkeits- und Hochleistungsverkehrs sind jedoch die Anforderungen schärfer [5.9] und besagen, dass die Spannungen im Normalbetrieb an keinem Punkt im elektrischen Versorgungsnetz unter die Nennspannung des Netzes sinken sollten.

In TSI Energie [5.10, 5.11] und DIN EN 50 388 wird ein Qualitätsindex für die Stromversorgung definiert und als *mittlere nutzbare Spannung* am Stromabnehmer oder an der Sammelschiene im Unterwerk definiert. Einzelheiten sind im Abschnitt 5.2.4 enthalten. Im Bild 5.6 sind das vereinfachte Ersatzschaltbild und die dazugehörigen *Zeigerdiagramme* eines Fahrleitungsabschnitts dargestellt. Aus diesem Bild ist der *Längsspannungsfall* $\Delta \underline{U}_\text{l}$ infolge des Traktionsstroms $\underline{I}_\text{trc}$, der durch den Widerstand und die Reaktanz fließt, ablesbar als

$$\Delta \underline{U}_\text{l} = l \left(R' \, \underline{I}_\text{trc} \cos \varphi + X' \, \underline{I}_\text{trc} \sin \varphi \right) = \underline{I}_\text{trc} \cdot l \left(R' \cos \varphi + X' \sin \varphi \right) \quad . \tag{5.33}$$

Der *Querspannungsfall* ist

$$\Delta \underline{U}_\text{q} = l \left(X' \, \underline{I}_\text{trc} \cos \varphi - R' \, \underline{I}_\text{trc} \sin \varphi \right) = \underline{I}_\text{trc} \cdot l \left(X' \cos \varphi - R' \sin \varphi \right) \quad , \tag{5.34}$$

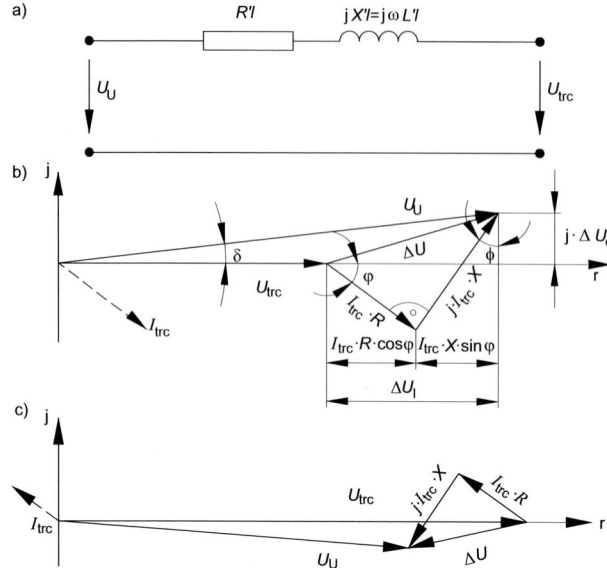

Bild 5.6: Spannungsverhältnisse in einem Netz zur Speisung von Oberleitungen.
a) Ersatzschaltbild
b) Zeigerdiagramm der Spannungsfälle, Fahrbetrieb
c) Zeigerdiagramm der Spannungsfälle, Bremsen

woraus sich der gesamte *Spannungsfall* $\Delta \underline{U}$ ergibt zu

$$\Delta \underline{U} = (\underline{U}_{\text{u}} - \underline{U}_{\text{trc}}) = l \cdot \underline{I}_{\text{trc}} \left(R' + \mathrm{j}\, X'\right) \quad . \tag{5.35}$$

Für praktische Anwendungen lässt sich der durch den Traktionsstrom $\underline{I}_{\text{trc}}$ verursachte Querspannungsfall vernachlässigen, sodass der Längsspannungsfall $\Delta \underline{U}_{\text{l}}$ benutzt werden kann, um den gesamten Spannungsfall $\Delta \underline{U}$ auszudrücken.
In einem AC-Energieversorgungsnetz ergibt sich der Spannungsfall zwischen dem Unterwerk und einem l km entfernten und den Strom $\underline{I}_{\text{trc}}$ ziehenden Triebfahrzeug zu

$$\Delta \underline{U} = \mathrm{Re}\{\Delta \underline{U}\} = \underline{I}_{\text{trc}}\, l\, |\underline{Z}'| = \underline{I}_{\text{trc}}\, l\, \underline{Z}'\ , \text{ wobei} \tag{5.36}$$

$$\Delta \underline{U} \approx \Delta \underline{U}_{\text{l}} = \underline{I}_{\text{trc}}\, l\, \left(R' \cos \varphi + X' \sin \varphi\right) \quad .$$

In DC-Stromversorgungsnetzen ist die entsprechende Gleichung

$$\Delta U = I_{\text{trc}}\, l\, R' \quad . \tag{5.37}$$

Ein Vergleich der Diagramme in den Bildern 5.6 b) und 5.6 c) lässt erkennen, dass bei elektrischer Bremsung mit *Energierückgewinnung* die Spannung U_{trc} erhöht wird, um die Energie zurück in das Oberleitungsnetz zu speisen. Die Bremsenergie wird verwendet, um die Triebfahrzeuge im gleichen Speiseabschnitt zu versorgen, diese in einem Energiespeicher zu speichern oder in das übergeordnete Netz zurückzuspeisen. Die Spannung im Triebfahrzeug, das Energie in das Netz zurück speist, wird bestimmt durch die entsprechenden Rückgewinnungsbedingungen.

Hinsichtlich der Widerstände unterscheiden sich die Gleichungen (5.36) und (5.37). Wie bereits im Abschnitt 5.1.2.2 erläutert, ist die Summe der Widerstandsbeläge der Fahrleitung und der Rückstromleiter bei DC-Bahnnetzen relevant, während in Einphasen-AC-Netzen der komplexe Wert der Streckenimpedanz Z' (siehe Abschnitt 5.1.2.7) den Spannungsfall bestimmt.

Mit den Spannungsfällen und Strömen in der Fahrleitungsanlage sind Energieverluste verbunden, d. h. Leistungsverluste. Die *Leistungsverluste* werden durch die Widerstände im Fahrleitungsnetz verursacht. Die Verluste ΔP in den Streckenwiderständen werden allgemein durch

$$\Delta P = I^2 \cdot R \tag{5.38}$$

beschrieben und erhöhen die Leitertemperaturen. Entsprechend gilt für den Belag der Verluste entlang einer Gleichspannungsoberleitung oder in Folge des Wirkwiderstandsbelags einer AC-Fahrleitung

$$\Delta P' = I^2 \cdot R/l \quad . \tag{5.39}$$

5.2.2 Spannungsfall

5.2.2.1 Einführung

Nachfolgend werden *Spannungsfälle* zwischen dem speisenden Unterwerk und dem augenblicklichen Standort eines oder mehrerer Züge in einem Speiseabschnitt berechnet. Die Höhe der zu erwartenden Spannungsfälle hängt vom Traktionsstrom I_trc, Abstand l, Impedanzbelag und von der Art der Einspeisung ab (Bild 5.25).

5.2.2.2 Einseitige Speisung

Ein Zug im Abschnitt

Aus Bild 5.7 kann der Spannungsfall zwischen dem Unterwerk und der augenblicklichen Triebfahrzeugposition x abgelesen werden als

$$\Delta \underline{U}_x = \underline{I}_\mathrm{trc}\, \underline{Z}'\, x \quad .$$

Der *maximale Wert des Spannungsfalles* $\Delta \underline{U}_\mathrm{max}$ im Abschnitt ist dann zu erwarten, wenn sich der Zug am Ende des Abschnittes befindet, er beträgt

$$\Delta \underline{U}_\mathrm{max} = \underline{I}_\mathrm{trc}\, \underline{Z}'\, l \quad .$$

Mehrere Züge im Speiseabschnitt

Wenn die Bezeichnungen des Bildes 5.7 b) verwendet werden, kann der Spannungsfall zwischen dem Unterwerk und dem dritten Zug berechnet werden als

$$\Delta \underline{U}_3 = \underline{Z}'\left(\underline{I}_1 l_1 + \underline{I}_2 l_2 + \underline{I}_3 l_3\right) = \underline{Z}'\left(\underline{I}_{\mathrm{trc}\,1}\, x_1 + \underline{I}_{\mathrm{trc}\,2}\, x_2 + \underline{I}_{\mathrm{trc}\,3}\, x_3\right) \quad .$$

Verallgemeinert auf n Züge im Speiseabschnitt wird daraus

$$\Delta \underline{U}_n = \underline{Z}' \sum_{i=1}^{n} \underline{I}_{\mathrm{trc}\,i}\, l_i = \underline{Z}' \sum_{i=1}^{n} \underline{I}_{\mathrm{trc}\,i}\, x_i \quad . \tag{5.40}$$

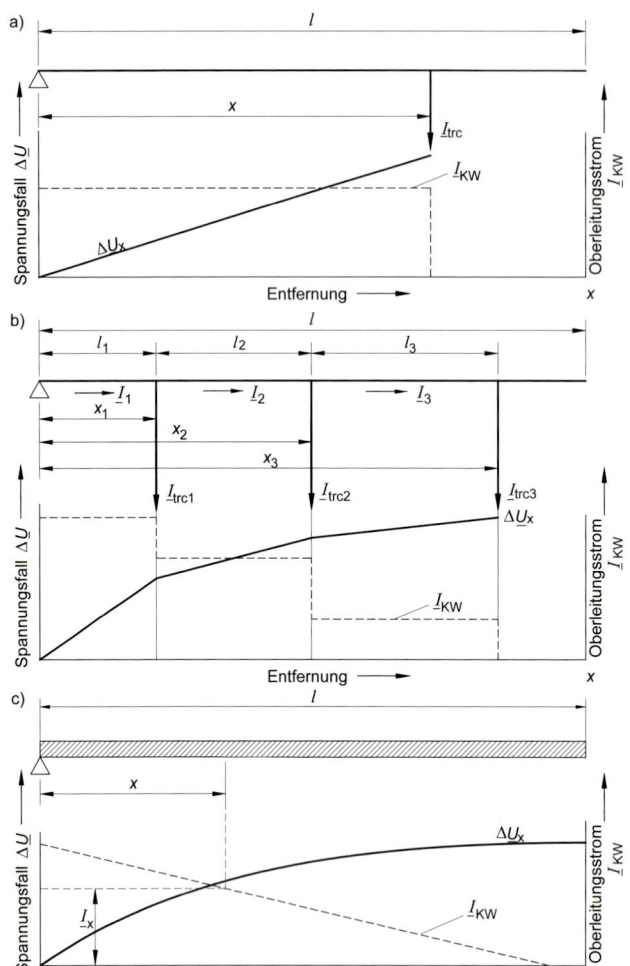

Bild 5.7: Spannungsfälle bei einseitiger Speisung.
a) ein Zug im Abschnitt
b) drei Züge im Abschnitt
c) gleichmäßig verteilte Belastung (Streckenlast)

Wird die Anzahl der Züge im Speiseabschnitt groß, so erhält man nach Bild 5.7 c) den Grenzfall einer *gleichmäßig verteilten Streckenlast*. Die Streckenlast in einem Fahrleitungsspeiseabschnitt kann als Belagsgröße wie folgt definiert werden

$$\underline{I}'_{\mathrm{KW}} = \frac{1}{l} \sum_{i=1}^{n} \underline{I}_{\mathrm{trc}\,i} \quad . \tag{5.41}$$

Der durch den Fahrleitungsabschnitt fließende Strom $\underline{I}_{\mathrm{KW}\,x}$ in der Entfernung x vom Einspeisepunkt wird dann

$$\underline{I}_{\mathrm{KW}\,x} = \underline{I}'_{\mathrm{KW}}\,(l - x) \quad ,$$

wie das im Bild 5.7 c) ersichtlich ist. Dieser Ausdruck ermöglicht es, die Gleichung für den Spannungsfall $\Delta \underline{U}_x$ zwischen dem Unterwerk und dem Punkt x für eine gleich

5.2 Spannungen im Fahrleitungsnetz

verteilte Streckenlast zu definieren als

$$\Delta \underline{U}_x = \int_0^x \underline{I}_x \, Z' \, \mathrm{d}x = \frac{Z'}{l}\left(l\,x - x^2/2\right)\sum_{i=1}^n \underline{I}_{\mathrm{trc}\,i} \quad . \tag{5.42}$$

Für den besonderen Fall von n Zügen, die gleiche Ströme $\underline{I}_{\mathrm{trc}}$ entnehmen, gilt

$$\Delta \underline{U}_x = n\,\underline{I}_{\mathrm{trc}}\,Z'\left(l\,x - x^2/2\right)/l \quad . \tag{5.43}$$

Nimmt man weiter an, dass alle Züge im Abschnitt mit einer konstanten Geschwindigkeit fahren, dann ist der größte Spannungsfall

$$\Delta \underline{U}_{\mathrm{max}} = (1/2)\,n\,\underline{I}_{\mathrm{trc}}\,Z'\,l \quad . \tag{5.44}$$

Die Veröffentlichung [5.12] gibt eine Gleichung an, die adäquate Ergebnisse für den mittleren Spannungsfall bei n Zügen gibt. Diese Gleichung ist

$$\Delta \underline{U} = (1/3)\,\underline{I}_{\mathrm{trc}}\,Z'\,l\left(n + 1{,}5\,t_{\mathrm{zz}} - 1\right) \quad , \tag{5.45}$$

wobei t_{zz} der Quotient aus der Zeitdauer t_{an} zwischen zwei Anfahrten eines Zuges zur Zeitdauer der Betrachtung t_{ges} dargestellt, während der Leistung aus dem Fahrleitungsnetz entnommen wird. Mit empirischen Methoden erhaltene Werte für t_{zz} reichen von 2 für den regulären Zugverkehr bis ungefähr 4 bis 6 für den Stadtbahnverkehr [5.13].

5.2.2.3 Zweiseitige Speisung

Ein Zug im Speiseabschnitt
Die Speiseverhältnisse sind im Bild 5.8 dargestellt. Die Länge l_2 ist der Abstand zwischen den beiden speisenden Unterwerken. Im Falle der *zweiseitigen Speisung* wird die Länge eines Speiseabschnittes definiert als $l_2 = 2 \cdot l$. Unter der Annahme, dass $U_{\mathrm{A}} = U_{\mathrm{B}} = U$ und das R' und Z' zwischen den beiden Unterwerken konstant sind, führt die Spannungsteilerregel zur Gleichung

$$(\underline{I}_{\mathrm{A}}/\underline{I}_{\mathrm{trc}}) = Z'\,(l_2 - x)\big/(Z'\,l_2) \quad .$$

Vom Unterwerk A aus betrachtet ergibt sich mit den obigen Überlegungen ein Ausdruck für den *Spannungsfall* zwischen dem Unterwerk und einem Punkt x

$$\Delta \underline{U}_{\mathrm{A}x} = \underline{I}_{\mathrm{trc}}\,Z'\left(x - x^2/l_2\right) \tag{5.46}$$

und für deren Maximum, das sich am Punkt $x = l_2/2$ einstellen wird,

$$\Delta \underline{U}_{\mathrm{max}} = (1/4)\,\underline{I}_{\mathrm{trc}}\,Z'\,l_2 \quad .$$

Mit der Annahme $l_2 = 2\,l$ wird erhalten

$$\Delta \underline{U}_{\mathrm{max}} = (1/2)\,\underline{I}_{\mathrm{trc}}\,Z'\,l \quad .$$

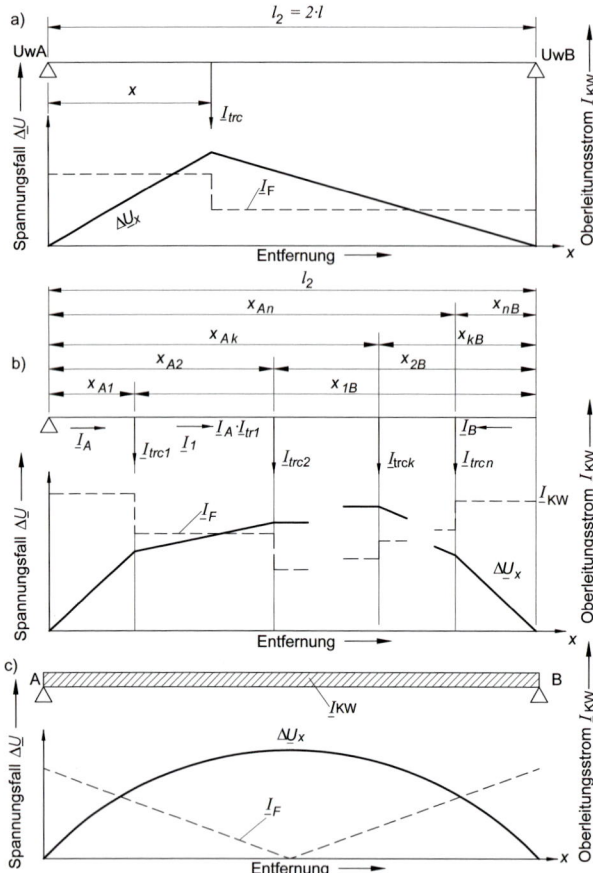

Bild 5.8: Spannungsfälle und Oberleitungsströme bei zweiseitiger Speisung.
a) ein Zug im Abschnitt
b) n Züge im Abschnitt
c) gleichmäßig verteilte Belastung (Streckenlast)

Wenn die Oberleitung einer zweigleisigen Strecke in der Mitte zwischen den Unterwerken quer gekuppelt wird, beschreiben die folgenden Gleichungen nach [5.13] den Spannungsfall infolge eines Zuges, der unter einer der beiden Oberleitungen fährt

$$\Delta \underline{U}_x = \underline{I}_{\text{trc}} \, \underline{Z}' \left[x - 3\,x^2/(2\,l_2) \right] \quad ,$$

$$\Delta \underline{U}_{\max} = (1/6)\, \underline{I}_{\text{trc}} \, \underline{Z}' \, l_2 = (1/3)\, \underline{I}_{\text{trc}} \, \underline{Z}' \, l \quad ,$$

$$\Delta \underline{U} = (1/8)\, \underline{I}_{\text{trc}} \, \underline{Z}' \, l_2 = (1/4)\, \underline{I}_{\text{trc}} \, \underline{Z}' \, l \quad . \tag{5.47}$$

Mehrere Züge im Speiseabschnitt

Für den momentanen Wert des Spannungsfalls vom Unterwerk A bis zum k-ten Zug gilt

$$\Delta \underline{U}_{\mathrm{A},k} = \frac{\underline{Z}'}{l_2} \left[(l_2 - x_{\mathrm{A},k}) \sum_{i=1}^{k} \underline{I}_{\text{trc}i}\, x_{\mathrm{A},i} + x_{\mathrm{A},k} \sum_{i=k+1}^{n} \underline{I}_{\text{trc}i}\, (l_2 - x_{\mathrm{A},i}) \right] \quad . \tag{5.48}$$

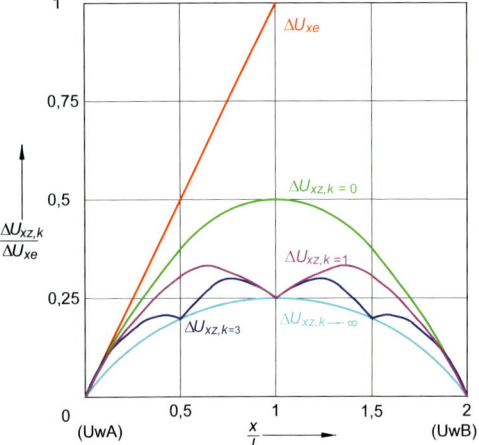

Bild 5.9: Spannungsfälle bei gleicher Gesamtbelastung, verschiedener Speisearten ohne sowie bei einer, zwei und drei Querkupplungen bezogen auf den Spannungsfall $\Delta \underline{U}_{xe}$ bei einseitiger Speisung und Belastung durch einen Zug im Abschnitt.
Bedeutung der Indices:
e einseitige Spannung
z zweiseitige Spannung
k Anzahl der Querkupplungen zwischen den Unterwerken UwA und UwB

Sind die Spannungen an den Unterwerken $\underline{U}_A$ und $\underline{U}_B$ nicht gleich, so ist in (5.48) die rechte Seite um $x_{A,k}(\underline{U}_A - \underline{U}_B)/l_2$ zu ergänzen. In diesem Fall fließt im unbelasteten Fahrleitungsabschnitt zwischen den Unterwerken ein *Ausgleichsstrom* $\underline{I}_a$ der Größe

$$\underline{I}_a = (\underline{U}_A - \underline{U}_B)/(\underline{Z}' l_2). \tag{5.49}$$

Unter der Voraussetzung, dass alle Zugströme gleich groß sind, ergibt sich durch die Anwendung der Gleichung (5.42):

$$\Delta \underline{U} = (\underline{Z}' l_2/12) \sum_{i=1}^{n} \underline{I}_{\text{trc } i} = (\underline{Z}' l/6) \sum_{i=1}^{n} \underline{I}_{\text{trc } i}$$

und für den maximalen Wert des Spannungsfalls

$$\Delta \underline{U}_{\max} = (1/8)\, n\, \underline{I}_{\text{trc}}\, \underline{Z}'\, l_2 = (1/4)\, n\, \underline{I}_{\text{trc}}\, \underline{Z}'\, l \quad .$$

Der Parameter t_{zz} wurde im Abschnitt 5.2.2.2 im Zusammenhang mit der Gleichung (5.45) definiert. Die Ausdrücke für die Berechnung der *Spannungsfälle* für unterschiedliche Arten von Fahrleitungsspeiseabschnitten sind in Tabelle 5.11 zusammengefasst. Um die Ergebnisse einfacher vergleichbar zu machen, werden alle Längen im Verhältnis zu einem Fahrleitungsabschnitt der Länge l_2 ausgedrückt, wobei die Länge des betrachteten Abschnittes im Falle der zweiseitigen Speisung als die Hälfte des Abschnittes l_2 zwischen den Unterwerken gesetzt wird, d. h. $l_2 = 2 \cdot l$.

Ein Speiseabschnitt der Länge l wird daher als sich von Einspeisepunkt bis zur Kuppelstelle zwischen den Unterwerken oder für Endabschnitte bis zum Ende des Speiseabschnittes erstreckend betrachtet. Der Grenzfall $n \to \infty$ und $\underline{I}_{\text{trc}} \to 0$ ist die Streckenlast, die nach Gleichung (5.41) berechnet werden kann.

Das Bild 5.9 zeigt bezogen auf die gleiche Gesamtbelastung im Speisebereich zwischen zwei Unterwerken den Vergleich der Spannungsfälle. Die Erhöhung der Anzahl der *Querkupplungen* im Speiseabschnitt verbessert die Spannungsverhältnisse in einem Bahnenergienetz.

Tabelle 5.11: Spannungsfälle in Fahrleitungsabschnitten [5.13, 5.15].

Speiseart	Zugzahl n im Abschnitt	Momentanwert ΔU_x	Mittelwert ΔU	Maximalwert $\Delta U_{\max}$
einseitig	1	x	$l/2$	l
	Streckenlast		$l \cdot n/3$	$l \cdot n/2$
	n	$\left(\sum_{i=1}^{n} I_{\mathrm{trc}i} x_i\right) / I_{\mathrm{trc}}$	$l \cdot (n + 1{,}5\, t_{\mathrm{zz}} - 1)/3$	$l \cdot (n + 1{,}5\, t_{\mathrm{zz}} - 1)/2$
zweiseitig	1	$x\,[1 - x/(2l)]$	$l/3$	$l/2$
	Streckenlast		$l \cdot n/6$	$l \cdot n/4$
	n	siehe Gl. (5.42)	$l\,(n + 2\, t_{\mathrm{zz}} - 1)/6$	$l \cdot (n + 2\, t_{\mathrm{zz}} - 1)/4$
zweiseitig mit Querkupplung	1	$x - 3x^2/(4l)$	$l/4$	$l/3$
	Streckenlast		$l \cdot n/12$	$l \cdot n/8$
	n		$l \cdot (n + 3\, t_{\mathrm{zz}} - 1)/12$	$l \cdot (n + 3\, t_{\mathrm{zz}} - 1)/8$
Hinweis:	Alle angegebenen Formeln sind bei Gleichstrombahnen mit $I_{\mathrm{trc}} R'$ und bei Einphasenwechselstrombahnen mit $I_{\mathrm{trc}} Z'$ zu multiplizieren			

5.2.3 Weitere Berechnungsalgorithmen

Da der Bahnverkehr auf Hochgeschwindigkeits- und Hochleistungsstrecken nicht als Zufallsgröße beschrieben werden kann, ist es ratsam, auf solchen Strecken die tatsächlichen Werte der *Spannungen* im Fahrleitungsnetz zu berechnen. In [5.16] wurde ein *Algorithmus für die Berechnung der Spannungsfälle* entwickelt. Die entsprechende *Zugfahrtsimulation* zusammen mit den zugehörigen Berechnungen des Bahnnetzes sind im Detail in [5.13] beschrieben. Die Daten und die Beschreibungen der Spannungen im Bahnnetz, die mit dieser Methode für den Hochgeschwindigkeitsverkehr abgeleitet wurden, sind in [5.17] enthalten.

Bild 5.10 zeigt als ein Beispiel die Spannungen an einem Hochgeschwindigkeitszug, die mit der in [5.16] beschriebenen Methode berechnet wurden. Die Einspeisung für AC 15 kV 16,7 Hz ist in Bild 5.10 a) dargestellt; die Spannung an den Stromabnehmern für 4, 10 und 30 Minuten Zugfolgezeit zeigt Bild 5.10 c). Bild 5.11 enthält gleiche Angaben für AC 25 kV 50 Hz. In AC-25-kV-50-Hz-Anlagen werden anders als bei der beidseitigen Speisung in AC-15-kV-16,7-Hz-Anlagen einseitige Speisungen verwendet. In den Teilbildern c) der Bilder 5.10 und 5.11 werden die Spannungen an einem Triebfahrzeug gezeigt, das entlang einer 200 km langen Strecke fährt.

Weitere Methoden wurden auch für die Beurteilung der Spannung in Fahrleitungsnetzen konventioneller, normal belasteter Bahnen entwickelt. Diese schließen ein
 – die Berechnung der Spannungsfälle für gemischten Verkehr auf den Strecken,
 – die Berechnung der Spannungsfälle mit Verwendung stochastischer Methoden und
 – eine überschlägige Berechnung der *größten Spannungsfälle*.

Diese Methoden sind im Detail in [5.13] enthalten.

5.2 Spannungen im Fahrleitungsnetz

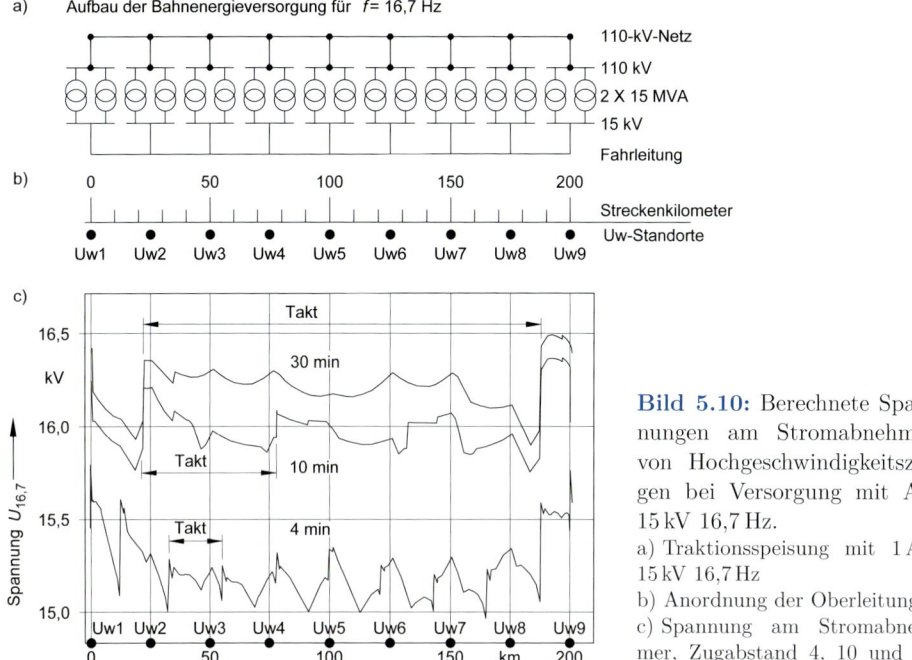

Bild 5.10: Berechnete Spannungen am Stromabnehmer von Hochgeschwindigkeitszügen bei Versorgung mit AC 15 kV 16,7 Hz.
a) Traktionsspeisung mit 1 AC 15 kV 16,7 Hz
b) Anordnung der Oberleitung
c) Spannung am Stromabnehmer, Zugabstand 4, 10 und 30 Minuten

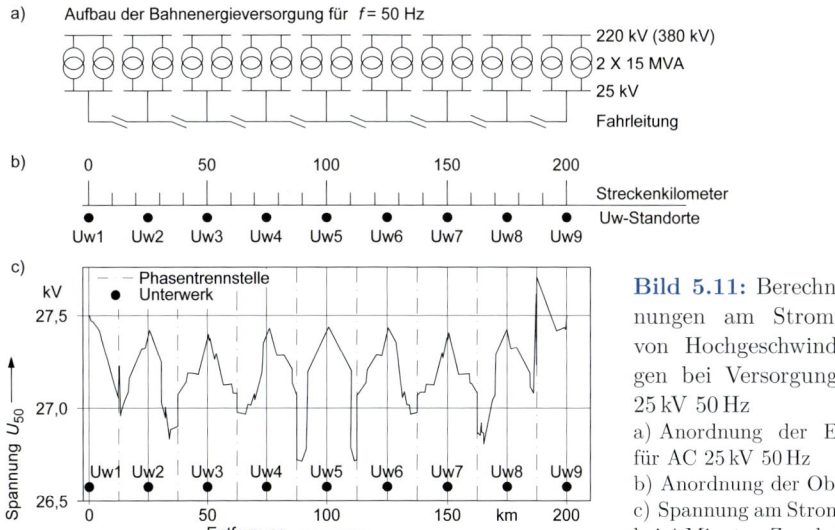

Bild 5.11: Berechnete Spannungen am Stromabnehmer von Hochgeschwindigkeitszügen bei Versorgung mit AC 25 kV 50 Hz
a) Anordnung der Einspeisung für AC 25 kV 50 Hz
b) Anordnung der Oberleitung
c) Spannung am Stromabnehmer bei 4 Minuten Zugabstand

Tabelle 5.12: Kleinste mittlere nutzbare Spannung $U_{\text{mean useful}}$ am Stromabnehmer in V.

Stromart	HG-Strecken Gebiet und Züge	Konventionelle Strecken Gebiet und Züge
DC 1,5 kV	1 300	1 300
DC 3,0 kV	2 800	2 700
AC 15 kV 16,7 Hz	14 200	13 500
AC 25 kV 50 Hz	22 500	22 000

5.2.4 Mittlere nutzbare Spannung

5.2.4.1 Anforderungen und Begriffe

Die Unterwerke und die Oberleitungen sollten auch unter extremen Bedingungen die Energieversorgung sicher stellen
- beim dichtesten Verkehr nach Fahrplan entsprechend dem Spitzenverkehr und
- mit den verkehrenden Zugarten und Triebfahrzeuge.

Der Qualitätsindex mittlere nutzbare Spannung $U_{\text{mean useful}}$ wurde in DIN EN 50 388 definiert, um die Eignung der Energieversorgung im Hinblick auf die Verkehrsanforderungen beurteilen zu können.

Die mittlere nutzbare Spannung $U_{\text{mean useful}}$ für einen Bereich wird durch Computersimulation für diesen Versorgungsbereich berechnet, wobei alle fahrplanmäßig in der Stunde der höchsten Belastung in diesem Bereich verkehrenden Züge simuliert werden. In diesen Bereich werden alle Züge in die Analyse eingeschlossen, unabhängig, ob sie in jedem Zeitabschnitt der Simulation Traktionsleistung entnehmen.

Die mittlere nutzbare Spannung $U_{\text{mean useful}}$ an einem Zug ist der Mittelwert alle Spannungen der gleichen Simulation wie bei der Untersuchung des Gebietes, wobei aber nur die Spannungen für einen ausgewählten Zug betrachtet werden, wenn der Zug Traktionsleistung entnimmt und die Zeitabschnitte ignoriert werden, wenn der Zug steht, rückspeist oder nur rollt.

Der Mittelwert dieser Spannungen kennzeichnet das Leistungsvermögen eines Zuges und ergibt als ein Ergebnis den Zug, dessen Möglichkeiten zu beschleunigen durch die niedrige Spannung am meisten beeinträchtigt werden.

Die noch zulässigen Kleinstwerte für die mittlere nutzbare Spannung sind in der Tabelle 5.12 nach DIN EN 50 388, Tabelle 4, angegeben. Die Energieversorgung muss so ausgelegt werden, dass die Simulation von $U_{\text{mean useful}}$ unter normalen Bedingungen niemals augenblickliche Spannungswerte am Stromabnehmer eines jeden Zuges liefert, die niedriger sind als der Grenzwert $U_{\text{min 1}}$ gemäß DIN EN 50 163 (siehe Tabelle 1.1) für den Verkehr auf der untersuchten Strecke.

Die Auslegung sollte sicher stellen, dass die Energieversorgung das erforderliche Leistungsvermögen erreicht. Dies beinhaltet
- den Betrieb der Triebfahrzeuge nahe ihrer Nennspannung, um so den Wirkungsgrad und das Leistungsvermögen zu optimieren,
- das Einhalten der kleinsten, in den Normen vorgegebenen Spannungen,

- den Nachweis für ausreichendes Leistungsvermögen der stationären Anlagen der elektrischen Traktion mit Leistungsreserven für erhöhtes Verkehrsaufkommen,
- den Nachweis, dass gewisse gestörte Verkehrslagen beherrscht werden.

5.2.4.2 Berechnung

Die mittlere nutzbare Spannung am Stromabnehmer wird erhalten aus

$$\underline{U}_{\text{mean useful}} = \sum_{i=1}^{n} \frac{1}{T_i} \int_0^{T_i} \underline{U}_{\text{P}_i} \cdot |\underline{I}_{\text{p}i}| \cdot dt \Big/ \sum_{i=1}^{n} \frac{1}{T_i} \int_0^{T_i} |\underline{I}_{\text{p}i}| \cdot dt \quad , \tag{5.50}$$

wobei
T_i Integrations- oder Untersuchungszeitraum für den Zug i,
n Anzahl der Züge, die in der Simulation betrachtet werden.

Für AC-Stromversorgung
$\underline{U}_{\text{P}i}$ augenblickliche rms-Spannung bei der Grundfrequenz am Stromabnehmer des Zuges i,
$|\underline{I}_{\text{P}i}|$ Absolutwert des mittleren Stromes bei der Grundfrequenz, der über den Stromabnehmer des Zuges i fließt.

Für DC-Stromversorgung
$U_{\text{P}i}$ augenblicklicher Wert der DC-Spannung am Stromabnehmer des Zuges i,
$|I_{\text{P}i}|$ Absolutwert des augenblicklichen Mittelwerts des DC-Stromes, der über den Stromabnehmer des Zuges i fließt.

Die mittlere nutzbare Spannung stellt das Verhältnis zwischen der mittleren Leistung der Züge während ihrer Lastperioden und dem entsprechenden mittleren Strom dar. Ein gleichwertiges Ergebnis wird erhalten aus

$$U_{\text{mean useful}} = \frac{1}{n} \sum_{i=1}^{n} \left(\frac{1}{M \cdot N \cdot \Delta t} \right) \sum_{j=1}^{N} \sum_{k=1}^{M} (U_{j,k}(t) \cdot \Delta t) \quad , \tag{5.51}$$

wobei
n Zahl der in der Simulation berücksichtigten Züge,
$U_{j,k}(t)$ Spannung (AC: rms-Mittelwert bei der Grundfrequenz, DC-Mittelwert),
M Anzahl der Berechnungsschritte während des betrachteten Zeitabschnitts,
N Anzahl der Integrationsschritte während der Simulation,
Δt Zeitabschnitt, während dem jeder Berechnungsschritt M simuliert wird.

Der Zeitabschnitt Δt sollte genügend kurz sein, damit alle kurzzeitigen Spitzen im Strom- und Spannungsverlauf berücksichtigt werden.
Die Gleichungen (5.50) und (5.51) können verwendet werden, um zu untersuchen:
- Ein Versorgungsgebiet, d. h. den Teil des betrachteten Netzes während eines vorgegebenen Zeitabschnitts, wobei alle Züge, die durch dieses Gebiet fahren, berücksichtigt werden, ganz gleich ob sie Last entnehmen oder nicht. Der Wert von $U_{\text{mean useful}}$ wird daher als Indikator für die Güte der Stromversorgung für das Gebiet verwendet.

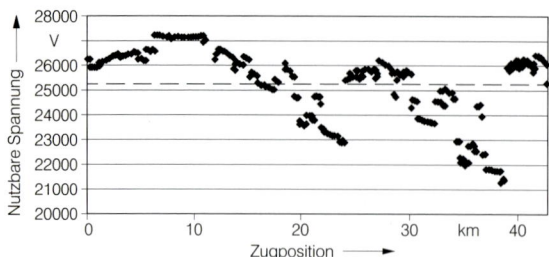

Bild 5.12: Mittlere nutzbare Spannung an einem Zug, Hochgeschwindigkeitsstrecke HSL-Süd, Niederlande.
♦ Spannung am Zug
-- $\underline{U}_{\text{mean useful}}$

– Die mittlere nutzbare Spannung am Stromabnehmer eines Zuges, wobei nur die Zeitabschnitte betrachtet werden, während denen dieser Zug Last entnimmt. In diesem Fall ist n in den Gleichungen (5.50) und (5.51) gleich 1.

Beispiel 5.3: In Bild 5.12 wird die mittlere nutzbare Spannung $\underline{U}_{\text{mean useful Zug}}$ an einem Zug gezeigt, der entlang der Hochgeschwindigkeitsstrecke HSL-Süd in der Niederlanden fährt, die mit AC 25 kV 50 Hz gespeist wird. Der Berechnung liegt der Betrieb von Hochgeschwindigkeitszügen mit 3 min Zugfolge zugrunde. Die Spannungen am Zug schwanken zwischen 21 300 V und 27 250 V und die mittlere nutzbare Spannung misst 25 300 V, was über den kleinsten geforderten Wert 22 500 V liegt.

5.3 Elektrische Traktionslasten

5.3.1 Einführung

Der *Leistungsbedarf* einer Bahn ist die physikalisch notwendige Leistung zum Verwirklichen einer Transportaufgabe. Die hierfür erforderliche physikalische Leistung und die daraus resultierenden Ströme hängen von vielen Parametern ab. Die wesentlichsten sind:
– *Geschwindigkeit*: die erforderliche Leistung ist proportional zur dritten Potenz der Fahrgeschwindigkeit
– *Zuggewichte*
– aerodynamischen Eigenschaften
– *Verkehrshäufigkeit*
– Streckentopographie
– Häufigkeit von Anfahrten
– Möglichkeit der Nutzbremsung
– Fahrstil der Triebfahrzeugführer
– Art der Elektrifizierung

Um eine angemessene Auslegung der Stromversorgung und Fahrleitungen zu erzielen, sollten die Kennwerte der Traktionslasten bestimmt und so genau wie möglich beschrieben werden.

In Energieversorgungsanlagen, für die die Nennspannung die beschreibende charakteristische Größe darstellt, ist die Leistung der Triebfahrzeuge die Größe, auf der die

5.3 Elektrische Traktionslasten

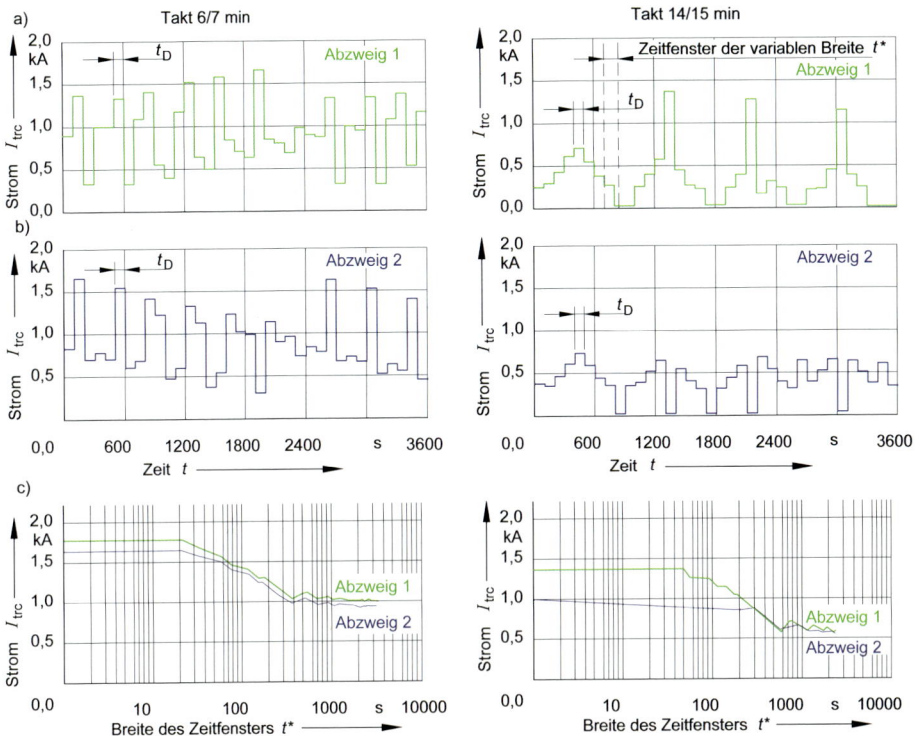

Bild 5.13: Belastungsströme zweier Streckenabzweige eines Unterwerkes, in dessen Abschnitt Züge des Hochgeschwindigkeitsverkehrs mit Zugströmen von 1 130 A und konstant 330 km/h fahren [5.19]. a) berechneter Strom $I_{\mathrm{trc}}(t)$ am Speiseabzweig, b) berechneter Strom $I_{\mathrm{trc}}(t)$ am Speiseabzweig 2, c) zeitgewichtete Belastungsdauerlinien dieser Ströme

Berechnung der Betriebsströme basiert. Die zeitliche Abhängigkeit der von den fahrenden Zügen aufgenommenen Traktionsströme ergibt die Simulation der Zugfahrten und wird durch die Parameter der entsprechenden Fahrten bestimmt. In einer Fahrleitungsanlage werden die Traktionsströme aller in dem gleichen Speisegebiet zu einem gegebenen Zeitpunkt verkehrenden Züge überlagert.

Die Traktionslasten der Züge und somit auch die *Lastströme* der Fahrleitungsspeiseabschnitte von allgemeinen Bahnlinien können als stochastische Funktionen beschrieben werden, wie dies in Abschnitt 5.3.3 gezeigt wird. Im Hochgeschwindigkeitsverkehr jedoch befindet sich zu einem gegebenen Zeitpunkt häufig nur ein Zug in einem Speiseabschnitt. Die Strombelastung ist daher intermittierend. Dieser Fall wird im einzelnen im Abschnitt 5.3.4 behandelt.

5.3.2 Zeitgewichtete Belastungsdauerlinie

Die genaue Berechnung der *thermischen Beanspruchung von Fahrleitungsanlagen*, die durch zeitabhängige Ströme $I_{\text{trc}}(t)$ belastet werden, kann aufwändig sein. *Zeitgewichtete Belastungsdauerlinien* [5.18] sind realistische Modelle der effektiven Ströme, die die thermische Belastung bestimmen. Dabei gehen die zeitabhängigen, charakteristischen Kennwerte nicht verloren [5.19]. Zeitgewichtete Belastungsdauerlinien lassen sich für die arithmetischen Mittelwerte bilden:

- Ausgangsgröße ist der *reale zeitliche Verlauf des Belastungsstromes* $I_{\text{trc}}(t)$ während einer Referenzzeitdauer T, der meist als zeitdiskrete Datenreihe mit einer definierbaren Zeitschrittweite t_{D} vorliegt, wie das Bild 5.13 zeigt.
- Es wird ein *Zeitfenster* t^* definiert. Dieses variable Zeitfenster wird bei $t = 0$ beginnend mit der Zeitschrittweite t_{D} über den gesamten Verlauf des Belastungsstromes bis $T - t^*$ verschoben, siehe Bild 5.13. Der Zeitschritt t_{D} sollte zwischen 10 und 20 s gewählt werden.
- Der mittlere Laststrom wird dann für jede sinnvolle Lage des Zeitfensters mit der Schrittweite t^* berechnet. Der jeweils nachfolgend bestimmte größte Mittelwert des Stromes I_{max} wird der entsprechenden Stromfensterbreite zugeordnet und gespeichert.
- Dieser Schritt wird mit veränderlicher Fensterbreite, die von dem kleinstmöglichen Wert, d. h. t_{D} bis zu dem größten möglichen Wert, d. h. $t^* = T$ läuft, wiederholt.
- Als Ergebnis wird eine Funktion der *größten Belastungsmittelwerte* über der Belastungsdauer, die durch die Fensterbreite repräsentiert und als *zeitgewichtete Belastungsdauerlinie der Mittelwerte* bezeichnet wird, erhalten. Im [5.18] wird hierfür auch der Begriff Spitzenwertkurve oder -linie verwendet.

Für zeitdiskrete Werte des Belastungsstromes $I(t)$ bezogen auf die Zeitschrittbreite t_{D} lautet demzufolge die Vorschrift für das Bilden der zeitgewichteten Belastungsdauerlinie der arithmetischen Mittelwerte

$$I_{\text{max}}(t^*) = \max\left(\frac{1}{t^*}\sum_{i=t}^{t+t^*}|I_i|\cdot t_{\text{D}}\right) \quad .$$

Für die Kennwerte der Erwärmung und die thermische Bemessung sind die Effektivwerte des Belastungsstromes maßgebend. Der auch quadratischer Mittelwert genannte Effektivwert entspricht einem Gleichstrom, der in einer Zeitperiode t_{m} dieselbe Wärme in einem Widerstand erzeugt, wie die betrachtete, zeitlich veränderliche Größe. Allgemein gilt für den *Effektivwert* I_{eff} die Formel:

$$I_{\text{eff}}(t_{\text{m}}) = \sqrt{\frac{1}{t_{\text{m}}}\int_0^{t_{\text{m}}} I(t)^2 \cdot \mathrm{d}t} \quad .$$

Die Bildungsvorschrift für die zeitgewichtete Belastungsdauerlinie der Effektivwerte ist analog wie die der arithmetischen Mittelwerte gestaltet. Somit gilt bei vorgegebener zeitdiskreter Wertefolge I_i des Belastungsstromes:

5.3 Elektrische Traktionslasten

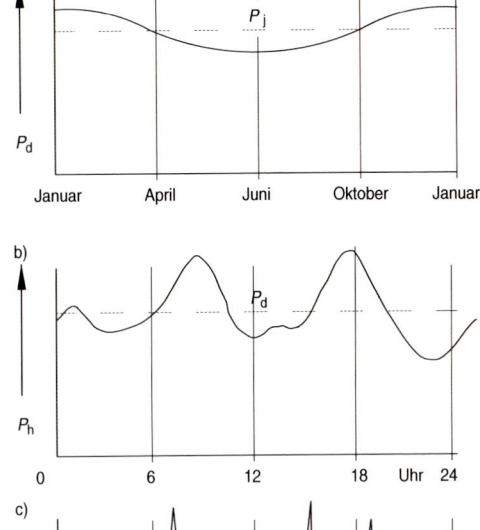

Bild 5.14: Bestandteile der idealisierten Zufallsfunktion Bahnbelastung.
a) Jahresgang der monatlichen, wöchentlichen oder täglichen Mittelwerte P_d
b) Tagesgang der Stunden- oder Halbstunden Mittelwerte P_h
c) Belastungsverlauf während einer Stunde als Zufallsgröße
P_j jährliche Mittellast
P_d tägliche Mittellast
P_h stündliche Mittellast

$$I_{\text{eff max}}(t^*) = \max\left(\sqrt{\frac{1}{t^*}\sum_{i=t}^{t+t^*} I_i^2 \cdot t_\mathrm{D}}\right), \qquad (5.52)$$

wobei $0 \leq t \leq (T - t^*)$ und $t_D \leq t^* \leq T$ gilt.

Im Bild 5.13 c) ist die zeitgewichtete Belastungsdauerlinie für 6/7 min Zugfolge (auf der linken Seite) und für 14/15 min Zugfolge (rechte Seite) dargestellt. Diese Diagramme wurden unter Benutzung der oben angegebenen Algorithmen berechnet.

Die geordneten *zeitgewichteten Belastungsdauerlinien* bei Bahnen des allgemeinen Verkehrs und die zeitgewichteten Belastungsdauerlinien bei Hochgeschwindigkeits- oder Hochleistungsbahnstrecken bilden die Grundlage für die Bemessung der *thermischen Belastbarkeit* von Fahrleitungsanlagen (siehe Kapitel 7).

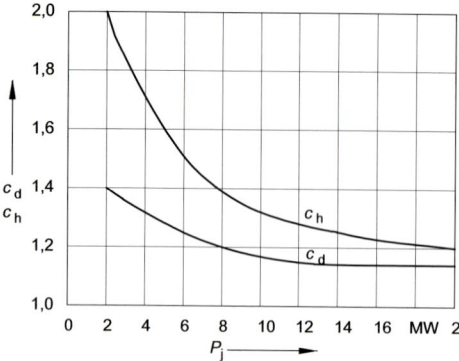

Bild 5.15: Tagesfaktor c_d und Stundenfaktor c_h abhängig von der Jahresmittelleistung P_j nach [5.20].

5.3.3 Bahnen des allgemeinen Verkehrs

Bahnen des allgemeinen Verkehrs sind eisenbahnbetriebstechnisch durch das Fahren von Zügen unterschiedlicher Gattungen mit Fahrgeschwindigkeiten bis 200 km/h und Leistungsbelägen bis 300 kW/km charakterisierbar. Ihr Belastungscharakter kann mit stochastischen Funktionen beschrieben werden [5.20]. Die idealisierten Bestandteile der Zufallsfunktion Bahnbelastung von Vollbahnen des allgemeinen Verkehrs sind in Bild 5.14 dargestellt.

Das Diagramm a) in Bild 5.14 zeigt die Veränderung der *monatlichen mittleren Last* eines Unterwerkes während eines Jahres. Änderungen der Last während eines Jahres sind z. B. durch die Notwendigkeit der Heizung von Passagierzügen im Winter, durch den Urlaubsverkehr in den Sommermonaten oder bei anderen saisonalen Beförderungsanforderungen bedingt.

Für die Auslegung der Stromversorgung dieser Bahnen wird der statistisch ermittelte *Tagesfaktor* c_d verwendet

$$c_d = P_{d\,max}/P_j. \tag{5.53}$$

$P_{d\,max}$ ist die größte tägliche Durchschnittslast während eines gesamten Jahres und P_j die auf das gesamte Jahr bezogene mittlere Last. Die praktische Erfahrung zeigt, dass der Basisfaktor c_d praktisch nur vom jährlichen Mittelwert abhängt. In Bild 5.15 ist der Zusammenhang zwischen c_d und P_j dargestellt.

Das Bild 5.14 b) zeigt den typischen Verlauf der Lastwerte eines Unterwerkes einer Hauptstrecke während eines Tages. Die Änderung ist gekennzeichnet durch Lastspitzen infolge des Berufsverkehrs am Morgen und in den Nachmittagsstunden sowie durch Lastsenken in der Nacht und in den Mittagsstunden.

Durch die statistische Auswertung einer Vielzahl von realen Belastungssituationen kann ein *Stundenfaktor* c_h ermittelt werden. Der Stundenfaktor wird definiert als

$$c_h = P_h/P_d = P_{h\,max}/P_{d\,max} \quad . \tag{5.54}$$

In dieser Gleichung ist P_h die größte Stundenmittelleistung eines Tages und P_d die jeweilige Tagesmittelleistung. Der Stundenfaktor c_h ist praktisch nur von der Jahresmittelleistung abhängig. Die Abhängigkeit ist im Bild 5.15 dargestellt.

5.3 Elektrische Traktionslasten

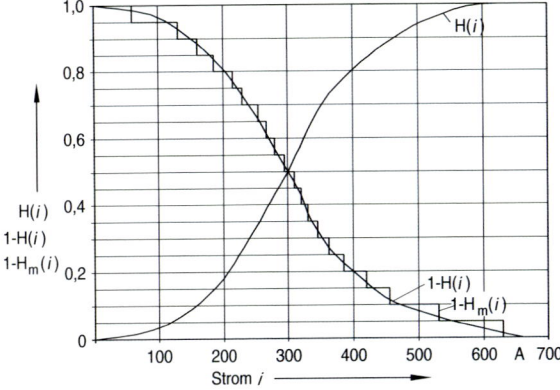

Bild 5.16: Gemessene $1 - H_m(i)$ und theoretische $1 - H(i)$ Belastungsdauerlinie sowie Verteilungsfunktion $H(i)$ einer normal verteilten Unterwerksbelastung.

Der Belastungsverlauf während einer Stunde stellt die Summe der jeweiligen augenblicklichen Leistungen der einzelnen Züge im betrachteten Speiseabschnitt dar. Dieser Verlauf der Belastung ist eine Zufallsgröße. Mit (5.53) und (5.54) ergibt sich der Leistungsmittelwert in der Stunde mit der höchsten Leistung $P_{h\,max}$ eines Speiseabschnittes während eines Jahres aus

$$P_{h\,max} = c_d \cdot c_h \cdot P_j \quad . \tag{5.55}$$

Die Jahresmittelleistung P_j kann aus dem gesamten jährlichen Energiebedarf W_j im betrachteten Abschnitt ermittelt werden. Mit Hilfe der idealisierten Komponenten lässt sich die Last als eine Zufallsfunktion beschreiben. Das gleiche gilt auch für *Straßenbahnen* [5.21]. In vielen Fällen ist auch eine Beschreibung der Bahnbelastung als zeitunabhängige Größe möglich. Für Einspeisungen unmittelbar in die Fahrleitung können die Ströme bei hohen Belastungen ebenfalls als zeitunabhängige Größen beschrieben werden.

Als Verteilungsfunktion der Stundenleistung kann die Hypothese einer *Normalverteilung* akzeptiert werden, wobei $P_{h\,max}$ der Mittelwert der Verteilung und σ_p die Standardabweichung darstellen. Damit lässt sich eine Wahrscheinlichkeit $F(P)$ dafür angeben, dass die Stundenleistung P_h unter einem vorgegebenen Wert P_{hd} bleibt:

$$F(P_{hd} \leq P_{hx}) = \frac{1}{\sigma_p \sqrt{2\pi}} \int_{-\infty}^{P_{hx}} \exp\left[-(P_h - P_{h\,max})^2 / 2\,\sigma_p^2\right] dP_h \quad . \tag{5.56}$$

Die Wahrscheinlichkeit von $F(P_{hd} \leq P_{hx})$ kann mit dieser vereinfachten Form dargestellt werden, weil $P_{h\,max} \gg \sigma_p > 0$ gilt. Die Gleichung (5.56) wird auch als Verteilungsfunktion der Zufallsgröße P_h bezeichnet. Die *Standardabweichung* σ_p kann durch den *Variationskoeffizienten* v_p und den Mittelwert $P_{h\,max}$ ausgedrückt werden:

$$\sigma_p = v_p \cdot P_{h\,max}. \tag{5.57}$$

Die Leistung P_{hd} kann als Summe der mittleren stündlichen Leistung $P_{h\,max}$ und des λ_{hd}-Fachen der Standardabweichung σ_p dargestellt werden:

$$P_{hd} = P_{h\,max} + \lambda_{hx}\sigma_p = P_{h\,max}(1 + \lambda_{hx} v_p) \quad , \tag{5.58}$$

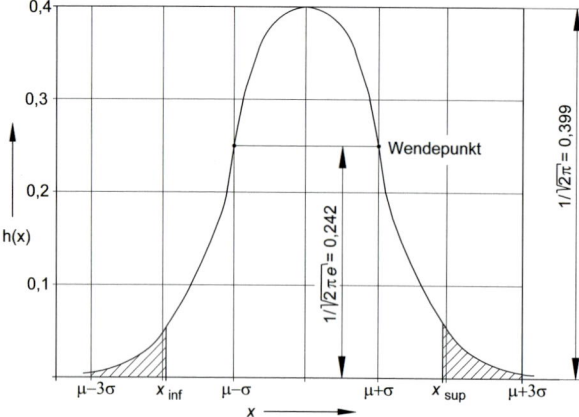

Bild 5.17: Dichtefunktion für $\sigma = 1$ und Mittelwert $\mu = 1$ einer normal verteilten Größe (Leistung oder Strom eines Unterwerkes).

Die Gleichung (5.56) kann in die *standardisierte Gaußsche Normalverteilung* $\mathrm{F}(\lambda_{hx})$, übergeführt werden

$$\mathrm{F}(\lambda_{hx}) = \frac{1}{\sqrt{2\pi}} \int_{-\infty}^{\lambda_{hx}} \exp(-\lambda^2/2)\,\mathrm{d}\lambda \quad . \tag{5.59}$$

Diese standardisierte Form der Normalverteilung ist in den einschlägigen Werken der Wahrscheinlichkeitsrechnung und anderen Handbüchern in Tabellenform vorhanden. Wenn, wie oben beschrieben, $\mathrm{F}(P_h \leq P_{hx})$ oder $\mathrm{F}(\lambda_{hx})$ die Wahrscheinlichkeit dafür angibt, dass eine beliebige Belastung P_h unter dem vorgegebenen Wert P_{hx} bleibt, ist umgekehrt

$$\mathrm{G}(\lambda_{hx}) = 1 - \mathrm{F}(\lambda_{hx}) \tag{5.60}$$

die Wahrscheinlichkeit dafür, dass eine Belastung über dem Wert P_{hx} auftritt. Diese Funktion ist die Belastungsdauerlinie oder *geordnetes Belastungsdiagramm*.
Innerhalb einer vorgegebenen Zeitdauer T bleiben die Lasten mit einer Wahrscheinlichkeit $(T-t)/T = \mathrm{F}(\lambda_{hx})$ unter dem Wert P_{hx} und umgekehrt überschreiten sie die Grenze P_{hx} mit der Wahrscheinlichkeit t/T.
Bild 5.16 zeigt die Messwerte als *Histogramm* $1 - \mathrm{H}_m(i)$ und die hieraus abgeleitete Dauerbelastungskurve $1 - \mathrm{H}(i)$ sowie die Verteilungsfunktion $\mathrm{H}(i)$ der Bahnunterwerksbelastung. Bild 5.17 stellt die Dichtefunktion der *normierten Normalverteilung* dar.
Bild 5.18 enthält den *Variationskoeffizient* v_p abhängig von der *Jahresmittelleistung* P_j eines DC-600-V-Stadtbahnnetzes. Die gezeigte Abhängigkeit wurde aus zahlreichen Messungen in mehreren europäischen Ländern empirisch gefunden [5.13].
Für die thermische Bemessung wird angenommen, dass der während der Stunde mit der maximalen Belastung auftretende Strom auch über einen längeren Zeitraum fließt. Der Belastungsstrom kann dann erhalten werden aus

$$I_j = P_j\,(U \cdot \cos\varphi) \quad . \tag{5.61}$$

5.3 Elektrische Traktionslasten

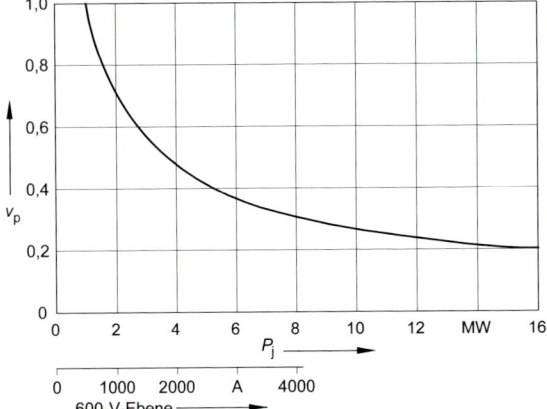

Bild 5.18: Variationskoeffizient v_p als Funktion der Jahresmittelleistung P_j.

Tabelle 5.13: Belastungsspitzen der Zeitdauer t während des Belastungszeitraumes $T = 1\,\text{h}$ bei normalverteilter Grundgesamtheit.

t	$(T-t)/T = \text{F}(\lambda_{dd})$	λ_{dd}
3 min	0,9500	1,645
1 min	0,9833	2,13
10 s	0,9972	2,77
1 s	0,9997	3,44

Wenn der jährliche Mittelwert der Leistung P_j bekannt ist, dann ergibt sich der Strom während der Jahreshöchstlast aus

$$I_{h\,\text{max}} = c_d \cdot c_h \cdot P_j \Big/ (U \cdot \cos\varphi) \quad , \tag{5.62}$$

wobei U die Nennspannung des Bahnenergienetzes und $\cos\varphi$ den Mittelwert des *Leistungsfaktors* darstellen.

Die Belastungsspitzenwerte definierter Dauer in der Stunde der jährlichen Höchstlast können mit Hilfe des korrespondierenden Wertes λ_{hx} aus der Tabelle 5.13 entnommen werden, die aus der Normalverteilung für $\text{F}(\lambda_{hx}) = (T-t)/t$ mit $T = 1$ Stunde erhalten werden kann. Das Beispiel 5.4 zeigt diese Zusammenhänge.

Beispiel 5.4: Der Jahresmittelwert der Belastung eines stark belasteten Speiseabschnittes wird mit $P_j = 3\,\text{MW}$ vorausgesetzt. Wie groß sind die Spitzenbelastungsströme in diesem Speiseabschnitt für die Spannung $U = 25\,\text{kV}$ und $\cos\varphi = 0{,}83$? Aus den Bildern 5.15 und 5.18 kann entnommen werden: $c_d = 1{,}36$, $c_h = 1{,}86$ und $v_p = 0{,}58$. Diese Werte können verwendet werden, um

– den Jahresmittelwert des Belastungsstromes mit Hilfe der Gleichung (5.61)

$$I_j = 3\,000\,\text{kW}/(25\,\text{kV} \cdot 0{,}83) = 145\,\text{A},$$

– den höchsten Stundenmittelwert am Tag der höchsten Last des gesamten Jahres mit der Gleichung (5.62) zu berechnen:

$$I_{h\,\text{max}} = 1{,}36 \cdot 1{,}86 \cdot 145\,\text{A} = 367\,\text{A} \quad .$$

Tabelle 5.14: Richtwerte des erwarteten höchsten Betriebsstromes in unterschiedlichen Bahnenergienetzen.

Fahrzeugart	Stromver-versorgungs-art	Nenn-last kW	Hilfsbetriebe kW	Wahrscheinliche Höchstströme		
				Einzel Fahrz./Zug A	Doppel-traktion A	Fahrleitungs-abschnitt A
T4D Dresden	DC 600 V	172	70	600	1 200	3 000
GT6N Mannheim	DC 600 V	1 480	80	780	1 700	4 000
AEL Hong Kong	DC 1 500 V	5 300	800	4 500		4 500
U-Bahn München	DC 750 V	2 340		1 050	3 000 [1]	4 500
Stadtbahn Berlin	DC 750 V	2 400		800	3 200 [2]	4 500
DB, BR 420	AC 15 kV	2 400	110	250	500	1 200
DB, BR 120	AC 15 kV	6 400	800	460	800	1 800
DB, BR 112/143	AC 15 kV	3 720	600	290	550	1 000
DB, ICE	AC 15 kV	4 800	500	420 [3]	840	1 500
DB, ICE 3	AC 15 kV	8 000	500	725	1 450	2 000
SNCF, Thalys	AC 25 kV	4 440	500	200	400	800
	DC 1 500 V	1 840	500	1 500	3 000	

[1] Dreifache Zugeinheit, [2] 4×Br 481+482, [3] je Triebfahrzeugeinheit

Mit Hilfe der Gleichung (5.58) und der Tabelle 5.13 können abgeleitet werden:
– der maximale 3-Minuten-Spitzenwert des ganzen Jahres: Wegen $(60-3)/60 = 0{,}95$ und daher $\lambda_{\text{hx}} = 1{,}645$ und $v_{\text{p}} = 0{,}58$:

$$I_{3\text{min}} = 367\,\text{A} \cdot (1 + 1{,}645 \cdot 0{,}58) = 717\,\text{A},$$

– der maximale 10-Sekunden-Spitzenwert: Wegen $(3600-10)/3600 = 0{,}9972$ und daher $\lambda_{\text{hx}} = 2{,}77$:

$$I_{10\text{s}} = 367\,\text{A} \cdot (1 + 2{,}77 \cdot 0{,}58) = 957\,\text{A} \text{ und}$$

– der maximale 1-Sekunden-Spitzenwert: Wegen $(3600-1)/3600 = 0{,}997$ und daher $\lambda_{\text{dd}} = 3{,}44$:

$$I_{1\text{s}} = 367\,\text{A} \cdot (1 + 3{,}44 \cdot 0{,}58) = 1\,099\,\text{A}.$$

Um die elektrischen Parameter bestimmen zu können, werden Daten über die erwarteten Lastströme benötigt. In der Tabelle 5.14 sind Richtwerte für die zu erwartenden Betriebsströme in unterschiedlichen Bahnnetzen dargestellt. Da die augenblicklichen Lastwerte, wie sie in Bild 5.8 dargestellt sind, nur in einem bestimmten Zeitpunkt auftreten, wird häufig der *Strombelag der Fahrleitung* I'_{trc} bei den Berechnungen verwendet. Der Strombelag kann aus dem Leistungsbelag P' abgeleitet werden, mit dem die Auslegung der elektrischen Einrichtungen ursprünglich vorgenommen wurde:

$$I'_{\text{trc}} = P'/(U_{\text{n}} \cdot \cos\varphi) \quad . \tag{5.63}$$

5.3 Elektrische Traktionslasten

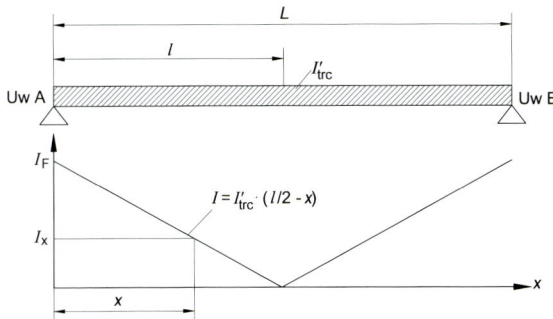

Bild 5.19: Fahrleitungsströme I_{KW} zwischen zwei Unterwerken unter der Annahme einer gleichförmig verteilten Streckenlast I'_{trc} gemäß (5.41).

Der an einer beliebigen Stelle x der Fahrleitung vom linken Einspeisepunkt aus gesehen fließende Strom folgt dann aus Bild 5.19 mit der Formel

$$I_{trc} = P' \cdot (l/2 - x)/(U_n \cdot \cos\varphi) \quad . \tag{5.64}$$

Am Einspeisepunkt x beträgt der dort fließende Strom

$$I_{x=0} = P' \cdot l/2/(U_n \cdot \cos\varphi) \quad . \tag{5.65}$$

Die in der Tabelle 5.14 angegebenen Werte können als realistische Richtwerte für den Leistungsbelag von Strecken dienen. Nach UIC 795:1996 [5.14] wird der Wert 3 MVA/km als Leistungsbelag angegeben, der für Hochgeschwindigkeitsstrecken mit zwei Gleisen zu beachten ist (Tabelle 5.15). Dieser Wert ist extrem hoch. Der Leistungsbelag 5,5 MVA/km wird in einigen Veröffentlichungen als Leistungsbedarf für eine Strecke mit 2 Minuten Zugabstand und Geschwindigkeiten bis 200 km/h als nur in Ausnahmefällen erreichte Grenze dargestellt.

Beispiel 5.5: Wie groß sind Streckenlast und Strom des Fahrleitungsabschnittes einer sehr stark belasteten Eisenbahnstrecke mit 25 kV Nennspannung, auf der Züge mit Geschwindigkeiten bis 200 km/h verkehren?
In der Tabelle 5.15 wird der Leistungsbelag einer zweigleisigen Strecke mit dieser Verkehrsbelastung mit bis 1 000 kW/km angegeben. Mit dem angenommenen mittleren Leistungsfaktor 0,76, ergibt sich der Strombelag der zweigleisigen Strecke zu

$$I'_{trc} = 1\,000\,\text{kW/km}/(25\,\text{kV} \cdot 0{,}76) = 52\,\text{A/km} \quad .$$

Wenn der Abstand zwischen dem Unterwerk und der Strecke mit zweiseitiger Speisung 50 km beträgt, müssen bei der Berechnung 25 km Fahrleitungsstrecke angesetzt werden. Der Einspeisestrom an einem Ende der Strecke wird dann berechnet mit

$$I_{KW0} = (I'_{trc}/2) \cdot L = 52\,\text{A/km}\,/\,2 \cdot 25\,\text{km} = 658\,\text{A} \quad .$$

Die nach Gleichung (5.65) berechneten Ströme können, da höchste zu erwartende Belastungswerte als Ausgangsgrößen dienten, als Ströme in der Stunde der höchsten Belastung $I_{h\,max}$ entsprechend der Gleichung (5.62) verwendet werden. Diese können dann zur Berechnung der Ströme für eine vorgegebene Zeitdauer mit Hilfe der Gleichung (5.58) durch Ersetzen der Leistung P durch den Strom I benutzt werden.

Tabelle 5.15: Anhaltswerte für Leistungsbeläge P' zweigleisiger Strecken elektrischer Bahnen, Werte in kW/km.

Bahntyp und Verkehrsart	P' in kW/km
– schwächer belastete Eisenbahnstrecken, Züge bis 120 km/h	bis 300
– stark belastete Eisenbahnstrecken, Züge bis 160 km/h	bis 500
– sehr stark belastete Eisenbahnstrecken, Züge bis 200 km/h	bis 1000
– Nahverkehrsbahnen, 10 000 Personen je Stunde und Richtung, Züge bis 80 km/h, Anfahrbeschleunigung 1,1 m/s²	bis 750
– Nahverkehrsbahnen, 40 000 Personen je Stunde und Richtung, Züge bis 80 km/h, Anfahrbeschleunigung 1,1 m/s²	bis 3 000
– Madrid–Sevilla, 5 Minuten Zugfolge, Geschwindigkeit 300 km/h	bis 1 065
– Madrid–Lerida, 5 Minuten Zugfolge, Geschwindigkeit 350 km/h	bis 1 065

5.3.4 Leistungsfaktor

Der *Leistungsfaktor der Züge* beeinflusst wesentlich die Spannung längs der Strecke und die Strombelastung der Unterwerke und der Streckenausrüstung. DIN EN 50 388 legt den gesamten induktiven Leistungsfaktor für Hochgeschwindigkeitszüge fest.

Für Aufstellbahnhöfe und Depots sollte der gesamte Leistungsfaktor der Traktionslast nicht weniger als 0,8, jedoch mit 0,9 als Zielwert betragen, wenn die aus der Fahrleitung bezogene Wirkleistung größer als 10 kW je Fahrzeug ist und die Traktionsstromkreise abgeschaltet sind.

Der gesamte Leistungsfaktor $\cos \varphi$ wird für einen Reisezyklus einschließlich der Aufenthalte aus der Wirkarbeit W_P und der Blindenergie W_Q, die aus einer Computersimulation der Zugfahrt erhalten oder tatsächlich auf einem Zug gemessen wurden, berechnet.

$$\cos \varphi = \sqrt{1/(1 + W_Q/W_P)^2} \quad . \tag{5.66}$$

Die in der Tabelle 5.16 angegebenen Werte müssen für Züge, die die TSI für Hochgeschwindigkeitsstrecken erfüllen sollen, eingehalten werden. Sie werden auch für andere Strecken empfohlen. Moderne Züge erreichen Werte für $\cos \varphi$ von 0,98 oder sogar 1,00. Während der Nutzbremsung kann der induktive Leistungsfaktor beliebig ermäßigt werden, um die Spannung innerhalb vorgegebener Grenzen zu halten.

5.3.5 Hochgeschwindigkeits- und Hochleistungsbahnen

Bahnen des *Hochgeschwindigkeits-* und *Hochleistungsverkehrs*, z. B. U- und S-Bahnen mit dichter Zugfolge, haben einen anderen Belastungsverlauf als Bahnen des allgemei-

Tabelle 5.16: Gesamter induktiver Leistungsfaktor eines Zuges.

Augenblickliche Leistung am Stromabnehmer	$\cos \varphi$
MW	
$P > 2$	$\geq 0{,}95$
$0 \leq P \leq 2$	$\geq 0{,}85$ [1]

[1] Um den gesamten Leistungsfaktor der Hilfsbetriebe eines Zuges während Rollphasen steuern zu können, sollte der gesamte Faktor $\cos \varphi$ (Traktion und Hilfsbetriebe), der durch Simulation und/oder Messung bestimmt wird, während eines vollständigen Fahrplanreisezyklus größer als 0,85 sein.

5.3 Elektrische Traktionslasten

Tabelle 5.17: Höchste zulässige Zugströme in A (Auszug aus DIN EN 50 388, Tabelle 2).

Art der Energieversorgung	Neue TSI-Strecken			Bestehende Hochgeschwindigkeits- und konventionelle Bahnstrecken			
	Hochgeschwindigkeitsstrecken	Ausbaustrecken	Verbindungsstrecke	Ziel	3)	4)	5)
DC 0,75 kV	–	–	6 800	–	–	–	–
DC 1,5 kV[1)]	–	5 000	5 000	5 000	–	–	–
DC 3 kV[1)]	4 000	4 000	4 000	4 000	–	2 500 [2)]	–
AC 15 kV[1)] 16,7 Hz	1 500	900	900	900	900	–	–
AC 25 kV[1)] 50 Hz	1 500	600	500	800	–	–	300

[1)] Besondere Strecken, z. B. Güterbahnen im Gebirge, S-Bahnen können diese Werte überschreiten
[2)] 3 200 A für TSI-Ausbaustrecken; [3)] Österreich, Deutschland, Schweiz; [4)] Spanien; [5)] Großbritannien

nen Verkehrs. Charakteristisch ist hierbei eine impulsförmige Belastung der Fahrleitungsanlagen, der Einspeisungen und der Unterwerke. Untersuchungen belegen, dass bei zweigleisigen Strecken im Hochgeschwindigkeitsverkehr der Leistungsbelag 1 bis 1,3 MW/km und bei Hochleistungsbahnen 1,7 bis 2,5 MW/km erreichen kann [5.19].

Das Bild 5.13 zeigt die Belastungsströme der Streckenabzweige eines Unterwerkes einer Hochgeschwindigkeitsstrecke. Die Hochgeschwindigkeitszüge entnehmen der Fahrleitung 1 130 A Traktionsstrom an den Schleifstücken des Stromabnehmers, wenn sie konstant mit 330 km/h fahren. Die Diagramme auf der linken Seite zeigen die Fahrleitungsströme für den Fall, dass alle Züge in einer Richtung mit 6 Minuten Zugfolge und die Züge in der Gegenrichtung mit 7 Minuten Zugfolge verkehren. Die Diagramme auf der rechten Seite zeigen die entsprechenden Laststromdiagramme für die Zugfolge 14/15 min.

Obwohl die Lastströme von beidseitig gespeisten Abschnitten von Hochleistungsstrecken mit großen Lasten intermittieren, können sie vereinfacht mit den Gleichungen (5.63) bis (5.65) beschrieben werden. Wegen der hohen Zugfolge auf stark befahrenen Strecken zeigen die Belastungsströme eine geringe statistische Streuung. Quantitativ beschrieben kann in solchen Fällen eine normalisierte Streuung, d. h. ein Variationskoeffizient, kleiner als 0,1 erwartet werden. Der Belastungsstrombelag bildet daher als Grundlage für die Abschätzung der erforderlichen Unterwerksleistungen.

5.3.6 Zulässige Zugströme

Um Kompatibilität zwischen der Energieversorgung und dem Rollmaterial für interoperable Strecken im europäischen Bahnnetz zu erreichen, gibt die Norm DIN EN 50 388 zulässige Zugströme einschließlich der Hilfsbetriebe vor, die in der Tabelle 5.17 enthalten sind. Diese Ströme gelten sowohl im Traktionsmodus als auch während der Nutzbremsung. Die Züge benötigen automatische Einrichtungen, die den Leistungsbezug abhängig von der Oberleitungsspannung im stabilen Betrieb halten.

Tabelle 5.18: Kenngrößen von Kurzschlussströmen nach der Norm DIN EN 60 865-1.

Begriff	Berechnung
Anfangskurzschlusswechselstrom I_K'' [1]: Effektivwert der symmetrischen Wechselstromkomponente eines Kurzschlussstromes in Augenblick des Kurzschlusseintritts, wenn die Kurzschluss-Impedanz ihre Größe zum Zeitpunkt $t = 0$ behält.	$I_\text{K}'' = c \cdot U_\text{n}/Z_\text{K}$
Stoß-Kurzschlussstrom I_p [2]: maximal möglicher Augenblickswert des zu erwartenden Kurzschlussstromes.	$I_\text{p} = \kappa_\text{P} \cdot \sqrt{2} \cdot I_\text{K}''$
Ausschaltwechselstrom I_a [3]: Effektivwert des Kurzschlusswechselstromes im Augenblick der Kontakttrennung des Schalters.	$I_\text{a} = \mu \cdot I_\text{K}''$
Dauerkurzschlussstrom I_Kd [4]: Effektivwert des Kurzschlusswechselstromes, der nach Abklingen aller Ausgleichsvorgänge bestehen bleibt.	$I_\text{Kd} = \lambda_\text{P} \cdot I_\text{rG}''$
thermisch gleichwertiger Kurzschlussstrom I_th [5]: Effektivwert eines Stromes mit gleicher thermischer Wirkung und gleicher Dauer wie der tatsächliche Kurzschlussstrom, der eine Gleichstromkomponente haben und zeitlich abklingen kann.	$I_\text{th} = I_\text{K}'' \cdot \sqrt{m_\text{P} + n_\text{P}}$
Anfangskurzschlusswechselstromleistung S_K'': Produkt aus dem Anfangskurzschlusswechselstrom und der Nennspannung. Diese Ausdrücke sind keine Leistungen im physikalischen Sinne, sondern stellen lediglich Rechengrößen dar.	S_K'' [6] $= U_\text{n} \cdot I_\text{K}''$ oder S_K'' [7] $= \sqrt{3} \cdot U_\text{n} \cdot I_\text{K}''$

[1] c Spannungsfaktor $= 1{,}03$ bis $1{,}1$ im Bahnnetz
    Z_K Kurzschlussimpedanz im Netz
[2] κ_P Stossfaktor nach Bild 5.21 [5.25]
[3] μ_P Abklingfaktor nach Bild 5.22 [5.25] für AC 16,7 Hz, $\mu = 1$ für AC 50 Hz
[4] λ_P Faktor nach DIN EN 60 865-1
    I_rG'' Generatorbemessungsstrom
[5] m_P, n_P Faktoren der Wärmewirkung der Gleichstrom- und Wechselstromkomponente nach DIN EN 60 865-1 ($n_\text{P} \approx 0{,}95$ im zentralen Bahnnetz)
[6] im Bahnnetz
[7] im Drehstromnetz

5.3.7 Kurzschlusslasten

Kurzschlüsse in Fahrleitungsanlagen entstehen durch Überbrückung, Beschädigung oder Fehler der Isolation zwischen den leitenden Komponenten mit unterschiedlichem elektrischem Potenzial. In Fahrleitungsanlagen elektrischer Bahnen treten häufiger Kurzschlüsse auf als in Drehstromanlagen. Unter ungünstigen Bedingungen können diese zu Schäden an Fahrdrähten und/oder an Tragseilen führen.

Im Netz der deutschen Bahn DB beträgt die jährliche Rate 0,8 bis 1,2 Kurzschlüsse je Kilometer. Für die Hochgeschwindigkeitsstrecke Madrid–Sevilla wurden 0,25 bis 0,30 Kurzschlüsse je Jahr und Kilometer beobachtet. Wenn man die Zahl der Züge beachtet, kann man schließen, dass Kurzschlüsse weniger häufig in Abschnitten mit weniger Verkehr als in solchen mit häufigem Verkehr auftreten. Im vergleichbaren 3-AC-30-kV-50-Hz-Netzen der öffentlichen Stromversorgung treten hingegen nur 0,02 Kurzschlüsse je Kilometer Strecke und Jahr auf [5.26].

5.3 Elektrische Traktionslasten

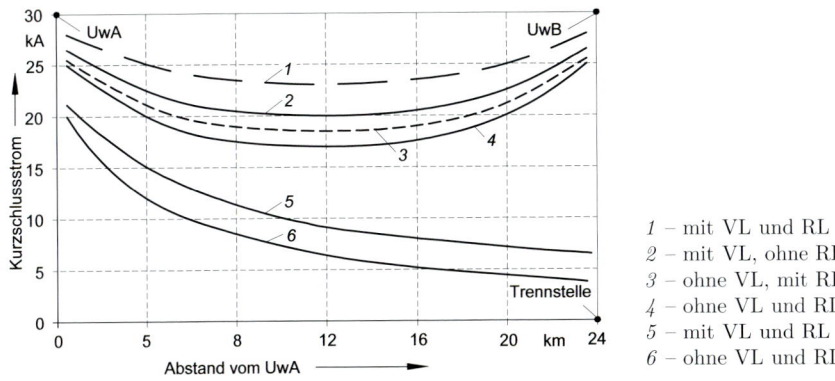

1 – mit VL und RL
2 – mit VL, ohne RL
3 – ohne VL, mit RL
4 – ohne VL und RL
5 – mit VL und RL
6 – ohne VL und RL

Bild 5.20: Höchste Kurzschlussströme für verschiedene Bahnstromarten und Fahrleitungskonfigurationen. *1, 2, 3, 4* für AC 15 kV 16,7 Hz, zusammengeschaltet; *5, 6* für AC 25 kV 50 Hz

In einem Fahrleitungsnetz ist jeder einpolige Erdschluss ein Kurzschluss, der zur Abschaltung führt. Im Bahnnetz der DB sind nur für weniger als 5 % aller *Leistungsschalterauslösungen* Dauerkurzschlüsse die Ursache. Wesentliche Faktoren, die die hohen jährlichen Kurzschlussraten in Fahrleitungsnetzen bewirken, sind:
– Einwirkungen durch Dritte
  – Ladungsteile, wie Planen von Waggons
  – Vögel oder andere Tiere überbrücken Isolierstrecken
– Einwirkungen durch den elektrischen Zugbetrieb
  – Störungen auf Triebfahrzeugen
  – Schäden an Schleifstücken und Stromabnehmern
  – Fehlschalthandlungen im Fahrleitungsnetz
– Einflüsse der Witterung
  – Blitzeinwirkung
  – Sturm mit starken Windböen
– Instandhaltungszustand der Fahrleitungsanlage
  – Verschleißerscheinungen
  – Materialfehler

Durch Kurzschlüsse kommt es zu erhöhten mechanischen und thermischen Beanspruchungen der elektrotechnischen Betriebsmittel. Es treten Unterbrechungen der Energiezufuhr und Gefährdungen dann auf, wenn die Anlagen hierfür nicht ausgelegt sind. Die Kenntnis der Größe der zu erwartenden Kurzschlussströme ist für die richtige Auswahl der Betriebsmittel, insbesondere der *Leistungsschalter*, und die Einstellung der Schutzeinrichtungen erforderlich. Durch *Kurzschlüsse* können auch in parallel zur Bahnstrecke verlaufenden Leitungen Spannungen induziert werden.

In AC-Bahnenergieanlagen bildet jede Art Verbindung mit der Erde einen Kurzschluss. Die dabei auftretenden Kurzschlussströme und -wirkungen können mit Hilfe der in der Tabelle 5.18 angegebenen Formeln berechnet werden. In der Tabelle 5.19, die aus DIN EN 50 388 entnommen ist, sind typische Werte für Kurzschlussströme angegeben. Die

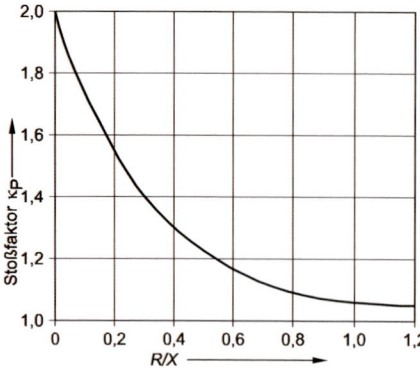

Bild 5.21: Stoßfaktor κ_P abhängig vom Verhältnis R/X gemäß DIN EN 60 865-1.

Daten hängen von der Art der Stromversorgung ab und sind in DC- und AC-15-kV-16,7-Hz-Anlagen beträchtlich höher als bei AC 25 kV 50 Hz.
Im Bild 5.20 sind die maximalen Kurzschlussströme eines 24 km langen Abschnittes einer Hochgeschwindigkeitsbahn für unterschiedliche Anordnungen der Fahrleitungen und die Versorgung AC 15 kV 16,7 Hz und AC 25 kV 50 Hz angegeben [5.22]. Die in 16,7-Hz-Fahrleitungsanlagen bevorzugt verwendete beidseitige Einspeisung führt zu beträchtlich höheren Kurzschlussströmen.
Die Berechnung der Kurzschlussströme mit den Formeln nach Tabelle 5.18 ergibt höhere Werte als die Messwerte realer Anlagen. In [5.23] wurde durch eine probabilistische Betrachtung aller real zu erwartenden Einflussfaktoren auf die Höhe des Kurzschlussstromes festgestellt, dass die tatsächlichen maximalen Kurzschlussströme ungefähr bei dem 0,8fachen der Werte liegen, die man nach Tabelle 5.18 erhält.
Das Bild 5.23 zeigt ein Beispiel für die *Summenhäufigkeit von Kurzschlussströmen*. Die Veröffentlichung [5.24] enthält eine alternative Methode für die Berechnung der zu erwartenden Kurzschlussströme in elektrischen Bahnenergieversorgungsnetzen.
In DC-Energieversorgungsnetzen sind die Kurzschlussströme in der Fahrleitungsanlage wichtig für die Auslegung der *Gleichrichterausrüstungen*. Solche Kurzschlüsse haben ein in Bild 5.24 gezeigtes charakteristisches Verhalten. Der Stoßkurzschlussstrom I_P ist für die dynamische Kurzschlussbeanspruchung die maßgebende Größe. Die thermische

Tabelle 5.19: Maximale Fahrleitungskurzschlussströme gemäß DIN EN 50 388.

Energieversorgungsart	Unterwerke parallel geschaltet Ja / Nein	Kurzschlussstrom kA
AC 25 kV 50 Hz	Nein	15
AC 15 V 16,7 Hz	Ja	40
DC 3,0 kV	Ja	50 [1]
DC 1,5 kV	Ja	100 [1]
DC 0,750 kV	Ja	100 [1]

[1] siehe auch DIN EN 50 123-1

5.3 Elektrische Traktionslasten

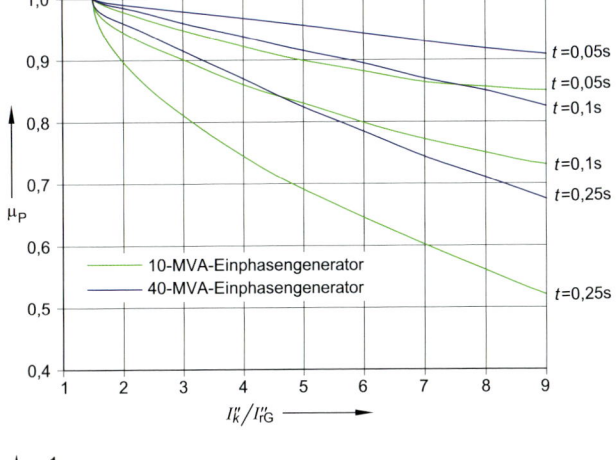

Bild 5.22: Abklingfaktor μ_P für das 16,7-Hz-Bahnnetz [5.25]. Der Abklingfaktor μ_P kann mit 1,0 für AC 50 Hz angesetzt werden.
t Kurzschlussdauer

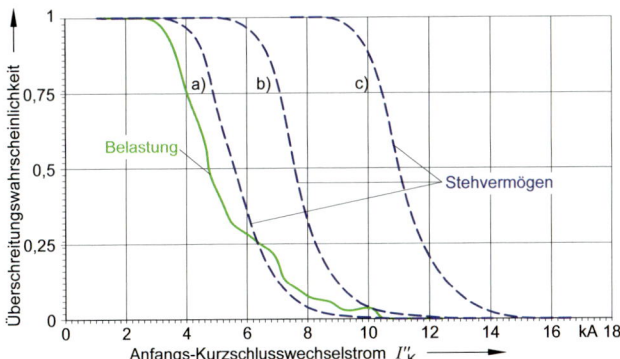

Bild 5.23: Stochastisches Bemessen für Kurzschlussfälle.
a) unterdimensioniert
b) optimal bemessen
c) überdimensioniert

Kurzschlussbeanspruchung bewirkt der Dauerkurzschlussstrom I_{Kd}. In Gleichstromanlagen ohne gleichstromseitige *Strombegrenzungsdrosseln* kann das Verhältnis I_P/I_{Kd} ungefähr den Wert 1,2 annehmen.

Die größte Steilheit des *Anstiegs des Kurzschlussstromes* $(dI_K/dt)_{max}$, ist die Ausgangsgröße für das Bestimmen der Abschaltzeiten der Leistungsschalter.

Bei Gleichstrombahnen spielt der *minimale Kurzschlussstrom* für die Schutzeinstellung eine wichtige Rolle. In der Praxis wird dieser minimale Kurzschlussstrom mit Hilfe der Näherung

$$I_{K\,min} = (U_{SS} - 0{,}15 \cdot U_n)/R_{Kreis} \tag{5.67}$$

berechnet. In dieser Gleichung ist U_{SS} die *Sammelschienenspannung*, die meist mit der 1,1fachen Nennspannung U_n in Rechnung gesetzt wird. R_{Kreis} ist der Schleifenwiderstand aus der Fahrleitung und dem Gleis und erreicht den höchsten Wert, wenn der Kurzschluss vom Unterwerk aus gesehen am weitest entfernten Punkt auftritt.

Die Wirkdauer t_K von Kurzschlussströmen in Traktionsnetzen wird durch die Kommandozeiten t_{RE} der Schutzrelais und die Ausschaltzeit der verwendeten Leistungsschalter

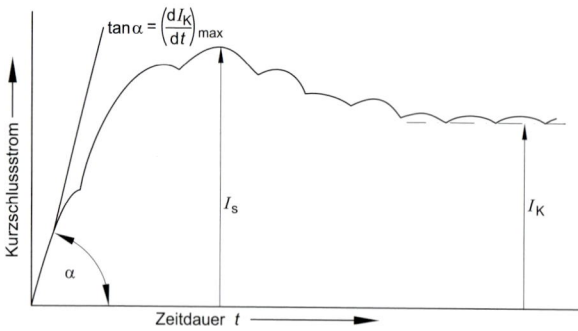

Bild 5.24: Charakteristischer Verlauf des Kurzschlussstromes bei Gleichstrombahnen.

t_{SA} bestimmt. Als Anhaltswerte für die Kurzschlussdauer $t_{\mathrm{K}} = t_{\mathrm{RE}} + t_{\mathrm{SA}}$ können verwendet werden:

$t_{\mathrm{K}} \approx 10$ bis $25\,\mathrm{ms}$ Gleichstrombahnen

$t_{\mathrm{K}} \approx 20$ bis $45\,\mathrm{ms}$ Einphasen-AC-Anlagen mit Vakuumleistungsschaltern

$t_{\mathrm{K}} \approx 45$ bis $75\,\mathrm{ms}$ Einphasen-AC-Anlagen mit Druckluft- oder ölarmen Leistungsschaltern

5.4 Fahrleitungsschaltungen

5.4.1 Grundlegende Anforderungen

Um einen zuverlässigen Bahnbetrieb auf *elektrifizierten Bahnstrecken* zu ermöglichen, ist es erforderlich, die Fahrleitung in zu- und abschaltbare Abschnitte so zu unterteilen, dass auch bei Störungen oder geplanten Abschaltungen ein Betrieb der Anlage möglich ist. Die TSI Energie [5.10] enthält die Anforderungen für Hochgeschwindigkeitsstrecken. Bei der konzeptionellen Gestaltung, der Projektierung und beim Bau von Fahrleitungsanlagen sind hinsichtlich der *Fahrleitungsschaltung* folgende Aspekte zu beachten:

– Die Schaltung soll ein *optimales Betreiben* mit geringen Spannungsfällen und Leistungsverlusten im Regelbetrieb ermöglichen.
– Die Schaltung der Fahrleitungsanlage muss eine enge örtliche Begrenzung des abzuschaltenden Bereiches der Fahrleitung erlauben, wenn ein Abschalten der Fahrleitung wegen Instandhaltungsmaßnahmen, bei Störungen oder bei Kurzschlüssen erforderlich ist. Der elektrische Zugbetrieb im nicht gestörten Bereich kann dabei aufrecht erhalten werden. Dieses Schaltungskonzept in Verbindung mit dem dazu gehörigen Schutzkonzept wird als *Selektivitätsprinzip* bezeichnet.
– Die Fahrleitungsschaltung muss leicht überschaubar sein, um Fehlschaltungen und Arbeitsunfälle auszuschließen. Sie ist deswegen in einem Bahnnetz nach einheitlichen Gesichtspunkten zu gestalten.
– Die für die Selektivität zusätzlich erforderlichen Betriebsmittel im Fahrleitungsnetz wie *Trennschalter*, *Lasttrennschalter*, *Streckentrenner* und *Streckentrennungen* sollten auf das notwendige Maß beschränkt bleiben.

5.4 Fahrleitungsschaltungen

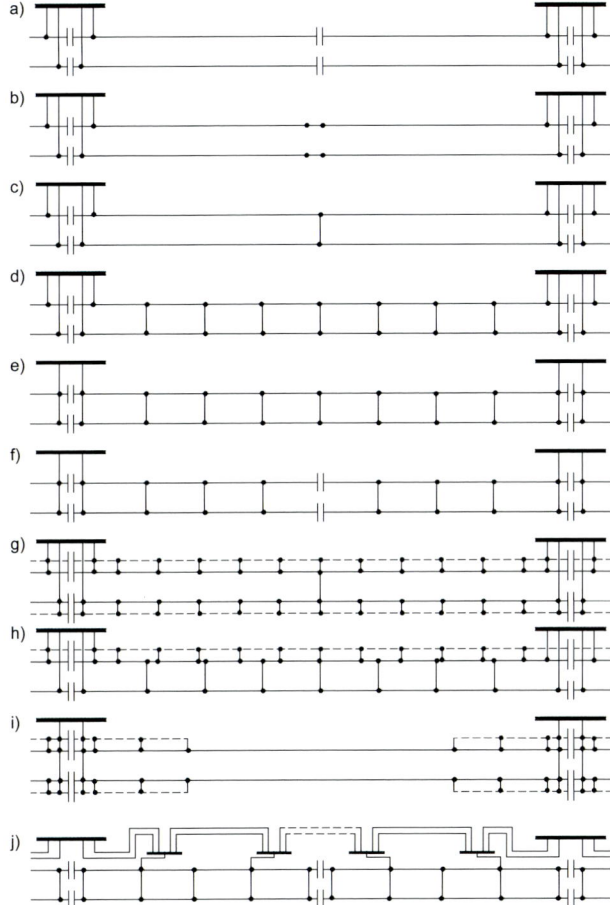

Bild 5.25: Grundschaltungen von Fahrleitungen elektrischer Bahnen.
a) einseitige Speisung
b) zweiseitige Speisung mit Längskupplung
c) zweiseitige Speisung mit Längs- und Querkupplung
d) zweiseitige Speisung mit mehreren Querkupplungen
e) Querschaltung
f) Schaltung der Hochgeschwindigkeitsstrecke Madrid–Sevilla
g) zweiseitige Speisung mit Verstärkungsleitungen und einer Querkupplung
h) zweiseitige Speisung mit Verstärkungsleitungen an einem Gleis und mit Querkupplungen
i) zweiseitige Speisung mit Verstärkungsleitungen in Teilabschnitten beider Gleise
j) verteilte Speisung

Die Gestaltung der Fahrleitungsschaltungen umfasst daher ein sinnvolles Verknüpfen elektrotechnischer, schutztechnischer, betriebs- und instandhaltungstechnologischer sowie ökonomischer Forderungen.

Bei der Gestaltung von Fahrleitungsschaltungen elektrischer Nahverkehrsbahnen sind auch städtebauliche Aspekte zu beachten. Die aufgelisteten Kriterien, die Leistungsanforderungen, die Lage der Speiseleitungen aus dem übergeordneten Versorgungsquellen, das Streckenprofil der Bahn und die Lage der festen Bahnanlagen bilden die Basis für die Speisekonfigurationen, auch *Streckenspeisepläne* genannt. Diese Pläne werden dann als Grundlage für den Entwurf der Fahrleitungsschaltpläne verwendet.

5.4.2 Grundschaltungen

Unterwerke (Uw) versorgen die elektrischen Triebfahrzeuge in einem definierten Bereich mit elektrischer Leistung. Dieser Bereich der Fahrleitungsanlage wird als *Unterwerks-*

bereich bezeichnet. Ein Speiseabschnitt einer Fahrleitung ist ein über eine Speiseleitung von einem *Streckenspeiseabzweig* eines Unterwerkes, der auch als *Streckenabgang* bezeichnet wird, gespeister Fahrleitungsabschnitt. Insbesondere bei Vollbahnen werden die Oberleitungsabschnitte zwischen den Unterwerken in *Schaltabschnitte* und diese wiederum in *Schaltgruppen* unterteilt. Auf dieses Prinzip wird im Einzelnen im Abschnitt 5.5.3 eingegangen.

Im Bild 5.25 sind die Anordnungen für *Grundschaltungen von Fahrleitungsanlagen* elektrischer Bahnen dargestellt. Um die Übersichtlichkeit zu erhalten, wurden keine Schalter eingezeichnet. Die wesentlichen Grundschaltungen sind:

- **Einseitige Speisung** (Richtungsspeisung), Bild 5.25 a)
  Die Leistung wird jedem einzelnen Speiseabschnitt über einen eigenen Leistungsschalter zugeführt. Diese Schaltung ist schutztechnisch leicht beherrschbar. Sie wird vereinzelt bei Nahverkehrsbahnen und häufig bei AC-25-kV-50-Hz-Anlagen mit und ohne Querkupplungen verwendet.

- **Zweiseitige Speisung mit Längskupplung**, Bild 5.25 b)
  Am Ende der Speiseabschnitte der jeweiligen Unterwerke werden die Fahrleitungen über Leistungsschalter oder Lasttrennschalter in einer Kuppelstelle miteinander verbunden. Wie im Abschnitt 5.2 gezeigt, ermäßigen zweiseitige Speisungen die Spannungsfälle und Leistungsverluste erheblich. Je nach dem Abstand zwischen den Unterwerken und der verwendeten Schutzeinrichtung kann auf Schaltposten mit Leistungsschaltern oder Trennern verzichtet werden.

- **Zweiseitige Speisung mit Querkupplungen**, Bilder 5.25 c) und 5.25 d)
  Durch Querkupplungen der Fahrleitungen der beiden Gleise werden die Spannungs- und Leistungsfälle verringert. Bei Störungen lösen alle vier Leistungsschalter aus, wodurch beide Gleise zwischen den Unterwerken spannungslos werden. Danach werden die der Querverbindung dienenden Oberleitungstrennschalter geöffnet. Wenn ein Speiseabschnitt mit einem Dauerkurzschluss behaftet ist, kann nach den erforderlichen Prüf- und Schalthandlungen nach rund 1 bis 2 Minuten auf den nicht gestörten Abschnitten der elektrische Zugbetrieb weitergeführt werden.

- **Querschaltung zweiseitig gespeister Fahrleitungen**, Bild 5.25 e)
  Kennzeichen dieser Schaltung ist die gemeinsame Speisung beider Gleise vom Unterwerk aus über nur einen Leistungsschalter. Diese Schaltung wurde bei Fahrleitungen auf Strecken mit hoher Leistungsaufnahme erforderlich, um zu große *Spannungsdifferenzen an Streckentrennern* zu vermeiden. Spannungsdifferenzen größer als 800 V führen beim Fahren eines Triebfahrzeuges über Streckentrenner häufig zu Lichtbogenbildungen und zu Störungen im Oberleitungsnetz. Das Querverbinden der Oberleitung in der Nähe der Bahnhöfe verringert die Spannungsdifferenzen an den Streckentrennern zusätzlich. Die Selektivität bei Störungen wird durch Abschalten der gestörten Schaltgruppen erreicht. Die hierfür notwendige Zeitdauer beeinflusst den Zugbetrieb in nicht gestörten Abschnitten kaum. Die DB verwendet diese Schaltung im überwiegenden Teil ihres Netzes und halbiert damit die Anzahl der erforderlichen Betriebsmittel sowie die Schutz- und Stationsleittechnik in den 15-kV-Schaltanlagen.

5.4 Fahrleitungsschaltungen

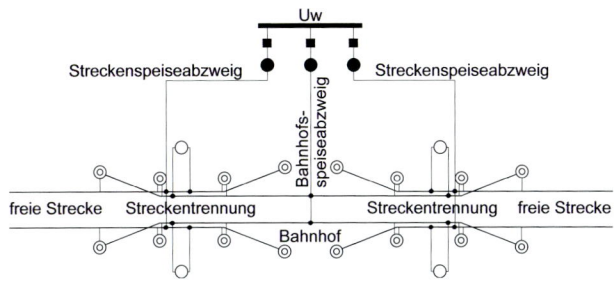

Bild 5.26: Streckenspeisung mit einem Bahnhofsspeiseabzweig.
- ● in der Normalstellung geschlossene Oberleitungstrennschalter
- ○ in Normalstellung offene Trennschalter
- ■ eingeschaltete Leistungsschalter

- **Oberleitungsschaltung der Strecke Madrid–Sevilla,** Bild 5.25 f)
  Die Strecke Madrid–Sevilla [5.27] wird von jeweils einem Leistungsschalter für zwei Oberleitungsabschnitte gespeist. Diese Oberleitungsabschnitte sind über Oberleitungstrennschalter verbunden. Phasentrennstellen sind mittig zwischen den Unterwerken angeordnet.
- **Schaltungen mit Verstärkungsleitungen,** Bild 5.25 g), h), i))
  Verstärkungsleitungen werden in bestimmten Abschnitten fest mit der Fahrleitung elektrisch verbunden und werden mit dieser geschaltet. Sie können parallel zu beiden oder nur zu einer Fahrleitung einer zweigleisigen Strecke angeordnet werden. In der Praxis wird auch die in Bild 5.25 i) gezeigte Anordnung verwendet, wobei Verstärkungsleitungen nur in der Nähe der Unterwerke vorhanden sind.
- **Verteilte Speisung,** Bild 5.25 j)
  Die *Schaltung mit verteilter Speisung* ist bei einigen Straßenbahnenergieversorgungsarten zu finden. Kennzeichen dieser Schaltung sind zur Fahrleitung parallel verlegte Speisekabel, aus denen die Fahrleitungen in der im Bild dargestellten Weise über Kabelverteiler gespeist werden.

5.4.3 Fahrleitungsschaltungen bei AC-16,7-Hz-Bahnen

5.4.3.1 Entwicklung

Die Grundschaltungen für die Speisung mit 15 kV 16,7 Hz sind seit Beginn der 16,7-Hz-Elektrifizierung am Beginn des 20. Jahrhunderts bekannt und zusammenfassend in [5.28] beschrieben. Am Beginn der Elektrifizierung wurden Schaltungen mit der Speisung von einer Seite verwendet, da das Leistungsvermögen der Schutztechnik begrenzt war. In der Mitte der beiden Versorgungsabschnitte fanden sich offene elektrische Trennungen, die wegen der Spannungsdifferenzen Störungen verursachten. Daher wurden die beiden Speiseabschnitte über Leistungsschalter in der Längsrichtung miteinander verbunden. Zusätzlich wurden die beiden parallelen Oberleitungen querverbunden. Durch die Überwachung der Ströme und Spannungen an den Kuppelstellen konnte im Falle eines Kurzschlusses die Richtungsspeisung wieder hergestellt werden. Die weitere Zunahme der Belastung wurde durch zusätzliche Querverbindungen beherrscht, die mit Kurzschlussüberwachungen ausgerüstet wurden. Die Bilder 5.25 d) bis g) zeigen die heute allgemein üblichen Schaltungen.

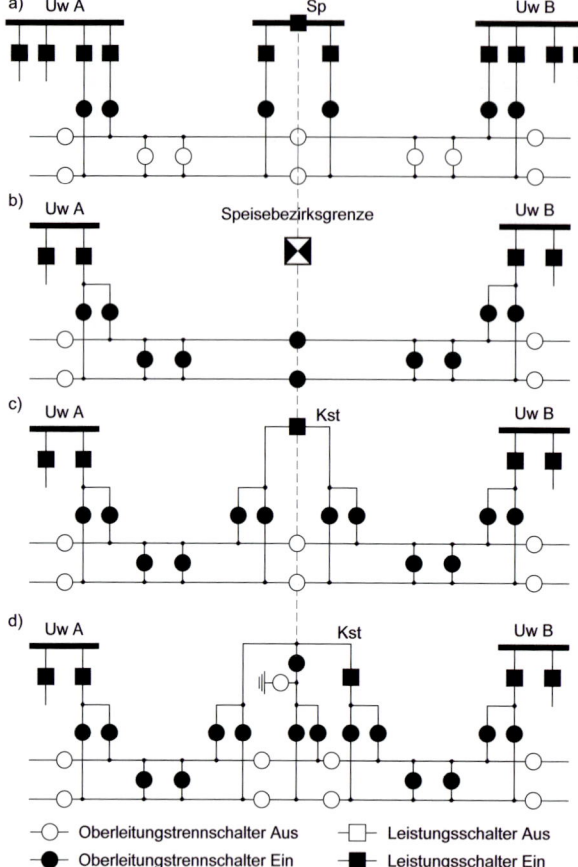

Bild 5.27: Schaltungen von Oberleitungen bei der DB.
a) Richtungsspeisung, Längskupplung mit einem Schaltposten
b) Querverbindung mit Oberleitungstrennschaltern
c) Querschaltung mit einer Kuppelstelle
d) Längs- und Querschaltung über eine Kuppelstelle und eine Schutzstrecke (nicht bei neuen Anlagen)

Uw Unterwerk
Sp Schaltposten
Kst Kuppelstelle

5.4.3.2 Fahrleitungsschaltungen bei der Deutschen Bahn

Die von der DB verwendeten Schaltungen sind in [5.29] beschrieben. Ein typischer *Speiseabschnitt* im zentral gespeisten Netz der DB umfasst alle Oberleitungen, Speiseleitungen und Verstärkungsleitungen, die über nicht mehr als zwei *Leistungsschaltern* miteinander verbunden sind. Ein Speiseabschnitt wird entweder von einem *Unterwerk* oder einem *Schaltposten* versorgt. Ein Oberleitungsabzweig kann Leistung in *Streckenspeiseabzweige*, *Bahnhofsabzweige* oder *Ersatzspeisezweige* einspeisen, wie das aus Bild 5.26 hervor geht. An den Grenzen der Speiseabschnitte finden sich Streckentrennungen oder Kuppelstellen, wie in Bild 5.27 gezeigt.

In der Längsrichtung sind die Speiseabschnitte in *Speisegruppen* unterteilt, die sich elektrisch trennen lassen. Dabei unterscheiden sich *Schaltgruppen auf freien Strecken* von solchen in *Bahnhöfen*. Die Grenze einer Schaltgruppe fällt üblicherweise mit *Streckentrennungen* zusammen. Signale sollten so angeordnet werden, dass ein elektrisches Triebfahrzeug nicht mit gehobenem Stromabnehmer in einer Streckentrennung hält.

5.4 Fahrleitungsschaltungen

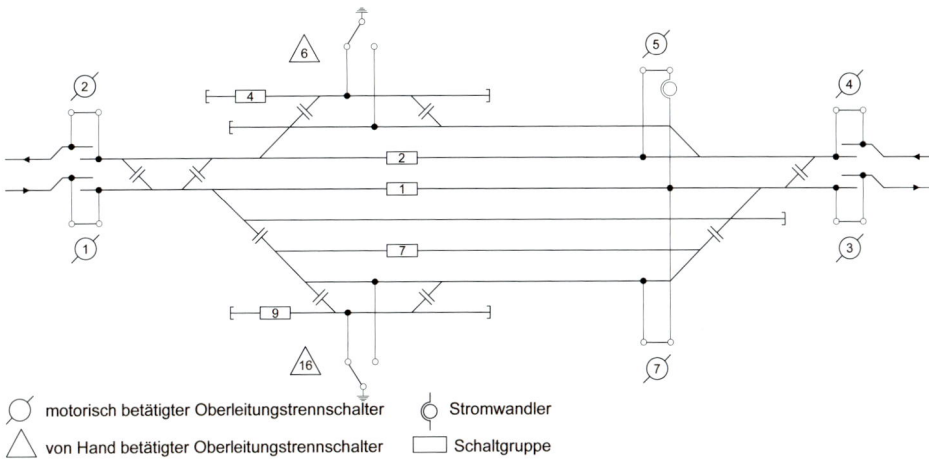

Bild 5.28: Vereinfachter Schaltgruppenplan eines Bahnhofs.

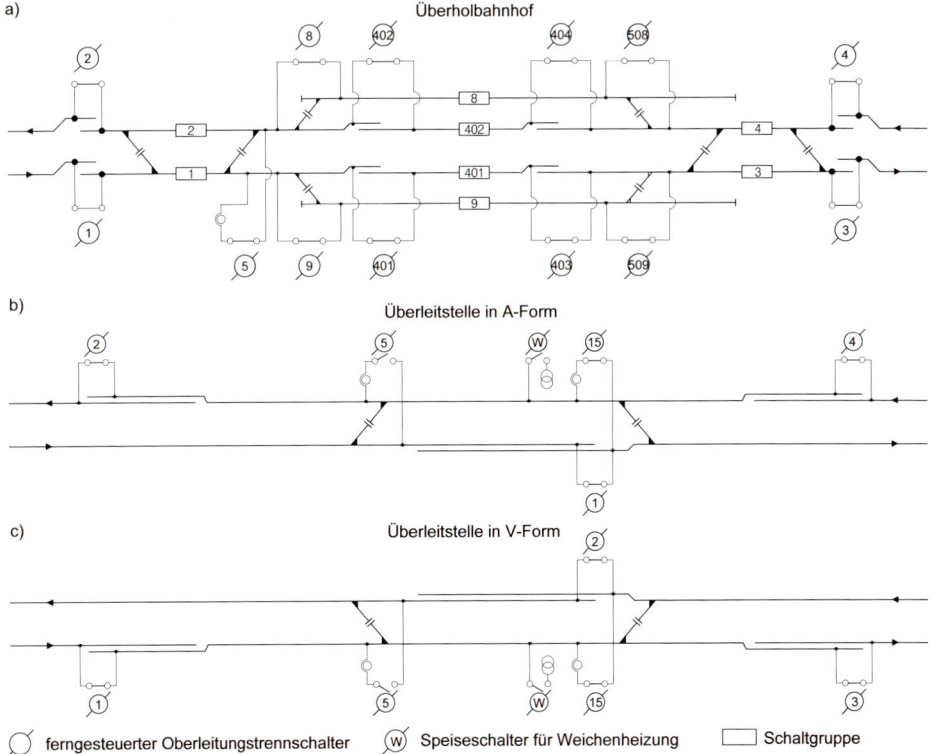

Bild 5.29: Vereinfachte Schaltgruppenpläne von Überleitstellen und Überholbahnhöfen auf Neubaustrecken. a) Überholbahnhof, b) Überleitstelle in A-Form, c) Überleitstelle in V-Form

In Bild 5.28 ist ein vereinfachter Gruppenschaltplan für einen Bahnhof ohne eigene Einspeisung von einem Unterwerk dargestellt. Am Beginn und am Ende des Bahnhofs finden sich Streckentrennungen, die den Bahnhofsabschnitt von den freien Strecken abgrenzen. Im normalen Betrieb sind diese Streckentrennungen durch die Oberleitungstrennschalter ①, ②, ③ und ④ überbrückt. Im Bahnhof ist eine Verbindung zwischen den beiden Speisegruppen über den Oberleitungstrennschalter ⑤ vorhanden. Die Nebengleisgruppe ⑦ wird an die Speisegruppe ② über den Oberleitungstrennschalter ⑦ angeschlossen. Die Ladegleise werden über die Oberleitungstrennschalter sechs und sechzehn gespeist, welche im Normalbetrieb geerdet sind. Im Bild 5.29 a) ist der Schaltplan eines Überholbahnhofs einer Hochgeschwindigkeitsstrecke gezeigt. Die Schaltung von Überleitstellen wird in den Bildern 5.29 b) und c) gezeigt. Die Anordnung erlaubt das Ausschalten jeder der vier angeschlossenen Abschnitte und den Betrieb der anderen. Die *Speiseunterabschnitte der Bahnhöfe* werden in einzelne Schaltgruppen unterteilt, die einzeln abgeschaltet, d. h. abgetrennt werden können. Üblicherweise werden Schaltgruppen für jedes Hauptgleis und für mehrere Nebengleise gebildet. In langen Bahnhöfen können auch die Schaltgruppen zusätzlich längs unterteilt werden. Elektrisch sind die Schaltgruppen durch *Streckentrenner* oder *Streckentrennungen* abgetrennt. Streckentrenner werden nur bei Geschwindigkeiten bis 160 km/h, in Ausnahmen bis 200 km/h verwendet. Trennschalter werden in Oberleitungsanlagen für die folgenden Aufgaben verwendet:

- *Abschnittsschalter* verbinden *Unterspeiseabschnitte*
- *Anschlussschalter* verbinden Nebenverbraucher mit der Oberleitung
- *Gruppenschalter* verbinden Schaltgruppen miteinander
- *Ladegleisschalter* verbinden die Oberleitung von Ladegleisen und stellen deren Bahnerdung her
- *Längsschalter* dienen zum Verbinden von Längsunterteilungen
- *Querschalter* verbinden die Oberleitung der durchgehenden Hauptgleise eines Speisebezirks
- *Schutzstreckenschalter* ermöglichen, die neutralen Abschnitte unter Spannung zu setzen, wenn Triebfahrzeuge darin stehen geblieben sind und verbinden die angrenzenden Oberleitungen der durchgehenden Hauptgleise eines Speiseabschnitts
- *Speiseschalter* verbinden Oberleitungen mit Speise- oder Verbindungsleitungen
- *Umgehungsschalter* verbinden Ober- und Umgehungsleitungen
- *Verbindungsschalter* verbinden Oberleitungen verschiedener Speisebezirke

5.4.3.3 In den Schaltplänen verwendete Bezeichnungen

Die DB verwendet numerische Bezeichnungen, um die Anwendung der Trennschalter gemäß der DB-Richtlinie 997.0102 zu identifizieren.

Einerziffern:
1   Abschnittsschalter, Süd- oder Westseite, bei zweigleisigen Strecken Einfahrgleis
2   Abschnittsschalter – nur bei zweigleisigen Strecken – Süd- oder Westseite, Ausfahrgleis

3	Abschnittschalter, Nord- oder Ostseite, bei zweigleisigen Strecken Ausfahrgleis
4	Abschnittsschalter – nur bei zweigleisigen Strecken – Nord- oder Ostseite Einfahrgleis
5	Abschnittsquerschalter, in der Regel mit Kurzschlussmeldewandler
6	Ladegleisschalter, Hallenschalter von Werkstattanlagen mit Erdkontakt,
7	Gruppenschalter in Bahnhöfen mit Längstrennung für den Teil mit ungeraden Abschnittsschaltern
8	Gruppenschalter in Bahnhöfen mit Längstrennung für den Teil mit geraden Abschnittsschaltern
9	Gruppenschalter bei Bedarf, vorzugsweise für Sonderfälle und
0	Verbindungsschalter, wird nur zusammen mit Zehnerziffern verwendet.

Zehnerziffern (in Verbindung mit den Einerziffern):
1 bis 9 Ergänzung, fortlaufend nach Bedarf für *Abschnittsschalter* für ankommende oder abgehende Strecken werden ungerade Zehner-Ziffern neben ungeraden Einer-Ziffern sowie gerade Zehner-Ziffern neben geraden Einer-Ziffern für die durchgehende Strecke verwendet

Hunderterziffern:

1	*Gruppenschalter*, wenn Zehner-Ziffer nicht ausreichen
2	Schalter von Betriebsstellen der freien Strecke
3	Sonderfälle, z. B. private Gleisanschlüsse, Werkstatt- und Fahrzeugbehandlungsanlagen, weitere Längsunterteilungen, Zweitanschlüsse in sonstigen Bahnanlagen, Systemumschaltanlagen, zusätzliche Bezeichnungen, um Verwechslungen zu verhindern usw.
4	Längsschalter in Bahnhöfen
5	Gruppenschalter für Zweitanschlüsse in Bahnhöfen
6 bis 9	wie 3.

Kennbuchstaben zur Trenn-, Erdungs- und Lasttrennschalterbezeichnung:

A	Schutzstreckenschalter bei zweigleisigen Strecken, Süd- und Westseite, Gleis mit ungeraden Abschnittsschaltern
B	Schutzstreckenschalter bei zweigleisigen Strecken, Süd- und Westseite, Gleis mit geraden Abschnittsschaltern
C	Schutzstreckenschalter bei zweigleisigen Strecken, Nord- oder Ostseite, Gleis mit ungeraden Abschnittsschaltern
D	Schutzstreckenschalter bei zweigleisigen Strecken, Nord- oder Ostseite Gleis mit geraden Abschnittsschaltern
E	Erdungsschalter für besondere Anwendungen, z. B. Wehrkammertore
F	Schalter zum Anschluss von Schaltgruppen an Umgehungsleitungen
G	Schalter zum Anschluss von Oberleitungen der freien Strecke an Umgehungsleitungen
L	Anschlussschalter für Ladeanlagen

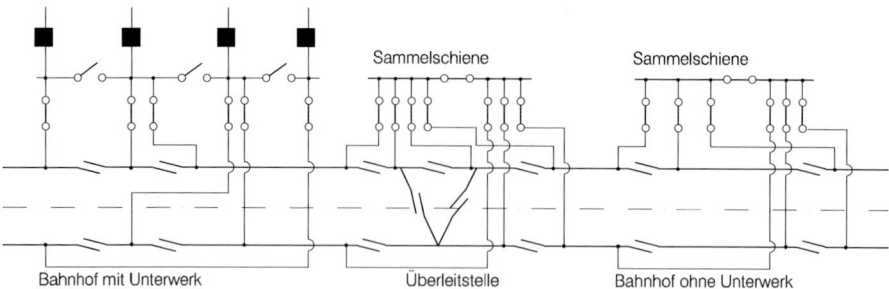

Bild 5.30: Schaltplan der Österreichischen Bahnen.

Q Anschlussschalter für Anlagen Dritter
R Speiseschalter von Ersatzspeiseabzweigen mit außen liegender Ersatzschiene
S Speiseschalter von Bahnhofsspeiseabzweigen und Schutzspeiseabzweigen
T Schalter für Längsunterteilung von Speise-, Umgehungs- und Verbindungsleitungen
U Speiseschalter von Streckenspeisenabzweigen
V Speiseschalter zum Anschluss von Oberleitungen an Verbindungsleitungen
W Anschlussschalter von Weichenheizungen
Z Anschlussschalter für Zugvorheizanlagen

In den Bildern 5.28 und 5.29 sind Schaltgruppenpläne von Bahnhöfen und Betriebsstellen auf Neubaustrecken dargestellt.

5.4.3.4 Schaltungen europäischer 16,7-Hz-Bahnen

Die Unterwerke der Österreichischen Bahnen (ÖBB) werden durch ein bahneigenes 110-/55-kV-Übertragungsnetz aus Kraftwerken und anderen primären Quellen gespeist. Die Unterwerke sind über die Fahrleitungen verbunden, wodurch das Leistungsvermögen erhöht und die Spannung stabilisiert wird. Die Schaltungen sind in [5.30] beschrieben. Die Unterwerke werden abhängig von den jeweiligen Anforderungen in 25 bis 60 km Abständen angeordnet. Kuppelstellen werden dort angeordnet, wo diese zum Erfassen aller Kurzschlussarten erforderlich sind.

Im Bild 5.30 ist die Oberleitungsschaltung der ÖBB dargestellt. Sammelschienen auf besonderen Gerüsten kennzeichnen die Ausführung. Die Einspeisungen zu den Oberleitungsspeiseabschnitten werden über Trennschalter mit der Sammelschiene verbunden. Die parallelen Gleise werden über die Sammelschienen quergekuppelt.

Die Schaltung der Oberleitungen der Norwegischen Bahnen ist in [5.31] beschrieben. Das Netz wird von der öffentlichen 50-Hz-Energieversorgung mittels rotierender oder statischer Umformer versorgt. Der überwiegende Teil des Netzes besteht aus eingleisigen Strecken. Booster-Transformatoren wurden an den meisten Strecken angeordnet, um die Schienenpotenziale und die elektromagnetischen Beeinflussungen von bahneigenen und

5.4 Fahrleitungsschaltungen

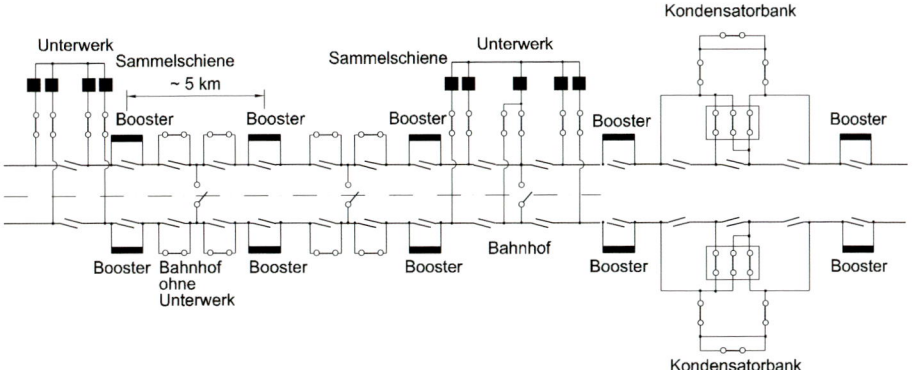

Bild 5.31: Grundschaltplan der Norwegischen Bahnen.

anderen Anlagen nahe der Bahnstrecken zu begrenzen, da der Erdwiderstand hoch ist. Bild 5.31 zeigt eine typische Schaltung einer eingleisigen Strecke einschließlich eines Bahnhofs. Die Oberleitungen in Bahnhöfen sind elektrisch von den umgebenden Strecken durch Streckentrennungen getrennt. Die Oberleitungen der benachbarten freien Strecken sind über eine Bahnhofsumgehungsleitung verbunden, um diese Strecken elektrisch zu speisen, auch wenn der Bahnhof abgeschaltet ist. Kuppelstellen sind ungefähr in der Mitte zwischen zwei Unterwerken angeordnet. Die Kuppelstellen trennen automatisch gestörte Abschnitte und sind dann wirksam, wenn Kurzschlüsse nicht durch den Schutz der Unterwerke erfasst werden. In Bild 5.31 sind die Booster-Transformatoren und die Kondensatorbänke enthalten.

Die Schwedischen Bahnen werden meist aus dem nationalen 50-Hz-Netz durch rotierende und statische Umformer versorgt [5.32]. Um dem zunehmenden Leistungsbedarf gerecht werden zu können, wurden die Abstände zwischen den Unterwerken vermindert und Autotransformatoren eingebaut. Bild 5.32 zeigt die Grundschaltung der Oberleitungen. Die Unterwerke sind mit einem Leistungsschalter je Speiserichtung ausgerüstet. Querkupplungen zwischen den beiden Gleisen sind an Bahnhöfen und Überleitstellen vorhanden. Die zugehörigen Trennschalter sind im normalen Betrieb offen, d. h., die Oberleitungen sind nicht dauernd miteinander verbunden. Booster-Transformatoren sind in ungefähr 5 km Abständen vorhanden. Jeder Bahnhof wird durch einen Leistungsschalter gespeist, wenn es ein Unterwerk in Bahnhofsnähe gibt.

Die Schweizerischen Bahnen (SBB) versorgen die Unterwerke aus einem 132-/66-kV-Übertragungsnetz, das von Kraftwerken gespeist wird. In [5.33] sind die Haupteigenschaften der Oberleitungsschaltung beschrieben. Die Oberleitungen einer Strecke werden von beiden benachbarten Unterwerken versorgt (Bild 5.33). Die Oberleitungen der parallelen Gleise sind an Bahnhöfen oder Kuppelstellen miteinander verbunden. Die Anordnung von Kuppelstellen hängt von den jeweiligen Streckenbedingungen ab.

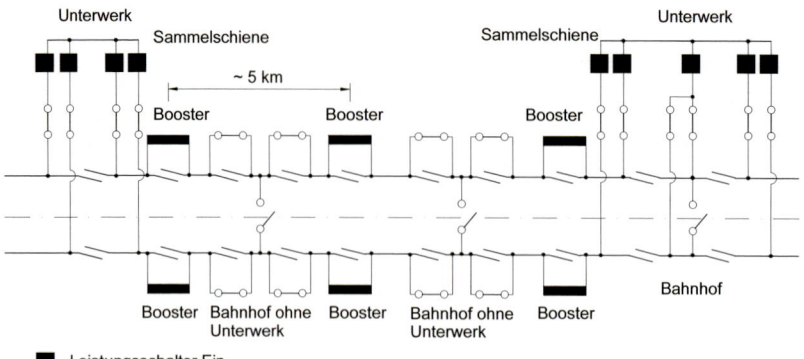

Bild 5.32: Grundschaltplan der Schwedischen Bahnen.

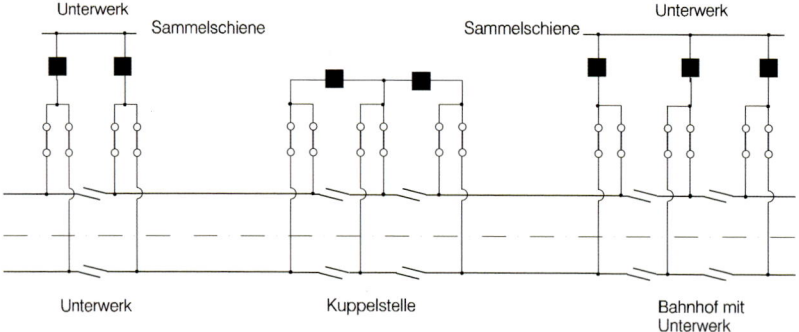

Bild 5.33: Grundschaltplan der Schweizerischen Bahnen.

5.5 Eis an Oberleitungen

5.5.1 Eisansätze an Oberleitungen

An den Leitern von Oberleitungen können sich *Eisansätze* mit mehreren Zentimeter Dicke bilden [5.34, 5.35], wenn der zeitliche Abstand zwischen den Zügen mit anliegenden Stromabnehmern länger als 15 min dauert, zum Beispiel an Oberleitungen von Strecken mit Betriebsunterbrechung während der Nacht. Bei Temperaturen unter dem Gefrierpunkt bildet sich Reif auf den Leitern, wenn genügende Feuchtigkeit in der Luft ist und der Wind gegen die Leitungen bläst. Ebenso können unterkühlter Regen und nasser Schnee zu erheblichen Eisansätzen führen, siehe Bilder 2.29 und 13.2. Die dadurch vergrößerten Vertikallasten und Horizontallasten durch Wind werden im normativ vorgegebenen Umfang bei der Planung der Anlagen berücksichtigt siehe Kapitel 4.3.2 und 13.1.4.8.

Starke Eisansätze, die in den nordischen Ländern, in gebirgigen Gebieten, in der Nähe von Seen und Flüssen häufiger entstehen, können den Zugbetrieb stören durch:

- große Durchhänge von nachgespannten Oberleitungen
- Änderungen der Leiterabstände gegenüber der Planung
- Leiterschwingungen mit großen Amplituden, auch *Seiltanzen* genannt, können bei gleichzeitiger Einwirkung von Wind und Eis auftreten und zu Kurzschlüssen und Leiterschäden führen
- extreme Belastung und schließlich Versagen der Stützpunkte, insbesondere bei der Kombination von Eisansätzen mit Wind, die zu einer Last höher als die Bemessungswerte führen kann
- Schäden an Schleifstücken verursacht durch Lichtbögen und mechanische Stöße

Extrem hohe Eislasten wurden auf der Strecke Paris–Le Mans in Frankreich im Winter 1941/42 mit der Unterbrechung des Betriebs während drei Tagen infolge von Eisschichtdicken über 10 mm, die zu ungefähr 35 mm Gesamtdurchmesser des Eisansatzes führten, beobachtet [5.36]. Zum Jahreswechsel 1978/1979 bildeten sich 10 mm dicke Eisschichten an den Oberleitungen der Rheinische Braunkohlenwerke AG im Braunkohlenbergbaugebiet in Westdeutschland. Der Betrieb musste für 30 Stunden unterbrochen werden, während das Eis entfernt wurde. An Weihnachten 2002 verursachten Eisansätze an Oberleitungen Verspätungen und den Ausfall von vielen Zügen, insbesondere in Norddeutschland. Eisansätze an den Fahrdrähten führten an den beiden letzten Tagen des Jahres 2009 im Raum Göttingen–Osnabrück zu erheblichen Störungen des elektrischen Zugbetriebs [5.37]. Der Eisansatz an Fahrdrähten bildete eine Isolierschicht, die durch die Stromabnehmer nicht durchbrochen werden konnte. Da jedoch der Strom nicht vollständig unterbrochen wird, fließt er über Lichtbogen zwischen Fahrdraht und Schleifstücken, verursacht Erosion und Strommarken am Fahrdraht, an den Schleifstücken und deren Haltern.

Um diese ungünstigen Auswirkungen zu begrenzen, sind Schaltungen und Verfahren erforderlich, um auf wichtigen Bahnstrecken abhängig von der Intensität, Häufigkeit und den Auswirkungen der Eisansätze Störungen des Zugbetriebs zu vermeiden oder gering zu halten. Dies ist insbesondere auf Hochgeschwindigkeitsstrecken wichtig, wo auch nach nächtlichen Betriebspausen eine hohe Verfügbarkeit erwartet wird. Zum *Entfernen von Eisansätzen* werden mechanische, chemische und elektrische Verfahren verwendet.

5.5.2 Mechanische Methoden

Mechanisches Entfernen von Eisansätzen ist mit hölzernen Stangen, Bambusstangen oder glasfaserverstärkten Stangen möglich. Monteure lösen vom Boden oder von Arbeitsplattformen durch Schlagen auf den Fahrdraht Schwingungen und den Eisabfall im gesamten Feld oder, falls der Eisansatz hart ist, in der Nähe der Schlagstellen [5.38, 5.39] aus. Einige Bahnbetreiber verwenden Vibrationsstromabnehmer, die den Fahrdraht in Schwingungen versetzen und damit das Eis lösen. Die für diesen Zweck verwendeten Lokomotiven fahren mit zwei gehobenen Stromabnehmern mit 40 bis 80 km/h.

Eine andere Einrichtung zum mechanischen Entfernen von Eis auf Fahrdrähten ist auf Arbeitsplattformen aufgebaut und besteht aus einer elektrisch angetriebenen, rotierenden Trommel, die mit Stahlstäben gegen die eisbedeckte Fahrdrahtunterseite schlägt. Eine solche Einrichtung wird nur für Eisdicken bis 4 mm verwendet. Für dickere Eis-

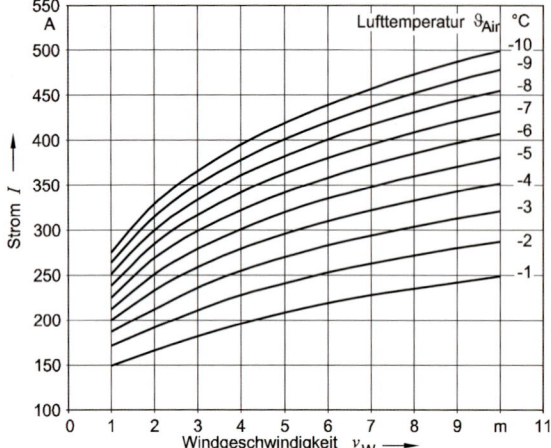

Bild 5.34: Kleinste erforderliche Ströme für das Eisschmelzen an einem Fahrdraht AC-120 – CuMg0,5.

schichten kann der Eisansatz schneller und wirkungsvoller entfernt werden, wenn der Fahrdraht über eine elektrische *Enteisungsschaltung* geheizt wird [5.40]. Mechanische Enteisungsmethoden können die Fahrdrähte beschädigen und sollten deshalb nur unter außergewöhnlichen Umständen verwendet werden, z. B. um noch höhere Schäden durch Eisansätze zu vermeiden.

5.5.3 Chemische Methoden

Auch *chemische Methoden* können Eisansätze an Stromabnehmern und Schaltern verhindern oder begrenzen. Das lässt sich durch Fett oder andere hydrophobe Flüssigkeiten erreichen, welche die Haftung und Bildung von Eisansätzen verhindern und in den Instandhaltungswerkstätten alle drei Tage aufgebracht werden. Oberleitungstrennschalter mit nicht beschichteten Kontakten sollten mindestens einmal im Jahr behandelt werden. Der Überzug von Fahrdrähten mit chemisch wirksamen Substanzen hat sich wegen des hohen Arbeitsaufwands und der nur begrenzten Dauer ihrer Wirksamkeit als unwirtschaftlich erwiesen.

5.5.4 Elektrische Methoden

Eisansätze werden mit zwei *elektrischen Enteisungsmethoden* verhindert oder abgetaut:
 – Beim *Fahrdrahtvorheizen* wird ein Strom eingespeist, der eine Fahrdrahttemperatur von mindestens 2 °C gewährleistet und so Eisansätze am Fahrdraht verhindert. Abhängig von den Wetterbedingungen sind für diesen Zweck 1 bis 3,5 A/mm^2 ausreichend [5.41, 5.42]. Das Vorheizen beginnt, wenn die Wetterbedingungen die Bildung von Eisansätzen erwarten lassen. Die verwendeten Schaltungen erfordern keine Unterbrechung des Zugbetriebes. Verfahren für die Berechnung der erforderlichen Ströme sind im Kapitel 7.1.2.4 enthalten. Bild 5.34 zeigt die Vorheizströme I_{FD} im Kettenwerk für den Fahrdraht AC-120 – CuMg0,5 auf 5 °C abhängig

von den Umgebungstemperaturen und Windgeschwindigkeiten. Der erforderliche Strom für die gesamte Oberleitung I_{KW} kann mit Hilfe der Beziehung (5.68) berechnet werden, wobei der Stromverteilungskoeffizient k_{FD} für Fahrdrähte von AC-Anlagen gilt (siehe Tabellen 5.8 und 5.9).

$$I_{KW} = I_{FD}/ k_{FD} \quad . \tag{5.68}$$

- *Abschmelzen von gebildeten Eisansätzen* wird durch 3,5 bis 8 A/mm² Stromdichten erreicht. Dies ermöglicht die Wiederaufnahme des Zugbetriebs innerhalb einer Stunde. Um die Stromhöhe und die erforderliche Zeit für das Abschmelzen des Eisansatzes zu wählen, können anlagenbezogene Tabellen und Diagramme verwendet werden, die Standardwerte der Eisdicke und Dichte, Umgebungstemperatur und Windgeschwindigkeit berücksichtigen. Das Abschmelzen setzt bei drei bis fünf Millimetern Eisdicke je nach den Kenndaten des Eises ein. Nach dem Entfernen des Eisansatzes ist das Heizen noch über 10 bis 15 Minuten erforderlich, um die Fahrdrahtoberfläche abzutrocknen. Der Strom zum Eisschmelzen darf die Stromtragfähigkeit der Fahrleitung bei den gegebenen Umgebungstemperaturen, Eisdicken, Windstärken und Dauer des Stromflusses und den entsprechenden, materialabhängigen Temperaturgrenzen nicht überschreiten (Abschnitt 2.3.2). Für die Berechnung der zulässigen Eisabschmelzströme entsprechend Abschnitt 7.1.2.4 können eine niedrige Temperatur und als kleinste Windgeschwindigkeit 1 m/s verwendet werden, um Überhitzen infolge lokal unterschiedlicher und zeitlich schwankender Windgeschwindigkeiten oder in Tunneln zu vermeiden. Höhere Leitertemperaturen als die üblicherweise erlaubten können während kurzer Dauer verwendet werden, z. B. bis 30 min (siehe Tabelle 2.9), wenn die Nachspanneinrichtungen, Ausleger und Fahrleitungen die zusätzliche Leiterlängung ausgleichen können.

Es ist auch notwendig, die Stromtragfähigkeit aller anderen Versorgungseinrichtungen, z. B. der Schalter, Stromwandler, Kabel und elektrischen Verbindungen zu beachten und diese gegebenenfalls anzupassen.

Zwei unterschiedliche *Enteisungsschaltungen* können verwendet werden [5.43]:
- Herstellen eines Kurzschlusses zwischen der Fahrleitung und den Schienen wie in den Bildern 5.35 und 5.36 gezeigt. In diesem Fall ist ein Fahrbetrieb nicht möglich. Diese Schaltung wird verwendet, um Oberleitungen in kurzer Zeit zu enteisen. Der Ort des Kurzschlusses wird vom zu enteisenden Leitungsabschnitt und erforderlichen Strom abhängig gemacht. Nach dem Enteisen des ersten Abschnittes wird auf den folgenden Abschnitt umgeschaltet und so weiter.
- Speisung der Oberleitung mit zwei Polen eines oder zweier Transformatoren wie in den Bilder 5.37 und 5.38 dargestellt. Mit dieser Schaltung ist ein Zugbetrieb möglich. Dabei muss der Oberleitungsschutz sicherstellen, dass die Summe des Traktions- und Heizstromes nicht die unter den gegebenen Umweltbedingungen zulässige Strombelastbarkeit überschreitet. Diese Schaltung kann abhängig von der Länge des Speiseabschnittes und vom erforderlichen Strom für das Abschmelzen als auch für das Vorheizen der Oberleitung verwendet werden. Da der Strom

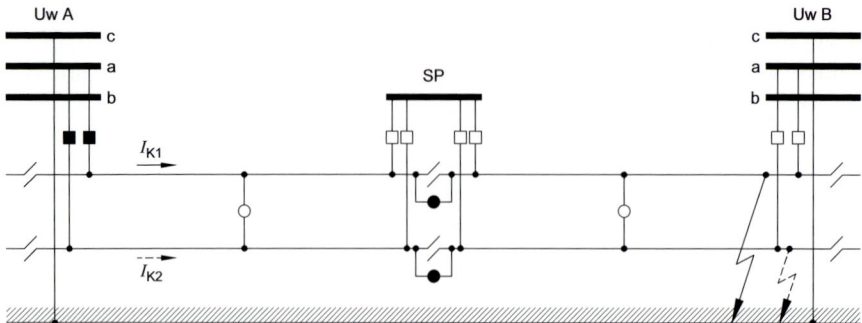

Bild 5.35: Eisabtauschaltung für die Fahrleitungen an ein oder zwei Gleisen zwischen dem speisenden Unterwerk Uw A und der Kurzschlussverbindung am benachbarten Unterwerk Uw B oder alternativ am Schaltposten SP. Die Leistungsschalter und Trenner mit ausgefüllten Symbolen sind eingeschaltet.

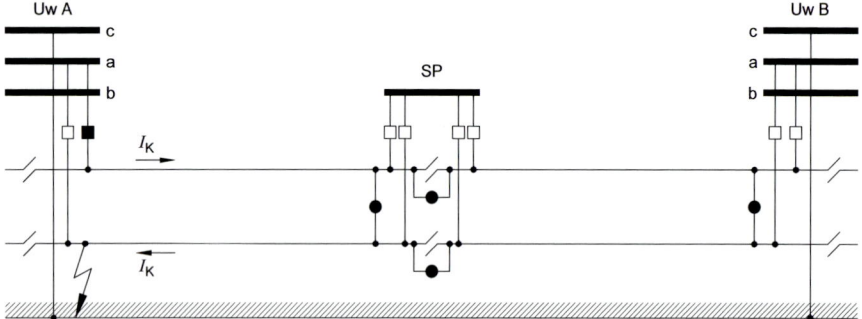

Bild 5.36: Eisabtauschaltung für Oberleitungen in einem geschlossenen Kreis ausgehend vom Unterwerk Uw A zum Schaltposten SP und zum benachbarten Unterwerk Uw B mit einem künstlichen Kurzschluss im speisenden Unterwerk Uw A.

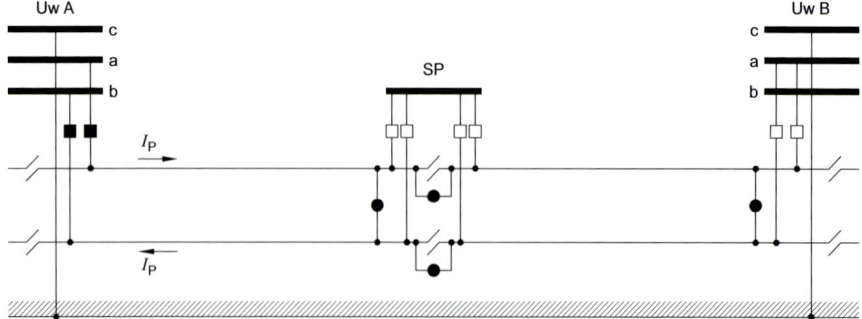

Bild 5.37: Eisabtauschaltung für Oberleitungen durch Anwendung unterschiedlicher Phasen im Unterwerk Uw A in einem geschlossenen Kreis zum Schaltposten SP und zum benachbarten Unterwerk Uw B.

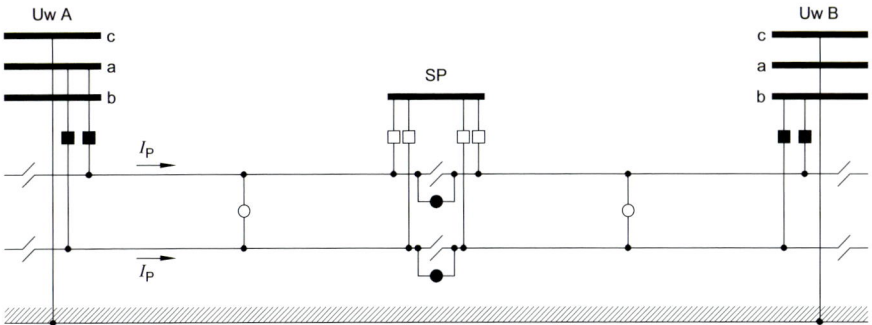

Bild 5.38: Eisabtauschaltung für Oberleitungen durch Speisung mit unterschiedlichen Phasen der Unterwerke Uw A und Uw B.

nur über die Oberleitung fließt, gibt es bei dieser Methode keine zusätzlichen Energieverluste.

Die Fahrdrähte in Parallelfeldern sollten nicht parallel sondern in Reihe geschaltet werden, um den gesamten Strom für die Heizung und Enteisung zu nutzen. Elektrische Verfahren, Schaltungen und Ausrüstungen werden abhängig von den regionalen klimatischen Bedingungen und den erforderlichen Heizströmen gestaltet. In Gegenden mit häufigen und intensiven Eisansätzen, z. B. in den nördlichen Teilen von Russland, wird der Abstand zwischen den Unterwerken so ausgelegt, dass ausreichende Heizleistung für *Enteisungsschaltungen* zur Verfügung steht. Daher wird die günstigste Enteisungsmethode nach der Berechnung der begrenzenden, zulässigen Ströme aus den Bildern 5.35 bis 5.38 ausgewählt. Eine Regulierung der Stromstärke im laufenden Heizbetrieb ist aufwändig und deshalb nicht üblich. Statt dessen wird bei der Planung geprüft, ob das Unterwerk in Abhängigkeit von der vorgesehenen Transformatorleistung und zulässigen Betriebsspannung sowie der Streckenlänge und -impedanz bei der ausgewählten Schaltung einen ausreichenden und nicht zu hohen Strom in die Oberleitung einspeisen kann. Ist der ermittelte Speisestrom zu niedrig oder zu hoch, muss der Speiseabschnitt für das Heizen verkürzt bzw. verlängert werden.

Dies kann auch durch eine Änderung der Schaltung (Bilder 5.35 bis 5.38) oder durch Variieren der Abstände zwischen den Unterwerken oder Einspeisepunkten erreicht werden, wenn keine anderen Möglichkeiten zur Verfügung stehen. Umgehungsleitungen oder eine Querschnittsverstärkung durch Querkupplung kann für längere Tunnel genutzt werden, wenn eine Strombegrenzung die Heizströme auf der freien Strecke stark beschränken würde. Dafür ist die Oberleitung mit den entsprechenden Trennschaltern auszurüsten. Beim Verbinden von Oberleitungsabschnitten mit Enteisungsstromkreisen müssen die Schutzrelais entsprechend den geänderten Parametern umgestellt werden. Die Nachbildung der Fahrdrahttemperatur innerhalb der Schutzeinrichtungen sollte die Umgebungstemperatur und die Windgeschwindigkeit berücksichtigen.

Die beschriebenen Verfahren und elektrischen Schaltungen werden vorwiegend in den nördlichen Teilen Russlands, in Skandinavien, in Frankreich und in den Niederlanden verwendet. Die Deutsche Bahn DB heizt die Oberleitung der Hochgeschwindigkeitsstre-

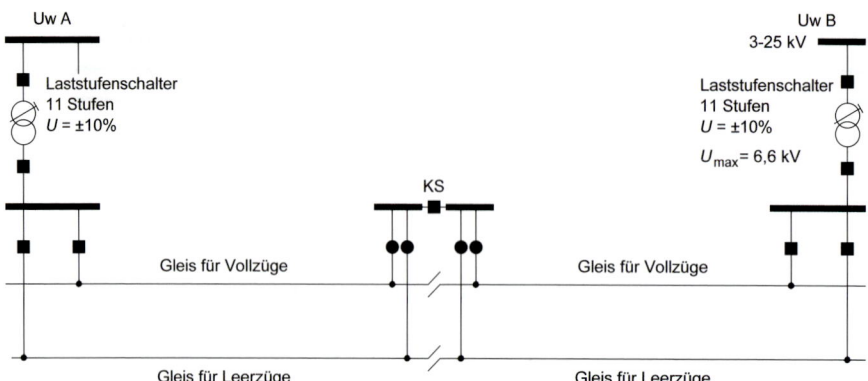

Bild 5.39: Schaltung zum Aufheizen des Fahrdrahtes bei der Rheinische Braunkohlenwerke AG, Köln. KS Kuppelstelle, weitere Abkürzungen siehe Bild 5.35

cke Köln–Frankfurt durch Reihenschaltung von mehreren Speiseabschnitten vor, wenn die Wetterbedingungen Eisansätze während der nächtlichen Betriebspause erwarten lassen. Die Rheinische Braunkohlenwerke AG verwendet für diesen Zweck die Spannungsdifferenz, die durch die Steuerung der Transformatorstufenschalter (Bild 5.39) entsteht. Die höchsten, möglichen Spannungsdifferenzen zwischen $U_{\max 1}$ und $U_{\min 1}$ sind der Tabelle 1.1 zu entnehmen.

Beispiel 5.6: Der kleinste erforderliche Enteisungsheizstrom I_{KW} und die maximalen Eisschmelzströme der Oberleitung Sicat H1.0 sind für eine offene, zweigleisige Strecke mit neuem Fahrdraht AC-120–CuMg, Tragseil BzII 120, sowie Verstärkungs- und Rückleitern 243-AL1 zu berechnen. Energieversorgung mit AC 50 Hz, Lufttemperatur $\vartheta = -5\,°C$ und Windgeschwindigkeit $v_{\mathrm{W}} = 3\,\mathrm{m/s}$. Die Stromverteilungskoeffizienten für AC-Fahrleitungen werden aus der Tabelle 5.9 entnommen und sind $k_{\mathrm{FD}} = 0{,}30$ und $k_{\mathrm{VL}} = 0{,}42$. Der kleinste erforderliche Enteisungsheizstrom für den Fahrdraht wird aus Bild 5.34 entnommen:

$$I_{\mathrm{FD}} = 280\,\mathrm{A}\ \left(2{,}3\,\mathrm{A/mm^2}\right)\ .$$

Der kleinste erforderliche Enteisungsheizstrom für die Oberleitung Sicat H1.0 wird mit Hilfe der Gleichung (5.68) berechnet:

$$I_{\mathrm{KW}} = 280/0{,}30 = 930\,\mathrm{A}\ .$$

Der höchste noch zulässige Eisschmelzstrom der Oberleitung kann der Tabelle 7.3 durch Interpolation der Werte für 0 °C und −10 °C für den Fahrdraht AC-120–CuMg entnommen werden:

$$I_{\mathrm{FD}} = (631\,\mathrm{A} + 593\,\mathrm{A})/2 = 612\,\mathrm{A}\ .$$

Der maximale Enteisungsstrom der Oberleitung Sicat H1.0 kann wieder mit der Gleichung (5.68) berechnet werden:

$$I_{\mathrm{KW}} = 612\,\mathrm{A}/0{,}30 = 2\,040\,\mathrm{A}\ .$$

5.5 Eis an Oberleitungen

Es ist jedoch auch notwendig, in gleicher Weise die höchste Stromtragfähigkeit und die Verteilungskoeffizienten der anderen Leiter durch Anwenden der Tabellen 7.3, 5.8 und 5.9 zu prüfen, um den geringst möglichen Wert des maximalen Fahrleitungsstroms festzulegen. In diesem Beispiel ist 2 040 A der geringste Wert, der durch den im Fahrdraht zulässigen Strom begrenzt wird. Die gemäß Kapitel 7 berechnete Fahrdrahttemperatur beträgt 57 °C. Mit der Annahme, dass der geheizte Fahrdraht 50 % des Eises schmelzen muss, bevor das übrige Eis abfällt, dürfte die berechnete Temperatur ausreichend sein, um eine 3 mm dicke Eisschicht innerhalb von 20 min zu beseitigen. Im folgenden Beispiel wird die kleinste und größte Speiseabschnittslänge für die Oberleitung Sicat H1.0 bestimmt, bei der die erforderlichen Ströme erreicht werden. Die Sammelschienenspannung ist 27,5 kV. Die kleinste und größte Impedanz wird näherungsweise durch Betrachten der kleinsten und größten Fahrleitungsströme in absoluten Werten berechnet:

$$Z_{max} = U/I_{min} = 27\,500\,\text{V} \,/\, 930\,\text{A} = 18\,\Omega \quad \text{und}$$

$$Z_{min} = U/I_{max} = 27\,500\,\text{V} \,/\, 2\,040\,\text{A} = 8\,\Omega \quad .$$

Mit dem Impedanzbelag 0,236 Ω/km nach Tabelle 5.9 berechnen sich die kleinste und größte Speiselänge der Fahrleitungen:

$$l_{max} = Z_{max}/Z' = 18\,\Omega \,/\, 0{,}236\,\Omega/\text{km} = 75\,\text{km} \quad \text{und}$$

$$l_{min} = Z_{min}/Z' = 8\,\Omega \,/\, 0{,}236\,\Omega/\text{km} = 34\,\text{km} \quad .$$

Bei ungefähr 35 km Entfernung zwischen den benachbarten Unterwerken und den in Bild 5.37 oder 5.38 dargestellten Schaltungen zur Speisung der Oberleitung aus unterschiedlichen Phasen eines oder beider Unterwerke lassen sich zum Vorheizen die Oberleitungen der beiden Gleise im Unterwerk B in Reihe schalten und von unterschiedlichen Phasen des Unterwerks A speisen.

5.5.5 Kombination mehrerer Enteisungsmethoden

Jede der vorstehend beschriebenen Enteisungsmethoden hat Vorteile und Nachteile. Die Vibrationstrommeln beseitigen Eisansätze nur örtlich und mit geringer Wirksamkeit. Sie können den Fahrdraht beschädigen. Chemische Methoden wirken nur kurzzeitig und örtlich beschränkt. Beim Abschmelzen bestehender Eisansätze besteht die Gefahr der Entfestigung der Leiter, der Energieverbrauch ist aber gering. Beim präventiven Vorheizen der Oberleitung besteht keine Gefahr der Entfestigung, der Energieverbrauch ist jedoch hoch.
Die in [5.44] beschriebene Impuls-Resonanz-Methode verbindet elektrische und mechanische Einwirkungen. Sie ist nur für Doppelfahrdraht bei mit Gleichspannung versorgten Eisenbahnen geeignet. Wenn Ströme in parallelen Leitern in der gleichen Richtung fließen, werden diese durch die elektromagnetische Wirkung gegenseitig angezogen. Stromstöße mit der Resonanzfrequenz 1,2 bis 1,4 Hz, die von einem Stoßgenerator erzeugt werden, bringen die Fahrdrähte mit 50 bis 75 mm Amplituden zum Schwingen. Sie schlagen im Feld aufeinander und schwingen in der Nähe des Stützpunkts nahezu vertikal und bewirken das Abfallen des Eisansatzes. Für diesen Zweck wird entsprechend [5.45, 5.46]

ein Leistungstransformator und ein gesteuerter Dreileiter-Brückengleichrichter im Unterwerk in Verbindung mit einer Steuer- und Schutzeinrichtung verwendet. Die Oberleitungen zweier Gleise werden verbunden, um die Stromstöße in eine Stromschleife einzuspeisen. Die mittlere Stromdichte beträgt maximal $2\,A/mm^2$. Die Steuereinheit regelt den Arbeitsalgorhythmus, die Impulsfrequenz, die Impulsform und das Impulsverhältnis. Um das stete Zusammenschlagen der Doppelfahrdrähte in Leitungen unterschiedlicher Länge zu erreichen, führt die Steuerung der Anlage eine automatische Wahl der Frequenzen durch.

Die Vorteile dieser Methode liegen in einem niedrigen Energieverbrauch mit ungefähr 20 MWh Ersparnis für einen Enteisungszyklus auf einer 100 km langen zweigleisigen Strecke. Die Methode vermeidet auch das Risiko einer thermischen Überlastung der Oberleitung und das Enteisen wird in weniger als 10 min erreicht.

Die schließlich anzuwendende *Enteisungsmethode* hängt von wirtschaftlichen Überlegungen hinsichtlich der Häufigkeit von Eisansätzen, den Betriebsbedingungen, z. B. Betriebsruhen während der Nacht, und der angestrebten Verfügbarkeit der Bahnstrecke ab. In Regionen mit niedriger Wahrscheinlichkeit von Eisansätzen ist es wirtschaftlicher während Vereisungsperioden Triebfahrzeuge häufiger fahren zu lassen, als Enteisungseinrichtungen zu installieren. Wenn Anforderungen bezüglich Vermeiden oder Entfernen von Eisansätzen bestehen, sind diese bereits bei der Planung und Installation der elektrischen Ausrüstung zu beachten, um hohe Kosten für späteres Nachrüsten zu vermeiden.

5.6 Literatur

5.1 *Eichhorn, K. F.*: Stromverdrängung und Stromleitung über Erde. In: Elektrische Bahnen 95(1997)3, S. 74–81.

5.2 *Carson, J. R.*: Wave propagation in overhead wires with ground-return. In: Bell System Technical Journal 5(1926), S. 539–555.

5.3 *Mariscoti, A.; Pozzobon, P.*: Measurement of the internal impedances of traction rails at 50 Hz. In: IEEE Transactions on Instrumentation and measurement Vol.49(2000)2.

5.4 *Behrends, D.; Brodkorb, A.; Hofmann, G.*: Berechnungsverfahren für Fahrleitungsimpedanzen. In: Elektrische Bahnen 92(1994)4, S. 114–122.

5.5 *Kießling, F.; Schneider, E.*: Verwendung von Bahnstromrückleitern an der Schnellfahrstrecke Madrid–Sevilla. In: Elektrische Bahnen 92(1994)4, S. 112–116.

5.6 *Zimmert, G. u. a.*: R"uckleiter in der Oberleitungsanlage der Strecke Magdeburg–Marienborn. In: Elektrische Bahnen 92(1994)4, S. 105–115.

5.7 *Br"uderlink; R.*: Induktivität und Kapazität der Starkstrom-Freileitung. Verlag Braun, Karlsruhe, 1954.

5.8 *Zimmert, G.*: Bericht über Ableitungsbeläge moderner Oberbauarten. Frankfurt, 1993.

5.9 *Milz, K.*: Elektrifizierungssysteme für den Hochgeschwindigkeitsverkehr. In: Elektrische Bahnen 89(1991)11, S. 323–325.

5.10 *Entscheidung 2002/733/EG*: Technische Spezifikation für die Interoperabilität des Teilsystems Energie des transeuropäischen Hochgeschwindigkeitsbahnsystems. In: Amtsblatt der Europäischen Gemeinschaften L245(2002), S. 280–369.

5.11 *Entscheidung 2008/284/EG*: Technische Spezifikation für die Interoperabilität des transeuropäischen Hochgeschwindigkeitsbahnsystems. In: Amtsblatt der Europäischen Union L104(2008), S. 1–79.

5.12 *Schmidt, P.*: Berechnung der Spannungsabfälle zweigleisiger elektrischer Bahnen bei beliebiger Anzahl von Querkuppelstellen. In: Wissenschaftliche Zeitschrift der HfV Dresden 22(1975)2, S. 401–427.

5.13 *Schmidt, P.*: Energieversorgung elektrischer Bahnen. Edition Transpress, Berlin, 1988.

5.14 *UIC Kodex 795*: Minimal installierte Leistung – Streckenkategorien. UIC, Paris, 1996.

5.15 *Irsigler, M.*: Aktuelle Fragen der Bahnenergieversorgung für Hochleistungsstrecken. In: Elektrische Bahnen 90(1992)6, S. 189–196.

5.16 *Brodkorb, A.*: Ein Modell der elektrischen Bahnbelastung auf der Grundlage der digitalen Simulation der Zugfahrten. HfV Dresden, Dissertation, 1986.

5.17 *Biesenack, H.; Hauptmann, A.; Müller, K.; Schmidt, P.*: Bahnbelastung und Spannungshaltung im Hochgeschwindigkeitsverkehr. In: Elektrie 50(1996)9–11, S. 324–333.

5.18 *Röhlig, S.*: Beschreibung und Berechnung der Bahnbelastung von Gleichstrom-Nahverkehrsbahnen. HfV Dresden, Dissertation, 1992.

5.19 *Lingen, J.; Schmidt, P.*: Strombelastbarkeit von Oberleitungen des Hochgeschwindigkeitsverkehrs. In: Elektrische Bahnen 94(1996)1-2, S. 38–44.

5.20 *Schmidt, P.*: Elektrische Belastung als Zufallsgröße und thermische Belastbarkeit von Leitungen bei mitteleuropäischen Bahnen. In: Elektrische Bahnen 90(1992)6, S. 204–212.

5.21 *Hellige, B.*: Beitrag zur Untersuchung der Belastung von Energieversorgungsanlagen bei Straßenbahnen. HfV Dresden, Dissertation, 1971.

5.22 *Lingen, J. v.; Schmidt, P.*: Methodik einer zuverlässigen und ressourcensparenden Bemessung elektrotechnischer Betriebsmittel des Hochgeschwindigkeitsverkehrs. In: Wissenschaftliche Zeitschrift der TU Dresden 45(1996)5, S. 30–39.

5.23 *Lingen, J. v.*: Kurzschlussberechnung im Fahrleitungsnetz. TU Dresden, Dissertation, 1995.

5.24 *Kontcha, A.*: Analyse elektromagnetischer Verhältnisse in Mehrleiterfahrleitungssystemen bei Einphasenwechselstrombahnen. TU Dresden, Dissertation, 1996.

5.25 *Heide, S.*: Ein Beitrag zur Berechnung von Kurzschlußströmen im 15-kV-Fahrleitungsnetz der DR unter besonderer Beachtung ausgewählter Probleme des Fahrleitungsschutzes. HfV Dresden, Dissertation, 1980.

5.26 *Pundt, H.*: Elektroenergiesysteme. TU Dresden, 1980.

5.27 *Behmann, U.*: Operating and power supply concept of Madrid–Seville high-speed line. In: Elektrische Bahnen 88(1990)5, S. 207–214.

5.28 *Lörtscher, M.*: Vergleich der Fahrleitungsschaltungen bei 16,7-Hz-Bahnen. In: Elektrische Bahnen 103(2005)4-5, S. 164–170.

5.29 *Ebhart, S.; Ruch, M.; Hunger, W.*: Schaltungsaufbau im 16,7-Hz-Oberleitungsnetz bei DB Netz. In: Elektrische Bahnen 102(2004)4, S. 152–163.

5.30 *Punz, G.*: Schaltungsaufbau im Oberleitungsnetz der ÖBB. In: Elektrische Bahnen 102(2004)4, S. 174–183.

5.31 *Johnsen, F.; Nyebak, M.*: Schaltungsaufbau im Oberleitungsnetz der Norwegischen Eisenbahn Jernbaneverket. In: Elektrische Bahnen 102(2004)4, S. 195–200.

5.32 *Bülund, A.; Deutschmann, P.; Lindahl, B.*: Schaltungsaufbau im Oberleitungsnetz der Schwedischen Eisenbahn Banverket. In: Elektrische Bahnen 102(2004)4, S. 184–194.

5.33 *Basler, E.*: Schaltungsaufbau im 16,7-Hz-Oberleitungsnetz der SBB. In: Elektrische Bahnen 102(2004)4, S. 164–172.

5.34 *Kiessling, F.; Nefzger, P.; Nolasco, J. F.; Kaintzyk, U.*: Overhead power lines – Planning, Design, Construction. Springer-Verlag, Berlin-Heidelberg-New York, 1. Auflage 2003.

5.35 *Porzelan, A. A.; Pavlov, I. V.; Neganov, A. A.*: Steuerung der Aneisung von elektrischen Bahnen (russisch). Verlag Transport, Moskau, 1970.

5.36 *Zorn, W.*: Das Abtauen von raureifbelegten und vereisten Fahrleitungen. In: Elektrische Bahnen 41(1943)4-5, S. 74–84.

5.37 *N. N.*: Elektrischer Betrieb bei der Deutschen Bahn im Jahre 2009. In: Elektrische Bahnen 108(2010)1-2, S. 4–54.

5.38 *Serdinov, S. M.*: Erhöhung der Zuverlässigkeit der Energieversorgungsanlagen von elektrischen Bahnen (russisch). Verlag Transport, Moskau, 2. Auflage 1985.

5.39 *Deutsches Patent 2324287, Klasse B60L 5/02.*: Vorrichtung zur Entfernung eines Eisbelags von langgestreckten Teilen wie Drahtseilen, Fahrdrähten, Stromschienen oder dergleichen.

5.40 *Russische Eisenbahnen*: Geplante Steuerung der Enteisung und des Tanzens von Oberleitungen(russisch). Abteilung für Elektrifizierung und Stromversorgung, Moskau, 2004.

5.41 *Heide, E.*: Der Fahrleitungsbau: Handbuch für Bau und Unterhaltung. E. Schmidt-Verlag, Berlin, 1956.

5.42 *Wlassow, I. I.*: Fahrleitungsnetz. Fachverlag Leipzig, Leipzig, 1955.

5.43 *Russische Eisenbahnen*: Berechnungsmethoden für Stromversorgungen mit elektrischen Eisabtautechniken (russisch). Russisches Eisenbahnforschungsinstitut, Moskau, 2005.

5.44 *Russisches Patent 2166826, MPK6 H02 G 7/16.*: Methode zum Enteisen von Fahrdrähten in Oberleitungen (russisch). Angemeldet 1999, veröffentlicht 2001.

5.45 *Galkin, A. G.*: Entwicklung einer Methode zur Entfernung von Eis am Fahrdraht (russisch). In: Journal der staatlichen Ural-Transportuniversität (2002), Nr. 6378.

5.46 *Efimov, A. V.; Galkin, A. G.; Bunzja, A. V.*: Entwicklung und Prüfung einer Einrichtung für das Enteisen von Doppel-Fahrdrähten mit der Stoß-Resonanz-Methode (russisch). In: Journal der staatlichen Ural-Transportuniversität (2007), S. 105–112.

6 Stromrückleitung und Erdung

6.0 Symbole und deren Bedeutung

Symbol	Bezeichnung	Einheit
A	Integrationskonstante	A
B	Integrationskonstante	A
C	elektro-chemisches Äquivalent	kg/(A·a)
I	Strom	A
I'	Stromdichte	A/mm²
I_{CA}	Körperstrom	A
I_{EA}	Strom in der Erdungsanlage des Uw	A
I_{Pi}	Blitzstromspitzenwert	kA
I_R	Strom im Gleis	A
I_{RL}	Strom im Rückleiter	A
I_{SS}	Streustrombelag	A/m
I_{an}	anodischer Teilstrom	A
I_b	Strom im Ableitungsstromkreis	A
I_{ka}	kathodischer Teilstrom	A
I_p	Spitzenwert des Blitzstroms	A
I_t	Streustrom in parallelen Leitern	A
I_{tot}	Gesamtstrom im Leiter	A
I_{trc}	Traktionsstrom	A
L	Abstand zwischen Unterwerk und Last	m
L_C	charakteristische Länge	km
L_E	Länge eines Banderders	m
L_{trans}	Übergangslänge	m
G'_{RE}	Ableitungsbelag	S/m
$G'_{RE\,eff}$	wirksamer Ableitungsbelag	S/m
G'_{RS}	Ableitungsbelag zwischen Rückleitung und Bauwerk	S/m
G'_{SE}	Ableitungsbelag zwischen Bauwerk und Erde	S/m
R_B	Ausbreitungswiderstand eines Banderders	Ω
R_C	charakteristischer Widerstand	Ω
R_E	gemessener Bodenwiderstand	Ω
R'_E	Bodenwiderstandsbelag	Ω/m
R'_{rail}	Widerstandsbelag einer Schiene	Ω/m
$R_{E\,Uw}$	Erdausbreitungswiderstand im Unterwerk	Ω
R_M	Erdausbreitungswiderstand eines Erders oder Mastes	Ω
R'_R	Widerstandsbelag der Fahrschienen einschließlich paralleler Rückleiter	Ω/m
$R_{Räq}$	äquivalenter Gleiswiderstand	Ω

Symbol	Bezeichnung	Einheit
R_{a1}	Schuhsohlenwiderstand	Ω
R_{a2}	örtlicher Erdwiderstand	Ω
R_{dis}	Stoßerdungswiderstand	Ω
U_{C1}	zulässige Körperspannung	V
U_{PE}	Spannung zwischen Punkt und Bezugserde	V
U_R	Spannung im Gleis	V
U_{RE}	Schienenpotenzial	V
U_{RP}	Spannung zwischen Schiene und Punkt P	V
U_S	Längsspannung zwischen zwei Punkten eines Bauwerks	V
U_S	treibende Spannung	V
U_{RS}	Spannung zwischen Rückleitung und Bauwerk	V
U_{SE}	Spannung zwischen Bauwerk und Erde	V
U_b	maximale Berührungsspannung	V
$U_{b\,max}$	maximale zulässige Körperspannung	V
U_{ins}	Stehstoßspannung der Isolierung	V
U_{te}	Berührungsspannung	V
$U_{te\,max}$	höchste zulässige Berührungsspannung	V
U_{uw}	Speisespannung im Unterwerk	V
V_G	Volumen einer Betongründung	m^3
$W1, W2$	Stromwandler	–
Z_A	Abschlussimpedanz einer Strecke	Ω
Z_E	Impedanz des Unterwerks	Ω
Z'_{KE}	Kopplungsimpedanzbelag der Gleis-Erde-Schleife	Ω/m
Z'_{RE}	Eigenimpedanzbelag der Gleis-Erde-Schleife	Ω/m
Z_b	Körperimpedanz	Ω
Z_o	Wellenwiderstand	Ω
a	Abstand zwischen Messelektroden	m
a_1, a_2	Faktor für Erhöhung der zulässigen Berührungsspannung	m
b_E	Breite des Banderders	m
d_G	Ersatzdurchmesser einer Betongründung	m
d_M	Durchmesser eines Mastes oder Tiefenerders	m
h_m	mittlere Höhe des Kettenwerks	m
k	Kopplungsfaktor	–
k_a	überbrückbarer Teil des Schienenpotenzials	–
l_u	Länge mit Überschreiten des zulässigen Schienenpotenzials	km
m'	Metallabtrag je Jahr	kg/a
n_R	Anzahl paralleler Schienen	–
pH	ph-Wert	–
$r_{äq}$	äquivalenter Schienenradius	m
t_B	Stromeindringtiefe im Boden	m
t_E	Tiefe eines Tiefenerders	m
t	Zeitdauer	sek
x_{gr}	Grenzabstand zwischen Stromaustritt und -eintritt	km

Symbol	Bezeichnung	Einheit
α	Fortpflanzungskonstante	1/km
β	Winkelmaß	1/km
γ	Fortpflanzungskonstante	1/km
μ	Permeabilität der Erde	V·s/(A·m)
μ_o	Permeabilitätskonstante	V·s/(A·m)
μ_r	relative Permeabilität	–
ϱ_E	spezifischer Bodenwiderstand	$\Omega \cdot$ m

6.1 Einführung

Fahr- und Rückleitung bilden den Traktionsstromkreis elektrischer Bahnen. Der Traktionsstrom fließt über die Fahrleitung zu den Zügen und durch die Rückleitung zu den Unterwerken zurück. Zu den *Traktionsströmen* zählen auch bei Bremsvorgängen erzeugte Ströme. Meist dienen die Fahrschienen als *Leiter für den Rückstrom*. Da der Widerstand zwischen den Schienen und der Erde endlich ist und die Schienen einen Widerstand in Längsrichtung besitzen, fließt ein Teil des Rückstromes in die Erde und durch diese zurück zu den Unterwerken. In der Nähe der Unterwerke fließt dieser Strom zurück in die Fahrschienen und bei AC-Anlagen auch direkt in die Erdungsanlage der Unterwerke. Die Gesamtsumme der durch die Schienen, die Erde und andere metallene Leiter parallel zu den Gleisen im Gleisbereich wie Kabelschirmen und Rohrleitungen fließenden Ströme ist gleich den Strömen durch die Fahrleitung.

Bis zu mehreren tausend Ampere können in der Rückleitung fließen und während des Betriebes Spannungen an den Fahrschienen und an leitenden Teilen der Fahrzeuge verursachen. Um Spannungen zu vermeiden, die möglicherweise gefährlich werden könnten, wenn sie durch Personen abgegriffen werden, muss die Rückleitung geeignet gestaltet und bemessen werden.

Im Vergleich zu üblichen Drehstromübertragungs- und Verteilungsanlagen, bei denen gefährliche Spannungen an zugänglichen Teilen nur in Fehlerfällen auftreten, erfordern elektrifizierte Bahnen Vorkehrungen, um die Sicherheit von Personen und den Schutz von Anlagen auch während des Betriebes nicht zu gefährden. Bei Kurzschlüssen sind die Bedingungen die gleichen wie für Kurzzeitspannungen in anderen elektrischen Übertragungsanlagen.

Einige gemeinsame Überlegungen im Hinblick auf die Anordnung der Rückleitung betreffen sowohl DC- als auch AC-Stromversorgungen. Jedoch gibt es fundamentale Unterschiede zwischen den beiden Energieversorgungsarten. Bei DC-Anlagen ist die Kopplung zwischen Erde und Schiene vollständig *galvanisch*, während bei Einleiter-AC-Anlagen die *induktive Kopplung* zwischen allen Leitern, d. h. zwischen den Schienen, der Erde, der Oberleitung, den Verstärkungsleitungen und Rückleitern, die Bahn des Rückstromes und dessen Aufteilung auf die einzelnen leitenden Komponenten bestimmt.

Bei DC-Versorgungen kann der nicht durch die Rückleitung fließende Strom zur *Streustromkorrosion* führen, sodass dieser Teil des Rückstromes so klein wie möglich gehalten werden muss. Die Norm DIN EN 50 122-2:2011 behandelt die Streuströme in DC-Versorgungen und gibt vor, dass eine angemessene Isolierung zwischen Gleisen und Erde vorzusehen ist. Die Rückleitung der DC-Bahnen darf im Allgemeinen nicht mit der Erde oder Erdungsanlagen verbunden werden.

Die durch Betriebs- oder Kurzschlussströme in den Gleisen entstehenden Spannungen erreichen ihren höchsten Wert an den Einspeise- oder den Lastpunkten. Sowohl im Betriebszustand als auch im Kurzschlussfall darf die Spannung zwischen den Schienen und der Erde akzeptable, in den einschlägigen Normen vorgegebene Werte nicht überschreiten. Bei AC-Bahnen werden die Gleis-Erde-Spannungen durch Verbinden anderer metallener, stromführender Teile mit den Schienen gemindert und so die Möglichkeit negativer Auswirkungen auf Personen ausgeschlossen und sichergestellt, dass die gesamte Anlage im Falle von Fehlern zuverlässig abgeschaltet wird.

Um die Schienen-Erde-Spannung bei oder in der Nähe von DC-Versorgungen zu vermindern, sind andere Maßnahmen erforderlich, z. B. die Installation von parallelen Rückleitern und/oder *Spannungsbegrenzungseinrichtungen*.

Steuer- und Sicherungsanlagen für die Zugförderung nutzen häufig die Schienen als Teile der elektrischen Gleisstromkreise. Die Gleise sind dann in ihren elektrotechnischen Eigenschaften so zu konzipieren, dass sie sowohl der sicheren Stromrückleitung und der Erdung als auch gleichzeitig als Teil des Stromkreises von Steuer- und Sicherungsanlagen dienen können.

Sowohl im AC- als auch in DC-Bahnstromanlagen können negative Auswirkungen auf andere technische Anlagen und Einrichtungen in der Nähe der Bahn durch induktive, kapazitive und galvanische Kopplung mit dem Traktionsstromkreis entstehen, wenn Energie von den Unterwerken zu den Zügen übertragen wird. Die Gestaltung der Rückleitung muss diese Auswirkungen minimieren.

6.2 Begriffe und Definitionen

6.2.1 Einführung

In Normen und Veröffentlichungen über Erdung und Stromrückleitung werden Begriffe häufig unterschiedlich verwendet, sodass Definitionen und Kommentare für ein gemeinsames Verständnis notwendig sind. Diese werden von den Normen der Reihe DIN EN 50 122 abgeleitet, die im Hinblick auf die Schutzmaßnahmen bezüglich elektrischer Sicherheit und Erdung sowie der Auswirkungen des von den Versorgungsanlagen verursachten Streustromes erstellt wurden [6.1].

6.2.2 Erde

Aus elektrischer Sicht ist der Begriff *Erde* definiert als der *leitende Erdboden*, dessen elektrisches Potenzial an irgend einem Punkt vereinbarungsgemäß als Null angenommen wird (siehe DIN EN 50 122-1). Häufig werden auch die Begriffe *Bezugserde, neutrale Erde, getrennte Erde* oder *ferne Erde* verwendet. Erde im Zusammenhang mit dieser Definition wird außerhalb des Bereiches der Einwirkungen elektrischer Anlagen vorgefunden, wo kein Potenzialunterschied zwischen zwei unterschiedlichen Punkten als Ergebnis der Erdströme festgestellt werden kann.

Der Abstand zwischen den Erdungsanlagen von Energieversorgungsanlagen und der wie vor definierten Erde kann von einigen zehn Metern bis zu einem Kilometer betragen und hängt von den Maßen der Anlagen, der Bodenzusammensetzung und der Größe der Erdströme ab. Die Erde wird als Bezug für die Bestimmung des *Erdpotenzials*, d. h. des Schiene-Erde-Potenzials, herangezogen.

6.2.3 Erder und Erdelektroden

Erder oder *Erdelektroden* sind ein oder mehrere leitende Teile im engen Kontakt mit dem Boden, die eine galvanische Verbindung mit der Erde herstellen. Es ist vorteilhaft, metallene oder stahlbewehrte Bauwerke einschließlich der Gründungen für Bauwerke und für Masten als Erdelektroden zu verwenden, die primär anderen Zwecken dienen. Dies erfordert eine frühzeitige Projektplanung, um eine angemessene elektrische Vermaschung und von Anschlusspunkten für Erdverbindungen sicherzustellen.

6.2.4 Boden- und Erdungswiderstand

Die elektrischen Eigenschaften der Erdelektroden hängen von ihrer Ausführung und der Leitfähigkeit des umgebenden Bodens ab. Der *Bodenwiderstand* zeigt die elektrische Leitfähigkeit des Bodens an. Üblicherweise wird er in Ωm gemessen. Seine numerischen Werte stellen den Widerstand eines Bodenwürfels mit der Kantenlänge 1 m zwischen den gegenüberliegenden Flächen des Würfels dar. Der *Erdungswiderstand* einer Erdelektrode kann mit für Auslegungszwecke ausreichender Genauigkeit aus den geometrischen Abmessungen der Elektrode und dem lokalen Bodenwiderstand errechnet werden [6.2].

6.2.5 Bauwerkserde, Tunnelerde

Eine *Erdungsanlage* besteht aus mehreren Erdern oder Erdelektroden, die untereinander mit Leitern verbunden sind. Die leitfähigen, mit einander verbundenen Bewehrungen von Betonbauwerken und die metallenen Komponenten anderer Bauwerke werden als *Bauwerkserde* bezeichnet [6.1]. Die Bauwerke sind Personenbahnhöfe, technische Gebäude, Brücken, Viadukte, Betonplatten der festen Fahrbahn und Tunnel. Die Bauwerkserde von Tunneln wird auch als *Tunnelerde* bezeichnet.

6.2.6 Schienenpotenzial und Gleis-Erde-Spannung

Der Widerstand zur Erde einer Erdelektrode und der durch die Elektrode zurück fließende Strom führt zu einer Spannungserhöhung gegen Erde. In gleicher Weise verursacht der Traktionsrückstrom in den Fahrschienen einen Spannungsanstieg, der als *Schienenpotenzial* oder *Gleis-Erde-Spannung* bezeichnet wird. Das Schienenpotenzial tritt an den Fahrschienen und den damit verbundenen leitenden Teilen sowohl während des Betriebes als im Fehlerfall auf.

6.2.7 Berührungsspannung

Die Spannung zwischen zwei leitenden Teilen, die durch Personen abgegriffen werden kann, wird *Berührungsspannung* genannt. Es ist zwischen direkter und indirekter Berührung zu unterscheiden. Die *direkte Berührungsspannung* (VDE 0100, Teil 100) bezieht sich auf die mögliche Berührung unter Spannung stehender Teile. Schutzmaßnahmen gegen direkte Berührung sind Hindernisse wie isolierende Umhüllungen, Abdeckungen, Schranken und genügend großer Abstand unter Spannung stehender Teile gegenüber öffentlich zugänglichen Flächen.

Indirekte Berührungsspannung bezieht sich auf leitende Teile, die nur im Fehlerfall unter Spannung stehen können. Die metallenen Gehäuse von Schaltgeräten, Erdverbindungen und bewehrten Betonbauwerken, welche eine Spannung führen können, werden als berührbare Teile eingeordnet. Die Spannung gegen Erde einer Erdelektrode, die durch Personen überbrückt werden kann, fällt unter den Begriff der Berührungsspannung. Schutzeinrichtungen schalten üblicherweise kurzzeitig ab, sodass eine indirekte Berührungsspannung nur kurzzeitig auf Personen einwirken kann. Die Norm DIN EN 50 122-1 gibt die zulässige Berührungsspannung für Bahnanwendungen abhängig von der Zeitdauer der Einwirkung an (siehe Bild 6.4).

6.2.8 Oberleitungs- und Stromabnehmerbereich

In Bahnanlagen mit Oberleitungen wird der Bereich, dessen Grenzen im Allgemeinen von einer gerissenen Oberleitung oder von einem entdrahteten Stromabnehmer nicht verlassen wird, nach DIN EN 50 122-1:2011-09 als *Oberleitungsbereich* bzw. *Stromabnehmerbereich* bezeichnet. Dies bezeichnet den Bereich, in dem Schutzmaßnahmen gegen indirekte Berührungsspannungen erforderlich sind. Ein solcher Gefahrenbereich wird für Dritte-Schiene-Anlagen nicht definiert.

6.2.9 Rückleitung

In konventionellen AC- und DC-Stromversorgungsanlagen fließen die Betriebsströme über die Fahrleitungen zu den Fahrzeugen. Der Rückstrom, sowohl bei Traktion als auch bei Nutzbremsung, fließt vom Fahrzeug durch die *Rückleitung* zum Unterwerk. Gemäß der Definition in DIN EN 50 122-1 umfasst die Rückleitung alle Leiter, die während des Betriebes und im Fehlerfall einen Weg für den Rückstrom darstellen. Diese Leiter können sein:
– Fahrschienen, die den Rückstrom führen
– *Rückleiter*, die parallel zu den Fahrschienen verlegt und mit diesen in regelmäßigen Abständen verbunden sind
– Im Falle von DC-Anlagen parallel zu den Fahrschienen verlegte Kabel, die gegen Erde isoliert sind und verwendet werden, um die *Schienenlängsspannung* und die Schienenpotenziale zu reduzieren
– In AC-Anlagen kann diese Funktion durch *Rückleiter*, die an den Fahrleitungsmasten aufgehängt sind, oder durch Erdbänder entlang der Gleise übernommen werden

6.2 Begriffe und Definitionen

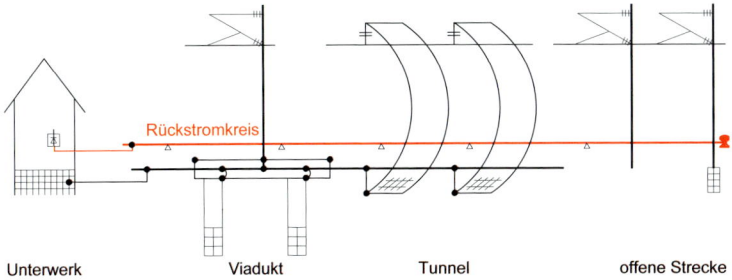

Bild 6.1: Vereinfachtes Schaltbild der Rückleitung und der Erdung von DC-Stromversorgungsanlagen.

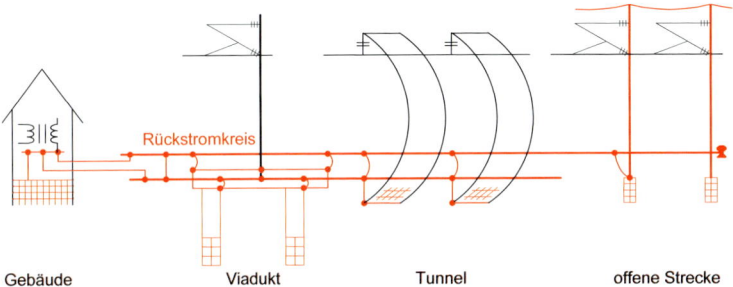

Bild 6.2: Vereinfachtes Schaltbild der Rückleitung und der Erdung von AC-Stromversorgungsanlagen.

– Rückleiter von Zweileiter-Versorgungsanlagen, wie Obusse und U-Bahnen mit einer getrennten Rückleitungsstromschiene, die gegen die Fahrschiene isoliert ist. In solchen Fällen werden diese Leiter als spannungsführend betrachtet und es treten keine Spannungen an den Fahrschienen und an den Fahrzeugkörpern während des Normalbetriebes auf
– Bei AC-Anlagen ist auch die Erde ein Teil der Rückleitung, da ein Teil des Rückstromes wegen der Erdung der Fahrschienen und auch der induktiven Kopplung dort fließt

6.2.10 Streustrom

Da eine vollständige Isolierung der Rückleitung gegen die Erde von DC-Anlagen nicht erreicht werden kann, entweicht ein Teil des Rückstromes aus den Fahrschienen in das Bauwerk oder in die Erde. Dieser Stromanteil, der nicht in der vorgesehenen Rückleitung fließt, wird als *Streustrom* bezeichnet.

6.3 Auslegungsprinzipien und Anforderungen

6.3.1 Prinzipien bei AC- und DC-Bahnen

Der Traktionsstrom fließt über die *Rückleitung* in das speisende Unterwerk zurück. Aus elektrotechnischer Sicht bilden die Fahrleitung und die Rückleitung eine nicht trennbare Einheit.

Die Verwendung der Fahrschienen als Teil der Rückleitung ist eine gemeinsame Eigenschaft von AC- und DC-Bahnanlagen. Die Maßnahmen für Erdung und Vermaschung in der Rückleitung unterscheiden sich jedoch fundamental. Bei DC-Bahnstromanlagen werden die Fahrschienen mit einem hohen Widerstand gegen Erde und zu den Erdungsanlagen verlegt, um zu vermeiden, dass Rückströme die Fahrschienen als Streuströme verlassen und *Streustromkorrosion* an metallenen Komponenten im engen Kontakt mit der Erde verursachen. Gegenstände wie Rohrleitungen, Kabelschirme, stahlbewehrte Fundamente von Gebäuden und Masten, stahlbewehrte Tunnelbauwerke, Brücken und Viadukte sind dabei gefährdet. Die strikte Trennung der Schienenrückleitung vom Erdungssystem wird in Bild 6.1 gezeigt. Spannungsfälle treten in den Fahrschienen entlang der Strecke auf und verursachen Schiene-Erde-Spannungen während des Normalbetriebes und bei Kurzschlüssen. Wo keine Erdverbindungen vorhanden sind, besteht die Gefahr, dass die zulässige *Berührungsspannung* im Falle hoher Ströme und langer Speiseabschnitte überschritten wird. Diese Gefahr entsteht auf offenen Strecken gegenüber der Erde und in Tunneln, auf Viadukten und in Bahnhöfen und Unterwerken gegen die Gebäudeerde. Geeignete Maßnahmen für die Anordnung der *Rückstromleitung* für DC-Bahnen sind in DIN EN 50122-2 vorgegeben und im Abschnitt 6.5 im Detail beschrieben.

Zusätzlich zu den *ohmschen Spannungsfällen* bei DC-Bahnen verursachen Wechselströme induktive Spannungsfälle, die nahezu die gleiche Größe wie die ohmschen Komponenten bei der Betriebsfrequenz 16,7 Hz und rund das Doppelte dieser Werte bei 50/60 Hz annehmen können. Dies führt zusammen mit den längeren Speiseabschnitten zu höheren *Schienenpotenzialen* als bei DC-Bahnen trotz der kleineren Betriebsströme. Um die Schienenpotenziale auf annehmbare Werte zu beschränken, ist es notwendig die Rückleitung mit der Erde zu verbinden, d. h. die Fahrschienen und zusätzliche Rückleiter entlang der Strecke und in den Unterwerken zu erden. Bild 6.2 zeigt die notwendigen Verbindungen zwischen Rückleitung und Erdungsanlagen für AC-Bahnen, wie sie detailliert in DIN EN 50122-1 und im Abschnitt 6.6 beschrieben sind.

Die Erdung von Fahrschienen ist unabhängig von der Art der AC-Versorgung. Der durch die Erde fließende Strom beeinflusst durch magnetische Felder die Ausrüstungen entlang der Bahnstrecke und kann elektronische Einrichtungen stören.

6.3.2 Rückleitung von DC-Bahnen

Die strikte Trennung der Rückleitung und der Erdungsanlagen ist ein Prinzip bei DC-Bahnen. Praktische Anwendungen können sich wegen des Vorhandenseins zusätzlicher Rückleiter parallel zu den Gleisen oder von Streustromsammelnetzen und wegen unterschiedlicher Ausführung der Erdungsanlage unterscheiden. Jedoch kann das im Bild 6.1 dargestellte Auslegungsprinzip für alle Anwendungen verwendet werden. Die Schutzmaßnahmen gegen elektrischen Schlag und Überspannungen sowie gegen Streustromkorrosion bestimmen die Auslegung der Rückleitung, der Erdungsanlagen und den Abstand zwischen den Unterwerken.

6.3.3 Rückleitung von AC-Bahnen

Die Stromführung bei AC-Bahnstromanlagen ist in den Bildern 6.3 a) bis d) dargestellt. Die Stromleitung über die Schienen (SR) wird überwiegend bei konventionellen Strecken angewandt. Ausführungen mit *Boostertransformatoren* (BT) oder *Autotransformatoren* (AT) werden zur Verminderung der durch die Schiene und die Erde fließenden Rückströme dort verwendet, wo hohe elektrische Ströme und schwierige Erdungsbedingungen zu nicht annehmbaren Beeinflussungen und Schienenpotenzialen führen könnten. Bei BT-Anlagen werden die Rückleiter mit den Fahrschienen in der Mitte zwischen den Standorten der Boostertransformatoren verbunden. Die Rückleiter erreichen nahezu das Schienenpotenzial und führen den größten Teil des Rückstromes. AC-Bahnen mit Autotransformatoren verwenden die doppelte oder eine mehrfache Fahrleitungsspannung zur Leistungsübertragung, wobei eine unter Spannung stehende Rückleitung auch als *Negativfeeder* bezeichnet wird (Bild 6.3 d) und Abschnitt 1.6.2). In den Streckenabschnitten mit Zugbetrieb führen die Fahrschienen und die Erde den Rückstrom.

Theoretisch fließt kein Strom außerhalb des augenblicklich befahrenen *Autotransformatorabschnitts* durch die Fahrschienen. Praktisch haben Untersuchungen jedoch gezeigt, dass dort bis zu 10 % des Laststromes fließt.

Wie im Abschnitt 2.5.4 dargestellt, werden die Schienen auch verwendet, um Schutz gegen *indirekte Berührung* herzustellen. Für diesen Zweck werden alle in den Schutz einbezogenen, leitenden Teile mit den Fahrschienen verbunden (Bild 6.2). Abhängig vom Aufbau der Rückleitung und der Querschnitte liegt der Anteil des Stromes, der durch die Erde zurück fließt, bei 5 % bis 40 % des Traktionsstromes.

6.3.4 Personenschutz, Schutz gegen elektrischen Schlag

Der Schutz von Personen gegen *elektrischen Schlag* besitzt höchste Priorität. Um die *Sicherheit von Personen* zu gewährleisten, dürfen die *Berührungsspannungen* während des Normalbetriebes und im Fehlerfall die zulässigen Werte gemäß DIN EN 50 122-1 nicht übersteigen. Um die Schutzkriterien zu erfüllen, ist eine ausreichende Bemessung der Rückleitung und der Erdungsanlagen erforderlich.

Die *Rückleitung* muss den Traktions- und den Rückspeisestrom wie auch Kurzschlussströme mit geringer Impedanz zum Unterwerk zurückführen. Die *Schienen-Längsspannung* und damit auch das *Schiene-Erde-Potenzial* sind dann begrenzt und die Anforderung hinsichtlich Begrenzung der Berührungsspannungen ist erfüllt.

Die zur Rückleitung verwendeten Fahrschienen sollten mit geringer Impedanz längsverbunden werden. Schienenvermaschungen, Gleisverbinder und Verbinder der Gleisfreimeldekreise an Schienen, die auch den Rückstrom führen, dienen dem gleichen Zweck.

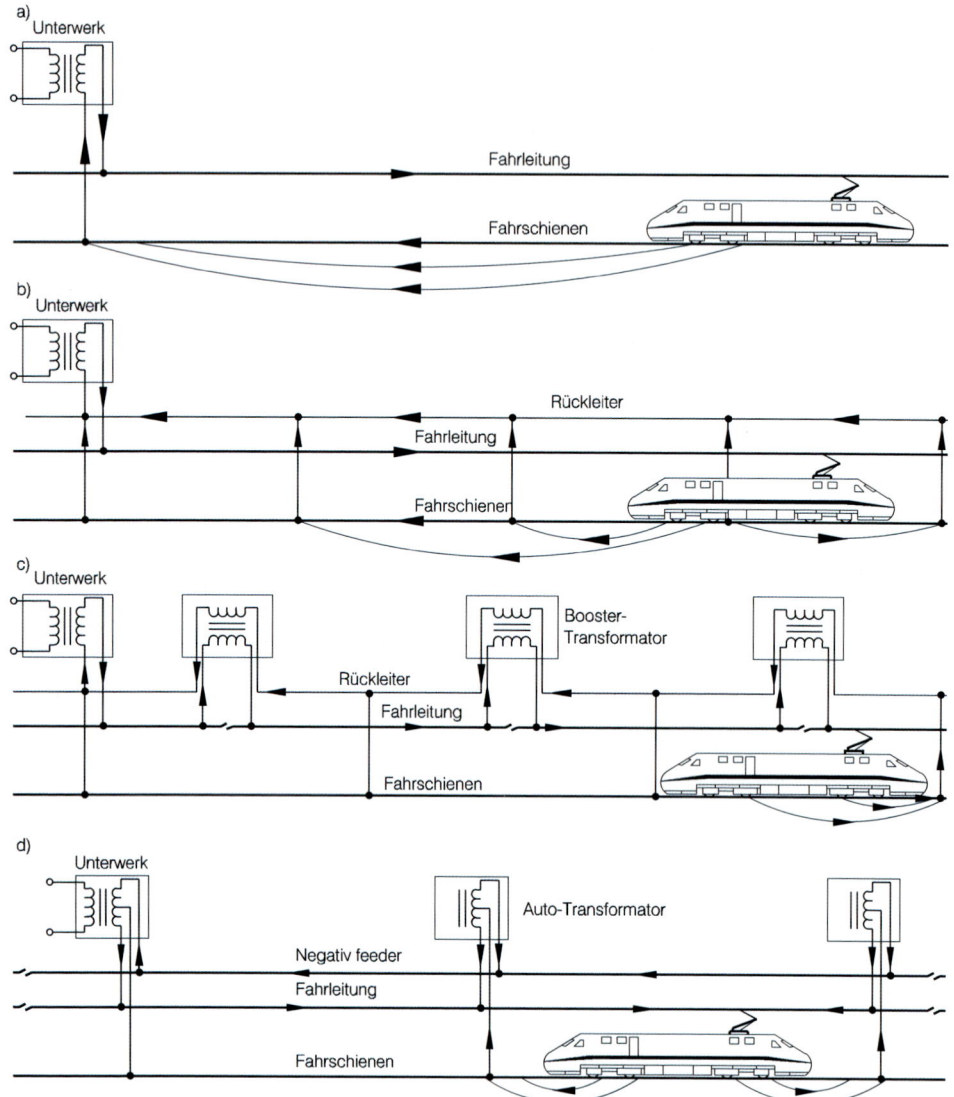

Bild 6.3: Stromführung bei AC-Bahnen.
a) Stromrückleitung über die Fahrschienen (SR)
b) Stromrückleitung über Fahrschienen und Rückleiter (SRR)
c) Booster-Transformator-System (BT)
d) Auto-Transformator-System (AT)

6.3 Auslegungsprinzipien und Anforderungen

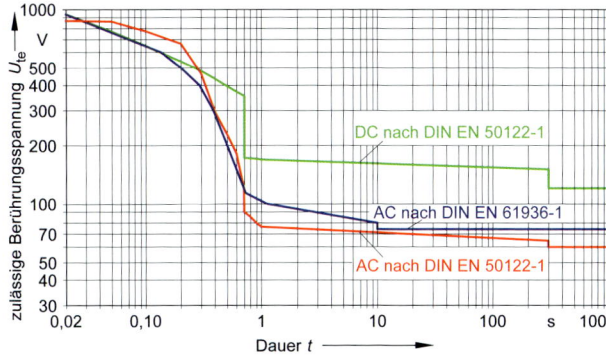

Bild 6.4: Grenzen der zulässigen Berührungsspannungen $U_{te\,max}$ abhängig von der Stromflussdauer t gemäß DIN EN 50 122-1 und DIN EN 61 936-1.

Zur Ertüchtigung bestehender Anlagen können Kabel parallel zu den Fahrschienen als Ergänzung der *Rückleitung* verlegt werden. Unterbrechungen der Rückleitung sind nicht erlaubt, weil Teile der Rückleitung dabei zu hohe Spannungen annehmen könnten.

Die *zulässigen Spannungen* sind in DIN EN 50 122-1:2011-09 und DIN EN 61 936-1 hinsichtlich des elektrischen Schlages für Personen auf der Basis umfangreicher Untersuchungen des Körperwiderstandes und der Auswirkungen von Körperströmen (IEC/TC 60 479-1) vorgegeben. Die erwähnten Normen enthalten unterschiedliche Werte für die zulässigen Berührungsspannungen, weil die Überlegungen hinsichtlich Schuhwerk, Isolierung der Standorte und der Wahrscheinlichkeit des Vorkammerflimmerns unterschiedlich bewertet werden. Hier werden die Angaben aus DIN EN 50 122-1:2011-09 wiedergegeben. Das Bild 6.4 stellt die Grenzen der zulässigen Berührungsspannungen für Bahnanwendungen abhängig von der Zeitdauer der Einwirkung dar.

Tabelle 6.1: Zulässige Berührungsspannung $U_{te\,max}$ bei Wechsel- und Gleichstrombahnen in Abhängigkeit der Zeitdauer.

Zeitdauer t	Langzeit		Kurzzeit	
	AC-Bahnen	DC-Bahnen	AC-Bahnen	DC-Bahnen
s	V	V	V	V
dauernd	60	120		
300	65	150		
1	75	160		
0,9	80	165		
0,8	85	170		
0,7	90	175		
< 0,7			155	350
0,6			180	360
0,5			220	385
0,4			295	420
0,3			480	460
0,2			645	520
0,1			785	625
0,05			835	735
0,02			865	870

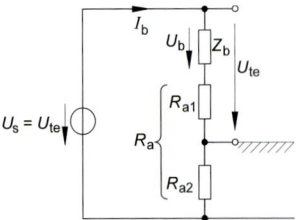

Bild 6.5: Ersatzschaltbild eines Berührungsstromkreises.

6.3.5 Zulässige Berührungsspannungen

6.3.5.1 Anforderungen

DIN EN 50 122-1:2011 enthält die Grenzen der zulässigen Berührungsspannungen für elektrische Bahnen, also auch für Fahrleitungen. Es sei aber erwähnt, dass für AC-Drehstromanlagen von DC- und AC-Bahnunterwerken die Norm DIN EN 61 936-1 zu beachten ist. Die zulässigen *Berührungsspannungen* werden abhängig von der Dauer des Stromflusses angegeben, der die Potenziale an Schienen, Masten und anderen Komponenten verursacht. In der Tabelle 6.1 sind die Werte $U_{\text{te max}}$ nach DIN EN 50 122-1: 2011, Tabellen 4 und 6, eingetragen. Die zulässigen Berührungsspannungen werden in Langzeitwerte für den Betrieb und Kurzzeitwerte für Fehlerfälle unterteilt. Bei schwankenden Spannungen muss der ungünstigste Fall berücksichtigt werden. Die Werte beruhen auf der Annahme, dass der Strompfad durch den menschlichen Körper von einer Hand zu beiden Füßen verläuft, wobei der Strompfad von Hand zu Hand eingeschlossen ist. Sämtliche Spannungen sind quadratische Mittelwerte im betrachteten Intervall. In Werkstätten und an vergleichbaren Orten dürfen die Berührungsspannungen bei AC-Anlagen den Loslass-Grenzwert 25 V und bei DC-Anlagen 60 V nicht überschreiten.

6.3.5.2 Körperstrom, Körperspannung und Berührungsspannung

Die Ermittlung der zulässigen Berührungs- und Körperspannung beruht auf IEC/TC 60 479:2005 und DIN EN 61 936-1, wobei folgende Annahmen zugrunde liegen:
- Strompfad von einer Hand zu beiden Füßen
- Körperimpedanz für große Berührungsflächen unter trockenen Bedingungen
- 50 % Wahrscheinlichkeit, dass die Körperimpedanz größer als der angenommene Wert ist,
- Null % Wahrscheinlichkeit für das Auftreten von Herzkammerflimmern
- bei Kurzzeitbedingungen 1 000 Ω Widerstand R_{a1} für alte, nasse Schuhe zusätzlich zu den Werten U_{C1}

Der Widerstand der Standflächen darf für alle Zeitdauern zusätzlich berücksichtigt werden. Die Gesamtkörperimpedanz findet sich für den Strompfad von Hand zu Hand bei 50 % Wahrscheinlichkeit des Überschreitens und mit 0,75 Reduktionsfaktor für den Strompfad von einer Hand zu den beiden Füßen in DIN EN 50 122-1:2011-09, Tabelle D1, abhängig von der Körperspannung. Die Berücksichtigung zusätzlicher Widerstände im Berührungsstromkreis führt zum Bild 6.5. Die Tabelle 6.2 enthält ein Beispiel für maximal zulässige Berührungsspannungen für $R_{a2} = 150\,\Omega$ und $R_{a1} = 1\,000\,\Omega$. Die

6.3 Auslegungsprinzipien und Anforderungen

Tabelle 6.2: Körperströme und -spannungen nach DIN EN 50 122-1:2011-09 als Funktion der Einwirkungsdauer.

Dauer t	Körperstrom I_{C1} mA		Körperspannung U_{C1} V		maximale Körperspannung $U_{b\,max}$ V	
s	AC	DC	AC	DC	AC	DC
> 300	37	140	62	153	60	120
300	38	140	64	153	65	150
1,0	50	150	75	160	75	160
0,9	52	160	77	167	80	165
0,8	58	165	83	170	85	170
0,7	66	175	91	177	90	175
< 0,7	66	175	91	177	90	175
0,6	78	180	101	180	100	180
0,5	100	195	119	191	120	190
0,4	145	215	152	204	155	205
0,3	252	240	230	222	230	220
0,2	350	275	293	246	295	245
0,1	440	380	343	287	345	285
0,05	475	410	361	327	360	325
0,02	495	500	370	372	370	370

Tabelle 6.2 enthält als Grundlage für die Ermittlung der zulässigen Berührungsspannungen den Körperstrom I_{C1} entsprechend der Kurve C1 in IEC/TC 60 479-1 sowie die zugehörige Körperspannung U_{C1} entsprechend I_{C1}. Die zulässigen maximalen Körperspannungen $U_{b\,max}$ sind für AC- und DC-Bahnen Erfahrungswerte und unterscheiden sich nur geringfügig von den Werten U_{C1}. Sie sind gleich den Langzeitwerten der zulässigen Berührungsspannungen. Die Werte der Kurzzeit-Berührungsspannungen errechnen sich aus

$$U_{te\,max} = U_{C1} + R_{a1} \cdot I_{C1} \cdot 10^{-3} \tag{6.1}$$

mit $R_{a1} = 1\,000\,\Omega$ für alte, nasse Schuhe.

Anders als DIN EN 61936-1, worin die zulässigen Berührungsspannungen mit 80 V für 10 s Stromfluss und 75 V für längere Stromflussdauern vorgegeben sind, definiert DIN EN 50 122-1 die zulässige Berührungsspannungen für Stromflussdauern über 300 s mit 60 V für AC-Stromversorgungen und mit 120 V für DC-Stromversorgungen.

Praktisch enthält jeder Stromkreis, bei dem Teile höheren Potenzials berührt werden können, zusätzliche Widerstände wie in Bild 6.5 gezeigt. Zum Beispiel ist der zusätzliche Widerstand R_a der im Bereich der Bahnen arbeitenden Personen gleich der Summe aus R_{a1}, z. B. Widerstand des Schuhwerks, und dem örtlichen Erdungswiderstand R_{a2}. Bild 6.6 zeigt als Funktion der Stromflussdauer die zulässigen Berührungsspannungen für Hochspannungsanlagen, wenn zusätzliche Widerstände in dem *Berührungsstromkreis* berücksichtigt werden, z. B. für angenommene Schuhwiderstände und dem Übergangswiderstand zur Erde. Diese Spannungen sind beträchtlich höher als die Berührungsspannung $U_{te\,max}$, die für ungeschützte Personen noch zulässig wären.

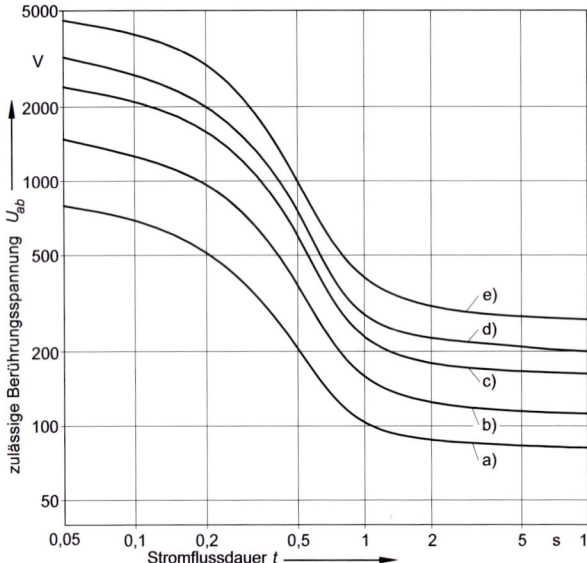

Bild 6.6: Höchste zulässige Berührungsspannung U_{te}, gemäß DIN EN 61936-1 mit der Annahme zusätzlicher Widerstände im Berührungsstromkreis, dargestellt abhängig von der Stromflussdauer t.
a) $R_a = 0$, d. h. $U_{te} = U_t$
b) $R_a = 750\,\Omega$ mit $R_{a1} = 710\,\Omega$ und $\varrho_E = 27\,\Omega\mathrm{m}$
c) $R_a = 1\,750\,\Omega$ mit $R_{a1} = 1\,315\,\Omega$ und $\varrho_E = 290\,\Omega\mathrm{m}$
d) $R_a = 2\,500\,\Omega$ mit $R_{a1} = 1\,000\,\Omega$ und $\varrho_E = 1\,500\,\Omega\cdot\mathrm{m}$
e) $R_a = 4\,000\,\Omega$ mit $R_{a1} = 3\,960\,\Omega$ und $\varrho_E = 27\,\Omega\mathrm{m}$

Eine Gefahr für Personen kann in den Bahnanlagen infolge des hohen Schienenpotenzials nur auftreten, wenn der überbrückbare Teil dieses Potenzials die zulässigen Berührungsspannungen übersteigt. Dieser überbrückbare Teil des Schienenpotenzials ist als U_{RP} in Bild 6.7 und als Verhältnis U_{RP}/U_{RE} in Bild 6.16 angegeben, wobei U_{RE} das Schienenpotenzial oder die Schienen-Erde-Spannung darstellt. Wie aus diesen Diagrammen ersichtlich ist, wird U_{RP}/U_{RE} in den meisten Fällen deutlich unter Eins bleiben. Unter ungünstigsten Bedingungen kann U_{RP} gleich und identisch mit U_{RE} werden.
Für AC-Bahnen wird ein Faktor k_a in [6.3] eingeführt, um den Anteil des Schienenpotenzials oder anderer Potenziale zu definieren, der sich auf Personen auswirken könnte. Dieser Faktor berücksichtigt, dass in den meisten Fällen zusätzliche Widerstände im *Berührungsstromkreis* vorhanden sind und dass praktisch nur ein Teil des Schienenpotenzials, das entsteht, wenn ein Strom fließt, durch Personen abgegriffen werden kann. Dieser Faktor wird ausgedrückt durch:

$$k_a = U_{RP}/U_{RE} \quad . \tag{6.2}$$

In den zitierten Unterlagen werden Werte zwischen 0,3 und 0,8 für k_a angegeben, wobei 0,5 einen für Auslegungszwecke empfohlenen Wert darstellt. In Einzelfällen kann es notwendig sein, *Potenzialausgleichsmaßnahmen* zu treffen, um die erwartete Spannung U_{tP} zu ermäßigen. Solche Potenzialausgleichsmaßnahmen werden durch elektrische Verbindungen erreicht, welche sicherstellen, dass die elektrisch leitenden Komponenten der Anlagen Dritter auf dem gleichen oder nahezu dem gleichen Potenzial wie die zugänglichen, leitenden Teile der elektrischen Bahnanlage gehalten werden, die elektrische Potenziale während des Betriebes oder im Fehlerfall annehmen. Einige Bahnbetreiber schreiben Potenzialausgleichsmaßnahmen verbindlich vor (siehe auch Bild 6.7).

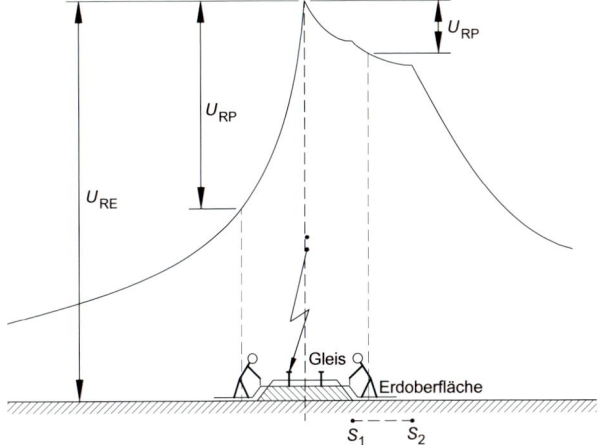

Bild 6.7: Potenzialdifferenz zur Bezugserde U_{RE} und Berührungsspannungen rechtwinklig zum Gleis.
U_{RE} Schienenpotenzial
U_{RP} Berührungsspannung
S_1, S_2 Potenzialsteuerung, Spannungsbegrenzungsvorkehrungen, z. B. Potenzialsteuerringe, die mit den Schienen verbunden sind

6.3.5.3 Messungen der Berührungsspannungen

Die Berührungsspannung muss nach DIN EN 50 122-1:2011-09 über einen Widerstand gemessen werden, der der Körperimpedanz Z_b und dem zusätzlichen Widerstand R_{a1} gemäß Bild 6.5 entspricht; praktisch kann ein Widerstand mit $2\,200\,\Omega$ für alle Bedingungen verwendet werden. Eine Messelektrode sollte
 – die Füße nachbilden und mit $400\,\text{cm}^2$ und $500\,\text{N}$ auf dem Boden aufliegen oder
 – $2\,\text{cm}$ Durchmesser und $30\,\text{cm}$ Länge haben,
 – mindestens $1\,\text{m}$ Abstand vom Körper des elektrischen Betriebsmittel haben,
 – zur Nachbildung der Hand eine Spitzenelektrode sein, wobei Farbschichten zuverlässig durchstoßen werden.
Beide Elektroden sind mit den Klemmen des Messgerätes zu verbinden. Wenn der Erdausbreitungswiderstand der Fußelektrode einige hundert Ohm nicht überschreitet, ist eine Messung mit und ohne Parallelwiderstand Z_b aus R_{a1} zu empfehlen. Bricht die Spannung bei der Parallelschaltung erheblich zusammen, ist die Berührungsspannung deutlich kleiner als die unbeeinflusste Berührungsspannung, z. B. das Schienenpotenzial.

6.3.6 Beeinflussung

Fehlfunktionen an bahneigenen Anlagen oder Anlagen Dritter können durch die Beeinflussung von Bahnstromkreisen entstehen. In Bezug auf die Beeinflussung durch den Traktionsstrom sollten die folgenden Mechanismen betrachtet werden:
 – *ohmsche-* oder *galvanische Beeinflussung*
 – *induktive* und *kapazitive Beeinflussung* und
 – *elektrische* und *magnetische Felder*.
Die galvanische Beeinflussung wird durch leitende Verbindungen mit der Rückleitung verursacht. Durch die Kapazität der Leiter influenzierte Spannungen und Ströme werden kapazitive Beeinflussung genannt. Diese entstehen nur in isolierten Leitern nahe der Fahrleitungsanlage von AC-Bahnen. Induktive Beeinflussung ist bei AC-Stromver-

sorgungsanlagen wichtig. Die Größe der Beeinflussung hängt von den Eigen- und Gegenimpedanzen der Oberleitungsanordnung ab. Die Größe der Beeinflussung folgt aus der Stromverteilung. Daher ist der durch die *Erde fließende Strom* ein Maß für die Beeinflussungen. Die Auslegung der Oberleitungsanlage zielt darauf ab, den Strom durch die Erde zu begrenzen und damit die Beeinflussungen in der Nähe der Bahn zu mindern. Die Beeinflussung betrifft sowohl bahneigene Anlagen als auch Anlagen Dritter. Abhängig von der Empfindlichkeit der Einrichtungen können betriebliche Störungen auftreten. Einzelheiten über die Prüfung der Beeinflussungen und annehmbare Werte werden im Abschnitt 6.6 und Kapitel 9 diskutiert.

6.3.7 Streustromkorrosion

Metalle zeigen in Verbindung mit Elektrolyten wie feuchtem Boden chemische Reaktionen, wenn die Ströme die metallenen Teile verlassen. Daher verursachen die Gleichströme, die von den Gleisen in die Erde und wieder zurück in die Unterwerke fließen, *Streustromkorrosion* an den Fahrschienen und metallenen Teilen in der Nähe von DC-Bahnen. Ein Ziel der Auslegung von DC-Stromversorgungsanlagen ist es, Streustromkorrosion an bahneigenen Anlagen und an Anlagen Dritter zu vermeiden. Dies kann durch die Begrenzung der Streuströme durch angemessene Auslegung der Rückleitung, insbesondere durch Isolierung der Gleise gegen die Erde oder gegen Bauwerke, Tunnel und Viadukte und durch Instandhaltungsmaßnahmen zur Erkennung von Verbindungen zwischen Schiene und Erde und durch Reparatur solcher Schäden erreicht werden, siehe DIN EN 50 122-2:2011, VDV 500, VDV 501, Teile 1 bis 3, und [6.1, 6.4, 6.5].

Ein *niedriger Spannungsfall* in der Rückleitung und gute Isolierung der Schiene gegen die Erde können die Streuströme wesentlich beschränken. Da der Längsspannungsfall vom Widerstand in der Rückleitung und dem Abstand zwischen den Unterwerken abhängt, kann der Streustromschutz die Zahl der erforderlichen Unterwerke bestimmen. Der Streustromschutz umfasst Anlagen Dritter, bahneigene Anlagen, stahlbewehrte Tunnel und Viadukte ebenso wie offene Strecken mit fester Fahrbahn mit bewehrten Betonplatten oder ähnlicher Ausführung. Das *100-mV-Kriterium* hatte sich für solche Anlagen im Kontakt mit der Erde als relevant und leicht nachweisbar erwiesen (DIN EN 50 122-2:1999). In DIN EN 50 122-2:2011 findet sich hierzu der Hinweis auf DIN EN 50 162:2005 und die Aussage, dass es zu keinen Schaden an Gleisen kommt, wenn der mittlere Streustrom je Längeneinheit den Wert $2,5\,\text{mA/m}$ nicht überschreitet. In DIN EN 50 162:2005 wird die zulässige Potenzialverschiebung mit 200 mV anstatt bisher 100 mV angegeben.

Bei DC-Bahnen ist eine gute Isolierung und eine strikte Trennung der Rückleitung und der Erdungsanlagen erforderlich. Einzelheiten werden im Abschnitt 6.5.3 diskutiert.

6.3.8 Messungen zur Rückleitungsauslegung

Zuverlässige Grundlagen für die Auslegung von elektrischen Anlagen sind in vielen Fällen nur durch Messungen zu erhalten. Die Auslegung der *Erdungsanlagen* erfordert Angaben bezüglich des spezifischen Bodenwiderstandes, um die Berechnung von Erdungswiderständen von Gründungen oder Erdern zu ermöglichen. Wenn bestehende Erdungsanlagen verwendet werden, ist es empfehlenswert, den Erdungswiderstand direkt zu messen. Mit den Ergebnissen und den Auslegungswerten für die Betriebs- und Kurzschlussströme können die Berührungsspannungen berechnet werden. Diese sind als Basiswerte für die Beurteilung der Personensicherheit erforderlich.

Während der Errichtung müssen die geplanten Erdverbindungen geprüft werden, bevor sie mit Beton überdeckt werden. Die Messung des Erdungswiderstandes von Teilanlagen ist empfehlenswert, wenn die Auslegung kritische Werte ergeben hat, sodass Korrekturmaßnahmen rechtzeitig ergriffen werden können.

Während der Abnahmephase ist der Nachweis der *Personensicherheit* und der betrieblichen Zuverlässigkeit der Anlagen erforderlich. Messungen liefern hier zuverlässige Informationen und bilden einen wesentlichen Beitrag zu einer schnellen technischen Abnahme der Anlagen.

Während der Abnahmephase von DC-Bahnanlagen sind Messungen erforderlich, um die Wirksamkeit von Streustromschutzmaßnahmen zu zeigen (siehe DIN EN 50 122-2: 2011, Anhang A).

Auch während des Betriebes von DC-Bahnanlagen ist eine angemessene Überwachung erforderlich, um zu bestätigen, dass die vorgesehenen Maßnahmen gegen Streustromkorrosion wirken. Eine solche Überwachung und entsprechende, jährlich durchzuführende Messungen dienen auch dazu, die dauernde *Überwachung der Sicherheit von Personen* indexPersonensicherheit!Überwachungin elektrischen Anlagen zu unterstützen [6.6].

6.4 Rückströme und Schienenpotenzial

6.4.1 Spezifischer Bodenwiderstand und Leitfähigkeit

Der Begriff *Boden* schließt alle Arten von Böden und Felsen ein, die die äußere Erdkruste bilden und zur Stromführung beitragen. Der Boden stellt eine Leitfähigkeit und einen Widerstand für die Zirkulation von Strömen dar, die von seinen physikalischen und chemischen Eigenschaften abhängen. Wenn eine Spannung an einem Leiter mit gleichförmigen Querschnitt und einem homogenen Werkstoff angelegt wird, ist die Bestimmung des spezifischen Widerstandes und des Widerstandes eine einfache Aufgabe. Wenn es jedoch um die Führung von Strom durch den Erdboden geht, ist die Analyse wegen der riesigen Ausdehnung der Erde im Vergleich mit metallenen Leitern und der großen Streuung ihrer Kenngrößen viel schwieriger.

Versuche mit Ton haben z. B. ergeben, dass mit nur 10 % Feuchtigkeit der spezifische Widerstand rund 10^7 Ωm beträgt und auf 40 Ωm sinkt, wenn der Wassergehalt auf 30 % zunimmt. Wie im Abschnitt 6.2.4 beschrieben wird der *spezifische Bodenwiderstand* in Ωm ausgedrückt und die *Bodenleitfähigkeit* in S/m. Die spezifischen Widerstände typischer Böden streuen um die in der Tabelle 6.3 enthaltenen Werte.

Das Bild 6.8 zeigt ein Histogramm mit spezifischen Bodenwiderständen, die entlang von 6 000 km Bahnstrecken in Deutschland gemessen wurden [6.8]. Die überwiegende Zahl der Messungen ergab Werte unter 50 Ωm, wobei der statistisch zu erwartende

Tabelle 6.3: Spezifische Bodenwiderstände.

Bodenart	Spezifischer Bodenwiderstand Ω·m
Seewasser	1
Marschboden	5–40
Lehm, Ton, Humus	50–350
Sand	200–2 500
Kies	2 000–3 000
Kalkstein	350
Sandstein	2 000–3 000
Verwitterter Fels	bis 1 000
Granit	$\sim$ 3 000–50 000
Moräne	bis 30 000

Wert 25 Ωm beträgt. Mit diesem Wert ergibt die Gleichung (5.16) für AC 16,7 Hz 800 m Stromeindringtiefe und für AC 50 Hz 450 m.

Die am häufigsten verwendete Methode zur Bestimmung des spezifischen Bodenwiderstandes in Abhängigkeit von der Tiefe ist die *Vier-Punkt-Methode*, auch *Wenner-Methode* genannt [6.9], wobei eine *Erdungsmessbrücke* [6.10] verwendet wird (siehe Bild 6.9). Vier Stäbe werden mit dem jeweils gleichen Abstand a angeordnet; fünf Messungen mit den Abständen $a = 2, 4, 8, 16$ und 32 m werden durchgeführt. Für jede Messung wird ein Strom I zwischen den Sonden C_1 und C_2 eingespeist und die Spannung an den Punkten P_1 und P_2 gemessen. Mit zunehmendem Abstand a gilt der gemessene spezifische Bodenwiderstand für größere Tiefen, da der Strom durch die tieferen Bodenschichten fließt. Der spezifische Bodenwiderstand ϱ_E ergibt sich aus

$$\varrho_E = 2\pi \cdot a \cdot R_E \quad , \tag{6.3}$$

wobei a der Abstand zwischen den Sonden und R_E der gemessene Widerstand sind.

6.4.2 Erder in der Nähe von Bahnen

6.4.2.1 Erdungswiderstand von Erdern und Masterdungen

Erder und *Erdelektroden* sind blanke Leiter oder andere leitfähige Bauteile, die im elektrisch leitenden Kontakt mit dem Boden stehen. Erder in Bahnanlagen können sein:

- Gründungen von Tragwerken für Fahrleitungen
- *Erdbänder*, die parallel zum Gleis verlegt sind und
- natürliche Erdkontakte, wie metallene Rohrleitungen, Kabelmäntel, Teile von Stahlbauwerken, Gründungen von Bauwerken und Unterwerkserdungsanlagen.

In der Nähe der Bahnen vorhandene und mit dem Gleis verbundene Erder erhöhen die längenbezogene Leitfähigkeit zwischen Gleisen und Erde. Die Verbindung mit den Gleisen wird üblicherweise bei AC-Anlagen verwendet, aber nicht bei DC-Anlagen. Erder sind gekennzeichnet durch ihren wirksamen Widerstand zwischen dem Erder und der fernen Erde.

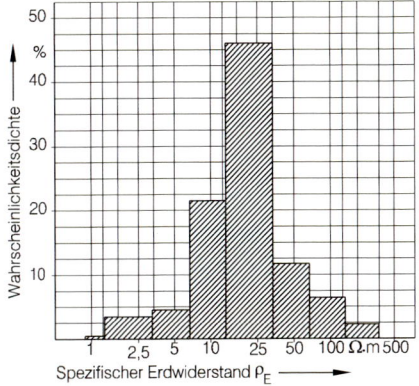 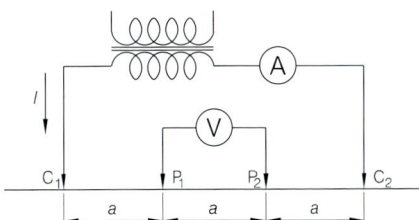

Bild 6.8: Histogramm des spezifischen Bodenwiderstandes im Bereich von Bahnstrecken nach [6.8].

Bild 6.9: Anordnung zur Messung des spezifischen Bodenwiderstandes nach Wenner [6.9].

Der *Ausbreitungswiderstand eines Erders* hängt vom spezifischen Bodenwiderstand ϱ_E, von seinen geometrischen Abmessungen und seiner Anordnung ab. Die bei elektrischen Bahnen abschnittsweise verwendeten *Banderder* sind *Oberflächenerder*, die in der Regel in 1 m Tiefe verlegt sind. Für den Ausbreitungswiderstand eines Banderders der Breite b_E und der Länge L_E gilt

$$R_B = \varrho_E/(\pi L_E) \cdot \ln(4\, L_E/b_E) \quad . \tag{6.4}$$

Beispiel 6.1: Wie groß ist der Ausbreitungswiderstand eines 1 km langen, 30 mm breiten Banderders aus verzinktem Stahlband bei 27 Ωm und 290 Ωm spezifischem Bodenwiderstand? Für $\varrho_E = 27$ Ωm beträgt der Ausbreitungswiderstand dieses 1 km langen Erdbandes ungefähr $R_B = 27/(\pi \cdot 1\,000) \cdot \ln(4 \cdot 1\,000/0{,}03) = 0{,}1$ Ω. Für $\varrho_E = 290$ Ωm wird 1,09 Ω erhalten.

Tiefenerder sind Erdelektroden, die tiefer als die Oberflächenerder eingegraben oder eingetrieben wurden. Die Gründungen von Oberleitungsmasten können als Tiefenerder betrachtet werden. Wie im Abschnitt 13.7.4 erläutert, werden Masten häufig auf Stahlpfählen oder auf Stahlrohren gegründet, die mehrere Meter tief in den Boden eingerammt werden.

Der *Ausbreitungswiderstand* von Mastgründungen bildet einen wichtigen Teil der Bahnerde. Um den erwarteten Bodenwiderstand R_M einer Mastgründung zu berechnen, wird diese als ein Erder betrachtet. Dies erlaubt die Verwendung der Beziehung (6.5) für die Berechnung des Ausbreitungswiderstandes R_M für kreisförmige Mastgründungen der Tiefe t_E und mit dem Durchmesser d_G:

$$R_M = \frac{\rho_E}{2\,\pi t_E} \ln \frac{4\, t_E}{d_G} \quad . \tag{6.5}$$

Für Gründungen mit rechteckigem Querschnitt stellt der Ersatz des Durchmessers durch die kürzere Seitenlänge des Rechtecks eine gute Näherung dar.

Tabelle 6.4: Anhaltswerte für Ausbreitungswiderstände und Ableitungen von Erdern im Bahnbereich bei $\varrho_E \approx 100\,\Omega\text{m}$.

Mastart, Art des Erders	R_M Ω	G_M S
Betonmast mit Gründung aus Beton	50	0,02
Aufsetzstahlmast, Ortbetongründung	40	0,025
Mast mit leitender Verbindung zum Stahlpfahl	14	0,07
Banderder, zweigleisige Strecke, je km	0,167	6,00
Beleuchtungsmast	50 bis 100	0,01 bis 0,02
Brückengeländer	30 bis 60	0,03 bis 0,07
Dachrinne mit Traufrohr	125	0,008
Rohrleitungsnetz, Verlegetiefe 2 m, Rohre von 40 mm bis 150 mm Durchmesser je km [1]	0,2 bis 0,4	2,5 bis 5
Rohrleitung, 3 km lang, 150[1] mm Durchmesser	2,3	0,43

[1] gemäß [6.11]

Wie bereits erwähnt, hat neben der Gründungsgeometrie der spezifische Bodenwiderstand einen entscheidenden Einfluss auf R_M. Masten gegründet mit Ortbeton können mehrere hundert Ohm Ausbreitungswiderstand an trockenen Standorten erreichen, da die spezifischen Widerstände von Beton hoch sind (siehe Tabelle 6.4). Im Vergleich hierzu erreichen Stahlpfähle im Boden Ausbreitungswiderstände zwischen 8 und 15 Ω. Ausbreitungswiderstände zwischen 2 und 13 Ω wurden an Gründungen aus Stahlrohren mit 508 mm äußerem Durchmesser gemessen. Die Länge solcher Rohre schwankt zwischen 3,5 und 6,0 m. Die Tabelle 6.4 enthält Anhaltswerte für Ausbreitungswiderstände und Leitfähigkeiten von Erdern in Bahnanlagen. Diese Tabelle geht auf die DB-Richtlinie 997.0204 zurück.

Beispiel 6.2: Wie groß ist der Ausbreitungswiderstand eines Rohres mit 0,508 m Durchmesser, das 5 m in die Erde eingerammt ist, bei 27 und 290 Ωm spezifischem Bodenwiderstand? Der Ausbreitungswiderstand ist $R_M = 27/(2 \cdot \pi \cdot 5{,}0) \cdot \ln(4 \cdot 5{,}0/0{,}508) = 3{,}2\,\Omega$ für $\varrho_E = 27\,\Omega\cdot\text{m}$ und 33,9 Ω für $\varrho_E = 290\,\Omega\cdot\text{m}$.

Die Tabelle 6.5 zeigt die Ausbreitungswiderstände R_M für bewehrte Betonfundamente bei unterschiedlichen spezifischen Bodenwiderständen.
Gemäß DIN EN 50341-1 und der DB-Richtlinie 997.0204 kann die folgende Gleichung für die Berechnung des Ausbreitungswiderstandes von bewehrten Betonfundamenten verwendet werden:

$$R_M = \varrho_E/(\pi d_G) \quad . \tag{6.6}$$

In dieser Gleichung ist d_G der Durchmesser einer Halbkugel mit einem Volumen gleich dem Volumen V_G der Gründung: $d_G = 1{,}57\,V_G^{1/3}$.
Tabelle 6.5 zeigt die Ausbreitungswiderstände für Gründungen mit Volumen 1, 2 und 3 m³. Der Ausbreitungswiderstand von Masten wird wesentlich durch die Bodenleitfähigkeit bestimmt. Das Volumen der Gründung hat nur einen geringeren Einfluss.

Tabelle 6.5: Mastausbreitungswiderstände von stahlbewehrten Fundamenten bei verschiedenen spezifischen Bodenwiderständen. Angaben von R_M in Ω.

Volumen m³	Bodenwiderstand ϱ_E in Ωm		
	27	100	290
1	5,6	20,3	58,9
2	4,3	16,1	46,7
3	3,8	14,1	40,9

Es soll erwähnt werden, dass die Gleichung (6.6) für bewehrte Betongründungen gilt. Im Sandboden ohne Kontakt mit dem Grundwasser kann der Ausbreitungswiderstand von Ortbetongründungen ohne Bewehrung 300 Ω erreichen.

6.4.2.2 Wirksamer Ableitbelag zwischen Gleisen und Erde

Der elektrische Widerstand zwischen einem Gleis und der Erde wird *Gleis-Erde-Widerstand* genannt. Dieser Widerstand beschreibt die *galvanische* oder *leitfähige Kopplung* zwischen Gleis und Erde und hängt von den Eigenschaften und dem Zustand des Oberbaues zwischen den Fahrschienen und der Erde ab. Die wesentlichen Eigenschaften des Oberbaues sind:
- die Art des *Oberbaues*, z. B. Art der Schwellen und der Schienenbefestigungen, z. B. einfache Platten, Verwendung von Isoliereinlagen zwischen Schiene und Schwellen
- die Einbettung der Schwellen, z. B. in Kies- oder Sandbett, in einer Straße, auf Beton oder in Grasboden, wie heute bei Straßenbahnen häufig angewandt
- feste Fahrbahn

Der Zustand der Gleiseinbettung wird aus elektrotechnischer Sicht bestimmt von:
- dem Maß der Verunreinigungen und
- den Wetterbedingungen, wie Nebel, Regen und Frost

Neue Messungen [6.11] bestätigten, dass die charakteristischen Schwankungen des Ausbreitungswiderstandes der *Gleise mit Betonschwellen* im Bereich 0,4 bis 2,5 Ω·km liegen, abhängig von der längenbezogenen Leitfähigkeit mit 2,5 bis 0,4 S/km bei sommerlichen Wetterbedingungen, und im Bereich 1,5 bis 17,5 Ω·km entsprechend der längenbezogenen Leitfähigkeit 0,67 bis 0,06 S/km bei winterlichen Bedingungen.

Umfangreiche Messungen und analytische Studien des Oberbaues mit Betonschwellen zeigten, dass der Schiene-Erde-Ausbreitungswiderstand zu 90 % von der Art der Schwellen und des Schotters abhängt. Die verbleibenden 10 % hängen von der Art des Oberbaues und vom Boden in der Nähe der Bahnstrecke ab.

Messungen des Schiene-Erde-Widerstandes durchgeführt unter wechselnden Bedingungen einerseits mit normalen Betriebsströmen und andererseits mit Kurzschlussströmen haben auch zum Schluss geführt, dass die Gleis-Erde-Widerstände praktisch unabhängig von den zwischen dem Gleis und dem Boden fließenden Strömen sind, wie sie in Bahnenergienetzen auftreten können. Dies bedeutet, dass die galvanische Kopplung eines beliebigen Oberbaues auch unabhängig davon ist, ob die Bahn mit Gleichstrom oder mit Wechselstrom betrieben wird. Die *Schiene-Erde-Impedanz* von Einphasen-AC-Bahnstromanlagen ist eine komplexe Vektorgröße mit einem Phasenwinkel zwischen 1° und 3°. Deswegen wird die kleine reaktive Komponente in der Praxis vernachlässigt und der Widerstand wird in den Berechnungen für Einphasen-AC-Bahnen als rein ohmsche Größe angenommen.

Der Widerstand zwischen zwei Fahrschienen bildet den *Schiene-Schiene-Widerstand* des Gleises. Hohe Widerstände zwischen den Schienen sind erforderlich, um einen zuverlässigen Betrieb der *Gleisstromkreise* sicherzustellen. Die Schiene-Schiene-Widerstände werden durch die Art der Isoliereinlagen zwischen Schiene und den Grundplatten beeinflusst. Hohe Widerstände zwischen den Schienen können durch die Verwendung von hochwertigen Isoliereinlagen erreicht werden. Falls die Isoliereinlagen beider Fahrschienen die gleichen elektrischen Eigenschaften haben, wird der Oberbau aus elektrotechnischer Sicht als symmetrisch betrachtet. Wenn der Oberbau unterschiedliche Isoliereigenschaften zwischen den Fahrschienen und den Schwellen hat, wird er als asymmetrischer Oberbau bezeichnet.

Beispielsweise verlangt die DB-Richtlinie 997.0204 mindestens $1{,}5\,\Omega$km Widerstand zwischen den Schienen für symmetrischen Oberbau und mindestens $2{,}5\,\Omega$km Widerstand für asymmetrischen Oberbau, wenn die Schienen für Tonfrequenzgleisfreimeldekreise verwendet werden.

Der reziproke Wert des Widerstandes zwischen Schienen oder Gleisen und der Erde ist die *Ableitung* G_{RE}; sie wird ausgedrückt in S. Die längenbezogene Größe wird Ableitbelag G'_{RE} (S/km) genannt und hat wesentlichen Einfluss auf die Stromrückleitung und die *Gleis-Erde-Spannung*, wie das im einzelnen im Abschnitt 6.4.3 erläutert wird.

Gleise sind gekennzeichnet durch einen Längswiderstand und einen Ableitbelag bezüglich der Bezugserde; beide Eigenschaften hängen von der Länge der Gleisanlage ab. Der Widerstand zwischen den Schienen eines Gleises ist eine Funktion des Schotterwiderstandes, der vom Aufbau des Gleisbettes abhängt.

Die *Gleis-Erde-Ableitung* hängt von folgenden Faktoren ab:
 – Aufbau des Gleisbettes
 – Struktur des Unterbaues
 – Verschmutzung des Gleisbettes
 – Wetterbedingungen
 – spezifischer Bodenwiderstand

In der Tabelle 6.6 findet sich eine Liste des Ableitbelags G_{RE} gemessen an ein- und zweigleisigen Bahnstrecken. Der Einfluss einiger wichtiger Faktoren kann aus dieser Tabelle entnommen werden und einige dieser Faktoren werden anschließend kurz diskutiert. Wichtige Parameter sind Wassergehalt, Frost und Temperaturwechsel. So berichtet z. B. die Literatur [6.4] über Messungen der Schienen-Erde-Ableitung mit $0{,}1\,\mathrm{S/km}$ je Längeneinheit bei Temperaturen unter $0\,°\mathrm{C}$ und mit $0{,}5\,\mathrm{S/km}$ an der gleichen Stelle, wenn die Temperatur über $0\,°\mathrm{C}$ ansteigt.

Die Masten, deren Gründungen einen Ausbreitungswiderstand R_M besitzen, stellen Erder dar, die parallel zum Gleis geschaltet sind. Diese parallelen Erder liefern einen wesentlichen Beitrag für den *Ableitbelag* $G'_{RE\,\mathrm{eff}}$. Der Einfluss des Bodenwiderstandes auf den wirksamen Ableitbelag eines Gleises wurde für typische Gleisableitungswerte und unterschiedliche Arten des Oberbaues berechnet. Ein Bereich für den Wert R_M zwischen 10 und $500\,\Omega$ wurde gewählt, der für praktische Anwendungen realistisch erscheint. Die Berechnung wurde für eine Strecke mit 16 Masten je Kilometer durchgeführt, die mit

6.4 Rückströme und Schienenpotenzial

Tabelle 6.6: Anhaltswerte in S/km für den Ableitbelag G'_{RE} von Gleisen nach [6.8, 6.12].

Aufbau und Zustand des Schotterbettes	eingleisige Strecke	zweigleisige Strecke
imprägnierte Holz- oder Betonschwellen, sauberer Schotterunterbau, tiefer Frost	0,02 bis 0,04	0,04 bis 0,08
ditto, aber kein Frost	0,5 bis 1,0	1,0 bis 2,0
ditto, aber verschmutztes Schotterbett	1,0 bis 2,2	2,0 bis 4,4
ditto, sauberes Sandbett	1,5 bis 3,3	3,0 bis 6,7
Fernverkehrsstrecke auf Schotterbett	1,5 bis 4,0	3,0 bis 8,0
Feste Betonfahrbahn auf einer Isolierschicht mit Bitumensplit	0,25 bis 5,0	0,5 bis 10,0
imprägnierte Holz- oder Betonschwellen auf Sandbett mit Tongehalt	3,2 bis 5,0	6,0 bis 10,0
Holzschwellen in Braunkohlentagebauen	2,5 bis 8,0	6,0 bis 16,0
Betonschwellen auf Schotterbett mit Steinpflaster	2,0 bis 5,0	4,0 bis 10,0
Betonschwellen auf Sandbett mit Steinpflaster	3,5 bis 10,0	7,0 bis 20,0
feste Betonfahrbahn auf Sandbett	10,0 bis 25,0	20,0 bis 50,0
Gleis im Tunnel, gut isoliert, trockenes Gleisbett	0,3 bis 1,3	0,6 bis 2,5
Gleis im Tunnel, alte Isolation, feuchtes Gleisbett	2,0 bis 8,0	4,0 bis 17,0
Gleise in Straßen	9,5 bis 23,0	19,0 bis 45,0
WK-Oberbau, neu, trocken	0,005	0,01
WK-Oberbau, älter, trocken	0,02	0,04
WK-Oberbau, älter, feucht	0,23	0,5
W-Oberbau, neu, trocken	0,05	0,1
W-Oberbau, älter, trocken	0,1	0,2
W-Oberbau, älter, feucht	0,4	0,8
K-Oberbau, älter, trocken	0,5 bis 1,0	1,0 bis 2,0
K-Oberbau, älter, feucht	1,5 bis 3,0	3,0 bis 6,0
feste Fahrbahn	≈ 0,01	≈ 0,02

Soweit keine besonderen Angaben in der Tabelle enthalten sind, gelten die Werte für normal feuchtes Gleis; bei sehr schmutzigem Schotterbett und extremer *Feuchtigkeit* sollten die Werte G'_{RE} mit dem Faktor 1,5 bis 2,2 multipliziert; bei Frost darf ein Faktor zwischen 0,1 bis 0,3 angewandt werden.

K-Oberbau: Schienenbefestigung auf Holz-, Stahl- oder Betonschwellen mittels Metallplatten
W-Oberbau: Schienenbefestigung auf Betonschwellen mit vorgespannten Platten mit Plastikeinlage
WK-Oberbau: Schienenbefestigung auf Betonschwellen mit vorgespannten Platten mit dicker Plastikeinlage

dem Gleis leitend verbunden sind. Die Ergebnisse sind in der Tabelle 6.7 dargestellt. Der Schienenableitbelag und der wirksame Ableitbelag der Masten werden als parallel geschaltet betrachtet.

Bei zweigleisigen Strecken überlappen sich die Spannungstrichter der Gleis-Erde-Spannungen, wenn sich zwei Züge begegnen. Als Folge verdoppeln sich die Schienenpotenziale. In der Nähe von Bahnhöfen und Gebäuden oder von nicht bahneigenen Metallkonstruktionen verlangt die Norm DIN EN 50 122-1:2011, dass bei AC-Versorgungen alle leitenden Teile, z. B. Handläufe von Brücken, Signalmasten usw., direkt mit den Schienen verbunden werden, d. h. die Bahnerdung ist vorgeschrieben. Dadurch ist in den genannten Bereichen der gesamte wirksame *Ableitbelag* größer als der vorher berechnete.

Tabelle 6.7: Wirksamer Ableitbelag $G'_{RE\,eff}$ für eingleisige Strecken für unterschiedliche Mastwiderstände, 16 Masten je km, alle Werte in S/km.

Ausführung des eingleisigen Oberbaus	Ableitbelag des Gleises S/km	Wirksamer Ableitbelag Masterdungswiderstand					
		10 Ω	20 Ω	50 Ω	100 Ω	200 Ω	500 Ω
Betonplatte	0,01	1,61	0,81	0,33	0,17	0,09	0,042
Schotter, eine Schiene isoliert	0,05	1,65	0,85	0,37	0,21	0,13	0,082
Schotter, zwei Schienen isoliert	0,10	1,70	0,90	0,42	0,27	0,18	0,132
Schotter ohne Schienenisolierung	1,00	2,60	1,80	1,32	1,16	1,08	1,032

In Bahnhöfen erhöht sich darüber hinaus der wirksame Ableitbelag um den Ableitbelag weiterer, neben den Hauptgleisen verlegter Gleise. Zum Beispiel erhält man für einen Bahnhof mit vier Gleisen mit Schotteroberbau und zwei isolierten Schienen sowie 50 Ω Mastausbreitungswiderstand und 0,10 S/km Gleisableitbelag für eine Mastreihe aus der Tabelle 6.7 den Ableitbelag mit 0,42 S/km. Der gesamte wirksame Ableitbelag ist damit $G'_{RE\,eff} = 2 \cdot 0{,}42 + 4 \cdot 0{,}10 = 1{,}24\,S/km$. Wegen der Überlagerungseinflüsse kann man Ableitungsbeläge bis 10 S/km in Bahnhöfen mit vielen parallelen Gleisen beobachten.

6.4.3 Gleis-Erde-Schleife

6.4.3.1 Allgemeines

Bild 6.10 zeigt schematisch die galvanische Kopplung zwischen Gleis und Erde. In diesem Modell sind die gleichmäßig verteilten Größen des *längenbezogenen Widerstandes* R'_R und des Ableitbelags G'_{RE} zwischen den Schienen und der Erde durch diskrete Widerstände ersetzt. Der Widerstand des Bodens zwischen den diskreten Widerständen wurde als Null angenommen.

6.4.3.2 Gleis-Erde-Schleife bei DC-Stromversorgungsanlagen

Bei DC-Anlagen sind die Schienen absichtlich gegen die Erde isoliert, um Streuströme so weit wie möglich zu vermeiden. Jedoch fließt ein Teil des Traktionsstromes I_{trc} wegen der tatsächlichen Isolierbedingungen des Oberbaues durch die Erde zurück zum Unterwerk. Im Bild 6.10 versorgt ein einzelnes Unterwerk ein elektrisches Fahrzeug mit Energie. In Wirklichkeit wird ein elektrisches Bahnnetz mit einer größeren Anzahl gleichzei-

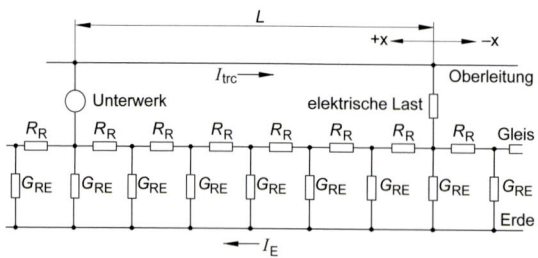

Bild 6.10: Modell der galvanischen Kopplung zwischen einem Bahngleis und Erde.

6.4 Rückströme und Schienenpotenzial

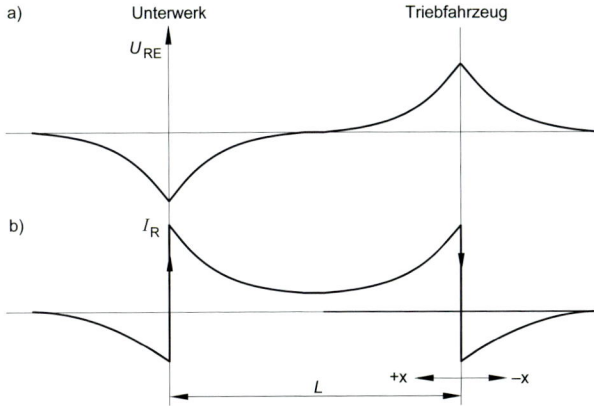

Bild 6.11: Gleis-Erde-Spannung U_{RE} (a) und Gleisströme I_R (b) einer DC-Bahnstrecke mit einem Unterwerk und einem Triebfahrzeug.

tig fahrender Züge durch mehrere Unterwerke gespeist. Aus diesem Grund werden die Einzellasten oder die längenbezogene Linienlast betrachtet, wenn die Ströme und Spannungen zwischen Gleis und Erde diskutiert werden. Die längsverteilte Streckenlast wird durch die Gleichung (5.63) definiert. Die Berechnung der Erdströme und der Gleis-Erde-Spannungen ist eine schwierige Aufgabe; die Ergebnisse hängen von den Kombinationen der Züge und Belastungen ab, die an irgendeiner Stelle zu irgendeiner Zeit auf der Strecke gegeben sind. Aus diesem Grund können hier nur einige wenige grundlegende Schlussfolgerungen auf der Basis des in Bild 6.10 dargestellten Modells gemacht werden. Mit der Annahme, dass das Gleis über das Unterwerk hinaus und auch auf der abgelegenen Seite des Fahrzeuges unendlich lang ist und mit den Koordinatenbezeichnungen gemäß Bild 6.11 kann das Potenzial U_{RE} zwischen dem Gleis und weit entfernten Erde berechnet werden aus

$$U_{RE}(x) = (Z_0 I_{trc}/2) \cdot \left(e^{-\alpha x} - e^{-\alpha(L-x)}\right) = Z_0 I_{trc} e^{-\alpha(L/2)} \sinh\left[\alpha\left(L/2 - x\right)\right] \quad (6.7)$$

und der Strom in den Schienen I_S aus

$$I_S(x) = (I_{trc}/2)\left(e^{-\alpha x} + e^{-\alpha(L-x)}\right) = I_{trc} e^{-\alpha(L/2)} \cdot \cosh\left[\alpha\left(L/2 - x\right)\right] \quad . \quad (6.8)$$

In (6.7) und (6.8) stellt α die *Fortpflanzungskonstante* mit der Dimension (Länge)$^{-1}$ dar. Hierfür gilt

$$\alpha = \sqrt{R'_R \cdot G'_{RE}} \quad , \tag{6.9}$$

wobei R'_R den Widerstandsbelag des Gleises und G'_{RE} den Ableitbelag zur Erde darstellen.
Der Wert Z_0 ist der Wellenwiderstand in Ω, der berechnet wird aus

$$Z_0 = \sqrt{R'_R/G'_{RE}} \quad . \tag{6.10}$$

An der Stelle der wirkenden elektrischen Last $x = 0$ ist die Gleis-Erde-Spannung U_{RE}

$$U_{RE,x=0} = Z_0 \cdot I_{trc}/2 \cdot \left(1 - e^{-\alpha L}\right) \quad . \tag{6.11}$$

Tabelle 6.8: Erdströme und Gleis-Erde-Spannungen für eine DC-Strecke mit UIC-60-Schienen für 1 000 A Traktionsstrom.

Ableitbelag G'_{RE} S/km	Wellen- widerstand Z_0 Ω	Fortpflanzungs- konstante α 1/km	Erdstrom $L=10$ km A	Erdstrom $L=5$ km A	Gleis-Erde-Spannung $L=10$ km V	Gleis-Erde-Spannung $L=5$ km V
0,1	0,3873	0,0387	176	92	62	34
1	0,1225	0,1225	459	264	43	28
2	0,0866	0,1732	579	351	36	25

Der Erdstrom I_E in der Mitte zwischen der Lasteinleitung und dem Unterwerk wird

$$I_{E,x=L/2} = I_{trc} - I_R = I_{trc}\left(1 - e^{-\alpha L/2}\right) \quad . \tag{6.12}$$

Beispiel 6.3: Für eine eingleisige Gleichstromstrecke wird der in das Erdreich fließende Strom in der Mitte zwischen Unterwerk und Triebfahrzeug gesucht, wenn die Ableitbeläge 2; 1 und 0,1 S/km betragen und die Abstände zwischen Unterwerk und Triebfahrzeug $L=5$ km und $L=10$ km sind. Es werden UIC-60-Schienen verwendet. Ferner ist die Höhe der Gleis-Erde-Spannung am Triebfahrzeug zu ermitteln, wenn 1 000 A Traktionsstrom fließen.
Aus der Tabelle 5.6 wird $R'_R = 0{,}015\,\Omega/\text{km}$ für ein Gleis mit zwei UIC-60-Schienen erhalten. Dies führt zu den in der Tabelle 6.8 dargestellten Ergebnissen. Das Beispiel zeigt die Bedeutung eines niedrigen Ableitbelages, um den Strom durch die Erde zu begrenzen. Die Potenziale stellen kein Risiko dar, da sie genügend weit unter der für 300 s Wirkungsdauer zulässigen Berührungsspannung 150 V liegen.

Die Diagramme in Bild 6.11 wurden durch die Berechnung des gesamten Bereiches der Gleisströme und der *Leiter-Erde-Spannung* zwischen dem Unterwerk und der Stelle des Triebfahrzeugs erhalten und sind als Funktion des Abstandes dargestellt. Für praktische Anwendungen ist der Einfluss des Ableitbelages auf den wirksamen Gleiswiderstand von Bedeutung. Dieser Widerstand, der auch *äquivalenter Gleiswiderstand* $R_{\text{Räq}}$ genannt wird, ist definiert als

$$R_{\text{Räq}} = Z_0\left(1 - e^{-\alpha L}\right) \quad . \tag{6.13}$$

Für große Werte von αL geht der äquivalente Gleiswiderstand gegen den Wellenwiderstand Z_0. In der Praxis gilt dies für Abstände zwischen Unterwerk und Verbraucher zwischen 13 und 15 km, wenn der Ableitbelag 2 S/km beträgt. Wenn jedoch der Ableitbelag nicht mehr als 0,1 S/km beträgt, steigt der entsprechende Abstand auf 65 bis 70 km an.

6.4.3.3 Gleis-Erde-Schleife bei AC-Bahnen

Wenn der Boden unter einer *Einphasen-AC-Bahnlinie* als homogen angenommen wird, nimmt die Stromdichte im Boden exponentiell mit der Tiefe ab. Die Eindringtiefe t_B nach der Gleichung (5.16) ist die äquivalente Tiefe des Erdstromes, die für die Berechnung der Induktivitäten verwendet wird. Die elektromagnetische Kopplung des Stromes in einem Gebiet nahe der Bahnstrecke verursacht den Bodenwiderstand, der damit nicht

6.4 Rückströme und Schienenpotenzial

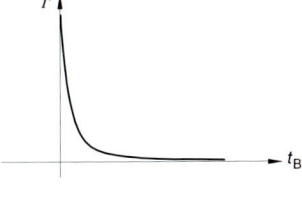

Bild 6.12: Qualitativer Verlauf der Stromdichte I' in der Erde als Funktion der Tiefe t_B.

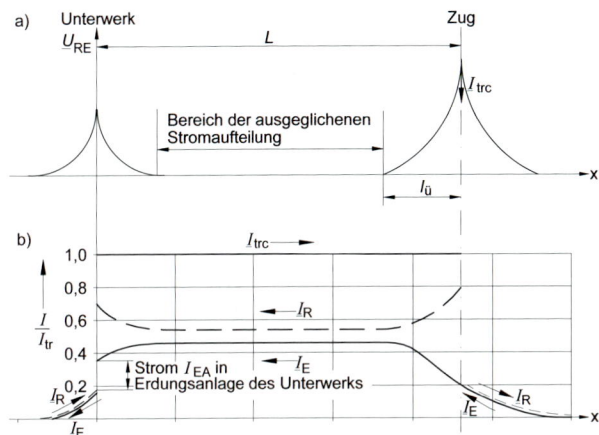

Bild 6.13: Schienenpotenzial (a) und Ströme (b) einer AC-Bahn mit einseitiger Speisung des Triebfahrzeuges durch ein Unterwerk.
I_R Gleisstrom
I_E Erdstrom
I_{EA} Strom durch die Unterwerkserdungsanlage
I_{trc} Traktionsstrom

zu Null wird und proportional der Frequenz ist, wie durch die Gleichung (5.10) beschrieben. Die *Eindringtiefe* ermöglicht es, die wirksame Induktivität und den wirksamen *Widerstand des Bodens* in einer Gleis-Erde-Schleife zu bestimmen.

Das Bild 6.12 zeigt schematisch die Stromdichte in einem homogenen Boden unterhalb eines Gleises. Dieses Modell geht auf die Veröffentlichung [6.13] zurück und wurde näher in [6.14] diskutiert. Jedoch besteht die Erde aus vielen Schichten unterschiedlicher Eigenschaften und Dicken und damit stellen die daraus gewonnenen Schlussfolgerungen nur eine Basis für die Abschätzung der Eindringtiefe dar. Die in [6.15] beschriebenen Messungen zeigten, dass Spannungen in einer Leiter-Schleife in einem Bergwerk 400 m unter der AC-Bahn induziert wurden. Die gemessenen Spannungen hingen von dem in der Oberleitung fließendem Strom ab.

Das *Längenprofil der Schienenpotenziale und Ströme* ist für eine Einphasen-AC-Bahnanlage im Bild 6.13 gezeigt. Auch hier wird eine einseitige Speisung und eine Last im Abstand L zum Speisepunkt angenommen, um ein einfaches Modell zu erhalten. Wenn das Gleis auf beiden Seiten des Lastpunktes mehr als 5 km lang ist, was für die übliche Situation zutrifft, sind die gezeigten Diagramme für die im Gleis und in der Erde fließenden Ströme und für den Übergangsstrom zwischen Gleis und Erde anwendbar. Die folgenden Aussagen und Schlussfolgerungen können aus dem Bild 6.13 erhalten werden:

- Der Traktionsstrom I_{trc} fließt an der Stelle des Triebfahrzeuges in das Gleis.
- Der größte Teil dieses Stromes fließt über das Gleis zurück zum Unterwerk. Der verbleibende Rest fließt im Gleis zunächst in die entgegengesetzte Richtung, d. h. im Bild 6.13 von dem Lastpunkt ausgesehen nach rechts.

Tabelle 6.9: Ausbreitungswiderstände $R_{E\,Uw}$ der Erdungsanlagen von Unterwerken und Anteile des in das Unterwerk über die Erdungsanlage zurück fließenden Stromes I_{EA} bezogen auf den Traktionsstrom, Beispiele.

Unterwerk	Lage des Unterwerkes	$R_{E\,Uw}$ Ω	I_{EA}/I_{trc} %
Dresden-Stetzsch	an zweigleisiger Strecke	0,12	21
Riesa	an ausgedehntem Bahnhof	0,23	9
Chemnitz	an zweigleisiger Strecke	0,07	51
Gößnitz	an ausgedehntem Bahnhof	0,10	15

- Ströme treten aus dem Gleis vor und hinter der Stelle der Leistungsentnahme in die Erde über. Dieser Bereich des Stromüberganges vom Gleis zur Erde wird *Übergangsbereich* oder *Übergangslänge* L_{trans} genannt.
- Im Bereich vor und hinter dem Unterwerk tritt der anteilige, d. h. der in der Erde fließende Rückstrom, wieder in das Gleis ein. Ein Teil des Erdstromes fließt dabei über die Erdungsanlage zum Unterwerk zurück. Die Größe dieses Anteils hängt hauptsächlich vom Erdausbreitungswiderstand des Unterwerkes ab. Tabelle 6.9 enthält Orientierungswerte über Ausbreitungswiderstände von Unterwerksanlagen und den Anteil der darüber fließenden Ströme.
- In den Übergangsbereichen am Unterwerk und am Ort der Leistungsentnahme entsteht ein *Schienenpotenzial*.

Im Falle des Fließens von Rückströmen durch die Erde wird bei AC-Bahnanlagen die induktive Kopplung der beiden Leiterschleifen wirksam. Die Höhe des in der Erde fließenden Stromes wird dabei vor allem durch die induktive Kopplung der Leiterschleifen und nur in einem geringem Ausmaß durch die galvanische Kopplung geprägt, die vom *Ableitbelag* abhängt. Infolge der induktiven Kopplung ist nach dem Abklingen der Übergangsvorgänge ein Bereich der ausgeglichenen Stromaufteilung vorhanden. In diesem Bereich wird kein Rückstrom zwischen Gleis und Erde ausgetauscht. Die im Abschnitt 5.1.2.3 enthaltenen Impedanzbeläge gelten für diesen Bereich der ausgeglichenen Stromaufteilung.

Mit dem in [6.16] verwendeten Modell und ausgehend von einer unendlich langen, d. h. praktisch mehr als 5 km langen, elektrifizierten Bahnlinie beträgt der durch die Erde zur linken Seite des Einspeisepunktes und zur rechten Seite des Triebfahrzeuges fließende Strom nach Bild 6.13

$$\underline{I}_E = -\underline{I}_{trc}(1-\underline{k})\left[1 - 1/(2\,\underline{\gamma}L)\left(\mathrm{e}^{-\underline{\gamma}(L-x)} + \mathrm{e}^{-\underline{\gamma}x}\right)\right] \quad . \tag{6.14}$$

Die Gleichung (6.14) beschreibt den Erdstrom, der aus zwei Anteilen besteht: Der erste Anteil ist konstant und stellt sich im Bereich der ausgeglichenen Stromaufteilung ein. Der zweite, variable Anteil beschreibt den ortsabhängigen Übergangsstrom. Der Kopplungsfaktor $\underline{k}$ wird nach Gleichung (6.16) berechnet.

Für die *Gleis-Erde-Spannung* gilt entsprechend nach Bild 6.13a)

$$\underline{U}_{RE} = \underline{I}_{trc}(1-\underline{k})\left(\mathrm{e}^{-\underline{\gamma}(L-x)} - \mathrm{e}^{-\underline{\gamma}x}\right)\underline{Z}_0/2 \quad , \tag{6.15}$$

6.4 Rückströme und Schienenpotenzial

mit

$\underline{k}$ Kopplungsfaktor,
$\underline{\gamma}$ *Fortpflanzungskonstante* der Gleis-Erde-Schleife und,
$\underline{Z}_0$ *Wellenwiderstand* der Gleis-Erde-Schleife und
L Abstand zwischen Unterwerk und Lastentnahmepunkt.

Diese Größen werden durch die folgenden Zusammenhänge bestimmt:

$$\underline{k} = \underline{Z}'_{KE}/\underline{Z}'_{RE} \quad , \tag{6.16}$$

wobei $\underline{Z}'_{KE} = R' + \mathrm{j}\, f\, \mu \cdot \ln(t_B/h_m)$ der *Koppelimpedanzbelag* zwischen der Oberleitungs-Erde-Schleife und der Gleis-Erde-Schleife entsprechend den Beziehungen (5.19) und (5.20) beträgt. Die Größe $\underline{Z}'_{RE} = R'_R + R'_E + \mathrm{j}\cdot f \cdot \mu \ln(t_B/r_{äq})$ stellt den *Eigenimpedanzbelag* der Gleis-Erde-Schleife analog zu den Gleichungen (5.13) bis (5.15) dar.
Dabei ist

- $R'_E = \pi^2 \cdot 10^{-4} \cdot f\, \Omega/\mathrm{km}$ (Gleichung (5.12)) der Erdwiderstandsbelag entlang der Strecke,
- $\mu = \mu_0 \cdot \mu_r = 4 \cdot \pi \cdot 10^{-4} \cdot 1{,}0\ \mathrm{Vs/(A\cdot km)}$ (Gleichung (5.11)) die Permeabilität der Erde,
- $t_B = 160 \cdot \sqrt{\varrho_E}$ (m) für 16,7 Hz und $90\sqrt{\varrho_E}$ (m) für 50 Hz die Eindringtiefe der Ströme in der Erde (Gleichung (5.16)), wobei ϱ_E der Widerstandsbelag des Bodens in $\Omega\cdot$m ist,
- h_m ist die mittlere Höhe der Fahrleitung über dem Gleis in m,
- $r_{äq}$ ist der äquivalente Schienenradius in m gemäß Tabelle 5.3,
- $R'_R = R'_{rail}/n_R$ ist der Gleiswiderstandsbelag in $\Omega/$m. Werte für R'_{rail} finden sich in der Tabelle 5.3. $R'_R = 0{,}030/2 = 0{,}015\, \Omega/$m für UIC 60 und
- n_R die Anzahl der parallelen Schienen.

Der Kopplungsfaktor $\underline{k}$ wird berechnet aus

$$\underline{k} = \frac{R'_E + \mathrm{j}\,\mu f\, \ln(t_B/h_m)}{R'_E + R'_R + \mathrm{j}\,\mu f\, \ln(t_B/r_{äq})} \quad . \tag{6.17}$$

Die Fortpflanzungskonstante γ ist

$$\underline{\gamma} = \alpha + \mathrm{j}\,\beta = \sqrt{\underline{Z}'_{RE} \cdot G'_{RE}} \quad . \tag{6.18}$$

Der Ableitbelag G'_{RE} des Gleises kann als ohmsche Größe angenommen werden. Die Werte α und β sind das *Dämpfungs-* bzw. das *Winkelmaß*.
Der *Wellenwiderstand* der Gleis-Erde-Schleife ist schließlich

$$\underline{Z}_0 = \sqrt{\underline{Z}'_{RE}/G'_{RE}} \quad . \tag{6.19}$$

Die *Übergangslänge* L_{trans} wird als der Bereich definiert, in dem die Übergangsvorgänge bis auf etwa 5 % ihres höchsten Wertes abgeklungen sind. Dies ist der Fall, wenn $\mathrm{e}^{-\alpha L_{\mathrm{trans}}} \leq 0{,}05$ oder $\alpha L_{\mathrm{trans}} = -\ln(0{,}05) \approx 3{,}0$. Daher ist die Übergangslänge

$$L_{\mathrm{trans}} = 3/\alpha \quad . \tag{6.20}$$

Das größte Schienenpotenzial tritt am Unterwerk ($x = 0$) oder am Ort des Triebfahrzeuges $x = L$ auf und ist nach der Gleichung (6.15) gleich

$$U_{\mathrm{RE}} = \underline{I}_{\mathrm{trc}} \left(1 - \underline{k}\right) \left(1 - e^{-\gamma L}\right) \underline{Z}_0 / 2 \quad . \tag{6.21}$$

Für ausreichend lange Abschnitte kann $e^{-\gamma L}$ gegenüber 1 vernachlässigt werden und man erhält

$$U_{\mathrm{RE}} = \underline{I}_{\mathrm{trc}} \cdot \left(1 - \underline{k}\right) \underline{Z}_0 / 2 \quad . \tag{6.22}$$

Die Gleichung (6.22) setzt voraus, dass die Strecke mit einer Impedanz gleich dem Wellenwiderstand $\underline{Z}_0$ abgeschlossen wird. Wenn jedoch die Strecke mit der Impedanz $\underline{Z}_{\mathrm{A}}$ abgeschlossen ist, dann geht die Gleichung (6.22) über in

$$U_{\mathrm{RE}} = \underline{I}_{\mathrm{trc}} \frac{\underline{Z}_{\mathrm{A}} \, \underline{Z}_0}{\underline{Z}_{\mathrm{A}} + \underline{Z}_0} \left(1 - \underline{k}\right) \quad . \tag{6.23}$$

Am Unterwerk mit der Erdungsimpedanz $\underline{Z}_{\mathrm{E}}$ wird die Spannung berechnet aus

$$U_{\mathrm{RE}} = \underline{I}_{\mathrm{trc}} \frac{\underline{Z}_{\mathrm{A}} \cdot \underline{Z}_0 \cdot \underline{Z}_{\mathrm{E}}}{\underline{Z}_{\mathrm{A}} \underline{Z}_0 + \underline{Z}_{\mathrm{E}} \left(\underline{Z}_{\mathrm{A}} + \underline{Z}_0\right)} \left(1 - \underline{k}\right) \quad , \tag{6.24}$$

wenn die Strecke mit der Impedanz $\underline{Z}_{\mathrm{A}}$ abgeschlossen wird.

Beispiel 6.4: In welcher Weise werden auf einer eingleisigen Strecke Erdströme und Schienenpotenziale durch unterschiedliche Ableitbeläge beeinflusst? Die Strecke ist mit der Oberleitungsbauart Re 200 ausgerüstet, hat UIC-60-Schienen und wird mit 50 Hz betrieben. Die diskutierten Ableitbeläge sind 0,5; 1; 2; 4 und 8 S/km, der Traktionsstrom $I_{\mathrm{trc}} = 1$ kA. Die Strecke wird mit dem Wellenwiderstand $\underline{Z}_0$ abgeschlossen. Gegeben sind:
– mittlere Fahrleitungshöhe $h_{\mathrm{m}} = 6{,}5$ m
– zwei Schienen UIC 60 (Tabelle 5.6) $R'_{\mathrm{R}} \sim 0{,}030/2 = 15$ mΩ/km
– äquivalenter Schienenradius $49{,}46 \sim 50$ mm gemäß Tabelle 5.3
– Erdwiderstandsbelag, $R'_{\mathrm{E}} = \pi^2 \cdot 50 \cdot 10^{-4} = 0{,}0493$ Ω/km
– mittlerer spezifischer Bodenwiderstand 290 Ωm und 27 Ωm.

Die Eindringtiefe ist daher $t_{\mathrm{B}} = 90\sqrt{290} \approx 1\,530$ m für $\varrho_{\mathrm{E}} = 290$ Ωm und ≈ 470 m für $\varrho_{\mathrm{E}} = 27$ Ωm

Der Kopplungsfaktor k wird für $\varrho_{\mathrm{E}} = 290$ Ωm aus der Gleichung (6.16) erhalten:

$$\underline{k} = \frac{0{,}0493 + \mathrm{j} \cdot 10^{-3} \cdot 0{,}4 \cdot \pi \cdot 50 \ln(1\,530/6{,}5)}{0{,}015 + 0{,}0493 + \mathrm{j} \cdot 10^{-3} \cdot 0{,}4 \cdot \pi \cdot 50 \ln(1\,530/0{,}05)} = \frac{0{,}0493 + \mathrm{j}\, 0{,}343}{0{,}0643 + \mathrm{j}\, 0{,}649} =$$

$$= 0{,}526 - \mathrm{j}\, 0{,}130$$

Der Modul von k ist 0,54. Für $\varrho_{\mathrm{E}} = 27$ Ωm wird erhalten Betrag $|k| = 0{,}48$. Der durch die Erde fließende Strom im Abschnitt ausgeglichener Stromverteilung kann mit der Gleichung (6.14) berechnet werden: $I_{\mathrm{E}} = I_{\mathrm{trc}}\, (1 - \underline{k}) = I_{\mathrm{trc}}\, (1 - 0{,}54) \sim 0{,}46\, I_{\mathrm{trc}}$ für $\varrho_{\mathrm{E}} = 290$ Ωm und $\sim 0{,}52\, I_{trc}$ für 27 Ωm. Der durch die Erde fließende Strom nimmt mit abnehmendem spezifischen Bodenwiderstand zu. Diese Zusammenhänge sind vom Ableitbelag unabhängig.

Tabelle 6.10: Übergangslängen und Schienenpotenziale abhängig vom Ableitbelag, Frequenz 50 Hz, spezifischer Bodenwiderstand 290 Ωm, Strom $I_{trc} = 1\,\text{kA}$

Ableitbelag G'_{RE}	Fortpflanzungs-konstante $\underline{\gamma}$	Wellen-widerstand $\underline{Z}_0$	Übergangs-länge L_{trans}	Schienen-potenzial U_{RE}	Erdrück-strom
S/km	1/km	Ω	km	V/kA	A
0,5	0,452 + j 0,361	0,904 + j 0,721	7,1	280	480
1,0	0,639 + j 0,510	0,639 + j 0,510	5,0	198	480
2,0	0,904 + j 0,721	0,452 + j 0,360	3,6	140	480
4,0	1,278 + j 1,020	0,320 + j 0,255	2,5	100	480
8,0	1,807 + j 1,443	0,226 + j 0,180	1,8	70	480

Der Nenner der Gleichung (6.17) enthält den Eigenimpedanzbelag der Gleis-Erde-Schleife. Es ergibt sich für $\varrho_E = 290\,\Omega\text{m}$

$$\underline{Z}'_{RE} = (0{,}064 + \text{j}\,0{,}649)\,\Omega/\text{km}\quad.$$

Da der Ableitbelag G'_{RE} rein ohmisch ist, können (6.18) und (6.19) übergeführt werden in

$$\underline{\gamma} = \sqrt{G'_{RE}} \cdot \sqrt{\underline{Z}'_{RE}} \quad \text{und} \quad \underline{Z}_0 = \sqrt{\underline{Z}'_{RE}}/\sqrt{G'_{RE}}\quad.$$

$$\sqrt{\underline{Z}'_{RE}} = \sqrt{0{,}064 + \text{j}\,0{,}649} = \sqrt{0{,}652 \cdot \text{e}^{\text{j}\,85}} = 0{,}808 \cdot \text{e}^{\text{j}\,42{,}5°} = 0{,}595 + \text{j}\,0{,}546\quad.$$

Für $G'_{RE} = 1\,\text{S/km}$ ergibt die Gleichung (6.19) $\underline{Z}'_0 = 0{,}595 + \text{j}\,0{,}546\,\Omega$ und (6.18) $\underline{\gamma} = 0{,}595 + \text{j}\,0{,}546\,\text{km}^{-1}$. Die Werte $\underline{\gamma}$ und $\underline{Z}_0$ sind in der Tabelle 6.10 abhängig vom Ableitbelag G'_{RE} angegeben.

Mit $G'_{RE} = 1\,\text{S/km}$ ergeben die Gleichungen (6.10) und (6.19)

$$\underline{\gamma} = \underline{Z}_0 = \sqrt{\underline{Z}'_{RE}} = \sqrt{0{,}064 + \text{j}\,0{,}649} = \sqrt{0{,}652 \cdot \text{e}^{\text{j}\,84{,}4°}} = 0{,}807 \cdot \text{e}^{\text{j}\,42{,}2°} = 0{,}593 + \text{j}\,0{,}543\quad.$$

Die Werte $\underline{\gamma}$ und $\underline{Z}_0$ sind in der Tabelle 6.10 abhängig vom Ableitbelag angegeben.
Die Übergangslänge L_{trans} folgt aus der Gleichung (6.20) mit α als Realteil von $\underline{\gamma}$ und schwankt zwischen 7,1 und 1,8 km.
Das Schienenpotenzial $\underline{U}_{RE}$ kann mit der Gleichung (6.15) bei $x = 0$ oder $x = L$ berechnet werden. Da $\text{e}^0 = 1$ und $e^{-\alpha L}$ klein sind, wenn $L \geq 10\,\text{km}$, ergibt (6.15)

$$\underline{U}_{RE} = I_{trc}\,(1 - \underline{k})\,\underline{Z}_0/2.$$

Mit der Annahme $G'_{RE} = 1\,\text{S/km}$ erhält man

$$\underline{U}_{RE}/I_{trc} = (1 - 0{,}526 + \text{j}\,0{,}130)\,(0{,}593 + \text{j}\,0{,}543)\,/2 = 0{,}106 + \text{j}\,0{,}167\,\text{V/A}$$

und den Absolutbetrag $|\underline{U}_{RE}/I_{trc}| = 0{,}198\,\text{V/A}$. Der Modul von $\underline{U}_{RE}$ ist in der Tabelle 6.10 für den Strom $I_{trc} = 1\,\text{kA}$ abhängig von der Ableitung G'_{RE} angegeben.

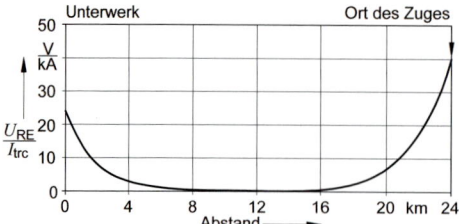

Bild 6.14: Verhältnis des Schienenpotenzials U_{RE} zum Triebstrom I_{trc} entlang einer zweigleisigen AC-25-kV-50-Hz-Strecke ohne Rückleiter, effektiver Ableitbelag 2 S/km und Ausbreitungswiderstand der Erdungsanlage im Unterwerk 0,2 Ω.

Beispiel 6.5: Wie ändert sich das berechnete Schienenpotenzial am Unterwerk, wenn die Unterwerkserdungsanlage die Erdimpedanz $\underline{Z}_E = R_{E\,Uw} = 0,1\,\Omega$ aufweist?
Die Gleichung (6.24) ergibt mit $Z_A = Z_0$ und $G'_{RE} = 1,0\,\text{S/km}$

$$\underline{U}_{RE} = \frac{(0{,}593 + \text{j} \cdot 0{,}543) \cdot 0{,}1}{(0{,}593 + \text{j} \cdot 0{,}543) + 2 \cdot 0{,}1}\,(1 - 0{,}526 + \text{j}\,0{,}130) = (-0{,}006 + \text{j}\,0{,}070)\,\text{V/A}$$

$$|\underline{U}_{RE}| = 0{,}070\,\text{V/kA} = 70\,\text{V/A}$$

Das Schienenpotenzial sinkt bei $I_{trc} = 1\,000\,\text{A}$ von 198 V ohne auf 70 V mit Berücksichtigung der Unterwerkserdung.

6.4.4 Schienenpotenziale

6.4.4.1 AC-Energieversorgungen

Das *Schienenpotenzial* oder die *Gleis-Erde-Spannung* U_{RE} ist als Spannung zwischen dem Gleis und der Bezugserde sowohl während des Betriebes als auch während Fehlerzuständen wie Kurzschlüssen definiert. Wie aus den Gleichungen und dem Beispiel im Abschnitt 6.4.3.3 geschlossen werden kann, hängt der Wert von U_{RE} vom Traktionsstrom, dem wirksamen Ableitbelag, dem Schienenwiderstand, dem spezifischen Bodenwiderstand, der Frequenz und der Geometrie der Leiteranordnungen ab.
Aus der Gleichung (6.15) geht hervor, dass das Schienenpotenzial seine Spitzenwerte entweder am Punkt der Lastentnahme oder am Unterwerk annimmt. Das Schienenpotenzial nimmt entlang des Gleises im Bereich der Übergangslänge ab und wird praktisch Null in der Mitte zwischen Unterwerk und Last.
Das Bild 6.14 zeigt das Schienenpotenzial entlang eines Gleises zwischen dem Unterwerk und einem Triebfahrzeug in 24 km Abstand vom Unterwerk. Da die Spannung U_{RE} linear vom Strom abhängt, wurde das Schienenpotenzial U_{RE} auf den Traktionsstrom I_{trc} bezogen.
In Bild 6.15 ist das Schienenpotenzial für AC-Versorgungen bezogen auf den Strom abhängig vom Ableitbelag und von der Betriebsfrequenz gemäß DIN EN 50 122-1:1997, Anhang C, dargestellt. Diese Werte gelten für spezifische Bodenwiderstände zwischen 40 und 200 Ωm und Anlagen mit zwei Gleisen. In DIN EN 50 122-1:1997 werden Ableitbeläge angegeben mit

– 0,4 bis 1,7 S/km für freie Strecken mit Betonschwellen,
– 1,7 bis 7,0 S/km für freie Strecken mit Holz- oder Stahlschwellen,

6.4 Rückströme und Schienenpotenzial

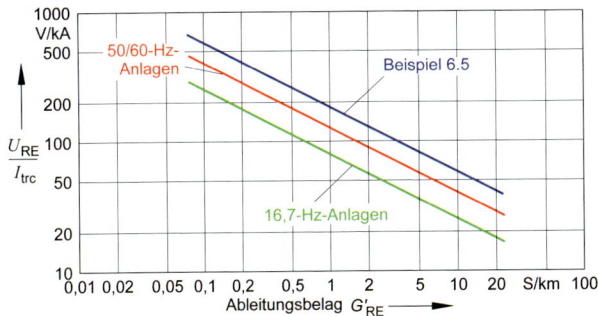

Bild 6.15: Anhaltswerte für das bezogene Schienenpotenzial U_{RE}/I_{trc} für eine zweigleisige AC-Bahnlinie gemäß DIN EN 50 122-1:1997-12.

– 7,0 bis 15,0 S/km für Tunnelabschnitte mit Verbindungen zwischen den Gleisen und der Bewehrung.

Die im Beispiel in Abschnitt 6.4.3.3 erhaltenen Werte liegen höher. Die zwischen einem Punkt P auf der Erdoberfläche und der Bezugserde messbare Spannung U_{PE} nimmt mit zunehmenden Abstand vom Gleis ab und ist im Bild 6.16 dargestellt. Die Spannung U_{RP} wird zwischen Gleis und dem Punkt P gemessen. Das Verhältnis $U_{RP}/U_{RE} = 1 - U_{PE}/U_{RE}$ ist auch in Bild 6.16 dargestellt. Dieser Wert nimmt mit dem Abstand vom Gleis zu und erreicht seinen höchsten Wert U_{RE} am Ort der Bezugserde. Die Tabelle 6.11 gibt Anhaltswerte für das Verhältnis U_{PE}/U_{RE} und U_{RP}/U_{RE} einer zweigleisigen, mit AC elektrifizierten Strecke gemäß DIN EN 50 122-1:2011, Anhang C, wieder.

6.4.4.2 DC-Versorgungsanlagen

Das Schienenpotenzial kann mit Hilfe der Gleichung (6.11) berechnet werden. Die dieses Potenzial beeinflussenden Parameter sind der Ableitbelag G'_{RE}, die Anzahl der parallelen Gleise, ihr Querschnitt und der Abstand zwischen dem Unterwerk und dem Standort des Triebfahrzeuges. Das Potenzial nimmt entlang des Gleises und im rechten Winkel hierzu ab, wie auch bei AC-Versorgungsanlagen. Daher gilt das Bild 6.16 im Prinzip auch für DC-Anlagen. Genauere Werte der Schienenpotenziale können mit entsprechenden Rechenprogrammen [6.1, 6.3, 6.17] ermittelt werden.

Tabelle 6.11: Anhaltswerte für das Schienenpotenzial U_{PE}/U_{RE} im rechten Winkel zum Gleis nach DIN EN 50 122:2011, Anhang C. U_{PE} Spannung zwischen Messpunkt und Erde, U_{RE} Schienenpotenzial, U_{RP} Spannung zwischen Schiene und Messpunkt.

Abstand a m	Verhältnis U_{PE}/U_{RE} %	Verhältnis U_{PR}/U_{RE} %
1	70	30
2	50	50
5	30	70
10	20	80
20	10	90
50	5	95
100	0	100

a Abstand von der äußeren Schiene

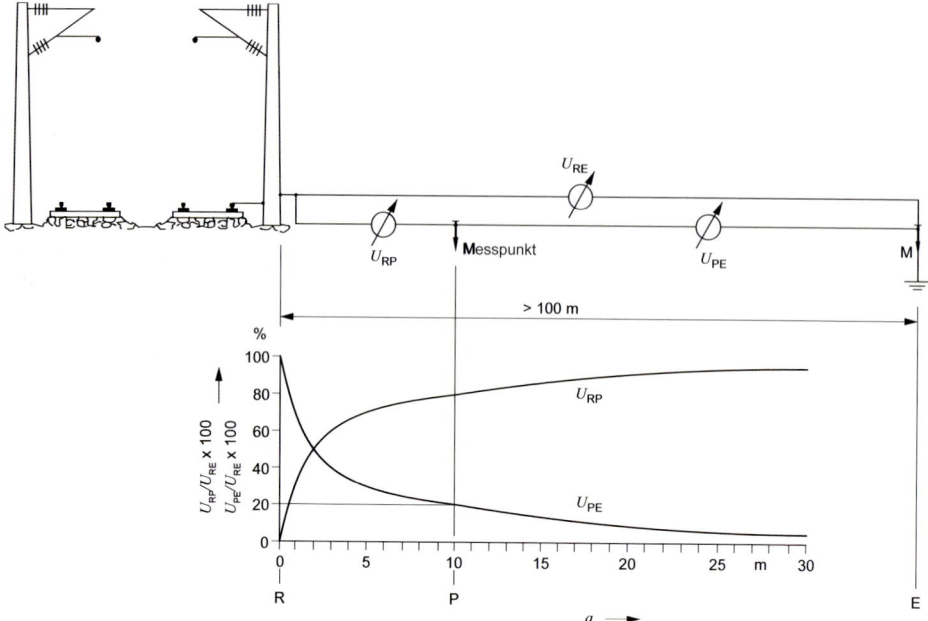

Bild 6.16: Anhaltswerte für den charakteristischen Verlauf der Spannung U_{PE} zwischen einem Punkt P und der Bezugserde und der Spannung U_{RP} zwischen dem Gleis und einem Punkt P auf der Erdoberfläche bezogen auf die Gleis-Erde-Spannung U_{RE} rechtwinklig zu den Schienen. Beispiele für die praktische Bedeutung der Berührungsspannung:
– U_{RP}/U_{RE} im Abstand a_{1m}: Teil der Berührungsspannung des Gleis-Erde-Potenzials zwischen den Schienen und einem Punkt in 1 m Abstand von der Schiene.
– U_{RP}/U_{RE} bei $a_{4,5m}$: Teil des Gleis-Erde-Potenzials zwischen einem Punkt in 4,5 m Abstand vom Gleis und der fernen Erde.

6.4.4.3 Schienenpotenzial im Betrieb

Schienenpotenziale werden im Betrieb durch die Traktionsströme I_{trc} geprägt, die Werte bis 1 500 A in AC-Anlagen und bis 5 000 A in DC-Anlagen annehmen können. Die höchsten Schienenpotenziale treten dort auf, wo sich zwei Züge auf einer zweigleisigen Strecke begegnen, wobei jeder Zug mehr oder weniger seinen höchsten Traktionsstrom entnimmt. Wo sich zwei in unterschiedlicher Richtung beschleunigende Züge begegnen, können die entstehenden Schienenpotenziale eine Minute oder auch länger andauern. Dabei beträgt die zulässige Berührungsspannung $U_{RE} = 60$ V für AC-Anlagen und $U_{RE} = 120$ V für DC-Anlagen, wie aus der Tabelle 6.11 aus DIN EN 50 122-1:2011 für über 300 s Dauer entnommen werden kann. Daraus folgt, dass das Schienenpotenzial den Wert $U_{RE} = 60/k_a$ in V nicht überschreiten darf, wobei k_a im Abschnitt 6.3.5 definiert wurde. Für $k_a = 0{,}5$ beträgt das zulässige Schienenpotenzial 120 V für AC-Anlagen und 240 V für DC-Anlagen. Aus Bild 6.15 ergeben sich die bezogenen Schienenpotenziale mit 125 V/kA für 50 Hz und 79 V/kA für 16,7 Hz mit $G'_{RE} = 1$ S/km. Die zulässigen Summenströme sind 1 040 A für 50-Hz- und 1 645 A für 16,7-Hz-Anlagen.

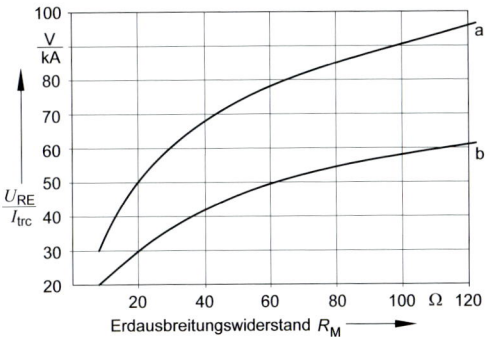

Bild 6.17: Bezogenes Schienenpotenzial U_{RE}/I_{trc} in Bezug zum Traktionsstrom am Lastpunkt einer zweigleisigen AC-16,7-Hz-Strecke mit dem Gleisableitbelag 0,1 S/km je Gleis als Funktion des Masterdungswiderstands R_M, wobei 16 Masten je km Bahnstrecke angenommen wurden.
a) ohne Rückleiter
b) mit Rückleiter 243-AL1

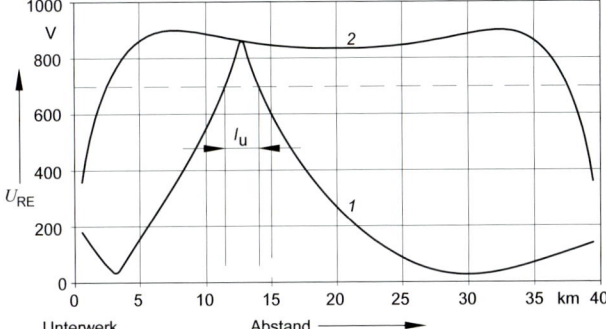

Bild 6.18: Verlauf des Schienenpotenzials U_{RE} entlang einer 40 km langen zweigleisigen AC-15-kV-Strecke zwischen zwei Unterwerken mit Speisung von beiden Seiten. Kurzschlussstrom 35 kA; Ableitbelag 0,01 S/km; Masterdungswiderstand 100 Ω; l_u Streckenabschnitt, in dem U_{RE} 700 V überschreitet.
1 Spannung entlang des Streckenabschnittes für einen Kurzschluss bei 12,5 km
2 U_{RE} am Kurzschlussort, wenn der Kurzschlussort von einem Unterwerk zum nächsten wandert.

Wenn der Ableitbelag zwischen Gleisen und Erde infolge einer verbesserten Isolierung zwischen Schiene und Erde abnimmt, dann nehmen die erforderlichen Ströme zum Erreichen der zulässigen abgreifbaren Spannung auch ab. Ein hoher Ableitbelag ist günstig in Bezug auf die Berührungsspannungen, jedoch würde ein solcher die Gefahr von Streustromkorrosion bei DC-Anlagen erhöhen.

Die wirksame Leitfähigkeit der Rückleitung wird aus der Leitfähigkeit der Schienen, der Masten und der Rückleiter gebildet. Zusätzliche Rückleiter ermäßigen das Schienenpotenzial beträchtlich, wie im Bild 6.17 gezeigt. In jedem Fall müssen die Schienenpotenziale unter Berücksichtigung aller relevanten Daten geprüft werden, um die Personensicherheit zu garantieren. Weitere Beispiele finden sich in [6.3].

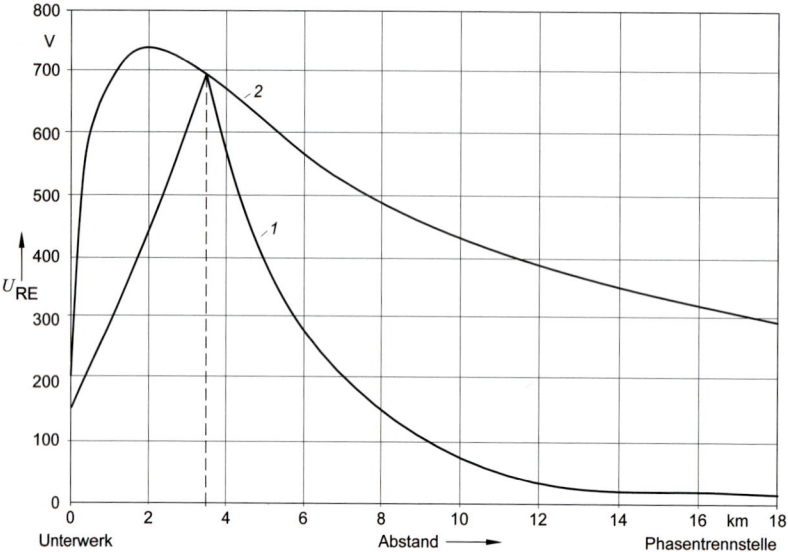

Bild 6.19: Schienenpotenzial U_{RE} entlang eines 18 km langen Streckenabschnittes einer zweigleisigen AC-25-kV-Strecke, die von einer Seite gespeist wird. Ableitbelag des Gleises 0,15 S/km; Schienenableitbelag 0,01 S/km; Mast-Erdausbreitungswiderstand 100 Ω; U_{RE} überschreitet 700 V nicht.
1 Spannung U_{RE} entlang des Leitungsabschnittes bei Kurzschluss mit 5,5 kA bei km 3,5
2 Spannung U_{RE} am Kurzschlussort, wenn dieser vom Unterwerk zur Phasentrennstelle wandert

6.4.4.4 Gleis-Erde-Spannungen im Kurzschlussfall

Der *Kurzschlussstrom* wird von den Impedanzen der Fahrleitung und der Unterwerkstransformatoren bestimmt. Das zugehörige Schienenpotenzial hängt vom Kurzschlussstrom, dem Gleisableitbelag und den Erdausbreitungswiderständen der Masten ab. In Bild 6.18 ist das Schienenpotenzial U_{RE} für 35 kA Kurzschlussstrom auf einem 40 km langen Streckenabschnitt zwischen zwei Unterwerken einer AC-15 kV-16,7-Hz-Strecke dargestellt:

- (1) entlang der Strecke zwischen zwei Unterwerken, wenn der Kurzschluss bei km 12,5 eintritt und
- (2) Schienenpotenzial am Kurzschlussort, der sich von einem Unterwerk zum nächsten bewegt.

In Bild 6.19 ist das Schienenpotenzial U_{RE} für 5,5 kA Kurzschlussstrom auf einem 18 km langen AC-25-kV-50-Hz-Streckenabschnitt zwischen dem Unterwerk und der Phasentrennstelle dargestellt.

Die relativ geringen Schienenpotenziale in der Nähe des Unterwerkes sind eine Folge der niedrigen Erdausbreitungswiderstände der Erdungsanlage des Unterwerkes, die im Beispiel mit 0,2 Ω angenommen wurden.

In [6.3] wurden die möglichen Gefährdungen im Gleisbereich im Kurzschlussfall diskutiert und im Bild 6.18 dargestellt. Wenn der Kurzschluss 0,07 s dauert, ein Wert der typischer Weise in AC-Anlagen nicht überschritten wird, ist die Wahrscheinlichkeit eines Unfalls infolge *Elektroschock* gleich Null, unabhängig davon, ob Rückleiter eingebaut sind oder nicht. Für 0,1 s Kurzschlussdauer und den Annahmen $G'_{RE} = 0{,}1\,\text{S/km}$ und $R_M = 200\,\Omega$ beträgt die Wahrscheinlichkeit eines elektrischen Schlages $1{,}3 \cdot 10^{-5}$ für Personen, die innerhalb des Oberleitungsbereiches zwanzig Tage im Jahr jeweils vier Stunden pro Tag arbeiten.

6.5 DC-Stromversorgungsanlagen

6.5.1 Grundlagen

Die Schutzmaßnahmen gegen *Streuströme* bestimmen ganz wesentlich die Ausführung der *Rückleitung* und der *Erdungsanlagen* mit DC gespeister Bahnen. Aufgrund der Angaben in den Abschnitten 6.3 und 6.4 behandelt dieser Abschnitt die Gestaltung der Rückleitung, ihre Planung und Ausführung. Die strikte Trennung zwischen Rückleitung und Erdungsanlagen von Gebäuden erfüllt die Anforderung der Norm DIN EN 50 122-2: 2011. Diese in [6.18] beschriebenen Auslegungsprinzipien haben sich für DC-Anlagen bewährt.

Die *Energieversorgung für DC-Bahnen* umfasst auch die Drehstromversorgungsnetze auf der Mittel- und Hochspannungsseite, die Anlagen zur Bereitstellung der Traktionsenergie und die Niederspannungsersatzversorgung für technische Einrichtungen und Gebäude. Für die Rückleitung und die Erdung gibt es mehrere Ausführungen, die sowohl die Anforderungen für die Personensicherheit gemäß DIN EN 50 122-1:2011, DIN EN 50 122-2:2011, VDV 500 und DIN EN 61 936-1 und für den Schutz gegen Einflüsse der*Streuströme* (siehe [6.18], DIN EN 50 122-2:2011, VDV 500, VDV 501 Teil 1-3, DIN EN 50 162 und siehe [6.19] erfüllen. Weiter muss die Auslegung der DC-Stromversorgungsanlagen den Schutz der elektrischen Ausrüstung und den Blitzschutz sicherstellen (siehe VDV 525, [6.21], DIN EN 62 305-3 und [6.20]). Wenn die Vorkehrungen für die Personensicherheit dem Schutz gegen Streustrom entgegen stehen, muss die Sicherheit eine höhere Priorität erhalten. Praktische Anwendungen erfordern abgestimmte Lösungen, die in die Gesamtanlagenauslegung in einfacher und wirtschaftlicher Weise integriert werden können.

DIN EN 50 122-1:2011 und DIN EN 50 122-2:2011 behandeln die angesprochenen Aufgaben und enthalten Vorgaben für die Erdung der

- Bauwerke und Tunnel,
- Drehstromhochspannungsenergieversorgung,
- DC-Traktionsenergieversorgung,
- Signal- und Telekommunikationseinrichtungen und
- Niederspannungsversorgungen.

Die Normen bilden die Grundlage für die beschriebene *Anlagenauslegung*. Bild 6.20 zeigt die Hauptelemente der Rückleitung und der Erdung mit der Anwendung auf eine

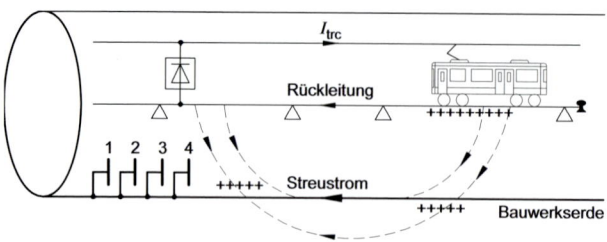

Bild 6.20: Rückleitung und Erdung von DC-Bahnen.
1 Schutzerdung der Hoch- und Mittelspannungsanlagen
2 Schutzerdung der Niederspannungsanlagen
3 Erdung der Telekommunikations- und Signalanlagen
4 Blitzschutzerdung
+++ mögliches Gebiet der Streustromkorrosion
△ isolierte Ausführung der Gleise

DC-Anlage in einem Tunnel. Die Rückströme fließen durch die Fahrschienen und Rückleiterkabel zu den speisenden Gleichrichtern. Fahrschienen und Rückleiterkabel bilden daher die Rückleitung. Wegen des sich ändernden Schienenpotenzials entlang der Eisenbahnstrecke und den tatsächlichen Werten der Isolierung streuen Ströme aus den Fahrschienen in den Boden und fließen durch den Boden und metallene, im Kontakt mit dem Boden stehende Leiter wieder zurück. *Streustromkorrosion* entsteht an den Stellen des Stromüberganges von metallenen Leitern zu einem Elektrolyten. Bild 6.20 zeigt die möglichen Bereiche der Streustromkorrosion für den Fall, dass ein Fahrzeug nur von einem Unterwerk aus gespeist wird. Das Maß der Metallerosion hängt vom Strom, der Art des Metalls und der Dauer der Einwirkung ab (siehe Abschnitt 6.5.3). Die *Bauwerkserde*, auch Tunnelerde genannt, ist entsprechend Bild 6.20 nicht mit der Rückleitung verbunden und dient als Schutzerde für alle Komponenten der Oberleitung, der Drehstromhoch- und -mittelspannungsanlagen und auch der Signal- und Telekommunikationsanlagen.

6.5.2 Personensicherheit

Sowohl die *Berührungsspannung* als Folge von Fehlern im Drehstromnetz und die *Schienenpotenziale* dürfen die zulässigen Werte gemäß DIN EN 50 122-1:2011, Tabelle 6.6, nicht überschreiten, um Personen nicht zu gefährden. Während Fehlerereignissen mit Erdkontakt im Drehstromnetz fließt der Fehlerstrom über die Erdungsanlage zur Erde und verursacht eine Spannung zwischen Erdungsanlage und Erde. Der Ausbreitungswiderstand zur Erde bestimmt die Spannung gegen Erde und die Berührungsspannung.
Die Schienenpotenziale für Betriebs- und Kurzschlussfälle werden während der Auslegung der DC-Stromversorgungen berechnet. In vielen Fällen muss der volle Betrieb auch nach dem Ausfall eines Unterwerkes durch die Traktionsstromversorgung von benachbarten Unterwerken über ausgedehnte Versorgungsabschnitte sicher gestellt werden. In diesem Fall begrenzen die Schienenpotenziale den höchstmöglichen Abstand zwischen den Unterwerken.
Um die Personensicherheit zu gewährleisten, müssen Schutzvorkehrungen gegen den elektrischen Schlag im Oberleitungsbereich getroffen werden. Schutz gegen direkten Kontakt betrifft die Rückleitung über die Fahrschienen. *Indirekter Kontakt* ist der Kon-

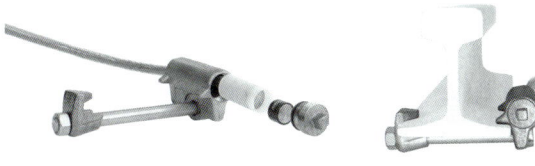

Bild 6.21: Spannungsbegrenzungseinrichtung, auch Spannungssicherung genannt (Foto: Siemens AG).

takt von Personen mit offenen leitenden Teilen der Anlage, die üblicherweise nicht unter Spannung stehen, aber im Fehlerfall Spannungen annehmen können. Um im Falle elektrischer Fehler gefährliche Spannungen an leitenden Teilen zu vermeiden, werden bei AC-Anlagen alle leitenden Teile im Oberleitungsbereich mit den Fahrschienen verbunden. Bei DC-Anlagen dürfen aber leitende Metallteile oder Anlagen, die nicht gegen Erde isoliert sind, nicht direkt mit der Rückleitung und insbesondere nicht mit den Fahrschienen verbunden werden, um Streuströme zu verhindern oder diese klein zu halten. Die Normen DIN EN 50 122-1:2011 und DIN EN 50 122-2:2011 gehen von dem grundlegenden Prinzip aus, dass Schutzmaßnahmen gegen elektrischen Schlag höhere Priorität haben müssen als Schutzmaßnahmen gegen Streustromkorrosion. Die Normen verlangen, dass der Widerstand zwischen den Rückleitern und den leitenden, nicht gegen Erde isolierten Anlagen so hoch wie möglich sein sollte. Im Fehlerfall muss eine leitende Verbindung hergestellt werden, damit die Potenziale begrenzt bleiben. Deshalb werden *Spannungsbegrenzungseinrichtungen* zwischen der zu erdenden Einrichtung und der Rückleitung eingebaut [6.5, 6.6], die einen Kurzschlussweg zur Rückleitung bilden, nach dem eine Schwellenspannung überschritten wurde. Diese begrenzen so die Potenzialdifferenzen, die in Fehlerzuständen auftreten können. Diese Einrichtungen, auch als *Spannungsbegrenzungseinrichtung* und in DIN EN 50 122-01:2011 als VLD (voltage limiter device) bezeichnet, sind im Normalbetrieb offene Verbindungen zwischen den leitenden Teilen und den Fahrschienen. Alternativ können auch *elektronische Spannungsbegrenzer* verwendet werden, wie in [6.22] beschrieben. Sie sorgen beispielsweise mit antiparallelen Thyristoren für die Personensicherheit und den Schutz der Einrichtungen.

Abhängig von den Anforderungen der einzelnen Anwendungen werden unterschiedliche Ausführungen der Spannungsbegrenzungseinrichtungen verwendet:

- Potenzialausgleichsverbinder verbinden Schienen und Gebäudeerden in Bahnhöfen, wenn das Schienenpotenzial den zulässigen Wert überschreitet. Nach kurzer Dauer öffnen sie automatisch und trennen Schienen und Gebäudeerde wieder. Die Schwellenspannung beträgt rund 50 V.
- Ausgelöst durch Spannungen stellen Spannungssicherungen eine dauernde leitende Verbindung zwischen den leitenden Teilen und der Rückleitung her, wenn die Spannungen in der Rückleitung und den leitenden Teilen einen bestimmten Schwellenwert überschreiten. Bild 6.21 zeigt eine solche Einrichtung.
- Elektronische Spannungsbegrenzer verwenden zwei antiparallele Thyristoren. Diese werden ausgelöst, wenn ein vorgegebenes Spannungsniveau überschritten wird. Die Thyristoren löschen, wenn der Strom wieder auf Null gesunken ist.

Tabelle 6.12: Technische Daten der Kurzschließer Sitras SCD.

Nennspannung	V	1 500 bis 3 000
Bemessungsstrom	A	800 bis 150
Bemessungskurzzeitstrom 250 ms	kA	25 bis 50
Auslöserspannung	V	35 bis 120

Siemens bietet die Einrichtungen Sitras SCD (Short Circuiting Device) und Sitras SCD-C (...-Compact) als Kurzschließer für DC-Bahnstromversorgungen an. Diese bauen hohe Spannungen zwischen Rückleitung und Bauwerkserde durch vorübergehendes Kurzschließen ab. Die Bildung von Streuströmen wird durch selbsttätiges Öffnen der Kurzschließer minimiert. Der Kurzschließer Sitras SCD verhindert das Stehenbleiben unzulässiger Berührungsspannungen und entspricht der Forderung in IEC 62 128-1 und DIN EN 50 122-1.

Tabelle 6.12 enthält die wesentlichen technischen Daten. Das Bild 6.22 zeigt die Schaltung. Im Grundzustand ist der Hauptkontakt am Gleichstromschütz geöffnet. Die Spannung zwischen der Rückleitung und der Potenzialausgleichsschiene wird gemessen und ausgewertet. Wird die in der Steuerungselektronik eingestellte Auslösespannung überschritten, schließt das Gleichstromschütz. Der Grenzwert kann mittels Steckbrücken in der Steuerungselektronik verändert werden. Sitras SCD öffnet automatisch, wenn der Strom über das Gleichstromschütz für eine eingestellte Mindestschließzeit unterhalb des eingestellten Maximalstromes liegt.

6.5.3 Streustromschutz

6.5.3.1 Elektro-chemische Korrosion

Die Schienen sind auf Schwellen angeordnet, die ihrerseits auf einem Schotterbett, auf der Unterlage des Schotterbettes, die teilweise eine Isolierschicht darstellen kann, und schließlich auf der Erde gegründet sind. Eine feste Fahrbahn aus einer Betonplatte stellt eine alternative Ausführung im Vergleich zu Schwellen und Schotterbett dar. Ein hoher Schienen-Erde-Widerstandsbelag ergibt sich, wenn ein neues Gleis auf gut isolierendem Schotterbett, auf besonders trockenen Sandböden gebettet ist und die Schienen besonders gegen die Schwellen isoliert sind. Jedoch hat der Schiene-Erde-Widerstandsbelag einen begrenzten Wert, der einen Teil des Rückstromes durch die Erde fließen lässt und *Streustromkorrosion* an metallenen Anlagen im Untergrund von DC-Bahnanlagen verursachen kann.

Von jedem Metall gehen in einem Elektrolyten ein osmotischer und ein Lösungsdruck aus, die sich im Gleichgewicht befinden. Wird dieses Gleichgewicht durch äußere Ströme, z. B. aus den Fahrschienen austretende Ströme, gestört, tritt *elektro-chemische Korrosion* auf. Dabei laufen parallel zwei Prozesse ab, die am Beispiel des Eisens erläutert werden:

– eine anodische Reaktion

$$Fe \rightarrow Fe^{++} + 2\,e \qquad \text{und eine}$$

6.5 DC-Stromversorgungsanlagen

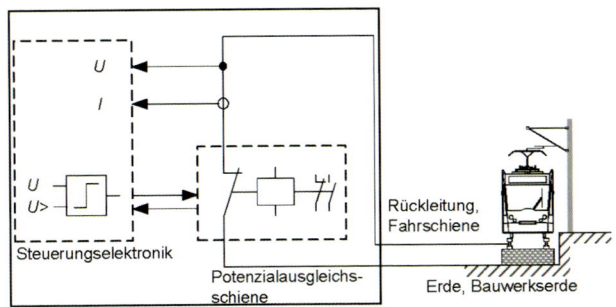

Bild 6.22: Prinzipschaltbild des Kurzschließers Sitras SCD-C.

– kathodische Reaktion

$$1/2\,O_2 + H_2O + 2\,e \rightarrow 2\,OH^- \qquad \text{bei pH} > 7\,,\text{und}$$

$$2\,H^+ + 2\,e \rightarrow H_2 \qquad \text{bei pH} < 7,$$

wobei pH der pH-Wert ist. Bei der anodischen Reaktion fließt ein *anodischer Teilstrom* I_{an} vom Metall zum Elektrolyten. Bei der kathodischen Reaktion fließt ein *kathodischer Teilstrom* I_{ka} vom Elektrolyten zum Metall. Wenn keine äußeren Ströme überlagert sind, gibt es ein Gleichgewicht zwischen I_{an} und I_{ka}.
Beim Stören dieses Gleichgewichts durch einen von außen einwirkenden Strom sind folgende zwei Fälle möglich:
- $I_{tot} > 0$, d.h. Verstärkung der anodischen Reaktion mit der Folge der *Streustromkorrosion* und
- $I_{tot} < 0$, d.h. Verstärkung der kathodischen Reaktion. Dies ist das Prinzip, das dem *kathodischen Schutz* zu Grunde liegt.

Bei der Streustromkorrosion wird im Austrittsbereich des Stromes aus einem *metallenen Leiter* Metall in das Erdreich abgetragen. Der Metallabtrag m' kann mit dem *ersten Faradayschen Gesetz* berechnet werden:

$$m' = C \int_{t_1}^{t_2} I(t)\,dt \quad . \tag{6.25}$$

C ist das *elektro-chemische Äquivalent* und $I(t)$ der Strom, der im Zeitintervall t_1 bis t_2 fließt. Der Metallabtrag durch 1 A Strom während eines Jahres erreicht 9,1 kg bei Eisen, 33,4 kg bei Blei und 10,4 kg bei Kupfer. Für die Bemessung ist die Kenntnis der Höhe des beim Traktionsprozess in das Erdreich austretenden Stromes und des sich ausbildenden Gleis-Erde-Potenzials wichtig.

6.5.3.2 Spannungs- und Stromverteilung

Ausgehend vom Schaltkreis in Bild 6.23 kann aus dem Spannungsfall über dem Gleiselement einer Strecke mit *gleichmäßig verteilter elektrischer Belastung* abgeleitet werden:

$$dU_R(x)/dx = I_R(x) \cdot R'_R \tag{6.26}$$

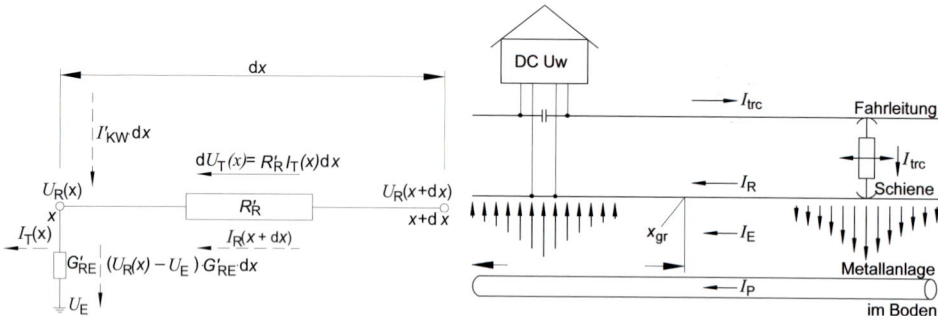

Bild 6.23: Spannungsfall über ein Gleiselement der Länge dx.

Bild 6.24: Gebiete der Streustromkorrosion. Fahrleitung mit positiver Polarität

und aus dem *Kirchhoffschen Gesetz* für die Ströme:

$$\mathrm{d}I_R(x)/\mathrm{d}x + I'_{\mathrm{trc}} = (U_R(x) - U_E) \cdot G'_{\mathrm{RE}} \quad . \tag{6.27}$$

In dieser Gleichung ist I'_{trc} die elektrische Streckenbelastung, z. B. gemäß (5.63). Mit der *Fortpflanzungskonstanten* α nach (6.9) ergibt sich für den Gleisstrom $I_R(x)$:

$$I_R(x) = A \cdot \exp[-\alpha(L-x)] + B \cdot \exp[\alpha(L-x)] \quad , \tag{6.28}$$

wobei L der Abstand zwischen Unterwerk und Last ist. Die Koordinate x beginnt am einspeisenden Unterwerk (Bild 6.24). Mit diesem Lösungsansatz und den dazugehörigen Randbedingungen, das sind die Spannungen und Ströme am Einspeisepunkt und am Lastpunkt, erhält man

$$I_R(x) = \frac{I'_{\mathrm{trc}} \cdot L}{\sinh(\alpha L)} \cdot \sinh[\alpha(L-x)] \quad . \tag{6.29}$$

Der im Abstand x vom Unterwerk durch die Erde fließende Strom $I_E(x)$ wird erhalten aus

$$I_E(x) = I'_{\mathrm{trc}} \cdot (L-x) - I_R(x)$$

oder

$$I_E(x) = I'_{\mathrm{trc}} \cdot L \cdot \left(\frac{L-x}{L} - \frac{\sinh[\alpha(L-x)]}{\sinh(\alpha L)} \right) \quad . \tag{6.30}$$

Bei einer Einzellast I_{trc} im Speiseabschnitt am Punkt L ergibt sich

$$I_E(x) = I_{\mathrm{trc}} \left(1 - \frac{\cosh[\alpha(L/2-x)]}{\cosh(\alpha L/2)} \right) \quad . \tag{6.31}$$

Ferner findet man für das *Schienenpotenzial* oder *Gleis-Erde-Potenzial* bei gleichmäßiger Belastung durch I'_{trc}:

$$U_{\mathrm{RE}}(x) = U_R(x) - U_E = \frac{I'_{\mathrm{trc}}}{G'_{\mathrm{RE}}} \left(1 - \alpha L \frac{\cosh[\alpha(L-x)]}{\sinh(\alpha L)} \right) \quad . \tag{6.32}$$

6.5 DC-Stromversorgungsanlagen

Für eine einzelne Belastung I_{trc} am Punkt L des Speiseabschnittes wird das Schienenpotenzial zu

$$U_{\text{RE}}(x) = \frac{I_{\text{trc}} \cdot \alpha}{G'_{\text{RE}}} \cdot \frac{\sinh[\alpha(L/2 - x)]}{\cosh(\alpha L/2)} \quad . \tag{6.33}$$

Diese Gleichung entspricht der Beziehung (6.8).

Für die praktische Anwendung ist wichtig, zwischen durch Streustrom gefährdeten und nicht gefährdeten Bereichen zu unterscheiden. Wie anhand des Bildes 6.24 ersichtlich ist, liegt die Grenze zwischen dem Bereich, in dem der Strom aus dem Gleis austritt und dem Gebiet, in dem der Strom wieder von der Erde zurück in das Gleis eintritt, am Punkt x_{gr}. Dieser Punkt ist auch die Grenze zwischen den Abschnitten mit positiven und negativen Schienenpotenzialen und auch der Punkt, an dem der größte Streustrom im betrachteten Speiseabschnitt auftritt. Durch Einsetzen von $x = 0$ in die Gleichung (6.32) wird erhalten

$$U_{\text{RE}}(0) = I_{\text{trc}} \cdot L/G'_{\text{RE}} \cdot [1 - \alpha L \coth(\alpha L)] \quad .$$

Der Ausdruck $\alpha L \coth(\alpha L)$ ist stets größer als 1, d. h. U_{RE} ist negativ, wenn die Fahrleitungspolarität positiv ist. Die Grenze zwischen dem *anodischen* und dem *kathodischen Bereich* wird *Grenzabstand* x_{gr} genannt. An diesem Punkt wird $U_{\text{RE}}(x_{\text{gr}}) = 0$ und die Gleichung (6.32) geht über in

$$\sinh(\alpha L) = \alpha L \cdot \cosh[\alpha(L - x_{\text{gr}})] \quad .$$

Für kleine Werte α können beide Seiten der Gleichung in Reihen entwickelt werden. Wenn man nur zwei Glieder betrachtet ergibt sich

$$x_{\text{gr}} \approx L \left(1 - \sqrt{3}/3\right) = 0{,}42 \cdot L \quad . \tag{6.34}$$

Bei realen Anwendungen setzt sich aber die Bahnbelastung aus diskreten und veränderlichen Einzellasten durch fahrende Züge zusammen. Deswegen kann mit x_{gr} nur ein Bereich angegeben werden, in dem Stromaustritts- und -eintrittsgebiet von einander abgegrenzt sind. Der Wert x_{gr} gibt einen Anhalt für die Größe der beiden Bereiche an.

6.5.3.3 Einfluss der Polarität

Die *Polarität* der *Fahrleitung* hat Einfluss auf die Lage und die Größe des Bereiches, in dem Streustromkorrosion auftreten kann. Fahrleitungen von Straßenbahnen, U-Bahnen und Vollbahnen haben vorwiegend positive Polarität. Die Entwicklung der Stromrichtertechnik und der zugehörigen Unterwerksauslegung hat dazu geführt, dass auch negative Polarität für Fahrleitungen einiger Bahnen, z. B. der Berliner S-Bahn, verwendet wird. Im Bild 6.25 sind die *Gleis-Erde-Potenziale* U_{RE} und die Spannungen U_{PE} zwischen metallenen Einrichtungen im Boden und Erde sowohl für positive als auch für negative Polarität der Fahrleitungen gezeigt, wobei eine längs der Strecke verteilte elektrische Belastung angenommen wurde.

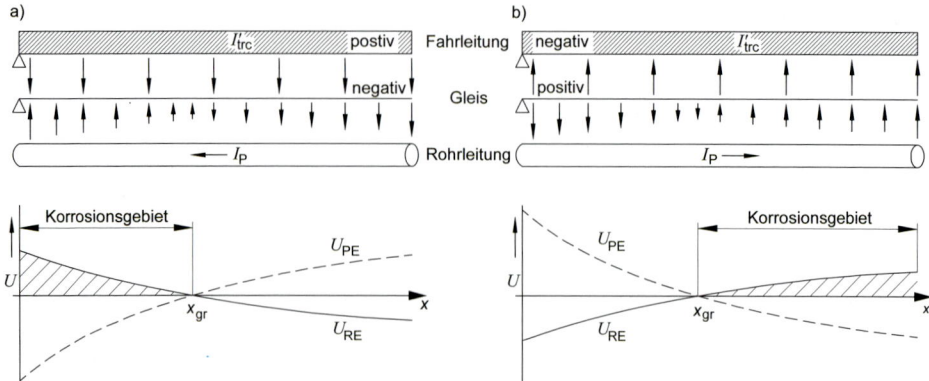

Bild 6.25: Auswirkung der Polarität auf das Gebiet mit Streustromkorrosion.
a) Fahrleitung mit positiver Polarität, b) Fahrleitung mit negativer Polarität
U_{RE} Schienenpotenzial, U_{PE} Potenzial einer Rohrleitung oder einer metallenen Anlage

Gemäß Beziehung (6.32) liegt das Stromaustrittsgebiet aus einer erdverlegten metallenen Anlage am Streckenende und hat nach (6.34) die Länge $0{,}58 \cdot l$. Dieser Sachverhalt wird als *verteilte Streustromkorrosion* bezeichnet. Bei positiver Fahrleitung liegt das Korrosionsgebiet am Unterwerk und ist kleiner. In diesem Fall wird die Auswirkung als *konzentrierte Streustromkorrosion* bezeichnet. Die positive Polarität der Fahrleitung ist die vorzuziehende und häufigste Ausführung.

6.5.3.4 Vorgaben zum Schutz gegen Streustromwirkungen

In der Norm DIN EN 50 122-2:2011 finden sich Vorgaben für die Auslegung von mit Gleichstrom betriebenen Anlagen zum *Schutz gegen Streustromwirkungen*. Zum Verringern des Streustromes muss der Bahnrückstrom möglichst in der vorgesehenen Rückleitung fließen. Die Rückleitung ist dabei üblicherweise nicht mit der Erde verbunden. Damit der Rückstrom in der Rückleitung fließt, sollte der Längswiderstand der Fahrschienen möglichst gering und Schienenstöße niederohmig überbrückt sein, sodass der Längswiderstand um nicht mehr als 5 % erhöht wird. Schienen mit größerem Querschnitt und Querverbindern sind günstig. Ein hoher Isolierungswert von Fahrschienen und Rückleitung gegen Erde ist ebenfalls erforderlich. Die Isolierungsqualität der Schienen darf nicht durch Feuchtigkeit herabgesetzt werden. Eine wirkungsvolle Entwässerung ist daher nützlich. Sauberer Schotter, Holzschwellen, isolierende Befestigungen und genügend großer Abstand zwischen Schienen und Schotterbett mindern den Ableitbelag. Parallel zu den Fahrschienen können mit diesen verbundene Rückleiterkabel verlegt werden.

Die *Rückleitungsanschlussleiter* zu den Unterwerken müssen einen isolierenden Schirm besitzen, um Streuströme zu verhindern. Kein Teil der Rückleitung darf eine leitende Verbindung zu nicht gegen Erde isolierte Anlagenteilen oder Bauwerken haben. Wo eine Verbindung der Rückleitung zum Schutz gegen elektrischen Schlag erforderlich ist, müssen Spannungsbegrenzungseinrichtungen verwendet werden. Die mit den Fahrschienen verbundenen Anlagen oder Bauteile müssen gegen Fundamente oder geerdete Teile isoliert werden. Die Bewehrung des Bauwerkes ist ebenfalls gegen die Erde zu isolieren. Soweit Schienenquerverbinder, Gleisverbinder und andere Verbinder mit der Erde in Verbindung kommen können, müssen diese isoliert werden.

Die Gleise von Gleichstrombahnen dürfen im Allgemeinen keine unmittelbare leitende Verbindung zu Gleisen anderer Bahnen haben. Wenn Fahrschienen von Gleich- und Wechselstrombahnen gemeinsam benutzt werden, müssen zusätzliche Maßnahmen gegen die Gefahr von Streuströmen und gegen unzulässige Berührungsspannungen ergriffen werden, die in DIN EN 50 122-3:2011 beschrieben sind.

Die Unterwerke müssen so ausgeführt werden, dass kein Gleichstrom in die Bauwerkserde des Unterwerkes fließt. Die Rückleitungssammelschienen in den Unterwerken müssen gegen die Erde isoliert betrieben werden. Gegebenenfalls sind zwischen der Rückleitungssammelschiene und der Erde Spannungsbegrenzungseinrichtungen vorzusehen.

Bei Bahnübergängen mit geschlossenem Oberbau darf der Ableitbelag nicht wesentlich größer sein als derjenige der angrenzenden Gleise. Die Gleise in Abstellanlagen und Werkstätten beschränken sich auf ein kleines Gebiet, wobei kein wesentlicher Spannungsfall entsteht. Deshalb ist dort eine direkte Potenzialausgleichsverbindung zwischen Bauwerkserde und Rückleitung hinnehmbar. Voraussetzung hierfür ist, dass die Fahrschienen in diesen Anlagen von der Hauptstrecke durch Isolierstöße getrennt werden und ein eigener Transformatorgleichrichter die Anlagen speist. Wenn die Fahrschienen mit denjenigen der Hauptstrecke verbunden sind, muss die Isolierung der Rückleitung gegen Erde wie sonst auf der Hauptstrecke ausgeführt werden.

Das Ziel aktiver Vorkehrungen gegen die Auswirkungen von Streuströmen ist es, die Korrosion an Anlagen Dritter oder an bahneigenen Anlagen zu vermeiden. Daher sind Streuströme zu begrenzen und ungeplante Erdverbindungen rechtzeitig zu erkennen und zu entfernen (siehe DIN EN 50 122-2:2011, VDV 500, VDV 501, [6.4] und [6.5]).

Da der Längsspannungsfall vom Unterwerksabstand und dem Rückleitungswiderstand abhängt, beeinflusst der Streustromschutz auch die erforderliche Anzahl der Unterwerke und als Konsequenz hieraus die Investitionen für ein Projekt.

6.5.3.5 Maßnahmen an beeinflussten Bauwerken

Die *Schutzmaßnahmen gegen Streuströme* sind notwendig, um Anlagen Dritter, bahneigene, bewehrte Tunnel und Viaduktbauwerke und bewehrte Gleisbettungen zu schützen. Der Widerstand zwischen leitfähigen Bauwerken, die nicht gegen Erde isoliert sind, und der Schienenrückleitung muss möglichst hoch sein. Die Schutzmaßnahmen hängen davon ab, ob die vorherrschende Streustromquelle innerhalb oder außerhalb des Tunnels liegt und ob das Schutzziel entweder Metallteile im Tunnel oder außerhalb eines Tunnels betrifft. Streuströme können in die Bewehrung von Tunnelbauwerken einfließen und dort Beeinflussungen anderer leitender Bauteile verursachen. Die Auswirkungen solcher Ströme können durch Potenzialausgleichsverbindungen gemindert werden. Voraussetzung hierfür ist eine ausreichende Anzahl von Bewehrungsstäben, miteinander verbundene Matten, andere leitfähige Bauteile und zusätzliche Leiter mit einem geeigneten

Querschnitt innerhalb des Tunnels. Das Verröden der Bewehrung ist zur Erhöhung der elektrischen Leitfähigkeit für Streustromschutzmaßnahmen ausreichend.

Wenn ein genügend hoher *Bettungswiderstand* wegen Feuchtigkeit oder verschmutztem Schotter nicht hergestellt werden kann, müssen die Metallkonstruktionen im Tunnel geschützt werden. Wenn in einem Stahlbetontunnel unerwünschte elektrische Verbindungen zwischen weit entfernten Teilen vorhanden sind und Streuströme aus anderen Anlagen führen können, muss der Tunnel durch Isolierstöße in einzelne Abschnitte unterteilt werden. Dabei ist eine zuverlässige elektrische Verbindung zwischen den Anschlüssen und den Längsbewehrungsstäben der einzelnen Abschnitte notwendig, die sonst entfällt. Die Bewehrung von Tunneln und andere metallene Teile dürfen keine elektrische Verbindung zu Teilen außerhalb des Tunnels haben. Falls eine elektrische Trennung nicht möglich ist, besteht die Gefahr eines Streustromübergangs und auch der Streustromkorrosion. In diesem Fall muss der Tunnel ununterbrochen überwacht werden. Die Verbindung der Tunnelbewehrung mit zusätzlichen Erdungsanlagen zur Erfüllung der Erdungsanforderungen für Schutzmaßnahmen ist jedoch zulässig.

Um einen *Streustromübergang* zwischen der Bauwerkserde und entfernten, nicht zur Bahn gehörenden Anlagen zu verhindern, müssen alle metallenen Rohrleitungen, Hydraulikleitungen und metallene Kabelmäntel sowie Verbindungen zur Erde, die von Außen in die Bahnanlage geführt werden, beim Eintritt in Stahlbetonbauwerke oder bahneigene metallene Bauwerke elektrisch getrennt werden. Dies kann erreicht werden durch den Einbau von Isolierstücken in Rohrleitungen, durch vollkommene Isolierung der Rohrleitungen oder durch den Einbau von Trenntransformatoren. Zwischen erdverlegten Rohren und Kabeln und einer Gleichstrombahn muss ein möglichst großer Abstand angestrebt werden, um die Beeinflussung durch Streuströme zu minimieren.

Die in DIN EN 50 122-2:2011 angegebene Messmethode lässt sich zur Bewertung eines möglichen Einflusses von Streuströmen nutzen. Bei Kreuzungen von Gleisen mit Rohrleitungen ist 1 m Abstand als Streustromschutzmaßnahme angemessen. Die direkte oder auch gerichtete Verbindung zwischen metallenen Anlagen und der Rückleitung erhöht den gesamten Streustrom. Nur nach sorgsamer Betrachtung der Auswirkungen dürfen metallenen Anlagen mit Fahrschienen und anderen Teilen der Rückleitersammelschiene des Unterwerkes verbunden werden. Die gerichtete Streustromableitung ist nur dann anzuwenden, wenn sich die zu schützende Anlage weit entfernt von anderen Anlagen befindet.

Es sind passive und aktive Schutzmaßnahmen bekannt. Passive Schutzmaßnahmen beinhalten das Umhüllen der entsprechenden Metallanlagen mit einem isolierenden Werkstoff oder die Verwendung korrosionsbeständiger Metalle. Aktive Schutzmaßnahmen umfassen Maßnahmen in der bahneigenen Traktionsenergieanlage wie

– das Verringern der Unterwerksabstände,
– das Verkürzen der Schienenrückleitungslänge durch Verlegen des Schienenrückleitungsanschlusspunktes vom Unterwerk weg,
– das Verringern des Ableitbelages zwischen Schiene und Erde,
– das Vermindern des Widerstandsbelages der Rückleitung und
– das Verlegen von Rückleitungsverstärkungen, d. h. zum Gleis paralleler Leiter, die in kurzen Abständen mit den Gleisen verbunden werden.

6.5 DC-Stromversorgungsanlagen

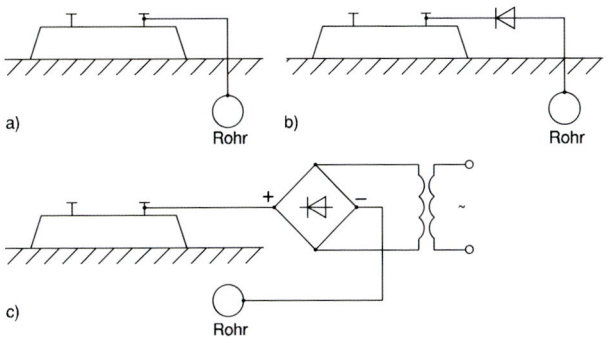

Bild 6.26: Aktive Schutzmaßnahmen gegen Streustromkorrosion.
a) direkte Streustromableitung
b) gerichtete Streustromableitung, auch polarisierte Drainage genannt
c) Streustromabsaugung

In einigen Fällen wurde auch aktiver *kathodischer Schutz* eingesetzt. Diese Schutzart zielt darauf ab, anodische Reaktionen am zu schützenden Metall zu verhindern. Bild 6.26 zeigt mehrere kathodische Schutzmethoden:

– Das Ableiten von Streuströmen von erdverlegten metallenen Anlagen zu den Gleisen ist dort zu empfehlen, wo ein Strom auch ohne direkte Verbindung zu den Schienen fließen würde. Die in Bild 6.26 a) abgebildete direkte Streustromableitung darf nur dort genutzt werden, wo die Gleise ein ausreichend hohes, negatives Potenzial bezüglich der Erde aufweisen und eine Stromrichtungsumkehr in der Verbindungsleitung ausgeschlossen werden kann.
– Eine gerichtete Streustromableitung, auch polarisierte Drainage genannt, wird an einer Stelle vorgesehen, an der eine Stromrichtungsumkehr auftreten kann. Durch einen Gleichrichter oder ein polarisiertes Relais wird dabei verhindert, dass der Strom über die Verbindungsleitung zu der zu schützenden, erdverlegten metallenen Anlage fließt (Bild 6.26 b)).
– Ist jedoch das Gleis-Erde-Potenzial nicht groß genug, so kann der abgeleitete Strom im Mittel so gering sein, dass kein ausreichender kathodischer Schutz möglich ist. Durch das Einfügen einer Gleichspannungsquelle kann dann, wie im Bild 6.26 c) erkennbar ist, eine höhere Stromableitung erzwungen werden. Diese Art des kathodischen Schutzes wird *Streustromabsaugung* oder Soutirage genannt.

In DIN EN 50 122-2:2011 wird die Verwendung von Streustromabsaugmethoden nicht empfohlen, weil durch die Verbindung eines Bauwerks mit dem Minuspol im Unterwerk auch bei einer polarisierten Absaugung die gesamten Streuströme erhöht werden. Daher sollte die Verbindung eines Bauwerkes mit der Rückleitung nur dann durchgeführt werden, wenn die Gesamtauswirkungen auf möglicherweise beeinflusste andere Bauwerke sorgfältig betrachtet wurden.

Die Potenzialverschiebung des Bauwerkes gegen die Erde stellt nach DIN EN 50 122-2:2011 ein Kriterium für die Beurteilung der Gefährdung der Stahlteile durch Streuströme dar. In der Stunde des stärksten Verkehrs darf der Mittelwert dieser Potenzialverschiebung 200 mV, abgeleitet aus DIN EN 50 162:2005, nicht überschreiten. Dieses Kriterium ist immer erfüllt, wenn die Längsspannung zwischen zwei Punkten des durchverbunden Bauwerks dieses Kriterium nicht überschreitet. Denn die Tunnel-Erde-Spannung erreicht höchstens den halben Wert der Tunnellängsspannung. Das Kriterium ersetzt das

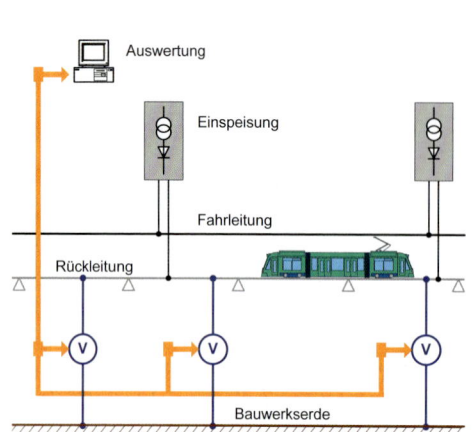 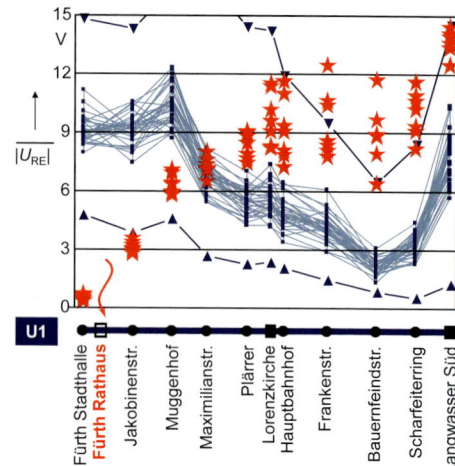

Bild 6.27: Prinzipieller Aufbau der Streustromüberwachung Sitras SMS.

Bild 6.28: Betragsmittelwerte der Schienenpotenziale entlang der Strecke. Gleis-Erde-Verbindung im Bahnhof Fürth-Rathaus; die außerhalb des Toleranzbereiches liegenden Schienenpotenziale sind durch rote Sterne dargestellt.

frühere 100-mV-Kriterium nach DIN EN 50 122-2:1996 und wird auch für die Bewertung des kathodischen Schutzes verwendet.

Das Streustrom-Monitoring-System Sitras SMS [6.7] dient zur Beobachtung der Schienenpotenziale von Gleichstrombahnnetzen. Damit können die Streuströme entlang der Strecke beurteilt, Isolationsfehlstellen frühzeitig entdeckt und somit Schäden durch Streustromkorrosion vermieden werden. Sitras SMS beinhaltet

- kontinuierliche Beobachtung der Schienenpotenziale im Betrieb,
- automatische Lokalisierung von Isolationsfehlstellen,
- Darstellung und Analyse der Schienenpotenziale,
- Übertragung der Messwerte über vorhandene Kommunikationsnetze,
- keine Beeinflussung der Streuströme, da Sitras SMS auf Spannungsmessung basiert und nicht in den Betrieb eingreift. Streuströme werden nicht erzeugt.

DIN EN 50 122-2 empfiehlt dieses Verfahren zur Beurteilung der Streustromgefährdung. Im laufenden Betrieb werden Informationen über die Spannungen zwischen Rückleitung (Schiene) und Erde (Bauwerkserde) an mehreren Messpunkten entlang der zu überwachenden Strecken gesammelt (Bild 6.27). Die Messwerte werden dargestellt und zur Lokalisierung möglicher Isolationsfehlstellen ausgewertet. Dazu vergleicht Sitras SMS die aktuellen Messwerte mit vorher aufgenommenen Referenzwerten. Liegen die gemessenen Schienenpotenziale außerhalb des tolerierbaren Bereichs, wird dies an die Netzleitstelle gemeldet. Die Eingrenzung des Fehlerortes wird mit integrierten Analysefunktionen durchgeführt. Das Bild 6.28 zeigt ein Beispiel für außerhalb des Toleranzbereiches lie-

6.5 DC-Stromversorgungsanlagen

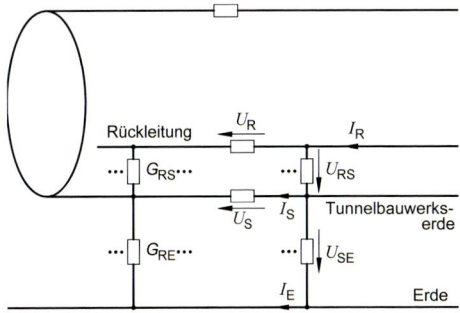

Bild 6.29: Äquivalentes elektrisches Schaltbild für eine DC-Bahnanlage in einem stahlbewehrten Tunnel. R Gleis, S Bauwerk, E Erde

gende Messwerte. Die roten Sterne zeigen die Messwerte an den einzelnen Stellen entlang der Strecke. Im Beispiel liegt eine Erdverbindung im Bahnhof Fürth-Rathaus vor.

Bild 6.29 zeigt ein elektrisches Schaltbild zur Berechnung einer DC-Bahnanlage in einem Tunnel. Die höchste Längsspannung U_S, die zwischen zwei Punkten in einem Bauwerk auftritt, hängt von folgenden Parametern ab (siehe DIN EN 50 122-2:2011, VDV 500, VDV 501 Teil 1-3):
- der Länge des Speiseabschnittes
- dem Widerstandsbelag der Gleise
- dem Ausbreitungswiderstand des Tunnelbauwerkes
- dem Ableitbelag G'_RS zwischen Rückleitung und Bauwerk, beim Tunnel zwischen Rückleitung und Bewehrung
- dem Ableitbelag G'_SE zwischen dem Bauwerk und der Erde
- dem höchsten Ein-Stundenmittelwert des Traktionsstromes

6.5.3.6 Messungen und Prüfungen

Um Schäden durch Korrosion in der Rückleitung und angrenzenden Metallkonstruktionen zu verhindern, müssen die Streustrombedingungen bei der Inbetriebnahme bewertet und während des Betriebes überwacht werden. Die direkte Messung von Streuströmen ist schwierig; es haben sich aber alternative Verfahren als durchführbar erwiesen. Diese beruhen auf der Messung des Widerstandes zwischen Rückleitung und Erde oder der Spannung gegen Erde, die durch den Zugbetrieb hervorgerufen wird. Änderungen im Ableitbelag müssen untersucht und gegebenenfalls Gegenmaßnahmen eingeleitet werden. So müssen unbeabsichtigte Verbindungen zwischen Rückleitung und Erde zur Vermeidung signifikanter Streuströme umgehend beseitigt werden. In DIN EN 50 122-02: 2011, Anhang A, sind Verfahren zur Überwachung beschrieben. Bei einer Änderung des Ableitbelages, z. B. wegen einer niederohmigen elektrischen Verbindung zwischen Rückleitung und Erde, ändert sich das Schienenpotenzial entlang der Strecke. Dieses Schienenpotenzial kann mit der Normalsituation verglichen werden. Änderungen des Schienenpotenzials weisen auf Änderungen des Ableitbelages oder lokale Verbindungen zwischen Schienen und Erde hin, die Streuströme hervorrufen könnten. Ohne kontinuierliche Überwachung müssen wiederkehrende Prüfungen in vorgegebenen Intervallen, z. B. von 5 Jahren, durchgeführt werden. Die Anhänge A 1 bis A 5 von DIN EN 50 122-2:

2011 geben Messverfahren für den Ableitbelag an. Wiederholungsmessungen sollten vorzugsweise an denselben Stellen durchgeführt werden. Dabei festgestellte Mängel der Schienenisolierung müssen beseitigt werden.

6.5.3.7 Der Einfluss des Streustroms auf metallene Anlagen

Stumpfgleise oder Gleisverlängerungen begünstigen Streuströme. Für die Berechnung wird die bestehende Eisenbahnstrecke als *Norton-Ersatzstromkreis* mit der Quellenadmittanz als Inverswert des Wellenwiderstandes der Anlage angenommen, wobei der Bahnstrom in die Rückleitung am Ende des Abschnitts eingespeist wird. Das Schienenpotenzials folgt aus

$$U_{\mathrm{RE}} = 0{,}5 \cdot I \cdot R_{\mathrm{C}} \cdot [1 - \exp(-L/L_{\mathrm{C}})] \tag{6.35}$$

mit dem charakteristischen Widerstand

$$R_{\mathrm{C}} = \sqrt{R'_{\mathrm{R}}/G'_{\mathrm{RE}}} \tag{6.36}$$

und der charakteristischen Länge

$$L_{\mathrm{C}} = 1/\sqrt{R'_{\mathrm{R}} \cdot G'_{\mathrm{RE}}} \quad . \tag{6.37}$$

Dabei sind:
U_{RE} das Schienenpotenzial
I der Mittelwert des Bahnrückstroms im betrachteten Abschnitt in der Stunde des höchsten Verkehrs
R_{C} der charakteristische Widerstand der Fahrschienen/Bauwerke der Anlage
L_{C} die charakteristischen Länge der Fahrschienen/Bauwerke der Anlage
L die Länge des betrachteten Streckenabschnitts
R'_{R} der Widerstandsbelag der Fahrschienen einschließlich paralleler Rückleiter und
G'_{RE} der Ableitbelag.

Der Streustrombelag I'_{S} wird aus dem Schienenpotenzial und dem Ableitbelag der Fahrschienen gegen Erde berechnet:

$$I'_{\mathrm{S}} = U_{\mathrm{GE}} \cdot G'_{\mathrm{GE}} \quad . \tag{6.38}$$

Die Gleichungen (6.35) und (6.38) führen zu

$$I'_{\mathrm{S}} = 0{,}5 \cdot (L/L_{\mathrm{C}}) \cdot [1 - \exp(-L/L_{\mathrm{C}})] \quad . \tag{6.39}$$

Wenn der Streustrombelag I'_{S} dividiert durch die Anzahl paralleler Gleise kleiner ist als 2,5 mA/m, sind die Anforderungen erfüllt.

Bei Stahlbetonbauwerken, z. B. Tunneln, Viadukten und Stahbetonfahrwegen, werden Streuströme von den Fahrschienen in die Bewehrung abgeleitet. Wenn die Bewehrung nicht längsverbunden ist, fließen die Streuströme über die Außenbewehrung des Bauwerks in die Erde. In Bereichen mit nicht homogenen Ableitbelag kann eine konzentrierte Ableitung des Streustromes auftreten und Korrosion an der Außenbewehrung

6.5 DC-Stromversorgungsanlagen

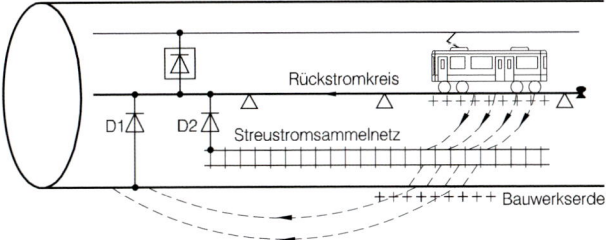

Bild 6.30: Erhöhte Streuströme mit Streustromsammelnetzen und Ableitdioden in DC-Bahnanlagen.

verursachen. Die widerstandsarme Durchverbindung der Bewehrung in Längsrichtung verringert den Längsspannungsfall entlang der Bewehrung. Ist diese Spannung kleiner als das Doppelte des in DIN EN 50 162:2005, Tabelle 1, angegebenen Wertes 200 mV, gibt es keinen Grund zur Besorgnis hinsichtlich Streustromkorrosion. Deshalb sollte zusätzlich zum Streustrom die Längsspannung U_S für Stahlbetonbauwerke berechnet werden. Für einen Rückleitungsabschnitt in einem langen, bewehrten Bauwerk, z. B. einem langen Tunnel, wird die Längsspannung berechnet mit:

$$U_S = 0{,}5 \cdot I \cdot L \cdot \frac{R'_R \cdot R'_S}{R'_R + R'_S} \cdot \left\{ 1 - \frac{L_C}{L} \cdot [1 - \exp(-L/L_C)] \right\} \quad , \tag{6.40}$$

wobei

$$L_C = 1 / \sqrt{(R'_R + R'_S) \cdot G'_{RE}} \quad . \tag{6.41}$$

Dabei ist:
U_S die Längsspannung im bewehrten Bauwerk
G'_{RE} der Ableitbelag
I der Mittelwert des Bahnrückstromes im betrachteten Abschnitt in der Stunde des höchsten Verkehrs
L die Länge des betrachteten Streckenabschnitts
L_C die charakteristische Länge der Fahrschienen/Bauwerke der Anlage
R'_R der Längswiderstandsbelag der Fahrschienen einschließlich paralleler Rückleiter
R'_S der Widerstandsbelag des Bauwerks.

Überschreitet die Längsspannung den in DIN EN 50 162:2005, Tabelle 1, angegebenen Wert 200 mV um weniger als das Doppelte, kann ein detaillierteres Berechnungsverfahren angewendet werden, um die Unbedenklichkeit der Streuströme nachzuweisen.

6.5.3.8 Streustromsammelnetze

Die Anlagenauslegung gemäß DIN EN 50 122-2:2011 setzt die Isolierung der Fahrschienen und die Durchgängigkeit der Erdungsanlagen zur Schutzerdung und den Schutz gegen Streuströme voraus. Es gibt aber Ausführungen, die eine polarisierte Drainage oder *Streustromsammelnetze* in Tunneln und Viaduktbauwerken und für Anlagen mit stahlbewehrter, fester Fahrbahn zum Schutz vor Streustromkorrosion vorsehen.
Die *Streustromdrainage* mit der Diode D1 in Bild 6.30 bildet eine metallene, gerichtete Verbindung zwischen dem Tunnel und den Fahrschienen und vermeidet Korrosion am

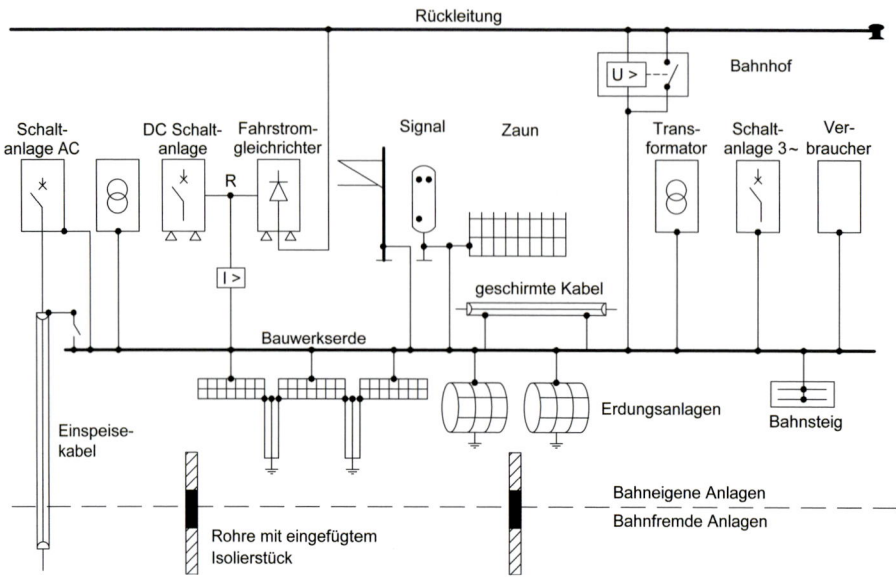

Bild 6.31: Prinzipschaltbild der Rückleitung und der zugehörigen Erdungs- und Vermaschungsmaßnahmen für DC-Bahnanlagen.

metallenen Anlagen in der Nähe der Verbindung. Jedoch vermindert diese Verbindung den Widerstand im Streustromkreis zwischen Fahrschienen und Bauwerk und erhöht so die Gesamtsumme der Streuströme. Die durch eine solche Drainage fließenden DC-Ströme zeigen diese unbeabsichtigte Auswirkung.

Zusätzliche Bewehrungsstäbe in einer Betonschicht unter den Fahrschienen bilden ein Streustromsammelnetz und stellen eine weitere Alternative dar. Das Netz ist mit den Fahrschienen über die *Streustromdrainagediode* D2 verbunden (Bild 6.30). Das Streustromsammelnetz kann gegen die Bauwerkserde nicht zufriedenstellend oder nur mit großem Aufwand isoliert werden. Die Stromdichten steigen an diesen Stellen an, sodass die Streustromdrainage D2 die Gefahr von Streustromkorrosion im Bauwerk erhöht.

Ein Streustromnetz ohne Streustromdrainage vermindert die Streuströme außerhalb der Bahneinrichtungen. Jedoch kann diesem Sammelnetz kein definiertes Potenzial zugeordnet werden, sodass die induzierten Spannungen die Gleisfreimeldeanlagen beeinflussen können. Des Weiteren muss eine Schutzauslösung bei Kurzschlüssen zwischen dem Fahrdraht und dem Streustromsammelnetz sichergestellt werden, um für die Personensicherheit zu sorgen.

Umfangreiche, vergleichende Berechnungen über den Einfluss von Streustromsammelnetzen zeigten, dass die Streustromdrainage die Schienenpotenziale bis um den Faktor zwei erhöht und die Streuströme ebenfalls mit dem Faktor vier bis zehn ansteigen. Messungen in einer Tunnelanlage bestätigten die Rechenergebnisse [6.23].

Die auf einem Viadukt geführte BTS-Nahverkehrsanlage in Bangkok wurde unter Federführung von Siemens elektrisch ausgelegt und errichtet [6.24]. Die Streuströme für unterschiedliche Schutzmethoden wurden für diese Anlage berechnet. Die Ausführung mit einer durchverbundenen Bauwerksbewehrung wurde mit einer Ausführung mit Streustromsammelnetzen mit Drainagedioden verglichen. Die Streustromdrainage würde die Streuströme in der Bauwerksbewehrung um den Faktor zehn erhöhen. Die BTS-Anlage wurde daher mit einer durchverbundenen Bauwerksbewehrung ohne Streustromnetz oder Dioden ausgeführt.

Wegen der Ergebnisse der beschriebenen Untersuchungen und Messungen können Drainagedioden nicht als Streustromschutzmaßnahme empfohlen werden.

6.5.4 Gestaltung im Hinblick auf Rückleitung und Erdung

6.5.4.1 Grundlegende Empfehlungen

Die *Auslegung der Rückleitung* und der Erdungsanlagen muss sowohl für den Schutz gegen elektrischen Schlag als auch vor Streuströmen sorgen [6.18]. Insbesondere ergeben sich Forderungen an den Gleisbau [6.25]. In Bild 6.31 sind in einem Übersichtsdiagramm alle Vorkehrungen dargestellt, die diese Anforderungen erfüllen.

Die Fahrschienen bestimmen den Längswiderstand der Rückleitung. Um einen niedrigen Spannungsfall zu erreichen, werden geschweißte Verbindungen bevorzugt und die Weichen längs mit Schienenlängsverbindern überbrückt. Soweit als möglich sollten die Rückströme durch alle Fahrschienen fließen. Für diesen Zweck werden die Fahrschienen durch Gleisverbinder quer verbunden. Gleisfreimeldeanlagen, die eine isolierte Schiene erfordern, sind nicht zweckmäßig, da nur eine Fahrschiene des Gleises für den Rückstrom verwendet werden kann.

DIN EN 50 122-2:2011 gibt vor, dass Teile der Rückleitung nicht direkt mit Anlagen, Gebäuden oder Teilen hiervon verbunden werden dürfen, die gegen Erde nicht isoliert sind. Wenn Verbindungen zur Rückleitung hergestellt werden, um Schutz gegen elektrischen Schlag zu erreichen, dann müssen Spannungsbegrenzungseinrichtungen (siehe [6.26] und Abschnitt 6.5.2) verwendet werden. Diese bilden beim Überschreiten vorgegebener Spannungswerte zeitweilig oder dauernd leitende Verbindungen.

Um das Schienenpotenzial und die Streuströme auf annehmbare Werte zu begrenzen, kann der Längswiderstand der Rückleitung durch größere Querschnitte der Fahrschienen oder durch Verlegen zusätzlicher, mit den Fahrschienen verbundener, paralleler, gegen die Erde isolierter Kabel verringert werden.

Als Ableitbelag zwischen Gleise und Erde sollten in Tunelabschnitten Werte kleiner als 200 mS/km angestrebt werden. Diese Werte können nur durch entsprechende Auslegung und isolierende Schienenbefestigungen erreicht werden. Die Isolierung gegen Erde muss auch bei allen Einrichtungen, die mit den Fahrschienen verbunden sind, wie Gleisfreimeldeanlagen, Weichenantriebe und Weichenheizungen beachtet werden.

6.5.4.2 Bahneigene Erdungsanlagen

Gebäudefundamente, Tunnelbauwerke und die Gründungen aufgeständerter Anlagen bilden *bahneigene Erdungsanlagen*, die im Allgemeinen als *Bauwerkserde* bezeichnet werden (siehe Bild 6.31). Der Gesamtwiderstand gegen Erde muss so niedrig sein, dass die zulässige Berührungsspannung bei Erdfehlern in der Drehstromanlage nicht überschritten wird.

Die Anforderung für die Begrenzung der Streuströme bestimmt die kleinsten elektrischen Querschnitte und auch den Längswiderstand des Bauwerkes. Es hat sich erwiesen, dass es vorteilhaft ist, Erdleiter parallel zum Bauwerk zu verlegen, mit denen die Bauwerksabschnitte verbunden werden können, wie im Bild 6.31 gezeigt. Diese Durchverbindung ist einfach und kann mit Bezug auf das 200-mV-Kriterium beurteilt werden. Es gibt keine durchverbundene Erdungsanlage bei ebenerdigen Strecken im Freien. Bahnhöfe, Unterwerke, technische Gebäude, Gehäuse für Bahneinrichtungen wie Stellwerke und alle Fahrleitungsstützpunkte wirken als unabhängige Erdungsanlagen.

6.5.4.3 Drehstromenergieversorgung

Um niedrige Werte der Spannung gegen Erde im Falle einpoliger Erdschlüsse zu erreichen, ist es günstig, den einpoligen Kurzschlussstrom durch Verwendung eines Sternpunktwiderstandes am speisenden Transformator der Drehstromanlage zu begrenzen. Die Kenngrößen des entsprechenden Sternpunktwiderstandes hängen vom Erdausbreitungswiderstand der Anlage ab.

Der Ausbreitungswiderstand von Tunnel- und Viaduktanlagen beträgt üblicherweise weniger als $100\,\mathrm{m\Omega}$, sodass die Spannungen gegen Erde im Fehlerfall wahrscheinlich gering bleiben. Für Bauwerke zur ebener Erde mit Gründungen kleinerer Maße kann es jedoch erforderlich werden, zusätzliche Erdungsstäbe einzubringen, um die Anforderung hinsichtlich zulässiger Berührungsspannung einzuhalten.

Im Hinblick auf den Streustromschutz sollten die Erdungsanlagen des Drehstromversorgungsnetzes von den Erdungsanlagen der DC-Bahnen getrennt werden. Diese Trennung kann jedoch nur erzielt werden, wenn die Kabelschirme nicht mit den DC-Bahnerdungsanlagen verbunden sind. Da gefährliche Spannungen an den offenen Enden der Kabelschirme entstehen können, sollten diese Enden gegen Berührung geschützt und entsprechend gekennzeichnet werden. Die offenen Kabelschirme müssen jedoch mit den Bauwerkserden der Bahnanlage während Arbeiten an Mittelspannungsanlagen aus Schutzgründen verbunden werden.

6.5.4.4 Traktionsunterwerke

In vielen Fällen werden Unterwerke und Bahnhöfe von U-Bahnen aus bahneigenen Mittelspannungsringen gespeist. Die Schirme dieser Mittelspannungskabel, die Metallgerüste der Mittelspannungsanlagen und der Gleichrichtertransformatoren müssen mit der Bauwerkserde verbunden werden.

Wenn die Bahnhöfe aus dem öffentlichen Niederspannungsnetz versorgt werden, darf weder der neutrale Leiter noch der Schutzleiter Spannungen auf Anlagen Dritter übertragen. Üblicherweise sind die baulichen Anlagen von DC-Schaltgeräten in *Traktionsunterwerken* gegen die Bauwerkserde isoliert. Durch das Zusammenführen der Rückleiter an einem Punkt können Fehler an Gleichrichtern und DC-Schaltgeräten erkannt werden, wie in Bild 6.31 dargestellt. Die Stromüberwachung in der Verbindung zwischen Rückleitung und Bauwerkserde und optional eine Spannungsüberwachung zwischen der

Rückleitung und den DC-Schaltanlagen-Gerüsten schalten den Mittelspannungstransformator ab, wenn Isolierfehler oder unzulässige Berührungsspannungen auftreten.
Die Rückleiterkabel zum Gleichrichterunterwerk müssen gegen Erde isoliert werden, um Streuströme zu vermeiden. Um die *Potenziale der Fahrschienen* so niedrig wie möglich zu halten, sollten die Schienen mit den Rückleiterkabeln vermascht werden.

6.5.4.5 Offene, ebenerdige Streckenabschnitte

Gemäß DIN EN 50 122-1:2011, Abschnitt 6, müssen Vorkehrungen für den Schutz gegen indirektes Berühren an leitenden Teilen und an den Fehlerströmen ausgesetzten Teilen der Oberleitungsanlage vorgesehen werden. Schutzvorkehrungen gegen die verbleibenden, gefährlichen Berührungsspannungen sind wo nötig zu ergreifen, sowohl insgesamt oder teilweise für leitende Tragwerke im Oberleitungs- oder Stromabnehmerbereich, wie Stahlkonstruktionen, bewehrte Betonbauwerke, metallene Masten, metallene Zäune, Entwässerungsrohre, Fahrschienen von nicht elektrifizierten Anlagen, die im Fehlerfall Spannungen annehmen können.
Eine direkte Erdung der Fahrschienen und die Verbindung leitender, mit der Erde verbundener Teile mit den Fahrschienen wie bei AC-Bahnen ist bei DC-Bahnen nicht zulässig, da damit Streuströme entstehen würden. Daher sollten diese Teile mit der Erde verbunden und nicht mit der Rückleitung vermascht werden. Spannungsbegrenzungseinrichtungen (VLD) sollten verwendet werden, um im Fehlerfall eine Verbindung der leitfähigen Teile mit der Rückleitung, wie in Bild 6.31 gezeigt, herzustellen und damit die Berührungsspannungen auf tolerierbare Werte zu begrenzen.
Um zu vermeiden, dass jeder einzelne oder jedes ausgesetzte leitende Bauteil mit einer Spannungssicherung verbunden wird, ist es allgemeine Praxis, insbesondere bei DC-3-kV-Anlagen, Erdseile auf den Masten mit zuführen, die mit den Fahrschienen in Abständen von einigen hundert Metern über VLD verbunden sind. Diese Erdseile sollten in nur einige Kilometer lange Abschnitte unterteilt werden, um die Gefahr von Streustromkorrosion an den Mastfundamenten zu mindern. Ein Beispiel für das Zusammenfassen von Einzelobjekten längs einer Straßenbahnstrecke zu Erdungsanlagen, die über hochwertige VLD mit der Rückleitung verbunden werden, ist in [6.27] beschrieben.
Um die Masten gegen die Auswirkungen von Blitzeinschlägen zu schützen, sind die metallenen Teile der Masten mit den Bewehrungen der Mastgründungen zu verbinden.
Bei praktischen Anwendungen sind folgende Regeln zu beachten:
– Die Gehäuse und Körper von Geräten, die die Traktionsspannung führen, sollten von den Tragwerken oder Gründungen isoliert werden und direkt an der *Bauwerkserdungsanlage* geerdet oder mit der Rückleitung mittels VLD verbunden werden.
– Metallene Tragwerke von Stromschienen (Dritte Schienen) brauchen nicht geerdet zu werden, wenn sie auf gegen Erde isolierten Grundrahmen installiert sind.

Gemäß DIN EN 50 122-1:2011 müssen Tragwerke für Oberleitungen mit Spannungen bis DC 1,5 kV nicht mit der Rückleitung verbunden werden, wenn eine doppelte oder verstärkte Isolierung der Fahrleitung vorhanden ist. Diese Ausführung wird bei vielen Straßenbahnen und städtischen Nahverkehrsanlagen verwendet.

6.5.4.6 Bahnhöfe für den Personenverkehr

Während des gleichzeitigen Anfahrens von Zügen und insbesondere während der Durchverbindung von Speiseabschnitten bei Ausfall eines Unterwerkes könnte das Schienenpotenzial einen Wert annehmen, mit dem die höchste zulässige Berührungsspannung erreicht oder überschreiten würde. Um die *Personensicherheit* zu gewährleisten, werden VLD [6.26] nach Abschnitt 6.5.2 besonders in Bahnhöfen mit hohem Vorort-, Regional- und U-Bahnverkehr angewandt.

Diese Einrichtungen messen die Spannung zwischen Rückleitung und Bauwerkserde in Bahnhöfen und verbinden beide für eine kurze Zeitdauer, wenn das Schienenpotenzial unzulässig hohe Werte erreicht. Die Verbindung wird selbsttätig nach ungefähr 10 s wieder geöffnet. Das Auslösen der VLD sollte aufgezeichnet oder an die Steuerstelle gemeldet werden, um bei häufigen Schalthandlungen Prüfungen auszulösen.

6.5.4.7 Signal- und Telekommunikationsanlagen

Da elektrisch leitende Verbindungen zwischen den Fahrschienen und der Bauwerkserde oder der fernen Erde nicht erlaubt sind, müssen *Signalanlagen*, Gleisfreimeldeanlagen, *Weichenantriebe* und andere mit den Fahrschienen verbundene Anlagen gegen die Bauwerkserde und ferne Erde isoliert werden, um Streuströme zu vermeiden. Die Schirme von bahneigenen Telekommunikations- und Signalkabel können auf beiden Seiten an die Bauwerkserde in Bahnhöfen und entlang der Strecke angeschlossen werden, um deren Reduktionswirkung zu unterstützen.

6.5.4.8 Depot- und Werkstattbereiche

Spannungsdifferenzen zwischen der Bauwerkserde und der Rückleitung können für die Beschäftigten während des Arbeitens eine Gefahr darstellen. Um eine solche zu vermeiden, wird empfohlen, Rückleitung und Bauwerkserde im *Depot-* und *Werkstattbereich* zusammenzuschließen (siehe auch DIN EN 50 122-1:2011). In solchen Bereichen dürfen die Berührungsspannungen 60 V nicht überschreiten, während in anderen Teilen der DC-Bahnen bis 120 V zulässig sind. Schäden an elektrischen Werkzeugen können vermieden werden, wenn die Fahrschienen und die Schutzleiter der Werkzeuge das gleiche Potenzial annehmen. Damit kann kein elektrischer Schlag bei der Fahrzeuginstandhaltung eintreten.

Direkte Verbindungen dieser Art sind unter folgenden Bedingungen zulässig:
- eigenes Traktionsunterwerk für den Werkstattbereich
- Trennung gegen die Hauptgleise durch isolierende Schienenverbinder und
- Vorsehen von Isolierstößen an allen Kabelschirmen und Rohrleitungen vor Eintritt in den Depot- oder Werkstattbereich.

Im Bild 6.32 wird das Depot von einem getrennten Traktionsstromgleichrichter versorgt, um die Streuströme zu begrenzen, wenn die Rückleitung und die Bauwerkserde im Depot miteinander verbunden sind. Die Fahrschienen und die Erdungsanlagen des Depots werden von den Anlagen der Strecke getrennt. Kurze Speiseabschnitte und niedrige Betriebsströme unterstützen die beabsichtigte Wirkung.

6.5 DC-Stromversorgungsanlagen

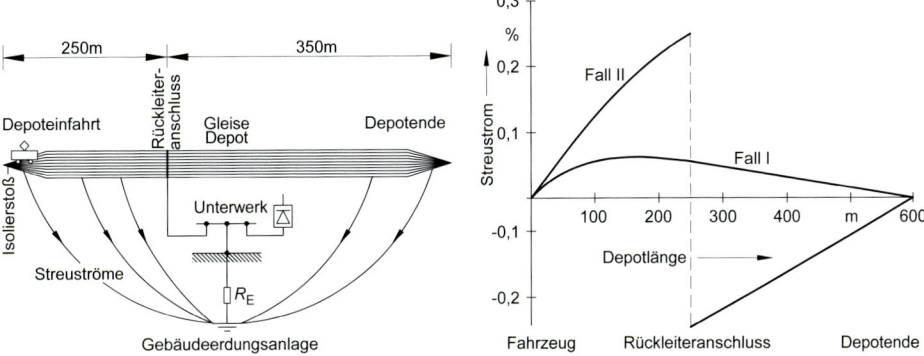

Bild 6.32: Anordnung der Rückleitung im Depotbereich.

Bild 6.33: Streuströme im Depot, wenn die Schienen und die Gebäudeerdungsanlage getrennt sind (Fall I) und wenn sie verbunden sind (Fall II).

In [6.28] wurde der Einfluss der Verbindung der Fahrschienen im Depot mit der Bauwerkserde hinsichtlich Streuströme untersucht. Das betrachtete Depot hatte eine eigene Einspeisung und die Schienen wurden von den Hauptgleisen durch Isolierstöße getrennt. Die Parameter des Depots sind:

- 10 Gleise
- Gleiswiderstandsbelag $22\,\text{m}\Omega/\text{km}$
- Gleisableitbelag $0{,}5\,\text{S}/\text{km}$
- Ausbreitungswiderstand der Bauwerkserde $R_\text{E} = 0{,}33\,\Omega$
- Rückleiterwiderstand $1{,}5\,\text{m}\Omega$

Mit der Annahme, dass ein Triebfahrzeug bei der Einfahrt in das Depot einen Strom zieht, wurden die in Bild 6.33 angegebenen Streuströme berechnet. Der durchschnittliche, über eine längere Zeitdauer beobachtete Strom kann als Basis für die Korrosionswirkungen der Streuströme genutzt werden. In dem betrachteten Fall gleichen die Vorteile des gleichen Potenzials der Gleise und der Bauwerkserde während der Instandhaltungsarbeiten eventuelle Nachteile aus den höheren Streuströmen aus.

Die Rückleitung und die Bauwerkserde sollten nur an einem Punkt in der Mitte der Depotgleise miteinander verbunden werden, um Gleislängsspannungen im Depot so niedrig wie möglich zu halten. Weitere Verbindungen zu Radsatzdrehbänken, Fahrzeughebeeinrichtungen und Krananlagen können während der Arbeitsvorgänge häufig nicht vermieden werden. Es ist vorteilhaft, diese Werkzeuge nahe der elektrischen Verbindung der Depotgleise und der Bauwerkserde anzuordnen. Eine Untersuchung bei 22 öffentlichen Bahnunternehmen in Deutschland zeigte, dass 15 davon diese Art der getrennten Speisung und Verbindung der Bauwerks- und Bahnerde für bestehende, projektierte oder geplante Werkstatt- und Depotanlagen verwenden [6.12].

6.5.4.9 Tunnel

Streuströme könnten in bewehrten Betontunneln fließen. Deshalb wird die *elektrische Vermaschung der leitenden Bewehrung* und anderer Metallteile gefordert, um
- gegen elektrischen Schlag zu schützen,
- Gefahren infolge von Schienenpotenzialen zu vermeiden und
- die mit Streuströmen verbundenen Risiken zu mindern.

Nach DIN EN 50 122-2:2011 sollte die berechnete maximale Längsspannung zwischen zwei Punkten des Tunnelbauwerks kleiner als 200 mV sein. Der Gradient der Längsspannung wird unter Verwendung einer geänderten Form der Gleichung (6.7) berechnet. Unter Verwendung des Gleiswiderstandsbelages R'_R, den man aus der Tabelle 5.3 entnehmen kann, wird der Längsspannungsfall im Tunnel durch Prüfung des ungünstigsten Falles nach DIN EN 50 122-2, Anhang C, beurteilt. Die Änderung des Schienenpotenzials ist nach (6.35) zu berechnen.

Die Berechnungsmethode mit Gleichung (6.35) ist konservativ, da die Formel einen unendlich ausgedehnten Tunnel auf jeder Seite des betrachteten Abschnittes annimmt. Des Weiteren werden die abmindernden Einflüsse der Fahrzeugbewegungen in benachbarten Abschnitten und der Ableitbelag des Tunnelbauwerks gegenüber der fernen Erde nicht beachtet. Die so berechneten Spannungen sind höher als die Werte in der Realität.

Beispiel 6.6: Es ist das Schienenpotenzial U_{RE} einer 1 km langen, zweigleisigen Tunnelstrecke zu berechnen. Der höchste stündliche Mittelwert des höchsten Traktionsstromes beträgt 1 000 A. Die weiteren Parameter sind:
- $R'_R = 0{,}01\,\Omega/\mathrm{km}$ gemäß Tabelle 5.3 für vier Schienen UIC 60 mit Vorsorge für Abnutzung und Schienenstöße
- $G'_{RE} = 0{,}05\,\mathrm{S/km}$ für einen Oberbau mit einer isolierten Schiene je Gleis nach langer Betriebszeit
- $R'_C = 0{,}05\,\Omega/\mathrm{km}$ für acht Bewehrungsstäbe mit je 400 mm² Querschnitt

Die charakteristische Länge L_C folgt aus (6.42) zu $L_C = 1/\sqrt{(0{,}01 + 0{,}05) \cdot 0{,}05} = 18{,}3\,\mathrm{km}$.
Die Längsspannung U_S ergibt sich aus (6.41) zu
$U_S = 0{,}5 \cdot 1\,000 \cdot 1{,}0 \cdot 0{,}01 \cdot 0{,}05 \cdot [1 - (18{,}3/1{,}0) \cdot (1 - \exp(-1/18{,}3))](0{,}01 + 0{,}05) = 0{,}112\,\mathrm{V}$
und liegt damit unter 0,2 V als Basis für die Streustrombewertung.

Aus diesem Beispiel ist zu ersehen, dass die Tunnellängsspannung den Wert 0,2 V überschreiten könnte, wenn sich der Ableitbelag erhöhte. Allerdings stellen die errechneten Längsspannungen obere, auf der ungünstigen Seite liegende Werte dar, da diese den immer vorhandenen Ableitbelag des Tunnels gegen die Erde nicht berücksichtigen. Bei Überschreitungen der annehmbaren Längsspannung nach (6.41) bis 400 mV sollte daher eine genauere Rechnung mit Beachtung des Tunnelableitbelags vorgenommen werden.

Die weiteren Anforderungen für die Ausführung der Erdungsanlagen in Tunneln sind:
- metallene, leitende Verbindungen zwischen den Fahrschienen und der Tunnelbewehrung oder anderen Stahlbauteilen müssen verhindert werden
- Metallrohre, die in den Tunnel führen, müssen elektrisch von den Rohrabschnitten außerhalb des Tunnels isoliert werden
- Kabelschirme und -bewehrungen erfordern ebenfalls eine Isolierung durch Isolierstöße an der Einführung in den Tunnel

6.5 DC-Stromversorgungsanlagen

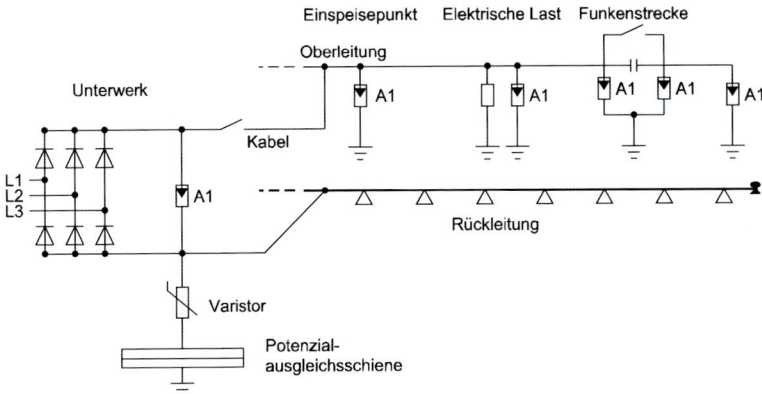

Bild 6.34: Blitzschutzmaßnahmen in DC-Bahnanlagen. Ableitertyp A1 gemäß VDV 525.

Soweit normalerweise offene *Spannungsbegrenzungseinrichtungen* [6.26, 6.29] als Schutzvorkehrung gegen unzulässig hohe Spannungen zwischen Metallteilen des Tunnelbauwerkes und den Rückstrom führenden Fahrschienen eingebaut sind, müssen diese die folgenden Anforderungen erfüllen:

– die VLD kehren nach ihrer Auslösung in ihren Ruhezustand zurück, wenn der Strom über eine einstellbare Zeit unter den maximalen Schaltströmen liegt
– kehrt die VLD nicht in ihren Ruhezustand zurück, sind die Ursachen des Fehlers zu dokumentieren und dieser ist unmittelbar zu beheben

Der Einbau von *parallelen Rückleitern* ist eine wirksame Art der Begrenzung der Gleis-Erde-Spannungen, minimiert die Gefahr durch Streuströme und ergibt günstige Bedingungen für Schutzmaßnahmen gegen elektrischen Schlag.

Als Beispiel wurden mit Rechnersimulationen die Gleis-Erde-Spannungen und Streuströme am Standort des Triebfahrzeuges bestimmt. Das Triebfahrzeug befand sich auf einer zweigleisigen Strecke einer DC-750-V-Metro-Anlage mit hoher Betriebsbelastung. Der Zugabstand betrug 5 Minuten, die Leistung für die Traktion und beim Bremsen stieg bis 4000 kW je Zug an und der Gleis-Erde-Ableitbelag betrug 0,02 bis 2 S/km. Die höchste *Gleis-Erde-Spannung* $U_{RE} = 210$ V ergab sich für $G'_{RE} = 0,02$ S/km. Eine Erhöhung des Ableitbelages auf 2 S/km führte zu einer Verminderung dieser Spannung auf 140 V. Dabei nahmen jedoch die Streuströme um den Faktor 50 zu. Die für dieses Problem gefundene Lösung, die sowohl die Anforderungen an die Reduktion der Gleis-Erde-Spannung und auch der Streuströme erfüllt, war der Einbau eines Kupferrückleiters mit 1000 mm² Querschnitt parallel zu den Fahrschienen. Bei einem neuen Oberbau mit einer Isolierschiene und einem Ableitbelag 0,02 S/km vermindert dieser ergänzende Rückleiter die höchste Gleis-Erde-Spannung von 210 V auf 120 V sowie die Streuströme um rund 60 %. Ein Modell für eine Rechnersimulation ist in [6.30] enthalten.

6.5.4.10 Blitzschutz

Bei Fahrleitungen auf ebenen, offenen Strecken und/oder auf Dämmen und Viadukten können *Blitzeinschläge* nicht vermieden werden. Sie können für DC-Anlagen Gefährdungen mit beträchtlichen Konsequenzen darstellen [6.31]. Direkte Blitzeinschläge in Oberleitungen und Einschläge in Nachbaranlagen führen zu Überspannungen. Einschläge in Masten können rückwärtige Überschläge und Überspannungen zur Folge haben. Solche Überspannungen können auch durch Blitzeinschläge in Fahrschienen, insbesondere bei Dritte-Schiene-Anlagen, entstehen. Die Überspannungen können Werte bis 2 000 kV erreichen. Die für DC-Strecken benutzten Einrichtungen können wirtschaftlich nicht so gestaltet werden, dass sie diesen Überspannungen standhalten. Die Überspannungen müssen auf Werte beschränkt werden, die für speisende Anlagen nicht gefährlich sind. Ein wirksamer Schutz wird durch Metalloxid-Ableiter erreicht [6.20].

Entsprechend den Empfehlungen in VDV 525 und [6.21] sollten für die Installation im Freien Ableiter an jedem Einspeisepunkt, an den Enden der Speiseabschnitte und am Leitungsende, an Kuppelstellen und an den Anbindungen elektrischer Lasten entsprechend Bild 6.34 vorgesehen werden. In VDV 525 werden die empfohlenen Ableiter *Typ A1-Ableiter* genannt. A1-Ableiter sollten in Straßenbahnoberleitungen auch auf langen, offenen Strecken und auf Brücken eingebaut werden.

Die A1-Ableiter sollten nahe der Oberleitung eingebaut und mit dieser über einen isolierten Leiter verbunden werden. Bei Schotteroberbau mit isolierenden Schienen sollten die A1-Ableiter mit einem Erdungsstab mit nicht mehr als $10\,\Omega$ Ausbreitungswiderstand gemäß DIN EN 62 305-3 verbunden werden. Weitere Einzelheiten können aus [6.20] entnommen werden. Die Klemmen der Ableiter sollten so nahe wie möglich an der zu schützenden Einrichtung eingebaut werden, z. B. sollte der Ableiter direkt mit dem Kabelendverschluss an einem Einspeisepunkt verbunden werden.

Um ein Unterwerk zu schützen, empfiehlt VDV 525 den Einbau von A1-Ableitern im Unterwerk, an jedem Speisekabel und zusätzlich einen Varistor, auch Typ A2-Ableiter genannt, zwischen dem Rückleiter und der Bauwerkserde (Potenzialausgleichsschiene), siehe Bild 6.34.

6.5.4.11 Erdung bahnfremder Anlagen

Kabelschirme, Rohre sowie metallene, stahlbewehrte Bauteile in *Anlagen Dritter* können Potenziale übertragen und auch Streustromkorrosion an bahnfremden Anlagen verursachen. Von außen in Tunneln eingeführte Rohrleitungen oder Viadukte in elektrischen Traktionsanlagen müssen gegen die Bauwerkserde isoliert verlegt oder mit Isolierstrecken an den Eintrittsstellen in Gebäude elektrisch getrennt werden, siehe Bild 6.31. Dies ermäßigt auch die Korrosion infolge unterschiedlicher Potenziale offener Stromkreise in der Erdungsanlage.

Die Schirme von Kommunikationskabel, die von außen in die Bahnanlage führen, müssen auch gegen die Bauwerkserde isoliert werden. Die Kabelschirme können aber mit der Bauwerkserde über Kondensatoren mit niedriger Induktivität verbunden werden, um deren Reduktionswirkung auszunutzen.

Zwischen einer DC-Bahnanlage und im Boden verlegten Rohrleitungen oder Kabel sollten 1 m minimaler Abstand entsprechend DIN EN 50 122-2:2011 eingehalten werden. Die *Erdungsanlagen von bahnfremden Einrichtungen* sollten gegen die DC-Bahnanlagen isoliert werden. Wenn eine solche Isolierung nicht möglich ist, d. h. wenn die DC-Bahnanlage und bahnfremde Anlagen in einem gemeinsam benutzten Gebäude zusammengefasst sind, müssen die Erdungsanlagen der Gebäude mit der Bauwerkserde der DC-Bahn zusammen geschaltet werden.

6.5.4.12 Durchführung von Elektrifizierung

Die Erdung und der Streustromschutz für DC-Bahnen sind bei der Errichtung eines jeden Elektrifizierungsvorhabens wichtig. Elektrische Verbindungen in den Bewehrungen der Bauwerke, Brücken, Tunnel und Mastfundamente müssen rechtzeitig vorgegeben werden, bevor die ersten Bauarbeiten beginnen. Wenn Erdungsverbindungen und Durchverbindungen in den Bauwerken nicht hergestellt wurden, dann müssen alternative Ausführungen später realisiert werden, was erhebliche zusätzliche Investitionen erfordern kann.

Es ist insbesondere wichtig, frühzeitig Übereinstimmung über Werkstoffe, Querschnitte und anzuwendende Verbindungstechniken zu erzielen, um die Anforderungen für die Erdung von DC-Bahnanlagen zu erfüllen.

Die *kleinsten Querschnitte für Erdleiter* sind in DIN EN 61 936-1 mit Rücksicht auf Korrosion und mechanische Festigkeit vorgegeben, z. B. $50\,\text{mm}^2$ für Stahl und $16\,\text{mm}^2$ für Kupfer. Gemäß IEC 61 000-5 werden geschweißte Verbindungen gegenüber Klemmverbindungen für Erdleiter bevorzugt, da der elektrische Widerstand an der Klemmverbindung durch mögliche Korrosion der Klemmen größer werden kann.

6.5.4.13 Messungen für Nachweise

Messungen für Nachweise werden empfohlen, um die elektrischen Verbindungen der Bewehrung zu prüfen, bevor Beton eingebracht wird, da Mängel nachträglich nur mit großem Aufwand korrigiert werden können. Die Durchgängigkeit der Rückleitung muss geprüft und die Sicherheitsmaßnahmen müssen während der Inbetriebnahme der gleisseitigen Einrichtungen nachgewiesen werden. Es muss auch nachgewiesen werden, dass die notwendigen Vorkehrungen gegen Streustromkorrosion durchgeführt wurden.

Messungen können auch zur Bestätigung von Parametern erforderlich werden, so des Erdausbreitungswiderstandes während des Betriebes, der Schienenpotenziale und ebenso der Potenziale zwischen der Bauwerkserde und der fernen Bezugserde (siehe Abschnitt 6.5.3.6). Die Norm DIN EN 50 122-2 enthält in den Anhängen A.2 und A.3 Verfahren zur Messung des Ableitbelags zwischen Fahrschienen und beeinflussten Bauwerken bzw. auf offenen Strecken, die zur Streustrombewertung verwendet werden können [6.32, 6.33].

6.5.5 Erdung und Rückleitung bei der LRT-Anlage Ankaray

6.5.5.1 Messungen des Erdausbreitungswiderstandes

Die beschriebenen und im Bild 6.31 zusammenfassend dargestellten Vorkehrungen für die Erdung und Rückleitung wurden bei der LRT-Ankaray in Ankara, Türkei, durchgeführt. Die Anlage ist in [6.18] beschrieben. Während des Baus und der Inbetriebnahme wurden Messungen zum Nachweis der Wirksamkeit der Auslegung durchgeführt. Der *Erdausbreitungswiderstand* der Bahnhöfe und Unterwerke wurde während der Errichtung mit der Dreipunktmethode gemessen. Der größte Messwert betrug $0{,}35\,\Omega$. Das ist weniger als der Wert $0{,}9\,\Omega$, der für die Einhaltung der zulässigen Berührungsspannungen bei Erdfehlern in der Drehstromversorgung erforderlich gewesen wäre.

6.5.5.2 Messung der Schienenpotenziale

Während des Versuchsbetriebes wurden die Schienenpotenziale in den Bahnhöfen mit den kürzest möglichen Zugabständen und mit höchster elektrischer Belastung gemessen. Während des Normalbetriebes traten ± 60 V als größte Schienenpotenziale auf. Die Speiseabschnitte wurden durchverbunden, um die Auswirkungen von Unterwerksausfällen zu untersuchen. Unter dieser Bedingung traten höhere Schienenpotenziale während des gleichzeitigen Starts mehrerer Züge auf, die die VLD in Bahnhöfen infolge der hohen Schienenpotenziale auslösten.

6.5.5.3 Messung der Schienenisolierung

Um die Isolierung der Schienen zu prüfen, wurde die Leitfähigkeit zwischen den Fahrschienen und der Bauwerkserde unter Verwendung der in der DIN EN 50122-2:2011 beschriebenen Methode gemessen. Die gemessenen Werte lagen nahe bei $0{,}02\,\text{S/km}$ je Gleis, also beträchtlich unterhalb des Wertes $0{,}1\,\text{S/km}$, wie er für die Ausführung der Tunnelabschnitte empfohlen und für die Auslegung der Anlage verwendet wurde.

Während dieser Messungen wurden auch die *Längswiderstände* der Fahrschienen gemessen. Es wurden Werte zwischen 36 und $40\,\text{m}\Omega/\text{km}$ beobachtet, die gut mit den Werten für die Schiene S 49 in Tabelle 5.3 übereinstimmen.

6.5.5.4 Messung des Potenzials zwischen Bauwerks- und Bezugserde

Zur Beurteilung der Gefahr der Streustromkorrosion wurde das Potenzial des Tunnelbauwerkes gegen eine $Cu/CuSO_4$-Bezugselektrode ohne und mit der größten Betriebslast gemessen. Bild 6.35 zeigt ein typisches Ergebnis der Potenzialmessung. Der Mittelwert des Potenzials ist während des Zugbetriebes nur unwesentlich höher als ohne Betrieb. Nur kurzzeitig traten Spannungsspitzen bis 50 mV infolge des Zugbetriebes auf. Da der Durchschnittswert der gemessenen Spannungsverschiebung weit unter 200 mV, und auch unter 100 mV liegt, besteht gemäß DIN EN 50 162 bzw. DIN EN 50 122-2: 1999 keine Gefahr einer Streustromkorrosion.

6.5 DC-Stromversorgungsanlagen

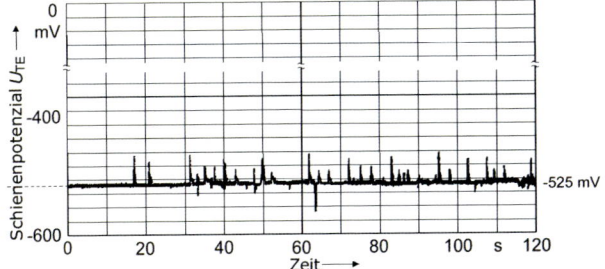

Bild 6.35: Anlage Ankaray LRT: Potenzial zwischen Tunnelbauwerk und ferner Erde während des Zugbetriebes.

6.5.5.5 Spannungsbegrenzungseinrichtungen in den Bahnhöfen

Eine quantitative Beurteilung der Streuströme ist auf der Grundlage einer Strommessung mit für Prüfzwecke geschlossenen Spannungsbegrenzungseinrichtungen (VLD) möglich. Diese Einrichtungen verbinden die Fahrschienen mit der *Bauwerkserdungsanlage* und wirken ähnlich wie eine Streustromableitung. Selbst in diesem ungünstigen Fall wurden Streuströme kleiner als 10 A in der VLD gemessen. Dieser niedrige Wert bestätigt die hohe Güte der Schienenisolierungen der Anlage Metro Ankaray insbesondere im Vergleich mit anderen DC-Bahnanlagen. Die ohne diese absichtliche Verbindung gemäß Abschnitt 6.5.3.8 berechneten Werte waren um den Faktor 10 geringer. Wenn mehrere VLD gleichzeitig geschlossen sind, würden beträchtlich höhere Ströme – bis zu 500 A – durch die Verbindungsleiter fließen. In diesem Fall würde die durchverbundene Tunnelbewehrung parallel zu den Fahrschienen geschaltet werden.

6.5.6 Instandhaltung

Die Messungen in der Anlage Metro Ankaray zeigten, dass eine *Gesamtstrategie für Erdung und Vermaschung* und die Anordnung der Rückleitung nicht nur dem Baufortschritt zugute kommt, sondern auch die *Instandhaltung der Erdungsanlage* hinsichtlich Personensicherheit und Wirksamkeit des Streustromschutzes vereinfacht. Die Ströme in den VLD (siehe Abschnitt 6.5.5.5) sollten nicht wesentlich höher sein als die während der Inbetriebnahme bei nahezu gleichem Zugbetrieb gemessenen Werte.

Die *Schienenpotenzialmessung* (siehe Abschnitt 6.6.4.11) erlaubt auch eine qualitative Beurteilung der Streustrombedingungen. Die Messung kann an den Klemmen der Spannungsbegrenzungseinrichtungen während des Zugbetriebes durchgeführt werden. Die Gefahr der Streustromkorrosion wäre größer, wenn sich der Durchschnittswert des Schienenpotenzials unter gleichen betrieblichen Bedingungen verglichen mit den Messungen bei der Inbetriebnahme geändert hätte. Der Grund könnten Verbindungen mit geringem Widerstand zwischen Rückleitung und der Bauwerkserde sein, die durch weitere Messungen geortet werden könnten. Ein geringes Schienenpotenzial zeigt an, dass in der Nähe fehlerhafte Verbindungen zwischen den Fahrschienen und der Bauwerkserde vorhanden sind. In größerem Abstand von der Fehlerstelle erhöht sich das Schienenpotenzial auf das Doppelte, verglichen mit dem ungestörten Betrieb. Die fehlerhaften Verbindungen sollten innerhalb kurzer Zeit beseitigt werden.

Wenn die Strom- und Spannungsmessungen außerordentlich große Abweichungen von den Bezugsmessungen zeigen, ist eine Prüfung der Schienenisolierung und des Potenzials zwischen Bauwerk und Rückleitung gemäß den Abschnitten 6.5.3.6 und 6.5.5.4 zu empfehlen, um den Fehler festzustellen. Eine dauernde Streustromüberwachung kann durch Einbau und Betrieb des in [6.6] und [6.7] beschriebenen Gerätes erreicht werden.

6.5.7 Schlussfolgerungen für Rückleitung und Erdung in DC-Anlagen

Die Auslegung der Traktionsrückleitung einschließlich Erdung und Vermaschung, wie sie in Abschnitt 6.5 beschrieben ist, setzt gegen Erde isolierte Fahrschienen und eine durchgehende Erdungsanlage voraus. Diese Gestaltung erfüllt die einschlägigen europäischen Normen. Die Beispiele der Anlage Metro Ankaray und anderer Anlagen zeigen, dass sich diese Auslegung bei praktischen Anwendungen bewährt.

Die Anordnung von *Streustromsammelnetzen* würde zu technischen Nachteilen führen und zusätzliche Aufwändungen für die Installation und Instandhaltung erfordern. Streustromsammelnetze und Streustromableitung können für den Streustromschutz bei Bahnen nicht empfohlen werden.

Die Maßnahmen für Erdung, Rückleitung und Vermaschung betreffen auch die Bauingenieurearbeiten und müssen in einem frühen Stadium des Bahnvorhabens festgelegt werden, um über die notwendigen Vorkehrungen vor dem Bau entscheiden zu können und um aufwändige, alternative Maßnahmen zu vermeiden.

Zusammenfassend sind in Bild 6.31 die empfohlenen Maßnahmen für Erdung und Vermaschung von DC-Bahnen dargestellt, um Schutz gegen elektrischen Schlag und Überspannungen sowie gegen Streustromkorrosion auf Abschnitten im Freien, in Tunneln und auf Viadukten zu erreichen.

6.6 AC-Stromversorgungsanlagen

6.6.1 Grundlagen

Die unterschiedlichen Stromversorgungsarten für AC-Bahnen sind direkt mit der *Rückleitung* korreliert. Bei einfachen Rückleitungen (Bild 6.3) mit Verwendung der Fahrschienen als Rückleitung fließen 30 bis 40 % des Rückstromes durch die Erde. Dieser Anteil kann auf 15 bis 20 % durch das Führen von *Rückleitern* an den Masten, wie in Bild 6.3 b) gezeigt, verringert werden.

Das *Autotransformatoren-System*, Bild 6.3 d), versorgt die Bahnstrecke über eine höhere Übertragungsspannung zwischen der Oberleitung und dem *Negativfeeder*. Autotransformatoren sind in 10 bis 20 km Abständen angeordnet und formen die Übertragungsspannung auf die Oberleitungsspannung um. Zwei benachbarte Autotransformatoren wirken wie Unterwerke an beidseitig eingespeisten Streckenabschnitten.

Das *Boostertransformatoren-System*, Bild 6.3 c), verwendet Transformatoren mit 1 : 1 Übersetzungsverhältnis, die in drei bis fünf km Abständen in die Oberleitung eingebun-

6.6 AC-Stromversorgungsanlagen

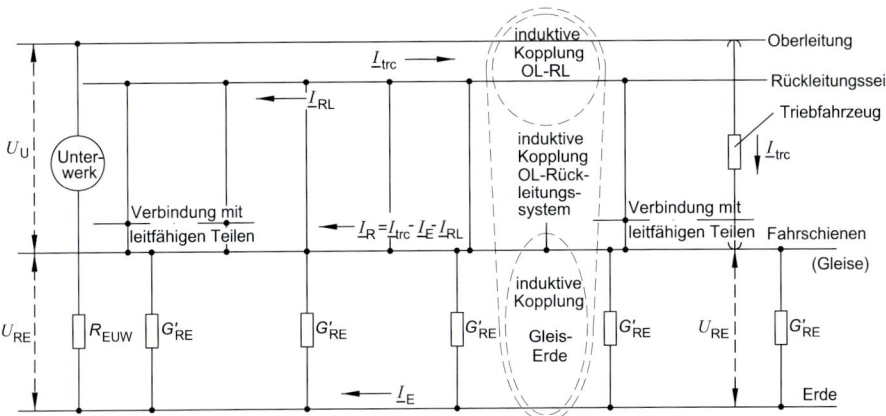

Bild 6.36: Rückleitung und Bahnerdung einer Einleiter-Wechselstrom-Bahn, R_{EUw} Ausbreitungswiderstand der Erdungsanlage des Unterwerkes.

den sind. Die Sekundärwindungen saugen den Rückstrom über die Verbindungen aus den Fahrschienen zu einem Rückleiter, der an Isolatoren aufgehängt ist. Der Rückstrom fließt zum Unterwerk über den nahe bei der Oberleitung angeordneten Rückleiter zurück. Der durch die Schienen und die Erde fließende Strom ist über weite Streckenabschnitte gering.

Die Grundlagen der Rückstromführung und Erdung sind in [6.34] und [6.35] beschrieben. Eine schematische Darstellung des elektrischen Schaltbildes der Rückleitung und der Erdungsanlage, entsprechend der Rückleitungsgestaltung des Bildes 6.13 b), ist in Bild 6.36 gezeigt. Der Traktionsstrom I_{trc} fließt von der Oberleitung durch das Triebfahrzeug in die Fahrschienen, die direkt mit dem Rückleiter verbunden sind. Es gibt eine galvanische Verbindung zur Erde, die durch den Ableitbelag G'_{RE} gekennzeichnet ist. Zusätzlich ist die Fahrleitung mit dem Rückleiter, den Gleisen und der Erde induktiv gekoppelt. Gleise und Erde sind ebenfalls induktiv gekoppelt.

Die Rückleitung von AC-Bahnen ist anders als bei DC-Bahnen mit der Erdungsanlage verbunden (Bild 6.36). Die Erdungsanlage umfasst auch Erdelektroden mit großen Flächen, wie Gründungen von Gebäuden, Brücken und Viadukten, die Tunnelbewehrungen und die Gründungen für Oberleitungsmasten entlang der Strecke. Ihre Verbindungen über die Rückleitung bilden die Bahnerde, an die die folgenden Einrichtungen angeschlossen werden

– *Mittelspannungs-Schutzerde,*
– *Niederspannungs-Schutzerde,*
– Erdung der Telekommunikations- und Signalanlagen und auch
– Erdung der Blitzschutzeinrichtungen.

In AC-Bahnanlagen ist die Erde Teil des Rückstrompfades infolge der induktiven und ohmschen Kopplung mit den Gleisen. Teile des Rückstromes fließen durch die damit verbundenen Erdungsanlagen und durch die Erde. Dies ergibt einen ausgedehnten Bereich, in dem auch nicht bahneigene Anlagen durch die elektrische Bahn beeinflusst

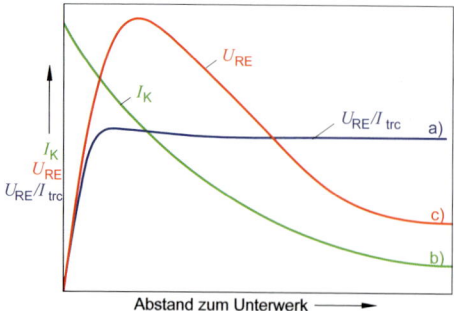

Bild 6.37: Kurzschlussstrom I_K und höchstes Schienenpotenzial U_{RE}/I_{trc} im Betriebs- und U_K im Kurzschlussfall, abhängig vom Abstand vom Unterwerk.
a) bezogenes Schienenpotenzial U_{RE}/I_{trc} am Standort des Fahrzeuges
b) Kurzschlussstrom I_K abhängig vom Abstand des Kurzschlussortes vom Unterwerk
c) Schienenpotenzial U_{RE} am Ort des Kurzschlusses

werden können. Je höher der durch die Erde fließende Strom ist, desto höher ist die Auswirkung auf andere Anlagen wie Rohre oder Kabel in der Nähe der Bahn.
Bei mit AC versorgten Bahnen treten
- die *galvanische Beeinflussung*,
- die *induktive* und *kapazitive Beeinflussung* und
- die *elektrische* und *magnetische Felder*

auf. Die galvanische Beeinflussung entsteht durch leitende Verbindungen einer Anlage mit der Rückleitung. Die kapazitive Beeinflussung wird durch influenzierte Spannungen an nicht mit der Erde verbundenen Leitern verursacht und spielt bei Bahnanwendungen nur eine unbedeutende Rolle.

Die induktive Beeinflussung und die magnetischen Felder sind bei AC-Bahnanlagen wichtig. Ihre Größen hängen von der Eigenimpedanz und der Koppelimpedanz der Oberleitungsanordnung in gleicher Weise ab, wie die Verteilung der Rückströme. Für die zu erwartende induktive Beeinflussung stellt der durch die Erde fließende Rückstrom ein Indiz dar. Zusätzliche Rückleiter, Booster- oder Auto"0Transformatoren verringern den durch die Erde fließenden Rückstrom und damit auch die induktive Beeinflussung in der Nähe der elektrifizierten Bahn.

Die Beeinflussung betrifft sowohl bahneigene als auch bahnfremde elektrische Einrichtungen in der unmittelbaren Nachbarschaft. Auswirkungen und Störungen können abhängig von der Empfindlichkeit der Ausrüstung entstehen. Kapitel 8 behandelt weitere Aspekte der Beeinflussung.

6.6.2 Personensicherheit

Primär müssen Erdung und Vermaschung von AC-Bahnen einen *elektrischen Schlag* verhindern und die *Personensicherheit* garantieren [6.1]. Um dies zu erreichen, werden elektrische Ausrüstungen und Komponenten der AC-Oberleitungsanlagen, die in Fehlersituationen Spannung annehmen könnten, direkt mit der *Rückleitung* verbunden. Dies gilt insbesondere für Komponenten, die im Fehlerfall die Oberleitungsspannung annehmen würden. Die Verbindung dieser Komponenten mit der Rückleitung führt zu einer zuverlässigen *Schutzauslösung*. Wenn eine direkte Verbindung zur Rückleitung nicht möglich ist, z. B. weil die zu erdenden Teile auch Teil der Rückleitung einer DC-Bahn sind, dann werden sie mit der Rückleitung der AC-Anlage über VLD verbunden.

Tabelle 6.13: Zulässige Berührungsspannungen $U_{\text{te max}}$ nach DIN EN 50 122-1: 2011 und Schienenpotenziale U_{RE} für AC-Bahnen.

	Zulässige Spannung $U_{\text{te, max}}$	Zulässiges Schienenpotenzial U_{RE}
Betriebsfall dauernd	60	120
Betriebsfall 5 min	65	130
Fehlerfall 0,1 s	785	1 570

U_{te} Berührungsspannung, U_{RE} Spannung zwischen Gleis und Erde, jeweils in V

Kleine leitende Komponenten, deren waagerechte Länge 2 m nicht überschreitet und die keine elektrischen Anlagen tragen, sind von der Forderung nach Vermaschung gemäß DIN EN 50 122-1:2011, Abschnitt 5.3.2, ausgenommen.

Die *Schienenpotenziale* müssen die Anforderungen hinsichtlich zulässiger *Berührungsspannungen* erfüllen. Die Einspeisung der Rückströme in die Rückleitung am Standort eines Triebfahrzeuges oder an einem Kurzschlussort verursacht einen örtlichen Potenzialanstieg der Rückleitung gegen Erde, siehe Bild 6.37. Diese Potenzialdifferenz, also das Schienenpotenzial, hängt von den Betriebs- oder Kurzschlussströmen, dem Ableitbelag zwischen Gleis und Erde und dem Abstand des Fahrzeuges oder eines Erdschlusses vom Unterwerk ab, siehe Abschnitt 6.4.4.1. Zur besseren Vergleichbarkeit werden vorhandene Schienenpotenziale auch als spezifische Werte bezogen auf 100 A Strom ausgedrückt.

Die höchsten Schienenpotenziale müssen sowohl für den Betriebs- als auch für den Kurzschlussfall ermittelt werden, um die aus den Schienenpotenzial herrührenden Gefahren beurteilen zu können, siehe Abschnitt 6.3.2. Bei einem konstanten Betriebsstrom steigt das Schienenpotenzial bis 5 km Abstand des Triebfahrzeuges vom Unterwerk an und bleibt dann nahezu konstant. Im Bild 6.37 ist der sich ergebende Verlauf des höchsten Schienenpotenzials am Triebfahrzeug dargestellt.

Der Kurzschlussstrom ist bei Kurzschlüssen am Unterwerk am größten, das zugehörige Schienenpotenzial ist Null. Das Schienenpotenzial erreicht seinen größten Wert nur im Abstand von mehreren Kilometern vom Unterwerk im Übergangsbereich (Bild 6.37).

Um die vom Schienenpotenzial ausgehenden Gefährdungen zu beurteilen, muss auch der Verlauf des Potenzials gegen Erde quer zum Gleis betrachtet werden. In Bild 6.16 ist der grundsätzliche Verlauf der Spannung U_{RP} zwischen dem Gleis und einem Punkt P und der Verlauf der Spannung U_{PE} zwischen dem Punkt P und der fernen Erde im Verhältnis zum Schienenpotenzial U_{RE} gezeigt. Das Potenzial U_{RE} kann in 1 m Abstand nicht überbrückt werden. Jedoch darf der Teil des Schienenpotenzials zwischen der äußeren Schiene und einem Punkt 1 m hiervon die *abgreifbare Berührungsspannung* gemäß DIN EN 50 122-1:2011, Anhang D, nicht übersteigen, wobei nur ungefähr 20 % überbrückt werden können. Für die Erdung von Hochspannungsanlagen nimmt DIN EN 61 936-1 diesen Anteil mit 50 % des Potenzials an und gibt vor, dass die mögliche Berührungsspannung als im Einklang mit der Norm zu betrachten ist, wenn das Potenzial die zweifache zulässige Berührungsspannung nicht überschreitet. Dieses Verhältnis, angewendet auf das Schienenpotenzial, ist in Tabelle 6.13 berücksichtigt.

Die zulässigen Berührungsspannungen gelten auch für Stromversorgungsanlagen, wobei Fehler mit Erdkontakt in der Drehstrommittel- oder -niederspannungsanlage zu beachten sind. Hierfür muss die Potenzialerhöhung der Erdungsanlage in der gleichen Weise untersucht werden wie das Schienenpotenzial.

Werte für die im Kurzschlussfall zulässigen Berührungsspannungen und Schienenpotenziale hängen von der Einwirkungsdauer ab und sind in der Tabelle 6.13 exemplarisch enthalten: Sie gelten für Abschaltdauern moderner Schutzeinrichtungen, die kürzer als 100 ms sind. Weitere Daten siehe Tabelle 6.1.

6.6.3 Rückleitung

6.6.3.1 Rückleitung durch Schienen und in der Erde verlegte Leiter

Bei Strecken mit hohen elektrischen Belastungen und als Folge hiervon mit hohen Strömen kann die Verwendung der Schienen zusammen mit der Erde als Rückstrompfad nicht ausreichend sein, um die Schienenpotenziale auf tolerierbare Werte zu begrenzen und die Beeinflussungen in akzeptablen Grenzen zu halten. Dann sind zusätzliche Maßnahmen erforderlich, um das Auslegungsziel zu erreichen.

Die Ableitung gegen Erde kann durch in der Erde verlegte Leiter verbessert werden. Im Abschnitt 6.4.2 wird die Wirkung von *Banderdern* beschrieben. Auf einigen Strecken der DB wurden Banderder aus verzinktem Stahl mit dem Querschnitt $30 \times 4\,\text{mm}^2$ ungefähr in 1 m Tiefe neben jedem Gleis verlegt. Infolge der Verlegung im Boden und der verwendeten Querschnitte verbessern diese Erdungsbänder die Verteilung der Rückströme nur leicht. Für die Oberleitungen der DB wurde berechnet, dass im Vergleich zu Strecken mit ausschließlicher Rückleitung durch die Gleise:

- die Streckenimpedanz um ungefähr 2 bis 3 % reduziert wird,
- die in 3,5 m Abstand von der Gleismitte und 0,1 m über dem Schienenkopf beobachteten Beeinflussungen um ungefähr 7 % gemindert werden und
- das Schienenpotenzial um rund 53 % vermindert wird.

Die Form und die Feldstärke der elektrischen und magnetischen Felder in der Umgebung der Bahnstrecke ändern sich kaum, wenn Erdbänder verlegt werden. So ergibt sich als Hauptergebnis der Erdbänder eine Minderung des *Schienenpotenzials*.

In Tabelle 6.14 ist die Auswirkung von erdverlegten Bändern auf die Verteilung der Rückströme, auf das Schienenpotenzial und die induzierten Spannungen im Vergleich mit den Daten einer Anlage mit ausschließlicher Stromrückleitung über die Schiene dargestellt.

6.6.3.2 Rückleiter

Die Führung paralleler *Rückleiter* in der Nähe der Kettenwerke ist eine einfache und wirksame Art zum Reduzieren des Rückstromanteils, der durch die Schienen und die Erde fließt, ebenso wie auch zur Minderung der Schienenpotenziale und der induzierten Spannungen [6.36]. Parallele Rückleiter mit einer engen induktiven Kopplung mit dem Kettenwerk haben mehrere Wirkungen:

- Die durch die Gleise und die Erde fließenden Anteile des Rückstromes werden, wie im Bild 6.38 und Tabelle 6.14 gezeigt, erheblich gemindert.

6.6 AC-Stromversorgungsanlagen

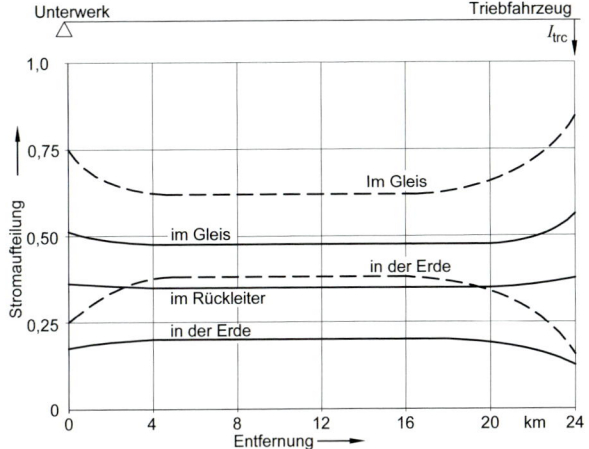

Bild 6.38: Aufteilung des zurückfließenden Traktionsstromes auf die einzelnen Pfade der Rückleitung bei einer zweigleisigen Strecke mit wirksamem Ableitbelag 2 S/km.
--- ohne Rückleiter
— mit Rückleitern 243-AL1

- Die Gleis-Erde-Spannungen werden beträchtlich gemindert. Berechnungen zeigten, dass eine Minderung der Schienenpotenziale um 50 bis 55 % im Vergleich zu Anlagen ohne Rückleiter möglich ist. [6.37] berichtet, dass eine Minderung um 53 % durch Messungen nach Einbau der Rückleiter bestätigt wurde.
- Die induzierten *Längsspannungen* in Leitern, parallel zur Bahnstrecke, vermindern sich um 40 bis 50 %. Für ein Kettenwerk der Bauart Re 250 mit Rückleiter wurde ermittelt, dass die induzierten Längsspannungen in einem Leiter in 3,5 m Abstand von der Gleismitte fast 45 % niedriger waren als ohne parallelen Rückleiter. Messungen der induzierten Spannungen an der mit AC 25 kV 50 Hz elektrifizierten Strecke Madrid–Sevilla zeigten, dass eine Verminderung der induzierten Spannung um rund 40 % durch die Rückleiter erreichbar waren. Die induzierte Spannung nahezu 45 % niedriger ist, wenn parallele Rückleiter vorhanden sind [6.37]. Aus Bild 6.39 kann bezüglich der induzierten Längsspannung durch das Verlegen von Rückleiterseilen eine Minderung um 35 bis 40 % abgelesen werden.
- Das Magnetfeld im Bereich der Bahnstrecke wird stark verringert. Aus [6.37] ist zu entnehmen, dass mit $2 \times 1\,000$ A Strom die magnetische Feldstärke 1 m über den Schienen direkt unter dem Kettenwerk der Bauart Re 200 100 A/m beträgt, wenn parallele Rückleiter eingebaut sind und 200 A/m, wenn keine Rückleiter vorhanden sind. In 12 m Abstand von der Streckenmitte wurden 12 µT mit parallelen Rückleitern und 24 µT ohne solche Rückleiter erhalten. Die Verminderung des magnetischen Feldes, dank der parallelen Rückleiter, kann auch aus den Diagrammen in Bild 8.12 erkannt werden.
- Der *Impedanzbelag* wird verringert. In [6.37] wurde auf der Strecke Magdeburg–Marienborn eine Verringerung des Impedanzbelages gegenüber der Variante ohne Rückleiter um 9 % für eine mit AC 15 kV 16,7 Hz elektrifizierte Strecke gemessen. Der längenbezogene Resistanzbelag nahm dabei um rund 8 % zu und der Reaktanzbelag nahm um ungefähr 18 % gegenüber der Ausführung ohne Rückleiter ab. Als Ergebnis veränderte sich der Phasenwinkel von 56° auf 48°.

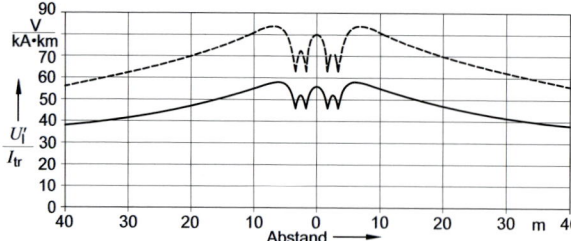

Bild 6.39: Auf den Traktionsstrom bezogene induzierte Längsspannungsbeläge auf Leitungen parallel zur Bahnstrecke. Spezifischer Bodenwiderstand $\varrho_E = 100\,\mathrm{m\Omega}$.
--- ohne Rückleiter
— mit Rückleitungsseil 243-AL1

Bild 6.38 zeigt die *Verteilung des Rückstromes* auf die Erde und die Schienen. Wird ein Rückleiterseil mit Erdpotenzial entlang der Masten in gleicher Höhe wie das Kettenwerk verlegt, wird nahezu die Hälfte des sonst durch die Erde fließenden Stromes aus der Erde ausgekoppelt und fließt durch den Rückleiter zurück. Die in den Tabellen 5.8 und 5.9 enthaltenen Werte bestätigen dies. In der Tabelle 6.14 sind die Wirkungen der Rückleiter im Vergleich mit der Rückleitung nur durch die Schienen gezeigt.

Das Verlegen paralleler *Rückleiter* erfordert nur 5 % mehr Aufwand als ohne diese Rückleiter, die deutliche Verminderung der magnetischen Feldstärken in der Umgebung der Bahn, die Ermäßigung der induzierten Spannung und die Verminderung der Gleis-Erde-Spannungen und der Impedanz rechtfertigen diesen zusätzlichen Aufwand. In der Veröffentlichung [6.38] wurde daher der Schluss gezogen, dass für die Österreichischen Bahnen ÖBB eine Rückleitungsanordnung mit parallelen Rückleitern entlang von Hochleistungsstrecken einen wirtschaftlich und technisch günstigen Weg darstellt, um die höheren Traktionsrückströme zu führen und die damit verbundenen Fragen der Beeinflussung zu beantworten. Bei Bahnen für den Hochleistungsverkehr sollte dies Standard sein. Oberleitungsausführungen mit Rückleiter wurden auch auf den Hochgeschwindigkeitsstrecke Madrid–Sevilla [6.39] und Berlin–Hannover [6.40] verwendet.

6.6.3.3 Autotransformatoren

Das *Autotransformatoren-System* oder 2-AC-System wird weltweit häufig für AC-Bahnelektrifizierungen verwendet [6.41, 6.42]. Außerhalb des durch ein Triebfahrzeug belasteten Abschnittes zwischen den zwei Auto-Transformatoren fließt der Strom durch die Oberleitung und den Negativfeeder, während dieser zwischen diesen beiden Autotransformatoren durch die Oberleitung, das Triebfahrzeug und die Schienen und Rückleitung zu den Autotransformatoren fließt. Hinsichtlich der Rückleitung und der Erdung sind nur die Abschnitte mit Triebfahrzeugen von Interesse.

In diesen Abschnitten ist die Verteilung der Rückströme auf Gleise, Erde und andere Komponenten ähnlich derjenigen ohne Autotransformatoren. Vorausgesetzt, dass der Energiebedarf der gleiche ist, sind das Schienenpotenzial, die induzierten Spannungen in parallelen Leitern und die magnetische Flussdichte niedriger als bei konventionellen Ausführungen der AC-Stromversorgung. Die Verringerung hängt von der jeweiligen Situation ab, weshalb Näherungswerte auch nicht angegeben werden können. Messungen der Stromverteilung werden in [6.44] und [6.45] behandelt.

6.6 AC-Stromversorgungsanlagen

Tabelle 6.14: Elektrische Kenndaten von AC-Oberleitungen mit unterschiedlicher Rückleitung.

AC 25 kV 50 Hz	A	B	C
Verteilung des Rückstromes (%)			
– Gleise	70	65	40
– Erde	30	30	20
– Banderder	–	5	–
– Rückleiter	–	–	40
Schienenpotenzial unter Last (V/kA)			
– Gleisableitungsbelag 1 S/km	130	70	60
– Gleisableitungsbelag 10 S/km	40	25	20
induzierte Spannung in 10 m Abstand (V/(kA·km))			
– spezifischer Erdwiderstand 100 Ω·m	140	130	85
Magnetische Flussdichte (µT/kA)[1)]	75	75	50
AC 15 kV 16,7 Hz	A	B	C
Verteilung des Rückstromes (%)			
– Gleise	70	65	50
– Erde	30	30	15
– Banderder	–	5	–
– Rückleiter	–	–	35
Schienenpotenzial unter Last (V/kA)			
– Gleisableitungsbelag 1 S/km	85	45	40
– Gleisableitungsbelag 10 S/km	25	15	12
induzierte Spannung in 10 m Abstand (V/(kA·km))			
– spezifischer Erdwiderstand 100 Ω·m	50	47	30
Magnetische Flussdichte (µT/kA)[1]	75	75	50

A Schienen mit Erde verbunden, B Schienen und Banderder,
C Schienen und Rückleiter parallel zur Oberleitung
[1)] gemessen unter dem Kettenwerk 1 m über der Schienenoberkante

Detaillierte Erklärungen zu Autotransformatoren finden sich in [6.17] und [6.46]. Autotransformatoren-Anlagen reduzieren effizient die Beeinflussungen und die magnetischen Felder. Eine Alternative mit aktiven Rückleitern ist in [6.46, 6.47] beschrieben.

6.6.3.4 Boostertransformatoren

Das Bild 6.3 c) stellt das Prinzip einer Anlage mit *Boostertransformatoren* (BT-System) dar. Ausgehend vom Speisetransformator des Unterwerkes wird die Oberleitung in 3 bis 8 km Abständen unterbrochen und der Traktionsstrom über die Primärwicklung eines Transformators mit dem Übersetzungsverhältnis 1 : 1, genannt Boostertransformator, geführt. Die Anwendung ist auch in [6.48] beschrieben. Die Sekundärwicklung des Transformators ist mit dem *Rückleiter* verbunden, der den Traktionsstrom zum speisenden Unterwerk zurückführt. Solche Boostertransformatoren löschen den Strom am Lastpunkt induktiv, d. h. sie saugen den Strom aus der Schiene und der Erde und führen ihn in den Rückleiter. Das Boostertransformator-System mindert ganz beträchtlich die beeinflussenden Wirkungen.

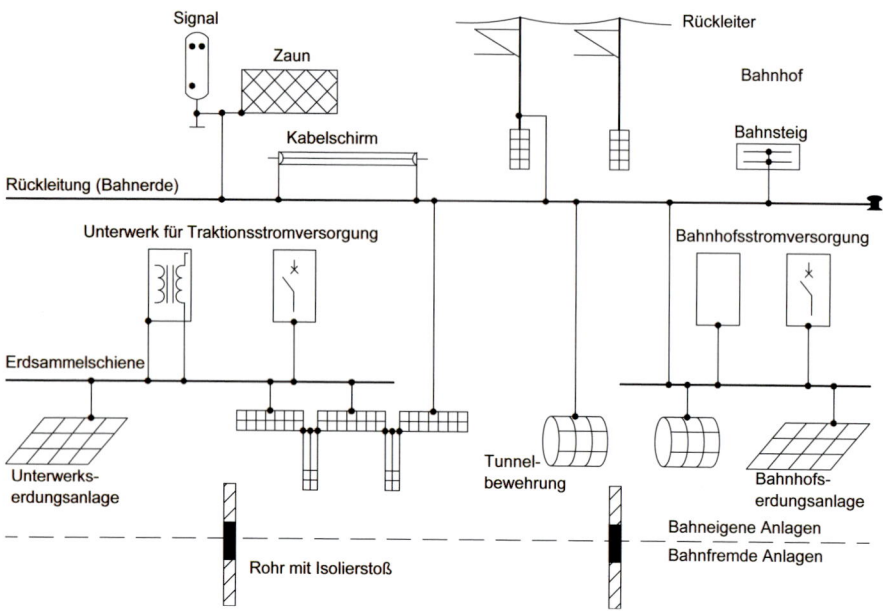

Bild 6.40: Triebstromrückleitungsanlage und Erdung für AC-Bahnen.

Die Nachteile dieser Ausführungen sind
- die hohen Kosten für die Errichtung und den Betrieb einer großen Anzahl von Booster-Transformatoren, Rückleitern und Schaltgeräten, insbesondere weil jedes Gleis einer mehrgleisigen Strecke mit Booster-Transformatoren ausgerüstet werden muss,
- erhöhte wirksame Streckenimpedanz infolge der Booster-Transformatoren in Verbindung mit erhöhten Spannungsfällen und Energieverlusten,
- Lichtbögen über die elektrischen Trennstrecken im Kettenwerk, die zu einem schnelleren Verschleiß des Fahrdrahts und der Schleifstücke und auch zu Funkstörungen führen können und
- wenn ein Triebfahrzeug zwischen zwei Booster-Transformatoren fährt und einen Strom zieht, wird die Minderung der Beeinflussungen nicht voll wirksam.

Wegen dieser Nachteile werden Booster-Transformatoren heute kaum verwendet, insbesondere nicht für neue Anlagen. Anwendungen mit BT-Systemen sind aus Schweden und Norwegen bekannt [6.49, 6.50], weil dort ein hoher spezifischer Bodenwiderstand vorhanden ist. Die Veröffentlichung [6.51] beschreibt die Kombination von Auto-und Booster-Transformatoren in Schweden.

Wie auch beim Auto-Transformator-System sind der Rückstrompfad und die Auswirkung hinsichtlich Beeinflussung im Abschnitt mit einem Triebfahrzeug und in anderen Abschnitten unterschiedlich.

Die Verteilung des Stromes wird durch den Abstand zwischen zwei Booster-Transformatoren beeinflusst. Weniger Strom fließt durch die Erde und andere leitende Komponenten, wenn die Abstände kürzer sind. Das Schienenpotenzial und die induzierten Spannungen sind bei gleichem Zugstrom geringer. Eine wesentliche Minderung der induzierten Spannungen ist der Hauptvorteil dieser Speiseart. Jedoch ist die magnetische Flussdichte höher als für andere Ausführungen.

6.6.4 Gestaltung der Rückleitung und Erdung

6.6.4.1 Grundlegende Empfehlungen

Die Gehäuse elektrischer Einrichtungen und die leitenden Komponenten im Oberleitungsbereich (siehe DIN EN 50 122-2:2011) werden mit der Rückleitung verbunden, um gefährliche Berührungsspannungen während des Betriebes und bei Kurzschlüssen zu vermeiden. Bild 6.40 zeigt die Vorkehrungen, die die Anforderungen an die Personen- und Betriebssicherheit erfüllen, in einem vereinfachten Schaltplan. Die *Erdungen* für Brücken, Tunnelabschnitte, Unterwerke und Mastgründungen werden mit der Rückleitung verbunden und bilden die Erdungsanlage einer AC-Bahnanlage.

Fahrschienen, Rückleiter und Verbindungen zum Unterwerk bilden die Rückleitung. Um einen möglichst geringen Spannungsfall zu erreichen, werden geschweißte Schienenverbindungen bevorzugt und die Weichen mit Längsverbindern mit geringem Widerstand vermascht. Um den Rückstrom gleichmäßig auf die parallelen Gleise und Rückstromleiter zu verteilen, werden diese miteinander vermascht. Die Abstände zwischen den Quervermaschungen werden abhängig von den Eigenschaften der Erdung und den zulässigen Berührungsspannungen festgelegt. Die Abstände schwanken zwischen 300 und 1 200 m. Längere Quervermaschungsabstände können für Abschnitte gewählt werden, die aus Unterwerken mit statischen Umformern gespeist werden, da solche Umformer die Kurzschlussströme begrenzen. Die Anforderungen der *Gleisfreimeldung* müssen auch bei der Anordnung der Quervermaschungen beachtet werden.

Die Rückströme fließen in das Unterwerk durch die Rückleitung und die Erdverbindungen zur isolierten Rückstromschiene, siehe Bild 6.41 nach der DB-Richtlinie 954.0107. Mindestens zwei Rückleiter müssen zwischen dem Gleis und dem Unterwerk vorgesehen und so gewählt werden, dass ein intakter Rückleiter den gesamten Strom während des Ausfalles eines der Rückleiter führen kann. Die Überwachung der Rückströme, wie das bei der Auslegung der Rückleitungsanlage gemäß Bild 6.41 vorgesehen ist, erlaubt die Prüfung der Rückleitung. Der Stromwandler T1 misst die gesamten Rückströme der Anlagen, wenn die Kabel von der Rückstromschiene zum Transformator gegen Erde isoliert sind. Der Anteil des Rückstromes, der durch die Unterwerkserdungsanlage fließt, wird durch den Stromwandler T2 gemessen. Der Stromwandler T3 erfasst den Fehlerstrom über das Schaltgerüst der Mittelspannungsanlage.

6.6.4.2 Unterwerke und Bahnhöfe

Die Traktionsenergie wird vom öffentlichen Stromversorgungsnetz dezentral den *Unterwerken* zugeführt oder von einem bahneigenen Hochspannungsnetz, z. B. in Deutschland, Österreich und in der Schweiz bereitgestellt.

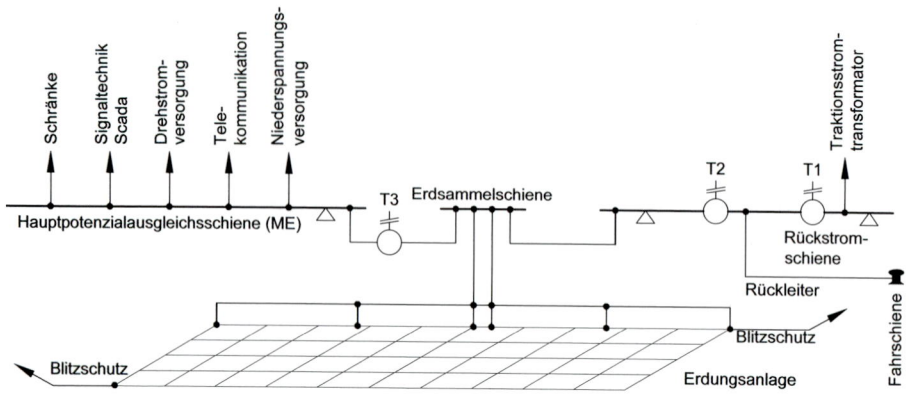

Bild 6.41: Triebstromrückleitung und Erdung in einem Unterwerk für Wechselstrom. T1, T2, T3 Stromwandler

Hochspannungseinspeisung und Bahnunterwerke verwenden eine gemeinsame Erdungsanlage und alle betrieblichen Anlagenteile im Hochspannungs-, Mittelspannungs- und Niederspannungsteil werden mit dieser im Hinblick auf den *Potenzialausgleich* und eine zuverlässige Schutzauslösung verbunden, siehe Bild 6.40. Die Schirme von Kabeln, die die Unterwerke mit der Fahrleitung verbinden, können an beiden Enden geerdet werden, wenn sie den gesamten Traktionsstrom führen können. Bei Erdung nur an einem Ende können hohe Spannungen am freien Ende des Kabelschirmes entstehen. Die Enden der Kabelschirme müssen in diesem Fall gegen Berührung geschützt werden. Wenn die Niederspannungsversorgung aus einem öffentlichen Netz entnommen wird, sollten der Schutzleiter und der Neutralleiter der Niederspannungsanlage mit der AC-Bahnerde verbunden werden, da sie durch die Bahnrückströme beschädigt werden könnten.

Ein Teil des Rückstromes fließt durch die *Erdungsanlage* des Unterwerkes und führt zu einem Potenzialanstieg der Erdungsanlage. Wenn Erdschlüsse in der Hochspannungseinspeisung auftreten, fließt der Fehlerstrom durch die Erdungsanlage. Daher ist es notwendig, einen besonders niederen Erdausbreitungswiderstand in der Unterwerkserdungsanlage anzustreben, um niedrige Erdspannungen zu erreichen.

Das Bild 6.41 stellt die Vorkehrungen für die Erdung der Rückleitung in einem AC-Unterwerk dar. Die *Hauptpotenzialausgleichsschiene* führt keine Rückströme, um Beeinflussungen in der damit verbundenen SCADA-Anlage, der Telekommunikationsanlage, der Drehstromversorgungsanlage, den Signalanlagen und den Körpern der Betriebsmittel zu vermeiden. Die Hauptpotenzialausgleichsschiene ist daher mit der Erdschiene der Erdungsanlage nur an einem Ende verbunden. Die Erdsammelelektroden der Gründungen werden untereinander verbunden und zweifach an die Erdsammelschiene angeschlossen. Diese Verbindungen werden so ausgelegt, dass sie den höchsten Betriebsstrom und die Kurzschlussströme in Falle eines Ausfalls einer der Erdverbindungen führen können.

Da Bahnhofsbahnsteige meist im Oberleitungsbereich liegen, sollte die Bewehrung ihrer Betonbauwerke mit der Rückleitung verbunden werden. Die Gründungen der Bahnsteige sollten als Erdelektroden ausgelegt werden, um den Erdausbreitungswiderstand zu vermindern und einen Potenzialausgleich herzustellen, siehe Bild 6.40. In [6.52] wird die Bahnstromrückführung und Erdung in einem AC-Unterwerk beschrieben.

6.6.4.3 Freie Strecken zur ebenen Erde

Fahrleitungsmasten und leitende Bauteile innerhalb des Oberleitungsbereiches werden mit der Rückleitung verbunden, um bei Kurzschlüssen die Abschaltung der Spannungen einzuleiten. Alternativ werden die Schienen über die Gründungen der Masten geerdet, um den Ableitbelag gegen Erde zu erhöhen und damit das Schienenpotenzial zu vermindern. Die Verwendung von Rückleitern in der Nähe des Kettenwerkes, die mit den Stahlmasten oder mit der Bewehrung der Betonmasten verbunden sind, ist zu bevorzugen, damit nicht jeder Mast einzeln und direkt mit den Schienen verbunden werden muss. Das Weglassen der Erdverbindung eines jeden Mastes mit dem Gleis bietet wesentliche Einsparungen während der Instandhaltung des Oberbaues und der Erdungsanlage. Die Rückleiter werden mit den Schienen in 300 bis 600 m Abständen verbunden. Zusätzlich ergibt sich eine beträchtlich höhere Zuverlässigkeit aus den Verbindungen der Masten mit den Rückstromleitern als die Verbindung der Masten mit den Schienen [6.36, 6.39], da letztere bei der Instandhaltung des Oberbaues beschädigt werden können.

Die heute häufig bei Hochgeschwindigkeitsstrecken verwendete feste Betonfahrbahn verlangt zusätzliche Maßnahmen, die in [6.53] beschrieben sind. Die Maßnahmen umfassen:
- Längsverbindung der Bewehrung der obersten Betonebene
- Querverbindung an den Maststandorten
- Erdungsbuchsen an der Betonoberfläche
- Bahnerdung an den Orten der Gleisverbinder
- mindestens 50 mm Betonüberdeckung.

6.6.4.4 Tunnelabschnitte

Die Bewehrung eines Tunnels wird als eine Erdelektrode entlang der Strecke verwendet. Sowohl die Tunnelbewehrung als auch die Kettenwerksbauteile werden mit der Rückleitung verbunden, um die Schienenpotenziale zu reduzieren und eine zuverlässige Verbindung zur Rückleitung im Falle von Erdfehlern sicherzustellen.

Komponenten wie die Stützpunkte der Kettenwerke sind an der Tunneldecke befestigt. Häufig werden sie an Halfenschienen angeschlossen. Wenn eine zuverlässige Verbindung der Halfenschienen und mit der Tunnelerde besteht, sind keine zusätzlichen elektrischen Verbindungen erforderlich. Messungen des Kurzschlusswiderstandes von Befestigungsschrauben und Profilen hergestellt aus nicht rostendem Stahl zeigten, dass die zulässigen Temperaturen bei 33 kA thermisch wirksamem Kurzschlussstrom mit 350 ms Dauer nicht überschritten wurden. Es reicht daher aus, nur die Profilschienen mit der Rückleitung zu verbinden.

Bei Tunneln mit Schutzschichten gegen das Eindringen des Grundwassers bestehend z. B. aus einer 4 mm dicken PVC-Schicht zwischen innerer und äußerer Tunnelschale gehen die Verbindung mit dem Boden und die *Erdungswirkung des Tunnels* verloren. Wegen der Gefahr des Potenzialübertrages bei Notausgängen, die nach einigen nationalen Tunnelsicherheitsregeln nicht mehr als 1 000 m von einander entfernt sein dürfen,

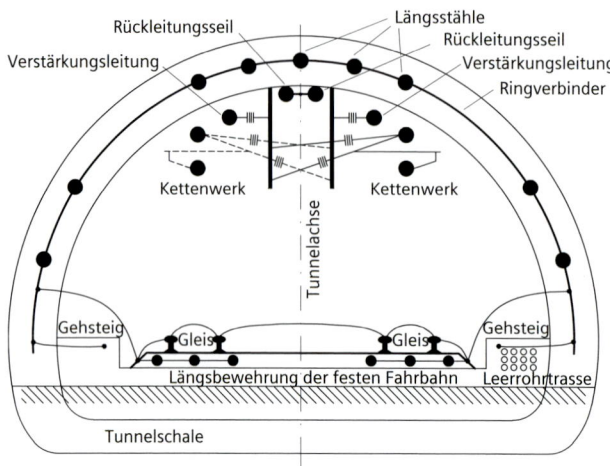

Bild 6.42: Anordnung von Leitern und Erdungsanlagen in Tunneln bei der DB.

sind zusätzliche Erdungsmaßnahmen notwendig, wenn die Schienenpotenziale nicht akzeptable Berührungsspannungen verursachen können.

Traktionsströme bis 1,5 kA je Zug im Tunnel der Hochgeschwindigkeitsstrecke Köln–Rhein/Main und die Abdichtung der Tunnel gegen das Eindringen von Grundwasser ergaben ungünstige Bedingungen für die Erdung. Mit zunehmender Tunnellänge nähmen die *Schienenpotenziale* zu und hätten die zulässigen Werte um den Faktor zwei überschritten, wenn keine Gegenmaßnahmen getroffen worden wären. Wenn keine Potenziale von außen in die Tunnel eingebracht werden, können Personen Spannungen gegen die Erde im Tunnel nicht abgreifen. An Notausgängen könnten Potenzialdifferenzen z. B. von Betriebsangehörigen abgegriffen werden. Zum Absenken der Schienenpotenziale auf ein zulässiges Niveau werden folgende Maßnahmen ergriffen:

– ein Band-Erder, verlegt in der äußeren Tunnelschale, der durch die Tunnelabdichtung hindurch alle 500 m mit der Rückleitung verbunden wird
– Ring-Erder-Elektroden, die um die Notausgänge verlegt sind, um das Potenzial zu steuern und den Erdausbreitungswiderstand zu verringern.

Bild 6.42 zeigt die Erdungsanlage und die Anordnung der Leiter in einem Tunnel einer Hochgeschwindigkeitsstrecke der DB. Der Tunnelboden bildet ein Erdungsnetz, um guten Erdkontakt sicherzustellen. Banderder werden in nicht mehr als 1,5 m horizontalem Abstand über den Tunnelboden verlegt, um sicherzustellen, dass ein gerissener Fahrdraht eines der Bänder berührt und den Leistungsschalter durch Kurzschluss auslöst. Auch die Fahrschienen sind Leiter in Längsrichtung und können als ausreichend für die Führung des Kurzschlussstromes im Fehlerfall betrachtet werden. Ein Bruch des Fahrdrahtes kann nicht entstehen, wenn kein Triebfahrzeug an der betreffenden Stelle vorhanden ist.

Die DB baut sogenannte Prellleiter an der Tunnelwand ungefähr 1,5 m über der Schienenoberkante ein, um bei Fehlern einen Kurzschluss auszulösen. Andere Bahnbetreiber und -ingenieure halten diese Maßnahme nicht für erforderlich.

Meist werden Rückleiter über jedem Gleis angeordnet und dienen auch als Erdverbindung für alle Bauteile im Tunnel. Eine Längsverbindung der Tunnelbewehrung ist in diesem Fall nicht erforderlich. Bild 6.42 zeigt die Anordnung der Tunnelerdungen einer Anlage mit Rückleiterseilen. In [6.54] sind die Erdungsanlagen der Bahnanlagen im zentralen Bereich Berlin beschrieben.

6.6.4.5 Viadukte

Die Gründungen von *Viadukten* bilden Erdelektroden entlang der Bahnstrecken. Um ihre Wirkung auch auszunutzen, wird die Bewehrung der einzelnen Viaduktabschnitte elektrisch über die Stützen bis hin zu den Sohlen der Gründungen verbunden. Die Fahrleitungsmasten auf den Viadukten sollten so geerdet werden wie an offenen Strecken, also durch Verbinden der Masten mit den Schienen oder Rückleiterseilen. Eine elektrisch untereinander verbundene Viaduktbewehrung bildet auch einen *Blitzableiter* für das Viadukt. Die Verbindungen sollten so kurz wie möglich ausgeführt werden, um den Stoßwiderstand im Ableitweg so klein wie möglich zu halten.

6.6.4.6 Depots und Werkstattbereiche

In den *Depot- und Werkstattbereichen* von AC-Bahnen sind keine besonderen Erdungsmaßnahmen erforderlich. Die gleichen Werte für die Berührungsspannungen gelten bis zu fünf Minuten Dauer, wie sie auch auf den übrigen Gleisanlagen erlaubt sind.
Maximal 25 V *Berührungsspannung* sind in DIN EN 50 122-1:2011 für Vorgänge mit mehr als fünf Minuten Dauer in Depot- und Werkstattbereichen zulässig. Dieser Grenzwert sollte bei den Strömen für die Klimatisierung und Vorheizung der Züge beachtet werden. Vorkehrungen im Hinblick auf Fahrdrahtriss sind nicht erforderlich, da dieser wegen der geringen mechanischen Verlegespannung und der geringen Ströme ausgeschlossen werden kann.

6.6.4.7 Signal- und Telekommunikationsanlagen

Wenn Komponenten der Signal- und Gleisfreimeldeanlagen innerhalb des Oberleitungsbereiches angeordnet sind, werden ihre Gehäuse mit den Fahrschienen verbunden. Die Verbindungen werden so ausgelegt, dass sie den Kurzschlussströmen standhalten können. Telekommunikations- und Signalkabel werden durch die Bahnstromanlagen beeinflusst. Die Kabel von Signal- und Telekommunikationsgeräten können Spannungen über weite Stecken verbreiten. Spannungen können auch durch *induktive Beeinflussung* entstehen. Die Kabelschirme werden an beiden Enden mit den Erdungsanlagen in den Unterwerken und entlang des Gleises verbunden, um die Beeinflussung zu reduzieren. Da Rückströme über die Kabelschirme fließen können, muss auf genügende Stromtragfähigkeit geachtet werden.

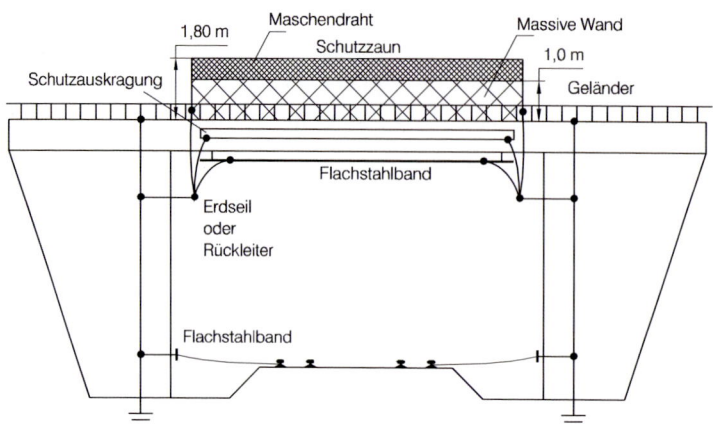

Bild 6.43: Erdungsmaßnahmen an Brücken über elektrifizierte Bahnen (DB AG, Richtlinie 954.0107).

6.6.4.8 Bahnfremde Erdungsanlagen

Die *Erdungsanlagen* bahnfremder Unternehmen in der Nähe der Gleise sollten nicht mit der Bahnerdungsanlage verbunden werden, weil die Gefahr der Spannungsausbreitung besteht. Aus diesem Grund sollten Rohre vor Einführungen von außen aus nicht leitendem Material hergestellt oder an der Anlagengrenze durch Isolierabschnitte unterbrochen werden, wie das im Bild 6.40 gezeigt ist.

Wenn eine Trennung zwischen Bahnerdungsanlagen und Erdungsanlagen öffentlicher Energieversorgungsnetze nicht möglich ist, z. B. wegen Platzmangels, sollte die Rückleitung mit den benachbarten Erdungsanlagen der öffentlichen Energieversorgung verbunden werden. Hierfür ist ein ausreichender Querschnitt für das Führen der Bahnrückströme vorzusehen. Zum Beispiel erlaubt die DB den Betrieb von Drehstromanlagen mit geerdetem Sternpunkt ohne besondere Schutzmaßnahmen entlang einer AC-Bahnstrecke nur über weniger als 1,5 km Länge [6.55].

Wenn Bauteile einer *kreuzenden Straßenbrücke* innerhalb des Oberleitungs- und Stromabnehmerbereiches liegen, fordern DIN EN 50 122-1:2011 und DB Richtlinie 954.0107 zusätzliche Erdungsmaßnahmen, um die Personensicherheit sicher zu stellen. Das Bild 6.43 beschreibt die empfohlenen Ausführungen:

- ein verzinktes Stahlband entlang der beiden Brückenwände, wenn diese im Oberleitungsbereich liegen
- ein verzinktes Stahlband oder Winkelprofil oberhalb der Oberleitung am Beginn und Ende der Brücke, wenn die Brückendecke innerhalb des Stromabnehmerbereiches liegt
- einen Schutzzaun oder eine vorspringende Berührungsschutzeinrichtung an den Seiten der Brücke.

Die metallenen Teile werden an zwei Punkten mit der Rückleitung verbunden. Es wird empfohlen, die Bewehrung von neuen Brücken elektrisch zu verbinden und dann mit

Tabelle 6.15: Erforderliche Erdausbreitungswiderstände für AC-Bahnen im Hinblick auf Stoßspannungen.

Nennspannung kV	15		25	
Überspannungskategorie	III	IV	III	IV
Stehstoßspannung kV	75	95	145	170
Stoßerdungswiderstand Ω	1,9	2,4	3,6	4,3

der Rückleitung zusammen zu schließen, um für Blitzschutz zu sorgen. Die Brückenfundamente können auch als Erdelektroden verwendet werden.

6.6.4.9 Blitzschutz

Es ist zu prüfen, ob Bahnanlagen gegen Blitzeinschläge geschützt werden sollten. Blitzeinschläge in die Oberleitung führen zum Überschlag am nächst gelegenen Isolator, wobei der Blitzstrom über Masten und Gründungen in die Erde abgeleitet wird. Dabei können Isolatoren zwar beschädigt werden, ein Bruch ist jedoch selten. Die Erdverbindungen sollten so kurz wie möglich ausgeführt werden, um den Stoßwiderstand und die Stoßinduktivität im Ableitweg so klein wie möglich zu halten. *Überspannungsableiter* können angewendet werden, um empfindliche Einrichtungen zu schützen.

Auswertungen der Häufigkeit von Blitzströmen gemäß DIN EN 62 305-2:2013 zeigten, dass 95 % aller Blitzströme unter 40 kA und 99 % unter 60 kA liegen. Rückwärtige Überschläge brauchen nicht erwartet zu werden, wenn der Stoß-Erdungswiderstand R_{dis} der Gleichung

$$R_{\text{dis}} \leq U_{\text{ins}}/I_{\text{p}} \quad . \tag{6.42}$$

genügt. Dabei ist

R_{dis} *Stoßerdungswiderstand*
U_{ins} Stehstoßspannung der Isolierung
I_{p} Spitzenwert des Blitzstromes am Mast oder an der Stahlkonstruktion

Für Erdelektroden mit geringen Maßen, wie Mastfundamente, ist der Stoßerdungswiderstand nahezu gleich dem Erdausbreitungswiderstand bei Normalfrequenz.

Der notwendige *Stoßerdungswiderstand* für den Blitzstrom I_{p} gleich 40 kA ist abhängig von der Überspannungskategorie für AC-Bahnen in der Tabelle 6.15 dargestellt.

Die zulässigen Werte für den Stoßerdungswiderstand nehmen mit der Stehstoßspannung der Isolierung zu. Daraus folgt, dass die Anforderungen für den Stoßerdungswiderstand bei AC-25-kV-Bahnen einfacher zu erfüllen sind als bei AC-15-kV-Bahnen.

In Europa ist die Gewitterhäufigkeit gering, weshalb besondere Schutzmaßnahmen bei AC-Anlagen nicht generell angewandt werden. Bei höherer Exposition, z. B. auf Brücken, werden Ableiter eingesetzt, deren Wirkungsbereich jedoch beschränkt ist.

6.6.4.10 Abstimmung mit Baumaßnahmen

Die Rückleitung und die Erdungsvorkehrungen haben Einfluss auf stahlbewehrte Betonbauwerke für Bahnzwecke und sollten rechtzeitig vor deren Errichtung festgelegt werden. Die Vorbereitung für die *elektrischen Verbindungen* der Bewehrung von zusätzlichen Bewehrungsstäben für Erdverbindungen in den Gründungen und das Herausführen der Erdverbindungen müssen bereits während der ersten Bauphase ausgeführt und daher meist früher als die Detailplanung der elektrischen Anlage festgelegt werden, insbesondere für Viadukte und Tunnel mit langen Vorlaufzeiten für die Bauarbeiten.

Dies schließt die rechtzeitige Genehmigung der verwendeten Werkstoffe, Querschnitte und Verbindungstechnik für die Bauwerkserde ein. Wenn Erdverbindungen und elektrische Durchverbindungen nicht in den Bauwerken vorgesehen und dann während der Errichtung der Anlage fehlen, würden später alternative Lösungen erforderlich werden. Dies kann erhebliche zusätzliche Investitionen für diese Alternativen erfordern.

Elektrische Verbindungen zwischen den Bewehrungsstäben sollten geschweißt werden, da der Widerstand von Klemmverbindungen infolge der Korrosion am Verbindungspunkt zunehmen kann, siehe DB Richtlinie 997.0101. Die festgelegten Erdungsmaßnahmen müssen durch *visuelle Inspektion* während der Errichtung überwacht werden, da Fehler während des Einbaus im Nachhinein nur aufwändig zu korrigieren sind.

6.6.4.11 Nachweise für die Erdung und Prüfungen durch Messungen

Die Betriebssicherheit des Rückstrompfades und die Zuverlässigkeit der Erdungen der Anlage müssen während der Inbetriebnahme der Fahrleitungsanlage nachgewiesen werden. Auf der Basis der während der Auslegungsphase erstellten Berechnungen kann die Wirksamkeit der Erdungsvorkehrungen nach der Fertigstellung der Anlagen durch Messungen gezeigt werden. Es ist zweckmäßig, den Erdausbreitungswiderstand, die Schienenpotenziale und die induzierten Spannungen zu messen, um die Parameter zu prüfen, auf denen die Berechnungen basieren. Diese Messungen sollten auch für den nachfolgenden Betrieb der Anlage benutzt werden.

Der Erdausbreitungswiderstand der Erdungsanlage bestimmt die Schienenpotenziale und die Berührungsspannungen. Die Schienenpotenziale gegen die ferne Erde werden durch Einspeisung eines konstanten Stromes in die Fahrschienen zwischen zwei Schienenverbindungen gemessen. Der Abstand des Messpunktes zur nächsten Vermaschung der Rückleitung sollte so groß wie möglich sein, um sicher zu stellen, dass die ungünstigsten Bedingungen geprüft werden. Die Einspeisung des Stromes in ein Gleis stellt den Normalfall dar, während die Einspeisung in eine Schiene den Kurzschlussfall repräsentiert. Aus den gemessenen Schienenpotenzialen können die Potenziale bei Betrieb- und Kurzschlussströmen ermittelt werden. Daraus kann gezeigt werden, dass die Grenzen der zulässigen Berührungsspannungen nicht überschritten werden, sowohl während des Betriebes als auch während eines Kurzschlusses.

6.6 AC-Stromversorgungsanlagen

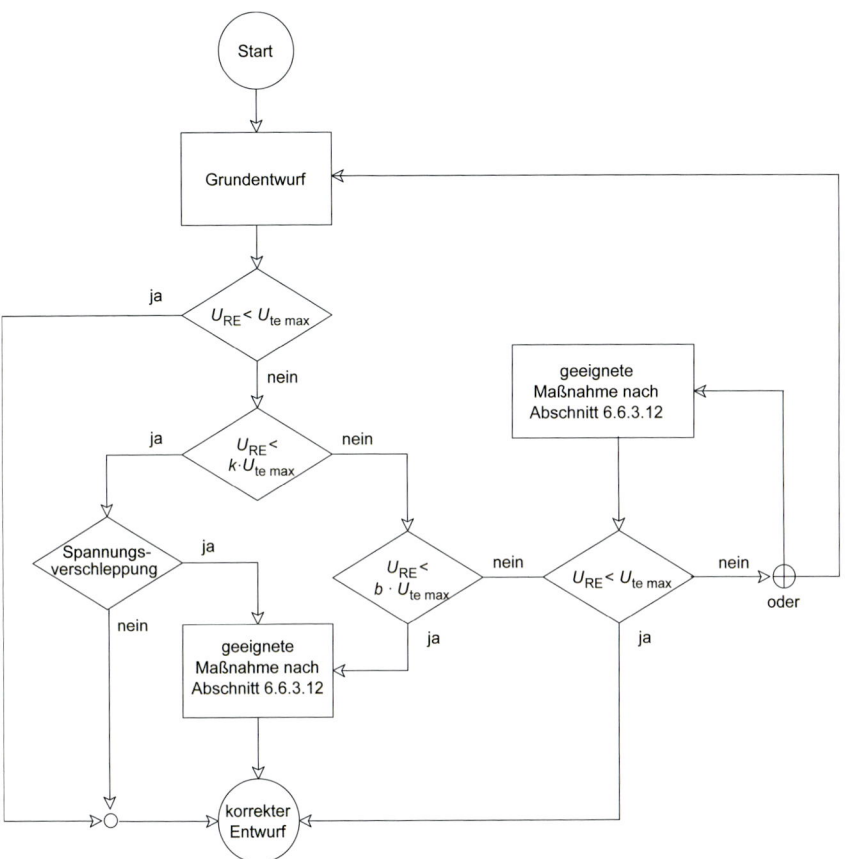

Bild 6.44: Schritte bei der Maßnahmenwahl zur Rückleitung nach DIN EN 50 122-1.

6.6.4.12 Verringerung der Gefahren durch Berührungsspannungen

Werden die Grenzwerte der *Berührungsspannungen* nach Tabelle 6.1 überschritten, können nach Bild 6.44 aus DIN EN 50 122-1, Abschnitt 9.2.2.4, Maßnahmen zur Verringerung der Gefahren durch Berührungsspannungen unmittelbar durch Reduzierung des Schienenpotenzials oder durch organisatorische Maßnahmen ergriffen werden:
- Verringerung des Bettungswiderstands, z. B. durch verbesserte oder zusätzliche Erder
- Potenzialausgleich
- Verbesserung der Rückleitung unter Berücksichtigung der elektromagnetischen Kopplung
- Standortisolierung
- Potenzialsteuerung durch Oberflächenerder
- Hindernisse oder isolierte berührbare Teile

– Zugangsbeschränkung z. B. durch Zäune und durch Anweisungen für das Instandhaltungspersonal
– Verringerung von Fehler- und/oder Betriebsströmen
– Einsetzen von Spannungsbegrenzungseinrichtungen (VLD)
– Verringern der zur Unterbrechung des Kurzschlussstromes erforderlichen Ausschaltzeiten.

Das Bild 6.44 zeigt die Schritte zur Prüfung des Schienenpotenzials. In [6.56] findet sich ein Beispiel für die Prüfung und Verbesserung der Rückleitung durch Minderung des Schienenpotenzials. Die Veröffentlichung [6.57] berichtet über die Verstärkung der Rückleitung der Lötschberg-Bergstrecke durch zusätzliche Rückleiterseile. Das Schienenpotenzial wurde damit auf ein Drittel des Wertes der bisherigen Anlage gesenkt.

6.6.5 Erdung und Vermaschung in Anlagen der DB

6.6.5.1 Ausführung der Rückleitung

Im Folgenden wird das Beispiel der Deutschen Bahn verwendet, um einige Aspekte darzustellen, die bei der Erdung und Vermaschung zu berücksichtigen sind, wenn Oberleitungsanlagen für AC-15-kV-16,7-Hz-Bahnen geplant, errichtet und betrieben werden. Die DB Richtlinien 997.0201 bis 997.0224 behandeln die entsprechenden Details. Andere Bahngesellschaften mit Einphasen-AC-Bahnen haben ähnliche interne Regeln. Im DB-Netz wird die Stromrückleitung über die Fahrschienen und Erde nach Bild 6.3 a) für konventionelle Strecken und mit zusätzlichen Rückleitern nach Bild 6.3 b) für Strecken, bei denen höhere Ströme erwartet werden, angewandt.

Die Fahrschienen werden auch für die Signal- und Zugsteuerung und die Gleisfreimeldung mit *Gleisstromkreisen* verwendet. Gleiskreise werden mit den Frequenzen 42 Hz oder 100 Hz betrieben und *Tonfrequenzfreimeldekreise* mit Frequenzen zwischen 4 und 6 kHz sowie zwischen 9 und 17 kHz.

Die Bedingungen der gemeinsamen Nutzung der Fahrschienen müssen zwischen den zuständigen Bereichen abgestimmt, koordiniert und strikt eingehalten werden. Bei der Verwendung der Gleise zur Rückleitung und für die Bahnerdung ist zu unterscheiden zwischen:

– *nicht isolierte Gleise*, das sind Gleise ohne Gleisstromkreise
– *einschienig isolierte Gleise* mit Gleisstromkreisen
– *zweischienig isolierte Gleise* mit Gleisstromkreisen
– Gleise mit Tonfrequenzgleisfreimeldekreisen.

Das Bild 6.45 zeigt die unterschiedlichen Arten der Gleisnutzung. Zunächst kann man davon ausgehen, dass beide Schienen und alle Gleise der Stromrückleitung dienen. Die Schienen elektrischer Bahnstrecken sollten sowohl längs als auch quer über alle Gleise vermascht werden, wo immer dies möglich ist, um die Rückströme gleichmäßig aufzuteilen und ein gleiches Potenzial zu erreichen. Im Allgemeinen sind Laschenstöße zwischen den Schienen für die Längsverbindung geeignet. Laschenstöße in Abschnitten mit Gleisstromkreisen müssen zusätzlich durch *Längsverbinder* überbrückt werden. Schienenquerverbinder oder Kreuzvermaschungen werden verwendet, um beide Schie-

6.6 AC-Stromversorgungsanlagen

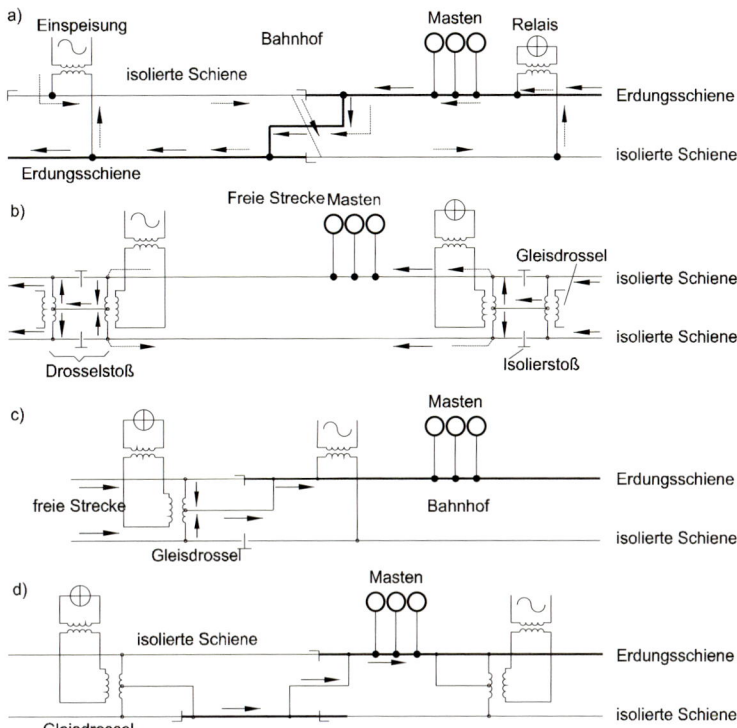

Bild 6.45: Gleisfreimeldekreise. a) mit Einschienenisolierung, b) Zweischienenisolierung, c) Übergang von zweischieniger auf einschienige Isolierung und d) Sonderdrosselstoß

nen eines Gleises zu verbinden. Die Ausführung und die Anordnung hängt von den Anforderungen der Gleisstromkreise ab.

6.6.5.2 Gleise mit nicht isolierten Schienen

Bei Gleisen ohne Gleisstromkreise einschließlich Gleisen mit *Achszähleinrichtungen* werden beide Schienen durchgehend für den Rückstrom und Erdung benutzt. Die Fahrschienen von Gleisen ohne Gleisstromkreise werden in ungefähr 150 m Abstand auf konventionellen Strecken oder in 75 m Abstand auf hoch belasteten Strecken verbunden. Die Gleise von Mehrgleisanlagen werden mit Hilfe von *Gleisquerverbindern* quervermascht. Diese werden in ungefähr 300 m Abstand auf konventionellen Strecken oder ungefähr in 150 m Abständen auf Strecken mit hohem Verkehrsaufkommen verbunden. Die Abstände hängen von den erwarteten Schienenpotenzialen im Betrieb und bei Kurzschluss ab. Für die Einzelmasterdung wird die nächstgelegene Schiene benutzt.

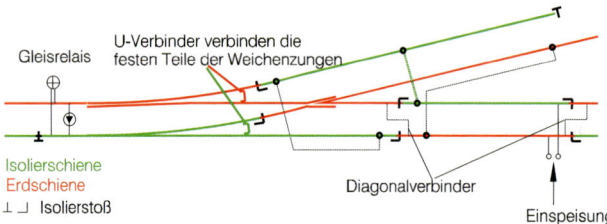

Bild 6.46: Gleisstromkreis einer Weiche.

6.6.5.3 Gleise mit einschieniger Isolierung

Bei Gleisen mit einer wegen der Gleisfreimeldung gegen die Erde isolierten Schiene wird die andere Schiene für den Rückstrom und für Erdungszwecke verwendet und auch Erdschiene genannt (Bild 6.45 a)). Erdverbindungen sind nur an der Erdschiene zulässig. Die isolierte Schiene ist mit der Erdschiene über eine Spannungsbegrenzungseinrichtung offen verbunden. Die Einschienenisolierung kann für 42-Hz- oder 100-Hz-Gleisfreimeldekreise verwendet werden. Die Ausführungen nach Bild 6.45 a) finden sich in Bahnhöfen, wobei in Bild 6.45 a) der Übergang von zweischieniger auf einschienige Isolierung und in Bild 6.45 c) ein Wechsel der isolierten Schiene mit Drosselstoß dargestellt ist.

Das Ausmaß, in dem Isolierstöße in den Schienen vorgesehen werden, hängt von der Art der Ausführung der *Gleisstromkreise* ab. Im besonderen sind die Isolierstöße in den Weichen und in den Bahnhöfen bei der Projektierung der Triebstromrückführung zu beachten (Bild 6.46), da dort überwiegend die einschienige Isolierung angewandt wird. In Bahnhöfen wird die Erdschiene mit wenigstens zwei Verbindungen zur Rückleitung ausgerüstet. Die Erdschienen benachbarter Gleise werden mit ungefähr 300 m Abstand auf konventionellen Strecken und mit ungefähr 150 m Abstand auf Hochleistungsstrecken vermascht.

6.6.5.4 Gleise mit zweischieniger Isolierung

Zwei gegen Erde isolierte Schienen werden bei 42-Hz- oder 100-Hz-Gleisstromkreisen verwendet. Wie in Bild 6.45 b) gezeigt, werden dann beide Schienen als Rückleiter für die Rückströme verwendet. Für einen zuverlässigen Betrieb der Relais, die einen Teil der Gleisstromkreise bilden, wird jeder *Gleisfreimeldebereich* vom benachbarten Bereich durch Isolier- und Drosselstöße im Gleis getrennt.

Bild 6.45 b) zeigt auch, wo die Gleisstöße entlang einer Strecke eingebaut werden. Auf dem Weg zum Unterwerk fließt der Traktionsstrom durch die Drosselstöße, die zwei Drosseln umfassen, deren Mittelanzapfungen verbunden werden. Dabei heben sich die induktive Auswirkungen gegenseitig auf. Die Verbindung der Spulenmittelanzapfungen können für Bahnerdungen verwendet werden.

Bei zweischieniger Isolierung wird eine Schiene zur Erdschiene erklärt. Nach den Regeln der DB dürfen Komponenten mit Erdausbreitungswiderständen größer $\geq 10\,\Omega$ uneingeschränkt an diesen Erdschienen geerdet werden. Alle Komponenten mit einem Erdausbreitungswiderstand zwischen $4\,\Omega$ und $10\,\Omega$ dürfen an der Erdschiene nur in Abständen

6.6 AC-Stromversorgungsanlagen

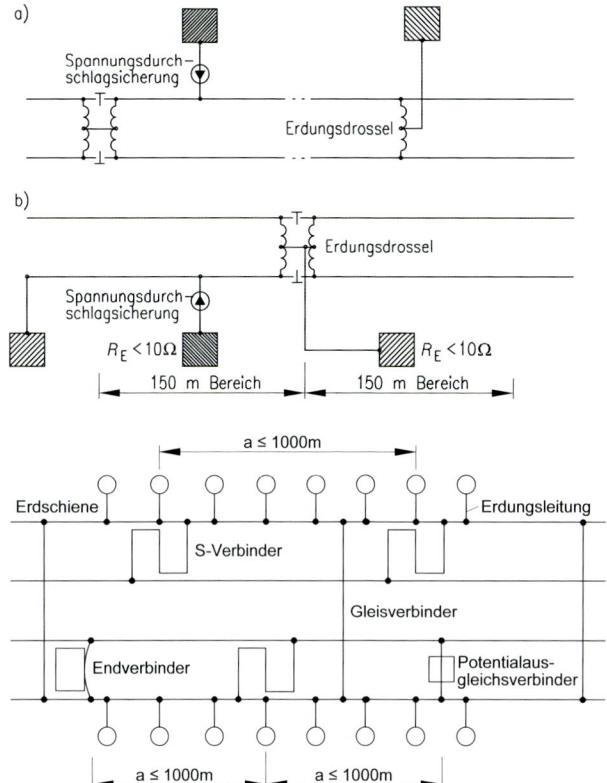

Bild 6.47: Erdung der Masten und anderer Komponenten mit niedrigem Erdausbreitungswiderstand, beide Schienen isoliert.
a) Verbindung von Komponenten mit $R_E < 4\,\Omega$
b) Verbindung von Komponenten mit $4 \leq R_E < 10\,\Omega$

Bild 6.48: S-Verbinder zwischen den Schienen bei Tonfrequenzgleisstromkreisen.

bis mindestens 150 m vor und hinter einem Drosselstoß bahngeerdet werden. Innerhalb des 150 m Bereiches vor und hinter dem Drosselstoß sind sie an der Drosselstoßmittelanzapfung, an Erdungsdrosseln oder über Spannungsdurchschlagssicherungen zu erden. Weisen Bauteile Ausbreitungswiderstände kleiner als $4\,\Omega$ aus, so sind diese außerhalb des 150 m Bereiches nur über Erdungsdrosseln oder Spannungsdurchschlagssicherungen zu erden. Bild 6.47 verdeutlicht die beim Bahnerden zu beachtenden Sachverhalte.

Es ist nicht zulässig, Gleis- oder Schienenausgleichsverbinder in Gleisen mit zweischieniger Isolierung zu verwenden. In diesem Fall werden die Gleise über die Mittelanzapfungen der Drosselstöße verbunden. Im besonderen sind die Isolierstöße in Weichen und in den Bahnhöfen bei der Projektierung der Rückleitung zu beachten (Bild 6.46), da dort überwiegend die einschienige Isolierung angewandt wird.

6.6.5.5 Gleise mit Tonfrequenzgleisstromkreisen

Wie auch andere Arten der Gleisstromkreise arbeiten Tonfrequenzgleichstromkreise mit dem Prinzip der Erkennung von Verbindungen über die Radsätze. Ferngespeiste Tonfrequenzgleisstromkreise verwenden 4 bis 6 kHz für die Gleisfreimeldeanlage auf Hauptstrecken und 9 bis 17 kHz in Bahnhöfen.

Bild 6.49: Oberleitung der Strecke Madrid–Sevilla mit Rückleiter.

Üblicherweise wird die den Oberleitungsmasten zugewandte Schiene eines Gleises als *Erdschiene* verwendet. Auf Streckenabschnitten werden die beiden Schienen mit S-Verbindern, Endverbindern, Kurzschluss- oder Äquipotenzialverbindern in Abständen kleiner 1 000 m verbunden. Wie im Bild 6.48 dargestellt, bilden S-Verbinder, Kurzschlussverbinder und Endverbinder die Steuer- und Regelkreisabschlüsse der entsprechenden Tonfrequenzgleisstromkreise. In der Sicherungstechnik werden sie als elektrische Isolierstöße bezeichnet. Isolierstöße in den Schienen sind dann auf offenen Strecken nicht vorhanden. Die Verbindungen bestehen aus Kupferleitern mit Querschnitten zwischen 50 und 95 mm². Die Erdschienen paralleler Gleise werden über Gleisverbinder miteinander verbunden, deren Abstände von den Tonfrequenzgleisfreimeldekreisen abhängen.

6.6.5.6 Anforderungen an die Gleis- und Schienenverbinder

Üblicherweise werden Potenzialausgleichsverbinder aus isolierten Kupferkabeln NYY-0 mit 50 mm² Querschnitt hergestellt. Wenn Kurzschlussströme $I_k'' > 25\,\text{kA}$ an bestimmten Stellen erwartet werden müssen, dann wird 70 mm² Querschnitt eingebaut. Wenn die Verbinder im Beton eingebettet werden, ist 70 mm² Querschnitt erforderlich und für $I_k'' > 25\,\text{kA}$ werden dann 95 mm² Querschnitt verwendet. Die Querschnitte der Verbinder für Tonfrequenzgleisstromkreise müssen im Einzelnen ausgewählt werden. Die Verbinder werden dauerhaft mit den Schienen durch Schweißen, Löten, Hartlöten oder anderen gleichwertigen Methoden verbunden. Dabei dürfen die Schienen nicht geschädigt werden.

6.6.5.7 Vermaschung zwischen der Rückleitung und den Stahlbewehrungen von Betonbauwerken und Schallschutzwänden

Die DB Richtlinie 997.0223 verlangt, dass alle Bewehrungen von Betonbauwerken, auf denen oder innerhalb derer Gleise verlegt werden, mit der Rückleitung vermascht wer-

6.6 AC-Stromversorgungsanlagen

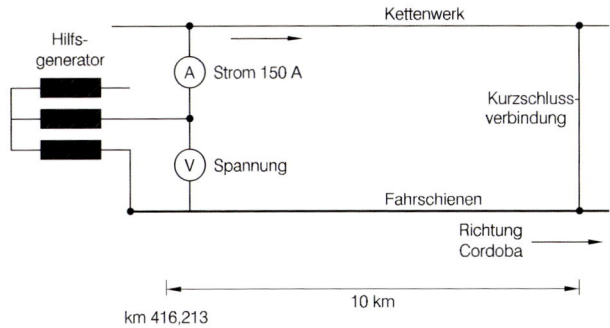

Bild 6.50: Messkreis der Strecke Madrid–Sevilla.

den. Das geschieht, um einen wirksamen Potenzialausgleich sicherzustellen und den entsprechenden Leistungsschalter auszulösen, wenn ein Kurzschluss auftritt, z. B. infolge eines Stromabnehmerschadens.

Die Bewehrungsstäbe und alle entsprechend leitfähigen, längs der Schienen laufenden Komponenten werden untereinander elektrisch und mit der Erdschiene oder den Rückleitern in Abständen von nicht mehr als 100 m verbunden. Die Verbindungen zwischen den in Beton eingebetteten Stahlbewehrungen werden geschweißt. Jedoch ist es nicht zulässig, Stahlstäbe für vorgespannte Betonteile anzuschließen und zu vermaschen. In diesem Fall müssen zusätzliche Stahlstäbe eingebaut und mit der Rückleitung vermascht werden. Masten, Geländer und Lärmschutzwände auf Bahnbrücken werden mit der Bewehrung der entsprechenden Bauwerke verbunden. Dabei dürfen Isolierstöße im Gleis nicht durch Rückleiterseile oder geerdete Anlagen, z. B. Schallschutzwände, überbrückt werden. Hier sind Trennungen erforderlich.

In Bauwerken mit über 100 m Länge werden zusätzliche Stahlstäbe mit wenigstens 120 mm^2 Querschnitt oder zusätzliche Bewehrungsstäbe mit mindestens 16 mm Durchmesser in der obersten Betonschicht unter jedem Gleis angeordnet. Im Fall von Gleisfreimeldeanlagen mit zwei isolierten Schienen ist es nicht zulässig, die Schienen mit der Bewehrung von Brücken zu verbinden, weil letztere einen niedrigen Ausbreitungswiderstand gegen Erde haben. Zusätzliche Erdungsschienen werden in einem solchen Fall eingebaut und alle betroffenen Komponenten werden mit diesen Erdungsschienen verbunden. Diese Erdungsschienen werden mit den Mittelanzapfungen von Drosseln verbunden, siehe Bild 6.47. Die DB-Richtlinie 997.02 enthält weitere Einzelheiten über die *Ausführung der Erdung und Vermaschung* der DB-Bahnstrecken.

6.6.6 Erdung und Vermaschung der AC-25-kV-50-Hz-Hochgeschwindigkeitsstrecke Madrid–Sevilla

Beispiele für die Anwendung der im Abschnitt 6.6.4 für AC-Anlagen beschriebenen Erdungsauslegung sind
- die Hochgeschwindigkeitsstrecken Madrid–Sevilla und Madrid–Toledo in Spanien,
- die Hochgeschwindigkeitsstrecke HSL Zuid (Niederlande) und
- der ERL Express Rail Link in Kuala Lumpur (Malaysia).

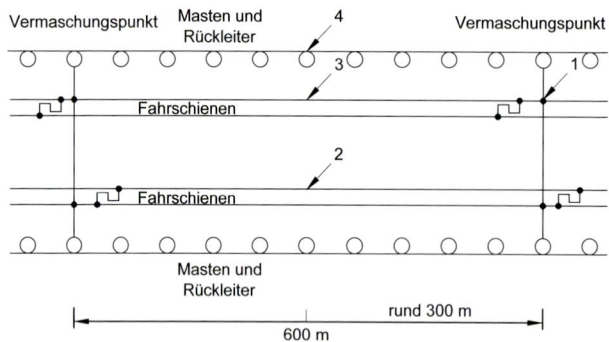

Bild 6.51: Rückleitungsanordnung und Einspeisung zur Schienenpotenzialmessung.

Nachstehend werden für die mit AC 25 kV 50 Hz versorgte Strecke Madrid–Sevilla als Beispiel Einzelheiten der Erdung erläutert [6.39]. Die Auslegungsprinzipien werden im Abschnitt 1.6 beschrieben. Vergleiche mehrerer Alternativen führten zur Verwendung von *Rückleitern* 243-AL1, die an den Masten der Oberleitung angeordnet wurden. Bild 6.49 zeigt die Strecke mit den Rückleitern. Entsprechend den bei der Auslegung durchgeführten Berechnungen ergab sich diese Lösung im Hinblick auf Streckenimpedanz und einzuhaltende Schienenpotenziale sowie möglichst geringe Beeinflussungen als günstig. Die Investitionen sind im Vergleich zu anderen Alternativen wie der Verwendung von Auto-Transformatoren deutlich niedriger. Die Ergebnisse der Berechnungen wurden durch Messungen während der Inbetriebnahme bestätigt.

Zum Nachweis der Einhaltung der Vorgaben war ein Streckenabschnitt notwendig, der typische Bedingungen der Strecke darstellt. Solche Bedingungen wurden im südlichen Teil der Strecke zwischen Córdoba und Sevilla nahe dem Unterwerk Lora del Rio gefunden. Die Länge des Messabschnittes wurde mit 10 km gewählt. Randeinflüsse in der Nähe des Unterwerkes und am Lastpunkt waren daher vernachlässigbar. Der Prüfkreis ist im Bild 6.50 dargestellt. Ein Dieselgenerator im Unterwerk Lora del Rio erzeugte 150 A. Messungen entlang der Strecke ergaben 30 Ωm spezifischen Bodenwiderstand.

Das Schienenpotenzial wurde für einige Fälle gemessen, wie in Bild 6.51 dargestellt. Diese Fälle waren:

1: Der Strom wird in eine Schiene an der Vermaschung der Gleise und der Rückleiter eingespeist (1).

2: Der Strom wird in zwei Schienen zwischen der Vermaschung der Gleise und der Rückleiter eingespeist (2 und 3).

3: Der Strom wird in eine Schiene zwischen der Vermaschung der Gleise und der Rückleiter eingespeist (3).

4: Kurzschluss an einem Isolator an einem Mast ungefähr in der Hälfte zwischen zwei benachbarten Vermaschungspunkten der Gleise und der Rückleiter (4).

Die Tabelle 6.16 enthält die gemessenen *Schienenpotenziale*, die für diese vier Fälle beobachtet wurden. Im Fall 4 ergaben sich 5,8 V/100 A Schienenpotenzial aus den Messungen zwischen den Masten und einem Ort in 1 m Abstand auf der Seite der Masten abseits des Gleises. Die Spannungsdifferenz zwischen Mast und Schiene betrug 7 V/100 A.

Tabelle 6.16: Schienenpotenzial.

Speise-anordnung	Schienenpotenzial V/100 A
Fall 1	2,6
Fall 2	3,5
Fall 3	5,8
Fall 4	5,8

Tabelle 6.17: Induzierte Spannungen in ungeschirmten Leitern entlang der Strecke.

Abstand rechtwinklig zur Gleismittellinie in m	Messungen V/(kA/km)	Berechnung V/(kA/km)
6	34	42
11	40	43
20	41	39
120	13	20

Im Fall 1 ergaben Berechnung und Messungen die gleichen Ergebnisse bei 5 Ω Erdausbreitungswiderstand eines einzelnen Mastes. Wenn der Erdausbreitungswiderstand mit 15 Ω je Mast angenommen würde, ergäben sich Schienenpotenziale, die 50 % höher sind. Dies zeigt die große Abhängigkeit der Schienenpotenziale von den Erdungskenndaten der Masten. Ohne Rückleiter ergaben die Berechnungen für den Fall 1 Schienenpotenziale, die ungefähr 50 % höher sind als diejenigen in der ausgeführten Anlage.

Der Rückstrom und die Stromverteilung in der Rückleitung sind ausschlaggebend für die induzierten Längsspannungen in Kabeln, die parallel zur Strecke verlaufen. Die spezifischen *induzierten Spannungen* bezogen auf die Kabellänge sind am höchsten in der Mitte zwischen Unterwerk und dem Standort des Triebfahrzeuges oder zwischen Unterwerk und dem Kurzschlussort, da dort der Anteil des durch die Erde zurück fließenden Stromes am höchsten ist. Die Messungen wurden daher in der Mitte des Messabschnittes durchgeführt. Am Messort wurden nicht geschirmte Kabel in verschiedenen Abständen von der Gleismittellinie ausgelegt und dann die induzierten Spannungen gemessen. Die Messungen und die berechneten Ergebnisse sind in der Tabelle 6.17 enthalten. Die ziemlich gute Korrelation zwischen Berechnungen und Messungen bestätigt, dass die Berechnungen ein zuverlässiges Planungswerkzeug darstellen.

Für eine Strecke ohne Rückleiter ergeben Berechnungen mit den gleichen Parametern rund 70 V/(kA·km) Beeinflussungsspannungen, d. h., sie wären ungefähr 70 % höher als für die Ausführung mit Rückleiter.

In Fahrleitungen und Rückleitungen werden mehrere Leiter parallel geführt. Anders als bei DC-Bahnen werden die Ströme in AC-Anlagen nicht gemäß den Widerstandsbelägen allein aufgeteilt sondern gemäß dem Eigen- und Koppelimpedanzen. Nahe der Unterwerke und der Lastpunkte muss auch der Ableitbelag zwischen den Rückleitern und der Erde beachtet werden. Im mittleren Teil eines ausreichend langen Abschnittes ergibt sich eine konstante Stromverteilung in der Rückleitung, da kein Strom zwischen der Rückleitung und der Erde ausgetauscht wird. Deshalb wurde die Stromverteilung in der Mitte des Prüfabschnittes gemessen, wie in Bild 6.51 gezeigt. Am Messpunkt wurden Stromwandler in der Stromzuführung am Kettenwerk und an den Schienen, an den Rückleitern und an den geerdeten Kabelschirmen angeschlossen. Die Tabelle 6.18 enthält die berechneten und gemessenen Aufteilungen für die entsprechenden Leiter. Der Anteil des durch die Erde fließenden Stromes kann nicht gemessen werden, sodass hier nur berechnete Werte angegeben sind. Die gemessenen Werte deuten auf ungefähr 20 % Erdstrom hin.

Tabelle 6.18: Stromverteilung in der Oberleitung Madrid–Sevilla bezogen auf den gesamten Traktionsstrom.

	Mit Rückleiter		ohne Rückleiter
	Berechnung %	Messung %	Berechnung %
Kettenwerk			
Fahrdraht A	30,6	29,7	31,0
Tragseil A	20,4	20,7	20,0
Fahrdraht B	30,6	29,5	31,0
Tragseil B	20,4	20,2	20,0
Kettenwerk mit Rückleiter			
Schienen A	23,2	20,4	34,2
Rückleiter A	18,5	17,7	–
Kabelschirm A	–	2,8	–
Schienen B	23,2	19,5	34,2
Rückleiter B	18,5	16,1	–
Kabelschirm B	–	3,0	–
Erde	20,6	nicht möglich	34,4

Die Rückleiter mindern den durch die Erde fließenden Strom um rund 40 % und den durch die Schienen fließenden Strom um 35 %, wie aus der Tabelle 6.18 ersichtlich ist. Dies ist der Grund für die günstigen Auswirkungen auf die induzierten Spannungen.

6.6.7 Schlussfolgerungen für die Gestaltung der Rückleitung und Erdung bei AC-Anlagen

Die Verwendung der Fahrschienen für die Rückleitung ist für konventionelle Strecken mit mäßigem Verkehr ausreichend. Die induktive Beeinflussung ist für AC-16,7-Hz-Anlagen und auch für AC-50-Hz-Anlagen annehmbar.

Zusätzliche Rückleiter an den Masten werden für erhöhten Verkehr und Energiebedarf empfohlen. Sie vermindern die Schienenpotenziale und die induzierten Spannungen entlang der Strecke auf rund die Hälfte. In Abschnitt 6.6.6 wurden die Vorteile der Rückleiter für die Hochgeschwindigkeitsstrecke Madrid–Sevilla dargestellt.

Auto-Transformator-Anlagen gestatten allgemein höhere Verkehrsbelastungen und größere Unterwerksabstände auch im Hinblick auf die Beeinflussungen und die Schienenpotenziale. Der kompliziertere Aufbau der Anlagen, die höheren, aus dem Hochspannungsnetz bezogenen Leistungen in den speisenden Unterwerken und die Betriebsauswirkungen müssen in jedem Einzelfall beachtet werden. Auto-Transformatoren-Systeme werden häufig für Hochgeschwindigkeitsstrecken in Frankreich, Japan und Russland verwendet.

Booster-Transformator-Systeme mindern die Rückströme in den Schienen und in der Erde in einem höheren Maß als Rückleiter allein. Das ist für Gebiete mit hohem spezifischem Bodenwiderstand wichtig. Die Spannungsfälle längs der Leitung und die Trennungen in den Oberleitungen ermöglichen nur geringe Verkehrsleistungen. Daher werden BT-Systeme vor allem beim Vorliegen schwieriger Bodenverhältnisse eingesetzt, z. B. in Norwegen und Schweden.

Bild 6.52: Parallelführung von AC-16,7-Hz-15-kV- und DC-0,75-kV-Strecken in Berlin.

6.7 Parallelbetrieb von AC- und DC-Bahnen

6.7.1 Einführung

Bei neuen Verkehrsprojekten kommen zunehmend AC- und DC-Bahnen in Berührung, so bei Neubaustrecken in Spanien, Italien und den Niederlanden. Hierfür müssen auch Systemtrennstellen geschaffen werden, die einen Übergang vom AC- in das DC-Netz und umgekehrt ermöglichen (siehe Abschnitt 14.4).

Auch ohne Verknüpfung der Gleisanlagen entstehen vielfach neue ober- oder unterirdische Gemeinschaftsbauwerke, in die Bahnen unterschiedlicher Energieversorgung geführt werden. Beispiele hierfür sind der Bahnhof Potsdamer Platz in Berlin, der Westbahnhof in Wien, der Hauptbahnhof in Zürich und die gemeinsamen U- und S-Bahn-Stationen in Frankfurt am Main, Stuttgart und München (Bild 6.52). In vielen Großstädten gibt es einen *Parallelbetrieb von AC- und DC-Bahnen* auf längeren Streckenabschnitten, beispielsweise in Berlin. Die beim Zusammentreffen von AC- und DC-Bahnen zu beachtenden Regeln beschreibt DIN EN 50122-3:2011. Sie wurden in [6.58] behandelt. Die gegenseitige Beeinflussung hat drei Ursachen:
- galvanische Kopplung
- induktive Kopplung
- kapazitive Kopplung

Die Beeinflussung der AC-Anlage durch die DC-Anlage kann eine
- Erhöhung der Berührungsspannung,
- Transformatorsättigung,
- Streustromkorrosion an Gleis- und anderen metallischen Anlagen sowie
- Störung der Sicherungsanlagen und der Fahrzeugausrüstung bewirken.

An DC-Anlagen kann durch die AC-Anlage zusätzlich eine
- Beinflussung von Telekommunikationsanlagen und
- Schädigung der Isolierungen eintreten.

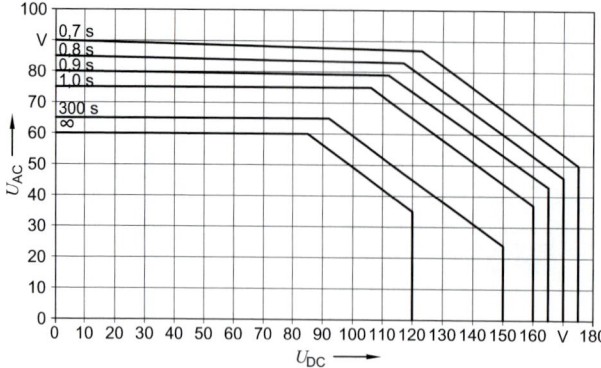

Bild 6.53: Hüllkurven für die gleichzeitig zulässigen AC- und DC-Langzeitberührungsspannungen.

6.7.2 Bereiche der gegenseitigen Beeinflussung

Bei einem Abstand zwischen einer AC- und einer DC-Bahn bis 50 m wird eine gegenseitige Beeinflussung angenommen. Eine AC-Bahn kann eine DC-Bahn bis zu 1 000 m Abstand beeinflussen (siehe DIN EN 50 122-3, Abschnitt 6.2), wenn
- bei einer zweigleisigen AC-Bahn nur die Schienen zur Rückleitung dienen,
- der Strom über 500 A je Gleis beträgt,
- die Parallelführung mehr als 4 km lang ist,
- die DC-Bahn gegen Erde isoliert ist.

Für die Beeinflussung einer DC-Bahn durch eine AC-Bahn können Grenzen nicht angegeben werden. Es kommt auf die Art der galvanischen Verbindungen an.

6.7.3 Grenzwerte für Berührungsspannungen

In DIN EN 50 122-3:2011 sind Grenzwerte der Berührungsspannungen für die Bedingungen
- Langzeitwirkung der DC- und AC-Anteile,
- Kurzzeitwirkung für AC-Anteile, Langzeitbedingungen für DC-Anteile,
- Langzeitwirkung und Kurzzeitwirkung für die DC-Anteile,
- Kurzzeitwirkung für die AC- und DC-Anteile und
- Werkstätten

angegeben. Das Bild 6.53 nach DIN EN 50 122-3, Bild 1, gibt die Hüllkurven für die gleichzeitg zulässigen AC- und DC-Langzeitberührungsspannungen an. Werte für andere Bedingungen sind in DIN EN 50 122-3:2011 enthalten.

6.7.4 Technische Anforderungen

Wenn sich Teile der Rückleitung der AC- oder DC-Bahn im Oberleitungsbereich der DC- bzw. AC-Bahn befinden, müssen VLD zwischen den beiden Rückleitungen eingebaut werden, die unter Betriebsbedingungen nicht ansprechen dürfen.
Die Bauwerkserden der AC- und der DC-Bahn sollten möglichst getrennt werden. Hierfür sind Trennfugen oder Isolierstücke erforderlich. Für Trennfugen reichen 1 m Länge

6.7 Parallelbetrieb von AC- und DC-Bahnen

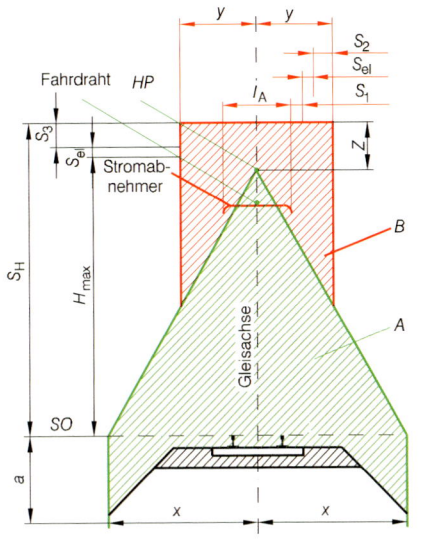

Bild 6.54: Oberleitungs- und Stromabnehmerbereich nach DIN EN 50 122-1:2011-09.

- SO Schienenoberkante
- HP höchster Punkt der Oberleitung
- A Oberleitungsbereich
- B Stromabnehmerbereich
- X halbe Breite des Bereichs A
- Y halbe Breite des Bereichs B
- Z Abstand zwischen HP und S_H
- S_1 seitlicher Bewegungsraum des Stromabnehmers
- S_2 seitlicher Sicherheitsabstand für den gebrochenen oder entgleisten Stromabnehmer
- S_3 vertikaler Sicherheitsabstand für den gebrochenen oder entgleisten Stromabnehmer
- S_{el} elektrischer Abstand nach DIN EN 50 119
- S_H maximale Höhe des Stromabnehmerbereichs
- l_A Länge der Stromabnehmerwippe
- H_{max} Höhe des voll angehobenen Stromabnehmers

aus. Sind die Bauwerkserder der AC- und DC-Bahn verbunden, muss die Gefahr von Streuströmen in der Wechselstrombahn beachtet werden.

Von der AC-Bahn können in der DC-Bahn Spannungen induziert oder influenziert werden. Diese sollten ermittelt und bewertet werden. Maßnahmen an der AC-Bahn, die die Induktionswirkung reduzieren, wirken entgegen.

Werden AC- und DC-Bahnen auf dem selben Gleisen betrieben, müssen diese gegen Erde isoliert werden. Notwendige Verbindungen sind mit VLD herzustellen, die Gleich- und Wechselstrom führen können. Beispiele hierfür sind die erforderlichen Verbindungen der Gleise mit den Fahrleitungsstützpunkten.

Bei der Ausführung der Oberleitungen ist darauf zu achten, dass sich AC- und DC-Leiter im Fehlerfall nicht berühren. Bei Systemtrennstellen zwischen AC- und DC-Bahnen dürfen Streuströme nur im begrenzten Umfang in die Rückleitung der AC-Anlage eintreten. Die wesentlichen Forderungen sind

- Durchgängigkeit der Rückleitung der AC-und DC-Ströme in allen Betriebs- und Fehlerfällen,
- keine Verbindung zwischen AC- und DC-Fahrleitungsanlagen,
- Begrenzung des Stroms zwischen AC- und DC-Rückleitung,
- Bei Isolierstößen in den Schienen muss die anliegende Spannung begrenzt werden, um Schäden an den Zügen während der Überfahrt und unzulässige Berührungsspannungen zu verhindern.

Beispiele für Systemtrennstellen zwischen AC- und DC-Bahnen auf freien Strecken sind im Abschnitt 14.4 und in [6.59, 6.60] und [6.61] beschrieben.

6.8 Oberleitungs- und Stromabnehmerbereich

6.8.1 Definition

In DIN EN 50 122-1:2011-09 werden Bereiche, deren Grenzen durch eine gerissene Oberleitung oder durch einen unter Spannung stehenden, entdrahteten oder gebrochenen Stromabnehmer nicht überschritten werden, als *Oberleitungs-* bzw. *Stromabnehmerbereich* definiert. Unter diesen Umständen könnten diese mit Bauwerken und Ausrüstungen in Kontakt kommen und letztere würden Spannung führen. Bild 6.54 definiert den Bereich, in dem ein solcher Kontakt eintreten könnte. Für ganz oder teilweise leitfähige Bauwerke in diesem Bereich sind Schutzmaßnahmen nach der genannten Norm, Abschnitt 6.3, erforderlich, damit die Abschaltung der Spannung eingeleitet wird. Risse von Oberleitungen treten allerdings nur durch äußere Einflüsse auf, z. B. Baumeinfall oder Schäden an Stromabnehmern, wobei meist dadurch bereits die Abschaltung der Anlage eingeleitet wird.

Die Kenngrößen X, Y, Z in Bild 6.54 werden durch nationale Vorgaben festgelegt. Richtwerte hierfür sind $X = 4{,}0$ m; $Y = 2{,}0$ m; $Z = 2{,}0$ m. In Deutschland ist das Maß X mit 4,0 m festgelegt. Die Maße Y und Z muss der Infrastrukturbetreiber vorgeben. Die Breite Y des Stromabnehmerbereiches wird erhalten aus

$$Y = l_A/2 + S_1 + S_{el} + S_2 \quad . \tag{6.43}$$

Die Symbole sind im Bild 6.54 erläutert.

Mit $S_1 = 345$ mm in 5,50 m Höhe über dem Gleis, $S_{el} = 270$ mm und dem Vorsorgeabstand $S_2 = 530$ mm ergibt sich für die Eurowippe und AC 25 kV Spannung $Y = 800 + 345 + 270 + 530 = 1\,945$ mm und für die 1 950 mm lange Wippe bei AC 15 kV Spannung $Y = 975 + 345 + 150 + 530 = 2\,000$ mm. Die Höhe Z des Stromabnehmerbereiches wird erhalten aus

$$Z = H_{max} + S_{el} + S_3 - HP \quad . \tag{6.44}$$

Die Symbole sind im Bild 6.54 erläutert.

Mit 6 500 mm als maximale Höhe des gehobenen Stromabnehmers, dem Vorsorgeabstand 1 350 mm und $HP = 5\,500 + 1\,800 = 7\,300$ mm ergibt sich aus (6.44) bei AC 15 kV

$$Z = 6\,500 + 150 + 1\,300 - 7\,300 = 700 \text{ mm} \quad .$$

Bei Stromschienenanlagen braucht ein Fahrleitungsbereich nicht berücksichtigt zu werden. Für Obusanlagen gilt DIN EN 50 122-1:2011-09, Abschnitt 4.3.

6.8.2 Schutzmaßnahmen

Ganz oder teilweise leitfähige Bauwerke im Oberleitungs- oder Stromabnehmerbereich sind mit der Rückleitung zu verbinden, um das Bestehenbleiben gefährlicher Berührungsspannungen zu verhindern. Signalbrücken- und -masten, Brücken, Bahnsteigdächer, Zäune, Fahrschienen nicht elektrifizierter Gleise und Stahlbewehrungen sind Beispiele für leitfähige Bauwerke.

Die Schutzmaßnahmen nach DIN EN 50 122-2:2011 gegen Streuströme sind bei Gleichstrombahnen zu beachten. Kleine leitfähige Bauteile, z. B. Kanaldeckel, kurze Zäune, Warnschilder und Metallkonstruktionen bis 3 m Länge parallel zum Gleis und 2 m transversal hierzu erfordern keine Schutzmaßnahmen. Das Gleiche gilt auch für vorübergehend neben Gleisen gelagerte Bauteile. Anstelle der Verbindung mit der Rückleitung können auch Hindernisse angeordnet werden. Weitere Besonderheiten können DIN EN 50 122-1:2011 entnommen werden.

6.9 Literatur

6.1 *Schneider, E.*: Bahnrückstromführung und Erdung – Teil 1: Grundsätze. In: Elektrische Bahnen 96(1998)4, S. 85–90.

6.2 *Kießling, F.; Nefzger, P.; Nolasco, J. F.; Kaintzyk, U.*: Overhead power lines – Planning, Design, Construction. Springer-Verlag, Berlin – Heidelberg – New York, 2003.

6.3 *Kontcha, A.; Schmidt, P.*: Elektrosicherheit im Bereich von Oberleitungen elektrischer Bahnen. In: Elektrische Bahnen 94(1996)10, S. 297–303.

6.4 *Bette, U.*: Verringerung der Streustromkorrosionsgefahr an Bauwerken von Gleichstrombahnen. In: Nahverkehrspraxis (1994)9, S. 312–316.

6.5 *Bette, U.*: Maßnahmen zur Verringerung der Korrosionsgefahr durch Streuströme und Erdungsmaßnahmen bei Gleichstrombahnen. In: ETG-Fachbericht, Teil 30, vde-verlag, Berlin – Offenbach.

6.6 *Altmann, M. u. a.*: Streustromüberwachung bei der U-Bahn Nürnberg. In: Elektrische Bahnen 102(2004)5, S. 223–230.

6.7 *Siemens AG*: Sitras SMS – Streustrom-Monitoring-System für die DC-Bahnstromversorgung. Produktinformation, 2013.

6.8 *Koch, H.*: Ein Beitrag zur Gewährleistung der elektromagnetischen Verträglichkeit von Anlagen der Sicherungs- und Fernmeldetechnik mit eisenbahntypischen elektrischen Systemen hoher Leistung. HfV Dresden, Dissertation, 1986.

6.9 *Wenner, F.*: A method of measuring earth resistivity. Scientific papers of the Bureau of Standards 258(1917) S. 469–478.

6.10 Digital earth tester MEGGER DET/3R & DET5/3D: User Guide, AVO-International, Kent CT179EN, England.

6.11 *Nitsch, K.*: Ergebnisse der Untersuchung des Isolationswiderstandes von Stahlbetonschwellen. In: Signal und Schiene 10(1966)9, S. 376–383.

6.12 *Hellige, B.*: Elektrotechnische Anlagen in Betriebshöfen. In: Berichte und Informationen HTW Dresden 4(1996)1, S. 57–63.

6.13 *Ollendorf, F.*: Erdströme. Birkhäuser-Verlag, Basel – Stuttgart, 1969.

6.14 *Eichhorn, K. F.*: Stromverdrängung und Stromleitung über Erde. In: Elektrische Bahnen 95(1997)3, S. 74–81.

6.15 *Schaller, K.-P.*: Untersuchung über das Verhalten der Rückströme im Erdreich bei Einphasenwechselstrombahnen. HfV Dresden, Diplomarbeit, 1965.

6.16 *Schmidt, P. u. a.*: VEM Handbuch Energieversorgung elektrischer Bahnen. VEB-Verlag Technik, Berlin, 1975.

6.17 *Kontcha, A.*: Analyse elektromagnetischer Verhältnisse in Mehrleiterfahrleitungssystemen bei Einphasenwechselstrombahnen. TU Dresden, Dissertation, 1996.

6.18 *Schneider, E.; Zachmeier, M.*: Rückstromführung und Erdung bei Bahnanlagen – Teil 3: Gleichstrombahnen. In: Elektrische Bahnen, 96(1998)4, S. 99–106.

6.19 *Hampel, H.*: Untersuchung von Kriterien zur Begrenzung der Streuströme aus Gleichstrombahnanlagen. HfV Dresden, Dissertation, 1973.

6.20 *Lingohr, H.; Stahlberg, U.; Richter, B.; Hinrichsen, V.*: Überspannungsschutzkonzept für DC-Bahnanlagen. In: Elektrische Bahnen 101(2003)7, S. 315–320.

6.21 *Möller, K.; Menter, F.; Chi, H.*: Optimierung des Schutzes von Nahverkehrsbetriebseinrichtungen hinsichtlich Überspannungen durch Blitzschlag. Forschungsbericht, FE-Nr. 70 299/89, Deutsches Bundesministerium für Verkehr, November 1991.

6.22 *Thiede, J.; Zeller, P.*: Niederspannungsbegrenzer für Gleichstrombahnen. In: Elektrische Bahnen 100(2002)10, S. 399–403.

6.23 *Bette, U.*: Messungen in Betriebshöfen und an Verkehrsbauwerken. In: Berichte und Informationen HTW Dresden 4(1996)1, S. 89–101.

6.24 *Weitlaner, E.; Schneider, E.*: Bahnstromversorgung für die Stadtbahn BTS in Bangkok. In: Glasers Annalen 123(1999)6, S. 253–260.

6.25 *Röhlig, S.*: Streuströme bei DC-Bahnen und elektrotechnische Anforderungen an den Gleisbau. In: Elektrische Bahnen 99(2001)1-2, S. 84–89.

6.26 *Altmann, M.; Schneider, E.*: Spannungen und Überspannungen in der Rückleitung von Gleichstrombahnen. In: Elektrische Bahnen 104(2006)3, S. 129–136.

6.27 *Schneider, S.*: Erdung und Potenzialausgleich an oberirdischen Bestandsstrecken. In: Elektrische Bahnen 109(2012)4, S. 152–157.

6.28 *Schneider, E.*: Streustromberechnung bei geerdetem und nicht geerdetem Rückleiteranschluss von Gleichstrombahn-Unterwerken. In: Berichte und Informationen HTW Dresden 2(1994)1, S. 65–71.

6.29 *Bette, U.; Galow, M.*: Ableiter und Spannungsbegrenzungseinrichtungen für Netze DC 750 V. In: Elektrische Bahnen 104(2006)3, S. 137–144.

6.30 *Röhlig, S.; Rothe, M.*: Dynamische Berechnung von Streuströmen und Gleis-Erde-Spannungen. In: Berichte und Informationen HTW Dresden 2(1994)1, S. 59–64.

6.31 *Biesenack, H.; Dölling, A.; Schmieder, A.*: Schadensrisiken bei Blitzeinschlägen in Oberleitungen. In: Elektrische Bahnen 104(2006)4, S. 182–189.

6.32 *Bette, U.; Sons, W.*: Streustrombewertungen gemäß DIN EN 50 122-2. In: Elektrische Bahnen 106(2008)1-2, S. 66–67.

6.33 *Fischer, Ch.; Thiede, J.*: Erfahrungen mit der Streustrombewertung gemäß DIN EN 50 122-2. In: Elektrische Bahnen 106(2008)11, S. 501–507.

6.34 *Deutschmann, P.; Schneider, E.; Zachmeier, M.*: Rückstromführung und Erdung bei Bahnanlagen – Teil 2: Wechselstrombahnen. In: Elektrische Bahnen 96(1998)4, S. 91–98.

6.35 *Braun, W.; Schneider, E.*: Konzepte für Rückstromführung und Erdung bei AC-Bahnen. In: Elektrische Bahnen 103(2005)4-5, S. 219–224.

6.36 *Tischer, G.*: 20 Jahre Einsatz von Bahnrückstromleitern. In: Elektrische Bahnen 92(1994)4, S. 97–104.

6.37 *Zimmert, G. u. a.*: Rückleiterseile in Oberleitungsanlagen auf der Strecke Magdeburg–Marienborn. In: Elektrische Bahnen 92(1994)4, S. 105–111.

6.38 *Gruber, A.*: Rückstromführung auf ÖBB-Hochleitungsstrecken. In: Elektrische Bahnen 89(1991)11, S. 404–408.

6.39 *Kießling, F.; Schneider, E.*: Verwendung von Bahnstromrückleitern an der Schnellfahrstrecke Madrid–Sevilla. In: Elektrische Bahnen 92(1994)4, S. 112–116.

6.40 *Knüpfer, S.; Christoph, L.*: Hochgeschwindigkeitsstrecke Hannover–Berlin 1998 in Betrieb. In: ETR 46(1997)9, S. 531–532 und S. 535–540.

6.41 *Courtois, C.*: Bahnenergieversorgung in Frankreich. In: Elektrische Bahnen 92(1994)6, S. 167–170 und 7, S. 202–205.

6.42 *Klinge, R. u. a.*: Hochgeschwindigkeitsverkehr in Italien am Beispiel Rom–Neapel. In: Elektrische Bahnen 103(2005)4-5, S. 253–256.

6.43 *Eberling, W. u. a.*: Oberleitungskonzepte und Autotransformersystem bei der Deutschen Bahn. In: Elektrische Bahnen 100(2002)7, S. 259–265.

6.44 *Alphen, G.-J.; Smulders, E.*: Messungen im Autotransformatornetz der CFL und Überprüfung mit SIMSPOG. In: Elektrische Bahnen 98(2000)7, S. 242–248.

6.45 *Levermann-Vollmer, D.; Thiede, J.*: Messungen am Mehrspannungssystem Prenzlau–Stralsund. In: Elektrische Bahnen 100(2002)10, S. 385–389.

6.46 *Tuttas, C.*: Aktiver Rückstromleiter. In: Elektrische Bahnen 98(2000)7, S. 275–276.

6.47 *Tuttas, C.*: AC-Bahnen mit aktivem Rückleiter. In: Elektrische Bahnen 99(2001)6-7, S. 262–267.

6.48 *Hofmann, G.; Kontcha, A.*: Boostertranformatoren auf AC-Bahnen. In: Elektrische Bahnen 98(2000)7, S. 233–237.

6.49 *Bühlund, A.; Deutschmann, P.; Lindahl, B.*: Schaltungsaufbau im Oberleitungsnetz der schwedischen Eisenbahn. In: Elektrische Bahnen 102(2004)4, S. 184–194.

6.50 *Johnson, F.; Nyebak, M.*: Schaltungsaufbau im Oberleitungsnetz der norwegischen Eisenbahn Jernbaneverket. In: Elektrische Bahnen 102(2004)4, S. 195–200.

6.51 *Schütte, T.; Tiede, J.*: Kombinierte Streckenspeisung mit Auto- und Saugtransformatoren. In: Elektrische Bahnen 98(2000)7, S. 249–253.

6.52 *Lörtscher, M.; Voegeli, H.*: Bahnstromrückführung und Erdung beim Unterwerk Zürich. In: Elektrische Bahnen 99(2001)1-2, S. 51–63.

6.53 *Braun, W.*: Feste Fahrbahn und AC-Bahnenergieversorgung: In: Elektrische Bahnen 101(2003)4-5, S. 213–216.

6.54 *Tschiedel, H.; König, F.; Kuypers, K.-H.*: Erdungskonzept für Verkehrsanlagen im zentralen Bereich Berlins. In: Elektrische Bahnen 104(2006)6, S. 290–296.

6.55 *Zimmert, G.*: Erdung von Oberleitungsanlagen. In: Eisenbahningenieur 43(1992)2, S. 86–90.

6.56 *Behrends, D.; Fischer, Ch.*: Berechnungen nach DIN EN 50 122-1 – Erdung im Katzenbergtunnel. In: Elektrische Bahnen 109(2011)11, S. 592–600 und 12, S 680–684.

6.57 *Aeberhard, M.; Kocher, M.; Koch, M.*: Ausbau der Bahnstromrückleitung auf der Lötschberg-Bergstrecke. In: Elektrische Bahnen 101(2003)8, S. 377–386.

6.58 *Deutschmann, P.; Röhlig, S.; Smulders, E.*: Parallelbetrieb von AC-und DC-Bahnen: Ziele der neuen DIN EN 50 122-3. In: Elektrische Bahnen 103(2005)4-5, S. 191–197.

6.59 *Braun, E.; Kistner, H.*: Systemtrennstellen auf der Schnellfahrstrecke Madrid–Sevilla. In: Elektrische Bahnen 92(1994)8, S. 229–233.

6.60 *Cinieri, E. et al.*: Interference assessment at the interface between 2 AC 25 kV 50 Hz and DC 3 kV systems. In: Elektrische Bahnen 102(2004)12, S. 551–557.

6.61 *Cinieri, E. et al.*: Compatibility problems of AC and DC electric traction lines. In: UIC Spoornet Meeting on „Alternative Traction Technologies". Johannesburgh, April 2000.

7 Thermische Bemessung

7.0 Symbole und deren Bedeutung

Symbol	Bezeichnung	Einheit
A	Leiterquerschnitt	mm^2
A_S	Querschnitt der Stromschiene	mm^2
B	thermische Konstante	m
FD	Fahrdraht	–
I	Strom	A
I_{FD}	Strom im Fahrdraht	A
I_{KW}	Strom im Kettenwerk	A
$I_{KW\,d}$	Stromtragfähigkeit im Kettenwerk	A
I_{TS}	Strom im Tragseil	A
I_{VL}	Strom in der Verstärkungsleitung	A
I_d	Stromtragfähigkeit einer Stromschiene	A
$I_{\text{eff max}}$	Zeitgewichtete Belastung des Kettenwerks	–
I_K''	Anfangskurzschlussstrom	A
$I_{K\,\text{max}}$	höchster Stundenmittelwert des Stroms	A
$I_{\lim d}$	Grenzstrom eines Elementes im Kettenwerk	A
I_{max}	höchster Betriebsstrom	A
I_{th}	thermisch äquivalenter Kurzschlussstrom	A
I_{zul}	zulässiger Strom an einem Schleifstück im Stillstand	A
KW	Kettenwerk	–
N_{ab}	Energieabgabe längs des Leiters	W
N_{ein}	Energieeintrag längs des Leiters	W
N_C	Energieverlust durch Konvektion	W/m
N_J	Verlustwärme	W/m
N_M	magnetische Verluste	W/m
N_R	Energieverlust durch Strahlung	W/m
N_S	Energieeintrag durch die Sonne	W/m
N_{sh}	spezifische Sonneneinstrahlung	W/m^2
Nu	Nußelt-Zahl	–
R'_{20}	längenbezogener Widerstand bei 20 °C	Ω/m
R'_{FD}	längenbezogener Widerstand des Fahrdrahts	Ω/m
R'_T	längenbezogener Widerstand	Ω/m
R'_{TS}	längenbezogener Widerstand des Tragseils	Ω/m
R'_{VL}	längenbezogener Widerstand des Verstärkungsleitung	Ω/m
R'_{tot}	längenbezogener gesamter Widerstand des Kettenwerks	Ω/m
R_{tv}	Übergangswiderstand Fahrdraht/Schleifstück	Ω/m
Re	Reynolds-Zahl	–

Symbol	Bezeichnung	Einheit
T	Leitertemperatur	°C
T_∞	Temperatur des Fahrdrahts weit entfernt vom Punkt erhöhter Temperatur	°C
T_1	Anfangstemperatur	°C
T_2	Kurzschlussendtemperatur	°C
T_{Fa}	Temperatur am Schleifstückhalter	°C
T_{FD}	Temperatur am Fahrdraht	°C
T_{am}	Umgebungstemperatur	°C
T_{lim}	Kurzschlussgrenztemperatur	°C
TS	Tragseil	–
U_S	Umfang der Stromschiene	m
U_F	Umfang des Fahrdrahts	m
VL	Verstärkungsleitung	–
c	spezifische Wärme	W·s/(K·kg)
d	Leiterdurchmesser	m
f	Frequenz	1/s
h_{al}	NN-Höhe	m
k_a	Absorptionskoeffizient	–
k_e	Emissionskoeffizient	–
k_s	Stefan-Boltzmannsche Konstante	W/(m² K⁴)
l	Länge der Schadstelle	m
m_C	Leitermasse je Längeneinheit	kg/m
m_P	DC-Anteil im Kurzschlussstrom	–
$n_{2,3}$	Anteil eines Elements im Kettenwerk bei Grenzbelastung	–
n_P	AC-Anteil im Kurzschlussstrom	–
n_{FD}	Anteil des Stroms im Fahrdraht	–
n_{TS}	Anteil des Stroms im Tragseil	–
n_{VL}	Anteil des Stroms in der Verstärkungsleitung	–
n_{lim}	Anteil des Grenzstroms eines Elements	–
t	Zeit	s
t_K	Kurzschlussdauer	s
t_{sc}	Einwirkungsdauer des Stromes an Schleifstücken	s
t^*	Mittelungszeitraum	s
v	Windgeschwindigkeit	m/s
α_R	Temperaturkoeffizient des Widerstands	1/Grad
α_S	Wärmeübergangskoeffizient	W/(K m²)
α_{scon}	Wärmeübergangskoeffizient bei freier Konvektion	W/(K m²)
α_{srd}	Wärmeübergangskoeffizient bei Strahlung	W/(K m²)
γ	spezifische Masse der Luft	kg/m³
γ_0	spezifische Masse der Luft in Meereshöhe	kg/m³
γ_C	spezifische Masse des Leiters	kg/dm³
η	dynamische Zähigkeit der Luft	N·s/m²
λ	Wärmeleitfähigkeit der Luft	W/(K·m)

Symbol	Bezeichnung	Einheit
λ_C	Wärmeleitfähigkeit des Fahrdrahts	W/(K·m)
λ_{dd}	Variable der Häufigkeitsverteilung	–
ρ_{20}	spezifischer Widerstand bei 20 °C	1/K
σ_u	Fahrdrahtfestigkeit	N/mm²
$\sigma_{0,2}$	0,2-%-Dehngrenze	N/mm²
τ	thermische Zeitkonstante	s
ΔP	Leistungsverlust	W
Θ	absolute Temperatur	K
Θ_{am}	absolute Umgebungstemperatur	K

7.1 Stromtragfähigkeit

7.1.1 Einführung

Die Fahrleitungsbelastungen durch Ströme werden im Kapitel 5 untersucht und diskutiert. Um diesen unterschiedlichen Belastungsarten Stand halten zu können, benötigt die Fahrleitung eine angemessene *Stromtragfähigkeit*, die durch die zulässige Temperatur der Leiter der Oberleitung und den Arbeitsbereich der Nachspanneinrichtungen bestimmt wird. Daher wird die Stromtragfähigkeit auch *thermische Widerstandsfähigkeit* oder *Strombelastbarkeit* genannt.

Die dauernde Stromtragfähigkeit kennzeichnet die thermische Bemessung von Fahrleitungen und wird verwendet, um die elektrische Leistungsfähigkeit von Fahrleitungsbauarten zu vergleichen. Wie im Abschnitt 5.3 beschrieben, ist die elektrische Belastung nicht konstant, sondern wird durch zeitabhängige Werte repräsentiert. Daher sollte auch die Stromtragfähigkeit mit entsprechenden Parametern zeitabhängig beschrieben werden.

7.1.2 Einfachleiter

7.1.2.1 Grundlegende Beziehungen

Obwohl eine Fahrleitung meist aus mehreren parallelen Leitern besteht, werden die Grundgleichungen für die *Stromtragfähigkeit* zunächst für einen einzelnen Leiter abgeleitet. Aus den Stromtragfähigkeiten eines einzelnen Leiters kann dann die Stromtragfähigkeit einer Oberleitung errechnet werden. Die Ermittlung der *Leitertemperatur* und Stromtragfähigkeit geht vom thermischen Gleichgewicht im Leiter aus, das gemäß [7.1] bis [7.4] beeinflusst wird durch

– den Energieeintrag durch die *Verlustwärme* N_J in Folge des Leiterwiderstandes,
– den Energieeintrag durch die *Sonneneinstrahlung* N_S,
– den Energieeintrag durch magnetische Verluste N_M,
– den Energieverlust durch Strahlung N_R und
– den Energieverlust durch *Konvektion* N_C.

Die magnetischen Verluste tragen zu einer Erhöhung der Leitertemperatur bei Verbundleitern mit Stahlkernen bei, wie sie für Freileitungen verwendet werden. Bei den Leitern

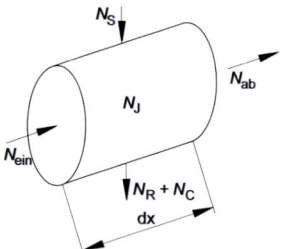

Bild 7.1: Wärmeleistungsbilanz eines blanken Leiters.

für Fahrleitungen können sie vernachlässigt werden. Daher kann das Wärmegleichgewicht bezogen auf die Einheitslänge eines einzelnen Leiters durch

$$m_\mathrm{C} \cdot c \cdot \mathrm{d}T/\mathrm{d}t = N_\mathrm{J} + N_\mathrm{S} - N_\mathrm{R} - N_\mathrm{C} \tag{7.1}$$

dargestellt werden, wobei
- m_C die Leitermasse je Längeneinheit,
- c die spezifische Wärme,
- T die Leitertemperatur und
- $\mathrm{d}t$ die Ableitung nach der Zeit bedeuten. Die Größen N_J, N_R und N_C hängen auch von der Leitertemperatur ab.

Im Bild 7.1 ist das Wärmegleichgewicht an einem blanken Leiter dargestellt. In der Gleichung (7.1) wird angenommen, dass kein Energiefluss entlang des Leiters besteht:

$$N_\mathrm{ein} = N_\mathrm{ab} = 0 \quad .$$

Drei Fälle mit unterschiedlichen Zuständen sind dabei von wesentlichem praktischen Interesse:
- *Betriebslasten*, die sich mit anfahrenden und bremsenden Fahrzeugen und auch mit der Umgebungstemperatur ändern (siehe Abschnitt 7.1.2.4). Dieser allgemeine Fall ist durch eine zeitabhängige Strombelastung gekennzeichnet.
- Lasten in Folge von *Kurzschlüssen* mit Einwirkungsdauern bis maximal 100 ms. Wegen der weit überwiegenden Größe der Stromwärme N_J infolge der hohen Ströme können die Terme N_S, N_R und N_C in der Gleichung (7.1) vernachlässigt werden. Da es in diesem Fall keinen Wärmeaustausch mit der Umgebung gibt, ist der Prozess adiabatisch (siehe Abschnitt 7.1.2.3).
- Dauernde, lang anhaltende Betriebslasten, die eine halbe Stunde und länger einwirken (siehe Abschnitt 7.1.2.2). Diese Lasten führen zu einem stabilen Gleichgewichtszustand mit nahezu konstanter Temperatur.

7.1.2.2 Lang anhaltende Betriebslasten

In der Literatur finden sich mehrere Methoden, um die einzelnen Terme der Gleichung (7.1) zu berechnen. In [7.1] findet sich eine Zusammenfassung der wichtigsten Methoden, die auch die Grundlage für die Gleichungen bilden, die in IEC 61 597 verwendet werden. Eine umfassende Studie des Wärmegleichgewichtszustandes ist in [7.2] enthalten.

7.1 Stromtragfähigkeit

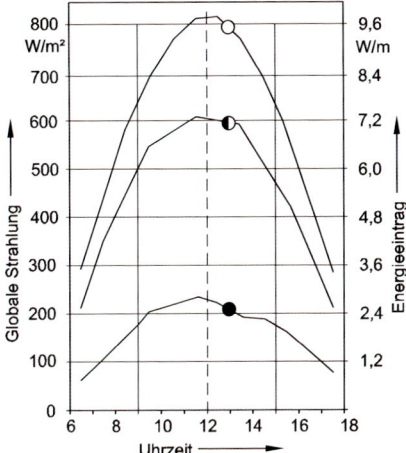

Bild 7.2: Typischer Tagesablauf der Globalstrahlung für die Hochsommerperiode (Juli, Mitteleuropa) in Abhängigkeit vom Grad der Himmelsbedeckung und daraus resultierender Wärmeeinstrahlungsbelag auf den Fahrdraht AC-100 – Cu.
○ = heiter
◐ = 50 % bedeckt
● = 100 % bedeckt

Die Wärmeverluste infolge des Stromflusses wird erhalten aus

$$N_\mathrm{J} = R'_\mathrm{T} \cdot I^2, \tag{7.2}$$

wobei I den Strom in A und R'_T den längenbezogenen Widerstand bei der Temperatur T in Ω/m darstellen. Im Allgemeinen unterscheidet sich der Widerstand R'_T für AC- und DC-Ströme in Folge der Skin-, Spiral- und magnetischen Effekte [7.2]. Jedoch kann für die Maße und den Aufbau der Leiter für Fahrleitungen der DC-Widerstand wegen des vernachlässigbaren Einflusses der genannten Effekte auch für AC-Anlagen verwendet werden. Für den längenbezogenen Widerstand R'_T gilt daher allgemein

$$R'_\mathrm{T} = \frac{\varrho_{20}}{A}\left[1 + \alpha_\mathrm{R}(T-20)\right] = R'_{20}\left[1 + \alpha_\mathrm{R}(T-20)\right] \quad , \tag{7.3}$$

wobei R'_{20} der längenbezogene Gleichstromwiderstand bei 20 °C in Ω/m, und α_R der Temperaturkoeffizient des Widerstandes in K^{-1} sind. Werte für α_R sind in den Tabellen 11.2, 11.5 und 11.6 zu finden.

Oberleitungen und Dritte Schienen werden durch die *Sonneneinstrahlung* und die diffuse *Himmelsstrahlung* aufgeheizt. Die Summe der Auswirkungen der beiden Strahlungsarten wird *globale Strahlung* genannt. Repräsentative Untersuchungen in Deutschland zeigten, dass die folgenden Werte für die globale Strahlung je Meter Fahrdraht AC-100 – Cu angenommen werden können:

1,2 W/m   jährlicher Durchschnitt
2,3 W/m   im Hochsommer bei 100 % Wolkenabdeckung
6,1 W/m   im Hochsommer bei 50 % Wolkenabdeckung
8,2 W/m   im Hochsommer bei wolkenlosem Himmel

Messungen zeigten auch, dass die Temperaturen von Fahrdrähten ohne Strombelastung um 6 K höher sein können als die der umgebenden Luft, wenn sie extrem dem Sonnenschein ausgesetzt sind. In den USA wurden bis 8 K höhere Temperaturen als die Umgebungstemperatur an Freileitungen gemessen [7.3].

Tabelle 7.1: Sonnenabsorptions- und -emissionskoeffizienten k_a und k_e metallischer Oberflächen nach [7.2] und [7.4].

Oberfläche	Kupfer	Aluminium	Eisen, Stahl
halbpoliert	0,15	0,08	
matt – blank	0,24	0,23	0,45[1]
oxidiert, leicht verschmutzt	0,6	0,5	
stark oxidiert	0,75	0,7	0,96[1]
stark oxidiert, verschmutzt	0,85–0,95	0,88–0,93	
Walzhaut			0,65
sandgestrahlt			0,67
verrostet			0,61–0,85

[1] Gusseisen

Das Bild 7.2 zeigt einen Tagesgang des Energieeintrags auf einen Fahrdraht AC-100 – Cu im Sommer in Mitteleuropa. Die entsprechenden Werte für den Fahrdraht AC-120 – Cu sind 10 % höher.
Nach IEC 61 597 wird der Energieeintrag im Leiter infolge der Sonne beschrieben durch

$$N_S = k_a \cdot d \cdot N_{Sh} \quad , \tag{7.4}$$

wobei N_{Sh} die *spezifische Sonnenstrahlung* dargestellt, die Maximalwerte zwischen 850 und 1 350 W/m² abhängig vom Breitengrad des Standortes, der Sonnenposition, der Luftverschmutzung und dem Zeitpunkt im Jahr oder am Tag erreichen kann. Ein typischer Maximalwert für Mitteleuropa ist 900 W/m². Der Wert d ist der Leiterdurchmesser in m und k_a der Absorptionskoeffizient mit Werten 0,15 bis 0,75 für Kupferleiter in Fahrleitungen (siehe Tabelle 7.1).
Entsprechend IEC 61 597 beträgt der *Energieverlust durch Strahlung* N_R

$$N_R = k_s \cdot k_e \cdot d \cdot \pi \cdot \left(\Theta^4 - \Theta_{am}^4\right) \quad , \tag{7.5}$$

wobei
- Θ die absolute Temperatur des Leiters
- Θ_{am} die absolute Umgebungstemperatur
- k_s die *Stefan-Boltzmann-Konstante* gleich $5{,}67 \cdot 10^{-8}$ W/(m²K⁴) und
- k_e den Emissionskoeffizienten nach Tabelle 7.1 darstellen

Die absolute Temperatur Θ in K wird erhalten aus $\Theta = T + 273$.
Der *Energieverlust durch Konvektion* N_C wird berechnet aus

$$N_C = \pi \cdot \lambda \cdot Nu \cdot (T - T_{am}), \tag{7.6}$$

wobei
- λ die thermische Leitfähigkeit der Luft in W/(K·m) (siehe Tabelle 7.2) und
- Nu die *Nußelt-Zahl*, die im Falle erzwungener Konvektion von der *Reynolds-Zahl* entsprechend IEC 61 597 abhängt:

$$Nu = 0{,}65 \cdot Re^{0,2} + 0{,}23 \cdot Re^{0,61}. \tag{7.7}$$

Tabelle 7.2: Stoffwerte der Luft zwischen 0 °C und 100 °C.

Temperatur	Spezifische Masse	Wärmeleit-fähigkeit	Dynamische Zähigkeit
T	γ	λ	η
°C	kg/m^3	W/(K · m)	Ns/m^2
0	1,290	0,0243	$0,175 \cdot 10^{-4}$
10	1,250	0,0250	$0,180 \cdot 10^{-4}$
20	1,200	0,0257	$0,184 \cdot 10^{-4}$
30	1,170	0,0265	$0,189 \cdot 10^{-4}$
40	1,13	0,0272	$0,194 \cdot 10^{-4}$
50	1,09	0,0280	$0,199 \cdot 10^{-4}$
60	1,06	0,0287	$0,203 \cdot 10^{-4}$
70	1,04	0,0294	$0,208 \cdot 10^{-4}$
80	1,01	0,0301	$0,213 \cdot 10^{-4}$
90	0,97	0,0309	$0,217 \cdot 10^{-4}$
100	0,95	0,0316	$0,222 \cdot 10^{-4}$

Die Reynolds-Zahl Re ist gegeben durch

$$Re = v \cdot d \cdot \gamma / \eta, \tag{7.8}$$

wobei
- v die Windgeschwindigkeit in m/s,
- γ die spezifische Masse der Luft in kg/m^3 und
- η die dynamische Zähigkeit der Luft in N·s/m^2 darstellen.

Die Größen γ und η hängen von der Temperatur und vom Luftdruck ab. In Meereshöhe gelten dabei die in der Tabelle 7.2 enthaltenen Werte.

Bei freier Konvektion ist die Windgeschwindigkeit Null und die Beziehung (7.7) für die Nußelt-Zahl gilt nicht. In diesem Fall kann die Nußelt-Zahl mit den in [7.2] enthaltenen Beziehungen erhalten werden. Die Voraussetzungen für freie Konvektion sind in Bahntunneln gegeben. Jedoch können wegen der geringeren Umgebungstemperaturen und der fehlenden Sonneneinstrahlung in Tunneln die Stromtragfähigkeiten, wie sie für offene Strecken mit der Windgeschwindigkeit 1,0 m/s oder weniger berechnet werden, auch für Fahrleitungen in Tunneln verwendet werden.

Die spezifische Masse der Luft hängt von der absoluten Umgebungstemperatur Θ_am und der Seehöhe h_al gemäß [7.1] ab

$$\gamma = \gamma_0 \left(288/\Theta_\text{am}\right) \cdot \exp(-0{,}0001\, h_\text{al}), \tag{7.9}$$

wobei γ_0 in Meereshöhe 1,225 kg/m^3 bei 15 °C beträgt. Für praktische Anwendungen sollten die Kennwerte für Luft für die mittlere Temperatur $(T + T_\text{am})/2$ angesetzt werden.

Die Stromtragfähigkeit bei konstantem Strom kann durch Lösung der Gleichung (7.1) mit $\text{d}T/\text{d}t = 0$ zu

$$I = \sqrt{(N_\text{C} + N_\text{R} - N_\text{S})/R'_\text{T}} \quad . \tag{7.10}$$

Tabelle 7.3: Dauerstromtragfähigkeit von für Fahrleitungen verwendeten Leitern, Windgeschwindigkeit 1,0 m/s, Werte in A.

Leiterart	Leiter-temperatur	Umgebungstemperatur °C							
		−30	−20	−10	0	10	20	30	40
AC-100–Cu[1]	80	830	791	749	704	656	605	550	485
AC-120–Cu	80	935	891	844	794	739	682	619	546
AC-150–Cu	80	1081	1031	976	918	855	788	716	630
AC-100–CuAg[1]	100	883	848	812	774	735	691	645	596
AC-120–CuAg	100	999	959	919	875	831	782	729	674
AC-100–CuMg0,5	100	708	681	652	621	589	555	517	478
AC-120–CuMg0,5	100	798	766	734	699	664	625	583	538
Cu70[2]	80	648	618	585	550	513	473	430	379
Cu95	80	810	773	732	688	641	591	543	473
Cu120	80	939	895	847	797	742	684	621	548
Cu150	80	1090	1040	984	925	862	795	721	635
BzII 50[3]	100	459	441	422	402	382	360	335	310
BzII 70	100	553	531	508	484	460	433	404	373
BzII 95	100	693	665	637	607	576	542	506	468
BzII 120	100	803	771	738	704	668	629	586	541
182-AL1[4]	80	984	938	888	835	777	716	650	572
243-AL1	80	1186	1131	1071	1007	937	863	783	689
626-AL1	80	2195	2093	1982	1862	1733	1594	1443	1265

Anmerkungen:
[1] Fahrdrähte AC–Cu, AC–CuAg und AC–CuMg0,5 nach DIN EN 50 149
[2] Kupferleiter gemäß DIN 48 201-1
[3] Bronzeleiter gemäß DIN 48 201-2
[4] AL1-Leiter gemäß DIN EN 50 182

berechnet werden. Um die Stromtragfähigkeit der Leiter in Fahrleitungen festzulegen, wird häufig die Umgebungstemperatur mit 40 °C und die Windgeschwindigkeit mit 1,0 m/s angenommen.

Beispiel 7.1: Die Stromtragfähigkeit eines Fahrdrahtes AC-100–Cu ist für 1 m/s Windgeschwindigkeit und 80 °C Leitertemperatur zu berechnen. Die Umgebungstemperatur wird mit 40 °C und die Sonneneinstrahlung mit 900 W/m² angenommen.
Der Widerstand bei 80 °C wird aus (7.3) erhalten: $\varrho_{20} = 0{,}01777 \, \Omega \text{mm}^2/\text{m}$; $A = 100 \, \text{mm}^2$ und $\alpha_R = 0{,}00393$ (Tabelle 11.5) $R'_{80} = 0{,}01777/100 \cdot [1 + 0{,}00393\,(80 - 20)] = 0{,}220 \cdot 10^{-3} \, \Omega/\text{m}$.
Die Sonneneinstrahlung ergibt sich aus (7.1) mit $k_a = 0{,}75$ aus der Tabelle 7.1 (stark oxidiert) $N_S = 0{,}75 \cdot 0{,}012 \cdot 900 = 8{,}1 \, \text{W/m}$.
Der Energieverlust durch Strahlung wird aus (7.5) erhalten zu $N_R = 0{,}75 \cdot 5{,}67 \cdot 10^{-8} \cdot 0{,}012 \cdot \pi\,(353^4 - 313^4) = 9{,}5 \, \text{W/m}$.
Die Reynolds-Zahl für die Windgeschwindigkeit 1,0 m/s wird aus (7.8) mit γ und η aus der Tabelle 7.2 für 60 °C erhalten. $Re = 1{,}0 \cdot 0{,}012 \cdot 1{,}06/(0{,}203 \cdot 10^{-4}) = 627$.
Die Nußelt-Zahl folgt aus (7.7) $Nu = 0{,}65 \cdot (627)^{0,2} + 0{,}23 \cdot (627)^{0,61} = 14{,}0$.
Der Energieverlust durch Konvektion ergibt sich aus Gleichung (7.6) zu
$N_C = \pi \cdot 0{,}0287 \cdot 14{,}0 \cdot (80 - 40) = 50{,}5 \, \text{W/m}$.

7.1 Stromtragfähigkeit

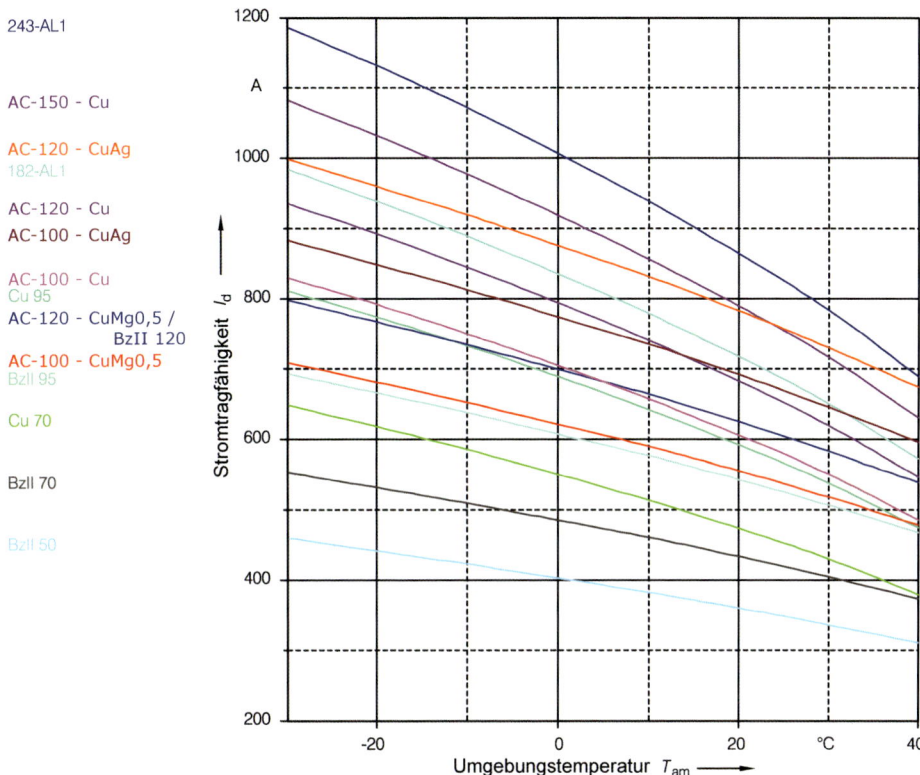

Bild 7.3: Dauerstrombelastbarkeit von Leitern und Fahrdrähten in Abhängigkeit von der Umgebungstemperatur T_{am}.

Daher wird die Stromtragfähigkeit aus der Gleichung (7.10) ermittelt zu

$$I = \sqrt{(9{,}5 + 50{,}5 - 8{,}1)/(0{,}22 \cdot 10^{-3})} = 485\,\text{A} \quad .$$

Die Tabelle 2.9 nach DIN EN 50 119 zeigt die Grenztemperaturen für Leiter, bei deren Überschreiten die mechanischen Eigenschaften des Materials beeinträchtigt werden können. Die dauernd zulässige Temperatur sollte bei der Bemessung der Leiter nicht überschritten werden. Zusätzlich sind die Konstruktionsparameter der Oberleitung, insbesondere die Arbeitsbereiche der Nachspannung, zu beachten.

In der Tabelle 7.3 und im Bild 7.3 sind die Stromtragfähigkeiten von häufig in Oberleitungen verwendeten Leitern ohne Verschleiß bei $1{,}0\,\text{m/s}$ Windgeschwindigkeit und $900\,\text{W/m}^2$ spezifischer Sonneneinstrahlung für mehrere Umgebungstemperaturen angegeben.

In der Tabelle 7.4 ist die Abhängigkeit der Stromtragfähigkeit von Umgebungstemperatur und Windgeschwindigkeit für zwei häufig verwendete Leiter: Fahrdraht AC-120 – Cu

Tabelle 7.4: Dauerstromtragfähigkeit der in Kettenwerken verwendeten Leiter bei unterschiedlichen Windgeschwindigkeiten, Werte in A.

Leiterart	Windgeschwindigkeit m/s	Umgebungstemperatur °C							
		−30	−20	−10	0	10	20	30	40
AC-120 – Cu 80 °C	0,6	824	786	744	700	652	600	544	478
	1,0	935	892	844	794	739	682	619	546
	2,0	1119	1067	1010	950	886	817	743	657
	3,0	1248	1190	1126	1059	988	912	830	736
	5,0	1437	1369	1296	1218	1137	1049	957	849
BzII70 100 °C	0,6	490	471	451	430	407	384	358	330
	1,0	553	531	508	484	460	433	404	373
	2,0	660	635	608	578	548	516	483	445
	3,0	736	707	676	643	609	574	537	496
	5,0	845	812	776	739	699	659	616	569

und Tragseil BzII 70 dargestellt. Bei 2,0 m/s Windgeschwindigkeit ist die Stromtragfähigkeit 20 % größer als bei 1,0 m/s und bei 5,0 m/s ist sie um 55 % höher. Die thermische Bemessung mit 1,0 m/s Windgeschwindigkeit ist konservativ, weil diese Windgeschwindigkeit häufig überschritten wird. Langjährige Wetterstatistiken für Deutschland bestätigen, dass 35 °C nur in 0,01 % der aufgezeichneten Werte überschritten wurden. Dann betrugen die Windgeschwindigkeiten mindestens 1,8 m/s. Aus [7.5] kann geschlossen werden, dass die Wahrscheinlichkeit des gleichzeitigen Auftretens von Temperaturen über 30 °C und einer Windgeschwindigkeit kleiner 1,0 m/s praktisch null ist. Jedoch sollten die höchste zu erwartende Umgebungstemperatur und die gleichzeitig zu erwartende Windgeschwindigkeit für jedes Projekt basierend auf den örtlichen Erfahrungen vorgegeben werden. Tabelle 7.5 enthält die Stromtragfähigkeit des Fahrdrahtes AC-120 – CuAg in Abhängigkeit von der Leitertemperatur für unterschiedliche Umgebungstemperaturen.

Für den konstanten Strom I kann die asymptotische Temperaturgrenze T_m durch Lösen der Gleichung (7.1) mit $\mathrm{d}T/\mathrm{d}t = 0$ erhalten werden. Mit (7.3) bis (7.6) folgt aus (7.1)

$$I^2 \cdot R'_{20}\left[1 + \alpha_\mathrm{R}\left(T_\mathrm{m} - 20\right)\right] + k_\mathrm{a} \cdot d \cdot N_\mathrm{sh} - \pi \cdot \lambda \cdot Nu \cdot (T_\mathrm{m} - T_\mathrm{am}) \\ - k_\mathrm{s} \cdot k_\mathrm{e} \cdot d \cdot \pi \left[(T_\mathrm{m} + 273)^4 - (T_\mathrm{am} + 273)^4\right] = 0 \quad . \tag{7.11}$$

Tabelle 7.5: Dauerstrombelastbarkeit in A abhängig von der Leitertemperatur, Fahrdraht AC-120 – CuAg, Windgeschwindigkeit 1,0 m/s.

Leitertemperatur °C	Umgebungstemperatur °C							
	−30	−20	−10	0	10	20	30	40
100	999	959	919	875	831	782	729	674
80	938	895	981	794	739	682	619	546
60	863	811	752	693	627	553	467	359
40	778	715	637	561	473	364	198	0

Tabelle 7.6: Leiterendtemperatur in °C, Umgebungstemperatur 40°C, Windgeschwindigkeit 1,0 m/s.

Leiter-art	Strom in A										
	200	300	400	500	600	700	800	900	1000	1100	1200
AC-100–Cu[1]	–	58	69	82	101	125	155	–	–	–	–
AC-120–Cu	–	55	62	72	87	104	126	153	–	–	–
AC-150–Cu	–	52	58	67	77	90	106	125	148	–	–
AC-100–CuMg0,5	–	66	82	107	139	–	–	–	–	–	–
AC-120–CuMg0,5	–	61	75	93	117	149	–	–	–	–	–
Cu70[2]	56	68	85	110	144	189	–	–	–	–	–
Cu95	51	59	71	85	104	130	162	–	–	–	–
Cu120	–	55	63	75	88	106	128	155	–	–	–
Cu150	–	52	58	66	76	89	104	124	147	–	–
BzII 50[3]	71	100	151	–	–	–	–	–	–	–	–
BzII 70	61	80	110	154	–	–	–	–	–	–	–
BzII 95	55	67	84	110	144	–	–	–	–	–	–
BzII 120	51	60	74	92	116	148	–	–	–	–	–
182-AL1[4]	–	54	61	72	84	100	120	145	174	–	–
243-AL1	–	50	56	62	72	82	95	111	130	151	–
626-AL1	–	–	–	–	51	54	58	62	66	70	76

Anmerkungen:
[1] Fahrdrähte AC–Cu, AC–CuAg und AC–CuMg 0,5 nach DIN EN 50149
[2] Cu-Leiter nach DIN 48201, Teil 1
[3] BzII-Leiter nach DIN 48201, Teil 2
[4] AL1-Leiter nach DIN EN 50182

Die Tabelle 7.6 enthält die Temperatur im Gleichgewichtszustand in °C für 40°C Umgebungstemperatur und 1,0 m/s Windgeschwindigkeit für Fahrdrähte und andere in Oberleitungsanlagen häufig verwendeten Leiter abhängig vom wirkenden Strom. In den Bildern 7.4 und 7.5 sind hierfür die Endtemperaturen dargestellt.

7.1.2.3 Kurzschlussstromtragfähigkeit

Dieser Abschnitt behandelt die Methoden zur Bestimmung der Kurzschlussstromtragfähigkeit von Fahrleitungen und ihrer Hauptelemente. Die *Kurzschlussstromtragfähigkeit*, auch *Kurzschlussbelastbarkeit* genannt, ist wichtig für die thermische Auslegung von Fahrleitungsanlagen. Wenn in der Gleichung (7.1) die Terme für die durch äußere Quellen eingeleitete Wärme vernachlässigt werden und angenommen wird, dass keine Wärme von den Drähten nach Außen abgegeben wird, da der Anstieg des Kurzschlussstromes sehr rasch geschieht, dann erhitzt die durch den Kurzschlussstrom freigesetzte Energie nur den Leiter und dieser könnte schließlich schmelzen, wenn die Schutzmaßnahmen versagten.
Gemäß [7.6] wird aus der Gleichung (7.1) mit $m_\mathrm{C} = A \cdot \gamma_\mathrm{C}$ erhalten:

$$A \cdot \gamma_\mathrm{C} \cdot c \cdot \mathrm{d}T/\mathrm{d}t = N_\mathrm{J} \quad . \tag{7.12}$$

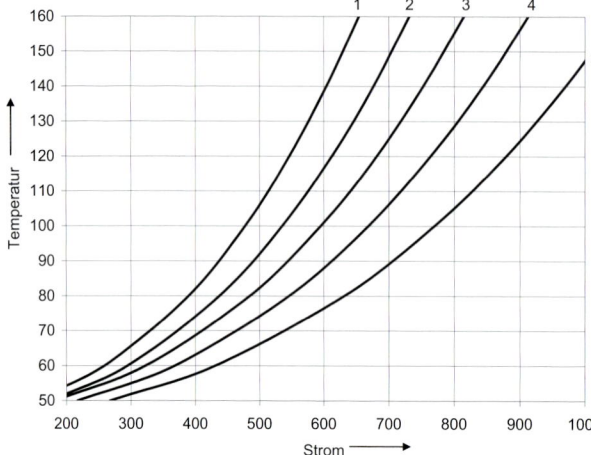

Bild 7.4: Leiterendtemperaturen von Fahrdrähten, Umgebungstemperatur 40 °C, Windgeschwindigkeit 1,0 m/s. Grenztemperaturen gemäß DIN EN 50 119 (Tabelle 2.9).
1 Fahrdraht AC-100–CuMg0,5,
2 Fahrdraht AC-120–CuMg0,5,
3 Fahrdraht AC-100–Cu und AC-100–CuAg,
4 Fahrdraht AC-120–Cu und AC-120–CuAg,
5 Fahrdraht AC-150–Cu

Die Joulsche Wärme folgt aus (7.2) und (7.3) mit $R'_{20} = \varrho/A$:

$$N_\mathrm{J} = I^2[1 + \alpha_\mathrm{R}(T-20)] \cdot \varrho_{20}/A \quad . \tag{7.13}$$

Daher ergibt sich

$$\mathrm{d}T/\mathrm{d}t = I^2\,[1 + \alpha_\mathrm{R}(T-20)] \cdot \varrho_{20}/(A^2 \cdot \gamma_\mathrm{C} \cdot c) \quad , \tag{7.14}$$

wobei I den Strom, ϱ_{20} den spezifischen Widerstand des Leiters bei 20 °C, α_R den Temperaturkoeffizient des Widerstandes, A den Querschnitt, γ_C die spezifische Masse und c die spezifische Wärme darstellen. Die Gleichung (7.14) kann nach Umformung integriert werden

$$\int_{T_1}^{T_2} \frac{\mathrm{d}T}{1 + \alpha_\mathrm{R}(T-20)} = \int_0^{t_\mathrm{K}} \frac{I_\mathrm{th}^2 \cdot \varrho_{20}\,\mathrm{d}t}{A^2 \cdot \gamma_\mathrm{C} \cdot c} \quad . \tag{7.15}$$

Die Integration ergibt

$$\frac{1}{\alpha_\mathrm{R}} \ln \frac{1 + \alpha_\mathrm{R}(T_2-20)}{1 + \alpha_\mathrm{R}(T_1-20)} = \frac{I_\mathrm{th}^2 \cdot \varrho_{20} \cdot t_\mathrm{K}}{A^2 \cdot \gamma_\mathrm{C} \cdot c} \quad , \tag{7.16}$$

wobei T_1 und T_2 die Anfangs- und die Endtemperaturen, t_K die Kurzschlussdauer und I_th den thermisch wirksamen Kurzschlussstrom darstellen. Die Endtemperatur für den thermisch äquivalenten Strom I_th folgt zu

$$T_2 = 20 + \frac{1}{\alpha_\mathrm{R}}\left\{[1 + \alpha_\mathrm{R}(T_1-20)]\exp\left(\frac{I_\mathrm{th}^2 \cdot \varrho_{20} \cdot \alpha_\mathrm{R} \cdot t_\mathrm{K}}{A^2 \cdot \gamma_\mathrm{C} \cdot c}\right) - 1\right\} \quad . \tag{7.17}$$

Die thermische *Kurzschlusstragfähigkeit* hängt von der zulässigen Grenztemperatur T_lim ab und kann mit $T_2 = T_\mathrm{lim}$ aus

$$I_\mathrm{th} = A \cdot \sqrt{\frac{c \cdot \gamma_\mathrm{C}}{\varrho_{20} \cdot \alpha_\mathrm{R} \cdot t_\mathrm{K}} \cdot \ln\left(\frac{1 + \alpha_\mathrm{R} \cdot (T_\mathrm{lim}-20)}{1 + \alpha_\mathrm{R} \cdot (T_1-20)}\right)} \quad . \tag{7.18}$$

7.1 Stromtragfähigkeit

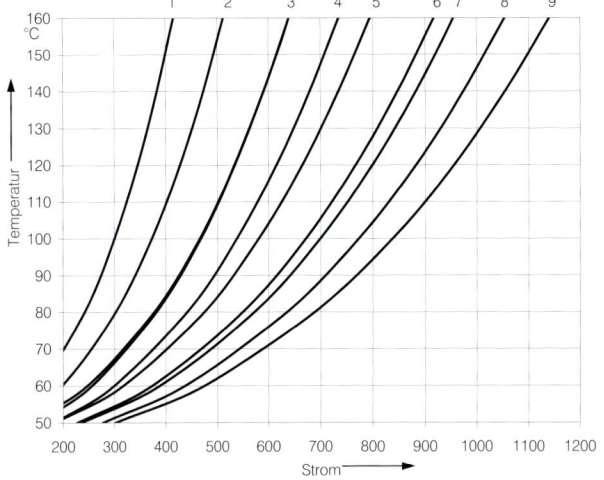

Bild 7.5: Leiterendtemperatur in °C Umgebungstemperatur 40 °C, Windgeschwindigkeit 1,0 m/s. Grenztemperaturen gemäß DIN EN 50 119 (siehe Tabelle 2.9).
1 BzII 50,
2 BzII 70,
3 BzII 95 und Cu70,
4 BzII 120,
5 Cu95,
6 Cu120,
7 182-AL1,
8 Cu150,
9 243-AL1

berechnet werden. In der Gleichung (7.18) ist t_K die *Kurzschlussdauer*, T_1 die Anfangstemperatur des Leiters zum Zeitpunkt des Kurzschlusseintritts und T_lim die zulässige höchste Temperatur des Leiters im Kurzschlussfall. Für Rillenfahrdrähte aus Elektrolytkupfer gibt DIN EN 50 119 als zulässige höchste Temperatur bei Kurzschluss 170 °C vor. In der Tabelle 2.9 sind die Grenztemperaturen für andere Werkstoffe enthalten. Die Temperatur 200 °C ist für Fahrdrähte aus CuAg0,1- und CuMg0,5-Legierungen lokal zulässig. Einige Bahnbetreiber erlauben 300 °C als Grenztemperatur bei Kurzschluss für Tragseile und 600 °C für Hängerdrähte aus Kupferbronze.

Mit den meist üblichen Einheiten c in $\mathrm{W\cdot s / kg \cdot K}$, γ_C in $\mathrm{kg/dm^3}$, ϱ_{20} in $\Omega \cdot \mathrm{mm^2/m}$, α_R in $1/\mathrm{K}$, t_K in s, T in K, A in $\mathrm{mm^2}$ geht die Beziehung (7.18) über in

$$I_\mathrm{th} = A \cdot \sqrt{\frac{c \cdot \gamma_\mathrm{C} \cdot 10^{-3}}{\varrho_{20} \cdot \alpha_\mathrm{R} \cdot t_\mathrm{K}} \cdot \ln\left(\frac{1 + \alpha_\mathrm{R} \cdot (T_\mathrm{lim} - 20)}{1 + \alpha_\mathrm{R} \cdot (T_1 - 20)}\right)} \quad . \tag{7.19}$$

Die aus (7.18) oder (7.19) ermittelten Kurzschlusstragfähigkeiten gelten für den thermisch äquivalenten Kurzschlussstrom. Die zulässigen *Anfangskurzschlusswechselströme* I_K'' unterscheiden sich jedoch vom thermisch äquivalenten Kurzschlussstrom I_th. Entsprechend der Norm DIN EN 60 865-1 gilt:

$$I_\mathrm{K}'' = I_\mathrm{th} \Big/ \sqrt{(m_\mathrm{P} + n_\mathrm{P})} \quad , \tag{7.20}$$

wobei m_P die von der DC-Komponente und n_P die von der AC-Komponente erzeugte Wärme repräsentieren. DIN EN 60 865-1 enthält die Faktoren m_P und n_P als Funktion der Kurzschlussdauer t_K und deren Produkt $t_\mathrm{K} \cdot f$ mit der Frequenz f.

Als Ersatzwert kann $\sqrt{m_\mathrm{P} + n_\mathrm{P}} = 1$ für zentral versorgte Netzwerke mit hohen Kurzschlussströmen verwendet werden, wie das für das 16,7-Hz-Netz der Deutschen Bahnen zutrifft. Für dezentral versorgte Strecken von 50-Hz-Bahnen trifft $\sqrt{m_\mathrm{P} + n_\mathrm{P}} = 1{,}25$ zu.

Tabelle 7.7: Tragfähigkeit für Anfangskurzschlussströme I_K'' in kA.

Leiterart	Zulässige Temperatur	Kurzschlussdauer					
		Zweiseitige Speisung (16,7 Hz) und DC			Einseitige Speisung (50 Hz)		
	°C	0,1 s	0,5 s	1,0 s	0,1 s	0,5 s	1,0 s
AC-100–Cu	170	43,3	19,4	13,7	34,8	15,5	11,0
AC-120–Cu	170	51,9	23,3	16,4	41,4	18,6	13,1
AC-150–Cu	170	65,1	29,0	20,6	52,2	23,2	16,5
AC-100–CuAg	200	47,1	21,1	14,9	37,6	16,9	11,9
AC-120–CuAg	200	56,6	25,3	17,9	45,2	20,2	14,3
AC-100–CuMg	200	37,0	16,6	11,7	29,7	13,3	9,4
AC-120–CuMg	200	45,6	19,9	14,1	35,4	15,9	11,2
Cu 70	170	28,5	12,8	9,0	22,8	10,2	7,2
Cu 95	170	40,5	18,1	12,8	32,3	14,5	10,2
Cu 120	170	50,6	22,7	16,0	40,5	18,2	12,8
Cu 150	170	63,9	28,5	20,2	51,2	22,8	16,2
BzII 50	200	18,3	8,2	5,8	14,5	6,6	4,6
BzII 70	200	24,3	10,9	7,7	19,6	8,7	6,2
BzII 95	200	34,5	15,5	10,9	25,9	12,4	8,2
BzII 120	200	43,3	19,4	13,7	34,8	15,5	11,0
182-AL1	130	45,2	20,2	14,3	36,1	16,2	11,4
243-AL1	130	60,4	27,0	19,1	48,4	21,6	15,3
626-AL1	130	155,3	69,6	49,1	124,3	55,7	39,3
BzII 10	300	4,4	2,0	1,4	3,5	1,6	1,1
BzII 16	300	7,0	3,2	2,2	5,6	2,6	1,8

Daher sind in 50-Hz-Anlagen höchstens 80 % des äquivalenten Kurzschlussstromes von 16,7-Hz-Anlagen als Anfangskurzschlusswechselstrom zulässig (siehe Abschnitt 5.3.7):

$I_K'' \approx 1 \cdot I_{th}$ in zentral gespeisten Netzen (16,7-Hz-Anlagen) und

$I_K'' \approx 0{,}8 \cdot I_{th}$ in dezentral gespeisten Netzen (50-Hz-Anlagen).

In der Tabelle 7.7 und in den Bildern 7.6 und 7.7 sind die Kurzschlussstromtragfähigkeiten für Fahrdrähte und andere Leiter dargestellt.

Beispiel 7.2: Es ist die Beanspruchbarkeit für den Anfangskurzschlussstrom I_K'' zu berechnen. Der Fahrdraht AC-120–CuMg0,5, die zulässige Temperatur 200 °C, die Kurzschlussdauer 1 s, die Anfangstemperatur 20 °C, die zweiseitige Speisung mit 16,7 Hz sind gegeben.

Spezifische Wärme (Tabelle 11.5) c = 380 W · s / kg · K
Spezifische Masse (Tabelle 11.5) γ_C = 8,9 kg / dm³
Spezifischer Widerstand (Tabelle 11.5) ϱ_{20} = 0,02778 Ω · mm² / m
Widerstandskoeffizient DIN EN 50 149:2013 α_R = 0,00270 K⁻¹
Querschnitt A = 120 mm²

$$I_{th} = 120 \cdot \sqrt{\frac{380 \cdot 8{,}9 \cdot 10^{-3}}{0{,}02778 \cdot 0{,}00270 \cdot 1} \cdot \ln\left(\frac{1 + 0{,}00270 \cdot (200 - 20)}{1 + 0{,}00270 \cdot (40 - 20)}\right)} = 15\,\text{kA} \quad .$$

Für das zentral versorgte Netz der DB kann $\sqrt{m_P + n_P}$ gleich Eins gesetzt werden, womit $I_K'' = I_{th}$. Für einseitige Einspeisung kann $\sqrt{m_P + n_P} = 1{,}25$ angenommen werden. Damit ist

7.1 Stromtragfähigkeit

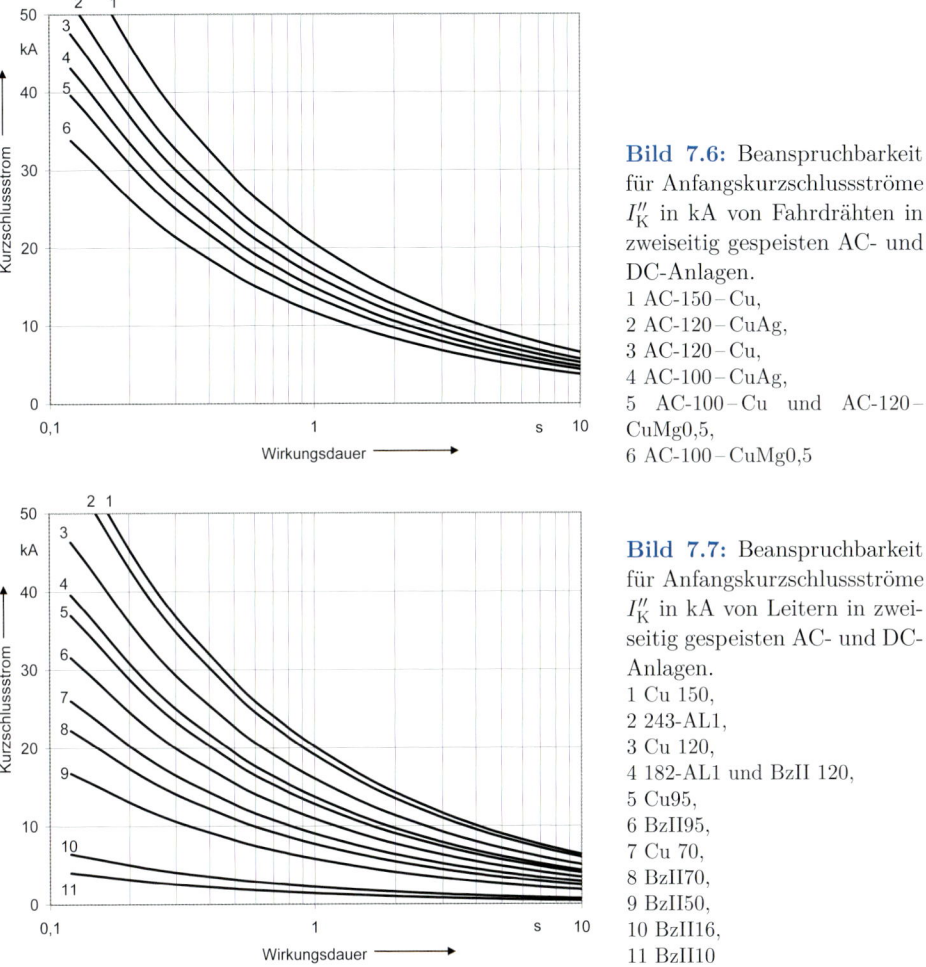

Bild 7.6: Beanspruchbarkeit für Anfangskurzschlussströme I_K'' in kA von Fahrdrähten in zweiseitig gespeisten AC- und DC-Anlagen.
1 AC-150–Cu,
2 AC-120–CuAg,
3 AC-120–Cu,
4 AC-100–CuAg,
5 AC-100–Cu und AC-120–CuMg0,5,
6 AC-100–CuMg0,5

Bild 7.7: Beanspruchbarkeit für Anfangskurzschlussströme I_K'' in kA von Leitern in zweiseitig gespeisten AC- und DC-Anlagen.
1 Cu 150,
2 243-AL1,
3 Cu 120,
4 182-AL1 und BzII 120,
5 Cu95,
6 BzII95,
7 Cu 70,
8 BzII70,
9 BzII50,
10 BzII16,
11 BzII10

$I_K'' = I_{th} / 1{,}25$. In der Tabelle 7.7 sind die ermittelten Kurzschlussströme dargestellt. Im Bild 7.8 ist die Kurzschlusstragfähigkeit als Funktion der Kurzschlussdauer für eine Oberleitung aus einem Fahrdraht AC-100–Cu und ein Tragseil BzII 50 dargestellt, wie sie als Paarung häufig für konventionelle Oberleitungen verwendet werden.

7.1.2.4 Veränderliche Betriebslasten

In der Differentialgleichung (7.1) hängen die Joulsche Wärme, die Energieverluste durch Strahlung und der Energieverlust durch Konvektion von der Leitertemperatur ab, während die Sonneneinstrahlung als unabhängig von der Leitertemperatur angesehen wird. Die spezifische Wärme c ändert sich auch mit der Leitertemperatur, kann aber für die hier betrachteten Temperaturbereiche als konstant angesehen werden. Die Joulsche

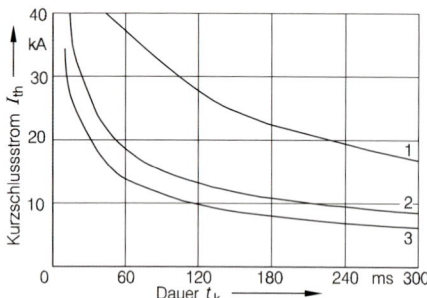

Bild 7.8: Kurzschlussbeanspruchbarkeit von Oberleitungen, 10 % abgenutzter Fahrdraht AC-100 – Cu, Tragseil 50 mm² BzII, Anfangstemperatur T_1 = 70 °C; Endtemperatur T_{lim} = 170 °C, 200 °C und 300 °C für Fahrdrähte, Tragseile bzw. Hängerseile.
1 Fahrdraht, Kurzschluss an einem Hänger in Spannfeldmitte
2 Tragseil, Kurzschluss 0,5 m entfernt vom Hänger in Feldmitte
3 Tragseil, Kurzschluss am Hänger in Feldmitte

Wärme und der Energieverlust durch Konvektion hängen linear von der Leitertemperatur ab, aber der Energieverlust durch Strahlung ist nicht linear von der Temperatur abhängig. Wenn die Verluste durch Strahlung im Verhältnis zu den Verlusten durch Konvektion klein sind, kann man die Energieverluste linearisieren und eine allgemeine Lösung der Gleichung (7.1) für den nicht stationären Zustand entsprechend [7.7] ist

$$t = \frac{-m_C \cdot c \cdot T_m}{I^2 \cdot R'_{20} + N_S} \ln\left(\frac{T_m - T}{T_m - T_1}\right) \quad , \tag{7.21}$$

wobei
- R'_{20} der Widerstandsbelag bei 20 °C
- T_m die Leitertemperatur im stationären Zustand für den Strom I und
- t die seit dem Beginn der Wirkung des Stromes I vergangene Zeit

darstellen. Bild 7.9 erklärt die Parameter T_1, T und T_m.
Die Gleichung (7.21) kann übergeführt werden in

$$T = T_m - (T_m - T_1)\exp(-t/\tau) \quad , \tag{7.22}$$

wobei τ die thermische Zeitkonstante

$$\tau = (m_C \cdot c \cdot T_m) \big/ \left(I^2 R'_{20} + N_S\right) \quad , \tag{7.23}$$

darstellt, die von der Leitertemperatur, vom Strom I und der Temperatur im Gleichgewichtszustand T_m abhängt. In der Tabelle 7.8 sind thermische Zeitkonstanten für Fahrdrähte und andere Leiter in Oberleitungsanlagen angegeben. Aus der Gleichung

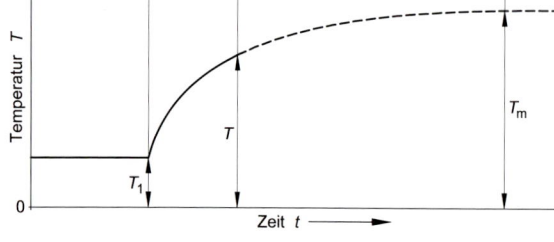

Bild 7.9: Temperaturanstieg eines Leiters unter Wirkung des Stromes I.
T_1 Temperatur am Beginn der Einwirkung des Stromes I,
T_m Temperatur im Gleichgewichtszustand

7.1 Stromtragfähigkeit

Tabelle 7.8: Zeitkonstante in Minuten der Fahrdrähte und Leiter, Umgebungstemperatur 40 °C, Windgeschwindigkeit 1,0 m/s.

Leiterart	Strom in A									
	200	300	400	500	600	700	800	900	1 000	1 100
AC-100–Cu	–	–	11,0	9,1	8,1	7,5	7,4	–	–	–
AC-120–Cu	–	–	13,3	11,0	9,8	8,9	8,5	8,3	–	–
AC-150–Cu	–	–	17,6	14,8	12,8	11,6	10,8	10,3	10,0	–
AC-100–CuMg0,5	–	11,1	8,7	7,7	7,2	–	–	–	–	–
AC-120–CuMg0,5	–	12,1	9,5	9,0	7,2	6,9	–	–	–	–
Cu70	12,3	8,5	6,6	5,8	5,4	5,3	–	–	–	–
Cu95	17,6	12,8	10,1	8,4	7,5	7,1	6,9	–	–	–
Cu120	–	16,5	12,9	10,8	9,5	8,7	8,3	8,1	–	–
Cu150	–	23,3	18,6	15,6	13,5	12,3	11,4	11,0	10,8	–
BzII 50	6,9	4,9	4,4	–	–	–	–	–	–	–
BzII 70	9,6	6,7	5,6	5,2	–	–	–	–	–	–
BzII 95	14,5	10,2	8,0	7,1	6,6	–	–	–	–	–
BzII 120	17,9	13,0	10,4	8,9	8,1	7,8	–	–	–	–
182-AL1	–	15,3	12,1	10,4	9,1	8,3	7,9	7,7	7,6	–
243-AL1	–	20,4	17,1	14,3	12,8	11,5	10,7	10,2	9,9	9,7

(7.22) folgt, dass bei der Anfangstemperatur $T_1 = 0$ nach einer Einwirkungsdauer t des Stromes I gleich einer Zeitkonstanten eine Temperatur entsprechend 63 % des Temperaturunterschiedes zwischen Anfangstemperatur T_1 und Endtemperatur T_m und nach vier Zeitkonstanten die Endtemperatur erreicht werden. Bei den anderen Anfangstemperaturen ergeben sich etwas andere Relationen. Aus Bild 7.10 für Fahrdraht AC-100–Cu können diese Relationen erkannt werden. Die Dauerstromtragfähigkeit des Fahrdrahtes AC-100–Cu entsprechend der Temperaturgrenze 80 °C beträgt 485 A. Die Zeit, nach der diese Temperatur erreicht sein wird, kann aus (7.21) erhalten werden.

Beispiel 7.3: Die Zeit, nach der der Fahrdraht AC-100 die Grenze 80 °C erreicht, wenn Ströme von 700 A und 800 A wirken, ist zu bestimmen. Die thermischen Zeitkonstanten werden aus Tabelle 7.8 mit 7,5 Minuten bzw. 7,4 Minuten entnommen. Die Temperatur im Gleichgewichtszustand würde 125 °C für 700 A und 155 °C für 800 A betragen (siehe Tabelle 7.6). Die Gleichung (7.21) ergibt

$$t = -7{,}5 \ln\left[(125-80)/(125-40)\right] = 4{,}8 \,\text{min}$$

für 700 A und

$$t = -7{,}4 \ln\left[(155-80)/(155-40)\right] = 3{,}2 \,\text{min}$$

für 800 A. Das Bild 7.10 bestätigt diese Werte.

7.1.2.5 Stromschienen

Die *Stromtragfähigkeit* von *Stromschienen* (Abschnitt 11.4) kann aus der Gleichung (7.10) abgeleitet werden. Jedoch muss der Fall geringer Windgeschwindigkeiten gesondert betrachtet werden, da die Windgeschwindigkeit nahe der Erdoberkante und in

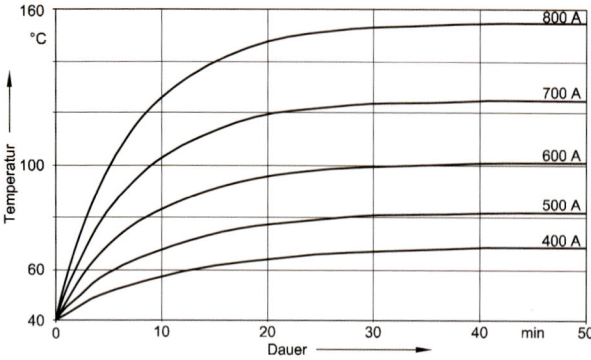

Bild 7.10: Temperaturanstieg eines Fahrdrahtes AC-100−Cu, Umgebungstemperatur 40 °C, Windgeschwindigkeit 1 m/s, Zeitkonstanten nach Tabelle 7.8.

Tunneln praktisch null ist. In diesem Fall kann die Nußelt-Zahl in (7.6) nicht aus (7.7) berechnet werden, die auf der Reynolds-Zahl fußt. Die Energieabgaben durch Strahlung sind gering und Sonneneinstrahlung ist im Tunnel nicht vorhanden.

In diesem Fall kann die Gleichung (7.10) übergeführt werden in

$$I = \sqrt{A_s \cdot \alpha_s \cdot U_s(T - T_{am})/R'_T} \quad , \tag{7.24}$$

wobei U_s der Umfang, α_s der Wärmeübergangskoeffizient und R'_T der Widerstand der Stromschiene bei der Temperatur T sind. Der Widerstand R'_T kann aus der Gleichung (7.3) abgeleitet werden wobei, ϱ_{20} und α_R in der Tabelle 11.6 zu finden:
- Stahl $\quad \varrho_{20} = 0{,}12060\,\Omega\text{mm}^2/\text{m}$ und $\alpha_R = 5 \cdot 10^{-3}\,K^{-1}$ und
- Aluminium $\quad \varrho_{20} = 0{,}03268\,\Omega\text{mm}^2/\text{m}$ und $\alpha_R = 3{,}8 \cdot 10^{-3}\,K^{-1}$.

Der Wärmeübergangskoeffizient α_s besteht aus den Komponenten α_{scon} infolge Konvektion und α_{srd} infolge Strahlung: $\alpha_s = \alpha_{scon} + \alpha_{srd}$.
Messungen an *Stromschienen* aus AlMgSi0,5 mit $3\,578\,\text{mm}^2$ Querschnittsfläche zeigen, dass der Wärmeübergangskoeffizient für freie Konvektion α_{scon} ungefähr $5{,}3\,\text{W}/(\text{K}\cdot\text{m}^2)$ beträgt. Der Wärmeübergangskoeffizient infolge der Strahlung α_{srd} wird entsprechend dem Stefan-Boltzmann-Gesetz für die Temperatur der Stromschiene mit 85 °C und 40 °C der umgebenden Luft zu $\alpha_{srd} = k_e \cdot 8{,}62\,\text{W}/(\text{K}\cdot\text{m}^2)$ ermittelt. Der Emissionskoeffizient k_e kann zwischen 0,75 und 0,85 für Stromschienen aus Stahl und mit 0,6 für Stromschienen aus Aluminium nach zwei Jahren und mit 0,8 nach vier Jahren Betrieb angenommen werden [7.8].

Ohne Wind kann der Wärmeübergangskoeffizient von Aluminiumverbundschienen mit $9\,\text{W}/(\text{K}\cdot\text{m}^2)$ und für Eisenstromschienen mit $12{,}2\,\text{W}/(\text{K}\cdot\text{m}^2)$ angenommen werden. Mit Analogiebetrachtungen zum Aufheizen von Fahrdrähten werden Wärmeübergangskoeffizienten α_s mit 18 bis $24{,}4\,\text{W}/(\text{K}\cdot\text{m}^2)$ für 0,6 m/s Windgeschwindigkeit erhalten. Diese Werte wurden verwendet, um die Dauerstromtragfähigkeit zu berechnen, die in der Tabelle 7.9 dargestellt ist. Dabei wurde eine Querschnittsminderung in Folge des Verschleißes der Eisenstromschiene um 10 % des Nennquerschnittes berücksichtigt.

Zum Vergleich wird die Stromtragfähigkeit I_d einer Verbundstromschiene mit $5\,100\,\text{mm}^2$ Querschnittsfläche berechnet gemäß

7.1 Stromtragfähigkeit

Tabelle 7.9: Strombelastbarkeit von Stromschienen bei unterschiedlichen Umgebungstemperaturen, Stromschienentemperatur 85 °C.

Stromschienenart	Windgeschwindigkeit m/s	Umgebungstemperatur °C				
		−20	0	20	35	40
Fe5100	0,0	4 120	3 710	3 240	2 830	2 700
	0,6	5 620	5 160	4 510	3 660	3 750
AL5100	0,0	7 460	6 710	5 870	5 150	4 880
	0,6	10 550	9 490	8 300	7 240	6 900
AL2100	0,0	4 790	4 300	3 760	3 300	3 130
	0,6	6 770	6 090	5 320	4 670	4 430

$$I_\mathrm{d} = 5{,}75 \cdot \sqrt{A} \cdot U^{0{,}39} \quad , \qquad \begin{array}{c|c|c} I_\mathrm{d} & A_\mathrm{s} & U_\mathrm{s} \\ \hline \mathrm{A} & \mathrm{mm}^2 & \mathrm{mm} \end{array} \tag{7.25}$$

wie in [7.9] angegeben ist. Wenn der Umfang $U_\mathrm{s} = 450\,\mathrm{mm}$ eingesetzt wird, ergeben sich 4 430 A als *Stromtragfähigkeit*. Dieser Wert ist geringer als der Wert 5 150 A bei $v_\mathrm{W} = 0\,\mathrm{m/s}$ wie er in der Tabelle 7.9 dargestellt ist, weil der Emissionskoeffizient einer sauberen, glänzenden Schiene in der Gleichung (7.25) vorausgesetzt ist.

Die U-Bahn Berlin gibt die Dauerstromtragfähigkeit mit 2 800 A für Stromschienen aus Eisen und 4 700 A für Verbundstromschienen aus Aluminium und Stahl mit 5 100 mm² Querschnitt an. Diese Werte gelten für 85 °C Stromschienentemperatur und 40 °C Umgebungstemperatur. Die Strombelastbarkeit der Oberleitungsstromschienen ist in Abschnitt 11.3 enthalten.

7.1.3 Kettenwerke

Die Stromtragfähigkeit I_KWd eines Oberleitungskettenwerkes ist die Summe der Ströme, die durch den Fahrdraht FD, das Tragseil TS und andere parallele Leiter, z. B. Verstärkungsleitung VL, im Grenzzustand fließen

$$I_\mathrm{KWd} = I_\mathrm{FD} + I_\mathrm{TS} + I_\mathrm{VL} \quad . \tag{7.26}$$

Bei DC-Versorgungssystemen hängt das Verhältnis des insgesamt fließenden Stromes zu den Strömen in den einzelnen Komponenten nur von der Leitfähigkeit der einzelnen Komponenten ab.

Fahrdraht

$$I_\mathrm{FD} = I_\mathrm{KWd} \cdot R'_\mathrm{tot}/R'_\mathrm{FD} = n_\mathrm{FD} I_\mathrm{KWd} \quad . \tag{7.27}$$

Tragseil

$$I_\mathrm{TS} = I_\mathrm{KWd} \cdot R'_\mathrm{tot}/R'_\mathrm{TS} = n_\mathrm{TS} I_\mathrm{KWd} \quad . \tag{7.28}$$

Verstärkungsleitung

$$I_\mathrm{VL} = I_\mathrm{KWd} \cdot R'_\mathrm{tot}/R'_\mathrm{VL} = n_\mathrm{VL} I_\mathrm{KWd} \quad . \tag{7.29}$$

Da der gesamte Widerstand R'_{tot} aus

$$1/R'_{\text{tot}} = 1/R'_{\text{FD}} + 1/R'_{\text{TS}} + 1/R'_{\text{VL}} \tag{7.30}$$

folgt, ergibt sich

$$R'_{\text{tot}} = \frac{R'_{\text{FD}} \cdot R'_{\text{TS}} \cdot R'_{\text{VL}}}{R'_{\text{FD}} \cdot R'_{\text{VL}} + R'_{\text{FD}} \cdot R'_{\text{TS}} + R'_{\text{TS}} \cdot R'_{\text{VL}}}. \tag{7.31}$$

Die Stromtragfähigkeit des Kettenwerkes $I_{\text{KW d}}$ wird durch das Element bestimmt, das zuerst die thermische Belastungsgrenze erreicht, die $I_{\text{lim d}}$ genannt wird und ihr Anteil am Gesamtstrom beträgt n_{lim}. Die Stromtragfähigkeit des Kettenwerkes kann erhalten werden aus

$$I_{\text{KW d}} = I_{\text{lim d}} \left(1 + n_2/n_{\text{lim}} + n_3/n_{\text{lim}}\right). \tag{7.32}$$

Wenn der Fahrdraht als erste Komponente seine thermische Belastungsfähigkeit erreicht, gilt:

$$n_{\text{lim}} = n_{\text{FD}} \quad ; \quad n_2 = n_{\text{TS}} \quad \text{und} \quad n_3 = n_{\text{VL}} \quad . \tag{7.33}$$

Beispiel 7.4: Die Stromtragfähigkeit des Kettenwerkes Sicat S1.0, das aus einem Fahrdraht AC-100–Cu und einem Tragseil BzII 50 besteht, ist bei 40 °C Umgebungstemperatur und 1 m/s Windgeschwindigkeit zu bestimmen.
Der Widerstand des Fahrdrahtes bei 80 °C ist

$$R'_{\text{FD}} = \varrho/A \cdot [1 + \alpha\,(t - 20)] = 0{,}0179/100 \cdot [1 + 0{,}00294 \cdot 60] = 0{,}222 \cdot 10^{-3}\,\Omega/\text{m}$$

Der Widerstand des Tragseiles bei 80 °C ist

$$R'_{\text{TS}} = 0{,}0278/49{,}5 \cdot (1 + 0{,}00377 \cdot 60) = 0{,}689 \cdot 10^{-3}\,\Omega/\text{m}$$

Der Gesamtwiderstand des Kettenwerkes beträgt

$$R'_{\text{tot}} = (0{,}222 \cdot 0{,}689 \cdot 10^{-3})/(0{,}222 + 0{,}689) = 0{,}168 \cdot 10^{-3}\,\Omega/\text{m}$$

$$n_{\text{FD}} = 0{,}168/0{,}222 = 0{,}76$$

$$n_{\text{TS}} = 0{,}168/0{,}689 = 0{,}24$$

Der Fahrdraht begrenzt die Stromtragfähigkeit: $I_{\text{lim d}} = 485$ A (siehe Tabelle 7.3), $n_{\text{lim}} = 0{,}76$

$$I_{\text{KW d}} = 485\,(1 + 0{,}24/0{,}76) = 640\,\text{A} \quad .$$

Der Strom durch den Fahrdraht beträgt

$$I_{\text{FD}} = 640 \cdot 0{,}76 = 485\,\text{A}$$

Der Strom durch das Tragseil

$$I_{\text{TS}} = 640 \cdot 0{,}24 = 155\,\text{A}$$

7.1 Stromtragfähigkeit

Tabelle 7.10: Strombelastbarkeit von Oberleitungskettenwerken für DC-Anlagen für verschiedene Umgebungstemperaturen, Werte in A, Windgeschwindigkeit 1,0 m/s.

Zusammensetzung	T_am °C			
	−20	0	20	40
AC-100–Cu + BzII50	1 060	945	810	650
AC-120–Cu + Cu70	1 370	1 220	1 050	840
2 · AC-120–Cu + Cu70	2 285	2 030	1 750	1 400
2 · AC-120–Cu + Cu150	2 740	2 430	2 090	1 670
2 · AC-120–Cu + 2 · Cu150	3 780	3 360	2 890	2 310

Die Stromtragfähigkeit des Tragseiles BzII 50 wurde mit 310 A bei 100 °C Tragseiltemperatur berechnet. Beim Strom von 155 A wird das Tragseil nur auf ungefähr 60 °C erhitzt. Daher muss sein Widerstand angepasst werden

$$R'_\text{TS} = 0{,}0278/49{,}5\,[1 + 0{,}00377 \cdot 40] = 0{,}646 \cdot 10^{-3}\,\Omega/\text{m}$$

$$R'_\text{tot} = (0{,}222 \cdot 0{,}646 \cdot 10^{-3})/(0{,}222 + 0{,}646) = 0{,}165 \cdot 10^{-3}\,\Omega/\text{m}$$

$$n_\text{FD} = 0{,}165/0{,}222 = 0{,}744$$

$$n_\text{TS} = 0{,}165/0{,}689 = 0{,}256$$

Die angepasste Stromtragfähigkeit wird damit

$$I_\text{KWd} = 485\,(1 + 0{,}256/0{,}744) = 652 \approx 650\,\text{A} \quad .$$

Der Strom durch den Fahrdraht wird

$$I_\text{FD} = 652 \cdot 0{,}744 = 485\,\text{A} \quad .$$

Der im Tragseil fließende Strom ist

$$I_\text{TS} = 652 \cdot 0{,}256 = 167\,\text{A} \quad .$$

Die Tabelle 7.10 zeigt die *Dauerstromtragfähigkeit* von DC-Kettenwerken, welche mit Hilfe der Gleichungen (7.26) und (7.32) berechnet wurde.

Bei AC-Energieversorgungen hängen die in einzelnen Komponenten fließenden Ströme auch von der *induktiven Kopplung* und damit von der Frequenz des Energieversorgungsnetzes und von der Anordnung der Leiter ab. Im Kapitel 5 finden sich Angaben zur Berechnung der Stromverteilung in einer AC-Oberleitung. In der Tabelle 7.11 ist die Stromverteilung für einige häufig verwendete Kettenwerke zusammengefasst. Der Rückleiter hat nur geringen Einfluss auf die Stromaufteilung in den Strom zuführenden Leitern. Die Summe der Stromkomponenten kann größer als 1 sein, da zwischen den Strömen eine Phasendifferenz vorhanden sein kann.

In der Tabelle 7.12 ist die Dauerstromtragfähigkeit für häufig in AC-Anlagen verwendete Kettenwerke für 50-Hz- und 16,7-Hz-Stromversorgung dargestellt. Aus dieser Tabelle ist die Auswirkung der Frequenz auf den zulässigen Strom zu erkennen.

Tabelle 7.11: Berechnete Stromverteilung in den einzelnen Komponenten von 50-Hz- und 16,7-Hz-Oberleitungsanlagen.

Oberleitungsart	Verstärkungs-leiter	Rückleiter	Art der Stromversorgung					
			50 Hz			16,7 Hz		
			n_{FD}	n_{TS}	n_{VL}	n_{FD}	n_{TS}	n_{VL}
Sicat S1.0 [1]	nein	nein	0,66	0,37	–	0,74	0,27	–
	ja	nein	0,38	0,20	0,44	0,39	0,14	0,49
	ja	ja	0,36	0,18	0,49	0,38	0,14	0,49
Madrid–Seville [2]	nein	nein	0,62	0,40	–	0,71	0,30	–
	nein	ja	0,62	0,40	–	0,71	0,30	–
	ja	nein	0,37	0,22	0,42	0,39	0,16	0,45
	ja	ja	0,34	0,21	0,47	0,38	0,16	0,47
Sicat H1.0 [3]	nein	nein	0,53	0,48	–	0,51	0,49	–
	ja	nein	0,33	0,28	0,40	0,29	0,27	0,45
	ja	ja	0,29	0,25	0,46	0,28	0,26	0,46

[1] Fahrdraht AC-100 – Cu, Tragseil BzII 50, Verstärkungsleiter 243-AL1, Rückleiter 243-AL1
[2] Fahrdraht AC-120 – CuAg, Tragseil BzII 70, Verstärkungsleiter 243-AL1, Rückleiter 243-AL1
[3] Fahrdraht AC-120 – CuMg0,5, Tragseil BzII 120, Verstärkungsleiter 243-AL1, Rückleiter 243-AL1

7.1.4 Berechnungen für thermische Auslegungen

7.1.4.1 Ausgangsalternativen

Fahrleitungen elektrischer Bahnen sind so zu bemessen, dass schädigende Überlastungen vermieden werden. Jedoch ist es auch wünschenswert, eine abgestimmte mittlere Ausnutzung der Fahrleitung zu erreichen. Diese widersprechenden Anforderungen können zufriedenstellend durch Anwendung von Methoden erfüllt werden, die die wirklichen Kenndaten der Lasten und der *Anlageneigenschaften* berücksichtigen.

7.1.4.2 Auslegung nach dem höchsten Strom

Die Anwendung der Bemessung nach der *höchsten Last*, die für viele Fälle ausreichend ist, verwendet die Dauerstromtragfähigkeit I_{KWd} als Basis für die Berechnungen. Dabei wird als Kriterium angenommen, dass dieser Wert gleich oder größer als der *höchste zu erwartende Betriebsstrom* I_{max} (Bild 7.11) während der gesamten Betriebsdauer ist.

$$I_{KWd} \geq I_{max} \tag{7.34}$$

Im Bild 7.11 werden die auf die Dauer ihrer Einwirkung bezogenen Ströme *zeitgewichtete Lastströme* genannt. Dabei erreicht die Oberleitung die zulässige höchste Temperatur

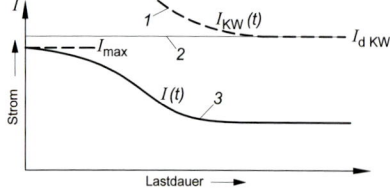

Bild 7.11: Bemessung mit der Dauerstromtragfähigkeit
1 zeitabhängige Strombelastbarkeit des Kettenwerkes
2 Dauerstrombelastbarkeit des Kettenwerkes
3 zeitgewichtete Lastströme der Oberleitung

7.1 Stromtragfähigkeit

Tabelle 7.12: Dauerstromtragfähigkeit in A von AC-Kettenwerken bei unterschiedlichen Umgebungstemperaturen, Windgeschwindigkeiten 1 m/s, neue Fahrdrähte.

Kettenwerks-anordnung	Verstärkungs-leiter	Rück-leiter	Frequenz Hz	Fahrdraht-temperatur °C	Umgebungstemperatur °C			
					−20	0	20	40
Sicat S1.0	nein	nein	50		1 230	1 100	944	755
Fahrdraht:	nein	nein	16,7		1 080	960	820	660
AC-100–CuAg	ja	nein	50	80	2 120	1 890	1 620	1 300
Tragseil:	ja	nein	16,7		1 950	1 610	1 490	1 190
BzII 70	ja	ja	50		1 970	1 750	1 500	1 200
	ja	ja	16,7		1 950	1 610	1 490	1 190
Re250	nein	nein	50		1 350	1 230	1 100	950
Fahrdraht:	nein	nein	16,7		1 270	1 130	970	770
AC-120–CuAg	nein	ja	50	100	1 350	1 230	1 100	950
Tragseil:	nein	ja	16,7		1 270	1 130	970	770
BzII 70	ja	nein	50		2 250	2 000	1 720	1 370
	ja	nein	16,7		2 080	1 850	1 590	1 270
	ja	ja	50		2 030	1 810	1 550	1 240
	ja	ja	16,7		2 010	1 790	1 540	1 230
Sicat H1.0	nein	nein	50		1 620	1 480	1 300	1 040
Fahrdraht:	nein	nein	16,7		1 570	1 430	1 280	1 030
AC-120–CuMg	ja	nein	50	100	2 360	2 100	1 800	1 440
Tragseil:	ja	nein	16,7		2 110	1 870	1 600	1 280
BzII 120	ja	ja	50		2 040	1 810	1 550	1 240
	ja	ja	16,7		2 040	1 810	1 550	1 240

während des üblichen Betriebs nie, weil die Spitzenlasten nur während kurzer Dauer auftreten und kleiner sind als $I_{\mathrm{KW\,d}}$; sie werden aber bei der Berechnung als dauernd wirkend angenommen. Daher ist diese Methode nicht immer wirtschaftlich und sollte nur angewandt werden, wenn die zeitabhängigen Belastungen nicht bekannt sind.

7.1.4.3 Vergleich von Belastungs- und Tragfähigkeitskennlinien

In Bild 7.12 ist das Prinzip des *thermischen Bemessungsverfahrens* mit Vergleich der Belastungs- und Tragfähigkeitskennlinien dargestellt [7.10, 7.11]. Dem Diagramm der *zeitgewichteten Belastungsströme* $I(t)$ ist das Diagramm der thermischen Eigenschaften $I_{\mathrm{KW}}(t)$ der Ausrüstung, z. B. der Fahrleitung, gegenüber gestellt. Ziel des Bemessens ist ein weitgehendes Angleichen der Verläufe von $I_{\mathrm{KW}}(t)$ und $I(t)$ an der Stelle des geringsten Abstandes entsprechend Bild 7.12 b). Die aus der thermischen Bemessung folgende Stromtragfähigkeit der Fahrleitung kann mit Hilfe der Gleichungen (7.20) bis (7.23) berechnet werden, wobei $I_{\mathrm{KW}}(t) = I$ ist. Wie in Bild 5.23 gezeigt, ist dieses Prinzip auch für die Berechnungen der Kurzschlussfestigkeit anwendbar.

Bahnen des allgemeinen Verkehrs
Bei *Bahnen des allgemeinen Verkehrs* ist der Belastungsstrom eines Speisabschnittes einer Fahrleitung eine zufällige Größe entsprechend (5.57) und der Mittelwert wird mit Hilfe der Gleichung (5.63) berechnet. Der Stundenmittelwert in der Stunde der höchsten

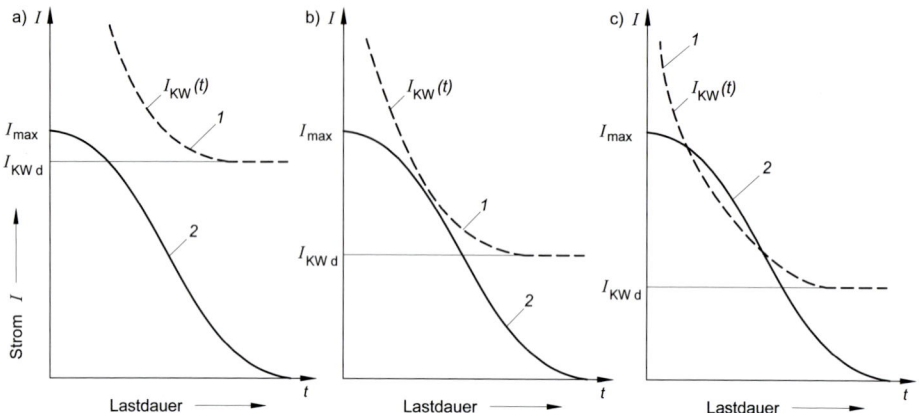

Bild 7.12: Bemessungsprinzip, Vergleich von Belastungs- (*1*) mit Tragfähigkeitskennlinien (*2*). a) Betriebsmittel überdimensioniert, b) Betriebsmittel optimal bemessen, c) Betriebsmittel zu schwach ausgelegt

Tabelle 7.13: Zeitabhängige Belastbarkeit für das Kettenwerk Sicat S1.0 ohne und mit Verstärkungsleitung, Temperatur 80 °C.

	ohne Verstärkungsleitung		mit Verstärkungsleitung	
Strom im Fahrdraht	Strom im Kettenwerk	Dauer	Strom im Kettenwerk	Dauer
A	A	s	A	s
485	660	∞	1 270	∞
500	680	1 660	1 310	1 160
600	820	720	1 570	720
700	860	290	1 830	290
800	1 090	190	2 090	190

Belastung stellt die größte Stundenbelastung eines Abschnittes einer Vollbahn im Laufe eines Jahres dar. Bei einer Straßenbahn ergibt sich die größte Abschnittsbelastung bei Umleitungsverkehr oder gestörtem Verkehr. Für den Belastungsstrom gilt dann

$$I(t) = I_{h\,max} \left[1 - F(\lambda_{dd})\right] \quad , \tag{7.35}$$

wobei F die Gaußsche Häufigkeitsfunktion von λ_{dd} darstellt.
Das Prinzip, das zum Erzielen einer optimal ausgelegten Fahrleitung angewandt wird, kann ausgedrückt werden als

$$I_{KW}(t) - I(t) \quad \longrightarrow \quad \text{Minimum} \quad . \tag{7.36}$$

Beispiel 7.5: Für 610 A als stündlichen Mittelwert der Lastströme soll die Fahrleitungsanlage mit der Oberleitung Re 200 so bemessen werden, dass die thermischen Anforderungen erfüllt werden. Das Kettenwerk der Oberleitungsbauart Re 200 besteht aus einem Fahrdraht AC-100–Cu und einem Tragseil BzII 50. Die Dauerstrombelastbarkeit dieses Kettenwerkes

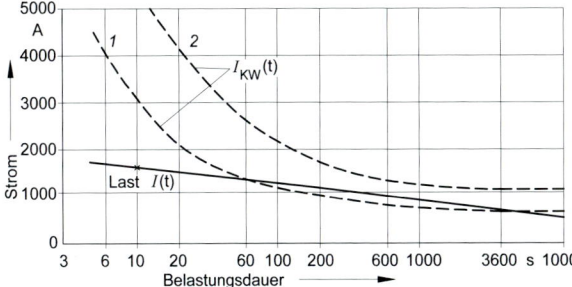

Bild 7.13: Vergleich einer normal verteilten Belastung mit 610 A größtem Stundenmittelwert mit der Belastbarkeit eines Kettenwerkes Sicat S1.0; Windgeschwindigkeit 1 m/s, Umgebungstemperatur 40 °C.
1 Kettenwerk ohne VL
2 Kettenwerk mit VL 243-AL1
VL Verstärkungsleitung

ohne Verstärkungsleitung bei 80 °C Fahrdrahttemperatur folgt aus Gleichung (7.32). Aus Tabelle 7.3 ergeben sich für den Fahrdraht $I_{d\,FD} = 485$ A und für das Tragseil $I_{d\,TS} = 310$ A. Der Strom im Kettenwerk folgt aus den Gleichungen (7.24) und (7.32). Für 16,7 Hz sind aus Tabelle 7.11 die Anteile im Fahrdraht und Tragseil mit $n_{FD} = 0{,}74$ bzw. $n_{TS} = 0{,}27$ zu entnehmen. Bei $I_{FD} = 485$ A im Fahrdraht fließen im Tragseil

$$I_{TS} = 485 \cdot n_{TS} / n_{FD} = 485 \cdot 0{,}27 / 0{,}74 = 177 \text{ A}.$$

Der Strom im Fahrdraht begrenzt also die Belastbarkeit des Kettenwerkes: Diese beträgt nach Gleichung (7.26)

$$I_{KW\,d} = I_{FD\,d} \cdot (1 + n_{TS} / n_{FD}) = 485 \cdot (1 + 0{,}27 / 0{,}74) \approx 660 \text{ A} \quad.$$

Höhere Ströme im Fahrdraht als 485 A würden zu höheren Leiterendtemperaturen führen als die Grenzen nach Tabelle 2.9. Solche Ströme können nur so lange zugelassen werden, bis beim Fahrdraht die Endtemperatur 80 °C erreicht ist. Die Zeitdauer t kann aus (7.21) berechnet werden, wobei die thermische Zeitkonstante nach (7.23) eingesetzt wird. Für häufig verwendete Fahrdrähte und Seile sind die Zeitkonstanten τ in der Tabelle 7.7 enthalten. Bei 600 A Strom im Fahrdraht folgt aus (7.21) und Tabelle 7.5 die Zeitdauer

$$t = -8{,}1 \cdot \ln\left[(101 - 80) / (101 - 40)\right] = 8{,}6 \text{ min} \quad,$$

und bei 800 A Strom

$$t = -7{,}4 \cdot \ln\left[(155 - 80) / (155 - 40)\right] = 3{,}2 \text{ min} \quad.$$

In der Tabelle 7.13 sind die zulässigen Belastbarkeiten für das Kettenwerk Sicat S1.0 dargestellt. Auch für das Kettenwerk mit Verstärkungsleitung 243-AL1 begrenzt die Temperatur des Fahrdrahtes die Belastbarkeit des Kettenwerkes. Diese beträgt beim Strom $I_{d\,FD} = 485$ A mit $n_{FD} = 0{,}39$; $n_{TS} = 0{,}14$ und $n_{VL} = 0{,}49$ nach Tabelle 7.11 gemäß (7.32)

$$I_{KW\,d} = I_{FD\,d} (1 + n_{TS}/n_{FD} + n_{VL}/n_{FD}) = 485 \cdot (1 + 0{,}14/0{,}39 + 0{,}49/0{,}39) \approx 1\,270 \text{ A}.$$

In der Verstärkungsleitung fließt dabei der Strom

$$I_{VL} = 0{,}49 / 0{,}39 \cdot 485 = 609 \text{ A} \quad,$$

der unterhalb des Grenzwertes 689 A bei 80 °C nach Tabelle 7.3 liegt. Im Bild 7.13 sind die Ergebnisse der Auslegung dargestellt. Zwischen rund 170 s und 5 000 s Wirkungsdauer übersteigt die Last die Belastbarkeit der Oberleitung Re 200 ohne Verstärkungsleitung. Mit Verstärkungsleitung ist die Belastbarkeit deutlich höher als die Last.

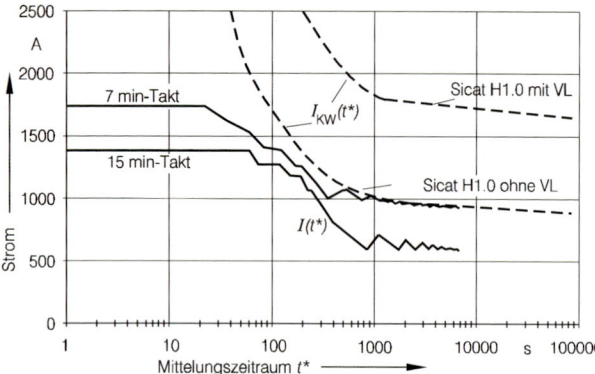

Bild 7.14: Vergleich der zeitgewichteten Strombelastbarkeit $I_{KW}(t^*)$ des Kettenwerkes Sicat H1.0, mit und ohne Verstärkungsleitung (VL), mit der berechneten Last $I(t^*)$ auf von Hochgeschwindigkeitszügen befahrenden Strecken, bestimmt gemäß Abschnitte 5.3.2 und 5.3.7.

Bahnstrecken für den Hochgeschwindigkeitsverkehr

Für *Hochgeschwindigkeitsbahnen* sollte die Bemessung die *zeitgewichteten Parameter* (siehe Abschnitt 5.3.2) verwenden, wobei als Prinzip gilt:

$$I_{KW}(t^*) - I_{\text{eff max}}(t^*) \longrightarrow \text{Minimum} \ . \tag{7.37}$$

In Bild 7.14 ist die zeitgewichtete Stromtragfähigkeit einer Oberleitung der Bauart Sicat H1.0 im Vergleich mit der Belastung durch Hochgeschwindigkeitszüge, wie sie in Abschnitt 5.3.2 berechnet wurde, dargestellt. Das Beispiel ist [7.12] entnommen. Schlussfolgerungen über das tatsächliche thermische Verhalten von Oberleitungskettenwerken kann man durch Vergleich der zeitgewichteten Belastung mit der zeitgewichteten Stromtragfähigkeit der Oberleitung ziehen. Wenn man die im Einzelnen im Abschnitt 5.3.2 besprochene Lastsituation voraussetzt, wird der im Bild 7.15 gezeigte Zusammenhang zwischen Belastung und Tragfähigkeit der Oberleitungsbauart Sicat H1.0 erhalten. Dabei wurde die Temperatur im Tunnel mit $T_{am} = 30\,°C$ und die Windgeschwindigkeit als $v_W = 0\,\text{m/s}$ angenommen. Die beiden Fahrleitungen der zwei betrachteten Gleise sind miteinander in 10 km Abstand vom Speisepunkt und dann jeweils alle 5 km verbunden. Für 15 min Zugfolge würde eine Fahrleitung Sicat H1.0 ohne Verstärkungsleiter die Anforderungen erfüllen, jedoch sollte für 7 min Zugabstand eine Verstärkungsleitung vorgesehen werden. Einzelheiten hierfür finden sich in [7.12].

7.2 Leitertemperatur und Fahrdrahteigenschaften

7.2.1 Einführung

Der Abschnitt 7.1 beschreibt die *thermische Bemessung von Fahrleitungen* auf der Basis der Stromtragfähigkeit ihrer Komponenten, die wesentlich von den möglichen Betriebstemperaturen abhängt. Dieser Abschnitt handelt von den Grundlagen der jeweils zulässigen Temperaturen und stellt die Konsequenzen für den Betrieb der Fahrdrähte bei erhöhten Temperaturen dar, die nach Überlastung durch Kurzschlüsse, Fehlschaltungen oder im Fall von Störungen der Schutzeinrichtungen oder der Leistungsschalter

7.2 Leitertemperatur und Fahrdrahteigenschaften

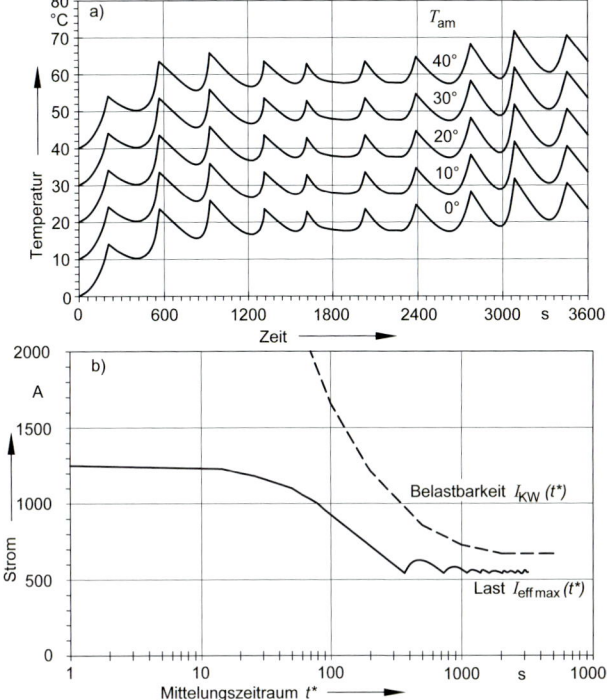

Bild 7.15: Bemessung eines Kettenwerkes für Hochgeschwindigkeitszüge in Tunneln ohne Verstärkungsleitung.
a) Erwärmungsverlauf der Oberleitung Sicat H1.0 bei unterschiedlichen Umgebungstemperaturen T_{am}
b) Vergleich für ein Kettenwerk im Tunnel mit der zeitgewichteten Strombelastbarkeit $I_{KW}(t^*)$ für die Umgebungstemperatur $T_{am} = 30\,°C$ mit der Last, die in 6 min Abstand in der einen Richtung und 7 min Abstand in der anderen Richtung fahrende Züge und 1 130 A je Zug entnehmen.

entstehen können. Örtliche Temperaturerhöhungen können durch beschädigte Verbindungsarmaturen, Schäden im Fahrdraht und ähnliche Ereignisse verursacht werden. Wenn zwischen Schleifstücken und Fahrdraht im Stillstand über eine längere Zeitdauer höhere Ströme als dauernd zulässig fließen, steigt die Temperatur örtlich stark an. Die damit verbundene Reduktion der Zugfestigkeit des Fahrdrahtes begrenzt in manchen Fällen die Leistungsfähigkeit von DC-Bahnstromversorgungen. Bei längerer Einwirkung kann die *Schmelztemperatur* des Fahrdrahtwerkstoffes überschritten werden. Der zwischen Fahrdraht und einem Kohleschleifstück fließende Strom während der Fahrt ist heute mit 500 A bis 700 A begrenzt. Höhere Fahrdrahttemperaturen als in Tabelle 2.9 genannt führen zu plastischen *Fahrdrahtdehnungen* und vermindern die Zugfestigkeit. Außerdem ändern sich die mechanischen Eigenschaften des Fahrdrahtes abhängig von der Zugspannung im Fahrdraht und der gesamten Betriebsdauer. Die Auswirkungen dieser Parameter auf die Eigenschaften der Fahrdrähte werden in diesem Abschnitt diskutiert. Sie sind auch wesentlich für die Beurteilung der Restlebensdauer von Fahrdrähten. Das Verhalten der Fahrdrähte unter erhöhter Temperatur bestimmt die betrieblich zulässigen Temperaturen.

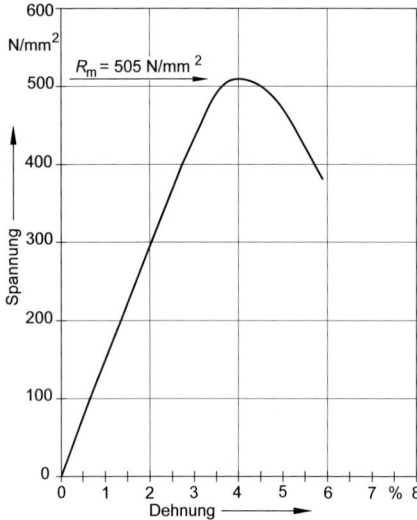

Bild 7.16: Zugprüfung an einem Fahrdrahtwerkstoff CuMg0,5 nach DIN EN 10 002, Teil 1.

7.2.2 Eigenschaften der Fahrdrahtwerkstoffe

Fahrdrähte für konventionelle Bahnanlagen werden meistens aus Elektrolytkupfer hergestellt, weil Kupfer mit nur geringen Verunreinigungen bei hoher mechanischer Festigkeit einen geringen, spezifischen elektrischen Widerstand aufweist. Außerdem bildet sich bei Kupfer eine gut leitfähige Korrosionsoberfläche, die kein Hindernis für die Übertragung des Stroms auf die Schleifstücke bildet. Jedoch werden verbesserte Fahrdrahteigenschaften erforderlich, um die Fahrgeschwindigkeiten moderner Hochgeschwindigkeitszüge zu ermöglichen. Aus diesem Grund wurden Fahrdrähte aus *Kupferlegierungen* mit Silber, Kadmium, Magnesium, Zinn, Nickel oder Zink hergestellt. Die Norm DIN EN 50 149 enthält entsprechende Daten. Legierungen mit Kadmium sind in vielen europäischen Ländern verboten, da Kadmium für die Umwelt giftig ist.

Elektrolytkupfer wird in technischen Unterlagen auch Cu-ETP (electrolytic toughpitched) genannt, die Legierungen mit 0,1 % Silber auch Cu-LSTP (low silver toughpitched).

Das Hinzufügen von Legierungsbestandteilen zu Kupfer führt zu isomorphen kristallinen Strukturen, die höhere Zugfestigkeiten und Temperaturbeständigkeiten als reines Kupfer aufweisen. Die elektrische Leitfähigkeit wird durch das Hinzufügen von Silber nicht beeinträchtigt, da beide Metalle ähnliche elektrische Eigenschaften aufweisen. Die elektrische Leitfähigkeit der Legierungen mit Magnesium und Zink ist geringer als bei Elektrolytkupfer, jedoch ist deren Zugfestigkeit höher. Die Tabelle 11.5 zeigt einige physikalische Eigenschaften von Legierungen für Fahrdrähte. Weitere Daten enthalten die Tabellen 11.2 bis 11.4.

Fahrdrähte werden aus 18 bis 24 mm dicken Rohlingen durch Ziehen hergestellt. Das Ausgangsmaterial wird durch mehrere kreisförmige Ziehsteine und dann durch Ziehsteine mit Rillen gezogen. Der Ziehprozess wird durch einen Zug durch einen Endstein

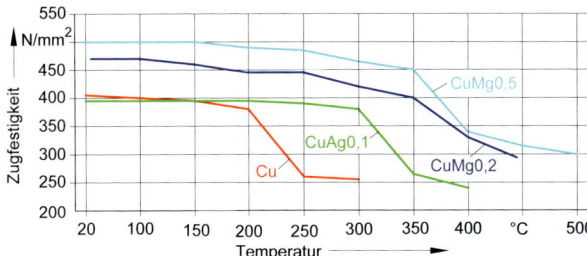

Bild 7.17: Zugfestigkeit unterschiedlicher Fahrdrahtlegierungen in Folge Rekristallisation bei steigenden Temperaturen.

abgeschlossen. Der Fahrdraht wird so auf die Endmaße und das Endprofil kalt gezogen. Fehlstellen in der kristallinen Struktur erhöhen die Zugfestigkeit und härten den Werkstoff. Die Kaltzüge erhöhen die Festigkeit und den Widerstand gegen Verformung des Kupfers, während elektrische Leitfähigkeit und Elastizität abnehmen.

Die Änderung der Querschnittsfläche in Folge des Ziehvorgangs wird durch den *Umformungsgrad* ausgedrückt als Prozentsatz der Differenz des Anfangsquerschnitts abzüglich des Endquerschnitts zum Anfangsquerschnitt vor dem Ziehvorgang. Als Beispiel sei genannt, dass der optimale Umformungsgrad für Rillenfahrdraht aus CuMg0,5 zu ungefähr 75 % ermittelt wurde. Das heißt, der Endquerschnitt beträgt 25 % des Anfangsquerschnittes.

Nachgespannte Fahrdrähte unterliegen bei günstigen Betriebsbedingungen einer nahezu konstanten Zugkraft, die als statisch wirkend angesehen werden kann. Die zulässige Spannung darf daher im Verhältnis zur kleinsten Festigkeit festgelegt werden. Bild 7.16 zeigt das Spannungs-Dehnungsdiagramm, das bei einem Zugversuch eines Fahrdrahtes aus CuMg0,5 erhalten wurde. Über einem weiten Bereich ist die Dehnung proportional zur Zugspannung.

7.2.3 Auswirkungen der Temperatur auf die Festigkeit

Der Betrieb von Fahrdrähten mit erhöhter Temperatur kann ihre Festigkeit abhängig von der Temperatur und der Zusammensetzung des Fahrdrahtwerkstoffes herabsetzen. Länger andauernde Erwärmung von kalt gezogenen Kupferdrähten verursacht die Rückbildung der kristallinen Mikrostruktur auf den Anfangszustand vor dem Kaltziehvorgang. Dieser Übergang auf stabile kristalline Mikrostrukturen wird *Rekristallisation* genannt und ist verbunden mit der Rückbildung der physikalischen Eigenschaften des kalt gezogenen Fahrdrahtes auf die des nicht gehärteten Kupfers. Bild 7.17 zeigt, in welchem Maß die Zugfestigkeit von Fahrdrähten aus Cu, CuAg0,1, CuMg0,2 und CuMg0,5 in Folge der Rekristallisation abnimmt, wenn die Rekristallisationstemperatur überschritten wird.

Der Festigkeitsabfall lässt sich an Hand des *Halbhartpunktes* bewerten. Das ist der Zustand, bei dem die Zugfestigkeit nach einer Stunde Einwirkungsdauer auf die Hälfte der Differenz zwischen Ausgangsfestigkeit und verringerter Festigkeit bei hoher Temperatur gesunken ist. Dieser Prozess hängt von der Temperatur und der Zeitdauer ab, während der das Material auf der höheren Temperatur bleibt. Zum Beispiel beträgt für den

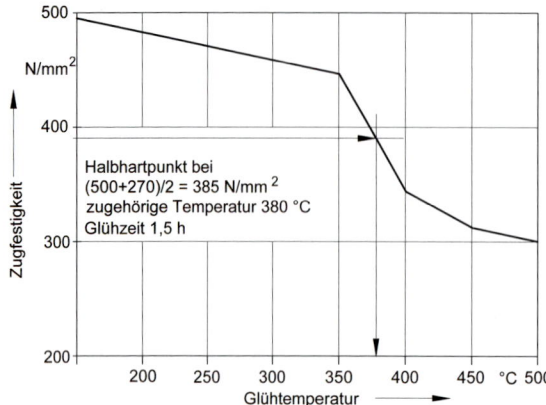

Bild 7.18: Halbhartpunkt des Werkstoffs CuMg0,5.

Umformungsgrad 60 % und eine Stunde Einwirkungsdauer der Halbhartpunkt 215 °C für Cu-Fahrdrähte und 340 °C für CuAg0,1-Fahrdrähte. Für den Umformungsgrad 85 % geht der Halbhartpunkt auf 180 °C bzw. 300 °C zurück. Das Bild 7.18 zeigt ein Diagramm für die Bestimmung des Halbhartpunktes von CuMg0,5 mit 85 % Umformgrad.

Der *Verlust an Zugfestigkeit* der Kupferdrähte infolge Erhitzung nimmt mit der Zeitdauer, über die der Werkstoff auf hohen Temperaturen gehalten wird, mit dem Umformgrad und mit der Reinheit des Kupfers zu. Die Legierung des Kupfers mit Silber verzögert die Abnahme der Zugfestigkeit ganz entscheidend [7.13], daher können Fahrdrähte aus CuAg0,1 mit höheren Temperaturen und höheren Zugspannungen als solche aus E-Cu betrieben werden, obwohl ihre Festigkeiten im Bereich der üblichen Betriebstemperaturen gleich sind (siehe Tabelle 11.5).

In [7.14] wurden die Auswirkungen auf die Abnahme der Festigkeit von Kupfer untersucht, wenn dieses periodischen Temperaturänderungen unterworfen wird und wenn es auf konstante Temperaturen im Bereich zwischen 100 °C und 150 °C erwärmt wird. Mehrere kurzzeitige Erwärmungen auf höhere Temperaturen beeinträchtigten die Zugfestigkeit nicht, wie die in [7.15] beschriebenen Untersuchungen bestätigen.

Basierend auf umfangreichen Versuchen und theoretischen Betrachtungen wurden Gleichungen zum Beschreiben der Temperaturabhängigkeit, von Mindestzugfestigkeit und 0,2-%-Dehngrenze ermittelt [7.16]. Für Fahrdrähte aus E-Cu kann die numerische Gleichung (7.38) verwendet werden, um die Zugfestigkeit bei der Temperatur T zu ermitteln

$$\sigma_u = 318 - 0{,}345 \cdot T \quad . \tag{7.38}$$

Mit den gleichen Einheiten gilt die Gleichung (7.39) für die 0,2-%-Dehngrenze

$$\sigma_{0,2} = 160 \cdot \exp\left[155/(T+273)\right] \quad . \tag{7.39}$$

Der Bericht [7.17] enthält Angaben über die Auswirkung der Fahrdrahttemperatur auf die kleinste Zugfestigkeit σ_u und die 0,2-%-Dehngrenze, die aus Prüfungen an Fahrdrähten AC-100–Cu erhalten wurden. Die gemessenen Daten bestätigen die Beziehungen (7.38) und (7.39).

Tabelle 7.14: Minderung in Prozent der Fahrdrahtfestigkeit bei erhöhten Temperaturen.

Fahrdraht	Spannung N/mm²	Temperatur °C	Zeitdauer der Erwärmung (h)				
			100	200	300	400	500
AC-100–Cu und AC-120–Cu	100	120	0,8	1,0	1,2	1,4	1,6
		140	1,5	1,8	2,2	2,8	3,6
		160	2,2	2,7	3,3	4,0	4,8
AC-100–Cu	150	120	1,6	2,0	2,4	2,8	3,2
AC-120–CuAg	100	170	3,0	3,4	3,9	4,4	5,0

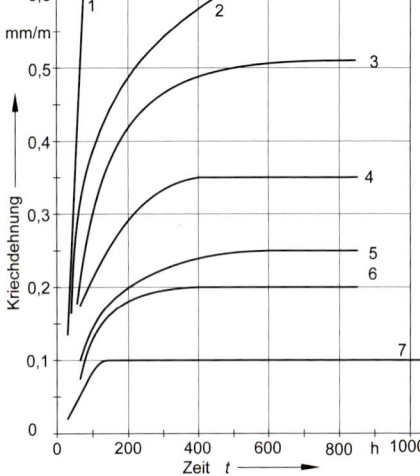

Bild 7.19: Zeit/Dehnungslinien von Fahrdrähten gemessen in mm/m.
1 AC-120–Cu; $T = 120\,°C$; $\sigma = 150\,\text{N/mm}^2$
2 AC-120–CuAg; $T = 170\,°C$; $\sigma = 150\,\text{N/mm}^2$
3 AC-120–Cu; $T = 120\,°C$; $\sigma = 100\,\text{N/mm}^2$
4 AC-120–CuAg; $T = 170\,°C$; $\sigma = 100\,\text{N/mm}^2$
5 AC-120–Cu; $T = 120\,°C$; $\sigma = 50\,\text{N/mm}^2$
6 AC-120–CuAg; $T = 170\,°C$; $\sigma = 50\,\text{N/mm}^2$
7 AC-120–CuMg; $T = 150\,°C$; $\sigma = 225\,\text{N/mm}^2$

7.2.4 Einfluss der Erwärmungsdauer auf die Zugfestigkeit

In diesem Abschnitt werden Erkenntnisse aus Messungen über die Abhängigkeit der Zugfestigkeit und der 0,2-%-Dehngrenze von der Zeitdauer der Erwärmung wiedergegeben. Die Berichte [7.16, 7.18, 7.19] behandeln diesen Gegenstand. Ein messbarer Einfluss der Dauer der erhöhten Temperatur auf die Festigkeit wurde nur bei Temperaturen über 120 °C festgestellt. Die Ergebnisse sind in der Tabelle 7.14 dargestellt. Bei 160 °C (AC-100–Cu) und 170 °C (AC-120–CuAg) beträgt die Minderung ungefähr 5 % nach 500 h Erwärmungsdauer. Da Temperaturen über 80 °C oder 100 °C nur selten auftreten, kann dieser Einfluss vernachlässigt werden.

In [7.19] wurde der Einfluss der Erwärmungsdauer auf die *bleibende Längung* untersucht. Die Ergebnisse sind im Bild 7.19 zusammen gefasst. Daraus folgt z. B., dass die bleibende Längung, auch Kriechdehnung genannt, eines Fahrdrahtes AC-120–Cu, der mit 100 N/mm² bei 120 °C über 600 h belastet war, mit 0,5 mm/m gemessen wurde. Die Ergebnisse zeigen, dass die bleibende Längenänderung erst bei höheren Temperaturen und langen Belastungszeiten bedeutende Werte annimmt. Bei CuAg und CuMg ist die bleibende Längenänderungen deutlich kleiner als bei Cu. Deshalb sind hierfür 100 °C statt 80 °C dauernd zulässig.

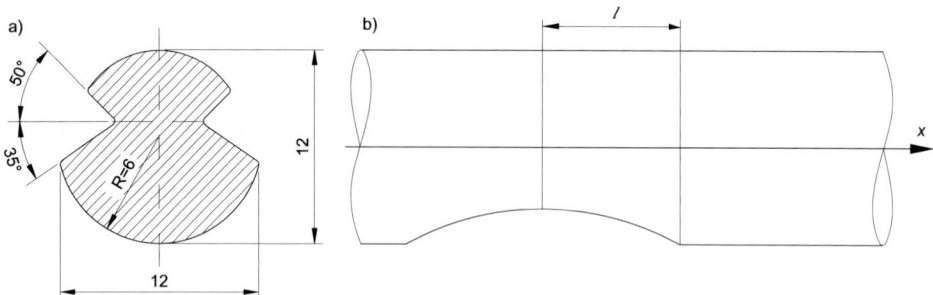

Bild 7.20: Fahrdraht AC-100 – Cu, Abmessungen in mm.
a) Profilquerschnitt, b) lokale Querschnittsminderung

7.2.5 Fahrdrahterwärmung an Stellen erhöhten Verschleißes

Fahrdrähte können an besonderen Stellen, zum Beispiel an Kreuzungen über Weichen, in Parallelfeldern der Nachspannungen und an Klemmen, ungleich und örtlich stärker verschleißen. Damit ändert sich der Fahrdrahtquerschnitt in Längsrichtung, was die Temperaturverteilung und damit die thermische Belastbarkeit des Fahrdrahts beeinflussen kann. Um den Einfluss von örtlich sich ändernden Querschnitten und damit der unterschiedlichen thermischen Leitfähigkeit zu ermitteln, wird die längs des Fahrdrahtes übertragene Leistung zur Energiegleichgewichtsgleichung (7.1) hinzugefügt

$$m_c \cdot c \cdot dT/dt = N_j - N_S - N_R - N_C + N_{ein} - N_{ab} \quad . \tag{7.40}$$

Die Energien N_{ein} und N_{ab} lassen sich beschreiben mit

$$N_{ein} = \lambda_C \, A(x) \frac{\partial}{\partial x} T(x) \tag{7.41}$$

für die in das Element eingeleitete Energie und

$$N_{ab} = \lambda_C \, A(x + dx) \frac{\partial}{\partial x} T(x + dx) \tag{7.42}$$

für die durch Leitfähigkeit verlorene Energie, wobei λ_C die thermische Leitfähigkeit des Fahrdrahtwerkstoffes und $A(x)$ den variablen Querschnitt bedeuten.
Für den stationären Zustand werden $dT/dt = 0$ und (7.41) und (7.42) in (7.40) berücksichtigt. Die resultierende Differenzialgleichung beschreibt die Temperatur längs der Leiterachse [7.20]. Die Lösung dieser Gleichung lautet:

$$T(x) = (T_0 - T_\infty) \, e^{-|x|/B} + T_\infty \quad . \tag{7.43}$$

In der Gleichung (7.43) sind T_0 die erhöhte Temperatur an einer Fahrdrahtstelle, an der die Querschnittsfläche vermindert oder eine beschädigte Klemme vorhanden ist und $T_\infty = T(x \to \pm\infty)$ die Temperatur an Punkten weit weg von der Lage des reduzierten Querschnittes. Die thermische Konstante B in (7.43) wird zu

$$B = \sqrt{\lambda_C \, A/(\alpha_S \, U_F)} \quad , \tag{7.44}$$

7.2 Leitertemperatur und Fahrdrahteigenschaften

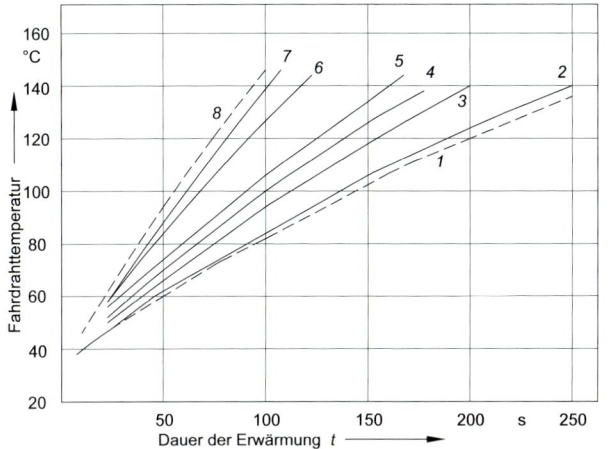

Bild 7.21: Größte Temperaturerhöhung eines Fahrdrahtabschnittes AC-100–Cu abhängig von der Dauer der Belastung [7.17] und der örtlichen Abnutzung, Strom 1 000 A.

1 ohne Abnutzung
2 in großer Entfernung von der örtlichen Abnutzung
3 Abnutzung 25 %, $l = 0{,}1$ m
4 Abnutzung 25 %, $l = 0{,}2$ m
5 Abnutzung 35 %, $l = 0{,}1$ m
6 Abnutzung 35 %, $l = 0{,}2$ m
7 örtliche Abnutzung 35 %, $l = 0{,}4$ m
8 AC-100–Cu, gleichmäßig mit 35 % abgenutzt

Windgeschwindigkeit m/s	α_S W/(K·m²)
1	36
2	52
4	75
8	112

Tabelle 7.15: Wärmeübergangsbeiwert α_S bei der Umgebungstemperatur 40 °C.

wobei λ_C die thermische Leitfähigkeit des Fahrdrahtes (siehe Tabelle 11.5), A der unverminderte Fahrdrahtquerschnitt, U_F sein Umfang und α_S der Wärmeübertragungskoeffizient sind, der im Wesentlichen von der Windgeschwindigkeit abhängt. Die Tabelle 7.15 enthält Daten für α_S, die für alle üblichen Fahrdrähte angenommen werden können.
Der Parameter B hat die Einheit einer Länge und kann verwendet werden, um die in Folgen einer Änderung des Querschnittes oder lokaler, zusätzlicher Wärmequellen abzuschätzen. Es kann dabei angenommen werden, dass die Leitertemperatur über einen Bereich $\pm 3\,B$, also insgesamt über die Länge $6\,B$ erhöht ist.

Beispiel 7.6: Für Fahrdrähte AC-100–Cu und AC-120–CuMg0,5 ist der Parameter B zu ermitteln. Aus Tabelle 11.5 kann bei $v_W = 1$ m/s entnommen werden:
Fahrdraht AC-100–Cu: $\lambda_C = 377$ W/(K·m), $U_F = 0{,}0412$ m, $\alpha_S = 36$ W/(K·m²)
Fahrdraht AC-120–CuMg0,5: $\lambda_C = 245$ W/(K·m), $U_F = 0{,}0454$ m, $\alpha_S = 36$ W/(K·m²)
Aus der Beziehung (7.44) folgen $B = 0{,}16$ m für den Fahrdraht AC-100–Cu und für $B = 0{,}13$ m für den Fahrdraht AC-120–CuMg0,5. Dies bedeutet, dass die Temperaturerhöhung in $3\,B$ Abstand von der Mitte der Schadensstelle, also nach rund 0,5 m und 0,4 m abgeklungen ist.

Dieses Beispiel bestätigt, dass bei örtlicher Verminderung der Querschnittsfläche nur die verbleibende, verminderte Querschnittsfläche verwendet werden darf, um die thermische Belastbarkeit des Fahrdrahtes AC-100–Cu zu beurteilen, wenn der gesamte verschlissene Abschnitt länger als 1,0 m ist. Für den Fahrdraht AC-120–CuMg beträgt diese Länge 0,8 m. Umfangreiche Messreihen, die in [7.21] und [7.22] beschrieben sind,

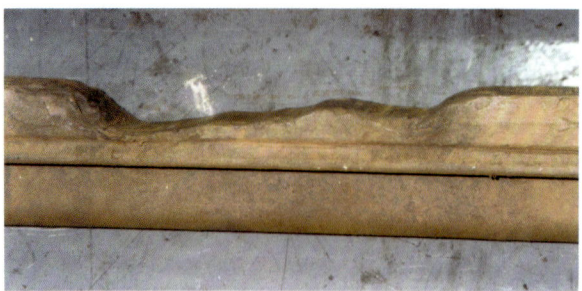

Bild 7.22: Schleifstück eines mit DC 0,75 kV gespeisten Stadtbahnfahrzeuges mit beträchtlichen Abnutzungen in Folge des Kontakts an gleicher Stelle über einen langen Fahrleitungsabschnitt.

bestätigen, dass die Temperatur von Fahrdrähten AC-100–Cu in der Nähe von Verbindungsklemmen nur leicht von der Temperatur der Klemmen abweicht. Nach [7.17] sollte bei Verschleißlängen über 0,8 m und örtlichem Verschleiß über 20 % des Querschnittes die thermische Tragfähigkeit nur auf der Basis des verbliebenen Restquerschnittes beurteilt werden.

7.2.6 Schnittstelle zwischen Fahrdraht und Schleifstück

Die Auslegung von Kettenwerken und Stromabnehmerwippen macht es auch erforderlich, die Schnittstelle zwischen Fahrdraht und Schleifstücken zu betrachten. Diese Schnittstelle wird besonders erhitzt, wenn der Zug steht und die Hilfsbetriebe arbeiten. Insbesondere bei DC-Stromversorgungen bestimmt der im Stillstand zu übertragende Strom die Wahl der Fahrdrähte und der Schleifstücke.

Der größte Strom wird von einem beschleunigenden Zug aufgenommen, wenn die volle Leistung ausgenutzt wird. Der Strom kann 1 500 A je Zug bei AC-15-kV-16,7-Hz-Stromversorgung und 5 000 A bei DC 1,5 kV erreichen (siehe DIN EN 50 388).

Im Stillstand fließt die Leistung für Klimaanlagen und Hilfsbetriebe über einen Kontaktpunkt und dies während einer längeren Zeitdauer. Die TSI Energie [7.23] fordert die Bemessung für 300 A Strom je Zug für DC 1,5 kV und 200 A Strom für DC 3,0 kV. Ein örtliche Überhitzung beider Komponenten darf dabei nicht eintreten.

Um die Anforderungen an die Stromübertragung auf fahrende Züge zu erfüllen, ist eine entsprechende Schleifstückanzahl erforderlich. Der zulässige Strom je Kohleschleifstück in Bewegung beträgt 500 bis 700 A, wobei der letztere Wert für DC-Stromversorgungen verwendet wird. Dabei ist eine ständige Querbewegung des Fahrdrahtes auf den Schleifstücken erforderlich, wenn die erwähnten Werte ausgenutzt werden sollen. Wenn der Fahrdraht mit dem Schleifstück am gleichen Punkt über längere Zeit in Kontakt wäre, würde hoher Verschleiß am Schleifstück entstehen, weil die lokale Erwärmung die Festigkeit verringert. Bild 7.22 zeigt ein verschlissenes Kohleschleifstück, das auf einem Fahrzeug in einer DC-0,75-kV-Anlage verwendet wurde, wobei der Fahrdraht nahezu ohne Seitenverschiebung verlegt war. Wegen der örtlichen Überhitzung waren die Schleifstücke innerhalb weniger Tage verschlissen.

Bild 7.23 zeigt die Temperaturzunahme der Kontaktflächen eines Kohleschleifstückes am Kontaktpunkt in Abhängigkeit von der Dauer der Einwirkung eines 1 000 A Stromes. Bei dieser Strombelastung steigt die Temperatur rasch auf 1 000 °C und mehr.

7.2 Leitertemperatur und Fahrdrahteigenschaften

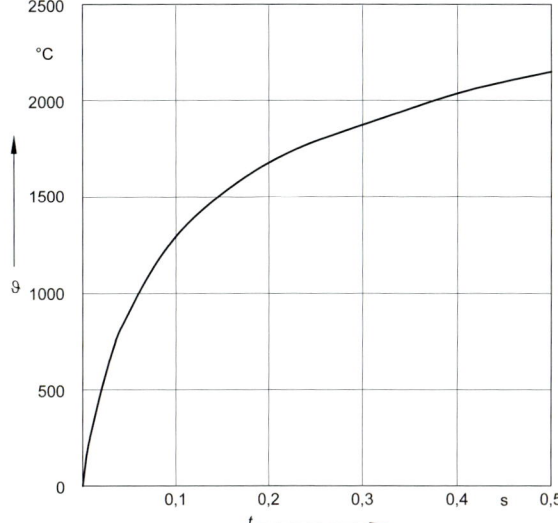

Bild 7.23: Temperatur T an der Kontaktfläche eines Kohleschleifstückes abhängig von der Zeitdauer des einwirkenden Stromes bestimmt nach unterschiedlichen Methoden [7.22], Strom 1 000 A.
Eigenschaften des Schleifstückes:
$\gamma = 1810$ kg m^{-3}
$c = 140$ Ws/(kg K)
$\lambda_C = 30$ W/(K m)
$\varrho_0 = 30 \cdot 10^{-6}$ Ωm

Die Schleifstücke sind Teil der Stromabnehmerwippen und stehen zur Leistungsübertragung direkt mit dem Fahrdraht in Kontakt. In [7.24] und [7.25] wurden mehrere Parameter, die den Kontakt zwischen einem Fahrdraht und einem Schleifstück beeinflussen, experimentell untersucht. Um die oben erwähnten Anforderungen zu erfüllen, sollten die Schleifstücke folgende Eigenschaften haben:
- geringen *elektrischen Widerstand*
- hohen Schmelzpunkt
- gute *thermische Leitfähigkeit*
- geringes Eigengewicht
- hohe Druckfestigkeit
- hohe Elastizität
- niedrigen Reibungskoeffizient an der Schnittstelle mit dem Kupferfahrdraht

Schleifstücke aus Elektrokohle oder Graphit mit einem Bindemittel haben sich in der Kombination mit Kupferfahrdrähten auch im Betrieb als günstig erwiesen. Viele europäische Bahnen mit AC-Stromversorgungen ersetzten *metallene Schleifstücke*, die sie in der ersten Hälfte des zwanzigsten Jahrhunderts verwendeten, vollständig durch Kohleschleifstücke. Der Beitrag [7.25] kommt zum Ergebnis das metall-imprägnierte Kohle für alle AC-Netze in Europa geeignet ist. Die obere Grenze des *zulässigen betrieblichen Stromes für einen Stromabnehmer* mit zwei Schleifstücken beträgt rund 1 400 A. In DC-Bahnanlagen mit geschmierten Kupferschleifstücken beträgt der zulässige Betriebsstrom 1 250 A je Schleifstück. Wenn höhere Ströme zum Triebfahrzeug zu übertragen sind, dann muss die Zahl der Schleifstücke je Stromabnehmer oder die Anzahl der Stromabnehmer je Triebfahrzeug erhöht werden.

Bei Hochgeschwindigkeitszügen erreicht die Leistung für Reisekomfort und Hilfsbetriebe bis 1 000 kVA, die zuverlässig über den Stromabnehmer auf das stehende Fahrzeug übertragen werden muss.

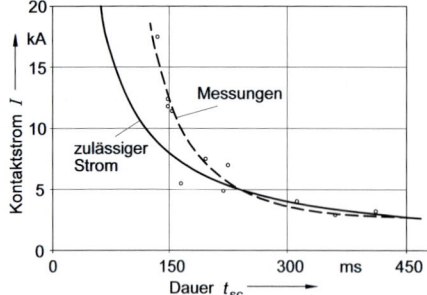

Bild 7.24: Gemessene Abschmelzströme, Fahrzeug im Stillstand, Fahrdraht AC-100–Cu, einfaches Kohleschleifstück.
○ Messungen der DR
— empfohlene Grenzwerte

Der Strom, der ein Schmelzen des Fahrdrahtes verursacht, hängt von seiner Einwirkungsdauer t_{sc} ab. Bild 7.24 zeigt gemessene Ströme, die in Kontakt mit einem Kohleschleifstück zum Abschmelzen eines Fahrdrahtes AC-100–Cu führten. Aus den Messungen ergaben sich Empfehlungen für die zulässigen Ströme als Funktion der Einwirkungsdauer t_{sc} gemäß

$$I_{zul} = 1\,200/t_{sc} + 100 \text{ in A} \quad , \tag{7.45}$$

wobei t_{sc} die Einwirkdauer der Stromwirkung in Sekunden ist (siehe Bild 7.24). Für Fahrdrähte AC-120–Cu sind die zulässigen Werte rund 20 % höher. Danach sind je Schleifstück 100 A im Stillstand bei AC-100–Cu zulässig.

Man kann daraus schließen, dass 100 A Strom dauernd für einen Fahrdraht AC-100–Cu zulässig sind, wie auch 120 A für den Fahrdraht AC-120–Cu und 150 A für den Fahrdraht AC-150–Cu.

Ein Nachweis für die richtige Wahl und Ausführung von Schleifstücken kann gemäß DIN EN 50 367, Anhang A.4, geführt werden. Der Versuch sollte mit einem Stromabnehmer, ausgerüstet mit der zu prüfenden Wippe, auf einem Triebfahrzeug oder in einem anerkannten Prüfinstitut durchgeführt werden. Die Prüfung sollte mit einem oder zwei Fahrdrähten ausgeführt werden, die mit Temperatursensoren bestückt sind. Dabei sollte eine statische Kraft, die für die Anwendung des Stromabnehmers und die höchste Stromabnahme des Fahrzeuges repräsentativ ist oder den Vorgaben der TSI Energie entspricht, aufgebracht werden. Jede Prüfung sollte über 30 Minuten laufen, wenn nicht vorher die durch die Sensoren gemessene Temperatur den maximal zulässigen Wert für Fahrdrähte, wie er in DIN EN 50 119 vorgegeben und in der Tabelle 2.9 enthalten ist, überschritten wurde. Die Prüfung kann als bestanden angesehen werden, wenn die höchste Temperatur nach 30 Minuten den in Tabelle 2.9 oder einer Projektspezifikation vorgegebenen Wert nicht übersteigt.

7.3 Literatur

7.1 *Cigre SC22-WG22-12*: The thermal behaviour of overhead conductors. Section 1 and 2: Mathematical model for evaluation of conductor temperature in the steady-state and the application thereof. In: Electra 144(1992), S. 107–125.

7.2 *Webs, A.*: Dauerstrombelastbarkeit von nach DIN 48 201 gefertigten Freileitungsseilen aus Kupfer, Aluminium und Aldrey. In: Elektrizitätswirtschaft 62(1963)23, S. 861–872.

7.3 *Gorub, J. C.; Wolf, N. F.*: Load capability of ASCR and aluminum conductors based on long-time outdoor temperature rise tests. American Institute of Electrical engineers, 1963, S. 63–81.

7.4 *Kiessling, F.; Nefzger, P.; Nolasco, J. F.; Kaintzyk, U.*: Overhead power lines – Planning, design, construction. Springer-Verlag, Berlin – Heidelberg – New York, 2003.

7.5 *Bencard, R.*: Querschnittsauswahl von Freileitungsseilen bei zufällig variablen Betriebsströmen und Umgebungsbedingungen nach thermischen und ökonomischen Kriterien. Ingenieurhochschule Wismar, Dissertation, 1985.

7.6 *Cigre SC22-WG22-12*: The thermal behaviour of overhead conductors. Section 4: Mathematical model for evaluation of conductor temperature in the adiabatic state. In: Electra 185(1999), S. 75–87.

7.7 *Cigre SC22-WG22-12*: The thermal behaviour of overhead conductors. Section 3: Mathematical model for evaluating of conductor temperature in the unsteady state. In: Electra 174(1997), S. 59–69.

7.8 *Rigdon, W.*: Emissivity of weathered conductors after service in rural and industrial environments. In: American Institute of Electrical Engineers, Transactions, Part III, Power Apparatus and Systems, Vol 81, 1962.

7.9 *Mier, G.*: Herstellung und Anwendung von Aluminium-Stromschienen. In: Schweizer Aluminium Rundschau (1984)3.

7.10 *Lingen, J. v.; Schmidt, P.*: Wärmeübergang und Strombelastbarkeit von Hochgeschwindigkeitsoberleitungen im Tunnel. In: Elektrische Bahnen 94(1996)4, S. 110–114.

7.11 *Röhlig, S.; Rothe, M.; Schmidt, P.; Weschta, A.*: Höhere Leistungsfähigkeit der Bahnenergieversorgung bei modernen Stadt- und U-Bahnen. In: Elektrische Bahnen 91(1993)11, S. 359–365.

7.12 *Lingen, J. v.; Schmidt, P.*: Strombelastbarkeit von Oberleitungen des Hochgeschwindigkeitsverkehrs. In: Elektrische Bahnen 94(1996)1-2, S. 38–44.

7.13 *Freudiger, E. u. a.*: Erweichung verschiedener Kupferarten während dreizehneinhalb Jahren bei 100°C. In: Schweizer Archiv für angewandte Wissenschaft und Technik 36(1970)9, S. 357–359.

7.14 *Roggen, F.*: Erweichung von Kupfer bei zyklischer Erwärmung. In: Schweizer Archiv für angewandte Wissenschaft und Technik 36(1970)9, S. 360–362.

7.15 *Flink, J. V.*: Auswirkung der Leitererwärmung in Oberleitungen auf deren Festigkeit (in Russisch). In: Arbeiten des MIIT, Teil 104, Moskau 1959.

7.16 *Busche, N. A.; Berent, W. J.; Alechin, W. J.*: Entfestigung von Kupferlegierungen bei Erhitzung (in Russisch). Verlag Transport, Moskau 1972.

7.17 *Tschutschew, A. P.*: Ergebnisse der Untersuchung der mechanischen Kenngrößen von Drähten und Seilen in Fahrleitungen (in Russisch). In: Vervollkommnung von Konstruktions- und Berechnungsmethoden von Anlagen der Elektrotraktion, Verlag Transport, Moskau, 1985.

7.18 *Szepek, B.*: Beitrag zur Ermittlung der Belastbarkeit und Zuverlässigkeit elektrotechnischer Betriebsmittel von Industriegleichstrombahnen. HfV Dresden, Dissertation, 1974.

7.19 *Merz, H.; Roggen, F.; Zürrer, Th.*: Erwärmung und Belastbarkeit von Fahrleitungen. In: Schweizer Archiv für angewandte Wissenschaft und Technik 33(1967)7, S. 189–215.

7.20 *Löbl, H.*: Zur Dauerstrombelastbarkeit und Lebensdauer der Geräte der Elektroenergieübertragung. TU Dresden, Habilitation, 1985.

7.21 *Petrausch, D.*: Beitrag zur Anwendung der thermischen Modellierung für die Instandhaltung und Diagnose der Fahrleitungsanlage unter Berücksichtigung der Temperaturmessung mittels Infrarottechnik. HfV Dresden, Dissertation, 1988.

7.22 *Porcelan, A. A.*: Untersuchung der Erwärmung und der mechanischen Kenngrößen von Fahrdrähten (in Russisch). In: Fachschrift der Bahnforschungsinstitute, Verlag Transport, Moskau (1968)337, S. 44–63.

7.23 *Richtlinie des Rates 2004/50/EG*: Richtlinie zur Änderung der Richtlinie 96/48/EG und Richtlinie 2001/16/EG. In: Amtsblatt der Europäischen Gemeinschaften (2004), S. 40–57.

7.24 *Biesenack, H.; Pintscher, F.*: Kontakt zwischen Fahrdraht und Schleifleiste – Ausgangspunkte zur Bestimmung des elektrischen Verschleißes. In: Elektrische Bahnen 103(2005)3, S. 138–146.

7.25 *Auditeau, G.; Avronsart, S.; Courtois, C.; Krötz, W.*: Carbon contact strip materials – Testing of wear. In: Elektrische Bahnen 111(2013)3, S. 186–195.

8 Beeinflussung

8.0 Symbole und deren Bedeutung

Symbol	Bezeichnung	Einheit
A_1	Konstante	V/Ω
B_1	Konstante	V/Ω
B	Flussdichte	T
C'_{KW}	Kapazitätsbelag des Kettenwerkes	µF
C'_{12}	Kapazitätsbelag zwischen Leitern 1 und 2	µF
C'_1	Erdkapazitätsbelag des Leiters 1	µF
C'_2	Erdkapazitätsbelag des Leiters 2	µF
D_ν	Dämpfungsglied	%
E	elektrische Feldstärke	V/m
G'	Admittanzbelag	1/Ω m
H	magnetische Feldstärke	A/m
I	Strom	A
I_x	wirksamer induzierender Strom	A
I_{trc}	Traktionstrom	A
I_{in}	Eingangstrom	A
I_C	Entladestrom	A
I_{out}	Ausgangstrom	A
I_ν	frequenzabhängiger Kettenwerksstrom	A
L	Induktivität	µF
L'	Induktivitätsbelag	µF/m
L'_{KW}	Induktivitätsbelag des Kettenwerks	µF/m
M	Übertragungsmatrix im n-Leitersystem	–
R	Widerstand	Ω
R'	Widerstandsbelag	Ω/m
U	Spannung im beeinflussten Leiter	V
U'_1	bezogene Längsspannung im beeinflussten Leiter	V/m
$U_{max\,1}$	Höchste Dauerspannung	V, kV
U_{in}	Eingangsspannung	V, kV
U_{out}	Ausgangsspannung	V, kV
$\hat{U}_\nu$	Spannung bei der Frequenz ν	V
Z	wirksame Impedanz	Ω
Z'	längenbezogene wirksame Impedanz	Ω/km
$Z_{1,2}$	Abschlussimpedanz	Ω
Z_ν	frequenzabhängige Kettenwerksimpedanz	Ω
Z_0	Wellenwiderstand	Ω
a	Abstand zwischen beeinflussendem und beeinflusstem Leiter	m

Symbol	Bezeichnung	Einheit
a_{12}	Abstand zwischen beeinflussendem Leiter 1 und beeinflusstem Leiter 2	m
$a_{1(2)}$	Höhe des Leiters 1 (2) über dem Boden	m
f	Frequenz	Hz
i	Strom in der Fahrleitung	A
i_b	Strom im beeinflussten Leiter	A
$i(x)$	Strom an der Stelle (x)	V
l	Beeinflussungslänge	m
r	Reduktionsfaktor für Kabel	–
r_G	Reduktionsfaktor für den durch die Schienen fließenden Strom	–
r_E	Reduktionsfaktor für den durch die Rückleiter fließenden Strom	–
r_K	Reduktionsfaktor für den durch Kabelschirme fließenden Strom	–
r_L	Reduktionsfaktor infolge anderer geerdeter Leiter im beeinflussten Bereich	–
u	Spannung Fahrleitung/Rückleitung	V
$u(x)$	Spannung an der Stelle (x)	V
u_b	induzierte oder influenzierte Spannung	V
x	Längenkoordinate	m
w	Erwartungswert	–
δ_E	Eindringtiefe des Stromes	m
γ	Ausbreitungskonstante	1/m
μ_0	Permeabilitätskonstante	Vs/(Akm)
μ_r	relative Permeabilität	–
ϱ_E	spezifischer Bodenwiderstand	$\Omega\,\text{m}$

8.1 Einführung

Infolge physikalischer Gesetzmäßigkeiten beeinflusst die Übertragung und Verteilung der elektrischen Energie die technische und öffentliche Umwelt. In Bild 8.1 sind die Beeinflussungsprozesse mit ihren Konsequenzen dargestellt:
- *galvanische Beeinflussung* ist eine Folge galvanisch leitender Verbindungen und führt zum *Schienenpotenzial* und zum Fließen von Rückstrom als Streustrom in anderen leitfähigen Teilen als denen der Rückleitung.
- *induktive Beeinflussung* rührt von elektrischen und magnetischen Feldern in Unterwerken und entlang der Fahrleitungen her. Durch Induktion entstehen Spannungen in Signal- und Telekommunikationskabeln, Kabelschirmen und technischen Einrichtungen und führen zum Stromfluss.
- *kapazitive Beeinflussung* führt in den gegen Erde isolierten Leitern nahe den AC-Fahrleitungen zu Spannungen, die Personen, die diese Leiter berühren, stören können.
- *Hochfrequenzemissionen* ergeben sich durch Lichtbögen zwischen der Fahrleitung und den Stromabnehmern und nicht stromfesten Verbindungen. Sie beeinflussen hauptsächlich das Frequenzband für Funkübertragungen bis 1 MHz (AM-Band).

8.2 Beeinflussung durch die elektrische Traktion

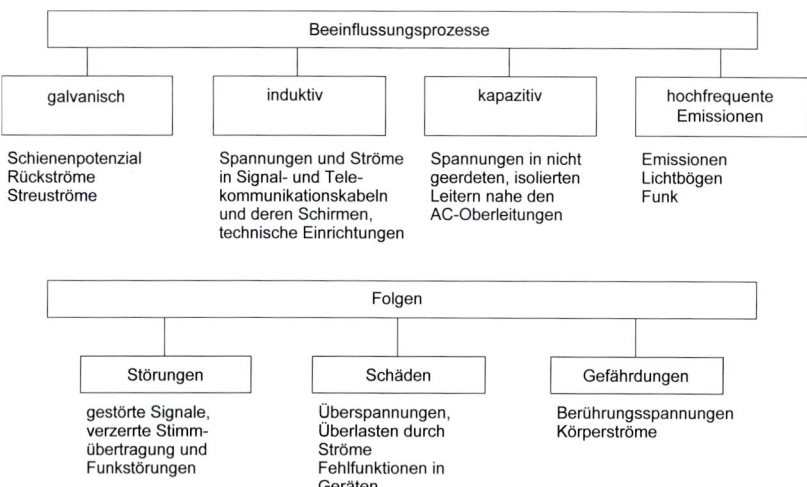

Bild 8.1: Beeinflussungsprozesse und ihre Folgen.

Bei den Konsequenzen können Störungen, Schäden und Gefahren unterschieden werden, wobei die Grenzen nicht streng festzulegen sind:
- Störungen betreffen eisenbahneigene Anlagen zur Zugsteuerung, verzerrte Signale in Telekommunikations- und Funkverbindungen hauptsächlich im AM-Band
- Schäden können durch Überspannungen und Ströme in Kommunikationsstromkreisen, digitalen Einrichtungen und metallenen Ausrüstungen hervorgerufen werden
- Gefahren für Menschen und Tiere können durch Berührungsspannungen und außerordentlich hohe induzierte Ströme verursacht werden

Auslegung und Betrieb von elektrifizierten Bahnen müssen sicherstellen, dass Beeinflussungen, die in Normen, zum Beispiel der Reihen DIN EN 50 122 und DIN EN 50 121, Teile 1 bis 3, festgelegten Grenzen nicht überschreiten.

Die Beeinflussungen hängen wesentlich von der Gestaltung der Bahnstromversorgung und der Fahrleitungen einschließlich der Rückleitung ab. Stromversorgung und Fahrleitungen müssen so gestaltet werden, dass die Beeinflussungen innerhalb zulässiger Grenzen bleiben.

8.2 Beeinflussung durch die elektrische Traktion

Die unsymmetrische Struktur der Stromzuführung und der Fahrleitungsnetze in Bezug auf die Erde verursacht Beeinflussungen durch Induktion und Influenz. Diese Unsymmetrie wird durch den Fluss der Rückströme durch die Fahrschienen, die Erde und andere parallele Leiter bewirkt. AC-Drehstrom-Anlagen für die öffentliche Energieübertragung und -verteilung haben im Gegensatz zu Traktionsenergienetzen für beide Richtungen Leiter, entweder als Drei-Leiter-Freileitungen, die in Luft an Tragwerken aufgehängt sind, oder als Mehrleiterkabel. Solange keine Fehler auftreten, ist die Stromverteilung symmetrisch. Auch Oberleitungen für O-Busse werden in Bezug zur Erde symmetrisch betrieben.

Bei der Stromrückleitung durch Gleise fließt der Traktionsstrom vom Unterwerk über die Oberleitungen zu den Zügen und von dort über die Schienen zurück. Am Standort des Zuges fließt ein Teil des Stromes von den Schienen in die Erde. Dieser Anteil hängt von den Kopplungsmechanismen zwischen Schienen und Erde ab, wie das im Einzelnen in den Abschnitten 6.5 und 6.6 erklärt wird. Die Ströme fließen über die Fahrschienen, Rückleiter und Erde zurück zum speisenden Unterwerk. Bei AC-Bahnenergieversorgungen trägt die Unterwerkserdung dazu bei, die Rückströme von der Erde aufzunehmen. Das gilt auch im Falle von Kurzschlüssen.

Der *Beeinflussungsbereich* von Einphasen-AC-16,7-Hz- und 50-Hz-Bahnen auf Telekommunikationsnetzwerke, der bei der Auslegung berücksichtigt werden muss, wird in DIN VDE 0228-3 mit 2 000 m quer zur Trasse im städtischen Bereich und mit 500 m außerhalb der Städte angegeben. Abhängig von den Maßnahmen gegen Streuströme kann sich der Beeinflussungsbereich von DC-Bahnenergieversorgungen über mehrere Kilometer quer zur Trasse erstrecken.

8.3 Kopplungsmechanismen

8.3.1 Allgemeines

Die von den Spannungen und Strömen in Oberleitungen verursachten Beeinflussungen können durch mehrere *Kopplungsmechanismen* hervorgerufen werden. Wenn die Wellenlänge der elektromagnetischen Beeinflussung beträchtlich länger als die Länge der Anlage ist, was im Allgemeinen für Bahnanlagen zutrifft, dann beschreiben die im Bild 8.2 gezeigten Zusammenhänge im quasi-stationären Zustand die Kopplungsmechanismen. Im Prinzip gelten diese Kopplungsmechanismen sowohl für die Fahrleitungen von DC- als auch von AC-Bahnanlagen. Wenn die Wellenlänge des Stromes kürzer als die Länge der Anlage oder der Stoß extrem steil ist, zum Beispiel infolge eines Blitzes, kann die Beeinflussung mit einem *Wellenmodell* beschrieben werden, wie es im Detail in [8.1] erklärt ist.

In Bahntraktionsnetzen hängen die Beeinflussungen ab von:
- der Spannung des Bahnenergieversorgungsnetzes beschrieben als Nennspannung und deren Toleranzen und dem zugehörigen elektrischen Feld
- dem *Betriebsstrom* und dem zugehörigen magnetischen Feld
- der Höhe und der Dauer eines Kurzschlussstromes
- *Oberschwingungen* der Betriebsströme
- *höherfrequenten elektromagnetischen Feldern* wegen Lichtbögen zwischen Schleifstücken und Fahrdraht oder Schienen und Schaltüberspannungen im Energieversorgungsnetz oder in den Triebfahrzeugen

Der *Schaltzustand* einer Oberleitung bestimmt die Strom- und Spannungswerte. Die geometrische Lage der Beeinflussungsquelle, das heißt, die Lage der einzelnen Leiter der Oberleitung in Bezug zur beeinflussten Leitung oder Anlage ist auch relevant.

8.3 Kopplungsmechanismen

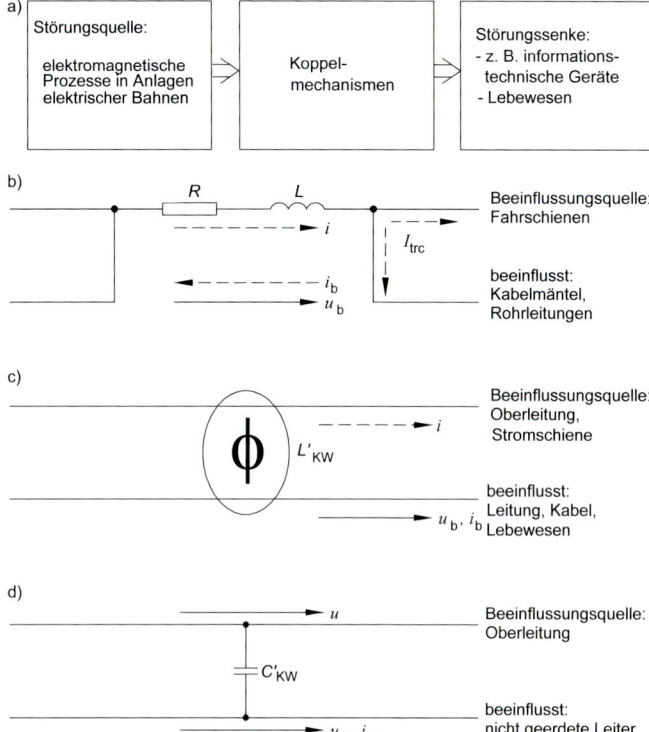

Bild 8.2: Koppelmechanismen der Beeinflussung durch elektrische Bahnen.
a) Kette der Beeinflussungen
b) galvanische Kopplung
c) induktive Kopplung
d) kapazitive Kopplung

Der Betriebsstrom, der durch einen Speiseabschnitt fließt, ist die fundamentale Größe, die andere Anlagen beeinflusst. Für den allgemeinen Bahnverkehr ist es möglich, den Verlauf der Betriebsströme entlang eines Streckenabschnittes aus dem spezifischen Energiebedarf der Strecke abzuschätzen, wenn der zeitliche Verlauf des Betriebsstroms für die betrachtete Strecke nicht genau bekannt ist. Die Betriebsströme von Bahnstrecken für den allgemeinen Verkehr und für Hochgeschwindigkeitsstrecken werden im Einzelnen in den Abschnitten 5.3.3 und 5.3.5 erläutert.

Erdschlüsse verursachen in Bahnenergienetzen Kurzschlussströme. Die Tabelle 5.18 lässt sich verwenden, um die Kurzschlussströme einer Einphasenbahnanlage zu berechnen. Weitere Erläuterungen über die Kurzschlüsse in Bahnenergieversorgungsnetzen finden sich im Abschnitt 5.3.7.

8.3.2 Galvanische Beeinflussung

Anlagen und Leitungen im Bahnbereich sind durch *galvanische Kopplung* über die Erde und/oder durch metallischen Kontakt mit den Teilen der Rückstrombahn verbunden, wie das aus Bild 8.2 b) ersichtlich ist. Beeinflussender und beeinflusster Stromkreis haben mithin Teile von Strombahnen gemeinsam.

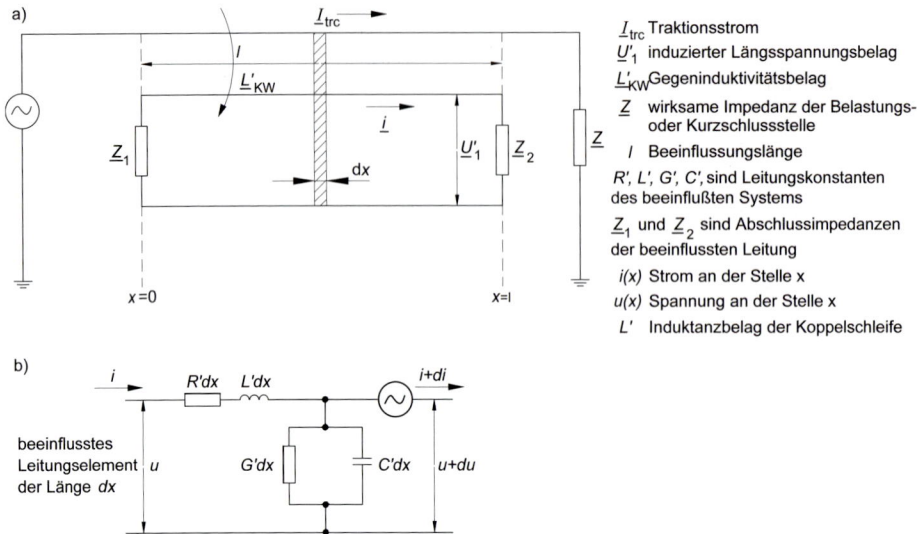

Bild 8.3: Wirkungsmechanismus der induktiven Beeinflussung.
a) Kopplungsmechanismus, b) äquivalenter Schaltplan

In metallenen Kabelmänteln und Rohrleitungen, die im Erdreich parallel zur elektrifizierten Bahnstrecke verlegt sind, wird abhängig vom Übergangswiderstand stets neben dem induzierten Strom ein Strom fließen, der durch die galvanische Kopplung mit der Rückleitungsanlage bedingt ist.

Für Informationsanlagen ist dabei eine mögliche Potenzialanhebung im Unterwerksbereich besonders relevant. Bei DC-Bahnen verursacht die galvanische Kopplung Berührungsspannungen und *Streuströme*, die im Detail in den Abschnitten 6.5.2 und 6.5.3 beschrieben werden.

Die Ausführung der den Rückstrom führenden Gleise zielt auf das Vermeiden oder Minimieren der Streuströme durch angepasste Isolation der Fahrschienen und der Rückleiterkabel ab.

8.3.3 Induktive Beeinflussung

8.3.3.1 Induktive Beeinflussung bei Betriebsfrequenz

Die *induktive Beeinflussung* wird durch eine Schleife verursacht, die von der Fahrleitung und der Rückleitung gebildet wird. Das magnetische Feld, das durch den in dieser Schleife fließenden Strom entsteht, wirkt auf metallene Anlagen und Kabel in der Nähe der Bahnstrecke und auf Lebewesen. Das wechselnde Magnetfeld, das vom Betriebsstrom der AC-Bahn und von Oberströmen sowohl von AC- als auch von DC-Anlagen erzeugt wird, kann Spannungen in den betroffenen Anlagen, Kabeln und Lebewesen induzieren, die möglicherweise Gefährdungen oder Schäden verursachen.

8.3 Kopplungsmechanismen

Die induktive Beeinflussung von Leitern in der Nähe von Bahnstrecken kann durch die *induktive Kopplung* zwischen zwei parallelen Leiter-Erde-Stromkreisen beschrieben werden. Wie im Bild 8.3 gezeigt, wird angenommen, dass der beeinflusste Leiter in einem Streckenabschnitt liegt, in dem keine Ströme von der Schiene in die Erde fließen. In Bild 8.3 a) ist vorausgesetzt, dass ein in der Fahrleitung fließender Traktionsstrom $\underline{I}_{\text{trc}}$ einen Längsspannungsbelag $\underline{U}'_1$ in der beeinflussten Anlage induziert. Unter der Annahme, dass die Länge l der beeinflussten Anlage kleiner ist als die beeinflussende Fahrleitung, wird der *induzierte Längsspannungsbelag* durch die Gleichung

$$\underline{U}'_1 = 2\,\pi f L'_{\text{KW}} \cdot \underline{I}_{\text{trc}} \cdot r \tag{8.1}$$

beschrieben.

In dieser Gleichung ist L'_{KW} der Gegeninduktivitätsbelag der Leiter-Erde-Schleifen der elektrischen Traktionsanlage und der beeinflussten Anlage. Des Weiteren ist $r < 1$ ein *Reduktionsfaktor*, der die Auswirkung des in Schienen, Kabelschirmen, Erdleitern usw. fließenden Stromes berücksichtigt, der die induzierten Spannungen vermindert. Der induzierte Längsspannungsbelag ist proportional zur Frequenz f der Bahnstromversorgung.

Um die örtlichen Größen der induzierten Spannungen und Ströme zu bestimmen, kann der in Bild 8.3 b) gezeigte Stromkreis zur Formulierung der Differenzialgleichungen verwendet werden, die in der Literatur [8.2] auch als *Telegraphengleichungen* bezeichnet werden. Ihre allgemeinen Lösungen sind:

$$\begin{aligned} u(x) &= -\underline{Z}_0 \left[A_1 \exp(\underline{\gamma}\, x) + B_1 \exp(-\underline{\gamma}\, x) \right] \\ i(x) &= \underline{U}'_1/\underline{Z}' + A_1 \exp(\underline{\gamma}\, x) + B_1 \exp(-\underline{\gamma}\, x) \end{aligned} \tag{8.2}$$

Der Wellenwiderstand $\underline{Z}_0$ und die Ausbreitungskonstante $\underline{\gamma}$ können mit den Gleichungen (6.19) und (6.18) berechnet werden. Die Parameter A_1 und B_1 sind von den Reflexionsbedingungen der beeinflussten Leitung und somit von deren Schaltung abhängig. Die *Abschlussart* beschreibt, wie die Anlage endet, z. B. wie die Kabelschirme angeschlossen sind. Bild 8.4 zeigt typische Schaltungen für *Kabelschirme*, wie sie häufig in der Nähe elektrifizierter Bahnen verwendet werden.

Für Leiter mit konstantem Längsspannungsbelag $\underline{U}'_1$, z. B. metallene Rohre oder Schienen, die sich über den beeinflussten Bereich hinaus erstrecken, gelten für die Spannung und Ströme am Ende des beeinflussten Leiters:

$$\begin{aligned} \underline{U} &= -\underline{U}'_1 \left[1 - \exp(-\underline{\gamma}\, l) \right] / (2\underline{\gamma}) \\ \underline{I} &= (\underline{U}'_1/\underline{Z}') \left[1 - \exp(-0{,}5\,\underline{\gamma}\, l) \right] \end{aligned} \tag{8.3}$$

Wenn die beiden Enden des isolierten Leiters des beeinflussten Kabels frei sind (Bild 8.4 a)), dann lautet die Lösung der Gleichung (8.3) für die Längsspannung

$$\underline{U} = \underline{U}'_1/2 \cdot l = \pi f L'_{\text{KW}} \underline{I}_{\text{trc}} \cdot r \cdot w \cdot l \quad . \tag{8.4}$$

Wenn der beeinflusste Leiter an einem Ende mit Erde verbunden ist, lautet die Lösung der Gleichung (8.3) für die *Längsspannung*

$$\underline{U} = \underline{U}'_1 \cdot l \quad . \tag{8.5}$$

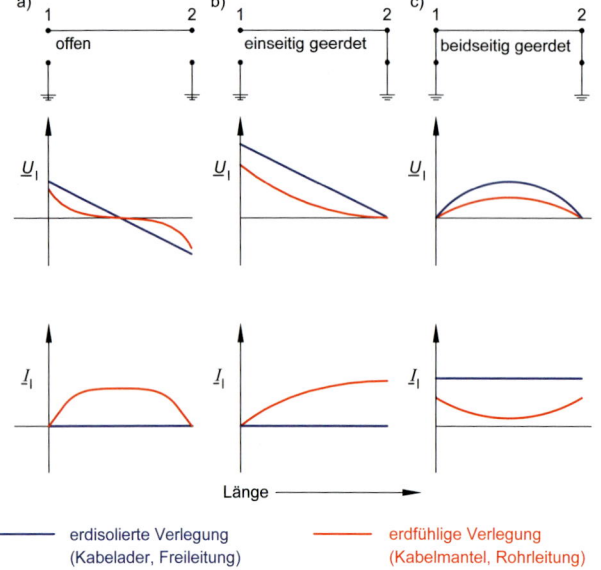

Bild 8.4: Einfluss des Schaltzustandes auf die induzierten Längsspannungen und die dadurch angetriebenen Ströme auf beeinflussten Leitungen.
a) beidseitig offen
b) einseitig geerdet
c) beidseitig geerdet

Dieser für die Auslegung von Bahnanlagen besonders wichtige Fall der beeinflussten Leiter ist im Bild 8.4 b) gezeigt. Die Längsspannung ist proportional zur Länge l, die auch als *wirksame Länge* des betroffenen Abschnittes bezeichnet wird.

Der absolute Wert der längenbezogene Größe kann für die Berechnung in der Praxis verwendet werden. Die Spannung in einem beeinflussten, einseitig geerdeten Kabel oder einer solchen Anlage beträgt

$$\underline{U} = 2\pi f \cdot L'_{\mathrm{KW}} \cdot \underline{I}_{\mathrm{trc}} \cdot r \cdot w \cdot l \quad . \tag{8.6}$$

Der *Wahrscheinlichkeitsfaktor w* in den Gleichungen (8.4) und (8.6) trägt den ungünstigen Annahmen der Berechnungen und dem gleichzeitigen Auftreten ungünstiger Umstände und Ereignisse Rechnung, deren Gleichzeitigkeit wenig wahrscheinlich ist. Auf der Grundlage der Untersuchungen in [8.3] und [8.4] können Werte zwischen 0,55 bis 0,70 für den Wahrscheinlichkeitsfaktor w bei Kurzschlüssen verwendet werden. Für Betriebsströme ist w gleich eins.

Der *Reduktionsfaktor r* berücksichtigt die vermindernden Einflüsse der in den Schienen, in Rück- und Schutzleitern und der Umgebung fließenden Ströme. Der Reduktionsfaktor wird gebildet durch

$$r = r_{\mathrm{G}} \cdot r_{\mathrm{E}} \cdot r_{\mathrm{K}} \cdot r_{\mathrm{L}} \tag{8.7}$$

mit den Einflussfaktoren

r_{G} für den durch die Schienen fließender Strom,
r_{E} für den durch Rückleiter fließenden Strom,
r_{K} für die Kabelschirme der beeinflussten Kabel und
r_{L} infolge anderer geerdeter Leiter und Bauteile im beeinflussten Bereich.

8.3 Kopplungsmechanismen

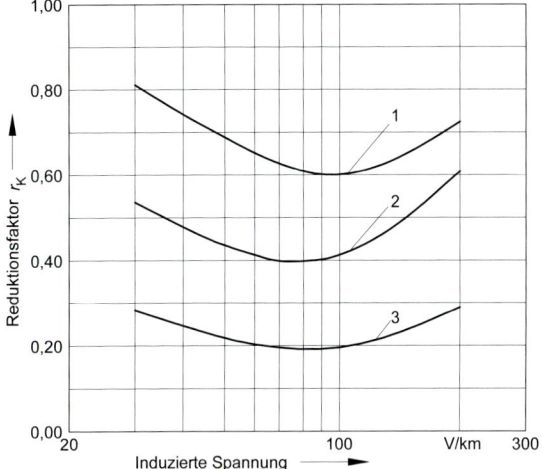

Bild 8.5: Reduktionsfaktoren für drei Kabelklassen nach Spezifikationen der DB.
1 Kennzahl 601-602
2 Kennzahl 501-504
3 Kennzahl 401-403

Falls keine Messungen der Reduktionsfaktoren verfügbar sind, werden die folgenden Werte empfohlen

r_G = 0,2 in der Nähe von Unterwerken zweigleisiger Strecken,
 = 0,45 weiter als 2 km vom Unterwerk entfernt bei zweigleisigen Strecken,
 = 0,55 weiter als 2 km vom Unterwerk entfernt bei eingleisigen Strecken,

r_E = 0,55 bis 0,7, wenn Rückleiter vorhanden sind, abhängig von der Lage in Bezug auf das Kettenwerk,

r_K = 0,15 bis 0,80 für Telekommunikationskabel, abhängig vom Aufbau der Kabel gemäß den Angaben der Hersteller,

r_L = 0,7 bis 0,8 in dicht bebauten Gebieten, (entsprechend [8.5]),
 = 0,9 bis 1,0 in ländlichen Gegenden (entsprechend [8.5]).

Die Reduktionsfaktoren für Kabel hängen vom Aufbau der Kabel und von der induzierten Spannung ab. Bild 8.5 zeigt diese Abhängigkeit der Reduktionsfaktoren für drei Kabelklassen, wie sie im Lastenheft LH 416.0116 der DB unterschieden werden.

Die *längenbezogene Koppelinduktanz* L'_{KW} kann aus (5.20) erhalten werden. Das Einsetzen von

$\mu_0 = 4\pi \cdot 10^{-4}\,\text{Vs}/(\text{A} \cdot \text{km})$,
$\mu_r = 1{,}0$ und
$\delta_E = 0{,}738/\sqrt{f \cdot \mu_0/\rho_E}$

führt zur numerischen Beziehung

$$L'_{KW} = 0{,}2 \cdot \ln\left[660 \Big/ \left(a\sqrt{f/\rho_E}\right)\right]. \qquad \begin{array}{c|c|c|c} L'_{KW} & a & f & \rho_E \\ \hline \text{mH/km} & \text{m} & \text{Hz} & \Omega\cdot\text{m} \end{array} \qquad (8.8)$$

Das gleiche Resultat kann aus der in [8.6] angegebenen Beziehung

$$L'_{KW} = \left\{1 + 2\cdot\ln\left[400\Big/\left(a\sqrt{f/\rho_E}\right)\right] - \text{j}\,\pi/2\right\}\cdot 10^{-4}\frac{\text{H}}{\text{km}} \qquad (8.9)$$

abgeleitet werden, wenn nur der Realteil von (8.9) beachtet wird.

Tabelle 8.1: Ergebnisse des Beispiels 8.1.

Fall	Reduktions-faktor	Betrieb			Kurzschluss		
		w	Strom A	Spannung V	w	Strom kA	Spannung V
1	0,405	1,0	1 000	300	0,7	25	5 280
2	0,243	1,0	1 000	180	0,7	25	3 170
3	0,203	1,0	1 000	150	0,7	25	2 650
4	0,122	1,0	1 000	90	0,7	25	1 590

Beispiel 8.1: Wie groß ist die von einer 16,7-Hz-Bahn induzierte Spannung ohne oder mit Rückleitern in einem geschirmten oder ungeschirmten, einseitig geerdeten 10 km langen Kabel bei 1 000 A Betriebstrom und 25 kA Kurzschlussstrom? Der Abstand zwischen Fahrleitung und Kabel beträgt 20 m, der spezifische Bodenwiderstand 20 Ωm.
Die Koppelinduktivität wird aus (8.8) erhalten

$$L'_{\text{KW}} = 0{,}2 \cdot \ln\left[660 \Big/ \left(20{,}0\sqrt{16{,}7/20}\right)\right] = 0{,}71\,\text{mH/km}.$$

Die Reduktionsfaktoren sind
$r_\text{G} = 0{,}45$ (zweigleisige Strecke, mehr als 2 km vom Unterwerk entfernt),
$r_\text{E} = 1{,}0$ ohne Rückleiter,
$r_\text{E} = 0{,}60$ mit Rückleitern,
$r_\text{K} = 1{,}0$ Kabel ohne Schirm,
$r_\text{K} = 0{,}5$ Kabel mit Schirm,
$r_\text{L} = 0{,}9$ andere geerdete Leiter im Bereich des beeinflussten Kabels.

Damit ist
$r = 0{,}45 \cdot 1{,}0 \cdot 1{,}0 \cdot 0{,}9 \quad = 0{,}45 \quad$ für Kabel ohne Schirm, ohne Rückleiter (Fall 1),
$r = 0{,}45 \cdot 1{,}0 \cdot 0{,}6 \cdot 0{,}9 \quad = 0{,}243 \;$ für Kabel ohne Schirm, mit Rückleitern (Fall 2),
$r = 0{,}45 \cdot 0{,}5 \cdot 1{,}0 \cdot 0{,}9 \quad = 0{,}203 \;$ für Kabel mit Schirm, ohne Rückleiter (Fall 3),
$r = 0{,}45 \cdot 0{,}5 \cdot 0{,}6 \cdot 0{,}9 \quad = 0{,}122 \;$ für Kabel mit Schirm, mit Rückleitern (Fall 4).

In der Tabelle 8.1 sind die aus (8.6) erhaltenen induzierten Spannungen angegeben.

Beispiel 8.2: Es ist zu prüfen, ob ein ungeschütztes Kabel ohne Reduktionsfaktor ($r_\text{K} = 1{,}0$) für eine 2,9 km lange, beidseitig offene Verbindung zwischen einem Signalstandort und dem Steuerschrank eines Tonfrequenzgleisfreimeldestromkreises geeignet ist, wenn der Traktionsstrom mit 800 A und der Kurzschlussstrom mit 15 kA zu erwarten sind. Die Strecke ist zweigleisig, mit Rückleitern ausgestattet und wird mit AC 50 Hz betrieben. Es wird angenommen, dass $r_\text{G} = 0{,}45$, $r_\text{E} = 0{,}6$, $r_\text{K} = 1{,}0$, $r_\text{L} = 0{,}8$, $w = 0{,}7$, $a = 10$ m und $\varrho_\text{E} = 100\,\Omega \cdot m$ betragen.
Aus Bild 8.6 kann der Koppelinduktivität zwischen der Fahrleitung und dem beeinflussten Kabel mit 0,90 mH/km entnommen werden. Die Beziehung (8.8) ergibt 0,91 mH/km. Aus der Gleichung (8.4) wird die Spannung an den Kabelenden für den Betriebsstrom erhalten mit

$$U = \pi \cdot 50 \cdot 0{,}9 \cdot 10^{-3} \cdot 800 \cdot (0{,}45 \cdot 0{,}60 \cdot 0{,}80) \cdot 2{,}9 = 70{,}8\,\text{V}\quad.$$

8.3 Kopplungsmechanismen

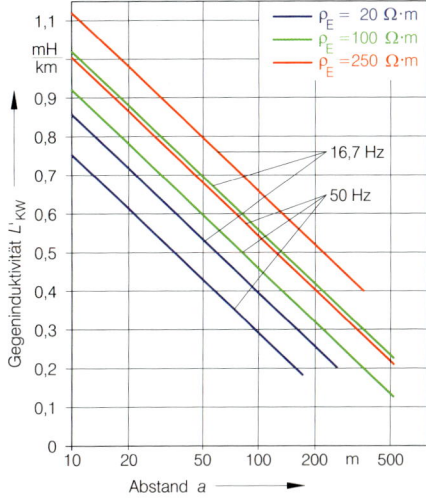

Bild 8.6: Anhaltswerte für Beläge der längenbezogenen Induktivität abhängig vom Abstand zwischen dem beeinflussten Leiter und der Fahrleitung.

Der Wert ist etwas höher als die dauernd zulässige Spannung 65 V nach DIN EN 50 122-1. Daher ist es nicht möglich, ein ungeschütztes Kabel zu verwenden. Im Falle des 15 kA Kurzschlussstromes würde die Beeinflussungsspannung betragen

$$U = \pi \cdot 50 \cdot 0{,}9 \cdot 10^{-3} \cdot 15 \cdot 10^3 (0{,}45 \cdot 0{,}60 \cdot 0{,}80) \cdot 0{,}7 \cdot 2{,}9 = 930\,\text{V} \quad .$$

Die CCITT Norm [8.7] gibt die zulässige Spannung mit 430 V bis zu 0,5 s Dauer vor, während DIN EN 50 122-1 für Kurzschlüsse mit bis zu 120 ms Dauer 500 V erlaubt. Daher kann ein ungeschütztes Kabel für diese Anwendung nicht verwendet werden.

8.3.3.2 Induktive Beeinflussung infolge von Oberschwingungen

Oberschwingungen von Strömen und Spannungen können in AC- und DC-Anlagen auftreten und Beeinflussungen erzeugen. Sie werden hauptsächlich durch Frequenzumfor-

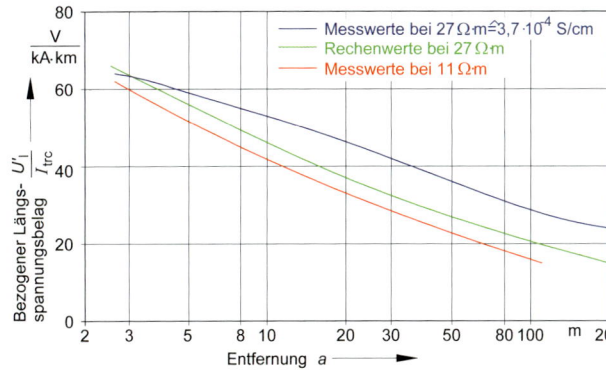

Bild 8.7: Auf den Traktionsstrom bezogene induzierte Längsspannungsbeläge in einem parallel zum Gleis geführten Kabel bei 16,7 Hz Frequenz.

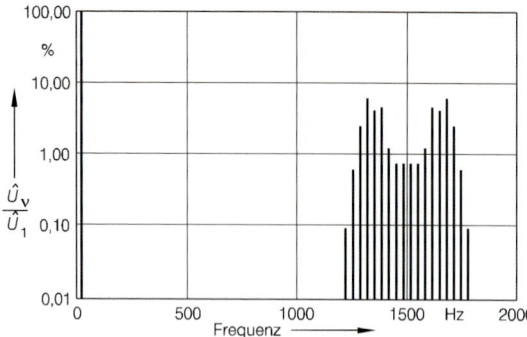

Bild 8.8: Frequenzspektrum der Eingangsspannung eines Vierquadrantenstellers bezogen auf die Spannung $\hat{U}_1$.

mer auf Fahrzeugen und in Unterwerken und von Transformatoren verursacht. Beeinflussungen infolge von Oberschwingungen hängen von den Schaltungen der elektrischen Triebfahrzeuge ab. Oberleitungen selbst erzeugen keine Oberwellen, aber übertragen sie. Oberwellen in der Oberleitungsanlage können auch zu Resonanzerscheinungen führen.
In Transformatoren führen Sättigungseffekte im magnetischen Werkstoff zu einem magnetischen Fluss, der von der genauen Sinuswelle abweicht. Die Oberwellenfrequenzen sind ganzzahlige Vielfache der Grundfrequenz. Ihre Amplituden nehmen nahezu exponentiell mit zunehmender Frequenz ab und charakterisieren Transformatoren als Tiefpasskomponenten.
In Stromkreisen der Leistungselektronik sind nicht sinusförmige Ströme und Spannungen ein Ergebnis der Schaltvorgänge der leistungselektronischen Komponenten. Diese Schalthandlungen erzeugen Oberwellen höherer Spannungen mit verschiedenen Frequenzen. Das Spannungsspektrum bezogen auf die Grundschwingung nach Bild 8.8 stellt ein Beispiel für eine Vierquadranten-Antriebssteuerung dar.
Die *Spannungsoberwellen* erzeugen Stromoberwellen, die auf die Kompatibilität mit den Signalstromkreisen, z. B. den Gleisfreimeldekreisen, Rückwirkungen haben können. Daher muss die Leitung von Stromoberschwingungen in den Oberleitungen und die Resonanzerscheinungen durch Netzberechnungsmodelle für mittlere Frequenzen bis zu 20 kHz untersucht werden.
Die Modelle müssen auf ausgedehnte, nicht homogene Oberleitungsnetzwerke mit Bahnhöfen, Unterwerken, Tunneln usw. anwendbar sein. Eine Oberleitung kann aus mehreren unterschiedlich angeordneten Leitern bestehen. Das Modell muss das Berechnen der Schienenströme und ihrer Ausbreitung entlang der Strecke gestatten.
Eine übliche Netzwerkberechnungsmethode baut auf den bekannten Übertragungsgleichungen auf. Die Oberleitung wird durch eine zweipolige Übertragungsleitung ersetzt. Bei dieser Berechnungsmethode müssen alle speisenden Leiter, das sind der Fahrdraht und das Tragseil, und alle Rückleiter, das sind Rückleiter, Schienen und Erde, durch einen äquivalenten Leiter modelliert werden [8.8]. Jedoch wäre der Ersatz der Leiter durch einen äquivalenten Leiterquerschnitt nur theoretisch korrekt, wenn die Verteilung der Ströme auf die einzelnen Leiter ausgeglichen und konstant längs der gesamten Strecke wäre. Jedoch ist an Einspeise- und an Abnahmepunkten, in Unterwerken, in Tunneln oder anderen Diskontinuitäten die Stromaufteilung auf die Schiene und die

8.3 Kopplungsmechanismen

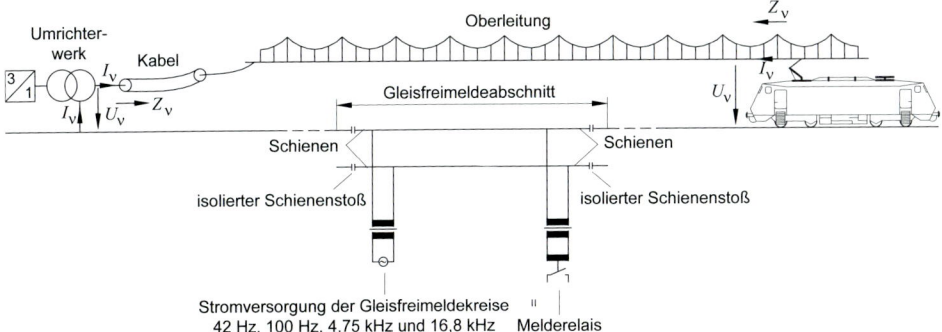

Bild 8.9: Bahnstromanlage mit einem Gleisfreimeldekreis.

Erde nicht ausgeglichen und ändert sich [8.9]. Daher führt der Ersatz der Leiter durch nur einen äquivalenten Leiter zu methodischen Fehlern.

Der Ersatz der Strecke durch einen Stromkreis mit n Leitern [8.10] bildet eine alternative Möglichkeit. Die Eingangs- und Ausgangsspannungen $\underline{U}_{in}$ und $\underline{U}_{out}$ und die entsprechenden Ströme $\underline{I}_{in}$ und $\underline{I}_{out}$ des n-Leiternetzes werden durch die Lösung der Matrizengleichung (8.10) ermittelt,

$$\underline{U} \cdot \underline{I}_{out} = \underline{M} \cdot \underline{U} \cdot \underline{I}_{in}, \tag{8.10}$$

wobei $\underline{M}$ die Übertragungsmatrix für die Schaltung mit n-Leitern darstellt. Untersuchungen haben gezeigt, dass eine numerische Netzwerksberechnung mit dieser Methode nur für niedrige Frequenzen und kurze Leitungen möglich ist. Wegen der numerischen Berechnungsfehler werden die Ergebnisse für Leitungen länger als ungefähr 5 km und Frequenzen über rund 17 kHz falsch. Die begrenzte Genauigkeit der Wiedergabe von numerischen Daten in den Rechnern führt zu diesen Fehlern.

Das in [8.11] beschriebene *Netzwerkmodell* vermindert die numerischen Fehler der n-Leitermethode mit Hilfe eines besonderen Algorithmus. Dieses verbesserte Modell ermöglicht die Berechnung langer Strecken und höherer Frequenzen.

Der Einfluss der Leitungsgeometrie, der Leitungsparameter, der Schienenarten und der Erdleitfähigkeit wird am Modell eines einfachen, 36,4 km langen Netzwerkes einer zweigleisigen Strecke nach [8.12] dargestellt. Am Beginn der Strecke erzeugt ein Umrichter, entweder ein statischer Frequenzumrichter eines speisenden Umrichterwerks oder ein auf einer Lokomotive installierter Umrichter, Spannungsoberwellen (siehe Bild 8.8). Die Leitung ist an ihrem Ende kurzgeschlossen. Die Verbindungen der Schienen mit der Erde werden durch die Erdwiderstände der Masten entlang der Strecke hergestellt.

Die untersuchten Parameter und die Berechnungsergebnisse sind in Tabelle 8.2 dargestellt. Zunächst werden die Impedanzen $\underline{Z}_\nu$ und die Dämpfungsglieder D_ν für die Frequenzen 4,75 kHz, 10,5 kHz und 16,8 kHz mit dem Netzwerkmodell unter der Annahme von Ersatzwerten für die Parameter berechnet. Dann wird einer der untersuchten Parameter variiert und die Impedanz $\underline{Z}_\nu$ und die Dämpfung D_ν für die drei Frequenzen 4,75 kHz, 10,5 kHz und 16,8 kHz für den ersten und zweiten Wert nach Tabelle 8.2

Tabelle 8.2: Einfluss der Leitungsparameter auf Impedanz und Dämpfung von Oberströmen.

Parameter		Ausgangswert	Erster Wert	Zweiter Wert	4,75 kHz		10,5 kHz		16,8 kHz	
					ΔZ_v %	ΔD_v %	ΔZ_v %	ΔD_v %	ΔZ_v %	ΔD_v %
Längsspannweite	m	65,1	80,0	42,5	0,8	0,35	3,3	2,1	1,4	1,4
Erdübergangswiderstand eines Mastes	Ω	19,5	9,75	29,3	0,33	0,13	0,49	0,38	0,36	0,1
spezifischer Widerstand der Erde	Ωm	30	20	100	8,4	11,8	14,1	0,49	28,5	31,5
Erdwiderstand des Umrichters	Ω	1,0	0,5	19,3	0,43	<0,1	0,59	<0,1	0,51	<0,1
Magnetische Leitfähigkeit der UIC 60-Schiene		55	40	80	0,23	0,13	0,28	0,38	0,31	0,04
Schienentyp		UIC 60	S 54	S 49	1,78	0,47	2,79	3,0	4,7	1,9
Abstand zwischen den Gleisachsen	m	4,0	3,5	4,5	1,71	0,99	2,39	0,77	1,04	1,85
Fahrdrahthöhe	m	5,5	5,0	5,9	1,98	3,07	4,02	2,14	0,51	4,77
Fahrdraht		AC-100 –Cu	AC-80 –Cu	AC-120 –Cu	0,39	0,12	0,91	0,17	0,15	0,54
Tragseil		Bz50	Bz25	Bz70	1,07	0,26	1,65	0,47	1,81	0,92

mit dem Netzwerkmodell berechnet. Die Ergebnisse der drei Berechnungen (Ausgangswert, erster Wert, zweiter Wert) wurden dann verglichen, um den Einfluss der einzelnen Parameter auf die Impedanzen und Dämpfungen zu ermitteln. Die in der Tabelle 8.2 enthaltenen Werte ΔZ_ν und ΔD_ν stellen jeweils den größten Unterschied zwischen dem Ergebnis für den Ausgangswert und dem ersten und zweiten Wert an der dem Umrichter am nächsten gelegenen Resonanzstelle dar.

Wie man sieht, haben die Leitungsgeometrie, der Erdausbreitungswiderstand der Masten und die Leiterarten mit höchstens 5 % nur einen vernachlässigbaren Einfluss auf die Ergebnisse. Die Erdleitfähigkeit ist der wichtigste Parameter für die Impedanzen und die Dämpfung, da ein Teil des Rückstromes durch die Erde fließt. Die Impedanz der Leiter-Erdeschleifen hängt erheblich von der Tiefe des Erdstromes ab und der Erdstrom hängt wiederum von der Erdleitfähigkeit ab, siehe Gleichung (5.16).

In [8.12] wurden berechnete und gemessene Werte verglichen. Die aus den Messungen erhaltenen Werte stimmen gut mit den berechneten überein. Größere Differenzen in den Ergebnissen eines Falles werden durch die ungenügenden Kenntnisse der Parameter, der Anordnung der Einspeisung, des Erdungswiderstandes der Unterwerke, Anordnung der Speise- und Erdkabel sowie der Schienen und anderer Gleise, die zur Stromverteilung beitragen, erklärt. Nach der Anpassung des Berechnungsmodells an die charakteristischen Werte der realen Strecke stimmten die Werte zufriedenstellend überein.

Die Berechnungen zeigen, dass der Einfluss der Oberleitungsparameter auf die Impedanzen und auf die Ausbreitung der Stromoberwellen relativ gering ist. Daher brauchen Beeinflussungen durch Oberschwingungen nicht bei der Konstruktion und Ausführung der Oberleitungsanlage berücksichtigt zu werden.

8.3 Kopplungsmechanismen

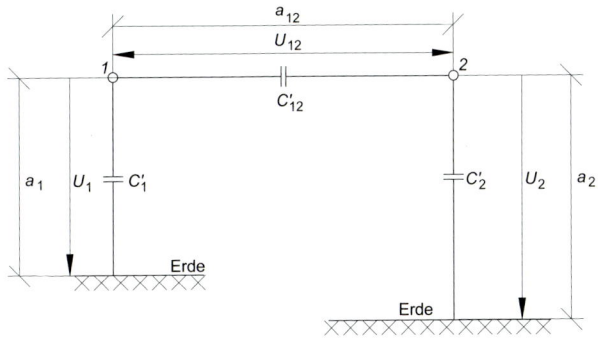

Bild 8.10: Kapazitive Beeinflussung eines Leiters *2* infolge einer Fahrleitung *1*.
1 Oberleitung
2 paralleler, beeinflusster Leiter

8.3.4 Kapazitive Beeinflussung

Das von den unter Spannung stehende Teilen der Fahrleitungsanlage von AC-Bahnen hervorgerufene elektrische Feld kann elektrische Leiter und Anlagenkomponenten im Beeinflussungsbereich der Fahrleitungsanlage durch *Influenzeffekte* aufladen. Jedoch führt eine solche Aufladung nur dann zu messbaren Spannungen, wenn die entsprechenden Leiter gegenüber der Erde isoliert sind. Eingegrabene Kabel oder Anlagenteile werden durch *kapazitive Beeinflussung* nicht betroffen.

Durch Anwenden der Spannungsteilerregel auf die in Bild 8.10 gezeigte Schaltung kann der Absolutwert der Spannung U_2 an einem Leiter, der parallel zur Oberleitungsanlage verläuft ausgedrückt, werden als:

$$\underline{U}_2 = \underline{U}_1 \, C'_{12} / (C'_2 + C'_{12}) \quad . \tag{8.11}$$

C'_2 wird mit der Gleichung (5.29) berechnet. In [8.13] ist erläutert, dass die längenbezogenen Kapazität C'_{12} mit der folgenden empirischen Formel näherungsweise berechnet werden kann:

$$C'_{12} = \frac{54 \, a_2}{144 + a_{12}^2 + a_2^2} \qquad \begin{array}{c|cc} C'_{12} & a_2, a_{12} \\ \hline \mathrm{nF/km} & \mathrm{m} \end{array} \quad . \tag{8.12}$$

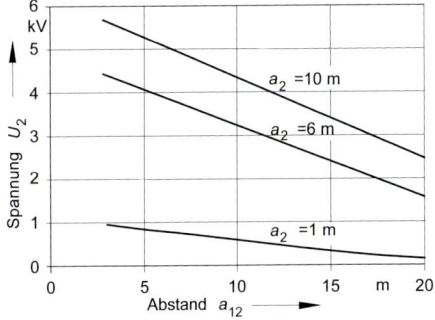

Bild 8.11: Influenzierte Spannung in einer Freileitung abhängig von der Entfernung der Parallelführung zu einer 25-kV-Fahrleitung, abhängig vom gegenseitigen Abstand a_{12} zwischen den parallelen Abschnitten für unterschiedliche Höhen a_2 des beeinflussten Leiters über dem Boden.

Die Bedeutung der Größen a_2 und a_{12} kann dem Bild 8.10 entnommen werden. Für zweigleisige Strecken beträgt die zu erwartende längenbezogene Kapazität ungefähr das 1,5fache des Wertes, der aus der Gleichung (8.12) erhalten wird.

Die *influenzierte Spannung*, die unabhängig von der Länge der parallel zu einer 25 kV Oberleitungsanlage verlaufenden Leiter ist, zeigt das Bild 8.11. Aus diesem Bild folgt der Schluss, dass nicht geerdete Leitungen und Metallgegenstände, die ungefähr 1 m über der Erdoberfläche und in der Nähe eines Gleises liegen, Spannungen bis ungefähr 1 kV annehmen können. Die mögliche Gefährdung infolge der kapazitiven Beeinflussung umfasst auch einen möglichen *elektrischen Schlag* für Personen, die unter hohen Spannungen stehende Gegenstände berühren. Der Entladestrom wird berechnet aus

$$I_C = 2\pi f C'_{12} U_1 l, \qquad (8.13)$$

wobei l die Länge der Parallelführung ist. Gefahren für Menschen sind nicht zu erwarten, wenn die nicht geerdeten Leiter nur 2 km parallel verlaufen und 10 m Abstand zur Oberleitung haben. Entsprechend IEC 60 479-1 entstehen keine gefährlichen physiologischen Wirkungen bei 10 mA bis 200 mA Strom, je nach der Dauer des Stromflusses. Dies gilt auch für Telekommunikationskabel in einem Kabeltrog entlang der Bahnstrecke. Da C'_{12} für diese Kabel niedrig ist, kann der Strom I_C keine gefährlichen Werte annehmen.

Beispiel 8.3: Wie groß ist die kapazitive Beeinflussung in einem nicht geerdeten Leiter in 10 m Abstand von einer 25-kV-Fahrleitung? Der Leiter ist 6 m über dem Boden angeordnet und hat 20 mm Durchmesser. Es sind zunächst die Kapazität C'_2 des beinflussten Leiters gegen Erde und die gegenseitige Kapazitäten der beiden Leiter zu berechnen. Die Kapazität C'_2 wird aus (5.29) erhalten

$$C'_2 = 2 \cdot \pi \cdot 8{,}85 \cdot 10^{-9} / \ln(2 \cdot 6/0{,}01) = 7{,}85\,\mu\text{F/km} \quad .$$

Die Kapazität C'_{12} folgt aus der Beziehung (8.12)

$$C'_{12} = \frac{54 \cdot 6}{144 + 10^2 + 6^2} = 1{,}16\,\mu\text{F/km} \quad .$$

Die influenzierte Spannung folgt aus (8.11)

$$\underline{U}_2 = 25 \cdot 1{,}16/(7{,}85 + 1{,}16) = 3{,}22\text{ kV} \quad .$$

Dieser Wert ist auch dem Bild 8.11 zu entnehmen. Der Entladestrom des 2,5 km langen Leiters ergibt sich aus (8.13) zu

$$I_C = 2 \cdot \pi \cdot 50 \cdot 1{,}16 \cdot 10^{-9} \cdot 25 \cdot 10^3 \cdot 2{,}5 = 23\,\text{mA} \quad ,$$

der nicht gefährlich ist.

8.4 Elektrische und magnetische Felder im Fahrleitungsbereich

8.4.1 Grundlagen

Für das Übertragen elektrischer Leistung zu den Triebfahrzeugen sind eine Betriebsspannung zwischen Fahrleitung und Bezugspotenzial, d. h. der Erde, und ein Stromfluss in der Fahrleitung notwendig. Dadurch werden um die Fahrleitung
- ein *elektrisches Feld E*, das vorhanden ist, solange die Fahrleitung nicht abgeschaltet ist, und
- ein *magnetisches Feld H*, das eine zeit- und ortsabhängige Größe ist,

aufgebaut. Im Zusammenhang mit der Berichterstattung über den so genannten *Elektrosmog* wird häufig auch die Frage aufgeworfen, welche unerwünschten Wirkungen das elektrische und das magnetische Feld im Bahnbereich auf Personen haben können.
Elektrische Felder sind Quellenfelder und entstehen bei der Trennung von Ladungen zwischen zwei Elektroden. Die Feldlinien beginnen an der positiven Elektrode und enden an der negativen Elektrode. Das elektrische Feld E wird in kV/m gemessen und definiert die Kraft, die auf einen elektrischen Ladungsträger ausgeübt wird. Es wird als konstanter Wert oder als ein quadratischer Mittelwert im Falle sich ändernder Felder gemessen. Natürliche elektrische Felder sind in der Atmosphäre vorhanden und verändern sich im weiten Bereich mit Zeit und Raum als ein Ergebnis der Änderung atmosphärischer Bedingungen. Sie erreichen Werte bis 20 kV/m in Gewittern.
Die von elektrischen Einrichtungen erzeugten elektrischen Felder hängen von der Spannung, der Anordnung der Leiter und dem Abstand zu unter Spannung stehenden Leitern ab. Die Felder unter einer einphasigen Oberleitung können bis 1,7 kV/m bei AC 15 kV und bis 2,7 kV/m für AC 25 kV erreichen. Elektrische Felder sind solange vorhanden, solange die Fahrleitungen unter Spannung stehen. Sie können einfach durch metallene Teile, die mit der Erde in Kontakt stehen, abgeschirmt werden.
Magnetische Felder werden als vektorielle Drehfelder definiert, die von magnetischen Polen ausgehen oder um elektrische Leiter anstehen, wenn Ströme durch diese fließen. Die *magnetische Feldstärke H* wird in A/m gemessen und ist nicht von Materialeigenschaften abhängig. Sie kann als konstanter Wert oder als ein Effektivwert (rms-Wert) bei Wechselströmen gemessen werden.
Die *magnetische Flussdichte B*, auch *magnetische Induktion* genannt, bestimmt die Wirkung der magnetischen Felder in Medien. Die Einheit der magnetischen Flussdichte ist 1 Tesla = 1 Vs/m². Die Relation zwischen Flussdichte B und Feldstärke H ist

$$B = \mu_0 \cdot \mu_r \cdot H \quad , \tag{8.14}$$

mit der Permeabilitätskonstanten $\mu_0 = 1{,}25664 \cdot 10^{-6}$ Vs/Am. Mit der relativen Permeabilität in Luft $\mu_r = 1$ gilt

$$1\,\text{A/m} = 1{,}26\,\mu\text{T} \quad \text{und} \quad 1\,\mu\text{T} = 0{,}80\,\text{A/m} \quad .$$

Da die Flussdichte B leichter zu messen ist, wird diese häufig als Referenzwert anstelle der magnetischen Feldstärke herangezogen.

Tabelle 8.3: Wirkungen elektrischer und magnetischer Felder im Bereich niederer Frequenzen auf den menschlichen Organismus nach [8.17].

Strom-dichte-schwell-wert mA/m²	Folgen bei Schwellwert-überschreitung	Strom-fluss im Körper mA	Schwellwerte ergeben sich bei			
			$f = 50\,\text{Hz}$		$f = 16{,}7\,\text{Hz}$	
			E kV/m	B µT	E kV/m	B µT
1	messbare Wirkungen	0,07	4 bis 5	100	12 bis 15	300
10	Stimulanz (Augenflimmern)	0,7	40 bis 50	1 000	120 bis 150	3 000
100	Muskel- und Nerven-reizung (mögliche Gefährdung)	7	400 bis 500	10 000	1 200 bis 1 500	30 000
1 000	Schädigung (Herzkammerflimmern)	70	4 000 bis 5 000	100 000	1)	1)

[1] keine Werte vorhanden

Das natürliche DC-Magnetfeld der Erde variiert abhängig von der geographischen Lage zwischen 30 und 60 µT und ist infolge der Änderungen in der Atmosphäre und innerhalb der Erde leicht veränderlich.

Technische magnetische Felder sind eine Funktion der durch einen Leiter fließenden Ströme, der Leiteranordnung und des Abstandes von diesen Leitern. Starke DC-Felder bis 0,5 T werden in Magnetresonazbildgebungsverfahren für die medizinische Diagnostik erzeugt. Feldstärken bis 100 µT können unterhalb von AC-Oberleitungen entstehen. Bei DC-Bahnanlagen mit Stromschienen erreichen DC-Felder bis zu 500 µT als eine Folge der hohen Betriebsströme.

Die magnetischen Felder ändern sich mit den Triebströmen zeitlich und örtlich. Die Abschirmung ist bei ausgedehnten Anlagen wie der Bahnstromversorgung schwierig. Örtliche Schutzmaßnahmen an Bildschirmen sind mit Materialien mit hoher Permeabilität möglich. Wegen der bei Bahnstromversorgungsanlagen niedrigen Spannungen und hohen Strömen ist die Beeinflussung durch magnetische Felder wichtiger als die durch elektrische Felder.

Wegen ihrer kurzen Dauer brauchen die Magnetfelder von Kurzschlussströmen hinsichtlich Auswirkungen auf Personen und technische Geräte nicht beachtet zu werden.

8.4.2 Wirkungen von Feldern auf Menschen

In mehreren Ländern wurden durch die Gesetzgebung Vorsorgewerte für die elektrischen und magnetischen Felder von Hochspannungsanlagen in Gebieten, die für die Allgemeinheit zugänglich sind, festgelegt. Der Deutsche Umweltminister (BMU) erstellte in [8.14] mit Bezug auf die Werte der IRPA [8.15] Empfehlungen.

Die Wirkungen *elektrischer und magnetischer Felder* von AC-Anlagen auf Menschen werden in [8.16] und [8.17] beschrieben. Das elektrische Feld influenziert auf der Körperoberfläche elektrische Ladungen, die einen Stromfluss im Körper bewirken. Aus Messungen ist bekannt, dass ein elektrisches Feld der Stärke 1 kV/m rund 0,015 mA Strom

8.4 Elektrische und magnetische Felder im Fahrleitungsbereich

Tabelle 8.4: Vorsorgewerte elektrischer und magnetischer Felder im Bereich technischer Frequenzen, Stand Juli 1997.

	IRPA- und WHO-Empfehlung				26. Verordnung zum BImSchG gültig ab 01.1997			
	16,7 Hz		50 Hz		16,7 Hz		50 Hz	
	E kV/m	B µT	E kV/m	B µT	E kV/m	B µT	E kV/m	B µT
Bereich 1 2 h/d ständig			30 10	4 000 400				
Bereich 2 einige h/d ständig	30 15	3 000 300	15 5	1 000 100	20 [1] 10	600 [1] 300	10 [1] 5	200 [1] 100

Bereich 1: kontrollierte Bereiche: allgemein zugängliche Bereiche mit kurzzeitiger Exposition
Bereich 2: alle anderen Bereiche, z. B.: Wohnbauten, Anlagen für Sport, Freizeit und Erholung
IRPA: International Radiation Protection Association
BImSchG: Bundes-Immissionsschutzgesetz, Verordnung über elektromagnetische Felder
[1] Kurzzeitspitzen, in Summe bis 1,2 h/d

im menschlichen Körper bewirkt. Die entsprechenden Stromdichten liegen zwischen $0,2\,\text{mA/m}^2$ und $0,3\,\text{mA/m}^2$. Die vom elektrischen Feld herrührenden *Körperströme* sind weder von der Körperleitfähigkeit noch von der Körpergröße abhängig.

Das Magnetfeld hingegen induziert im menschlichen Körper Ströme, die sowohl von den Maßen als auch von der Leitfähigkeit des Körpers abhängen. Die Querschnittsfläche des menschlichen Körpers beträgt 0,06 bis $0,07\,\text{m}^2$. Die Flussdichte $1\,\mu\text{T}$ bewirkt bei 50 Hz dabei etwa $0,01\,\text{mA/m}^2$ Stromdichte.

Bis zu $0,1\,\text{mA/m}^2$ Stromdichte sind im menschlichen Körper keine Wirkungen feststellbar. Stromdichten ab $10\,\text{mA/m}^2$ können Augenflimmern und solche ab $100\,\text{mA/m}^2$ Nerven- und Muskelreizungen bewirken. Die Gefährdungsschwelle beträgt $100\,\text{mA/m}^2$. In der Tabelle 8.3 sind die Aussagen zusammenfassend für die Bahnfrequenzen 16,7 Hz und 50 Hz dargestellt. Aus unterschiedlichen Quellen stammende Vorsorgewerte sind

Tabelle 8.5: Messwerte elektrischer und magnetischer Felder im Bahnbereich.

Stromart	Messort	E kV/m	B[1] µT
DC 600 V	Bahnsteigkante, 1 m über Gleis, in 7 m Entfernung von Gleismitte	0,07 0,05	100 25
DC 3 000 V	Bahnsteigkante, 1 m über Gleis, in 7 m Entfernung von Gleismitte	0,3 0,2	100 25
AC 16,7 Hz 15 kV	Bahnsteigkante, 1 m über Gleis, in 7 m Entfernung von Gleismitte	1,6 1,1	100 25
AC 50 Hz 25 kV	Bahnsteigkante, 1 m über Gleis, in 7 m Entfernung von Gleismitte	2,7 1,8	100 25

[1] bezogen auf 1 000 A Oberleitungsstrom.

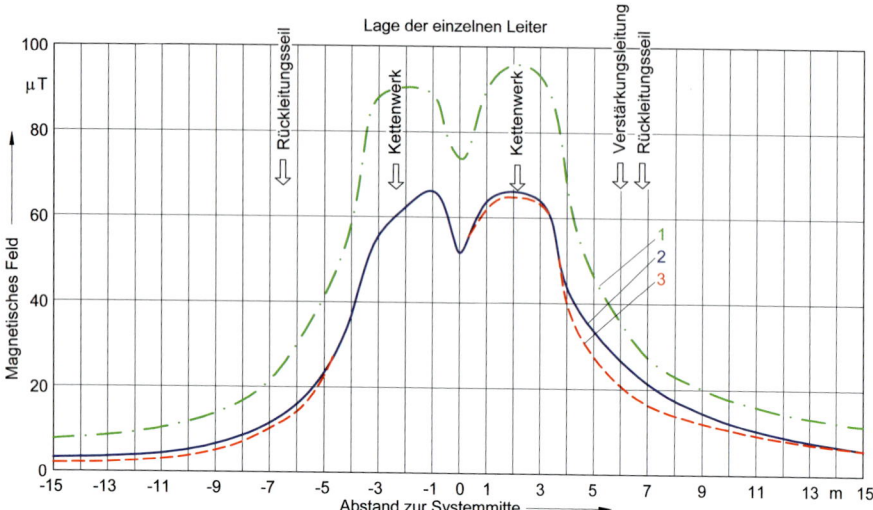

Bild 8.12: Magnetische Induktion 1 m über der Schienenoberkante, Vergleich der gemessenen und errechneten Werte für $I_{trc} = 2 \cdot 1\,000\,\text{A}$ [8.18].
1 ohne Rückleiter, berechnet; 2 mit Rückleiter, gemessen; 3 mit Rückleiter, berechnet.

in Tabelle 8.4 enthalten. Die Tabelle 8.5 beinhaltet schließlich gemessene Werte von elektrischen Feldstärken und Induktionen im Bahnbereich.

Bild 8.12 zeigt einen typischen Verlauf der gemessenen magnetischen Induktion an einer zweigleisigen Eisenbahnstrecke abhängig vom Abstand von der Mittelachse. Die magnetischen Feldstärken beziehen sich auf 1 kA Oberleitungsstrom je Gleis. Mit Rückleitern vermindert sich die Flussdichte um ein Drittel nahe am Gleis und um 40 % in 7 m Entfernung. Aus den Tabellen 8.3 bis 8.5 folgt, dass auch die extrem niedrigen Vorsorgewerte der Deutschen Gesetzgebung sowohl für elektrische als auch für magnetische Felder, bei Bahnanwendungen nicht überschritten werden. Daher stellen elektromagnetische Felder, die vom elektrischen Bahnbetrieb ausgehen, kein Risiko für Menschen dar.

8.4.3 Auswirkungen der Felder auf technische Geräte

8.4.3.1 Allgemeine Auswirkungen

Elektrische Felder im Bahnbereich können technische Geräte und Anlagen beeinflussen. Auswirkungen könnten bei Personen mit *Herzschrittmachern* oder ähnlichen Implantaten auftreten, sind aber dafür nicht bekannt. Bei *Anlagen der Informationstechnik*, vor allem bei Bildschirmen und bei empfindlichen Messgeräten, wurden Beeinflussungen beobachtet. Elektrische Traktionsanlagen senden *radiofrequente Beeinflussungen* mit Stärken aus, die Anlagen in der Nähe der Bahnen stören können.

Tabelle 8.6: Vorsorgewerte für eingeschränkt störfeste Herzschrittmacher.

Frequenz Hz	Elektrische Feldstärke kV/m	Magnetische Flussdichte µT
16,7	4,1	65
50	10	300

8.4.3.2 Herzschrittmacher

Bei Herzschrittmachern ist zwischen uneingeschränkt und eingeschränkt störfesten Ausführungen zu unterscheiden. Zum Schutz von Personen mit aktiven Körperschutzmitteln enthält VDE 0848-3-1 Vorsorgewerte im Frequenzbereich 9 Hz bis 300 Hz. Diese sind in der Tabelle 8.6 wiedergegeben.

In der Realität sind wegen der Inhomogenität der Magnetfelder und der geringeren Empfindlichkeit der Signalkreise auch bei 50 Hz Störungen von *Herzschrittmachern* durch magnetische Flussdichten unterhalb 300 µT unwahrscheinlich. Die Veröffentlichung [8.19] berichtet, dass es nicht möglich war, irgendwelche Einflüsse auf implantierte Herzschrittmacher mit statischen magnetischen DC-Feldstärken bis 500 µT zu erkennen. Aus der Praxis sind ungünstige Auswirkungen von elektrischen Bahnen auf Personen mit implantierten Herzschrittmachern auch nicht bekannt.

8.4.3.3 Technische Anlagen

Durch das verhältnismäßig intensive Magnetfeld im Bahnbereich kann es zu *Störungen von Bildschirmen mit Kathodenstrahlröhren* kommen. Auch andere empfindliche Geräte können durch das Magnetfeld gestört werden. Die Veröffentlichung [8.20] berichtet von einer Beeinträchtigung eines Elektronenmikroskops durch ein in 70 m Entfernung vorüber führendes Kabel einer Gleichstrombahn. Beim Fließen von 1 400 A Strom wirkte ein Magnetfeld mit 4 µT Induktion auf dieses Elektronenmikroskop so ein, dass ein Arbeiten mit dem Gerät nicht möglich war.

Tabelle 8.7: Grenzwerte für Magnetfelder bei Bahnfrequenzen.

Gegenstand	Norm	Magnetische Flussdichte µT
Telekommunikations-, Leittechnik- und Sicherheitsanlagen im 3-m-Bereich der Bahn	DIN EN 50 121-4	125
audiovisuelle Einrichtungen für professionelle Zwecke	DIN EN 55 103-2	12,6
Elektrische, elektronische und informationstechnische Anlagen der Industrie	DIN EN 61 000-6-2	38
audiovisuelle Einrichtungen im Wohnbereich, wobei bei Bildschirmen mit Kathodenstrahlröhren Störungen oberhalb 1 A/m zulässig sind	DIN EN 55 103-2	1,3
Geräte, die empfindlich gegen Magnetfelder sind	DIN EN 55 024	1,3

Tabelle 8.8: Übersicht über die DIN EN 50 121 Normreihe.

DIN EN 50 121	Bahnanwendungen – Elektromagnetische Verträglichkeit
DIN EN 50 121-1	Allgemeines – Allgemeine Übersicht über die Teile der Norm. – Beschreibung des elektromagnetischen Verhaltens von Bahnen. – Festlegungen für die Verhaltenskriterien für die sämtlichen Normteile. – Steuerungsprozess, um die elektromagnetische Verträglichkeit an der Schnittstelle zwischen der Eisenbahninfrastruktur und Zügen zu erreichen.
DIN EN 50 121-2	Störaussendungen des gesamten Bahnsystems in die Außenwelt – Grenzwerte für hochfrequente Störaussendung der Bahn in die Außenwelt. – Messverfahren für für Hochfrequente Störaussendungen. – Informationen über typische Feldstärken bei Bahn- und Hochfrequenz (Kartographie).
DIN EN 50121-3-1	Bahnfahrzeuge – Zug und gesamtes Fahrzeug – Anforderungen zur Störaussendung und Störfestigkeit für alle Arten von Schienenfahrzeugen (Triebfahrzeuge, Züge und unabhängige gezogene Wagen). – Beeinflussung der Fahrzeuge mit seinen entsprechenden Leistungsein- und -ausgängen.
DIN EN 50121-3-2	Bahnfahrzeuge – Geräte – Elektromagnetische Störaussendung und Störfestigkeit von elektrischen und elektronischen Geräten (Einrichtungen), die zur Verwendung an Bord von Schienenfahrzeugen vorgesehen sind. – Hilfsmittel im Umgang mit der Tatsache, dass Störfestigkeitsprüfungen für das gesamte Bahnfahrzeug unmöglich sind.
DIN EN 50121-4	Störaussendungen und Störfestigkeit von Signal- und Telekommunikationseinrichtungen – Grenzwerte für die elektromagnetische Störaussendung und Störfestigkeit von Signal- und Telekommunikationseinrichtungen (der Bahn).
DIN EN 50121-5	Störaussendungen und Störfestigkeit von ortsfesten Anlagen und Einrichtungen der Bahnenergieversorgung – Elektromagnetische Störaussendung und Störfestigkeit von elektrischen und elektronischen Geräten und Bauteilen, die zur Verwendung in ortsfesten Bahnanlagen in Zusammenhang mit der Energieversorgung vorgesehen sind.

8.4.3.4 Elektrische Bahnen als Quelle von Funkstörpegeln

Elektrische Bahnen können Quellen für *Funkstörungen* (RIV) sein. Die Normenreihe DIN EN 50 121 behandelt diese Beeinflussungen. In der Tabelle 8.8 ist eine Zusammenfassung des Inhaltes der insgesamt sechs Teile dieser Norm wiedergegeben. Die Hauptursachen von Funkstörungen durch elektrische Bahnen sind:
– *Entladungen* im Fahrleitungsnetz, z. B. bei Kommutationsvorgängen an Streckentrenner beim Beschleifen durch Stromabnehmer,
– *Kontaktunterbrechung* des Stromflusses zwischen Fahrdraht und Schleifstück des Stromabnehmers mit nachfolgender Lichtbogenbildung,
– *Kommutierungsvorgänge* in elektrischen Fahrzeugen,
– *Schalt- und Stellvorgänge* in Anlagen und Fahrzeugen der elektrischen Bahnen.
Der Norm DIN EN 50 121-2 ist der in Bild 8.13 gezeigte Verlauf der zulässigen Grenzwerte des *Funkstörpegels* zwischen 7 kHz und 1 GHz entnommen. Der stufenförmige Verlauf hat seine Ursache in den unterschiedlichen Messverfahren. So wird zum Bei-

8.5 Schlussfolgerungen

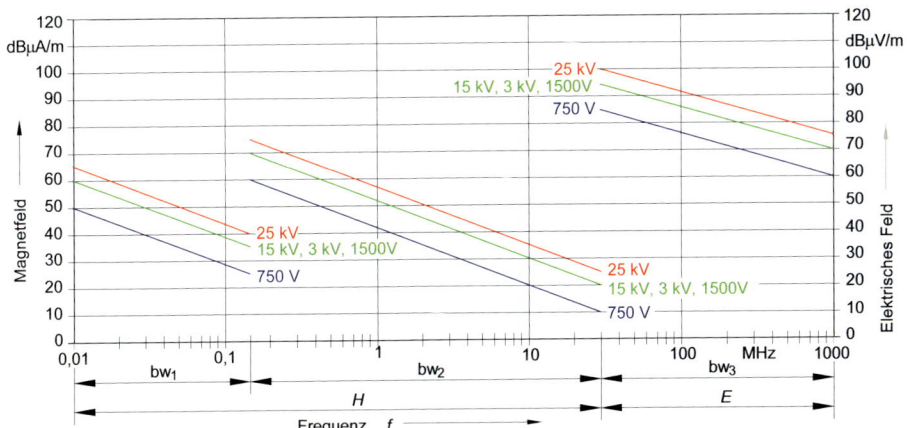

Bild 8.13: Zulässige Maximalwerte der Funkstörpegel nach DIN EN 50 121-2:2006.
bw_1: Bandbreite am Messgerät 0,2 kHz, bw_2: Bandbreite am Messgerät 9,0 kHz, bw_3: Bandbreite am Messgerät 120,0 kHz

spiel der Pegel zwischen 150 kHz und 30 MHz mit einer Rahmenantenne als Magnetfeld gemessen und über 30 MHz mit einer Dipolantenne als elektrisches Feld. Die Messungen werden nach der 10-m-Spitzenbewertung durchgeführt.

8.5 Schlussfolgerungen

Wesentliches Kennzeichen einer elektrifizierten Bahn ist die Rückleitung des elektrischen Stromes durch auf der Oberfläche erdfühlig verlegte Fahrschienen. Im Fall der Einphasenwechselstrombahnen werden die Schienen absichtlich mit der Erde verbunden. Aus diesem Grund fließt ein Teil des Rückstromes durch die Erde zum Unterwerk. Diese Eigenschaft der Stromversorgungsarten der Bahnen, auch als Unsymmetrie bezeichnet, führt in einem weiträumigen Gebiet zu Beeinflussungen technischer und biologischer Systeme. Bei Einphasen-AC-Stromversorgungsarten bildet sich durch die induktive Kopplung eine Leiter-Erde-Schleife zusätzlich zur *galvanischen Kopplung* der Schienen mit der Erde.

Die Schlussfolgerungen aus den Berechnungen und Messungen sind, dass *elektrische* und *elektromagnetische Felder* in der Nähe elektrischer Bahnen
- nicht zu organischen Stimulierungen und Gefahren für Menschen führen,
- Personen mit implantierten Herzschrittmachern nicht gefährden,
- das Verhalten der Ausrüstungen und der Informationstechnik und anderer hochempfindlicher Geräte stören können. Die Ursache dieser Beeinflussung sind magnetische Feldstärken im Bereich zwischen 1 und 30 µT.

Bei Gleichstrombahnen sind *Streuströme* im Bahnbereich eine Quelle der Beeinflussung von metallenen, erdverlegten Anlagen. Die Norm DIN EN 50 122-2 beschreibt Schutzmaßnahmen, um die Auswirkungen von Streuströmen in DC-Stromversorgungsanlagen zu begrenzen (siehe Abschnitt 6.5) und Korrosionsschäden zu verhindern. Wesentlich ist dabei ein koordiniertes Zusammenarbeiten von Betreibern erdverlegter Anlagen, Leitungen und Rohren mit dem Betreiber der Gleichstrombahn.

Bei Einphasenwechselstrombahnen sollte der *kapazitiven Beeinflussung* durch Erdung aller Metallteile, die sich sonst elektrisch aufladen könnten, begegnet werden.

Galvanische Beeinflussung im Einflussbereich der Einphasenwechselstrombahnen kann verhindert werden, wenn in leitfähigen Teilen im Beeinflussungsbereich, z. B. in Kabelmänteln oder metallenen Rohrleitungen, die in die Unterwerke führen, Isoliermuffen vorgesehen werden.

Die *induktive Beeinflussung* muss beim Gestalten und Betreiben technischer Anlagen und Geräte beachtet werden. Die induktive Beeinflussung durch die Grundschwingung kann Einrichtungen und Anlagen in der Nähe der Bahnstromversorgungsanlagen gefährden. Oberschwingungen wirken sich insbesondere auf Telekommunikationsanlagen aus. Es empfiehlt sich, die aktuellen Vereinbarungen der Schiedsstelle für Beeinflussungsfragen zu beachten. Diese seit 1939 in Deutschland existierende Schiedsstelle, die durch die DB, die Deutsche Telekom und die Vereinigung der Betreiber elektrischer Netze getragen wird, hat sich zum Ziel gesetzt, Beeinflussungsfragen zwischen den Partnern einvernehmlich auf der Grundlage der Gleichberechtigung zu regeln.

8.6 Literatur

8.1 *Habiger, E.*: Elektromagnetische Verträglichkeit. Grundzüge ihrer Sicherstellung in der Geräte- und Anlagentechnik. Hüthig-Verlag, Heidelberg, 1996.

8.2 *Koettnitz, H.; Pundt, H.*: Berechnung elektrischer Energieversorgungsnetze, Mathematische Grundlagen und Netzparameter. Verlag Grundstoffindustrie, Leipzig, 1968.

8.3 *Koch, H.*: Ein Beitrag zur Gewährleistung der elektromagnetischen Verträglichkeit von Anlagen der Sicherungs- und Fernmeldetechnik mit eisenbahntypischen elektrischen Systemen hoher Leistung. HfV Dresden, Dissertation, 1986.

8.4 *Lingen, J. v.*: Kurzschlussberechnung im Fahrleitungsnetz. TU Dresden, Dissertation, 1995.

8.5 *Feydt, M.*: Vorschläge zur Verwendung der Kabelmäntel metallener Rohrleitungen, der Gleise und der Erdseil-Maste-Kettenleiter als natürliche Erder. Bericht des Instituts für Energieversorgung Dresden, 1982.

8.6 *Pollaczek, F.*: Über das Feld einer unendlich langen, wechselstromdurchflossenen Einfachleitung. In: Elektrische Nachrichten-Technik 3(1926), S. 339–359.

8.7 *ITU-T*: Directives concerning the protection of telecommunication lines against harmful effects from electric power and electrified railways. In: ITU (1999), Vol. 1–9.

8.8 *Putz, R.*: "Uber Streckenwiderst"ande und Gleisstr"ome bei Einphasenbahnen. In: Elektrische Bahnen 20(1944), S. 74–92.

8.9 *Behrends, D.; Brodkorb, A.; Hofmann, G.*: Berechnungsverfahren für Fahrleitungsimpedanzen. In: Elektrische Bahnen 92(1994)4, S. 117–122.

8.10 *Kontcha, A.*: Mehrpolverfahren für Berechnngen in Mehrleitersystemen bei Einphasenwechselstrombahnen. In: Elektrische Bahnen 94(1996)4, S. 97–102.

8.11 *Xie, J. u. a.*: Berechnung hochfrequenter Oberschwingungen in Oberleitungsnetzen. In: Elektrische Bahnen 103(2005)6, S. 286–290.

8.12 *Zynovchenko, A. u. a.*: Oberleitungsimpedanzen und Ausbreitung von Oberschwingungen. In: Elektrische Bahnen 104(2006)5, S. 222–227.

8.13 *Schmidt, P.*: VEW-Handbuch Energieversorgung elektrischer Bahnen. Verlag Technik, Berlin, 1975.

8.14 *26. Bundesimmissionsschutzverordnung (BimSchV)*: Verordnung über elektromagnetische Felder. In: Bundesgesetzblatt 1996, Teil I, Dezember 16, 1996, S. 1966.

8.15 *International Radiation Protection Association (IRPA)*: Interim guidelines on limits of exposure to 50/60 Hz electric and magnetic fields. In: Health physic 58(1990), S. 130–132.

8.16 *David, E.*: Elektrische und elektromagnetische Felder im Nahbereich von Freileitungen. In: Deutsches Ärzteblatt (1986)12.

8.17 *David, E.*: Wirkungen der Elektrizität auf den menschlichen Organismus. Vortrag TU Dresden, November 1993.

8.18 *Zimmert, G. u. a.*: Rückleiter in Oberleitungsanlagen auf der Strecke Magdeburg–Marienborn. In: Elektrische Bahnen 92(1994)4, S. 105–111.

8.19 *Wahl, H.-P.*: Messungen von elektrischen und elektromagnetischen Feldern bei Nahverkehrsbahnen. In: Berichte und Informationen HTW Dresden 4(1996)1, S. 39–41.

8.20 *Fischer, C.*: Diskussionsbeitrag auf dem 2. Symposium des Fachbereiches Elektrotechnik der HTW Dresden. November 1995.

9 Fahrleitungsschutz und Fehlerortung

9.0 Symbole und deren Bedeutung

Symbol	Bezeichnung	Einheit
I	Strom	A
U	Spannung	V
Z	Impedanz	Ω/km
t	Zeitdauer	s
ϑ	Temperatur	°C
ϑ_{am}	Umgebungstemperatur	°C

9.1 Fahrleitungsschutz

9.1.1 Aufgaben, Anforderungen und Wirkungsweise

Der Begriff *Fahrleitungsschutz* wird als Oberbegriff für Schutzgeräte verwendet, die Fahrleitungen vor elektrischen Überlastungen schützen. Zu Fahrleitungen zählen gemäß Bild 3.16 flexible Oberleitungen, Stromschienenoberleitungen und Stromschienen in Bodennähe. Der *Oberleitungsschutz* ist eine Art des Fahrleitungsschutzes und schützt flexible Oberleitungen und Oberleitungsstromschienen.

Fahrleitungsanlagen werden unter technischen und wirtschaftlichen Gesichtspunkten für vorgegebene mechanische und elektrische Belastungen dimensioniert. Sie haben damit eine begrenzte Stromtragfähigkeit. Überlastungen durch zu hohe Betriebs- und zu lang andauernde Kurzschlussströme führen zur Überschreitung der Temperaturgrenzwerte (siehe Tabelle 2.9). Sie könnten die Fahrleitungsanlagen nachhaltig schädigen oder zerstören, wenn nicht rechtzeitig Gegenmaßnahmen ergriffen werden. Das hätte längere Störungen des Eisenbahnbetriebs und hohe Wiederherstellungskosten zur Folge.

Die Fahrleitungsströme werden deshalb, wie bei elektrischen Stromkreisen üblich, selektiv, d. h. getrennt für jede Einspeisung in der Verteilung, also der Mittelspannungsschaltanlage, erfasst. Dazu dienen bei der Bahnenergieversorgung *Stromwandler* T1 in jedem einzelnen Fahrleitungsabzweig. Erfasst wird auch die Speisespannung über die Spannungswandler T5 und die Außentemperatur (Bilder 1.20, 9.1 und 9.3). Jedem Fahrleitungsabzweig ist ein Schutzgerät, genannt Fahrleitungsschutz, zugeordnet, das mit T1, T5 und dem elektronischen *Thermometer* verbunden ist und Strom, Spannung und Temperatur überwacht. Der Fahrleitungsschutz vergleicht diese Eingangswerte und ihren zeitlichen Verlauf mit eingestellten Grenzwerten und gibt beim Erreichen der Grenzwerte einen Ausschaltbefehl an den *Leistungsschalter* Q1 (Bild 9.3) im Fahr-

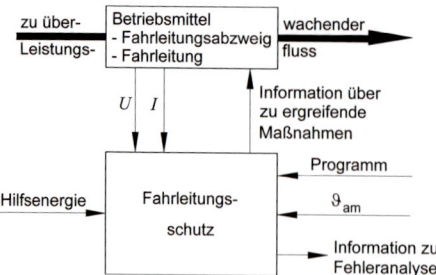

Bild 9.1: Wirkungsweise des Fahrleitungsschutzes.
U Spannung, I Strom, ϑ Temperatur

leitungsabzweig der Schaltanlage. Wandler, Fahrleitungsschutz und Leistungsschalter zusammen wirken, vereinfacht betrachtet, wie ein *Sicherungsautomat* im Stromkreis. Der Fahrleitungsschutz hat also die Aufgabe, die elektrischen Betriebswerte der Fahrleitung und die Temperatur zu überwachen, auszuwerten und Fehler elektrischer Art schnell zu erfassen, um

- Schäden an Oberleitungs- und Stromschienenanlagen und Ausrüstungen zu verhindern oder auf ein Minimum zu beschränken,
- die Gefährdung von Personen im direkten oder indirekten Kontakt mit unzulässigen Spannungen zu minimieren,
- die größtmögliche Verfügbarkeit der Bahnenergieversorgung aufrecht zu erhalten und
- Informationen aufzuzeichnen und auszuwerten, die die Fehleranalyse unterstützen.

Um diese Ziele zu erreichen, müssen die Schalteinrichtungen alle unzulässigen Lasten schnell und selektiv abschalten. Beispiele für solche unzulässigen Fahrleitungslasten sind

- alle Arten von im Netz auftretenden Kurzschlüssen und
- Betriebsströme, die ein Überschreiten der zulässigen Temperaturen der Betriebsmittel verursachen könnten.

Schutzeinrichtungen müssen in der Lage sein, Fehlerströme von den höchsten Betriebsströmen und ebenso von Kompensationsströmen in Folge von Kommutierungsprozessen beim Übergang zwischen unterschiedlichen Versorgungsabschnitten zu unterscheiden. Auf Fahrleitungsabschnitten können die Betriebsströme 8 kA in DC-Anlagen und 2 kA in AC-Anlagen erreichen. Diese Ströme können zu übergroßen Erwärmungen von Fahrleitungen führen, wenn sie über längere Zeiträume in bestimmten Abschnitten fließen. Da die Oberleitung wegen ihrer relativ kleinen Querschnitte und ihres mechanischen Aufbaus für erhöhte Temperaturen empfindlich ist, ist ein korrekt ausgelegter Schutz für die optimale Ausnutzung der thermischen Eigenschaften der Oberleitung unumgänglich notwendig. Die dauernd *zulässigen Grenztemperaturen* 70 °C bis 100 °C werden durch die Temperaturverträglichkeit der verwendeten Leiter (Tabelle 2.9), den Betriebsbereich der Nachspanneinrichtungen (Abschnitt 11.2.3) und die zulässigen Leiterdurchhänge (Abschnitt 4.3) bestimmt. Für höhere thermische Belastungen sind besondere Maßnahmen erforderlich, um damit die Anforderungen an die Lage und Festigkeit der Leiter zu erfüllen (siehe DIN EN 50 119).

Die Überschreitung der Grenzwerte in Tabelle 2.9 reduziert die Festigkeit der elektrischen Leiter, insbesondere der hartgezogenen Materialien (siehe Abschnitt 7.2). Das

9.1 Fahrleitungsschutz

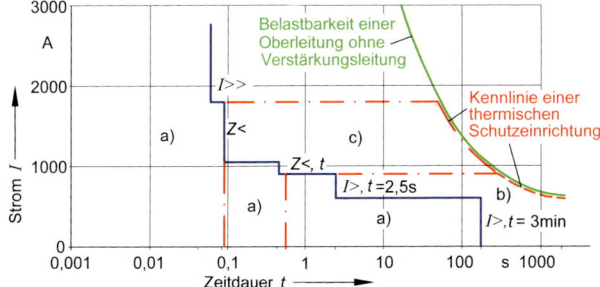

Bild 9.2: Überlastschutzvorkehrungen für Oberleitungskettenwerke.
a) Schutzbereich mit 60 ms Leistungsschalterabschaltzeit
b) erweiterter Schutz durch thermische Schutzvorkehrungen $I^2 \cdot t$
c) Bereich, der durch $I^2 \cdot t$ und Anfahrschutzbegrenzungsschaltungen erfasst werden kann

hätte den kostenintensiven Austausch der betroffenen Fahrdrähte, Seile, Klemmen, Armaturen, und anderer Komponenten in der Stromlaufbahn zur Folge. Die Oberleitung ist der Bestandteil der Bahnenergieversorgungsanlage mit der niedrigsten thermischen Belastbarkeit. Alle anderen in Reihe mit den Oberleitungen geschalteten Betriebsmittel sind für kurzzeitige Überlasten weniger empfindlich.

Besondere Anforderungen an die Funktionen und die *Verfügbarkeit des Fahrleitungsschutzes* ergeben sich auch daraus, dass in Bahnenergieversorgungsanlagen Fehler häufiger als in den Netzen der öffentlichen Energieversorgung auftreten und die Fahrleitung nicht redundant ist.

Der Teil der Schutzausrüstung, der direkt für den Schutz sorgt, wird Hauptschutz genannt. Der *Hauptschutz* muss in der Lage sein, zu entscheiden, ob ein Kurzschluss in dem angeschlossenen Speiseabschnitt aufgetreten ist und muss diesen von Fehlern in anderen Abschnitten unterscheiden können. Wenn das einem Speiseabschnitt zugeordnete Schutzrelais oder der Leistungsschalter versagen, wird der Strom nicht sofort abgeschaltet. In diesen Fällen muss ein *Reserveschutz* die Abschaltung veranlassen.

– Reserveschutz 1, der abzweigbezogen in Funktion tritt, wenn ein Schutzrelais oder ein Leistungsschalter versagen, und
– Reserveschutz 2, der als übergeordneter Schutz verwendet wird, wie im Abschnitt 1.5.3.7 für ein Unterwerk der DB beschrieben ist.

In Verbindung mit anderen Schutzeinrichtungen in der Schaltanlage trägt der Fahrleitungsschutz dazu bei, eine hohe Verfügbarkeit der Bahnenergieversorgung zu sichern. In diesem Zusammenhang ist die zeitliche und örtliche *Selektivität* des Fahrleitungsschutzes wesentlich, um sicher zu stellen, dass nur die Abschnitte abgeschaltet werden, die direkt von einem Kurzschluss oder einer Überlastung betroffen sind. Diese Art Selektivität ist eine durch die Einstellwerte zeitlich und nach Impedanzen gestaffelte Wirkungsweise der Schutzrelais und Schutzstufen der Fahrleitungsabzweige, die gemeinsam auf dieselben Fahrleitungsabschnitte speisen. Damit wird sichergestellt, dass die den überlasteten oder fehlerhaften Abschnitt direkt einspeisenden Leistungsschalter, zuerst abschalten und andere indirekt über die Betriebssammelschiene speisenden Leistungsschalter nur bei Schutz- oder Leistungsschalterversagen der direkt speisenden Abzweige reagieren. Weiterhin werden über die eingestellten Stromgrenzwerte die Kurzschlussströme in Unterwerksnähe, die aufgrund der geringen Entfernung zum Fehlerort und der damit niedrigen Impedanzen sehr hohe Stromwerte annehmen können, unverzögert

Tabelle 9.1: Schutzstufen des Fahrleitungsschutzes mit Zuordnung zum Text.

Schutzstufen	Einsatz bei DC	Einsatz bei AC	siehe Abschnitt
Überstromschutz ($I{\ggg}$), auch schneller Hochstromschutz genannt	×	×	9.1.2.2
mehrstufiger Überstromzeitschutz ($I{\gg}/t$, $I{>}/t$), zum Teil mit Einschaltrusherkennung	×	×	9.1.2.2
mehrstufiger Distanzschutz, auch Impedanzschutz genannt ($Z{<}$, $Z{<}/t$)	×	×	9.1.2.3
Schutzstufe zur Überwachung des Stromanstieges ($\Delta I/\Delta t$), der Spannungsänderung ($\Delta U/\Delta t$) oder der Impedanzänderung ($\Delta Z/\Delta t$) pro Zeiteinheit für die Unterscheidung von Betriebs- und Kurzschlussströmen, auch Anfahrstufe genannt	×	×	9.1.2.4
Thermischer Überlastungsschutz ($\vartheta{>}$)	×	×	9.1.2.5
Überstromzeitschutz ($I{>}/t$), auch NOT-UMZ-Schutzstufe genannt, als Reserveschutz bei Ausfall der Distanzschutzstufen	×	×	9.1.2.3
Reserveschutz	–	(×)	9.1

abgeschaltet. Die niedrigeren Fehlerströme in größerer Entfernung zum Unterwerk werden dagegen erst nach einer eingestellten Zeitverzögerung abgeschaltet. Beispiele dafür enthält Abschnitt 9.2. Diese Art Selektivität ermöglicht das *Lokalisieren und Eingrenzen der Fehler*, das Unterscheiden der Fehlerströme von vorübergehenden Überlasten, Kommutations- und Anfahrströmen im Betrieb und damit das Fortsetzen des Betriebs in jenen Abschnitten, die nicht von der Störung betroffen sind. Sie sichert eine hohe Verfügbarkeit der Bahnenergieversorgung und berücksichtigt die in Bild 9.2 schematisch dargestellte zeitliche Strombelastbarkeit der Oberleitung nach der hohe Kurzschlussströme unverzögert abgeschaltet werden müssen, während niedriger Ströme längere Zeit fließen können, ohne die Leiter zu überhitzen.

Ein nicht selektiv oder zu empfindlich eingestellter Schutz kann dagegen fehlerfreie Fahrleitungsabschnitte abschalten und damit unnötige Betriebsstörungen verursachen. Wie der Fahrleitungsschutz mit anderen Schutzarten wie Bahnstromleitungs-, Transformatoren- und übergeordneter Schutz in einer DB-Schaltanlage zusammenwirkt, ist in den Abschnitten 1.5.3.5 und 1.5.3.7 erläutert und in Bild 1.25 gezeigt. Ausführliche Informationen zum Schutz für AC- und DC-Bahnenergieversorgungsanlagen sind in [9.1] zu finden.

9.1.2 Ausführung und Komponenten

9.1.2.1 Überblick

Der Eisenbahnbetrieb ist durch ausgeprägte *Spitzen des Betriebsstromes* einerseits und *Kurzschlussströme* bis 120 kA bei DC-Anlagen und 45 kA bei AC-Anlagen andererseits gekennzeichnet. Um den besonderen Anforderungen der Bahnen angemessen gerecht zu werden, bestehen die Fahrleitungsschutzeinrichtungen aus einer Kombination von Schutzstufen für jeden Fahrleitungsabzweig (siehe Tabelle 9.1), die in den nachfolgenden Abschnitten erläutert werden [9.1, 9.2].

9.1 Fahrleitungsschutz

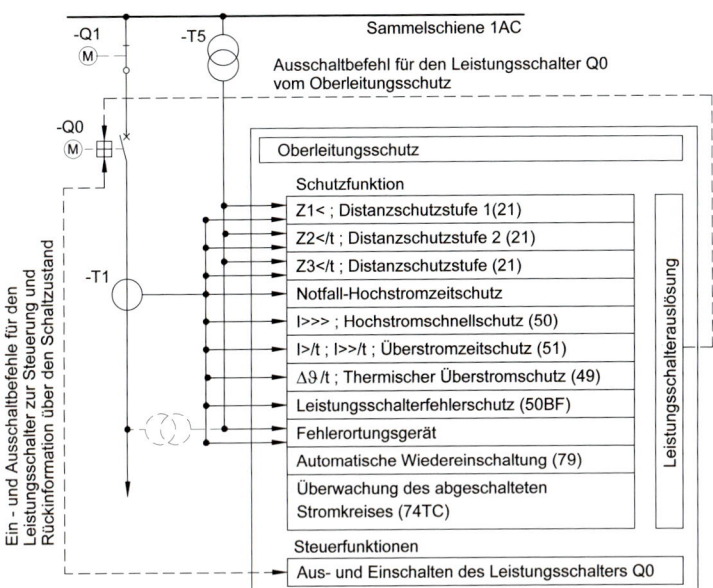

Bild 9.3: Anschaltung des Oberleitungsschutzes an die Spannungs- und Stromwandler bei AC-Einspannungsanlagen. Q0, Q1 Trennschalter, T1 Stromwandler, T5 Spannungswandler
Anmerkung: Die ANSI Code-Nummern zur Bezeichnung der Schutzfunktionen stehen in Klammern

Um die Fahrleitungsanlage vor unzulässigen Belastungen schützen zu können, benötigt der Fahrleitungsschutz die Strom-, Spannungs- und Umgebungstemperaturwerte als Eingangsgrößen gemäß Bild 9.1. Die Stromwerte erhält er vom Stromwandler T1, der in der Stromlaufbahn des Fahrleitungsabzweiges angeordnet ist (Bilder 1.20 und 9.3). Die Spannung kann über die Spannungswandler T5 im Fahrleitungsabzweig (Bild 1.20) oder an der Sammelschiene (Bild 9.3) erfasst und dem Schutz übermittelt werden. Die Umgebungstemperatur kann durch einen Temperaturfühler an der Außenwand des Schaltanlagengebäudes gemessen und dem Schutz zur Verfügung gestellt werden. Bild 9.3 zeigt die Anschaltung des abzweigbezogenen Oberleitungsschutzes an die Spannungs- und Stromwandler für eine AC-Einspannungsversorgung. Im Bild 9.2 sind die Grenzen der Schutzbereiche abhängig von der Dauer des Stromes und den Schutzstufen dargestellt. Moderne Schutzgeräte reagieren zusätzlich auf Fehler der Leistungsschalter, besitzen *automatische Wiedereinschalteinrichtungen* und *Fehlerortungsfunktionen* ebenso wie Aufzeichnungsmöglichkeiten für Schutzauslösungen und Auslösekriterien. Der Kurzschlussschutz, der als Hauptschutz dient, muss Kurzschlüsse ohne Übergangswiderstände erkennen können und einen Ausschaltbefehl an die Leistungsschalter im Schutzbereich geben. Im Falle eines Kurzschlusses mit Übergangswiderständen kann der selektiv eingestellte Schutz den Kurzschluss nur erkennen, wenn die Impedanz der gesamten Schleife nicht höher ist als im Falle von Kurzschlüssen am Ende des zu schützenden Leitungsabschnittes.

9.1.2.2 Hochstrom- und Überstromzeitschutzstufen

Die höchsten Kurzschlussströme treten wegen der Abhängigkeit von der Impedanz zwischen dem Speisepunkt und dem Ort des Kurzschlusses in der Nähe von Unterwerken auf. Um hohe Kurzschlussströme ohne Verzögerung auszuschalten, wird ein schnell wirkender *Überstromschutz* als Hochstromschutz verwendet. Die Auslösezeit des schnellen *Überstromschutzes* liegt zwischen 1 ms und 8 ms, abhängig von der Art der verwendeten Geräte.

Der Überstromzeitschutz, der den schnellen Hochstromschutz ergänzt, ist als unabhängiger *Maximalstrom-Zeitschutz* (UMZ-Schutz) für den höchsten Wert von Strom und Zeit ausgelegt und leitet das Ausschalten nur ein, wenn eine einstellbare Zeitdauer abgelaufen ist. In Verbindung mit dem niedrigeren Stromeinstellwerten dient er daher dazu, unzulässig hohe Betriebsströme und weiter entfernte Kurzschlüsse mit Übergangswiderständen abzuschalten.

9.1.2.3 Distanzschutz

Der *Distanzschutz*, auch *Impedanzschutz* genannt, sorgt für das Erkennen entfernter Kurzschlüsse mit niedrigen Strömen und löst deren selektive Abschaltung aus. Der Distanzschutz besteht in den meisten Fällen aus mehreren Stufen:

– Die erste *Impedanzstufe* ($Z1<$), auch als Schnellstufe bezeichnet, wird gerichtet und unverzögert betrieben und schützt die Oberleitung bis zum nächsten Speiseabschnitt, z. B. zwischen dem Unterwerk und dem Schaltposten. Gerichtet bedeutet, dass eine Auslösung nur dann veranlasst wird, wenn ein zu hoher Strom vom überwachten Oberleitungsabzweig in Richtung Oberleitung fließt und nicht umgekehrt. Um eine Reaktion auf Kurzschlüsse außerhalb des Speiseabschnittes zu vermeiden, wird die erste Impedanzstufe nur mit 90 bis 95 % der Leitungsimpedanz unter Berücksichtigung der Messtoleranzen im Hinblick auf die Selektivität eingestellt. Der Ausschaltbefehl an den entsprechenden Leistungsschalter wird nach der zum Einmessen von Strom und Spannung benötigten Eigenzeit von etwa 30 ms (Schnellzeit) gegeben.

– Die zweite *Impedanzstufe* ($Z2 < /t$) arbeitet als Hauptschutz für die letzten 5 bis 10 % des Speiseabschnittes und auch als *Reserveschutz* für die benachbarten Speiseabschnitte, die von den benachbarten Schaltanlagen gespeist werden, wenn deren Schutzrelais oder Leistungsschalter versagen sollten. Diese Stufe wird auch verwendet, um Leistungsschalter abzuschalten, die sonst auf einen Kurzschluss in einem bereits abgeschalteten Speisebezirk speisen würden, falls ein elektrisches Triebfahrzeug in diesen Abschnitt einfahren sollte. Für diesen Zweck wird die zweite Impedanzstufe für einen höheren Impedanzwert eingestellt, der auch den benachbarten Speiseabschnitt berücksichtigt. Die zweite Impedanzstufe kann gerichtet oder ungerichtet betrieben werden. Sie arbeitet mit 150 bis 500 ms Verzögerung. Die Verzögerung kann bis auf 60 s ausgedehnt werden. Die DB betreibt z. B. die zweite Impedanzstufe gerichtet und in allen Unterwerken mit 200 bis 300 ms Verzögerung. In diesem Fall entscheidet der Anfahrschutz, ob eine Schalthandlung innerhalb eines Millisekundenbereiches oder eines Minutenbereiches ein-

geleitet wird abhängig davon, ob ein Kurzschluss- oder ein Betriebsstrom vorliegt. Wenn ein Anfahrstrom erkannt wird, schaltet der Distanzschutz die zweite Distanzschutzstufe auf eine längere Verzögerungszeit um, wie oben erwähnt.
- Moderne Schutzgeräte verfügen über eine dritte *Impedanzstufe*, die es ermöglicht, mehrere Schutzfunktionen wirksam wahrzunehmen. Das Anstehen der Messspannung ist eine Voraussetzung für die richtige Funktion des Impedanzschutzes. Im Falle einer länger andauernden Unterbrechung der Messspannung oder Auslösung eines Spannungswandlerautomaten (siehe Abschnitt 1.5.3.5 wird der *NOT-UMZ-Schutz* aktiviert. In [9.3] wird für eine AC-25-kV-50-Hz-Anlage die Anwendung des Distanzschutzes beschrieben.

9.1.2.4 Anfahrstromschutz

An Strecken mit hohen Anfahrströmen für elektrische Triebfahrzeuge wird diese Schutzstufe zur Unterscheidung zwischen betrieblichen Anfahrströmen und Kurzschlussströmen benutzt. In den heutigen AC-Schutzanlagen hat der *Anfahrstromschutz* kein eigenständiges Schutzrelais, sondern ist gewöhnlich mit der zweiten und, soweit vorhanden, mit der dritten Impedanzstufe kombiniert.
Diese Stufe kann ausgelegt sein als eine
- dI/dt-Stufe bei DC-Anlagen und als eine $\Delta I/\Delta t$ bei AC-Anlagen, wenn die Oberleitung direkt oder indirekt von rotierenden Maschinen bzw. Gleichrichtern mit möglicherweise hohen Kurzschlussströmen versorgt wird,
- dU/dt-Stufe im Fall von DC-Anlagen und $\Delta U/\Delta t$ im Falle von AC-Stromversorgungen, um den Spannungeinbruch zu erkennen, wenn eine Oberleitung aus Umrichtern oder Gleichrichtern versorgt wird, die wegen ihrer Kennlinien keinen entsprechend hohen Kurzschlussstrom bereitstellen können, der durch eine dI/dt bzw. $\Delta I/\Delta t$ Stufe erkannt werden könnte, oder
- $\Delta Z/\Delta t$-Stufe, die eine einspeiseabhängige Reichweite des Schutzes wegen der örtlich und zeitlich variierenden Kurzschlussleistungen vermeidet.

Die Anfahrschutzstufe schaltet die zweite und dritte Impedanzstufe auf eine längere Betriebszeit um, wenn als Konsequenz eines langsameren Stromanstieges, eines langsameren Spannungsabfalles oder einer Impedanzverminderung ein Anfahrstrom erkannt wird.

9.1.2.5 Überlastschutz

Der *thermische Überlastschutz* $\Delta\vartheta/t$ stellt die Ausnutzung der in Tabelle 2.9 enthaltenen Grenztemperaturen sicher. Da die kontinuierliche Messung der Leitertemperatur schwierig ist, misst der thermische Überlastschutz den im Stromkreis fließenden Strom und bildet die stromabhängige Erwärmung der Oberleitung nach.

Zusätzlich zum Betriebsstrom wird die Umgebungstemperatur an der nordseitigen Außenwand des Unterwerksgebäudes gemessen und an den Berechnungsalgorithmus des Schutzrelais als Spannungssignal zwischen 0 und 10 V oder als Stromsignal zwischen 0 und 20 mA übermittelt. Unter Verwendung dieser Signale werden die von der Schutzsoftware nachgebildeten Temperaturkennlinien der Leiter für die augenblickliche Umgebungstemperatur angepasst und als eine Folge hiervon die Strombelastbarkeit der Oberleitung in vielen Fällen erhöht. Auch die augenblickliche Windgeschwindigkeit beeinflusst die Fahrdrahttemperatur. Die Windgeschwindigkeit könnte mit einem geheizten Temperatursensor gemessen werden. Im Gegensatz zur Außentemperatur kann eine nahe dem Unterwerksgebäude gemessene Windgeschwindigkeit nicht als repräsentativ für den gesamten Speiseabschnitt betrachtet werden. Jedoch kann ausgehend von ungefähr 60 °C die in den Komponenten der Anlage erzeugte Stromwärme in Verbindung mit 1 m/s Windgeschwindigkeit angesetzt werden, um die thermisch zulässigen Ströme zu berechnen oder die Zeitkonstante τ des Anlagenschutzes festzusetzen. Thermische Schutzeinrichtungen mit einer direkten Messung der Fahrdrahttemperatur werden in einigen mit DC 2,4 kV betriebenen Industriebahnanlagen [9.4] verwendet.

Ein thermischer Überlastschutz ist in Kuppelstellen, die nur mit einem Leistungsschalter ausgerüstet sind, nicht erforderlich, da dort eine Summierung der Ströme nicht möglich ist und die Oberleitung durch den entsprechenden Schutz in den speisenden Unterwerken geschützt wird.

Der thermische Überlastschutz ist nur einem bestimmten Abzweig des Unterwerkes zugeordnet. Damit der thermische Überlastschutz wirksam bleibt, muss das einseitige Speisen eines Oberleitungsabschnittes über mehrere Unterwerksabzweige ausgeschlossen werden, weil die insgesamt fließenden Ströme und die daraus resultierenden Temperaturen wegen der betrieblich erforderlichen Anordnungen und Einstellungen der Schutzeinrichtungen nicht erfasst würden.

Auf bestimmten Bahnstrecken sind zusätzliche Verstärkungsleitungen nur auf einem Teil der gesamten Länge vorhanden, z. B. auf zwei Drittel der gesamten Länge, da die Stromtragfähigkeit der Oberleitung allein ausreicht, um die Fahrzeuge in den verbleibenden Streckenabschnitten zu speisen. Der thermische Überlastschutz wird in diesem Fall für eine höhere Stromtragfähigkeit der Oberleitung zusammen mit der Verstärkungsleitung eingestellt, um deren Übertragungsfähigkeit auch voll zu nutzen.

Unter diesen Bedingungen können Überlasten in den Abschnitten ohne Verstärkungsleitungen nicht vollständig erkannt werden, mit der Konsequenz, dass selten, hochohmige Fehler, wie lange Lichtbögen und durch den Schotter und Betonmasten mit nur losen Kontakten zur Erde fließende Ströme nicht abgeschaltet werden. Weiter können auch thermische Überlasten einzelner Komponenten wie Hänger, Stromverbinder und Klemmen im ungünstigen Fällen sowie Kurzschlüsse über benachbarte Stromabnehmer nicht völlig ausgeschlossen werden. Diese Schäden können durch entsprechende Auslegung der Querschnitte, Längen und Abstände der Komponenten minimiert werden. Zusätzliche Maßnahmen können bei rückspeisefähigen Fahrzeugen erforderlich werden.

9.1.2.6 Weitere Komponenten in digitalen Schutzeinrichtungen

Einige Bahnbetreiber verwenden *digitale Schutzeinrichtungen* mit einem zweistufigen Leistungsschalterfehlerschutz, der prüft, ob der fließende Strom nach einem Aus-Befehl für einen bestimmten Abzweig unterbrochen wurde [9.2]. Falls das nicht der Fall ist, tritt eine Reserveauslösung des Leistungsschalters nach einer einstellbaren Zeit, z. B. 100 ms, ein. Wenn der Strom nach ungefähr 150 ms immer noch fließen würde, sendet das Relais einen Befehl an den übergeordneten Schutz zum sofortigen Ausschalten aller die Betriebssammelschiene speisenden Mittelspannungsleistungsschalter und an den Leistungsschalter auf der Hochspannungsseite der Transformatoren.

Die digitale Schutzeinrichtung sendet bei einer Störung eine Meldung, die es dem Schaltdienstleiter ermöglicht, eine Reservespeisung einzuleiten. Spannungslose Abschnitte sind möglichst zu vermeiden, da sie zu Schäden durch Lichtbögen führen können, wenn ein elektrisches Triebfahrzeug über die Trennung zwischen den Abschnitten mit und ohne Spannung fährt. Wenn der Oberleitungsschutz in einem Unterwerk versagt, wird ein Kurzschluss vom übergeordneten Schutz erkannt und eine Abschaltung eingeleitet.

Der Oberleitungsschutz enthält auch Möglichkeiten zur Ferneinstellung der Impedanzstufen und des Überlastschutzes über die Netzleittechnik. Die Anpassung an höhere Impedanzen oder geringere Stromwerte für die thermische Belastbarkeit wird im Falle von zweigleisigen Strecken verwendet, die zeitlich begrenzt bei Reparaturen oder Störungen nur eingleisig befahren werden.

Mehrere fernjustierbare Parametereinstellungen für alle Schutzstufen in den digitalen Schutzgeräten ermöglichen Ersatzspeisungen für Abschnitte mit abweichenden Impedanzen, zulässigen Laströmen und abweichender Anzahl der speisenden Transformatoren. Diese digitalen Schutzgeräte, die seit 1990 in zunehmendem Maß in elektrischen Bahnanlagen verwendet werden, bieten die Möglichkeit, mit schnelleren Prozessoren, genaueren analog/digital Wandlern und Hochleistungs-Speicherchips [9.2, 9.5] die Funktionalitäten zu erweitern und zu verbessern. Zusätzlich zu denen bereits beschriebenen Funktionen verfügen sie über

- umfangreiche Möglichkeiten zur Parametereinstellung und zum Betrieb über interaktive PC und ein an der Vorderseite des Schutzgerätes befindliches Vor-Ort-Bedienfeld,
- eine Anzeige der Betriebsmesswerte,
- die Berechnung des Fehlerortes durch Verwendung der Reaktanzwerte und die Darstellung des Fehlerortes auf einem Computerbildschirm,
- die *automatische Wiedereinschaltung* für den Leistungsschalter nach einer Schutzauslösung,
- das Aufzeichnen und Ausgeben von Daten und Messwerten mit der Zeitkennung für mehrere parallele Schadensfälle,
- das Aufzeichnen von Betriebs- und Störungsdaten und der betrieblichen Diagnose für die Analyse der Störungen,
- eine hohe Zuverlässigkeit durch Selbstüberwachung der Hardware, Software und der externen Wandlerstromkreise und
- Datentransfer zur Stationsleittechnik über serielle Schnittstellen.

Abschirmmaßnahmen und der Schutz gegen transiente Überspannungen sind notwendig, um die Mikroprozessoren gegen elektromagnetische Einwirkungen in den Unterwerken zu schützen [9.6].

Die Funktionen des *Fahrleitungsschutzes* und der *Unterwerkssteuertechnik* können in einem Gerät zusammengefasst oder mit getrennter Hardware ausgeführt werden, um für Redundanz zu sorgen. Eine separate Funktions- und Gerätetrennung vor Ort zwischen der Steuertechnik und der Schutztechnik ist bei vielen Bahnbetreibern aus Zuverläs-

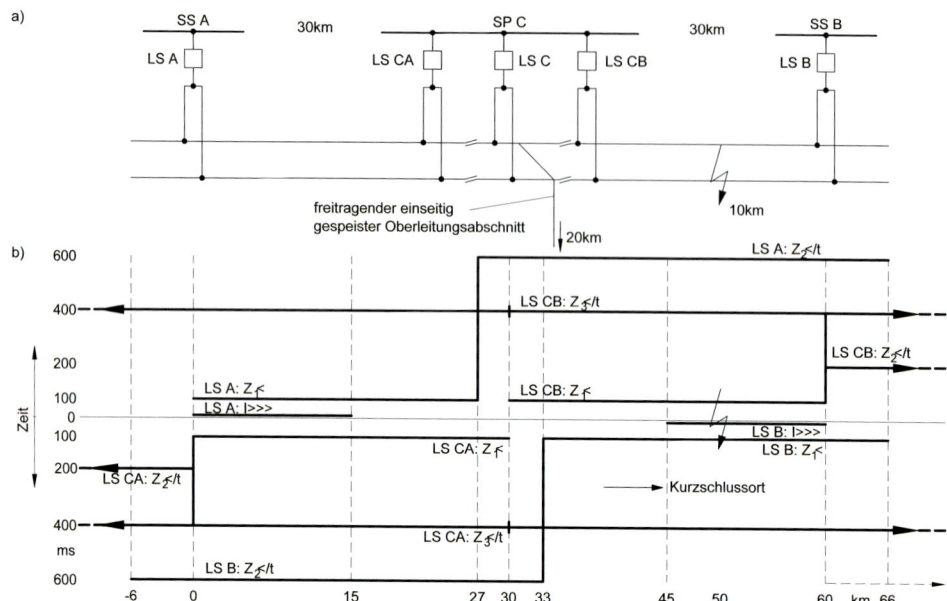

Bild 9.4: Staffelplan für den Fahrleitungsschutz, wobei die Schutzeinstellungen, die am Unterwerk A beginnen und zum Unterwerk B laufen, oben und solche, die im Unterwerk B starten unten von der Zeitachse 0 aus ausgesehen, dargestellt sind. a) Übersichtsschaltplan der Strecke, b) selektiver Staffelplan, Uw Unterwerk, SP Schaltposten, LS Leistungsschalter

sigkeitsgründen vorhanden. Der Fahrleitungsschutz ist in getrennten Schränken oder in Nischen gekapselter Schaltanlagen untergebracht und über abgeschirmte Kupferkabel verbunden. Für die Übertragung von Informationen zur Stationsleittechnik, wie Messwerte bei Störungen, die nicht schnellstmöglich benötigt werden, ist die Ankopplung des digitalen Schutzes über serielle Schnittstellen oder Datenbusse mit Lichtwellenleitern sinnvoll. Diese Anordnung, die seit den neunziger Jahren bei einigen Bahnbetreibern verwendet wird, verringert den Aufwand für die Verkabelung [9.7].

9.2 Schutzeinstellungen

9.2.1 Einführung

Im Folgenden werden die Funktion des Oberleitungsschutzes und die Schritte für die Wahl der *Staffelwerte* für die selektive *Schutzeinstellungen* erläutert. Entnommen aus der Veröffentlichung [9.1], wurde das Beispiel einer mit AC betriebenen, 60 km langen zweigleisigen Hauptstrecke mit quergekuppelten Oberleitungen zwischen den Unterwerken A und B (Bild 9.4a). Der Schaltposten C in der Mitte zwischen den beiden Unterwerken versorgt einseitig eine 20 km lange, eingleisige Stichstrecke und die Bahnhofschaltgruppen.

Mit dem im Bild 9.4b) dargestellten Staffelplan wird die Funktion des Schutzes im Falle eines Kurzschlusses ohne Übergangswiderstand in 10 km Entfernung zum Unterwerk B erläutert. Der Staffelplan enthält die in die Oberleitung einspeisenden Leistungsschalter A, B, CA und CB.

9.2.2 Distanz- und Hochstromstufen

Ein Oberleitungsschutzrelais ist für jeden der Leistungsschalter innerhalb des Streckenabschnittes vorhanden. Die Schutzrelais der Leistungsschalter CA und CB im Schaltposten für die Abzweigstrecke enthalten drei Impedanzstufen.

Die Basiseinstellungen der Impedanzen für alle Relais, mit Ausnahme für den Leistungsschalter C, sind bei dieser gewählten symmetrischen Anordnung und der Fahrleitung Sicat S1.0 ohne Verstärkungs- und Rückleitung mit einem Impedanzbelag von $0{,}124\,\Omega/\text{km}$:

- für die erste Impedanzstufe gerichtet und unverzögert:
    - im Unterwerk $Z_1 = 0{,}124\,\Omega/\text{km} \cdot 0{,}9 \cdot 30\,\text{km} = 3{,}35\,\Omega$,
    - im Schaltposten $Z_1 = 0{,}124\,\Omega/\text{km} \cdot 1{,}0 \cdot 30\,\text{km} = 3{,}72\,\Omega$.

    Die erste Impedanzstufe wird also aus Selektivitätsgründen mit dem Faktor 0,9 auf 90 % der Streckenimpedanz eingestellt, um nicht Fehler im benachbarten Abschnitt zu erfassen.
- für die zweite Impedanzstufe, die gerichtet in beiden Unterwerken und im Schaltposten betrieben wird: $Z_2 = 0{,}124\,\Omega/\text{km} \cdot 1{,}1 \cdot 60\,\text{km} = 8{,}18\,\Omega$.

    Die zweite Impedanzstufe ist mit einem Faktor 1,1 versehen, um mit Sicherheit alle Fehler im gesamten Speiseabschnitt erkennen zu können.
- im Unterwerk im Falle eines erkannten Kurzschlusses durch die Anfahrstromstufe z. B. 600 ms verzögert, im Schaltposten auf 200 ms verzögert. Wenn die Anfahrstufe keinen Kurzschluss erkennt, wird die Ausschaltung nach ungefähr 60 s eingeleitet.
- die dritte Impedanzstufe im Schaltposten wird nicht gerichtet betrieben und auf $8{,}18\,\Omega$ mit 400 ms Verzögerung eingestellt und mit einer Anfahrschutzstufe ausgerüstet.

Die gewählte Z_2-Einstellung würde einen lang andauernden höchsten Betriebsstrom von

$$I_{\text{B max}} = 17{,}25\,\text{kV}/(8{,}18\,\Omega + 1{,}5\,\Omega) = 1{,}78\,\text{kA}$$

bei der kleinsten Betriebsspannung

$$U_{\text{B min}} = 17{,}25\,\text{kV} - (1{,}5\,\Omega \cdot 1{,}78\,\text{kA}) = 14{,}77\,\text{kV}$$

gestatten, wobei die Quellenimpedanz $Z_q = 1{,}5\,\Omega$ berücksichtigt wurde, die den speisenden Einrichtungen Rechnung trägt. Der Ansprechstromwert für den Hochstromschutz sollte sein:

$$I_{\text{E}} = 17{,}25\,\text{kV}/(1{,}5\,\Omega + 0{,}5 \cdot 30\,\text{km} \cdot 0{,}124\,\Omega/\text{km}) = 5{,}13\,\text{kA}.$$

Diese Schutzstufe verwendet den Faktor 0,5 für die Impedanz, um Kurzschlüsse ohne Übergangswiderstand, die in der ersten Hälfte der zu schützenden Strecke auftreten, zu erfassen. Faktoren mit 0,9 bis 0,95 erweitern den Schutz auf 90 % oder 95 % der Strecke, führen aber zu entsprechend niedrigeren Schwellenwerten von 3,56 kA oder 3,43 kA. Bei zu geringen Ansprechströmen können bereits der Magnetisierungsstromstoß der Triebfahrzeugtransformatoren bei wiederkehrender Spannung oder ein außerhalb des Schutzbereichs liegender Kurzschluss mit Gleichstrom zur Auslösung führen.

Wenn der tatsächliche Kurzschlussstrom geringer ist als der eingestellte Wert, wird die Hochstromschutzstufe des Schutzrelais des Leistungsschalters B nicht ansprechen. Wenn $I_K > 5{,}13$ kA, das heißt höher als der eingestellte Wert im diskutierten Beispiel, dann wird der Aus-Befehl durch die Hochstromstufe an den Leistungsschalter B gegeben.

Zum Ausschalten eines Kurzschlusses auf den verbleibenden Speiseabschnitten wird der Leistungsschalter durch die erste Impedanzstufe mit ungefähr 30 ms Befehlszeit bei der Frequenz 16,7 Hz oder mit der entsprechenden selektiven Abschaltzeit ausgelöst. Im Falle von Kurzschlüssen ohne Übergangswiderstand sorgt die erste Impedanzstufe für

– Ortung aller Fehler, die näher als 90 % der Streckenlänge, das sind 27 km von den Unterwerken A oder B entfernt sind, und
– das Erkennen aller Fehler auf Strecken, die durch den Schaltposten C geschützt werden, da die erkannte Impedanz immer kleiner sein wird als der gewählte Einstellwert.

Im Beispiel mit $I_K > 5{,}13$ kA im Unterwerk B leitet jeweils die erste Impedanzstufe das Ausschalten des Leistungsschalters CB im Schaltposten C innerhalb von ungefähr 30 ms Kommandozeit ein und zusätzlich zur Hochstromstufe wird das Ausschalten des Leistungsschalters B im Unterwerk B eingeleitet. Die Oberleitung zwischen dem Unterwerk B und dem Schaltposten C ist damit selektiv abgeschaltet und der Bahnhof und die Strecke C bleiben unter Spannung.

Wenn Kurzschlüsse mit Übergangswiderstand auftreten, ist eine Schnellabschaltung nicht gesichert, insbesondere nicht im Falle von Fehlern am Ende des zu schützenden Oberleitungsabschnittes. Die Abschaltung der Leistungsschalter wird im diesem Fall mit einer selektiven Verzögerungszeit mit Hilfe der zweiten Impedanzstufe durchgeführt, vorausgesetzt, dass die Summe der Leitungsimpedanz und des Übergangswiderstandes nicht den eingestellten Wert überschreitet. Bis heute sind Impedanzmessmethoden einschließlich Vorsorge für Lichtbögen im Oberleitungsschutz wegen der erforderlichen komplexen Berechnungen und der daraus resultierenden Erweiterung der Relaisreaktionszeit nicht vorhanden.

Die zweiten Impedanzstufen in den Abzweigen A und CA erkennen eine Impedanz, die geringer ist als der eingestellte Wert $8{,}18\,\Omega$. Da die erste Impedanzstufe den Leistungsschalter CB unverzögert abgeschaltet hat, lösen die Leistungsschalter A und CA wegen des vorher abgeschalteten Leistungsschalters CB und der falschen Richtung des Energieflusses nicht aus.

Wenn der Kurzschluss zwischen Kilometer 27 und 30 vom Unterwerk B betrachtet auftreten würde, würde die zweite Impedanzstufe das Abschalten des Leistungsschalters B nach 600 ms auslösen. Wenn andererseits der Kurzschluss nahe dem Unterwerk B auftreten und einen Übergangswiderstand aufweisen würde, würde das Abschalten des Leistungsschalters C durch die Staffelstufe des Schalters CB eingeleitet werden. Jedoch führt das Relais CA den gleichen Strom und wird bei der gleichen Spannung abgeschaltet. Um ein unerwünschtes, nicht selektives Ausschalten des Leistungsschalters CA zu vermeiden, müssen die zweite Impedanzstufe von CA und auch die von CB gerichtet betrieben werden mit der Auslöserichtung: Energiefluss von der Sammelschiene. Dann würde in diesem Beispiel nur der Leistungsschalter CB auslösen und der Leistungsschalter CA bleibt eingeschaltet mit der Folge, dass der Bahnhof C und die dort beginnende Oberleitung unter Spannung bleiben. Wenn das Relais oder der Leistungsschalter CB im Falle des ursprünglichen Fehlers oder im letztbeschriebenen Fehler versagen würde, sollte der Leistungsschalter CA auslösen, um die Strecke zwischen A und C, gespeist über den Leistungsschalter A, unter Spannung zu halten. Das Auslösen des Leistungsschalters CA mit der ersten, selektiven Stufe oder sogar mit der Schnellschaltstufe ist wegen der falschen Richtung des Energieflusses nicht möglich. Um jedoch diesen Fehler in allen Fällen zu beherrschen, wird die dritte Impedanzstufe für den Leistungsschalter CA wirksam werden, der den Fehler ungerichtet nach 400 ms abschaltet. Die selektive Abschaltzeit der zweiten Impedanzstufe in A und B muss daher mindestens auf 600 ms eingestellt werden, um dem Abschalten über den Schaltposten Vorrang einzuräumen.

Wenn die zweiten Impedanzstufen der Unterwerke und des Schaltpostens mit den gleichen selektiven Abschaltzeiten gerichtet betrieben würden, würde der gesamte Leitungsabschnitt zwischen den Unterwerken A und B nicht selektiv abschaltet werden, da der Leistungsschalter A ebenso ausgeschaltet würde. Bei der hier beschriebenen Schaltung arbeitet der Schaltposten C als Kuppelstelle, da der Leitungsabschnitt C keinen Strom einspeist. Die ungerichtete *Hochstromstufe* $I \ggg$ wird für die Leistungsschalter CA und CB nicht aktiviert, da sie den gleichen Strom im Falle von Kurzschlüssen in den Abschnitten CA nach A und CB nach B führen würden und daher immer ein Leistungsschalter nicht selektiv abschalten würde. Entsprechend tritt das gleiche Problem im Falle des Hochstromzeitschutzes und des Reserveschutzes auf. Für den Leistungsschalter C ist die Hochstromstufe $I \ggg$ zu nutzen, da sich dort im Falle von Fehlern innerhalb des Abschnittes C die Ströme der Unterwerke A und B überlagern würden.

Die Einstellimpedanzen für das Relais des Leistungsschalters C der eingleisigen Strecke, die von einem Ende aus gespeist wird, müssen eine längenbezogene Impedanz von ungefähr $0{,}214\,\Omega/\text{km}$ für die Bauart Sicat S1.0 ohne Verstärkungsleitung oder ohne Rückleiter und den Faktor 1,1 für die erste und zweite Impedanzstufe berücksichtigen. Deshalb gilt für die erste und zweite Impedanzstufe: $Z_{e1} = 1{,}1 \cdot 0{,}214\,\Omega/\text{km} \cdot 20\,\text{km} = 4{,}71\,\Omega$.

Im Falle eines Versagens des Schutzes oder des Leistungsschalters C sorgen die dritten Impedanzstufen der Leistungsschalter CA und CB für das Ausschalten zum Beispiel nach 400 ms. Die Impedanzstufen der Unterwerke können Fehler auf dem freitragenden Leitungsabschnitt bei den eingestellten Werten nur erkennen, wenn sie nahe dem Schaltposten C auftreten. Jedoch ist hierfür eine erhöhte Selektivabschaltzeit von 600 ms erforderlich. Längere Impedanzeinstellwerte sind häufig wegen der hohen Betriebsströme nicht akzeptabel. Im Falle von Kuppelstellen kann die dritte Impedanzstufe ein zweites Schutzrelais, das für den gerichteten Betrieb und die selektive Kurzschlusserkennung notwendig wäre, überflüssig machen. Die erste und zweite Impedanzstufe arbeiten dann gerichtet und unverzögert für den einen oder anderen Leitungsabschnitt und die dritte Impedanzstufe wird ungerichtet betrieben, jedoch mit einer dritten selektiven Abschaltzeit.

Der Vorteil einer getrennten Bahnhofseinspeisung am Schaltposten C zwischen den Unterwerken wird durch den Fall des Abschaltens des Leistungsschalters CB infolge eines Dauerkurzschlusses und das Fahren eines elektrischen Triebfahrzeuges in den kurzschlussbehafteten Abschnitt deutlich, da der neu fließende Kurzschlussstrom durch das Auslösen des Leistungsschalters CA und nicht durch den Leistungsschalter A abgeschaltet wird. Der Abschnitt zwischen dem Unterwerk A und dem Schaltposten C bleibt unter Spannung.

Wenn im obigen Beispiel das Relais des Leistungsschalters B versagen würde, würde der abzweigbezogene Reserveschutz, wie oben beschrieben, als *UMZ-Schutz* wirksam werden oder andererseits auch der Summenstromschutz, wie in Kapitel 1 beschrieben. Dieser übergeordnete Schutz schaltet alle Leistungsschalter, die mit den Sammelschienen des Unterwerks B verbunden sind, und damit auch die Leistungsschalter der Transformatoren ab. Dieser seltene Ausschaltvorgang hat den Nachteil, dass das gesamte Unterwerk ohne Spannung ist.

9.2.3 NOT-UMZ- und Reserveschutz

Bei Ausfall der Wandlerspannung, die für den Distanzschutz erforderlich ist, würde eine *Notfall-Maximalstrom-Schutzstufe* angeregt werden, die nicht von dieser Spannung abhängt. Diese Schutzstufe ist als eine unabhängige Überstromzeitschutzstufe ausgelegt. Eine angemessene Schutzeinstellung kann nur in Form eines Kompromisses zwischen der absolut notwendigen und der wünschenswerten Fehlererkennung gefunden werden, ähnlich den beschriebenen $Z<$-Staffelstufen:

– Es ist notwendig, dass alle Fehler innerhalb des gesamten Speiseabschnittes des Schutzrelais erkannt werden. Dies bestimmt den Höchstwert der Einstellung $I>$.
– Jedoch wäre es vorteilhaft, wenn die NOT-UMZ-Stufe auch Fehler in den benachbarten Leitungsabschnitten erkennen würde, wenn diese nicht abgeschaltet werden. Eine Begrenzung ist durch den maximal zu erwartenden Betriebsstrom gegeben.

Als ein Beispiel ergibt sich der primäre maximale Einstellwert aus

$$I_{e\,max} = \frac{U_{B\,min}}{1{,}25 \cdot Z_1} = \frac{14{,}77\,\text{kV}}{1{,}25 \cdot 30\,\text{km} \cdot 0{,}124\,\Omega/\text{km}} = 3{,}18\,\text{kA}$$

basierend auf den im Zusammenhang mit der Einstellung der Distanz- und Hochstromstufen für die Unterwerke beschriebenen Werten mit 25 % Sicherheitszuschlag. Als Kleinstwert wird der höchste Betriebsstrom für den gleichen Leitungsabschnitt verwendet:

$$I_{e\,min} = I_{B\,max} = 1{,}78\,\text{kA}.$$

Der Einstellwert $I_e = 2{,}5\,\text{kA}$ wird als ein mittlerer Wert von $I_{e\,max}$ und $I_{e\,min}$ gewählt. Die selektive Ausschaltzeit wird mit 400 ms oder 600 ms eingestellt, also über die Staffelstufen im Schaltposten. Beim Einstellen der NOT-UMZ-Stufe im Schaltposten muss unterschieden werden zwischen den gleich einzustellenden Schutzrelais für die Strecken CA und CB und dem Schutzrelais für die freitragende Strecke C.

Für die Schutzrelais CA und CB gilt das Folgende:

$$I_{e\,max} = \frac{U_{B\,min}}{1{,}25 \cdot (Z_{CA} + Z_{CB})} = \frac{14{,}77\,\text{kV}}{1{,}25 \cdot (30\,\text{km} + 30\,\text{km}) \cdot 0{,}124\,\Omega/\text{km}} = 1{,}59\,\text{kA},$$

da sie in der Lage sein müssen, Fehler auch nahe den Unterwerken zu erkennen. Dieser Wert wird für die Einstellung gewählt. Er liegt unterhalb des Stromes $I_{B\,max} = 1{,}78\,\text{kA}$, wie er für die Unterwerke berechnet wurde. Dies kann jedoch akzeptiert werden, da die Lastspitzen wahrscheinlicher vom benachbarten Unterwerk gedeckt werden als vom weiter entfernt liegenden Einspeisepunkt über den Schaltposten.

Die Einstellung $I>$ des NOT-UMZ-Schutzes für den Abzweig C wird für den Fehlerstrom für am speisenden Leitungsende erhalten:

$$I_{e\,max} = \frac{U_0}{0{,}5 \cdot (Z_q + Z_{CA}) + Z_C} = \frac{17{,}25}{0{,}5 \cdot (1{,}5 + 30 \cdot 0{,}124) + 20 \cdot 0{,}214} = 2{,}5\,\text{kA}.$$

Wegen der Einheitlichkeit der Einstellungen wird für dieses Relais auch der Schwellenwert 1,59 kA gewählt. Die Zeitverzögerung der Relais CA und CB wird mit 400 ms angesetzt. Diese Einstellungen ordnen dem intakten Schutzrelais Priorität für das selektive Fehlerabschalten durch die Leistungsschalter oder die erste Staffelstufe zu. Wenn jedoch wegen des Fehlers des gemeinsamen Spannungswandlers die Distanzstufen aller Relais unwirksam sind, kann Selektivität zwischen CA und CB nicht erreicht werden. In diesem Fall schalten die Leistungsschalter CA und CB gleichzeitig ab. Im Abzweig C kann die NOT-UMZ-Stufe unverzögert auslösen, da keine Selektivitätsprobleme gegeben sind.

Für den abzweigbezogenen Reserveschutz werden UMZ-Schutzrelais verwendet. Die Stromwerte werden wie im Fall der NOT-UMZ-Stufe berechnet und eingestellt. Die folgenden Überlegungen gelten für selektive Ausschaltzeiten:

– Wenn der Reserveschutz nur aktiviert wird, falls der Hauptschutz versagt hat, werden die gleichen Befehlszeiten gewählt wie bei der NOT-UMZ-Stufe.
– Wenn der Reserveschutz dauernd im Betrieb ist – d. h. unabhängig von der Verfügbarkeit des Hauptschutzes – müssen die Kommandozeiten um mindestens 200 ms gegenüber der NOT-UMZ-Stufe erhöht werden. Damit bleibt die Priorität für die Hauptschutzstufen erhalten.

9.2.4 Überlastschutz

Nach der Tabelle 7.12 beträgt der zulässige Dauerstrom einer Fahrleitung der Bauart Sicat S1.0 660 A für 16,7 Hz-Betrieb mit einem neuen Fahrdraht und 1 320 A für eine zweigleisige Strecke. Eine Überlastung der Fahrleitungen kann nur durch wie oben berechnete Kurzschlussstromwerte und entsprechende, daraus abgeleitete Einstellwerte der Relais nicht vollständig ausgeschlossen werden. Es gibt dann einen ungeschützten Strombereich zwischen den Unterwerken zwischen der zulässigen Last 1 320 A und dem Schwellenwert der zweiten Impedanzstufe 1 780 A. In diesem Fall kann Abhilfe erreicht werden durch einen Überlastschutz, wie er im Abschnitt 9.1.2.5 beschrieben ist. Dieser

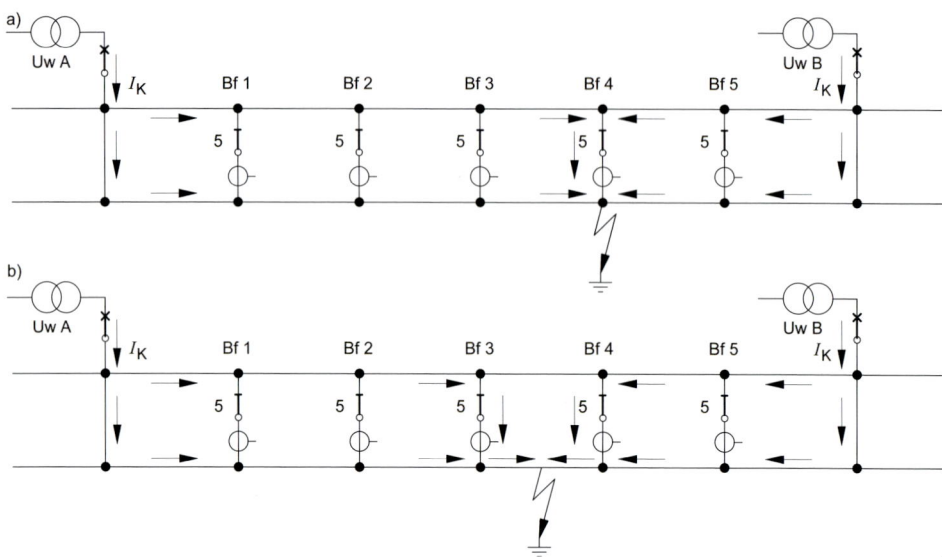

Bild 9.5: Zweigleisige Strecke mit Kurzschlussmeldewandlern in der Querverbindung [9.1].
a) Kurzschluss im Bahnhof 4; b) Kurzschluss auf der freien Strecke zwischen den Bahnhöfen 3 und 4

Schutz wird auf die zulässige Endtemperatur des Fahrdrahtes eingestellt, die im Beispiel 80 °C beträgt und sich aus den beschriebenen, dauernd zulässigen Dauerströmen ableitet. Zusätzlich muss die Zeitkonstante für die Erhitzung und Abkühlungen berücksichtigt werden. Dieser Wert kann grob mit 9 min für 100 mm² Kupferfahrdraht und bei 40 °C und 1,0 m/s Windgeschwindigkeit angenommen werden.

Der durch den Oberleitungsschutz angeregte Auslösungsbefehl steht so lange an, bis der Fahrdraht auf den einstellbaren Wiedereinschaltwert abgekühlt ist. Während dieser Zeit, die ungefähr zwischen 10 und 60 s liegt und wie die Zeitkonstante von der Umgebungstemperatur abhängt, kann der Leistungsschalter nicht wieder eingeschaltet werden. Aus dem Beispiel ist zu erkennen, dass im Schaltposten C der Überlastschutz für den einseitig gespeisten Abschnitt unbedingt erforderlich ist. Für die anderen Abzweige ist der in den Unterwerken installierte Überlastschutz ausreichend, da keine zusätzlichen Zwischeneinspeisungen vorhanden sind.

9.2.5 Fehlerortung

Die Stelle von Dauerkurzschlüssen muss so schnell als möglich gefunden und mit Hilfe der Oberleitungstrennschalter abgetrennt werden. Dies macht den weiteren elektrischen Betrieb auf den ungestörten Leitungsabschnitten, die Suche nach der Fehlerursache und die auszuführenden Reparaturen möglich. Genaue und zuverlässige *Fehlerortung* ist wichtig und wird bei der DB durch ein Kurzschlussortungsverfahren mit Hilfe der Stromwandler erreicht. An zweigleisigen Strecken sind diese Stromwandler mit einem Übersetzungsverhältnis 600:1 oder 1 200:1 hauptsächlich an den Masttrennschaltern der Querkupplungen angeordnet, d. h. im Strompfad, der zwei Oberleitungshauptgruppen miteinander verbindet (Bild 9.5). Bei Kurzschluss fließt ein beträchtlich höherer Strom als bei normalen Betriebsbedingungen über die Stromwandler, die dem Kurzschlussort am nächsten sind. Die Kurzschlusserkennungsrelais, die mit den Sekundärwindungen der Stromwandler verbunden sind, registrieren diese hohen Ströme und senden eine Meldung über eine lokale Steuereinheit und das zugeordnete Fernwirksystem an die für diesen Leitungsabschnitt zuständigen Zentralschaltstelle. Das ermöglicht zusammen mit den Angaben über die ausgelösten Leistungsschalter eine grobe Bestimmung des Fehlerortes zwischen den Orten der Stromwandler mit dieser Meldung.

Auf eingleisigen Strecken mit einer einseitigen Einspeisung liegt die Fehlerstelle jenseits des letzten den Kurzschluss meldenden Wandlers. Im Falle von eingleisigen Strecken mit zweiseitiger Einspeisung wird der Fehlerort zwischen den beiden Wandlern liegen, die einen Wechsel im Energiefluss angezeigt haben. Jedoch sind weitere Verfahren notwendig, um einen Kurzschluss in einer der Nebengruppen im Bahnhof oder in einer der Bahnhofshauptspeisegruppen oder auf der freien Strecke zu erkennen. Diese Aufgabe wird mit Oberleitungstrennschaltern entweder durch die Prüfung der Oberleitung mit automatischen Schaltprogrammen in der Zentralschaltstelle oder schrittweise manuell gelöst.

Die Auswertung der durch die digitalen Schutzrelais (siehe Abschnitt 9.1.2.5) gesammelten Messdaten und die vor und während des Kurzschlusses bis zur Abschaltung aufgezeichneten Impedanzen sind ein wirksames Hilfsmittel. Solche Geräte können die Daten von mehr als einem Fehlerereignis archivieren. Um den Fehlerort zu bestimmen, wird die Reaktanz verwendet. Das Ergebnis ist ein Widerstands- oder Abstandswert. Solche Einrichtungen erreichen 500 m Toleranz bei 30 km Abschnittslänge. Wenn jedoch die Hochstromschnellstufe ausgelöst hat, ist es technisch nicht möglich, den Fehlerort zu bestimmen.

Automatische und möglichst genaue Fehlerortung zusammen mit einer geeigneten Berichtsmethode vermindert die Auszeit beträchtlich, da das Reparaturteam in der Lage ist, direkt zum Fehlerort zu fahren. Die Nichtverfügbarkeit der Anlage infolge wiederholter, vorübergehender Kurzschlüsse wird ebenfalls vermindert, da präventive oder korrektive Maßnahmen unmittelbar durchgeführt werden können.

9.3 Literatur

9.1 *Biesenack, H. u. a.*: Energieversorgung elektrischer Bahnen. Verlag B. G. Teubner, Wiesbaden, 2006.

9.2 *Braun, W.; Kinscher, J.*: Innovatives Schutz- und Steuergerät für AC-Bahnenergieversorgung. In: Elektrische Bahnen, 105(2007)6, S. 440–447.

9.3 *Cinieri, E. et al.*: Protection of high-speed railway lines in Italy against faults. In: Elektrische Bahnen, 105(2007)1, S. 81–90.

9.4 *Orzeszko, S.*: Schutztechnik bei Einphasen-Wechselstrombahnen am Beispiel der Deutschen Bundesbahn. In: Elektrische Bahnen, 80(1982)9, S. 264–270.

9.5 *Braun, H.-J.; Liebach, T.; Schneerson, E.*: Digitalschutz für Bahnenergienetze. In: Elektrische Bahnen, 97(1999)1-2, S. 32–39.

9.6 *Girbert, K.-H.; Orzeszko, S.; Schegner, P.*: Digitaler Schutz für 16 2/3-Hz-Oberleitungsnetze. In: Elektrische Bahnen, 92(1994)6, S. 183–190.

9.7 *Rattmann, R.; Walter, S.*: Zweite Generation 16 2/3-Hz-Normschaltanlagen der Deutschen Bahn. In: Elektrische Bahnen, 96(1998)9, S. 277–284.

10 Zusammenwirken von Stromabnehmer und Oberleitung

10.0 Symbole und deren Bedeutung

Symbol	Bezeichnung	Einheit
A	Querschnitt	mm^2
A_n	Koeffizient einer Reihe	–
C_n	Koeffizient einer Fourierreihe	–
C_1n	Koeffizient einer Fourierreihe	mm
C_2n	Koeffizient einer Fourierreihe	mm
C_D	Dämpfung	Ns/m
D_ν	Dämpfungsglied	%
F_0	Kontaktkraft Stromabnehmer/Fahrdraht	N
$F_{1,2}$	Kontaktkraft am voraus- (1) und nachlaufenden (2) Stromabnehmer	N
$F_{1,2,3,4}$	Auflagerreaktion an den Schleifstücken	N
F'_FD	Reaktionskraft am Fahrdraht	N
F_Kontakt	korrigierte Kontaktkraft	N
F_R	Reibungskraft im Stromabnehmermodell	N
F_S	Reaktionskraft an einem Stromabnehmer	N
F_Seil	Kraft im Seil zum Fixieren der Schleifstücke	N
F_SI	Reaktionskraft am vorauslaufenden Schleifstück	N
F_SII	Reaktionskraft am nachlaufenden Schleifstück	N
F'_TS	Reaktionskraft am Tragseil	N
F_a	Beschleunigungskraft eines Fahrdrahtelements	N
F_aero	aerodynamische Kontaktkraft	N
$F_\mathrm{dynamisch}$	dynamische Kontaktkraft	N
F_gemessen	gemessene Kontaktkraft	N
F_i	Reibungskraft im Stromabnehmer	N
F_m	mittlere Kontaktkraft	N
F_msz	Beschleunigungskraft des Schleifstücks	N
F_P	Reaktionskraft an einer Masse	N
F_statisch	statische Kontaktkraft	N
F_v	Reaktionskraft	N
F_x	Kontaktkraft am Stromabnehmer	N
F_y	Rückstellkraft eines Fahrdrahtelements	N
F_z	auf das Schleifstück wirkende Kraft	N
H_0	Zugkraft in einem Draht	N, kN
H_FD	Fahrdrahtzugkraft	N, kN
H_TS	Tragseilzugkraft	N, kN

Symbol	Bezeichnung	Einheit
K_i	Federsteifigkeiten im Stromabnehmer	mm/N
M	Punktmasse, Hängermasse	kg
M_S	Masse des Stromabnehmerkopfes	kg
$M(y)$	Biegemoment des Schleifstücks	Nm
NQ	Lichtbogenzeit bei Höchstgeschwindigkeit	%
$Q(y)$	Querkraft des Schleifstücks	N
S_0	Seitenhalteranhub am Stützpunkt	mm
c	Federkonstante	mm/N
c_p	Wellenausbreitungsgeschwindigkeit	m/s
c_{FD}	Wellenausbreitungsgeschwindigkeit im Fahrdraht	m/s
c_{TS}	Wellenausbreitungsgeschwindigkeit im Tragseil	m/s
d	Dämpfung im Stromabnehmer	kg/s
e	Elastizität der Oberleitung	mm/N
$f_{0,1,1,2}$	Funktion der Wellenbewegung	–
f_n	Frequenz der Ordnung n	Hz
g	Erdbeschleunigung	m/sec^2
k_a	Anzahl der Beschleunigungssensoren	–
k_e	Faktor für die Elastizität des Kettenwerkes	–
k_f	Anzahl der Kraftsensoren	–
k_S	Kalibrierwert für Fahrdrahtlage	mm
l	Länge des betrachteten Fahrdrahtabschnittes	m
l_1	Abstand zwischen den ersten Hängern im Feld	m
$l_{Hä}$	Abstand zwischen Hängern	m
l_{SS}	Abstand der Schleifstückauflager	m
l_y	Länge des durch den Stromabnehmer angehobenen Fahrdrahtabschnitts	m
m'	längenbezogene Leitermasse	kg/m
m_i	Teilmassen eines Stromabnehmers	kg
m_n	modale Massen des Kettenwerkes	kg/m
m'_{FD}	längenbezogene Fahrdrahtmasse	kg/m
m'_S	Masse der Schleifstücke	kg
$m'_{SI,SII}$	Masse der Schleifstücke I und II	kg
m'_{TS}	längenbezogene Tragseilmasse	kg/m
n	Laufindex	–
r	Refelexionsfaktor oder -koeffizient	–
q	Linienlast	N/m
s	Standardabweichung der Kontaktkraft	N
t	Zeit	N/m
t_{arc}	Zeitdauer der Lichtbögen	N/m
s_m	Standardabweichung der Kontaktkraft	N
s_{max}	Standardabweichung der Kontaktkraft bei Höchstgeschwindigkeit	N
u_α	Grenzgeschwindigkeit	m/s
v	Fahrgeschwindigkeit	m/s

Symbol	Bezeichnung	Einheit
$u(t)$	Stufenfunktion	–
x	Fahrdrahtlängskoordinate	m
x_r	Standort einer Fahrdrahtinhomogenität	m
x_t	Standort des Stromabnehmers im Zeitpunkt t	m
$\bar{x}$	Mittelwert der gemessenen Kontaktkräfte	N
y	Fahrdrahtquerauslenkung	mm
y_FD	Fahrdrahtanhub	mm
y_S	Koordinate längs des Schleifstücks	mm
$\hat{y}$	Amplitude einer Sinuswelle	mm
$y_n(t)$	Funktion	–
y_r	Zusatzbewegung eines Massenpunktes	mm
y_stat	statischer Fahrdrahtanhub	mm
$\ddot{z}_\mathrm{S}$	gemessene mittlere Beschleunigung der Schleifstückmasse	m/s^2
$\ddot{z}_{1,2,3,4}$	an der Sensoren gemessene mittlere Beschleunigung	m/s^2
$\Delta F_0'$	Kontaktkraftunterschied	N
α	Neigung des Fahrdrahtanhubs	grd
α_D	Dopplerfaktor	–
γ_A	Verstärkungsfaktor	–
γ_FD	spezifische Fahrdrahtmasse	kg/m^3
ϑ	Hilfsgröße	m^2/s
$\delta(x)$	Diracsche Deltafunktion	–
ϵ	Intervallgrenze	–
$\nu_{1,2}$	erste, zweite Grundfrequenz	Hz
σ_FD	Fahrdrahtzugspannung	N/mm^2
τ	Variable der Zeit	s
θ	Zeitwert	s
ω	Kreisfrequenz	1/s

10.1 Einführung

Das Zusammenwirken von Oberleitung und Stromabnehmer bestimmt die Zuverlässigkeit und Güte der Leistungsübertragung auf die Fahrzeuge. Dieses Zusammenwirken hängt von der Bauart der Stromabnehmer und der Oberleitungen und damit von einer großen Zahl von Parametern ab. Hochgeschwindigkeitsfahrten zeigen, dass das Zusammenwirken von *Stromabnehmern und Oberleitung* von höchster Bedeutung ist, weil die Leistungsübertragung die höchste erreichbare Geschwindigkeit begrenzen kann [10.1]. Objektive Kriterien, die berechnet und empirisch durch Streckenversuche bestätigt werden können, sind für die Beurteilung und Vorhersage des Kontaktverhaltens erforderlich. In der theoretischen Durchdringung des Kontaktverhaltens wurde ein erheblicher Fortschritt erzielt, der durch Kenntnisse aus Simulationen und weiterentwickelten Messmethoden ergänzt wurde. Simulationsverfahren sind besonders wertvoll für die Entwicklung neuer Oberleitungsanlagen und Stromabnehmer für gestiegene Leistungsanforderungen, da Feldversuche nur im begrenzten Umfang möglich sind.

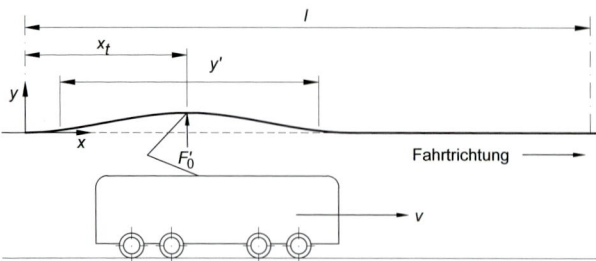

Bild 10.1: Schematische Darstellung des Fahrdrahtanhubs über einem bewegten Stromabnehmer.

Das System Oberleitung-Stromabnehmer soll die Leistung auf die Triebfahrzeuge unter ständigem elektrischen und mechanischen Kontakt, also störungsfrei übertragen; dabei soll die hieraus resultierende Abnutzung des Fahrdrahtes und der Schleifstücke möglichst gering sein.

Das Energieübertragungssystem – und hier vor allem die mit hohen Investitionen verbundene Oberleitung – soll also eine lange Lebensdauer bei einem möglichst geringen Instandhaltungsaufwand erreichen. Die Prüfung und Beurteilung bestehender *Oberleitungsstrecken* anhand der Prüfung des Kontaktverhaltens kann auch dazu dienen, *Schwachstellen* zu erkennen, um sie anschließend gezielt zu beseitigen [10.2].

10.2 Technische Grundlagen

10.2.1 Fahren des Stromabnehmers entlang einer Oberleitung

Ein am Fahrdraht einer Oberleitung laufender Stromabnehmer (Bild 10.1) übt die Kraft F_0 auf die elastische Oberleitung aus und hebt den Fahrdraht an. Wenn ein Triebfahrzeug mit Stromabnehmer steht oder langsam fährt, lassen sich die dynamischen Einflüsse vernachlässigen und der Anhub y am Kontaktpunkt ist gleich dem Produkt der ausgeübten Anpresskraft F_0 und der Elastizität e der Fahrleitung:

$$y_{\text{stat}} = F_0 \cdot e \quad . \tag{10.1}$$

Typische Werte für F_0 und e sind 70 N und 0,5 mm/N für Hochgeschwindigkeitsoberleitungen, woraus sich 35 mm statischer Anhub ergibt. Wie aus dem Bild 10.1 zu erkennen ist die Anhubkurve des Fahrdrahtes bezüglich der Lage des Stromabnehmers symmetrisch und der Fahrdraht ist über die Länge

$$l_y = F_0 / (m'_{\text{FD}} \cdot g) \tag{10.2}$$

angehoben.

Die statische Kraft 70 N hebt somit den Fahrdraht AC-120 auf rund 6,5 m Länge an. Mit zunehmender Fahrgeschwindigkeit wirken dynamische Kräfte, die entlang des Fahrdrahtes in beiden Richtungen vom augenblicklichen Ort des Stromabnehmers wandern. Der Oberleitungsabschnitt, der vom laufenden Stromabnehmer beeinflusst wird, geht damit über den oben bestimmten statischen Bereich hinaus und der Verlauf der Anhubkurve ist nicht mehr symmetrisch (Bild 10.2).

10.2 Technische Grundlagen

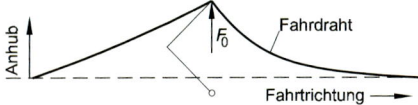

Bild 10.2: Triebfahrzeug mit einem Stromabnehmer unter einem Fahrdraht.

Das Ziel der Untersuchungen ist es, das Verhalten des Fahrdrahtes zu beschreiben, wenn ein Stromabnehmer mit der Anpresskraft F_0 und der Geschwindigkeit v entlang fährt (Bild 10.1). Ein brauchbares Modell des Vorgangs ist eine gespannte Saite ohne Biegesteifigkeit. Alternativ wurde in [10.3] der Fahrdraht als ein elastischer Balken behandelt.

Um die Ausbreitung eines *Querimpulses*, d. h. die örtliche vertikale Bewegung, die durch einen sich längs des Fahrdrahtes bewegenden Stromabnehmers verursacht wird, zu untersuchen, wird der Fahrdraht als ohne Biegesteifigkeit aber mit der Längsspannung σ und der spezifischen Masse γ angenommen (Bild 10.3). Wenn ein Fahrdraht, der mit der Längskraft $H_0 = \sigma A$ gespannt ist, in Querrichtung ausgelenkt wird, erfährt jedes Fahrdrahtelement x die Rückstellkraft F_y:

$$F_y = H_0 \sin(\alpha + d\alpha) - H_0 \sin \alpha \approx H_0 d\alpha \quad . \tag{10.3}$$

Mit $\alpha \sim \tan \alpha = \partial y/\partial x$, folgt $d\alpha \approx dx \cdot (\partial^2 y/\partial x^2)$ und damit für die Rückstellkraft

$$F_y = H_0 \cdot dx \cdot \left(\partial^2 y / \partial x^2\right) = \sigma \cdot A \cdot dx \left(\partial^2 y / \partial x^2\right) \quad . \tag{10.4}$$

Die Masse des Fahrdrahtelementes der Länge dx beträgt $m'_{FD} dx = \gamma_{FD} A\, dx$ und die Beschleunigungskraft wird damit

$$F_a = m'_{FD} dx \left(\partial^2 y / \partial t^2\right) = \gamma_{FD} A\, dx \left(\partial^2 y / \partial t^2\right) \quad . \tag{10.5}$$

Das Gleichgewicht der Kräfte aus (10.4) und (10.5) ergibt

$$\sigma_{FD} A \cdot dx \left(\partial^2 y / \partial x^2\right) - \gamma_{FD} A\, dx \left(\partial^2 y / \partial t^2\right) = 0 \tag{10.6}$$

und schließlich wird die Differenzialgleichung, die die Bewegung des gespannten Fahrdrahtes beschreibt, erhalten zu:

$$\frac{\partial^2 y}{\partial x^2} - \frac{\gamma_{FD}}{\sigma_{FD}} \frac{\partial^2 y}{\partial t^2} = 0 \quad . \tag{10.7}$$

Diese Gleichung ist in der Mechanik als *Wellengleichung* einer gespannten Saite bekannt. Die allgemeine Lösung dieser Gleichung sind beliebige Funktionen der Form

$$y = f(x \pm c_p \cdot t) \quad , \tag{10.8}$$

wobei

$$c_p = \sqrt{\sigma_{FD}/\gamma_{FD}} = \sqrt{H_0/m'_{FD}} \tag{10.9}$$

die *Wellenausbreitungsgeschwindigkeit* darstellt. Für einen Fahrdraht AC-100–Cu gespannt mit 10 kN folgt die Wellenausbreitungsgeschwindigkeit mit $\sqrt{10\,000/0{,}89} = 106$ m/s, was ungefähr 380 km/h entspricht.

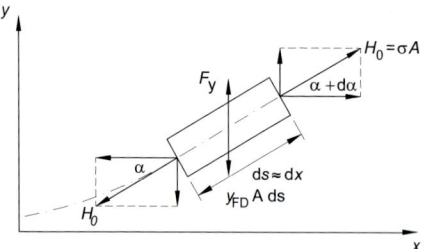

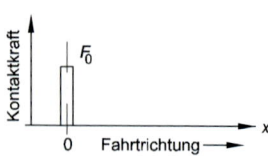

Bild 10.3: Kräftegleichgewicht an einem Fahrdrahtelement.

Bild 10.4: Von einem Stromabnehmer ausgeübte Kontaktkraft.

10.2.2 Verhalten des gespannten Fahrdrahtes bei Belastung mit einer längsbeweglichen, konstanten Kraft

Wie im Abschnitt 10.2.1 beschrieben ist die Kontaktkraft zwischen einem sich bewegenden Stromabnehmer und einer Fahrleitung nicht konstant sondern durch die Reflexionen des schwingenden Fahrdrahtes beeinflusst. Dennoch können einige grundlegende Eigenschaften des Zusammenwirkens zwischen Stromabnehmer und Oberleitung anhand der Annahme einer konstanten Kontaktkraft F_0, die an einer zeitabhängigen Position x_t wirkt, gezeigt werden (Bild 10.1). Mathematisch kann die Kontaktkraft mit Hilfe der *Diracschen Deltafunktion*

$$F_x = F_0 \cdot \delta(x - x_t) \tag{10.10}$$

beschrieben werden. Die Diracsche Deltafunktion ist gekennzeichnet durch die Eigenschaft $\delta(0) = 1$ und $\delta(x \neq 0) = 0$. Bild 10.4 zeigt die Kontaktkraft, die am Punkt $x = x_t$ gleich F_0 ist und 0 in den anderen Oberleitungsabschnitten.
Durch Hinzufügen des Ausdruckes $F_x \cdot \mathrm{d}x = F_0' \cdot \mathrm{d}x \cdot \delta(x - x_t)$ zur Differenzialgleichung (10.7) wird erhalten

$$\frac{\partial^2 y}{\partial t^2} = c_\mathrm{P}^2 \frac{\partial^2 y}{\partial x^2} + \frac{F_0'}{m_\mathrm{FD}'}\delta(x - x_t) \quad . \tag{10.11}$$

Wenn sich das Schleifstück zur Zeit $t = 0$ bei $x = 0$ befindet, ist die Position zur Zeit t

$$x_t = vt \quad . \tag{10.12}$$

Die Deltafunktion kann durch eine *Fourier-Reihe* ersetzt werden, wobei die Beziehung (10.12) als Randbedingung angesetzt wird

$$\delta(x - x_t) = \sum_{n=1}^{\infty} C_n \cdot \sin(n\pi x/l) \quad . \tag{10.13}$$

Dabei sind l die Länge des betrachteten Fahrdrahtabschnittes und

$$C_n = 2/l \cdot \sin(n\pi x_t/l) = 2/l \cdot \sin(n\pi vt/l) \quad . \tag{10.14}$$

10.2 Technische Grundlagen

Durch Einsetzen von (10.13) und (10.14) geht die Gleichung (10.11) über in

$$\frac{\partial^2 y}{\partial t^2} = c_p^2 \frac{\partial^2 y}{\partial x^2} + \frac{2F_0'}{m'_{FD} l} \cdot \sum_{n=1}^{\infty} \sin(n\pi x/l) \cdot \sin(n\pi v t/l) \quad . \tag{10.15}$$

Zur Lösung der Gleichung (10.15) wird die Funktion

$$y(x,t) = \sum_{n=1}^{\infty} y_n(t) \cdot \sin(n\pi x/l) \tag{10.16}$$

verwendet. Wenn (10.16) in (10.15) eingesetzt wird, ergibt sich ein Satz linearer Differenzialgleichungen zweiter Ordnung für die Funktionen $y_n(t)$

$$\ddot{y}_n(t) + c_p^2 (n\pi/l)^2 y_n(t) = (2 F_0'/m'_{FD} l) \sin(n\pi v t/l) \quad . \tag{10.17}$$

Die allgemeinen Lösungen dieser Gleichungen lauten

$$y_n(t) = C_{1n} \cos(n\pi c_p t/l) + C_{2n} \sin(n\pi c_p t/l) + A_n \sin(n\pi v t/l) \quad . \tag{10.18}$$

Aus (10.17) und (10.7) wird erhalten

$$A_n = 2 F_0' l \,/\, \left[m'_{FD} (n\pi)^2 \left(c_p^2 - v^2\right) \right] \quad . \tag{10.19}$$

Die Koeffizienten C_{1n} und C_{2n} werden aus $y_n(0) = 0$ und $\dot{y}_n(0) = 0$ abgeleitet. Die erste Bedingung führt zu $C_{1n} = 0$. Die Gleichung (10.18) ergibt dann

$$\dot{y}_n(0) = C_{2n} (n\pi c_p/l) + 2F_0' l \,/\, \left[m'_{FD} (n\pi)^2 \left(c_p^2 - v^2\right) \right] (\pi n v/l) = 0 \tag{10.20}$$

und schließlich

$$C_{2n} = -\frac{2F_0' l}{m'_{FD} (n\pi)^2 \left(c_p^2 - v^2\right)} \cdot \frac{v}{c_p} \quad . \tag{10.21}$$

Mit diesen Ergebnissen wird die Lösung der Differenzialgleichung (10.15) erhalten als:

$$y(x,t) = \frac{2 F_0' l}{m'_{FD} \pi^2 \left(c_p^2 - v^2\right)} \cdot \sum_{n=1}^{\infty} \frac{1}{n^2} \sin \frac{n\pi x}{l} \left(\sin \frac{n\pi v t}{l} - \frac{v}{c_p} \sin \frac{n\pi c_p t}{l} \right) \quad . \tag{10.22}$$

Aus dieser Lösung erkennt man die fundamentale *Resonanzeigenschaft*, wenn die Fahrgeschwindigkeit v sich der *Wellenausbreitungsgeschwindigkeit* c_p nähert. Dann wächst die Auslenkung des Fahrdrahtes ins Unendliche. Eine Stromabnahme ist damit nicht möglich. Die Wellenausbreitungsgeschwindigkeit stellt eine physikalische Grenze für die Energieübertragung zwischen Oberleitung und Stromabnehmer dar. Diese Erkenntnis hat sich auch in der Praxis bei Hochgeschwindigkeitsfahrten bestätigt. Beim Annähern an die Wellenausbreitungsgeschwindigkeit stieg der Anhub unzulässig stark an und verhinderte ein weiteres Steigern der Geschwindigkeit [10.4]. Der Fahrdraht und seine Zugspannung sind so zu wählen, dass bei der *Betriebsgeschwindigkeit* ein genügender Abstand zu dieser Grenze vorhanden ist. Einzelheiten hierzu enthalten die Abschnitte 10.4.2 und 10.6.2. Praktische Erfahrungen zeigen, dass die Wellenausbreitungsgeschwindigkeit mindestens das 1,4- bis 1,5fache der Fahrgeschwindigkeit betragen sollte.

10.2.3 Fahrdrahtanhub bei hohen Geschwindigkeiten

Zur Ermittlung des *Fahrdrahtanhubs* bei hohen Geschwindigkeiten wird nach [10.5] angenommen, dass im Zeitpunkt $t = 0$ am Punkt $x = 0$ eines ruhenden Fahrdrahtes eine konzentrierte, konstante Kraft F_0' wirkt (Bild 10.4). Die Gleichung (10.7) wird dann durch Multiplikation mit dem Fahrdrahtquerschnitt und Hinzufügen des Terms $q(x,t)$ umgeschrieben in

$$m_{\text{FD}}'\frac{\partial^2 y}{\partial t^2} - H_0\frac{\partial^2 y}{\partial x^2} = q(x,t) \quad , \tag{10.23}$$

wobei $q(x,t)$ eine zeitveränderliche Linienlast ist. Die konzentrierte Kraft F_0' lässt sich formal als Linienlast durch

$$q(x,t) = F_0' \cdot \delta(x) \cdot u(t) \tag{10.24}$$

darstellen. Dabei ist $\delta(x)$ wieder die *Diracsche Deltafunction* und $u(t)$ eine zeitabhängige Stufenfunktion mit den Eigenschaften

$$u(t < 0) = 0 \; ; \; u(0) = 0{,}5 \; ; \; u(t > 0) = 1 \quad . \tag{10.25}$$

Da $q(x,t) = 0$ für $x \neq 0$ wegen $\delta(x) = 0$ für $x \neq 0$ ergibt die Gleichung (10.23)

$$\partial^2 y / \partial t^2 = c_{\text{p}}^2 \partial^2 y / \partial x^2 \quad . \tag{10.26}$$

Integriert man die Gleichung (10.23) über ein beliebig kleines Intervall $-\varepsilon \leq x \leq \varepsilon$ unter Beachtung der Gleichung (10.24) und der Statigkeit von $\partial^2 y/\partial t^2$, ergibt sich

$$-H_0 \cdot [y'(\varepsilon,t) - y'(-\varepsilon,t)] + 2\,m_{\text{FD}}' \cdot \varepsilon\frac{\partial^2 y(0,t)}{\partial t^2} = F_0' \cdot u(t) \quad . \tag{10.27}$$

Wegen der Symmetrie bezüglich des Angriffspunktes, an dem die Kraft F_0' wirkt, ist $y'(\varepsilon,t)$ gleich $-y'(-\varepsilon,t)$. Mit dem Grenzübergang $\varepsilon \to 0$ ergibt sich aus (10.27)

$$y'(0,t) = -F_0'/(2\,H_0) \cdot u(t) \quad . \tag{10.28}$$

Im Bereich $x > 0$ kann nur eine Welle $y(x,t) = f_1(x - c_{\text{p}}t)$ auftreten, weshalb gilt

$$\dot{y}(0,t) = -c_{\text{p}}y'(0,t) = c_{\text{p}}F_0'/(2\,H_0) \cdot u(t) = F_0'/(2\,m_{\text{FD}}'c_{\text{p}})u(t) \quad . \tag{10.29}$$

Die Integration ergibt

$$y(0,t) = F_0'c_{\text{p}}t/(2\,H_0) = f_0(-c_{\text{p}} \cdot t) \quad . \tag{10.30}$$

Die Lösungen dieser Gleichungen für $x \neq 0$ sind

$$\left.\begin{aligned}
y(x,t) &= 0 & &\text{für } |x| > c_{\text{p}}t, \\
y(x,t) &= F_0'(c_{\text{p}}t - x)\big/(2\,H_0) & &\text{für } 0 \leq x \leq c_{\text{p}}t, \\
y(x,t) &= F_0'(c_{\text{p}}t + x)\big/(2\,H_0) & &\text{für } -c_{\text{p}}t \leq x \leq 0.
\end{aligned}\right\} \tag{10.31}$$

10.2 Technische Grundlagen

Zu einer Zeit $t > 0$ existieren also beiderseits des Angriffspunktes $x = 0$ zwei zueinander spiegelbildliche, geradlinige Wellenflanken mit den Steigungen $-F'_0/(2\,H_0)$ rechts und $+F'_0/(2\,H_0)$ links. Der Angriffspunkt $x = 0$ wird von der Zeit $t = 0$ an mit der Geschwindigkeit

$$\dot{y} = F'_0 \cdot c_\mathrm{p}/(2 \cdot H_0) = F'_0/(2\,m'_\mathrm{FD} c_\mathrm{p}) = F'_0 \Big/ \left(2\sqrt{m'_\mathrm{FD} H_0}\right) \tag{10.32}$$

angehoben. Diese Anhubgeschwindigkeit kann man als ein von der konzentrierten Kraft F'_0 ausgesandtes Signal betrachten, das sich längs des Fahrdrahtes mit der Wellengeschwindigkeit c_p ausbreitet. An einem vom Angriffspunkt um den Weg $|x|$ entfernten Punkt beginnt der Anhub also zur Zeit $|x|/c_\mathrm{p}$. Zu einer Zeit t bewegt sich ein Fahrdrahtabschnitt der Länge $2\,c_\mathrm{p} t$ mit der Geschwindigkeit $F'_0/(m'_\mathrm{FD} c_\mathrm{p})$ in Richtung der y Achse, also vertikal. Dieser Abschnitt hat den Gesamtimpuls $2\,F'_0 m'_\mathrm{FD} c_\mathrm{p} t/(2\,m'_\mathrm{FD} c_\mathrm{p}) = F'_0 t$, also gerade den von der Kraft F'_0 ausgeübten Impuls.

Die für eine konstante Punktkraft F'_0 durchgeführten Betrachtungen lassen sich auch auf den Fall einer zeitlich veränderlichen Kraft $F'_0(t)$ verallgemeinern. Diese Kraft wird durch eine längenbezogene Kraft entsprechend

$$q(x,t) = F'_0(t)\delta(x) \cdot u(t) \tag{10.33}$$

dargestellt. Anstelle von (10.30) lautet die Lösung der Gleichung (10.29)

$$y(0,t) = c_\mathrm{p}/(2\,H_0) \cdot \int_0^t F'_0(\tau)d\tau \tag{10.34}$$

und anstelle von (10.31) wird erhalten

$$y(x,t) = c_\mathrm{p}/(2\,H_0) \cdot \int_0^{t-|x|/c} F'_0(\tau)d\tau \qquad \text{für } |x| \leq c_\mathrm{p} t \quad,$$

$$y(x,t) = 0 \qquad \text{für } |x| \geq c_\mathrm{p} t \tag{10.35}$$

und damit

$$\dot{y}(x,t) = c_\mathrm{p}/(2\,H_0) \cdot F'_0 \cdot (t - |x|/c_\mathrm{p}) \cdot u\left(t - |x|/c_\mathrm{p}\right) \quad. \tag{10.36}$$

Der Anhub am Angriffspunkt der Kraft $x = 0$ ist bei einem anfangs ruhenden Fahrdraht dem zur Zeit t erteilten Gesamtimpuls proportional. Die *Anhubgeschwindigkeit* $\dot{y}(0,t)$ ist proportional zur augenblicklich auf den Fahrdraht wirkenden Kraft. Gelegentlich wird fälschlich von dem Ansatz ausgegangen, dass der Anhub der Kontaktkraft proportional sei. Dieser Ansatz führt besonders im Bereich großer Geschwindigkeiten zu falschen Schlussfolgerungen (siehe dazu [10.5]).

Es sei angemerkt, dass der Umlenkwinkel des Fahrdrahtes am Kontaktpunkt genau jener ist, der sich im statischen Gleichgewicht in der Mitte eines beiderseits fest eingespannten Fahrdrahtes unter der Einwirkung einer dort angreifenden Kraft F'_0 einstellt. Die Reaktionskraft ist die Summe der Vertikalkomponenten der dort wirkenden Zugkräfte.

10.2.4 Reflexion von längs des Fahrdrahtes laufenden Transversalimpulsen an einer konzentrierten Masse

Ein längs eines Fahrdrahts laufender Impuls kann in einem Punkt x_0 dadurch am weiteren Fortschritt gehindert werden, dass die Bewegung, die dieser Punkt vollführen möchte, durch eine dort angreifende Kraft verhindert oder kompensiert wird. Diese zu kompensierende Bewegung $y_0(t)$ des Punktes x_0 wird erhalten aus

$$y_0(t) = y(x_0,t) = f_1(x_0 - c_\mathrm{p} t) + f_2(x_0 + c_\mathrm{p} t) \quad , \tag{10.37}$$

wenn an diesem Punkt die Wellen $f_1(x_0 - c_\mathrm{p} t)$ von links und $f_2(x_0 + c_\mathrm{p} t)$ von rechts her einfallen [10.5]. Entsprechend der Gleichung (10.29) würde an diesem Punkt eine *konzentrierte Gegenkraft*

$$F'_\mathrm{r}(t) = -2\, m'_\mathrm{FD} c_\mathrm{p} \dot{y}_0 = -(2\, H_0/c_\mathrm{p}) \cdot \dot{y}_0 \tag{10.38}$$

erforderlich sein. Diese Gegenkraft wird von einem Einspannpunkt infolge elastischer Rückwirkung aufgebracht. Als Folge dieser Reaktionskraft werden im Fahrdraht neue, reflektierte Wellen angeregt, die den ankommenden Wellen entgegenlaufen. Die Reflexion einer Fahrdrahtwelle wird durch Einführung der Randbedingung $y(x_0,t) \equiv 0$ in die Differenzialgleichung (10.23) behandelt und führt zum *d'Alembertschen Spiegelungsprinzip* für die Wellenreflexion an einem Festpunkt. Das geschilderte Verfahren führt zur gleichen Lösung und lässt sich relativ leicht auf beliebige Reflexionen, so an Massepunkten, Federn oder Hängern, verallgemeinern, wie am Beispiel eines reflektierenden Massepunktes erläutert wird.

Im Punkt $x = x_0$ ist eine *punktförmige Masse M* fest mit dem Fahrdraht verbunden (Bild 10.5). Infolge der Welle $y_0(t) = f(x_0 - c_\mathrm{p} t)$ tritt am Massenpunkt eine – zunächst unbekannte – Reaktionskraft $F'_\mathrm{r}(t)$ auf, die sowohl auf den Fahrdraht als auch in entgegengesetzter Richtung auf die Masse wirkt. Nach (10.29) erfährt der Fahrdraht am Punkt $x = x_0$ durch die Einwirkung dieser Kraft die Geschwindigkeit

$$\dot{y}_\mathrm{r}(t) = F'_\mathrm{r}(t)/(2\, m'_\mathrm{FD} c_\mathrm{p}) \quad . \tag{10.39}$$

Diese Bewegung wird dem Punkt der Bewegung infolge der einlaufenden Welle überlagert. Die Gesamtgeschwindigkeit dieses Punktes wird daher

$$\dot{y}(t) = \dot{y}_0(t) + \dot{y}_\mathrm{r}(t) = \dot{y}_0(t) + F'_\mathrm{r}(t)/(2\, m'_\mathrm{FD} c_\mathrm{p}) \quad . \tag{10.40}$$

Die Bewegung $\dot{y}(t)$ des Fahrdrahts am Punkt $x = x_0$ ist gleichzeitig die Geschwindigkeit der Masse M. Die Bewegung der Masse M wird durch die Differenzialgleichung

$$M\ddot{y} = -F'_\mathrm{r}(t) \quad . \tag{10.41}$$

beschrieben. Durch Elimination der Reaktionskraft $F'_\mathrm{r}(t)$ aus den beiden Differenzialgleichungen (10.40) und (10.41) wird eine Gleichung für die Beschreibung der Bewegung der Masse M am Punkt x_0 erhalten:

$$M\ddot{y} + 2\, m'_\mathrm{FD} c_\mathrm{p} \dot{y} = 2\, m'_\mathrm{FD} c_\mathrm{p} \dot{y}_0 \quad . \tag{10.42}$$

10.2 Technische Grundlagen

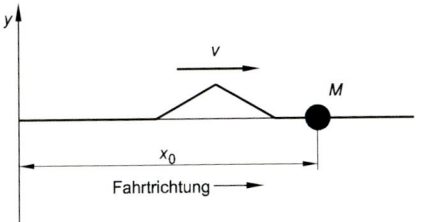

Bild 10.5: Reflexion eines Impulses an einer konzentrierten Masse M.

Die Gleichung (10.42) kann direkt integriert werden, da die einlaufende Welle $y_0(t)$ bekannt ist. Mittels der nun berechneten Gesamtbewegung $y(t)$ des Massenpunktes M lässt sich aus (10.40) die Reaktionskraft berechnen

$$F'_r(t) = 2\, m'_{FD} c_p \left(\dot{y}(t) - \dot{y}_0(t) \right) \quad .$$

Daher ergeben sich die Zusatzgeschwindigkeit zu

$$\dot{y}_r(t) = F'_r(t)/(2\, m'_{FD} c_p) = \dot{y} - \dot{y}_0$$

und die Zusatzbewegung zu

$$y_r(t) = y(t) - y_0(t) \quad .$$

Die zusätzliche Bewegung $y_r(t)$ erstreckt sich als reflektierte Welle auf den linken Teil, d. h. $x \leq x_0$ des Fahrdrahts in Form der *reflektierten Welle* $y_r[t + (x - x_0)/c_p]$.
Die auf den Fahrdrahtabschnitt rechts der Masse, d. h. $x \geq x_0$, übertragene Welle wird

$$y_t\left[t - (x - x_0)/c_p\right] = y_0\left[t - (x - x_0)/c_p\right] + y_r\left[t - (x - x_0)/c_p\right] \quad . \tag{10.43}$$

Für eine einfallende Sinuswelle $y_0(t) = \hat{y}_0 e^{j\omega t}$ lautet die partikuläre Lösung von (10.42)

$$y(t) = \hat{y}_0 (1 - \vartheta j\, \omega)/(1 + \vartheta^2 \omega^2) \cdot e^{j\omega t} \quad , \tag{10.44}$$

wobei

$$\vartheta = M/(2\, m'_{FD} c_p) \quad . \tag{10.45}$$

Die Zusatzbewegung $y_r(t)$ wird somit

$$y_r(t) = y(t) - y_0(t) = -\hat{y}_0 \vartheta \omega (j + \vartheta \omega)/(1 + \vartheta^2 \omega^2) \cdot e^{j\omega t} = \hat{y}_r e^{j\omega t} \quad , \tag{10.46}$$

woraus sich die Reaktionskraft

$$\begin{aligned} F'_r(t) &= 2 m'_{FD} c_p \dot{y}_r(t) = -\hat{y}_0 2\, j\, m'_{FD} c_p \vartheta \omega^2 (j + \vartheta \omega)/\left(1 + \vartheta^2 \omega^2\right) \cdot e^{j\omega t} \\ &= \hat{y}_0 M \omega^2 (1 - j\, \vartheta \omega)/\left(1 + \vartheta^2 \omega^2\right) \cdot e^{j\omega t} \end{aligned} \tag{10.47}$$

errechnet. Der *Reflexionskoeffizient* wird definiert mit

$$r = \hat{y}_r/\hat{y}_0 = -\vartheta \omega (j + \vartheta \omega)/(1 + \vartheta^2 \omega^2) \quad . \tag{10.48}$$

Aus (10.47) folgt, dass die Amplitude der Reaktionskraft $F'_r(t)$ bei kleinen Frequenzen gleich $\hat{y}_0 M \omega^2$ wird. Bei größeren Frequenzen wird diese Amplitude $\hat{y}_0 M \omega/\vartheta = 2\, \hat{y}_0 m'_{FD} c_p \omega$ also proportional zu ω. Der Reflexionskoeffizient wird dann -1, d. h. für kurze Wellen wirkt die Masse wie eine feste Einspannung des Fahrdrahts.

10.2.5 Reflexion von längs des Fahrdrahts laufenden Transversalimpulsen an einem Hänger

In einem Oberleitungskettenwerk sind Fahrdraht und Tragseil durch Hänger verbunden, an denen Transversalimpulse reflektiert werden. Im Fahrdraht herrscht die Zugkraft H_FD und im Tragseil diejenige H_TS. Die Massenbeläge sind m'_FD bzw. m'_TS. Der Hänger hat die Masse M. Auf diesen Hänger, der sich im Punkt $x = 0$ befindet (Bild 10.6a), trifft von links die Fahrdrahtwelle $y_0(t - x/c_\mathrm{FD})$, die dem Hänger die Bewegung $y_0(t)$ erteilen möchte. Auf diese Welle reagieren der Hänger mit einer Bewegung $y(t)$ und das als ruhend vorausgesetzte Tragseil mit der Reaktionskraft $F'_\mathrm{TS} = -2\,m'_\mathrm{TS} c_\mathrm{TS} \dot{y}$ sowie der Fahrdraht mit der Kraft $F'_\mathrm{FD} = -2\,m'_\mathrm{FD} c_\mathrm{FD}(\dot{y} - \dot{y}_0)$. Ferner tritt infolge der Hängermasse die Trägheitskraft $-M\ddot{y}$ auf. Die Bewegungsgleichung des Hängers lautet also [10.5]

$$2\,(m'_\mathrm{TS} c_\mathrm{TS} + m'_\mathrm{FD} c_\mathrm{FD})\,\dot{y} + M\ddot{y} = 2\,m'_\mathrm{FD} c_\mathrm{FD} \dot{y}_0 \tag{10.49}$$

mit $c_\mathrm{TS} = \sqrt{H_\mathrm{TS}/m'_\mathrm{TS}}$ und $c_\mathrm{FD} = \sqrt{H_\mathrm{FD}/m'_\mathrm{FD}}$ die *Wellenausbreitungsgeschwindigkeit* im Tragseil bzw. im Fahrdraht. Diese Gleichung ist vom gleichen Typ wie (10.42). Für eine einfallende Sinuswelle $y_0(t) = \hat{y}_0 \cdot \mathrm{e}^{\mathrm{j}\omega t}$ erhält man die partikuläre Lösung

$$y(t) = 2\,m'_\mathrm{FD} c_\mathrm{FD} \cdot \hat{y}_0 \cdot \mathrm{e}^{\mathrm{j}\omega t}\,\big/\,[2\,(m'_\mathrm{FD} c_\mathrm{FD} + m'_\mathrm{TS} c_\mathrm{TS}) + M\mathrm{j}\omega] \quad . \tag{10.50}$$

Für die im Fahrdraht reflektierte Welle gilt somit

$$\begin{aligned} y_\mathrm{r}(t) &= y(t) - y_0(t) \\ &= -(2\,m'_\mathrm{TS} c_\mathrm{TS} + M\mathrm{j}\omega) \cdot \hat{y}_0 \cdot \mathrm{e}^{\mathrm{j}\omega t}\,\big/ \\ &\quad [2\,(m'_\mathrm{FD} c_\mathrm{FD} + m'_\mathrm{TS} c_\mathrm{TS}) + M\mathrm{j}\omega] \quad . \end{aligned} \tag{10.51}$$

Da die Masse des Hängers einschließlich der beiden Endklemmen klein ist, kann man in (10.50) $M\mathrm{j}\omega$ bei nicht zu hohen Frequenzen weglassen. Man erhält dann als *Reflexionsfaktor* r für Fahrdrahtwellen am masselosen Hänger ohne das die Phasenumkehr anzeigende Vorzeichen:

$$\begin{aligned} -(y_\mathrm{r}/y_0) &= r = m'_\mathrm{TS} c_\mathrm{TS}/(m'_\mathrm{TS} c_\mathrm{TS} + m'_\mathrm{FD} c_\mathrm{FD}) \\ &= \sqrt{H_\mathrm{TS} m'_\mathrm{TS}}\,\Big/\,\left(\sqrt{H_\mathrm{TS} m'_\mathrm{TS}} + \sqrt{H_\mathrm{FD} m'_\mathrm{FD}}\right) \quad . \end{aligned} \tag{10.52}$$

In (10.52) wurde das Vorzeichen weggelassen, das die Phasenumkehr ausdrückt. Hänger bestehen meist aus einem dünnen, leicht biegbaren Seil, das durch das halbe Gewicht der beiden angrenzenden Fahrdrahtsegmente vorgespannt ist. Wird dieser Hänger durch eine Fahrdrahtwelle angehoben, so wird diese Vorspannung um den Betrag $m'_\mathrm{TS} c_\mathrm{TS} \dot{y} - m'_\mathrm{FD} c_\mathrm{FD}(\dot{y} - \dot{y}_0)$ reduziert. Der Hänger knickt ein, wenn die Gesamtspannung des Hängers negativ wird. Wenn $l_\mathrm{Hä}$ der Hängerabstand ist, beträgt die Vorspannung eines Hängers $m'_\mathrm{FD} g \cdot l_\mathrm{Hä}$. Der Hänger knickt also ein, wenn

$$(m'_\mathrm{TS} c_\mathrm{TS} - m'_\mathrm{FD} c_\mathrm{FD})\,\dot{y} + m'_\mathrm{FD} c_\mathrm{FD} \dot{y}_0 \geq m'_\mathrm{FD} g \cdot l_\mathrm{Hä} \quad . \tag{10.53}$$

10.2 Technische Grundlagen

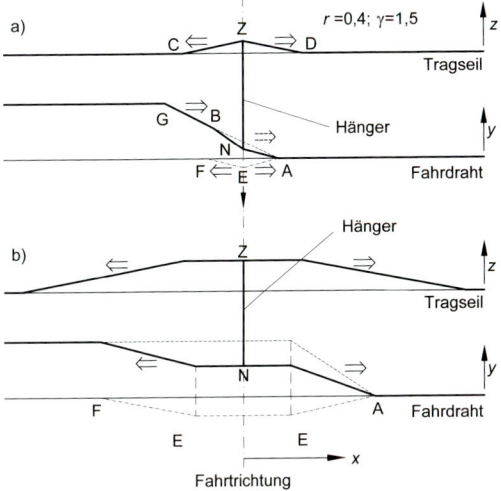

Bild 10.6: Reflexion einer Wellenflanke an einem Hänger.
GBA: Primärwelle, NA: Transmitierte Welle, EF und EA: Sekundärwellen, NZ: Hänger
a) Zustand kurz nach dem Auftreffen der Welle
b) Zustand kurz nach dem vollständigen Durchlauf der Welle

wird. In Verbindung mit (10.49) mit $M = 0$ und der Formel (10.52) erhält man somit die *Einknickbedingung für den Hänger*

$$2m'_{\mathrm{FD}} c_{\mathrm{FD}} \dot{y}_0 \geq m'_{\mathrm{FD}} g \cdot l / r \quad . \tag{10.54}$$

Je kleiner der Reflexionsfaktor ist, desto geringer ist also die Gefahr des Einknickens der Hänger. Der *Reflexionsfaktor* oder *-koeffizient* ist eine Eigenschaft einer Oberleitung. Für die Oberleitungsbauart Sicat S1.0 (Abschnitt 3.1.2) [10.6] mit einem Fahrdraht AC-100–CuAg 0,1 und einem Tragseil Bz 50, mit 12 kN bzw. 10 kN gespannt beträgt der Reflexionsfaktor $r = 0{,}39$; für die Oberleitungsbauart Sicat H1.0 (Abschnitt 3.1.2) mit dem Fahrdraht AC-120–CuMg 0,5 und 27 kN Zugkraft und dem Tragseil Bz 120 mit 21 kN Zugkraft folgt $r = 0{,}47$. Der Reflexionskoeffizient ist umso kleiner, je kleiner Tragseilzugkraft und -masse im Vergleich zu Fahrdrahtzugkraft und -masse sind.

Die Reflexion einer auf einen Hänger NZ auftreffenden Fahrdrahtwelle, hier eine von einem Rechteckimpuls $F'_0 \cdot \Delta t$ erregte geradlinige Wellenflanke GA, sowie deren Übertragung in Fahrdraht und Tragseil sind in Bild 10.6 mit $r = 0{,}4$ schematisch dargestellt. Der Anhub $y(t)$ des Hängers NZ erzeugt im Bereich rechts des Hängers (Transmissionsbereich) die Wellenflanke NA und im Tragseil die nach rechts fortschreitende Wellenflanke ZD sowie die nach links fortschreitende, zu ZD spiegelbildliche Flanke ZC. Die im Fahrdraht reflektierte Wellenflanke EF überlagert sich der einfallenden Flanke GA, wodurch der steilere Fahrdrahtbereich BN entsteht. Die Wellenflanke NA kann man auch auffassen als Überlagerung der primären Flanke BA und der zur reflektierten Flanke EF spiegelbildlichen Flanke EA.

10.2.6 Dopplerfaktor

Bei *Reflexion von Transversalwellen* an ruhenden, passiven Massen oder an anderen Inhomogenitäten im Kettenwerk tritt keine Vergrößerung der Amplitude ein. Jedoch

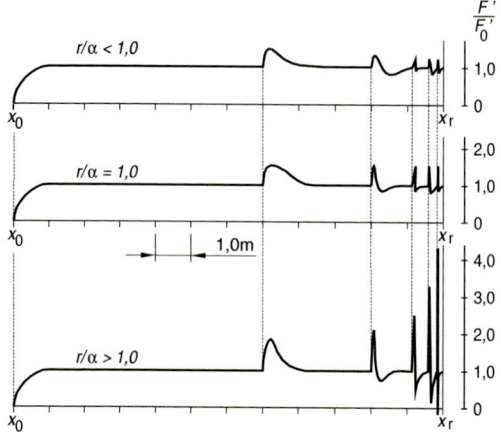

Bild 10.7: Kontaktkraft F' einer Masse von 1 kg, die mit der Kraft F'_0 am Fahrdraht wirkt und sich mit $v = 44{,}4\,\text{m/s}$ auf einen Hänger zubewegt. Die Wellenausbreitungsgeschwindigkeit beträgt 106 m/s.

kann eine solche Vergrößerung am bewegten Stromabnehmer stattfinden, wohin die Transversalwellen nach ihrer Reflexion an einem Hänger oder Seitenhalter zurücklaufen [10.7, 10.8]. Ein Stromabnehmer bewegt sich mit der Geschwindigkeit v längs eines Fahrdrahts. Es wird nun angenommen, dass die Kontaktkraft zwischen Stromabnehmer und Fahrdraht durch z. B. einen auftreffenden Impuls um $\Delta F'_0$ erhöht wird. Diese Kontaktkrafterhöhung überlagert sich linear den übrigen Bewegungen von Fahrdraht und Stromabnehmer. Nach (10.32) ergibt sich eine Bewegung mit der Geschwindigkeit

$$\dot{y}_0 = \Delta F'_0 / 2\, m'_{\text{FD}} \cdot c_{\text{FD}} \quad . \tag{10.55}$$

Dabei wird eine Wellenflanke in Fahrtrichtung ausgesandt, deren Steilheit infolge des *Dopplereffektes* einer bewegten Quelle gleich

$$y'_0 = \dot{y}_0 / (c_{\text{FD}} - v) \tag{10.56}$$

ist. Am nächsten Hänger wird die Wellenflanke mit dem Reflexionsfaktor $r < 1$ reflektiert, läuft dann mit der Steilheit

$$y'_r = r \cdot y'_0 = r \cdot \dot{y}_0 / (c_{\text{FD}} - v) \tag{10.57}$$

dem Stromabnehmer entgegen und zwingt diesen zu einer Bewegung mit der Geschwindigkeit

$$\dot{y}_1 = y'_r \cdot (c_{\text{FD}} + v) = \dot{y}_0 \cdot r \cdot (c_{\text{FD}} + v) / (c_{\text{FD}} - v) \quad , \tag{10.58}$$

da die Welle auf einen bewegten Empfänger trifft. Der Faktor $(c_{\text{FD}} + v)$ entspricht diesem bewegten Empfänger. Wegen der *Trägheit* des Stromabnehmers erhöht sich die Kontaktkraft gemäß (10.32) sprunghaft um

$$\Delta F'_1 = 2\, m'_{\text{FD}} \cdot c_{\text{FD}} \cdot \dot{y}_1 = \Delta F'_0 \cdot r / \alpha_D \quad , \tag{10.59}$$

10.2 Technische Grundlagen

wobei sich der Dopplerfaktor ergibt zu

$$\alpha_\mathrm{D} = (c_\mathrm{FD} - v)/(c_\mathrm{FD} + v) \quad . \tag{10.60}$$

Der Stromabnehmerkopf mit der Masse M_S erhält dabei den Impuls

$$M_\mathrm{S} \dot{y}_1 = M_\mathrm{S} \Delta F_1'/(2\, m_\mathrm{FD} c_\mathrm{FD}) = M_\mathrm{S} \cdot \Delta F_0' \cdot (r/\alpha_\mathrm{D})/(2\, m_\mathrm{FD} c_\mathrm{FD}) \quad . \tag{10.61}$$

Daraus folgt

$$\Delta F_1' = (r/\alpha_\mathrm{D}) \cdot \Delta F_0' \quad . \tag{10.62}$$

Wenn $r/\alpha_\mathrm{D} > 1$ ist der Sprung $\Delta F_1'$ in der Kontaktkraft größer als der ursprüngliche Kraftsprung $\Delta F_0'$.

Das Ergebnis dieses Effektes ist in Bild 10.7 für den einfachen Fall eines gespannten und zur Anfangszeit ruhenden Fahrdrahts dargestellt, der am Punkt x_r einer Inhomogenität aufweist. Diese Inhomogenität besitzt für Wellen den *Reflexionsfaktor* r. Ein Stromabnehmer mit der Masse M_S fährt mit der Geschwindigkeit v auf die Inhomogenität zu, zwar in Kontakt mit dem Fahrdraht, jedoch ohne zunächst eine Kraft auszuüben. Eine Kraft F_0' setzt an der Stelle x_0 plötzlich ein. Sie hebt dann beginnend bei x_0 den Fahrdraht an. Dieser Anhub läuft mit der Wellengeschwindigkeit c_FD voraus und wird an der Inhomogenität reflektiert. Die reflektierte Wellenflanke läuft dem Stromabnehmer entgegen und wird von diesem unter Energiezufuhr aus der Vorwärtsbewegung wiederum reflektiert. Dieser Vorgang wiederholt sich, bis die Stelle x_r erreicht ist. Man erkennt aus Bild 10.7, dass für $r/\alpha_\mathrm{D} > 1$ jeder folgende Kraftsprung größer ist als der ihn erzeugende. Das System schaukelt sich so lange auf, bis x_r erreicht ist. Wenn dagegen $r/\alpha_\mathrm{D} < 1$ ist, klingen die Schwankungen der Kontaktkraft ab. Das Verhältnis r/α_D wird *Verstärkungsfaktor* γ_A genannt:

$$\gamma_\mathrm{A} = r/\alpha_\mathrm{D} \quad . \tag{10.63}$$

Da der Dopplerfaktor α_D eine Funktion der Fahrgeschwindigkeit v ist, liefert $\gamma_\mathrm{A} = 1$ die *Grenzgeschwindigkeit* v_α, bis zu der keine Verstärkung der Kraftamplituden möglich ist:

$$v_\alpha = c_\mathrm{FD}(1-r)\big/(1+r) \quad . \tag{10.64}$$

Die so definierte Geschwindigkeit ist immer kleiner als die Wellenausbreitungsgeschwindigkeit c_FD im Fahrdraht. Der *Reflexionsfaktor* r folgt aus (10.52) zu:

$$r = 1 \Big/ \left(1 + \sqrt{(H_\mathrm{FD} m_\mathrm{FD}')\big/(H_\mathrm{TS} m_\mathrm{TS}')}\right) \quad . \tag{10.65}$$

Beispiel 10.1: Setzt man in die Werte der Oberleitungsbauart Re 250 [10.9] in die Gleichung (10.64) ein, so erhält man mit $H_\mathrm{FD} = H_\mathrm{TS} = 15\,\mathrm{kN}$; $m_\mathrm{FD}' = 1{,}08\,\mathrm{kg/m}$; $m_\mathrm{TS}' = 0{,}59\,\mathrm{kg/m}$; $c_\mathrm{FD} = 422\,\mathrm{km/h}$ und $r = 0{,}425$ und v_{α_D} für die Bauart (Re 250) $= 170\,\mathrm{km/h}$. Dieser Wert liegt weit unterhalb der Auslegungsgeschwindigkeit. Für $v = 250\,\mathrm{km/h}$ ergibt sich α_D zu 0,26 und somit der Verstärkungsfaktor γ_A mit 1,63.

Tabelle 10.1: Dynamische Kenndaten von Oberleitungen [10.8]–[10.10].

Oberleitungsbauart	Einheit	Sicat S1.0	Re 250	Sicat H1.0
Fahrdraht		AC-100–Cu	AC-120–CuAg	AC-120–CuMg
– Zugkraft	kN	10	15	27
Tragseil		Bz 50	Bz 70	Bz 120
– Zugkraft	kN	10	15	21
Wellenausbreitungsgeschwindigkeit	km/h	382	427	572
Ungleichförmigkeitsgrad	%	20	10	8
Reflexionskoeffizient	–	0,413	0,425	0,465
Dopplerfaktor	–	0,41 (200 km/h)	0,26 (250 km/h)	0,27 (330 km/h)
Verstärkungsfaktor	–	1,01	1,63	1,72
Eigenfrequenzen	Hz	0,74/0,76	0,96/1,02	1,06/1,15

10.2.7 Eigenfrequenzen eines Kettenwerkes

Ein Kettenwerk stellt ein schwingungsfähiges System mit vielen *Freiheitsgraden* dar, das zahlreiche *Eigenfrequenzen* aufweist. Die Bilder 10.20 und 10.21 geben *Spektren von Kettenwerken* wieder. Nach [10.5] existieren bei aus gleichen Mastfeldern gebildeten Kettenwerken *symmetrische und antisymmetrische Schwingungsmoden*. Bei ersteren schwingen je zwei spiegelbildlich gelegene Fahrdrahtpunkte in gleicher Phase, bei letzteren in Gegenphase. Bei den symmetrischen Moden befindet sich in der Symmetrieachse ein Schwingungsbauch, bei den antisymmetrischen ein Schwingungsknoten. Bei einem Kettenwerk mit gerader Anzahl von Mastfeldern fällt die Symmetrieachse in einen Stützpunkt.

Bei der *antisymmetrischen Schwingung* ist die Wellenlänge der Grundschwingung gleich dem doppelten Mastabstand. Daraus errechnet sich deren Frequenz, wenn man die Schwingung als stehende Wellen auffasst, zu

$$\nu_1 = \frac{\bar{c}}{(2\,l)} = \sqrt{\frac{H_{\text{FD}} + H_{\text{TS}}}{m'_{\text{FD}} + m'_{\text{TS}}}} \Big/ (2\,l) , \quad \begin{array}{c|c|c|c} \nu & l & H_{\text{FD,TS}} & m'_{\text{FD,TS}} \\ \hline \text{Hz} & \text{m} & \text{N} & \text{kg/m} \end{array} \quad (10.66)$$

dabei ist $\bar{c}$ die mittlere *Wellenausbreitungsgeschwindigkeit* des Kettenwerks. Bei der symmetrischen Schwingung wird noch der Abschnitt bis zum ersten Feldhänger mit erfasst. Damit gilt für die Frequenz:

$$\nu_2 = \bar{c}/(2\,l + l_1) = \sqrt{(H_{\text{FD}} + H_{\text{TS}}) \big/ (m'_{\text{FD}} + m'_{\text{TS}})} \Big/ (2\,l + l_1) , \quad (10.67)$$

dabei ist l_1 der Abstand zwischen den jeweils dem Stützpunkt nächstgelegenen Hängern. Die Frequenz der ersten Oberschwingung ist bei diesem einfachen Modell doppelt so groß wie die Grundschwingung. Für die weiteren Frequenzen sind die jeweiligen Schwingungsmoden zu betrachten (siehe [10.11]).

Für die Oberleitung Re 250 mit $l = 65$ m und $l_1 = 10$ m ergeben sich Eigenfrequenzen mit $\nu_1 = 1{,}02$ Hz und $\nu_2 = 0{,}96$ Hz, die sich auch in Bild 10.20 erkennen lassen.

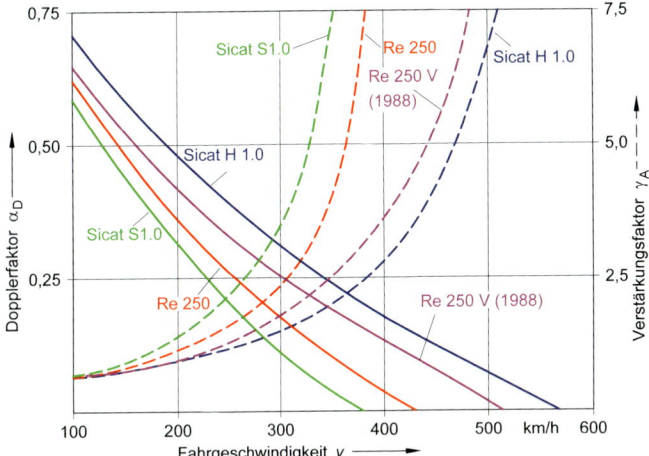

Bild 10.8: Dopplerfaktor α_D und Verstärkungsfaktor γ_A.
– – Verstärkungsfaktor, —— Dopplerfaktor

10.2.8 Dynamische Kennwerte einiger Oberleitungen

Die Tabelle 10.1 gibt für die Oberleitungsbauarten Sicat S1.0, Re 250 und Sicat H1.0 die *dynamischen Kenndaten* wieder. Die *Wellenausbreitungsgeschwindigkeiten* im Fahrdraht liegen zwischen 382 km/h und 572 km/h und bestimmen wesentlich den Dopplerfaktor, der 0,41 für Sicat 1,0 bei 200 km/h und 0,26 für Re 250 bei 250 km/h beträgt. Der Reflexionskoeffizient ist für die drei Bauarten nahezu gleich. Die Tragseildaten lassen sich dabei nicht allein nach dem Gesichtspunkt einer Minimierung dieser Größe festlegen. Vielmehr spielen *Stromtragfähigkeit* und *Elastizität* ebenso eine Rolle.
Doppler- und *Verstärkungsfaktor* sind geschwindigkeitsabhängig und in Bild 10.8 dargestellt. Der Verstärkungsfaktor hat eine Asymptote bei der *Wellenausbreitungsgeschwindigkeit*. Dort strebt der Verstärkungsfaktor gegen unendlich und ein Betrieb in diesem Bereich ist nicht möglich. Betriebserfahrungen zeigen, dass Oberleitungen mit einem Verstärkungsfaktor bis 2,5 zuverlässig betrieben werden können. Bei Streckenbefahrungen zu Prüfzwecken konnte noch bis zum Verstärkungsfaktor 5,0 die Energieübertragung sichergestellt werden (siehe Abschnitt 10.5.2).

10.3 Simulation des Zusammenwirkens von Oberleitung und Stromabnehmer

10.3.1 Aufgaben und Ziele

Eine empirische Entwicklung neuer Oberleitungen wie in der Anfangszeit der elektrischen Zugförderung ist bei Anlagen für höhere Geschwindigkeiten nicht mehr möglich. Für die hier auftretenden Effekte liegen keine ausreichenden Erfahrungen vor, um mit empirischen Erkenntnissen die Entwicklung voranzutreiben. Gleichzeitig ergeben sich bei höheren Geschwindigkeiten stärkere Wechselwirkungen mit dem Stromabnehmer, so dass eine zweckmäßige Gestaltung nur mit Nachbildung des Gesamtsystems mit den beiden Teilkomponenten *Oberleitung* und *Stromabnehmer* möglich ist. *Rechnersimulationen* stellen ein leistungsfähiges Werkzeug für die Modellierung des Zusammenwirkens dieser Komponenten dar. Mathematische Simulationsmodelle können zur Darstellung der Auswirkungen von Parameterveränderungen und zur Ermittlung des Zusammenwirkens unterschiedlicher Fahrleitungen und Stromabnehmerbauarten verwendet werden. Die Simulation des Zusammenwirkens von Stromabnehmer und Oberleitungen ist auch für die Beurteilung der Kennwerte der Befahrung interoperabler Bahnstrecken wichtig. Dies wird auch in den TSI Energie [10.12] für das Hochgeschwindigkeitsnetz und [10.13] für konventionelle Bahnnetz gefordert.

Ziel der dynamischen Simulation ist die Bestimmung des zeitlichen Verlaufes der *ortsabhängigen Kontaktkraft* zwischen Schleifstücken und Fahrdraht und des zugehörigen *Fahrdrahtanhubs*. Dabei muss die Bewertung für einzelne Komponenten und auch für mehrere Kontaktpunkte gleichzeitig, d. h. bei der Nutzung einzeln gefederter Schleifleisten oder beim Betrieb mit mehreren Stromabnehmern, möglich sein. Um die Gültigkeit der Modellnachbildung nachzuweisen, müssen neben der Kontaktkraft auch weitere messtechnisch leicht bestimmbare Größen, z. B. die Bewegungsabläufe des Kettenwerkes, berechnet werden [10.14]. Die Norm DIN EN 50 318 enthält Anforderungen für Nachweis und Bestätigung der Ansätze und Ergebnisse der Simulationsrechnungen.

Um angemessen alle einschlägigen Kennwerte einzubeziehen, sollte ein Modell die folgenden Kennwerte des Kettenwerkes beachten und simulieren:

- alle Arten von Fahrdrähten, Tragseilen, Beiseilen und Hängern mit ihren Eigenschaften und Einbaubedingungen
- unterschiedliche Längskettenwerke, z. B. solche mit *Beiseilen*, mit *Hilfstragseilen* oder mit variabler Hängerteilung
- die dynamischen Eigenschaften der Stützpunkte, z. B. der Seitenhalter
- Trenner, Parallelfelder, Kettenwerksabsenkungen, Weichenbespannungen
- vollständige Nachspannabschnitte

Das Stromabnehmermodell muss die wesentliche Einflussgrößen berücksichtigen:

- unterschiedliche *Mechanismen* z. B. Halbscheren, Vollscheren
- unterschiedliche Kontaktelemente z. B. Paletten, Einzelschleifstücke

Um Optimierungen zu ermöglichen, müssen Parameteränderungen der Komponenten einfach möglich sein. Des Weiteren ist es notwendig, Stromabnehmer und Oberleitung in nahezu gleicher Güte nachzubilden, um Aussagen nicht zu verfälschen.

Stromabnehmer und Kettenwerk sind eigenständige, schwingungsfähige Komponenten, die über den Kontaktpunkt gekoppelt sind. Bei Stromabnehmern mit mehreren Schleifstücken ergeben sich mehrere Kontaktpunkte in geringem Abstand. In der Simulation wird der Zusammenhang zwischen den Teilmodellen über die Kontaktkraft und die Lage der Kontaktpunkte hergestellt.

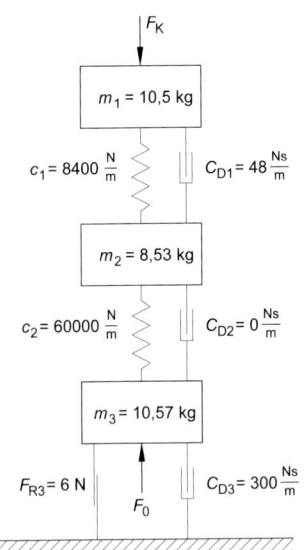
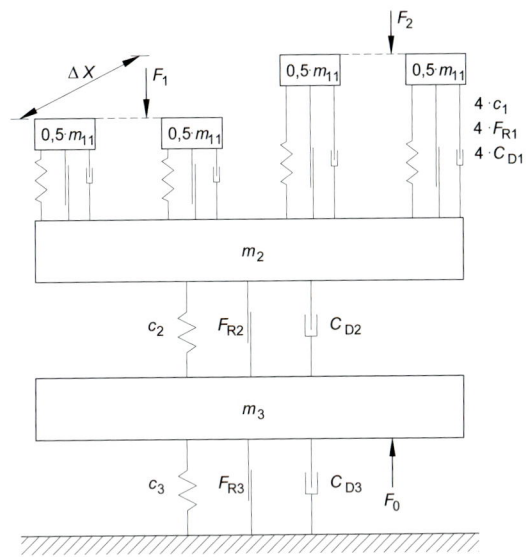

Bild 10.9: Drei-Massen-Modell des Stromabnehmers SBS 81. m Teilmassen, c Federkonstanten, C_D Dämpfungen, F_0 statische Anpresskraft F_R Reibungskraft

Bild 10.10: Sechs-Massen-Modell für Stromabnehmer mit einzeln gefederten Schleifstücken (Symbole siehe Bild 10.9).

10.3.2 Stromabnehmernachbildung

Der Kontaktpunkt der Schleifstücke mit dem Kettenwerk verbindet die beiden Teilsysteme. Im Hinblick auf das Zusammenwirken mit der Oberleitung ist eine zutreffende Simulation des Verhaltens am Kontaktpunkt als Koppelstelle notwendig. An dieser Stelle sind die Kontaktkraft und die vertikale Bewegung zu bestimmen. Bei ebener Nachbildung des Systems greift die Kraft immer am gleichen Punkt des Schleifstücks an. Der räumliche Einfluss der Fahrdrahtseitenverschiebung lässt sich durch lineare Verschiebung der Kraft auf dem Schleifstück berücksichtigen.

In einfacher Weise wird der Stromabnehmer durch über Federn und Dämpfer gekoppelte *Ersatzmassen* nachgebildet, deren Schwingungsverhalten durch ein System von Differenzialgleichungen zweiter Ordnung beschrieben werden kann.

Die Gleichungsanzahl ergibt sich dabei aus der Ersatzmassenanzahl, d. h. den *Freiheitsgraden*. Modelle mit drei Ersatzmassen sind üblich. Dabei lässt sich eine Zuordnung zur Unterschere, zur Oberschere und zum Stromabnehmerkopf herstellen. Bild 10.9 zeigt die Daten des Stromabnehmers SBS 81 als Drei-Massen-Modell [10.16].

Durch die geringe Ersatzmassenanzahl werden nur ausgewählte *Schwingungsmodi* der Stromabnehmer erfasst. So sind z. B. die Biegeschwingungen der Oberschere mit derartigen Modellen nicht nachzubilden. Das Modell nach Bild 10.9 berücksichtigt auch nicht die getrennte Federung der Schleifstücke.

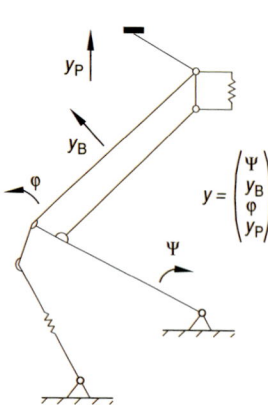

Bild 10.11: Analytisches Stromabnehmermodell.

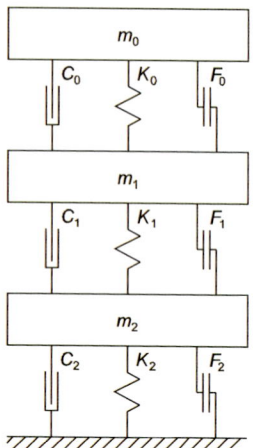

Bild 10.12: In [10.17] verwendetes Stromabnehmermodell.
m_0, m_1, m_2 Massen; C_0, C_1, C_2 Dämpfung; K_1, K_2, K_3 Federsteifigkeiten; F_0, F_1, F_2 Reibungskräfte

Stromabnehmer mit *einzeln gefederten Schleifstücken* werden mit einem Sechs-Massen-Modell nach Bild 10.10 nachgebildet. Dabei werden die Schleifstückmassen als Teilmassen in die Stützpunkte aufgeteilt. Die Anregung längs der Schleifstücke wird entsprechend der Lage des Kontaktpunktes linear auf die beiden Teilmassen aufgeteilt.

In der Veröffentlichung [10.18] wurde ein analytisches Modell für Halbscherenstromabnehmer mit Palettenschleifstücken vorgestellt. Dieses Stromabnehmermodell mit vier Freiheitsgraden (Bild 10.11) berücksichtigt als unabhängige Größe neben der Vertikalbewegung der Palettenfeder und den Winkeländerungen im Mittel- und Unterscherengelenk auch die Biegung der Oberschere. Die Modellparameter lassen sich auch aus der Geometrie und den Materialkennwerten der Stromabnehmerbauteile bestimmen. Bei allen analytischen Modellen fehlt die Universalität. Bereits kleine Modelländerungen, z. B. getrennt gefederte Schleifstücke, erfordern neue Berechnungsalgorithmen.

Durch Modellierung mittels *finiter Elemente* lassen sich genauere Modelle erstellen. In [10.19] werden vorgestellt Berechnungen, bei denen ein ICE-Stromabnehmer mittels der finiten Elementen mit 480 Freiheitsgraden nachgebildet wurde. Der Berechnungsaufwand ist jedoch bei einer nur unwesentlich verbesserten Abbildungsschärfe groß. Aus diesem Grund verwendeten die Autoren des Berichtes [10.19] nur ein einfaches Drei-Massen-Modell, um ein Kettenwerk zu optimieren.

In [10.17] wird ein Stromabnehmermodell angewandt, das aus den drei Massen m_o bis m_2 besteht, die vertikal untereinander angeordnet sind (Bild 10.12). Die Federelemente werden durch die Federsteifigkeit K, die Dämpfung C und die Reibung F gekennzeichnet. Die statische Anpresskraft wirkt auf die Masse m_2, die aerodynamische Kraft auf die Masse m_1 und die aerodynamische Korrekturkraft auf die Masse m_o. Das Modell erfüllt die Anforderungen von DIN EN 50 318.

10.3 Simulation des Zusammenwirkens von Oberleitung und Stromabnehmer

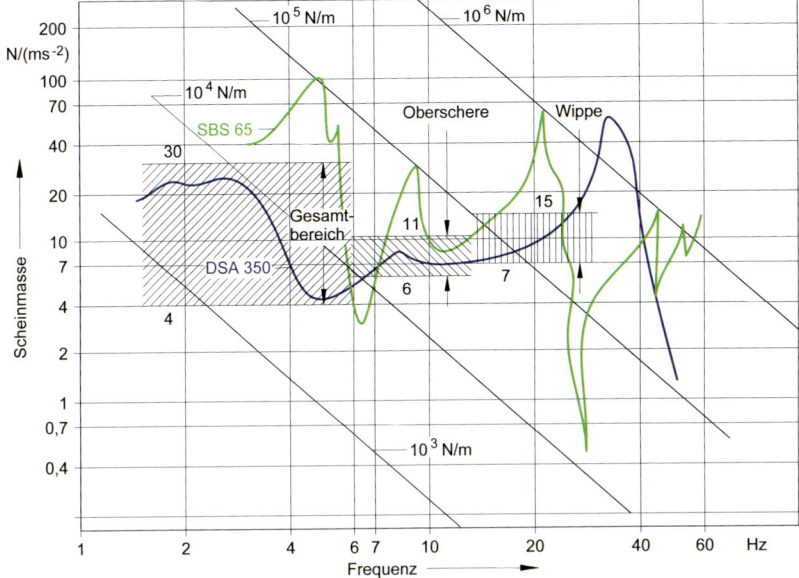

Bild 10.13: Dynamische Scheinmasse der Stromabnehmerbauarten SBS 65 und DSA 350, die bei der DB verwendet werden nach [10.1].

Tabelle 10.2: Daten des Stromabnehmermodells gemäß DIN EN 50 318.

	Wirksame dynamische Masse m kg	Steifigkeit K N/m	Dämpfung C_D Ns/m
Kontaktfeder	–	50 000	–
Wippe	7,2	4 200	10
Stromabnehmerschere	15	50	90

Stromabnehmer lassen sich auch mit den gemessenen, frequenzabhängigen dynamischen Scheinmassen und dynamischen Steifigkeiten nachbilden. Das Bild 10.13, das auf [10.1] zurückgeht, gibt ein Beispiel. Die modale Masse drückt den Widerstand aus, den ein elastisches System einer Beschleunigung entgegensetzt. Anregung und Reaktion des Stromabnehmers gehen dabei durch Überlagerung der Einzelreaktionen in den austretenden Frequenzen in die Rechnung ein. Die Verwendung frequenzabhängiger Berechnungsalgorithmen für die Kettenwerksnachbildung ist für dieses Modell von Vorteil. Bei anderen Modellen lässt sich durch eine harmonische Analyse die Anregung frequenzabhängig bestimmen. Zusätzlich zu den oben genannten Messwerten wird der Phasengang der *dynamischen Scheinmassen* zur Berücksichtigung der Übertragungsträgheit in den einzelnen Frequenzen bestimmt.

In DIN EN 50 318 ist ein Referenzmodell für den Stromabnehmer zur Bestätigung der Simulationsrechnungen vorgegeben. Der Stromabnehmer wird als diskretes Masse-Feder-Dämpfungsmodell definiert (Bild 10.14). Die Daten sind in Tabelle 10.2 angegeben.

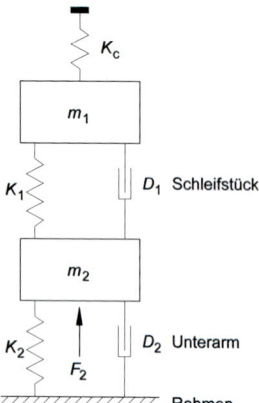

Bild 10.14: Stromabnehmermodell gemäß DIN EN 50318.

Für diesen Schritt der Bestätigung des korrekten Berechnungsweges des Modells kann ein eindimensionales Stromabnehmermodell mit einem mehrdimensionalen Modell des Kettenwerkes verwendet werden. Eine konstante Kraft F_0 wirkt auf die Masse m_2 so ein, dass die statische Kraft 120 N beträgt.

10.3.3 Kettenwerksnachbildung

10.3.3.1 Grundlagen

Für die Stromabnehmeranalyse werden häufig einfache *Kettenwerksmodelle* eingesetzt. Ein Modell zur Optimierung eines Stromabnehmers für den ICE wird in [10.16] vorgestellt. Bei diesem Modell wird der Fahrdraht als massenlose Saite zwischen den Hängerpunkten angenommen. Die Massen werden in den Hängerpunkten konzentriert und die Hänger als Fahrdrahtaufhängungspunkte in Form von Dämpfern und die Seitenhalter als Federn und Dämpfer nachgebildet. Das Tragseil wird nicht nachgebildet. Mit diesem Modell ist eine Oberleitungsanalyse nicht möglich, da das dynamische Verhalten von Trag- und Beiseilen nicht enthalten ist. Die mit derartigen Vereinfachungen gewonnenen Kontaktkraftverläufe enthalten damit auch keine Reaktionen aus dem Trag- oder Beiseil und sind somit für hohe Geschwindigkeiten wenig aussagefähig. Nachfolgend werden einige Kettenwerksmodelle vorgestellt, die alle wesentlichen Einflussgrößen berücksichtigen.

10.3.3.2 Modellierung mit Finite-Elemente-Methode

Bei der Anwendung der *Finite-Elemente-Methode* [10.17] wird die Oberleitung in einzelne Elemente unterteilt, die durch einfach beschreibbare Kopplungen verknüpft sind. Als Ergebnis wird ein System von Differenzialgleichungen erhalten, das an sich beliebig genaue Nachbildungen der Oberleitung gestattet.

Da für die Betrachtung dynamischer Vorgänge die Elemente genügend klein gewählt werden müssen, sind aber für vollständige Nachspannabschnitte 2 000 bis 3 000 Differenzialgleichungen zu lösen. Durch die wandernde Anregung werden die Systemmatrizen zusätzlich zeitabhängig und müssen somit jeweils neu erstellt werden. Die für die Lösung der Gleichungen notwendige Rechentechnik ist daher aufwändig.

Bis zum Jahr 2000 wurden diese Modelle erfolgreich für die Berechnung stationärer Prozesse angewandt, z. B. für die *Berechnung der Elastizität* [10.20]. Sie wurden auch für dynamische Berechnungen verwendet, wie das in [10.21] und [10.22] berichtet wird. Um die Rechenzeit in diesen Fällen zu begrenzen, wurde der Fahrdraht zwischen den Hängern nicht weiter in einzelne Elemente unterteilt, sondern durch einen einzelnen Stab oder ein Federelement ersetzt. Mit der Verfügbarkeit von leistungsstarken Rechnern können heute finite Elemente ohne besonders einschränkende Annahmen verwendet werden. Die Anwendung eines Finite-Element-Modells wird in [10.17] beschrieben.

10.3.3.3 Analytische Lösung im Frequenzbereich

Der analytischen *Lösung im Frequenzbereich* [10.18] liegt ein unendlich langes Kettenwerk zugrunde, das in endlichen Abschnitten gelenkig gelagert ist, wobei die Teilabschnitte unabhängig schwingen. Die *Lagrangeschen Gleichungen* werden über einen Ritzschen Näherungsansatz gelöst. Die Genauigkeit der Lösung wird durch die Ordnung des Ansatzes bestimmt. Für das Berechnungsbeispiel mit drei Längsspannweiten werden in [10.18] Ansätze der Ordnung 90 angenommen. Für eine komplette Nachspannlänge wird die Rechenzeit hoch. Für die Nachbildung der Kopplung zum Stromabnehmer zur Kontaktkraftberechnung dienen Fourier-Ansätze hoher Ordnung, womit sich der Rechenaufwand weiter erhöht. Dieses Modell wurde für die Optimierung von Stromabnehmern verwendet. Die Fahrleitungsdaten sind schwierig zu ändern.

10.3.3.4 Methode der frequenzabhängigen finiten Elemente

Die Verwendung *frequenzabhängiger finiten Elemente* [10.14] wurde mit dem Ziel eingeführt, die Ordnung der erforderlichen Matrizen bei der Untersuchung höher frequenter Vorgänge zu verringern und dabei das Verfahren weiterhin universell anwenden zu können [10.24]. Auf Elementebene wird die Seilgleichung analytisch gelöst, so dass Seilabschnitte zwischen Hängerpunkten nicht weiter aufgeteilt werden müssen. Für die gesamte Oberleitung werden *frequenzabhängige Matrizen* aufgestellt, in welchen zusätzliche Elemente, z. B. Seitenhalter, Klemmen, Masten, als Ersatzmasse oder als Einzelschwinger berücksichtigt sind. Damit lassen sich beliebige Kettenwerke nachbilden. Zunächst werden die *Eigenfrequenzen* und die dazu gehörigen *Eigenvektoren* des Kettenwerkes berechnet. Die Reaktion des Kettenwerkes auf die Anregung durch den Stromabnehmer lässt sich durch Überlagern der Reaktionen in einzelnen Eigenfrequenzen bestimmen. Bei diesem Verfahren fällt ein Großteil des Aufwands für die Bestimmung der Eigenfrequenzen und Eigenvektoren an, der jedoch für jede Oberleitungskonfiguration nur einmal zu tätigen ist. Die Reaktionen bei Kraftangriff im Bereich der analytisch nachgebildeten Seilabschnitte werden iterativ berechnet.

10.3.3.5 Modellierung mit der d'Alembertschen Wellengleichung

Die Kontaktkraft verursacht eine Auslenkung des Fahrdrahts, welche sich entsprechend der Wellenausbreitungsgeschwindigkeit auf den Seilen bewegt und an Unstetigkeiten, z. B. an Hängern, reflektiert oder auf andere Seile übertragen wird (siehe Abschnitt 10.2.5). Am Kontaktpunkt reagiert der Stromabnehmer mit entsprechenden Reflexionen auf Impulse. Dieses Modell beruht auf den *d'Alembertschen Wellengleichungen* [10.5], ist als Computermodell verfügbar und kann für Simulationen verwendet werden [10.3]. Die Bewegungsabläufe der Elemente des Kettenwerkes werden durch Überlagern einzelner Wellen erhalten. Die realistische Darstellung der Hänger als ausknickende Seile ist dabei ein Vorteil. Bei komplexen Kettenwerken ergibt sich ein hoher Rechenaufwand, der bei ungleichen Hängerteilungen weiter ansteigt.

10.3.4 Bestätigung der Simulationsverfahren

10.3.4.1 Einführung

Um Vertrauen in das Ergebnis haben zu können, sollte jedes Simulationsverfahren bestätigt werden. Die Norm DIN EN 50 318 gibt funktionale Anforderungen für die Bestätigung der Simulationsverfahren vor, um die Annehmbarkeit
- der Ein- und Ausgabeparameter,
- der Simulationsmethoden,
- des Vergleichs mit Messungen und
- des Vergleichs zwischen Simulationsverfahren

sicher zu stellen.
Wie in Bild 10.15 dargestellt, wird die Bestätigung in zwei Schritten durchgeführt:
- Im ersten Schritt wird das Simulationsverfahren durch die Verwendung eines Referenzmodells geprüft. Die Daten dieses Modells sind in der Norm zusammen mit den Grenzen für die Simulationsergebnisse, die einzuhalten sind, vorgegeben.
- Der zweite Schritt bezieht sich auf den Vergleich der mit der Simulation erhaltenen Ergebnisse mit Messwerten von Messfahrten auf Strecken.

10.3.4.2 Anforderungen an Simulationsverfahren

Die für die Simulation verwendeten Modelle sollten die Kenndaten des Stromabnehmers und der Oberleitung im interessierenden Frequenzbereich beschreiben. Der Stromabnehmer kann durch ein diskretes Masse-Feder-Dämpfer-Modell, ein Mehrkörpersystem, ein Finite-Elemente-Modell oder mit Transferfunktionen beschrieben werden, die von den dynamischen Kenngrößen von anliegenden Stromabnehmern stammen. Die Modelle erfordern Angaben über die Kinematik, die Massenverteilung, den Freiheitsgrad der Gelenke, die Kennwerte der Dämpfung und Federn, die Steifigkeit der Komponenten, Anschläge, die Aufbringung der statischen Kraft, die Wirkung von aerodynamischen Kräften, die von der Stellung des Stromabnehmers gegenüber der Fahrtrichtung abhängen können, den Arbeitsbereich und die Lage auf dem Zug und dessen Gestaltung.

10.3 Simulation des Zusammenwirkens von Oberleitung und Stromabnehmer

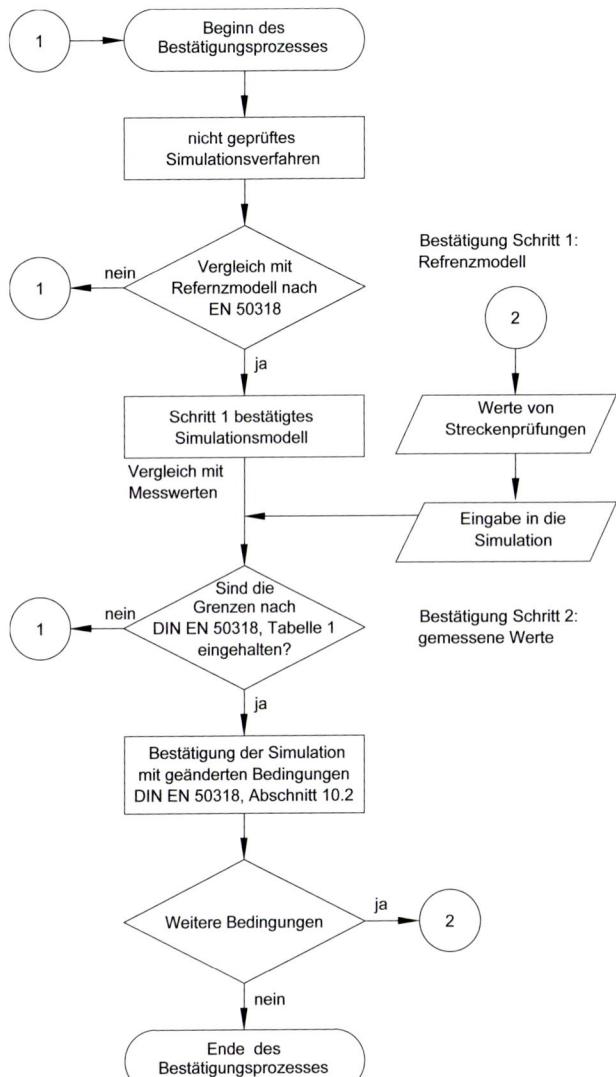

Bild 10.15: Ablaufdiagramm der Bestätigung der Simulation nach DIN EN 50318.

Die Oberleitung kann durch ein zwei- oder dreidimensionales, geometrisches Modell nachgebildet werden und sollte auch die Nachspanneinrichtungen und auch diskrete Komponenten, wie Streckentrenner und elektrische Verbinder umfassen. Das Modell sollte im Minimum eine dreifache Länge des Abstandes zwischen dem ersten und dem letzten Stromabnehmer, aber nicht weniger als zehn Spannfelder umfassen, und die tatsächliche Länge eines jeden Feldes, die Lage der Hänger, die Fahrdrahtruhelage mit Vordurchhang und Neigungen, die Systemhöhe an den Stützpunkten, die Geometrie und Massenverteilung, die Seitenhalter, die Seitenverschiebung, die Anordnung sowie

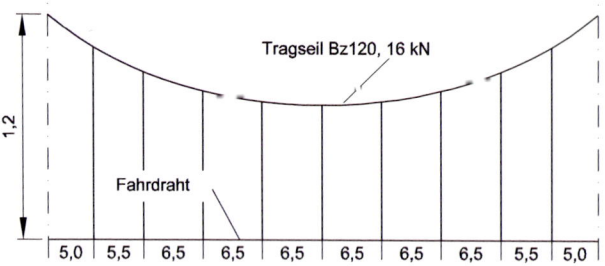

Bild 10.16: Oberleitungsmodell gemäß DIN EN 50 318.

die Kenndaten von Fahrdraht, Tragseil, Hilfstragseil, Y-Beiseil und Hängern und die Massen der Klemmen berücksichtigen.

Die Simulation sollte die Fahrgeschwindigkeit, die Anzahl und den Abstand zwischen den anliegenden Stromabnehmern, die statische Kraft und die dynamische Kraft eines jeden Stromabnehmers, die Arbeitshöhe und und deren Grenzen umfassen.

Die Simulation sollte die Kontaktkräfte und die Fahrdraht- und Stromabnehmerbewegungen eines jeden aktiven Stromabnehmers berechnen, wenn der Stromabnehmer entlang des Fahrleitungsmodells fährt. Die Ergebnisse können gefiltert werden, um Werte für Frequenzen außerhalb des interessierenden Bereiches auszuschließen. Die erforderlichen Ergebnisse für Kontaktkräfte, Fahrdraht- und Stromabnehmerbewegungen und/oder Kontaktverluste sind

- der Mittelwert F_m der Kontaktkraft,
- die Standardabweichung s_m der Kontaktkraft,
- das tatsächliche und das statistische Maximum und Minimum der Kontaktkräfte,
- der zeitliche Verlauf der Kontaktkräfte,
- der Verlauf der Kontaktkraft für jeden Stromabnehmer,
- ein Histogramm der Kontaktkräfte (statistische Verteilung),
- der Verlauf des Fahrdrahtanhubs entlang der Strecke für jeden Stromabnehmer,
- der größte Anhub des Fahrdrahts an einem Stützpunkt,
- der zeitliche Verlauf des Anhubs an jedem besonderen Punkt,
- der Verlauf der Kontaktpunkte entlang der Strecke,
- das Maximum und Minimum des Anhubs der Kontaktpunkte,
- die Orte und Dauer von Kontaktverlusten,
- der zeitliche Anteil des Kontaktverlustes.

10.3.4.3 Bestätigung durch Vergleich mit dem Referenzmodell

In DIN EN 50 318 sind Referenzmodelle für den Stromabnehmer und für ein Oberleitungskettenwerk vorgegeben, die für die Prüfung und Bestätigung von Simulationsverfahren verwendet werden sollten.

Das Stromabnehmermodell ist ein diskretes Massen-Feder-Modell mit zwei Massen und drei Federn wie in Bild 10.14 dargestellt. Die Tabelle 10.2 enthält dessen Daten.

Das Oberleitungsmodell ist ein Kettenwerk mit einem Fahrdraht und gleichen Spannfeldern ohne Y-Beiseil wie in Bild 10.16 gezeigt. Die Seitenverschiebung beträgt ±0,2 m;

Tabelle 10.3: Bereich der akzeptablen Ergebnisse des Referenzmodells nach DIN EN 50 318 Tabelle 2.

		Bereich der Ergebnisse	
Geschwindigkeit	km/h	250	300
F_m	N	110–120	110–120
s_m	N	26–31	32–40
Statistisches Maximum der Kontaktkraft	N	190–210	210–230
Statistisches Minimum der Kontaktkraft	N	20–40	−5–20
Tatsächlicher Höchstwert der Kontaktkraft	N	175–210	190–225
Tatsächlicher Kleinstwert der Kontaktkraft	N	50–75	30–55
Maximaler Anhub am Stützpunkt	mm	48–55	55–65
Prozentanteil von Kontaktverlusten	%	0	0

Anmerkung: Die Werte in der Tabelle 10.3 wurden aus den Ergebnissen von 5 unabhängigen Simulationsmodellen erhalten. Diese Modelle wurden mit Ergebnissen aus Streckenversuchen geprüft.

Tabelle 10.4: Annehmbare Abweichungen der simulierten und gemessenen Werte.

Parameter	erforderliche Genauigkeit (%)
Standardabweichung der Kontaktkraft s_m	±20
Maximaler Anhub am Stützpunkt	±20
Bereich der vertikalen Lage des Kontaktpunktes	±20

die Seitenhalter werden durch 1,0 m lange Stäbe mit 1,0 kg Masse modelliert. Der Stützpunkt des Tragseiles und das Ende des Seitenhalters sind Festpunkte. Die Hängersteifigkeit wird mit 100 000 N/m unter Zugbelastung definiert und Null gesetzt bei Druckbelastung. Die Masse der Hänger und Bauteile wird vernachlässigt.

Die Simulation sollte für 250 und 300 km/h Geschwindigkeit mit nur einem Stromabnehmer durchgeführt werden. Der interessierende Frequenzbereich ist 0 bis 20 Hz.

Wenn die Ergebnisse der Simulation des Referenzmodells innerhalb des in Tabelle 10.3 für die einzelnen Parameter angegebenen Bereiches liegen, kann die Simulation für den zweiten Schritt der Bestätigung verwendet werden. Wenn diese Ergebnisse nicht innerhalb des Bereiches liegen, muss das Verfahren zurückgewiesen werden. Ein Beispiel für die Anwendung des Referenzmodells ist in Abschnitt 10.3.6 dargestellt.

10.3.4.4 Bestätigung mit gemessenen Werten

Im zweiten Schritt der Bestätigung werden die simulierten Werte mit Messungen auf Strecken verglichen. Es wird dabei vorausgesetzt, dass die Streckenversuche mit Messeinrichtungen und -verfahren gemäß DIN EN 50 317 durchgeführt wurden. Die Messergebnisse sollten als zeitlicher Verlauf gegeben sein. Die zu vergleichenden Daten sind die Standardabweichung der Kontaktkraft, der Anhub am Stützpunkt und der größte und kleinste Anhub am Kontaktpunkt. Die annehmbaren Abweichungen zwischen gemessenen und simulierten Werten sind in der Tabelle 10.4 angegeben. Der Vergleich sollte auf einem ausreichend langen Streckenabschnitt der Oberleitung durchgeführt werden. Die Zahl der Stromabnehmer und ihre Anordnung auf dem Zug müssen bei den Mes-

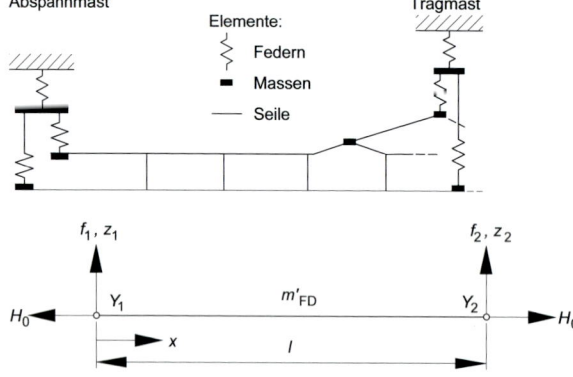

Bild 10.17: Schwingungsersatzschaltbild eines Oberleitungskettenwerkes.

Bild 10.18: Differenzielles Seilelement mit den Freiheitsgraden z_1 und z_2 an den Endpunkten.

sungen und Simulationen gleich sind. Unterschiede bezüglich der wichtigen Kenndaten der Oberleitung wie Fahrdrähte, Tragseile, Hilfstragseile und Y-Beiseile können nicht toleriert werden.

Unterschiede bis 5 % der Wellenausbreitungsgeschwindigkeit des Fahrdrahtes können zwischen Simulation und Versuch toleriert werden. Auch können kleinere Unterschiede in den Stromabnehmerabständen akzeptiert werden, ebenso in den statischen und dynamischen Kräften des Stromabnehmers, in den Dämpfungskennwerten und in der Fahrdrahthöhe. Unterschiede im ausgewerteten Frequenzbereich und in der Anzahl der aktiven Stromabnehmer können nicht akzeptiert werden.

Das Simulationsverfahren gilt als bestätigt, wenn die berechneten Werte im Vergleich zu den Messwerten innerhalb der in Tabelle 10.4 angegebenen Toleranzen liegen. Ein Beispiel ist im Abschnitt 10.4.4 enthalten.

10.3.5 Simulation mit frequenzabhängigen finiten Elementen

Die Simulation des Zusammenwirkens von Stromabnehmern und Oberleitungen mit *frequenzabhängigen finiten Elementen* ist [10.14] und [10.15] beschrieben. Hinsichtlich der Schwingungseigenschaften wird ein Hochkettenwerk durch ein ebenes System modelliert, das einzelne Massen und Federn, wie in Bild 10.17 gezeigt, umfasst.

Die Leiterelemente verbinden die Massen an Knoten und werden durch längenbezogene Massen m' und Zugkräfte H_0 beschrieben. Ihre Steifigkeit wird vernachlässigt [10.14]. Alle anderen Elemente können durch Federelemente und Massen als schwingende, finite

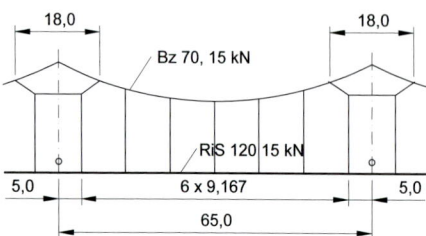

Bild 10.19: Oberleitungskettenwerk der Bauart Re 250, Maße in m.

10.3 Simulation des Zusammenwirkens von Oberleitung und Stromabnehmer

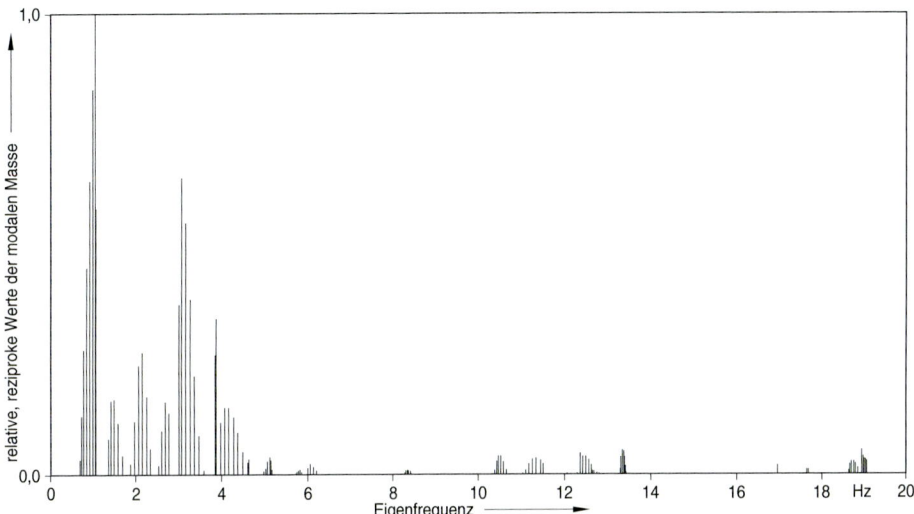

Bild 10.20: Eigenfrequenzen f_n und Verhältnis der Modalmassen $m_{\min}/m_n$ für die Oberleitungsbauart Re 250 (mit Y-Beiseilen), m_n Modalmasse bei der Frequenz f_n.

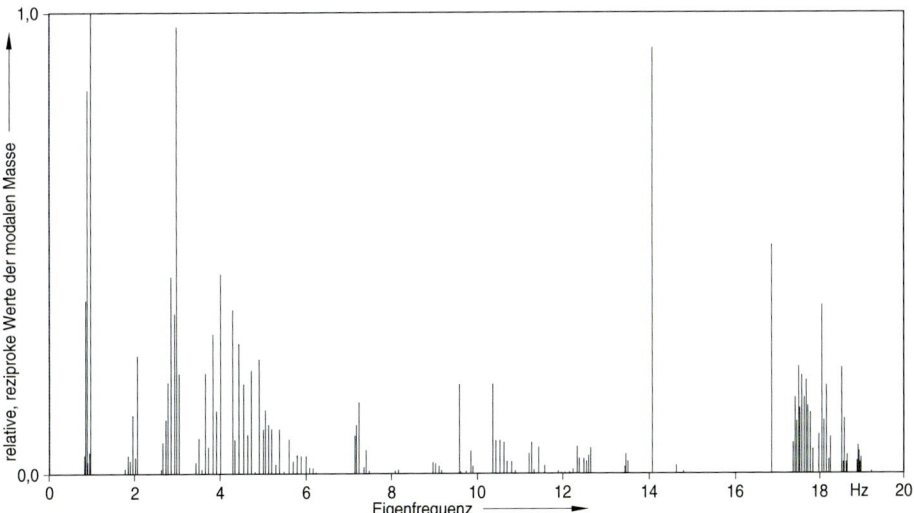

Bild 10.21: Eigenfrequenzen f_n und Verhältnis der Modalmassen $m_{\min}/m_n$ für die Oberleitungsbauart Re 250, jedoch ohne Y-Beiseile, m_n Modalmasse bei der Frequenz f_n.

Elemente beschrieben werden. Die Anregung kann an irgend einem Punkt längs des Fahrdrahts angenommen werden. Das Bewegungsverhalten der Drähte wird frequenzabhängig beschrieben [10.26].

Die Methode der frequenzabhängigen Finiten Elemente kann verwendet werden, um die *Eigenfrequenzen* und die dazugehörigen modalen Massen der Fahrleitungen zu berechnen. Dieses Verfahren wurde für die Oberleitungsbauart Re 250 (Bild 10.19) angewandt. In Bild 10.20 sind die relativen Werte der modalen Massen m_n für die jeweiligen Eigenfrequenzen f_n in Relation zum Kleinstwert m_{min} dargestellt, der bei ungefähr 1 Hz erhalten wurde. Die ersten 200 Eigenfrequenzen unter 20 Hz werden betrachtet. Die modalen Massen drücken den Widerstand aus, mit dem ein Schwingungssystem auf äußere Beschleunigungen bei der gegebenen Frequenz reagiert. Ein niedriges Verhältnis von m_n zu m_{min} drückt einen geringen Einfluss der Frequenz f_n auf die Bewegung der Oberleitung aus. Aus Bild 10.20 kann geschlossen werden, dass bei dieser Oberleitungsbauart Eigenfrequenzen über 6 Hz nur geringen Einfluss haben.

In Bild 10.21 sind die gleichen Angaben für eine Oberleitung gemäß Bild 10.19 jedoch ohne Y-Beiseile dargestellt. Der Vergleich mit Bild 10.20 zeigt, dass Frequenzen bis 20 Hz das dynamische Verhalten beeinflussen. Die scheinbar geringe Änderung der Oberleitungsbauart ergibt einen beträchtlichen Einfluss der höheren Frequenzen. Der Unterschied in den Kontaktkräften ist in den Bildern 10.56 und 10.57 dargestellt. Das Verfahren wird 2013 kaum mehr angewandt.

10.3.6 Simulation mit handelsüblichen Finite-Elemente-Programmen

Die Veröffentlichung [10.17] berichtet über die Verwendung von handelsüblichen Finite-Elemente-Programmen für die *Simulation des Zusammenwirkens von Oberleitungen und Stromabnehmer* bei Siemens. Diese Methode ist heute dank der Verfügbarkeit leistungsstarker Rechner machbar. Das Programm benötigt für die Simulation:
 – Ein nicht-lineares Kontaktelement zur Modellierung des Kontaktes zwischen Fahrdraht und Stromabnehmer.
 – Ein Drahtelement, das nur Zugkräfte erlaubt und unter Druck ausknickt.

Das Modell kann leicht an besondere Oberleitungsausführungen und die Projektanforderungen können durch Anpassung des Modells erfüllt werden. Das Modell für den Stromabnehmer braucht nicht besonders genau zu sein, wenn es für die Untersuchung einer Oberleitungsbauart und des Zusammenwirkens verwendet wird. Das in [10.17] beschriebene Stromabnehmermodell besteht aus drei Massen m_0 bis m_2 (siehe Bild 10.12), die die Schleifstücke, die Stromabnehmerwippe und den Grundrahmen darstellen. Die Massen werden durch Federn, Dämpfungs- und Reibungselemente miteinander verbunden. Da dieses Modell häufig für Simulationen verwendet wird, gibt es Parametersätze für viele Stromabnehmerausführungen. Das Modell erfüllt die Anforderungen der DIN EN 50318.

Jedes Finite-Elemente-Modell besteht aus Knoten, die durch unterschiedliche Elemente verbunden sich und die Simulation von Oberleitungskettenwerken ermöglichen. Das in [10.17] verwendete Oberleitungsmodell besteht aus massebehafteten, elastischen Ele-

10.3 Simulation des Zusammenwirkens von Oberleitung und Stromabnehmer

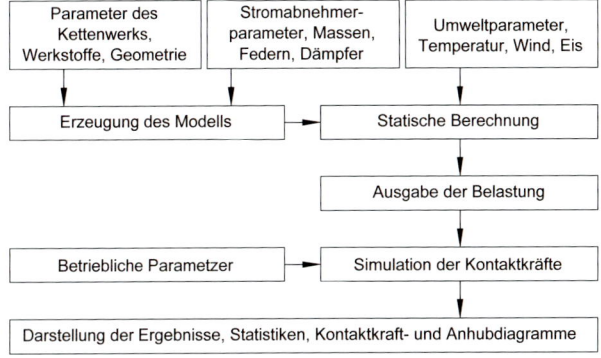

Bild 10.22: Flussdiagramm der Simulation mit der Finite-Elemente-Methode.

menten. Es beschreibt alle Elemente und Elementgruppen eines Kettenwerkes exakt, z. B. den am Y-Beiseil aufgehängten Hänger, der das Stützrohr trägt.

Bild 10.22 zeigt ein Ablaufdiagramm für die *Kontaktkraftsimulation*. Die Oberleitungsgeometrie und die Materialeigenschaften werden mit Makrounterprogrammen erstellt. Die Koordinaten der Kettenwerksfestpunkte werden durch das Programm geprüft und angepasst, wenn erforderlich. Der Durchgang der Stromabnehmer wird für die gegebenen Bedingungen, z. B. einer vorgegebenen Fahrgeschwindigkeit simuliert. Zusätzlich zu den Kontaktkräften und Fahrdrahtanhub werden beispielsweise die dynamischen Belastungen der Hänger und berechnet.

Um Vertrauen in die Simulation zu erreichen, wurde eine Bestätigung nach DIN EN 50 318 durchgeführt. Für diese Bestätigung müssen zwei Stufen erfüllt werden, wie im Abschnitt 10.3.4 beschrieben. Der erste Schritt besteht in der Untersuchung des Oberleitungsmodells aus DIN EN 50 318 mit dem zu *bestätigenden Simulationsverfahren*. In Tabelle 10.5 sind die Ergebnisse für das Referenzmodell, wie sie mit der Simulation mit dem beschriebenen Finite-Element-Verfahren erhalten wurden, mit den Referenzdaten nach DIN EN 50 318 verglichen. Alle Ergebnisse liegen im zulässigen Bereich.

Im zweiten Schritt wurden die auf einer Strecke gemessenen Daten mit den Ergebnissen der Simulation dieser Strecke verglichen. In Bild 10.23 ist dieser Vergleich dargestellt. Die gemessenen und berechneten Standardabweichungen der Kontaktkräfte unterschei-

Tabelle 10.5: Statistische Ergebnisse der Simulation des DIN EN 50 318 Referenzmodells.

		250 km/h		300 km/h	
		Zulässiger Bereich	Simulation	Zulässiger Bereich	Simulation
Mittelwert der Kontaktkraft	N	110–120	115,4	110–120	114,9
Standardabweichung der Kontaktkraft	N	26–31	26,4	32–40	32,6
Statistisches Maximum der Kontaktkraft	N	190–210	194,4	210–230	212,7
Statistisches Minimum der Kontaktkraft	N	20–40	36	−5–20	17,1
Beobachtetes Maximum der Kontaktkraft	N	175–210	197,2	190–225	196,5
Beobachteter Mindestwert der Kontaktkraft	N	50–75	62,8	30–55	33,8
Maximaler Anhub am Stützpunkt	mm	48–55	49,0	55–65	55,3

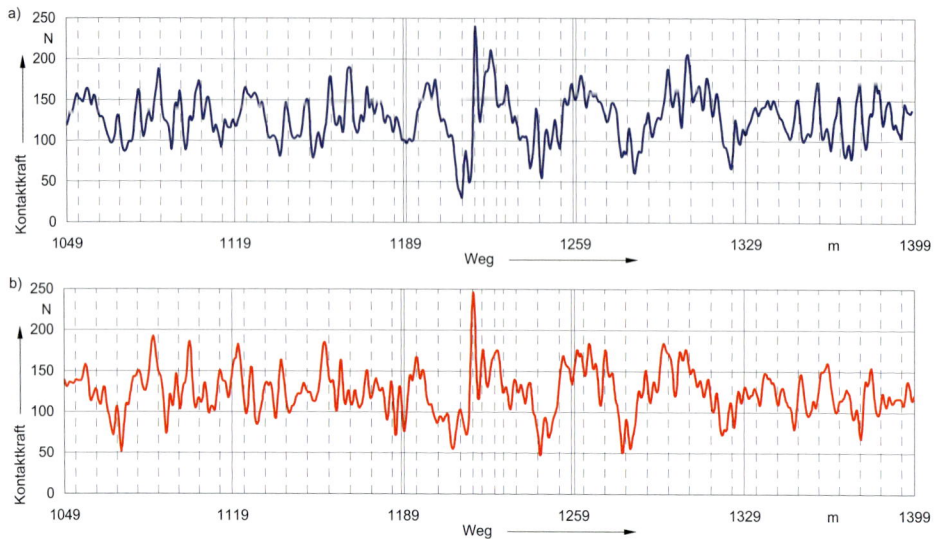

Bild 10.23: Vergleich der simulierten Werte (a) und den gemessenen Kontaktkräfte (b).

den sich um 10,2 % und der Anhub an den Stützpunkten um 9,5 %, was innerhalb der vorgegebenen Toleranzen liegt. Die zwei Prüfungen erfüllten die vorgegebenen Anforderungen gut und bestätigten damit das Simulationsverfahren.

Die Anwendung der Simulationen kann an einem Oberleitungskettenwerk mit und ohne Y-Beiseil gezeigt werden. Der Vergleich ist in Bild 10.24 dargestellt. Das obere Diagramm zeigt die berechnete Elastizität mit 100 N Kontaktkraft ohne Y-Beiseile. Für beide Ausführungen beträgt die Elastizität in Feldmitte ungefähr 0,4 mm/N, jedoch erreicht die Ungleichförmigkeit 48 % ohne und nur 18 % mit Y-Beiseilen.

Wie aus dem mittleren Diagramm zu sehen ist, vermindert die gleichmäßigere Elastizität die Bandbreite der Kontaktkräfte beträchtlich: Das Maximum beträgt 400 N ohne Y-Beiseil und 280 N mit Y-Beiseil, wobei das Minimum zwischen 0 und 100 N liegt. Wegen der kleineren Kontaktkräfte wird auch der Verschleiß vermindert. Das untere Diagramm des Bildes 10.24 zeigt, dass der Anhub ohne Y-Beiseil im Durchschnitt größer ist, die Maxima jedoch ungefähr den gleichen Wert erreichen. Eine Anwendung des Verfahrens für die Triebfahrzeugzulassung ist in [10.27] beschrieben.

10.3.7 Simulation mit einem auf die Oberleitung zugeschnittenen Programm

Die Veröffentlichung [10.28] beschreibt ein System zur *Analyse des Zusammenwirkens von Oberleitungskettenwerken und Stromabnehmern*. Dieses Programm ist geeignet, um auch kompliziertere Stromabnehmermodelle und insbesondere geregelte Stromabnehmer, wie sie in [10.29] beschrieben sind, zu simulieren. Die Kettenwerke sind aus Stan-

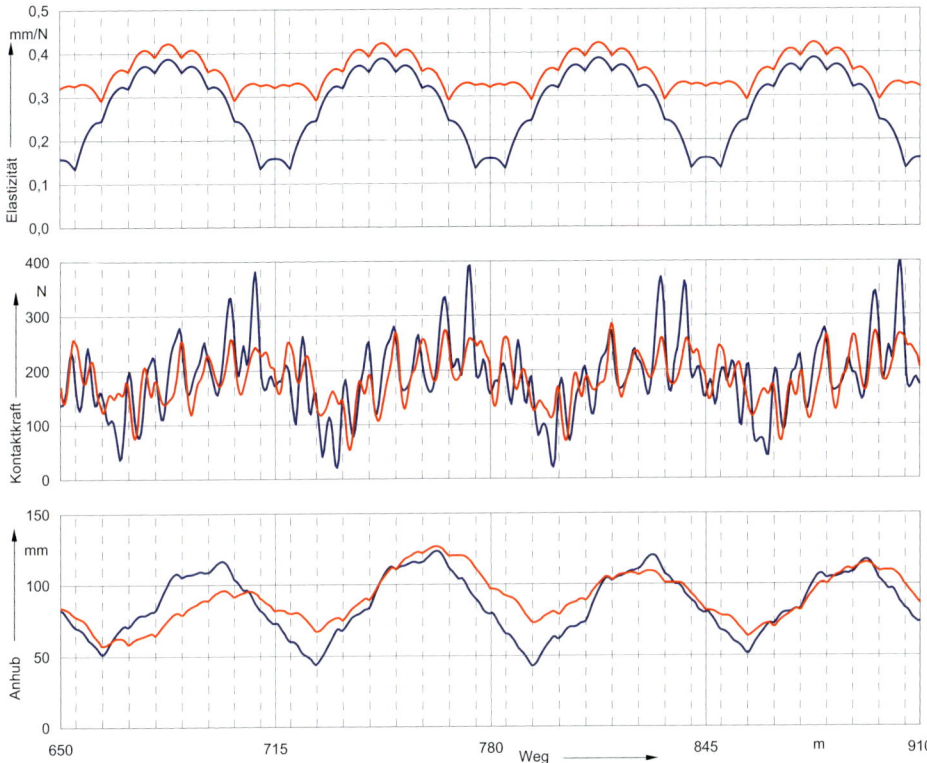

Bild 10.24: Simulation des Kettenwerkes mit und ohne Beiseile, Spannweite 65 m.

dardelementen wie Tragseil, Fahrdraht, Y-Beiseil, Hänger, Seitenhalter, Isolatoren und Parallelfeldern zusammengesetzt. Mechanische Modelle mit mathematischer Beschreibung sind den einzelnen Elementen zugeordnet. Werkstoff- und Ausführungskennwerte werden durch die Elemente definiert. Zum Beispiel können die Hänger mit und ohne Widerstandsfähigkeit gegen Druckkräfte modelliert werden. Ein gesamter Leitungsabschnitt kann durch die Modelle einzelner Felder zusammengesetzt werden. Überlappungen werden durch parallel verlaufende Kettenwerke gebildet, die nicht notwendigerweise gleich ausgeführt sein müssen. Das Programm kann zur Berechnung der statischen Fahrdrahtlage, der Elastizität des Kettenwerkes und der Fahrdrahtauslenkung infolge Windeinwirkung verwendet werden. Die Simulation des Zusammenwirkens der Oberleitung und des Stromabnehmers umfasst die Fahrt eines oder mehrerer Stromabnehmer entlang eines Abschnittes, wobei Bautoleranzen und Seitenverschiebungen beachtet werden.

Das Programm beinhaltet eine detaillierte Modellbildung der Stromabnehmer. Die nichtlinearen Kennwerte der Federn und Dämpfer können berücksichtigt werden. Die Finite-Elemente-Methode ist im Programm einbezogen und erlaubt Schwingungen, z. B.

Tabelle 10.6: Statistische Auswertung der Simulation der Oberleitungsbauart Re 250, Geschwindigkeit 200 km/h.

		Messungen	Simulation
Kontaktkräfte			
Mittelwert	N	120,3	120,7
Minimum	N	60,6	69,4
Maximum	N	169,0	168,0
Standardabweichung	N	26,5	17,4

der Schleifstücke zu erfassen. Regelungskreise können aktiv geregelte Stromabnehmer mit einbeziehen.

In der Tabelle 10.6 sind die Messwerte und die Ergebnisse der Simulation enthalten. Die Unterschiede der Standardabweichungen sind größer als nach DIN EN 50 318 zulässig.

10.4 Messungen und Prüfungen

10.4.1 Einführung

Parallel zur *theoretischen Behandlung* des Zusammenwirkens von Stromabnehmern und Oberleitung entstanden Messverfahren, die eine Beurteilung der *Stromzuführungsqualität* erlauben. Hierfür können drei Aspekte unterschieden werden:
- *Beurteilung der Oberleitung* allein,
- *Beurteilung des Stromabnehmers* allein und
- *Beurteilung des Zusammenwirkens* dieser beiden Komponenten.

Eine hohe Stromübertragungsqualität wird dann erreicht, wenn die Energieübertragung
- kontinuierlich, ohne Unterbrechung der *Spannung* und des *Stromes* abläuft. Dies bedeutet, dass durchgehend ein mechanischer Kontakt vorhanden sein muss. Wenn der mechanische Kontakt abreißt, entsteht zunächst ein *Lichtbogen*. Der Lichtbogen ist zwar nachteilig für die Umwelt, sorgt aber dafür, dass der Strom weiterfließt und hat somit für die Energieübertragung über bewegte Kontakte eine grundlegende Bedeutung. Wenn es infolge zu großer Luftstrecken schließlich zur Stromunterbrechung kommt, wird fahrzeugseitig abgeschaltet und die Antriebsleistung fällt weg. Die Zahl und Dauer von Lichtbögen stellt daher ein Kriterium für die *Güte der Leistungsübertragung* dar.
- nicht mit unannehmbaren Störungen für die Umwelt verbunden ist. *Lichtbögen* werden von der Aussendung hochfrequenter, elektromagnetischer Wellen begleitet, die den Rundfunkempfang im amplituden-modulierten Frequenzbereich bis 30 MHz stören können. Ebenso entstehen *Geräusche*, die jedoch meist gegenüber den Fahrgeräuschen in den Hintergrund treten.
- zu wirtschaftlich untragbaren Verschleiß an den beteiligten *Komponenten* Fahrleitung und Stromabnehmer führt. Der Verschleiß kann von Lichtbögen aber auch von hohen Kontaktkräften herrühren.

10.4 Messungen und Prüfungen

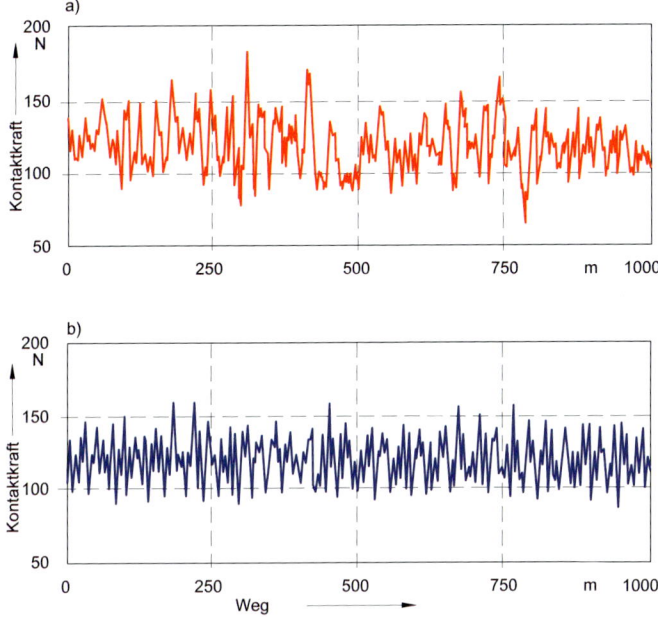

Bild 10.25: Kontaktkraft für die Oberleitungsbauart Re 250 bei 200 km/h. a) Messungen, b) Simulationen

Lichtbögen entstehen, wenn die Kontaktkraft gegen Null geht und schließlich ganz entfällt. Andererseits darf auch die Kontaktkraft keine hohen Werte annehmen, weil damit unzulässiger Anhub und Verschleiß verbunden wären. Die *Kontaktkraft* stellt somit die treibende Größe für die Beurteilung des Zusammenwirkens von Stromabnehmern und Oberleitung dar. Die zur Beurteilung verwendete Größe muss außerdem noch einige allgemeine Merkmale erfüllen:

- Die Größe muss möglichst einen kontinuierlichen Maßstab darstellen, der nicht nur eine Ja/Nein-Entscheidung ermöglicht, sondern auch gestattet, unterschiedliche Qualitäten zu bewerten.
- Die Größe muss *messtechnisch registrierbar* sein und aus Simulationen ermittelt werden können.
- Die Größe muss reproduzierbar zu messen sein und darf nicht von Zufälligkeiten abhängen. Bei wiederholten Messungen sollten sich gleiche Ergebnisse einstellen.
- Es muss möglich sein, die Bewertungsgröße am aktiven, unter Spannung stehenden Stromabnehmer zu messen.

In frühen Veröffentlichungen [10.30, 10.31] wurden Anzahl und Dauer der *Lichtbögen* und *Spannungsunterbrechungen* als Größen zur Bewertung des Kontaktverhaltens herangezogen. Diese Größen erfüllten aber keine der genannten Anforderungen. Wenn keine oder wenige Lichtbögen auftreten ist diese Größe als Vergleichsmaßstab ungeeignet. Die Simulation von Lichtbögen ist nicht möglich und bei Messungen zeigte sich, dass eine

Reproduzierbarkeit nicht eindeutig gegeben ist. Vielmehr unterscheiden sich Messergebnisse der gleichen Strecken auch unter gleichen Bedingungen.

Über die Kontaktkraft sind die schwingungsfähigen Komponenten Oberleitung und Stromabnehmer mit unterschiedlichen Massen, *Feder- und Dämpfungseigenschaften* und *Eigenfrequenzen* gekoppelt. Der Stromabnehmer hebt die Oberleitung in dem Maße an, wie es deren Elastizität zulässt. Die Tatsache, dass sich diese längs des Kettenwerkes verändert, führt zu periodischen Auf- und Abbewegungen des Stromabnehmers, deren Größe von der wirkenden Anhubkraft bei geringen Geschwindigkeiten bestimmt wird. Dieser mittleren Anhubkraft überlagern sich Massenträgheitskräfte, die von der zeitlichen Änderung der Höhenbewegung abhängen (siehe Abschnitt 10.3).

Mit steigender Geschwindigkeit wird die Kontaktkraft immer stärker durch die dynamische Komponente geprägt; sie darf nicht außerhalb des Dynamikbereiches liegen, wenn die Schleifstücke am Fahrdraht ohne Unterbrechung entlang gleiten sollen.

Verlauf und Änderung der Kontaktkraft sind die am besten geeigneten Kenngrößen, um das dynamische Zusammenwirken von Fahrleitung und Stromabnehmern zu beurteilen. Die TSI Energie [10.13] gibt Anforderungen für die Kontaktkräfte vor (siehe Abschnitt 10.4.2). Parallel zu theoretischen Studien [10.32, 10.33] entwickelte die DB eine Methode zu *Kontaktkraftmessungen* [10.2, 10.34], die seither dort und bei anderen Bahnbetreibern eingesetzt und ständig weiter entwickelt wird.

Zusätzlich zur Kontaktkraft wurden weitere Kriterien zur Beurteilung des Zusammenwirkens von Stromabnehmer und Oberleitung eingeführt:

- der *Anhub der Oberleitung*,
- die *Höhenbewegung des Stromabnehmers*,
- das *Kontaktverhalten* der Stromabnehmerwippe oder Schleifstücke über die Anzahl und Dauer der Spannungsunterbrechungen und (siehe [10.30, 10.31]) durch Aufzeichnung der Lichtbögen (siehe [10.35]).

Diese Größen sind Sekundärgrößen und ergeben sich als Reaktionen auf die laufende Änderung der Kontaktkraft, über die die beiden Teilsysteme Oberleitung und Stromabnehmer gekoppelt sind.

Der Anhub des Fahrdrahts durch den Stromabnehmer wird entweder stationär durch Messeinheiten, die an einen Stützpunkt angebaut sind (siehe Abschnitt 10.4.6.1) oder am fahrenden Zug durch optische Messeinrichtungen beobachtet, die nahe dem Stromabnehmer am Triebfahrzeug angeordnet sind (siehe Abschnitt 10.4.6.2). Der Fahrdrahtanhub kann durch Messung der Fahrdrahtruhelage und der Anhublage und Berechnung der *Kettenwerkselastizität* bewertet werden.

Die Komponenten werden in regelmäßigen Abständen geprüft. Insbesondere werden die Lage der Seitenhalter und der Stützrohre und auch die Abstände der ständig unter Spannung stehenden Komponenten zu den Bauwerken und Tunnelwänden geprüft. Nicht annehmbare Extremwerte der Kontaktkräfte führen zu erhöhtem Verschleiß des Fahrdrahts. Der Verschleiß wird durch Messung der verbliebenen Fahrdrahtmaße bestimmt. Die Stromabnehmer werden anhand der Ergebnisse auf einem *Stromabnehmerprüfstand* bewertet (siehe Abschnitt 10.4.4).

Tabelle 10.7: Statische Kräfte in N.

	Nennwert	Bereich bei Ertüchtigungen
AC	70	60 bis 90
DC 3,0 kV	110	90 bis 120
DC 1,5 kV	90	70 bis 110

10.4.2 Anforderungen an das Zusammenwirken

10.4.2.1 Einführung

Die TSI Energie [10.12, 10.13] und die Norm DIN EN 50 367 geben grundlegende Anforderungen für die Interoperabilität des Europäischen Bahnnetzes vor. Da dieses Netz mit elektrisch angetriebenen Fahrzeugen befahren wird, ist eine zuverlässige Energieversorgung eine wichtige Bedingung für die Interoperabilität der Züge. Daher bildet das Zusammenwirken *interoperabler Stromabnehmer* mit interoperablen Oberleitungen einen Aspekt, für den Anforderungen betreffend statische Kontaktkraft, mittlere Kontaktkraft und Qualität der Stromabnahme vorgegeben wurden. Die *Kontaktkraftmessung* ist eines der vorgegebenen Verfahren für die Beurteilung des Zusammenwirkens der Komponenten.

Die Qualität des dynamischen Zusammenwirkens kann gemessen werden durch
– die Kontaktkräfte, gekennzeichnet durch den Mittelwert, die Standardabweichung und die Höchst- und Kleinstwerte oder
– den Prozentsatz der Lichtbögen.

10.4.2.2 Statische Kontaktkraft

Laut Definition in DIN EN 50 206-1 ist die *statische Kontaktkraft* der Mittelwert der vertikalen Kraft, die die Stromabnehmerwippe auf den Fahrdraht ausübt und die durch die Anhubeinrichtung des Stromabnehmers hervorgerufen wird, wenn das Fahrzeug steht. Die statischen Kontaktkräfte sind in der Tabelle 10.7 vorgegeben.

Für DC-1,5-kV-Anlagen sollte die Oberleitung so ausgelegt werden, dass sie einer statischen Kontaktkraft von 140 N je Stromabnehmer standhalten kann, um Überhitzen des Fahrdrahts im Stillstand bei im Betrieb befindlichen Hilfsbetrieben auszuschließen. Die Zielwerte sollten für neue Anlagen und als Alternative für die Ertüchtigung verwendet werden können. Der Stromabnehmer muss die Anpassung der Kontaktkräfte an die Anforderungen ermöglichen.

10.4.2.3 Mittlere Kontaktkraft

Die *mittlere Kontaktkraft* F_m wird durch die statische Kontaktkraft und die aerodynamische Komponente der Stromabnehmerkraft mit einer dynamischen Korrektur gebildet. F_m stellt den Zielwert dar, der erreicht werden muss, um eine Stromabnahmegüte ohne schädliche Lichtbögen sicherzustellen und den Verschleiß und die Gefährdung der Schleifstücke zu begrenzen.

Die mittlere Kontaktkraft F_m, die ein Stromabnehmer auf die Oberleitung ausübt, ist in Bild 10.26 für AC- und DC-Strecken als Funktion der Fahrgeschwindigkeit dargestellt. Die Oberleitungen sollten so ausgelegt werden, dass diese Diagramme alle Stromabnehmer eines Zuges einhalten können.

Für Geschwindigkeiten über 320 km/h sind die Werte der mittleren Kontaktkraft nicht im Einzelnen in der TSI Energie [10.13] vorgegeben. Die Erfahrung mit Anlagen zeigt jedoch, dass die für 320 km/h verwendeten Werte auch über 320 km/h angewendet werden können.

Die mittlere Kontaktkraft für AC-Strecken gemessen in N kann berechnet werden aus

Kurve C1 $\qquad F_m = 0{,}000795 \cdot v^2 + 70$ (N) $\qquad\qquad$ (10.68)

Zielkurve $\qquad F_m = 0{,}00097 \cdot v^2 + 70$ (N) $\qquad\qquad$ (10.69)

Kurve C2 $\qquad F_m = 0{,}001145 \cdot v^2 + 70$ (N) , $\qquad\qquad$ (10.70)

wobei v die Fahrgeschwindigkeit in km/h darstellt. Neue und bestehende Strecken aller Kategorien sollten so ausgerüstet werden, dass die AC-Zielkurve erreicht wird. Neue Strecken können auch Stromabnehmer gemäß den Kurven AC/C1 oder AC/C2 zulassen. Bei bestehenden Strecken kann es erforderlich werden, Stromabnehmer gemäß den Kurven AC/C1 oder AC/C2 zu verwenden. Die anzuwendende Zielkurve wird im Infrastrukturregister der Strecke festgeschrieben.

Die mittleren Kontaktkräfte für DC-Anlagen sind vorgegeben durch

3 kV $\qquad F_m = 0{,}00097 \cdot v^2 + 110$ (N) $\qquad\qquad$ (10.71)

und

1,5 kV $\qquad F_m = 0{,}00228 \cdot v^2 + 90$ (N) . $\qquad\qquad$ (10.72)

Die Oberleitung sollte die statischen und dynamischen Anforderungen auch bei mehr als einem gehobenen Stromabnehmer je Zug mit 200 m Mindestabstand erfüllen.

10.4.2.4 Dynamisches Verhalten und die Stromabnahmegüte

Ein nach TSI ausgelegtes Kettenwerk entspricht den Anforderungen für das dynamische Verhalten und den Fahrdrahtanhub. Die Güte der Stromabnahme hat einen fundamentalen Einfluss auf die Lebenszeit des Fahrdrahts und erfüllt daher allgemein anerkannte und messbare Parameter. Die Übereinstimmung mit den Anforderungen an das *dynamische Verhalten* kann gemäß DIN EN 50 367, Abschnitt 7.2, durch die Messung des
– Fahrdrahtanhubs und
– der mittleren Kontaktkraft F_m und der Standardabweichung s_{max} oder
– des Prozentsatzes der Lichtbogenbildung nachgewiesen werden.

Das Nachweisverfahren kann durch die für das Teilsystem Energie zuständige Organisation gewählt werden. Die Anforderungen an eine die TSI Energie [10.13] erfüllende Oberleitung sind in der Tabelle 10.8 zusammengefasst. Die Prüfverfahren sind in DIN EN 50 317 und DIN EN 50 318 beschrieben (siehe auch Abschnitt 10.4.3.2).

10.4 Messungen und Prüfungen

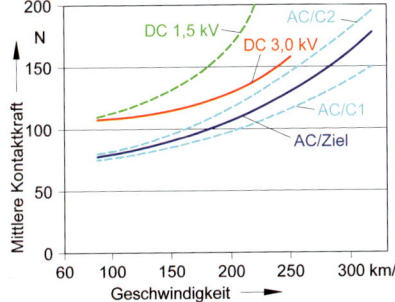

Bild 10.26: Mittlere Kontaktkraft F_m für AC- und DC-Anlagen als Funktion der Geschwindigkeit gemäß TSI Energie [10.13] und DIN EN 50 367.

Ähnliche Anforderungen an die Leistungsfähigkeit des Zusammenwirkens ist in DIN EN 50 367 für alle Arten von Kettenwerken für Hauptstrecken vorgegeben. Die Tabelle 10.9 enthält diese Angaben.

Die Größe S_0 ist der berechnete, simulierte oder gemessene *Anhub des Fahrdrahts* an den Seitenhaltern, der unter den normalen Betriebsbedingungen mit einem oder mehreren Stromabnehmern mit der mittleren Kontaktkraft F_m (Abschnitt 10.4.3.2) bei der höchsten Streckengeschwindigkeit hervorgerufen wird. Wenn der Anhub des Seitenhalters durch Einrichtungen im Kettenwerk begrenzt ist, ist es zulässig, den hierfür notwendigen Raum auf $1{,}5\,S_0$ entsprechend [10.13] und DIN EN 50 119 (Abschnitt 10.4.2.3) zu vermindern.

Die Standardabweichung ist im Bezug auf die mittlere Kontaktkraft F_m vorgegeben. Wenn die gemessene Kontaktkraft geringer ist als die in Bild 10.26 definierte Grenze, sollte die zulässige Standardabweichung s_max auch im Verhältnis zur mittleren Kontaktkraft vermindert werden, um Kontaktverluste zu vermeiden.

10.4.2.5 Vertikale Höhe des Kontaktpunktes

Der Kontaktpunkt ist der Punkt des mechanischen Kontakts zwischen den Schleifstücken und dem Fahrdraht. Die vertikale Höhe des Kontaktpunktes über dem Gleis

Tabelle 10.8: Anforderungen an das dynamische Verhalten und die Stromabnahmequalität für Hochgeschwindigkeitsstrecken, die die TSI/ENE HS erfüllen.

Streckenanforderungen	AC-Hoch- geschwindigkeit 250 km/h und darüber	ertüchtigte Strecke 160 km/h–250 km/h	andere ertüchtigte Strecken bis 160 km/h
Raum für Seitenhalteranhub	ohne Anhubbegrenzung $2\,S_0$; mit Anhubbegrenzung $1{,}5\,S_0$		
Mittlere Kontaktkraft F_m	entsprechend Bild 10.26 und Gleichungen (10.60) bis (10.72)		
Standardabweichung s_max bei Maximalgeschwindigkeit	$0{,}3\,F_\text{m}$		
Anteil Lichtbogenzeit bei Höchstgeschwindigkeit NQ (%)[1]	$\leq 0{,}2$	$\leq 0{,}1$ für AC-Anlagen $\leq 0{,}2$ für DC-Anlagen	$\leq 0{,}2$

[1] kleinste zu beachtende Lichtbogendauer beträgt 5 ms

Tabelle 10.9: Anforderungen an die Güte des Zusammenwirkens gemäß DIN EN 50 367.

Streckenanforderungen	AC- bis 250 km/h	AC- mit 250 km/h und darüber	DC- bis 160 km/h	DC- über 160 km/h
Fahrdrahtanhubraum		Zweimal den Auslegungsanhub des Fahrdrahtes[1] siehe DIN EN 50 119, Abschnitt 5.10.2		
Mittlere Kontaktkraft F_m	Gemäß Gleichung (10.69) (Bild 10.26)		Gemäß Gleichungen (10.68) und (10.69) (Bild 10.26)	
Standardabweichung s bei Höchstgeschwindigkeit	$0{,}3\,F_m$		$0{,}3\,F_m$	
Anteil der Lichtbögen bei Höchstgeschwindigkeit NQ (%)[2]	0,1	0,2	0,1	0,2

[1] wenn Begrenzungen des Anhubs des Fahrdrahtes bei der Ausführung vorhanden sind, darf ein Wert nicht kleiner als 1,5 verwendet werden

[2] die kleinste Lichtbogendauer, die zu berücksichtigen ist, beträgt 5 ms

sollte so gleichförmig wie möglich entlang eines Feldes sein; dies ist wesentlich für eine hohe Güte der Stromabnahme. Die größte Differenz zwischen der höchsten und niedrigsten *dynamischen Kontaktpunkthöhe* innerhalb eines Feldes sollte geringer sein als die in der Tabelle 10.10 dargestellten Werte.

Dies sollte durch Messungen gemäß DIN EN 50 317 oder durch bestätigte Simulationen entsprechend DIN EN 50 318 nachgewiesen werden

– für die höchste Streckengeschwindigkeit der Oberleitungsbauart,
– mit Verwendung der mittleren Kontaktkraft F_m (siehe Abschnitt 10.4.2.3) sowie
– für die größte Spannweite.

Dieser Nachweis muss für Parallelfelder oder Felder über Weichen nicht erbracht werden.

10.4.2.6 Konformitätsbewertung des Oberleitungskettenwerkes

Eine neue Bauart eines *Oberleitungskettenwerkes* wird als eine interoperable Komponente durch eine Simulation gemäß DIN EN 50 318 und durch Messungen an einer mit der neuen Bauart ausgerüsteten Bahnstrecke gemäß DIN EN 50 317 beurteilt.

Die Simulationen müssen mit mindestens zwei die TSI erfüllende Stromabnehmer für die betreffende Anlage bis zur Auslegungsgeschwindigkeit für den Referenzstromabnehmer und die als Interoperabilitätskomponente vorgeschlagene Oberleitungsausführung durchgeführt werden. Für die Zwecke der Simulation müssen die Referenzabschnitte so festgelegt werden, dass sie repräsentativ sind und besondere Eigenschaften wie Tunnel, Überleitstellen, neutrale Abschnitte usw. umfassen. Zur Anerkennung müssen die simulierten Werte innerhalb der Grenzen nach Tabellen 10.8 oder 10.9 liegen.

Wenn die simulierten Werte annehmbar sind, muss ein Streckenversuch auf einem repräsentativen Abschnitt mit der neuen Oberleitungsbauart mit einem der Referenzstromabnehmer, die in der Simulation verwendet wurden, auf einem Zug oder einer Lokomotive durchgeführt werden, wobei eine mittlere Kontaktkraft für die angestrebte Spitzengeschwindigkeit gemäß Abschnitt 10.4.2.3 ausgeübt wird. Um anerkannt zu

Tabelle 10.10: Bereich des vertikalen Anhubs des Kontaktpunktes im Feld.

	Hochgeschwindigkeitsstrecken für 250 km/h und darüber	Ertüchtigte Strecken 200 km/h	andere ertüchtigte Strecken
AC	80 mm	100 mm	Nationale Regeln
DC	80 mm	150 mm	Nationale Regeln

werden, muss die gemessene Stromabnahmequalität innerhalb der Grenzen der Tabellen 10.8 oder 10.9 liegen.

Wenn alle genannten Kriterien erfüllt sind, kann die geprüfte Oberleitungsbauart als die TSI erfüllend betrachtet werden und darf auf Strecken verwendet werden, wenn die Kennwerte der Oberleitung und die Anforderungen der Strecke übereinstimmen.

Wenn eine Oberleitung nicht vorab als Interoperabilitätskomponente beurteilt wurde und diese im Teilsystem Energie verwendet werden soll, kann die Erfüllung der Anforderungen durch Messungen entsprechend DIN EN 50317 nachgewiesen werden, wobei ein als *Interoperabilitätskomponente* zertifizierter Stromabnehmer verwendet wird und auf einem Fahrzeug so aufgebaut wird, dass die Anforderungen des Abschnittes 10.4.2.3 erfüllt sind. Die statistischen Werte sollten der Streckengeschwindigkeit zugeordnet und getrennt für freie Strecken und Tunnel ermittelt werden.

10.4.2.7 Kompatibilitätsbewertung eines Stromabnehmers

Die Anforderungen an *interoperable Stromabnehmer* sind in [10.38] enthalten. Das dynamische Verhalten einer neuen Stromabnehmerbauart sollte durch Versuche entsprechend DIN EN 50206-1 und durch Simulation gemäß DIN EN 50318 nachgewiesen werden. Die Eigenschaften des Zusammenwirkens sollten gemäß DIN EN 50317 an einer interoperablen Oberleitungsstrecke gemessen werden.

Die Simulationen sollten mit wenigstens zwei die TSI erfüllende und dem Verwendungszweck angemessenen Oberleitungsanlagen bis zur Auslegungsgeschwindigkeit des Stromabnehmers durchgeführt werden. Die Ergebnisse der Simulation der Kontaktgüte sollten innerhalb der Grenzen der Tabelle 10.8 oder 10.9 für die Bezugsoberleitungen liegen.

Wenn die Simulationswerte in annehmbaren Grenzen liegen, ist eine *Streckenprüfung zur Messung der Kennwerte des Zusammenwirkens* gemäß DIN EN 50317 auf einer repräsentativen Strecke mit einer Oberleitung, die auch bei der Simulation verwendet wurde, durchzuführen.

Wenn alle Beurteilungen erfolgreich waren, wird die geprüfte Stromabnehmerbauart als die TSI erfüllend angesehen und kann auf unterschiedlichen Zügen verwendet werden, vorausgesetzt, dass die mittlere Kontaktkraft auf dem Zug für die infrage kommenden Fahrdrahthöhen die Anforderungen des Abschnittes 10.4.2.4 erfüllt.

10.4.2.8 Bewertung der Oberleitung einer neuen Strecke

Wenn eine Oberleitung, die für eine neu errichtete Hochgeschwindigkeitsstrecke verwendet werden soll, als eine Interoperabilitätskomponente zertifiziert wurde, dienen die Messungen der Parameter des Zusammenwirkens an der neuen Strecke zum Prüfen der korrekten Errichtung der Anlage und sollten mit einem als Interoperabilitätskomponente zertifizierten Stromabnehmer durchgeführt werden, der auf einem Zug oder auf einer Lokomotive aufgebaut wird und die mittleren Kontaktkraftkennwerte, wie sie im Abschnitt 10.4.2.3 für die vorgesehene Spitzengeschwindigkeit gefordert sind, erfüllt. Das Hauptziel dieser Prüfung ist, Einbaufehler zu identifizieren, jedoch nicht die Oberleitungsbauart im Prinzip zu beurteilen. Die eingebaute Oberleitung kann abgenommen werden, wenn die Messungen die Anforderungen der Tabellen 10.8 oder 10.9 erfüllen.

10.4.2.9 Bewertung eines Stromabnehmers auf neuen Triebfahrzeugen

Wenn ein als *Interoperabilitätskomponente geprüfter Stromabnehmer* auf einem neuen Zug oder einer Lokomotive aufgebaut wird, können die Prüfungen bei der geforderten Geschwindigkeit auf die mittlere Kontaktkraftanforderung begrenzt werden. Die Prüfungen können gemäß DIN EN 50 206-1, Abschnitt 6.10, oder DIN EN 50 317 durchgeführt werden. Im Falle der Anwendung der DIN EN 50 206-1 braucht der Stromabnehmer den Fahrdraht nicht zu berühren. Der Hersteller des Rollmaterials kann über die Art der anzuwendenden Prüfung entscheiden. Prüfungen sollten in beiden Fahrtrichtungen im Bereich der Nennfahrdrahthöhe, für die der Stromabnehmer verwendet wird, durchgeführt werden. Die Werte sollten für die mittlere Kontaktkraftkurve bei mindestens fünf Geschwindigkeitsstufen für die Züge der Klasse 1 (Geschwindigkeiten von 250 km/h und darüber) und wenigstens drei Stufen für die Züge der Klasse 2 (Geschwindigkeiten bis 200 km/h) gemessen werden. Die Ergebnisse sollten im gesamten Geschwindigkeitsbereich des Zuges innerhalb der folgenden Bereiche liegen:
- 0 bis $-10\,\%$ für AC/Ziel- und AC/C1-Kurve (C1 ist die obere Grenzkurve).
- $+10\,\%$ bis $0\,\%$ für die AC/C2-Kurve (C2 ist die untere Grenzkurve).
- $+10\,\%$ bis $-10\,\%$ für beide DC Kurven.

Wenn die Prüfungen erfolgreich durchgeführt wurden, kann der auf einem Zug oder Lokomotive aufgebaute Stromabnehmer unter einer die TSI erfüllenden Oberleitungsbauart mit der geprüften Fahrdrahthöhe verwendet werden.

10.4.2.10 Statistische Berechnungen und Simulationen

Die Berechnungen der statistischen Werte sollten der Streckengeschwindigkeit angemessen sein und getrennt für offene Strecken und Tunnel durchgeführt werden. Für Simulationszwecke sollten die Prüfabschnitte so festgelegt werden, dass diese repräsentativ sind und auch Tunnel, Überleitstellen oder neutrale Abschnitte enthalten.

10.4.3 Messung des Zusammenwirkens von Oberleitung und Stromabnehmer

10.4.3.1 Grundlagen

Gemäß DIN EN 50 317 ist es das Ziel der Messungen, das Zusammenwirken zwischen Oberleitung und Stromabnehmern, die Zuverlässigkeit und die Güte der Stromabnahme zu prüfen. Das Ergebnis der Messungen unterschiedlicher Stromabnehmer sollte vergleichbar sein, um die Komponenten für die Interoperabilität anerkennen zu können. Die gemessenen Werte sind auch für die Bestätigung von Simulationsprogrammen und anderen Messanlagen erforderlich.

Um die Güte der Stromabnahme zu prüfen, sollten folgende Werte gemessen werden:
– der Fahrdrahtanhub am Stützpunkt beim Stromabnehmerdurchgang
– die mittlere Kontaktkraft und die Standardabweichung
– der Prozentsatz der Lichtbögen

Die Kontaktkraft zwischen Fahrdraht und Schleifstücke kann nicht direkt aufgezeichnet werden, weil es sich um einen beweglichen Kontaktpunkt handelt. Infolge der Möglichkeiten der Messung wurde zunächst die Summe der Schleifstückreaktionskräfte, also die Schnittkräfte, als eine Näherungsgröße anstatt der Kontaktkräfte selbst herangezogen [10.2]. Für die *Kontaktkraftmessungen* werden Sensoren direkt an den Schleifstückauflagen eingebaut. Die *Massenträgheitskräfte* und die fahrgeschwindigkeitsabhängigen dynamischen Kräfte auf die Schleifstücke wurden durch diese Kraftsensoren nicht erfasst. Um die Kontaktkraft zu bestimmen, muss eine *dynamische Korrekturgröße* zu den Schnittkräften hinzugefügt werden, die aus der Beschleunigung der Schleifstücke abgeleitet wird und die Trägheitskräfte der Schleifstücke berücksichtigt. Zusätzlich müssen die von der Fahrgeschwindigkeit abhängigen, *aerodynamischen Korrekturgrößen* beachtet werden, die mit dem in Abschnitt 10.4.3.8 beschriebenen Verfahren ausgewertet werden. Um Vergleiche mit unterschiedlichen Stromabnehmern oder Messanlagen mit unterschiedlichen Anordnungen der Kraftsensoren zu ermöglichen, kann auf dynamische und aerodynamische Korrekturen nicht verzichtet werden.

10.4.3.2 Anforderungen an die Messung der Kontaktkräfte

Die Norm DIN EN 50 317 gibt die Anforderungen für die Messungen und Bestätigung des dynamischen Zusammenwirkens zwischen Stromabnehmer und Oberleitung vor. Die Norm gilt für die Messungen der Kontaktkräfte, des Anhubs und der Lichtbögen.

Die Messungen der Kontaktkräfte sollten an einem Stromabnehmer mit so nahe wie möglich an den Kontaktpunkten angeordneten Sensoren durchgeführt werden. Die Messanlage sollte die Kräfte in vertikaler Richtung ohne Zusammenwirken mit Kräften in anderen Richtungen messen. Bei Stromabnehmern mit unabhängig gefederten Schleifstücken sollte an jedem Schleifstück direkt gemessen werden. Der maximale Fehler der Messeinrichtung muss kleiner als 10 % sein.

Die Trägheitskräfte infolge der Massen zwischen den Sensoren und dem Kontaktpunkt müssen berücksichtigt werden. Dies kann durch *Messung der Beschleunigung* dieser Komponenten geschehen.

Eine Korrektur ist auch erforderlich, um den Einfluss der aerodynamischen Kräfte auf die Komponenten zwischen Sensoren und Kontaktpunkten Rechnung zu tragen. Der aerodynamische Einfluss kann durch *Prüfungen* mit festgelegter Stromabnehmerhöhe gemäß DIN EN 50 206-1 durchgeführt werden. Dabei berührt der Stromabnehmer den Fahrdraht nicht.

Aerodynamische Prüfungen sollten mit der gleichen Kombination aus der Fahrdrahthöhe, Zugkonfiguration, Messeinrichtung, Umweltbedingungen usw. durchgeführt werden, wie sie auch bei der Messung der Kontaktkräfte gegeben sind. Die aerodynamischen Prüfungen können auch während der Streckenversuche durchgeführt werden.

Die Messeinrichtung sollte im Labor kalibriert werden, um die Genauigkeit der gemessenen Kräfte zu prüfen. Die Prüfung sollte mit dem vollständigen Stromabnehmer, ausgerüstet mit der Kraftmesseinrichtung, den Beschleunigungsmessern, dem Datenübertragungssystem und den Verstärkern durchgeführt werden. Das Verhältnis zwischen den aufgebrachten und den gemessenen Kräften – die *Transferfunktion* des Stromabnehmers und der Messeinrichtung – sollten durch dynamische Auslenkungen des Stromabnehmers an der Wippe für den interessierenden Frequenzbereich bestimmt werden. Wenn eine sinusförmige Kraft verwendet wird, ergibt eine Amplitude von 30 % der statischen Kraft repräsentative Ergebnisse. Die Prüfung sollte für zwei Fälle durchgeführt werden:

– die Kraft wird mittig auf die Wippe aufgebracht
– die Kraft wird 205 mm außermittig der Stromabnehmerwippe aufgebracht, wenn das möglich ist. Wenn nicht, sollte der Kraftanwendungspunkt so nahe wie möglich bei diesem Wert liegen. Die Prüfung sollte mit einer mittleren Kraft gleich der statischen Anpresskraft durchgeführt werden.

Wenn die Stromabnehmerkontaktkraft mit der Windgeschwindigkeit zunimmt, sollte die Prüfung mit der höchsten statischen Kraft durchgeführt werden. Messungen der aufgebrachten Kraft und der gemessenen Kraft werden im Frequenzbereich bis 20 Hz in 0,5 Hz Intervallen durchgeführt. Die Frequenzstufen nahe der Resonanzfrequenzen sollten vorgegeben werden.

Die Aufnahmerate bei den Messungen auf der Strecke sollte größer als 200 Hz für die Aufnahmezeit oder kleiner als 0,40 m für die Wegrate sein. Die Kontaktkraft kann mit 20 Hz als obere Frequenz gefiltert werden.

Der Messbereich der Kontaktkräfte sollte wenigstens betragen:

– für AC Stromabnehmer zwischen 0 N und 550 N und
– für DC Stromabnehmer zwischen 0 N und 700 N.

Es sollten

– die mittlere Kontaktkraft F_m,
– der Höchstwert der Kontaktkraft,
– der Kleinstwert der Kontaktkraft,
– die *Standardabweichung s* und
– ein Histogramm oder eine Wahrscheinlichkeitskurve

für den Messabschnitt ermittelt werden, der mindestens eine Nachspannlänge umfassen muss.

10.4.3.3 Messung des Fahrdrahtanhubs

Die Messeinrichtung für den Fahrdrahtanhub darf keine Auswirkungen auf den gemessenen Weg haben, der die Ergebnisse mehr als 3 % verändern könnte. Der Fehler des *Anhubs am Stützpunkt* sollte kleiner als 5 mm sein. Der vertikale Weg des Kontaktpunktes sollte im Bezug auf den Grundrahmen des Stromabnehmers gemessen werden. Die Genauigkeit der Messanlage sollte kleiner als 10 mm sein.

10.4.3.4 Messung der Lichtbögen

Der *Detektor für Lichtbögen* sollte im Bereich der Wellenlänge der Lichtemission von Werkstoffen sensibel reagieren. Für Kupfer und Kupferlegierungsfahrdrähte sollte der im Bereich die Wellenlängen 220 nm bis 225 nm oder 323 nm bis 329 nm umfassen, da in diesen beiden Wellenlängenbereiche wesentliche Kupferemissionen liegen. Der Detektor sollte

- genügend nahe am Stromabnehmer und in der Fahrzeuglängsachse angeordnet werden, um eine genügend hohe Empfindlichkeit zu erreichen,
- in Fahrtrichtung hinter dem Stromabnehmer in Bezug zur Fahrtrichtung angeordnet werden,
- auf die in Fahrtrichtung nachlaufenden Schleifstücke zielen,
- empfindlich für den gesamten Arbeitsbereich des Stromabnehmers sein,
- eine Ansprechzeit zum Beginn und Ende des Lichtbogens unter 100 µs besitzen,
- eine Messschwelle haben, die der kleinsten zu messenden Lichtbogenenergie entspricht.

Die Detektoren sollten im interessierten Spektralbereich kalibriert werden. Eine Anpassung des Detektors ist erforderlich, wenn der Abstand zwischen dem Sensor und der Lichtquelle bei der Messung sich von der Bedingung beim Kalibrieren unterscheidet. Die Anlage sollte mindestens folgende Werte messen und aufzeichnen

- die Dauer eines Lichtbogens,
- die Zuggeschwindigkeit während des Versuches,
- den Stromabnehmerstrom,
- den Ort der Lichtbogen (kilometrischer Standort).

Die Auswertung sollte für einen Messabschnitt nicht kürzer als 10 km durchgeführt werden, der mit einer konstanten Geschwindigkeit befahren wird. Für die Auswertung sollten Lichtbögen länger als 5 ms analysiert werden. Abschnitte mit Stromabnahme unter 30 % des Nennwertes sollten nicht berücksichtigt werden. Im Minimum muss die

- die Zuggeschwindigkeit,
- die Anzahl aller Lichtbögen,
- die Summe der Dauer aller Lichtbögen,
- die längste Lichtbogendauer,
- die gesamte Zeit zwischen einem Strom größer 30 % des Nennwertes,
- die gesamte Fahrzeit für den Messabschnitt,
- der Prozentsatz der Lichtbögen

aufgezeichnet und ausgewertet werden.

10.4.3.5 Beschreibung der Kontaktkraftmesstechnik der DB

Das in [10.34] beschriebene Messsystem beruht auf einen Vorschlag nach [10.39]. Bild 10.27 zeigt schematisch die *Kontaktkraftmessung* der DB. Die unten an den Schleifstücken angeordneten Sensoren sind die wichtigsten Komponenten der Anlage (siehe Bild 10.28). Stromabnehmerwippen mit zwei Schleifstücken benötigen vier Sensoren für die Aufzeichnung der Schnittkräfte. Besonders geschirmte Kabel verbinden die Sensoren mit den Verstärkern, die in einem Gehäuse am Stromabnehmergrundrahmen befestigt

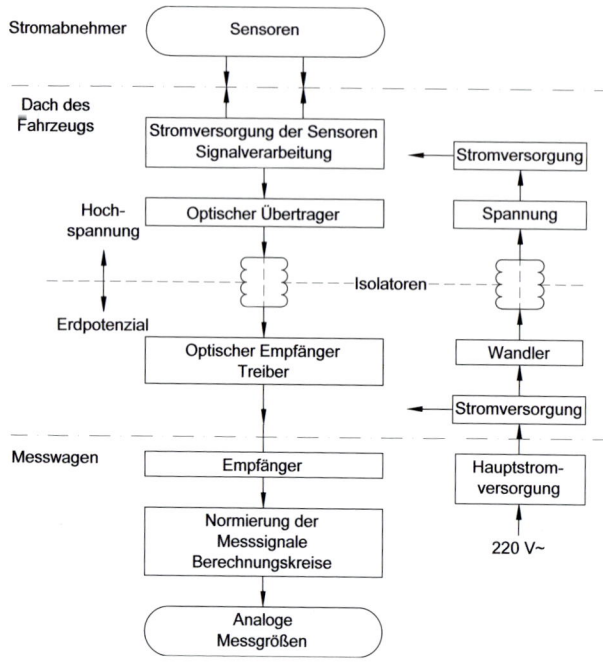

Bild 10.27: Schema der Kontaktkraftmesseinrichtung zwischen Fahrdraht und Stromabnehmer.

Bild 10.28: Kraftsensoren der Kraftmessanlage.

sind. Dort werden die Messsignale so aufbereitet, dass sie mit Hilfe einer Lichtwellenübertragungsstrecke von 15 kV auf Erdpotential übertragen werden können. Auf dem Fahrzeug werden dann die optischen Signale in elektrische Signale zurückverwandelt und zum *Messwagen* [10.2] zur weiteren Auswertung weitergeleitet.

Die Messaufnehmer

- dürfen weder durch Masse noch durch Form die Wippe wesentlich verändern und damit deren Verhalten nicht unzulässig beeinflussen;
- müssen statische und dynamische Kräfte erfassen können;
- müssen die Beschleunigung der Schleifstücke aufnehmen;
- müssen unempfindlich gegen Umwelteinflüsse wie Temperaturschwankungen und elektromagnetische Einflüsse bei Strömen bis 1 000 A sein;

10.4 Messungen und Prüfungen

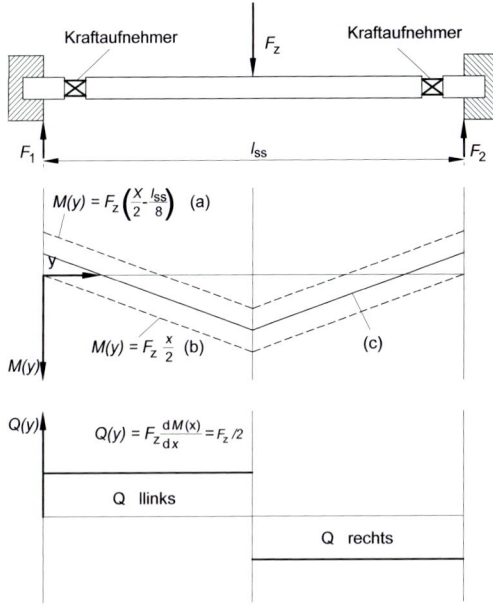

Bild 10.29: Scherkraft- und Momentenverlauf an einem Schleifstück.
a) Biegemoment entsprechend einer festen Einspannung, b) Biegemoment entsprechend einer vollständig freien Auflage, c) Biegemoment entsprechend den Verhältnissen der Schleifstückelagerung, Q Scherkraft

– müssen die Kraftkomponenten in vertikaler Richtung und auch noch die anderen Kraftkomponenten mit möglichst geringer gegenseitiger Beeinflussung messen.

Bild 10.29 zeigt den Kraft- und Momentenverlauf an einem Schleifstück. Die Dehnungen sind bei einem Biegebalkenaufnehmer durch das im Aufnehmer wirkende Moment gegeben. Insbesondere die Tatsache, dass die Momentenkurve zweimal in der Nähe der Aufnehmer durch Null geht und die Lage der Nullpunkte durch die Biegesteifigkeit der Einspannung und den Ort der Krafteinleitung bestimmt wird, bringt komplizierte Zusammenhänge zwischen eingeleiteter Kraft und dem Momentenmesswert mit sich.

Aus Bild 10.29 ist ersichtlich, dass die Zusammenhänge der *Querkräfte* mit der eingeleiteten Kraft wesentlich einfacher sind. Unabhängig vom Ort der Einleitung und unabhängig von den Einspannbedingungen ist die Summe der Querkräfte gleich der eingeleiteten Kraft. Daraus ergibt sich, dass Kraftaufnehmer notwendig sind, die unbeeinflusst von Momenten die Querkräfte messen. Die Schubkräfte verursachen Spannungen in den Seiten der Balkenelemente mit Maxima unter 45° zur vertikalen Achse. Mit Hilfe von besonderen Dehnmessstreifen kann die Deformation – Verlängerung oder Verkürzung – verursacht durch die Scherkräfte, gemessen werden, woraus ein Messwert proportional zur wirkenden Scherkraft abgeleitet werden kann. *Dehnmessstreifen* sind passive Sensoren und erfordern eine getrennte Spannungsversorgung und Verstärker. So ergibt eine Kraftveränderung von 10 N eine Änderung der diagonalen Brückenspannung der Dehnmessstreifen um nur 60 µV.

Die Sensoren sind auf Hochspannungspotenzial angeordnet (3 kV bis 25 kV). In der Nähe des Fahrdrahts sind starke elektrische und elektro-magnetische Wechselfelder infolge der hohen Traktionsströme und der Lichtbögen vorhanden. Um die induzierten Beeinflus-

Bild 10.30: Anordnung der Signalbearbeitungseinheit mit Durchführungsisolator (rechts) und Spannungsübertrager.

sungen vor der Verstärkung zu minimieren, sind die elektrischen Verbindungen zu den Sensoren geschirmt. Es ist auch vorteilhaft, die Messgrößen nahe am Ort ihrer Entstehung zu verstärken, um Störspannungen klein zu halten. Für die Kontaktkraftmessung wurden die *Brückenverstärker* in das für die Nachfolgeelektronik ohnehin notwendige, auf einem Isolator sitzende Gehäuse integriert, wobei eine 4 m lange Verbindung zwischen Aufnehmer und Verstärker notwendig ist (Bild 10.30). Das Gehäuse ist auch für die nachfolgenden elektronischen Einrichtungen erforderlich.

10.4.3.6 Messgrößen

Schnittkräfte

Die primär gemessenen Größen sind die *Reaktionskräfte* an den Auflagern der Schleifstücke. Wenn die Reaktionskräfte am Schleifstück I mit F_1 und F_2 bezeichnet werden (Bild 10.31) und die am Schleifstück II mit F_3 und F_4, führt die Addition der Kräfte an den Schleifstücken zu den Schnittgrößen, die vom Fahrdraht her wirken

$$F_{\text{SI}} = F_1 + F_2 \quad \text{und} \quad F_{\text{SII}} = F_3 + F_4$$

und zur Gesamtkraft auf beide Schleifstücke

$$F_{\text{S}} = F_{\text{SI}} + F_{\text{SII}} \quad .$$

Der Ort der *Krafteinleitung* kann aus dem Verhältnis der Einzelkräfte zur Summenkraft für die Schleifstücke ermittelt werden. Bezeichnet man mit y_S den Abstand des Fahrdrahts von an einer gedachten Mittellinie über beide Schleifstücke (Bild 10.31), so wird die Lage des Fahrdrahts durch

$$y_\text{S} = k_\text{S} \frac{(F_1 + F_3) - (F_2 + F_4)}{F_1 + F_2 + F_3 + F_4} \tag{10.73}$$

bestimmt. Der Faktor k_S mit der Einheit einer Länge dient als Kalibriergröße.

10.4 Messungen und Prüfungen

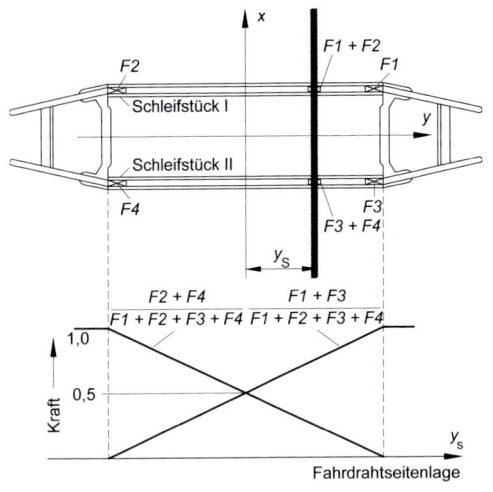

Bild 10.31: Bestimmung der Fahrdrahtseitenlage aus den gemessenen Kräften.

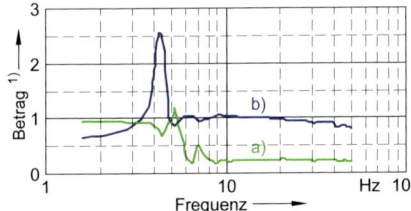

Bild 10.32: Amplitudentransverfunktion.
a) ohne dynamische Kontaktkraftkorrektur
b) mit dynamischer Kontaktkraftkorrektur
[1] Betrag des Verhältnis $F_{\text{gemessen}}/F_{\text{Kontakt}}$

Kontaktkräfte

Der Zusammenhang zwischen der wirkenden *Kontaktkraft* und den gemessenen Schnittkräften gilt nur für niedrige Frequenzen wegen der dynamischen Vorgänge (Bild 10.32, Kurve a)). Die Zusammenhänge zwischen den Eingangsamplituden und der registrierten Kraft und der Phasenverschiebung sind Funktionen der Frequenzen. Die Zusammenhänge können für die einzelnen *Stromabnehmerarten* variieren und können z. B. auf einem Stromabnehmerversuchsstand wie in Abschnitt 10.4.5 beschrieben bestimmt werden. Wenn die Beschleunigung der Schleifstücke $\ddot{z}$ in vertikaler Richtung (z) gleichzeitig mit den internen Kräften gemessen wird und diese gemäß Gleichung (10.74) mit den Massenträgheitskräften F_{msz} infolge der Schleifstückmassen berichtigt werden, wird die Kurve der Amplituden der Übertragungsfunktion und die Messgenauigkeit der Kontaktkräfte wesentlich verbessert (siehe Bild 10.32, Kurve b)).
Die Kontaktkraft F_{Kontakt} wird erhalten aus

$$F_{\text{Kontakt}} = F_{\text{S}} + F_{\text{msz}} = F_{\text{S}} + \ddot{z}_{\text{S}} \cdot m_{\text{S}} \quad , \tag{10.74}$$

wobei
$\ddot{z}_{\text{S}}$ die gemessene mittlere Beschleunigung $[(\ddot{z}_1 + \ddot{z}_2 + \ddot{z}_3 + \ddot{z}_4)/4]$,
m_{S} die Masse der Schleifstücke ($m_{\text{SI}} + m_{\text{SII}}$),
$\ddot{z}_{1,2,3,4}$ die Beschleunigung an den jeweiligen Kraftsensoren darstellen.

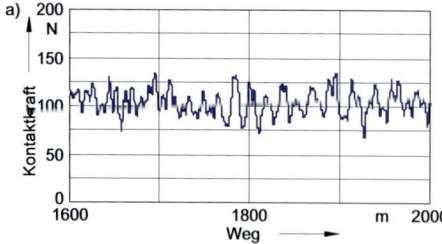 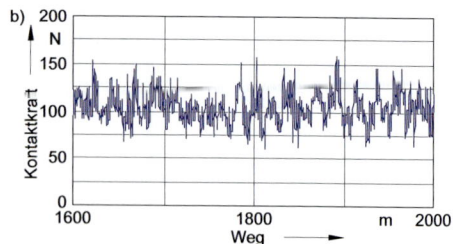

Bild 10.33: Messdiagramm der Kräfte während einer Prüffahrt. a) Schnittkräfte zwischen Stromabnehmerwippe und Schleifstücke, b) dynamisch korrigierte Kontaktkraft

Um die gemessenen *Schnittkräfte* zu korrigieren, werden *Beschleunigungssensoren* an den Schleifstücken oder an den dort bereits vorhandenen Kraftsensoren eingebaut. Die Ausgangssignale der Kraft- und Beschleunigungssensoren sind getrennt verfügbar. Die Signale werden durch Weiterverarbeitung gemäß (10.74) durch Signalkreise korrigiert, die eine phasenlineare Filterung erlauben.

Bild 10.33 zeigt die Schnittkräfte und die Kontaktkraftwerte nach Anwendung der dynamischen Korrektur. Der Verlauf der zwei Kurven stimmt im Prinzip überein. Jedoch zeigen die Kontaktkräfte beträchtlich höhere hochfrequente Signalanteile als die Schnittkräfte.

Die Messgrößen und die daraus abgeleiteten Werte werden für jede Messstrecke in Messschrieben protokolliert [10.2]. Bild 10.34 zeigt ein Beispiel eines solchen Messschriebes. Neben allgemeinen Angaben zum Streckenabschnitt enthalten die Aufzeichnungen folgende Größen

- Fahrgeschwindigkeit,
- zurückgelegte Entfernung (Streckenkilometer),
- Symbole für besondere charakteristische Punkte der Oberleitung wie Parallelfelder (N), Fixpunktanker (F), Weichen (W) usw.,
- vertikale Stromabnehmerbewegung,
- Lichtbögen,
- Kontaktkräfte
    - gesamte Schnittkraft F_S,
    - Schnittkraft auf die vorlaufende Schleifleiste F_{SI},
    - Schnittkraft auf die nachlaufende Schleifleiste F_{SII},
    - vier einzelnen Schnittkräfte F_1, F_2, F_3, F_4.
- dynamische, seitliche *Fahrdrahtlage* auf den Schleifstücken, errechnet aus den Einzelkräften,
- Oberleitungsstützpunkte gekennzeichnet durch vertikale Linien im Messschrieb.

Bei der Auswertung der Messergebnisse legt die DB besonders Augenmerk auf den Verlauf der dynamischen Kräfte und insbesondere auf die gesamte Schnittkraft F_S bzw. die gesamte Kontaktkraft $F_{Kontakt}$. Die Voraussetzung für ein qualitativ gutes Stromabnehmerverhalten ist eine gleichförmige Verteilung der Kräfte auf beide Schleifstücke. Dies ist aus den Diagrammen der Kräfte F_{SI} und F_{SII} zu ersehen.

10.4 Messungen und Prüfungen

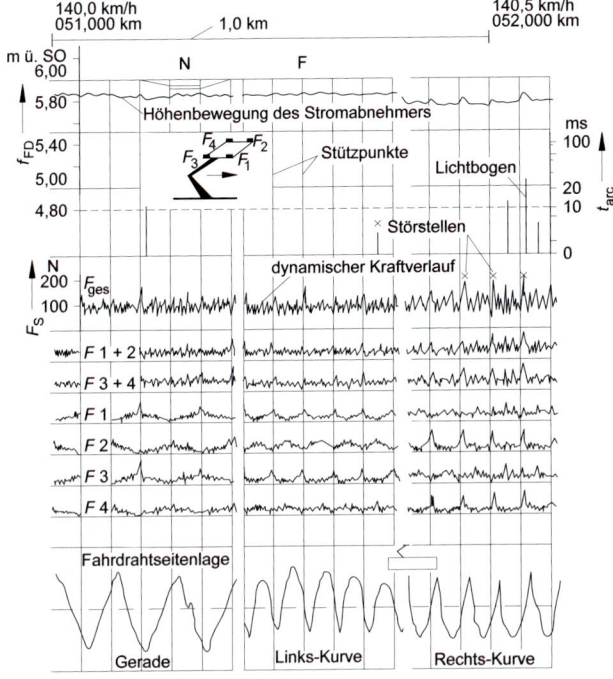

Bild 10.34: Aufzeichnungen der Kontaktkraftmessungen.
F Kontaktkraft
f_{FD} Fahrdrahthöhe
t_{arc} Dauer der Lichtbögen

Die Anlage für das Kontaktkraftverhalten kann zusätzlich messen
- die vertikale Lage der Oberschere des Stromabnehmers als Näherung aus dem gemessenen Winkel zwischen Ober- und Unterschere,
- die horizontalen Kräfte auf jede Schleifleiste in Gleisrichtung (Kräfte infolge Wind und Reibung),
- die vertikale Beschleunigung des Stromabnehmergrundrahmens als Größe für die Beurteilung von Auswirkungen von Unregelmäßigkeiten im Gleisoberbau.

Die vertikalen Bewegungen des Stromabnehmers entlang der Fahrleitung sind eng mit den Kräften verbunden. Ein gleichförmiger Anhub kennzeichnet einen Stromabnehmer mit geringen Schwankungen der dynamischen Kontaktkräfte mit ruhigem Lauf. Die Messwerte beschreiben das Kontaktverhalten vollständig und lassen die Ursache für Unregelmäßigkeiten und Störungen erkennen.

10.4.3.7 Aerodynamische Auftriebskräfte auf die Schleifstücke

Da die Kraftmesssensoren unterhalb der Schleifstücke angeordnet sind, können die Kontaktkraftkomponenten, die von den aerodynamischen Einwirkungen auf die Schleifstücke herrühren, nicht durch die Kraftsensoren gemessen werden. Um diesen fahrgeschwindigkeitsabgängigen, aerodynamischen Kraftkomponenten zu beachten, ist eine geschwindigkeitsabhängige Korrektur der Messwerte erforderlich.

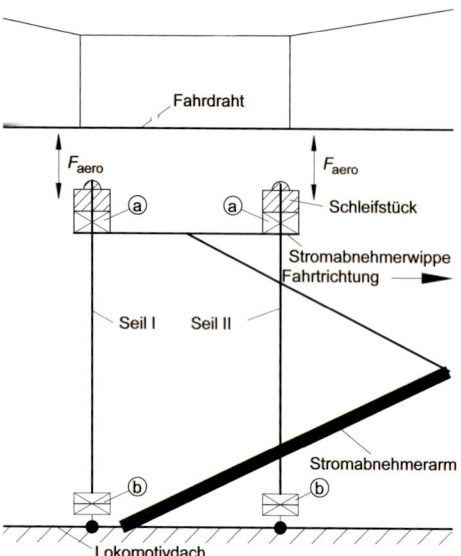

Bild 10.35: Bestimmung der aerodynamischen Kraftkomponenten, die auf die Schleifstücke eines Stromabnehmers wirken, durch Messung der Kräfte in Seilen, die die Stromabnehmerwippe fixieren.
a) Messgeräte für die Kräfte zwischen Schleifstücken und Stromabnehmerwippe
b) Messgeräte für die Zugkräfte in den Seilen

Die *aerodynamische Auftriebskraft* wird durch Messung nach UIC Regel [10.40] oder DIN EN 50 206-1 bestimmt. Für diese Messung wird der zu prüfende, mit einer Konkaktkraftmesseinrichtung ausgerüstete Stromabnehmer mit zwei an den Schleifstücken angebundenen Seilen vertikal festgelegt (siehe Bild 10.35). Während der Messfahrten berühren die Schleifstücke den Fahrdraht nicht. Die Lücke zwischen Schleifstücken und Fahrdraht beträgt ungefähr 100 mm.

An den unteren Enden der beiden Seile sind Kraftmesszellen angebracht, um die über die Seile auf die Schleifstücke übertragenen Kräfte aufzuzeichnen. Gleichzeitig werden die Schnittkräfte unterhalb der Schleifstücke durch die Kraftmessanlage aufgezeichnet. Die *aerodynamische Komponente der Schleifstückkraft* F_aero ist gleich dem Unterschied zwischen der über die beiden Seile gemessenen Kräfte (F_Seil) und der inneren Kraft (F_S), wie sie von der Kontaktkraftmessanlage aufgezeichnet wird. Mit diesem Messverfahren werden die aerodynamischen Komponenten auf die Schleifstücke abhängig von der Fahrgeschwindigkeit, der Fahrtrichtung (im Spießgang oder im Kniegang) und der Anordnung der Stromabnehmer auf dem Zug bestimmt. Die aerodynamische Kraftkomponente muss beachtet werden, wenn die Versuchsfahrten mit gehobenen Stromabnehmer am Fahrdraht bewertet werden.

10.4.3.8 Auswertung und Bewertung der Messergebnisse

Die *Kontaktkraftmessungen* werden verwendet, um die Qualität der Oberleitung und des Stromabnehmers zu beurteilen. Die folgenden statistischen Kriterien der Kräfte können für die Beurteilung verwendet werden:
– das *arithmetische Mittel der Kontaktkräfte* und der *rms-Wert*,
– die *Standardabweichung*,

- die Abweichung vom Mittelwert,
- die *Extremwerte* (Größt- und Kleinstwert der Kontaktkraft).

Die analogen, graphischen Kraftaufzeichnungen, die entlang der Fahrleitungen erhalten werden (Bild 10.35), zeigen Teile dieser Werte mit Ausnahme der statistischen Extremwerte. Jedoch können die geforderten Größen durch statistische Methoden erhalten werden. Aus den Summenhäufigkeitswerten einer Reihe von Messserien ergab sich, dass mit guter Näherung die *Gaußsche Normalverteilung* für die Kräfte zugrunde gelegt werden kann. Mit dieser Annahme können die Zusammenhänge zwischen den wichtigsten Kennwerten eines zufällig verteilten Messloses: Mittelwert $\bar{x}$, Standardabweichung s und die Verteilung der beobachteten Kräfte bestimmt werden. Die *Standardabweichung* lässt sich als direktes Maß für das Kontaktverhalten einführen. Aus der Forderung, dass die Kontaktkraft möglichst konstant bleiben soll, ergibt sich eine um so bessere Kontaktgüte, je kleiner die Standardabweichung ist. Mit Hilfe der Standardabweichung s und des *Mittelwerts* lassen sich die Dynamikbereiche abgrenzen, wobei für die Häufigkeitsverteilung gilt:

68,3 % aller Kontaktkraftwerte liegen zwischen $\bar{x} - s$ und $\bar{x} + s$,
95,5 % aller Kontaktkraftwerte liegen zwischen $\bar{x} - 2s$ und $\bar{x} + 2s$,
99,7 % aller Kontaktkraftwerte liegen zwischen $\bar{x} - 3s$ und $\bar{x} + 3s$.

Die Werte $\bar{x} + 3s$ und $\bar{x} - 3s$ begrenzen praktisch den *Dynamikbereich*. Diese Summenwerte aus Mittelwert und Standardabweichung bestimmen die Gesamtbelastung der Systemkomponenten und den Verschleiß, wobei das noch akzeptable Minimum dieser Summe durch das Ansteigen des Kontaktwiderstandes und Einsetzen der Lichtbogenbildung bedingt ist. Bei geringer Standardabweichung kann der Mittelwert durch konstruktive Maßnahmen am Stromabnehmer herabgesetzt werden, was eine weitere Verminderung des *Fahrdrahtverschleißes* ohne Kontaktunterbrechungen bedeutet.

Anhand der Standardabweichung lassen sich unter gleichen Randbedingungen Oberleitungen und Stromabnehmer in ihrem Kontaktverhalten vergleichen und durch Änderung der *Konstruktionsparameter* in ihrem Laufverhalten optimieren.

Bild 10.36 zeigt die statistische Auswertung einer Messfahrt. Im Bild 10.37 ist der *Gesamtdynamikbereich* $\bar{x} \pm 3s$ als Funktion der Geschwindigkeit für einige Oberleitungsbauarten der DB dargestellt. Deutlich ist hieraus der Einfluss der Oberleitungsbauart auf die Kontaktgüte ersichtlich. Bei der Oberleitung Re 250 ist es gelungen, die gleiche Streuung und Dynamik der Kontaktkräfte bei 250 km/h zu erreichen, wie bei der Bauart Re 200 bei deren Endgeschwindigkeit 200 km/h.

Durch weiterentwickelte Stromabnehmer können sowohl die Standardabweichung der Kräfte als auch die aerodynamische Kraftkomponente und damit auch die mittlere Anpresskraft und der gesamte Dynamikbereich weiter verkleinert werden. Wesentlich dabei ist, dass der Wert $\bar{x} - 3s$ mit steigender Geschwindigkeit noch zunimmt und nicht gegen Null tendiert.

Neben Mittel- und Minimalwertkriterien gilt das *Extremwertkriterium* F_{max} als Gütemaß für die Beurteilung des örtlichen Verschleißes. Da die Extremwerte der dynamischen Kräfte vor allem an Unstetigkeitsstellen im Anhubverlauf, Stellen mit Regulierungsfehlern, Unebenheiten im Fahrdraht und Massenanhäufungen durch Einzellasten auftreten, geben sie weniger das Kontaktverhalten einer Oberleitungsbauart wieder als vielmehr

Deutsche Bahn AG Versuchszentrum 3 München ZTV 314	Dynamische Kräfte NEITECH - RE160 u. RE160 mod Abschnitt: 4	Anlage Auftr.Nr.: 050599

Protokollnummer.: 1874   Datum: 5.07.1996
Strecke: STEINACH – OBERDACHSTETTEN

Stromabnehmer: SSS 87   Schleifleiste: Serie
Schleifstück: Trapez   Kohlenhöhe: 20 mm
Lok BR: 120 004
Stromabnehmeranordnung: _<___   ---->
Windblech: SERIE
Meßvariante: Serie

                        E R G E B N I S S E :

Fm1= 70 N   Fstat ....: 120 N
Fm2= 65 N   Fmax ....: 191 N
F1/F2= 1,05   (,95)   Fmin ....: 82 N
                         Mittelwert   Fm   ....: 133 N
                         Standardabw. s   ....: 17,1 N

Geschwindigkeit: 132 km/h
Strecke   5321   Kilometrierung: Startkm.......: 75.100
Streckenbeschreibung   Kurve

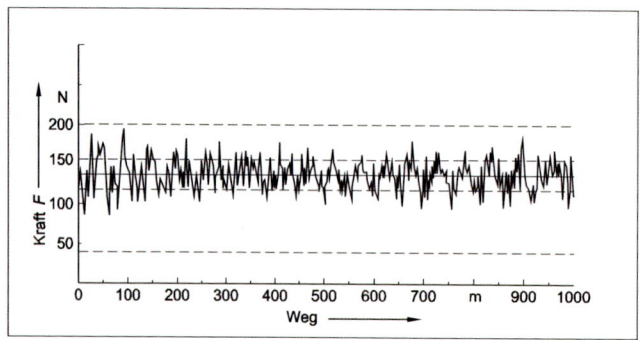

Bild 10.36: Protokoll und Auswertung einer Kontaktkraftmessung.

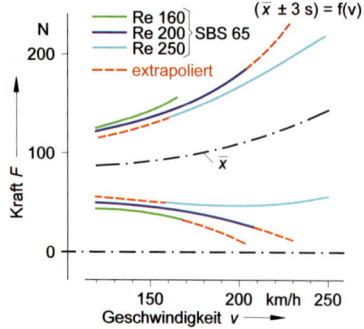

Bild 10.37: Dynamikbereich $\bar{x} \pm 3\,s$ Kontaktkräfte von DB Oberleitungsbauarten, abhängig von der Fahrgeschwindigkeit für die Stromabnehmerbauart SBS 65.

10.4 Messungen und Prüfungen

Aufschluss über die Lage des Fahrdrahts und die Abweichungen vom Sollwert. Einzelne Extremwerte der Kontaktkräfte können deutlich außerhalb des statistisch definierten Dynamikbereiches liegen und sind somit geeignet, Störstellen in der Oberleitung zu orten. Auf solche Störstellen konzentriert sich die Auswertung der Messstreifen bei den Fahrten zur turnusmäßigen *Prüfung eines Oberleitungsnetzes*.

Fehler im Oberleitungskettenwerk werden durch Prüfung der Kontaktkraftaufzeichnungen (siehe Bild 10.36) beurteilt und lokalisiert. Die ausgewerteten Unterlagen mit den georteten Störstellen können unmittelbar nach einer Messfahrt den Instandhaltungsdienststellen ausgehändigt werden, damit die Unregelmäßigkeiten beseitigt werden.

Aus den Auswertungen von *Störstellenanalysen* folgen die Feststellungen:
- Jede Störung im dynamischen Kraftverlauf, gekennzeichnet durch eine Kontaktkraftspitze größer als der 1,8fache Mittelwert, hat eine eindeutige Ursache.
- An jeder Störstelle ist ein erhöhter Verschleiß des Fahrdrahts festzustellen, der auch bei relativ geringen Fahrgeschwindigkeiten auftritt.
- Vielfach ist eine mangelhafte Regulierlage der Oberleitung die Störungsursache.
- Weitere Ursachen sind Massenanhäufungen, fehlerhafte Überlappungen und Weichenbespannungen.

Die DB hat vor 2002 das Zusammenwirken zwischen Stromabnehmern und Oberleitung mit den aerodynamisch korrigierten Schnittkräften jedoch ohne dynamische Korrekturen bewertet. Die TSI Energie [10.12, 10.13] gibt aber Anforderungen für die Kontaktkräfte einschließlich der dynamischen Korrektur vor, wie sie mit Beschleunigungssensoren gemessen wird.

In DIN EN 50317:2012 werden die Kontaktkräfte nach der Vorgabe der TSI Energie ausgewertet. Die Kontaktkräfte ergeben sich aus

$$F_{\text{Kontakt}} = \sum_{i=1}^{k_\text{f}} F_i + \frac{m_\text{s}}{k_\text{a}} \sum_{i=1}^{k_\text{a}} \ddot{x}_i + F_{\text{aero}} \quad . \tag{10.75}$$

Die Symbole sind in 10.0 erläutert.

In der Veröffentlichung [10.41] wurden die gleichen Streckenabschnitte mit beiden Vorgehensweisen ausgewertet:
- Das Verfahren der DB verlangt 120 N Mittelwert der aerodynamisch korrigierten Schnittkräfte und bis 24 N Standardabweichung.
- Das Verfahren nach TSI Energie [10.12, 10.13] und DIN EN 50317 gilt für die Kontaktkräfte, die durch eine dynamische Korrektur der Schnittkräfte auf der Grundlage von Beschleunigungsmessungen erhalten wurden. Für 250 km/h Fahrgeschwindigkeit darf die mittlere Kontaktkraft 130 N und die Standardabweichung nicht mehr als 39 N betragen.

Bild 10.38 zeigt die gemessenen und zulässigen Standardabweichungen für mehrere Prüfabschnitte der Bauart Re 330 mit einem Stromabnehmer bei 290 km/h. Daraus ist zu erkennen, dass die Anforderungen der TSI Energie weniger streng sind als die nach dem DB-Verfahren. Ungenügendes Zusammenwirken führt in beiden Fällen zur Überschreitung der vorgegebenen Grenzen.

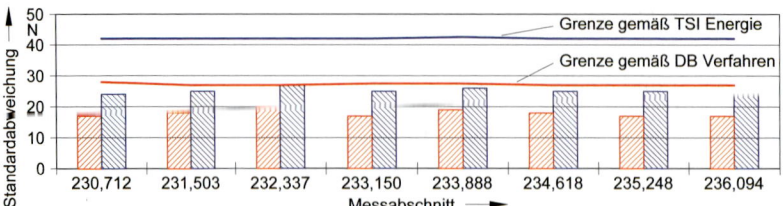

Bild 10.38: Prüfergebnisse für die Oberleitungsbauart Re 330 befahren mit einem Stromabnehmer, Geschwindigkeit 290 km/h.
DB Verfahren, Verfahren nach der TSI Energie

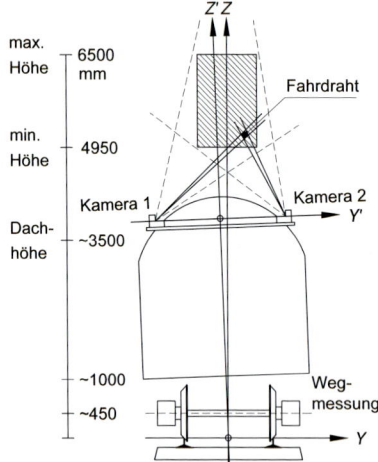

Bild 10.39: Messprinzip für die Erfassung der Fahrdrahtruhelage.

10.4.4 Messung der Kettenwerkslage und der Fahrdrahtstärke

Die *planmäßige Lage der Oberleitung* relativ zum Gleis spielt für die Befahrungsgüte und die Betriebssicherheit eine große Rolle. Zur Abnahme von neu erstellten und zur Prüfung von bestehenden Oberleitungen bei der DB wird eine berührungsfrei arbeitende, *optische Fahrdrahtmessanlage* eingesetzt (Bild 10.39).
Mit vier Diodenzeilen-Kameras und einem Auswertungsrechner wird die Fahrdrahtlage bezogen auf die Gleislage mit einer Auflösung kleiner 10 mm (6 000 oder 8 192 Pixel) erfasst. Das Messintervall beträgt ungefähr 3,2 ms. Die Anlage verwendet eine aktive Beleuchtung des Fahrdrahts und kann praktisch unter allen Lichtverhältnissen eingesetzt werden.
Die Kameras sind auf einem Grundrahmen mit hoher Torsionssteifigkeit angeordnet, der auf jeder Art von Fahrzeug aufgebaut werden kann. Zusätzlich sind Sensoren für die Messung und Korrektur des *Fahrzeugwankens* zwischen dem Wagenkasten und den Radsatzlagern vorhanden. Die mit dieser Anlage aufgezeichneten Daten werden online ausgewertet, digital gespeichert und graphisch auf einem Computerbildschirm erfasst oder einem Drucker ausgedruckt. Bild 10.40 zeigt einen Ausdruck der Ergebnisse.

10.4 Messungen und Prüfungen

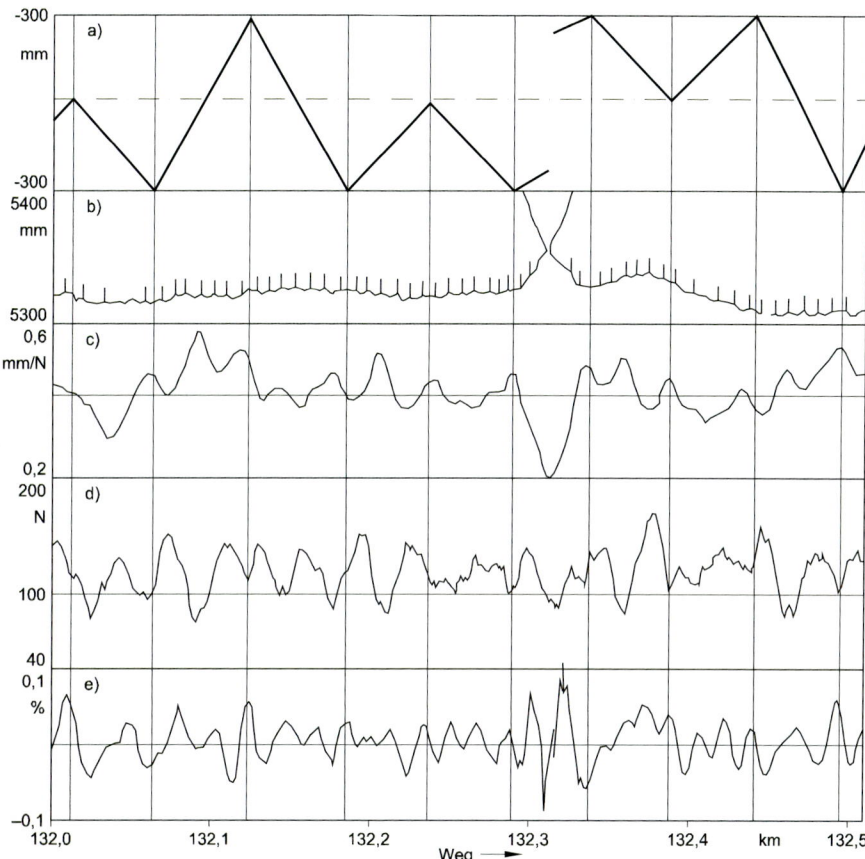

Bild 10.40: Typische Aufzeichnungen der Fahrdrahtlagemessung mit seitlicher Verschiebung, Fahrdrahthöhe, Kontaktkraft und Fahrdrahtlängsneigung. a) seitliche Fahrdrahtlage, b) Fahrdrahthöhe, c) Elastizität, d) Kontaktkraft, e) Änderung der Fahrdrahtneigung

Zusätzlich können der Verlauf der Fahrdrahtlage in vertikaler und Querrichtung sowie mehrere Sekundärangaben gezeigt werden, z. B. die Streckenkilometrierung, die Maststandorte, die Hängerorte, die Fahrdrahtneigungen und die Kontaktkräfte, der Anhub und die Elastizität. Die Maststandorte werden automatisch erkannt und aufgezeichnet. Die vorgegebene Regulierlage einer Oberleitung wird während des Abnahmeverfahrens neu errichteter Oberleitungsanlagen und nach der Nachregulierung bestehender Anlagen aufgezeichnet. Die vertikalen und seitlichen Fahrdrahtlagen relativ zum Gleis werden graphisch dargestellt. Abweichungen von der vorgegebenen Lage können schnell erkannt werden. Dabei wird auch die Übereinstimmung der Seitenverschiebung mit den Vorgaben geprüft.

Wie Kontaktkraftmessungen gezeigt haben, werden plötzliche und große Kontaktkraftänderungen häufig durch Unstetigkeiten im Verlauf der Kettenwerkslage verursacht.

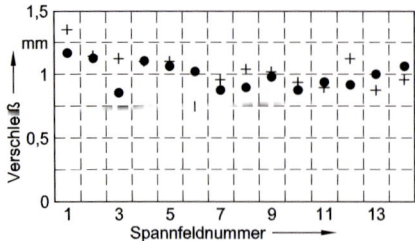

Bild 10.41: Vergleich der Ergebnisse optischer und manueller Messungen der Fahrdrahtstärke.
+ manuelle Messung
• Messungen mit optischer Anlage

Auch diesbezüglich ist es sinnvoll, die graphischen Kontaktkraftaufzeichnungen eines jeden Streckenabschnittes zu analysieren. Rechner können auch zum Erkennen und zur automatischen Darstellung irgendeiner ungewöhnlichen Lage verwendet werden, die im Laufe der Versuchsfahrten erkannt wurde.

Die DB-Anlage zur Fahrdrahtlagemessung kann auch verwendet werden, um die *Fahrdrahtstärke* zu messen. Die Kameras können die Position des Fahrdrahts mit 0,1 mm Genauigkeit beobachten. Durch die Auswertung der Breite des Fahrdrahtspiegels an der befahrenen Unterseite und unter Berücksichtigung des Fahrdrahtdurchmessers lässt sich die noch vorhandene Fahrdrahtdicke bestimmen (siehe Abschnitt 17.2.5). Dies geschieht durch Verwendung der Daten der vier Kameras und der Online-Berechnung der Fahrdrahtlage relativ zu den Kameras. Das ermöglicht eine durchgehende Aufzeichnung des Fahrdrahtverschleißes während der *Fahrdrahtlagemessung*. Dieses Verfahren ermöglicht auch das Erkennen von vorzeitigem Verschleiß des Fahrdrahts an kritischen Stellen und kann entsprechende Instandhaltungs- und Regulierungsverfahren einleiten, um die Lebensdauer des Fahrdrahts zu erhöhen. In Bild 10.41 die Fahrdrahtdickenmessung von Hand und mittels des optischen Messsystems verglichen. Die Übereinstimmung ist gut.

In [10.42] ist die Anlage OHV/Wizard zur berührungsfreien Messung der Fahrdrahtlage beschrieben. Das Gerät arbeitet mit Ultraschall nach dem Prinzip der Laufzeitmessung. Es hat gegenüber optischen Systemen den Vorteil, dass es auch bei direkter Sonneneinstrahlung, leichtem Regen und Nebel arbeiten kann. Die Ultraschallimpulse werden vom Fahrtdraht reflektiert und von einem Sensor empfangen. Aus der Laufzeit wird die Position des Fahrdrahts bestimmt. Die Messungen sind auch an der spannungsführenden Oberleitung möglich. Die Messgenauigkeit der Fahrdrahtlage wird mit $\pm 2\,\%$ angegeben. Für Auswertungen steht eine Software zur Verfügung. Auch die Fahrdrahtstärke lässt sich damit messen.

10.4.5 Beurteilung dynamischer Stromabnehmerkennwerte

Ein Stromabnehmerschwingungsprüfstand kann verwendet werden, um die *dynamischen Kennwerte der Stromabnehmer* zu analysieren und zu beurteilen. Zu diesem Zweck werden die Stromabnehmer mit einem mechanischen Shaker über die Schleifstücke verbunden und Schwingungen ausgesetzt. Die einschlägigen Parameter wie Kräfte, Beschleunigungen und Verschiebungen werden durch eine entsprechende Messtechnik aufgezeichnet und dann ausgewertet.

Messungen der Frequenzreaktion

Um das Schwingungsverhalten des Stromabnehmers mit allen Freiheitsgraden und ohne irgendwelche unangemessenen Rückwirkungen zu bestimmen, ist eine möglichst lose Verbindung zwischen den Schwingungserreger und den Schleifstücken während der *Frequenzreaktionsanalyse* erforderlich. Von der Erregung werden periodische oder stochastische Auslenkungen genügender Amplitude im Frequenzbereich zwischen ungefähr 0,1 bis 70 Hz auf den Stromabnehmer übertragen. Abhängig von der Ausrüstung des Stromabnehmers und der Kraftanregung mit Messeinrichtungen wird ein Frequenzanalysator verwendet, um

- die *dynamische Scheinmasse* (ein Beispiel ist in Bild 10.13 gezeigt),
- die *mechanische Impedanz*,
- die *Übertragungsfunktion* der Störungen und
- die *Übertragungsfunktion* der Kontaktkraftmessung am Lagepunkt

zu bestimmen. Diese Größen können abhängig von der Frequenz erhalten und durch Amplituden- und Phasenreaktionsfunktionen dargestellt werden. Aus dem Verlauf dieser Funktionen können Angaben über das dynamische Verhalten und die Betriebsgüte eines Stromabnehmers abgeleitet werden.

Um die dynamischen Eigenschaften von Stromabnehmern zu beurteilen, hat sich die Darstellung der dynamischen Scheinmasse, die das Verhältnis zwischen der Erregerkraft (Kontaktkraft) und der Summe der daraus resultierenden Schleifstückschwingungen darstellt als informativ erwiesen. Ein Stromabnehmer, dessen Verlauf der Scheinmasse nur einige wenige hervortretende Eigenfrequenzmoden und ein niedriges Niveau der Scheinmasse insgesamt zeigt, wird auch ein günstiges Betriebsverhalten besitzen.

Gleiche Schlussfolgerungen können aus der *Störungsübertragungsfunktion* eines Stromabnehmers abgeleitet werden. Die Störungsübertragungsfunktion wird durch das Verhältnis der Kontaktkraft zur Amplitude der Anregung des Fahrleitungsmodells (Masse-Feder-Dämpfer-System) dargestellt, das mit dem Stromabnehmer gekoppelt ist.

Mit Verwendung der dynamischen Frequenzanalyse können das dynamische Betriebsverhalten des Stromabnehmers auf dem Prüfstand ohne teure Prüffahrten auf der Strecke untersucht und Maßnahmen zur Verbesserung abgeleitet werden.

Messungen und Analyse der Frequenzreaktion ergeben zusätzliche wichtige Daten für das Aufstellen und die Gültigkeit von Simulationsmodellen, die das dynamische Verhalten der Stromabnehmer mathematisch beschreiben. Diese ermöglichen die Simulation des Zusammenwirkens zwischen Stromabnehmern und Oberleitungen.

Festigkeitsuntersuchungen der tragenden Elemente

Durch die Verwendung einer Stroboskopbeleuchtung können optische *Strukturanalysen* auf Schwingungsversuchsständen durchgeführt werden. Intermittierende Beleuchtung einzelner Stromabnehmerteile ermöglichen die Beobachtung der Schwingungsmoden dieser Komponenten. Schwingungsknoten und -bäuche, an denen Ermüdungsbrüche auftreten können, lassen Schlussfolgerungen auf die Materialbeanspruchung zu.

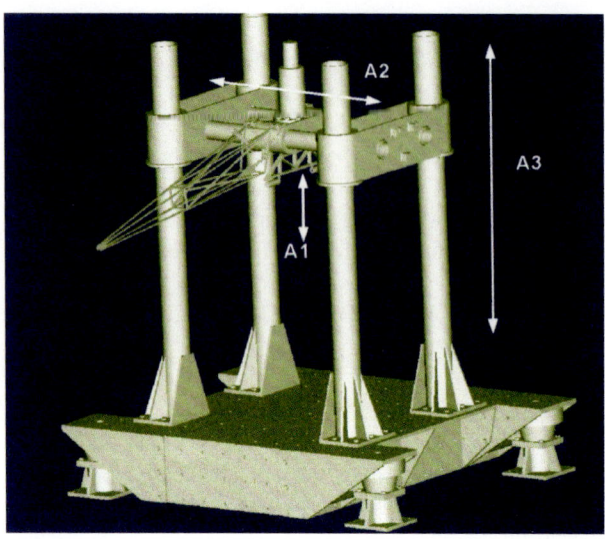

Bild 10.42: Schematische Darstellung eines Versuchsstandes zur Simulation von Stromabnehmerfahrten auf Strecken.

Modellierung der Streckenbefahrung

Während der Frequenzreaktionsanalyse können periodische oder rein stochastische Anregungssignale auf den Stromabnehmer übertragen werden. Eine Beurteilung des Bewegungsverlaufes und der mechanischen Spannungen, die während des tatsächlichen Betriebs auftreten, ist nur in einem begrenzen Umfang möglich.

Mit der Modellierung der Streckenbefahrung auf einem Versuchsstand [10.43] ist es möglich, einen realistischen Bewegungsverlauf eines Stromabnehmers im Kontakt mit einer bestimmten Oberleitungsbauart darzustellen. Die betrachtenden Einflüsse umfassen Fahrdrahthöhen, Änderungen der Fahrdrahtseitenverschiebung und hochdynamische Bewegungseinwirkungen, die dem Stromabnehmer durch Interferenzanregungen unter Verwendung der Oberleitungsmodelle aufgeprägt werden. Die Auswertung der maßgebenden Parameter wie der Schnittkräfte und der Kontaktkraft erlaubt eine genaue Beurteilung des *Betriebsverhaltens der Stromabnehmer*.

Bild 10.42 zeigt schematisch den Aufbau eines Versuchsstandes der DB für die *Simulation von Prüffahrten auf Strecken* [10.43]. Ein Querriegel (Achse A3) bildet die Fahrdrahtlage nach, die z. B. an Fahrdrahtabsenkungen oder -anhebungen auftritt. Ein beweglicher Schlitten, der horizontal am Querträger (Achse A2) angeordnet ist, simuliert die Fahrdrahtseitenlage. Ein Erreger am horizontalen Schlitten und in vertikaler Richtung (Achse A1) übt hochfrequente Anregungssignale auf den Stromabnehmer über ein Masse-Feder-Dämpfer-System aus, das dazwischen eingebaut ist und für eine vereinfachte Modellierung der Oberleitung verwendet wird. Die Anregungssignale längs der unterschiedlichen Achsen werden aus den während Versuchsfahrten auf tatsächlichen Strecken aufgezeichneten Werten oder von Computersimulationen unter Berücksichtigung des Fahrdrahtmodells abgeleitet.

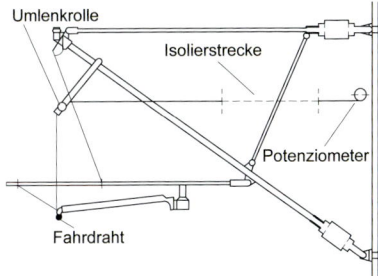

Bild 10.43: Einrichtung zur stationären Messung des Fahrdrahtanhubs.

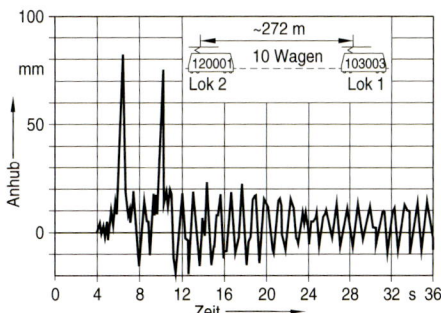

Bild 10.44: Zeitlicher Verlauf des Fahrdrahtanhubs beim Fahren mit zwei Stromabnehmer und $v = 270\,\mathrm{km/h}$.

10.4.6 Messung von Fahrdrahtanhub und dynamischer Elastizität

10.4.6.1 Stationäre Messung des Fahrdrahtanhubs

Der *Fahrdrahtanhubs* kann nach DIN EN 50 317 entweder durch stationäre Messeinrichtungen am Oberleitungsstützpunkt oder durch mobile Messeinrichtungen auf Fahrzeugen gemessen werden. Der Verlauf des dynamischen Anhubs über der Zeit an einem Stützpunkt wird mit stationären *Anhubmesseinrichtungen* beobachtet. Sie dient zur
– Abnahme oder Bestimmung der maximalen zulässigen Geschwindigkeit neuer Fahrzeuge oder Stromabnehmer in Verbindung mit der Oberleitungsausführung,
– stationären Überwachung der Stromabnehmer im betrieblichen Einsatz.

Die Anhubbewegung wird in einem Potentiometer gemessen, das mit dem Seitenhalter über ein vorgespanntes Seil verbunden ist. Die Potenzialtrennung wird durch einen isolierenden Abschnitt innerhalb des Seils erreicht (Bild 10.43). Das Signal wird ohne Potenzial mit einem optischen Koppler zum Messwertverstärker übertragen, der direkt mit einem PC verbunden ist. Da der Anhub eine Funktion der Fahrgeschwindigkeit ist, wird diese mittels zweier Kontakte an den Schienen aufgezeichnet. Die aufgezeichneten Daten werden mittels GMS-Funk übertragen.

Bild 10.44 zeigt die *Vertikalbewegung des Fahrdrahts* an einem Stützpunkt bei Durchfahrt eines Zuges mit zwei anliegenden Stromabnehmern in 270 m Abstand. Der voraus laufende Stromabnehmer hebt den Fahrdraht um rund 80 mm an und der nachlaufende Stromabnehmer trifft auf einen mit einer Eigenfrequenz des Kettenwerks schwingenden Fahrdraht. Der erzeugte Anhub ist allerdings nahezu gleich dem des voraus laufenden. Anschließend schwingt die Oberleitung wenig gedämpft mit $\pm 20\,\mathrm{mm}$ Amplitude. Der Anhub während des Stromabnehmerdurchgangs ermöglicht eine *Stromabnehmerdiagnose*, da der größte Anhub proportional zur Kontaktkraft des Stromabnehmers am Stützpunkt ist. Die Kontaktkraft wird durch die folgenden Komponenten gebildet:

$$F_\text{Kontakt} = F_\text{statisch} + F_\text{aero} + F_\text{dynamisch} \quad, \tag{10.76}$$

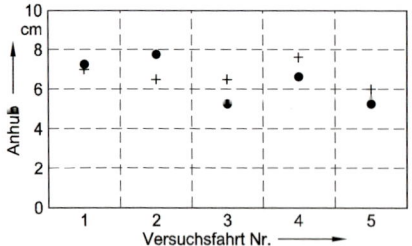

Bild 10.45: Vergleich der Ergebnisse von mobilen und stationären Fahrdrahtanhubmessungen (fünf Prüffahrten, ein stationärer Messstandort).
+ stationäre Messungen
• mobile Messungen

wobei F_{statisch} die vom Antrieb des Stromabnehmers im Stillstand ausgeübte Kraft ist. F_{aero} bezeichnet den Anstieg der Kontaktkraft infolge der aerodynamischen Einwirkungen auf den Stromabnehmer und $F_{\text{dynamisch}}$ stellt die Komponente der Kontaktkraft infolge des Zusammenwirkens zwischen Stromabnehmer und Oberleitung dar.
Ein ausgeprägter Unterschied des Anhubs zu Referenzmessungen zeigt Störungen oder *Schäden am Stromabnehmer* an. Die Ursachen können sein:
– zu hohe oder zu geringe statische Kontaktkraft F_{statisch} infolge von:
  – nicht korrekt eingestellter statischer Kontaktkraft,
  – große Änderung in der Schleifstückmasse, verursacht durch ein Schleifstück, das z. B. über die annehmbaren Grenzen hinaus verschließen ist,
– zu große oder zu geringe *aerodynamische Kraft* F_{aero} infolge von:
  – nicht korrekt eingestellter oder beschädigter Windleitbleche,
  – schräg verschliessenen Schleifstücken,
– zu große dynamische Kontaktkraftkomponente infolge von:
  – beschädigten mechanischen Teilen des Stromabnehmers z. B. Dämpfer.

Die Beobachtung des Anhubs ist ein wichtiges Werkzeug für die Stromabnehmerdiagnose, um Schäden festzustellen. Jedoch kann diese Überwachung die Schadensursachen nicht erkennen.

10.4.6.2 Mobile Messung des Fahrdrahtanhubs

Der *Fahrdrahtanhub* kann auch von einem sich bewegenden Fahrzeug aus mit einer in Abschnitt 10.4.4 beschriebenen Messeinrichtung gemessen werden. Zunächst wird die Ruhelage des Fahrdrahts mit einem von einer Diesellok gezogenen Zug ohne gehobenen Stromabnehmer gemessen. Dann wird während mit einer Messfahrt mit einem elektrischen Triebfahrzeug und einem gehobenen Stromabnehmer die Fahrdrahtlage wieder gemessen.
Durch Subtraktion der während der zwei Messfahrten beobachteten Fahrdrahthöhen kann der Fahrdrahtanhub bestimmt werden. Hierzu ist eine Einrichtung zur möglichst genauen Messung der kilometrischen Position des Stromabnehmers erforderlich, um die Messwerte der beiden Fahrten zuordnen zu können. Der Vergleich der Fahrdrahtanhubmessungen aus einer mobilen Messung mit den aus einer stationären Messung erhaltenen Werten zeigt eine gute Übereinstimmung, wie in Bild 10.45 dargestellt ist.

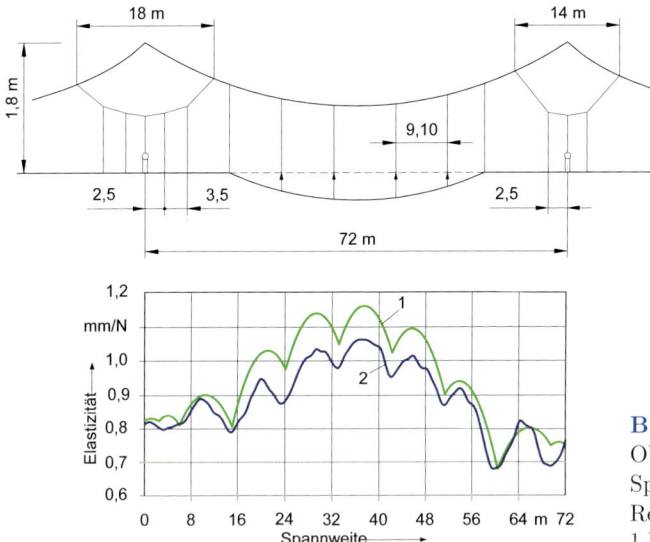

Bild 10.46: Elastizität der Oberleitungsbauart Re 200, Spannweite 72 m, Vergleich Rechnung und Messung.
1 Messung, 2 Rechnung

10.4.6.3 Messung der dynamischen Elastizität

Eine Messung der *Elastizität der Oberleitung* ist durch Ergänzung der Messeinrichtung, wie sie in Abschnitt 10.4.6.2 beschrieben ist, möglich. Zusätzlich zur berührungslosen Messung der Fahrdrahtlage gemäß Abschnitt 10.4.4 ist die Messung der Kontaktkraft gemäß Abschnitt 10.4.3 erforderlich. Das Messverfahren ist ähnlich dem in Abschnitt 10.4.6.2 beschriebenen. Zusätzlich zum Fahrdrahtanhub wird die Kontaktkraft mit der Fahrstrecke synchronisiert aufgezeichnet. Durch Division des Anhubs durch die Kontaktkraft wird die dynamische Oberleitungselastizität erhalten (Bild 10.40).

10.5 Einfluss der Konstruktionsparameter

10.5.1 Einführung

Auf das Verhalten einer Oberleitung beim Befahren mit höheren Geschwindigkeiten haben viele *Konstruktionsparameter* Einfluss. Die theoretische Behandlung des Zusammenwirkens von Oberleitung und Stromabnehmer (siehe Abschnitt 10.2) führt zu einer Reihe von Kriterien für das Zusammenwirken, mit denen auch der Einfluss einzelner Parameter beurteilt werden kann. Außerdem sind Verfahren zur messtechnischen Prüfung des Zusammenwirkens der beiden Teilsysteme vorhanden, die zum Studium des Einflusses einzelner Parameter auf die *Befahrungsgüte* benutzt werden [10.7, 10.44], auch an einem fahrenden Zug (siehe Abschnitt 10.4). Die dabei gewonnenen Erkenntnisse bilden die Basis für die Auslegung von Energieübertragungssystemen für elektrische Bahnen.

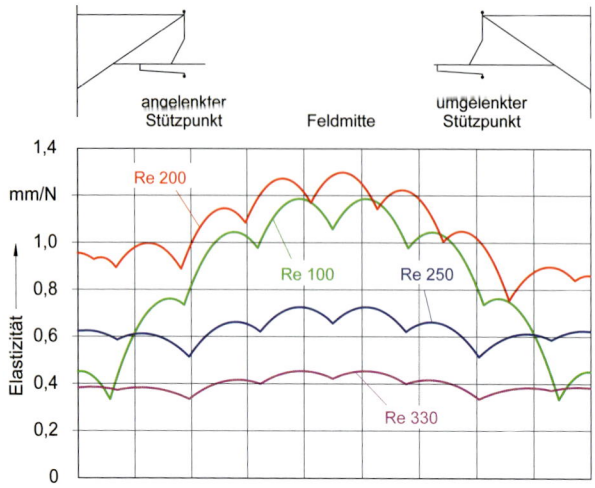

Bild 10.47: Berechnete Werte der Elastizitäten der Oberleitungbauarten Re 100, Re 200, Re 250 und Re 330 und Re 200 Spannweite 80 m, Re 250 und Re 330 Spannweite 65 m.

10.5.2 Kriterien für die Gestaltung von Oberleitungen

10.5.2.1 Elastizität und Anhub

Um eine gute *Kontaktqualität* zu erreichen, muss der *Anhub der Oberleitung* beschränkt bleiben. An den Stützpunkten begrenzt die konstruktive Durchbildung den Anhub überdies. Jedoch ist andererseits eine ausreichende Elastizität erforderlich. Der Anhub des Fahrdrahts ist bei niedrigen und mittleren Geschwindigkeiten, d. h. bei Geschwindigkeiten bis rund 50 % der Wellenausbreitungsgeschwindigkeit, proportional zur Elastizität der Oberleitung und zur Anpresskraft des Stromabnehmers. Die Befahrungsgüte erfordert auch die Steigerung der Anpresskraft mit steigender Geschwindigkeit, weshalb die Elastizität damit entsprechend kleiner werden sollte.

Die *Elastizität* einer Oberleitung lässt sich mit der Finite-Elemente-Methode (FEM) berechnen [10.17, 10.28]. Bild 10.46 zeigt den Vergleich des berechneten Elastizitätsverlauf für die Oberleitungsbauart Re 200 der DB mit Messwerten. Die Übereinstimmung ist gut.

In Bild 10.47 sind die berechneten Elastizitäten der DB-Oberleitungen Re 100, Re 200, Re 250 und Re 330 jeweils für die maximale Spannweitenlänge dargestellt.

In Feldmitte lässt sich die Elastizität wie in [10.45] beschrieben aus

$$e = l \bigg/ [k \cdot (H_{\text{FD}} + H_{\text{TS}})] \qquad \text{in mm/N,} \tag{10.77}$$

abschätzen mit:
l Längsspannweite in m,
H_{FD} Fahrdrahtzugkraft in kN,
H_{TS} Tragseilzugkraft in kN,
k_{e} Faktor zwischen 3,5 und 4,0.

Für Fahrleitungen ohne Y-Beiseil gilt $k_{\text{e}} = 4{,}0$, für solche mit Y-Beiseil $k_{\text{e}} = 3{,}5$.

10.5 Einfluss der Konstruktionsparameter

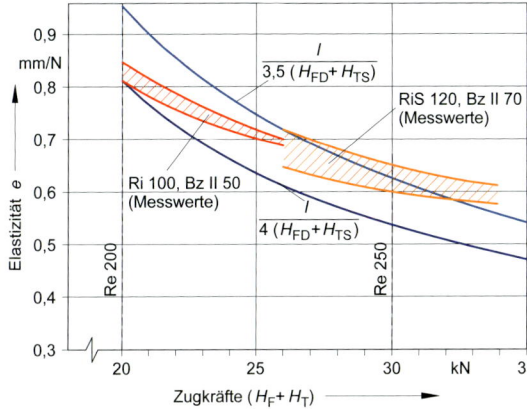

Bild 10.48: Elastizität in Feldmitte für Oberleitungsbauarten mit und ohne Y-Beiseil abhängig von den Zugkräften, Vergleich von Näherungswerten mit Messwerten, Spannweite 65 m.

Das Bild 10.48 und die Tabelle 10.11 zeigen, dass die Beziehung (10.77) die Elastizitäten der Kettnwerke in der Tendenz richtig wiedergibt. Die Elastizität an den Stützpunkten hängt vom Aufbau des Längskettenwerkes ab. Kettenwerke ohne Beiseile erreichen dort abhängig von der Feldlänge 30 % bis 50 % der Werte in Feldmitte. Die Elastizität lässt sich aber dort mit Beiseilen auf rund 80 % der Werte in Feldmitte steigern (Bild 10.47 und Tabelle 10.11).

Die *Gleichmäßigkeit der Elastizität* ist umso wichtiger, je höher die Fahrgeschwindigkeit wird. Der *Ungleichförmigkeitsgrad* wird definiert durch

$$u = 100 \cdot (e_{max} - e_{min}) / (e_{max} + e_{min}) \quad \text{in \%}, \tag{10.78}$$

wobei e_{max} und e_{min} die größten bzw. kleinsten Elastizitätswerte innerhalb eines Feldes sind. Die Ungleichförmigkeit kennzeichnet auch die Änderung der Elastizität im Feld. Werte unter 15 %, wie in der Ausgabe der TSI Energie von 2002 definiert, sind bei Kettenwerken für den Hochgeschwindigkeitsverkehr anzustreben und auch erreichbar (siehe Tabelle 10.11). Die in der Tabelle 10.11 angegebenen Daten stellen Erkenntnisse aus erfolgreichen Anwendungen von Oberleitungsausführungen in Deutschland und einigen europäischen Ländern dar. Der Ungleichförmigkeitsgrad von Kettenwerksausführungen ohne Y-Beiseile kann höher sein, als die in der Tabelle 10.11 empfohlenen Werte.

Der Mittelwert der Anpresskraft des Stromabnehmers und die Elastizität bestimmen bei niedrigen Fahrgeschwindigkeiten den Anhub des Fahrdrahts. Mit der Steigerung der

Tabelle 10.11: Elastizität und Ungleichförmigkeit von Oberleitungen.

Ober-leitung	Fahrge-schwindigkeit in km/h	Elastizität in mm/N			Ungleichförmig-keitsgrad in %	
		Ziel	Näherung (10.77)	Rechnung Bild 10.47		
Re 100	bis 100	1,00	1,00	1,20	50	46
Re 200	bis 200	1,20	1,15	1,30	20	21
Re 250	bis 280	0,60	0,62	0,70	10	20
Re 330	über 280	0,40	0,45	0,45	10	12

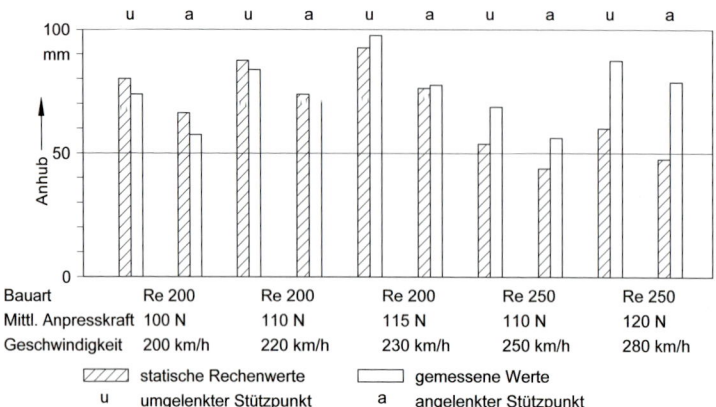

Bild 10.49: Vergleich der statischen Rechenwerte und der dynamischen Messwerte für den Anhub.

Fahrgeschwindigkeit kommt zum statischen Anhub noch ein dynamischer, mit der Fahrgeschwindigkeit deutlich zunehmender Anteil hinzu, der von den dynamischen Kenngrößen der Oberleitung abhängt. In Bild 10.49 nach [10.24] ist die Entwicklung des dynamischen Anhubs im Vergleich zu den statischen Rechenwerten in Abhängigkeit von der Geschwindigkeit dargestellt. Die statischen Rechenwerte ergeben sich dabei als Produkt aus der mittleren Anpresskraft des Stromabnehmers und der Elastizität der Oberleitung. Erst bei 230 km/h Fahrgeschwindigkeit überschreitet der gemessene, dynamische Anhub die Rechenwerte der Oberleitung für 200 km/h (Re 200). Die Zunahme des dynamischen Anteils mit der Fahrgeschwindigkeit wird deutlich.

10.5.2.2 Dynamische Kriterien

Im Abschnitt 10.2 wurde eine Reihe von *dynamischen Kriterien* abgeleitet, anhand derer sich die für eine Oberleitung mit vorgegebenen Eigenschaften notwendigen Auslegungsdaten ableiten lassen. Die *Wellenausbreitungsgeschwindigkeit* für Transversalwellen im Fahrdraht gemäß Gleichung (10.9) stellt ein grundlegendes dynamisches Kriterium dar. Zusammen mit der Fahrgeschwindigkeit lässt sich daraus der *Dopplerfaktor* gemäß Gleichung (10.60) ableiten. Der Dopplerfaktor wird null, wenn die Fahrgeschwindigkeit die Wellenausbreitungsgeschwindigkeit von Impulsen im Fahrdraht erreicht. Der *Reflexionsfaktor* gemäß Gleichung (10.65) ist eine das dynamische Verhalten einer Kettenwerksoberleitung kennzeichnende Größe. Diese Größe ist nur eine Funktion der Daten der Oberleitung selbst, ist also von der Fahrgeschwindigkeit unabhängig. Das Verhältnis des Reflexionsfaktors zum Dopplerfaktor wird nach [10.7] *Verstärkungsfaktor* genannt (siehe Gleichung (10.63)). Darin geht auch die Fahrgeschwindigkeit ein.

Der Einfluss der dynamischen Kriterien auf das Verhalten einer Oberleitung lässt sich anhand von Messungen belegen. Bei der Vorbereitung der Schnellfahrt 1988 [10.1] kam der Frage, ob die Oberleitungsbauart Re 250 das Fahren mit Geschwindigkeiten um 400 km/h zulassen würde, die entscheidende Bedeutung zu. Bei Schnellfahrten der

10.5 Einfluss der Konstruktionsparameter

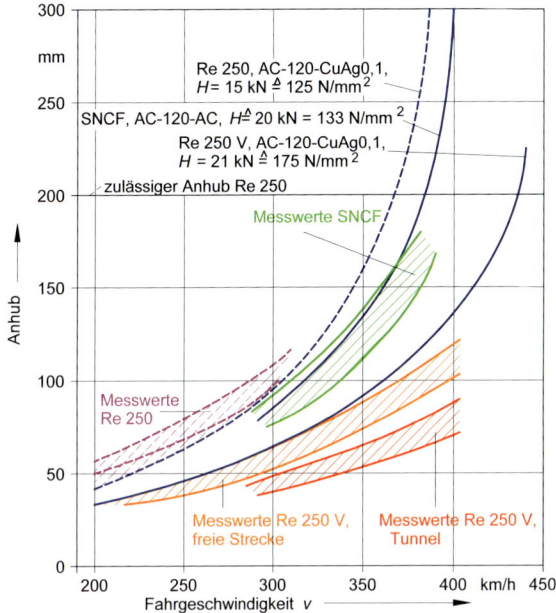

Bild 10.50: Anhub von Oberleitungen abhängig von der Fahrgeschwindigkeit [10.1].

SNCF im Jahr 1981 begrenzte der dynamische Anhub der Oberleitung die erreichbare Geschwindigkeit auf 380 km/h [10.46]. Der Anhub stieg dabei auf rund 200 mm.
Bei Fahrten mit dem Versuchsträger ICE/V im November 1986 auf einem Abschnitt der Strecke Hannover–Würzburg erreichte der an einem Stützpunkt gemessene Fahrdrahtanhub maximal 105 mm. Die Geschwindigkeit betrug am Messpunkt 310 km/h. Der Anhub nahm mit der Fahrgeschwindigkeit überproportional zu (Bild 10.50). Da die mittlere Anpresskraft des Stromabnehmers mit 120 N konstant war, steigerte also der dynamische Einfluss den Anhub bereits erheblich.
Die SNCF verwendete 1981 ein Kettenwerk mit 150 mm² Fahrdrahtquerschnitt, der mit 20 kN, also 133 N/mm² [10.46], gespannt war, woraus sich die Wellenausbreitungsgeschwindigkeit mit 440 km/h ableiten lässt. Als Funktion der Zuggeschwindigkeit sind im Bild 10.50 für dieses Kettenwerk die gemessenen und errechneten Anhubwerte über der Geschwindigkeit aufgetragen. Bei 300 km/h liegen die Messwerte der SNCF nach [10.46] unter den bei der Re 250 registrierten Daten. Bei 400 km/h wären unter der Oberleitung der SNCF Anhübe von rund 300 mm zu erwarten. Da die Wellenausbreitungsgeschwindigkeit der Oberleitung Re 250 mit nur 426 km/h niedriger liegt als beim Versuchskettenwerk der SNCF, würden sich die dynamischen Effekte stärker auswirken; der Anhub würde bei der Re 250 ohne Änderungen am Kettenwerk bei Fahrgeschwindigkeiten um 400 km/h erheblich größer als 300 mm sein. Da der Anhub bei der Re 250 konstruktiv mit 200 mm begrenzt ist, können höhere Werte nicht zugelassen werden. Die Fahrgeschwindigkeit 400 km/h wäre unter der Oberleitungsbauart Re 250 ohne Änderung nicht zu erreichen gewesen.

Tabelle 10.12: Dynamische Kenndaten von Hochgeschwindigkeitsoberleitungen.

	Einheiten	SNCF 1981	Re 250 DB 1988	Sicat H1.0	SNCF 1991	SNCF 2007
Fahrdraht		AC-150-Cu	AC-120-CuAg	AC-120-CuMg	AC-150-CuCd	AC-150-CuSn
Zugkraft	kN	20	21	27	33	40
Zugspannung	N/mm^2	133	175	225	229	267
Tragseil		Bz II 65	Bz II 70	Bz II 120	Bz II 70	Bz II 116
Zugkraft	kN	14	15	21	15	20
Wellenausbreitungs- geschwindigkeit	km/h	440	504	572	560	623
Reflexionsfaktor		0,363	0,392	0,469	0,314	0,38
Elastizität in Feldmitte	mm/N	0,53	0,44	0,39	0,33	0,26
Maximale Geschwindigkeit	km/h	380	407	–	515	575
Dopplerfaktor						
bei 250 km/h	–	0,275	0,337	0,392	0,383	0,427
bei 450 km/h	–	–	0,057	0,120	0,109	0,218
bei max. Geschwindigkeit	–	0,073	0,106	–	0,042	0,040
Verstärkungsfaktor						
bei 250 km/h	–	1,3	1,2	1,2	0,8	0,9
bei 450 km/h	–	–	6,9	3,9	2,9	1,7
bei max. Geschwindigkeit	–	5,0	3,7	–	7,5	9,6

Um den *dynamischen Anhub* zu verringern, musste der Dopplerfaktor erhöht werden, was nur durch Vergrößern der Wellenausbreitungsgeschwindigkeit des Fahrdrahts zu erreichen ist. Nach (10.9) ist dies durch Erhöhen der Fahrdrahtzugspannung, nicht aber durch Steigerung der Zugkraft durch Vergrößern des Fahrdrahtquerschnittes bei gleicher Zugspannung möglich. Um bei 400 km/h Fahrgeschwindigkeit einen Dopplerfaktor von 0,1 nicht zu unterschreiten, muss nach (10.60) die Wellenausbreitungsgeschwindigkeit rund 490 km/h betragen. Nach (10.9) entspräche dem eine Zugkraft im Fahrdraht von rund 20 kN mit 167 N/mm^2 Zugspannung. Um möglichst günstige Voraussetzungen für die Versuchsfahrten zu schaffen, wurde der Fahrdraht mit 21 kN gespannt [10.1]. Die Wellenausbreitungsgeschwindigkeit stieg damit auf 504 km/h, der Reflexionskoeffizient betrug 0,392 und bei 400 km/h Fahrgeschwindigkeit ergab sich der Verstärkungsfaktor zu 3,4 (siehe Tabelle 10.12).

Aus Bild 10.8 ist die erhebliche Verbesserung der Kenndaten infolge der Erhöhung der Fahrdrahtzugspannung zu erkennen. Insbesondere bei Fahrgeschwindigkeiten über 350 km/h waren auch wesentlich geringere Anhübe der Oberleitung zu erwarten (Bild 10.50). Die Hochgeschwindigkeitsfahrten 1988 bestätigten die Erwartungen voll. Mit 407 km/h wurde erstmals die 400-km/h-Grenze auf Bahngleisen überschritten. Die beobachteten Anhübe der Oberleitung sind im Bild 10.50 eingetragen. Der Maximalwert betrug rund 140 mm. Die Voraussagen über den Anhubverlauf wurden bestätigt. Dieses Beispiel zeigt den Einfluss der *dynamischen Kriterien* auf das Kontaktverhalten.

Bei der Rekordfahrt der SNCF 2007 mit der Geschwindigkeit 575 km/h betrug der Dopplerfaktor nur noch 0,040 und der Verstärkungskoeffizient erreichte den Wert 9,5. Der Abstand zur Wellenausbreitungsgeschwindigkeit war nur noch gering.

10.5 Einfluss der Konstruktionsparameter

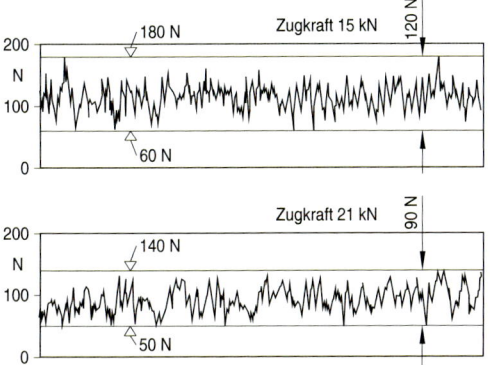

Bild 10.51: Kontaktkraftverlauf bei 15 kN und 21 kN Zugkraft im Fahrdraht, Fahrdraht AC-120 – CuAg, Oberleitungsbauart Re 250, Fahrgeschwindigkeit 280 km/h.

10.5.3 Oberleitungsparameter

10.5.3.1 Leiterquerschnitte und Zugspannungen

Wesentlich für das Verhalten einer Oberleitung bei hohen Geschwindigkeiten können die *Querschnitte von Fahrdraht* und *Tragseil* sein. Die Forderungen nach einer geringen und gleichmäßigen *Elastizität* bei Hochgeschwindigkeitsoberleitungen verlangt gemäß der Gleichung (10.77) möglichst hohe Zugkräfte in Fahrdraht und Tragseil, was durch einen großen Querschnitt und durch entsprechende Zugspannung zu erreichen ist. Den Abmessungen des Fahrdrahts sind nach oben im Hinblick auf die Verlegbarkeit Grenzen gesetzt. Fahrdrähte werden daher mit maximalem Querschnitt zwischen 150 und 170 mm^2 verwendet. Die Fertigung und Montage hochfester Fahrdrähte mit großen Querschnitten erfordert besondere Sorgfalt, da sonst die Gefahr des Entstehens von Unstetigkeitsstellen, die zu raschem *Verschleiß* führen, groß ist.

Bei gleichen Zugspannungen verringern größere Querschnitte von Fahrdraht und Tragseil die Elastizität. Im Interesse einer geringen Nachgiebigkeit wären daher Fahrdrähte und Tragseile mit größeren Querschnitten anzustreben. Mit den Querschnitten steigen auch die Investitionen. Aus wirtschaftlichen Gründen sind also die Querschnitte möglichst klein zu halten. Es ergibt sich eine Optimierungsaufgabe.

Im Zuge der Entwicklung der Oberleitungsbauart Re 250 prüfte die DB auf dem Versuchsabschnitt Neubeckum–Gütersloh auch Kettenwerke mit Fahrdrähten AC-100 – CuAg und AC-120 – CuAg, jeweils mit 125 N/mm^2 verlegt, mit Geschwindigkeiten bis 280 km/h [10.47]. Der größere Querschnitt lieferte niedrigere Standardabweichungen der Kontaktkräfte. Wie aus Gleichung (10.9) hervorgeht, ergeben gleiche Zugspannungen gleiche Wellenausbreitungsgeschwindigkeiten im Fahrdraht und damit auch den gleichen Dopplerfaktor. Für die Verwendbarkeit einer Oberleitung für Geschwindigkeiten liefert die Vergrößerung des Querschnitts bei gleicher Zugspannung keinen Beitrag.

Bei gleichen Querschnitten verringert höhere Zugspannung die Elastizität des Kettenwerkes (10.77) und deren Gleichförmigkeit und steigert, wie aus (10.9) zu erkennen ist, auch die Wellenausbreitungsgeschwindigkeit im Fahrdraht. Die Erhöhung der Zugspannung im Fahrdraht wirkt sich auch auf den Reflexionsfaktor gemäß (10.65) aus. Die *Erhöhung der Fahrdrahtzugspannung* verbessert alle kennzeichnenden Parameter

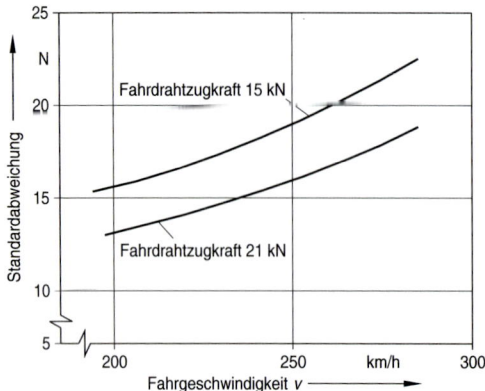

Bild 10.52: Standardabweichung der Kontaktkraft, Zugkraft 15 kN und 21 kN im Fahrdraht, Fahrdraht AC-120–CuAg, Oberleitungsbauart Re 250, abhängig von der Fahrgeschwindigkeit.

der Oberleitung. Diese Verbesserung findet sich auch im dynamischen Verhalten wieder. Bild 10.51 zeigt den Kontaktkraftverlauf bei 280 km/h Fahrgeschwindigkeit unter der Oberleitungsbauart Re 250 mit 15 kN und 21 kN Fahrdrahtzugkraft. Die Bandbreite der Dynamik sinkt stark ab, die Spitzenwerte der Kräfte werden geringer. Bild 10.52 gibt die beobachteten Standardabweichungen für Zugkräfte 15 kN und 21 kN abhängig von der Fahrgeschwindigkeit wieder. Die Standardabweichung sinkt durchschnittlich um 3 N, was eine Erniedrigung um 15 % bei 250 km/h bedeutet. Die Erhöhung der Fahrdrahtzugspannung stellt also ein wesentliches Mittel für die Anpassung einer Oberleitung an *höhere Geschwindigkeiten* dar.

Die Tragseilzugspannung geht in den Reflexionskoeffizienten gemäß (10.65) ein. Um einen geringeren Verstärkungsfaktor zu erreichen, wäre die Tragseilzugspannung zu ermäßigen. Die Oberleitung Re 250 der DB wurde im Hinblick auf möglichst geringe Nachgiebigkeit zunächst mit einer Tragseilzugkraft von 19 kN entsprechend einer Zugspannung von rund 290 N/mm² projektiert. Eine Ermäßigung der Zugspannung auf rund 210 N/mm² erniedrigte den Reflexionskoeffizienten von rund 0,46 auf 0,42. Bei der Fahrgeschwindigkeit 280 km/h reduziert sich damit der *Verstärkungsfaktor* von 2,2 auf 2,0, d. h. um 10 %.

In einigen Oberleitungsabschnitten wurde daher die Tragseilzugkraft auf 14 kN abgesenkt. Die dynamischen Kontaktkräfte unterschieden sich nicht signifikant von den Abschnitten mit 19 kN Zugkraft. Daher wurde die Bauart Re 250 auf den Neubaustrecken der DB mit 15 kN Zugkraft sowohl für das Tragseil als auch für den Fahrdraht errichtet. In Tabelle 10.12 finden sich auch die Kenndaten für die Oberleitung Re 330 und Sicat H1.0 [10.24], die für die Befahrung mit über 300 km/h gewählt wurden.

10.5.3.2 Spannweiten und Systemhöhe

Die *Spannweite* geht in die Gleichung (10.77) für die Elastizität ein, die in Feldmitte proportional zur Spannweite ist. Das Verringern der Spannweite reduziert also auch die Elastizität und deren Ungleichförmigkeit. Für hohe Geschwindigkeiten bieten sich daher geringere Spannweiten an, die aber wegen der höheren Anzahl von Masten und Gründungen mit höheren Investitionen erkauft werden müssen. Da die Spannweite also

10.5 Einfluss der Konstruktionsparameter

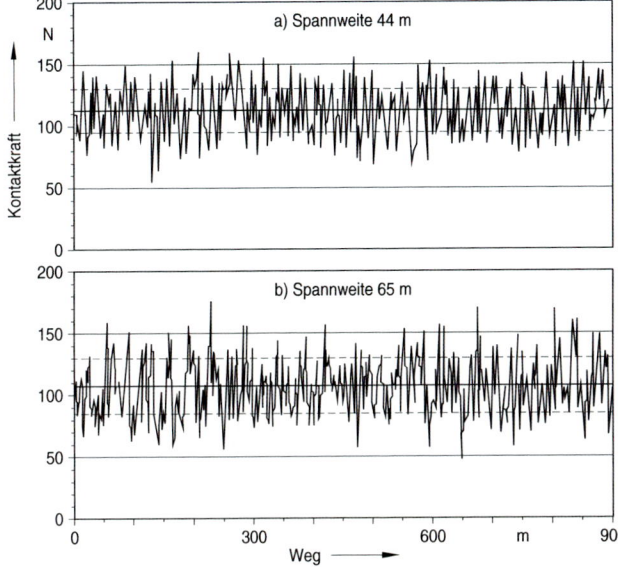

Bild 10.53: Dynamischer Kontaktkraftverlauf abhängig von der Spannweite; Systemhöhe 1,80 m, Oberleitungsbauart Re 250.
a) Spannweite 44 m
b) Spannweite 65 m

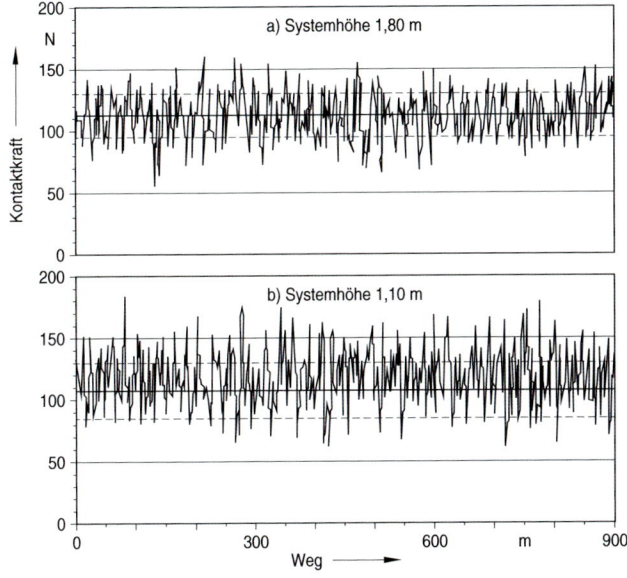

Bild 10.54: Dynamischer Kontaktkraftverlauf abhängig von der Systemhöhe, Spannweite 44 m, Oberleitungsbauart Re 250, Fahrgeschwindigkeit 280 km/h.
a) Systemhöhe 1,80 m (Fahrleitungsabschnitte auf freier Strecke)
b) Systemhöhe 1,10 m (Fahrleitungsabschnitte im Tunnel)

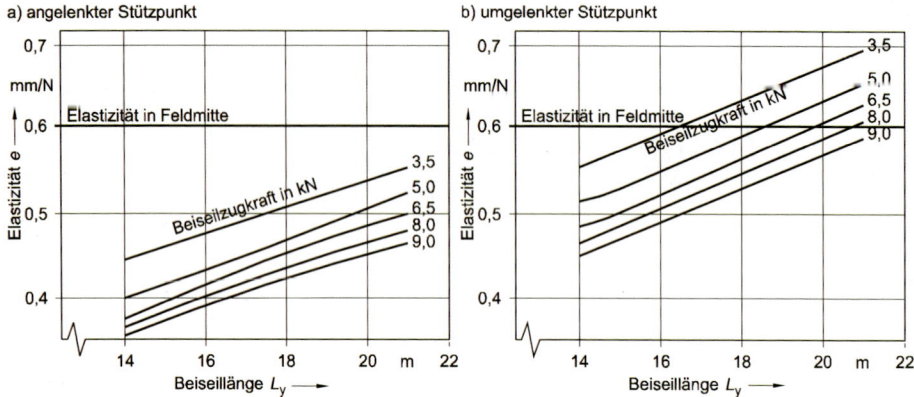

Bild 10.55: Einfluss der Länge und der Zugkraft im Beiseil auf die Elastizität an den Stützpunkten, Oberleitungsbauart Re 250, Fahrdrahtzugkraft 15 kN, Tragseil BzII 70, Zugkraft 15 kN.

so groß wie möglich sein sollte, aber auch die Befahrungseigenschaften nicht negativ beeinflussen darf, ergibt sich daraus eine Optimierungsaufgabe.

Die Ausführung der Oberleitung Re 250 [10.25, 10.44, 10.48] zielte darauf ab, die Elastizität im Vergleich mit den Standardbauarten Re 160 und Re 200 zu halbieren. Wie aus der Gleichung (10.77) zu erkennen ist, würde die Erhöhung der Fahrdraht- und Tragseilzugkräfte auf 15 kN die Elastizität nur von 1,14 mm/N auf 0,76 mm/N, d. h. auf nur Zweidrittel der Elastizität der Bauart Re 160 [10.10] ermäßigen. Um das Auslegungsziel zu erreichen, wurde die Spannweite auf 65 m begrenzt, womit sich die Elastizität mit 0,55 N/m ergab.

Für die Auslegung der Bauart Re 330 [10.24] galt das Elastizitätsziel 0,40 mm/N, was durch Erhöhung der Fahrdraht- und Tragseilzugkräfte auf 27 kN bzw. 21 kN erreicht wurde. Die Elastizität in Feldmitte der Bauart Re 330 beträgt 0,39 mm/N.

Die Spannweiten in ausgeführten Anlagen verändern sich infolge der lokalen Beschränkungen und bieten damit die Möglichkeit, Kontaktkraftmessungen auf Abschnitten mit unterschiedlichen Spannweiten durchzuführen und die Ergebnisse zu vergleichen. In Bild 10.53 sind *Kontaktkräfte* für 44 m und 65 m Spannweite unter sonst gleichen Bedingungen dargestellt. Bei 280 km/h Fahrgeschwindigkeit betrug die Standardabweichung 19 N bei den kürzeren Spannweiten und ist damit deutlich geringer als der bei 65 m beobachtete Wert 22 N. Die Verminderung der Spannweiten und der Fahrdrahtelastizität tragen zur Verminderung der dynamischen Krafteinwirkungen bei.

Die *Systemhöhe* als Abstand zwischen Tragseil und Fahrdraht am Stützpunkt geht in keinen der Oberleitungskenngrößen ein. Die Systemhöhe in den Tunnelabschnitten der Neubaustrecken der DB beträgt 1,10 m bei 44 m Spannweite [10.49]. Der Vergleich mit *Abspannabschnitten* mit gleicher Spannweite, aber mit 1,10 m Systemhöhe auf offener Strecke ist in Bild 10.54 dargestellt. Die größere Systemhöhe ergibt günstigere dynamische Kennwerte. Das kann aus der Differenz der Werte für die Kontaktkraft-

10.5 Einfluss der Konstruktionsparameter

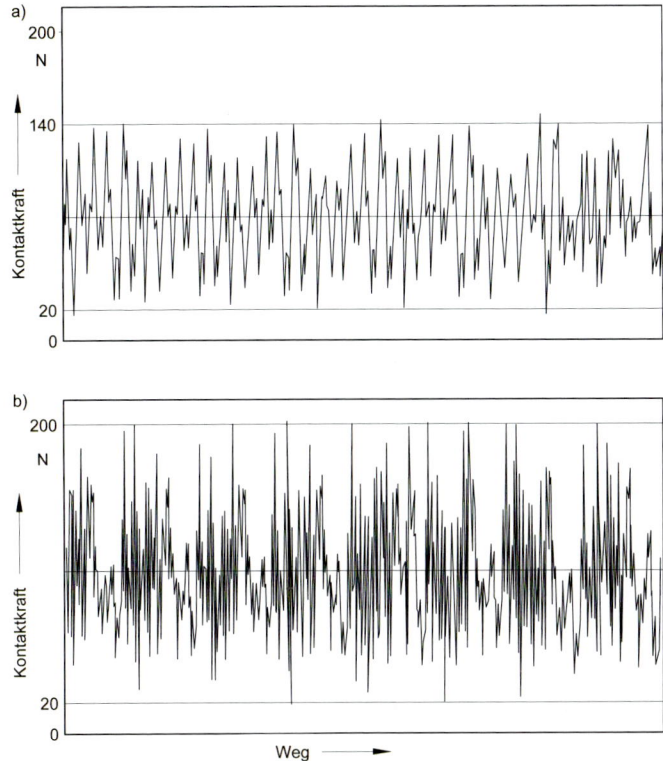

Bild 10.56: Simulation der Kontaktkräfte der Oberleitungsbauart Re 250, Feldlänge 65 m.
a) mit Y-Beilseilen
b) ohne Y-Beiseile mit Vordurchhang

standardabweichung bei 280 km/h Fahrgeschwindigkeit erkannt werden, die von 23 N auf 19 N zurück geht. Oberleitungen für Hochgeschwindigkeitsbahnen sollten mit einer Systemhöhe ausgeführt werden, die mindestens 0,6 m als kleinste Hängerlänge zulässt.

10.5.3.3 Vordurchhang und Beiseile

Die Regulierung der Oberleitung mit einem *Vordurchhang* in Feldmitte gegenüber den Stützpunkten liegt die Vorstellung zugrunde, dass bei größerer Elastizität in Feldmitte der Stromabnehmer den Fahrdraht dort stärker anhebt und so eine Kontaktbahn in immer gleicher Höhe über dem Gleis zustande kommt. Letzteres würde aber nur dann zutreffen, wenn die Anpresskraft weder von der *Stromabnehmerbauart* noch von der Geschwindigkeit abhinge. Eine Kontaktbahn mit konstanter Fahrdrahthöhe kann sich also nur für den statischen Anhub mit einer bestimmten Kraft einstellen.
Bei den Oberleitungen Re 160 und Re 200 besteht noch ein relativ großer Unterschied in den Elastizitäten an den Stützpunkten und in Feldmitte. Bei den Versuchen 1962

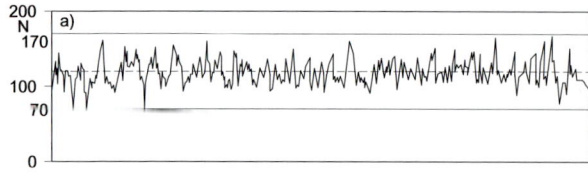

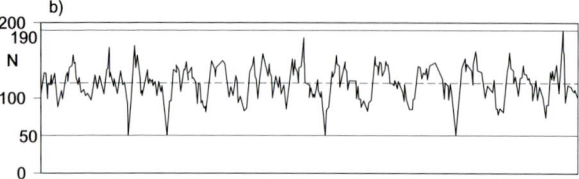

Bild 10.57: Gemessene Kontaktkräfte, Oberleitungsbauart Re 250, Fahrgeschwindigkeit 265 km/h.
a) mit Y-Beiseilen
b) ohne Y-Beiseile mit Vordurchhang

[10.30] wurde eine Bauart mit und ohne Vordurchhang geprüft. Bei 80 m Spannweite reduzierte ein Vordurchhang mit rund 50 mm die beobachteten Spannungseinbrüche deutlich. *Y-Beiseile* im Bereich der Stützpunkte steigern dort die Elastizität und führen damit zu einem wesentlich gleichmäßigeren Verlauf längs des Spannfeldes. Bild 10.55 zeigt für die Daten der Oberleitungsbauart Re 250 der DB den Einfluss der Länge und Zugkräfte der Y-Beiseile auf die Elastizität am *Stützpunkt*. Mit 18 m langen Beiseilen lassen sich am umgelenkten Stützpunkt gleiche Werte wie in Feldmitte erreichen, aber auch der angelenkte Stützpunkt ist nur etwas steifer. Eine gleichmäßige Elastizität führt zu *konstantem statischen Anhub* und zu nur geringen Höhenbewegungen der Stromabnehmerwippe.

Auf der Neubaustrecke Hannover–Würzburg wurden einige Abspannabschnitte ohne Y-Beiseil errichtet [10.50]. Um den dadurch bedingten höheren Elastizitätsunterschieden entgegen zu wirken, wurde ein Vordurchhang einreguliert, der rund 50 mm, also weniger als 0,1 % des Mastabstandes, betrug. Bild 10.57 zeigt die Kontaktkräfte bei 265 km/h. Der Dynamikbereich ist beim Kettenwerk mit Y-Beiseilen kleiner, an den einzelnen Stützpunkten treten keine ausgeprägten Kontaktkraftspitzen auf. Die Standardabweichungen als Maß für die Kontaktgüte steigen ohne Y-Beiseil an. Dies zeigt die Bedeutung der *Y-Beiseile* und die negative Wirkung des Vordurchhangs für das Betriebsverhalten einer Oberleitung bei hohen Geschwindigkeiten. Der Einbau ist nicht schwierig, wenn entsprechende Seilspanngeräte verwendet werden. Der zusätzliche Aufwand ist vernachlässigbar. Die Ausführung der Y-Beiseile kann mit Hilfe der *Simulation der Elastizität* und der *Kontaktkräfte* gestaltet werden.

10.5.3.4 Einfluss der Regulierungsgenauigkeit

Die *planmäßige Fahrdrahtlage* ist nur innerhalb einer mehr oder weniger engen Toleranzbreite zu erreichen. So hat die DB wegen der Befahrgüte für ihre Oberleitungen *Toleranzen* festgelegt, die bei höherwertigen Oberleitungsbauarten enger werden. Tabelle 10.13 zeigt einen Auszug dieser Werte. Von Bedeutung sind insbesondere:
– die Höhenunterschiede von Hänger zu Hänger,
– die Höhenunterschiede von Stützpunkt zu Stützpunkt,

Tabelle 10.13: Toleranzen für die Regulierlage der DB Oberleitungen Re 200 (Ebs 02.05.29 Bl. 1) und Re 250 (Ebs 02.05.29 Bl. 3).

	Re 200	Re 250
Abweichung von der Nennhöhe	±100 mm	±30 mm
Höhenunterschied Stützpunkt-Stützpunkt	1 mm/m	±20 mm
Höhenunterschied Hänger-Hänger	20 mm	10 mm
Toleranz Fahrdrahtseitenlage	±30 mm	±30 mm
Neigungswechsel	1 : 1 000	1 : 3 000

– die Neigungswechsel an den Stützpunkten und
– die Toleranzen der Fahrdrahthöhenlage.

Die Auswertung von Messfahrten hat gezeigt, dass beim Einhalten dieser Toleranzen die erwarteten Kontaktgüten ohne weiteres erreicht werden. Ein Vordurchhang weniger als 30 mm in Spannfeldmitte hat keine negativen Auswirkungen. Abweichungen von den vorgegebenen Toleranzen, insbesondere über Weichen und in Überlappungsbereichen, machen sich durch erhöhte Kontaktkraftspitzen bemerkbar.

10.5.4 Beurteilung von Hochgeschwindigkeitsoberleitungen nach TSI Energie

Die spanische Bahn errichtete eine neue 620 km lange Hochgeschwindigkeitsstrecke zwischen Madrid und Barcelona, die für 350 km/h maximale Fahrgeschwindigkeit ausgelegt ist. Die Strecke ist mit der Oberleitung EAC 350 ausgerüstet, die in [10.51] beschrieben und in [10.67] bewertet wird. Die Oberleitung wurde als *Interoperabilitätskomponente* nach [10.13] behandelt. Hierzu wurde ein 10 km langer Abschnitt mit der Oberleitung als Prüfstrecke ausgerüstet. Der Abschnitt enthielt alle Streckenmerkmale. Statische und dynamische Prüfungen wurden durchgeführt, wobei auch das Zusammenwirken von Stromabnehmer und Oberleitungen anhand der Kontaktkraftmessungen beurteilt wurde. Das Kettenwerk wurde nach den Prüfungen zertifiziert und wird seit 2009 mit 300 km/h befahren.

Die ÖBB entwickelte für ihre Hochgeschwindigkeitsstrecken eine für 250 km/h geeignete Oberleitung [10.36], die die Anforderungen der Streckenkategorie I erfüllt und als Typ 2.1 bezeichnet wird. Für die Prüfungen wurde damit ein Streckenabschnitt ausgerüstet. Die Oberleitung ist mit Fahrdraht AC-120–CuAg0,1 und Tragseil CuMg 70 mm^2 ausgeführt. Die statischen und dynamischen Parameter erfüllen die Anforderung und Empfehlungen der TSI Energie [10.13]. Nach der Simulation der Befahrung wurde eine Reihe von Änderungen vorgenommen, insbesondere wurden die Streckentrennungen neu gestaltet. An der verbesserten Ausführung wurden dann die Kontaktkräfte mit einem Stromabnehmer bei 300 km/h und mit zwei Stromabnehmern mit 200 m Abstand bei 280 km/h gemessen. Die Zielgrößen wurden sowohl auf der offenen Strecke als auch im Tunnel eingehalten. Damit konnte die Bauart als Interoperabilitätskomponente zertifiziert werden.

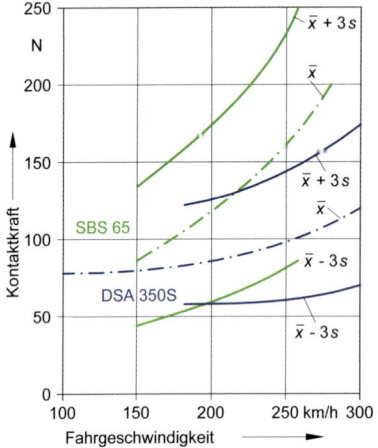 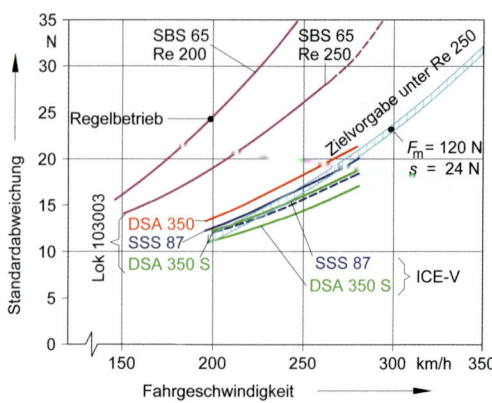

Bild 10.58: Kontaktkräfte der Stromabnehmer SBS 65 und DSA 350 S, abhängig von der Fahrgeschwindigkeit, Oberleitungsbauart Re 250. $\bar{x}$ Mittelwert, s Standardabweichung der Kontaktkräfte

Bild 10.59: Standardabweichung der Kontaktkraft abhängig von der Fahrgeschwindigkeit für die Stromabnehmer SBS 65, WBL 85, SSS 87 und DSA 350.

10.6 Einfluss der Stromabnehmerausführung

10.6.1 Einführung

Stromabnehmerbauart und die *-eigenschaften* beeinflussen die Befahrungsgüte. Die Befahrung eines an sich für Hochgeschwindigkeiten geeigneten Kettenwerkes mit einem weniger geeigneten Stromabnehmer führt zu keinem günstigen Ergebnis. Umgekehrt kann ein *hochgeschwindigkeitstauglicher Stromabnehmer* die Regelgeschwindigkeit einer herkömmlichen Oberleitungsbauart auch nicht erheblich steigern. Durch die DB ausgeführten Versuche [10.47] haben dies wiederholt für die Standardoberleitungsbauart Re 200 gezeigt. Auch mit weiter entwickelten Stromabnehmerbauarten war die Leistungsfähigkeit dieser Oberleitungsbauart bei 200 km/h ausgenutzt. Für eine befriedigende Leistungsübertragung im Hochgeschwindigkeitsbereich sind sowohl eine hierfür geeignete Oberleitung als auch ein entsprechender Stromabnehmer erforderlich.

10.6.2 Konstruktionseigenschaften des Stromabnehmers

Die Oberleitung Re 250 der DB wurde zunächst mit dem Stromabnehmer SBS 65 geprüft [10.52]. Bei diesem *Einholmstromabnehmer* sitzen die beiden Schleifstücke auf einer Rahmenwippe, die ihrerseits durch Gummielemente gegen die Oberschere abgefedert ist. Seine Kontaktkraft beträgt statisch 70 N und nimmt, wie Bild 10.58 zeigt, mit der Fahrgeschwindigkeit und der Abnutzung der Schleifstücke stark zu. Die gemessenen Kontaktkraftmittelwerte erreichten 170 N auf freien Strecken und 200 N in Tunnels bei

10.6 Einfluss der Stromabnehmerausführung

Bild 10.60: Stromabnehmer Bauart DSA 350 S mit einzeln gefederten Schleifstücken.

250 km/h. Der große Dynamikbereich ist auch in Bild 10.58 zu erkennen. Bei 250 km/h überschritten die Kontaktkraftspitzen 300 N und die Standardabweichung lag um 26 N. Die Versuche haben gezeigt, dass sich der Stromabnehmer SBS 65 für Geschwindigkeiten über 200 km/h nicht mehr eignete; dies nicht nur wegen seines ungünstigen aerodynamischen Verhaltens, sondern vor allem auch wegen der hohen dynamischen Kräfte, die sich an der Oberleitung infolge der großen ungefederten Massen der Rahmenwippe und der harten Wippenfederung durch Gummidrehelemente ergaben.

Um bei hohen Fahrgeschwindigkeiten die bisherige Lebensdauer der Kontaktkomponenten Fahrdraht und Schleifstücke zu gewährleisten, mussten neue Bauarten von *Stromabnehmern* entwickelt werden. Aus den Erkenntnissen der Oberleitungserprobung wurden die Vorgaben für neue Stromabnehmer abgeleitet. Die *mittlere Kontaktkraft* sollte bei 300 km/h Fahrgeschwindigkeit 120 N nicht überschreiten.

Bild 10.59 zeigt die Standardabweichungen für unterschiedliche Kombinationen von Oberleitungsbauarten und Stromabnehmern und die daraus für den Hochgeschwindigkeitsverkehr abgeleitete Zielvorgaben. Die *Standardabweichung* sollte nur 20 % des Mittelwertes, also nur 24 N betragen. Für ein lichtbogenarmes Laufverhalten ist weiter die gleichmäßige Aufteilung der dynamischen Belastung auf die beiden Schleifstücke Voraussetzung.

Die Vorgaben wurden schließlich mit neuen Stromabnehmern [10.9, 10.48, 10.50] erreicht. Versuchsfahrten zeigten, dass der Haupteinfluss der Stromabnehmerbauweise aus der Ausführung der Wippen und Schleifstücke resultiert. Deshalb wurden Wippenmasse und -dämpfung verringert. Die Stromabnehmermasse insgesamt sollte dabei möglichst klein sein. Bei dem Stromabnehmer DSA 350 wurden einzeln gefederte Schleifstücke mit vier Federbeinen und progressiver Federcharakteristik [10.53] gewählt. Die ungefedert mit der Oberleitung in Kontakt stehende Masse vermindert sich auf 2,9 kg je Schleifstück, die Masse des Oberarms auf 9 kg.

Die neuen *Einholmstromabnehmer* sollten sowohl im gewohnten Spießgang, also mit dem Gelenk in Fahrtrichtung nach hinten, als auch im Kniegang mit dem Gelenk voraus nahezu gleiche Kontakteigenschaften erreichen. Die Anordnung entsprechend optimierter Windleitbleche erreichten Ziel. Sie bewirken, dass die mittlere Anpresskraft mit der Geschwindigkeit, wie erwünscht, nur wenig ansteigt und bei 300 km/h rund 120 N be-

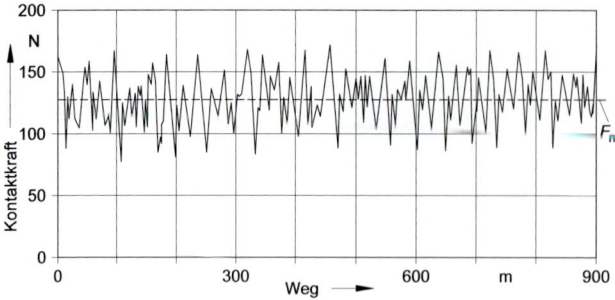

Bild 10.61: Schnittkraftverlauf eines Stromabnehmers DSA 350 S, Oberleitungsbauart Re 250, Fahrgeschwindigkeit 310 km/h.
F_{stat} 95 N
F_{max} 176 N
F_{min} 78 N
F_m 128 N
s 18 N

trägt (Bild 10.58). Das dynamische Verhalten, bewertet anhand der *Scheinmasse* (Bild 10.13), hat sich deutlich verbessert. Die Scheinmasse liegt zwischen 4 bis 30 Ns^2/m für Frequenzen zwischen 1 und 6 Hz und 6 bis 11 Ns^2/m für Frequenzen zwischen 7 und 12 Hz. Bei dem Stromabnehmer SBS 65 schwankten die Werte dagegen zwischen 0,4 und 70 Ns^2/m. Bild 10.60 zeigt die Wippe mit einzeln gefederten Schleifstücke.

Mit Hilfe der in Abschnitt 10.4 beschriebenen Verfahren zur systematischen Ermittlung und Auswertung der dynamischen Kräfte zwischen dem Fahrdraht und den Schleifstücken konnten die Einflüsse der Stromabnehmerdaten, z. B. die Federcharakteristiken in vielen Versuchen beobachtet und daraus Vorgaben für die weitere Optimierung abgeleitet werden. Bild 10.61 zeigt einen Messschrieb der Kontaktkraft bei 310 km/h. Die mittlere Kontaktkraft beträgt 128 N, die Standardabweichung 18,2 N, d. h. 14 %. Die Zielvorgaben an das Kontaktsystem wurden damit eingehalten. In Bild 10.59 sind die Standardabweichungen für den Stromabnehmer SBS 65 im Betrieb unter der Regeloberleitung Re 200 und unter der Oberleitung Re 250 sowie die Werte der neueren Stromabnehmer DSA 350, DSA 350 S und SSS 87 unter der Oberleitung Re 250 dargestellt. Bei 250 km/h Fahrgeschwindigkeit konnte mit der gezielten Entwicklung die Standardabweichung von rund 26 N mit dem SBS 65 auf 18 bis 19 N, dann auf 16 bis 17 N und schließlich bis knapp unter 15 N reduziert werden. Die Reduzierung der Massen, die Einzelfederung der Schleifstücke, die systematische Abstimmung der einzelnen Konstruktionselemente und ein aerodynamisch möglichst neutrales Verhalten erbrachten dieses Ergebnis. Der Bericht [10.54] beschreibt den Stromabnehmer fur den ICE 3 für 330 km/h. Er wurde auch im Hinblick auf geringe Geräuschbildung gestaltet.

Die TSI des Teilsystems Rollmaterial [10.38] des Europäischen Hochgeschwindigkeits-Bahnsystems definiert den Stromabnehmer als eine Interoperabilitätskomponente. Die mittlere Kontaktkraft muss die Anforderungen gemäß Bild 10.26 mit ±10 % Toleranz erfüllen. Es ist notwendig zu zeigen, dass der Stromabnehmer diese Anforderungen in jeder Fahrtrichtung einhält, wenn er auf einen Zug oder auf einer Lokomotive an einer beliebigen Position eingebaut ist. Seine dynamischen Kennwerte müssen unter einer Oberleitung, die den Anforderungen der TSI Energie entspricht, nachgewiesen werden (siehe Abschnitt 10.4.2).

10.6 Einfluss der Stromabnehmerausführung

Bild 10.62: Aktiv geregelter Hochgeschwindigkeitsstromabnehmer ASP.

10.6.3 Weiterentwickelte Stromabnehmerbauarten

Die bisher behandelten Stromabnehmerbauarten sind passive Komponenten ohne Einrichtungen zur aktiven Steuerung der Kontaktkräfte. Sie erreichen ein ausgezeichnetes Verhalten, zeigten jedoch ihre Grenzen, wenn die Betriebsgeschwindigkeit unter bestehenden Oberleitungsbauarten erhöht werden sollte. Ein neuer, *aktiv geregelter Ein-Arm Stromabnehmer* wurde von der DB entwickelt und ist in [10.29] beschrieben.

Der neue Stromabnehmer (Bild 10.62) ist eine Einholm-Bauart mit akustisch optimierter Wippe und einer Zweistufenregelung. Verglichen mit konventionellen Stromabnehmern erzeugt die neue Bauart beträchtlich weniger Lärm, die Regelung verursacht keine Resonanz an der Oberleitung und das Gerät ist zuverlässig und einfach Instand zu halten. Die Hauptabmessungen und die Einbaudaten sind die gleichen wie für Standardstromabnehmer, um den Betrieb im bestehenden Netz auf vorhandenen Zügen zu ermöglichen. Die Stromabnehmerwippe wurde neu konstruiert. Die Anzahl Geräuschemittierender Kleinteile wurde ermäßigt und die Hörner direkt an die Schleifstückträger angebunden. Die Schleifstückträger sind durch Torsionsstangen gegliedert. Die Kraft- und Beschleunigungssensoren sind in den Schleifstückauflagern integriert.

Die Steuerung zielt auf eine Verminderung der Kontaktkraftänderungen durch Beeinflussung der Bewegung der Schleifstückträger ab. Eine Zwei-Stufen-Regelung steuert die *Kontaktkraft*. Die erste Steuerungsebene gleicht langsame Änderungen z. B. infolge der aerodynamischen Kräfte über den Stromabnehmerantrieb aus.

Die erste Stufe kann verwendet werden, um die mittlere Kontaktkraft an die Anforderungen einer Strecke oder eines Streckenabschnittes anzupassen. Die zweite Steuerebene regelt die Kontaktkraftänderungen mit Frequenzen bis 25 Hz über kleine pneumatische Bälge, die Nahe der Torsionsfeder angeordnet sind. Die Messungen werden mit einer Einrichtung nahe an den Sensoren weiter verarbeitet.

Das Verhalten wurde durch Simulation und Vergleich mit dem passiven Hochgeschwindigkeitsstromabnehmer DSA 350 untersucht. Im Falle von zwei aktiven Stromabnehmern wurden bei 200 km/h unter der Oberleitung Re 200 die maximalen Kontaktkräfte um 50 N reduziert, das Minimum um 30 N angehoben und die Standardabweichung um 30 % ermäßigt.

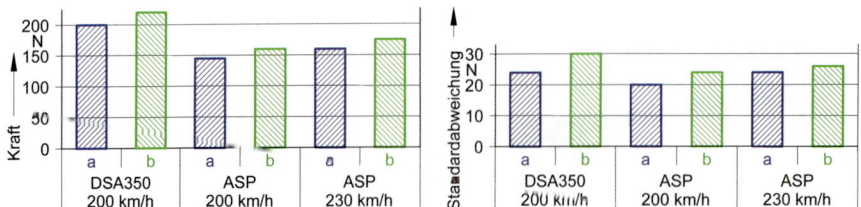

Bild 10.63: Vergleich der Kontaktkräfte F und der Standardabweichungen σ eines geregelten Stromabnehmers ASP und eines Standardstromabnehmers DSA 350 bei 200 und 230 km/h Fahrgeschwindigkeit für die Oberleitungsbauart DB Re 200.
a) vorauslaufender Stromabnehmer, b) nachlaufender Stromabnehmer

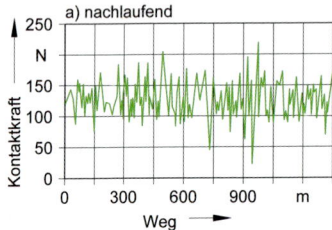
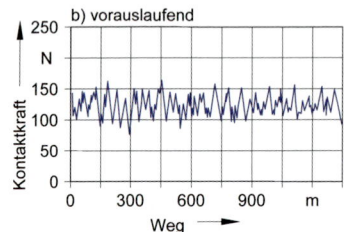

Bild 10.64: Kontaktkraftverlauf beim Fahren mit zwei Stromabnehmern DSA 350, Oberleitungsbauart Re 250, Fahrgeschwindigkeit 275 km/h.

a) F_{stat} : 80 N b) F_{stat} : 80 N
F_{max} : 215 N F_{max} : 162 N
F_{min} : 17 N F_{min} : 70 N
F_m (Mittlere Kontaktkraft F_{tot}) : 124 N F_m (Mittlere Kontaktkraft F_{tot}) : 122 N
s (Standardabweichung) : 23,3 N s (Standardabweichung) : 15,0 N

In Bild 10.63 ist ein Vergleich der Kontaktkräfte und der Standardabweichungen zwischen dem geregelten Stromabnehmer und dem Stromabnehmer DSA 350 bei 200 km/h unter der Oberleitungsbauart Re 200 gezeigt. Der dynamische Kraftbereich wird um 20 % vermindert. Die Standardabweichung ist auch bei 230 km/h kleiner als beim DSA 350 bei 200 km/h. Der Anhub bei 230 km/h ist nicht größer als mit dem Stromabnehmer DSA 350 bei 200 km/h.

Die Messungen der Lärmemission bestätigen die Erwartungen. Die neue Bauart ist beträchtlich leiser, was bei 250 km/h und mehr interessant ist.

10.6.4 Fahren mit mehreren Stromabnehmern

Lokomotiven fahren im Hochgeschwindigkeitsbereich der Wechselstrombahnen heute nur mit einem Stromabnehmer. Den Rekord auf Schienen am 1. Mai 1988 [10.1] erzielte ein Triebzug mit zwei Triebköpfen, wobei nur ein Stromabnehmer an der Oberleitung an lag. Beim ICE1-Hochgeschwindigkeitszug der DB werden jedoch die Triebköpfe an den beiden Enden über je einem eigenen Stromabnehmer hochspannungsseitig direkt versorgt. Im Betrieb müssen bei diesem Zug deshalb zwei Stromabnehmer an der Ober-

10.6 Einfluss der Stromabnehmerausführung

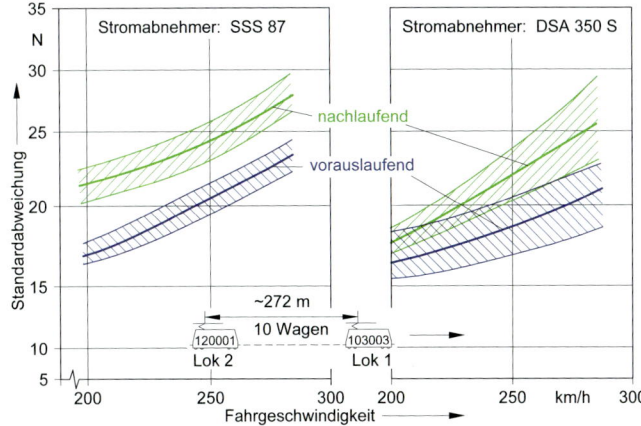

Bild 10.65: Standardabweichungen der Kontaktkräfte gemessen auf einem Zug mit zwei Stromabnehmern, Stromabnehmerbauart SSS 87 und DSA 350, beide Bauarten voraus- und nachlaufend.

leitung in rund 200 bis 400 m Abstand anliegen. Eine elektrische Verbindung dieser Stromabnehmer ist nach DIN EN 50367 nicht möglich.
Aus dem zeitlichen Verlauf des Fahrdrahtanhubs am Seitenhalter (Bild 10.46) ist zu erkennen, dass der zweite Stromabnehmer immer in einem bereits *schwingenden Oberleitungsbereich* läuft und damit ungünstiger beansprucht wird. Dies zeigt sich auch am Verlauf der Kontaktkraft, wie aus Bild 10.64 zu erkennen ist. Bei nahezu gleichen Kontaktkraftmittelwerten unterscheiden sich die Maxima mit 162 N zu 215 N und die Minima mit 70 N zu 15 N erheblich, was auch in den Standardabweichungen zum Ausdruck kommt. Das *Kontaktverhalten* des vorauslaufenden Stromabnehmers unterscheidet sich nicht vom Verhalten bei nur einem anliegenden Stromabnehmer.
Bild 10.65 zeigt die am voraus- und am nachlaufenden Stromabnehmer gemessenen Standardabweichungen. Die am nachlaufenden Stromabnehmer beobachteten Werte nehmen mit der Fahrgeschwindigkeit stärker zu als die am vorauslaufenden, die nahezu dem Betrieb mit nur einem Stromabnehmer entsprechen. Bereits bei 250 km/h Fahrgeschwindigkeit erreicht die Standardabweichung am nachlaufenden Stromabnehmer 24 N. Bei 280 km/h steigt sie auf Werte bis 28 N an. Auch kann am nachlaufenden Stromabnehmer die *mittlere Kontaktkraft* nicht auf 120 N beschränkt bleiben. Bei 280 km/h muss sie 140 N betragen, wenn die Lichtbogenbildung begrenzt bleiben soll. Diese höheren Kontaktkräfte können auch zu höheren Kraftspitzen und Lichtbögen führen.
Der *Anhub der Oberleitung* an den Stützpunkten stellt eine sicherheitsrelevante Größe für den Betrieb dar. Der betriebliche Grenzwert für die Oberleitungsbauarten der DB liegt bei 120 mm. Dieser Wert sollte generell nicht überschritten werden, da größere Anhübe mit ungünstigen dynamischen Beanspruchungen des Kettenwerkes verbunden sind. Vor allem beim Fahren mit zwei Stromabnehmern wird dieser Wert am nachfolgenden Stromabnehmer, abhängig vom Stromabnehmerabstand auf dem Zug, früher als bei nur einem Stromabnehmer erreicht. Bild 10.66 zeigt den Einfluss des Stromabnehmerabstandes auf den Fahrdrahtanhub am Stützpunkt.
Inwieweit ein Betrieb mit mehreren Stromabnehmers möglich ist, hängt auch von der Oberleitungsbauart ab. Erprobungen mit der Oberleitungsbauart Re 330 zeigten, dass

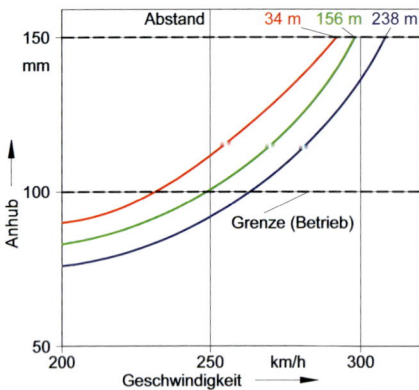

Bild 10.66: Einfluss des Stromabnehmerabstandes auf den Anhub am Stützpunkt, Oberleitungsbauart Re 250.

damit das Fahren mit mehreren Stromabnehmern bei Abständen von nur 34 m bis 200 km/h möglich ist. Mit Abständen über 240 m sind 350 km/h erreichbar.

Fahren mit nur einem Stromabnehmer ermöglicht somit höhere Geschwindigkeiten. So wird z. B. die Bauart Re 250 auf der Strecke Madrid–Sevilla mit 300 km/h befahren. Aufgrund der beim Hochgeschwindigkeitsverkehr erforderlichen Leistungen und der betrieblich vorteilhaften Doppeltraktion werden oft Züge mit mehreren anliegenden Stromabnehmern eingesetzt.

10.7 Werkstoffe für Schleifstücke und Fahrdrähte

Die *Lebensdauer der Fahrdrähte* und der *Schleifstücke* hängt im wesentlichen ab von
- den Kontaktkräften zwischen Schleifstücke und Fahrdraht. Diesen Aspekt behandeln die vorhergehenden Abschnitte 10.5.2 aus Sicht der Oberleitung und 10.5.3 aus der Sicht des Stromabnehmers,
- dem *Schleifstücke-* und *Fahrdrahtmaterial*,
- der Anzahl und den Abmessungen der Schleifstücke,
- dem über den Kontakt fließenden Strom,
- der Fahrgeschwindigkeit der Triebfahrzeuge sowie
- Umwelteinflüssen wie Strecken in Tunneln und im Freien.

Die letzten drei Aspekte entziehen sich der direkten Einflussnahme bei der Gestaltung des Energieübertragungssystems. Ihnen ist aber bei der Auswahl der Werkstoffe und der Bemessung der Komponenten Rechnung zu tragen.

Als Werkstoff für Fahrdrähte haben sich Reinkupfer (Elektrolytkupfer E-Cu) und Kupferlegierungen durchgesetzt (Abschnitt 11.2.2.2). Die Fahrdrahtnorm DIN EN 50 149 enthält folgende Werkstoffe: E-Cu, CuAg, CuSn, CuCd und CuMg. Auch Mehrkomponentenlegierungen CuCrZr und CuCrZrMg [10.55] wurden bereits als Fahrdrahtwerkstoff erwogen. Kupferummantelte Stahldrähte waren bei der Deutschen Bahn im Einsatz [10.56] und wurden auch in Japan eingesetzt [10.57]. Hinsichtlich des Kontaktverhaltens unterscheiden sich diese aber nicht von Kupfer. Kupfer findet bekanntlich auch im Elektromaschinenbau als *Kontaktmaterial* bei beweglichen Teilen Anwendung.

10.7 Werkstoffe für Schleifstücke und Fahrdrähte

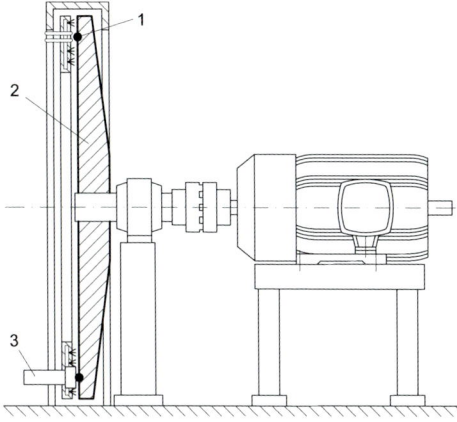

Bild 10.67: Prüfstand zur Messung des Fahrdrahtverschleißes.
1 Fahrdraht
2 Spannscheibe
3 Schleifstückanpressvorrichtung

Kupfer bildet abhängig von den Umweltbedingungen und der Paarung eine 5 bis 20 µm starke Schicht aus CuO und CuO_2, wobei Graphit, herrührend vom Schleifstückmaterial, eingelagert sein kann. Diese Schicht ist leitfähig und hart, sie bildet eine gute Voraussetzung für bewegte elektrische Kontakte.

Verschiedentlich wurde versucht, Aluminium als Fahrdrahtwerkstoff einzusetzen. Da aber Aluminium eine zwar harte, aber nicht leitfähige Oxidschicht bildet, die beim Befahren erst abgeschliffen werden muss, ist die Leistungsübertragung mit einem ständigen Lichtbogen verbunden. Aluminium ist als Fahrdrahtwerkstoff ungeeignet.

Aus den genannten Werkstoffen kommen für Fahrleitungen, insbesondere im Hochgeschwindigkeits- und Hochleistungsbereich, neben E-Cu auch CuAg und CuMg infrage. CuCd darf wegen der Umweltverträglichkeit nicht mehr eingesetzt werden. CuSn bietet keine entscheidenden Vorteile gegenüber CuMg. Das Verschleißverhalten dieser Werkstoffe war Gegenstand vieler Untersuchungen [10.58, 10.59]. In Deutschland wurde durch die Firma AEG um 1990 ein *Prüfstand für Fahrdraht* errichtet [10.60]. Auf einer Scheibe (Bild 10.67) mit 2,0 m Durchmesser lassen sich die zu prüfenden Fahrdrähte aufspannen. Mit rund 1 500 Umdrehungen je min ließen sich Geschwindigkeiten bis 500 km/h

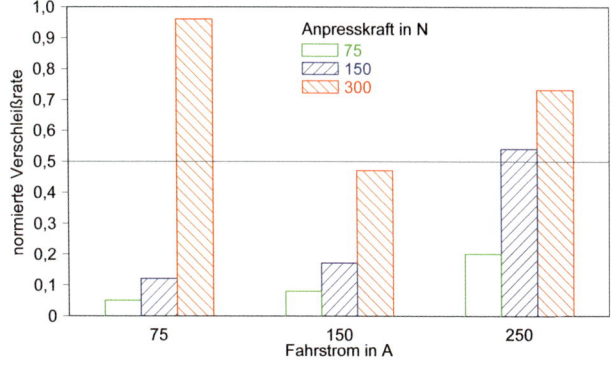

Bild 10.68: Verschleißraten eines Fahrdrahts CuMg0,5 bei 150 km/h, beobachtet an einem Messstand nach [10.60].

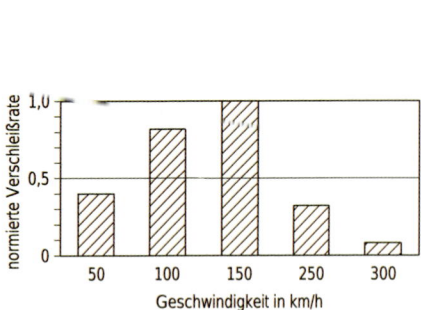 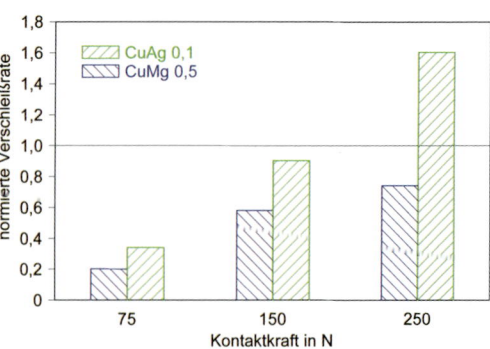

Bild 10.69: Verschleiß eines Fahrdrahts aus CuMg0,5 abhängig von der Geschwindigkeit, Anpresskraft 250 N, Stromstärke 300 A [10.61].

Bild 10.70: Vergleich des Verschleißes von Fahrdrähten aus CuAg0,1 und CuMg0,5, Geschwindigkeit 150 km/h, Stromstärke 300 A abhängig von der Kontaktkraft [10.61].

simulieren. Die Anpresskraft konnte zwischen 0 bis 300 N, der Wechselstrom von 0 bis 500 A variiert werden. Der Verschleiß wird mit Hilfe zweier Lasersensoren gemessen. Die angewandte Messschaltung erlaubt eine direkte Verschleißmessung mit einer im µm-Bereich liegenden Auflösung.

Ergebnisse der *Verschleißmessung* sind in [10.61] enthalten, die an Fahrdrähten aus den Werkstoffen CuAg0,1 und CuMg0,5 gewonnen wurden. Mit steigendem Strom nimmt bei sonst gleichen Parametern die Verschleißrate zunächst ab. Dies ist auf den Stromschmiereffekt zurückzuführen, der auf der Ausbildung einer schmierenden Graphitschicht beruht. Bei 100 bis 150 A ergibt sich damit bei Geschwindigkeiten um 200 km/h ein Minimum des Verschleißes (Bild 10.68).

Mit höheren Stromstärken kommt die *elektrische Verschleißkomponente* zum Tragen und die Verschleißrate steigt wieder an. Die *mechanische Verschleißkomponente* nimmt mit der Kontaktkraft zu (Bild 10.68). Dies belegt die Bedeutung einer möglichst geringen und gleichbleibenden Kontaktkraft in Bezug auf den Betrieb einer Oberleitung.

Mit der Zunahme der Geschwindigkeit nimmt die *Verschleißrate* zunächst zu (Bild 10.69), wobei Anpresskraft und Strom gleich bleiben. Bei rund 150 km/h ergab sich ein Maximum, darüber sank der Verschleiß ab. Damit ist zu erwarten, dass auch im Hochgeschwindigkeitsverkehr eine lange Liegedauer des Fahrdrahts trotz der tendenziell höheren Ströme und Anpresskräfte erreicht werden kann. Als Richtwert kann bei Cu der Verschleiß mit 1 mm^2 bei 10^5 *Stromabnehmerdurchgängen* angenommen werden.

Der Vergleich der beiden Werkstoffe CuAg0,1 und CuMg0,5 ist in Bild 10.70 dargestellt. Nahezu unabhängig von der Anpresskraft ist die Verschleißrate beim deutlich härteren Fahrdraht aus CuMg0,5 rund halb so groß ist wie bei dem Fahrdraht aus CuAg0,1. Zur Erhöhung der Lebensdauer von Fahrdrähten bietet sich der Einsatz des Werkstoffs CuMg0,5 an.

Als *Schleifstückmaterial* sind Stahl, Kupferlegierungen sowie Graphit und metallisierte Kohle in Gebrauch [10.58]. Bei Kohle entsteht am Fahrdraht ein glatter Spiegel ohne

10.7 Werkstoffe für Schleifstücke und Fahrdrähte

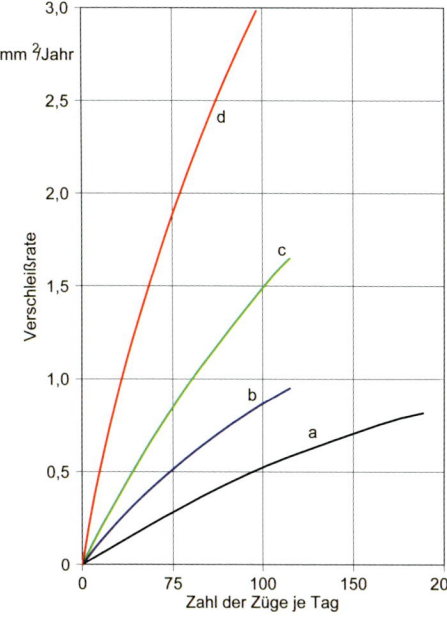

Bild 10.71: Verschleiß an Kupferfahrdrähten (nach [10.62]).
a) Stromabnehmer mit zwei Kohleschleifstücken
b) zwei Stromabnehmer mit je einem Kohleschleifstück
c) Stromabnehmer mit zwei Aluminiumschleifstücken
d) Stromabnehmer mit zwei Stahlschleifstücken

Aufrauungen, die direkt sichtbar wären. Bei Kupfer oder Stahl dagegen bildet sich eine Oberfläche aus, die einer feinen Feile ähnlich ist. Die raue Oberfläche wirkt wie ein Schleifpapier und führt zu hohem Verschleiß des Fahrdrahts und der Schleifstücke.

Bild 10.71 nach [10.62] zeigt den *Verschleiß von Fahrdrähten* in Kombination mit unterschiedlichen Schleifstückwerkstoffen. Man erkennt, dass *Metallschleifstücke* zu einem rund zehn mal größeren Verschleiß als solche mit Kohle führen. Während die DB nur Kohleschleifstücke benutzt und damit Fahrdrahtliegedauer von 30 Jahren und mehr erzielt, setzt z. B. Japan auch bei Wechselstrombahnen Metall-(Stahl)-Schleifstücke ein. Der damit verbundene Verschleiß lässt nur eine Fahrdrahtliegedauer von wenigen Jahren zu. Trotz dieser Erkenntnis werden Metallschleifstücke wegen der Befürchtung verwendet, dass stoßempfindliche, spröde Kohleschleifstücke brechen könnten, wenn Stöße auftreten. Nach den Erfahrungen der Deutschen Bahn tritt dies allerdings nur selten auf, wenn die Oberleitungen im Hinblick auf die Kontaktkräfte optimiert sind.

Schleifstücke aus Metall sind deutlich schwerer, was auch zu einem ungünstigen dynamischen Verhalten führt und somit sich auch negativ auf die Kontaktkräfte auswirkt. Bei DC-Anwendungen sind Schleifstücke aus Metall wegen der höheren Ströme nicht immer zu vermeiden [10.21]. Hierfür hat sich der Werkstoff CuCrZr (Kupfer-Chrom-Zirkon) wegen seiner hohen Warmfestigkeit bewährt.

Die unterschiedlichen Oberflächen und Kontaktkräfte wirken sich auch auf den Verschleiß der Schleifstücke aus. Mit den Kohleschleifstücken erreicht die DB Laufleistungen 100 000 km, während bei DC-Betrieb die Metallschleifstücke nach 30 000 km ausgetauscht werden.

Die unterschiedliche Ausbildung der *Fahrdrahtspiegel* beim Betrieb mit Kohle- oder Metallschleifstücken lässt einen gemischten Betrieb von Kohle- und Metallschleifstücken nicht angeraten sein. Der Verschleiß am Fahrdraht und an den Kohleschleifstücken würde sich stark erhöhen. Die Technischen Spezifikationen für die Interoperabilität des europäischen Hochgeschwindigkeitsnetzes [10.13] sehen Kohle und metallisierte Kohle als Schleifstückwerkstoff vor. Die Veröffentlichung [10.72] berichtet über eine vergleichende Studie des Einflusses von Schleifstücken aus Kohle und solchen aus kupferimprägnierter Kohle auf den Verschleiß der Fahrdrähte und Schleifstücke. Danach sind beide Schleifstückwerkstoffe gleichwertig und können auf interoperablen Strecken eingesetzt werden. Hochfeste Fahrdrähte sind für die Stromübertragung bei hohen Geschwindigkeiten erforderlich. Solche Fahrdrahtwerkstoffe bestehen aus Kupfer-Zinn- oder Kupfer-Magnesium-Legierungen. Sie tendieren zu Abweichungen von der idealen Fahrdrahtlage verursacht durch *Mikrowellenbildung* [10.63, 10.64]. Solche Mikrowellen können Lichtbögen verursachen oder verstärken. Der Einfluss bleibt jedoch gering, wenn die Wellen geringer als 0,2 mm sind, und nimmt mit größeren Werten zu. Wellenlängen zwischen 100 und 900 mm wurden beobachtet (siehe auch Abschnitt 15.5.2 und Bild 15.13).

Wie in [10.65] berichtet wird, bilden die Fahrdrahtrohlinge und die Verlegungstechnik die Hauptgründe für die Mikrowellen. Daher sollten die Höchstfestigkeit der Fahrdrahtrohlinge begrenzt und die Fahrdrahtherstellung so überwacht werden, dass Mikrowellen beim Hersteller erkannt werden. Richtgeräte für die Fahrdrähte sollten bei der Verlegung verwendet und die Fahrdrahtlage nach dem Verlegen beobachtet werden. Bei Verwendung dieser verbesserten Techniken können die Mikrowellen auf Amplituden kleiner 0,1 mm vermindert werden, womit die Lichtbogenbildung vermieden wird.

10.8 Beispiele für die Bewertung des Zusammenwirkens

10.8.1 Bewertung der interoperablen Oberleitung EAC 350 in Spanien

In der Veröffentlichung [10.67] wird über die Bewertung der *Oberleitungsbauart EAC 350* in Spanien berichtet. Diese Oberleitungsbauart wurde nach der TSI Energie [10.13] errichtet. Die Oberleitungsbauart ist für die Fahrgeschwindigkeit 350 km/h vorgesehen und musste deshalb mit einer 10 % höheren Geschwindigkeit geprüft werden. Die verwendeten Zugkräfte in Fahrdraht und Tragseil sind höher als bei anderen Oberleitungsbauarten. Die Bauart wurde auf einer 10 km langen Strecke zwischen Madrid und Lleida befahren. Der Abschnitt enthielt alle typischen Merkmale wie Steigungen, Kurven, freie Strecken, Tunnel, Überleitstellen und Phasentrennstellen. Die statischen Untersuchungen bezogen sich auf die Geometrie, das Verhalten bei Temperaturwechseln und auf die Elastizität. Die dynamischen Kriterien wurden anhand der Kontaktkräfte mit einem Stromabnehmer DSA 380 EU geprüft. Auf der Basis der Prüfergebnisse wurde die Oberleitungsbauart als für den Anwendungszweck geeignet zertifiziert.

10.8.2 Oberleitung für hohe Geschwindigkeiten in Österreich

Die Veröffentlichung [10.36] beschreibt eine *Oberleitungsbauart der ÖBB* für hohe Geschwindigkeiten und deren Konformitätsbewertung. Die Oberleitung ist mit dem Fahrdraht AC-120–CuAg0,1 mit der Zugkraft 15,3 kN ausgerüstet. Das Tragseil mit 70 mm² Querschnitt und 10,8 kN Zugkraft besteht aus Bronze. Die Oberleitung hat an den Stützpunkten Y-Beiseile. Aufgrund der behördlichen Vorgaben ist die Oberleitung durch eine entsprechend autorisierte Person abzunehmen. Den Abnahmeprüfungen ging eine Simulation mit Fahrgeschwindigkeiten bis 250 km/h voraus. Für die Abnahme dienten zunächst die Planungs- und Konstruktionsvorgaben. Außerdem wurden Kontaktkraftmessungen mit einem Messzug der DB AG mit Geschwindigkeiten bis 300 km/h mit einem Stromabnehmer DSA 380-D und bis 280 km/h mit zwei Stromabnehmern im 200 m Abstand durchgeführt. Bei den Prüfungen traten nur an wenigen Positionen in Streckentrennungen, Nachspannungen und über Weichen Lichtbögen auf, jedoch ohne Auswirkung auf die Energieübertragung. Bei 250 km Fahrgeschwindigkeit lagen die maximalen Kontaktkräfte unter der zulässigen Höchstmarke 250 N und die minimalen Werte über dem Grenzwert 20 N. Die Oberleitung erfüllte damit die Interoperabilitätskriterien nach der TSI Energie bei 250 km/h Fahrgeschwindigkeit.

10.8.3 Dynamisches Verhalten der Oberleitung Wuhan–Guangzhou, China

Der Aufsatz [10.37] berichtet über das dynamische Verhalten einer Oberleitung für 350 km/h auf der Strecke Wuhan–Guangzhou in China. Die Oberleitung hat 60 m Spannweite und Y-Beiseile im Bereich der Stützpunkte. Der Fahrdraht besteht aus AC-150–CuMg0,5 und ist mit 30 kN gespannt. Das Tragseil Bz 120 ist mit 21 kN verlegt. Die Fahrgeschwindigkeit 350 km/h geht über die Werte, für die in der TSI Energie Vorgaben gegeben sind hinaus. Für 350 km/h wurden daher maximale Kontaktkräfte mit 360 N und minimale Kräfte mit rund 20 N vorgegeben. Gemäß dem Aufsatz konnten nicht alle Vorgaben für das Zusammenwirken der beiden Komponenten entsprechend den europäischen Normen eingehalten werden. Jedoch zeigten die Messwerte, dass die minimalen Kräfte oberhalb der Grenzen und die maximalen Kräfte unterhalb der vorgegebenen Grenzen lagen. Aus den Bewertungen wurde geschlossen, dass die Oberleitung für den vorgesehenen Einsatz Zweck geeignet ist.

10.9 Schlussfolgerungen

10.9.1 Grenzen für die Leistungsübertragung Oberleitung/Stromabnehmer

In Bezug auf die Fahrgeschwindigkeit haben elektrisch betriebene Bahnen seit 1980 große Fortschritte erreicht, sowohl im kommerziellen Bereich als auch bei Hochgeschwindigkeitsrekordfahrten zur Auslotung der Leistungsfähigkeit des *Rad-Schiene-Systems*. Im Jahre 1988 erreichte der Versuchszug ICE/V die Spitzengeschwindigkeit 407 km/h

Bild 10.72: TGV 150 während der Weltrekordfahrt 2007 auf der Strecke Paris–Straßburg.

[10.1]. Der Stromabnehmer und die Oberleitung ließen erkennen, dass mit diesem System Geschwindigkeiten bis 450 km/h mit einem Stromabnehmer möglich sind.

Im Mai 1991 fuhr ein hochgerüsteter Zug der SNCF vom Typ TGV-Atlantik [10.68] auf der Strecke Paris–Tours bei Tours 515 km/h und damit die höchste bis zu diesem Zeitpunkt auf Eisenbahnschienen erreichte Geschwindigkeit. Der Bericht [10.69] gibt einen Überblick über die Steigerung der Geschwindigkeiten in Frankreich bis 2002. Hier zeigte sich wieder die Bedeutung der *Oberleitungsgestaltung*, insbesondere der Fahrdrahtzugspannung (Abschnitt 10.5.2.2). Bei Vorbereitungsfahrten mit 28 kN Zugkraft musste bei rund 480 km/h abgebrochen werden, da Stromunterbrechungen infolge von Fahrdrahtanhüben über 300 mm auftraten. Die Grenze der machbaren Stromzuführung war damit gegeben. Die Erhöhung der Zugkraft auf 33 kN erlaubte schließlich die Rekordgeschwindigkeit von 515 km/h. Einige oberleitungsrelevante Kennzahlen dieser Fahrten finden sich in Tabelle 10.12.

Am 3. April 2007 stellten die Französischen Eisenbahnen SNCF, der Infrastrukturbetreiber RFF (Réseau Ferré de France) und Alstom Transport einen neuen Weltrekord für Bahnfahrzeuge mit 574,8 km/h auf der Strecke Paris–Strasbourg mit dem Zug TGV 150 (Bild 10.72) [10.70] auf. Ein Ein-Arm-Stromabnehmer wurde auf einer insgesamt 85 km langen Strecke mit Radien größer 12 000 m verwendet. Auf einem 35 km langen Abschnitt lag die Geschwindigkeit über 500 km/h. Bild 10.73 zeigt den Verlauf der Geschwindigkeit während der Rekordfahrt. Der Streckenabschnitt mit den höchsten Geschwindigkeiten war mit einem Fahrdraht AC-150–Cu und einem Tragseil Bz 116 mit 20 kN ausgerüstet. Auf einem 70 km langen Abschnitt wurde die Zugkraft des Fahrdrahts von Abschnitt zu Abschnitt von 26 kN auf 40 kN erhöht. Der Vordurchhang in Feldmitte betrug 22 mm. Die *Wellenausbreitungsgeschwindigkeit* des Fahrdrahts erreichte 622 km/h, woraus sich für den Dopplerfaktor der Wert 0,039 ableitet (siehe Tabelle 10.12). In Bild 10.74 ist der simulierte Anhub abhängig von der Fahrgeschwindigkeit

10.9 Schlussfolgerungen

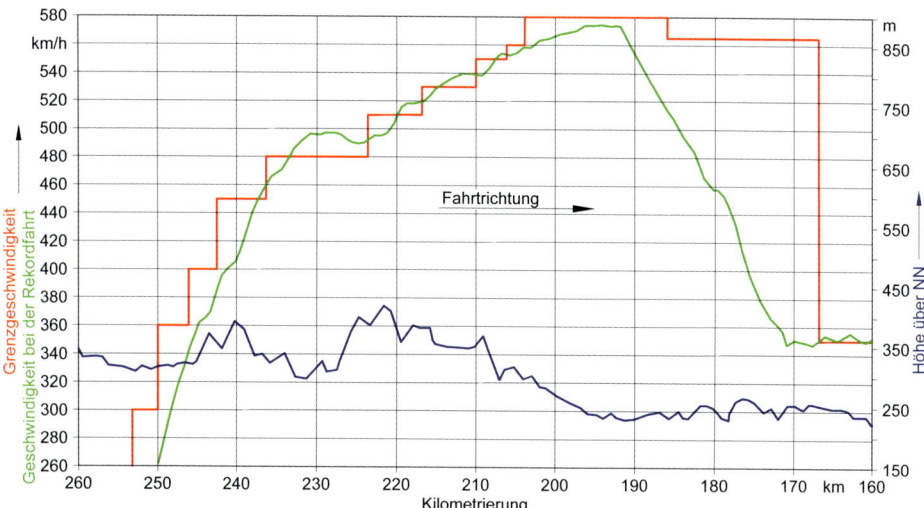

Bild 10.73: Fahrgeschwindigkeiten während der Rekordfahrt der SNCF im Jahr 2007.

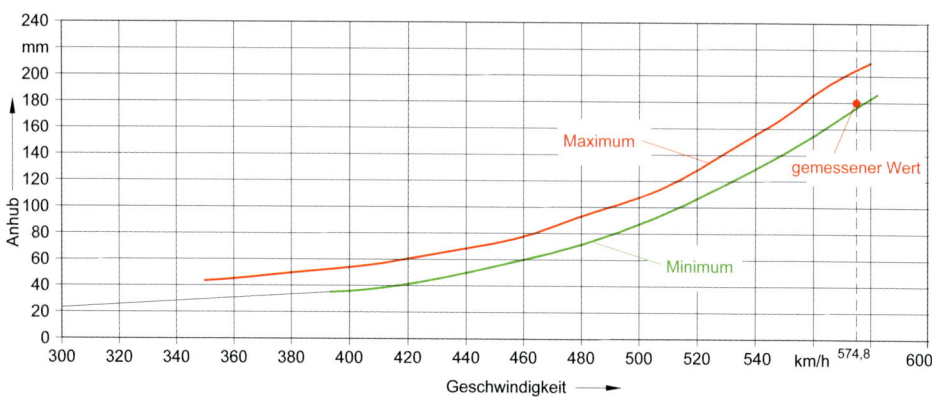

Bild 10.74: Simulierte größte und kleinste, geschwindigkeitsabhängige Anhübe zur Vorbereitung der Weltrekordfahrt im Jahr 2007.

dargestellt. Der größte aufgezeichnete Anhub betrug 180 mm bei 574,8 km/h. Insgesamt wurden 28 Fahrten mit Geschwindigkeiten über 500 km/h durchgeführt, wobei 720 km mit 500 km/h und mehr und 2 200 km mit über 400 km/h gefahren wurden.

10.9.2 Vorgaben für Oberleitungen

Die Kettenwerke von Oberleitungen müssen den elektrischen Strom zu den Fahrzeugen leiten. Die elektrische Auslegung der Komponenten wird im Kapitel 7 behandelt. Insbesondere bei Gleichstromanlagen ergeben sich hieraus die Leiterquerschnitte. Die mecha-

Tabelle 10.14: Fahrdrahthöhen in m gemäß DIN EN 50 367.

Fahrgeschwindigkeit	≤ 160	160 bis 220	220 bis 250	≥ 250
AC-Strecken				
Nennwert	5,0 bis 5,75	5,0 bis 5,5		5,08 bis 5,30
Kleinstwert	4,98	4,95		–
Größtwert	6,2	6,0		–
DC-Strecken				
Nennwert	5,0 bis 5,6	5,0 bis 5,5	5,0 bis 5,3	–
Kleinstwert	4,9	4,9	4,9	–
Größtwert	6,2	6,2	5,3	–

nische Auslegung muss insbesondere auf die Fahrgeschwindigkeit abgestimmt sein. Bei Oberleitungen für Fahrgeschwindigkeiten bis 160 km/h sind geometrische und statische Kriterien im Hinblick auf das *Zusammenwirken mit den Stromabnehmern* maßgebend. Über 160 km/h sind *dynamische Kriterien* wichtig, worauf insbesondere die Zugspannung im Fahrdraht Einfluss hat.

Die Norm DIN EN 50 367 gibt die Anforderungen für die Fahrdrahthöhen vor. In Tabelle 10.14 sind diese Anforderungen dargestellt. Oberleitungsanlagen für Geschwindigkeiten von 250 km/h sollten mit einer gleichbleibenden Fahrdrahthöhe errichtet werden. Für offene Strecken sollten die Spannweiten, Zugkräfte und die Ausführung der Oberleitung so gestaltet werden, dass die in den Tabellen 10.10 und 10.11 angegebenen statistischen Parameter erreicht werden.

Eine Oberleitung für eine vorgegebene Fahrgeschwindigkeit kann anhand der dynamischen Kriterien gestaltet werden. Die Wellenausbreitungsgeschwindigkeit sollte so gewählt werden, dass der Dopplerfaktor nicht deutlich unter 0,2 sinkt. Daraus folgt, dass die Wellenausbreitungsgeschwindigkeit das 1,4- bis 1,5fache der Fahrgeschwindigkeit betragen sollte. So begrenzen DIN EN 50 119 und die TSI für das Teilsystem Energie [10.13] und [10.14] die Betriebsgeschwindigkeit auf 70 % der Wellenausbreitungsgeschwindigkeit. Der *Reflexionsfaktor* sollte so gewählt werden, dass der Verstärkungsfaktor unter 2,0 bleibt. Reflexionsfaktoren um 0,4 erfüllen diese Anforderungen.

Für das dynamische Zusammenwirken mit Stromabnehmern muss die Oberleitung mit Stromabnehmern für eine mittlere, geschwindigkeitsabhängige Kontaktkraft gemäß Bild 10.26 gestaltet sein.

Die Anforderungen für das Zusammenwirken müssen auch bei mehreren Stromabnehmern mit wenigstens 200 m Abstand erfüllt werden. Für geringere Abstände kann die zulässige Fahrgeschwindigkeit entsprechend ermäßigt werden. Für die Prüfung und den Betrieb sollte die mittlere Kontaktkraft innerhalb des Toleranzbereichs gemäß Abschnitt 10.4.2.3 liegen, der in Bild 10.75 gezeigt ist.

Der Raum für den größten Anhub des Seitenhalters muss an den Auslegern im Minimum das 2,0fache des berechneten oder simulierten Anhubs sein. Wenn Beschränkungen oder Anhubbegrenzer verwendet werden, genügt ein Raum entsprechend dem 1,5fachen Anhub.

10.9 Schlussfolgerungen

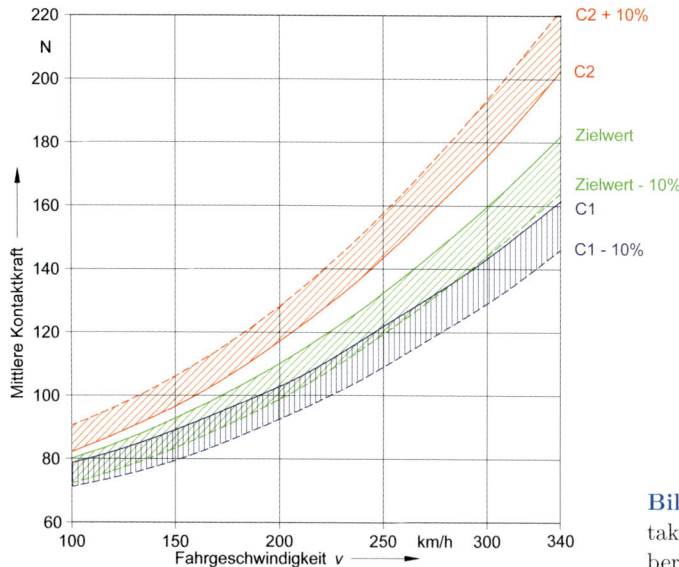

Bild 10.75: Mittlere Kontaktkräfte und ihre Toleranzbereiche.

10.9.3 Vorgaben für die Stromabnehmer

Die Erfahrung und theoretische Überlegungen zeigen, dass es nicht möglich ist, Stromabnehmer nur im Hinblick auf das optimale Zusammenwirken mit einer bestimmten Oberleitungsbauart zu gestalten. Oberleitungen haben, auch für eine gegebene Bauart, keine diskreten Schwingungseigenschaften, da sich sowohl Feldlängen, Massen und Zugkräfte im Betrieb ändern. Stromabnehmer müssen jedoch einige Grundeigenschaften aufweisen, damit sie für einen vorgesehenen Einsatz geeignet sind. Versuche haben gezeigt, dass zweckmäßig gestaltete Stromabnehmer unter unterschiedlichen Oberleitungen jeweils gleichwertige Befahrungsergebnisse liefern. Die allgemeinen *Anforderungen an Stromabnehmer* sind:

– Die *mittlere Kontaktkraft* sollte in beiden Fahrtrichtungen nahezu gleich sein und mit der Fahrgeschwindigkeit nur relativ wenig zunehmen. Die mittlere Kontaktkraft muss dabei so hoch wie nötig sein, um keine Lichtbögen entstehen zu lassen, aber andererseits so niedrig wie möglich, um den Anhub gering zu halten und keine unnötige Dynamik der Oberleitung hervorzurufen (siehe Abschnitt 10.4.2.3).
– Um eine zufriedenstellende Stromabnahmequalität zu erreichen, müssen die vom Stromabnehmer ausgeübten statischen Kontaktkraft und die mittleren aerodynamischen Kontaktkräfte einige Kriterien erfüllen, die z. B. in [10.12, 10.38] vorgegeben sind.
Die Nennwerte der *statischen Kontaktkraft* sollten innerhalb der folgenden Grenzwerte liegen:
  – 60 N bis 90 N   für AC-Bahnen
  – 100 N bis 120 N für DC-3-kV-Bahnen
  – 70 N bis 110 N   für DC-1,5-kV-Bahnen

Tabelle 10.15: Vorgaben für die Kontaktkräfte und deren Streuung, abhängig von Einsatzbereich für Oberleitungen der DB.

Anzahl Stromabnehmer	1	2	
Geschwindigkeit (km/h) Stromabnemer	300	280	
		vorlaufend	nachlaufend
Kontaktkraft (N)	120	120	140
Maximale Kontaktkraft (N)	200	185	240
Minimale Kontaktkraft (N)	40	55	40
Standardabweichung (N)	22	18	28
Variationskoeffizient (%)	18	15	20

Bei DC-1,5-kV-Anlagen kann 140 N statische Anpresskraft erforderlich sein, um den Kontakt zwischen Schleifstücken und Fahrdraht zu verbessern und dessen Überhitzen im Stillstand mit arbeitenden Hilfsbetrieben zu vermeiden.

– Der Zielwert für die *mittlere Kontaktkraft* F_m gebildet aus der statischen und der aerodynamischen Komponente mit den dynamischen Korrekturen gegeben durch [10.12, 10.38] ist in Bild 10.26 für AC- und DC-Anlagen als Funktion der Fahrgeschwindigkeit dargestellt. In diesem Zusammenhang stellt F_m einen Zielwert dar, der aber um eine Energieübertragung ohne unzulässige Lichtbogenbildung zu erreichen nicht überschritten werden sollte, um hohen Verschleiß gering zu halten.

– Im Falle des Betriebs mit *mehreren, gleichzeitig gehobenen Stromabnehmern* sollte die mittlere Kontaktkraft F_m für irgendeinen Stromabnehmer nicht größer als die im Bild 10.26 angegebenen Werte sein, da jeder einzelne Stromabnehmer die Kriterien für die Güte der Stromübertragung erfüllen muss. Es ist aber nicht immer möglich, die in Bild 10.26 vorgegebenen Werte anzuwenden. Die Kontaktkraft sollte innerhalb des in Bild 10.75 dargestellten Toleranzbandes der gewählten Grundkurve liegen.

– Die mittlere Kontaktkraft ist gleich der Summe der statischen und der *aerodynamischen Kontaktkraft* (siehe Abschnitt 2.3.3). Die mittlere Anhubkraft ist ein Kennwert des Stromabnehmers auf einem bestimmten Zug und eine gegebene Arbeitshöhe.

– Die mittlere Kontaktkraft kann an der Stromabnehmerwippe gemessen werden, wobei letztere den Fahrdraht nicht berührt. Die Kontaktkräfte können auch nach DIN EN 50 317 oder DIN EN 50 206-1 gemessen werden.

– Um diese Vorgaben zu erfüllen, sollte die Kontaktkraft des Stromabnehmers zwischen 40 N und 120 N für AC-Anlagen und zwischen 50 N und 150 N für DC-Anlagen einstellbar sein.

– Die *Massen der Schleifstücke* sollten so klein wie möglich sein, um ein optimales dynamisches Verhalten zu erreichen.

– Die *modale Masse* sollte innerhalb eines relativ engen Bereiches zwischen 4 und 30 Ns²/m liegen und keine frequenzabhängigen, ausgeprägten Spitzen haben.

– Gemäß [10.38] sind Stromabnehmer mit einer *automatischen Absenkeinrichtung* zu versehen, welche den Stromabnehmer im Falle eines Schadens absenkt (siehe DIN EN 50 206-1). Der Bericht [10.71] beschreibt eine solche Einrichtung.

Tabelle 10.16: Kontaktkraft (N) nach DIN EN 50 119.

System	Geschwindigkeit km/h	Kontaktkraft Maximum	Kontaktkraft Minimum
AC	≤ 200	300	positiv
AC	> 200	350	positiv
DC	≤ 200	300	positiv
DC	> 200	400	positiv

10.9.4 Vorgaben für das Zusammenwirken

Das *Zusammenwirken von Stromabnehmern* mit einer *Oberleitung* lässt sich insbesondere anhand der Kontaktkräfte und des Anhubs bewerten. Hinsichtlich des Anhubs gibt die TSI für das Teilsystem Energie [10.13] vor, dass die vertikale Höhe des Kontaktpunktes über dem Gleis so gleichförmig wie möglich längs der Spannweite sein und die größte Differenz zwischen dem höchsten und dem niedrigsten dynamischen Kontaktpunkt innerhalb eines Feldes kleiner ist als die in der Tabelle 10.10 gezeigten Werte. Dies gilt für die höchste Fahrgeschwindigkeit und einen Stromabnehmer, der mittlere Kontaktkräfte gemäß Tabelle 10.9 ausübt. Obwohl weder DIN EN 50 119 noch die TSI für das Teilsystem Energie Grenzwerte für den Anhub vorgeben, sollte dieser nicht überschreiten:

– 100 mm für den Betrieb mit einem Stromabnehmer und den voraus laufenden Stromabnehmer bei mehr Mehrstromabnehmerbetrieb und
– 120 mm für die nachlaufenden Stromabnehmer von Zügen mit mehreren Stromabnehmern.

Gemäß TSI Energie [10.13] und DIN EN 50 367 kann das Zusammenwirken der Oberleitungen und der Stromabnehmer anhand der mittleren Kontaktkraft in Verbindung mit der Standardabweichung oder anhand des prozentualen Anteils von *Lichtbögen* beurteilt werden. In den Tabellen 10.8 und 10.9 sind die Anforderungen angegeben.

Hinsichtlich der Kontaktkräfte gibt die Deutsche Bahn vor, dass für Oberleitungen die Abhängigkeit zwischen Standardabweichung und Geschwindigkeit nach Bild 10.59 eingehalten wird. Die in der Tabelle 10.15 angegebenen Werte sind aus diesem Diagramm abgeleitet. Die Erfahrung hat gezeigt, dass diese Vorgaben zu einer guten Stromabnahmegüte führen.

Die Tabelle 10.16 zeigt die Kontaktkraftvorgaben gemäß DIN EN 50 119, Tabelle 9.4. Beim Vergleich der Kriterien gemäß den Tabellen 10.15 und 10.16 sind die unterschiedlichen Definitionen der Kontaktkräfte zu beachten. Zusätzlich zu den in der Tabelle 10.16 angegebenen Daten fordert DIN EN 50 119, dass der untere Wert der Kontaktkraft, der sich aus der mittleren Kontaktkraft abzüglich drei Standardabweichungen ergibt, positiv sein muss. Die Vorgaben der DB beziehen sich auf Messwerte an den Schleifstückauflagern, während DIN EN 50 119 Werte zwischen Fahrdraht und Schleifstücken vorgibt (siehe auch [10.41]). Die Übereinstimmung dieser Vorgaben kann durch Simulationsrechnungen nachgewiesen werden, wenn eine Anlage für die Energieübertragung auf die Fahrzeuge entworfen und empirisch durch Versuchsfahrten und Messungen gemäß DIN EN 50 317 bestätigt wird.

10.10 Literatur

10.1 *Harprecht, W.; Kießling, F.; Seifert, R.*: „406,9 km/h" Energieübertragung bei der Weltrekordfahrt des ICE. In: Elektrische Bahnen 86(1988)9, S. 268–289.

10.2 *Seifert, R.*: Der neue Oberleitungsmesswagen und seine messtechnischen Möglichkeiten zur Überprüfung des Energieübertragungssystems Oberleitung-Stromabnehmer. In: Elektrische Bahnen 81(1983)11, S. 341–343 und 12, S. 370–374.

10.3 *Resch, U.*: Simulation des dynamischen Verhaltens von Oberleitungen und Stromabnehmern bei hohen Geschwindigkeiten. In: Elektrische Bahnen 89(1991)11, S. 445–446.

10.4 *Dupuy, J.*: 380 km/h. In: Rails of the world (1981)8, S. 316–323.

10.5 *Buksch, R.*: Beitrag zum Verständnis des Schwingungsverhaltens eines Fahrdrahtkettenwerks. In: Wissenschaftliche Berichte AEG-Telefunken 52(1979)5, S. 250–262.

10.6 *Schwab, H.-J.; Ungvari, S.*: Entwicklung und Ausführung neuer Oberleitungssysteme. In: Elektrische Bahnen 104(2006)5, S. 137–145.

10.7 *Bauer, K.-H.; Buksch, R.; Lerner, F.; Mahrt, R.; Schneider, F.*: Dynamische Kriterien zur Auslegung von Fahrleitungen. In: ZEV-Glasers Annalen 103(1979)10, S. 365–370.

10.8 *Buksch, R.*: Theorie der Wechselwirkung von Fahrdrahtwellen mit angekoppelten mechanischen Systemen. In: Wissenschaftliche Berichte AEG-Telefunken 54(1981)3, S. 129–140 und 55(1982)12, S. 112–122.

10.9 *Beier, S.; Lerner, F.; Lichtenberg, A.; Spöhrer, W.*: Die Oberleitung der Deutschen Bundesbahn für ihre Neubaustrecken. In: Elektrische Bahnen 80(1982)4, S. 119–125.

10.10 *N. N.*: Die Regelfahrleitungen der Deutschen Bundesbahn. In: Elektrische Bahnen 77(1979)6, S. 175–180 und 7, S. 207–208.

10.11 *Buksch, R.*: Eigenschwingungen eines Fahrleitungs-Kettenwerks. In: Wissenschaftliche Berichte AEG-Telefunken 53(1980)4/5, S. 186–199.

10.12 *Entscheidung 2002/733/EG*: Technische Spezifikation für die Interoperabilität des Teilsystems Energie des transeuropäischen Hochgeschwindigkeitsbahnsystems. In: Amtsblatt der Europäischen Gemeinschaften, Nr. L245 (2002), S. 280–369.

10.13 *Beschluss 2011/274/EU*: Technische Spezifikation für die Interoperabilität des Teilsystems Energie des konventionellen transeuropäischen Eisenbahnsystems. In: Amtsblatt der Europäischen Union, Nr. L126 (2011), S. 1–52.

10.14 *Brodkorb, A.; Semrau, M.*: Simulationsmodell des Systems Oberleitungskettenwerk und Stromabnehmer. In: Elektrische Bahnen 91(1993)4, S. 105–113.

10.15 *Kießling, F. u. a.*: Contact lines for electric Railways. Verlag Publicis Publishing, Erlangen, 2. Auflage 2009.

10.16 *Bartels, S.; Herbert, W.; Seifert, R.*: Hochgeschwindigkeitsstromabnehmer für den ICE. In: Elektrische Bahnen 89(1991)11, S. 436–441.

10.17 *Reichmann, T.*: Simulation des Systems Oberleitungskettenwerk und Stromabnehmer mit der Finite-Elemente-Methode. In: Elektrische Bahnen 103(2005)1-2, S. 69–75.

10.18 *Renger, A.*: Dynamische Analyse des Systems Stromabnehmer und Oberleitungskettenwerk. Abschlussbericht Kombinat Lokomotivbau – Elektrotechnische Werke, Henningsdorf, 1987.

10.19 *Nowak, B.; Link, M.*: Zur Optimierung der dynamischen Parameter des ICE-Stromabnehmers durch Simulation der Fahrdynamik. VDI-Bericht Nr. 635, S. 147—166, Berlin—Offebach, (1987).

10.20 *Buck, K. E.; von Bodisco, V.; Winkler, K.*: Berechnung der statischen Elastizität beliebiger Oberleitungskettenwerke. In: Elektrische Bahnen 89(1991)11, S. 510–511.

10.21 *Bianchi, C.; Tacci, G.; Vandi, A.*: Studio dell'interazione dinamica pantografi – catenaria con programma di simulazione agli elementi finiti (Untersuchung des Zusammenwirkens von Stromabnehmer und Oberleitung mit der Simulation mit finiten Elementen). In: Sciena e tecnica (1991)11, S. 647–667.

10.22 *Hobbs, A. E. W.*: Accurate prediction of overhead line behaviour. In: Railway Gazette International (1977)9, S. 339–343.

10.23 *Ungvari, S.; Paul, G.*: Oberleitungsbauart Sicat H1.0 für die Hochgeschwindigkeitsstrecke Köln–Rhein/Main. In: Elektrische Bahnen 96(1998)7, S. 236–242.

10.24 *Kießling, F. u. a.*: Die neue Hochleistungsoberleitung Bauart Re 330 der Deutschen Bahn. In: Elektrische Bahnen 92(1994)8, S. 234–240.

10.25 *Bauer, K.-H.*: Die neue Oberleitungsbauart Re 250 der Deutschen Bundesbahn für hohe Geschwindigkeiten. In: Eisenbahntechnische Rundschau 35(1986) S. 593–597.

10.26 *Link, M.*: Zur Berechnung von Fahrleitungsschwingungen mit Hilfe frequenzabhängiger finiter Elemente. In: Ingenieur-Archiv 51(1981), S. 45–60.

10.27 *Reichmann, T.; Raubold, J.*: Triebfahrzeugzulassung mit Hilfe der Simulation Fahrdraht/Stromabnehmer. In: Elektrische Bahnen 109(2011)4-5, S. 225–230.

10.28 *Poetsch, G.; Baldauf, W.; Schulze, T.*: Simulation der Wechselwirkung zwischen Stromabnehmer und Oberleitung. In: Elektrische Bahnen 99(2001)9, S. 386–392.

10.29 *Baldauf, W.; Kolbe, M.; Krötz, W.*: Geregelter Stromabnehmer für Hochgeschwindigkeitsanwendungen. In: Elektrische Bahnen 103(2005)4-5, S. 225–230.

10.30 *Dorenberg, O.*: Versuche der Deutschen Bundesbahn zur Entwicklung einer Fahrleitung für sehr hohe Geschwindigkeiten. In: Elektrische Bahnen 63(1965)6, S. 148–155.

10.31 *Heigl, H.*: Messeinrichtungen zur Registrierung von Kontaktunterbrechungen zwischen Fahrdraht und Stromabnehmer. In: Elektrische Bahnen 63(1965)7, S. 171–174.

10.32 *Fischer, W.*: Kettenwerk und Stromabnehmer bei hohen Zuggeschwindigkeiten. In: ZEV – Glasers Annalen 101(1977)5, S. 142–147.

10.33 *König, A.; Resch, U.*: Numerische Simulation des Systems Stromabnehmer – Oberleitungskettenwerk. In: e&i 111(1994)4, S. 473–476.

10.34 *Ostermeyer, M.; Dörfler, E.*: Die Messung der Kontaktkräfte zwischen Fahrdraht und Schleifleisten. In: Elektrische Bahnen 80(1982)2, S. 47–52.

10.35 *Bethge, W.; Seifert, R.*: Messtechnische Möglichkeiten der DB zur Erprobung von Fahrleitungssystemen für 250 km/h. In: ETR-Eisenbahntechnische Rundschau 25(1976)3, S. 162–171.

10.36 *Kurzweil, F.; Streimelweger, K.; Hofbauer, G.*: Oberleitung der ÖBB für hohe Geschwindigkeiten – Konformitätsbewertung. In: Elektrische Bahnen 103(2005)9, S. 442–449.

10.37 *Zimmert, G.*: Dynamisches Verhalten der Oberleitung für 350 km/h auf der neuen Strecke Wuhan–Guangzhou. In: Elektrische Bahnen 108(2010)9, S. 147–155.

10.38 *Entscheidung 2008/232/EG*: Technische Spezifikation für die Interoperabilität des Teilsystems Fahrzeuge des transeuropäischen Hochgeschwindigkeitsbahnsystems. In: Amtsblatt der europäischen Union, Nr. L84 (2008), S. 1–105.

10.39 *Kluzowski, B.*: Einrichtung zur Messung der Kontaktkraft zwischen Fahrdraht und Stromabnehmer. In: Elektrische Bahnen 74(1976)5, S. 112–114.

10.40 *UIC Kodex 608*: Conditions to be complied with for the pantographs of tractive units used on international services. UIC, Paris, 2nd edition, 1989.

10.41 *Koss, G.-R.; Kunz, A.; Resch, U.*: Bewertung der Kontaktkraftmessungen an Stromabnehmern. In: Elektrische Bahnen 103(2005)7, S. 332–337.

10.42 *Puschmann, R.; Wehrhahn, D.*: Fahrdrahtlagemessung mit Ultraschall. In: Elektrische Bahnen 109(2011)7, S. 323–330.

10.43 *Deml, J.; Baldauf, W.*: Prüfstand zur Untersuchung des Zusammenwirkens Stromabnehmer und Oberleitung. In: Elektrische Bahnen 100(2002)5, S. 178–181.

10.44 *Bauer, K.-H.; Kießling, F.; Seifert, R.*: Einfluss der Konstruktionsparameter auf die Befahrung einer Oberleitung für hohe Geschwindigkeiten – Theorie und Versuch. In: Elektrische Bahnen 87(1989)10, S. 269–279.

10.45 *Ebeling, H.*: Stromabnahme bei hohen Geschwindigkeiten – Probleme der Fahrleitungen und Stromabnehmer. In: Elektrische Bahnen 67(1969)2, S. 26–39 und 3, S. 60–66.

10.46 *Bauer, K.-H.; Kießling, F.; Seifert, R.*: Weiterentwicklung der Oberleitungen für höhere Fahrgeschwindigkeiten. In: Eisenbahntechnische Rundschau 38(1989)1-2, S. 59–66.

10.47 *Bauer, K.-H.; Koch, K.*: Von der Versuchsoberleitung zur Regeloberleitung Re 250. In: Die Bundesbahn 62(1986) S. 423–426.

10.48 *Bauer, K.-H.; Reinold, K.*: Die Fahrleitung Re 250 für Neubaustrecken. In: Elsners Taschenbuch der Eisenbahntechnik (1980) S. 199–216.

10.49 *Bauer, K.-H.; Kießling, F.*: Die Regeloberleitung in den Tunneln der Neubaustrecken der DB. In: Eisenbahntechnische Rundschau 36(1987)11, S. 719–728.

10.50 *Bauer, K.-H.; Seifert, R.*: Erprobung der Hochgeschwindigkeitsoberleitung Re 250 der Deutschen Bundesbahn. In: Elektrische Bahnen 89(1991)11, S. 424–425.

10.51 *Ortiz, J. M. G. u. a.*: Elektrifizierung der Hochgeschwindigkeitsstrecke Madrid–Lerida. In: Elektrische Bahnen 100(2002)12, S. 466–472.

10.52 *Zöller, H.*: Entwicklung der Stromabnehmer der Triebfahrzeuge der Deutschen Bundesbahn. In: Elektrische Bahnen 49(1978)7, S. 168–175.

10.53 *Bartels, S.*: Versuchsstromabnehmer für den ICE. In: Elektrische Bahnen 86(1988)9, S. 290–296.

10.54 *Blaschko, R.; Jäger, K.*: Hochgeschwindigkeits-Stromabnehmer für den ICE 3. In: Elektrische Bahnen 98(200)9, S. 332–338.

10.55 *Ikeda, K., u. a.*: Development of the new copper alloy trolley wire. In: Sumitomo Electric Technical Review 39(1995)1, S. 24–28.

10.56 *Nibler, H.*: Fahrleitung aus Heimstoffen für elektrischen Hauptbahnbetrieb. In: Elektrische Bahnen 39(1941)10, S. 186–191, 39(1941)12, S. 258–259 und 40(1942)1, S. 12–16.

10.57 *Nagasawa, H.*: Verwendung von Verbundwerkstoffen für Fahrleitungen. In: Elektrische Bahnen 90(1992)3, S. 92–96.

10.58 *Kasperowski, O.*: Kontaktwerkstoffe für Stromabnehmer elektrischer Fahrzeuge. In: Elektrische Bahnen 34(1963)8, S. 170–182.

10.59 *Hinkelbein, A.*: Der Fahrdrahtverschleiß und seine Ursachen. In: Elektrische Bahnen 40(1969)9, S. 210–213.

10.60 *Becker, K.; Resch, U.; Zweig, B.-W.*: Optimierung von Hochgeschwindigkeitsoberleitungen. In: Elektrische Bahnen 92(1994)9, S. 243–248.

10.61 *Becker, K.; Resch, U.; Rukwied, A.; Zweig, B.-W.*: Lebensdauermodellierung von Oberleitungen. In: Elektrische Bahnen 94(1996)11, S. 329–336.

10.62 *Borgwardt, H.*: Verschleißverhalten des Fahrdrahtes der Regeloberleitung der Deutschen Bundesbahn. In: Elektrische Bahnen 87(1989)10, S. 287–295.

10.63 *Nagasaka, S.; Aboshi, M.*: Measurement and estimation of contact wire uneveness. In: QR of RTRI Band 45, Nr. 2, Mai 2004, S. 86–91.

10.64 *Rux, M.; Schmieder, A.; Zweig, B.-W.*: Qualitätsgerechte Fertigung und Montage hochfester Fahrdrähte. In: Elektrische Bahnen 105(2007)4-5, S. 269–275.

10.65 *Schmidt, H.; Schmieder, A.*: Stromabnahme im Hochgeschwindigkeitsverkehr. In: Elektrische Bahnen 103(2005)4-5, S. 231–236.

10.66 *Ikeda, M.; Uzuka, T.*: Interaction of pantographs and contact lines at Shinkansen. In: Elektrische Bahnen 109(2011)9, S. 338–343.

10.67 *Behrends, D.; Vega, T.*: Assessment of interoperable overhead contact line system EAC 350. In: Elektrische Bahnen 103(2005)4-5, S. 237–241.

10.68 *N. N.*: Record-smashing run completes TGV speed trials. In: Railway Gazette International (1990)7, S. 515–517.

10.69 *N. N.*: Hochgeschwindigkeitsverkehr in Frankreich. In: Elektrische Bahnen 100(2002)1-2, S. 61–67.

10.70 *N. N.*: Rekord auf Schienen: 574,8 km/h. In: Elektrische Bahnen 105(2007)3, S. 173.

10.71 *Landwehr, B.*: Automatische Senkeinrichtung für Stromabnehmer. In: Elektrische Bahnen 100(2002)9, S. 172–177.

10.72 *Auditeau, G.; Avronsart, S.; Courtois, C.; Krötz, M.*: Carbon Contact strip materials – Testing of wear. In: Elektrische Bahnen 111(2013)3, S. 186–195.

11 Bauteile und Baugruppen

11.0 Symbole und deren Bedeutung

Symbol	Bezeichnung	Einheit
E	Elastizitätsmodul	kN/mm^2
F_z	Zugkraft	N
H	Leiterzugkraft	N
L	Länge Seilschlaufe	mm
M_t	Anziehdrehmoment	Nm
SO	Schienenoberkante	–
T	Leiterzugkraft	N
TS	Tragseil	–
W	Kraft der Gewichte	N
a	Amplitude	mm
c	spezifische Wärme	Ws/(kg K)
h	Stromschienenhöhe	mm
l	kleinste vorgegebene Länge	mm
$m'_{\min(\max)}$	minimaler (maximaler) Massebelag	kg/m
n	Losgröße	–
p	Anzahl Prüflinge	–
r	Übersetzungsverhältnis der Nachspanneinrichtung	–
α	Thermischer Ausdehnungskoeffizient	K^{-1}
α_R	Widerstandskoeffizient	K^{-1}
γ	spezifische Masse	kg/dm^3
κ_{20}	Mindestleitfähigkeit	S m/mm^2
λ	Koeffizient der thermischen Leitfähigkeit	W/(K m)
λ_c	thermische Leitfähigkeit	W/(K · m)
ϱ_{20}	Widerstand	Ωmm^2/m
σ	Zugfestigkeit	N/mm^2
$\sigma_{\min}$	Mindestzugfestigkeit	MPa

11.1 Gliederung der Oberleitungsanlagen

11.1.1 Struktur

Oberleitungsanlagen können nach Bild 11.1 in die *Hauptfunktionsgruppen*
- Gründungen,
- Masten und Hängesäulen,
- Quertrageinrichtung,
- Oberleitung,

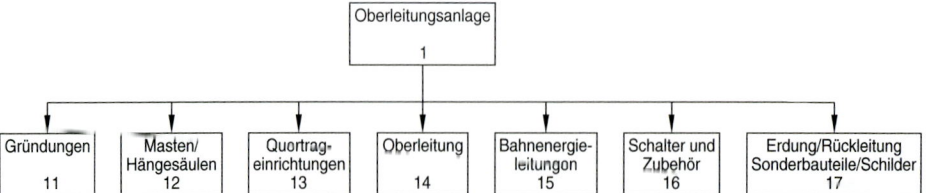

Bild 11.1: Hauptfunktionsgruppen in der Oberleitungsanlage.

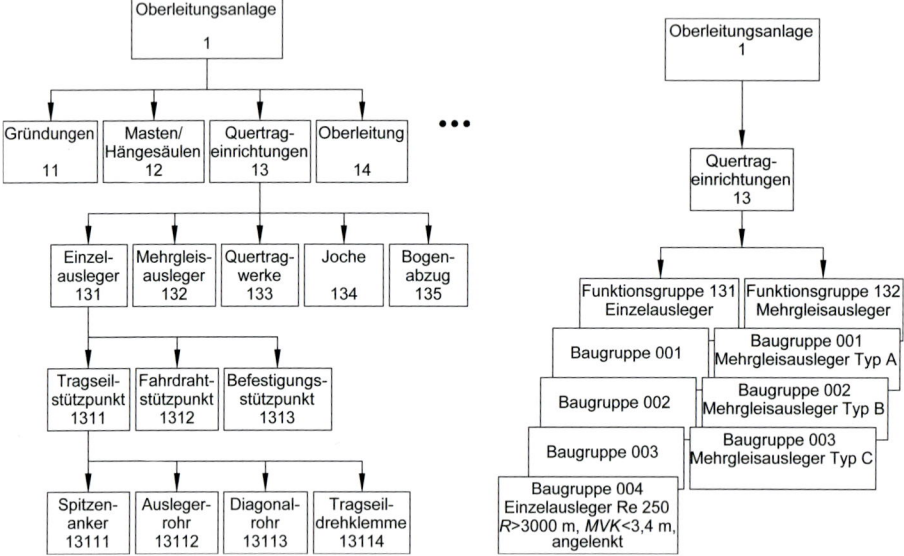

Bild 11.2: Auszug der zweidimensionalen Funktionsgruppenstruktur.

Bild 11.3: Dreidimensionale Funktionsgruppenordnung mit Funktionsbaugruppen.

- Bahnenergieleitungen,
- Schalter und Zubehör und
- Erdung, Rückleitung, Sonderbauteile, Schilder.

unterteilt werden. Die Unterteilung dient als Übersicht über die Oberleitungsanlage und als Grundlage für die Oberleitungsplanung und Montage. Jede Hauptbaugruppe besteht aus mehreren Funktionsgruppen. Im Bild 11.2 ist dies am Beispiel der Hauptfunktionsgruppe Oberleitungstrageinrichtungen dargestellt. Dazu gehören die fünf Funktionsgruppen:

- Einzelausleger
- Mehrgleisausleger
- Quertragwerke
- Joche
- Bogenabzüge

11.1 Gliederung der Oberleitungsanlagen

Tabelle 11.1: Normen für die Herstellung von Bauteilen, siehe auch Anhang.

Bauteil	Normen für die Herstellung
Masten und Gründungen	DIN EN 1992, DIN EN 1993, DIN EN 12 843, DIN EN 10 025, DIN EN 10 204, DIN EN 61 773, DIN EN 1997, DIN EN ISO 14 688-1, DIN EN ISO 14 689-1
Fahrdrähte	DIN EN 50 149
Seile	IEC 61 089, DIN EN 50 182, DIN EN 50 183, DIN EN 50 189, DIN EN 50 326, DIN EN 50 345, DIN EN 60 889, DIN EN 61 232, DIN 48 200-1, DIN 48 200-2, DIN 43 138
Stromschienen	DIN 17 122, DIN 50 142
Isolatoren	DIN EN 60 383-1/-2, DIN EN 60 672-1/-2/-3, DIN EN 50 151, DIN EN 61 109, DIN EN 60 305, DIN EN 61 952, DIN EN 60 168, DIN EN 60 660, DIN IEC 60 273, DIN EN 60 433, DIN EN 60 437, IEC/TR2 61 245, DIN EN 61 325
Armaturen	DIN EN 50 119, DIN EN 50 122, DIN EN 50 123, DIN EN 50 124, DIN EN 50 152, DIN EN 60 099, DIN EN 61 284
Streckentrenner	DIN EN 50 119
Trennschalter	DIN EN 50 119, DIN EN 50 152-2, DIN EN 50 123-4, DIN EN 62 271-102/-103

Abhängig von der jeweiligen Anwendung werden die erforderlichen Funktionen den einzelnen Baugruppen zugewiesen. So besteht ein Ausleger, der der Funktionsgruppe Quertrageinrichtungen angehört, aus mehreren Baugruppen; für den Einzelausleger sind das der Tragseilstützpunkt, der Fahrdrahtstützpunkt und der Befestigungsstützpunkt. Die einzelnen Baugruppen bestehen ihrerseits aus den dazugehörigen Bauteilen. Für das Beispiel des Tragseilstützpunktes sind dies

– der Spitzenanker,
– das Auslegerrohr,
– das Diagonalrohr und
– die Tragseildrehklemme.

Die Gruppenstruktur bildet die Grundlage für die Materialauswahl mit Computerprogrammen während der Planung. Die Materialwirtschaft auf der Baustelle und bei der Instandhaltung kann auf dieser Struktur ebenfalls aufbauen.

11.1.2 Allgemeine Anforderungen

Für jede Baugruppe gibt es eine Stückliste, die alle Bauteile erfasst und Verweise auf Einzelteilzeichnungen enthält. Für die in diesem Fachbuch beschriebenen *Fahrleitungsbauarten* stehen einige tausend Einzelteile zur Verfügung. Übliche Kataloge für Fahrleitungsmaterial [11.1] enthalten rund 1 000 Baugruppen und -teile. Die folgenden Abschnitte enthalten Beschreibungen häufig benutzter Bauteile.

Anforderungen und Prüfvorgaben für Fahrleitungsbauteile unter den Bedingungen des elektrischen Bahnbetriebs sind im Kapitel 7 der DIN EN 50 119 und den dort genannten Produktnormen für Isolatoren, Trennschalter, Fahrdrähte usw. enthalten (Tabelle 11.1). Montage, Inspektion und Austausch der Baugruppen und -teile erfordern überwiegend Unterbrechungen des Bahnbetriebs, Freischaltungen und Erdungen der Fahrleitungsanlage sowie den Einsatz von Montagegeräten. Die Bauteile sollen deshalb eine lange

Tabelle 11.2: Physikalische Eigenschaften von Werkstoffen in Fahrleitungsanlagen.

Eigenschaft	Einheit	Stromschienen Al	Stromschienen Stahl	Schiene Stahl	Beton C45/55	Quelle
Zugfestigkeit σ	N/mm^2	240	290	700 ... 1080	55	[11.2] DIN 17122
Elastizitätsmodul E	kN/mm^2	70	210		30	[11.2] [11.3]
Thermischer Ausgehnungskoeffizient α	$10^{-6}\,\mathrm{K}^{-1}$	23,1	12	11,7	10 ... 14	[11.2] DIN 17122, [11.3]
Widerstandskoeffizient α_R	$10^{-3}\,\mathrm{K}^{-1}$	3,82	5	4,7		[11.2], DIN 17122 [11.4]
Widerstand ϱ_{20}	$\Omega\mathrm{mm}^2/\mathrm{m}$	0,03268	0,1206	0,207 0,228	$150\cdot10^{6}$ $^{1)}$ $2\cdot10^{9}$ $^{2)}$	[11.2], DIN 17122 [11.5] [11.6]
Leitfähigkeit κ_{20}	S m/mm^2	30,6	8,29	4,83		[11.2], DIN 17122 [11.5]
Spezifische Masse γ	kg/dm^3	2,7	7,87	7,9	2,2 ... 2,5	
Spezifische Wärme c	Ws/(kg K)	920	470	477	880	[11.2], DIN 17122 [11.7] [11.3]
Koeffizient der thermischen Leitfähigkeit λ	W/(K m)	199	72	≈ 50	0,8 ... 1,8	[11.2] [11.3] [11.3]

$^{1)}$ in feuchtem Boden $^{2)}$ in Luft

Lebensdauer erreichen, die möglichst der Auslegungsdauer der Anlage entspricht. Sie sollten wartungsfrei und instandhaltungsarm sein. Fahrdrähte und die Gleitkufen der Streckentrenner verschleißen während des Betriebes und sind nach dem Erreichen der Grenzwerte zu wechseln. Einige wenige Teile in älteren Streckentrennern, Schalterantrieben und Nachspanneinrichtungen sind zu fetten.

Nach DIN EN 50 119, Abschnitt 7.1.2, sind alle Bauteile mit einem Kennzeichen des Herstellers und einer Bezeichnung des Bauteils zu versehen.

Bauteile aus Stahlwerkstoffen benötigen einen Oberflächenschutz, dessen Ausführung von den örtlichen Umweltbedingungen abhängt. Für Bauteile aus korrosionsbeständigen Werkstoffen ist ein solcher Oberflächenschutz nicht erforderlich. Ein zusätzlicher Schutz ist auch für die feuerverzinkten Drähte von Verbundleitern vorzusehen, z. B. Fetten.

Klemmenverbinder und andere Bauteile dürfen keine *Bimetallkorrosion* mit dem Leiter, mit dem sie in Kontakt sind, hervorrufen. Dabei sind insbesondere Wasserrückstände durch konstruktive Ausbildung der Klemmen zu vermeiden, um auch Schäden während der Frostperioden auszuschließen. Bei der Auswahl der Werkstoffe ist auf die Möglichkeit einer *Spannungsrisskorrosion* zu achten.

Bauteile und -gruppen einer Fahrleitungsanlage müssen ausreichende mechanische und elektrische Festigkeiten aufweisen. Die Kenntnis der physikalischen Eigenschaften des

11.2 Oberleitungen

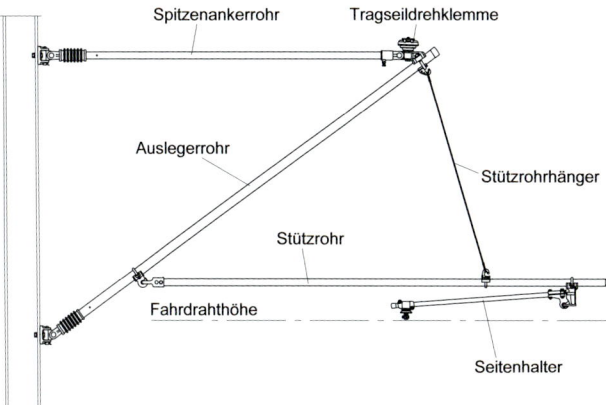

Bild 11.4: Ausführung eines Nahverkehrsauslegers mit umgelenktem Fahrdrahtstützpunkt und einer isolierten am Auslegerrohr verschiebbaren Tragseildrehklemme.

verwendeten Werkstoffes ist deswegen für das Bemessen von Fahrleitungsanlagen unerlässlich. In den Tabellen 11.2 bis 11.6 sind deshalb physikalische Kenngrößen von Werkstoffen als Grundlage für die Konstruktion von Fahrleitungsanlagen aufgelistet.

11.2 Oberleitungen

11.2.1 Quertrageinrichtungen

11.2.1.1 Rohrschwenkausleger

Anwendung, Funktion und konstruktive Ausführung
Aufgaben und Anforderungen finden sich im Abschnitt 3.3. *Rohrschwenkausleger* folgen den temperaturbedingten Längswanderungen des Tragseils und Fahrdrahtes und werden für voll nachgespannte Oberleitungen verwendet. Sie können bestehen aus:
– Stahlrohren mit Bauteilen aus Temperguss
– Aluminiumrohren mit Bauteilen aus Aluminiumlegierungen
– Edelstahlrohren mit Bauteilen aus Stahl oder Aluminiumlegierungen
– GFK-Rohren oder -stäben mit Bauteilen aus Kupfer- oder Aluminiumlegierungen

Letztere Ausführung ist vor allem im Nahverkehr bei Nennspannungen bis 1,5 kV üblich, wobei die GFK-Materialien auch als Isolation wirken.

Bild 11.4 zeigt einen Rohrschwenkausleger wie er im Nahverkehr Anwendung findet. Der Ausleger kann in einen Fahrdraht- und einen Tragseilstützpunkt geteilt werden (Bild 11.4). Der *Fahrdrahtstützpunkt* umfasst das Stützrohr, den Abzughalter, den Seitenhalter mit Fahrdrahtklemme, die Windsicherung und den Stützrohrhänger oder die Stützrohrstrebe. Es lassen sich *angelenkte Stützpunkte* mit Fahrdrahtseitenlage zum Mast oder zur Hängesäule (Bild 11.4 a)) und *umgelenkte Stützpunkte* mit entgegengesetzter Fahrdrahtseitenlage (Bild 11.4 b)) unterscheiden.

Zum *Tragseilstützpunkt* gehören das Auslegerrohr, der Spitzenanker, die Tragseildrehklemme und das Diagonalrohr, wenn ein solches vorhanden ist. Bei Hochgeschwindigkeitsoberleitungen setzt man häufig Spitzenanker aus einem Rohr, genannt *Spitzenrohr*,

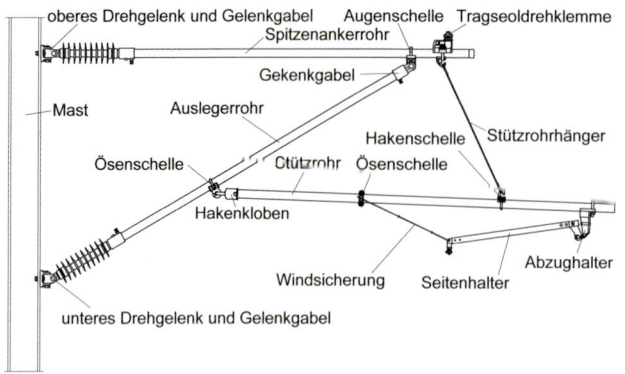

Bild 11.5: Fernverkehrsausleger mit einer am Spitzenrohr verschiebbarer Tragseildrehklemme.

a)

b)

Bild 11.6: Drehgelenk (a) und Gelenkgabel (b).

ein. Im Vergleich zum Seilspitzenanker erhöht dies die Kurzschlussfestigkeit. Auf dem Spitzenrohr waagrecht verschiebbare Tragseildrehklemmen (Bild 11.5) ermöglichen die Nachregulierung der Tragseilseitenlage unabhängig von der Systemhöhe.

Anordnung und Gestaltung der Bauteile

Die Bilder 11.4 und 11.5 enthalten die Bezeichnungen und die Einbauorte der Auslegerbauteile. Über Drehgelenke (Bild 11.6 a)) sind die Ausleger horizontal drehbar an den Masten, Hängesäulen oder Wänden befestigt. Isolatoren (Abschnitt 11.2.6) mit Augen- und Rohrkappen (Bild 11.7) verbinden die Drehgelenke mit dem Auslegerrohr und dem Spitzenrohr. Das Auslegerrohr ist in der nicht verschiebbaren Tragseildrehklemme (Bild 11.8 a)) direkt befestigt. Die in Bild 11.6 b) gezeigte *Gelenkgabel* verbindet das Spitzenrohr mit der nicht verschiebbaren *Tragseildrehklemme*. Beim Seilspitzenanker stellen *Keilendklemmen* den Anschluss zum Isolator und zur Tragseildrehklemme her. Bei Verwendung von verschiebbaren Tragseildrehklemmen (Bilder 11.5, 11.8 a) und b)) sind das Ausleger- und Spitzenrohr über ein Gelenkgabel und eine Augenschelle miteinander verbunden (Bild 11.5).

11.2 Oberleitungen

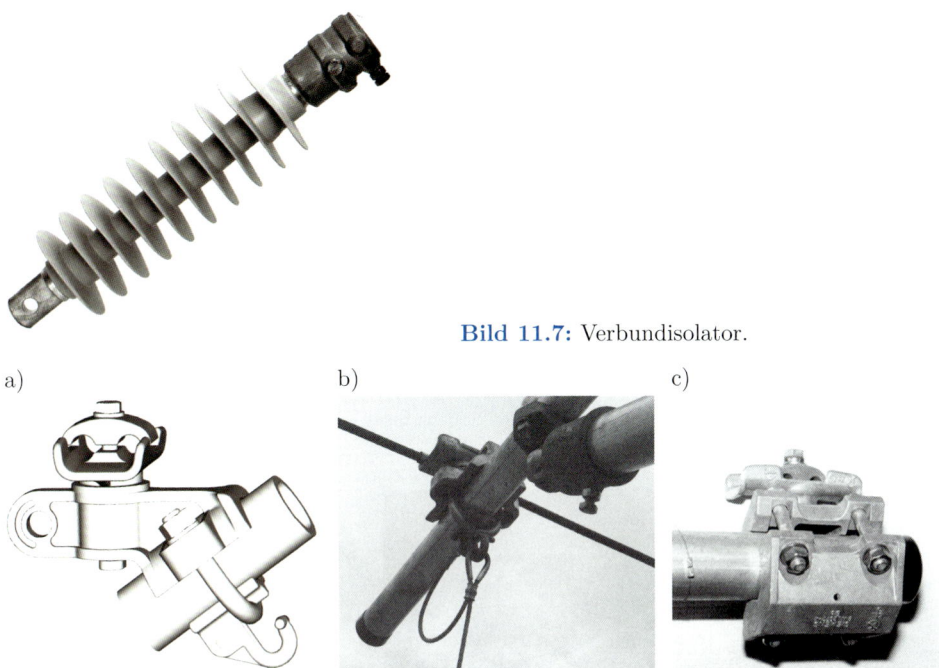

Bild 11.7: Verbundisolator.

Bild 11.8: Tragseildrehklemmen. a) am Auslegerrohr, b und c) am Spitzenrohr verschiebbar

Tragseildrehklemmen (Bild 11.8) tragen das Tragseil am Rohrschwenkausleger. Sie erlauben dem Tragseil eine Ausrichtung parallel zur Gleisachse unabhängig von der Auslegerstellung. Isolierte Tragseildrehklemmen stellen in Verbindung mit Isolatoren im Auslegerrohr und Spitzenanker sowie mit isolierenden Seitenhaltern eine doppelte Isolation in Nahverkehrsauslegern aus Aluminium oder Stahl her.

Ösenschelle und *Hakenkloben* (Bild 11.9 a) und b)) verbinden das Stützrohr vertikal und horizontal drehbar und für Regulierungszwecke verschiebbar mit den Auslegerrohr. Die Regulierbarkeit einer qualitätsgerecht geplanten und errichteten Oberleitung ist nicht erforderlich, wird aber von einzelnen Betreibern aufgrund von Veränderungen der Gleislage gefordert.

Das Stützrohr wird durch einen *Stützrohrhänger* gehalten, der über eine *Hakenschelle* (Bild 11.9 c)) und eine Hängerklemme am Y-Beiseil (Bild 11.5) oder über einen Haken an der Tragseildrehklemme (Bild 11.8) aufgehängt wird. Eine *Ösenschelle* (Bild 11.9 b)) befestigt die Windsicherung am Stützrohr.

Ein wesentliches Element des Fahrdrahtstützpunktes ist der *Seitenhalter* (Bild 11.10). Er ist über den Abzughalter am Stützrohr befestigt (Bild 11.11 a)), fixiert mit der Fahrdrahtklemme (Bild 11.11 b)) den Fahrdraht horizontal gegen Kräfte durch Wind und Radialkomponenten und führt ihn im Zickzack von Stützpunkt zu Stützpunkt. Für Doppelfahrdrähte sind Doppelabzughalter mit zwei Seitenhaltern im Einsatz (Bild 11.13). Abzughalter lassen sich zum Regulieren der Fahrdrahtseitenlage am Stützrohr

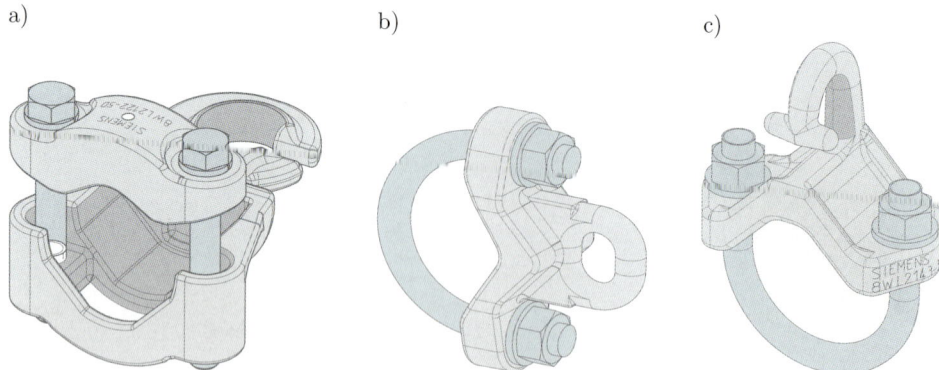

Bild 11.9: Auslegerarmaturen. a) Hakenkloben Sicat 8WL2122-6E, b) Ösenschelle Sicat 8WL2112-5H, c) Hakenschelle Sicat 8WL2148-6

Bild 11.10: Rohrschwenkausleger mit Leichtbauseitenhalter im Gleisbogen.

verschieben. Die *Fahrdrahtklemme* (Bild 11.11 b)) ist am *Drehbolzen* des Seitenhalters gesichert.
Um Punktmassen am Fahrdraht zu reduzieren, werden Leichtbauseitenhalter aus Aluminiumprofil eingesetzt, die Fahrdrahtseitenkräfte bis 2 000 N aufnehmen können [11.1]. An Nahverkehrsauslegern sind GFK-Seitenhalter üblich (Bild 11.12).
Der Seitenhalter kann sich bei Anhub des Fahrdrahtes in seinem Befestigungspunkt am Abzughalter drehen. Eine verstellbare Anhubbegrenzung zwischen Abzug- und Seitenhalter kann diese Bewegung beschränken und damit Kollisionen von Stromabnehmern mit Stützpunktbauteilen verhindern. Der Freiraum für den dynamischen Anhub muss nach DIN EN 50 119 ohne Anhubbegrenzung dem doppelten und mit Anhubbegrenzung dem 1,5fachen des im Normalbetrieb zu erwartenden Anhubes entsprechen. Die *Windsicherung* verhindert das Verdrehen von Stützrohr und Seitenhalter voneinander weg und sichert damit ebenfalls die Fahrdrahtlage bei Windeinwirkung. Sie wird z. B. bei der DB in geraden Strecken und Bögen mit Radien größer 1 200 m eingesetzt.

11.2 Oberleitungen

a) b)

Bild 11.11: Leichtbauseitenhalter. a) Abzugshalter, b) Fahrdrahtklemme mit Drehbolzen

Bild 11.12: GFK-Ausleger einer Nahverkehrsbahn.

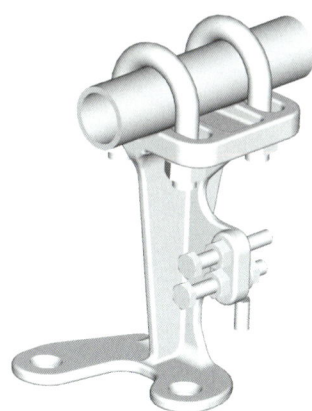
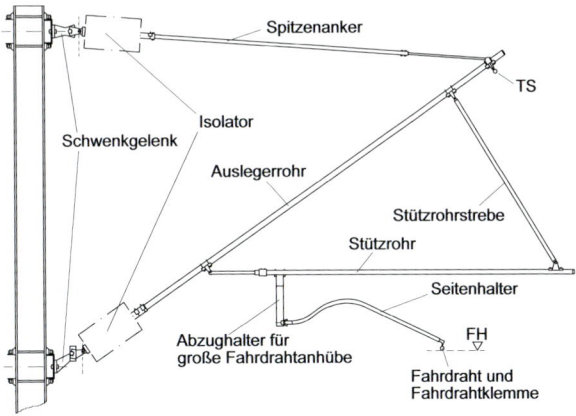

Bild 11.13: Abzughalter für zwei Seitenhalter.

Bild 11.14: Ausleger mit Stützrohrstrebe (siehe Abschnitt 13.4.2.1).

Bei Bauweisen mit langen Abzughaltern für Fahrdrahtanhübe größer 150 mm entsteht ein nach oben drehendes Moment, dem eine Druckstrebe zwischen Stützrohr und Auslegerrohr nach Bild 11.14 entgegenwirken kann.

Zur Führung von Kettenwerken unter niedrigen Brücken kann eine Verringerung der Systemhöhe erforderlich werden. Ein Beiseil übernimmt in diesen Abschnitten die Aufhängung und ein Hilfsstützrohr die Fixierung des Tragseils (Bild 11.15).

Bild 11.15: Ausleger in Kettenwerksabsenkungen mit Tragseilhilfstützpunkt.

Bild 11.16: Ausleger über zwei Gleise.

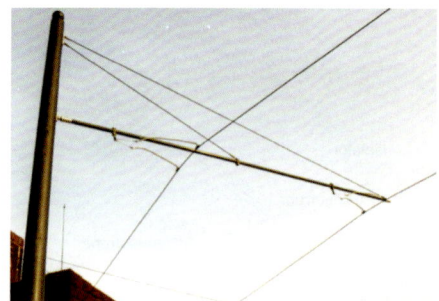 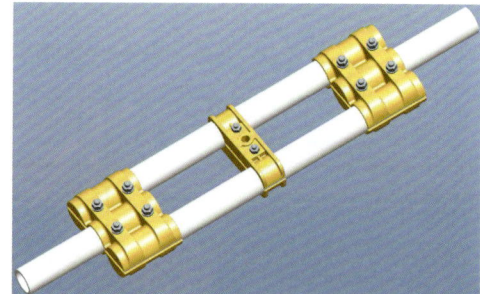

Bild 11.17: GFK-Ausleger im Nahverkehr.

Bild 11.18: Doppel- und Dreifachrohrschellen zum Verbinden von GFK-Profilen.

11.2.1.2 Ausleger über mehrere Gleise

Wenn nur auf einer Seite des Gleisbereiches Masten errichtet werden können, bieten sich Ausleger über mehrere Gleise an, auch *Mehrgleisausleger* genannt. Bei dem im Bild 11.16 dargestellten Beispiel wird eine Traverse aus zwei gegeneinander versteiften U-Profilen mit einem Ende gelenkig am Mast befestigt und mit Seilen zur Mastspitze verankert. Eine Hängesäule am gleisseitigen Traversenende trägt die Rohrschwenkausleger. Für Einfachfahrleitungen im Nahverkehr finden für Mehrgleisausleger Traversen aus einzelnen oder mehreren GFK-Rohren oder -stäben Verwendung (Bild 11.17). Die GFK-Profile werden über Doppel- und Dreifachrohrschellen verbunden (Bild 11.18).

11.2 Oberleitungen

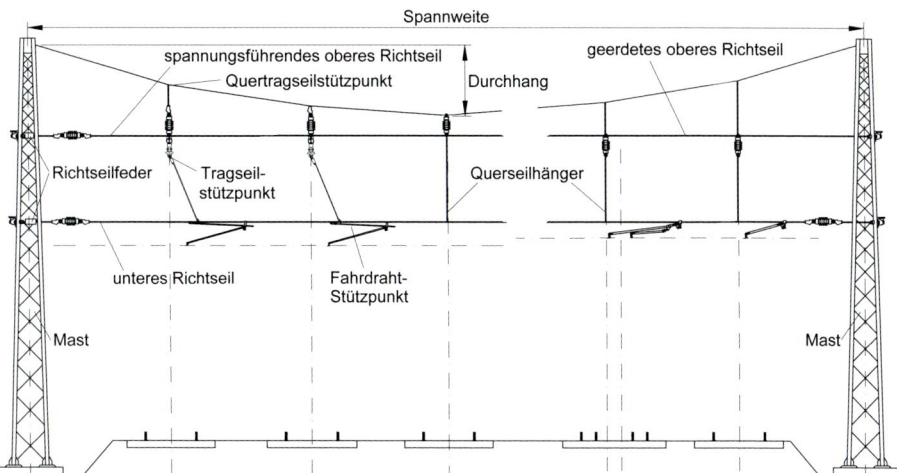

Bild 11.19: Flexibles Quertragwerk.

11.2.1.3 Flexible Quertragwerke

Für die Bespannung von Bahnanlagen mit mehr als zwei Gleisen sind flexible *Quertragwerke*, auch *Querfelder* genannt, wirtschaftlich, da sie nur zwei Masten neben der Gleisanlage erfordern. Die Grundlagen finden sich in Abschnitt 3.3.

Eine gleisnahe Positionierung der Masten infolge begrenzter Auslegerlänge oder ausreichend große Mastgassen zwischen den Gleisen wie bei der Einzelmastbauweise sind nicht notwendig. Die Querfelder sind üblicherweise bis 40 m, im Maximum bis 80 m lang. Querfelder erfordern bei großen Querspannweiten bis 16 m hohe Masten. Querfelder übertragen Bewegungen zwischen den einzelnen Kettenwerken beim Stromabnehmerdurchgang, was bei gleichzeitigen Zugfahrten auf mehreren Gleisen das Kontaktkraftverhalten verschlechtern kann. Schäden oder Instandhaltungsarbeiten an Querfeldern können zur Sperrung der Strecke führen. Deshalb verwenden einige Bahnverwaltungen diese für durchgehende Hauptgleise bei Neuanlagen nicht.

Das *Quertragseil* nimmt die vertikalen Kräfte der Oberleitungsstützpunkte über *Querseilhänger* auf (Bild 11.19). Die Anzahl der Quertragseile und ihr Querschnitt richten sich nach der auftretenden Belastung. Üblicherweise werden in Fernbahnanlagen mindestens zwei Quertragseile verwendet. Der Quertragseildurchhang beträgt 10 bis 15 % der Spannweite (siehe Abschnitt 13.4.3.2).

Das *obere Richtseil* nimmt die horizontalen Kräfte der Tragseilstützpunkte auf und hat meist Erdpotenzial. In den Gleisbögen wirken Seitenkräfte der Fahrdrähte und der Tragseile, die zu einer Schrägstellung der Isolatoren in Quertragwerken führen. Wegen der erforderlichen Mindestabstände zwischen oberem geerdeten Richtseil und den unter Spannung stehenden Isolatorkappen verwendet man bei Gleisradien unter 800 m spannungsführende obere Richtseile. Diese Bauweise erhöht den Bedarf an Isolatoren, da die Zwischenisolierung zur elektrischen Trennung der Längskettenwerke in einzelnen Schaltgruppen auch im oberen Richtseil eingebaut werden muss.

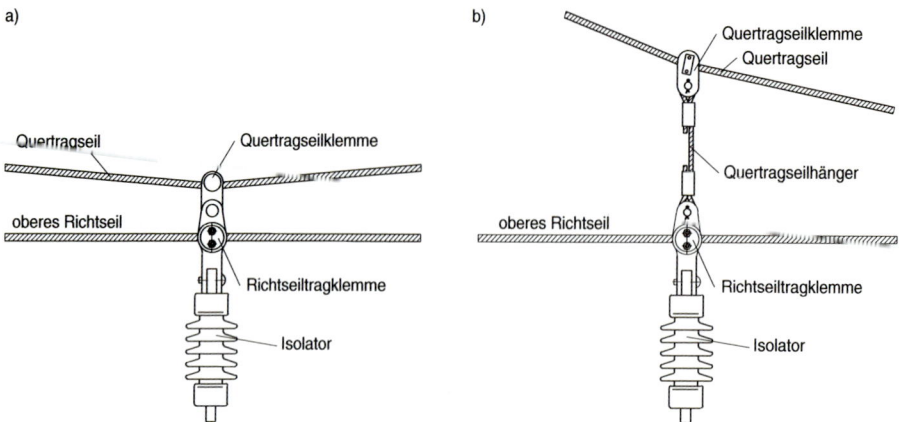

Bild 11.20: Quertragseilstützpunkt. a) Anordnung an einem geerdeten oberen Richtseil in Feldmitte, b) Anordnung an einem geerdeten oberen Richtseil außerhalb der Feldmitte

Das *untere Richtseil* nimmt die horizontalen Kräfte aus den Fahrdrähten auf. Richtseilfedern gleichen temperaturbedingte Längenänderungen in den Richtseilen aus. Eine genügend große Vorspannung in den Richtseilfedern kompensiert die Windkräfte und stellt sicher, dass die Kraft in einem Seilabschnitt nicht gegen Null gehen. Angaben zu Drähten und Seilen finden sich in den Abschnitten 11.2.2.2 bis 11.2.2.4.
Bei Quertragseilstützpunkten in Quertragwerkmitte und geerdetem oberen Richtseil ist die *Quertragseilklemme* direkt an der Richtseiltragklemme befestigt (Bild 11.20 a)). Wenn der Stützpunkt außerhalb der Mitte angeordnet ist, werden Hänger verwendet, um die Quertragseilklemme mit der Richtseiltragseilklemme zu verbinden (Bild 11.20 b)). Folgende Bauweisen für Querfelder werden verwendet:
Geerdetes oberes Richtseil:
 – Tragseilstützpunkt mit Hängeisolator bei geerdetem oberen Richtseil (Bild 11.21 a) bis c)) und
 – direkte Befestigung der Tragseilklemme am Isolator für Abstände bis 350 m vom Festpunkt (Bild 11.21 a))
 – Einbau einer Ausschwinglasche zwischen Tragseilklemme und Isolator im Bereich zwischen 350 m bis 500 m Abstand vom Festpunkt (Bild 11.21 b)) und
 – eine Führungsrolle am Tragseilstützpunkt bei Abständen über 500 m vom Festpunkt (Bild 11.21 c))

Spannungsführendes oberes Richtseil:
 – Tragseilstützpunkt ohne Isolator bei spannungsführendem oberen Richtseil (Bild 11.22) mit Zwischenisolation im oberen Richtseil
 – Einbau einer Ausschwinglasche zwischen Tragseil und Richtseil bis zu 250 m vom Festpunkt (Bild 11.22 a))
 – eine Führungsrolle am Tragseilstützpunkt bei Abständen größer 250 m vom Festpunktanker (Bild 11.22 b))

Diese Anordnungen berücksichtigen die Längenänderung des Tragseils.

11.2 Oberleitungen

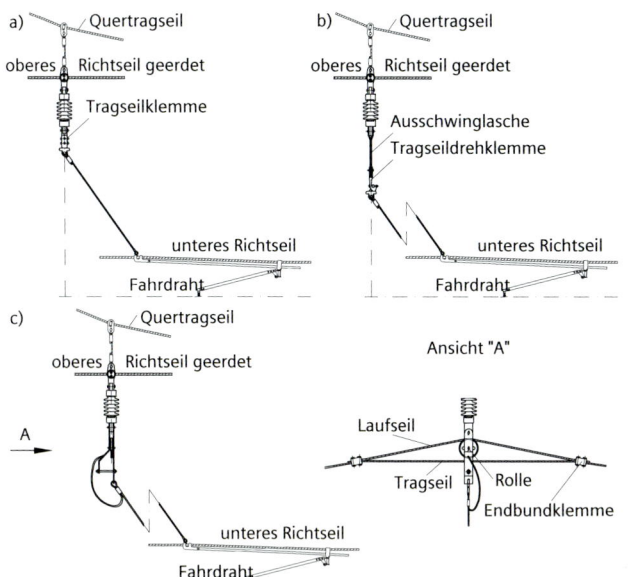

Bild 11.21: Tragseilstützpunkte bei geerdetem oberen Richtseil.
a) direkte Befestigung am Isolator
b) Befestigung über eine Lasche
c) Führung über Rollen

Für die *Fahrdrahtstützpunkte* in Querfeldern werden bei befahrenem Fahrdraht auf Zug belastete Seitenhalter verwendet (Bild 11.23).

Am *Festpunkt* im Quertragwerk dient das obere Richtseil zur Verankerung des Tragseiles, wie im Bild 11.22 c) dargestellt, wobei hierfür Isolatoren in Abspannlage verwendet werden. Z-Seile zwischen Fahrdraht und Tragseil auf beiden Seiten des Festpunktes verhindern, dass der Fahrdraht bei Änderung der Belastungsbedingungen zu einem Ende der Nachspannung wandert.

Anordnung und Gestaltung der Bauteile

Bild 11.23 zeigt schematisch die Einbauorte wichtiger Querfeldbauteile. Die *Quertragseilklemme* (Bild 11.24 a)) lässt sich auf zwei Querseile klemmen, wird je nach Bauweise über eine Doppellasche mit der oberen Gabel der *Richtseiltragklemme* (Bild 11.24 b)) direkt, über einen Hänger oder über einen Isolator verbunden und nimmt die vertikalen Lasten der Oberleitungsstützpunkte auf.

Die untere Gabel der Richtseiltragklemme wird mit der Tragseilklemme (Bild 11.25 a)) direkt, über einen Isolator oder über die Lasche (Bild 11.25 b)) verbunden, die über ihre Neigung geringfügige temperaturbedingte Längswanderungen des Tragseils ermöglicht. Die *Tragseilführungsrolle* (Bild 11.26 a)) wird für größere Längswanderungen des Tragseils anstelle der Lasche eingebaut. Richtseilösenklemmen verbinden den Seitenhalter mit dem unteren Richtseil oder einfachen Querseilen im Nahverkehr. Die in Bild 11.26 b) gezeigte Bauform lässt sich mit nur einer Schraube daran befestigen. Für die umgelenkten *Fahrdrahtstützpunkte* in Querfeldern wird eine Baugruppe bestehend aus der Richtseilwippe, einem Rohr und die Richtseilösenklemme verwendet, an der auf Zug belastete Seitenhalter befestigt werden (Bild 11.27).

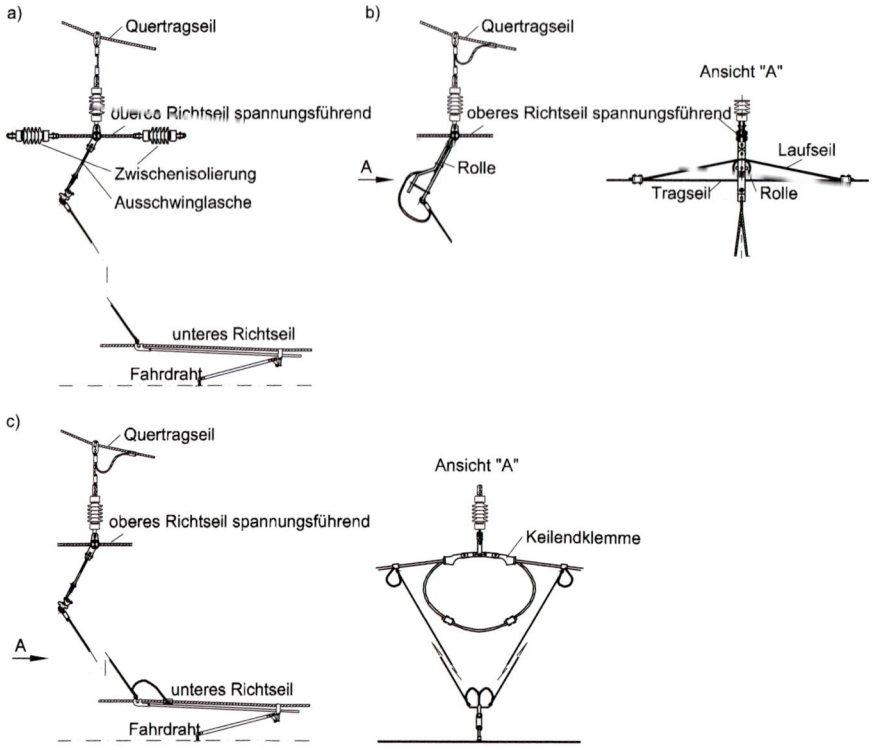

Bild 11.22: Tragseilstützpunkt mit spannungsführenden oberen Richtseil.
a) mit Lasche, b) mit Rollen, c) mit Festpunkt

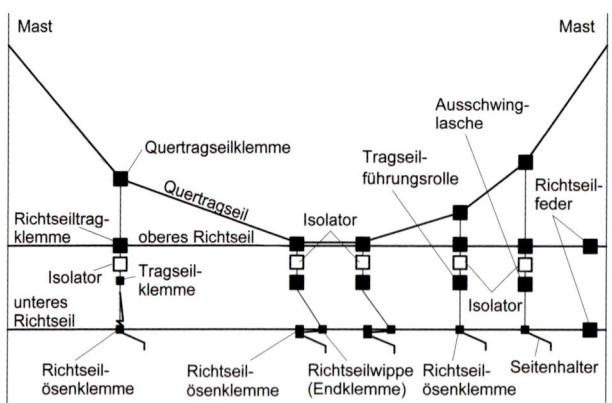

Bild 11.23: Wichtige Klemmen und andere Bauteile im Querfeld.

11.2 Oberleitungen

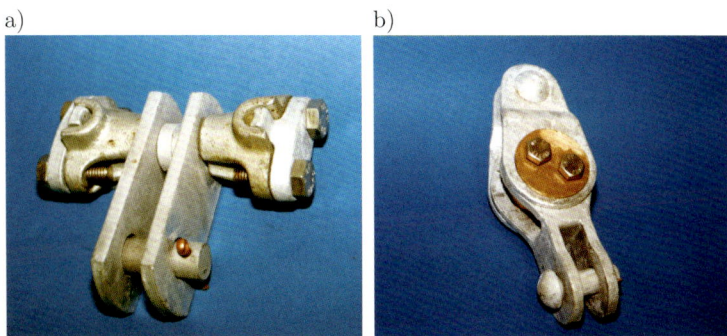

Bild 11.24: Tragklemmen im Querseil und Richtseil.
a) Quertragseilklemme, b) Richtseiltragklemme

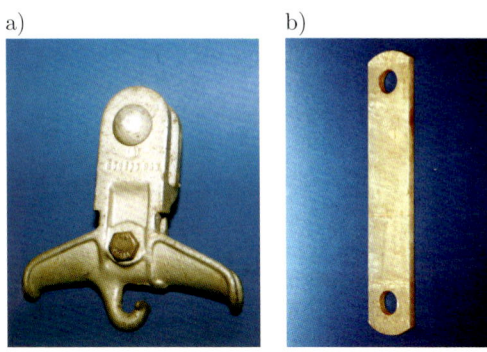

Bild 11.25: Tragseilstützpunkt.
a) Tragseilklemme, b) Ausschwinglasche

Bild 11.26: Tragseilführungsrolle (a) und Richtseilösenklemme für die Befestigung des Seitenhalters am unteren Richtseil beim angelenkten Stützpunkt (b).

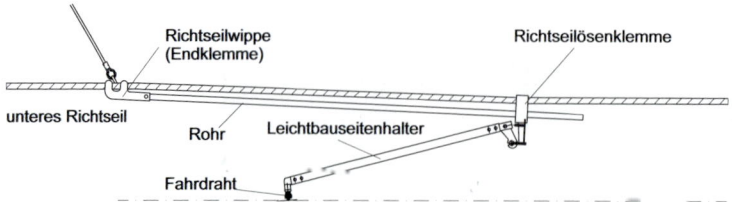

Bild 11.27: Angelenkter Fahrdrahtstützpunkt im Quertragwerk.

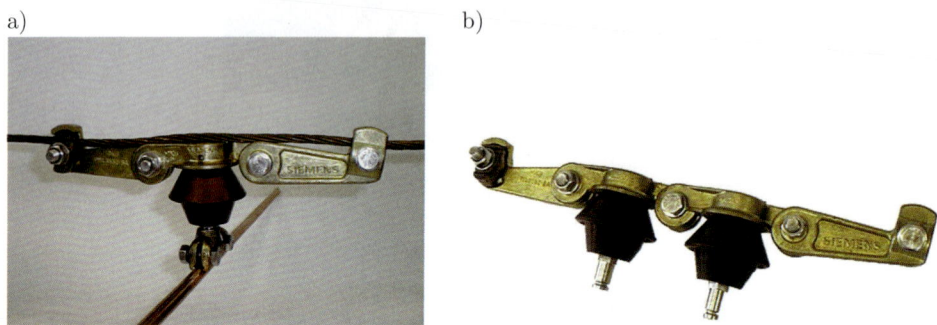

Bild 11.28: Isolierter Fahrdrahthalter im Bogen. a) mit einem Fahrdraht, b) für zwei Fahrdrähte

Als Fahrdrahtstützpunkt im Nahverkehr dient ein Fahrdrahthalter mit Gießharzisolierkörper, der über zwei verstellbare Arme am Querseil befestigt wird. Aufgrund der symmetrischen Ausführung lassen sich mehrere dieser Fahrdrahthalter miteinander verbinden (Bild 11.28).

11.2.1.4 Joche

Anstelle von Querfeldern werden auch Joche zur Aufnahme der Oberleitungsstützpunkte von mehr als zwei Gleisen verwendet. Joche werden mit einem biegesteifen Träger als Gitter- oder Vollwandkonstruktion aus Stahl oder Aluminium ausgeführt, der außenseitig auf Beton- oder Stahlmasten aufliegt (Bild 11.29). Für Joche können kürzere und schwächere Masten und kleinere Fundamente als für Querfelder verwendet werden (siehe Kapitel 13). Joche können mit *Hängesäulen* und Auslegern oder mit unterem Richtseil und Fahrdrahtstützpunkten des Quertragwerkes ausgeführt werden. Bei Jochen mit Hängesäulen und Auslegern ist die Entkopplung der Längskettenwerke in Bezug auf Schwingungen gegeben. Von Nachteil sind allerdings die geringere Flexibilität in der Führung der Kettenwerke und die Einschränkung der Sicht u. a. auf Signale. Die überwiegend eingesetzten verzinkten und beschichteten Stahlkonstruktionen erfordern im Gegensatz zu Querfeldern eine spätere aufwändige Korrosionsschutzerneuerung. Daher werden für Joche auch zunehmend korrosionsbeständige Aluminiumkonstruktionen genutzt.

11.2 Oberleitungen

Bild 11.29: Gitterkonstruktion eines Joches mit Hängesäulen, RENFE in Madrid/Atocha.

Bild 11.30: Seitenabzug.

11.2.1.5 Seitenabzug

Seitenabzüge in Bögen, auch Bogenabzüge genannt, werden in Weichenbereichen und bei kleinen Gleisradien verwendet, um die Seitenlage von Tragseil und Fahrdraht zwischen zwei Oberleitungsstützpunkten zu sichern. Bild 11.30 zeigt einen Bogenabzug, der Tragseil und Fahrdraht über Seile und Isolatoren mit dem Oberleitungsmast verbindet.

11.2.1.6 Quertrageinrichtungen im Tunnel und unter Brücken

Die Ausleger werden in *Rechtecktunneln* an den Tunnelwänden oder über Hängesäulen an den *Decken* befestigt. In bergmännisch mit Schildvortrieb aufgefahrenen Rundtunneln sind die Stützpunkte zwischen den Gleisen angeordnet. Die einzeln an Hängesäulen nach Bild 11.31 montierten Ausleger einer zweigleisigen Strecke ermöglichen die vollständige mechanische Trennung der Kettenwerke. In den Tunneln der DB-Neubaustrecken werden Hängesäulen und Stützen für die Verstärkungsleitungen sowie alle anderen Einrichtungen, wie Nachspanneinrichtungen und Schalterleitungen, in *Ankerschienen* befestigt. Alternativ sind die Hängesäulen über Ankerbolzen direkt in der Tunnelwand angebracht.

11.2.1.7 Elastische Stützpunkte

Für enge Tunnelquerschnitte und niedrige Brückenbauwerke werden im Nah- und Fernverkehr *elastische Stützpunkte* eingesetzt (Bild 11.32). Sie werden im 8 m bis 12 m Ab-

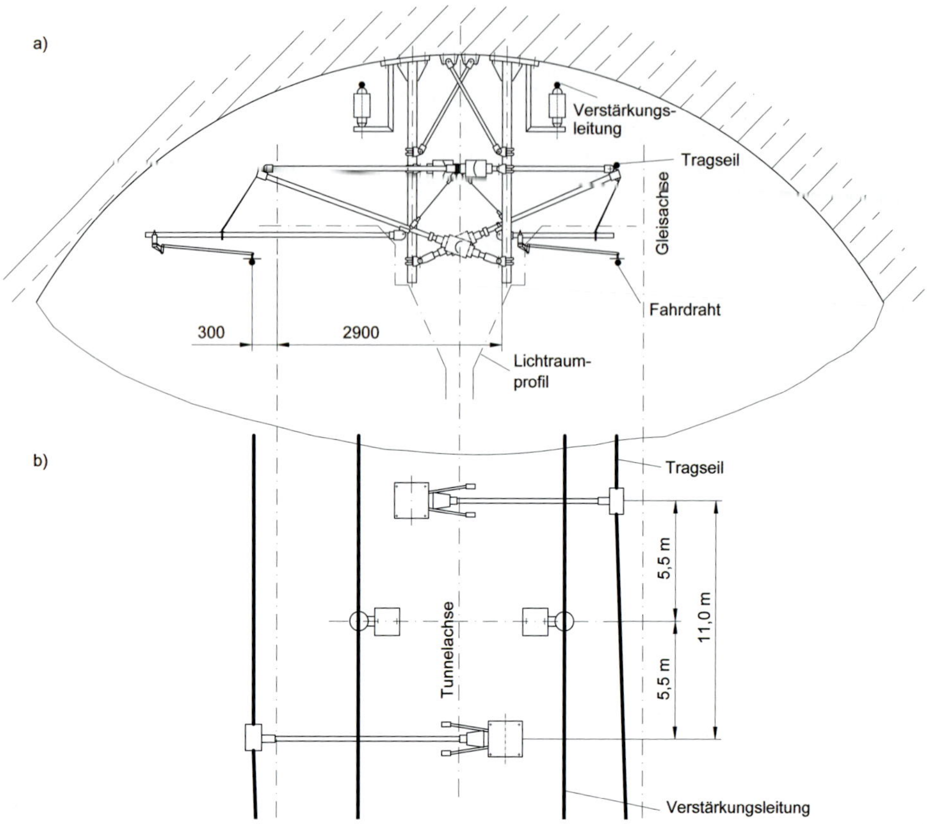

Bild 11.31: Stützpunkte im zweigleisigen Rundtunnel für die Oberleitung Sicat H.
a) Querschnitt, b) Draufsicht

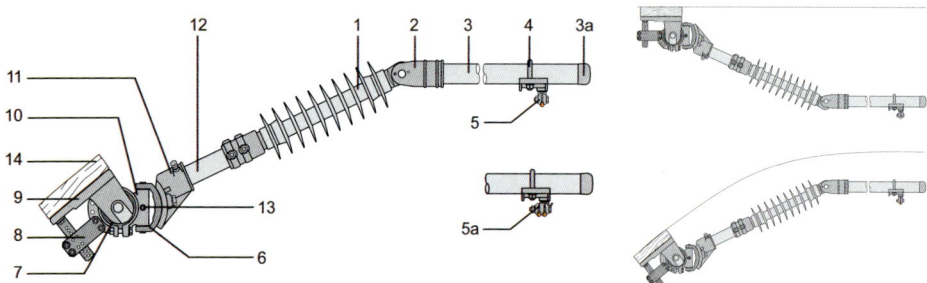

Bild 11.32: Elastischer Stützpunkt Sicat 8WL4200 für die Oberleitung im Rechteck- und Rundtunnel.
1 Verbundisolator, 2 Rohrklemmkappe, 3 Auslegerarm (Rohr 55×6), 3a Verschlusskappe, 4 Klemmenhalter, 5 Fahrdrahtklemme, 5a Doppelfahrdrahtklemme, 6 Gelenkgabel, 7 Metall-Gummi-Buchse, 8 Reibungselement, 9 Grundrahmen, 10 Zentralgelenk, 11 Rohrkappe, 12 Rohr 55×6, 13 Feststellschraube, 14 Befestigungsteil

11.2 Oberleitungen

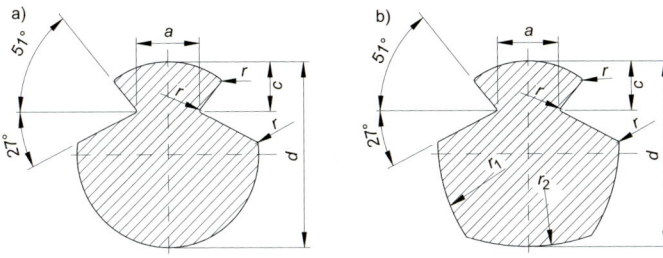

Bild 11.33: Fahrdrahtquerschnitt nach DIN EN 50 149.
a) Querschnittform AC und BC, b) Querschnitt BF mit Flachprofilen, Maße siehe Tabelle 11.3

stand an der Tunnelwand oder dem Bauwerk befestigt und tragen ein oder zwei Fahrdrähte. Durch den um ±25° verstellbaren Winkel zwischen Verbundisolator und Auslegerarm lassen sie sich an das Tunnelprofil und den Stromabnehmerbereich anpassen. Ein Metall-Gummielement und ein Reibungselement zur Schwingungsdämpfung führen zu günstigen Befahreigenschaften bis 160 km/h.
Weitere Quertrageinrichtungen für Tunnel und Brückenbauwerke sind im Abschnitt 11.3 im Zusammenhang mit Stromschienenoberleitungen beschrieben.

11.2.2 Längstragwerk

11.2.2.1 Aufgaben und Anforderungen

Das *Längstragwerk* trägt den Fahrdraht und dient der Stromzuführung. Es besteht im Wesentlichen aus Drähten, Seilen, Klemmen und Isolatoren. Aufbau und Ausführungen des Längstragwerkes als wesentliche Unterscheidungsmerkmale der Oberleitungsbauweisen und -bauarten sind im Abschnitt 3.3 beschrieben.
Durch die Befahrung mit Stromabnehmern entstehen am Längstragwerk Schwingungen und am Fahrdraht mechanischer Verschleiß. Betriebs- und/oder Kurzschlussströme belasten diese Bauteile und führen wie auch die Umgebungsbedingungen zu Temperaturänderungen und dadurch bedingten Bauteillängswanderungen, zu Alterung und elektrischem Verschleiß. Die Tabelle 2.9 enthält die Grenztemperaturen für die Leiterwerkstoffe in Oberleitungen. Bei höheren Temperaturen als in Tabelle 2.8 muss abhängig von der Dauer die mögliche Zugfestigkeit des Leiters geprüft und, falls nötig, die Leitermaße erhöht oder die Betriebslast verringert werden.

11.2.2.2 Fahrdrähte

Die vom Stromabnehmer beschliffenen Drähte der Oberleitung werden *Fahrdrähte* genannt. Da sie zur Befestigung der Klemmen im oberen Teil zwei Rillen besitzen, tragen sie auch die Bezeichnung *Rillenfahrdraht*. Die Norm DIN EN 50 149 enthält die Anforderungen an die und Eigenschaften der Fahrdrähte. Es gibt anforderungs- und entwicklungsbedingt unterschiedliche Fahrdrahtarten und -querschnitte. Sie werden nach Querschnittsformen, Querschnitten und Material und durch Kennrillen unterschieden.

Tabelle 11.3: Maße von Rillenfahrdrähten.

Bezeichnung nach DIN EN 50 149	A mm²	Maße (siehe Bild 11.33)					m'_{min} kg/m	m'_{max} kg/m
		a	c	d	r	r_1	r_2	
		mm						
AC-80	80	5,60	3,80	10,60	0,40	–	–	0,690	0,733
AC-100	100	5,60	4,00	12,00	0,40	–	–	0,862	0,916
AC-107	107	5,60	4,00	12,30	0,40	–	–	0,923	0,980
AC-120	120	5,60	4,00	13,20	0,40	–	–	1,035	1,099
AC-150	150	5,60	4,00	14,80	0,40	–	–	1,293	1,378
BC-100	100	6,92	4,30	12,00	0,40	–	–	0,862	0,916
BC-107	107	6,92	4,30	12,24	0,40	–	–	0,923	0,980
BC-120	120	6,92	4,30	12,85	0,40	–	–	1,035	1,099
BC-150	150	6,92	4,00	14,50	0,40	–	–	1,293	1,378
BF-100	100	6,92	4,00	11,04	0,40	6,00	15,60	0,862	0,916
BF-107	107	6,92	4,24	11,35	0,40	6,43	15,85	0,923	0,980
BF-120	120	6,92	4,30	12,27	0,40	6,60	17,21	1,035	1,099
BF-150	150	6,92	3,90	13,60	0,40	7,55	20,00	1,293	1,378

Tabelle 11.4: Mindestzugfestigkeit σ_{min} in MPa von Rillenfahrdrähten.

Bezeichnung nach DIN EN 50 149	Fahrdrähte aus		
	Cu-ETP	CuAg0,1	CuMg0,5
AC-80	355	365	520
AC-100	355	360	510
AC-107	350	350	500
AC-120	330	350	490
AC-150	310	350	470
BC-100, BF-100	355	360	510
BC-107, BF-107	350	350	500
BC-120, BF-120	330	350	490
BC-150, BF-150	310	350	470

Die Hauptmaße der Bauformen AC, BC und BF sind im Bild 11.33 und in der Tabelle 11.3 enthalten. Die bevorzugte Querschnittsform für Fahrdrähte ist kreisförmig. Tabelle 11.4 enthält die Mindestzugfestigkeiten und Tabelle 11.5 die physikalischen Eigenschaften von Fahrdrähten, wie sie allgemein in Europa verwendet werden.

Die Wahl des Fahrdrahtquerschnittes hängt hauptsächlich von der erforderlichen Stromtragfähigkeit, Spannungshaltung und den verwendeten Zugkräften ab.

Für Gleichstrombahnen mit Betriebsspannungen bis 3 kV und hoher Antriebsleistung ist es meist notwendig, parallele Fahrdrähte, genannt *Doppelfahrdrähte*, zu nutzen. In Abhängigkeit von der Festigkeit der Fahrdrähte muss ihr Querschnitt beschränkt bleiben, um die Montierbarkeit und Befahrbarkeit zu sichern. Nach DIN EN 50 149 ist der größte genormte Querschnitt 150 mm². Einige Betreiber verwenden manchmal Fahrdrähte mit 161 mm², 170 mm² und 193 mm². Aufgrund ihrer hohen Leitfähigkeit, Festigkeit sowie Temperatur- und Korrosionsbeständigkeit haben sich *hartgezogenes Elektrolytkupfer* und *Kupferlegierungen* als Material für die Fahrdrähte weltweit durchgesetzt.

11.2 Oberleitungen

Tabelle 11.5: Physikalische Eigenschaften von Fahrdrähten.

Eigenschaft	Einheit	Werkstoffe				Quelle
		Cu	CuAg0,1	CuMg0,2	CuMg0,5	
Zugfestigkeit σ	MPa	355	360	450	510	DIN EN 50149: AC-100
		330	350	430	490	DIN EN 50149: AC-120
Elastizitätsmodul E	kN/mm^2	120	120	120	120	DIN EN 50149
Thermischer Ausdehnungskoeffizient α	$10^{-6}\,\mathrm{K}^{-1}$	17	17	17	17	DIN EN 50149
Widerstandskoeffizient α_R	$10^{-3}\,\mathrm{K}^{-1}$	3,8	3,8	3,1	2,7	DIN EN 50149
Widerstand ϱ_{20}	$\Omega \cdot \mathrm{mm}^2/\mathrm{m}$	0,01777	0,01777	0,02240	0,02778	DIN EN 50149
Mindestleitfähigkeit κ_{20}	$\mathrm{S \cdot m/mm}^2$	56,3	56,3	44,6	36,0	DIN EN 50149
Spezifische Masse γ	kg/dm^3	8,9	8,9	8,9	8,8	DIN 43140; [11.8]
Spezifische Wärme c	Ws/(kg·K)	380	380	380	380	DIN EN 60865-1
Thermische Leitfähigkeit λ_c	W/(K·m)	377	375		245	[11.7]

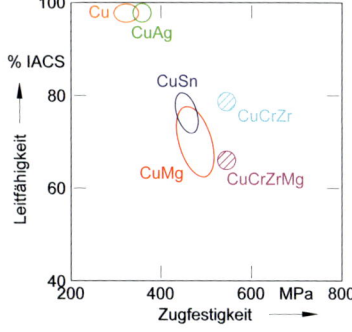

Bild 11.34: Leitfähigkeit von Kupferlegierungen abhängig von der mechanischen Festigkeit bezogen auf die Leitfähigkeit von Elektrolytkupfer.

◯ mischkristallhärtende Legierung
⊘ ausscheidungshärtende Legierung

An der Luft bildet Kupfer eine harte aber leitfähige Oxidschicht, die den Stromübergang nicht behindert. Deshalb eignet sich Kupfer im Gegensatz zu Aluminium, dessen Oxidschicht nur schlecht leitet, als Werkstoff für gleitende Kontakte. Die Versuche, Aluminium für Fahrdrähte zu verwenden, sind gescheitert.

Legierungszusätze wie Silber, Zinn oder Magnesium dienen der weiteren Erhöhung der thermischen und mechanischen Festigkeit und ermöglichen damit höhere Zugspannungen. Diese Eigenschaften sind insbesondere für den Hochgeschwindigkeitsverkehr von Bedeutung. Mit Ausnahme von Silber verringern Legierungszusätze abhängig von ihrem Anteil die Leitfähigkeit gegenüber Elektrolytkupfer (Bild 11.34). Cadmium als Legierungszusatz ist wegen seiner toxischen Eigenschaften in Deutschland und in anderen europäischen Ländern nicht gestattet.

7-drähtig   19-drähtig   37-drähtig   **Bild 11.35:** Leiterquerschnitte.

Kupferummantelte Stahlfahrdrähte mit 45 % Kupferanteil wurden in Deutschland auf den Strecken zwischen Nürnberg und Augsburg und in Schlesien Anfang der 40er Jahre verwendet. Sie zeigten bis zum Abnutzen des Kupfers das mechanische Verhalten wie Kupferfahrdrähte. Danach verschlissen sie schnell und beeinträchtigten damit den Betrieb nachteilig. Kupferummantelte Stahlfahrdrähte werden derzeit noch in Japan genutzt, um hohe Zugspannungen zu erreichen.

Fahrdrähte verschleißen durch das mechanische Beschleifen und die Stromabnahme (siehe Abschnitt 10.5.3.3). Die Verschleißraten von Fahrdraht und Schleifstücken sind u. a. von der Kontaktpaarung der Werkstoffe für Schleifleisten und Fahrdrähte abhängig. Die geringsten Verschleißraten werden mit der Paarung aus Kupferfahrdrähten mit *Kohleschleifstücken* erreicht. Stahl- und Kupferschleifstücke bewirken beträchtlich höhere Verschleißraten. Da die Querschnittsverringerung des Fahrdrahtes die Stromtragfähigkeit verkleinert und die Zugspannung erhöht, ist der Verschleiß auf Werte zwischen 20 % und 30 % des ursprünglichen Querschnittes begrenzt, sofern nicht die Zugkraft proportional zum Verschleiß vermindert wird. Die Grenze des zulässigen Verschleißes wird an den Fahrdrahtstellen mit dem örtlich stärksten Verschleiß erreicht. Für eine nahezu gleichmäßige Abnutzung der Fahrdrähte und damit eine hohe Lebensdauer sind ein möglichst störungsfreies *Zusammenwirken von Oberleitung und Stromabnehmer* (Kapitel 10), eine möglichst genaue Montage und eine angemessene Instandhaltung (Kapitel 17) Voraussetzung.

11.2.2.3 Stahldrähte

Verzinkte Stahldrähte werden für die Bahnerdung und *Edelstahldrähte* für die Windsicherung an den Seitenhaltern eingesetzt. Einige Bahnbetreiber verwenden Stahldrähte für Querfelder und Tragseile.

11.2.2.4 Metallseile

Seile werden in Oberleitungsanlagen für Trag- und Nachspannkonstruktionen und als elektrische Leiter verwendet. Den Aufbau der gebräuchlichen Seilformen zeigt Bild 11.35. Die *Kupferknetlegierung* CuMg0,5, genannt Bz II, fand eine weite Verbreitung. In Mitteleuropa wird dieser Werkstoff überwiegend für Tragseile, Quertragseile und Querspannseile, Y-Beiseile und Hänger verwendet, die alle sowohl hohe mechanische als auch elektrische Belastungen erfahren. Feindrähtige Seile aus *Elektrolytkupfer* (E-Cu) werden hauptsächlich als elektrische Verbinder zwischen den Tragseilen und dem Fahrdraht, zwischen aufeinander folgenden Abspannabschnitten der Oberleitung und als Zuführungen zu Schaltgeräten verwendet. Tragseile aus E-Cu werden verwendet, um die Stromtragfähigkeit von Oberleitungsanlagen für DC-Bahnen zu erhöhen.

11.2 Oberleitungen

Tabelle 11.6: Physikalische Eigenschaften von Seilen.

Eigenschaft	Einheit	Seile				Quelle
		E-Cu	Bz II	AL1	St1A	
Zugfestigkeit σ	MPa	392	589	151–183[1]	1 300–1 400[1]	DIN 48 200, DIN EN 50 189
Elastizitätsmodul E	kN/mm^2	100–113[2]	100–113[2]	55–60[2]	162	DIN 48 203-1, DIN 48 203-2
Thermischer Ausdehnungskoeffizient α	$10^{-6}\,\mathrm{K}^{-1}$	17	17	23	11	DIN 48 203-1, DIN 48 203-2
Widerstandskoeffizient α_R	$10^{-3}\,\mathrm{K}^{-1}$	3,94	3,78	4,0	4	DIN 48 203-1 DIN 48 203-2
Widerstand ϱ_{20}	$\Omega \cdot \mathrm{mm}^2/\mathrm{m}$	0,01786	0,02778	0,028264	0,192	DIN 48 203-1, -2
Leitfähigkeit κ_{20}	$\mathrm{S} \cdot \mathrm{m}/\mathrm{mm}^2$		36	35,4	7,25	DIN 48 203-1, -2
Spezifische Masse γ	kg/dm^3	8,9	8,9	2,7	7,8	DIN 48 200
Spezifische Wärme c	Ws/(kg$\cdot$K)	394	380	897	480	[11.7]
Thermische Leitfähigkeit λ_C	W/(K$\cdot$m)	400	300	236	42	[11.3]

[1] abhängig vom Drahtdurchmesser, [2] abhängig von der Drahtanzahl

Verzinkte Stahlseile wurden früher auch als Tragseile, Quertragseile und Querspannseile in Fahrleitungsanlagen eingesetzt. Die Empfindlichkeit für Korrosion ist der Hauptnachteil auch verzinkter Stahlseile. *Flexible, hochfeste Stahlseile* mit einer Bitumenschutzschicht werden für Nachspanneinrichtungen eingesetzt, da sie dort hohen Zugkräften und häufigen Biegewechseln ausgesetzt sind. Als Leiter von Verstärkungs-, Umgehungs- und Speiseleitungen, die geringeren Zugkräften ausgesetzt sind, lassen sich *Aluminiumseile* verwenden. Obwohl Aluminium eine niedrigere Leitfähigkeit und Festigkeit als Kupfer aufweist, ist es für diese Einsatzfälle preiswerter und nach Ausbildung einer schützenden Oxidschicht korrosionsbeständig. Einige Bahnbetreiber verwenden Aluminium-Stahlseile u. a. als Tragseile in Oberleitungen.

In Russland sind Staku-Tragseile, deren Einzeldrähte aus Kupfer mit Stahlkern bestehen, weit verbreitet. Bei der Deutschen Bahn wurden mit *Staku-Seilen* negative Erfahrungen gesammelt, da die Schädigung der Staku-Drähte bei der Klemmenmontage zur raschen Korrosion des Stahlkerns führte. Bis 2013 bestehen keine europäischen Normen für die Kupfer- und Bronzeseile. Daher werden nationale Normen angewandt. Die wichtigsten Spezifikationen und technischen Lieferbedingungen für Leiter und Seile aus Kupferwerkstoffen finden sich in

- DIN 43 138: Flexible Kupfer- und Kupferlegierungsseile
- DIN 48 201 Teil 1: Verseilte Leiter aus Kupfer
- DIN 48 201 Teil 2: Verseilte Leiter aus Bronze
- DIN EN 50 182: Leiter für Freileitungen. Konzentrisch verseilte Leiter aus Runddrähten aus Aluminium, aus Aluminiumlegierungen und Stahl.

Die Tabelle 11.6 enthält die physikalischen Eigenschaften von Kupfer-, Bronze-, Aluminium und Stahlseilen, die in Oberleitungsanlagen verwendet werden.

11.2.2.5 Kunstoffseile

Unterschiedliche Arten von *Kunststoffseilen*, hergestellt z. B. aus Polyesteracrylamidfäden mit Polyamidmantel, auch als Minoroc-Seil bezeichnet, werden für Spitzenanker in Kunststoffauslegern, für Seilgleiteraufhängungen, Schalldämpfer und Querspanneinrichtungen verwendet. Diese Seile entsprechen zusammen mit den dafür vorgesehenen Armaturen den mechanischen und Isolationsanforderungen. Einzelheiten und Prüfbedingungen sind in DIN EN 50 345 und [11.1] enthalten.

11.2.2.6 Klemmen

Klemmen verbinden im Längskettenwerk die Drähte und Seile untereinander oder mit anderen Bauteilen zug- und/oder stromfest. Auswahl und Bemessung der *Klemmen* folgen den Vorgaben von DIN EN 50 119. *Abspannklemmen* müssen Leiter und Drähte mit mindestens der 2,5fachen Betriebslast oder 85 % der rechnerischen Bruchkraft des Leiters halten können. Der niedrigere Wert ist in jedem Fall einzuhalten. An den verwendeten Abspannklemmen dürfen bei der 1,33fachen Betriebslast keine bleibenden Verformungen auftreten, die ihre Funktion beeinträchtigen.
Andere Klemmen und Armaturen müssen eine Nennkraft entsprechend der 2,5fachen Betriebslast besitzen. Durch Schwingungen belastete Klemmen und Armaturen sollten so ausgeführt werden, dass eine Lockerung ausgeschlossen ist. Zusätzlich sollte die Masse der Armaturen im Kettenwerk so klein wie möglich sein, jedoch die funktionalen Anforderungen an das Bauteil erfüllen. Bei Klemmen und Leiterarmaturen muss ein Pfad für den bestimmungsgemäßen Fluss des Betriebs- und Kurzschlussstroms vorgesehen werden, der ein mechanisches Versagen ausschließt.
Aus den Anforderungen hinsichtlich Leitfähigkeit, Zugfestigkeit und Dauerbeständigkeit von Klemmen und Verbindungsteilen ergibt sich das zu verwendende Material. Für Klemmen und Presshülsen zur Verbindung von Kupferfahrdrähten, Kupfer- und Bronzetragseilen erfüllen Kupfer und Kupferlegierungen im aktiven Teil des Längskettenwerks die Anforderungen an hohe Trag- und Leitfähigkeit am besten. Auch die Dauerbeständigkeit ist bei diesen Werkstoffen gegeben. Klemmen und Verbindungsteile an festen und beweglichen *Nachspannvorrichtungen* bestehen vorwiegend aus feuerverzinktem Temperguss oder aus Aluminium-Gusslegierungen, die mit geringeren Kosten als Kupferlegierungen den Anforderungen im Hinblick auf mechanische Festigkeit und Dauerbeständigkeit vollauf genügen. Die Tabelle 11.7 enthält mechanische und elektrische Eigenschaften von wichtigen Werkstoffen für Klemmen und Verbindungsteile.
Zwischen Leitern und Armaturen aus Kupfer und Bronze und solchen aus Aluminium werden zur Vermeidung elektrolytischer Korrosion Bleche aus Zweimetall-Cupal-Verbindungsteilen vorgesehen. Aluminium- und Kupferbleche werden zusammengepresst und ergeben ein *Bimetallblech*. Die Aluminiumschicht wird auf der Seite der Aluminiumbauteile und die Kupferschicht zur Seite der Kupfer- oder Bronzeelemente angeordnet. So formt ein Kupfer-Aluminium-Bimetallschutz den Übergang von einem Bronze- oder Kupfertragseil oder -fahrdraht auf eine Keilendklemme aus AlSi7Mg0,3 nach DIN EN 1706.

Tabelle 11.7: Werkstoffeigenschaften für Klemmen und Verbindungsteile [11.1].

Werkstoff	Min. Zugfestigkeit MPa	Elektrische Leitfähigkeit bei 20 °C m/($\Omega \cdot$mm^2)	Anwendungsbeispiele
Elektrolytkupfer	200 bis 300	58	Kerbverbinder, Stromklemmen (E- und C-Klemmen), Schutzhülsen
Kupfer-Nickel-Knetlegierung	290 bis 640	15 bis 18	Kreuzstromklemmen, Fahrdrahtklemmen, Fahrdrahtstoßklemmen, Stegklemmen, Gleithängerklemmen, Hängerklemmen, Abspannklemmen, Schrauben, Muttern, Drehbolzen, Beiseilklemmen, Zahnklemmen, Hängerbügel, Klemmenkörper für Fahrdraht-Endklemmen, Klemmen für Streckentrenner und Fahrdrähte, Abspannklemmen für Tragseile als Verbinder
Kupfer-Zinn-Legierungen	440 bis 590	≈ 9	Zahnklemmen, Schrauben
Kupfer-Zink-Gusslegierung	440 bis 490	≈ 15	Fahrdrahtklemmen, Doppelfahrdrahtklemmen, Stegklemmen, Beidrahtklemmen
Kupfer-Aluminium-Gusslegierung	500 bis 650	4 bis 8	Fahrdrahtklemmen, Kreuzungsstoßklemmen, Gleithängerklemmen für Doppeltragseil, Beiseilklemmen, Stoßklemmen, Speiseklemmen, Hängeklemmen, Konusabspannklemmen
Aluminium	115 bis 130	≈ 35	Bolzen für Gelenkgabel
Aluminium-Knetlegierung	170 bis 310	24 bis 32	Bleche, Kerbverbinder, Zwischenlagen, Bänder, Rohre, Laschen, Konusunterlegscheiben, Hohlprofile, Bolzen, Gelenkhaken, Klemmenhalter für Seitenhalter, Hängerklemmen, Konusendklemmen, Hängerklemmen, Konusabspannklemmen
Aluminium-Gusslegierung	230 bis 290	20 bis 27	Klemmenhalter, Hakenschellen, Augenschellen, U-Klemmenstücke, Abzugshalter, Tragseildrehgelenke, Gelenkhaken, Hakenkloben, Ösenschellen, Reduzierstücke, Gelenkstücke, Gelenkböcke, Drehgelenke, Klauen, Druckstücke, Keilendklemmen
Grauguss, verzinkt	~ 400	2,5 bis 3,5	Klauen, Quertragseilklemmen, Richtseilklemmen, Tragseilhängeklemmen, Richtseilösenklemmen, Endklemmen, Gelenkhaken, Keilendklemmen, Verbindungsklemmen
Nichtrostender Stahl	500 bis 800	1,2 bis 1,7	Gewindestangen, Schrauben, Muttern, Unterlegscheiben
Stahl	360 bis 800	5 bis 6	Gelenkstangen, Schrauben, Muttern, Scheiben, Winkelstahl, Flachstahl, Hohlprofile, Querträger, Laschen

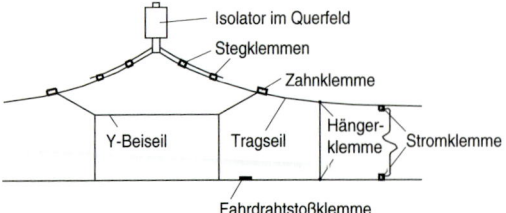

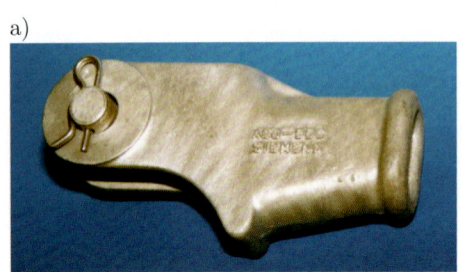

Bild 11.36: Beispiele für Einbauorte von Klemmen und Verbindungsteilen.

Bild 11.37: Abspannklemmen. a) Keilendklemme, b) Konusabspannklemme

Keilendklemmen und *Konusabspannklemmen* nach Bild 11.37 verbinden Fahrdrähte und Seile lösbar untereinander oder mit anderen Bauteilen in Längs- und Quertrageinrichtungen, z. B. mit Isolatoren an End- und Zwischenverankerungen aller Art, also Stellen, die nicht vom Stromabnehmer befahren werden. Sie zählen zu den Abspannklemmen und erreichen in Verbindung mit den einzuklemmenden Leitern hohe Zugbelastbarkeiten, nahe der rechnerischen Bruchkräfte der Leiter. Sie sind mehrfach verwendbar. Keilendklemmen aus verzinktem Temperguss oder Aluminium eignen sich für Kupfer- und Kupfer-Silberfahrdrähte. Zur Montage müssen der Fahrdraht oder das Seil durch das Gehäuse der Keilendklemme gezogen und dann zu einer Schlaufe gebogen werden. Diese wird zusammen mit dem darin eingelegten passenden Keil in das Gehäuse der Keilendklemme zurückgezogen und damit zugfest verkeilt. *Konusabspannklemmen* aus Kupferlegierungen werden insbesondere für hochfeste Fahrdrahtmaterialien wie CuMg0,5 verwendet, die sich nur schwer in Keilendklemmen montieren lassen. Das Fahrdrahtende wird wie bei der Keilendklemme erst durch das Gehäuse gesteckt und dann mit einem passenden Konus in das Gehäuse zurückgezogen. Nach dem Verschrauben des Deckels entsteht eine zug- und stromfeste Verbindung zwischen Fahrdraht und Klemme.

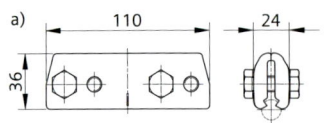
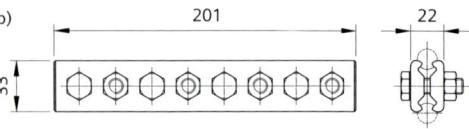

Bild 11.38: Fahrdrahtstoßklemmen zum Stoßen von Fahrdrähten nach DIN EN 50 149 [11.1]. a) AC-80 bis AC-120 aus Cu-ETP oder CuAg0,1, b) AC-120 aus Cu-ETP, CuAg0,1 oder CuMg0,5

11.2 Oberleitungen

Bild 11.39: Stegklemme.

Bild 11.40: Verbindungsklemme.

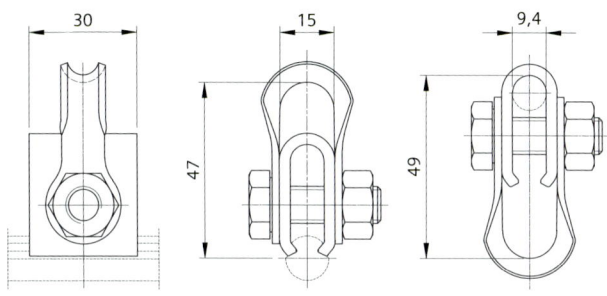

Bild 11.41: Hängerklemme Sicat 8WL4620-0 mit Klemm- und Aufhängebügel.

Fahrdrahtstoßklemmen nach Bild 11.38 verbinden zwei Fahrdrähte, z. B. nach einem Fahrdrahtriss, längs miteinander. Sie werden als Press- oder Schraubklemmen vorwiegend mit der Kupferlegierung CuNi2Si ausgeführt. Diese zug- und stromfeste Verbindung ist durch Stromabnehmer befahrbar.

Stegklemmen gemäß Bild 11.39 werden zum stromfesten Parallelverbinden zweier Fahrdrähte, eines Fahrdrahtes mit einem Seil oder zweier Seile verwendet. Beispiele sind die Verbindungen des Fahrdrahtes mit einem Hilfsfahrdraht vor und nach Streckentrennern oder an Fahrdrahtkreuzungen, die Verbindung des Z-Ankerseils mit dem Fahrdraht und Tragseil. Stegklemmenverbindungen sind aufgrund geringerer Zugbelastbarkeit nicht für das Abspannen von Leitern geeignet.

Verbindungsklemmen werden zum zug- und stromfesten Parallelverbinden zweier Seile verwendet. Aufgrund der gezahnten Innenfläche hat die Klemme einen festen Sitz und kann Zugkräfte zwischen den Seilen übertragen. Die Verbindungsklemme gemäß Bild 11.40 verbindet das Tragseil mit dem Y-Beiseil.

Hängerklemmen verbinden den Hänger mit dem Fahrdraht oder dem Tragseil. Die im Bild 11.41 gezeigte Hängerklemme aus Edelstahl besteht aus dem Klemmbügel, dem Aufhängebügel, der Schraube und Mutter. Eine *Kausche* mit Pressverbinder und Seilschlaufe wird mit dieser Hängerklemme als leitende Verbindung verwendet, wie in den Bildern 11.42 a) und b) gezeigt.

Die Universalhängerklemme im Bild 11.43 besteht aus einer CuAl-Legierung und wird vorwiegend im Nahverkehr verwendet. Das Hängerseil wird bei diesem Typ im Klemm-

a) 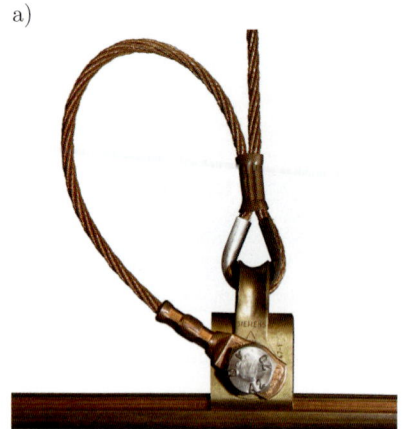   b)

Bild 11.42: Hängerklemmen für die stromfeste Verbindung der Hänger mit dem Fahrdraht (a) und dem Tragseil (b).

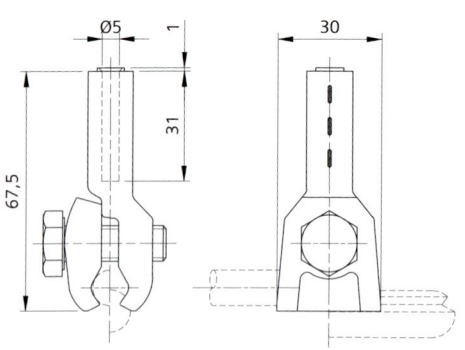   

Bild 11.43: Universalhängerklemme Sicat 8WL4591-6.

Bild 11.44: Hängerklemme (SNCF).

körper verpresst. Die Hängerklemme im Bild 11.44 aus dem gleichen Material besteht aus zwei Teilen, die sich beim Zusammenstecken auf dem Fahrdraht mit diesem verklemmen. Das Seil wird im Aufhängekörper verpresst. Die kompletten Hänger sind im Abschnitt 11.2.2.7 beschrieben.

Stromklemmen verbinden Seile untereinander oder Seile mit Fahrdrähten betriebsstrom- und kurzschlussfest und schließen elektrische Verbinder an Tragseil und Fahrdraht an. Sie sind nicht für Zugbelastung ausgelegt. Die in Bild 11.45 b) gezeigte *E-Klemme* wird mit einem feindrähtigen Stromverbinderseil und dem Fahrdraht verpresst. Die im Bild 11.45 a) gezeigte *C-Klemme* verbindet das andere Ende des Seiles mit dem Tragseil, siehe auch Abschnitt 11.2.2.8.

11.2 Oberleitungen

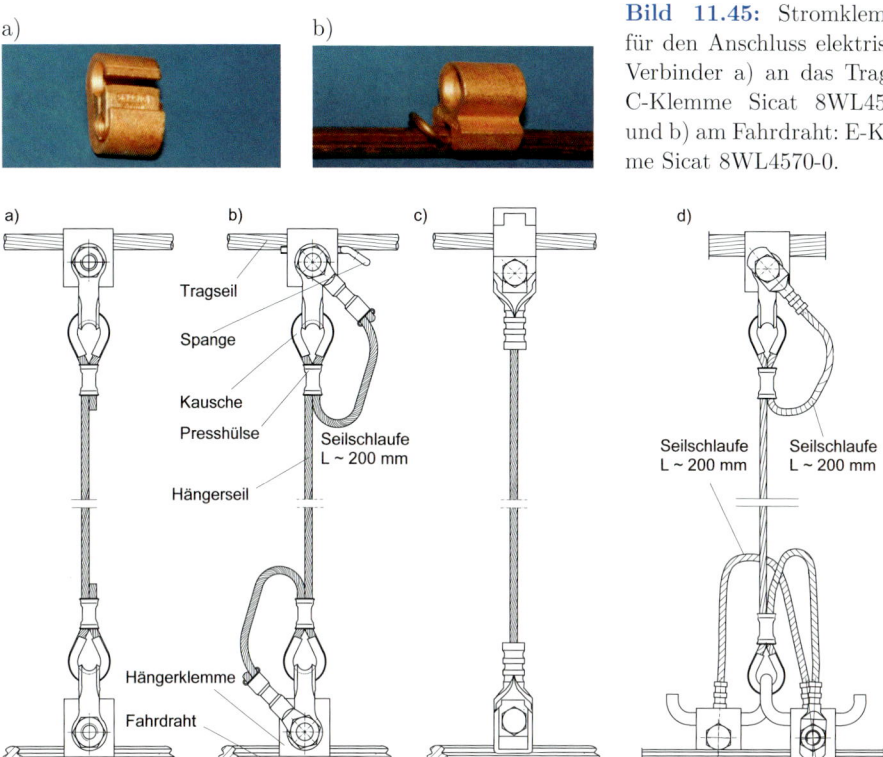

Bild 11.45: Stromklemmen für den Anschluss elektrischer Verbinder a) an das Tragseil: C-Klemme Sicat 8WL4550-0 und b) am Fahrdraht: E-Klemme Sicat 8WL4570-0.

Bild 11.46: Bauweisen der Hänger. a) nicht stromfest, b)–d) stromfest
b) Hänger 8WL7060-2 für Geschwindigkeiten bis 350 km/h, d) für Doppelfahrdraht

11.2.2.7 Hänger

Die *Hänger* tragen in der Oberleitung den Fahrdraht und sind am Fahrdraht, Tragseil oder Y-Beiseil mit Kauschen oder direkt mit unterschiedlichen Arten von Hängerklemmen befestigt (Bild 11.46). Einige Hängerbauarten haben zusätzlich zur mechanischen Tragfunktion auch eine elektrische Aufgabe zu erfüllen. Sie führen einen Anteil des Betriebs- und Kurzschlussstromes zwischen Fahrdraht und Trag- oder Y-Beiseil für den Zeitraum, in dem sich ein stromabnehmendes oder rückspeisendes Fahrzeug oder ein Kurzschluss in der Nähe befindet. Daher müssen Hänger mechanische und elektrische Anforderungen erfüllen.

Hänger lassen sich flexibel (Bild 11.46), gleitend und starr ausführen. Die unterschiedlichen Ausführungen müssen den auftretenden Belastungen über den gesamten Lebenszyklus standhalten. Die Festigkeit des Hängers einschließlich seiner Klemmen soll das 2,5fache der vertikalen und das 1,5fache der horizontalen Betriebslast betragen. Als Betriebslasten sind bei der Ausführung der Hänger zu betrachten:

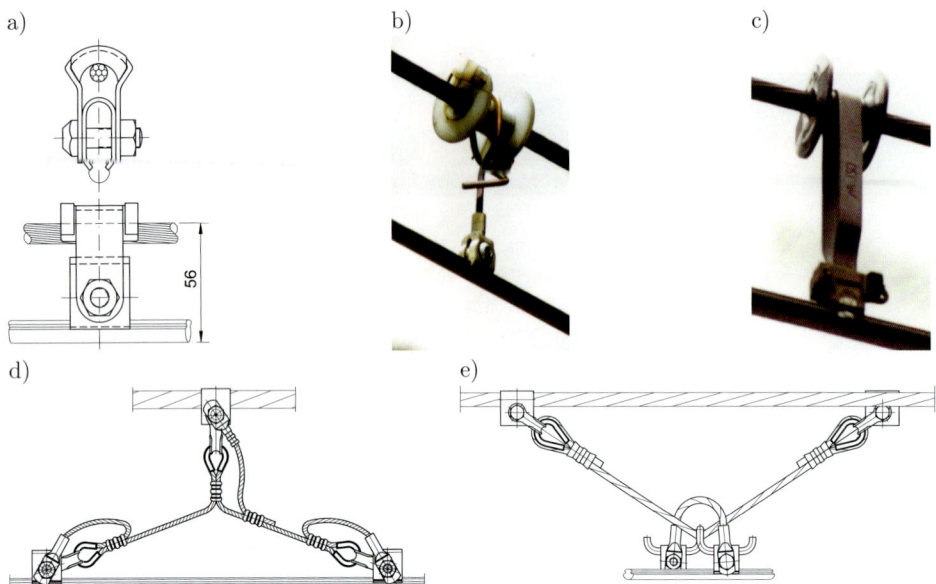

Bild 11.47: Bauweisen verkürzter Hänger. a) Gleithänger, b) und c) steife isolierte Hänger mit Anhubmöglichkeit, d) Dreieckshänger für einen Fahrdraht, e) Dreieckshänger für Doppelfahrdraht

- vertikale Lasten durch Fahrdrahtgewicht und Eis, Windlasten und Lasten aus dem Fahrdrahtneigungswechsel
- horizontale Lasten in der Fahrdrahtachse infolge einer Hängerneigung bis 30°
- dynamische Belastungen wie Schwingungen und Biegewechsel infolge Stromabnehmerdurchgang, insbesondere bei Oberleitungen für Geschwindigkeiten über 160 km/h, da die Hänger beim Stromabnehmerdurchgang gestaucht werden

Ergänzend zu den Betriebslasten sind zu beachten
- Lasten während der Montage und
- Lasten infolge eines Schadens, z. B. des Versagens des benachbarten Hängers.

Soweit die zusätzlichen Lasten größer sind als das 2,5fache der Betriebslast, sollten sie für die Ausführung des Hängers anstelle der Betriebslasten verwendet werden. Zusätzliche Lasten mit weniger als dem 2,5fachen der Betriebslast sind vernachlässigbar.

In Oberleitungsabschnitten mit *verminderter Systemhöhe* eignen sich am Seil gleitende Hänger wie im Bild 11.47 a) gezeigt zur Vermeidung von Schrägstellungen und Fahrdrahthöhenänderungen bei unterschiedlichen Längenänderungen von Fahrdraht und Tragseil. Der Hängertyp im Bild 11.47 a) überträgt starr den Anhub auf das Tragseil und bewirkt beim Stromabnehmerdurchgang höhere Kontaktkräfte als elastische Hänger. Die Ostjapanische Eisenbahn (JP East) verwendet steife Hänger mit freiem Anhub (Bild 11.47 b) und c)), um den Fahrdraht an einem Hilfstragseil zu befestigen. Dreieckshänger für den Einsatz unter Bauwerken mit geringer Lichter Höhe sind in Bild 11.47 d) und e) dargestellt.

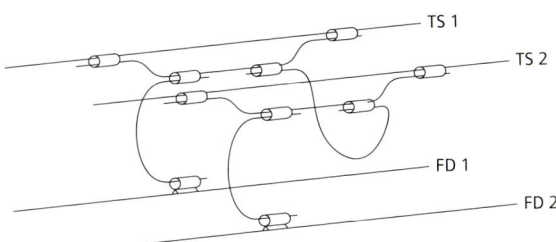

Bild 11.48: Stromverbinder zwischen zwei Oberleitungskettenwerken.
TS 1, TS 2 Tragseile
FD 1, FD 2 Fahrdrähte

Seit 1960 gab es bei mehreren Bahnverwaltungen wiederholt Hängerbrüche in Abschnitten, in denen Oberleitungen häufig an der Grenze ihrer maximalen Betriebsgeschwindigkeit befahren werden [11.9]. Eine Ursache dafür bildet die dabei auftretende Stauchung der Hänger aufgrund des schnellen Fahrdrahtanhubs durch den Stromabnehmer, dem das Tragseil nur verzögert folgen kann. Sowohl die Hängerkonstruktionen als auch die Prüfmethoden für den Nachweis der Biegewechselbeständigkeit wurden inzwischen aus diesem Grund weiterentwickelt. Hängerprüfungen beschreibt der Abschnitt 11.5.5. Für Hänger in Hochgeschwindigkeitsoberleitungen sind praxisrelevante Schwingungsfrequenzen im Bereich 5 bis 10 Hz zu beachten. Der Hängertyp in Bild 11.46 b) aus biegebeständigem Seil erfüllte alle Prüfungen mit dieser Frequenz für Befahrgeschwindigkeiten bis 350 km/h und wird in allen Sicat-Oberleitungen bei Betriebsgeschwindigkeiten größer 160 km eingesetzt.

Hänger lassen sich stromführend, nicht stromführend oder isolierend ausführen. Stromführende Hänger sind für einen Stromfluss zwischen Fahrdraht und Tragseil auszulegen, wobei die Stromverteilung zwischen den Hängern in einem Spannfeld zu betrachten ist. Ein Kurzschluss in der Nähe eines Hängers kann einen hohen Kurzschlussstrom im Hänger hervorrufen. Unter dieser Bedingung muss ein Hänger nicht kurzschlussfest sein. Die stromführenden Hänger nach Bild 11.46 b) bis d), eigenen sich für Anlagen mit hohen Betriebsströmen. Bild 11.46 d) zeigt einen *Hänger*, der für *Doppelfahrdraht* in DC-Anlagen verwendet wird. Die Stromschlaufen mit Kabelschuhen an den Enden der Hänger ermöglichen eine durchgängige, unterbrechungsfreie Stromführung zwischen Fahrdraht und Trag- oder Y-Beiseil. Bei hohen Strömen werden in DC-Anlagen zusätzlich elektrische Verbinder zwischen Tragseil und Fahrdraht eingebaut.

Bei nicht stromfesten Hängern fließen die Ströme über bewegliche Verbindungen, die durch Stromabnehmer auch Schwingungen ausgesetzt sind. Das kann bei höheren Strömen oder häufigem Stromfluss wie auch bei Potenzialdifferenzen im Kettenwerk zu elektrischer Erosion an den Verbindungen und zu Funkstörungen führen. Die nicht stromfesten Hänger werden deshalb nur in Oberleitungen an Nebengleisen oder Strecken mit geringen Strömen eingesetzt. In anderen Anwendungen werden stromfeste Hänger oder isolierte Hänger in Verbindung mit elektrischen Verbindern eingesetzt.

Eine genaue Längenberechnung und Vorfertigung der Hänger vermeidet das aufwändige Einstellen und Regulieren während der Montage (siehe Abschnitt 15.5).

11.2.2.8 Elektrische Verbinder

Elektrische Verbinder, auch *Stromverbinder* genannt, stellen stromfeste Verbindung her zwischen Fahrdraht und Tragseil, zwischen zwei Oberleitungen, zwischen Oberleitung und Verstärkungsleitung sowie zwischen einer Vielzahl von Oberleitungsbauteilen, z. B. zur Überbrückung von mechanischen, nicht stromfesten Verbindungen. Die Stromverbinder sind für den jeweils auftretenden Betriebsstrom auszulegen und müssen im Gegensatz zum einzelnen Hänger kurzschlussstromfest sein. Stromverbinder haben keine tragende Funktion. Im Längstragwerk sind sie den Schwingungen durch Stromabnehmerdurchgänge ausgesetzt und werden deshalb in S- oder Bogenform (Bild 11.48) eingebaut. Nur durch die dynamischen Folgen von Kurzschlüssen und das seltene, durch Wind angeregte Leitertanzen sind sie Zugbelastungen ausgesetzt.

Elektrische Verbindungen sollten folgende Eigenschaften besitzen:
– Sie müssen den thermischen Wechsellasten standhalten können.
– Der Temperaturanstieg infolge des vorgegebenen Kurzschlussstromes darf kein Schmelzen oder Verformen verursachen oder die maximal zulässige Temperatur der verbundenen Drähte oder Leiter nach Tabelle 2.9 nicht überschreiten.
– Die Temperatur der elektrischen Verbindung im Normalbetrieb darf die für den Leiter maximal zulässige Temperatur nicht überschreiten.
– Die mechanische Wirksamkeit der elektrischen Verbindung muss erhalten bleiben.

Die Stromverbinder aus feindrähtigen E-Cu-Seilen werden mit Stromklemmen (Bild 11.45) leitfähig verpresst oder verschraubt, nachdem Kontaktfett auf die Oberfläche der Kontaktpartner aufgetragen wurde.

11.2.3 Nachspanneinrichtungen

11.2.3.1 Aufgaben und Anforderungen

Nachspanneinrichtungen haben die Aufgabe, die temperaturabhängigen Längenänderungen von Fahrdraht und Tragseil auszugleichen und dabei die Zugkraft möglichst konstant zu halten, damit die Fahrdrahthöhe nahezu gleich bleibt. Die Nachspanneinrichtungen lassen sich unterscheiden in Einrichtungen mit oder ohne Nachspanngewichte. Gewichtsnachspannungen haben sich aufgrund ihrer einfachen, zuverlässigen und kostengünstigen Konstruktion weltweit verbreitet und bewährt. Ein Radspannerrad oder ein Flaschenzug übersetzt Gewichtskraft und Wanderweg je nach Ausführung im Verhältnis 1 : 1,5 bis 1 : 5. Für besondere Einsatzfälle, z. B. in engen Tunneln, werden gewichtslose Nachspanneinrichtungen, wie Nachspannfedern, hydraulische oder elektromechanische Einrichtungen, verwendet.

Nachspanneinrichtungen sollten wartungsfrei sein, einen hohen Wirkungsgrad besitzen und möglichst über eine Einrastvorrichtung bei Leiterbruch verfügen.

11.2.3.2 Nachspanneinrichtungen mit Gegengewichten

Der *Radspanner* besteht aus einem Spannrad mit zwei Seiltrommeln auf einer gemeinsamen Achse sowie aus einer Sperrvorrichtung. Das nachzuspannende Kettenwerk ist an

11.2 Oberleitungen

Bild 11.49: Radspanner Sicat 8WL5070 für Nachspannkräfte bis 40 kN mit Übersetzungsverhältnis 1 : 3 für Sicat H1.0 mit getrennter Nachspannung des Fahrdrahtes und des Tragseils.

Bild 11.50: Nachspanneinrichtung der Oberleitungsbauart Sicat H1.0 im Tunnel der DB-Hochgeschwindigkeitsstrecke Frankfurt–Köln.

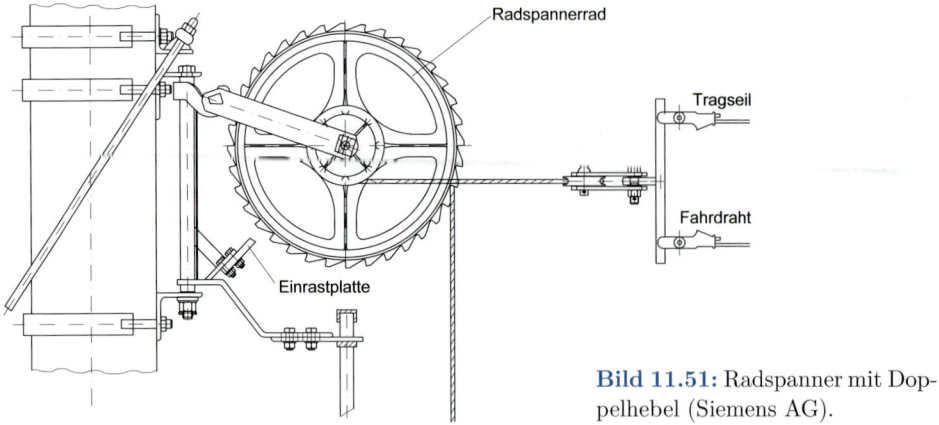

Bild 11.51: Radspanner mit Doppelhebel (Siemens AG).

der kleinen, geteilten Trommel über flexible Stahlseile angeschlossen und wird über die an der großen Trommel wirkenden Nachspanngewichte gespannt. Das Bild 11.49 zeigt einen Radspanner 8WL5070 mit dem Übersetzungsverhältnis 1:3. Für Aufwickellängen bis 2,4 m und Nachspannlängen bis 2000 m steht ein Radspanner mit dem Übersetzungsverhältnis 1:1,5 zur Verfügung. Beide Radspanner sind für Nachspannkräfte bis 40 kN dimensioniert. Die Einrastvorrichtung besteht bei diesem Radspanner aus einer kegelförmig angeordneten welligen Oberfläche an der Radaußenseite, die beim Absenken des Rades nach Leiterbruch in eine V-förmige Platte einrastet und damit die Drehung des Rades auch bei großen Nachspannkräften abbremst. Sie verhindert das Fallen der Gewichtssäule auf den Boden und begrenzt damit weitere Oberleitungsschäden, insbesondere Hängerbrüche. Das ist der wesentliche Vorteil des *Radspanners* gegenüber dem *Rollenspanner* nach dem Flaschenzugprinzip. Eine getrennte Nachspannung von Fahrdraht und Tragseil durch je einen Radspanner (Bilder 11.49 und 11.50) bewirkt auch bei unterschiedlichen Längenänderungen von Tragseil und Fahrdraht das Einhalten der jeweiligen Zugkraft. Die Führung der Gewichte ist bei der von Siemens entwickelten Nachspanneinrichtung für Hochgeschwindigkeitsoberleitungen (Bild 11.50) der Tunnelform angepasst und hält die Fluchtwege frei. Der Wirkungsgrad 0,97 der Nachspanneinrichtung ergibt ermöglicht eine genaue Fahrdrahtlage und gute Befahreigenschaften der Oberleitung.

Die gemeinsame Nachspannung von Tragseil und Fahrdraht nach Bild 11.51 erfordert nur einen Radspanner zum Abspannen der Oberleitung auf einer halben Nachspannlänge und wird von mehreren Bahnverwaltungen bis 200 km/h verwendet. Die geringfügig unterschiedliche Ausdehnung der beiden Leiter wird damit aber nicht in jedem Fall vollständig kompensiert, weshalb für Hochgeschwindigkeitsoberleitungen mit möglichst konstanten Fahrdrahthöhen, die getrennte Nachspannung empfohlen wird. Die Einrastvorrichtung besteht bei dem in Bild 11.51 gezeigten Typ aus einer gezahnten Radaußenkante, die sich bei Leiterbruch auf eine Sperrplatte absenkt und den Fall der Gewichte stoppt.

11.2 Oberleitungen

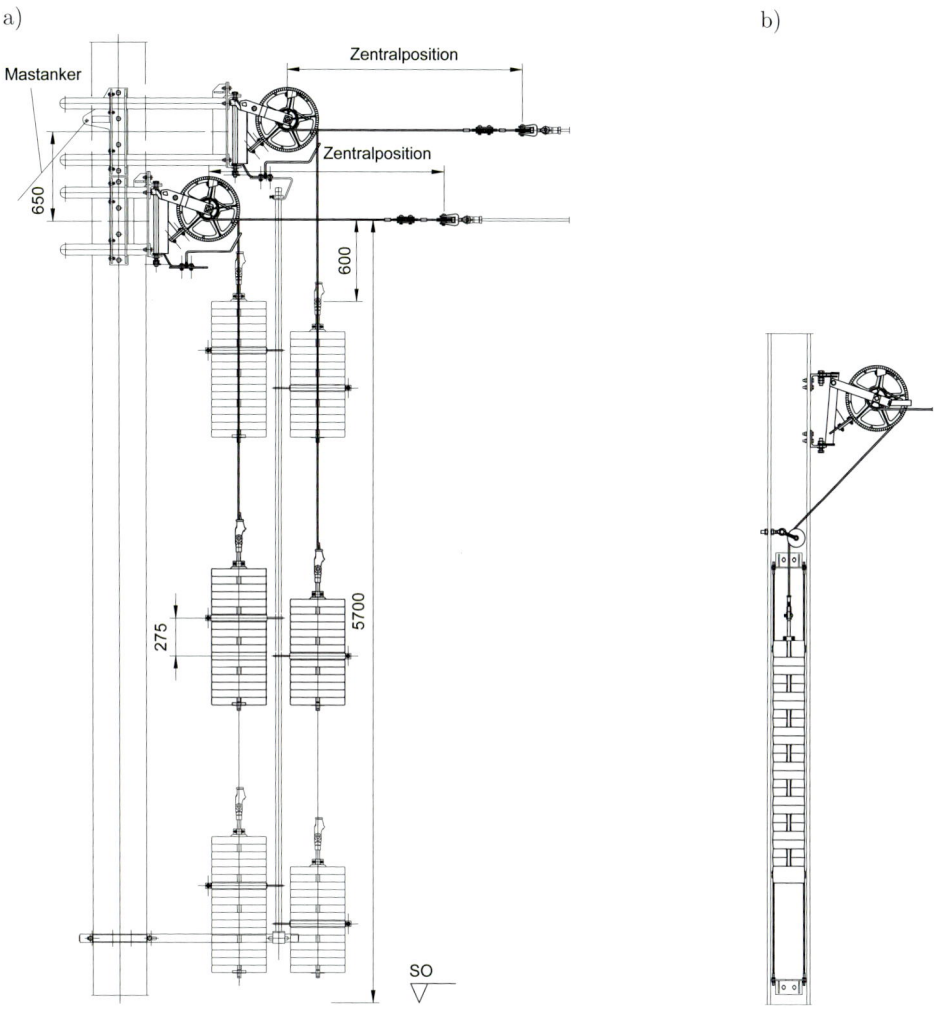

Bild 11.52: Nachspanneinrichtung der Oberleitung Sicat H1.0 mit einer Führungsstange für zwei Gewichtssäulen a) und mit Gewichtsführung im Mast b) (Siemens AG).

Der Satz der *Gegengewichte* der Nachspanneinrichtungen wird aus Einzelgewichten aus Beton oder verzinktem Temperguss zu 12,5 kg, 25 kg oder 50 kg aufgebaut und an einer Stange geführt (Bild 11.52 a)). Für Nahverkehrsoberleitungen werden auch Bleigewichte verwendet, die sich unauffällig zwischen den Flanschen in H-Masten unterbringen lassen. In öffentlichen Bereichen wie Bahnsteigen wird ein Schutzkorb um die Gewichte angeordnet, um Personen vor dem Absenken der Gewichtssäule zu schützen.

Rollenradspanner arbeiten nach dem *Nachspanneinrichtung!mit Flaschenzug*. Mit mehrfachen Übersetzungen wird die Gewichtskraft auf das Kettenwerk als Horizontalkraft

Bild 11.53: Flaschenzugnachspanneinrichtung auf der Strecke Paris–Straßburg (Bild: SNCF).

Bild 11.54: Federnachspanneinrichtung für Richtseile und Nachspannlängen bis 180 m (Siemens AG).

übertragen. Bild 11.53 zeigt eine solche Nachspanneinrichtung der SNCF auf der Strecke Paris–Straßburg. Rollenradspanner ohne Einrastvorrichtung oder Bewegungsbegrenzung bei Leiterbruch können Folgeschäden in der Oberleitung verursachen.

11.2.3.3 Nachspanneinrichtungen ohne Gegengewichte

Federnachspanneinrichtungen:
Einfache *Federnachspanneinrichtungen* arbeiten mit einer länglichen Spannfeder in einem kolbenförmigen Gehäuse und sind für kurze Nachspannlängen bis 180 m und Zugkräfte bis 10 kN geeignet (Bild 11.54). Für Nachspannlängen über 180 m werden vereinzelt, z. B. bei beengten Einbauräumen im Tunnel oder in Bahnhöfen, Federnachspanner gemäß Bild 11.55 verwendet. Ihr Gehäuse enthält mehrere Triebfedern deren progressive Federcharakteristik über seitliche spiralförmige Seilführungen ausgeglichen wird. Für diese Art Nachspanneinrichtungen sind besondere Prüfbedingungen (Abschnitt 11.5.4), eventuelle Minderungen der zulässigen Leiterzugkraft (Abschnitt 4.2) durch geringere Wirkungsgrade und vorgegebene Wartungsintervalle zu beachten.

Hydraulische Nachspanneinrichtungen:
Die *hydraulische Nachspanneinrichtung* reguliert die Zugkraft im Kettenwerk über die Volumenänderung eines Gases oder einer Flüssigkeit in einem Zylinder. Diese bewirkt eine axiale Bewegung auf einen Kolben, der die Zugkraft in der Fahrleitung, wie im Bild 11.56 dargestellt, nachführt. Die vorgegebene Zugkraft des Kettenwerkes lässt sich

11.2 Oberleitungen

Bild 11.55: Federnachspanneinrichtung für ganze Nachspannlängen im Bahnhof Nevjanski in Russland (Foto: Firma J. N. Eberle Federnfabrik GmbH.

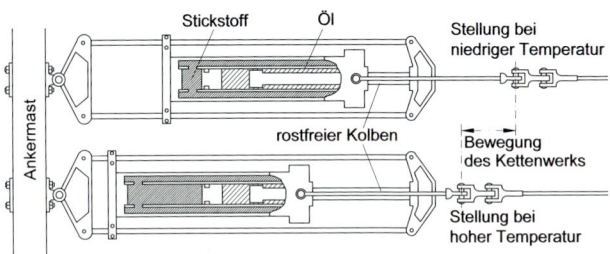

Bild 11.56: Hydraulische Nachspannvorrichtung.

durch Anpassen des Gasdruckes im Zylinder bei der Montage einstellen. Diese Einrichtung reagiert nur auf Änderungen der Umgebungstemperatur, nicht aber auf Zugkraftänderungen in der Oberleitung.

Elektromechanische Nachspanneinrichtungen:
Die *elektromechanische Nachspanneinrichtung* [11.10] gleicht Zugkraftänderungen infolge temperaturabhängiger Längenänderungen des Kettenwerkes mit einem elektrisch angetriebenen Spindeltrieb aus, dessen Reaktionsschwelle einstellbar ist. Die elektromechanische Nachspanneinrichtung erfordert die Zuführung von Elektroenergie.

11.2.4 Trenneinrichtungen

11.2.4.1 Aufgaben und Anforderungen

Trenneinrichtungen sind gemäß DIN EN 50 119 Streckentrenner und Trenner mit neutralen Abschnitten. Ein *Streckentrenner* ist eine Trennstelle, gebildet durch Isolatoren, die in der Oberleitung eingefügt und mit Kufen oder ähnlichen Bauteilen ausgerüstet ist, um eine ununterbrochene Stromabnahme beim Befahren mit Stromabnehmer zu sichern. (IEV-IEC 60 050-811 36-15). *Streckentrenner* werden im Fernverkehr vorwiegend in Weichenverbindungen von Bahnhöfen und Überleitstellen und im Nahverkehr auch zwischen den Unterwerken verwendet, um die Oberleitung in einzelne Schalt- und Speiseabschnitte zu unterteilen und so deren selektives Abschalten und Bahnerden zu ermöglichen.

Ein *Trenner mit neutralem Abschnitt* ist eine Trennstelle, die ein Zusammenschalten von zwei aufeinanderfolgenden elektrischen Abschnitten mit unterschiedlicher Spannung oder Phasenlage durch Stromabnehmer vermeidet und damit die Funktion einer Schutzstrecke erfüllt (IEV-IEC 60 050-811 36-16). Trenner mit neutralen Abschnitten werden im Fernverkehr für Phasen- und Systemtrennstellen verwendet. Im Nahverkehr werden sie von einigen Verkehrsbetrieben anstelle von Streckentrennern eingesetzt. Im neutralen Abschnitt ist eine Stromversorgung oder Stromrückspeisung des Fahrzeuges nicht möglich, sein Hauptschalter muss ausgeschaltet werden, damit kein Lichtbogen entsteht.

Trenneinrichtungen können abhängig von ihrer Ausführung, der Oberleitungsbauweise und dem Stromabnehmertyp mit Betriebsgeschwindigkeiten bis 160 km/h, in der Grenze bis 200 km/h befahren werden. Für höhere Geschwindigkeiten nutzt man in den durchgehenden Hauptgleisen Streckentrennungen aus parallelen Oberleitungsabschnitten (IEV-IEC 60 050-811 36-14), auch als *isolierende Überlappungen* bezeichnet.

Da die Trenneinrichtungen in die Oberleitung eingefügt werden, müssen sie die Zugkräfte der angeschlossenen Drähte und Seile ertragen. Die mechanische Festigkeit der Trenneinrichtung muss so bemessen sein, dass beim 1,33fachen der Betriebsbelastung keine bleibende Verformung auftritt. Gemäß DIN EN 50 119 müssen die Abspannklemmen die angeschlossenen Seile oder Drähte mindestens mit der 2,5fachen Betriebslast oder dem 0,85fachen der festgelegten Nennzugfestigkeit des Leiters halten. Der niedrigere Wert muss dabei in jedem Fall erreicht werden. Klemmen und Höhenregulierbarkeit der Gleitkufen müssen für die verwendeten Fahrdrahtprofile gemäß DIN EN 50 149 und deren verschleißbedingten Änderungen verträglich sein.

Wenn sie von einem Stromabnehmer befahren wird, darf sich durch die Trenneinrichtung gemäß DIN EN 50 119 die Kontaktkraft zwischen Oberleitung und Stromabnehmer auf nicht mehr als 350 N erhöhen und dürfen die Schleifstücke des Stromabnehmers nicht beschädigt werden. Dieser im Vergleich zu sonstigen Kontaktkraftvorgaben erhöhte Grenzwert ist einerseits erforderlich, um den Elastizitätsunterschieden Rechnung zu tragen und andererseits wegen der im Vergleich zum Fahrdraht einfacheren Austauschbarkeit der Verschleißteile vertretbar. Seine Einhaltung erfordert vor allem bei Befahrgeschwindigkeiten über 130 km/h geringe Massen und exakt regulierte Gleitübergänge in der Fahrdrahtebene.

Beim Bemessen und Anordnen der Gleitkufen und Luftstrecken sind die Maße und Abstände der Schleifstücke der verwendeten Stromabnehmer und das Wanken der Fahrzeuge zu berücksichtigen.

Die Isolatoren der Trenneinrichtungen müssen den einschlägigen Normen, z. B. der DIN EN 50 151, genügen. Falls die Schleifstücke der Stromabnehmer über die Isolierelemente der Streckentrenner gleiten, können leitfähige Kohle- oder Metallablagerungen entstehen und gegebenenfalls längere Kriechwege erforderlich sein. Ein von der Fahrt des Stromabnehmers in einen geerdeten Streckenabschnitt verursachter Kurzschluss oder das Überbrücken des Streckentrenners bei Fahrten in neutrale Streckenabschnitte darf die Trenneinrichtung mechanisch nicht beeinträchtigen. Dazu sind Lichtbögen durch Lichtbogenableiteinrichtungen von wärmeempfindlichen Bauteilen fernzuhalten und gezielt zu unterbrechen.

11.2 Oberleitungen

Tabelle 11.8: Technische Daten von Streckentrennern.

Baureihe Sicat 8WL		5545-7A	5545-8A	5545-4A	5545-2A
Nennspannung	kV	3	3	25	25
Luftstrecke	mm	60	60	220	220
Kriechweg	mm	450	450	1 200	1 200
Länge	mm	1 725	1 725	2 490	2 490
Höhe	mm	208	208	238	238
Breite	mm	340	362	450	472
Masse	kg	13	13,8	15,9	16,4
Nennkraft	kN	90	90	90	90
Betriebskraft	kN	30	30	30	30
Anzahl Fahrdrähte		1	2	1	2

Trenneinrichtungen sollen einfach und schnell montierbar und regulierbar sein, um die für den Einbau erforderlichen Sperrpausen kurz zu halten. Verschleißteile wie Kufen und Lichtbogenhörner sollen leicht austauschbar sein, wenn eine starke Beanspruchung dieser Teile nicht vermeidbar ist. Das Montieren, Regulieren und Instandhalten von Streckentrennern erfordern qualifiziertes Personal und eine genaue Arbeitsanweisung.

11.2.4.2 Streckentrenner

Bei *Streckentrennern*, die Schaltgruppen und Speiseabschnitte in Oberleitungsanlagen trennen, dürfen gemäß IEC 60 913 und DIN EN 50 122-1 geringere Mindestabstände in Luft verwendet werden, als diese sonst zwischen den unter Spannung stehenden und geerdeten Bauteilen erforderlich sind, und zwar
– 50 mm bis 3 kV,
– 100 mm bei 15 kV und
– 150 mm bei 25 kV.

Für Trenner mit neutralen Abschnitten sind je nach Ausführung größere Luftstrecken erforderlich, um eine Überbrückung durch Stromabnehmer auszuschließen.

Für Streckentrenner gibt es zahlreiche Ausführungsformen, die sich vor allem bezüglich Form und Anordnung der Isolatoren und Kufen unterscheiden.

Der Streckentrenner Sicat 8WL5545, auch Leichtbaustreckentrenner genannt, (siehe Bilder 11.57 bis 11.59 und Tabelle 11.8) für Spannungen bis DC 3 kV und AC 25 kV hat die konstruktiven Merkmale:
– Die zugbelasteten Bauteile sind in der Kraftachse nahe der Fahrdrahtmitte angeordnet, um das Biegemoment klein zu halten.
– Die Bauteilmassen sind gering.
– Die Einzelteile bilden ein Baukastensystem aus dem sich mehrere Streckentrennertypen zusammenstellen lassen (siehe Tabelle 11.8).
– Die eingesetzten Klemmen sind für den Anschluss der Fahrdrähte AC-/BC-80 bis AC-/BC-150 nach DIN EN 50 149 sowie spezielle chinesische Fahrdrähte geeignet (Abschnitt 16.3.13).
– Die Montage ist auf dem gespannten Fahrdraht ohne vorheriges Zugentlasten und Einschneiden möglich.

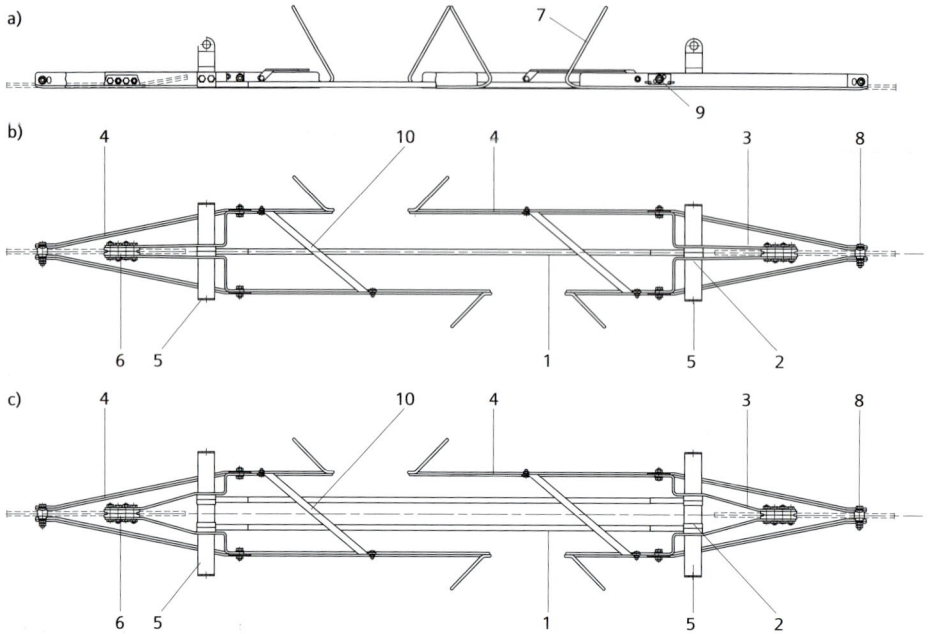

Bild 11.57: Leichtbau-Streckentrenner Sicat 8WL5545.
Seitensicht (a) Draufsichten Einstabvariante (b) Zweistabvariante (c)
1 Verbundisolator, 2 Klemmstein, 3 Zuglasche, 4 Kufe, 5 Aufhängebügel, 6 Fahrdrahtklemme, 7 Lichtbogenhorn, 8 Kufenklemme, 9 Kulissen-Höhenregulierung, 10 Steg

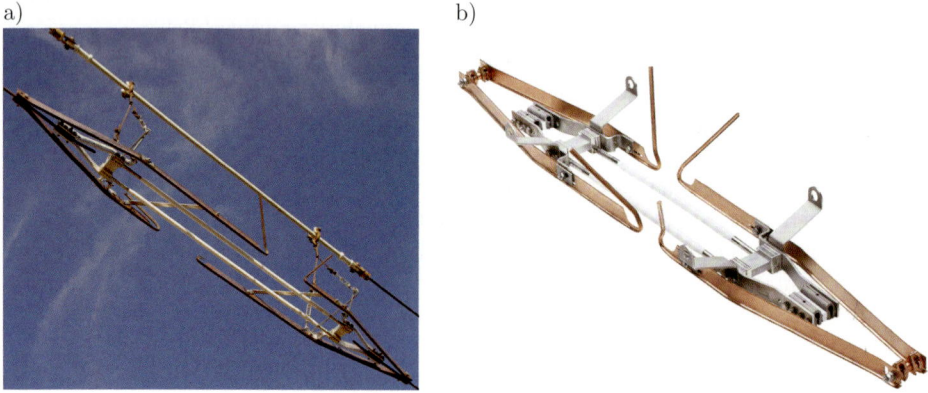

Bild 11.58: 25-kV-Leichtbau-Streckentrenner Sicat 8WL5545-4A für einen Fahrdraht a) und Sicat 8WL5545-8A für 3 kV Nennspannung und Doppelfahrdraht b).

Die Verbundisolatoren (1) in der Mitte des Streckentrenners (siehe Bild 11.57) bestehen jeweils aus einem mit PTFE umhüllten Glasfaserstab mit beidseitig aufgepressten Endstücken zum Übertragen der Zugkräfte. Mittels eingedrehter Rillen an den Endstücken wird der Isolierstab form- und kraftschlüssig in den Klemmsteinen (2) befestigt. Die PTFE-Umhüllung der Isolierstäbe ist bis 3,5 mm Abrieb befahrbar. Wenn dieser Abrieb erreicht ist, werden die Isolierstäbe nach Zugentlastung und Lockern der Schrauben der Klemmsteine um 180° gedreht. Eine zweite Drehung um 90° und eine Dritte um 180° sind nach weiterem Verschleiß vorgesehen, um die Nutzungsdauer der Isolierstäbe zu verlängern.

Beidseitig der Klemmsteine sind Zuglaschen (3) mit angeschraubten Kufen (4) und Aufhängebügeln (5) angebracht. Im spitz zulaufenden Ende der Zuglasche befindet sich die Fahrdrahtklemme (6) zum zugfesten Anschluss an die Fahrdrahtenden. Die Kufen bestehen aus einem Kupfer-Flachprofil mit entsprechend gewählten Radien und einem unten liegenden Wulst, aus dem die Lichtbogenhörner (7) herausgearbeitet sind. Mit jeweils einer Kufenklemme (8) am spitzen Ein- und Auslauf des Streckentrenners werden die Kufenpaare über Rundlöcher bei neuem Fahrdraht AC-100 oder über Langlöcher höhenverstellbar bei anderen Fahrdrahtprofilen am Fahrdraht befestigt. Weitere Befestigungen der Kufen finden sich an den gebogenen Zuglaschen mit einer Feineinstellung durch eine Kulissen-Höhenregulierung (9). Mit der Kulissenplatte kann bei gelockerter Schraube durch leichtes Verschieben die vertikale Lage der Kufe in kleinen Schritten selbsthemmend eingestellt werden. Stege (10) verbinden jeweils ein Kufenpaar zur Stabilisierung.

Der Streckentrenner wird über die Aufhängebügel, Spannschlösser, Seilklemmen und das Hängerseil am Verbundisolator im Tragseil befestigt (Bild 11.58). Dieser besteht aus einem silikonüberzogenen Glasfaserstab, an dessen Enden jeweils Laschenarmaturen aufgepresst sind, die die Zugkräfte des Tragseiles übertragen. Die Höhenlage des Streckentrenners lässt sich grob über die Seilklemmen und fein über die Spannschlösser einstellen und an Gleisüberhöhungen in Gleisradien anpassen.

Die Streckentrenner sind für Hochkettenoberleitungen vorgesehen. Angepasst an die jeweilige Einbausituation werden sie auch in Tunnel, Depots und in Einfachfahrleitungen verwendet. Die Schleifstücke des Stromabnehmers gleiten stoßfrei vom Fahrdraht auf den spitzen Kufeneinlauf. Die Kufen führen die Schleifstücke mit mindestens 2 mm Abstand unterhalb der Endstücke und vermeiden so deren Beschädigungen. Wegen der asymmetrischen Anordnung der zur Isolation erforderlichen Luftstrecke steht jedes der beiden Schleifstücke des Stromabnehmers immer im Kontakt mit mindestens einer Kufe des Streckentrenners. Dadurch liegt am Stromabnehmer stets Spannung an. Beim Wanken des Triebfahrzeuges oder bei Einzelfederung der Schleifstücke ist es möglich, dass die PTFE-Umhüllung der Verbundisolatoren und die Kufenenden durch die Schleifstücke des Stromabnehmers einen geringen Verschleiß erfahren. Der Übergang auf die Kufen des anderen Potenzials vollzieht sich kontinuierlich. Beim Befahren des mittleren Bereichs kann es bei hoher Leistungsaufnahme des Triebfahrzeugs wie bei allen Streckentrennern zu kurzen energiearmen Kommutierungs-Lichtbögen kommen. Die bei unbeabsichtigten Fahrten in neutrale oder geerdete Oberleitungsabschnitte entstehenden leistungsstarken Lichtbögen mit Betriebs- bzw. Kurzschlussströmen werden an den

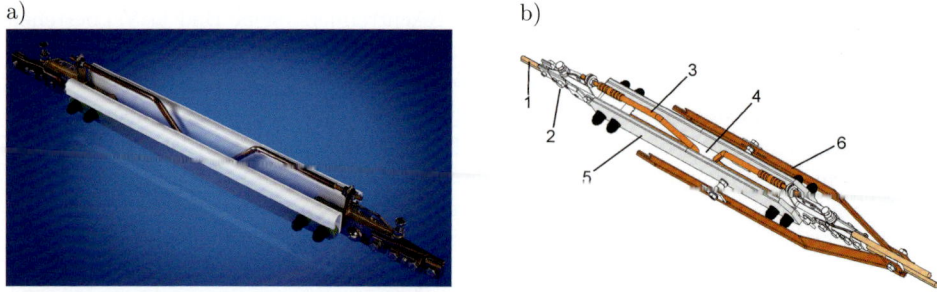

Bild 11.59: Streckentrenner für den Nahverkehr bis 1,5 kV.
a) Sicat 8WL5510-0, b) Sicat 8WL5570-1AF

Bild 11.60: Trenner mit neutralen Abschnitt Sicat 8WL5546-3 für den Nahverkehr bis 1,5 kV.

inneren Lichtbogenhörnern nach oben abgeleitet und verlöschen, ohne den Streckentrenner zu beschädigen. Tabelle 11.8 enthält die technischen Daten der verschiedenen Bauformen. Für ein gutes Zusammenwirken mit dem Stromabnehmer ist u. a. die Metermasse wichtig. Diese beträgt bei der 25-kV-Bauform des Streckentrenners nur rund 6 kg/m. Der Leichtbau-Streckentrenner Sicat 8WL5545 ist in Abhängigkeit von den Oberleitungsbauarten, in die er eingebaut wird, bis 200 km/h befahrbar.

Für den Nahverkehr haben sich die im Bild 11.59 gezeigten Streckertypen 8WL5510-0 und 8WL5570-1AF für Gleichspannungen bis 1,5 kV bewährt. Sie können mit Betriebsgeschwindigkeiten bis 80 km/h befahren werden. Bei der Montage wird bei diesen beiden Streckentrennern der ungeschnittene Fahrdraht (1) beidseitig in die Abfangstücke (2) eingeklemmt und anschließend durchgesägt. Den Kontakt zum Stromabnehmer übernehmen ab diesen Stellen zwei höhenregulierbare Einstellbügel (3), die im Mittelbereich zur Lichtbogenableitung nach oben geführt werden. Zwischen den beiden Einstellbügeln befindet sich die Luftstrecke (4) mit 60 mm Länge. Besonderes Kennzeichen dieser Bauform sind zwei Isolierleisten (5) zur Aufnahme der Fahrdrahtzugkraft. Die Isolierleisten werden im Mittelabschnitt von den Stromabnehmerschleifstücken befahren. Der Typ 8WL5570-1AF (Bild 11.59 b)) hat außenseitige Kufen (6) und eine Hauptfahrrichtung, die günstigere elektrische Eigenschaften des Streckentrenners bei hohen Betriebsströmen ergeben. Der Verschleiß der elektrisch beanspruchten Streckentrennerteile lässt sich durch die kurzzeitige Begrenzung des Fahrzeugstromes reduzieren oder vermeiden.

11.2.4.3 Trenner mit neutralen Abschnitten

Ein im Nahverkehr bei manchen Verkehrsbetrieben eingesetzter *Trenner mit einem neutralen Abschnitt* ist in Bild 11.60 dargestellt. Im Unterschied zu den Streckentrennern

11.2 Oberleitungen

Bild 11.61: Verkürzte 25-kV-Phasentrennstelle aus neutralen Sektionen Sicat 8WL5545-4D.

im Bild 11.59 beträgt die Luftstrecke 450 mm und wird vom Stromabnehmer nicht überbrückt. Der Streckentrenner soll stromlos befahren werden, damit kein Lichtbogen beim Fahren in den neutralen Abschnitt entsteht. Die notwendige Abschaltung des Leistungsschalters wird dem Straßenbahnfahrer über ein T-Schild signalisiert.

Mit dieser Lösung werden das Überbrücken von Speisebereichen der DC-Unterwerke und daraus eventuell folgende Schutzprobleme vermieden. Für die Fahrer sind allerdings häufigere Schalthandlungen erforderlich, die manchmal vergessen werden, was dann zu Lichtbögen und Verschleiß an den Trennern führt.

Im Fernverkehr werden *verkürzte Schutzstrecken* gemäß Bild 11.61 eingesetzt. Sie bestehen aus zwei neutralen Abschnitten, deren Konstruktion dem im Abschnitt 11.2.4.2 beschriebenen Streckentrenner 8WL5545 ähnelt. Die Luftstrecke des neutralen Abschnitts beträgt jedoch 1 500 mm und der Kriechweg 2 010 mm. Die Schutzstrecke kann mit 160 km/h befahren werden. Der Mittelabschnitt zwischen den neutralen Abschnitten ist geerdet.

Die neutralen Sektionen können auch für Systemtrennstellen eingesetzt werden. Phasentrennstellen und *Systemtrennstellen* mit neutralen Abschnitten können auch aus mehreren Streckentrennern, z. B. Sicat 8WL5545 (Bild 11.57), gebildet werden.

In beiden Fällen dürfen die Phasen und Systeme nicht überbrückt werden. Fahren Züge mit zwei angehobenen Stromabnehmern, die über eine Dachleitung verbunden sind, muss der Abstand der neutralen Abschnitte den Stromabnehmerabstand überschreiten.

Die beim Befahren mit angehobenem Stromabnehmer erforderliche Aus- und Wiedereinschaltung des Hauptschalters vor bzw. nach der Phasentrennstelle wird dem Triebfahrzeugführer über die Signale EL1 bzw. EL2 oder ähnliche signalisiert. Die Prüfung zum Nachweis des Lichtbogenlöschvermögens der Phasentrennstelle bei unbeabsichtigten Fahrten mit eingeschaltetem Leistungsschalter ist in Bild 11.112 dargestellt.

11.2.5 Oberleitungstrenn- und Erdungsschalter

11.2.5.1 Aufgabe und Anforderungen

Oberleitungstrennschalter verbinden und trennen Schaltgruppen und Speisebereiche und ermöglichen die betroffenen Abschnitte einzeln bei Störungen oder Instandhaltungsarbeiten frei zu schalten und den Betrieb auf den restlichen Gleisen fortzusetzen. Sie sind auf Oberleitungsmasten oder Schaltgerüsten montiert und stellen eine *sichtbare Trennstrecke* her. Oberleitungstrennschalter sind an den Einspeisestellen der Oberleitung oder parallel zu Streckentrennungen und Streckentrennern auf Bahnhöfen, Überleitstellen, Streckenabzweigen usw. angeordnet. Für den Einsatz im Bereich von Ladegleisen oder Instandhaltungsstätten können sie mit einem Erdkontakt zum Bahnerden der Oberleitung ausgerüstet werden. Bipolare Oberleitungstrennschalter erfüllen die gleiche Aufgabe in Mehrspannungssystemen wie 2 AC 15 kV oder 2 AC 25 kV [11.11]. Erdungsschalter dienen zum Bahnerden von Oberleitungsabschnitten.

Die DIN EN 50 119 verlangt, dass die Oberleitungstrennschalter zusammen mit den vor Ort zu montierenden Antrieben und Schaltgestängen in DC-Anlagen die Anforderungen nach DIN EN 50 123-4 und in AC-Anlagen nach DIN EN 50 152-2 erfüllen müssen. Diese Normen enthalten Anforderungen für einpolige Trennschalter, Erdungsschalter und Lastschalter für Bahnanwendungen in DC- bzw. AC-Anlagen. Die DIN EN 50 152-2 verweist auf weitere Normen für Schaltgeräte und Hochspannungs-Prüftechnik wie DIN EN 62 271 und DIN EN 60 060. Oberleitungstrennschalter sind für den vorgegebenen Bemessungsstrom und die Bemessungsspannung der Anlage auszulegen. Sie werden in der Regel nicht als Lasttrennschalter genutzt; sie sollten jedoch Betriebsströme in beschränktem Maß unterbrechen können, da ein stromloses Schalten nicht immer gesichert ist. Deshalb werden sie auch als Oberleitungsschalter bezeichnet.

Die DIN EN 50 119 fordert, dass Oberleitungstrennschalter den Bemessungsbetriebsstrom in einer vom Auftraggeber festgelegten Anzahl von Schaltungen ausschalten können. Die Oberleitungstrennschalter müssen ohne Last oder mit festgelegtem Strom geöffnet oder geschlossen werden können. Der Auftraggeber sollte das geforderte Ausschalt- und Einschaltvermögen sowie die mechanische und elektrische Lebensdauer vorgeben. Da das Ausschalten des Stroms mit Oberleitungstrennschaltern Lichtbögen verursacht, müssen sie so angeordnet werden, dass die Lichtbögen keine anderen Anlagenteile beschädigen. Wenn das nicht möglich ist, ist sicherzustellen, dass stromlos geschaltet wird oder es sind Lasttrennschalter zu verwenden, bei denen der Lichtbogen in einer Schaltkammer gelöscht wird.

Die Antriebe müssen die Oberleitungstrennschalter über das Gestänge zuverlässig bei allen zu berücksichtigenden Witterungsbedingungen ein- und ausschalten können und

11.2 Oberleitungen

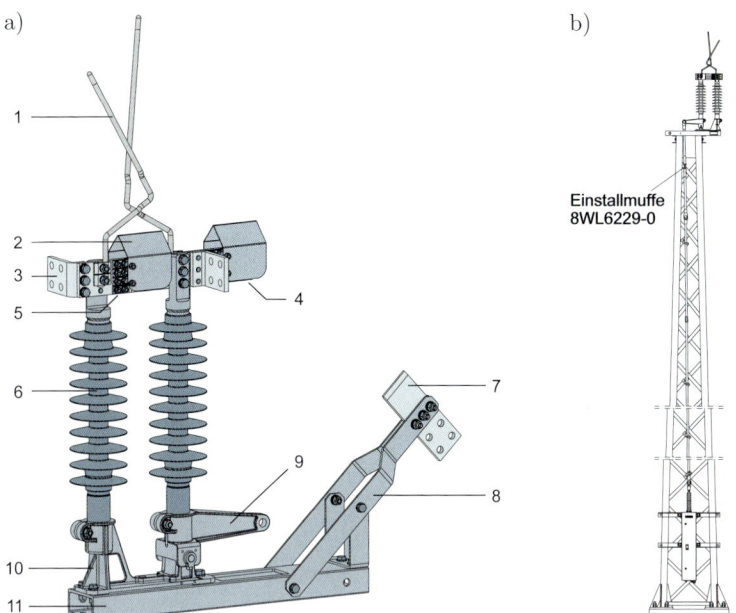

Bild 11.62: Oberleitungstrennschalter Sicat 8WL6144-1 für 15 kV und 25 kV (a) und seine Anordnung mit Antrieb und Schaltgestänge am Mast (b).

eine Rückmeldung des Schaltzustandes geben. Eine Einstellmuffe dient zum Feineinstellen der Einlauftiefe des Kontaktmessers in den Federkontakt (Bild 11.62 b)). Da die Schaltgeräte mit ihren Antrieben und Schaltgestängen erst vor Ort zusammen montiert werden können, ist auf Grundlage genauer Instruktionen bei der Planung und Montage das Gestänge so anzuordnen, dass die Funktion der Geräte gesichert ist. Die Prüfungen von Oberleitungstrennschaltern sind im Abschnitt 11.5.9 beschrieben.

11.2.5.2 Oberleitungstrennschalter für Wechselstrombahnen

Bild 11.62 zeigt den *Oberleitungstrennschalter* Sicat 8WL6144-1 für die Nennspannungen 15 kV und 25 kV. Der Sockel (10) und der Schwenksockel (9) des Oberleitungstrennschalters sind auf einer Grundplatte (11) montiert und bilden mit je einem Verbundisolator (6), Kontakt (5), Anschlussstück (3) und Lichtbogenhorn (1) die feststehende bzw. bewegliche Schaltsäule. An der beweglichen Schaltsäule ist bei der Ausführung 8WL6144-1 noch eine Kontaktfeder für die Erdung (4) befestigt, die beim Öffnen des Trennschalters in das Kontaktmesser der Erdung (7) gedrückt wird. Die Kontaktsätze sind durch Schutzdächer (2) vor der Witterung geschützt.

Der Oberleitungstrennschalter wird meist auf einer Traverse an der Spitze des Oberleitungsmastes befestigt und über ein Gestänge mit dem Schalterantrieb verbunden. Der Antrieb öffnet und schließt den Trennschalter mit 200 mm Schalthub (Bild 11.62 b)).

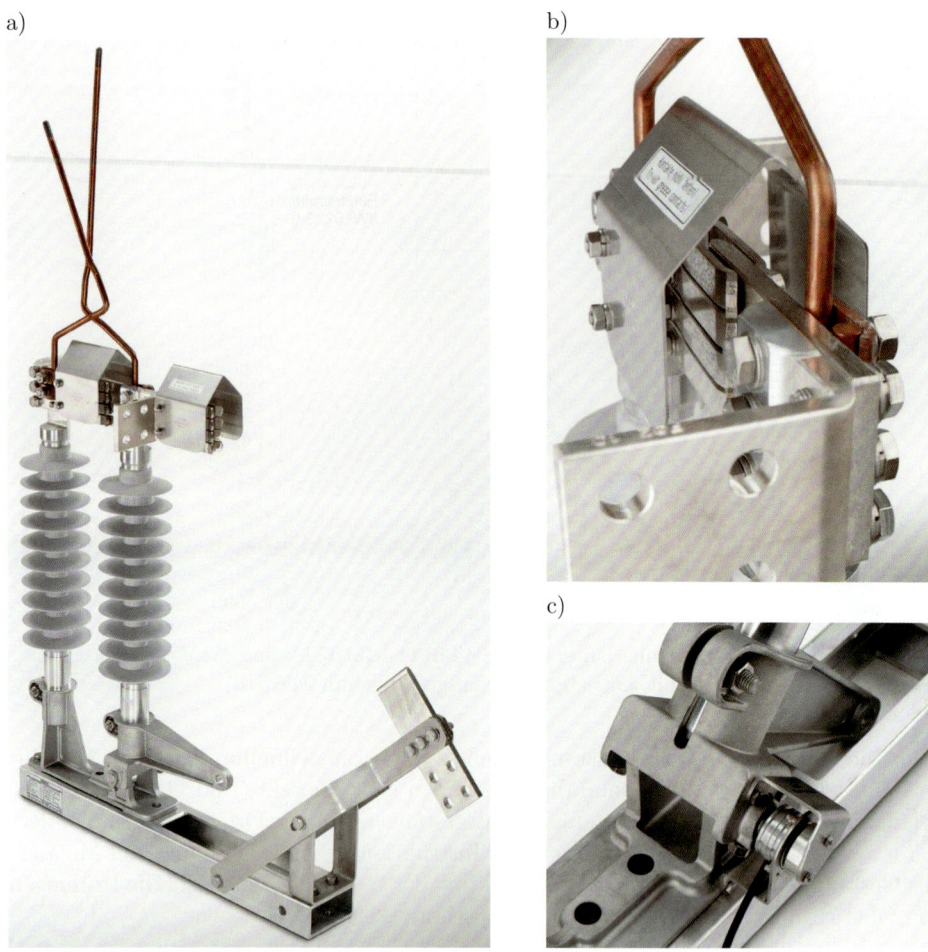

Bild 11.63: Oberleitungstrennschalter Sicat 8WL6144-1 mit Erdkontakt (a), Kontaktsatz (b) und Sicat DMS zur Schalterstellungsmeldung (c).

Durch Verbundisolatoren (Bild 11.62 a)) und große Luftstrecken erreicht der Oberleitungstrennschalter hohe Isolationswerte, die für einen universellen Einsatz in 15- und 25-kV-Bahnnetzen vorteilhaft sind (Tabelle 11.9). Die Ausführung und Silbergraphitbeschichtung der wartungsfreien Kontaktsätze gestatten 40 kA Bemessungs-Halte-Kurzzeitstrom für 1 s und 2,5 kA Bemessungsstrom. Lichtbogenhörner mit Wolframspitzen unterbrechen Betriebsströme beim Öffnen des Trennschalters und lassen die dabei entstehenden Lichtbögen innerhalb weniger Sekunden verlöschen. Der angebaute Erdkontakt kann Oberleitungen über Lade-, Inspektions- oder Tunnelgleisen zuverlässig bahnerden. Das Trennschalter-Monitoring-System DMS (Disconnector Monitoring System) am Fuß der beweglichen Schaltsäule (Bild 11.63 c)) erzeugt bei Bedarf eine

11.2 Oberleitungen

Tabelle 11.9: Technische Daten des Oberleitungstrennschalter Sicat 8WL6144.

Ausführung		8WL6144-0	8WL6144-1
Erdkontakt		nein	ja
Bemessungs-Halte-Kurzzeitstrom	kA	40	40/40[1)]
Bemessungs-Halte-Stoßstrom	kA	100	100/100[1)]
Bemessungs-Kurzschlussdauer	s	1	1/1[1)]
Bemessungs-Stehstoßspannung			
– zwischen den Hauptkontakten	kV	290	290
– gegen Erde	kV	250	250
Bemessungskurzzeit-Steh-Wechselspannung, beregnet			
– zwischen den Hauptkontakten	kV	110	110
– gegen Erde	kV	95	95
Maße			
– Länge	mm	760	1 070
– Breite	mm	232	232
– Höhe	mm	1 400	1 400
Gewicht	kg	22,5	30,0
Luftstrecke			
– zwischen den Hauptkontakten	mm	460	460
– gegen Erde	mm	420	420

[1)] Hauptkontakt/Erdkontakt

Schalterstellungsmeldung alternativ oder in Ergänzung zur Antriebsstellungsmeldung. Das DMS ist für das Sicherheitsniveau SIL 1 zertifiziert und damit für den Einsatz in Tunnelrettungssystemen geeignet.

Wenn ein Oberleitungsschalter unter Leitungen oder baulichen Anlagen angeordnet werden muss und nicht nur stromlos geschaltet werden kann, kann ein Lasttrennschalter gemäß Bild 11.64 verwendet werden, der zusätzlich mit einer Vakuumschaltkammer zum Löschen der Lichtbögen ausgestattet ist.

11.2.5.3 Oberleitungstrennschalter für Gleichstrombahnen

Ein Typ der DC-Oberleitungstrennschalter-Baureihe Sicat 8WL6134 ist in Bild 11.65 a) gezeigt. Auch für diese Baureihe werden Verbundisolatoren mit hoher Isolationsfestigkeit und silbergraphitbeschichtete, wartungsfreie Konktaktsätze mit 3 kA Stromtragfähigkeit verwendet. Die elektrischen Daten dieser Schaltgeräte sind in Tabelle 11.10 enthalten. Oberleitungstrennschalter im Nahverkehr werden wegen Verwendung von Kabeln und aus architektonischen Gründen oft nicht auf den Mastspitzen, sondern unterhalb auf Querträgern montiert. Das Gestänge kann im Mast geführt werden (Bild 11.65 b)).

Bild 11.64: Oberleitungslastschalter auf einer Masttraverse.

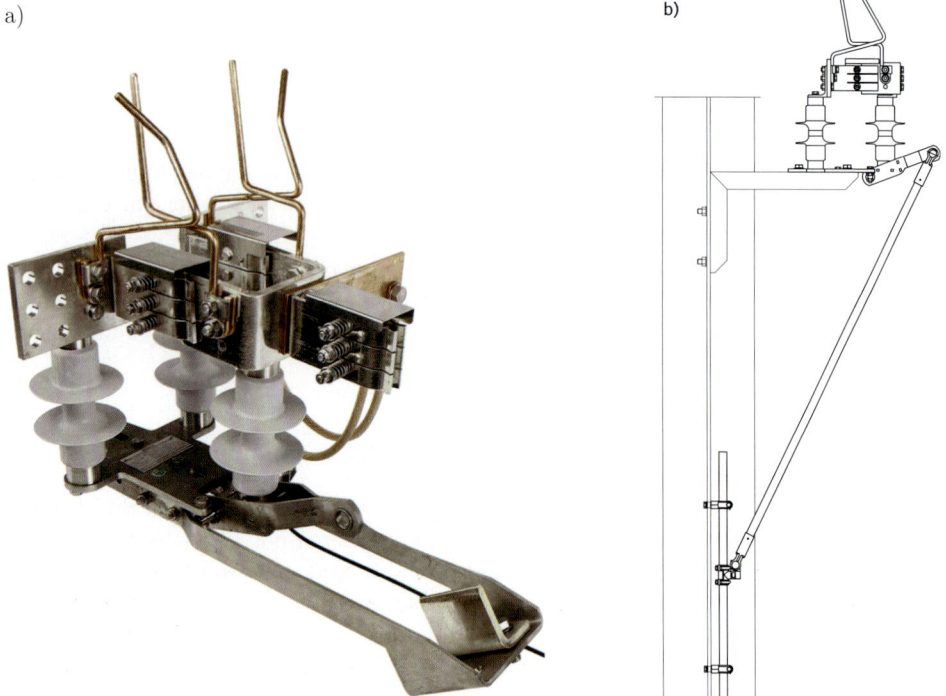

Bild 11.65: Oberleitungstrennschalter Sicat 8WL6134-4A für Gleichstrombahnen bis 3 kV.
a) Schalter, b) Gestängeführung

Tabelle 11.10: Daten der Oberleitungtrennschalter der Reihe Sicat 8WL6134 für 3 kV.

Elektrische Daten		
Nennspannung	V DC	3 000
Bemessungs-Isolationsspannung	V DC	4 800
Betriebsstrom – Sicat 8WL6134-3/-3A – Sicat 8WL6134-0B/-0C/-2/-2A/-4/-4A – Sicat 8WL6134-5	A A A	2 000 3 000 4 000
Kriechweg	mm	300
Luftstrecke zur Erde / über der Trennstrecke – Sicat 8WL6134-0B/-0C/-2/-2A – Sicat 8WL6134-3/-3A/-4/-4A/-5	mm A	180 / 200 180 / 90
Bemessungskurzzeit-Stehstoßspannung zur Erde / über der Trennstrecke	kV	40 / 80
Steh-Wechselspannung, beregnet zur Erde / über der Trennstrecke	kV	18,5 / 22,2
Bemessungs-Kurzzeitstrom	kA	40
Kurzzeitstromdauer Sicat 8WL6134-1 bis -4	ms	250
Kurzzeitstromdauer Sicat 8WL6134-5	s	1

a)

b)

Bild 11.66: Erdungsschalter Sicat 8WL6144-1A a) und Anordnung eines Erdungsschalters am Mast in Tunnelnähe b).

a) b)

Bild 11.67: Elektromechanischer Schalterantrieb Sicat 8WL6253-0 im Edelstahlgehäuse a) und Antrieb Sicat 8WL6243 mit Steuereinheit und DMS-Auswerteeinheit im isolierenden GFK-Gehäuse b).

11.2.5.4 Erdungsschalter

Der *Erdungsschalter* dient der Bahnerdung von Tunneloberleitungen. Er ist ähnlich den Trennschaltern aufgebaut, hat aber nur einen Verbundisolator in der beweglichen Schaltsäule (Bild 11.66). Die feststehende Schaltsäule hat Erdpotential. Der Erdungsschalter wird mit dem üblichen Schalterantrieb für Oberleitungstrennschalter betätigt und ist nicht einschaltfest. Die geschlossenen Kontaktsätze tragen einen 40 kA Bemessungs-Halte-Kurzschlussstrom für 1 s. Der Einlauf der Kontakte wird zusätzlich zur Meldung des Schalterantriebs über einen Positionsschalter überwacht. Die Steuerung und Überwachung des Trennschalters wird durch die Oberleitungsspannungsprüfautomatik (OLSP/Sicat AES) [11.12] durchgeführt. Weitere Einsatzfälle für Erdungsschalter sind Oberleitungen in Werkhallen zur Fahrzeuginstandhaltung.

11.2.5.5 Schalterantriebe

Die *Schalterantriebe* der Baureihe Sicat 8WL6243, 8WL6244, 8WL6253 und 8WL6254 betätigen Trenn- und Erdungsschalter in Oberleitungsanlagen des Nah- und Fernverkehrs über ein Schaltgestänge mit 200 mm Schalthub. Sie sind je nach Bauform in einem Edelstahl- oder isolierenden GFK-Gehäuse untergebracht (Bild 11.67), das aufgrund seiner schmalen Form in einen Profilmast eingebaut werden kann. Das GFK-Gehäuse wird vorwiegend im Nahverkehr verwendet. Die Schalterantriebe können über Kabelverbindungen ferngesteuert und vor Ort elektrisch oder manuell betätigt werden. Auch eine Funksteuerung, z. B. über GPS oder GPRS, ist optional möglich. Je nach Ausführung beträgt die Nennspannung DC 24 V, DC 48 V, 60 V, 220 V, AC 50/60 Hz 110–125 V oder 230 V. Die Kraft-Weg-Kennlinie des elektrisch angetriebenen reversierenden Maltesergetriebes stellt die höchste Stellkraft in den Endlagen beim Schließen und Öffnen der Kontaktsätze bereit. Je nach anstehender Spannung dauert ein Schaltvorgang einige Sekunden. Unbeabsichtigte Bewegungen des Trennschalters, z. B. bei Kurzschlusseinwirkung werden in beiden Endlagen durch mechanische Arretierung ausgeschlossen. Die Stellungsmeldung vom Antrieb wird entweder über die Steuerleitungen im Drei- oder Vierleiterprinzip oder über potenzialfreie Kontakte übertragen. Die Auswerteeinheit für die zusätzliche *Schalterstellungsmeldung* Sicat DMS vom Schwenksockel des Oberleitungstrennschalters oder Erdungsschalters ist standardmäßig enthalten und erfordert keine zusätzlichen Leitungen [11.13].

11.2.6 Isolatoren

11.2.6.1 Aufgaben und Anforderungen

Isolatoren isolieren die unter elektrischer Spannung stehenden Teile der Fahrleitungen und der Bahnenergieleitungen gegeneinander sowie gegen Erde. Sie tragen die aus den potenzialführenden Anlagen herrührenden mechanischen Lasten und müssen damit sowohl elektrische als auch mechanische Anforderungen erfüllen.

Während Isolatoren in Hänge- und Abspannlage nur auf Zug belastet werden, sind sie in Auslegern und als Stützisolatoren auf Masten auch Druck- und Biegelasten ausgesetzt. Auswahl und Auslegung der Isolatortypen müssen auf diese Beanspruchung und die bei der jeweiligen Anlage gegebenen Umweltbedingungen Rücksicht nehmen.

Werte für die Bemessungsisolationsspannung von Oberleitungsanlagen und die Kriechstrecken für die einzelnen Verschmutzungsgrade sind in DIN EN 50 124-1 enthalten.

Die Anforderungen an die *Verbundisolatoren* der stationären Bahnanlagen sind in DIN EN 50 151 festgelegt, die ihrerseits auf allgemein gültigen Normen für diese Isolatorenarten verweist. Dazu zählen DIN EN 62 217, DIN EN 61 109 und DIN EN 61 952.

Für die anderen Isolatorenarten gibt es keine speziellen Normen für Bahn- oder Fahrleitungsisolatoren. DIN EN 50 119 verweist deshalb auf die allgemein gültige Normen für Isolatoren aus Keramik oder Glas, wie DIN EN 60 071, DIN EN 60 305, DIN EN 60 433, DIN EN 60 672-1, DIN EN 60 672-3, DIN EN 60 273 und legt u. a. fest, dass

– die minimale Zugfestigkeit des Isolators mindestens 95 % der rechnerischen Zugfestigkeit des Leiters und die maximale Betriebslast auf Zug nicht größer als 40 %

der minimalen Zugfestigkeit des Isolators sein darf.
- maximale Betriebslast auf Biegung und Torsion nicht größer als 40 % der minimalen Biege- bzw. Torsionsfestigkeit des Isolators sein darf.
- gleichzeitig auftretende Zug- und Biege- und/oder Torsionbelastung gegebenenfalls zu berücksichtigen sind.
- die Betriebslast für Biegung zusätzlich durch Worte für die Biegung, definiert in Kundenspezifikationen, begrenzt sein kann.

Die genannten Isolatorennormen enthalten Prüfvorgaben, die bereits bei der Dimensionierung der Isolatoren, der Auswahl der Werkstoffe und der Fertigung zu beachten sind.

11.2.6.2 Isolierwerkstoffe

Porzellan, Glas, gießharz- und glasfaserverstärkte Kunststoffe mit oder ohne polymerer Schutzschicht werden als *Isolierwerkstoffe* für Isolatoren in Oberleitungsanlagen verwendet. Porzellanisolatoren bestehen überwiegend aus *Hartporzellan* der Gruppe C120 nach DIN EN 60 672-1, das sich aus Kaolin, Feldspat und Tonerde zusammensetzt. Früher verwendete Quarzporzellane werden für die Fertigung der zugbelasteten Isolatoren nicht mehr angewandt. Die Güte des Porzellans hängt weitgehend von der mineralischen Zusammensetzung und vom Fertigungsablauf ab, insbesondere der Brandführung. Porzellan wird sowohl für Langstabisolatoren als auch für Kappenisolatoren eingesetzt.

Für Kappenisolatoren eignet sich als Isolierstoff auch *vorgespanntes Glas* nach DIN EN 60 672-2. Alkali-kalk-silicathaltiges Glas wird verwendet, welches im flüssigen Zustand geformt und dann gesteuert abgekühlt wird. Dies minimiert unerwünschte innere Spannungen.

Auch polymere Isolatoren unterschiedlicher Bauweise aus cycloaliphatischen Epoxid- und Polyurethan-Gießharzen (CEP und PUR), aus PTFE (Teflon) sowie Silikonkautschuk kommen zum Einsatz. Für Freiluftanwendungen von Kunststoffen ist eine hohe UV-Beständigkeit nötig, die bei aromatischen Epoxydharzen nicht gegeben ist. Gegenüber Porzellan und Glas ist bei Gießharzisolatoren eine größere Freizügigkeit in der Formgebung möglich, die eine hohe Maßhaltigkeit und das Eingießen von Befestigungselementen zulässt. Diesem Vorteil steht eine geringere *Kriechstromfestigkeit* gegenüber. *Verbundisolatoren* mit glasfaserverstärktem Kern, einem Silikon- oder PTFE-Gehäuse und Anschlussarmaturen sind für hohe Spannungen und große mechanische Lasten geeignet. Porzellan und Glas sind spröde, schlagempfindliche Werkstoffe, Kunststoffe dagegen zäh. Verbundisolatoren sind gegen Vandalismus resistent und vereinfachen wegen ihres geringeren Gewichtes den Transport und die Montage der Oberleitungskomponenten.

Im Nahverkehr werden GFK-Materialien ohne Silikon- oder PTFE-Gehäuse eingesetzt. Im Pultrusionsverfahren hergestellte Profile dürfen nur borfreies Glas enthalten.

11.2.6.3 Ausführungsformen und Anwendungen

Die Körper von *Porzellanlangstabisolatoren* (Bild 11.68 a)) sind in DIN IEC 60 433 genormt. Die Enden der gebrannten und glasierten Porzellankörper werden mit Blei-

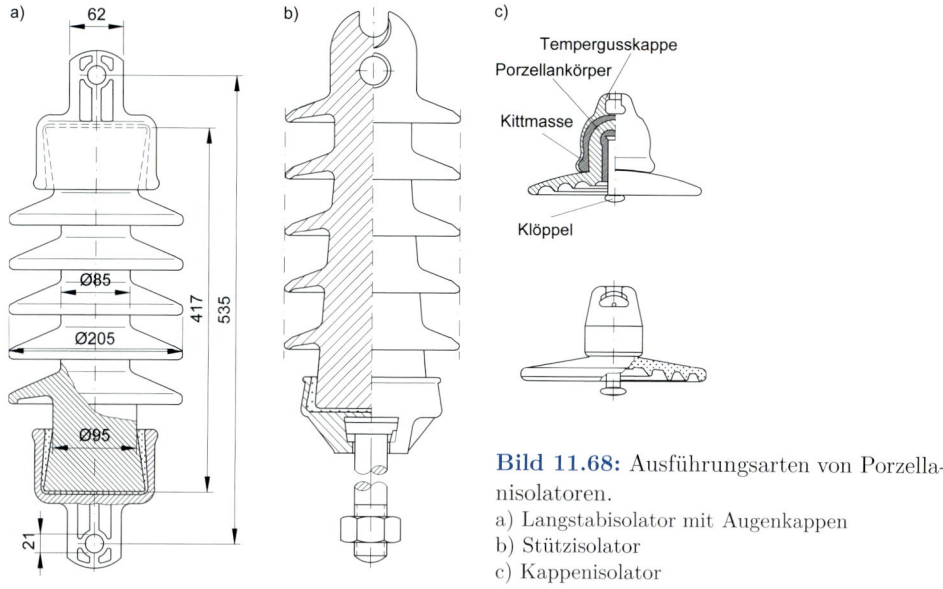

Bild 11.68: Ausführungsarten von Porzellanisolatoren.
a) Langstabisolator mit Augenkappen
b) Stützisolator
c) Kappenisolator

antimonlegierung, Portland- oder Schwefelzement in Anschlussarmaturen eingegossen. Bleilegierungen sind zwar elastisch, aber wärmeempfindlich, Portlandzement-Kittung ist starr und wärmeverträglich, Schwefelzement-Kittung ist zwar elastischer, aber weniger wärmeverträglich. *Porzellanstützisolatoren* entsprechend DIN IEC 60 273 werden auf Mastköpfen zur Führung von Bahnenergieleitungen verwendet (Bild 11.68 b)).

Kappenisolatoren werden entweder aus Porzellan oder Glas hergestellt. Die einzelnen Isolierkappen erhalten einen Klöppel und eine Pfannenkappe (Bild 11.68 c)). Die Form der Kappen lässt sich dem Anwendungszweck und dem geforderten Kriechweg anpassen. Bei Kappenisolatoren ist die Ausfallrate mit $1 \cdot 10^{-5}$ pro Jahr um rund eine Zehnerpotenz größer als bei Langstabisolatoren. Ein Schaden führt jedoch meist nicht zum mechanischen Bruch der Isolatorkette, da die Kappen und Klöppel die Bruchstücke zusammenhalten. Kappenisolatoren verhalten sich bei Verschmutzung ungünstiger als Langstabisolatoren. Ihr Kriechweg muss daher um rund 10 % höher sein als bei Langstabisolatoren. In DIN IEC 60 305 sind Kappenisolatoren genormt. Die Prüfung von Porzellanisolatoren für Oberleitungen wird in Übereinstimmung mit DIN IEC 60 383 durchgeführt. Aufgrund der genannten Nachteile der Kappenisolatoren werden weltweit zunehmend Verbundisolatoren und Porzellanlangstabisolatoren eingesetzt.

Verbundisolatoren (Bild 11.69) werden als zugbelastete Isolatoren in Längstragwerken und als zug- und biegebelastete Isolatoren in Quertrageinrichtungen aufgrund ihrer vorteilhaften elektrischen und mechanischen Eigenschaften sie bei Wechsel- und Gleichstrombahnen im Fern- und Nahverkehr zunehmend verwendet. Sie werden auf Masten als druck- und biegebelasteter Stützisolator für Bahnenergieleitungen eingesetzt. Die teilweise mit Silikon umgossenen Armaturen beeinflussen das elektrische Feld des Isolators günstig [11.14].

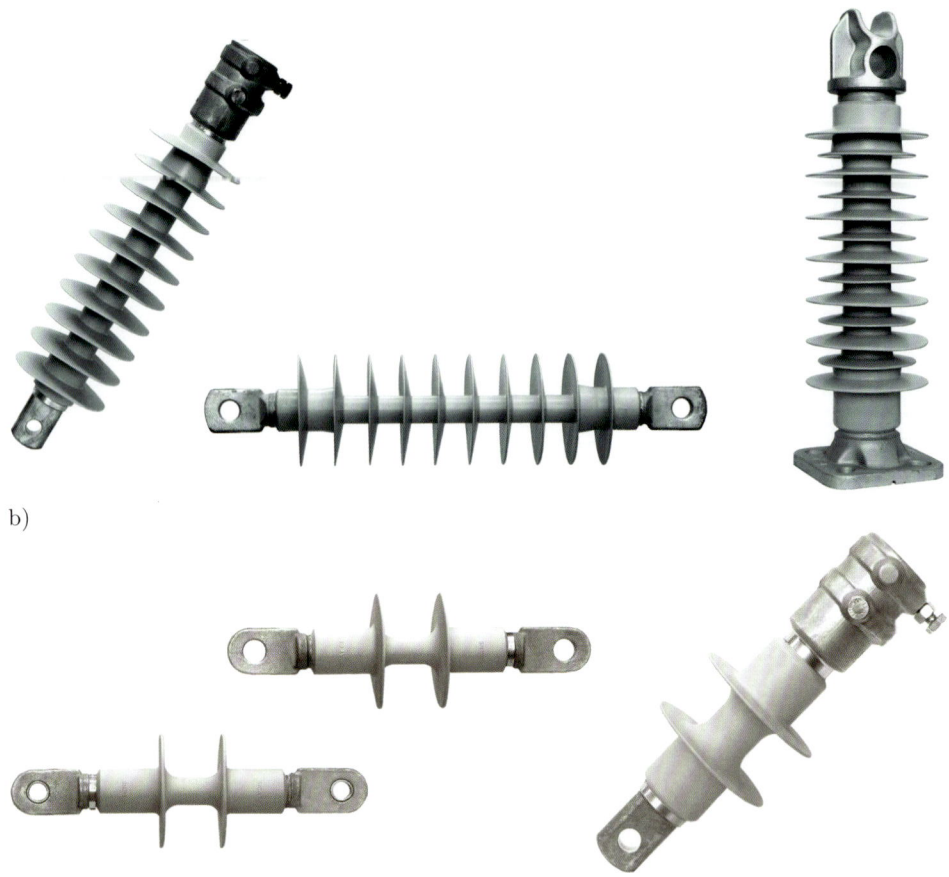

Bild 11.69: Verbundisolatoren. a) 25 kV, b) 3 kV

Verbund- und GFK-*Schlingenisolatoren* (Bild 11.70) mit einer um die Armatur gewickelten GFK-Schleife aus borfreiem Glasfasern und Epoxydharz werden bei Oberleitungen für Stadtbahnen, Straßenbahnen und Obuslinien verwendet. Der Typ Sicat 8WL3001-2 in den Bilder 11.70 a) und 11.71 hat ein Silikongehäuse und erfüllt die Anforderungen an Verbundisolatoren nach DIN EN 50 151. Er ist für ungünstige Umweltbedingungen mit starker Verschmutzung besonders geeignet. Die Kauschenform ist für 13er, 16er und 19er Bolzen verwendbar. Die anderen beiden Typen ohne Silikonüberzug sind mit einer Ringöse ausgestattet und haben sich unter normalen Bedingungen bewährt. Die technischen Daten enthält Tabelle 11.11.

In Nahverkehrsanlagen verwendet man häufig doppelte Isolation und verzichtet auf die Bahnerdung der Quertragwerkseinrichtungen. Dabei werden zwei Isolatoren in Reihe mit dazwischen liegendem neutralen Bereich nach Bild 11.72 eingebaut. Die doppelte Isolation schützt beim Arbeiten unter Spannung die Monteure gegen das gleichzeitige

11.2 Oberleitungen

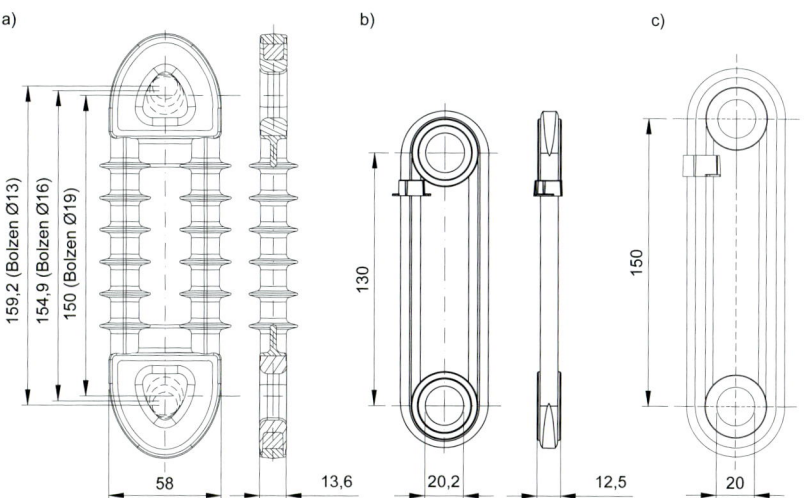

Bild 11.70: Ausführungsarten von Schlingenisolatoren.
a) Schlingen-Verbundisolator Sicat 8WL3001-2 bis 1,5 kV
b) GFK-Schlingenisolator Sicat 8WL3001-0A
c) GFK-Schlingenisolator Sicat 8WL3002-2 für Straßenbahn- und Obusanwendungen

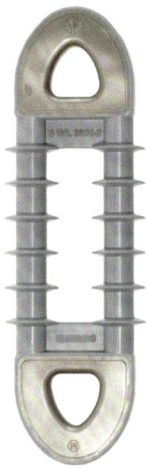

Bild 11.71: Schlingen-Verbundisolator Sicat 8WL3001-2.

Bild 11.72: Ausleger mit doppelter Isolation für Nahverkehrsanlagen mit Stabisolatoren, isolierenden Tragseildrehklemmen, GFK-Seitenhaltern und Schlingenisolatoren.

Fahrdraht CuAg0,1   Fahrdraht CuAg0,1

Bild 11.73: Verbundisolator für Parallelfelder mit Notlaufeigenschaften für Stromabnehmer, Sicat 8WL3092-1.

Tabelle 11.11: Porzellanlangstabisolatoren für Bahnanwendungen.

Isolatorenart	Anwendung		Elektrische Kennwerte	Mechanische Kennwerte
Augenkappenisolator	Spitzenrohr / Stützrohr Kettenwerk/ Querfeld		Kriechweg 484 mm Nennspannung 15 kV	Nennkraft 100 kN z. B. Betriebszugkraft bis 16 kN
Augenkappenisolator	Spitzenrohr Kettenwerke		Kriechweg 760 mm Nennspannung 25 kV	Nennzugkraft 130 kN z. B. Betriebszugkraft bis 27 kN
Rohrkappenisolator	Auslegerrohr		Kriechweg 420 mm Nennspannung 15 kV	Betriebsbiegemoment bis 1,13 kNm
Augenkappenisolator	Auslegerrohr		Kriechweg 760 mm Nennspannung 25 kV	Betriebsbiegemoment bis 2,8 kNm

Berühren aktiver und geerdeter Bauteile. Bei Beschädigung erfüllt mindestens eine der beiden Isolierungen weiterhin ihre Aufgabe.

Zur Verringerung des erforderlichen Fahrdrahthochzuges in Parallelfeldern kann ein Verbundisolator mit Notlaufeigenschaften eingesetzt werden (Bild 11.73). Er besitzt wie Isolatoren in Streckentrennern flache Armaturen und einen PTFE- oder Silikonüberzug ohne Isolatorschirme.

11.2.6.4 Elektrische und mechanische Bemessung

Isolatoren werden elektrisch entsprechend den in Abschnitt 2.5.4 gegebenen Bedingungen bemessen. Werte für die unterschiedlichen *Verschmutzungsgrade* erforderlichen Kriechwege sind in der Tabelle 2.5 angegeben. Bei diesen Werten sind insbesondere die für den Verwendungsort notwendige Kriechstrecke (Tabelle 2.15 sowie die Bemessungs- und *Bemessungsstoßspannungen* (Tabelle 2.13) maßgebend.

Für Oberleitungen ist es nicht üblich, die im Freileitungsbau übliche Isolation mit Mehrfachketten zu verwenden. Dafür setzen einzelne Bahnverwaltungen ihre Bemessungsfaktoren höher an, als dies in den Normen, z. B. DIN EN 50 119, gefordert wird. Die in den Tabellen genannten zulässigen Betriebskräfte und -momente sind von den Bemessungsfaktoren abhängig und dürfen im Betrieb nicht überschritten werden.

11.2.6.5 Auswahl und Anwendung

Die Tabellen 11.11 bis 11.13 geben eine Übersicht über die gebräuchlichen Bahnisolatoren für AC 25 kV 50 Hz, AC 15 kV 16,7 Hz und für DC-Bahnanlagen. Bei der Auswahl

11.2 Oberleitungen

Tabelle 11.12: Verbundisolatoren für Bahnanwendungen.

Isolator-ausführung	Anwendung		Elektrische Kennwerte	Mechanische kennwerte
Augenkappen-isolator	Kettenwerk/ Querfeld		Kriechweg 1 230 mm Nennspannung 25 kV	SML 135 kN
Augen- und Rohrkappen-klemmisolator	Spitzenrohr		Kriechweg 1 215 mm Nennspannung 25 kV	MDCL 1,9 kN STL 60 kN
Rohrkappen-klemmisolator	Auslegerrohr		Kriechweg 1 215 mm Nennspannung 25 kV	MDCL 1,9 kN STL 60 kN
Stützenisolator mit Flanschen	Bahnenergie-leitungen		Kriechweg 1 215 mm Nennspannung 25 kV	MDCL 1,9 kN STL 20 kN
Augenkappen-isolator	Kettenwerke/ Querfeld		Kriechweg 320 mm Nennspannung DC 3 kV	SML 90 kN OML 30 kN
Augen-und Rohrkap-penklemmisolator	Auslegerrohr		Kriechweg 300 mm Nennspannung DC 3 kV	MDCL 1,9 kN STL 60 kN

SML mechanische Nennlast (DIN EN 61 109), MDCL größte zulässige Betriebslast/Biegung (DIN EN 61 952), STL Zugnennlast (DIN EN 61 952)

Tabelle 11.13: Isolatoren in Nahverkehrsanlagen bis DC 1,5 kV.

Isolator-ausführung	Anwendung		Elektrische Kennwerte	Mechanische Kennwerte
Augen- und Rohr-kappenisolator mit Gewinde	Spitzenrohr		Kriechweg 130 mm Nennspanung DC 1,5 kV	Nennkraft 40 kN
Augen-und Rohrkappen-isolator	Ausleger-rohr		Kriechweg 130 mm Nennspannung DC 1,5 kV	Nennkraft 70 kN
Schlingen-verbund-isolator	Kettenwerk, Leiter		Kriechweg 150 mm Nennspannung DC 1,5 kV	SML 70 kN
Schlingen-isolator	Kettenwerk, Leiter		Kriechweg 90 mm Nennspannung 1,0 kV	SML 30 kN
Schlingen-isolator	Kettenwerk, Leiter		Kriechweg 110 mm Nennspannung DC 1,5 kV	SML 60 kN
Isolier-körper	Ausleger, Speiseleitungen		Kriechweg 240 mm Nennspannung DC 3,0 kV	Nennkraft 50 kN
GFK-Rohr	Ausleger		Kriechweg $\geq$ 570 mm Nennspannung 1,5 kV	Durchmesser 26 mm, 38 mm, 55 mm
GFK-Rohr	Ausleger		Kriechweg $\geq$ 570 mm Nennspannung DC 1,5 kV	Durchmesser 10 mm, 26 mm, 38 mm, 55 mm

GFK Glasfaserverstärkter Kunststoff; SML festgelegte mechanische Längskraft (DIN EN 61 109)

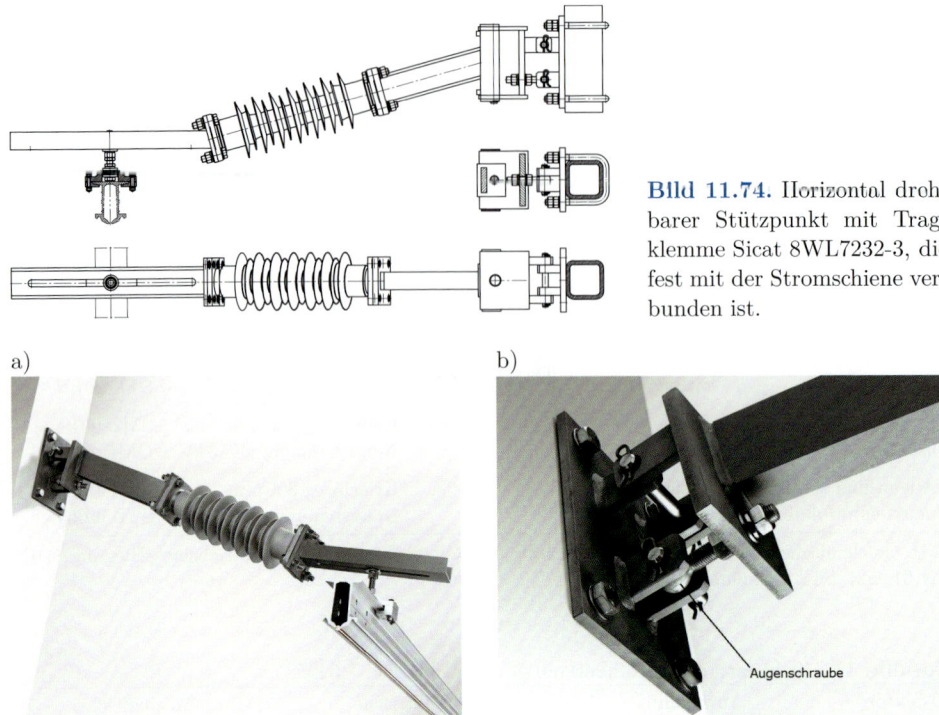

Bild 11.74. Horizontal drehbarer Stützpunkt mit Tragklemme Sicat 8WL7232-3, die fest mit der Stromschiene verbunden ist.

Bild 11.75: Feststehender Stützpunkt a) und die mit Augenschraube justierbare Wandbefestigung des Auslegerarms b).

der Isolatoren müssen die maximalen Betriebslasten und die Bemessungsvorgaben gemäß Abschnitt 11.2.6.1 berücksichtigt werden.

11.3 Stromschienenoberleitungen

11.3.1 Stützpunktbaugruppen

Die Stützpunktbaugruppen tragen die Stromschienenoberleitung und richten sie in ihrer vertikalen und horizontalen Position über dem Gleis aus. Die Stützpunkte der Siemens-Oberleitungs-Verbundstromschiene werden je nach zulässiger Durchbiegung in 8 bis 12 m Abstand angeordnet.

Zwei unterschiedliche Stützpunktarten gestatten temperaturbedingte Längsbewegung der Stromschiene:
  – Horizontal drehbare Stützpunkte gemäß Bild 11.74. Der Stützpunkt dreht sich auch bei Gleisüberhöhung parallel zur Schienenkopfberührenden und hält die Stromschiene in konstanter Höhe.

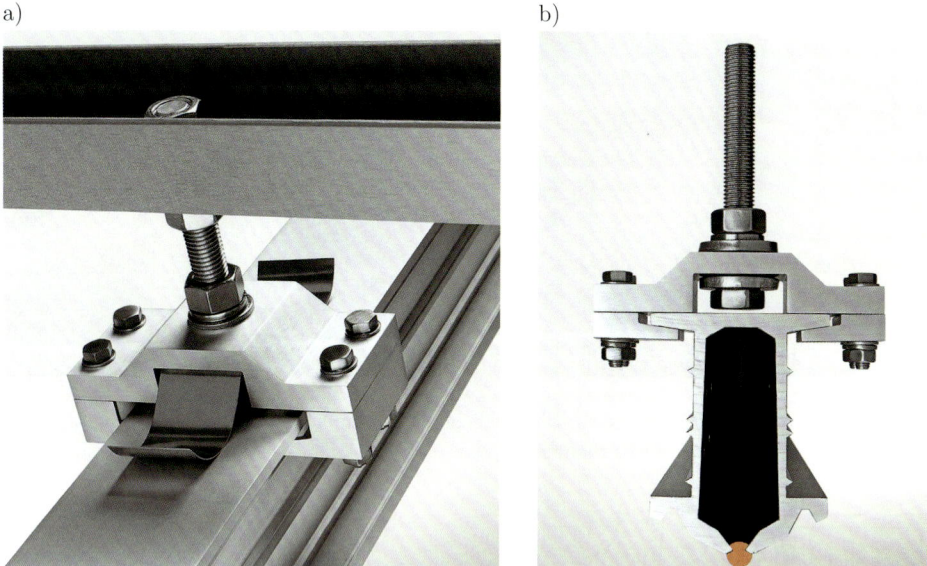

Bild 11.76: Tragklemmen. a) Typ 8WL7233-0 für Gleitbewegungen der Stromschiene, ausgestattet mit Kontaktfeder 8WL7233-4, b) Typ 8WL7232-0 für Festpunkte

– Feststehende Stützpunkte gemäß Bild 11.75 a) mit einer gleitenden Tragklemme gemäß Bild 11.76 a) für Anlagen mit beengten Verhältnissen, z. B. eingleisige Rundtunnel. Die Tragklemme kann an feststehenden Auslegerarmen oder mit anderen Stützpunktbauarten direkt an der Bauwerksdecke montiert werden. Eine Kontaktfeder dient bei AC-Anlagen zum Potenzialausgleich und wird aufgrund ihrer Dämpfungseigenschaften auch bei DC-Anlagen ab 130 km/h Befahrgeschwindigkeit empfohlen.

Bild 11.75 b) zeigt die Befestigung des Stützpunktarms an der Wand. Mit der Augenschraube werden der drehbare und der feststehende Stützpunkt parallel zur Schienenkopfberührenden ausgerichtet; in Gleisüberhöhungsbereichen wird damit ein symmetrisches Beschleifen des Fahrdrahtes gesichert. Feststehende Stützpunkte mit Tragklemmen gemäß Bild 11.76 b) dienen als Festpunkt in Abschnittsmitte.

Für *verschwenkbare Stromschienenoberleitungen* in Instandhaltungsstätten und auf beweglichen Brücken werden horizontal drehbare Stützpunkte verwendet (Bild 11.77). Sie ermöglichen nach dem Abschalten, Erden und Verschwenken der Stromschiene einen ungehinderten Zugang zu den Dachaufbauten der Fahrzeuge sowie die Beladung und Entladung von Waggons. Wenn sich die bewegliche Stromschiene in der Betriebslage über dem Gleis befindet, können Züge selbständig die Instandhaltungs- oder Ladebereiche mit Spannung befahren. Separate Zugfahrzeuge sind dann nicht notwendig.

Stützpunkte nach Bild 11.78 tragen Stromschienen aus Kupferprofil, die für Stadt- und Straßenbahnoberleitungen in Tunneln verwendet und in vier Metern Abstand befestigt werden. (Abschnitt 11.3.2.2).

Bild 11.77: Drehbare Stützpunkte für bewegliche Stromschienenoberleitungen in Instandhaltungsstätten a) RailTech und b) Siemens.

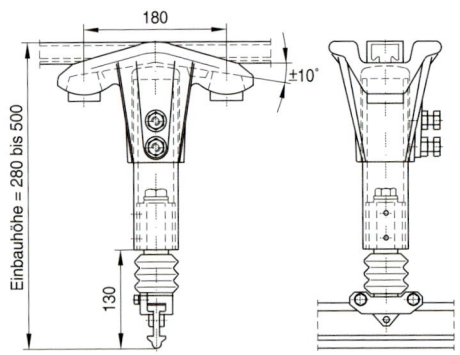

Bild 11.78: Stützpunkte Sicat 8WL3584-6 für Stromschienen aus Einfachprofilen.

11.3.2 Stromschienenprofile

11.3.2.1 Verbundprofil

Verbundprofile für Oberleitungsstromschienen bestehen aus einem maximal 12 m langen, stranggepressten, aluminiumlegierten Hohlprofil mit einem darin eingeklemmten Fahrdraht. Bild 11.79 a) zeigt die Form und Maße des biegesteifen Stromschienenprofils 8WL7230-0 mit 2 300 mm² Querschnitt und 6,2 kg/m Masse. Im oberen Teil lassen sich die Tragklemmen der Stützpunkte und elektrische Verbindungsklemmen befestigen. Vier seitliche Führungskanten fixieren die Verbindungslaschen zwischen den Stromschienenstößen (siehe Abschnitt 11.3.3). Im unteren Teil können alle Fahrdrähte nach DIN EN 50 149 und auch nicht genormte Fahrdrahttypen eingeklemmt werden. Mit einem Montagewagen lässt sich der Spalt des Profils öffnen und der Fahrdraht einführen. Dabei wird an den Kontaktflächen ein spezielles Fett aufgetragen, das die elektrische Erosion der beiden Materialien mit unterschiedlichem elektrochemischen Spannungspotenzial verhindert. Nach der Fahrdrahtmontage hält die Stromschiene den Fahrdraht fest in seinen Rillen (Bild 11.79 b)). Da er nicht nachgespannt wird, sind bei senkrechter

11.3 Stromschienenoberleitungen

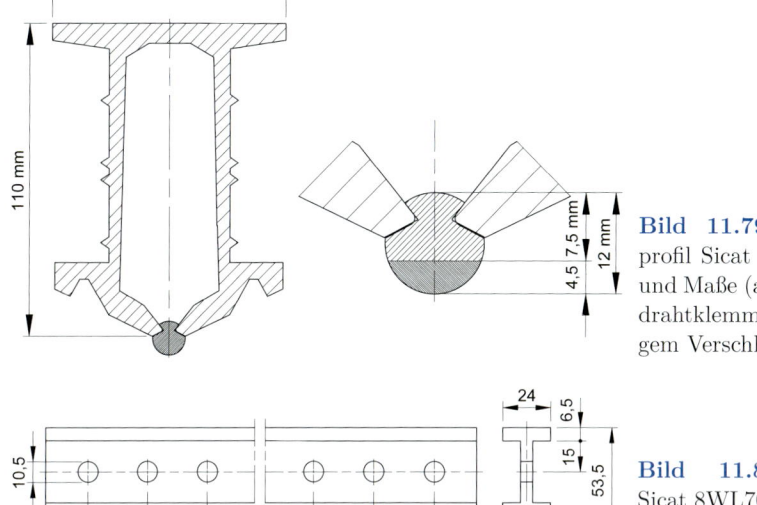

Bild 11.79: Stromschienenprofil Sicat 8WL7230-0, Form und Maße (a) und Detail Fahrdrahtklemmung mit zulässigem Verschleiß (b).

Bild 11.80: Einfachprofil Sicat 8WL7006-0A aus Kupfer für Stromschienenoberleitungen.

Justierung je nach Fahrdrahttyp 36–40 % Fahrdrahtverschleiß zulässig. Der Längenausdehnungskoeffizient des Stromschienenmaterials beträgt $23{,}4 \cdot 10^{-6}\,\mathrm{K}^{-1}$. Damit dehnt sich die Stromschiene bei 10 K Temperaturänderung und 100 m Länge um 23,4 mm. Die elektrischen Parameter des Verbundprofils sind im Abschnitt 11.3.4 erläutert.

11.3.2.2 Einfachprofil

Das *Einfachprofil der Oberleitungsstromschiene* für Nahverkehrsbahnen besteht aus einem biegesteifen Cu-ETP-Vollprofil (Bild 11.80). Es wird mit Stützpunkten gemäß Bild 11.78 an der Tunnel- oder Gebäudedecke befestigt, mit Laschen verbunden und S-förmig verlegt. Bei Temperaturänderung vergrößert oder verkleinert sich die seitliche Auslenkung. Dehnungsstöße sind somit nicht erforderlich. Stromschienenanlagen mit diesem Profil sind bis 1 600 A dauernd belastbar und bis 80 km/h befahrbar [11.1, 11.15].

11.3.3 Mechanische Verbindungen und Bauteile

11.3.3.1 Stromschienenstöße

Der *Stromschienenstoß* verbindet die einzelnen Segmente der Stromschienen durch Laschen miteinander. Bei der Siemens-Verbundstromschiene besteht der Stromschienenstoß aus zwei inneren und zwei äußeren Laschen aus stranggepressten Al-Profilen (Bild 11.81). Die äußeren Laschen dienen zusammen mit den Führungskanten zur Höhenfixierung und Befestigung der Segmente. Die inneren Laschen liegen großflächig am Al-Hohlprofil (Abschnitt 11.3.2.1) an und übertragen den Strom. Schraubensicherungen

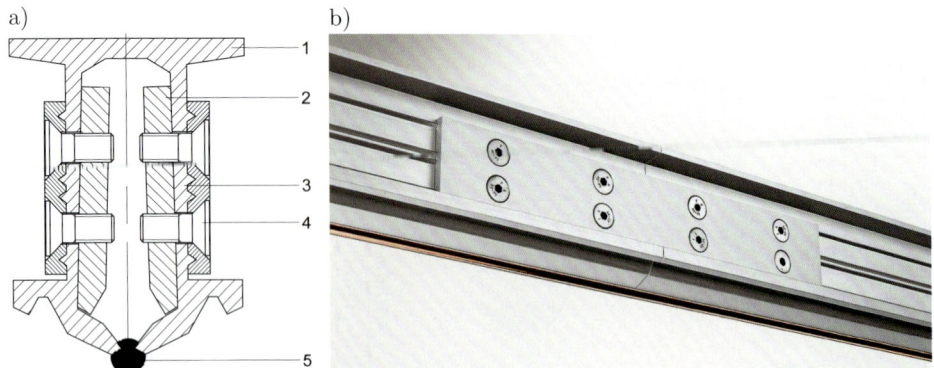

Bild 11.81: Stromschienenstoßes Sicat 8WL7231-0, Querschnitt (a) und Seitenansicht (b).
1 U-förmiges Stromschienenprofil mit konischer Anschlusskante, 2 Innere Lasche, 3 Äußere Lasche, 4 Schraube mit Sicherung, 5 Fahrdraht

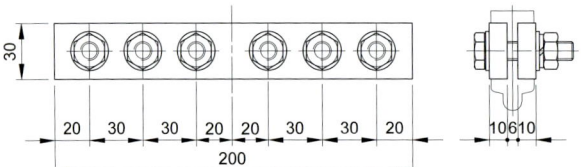

Bild 11.82: Stromschienenstoß Sicat 8WL7006-1ZA für Stromschienen aus Cu-Vollprofil.

schützen vor einer Lockerung der Stöße durch Schwingungen bei Stromabnehmerdurchgängen. Die Segmente des Einfachprofils (Abschnitt 11.3.2.2) werden durch Laschen aus Cu-ETP (Bild 11.82) verbunden.

11.3.3.2 Sektionswechsel und Weichen

Die Verbindungsstellen zwischen den Sektionen werden als *Sektionswechsel* bezeichnet. Der Sektionswechsel dient zur thermischen Ausdehnungskompensation der Stromschienen beider Sektionen. Bei Befahrgeschwindigkeiten bis 140 km/h bestehen die Sektionswechsel der Siemens-Verbundstromschiene aus überlappenden Stromschienenrampen. Bild 11.83 zeigt einen nicht isolierenden Sektionswechsel mit einseitig angeordneten Stützpunkten. Zwei Stützpunkte je Stromschiene sind in diesem Bereich erforderlich, um den Durchhang der Stromschienen zu minimieren und die Höhenlage der Rampen einzustellen. Das sanfte Auf- und Ablaufen des Stromabnehmers am Ende jeder Sektion wird durch die Rampenneigung 1 : 47 erreicht. Zur besseren Fixierung des eingespannten Fahrdrahtes wird dieser am Ende jeder Rampe durch eine Schraubverbindung verklemmt und nach dem Austritt aus dem Schienenprofil nach oben gebogen. Die Länge der parallelen Überlappung der Stromschienen sollte zur Sicherung der Befahrgüte mindestens 6,00 m betragen. Die Abstände zwischen den Stützpunkten verschiedener Sektionen sind so zu wählen, dass die temperaturbedingte Längsdehnung der Stromschienensektionen möglich ist. Isolierende Sektionswechsel, die gleichzeitig als Trenneinrichtung genutzt werden, sind im Abschnitt 11.3.5 beschrieben.

11.3 Stromschienenoberleitungen

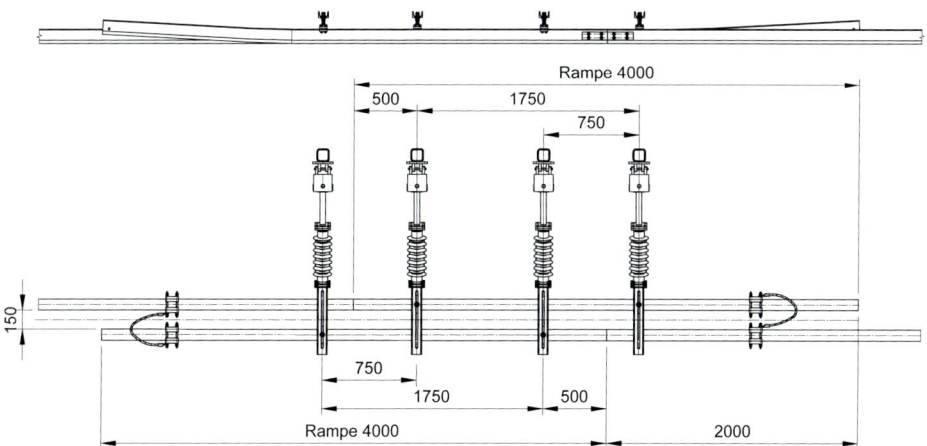

Bild 11.83: Nichtisolierender Sektionswechsel aus überlappenden Stromschienenrampen (Sicat 8WL7230-1A).

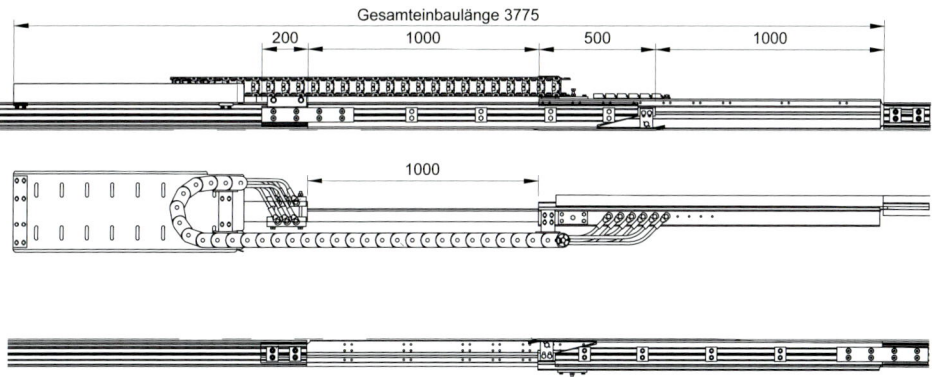

Bild 11.84: Dehnstoß Sicat 8WL7238-0 für Verbundstromschienen über 140 km/h Befahrgeschwindigkeit.

11.3.3.3 Dehnstoß

Bei Befahrgeschwindigkeiten über 140 km/h werden die Enden der beiden Sektionen in einem als *Dehnstoß* bezeichneten mechanischen Verbindungsteil geführt (Bild 11.84). Der Dehnstoß ermöglicht die temperaturabhängige Bewegung der Stromschiene und sichert eine einheitliche Gleitebene für die Stromabnehmerschleifstücke. Er ist für 1 m summarischen Wanderweg der beiden Sektionsenden ausgelegt. Flexible Cu-Seile nach DIN 43 138 überbrücken den Dehnstoß elektrisch.

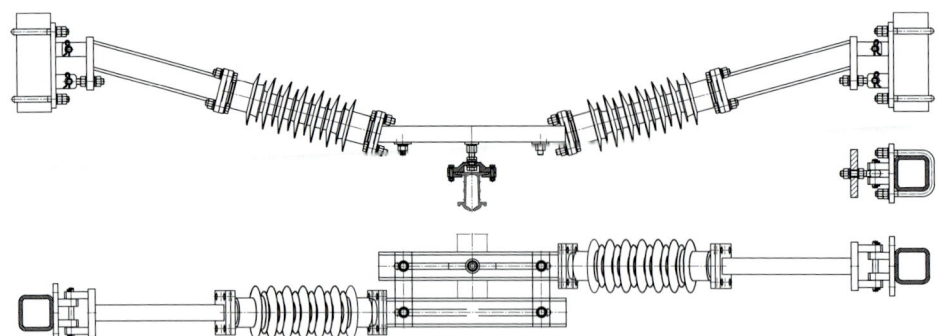

Bild 11.85: Festpunkt aus beidseitig angeordneten Stützpunkten. a) Querprofil, b) Draufsicht

Tabelle 11.14: Widerstand und Dauerstrombelastbarkeit der Siemens-Deckenstromschienenanlage in Abhängigkeit vom Fahrdrahtquerschnitt.

Fahrdrahttyp [1] gemäß DIN EN 50 149	Strombelastbarkeit [2]		Widerstand auf 1 km bei 20 °C			Kupferäquivalent
	Fahrdraht bei 90 °C A	Stromschiene/ Fahrdraht A	Fahrdraht Ω/km	Stromschiene °C Ω/km	Gesamt Ω/km	mm²
AC-/BC-80	401	3 301	0,229	0,0143	0,0135	1 306
AC-/BC-100	465	3 365	0,183	0,0143	0,0133	1 326
AC-/BC-107	484	3 384	0,171	0,0143	0,0132	1 333
AC-/BC-120	523	3 423	0,153	0,0143	0,0131	1 346
AC-/BC-150	605	3 505	0,122	0,0143	0,0128	1 376

[1] gilt für Cu-ETP und CuAg0,1; [2] bei Leiteranfangs- und -entemperatur 40 °C bzw. 90 °C, Windgeschwindigkeit 1,0 m/s, Fahrdrahtverschleiß 20 %

11.3.3.4 Festpunkt

In der Mitte einer Sektionslänge befindet sich ein *Festpunkt*, der die Stromschiene fixiert, so dass sie sich bei Temperaturänderung in beiden Richtungen bewegen kann, was insgesamt lange Sektionen ermöglicht. Der Festpunkt kann wie bei Kettenwerken aus Abspannseilen gebildet werden. Der in Bild 11.85 dargestellte Festpunkt besteht aus beidseitig angeordneten Standardstützpunkten. Beim Einsatz von Stützpunkten in gleitender Ausführung sind vor und hinter den Tragklemmen Sicat 8WL7233-0 zusätzlich Ankerklemmen Sicat 8WL7235-0B vorgesehen.

11.3.4 Elektrische Verbindungen

11.3.4.1 Strombelastbarkeit

Alle *stromtragenden mechanischen Verbindungen* und die in den Abschnitten 11.3.4.2 bis 11.3.4.4 beschriebenen speziellen elektrischen Verbindungen müssen die für die jeweilige Anlage spezifizierten Betriebs- und Kurzschlussströme sicher übertragen und sind entsprechend zu dimensionieren. Im Hauptstrompfad der Oberleitungsstromschie-

11.3 Stromschienenoberleitungen

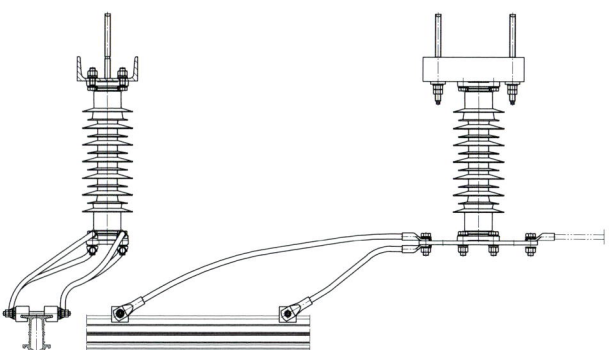

Bild 11.86: Anordnung Speiseleitung und Speiseklemme Sicat 8WL7235-0A an der Einspeisung.

nenanlage befinden sich u. a. das Stromschienenprofil Sicat 8WL7230-0, der Stromschienenstoß Sicat 8WL7231-0 und die Speiseklemme Sicat 8WL7235-0A. Ohne Fahrdraht können diese Bauteile bei 1 m/s Windgeschwindigkeit und 40 °C Umgebungstemperatur mindestens 2 900 A Dauerstrom bei der zulässigen Grenztemperatur 90 °C übertragen. Dazu kommt noch die Dauerstrombelastbarkeit des Fahrdrahtes. Tabelle 11.14 enthält die elektrischen Parameter der Deckenstromschienenanlage.

Für den *Dehnstoß* stehen drei Größen der Energieführung zur Verfügung, in denen bis zu 12 flexible Seile DIN 43 138-E-Cu58-70×189 verlegt werden können, um die erforderliche Dauerstrombelastbarkeit zu sichern. In analoger Weise werden die Speiseleitungen und Stromverbinder dimensioniert.

Im Hauptstrompfad der Deckenstromschienenanlage befindlichen Bauteile wie Stromschienenprofil Sicat 8WL7230-0, Stoß Sicat 8WL7231-0, Speiseklemme Sicat 8WL7235-0A und Dehnstoß Sicat 8WL7238-0 erreichen 45 kA Kurzschlussfestigkeit bei 100 ms Kurzschlussdauer. Nach einem Kurzschluss mit diesen Werten sind diese Komponenten weiterhin voll funktionstüchtig.

Die bei Isolationsfehlern im Kurzschlussstrompfad befindlichen Tragklemmen können mit Bolzen M16 bis 30 kA Kurzschlussstrom oder mit Bolzen M20 bis 40 kA eingesetzt werden. Sollte in Anlagenbereichen 45 kA gefordert werden, werden zusätzlich Stromverbinder E-Cu35f zwischen Tragklemme und Ausleger-Tragarm montiert.

11.3.4.2 Einspeisung

Der Strom wird über *Einspeisungen* gemäß Bild 11.86 in die Verbundstromschiene eingespeist. Die Speiseleitung ist über eine Kupferplatte und einen Isolator oberhalb der Stromschiene befestigt.

11.3.4.3 Stromverbinder zwischen Sektionen

Stromverbinder aus feindrähtigem Kupferseil 95×259-Cu-ETP und Speiseklemmen verbinden die Sektionen der Stromschienenoberleitung elektrisch. Bild 11.87 zeigt die Ausführung für einen Sektionswechsel aus Stromschienenrampen. Die Schlaufenform und Länge der Seile berücksichtigen die temperaturabhängige Bewegung der Sektionsenden

Bild 11.87: Stromverbindung zwischen den Schienensektionen mit dem Seil Sicat 8WL7075-0 und der Speiseklemme Sicat 8WL7235-0A.
a) Anordnungsprinzip, b) Anschluss an der Oberseite der Verbundprofils

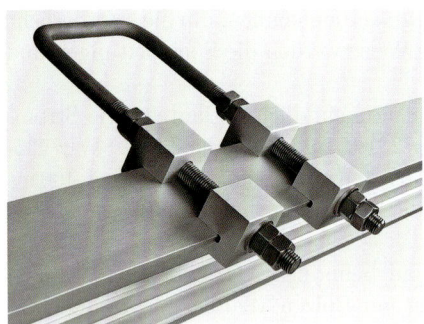

Bild 11.88: Erdungsklemme Sicat 8WL7234-0A.

und sorgen dafür, dass die Stromverbinder nicht auf der Oberfläche des Al-Verbundprofils schleifen. Mit einem 1,40 m langem Stromverbinderseil können 0,50 m Längenänderungen der Stromschienen ausgeglichen werden. Bei dieser Längenänderung und einem Temperaturbereich -10 bis $+70\,°C$ kann die halbe Sektionslänge maximal 275 m betragen. Bei längeren Sektionshälften werden die Stromverbinderseile wie an den Einspeisepunkten (Abschnitt 11.3.4.2) aufgehängt.

Eine Speiseklemme reicht aus, um den gesamten Strom der Deckenstromschiene zu übertragen. Pro Verbindungspunkt werden zur Redundanz zwei Speiseklemmen empfohlen. Die Speiseklemme hat einen M12-Gewinde-Anschluss und ist mit Cupal-Scheiben ausgerüstet.

11.3 Stromschienenoberleitungen

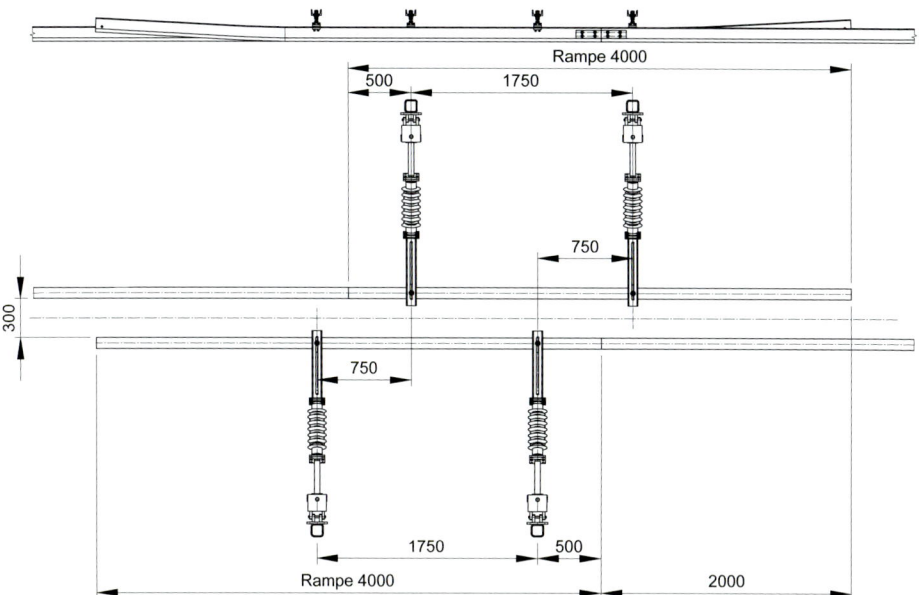

Bild 11.89: Isolierender Sektionswechsel als Überlappung.

11.3.4.4 Anschluss zum Erden und Kurzschließen

Zum *Anschluss von Erdungs- und Kurzschließvorrichtungen* werden längs der Stromschienenanlage Erdungsklemmen angebracht (Bild 11.88). Der Anschlussbügel besitzt 16 mm Durchmesser. Die Klemme erreicht 45 kA Kurzschlussfestigkeit bei 100 ms Kurzschlussdauer. Drei Erdungsklemmen sollten je Sektionslänge eingebaut werden – jeweils eine Klemme direkt vor der Parallelführung der Schienen am Sektionswechsel und eine am Festpunkt in der Mitte der Sektionslänge.

11.3.5 Trenneinrichtungen

11.3.5.1 Isolierender Sektionswechsel

Sektionswechsel, siehe Abschnitt 11.3.3.2, können auch als *Trenneinrichtung* genutzt werden. Dazu werden sie isoliert ausgeführt, in dem zwischen den parallelen Stromschienen und Stützpunkten im gesamten Temperaturbereich die elektrischen Mindestabstände gemäß DIN EN 50 119 eingehalten werden. Bild 11.89 zeigt einen *isolierenden Sektionswechsel* mit zweiseitig angeordneten Stützpunkten. Diese Ausführung wird für Befahrgeschwindigkeiten bis 140 km/h verwendet.

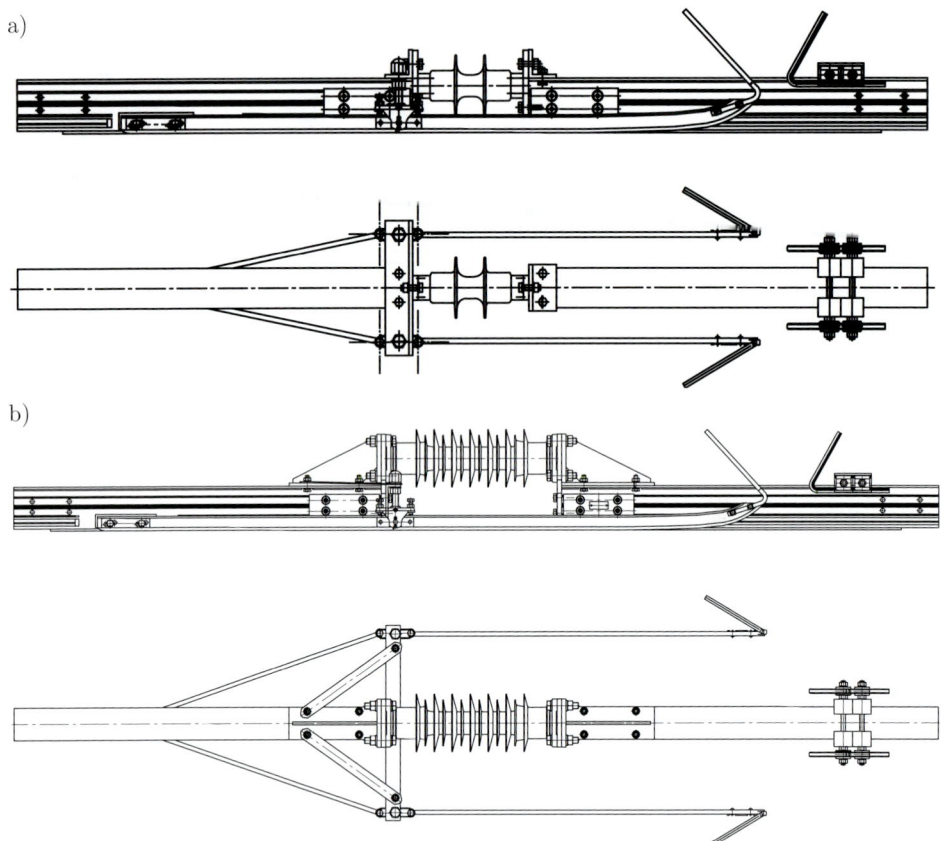

Bild 11.90: Streckentrenner für die Siemens-Stromschienenoberleitung.
a) 8WL7238-7A-E für Nennspannungen bis 3 kV, b) 8WL7238-5A-E für Nennspannungen bis 25 kV

11.3.5.2 Streckentrenner

Für Geschwindigkeiten über 140 km/h wird ein *Streckentrenner* eingesetzt (Bild 11.90), der die beiden Enden der Stromschienen mechanisch fixiert und durch einen Verbundisolator voneinander isoliert. Der Stromabnehmer wird in diesem Bereich durch zwei Kufen aus Kupfer geführt. Die Funktion von Streckentrennern und ihre Verwendung sind in Abschnitt 11.2.4 beschrieben.

11.3.6 Oberleitungsübergänge

Oberleitungsübergänge sind Baugruppen, die den Wechsel von flexibler Oberleitung zur starren Oberleitungsstromschiene herstellen. Die Oberleitungsübergänge haben die Aufgabe, die unterschiedlichen Elastizitäten der beiden Bauweisen allmählich zu überführen und die Stromabnahme in guter Qualität beim Übergang von der elastischen Oberlei-

11.3 Stromschienenoberleitungen

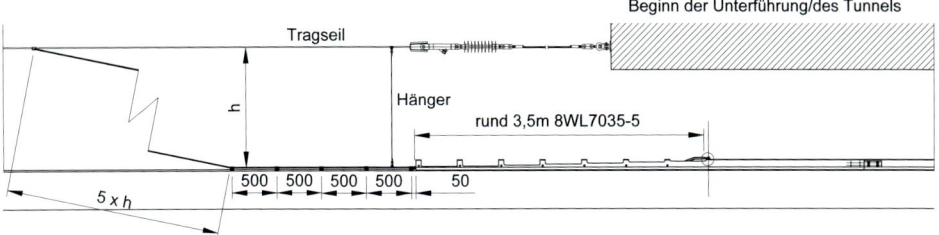

Bild 11.91: Anordnung des Oberleitungsübergang von Kettenwerk zur Stromschiene mit dem Übergangselement Sicat 8WL7230-2A.

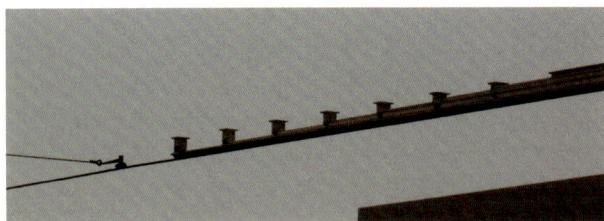

Bild 11.92: Ansicht vom Oberleitungsübergang von Kettenwerk zur Stromschiene mit dem Übergangselement Sicat 8WL7230-2A.

tung auf die relativ starre Schiene zu sichern. Sie sollen die Anforderungen der DIN EN 50119 zur Gleichförmigkeit der Elastizität der Oberleitung sowie zu den minimalen und maximalen Kontaktkräften zwischen Oberleitung und Stromabnehmer erfüllen. Das dafür verwendete 5 m lange *Übergangselement* 8WL7230-2A (Bilder 11.91 und 11.92) reduziert durch größer werdende Aussparungen im Stromschienenprofil das Trägheitsmoment in Richtung flexible Oberleitung und erreicht am Ende die Elastizität 0,34 mm/N. Bei gleicher Anpresskraft des Stromabnehmers erhöht sich der Anhub am Übergangselement kontinuierlich je weiter er sich von der starren Verbundstromschiene entfernt. Ein Stromverbinderseil, das vom Tragseil auf die Stromschiene und dann auf einer Länge von rund 2,00 m parallel zum Fahrdraht beigeklemmt wird, gleicht ebenfalls die Elastizität an. Durch das Erhöhen der Fahrdrahtzugkraft in der Übergangsnachspannlänge um rund 2 kN gegenüber den anderen Nachspannlängen lässt sich der Elastizitätsunterschied zur Stromschiene weiter verringern.

Die Fahrdrahtzugkraft wird durch die Einspannkraft des Al-Stromschienenprofils aufgenommen und über eine Abspannung mit der Abspannklemme 8WL7234-3 in das Bauwerk geleitet. Die Verbindung ist für Fahrdrahtbetriebszugkräfte bis 15 kN ausgelegt. Ein Meter Stromschiene hält rund 1 kN Fahrdrahtzugkraft. Bei 12 kN Fahrdrahtbetriebszugkraft und 2,5 Sicherheitsfaktor sind 30 m Deckenstromschiene notwendig. Um die Lage der Stromschiene und ihre Befahrungsgüte nicht ungünstig zu beeinflussen, beträgt die vertikale Abwinklung der Abspannseile maximal 6°. Ein Stützpunkt vor der Abspannklemme gleicht geringfügige Höhenauslenkungen der Stromschiene aus. Die seitliche Abwinklung darf maximal 8° betragen.

Bei kürzeren Deckenstromschienenabschnitten, wie unter Brücken oder Unterführungen, kann der Fahrdraht ungeschnitten durch die Schiene geführt und in die Kettenwerks-

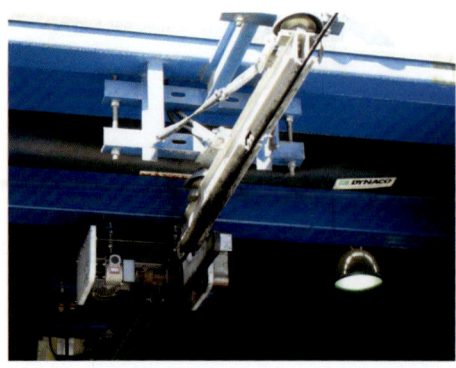

Bild 11.93: Übergang von einem Fahrdraht auf eine Decken-Stromschiene vor einem Rolltor in der Instandhaltungswerkstatt bei der Metro Madrid, Spanien.

anlage eingebunden werden. In diesem Fall wirkt die Fahrdrahtzugkraft nicht auf die Stromschienenanlage.

Eine andere Art von Oberleitungsübergang in Verbindung mit einem Rolltortrenner ist im Bild 11.93 zu sehen. Diese Vorrichtung spannt die Oberleitung ab und ermöglicht gleichzeitig das Schließen des Rolltores.

11.4 Dritte-Schiene-Anlagen

11.4.1 Stützpunktbaugruppen

Die *Stützpunkte* tragen die dritte Schiene und richten sie in ihrer vertikalen und horizontalen Position neben dem Gleis aus. Sie werden im Abstand von 5 bis 6 m mit Schwellenschrauben auf den Schwellen befestigt. Die geometrische Lage der Stützpunkte und Stromschienen hat Einfluss auf das Zusammenwirken mit den Stromabnehmern. Die Lebensdauer der Kontaktmaterialien ist abhängig vom seitlichen Winkel, von der Höhe, den Höhedifferenzen, Längsneigungen und vom Neigungswechsel der Stromschiene. Die *Ausführungsarten* lassen sich unterscheiden in
  – Stützpunkte aus GFK, Stahl oder Aluminium mit Isolatoren aus GfK, Gießharz oder Porzellan,
  – höhenverstellbare und nicht höhenverstellbare Stützpunkte,
  – Stützpunkte für unten, oben und seitlich beschliffene Stromschienen,
die gemäß den folgenden Beispielen in verschiedenen Kombinationen verwendet werden.

Stützpunkt aus GFK für von unten beschliffene Stromschienen, Höhe fest

Der in Bild 11.94 gezeigte *Stützpunkt* besteht vollständig *aus glasfaserverstärktem umweltbeständigem Kunststoff*, der durch das verwendete Spritzgussverfahren eine hohe Festigkeit erhält. Er trägt in seiner oberen Führung die Stromschiene auf Gleitelementen aus Polyoxymethylen, die eine freie Längsbewegung der Stromschiene bei temperaturbedingter Dehnung ermöglichen. Eine Druckplatte verstärkt die Befestigung des Stützpunktfußes an der Schwelle.

11.4 Dritte-Schiene-Anlagen

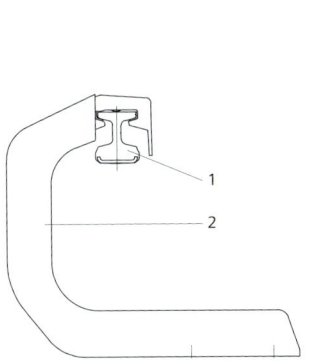 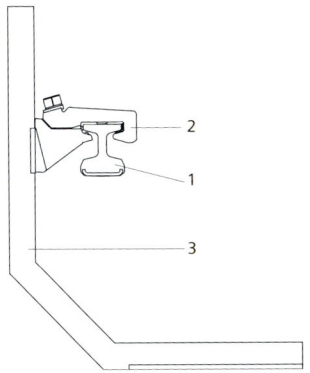 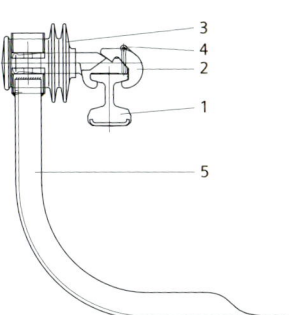

Bild 11.94: Stromschienenstützpunkt aus GFK.
1 Stromschiene, 2 GFK-Träger

Bild 11.95: Stromschienenstützpunkt aus Stahl mit einem GFK-Isolator.
1 Stromschiene, 2 GFK-Isolator, 3 Stahlträger

Bild 11.96: Stromschienenstützpunkt aus Stahl mit Gießharzisolator.
1 Stromschiene, 2 bewegliche Klemmbacke am Stromschienenhalter, 3 Gießharzisolator, 4 Fixiersplint, 5 Stahlträger

Stützpunkt aus Stahl mit einem GFK-Isolator für von unten beschliffene Stromschienen, Höhe einstellbar

Der Stahlträger aus geschweißten U-Profilstücken nimmt gemäß Bild 11.95 an der Innenseite den über ein Langloch höhenverstellbaren GFK-Isolator auf. Die auf der Oberseite des GFK-Isolators montierte Klemmbacke hält die Stromschiene. Gleitelemente gestatten die Längsbewegung der Stromschiene. Die Konstruktion des Stahlträgers kann bei Bedarf an unterschiedliche geometrische Anforderungen der Anlagen angepasst werden.

Stützpunkt aus Stahl mit einem Gießharzisolator für von unten beschliffene Stromschienen, Höhe fest

Der Stahlträger aus einem gebogenen U-Profil nimmt gemäß Bild 11.96 im oberen Teil mit einer Klemmschelle den Gießharzisolator auf. Dieser trägt den Stromschienenhalter, der mit seinen Klemmbacken die Stromschiene hält. Die bewegliche Klemmbacke wird bei der Montage mit einem Fixiersplint gesichert. Die Konstruktion des Stahlträgers lässt sich ebenfalls den geometrischen Anforderungen der Anlagen anpassen.

Stützpunkt aus Aluminium mit einem Porzellanisolator für seitlich beschliffene Stromschiene, Höhe fest

Der Stützisolator aus Porzellan ist gemäß Bild 11.97 unten mit der Grundplatte und oben mit dem Stromschienenträger aus Aluminium verbunden. Dieser hält die seitlich beschliffene *Hohlstromschiene aus extrudiertem Aluminium* [11.16].

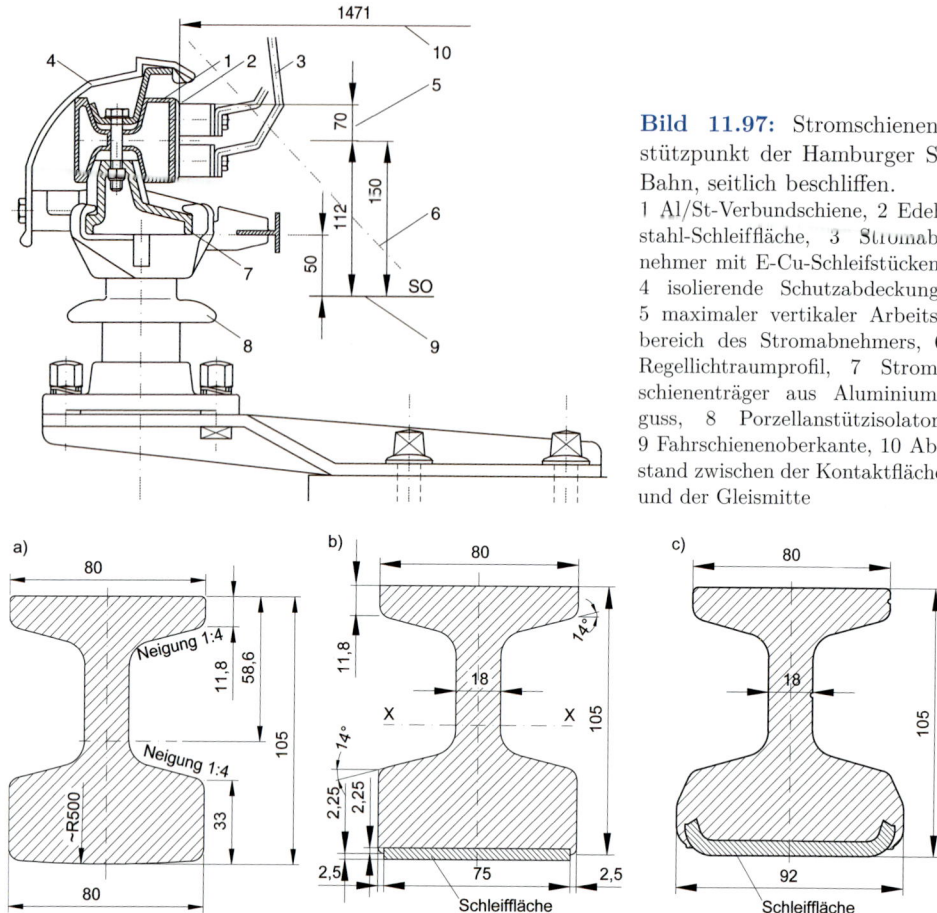

Bild 11.97: Stromschienenstützpunkt der Hamburger S-Bahn, seitlich beschliffen.
1 Al/St-Verbundschiene, 2 Edelstahl-Schleiffläche, 3 Stromabnehmer mit E-Cu-Schleifstücken, 4 isolierende Schutzabdeckung, 5 maximaler vertikaler Arbeitsbereich des Stromabnehmers, 6 Regellichtraumprofil, 7 Stromschienenträger aus Aluminiumguss, 8 Porzellanstützisolator, 9 Fahrschienenoberkante, 10 Abstand zwischen der Kontaktfläche und der Gleismitte

Bild 11.98: Stromschienenprofile für Dritte-Schiene-Anlagen.
a) Weicheisenstromschiene A5100 gemäß DIN 43 156
b) Al/St-Verbundstromschiene A5100 mit metallurgischen Verbund
c) Al/St-Verbundstromschiene A5300 mit mechanischem und elektrischem Verbund

11.4.2 Stromschienenprofile und Schutzabdeckungen

Die in der Vergangenheit verwendeten *Weicheisen-Stromschienen* (Bild 11.98 a) [11.17] hatten einen spezifischen Widerstand zwischen 0,119 und 0,143 $\Omega\text{mm}^2\,\text{m}^{-1}$. Die technischen Lieferbedingungen für diese Art der Stromschienen enthält die DIN 17 122 mit dem Titel: Stahlstromschienen für elektrische Bahnen.

Um die Leistungsfähigkeit von DC-Bahnen im öffentlichen Nahverkehr zu erhöhen, werden seit der 80er Jahren zunehmend *Aluminium-Stahl-Verbundstromschienen* für neue Anlagen und für die Ertüchtigung bestehender Anlagen verwendet (Bild 11.98 b) und c)). Die Leitfähigkeit der verwendeten AlMgSi-Legierung ist ungefähr viermal höher

11.4 Dritte-Schiene-Anlagen

Tabelle 11.15: Kenngrößen von Stromschienen

Material	m' kg/m	A mm²	R' Ω/km	verwendet in	ausgeführte Anlagen
Weicheisen	40	5 100	0,0225	Berlin, Hamburg	Abschnitte 16.5.2.1 und 16.5.2.2
	60	7 600	0,0154	Wien	–
	75	9 200	0,0128	New York	–
Aluminium- verbund	6,4	2 100	0,0148	Barcelona	–
	15,7	5 100	0,0069	Berlin	Abschnitt 16.5.2.1
	17,0	5 332	0,0067	Oslo	Abschnitt 16.5.2.3

als die von Weicheisen, der Massebelag beträgt dagegen weniger als die Hälfte (Tabelle 11.15).

Die Verbundstromschienen lassen aufgrund ihrer mechanischen Eigenschaften [11.17] einen größeren Stützpunktabstand und eine leichtere Montage zu. Während hohle Verbundstromschienen mit 2 100 mm² Querschnitt im kontinuierlichen Strangpressverfahren hergestellt werden, wird für Verbundstromschienen aus Vollprofil auch das Walzverfahren genutzt.

Durch Strangpressen hergestellte Verbundstromschienen wie nach Bild 11.98 b) haben eine metallurgische Verbindung zwischen Stahl und Aluminium, die einer Schweißverbindung gleichwertig ist. Bei anderen Verbundstromschienen werden Stahl und Aluminium mechanisch miteinander verbunden (Bild 11.98 c)).

Die *Edelstahlschleiffläche* besitzt mindestens 500 N/mm² Zugfestigkeit [11.18]. Sie zeichnet sich durch eine hohe Abriebfestigkeit und damit eine lange Lebensdauer aus.

Um eine einfache Montage zu ermöglichen, sind die üblichen Lieferlängen der Eisenstromschienen auf 15-m-Abschnitte und der Verbundstromschienen auf 18-m-Abschnitte beschränkt. Bei möglichen Temperaturunterschieden zwischen 80 °C und −30 °C, also 110 K Differenz, dehnen sich eine 15 m lange Weicheisenstromschiene um 23,3 mm und eine 18 m lange Verbundschiene um 46 mm.

Stromschienen verschleißen während des Betriebs. Für die Weicheisenstromschienen sind folgende *Abnutzungsgrade* üblich, die nicht unterschritten werden sollten:
 – auf Vorortstrecken 10 %,
 – auf Strecken im Stadtkern 15 %,
 – in Abstellanlagen 20 %.

Der Verschleiß der Stromschienen lässt sich durch Messen der Höhe h der Stromschiene ermitteln (Bild 11.98 a)). Bild 17.13 zeigt den Zusammenhang dieser Messungen mit dem Querschnitt der Stromschiene A5100. Die verschleißfesten Edelstahlschleifflächen erhöhen die Lebensdauer der Stromschienen. Die Veröffentlichung [11.19] berichtet über Betriebserfahrungen und weitere Entwicklungen.

Von unten und von der Seite beschliffene Stromschienen werden durch Kunststoffformteile abgedeckt. Als Material für die Schutzabdeckung wird in Tunnelanlagen halogenfreies GFK und auf freien Strecken bewitterungsbeständiges PVC verwendet. Durch eine helle gelbe Farbe (z. B. RAL1018) fällt die Abdeckung auf. Die Schutzabdeckung gemäß Bild 11.4.2 a) mit U-förmigem Profil wird über Abstandhalter auf der Stromschiene befestigt. Sie deckt die Oberseite und die Seitenflächen der von unten beschlif-

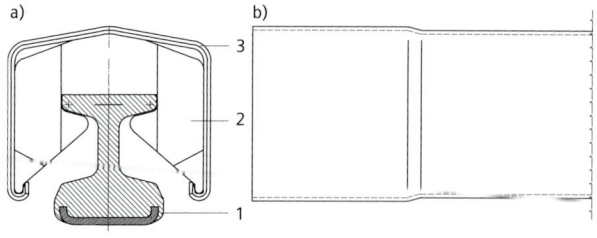

Bild 11.99: Schutzabdeckung der Al/St-Verbundstromschiene.
a) Querprofil, b) Längsprofil
1 Al/St-Verbundstromschiene
2 Abstandhalter
3 Stromschienen-Schutzabdeckung

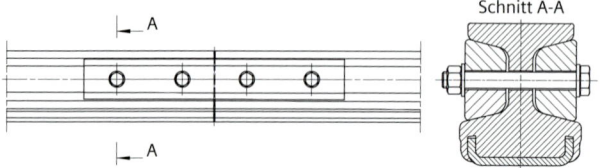

Bild 11.100: Laschenverbindung der Al/St-Verbundstromschiene.
1 Al/St-Verbundstromschiene, 2 Verbindungslaschen, 3 Verbindungselemente – Normteile

fenen Stromschiene vollständig ab. Eine Schutzabdeckung für die seitlich beschliffene Stromschiene ist in Bild 11.97 enthalten.

Jedes Segment der U-förmigen Schutzabdeckung verfügt einseitig über eine Muffenerweiterung. Bei der Montage werden die Segmente ineinander geschoben und damit untereinander verbunden. Am Stromschienenstützpunkt wird die Schutzabdeckung einseitig ausgeschnitten. Für spezielle Komponenten der Stromschienenanlage wie Dehnstoß, Endauflauf, Kabelanschluss und, falls notwendig, Stromschienenstützpunkte gibt es ergänzende Schutzabdeckungen aus GFK.

11.4.3 Mechanische Verbindungen und Bauteile

11.4.3.1 Stromschienenstoß

Die in maximal 18 m Länge gelieferten Stromschienen werden über Laschen spaltlos miteinander verbunden (Bild 11.100). Bei der Verbundstromschiene werden dazu Aluminiumlaschen beidseitig in das Stromschienenprofil gelegt und mit vier Verbindungselementen in passgenauen Bohrungen dauerhaft eingepresst. Der *Stromschienenstoß* ist mechanisch fest und stromtragfähig. Sie hat den gleichen elektrischen Leitquerschnitt wie die verwendete Stromschiene. Toleranzbedingte Höhenunterschiede zwischen den Stromschienensegmenten werden durch Schleifen ausgeglichen, da sie sonst zu Lichtbögen führen.

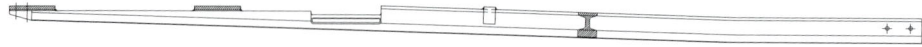

Bild 11.101: Stromschienenauf- und -ablauf einer von unten bestrichenen Stromschiene.

11.4.3.2 Stromschienenauflauf, Sektionswechsel und Weichen

Aufgrund der Gleisgeometrie, der Weichen und der erforderlichen Gleisüberwege können Stromschienen entlang der Bahnstrecke nicht durchgehend verlegt werden. Die entstehenden Lücken müssen kürzer sein als der geringste Abschnitt zwischen elektrisch miteinander verbundenen Stromabnehmern einer Triebwageneinheit, um die ununterbrochene Stromübertragung zu sichern. Bei der Berliner S-Bahn beträgt z. B. der Abstand der Stromabnehmer 25 m, womit eine Stromschienenlücke 22 m lang sein darf. An jedem Ende einer Stromschiene sind *Stromschienenrampen* (Bild 11.101) angeordnet. Diese geneigten Endstücke der Stromschiene ermöglichen das allmähliche Aus- und Auflaufen des Stromabnehmers in vertikaler Richtung. Der Stromabnehmer wird bei der Fahrt in die Stromschienenlücke durch das nach oben geneigte Endstück in seine obere Endstellung gebracht. Das nach unten geneigte Endstück übernimmt ihn aus dieser Stellung nach ungefähr einem Meter vom Stromschienenauflaufende und führt ihn zurück in den vertikalen Arbeitsbereich. Der werksseitig gebogene Stromschienenauflauf wird meist mit 5 700 mm Länge geliefert. Vor Ort kann der *Stromschienenauflauf* aus einem ganzen Stromschienenstück gebogen werden. Beim Stromschienenauflauf in normalen Streckenabschnitten wird die Stromschiene um mindestens 60 mm angehoben und verfügt damit über eine Neigung von 1 : 50. In Depots kann die Neigung aufgrund der geringeren Fahrgeschwindigkeit auf 1 : 30 erhöht werden. Der Stromschienenauflauf kann auf den letzten 600 mm zusätzlich um 30 mm hochgeführt werden. Der gebogene Stromschienenauflauf erfordert ein freies Lichtraumprofil im Bereich des Stromabnehmers und des unteren seitlichen Wagenkastens.

Die für Dritte-Schiene-Anlagen verwendeten Stromabnehmer sind nicht wie die Pantographen bei Oberleitungen für das Befahren von Überlappungen geeignet, die sich auf einer Gleisseite befinden. Deshalb werden für *nicht isolierende Sektionswechsel* vorwiegend Dehnstöße oder ohnehin erforderliche Lücken genutzt. Für *isolierende Sektionswechsel* zwischen Schaltgruppen und Speisebereichen von Unterwerken werden immer Lücken genutzt (siehe Abschnitt 11.4.4).

Stromschienenaufläufe sind auch erforderlich, wenn die Stromschiene auf der anderen Gleisseite angeordnet werden muss. Das kann durch die Gleisgeometrie, Weichen oder vor und nach den Bahnsteigen erforderlich sein, in deren Bereich sich die sonst meist links montierte Stromschiene immer auf der bahnsteigabgewandten Gleisseite befinden muss. Beim Gleisseitenwechsel ist eine Überlappung der Stromschienen zulässig, da auf beiden Seiten der Triebwageneinheit Stromabnehmer angeordnet sind.

11.4.3.3 Dehnstoß

Wegen der *thermischen Längenänderung* sind etwa alle 90 m auf der freien Strecke und alle 120 m im Tunnel Dehnstöße, auch als *Dilatation* bezeichnet, erforderlich (Bild 11.102). Dehnstöße ermöglichen die temperaturabhängige Längsbewegung über eine mechanische vom Stromabnehmer beschliffene Verbindung der Stromschiene mit Langlöchern und Gleitlaschen. Beim doppelten Dehnstoß mit zwei Schrägschnitten beträgt der Dehnungsspielraum 10 bis 200 mm. Der Strom wird in diesem Bereich über ein Kupferkontaktmesser übertragen, das synchron zur Stromschienenbewegung in einem

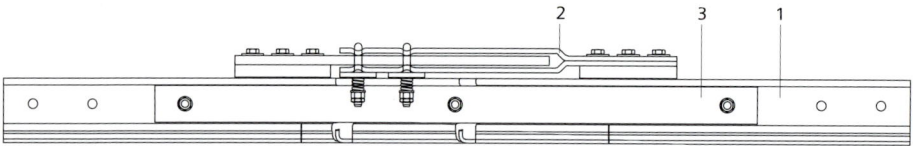

Bild 11.102: Dehnstoß einer Al/St-Verbundstromschiene.
1 Al/St-Verbundstromschiene, 2 elektrische Verbindung, 3 mechanische Verbindung

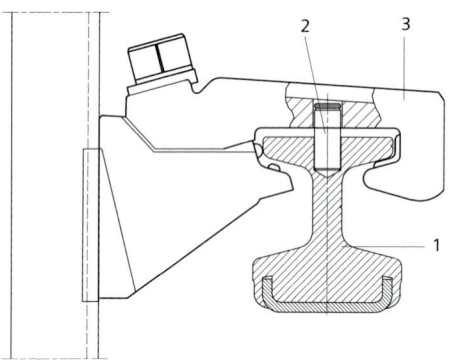

Bild 11.103: Stromschienenstützpunkt ausgeführt als Festpunkt.
1 Al/St-Verbundstromschiene
2 Festpunkt-Stahlbolzen
3 GFK-Isolator

Federkontakt aus zwei Kupferlaschen gleitet (Bild 11.102). Die Stromtragfähigkeit der elektrischen Verbindung und der Stromschiene sind äquivalent.

11.4.3.4 Festpunkt

Der *Stromschienenfestpunkt* befindet sich meist in der Sektionslängemitte entweder zwischen zwei Stromschienen-Aufläufen, zwei Dehnstößen oder einem Stromschienen-Auflauf und einem Dehnstoß. Er fixiert die Stromschiene beidseitig zwischen diesen Bauteilen und lässt temperaturbedingte Längsbewegungen der Stromschiene nur auf seiner linken und rechten Seite zu. Bei kurzen Stromschienenlängen kann sich der Festpunkt auch am Ende befinden. Der in Bild 11.103 gezeigte Festpunkt besteht aus einem nichtrostenden Stahlbolzen, der von oben in den Isolator eines Stützpunktes und in die Stromschiene gesteckt wird und diese fixiert.

11.4.4 Elektrische Verbindungen

11.4.4.1 Strombelastbarkeit

Alle *stromtragenden mechanischen Verbindungen* und die im Abschnitt 11.4.4.3 beschriebenen speziellen elektrischen Verbindungen müssen die für die jeweilige Anlage spezifizierten Betriebs- und Kurzschlussströme übertragen und sind entsprechend zu dimensionieren. Im Hauptstrompfad der Dritte-Schiene-Anlage befinden sich die Einspeisung mit den Speisekabeln, das Stromschienenprofil, der Stromschienenstoß, der Dehnstoß und die Verbindungskabel. Bei der Auswahl der erforderlichen Verbindungen

11.4 Dritte-Schiene-Anlagen

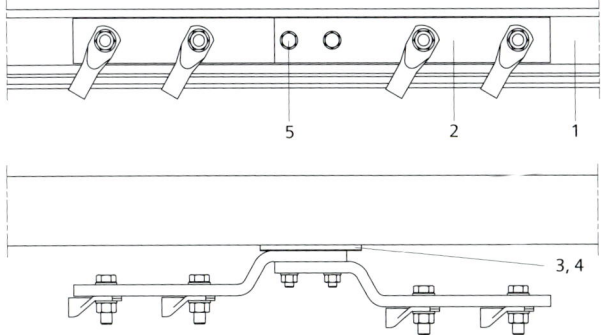

Bild 11.104: Stromschienen-Kabelanschluss für vier Kabel.
1 Al/St-Verbundstromschiene
2 gekröpfte Kupfer-Lasche mit Kabelanschluss
3 CuAl-Blech
4 Aluminium-Lasche
5 Verbindungselemente

und Kabel sind die spezifizierten Betriebs- und Kurzschlussströme sowie die Umgebungsbedingungen der jeweiligen Anlage zu beachten.

11.4.4.2 Einspeisung

Die *Stromschieneneinspeisung* ist ein Anschlusspunkt für Speisekabel vom Unterwerk an der Stromschiene und wird auch zur elektrischen Verbindung einzelner Stromschienenabschnitte verwendet. Sie besteht aus Aluminiumlaschen an der gleisabgewandten Stromschienenseite an denen über ein CuAl-Blech eine gekröpfte Kupferlasche für den Kabelanschluss befestigt wird (Bild 11.104). Bei der von unten beschliffenen Stromschiene werden die Speisekabel in mindestens 50 mm Abstand zur Gleitebene montiert, damit genügend Freiraum für den Stromabnehmer bleibt. Kontaktfett zwischen Aluminium-Lasche und Stromschiene verbessert die elektrische Leitfähigkeit der Verbindung. Die Kupferkabel können mit Presskabelschuhen an die gekröpften Kupferlaschen angeschraubt werden. Die Anzahl der Kabel wird unter Berücksichtigung der am Einspeisepunkt auftretenden Betriebs- und Kurzschlussströme bestimmt. Die Verbundstromschiene erfordert aufgrund ihrer höheren Leitfähigkeit weniger Einspeisungen als die Weicheisenstromschiene.

11.4.4.3 Stromverbinder zwischen Stromschienen und Sektionen

Die Stöße der Weicheisenstromschiene werden durch *elektrische Verbinder* überbrückt. Der elektrische Widerstand dieser Verbindung soll kleiner sein, als der eines fünf Meter langen Stromschienenabschnitts. Am Anbringungsort der Laschen wird durch ein Metallspritzverfahren Zink auf die Stromschiene aufgetragen. Damit ist der Widerstand dieser Verbindung dem von etwa zwei Meter Stromschienenlänge äquivalent.
Bei Verbundstromschienen sind die Stromschienenstöße mit Aluminiumlaschen ausreichend stromfest und erfordern keine Kabelverbindungen (siehe Abschnitt 11.4.3.1).
Die *Dehnstöße* der Eisenstromschienen werden mit einem Lamellenverbinder aus Kupfer mit 600 mm² Querschnitt oder mit hochflexiblen Kupferseilen überbrückt. An den Dehnstößen der Verbundstromschiene erfüllen Trennmesser, die in Kontaktfedern gleiten, diese Funktion (siehe Abschnitt 11.4.3.3). Stromschienenlücken und nicht isolieren-

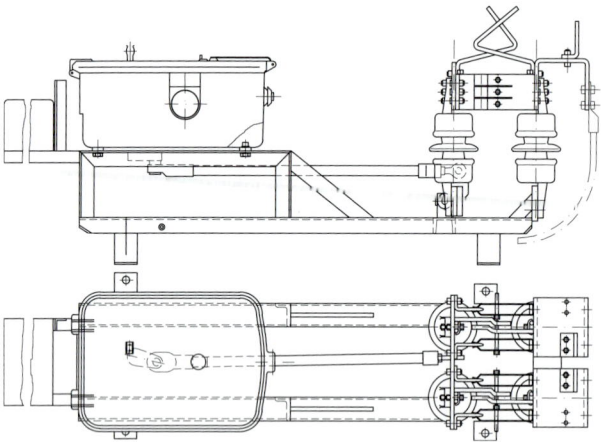

Bild 11.105: Stromschienen-Trennschalter SBH 4000 [11.20].

de Sektionswechsel werden mit Kabeln direkt oder bei Nutzung zur Schaltgruppenunterteilung mit Trennschalter überbrückt.

11.4.5 Trenneinrichtungen

Die Trenneinrichtungen der Dritte-Schiene-Anlagen bestehen aus Stromschienenlücken, die mit Trennschaltern überbrückt werden können, oder aus *Stromschienentrennstellen*, an denen die Stromschiene länger als bei normalen Stromschienenlücken unterbrochen ist. Sie stellen gleichzeitig einen isolierenden Sektionswechsel dar und befinden sich zwischen Schaltgruppen und zwischen Speisebereichen der Unterwerke. Der Abstand zwischen den beiden Stromschienenaufläufen der Stromschienentrennstelle in Längsrichtung soll möglichst größer sein als der größte Abstand der elektrisch verbundenen Stromabnehmer der verwendeten Triebwageneinheiten, damit die Trennstelle nicht bei Befahrungen überbrückt wird. Bei der Berliner S-Bahn beträgt die Trennstellenlänge 36 m. Trennstellen können je nach Funktion über Schaltanlagen oder Stromschienentrennschalter (siehe Abschnitt 11.4.5) überbrückt werden. Können die Stromschienentrennstellen nicht ausreichend lang gestaltet werden, muss der Fahrleitungsschutz wie auch bei Oberleitungsstreckentrennungen die schnellen Veränderungen der Speiseströme beim Speisebereichswechsel beherrschen.

11.4.6 Trennschalter und Antriebe

Für das Zu- oder Abschalten der Speiseabschnitten oder Schaltgruppen der Dritte-Schiene-Anlagen sind *Stromschienentrennschalter* notwendig. Diese Schaltgeräte ermöglichen eine Längs- und Querunterteilung der Stromschienenanlage. Bild 11.105 zeigt den Stromschienentrennschalter der Bauart SHB 4000 mit seinem Antrieb. Dieser Schalter ist für DC 1 500 V Nennspannung ausgelegt und erlaubt 4 000 A Dauerstrom. Er ist für das stromlose Ein- und Ausschalten von Stromschienenabschnitten vorgesehen. Jedoch können mit diesem Schalter auch Betriebsströme bis 400 A geschaltet werden.

11.5 Prüfung von Bauteilen und Baugruppen

Bild 11.106: Prüflabor der Siemens AG in Ludwigshafen.

11.5 Prüfung von Bauteilen und Baugruppen

11.5.1 Einleitung

Die Eignung der Bauteile und die Einhaltung der Anforderungen für den vorgesehenen Einsatzbereich sind durch Prüfungen gemäß Kapitel 8 der DIN EN 50 119 und den dort aufgeführten Produktnormen nachzuweisen. Die Prüfung der Bauteile und Baugruppen umfasst drei unterschiedliche Arten: *Typprüfungen*, *Stichprobenprüfungen* und *Stückprüfungen*.

Mit *Typenprüfungen* werden Auslegungskennwerte der Komponenten geprüft. Sie werden üblicherweise nur einmal durchgeführt und nur dann wiederholt, wenn die Ausführung, Herstellungswerkzeuge und -technologien oder die Werkstoffe des Bauteils sich ändern. Die Ergebnisse der Typprüfungen werden als Nachweis der Erfüllung der Auslegungsanforderungen angesehen. Bei einer Gruppe ähnlicher Bauteile ist es ausreichend, die Typprüfung an einer Bauteilausführung der Gruppe durchzuführen.

Stichprobenprüfungen überwachen die Produktion. Wenn statistische Qualitätsprüfungen zur Überwachung der Produktion durchgeführt werden, ist es erlaubt, ihre Ergebnisse nach Vereinbarung als Kriterium für die Annahme der Bauteile zu verwenden.

Stückprüfungen werden an jedem Bauteil durchgeführt und zielen darauf ab nachzuweisen, dass jedes Bauteil mit besonderen Anforderungen diese in jedem Einzelfall erfüllt. Die Stückprüfungen dürfen das Bauteil nicht beschädigen. Nach einer positiven Prüfung darf das geprüfte Bauteil in einer Anlage verwendet werden. Stückprüfungen sind erforderlich, um verdeckte Fehler zu erkennen, die die betriebliche Zuverlässigkeit des Bauteils beeinflussen könnten. Die Stückprüfungen können Belastungsprüfungen, magnetische Rissprüfungen, Ultraschallprüfungen, Röntgenprüfungen, Widerstands- und Isolationsprüfungen oder andere zerstörungsfreie Prüfmethoden sein.

Die Prüfbedingungen, Prüfanordnungen und Prüfparameter müssen den Einsatzbedingungen und Anforderungen entsprechen oder diese ausreichend nachbilden. Hilfreich

Tabelle 11.16: Anziehdrehmomente M_t in Nm für einige Schrauben, die in Fahrleitungsanlagen nach DIN EN 50 119 verwendet werden.

Gewinde-maß	Werkstoff der Schraube	Unlegierte und legierte Stähle nach DIN EN ISO 898 Teil 1 verzinkt (tZn)			Rost- und säurebeständige Stähle Stahlarten A2 und A4		Kupfer-Nickel-Legierung CU5
	Festigkeitsklasse	4.6	5.6	8.8	70	80	–
	Streckgrenze N/mm²	240	300	640	450	600	540
M8		–	–	23	16	22	20
M10		–	–	46	32	43	39
M12		25	38	80	56	75	68
M16		60	90	195	135	180	165
M20		120	180	390	280	370	330

sind dabei Prüflaboratorien, die speziell für die Prüfung von Fahrleitungskomponenten eingerichtet sind. Bild 11.106 zeigt ein solches Prüflabor für mechanische Prüfungen.

11.5.2 Klemmen, Armaturen und Verbindungsteile

11.5.2.1 Typprüfung

Mindestens vier Proben sind auszuwählen. Alle für Typprüfungen ausgewählten Bauteile und Klemmen dürfen nicht für andere Prüfungen oder im Betrieb verwendet werden. Alle Prüfbedingungen, Prüfanordnungen und Prüfergebnisse sind in einem Prüfbericht aufzuzeichnen.

Werkstoffnachweis

Typprüfungen müssen den *Nachweis der Werkstoffe* einschließen, um sicherzustellen, dass diese mit den Vertragsunterlagen übereinstimmen. Dieser Nachweis kann üblicherweise durch Prüfung der Dokumentation bezüglich der Werkstoffbeschaffung, der Prüfzeugnisse oder anderer Qualitätsdokumente durchgeführt werden.

Maß- und Sichtprüfung

Die für die *Funktion des Bauteils* wesentlichen Maße sind, wie in den Zeichnungen angegeben, an den Proben zu messen. Eine *visuelle Inspektion* beinhaltet die Prüfung der allgemeinen Bedingungen und der Oberfläche der Proben hinsichtlich Risse, Schlagstellen, Grate oder Strommarken usw.

Funktionsprüfung

Die Prüflinge müssen nach den Montageanweisungen des Herstellers unter Verwendung aller nötigen Verbindungsteile zusammengesetzt werden. Schrauben müssen mit dem 1,1fachen der vom Hersteller oder in nationalen Anforderungen angegebenen Anzugsdrehmomente angezogen werden. Sind keine Werte angegeben, müssen die Schrauben

11.5 Prüfung von Bauteilen und Baugruppen

Tabelle 11.17: Beispiele für Schraubenverbindungen gemäß DIN EN 50 119.

Schraube	Mutter	Auflage für Schraubenkopf	Schmierung	Reibungs-koeffizient
weichgeglühter oder Zink-Phosphat-Stahl	Stahl glatt	Stahl bearbeitet	Öl	0,12
rost- und säurebeständiger Stahl (A2/A4)	A2/A4	A2/A4	Spezialschmierstoff	0,12
rost- und säurebeständiger Stahl (A2/A4)	Aluminium-legierung	A2/A4	Spezialschmierstoff	0,12
Stahl, verzinkt	Aluminium-legierung	A2/A4	Korrosionsschutzfett	0,12
Stahl, verzinkt	(A2/A4)	A2/A4	Korrosionsschutzfett	0,12
Stahl, verzinkt	Stahl, verzinkt	A2/A4	Korrosionsschutzfett	0,12
Kupfer-Nickel-Legierung (CU5)	CU5 oder Kupfer	A2/A4	Spezialschmierstoff/korrosionsbeständiges Fett	0,12

mit dem 1,1fachen Wert des in Tabelle 11.16 angegebenen Anzugsdrehmomentes angezogen werden. Die für die *Funktion* wichtigen Maße müssen geprüft werden. Es sind keine bleibenden Verformungen zulässig, es sei denn, sie sind für die Ausführung so vorgesehen.

Die zu verwendenden Anziehdrehmomente entsprechen der unteren Grenze des Reibungsbereiches einer bestimmten Schraube. Die Werte in Tabelle 11.16 wurden mit den folgenden Annahmen aufgestellt:
– die Schraube kann bis zur festgelegten geringsten Streckgrenze belastet werden,
– die Anziehdrehmomente gehen von 0,12 als Reibungskoeffizient für die Gewindekopfauflage aus,
– eine 10-%-Streuung bei der Anwendung des Drehmomentes ist in den Tabellenwerten bereits eingerechnet. Die Anziehdrehmomente nach Tabelle 11.16 entsprechen 90 % des Anziehdrehmomentes,
– die Anziehdrehmomente für Schrauben aus rost- und säurebeständigen Stählen der Festigkeitsgüten 70 und 80 gelten für die 0,2 % Streckgrenze.

Vorübergehende Verformungen sind zugelassen, soweit dies nicht durch die Gestaltung ausgeschlossen werden kann.

Ein unterer Reibungskoeffizient zwischen 0,1 und 0,12 kann für Schraubenverbindungen, wie in Tabelle 11.17 angegeben, angenommen werden. Paarungen nach Tabelle 11.17 werden empfohlen, wenn Schrauben mit Sechskantmuttern verwendet werden. Für andere Reibungskoeffizienten als 0,12 können die in Tabelle 11.16 angegebenen Anziehdrehmomente mit den in Tabelle 11.18 enthaltenen Faktoren umgerechnet werden.

Belastungsprüfungen der Bauteile

Für die *Belastungsprüfung* werden die Zubehörteile für Isolatoren, die Klemmen und Verbindungsteile in einer Zugprüfungmaschine so belastet, dass die Beanspruchung so gut wie möglich mit dem Betrieb übereinstimmt. Die Einspannteile dürfen das Prüfungsergebnis nicht verfälschen. Bei Bauteilen mit mehreren Lastpunkten auf jeder Lastseite muss sicher gestellt werden, dass die Kräfte in jedem Belastungszustand anteilmäßig so verteilt sind, dass die Belastung nachgebildet wird.

Die Prüflinge sollten mit einer gleichmäßig und langsam zunehmenden Last bis zur Höchstkraft belastet werden. Die Last sollte 5 bis 10 N/mm² je Sekunde bezogen auf den am höchsten belasteten Querschnitt zunehmen. Ein Kraft-Zeit-Diagramm muss mit geschrieben werden. Aus dem Kraft-Dehnungs-Diagramm ist es möglich, die Kraft zu bestimmen, bei der der Übergang vom elastischen in den plastischen Bereich vollzogen wird. Für Prüflinge sind zu bestimmen:
- die Kraft bei der eine Verformung auftritt, die die Funktion beeinträchtigt
- die Höchstkraft beim Versagen des Prüflings
- die Art und den Ort des Bruchs am Prüfling

Alle Werte sollten in einem Prüfbericht zusammen mit den charakteristischen Daten für den Prüfling wie Werkstoff, Werkstoffzustand, Art der Weiterverarbeitung und Oberflächenzustand aufgezeichnet werden. Die Prüfdaten können für die Bestimmung der Nennkraft oder der zulässigen Betriebskraft verwendet werden. Die Höchstkraft des Prüflings muss gleich oder größer als die geforderte Nennkraft oder die in den einschlägigen Normen oder Zeichnungen vorgegebenen Kraft sein.

Zugprüfung an Klemmen

Für *Zugprüfungen* werden die Klemmen mit dem vorgesehenen Leiter, Ankerseil und Draht entsprechend den Herstelleranweisungen verbunden und in eine Prüfmaschine mit passenden Einspannteilen eingesetzt. Für Pressklemmen muss sichergestellt werden, dass keine Aufkorbung auftritt, d. h. die Adern nicht aus der geplanten Ausrichtung verdreht sind, was zu einer ungleichmäßigen Spannungsverteilung im Leiter führen würde. Bei Schraubklemmen werden die Schrauben mit einem Anzugsmoment entsprechend Tabelle 11.16 oder mit den vom Hersteller angegebenen Werten angezogen.

Die Zugkraft muss bis zum 1,33fachen der zulässigen Betriebskraft erhöht und dann für eine Minute gehalten werden. Markierungen sind auf den Leiter dort anzubringen, wo dieser den Prüfling verlässt, um mögliches Gleiten beobachten zu können. Bei Tragklemmen muss die Höchstkraft in Richtung der wirksamen Betriebskraft ermittelt werden.

Für Leiterklemmen müssen die folgenden Ergebnisse bestimmt werden:
- Kraft bei der der Leiter in der Klemme zu gleiten beginnt,
- größte Kraft des Gleitens durch die Klemme,
- funktionale Mängel der Klemme.

Bei verseilten Leitern wird der erste Drahtbruch als Versagen des Leiters betrachtet.

Wärmewechselprüfungen

Wärmewechselprüfungen werden zur Bestimmung des thermischen Langzeitverhaltens von stromfesten Verbindungen verwendet, wie in DIN EN 50 119 festgelegt.

Tabelle 11.18: Umrechnungsfaktoren für Anziehdrehmomente gemäß DIN EN 50 119.

Reibungskoeffizient	Umrechnungsfaktor
0,08	0,77
0,10	0,89
0,12	1,00
0,14	1,10
0,16	1,18
0,20	1,33
0,25	1,47
0,30	1,57

Tabelle 11.19: Zuordnung der Festigkeitsklassen von Schrauben und Muttern gemäß DIN EN 50 119.

Schrauben	Muttern
4,6[1]	5
5,6[1]	5
8,8[1]	8
A2/A4-70	A2/A4-70
A2/A4-80	A2/A4-80
CU5	CU5

[1] gemäß DIN EN ISO 898-1

11.5.2.2 Stichprobenprüfung

Anzahl der Prüflinge

Stichprobenprüfungen werden nur durchgeführt, wenn eine ausreichende Menge von Komponenten hergestellt wird, typischerweise mehr als 100 Stück des gleichen Typs. Die Anzahl p der Prüflinge für die Stichprobenprüfung kann abhängig von der gesamten Losgröße n bestimmt werden:

$$100 < n \leq 500 : p = 3$$
$$500 < n \leq 20\,000 : p = 4 + n/1\,000$$
$$n > 20\,000 : p = 15 + (0{,}5\,n)/1\,000$$

Auswahl der Prüflinge und Wiederholungsprüfungen

Die Prüflinge werden zufällig aus dem abzunehmenden Los ausgewählt. Wenn die Prüflinge die Stichprobenprüfung bestehen, kann das gesamte Los angenommen werden. Wenn ein Prüfling die Prüfungen nicht besteht, kann die Prüfung wiederholt werden, jedoch mit der doppelten Anzahl der Prüflinge wie vorher bezogen auf das Gesamtlos. Wenn alle neuen Prüflinge die Prüfungen bestehen wird das Gesamtlos angenommen. Das Gesamtlos muss zurückgewiesen werden, wenn einer der neuen Prüflinge die Stichprobenprüfung nicht besteht. Der Stichprobenprüfung unterzogenen Prüflinge dürfen nicht für weitere Prüfungen oder für den Einbau in der Anlage verwendet werden.

Werkstoffnachweise

Stichprobenprüfungen müssen den Nachweis des Werkstoffes enthalten, um sicherzustellen, dass diese mit den Vertragsunterlagen übereinstimmen. Dieser Nachweis kann üblicherweise durch Prüfung der Dokumente bezüglich des Werkstoffes, Konformitätszertifikate oder andere Qualitätsdokumentationen erbracht werden.

Nachweis der Maße und Sichtprüfung

Um den Einfluss von Änderungen der Maße und der Festigkeit auf die mechanischen Kenngrößen einer Komponente beachten zu können, werden die Maße, die die Kennwerte beeinflussen, an allen untersuchten Prüflingen bestimmt. Alle Werte sind in einem

Prüfbericht zusammenzufassen. Die für die korrekte Funktion wichtigen Maße müssen mit den Werten in den einschlägigen Normen und den Herstellerzeichnungen übereinstimmen. Stichprobenprüfungen sollten eine visuelle Untersuchung beinhalten, um die Konformität der Prüflinge in allen wesentlichen Punkten mit den Ausführungszeichnungen sicherzustellen.

Funktionsprüfung
Die *Funktionsprüfung* kann gemäß Abschnitt 11.5.2.1 durchgeführt werden. Die Baugruppen sind nach der Herstelleranweisung zusammenzubauen. Schrauben sollten mit dem 1,1fachen des Anziehdrehmomentes nach Tabelle 11.16 angezogen werden. Die wichtigen Maße für die einwandfreie Funktion sind zu prüfen. Es sind keine Beeinträchtigungen der Funktion der Bauteile zulässig. Ausführungsbedingte Verformungen sind zulässig, wenn sie die Funktion nicht beeinträchtigen.

Zugprüfung
Die Anforderungen an die *Zugprüfungen* sind im Abschnitt 11.5.2.1 enthalten. Der Prüfling sollte mit einer Zunahme der Belastung zwischen 5 und 10 N/mm^2 je Sekunde, bezogen auf den maßgebenden Querschnitt, konstant und zügig bis zur Betriebslast multipliziert mit dem maßgebenden Bemessungsfaktor belastet werden. Dann ist die bleibende Verformung entweder auf dem Kraft-Weg-Diagramm oder durch Prüfung der Anschlussmaße nach Entlastung des Prüflings zu messen. Der Prüfling sollte dann mit der gleichen Belastungsgeschwindigkeit wiederbelastet werden bis zur Höchstkraft oder bis zum Versagen.

Auswertung der Stichprobenprüfungen
Alle *Prüfwerte* sollten in einem Prüfbericht aufgezeichnet und statistisch ausgewertet werden. Im Falle von Zubehörteilen für Isolatoren und Tragbaugruppen sollten die folgenden Kenngrößen bestimmt werden:
– nach dem Aufbringen einer Last, die dem 1,33fachen der Betriebslast entspricht, darf das Bauteil keine bleibende Verformung aufweisen, die die Funktionsfähigkeit beeinträchtigt,
– die Höchstkraft,
– die Art und den Ort des Versagens des Prüflings, z. B. Bruch, unzulässige Verformung.

Die Kraft bei der die Deformation die Funktion beeinträchtigt, sollte größer sein als die zulässige Betriebskraft, die für das Bauteil gefordert wird. Die größte Kraft des Prüflings sollte gleich oder größer sein als die Nennkraft oder diejenige, die in den einschlägigen Normen oder Zeichnungen festgelegt ist.

Auswertungen der Prüfungen an Trag- und Abspannklemmen
Die Auswertung soll gemäß Abschnitt 11.5.2.1 durchgeführt werden. Die Kraft, bei der eine bleibende Verformung auftritt, die die korrekte Funktion des Prüflings beeinträchtigt, muss größer als das 1,33fache der zulässigen Betriebskraft sein, die für das entspre-

11.5 Prüfung von Bauteilen und Baugruppen

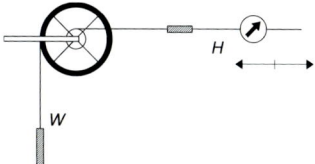

Bild 11.107: Beispiel für die Prüfung des Wirkungsgrades einer Nachspanneinrichtung.

chende Bauteil gefordert wird. Die größte Kraft des Prüflings sollte gleich oder größer als die erforderliche Nennkraft oder als die Kraft, die in den einschlägigen Normen oder Zeichnungen gefordert ist, sein.

11.5.2.3 Stückprüfung

Soweit dies gefordert wird, muss jedes Bauteil eines Herstellungsloses geprüft werden. Diese Prüfart wird nur für bestimmte Bauteilarten verwendet, z. B. Räder der Nachspanneinrichtungen.
Stückprüfungen können einen Werkstoffnachweis im vorgegebenen Umfang einschließlich Prüfungen beinhalten, wenn es in der Qualitätssicherungsvereinbarung gefordert ist. Lastprüfungen müssen unter betriebsnahen Bedingungen durchgeführt werden, wobei die Prüflinge mit der Stückprüfkraft belastet werden. Wenn die Stückprüfkraft erreicht ist, dürfen keine Riss- oder Bruchanzeichen am Prüfling auftreten.

11.5.3 Fahrdrähte und andere Leiter

Die Anforderungen für die *Prüfungen von Fahrdrähten* finden sich in DIN EN 50 149. Die Prüfung anderer Drähte oder Seile wird in den europäischen, internationalen oder nationalen Normen beschrieben:
- Leiter aus Aluminium, Aluminium-Legierungen, Stahl: DIN EN 50 182, DIN EN 50 183, DIN EN 50 189, DIN EN 50 326, DIN EN 60 889, DIN EN 61 232.
- Kunststoffseile: DIN EN 50 345.
- Verseilte Leiter aus Kupfer oder Bronze sollten nach nationalen Normen wie DIN 48 201 und DIN 48 203 geprüft werden.

11.5.4 Nachspanneinrichtungen

Nachspanneinrichtungen mit Gewichten

Für *komplette Nachspanneinrichtungen* sind nur Typprüfungen gefordert. Falls eine Einrastvorrichtung vorhanden ist, muss unter Laborbedingungen ein Leiterriss mit der maximalen Betriebslast nachgebildet werden.
In Übereinstimmung mit der im Bild 11.107 dargestellten Prüfung, kann der mechanische *Wirkungsgrad η der Nachspanneinrichtung* bestimmt werden:

$$\eta = H/(W \cdot r)$$

Dabei ist

H   Leiterzugkraft in N (Bild 11.107)
W   Kraft der Gewichte in N (Bild 11.107)
r   Übersetzungsverhältnis der Nachspanneinrichtung

Die Prüfung sollte unter Beachtung der folgenden Überlegungen durchgeführt werden:
- Wind- und Eislasten brauchen nicht berücksichtigt zu werden,
- es sollten mindestens vier Prüfungen durchgeführt werden, ausgehend von vier Stellen verteilt auf wenigstens eine Umdrehung der Räder oder einem Viertel des vollständigen Bewegungsbereichs, zunächst in einer Drehrichtung und dann in der Gegenrichtung.

Die Zugkraft der Leiter sollte aufgezeichnet werden und mit von den Herstellern angegebenen Werten übereinstimmen. Der kleinste Wert ist wichtig für die Berechnung der zulässigen Betriebszugkraft.

Wenn ein Feldversuch durchgeführt wird, können die Ergebnisse die beschriebene Wirkungsgradprüfung ersetzen. Der Feldversuch mit Aufzeichnung der relevanten Werte sollte mindestens ein Jahr laufen.

Nachspanneinrichtungen ohne Nachspanngewichte

Der mechanische Wirkungsgrad der Nachspanneinrichtung sollte mit den folgenden Annahmen geprüft werden:
- Wind- und Eislast brauchen nicht berücksichtigt zu werden
- der Wirkungsgrad sollte an vier Positionen gleichmäßig über den kompletten Bereich der Bewegungen verteilt gemessen werden
- wenn vorgesehen ist, die Nachspannvorrichtung unter Bedingungen mit Eis zu verwenden, muss die Wirkungsgradprüfung unter solchen Bedingungen durchgeführt werden

Die Leiterzugkraft muss innerhalb der für den zu beachtenden Temperaturbereich festgelegten Grenzen bleiben.

Wenn ein Feldversuch an einer Oberleitung durchgeführt wird, können dessen Ergebnisse den beschriebenen Wirkungsgradversuch ersetzen. Der Feldversuch mit Aufzeichnung der relevanten Werte sollte durchgehend und mindestens ein Jahr laufen.

11.5.5 Hänger

Für Hänger sind nur Typprüfungen erforderlich. Die mechanische *Dauerprüfung* besteht aus einem alternierenden Last- und Stauchzyklus, wie in Bild 11.108 dargestellt. Die Hänger sind zusammen mit ihren Klemmen zu prüfen. Die Prüfparameter müssen die Betriebsbedingungen widerspiegeln. Die Stauchamplitude sollte zwischen 20 mm und 200 mm und die interne Zugkraft im Hänger sollte zwischen 100 N und 400 N vorgegeben werden. Die Frequenz der Zyklen sollte in Abhängigkeit von der maximalen Betriebsgeschwindigkeit der Oberleitungen zwischen 0,5 und 10 Hz liegen, wobei mindestens 2 000 000 Zyklen ausgeführt werden sollten. Hänger für Hochgeschwindigkeitsstrecken sollten mit 5 Hz oder darüber geprüft werden. Der Hänger darf nicht versagen, bevor die vorgegebene Anzahl von Zyklen erreicht wurde. Für besondere Anwendungen, wie

11.5 Prüfung von Bauteilen und Baugruppen

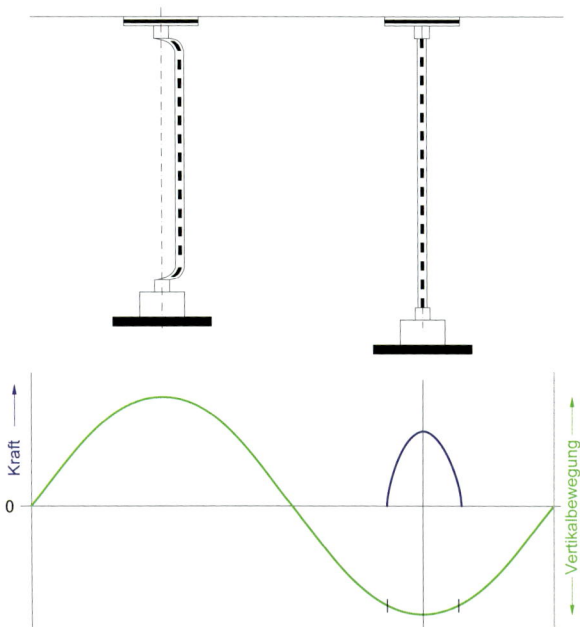

Bild 11.108: Beispiel für einen Hängerprüfzyklus.
grün vertikale Bewegung der Hängerklemme,
blau Kraft im Hängerseil

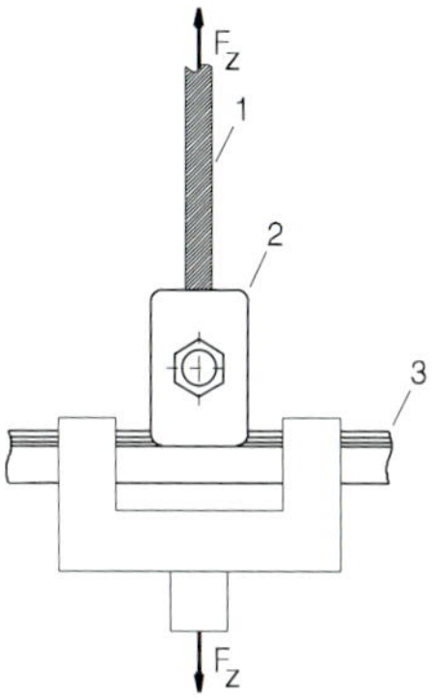

Bild 11.109: Beispiel für eine Anordnung zur Zugprüfung eines Hängers.
1 Hängerseil, 2 Hängerklemme, 3 Fahrdraht

niedrige Systemhöhe und Stellen mit hohem Anhub muss die Gesamtlänge und das Stauchmaß angepasst werden. Die Hängerklemme ist mit dem entsprechenden Seil und Fahrdraht zu montieren.

Bei Fahrdraht- und Tragseilklemmen muss für jede Art der Fahrdrahtrille oder jeden Tragseildurchmesser eine eigene Zugprüfung durchgeführt werden. Wenn die Klemme für einen veränderlichen Bereich von Fahrdrahtrillen oder Tragseildurchmessern ausgelegt ist, müssen nur die kleinsten und die größten Maße geprüft werden. Ein Beispiel für eine Anordnung zur Zugprüfung von Hängern ist in Bild 11.109 gegeben. Die Abzugskraft der Hängerklemme muss mindestens 3 kN betragen.

11.5.6 Elektrische Verbindungen

Elektrische Verbindungen bestehen aus Leitern und Klemmen. Hierfür werden nur Typprüfungen gefordert. Die Klemmen sollten mechanisch für die relevanten Anforderungen nach Abschnitt 11.5.2 geprüft werden. Die elektrischen Prüfungen sind gemäß DIN EN 50 119 als Temperaturwechselprüfungen durchzuführen.

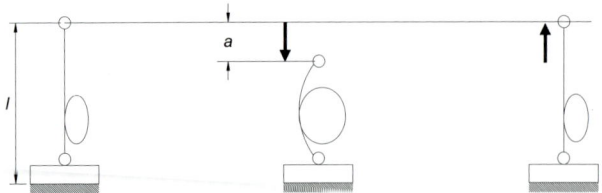

Bild 11.110: Beispiel für einen Prüfzyklus für eine elektrische Verbindung.
l kleinste vorgegebene Länge
a Amplitude

Diese Prüfung ist nur für elektrische Verbinder am Fahrdraht auf Strecken mit 160 km/h Geschwindigkeit und höher durchzuführen. Es müssen mindestens drei vollständige elektrische Verbinder geprüft werden.
Die folgenden Parameter sollten dabei (Bild 11.110) abhängig von der Art der Oberleitung und der Betriebsgeschwindigkeit angewandt werden:
– die kleinste vorgegebene Länge l der Verbindung,
– die Amplitude a der Bewegung sollte bis 100 mm betragen,
– die Frequenz sollte zwischen 0,5 und 10 Hz liegen,
– die kleinste Zykluszahl sollte 2 000 000 betragen.
Die elektrische Verbindung darf nicht versagen, bevor die erforderliche Anzahl der Zyklen erreicht ist. Elektrische Verbinder für Hochgeschwindigkeitsstrecken sollten mit mindestens 5 Hz geprüft werden.

11.5.7 Isolatoren

Prüfungen sollten in Übereinstimmung mit den für die Art des Isolators einschlägigen Normen durchgeführt werden:
– Keramische oder Glasisolatoren: Reihe DIN EN 60 383, DIN EN 60 672-2, IEC/TR 61 245 für Isolatoren in AC-Anlagen, DIN EN 61 325 für Isolatoren in DC-Anlagen
– Verbundisolatoren: DIN EN 61 109 (zugbelastete Isolatoren), DIN EN 61 952 (auf Biegung belastete Isolatoren)
– Stützisolatoren: DIN EN 60 168, DIN EN 60 660

11.5.8 Streckentrenner

11.5.8.1 Typprüfung

Prüfzertifikat
Ein Prüfzertifikat sollte für *Streckentrenner* erstellt werden, das nachweist, dass die elektrischen und mechanischen Parameter gemäß den Normen und Herstellerangabe eingehalten werden. Die Eignung der Bauteile muss durch Typprüfungen nachgewiesen werden. Es müssen die Anforderungen für die Prüfgeschwindigkeit, das Gewicht, die Maße, die Abstände und Kriechwege, die Nennspannung, den Kurzschlussstrom, die zulässige Betriebslast und die Versagensgrenze vorgegeben werden.
Der Isolierkörper von Streckentrennern sollte getrennt mit den Vorgaben gemäß Abschnitt 11.5.7 geprüft werden. Klemmen und andere Bauteile der Streckentrenner sollten gemäß Abschnitt 11.5.2 geprüft werden.

11.5 Prüfung von Bauteilen und Baugruppen

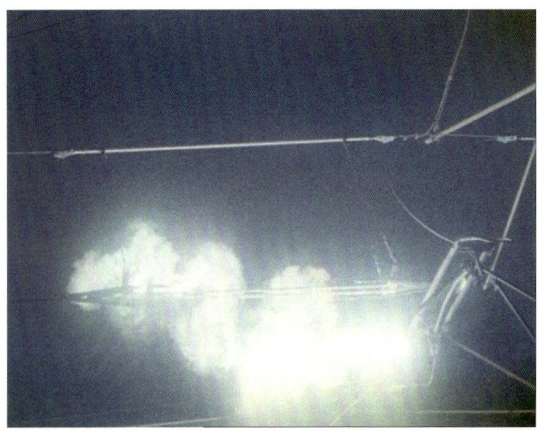

Bild 11.111: Prüfung des Lichtbogenlöschvermögens an einer verkürzte Phasentrennstelle aus neutralen Sektionen Sicat 8WL 5545-4D.

Belastungsprüfung

Für die *mechanischen Prüfungen* muss die Trenneinrichtung auf Fahrdrahtstücken montiert werden, über die die Last eingeleitet wird. Der Streckentrenner sollte in einer Zugprüfmaschine eingespannt und mit der maximal zulässigen Betriebszugkraft des Fahrdrahtes belastet werden; der Streckentrenner sollte so eingerichtet werden, dass die Gleitkufen in ihrer Betriebslage sind. Die Last sollte mit der Geschwindigkeit 1 kN/s bis zum 1,33fachen der maximal zulässigen Betriebszugkraft des Fahrdrahtes erhöht und 1 min gehalten werden. Die Last sollte dann auf die Betriebslast des Fahrdrahtes ermäßigt werden. Es dürfen keine dauernden Verformungen dabei auftreten. Die Zuglast sollte dann wieder mit der Geschwindigkeit 1 kN/s bis zum Bruch gesteigert werden. Der Bruch sollte am Fahrdraht eintreten.

Elektrische Prüfung

Elektrische Prüfungen sollten für den Streckentrenner und die Aufhängeanordnung unter Betriebsbedingungen durchgeführt werden. Der Streckentrenner braucht dabei nicht mit der vollen mechanischen Zugkraft belastet zu werden. Um die Isoliereigenschaften des Streckentrenners zu ermitteln, sollten eine Blitzstoßprüfung und eine Wechselspannungsprüfung in nasser und trockener Umgebung entsprechend DIN EN 60 383 durchgeführt werden. Die Prüfung kann auch bestätigen, dass der Überschlag an der Trenneinrichtung an der vorgesehenen Stelle auftritt. Zusätzlich muss eine *Lichtbogenprüfung* mit maximalem Betriebsstrom durchgeführt werden, um sicherzustellen, dass der Streckentrenner in der Lage ist, den Lichtbogen ohne Schaden zu überstehen. Der Streckentrenner sollte dabei mit einem Draht an der gleichen Stellen überbrückt werden, an der der Lichtbogen wahrscheinlich entsteht. Der Strom sollte dabei auf den maximalen Betriebsstrom des Streckentrenners beschränkt bleiben, wie durch den Hersteller vorgegeben. Am Streckentrenner muss eine Spannung angelegt werden. Bild 11.111 zeigt eine Lichtbogenprüfung. Der Überschlag muss an den vorgesehenen Stellen auftreten und anschließend gelöscht werden. Der Überschlag darf die mechanische Unversehrtheit des Streckentrenners nicht beeinträchtigen.

Bild 11.112: Prüfung eines Trennschalters.

Eine Kurzschlussprüfung muss auch durchgeführt werden, um dazustellen, dass der Streckentrenner den Kurzschlussstrom ohne Schaden überstehen kann. Es ist ein Kurzschlussstrom anzulegen, dessen Dauer und Höhe vom Hersteller festzulegen ist. Die Auswirkungen des Kurzschlussstromes dürfen die mechanische Unversehrtheit des Streckentrenners nicht beeinflussen.

Prüfungen vor Ort
Die elektrischen Prüfungen können durch eine Betriebserprobung ersetzt werden. Wenn es vom Auftraggeber gefordert wird, müssen weitere Betriebserprobungen durchgeführt werden. Die Betriebserprobung sollte mindestens ein Jahr dauern.

11.5.8.2 Stichproben und -Stückprüfungen

An mindestens 2 % Prüflingen aus einem Los sollten folgende Stichprobenprüfungen durchgeführt werden:
 – Sichtprüfung der Kennzeichnung,
 – Prüfung der Maße und des Gewichtes gemäß den Herstellerunterlagen.
Alle Streckentrenner sollten einer Sichtprüfung unterzogen werden.

11.5.9 Oberleitungstrennschalter und Antriebe

Typ- und Stückprüfungen für *Oberleitungstrennschalter, Antriebe und Gestänge* sollten die folgenden Vorgaben beachten:

– DIN EN 50 123-4 für DC-Trennschalter und
– DIN EN 50 152-2 für AC-Trennschalter in Verbindung mit DIN EN 62 271-102.

DIN EN 50 152-2 gilt für einphasige, einpolige Wechselstrom-Trennschalter, -Erdungsschalter und -Lastschalter (Lasttrennschalter und universelle Schalter) zur Anwendung in ortsfesten Anlagen in Innenräumen und im Freien bei Betrieb mit den Frequenzen 16,7 Hz und 50 Hz in Zugförderungsanlagen mit einem Bemessungsisolationspegel über 1 kV bis 52 kV.

– DIN EN 50 152-2 gilt auch für zweipolige Trennschalter, Erdungsschalter und Lastschalter (Lasttrennschalter und universelle Schalter), wobei ein Pol die Verbindung zur Fahrleitung des Gleises bildet, und der andere Pol die Verbindung zum Negativfeeder, der entlang desselben Gleises verläuft und in regelmäßigen Abständen zusammen mit Autotransformatoren zur Erhöhung der Versorgungsspannung dient, oder
– beide Pole des Trennschalters, Erdungsschalters und Lastschalters (Lasttrennschalter und universelle Schalter) in Reihe geschaltet sind und eine sichere Trennung, d. h. zwei Trennstellen in Reihe, liefern.

DIN EN 50 123-4 gilt für Freiluft-Gleichstrom-Lasttrennschalter, -Trennschalter und -Erdungsschalter zur Anwendung in ortsfesten Anlagen von Zugförderungsanlagen. Die Prüfungen müssen geeignet sein, um die Eignung für den Bemessungsstrom und die Bemessungsspannung der Anlagen nachzuweisen. In Bild 11.112 wird die Prüfung eines Trennschalters gezeigt. *Stückprüfungen* von Oberleitungstrennschaltern und Antrieben müssen gemeinsam vor Ort durchgeführt werden.

11.6 Literatur

11.1 *Siemens AG*: Fahrleitungsmaterial für den Nah- und Fernverkehr. Produktkatalog. Siemens AG, Erlangen. 2012.

11.2 *Mier, G.*: Herstellung und Anwendung von Aluminium-Dritte Schienen. In: Schweizer Aluminium-Rundschau (1984)3.

11.3 Hütte I: Des Ingenieurs Taschenbuch, Theoretische Grindlagen. Wilhelm Ernst & Sohn, Berlin, 28. Auflage, 1955.

11.4 *Dubbel*: Taschenbuch Maschinenbau. Springer-Verlag, Berlin – Heidelberg – New York, 11. Auflage, 1970.

11.5 *Tackmann, K. u. a.*: Ermittlung des elektrischen Widerstandes je Kilometer für die Fahrschiene S49. Messprotokoll der DR, Berlin, 1964.

11.6 *Markwardt, K. G.*: Elektrizitätsversorgung elektrischer Bahnen. Verlag Transport, Moskau, 1984.

11.7 *Siemens AG*: Technische Tabellen, Größen, Formeln, Begriffe. Siemens AG, Berlin–München, 2005.

11.8 *Bausch, J.; Kießling, F.; Semrau, M.*: Hochfester Fahrdraht aus Kupfer-Magnesiumlegierung. In: Elektrische Bahnen 92(1994)11, S. 295–300.

11.9 *Schmidt, H.; Schmieder, A.*: Stromabnahme im Hochgeschwindigkeitsverkehr. In: Elektrische Bahnen 103(2005)5, S. 231–236.

11.10 *Hagedorn, P. J.; Schumacher, H.*: Die elektromechanische Nachspannvorrichtung fur Oberleitungen. In: Elektrische Bahnen 82(1984)3, S. 109–116.

11.11 *Schmieder, A.; Rankers, M.*: Disconnector for AC overhead contact lines. In: Elektrische Bahnen 100(2002)6, S. 207–213.

11.12 *Dölling, A.; Focks, M.; Gumberger, G.*: Fahrleitungserdung – automatisiert mit Sicat AES. In: Elektrische Bahnen 111(2013)3, S. 172–184.

11.13 *Dölling, A*: Schalterstellungsmeldung Sicat DMS. In: Elektrische Bahnen, wird 2014 veröffentlicht.

11.14 *Schmieder, A.; Rankers, M.*: Standardised composite insulators for AC overhead contact lines. In: Elektrische bahnen 100(2002)6, S. 214–218.

11.15 *Rosenke, D.; Uyanik, A.*: Neuentwicklung einer Stromschienenoberleitung für Tunnelstrecken. In: Verkehr und Technik (1985)5, S. 136–138.

11.16 *Haupt, R.; Freidhofer, H.*: Elektrische Energieübertragung mit Aluminium-Verbundstromschienen bei der Berliner S-Bahn. In: Elektrische Bahnen 50(1979)4, S. 96–100.

11.17 *Janetschke, K.; Freidhofer, H.; Mier, G.*: Einführung von neuen Stromschienenanlagen mit Aluminium-Verbundstromschienen bei der Berliner S-Bahn. In: Elektrische Bahnen 80(1982)1, S. 17–23.

11.18 *N. N.*: ALUSINGEN-Verbundstromschienen. Aluminium-Walzwerke Singen GmbH, Singen, 1979.

11.19 *Herrmann, S.*: Verbundstromschienen – Betriebserfahrungen und Weiterentwicklung. In: Elektrische Bahnen 98(2000)1-2, S. 52–56.

11.20 *Siemens AG*: Stromschienen-Trennschalter SHB 4000. Siemens AG: Erlangen, 1980.

12 Planung der Oberleitung

12.0 Symbole und deren Bedeutung

Symbol	Bezeichnung	Einheit
AC	Wechselstrom (Alternating Current)	–
BS, BZ	Beginn des Fahrdrahtauf- oder -ablaufs im Stammgleis bzw. Zweiggleis zwischen den Stützpunkten S_1 und S_2	–
BÜ	Bahnübergang als höhengleiche Kreuzungen von Eisenbahnstrecken und Straßen	–
C	Überlappungsbereich der Oberleitungen in Schutzstrecken	m
C_C	Staudruckbeiwert für Leiter mit kreisförmigen Querschnitt nach DIN EN 50341-3-4:2011-01, Tabelle 4.3.2 – Leiter bis 12,5 mm Durchmesser mit $C_C = 1,2$, – Leiter 12,5 mm–15,8 mm Durchmesser mit $C_C = 1,1$, – Leiter über 15,8 mm Durchmesser mit $C_C = 1,0$	–
D	Wankbereich, in der Gleisgeraden für 1 600-mm-Wippen 0,200 m und für 1 950-mm-Wippen 0,225 m [12.1]	m
D_A	Durchmesser des Mastes A in der Höhe der Rückleiterseilaufhängung	m
D_B	Durchmesser des Mastes B in der Höhe der Rückleiterseilaufhängung	m
D_S	Gesamtlänge des neutralen Abschnitts einer Schutzstrecke einschließlich der Überlappungsbereiche	m
D'_S	Länge des neutralen Abschnitts einer Schutzstrecke ausschließlich der Überlappungsbereiche	m
$D_{\text{TS St}-B}$	vertikaler Abstand zwischen der Tragseiloberkante am Stützpunkt und der Bauwerksunterkante	m
$D_{\text{TS}-B\,a}$	vertikaler Abstand zwischen der Tragseiloberkante und der Bauwerksunterkante an der Nachweisstelle a	m
$D_{\text{TS}-B\,\min}$	minimaler Abstand zwischen dem Tragseil und dem Bauwerk in Spannweitenmitte (Bild 12.43)	m
$D_{\text{el}\,l}$	Mindestabstand zwischen Leiter und Erde für langsam ansteigende Überspannung	m
$D_{\text{el}\,s}$	Mindestabstand zwischen Leiter und Erde für schnell ansteigende Überspannung	m
D_k	Kontaktpunkt zwischen Stromabnehmerwippe und Fahrdraht	–
$D_{\text{kü}}$	Wankbewegung durch Überkompensation	m
D_{ku}	Wankbewegung durch Unterkompensation	m
DC	Gleichstrom (Direct Current)	–
E	Überstülplänge, Einsatzlänge bei Betonmasten	m
ES, EZ	Ende des Fahrdrahtauf- oder -ablaufs im Stammgleis bzw. Zweiggleis zwischen den Stützpunkten S_1 und S_2	–
FD	Fahrdraht	
$F_{\text{Kü}}$	Zentrifugalkraft durch Überkompensation	N
F_R	Radial wirkende Kraft am Seitenhalter	N

Symbol	Bezeichnung	Einheit
$F_{\text{Rü}}$	resultierende Kraft durch Überkompensation	N
FD_{Gl}	Kreuzung des Zweiggleis-Fahrdrahts mit der Zweiggleisachse bei tangentialen Weichenbespannungen	–
FD_{K}	Lage der Fahrdrahtkreuzung im Weichenbereich	–
F_{g}	Schwerkraft	N
F_{ku}	Zentrifugalkraft infolge Unterkompensation	N
$F_{\text{kü}}$	Zentrifugalkraft infolge Überkompensation	N
F_{kz}	kompensierte Zentrifugalkraft	N
F_{r}	resultierende Kraft senkrecht zur Schienenkopfberührenden	N
F_{ru}	resultierende Kraft infolge Unterkompensation	N
G_{C}	Leiterreaktionsbeiwert, der die Reaktion beweglicher Leiter auf die Windlast berücksichtigt. Erfasst die Böenbreite eine komplette Spannweite, beträgt nach prEN 50 341-1:2012-02 $G_{\text{C}} = 1{,}0$	–
G'	Spezifisches Gewicht	N/m
G'_{Eis}	Spezifisches Gewicht der Eis- und Schneelast	N/m
G'_{FD}	Spezifisches Gewicht des Fahrdrahts	N/m
G'_{Ol}	Spezifisches Gewicht der Oberleitung bestehend aus Fahrdraht, Tragseil, Hängern, Y-Beiseil und Klemmen	N/m
$G'_{\text{Ol Eis}}$	Spezifisches Gewicht der Oberleitung bestehend aus Fahrdraht, Tragseil, Hängern, Y-Beiseil und Klemmen mit Eislast	N/m
G'_{TS}	Spezifisches Gewicht des Tragseils	N/m
$H_{\text{FD}}, H_{\text{TS}}$	Zugkraft im Fahrdraht bzw. Tragseil	kN
H_{NN}	Höhe der Strecke über NN, Bezugshöhe der Strecke ist SO	m
H_{S}	Schienenhöhe	mm
K_1	Formbeiwert nach ENV 1991-2-4:1996-12, beträgt 0,2	–
KR	Krümmung des Gleises	1/m
L_{N}	halbe Nachspannlänge	
L_{SS}	kleinster Abstand zwischen den Mittellinien benachbarter Stromabnehmer	m
L'_{SS}	Abstand zwischen den äußeren Kanten benachbarter Stromabnehmer	m
L''_{SS}	Abstand zwischen den inneren Kanten benachbarter Stromabnehmer	m
L_{h}	kinematische Grenze des mechanischen Stromabnehmerprofils in der Höhe h	m
L_{hS}	kinematische Grenze des mechanischen Stromabnehmerprofils in der Höhe h im Stammgleis	m
L_{hZ}	kinematische Grenze des mechanischen Stromabnehmerprofils in der Höhe h im Zweiggleis	m
L_{o}	kinematische Grenze in der Nachweishöhe bei $h_{\text{o}} = 6{,}5\,\text{m}$	m
L_{u}	kinematische Grenze in der Nachweishöhe bei $h_{\text{u}} = 5{,}0\,\text{m}$	m
MVK	Abstand zwischen Gleisachse und Mastvorderkante	m
MVK_{A}	Abstand zwischen Mastvorderseite des Mastes A und Gleismitte	m
MVK_{B}	Abstand zwischen Mastvorderseite des Mastes B und Gleismitte	m
R	Gleisradius	m
$R_{\text{RL-TS}}$	räumlicher Abstand zwischen Rückleiter und Tragseil	m
RL	Achse des Rückleitungsseiles	–

12.0 Symbole und deren Bedeutung

Symbol	Bezeichnung	Einheit
RL_A	ausgeschwungenes Rückleiterseil	–
RL_R	Ruhelage des Rückleiterseils	–
S	vorhandener elektrischer Schutzabstand in Luft. Dieser Abstand beinhaltet eine Sicherheitsreserve und ist daher größer als der elektrische Mindestabstand in Luft nach DIN EN 50 119	m
S_d	dauernder elektrischer Mindestabstand in Luft	m
S_k	kurzzeitiger elektrischer Mindestabstand in Luft	m
S_k	Faktor zur Berechnung des Mindestabstand nach DIN EN 341-3-4	–
S_o	Neigungskoeffizient des Fahrzeuges, $S_o = 0{,}225$ [12.1] für Fahrzeuge mit Stromabnehmern oder $S_o = 0{,}25$ [12.2] für sonstige Fahrzeuge	–
$S_{1(2)}$	Stützpunkt 1 oder 2 im Weichenbereich	–
S'	Ausladung als eine Überschreitung der Bezugslinie, wenn sich das Fahrzeug im Gleisbogen und/oder auf einem Gleis mit der Spurweite von mehr als 1,435 m befindet	m
SO	Schienenoberkante	–
T	Querträgerlänge	m
$T_{\text{FD Höhe}}$	Toleranz der Fahrdrahthöhe am Stützpunkt in Ruhelage des Fahrdrahts	m
$T_{\text{TS Höhe}}$	Toleranz der Tragseilhöhe am Stützpunkt	m
$T_{\text{längs}}$	Gleislängsneigung, die in Oberleitungshöhe wirksam wird	‰
T_{quer}	Gleisquerneigung, die in Oberleitungshöhe wirksam wird	m
TS	Tragseil	–
U_e	Mastüberlänge	m
WA	Weichenanfang	–
WE	Weichenende	–
WM	Weichenmitte	–
ZA	Zungenanfang	–
a	Laufvariable	m
a	Abstand zwischen Weichenanfang WA und Zungenanfang ZA	m
a_{QT}	Querspannweite	m
$a_{\text{SÜ}}$	Abstand zwischen Signal und dem ersten Mast mit Doppelausleger in der Überlappung und dem Signal in Gegenfahrrichtung	m
$a_{\text{TS St–B}}$	Abstand zwischen dem Tragseilstützpunkt und der Kante des Bauwerks bei Kettenwerksabsenkungen (Bild 12.43)	m
b	Standard-Fahrdrahtseitenlage am Stützpunkt in Gleisgeraden	m
$b_{\text{SÜ}}$	Abstand zwischen Signal und dem ersten Mast mit Doppelausleger in der Überlappung und dem Signal in Fahrtrichtung	m
b_k	Abstand der Gleisachsen an der Fahrdrahtkreuzung	m
b_{1S}, b_{1Z}	Seitenlage des Fahrdrahts im Stammgleis bzw. Zweiggleis am Stützpunkt 1 im Weichenbereich	m
b_{2S}, b_{2Z}	Seitenlage des Fahrdrahts im Stammgleis bzw. Zweiggleis am Stützpunkt 2 im Weichenbereich	m
d	Leiterdurchmesser	m
d_{Str}	Länge des Streckentrenners	m

Symbol	Bezeichnung	Einheit
e	Abstand zwischen Schienen- und Fundament- oder Rammrohroberkante	m
e_g	Grenzseitenlage des Fahrdrahts	m
e_{max}	maximale Auslenkungen des Fahrdrahts bezogen auf die Gleismitte	m
e_{nutz}	nutzbare Fahrdrahtseitenlage	m
e_{po}	Wankweg des Stromabnehmers mit 0,170 m bei $h_o = 6,5$ m	m
e_{pu}	Wankweg des Stromabnehmers mit 0,110 m bei $h_u = 5,0$ m	m
$f_{FD\,Eis\,H-H}$	Durchhang des Fahrdrahts zwischen den Hängern infolge von Eis- und Schneelast (Bild 12.43)	m
$f_{FD\,Eis\,M}$	zusätzlicher Durchhang des Fahrdrahts mit Eislast in Feldmitte (Bild 12.43)	m
$f_{FD\,St-St}$	zusätzlicher Durchhang des Fahrdrahtes infolge Eislast zwischen den benachbarten Stützpunkten	m
$f_{FD\,St-St\,u}$	Schwingungsamplitude des Fahrdrahtes nach unten durch den Anhub des Fahrdrahts hervorgerufen, wobei der Fahrdraht an den Stützpunkten befestigt ist und unter seine Ruhelage schwingt	m
f_{RL}	Durchhang des Rückleiters	m
$f_{RL\,max\,40}$	maximaler Durchhang des Rückleiters bei der Leitertemperatur 40 °C	m
f_{TS}	Durchhang des Tragseils in Ruhelage ohne Schnee- und Eislast mit neuem Fahrdraht	m
$f_{TS\,M}$	Durchhang des Tragseils in Ruhelage mit neuem Fahrdraht in Feldmitte (Bild 12.43)	m
$f_{TS\,St-x}$	Durchhang des Tragseils an der Stelle x im Abstand Tragseilstützpunkt–Stelle x	m
$f_{TS\,o}$	Reduzierter kurzzeitiger Durchhang des Tragseils infolge des Stromabnehmerdurchgangs (Bild 12.43)	m
$f_{TS\,v}$	Reduzierter Durchhang des Tragseils in Ruhelage mit Berücksichtigung des Fahrdrahtverschleisses (Bild 12.43)	m
f_2	Leiterdurchhang bei 40 °C Leitertemperatur	m
$f_{max\,80}$	maximaler Durchhang des Leiters bei der Leitertemperatur 80 °C	m
h	Nachweishöhe über SO	m
h_{FD}	Fahrdrahthöhe über SO	m
$h_{FD\,A\,max\,St}$	maximaler Fahrdrahtanhub am Stützpunkt	m
$h_{FD\,St}$	Fahrdrahthöhe am Fahrdrahtstützpunkt über SO (Bild 12.43)	m
$h_{FD\,groß}$	größte Fahrdrahthöhe über SO (Bild 12.5)	m
$h_{FD\,groß\,plan}$	größte planmäßige Fahrdrahthöhe über SO (Bild 12.5)	m
$h_{FD\,klein}$	kleinste Fahrdrahthöhe über SO, wobei diese unter Brücken beim gleichzeitigen Auftreten von Eis- und Schneelast, möglicherweise vorhandenen isoliertem Tragseil und der Fahrdrahtschwingung nach unten infolge Stromabnehmerdurchgang in Feldmitte auftritt (Bild 12.5 und 12.43)	m
$h_{FD\,klein\,plan}$	kleinste planmäßige Fahrdrahthöhe über SO (Bild 12.5)	m
$h_{FD\,nenn}$	Nennfahrdrahthöhe über SO (Bild 12.5)	m
h_G	Höhe der Oberleitung über dem Gelände	m
h_{LH}	Lichte Höhe des Bauwerks	m
h_M	Mastlänge	m

12.0 Symbole und deren Bedeutung

Symbol	Bezeichnung	Einheit
h_{SH}	Systemhöhe, als am Stützpunkt gemessener senkrechter Abstand der Unterseite des Fahrdrahtes zur Mitte des Tragseiles	m
$h_{TS\,St}$	Höhe des Tragseils am Stützpunkt über der SO	m
$h_{TS\,groß}$	größte Höhe des Tragseils über SO	m
$h_{TS\,max}$	maximale Tragseilhöhe über SO unter dem Bauwerk in Feldmitte, ohne den Sicherheitsabstand zwischen Tragseil und Bauwerk zu unterschreiten	m
h_{c0}	Referenzhöhe des Wankpols, $h_{c0} = 0{,}5\,\text{m}$	m
h_o	obere Nachweishöhe über SO	m
h_{pf}	Pfeilhöhe als Abstand zwischen der Gleisachse im Gleisbogen und einer Sehne zwischen den Stützpunkten in diesem Bogen	m
h_u	untere Nachweishöhe über SO	m
k	Koeffizient k aus DIN EN 50341-3-4, Tabelle 5.4.3/DE.2	–
k_R	Abstand zwischen Rückleiterseilachse und Kettenwerk am Mast	m
l	Spannweite zwischen zwei Oberleitungsmasten	m
l_A	Auslegerlänge	m
l_A	Arbeitslänge der Stromabnehmerwippe mit – $l_A = 1{,}200\,\text{m}$ für die 1 600-mm-Wippe – $l_A = 1{,}550\,\text{m}$ für die 1 950-mm-Wippe	m
$l_{Al\,max}$	maximale Länge des Standardauslegers	m
l_B	Überdeckungsbreite des Bauwerks	m
$l_{FD\,St-M}$	Abstand zwischen Fahrdrahtstützpunkt und Spannweitenmitte	m
l_G	Grenzspurweite als Abstand zwischen den Fahrkanten der Schienen eines Gleises gemäß den Vorgaben des Infrastrukturbetreibers: – Nebenbahnen und Nebengleise $l_G = 1{,}470\,\text{m}$ – Gleise mit $v \leq 160\,\text{km/h}$ $l_G = 1{,}465\,\text{m}$ – Gleise mit $v > 160\,\text{km/h}$ $l_G = 1{,}463\,\text{m}$	m
l_{H-H}	Abstand zwischen den Hängern	m
l_{Hy1}	Hängerlänge des Y-Beiseilhängers 1	m
l_{Hy2}	Hängerlänge des Y-Beiseilhängers 2	m
$l_{H1} \ldots l_{H6}$	Hängerlänge des Feldhängers 1 bis 6	m
l_S	Minimale Schleifstücklänge	m
l_{SA}	Breite des Stromabnehmers	m
l_{SE}	Länge der Sehne im Gleisbogen	m
l_{St-M}	Abstand zwischen dem Stützpunkt und Feldmitte	m
l_{St-x}	Abstand zwischen dem Stützpunkt und der Stelle x	m
$l_{TS\,St-M}$	Abstand zwischen Tragseilstützpunkt und Feldmitte	m
$l_{TS\,St-x}$	Abstand zwischen Tragseilstützpunkt und Stelle x	m
l_W	Wippenlänge der Stromabnehmerwippe mit 1,600 m und 1,950 m	m
l_{gesamt}	Abstand zwischen Signal und Weichenanfang	m
l_k	Länge der Isolatorkette	m
$l_ü$	Wippenüberstand des Stromabnehmers	m
l_1	Spannweitenlänge für die Spannweite 1	m
$n_{W\,St-M}$	Weichenneigung	–

Symbol	Bezeichnung	Einheit
p	Auftretenswahrscheinlichkeit je Jahr; $n = 0{,}5$ nach ENV 1991-2-4: 1996-12	–
q_b	Basisstaudruck 10 m über dem Gelände	N/m^2
q_h	Bemessungsstaudruck in der Höhe h über dem Gelände	N/m^2
$qs'_{i,a}$	quasistatische Seitenbewegung des Fahrzeugs in der Bogeninnenseite (i) oder Bogenaußenseite (a)	m
s_{sicht}	Signalsicht	m
t	Abstand zwischen Weichenanfang und Weichenmitte	m
u	Überhöhung des Gleises im Gleisbogen	m
u_f	Überhöhungsfehlbetrag	m
u_{f0}	Referenzwert des Überhöhungsfehlbetrags, $u_{f0} = 0{,}066$ m	m
u_0	Referenzwert der Überhöhung, $u_0 = 0{,}066$ m	m
v	Vorsorgewert für die	m
v_M	– Lageänderung des Fahrdrahts durch Mastneigung infolge Wind	
v_S	– Bautoleranz der Seitenverschiebung des Fahrdrahts am Stützpunkt	
v_T	– Verschiebung der Fahrdrahtseitenlage infolge der temperaturabhängigen Längenänderung des Fahrdrahts	m
v_b	Basiswindgeschwindigkeit in 10 m Höhe h über Gelände, gemittelt über 10 min und mit einer Wiederkehrdauer, wie sie für den Nachweis notwendig ist	m/s
$v_b(p)$	Basiswindgeschwindigkeit mit einer Auftretenswahrscheinlichkeit p, die von der Wiederkehrdauer 50 Jahren abweicht	m/s
$v_{b,0{,}02}$	Basiswindgeschwindigkeit mit einer Auftretenswahrscheinlichkeit $p = 0{,}02$, d. h. einmal in 50 Jahren	m/s
v_g	Böenwindgeschwindigkeit	m/s
y	Anhub des Zweiggleis-Fahrdrahts in Weichen zusätzlich zur Fahrdrahtnennhöhe von der Fahrdrahtkreuzung bis zum Stützpunkt S_1	m
y_{RL-TS}	horizontaler Abstand zwischen Rückleiterseilachse und Tragseil	
y_{RL-R_A}	horizontaler Abstand zwischen Rückleiterseilachse und Rückleitungsseil	
z_{RL-R_A}	vertikaler Abstand zwischen Rückleiterseilachse und ausgeschwungenem Rückleitungsseil	m
z_{RL-SO}	vertikaler Abstand zwischen Rückleitungsseilachse und SO	
z_{RL-TS}	vertikaler Abstand zwischen Rückleitungsseilachse und Tragseil	
α_{Dr}	Drehwinkel des Weichenwinkels	grd
α_W	Weichenwinkel zwischen den Tangenten des Stamm- und Zweiggleises	grd
Δb_m	minimale Fahrdrahtseitenverschiebung	mm/m
$\Delta f_{TS\,o}$	Tragseilhöhe ohne Fahrdrahtverschleiß in Bezug auf die Tragseillage mit neuem Fahrdraht	m
$\Delta f_{TS\,v}$	Änderung der Tragseilhöhe durch Fahrdrahtverschleiß in Bezug auf die Tragseillage ohne Fahrdrahtverschleiß	m
$\Delta h_{Kontakt\,FD}$	größte Höhendifferenz zwischen der höchsten und niedrigsten Lage des dynamischen Kontaktpunkts innerhalb einer Spannweite	m
Δh_{RL}	vertikale Differenz der Aufhängehöhe des Rückleiters an zwei Masten eines Feldes	m

Symbol	Bezeichnung	Einheit
$\sum j$	Summe der horizontalen Zuschläge zur Berücksichtigung von Zufallsphänomenen durch – Asymmetrie der Beladung, – seitliche Querverschiebung des Gleises, – Überhöhungstoleranz und Schwingungen des Stromabnehmers durch Gleisunebenheiten, deren Werte der Infrastrukturbetreiber festlegt und in Deutschland der EBO, (Anlage 3) [12.38] oder DIN EN 15 273-3:2010-11 zu entnehmen sind	m
δ	Winkel zwischen der Mittelsenkrechten zur Schienenkopfberührenden zur Mittellinie des sich neigenden Fahrzeugs	grd
φ	Ausschwingwinkel einer Bahnenergieleitung	grd
φ_{RL}	Ausschwingwinkel des Rückleiters	grd
η	Winkel zwischen der Schienenkopfberührenden im Gleisbogen zur Waagerechten	grd
ϱ	Luftdichte 1,225 bei 15 °C und 0 m Höhe H über NN	kg/m^3
ϑ	Temperatur des Leiters	°C

12.1 Ziel und Ablauf

Die *Ausführungsplanung*, auch als *Projektierung* bezeichnet, verfolgt das Ziel, auf der Grundlage vorgegebener Bedingungen – wie technische Anforderungen, Streckenparameter und Betreibervorgaben – Planungsunterlagen zu erstellen, die es gestatten, eine Oberleitungsanlage für festgelegte Befahreigenschaften für eine bestimmte Strecke zu errichten und zu betreiben. Die *Ausführungsplanung* besteht aus den Schritten
– Vorentwurfsplanung,
– Entwurfsplanung,
– Ausführungsplanung und
– Erstellen der Revisionspläne.

Die *Vorentwurfsplanung* von Oberleitungen ist Teil der Planung neuer Strecken, der Vorbereitung des Umbaus und der Elektrifizierung vorhandener Strecken. Die Vorentwurfsplanung bezieht sich auf die Prüfung der Realisierungsmöglichkeiten einer Oberleitung und der hierzu notwendigen Maßnahmen anhand der geplanten oder vorhandenen Gleislagen, Tunnel, Brücken, klimatischen Einflüssen usw. Die Kompatibilität der Elektrifizierung mit anderen technischen Einrichtungen, z. B. der Signaltechnik, wird in dieser Planungsphase ebenfalls untersucht. Das Ergebnis der Vorentwurfsplanung sind einerseits technische Lösungen wie Oberleitungsbauweise und -bauart, Anpassung des Gleisplans, bauliche Änderungen an Tunneln, Brücken und anderseits die Abschätzung der daraus folgenden Bauzeiten und Investitionen. Ein Erläuterungsbericht beschreibt die Vorentwurfsplanung der Oberleitung im Rahmen der Gesamtplanung des Projekts. Auf der Basis der in der Vorentwurfsplanung festgelegten Maßnahmen beginnt die *Entwurfsplanung* (Bild 12.1) mit dem Erstellen eines Oberleitungsschaltplans. Er enthält die Einspeisungen, Schaltgruppen, Streckentrennungen, elektrische Trennschalter und Bahnenergieleitungen. Das Lokalisieren von Zwangspunkten, an denen die Oberleitungsführung nicht allein nach oberleitungstechnischen Gesichtspunkten gewählt wer-

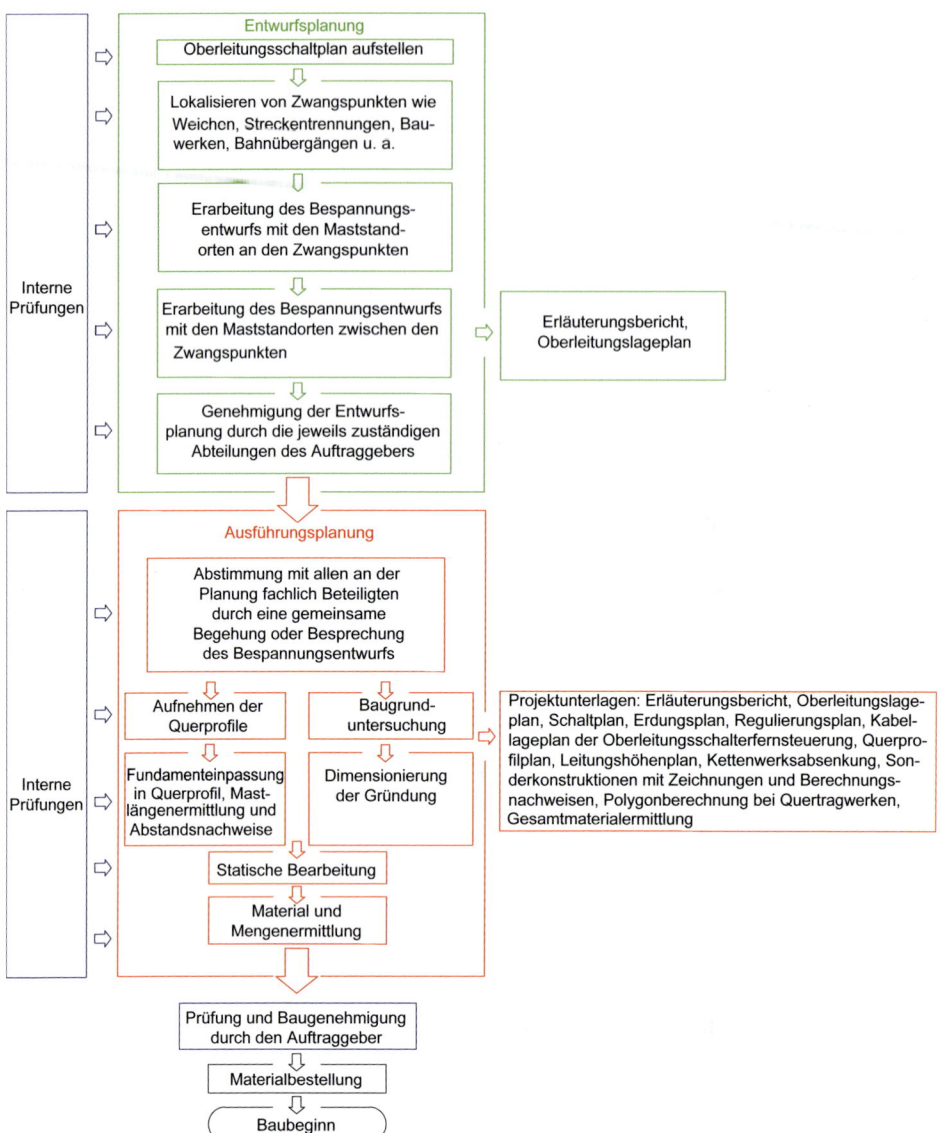

Bild 12.1: Ablauf von Entwurfsplanung, Ausführungsplanung und Prüfungen.

den kann, schließt sich an und nutzt hierfür Planunterlagen für Gleise, Brücken, Tunneln, Signal- und Telekommunikationsanlagen. Im ersten Schritt wird die *Bespannung* an Zwangspunkten wie unter und an Bauwerken, Bahnübergängen, Streckentrennungen vor Bahnhöfen, Weichen und Überleitstellen festgelegt. Im zweiten Schritt folgt die Bespannung der dazwischen liegenden Abschnitte. Aufgrund der Vorgaben und der örtlichen Gegebenheiten sind den Bespannungspunkten Quertrageinrichtungen wie Einzelausleger, Mehrgleisausleger, Quertragwerke oder Joche zuzuordnen und die Maststandorte vorläufig festzulegen. Alle in den Planungsunterlagen enthaltenen und für Maststandorte relevanten Informationen finden dabei Berücksichtigung. Die im *Oberleitungslageplan* dargestellte Entwurfsplanung der Oberleitung geht zusammen mit einem Erläuterungsbericht allen Beteiligten zur Stellungnahme zu.

Die Begehung der Strecke mit allen am Bauvorhaben Beteiligten leitet bei der Elektrifizierung vorhandener Strecken zur *Ausführungsplanung* über. Die Begehung hilft, alle Anlagen zu erkennen, die mit geplanten Maststandorten kollidieren. Dabei sind unterirdische Anlagen, Trogkanäle, das Bahnkörperprofil, Signalsicht und angrenzende Hochbauten zu beachten. Ein Protokoll fixiert die bei der Begehung gewonnenen Erkenntnisse und Schlussfolgerungen für die Oberleitungsplanung.

Bei neuen Strecken lässt sich keine Begehung durchführen. Daher erörtern die Beteiligten in einer Besprechung die Entwurfsplanung und bestätigen diese. Die für die Planung von Tiefbau-, Gleis-, Brücken-, Tunnel-, Signal-, Telekommunikation-, 50-Hz-, Weichenheizungs-, Unterwerks- und Fernsteuerungsanlagen zuständigen Ressorts berücksichtigen in ihren weiteren Arbeiten die Maststandorte.

Nach der Fixierung der Maststandorte längs und quer zum Gleis folgt die Aufnahme der Querprofile an den Maststandorten als Basis für die Festlegung der Gründungen und der Mastlängen.

Die Abstandsnachweise zwischen aktiven Teilen der Oberleitungsanlage und anderen Anlagen sind im Einzelnen zu erbringen. Maststandorte und -höhen sind unter Berücksichtigung der geforderten Mindestabstände zu wählen. Nachdem die Planung der Oberleitung abgeschlossen ist, lässt sich die Materialauswahl auf der Basis von Standardzeichnungen für die gewählte Oberleitungsbauart und gemäß statischer Berechnungen vornehmen. Hierbei vereinfacht die Zusammenfassung von standardisierten Einzelteilen zu Baugruppen die Materialauswahl und die rechentechnische Umsetzung.

Im Ergebnis der Ausführungsplanung entsteht ein *baureifes Projekt* mit

(1) *Erläuterungsbericht* zum ausrüstungs- und bautechnischen Projektteil,
(2) *Oberleitungslageplänen* im Maßstab 1 : 1 000 oder 1 : 500,
(3) *Querprofilplänen* der freien Strecken und der Bahnhöfe,
(4) *Leitungshöhenplänen* bei unübersichtlicher Führung von Bahnenergieleitungen,
(5) *Längsprofilplänen* für *Kettenwerksabsenkungen*,
(6) Zeichnungen und Berechnungsnachweisen,
(7) *Ausleger-* und *Hängerlängenberechnungen*,
(8) *Polygon-* und *Jochberechnungen* bei Quertragwerken,
(9) *Erdungsplänen* in Bahnhöfen,
(10) *Kabellageplänen* der Steuerkabel zur Schalterfernsteuerung,

(11) *Gesamtmaterialzusammenstellung* bestehend aus *Mast-, Joch- und Fundamenttafel, Kettenwerkstabelle* und des übrigen Materials.

Die interne Prüfung der Zwischen- und Endergebnisse bei der Ausführungsplanung vermeidet Fehlleistungen und damit Zusatzkosten sowie Zeitverluste. Sie stellt einen projektbegleitenden Prozess dar. Nach der Prüfung und Baufreigabe des Projektes durch den Auftraggeber beginnen Materialbestellungen und Bauausführung. Der Ablauf der Ausführungsplanung ist im Bild 12.1 dargestellt.

Um die Projektdurchlaufzeiten zu verkürzen, ist es notwendig, Teilunterlagen für die Ausführung freizugeben, bevor alle Unterlagen vorliegen. Insbesondere trifft dies für den bautechnischen Teil zu, der sich auf Masten und Gründungen bezieht und die Punkte (1), (2), (3) und aus (11) die Mast-, Joch und Fundamenttafeln umfasst.

Der bauüberwachende Ingenieur sichert die planungsgerechte Ausführung. Bei auftretenden Hindernissen koordiniert dieser die erforderlichen *Planungsabweichungen* mit dem planenden Ingenieur und in Übereinstimmung mit den Beteiligten.

Die während der Bauausführung gegenüber der Ausführungsplanung vorgenommenen Änderungen sind sorgfältig und fortlaufend in den Projektunterlagen zu erfassen. Nach Abschluss der Arbeiten entstehen die *Revisionsunterlagen*, die die errichtete Oberleitungsanlage darstellen. Sie dienen dem Betreiber der Anlage als Grundlage für die Betriebsführung und Instandhaltung.

12.2 Grundlagen und Ausgangsdaten

12.2.1 Allgemeines

Die Planungs- und Bauleistungen basieren entweder auf Richtlinien und Standardzeichnungen einer *Oberleitungsbauart* oder auf funktionalen Vorgaben, die dem Ausführenden einen Freiraum zur Entwicklung einer angepassten Oberleitungsanlage einräumen. Die letztere Variante gestattet dem Auftragnehmer die Flexibilität, eine Oberleitungsanlage zu entwickeln, die auf das Projekt zugeschnitten ist. Beide Varianten erfordern eine Zusammenstellung der Planungsparameter, welche die *technischen Anforderungen* darstellen. Diese Datenübersicht dient von Projektierungsbeginn an allen am Projekt Beteiligten als Arbeitsgrundlage und ist für einen zügigen und fehlerfreien Projektablauf notwendig.

12.2.2 Technische Anforderungen und Kenndaten

Die *technischen Anforderungen und Kenndaten* lassen sich in einer Datenübersicht zusammenstellen. In den Tabellen 12.1 und 12.2 sind als Beispiele die Planungsparameter für Oberleitungen der Siemens-Bauarten Sicat S1.0 [12.3] bzw. Sicat H1.0 [12.4, 12.5] für interoperable Strecken enthalten.

12.2 Grundlagen und Ausgangsdaten

Tabelle 12.1: Planungskenndaten für die Siemens-Oberleitungsbauart Sicat S1.0.

Allgemeine Daten	
Nennspannung in kV / Frequenz in Hz	25 / 50 und 15 / 16,7
Bahnenergieversorgungsart in kV	1×25 oder 2×25, 1×15
Geschwindigkeit Hauptstrecken / Nebenstrecken in km/h	200 / 100
Oberleitungsbauart für Hauptstrecken / Nebenstrecken	Sicat S1.0 / Sicat S1.0
Stromabnehmerwippenlänge in mm	1 600 und 1 950
Statische Kontaktkraft minimal / maximal in N	60 / 90
Dynamische Kontaktkraft minimal / maximal in N	> 0 / < 350
Dauerstromtragfähigkeit mit paralleler Verstärkungsleitung	
243-AL1 bei °C/in A	80/1 270
Kurzschlussfestigkeit in kA/Dauer in s	17/1
Angaben zur Strecke	
Lage der Strecke (a – ausschließlich, e – einschließlich)	A-Stadt (e) – B-Stadt (a)
Spurweite in mm	1 435
Überhöhung u in mm	im Gleislageplan
Überhöhungsfehlbetrag u_f	im Gleislageplan
Summe der zufallsbedingten Seitenverschiebungen $\sum j_o$ in mm	im Gleislageplan
Vorgabe für Lichtraumprofil	GC nach DIN EN 15 273
Streckenlänge in km	75
Gleisanzahl	2
Minimaler Gleisbogenradius in m	500
Höhenprofil der Strecke liegt vor	ja
Angaben zum Klima	
Umgebungstemperatur (Mittelwert jährlicher Extrema) in °C	-30 bis $+40$
Temperaturarbeitsbereich der Oberleitung in °C	-30 bis $+70$
Temperatur bei der Mittelstellung der Ausleger in °C	$+20$
Höhe H der Strecke über Meereshöhe NN in m	600
Höhe der Oberleitung h_G über dem Gelände	nach dem Höhenprofil
Windzone (Deutschland)	W2
Windgeschwindigkeit für 50-jährige Wiederkehrdauer in m/s	25
Umweltverschmutzung in Industriegebieten ja/nein	ja
Technische Angaben zum Kettenwerk	
Fahrdraht	
Typ / Zugkraft in kN / maximale Abnutzung in %	AC-100 – CuAg / 12 / 20
Fahrdrahtnachspannung fest oder nachgespannt	nachgespannt
Tragseil	
Typ / Zugkraft in kN	BzII 50 / 10
feste Abspannung oder nachgespannt	nachgespannt
Y-Beiseil ja/nein	ja
Typ / Zugkraft in kN / Länge in m	BzII 25 / 1,8–2,3 / 14–18
verstellbare Zugkraft	nein
Hängerart	BzII 10, stromfest
Nachspannung Fahrdraht und Tragseil getrennt oder gemeinsam	getrennt
Übersetzungsverhältnis der Nachspannvorrichtung	1 : 3 oder 1 : 1,5
Maximale halbe Nachspannlänge in m	880 m
Verkürzung der Nachspannlänge l in Radien	ja
Maximale Längsspannweite l in m (1 950-mm-Wippe)	80 m
Ermittlung der Längsspannweite l in Abhängigkeit vom R	
oder von der Basiswindgeschwindigkeit v_b	$l = f(v_b)$
Ermittlung von e_{nutz} in m	TSI ENE CR
Ermittlung von e_{max} in m	$e_{nutz} - v$

Tabelle 12.1: Planungskenndaten für die Oberleitungsbauart Sicat S1.0 (Fortsetzung).

Fahrdrahtvordurchhang in % der Spannweite	0,05 % der Spannweite
Regel- / Mindest- / maximale Fahrdrahthöhe in m	5,50 / 4,95 / 6,50
Systemhöhe h_{SH} auf freien Strecken / in Bahnhöfen in m	1,6 / 1,6
Minimaler Abstand Tragseil-Fahrdraht im Längsfeld in m	0,5
Fahrdrahtseitenlage am Stützpunkt in der Geraden in m	±0,3
im Bogen in m	entsprechend Berechnung
Nutzbare Fahrdrahtseitenlage in der Geraden für 1 600-mm-/ 1 950-mm-Wippen in m	≤ 0,40 / ≤ 0,55
Tragseilseitenlage in der Gleisgeraden in m	0
Verwendung von Windsicherungen	$R > 1\,200$ m
Kriechweg für 15/25-kV-Isolatoren für die jeweilige Verschutzung	nach DIN EN 50124-1
Abstand der Kettenwerke in isolierenden Überlappungen für 15 kV / 25 kV in m	0,45 / 0,50
Abstand der Kettenwerke in nicht isolierenden Überlappungen für 15 kV / 25 kV in m	0,20 / 0,20
Anzahl der Parallelfelder in Überlappungen	3 oder 5
Berücksichtigung der Rückstellkräfte ja/nein	nein
Nachspanngewichte Beton / Gusseisen	Beton
Bespannung der Weichen: kreuzend oder tangential	kreuzend
Berücksichtigung der Rückstellkräfte	
– unter Bauwerken für die Fahrdrahthöhe ja/nein	nein
– bei der Berechnung der Spannweiten ja/nein	nein
– an Bahnübergängen für die Fahrdrahthöhe ja/nein	nein
Bautoleranzen	
Abstand e zwischen Schienen- und Fundament- oder Rammrohroberkante in m	±0,030
Abstand Gleismitte und Mastvorderkante (MVK-Maß) in m	±0,050
Systemhöhe h_{SH} in m	±0,100
Fahrdrahthöhe am Stützpunkt in m	±0,100
Höhendifferenz zwischen zwei benachbarten Hängern in m	0,010
Höchste Fahrdrahtneigung	1/1 000
Höchste Neigungsänderung des Fahrdrahtes	1/2 000
Spannweite in m	±1,0
Vorsorgewert v in m für die	
– Lageänderung des Fahrdrahts durch Mastneigung infolge Wind v_M	0,025
– Toleranz der Seitenverschiebung des Fahrdrahts am Stützpunkt v_S	0,030
– Verschiebung der Fahrdrahtseitenlage infolge der temperaturabhängigen Längenänderung des Fahrdrahts v_T für 20 K	0,007
Leitungen	
Speiseleitungen, Freileitungen	243-AL1,
Speisekabeltyp	N2XS2Y
Umgehungsleitung	–
Verstärkungsleitung	243-AL1,
Schalterleitungen	Cu 95
Rückleiterart / Freileitung oder Kabel / isoliert oder nicht isoliert	243-AL1 / Freileitung / nicht isoliert
Isolatoren	
Isolator für Verankerungen, Schalterleitungen und Zwischenisolierungen Typ / Material	Abschnitt 11.2.6
Isolator für Ausleger Typ / Material	Abschnitt 11.2.6
Vogelschutz nach Planfeststellungsbeschluss	ja

12.2 Grundlagen und Ausgangsdaten

Tabelle 12.1: Planungskenndaten für die Oberleitungsbauart Sicat S1.0 (Fortsetzung).

Ausleger	
Materialart: Aluminium / Stahl	Aluminium
Masten	
Regelabstand Mastvorderkante bis Gleismitte (MVK-Maß) in m	3,70
Mindestabstand Mastvorderkante-Gleismitte in m	2,55
Material: Stahl / Beton	Stahl
Aufsetz- oder Einsetzmasten bei Stahlmasten	Aufsetzmasten
Einzelmasten, Querfelder oder Portale	Einzelmasten
Abspannmasten: mit / ohne Rückanker	mit Rückanker
Gründungen	
Regelabstand Fundamentvorderkante bis Gleismitte in m	3,70 (Betonmast)
Art der Regelgründung	Rammpfähle
Art der Gründungen bei schwierigen Bodenverhältnissen	Block-, Fels- oder Stufenfundament
Ankerbolzenmaterial	verzinkter Stahl
Material für Ankerbolzenmuttern	verzinkter Stahl
Bemessung der Rammgründung / Betonfundamente nach	DIN EN 50119
Bemessung für Erdbebengefährdung	nein
Baugrundgutachten vorhanden	ja
Maßnahmen zur Bahnerdung	
Rückleiter: ja / nein	nein
Anschluss der Masten direkt an die Schiene: ja / nein	ja
Art der Verbindung	Kabel NYY-O oder Kompositkabel
Sicherheitsabstände	
Für kurzzeitige Näherungen spannungsführender zu bahngeerdeten Teilen nach DIN EN 50119 für 15/25 kV in mm	100/150
Für dauernde Näherungen spannungsführender zu bahngeerdeten Teilen nach DIN EN 50119 für 15/25 kV in mm	150/270
Mindesthöhe des Fahrdrahtes am Bahnübergang in m	5,50
Schalterfernsteuerung	
Kabeltyp	NYY-0
Angaben zum Ort der steuernden Stelle	Stellwerk Lh
Nutzung von Trogkanalstrecken: ja/nein	ja, wenn möglich
Lichte Höhen von Bauwerken	
Kettenwerk unter Bauwerken in m	5,90
Überlappungen unter Bauwerken in m	6,20

Tabelle 12.2: Planungskenndaten für die Oberleitungsbauart Sicat H1.0.

Allgemeine Daten	
Nennspannung in kV / Frequenz in Hz	25 / 50 und 15 / 16,7
Bahnenergieversorgung in kV	1 × 25 oder 2 × 25, 1 × 15
Geschwindigkeit Hauptstrecken / Nebenstrecken in km/h	300 / 100
Oberleitungsbauart für Hauptstrecken / Nebenstrecken in km/h	Sicat H1.0 / Sicat S1.0
Stromabnehmerwippenlänge in mm	1 600 / 1 950
Statische Kontaktkraft minimal / maximal in N	60 / 90
Dynamische Kontaktkraft minimal / maximal in N	> 0 / < 350
Dauerstromtragfähigkeit mit paralleler Verstärkungsleitung	
243-AL1 bei °C/in A	80/1 450
Kurzschlussfestigkeit in kA/Dauer in s	28/1
Angaben zur Strecke	
Lage der Strecke (a – ausschließlich, e – einschließlich)	A-Stadt (e) – B-Stadt (a)
Spurweite in mm	1435
Vorgabe für Lichtraumprofil	GC nach DIN EN 15 273
Streckenlänge in km	63
Gleisanzahl	2
Minimaler Gleisradius in m	3 200
Höhenprofil der Strecke liegt vor	ja
Angaben zum Klima	
Umgebungstemperatur (Mittelwert jährlicher Extrema) in °C	-30 bis $+40$
Temperaturarbeitsbereich der Oberleitung in °C	-30 bis $+80$
Temperatur bei der Mittelstellung der Ausleger in °C	$+25$
Höhe H der Strecke über Meereshöhe NN in m	300
Höhe h_G der Oberleitung über dem Gelände, Höhenprofil liegt vor	6,0/ja
Windzone (Deutschland)	W2
Windgeschwindigkeit für 50-jährige Wiederkehrdauer in m/s	22,5
Umweltverschmutzung in Industriegebieten ja / nein	nein
Technische Angaben zum Kettenwerk	
Fahrdraht	
Typ / Zugkraft in kN / maximale Abnutzung in %	AC-120 – CuMg / 27 / 20
Fahrdrahtnachspannung fest oder nachgespannt	nachgespannt
Tragseil	
Typ / Zugkraft in kN	BzII 120 / 21
Fahrdrahtnachspannung fest oder nachgespannt	nachgespannt
Y-Beiseil ja/nein	ja
Typ / Zugkraft in kN / Länge in m	BzII 35 / 3,5 / 22
verstellbare Zugkraft	nein
Hängerart	BzII 10, stromfest
Nachspannung Fahrdraht / Tragseil getrennt oder gemeinsam	getrennt
Übersetzungsverhältnis der Nachspannvorrichtung	1 : 3 oder 1 : 1,5
Maximale halbe Nachspannlänge in m	700 m
Verkürzung der Nachspannlängen in Kurven	ja
Maximale / minimale Längsspannweite l in m (1 600-mm-Wippe)	70 / 50
Spannweite l abhängig von Radius R oder Windgeschwindigkeit v_W	$l = f(R)$ / $l = f(v_w)$
Fahrdrahtvordurchhang in % der Spannweite	kein Vordurchhang
Regel- / Mindest- / maximale Fahrdrahthöhe in m	5,30/5,27/5,33
Systemhöhe auf freien Strecken / in Bahnhöfen / in Tunneln in m	1,6 / 1,6 / 1,1
Minimaler vertikaler Abstand Tragseil-Fahrdraht in m	0,6
Regel-Fahrdrahtseitenlage am Stützpunkt	
in geraden Strecken / im Bogen in m	$\leq 0,3$ / $\leq 0,3$

12.2 Grundlagen und Ausgangsdaten

Tabelle 12.2: Planungskenndaten für die Bauart Sicat H1.0 (Fortsetzung).

Nutzbare Fahrdrahtseitenlage für 1 600 mm-/1 950 mm-Wippenlängen in m	$\leq 0{,}40 / \leq 0{,}55$
Tragseilseitenverschiebung in mm	100
Verwendung von Windsicherungen für	$R > 3\,200\,\text{m}$
Kriechweg für Isolatoren für 15/25 kV für den jeweiligen Verschutzungsgrad	nach DIN EN 50 124-1
Abstand der Kettenwerke in isolierenden Überlappungen für 15 kV / 25 kV in m	0,45 / 0,50
Abstand der Kettenwerke in nicht isolierenden Überlappungen für 15 kV / 25 kV in m	0,20 / 0,20
Anzahl der Parallelfelder	3 / 5
Nachspanngewichte Beton/Gußeisen	Beton
Bespannung der Weichen: kreuzend oder tangential	kreuzend
Berücksichtigung der Rückstellkräfte	
– unter Bauwerken für die Fahrdrahthöhe ja/nein	nein
– bei der Berechnung der Spannweiten ja/nein	nein
– an Bahnübergängen für die Fahrdrahthöhe ja/nein	nein
Bautoleranzen	
Abstand e zwischen Schienen- und Fundament- oder Rammrohroberkante in m	$\pm 0{,}030$
Abstand Gleismitte und Mastvorderkante (MVK-Maß) in m	$\pm 0{,}050$
Systemhöhe h_{SH} in m	$\pm 0{,}100$
Fahrdrahthöhe am Stützpunkt in m	$\pm 0{,}010$
Höhendifferenz zwischen zwei benachbarten Hängern in m	$\leq 0{,}010$
Höchste Fahrdrahtneigung	0
Höchste Neigungsänderung des Fahrdrahtes	0
Spannweite in m	$\pm 1{,}0$
Vorsorgewert v in m für die	
– Lageänderung des Fahrdrahts durch Mastneigung infolge Wind v_{M}	0,025
– Toleranz der Seitenverschiebung des Fahrdrahts am Stützpunkt v_{S}	0,030
– Verschiebung der Fahrdrahtseitenlage infolge der temperaturabhängigen Längenänderung des Fahrdrahts v_{T} für 20 K	0,007
Leitungen	
Speiseleitungstyp	243-AL1
Speisekabeltyp	N2XS2Y
Umgehungsleitung	243-AL1
Verstärkungsleitung	243-AL1
Schalterleitungen (siehe Bild 12.70)	Cu 95
Rückleitertyp	243-AL1
Freileitung oder Kabel / isoliert oder nicht isoliert	Freileitung / nicht isoliert
Isolatoren	
Isolator für Verankerungen, Schalterleitungen und Zwischenisolierungen Typ / Material	Abschnitt 11.2.6
Isolator für Ausleger Typ / Material	Abschnitt 11.2.6
Ausleger	
Material: Aluminium / Stahl	Aluminium
Masten	
Regelabstand Mastvorderkante bis Gleismitte (MVK-Maß) in m	3,70
Mindestabstand Mastvorderkante-Gleismitte in m	2,55
Material: Stahl/Beton	Stahl/Beton
Aufsetz- oder Einsetzmasten bei Stahlmasten	Aufsetzmasten

Tabelle 12.2: Planungskenndaten für die Bauart Sicat H1.0 (Fortsetzung).

Einzelmasten, Querfelder oder Portale Abspannmasten: mit/ohne Rückanker	Einzelmasten mit Rückanker
Gründungen Regelabstand Fundamentvorderkante bis Gleismitte in m Art der Regelgründung Art der Gründungen bei schwierigen Bodenverhältnissen Ankerbolzenmaterial Bemessung der Rammgründung / Betonfundamente nach Bemessung nach Erdbebengefährdung Baugrundgutachten vorhanden	 3,65 Rammpfähle Block-, Fels- oder Stufen- fundament Stahl DIN EN 50 119 nein ja
Maßnahmen zur Bahnerdung Rückleiter: ja/nein Anschluss der Masten direkt an die Schiene: ja/nein Art der Verbindung	 ja nein flexibles Seil, Diebstahl sicher

Sicherheitsabstände
Für kurzzeitige Näherungen: spannungsführender zu bahn-
  geerdeten Teilen nach DIN EN 50 119 für 15/25 kV in mm
Für kurzzeitige Näherungen: spannungsführender zu bahn-
  geerdeten Teilen nach DIN EN 50 119 für 15/25 kV in mm
Mindesthöhe des Fahrdrahtes am Bahnübergang in m
	
	100/150
	
	150/270
	keine Bahnübergange

Mastschalterfernsteuerung Kabeltyp Angaben zum Ort der steuernden Stelle Nutzung von Trogkanalstrecken: ja / nein	 NYY-0 Stellwerk Lh ja, wenn möglich
Lichte Höhe Kettenwerk unter Überbauten in m Überlappungen unter Überbauten in m	 5,90 6,20

12.2.3 Planungsunterlagen

12.2.3.1 Einführung

Als Grundlage für die Projektierung sind *Planungsunterlagen* erforderlich, die den Bezug zur Strecke mit geplanten oder bereits vorhandenen Anlagen sowie zur Topografie herstellen. Sie unterscheiden sich in Form und Inhalt für neue, bestehende oder bereits elektrifizierte, umzubauende Strecken. Die folgenden Abschnitte behandeln daher diese Varianten getrennt.

12.2.3.2 Elektrifizierung neuer Strecken

Nach der Zusammenstellung der technischen Anforderungen an die Oberleitunganlage erfordert die weitere Planung für eine *neue Strecke* Unterlagen, aus denen *Gleislage*, *Topografie*, *Baugrund* und Zwangspunkte hervorgehen. Im Einzelnen sind dies:
– Der *vermessungstechnische Lageplan* zeigt die Gleislage im Maßstab 1 : 1 000 oder 1 : 500 getrennt für freie Strecken und Bahnhöfe. Dieser Plan steht entweder in

12.2 Grundlagen und Ausgangsdaten

analoger Form als Papierplan oder in digitaler Form zur Verfügung, wobei letzteres vorzuziehen ist.
- Eine *Koordinatenliste* zum Verlauf der Gleislage mit den Gradienten beschreibt die Gleis- oder Streckentrasse.
- Das Bahnkörperprofil an Maststandorten stellt das künftige *Querprofil* dar.
- Die *Signallagepläne* enthalten die Signalstandorte. Die verwendeten Signalbauformen gehen aus den technischen Beschreibungen zur Signalanlage hervor. Die Maße und Trittflächen der Signale bilden die Grundlage für den Nachweis der Abstände zwischen Signalen und aktiven Teilen der Oberleitungsanlage.
- Auf dem *Gleisisolierplan* und den Angaben zum Kurzschlussstrom basieren die Vorgaben für die Bahnerdung.
- *Kabellagepläne* und Angaben zu Ver- und Entsorgungsleitungen dienen zur Prüfung der Baufreiheit für die Gründungen.
- Die Auflistung der *Bahnübergänge* mit Angaben zur kilometrischen Lage und dem Kreuzungswinkel lässt eine Kontrolle der erforderlichen Durchfahrtshöhe zu.
- Aus dem *Brückenlageplan* mit Angaben über kilometrische Bauwerkslagen, lichte Höhen, Überdeckungsbreite und Kreuzungswinkel ergeben sich die Maststandorte, die Fahrdraht- und Systemhöhe unter dem Bauwerk und eventuell erforderliche Veränderungen am Bauwerk.
- Der *Baugrundaufschluss* ergibt Hinweise über die Bodenbeschaffenheit am Maststandort und bildet die Basis zur Wahl der Gründungsart und deren Maße sowie den zu erwartenden Erdungswiderstand. Falls keine Unterlagen vorliegen, müssen während der Ausführungsplanung Bodenerkundungen an ausgewählten Standorten zum Bodenaufschluss vorgenommen werden (siehe Abschnitt 13.6).
- Die Einbeziehung aller Beteiligten an zukünftigen Planungen, z. B. an der Errichtung von Gebäuden nach der Elektrifizierung, am Umbau der Gleisanlage und an Verlängerungen von Bahnsteigen, bereits bei der Gestaltung der Oberleitungsanlage kann den späteren Planungs- und Ausführungsaufwand senken.
- Die Angaben über zu *bespannende Gleise* mit dem zu berücksichtigenden Lichtraumprofil und gegebenenfalls Lademaßüberschreitungen bilden die Grundlage für den Oberleitungslageplan.
- Aus dem *Schaltgruppenplan* ergibt sich die Anordnung der Oberleitungsschalter, der Trennungen und der Trenner.
- *Bahnenergieversorgungsanlagen* wie Speise-, Rück-, Umgehungs- und Verstärkungsleitungen sind im Oberleitungslage- und Leitungshöhenplan enthalten.
- Die Planung der Oberleitungsschalter, ort- oder ferngesteuert, setzt die Angabe des *Steuerorts*, der Trassenführung und der Kabelart voraus. Eine koordinierte Kabelverlegung sollte angestrebt werden.
- Eine Vereinbarung zwischen Auftraggeber und Auftragnehmer zu *Inhalt*, *Gliederung* und *Form des Projektes* vermeidet Doppelarbeit und Missverständnisse.
- Der *Projektplan* steuert die Projektierung und sichert den Baubeginn.

Die Planungsingenieure des Auftraggebers und des Auftragnehmers sichten die Unterlagen gemeinsam. Die Beschaffung noch fehlender Unterlagen wird vereinbart. Auswirkungen auf den Planungsablauf und Baubeginn werden berücksichtigt.

12.2.3.3 Elektrifizierung bestehender Strecken

Die Elektrifizierung *bestehender Strecken* wird häufig abschnittsweise von Gleislagekorrekturen begleitet. Für diese Abschnitte sind Unterlagen gemäß Abschnitt 12.2.3.2 notwendig. Für Strecken ohne Veränderung der Gleislage sind der Wirklichkeit entsprechende Lagepläne mit Signalstandorten, Kabellagen, Ver- und Entsorgungsleitungen, Bahnübergängen, Brückenüber- und -unterführungen und den Angaben für die zu überspannenden Gleise erforderlich.

12.2.3.4 Umbau elektrifizierter Strecken

Dem *Umbau von Oberleitungen* gehen ähnlich Abschnitt 12.2.3.3 häufig Gleisumbauten voraus. Auftretende Zwischenbauzustände erfordern zusätzliche Angaben:
- Jeder Umbauphase ist eine Gleislage zugeordnet
- Bahnhofsumbauten können mehrere Gleislagezwischenzustände beinhalten, die jeweils Gleislagepläne und Angaben zum zeitlichen Umbauablauf bedingen
- Aus einem aktuellen *Oberleitungsbestands-* oder *Revisionsplan* der vorhandenen Oberleitungsanlage ergibt sich der Bezug zur neuen Anlage. Ungültige und veraltete Pläne erfordern die Neueinmessung der Oberleitungsanlage.

Der Informationsaustausch zwischen den am Vorhaben beteiligten Planern koordiniert die Planung mit anderen Gewerken und tangierten Projekten.

12.2.3.5 Neu- und Umbau von Oberleitungen auf TEN-Strecken

Die Gestaltung der Infrastruktur- und Fahrleitungsanlagen für Strecken des Transeuropäischen Eisenbahnnetzes unterliegt den Vorgaben der Interoperabilitätsrichtlinien (siehe Abschnitt 2.1.5). Daher sind bei der Planung von Oberleitungsanlagen die Anforderung für
- konventionelle Oberleitungen bis 200 km/h aus TSI ENE CR [12.6],
- Hochgeschwindigkeitsstrecken über 200 km/h aus TSI ENE HS [12.7] und für
- nationale Strecken bis 200 km/h aus dem Regelwerk der Betreiber

zu beachten. Die Klassifizierung der Streckenkategorie, konventionelle Strecken, Hochgeschwindigkeitsstrecken und nationale Strecken findet sich im *Infrastrukturregister* (ISR) der Deutschen Bahn [12.8]. Gemäß der Richtlinien 96/48/EG, 2004/250/EG und 2007/32/EG hat jeder europäische Mitgliedsstaat ein ISR zu veröffentlichen und jährlich zu aktualisieren. Die Verordnung über die Interoperabilität des transeuropäischen Eisenbahnsystems (Transeuropäische-Eisenbahn-Interoperabilitätsverordnung – TEIV vom 5. Juli 2007 (BGBl. I S. 1305), zuletzt geändert durch die Verordnung vom 23. Juni 2008 (BGBl. I S. 1092)) § 12 „Pflichten der Eisenbahnen und Halter von Eisenbahnfahrzeugen" – setzt die europäischen Vorgaben in nationales Recht um und verpflichtet die Infrastrukturbetreiber zur Veröffentlichung eines ISR mit den wichtigsten Parametern für den Betrieb dieser Strecken. Für die Oberleitunganlage sind mindestens folgende Daten im ISR enthalten
- Spannung und Frequenz,
- Maximaler Zugstrom,

- Maximaler Strom bei Stillstand des Triebfahrzeugs bei Gleichstrombahnen,
- Bedingungen zur Energierückspeisung,
- Nennfahrdrahthöhe,
- Stromabnehmerprofile,
- Maximale Streckengeschwindigkeit für den oder die Stromabnehmer,
- Parameter der Oberleitungsbauart,
- Mindestabstand zwischen benachbarten Stromabnehmern,
- Maximale Anzahl der Stromabnehmer je Zugeinheit,
- Schleifstückwerkstoff,
- Bauweise der Phasentrennstrecken,
- Bauweise der Systemtrennstrecken,
- Sonderfälle und Abweichungen von den Anforderungen der TSI.

Die folgenden Abschnitte enthalten entsprechend diesen Vorgaben Möglichkeiten für die Umsetzung der Interoperabilitätsrichtlinien bei der Planung von Oberleitungen z. B. im Hinblick auf die Wahl von Seitenlagen und Längsspannweiten.

12.2.3.6 Gleise und Topografie

Gleislage und *Topografie* sind wichtige Grundlagen der Oberleitungsplanung. Die Gleislage wird im Lageplan dargestellt. Steht kein aktueller Lageplan zur Verfügung, so sind Gleislage und Geländeprofil vor Planungsbeginn zu vermessen. Die konventionelle Form der Gleis- und Geländeaufnahme bildet die *terrestrische Vermessung*, bei der Vermessungsingenieure mit Theodoliten die Gleislage und das Bahnkörperprofil aufnehmen. Es entstehen Gleislagepläne und an den Maststandorten Querprofilpläne. Schneller können *photogrammetrische Luftaufnahmen* Gleise und Bahnprofile erfassen [12.9]. Vom fahrenden Gleismessfahrzeug nehmen Stereo-Infrarot-Kameras die Strecke auf. Der Oberleitungsplaner digitalisiert die räumlichen Aufnahmen mit einen Projektor.

Die photogrammetrische Luftaufnahme eignet sich für die gleichzeitige Aufnahme von Gleislage und Querprofil. Die Befliegung [12.10] mit einer Stereo-Kamera und nachträglicher Digitalisierung liefert dreidimensionale Pläne, aus denen sich Längs-und Querprofile erzeugen lassen. Die Genauigkeit hängt von der Erfahrung des Auswerters und vom Bewuchs am Boden ab. Es lassen sich Genauigkeiten bis ±50 mm erreichen.

In der Freileitungsplanung stellt die Geländeaufnahme mit Global Positioning System (GPS) eine seit längerer Zeit eingeführte Methode dar. In der Oberleitungsplanung dient sie bei neuen Strecken zur Einmessung der Gleislage vor dem Gleisbau sowie der Maststandorte. Mit Hilfe von Korrekturprogrammen [12.11] entstehen aus den aufgenommenen Daten die Koordinaten der Gleislage und interessierenden Geländepunkte des Querprofils im *Weltkoordinatensystem WGS 84*. Durch Umrechnung erhält man die Koordinaten im Gauß-Krüger-Koordinatensystem mit bis ±10 mm Genauigkeit. Die so entstandenen Plankoordinaten sind für Planungen bei der DB in das DB-eigene Referenz-Koordinatennetz (DB_REF) zu überführen und in der Datenbank zu verwalten.

Zusätzlich zur Gleislage ist die Topografie mit Bahnkörper- und Geländeprofilen, Bauwerken sowie Überwegen in den Planungsunterlagen dargestellt, da sich diese auf die Art und Abmessungen der Trageinrichtungen, Masten und Gründungen auswirkt.

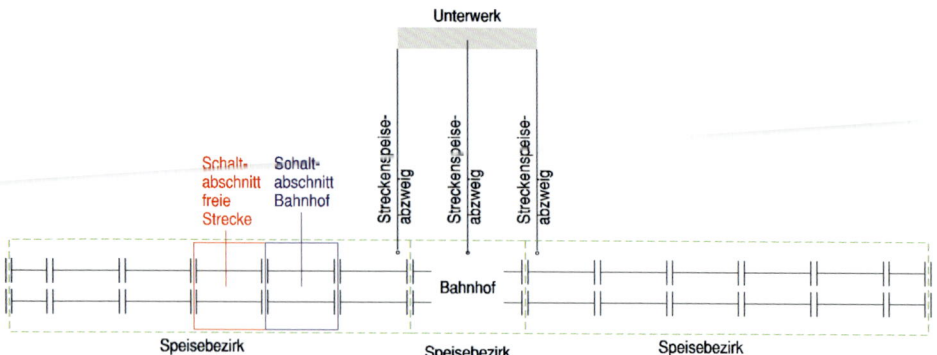

Bild 12.2: Speisebezirke und Schaltabschnitte (Deutsche Bahn).

12.2.3.7 Schaltplan der Oberleitung

Die Projektierung beinhaltet auch den Entwurf des *Oberleitungsschaltplans*, der nach netztechnischen-, bahnbetrieblichen, wirtschaftlichen, schutz- sowie oberleitungstechnischen Gesichtspunkten entsteht. Ein schematischer Gleislageplan mit Signalen, Weichenverbindungen und wichtigen Bauwerken bildet die Grundlage für die Planung.

Das Unterwerk versorgt Speisebezirke über Leistungsschalter mit Bahnenergie. Bei einer zweigleisigen Strecke versorgt bei der DB ein Unterwerk häufig nur drei Speisebezirke (siehe Bild 12.2). Es sind dies der Bahnhof, an dem das Unterwerk liegt, und die angrenzenden Strecken. Wenn eine eingleisige Strecke parallel zu einer zweigleisigen Strecke läuft, bildet deren Oberleitung einen Speisebezirk. Bei zwei parallelen zweigleisigen Strecken bildet jede Strecke einen eigenen Speisebezirk. Die Speisebezirke sind in Längsrichtung jeweils in Schaltabschnitte unterteilt. Eigene Schaltabschnitte stellen die Oberleitungen der Bahnhöfe und der freien Strecken dar. Die elektrischen Grenzen zwischen den Schaltabschnitten fallen mit den betrieblichen Grenzen zwischen der freien Strecke und dem Bahnhof zusammen (siehe Abschnitt 5.4).

Schaltabschnitte von Bahnhöfen sind in elektrisch trennbare *Schaltgruppen* unterteilt. Hauptgleise und Nebengleise sind zu je einer Schaltgruppe zusammengefasst. Längstrennungen von Schaltgruppen der Hauptgleise bringen bei langen Bahnhöfen für die Instandhaltung und Störungsbeseitigung Vorteile.

Die betriebsführende Stelle wirkt bei der Bildung von *Schaltabschnitten* und Schaltgruppen mit. Bild 12.3 stellt den Auszug aus einem Übersichtsschaltplan für einen Bahnhof dar, der mit einer Schaltanweisung für den Gefahrenfall versehen ist. Der Grundschaltzustand der Oberleitungsschalter ist im *Oberleitungsschaltplan* Bild 12.3 ersichtlich.

Schaltabschnittsgrenzen müssen, Längsunterteilungen der Oberleitung in Bahnhöfen sollten unter Signaldeckung liegen, die dann gegeben ist, wenn bei Haltsignal kein Triebfahrzeug mit gehobenem Stromabnehmer in der isolierenden Überlappung zum Halten kommt. Oberleitungsschalter an Speisebezirks- und Schaltabschnittsgrenzen können die Kettenwerke der Überlappungen verbinden. Längsunterteilungen der Oberleitungen in Bahnhöfen sind möglichst als schaltbare Überlappung zu planen. Damit lassen sich

12.2 Grundlagen und Ausgangsdaten

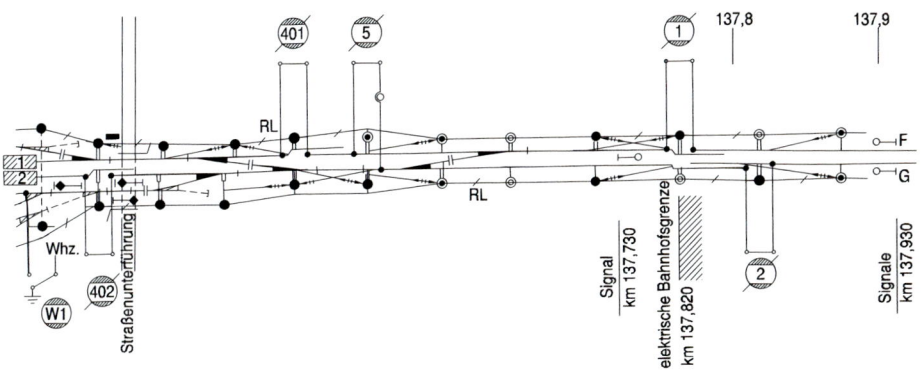

Bild 12.3: Auszug aus einem Übersichtsschaltplan für einen Bahnhof (Deutsche Bahn).

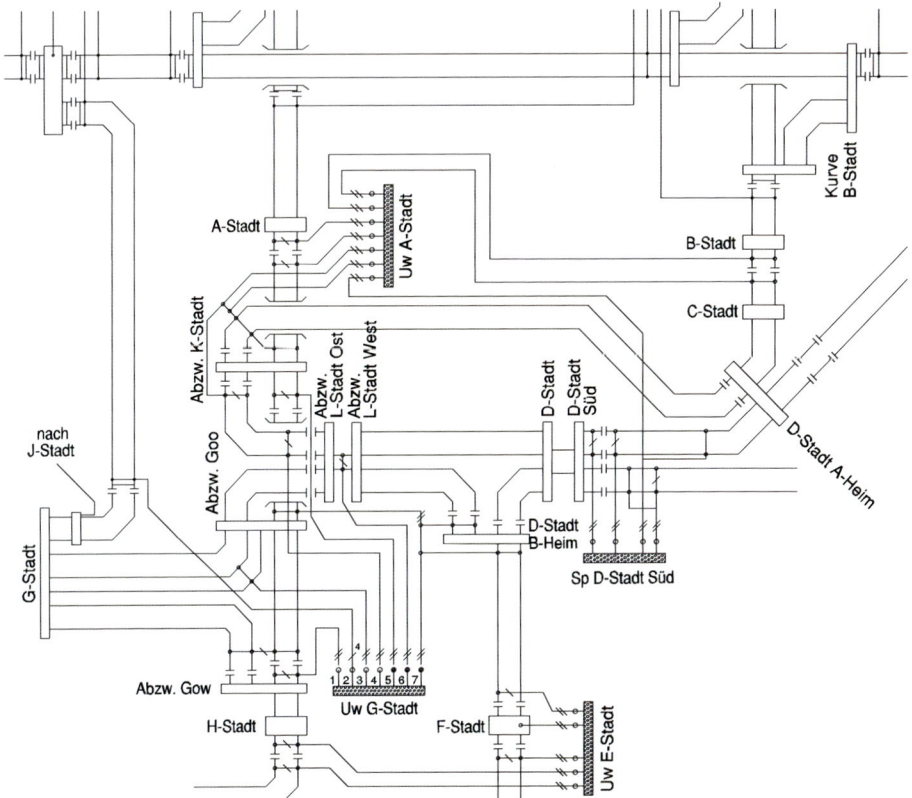

Bild 12.4: Streckenspeiseplan (Deutsche Bahn).

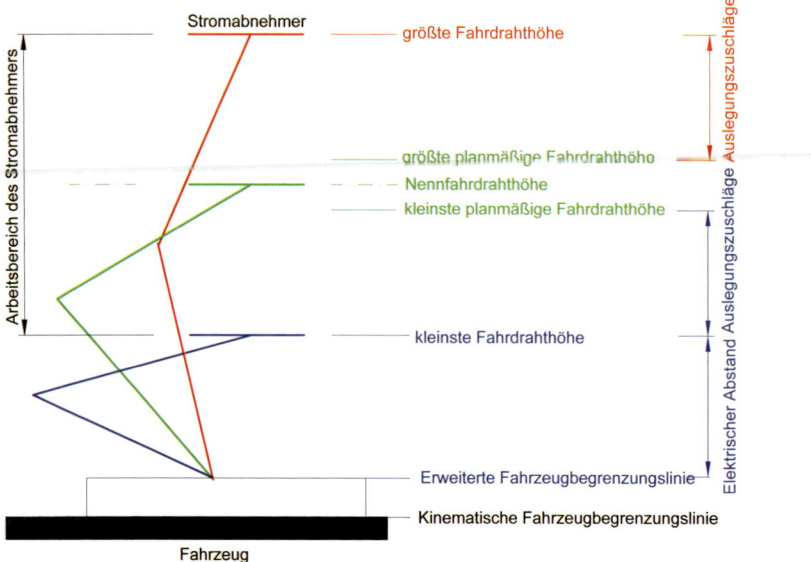

Bild 12.5: Fahrdrahthöhen gemäß DIN EN 50 119.

im Störungsfall oder bei Instandsetzungen die spannungslosen Oberleitungsabschnitte minimieren. Schaltabschnitte und Schaltgruppen können über Schalter miteinander verbunden werden. Im Abschnitt 5.4 sind die Oberleitungsschaltungen und die Bezeichnungen der Schalter aufgeführt.

Auf der Basis von Übersichtsschaltplänen Bild 12.3 ergeben sich die *Streckenspeisepläne*, die in übersichtlicher Form die Speisung einer gesamten Strecke oder mehrerer Strecken darstellen. Bild 12.4 zeigt einen Streckenspeiseplan.

12.2.4 Signale für die elektrische Traktion

Soweit *Signale für die elektrische Traktion* erforderlich sind, werden ihre Standorte in den Oberleitungslageplan mit den Symbolen nach Tabelle 17.23 eingezeichnet. Die Vorgaben des Betreibers dienen hierfür als Grundlage. Eine Abstimmung mit der betriebsführenden Stelle ist erforderlich (siehe auch Abschnitt 17.5).

12.3 Wahl der Fahrdrahthöhe

Die kinematische Fahrzeugbegrenzungslinie berücksichtigt vertikale und horizontalen Bewegungen von Bahnfahrzeugen. Fahrzeuge dürfen diese Fahrzeugbegrenzungslinie unter dynamischen Einwirkungen nicht überschreiten. Mit Zuschlägen zur kinematischen Fahrzeugbegrenzungslinie entsteht das kinematische Lichtraumprofil der betreffenden Strecke. Die TSI INF CR verweist zur Berechnung der kinematischen Fahrzeugbegrenzungslinie und des kinematischen Lichtraumprofils auf DIN EN 15 273-3:2010-11.

12.3 Wahl der Fahrdrahthöhe

Tabelle 12.3: Fahrdrahthöhe, -seitenlage und -anhub für konventionelle und Hochgeschwindigkeitsstrecken nach TSI ENE CR [12.6] und TSI ENE HS [12.7], alle Maße in m.

Beschreibung	Stromart	Hochgeschwindigkeitsstrecken			konventionelle Strecken
Kategorie		I	II	III	
größte Fahrdrahthöhe	AC	–	6,00		≤ 6,50
	DC		6,20		≤ 6,50
größte planmäßige Fahrdrahthöhe	AC				≤ 6,20
	DC				≤ 6,20
Nennfahrdrahthöhe	AC	5,08–5,30	5,00–5,50	5,00–5,75	5,00–5,75
	DC		5,00–5,60		5,00–5,75
kleinste planmäßige Fahrdrahthöhe	AC				–
	DC				
kleinste Fahrdrahthöhe	AC		4,95		≥ Fahrzeugbegrenzungslinie
	DC		4,90		
Fahrdrahtneigung	AC	keine Neigung	DIN EN 50119:2010, Abschnitt 5.10.3		
	DC	keine Neigung	DIN EN 50119:2010, Abschnitt 5.10.3		
Nutzbare Fahrdrahtseitenlage	AC	für die 1 600 mm lange Wippe in der Geraden 0,40[1]			
	DC	für die 1 600 mm lange Wippe im Gleisradius $(1{,}4 - L_2)$[1]			
Nutzbare Fahrdrahtseitenlage	AC	für die 1 950 mm lange Wippe in der Geraden 0,55[1]			
	DC	für die 1 950 mm lange Wippe im Gleisradius $(1{,}75 - L_2)$[1]			
zulässige vertikale Bewegung des Kontaktpunkts	AC	0,100	0,080	nach nationalen Vorgaben	–
	DC	0,080	0,150		–

Kategorie I eigens für den Hochgeschwindigkeitsverkehr gebaute Strecken, die für eine Streckengeschwindigkeit ≥ 250 km/h ausgelegt sind

Kategorie II eigens für den Hochgeschwindigkeitsverkehr ausgebaute Strecken, die für eine Streckengeschwindigkeit ≥ 200 km/h ausgelegt sind

Kategorie III eigens für den Hochgeschwindigkeitsverkehr gebaute oder ausgebaute Strecken, die aufgrund der sich aus der Topografie, der Umwelt oder der städtischen Umgebung ergebenden Zwänge besondere Eigenschaften haben und die für eine Streckengeschwindigkeit < 200 km/h ausgelegt sind

[1] der kleinere Wert ist zu verwenden

Das kinematische Lichtraumprofil bestimmt somit die Schnittstelle zwischen dem freizuhaltenden Raum für den ungehinderten Durchgang der Fahrzeuge und der Infrastruktur. Für neue Bahnstrecken ist das Lichtraumprofil GC (Bild 2.7) anzuwenden. Dieser Lichtraum, auch als *mechanisches Lichtraumprofil* bezeichnet, ist im oberen Bereich um den elektrischen Abstand zu erweitern. Daraus entsteht das *elektrische Lichtraumprofil*, welches nach den TSI ENE HS und TSI ENE CR zu berechnen ist (siehe Abschnitte 2.2.5, 4.7 und [12.6, 12.7]). Bis an das *elektrische Lichtraumprofil* dürfen bahngeerdete Bauteile heran reichen; bis an das *mechanische Lichtraumprofil* nur der Seitenhalter und der Fahrdraht. Es sind zu unterscheiden:

– *kleinste Fahrdrahthöhe* nach Bild 12.5 von Schienenoberkante (SO) bis zur Unterkante des Fahrdrahts ergibt sich aus dem Abstand vom oberen Teil der kinematischen Fahrzeugbegrenzungslinie bis zur Unterkante des Fahrdrahts [12.12]. Diese erlaubt ein problemloses Zusammenwirken zwischen Stromabnehmer und

Fahrleitung. Die Fahrdrahthöhe ist der Abstand zwischen der Schienenkopfberührenden oder Straßenoberfläche bei Trolleybus-Oberleitungen zur Unterkante des Fahrdrahts.
- *Fahrdrahtnennhöhe*: Nennwert der Fahrdrahthöhe am Stützpunkt in Ruhelage.
- *Mindestfahrdrahthöhe*: Theoretische Fahrdrahthöhe einschließlich Grenzabweichungen, die so festgelegt sind, dass sich die *kleinste Fahrdrahthöhe* stets einhalten lässt, wobei
  - Höhentoleranzen des Gleises, soweit diese nicht in der *kinematischen Grenzlinie* enthalten sind,
  - Fahrdrahthöhentoleranzen nach unten,
  - Abwärtsbewegungen des Fahrdrahts und
  - Auswirkungen von Eis und Temperaturänderungen am Leiter
  zu berücksichtigen sind.
- *Größte planmäßige Fahrdrahthöhe*: theoretische Fahrdrahthöhe unter Berücksichtigung der zulässigen Toleranzen, Bewegungen usw., die nicht zur Überschreitung der größten Fahrdrahthöhe führen darf, wobei
  - Höhentoleranzen des Gleises, soweit nicht in der kinematischen Fahrzeugbegrenzungslinie enthalten,
  - Anhub des Fahrdrahts durch den Stromabnehmer,
  - Bewegungen des Fahrdrahts nach oben bei Stromabnehmerdurchgang,
  - Toleranzen der Fahrdrahthöhe nach oben,
  - Anhub des Fahrdrahts infolge Verschleiß und
  - Anhub des Fahrdrahts infolge Temperaturänderungen
  zu berücksichtigen sind.
- *Größte Fahrdrahthöhe*: Größter Wert der Fahrdrahthöhe, der in keinem Fall während des Betriebs der Oberleitungsanlage überschritten werden darf und die der Stromabnehmer erreichen muss.
- *Fahrdrahtanhub*: Durch die vertikale Kraft des Stromabnehmers erzeugte senkrechte Aufwärtsbewegung des Fahrdrahtes.
- *Relative Längsneigung des Fahrdrahts*: Verhältnis der Höhendifferenzen des Fahrdrahts über der Schiene oder der Straße bei Fahrleitungen für Obus-Anlagen an zwei aufeinander folgenden Stützpunkten bezogen auf die Spannweitenlänge.
- *Erweiterte Grenzlinie*: Erweiterte kinematische Fahrzeugbegrenzungslinie, die den Ausschlägen der Fahrzeugmitten und -enden in Kurven und in Neigungswechseln Rechnung trägt.

Der Fahrdraht sollte in einer gleich bleibenden Höhe und parallel zum Gleis verlegt werden. Änderungen der Fahrdrahthöhe erhöhen den Fahrdrahtverschleiß. Auf Hochgeschwindigkeitsstrecken ist eine gleich bleibende Fahrdrahthöhe notwendig, um den Verschleiß gering zu halten. Die Fahrdrahthöhe, die Neigung des Fahrdrahts in Bezug auf das Gleis und die seitlichen Abweichungen des Fahrdrahts unter Einwirkung eines Querwindes bestimmen die Kompatibilität des Transeuropäischen Bahnnetzes. Die zulässige vertikale Bewegung des Kontaktpunkts zwischen Fahrdraht und Stromabnehmer in einem Spannfeld ist in Tabelle 4.3 angegeben. Die Begriffe zur Fahrdrahthöhe sind in Bild 12.5 dargestellt.

Tabelle 12.4: Fahrdrahtneigungen nach DIN EN 50 119.

Geschwindigkeit bis km/h	Größte Neigung	‰	Größter Neigungswechsel	‰
50	1/40	25	1/40	25
60	1/50	20	1/100	10
100	1/167	6	1/333	3
120	1/250	4	1/500	2
160	1/300	3,3	1/600	1,7
200	1/500	2	1/1000	1
250	1/1000	1	1/2000	0,5
> 250	0	0	0	0

Auf interoperablen Hochgeschwindigkeitsstrecken lässt sich die Fahrdrahtnennhöhe zwischen 5,08 m und 5,30 m für die Kategorie I gemäß Tabelle 4.3 festlegen. Auf konventionellen Strecken bis zur Geschwindigkeit 200 km/h kann die Fahrdrahtnennhöhe zwischen 5,00 m und 5,75 m liegen (Tabelle 4.3). Da zunehmend auf Hochgeschwindigkeitsstrecken und konventionellen Strecken gleiche Fahrzeugbegrenzungslinien und Lichtraumprofile zu verwenden sind, wird die kleinste Fahrdrahthöhe mit 5,0 m in einer der nächsten Ausgaben der TSI ENE vorgegeben werden.

Die Tabelle 12.5 zeigt die Ableitung der gegenwärtig genutzten Fahrdrahtnennhöhen in Deutschland bei der DB, in Frankreich bei der SNCF, in Spanien bei ADIF und in Italien bei FS für Hochgeschwindigkeitsstrecken. Nach [12.12] wäre auch in Deutschland durchgängig 5,0 m Fahrdrahthöhe auf konventionellen und Hochgeschwindigkeitsstrecken realisierbar, falls keine Bahnübergänge vorhanden sind (siehe Abschnitt 12.12.4). Der Fahrdrahtanhub durch den Stromabnehmer sollte klein und gleichförmig sein, besonders für Fahrleitungen für hohe Geschwindigkeiten [12.7]. Deshalb sollten die Fahrdrahtneigungen die Anforderungen gemäß Tabelle 12.4 erfüllen.

12.4 Wahl der Fahrdrahtseitenlage

Aus der Länge der auf einer Bahnstrecke genutzten Stromabnehmerwippe folgt ihre Arbeitslänge aus der sich durch Abzug der Wankbewegung D (Bild 12.6) die nutzbare Fahrdrahtseitenlage e_{nutz} ergibt (Bild 12.7). Durch Abzug des Vorsorgewertes v folgt daraus die maximale Fahrdrahtseitenlage $e_{\max}$. Der Fahrdraht darf
 – bei Wind die maximale Fahrdrahtseitenlage $e_{\max}$,
 – mit dem Vorsorgewert die nutzbare Fahrdrahtseitenlage e_{nutz} und
 – bei Wankbewegungen D die Arbeitslänge der Stromabnehmerwippe l_{A}
nicht überschreiten. Die Wahl der Fahrdrahtseitenlagen b an den Stützpunkten muss bei der Oberleitungsplanung folgende Vorgaben erfüllen
 – Einhaltung der nutzbaren Fahrdrahtseitenlage e_{nutz} (Abschnitt 4.8.4),
 – Ausnutzung der maximalen Fahrdrahtseitenlage $e_{\max}$ (Abschnitt 4.9),
 – minimale Änderung der Fahrdrahtseitenlage $\Delta b_{\text{m}} \geq 1,5$ mm/m (Abschnitt 4.10.1),

Tabelle 12.5: Vorgaben für die Fahrdrahtnennhöhe bei der DB, SNCF, ADIF und FS für neue Hochgeschwindigkeitsstrecken in mm.

Beschreibung	DB[1)]	DB[2)]	SNCF[1)]		ADIF[1)]	FS[3)]
Art der Fahrzeug-Bezugslinie G2	kin.	kin.	stat.	kin.	kin.	kin.
Höhe der Fahrzeug-Bezugslinie	4700[3)]	4680[2)]	4650[3)]	4700[3)]	4310	4700[4)]
Vergrößerung in Bögen	107[5)]	0	-	-	107	124
Gleisneigungswechsel	25[6)]	0[6)]	30	30	25	25
Hebungsreserve für Gleisarbeiten	50[6)]	0[6)]	50	50	50	50
Reserve für Schwingungen	18	0	0	0	408	1
Grenzlinie	4900	4680	4730	4780	4900	4900
Schuzabstand	220[8)]	150	270	170	270	220
minimale Fahrdrahthöhe	5120	4830	4660	5000	5170	5120
Toleranz für die Fahrdrahthöhe	30	30	0		30	30
Bewegung des Fahrdrahtes nach unten	50	0[8)]	40		50	30
Eislastdurchhang bei Maximalspannweite	100[9)]	100[9)]	0		50	0
Vordurchhang des Fahrdrahts	0	0	30	30	0	30
Zuschlag für Luftverschmutzung	0	0	50	50	0	50
Summe	5300	4960	5080	5070	5300	5260
kleinste Fahrdrahthöhe	5300 [12.30]	5000 [12.12]	5080 [12.31, 12.32]		5300 [12.33]	5300 [12.34]

kin. kinematische Fahrzeugbegrenzungslinie
stat. statische Fahrzeugbegrenzungslinie
[1)] gemäß UIC-Treffen, München, 16. Juni 1994
[2)] aktualisierte Berechnung der Fahrdrahthöhe nach [12.12]
[3)] gemäß UIC-Treffen, Rom, 19. September 1995
[4)] gemäß Bild 2.6
[5)] gemäß [12.30]
[6)] gilt nur für Gleise mit Schotterbett; bei fester Fahrbahn wird keine Anhubreserve und kein Zuschlag für Neigungswechsel berücksichtigt [12.30]
[7)] für 25 kV gemäß [12.30], die frühere DIN VDE 0115:1982, Tabelle 6
[8)] die Bewegung des Fahrdrahts ist eine kurzzeitige Näherung
[9)] Eislast gemäß $2{,}5 + 0{,}05 \cdot d$ in N/m, größte Spannweite 65 m, Zugkraft 15 kN.

12.4 Wahl der Fahrdrahtseitenlage

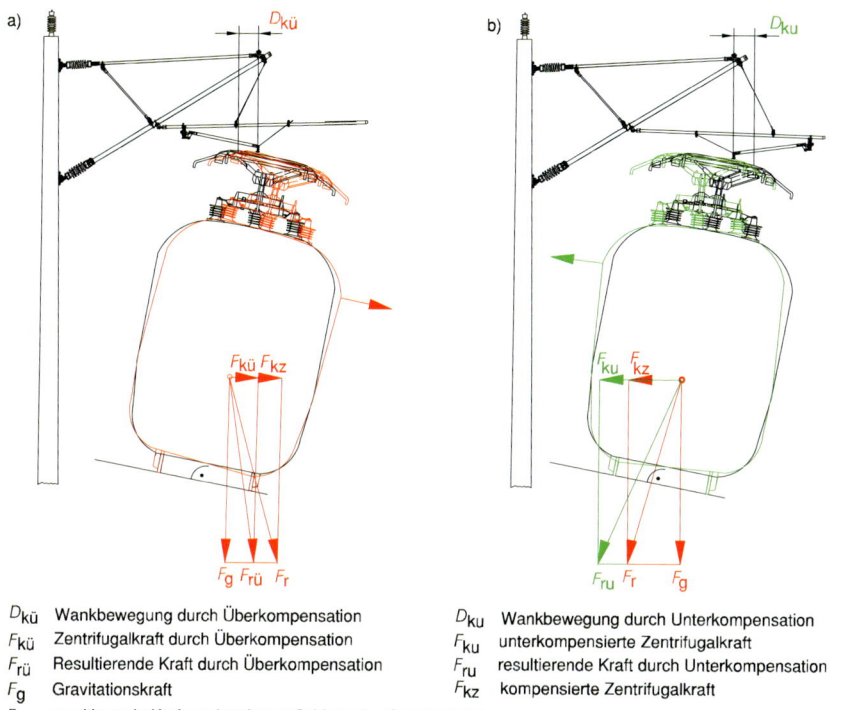

$D_{kü}$ Wankbewegung durch Überkompensation
$F_{kü}$ Zentrifugalkraft durch Überkompensation
$F_{rü}$ Resultierende Kraft durch Überkompensation
F_g Gravitationskraft
F_r resultierende Kraft senkrecht zur Schienenkopfberührenden

D_{ku} Wankbewegung durch Unterkompensation
F_{ku} unterkompensierte Zentrifugalkraft
F_{ru} resultierende Kraft durch Unterkompensation
F_{kz} kompensierte Zentrifugalkraft

Bild 12.6: Verschiebung des Kontaktpunktes D_k infolge Querbewegungen des Fahrzeugs und Bewegungen des Stromabnehmers relativ zum Fahrdraht (Fahrdrahtlage bei Wind und Wanken des Fahrzeugs siehe Bild 12.7).
a) unterkompensierte Zentrifugalkraft, b) überkompensierte Zentrifugalkraft

– Einhaltung der Radialkraft am Stützpunkt $80\,\text{N} \geq F_R \leq 2\,000\,\text{N}$ (Abschnitt 4.10.2),
– Differenz der Radialkräfte an den jeweils benachbarten Stützpunkten so niedrig wie möglich (Abschnitt 4.5),
– möglichst große Spannweitenlänge (Abschnitt 4.6).

Um die Kohleschleifstücke eines Stromabnehmers gleichmäßig abzunutzen und den ständigen Kontakt im Bogen sowie bei Windeinwirkung zu garantieren, wird der Fahrdraht – in der Kontaktebene betrachtet – nicht parallel zur Gleisachse sondern mit einer gegenläufigen *seitlichen Verschiebung*, auch als *Zick-Zack* bezeichnet, über dem Gleis geführt.

An den Stützpunkten ist der Fahrdraht so festzulegen, dass die maximal zulässige Fahrdrahtseitenlage $e_{\max}$ im Feld nicht überschreiten wird.

Die Berechnung der nutzbaren Fahrdrahtseitenlage nach Abschnitt 4.8 [12.6, 12.7] mit Beachtung des Vorsorgewertes v führt zu einer fahrdrahthöhenabhängigen maximalen Fahrdrahtseitenlage. Eine Begrenzung der Fahrdrahtseitenlage am Stützpunkt z. B. auf

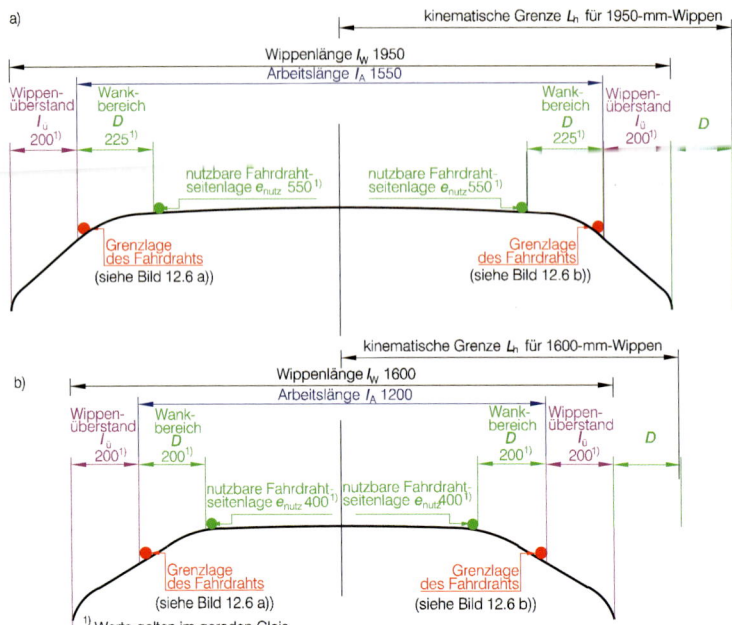

Bild 12.7: Fahrdrahtlage auf der Wippe für a) die 1 950-mm-Wippe und b) die 1600-mm-Wippe.

±0,4 m, ±0,3 m oder ±0,2 m ist nicht notwendig. Besonders in langen Übergangsbögen ermöglichen Fahrdrahtseitenlagen z. B. größer als 0,3 m längere Spannweiten.

In Bögen mit großen Radien lassen sich wechselnde Seitenlagen nutzen; in Bögen mit kleinen Radien verläuft der Fahrdraht an den Stützpunkten nur bogenaußenseitig. Die Standard-Fahrdrahtseitenlagen am Stützpunkt für konventionelle und Hochgeschwindigkeitsstrecken für ausgewählte Infrastrukturbetreiber sind im Abschnitt 2.3.1 enthalten.

Auch im Nahverkehr soll eine wechselnde Fahrdrahtseitenlage eine gleichmäßige Abnutzung der Schleifstücke erreichen. Daher gelten im Nahverkehr gleiche Planungsgrundsätze wie im Fernverkehr. Die Nahverkehrsbetreiber fordern im Vergleich zum Fernverkehr höhere Werte für die minimale Änderung der Fahrdrahtseitenverschiebung Δb_m [12.13]. Zweckmäßigerweise beginnt man bei der Festlegung der Fahrdrahtseitenlagen im Bogen, da hier die Seitenlage durch die Gleisradien festgelegt ist. Im Übergangsbogen kann ein Wechsel des Fahrdrahts von der Bogeninnen- auf die Bogenaußenseite erforderlich sein. Zur Kontrolle der Fahrdrahtlage im Feld bei seitlichem Wind dient der Abstand zwischen dem Fahrdraht in Ruhelage und der Mittelsenkrechten zur Schienenkopfberührenden in Spannweitenmitte, auch als c-Maß bezeichnet.

In Überlappungen liegt, abhängig von der Art des Überlappungsbereiches, d. h. *isolierende Überlappung* oder *nicht isolierende Überlappung*, der Abstand zwischen den Fahrdrähten fest. Unter Berücksichtigung der maximalen Fahrdrahtseitenlage e_max, der

Bemessungswindgeschwindigkeit v_h und der Fahrdrahthöhe erhält man die Spannweitenlänge und die Fahrdrahtseitenlage an den Stützpunkten für die Überlappung (siehe auch Abschnitte 4.10.2 und 4.11.3). Die Anordnung der Fahrdrähte in der Überlappung lässt sich an der Gleisachse spiegeln, sodass ein Anschluss an das ankommende Kettenwerk möglich ist. Wenn die Situation den direkten Anschluss nicht erlaubt, ist die Fahrdrahtseitenlage vor der Überlappung so zu wechseln, dass ein Stützpunkt nahe an die Gleisachse gelegt wird. Auch bei diesem Stützpunkt muss die Radialkraft im Bereich $80\,\mathrm{N} \geq F_\mathrm{R} \leq 2\,000\,\mathrm{N}$ liegen.

Durch Verkürzen der Spannnweitenlänge oder Vergrößern der Fahrdrahtseitenlagen am Stützpunkt erhöht sich die Fahrdrahtradialkraft. Eine Überschreitung zulässiger Werte ist bei einer starken Abwinklung der Oberleitung und bei in gleicher Richtung wie die Radialkraft wirkendem Wind möglich und deshalb zu prüfen.

Die Radialkräfte dienen auch als Grundlage zur Prüfung der Masttorsion nach Abschnitt 13.5.3, die durch zwei Ausleger an einem Mast entstehen kann.

Das Verzerren des Oberleitungslageplanes ermöglicht die Prüfung der Fahrdrahtseitenlage in Gleisbögen, Übergangsbögen, Überlappungs- und Weichenbereichen.

12.5 Fahrdrahtseitenlage und Seitenhalterlänge

Die Fahrdrahtseitenlage b am Stützpunkt und die Wippenlänge l_W bestimmen die *Seitenhalter!LängeSeitenhalterlänge*. Der *Abzugshalter des Fahrdrahtseitenhalters* ist außerhalb des mechanischen Stromabnehmerprofils anzuordnen (Bild 12.8). Die Fahrdrahtseitenlage am Stützpunkt beeinflusst auch die *Seitenhalterlänge*. Kleine Seitenlagen haben lange und große Seitenlagen kurze Seitenhalterlängen zur Folge (Bild 12.8). Beim dualen Betrieb von unterschiedlich langen Wippen bestimmt die kurze Wippe die Fahrdrahtseitenlage, lange Wippen das mechansiche Stromabnehmerprofil und damit den Abstand zwischen Gleisachse und Abzugshaltern, aus dem sich die *Seitenhalter!LängeSeitenhalterlänge* ergibt.

Seitenhalter!LeichtbauLeichtbauseitenhalter müssen mit 80 N minimaler Radialkraft belastet sein, um den *Verschleiß im Seitenhaltergelenk* bei Schwingungen des Fahrdrahts zu minimieren. Die maximale Radialkraft des Seitenhalters darf 2 000 N nicht übersteigen. *Die Belastung des Seitenhalters* auf Druck ist nicht erlaubt. Für Begegnungsfahrten sind auch im Hochgeschwindigkeitsverkehr keine besonderen Vorkehrungen notwendig. Zur Fixierung der Fahrdrahtseitenlage können Windsicherungen besonders bei Oberleitungen mit geringen Zugkräften Verwendung finden. Bei Oberleitungen mit hohen Zugkräften sind diese nur in geraden Gleisabschnitten notwendig. Im Tunnel treten geringe Querwindbelastung auf, sodass dort keine Windsicherungen erforderlich sind.

12.6 Tragseilhöhe und -seitenverschiebung

Bei den Oberleitungsbauarten Re100, Re200 und Sicat S1.0 werden die Tragseile auf geraden Strecken an den Stützpunkten vertikal über der Gleismitte und in Bögen lotrecht über dem Fahrdraht verlegt. Die Tragseile bei den Oberleitungsbauarten Re250,

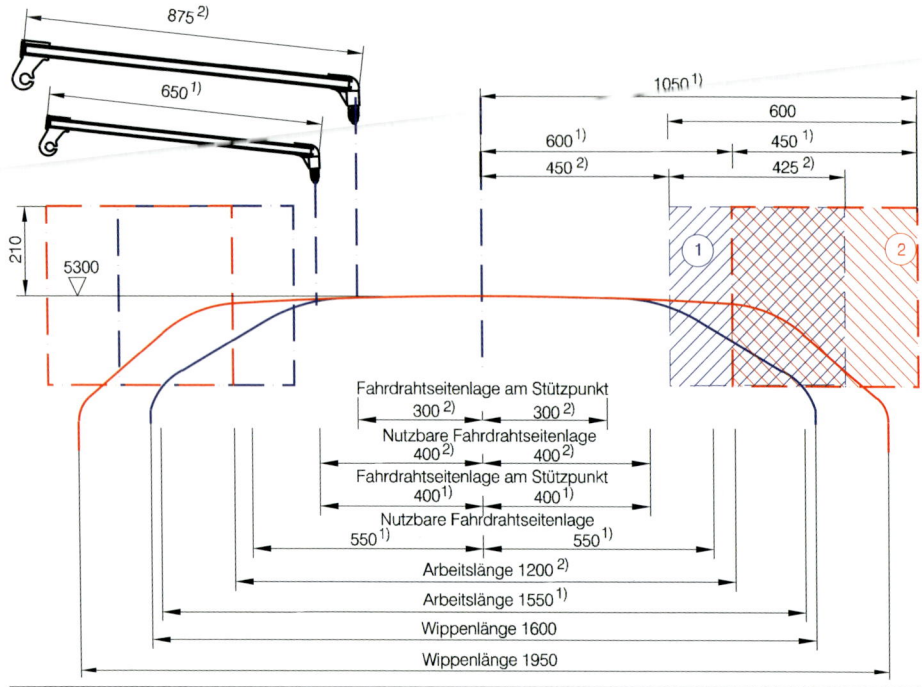

Fahrdrahtseitenlage mm	Seitenhalterlänge mm	Einbauort	Wippenlänge mm
400	650	Ausleger und Querfeld	1 950
300	875	Ausleger und Querfeld	1 600
0–300	1 050	Ausleger und Querfeld	1 950, 1 600
> 400[3]	1 200	Ausleger in Weichen und Querfeldern	1 950, 1 600

[1] Angaben gelten für die 1 950 mm lange Stromabnehmerwippe
[2] Angaben gelten für die 1 600 mm lange Stromabnehmerwippe
[3] bei über die Gleisachse greifende Seitenhalter ist auf die 80 N Mindestradialkraft zu achten
① klemmenfreier Raum für die 1 600-mm-Wippe, ② klemmenfreier Raum für die 1 950-mm-Wippe,
① und ② klemmenfreier Raum für den dualen Betrieb von 1 600-mm- und 1 950-mm-Wippe

Bild 12.8: Seitenhalterlänge in Abhängigkeit zur Fahrdrahtseitenlage am Stützpunkt.

Re330 und Sicat H1.0 werden sowohl auf der Geraden als auch in den Bögen lotrecht über dem Fahrdraht angeordnet.

Das Tragseil trägt den Fahrdraht mit den Hängern. Die Fahrdrahthöhe, die kleinste biegewechselbeständige Hängerlänge in Feldmitte und der Durchhang des Tragseils bestimmen die Höhe des Tragseils an den Stützpunkten und daher die Systemhöhe, die den Abstand zwischen dem Fahrdraht und dem Tragseil an den Stützpunkten darstellt. Die Bahnunternehmen verwenden unterschiedliche Systemhöhen und daher unterschiedliche Tragseilhöhen, wie in der Tabelle 4.13 gezeigt. Kleinere Systemhöhen setzen ausreichend biegewechselbeständiges Hängermaterial voraus (siehe Abschnitt 11.2.2.7).

Tabelle 12.6: Spannweitenlängen in Abhängigkeit zum Radius bei der SNCF.

Gleisradius in m	Spannweitenlänge in m
$200 \geq R \leq 300$	27,0
$300 \geq R \leq 400$	31,5
$400 \geq R \leq 500$	36,0
$500 \geq R \leq 650$	40,5
$650 \geq R \leq 850$	45,0
$850 \geq R \leq 1\,050$	49,5
$1\,050 \geq R \leq 1\,350$	54,0
$1\,350 \geq R \leq 1\,800$	58,5
$1\,800 \geq R$	63,0

Für die Seitenverschiebung des Tragseils sind drei Alternativen möglich [12.14]
 – lotrechte Anordnung des Tragseils über dem Fahrdraht mit gleicher Seitenlage,
 – Anordnung des Tragseils über der Gleisachse bei wechselnder Seitenlage des Fahrdrahts oder
 – windschiefe Anordnung des Tragseils zum Fahrdraht, die gegensätzliche seitliche Lagen einnehmen.

Die Tabelle 4.13 gibt einen Überblick über die Tragseilführung bei europäischen Bahnunternehmen. Die vertikale Anordnung des Tragseils über dem Fahrdraht sollte Priorität erhalten. Im Falle einer gleichen seitlichen Verschiebung von Tragseil und Fahrdraht ergeben sich gleiche Rückstellkräfte im Fahrdraht und Tragseil, die die Zugkraft von der Nachspannvorrichtung bis zum Festpunkt mindern. Im Falle unterschiedlicher Seitenverschiebungen ist die Rückstellkraft im Tragseil und Fahrdraht unterschiedlich. Bei der temperaturbedingten Längenänderung des Tragseils und des Fahrdrahts ergeben sich unterschiedliche Zugkräfte im Tragseil und Fahrdraht, deren Differenz am Festpunkt am größten ist. Daraus entstehen Differenzbewegungen zwischen Tragseil und Fahrdraht, die zur Belastung des Z-Ankerseiles am Festpunkt führen. Am Z-Seil wird der Fahrdraht hochgezogen oder hängt durch (siehe Bild 12.9). Beide Wirkungen beeinflussen das Zusammenwirken zwischen Oberleitung und Stromabnehmer negativ.

12.7 Wahl der Längsspannweite

Beim *Festlegen der Maststandorte* werden aus wirtschaftlichen Gründen die maximalen Spannweiten möglichst ausgenutzt. Stromabnehmerlänge, Gleislage, Kettenwerkseigenschaften und Windgeschwindigkeit bestimmen die *Spannweitenlänge* (siehe Abschnitt 4.11). Kurze nutzbare Schleifstücke des Stromabnehmers, Gleisbögen und hohe Windgeschwindigkeiten verkürzen die Spannweiten. Bild 4.50 zeigt den Zusammenhang zwischen Stromabnehmerlänge verschiedener Bahnen und der Spannweitenlänge.
Die Berechnung der Spannweitenlänge folgt dem Algorithmus im Abschnitt 4.11. Die Spannweitenlänge hängt ab von
 – der Länge des Arbeitsbereichs der Stromabnehmerwippe,
 – der Bemessungswindgeschwindigkeit v_h,
 – der Zugkraft im Fahrdraht und Tragseil,
 – der Fahrdrahtseitenlage an den die Spannweite begrenzenden Stützpunkten,

- den Durchmessern von Fahrdraht und Tragseil und
- dem Gleisradius.

Die Portugiesische Eisenbahn (CP) und die SNCF (Tabelle 12.6) legen die Spannweitenlänge nicht in Abhängigkeit von der Bemessungswindgeschwindigkeit v_h fest, sondern in Abhängigkeit vom Gleisradius, was zu kürzeren Spannweiten führt.

Die Berechnung der Spannweitenlängen der DB-Oberleitungsbauarten Re100 und Re200 folgt der im Abschnitt 4.6 beschriebenen Vorgehensweise. Die Bauarten Re250 und Re330 werden für Hochgeschwindigkeitsstrecken mit Radien größer 3 000 m verwendet und nutzen Längsspannweiten bis 65 m. Die Siemens-Bauart Sicat H1.0 nutzt 70 m Spannweitenlänge. Für diese Anwendungsfälle sind wegen der dynamischen Eigenschaften Spannweitenlängen bis höchstens 70 m empfehlenswert. Kürzere Spannweitenlängen treten in Weichenbereichen, an Bauwerken und in Überlappungen auf.

12.8 Wahl der Nachspannlänge

12.8.1 Bemessung

DIN EN 50 119 definiert *Nachspannlänge* als die Länge der Oberleitung zwischen zwei Abspannpunkten. Ein Fahrdraht oder ein Kettenwerk wird von einem Festpunkt aus, der ungefähr in der Mitte der Nachspannlänge angeordnet ist, in beiden Richtungen nachgespannt. Zur übersichtlichen Beschreibung wird deswegen der Abschnitt zwischen Nachspanneinrichtungen und Festpunkt mit L_N bezeichnet. Es wird weiter davon ausgegangen, dass der Nachspannabschnitt dann die Länge $2 \cdot L_\mathrm{N}$ besitzt und der Festpunkt ungefähr in der Mitte des betrachteten Leitungsabschnittes liegt.

Die Längen der Nachspannabschnitte und Überlappungsbereiche zwischen den Abspannpunkten sind für die erforderlichen Investitionen relevant. Bei längeren Nachspannabschnitten ist der Anteil der Überlappungsbereiche geringer, wodurch die Investitionen sinken. Möglichst kurze Überlappungen und lange Nachspannabschnitte bei Einhaltung der geforderten Qualitätsparameter einer Oberleitung sind deswegen das Ziel der Planung.

Die Länge L_N hängt ab von
- dem *Arbeitsbereich der Nachspanneinrichtungen* mit
    - dem Hub für die Gewichtssäulen und
    - dem Raum für Seilwindungen auf dem Radspanner,
- der Schwankung der Zugkräfte in den *nachgespannten Leitern* infolge von Rückstellkräften und damit von der Feldanzahl in einer halben Nachspannlänge,
- der Seitenverschiebung und dem Abstand zwischen Mast und Gleismitte,
- der realisierbaren *Betriebszugspannung* abhängig von den Leiterwerkstoffen,
- der Veränderung der Fahrdrahtseitenlagen am Stützpunkt infolge thermischer Dehnung der Leiter, wobei die Auslegerlänge Einfluss hat,
- den Radien der Gleisbögen,
- der vorgegebenen oder zu erwartenden Windgeschwindigkeit und
- dem Temperaturbereich der Oberleitung.

12.8 Wahl der Nachspannlänge

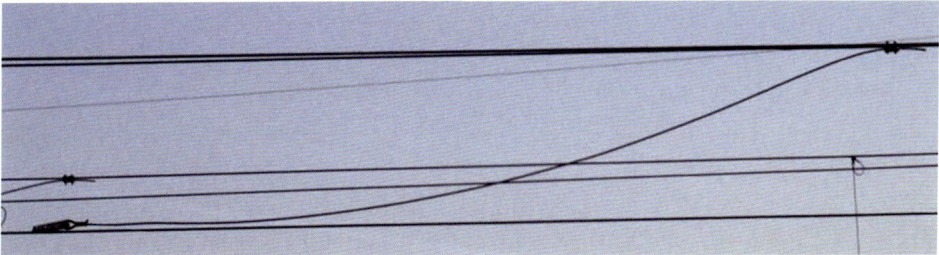

Bild 12.9: Schlaffes Z-Ankerseil infolge eines gestörten Kräftegleichgewichts am Festpunkt.

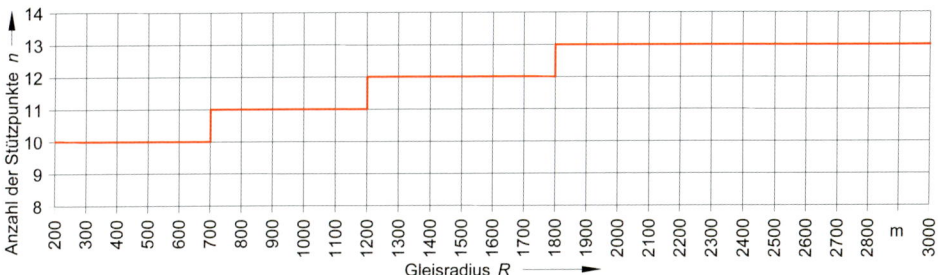

Bild 12.10: Abhängigkeit der Stützpunktanzahl n je halbe Nachspannlänge vom Radius R für die DB-Bauart Re200.

Bei Temperaturerhöhung bewegt sich das Kettenwerk mit Seitenhaltern und Auslegern in Richtung Nachspanneinrichtung. Die Schrägstellung eines Auslegers bewirkt *Rückstellkräfte* (siehe Abschnitt 4.2). In Bögen addieren sich die Zugkraftdifferenzen in den einzelnen Feldern und führen im Feld am Festpunkt zu den größten Differenzen zwischen Soll- und Ist-Werten. Um die Zugkraftunterschiede zwischen den am Festpunkt aneinander stoßenden halben Nachspannlängen zu begrenzen, werden die Nachspannlängen in Gleisradien verkürzt. Dieses Ziel lässt sich mit einer reduzierten Anzahl von Spannweiten und/oder mit kürzeren Spannweitenlängen erreichen. In [12.15] wird empfohlen, den Zugkraftabfall im Tragseil und Fahrdraht auf rund 11 % in der halben Nachspannlänge zu begrenzen, wobei sich die Differenz mit 8 % auf das Längskettenwerk und 3 % auf die Nachspanneinrichtung aufteilt. Für die Oberleitungsbauart Re200 mit $H_{TS} = 10\,\text{kN}$ und $H_{FD} = 10\,\text{kN}$ und 2,5 m bis 3,5 m Auslegerlänge ist in Bild 12.10 die maximale Anzahl der Stützpunkte n abhängig vom Radius R gezeigt.

Mit den dem Radius unter Beachtung der Windgeschwindigkeit zugeordneten Spannweitenlängen lassen sich die halben Nachspannlängen im Bogen ermitteln. Die halbe Nachspannlänge L_N hängt somit von der realisierbaren Spannweitenlänge l ab, wie im Bild 12.11 dargestellt.

Die Beziehungen (12.1) und (12.2) können verwendet werden, um die zulässige halbe Nachspannlänge L_N abhängig von der Auslegerlänge l_{Al} zu bestimmen für die

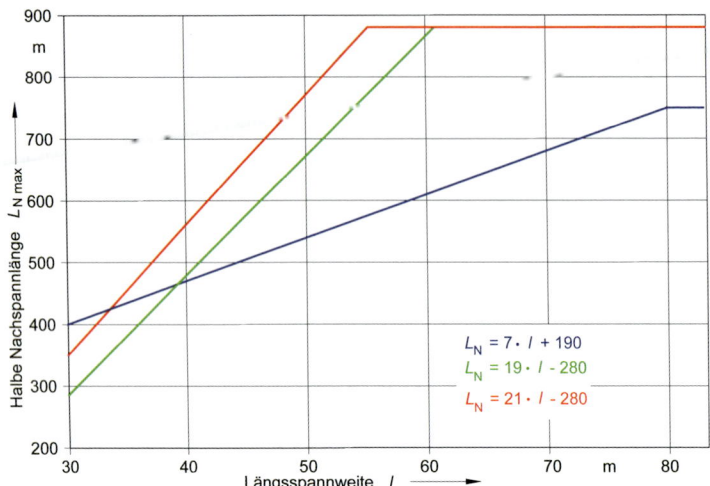

Bild 12.11: Zusammenhang zwischen maximaler Nachspannlänge und Spannweitenlänge bei der DB nach [12.17, 12.16].

$$\text{Auslegerlänge } l_A \text{ bis } 2{,}5\,\text{m}: \quad L_N = 19 \cdot l - 280 \quad \text{und für die} \tag{12.1}$$

$$\text{Auslegerlänge } l_A \text{ 2,5 m bis 3,5 m}: \quad L_N = 21 \cdot l - 280 \quad , \tag{12.2}$$

wobei l die Spannweitenlänge ist [12.16]. (12.1) und (12.2) gelten für Oberleitungsbauarten mit 10 kN Zugkraft im Tragseil und 12 kN im Fahrdraht für den Basisstaudruck von 390 N/m^2 und sind im Bild 12.11 als grüne bzw. rote Linien dargestellt. Die blaue Linie gilt für die DB-Bauart Re200 mit 10 kN Zugkraft im Tragseil und Fahrdraht, 26 m/s Bemessungswindgeschwindigkeit und 0,4 m Fahrdrahtseitenlage am Stützpunkt, wonach die maximale halbe Nachspannlänge auf 750 m begrenzt ist. Für die Oberleitungsbauart Sicat S1.0 beträgt die maximale halbe Nachspannlänge 880 m [12.5].
Wegen der Einflüsse auf die Nachspannlängen lassen sich halbe Nachspannlängen größer 1 000 m auch für offene, gerade Strecken nicht erreichen.

12.9 Lage der Überlappungsbereiche

Am Ende von Nachspannlängen befinden sich die Überlappungsbereiche, welche die Nachspannabschnitte mechanisch trennen. Bei der isolierenden Überlappung, als Streckentrennung bezeichnet, lässt sich neben der mechanischen Trennung der Nachspannabschnitte eine elektrische Trennung der Nachspannabschnitte herstellen. Das können auch Schaltabschnittsgrenzen sein (siehe Abschnitt 5.4.2). Die *Schaltabschnittsgrenzen* zwischen Bahnhof und freier Strecke sind so anzuordnen, dass diese unter Signaldeckung liegen, d. h. ein am Haltsignal stehendes Triebfahrzeug mit angehobenem Stromabnehmer befindet sich nicht im Überlappungsbereich zwischen dem Einfahrtsignal und der

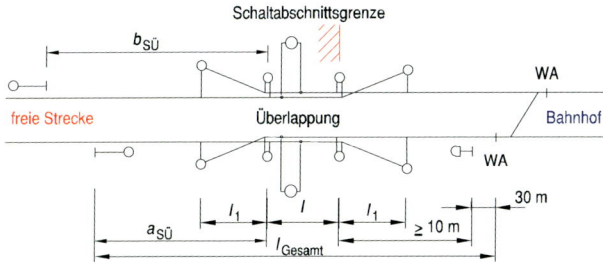

Bild 12.12: Abstand der isolierenden Überlappung von Signalen und Weichen.
WA: Weichenanfang
$a_{SÜ}$: in Hauptfahrtrichtung
$b_{SÜ}$: in Gegenfahrtrichtung

Einfahrtsweiche. Der Abstand $a_{SÜ}$ nach Bild 12.12 ist zwischen dem Signal und dem ersten Mast der Überlappung mit zwei Auslegern erforderlich [12.18]. Die Abstände $a_{SÜ}$ und $b_{SÜ}$ im Bild 12.12 hängen von der Art der Bahnanlage ab:
– zwischen Bahnhof und freier Strecke als Standardausführung
  – Oberleitungsschalter ist im Grundschaltzustand geöffnet $a_{SÜ} \geq 100\,\text{m}$,
  – Oberleitungsschalter ist im Grundschaltzustand geschlossen $a_{SÜ} \geq 50\,\text{m}$,
– für Strecken mit geschobenen Zügen und Triebzügen
  – bei S-Bahnen $a_{SÜ}, b_{SÜ} \geq 200\,\text{m}$,
  – bei Hochgeschwindigkeitsstrecken $a_{SÜ}, b_{SÜ} \geq 500\,\text{m}$,
– mit CIR-ELKE-Hochleistungsblöcken ausgerüstete Strecken $b_{SÜ} \geq 410\,\text{m}$.

Für übliche Strecken mit Fahrgeschwindigkeiten bis 200 km/h wird der Abstand l_{Gesamt} zwischen dem Signal und dem ersten Punkt des Bahnhofs bestimmt, wie im Bild 12.12 gezeigt. Der Abstand l_{Gesamt} zwischen dem Signal und dem Weichenanfang sollte wenigstens 275 m für die Oberleitungsbauart Sicat S1.0 mit $l_1 = 70\,\text{m}$ und $l = 65\,\text{m}$ für eine dreifeldrige Nachspannung betragen.

Damit wird sichergestellt, dass ein anfahrendes Triebfahrzeug mit angehobenem Stromabnehmer beim Befahren des Überlappungsbereiches bereits eine ausreichende Geschwindigkeit erreicht hat und damit eine punktuelle Erwärmung des Fahrdrahts durch Ströme zwischen den Schaltabschnitten über den Stromabnehmer nicht zu einem Fahrdrahtabbrand führen kann. Wegen einheitlicher Ausführung werden Überlappungen auf zweigleisigen Strecken einander gegenüber angeordnet. Die Arten der Überlappungen sind im Abschnitt 3.3.5.12 beschrieben. Oberleitungsmasten sind mindestens 10 m von Signalen entfernt zu planen.

12.10 Fahrdrahtlage in Überlappungen

Um Schwingungen des Stromabnehmers beim Übergang von einem zum anderen Fahrdraht in der Überlappung zu vermeiden, sollten die Fahrdrähte symmetrisch angeordnet sein. Bild 12.13 zeigt zwei Möglichkeiten, wobei im Bild 12.13 a) der angehobene Fahrdraht zwischen der Gleisachse und dem befahrenen Fahrdraht liegt. Im Bild 12.13 b) befindet sich der *angehobene Stützpunkt* auf der der Gleisachse abgewandten Seite des befahrenen Fahrdrahts. In Fahrdrahtruhelage ohne Windeinwirkung ist bei beiden Optionen die symmetrische Anordnung gegeben. Während ein Fahrdraht von oben bis auf

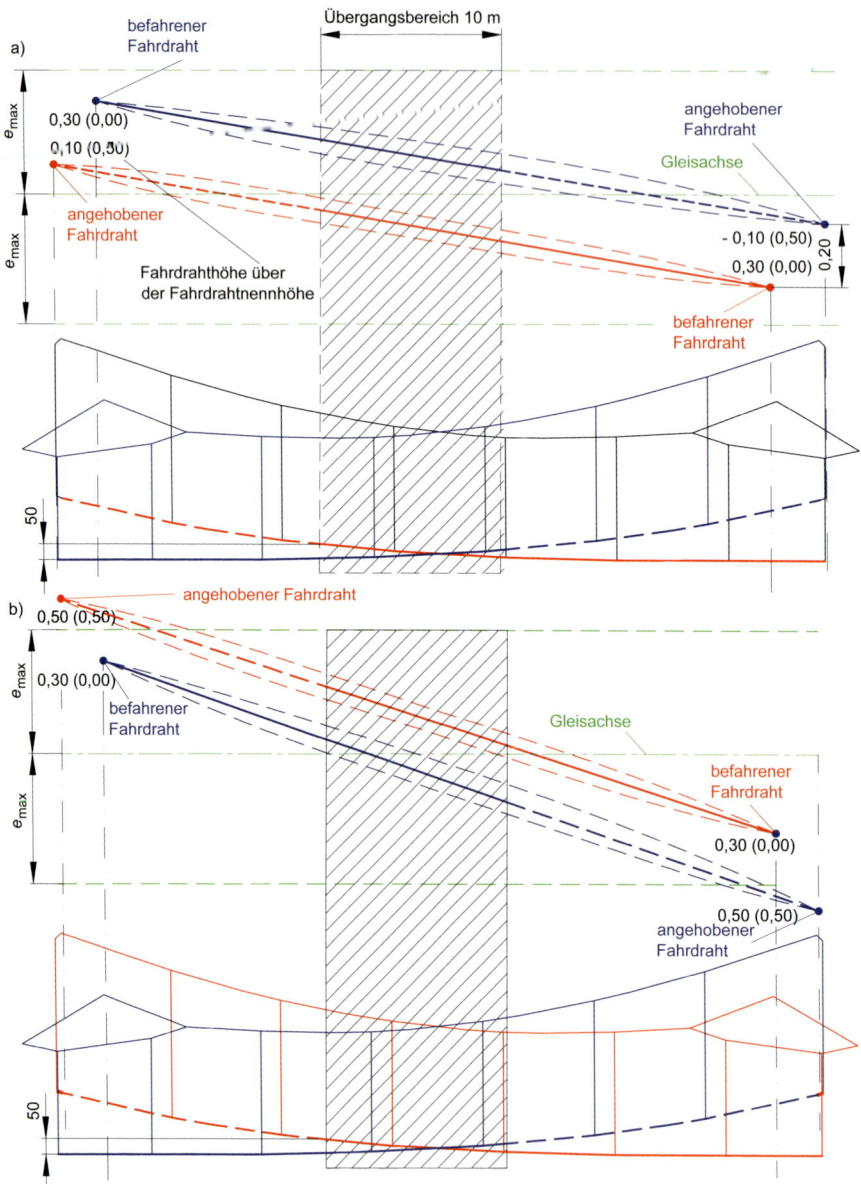

Bild 12.13: Anordnung der Fahrdrähte in Überlappungen.
a) angehobener Fahrdraht liegt innerhalb der maximalen Fahrdrahtseitenlage e_{max}
b) angehobener Fahrdraht liegt außerhalb der maximalen Fahrdrahtseitenlage e_{max}

Fahrdrahtnennhöhe verläuft, verlässt der andere die Fahrdrahtnennhöhe nach oben. Kurzzeitig sind beide Fahrdrähte in Kontakt mit den Schleifstücken des Stromabnehmers. Bei Windeinwirkung muss im Übergangsbereich zwischen den Fahrdrähten mindestens ein Fahrdraht in Kontakt mit den Schleifstücken sein. Der Fahrdrahtübergangsbereich ist im Bild 12.13 schraffiert. Der Übergang beginnt bei 50 mm Fahrdrahtmindestanhub über der Fahrdrahtnennhöhe. Mit einem kleineren Stromabnehmeranhub als 50 mm über der Fahrdrahtnennhöhe in Feldmitte ist nicht zu rechnen.

Für Übergangsfelder nach Bild 12.13 a) sind längere Spannweitenlängen möglich als nach Bild 12.13 b). Besonders für Überlappungen auf interoperablen Strecken mit kleiner Fahrdrahtseitenlage für 1 600-mm-Stromabnehmerlänge unterstützt dieser Vorteil den Hochzug des nicht befahrenen Fahrdrahts am Stützpunkt.

Für die Oberleitungsbauarten Re100 bis Re330, Sicat S1.0 und Sicat H1.0 kann die Kreuzung der Fahrdrähte vor oder hinter dem Übergangsfeld liegen. Bei älteren Oberleitungsbauarten mit geringer Fahrdrahtzugkraft lag die Fahrdrahtkreuzung vor dem Übergangsfeld.

12.11 Zwangspunkte für die Planung

12.11.1 Allgemeines

Zwangspunkte aus Sicht der *Oberleitungsplanung* bilden
- Weichen,
- Gleisbögen,
- Signale,
- Bauwerke,
- Bahnübergänge.

Die Planung der Oberleitung beginnt an den Zwangspunkten und setzt sich in den daraus entstehenden Zwischenabschnitten fort.

12.11.2 Bespannung von Weichen

12.11.2.1 Einführung

An Weichen und Abzweigungen sind die Maststandorte und Fahrdrahtseitenlagen nur in engen Grenzen wählbar. Der Begriff *Weiche* wird hier als allgemeiner Begriff für *Weichen*, *Doppelkreuzungsweichen* und *Kreuzungen* verwendet. Die *Bespannung von Weichen* erfordert besondere Aufmerksamkeit, da dort die größten Kontaktkräfte zwischen Fahrdraht und Stromabnehmer auftreten können. Sie zielt auf ein möglichst gutes Zusammenwirken von Stromabnehmer und Oberleitung im Hauptgleis und auf einen ungehinderten Lauf bei allen Fahrtrichtungen ab.

Die Betrachtung einer einzelnen Weiche dient zwar als Grundlage für deren Bespannung, wobei die Beachtung des Zusammenhangs zwischen der Weiche als Teil einer Überleitverbindung, eines Bahnhofkopfes und den örtlichen Verhältnissen wie Gleisabstand und Lage der Weichen zueinander zu einer sachgerechten Bespannung führt.

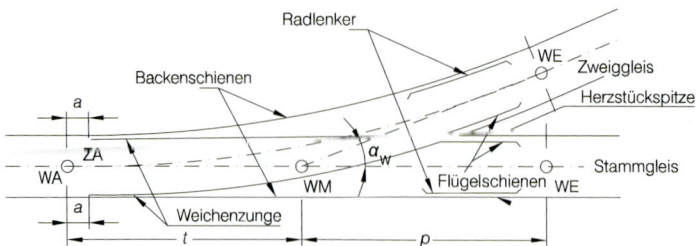

Bild 12.14: Bezeichnungen für Weichen.
WA Weichenanfang, WM Weichenmitte, WE Weichenende, ZA Zungenanfang

12.11.3 Bezeichnung und Darstellung von Weichen in Plänen

Bei Weichen wird zwischen Stamm- und Zweiggleis unterschieden [12.19]. Als *Stammgleis* bezeichnet man bei einfachen Weichen das gerade Gleis und bei Bogenweichen das in der dazugehörigen Grundform gerade Gleis oder das betrieblich bevorzugte, stärker belastete Gleis.

Legt man in den Weichenanfang einen Bogen mit dem Zweiggleisradius, so ergibt sich mit der Tangente 1:n das Weichenende im Zweiggleis und die Weichenmitte im Schnittpunkt der Tangente mit der Gleisachse des Stammgleises nach Bild 12.15. Zwischen den Tangenten des Zweig- und Stammgleises ergibt sich der Weichenwinkel α_W. Der Weichenanfang WA entspricht nicht dem Zungenanfang ZA.

Zur Darstellung der Weichen in Lageplänen in vereinfachter Form benutzt man die Tangentendarstellung nach Bild 12.15 die sich aber nicht zur *Weichenbespannung* nutzen lässt. Erst das Einfügen des Radius R in die Weichendarstellung in analogen oder digitalen Lageplänen ermöglicht die Bespannung (Bild 12.15 b).

Die Parameter *Zweiggleishalbmesser* R und *Weichenneigung* 1 : n bestimmen die Weichenart und Befahrgeschwindigkeit der Weiche im Zweiggleis. So lassen sich einfache Weichen mit den folgenden Geschwindigkeiten mit Zweiggleisradius befahren [12.20]

  Zweiggleisradius $R =$ 190 m bis 40 km/h,
  Zweiggleisradius $R =$ 300 m bis 50 km/h,
  Zweiggleisradius $R =$ 500 m bis 60 km/h,
  Zweiggleisradius $R =$ 760 m bis 80 km/h,
  Zweiggleisradius $R =$ 1 200 m bis 100 km/h,
  Zweiggleisradius $R =$ 2 500 m bis 130 km/h.

Deutlich höhere Geschwindigkeiten sind im Stammgleis möglich. *Klothoidenweichen* erlauben auch im Zweiggleis höhere Geschwindigkeiten als einfache Weichen mit konstanter Krümmung.

Die *Weichenbezeichnung* und die Identifikation des Weichentyps in der Wirklichkeit bilden wesentliche Voraussetzungen zur Bespannung von Weichen. Der Gleislageplan enthält nur *Weichenkurzbezeichnungen*. Gemäß den UIC 711-Vereinbarungen bedeuten

12.11 Zwangspunkte für die Planung

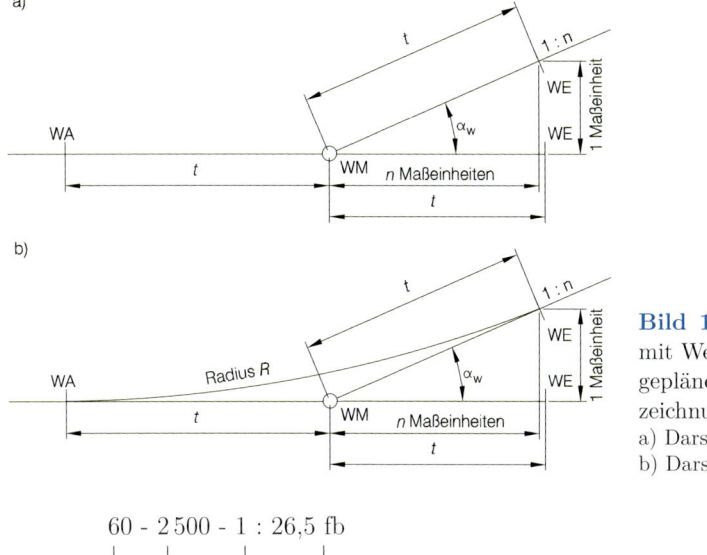

Bild 12.15: Einfache Weiche mit Weichendreieck in Gleislageplänen, Erläuterung der Bezeichnungen.
a) Darstellung in Lageplänen
b) Darstellung mit Radius

60 - 2 500 - 1 : 26,5 fb

- Zusatzbezeichnung: Herzstück federnd beweglich,
- Neigung der Tangente $1:n$ mit $1:26{,}5$,
- Radius des Zweiggleises 2 500 m,
- Schiene UIC 60.

Bei dieser Weichenform besitzt das Zweiggleis eine konstante Krümmung. In Hochgeschwindigkeitsstrecken werden auch Klothoidenweichen mit veränderlichen Radien im Zweiggleis verwendet. Auf diese Weise lassen sich Gleiswechselgeschwindigkeiten bis 200 km/h erreichen. Eine typische Klothoidenweichenbezeichnung lautet (Bild 12.16)

60 - 10 000/4 000/∞ -1 : 39,1131

- Neigung 1 : 39,1131
- Radien $R = 10\,000/4\,000/\infty$ m
- Schiene UIC 60.

Das Bild 12.16 zeigt den Krümmungsverlauf der erläuterten *Klothoidenweiche*. Zwischen den Punkten A und B und auch zwischen C und D werden Klothoiden für den Übergang der Gleisradien verwendet. Zwischen den Punkten B und C ist der 4 000 m Radius konstant. Die folgenden Geschwindigkeiten sind im Zweiggleis von Klothoidenweichen für Überleitverbindungen möglich [12.20].

60-3000/1500/∞ - 1:20 fb   bis 100 km/h,
60-4800/2450/∞ - 1:26,5 fb   bis 130 km/h,
60-10000/4000/∞ - 1:33,5 fb   bis 160 km/h und
60-16000/6100/∞ - 1:41,5 fb   bis 200 km/h.

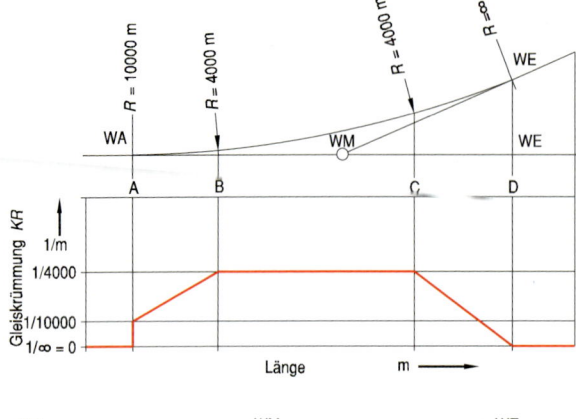

Bild 12.16: Krümmungsverlauf einer Klothoidenweiche.

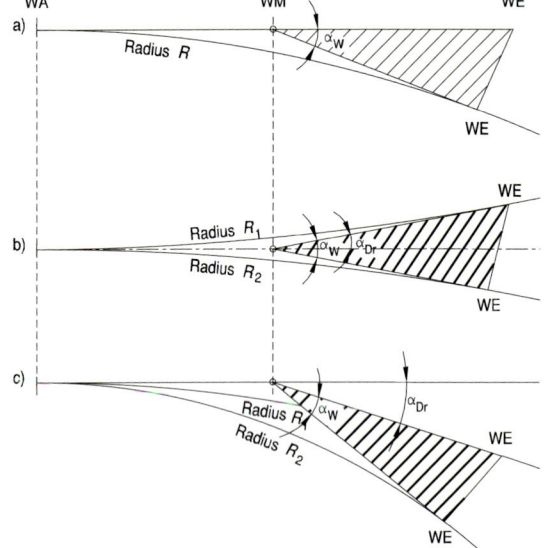

Bild 12.17: Konstruktion einer Außenbogenweiche.
a) einfache Weiche
b) Innenbogenweiche
c) Außenbogenweiche

Bogenweichen dienen dem Gleiswechselbetrieb im Bogen. Sie entstehen durch Verdrehen des Weichendreiecks um die Weichenmitte mit dem Winkel α_{Dr} unter Beibehaltung der Tangentenlänge t und des Weichenwinkels α_W entsprechend Bild 12.17. Liegen nach dem Verdrehen des Weichendreiecks die Bogenmittelpunkte des Stamm- und Zweiggleises mit den Halbmessern R_1 und R_2 auf entgegengesetzten Seiten der Weiche, so spricht man von einer *Außenbogenweiche* entsprechend 12.17 c). Bei *Innenbogenweichen* liegen die Bogenmittelpunkte auf der gleichen Seite der Weiche (Bild 12.17 b)).

Falls die Weichendaten nicht bekannt sind, lassen sie sich aus der Lage im Bahnkörper bestimmen. Ziel ist das Auffinden des WA, der als Fixpunkt für die Weichenbespannung und die Längseinmessung der Masten dient. Die Messung der Schienenhöhe H_S liefert den Schienentyp nach Tabelle 12.7 und damit den Weichentyp nach Tabelle 12.8.

12.11 Zwangspunkte für die Planung

Tabelle 12.7: Höhe der Schiene.

Schienentyp	S 41	S 45	S 49	S 50	S 54	S 64	UIC 60	R 65
Höhe H_S in mm	138	142	149	152	154	172	172	180

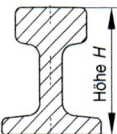

Tabelle 12.8: Abstand a zwischen dem Weichenanfang WA und dem Zungenanfang ZA (siehe Bild 12.15).

Weichentyp für die Schienenform UIC 60	Abstand a WA–ZA in mm
60 - 300 - 1 : 9	805
60 - 300 - 1 : 14	805
60 - 500 - 1 : 12	805
60 - 500 - 1 : 14	805
60 - 760 - 1 : 14	805
60 - 760 - 1 : 15	805
60 - 1200 - 1 : 18,5	805
60 - 2500 - 1 : 26,5	2 005
60 - 4800 / 2450 - 1 : 24,257	2 402
60 - 6000 / 3700 - 1 : 32,5	3 102
60 - 7000 / 6000 - 1 : 42	4 723

Das Pfeilhöhenverfahren nach Gleichung (12.3) und Bild 12.18 hilft bei der Ermittlung Zweiggleisradius R

$$R = l_{SE}^2 / (8 \cdot h_f). \tag{12.3}$$

Wenn der Weichentyp nicht im Gleislageplan vermerkt ist, lässt sich mit dem Weichentyp nach Tabelle 12.7 und dem Abstand a zwischen dem Zungenanfang ZA und dem Weichenanfang WA nach Tabelle 12.8 der Weichenanfang in der Örtlichkeit finden und am Schienensteg markieren. Der Weichenanfang dient als Referenzpunkt zwischen dem Weichenbespannungsplan und der Weiche vorort.

Nach der Ermittlung und der Kennzeichnung des Weichenanfangs am Schienensteg mit dem Vermerk WA lassen sich von diesem Referenzpunkt die Masten in den Bahnhof hinein oder auf die freie Strecke hinaus einmessen. Gebräuchliche Weichenbauformen sind der Tabelle 12.9 zu entnehmen.

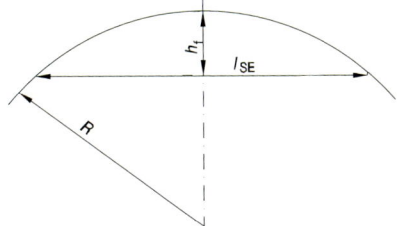

Bild 12.18: Ermittlung des Zweiggleisradius R aus der Pfeilhöhe h_f und der Sehnenlänge l_{SE}.

Tabelle 12.9: Weichenbauformen mit Maßen, alle Maße in mm [12.21].

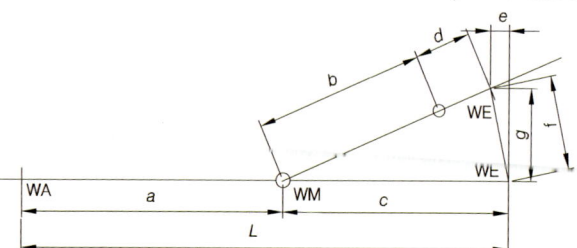

Weichentyp	L	a	b	c	d	e	f	g
Einfache Weichen mit festem Herzstück								
60-190-1:7,5	25 862	12 611	12 611	13 251	640	116	1 755	1 751
60-190-1:9	27 138	10 523	10 523	16 615	6 092	102	1 838	1 835
60-300-1:9	33 230	16 615	16 615	16 615	0	102	1 838	1 835
60-300-1:9/1:9,4	33 230	15 912	15 912	17 318	1 406	97	1 835	1 832
60-300-1:14	37 809	10 701	10 701	27 108	16 407	69	1 933	1 931
60-500-1:12	41 594	20 797	20 797	20 797	0	72	1 729	1 727
60-500-1:14	44 942	17 834	17 834	27 108	9 274	69	1 933	1 931
60-760-1:14	54 216	27 108	27 108	0	69	1 933	1 933	1 931
60-760-1:14/1:15	54 216	25 305	25 305	28 911	3 606	64	1 924	1 923
60-760-1:18,5	52 935	20 526	20 526	32 409	11 883	47	1 750	1 749
60-1200-1:18,5	64 818	32 409	32 409	32 409	0	47	1 750	1 749
60-1200-1:18,5/1:19,277	64 818	31 105	31 105	33 713	2 608	45	1 747	1 747
Einfache Weichen mit beweglichem Herzstück								
60-500-1:12	45 361	20 797	20 797	24 564	3 767	85	2 042	2 040
60-760-1:14	54 216	27 108	27 108	27 108	0	69	1 933	1 931
60-760-1:14/1:15	54 216	25 305	25 305	28 911	3 606	64	1 924	1 923
60-760-1:18,5	54 801	20 526	20 526	34 275	13 749	50	1 851	1 850
60-1200-1:18,5	66 615	32 409	32 409	34 206	1 797	50	1 847	1 846
60-1200-1:18,5/1:19,277	66 615	31 104	31 104	35 511	4 407	48	1 841	1 840
60-2500-1:26,5	94 306	47 153	47 153	47 153	0	34	1 778	1 778
60-2500-1:26,5/1:27,85	94 306	44 869	44 869	49 437	4 568	32	1 774	1 774
Klothoiden-Weichen mit beweglichem Herzstück								
60-4800/2450-1:24,257								
60-6000/3700-1:32,5	122 253	64 569	57 684	57 684	0	27	1 774	1 774
60-7000/6000-1:42	154 266	80 104	74 162	74 162	0	21	1 765	1 765

12.11.4 Prinzipien der Weichenbespannung

Weichen lassen sich kreuzend oder tangential bespannen, abhängig von der Weichenart, der Geschwindigkeit und der Stromabnehmerlänge. Bei der *kreuzenden Weichenbespannung* kreuzen sich die Kettenwerke im befahrenen Bereich der Weiche; ein *Kreuzungsstab* fixiert die befahrenen Fahrdrähte vertikal und horizontal zueinander. Der Kreuzungsstab und die *Wechselhänger* heben den jeweils nicht befahrenen Fahrdraht mit an, sodass die Kreuzung örtlich fixiert und ein definierter Fahrdrahtübergang möglich ist. Die Massenkonzentration an der Fahrdrahtkreuzung, die aus zwei Fahrdrähten und dem Kreuzungsstab besteht, beeinflusst das Zusammenwirken von Stromabnehmer und Oberleitung negativ, insbesondere bei Geschwindigkeiten über 200 km/h.

Die *tangentiale Weichenbespannung* führt die Kettenwerke ähnlich wie im Überlappungsbereich tangential aneinander vorbei. Eine Kreuzung der Kettenwerke ist im befahrenen Bereich der parallelen Fahrdrähte nicht vorhanden, wodurch es keine Massenkonzentration beim Übergang der Fahrdrähte gibt. Bei Fahrten im Stammgleis soll der Stromabnehmer den Fahrdraht des Zweiggleises nicht berühren. Zwischen den Kettenwerken sind daher keine Wechselhänger erforderlich. Daher besteht keine Wechselwirkung zwischen den Kettenwerken.

Tangentiale Weichenbespannungen sind vorzugsweise für eine Stromabnehmerlänge zu gestalten. Sie lassen sich aber auch für den Betrieb mit unterschiedlich langen Stromabnehmern, z. B. 1 600 mm und 1 950 mm langen Stromabnehmerwippen, nutzen, wobei die längere Stromabnehmerwippe die kinematische Grenze des mechanischen Stromabnehmerprofils L_{hZ} bestimmt.

12.11.5 Kreuzende Weichenbespannung

12.11.5.1 Anforderungen

Um eine befriedigende Befahrungsgüte der Kettenwerke über Weichen zu erreichen, sind folgende Anforderungen zu beachten:

(1) Ein *klemmenfreier Raum* gewährleistet einen sicheren Übergang zwischen den Fahrdrähten und ist für die unterschiedlichen Wippenlängen einzuhalten. Der *Fahrdrahtauflauf* auf die Stromabnehmerwippe beginnt für die 1 950 mm und 1 600 mm lange Wippe (Bild 12.19) bei 1,05 m bzw. 0,875 m Abstand von der Mittellinie des befahrenen Gleises zum auflaufenden Fahrdraht. Der Fahrdrahtauflauf auf die Wippe ist bei der 1 950 mm und 1 600 mm langen Wippe bei 0,60 m bzw. 0,45 m Abstand von der Mittellinie des befahrenen Gleises zum auflaufenden Fahrdraht abgeschlossen. Außer Hängerklemmen sollten sich keine anderen Klemmen innerhalb des Auflaufbereichs des Fahrdrahts, also vom Auflaufbeginn bis zum Auflaufende, befinden. Der Auflaufbereich ist als klemmenfreier Raum definiert (Bilder 12.22, 12.23 und 12.24).

(2) Der Abstand zwischen der Kreuzung der Fahrdrähte und der Mitte der Lotrechten zur Schienenkopfberührenden im Stammgleis sollte 1/3 der Nennfahrdrahtseitenverschiebung b am Stützpunkt betragen. Der Abstand zwischen der Fahrdrahtkreuzung und der Mitte der Lotrechten auf die Schienenkopfberührende im Zweiggleis sollte 2/3 der Nennseitenverschiebung b nicht überschreiten. Daher ist die günstigste Lage der Fahrdrahtkreuzung an der Stelle, an der die Gleisachsen des Stamm- und Zweiggleises einen Abstand gleich der Nennseitenverschiebung b zueinander haben (Bild 12.25).

(3) Vom Punkt des Fahrdrahtauflaufs müssen beide Fahrdrähte, der des Stammgleises und der des Zweiggleises, zwischen den Gleisachsen liegen. Der befahrende Fahrdraht liegt asymmetrisch auf einer Wippenhälfte und bereitet das Auflaufen

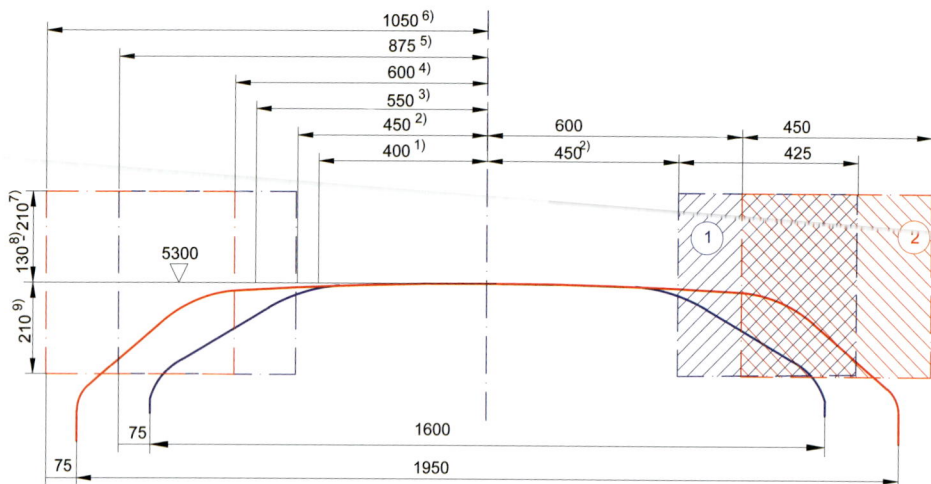

Bild 12.19: Ermittlung des klemmenfreien Raumes für 1 950 mm und 1 600 mm lange Wippen.
[1] Nutzbare Fahrdrahtseitenlage e_{nutz} bei der 1 600-mm-Wippe
[2] Beginn des klemmenfreien Raumes bei der 1 600-mm-Wippe
[3] Nutzbare Fahrdrahtseitenlage e_{nutz} bei der 1 950-mm-Wippe
[4] Beginn des klemmenfreien Raumes für die 1 950-mm-Wippe
[5] Ende des klemmenfreien Raumes für die 1 600-mm-Wippe
[6] Ende des klemmenfreien Raumes für die 1 950-mm-Wippe
[7] größte Höhe des Kontaktpunktes in Feldmitte, die sich ergibt aus
  – maximalem Fahrdrahtanhub am Stützpunkt $h_{\text{FD A max St}} = 0{,}100\,\text{m}$,
  – Fahrdrahthöhentoleranz am Stützpunkt $T_{\text{FD Höhe}} = 0{,}030\,\text{m}$,
  – größte Höhendifferenz zwischen der höchsten und niedrigsten Lage des dynamischen Kontaktpunkts innerhalb einer Spannweite $\Delta h_{\text{K FD}} = 0{,}080\,\text{m}$,
[8] größte Höhe des Kontaktpunktes am Stützpunkt, die sich ergibt aus
  – maximalem Fahrdrahtanhub am Stützpunkt $h_{\text{FD A max St}} = 0{,}100\,\text{m}$,
  – Fahrdrahthöhentoleranz am Stützpunkt $T_{\text{FD Höhe}} = 0{,}030\,\text{m}$,
[9] kleinste Höhe des Kontaktpunktes
1: klemmenfreier Raum für die 1 600-mm-Wippe
2: klemmenfreier Raum für die 1 950-mm-Wippe

Bild 12.20: Ungeeignete Fahrdrahtanordnung bei der kreuzenden Weichenbespannung (siehe Bild 12.21 c)).

12.11 Zwangspunkte für die Planung

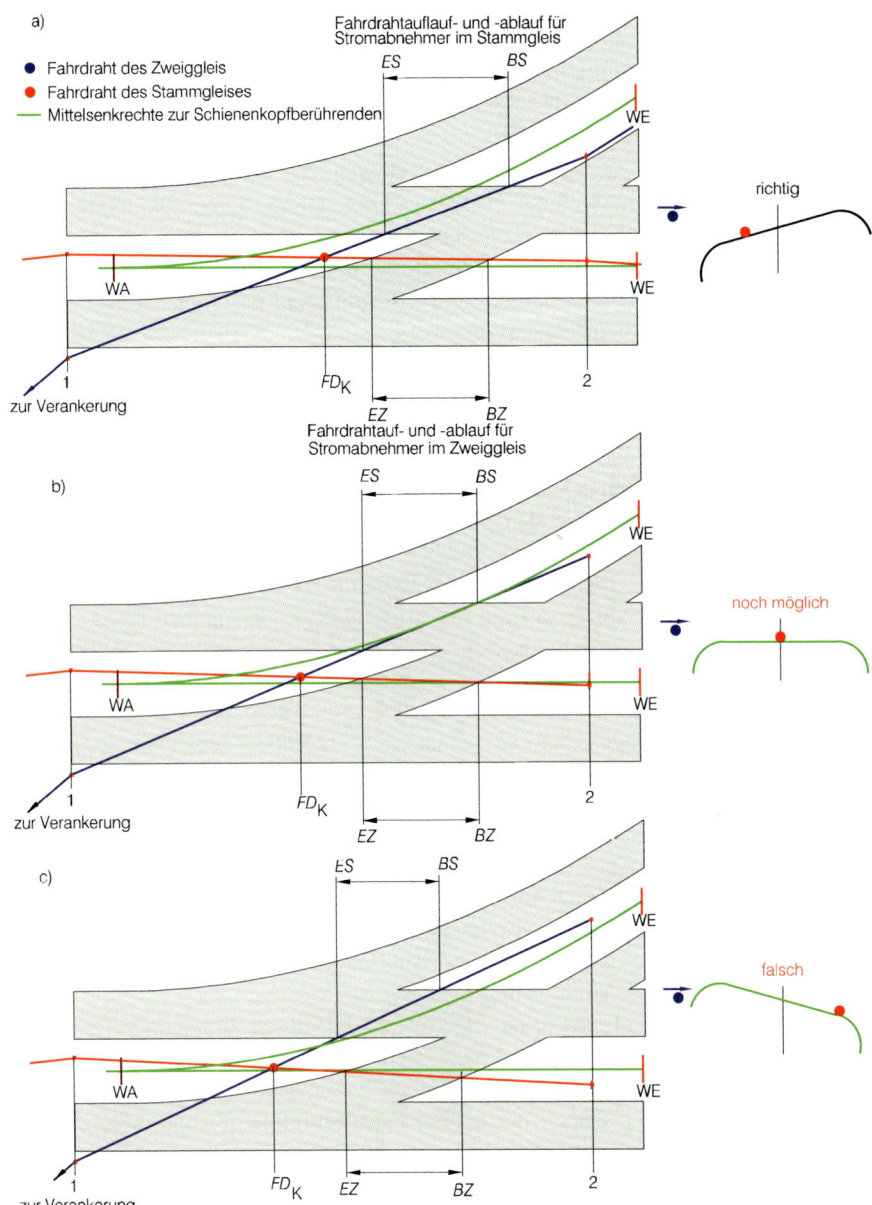

Bild 12.21: Auflaufbedingungen für Fahrdrähte über Weichen.
a) richtige Fahrdrahtführung, b) Grenze der korrekten Fahrdrahtführung, c) falsche Fahrdrahtführung

des anderen Fahrdrahts durch Neigung der Stromabnehmerwippe vor, wie im Bild 12.21 a) gezeigt. Die *Lage des Fahrdrahts mit der Seitenverschiebung Null* ist zulässig, d. h. der Fahrdraht liegt auf der Mittellinie des Gleises (Bild 12.21 b)). Die Mittellinie des Gleises kann der führende Fahrdraht in Richtung der abgewandten Wippenhälfte überschreiten, wenn sich der auflaufende Fahrdraht mindestens im Wankbereich D der Wippe befindet.

Wenn der befahrene Fahrdraht sich auf der Gegenhälfte der Wippe in Bezug zum auflaufendem Fahrdraht befindet (Bild 12.21 c)), könnte der auflaufende Fahrdraht gegen den Wippenüberstand $l_ü$ schlagen und radiale Kräfte auf den Stromabnehmer ausüben. Dieser Fahrdrahtauflauf ist auch als *Stromabnehmerfalle* bekannt. Dies kann zur Beschädigung des Fahrdrahts und des Schleifstücks führen und verursacht großen Verschleiß am Fahrdraht und Schleifstück (Bild 12.19). Daher ist die Spannweite zwischen den *Weichenstützpunkten* 1 und 2 so zu wählen, dass die Fahrdrähte im Stamm- und Zweiggleis innerhalb der Gleisachsen liegen, auch bei Windeinwirkung.

(4) An den Stützpunkten soll sich nur ein Fahrdraht im Kontakt mit dem Stromabnehmer befinden, um Massekonzentrationen zu vermeiden. Der Fahrdrahtanhub des befahrenen Fahrdrahts an den Stützpunkten soll 100 mm für konventionelle Strecken mit $v_{max} \leq 200$ km/h wie auch für Hochgeschwindigkeitsstrecken mit $v_{max} > 200$ km/h nicht überschreiten. Bei Erfüllung der Anforderung, den Fahrdraht des Zweiggleises um ≥ 150 mm am Stützpunkt S_1 anzuheben (Bild 12.27), erreichen Stromabnehmer den angehobenen Zweiggleis-Fahrdraht am Stützpunkt 1 nicht (siehe auch Bild 12.19).

(5) Die *Fahrdrahtkreuzung* sollte soweit wie möglich vom Stützpunkt 1 entfernt liegen. Der Fahrdraht im Zweiggleis lässt sich dann am Stützpunkt 1 um $\Delta f \geq 150$ mm in Bezug zur Nennfahrdrahthöhe anheben (Bild 12.27), eine Höhe, die der Stromabnehmer auch bei dynamischem Anhub im Stammgleis nicht erreichen kann (siehe Anforderung (4)).

(6) Der *Ablenkungswinkel des Zweiggleisfahrdrahts am Stützpunkt* 1 hat eine *Radialkraft* zur Folge, die auf 2 000 N für Seitenhalter beschränkt ist und 3 000 N erreichen kann, wenn der Fahrdraht direkt am Stützrohr befestigt ist. Dies trifft zu, wenn der Fahrdraht des Zweiggleises am Stützpunkt 1 mehr als 200 mm angehoben werden kann (siehe Anforderung (4)).

(7) Unabhängig von anderen Kriterien wie Auslenkung durch Wind und Beschränkung der Spannweiten sollten bei kreuzenden Bespannungen die Mastabstände 65 m zwischen den Stützpunkten S_1 und S_2 nicht überschreiten.

(8) Für einen gleichmäßigen Anhub der beiden Fahrdrähte in Auf- und Ablaufbereichen sorgen Wechselhänger für Fahrleitungen bis 200 km/h Betriebsgeschwindigkeit. Jedoch sind diese Wechselhänger für Geschwindigkeiten über 200 km/h nicht wirksam, weshalb diese bei höheren Geschwindigkeiten nicht notwendig sind.

(9) Im Bereich der Fahrdrahtkreuzung sollen sich die Fahrleitungen des Stamm- und des Zweiggleises bei Temperaturänderungen in die gleiche Richtung mit gleicher Längenänderung bewegen. Daher sollten die Festpunkte des Stamm- und Zweiggleis-Kettenwerks an ungefähr gleicher Kilometer-Station angeordnet werden.

(10) Die Befahrung des Zweiggleis-Fahrdrahts führt zum Anhub dieses Fahrdrahts. Diesen sollen Kreuzungsstäbe (Bild 12.29) oder Kreuzungsklemmen (Bild 12.25) auf den Stammgleis-Fahrdraht übertragen. Mit Hilfe der Wirkung der Wechselhänger entsteht ein sanfter Auflauf des Fahrdrahts im Stammgleis. Kreuzungsstäbe sind bis 200 km/h Geschwindigkeiten angemessen, da die Massenkonzentration das Zusammenwirken des Stromabnehmers mit der Oberleitung bis zu dieser Geschwindigkeit nur zu einem geringeren Umfang beeinflusst. Kreuzungsklemmen sind für Betriebsgeschwindigkeiten über 200 km/h besser geeignet, da sie eine geringere Masse aufweisen. Die Tragseile dürfen sich nicht berühren, auch nicht im ausgeschwungenen Zustand. Daher ist zwischen den Tragseilen der Kettenwerke ausreichend Abstand vorzusehen, der sich durch Verringern der Systemhöhe des Zweigleiskettenwerks herstellen lässt. Die kleinste Systemhöhe wird bei der minimalen Hängerlänge in Feldmitte erreicht.

(11) Die maximale Fahrdrahtseitenlage e_{max} des Zweig- und des Stammgleisfahrdrahts sollte bei Wind die Gleisachsen des Zweig- bzw. Stammgleises nicht überschreiten, weil in dieser Situation die Auflaufbedingungen für den Fahrdraht auf den Stromabnehmer nicht den Vorgaben nach Bild 12.21 entsprechen.

(12) Die Radialkräfte an den befahrenen Stützpunkten sollten sich im Bereich $80\,\text{N} \leq F_R \leq 2\,000\,\text{N}$ befinden. Damit entsteht kein abnormer Verschleiß am *Seitenhaltergelenk* und es lässt sich der *Leichtbauseitenhalter* verwenden. Die Differenz der Radialkräfte an den befahrenen Stützpunkten des Stammgleises sollte möglichst klein sein, um eine gleich bleibende Elastizität zu erreichen.

Die Planung sollte diesen Kriterien für Oberleitungen mit Befahrgeschwindigkeiten über 160 km/h immer folgen, besonders im Hochgeschwindigkeitsbereich. Kompromisse sind möglich für die Anforderungen (3), (4) und (5) bei niedrigeren Geschwindigkeiten.

12.11.5.2 Klemmenfreier Raum

Bei der kreuzenden Bespannung berührt der Stromabnehmer im Weichenbereich kurzzeitig beide Fahrdrähte. Entweder läuft der Fahrdraht des Zweiggleises oder der des Stammgleises auf den Stromabnehmer seitlich auf. Infolge des dynamischen Anhubs besteht bei schräg stehenden Klemmen die Gefahr des Anschlagens an das Schleifstück. Untersuchungen haben 1942 diesen Grund als Störungsursache lokalisiert und folglich zur Festlegung des *klemmenfreien Raums* in 500 mm bis 1 050 mm Abstand zu beiden Seiten der Gleisachse geführt [12.22]. Die damaligen Bedingungen waren

– festes Tragseil mit temperaturbedingten Höhenänderungen des Fahrdrahts,
– geringe Fahrdrahtzugkraft,
– schweres Seitenhalter- und Klemmenmaterial und
– gerade Schleifstücke ohne Radius.

Die Deutsche Bundesbahn hat den Beginn des klemmenfreien Raums aus dem Jahr 1942 mit 500 mm [12.22] auf 600 mm verschoben und somit den klemmenfreien Raum verkleinert. Unter Berücksichtigung des dynamischen Anhubs des Stromabnehmers und der Seitenbewegungen des Fahrzeuges entsteht ein klemmenfreier Raum z. B. für die 1 950-mm-Stromabnehmerwippe mit 450 mm Breite, wie mit ➁ in Bild 12.19 markiert.

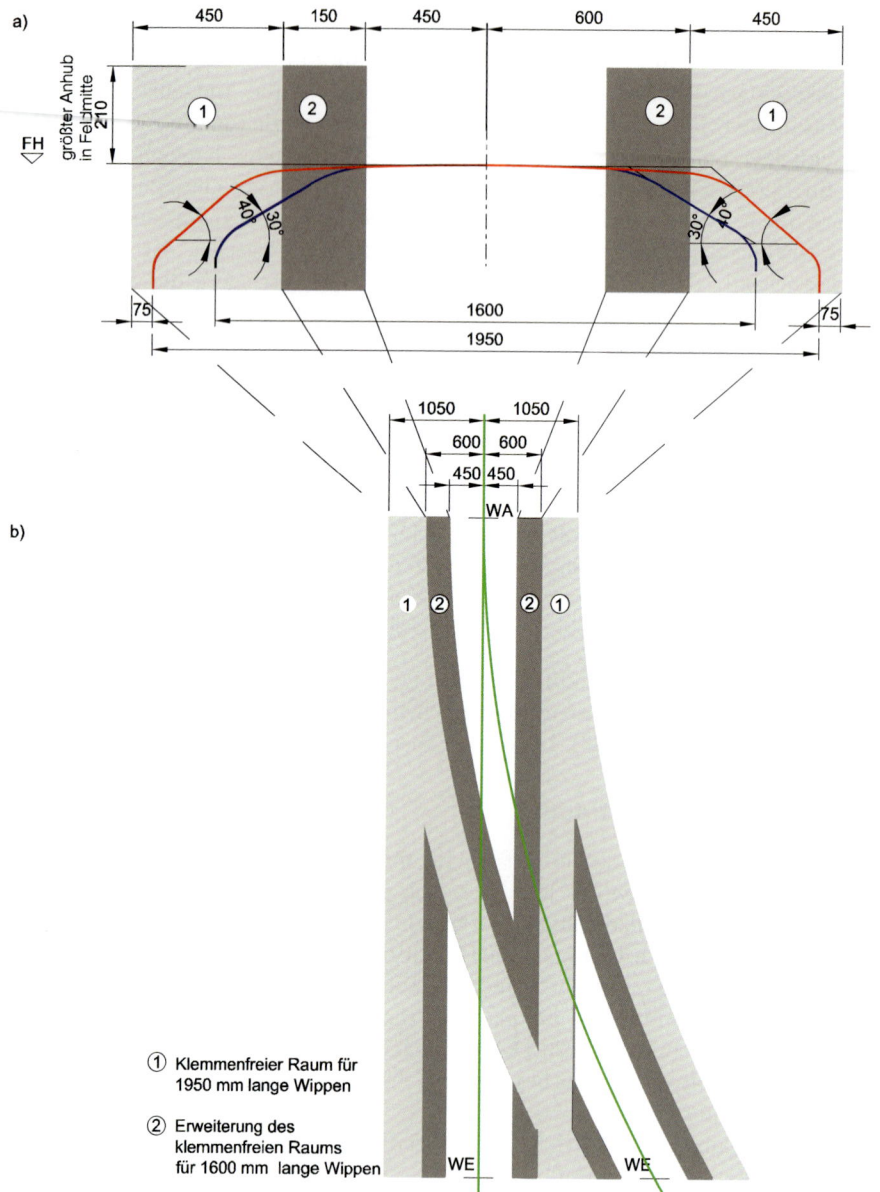

Bild 12.22: Klemmenfreier Raum für den dualen Betrieb mit 1 950 mm und 1 600 mm langen Wippen. a) Querschnitt, b) Grundriss, alle Maße in mm

12.11 Zwangspunkte für die Planung

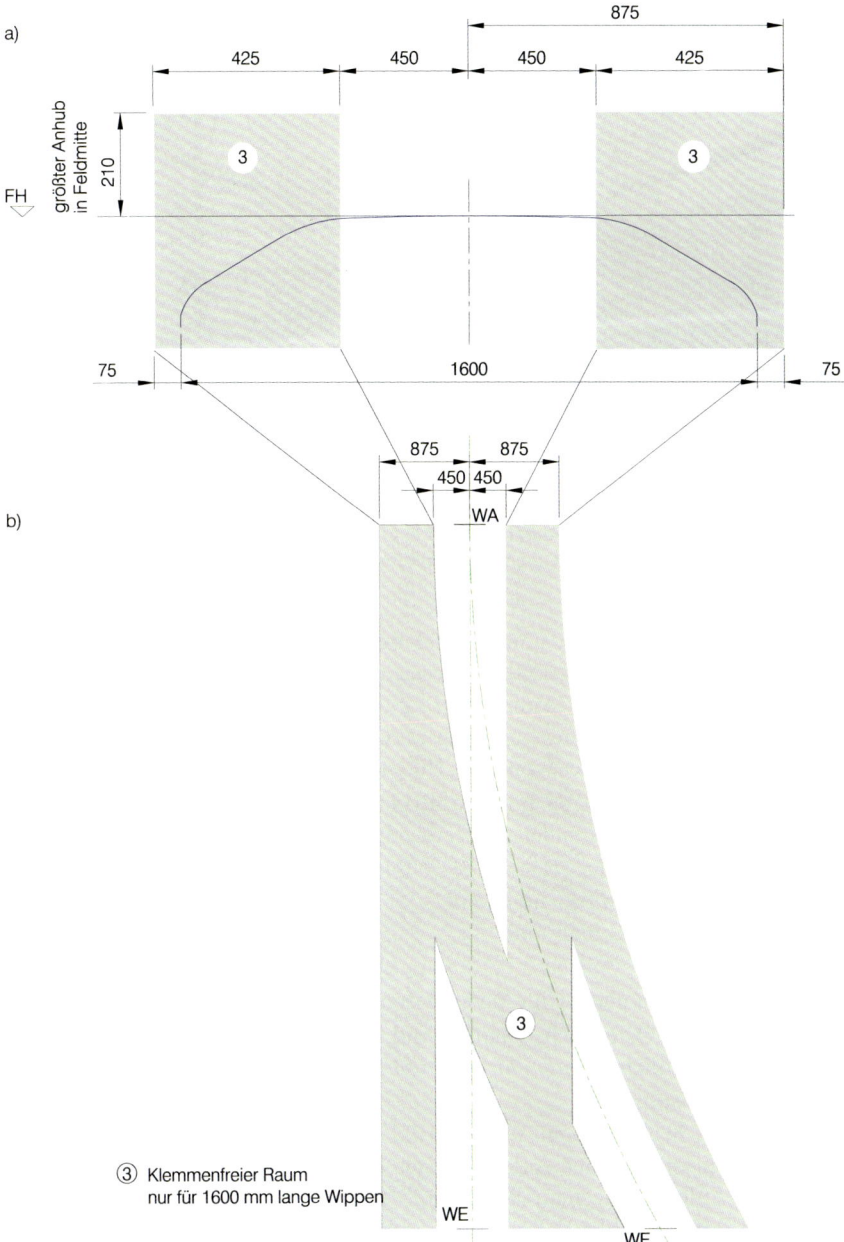

Bild 12.23: Klemmenfreier Raum für den Betrieb nur mit der 1 600 mm langen Wippe.
a) Querschnitt, b) Grundriss, alle Maße in mm

Bild 12.24: Auflauf mit einer unzulässigen Fahrdrahtstoßklemme innerhalb des klemmenfreien Raumes für die 1600-mm-Wippe.
Anmerkung: Fahrdrahtstoßklemmen sind innerhalb des klemmenfreien Raumes (linker Teil des Bildes) nicht zulässig, Hängerklemmen sind im klemmenfreien Raum zulässig (mittlerer Teil des Bildes)

Der klemmenfreie Raum beginnt 50 mm von der maximalen Fahrdrahtseitenlage e_{max} entfernt in 600 mm Abstand von der Gleismittelachse. Der klemmenfreie Raum überragt die Stromabnehmerlänge um 75 mm (Bild 12.19). Diese Definition ermöglicht die Festlegung des klemmenfreien Raumes auch für andere Stromabnehmerwippen, wie für die 1 600 mm lange Stromabnehmerwippe, im Bild 12.19 mit ① gekennzeichnet [12.23].
Der klemmenfreie Raum zur Linken und zur Rechten der Gleismittelachse gemessen senkrecht zur Schienenkopfberührenden wird freigehalten von
  – Stromverbinder-, Fahrdraht-, Beiseil-, Z-Seilklemmen und Isolatoren, wobei Auslenkungen durch Wind zu beachten sind,
  – Keil- und Konus-Endklemmen und
  – Stoßverbindungen.
Der Einbau von Hängerklemmen ist im klemmenfreien Raum möglich.
Die Bahnunternehmen in Österreich, Deutschland, Schweiz, Norwegen, Spanien und Russland legen unterschiedliche *klemmenfreie Räume* abhängig von der Geometrie ihrer Stromabnehmerwippen fest.
Die Einführung der 1 600 mm langen Wippe (Bild 12.19) im dualen Betrieb mit der 1 950 mm langen Wippe stellte neue Anforderungen an die Ausführung von Weichenbespannungen, um die Anforderungen an die Auflaufbedingungen der Fahrdrähte für beide Stromabnehmer zu erfüllen (Bild 12.21). Der Vergleich der Geometrie eines 1 950 mm langen Stromabnehmers mit der 1 600 mm langen Wippe (Bild 12.22 a)) zeigt, dass die Flanken der 1 600 mm langen Wippe ungefähr mit der gleichen Neigung wie bei der 1 950 mm langen Wippe ausgeführt sind. Daher könnte eine Klemme im Fahrdraht mit dem Stromabnehmerüberstand der 1 600 mm langen Wippe während des seitlichen

Auflaufes des Fahrdrahts auf die Wippe kollidieren. Daher ist auch ein klemmenfreier Raum für diesen Stromabnehmer notwendig. In Bild 12.24 ist eine Fahrdrahtstoßklemme im klemmenfreien Raum dargestellt, die zu einem Schaden am Stromabnehmer bei einer leichten Klemmenneigung führen könnte. Diese Situation ist für ähnliche Stromabnehmerwippen in Deutschland, Österreich, Schweden, Norwegen und Russland und anderen Ländern gegeben. Die Größe des klemmenfreien Raums hängt von der Länge der Stromabnehmerwippe l_W, den Wankbewegungen D des Stromabnehmers und der Höhe des Kontaktpunkts über dem Gleis ab. Auf Strecken mit dualen Betrieb, z. B. mit der 1 600 mm und der 1 950 mm langen Wippe, ergeben sich die innere und äußere Grenze nach der kürzeren bzw. längeren Wippe (Bilder 12.19, 12.22 und 12.23). Auf Strecken mit Betrieb mit nur einem Stromabnehmerwippentyp bestimmt allein deren Geometrie den klemmenfreien Raum.

12.11.5.3 Fahrdrahthöhen im Weichenbereich

Auch im Weichenbereich sind vertikale Bewegungen der Stromabnehmerwippe und Massenkonzentrationen zu vermeiden. Diese verschlechtern das Zusammenwirken von Stromabnehmer und Oberleitung. Daher sind eine korrekte Fahrdrahthöhe und das Vermeiden von Massenkonzentrationen wichtig, wobei Fahrdrahtkreuzungen mit Kreuzungsstab für die kreuzende Weichenbespannung in Deutschland den Vorgaben der DB entsprechen.

Der Fahrdraht im Stammgleis liegt an der Fahrdrahtkreuzung unter dem des Zweiggleises (Bild 12.27). Am Kreuzungspunkt FD_K soll der Fahrdraht im Stammgleis 20 mm über der *Nennfahrdrahthöhe* $h_{FD\,nenn}$ [12.24] liegen. Die vergrößerte Fahrdrahthöhe beginnt und endet an den zum Kreuzungsstab benachbarten Hängern. Der Fahrdraht des Zweiggleises befindet sich an der Kreuzung 40 mm über der Fahrdrahtnennhöhe $h_{FD\,nenn}$. Der Fahrdraht sollte diese Höhe bis zu den folgenden Hängern in Richtung des Weichenendes im Zweiggleiskettenwerk bis zum Stützpunkt S_2 beibehalten. Deshalb wird der Fahrdraht im Übergangsbereich im Zweiggleis ungefähr 30 mm höher als im Stammgleis einreguliert.

Beginnend an der Fahrdrahtkreuzung wird der Fahrdraht im Zweiggleis in Richtung des Weichenanfangs bis hin zum Stützpunkt S_1 in Form einer quadratischen Parabel um mindestens 110 mm angehoben. Am Stützpunkt S_1 ergibt sich damit mindestens 150 mm Höhendifferenz zwischen dem Zweiggleisfahrdraht und der *Fahrdrahtnennhöhe im Stammgleis*. Bis 100 mm Anhub des Stammgleis-Fahrdrahts kann der Stromabnehmer den um ≥ 150 mm angehobenen Zweiggleisfahrdraht am Stützpunkt S_1 (Bild 12.27) nicht erreichen. Bei Oberleitungen mit Befahrgeschwindigkeiten bis 200 km/h übertragen die *Wechselhänger* den *dynamischen Anhub* des augenblicklich befahrenen Fahrdrahts auf den jeweils anderen Fahrdraht, bevor dieser befahren wird.

Wenn der Stromabnehmer am Stützpunkt S_1 nur den Stammgleis-Fahrdraht berühren soll, muss der Abstand x zwischen der Fahrdrahtkreuzung und dem Stützpunkt S_1 ausreichend groß sein, um den Zweiggleis-Fahrdraht auf ≥ 150 mm, besser noch auf 200 mm, anheben zu können.

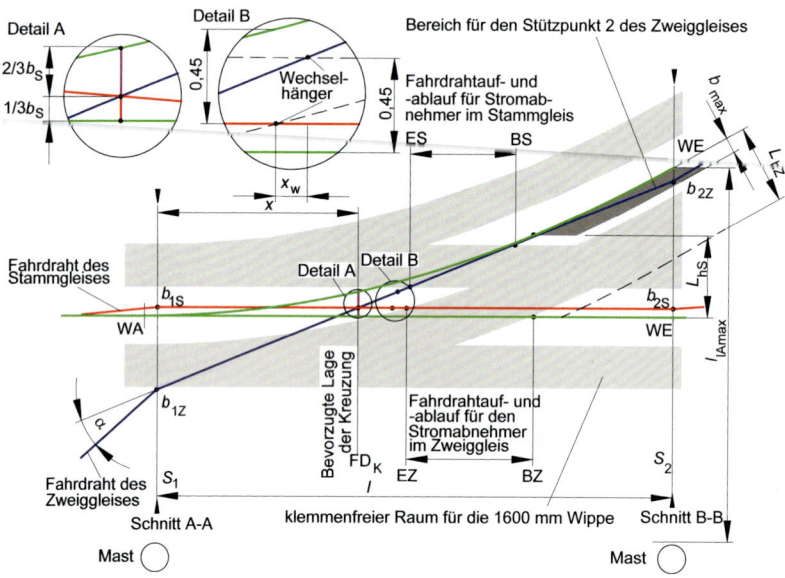

Bild 12.25: Bezeichnungen im verzerrten Gleislageplan von Weichen.

WA Weichenanfang
WE Weichenende
S_1 Stützpunkt 1
S_2 Stützpunkt 2
L_{hS} kinematische Grenze des mechanischen Stromabnehmerprofils in der Höhe h für das Stammgleis
L_{hZ} kinematische Grenze des mechanischen Stromabnehmerprofils in der Höhe h für das Zweiggleis
BS Beginn des Fahrdrahtauflaufs oder -ablaufs im Stammgleis
ES Ende des Fahrdrahtauflaufs oder -ablaufs im Stammgleis
BZ Beginn des Fahrdrahtauflaufs oder -ablaufs im Zweiggleis
EZ Ende des Fahrdrahtauflaufs oder -ablaufs im Zweiggleis
b_{1Z} Fahrdrahtseitenlage des Zweiggleises am Stützpunkt 1
b_{1S} Fahrdrahtseitenlage des Stammgleises am Stützpunkt 1
b_{2Z} Fahrdrahtseitenlage des Zweiggleises am Stützpunkt 2
b_{2S} Fahrdrahtseitenlage des Stammgleises am Stützpunkt 2
FD_K Abstand der Gleisachsen am Fahrdrahtkreuzungspunkt
b_S Standardfahrdrahtseitenlage am Stützpunkt auf geraden Gleisabschnitten im Stammgleis
b_{max} maximale Seitenverschiebung am Stützpunkt
b_Z Standardfahrdrahtseitenlage am Stützpunkt auf geraden Gleisabschnitten im Zweiggleis
$l_{Al\,max}$ maximale Standardlänge des Auslegers

12.11 Zwangspunkte für die Planung

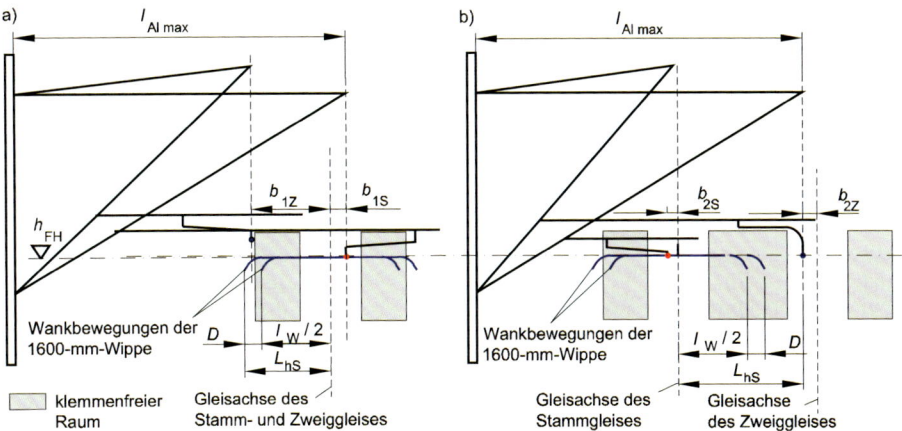

Bild 12.26: Querprofil an den Stützpunkten. a) Querprofil am Stützpunkt 1 (siehe Bild 12.25 Schnitt A-A), a) Querprofil am Stützpunkt 2 (siehe Bild 12.25 Schnitt B-B)

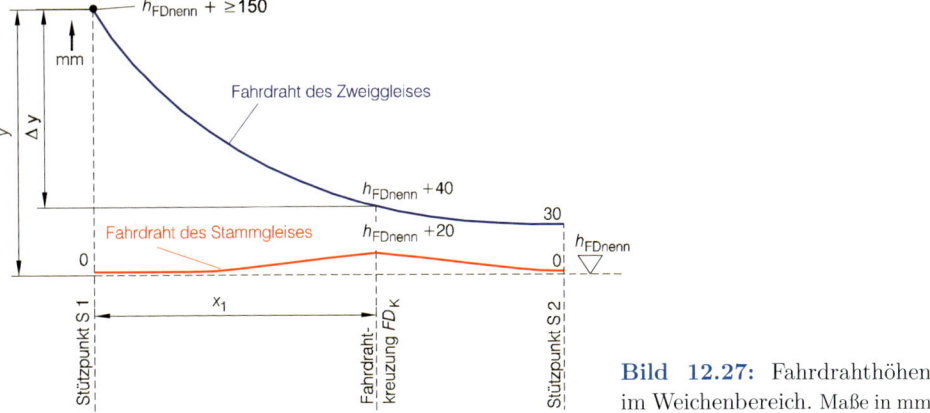

Bild 12.27: Fahrdrahthöhen im Weichenbereich. Maße in mm

Einen weniger als 150 mm über den Stammgleis-Fahrdraht angehobener Zweiggleis-Fahrdraht betrachtet die DB als befahren. Der Stützpunkt S_{1Z} im Zweiggleis ist mit einer Fahrdrahtseitenlage auszuführen, die nicht mit dem klemmenfreien Raum kollidiert (Bild 12.23). Liegt der Zweiggleis-Fahrdrahtstützpunkt um mindestens 200 mm über dem befahrenen Stammgleis-Fahrdraht (siehe Tabelle 12.10), lässt sich der Zweiggleis-Stützpunkt b_{1Z} innerhalb des klemmenfreien Raumes anordnen und der Fahrdraht kann direkt am Stützrohr befestigt werden. Diese Ausführung ist bevorzugt anzustreben. Daraus ergibt sich die Fahrdrahtseitenlage des Zweiggleis-Fahrdrahts am Stützpunkt S_1 (Bilder 12.25 und 12.27).

Tabelle 12.10: Abstände x zwischen Fahrdrahtkreuzung und Stützpunkt S_1 (siehe auch Bild 12.27).

Fahrdrahttyp	Zugkraft des Fahrdrahts	Spezifisches Gewicht des Fahrdrahts	Abstand x_1 bei $y = 150$ mm $\Delta y = 110$ mm am Stützpunkt S_1	Abstand x_2 bei $y = 200$ mm $\Delta y = 160$ mm am Stützpunkt S_1	Abstand x_3 bei $y = 500$ mm $\Delta y = 460$ mm für den Einbau eines Isolators
	H_{FD} in N	G'_{FD} in N/m	x_1 in m	x_2 in m	x_3 in m
AC-80–Cu	10 000	6,77	18,03[1)]	21,74	36,86
AC-100–Cu	10 000	8,46	16,13	19,45	32,98
AC-120–CuAg	15 000	10,15	18,03	21,75	36,87
AC-120–CuMg	27 000	10,15	24,19	29,18	49,47

[1)] $x_1 = \sqrt{2 \cdot y \cdot H_{\mathrm{FD}}/G'_{\mathrm{FD}}} = \sqrt{2 \cdot 0{,}110 \cdot 10\,000/6{,}77} = 18{,}03$ m

Der Nachweis für die *Höhenänderung des Zweiggleis-Fahrdrahts* y zwischen der Fahrdrahtkreuzung und dem Stützpunkt S_1 lässt sich mit Gleichung (12.4) durchführen

$$y = G'_{\mathrm{FD}} \cdot x^2 \big/ (2 \cdot H_{\mathrm{FD}}) \tag{12.4}$$

mit

y \quad Anhub des Zweiggleis-Fahrdrahts zusätzlich zur Fahrdrahtnennhöhe von der Fahrdrahtkreuzung bis zum Stützpunkt S_1 in m,

G'_{FD} \quad spezifisches Gewicht des Fahrdrahts in N/m,

x \quad Abstand zwischen der Fahrdrahtkreuzung und dem Stützpunkt S_1 in m (siehe Tabelle 12.10) und

H_{FD} \quad Fahrdrahtzugkraft in N.

Die kleinsten Abstände x_1 und x_2 für den Anhub y des Fahrdrahts auf 150 mm bzw. 200 mm sind in der Tabelle 12.10 für mehrere Fahrdrähte und deren Zugkräfte angegeben. Falls die Weichengeometrie diese Höhenzunahme y nicht zulässt, kann die Fahrdrahtseitenlage der Zweiggleis-Fahrdrahts am Stützpunkt S_1 neben dem klemmenfreien Raum liegen, d. h. die Fahrdrahtseitenlage ist z. B. bei der 1 950-mm-Wippe größer 1 050 mm (Bilder 12.25 und 12.33).

Die Prüfung der *radialen Fahrdrahtkräfte* an den Stützpunkten folgt im nächsten Schritt. Diese Kräfte sollten im Bereich 80 N < F_{H} < 2 000 N für *Leichtbauseitenhalter* liegen und für die direkte Befestigung des Fahrdrahts am Stützrohr 3 000 N nicht überschreiten. Schließlich ist noch die *Drehbewegung der Ausleger* und deren gegenseitiger Abstand innerhalb des Temperaturbereichs zu prüfen.

12.11.5.4 Anordnung von Wechselhängern im Weichenbereich

Wechselhänger erleichtern das Auflaufen des von der Seite gegen die Flanken des Stromabnehmers laufenden Fahrdrahts im Weichenbereich. Zu diesem Zweck sind diese Hänger wechselseitig zwischen den Tragseilen und Fahrdrähten angeordnet (Bilder 12.25 und 12.28). Der Anhub des Fahrdrahts infolge eines im Stammgleis fahrenden Stromabnehmers entlastet über die Hänger das Tragseil des Stammgleis-Kettenwerkes. Die

12.11 Zwangspunkte für die Planung

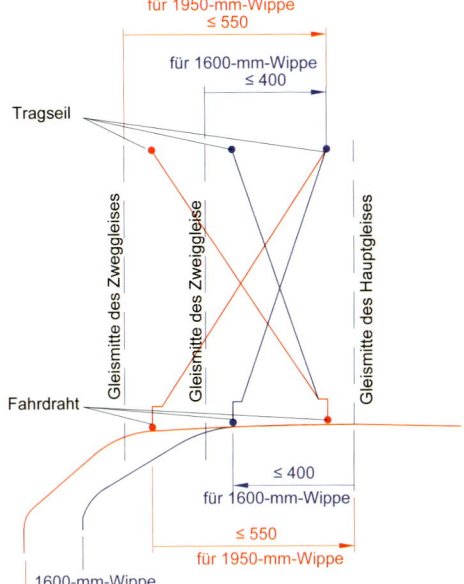

Bild 12.28: Anordnung der Wechselhänger (siehe auch Bild 12.25, Einzelheit B).
Wechselhänger für 1 600-mm-Wippe
Wechselhänger für 1 950-mm-Wippe

Wechselhänger, die an diesem Tragseil angeschlossen sind, heben den Fahrdraht im Zweiggleis an und bereiten das Auflaufen des Zweiggleis-Fahrdrahts auf den im Stammgleis fahrenden Stromabnehmer vor. Wenn der Stromabnehmer im Zweiggleis läuft, hebt er den Fahrdraht an, entlastet das Tragseil des Zweiggleises über die Wechselhänger und das Tragseil wird angehoben. Die Wechselhänger an diesem Tragseil heben den Fahrdraht über dem Stammgleis an und erleichtern das Auflaufen des Stammgleis-Fahrdrahts auf den im Zweiggleis laufenden Stromabnehmer. Die Wechselhänger werden 50 mm vom Rand des klemmenfreien Raumes und mit 1,0 m gegenseitigem Abstand in Gleislängsrichtung angeordnet. Auf mit 1 600 mm langen Stromabnehmerwippen befahrenen Strecken ist ein Paar Wechselhänger im Auflaufbereich angemessen (Bild 12.28). Bei dualem Betrieb von 1 950 mm langen Stromabnehmerwippen und 1 600 mm langen Wippen verbessern zwei Wechselhänger-Paare das Auflaufverhalten (Bild 12.28).

12.11.5.5 Verbindung kreuzender Kettenwerke im Weichenbereich

Beim Fahren aus dem Zweiggleis in das Stammgleis hebt der Stromabnehmer der Fahrdraht an. Der Fahrdraht des Stammgleises wird über den Kreuzungsstab ebenso angehoben. Daher sichert der Kreuzungsstab (Bild 12.29) in Verbindung mit den Wechselhängern einen sanften Auflauf des Stromabnehmers auf den Stammgleis-Fahrdraht. Ungünstige Befahrungseigenschaften, insbesondere bei hohen Geschwindigkeiten, können an der Fahrdrahtkreuzung durch die Massenkonzentration von zwei Fahrdrähten und von einem bis zu 2,68 m langen Kreuzungsstab entstehen [12.25]. Hoher Verschleiß des Stammgleis-Fahrdrahts unmittelbar an der Fahrdrahtkreuzung ist die Folge. Kreuzungsklemmen [12.26], wie im Bild 12.30 gezeigt, erscheinen für hohe Geschwindigkeiten

a)  b)

Bild 12.29: Kreuzungsstab für Weichenbespannungen.
a) Befestigung des Kreuzungsstabs am Fahrdraht, b) Kreuzungsstab fixiert die Fahrdrahtkreuzung

a)  b)

Bild 12.30: Kreuzungsklemme für Hochgeschwindigkeitsweichen in Norwegen.
a) Befestigung der Kreuzungsklemme am Fahrdraht, b) Kreuzungsklemme (unten) an der Fahrdrahtkreuzung

wegen ihres geringeren Gewichtes besser geeignet als Kreuzungsstäbe, wie Prüfungen in Norwegen auf einer Hochgeschwindigkeitsstrecke zeigten. Die Fahrdrähte von Hochgeschwindigkeitsoberleitungen kreuzen einander unter Winkeln kleiner 10°. Entsprechend den Anforderungen (8) und (9) nach Abschnitt 12.11.2 treten nur geringe Differenzen der Kettenwerk-Längsbewegungen und der seitlichen Verschiebungen der Fahrdrahtkreuzung auf. Mit Hilfe eines Hängers lässt sich die Kreuzungsklemme um rund 20 mm in Bezug zur Nennfahrdrahthöhe anheben und der geforderte Verlauf der Fahrdrahthöhe kann in der Nähe der Kreuzungen sichergestellt werden (siehe Abschnitt 12.11.2).

Bei fest abgespannten Tragseilen verbinden Kreuzklemmen die Tragseile fest miteinander. Verbindungsklemmen zwischen den Tragseilen sind nicht für selbsttätig nachgespannte Tragseile erforderlich. Die kreuzenden Tragseile haben einen ausreichenden Abstand zueinander, sodass sich diese während des Stromabnehmerdurchganges und der damit hervorgerufenen Bewegungen nicht berühren. Stromverbinder überbrücken elektrisch die sich kreuzenden Kettenwerke.

12.11.5.6 Fahrdrahtseitenlage über Weichen

Die Festlegung des *Fahrdrahtverlaufes* und der Stützpunkte an Weichen kann entweder in einem Gleislageplan oder, wie früher, vor Ort vorgenommen werden. Die erste Alternative mit Verwendung eines Lageplanes wird hier erläutert. Hilfreich ist ein Plan mit quer zur Gleisachse z. B. im Verhältnis 1 : 10 verzerrten Maßen als Unterlage für die Festlegung der Bespannung im Plan oder mittels CAD-Software (Bild 12.25).

Der klemmenfreie Raum sollte in einem Weichenlageplan, wie im Bild 12.25 für den 1 600 mm langen Stromabnehmer gezeigt, identifiziert werden (siehe Abschnitt 12.11.2, Anforderung (1)).

(1) Die Planung der kreuzenden Weichenbespannung beginnt mit der Verzerrung der digitalen Zeichnung mit dem Verzerrungsfaktor 10 (Bilder 12.25 und 12.33).

(2) Die Markierung des klemmenfreien Raums für die jeweilige Wippenlänge des Stromabnehmers sichert den kollisionsfreien Stromabnehmerdurchgang in Bezug auf schräg stehende Klemmen. Bei dualem Stromabnehmerbetrieb sind beide klemmenfreien Räume zu markieren (Bilder 12.25 und 12.33).

(3) Der nächste Schritt beinhaltet die Markierung der kinematischen Grenze des mechanischen Stromabnehmerprofils in der Höhe h für das Stammgleis L_{hS} und für das Zweiggleis L_{hZ} (Bilder 12.25 und 12.33). Damit ist der kollisionsfreie Durchgang des Stromabnehmers im Zweig- und Stammgleis in Bezug auf die Stützpunkte gegeben.

(4) Der Kreuzungspunkt FD_K (siehe Bild 12.25) sollte dort liegen, wo die Achsen der beiden Gleise einen Abstand gleich der Fahrdrahtseitenlage b_S in der Gleisgeraden des Stammgleises haben, z. B. 0,3 m (Bild 12.25 und Abschnitt 12.11.2, Anforderung (2)). Der Kreuzungspunkt FD_K wird in $1/3 \cdot b_S$, also $1/3 \cdot 0{,}3\,\text{m} = 0{,}1\,\text{m}$ von der Gleismittelachse des Stammgleises gewählt, womit ein günstiges Befahrungsverhalten entsteht (Bild 12.25).

(5) Der Standort des Stützpunktes S_1 auf der Seite des Weichenanfangs soll in einem Abstand größer x von der Fahrdrahtkreuzung (Bild 12.25) liegen. Damit lässt sich der Zweiggleis-Fahrdraht ausreichend hoch zum Stützpunkt S_1 anheben. Die Mindestabstände x_1 oder x_2 sind der Tabelle 12.10 zu entnehmen.

(6) Der nächste Schritt betrifft die Anordnung des Stammgleis-Fahrdrahts durch den Kreuzungspunkt FD_K, der zur Gleismittelachse des Stammgleises den Abstand $1/3\, b_S$ haben sollte. Da beide Fahrdrähte im Fahrdrahtkreuzungspunkt verbunden sind, wirkt eine Auslenkung durch Wind nicht im gleichen Ausmaß wie in den anderen Feldern gleicher Spannweitenlänge. Die Erfahrung zeigt, dass die spannweitenabhängige Auslenkung des Fahrdrahts um etwa ein Drittel vermindert wirkt. Der durch Wind ausgelenkte Fahrdraht sollte die Mittelachse des Stammgleises nicht kreuzen.

(7) Die Wahl des Stützpunktes S_2 für das Zweiggleis bestimmt die Spannweite zwischen den Stützpunkten S_1 und S_2 (Bild 12.33). Der Stützpunkt S_2 im Zweiggleis muss innerhalb der schattierten Fläche in den Bildern 12.25 und 12.33 liegen, die sich ergibt aus der

- größtmöglichen Seitenverschiebung b_{2Z} des Zweiggleis-Fahrdrahts am Stützpunkt S_2,
- Lage des Fahrdrahtstützpunktes b_{2Z} außerhalb der kinematischen Grenze des mechanischen Stromabnehmerprofils L_{hS} des im Stammgleis fahrenden Stromabnehmers und der
- maximalen Standard-Auslegerlänge $l_{Al\,max}$.

Beim dualen Betrieb bestimmt die längere der beiden Stromabnehmerwippen die kinematische Grenze des mechanischen Stromabnehmerprofils L_{hS}, z. B. die 1950 mm lange Stromabnehmerwippe. L_{hS} hängt von der Fahrdrahthöhe und vom Gleisradius ab (Abschnitt 4.7). Große Fahrdrahthöhen und kleine Gleisradien vergrößern L_{hS}. Tabelle 12.11 enthält die Werte L_{hS} für die 1 600 mm und 1 950 mm lange Wippe. Zur Vereinheitlichung liegt der Tabelle 12.11 die Fahrdrahthöhe 6,0 m zugrunde. Die Werte L_{hS} enthalten die Toleranzen der seitlichen Fahrdrahtverschiebung. Der Stützpunkt S_2 sollte dort liegen, wo der Abstand zwischen der Stammgleisachse und dem Beginn der schraffierten Fläche größer als L_{hS} ist.

Die Spannweitenlänge zwischen S_1 und S_2 bestimmen der Radius des Zweiggleises und die Vorgabe, das auch der durch Wind ausgelenkte Fahrdraht zwischen den beiden Gleisachsen verbleiben soll (siehe Bild 12.32 und Abschnitt 12.11.2, Anforderung (3)).

(8) Nachdem der Stützpunkt S_2 im Zweiggleis innerhalb des markierten Fläche liegt, lässt sich die Lage des Zweiggleis-Fahrdrahts in Richtung Stützpunkt S_1 finden. Die Suche nach einer geeigneten Fahrdrahtlage sollte innerhalb der markierten Fläche am Zweiggleis-Stützpunkt S_2 beginnen und über die Fahrdrahtkreuzung FD_K zum Stützpunkt S_1 verlaufen. Es ist eine Schnittstelle mit der Lage des Stützpunkts S_1, deren Abstand gleich oder größer x zur Fahrdrahtkreuzung beträgt, und außerhalb des klemmenfreien Raums liegt, zu wählen (Bild 12.25). Für den Weichentyp im Bild 12.25 ist eine Fahrdrahtlage außerhalb des klemmenfreien Raumes möglich. Wenn diese Fahrdrahtseitenlage außerhalb des klemmenfreien Raums liegt, (Bild 12.25) lässt sich der Zweiggleis-Fahrdraht am Stützrohr befestigen und direkt zur Abspanneinrichtung führen. Ein weiterer Ausleger zur Führung des Zweiggleis-Kettenwerks ist dann nicht erforderlich.

(9) Nun lässt sich die Fahrdrahtseitenlage b_{2S} am Stützpunkt S_2 im Stammgleis mit dem im Schritt (6) gewählten Verlauf des Stammgleis-Fahrdrahts festlegen. Da sich beide Stützpunkte S_{2Z} und S_{2S} am gleichen Mast an jeweils unterschiedlichen Auslegern befinden, müssen die beiden Stützpunkte ungefähr an der gleichen Position liegen. Ausgehend von der gewählten Seitenverschiebung b_{2Z} am Stützpunkt S_2 des Zweiggleises ergibt sich die Lage des Stützpunkt S_2 im Stammgleis um 1,2 m in Richtung Weichenende versetzt. Das Versatzmaß 1,2 m entspricht dem Auslegerabstand am Stützpunkt S_2 (Bild 12.33). Für die Fahrdrahtlage b_{2S} am Stützpunkt S_2 ist ein kleiner Wert zu wählen. Damit lässt sich der ankommende Fahrdraht im Stammgleis von beiden Seiten an diesem Stützpunkt anschließen (Bild 12.25). Der Fahrdrahtstützpunkt b_{2S} muss außerhalb der kinematischen Grenze des mechanischen Stromabnehmerprofils L_{hS} des im Zweiggleis fahrenden Stromabnehmers liegen.

(10) Im letzten Schritt wird die Einhaltung der Anforderungen im Abschnitt 12.11.2 geprüft.

(10.1) Liegt die Kreuzung beim Gleismittelachsenabstand b um $1/3 \cdot b$ vom Stammgleis entfernt (siehe Anforderung (1), Abschnitt 12.11.2)?

(10.2) Lässt sich der Fahrdraht des Zweiggleises am Stützpunkt S_1 um mindestens 150 mm, bezogen auf die Fahrdrahtnennhöhe, anheben (siehe Anforderung (2), Abschnitt 12.11.2)?

(10.3) Verläuft der Stammgleis-Fahrdraht durch den Kreuzungspunkt FD_K und befinden sich die Stützpunkte des Stammgleis-Fahrdrahts b_{1S} und b_{2S} außerhalb des klemmenfreien Raums (siehe Anforderung (3), Abschnitt 12.11.2)?

(10.4) Ist die im Bild 12.25 markierte Fläche korrekt angeordnet und liegt der Stützpunkt S_2 des Zweiggleises innerhalb dieser Fläche (siehe Anforderung (4), Abschnitt 12.11.2)?

(10.5) Liegt der Stützpunkt S_1 des Zweiggleis-Fahrdrahts außerhalb des klemmenfreien Raumes (siehe Anforderung (5), Abschnitt 12.11.2)? Falls der Fahrdrahtstützpunkt im Zweiggleis zwischen der Gleisachse und den äußeren Rand des klemmenfreien Raumes liegt, muss y größer 150 mm sein. Befindet sich der Stützpunkt S_1 des Zweiggleis-Fahrdrahts 150 mm bis 200 mm über der Nennfahrdrahthöhe, muss ein Seitenhalter den Fahrdraht fixieren. Befindet sich dieser mehr als 200 mm über der Nennfahrdrahthöhe, lässt dieser direkt am Stützrohr befestigen. In diesem Fall kann das Kettenwerk am folgenden Mast verankert werden. Liegt die Seitenlage b_{1Z} des Stützpunkt S_1 für den Zweiggleis-Fahrdraht außerhalb der äußeren Grenzlinie des klemmenfreien Raums, ist die Auslegerlänge zu prüfen. Diese soll 2,5 m nicht unterschreiten.

(10.6) Liegt der Stützpunkt S_2 des Stammgleises korrekt? (siehe Abschnitt 12.11.2, Anforderung (6)) Beide Fahrdrähte müssen an den Markierungen BS und BZ zwischen den Gleisachsen liegen. Die Fahrdrahtseitenlage b_{2S} soll nahe Null sein, um eine universelle Anbindung des ankommenden Stammgleis-Fahrdrahts zu ermöglichen.

(10.7) Wird mit den gefundenen Fahrdrahtseitenlagen b_{1S}, b_{1Z}, b_{2S} und b_{2Z} die maximale Fahrdrahtseitenlage e_{max} eingehalten? Wenn sich eine Überschreitung der maximalen Fahrdrahtseitenlage e_{max} ergibt, ist es erforderlich die Spannweite zwischen den Stützpunkten S_1 und S_2 zu verkürzen oder die *seitliche Lage des Fahrdrahts* an den Stützpunkten zu ändern. Die Möglichkeiten zu Änderungen sind jedoch durch den klemmenfreien Raum beschränkt. Die Spannweite zwischen den Stützpunkten S_1 und S_2 sollte nicht mehr als 65 m betragen, um die dynamischen Einflüsse auf das Kettenwerk zu beschränken, damit sich ein angemessenes Zusammenwirken von Stromabnehmer und Oberleitung im Weichenbereich ergibt (Abschnitt 12.11.2, Anforderung (7)).

Die Beispiele 12.1, 12.2 und 12.3 erläutern die Vorgehensweise bei der Planung von *kreuzenden Weichenbespannungen*.

Tabelle 12.11: Kinematische Grenze des mechanischen Stromabnehmerprofils im Zweiggleis L_{hZ} und im Stammgleis L_{hS} nach TSI ENE CR, Maße in mm.

Weichentyp	mechanisches Stromabnehmerprofil für			
	Schotterfahrbahn		Feste Fahrbahn	
	Wippenlängen			
	1 600	1 950	1 600	1 950
60-190-1:7,5	1 046	1 171	986	1 111
60-190-1:9	1 046	1 171	986	1 111
60-300-1:9	1 041	1 166	981	1 106
60-300-1:9/1:9,4	1 041	1 166	981	1 106
60-300-1:14	1 041	1 166	981	1 106
60-500-1:12	1 038	1 163	978	1 103
60-500-1:14	1 038	1 163	978	1 103
60-760-1:14	1 036	1 161	976	1 101
60-760-1:14/1:15	1 036	1 161	976	1 101
60-760-1:18,5	1 036	1 161	976	1 101
60-1200-1:18,5	1 035	1 160	975	1 100
60-1200-1:18,5/1:19,277	1 035	1 160	975	1 100
60-2500-1:26,5	1 034	1 159	974	1 099
60-2500-1:26,5/1:27,85	1 034	1 159	974	1 099
60-4800/2450-1:24,257	1 035[1]	1 159[1]	974[1]	1 099[1]
60-6000/3700-1:32,5	1 033[2]	1 158[2]	973[2]	1 098[2]
60-7000/6000-1:42	1 035[3]	1 158[3]	973[3]	1 098[3]
Im Stammgleis mit $R = \infty$	1 035	1 158	973	1 098
Aufgerundetes Profilmaß	**1 050**	**1 200**	**1 000**	**1 150**

[1] für den Radius 2 450 m, [2] für den Radius 3 700 m, [3] für den Radius 6 000 m

Beispiel 12.1: Die Weiche EW 60-1200-1:18,5 ist mit der Oberleitungsbauart Sicat H1.0, bestehend aus einem mit 27 kN Zugkraft gespannten Fahrdraht AC-120–CuMg, für den Betrieb mit der 1 950 mm langen Wippe unter Beachtung des dafür geltenden klemmenfreien Raumes kreuzend zu bespannen (Bild 12.33). Für den Weichenstandort gilt die Basiswindgeschwindigkeit 20,3 m/s mit 10jähriger Wiederkehrdauer.

Die Schritte für die Weichenbespannung sind im Bild 12.32 markiert und beinhalten:

(1) *Verzerrung des Lageplans der Weiche*: Nach Tabelle 12.9 lässt sich die Weiche einschließlich des Zweiggleisradius konstruieren und mit dem Faktor 10 quer zum Gleis, wie im Abschnitt 12.11.5.3 erläutert, verzerren.

(2) *Markieren des klemmenfreien Raumes*: Das Markieren des klemmenfreien Raumes in 0,60 m und 1,05 m Abstand parallel zu den Gleisachsen sichert den kollisionsfreien Durchgang des Stromabnehmers in Bezug auf Klemmen im Weichenbereich.

(3) *Kennzeichnung der Positionen für* L_{hS}: Die kinematische Grenze des mechanischen Stromabnehmerprofils L_{hS} beträgt bei der 1 950 mm langen Wippe auf fester Fahrbahn aufgerundet 1 150 mm nach Tabelle 12.11.

(4) *Kennzeichnung der Positionen für* FD_K: Die Fahrdrahtkreuzung FD_K liegt bei 0,4 m Gleisachsenabstand und 130 mm Abstand von der Stammgleisachse.

(5) *Kennzeichnung der Positionen für* S_1: Der Stützpunkt S_1 liegt mindestens 24,2 m von der Fahrdrahtkreuzung in Richtung Weichenanfang entfernt (Tabelle 12.10).

(6) *Bestimmung der Lage des Fahrdrahts im Stammgleis*: Eine zum Stammgleis parallele Linie in 0,1 m Abstand auf der Seite des Zweiggleises kennzeichnet den Fahrdraht des

12.11 Zwangspunkte für die Planung

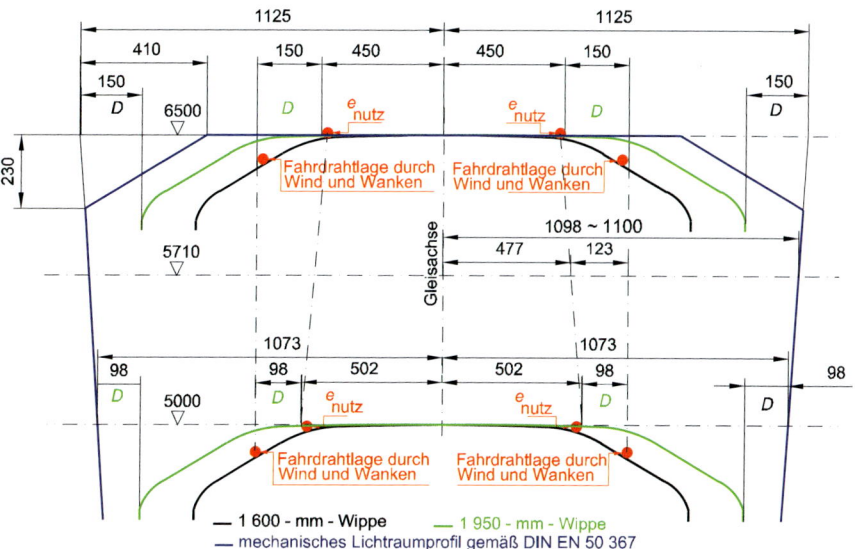

Bild 12.31: Ermittlung der kinematischen Grenze des mechanischen Stromabnehmerprofils L_{hS} für im Stamm- und Zweiggleis fahrende Stromabnehmer bei dualem Betrieb der 1 600 mm und 1 950 mm langen Wippen auf Hochgeschwindigkeitsstrecken mit fester Fahrbahn.

Tabelle 12.12: Radialkräfte in N an den Stützpunkten für das Beispiel 12.1.

Gleis	Stützpunkt S_1	Stützpunkt S_2
Stammgleis	231[1]	231[2]
Zweiggleis	83[3]	83[4]

[1] nachfolgende Spannweite 70 m, nächste Fahrdrahtseitenlage −0,4 m
[2] nachfolgende Spannweite 70 m, nächste Fahrdrahtseitenlage −0,4 m
[3] nachfolgende Spannweite 70 m, nächste Fahrdrahtseitenlage an der Nachspanneinrichtung −3,6 m
[4] nachfolgende Spannweite 70 m, nächste Fahrdrahtseitenlage 0,4 m, Gleisabstand 4,7 m

Stammgleises. Der Abstand 0,10 m entspricht dem Wert $2 \cdot e_{max}/3$ (siehe Abschnitt 12.11.5.6 Anforderung (6)).

(7) *Bestimmung des Stützpunktes S_2 im Zweiggleis*: Markieren des Bereiches des Stützpunktes S_2 für das Zweiggleis. Der Bereich ergibt sich durch die maximale Fahrdrahtseitenlage am Stützpunkt $b = 0,40$ m, $L_{hS} = 1,15$ m und der maximalen Länge eines Standardauslegers $l_{Al\,max} = 5,40$ m für die Bauart Sicat H1.0 [12.27] bei 3,40 m Abstand zwischen Mast und Stammgleismitte (Bild 12.32). Im Bild 12.32 liegt der Stützpunkt S_2 für das Zweiggleis in 1,20 m Abstand von der Achse des Stammgleises.

(8) *Bestimmung des Stützpunktes S_1 im Zweiggleis*: Eine gerade Linie beginnt am Fahrdrahtstützpunkt S_2 des Zweiggleises, verläuft durch den Kreuzungspunkt FD_K und endet entweder vor dem klemmenfreien Raum oder außerhalb des klemmenfreien Raums. Der Fahrdrahtstützpunkt S_1 des Zweiggleises befindet sich im Bild 12.32 mit 1,2 m Seitenverschiebung von der Stammgleisachse außerhalb der äußeren Grenze des klemmenfreien Raumes. Damit lässt sich der Fahrdraht am Stützrohr befestigen und vom Stützpunkt S_1 direkt zur beweglichen Nachspannvorrichtung führen.

(9) *Bestimmung der Stützpunkte S_1 und S_2 für den Stammgleisfahrdraht*: Mit 64 m Spann-

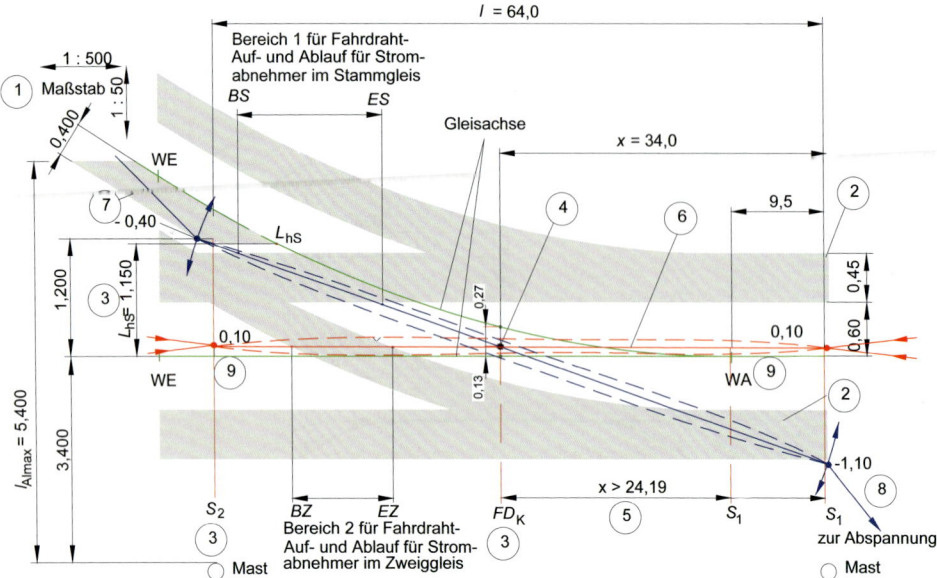

Bild 12.32: Bespannung der Weiche EW 60-1200-1:18,5 mit der Oberleitungsbauart Sicat H1.0 und dem für die 1950 mm lange Wippe gültigen klemmenfreien Raum entsprechend dem Beispiel 12.1 für den ausschließlichen Betrieb mit der 1950 mm langen Wippe, alle Maße in m.

weite liegen die Stützpunkte S_1 und S_2 des Fahrdrahts im Stammgleis an den gleichen Stellen, wie die Stützpunkte S_1 und S_2 für das Zweiggleis.

(10) *Prüfung der gewählten Lösung*:

- Die Stützpunkte sind außerhalb des klemmenfreien Raumes angeordnet (Anforderung (1) des Abschnittes 12.11.5.3).
- Der Abstand der Fahrdrahtkreuzung beträgt $b/3$ (Anforderung (2) des Abschnittes 12.11.5.3).
- Beide Fahrdrähte sind zwischen den Gleisachsen im Auf- und Ablaufbereich angeordnet, (Anforderung (3) des Abschnittes 12.11.5.3).
- Nur ein Fahrdraht steht jeweils im Kontakt mit dem Stromabnehmer an den Stützpunkten S_1 und S_2 (Anforderung (4) des Abschnittes 12.11.5.3).
- Der Abstand x zwischen der Fahrdrahtkreuzung und dem Stützpunkt S_1 beträgt 34 m und entspricht damit den Vorgaben in Tabelle 12.10 (Anforderung (5) des Abschnittes 12.11.5.3). Am Stützpunkt S_1 liegt der Fahrdraht des Zweiggleises 217 mm über der Nennfahrdrahthöhe.
- Die Spannweitenlänge $l = 64$ m ist kleiner als die vorgegebene Spannweite 65 m (Anforderung (7) des Abschnittes 12.11.5)
- Wechselhänger sind für Hochgeschwindigkeitsoberleitungen nicht erforderlich (Anforderung (8) des Abschnittes 12.11.5.3)
- Die Anforderung (9) des Abschnittes 12.11.5.3 wird bei der folgenden Planung beachtet.

12.11 Zwangspunkte für die Planung

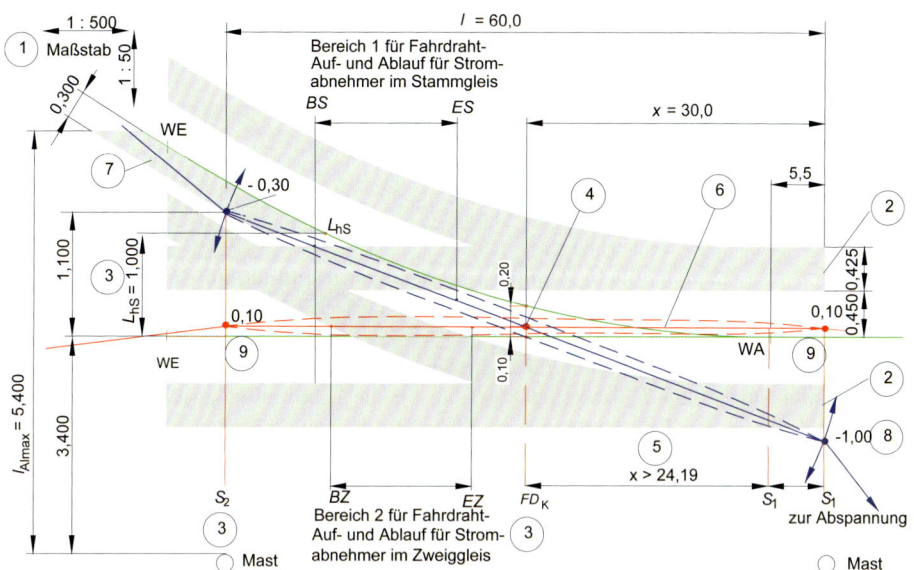

Bild 12.33: Bespannung der Weiche EW 60-1200-1:18,5 mit der Bauart Sicat H1.0 und dem für die 1 600 mm lange Wippe gültigen klemmenfreien Raum entsprechend dem Beispiel 12.2 für den ausschließlichen Betrieb mit der 1 600 mm langen Wippe, alle Maße in m.

- Die Anforderung (10) des Abschnittes 12.11.5.3 ist bei der Montage zu beachten.
- Die Fahrdrahtseitenlage e_{max}, als gestrichelte Linien im Bild 12.32 gekennzeichnet und um 1/3 reduziert überschreitet an keiner Stelle die Gleisachsen (siehe Anforderung (11) des Abschnittes 12.11.5.3).
- Das Einhalten der Radialkräfte des Fahrdrahts an den Stützpunkten S_1 und S_2 lässt sich mit Hilfe der Gleichung (4.74) prüfen. Nach Tabelle 12.12 liegen die Radialkräfte an den Stützpunkten für die gewählte Bespannung innerhalb des zulässigen Bereiches $80\,\text{N} \leq F_R \leq 2\,000\,\text{N}$. Unerwünscht hohe radiale Fahrdrahtkräfte an den Stützpunkten S_1 und S_2 sind nicht zu erwarten (Anforderung (6) des Abschnittes 12.11.5.3). Die Differenz der Radialkräfte an den Stützpunkten S_1 und S_2 ist kleiner als 200 N. Damit ist eine gleichbleibende Elastizität im Weichenbereich vorhanden (siehe Anforderung (12) des Abschnittes 12.11.5.3).

Das Bild 12.32 zeigt die beschriebene Bespannung der Weiche EW 60-1200-1:18,5.

Beispiel 12.2: Die Weiche EW 60-1200-1:18,5 ist mit der Oberleitungsbauart Sicat H1.0, bestehend aus einem mit 27 kN Zugkraft gespannten AC-120 – CuMg-Fahrdraht, für den ausschließlichen Betrieb mit der 1 600 mm langen Wippe unter Beachtung des dafür geltenden klemmenfreien Raumes kreuzend zu bespannen (Bild 12.33). Für den Weichenstandort gilt die Basiswindgeschwindigkeit 20,3 m/s mit 10jähriger Wiederkehrdauer. Die folgenden Schritte gleichen der Vorgehensweise im Beispiel 12.1:

(1) *Verzerrung des Lageplans der Weiche.*

Tabelle 12.13: Radialkräfte in N an den Stützpunkten für das Beispiel 12.2.

Gleis	Stützpunkt S_1	Stützpunkt S_2
Stammgleis	166[1]	154[2]
Zweiggleis	97[3]	141[4]

[1] nachfolgend 65 m Spannweite, nächste Fahrdrahtseitenlage $-0,3$ m
[2] nachfolgend 70 m Spannweite, nächste Fahrdrahtseitenlage $-0,3$ m
[3] nachfolgend 65 m Spannweite, nächste Fahrdrahtseitenlage an der Nachspanneinrichtung $-3,4$ m
[4] nachfolgend 70 m Spannweite, nächste Fahrdrahtseitenlage $-0,3$ m, 4,7 m Gleisabstand

(2) *Markieren des klemmenfreien Raumes*: Der klemmenfreie Raum für die 1 600 mm lange Wippe wird im Weichenlageplan parallel zu den Gleisachsen in 0,45 m Abstand und mit 0,425 m Breite eingezeichnet.

(3) *Kennzeichnung der Positionen für L_{hS}*: Die kinematische Grenze des mechanischen Stromabnehmerprofils L_{hS} beträgt 1 000 mm für die 1 600 mm lange Wippe.

(4) *Kennzeichnung der Fahrdrahtkreuzung FD_K*: Die Fahrdrahtkreuzung liegt bei 0,30 m Gleisachsenabstand mit einem Abstand von 0,10 m von der Stammgleisesachse.

(5) *Markieren des Ortes des Stützpunktes S_1*: Der Stützpunkt S_1 liegt mindestens $x = 24,2$ m von der Fahrdrahtkreuzung FD_K in Richtung Weichenanfang entfernt (Tabelle 12.10).

(6) *Bestimmung der Lage des Fahrdrahts im Stammgleis*: Eine zum Stammgleis parallele Linie in 0,1 m Abstand auf der Seite des Zweiggleises kennzeichnet die Lage des Stammgleis-Fahrdrahts. Der Abstand 0,10 entspricht dem Wert $2 \cdot e_{\max}/3$.

(7) *Bestimmung des Stützpunktes S_2 im Zweiggleis*: Markieren des Bereiches des Stützpunktes S_2 für das Zweiggleis. Der Bereich ergibt sich durch die Fahrdrahtseitenlage $b = 0,30$ m am Stützpunkt, $L_{hS} = 1,00$ m und der maximalen Länge des Standardauslegers $l_{Al\,max} = 5,40$ m [12.27] für die Bauart Sicat H bei 3,40 m Abstand zwischen Mast und Stammgleisachse (Bild 12.33). Mit 0,30 m Seitenlage am Ort des Stützpunktes S_2 für das Zweiggleis entsteht ein Abstand L_{hS} größer 1,0 m zur Achse des Stammgleises. Damit ist dieser Stützpunkt für Stromabnehmerfahrten im Stammgleis profilfrei. Im Bild 12.33 liegt der Stützpunkt S_2 für das Zweiggleis 1,10 m von der Achse des Stammgleises entfernt.

(8) *Bestimmung des Stützpunktes S_1 im Zweiggleis*: Eine gerade Linie beginnt am Fahrdrahtstützpunkt S_2 des Zweiggleises, verläuft durch den Kreuzungspunkt FD_K in Richtung Weichenanfang und endet entweder vor dem Beginn des klemmenfreien Raums oder außerhalb der äußeren Grenze des klemmenfreien Raums. Im Bild 12.33 liegt der Fahrdrahtstützpunkt S_1 außerhalb der äußeren Grenze des klemmenfreien Raums im 1,0 m Abstand von der Stammgleismitte entfernt. Damit lässt sich der Fahrdraht direkt am Stützrohr befestigen und vom Stützpunkt S_1 zur Nachspannung führen.

(9) *Bestimmung der Stützpunkte S_1 und S_2 für den Stammgleisfahrdraht*: Mit 60 m Spannweitenlänge liegen die Stützpunkte S_1 und S_2 des Fahrdrahts im Stammgleis an den gleichen Stellen wie die Stützpunkte S_1 und S_2 für das Zweiggleis.

(10) *Prüfung der gewählten Lösungen*:

- Die Stützpunkte sind außerhalb des klemmenfreien Raumes angeordnet (Anforderung (1) des Abschnittes 12.11.5.3).
- Der Abstand der Fahrdrahtkreuzung beträgt $b/3$ zur Stammgleisachse (Anforderung (2) des Abschnittes 12.11.5.3).
- Beide Fahrdrähte sind im Auf- oder Ablaufbereich zwischen den Gleisachsen angeordnet (Anforderung (3) des Abschnittes 12.11.5.3).

- Nur jeweils ein Fahrdraht wird durch den Stromabnehmer an den Stützpunkten S_1 und S_2 befahren (Anforderung (4) des Abschnittes 12.11.5.3).
- Der Abstand x zwischen der Fahrdrahtkreuzung und dem Stützpunkt S_1 beträgt 30 m und entspricht damit den Vorgaben in Tabelle 12.10 (Anforderung (5) des Abschnittes 12.11.5.3).
- Die Spannweite $l = 60$ m ist kleiner als die vorgegebene maximale Spannweite 65 m (Anforderung (7) des Abschnittes 12.11.5.3).
- Wechselhänger sind für Hochgeschwindigkeitskettenwerke nicht erforderlich (Anforderung (8) des Abschnittes 12.11.5.3).
- Die Anforderung (9) des Abschnittes 12.11.5.3 wird bei der weiteren Planung beachtet.
- Die Anforderung (10) des Abschnittes 12.11.5.3 ist während der Montage zu beachten.
- Die Fahrdrahtseitenlage e_{max}, als gestrichelte Linien im Bild 12.32 gekennzeichnet und um 1/3 reduziert, überschreitet an keiner Stelle die Gleisachsen (siehe Anforderung (11) des Abschnittes 12.11.5.3).
- Das Einhalten der Radialkräfte des Fahrdrahts an den Stützpunkten S_1 und S_2 lässt sich mit Hilfe der Gleichung (4.73) prüfen. Nach Tabelle 12.13 liegen die Radialkräfte an den Stützpunkten für die gewählte Bespannung innerhalb des zulässigen Bereiches $80\,\mathrm{N} < F_R < 2\,000\,\mathrm{N}$. Unerwünschte hohe radiale Fahrdrahtkräfte an den Stützpunkten S_1 und S_2 sind nicht zu erwarten (Anforderung (6) des Abschnittes 12.11.5.3). Die Differenz der Radialkräfte an den Stützpunkten S_1 und S_2 ist kleiner als 200 N. Damit ist eine gleichbleibende Elastizität im Weichenbereich vorhanden (siehe Anforderung (12) des Abschnittes 12.11.5.3).

Beispiel 12.3: Die Weiche EW 60-1200-1:18,5 ist mit der Oberleitungsbauart Sicat H1.0 bestehend aus einem mit 27 kN Zugkraft gespanntem AC-120–CuMg-Fahrdraht für den dualen Betrieb mit der 1 600 mm und 1 950 mm langen Wippe unter Beachtung des dafür gültigen klemmenfreien Raumes kreuzend zu bespannen (Bild 12.33). Für den Weichenstandort gilt die Basiswindgeschwindigkeit 20,3 m/s mit 10jähriger Wiederkehrdauer.
Die Schritte für die Vorgehensweise folgen den Beispielen 12.1 und 12.2:

(1) *Verzerrung des Lageplans der Weiche*: Nach Tabelle 12.9 lässt sich die Weiche einschließlich des Zweiggleises konstruieren und mit dem Faktor 10 quer zum Gleis, wie im Abschnitt 12.11.5.3 erläutert, verzerren.
(2) *Markieren des klemmenfreien Raumes*: Die Markierung des klemmenfreien Raums parallel zu den Gleisachsen in 0,45 m Abstand und mit 0,60 m Breite für den Betrieb mit der 1 600 mm und der 1 950 mm langen Wippe sichert den kollisionsfreien Durchgang des Stromabnehmers in Bezug auf Klemmen im Weichenbereich.
(3) *Kennzeichnung der Position für L_{hS}*: Die Grenze des mechanischen Stromabnehmerprofils L_{hS} für den 1 600-mm-Stromabnehmer beträgt 1,00 m.
(4) *Markieren der Fahrdrahtkreuzung* FD_K: Die Fahrdrahtkreuzung liegt bei 0,30 m Gleisachsenabstand mit einem Abstand von 0,10 m von der Achse des Stammgleises.
(5) *Markieren des Ortes des Stützpunktes* S_1: Der Stützpunkt S_1 liegt mindestens $x = 24{,}2$ m von der Fahrdrahtkreuzung FD_K in Richtung Weichenanfang entfernt (Tabelle 12.10).

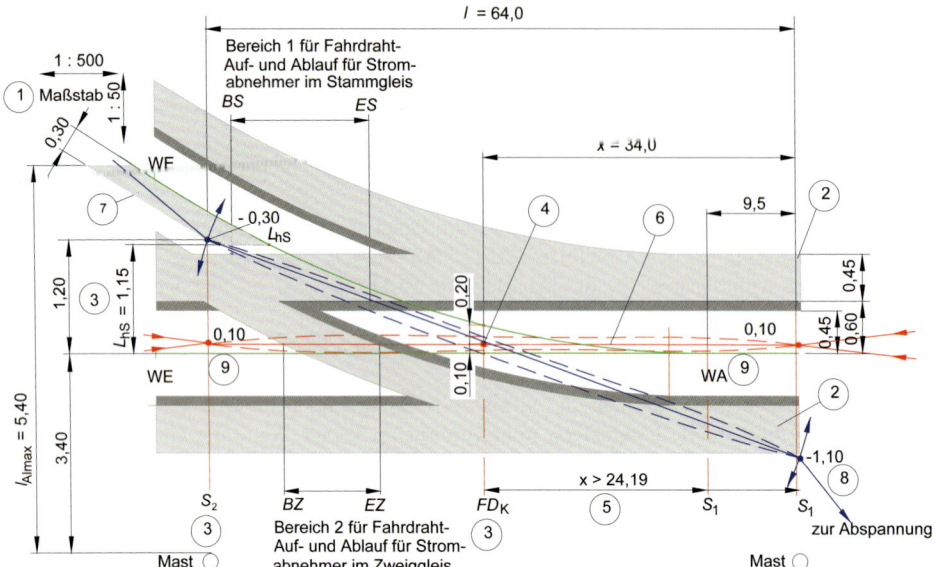

Bild 12.34: Bespannung der Weiche EW 60-1200-1:18,5 mit der Bauart Sicat H1.0 und dem für die 1 600 mm und 1 950 mm lange Wippe gültigen klemmenfreien Raum entsprechend dem Beispiel 12.3 für den dualen Betrieb mit der 1 600 mm und der 1 950 mm langen Wippe, alle Maße in m.

Tabelle 12.14: Radialkräfte in N an den Stützpunkten für das Beispiel 12.3.

Gleis	Stützpunkt S_1	Stützpunkt S_2
Stammgleis	154[1]	154[2]
Zweiggleis	148[3]	148[4]

[1] nachfolgend 70 m Spannweite, nächste Fahrdrahtseitenlage $-0{,}3$ m
[2] nachfolgend 70 m Spannweite, nächste Fahrdrahtseitenlage $-0{,}3$ m
[3] nachfolgend 70 m Spannweite, nächste Fahrdrahtseitenlage $-3{,}4$ m an der Nachspanneinrichtung
[4] nachfolgend 70 m Spannweite, nächste Fahrdrahtseitenlage $-0{,}3$ m, 4,7 m Gleisabstand

(6) *Bestimmung der Lage des Fahrdrahts im Stammgleis*: Eine zum Stammgleis parallele Linie in in 0,1 m Abstand auf der Seite des Zweiggleises kennzeichnet den Fahrdraht des Stammgleises. Der Abstand 0,10 m entspricht dem Wert $2 \cdot e_{\max}/3$.

(7) *Bestimmung des Stützpunktes S_2 im Zweiggleis*: Markieren des Bereiches des Stützpunktes S_2 für das Zweiggleis. Der Bereich ergibt sich durch die maximale Fahrdrahtseitenlage am Stützpunkt $b = 0{,}30$ m, $L_{hS} = 1{,}00$ m und der maximalen Länge eines Standardauslegers $l_{Al\,max} = 5{,}40$ m für die Bauart Sicat H [12.27] bei 3,40 m Abstand zwischen Mast und Stammgleismitte (siehe Bild 12.33). Die $-0{,}30$ m Seitenlage am Ort des Stützpunktes S_2 für den Zweiggleis-Fahrdraht erfüllt die Vorgabe, dass sich dieser Stützpunkt im Abstand größer L_{hS} zur Stammgleisachse befindet. Im Beispiel des Bildes 12.33 liegt der Stützpunkt S_2 für das Zweiggleis in 1,20 m Abstand von der Stammgleisachse entfernt.

(8) *Bestimmung des Stützpunktes S_1 im Stammgleis*: Eine gerade Linie beginnt am Fahrdrahtstützpunkt S_2 des Zweiggleises, verläuft durch den Kreuzungspunkt FD_K in Rich-

tung Weichenanfang und endet entweder vor dem Beginn des klemmenfreien Raums oder außerhalb der äußeren Grenze des klemmenfreien Raums. Der Fahrdrahtstützpunkt S_1 liegt im 1,1 m Abstand zur Stammgleismitte und außerhalb der Grenze des klemmenfreien Raumes (Bild 12.33).

(9) *Bestimmung der Stützpunkte S_1 und S_2 für den Stammgleis-Fahrdraht*: Mit 60 m Spannweite liegen die Stützpunkte S_1 und S_2 des Stammgleis-Fahrdrahts an den gleichen Stellen, wie die Stützpunkte S_1 und S_2 für das Zweiggleis.

(10) *Prüfung der gewählten Lösung*:

- Die Stützpunkte sind außerhalb des klemmenfreien Raumes angeordnet (Anforderung (1) des Abschnittes 12.11.4).
- Die Fahrdrahtkreuzung liegt $b_S/3$ von der Stammgleisachse entfernt (Anforderung (2) des Abschnittes 12.11.4).
- Beide Fahrdrähte sind im Auf- oder Ablaufbereich zwischen den Gleisachsen angeordnet, (Anforderung (3) des Abschnittes 12.11.4).
- Nur jeweils ein Fahrdraht befindet sich im Kontakt mit dem Stromabnehmer an den befahrenen Stützpunkten S_1 und S_2 (Anforderung (4) des Abschnittes 12.11.4).
- Der Abstand x zwischen der Fahrdrahtkreuzung und dem Stützpunkt S_1 beträgt 30 m und entspricht damit den Vorgaben in Tabelle 12.10 (Anforderung (5) des Abschnittes 12.11.4).
- Die Spannweite $l = 60$ m ist kleiner als die vorgegebene, maximale Spannweite 65 m (Anforderung (7) des Abschnittes 12.11.4).
- Wechselhänger sind für Hochgeschwindigkeitskettenwerke nicht erforderlich (Anforderung (8) des Abschnittes 12.11.4).
- Die Anforderung (9) des Abschnittes 12.11.4 wird bei der weiteren Planung beachtet.
- Die Anforderung (10) des Abschnittes 12.11.4 ist bei der Montage zu beachten.
- Anforderungen (11) des Abschnittes 12.11.4: Die Fahrdrahtseitenlage e_{max}, als gestrichelte Linien im Bild 12.34 gekennzeichnet und um 1/3 reduziert, überschreitet an keiner Stelle die Gleisachsen.
- Anforderungen (6) und (12) des Abschnittes 12.11.4: Das Einhalten der Radialkräfte des Fahrdrahts an den Stützpunkten S_1 und S_2 lässt sich mit Hilfe der Gleichung (4.73) prüfen. Nach Tabelle 12.14 liegen die Radialkräfte an den Stützpunkten für die gewählte Bespannung innerhalb des zulässigen Bereiches $80\,\text{N} \leq F_R \leq 2\,000\,\text{N}$. Die Differenz der Radialkräfte an den Stützpunkten S_1 und S_2 ist kleiner als 200 N. Damit ist eine gleichbleibende Elastizität im Weichenbereich vorhanden.

12.11.6 Tangentiale Weichenbespannung

12.11.6.1 Anforderungen

Die *tangentiale Bespannung von Weichen* besteht in der Parallelführung der Kettenwerke im Überlappungsbereich, wobei die Fahrdrähte von oben und nicht von der Seite auf den Stromabnehmer auflaufen. Bei der tangentialen Weichenbespannung befährt der

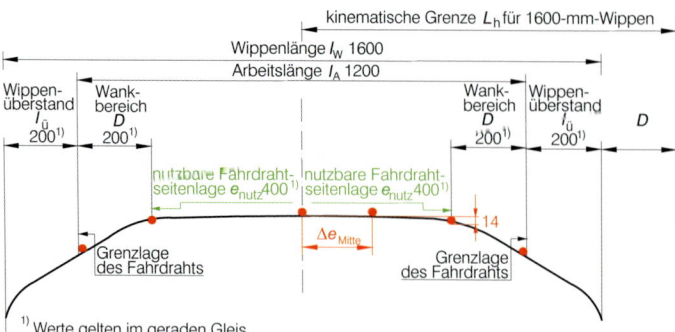

Bild 12.35: Tangentiale Weichenbespannung. Höhenunterschied des Fahrdrahts in Stromabnehmermitte und an der Grenze der nutzbaren Fahrdrahtseitenlage bei der 1 600 mm langen Wippe, Maße in mm.

Stromabnehmer im Stammgleis nur den Stammgleis-Fahrdraht ohne den Zweiggleis-Fahrdraht zu berühren. Der Zweiggleis-Fahrdraht liegt außerhalb des mechanischen Stromabnehmerprofils des Stammgleises.

Bei der tangentialen Weichenbespannung sind zu beachten:

(1) Der *klemmenfreie Raum* gewährleistet einen sicheren Übergang zwischen den Fahrdrähten des Stamm- und Zweiggleises und ist für die unterschiedlichen Wippenlängen einzuhalten. Der *Fahrdrahtauflauf* auf die Stromabnehmerwippe beginnt für die 1 950 mm und 1 600 mm lange Wippe (Bild 12.19) bei 1,05 m bzw. 0,875 m Abstand von der Mittellinie des befahrenen Gleises zum auflaufenden Fahrdraht. Der Fahrdrahtauflauf auf die Stromabnehmerwippe ist abgeschlossen bei 0,60 m bzw. 0,45 m Abstand von der Mittellinie des befahrenen Gleises zum auflaufenden Fahrdraht. Es dürfen sich nur Hängerklemmen innerhalb des Auflaufbereichs des Fahrdrahts, also vom Auflaufbeginn bis zum Auflaufende, befinden. Dieser Bereich ist als klemmenfreier Raum definiert.

(2) Der Zweiggleis-Fahrdraht befindet sich außerhalb der kinematischen Grenze des mechanischen Stromabnehmerprofils des Stammgleises und wird somit nicht vom Stromabnehmer im Stammgleis berührt (Bild 12.36).

(3) Erreicht ein Fahrdraht die Grenze der nutzbaren Fahrdrahtseitenlage, also 400 mm von der Stromabnehmermitte entfernt, so liegt er bei der 1 600-mm-Wippe um 14 mm tiefer als an der Stromabnehmermitte (Bild 12.35), d. h. um diesen Betrag bewegt sich die Stromabnehmerwippe durch die statische Anpresskraft nach oben. Die exzentrische Lage des Fahrdrahts führt zur Neigung der gefederten Schleifleisten. Auf der dem Fahrdraht abgewandte Seite, also auf der Seite des auflaufenden Stammgleis-Fahrdrahts, neigt sich die Wippe bis zu 50 mm nach oben. Zur Verbesserung des Stammgleis-Fahrdrahtauflaufs legt man den Zweiggleis-Fahrdraht daher um 50 mm gegenüber der Nennfahrdrahthöhe tiefer. Somit läuft der Stammgleis-Fahrdraht gleichmäßig auf den Stromabnehmer auf.

Bei der tangentialen Weichenbespannung, so zeigt die Erfahrung, müssen sich nicht beide Fahrdrähte bei Fahrten vom Zweiggleis ins Stammgleis zum Zeitpunkt

12.11 Zwangspunkte für die Planung

des Fahrdrahtauflaufs auf der gleichen Wippenhälfte befinden. Die exzentrische Fahrdrahtlage Δe_{exzent} sollte aber nicht größer als e_{nutz} sein (Bild 12.37). Die Fahrdrähte müssen sich im befahrenden Bereich zu jedem Zeitpunkt innerhalb der maximalen Fahrdrahtseitenlage e_{max} befinden.

(4) Der Zweiggleis-Fahrdraht befindet sich am Stützpunkt S_2 50 mm über der Nennfahrdrahthöhe (Bild 12.36). Ab dem Kreuzungspunkt FD_{Gl} bis zum Stützpunkt S_1 soll sich der Zweiggleis-Fahrdraht nach oben bewegen.

(5) Der Stammgleis-Fahrdraht liegt am Stützpunkt S_2 auf der Seite des Zweiggleises. Der Stammgleis-Fahrdrahts verläuft parallel zur Stammgleisachse bis zum Stützpunkt S_1, um einen kurzen Auflaufbereich zu erzielen.

(6) Die Fahrdrahtradialkräfte an den befahrenen Stützpunkten sollen im Bereich $80\,\text{N} \leq F_R \leq 2\,000\,\text{N}$ liegen. Um mehr als 200 mm angehobene Fahrdrähte lassen sich direkt am Stützrohr befestigen und können am Stützpunkt Radialkräfte bis 3 000 N erzeugen.

(7) Die Differenz der Radialkräfte an den befahrenen Stützpunkten des Stammgleises soll möglichst klein sein, um eine möglichst gleiche Elastizität zu erreichen.

(8) Unabhängig von anderen Kriterien wie Auslenkung durch Wind und Beschränkung der Spannweiten sollten bei tangentialen Bespannungen von Weichen die Mastabstände zwischen den Stützpunkten S_1 und S_2 65 m nicht überschreiten.

(9) Wechselhänger wie bei kreuzenden Weichenbespannungen bis 200 km/h Betriebsgeschwindigkeit sind bei der tangentialen Weichenbespannung nicht notwendig.

(10) Die Kettenwerke des Stamm- und des Zweiggleises sollen sich bei Temperaturänderungen in die gleiche Richtung mit gleicher Längenänderung bewegen. Daher sind die Festpunkte des Stamm- und Zweiggleis-Kettenwerks ungefähr an gleicher Kilometer-Station anzuordnen.

Die tangentiale Weichenbespannung findet für alle Befahrgeschwindigkeiten Anwendung (siehe Abschnitt 12.11.6.2). Die Oberleitungsplanung sollte diesen Kriterien für Oberleitungen mit Befahrgeschwindigkeiten über 160 km/h immer folgen, besonders im Hochgeschwindigkeitsbereich. Kompromisse sind möglich für die Anforderungen (4), (5) und (8) bei niedrigeren Geschwindigkeiten.

12.11.6.2 Beispiele und Anwendungen

Das folgende Beispiel 12.4 zeigt die tangentiale Bespannung für 1 950 mm und 1 600 mm lange Wippen und für den Betrieb mit beiden Wippen.

Beispiel 12.4: Die Weiche EW 60-1200-1:18,5 ist mit der Oberleitungsbauart Sicat H1.0, bestehend aus einem mit 27 kN Zugkraft gespannten AC-120 – CuMg-Fahrdraht für den Betrieb mit der 1 950 mm langen Wippe unter Beachtung des dafür gültigen klemmenfreien Raumes tangential zu bespannen (Bild 12.36). Für den Weichenstandort gilt die Basiswindgeschwindigkeit 20,3 m/s, die einer 10jähriger Wiederkehrdauer entspricht.
Folgende Schritte sind bei der tangentialen Bespannung notwendig:

(1) *Verzerrung des Lageplans der Weiche*: Die Weichengeometrie lässt sich nach Tabelle 12.9 mit dem Zweiggleisradius konstruieren und mit dem Faktor 10 quer zum Gleis, wie im Abschnitt 12.11.5.3 erläutert, verzerren.

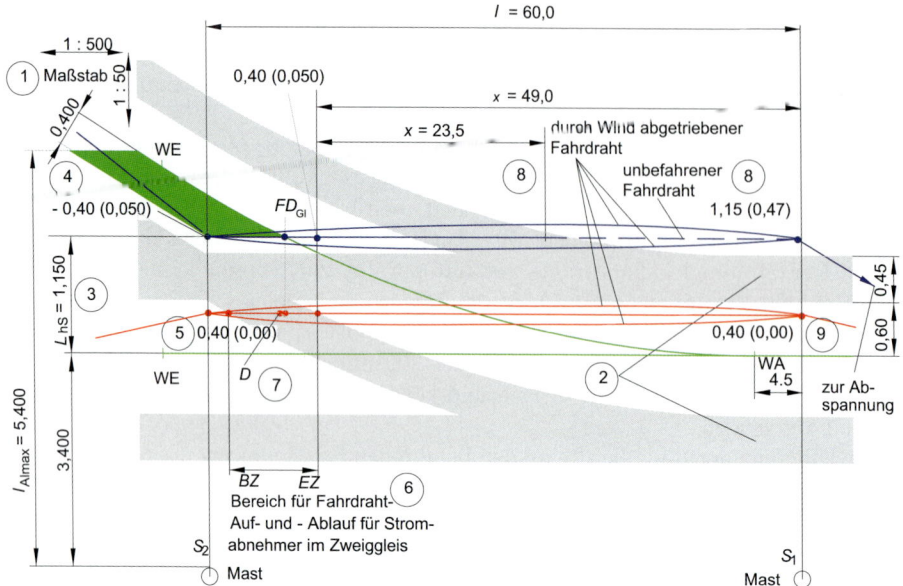

Bild 12.36: Tangentiale Bespannung der Weiche EW 60-1200-1:18,5 mit der Bauart Sicat H1.0 und dem für die 1 950 mm lange Wippe gültigen klemmenfreien Raum entsprechend dem Beispiel 12.4 für den Betrieb der 1 950 mm langen Wippe, alle Maße in m. blau: Fahrdraht des Zweiggleises, rot: Fahrdraht des Stammgleises, grün: Gleisachsen

(2) *Markieren des klemmenfreien Raumes*: Der klemmenfreie Raum ergibt sich im Weichenlageplan parallel zu den Gleisachsen in 0,60 m Abstand und mit 0,45 m Breite für den Betrieb der 1 950 mm langen Wippe.

(3) *Kennzeichnung der Position für L_{hS}*: Die Grenze des kinematisch mechanischen Stromabnehmerprofils L_{hS} beträgt 1,15 m nach Tabelle 12.11.

(4) *Markieren des Zweiggleis-Stützpunkt S_2*: Der Stützpunkt S_2 des Zweiggleis-Fahrdrahts liegt am Schnittpunkt von $b = 0{,}40$ m und $L_{hS} = 1{,}15$ m. Dieser Stützpunkt liegt 50 mm über der Fahrdrahtnennhöhe, die im Bild 12.36 jeweils in Klammern angegeben ist.

(5) *Markieren des Ortes des Stammgleis-Stützpunktes S_2*: Der Stammgleis-Stützpunkt S_2 liegt an der gleichen Stelle wie der Zweiggleis-Stützpunkt S_2 bei $b = 0{,}40$ m.

(6) *Bestimmung des Beginns des Fahrdrahtauf- und -ablauf für Fahrten aus und in das Zweiggleis*: Beginn (BZ) und Ende (EZ) des Fahrdrahtauflaufs vom Stammgleis-Fahrdraht bei Fahrten aus oder in das Zweiggleis ergeben sich an den Schnittstellen des Stammgleis-Fahrdrahts mit dem klemmenfreien Raums des Zweiggleis-Fahrdrahts (Bild 12.36). Ab der Stelle EZ kann der Zweiggleis-Fahrdraht in Richtung Weichenanfang angehoben werden.

(7) *Bestimmung des Schnittpunktes D*: Ab dem Schnittpunkt D liegt der Fahrdraht im Wankbereich D der Stromabnehmerwippe. Der Schnittpunkt D liegt 0,775 m von der Zweiggleisachse entfernt. In Fahrtrichtung gesehen soll der Kreuzungspunkt FD_{Gl} hinter dem Schnittpunkt D liegen, da ab dem Kreuzungspunkt FD_{Gl} der Fahrdraht auf der dem Stammgleis abgewandten Wippenhälfte des Stromabnehmers im Zweiggleis liegt.

Tabelle 12.15: Radialkräfte in N an den Stützpunkten für das Beispiel 12.4.

Gleis	Stützpunkt 1	Stützpunkt 2
Stammgleis	309[1]	309[2]
Zweiggleis	1 755[3]	926[4]

[1] nachfolgend 70 m Spannweite, nächste Fahrdrahtseitenlage −0,4 m
[2] nachfolgend 70 m Spannweite, nächste −0,4 m Fahrdrahtseitenlage
[3] nachfolgend 70 m Spannweite, nächste −3,4 m Fahrdrahtseitenlage an der Nachspanneinrichtung
[4] nachfolgend 70 m Spannweite, nächste −0,4 m Fahrdrahtseitenlage, 4,7 m Gleisabstand

(8) *Bestimmung des Stützpunktes S_1 im Zweiggleis*: Nach $x = 23,5$ m Abstand von EZ hat der Zweiggleis-Fahrdraht 150 mm Anhub erreicht. Ab dieser Stelle in Richtung Weichenanfang kann der Stützpunkt S_1 des Zweiggleis-Fahrdrahts liegen und wird nicht von Stromabnehmer im Stammgleis erreicht.

(9) *Bestimmung des Stützpunktes S_1 im Stammgleis*: An der Stelle des Stützpunkts S_1 des Zweiggleis-Fahrdrahts mit der Fahrdrahtseitenlage $b = 0,40$ m sollte auch der Stützpunkt S_1 des Stammgleis-Fahrdrahts liegen. Im Bild 12.36 beträgt die Spannweite zwischen den Stützpunkten S_1 und S_2 60 m und der Abstand $x = 43,0$ m, sodass der Zweiggleis-Fahrdraht am Stützpunkt S_1 nach Gleichung (12.4) um 0,47 m über der Nennfahrdrahthöhe liegt.

(10) *Prüfung der gewählten Lösung*:

- Die Stützpunkte liegen außerhalb des klemmenfreien Raumes (Anforderung (1) des Abschnittes 12.11.6.1).
- Der Zweiggleis-Fahrdraht liegt außerhalb des mechanischen Stromabnehmerlichtraumprofils (Anforderung (2) des Abschnittes 12.11.6.1).
- Bei Fahrten aus dem Zweiggleis ins Stammgleis befinden sich zum Zeitpunkt des Fahrdrahtauflaufs beide Fahrdrähte zwischen den Gleisachsen. Nachdem der Fahrdraht den Wankbereich D bei 0,775 m Abstand von der Zweiggleisachse erreicht hat, kreuzt dieser die Zweiggleisachse und wechselt auf die andere Wippenhälfte (Anforderung (3) des Abschnittes 12.11.6.1).
- Die Fahrdrahtseitenlage, als gestrichelte Linien im Bild 12.36 gekennzeichnet, überschreitet an keiner Stelle e_{max} (Anforderung (3) Abschnitt 12.11.6.1).
- Die Anforderung (4) des Abschnittes 12.11.6.1 zur Höhe des Zweiggleis-Fahrdrahts lässt sich bei der Planung und Ausführung erfüllen.
- Der Fahrdraht des Stammgleises liegt auf der Seite des Zweiggleises (Anforderung (5) des Abschnittes 12.11.6.1).
- Das Einhalten der Radialkräfte des Fahrdrahts an den Stützpunkten S_1 und S_2 lässt sich mit Hilfe der Gleichung (4.73) prüfen. Nach Tabelle 12.15 liegen die Radialkräfte an den Stützpunkten für die gewählte Bespannung innerhalb des zulässigen Bereiches $80\,\text{N} < F_H < 2\,000\,\text{N}$ (Anforderung (6) des Abschnittes 12.11.6.1). Die Differenz der Radialkräfte an den Stützpunkten S_1 und S_2 ist kleiner als 200 N. Damit ist eine nahezu gleichbleibende Elastizität im Weichenbereich vorhanden (Anforderung (7) des Abschnittes 12.11.6.1).
- Die 60 m Spannweite ist kleiner als die maximal vorgegebene 65-m-Spannweite (Anforderung (8) des Abschnittes 12.11.6.1).
- Die Anforderungen (9) und (10) des Abschnittes 12.11.6.1 werden bei der weiteren Planung beachtet.

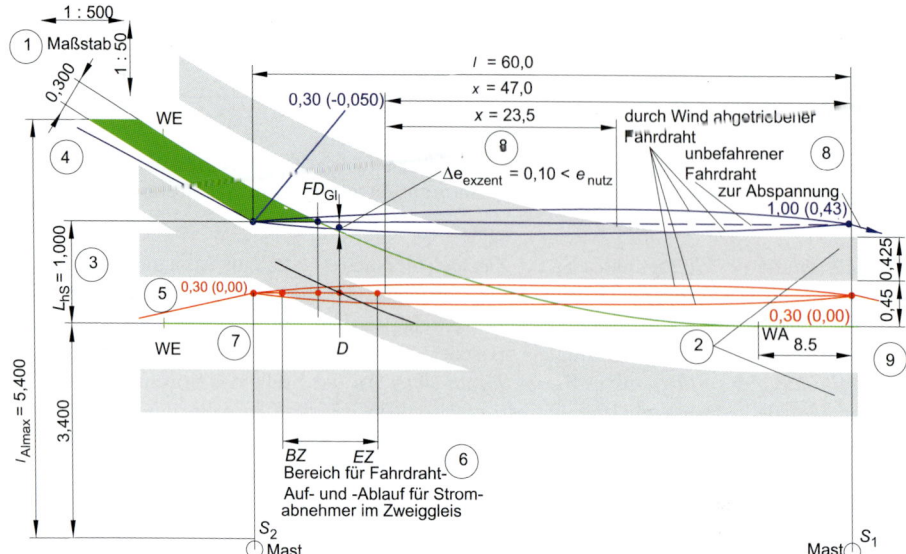

Bild 12.37: Tangentiale Bespannung der Weiche EW 60-1200-1:18,5 mit dem für die 1 600 mm lange Wippe gültigen klemmenfreien Raum für die Oberleitungsbauart Sicat H1.0 entsprechend dem Beispiel 12.5 für den ausschließlichen Betrieb mit der 1 600 mm langen Wippe, alle Maße in m. blau: Fahrdraht des Zweiggleises, rot: Fahrdraht des Stammgleises, grün: Gleisachsen

Beispiel 12.5: Die Weiche EW 60-1200-1:18,5 ist mit der Oberleitungsbauart Sicat H1.0 bestehend aus einem mit 27 kN Zugkraft gespannten AC-120 – CuMg-Fahrdraht für den Betrieb mit der 1 600 mm langen Wippe unter Beachtung des dafür gültigen klemmenfreien Raumes tangential zu bespannen (Bild 12.37). Für den Weichenstandort gilt die Basiswindgeschwindigkeit 20,3 m/s, die einer 10-jähriger Wiederkehrdauer entspricht. Folgende Schritte sind bei der tangentialen Bespannung notwendig:

(1) Die Schritte (1) bis (6) sind die gleichen wie im Beispiel 12.4

(7) *Bestimmung des Schnittpunktes* D: Ab dem Schnittpunkt D sollte der Fahrdraht im Wankbereich D der Stromabnehmerwippen liegen. Der Schnittpunkt D liegt 0,600 m von der Zweiggleisachse entfernt. In Fahrtrichtung gesehen sollte der Kreuzungspunkt FD_{Gl} hinter dem Schnittpunkt D liegen, da ab dem Kreuzungspunkt FD_{Gl} der Fahrdraht auf der dem Stammgleis abgewandten Wippenhälfte des Stromabnehmers im Zweiggleis liegt. Diese Forderung ist im Bild 12.37 nicht erfüllt. Daher ist der Zweiggleis-Fahrdraht ab dem Stützpunkt S_2 näher an das Stammgleis heranzuführen bis der Schnittpunkt D vor dem Kreuzungspunkt FD_{Gl} liegt (siehe Bild 12.37). Dieser Kompromiss ermöglicht, den Fahrdrahtauf2-lauf in den Wankbereich D in Fahrtrichtung gesehen zu legen, bevor ab dem Kreuzungspunkt FD_{Gl} der Fahrdraht auf Stromabnehmerwippe sich auf die von dem Stammgleis abgewandte Seite bewegt. Ab EZ wird der Fahrdraht in Richtung Stützpunkt S_1 angehoben, im Bild 12.37 als blaue gestrichelte Linie gekennzeichnet.

(8) *Bestimmung des Stützpunktes* S_1 *im Zweiggleis*: Nach der Länge $x = 23,5$ m von EZ beginnend hat der Zweiggleis-Fahrdraht 150 mm Anhub erreicht. Ab dieser Stelle in Richtung Weichenanfang kann der Stützpunkt S_1 des Zweiggleis-Fahrdrahts liegen und wird nicht von Stromabnehmer im Stammgleis erreicht.

12.11 Zwangspunkte für die Planung

(9) *Bestimmung des Stützpunktes S_1 im Stammgleis*: An der Stelle des Stützpunkts S_1 des Zweiggleis-Fahrdrahts mit der Fahrdrahtseitenlage $b = 0{,}40$ m sollte auch der Stützpunkt S_1 des Stammgleis-Fahrdrahts liegen. Im Bild 12.36 beträgt die Spannweite zwischen den Stützpunkten S_1 und S_2 60 m und der Abstand $x = 47{,}0$ m, sodass der Zweiggleis-Fahrdraht am Stützpunkt S_1 um 0,43 m nach Gleichung (12.4) über der Nennfahrdrahthöhe liegt.

(10) *Prüfung der gewählten Lösung*:
- Die Anforderungen (1) bis (6) des Abschnittes 12.11.6.1 sind erfüllt. Der Kompromiss zur Führung des Fahrdrahts in das mechanische Stromabnehmerprofil ist möglich. Nur bei gleichzeitig auftretendem maximalen Anhub und größter seitlicher Auslenkung würde der Stromabnehmer im Stammgleis den Zweiggleis-Fahrdraht berühren. In diesem seltenen Fall ist ein Schaden nicht zu erwarten.
- Bei Fahrten aus dem Zweiggleis ins Stammgleis befinden sich beim Fahrdrahtauflauf beide Fahrdrähte zwischen den Gleisachsen. Nachdem der Fahrdraht den Wankbereich D bei 0,60 m Abstand von der Zweiggleisachse erreicht hat, kreuzt dieser die Zweiggleisachse und wechselt auf die andere Wippenhälfte (Anforderung (3) des Abschnittes 12.11.6.1).
- Die Fahrdrahtseitenlage, als gestrichelte Linie im Bild 12.36 gekennzeichnet, überschreitet an keiner Stelle e_{max} (Anforderung (3) des Abschnittes 12.11.6.1).
- Die Anforderung (4) des Abschnittes 12.11.6.1 zur Höhe des Zweiggleis-Fahrdrahts lässt sich bei der Planung und Ausführung erfüllen.
- Der Fahrdraht des Stammgleises liegt auf der Seite des Zweiggleises (Anforderung (5) des Abschnittes 12.11.6.1).
- Das Einhalten der Radialkräfte des Fahrdrahts an den Stützpunkten S_1 und S_2 lässt sich mit Hilfe der Gleichung (4.73) prüfen und ist gegeben. Die Differenz der Radialkräfte an den Stützpunkten S_1 und S_2 ist kleiner als 200 N. Damit ist eine nahezu gleichbleibende Elastizität im Weichenbereich vorhanden (Anforderungen (6) und (7) des Abschnittes 12.11.6.1).
- Die 60-m-Spannweite ist kleiner als die maximal vorgegebene 65-m-Spannweite (Anforderung (8) des Abschnittes 12.11.6.1).
- Die Anforderungen (9) und (10) des Abschnittes 12.11.6.1 lassen sich bei der weiteren Planung berücksichtigen.

Beispiel 12.6: Die Weiche EW 60-1200-1:18,5 ist mit der Oberleitungsbauart Sicat H1.0, bestehend aus einem mit 27 kN Zugkraft gespannten AC-120 – CuMg-Fahrdraht für den dualen Betrieb mit der 1 600 mm und 1 950 mm lange Wippe unter Beachtung des dafür gültigen klemmenfreien Raumes tangential zu bespannen (Bild 12.38). Für den Weichenstandort gilt die Basiswindgeschwindigkeit 20,3 m/s mit 10-jähriger Wiederkehrdauer.
Folgende Schritte sind bei der tangentialen Bespannung notwendig:

(1) Die Schritte (1) bis (6) gleichen denen in den Beispielen 12.4 und 12.5.
(7) *Bestimmung des Schnittpunktes* D: Ab dem Schnittpunkt D soll der Fahrdraht im Wankbereich D der Stromabnehmerwippen liegen. Der Schnittpunkt D liegt 0,775 m von der Zweiggleisachse entfernt. In Fahrtrichtung gesehen sollte der Kreuzungspunkt FD_{Gl} hinter dem Schnittpunkt D liegen, da ab dem Kreuzungspunkt FD_{Gl} der Fahrdraht auf der dem Stammgleis abgewandten Wippenhälfte des Stromabnehmers im Zweiggleis liegt.

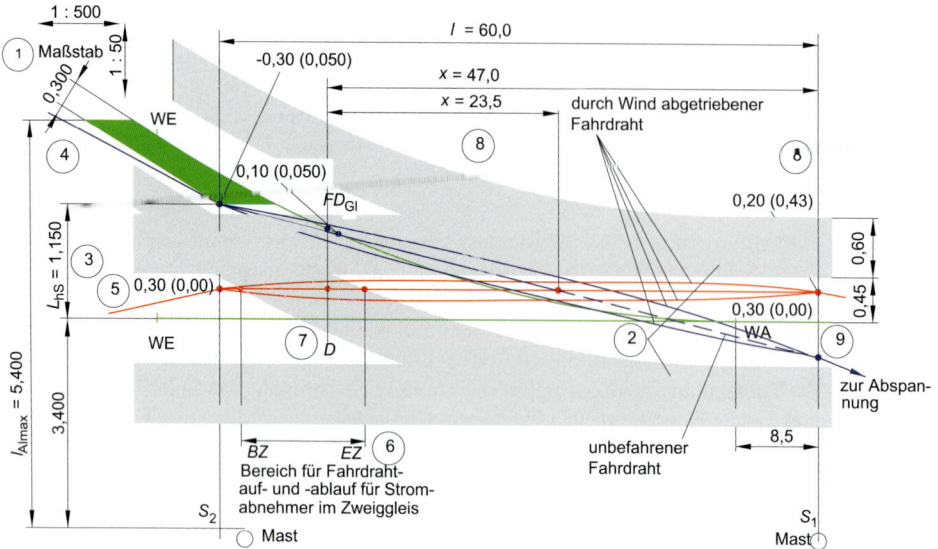

Bild 12.38: Tangentiale Bespannung der Weiche EW 60-1200-1:18,5 mit der Oberleitungsbauart Sicat H1.0 und dem für die 1 600 mm und die 1 950 mm langen Wippen gültigen klemmenfreien Raum entsprechend dem Beispiel 12.6, alle Maße in m.

Diese Forderung ist im Bild 12.37 nicht erfüllt. Daher ist der Zweiggleis-Fahrdraht ab dem Stützpunkt S_2 näher an das Stammgleis heranzuführen bis der Schnittpunkt D vor dem Kreuzungspunkt FD_{Gl} liegt (Bild 12.37). Dieser Kompromiss ermöglicht den Fahrdrahtauflauf in den Wankbereich D in Fahrtrichtung gesehen bevor ab dem Kreuzungspunkt FD_{Gl} der Fahrdraht auf Stromabnehmerwippe sich auf die von dem Stammgleis abgewandte Seite bewegt. Ab EZ wird der Fahrdraht in Richtung Stützpunkt S_1 angehoben, im Bild 12.37 als blaue gestrichelte Linie gekennzeichnet.

(8) *Bestimmung des Stützpunktes S_1 im Zweiggleis*: Nach der Länge $x = 23,5$ m von ES beginnend hat der Zweiggleis-Fahrdraht 150 mm Anhub erreicht. Ab dieser Stelle in Richtung Weichenanfang kann der Stützpunkt S_1 des Stammgleis-Fahrdrahts mit der Fahrdrahtseitenlage $b = 0,40$ m liegen und wird nicht von Stromabnehmer im Stammgleis erreicht.

(9) *Bestimmung des Stützpunktes S_1 im Stammgleis*: An der Stelle des Stützpunkts S_1 des Zweiggleis-Fahrdrahts sollte auch der Stützpunkt S_1 des Stammgleis-Fahrdrahts liegen. Im Bild 12.36 beträgt die Spannweite zwischen den Stützpunkten S_1 und S_2 60 m und der Abstand $x = 47,0$ m, sodass der Zweiggleis-Fahrdraht am Stützpunkt S_1 um 0,43 m nach Gleichung (12.4) über der Nennfahrdrahthöhe liegt.

(10) *Prüfung der gewählten Lösung*:

– Die Anforderungen (1) bis (6) des Abschnittes 12.11.6.1 sind erfüllt. Der Kompromiss zur Führung des Fahrdrahts in das mechanische Stromabnehmerprofil ist möglich. Nur bei gleichzeitig auftretendem maximalen Anhub und größter seitlicher Auslenkung würde der Stromabnehmer im Stammgleis den Zweiggleis-Fahrdraht berühren. In diesem seltenen Fall würde kein Schaden auftreten.

12.11 Zwangspunkte für die Planung

- Bei Fahrten aus dem Zweiggleis ins Stammgleis befinden beim Fahrdrahtauflauf beide Fahrdrähte zwischen den Gleisachsen. Nachdem der Fahrdraht den Wankbereich D bei 0,60 m Abstand von der Zweiggleisachse erreicht hat, kreuzt dieser die Zweiggleisachse und wechselt auf die andere Wippenhälfte (Anforderung (3) des Abschnittes 12.11.6.1).
- Die Fahrdrahtseitenlage, als gestrichelte Linien im Bild 12.38 gekennzeichnet, überschreitet nicht $e_{\max}$ (Anforderung (3) des Abschnittes 12.11.6.1).
- Die Anforderung (4) des Abschnittes 12.11.6.1 zur Höhe des Zweiggleis-Fahrdrahts lässt sich bei der Planung und Ausführung erfüllen.
- Nur jeweils ein Fahrdraht befindet sich im Kontakt mit dem Stromabnehmer an den befahrenen Stützpunkten S_1 und S_2 (Anforderung (5) des Abschnittes 12.11.6.1). Der Abstand x zwischen dem Ende des Fahrdrahtauflaufs im Stammgleis ES und dem Stützpunkt S_1 beträgt mehr als 23,5 m und entspricht damit den Vorgaben, die mindestens 150 mm Fahrdrahtanhub am Stützpunkt S_1 fordern (Anforderung (5) des Abschnittes 12.11.6.1). Bei der vorhandenen Höhe des Zweiggleis-Fahrdrahts am Stützpunkt S_1 lässt sich dieser direkt am Stützrohr befestigen und von dort zur Nachspannvorrichtung führen.
- Der Fahrdraht des Stammgleises liegt auf der Seite des Zweiggleises (Anforderung (6) des Abschnittes 12.11.6.1).
- Das Einhalten der Radialkräfte des Fahrdrahts an den Stützpunkten S_1 und S_2 lässt sich mit Hilfe der Gleichung (4.73) prüfen und ist gegeben. Die Differenz der Radialkräfte an den Stützpunkten S_1 und S_2 ist kleiner als 200 N. Damit ist eine gleichbleibende Elastizität im Weichenbereich vorhanden (siehe Anforderung (8) des Abschnittes 12.11.6.1).
- Die 60-m-Spannweite ist kleiner als die maximale vorgegebene 65-m-Spannweite (Anforderung (9) des Abschnittes 12.11.6.1).
- Die Anforderungen (10) und (11) des Abschnittes 12.11.6.1 lassen sich bei der folgenden Planung berücksichtigen.

Aus den Beispielen für tangentiale Weichenbespannungen folgt:
- Die tangentiale Weichenbespannung erfüllt wie die kreuzende Weichenbespannung die Vorgaben im Abschnitt 12.11.5.1.
- Der Vorteil in Bezug zur kreuzenden Weichenbespannung, Stromabnehmer im Stammgleis berühren nicht den Fahrdraht des Zweiggleises, mindert den Fahrdrahtverschleiß im Weichenbereich.
- Beim dualen Betrieb bestimmt die kürzere Wippe die Fahrdrahtseitenlage, die längere Wippe die Profilfreiheit im Weichenbereich. Die Länge des mechanischen Stromabnehmerprofils resultiert aus der Geometrie der längeren Wippe.
- Beim dualen Stromabnehmerbetrieb ist der Abstand x ausreichend zu bemessen, sodass der vertikale Abstand des angehobenen Zweiggleis-Fahrdrahts zum befahrenen Stammgleis-Fahrdraht an der Kreuzung mindestens 150 mm beträgt. Im Beispiel 12.6 und Bild 12.38 beträgt dieser Abstand mindestens 23,5 m und ist somit ausreichend.
- Beim dualen Betrieb sollte bei Fahrten aus dem Zweiggleis ins Stammgleis der auflaufende Stammgleis-Fahrdraht erst im Wankbereich D der kürzeren Wippe

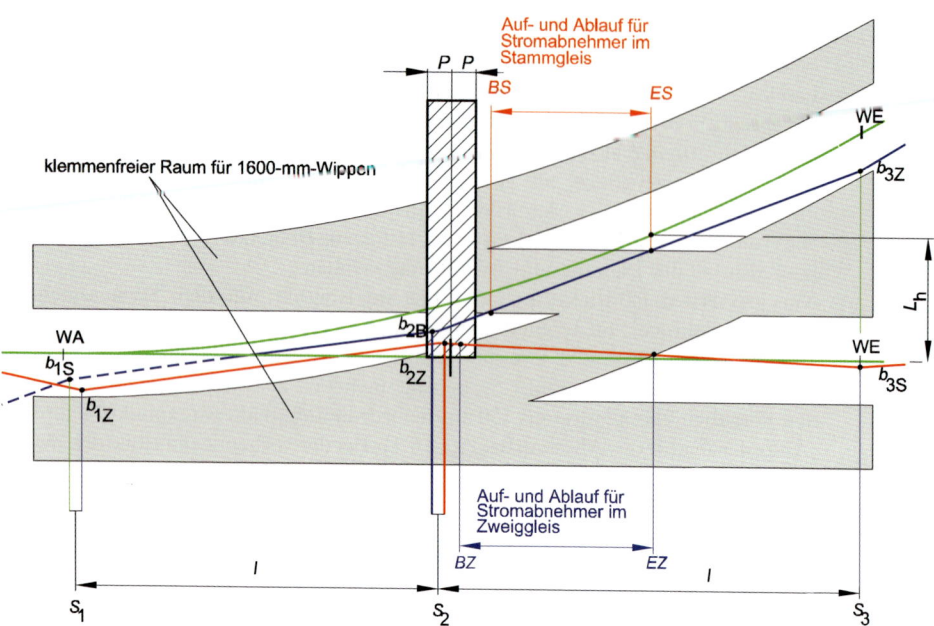

Bild 12.39: Tangentiale Weichenbespannung für die Weiche EW60-1200-1:18,5 bei der SNCF für untergeordnete Gleise (Tabelle 12.16).

liegen, bevor der Zweiggleis-Fahrdraht die Zweiggleisachse an der Stelle FD_{Gl} kreuzt und die Wippe sich in die entgegengesetzte Richtung neigt.
– Als Nachteil der tangentialen Weichenbespannung für den dualen Stromabnehmerbetrieb ist zu werten, dass bei Fahrten aus dem Zweiggleis ins Stammgleis beide Fahrdrähte nicht immer auf einer Wippenhälfte liegen.

Die Französische Bahn (SNCF) nutzt für untergeordnete Gleise die einfache tangentiale Bespannungen bestehend aus zwei Kettenwerken. Entsprechend dem Weichentyp ermittelt man den Abstand P und somit den Standort des Mastes S_2 nach Tabelle 12.16 und Bild 12.39.

Diese Art der Weichenbespannung verwendet die SNCF für Geschwindigkeiten bis 120 km/h. Durch Kontakt mit beiden Fahrdrähten am Stützpunkt S_2 entsteht ein erhöhter Fahrdrahtverschleiß in diesem Bereich. Die Auflaufbedingungen und der klemmenfreie Raum lassen sich auch mit dieser Weichenbespannung erfüllen, wie die Bilder 12.36 bis 12.38 zeigen.

Die *tangentiale Bespannung für Überlappungen in der Weichenverbindung*, bestehend aus drei Kettenwerken, ermöglicht die Nutzung einer isolierenden Überlappung anstatt eines Trenners im Verbindungsgleis zwischen den beiden durchgehenden Stammgleisen. Auf Hochgeschwindigkeitsstrecken mit 200 km/h schnellen Gleiswechselbetrieb übernimmt ein zusätzliches Kettenwerk, auch als Hilfskettenwerk bezeichnet, die Führung des Stromabnehmers nach Bild 12.40 a), 12.40 b), 12.41 a) und 12.42 ähnlich der Stromabnehmerführung in Überlappungsbereichen.

Tabelle 12.16: Der Abstand P bestimmt die Lage des Stützpunktes S_2 (Bild 12.39).

Weichentyp	Weichenwinkel $\tan \alpha$	Abstand P m
EW 60-1200-1:18,5	0,054	±4,00
EW 60- 760-1:14	0,067	±3,30
EW 60- 500-1:12	0,083	±2,30
EW 60- 300-1: 9,4	0,106	±2,00
EW 60- 300-1: 9	0,111	±1,80
EW 60- 190-1: 7,5	0,133	±1,50

Die bei der tangentialen Weichenbespannung kreuzungslose Führung der Kettenwerke im Weichenbereich erfordert keinen *Kreuzungsstab* und vermeidet somit eine punktförmige Kettenwerksmasse. Die Verwendung tangentialer Weichenbespannungen erfüllt die Anforderungen

- Beachtung des klemmenfreien Raums,
- Begrenzung des Fahrdrahtabtriebes bei Wind,
- Einhaltung der Auflaufbedingungen (Bild 12.21) und
- Kontakt des Stromabnehmers an den Stützpunkten mit nur einem Fahrdraht.

Bild 12.40 a) zeigt die tangentiale Bespannung einer Hochgeschwindigkeitsweiche EW60-17,000/7,300-1:500-CC-TC, die vollständig die erwähnten Anforderungen erfüllt. Die Bespannungen in den Bildern 12.40 b) und 12.41 a) erfüllen diese Bedingungen nur teilweise. Am Stützpunkt berühren gleichzeitig zwei Fahrdrähte den Stromabnehmer. Messungen der Kontaktkräfte zeigen, dass diese Anordnungen große Kraftspitzen verursachen, die mit hohem Verschleiß des Fahrdrahts einhergehen. Die Anordnung einer tangentialen Weichenbespannung mit Hilfskettenwerken an Portalen zeigt Bild 12.42.

12.12 Zwangspunkte für die Bespannung

12.12.1 Allgemeines

Streckenbezogene Zwangspunkte für Oberleitungen sind

- Weichen,
- Signale mit der notwendigen Signalsicht,
- Bahnübergänge,
- Ingenieurbauwerke, die Maststandorte beeinflussen, und
- elektrische Trennungen.

12.12.2 Maststandorte im Weichenbereich

Oberleitungsmasten an Weichen sind an deren Lage gebunden. Aus Abschnitt 12.11.5.6 gehen die Möglichkeiten zur Festlegung von Stützpunkten in Weichenbereichen hervor. Mit Weichenverschiebungen, die während der Planung häufig vorkommen, ergeben sich auch Maststandortveränderungen. Eine Anpassung der Bespannung versucht man durch Veränderung der angrenzenden Spannweiten vorzunehmen. Gelingt das nicht, so sind

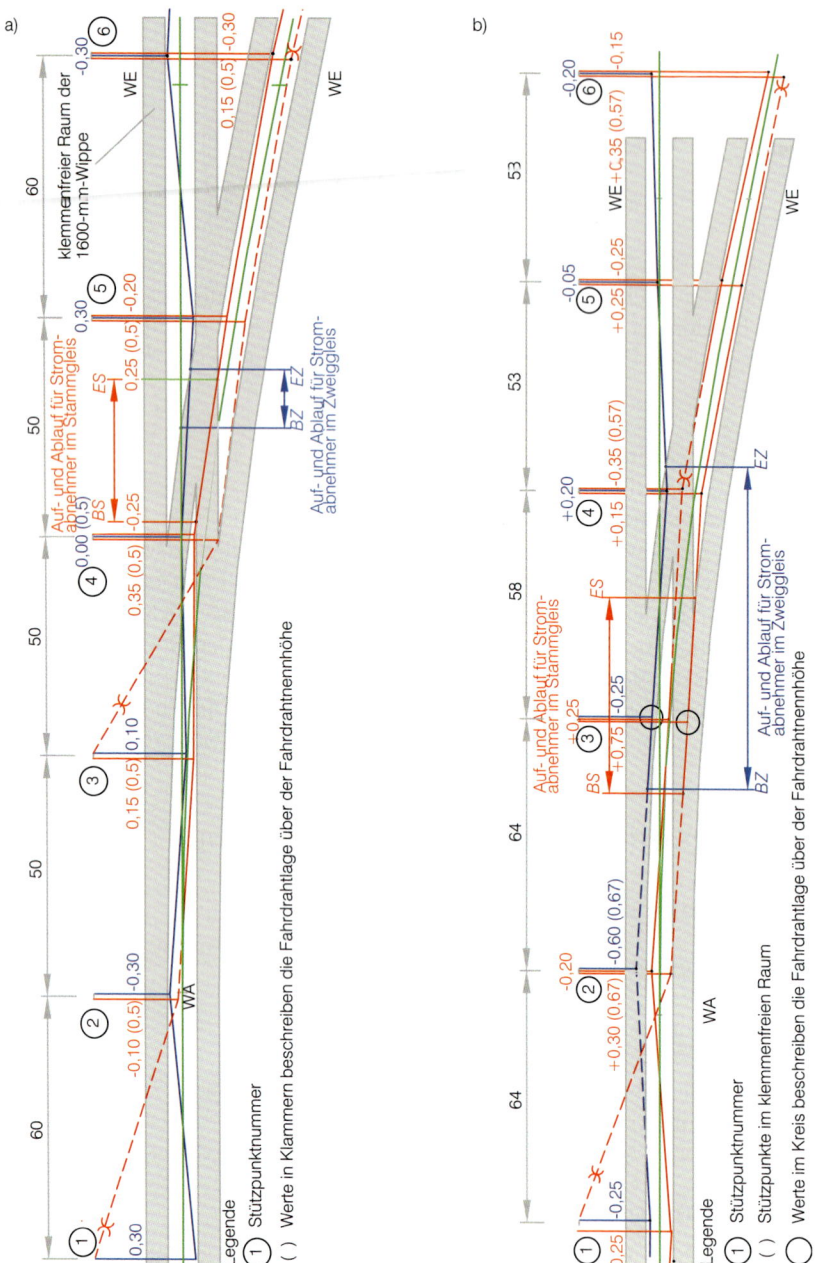

Bild 12.40: Tangentiale Weichenbespannung für Hochgeschwindigkeitsstrecken. a) Weiche EW60-17,000/7,300-1:500-CC-TC für die Strecke Toledo–La Sagra, b) Weiche EW60-17,000/7,300-1:500-CC-TC für die Strecke Madrid–Lerida, Gleisachse, Stammgleis-Fahrdraht, Zweiggleis-Fahrdraht

12.12 Zwangspunkte für die Bespannung

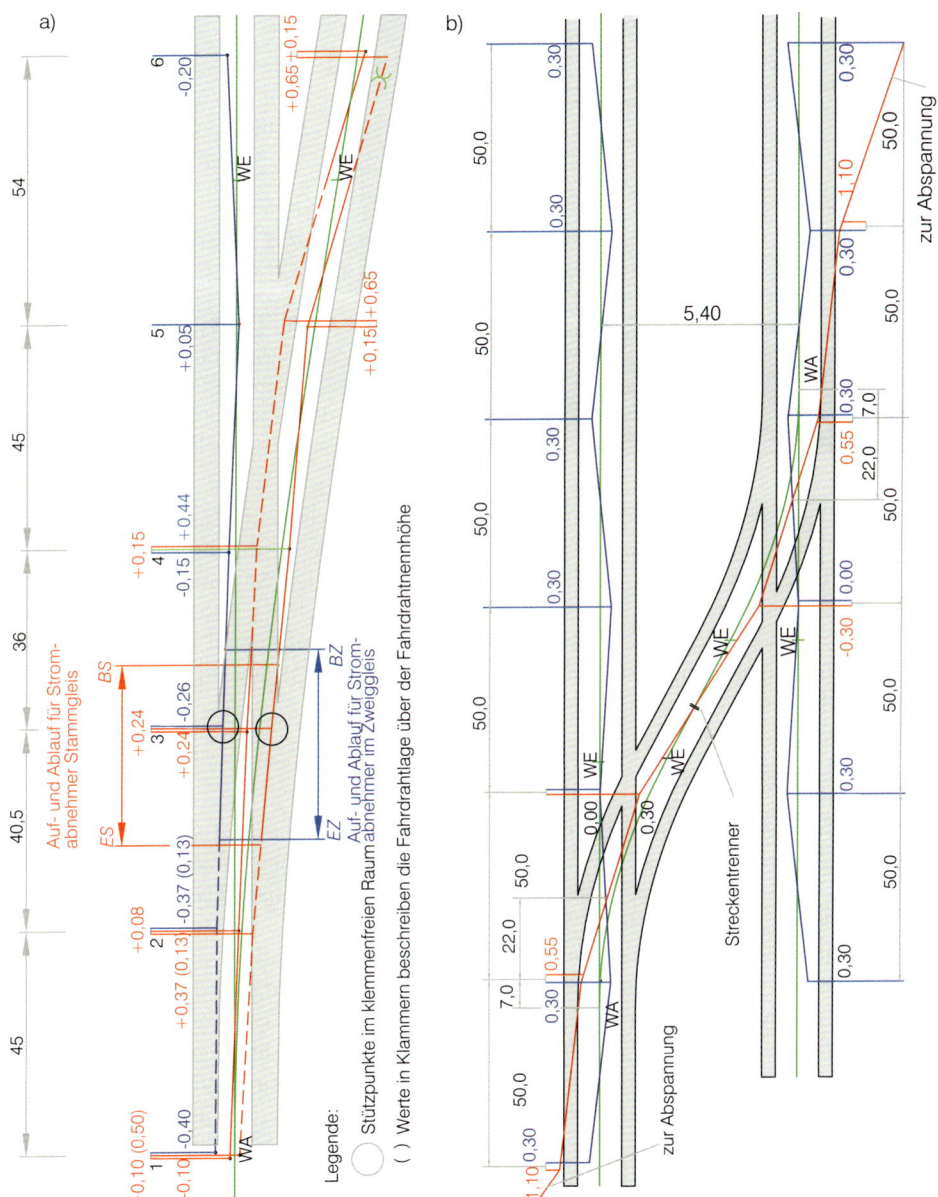

Bild 12.41: Weichenbespannung von Überleitverbindungen. a) Tangentiale Bespannung mit isolierender Überlappung in der Weichenverbindung für Hochgeschwindigkeitsstrecken in Frankreich, b) kreuzende Bespannung mit Streckentrenner und Weichen 60-1200-1:18.5 mit klemmenfreiem Raum für die Norwegische Bahn, Stammgleis-Fahrdraht, Zweiggleis-Fahrdraht, Gleisachse

Bild 12.42: Tangentiale Weichenbespannung mit isolierender Überlappung und Portalen für die Atlantik Hochgeschwindigkeitsstrecke, Frankreich (SNCF).

Verschiebungen der Stützpunkte im Weichenbereich in geringen Grenzen möglich, wozu eine erneute Oberleitungsplanung der betreffenden Weiche notwendig wird.

Die Einhaltung der Mindestabstände zwischen den Weichenstützpunkten und Stützpunkten anderer Schaltgruppen sind zu prüfen. Mit geringfügigen Stützpunktverschiebungen lassen sich die geforderte Mindestabstände meist realisieren. In Weichenverbindungen zwischen Stammgleisen müssen die den einzelnen Gleisen zugeordneten Stützpunkte nicht einander gegenüberliegen.

12.12.3 Signalsicht

Signale erfordern einen Mindestabstand zwischen Signalmast und Oberleitungsmast. Bei der DB beträgt dieser 10 m. Weiterhin sind die elektrischen Mindestabstände nach DIN EN 50 122-1 zwischen geerdeten Bauteilen des Signals und aktiven Bauteilen des Kettenwerkes einzuhalten (Bild 12.83).

Die ungehinderte Sicht des Triebfahrzeugführers zum Signal bildet eine sicherheitsrelevante Forderung im Eisenbahnbetrieb. Die Oberleitungsmasten sind daher so zu stellen, dass der Triebfahrzeugführer das vollständige Signalbild bei Streckenhöchstgeschwindigkeit mindestens für 6,75 s ab der notwendigen Entfernung zum Signal s_{sicht} erkennen kann. Kurzzeitige, auch wiederholte Sichteinschränkungen durch Oberleitungsmasten oder -stützpunkte sind keine unzulässigen Unterbrechungen der Signalsicht. Die Signalsicht s_{sicht} hängt von der Streckenhöchstgeschwindigkeit v_{gleis} ab und beträgt für die Sicht auf Hauptsignale nach [12.28]

- $v_{\text{gleis}} \leq 100\,\text{km/h}$ $s_{\text{sicht}} \geq 300\,\text{m}$,
- $v_{\text{gleis}} > 100\,\text{km/h}$ $s_{\text{sicht}} \geq 400\,\text{m}$ und
- $v_{\text{gleis}} \leq 120\,\text{km/h}$ $s_{\text{sicht}} \geq 500\,\text{m}$.

Sind die Lichthaupt- und -vorsignale in Geraden im 3,15 m Abstand von der Gleisachse und die Fahrleitungsmasten im 3,00 m Abstand angeordnet, entfällt ein besonderer Nachweise für die Signalsicht [12.29]. Sind die Abstände der Signale zum Gleis größer,

Tabelle 12.17: Fahrdrahthöhen am Bahnübergang nach DIN EN 50 122-1.

Fahrdrahthöhe h_{FD} über der Straßenoberkante	Fahrzeughöhe auf dem Höhenbegrenzungsschild Nr. 265 nach StVO	Profiltorhöhe (Unterkante)
$h_{FD} \geq 5{,}50\,\text{m}$	–	–
$5{,}50\,\text{m} > h_{FD} \geq 5{,}20\,\text{m}$	4,2	–
$5{,}20\,\text{m} > h_{FD} \geq 5{,}10\,\text{m}$	4,1	–
$5{,}10\,\text{m} > h_{FD} \geq 5{,}00\,\text{m}$	4,0	–
$5{,}00\,\text{m} > h_{FD} \geq 4{,}80\,\text{m}$	4,3	4,20[1)]

[1)] 0,1 m zwischen der Unterkante des Profiltors und Durchfahrtshöhe (siehe Abschnitt 14.7)

ist ein *Sichtnachweis* zu erarbeiten. Kurzzeitige Überdeckungen des Signalbildes durch Bauteile der Oberleitungsanlage wie Ausleger, Seitenhalter und Isolatoren sind zulässig und erfordern keinen Nachweis.

12.12.4 Oberleitungen an Bahnübergängen

Für *Bahnübergänge* (BÜ) als höhengleiche Kreuzungen von Eisenbahnstrecken und Straßen sind in Deutschland bis 160 km/h Betriebsgeschwindigkeit zugelassen. Für höhere Geschwindigkeiten sind die BÜ durch Straßenüber- oder -unterführungen, auch als nicht höhengleiche Kreuzungen bezeichnet, zu ersetzen. Die Planung der Oberleitung muss die sichere Nutzung des Bahnübergangs durch den Straßen- und Bahnverkehr gewährleisten und die erforderliche 4,0 m Fahrzeughöhe nach der Deutschen Straßenverkehrs-Zulassungs-Ordnung (StVZO) und, wenn erforderlich, die Profilfreiheit für Schwerlasttransporte ermöglichen (siehe Abschnitt 14.6).

Ein Lichtraumprofil für Straßen, wie die EBO für Schienenwege festlegt, ist gesetzlich nicht vorgegeben. Daher kann sich der Oberleitungsplaner nur an der Fahrzeughöhe für Straßenfahrzeuge nach StVZO orientieren.

Die Fahrdrahthöhe an Bahnübergängen beträgt, unter Berücksichtigung *dynamischer Bewegungen* sowie *Eislast* und *Toleranzen*, mindestens 5,50 m nach DIN EN 50 122-1 [12.30]. Bei 15-kV-16,7-Hz-Oberleitungen ist zwischen 4,0 m Fahrzeugoberkante und Fahrdrahtunterkante somit mindestens 1,5 m erforderlich. In diesem Fall sind keine *Straßenverkehrsschilder* zur Begrenzung der Fahrzeughöhe notwendig. Ist auf konventionellen Strecken nach TSI ENE CR 5,0 m Fahrdrahthöhe vorhanden, sind *Straßenverkehrsschilder* nach der Straßenverkehrs-Ordnung (StVO) notwendig, welche die *Durchfahrtshöhe* in diesem Fall auf 4,0 m begrenzen. Somit besteht nach DIN EN 50 122-1: 2011 mindestens 1,0 m *Sicherheitsabstand* zwischen Fahrzeugoberkante und Fahrdrahtunterkante (Tabelle 12.17). Sind die Verringerung auf 4,0 m Durchfahrtshöhe und die Anhebung über 5,0 m Fahrdrahthöhe nicht möglich, sind Profiltore (Bild 14.33) auf beiden Seiten des Bahnübergangs zu planen. Mit *Profiltoren* lässt sich der Sicherheitsabstand zwischen Fahrdraht und Fahrzeug auf 0,50 m verringern (DIN EN 50 122-1). Die kleinste Fahrdrahthöhe 4,8 m nach [12.12] lässt sich mit einem Profiltor, welches die Fahrzeughöhe auf 4,3 m begrenzt, realisieren (Tabelle 12.17 und Abschnitt 14.7). Das im Abschnitt 14.7.1 aufgeführte Beispiel 14.1 enthält die Ermittlung der Fahrdrahthöhe am Bahnübergang. Danach beträgt die Fahrdrahthöhe in Ruhelage am Stützpunkt mindestens 5,67 m. Die DB berücksichtigt 5,75 m Fahrdrahthöhe in Ruhelage an den Stützpunkten für die mit Nachspanneinrichtungen versehenen Oberleitungsbauarten Re100 und Re200.

Der Auftraggeber trifft die Entscheidung, die Zugkraftverringerung durch Rückstellkräfte (siehe Abschnitt 4.5.6 und [12.23]) oder durch Verlängerung der Fahrdrahtliegezeit [12.36] zu berücksichtigen.

Für Fahrleitungen mit festem Tragseil ist die Fahrdrahthöhe am Stützpunkt höher als 5,75 m entsprechend der Spannweite und des zu erwartenden Fahrdrahtdurchhangs bei höchster Fahrdraht- und Tragseiltemperatur zu planen. Bei 5,5 m Fahrdrahthöhe ist an Bahnübergängen somit eine Kettenwerksanhebung auf mindestens 5,75 m mit den nach DIN EN 50 119 notwendigen Neigungen und Neigungsänderungen zu planen. Bei verringerter Fahrdrahthöhe ist die Planung der erforderlichen Verkehrszeichen und, falls erforderlich, der Profiltore durch den Träger der Straßenbaulast vorzunehmen.

Nach DIN EN 50 122-1:2011 und der Straßenbahn-Bau- und Betriebsordnung (BOStrab) [12.37] ist für Straßenbahnen im Nahverkehr mindestens 4,7 m lichte Durchfahrtshöhe von der Straßenoberkante bis zu unter Spannung stehenden Teilen der Oberleitungsanlagen bis DC 1,5 kV und AC 1,0 kV vorzusehen. Diese Höhe lässt sich bis auf 4,5 m verringern, wenn das Verkehrszeichen 265 der StVO auf die Höheneinschränkung hinweist. Als zulässige Höhe ist in diesem Fall auf dem Verkehrszeichen die vorhandene lichte Höhe abzüglich 0,5 m Abstand, also 4,0 m Durchfahrtshöhe, anzugeben (DIN EN 50 122-1). Soll die Fahrdrahthöhe auf 4,3 m abgesenkt und 4,0 m Durchfahrtshöhe beibehalten werden, können Profiltore wie bei Fernbahnen die Durchfahrtshöhe begrenzen. Bei der Nutzung von Profiltoren ist ein auf 0,3 m verringerter Abstand zwischen Fahrzeughöhe und Fahrdrahtunterkante möglich (DIN EN 50 122-1).

12.12.5 Bahnenergieleitungen über Bahnübergängen

Im Unterschied zur nachgespannten Fahrleitung sind Bahnenergieleitungen temperaturabhängigen Durchhangsänderungen ausgesetzt, die sich nicht kompensieren lassen. Die Spannweite und Temperatur bestimmen deren Durchhang. Sie müssen 5,5 m Mindestabstand zur Straßenoberfläche haben. Der *Mindestabstand der Bahnenergieleitung* zur Straßenoberfläche ist bei der höchsten Leitertemperatur oder bei Eislast zu ermitteln. Der ungünstigere Wert ergibt die Höhe der Bahnenergieleitung am Stützpunkt.

12.12.6 Bahnenergieleitungen über Straßenbrücken

Überkreuzt eine *Straßenbrücke* die Bahngleise und lassen sich vorhandene parallel zur Gleisanlage verlaufende Bahnenergieleitungen nicht unter der Straßenbrücke mit der Oberleitung gemeinsam oder als Kabel hindurchführen, kann die Bahnenergieleitung über der Straßenbrücke verlaufen. Es ist für diese Anwendung 7 m Mindestabstand zwischen dem tiefsten Punkt der Bahnenergieleitung und der Straßenoberfläche auf der Brücke nach DIN EN 50 423-3-4:2005 vorzusehen. Bei Bahnenergieleitungen über Straßenbrücken besteht zwischen der oberhalb der Straßenbrücke verlaufenden Bahnenergieleitungen zur unterhalb der Straßenbrücke verlaufenden Oberleitungen kein räumlicher Zusammenhang [12.35]. Daher ist 7 m Mindestabstand nach DIN EN 50 423-3-4: 2005 anzuwenden.

12.12.7 Oberleitungen unter Bauwerken

Brücken und andere Bauwerke sind *Zwangspunkte für die Bespannung*, da dort die Maststandorte nicht frei wählbar sind und die Bespannung sich nach den Bauwerken richten muss. Unter Brücken und anderen Bauwerken fehlt häufig der Raum, Kettenwerke ohne Einschränkungen und besondere Maßnahmen am Bauwerk anordnen zu können. Schwierigkeiten können *Überlappungen* oder *Weichenbespannungen* unter Brücken bereiten. Bei der Planung von Oberleitungen unter Brücken oder anderen Bauwerken ist das Einhalten von elektrischen Mindestabständen zwischen den aktiven Teilen der Oberleitung und dem Bauwerk sowie des Fahrdrahts zur Schienenoberkante nachzuweisen. Mit den Angaben zur Brücke wie lichte Höhe, Überdeckungsbreite, Kreuzungswinkel, Neigung der Brücke längs und quer zum Gleis sowie dem Profil der Brückenunterseite ist der kritische Abstand, die Luftstrecke, zwischen der Brücke und dem nächstgelegenen aktiven Bauteil der Oberleitungsanlage zu ermitteln. Die kleinsten Luftstrecken S gemäß DIN EN 50 119 sind in der Tabelle 2.14 angegeben. Betreiber nutzen diese häufig nicht aus, sondern vergrößern den Schutzabstand oder nutzen isolierte Tragseile. Die DB hält unter und neben Bauwerken dauernd mindestens 500 mm Schutzabstand S_d ein. Damit lassen sich Überschläge durch Vogelflug, Eiszapfenbildung im Winter oder Wasserfäden vermeiden. Bei kleineren Abständen als 500 mm zwischen Bauwerk und Tragseil verwendet die DB isolierte Tragseile. Unter Bauwerken sollte der Fahrdraht ohne Vordurchhang verlegt werden. Das Gewicht des isolierten Tragseils wird bei der Hängerberechnung berücksichtigt.

Beim *Abstandsnachweis* ist die Abnutzung des Fahrdrahts zu berücksichtigen. Eine 20 %-ige Abnutzung des Fahrdrahts entlastet das Tragseil. Dies führt zu einer höheren Lage des Tragseils. Der Mindestabstand darf auch unter dieser Bedingung nicht unterschritten werden.

Würde der Mindestabstand S nach Bild 12.43 und Tabelle 12.3 bei der Nennfahrdraht- und -systemhöhe unterschritten, so lässt sich zunächst der Abstand zwischen Bauwerk und Tragseil durch Verlängerung der Spannweite vergrößern. Der parabelförmige Verlauf des Tragseildurchhangs ergibt an den Bauwerkskanten einen größeren Abstand zwischen Tragseil und Bauwerk. Falls diese Maßnahme nicht ausreicht, ist das Tragseil durch Verringerung der Systemhöhe h_{SH} abzusenken. Eine Grenze ergibt sich beim Erreichen der Mindesthängerlänge in Feldmitte (Bild 12.43). Es sollten auch unter Bauwerken flexible Hänger verwendet werden, die das Zusammenwirken von Stromabnehmer und Oberleitung nicht stören. Die Betriebsgeschwindigkeit v beeinflusst die Länge und das Materials der flexiblen Hänger. Für die bei der DB verwendeten Bronze-Hänger beträgt die Mindesthängerlänge

- 300 mm für $v \leq 120$ km/h,
- 500 mm für 120 km/h $< v \leq 230$ km/h und
- 600 mm für $v \geq 230$ km/h.

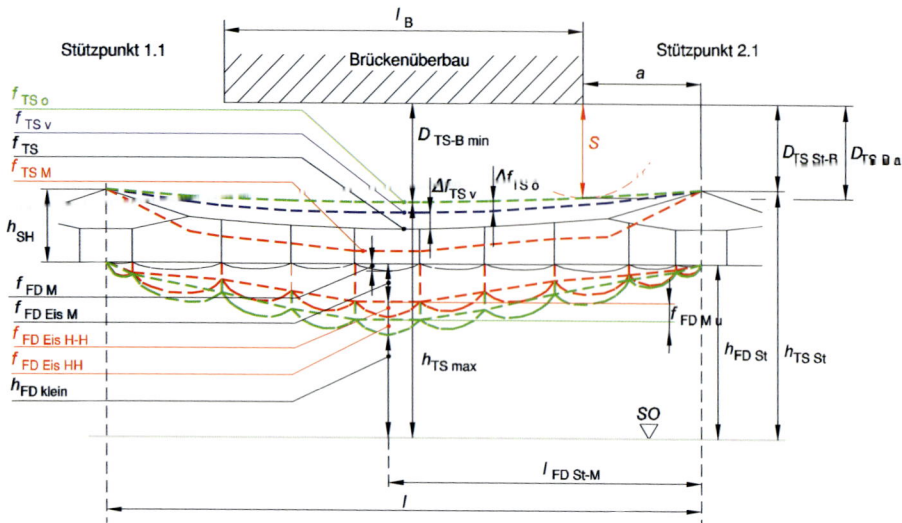

Bild 12.43: Abstände und Durchhänge der Oberleitung unter Bauwerken.
Ruhelage ohne Fahrdrahtverschleiß, Fahrdrahtlage bei Schnee- und Eislast,
Tragseillage bei 20 % Fahrdrahtverschleiß, Tragseillage bei Fahrdrahtverschleiß und Eislast,
Fahrdrahtlage bei Eislast und Stromabnehmerdurchgang

Kürzere *Mindesthängerlängen* sind mit biegewechselbeständigem Hängerseil oder schrägen Hängern, auch als Seil-Dreieck bezeichnet, möglich (Bilder 12.44 a), 12.44 b) und 11.46).

Wenn eine weitere Ermäßigung der Tragseilhöhe erforderlich ist, lassen sich *Gleithänger* mit ungefähr 70 mm Einbauhöhe anstelle von üblichen Hängern verwenden. Die Folgen sind allerdings stark schwankende Elastizität, ungleicher Verschleiß und eine Wölbung des Fahrdrahts nach oben. Gleithänger sind nur für Geschwindigkeiten bis 80 km/h geeignet.

Ungeeignet sind Gleithänger nach Bild 12.45, die in regelmäßigen Abständen zu überwachen sind. Weitere Ausführungen zu Gleithängern enthält der Abschnitt 11.2.2.7.

Ist die Verringerung der Tragseilhöhe noch nicht ausreichend, so lässt sich der Fahrdraht bis auf die *kleinste Fahrdrahthöhe* 5,0 m absenken (Tabelle 12.3 und Bild 12.43).

Weitere Möglichkeiten zur Verkleinerung des Einbauraumes von Oberleitungen bestehen in der Verwendung von Doppel- oder Dreifachfahrdraht ohne Tragseil. Wegen der geringen Elastizität solcher Oberleitungen treten nur kleine Fahrdrahtanhübe auf. Isolierplatten an der Unterseite der Brücke ermöglichen die Reduzierung des Abstands zwischen Fahrdraht und Isolierplatte bis auf einen Wert, der sicherstellt, dass weder Fahrdraht noch Stromabnehmer die Isolierplatten berühren (Bild 12.46).

Bei niedrigen Brücken lässt sich das Tragseil am Bauwerk verankern und geerdet unter der Brücke hindurchführen oder auf Fahrdrahthöhe absenken und als zweiter Fahrdraht unter dem Bauwerk hindurchführen. Bei beengten Verhältnissen baut man vor und hinter dem Brückenbauwerk Schutzstrecken ins Kettenwerk. Die dadurch mögliche Erdung

12.12 Zwangspunkte für die Bespannung

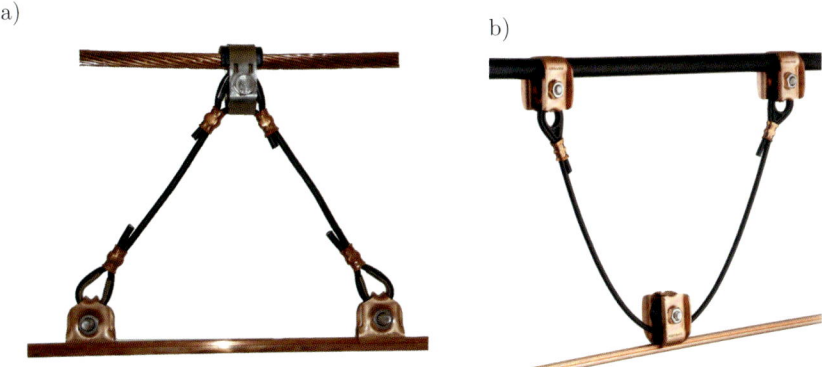

Bild 12.44: Hängerseil-Dreieck unter Bauwerken (Fotos: Kruch, Österreich) [12.26].
a) mit Gleitklemme auf dem Tragseil und festen Abstand zwischen Tragseil und Fahrdraht
b) mit Rolle in der Fahrdrahtklemme und variablem Abstand zwischen Tragseil und Fahrdraht

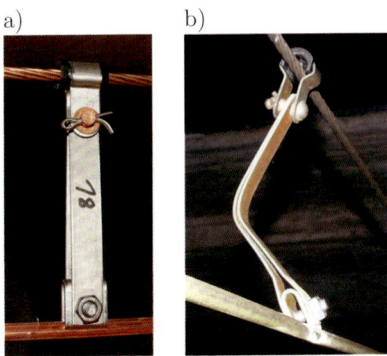

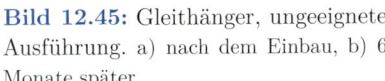

Bild 12.45: Gleithänger, ungeeignete Ausführung. a) nach dem Einbau, b) 6 Monate später

Bild 12.46: Isolierplatte und isoliertes Tragseil in Oslo S, Norwegen (Foto: JBV Norwegen, T. Pedersen).

des Fahrdrahts unter der Brücke erlaubt die *Verkleinerung des Abstandes* zwischen Fahrdraht und Bauwerk bis auf den mechanischen Abstand unter Berücksichtigung des dynamischen Anhubs. Allerdings ist dann bei jeder Unterquerung der Hauptschalter des Triebfahrzeugs zu bestätigen.

Starre Stromschienen unter Bauwerken bringen in Bezug zur flexiblen Oberleitung keine Vorteile. Die Einbauhöhe der Stromschiene ist größer als die von Doppel- oder Dreifachfahrdraht. Der Übergang von der flexiblen Oberleitung auf die starre Stromschiene bei Geschwindigkeiten über 100 km/h beeinträchtigt das Zusammenwirken von Stromschiene und Stromabnehmer. Wenn solche Maßnahmen nicht ausreichen, wird eine Gleisabsenkung, eine Brückenanhebung oder ein Brückenneubau erforderlich.

Sind die Fahrdrahthöhe, Systemhöhe und *Spannweite des Brückenfeldes* festgelegt, folgt die Auslegung der Fahrdrahtneigung in den angrenzenden Feldern. Zu unterschei-

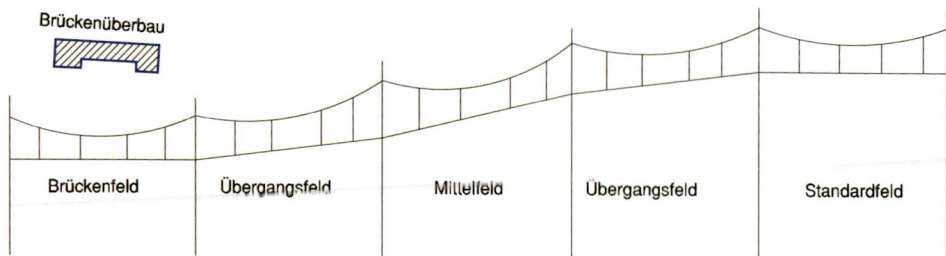

Bild 12.47: Anordnung der Übergangs- und Mittelfelder bei Oberleitungsabsenkungen.

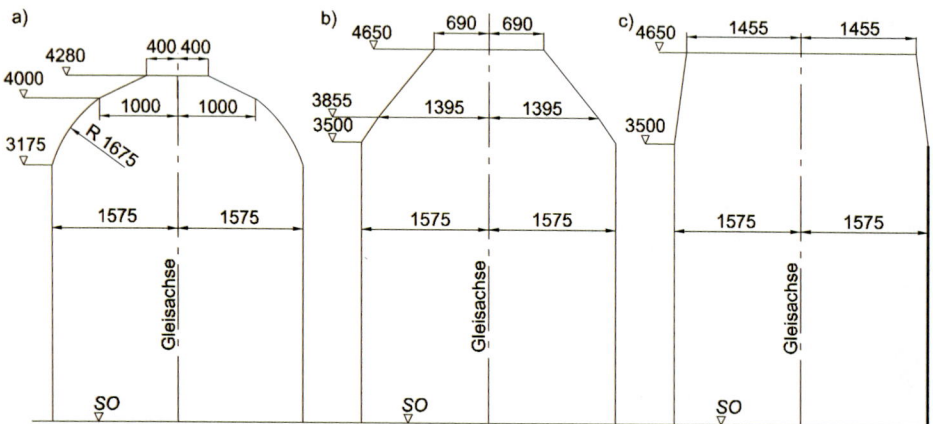

Bild 12.48: Begrenzungslinien für Fahrzeuge (Lademaß) nach EBO.
a) G 1 nach EBO [12.38] für internationalen Verkehr, b) G 2 nach EBO [12.38] für nationalen Verkehr,
c) GC nach TSI RS FW CR:2006 [12.39]

den sind Übergangs- und Mittelfelder (Bild 12.47). Die höchstzulässigen Neigungen in den Übergangs- und Mittelfeldern hängen von der Betriebsgeschwindigkeit ab (Tabelle 12.18). Der niedrigste Punkt des Fahrdrahtes in einem der Übergangs- oder Mittelfelder darf nicht niedriger als die kleinste Fahrdrahthöhe sein.

Die Gestaltung der *Oberleitungsabsenkung* beginnt mit dem Spannfeld unter dem Hindernis durch Ermittlung der kleinsten Fahrdrahthöhe $h_{FD\,klein}$ (Bild 12.43), deren korrekte Ermittlung die für die Elektrifizierung notwendigen Kosten für bauliche Anlagen bestimmt. Die kleinste Fahrdrahthöhe $h_{FD\,klein}$ setzt sich zusammen aus:

– Höhe der statischen Begrenzungslinie des Fahrzeugs

Die Ausgangshöhe zur Ermittlung der kleinsten Fahrdrahthöhe $h_{FD\,klein}$ ist die statische Begrenzungslinie des Fahrzeugs, auch als Lademaß bezeichnet [12.12]. Diese beträgt für Fahrzeuge im nationalen und im internationalen Verkehr 4280 mm bzw. 4650 mm (Bild 12.48 a) und b)) nach EBO [12.38] und 4650 mm für das GC-Profil nach [12.39] (Bild 12.48 c)). Die statische Fahrzeugbegrenzungslinie beinhaltet bereits 50 mm Hebungsreserve, sodass eine Vorsorge für Gleisanhub

12.12 Zwangspunkte für die Bespannung

Tabelle 12.18: Fahrdrahtneigungen bei Oberleitungsabsenkungen gemäß DIN EN 50 119:2010 [12.23].

Betriebsgeschwindigkeit km/h	maximale Neigung	‰	maximaler Neigungswechsel	‰
≤ 50	1/40	25	1/40	25
≤ 60	1/50	20	1/100	10
≤ 100	1/167	6	1/333	3
≤ 120	1/250	4	1/500	2
≤ 160	1/300	3,3	1/600	1,7
≤ 200	1/500	2,0	1/1000	1,0
≤ 250	1/1000	1,0	1/2000	0,5
> 250	0	0,0	0	0,0

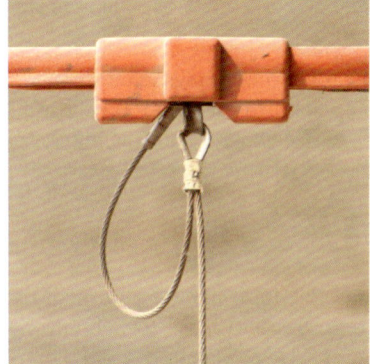

Bild 12.49: Tragseilschutz unter einer Brücke für die 25-kV-Hochgeschwindigkeitsstrecke Zhengzhou–Xi'an, China.

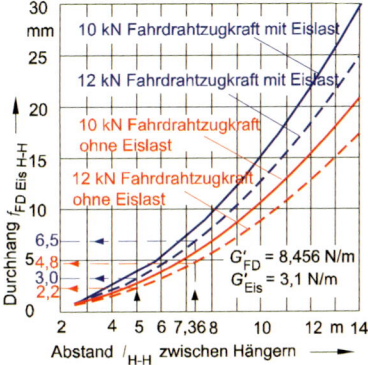

Bild 12.50: Maximaler Fahrdrahtdurchhang zwischen den Hängern mit und ohne Eislast in der Eislastzone I1 für ein Kettenwerk mit AC-100-Fahrdraht.

nur bei größeren Werten zu berücksichtigen ist. Bei fester Fahrbahn ist keine Hebungsreserve vorzusehen (siehe auch Tabelle 12.3).

– Elektrischer Mindestabstand

Der elektrische Mindestabstand in Luft nach Kapitel 2, Tabelle 2.14, bezieht sich auf die obere Fahrzeugbegrenzungslinie und hängt von der Nennspannung der Oberleitung ab. Dabei ist zwischen dauernden und kurzzeitigen Annäherungen zu unterscheiden. Für die Berechnung der kleinsten Fahrdrahthöhe $h_{\text{FD klein}}$ für 15 kV Oberleitungen ist 150 mm als dauernder und 100 mm als kurzzeitiger Abstand einzuhalten [12.12].

– Querneigung des Gleises

Im Falle von Gleisüberhöhungen u unter dem Bauwerk ist eine seitliche Neigung $T_{\text{quer}} = 2/3\, u$ in Höhe der Oberleitung zu berücksichtigen, die aus dem Gleislageplan ersichtlich ist.

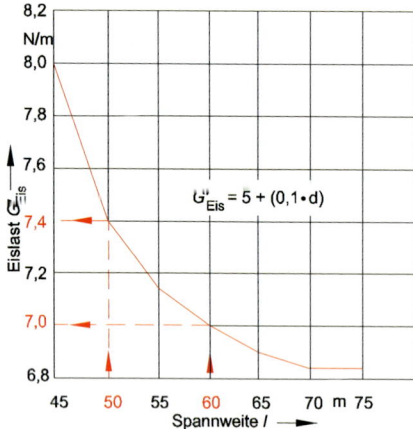

Bild 12.51: Eislast G'_{Eis} in Eislastzone I1 pro Meter Kettenwerk mit neuem AC-100-Fahrdraht in Abhängigkeit von der Längsspannweite.

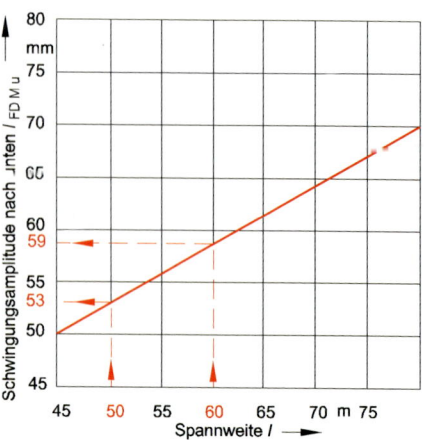

Bild 12.52: Schwingungsamplitude nach unten in Feldmitte für AC-100-Fahrdraht nach Stromabnehmerdurchgang mit 250 N Kontaktkraft [12.40].

- Gleislängsneigungen
  Bei Gleisen mit Längsneigungen oder dem Wechsel der Längsneigung unter Bauwerken ist die Gleislängsneigung $T_{längs}$ in Höhe der Oberleitung zu beachten, die dem Gleislageplan zu entnehmen ist. Diese führt in Abhängigkeit von der Überdeckungsbreite des Bauwerks zur Verringerung der kleinsten Fahrdrahthöhe.
- Fahrdrahtdurchhang zwischen den Hängern infolge Eislast
  Zwischen den Hängern tritt ein zusätzlicher Durchhang des Fahrdrahts infolge Eislast auf. Bild 12.50 zeigt den Fahrdrahtdurchhang für die Zugspannungen 10 kN und 12 kN mit und ohne Eislast, wobei die Eislast von der Eislastzone (Abschnitt 2.4.3) und dem Leiterdurchmesser abhängt. In den meisten Gebieten Deutschlands lässt sich die Eislastzone I1 anwenden. Der Fahrdrahtdurchhang $f_{FD\,H-H}$ zwischen benachbarten Hängern hängt auch vom Abstand zwischen den Hängern und der Fahrdrahtzugkraft ab.
- Fahrdrahtdurchhang zwischen den Stützpunkten infolge Eislast
  Eislast am Fahrdraht, Tragseil, Y-Seil und Hängern erhöhen die Last G'_{OL} auf $G'_{OL\,Eis}$ bezogen auf die Spannfeldlänge durch die längenbezogene Eislast G'_{Eis}. Daher bildet sich ein zusätzlicher Durchhang der Oberleitung und damit auch ein Durchhang des Fahrdrahtes $f_{FD\,St-St}$ zwischen den benachbarten Stützpunkten, der bei der Berechnung der kleinsten Fahrdrahthöhe zu berücksichtigen ist. Bild 12.51 zeigt die längenbezogene Eislast G'_{Eis} gemäß DIN EN 50 341-1-3 (siehe Bild 2.31) für die Eislastzone I1 für die Oberleitungsbauarten Re100, Re200 und Sicat S1.0 unter Berücksichtigung der tatsächlichen Leiterlängen innerhalb des Spannfeldes. Da bei kurzen Spannweiten das Verhältnis Hängerlänge/Spannweite größer ist als bei langen Spannweiten, ergibt sich ein nicht linearer Zusammen-

12.12 Zwangspunkte für die Bespannung

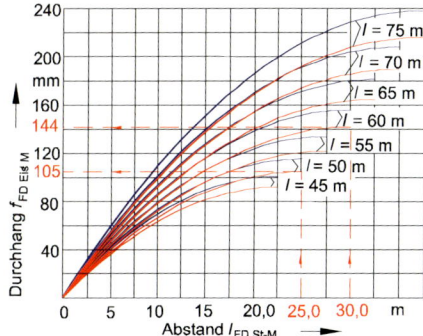

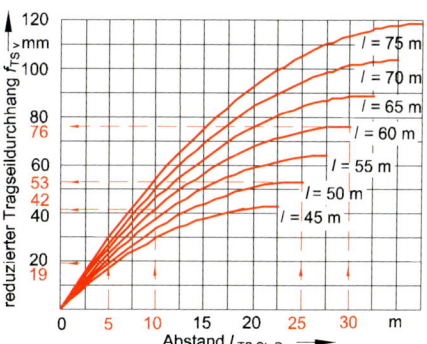

Bild 12.53: Zusätzlicher Fahrdrahtdurchhang $f_{FD\,Eis\,M}$ in Feldmitte infolge Eislast in der Eislastzone I1 für ein Kettenwerk mit AC-100-Fahrdraht. 12 kN Fahrdrahtzugkraft, rot, 10 kN Fahrdrahtzugkraft blau, jeweils 10 kN Tragseilzugkraft, Eislast pro Meter Kettenwerk aus Bild 12.51

Bild 12.54: Reduzierter Tragseildurchhang $f_{TS\,v}$ im Abstand $l_{TS\,St-x}$ vom Tragseilstützpunkt zur Nachweisstelle x infolge 20% Fahrdrahtverschleiß für ein Kettenwerk mit AC-100-Fahrdraht, 12 kN Fahrdrahtzugkraft, 10 kN Tragseilzugkraft.

hang zwischen Eislast und Spannweite. In Bild 12.53 wird der Fahrdrahtdurchhang $f_{FD\,St-St}$ zwischen benachbarten Stützpunkten entsprechend der bezogenen Eislast im Bild 12.51 dargestellt.

– Fahrdrahtschwingung nach unten infolge des Stromabnehmerdurchgangs
Nach dem Stromabnehmerdurchgang wird eine Schwingung des Fahrdrahtes mit der Amplitude $f_{FD\,St-St\,u}$ durch den Anhub des Fahrdrahts hervorgerufen, wobei der Fahrdraht unter seine Ruhelage schwingt. Dieser dynamische Prozess hält nur für eine kurze Dauer an, wobei Vorgänge bis 5 s als kurzzeitig und größer 5 s als dauernd gelten. Daher gilt in diesem Fall 100 mm vertikaler, elektrischer Mindestabstand in Luft. Im Bild 12.52 ist die Fahrdrahtschwingung $f_{FD\,St-St\,u}$ nach unten abhängig von der Spannweite dargestellt.

– Fahrdrahthöhentoleranz
Die Toleranz der Fahrdrahthöhe $T_{FD\,Höhe}$ hängt von der Betriebsgeschwindigkeit und den Vertragsbedingungen ab. Für die Oberleitungsbauarten Re100, Re200 und Sicat S betragen diese in Deutschland 100 mm [12.41, 12.42]. Die DB reduziert diese für die Bauarten Re250, Re330 und Sicat H auf 30 mm [12.42, 12.30]. Im Bereich von Bahnübergängen und unter Bauwerken verringert die DB die Fahrdrahthöhentoleranz auf 10 mm [12.42].

Die kleinste Fahrdrahthöhe $h_{FD\,klein}$ ergibt sich durch Addition folgender Parameter:
– Fahrzeugbegrenzungslinie GC oder EBO
– Dauernder oder kurzzeitiger elektrischer Mindestabstand in Luft S_d bzw. S_k
– Seitliche Gleisneigung T_{quer}
– Gleislängsneigung $T_{längs}$
– Fahrdrahtdurchhang $f_{FD\,Eis\,H-H}$ zwischen den Hängern infolge Eislast

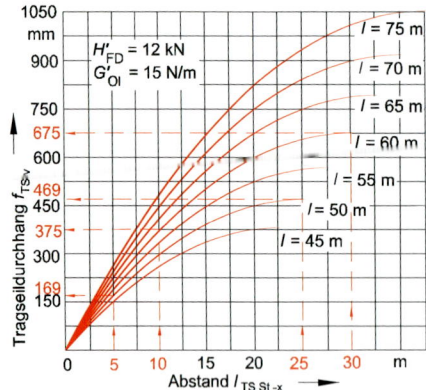
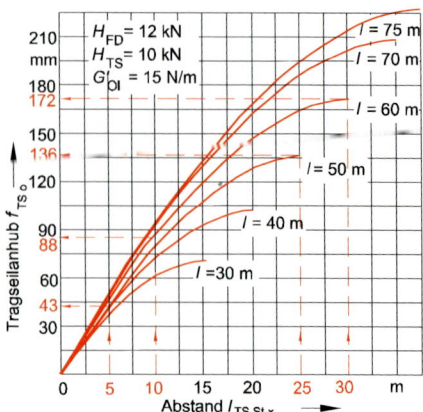

Bild 12.55: Tragseildurchhang f_{TS} ohne Eislast für ein Kettenwerk mit neuem AC-100-Fahrdraht für die Oberleitungsbauart Sicat S1.0 im Abstand $l_{TS\,St-x}$ zwischen Tragseilstützpunkt und der Stelle x.

Bild 12.56: Tragseilanhub $f_{TS\,o}$ infolge des Stromabnehmerdurchgangs mit 250 N maximaler Kontaktkraft bei 200 km/h im Abstand $l_{TS\,St-x}$ zwischen dem Tragseilstützpunkt und der Stelle x [12.40].

- Fahrdrahtdurchhang $f_{FD\,Eis\,M}$ in Spannfeldmitte infolge Eislast
- Fahrdrahtschwingung $f_{FD\,M\,u}$ nach unten in Feldmitte infolge Stromabnehmerdurchgang
- Fahrdrahttoleranz $T_{FD\,Höhe}$

Nach der Bestimmung der kleinsten Fahrdrahthöhe folgt die Berechnung der größten Tragseilhöhe unter Beachtung des elektrischen Mindestabstands in Luft zwischen Tragseil und Bauwerk (Bild 12.43). Die dauernde oder kurzzeitige Annäherung des Tragseils oder des Fahrdrahts bei Verwendung von Fahrdrähten ohne Tragseil darf zu keiner Unterschreitung des elektrischen Mindestabstands zum Bauwerk führen. Die größte Tragseilhöhe besteht aus

- Tragseildurchhang zwischen den Stützpunkten

  Der Tragseildurchhang hängt von der Zugkraft und dem längenbezogenen Gewicht des Tragseils ab (Tabelle 11.6). Bild 12.55 zeigt den Tragseildurchhang $f_{TS\,St-x}$ im Abstand $l_{TS\,St-x}$ zwischen Tragseilstützpunkt und der Stelle x für unterschiedliche Spannweiten l für die Oberleitungsbauart Sicat S1.0.

- verminderter Tragseildurchhang bei 20 % Fahrdrahtverschleiß

  Durch Verschleiß des Fahrdrahts vermindert sich der Durchhang des Tragseils und erreicht den kleinsten Wert bei 20 % Fahrdrahtverschleiß. Der Tragseildurchhang verringert sich dauerhaft um den Wert $f_{TS\,v}$ in Bezug auf die Tragseillage ohne Verschleiß. Bild 12.54 zeigt den Tragseilanhub $f_{TS\,v}$ zwischen Tragseilstützpunkt und der Stelle x für unterschiedliche Spannweiten l für die Oberleitungsbauarten Re100, Re200 und Sicat S1.0.

- Tragseilanhub bei Durchgang des Stromabnehmers

  Der Tragseildurchhang vermindert sich kurzzeitig, während ein Stromabnehmer

12.12 Zwangspunkte für die Bespannung

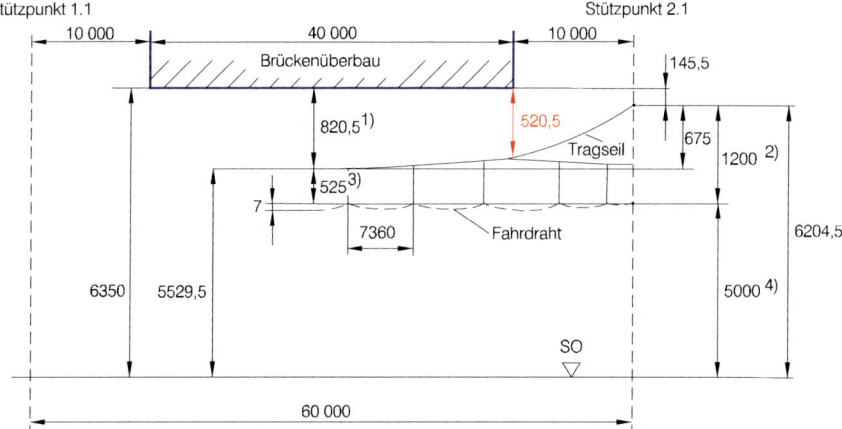

Bild 12.57: Anordnung eines Feldes unter der Brücke nach Beispiel 12.7 mit 60 m Spannweite und 7,36 m Hängerabstand. Alle Werte in mm
[1]) Abstand der unteren Fläche des Überbaus und der Oberkante des Tragseils
[2]) Höhe zwischen der Unterkante des Fahrdrahts und der Mitte des Tragseils
[3]) Abstand zwischen der Unterkante des Fahrdrahts und der Mitte des Tragseils (Tragseildurchmesser 9 mm, Fahrdrahtdurchmesser 12 mm)
[4]) Abstand zwischen der Schienenoberkante und der Unterkante des Fahrdrahts

das Bauwerk unterquert. Infolge seiner statischen und dynamischen Kontaktkraft hebt der Stromabnehmer kurzzeitig den Fahrdraht an. Damit verringert sich die Fahrdrahtlast und über die Hänger die Tragseillast, sodass sich das Tragseil kurzzeitig anhebt und dem Bauwerk nähert. Bild 12.56 zeigt den Tragseilanhub f_{TSo} für die Oberleitungsbauart Re100, Re200 und Sicat S1.0, wenn ein Stromabnehmer mit 250 N Kontaktkraft mit 200 km/h das Bauwerk passiert. DIN EN 50119 begrenzt die maximale Kontaktkraft für Wechselstromoberleitungen bis 200 km/h Betriebsgeschwindigkeit auf 300 N und über 200 km/h auf 350 N. Die DB beschränkt die maximale Kontaktkraft unter Bauwerken auf 250 N [12.40].
– Toleranz der Tragseilhöhe
Die Toleranz $T_{TS\,Höhe}$ der Tragseilhöhe hängt von der Art der Oberleitung und den Vertragsbedingungen ab und beträgt höchstens 100 mm für die Oberleitungsbauarten Re100, Re200 und Sicat S1.0.

Der elektrische Mindestabstand $S_d = 150$ mm zwischen Tragseil und dem Bauwerk ist *dauernd* einzuhalten durch den
– Tragseildurchhang f_{TS},
– Tragseilanhub f_{TSv} unter Berücksichtigung bis 20 % Fahrdrahtverschleiß und der
– Tragseiltoleranz $T_{TS\,Höhe}$.

Das Tragseil kann kurzzeitig den elektrischen Mindestabstand $S_k = 100$ mm zum Bauwerk erreichen beim
– Tragseildurchhang f_{TS} mit dem entsprechenden Oberleitungsgewicht und
– Tragseilanhub f_{TSv} infolge bis zu 20 % Fahrdrahtverschleiß und

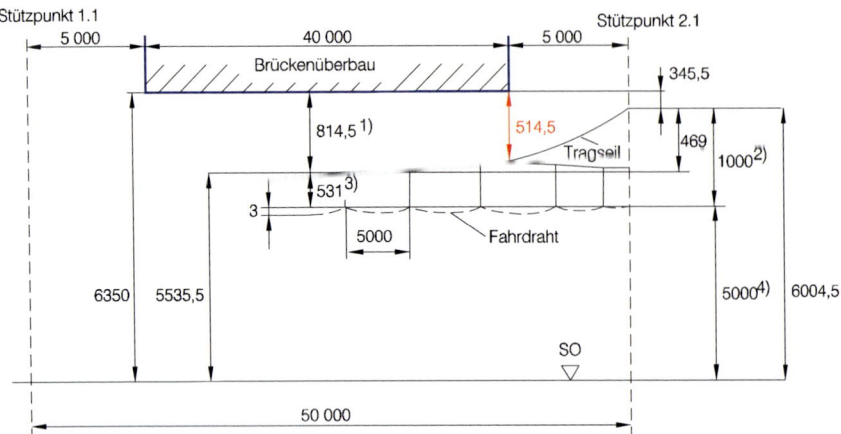

Bild 12.58: Anordnung eines Feldes unter der Brücke nach Beispiel 12.7 mit 50 m Spannweite und 5,0 m Hängerabstand. Alle Werte in mm, Legende siehe Bild 12.57

- Tragseiltoleranz $T_{\text{TS Höhe}}$ am Stützpunkt und
- Tragseilanhub $f_{\text{TS o}}$ beim Durchgang eines Stromabnehmers.

Der Abstand zwischen Tragseil und Bauwerk muss mindestens dem dauernden elektrischen Mindestabstand S_d oder dem kurzzeitigen S_k entsprechen. Zusätzlich geben einige europäische Bahninfrastrukturbetreiber wegen des Vogel- und Anlagenschutzes, z. B. die DB, kunststoffummantelte Tragseile oder Isolierplatten vor, wenn der Abstand zwischen Tragseil und Bauwerk weniger als 0,5 m beträgt [12.43]. Der Schutz des Tragseils muss in diesem Fall für die Nennspannung der Fahrleitung bemessen sein (Bilder 12.46 bzw. 12.49). Nach der Berechnung der kleinsten Fahrdrahthöhe und der größten Tragseilhöhe, lässt sich der Raum für das Kettenwerk bestimmen und die kleinste Hängerlänge in Feldmitte unter dem Bauwerk berechnen. Die kleinste Hängerlänge sollte nicht geringer sein als die Werte in Abschnitt 12.12.7.

Beispiel 12.7: Es ist eine Kettenwerksabsenkung für eine Schotterfahrbahn mit den Bauwerksdaten nach Bild 12.57 zu planen. Gesucht sind die kleinste Fahrdrahthöhe, die größte Tragseilhöhe und die Systemhöhe für die kleinste Fahrdrahthöhe und die größte Tragseilhöhe für das Brückenfeld, wobei zwei Optionen zu berechnen sind. Bei der Option 1 ist das Brückenfeld 60 m lang und hat 7,36 m Hängerabstand, bei der Option 2 sind dies 50 m und 5,00 m. Nach der Ermittlung der kleinsten Fahrdrahthöhe und der größten Tragseilhöhe sind die auszuführende Fahrdrahthöhe, Tragseilhöhe und Systemhöhe unter Beachtung der Mindesthängerlänge zu wählen. Für den Absenkungsbereich neben dem Bauwerk sind die Fahrdrahthöhe und die Tragseilhöhe zu ermitteln. Als Bezugshöhe für die kleinste Fahrdrahthöhe gilt 4,65 m für die statische Fahrzeugsbegrenzungslinie nach EBO und GC [12.12]. Der Windabtrieb des Fahrdrahts unter der Brücke ist zu vernachlässigen. Das Bauwerk liegt in der Eislastzone I1. Es sind keine Gleithänger nach Bild 12.45 vorzusehen, sondern, falls erforderlich, Seildreiecke nach Bild 12.44. Die Daten zur Berechnung der Kettenwerksabsenkungen in den Bildern 12.57 und 12.58 für die Bauart Sicat S1.0 und $v = 200\,\text{km/h}$ sind:

12.12 Zwangspunkte für die Bespannung

Tabelle 12.19: Berechnung der kleinsten Fahrdrahthöhe, alle Werte in mm.

Option	1		2	
Spannweitenlänge	60 000		50 000	
Hängerabstand	7 360		5 000	
Bezugsprofil	statische Fahrzeugbegrenzungslinie nach EBO und GC			
Bezugshöhe	4 650			
Wert für Vergrößerungen in Bögen	–		–	
Wert für Vergrößerung bei Gleisneigungswechsel	–		–	
Gleishebungsreserve	bereits in der Fahrzeugbegrenzungslinie enthalten			
elektrischer Mindestabstand S	dauernd	kurzzeitig	dauernd	kurzzeitig
	150	100	150	100
Fahrdrahthöhentoleranz $T_{FD\,Höhe}$	10	10	10	10
Fahrdrahtschwingung $f_{FD\,M\,u}$ nach unten in Feldmitte (Bild 12.52)	0	59	0	53
Fahrdrahtdurchhang $f_{FD\,Eis\,H-H}$ zwischen Hängern mit Eislast (Bild 12.50)	7	7	3	3
Fahrdrahtdurchhang $f_{FD\,M}$ in Feldmitte infolge Eislast (Bild 12.53)	144	144	105	105
kleinste Fahrdrahthöhe $h_{FD\,klein}$ am Stützpunkt	4961	4970	4918	4921

- Höchste Betriebsgeschwindigkeit v — 200 km/h
- Nennspannung — 15 kV
- Oberleitungsbauart — Sicat S1.0
- Zugkraft im Fahrdraht — 12 kN
- Zugkraft im Tragseil — 10 kN
- Spannfeldlänge l unter der Brücke, Option 1 — 60 m
- Spannfeldlänge l unter der Brücke, Option 2 — 50 m
- Hängerabstand im Spannfeld unter der Brücke, Option 1 — 7,36 m
- Hängerabstand im Spannfeld unter der Brücke, Option 2 — 5,00 m
- Lichte Höhe der Brücke h_{LH} — 6,35 m
- Breite des Überbaus — 40 m
- Kreuzungswinkel zwischen Bauwerk und Gleis — 100 gon
- Abstand $l_{TS\,St-x}$ zwischen Oberleitungsstützpunkt und Brücke, Option 1 — 10 m
- Abstand $l_{TS\,St-x}$ zwischen Oberleitungsstützpunkt und Brücke, Option 2 — 5 m
- Überhöhung — 0 m
- Längsneigung — 0 %
- Längenbezogene Last für das Kettenwerk G'_{Ol} — 15 N/m
- Nennsystemhöhe h_{SH} — 1,8 m
- Nennfahrdrahthöhe $h_{FD\,nenn}$ — 5,5 m
- Anpresskraft des Stromabnehmers bei 200 km/h nach [12.6] — 250 N
- kurzzeitiger elektrischer Mindestabstand S_k für 15 kV — 0,10 m
- dauernder elektrischer Mindestabstand S_d für 15 kV — 0,15 m
- Fahrdrahthöhentoleranz $T_{FD\,Höhe}$ nach [12.42] — ±0,010 m
- eingeschränkte Tragseilhöhentoleranz $T_{TS\,Höhe}$ — ±0,030 m

Tabelle 12.20: Berechnung der größten Tragseilhöhe am Stützpunkt, alle Werte in mm

Option	1		2	
Spannweitenlänge	60 000		50 000	
horizontaler Abstand zwischen Tragseilstützpunkt und Bauwerkskante	10 000		5 000	
elektrischer Mindestabstand S in Luft für 15 kV	dauernd 150	kurzzeitig 100	dauernd 150	kurzzeitig 100
Tragseilanhub $f_{TS\,o}$ an der Bauwerkskante infolge Stromabnehmerdurchfahrt[1] (Bild 12.56)	0	88	0	43
Tragseilanhub $f_{TS\,v}$ infolge 20 % Fahrdrahtverschleiß an der Bauwerkskante (Bild 12.54)	42	42	19	19
Tragseiltoleranz T_{TS}	30	30	30	30
Minimaler vertikaler Abstand S_{min} zwischen Tragseil und Brücke [1]	222[2]	260[2]	199[2]	192[2]
Tragseildurchhang an der Bauwerkskante ohne Eis (Bild 12.55)	375	375	169	169
Vertikale Differenz zwischen Bauwerksunterkante und Tragseilstützpunkt	+153	+115	−30	−23
Tragseildurchhang in Feldmitte ohne Eislast nach (Bild 12.55)	675	675	469	469
Abstand zwischen Tragseiloberkante und Bauwerksunterkante in Feldmitte	675 − (+115) = 560		469 − (−30) = 499	
Lichte Brückenhöhe h_{LH}	6 350			
Größte Höhe der Tragseiloberkante am Stützpunkt	6 350 + (+115) = 6 465		6 350 + (−30) = 6 320	
Größte Höhe der Tragseiloberkante in Feldmitte	6 465 − 675 = 5 790		6 320 − 469 = 5 851	

[1] für den Tragseilanhub wird 250 N maximale Kontaktkraft des Stromabnehmers angenommen
[2] für Abstände kleiner 500 mm verwendet die DB kunststoffummantelte Tragseile

– Berechnung der kleinsten Fahrdrahthöhe
Die kleinste Fahrdrahthöhe ist in Tabelle 12.19 berechnet. Die kleinste Fahrdrahthöhe am Stützpunkt darf bei den Optionen 1 und 2 4970 mm bzw. 4921 mm nicht unterschreiten. Der kurzzeitige elektrische Mindestabstand bestimmt die kleinste mögliche Fahrdrahthöhe.

– Berechnung der größten Tragseilhöhe am Stützpunkt
Die größte Tragseilhöhe am Stützpunkt wird in Tabelle 12.20 berechnet. Die rot markierten Werte sind die größten erforderlichen, elektrischen Abstände und sind für die nachfolgenden Berechnungsschritte zu verwenden. Einige Infrastrukturbetreiber wie die DB verwenden 0,5 m als kleinsten elektrischen Abstand zwischen Tragseil und Bauwerk.

– Wahl der Tragseil-, Fahrdraht- und Systemhöhe am Stützpunkt
In der Tabelle 12.22 ist die Wahl der Fahrdrahthöhe an den Stützpunkten, die Mindestsystemhöhe an den Stützpunkten, die Hängerlänge in Feldmitte und der vorhandene Abstand zwischen Tragseil und Brücke in Feldmitte dargestellt. Der Abstand zwischen Fahrdraht und Tragseil in Feldmitte ist größer als die Mindesthängerlänge 500 mm.

12.12 Zwangspunkte für die Bespannung

Tabelle 12.21: Systemhöhe

Option	1	2
Größte Tragseilhöhe am Stützpunkt an der Tragseiloberkante	6 465,0	6 320,0
Radius des Tragseils	4,5	4,5
Kleinste Fahrdrahthöhe am Stützpunkt	4 970	4 921
Systemhöhe	6 465 − 4,5 − 4 970 = 1 490,5	6 320 − 4,5 − 4 921 = 1 394,5

Tabelle 12.22: Wahl der Tragseil-, Fahrdraht- und Systemhöhe am Stützpunkt

Option	1	2
Gewählte Fahrdrahthöhe am Stützpunkt	5 000	5 000
Kleinster Abstand zwischen Tragseil und Fahrdraht am Hänger in Feldmitte	500	
Tragseildurchhang in Feldmitte ohne Eislast nach (Bild 12.55)	675	469
Mindestsystemhöhe	500 + 675 = 1 175	500 + 469 = 969
Gewählte Systemhöhe	1 200	1 000
Vorhandener Abstand zwischen Tragseil und Fahrdraht in Feldmitte (Hängerlänge)	1 200 − 675 = 525	1 000 − 469 = 531
Radius des Tragseils	4,5	
Vorhandene Höhe der Tragseiloberkante am Stützpunkt	5 000 + 1 200 + 4,5 = 6 204,5	5 000 + 1 000 + 4,5 = 6 004,5
Vorhandene Höhe der Tragseiloberkante in Feldmitte	6 204,5 − 675 = 5 529,5	6 004,5 − 469 = 5 535,5
Vorhandener Abstand zwischen Tragseil und Brücke in Feldmitte	6 350 − 5 529,5 = 820,5	6 350 − 5 535,5 = 814,5

− Berechnung der Systemhöhe
Die Systemhöhe ist in Tabelle 12.21 berechnet.
− Berechnung des vorhandenen Abstands zwischen Bauwerk und Tragseil
Die gewählten Anordnungen lassen bei beiden Optionen die kleinste Fahrdrahtnennhöhe 5,0 m nach [12.6] zu. Bei Eislast unterschreitet die Fahrdrahthöhe 4,80 m nicht [12.12]. Bei den Optionen 1 und 2 beträgt die kürzeste Hängerlänge in Feldmitte 525 mm bzw. 531 mm und ist jeweils länger als 500 mm Mindesthängerlänge nach Abschnitt 12.10.

Tabelle 12.23: Berechnung des vorhandenen Abstands zwischen Bauwerk und Tragseil

Option	1	2
Tragseilhöhe am Stützpunkt	6 204,5	6 004,5
Tragseildurchhang an der Brückenkante	375	169
Tragseilhöhe an der Brückenkante	6 204,5 − 375 = 5 829,5	6 004,5 − 169 = 5 835,5
Lichte Höhe der Brücke	6 350	6 350
Abstand Tragseil/Brückenkante	6 350 − 5 829,5 = 520,5	6 350 − 5 835,5 = 514,5

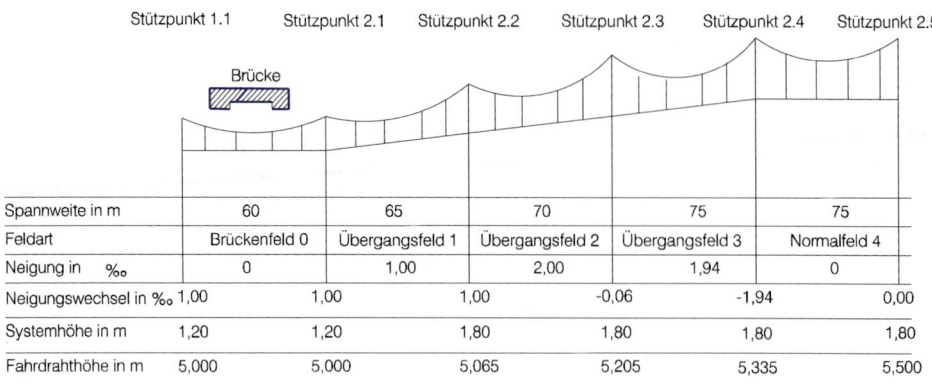

Bild 12.59: Anordnung der Spannweiten neben dem 60-m-Brückenfeld nach Beispiel 12.7.

Die Abstände zwischen Tragseiloberkante und Brückenkante sind 520,5 mm bzw. 514,5 mm und somit größer als 500 mm Mindestabstand nach [12.44]. Daraus folgt ein Tragseil ohne Isolation in der Brückenspannweite.

Die Anordnung des 60-m- und 50-m-Spannfeldes unter dem Bauwerk ist in Bild 12.57 bzw. 12.58 dargestellt.

– Bestimmung der Fahrdrahtneigung in den benachbarten Spannfeldern:

Die Fahrdrahthöhen an den benachbarten Stützpunkten lassen sich unter Beachtung der zulässigen Neigungen gemäß Tabelle 12.18 bestimmen. In den Absenkungsbereichen rechts und links der Brücke sollen die Fahrdrahtneigungen einen sinusförmigen Höhenverlauf haben, woraus eine nahezu konstante vertikale Beschleunigung des Stromabnehmers insbesondere zwischen den Übergangsfeldern in den Normalfeldern auftritt.

Bild 12.59 zeigt die notwendigen Daten für die Ausführung der Kettenwerksabsenkung.

Es ist zu empfehlen, die Systemhöhe h_{SH} so schnell wie möglich zu vergrößern, um längere Hänger zu ermöglichen und damit die dynamischen Eigenschaften zu verbessern. Daher wird die Systemhöhe von 1,20 m am Stützpunkt 2.1 um 0,60 m auf 1,8 m Normalsystemhöhe am Stützpunkten 2.2 vergrößert.

Werden kleine Systemhöhen auf große Systemhöhen am nächsten Stützpunkt vergrößert, dürfen sich die Tragseilstützpunkte bei tiefen Temperaturen nicht ausheben. In diesem Fall ist es ratsam, einen Nachweis zur Berechnung der vertikalen Kraftkomponente des am tiefsten liegenden Tragseilstützpunkts bei der niedrigsten Temperatur anzufertigen (Abschnitt 4.1.4).

Bei Fahrgeschwindigkeiten größer 230 km/h verursachen die Kontaktkräfte in Kettenwerksabsenkungen mit verminderter Systemhöhe Verdrehungen von Hängerklemmen, die zu Störungen führen können. Dies ist nach DIN EN 50 119 einer der Gründe für das Vermeiden von Fahrdrahtabsenkungen für Geschwindigkeiten größer als 250 km/h (siehe Bild 12.45 b)).

12.12 Zwangspunkte für die Bespannung

Bild 12.60: Mastgründung auf einer Brücke.

12.12.8 Eisenbahnbrücken

Eisenbahnbrücken bilden auch *Zwangspunkte* für die Wahl der Maststandorte, da diese überwiegend über Brückenpfeilern angeordnet werden müssen. Die Betonlängsträger von Brücken auf neuen Bahnstrecken können Mastfundamente aufnehmen (Bild 12.60). Die Maststandorte sind in enger Zusammenarbeit zwischen dem Brückenbau- und Oberleitungsplaner zu wählen.

12.12.9 Freileitungskreuzungen über Oberleitungen

Für Kreuzungen von Freileitungen und Eisenbahnen sind Vereinbarungen nach dem Eisenbahnkreuzungsgesetz (EKrG) vom 14. August 1963 (BGBl. I 1963, 681, neu gefasst durch Bekanntmachung vom 21. März 1971, BGBl. I 337) zwischen dem Rechtsträger der Freileitung und der DB abzuschließen. Die Kreuzungsvereinbarung regelt die Planung, den Bau und die Instandhaltung der Freileitungskreuzungen.

Das Eisenbahnkreuzungsgesetz unterscheidet zwischen neuen Kreuzungen und Änderung oder Beseitigung von bestehenden Kreuzungen. Bei der Errichtung neuer Kreuzungen gilt das Verursacherprinzip, d. h. derjenige, der den neu hinzukommenden Verkehrsweg baut, übernimmt die Kosten für die Errichtung der Kreuzung. Werden beide Verkehrswege gleichzeitig angelegt, werden die Kosten geteilt.

Nach DIN EN 50 341-1:2010 erfordern Freileitungskreuzungen von Bahnlinien einen rechnerischen Nachweis für den tiefsten Punkt der Freileitung bei der höchsten Leitertemperatur. Mit Hilfe der Aufhängehöhen der Leiter an den Masten und des Durchhangs lässt sich der geringste Abstand zwischen Freileitung und Oberleitung ermitteln. Der Leitungshöhenplan ermöglicht den grafischen Nachweis zur Einhaltung des Mindestabstands S zwischen kreuzender Leitung und Oberleitung. Für Leiter mit Nennspannungen bis 45 kV sind mindestens 2,6 m Abstand zwischen dem kreuzenden Leiter und dem Anlagenteil der Oberleitungsanlage bei höchster Leitertemperatur, Eislast, Windlast und im Sonderlastfall 1 nach DIN EN 50 423-1:2005, Tabelle 5.4.5.3.1, einzuhalten. Der Sonderlastfall 1 bezieht sich auf das Ausschwingen des überkreuzenden Leiters infolge unterschiedlicher Windlasten bei +5 °C nach DIN EN 50 423-3-4:2005 und bei gleichzeitiger Belastung des unterkreuzenden Leiters der Bahnenergieversorgung bei dessen kleinstem Durchhang.

Für Leiter mit Nennspannungen bis 45 kV ist mindestens Abstand $S = 2\,\text{m} + D_{el}$ zwischen beispielsweise einer 400-kV-Freileitung und Bauteilen der Oberleitungsanlage nach DIN EN 50 341-1:2010, Tabelle 5.4.5.3.1, einzuhalten. D_{el} ist der Mindestabstand in Luft, der erforderlich ist, um einen Durchschlag zwischen Leitern und geerdeten Bauteilen während einer schnell (s) oder langsam (l) ansteigenden Überspannung zu verhindern. So ergibt sich $D_{els} = 2,92\,\text{m}$ und $D_{ell} = 3,20\,\text{m}$ nach dem Beispiel in DIN EN 50 341-1:2010, Anhang F.2.3, für eine die Oberleitung kreuzende Freileitung bis 400 kV bis zu 1 000 m über NN für schnell bzw. langsam ansteigende Überspannungen. Damit folgt ein Mindestabstand S für schnell ansteigende Überspannungen zu

$$S = 2 + D_{els} = 2 + 2{,}92 = 4{,}92\,\text{n} \tag{12.5}$$

und für langsam ansteigende Überspannungen zu

$$S = 2 + D_{ell} = 2 + 3{,}20 = 5{,}20\,\text{m} \quad . \tag{12.6}$$

Als elektrischer Mindestabstand S ist der größere der beiden im Hinblick auf Blitz- oder Schaltüberspannungen berechneten Werte einzuhalten.

Bei vorgesehener Elektrifizierung ist der Mindestabstand $S + 11{,}5\,\text{m}$ zwischen Leiter und Schienenoberkante nach DIN EN 50 341-3-4:2011 einzuhalten.

12.12.10 Anordnung von Trennstellen

12.12.10.1 Anforderungen

Elektrische Trennstellen in Oberleitungen bilden *Zwangspunkte* für die Bespannung. Dies gilt insbesondere für *isolierende Überlappungen*, die zwischen den Bahnhöfen und den freien Strecken angeordnet sind, und für Phasen- und Systemtrennstellen. Die örtliche Lage der Überlappungen wird in einem frühen Stadium der Oberleitungsplanung bestimmt, wobei auch Signalstandorte, Bahnhofseinfahrtsweichen und Schaltpläne zu beachten sind.

Streckentrenner bilden ebenfalls Zwangspunkte, deren örtliche Lage sich aus dem Schaltplan ergibt. Beim Befahren von isolierenden Überlappungen und Streckentrennern können durch Spannungsdifferenzen Lichtbögen entstehen, die Funkenflug zur Folge haben. Daher können isolierende Überlappungen und Streckentrenner nicht an Bahnsteigen angeordnet werden.

Tabelle 12.24: Elektrische Abstände zwischen unter Spannung stehenden und geerdeten Kettenwerken in elektrischen Trennungen nach DIN EN 50 119.

Spannung	Empfohlene Abstände	
	Dauernd S_d mm	Kurzzeitig S_k mm
DC 0,60 kV	100	50
DC 0,75 kV	100	50
DC 1,50 kV	100	50
DC 3,00 kV	150	50
AC 15 kV	150	100
AC 25 kV	270	150

Tabelle 12.25: Abstand zwischen unterschiedlichen Außenleitern entsprechend DIN EN 50 119.

Nenn-spannung kV	Phasen-winkel Grad	relative Spannung kV	empfohlene Abstände	
			Dauernd mm	Kurzzeitig mm
15	120	26,0	260	175
15	180	30,0	300	200
25	120	43,3	400	230
25	180	50,0	540	300

12.12.10.2 Elektrische Abstände

Während der Instandhaltung kann ein Kettenwerk unter Spannung und das benachbarte abgeschaltet und geerdet sein. Für diesen Fall sind die Luftstrecken zwischen geerdeten und spannungsführenden Teilen des Kettenwerkes in der Tabelle 12.24 angegeben. Daher sollten die in Tabelle 12.24 angegebenen Abstände auch für die Abstände zwischen benachbarten, unter Spannung stehenden Teilen von Kettenwerken unterschiedlicher elektrischer Abschnitte der gleichen Spannung und Außenleiterlage angewandt werden.

Unterschiedliche Abstände für statische und dynamische Fälle sind wegen der erheblich unterschiedlichen Auftretenshäufigkeiten gerechtfertigt. Zum Beispiel ist es unwahrscheinlich, dass eine Überspannung im gleichen Augenblick auftreten wird, in dem ein Stromabnehmer eine Engstelle in einem Tunnel passiert. In diesem dynamischen Fall ist es gerechtfertigt, die kurzzeitigen Schutzabstände anzuwenden. Die Werte in der Tabelle 12.24 gelten nicht für Streckentrenner, wo Abstände mit reduzierten Werten dauernd zulässig sind. Für die elektrischen Abstände an Streckentrennern wird auf DIN EN 50 122-1 und IEC 60 913 verwiesen.

Bei 2-AC-15/30-kV-16,7-Hz- und 2-AC-25/50-kV-50-Hz-Autotrafo-Anlagen sind 180° Phasendifferenz zwischen den mit dem Negativfeeder verbundenen Teilen und den mit dem Kettenwerk verbundenen Teilen vorhanden. Bei Einphasenwechselstromanlagen ergeben sich ähnliche Auswirkungen für die Phasenunterschiede 120° und 180° in Phasentrennstellen.

Von unterschiedlichen Außenleitern der Landesversorgung gespeiste Oberleitungsanlagen weisen eine höhere Spannung zwischen den Außenleitern auf als die Nennspannung. Tabelle 12.25 enthält die erforderlichen Mindestabstände in Luft.

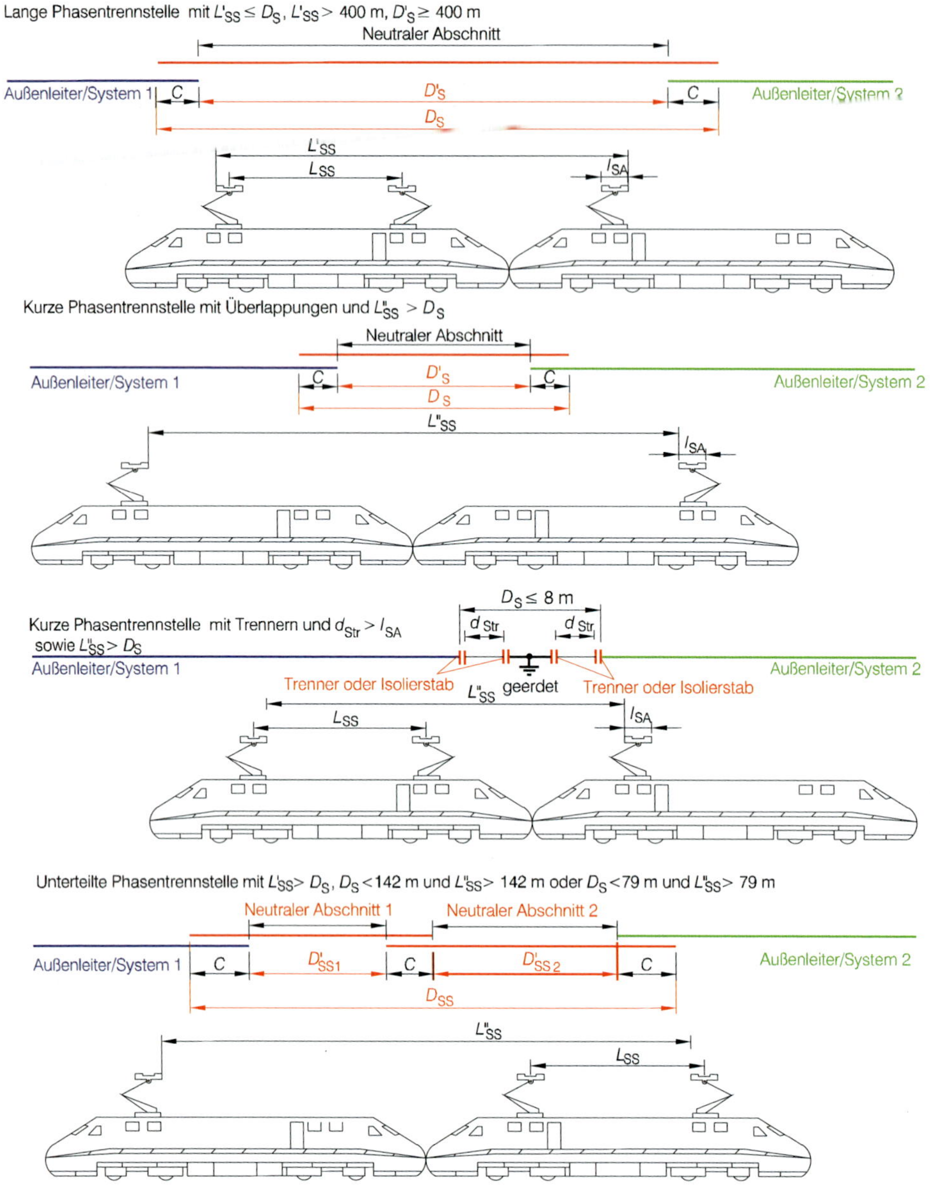

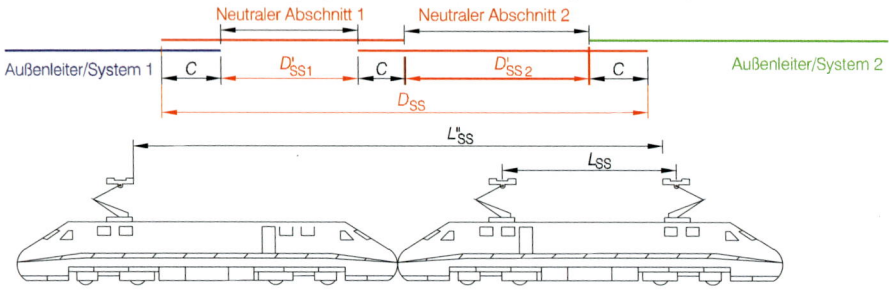

Bild 12.61: Schutzstrecken nach DIN EN 50 367:2013.

D_S Gesamtlänge des neutralen Abschnittes C Länge des Überlappungsbereichs
D'_S Länge des neutralen Abschnitts l_{SA} maximale Stromabnehmerbreite
d_{Str} maximale Breite des Trenners D'_{SS1}, D'_{SS2} Länge der neutralen Abschnitte
L_{SS} kleinster Abstand benachbarter Stromabnehmer (siehe Tabelle 12.26)

12.12.10.3 Anordnung von Phasentrennstellen oder Schutzstrecken

Phasentrennstellen oder *Schutzstrecken*, im Folgenden als Schutzstrecke bezeichnet, trennen von unterschiedlichen Außenleitern des Drehstromnetzes gespeiste Abschnitte. Züge dürfen diese Speiseabschnitte nicht elektrisch überbrücken (Bild 12.61). Weiter sind entsprechende Maßnahmen zu treffen, damit in der Schutzstrecke zum Stehen gekommene Zügen wieder anfahren können. Daher ist der neutrale Abschnitt mit dem in Fahrtrichtung anschließenden Abschnitt mittels Oberleitungsschalter zu verbinden oder so kurz zu gestalten, dass Züge im neutralen Abschnitt mit nur geringer Wahrscheinlichkeit zum Stehen kommen. Bild 12.61 zeigt die Prinzipien der Schutzstrecken nach DIN EN 50 367:

– Lange Schutzstrecken, wobei sämtliche Stromabnehmer mit größtem Abstand L'_{SS} innerhalb des neutralen Abschnittes D_S Platz finden: Der neutrale Abschnitt D_S muss in diesem Fall mindestens 400 m lang sein (Bild 12.61). Sie werden in Abhängigkeit von der Betriebsgeschwindigkeit mit Überlappungen oder Streckentrennern ausgeführt (Bild 12.61). Der maximale Abstand L'_{SS} zwischen den äußersten Stromabnehmern ist auf 400 m begrenzt oder
– Kurze Schutzstrecken haben eine kleinere Gesamtlänge der Schutzstrecke D_S als der kleinste Abstand zwischen den Stromabnehmern L_{SS}. DIN EN 50 367 legt 200 m als kleinsten interoperablen Stromabnehmerabstand L_{SS} fest oder
– Schutzstrecken mit drei isolierten Überlappungen (Bild 12.61): Die Gesamtlänge D_S dieser Bauweise darf höchstens 142 m einschließlich Sicherheitsabstände und Toleranzen oder 79 m betragen. Eine solche Ausführung sollte möglichst vermieden werden. Die Erfahrung zeigt, dass die langen neutralen Abschnitte keinerlei Beschränkungen für den Betrieb nach sich ziehen.

Für Hochgeschwindigkeitsstrecken mit Geschwindigkeiten größer 200 km/h lassen sich lange, kurze oder unterteilte Schutzstrecken, wie im Bild 12.61 gezeigt, anwenden. Bei kurzen Schutzstrecken mit Trennern ist der Mittelabschnitt mit der Bahnerde zu verbinden. Die neutralen Abschnitte D_S nach Bild 12.61 können aus Isolierstäben oder doppelten Streckentrennern bestehen und müssen länger als ≥ 8 m sein. Die Länge d_{Str} ist entsprechend der Nennspannung, der höchsten Geschwindigkeit und der größten Stromabnehmerbreite zu wählen. Eine besondere Vorgabe für die beschriebene Ausführung ist, dass aktive Stromabnehmer nicht elektrisch miteinander verbunden werden dürfen. Die in Bild 12.61 gezeigten Schutzstrecken sind vor dem Beginn der Planung mit dem Bahninfrastrukturbetreiber abzustimmen.

Die wirksame Länge der neutralen Zone einer Schutzstrecke beginnt und endet an der Stelle, wo der Fahrdraht um mindestens 210 mm gegenüber der Nennfahrdrahthöhe angehoben ist. An dieser Stelle berührt der Stromabnehmer den nach oben verlaufenden, Spannung führenden Fahrdraht nur beim unwahrscheinlichen gleichzeitigen Auftreten von maximaler Toleranz, größtem Anhub am Stützpunkt zuzüglich der größten Anhubdifferenz zwischen der tiefsten und höchsten Kontaktpunkthöhe. Besonders bei Hochgeschwindigkeitsstrecken ist eine ausreichende wirksame Länge der neutralen Zone erforderlich, um auch bei auftretenden Schaltüberspannungen einen Überschlag zwischen den Außenleitern, z. B. L1 und L2 zu vermeiden. Bild 12.62 zeigt ein Beispiel für eine

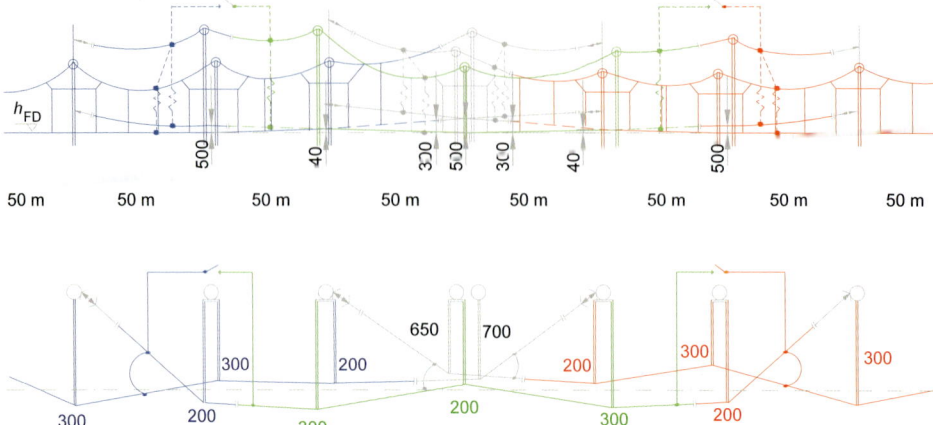

Bild 12.62: Neutrale Zone der Hochgeschwindigkeitstrecke Zhengzhou–Xi'an, China.

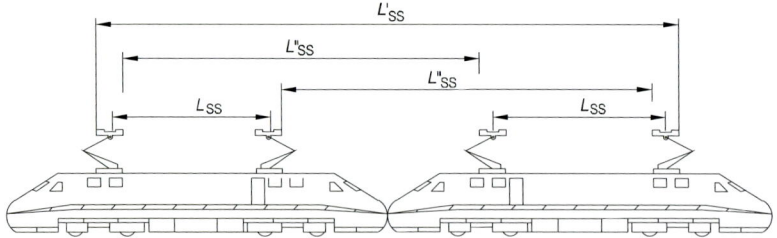

Bild 12.63: Stromabnehmeranordnungen für Schutzstrecken gemäß Bild 12.61. $L'_{SS} < 400\,\text{m}$, $L''_{SS} > D$ für drei aufeinander folgende Stromabnehmer, $L''_{SS} > 143\,\text{m}$

kurze Phasentrennstelle der Hochgeschwindigkeitsstrecke Zhengzhou–Xi'an in China. Bei 350 km/h Betriebsgeschwindigkeit durchfährt ein Zug die 58 m wirksame Länge der neutralen Zone in rund 600 ms. Der Abschnitt 14.5.5 enthält weitere Ausführungen zu Schutzstrecken.

12.12.10.4 Trennstellen zwischen unterschiedlichen Stromarten

Die Ausführung von Systemtrennstellen muss sicherstellen, dass Züge von einer Stromversorgungsart auf die benachbarte Stromversorgungsart ohne Überbrückung der beiden Stromarten fahren können. Aufbau und Wirkungsweise von Systemtrennstellen sind im Abschnitt 14.4 erläutert. Es gibt zwei Möglichkeiten für die Züge, um durch Systemtrennstellen zu fahren

– mit gehobenem Stromabnehmer und
– mit gesenktem Stromabnehmer.

12.12 Zwangspunkte für die Bespannung

Tabelle 12.26: Kleinste Abstände L_{SS} für gehobene Stromabnehmer nach DIN EN 50 367.

Betriebsgeschwindigkeit	AC			DC 3,0 kV			DC 1,5 kV		
$v \leq 80\,\text{km/h}$	8	8	8	8	8	8	20	8	8
$80 < v \leq 120\,\text{km/h}$	20	15	15	20	15	15	35	20	15
$120 < v \leq 160\,\text{km/h}$	85	85	35	20	20	20	85	35	20
$160 < v \leq 250\,\text{km/h}$	200	85	35	200	115	35	200	85	35
$v \geq 250\,\text{km/h}$	200	200	200	200	200	200	200	200	35
Streckentyp[1)]	A	B	C	A	B	C	A	B	C

[1)] die verwendeten kleinsten Stromabnehmerabstände L_{SS} führen zu den Streckentypen A bis C, die der Infrastrukturbetreiber festlegt und ins Infrastrukturregister aufnimmt

Gehobene Stromabnehmer, die am Fahrdraht anliegen

Wenn Systemtrennstellen mit gehobenen, am Fahrdraht anliegenden Stromabnehmer befahren werden, gelten die folgenden Anforderungen gemäß DIN EN 50 367:
- Die Geometrie der unterschiedlichen Komponenten der Kettenwerke muss verhindern, dass Stromabnehmer Kurzschlüsse verursachen oder beide Stromarten überbrücken
- in den Speiseabschnitten sind Vorkehrungen zu treffen, die das Überbrücken der an die neutrale grenzenden Kettenwerke verhindern, wenn das Ausschalten des Hauptschalters des Fahrzeugs fehlschlägt und
- für Strecken mit Geschwindigkeiten größer 250 km/h muss die Fahrdrahthöhe in beiden an die neutrale Zone grenzenden Speiseabschnitten gleich sein.

Ein Beispiel für die Anordnung von Systemtrennstellen zeigt das Bild 12.61.

Abgesenkte Stromabnehmer, die keinen Kontakt zum Fahrdrahthöhe haben

Diese Option ist zu wählen, wenn sich die Bedingungen für einen Betrieb mit gehobenen Stromabnehmer nicht erfüllen lassen. Wenn eine Systemtrennstelle mit gesenktem Stromabnehmer zu befahren ist, muss sichergestellt werden, dass ein Überbrücken durch unabsichtlich gehobene Stromabnehmer verhindert wird. Dies ermöglichen Einrichtungen, die Kurzschlüsse erkennen und den in Fahrtrichtung gesehen zurück liegenden Speiseabschnitt abschalten.

Im Abschnitt 14.4.3 sind weitere Ausführungen zu Systemtrennstellen vorhanden.

12.12.10.5 Anordnung der Stromabnehmer

Um die vorgegebenen Arten der Trennstellen befahren zu können, muss der größte Abstand der Stromabnehmer auf einem Zug $L'_{SS} \leq 400\,\text{m}$ sein. Zusätzlich muss auf Strecken, die Triebfahrzeuge mit drei aufeinander folgenden Stromabnehmern befahren, $L''_{SS} \geq D_S$ und $D_S \geq 8\,\text{m}$ sein (Bilder 12.61 und 12.63). Der mittlere der beiden Stromabnehmer kann bezüglich dieser Vorgaben an einer beliebigen Stelle angeordnet werden, wobei der kleinste Abstand L''_{SS} zwischen zwei Stromabnehmern beim Schutzstreckentyp 1 größer 143 m oder beim Typ 2 größer 79 m sein soll. Abhängig vom kleinsten Abstand L_{SS} zwischen zwei benachbarten gehobenen Stromabnehmern und von der

Stromabnehmerbreite l_{SA} muss der Infrastrukturbetreiber den Streckentyp A, B oder C und die maximale Betriebsgeschwindigkeit für die jeweilige Stromabnehmeranordnung festlegen (Tabelle 12.26). Die Streckentypen bestimmen die Ausführung von Schutzstrecken mit den Kenngrößen Gesamtlänge D_S der Schutzstrecke, Länge D'_S des neutralen Abschnitts und bei Verwendung von Streckentrennern in Schutzstrecken die Länge des Streckentrenners d_{Str} (Bild 12.01). Der Infrastrukturbetreiber überwacht die Stromabnehmeranordnung mit geeigneten Diagnoseeinrichtungen.

Nach DIN EN 50 367 dürfen bei Wechselstrombahnen keine elektrischen Verbindungen zwischen den gehobenen Stromabnehmern vorhanden sein. Bild 12.63 zeigt die mögliche Stromabnehmeranordnung für interoperable Strecken. Bei Gleichstrombahnen können elektrische Verbindungen zwischen den Stromabnehmers bestehen, wobei diese durch Schalter trennbar sein müssen.

Schutzstrecken bilden *Zwangspunkte* und beeinflussen die Bespannung speziell an Tunneln, Weichenverbindungen und in Bahnhöfen. Schutzstrecken dürfen nicht an Bahnsteigen angeordnet werden.

12.13 Lageplan

12.13.1 Ziele und Inhalte

Der *Gleislageplan* mit den Angaben gemäß Tabellen 12.1 und 12.2 sowie Abschnitt 12.2 bildet die Grundlage für die Vorbereitung des Schaltplanes und für den *Oberleitungslageplan* und enthält

- Gleiselemente wie Übergangsbogen und Gleisbogen mit Angaben zu deren Länge, Radius, Überhöhung und Überhöhungsfehlbetrag,
- die Fahrdrahtführung mit Überlappungen, Verankerungen, Festpunkten,
- elektrische Verbindungen, Trennungen und Oberleitungsschalter,
- Quertragwerke, wie Einzel- und Mehrgleisausleger, Bogenabzüge, flexible Quertragwerke, Joche,
- Masten mit Mastnummern, Anker und Angaben bezogen auf die Spannweiten zwischen den Masten,
- Abstände zwischen Masten und Bauwerken, sowie Beginn und Ende der Weichen und Weichentyp,
- Angaben zu Bezugsgleisen und -schienen für Einmessung der Oberleitungsmasten,
- Angaben zur Bahnerdung,
- Bahnenergiefreileitungen und -kabel,
- Oberleitungsschalter mit Nummer und Art des Antriebs,
- Bereiche mit Fahrdrahtabsenkungen und Kettenwerksanhebungen an schienengleichen Übergängen,
- Signale für den elektrischen Betrieb und
- Kommentare und Legenden, z. B. Höhe des Kurzschlussstroms.

Der *Regulierungsplan* zeigt die Führung der Kettenwerke in einem verzerrten Maßstab. Die Seitenverschiebung des Fahrdrahts, die *Systemhöhe* und die *Stützpunktart*, an- oder umgelenkt, können dem Regulierungsplan entnommen werden. Oberleitungslageplan und Regulierungsplan dienen der Oberleitungsmontage und zur Wiederherstellung des Kettenwerks nach Schäden.

Der *Erdungsplan* zeigt die Anlagenteile der Stromrückführung:
- Schienenlängs- und Schienenquerverbinder
- Gleisquerverbinder
- Drosselstoßverbindungen
- Diagonalverbinder
- Z-Verbinder in Weichen
- Rückstromkabel und -freileitungen
- Verbindungen zwischen Fahrschienen und Masten sowie Verbindungen zu leitfähigen Anlagenteilen, die sich im Bereich der Oberleitungsanlage befinden, aber nicht zu ihr gehören (siehe Bild 12.67)

Der *Oberleitungslageplan* wird verwendet, um die Erdung in Bahnhöfen und auf freien Strecken darzustellen, wenn kein separater Erdungsplan vorhanden ist. Bei mehrteiligen Lageplänen sollten die Blattschnitte so angeordnet werden, dass keine Wiederholungen entstehen.

12.13.2 Oberleitungssymbole

Sämtliche Anlagenteile sind im Oberleitungslageplan durch Sinnbilder dargestellt. Die Tabellen 12.27 bis 12.33 zeigen die bei der DB verwendeten Symbole der Oberleitung, Quertrageinrichtungen, Masten, Hängesäulen, Mastschalter, Gleisrückstromkreise, Schutzerdungen und anderer Anlagen für Lagepläne.

12.13.3 Fahrleitungsstützpunkte und Mastpositionen

Der *Oberleitungsstützpunkt* definiert den Befestigungsort des Tragseils und des Fahrdrahts, woraus sich die Fahrdrahtführung bestimmen lässt.

Die örtliche Gleislage, Platzverhältnisse am Bahnkörper und Forderungen zur mechanischen Trennung der Kettenwerke bestimmen die Art der Quertrageinrichtung wie *Einzelausleger*, flexibles Quertragwerk oder Bogenabzug. Unter Beachtung der möglichen Spannweite, der Lichtraumprofile, der unterirdischen Leitungen, der Trogkanäle, der am Oberleitungsmast geführten Bahnenergieleitungen mit Mindestabständen zu Objekten und der Baugrundverhältnisse erhält man den Maststandort. Auf zweigleisigen Strecken sollten die Masten gegenüberliegend angeordnet werden. Wegen der notwendigen elektrischen Mindestabstände zum Spannung führenden Kettenwerk bei Instandhaltungsarbeiten lassen sich an Weichen die Masten nicht immer gegenüberliegend anordnen. Die Masten in Bögen auf eingleisigen Strecken werden, wenn möglich, auf der Bogenaußenseite angeordnet. Die Spannweiten, die den Abstand zwischen benachbarten Masten bestimmen, sind in den Lageplan einzutragen. Die Lage der Oberleitung, die Oberleitungsstützpunkte und die Masten sind in den Lageplänen mit Hilfe der in Abschnitt 12.12.2 und in den Tabellen 12.27 bis 12.33 dargestellten Symbolen bezeichnet.

Tabelle 12.27: Symbole für Oberleitungen.

Bezeichnung	Symbol	Beispiel	Bezeichnung	Symbol	Beispiel
Gleis mit Oberleitung (Ol)			Ol-Kreuzung mit Führungsleiste als befahrene Kreuzung	×	×
Gleis ohne Ol			Ol-Kreuzung ohne Führungsleiste als unbefahrene Kreuzung	(×)	(×)
Gleis mit geplanter Ol			Ol-Kreuzung mit beigeklemmtem Fahrdraht für doppelte Kreuzungsweiche	◇	◇
Ol ohne Tragseil mit beweglichem Fahrdraht			Elektrische Verbindung zwischen zwei Oberleitungen		
Ol ohne Tragseil mit festem Fahrdraht			Elektrische Verbindung zwischen Tragseil und Fahrdraht		
Ol mit festem Tragseil und beweglichem Fahrdraht			Streckentrenner		
Ol mit festem Tragseil und festem Fahrdraht			Zwischenisolation im Fahrdraht und / oder Tragseil oder Richtseil		
Ol mit beweglichen Tragseil und Fahrdraht			Reiter zwischen zwei Fahrdrähten auf Druck (D) und Zug (Z)		D Z
Ol mit festem Tragseil und Fahrdraht			Fahrdraht-Seil-Verbindung ohne Isolation		
Ol mit beweglichem Tragseil und beweglichem Doppelfahrdraht			Fahrdraht-Seil-Verbindung mit Zwischenisolation		
Ol mit festem Tragseil und festem Doppelfahrdraht			Ol-Überlappung (Darstellung in EbsÜ-Plänen)		
geplante Endverankerung			Feste Brücke am Isolator		L702
Festpunkt am Einzelmast			Feste Brücke zwischen zwei Kettenwerken		L702
Festpunkt im Quertragwerk			Feste Brücke am Trenner		L702
Festpunkt im Tunnel mit Anker an der Decke					
Festpunkt im Tunnel mit Anker an der Wand					

12.13 Lageplan

Tabelle 12.28: Symbole für Quertrageinrichtungen.

Bezeichnung	Symbol	Beispiel
Ein Ausleger am Mast für ein Gleis		
Zwei Ausleger am Mast für ein Gleis		
Ausleger am Mast für zwei Gleise		
Bogenabzug für ein Gleis		
Bogenabzug am Mast für zwei Gleise		
Flexible Quertragwerk		
Joch		
Joch mit Zwischen(flach)mast		
Ein Ausleger ohne Seitenhalter an der Wand im Tunnel		
Zwei Ausleger ohne Seitenhalter an der Wand im Tunnel		
Ein Ausleger mit einem Seitenhalter an der Wand im Tunnel		
Ein Ausleger mit zwei Seitenhalter an der Wand im Tunnel		

Tabelle 12.29: Symbole für Masten und Hängesäulen.

Bezeichnung	Symbol	Beispiel
Stahl-Flachmast		
Stahl-Winkelmast		
Stahl-Anklammerflachmast		
Stahl-Anklammerwinkelmast		
Beton-Tragmast		
Beton-Abspannmast		
IPB-Mast		
Mast-Anker		
Mast mit Radabweiser		
Hängesäule an der Decke mit Ausleger ohne Seitenhalter im Tunnel		
Hängesäule an der Decke mit Ausleger mit einem Seitenhalter im Tunnel		
Hängesäule an der Decke mit Ausleger mit zwei Seitenhaltern im Tunnel		

12.13.4 Einzelmasten

Die Abstände zwischen den *Einzelmasten* längs des Gleises ergeben sich aus der Lage der zu tragenden Bespannungspunkte. Quer zum Gleis sollten möglichst gleiche Abstände zwischen Gleismitte und Mastvorderkante (MVK-Maß) gewählt werden. Daraus entstehen einheitliche Auslegermaße mit Vorteilen bei der Errichtung und Instandhaltung. Die Mastabstände zum Gleis ergeben sich aus der halben Breite des kinematischen Lichtraumprofils, des Gleisschotterbettfußes, der Breite des vor dem Mast zu verlegenden Trogkanals für Kabel und aus Bautoleranzen. Bei Hochgeschwindigkeitsstrecken der DB beträgt dieses Standard-MVK-Maß beispielsweise 3,7 m.
Die maximale konstruktive Länge der Ausleger und die Länge der Arbeitsbühnen von

Tabelle 12.30: Symbole für Leitungen.

Bezeichnung	Symbol	Beispiel
Bahnenergieleitung (BEL) als Freileitung (z.B. 2 Verstärkungsleitungen F-Al-240)		$E-AL-240$
geplante BEL als Freileitung (rechnerisch berücksichtigt)	– – –	$E-AL-240$
BEL als Kabel (z.B 15 - kV - Kabel Cu 95 mm²)	– – –	$Cu\ 95^2$
Traverse für BEL		
Einfachaufhängung für BEL mit Lasche[1]	EHL	EHL
Doppelaufhängung für BEL	DH	DH
V-Aufhängung für BEL	V	V
Endverankerung für BEL am Mast	EA	EA
Endverankerung für BEL an der Traverse	EA	EA
Endverankerung für BEL an der Traverse für Schalterquerleitungen[1]	EA	EA
Doppelte Endverankerung für BEL an der Traverse	DA	DA
Doppelte Endverankerung für BEL an der Traverse für Schalterquerleitungen[1]	DA	DA
Zwischenverankerung für BEL an der Traverse	EA EA	EA EA

[1] Bezeichnung und Symbol der ehemaligen Deutschen Reichsbahn

Tabelle 12.31: Symbole für Schalter.

Bezeichnung	Symbol	Beispiel
Trennschalter: - geöffnet		
Trennschalter: - geschlossen		
Trennschalter: - mit Erdkontakt		
Trennschalter: - mit Handantrieb, Dreikantschlüssel	△	△
Trennschalter: - mit Handantrieb, Vierkantschlüssel	□	□
Trennschalter: - mit Motorantrieb, für 1000 A, ortsgesteuert	○	○
Trennschalter: - mit Motorantrieb, für 1000 A, ferngesteuert	○	○
Trennschalter: - mit Motorantrieb, für 1700 A, ortsgesteuert		
Trennschalter: - mit Motorantrieb, für 1700 A, ferngesteuert		
Trennschalter: - mit Motorantrieb, für 2000 A, ortsgesteuert		
Trennschalter: - mit Motorantrieb, für 2000 A, ferngesteuert		
Trennschalter: - mit Motorantrieb und Kurzschlußmeldeanzeige [1]		
Schalterleitungstraverse [1]		
Steuerkabel (z.B. 3 Leiter 1,5 mm²)	– – –	$\frac{1{,}5}{3}$
Leistungsschalter		

[1] Bezeichnung und Symbol der ehemaligen Deutschen Reichsbahn

12.13 Lageplan

Tabelle 12.32: Symbole für Triebstromrückführung und Schutzerdung.

Bezeichnung	Symbol	Beispiel
Schienenlängsverbinder[1]		
Schienenquerverbinder[1]		
Gleisquerverbinder[1]		
Erdungsleitung zwischen der Schiene und einem Anlagenteil[1]		
Gleisverbinder bei einschienig isolierten Gleisen[1]		
rechte Schiene isoliert linke Schiene geerdet[1]	E	0———E———x
linke Schiene isoliert rechte Schiene geerdet[1]	E	0———E———x
Erdungsleitung an die rechte Schiene angeschlossen[1]		0————x
Erdungsleitung an die linke Schiene angeschlossen[1]		0————x
Isolierstoß in der linken Schiene, Isolierung verläuft in aufsteigender Kilometrierung[1]	⌐	0————x
Isolierstoß in der rechten Schiene, Isolierung verläuft in aufsteigender Kilometrierung[1]	∟	0————x
Isolierstoß in der linken Schiene, Isolierung verläuft in absteigender Kilometrierung[1]	⌐	0————x
Isolierstoß in der rechten Schiene, Isolierung verläuft in absteigender Kilometrierung[1]	⌐	0————x
Spannungsbegrenzungseinrichtung		

[1] Bezeichnung und Symbol der ehemaligen Deutschen Reichsbahn

Tabelle 12.33: Sonstige Symbole.

Bezeichnung	Symbol	Beispiel
Erdplatte		
Umspanner		
elektrisches Zusatzsignal mit / ohne Richtungspfeil		
Grenze der Zentralen Schaltstelle		
Grenze zwischen zwei Unterwerken[1]	Uw1 Uw2	
Grenze zwischen zwei Instandhaltungsbereichen		
Endverschluß		
Stromwandler		
Standort der Bahnerdungsvorrichtung	rot	
Standort des Spannungsprüfers		
Standort der Bahnerdungsvorrichtung (nur für den Rettungszug)		

[1] Bezeichnung und Symbol der ehemaligen Deutschen Reichsbahn

Instandhaltungsfahrzeugen begrenzt den Abstand des Mastes zum Gleis. Das *Lichtraumprofil* mit Erweiterungen im Bogen beschränkt die mögliche Annäherung der Masten an das Gleis. Der Mindestabstand zwischen Fundament und Gleis ergibt sich aus der halben Breite des kinematischen Lichtraumprofils GC mit 2,5 m, der Bautoleranz mit 0,05 m und dem Zuschlag für die Bogenerweiterung auf der Bogeninnenseite. Das kinematische Lichtraumprofil ist auch zu beachten, wenn Masten zwischen den Gleisen geplant werden. In Bahnhöfen, deren Oberleitungen mechanisch zu trennen sind, können Mastgassen zwischen Gleisen erforderlich werden, die Auswirkungen auf die Gleislageplanung haben.

Masten auf Bahnsteigen und vor Bahnsteigzugängen sollten den Fahrgastverkehr nicht beeinträchtigen. Mastanker und bewegliche Nachspannvorrichtungen sind in diesen Bereichen zu vermeiden. Ist das nicht möglich, sind an Gewichtssäulen der Nachspannvorrichtungen Schutzkörbe zu planen. Kettenwerke von Stumpfgleisen sind über das Stumpfgleis hinaus zu führen und möglichst am nächsten Oberleitungsmast zu verankern. Erst 20 m hinter dem Gleisende des Stumpfgleises darf ein Mast vorgesehen werden.

Die Symbole zur Darstellung der Stützpunkte im Lageplan sind aus Tabelle 12.29 zu wählen. Die Stützpunkte können während der Bauphase mit vorläufigen Baunummern bezeichnet werden und sind bis spätestens zur Inbetriebnahme mit Betriebsnummern, die Standort und Mastnummer anzeigen, zu versehen.

12.13.5 Flexible Quertragwerke

Ein *flexibles Quertragwerk* trägt die Oberleitungen mehrerer Gleise und fixiert diese seitlich. Zwischen zwei *Quertragwerksmasten* sind *Quertragseile* mit großem Durchhang verlegt, welche die vertikalen Kräfte der Oberleitungsstützpunkte aufnehmen. Die ohne Durchhang verlegten oberen und unteren *Richtseile* nehmen die horizontalen Kräfte der Tragseil- bzw. Fahrdrahtstützpunkte auf (Bild 12.77). Das obere Richtseil ist überwiegend geerdet. Reichen die elektrischen Abstände zwischen dem geerdeten oberen Richtseil und dem spannungsführenden Tragseil infolge Schrägstellung der Isolatoren durch Radialkräfte in Radien nicht aus, ist ein unter Spannung stehendes oberes Richtseil zu verwenden. Die Abstände der *Quertragmasten* zum Gleis sind variabel wählbar. Die Voraussetzung dafür ist die Anordnung aller durch das Quertragwerk aufzunehmenden Kettenwerksstützpunkte auf einer Kilometerstation. Mastgassen wie bei Einzelmasten sind nicht notwendig. *Querspannweiten* sind technisch nicht begrenzt, sollten aber aus praktischen Gründen 80 m nicht überschreiten. Überspannungen von Ladestraßen mit Quertragwerken sind zu vermeiden.

Quertragwerksmasten können Kettenwerke fest oder beweglich verankern. Um große Abwinklungen und Kreuzungen der Kettenwerke zu vermeiden, ist es zweckmäßig Endverankerungsmasten anzuordnen, die nur die Endverankerung der Kettenwerke aufnehmen (siehe auch Abschnitte 11.2.1.3 und 13.2.4).

12.13.6 Mehrgleisausleger

Mehrgleisausleger überspannen bis zu drei Gleise. Die aufzunehmenden Bespannungspunkte sind auf gleiche Kilometerstationierung zu legen. Die von Mehrgleisauslegern getragenen Kettenwerke gelten als mechanisch getrennt. Wie bei Quertragwerken lassen sich auch bei Mehrgleisauslegern die Bespannungspunkte freizügiger quer zum Gleis positionieren (siehe auch Abschnitte 11.2.1.2 und 13.2.3).

12.13.7 Joche

Joche haben ähnliche Funktionen wie flexible Quertragwerke oder Mehrgleisausleger. Sie lassen größere Spannweiten zu. Joche können wie flexible Quertragwerke auch schräg zur Gleisachse angeordnet werden. In Weichenverbindungen von Hochgeschwindigkeitsstrecken bringen Joche Vorteile, da sie Stützpunkte aufnehmen können, die durch Einzelmasten nicht erreichbar sind und Schwingung eines Kettenwerks nicht auf andere übertragen (siehe auch Abschnitte 11.2.1.4 und 13.2.5).

12.13.8 Tunnelstützpunkte

Die Wahl der *Tunnelstützpunkte* wird durch Tunnelquerschnitt und Deckenhöhe bestimmt. Nach dem zur Verfügung stehenden Einbauraum und den Anforderungen an die Oberleitung ist die Art der Stützpunkte oder Quertrageinrichtungen wie *elastische Stützpunkte* oder Ausleger zu wählen. Die Anordnung der Stützpunkte zwischen den Gleisen oder an der Tunnelwand beeinflusst die Ausführung der Stützpunkte (siehe auch Abschnitt 11.2.1.7).

12.13.9 Elektrische Verbindungen

Elektrische Verbindungen, auch Stromverbinder oder elektrische Verbinder genannt, dienen zur stromfesten Verknüpfung zwischen Fahrdraht und Tragseil, zwischen zwei Oberleitungen oder zwischen Oberleitung und *Verstärkungsleitung*. Sie stellen definierte, elektrische Verbindungen zwischen sich kreuzenden Oberleitungen an Weichen oder befahrenen und unbefahrenen Oberleitungen in Überlappungen oder Schutzstrecken her. Bei isolierten Tragseilen mit nicht stromfesten Hängern zwischen Tragseil und Fahrdraht unter Brücken dient ein elektrischer Verbinder vor und hinter dem Bauwerk zur Stromaufteilung, was auch für den Einbau von zusätzlichen elektrischen Verbindungen in der Nähe geerdeter Bauwerke wie Signalen und Stellwerken zutrifft. In Abschnitten mit hoher Leistungsentnahme elektrischer Triebfahrzeuge, so in starken Steigungen, ist der Einbau von weiteren elektrischen Verbindern sinnvoll. Das Z-Seil zwischen Tragseil und Fahrdraht übernimmt die Funktion eines Stromverbinders, sodass am Festpunkt der Einbau von elektrischen Verbindern entfallen kann. Hänger können auch als elektrische Verbindungen ausgeführt werden (siehe Abschnitte 6.6.5 und 11.2.2.7).

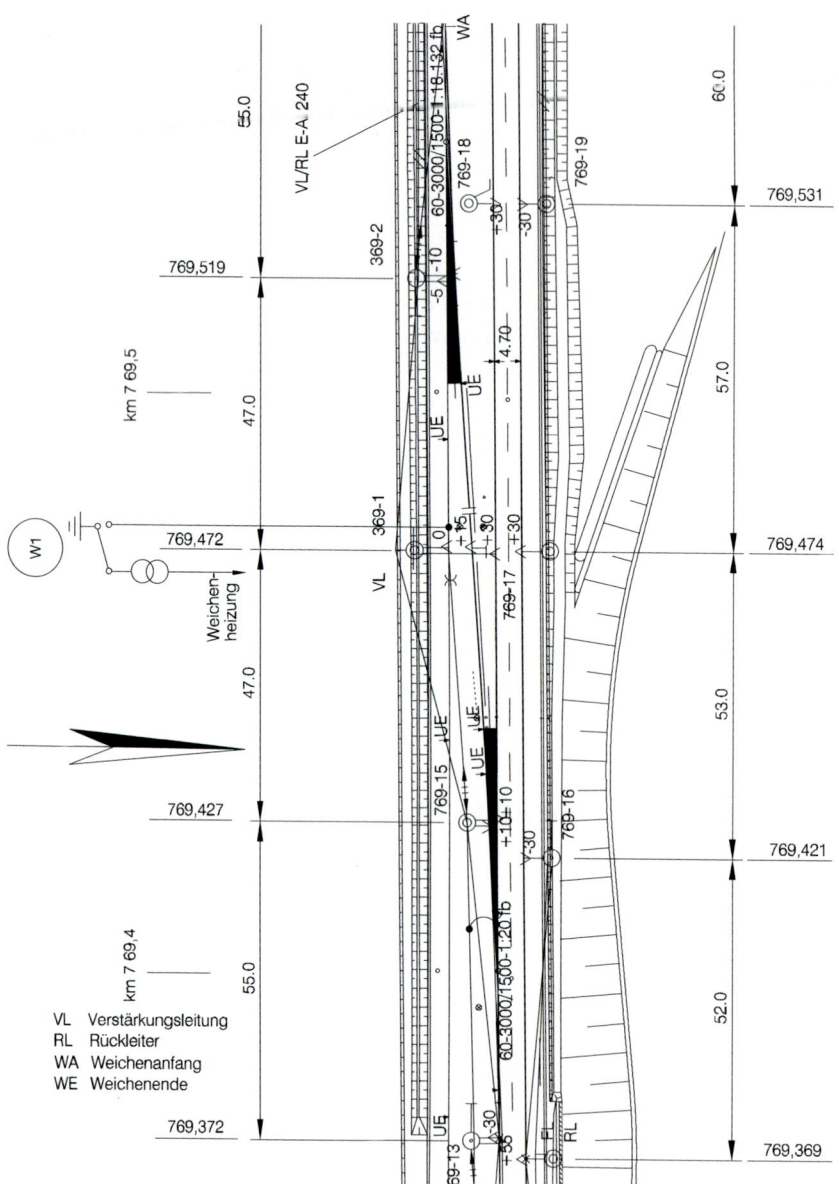

Bild 12.64: Oberleitungslageplan (Ausschnitt).

12.13 Lageplan

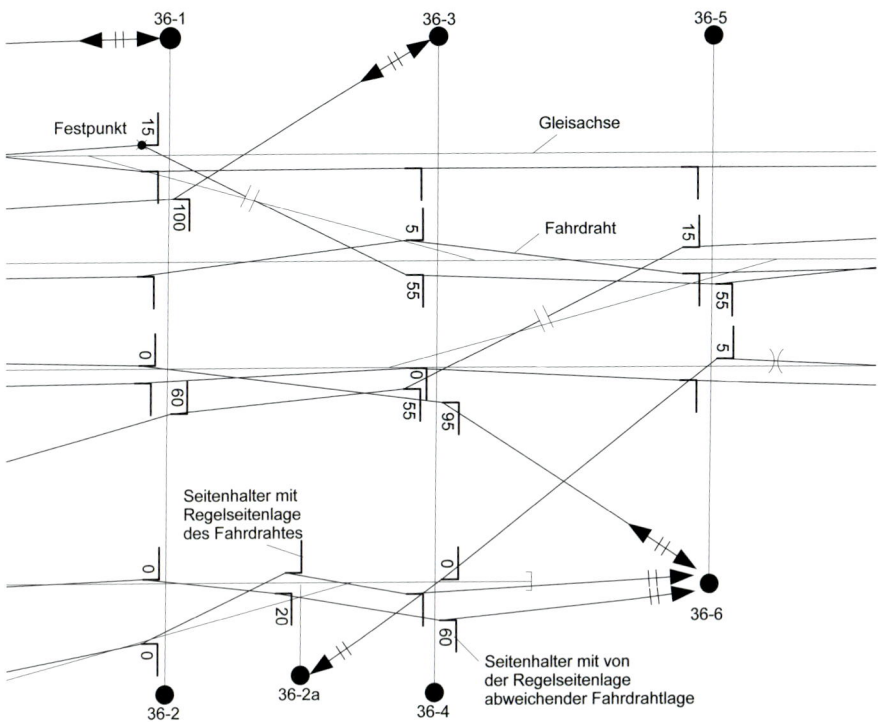

Bild 12.65: Regulierungsplan (Ausschnitt).

12.13.10 Stromrückführung und Bahnerdung

Bei der Oberleitungsplanung sind Maßnahmen zur *Triebstromrückführung* und *Bahnerdung* von Bauwerken im Oberleitungsbereich im einzelnen festzulegen und in Planunterlagen, insbesondere dem Erdungsplan, zu dokumentieren. Die grundlegenden *Ausführungsregeln* werden in den Abschnitten 6.5.4, 6.6.4 und 6.6.5, behandelt. Die Bilder 6.42 bis 6.44 zeigen Ausführungsbeispiele.

Die einzelnen Maßnahmen zur Bahnerdung und Triebstromrückführung sind mit den Planungen der Signaltechnik abzustimmen. Mit diesen Vorgaben entsteht ein *Erdungsplan*, der bei freien Strecken und in Bahnhöfen als separate Unterlage zum Oberleitungslageplan entstehen kann, aber auch im Oberleitungsplan enthalten sein kann.

12.13.11 Ausführung von Lageplänen

Der *Oberleitungslageplan* enthält die wichtigen Anlagen bis mindestens 15 m seitlich der Achse der äußeren Gleise. Mit den beschriebenen Symbolen ist die Schnittstelle zwischen Oberleitung und den anderen Anlagen zu erkennen (Bild 12.64).

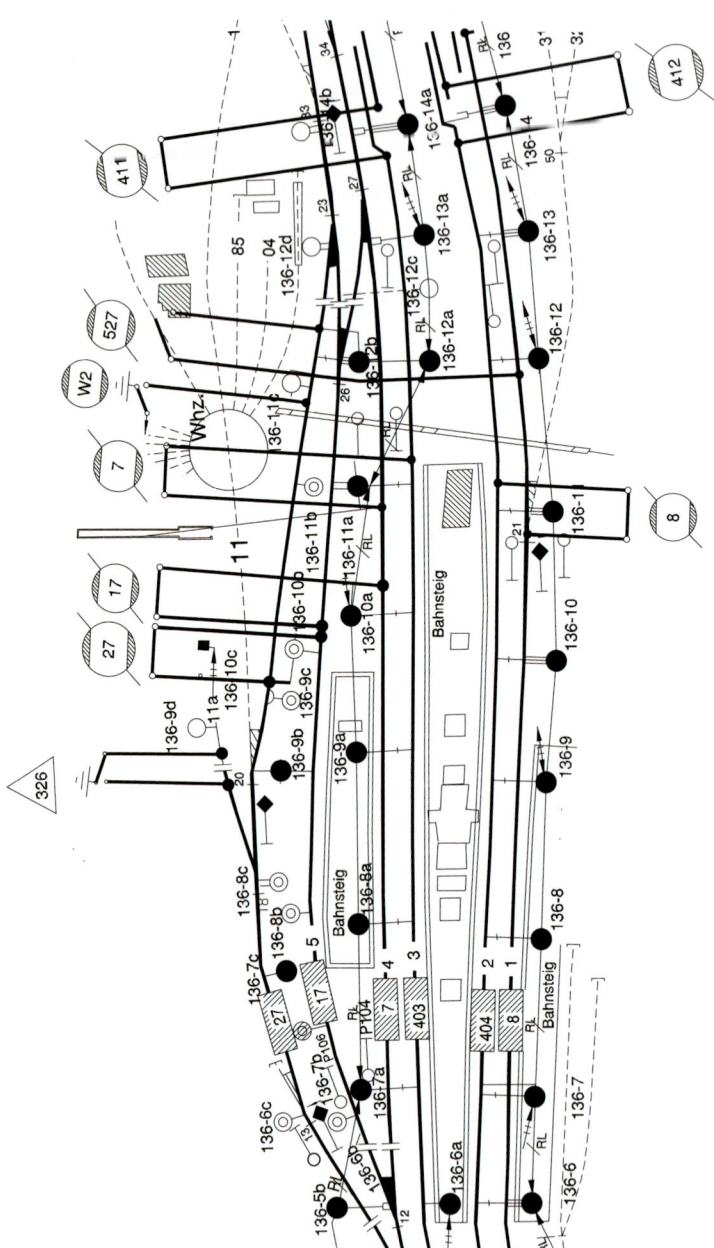

Bild 12.66: Übersichtsschaltplan (Ausschnitt).

12.14 Querprofilplan

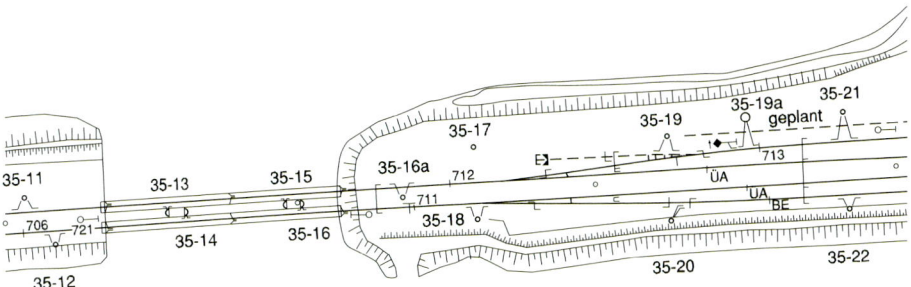

Bild 12.67: Erdungsplan (Ausschnitt).

Zur übersichtlichen Darstellung komplizierter Fahrdrahtführungen lässt sich in Bahnhöfen der *Regulierungsplan* (Bild 12.65) nutzen, der längs zum Gleis im Maßstab 1 : 500 und quer zum Gleis im Maßstab 1 : 50 gefertigt wird.

In Bahnhöfen gibt der *Schaltplan* die Schaltung der Oberleitung wieder. Er wird für *Schalthandlungen* im Oberleitungsnetz genutzt und stellt den Grundschaltzustand aller Oberleitungsschalter dar (Bild 12.66).

Ein separater *Erdungsplan* ist für Bahnhöfe sinnvoll. Er enthält die Anlagenteile zur Triebstromrückführung und Schutzerdung (Bild 12.67).

Aus dem *Lageplan der Schalterfernsteuerung* erkennt man den Verlauf, den Typ und die Anschlusspunkte der Steuerkabel für die Steuerung der Oberleitungsschalter.

12.14 Querprofilplan

12.14.1 Ziele und Inhalt

Der *Querprofilplan* zeigt im Schnitt durch den Bahnkörper die Anordnung der Stützpunkte, der Quertrageinrichtungen, der Masten mit Bahnenergieleitungen und die Maße. Er soll die Materialermittlung, Montage und Instandhaltung unterstützen.

12.14.2 Masttypen und ihre Einordnung

Die *Auswahl der Masten* an den einzelnen Standorten ist Inhalt der Projektierung. Entsprechend ihrer Funktion sind nach DIN EN 50 119 mehrere *Masttypen* in der Oberleitungsanlage wie *Trag-*, *Festpunktanker-* oder *Abspannmasten* zu unterscheiden (siehe Abschnitt 13.3.1). Aus den Kenndaten der zu projektierenden Oberleitungsbauart und den statischen Berechnungen fertigt der Planer eine Übersicht der Masttypen an, nach der er die Mastauswahl durchführt. Das Bild 12.68 zeigt die Masttypen der Oberleitungsbauart Sicat H1.0.

Masten lassen sich mit Ankerbolzen auf dem Fundament befestigen (Bild 12.69 a), in das Fundament einsetzen (Bild 12.69 b)), über ein Rohr stülpen (Bild 12.69 c)) oder in ein Rohr einsetzen. Von der Art des Übergangs zwischen Mast und Fundament hängt die

Bild 12.68: Mastarten der Oberleitungsbauart Sicat H1.0.
1 Tragmast mit Einzelausleger, 3 und 4 Tragmast mit Doppelausleger in der Überlappung,
5 Festpunktmittelmast, 6, 7 Festpunktankermast, 2, 8 Abspannmast.

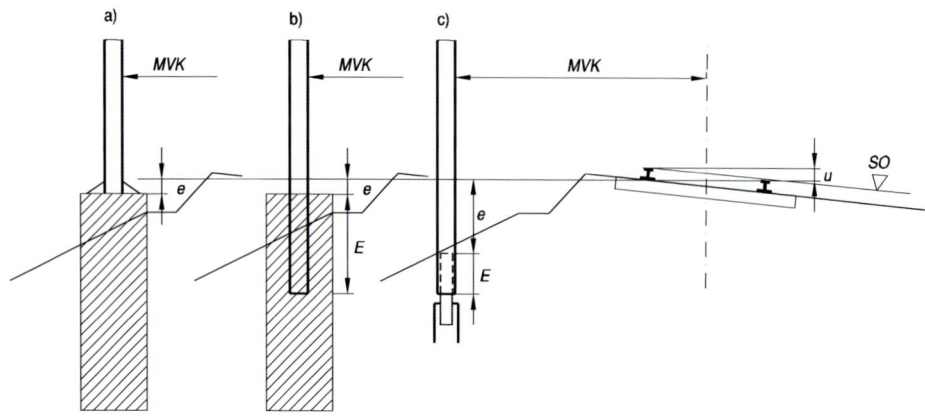

Bild 12.69: Übergänge vom Mast zur Gründung.
a) Aufsetzmast, b) Einsetzmast, c) Überstülpmast; SO Schienenoberkante, *MVK* Abstand zwischen Gleismitte und Mastvorderkante, *e* Abstand zwischen Schienen- und Fundamentoberkante, *E* Einsetzlänge des Mastes in die Gründung, *u* Schienenüberhöhung

Mastlänge ab, die bei der Projektierung zu bestimmen ist. Der Abstand zwischen Gleismitte und Mastvorderkante wird als *MVK*-Maß, die Höhendifferenz zwischen Schienenoberkante und Fundamentoberkante als *e*-Maß, die Überstülplänge und *Einsetztiefe* als *E*-Maß bezeichnet (siehe Bild 12.69).

12.14.3 Mastbild

Das *Mastbild* stellt im Querprofil des Gleiskörpers den Mast mit Auslegern und Leitungen dar. Es dient zur Bestimmung des Masttyps. Bild 12.73 enthält typische Mastbilder der Bauart Sicat H1.0 mit Bezeichnungen.

12.14.4 Schalterleitungen, Oberleitungsschalter

Die Schalterleitungen verbinden die Schalter mit den Oberleitungen. An Überlappungen, bei denen sich der Schalter auf dem Mast unmittelbar neben den zu verbindenden Oberleitungen befindet, führen Schalterleitungen direkt zum Kettenwerk (Bild 12.70 a)). Oberleitungen von Gleisen, die sich nicht unmittelbar am Schaltermast befinden, werden über *Schalterquer-* und *Schalterfallleitungen* mit dem Schalter verbunden

12.14 Querprofilplan

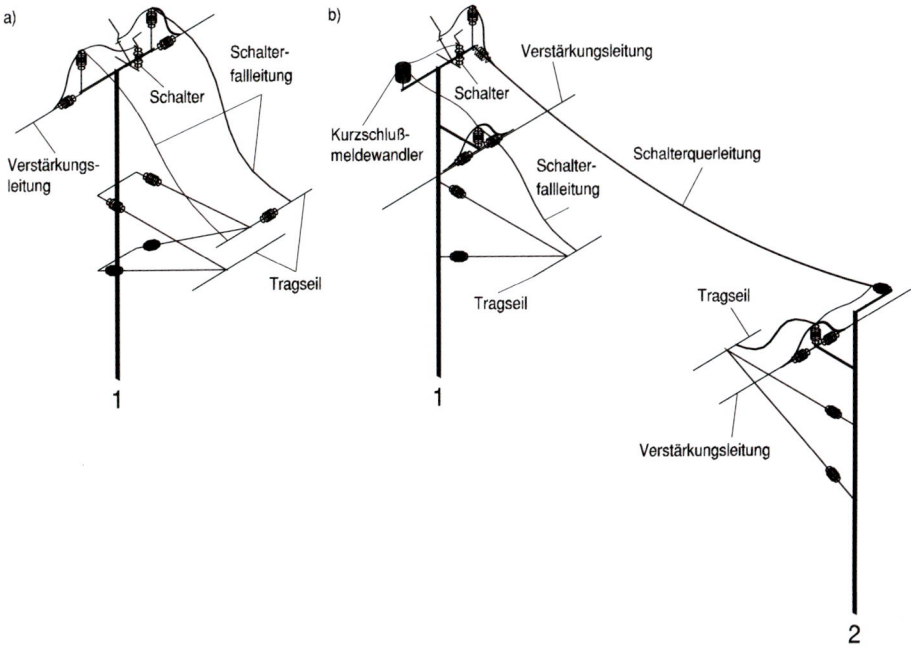

Bild 12.70: Schematische Darstellung von Schalterleitungen.
a) zwischen Schalter und Kettenwerk, b) zwischen Schalter und gegenüberstehendem Mast

(Bild 12.70 b)). Schalterquerleitungen sind oft in Bahnhöfen mit Quertragwerken oder Jochen vorhanden.

Die Planung von Schalterfallleitungen muss Wind-, Eis- und Kettenwerksbewegungen berücksichtigen. Schalterquerleitungen führen bei der Mastauswahl zu höheren Masten, was bei der weiteren Planung zu beachten ist. Schalter mit ihren Schalterleitungen sind an die Lage von schaltbaren Überlappungen gebunden. Für die Verbindung von Schaltgruppen in Bahnhöfen ist die Platzierung der *Oberleitungsschalter* auf Masten in Grenzen wählbar, wobei auf kurze Kabelwege zwischen Mastschalter und steuernder Stelle sowie gemeinsame Nutzung von Kabeltrögen und Durchörterungen zu achten ist.

12.14.5 Ermittlung der Mastlänge

Vor der Mastlängenermittlung ist das MVK-Maß festzulegen, d. h. der Maststandort ist ins Querprofil einzupassen. Überstülp-, Einsetz- und *Aufsetzmasten* haben nach Bild 12.69 im Querprofil unterschiedliche e-Maße zur Folge. Anschließend ermittelt man das e-Maß als den vertikalen Abstand zwischen Oberkante des Rammpfahls oder Betonfundaments und der Schienenoberkante der tieferen Schiene des Gleises, das als Bezugsgleis mit der Bezugsschiene gewählt wurde. Bei Betonmasten, die über ein auf den Rammpfahl aufgeschweißtes Rohr gestülpt werden, soll zwischen Mastunterkante und

Geländeoberkante 0,5 m Erdüberdeckung vorhanden sein. Das Rammrohr muss mindestens 0,50 m über die Mastunterkante in den oder über den Mast ragen. Bei Aufsetz- und Einsetzmasten ragt das Fundament mindestens 0,2 m über die Geländeoberkante, um stehendes und im Winter gefrierendes Wasser auf der Fundamentoberfläche zu vermeiden.

Die Mastlänge folgt aus diesen Bedingungen. Das am Standort gegebene Querprofil, die Fahrdraht- und Systemhöhe, eine Mastüberlänge U_e über dem oberen Schwenkgelenk des Auslegers und alle geplanten, am Mast geführten Speiseleitungen müssen auch beachtet werden. Die Mastlänge ist in Bild 12.71 a) für Betonmasten mit Rammpfahlgründungen und Bild 12.71 b) für Aufsetzmasten mit Blockgründungen jeweils in einem Gleisbogen dargestellt. Die Mastlänge für *Überstülpbetonmasten* ist die Summe aus

- Überstülpmaß E,
- Abstand e zwischen der Fundamentoberkante und der Schienenoberkante,
- Zusatzlänge für Gleisüberhöhung $2/3\,u$,
- Fahrdrahthöhe h_FD,
- Systemhöhe h_SH und
- Mastüberlänge Ue.

Beispiel 12.8: Die Mastlänge h_M eines Betonmasts für die Oberleitungsbauart Sicat H1.0 soll bestimmt werden. Das Maß $e = 1{,}15$ m wurde aus dem Querprofil ermittelt. Die Gleisüberhöhung beträgt 0,15 m.

Überlänge U_e	0,30 m
Systemhöhe h_SH	1,80 m
Fahrdrahthöhe h_FD	5,30 m
Zusatzlänge für Überhöhung $2/3\,u$ für $u = 0{,}15$ m	0,10 m
Mastlänge h_M über SO	7,50 m
Differenz e zwischen SO und Fundamentoberkante	1,15 m
Überstülplänge E	0,50 m
Gesamte Mastlänge h_M	9,15 m

Um die Mastvielfalt zu verringern, ist die Mastlänge auf das Rastermaß 0,25 m, also 9,25 m zu erhöhen. Das e-Maß ist entsprechend zu korrigieren und mit 1,25 m auszuführen.

12.14.6 Ausleger

Die Bestimmung des *Auslegertyps* mit den jeweiligen Rohrlängen im Rahmen der Projektierung ermöglicht die Materialbestellung. Man nutzt dazu *Auslegerberechnungsprogramme*. Die Kettenwerksdaten, spezifische Gewichte, Stützpunkttyp und Gleisgeometrie sind für die Bestimmung der Auslegerart und die Berechnung der Nettolängen der Elemente erforderlich. Nach dem Maststellen wird eine Kontrollmessung vorgenommen und mit den während der Bauphase möglicherweise auftretenden Abweichungen die Auslegerberechnung und -fertigung abgeglichen.

Zur Festlegung des Auslegertyps und Berechnung der Zuschnittslängen sind allgemeine Kettenwerksdaten, Gewichtsbeläge, Stützpunktdaten und gleisgeometrische Daten

12.14 Querprofilplan

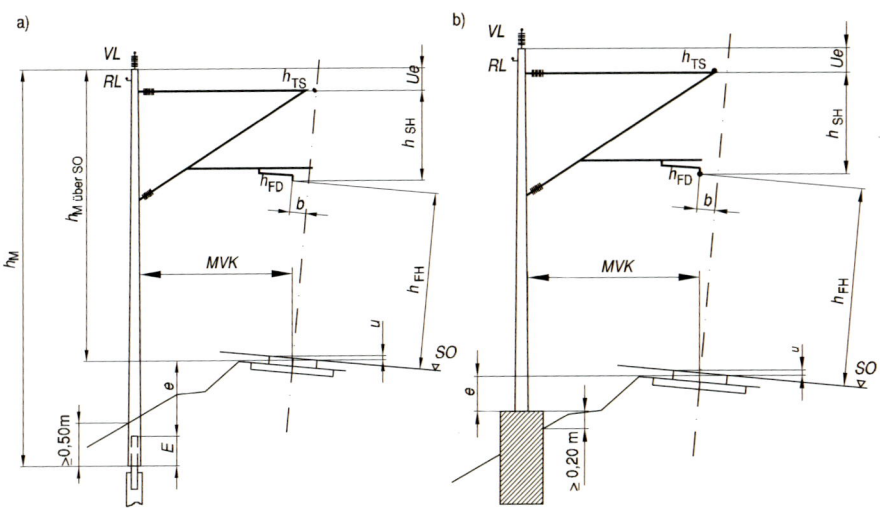

Bild 12.71: Anordnung der Masten in Dammlage und Gleisbögen. a) Betonmasten mit Rammpfahlgründungen, b) H-Profilmastes mit Ortbetonfundament, Symbole siehe Bild 12.69

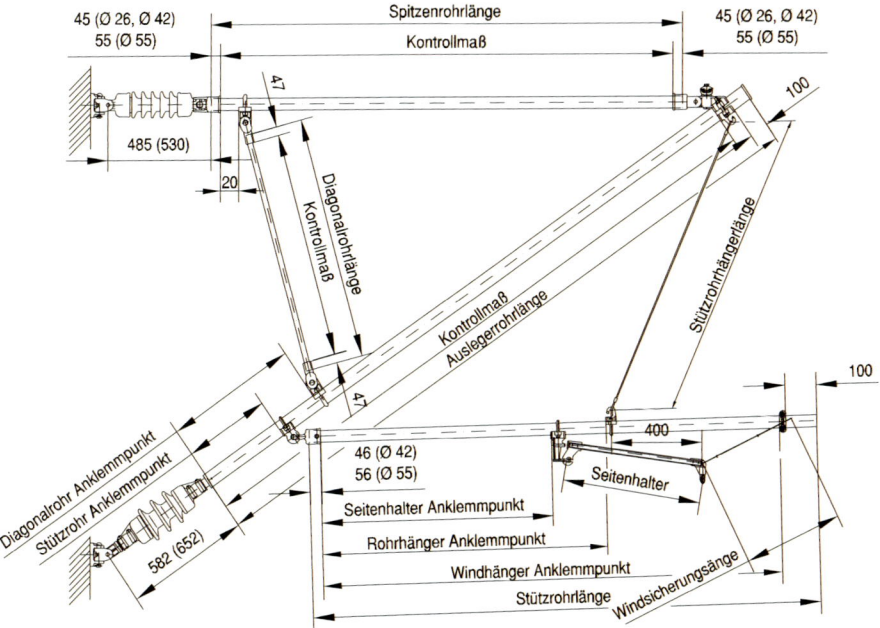

Bild 12.72: Maße zur Fertigung eines Auslegers für einen angelenkten Fahrdrahtstützpunkt.

Tabelle 12.34: Betonmasttypen der Oberleitungsbauart Sicat H1.0 für 33 m/s Windgeschwindigkeiten und Radius $\geq 2\,000$ m.

Mastbild	Rohrdurchmesser des Rammpfahlrohrs	Mastart 1	Mastart 3, 4 und 6	Mastart 5	Mastart 8
21	R 1	NB 2	NB 4	NB 3	NB 5
22	R 2	NB 2	NB 4	NB 3	NB 5
23	R 3	NB 2	NB 4	NB 3	NB 5
24	R 2	NB 2	NB 4	NB 3	NB 5

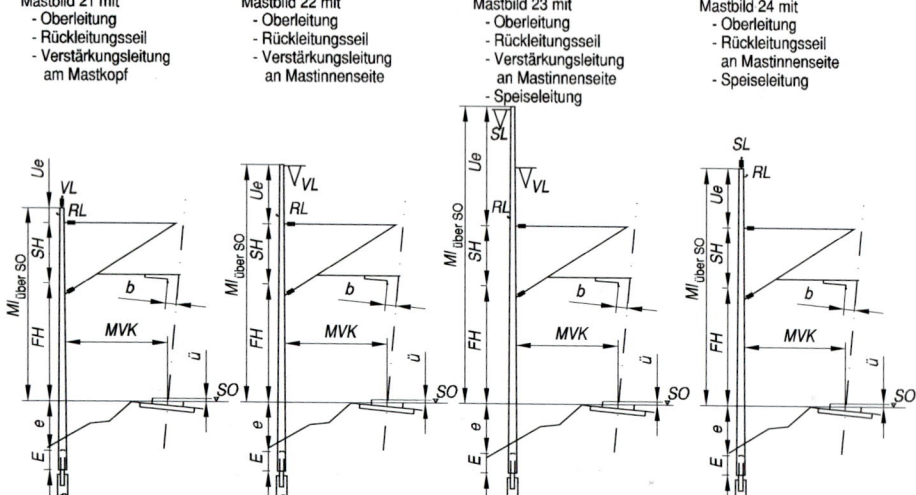

Bild 12.73: Mastbilder für die Oberleitungsbauart Sicat H1.0. Symbole siehe Bild 12.69

erforderlich. Die allgemeinen Kettenwerksdaten bestehen aus Bezeichnung der Nachspannlänge, Kettenwerksbauart, Art der Isolation, Temperaturbereich, Auslegerbauart, Zugkräfte im Tragseil und im Fahrdraht, sowie aus Seil- und Drahttypen. Die folgenden *Stützpunktdaten* sind nötig: Mastnummer, Masttyp, Spannweite, Fahrdrahthöhe, Fahrdraht- und Tragseilseitenlage, Abstand zwischen Mastvorderkante und Gleisachse, Mastneigung, Gleisradius und Streckenneigung. Im Ergebnis entsteht eine zeichnerische oder tabellarische Darstellung mit den Maßen zur *Fertigung der Ausleger* (Bild 12.72).

12.14.7 Mast- und Fundamentwahl

Die *Wahl des Masttyps*, des *Mastbildes* und der mechanischen Festigkeit muss für jeden einzelnen Maststandort durchgeführt werden. Dazu dienen Auswahltabellen für typische Anwendungsfälle oder statische Berechnungen für einzelne Maststandorte (siehe Abschnitte 13.3 und 13.7). Die Tabelle 12.34 stellt die Auswahl für die Masttypen der

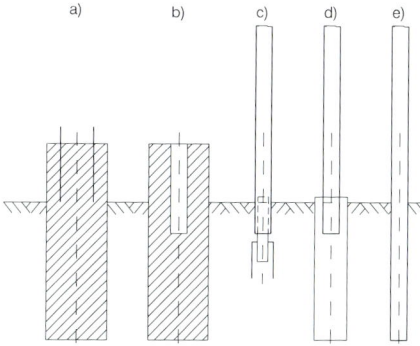

Bild 12.74: Wichtige Fundamentarten.
a) Blockfundament mit Ankerbolzen für Aufsetzmaste, b) Blockfundament für Einsetzmaste, c) Rammpfahlfundament, d) Rammrohrfundament, e) Direktgründung des Betonmastes mit Betonmanschette

Oberleitungsbauart Sicat H1.0 dar. Die Masttypbezeichnung NB 3 weist auf die Anwendung eines *Betonmastes* mit dem Masttyp 3 nach Bild 12.68 und Bild 13.5 für Neubaustrecken hin.

Beispiel 12.9: Für die Oberleitungsbauart Sicat H1.0 wird im Gleisradius $R = 4000$ m ohne Überhöhung ein Betonmast zur Aufnahme von Doppelauslegern in der Überlappung gesucht. Der Mast trägt neben der Oberleitung eine Verstärkungsleitung am Mastkopf. Ein Rammpfahl mit aufgeschweißtem Rohr nimmt den Betonmast auf. Aus dem Bahnkörperquerprofil wurde $e = 0{,}7$ m ermittelt.
Nach Bild 12.68 ermittelt man den Masttyp 3 oder 4 und aus Bild 12.73 das Mastbild 21 mit den Kriterien des Beispiels. Aus der Tabelle 12.34 wählt man für den Radius $R = 4000$ m den Masttyp NB 4 mit dem Überstülpmaß $E = 0{,}5$ m aus.

Die Fundamentart folgt aus der Bodenbeschaffenheit, dem vorhandenen Werkzeug zur Herstellung des Fundaments sowie der Mastart. Stahlmasten mit einer Grundplatte erfordern *Betonblockgründungen* mit quadratischem oder kreisförmigem Querschnitt oder *Rammgründungen* mit Ankerbolzen (Bild 12.74 a)). Masten lassen sich an oder auf Bauwerken befestigen, z. B. an Brücken. *Betongründungen* nehmen *Einzelmasten* aus Beton oder Stahl auf, die nach dem Maststellen mit Beton oder Splitt vergossen werden (Bild 12.74 b)). Betonmasten können auch direkt gegründet werden (Bild 12.74 e)). Sie lassen sich auch auf Stahl- oder Betonrammpfähle aufsetzen und mit Mörtel vergießen (Bild 12.74 c)). Stahl- oder Betonrammrohre sind in der Lage, Beton- oder Stahlmasten (Bild 12.74 d)) aufzunehmen.
Gründungen wählt man entsprechend Anwendungsfall, Bodenart, Momentenbelastung nach Tabellen oder im Einzelfall mit Hilfe statischer Berechnungen aus (siehe Abschnitt 13.7). Querprofilpläne ermöglichen in Verbindung mit Längsprofilen eine übersichtliche Darstellung der Maße und verwendeten Materialien (Bilder 12.75 und 12.76).

12.14.8 Quertragwerke

Bei der Planung und Berechnung von *Quertragwerken* sind, wie im Abschnitt 12.13.5 erläutert, geerdete oder spannungsführende obere Richtseile zu unterscheiden. Das *obere Richtseil* ist bei Gleisradien größer 800 m wegen der kleineren Radialkräfte und der

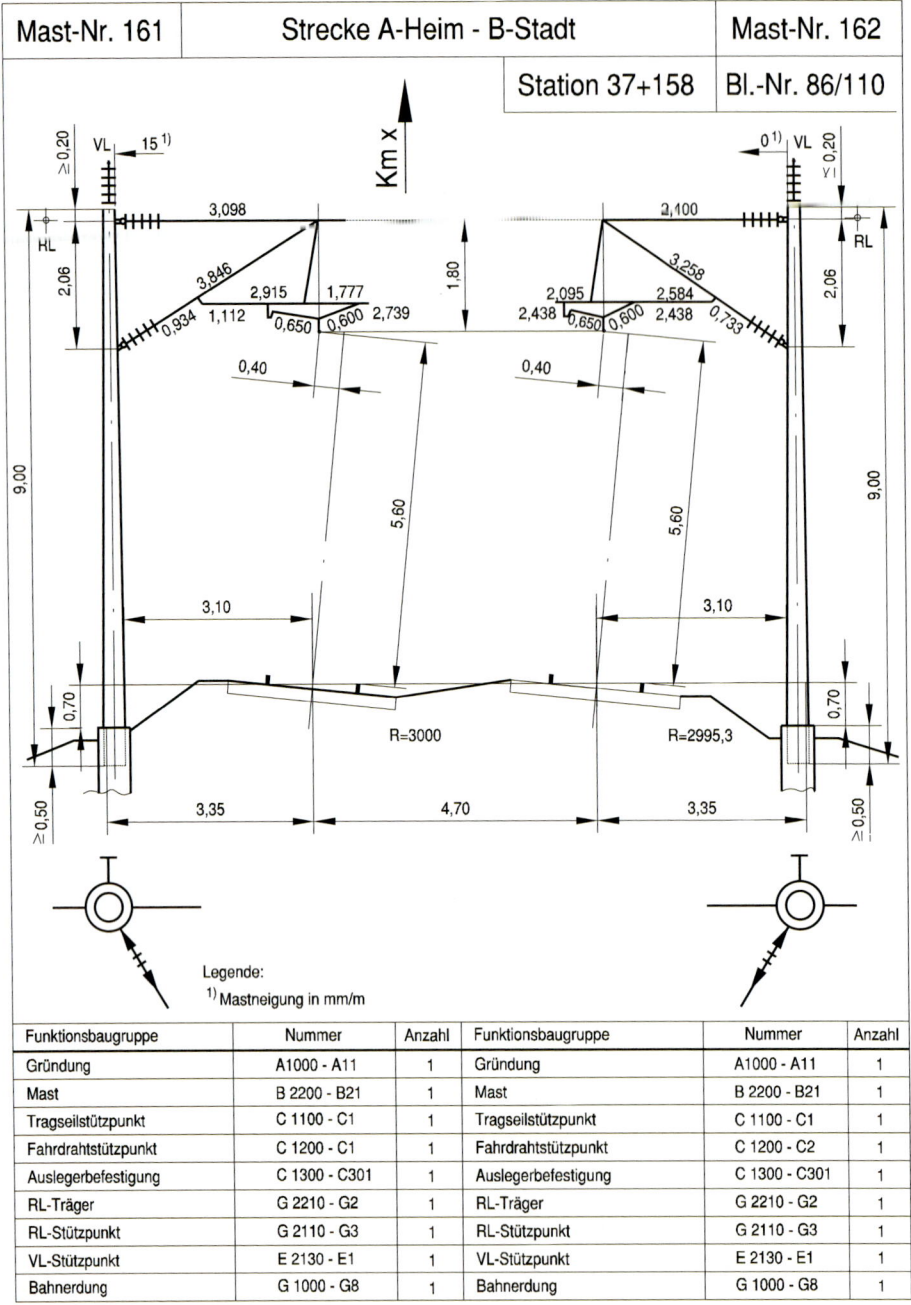

Funktionsbaugruppe	Nummer	Anzahl	Funktionsbaugruppe	Nummer	Anzahl
Gründung	A1000 - A11	1	Gründung	A1000 - A11	1
Mast	B 2200 - B21	1	Mast	B 2200 - B21	1
Tragseilstützpunkt	C 1100 - C1	1	Tragseilstützpunkt	C 1100 - C1	1
Fahrdrahtstützpunkt	C 1200 - C1	1	Fahrdrahtstützpunkt	C 1200 - C2	1
Auslegerbefestigung	C 1300 - C301	1	Auslegerbefestigung	C 1300 - C301	1
RL-Träger	G 2210 - G2	1	RL-Träger	G 2210 - G2	1
RL-Stützpunkt	G 2110 - G3	1	RL-Stützpunkt	G 2110 - G3	1
VL-Stützpunkt	E 2130 - E1	1	VL-Stützpunkt	E 2130 - E1	1
Bahnerdung	G 1000 - G8	1	Bahnerdung	G 1000 - G8	1

Bild 12.75: Querprofilplan einer zweigleisigen Strecke mit Einzelmasten.

12.14 Querprofilplan

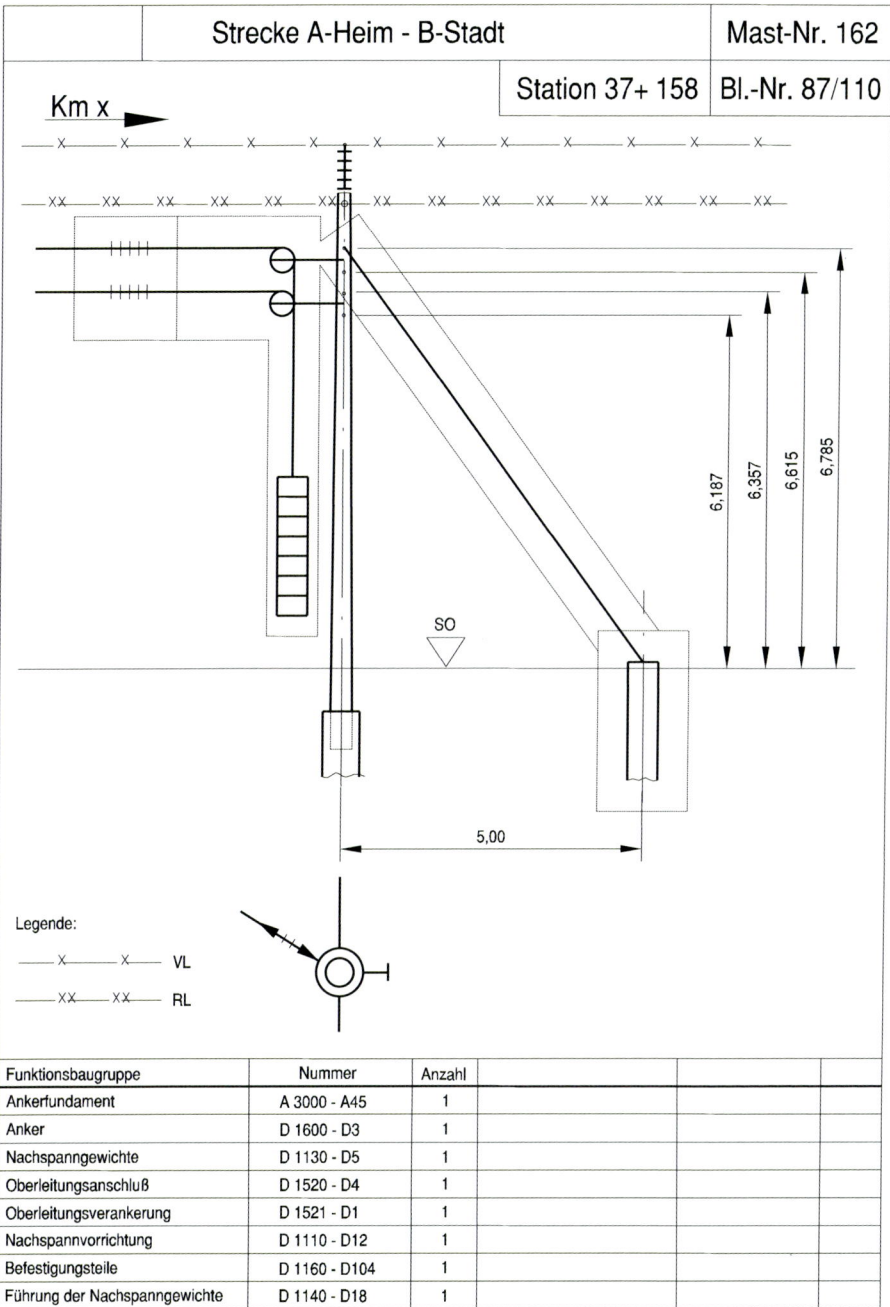

Bild 12.76: Längsprofil der Kettenwerksverankerung.

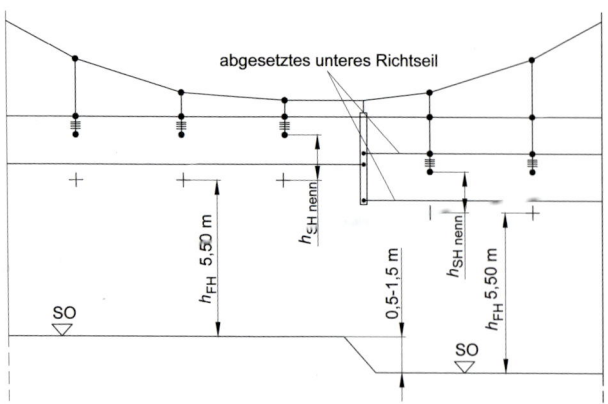

Bild 12.77: Ausgleich von Gleishöhenunterschieden in Querfeldern mit Hilfe eines abgesetzten Richtseiles.

Schrägstellung der Isolatoren geerdet und in Gleisradien kleiner 800 m spannungsführend auszuführen. Daraus folgt die Bauart der *Tragseilstützpunkte*. Die Anordnung der Schaltergruppen bestimmt die Zwischenisolation im unteren oder auch im spannungsführenden *oberen Richtseil*. Richtseilfedern gleichen temperaturabhängige Leiterlängsänderungen und die damit verbundenen Leiterspannungen aus.

Gleishöhenunterschiede bis 0,5 m lassen sich über Variation der Systemhöhen ausgleichen. Abgesenkte Richtseile gleichen höhere Gleishöhenunterschiede aus (Bild 12.77). Im Hinblick auf die Zuverlässigkeit werden wenigstens zwei parallele *Quertragseile* verwendet. Entsprechend der Stützpunktanzahl und Länge des Quertragwerks können vier Quertragseile erforderlich sein. Aus der Spannweite des Quertragwerks und dem Verhältnis zwischen Durchhang und Spannweite a_{QT} des Quertragwerks, welches sich im Bereich 1/5 bis 1/10 bewegen soll, ergibt sich der Quertragseildurchhang.

Im Querprofilplan sind die Masten in das Bahnkörperprofil einzupassen und die Mastlängen zu ermitteln. Das *Polygonquerprofil* zeigt die Seillängen des Quertragwerks und ermöglicht die Vorfertigung in der Werkstatt. Oberleitungsschalter, Schalterleitungen und Hänger sind zusammen mit den Zwischenisolatoren in den Quertragseilen im Querprofilplan enthalten.

Projektierungsprogramme ermöglichen die übersichtliche Darstellung der Geometrie des Quertragwerks mit Materialangaben (Bild 12.78). Diese Art der Darstellung erleichtert die Montage und im Havariefall den schnellen Zugriff auf Materialdaten zur Wiederherstellung eines Quertragwerks (siehe auch Abschnitt 11.2.1.3).

12.14.9 Joche

Der modulare Aufbau von *Jochen* mit standardisierten End- und Zwischenrahmen, wie sie die norwegische Fernbahnwerke (JBV) anwenden (Bild 12.79), ermöglicht eine einfache Projektierung. Diese Fachwerkjoche tragen die *Stützpunkte in Bahnhöfen* und auch auf kurvenreichen freien Strecken zur Vermeidung von *umgelenkten Fahrdrahtstützpunkten*. Es lassen sich damit maximal neun Gleise überspannen.

12.14 Querprofilplan

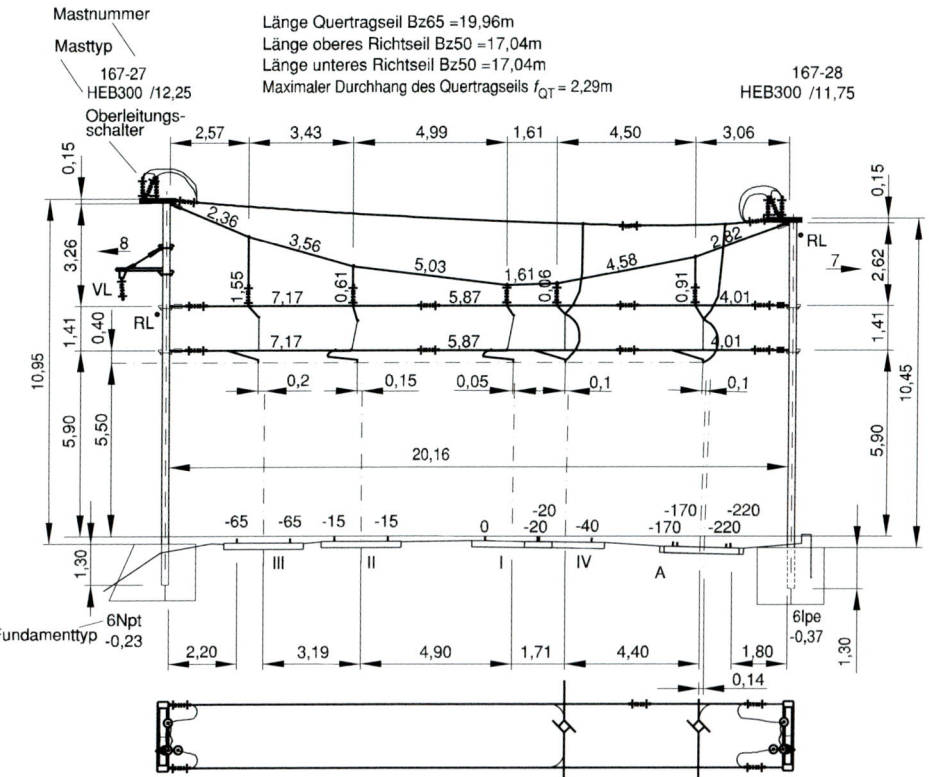

Bild 12.78: Querprofil im Bahnhof mit flexiblem Quertragwerk und Schalter, Schalterquerleitungen und Fallleitern bei der Portugiesischen Staatsbahn CP.

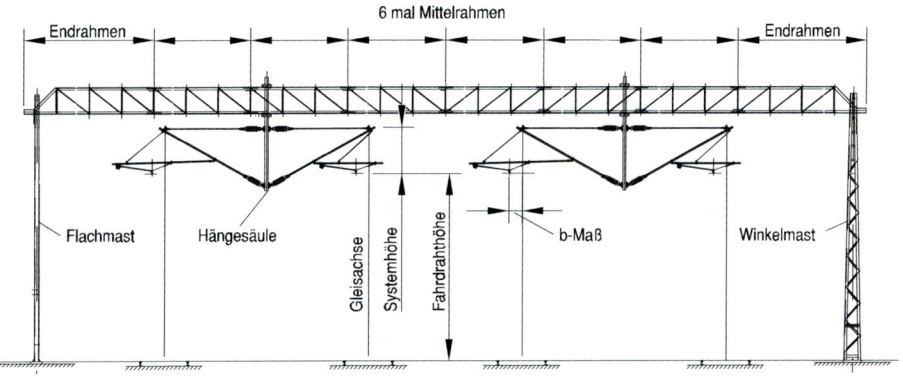

Bild 12.79: Fachwerkjoch bei den Norwegischen Fernbahnwerken (JBV).

Tabelle 12.35: Jochbautypen bei den Norwegischen Fernbahnwerken JBV.

Jochtyp	12	14
Jochlänge in m	11–33	28–43
Anzahl der Gleise	2	> 2

Seit 1997 verwenden die JBV die Jochtypen 12 und 14, die sich im Querschnitt der Winkelprofile unterscheiden und nach Tabelle 12.35 auszuwählen sind. Für zwei Gleise mit Querspannweiten bis 33 m verwendet man den Jochtyp 12, bei mehr als zwei Gleisen mit Querspannweiten von 28 m bis 43 m nutzt man den Jochtyp 14.

Die *Jochlänge* ergibt sich aus dem Abstand der Mastmitten, der in der Gleisanlage zu ermitteln und auf den folgenden Meter aufzurunden ist.

Am Joch sind Hängesäulen montiert, die übliche Ausleger aufnehmen. Gleishöhenunterschiede lassen sich durch Variation der Systemhöhe am Ausleger oder Höhenveränderung der Hängesäulen im Joch kompensieren.

Die *Radialkräfte in Kurven* und die Jochlänge bestimmen die Masttypen zur Aufnahme des Jochs. Bei Seitenkräften kleiner als 6 000 N und Jochlängen kürzer als 30 m verwendet man auf der einen Seite des Jochs einen Flachmast und auf der anderen Seite einen Stahlgittermast aus Winkelprofilen, kurz Winkelmast. Für Seitenkräfte größer als 6 000 N und Joche länger als 30 m nutzt man auf beiden Seiten des Jochs je einen Winkelmast (siehe auch Abschnitt 11.2.1.4).

12.15 Längsprofile

12.15.1 Inhalt

Der *Längsprofilplan* enthält Höhenverläufe bei Überlappungen, Kettenwerksabsenkungen und -anhebungen über und unter Zwangspunkten, Hängerteilung und Bahnenergieleitungen.

12.15.2 Hängeranordnung

Abhängig vom Einbauort lassen sich mit Hilfe von Rechenprogrammen die *Hängerlängen* berechnen. Dazu sind erforderlich:
- *Fahrdrahtseitenverschiebung* am Stützpunkt
- *Gleislängsneigung*
- *Gleisüberhöhung*
- *Gleisüberhöhungsfehlbetrag*
- *Gleisradius*
- *Systemhöhe*
- Zugkraft des Tragseils und des Fahrdrahts
- Verwendung von Y-Beiseilen mit Zugkraft und
- längenbezogenes Eigengewicht.

Der *Hängerabstand* in der Spannweite hängt von der Oberleitungsbauart und der Längsspannweite ab. Für die Bauart Sicat S1.0 ist die Anordnung der Y-Beiseilhänger der

Tabelle 12.36: Anordnung von Y-Beiseilen und Hängern im Stützpunktbereich der Bauart Sicat S1.0.

Spann-weite	Y-Beiseil-länge	Anzahl der Y-Beiseilhänger am Stützpunkt	Abstand		Anzahl der Hänger ohne Y-Beiseil
			Y-Beiseilhänger/ Stützpunkt	Y-Beiseilhänger/ Y-Beiseilhänger	
m	m		m	m	
Stützpunktart A – angelenkter Stützpunkt					
$l \geq 79$	18	4	2,5	3,5	6
$l \geq 71$	14	2	2,5	2)	6
$l \geq 65$	12	2	2,5	2)	4
$l \geq 42$	1)	1)	1)	1)	5
Stützpunktart B – umgelenkter Stützpunkt					
$l \geq 79$	14	2	2,5	–2)	6
$l \geq 71$	14	2	2,5	2)	6
$l \geq 65$	12	2	2,5	2)	4
$l \geq 42$	1)	1)	1)	1)	5

[1] kein Y-Beiseil, [2] nur zwei Y-Beiseilhänger, symmetrisch zum Stützpunkt angeordnet

Tabelle 12.36 zu entnehmen. Es ergeben sich 9,5 m Abstände zwischen den Feldhängern für ein 75-m-Feld (Bild 12.80).

Die Hängerberechnung in der Projektierungsphase dient wie die Auslegerberechnung zur *Materialermittlung*. Die genauen Hängerlängen lassen sich erst nach dem Einmessen der tatsächlichen Lage der Tragseildrehklemmen berechnen und fertigen.

12.15.3 Kettenwerksabsenkungen

Längsprofilpläne stellen *Kettenwerksabsenkungen* entsprechend der Berechnung im Abschnitt 12.12.7 dar. Sie zeigen im Maßstab 1:100 entlang dem Gleis und 1:10 senkrecht zum Gleis die Neigung des Fahrdrahts sowie die Systemhöhen (Bild 12.81). Der vergrößerte vertikale Maßstab zeigt den *Durchhang*, die *Systemhöhe* und die *Mindestabstände*. Der Fahrdrahtdurchhang mit Eislast ist jeweils vier bis fünf Felder neben dem Brückenbauwerk einzuzeichnen, um die Einhaltung des Mindestabstandes zwischen Schienenoberkante und Fahrdraht nachzuweisen.

12.15.4 Höhenplan für Bahnenergieleitungen

Höhenpläne für Bahnenergieleitungen enthalten die Abstände gegenüber Bauwerken und anderen Anlagen. Ähnlich der *Längsprofildarstellung* von Kettenwerksabsenkungen sind die Leitungshöhenpläne in unterschiedlichen Maßstäben, meist mit dem Maßstab 1:500 längs dem Gleis und 1:100 senkrecht zum Gleis, ausgeführt. Bild 12.82 zeigt den Ausschnitt eines Höhenplanes.

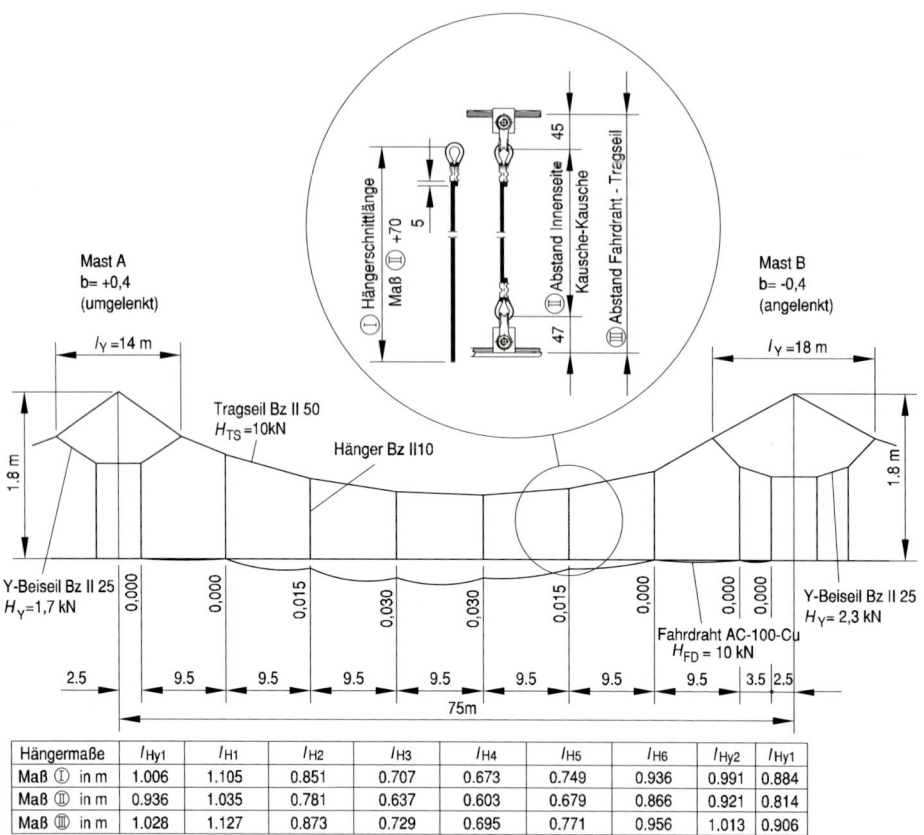

Bild 12.80: Hängerteilung und -längen in einer 75-m-Spannweite der Fahrleitungsbauart Sicat S1.0 für nicht stromfeste Hänger.

12.15.5 Mindestabstände zu Ober- und Bahnenergieleitungen

12.15.5.1 Einführung

Die *elektrischen Mindestabstände* zwischen geerdeten Anlagenteilen und spannungsführenden Teilen der Oberleitungsanlage, wie Kettenwerke, Stützpunkte, Schalter und auch zum elektrischen Lichtraumprofil hängen von der Nennspannung ab (Bild 12.83). Sie berücksichtigen Einflüsse durch Temperatur, Eislast und Wind.

Sind die Bahnenergieleitungen am Mast der Oberleitung befestigt, so sind sie Bestandteil der Oberleitungsanlage. Es gelten die Mindestabstände nach DIN EN 50 119 und DIN EN 50 122-1 (Tabelle 12.37) und die Vorgaben des Infrastrukturbetreibers, z. B. bei der DB die Vorgaben der DB-Richtlinie 997.

Tabelle 12.37: Elektrische Mindest- und Schutzabstände zwischen unterschiedlichen Objekten und unter Spannung stehenden Teilen der Bahnenergieleitung innerhalb des Bahngeländes entsprechend DIN EN 50 122-1 und DIN EN 50 119.

Nr.	Objekt	Richtung vom Objekt	Abstand in m AC 1 kV DC 1,5 kV	AC 25 kV DC 3 kV AC 15 kV
1	Standfläche für Elektrofachkräfte, elektrotechnisch unterwiesene Personen bahntechnisch unterwiesene Personen	nach unten zur Seite nach oben	1,35 1,35 2,60	1,50 1,50 2,75[1)]
2	Standfläche für Laien	nach unten zur Seite nach oben	2,50 1,45 3,00	3,00 2,25 3,50
3	Bahnsteig	nach unten	4,50	4,50
4	Hindernisse mit vollwandigem Flächen (Maschenflächen kleiner als 1 200 mm²)	nach unten zur Seite	0,60 0,30	1,50[2)] 0,60
5	Bauwerke wie Bahnsteigdächer, Überbauten, Tunnel, Gebäude, Brücken	alle	0,10	0,15[3)] 0,27[4)]
6	Signal- oder Beleuchtungsmasten, Arbeitsbühnenteile von Signalen, die begehbar sind	alle		1,50[5)]
7	Schrankenbaum geöffnet	alle		1,00
8	Konstruktionen, die nicht bestiegen werden, wie Signalflügel, Hindernisse an Aufstiegen	alle		0,60
9	Fenster von Gebäuden für Elektrofachkräfte, elektrotechnisch unterwiesene Personen und bahntechnisch unterwiesene Personen	zur Seite	1,35	1,50 3,57[4)]
10	Fenster von Gebäuden für Laien	zur Seite	1,45	2,25
11	An Überwegen von der Straßenoberfläche – Fahrzeughöhe durch Schilder angezeigt – Fahrzeughöhe durch Profiltore begrenzt	nach oben alle alle	4,70 0,50 0,30	5,50 1,00 0,50
12	Kettenwerk anderer Schaltgruppen	alle	1,50	1,50
13	Speiseleitung	nach unten		2,00
14	Rückleitungsseil	nach oben zur Seite		0,50 1,25
15	Schalterquerleitung	alle		2,00
16	Kettenwerk – Schalterquerleitung der gleichen Schaltgruppe	alle		0,10

[1)] im nicht öffentlichen Bereich [2)] 0,5 m bei vollwandigen Hindernissen
[3)] bis AC 15 kV [4)] bis AC 25 kV
[5)] kann unter bestimmten Umständen auf 0,6 m vermindert werden

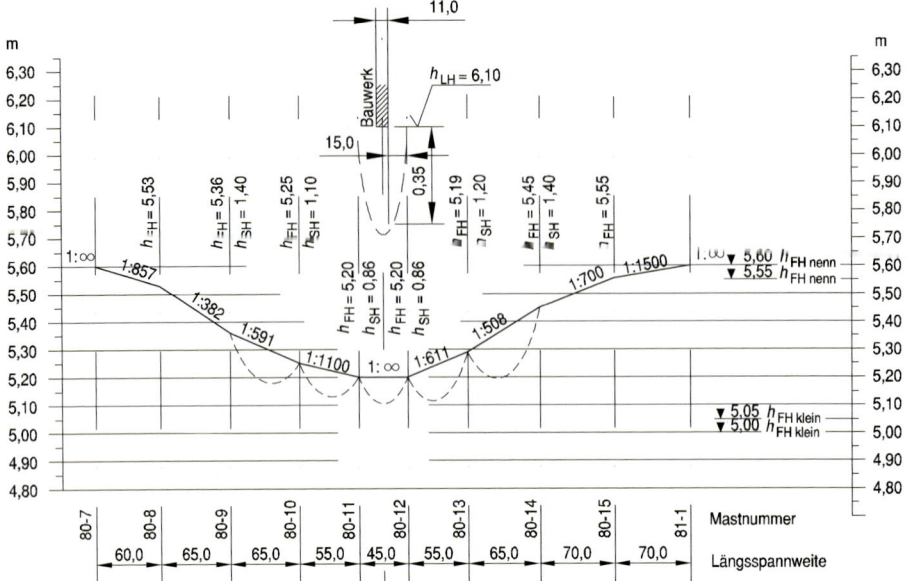

Bild 12.81: Auszug aus einer Kettenwerksabsenkung für die Oberleitungsbauart Sicat S1.0. Alle Maße in m

Für Bahnenergieleitungen, die nicht am Oberleitungsmast sondern an eigenen Masten befestigt sind, gelten die Mindestabstände im Gelände nach DIN EN 50 341-1 und DIN EN 50 341-3-4 (siehe Abschnitt 12.11.5 und 12.11.6). Die Tabelle 12.37 fasst diese Abstände zusammen. Um ausreichenden Schutz gegen unter Spannung stehende Teile der Oberleitungsanlage oder der Freileitungen zu erreichen, werden die Methoden *„Schutz durch Abstand"* und *„Schutz durch Hindernisse"* angewandt. Die einfachere Methode ist der Schutz durch Abstand, der durch genügend große Abstände in Luft erreicht wird (Bild 12.83). Wo der vorhandene Abstand in Luft nicht ausreicht, werden Hindernisse errichtet, um ein unabsichtliches, direktes Berühren Spannung führender Teile der Anlagen zu vermeiden.

12.15.5.2 Schutz durch Abstand

Personen dürfen ein unter Spannung stehendes Teil von einem zugänglichen Standort aus nicht unabsichtlich erreichen können (DIN EN 50 122-1). Alle Bereiche größer als 100 mm × 100 mm werden als mögliche Standflächen betrachtet. Teile von Fahrleitungsanlagen, der Bahnenergieleitung oder Teile der Fahrzeugaußenflächen wie Stromabnehmer, Dachleitungen und Widerstände werden als aktive Teile der Anlage betrachtet. Der Abstand wird in gerader Strecke und ohne Hilfsmittel, wie in Bild 12.83 gezeigt, gemessen. Hilfsmittel sind Gegenstände, die den Abstand zum unter Spannung stehenden Bauteil verkürzen. Die in Bild 12.83 gezeigten Werte sind Mindestwerte für die Öffentlichkeit und zu besonderen Teilen der Anlage, die bei Wind, Temperaturen und

12.15 Längsprofile

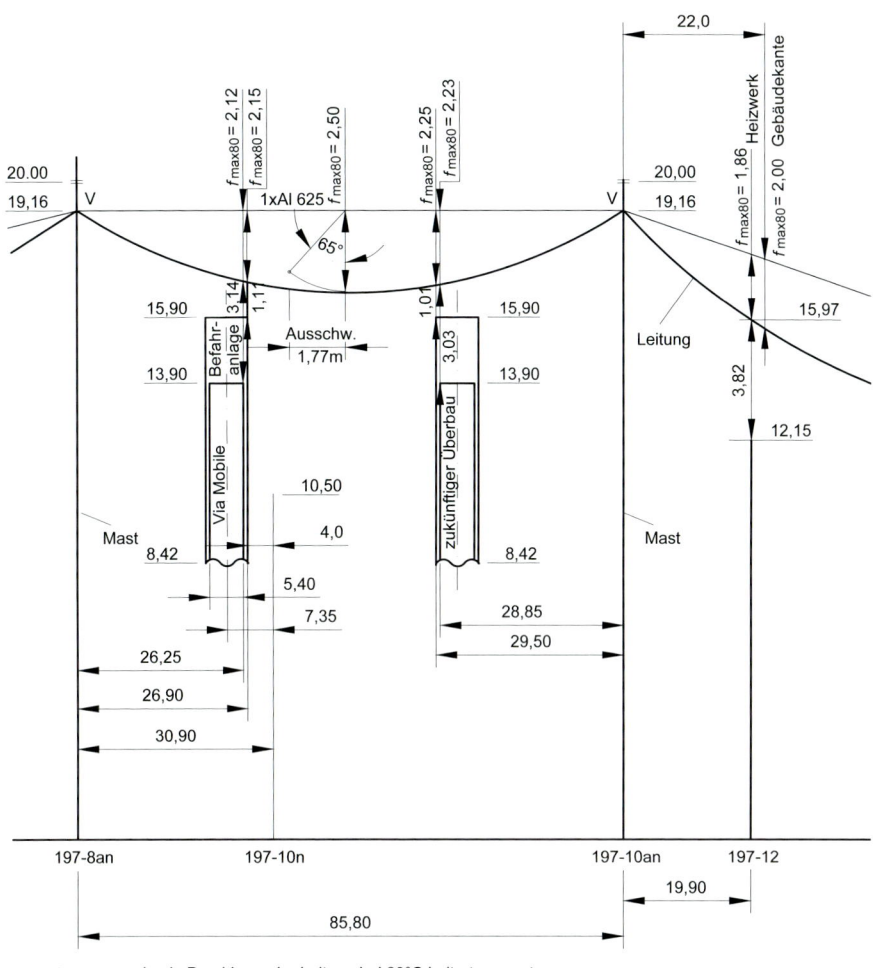

f_{max80}: maximale Durchhang der Leitung bei 80 °C Leitertemperatur

Bild 12.82: Ausschnitt aus einem Höhenplan für eine Bahnenergieleitung.

Eislasten einzuhalten sind. Die Isolatoren, die die unter Spannung stehenden Teile der Anlage mit den geerdeten Teilen verbinden, werden als Spannung führend betrachtet. Die einzuhaltenden Schutzabstände beim *Arbeiten an oder in der Nähe unter Spannung stehender Fahrleitungsanlagen* beginnen, wie in DIN EN 50 119 beschrieben, an der geerdeten Isolatorkappe. Der Verlauf für den Beginn des elektrischen Mindestabstands über einen Isolator zeigt Bild 12.84. Die Schutzabstände betragen
– 1,25 m für DC 1,5 kV und DC 3,0 kV und
– 1,50 m für AC 15 kV, AC 25 kV oder 2×25 kV.

Zwischen Ästen von Bäumen oder Sträuchern und den aktiven Teilen der Fahr- oder Bahnenergieleitung muss bei Windstille und ohne Eislast 2,50 m Mindestabstand nach

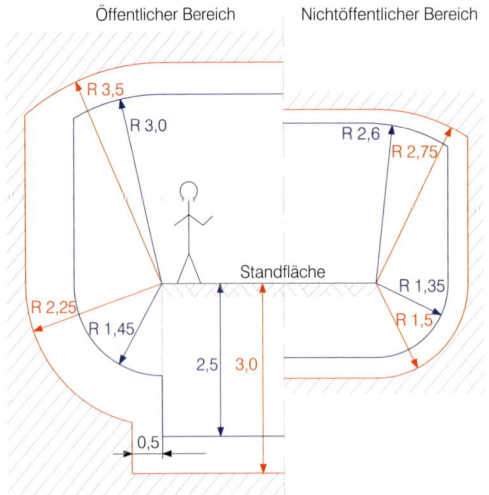

Bild 12.83: Minimale Schutzabstände von Personen zu unter Spannung stehenden Anlagenteilen nach DIN EN 50 122-1:2010.
AC 15 kV und AC 25 kV
DC 1,5 kV und DC 3,0 kV

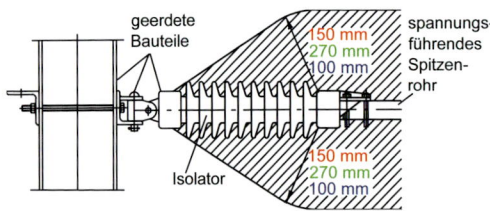

Bild 12.84: Elektrische Mindestabstände (Mindestluftstrecken) zwischen Isolatoren und Bauwerken (Normungsvorschlag für DIN EN 50 119).
AC-15-kV-16,7-Hz-Oberleitungen
AC-25-kV-50-Hz-Oberleitungen
DC-0,6-kV- bis DC-3-kV-Oberleitungen

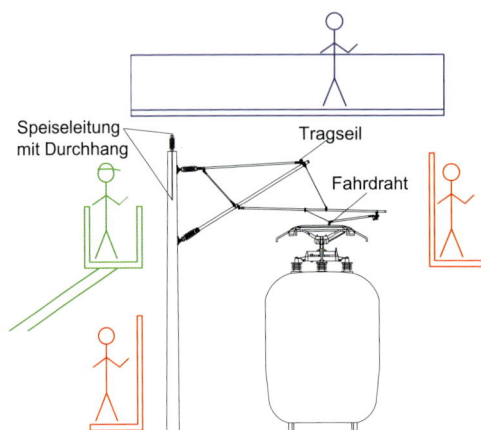

Bild 12.85: Standflächen in der Nähe spannungsführender Teile.
Standfläche neben dem spannungsführenden Teil (Beispiel siehe Bild 12.86 a) und b))
Standfläche oberhalb der spannungsführenden Teile (Beispiel siehe Bild 12.87 a) und b))
Arbeitsbühne in Werkstätten (Beispiel siehe Bild 12.89)

DIN EN 50 122-1:2011 vorhanden sein. Die DB erweitert diesen Abstand auf 5,0 m für Bäume, die höher als 4 m sind.

12.15.5.3 Standflächen

Nach DIN EN 50 122-1:2011 gilt als *Standfläche* jeder Ort auf einer waagerechten Fläche, auf der Personen ohne große Anstrengung stehen oder gehen können. Standflächen können in öffentlichen oder nicht öffentlichen Bereichen liegen gilt als Standfläche eine 100 mm × 100 mm Fläche.

12.15.5.4 Schutz durch Hindernisse oder Schranken

Wo sich der Schutz durch Abstand nach Abschnitt 12.15.5.2 nicht einhalten lässt, ist eine *Schutz durch Hindernisse* oder durch *Schranken* anzuwenden. Die Form und die Anordnung der Hindernisse hängt ab von
- der Lage der Standfläche im Bezug zu aktiven Teilen der Anlage,
- dem Abstand zwischen dem Hindernis und dem unter Spannung stehenden Teil,
- der Anordnung der Standfläche in öffentlichen oder nicht öffentlichen Bereichen.

Bild 12.85 zeigt typische Fälle, wo Hindernisse Personen auf Standflächen gegen unbeabsichtigtes oder zufälliges Berühren von unter Spannung stehenden Teilen in direkter Richtung schützen. Die Hindernisse müssen bestehen aus
- massiven Wänden oder massiven Türen ohne Löcher und Spalten oder
- Gitterkonstruktionen, die mit der Erdschiene verbunden sind.

Hindernisse sollen nicht aus nichtleitendem Material oder mit Kunststoff überzogenem Metall bestehen. Wenn jedoch Kunststoff überzogene oder nichtleitende Hindernisse verwendet werden, müssen diese aus einer massiven Wand bestehen, die am Rand mit blanken Leitern versehen ist, die mit der Bahnerde verbunden sind. Hindernisse
- müssen mechanisch stabil und zuverlässig befestigt sein, um Bewegungen und damit eine Verringerung der Mindestabstände zu unter Spannung stehenden Teilen zu vermeiden,
- dürfen sich im öffentlichen Bereich nicht mit Standardwerkzeugen abbauen oder zerstören lassen.

Standflächen neben unter Spannung stehenden Teilen der Oberleitungen und aktiven Teilen der Fahrzeuge (Bild 12.85, Fall 1)

Die Hindernisse sind mindestens 1,8 m hoch und bis 1,0 m Höhe vollwandig auszuführen. Der obere 0,8-m-Teil des Hindernisses kann aus Maschen mit einer Maschenfläche bis 1 200 mm^2 bestehen. Infrastrukturunternehmen können kleinere Maschenflächen fordern. Der Abstand zwischen dem Hindernis und dem aktiven Teil muss mindestens 1 m im öffentlichen Bereich und 0,6 m im nichtöffentlichen Bereich betragen. Lassen sich diese Abstände nicht einhalten, ist das komplette Hindernis vollwandig auszuführen. Bild 12.86 zeigt typische Beispiele für Hindernisse an Standflächen in der Nähe aktiver Teile.

Bild 12.86: Beispiele für Hindernisse zwischen Standflächen und spannungsführenden Teilen.
a) massive Wand und Maschendraht bei der Hochgeschwindigkeitsstrecke Köln–Frankfurt
b) massive Wand an der Hochgeschwindigkeitsstrecke HSL Süd, die auch als Lärmschutzwand dient

Standflächen über aktiven Teilen der Oberleitungsanlage oder aktiven Teilen von Fahrzeugen (Bild 12.85, Fall 2)

Standflächen über aktiven Teilen müssen bestehen aus einem vollwandigen, den Stromabnehmerbereich um ±2,0 m von der Gleisachse aus gesehen überdeckenden, um wenigstens 0,5 m auf beiden Seiten über die aktiven Teile hinausragenden Hindernis bestehen, welches die Standfläche durch Hindernisse begrenzt.

Die Hindernisse sind entweder vertikal (Bild 12.87 a)) oder waagerecht (Bild 12.87 b)) auszuführen. Das Hindernis nach Bild 12.87 a) entspricht der Ausführung des Hindernisses im Bild 12.86. Das Hindernis gemäß Bild 12.87 b) ist ein massives Beton- oder Stahlteil mit mindestens 20° Neigung weg vom Bauwerk. Diese Ausführung schließt das Begehen des Hindernisse aus. Der kleinste Abstand zwischen dem Geländer oder der Geländeroberfläche und dem unter Spannung stehenden Teil beträgt 2,25 m.

Standflächen für Monteure (Bild 12.85, Fall 3)

Bei Standflächen im nicht öffentlichen Bereich, die begehbar sind, müssen die Abstände gemäß Bild 12.83 eingehalten werden. Wenn es notwendig ist, diese Abstände zu unterschreiten, sind besondere Maßnahmen in den Betriebsanleitungen festzulegen. Dächer von Bahnsteigen, Arbeitsbühnen und -brücken, Signalbrücken, Arbeitsplätzen an Signalen, Instandhaltungsleitern, Arbeitsplätzen von Hebebühnen, Arbeitsplätzen auf Instandhaltungsfahrzeugen, die nur verwendet werden, um Arbeiten an Oberleitungsanlagen auszuführen, werden nicht als Standfläche nach den Fällen 1 bis 3 in Bild 12.85 angesehen. Das Arbeiten in solchen Anlagen wird in den betrieblichen Spezifikationen

a)  b)

Bild 12.87: Beispiel für Hindernisse auf Brücken oberhalb spannungsführender Teile.
a) Kombination von Vollwand- und Maschenhindernissen, b) geneigtes Betonhindernis

für die Arbeitssicherheit betrachtet. In Bild 12.88 wird ein Hindernis für Standflächen in einer Instandhaltungswerkstatt für Fahrzeuge gezeigt.

Die in Bild 12.88 dargestellte Metalltür am oberen Ende der Treppe zur Arbeitsbühne lässt sich nur öffnen, wenn die Bedingungen für das Betreten der Arbeitsbühne erfüllt sind. Dies ist der Fall, wenn

- die Oberleitung entlang der Arbeitsbühne spannungslos ist,
- die Fahrleitung mit einem Trennschalter mit Erdkontakt geerdet ist,
- eine Prüfung der an beiden Seiten des Fahrleitungsabschnittes sichtbaren Trennstrecken und der korrekten Bahnerdung durchgeführt wurde.

Nur wenn diese Maßnahmen abgeschlossen sind, lässt sich die Tür zur Steuertafel öffnen (Bild 12.89) und der Schlüssel zum Öffnen der Metalltür am oberen Ende der Treppen zur Arbeitsbühne von der Steuertafel entnehmen (siehe auch Abschnitt 14.2).

Warnschilder (Bild 12.90)

Warnschilder sind an Zutrittspunkten erforderlich, wenn eine gefährliche Annäherung zur Fahrleitungsanlage gegeben ist. Sie sollten an einer deutlich sichtbaren Stelle nahe des Eingangs angebracht werden und müssen DIN ISO 3864 erfüllen.

12.15.6 Bahnenergieleitungen

12.15.6.1 Festlegungen und Anforderungen

Bahnenergieleitungen werden häufig an Oberleitungsmasten geführt. Die Anordnung von Bahnenergieleitungen muss den sicheren Betrieb ermöglichen und während der Oberleitungsinspektion möglichst keine Abschaltung erfordern. Die elektrischen Mindestabstände zu geerdeten Einrichtungen hängen von der Nennspannung nach Tabelle 2.13 und den klimatischen Bedingungen nach DIN EN 50124-1:2006 und IEC 60815 ab (siehe auch Abschnitt 2.5.4). Die DB legt in der Richtlinie 997 fest, dass Bahnenergieleitungen für eine einfache Isolation mit mindestens 700 mm Kriechweg auszulegen sind.

Bild 12.88: Beispiel für ein Hindernis an einer Arbeitsbühne in Werkstätten.

Bild 12.89: Steuertafel mit Schlüsseln.

12.15.6.2 Leitungsführungen an Masten

Am Mastkopf von Oberleitungsmasten sind Bahnenergieleitungen (BEL) auf Stützen oder an Isolatoren in Hängebauweise befestigt. Wenn mehrere BEL am selben Mast vorhanden sind, werden Querträger am Mastschaft angebracht. Die Querträger stellen sicher, dass die kleinsten Abstände zwischen der Bahnenergieleitung und dem Mast und anderen Gegenständen eingehalten werden.

Abspannpunkte bilden Festpunkte in der Leitung und werden mit Abspannisolatoren ausgerüstet. Endmasten befinden sich am Beginn oder Ende eines Abspannabschnittes. Die Tabelle 12.37 zeigt die kleinsten Abstände zu Objekten innerhalb des Bahngeländes und die Tabelle 12.38 die Abstände, die angewandt werden, wenn Bahnenergieleitungen über bahnfremdes Gelände verlaufen.

Bild 12.90: Warnschild.

Tabelle 12.38: Kleinste Schutzabstände zwischen öffentlichen Anlagen und Bahnenergieleitungen und deren Komponenten.

Nr	Gegenstand	Richtung	Abstand in m DC 1,5 kV AC 1,0 kV	Abstand in m DC 3 kV AC 15 kV AC 25 kV	Norm
1	Ladestellen	vertikal		12,0	DIN EN 50 122-1
2	befahrbare Bodenflächen	vertikal	4,7	5,5	DIN EN 50 122-1
3	besteigbare Bäume	vertikal	2,5	2,5	DIN EN 50 122-1
4	Fenster im Gebäude				
	– nicht öffentlicher Bereich	horizontal		1,5	DIN EN 50 122-1
	– öffentlicher Bereich	horizontal		2,25	DIN EN 50 122-1
5.1	Gebäude mit Dachneigung:				
	> 15° und feuerhemmende Dächer	vertikal		3,0	DIN EN 50 341-1
	≤ 15° und feuerhemmende Dächer	vertikal		5,0	DIN EN 50 341-1
5.2	Gebäude mit Dachneigung: > 15° oder ≤ 15° ohne feuerhemmende Dächer und über feuergefährdeten Einrichtungen wie Tankstellen	vertikal		10,6	DIN EN 50 341-1
5.3	Gebäude mit Dachneigung: > 15° oder ≤ 15° mit feuerhemmenden oder ohne feuerhemmenden Dächern	horizontal		3,0	DIN EN 50 341-1
6	Antennen, Straßenleuchten, Fahnenmasten, Werbeschilder u. a.	horizontal		2,6	DIN EN 50 341-1

12.15.6.3 Abstandnachweis

Aus der Führung der BEL und Anordnung der Stützpunkte entsteht die Leitungsgeometrie. Temperaturänderungen, Windeinwirkungen und Eislasten ziehen Lageveränderungen der Leiter nach sich, die nicht zum Unterschreiten von Mindestabständen zwischen Leitungen untereinander und gegenüber anderen Objekten führen dürfen. Das Vorhandensein von Abständen größer als die Mindestwerte ist nachzuweisen. Dabei werden ungünstigste Leitertemperaturen und Belastungen beachtet. Die Bedingungen sind in DIN EN 50 341-3-4 beschrieben. Zum Beispiel wird 80 °C maximale Leitertemperatur in Ruhelage für Speise-, Verstärkungs- und Umgehungsleitungen vorgegeben. Windeinwirkung führt zum Ausschwingen der Leiter gemessen mit dem Winkel φ gegenüber der vertikalen Achse. Für den Mindestabstand $a_{\min}$ bei ausgeschwungenen Leitern gilt

$$a_{\min} = k \cdot \sqrt{f_2 + l_k} + 0{,}75\, D_{el} \quad . \tag{12.7}$$

Der Koeffizient k kann aus DIN EN 50 423-3-4:2005, Tabelle 5.4.3/DE.2 oder anderen nationalen Vorgaben ermittelt werden, die zur Berechnung der geforderten kleinsten Abstände in Spannfeldmitte dienen. Für die Ermittlung des Winkels φ und des Durchhangs f_2 genügt die Berücksichtigung von 40 °C Leitertemperatur bei Windeinwirkung. Die Länge des rechtwinklig zur Leitungsrichtung ausschwingenden Teils der Isolatorenkette ist l_k.

Mit den bei diesen Temperaturen auftretenden *Durchhängen* zwischen Stützpunkten ist der Abstandsnachweis der Leitungen untereinander und gegenüber der Geländeoberfläche und den Objekten, die sich unter oder neben der Leitung befinden, zu führen. Als Beispiel wird der Nachweis des Abstandes zwischen Rückleitungsseil und abgehendem Kettenwerk gezeigt. Es gelten folgende Bedingungen:
 - Ein ausreichender Abstand ist sowohl in Ruhelage als auch im ausgeschwungenen Zustand an der Stelle der jeweils größten Annäherung nachzuweisen.
    Die Anordnung von Rückleiterseilen an den Masten muss so gewählt werden, dass die elektrischen Mindestabstände zwischen Rückleiterseilen und den aktiven Teilen der Speiseleitungen in Feldmitte eingehalten werden. Eine geeignete Wahl der Leiterart und seiner Zugspannung kann das Einhalten dieser Anforderungen begünstigen. Die Tabellen 12.37, 12.38 und 12.24 in Übereinstimmung mit DIN EN 50119, Tabelle 5.9, geben die Abstände zu geerdeten Teilen unter statischen und dynamischen Bedingungen abhängig von der Nennspannung an.
 - Für Rückleiterseile 243-AL1 mit der Verlegespannung 20 N/mm² gilt in Ruhelage die Leitertemperatur $\vartheta = 60\,°C$ und im ausgeschwungenen Zustand bei dem Ausschwingwinkel $\varphi_{RL} = 65°$ die Leitertemperatur $\vartheta = 40\,°C$ nach DIN EN 50341-3-4.
 - Das Rückleiterseil darf an der Stelle des maximalen Durchhangs nicht unterhalb des Fahrdrahts liegen. Der Mindestabstand zwischen Rückleiterseil und Geländeoberfläche ist dabei einzuhalten.

Der *Abstandsnachweis* wird mit den folgenden Schritten durchgeführt:
 - Ermittlung der Stelle a des geringsten Abstandes zwischen Rückleitungsseil und abgehendem Kettenwerk
 - Ermittlung der Lage der Tragseils an der Nachweisstelle a
 - Ermittlung der Lage der Rückleiterseilachse an der Nachweisstelle a
 - Berechnung des Rückleiterseildurchhangs f_{RL} an der Nachweisstelle a
 - Berechnung des räumlichen Abstandes R_{RL-TS} zwischen dem ausgeschwungenen Rückleiterseil und Tragseil an der Nachweisstelle a

Bild 12.91 stellt die Anordnung des Rückleiterseils und des abgespannten Kettenwerks in einem verzerrten Lageplan dar. Bild 12.92 zeigt den Schnitt A–A.
Der Durchhang des Rückleiterseils f_{RL} an der Nachweisstelle im Abstand a vom Stützpunkt A, wird aus den Gleichungen (4.52) und (4.55) erhalten:

$$f_{RL} = (G'/2H) \cdot a(l-a) = 4 f_{RL\,max\,40} \cdot a(l-a)/l^2 = 4 \cdot f_{RL\,max\,40} \cdot (1 - a/l) \cdot (a/l)$$

mit

$$f_{RL\,max\,40} = (G'/8H) \cdot l^2$$

mit G' längenbezogenes Leitergewicht und H Leiterzugspannung. Die Abstände z_{RL-R_A} und y_{RL-R_A} am Punkt a ergeben sich aus (Bild 12.92) zu

$$z_{RL-R_A} = 4 \cdot f_{RL\,max\,40} \cdot (1 - a/l)(a/l) \cos\varphi \tag{12.8}$$

$$y_{RL-R_A} = 4 \cdot f_{RL\,max\,40} \cdot (1 - a/l)(a/l) \sin\varphi \quad . \tag{12.9}$$

12.15 Längsprofile

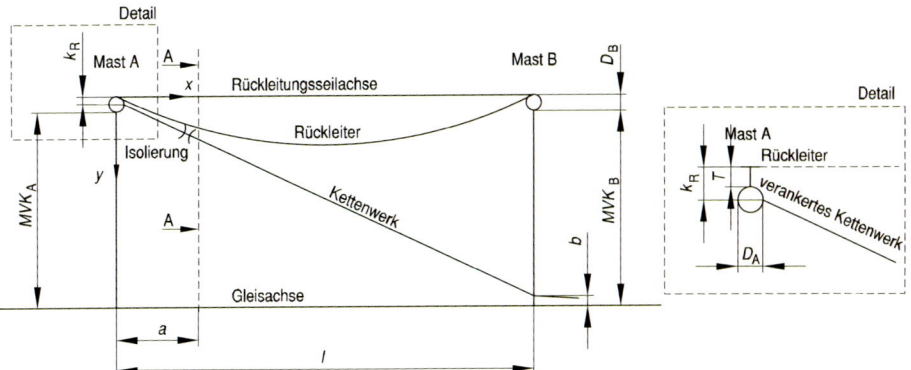

Bild 12.91: Draufsicht auf das abgehende Kettenwerk und das ausgeschwungene Rückleitungsseil. Es bedeuten

MVK_A Abstand zwischen Mastvorderseite des Mastes A und der Gleismitte in m,
MVK_B wie oben, jedoch für Mast B,
D_A Durchmesser des Mastes A in der Höhe der Rückleiterseilaufhängung,
D_B wie vor, jedoch Mast B,
b Fahrdrahtseitenverschiebung des abgehenden Kettenwerks in m,
k_R Abstand zwischen Rückleiterseilachse und Kettenwerk am Mast A in m, $k_R = D_A/2 + T$,
T Querträgerlänge in m,
l Längsspannweite zwischen den Masten A und B in m,
a Abstand von der Mastachse bis zur Nachweisstelle in m, wobei a am spannungsseitigen Ende des Isolators beginnt.

Für ungleichhohe Stützpunkte berechnet sich der Durchhang des Rückleiterseils f_{RL} an der Stelle a aus (4.63)

$$f_{RL} = G' \cdot a \frac{l-a}{2H} + \Delta h_{RL} \cdot a/l = 4 f_{RL\,max\,40} \cdot \left(1 - a/l + \frac{\Delta h_{RL}}{4 \cdot f_{RL\,max\,40}}\right) a/l \ .$$

Dabei bedeutet Δh_{RL} die Höhendifferenz zwischen den Aufhängepunkten des Rückleitungsseils am Mast A und B. Die Koordinaten z_{RL-R_A} und y_{RL-R_A} ergeben sich aus

$$z_{RL-R_A} = 4 \cdot f_{RL\,max\,40} \cdot [1 - a/l + \Delta h_{RL}/(4 f_{RL\,max\,40})] \cdot (a/l) \cos\varphi$$

$$y_{RL-R_A} = 4 \cdot f_{RL\,max\,40} \cdot [1 - a/l + \Delta h_{RL}/(4 f_{RL\,max\,40})] \cdot (a/l) \sin\varphi \ .$$

Die räumliche Lage des Tragseils an der Nachweisstelle a mit Bezug auf den Mast A ergibt sich nach Bild 12.93 zu

$$y_{RL-TS} = (D_A/2 + k_R + MVK_A - b) \cdot a/l + k_R \tag{12.10}$$

und

$$z_{RL-TS} = z_{RL\,A-SO} - z_{TS\,A-SO} - (z_{TS\,B-SO} - z_{TS\,A-SO}) \cdot a/l$$
$$+ 4 f_{TS\,max\,40} \cdot [1 + \Delta z_{TS}/(4 \cdot f_{TS\,max\,40}) - a/l] \cdot a/l, \tag{12.11}$$

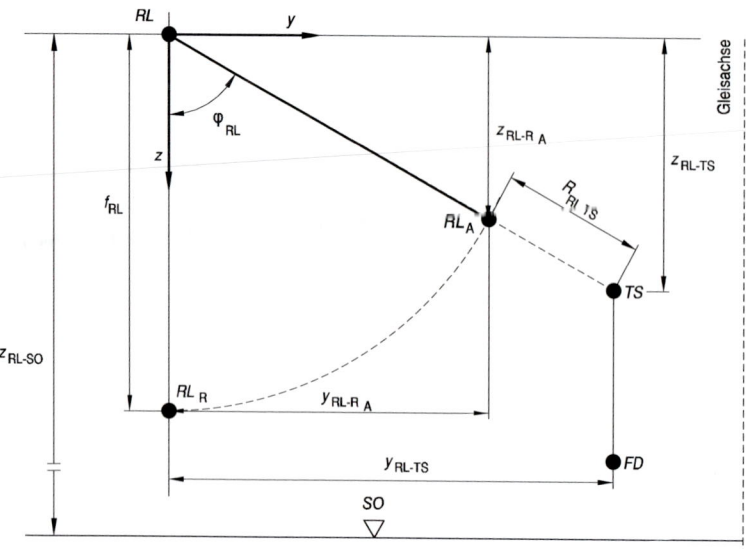

Bild 12.92: Schnitt A-A des abgehenden Kettenwerks mit dem Rückleiterseil an der Nachweisstelle a (siehe Bild 12.91). Es bedeuten alle Maße in m:

RL$_\text{A}$ ausgeschwungenes Rückleiterseil,
RL   Achse des Rückleiterseiles,
RL$_\text{R}$ Ruhelage des Rückleiterseils,
TS   Achse des Tragseils,
FD   Achse des Fahrdrahts,
$R_\text{RL–TS}$ räumlicher Abstand zwischen Rückleiterseil und Tragseil,
$z_\text{RL–TS}$ vertikaler Abstand zwischen Rückleiterseilachse und Tragseil,
$z_\text{RL–R}_\text{A}$ vertikaler Abstand zwischen Rückleiterseilachse und ausgeschwungenem Rückleiterseil,
$y_\text{RL–TS}$ horizontaler Abstand zwischen Rückleitereilachse und Tragseil,
$y_\text{RL–R}_\text{A}$ horizontaler Abstand zwischen Rückleiterseilachse und Rückleiterseil,
$z_\text{RL–SO}$ vertikaler Abstand zwischen Rückleiterseilachse und Schienenoberkante (SO = Schienenoberkante),
f_RL Durchhang des Rückleiterseiles bei Temperatur $\vartheta = 40\,°C$ an der Stelle a,
φ_RL Ausschwingwinkel des Rückleiterseiles in Grad.

wobei $k_\text{R} = D_\text{A}/2 + T$ bedeutet. Bei der Befestigung des Rückleiterseils direkt am Mast ist $T = 0$ und daher $k_\text{R} = D_\text{A}/2$. Der räumliche Abstand $R_\text{RL–TS}$ am Punkt a ist

$$R_\text{RL–TS} = \sqrt{(y_\text{RL–TS} - y_\text{RL–R}_\text{A})^2 + (z_\text{RL–TS} - z_\text{RL–R}_\text{A})^2} \quad . \tag{12.12}$$

Der Abstand $R_\text{RL–TS}$ muss größer sein als der kurzzeitige Mindestabstand S_k.

Beispiel 12.10: Es ist der Abstand zwischen dem Rückleiterseil und dem verankerten Kettenwerk an der Stelle a gesucht (siehe Bild 12.93).

12.15 Längsprofile

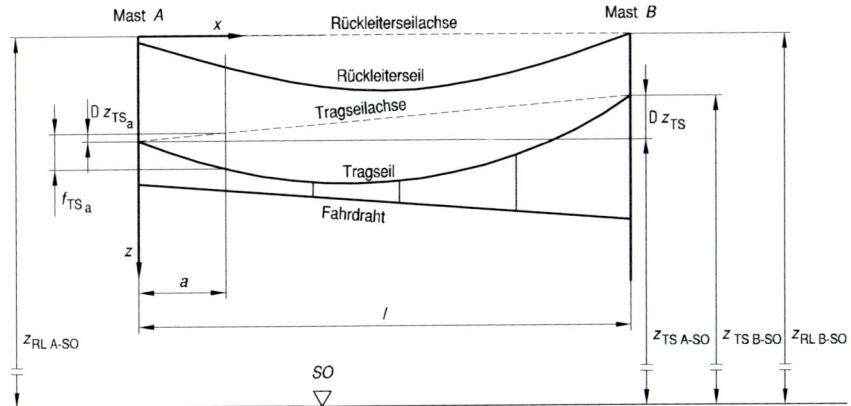

Bild 12.93: Seitenansicht des abgehenden Kettenwerks mit Rückleiterseil.

- Ausgangsdaten:

Rückleiterseil	243-AL1
Zugspannung des Rückleiterseils σ	$20\,\text{N/mm}^2$
Spannweitenlänge l zwischen Mast A und B	65 m
Lage der Nachweisstelle a	25 m vom Mast A
Aufhängepunkt des Rückleiterseils	gleichhoch
Maximaler Durchhang $f_{\text{RL max 40}}$	1,87 m
Traversenlänge T für das Rückleiterseil	0,55 m
Maximaler Durchhang $f_{\text{TS max 40}}$ des Tragseils der Bauart Sicat S1.0 vom höhergelegenen Stützpunkt aus	0,739 m
Masttyp	Betonmast NB 4

Die geometrischen Anordnungen entsprechen den Bildern 12.82 bis 12.93 mit $z_{\text{TSA-MVK}} = 6{,}70\,\text{m}$, $z_{\text{TSB-MVK}} = 7{,}30\,\text{m}$, $z_{\text{RLA-MVK}} = z_{\text{RLB-MVK}} = 7{,}10\,\text{m}$, $D_A/2 = 0{,}15\,\text{m}$, $MVK_A = MVK_B = 3{,}60\,\text{m}$.

- Berechnung der Abstände $y_{\text{RL-TS}}$ und $z_{\text{RL-TS}}$

$$f_{\text{RL}} = 4 \cdot 1{,}87 \cdot 25/65 \cdot (1 - 25/65) = 1{,}770\,\text{m}$$

$$k_R = 0{,}15 + 0{,}55 = 0{,}70\,\text{m}$$

$$y_{\text{RL-TS}} = 0{,}70 + (0{,}15 + 0{,}70 + 3{,}60 - 0{,}40) \cdot 25/65 = 2{,}257\,\text{m}$$

$$\begin{aligned} z_{\text{RL-TS}} &= 7{,}10 - 6{,}70 - (7{,}30 - 6{,}70) \cdot 25/65 \\ &\quad + 4 \cdot 0{,}739 \cdot 25\left[1 + 0{,}60/(4 \cdot 0{,}739) - (25/65)\right]/65 \\ &= 1{,}099\,\text{m} \end{aligned}$$

Der Mindestabstand zwischen Rückleiterseil und Tragseil $R_{\text{RL-TS}}$ liegt auf der Verbindungslinie zwischen Rückleiterseilstützpunkt und Tragseil (12.92).

$$\begin{aligned} \varphi_{\text{RL}} &= \arctan 2{,}257/1{,}099 = 64{,}1° \\ z_{\text{RL-R}_A} &= 1{,}770 \cdot \cos\varphi_{\text{RL}} = 0{,}775\,\text{m} \\ y_{\text{RL-R}_A} &= 1{,}770 \cdot \sin\varphi_{\text{RL}} = 1{,}591\,\text{m} \end{aligned}$$

- Ermittlung des minimalen Abstandes zwischen Tragseil und Rückleiterseil

$$R_{\text{RL-TS}} = \sqrt{(2{,}257 - 1{,}591)^2 + (1{,}099 - 0{,}775)^2} - 1{,}770 = -1{,}03\,\text{m}$$

Bei 0,55 m Traversenlänge berührt das Rückleiterseil im ausgeschwungenem Zustand das Tragseil. Daher ist die Traverse des Rückleiterseils auf mindestens 1,5 m zu verlängern, womit sich $R_{\text{RL-TS}} = 0{,}20\,\text{m}$ und $R_{\text{RL-TS}} > S_k = 0{,}10\,\text{m}$ ergibt.

Im Beispiel tritt bei Einhaltung der Bautoleranzen keine Unterschreitung des Mindestabstandes ein.

Bei der Unterschreitung des Mindestabstands bestünden somit die Möglichkeiten, die Anbauhöhe des Rückleiterseils zu vergrößern oder eine längere Traverse zu verwenden. Im Regelfall ordnet man das Rückleiterseil in Höhe des Tragseils an. Bei abgehenden Kettenwerken oder beim Festpunktankerseil wird das Rückleiterseil an einer Traverse am Mast befestigt. Sinngemäß sind die Abstandsnachweise für Speise- und Verstärkungsleitungen gegenüber anderen Objekten zu führen. Bei Änderung der örtlichen Geometrie ist der Abstand $R_{\text{RL-TS}}$ erneut zu prüfen.

12.16 Projektdokumentation

Die *Projektdokumentation* schließt alle für die Genehmigung, die Materialbeschaffung, den Einbau und die Instandhaltung erforderlichen Angaben ein. Diese sind im einzelnen:
- Inhaltsverzeichnis
- Verzeichnis der Änderungen
- Planprüfbericht
- *Baufreigabevermerke*
- *Erläuterungsbericht* mit Vorgaben für die Errichtung
- *Oberleitungslagepläne*, Regulierungspläne, Erdungspläne, Kabellagepläne für die Oberleitungsschalterfernsteuerung
- *Querprofilpläne*, wie Bahnkörperquerprofile mit Masten, Polygone für Quertragwerke
- Längsprofile für Kettenwerksabsenkungen und Leitungshöhenpläne
- Projektbezogene Konstruktionen mit Zeichnungen, Berechnungen
- *Materialliste* einschließlich der Mast- und Fundamenttafel

Der Erläuterungsbericht beschreibt die Planungsgrundlagen und Annahmen für das Projekt, um dem Prüfenden und dem Bauleiter die Randbedingungen der Projektierung bekannt zugeben. Informationsverluste lassen sich bei der Übergabe des Projekts an die Baudurchführung damit vermeiden. Der Erläuterungsbericht beinhaltet die technischen Anforderungen, Planungsunterlagen, technische Erläuterung zum Ausrüstungs- und zum Bauprojektteil. Die technischen Anforderungen für die Projektierung einer Oberleitungsanlage gehen aus Abschnitt 12.2.2 hervor. Basiert die Projektierung auf einer Standardbauart, so sind die technischen Anforderungen definiert und es reicht das Nennen der Oberleitungsbauart. Die der Projektierung zugrunde liegenden *Planungsunterlagen*, entsprechend Abschnitt 12.2.2 sind aufzuführen. Auch Protokolle, wie

12.16 Projektdokumentation

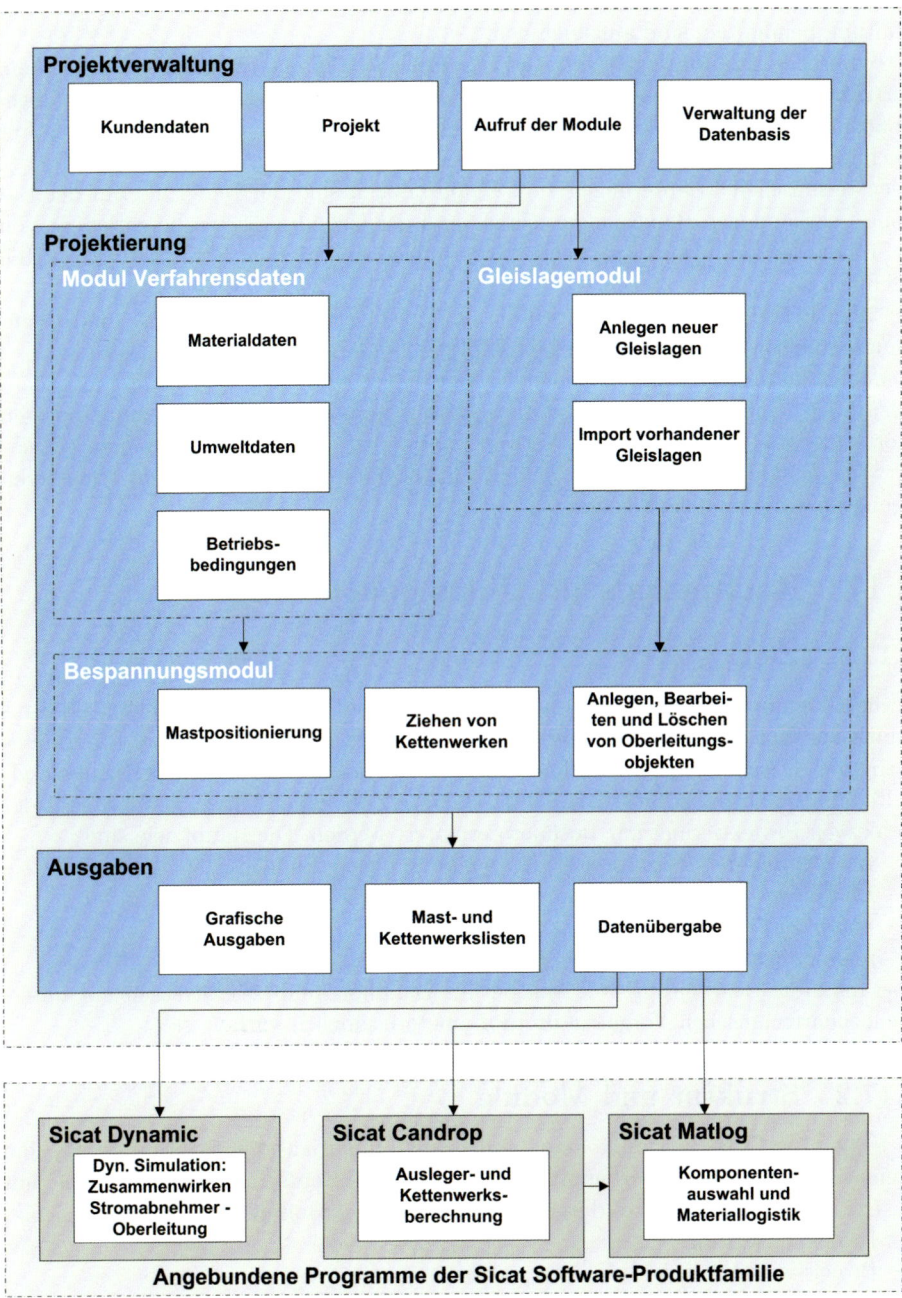

Bild 12.94: Modularer Aufbau der Sicat-MASTER-Programmfamilie.

Begehungsprotokolle und andere Besprechungsberichte, die Informationen zur Anlagengestaltung beinhalten, sind aufzunehmen.

Die technischen Erläuterungen zum *Ausrüstungsprojektteil* untergliedern sich in Masten, Quertrageinrichtungen, Oberleitung, Bahnenergieleitung, Rückleitung, Bahnerdungs- und Schutzmaßnahmen, Maßnahmen zur Profilfreimachung, Sonderkonstruktionen mit Berechnungsnachweis und Zeichnungen, falls erforderlich.

In den technischen Erläuterungen zum *Bauprojektteil* sind der Baugrund auf der Basis eines vorhandenen Baugrundgutachtens und der Gründungsarten beschrieben. Von den Standardgründungen abweichende Gründungen sind im bautechnischen Projektteil aufgeführt.

Nach dem Erläuterungsbericht folgen die Oberleitungslagepläne, Erdungs- und Regulierungspläne sowie Quer- und Längsprofilpläne.

Die *Materialliste*, die die zu verwendenden Materialien einschließlich der *Mast- und Fundamenttafel* beinhaltet, bildet die Voraussetzung zur Anlagenerrichtung und späteren Bevorratung von Ersatzteilen. Zur Verwaltung aller Projektdaten nutzt man zweckmäßigerweise Datenbanken, die auch dem Betreiber zur Instandhaltung und schnelleren Störungsbeseitigung dienen können.

12.17 Rechnergestützte Projektierung

12.17.1 Ziele

Für die Planung von Oberleitungsanlagen nutzen die Projektanten zunehmend Programme zur Unterstützung einzelner Planungsschritte oder durchgängige Programmsysteme mit Datenbanken [12.45, 12.46, 12.47]. Am Beispiel des bei Siemens entwickelten Planungsprogramms Sicat MASTER [12.45, 12.46] sollen Aufbau und Ablauf der interaktiven Projektierung mit Rechnern erläutert werden. Die Hauptziele sind
– *Bearbeitung der Bespannung* mit zugehörigen Berechnungen,
– *Erstellung der Pläne*, Zeichnungen und Listen für die Bauausführung,
– *Materialauswahl* und
– redundanzfreie *Durchführung und Verwaltung* von *Änderungen*.

Dabei muss die Bearbeitung von Anlagen für Bahnhöfe und freie Strecken mit unterschiedlichen technischen Vorgaben und Parametern möglich sein.

12.17.2 Struktur und Module

Das Sicat-MASTER-Programm setzt sich aus Modulen zusammen (Bild 12.94), die systematisch miteinander verknüpft sind. Die Module werden interaktiv benutzt, um die einzelnen Planungsschritte durchzuführen. Wichtige Module sind
– Projektverwaltung,
– Projektierung mit den Modulen
  – Verfahrensdaten (Bild 12.95),
  – Gleislage (Bild 12.96) und
  – Bespannung (Bild 12.97),

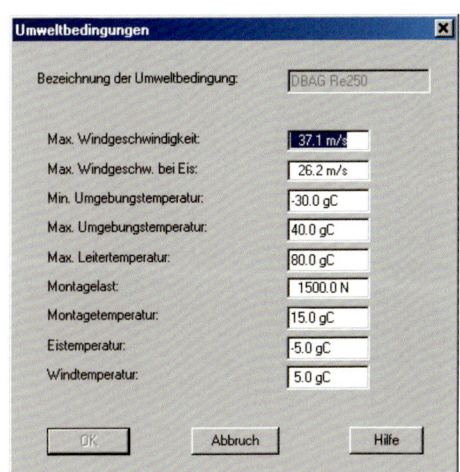 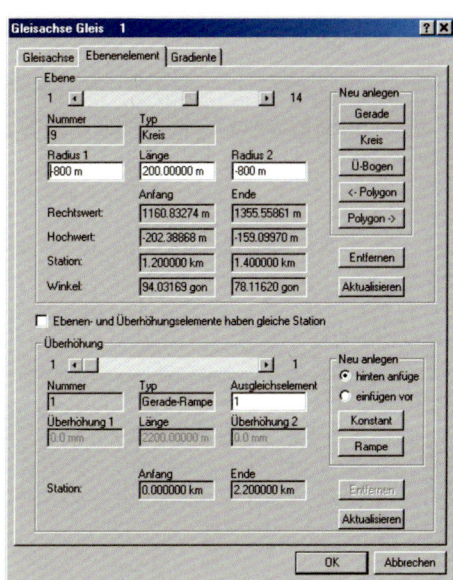

Bild 12.95: Editor für Umweltdaten im Modul Verfahrensdaten.

Bild 12.96: Editor für Gleislageelemente im Modul Gleislage.

- Ein- und Ausgabemodule
  - graphische Ausgaben,
  - Mast- und Kettenwerkslisten,
  - Datenübergabe.

In zentralen Datenbanken sind die allgemeinen Daten, die das Material und die Bauart der Oberleitung betreffen, Kundendaten oder Projektdaten gespeichert und lassen sich mit dem übergeordneten Dateneditor auf dem aktuellen Stand halten.

12.17.3 Projektverwaltungsmodul

Zentraler Programmteil ist das Projektverwaltungsmodul, welches Projektdaten organisiert, Kundendaten verwaltet und Projektierungsfunktionen startet. Die Projektierung lässt sich mit den Modulen für Verfahrensdaten, Gleislage und Bespannung durchführen. Das Projektverwaltungsmodul steuert auch die Datenbank.

12.17.4 Verfahrensdatenmodul

Verfahrensdaten sind vorgegebene Werte für die Projektplanung und werden auf dem Projektniveau gespeichert. Die Verfahrensdaten sind unterteilt in Material-, Umwelt- und Betriebsdaten. Die für die Planung erforderlichen Parameter wie Kenndaten, Werkstoffe, Komponenten, Umweltbedingungen usw. sind einer Oberleitungsbauart zugeordnet (Bild 12.95) und bilden die Grundlage während der Planung der Oberleitungsanlage.

a)
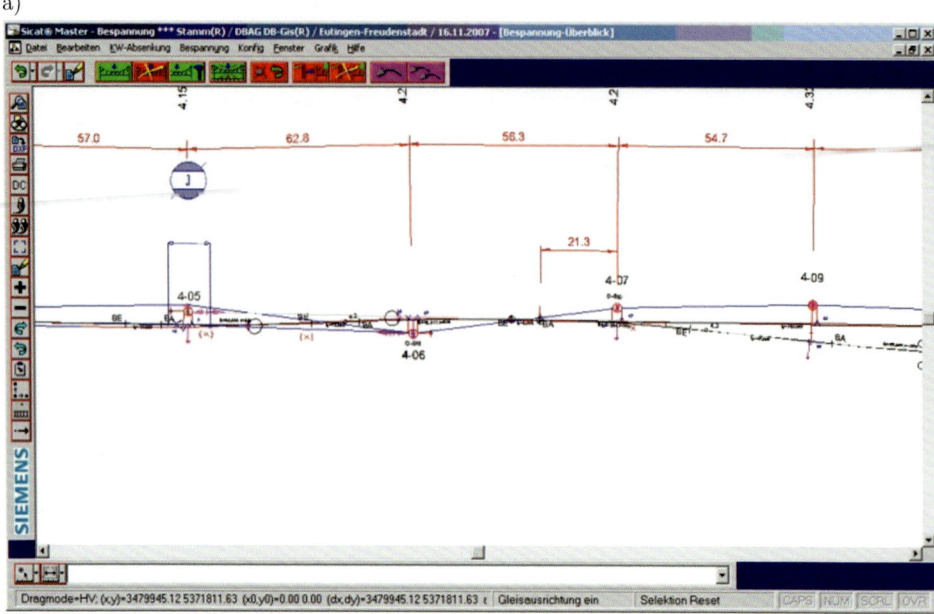

b)
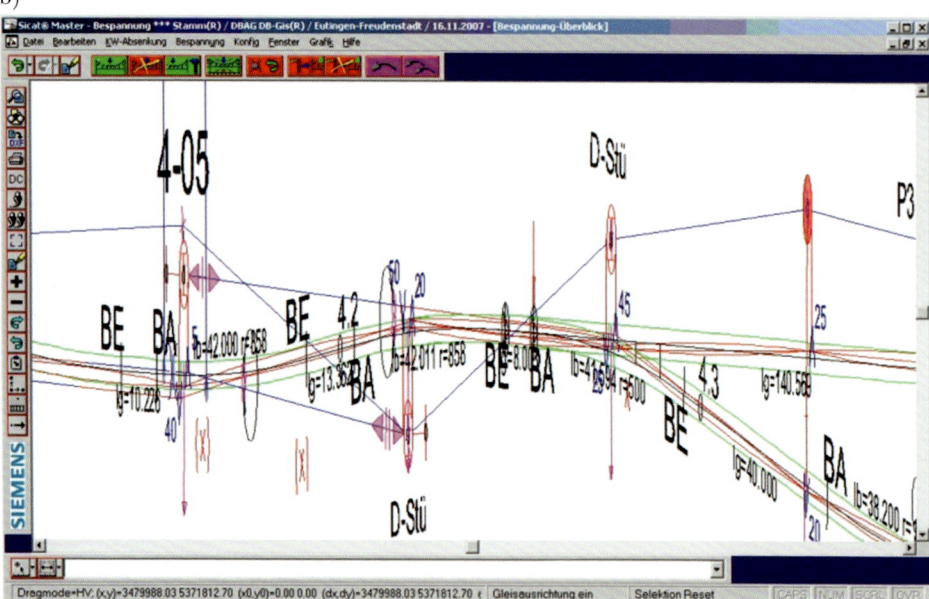

Bild 12.97: Eingabe von Oberleitungselementen im Modul Bespannung. a) nicht verzerrter Maßstab, b) verzerrter Maßstab

12.17 Rechnergestützte Projektierung

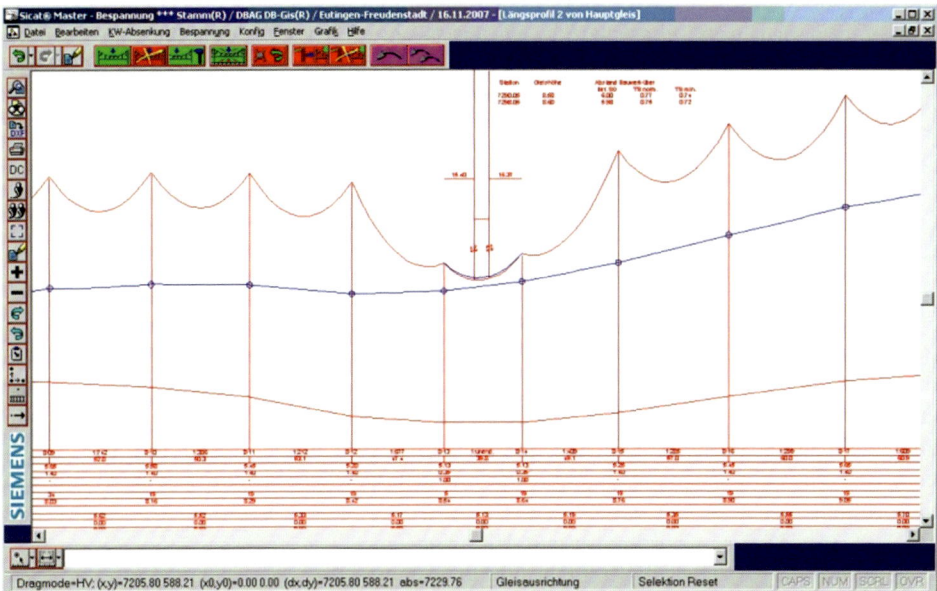

Bild 12.98: Interaktives Menü für Oberleitungsabsenkungen unter Bauwerken.

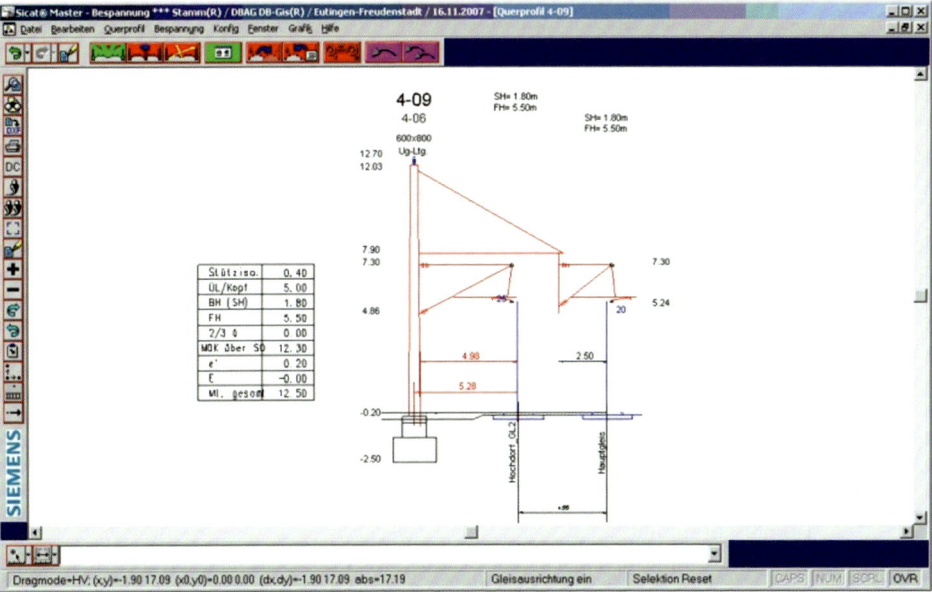

Bild 12.99: Darstellung eines Querprofils im Modul Bespannung.

Die Kennwerte und Parameter der Oberleitungen, die mit den Anforderungen der Interoperabilität in Europa übereinstimmen, wie die interoperablen Oberleitungsbauarten Sicat H und Sicat S ebenso wie von der DB verwendeten Standardbauarten Re100, Re200, Re250 und Re330, sind mit ihren entsprechenden Kenndaten im Verfahrensdatenmodul als Standardoberleitungen gespeichert. Auch andere Oberleitungsbauarten, die für besondere Anwendungen gefordert sind, lassen sich hier hinterlegen.

12.17.5 Gleislagemodul

Die Gleislagedaten als eine dreidimensionale Beschreibung der Gleisachse bilden den Startpunkt für die Planung von Oberleitungen und spielen eine wichtige Rolle bei der Projektierung und Implementierung der jeweiligen Anlage. Der Anwender erfasst bestehende oder in der Planung befindliche Gleislagen mittels einer Importfunktion oder im grafischen Dialog. In der Datenbank hinterlegte Gleiselemente lassen sich nutzen und modifizieren (Bild 12.96). Die Gleislagedaten sind in der Datenbank als mathematischer Graph mit den zugehörigen Parametern der Gleiselemente abgelegt. Für den Import eignen sich die Formate

(1) Gauss-Krüger Koordinaten mit Hilfe von
- strukturierten Textdateien im glt-Format,
- Datenübernahme der Ebenenelemente aus dem graphischen Informationssystem der DB AG (DBGIS),
- strukturierten Textdateien im NOVA-Format der Norwegischen Fernbahnwerke (JBV) und

(2) Übernahme von Gleiselementen mit Koordinaten und Lageparametern aus dxf-Hintergrundbildern.

Ein umfassender Bestand an Daten z. B. mit Standardweichenausführungen erleichtert die Eingabe von Weichendaten.

12.17.6 Bespannungsmodul

Auf der Grundlage der *Gleislagepläne* und der Verfahrensdaten plant der Projektierungsingenieur die Oberleitungsanlage interaktiv mit dem Bespannungsmodul. Der Ingenieur nutzt die erforderlichen Funktionen und Ausgabeformate beim Projektierungsprozess. Das sind die Funktionen für

(1) das Aufstellen, Durchführen und Löschen der Oberleitungskomponenten
- Fahrleitungen,
- Stützpunkte,
- Masten,
- Ausleger und Mehrgleisausleger,
- Tunnelstützpunkte,
- Querfelder und Joche,
- Oberleitungsschalter, Isolatoren, Verbinder, Streckentrenner,
- Bahnenergieleitungen,

(2) die Darstellung der Querprofile (Bild 12.99),

(3) die Berechnung und Darstellung der Oberleitungsabsenkungen (Bild 12.98),
(4) die Entwurfs- und Ausführungsplanung von Bahnenergieleitungen,
(5) das Einsetzen von Streckentrennern und Nachspanneinrichtungen aus einer Bibliothek,
(6) die Berechnung von Maßen und
(7) die Beschreibung der Planung.

Weiterentwickelte Berechnungswerkzeuge, z. B. für die Optimierung von Spannweiten und für die Planung von Streckenabschnitten mit Standardoberleitungen, die sich mehrmals nutzten lassen, unterstützen Flexibilität und Schnelligkeit der Projektierung. Diese Werkzeuge erlauben weiterhin die Untersuchung der mechanischen Belastung von Mastkomponenten.

Die Planung von Fahrleitungen unter Bauwerken unterstützt der Bespannungsmodul durch Routinen zur Berechnung der Abstände zu Bauwerken. Dabei lassen sich Gleislängs- und -querneigungen als auch horizontale und vertikale Ebenen in Bögen berücksichtigen.

12.17.7 Ausgabe

Nach dem Abschluss der Oberleitungsplanung lassen sich die Daten als grafische Informationen ausgeben in

– Lageplänen,
– Querprofilen und
– Längsprofilen.

Der Ausgabemodul erlaubt, wie im Bildschirmdialog sichtbar, den Export der Planungsdaten als dxf- oder dwg-File und stellt diese zur Weiterverarbeitung und Ausdruck mit anderen CAD-Anwendungen zur Verfügung. Die Planungsdaten lassen sich als

– Mast- und Fundamentlisten,
– Oberleitungslisten mit den Angaben zu Nachspannlängen,
– Materiallisten mit Preisen

ausgegeben, die die Materialbestellung und die Bauabwicklung unterstützen. Mit Hilfe von Excel-Makros lässt sich das Layout der Listen an projektspezifische Erfordernisse anpassen. Die Integration einer Report-Bibliothek und eines Report-Designers bieten ein weiteres komfortables Werkzeug, um benutzerseitig Einfluss auf die Gestaltung der Ausgaben zu nehmen.

Sowohl am Bildschirm als auch im DWG-Format bietet die 3D-Darstellung der Oberleitungsanlage (Bild 12.100) einen zusätzlichen Überblick bei komplexen Planungssituationen und erleichtert das Auffinden von schwer zu identifizierenden Konflikten.

Schnittstellen zu anderen Datenverarbeitungswerkzeugen vervollständigen die Integration in den Planungsprozess, der sich vollständig mit der Sicat-Programmfamilie ausführen lässt.

Über das DXF/DWG-Format lassen sich im grafischen Dialog Hintergrundbilder mit Geländeinformationen einblenden, um Maststandorte ins Gelände einzuordnen. Gleiches gilt für das georeferenzierte ECW-Rasterformat. In beiden Fällen richtet der in

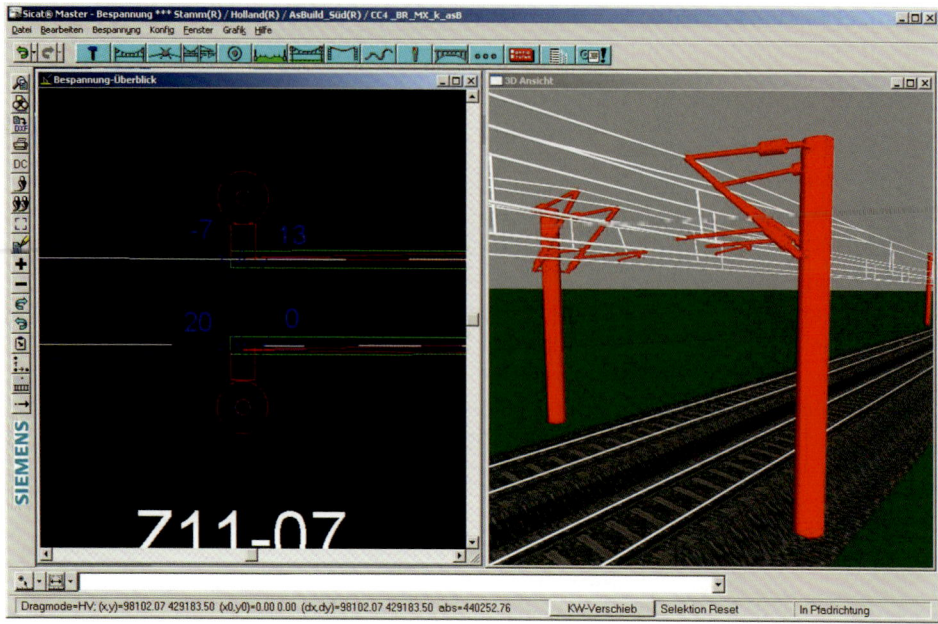

Bild 12.100: 3D-Darstellung der Oberleitungsanlage im Bespannungsmodul.

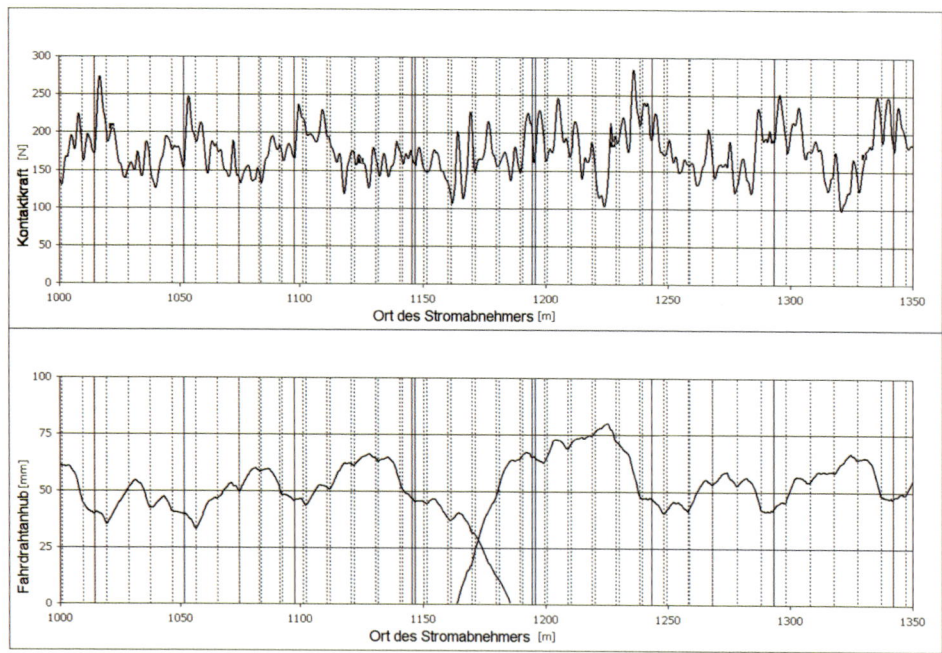

Bild 12.101: Simulation des Fahrdrahtanhubs für die Oberleitungsbauart Sicat H1.0 mit dem Programm Sicat Dynamik.

12.17 Rechnergestützte Projektierung

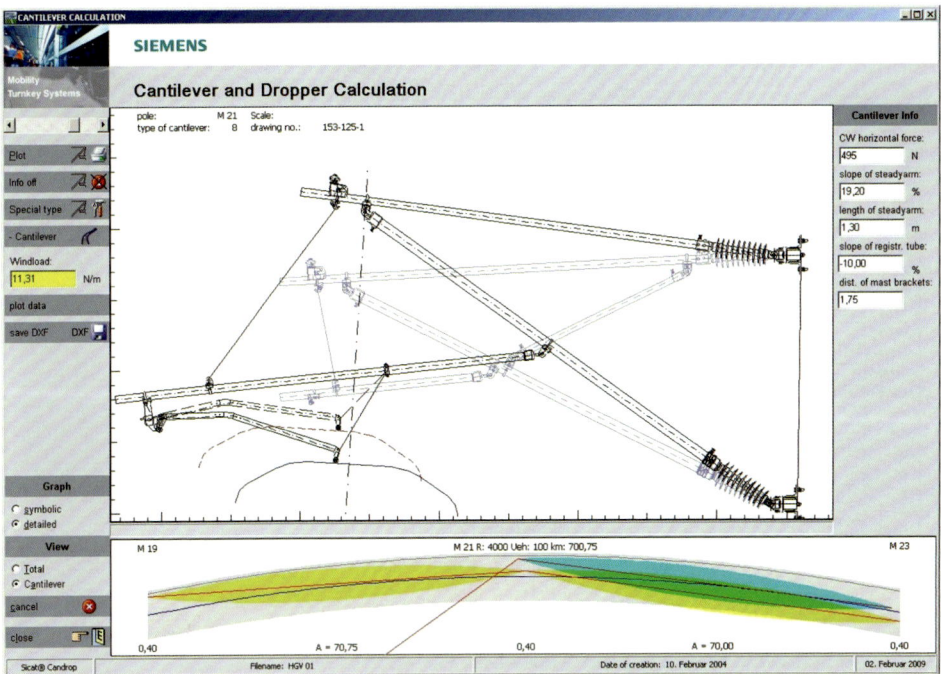

Bild 12.102: Ausleger- und Hängerberechnung mit Sicat Candrop.

Sicat MASTER integrierte Grafik-Modul die Bilddateien des Projekts am Weltkoordinatensystem aus.

Mit der im Sicat-MASTER-Programm erhaltenen Planung ermöglicht das Programm Sicat Dynamic eine Simulation des Zusammenwirkens von Oberleitung und Stromabnehmer (Bild 12.101) [12.48]. Durch Auswertung der Kontaktkräfte und des Fahrdrahtanhubs lässt sich sowohl eine qualitative Bewertung der Oberleitung als auch eine spezifische Analyse kritischer Stellen im Kettenwerk vornehmen.

Sicat Candrop, als ein Programm zur Berechnung der Ausleger und Hänger, verwendet die Gleisgeometrie und die Maststandorte aus dem Sicat-MASTER-Programm (Bild 12.102). Mit diesem Modul lassen sich die Schnittlängen der Auslegerrohre, Anklemmpunkte der Armaturen und Hängerlängen ermitteln und auf diese Weise die Montage von der Baustelle in die Werkstatt vorverlagern. Das steigert die Montagegenauigkeit und führt zur effektiveren Auslastung der Gleissperrungen auf der Baustelle.

Das Programm Sicat Matlog unterstützt die Auswahl der Bauteile und die Materiallogistik. Mit seiner Schnittstelle zum Sicat-MASTER-Programm (Bild 12.102) greift es jeweils auf den letzten Stand der Planung zurück. Damit ist eine laufende Überwachung des aktuell geplanten Materials bezüglich Anfragen, Angeboten, Bestellungen und Lieferungen möglich. Weiterhin ist eine einfache Überwachung der anfänglich geschätzten und bestellten Materialmenge mit dem detaillierten Bedarf nach der Sicat-MASTER-Planung möglich. Daraus folgt eine abschnittsbezogene Zusammenstellung des Mate-

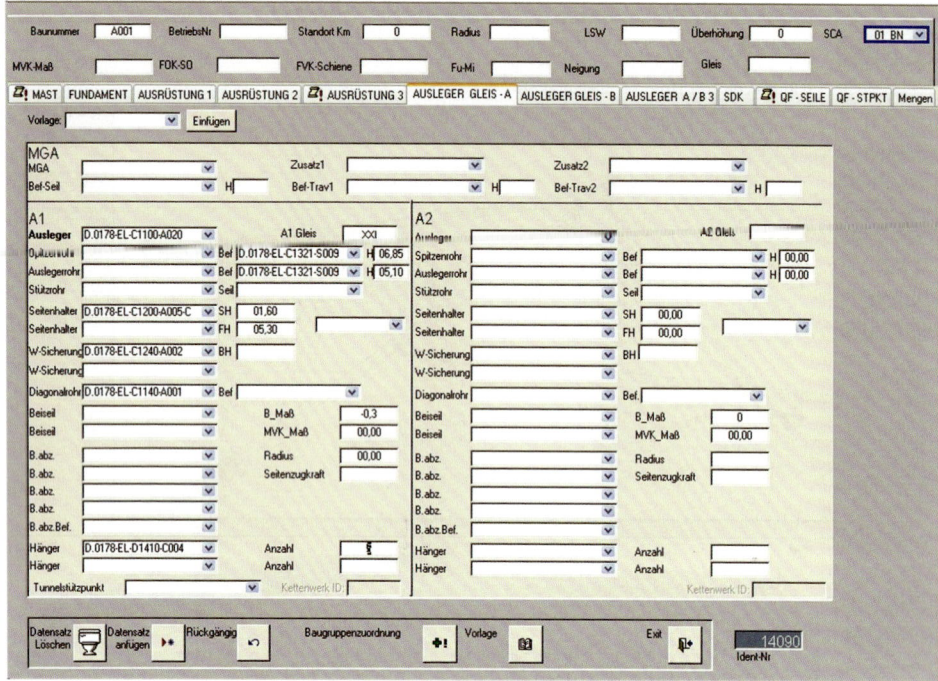

Bild 12.103: Menü für die Material-Logistik mit Sicat Matlog.

rials und ein frühzeitiges Erkennen von zusätzlich benötigtem Material. Sicat Matlog erleichtert auf diese Weise die Dokumentation, z. B. im Rahmen der As-Build-Dokumentation, und bietet eine gute Basis für die Instandhaltung der Oberleitungsanlage.

12.17.8 Hard- und Software

Die Sicat-MASTER-Programmfamilie läuft auf der PC-Plattform. Ein Standardrechner für graphische Anwendungen ist ausreichend. CAD-Programme, wie AutoCAD oder Micro Station werden für die graphische Verarbeitung und für den Plotterausdruck empfohlen. Die objektorientierten Programmsprachen C++, C# und .net wurden für die Entwicklung und Anwendung des Programmfamilie verwendet.

12.17.9 Anwendung

Die Struktur von Sicat MASTER entspricht den Schritten für die Planung von Oberleitungsanlagen, wie in Bild 12.94 gezeigt. Die Koordination der einzelnen Module zwingt den Planungsingenieur, Standardabläufen zu folgen, die eine durchgehende Qualität der Ausführung sicherstellen und Fehler vermeiden. Die Flexibilität und Einfachheit in der Anwendung der Module führt zu beträchtlichen Zeit- und Kosteneinsparungen, insbesondere bei Änderungen der Projektvorgaben, z. B. der Gleislage und Signalstandorte.

Die Planungsdokumente und vollständige Datenbasis für die Bauausführung sind nach Beendigung der Planung verfügbar und lassen sich für die Instandhaltung verwenden. Sicat MASTER unterstützt die Oberleitungsplanung sowohl bei Siemens als auch bei anderen Betreiber- und Bahnunternehmen.

12.18 Literatur

12.1 *Entscheidung 2011/291/EU*: Technische Spezifikation für die Interoperabilität des Fahrzeug-Teilsystems Lokomotiven und Personenwagen des konventionellen transeuropäischen Eisenbahnsystems (TSI LOC&PAS CR). In: Amtsblatt der Europäischen Union Nr. L139,(2011), S. 1–151.

12.2 *Entscheidung 2008/232/EG*: Technische Spezifikation für die Interoperabilität des Teilsystems Fahrzeuge des transeuropäischen Hochgeschwindigkeitsbahnsystems. In: Amtsblatt der Europäischen Union Nr. L84 (2008), S. 132–392.

12.3 *Grimrath, H.; Reuen, H.*: Elektrifizierung der Strecke Elmshorn–Itzehoe mit der Oberleitung Sicat S 1.0. In: Elektrische Bahnen 96(1998)10, S. 320–325.

12.4 *Kohlhaas, J.; u a.*: Interoperable Oberleitung Sicat H 1.0 der Schnellfahrstecke Köln–Rhein/Main. In: Elektrische Bahnen 100(2002)7, S. 249–257.

12.5 *Schwab, H.-J.; Ungvari, S.*: Entwicklung und Ausführung neuer Oberleitungssysteme. In: Elektrische Bahnen 104(2006)5, S. 238–248.

12.6 *Beschluss 2011/274/EG*: Technische Spezifikation für die Interoperabilität des Teilsystems Energie des konventionellen transeuropäischen Eisenbahnsystems. In: Amtsblatt der Europäischen Union Nr. L126 (2011), S. 1–52.

12.7 *Entscheidung 2008/284/EG*: Technische Spezifikation für die Interoperabilität des Teilsystems Energie des transeuropäischen Hochgeschwindigkeitsbahnsystems. In: Amtsblatt der Europäischen Union Nr. L104 (2008), S. 1–79.

12.8 *Deutsche Bahn*: Infrastrukturregister. Internet: http://fahrweg.dbnetze.com/fahrweg-de, 2013.

12.9 *Grunder, H.; Waeckerlig, W.*: Informationen zum Gebrauch von photogrammetrischen Aufnahmen/Erfassungen im Eisenbahnbetrieb. Broschüre Grunder Ingenieure/Furrer und Frey, Bern, 1994.

12.10 *Grunder, H.; Kocher, M.; Waeckerlig, W.*: Rechnergestützte Fahrleitungsprojektierung beim Umbau des Bahnhofs Spiez. In: Elektrische Bahnen 91(1993)4, S. 125–130.

12.11 *Geissler, G.*: Einführung in die Vermessung mit GPS-Systemen. Informationsbroschüre der Ingenieurgesellschaft für geodätische Systeme, München, 1994.

12.12 *Berthold, G.*: Mindestfahrdrahthöhe bei der Deutschen Bahn. In: Elektrische Bahnen 100(2002)10, S. 404–408.

12.13 *VDV-Schrift 550*: Oberleitungsanlagen für Straßen- und Stadtbahnen. In: Verband Deutscher Verkehrsunternehmen, Köln, 2003.

12.14 *Hoerning, D. O.*: Elektrische Bahnen. Verlag Walter de Gruyter & Co., Berlin–Leipzig, 1926.

12.15 *Süberkrüb, M.*: Technik der Bahnstromleitungen. Verlag von Wilhelm Ernst & Sohn, Berlin–München–Düsseldorf, 1971.

12.16 *Deutsche Bahn AG Ebs 07.04.01*: Anordnung des Kettenwerkes. Deutsche Bahn AG, Frankfurt, 1986.

12.17 *Deutsche Bahn AG Ebs 02.05.70*: Ermittlung der maximal zulässigen Nachspannlänge. Deutsche Bahn AG, Frankfurt, 2001.

12.18 *Deutsche Bahn AG Richtlinie 997.0301*: Oberleitungsanlagen; Speisung und Schaltung der Oberleitungsanlage planen. Deutsche Bahn AG, Frankfurt, 2005.

12.19 *Berg, G.; Henker, H.*: Weichen. VEB Verlag für Verkehrswesen, Berlin, 1976.

12.20 *Lichtenberger, B. u. a.*: Handbuch Gleis. Tetzlaff Verlag, Hamburg, 2004.

12.21 *BWG Gesellschaft mbH & Co. KG*: BWG Datenblätter. Butzbach, 2011.

12.22 *Deutsche Reichsbahn*: Vorträge bei den Unterrichtskursen mit Erfahrungsaustausch über Konstruktion, Bau und Betrieb von Fahrleitungen. Reichsbahn-Zentralamt, München, 1942.

12.23 *Deutsche Bahn AG Richtlinie 997.0102*: Oberleitungsanlagen, Oberleitungsanlagen planen und errichten. Deutsche Bahn AG, Frankfurt, 2001.

12.24 *Kießling, F.*: Studie zur Entwicklung einer Oberleitung für hohe Geschwindigkeiten. Siemens AG, Erlangen, 1992.

12.25 *Deutsche Bahn AG Ebs 07.41.10-1*: Oberleitungskreuzung. Deutsche Bahn AG, Frankfurt, 2000.

12.26 *Kruch*: H"anger, Produktinformation. Ing. Karl und Albert Kruch Gesellschaft m.b.H. & Co KG, Wien, 2008.

12.27 *Deutsche Bahn AG Ebs 05.08.52*,: Schwenkausleger, angelenkt. Deutsche Bahn AG, Frankfurt, 1995.

12.28 *Deutsche Bahn AG Richtlinie 819.0202*: Bautechnik, Leit-, Signal- und Telekommunikationstechnik. Deutsche Bahn AG, Frankfurt, 2008.

12.29 *Ebs 02.05.11*: Sehkeile vor Signalen. Deutsche Bahn AG, Frankfurt, 1962.

12.30 *Deutsche Bahn AG Richtlinie 997.0101*: Oberleitungsanlagen, Allgemeine Grundsätze, Freizuhaltende Räume bei Oberleitungen. Deutsche Bahn AG, Frankfurt, 2001.

12.31 *Cabirol, M.*: Pantograph/OHL interaction. SNCF engineering studies and concepts developed. In: Rail International, 31(2000)9, S. 23–30.

12.32 *Dupont, C.*: Instandhaltung der Fahrleitungen bei der SNCF. In: Elektrische Bahnen, 90(1992)2, S. 68–73.

12.33 *Payan Cuevas, F.; Puschmann, R.; Vega, T.*: Instandhaltung der Oberleitungsanlage für die Hochgeschwindigkeitsstrecke Madrid–Lérida. In: Elektrische Bahnen, 106(2008)5, S. 211–221.

12.34 *Cattaneo, C.; Klinge, R.; Fasciolo, S.*: Hochgeschwindigkeitsverkehr in Italien am Beispiel Rom–Neapel. In: Elektrische Bahnen, 106(2005)4-5, S. 253–261.

12.35 *Deutsche Bahn AG*: Entscheidung zur Führung von Bahnenergieleitungen über Straßenbrücken. Frankfurt, 2002.

12.36 *Deutsche Bahn AG Richtlinie 997.9115*: Maschinen-, Energie und Elektrotechnik, Werkstättenwesen, Oberleitungsanlagen, RZ-Maßnahmen, Maßnahmenkatalog für Oberleitungen. Deutsche Bahn AG, Frankfurt, 2004.

12.37 *Bundesrepublik Deutschland BOStab*: Verordnung über den Bau und Betrieb der Straßenbahnen (Straßenbahn-Bau- und Betriebsordnung - BOStrab). Bundesrepublik Deutschland 1987 BGBl. I S. 2648, zuletzt geändert 2007 BGBl. I S. 2569.

12.38 *Bundesrepublik Deutschland EBO*: Eisenbahn-Bau- und Betriebsordnung (EBO). Bundesrepublik Deutschland, 12. Mai 1967, BGBl. II S. 1563, letzte Änderung 19. März 2008 BGBl. I S. 467.

12.39 *Entscheidung 2006/861/EG*: Technische Spezifikation für die Interoperabilität zum Teilsystem Fahrzeuge–Güterwagen des konventionellen transeuropäischen Bahnsystems. In: Amtsblatt der Europäischen Gemeinschaften Nr. L344 (2006), S. 1–467.

12.40 *Deutsche Bahn AG Ebs 02.05.17,Blatt 2.2*: Oberleitungsanordnung bei Überbauten, Ermittlung von Einzelwerten. Deutsche Bahn AG, Frankfurt, 2007.

12.41 *Deutsche Bahn AG, Ebs 02.05.29, Blatt 1*: Toleranzen für Oberleitungen. Deutsche Bahn AG, München, 1982.

12.42 *Deutsche Bahn AG Richtlinie 997.9113*: Oberleitungsanlagen, Regeln und Kriterien für Planung, Lieferung, Errichtung und Instandhaltung. Deutsche Bahn AG, Frankfurt, 2001.

12.43 *Deutsche Bahn AG Ebs 19.11.12*: Vogelschutz unter Bauwerken. Deutsche Bahn AG, Frankfurt, 1997.

12.44 *Deutsche Bahn AG Ebs 19.01.24*: Vogelschutz unter Bauwerken. Deutsche Bahn AG, Frankfurt, 1997.

12.45 *Burkert, W.; Puschmann, R.*: System zur interaktiven Projektierung von Oberleitungsanlagen. In: Elektrische Bahnen 93(1995)3, S. 104–109.

12.46 *Burkert, W.*: Oberleitungsplanung mit der erweiterten Software Sicat-MASTER. In Elektrische Bahnen 108(2010)8-9, S. 377–384.

12.47 *Hofbauer, G.; Hofbauer, W.*: Oberleitungsplanung und Simulation des Stromabnehmerlaufs. In: Elektrische Bahnen 107(2009)1-2, S. 104–109.

12.48 *Reichmann, T.*: Simulation des Systems Oberleitungskettenwerk und Stromabnehmer mit der Finite-Elemente-Methode. In: Elektrische Bahnen 103(2005)1-2, S. 69–75.

13 Tragwerke

13.0 Symbole und deren Bedeutung

Symbol	Bezeichnung	Einheit
A	Querschnittsfläche	mm^2, cm^2
A_K	charakteristische Ausnahmeeinwirkung	N, kN
A_S	Scherfläche einer Schraube	mm^2, cm^2
A_{eff}	wirksame Querschnittsfläche	mm^2, cm^2
A_{ins}	vom Wind angeströmte Isolatorfläche	m^2
A_t	Nettofläche eines Stabes	mm^2, cm^2
A_o	Fläche an der Gründungsoberfläche	m^2
A_{str}	vom Wind angeströmte Mastfläche	m^2
A_{ti}	vom Wind angeströmte Gittermastfläche i	m^2
A_u	Grundfläche der Gründung	m^2
A_r	Reibungsfläche	m^2
C_C	aerodynamischer Staudruckbeiwert für Leiter	–
C_{ins}	aerodynamischer Staudruckbeiwert für Isolatoren	–
C_{str}	aerodynamischer Staudruckbeiwert für Masten	–
C_t	Steifemodul	MN/m^3
C_{ti}	aerodynamischer Staudruckbeiwert für Gittermastfläche i	–
D_I	Leiterdurchmesser mit Eislast	m
$D_{y,zd}$	Bemessungslast der Diagonalen in der Wand y,z	kN
E	Elastizitätsmodul	kN/mm^2
E_d	gesamter Bemessungswert einer Einwirkung	N
E_p	Erddruck	N, kN
E_t	Einsatztiefe eines Mastes	m
F	einwirkende Kraft	N, kN
F_A	Längskraft im Auslegerrohr	N
$F_{A(B)x}$	Horizontalkraft am Querfeldmast A(B)	N, kN
F_{AVd}	Bemessungswert der vertikalen Belastung einer Ankergründung	N, kN
F_{AHd}	Bemessungswert der horizontalen Belastung einer Ankergründung	N, kN
F_D	Längskraft in der Auslegerstrebe oder im Stützrohr	N
$F_{Hä}$	Längskraft im Hänger	N
F_K	charakteristische Last	N
F_d	Bemessungslast	N
F_{Kr}	charakteristische Beanspruchbarkeit einer Ankergründung	kN
F_{st}	Kraft im Stützrohr	N, kN
F_{top}	Längskraft im Spitzenrohr	N
F_{oR}	Kraft im oberen Richtseil	kN
F_{uR}	Kraft im unteren Richtseil	kN

Symbol	Bezeichnung	Einheit
F_{Ro}	Widerstandskraft der Blockgründung oberhalb Drehpunkt	kN
F_{Ru}	Widerstandskraft der Blockgründung unterhalb Drehpunkt	kN
F_{vor}	Vorspannkraft	N, kN
F'_W	längenbezogene Windlast auf Leiter	N/m
G	Schubmodul	N/mm^2
G'	längenbezogene Gewichtskraft eines Leiters	N/m
G_C	Bauteilreaktionsbeiwert für Leiter	–
G'_{Eis}	längenbezogene Eislast auf Leiter	N/m
G_K	charakteristische ständige Einwirkung	N, kN
G_{KW}	Gewicht eines Kettenwerks	N, kN
$G'_{0\,Eis}$	längenbezogene Basiseislast auf Leiter	N/m
G_{ins}	Bauteilreaktionsbeiwert für Isolatoren	–
G_{str}	Bauteilreaktionsbeiwert für Masten	–
H	Horizontalzugkraft eines Leiters	N, kN
H_{QX}	Horizontalzugkraft im Quertragseil	N, kN
H_{iK}	Horizontalzugkraft im Spanndraht	N, kN
I	Flächenträgheitsmoment	mm^4, cm^4
I_T	Torsionswiderstandsmoment	mm^4, cm^4
$I_{x,y}$	Flächenträgheitsmoment	mm^4
K_1	Formbeiwert	–
M	einwirkendes Moment	Nm, kNm
M_{Ad}	Bemessungswert des einwirkenden Moments	Nm, kNm
M_{B2}	Biegemoment im Spitzenrohr	Nm, kNm
M_{B4}	Biegemoment im Auslegerrohr	Nm, kNm
M_{B6}	Biegemoment im Stützrohr	Nm, kNm
$M_{Ky(z)d}$	Bemessungsmoment in y(z)-Richtung	Nm, kNm
M_{max}	größtes ideelles Moment im Querfeld	Nm, kNm
$M_{ply(z),Rd}$	plastisches Tragfähigkeitsmoment in y- oder z-Richtung	Nm, kNm
M_{Kr}	charakteristisches Reibmoment	kNm
M_x	Biegemoment an der Stelle x	kNm
$M_{x(y,z),d}$	Bemessungsmoment am Mastfuß in x-(y, z)-Richtung	Nm, kNm
NN_i	NN-Höhe des Stützpunktes i	m
N_{bd}	Bemessungswert bei Lochleibung	N, kN
$N_{bpl,Rd}$	plastische Lochleibungsbeanspruchbarkeit	N, kN
$N_{dpl,Rd}$	plastische Druckbeanspruchbarkeit	N, kN
$N_{spl,Rd}$	plastische Scherbeanspruchbarkeit	N, kN
$N_{zpl,Rd}$	plastische Zugbeanspruchbarkeit	N, kN
N_{sd}	Bemessungswert bei Scherung	N, kN
N_{dd}	Bemessungswert bei Druckeinwirkung	N, kN
N_{zd}	Bemessungswert bei Zugeinwirkung	N, kN
N_{10}, N_{30}	Schlagzahl bei Sondierungen	m
Q_{CK}	charakteristische Leiterzugkraft	N, kN
Q_{EH}	Horizontalkraft auf Energieleitung	N, kN

13.0 Symbole und deren Bedeutung

Symbol	Bezeichnung	Einheit
Q_{EW}	Windlast auf Energieleitung	N, kN
Q_K	charakteristische veränderliche Einwirkung	N, kN
Q_{PK}	charakteristische Einwirkung aus Errichtung und Instandhaltung	N, kN
Q_{FD}	Summe der Horizontallasten auf Fahrdraht	N, kN
$Q_{FD,H}$	Horizontallast auf Fahrdraht	N, kN
$Q_{FD,W}$	Windlast auf Fahrdraht	N, kN
$Q_{Hi(k)y(z)}$	horizontale Einwirkung $i,(k)$ in y(z)-Richtung	N, kN
Q_{IK}	charakteristische Eiseinwirkung	N, kN
Q_{RLL}	Leiterzugkraft des Rückleiters	N, kN
Q_{TS}	Horizontallast am Tragseil	N, kN
$Q_{TS,W}$	Windlast auf Tragseil	N, kN
$Q_{TS,H}$	Horizontallast auf Tragseil	N, kN
Q_{TS}	Summe der Horizontallasten auf Tragseil	N, kN
Q_{WC}	Windlast auf Leiter	N, kN
Q_{WK}	charakteristische Windeinwirkung	N, kN
Q_{WM}	Windlast auf Mast	N, kN
Q_{Wt}	Windlast auf Masten	N, kN
$Q_{W\,ins}$	Windlast auf einen Isolator	N, kN
$Q_{W\,i(k)z}$	Windkraft auf Leiter oder Mast rechtwinklig zum Gleis	N, kN
$Q_{W\,i(k)y}$	Windkraft auf Mast parallel zum Gleis	N, kN
$Q_{W\,str}$	Windlast auf einen einstieligen Mast	N, kN
Q_{td}	Gesamtzugkraft (Spitzenzug)	N, kN
Q_x	Vertikallast der Gründung	–
Q_{xE}	Erdauflast	N, kN
Q_{xB}	Betongewicht	N, kN
Q_{yd}	Querkraft am Mastfuß, Horizontalkraft in y-Richtung	N, kN
Q_{zd}	Querkraft am Mastfuß, Horizontalkraft in z-Richtung	N, kN
R	Gleisradius	m
R_K	charakteristischer Wert der Tragfähigkeit	kNm
R_d	gesamter Bemessungswert der Beanspruchbarkeit	Nm, kNm
$R_{o,u}$	Teilreaktionskräfte einer Blockgründung	kN
S_0, S_y, S_z	statisches Querschnittsmoment	mm^3, cm^3
S_d	Bemessungslast für Eckstiele	kN
S_i	Ausladung	m
$S_{y(z),d}$	Bemessungseckstielkraft aus Moment um die y,(z)-Richtung	kN
T	absolute Temperatur	K
$T_{x(y,z)d}$	Bemessungslast in x(y,z)-Richtung	N, kN
T_r	Mantelreibungswert	N/m^2
U_{Nm}	Bemessungsspannung	V, kV
U_{Ni}	Bemessungsstoßspannung	V, kV
$U_{max\,1}$	Höchste Dauerspannung	V, kV
$V_{A(B)y}$	Vertikallast an den Masten A (B) eines Querfeldes	N, kN
V_{Aus}	Vertikallast des Auslegers	N, kN

Symbol	Bezeichnung	Einheit
V_E	Vertikallast einer Energieleitung	N, kN
V_{FD}	Vertikallast am Fahrdrahtstützpunkt	N, kN
V_{KW}	Vertikallast an einem Stützpunkt infolge des Kettenwerks	N, kN
V_{TS}	Vertikallast am Tragseilstützpunkt	N, kN
V_g	Gründungsvolumen	m^3
$V_{i,k}$	Vertikallast am neuen Stützpunkt i, k	N, kN
W_{el}	elastisches Widerstandsmoment	mm^3, cm^3
W_{pl}	plastisches Widerstandsmoment	mm^3, cm^3
X_K	charakteristischer Wert der Beanspruchbarkeit	N, kN
X_d	Bemessungswert der Beanspruchbarkeit	N, kN
X_{id}	Bemessungswert der Beanspruchbarkeit i	N, kN
a	Querspannweite im Querfeld	m
a_{mi}	Unterabschnitt Spannweite im Querfeld	m
a_o	Abstand zwischen Kraftangriff und Punkt der Durchbiegung	m
a_{o1}	Abstand der Punkte o und 1 bei Querbespannung	m
b_F	Gründungsbreite	m
$b_{Fy,z}$	Gründungsbreiten in y- und z-Richtung	m
b_R	Abstand der Gründung von der Schienenkante	m
b_T	Breite eines Doppel-T-Trägers	mm
b_i	Seitenlage am Stützpunkt i	m
$b_{1,2}$	Schenkelbreiten eines Profils	m
b_{mik}	Teilbreiten bei Flachketten	m
$b_{y,zk}$	Mastbreite am Kraftangriffspunkt k	m
$b_{y,(z),o,(u)}$	Mastbreite an der Oberkante eines Feldes in der Wand y, (z)	m
c	wirksame Kohäsion	kN/m^2
c_u	nicht entwässerte Scherfestigkeit	kN/m^2
d	Leiterdurchmesser	m
$d_{e(i)}$	äußerer (innerer) Rohrdurchmesser	mm
d_l	Lochdurchmesser	mm
$e_{A(B)}$	Höhenunterschied zwischen Schienen- und Fundamentoberkante am Mast A (B) im Querfeld	m
$e_{Fy(z)}$	Exentrizität der Vertikallast einer Blockgründung	m
e_m	Höhenunterschied zwischen Schienenoberkante, Fundamentoberkante	m
e_p	Erdwiderstand	N/m^2
e_1	Randabstand in Kraftrichtung	mm
e_2	Lochabstand in Kraftrichtung	mm
e_3	Randabstand rechtwinklig zur Kraftrichtung	mm
f	Durchbiegung	mm
f_{AL}	Durchbiegung des Auslegerrohres	m
f_{FDW}	Durchbiegung in Fahrdrahthöhe unter Wind	mm
f_{TS}	Durchbiegung in Tragseilhöhe unter ständigen Lasten	mm
$f_{TS(H+W)}$	Durchbiegung in Tragseilhöhe unter größten Lasten	mm
f_a	Durchbiegung an der Stelle a	mm

13.0 Symbole und deren Bedeutung

Symbol	Bezeichnung	Einheit
f_{pf}	Pfahlverschiebung am Pfahlkopf	mm
g	Erdbeschleunigung	m/s^2
h	Höhe über Boden oder Einspannung	m
h_{AL}	Auslegerbauhöhe	m
h_{AL}	Abstand zwischen Bahnenergieleitung und der Mastspitze	m
h_{E}	Höhe der Energieleitung	m
h_{EH}	Abstand oberes Schwenkgelenk zur Befestigung der Bahnenergieleitung	m
$h_{\text{A(B)}}$	Höhenunterschied bei Querverspannung	m
h_{FD}	Fahrdrahthöhe	m
h_{G}	Höhe über Gelände	m
$h_{\text{FA(B)}}$	Flachkettenbauhöhe am Mast A (B)	m
h_{M}	Masthöhe oder -länge	m
$h_{\text{QA(B)}}$	Höhe der Quertragseile am Mast A (B)	m
$h_{\text{SD}i}$	Höhe des Spanndrahts Stützpunkt i einer Flachkette	m
h_{SH}	Systemhöhe	m
h_{SP}	Bauhöhe eines Tragseilstützpunktes im Quertragwerk	m
h_{T}	Höhe eines Doppel-T-Trägers	mm
h_{b}	Abstand zwischen Fahrdraht und unterer Auslegerbefestigung	m
h_{c}	wirksame Kohäsion	kN/m^3
h_{e_1}	Randabstand in Kraftrichtung	mm
h_{e_2}	Lochabstand in Kraftrichtung	mm
h_{e_3}	Randabstand rechtwinklig zur Kraftrichtung	mm
h_{m}	Höhe des Querfeldes	m
h_{oR}	Höhe oberes Richtseil im Querfeld	m
h_{uR}	Höhe unteres Richtseil im Querfeld	m
h_{yi}	wirksame Angriffshöhe der Einwirkungen in y(z)-Richtung	m
h_{zi}	wirksame Angriffshöhe der Einwirkungen in z-Richtung	m
i_ξ	kleinster Trägheitsradius	cm
k_{d}	Eislastfaktor	m
$k_{y(z)}$	Erhöhungsfaktor für Biegemomente	–
l_A	Länge des Auslegers	m
l_E	Aussermittigkeit der Energieleitung	m
l_{d}	maßgebende Länge der Diagonale	m
l_i	Länge des Feldes i	m
l_{mik}	Teillängen bei Flachketten	m
$l_{y,z}$	Mastbreite zwischen Eckstielschwerlinien	m
$l_{y,z}$	Exzentrizitäten in y- und z-Richtung	m
l_{1-2}	Teillänge des Spitzenrohres	m
l_{2-3}	Teillänge des Spitzenrohres	m
l_{3-4}	Teillänge des Auslegerrohres	m
l_{3-5}	Länge des Auslegerrohres	m
l_{4-5}	Teillänge des Auslegerrohres	m

Symbol	Bezeichnung	Einheit
$l_{4-6(7,7')}$	Teillänge des Stützrohres	m
l_{6-7}	Teillänge des Stützrohres	m
m_D	Anzahl der Diagonalen in einem Feld	m
m_{KW}	längenbezogene Kettenwerksmasse	kg/m
m_1	Anzahl der Kräfte	–
n_{FKi-k}	Neigung der Spanndrähte in einer Flachkette	–
n	Stützpunktanzahl im Querfeld	–
n_l	Lochanzahl im Querschnitt eines Feldes	–
n_s	Anzahl paralleler Seile im Querfeld	–
n_1	Anzahl der Kräfte	–
n_{s1}	Anzahl der Scherflächen	–
n_2	Schraubenanzahl	–
p	Überschreitenswahrscheinlichkeit, allgemein	–
p_t	Bodenwiderstandsparameter	kN/(m^2·m)
q'	Streckenlast	N/m
q_b	Basisstaudruck	N/m^2
$q_{b;H}$	Staudruck in der NN-Höhe H	N/m^2
q_h	Staudruck in der Höhe h	N/m^2
$q_{h=6}$	Staudruck in 6 m Höhe	N/m^2
$q_{h=10}$	Staudruck in 10 m Höhe	N/m^2
s	Schwerpunktabstand bei Blockgründung	m
s_k	Knicklänge	m
s_T	Stegdicke eines Doppel-T-Trägers	mm
$s_{o,u}$	Schwerpunktlage des Widerstands bei Blockgründungen	m
t_B	Böschungshöhe	m
t_E	Einsetztiefe, Eingrabtiefe	m
t_T	Flanschdicke eines Doppel-T-Trägers	mm
t_e	Böschungstiefe	m
t_l	Profildicke	mm
t_o	Gründungstiefe, Eingrabetiefe	m
t_{pf}	Pfahllänge	m
t_x	Maß zwischen Fundamentoberkante und Erdaustritt	m
t_σ	Tiefe für Bodenpressung	m
v	Windgeschwindigkeit	m/s
v_b	Basiswindgeschwindigkeit in 10 m Höhe über Gelände, gemittelt über 10 min und mit einer 50 a Wiederkehrdauer	m/s
$v_b\,(p)$	Basiswindgeschwindigkeit mit einer Auftretenswahrscheinlichkeit p, die von der Wiederkehrdauer 50 Jahren abweicht	m/s
$v_{b;p}$	Basiswindgeschwindigkeit, Überschreitenswahrscheinlichkeit p	m/s
v_b	Basiswindgeschwindigkeit	m/s
$v_{h=6}$	Böengeschwindigkeit, Dauer 2 sec	m/s
x	nicht tragfähiger Bereich eines Pfahls	m
x_1	Dicke der nicht tragfähigen Bodenschicht	m
$x_{i,k}$	Abstand des Stützpunktes i im Querfeld vom Mast	m

13.0 Symbole und deren Bedeutung

Symbol	Bezeichnung	Einheit
x_m	Lage des maximalen Biegemoments eines Pfahles	m
y_i	Durchhang im Querfeld am Stützpunkt i	m
y_{max}	größter Durchhang im Querfeld i	m
y_{ui}	wirksamer Hebelarm der Vertikalkraft $(u)i$	m
z_{ki}	wirksamer Hebelarm der Vertikalkraft $(k)i$	m
$\sum j$	zufallsbedingte Seitenverschiebungen	m
α	Imperfektionsbeiwert	–
α_{mi}	Neigungswinkel der Spanndrähte	–
α_s	Beiwert für Lochleibung	–
β_{CB}	Bemessungswert für Beton	N/mm^2
β_{CR}	Betonbemessungsfestigkeit	N/mm^2
β_{CS}	Streckgrenze des Betonstahls	N/mm^2
β_{CWN}	Betonnennfestigkeit	N/mm^2
β_{CWS}	Betonserienfestigkeit	N/mm^2
β_E	Erdauflastwinkel	Grd
β_P	Formbeiwert	–
β_W	Winkel der Bodenneigung	Grd
γ_A	Teilsicherheitsbeiwert Ausnahmelasten	–
γ_C	Teilsicherheitsbeiwert für Leiterzugkräfte	–
γ_{CC}	Teilsicherheitsbeiwert für Betonspannung	–
γ_{CS}	Teilsicherheitsbeiwert für Betonstahl	–
γ_E	spezifisches Bodengewicht ohne Auftrieb	kN/m^3
γ_{Eb}	spezifisches Bodengewicht mit Auftrieb	kN/m^3
γ_F	Teilsicherheitsbeiwert auf der Lastseite	–
γ_G	Teilsicherheitsbeiwert für ständige Lasten	–
γ_I	Teilsicherheitsbeiwert für Eiseinwirkung	–
γ_M	Teilsicherheitsbeiwert auf der Materialseite	–
γ_P	Teilsicherheitsbeiwert für Lasten aus Errichtung und Instandhaltung	–
γ_W	Teilsicherheitsbeiwert für Windeinwirkung	–
γ_g	spezifische Gewicht der Gründung	kN/m^3
γ_v	Teilsicherheitsbeiwert der Vorspannung	–
Δh	Höhenunterschied im Querfeld	m
$\Delta y(z)$	Breitenzunahme im Feld y (z)	mm/m
ε_b	Betondehnung	–
ε_s	Betonstahldehnung	–
λ	Schlankheitsgrad	–
$\overline{\lambda}$	bezogene Schlankheit	–
λ_P	Erdruckfaktor	–
ι	Winkel zwischen kritischer Windrichtung und Leiter	Grd
κ	Faktor für die Zunahme der zulässigen Bodenpressung mit der Tiefe	–
κ_n	Faktor zur Berücksichtigung der Böschungsneigung	–
μ	Faktor für die Berücksichtigung der Querschnittsform beim Knicken	–
χ	Knickzahl bei Druckbelastung	–

Symbol	Bezeichnung	Einheit
φ	Winkel zwischen kritischer Windrichtung und der Senkrechten zum Bauteil oder zur Mastwand	–
ϕ	Faktor für die Druckbelastung eines Stabes	°
ϕ_R	Winkel der inneren Reibung	°
ϕ_k	Hilfswert für Stabknicken	–
Ψ	Winkel zwischen kritischer Windrichtung und der Senkrechten zu einer Mastwand	°
ϱ	Luftdichte 1,225 bei 15 °C und 0 m Höhe H über NN	kg/m^3
ϱ_I	Eisdichte	kg/m^3
σ	vorhandene Bodenpressung	kN/m^2
σ_{cb}	Betondruckspannung	N/mm^2
σ_f	Streckgrenze des Werkstoffs	N/mm^2
σ_t	Bodenpressung in der Tiefe	kN/m^2
σ_u	Zugfestigkeit des Werkstoffs	N/mm^2
σ_{zul}	zulässige Bodenpressung	kN/m^2
$\sigma_{1,5}$	Grenzwert der Bodenpressung in 1,5 m Tiefe	MN/m^2
τ_r	Mantelreibungswert	kN/m^2

13.1 Mechanische Lasten und ihre Einwirkung

13.1.1 Einführung

Fahrleitungen sind unterschiedlichen mechanischen Beanspruchungen ausgesetzt. Die *Eigenlasten* aus den Leitern, Bauteilen, Isolatoren und Tragwerken wirken ständig und können aus den technischen Daten und den Maßen eindeutig bestimmt werden. Immer vorhanden sind auch *Leiterzugkräfte*, die sich jedoch bei nicht selbsttätig nachgespannten Oberleitungen mit der Leitertemperatur ändern. Fahrleitungen sind, soweit sie nicht in Tunneln oder anderen geschützten Lagen verlaufen, dem Wetter ausgesetzt und erfahren daher sporadisch, aber um so intensiver, zusätzliche Beanspruchungen aus der *Windwirkung* auf Leiter und Bauelemente und aus der *Eisbelastung* der Leiter. Diese Lasten können aus langjährigen Wetterbeobachtungen mit statistischer Auswertung der Messwerte abgeleitet werden. Wind und Eis sind Zufallsvariablen, deren Auftretenshäufigkeit sich mit den Gesetzen der Wahrscheinlichkeitsrechnung beschreiben lässt (IEC 60 826, [13.1]). Während der Montage und Instandhaltung können Fahrleitungen Beanspruchungen erfahren, denen die Konstruktionen gewachsen sein müssen, damit die *Sicherheit des Personals* gegeben ist. Entsprechende Lastfestlegungen stellen dies sicher. Die Anforderungen hinsichtlich Einwirkungen werden in DIN EN 50 119:2010 einschließlich nationaler Anhänge behandelt.

13.1.2 Einteilung der Lasten

Mechanische Lasten und Einwirkungen auf Fahrleitungen lassen sich hinsichtlich ihrer Einwirkungen oder ihrer Eigenschaften und/oder der Reaktion im Tragwerk einteilen:

- **Ständige Einwirkungen G** sind die Eigenlasten der Tragwerke, einschließlich Gründungen, Armaturen und fester Ausrüstungen, das Eigengewicht der Leiter und die Auswirkungen der Leiterzugkräfte. Die charakteristischen Werte der ständigen Einwirkungen werden üblicherweise mit einem festen Wert G_K beschrieben, da die Veränderlichkeit der ständigen Einwirkungen gering ist.
- **Veränderliche Einwirkungen Q** umfassen Windlasten, Eislasten oder andere äußere Lasten. Wind- und Eislasten und die Temperaturen sind klimatische Einwirkungen, die durch probabilistische Methoden, auf deterministischer Grundlage oder aus einschlägigen Normen abgeleitet werden können. Die Einwirkungen aus Leiterzugkräften infolge von Wind, Eis und Temperaturänderungen können veränderliche Lasteinwirkungen sein und auch von der Oberleitungsausführung abhängen. Bei veränderlichen Lasten entsprechen die charakteristischen Werte Q_K dem Nennwert, der für deterministische Einwirkungen verwendet oder einem oberen Grenzwert, der mit einer vorgegebenen Wahrscheinlichkeit nicht überschritten wird oder einem unterem Wert, der mit einer vorgegebenen Wahrscheinlichkeit während eines gegebenen Bezugzeitraumes nicht unterschritten wird.
- **Ausnahmeeinwirkungen A** sind Lasten zur Eingrenzung von Schäden usw. und beziehen sich auf Sicherheitsaspekte. Die repräsentative Einwirkung ist im Allgemeinen ein charakteristischer Wert A_K entsprechend einer vorgegebenen Belastungsbedingung. Die dynamischen Bedingungen nach dem Einrasten einer selbsttätigen Nachspanneinrichtung oder nach Bruch eines Fahrdrahts oder Tragseils können durch eine entsprechende statische Einwirkung nachgebildet werden.
- **Lasten aus Errichtung und Instandhaltung Q_P** berücksichtigen die Arbeitsvorgänge während der Montage, vorübergehende Anker, Hubeinrichtungen usw. Die charakteristischen Werte Q_{PK} für die Errichtungs- und Instandhaltungslasten sind deterministische Werte, die den Anforderungen der Personensicherheit Rechnung tragen.

13.1.3 Ständige Lasten

Die *Eigenlasten* der Masten, der Bauteile und der Leiter wirken vertikal, die Belastungen aus den *Leiterzugkräften* bei gleich hohen Aufhängepunkten horizontal. Die Eigenlasten sind unabhängig von der Leitertemperatur und bestimmen sich allein aus den Maßen der Anlage. Sie ändern sich während der Lebensdauer der Anlage allenfalls durch Abnutzung der Fahrdrähte. Die Leiterzugkräfte sind bei selbsttätig nachgespannten Fahrdrähten und Tragseilen im Wesentlichen konstant. Bei festverlegten Drähten und Seilen hängen sie von der Leitertemperatur, die mit den Umgebungsbedingungen und der Strombelastung schwankt, und von Zusatzlasten ab. Die größten Leiterzugkräfte sind der Tragwerksauslegung zugrunde zulegen.
Die *vertikalen Lasten* am Stützpunkt i folgen aus (Abschnitt 4.1.4)

$$V_i = G'(l_i + l_{i+1})\big/2 + H\left[(NN_i - NN_{i-1})\big/l_i + (NN_i - NN_{i+1})\big/l_{i+1}\right] \quad , \quad (13.1)$$

wobei l_i und l_{i+1} die Spannfeldlängen auf beiden Seiten des Stützpunktes i, NN_i die Höhenlage des Stützpunktes i und H die horizontale Leiterzugkraft bedeuten.

Tabelle 13.1: Windlastannahmen für Fahrleitungen, Höhe 10 m über Grund (Tabelle 2.11).

Windzone	DIN EN 1991-1-4/NA 2010-12	
	Staudruck N/m²	Windgeschwindigkeit m/s
W1	320	22,5
W2	390	25,0
W3	470	27,5
W4	560	30,0

Die *horizontale Leiterzugkraft* ergibt sich aus Leiterzugspannung und -querschnitt, woraus die horizontalen Belastungen entsprechend den geometrischen Bedingungen an den Stützpunkten folgen. Die Ermittlung dieser Komponenten ist in Abschnitt 4.1.4 behandelt. Für einen Stützpunkt i mit angrenzenden Feldern der Längen l_i und l_{i+1} sowie dem Gleisradius R ergibt sich

$$Q_{\text{H}i} = H\left[(l_i + l_{i+1})/(2\,R) + (b_i - b_{i-1})/l_i + (b_i - b_{i+1})/l_{i+1}\right] \quad . \tag{13.2}$$

Die Größe b_i bezeichnet die *horizontale Fahrdrahtseitenlage am Stützpunkt* i.

13.1.4 Veränderliche Lasten

13.1.4.1 Allgemeines

Zu den ständigen Lasten kommen *veränderliche Lasten* aus klimatischen Einwirkungen hinzu. Alle Oberleitungen sind im Freien *Windlasten* ausgesetzt. In vielen Gebieten, so auch in Deutschland und im zentralen oder nördlichen Europa, Russland, im nördlichen China, in Japan und Nordamerika kommen *Eislasten* hinzu. Die klimatischen Lasten können die höchsten mechanischen Belastungen der Oberleitungen hervorrufen.

13.1.4.2 Windlasten

Die Ermittlung der Windlasten für Oberleitungen wird im Abschnitt 2.3.2 beschrieben. Der Standsicherheitsnachweis geht von den Staudrücken aus. Diese sind für Anlagen in Deutschland höhenabhängig in DIN EN 1991-1-4/NA:2010 festgelegt:

$$\begin{aligned} q_{\text{h}} &= 1{,}5 \cdot q_{\text{b}} \text{ N/m}^2 \text{ für } h \leq 7\,\text{m} \\ q_{\text{h}} &= 1{,}7 \cdot q_{\text{b}} \cdot (h/10)^{0{,}37} \text{ N/m}^2 \text{ für } 7\,\text{m} < h \leq 50\,\text{m} \\ q_{\text{h}} &= 2{,}1 \cdot q_{\text{b}} \cdot (h/10)^{0{,}24} \text{ N/m}^2 \text{ für } 50\,\text{m} < h \leq 300\,\text{m} \end{aligned} \tag{13.3}$$

Die Staudrücke q_{h} berücksichtigen Zwei-Sekunden-Böen mit Spitzengeschwindigkeiten und die Zunahme mit der Höhe. Darin ist h die Höhe über Gelände in m und q_{b} der Bezugsstaudruck für die nach Bild (2.26) geographisch definierten Gebiete. Wenn andere Vorgaben, z. B. in Gebieten außerhalb Deutschlands oder aus Projektspezifikationen, vorliegen, können diese anderen Vorgaben für die Planungen verwendet werden.
Für praktische Berechnungen dürfen obige Beziehungen durch eine lineare Funktion oder eine Treppenkurve auf der sicheren Seite ersetzt werden. Die Basisstaudrücke q_{b} sind für die vier Zonen in Deutschland in der Tabelle 13.1 enthalten. Sie gelten für 50 a Wiederkehrdauer und wirken in 10 m Höhe über Grund im offenen Gelände.

13.1.4.3 Windlasten auf Leiter

Die Windwirkung auf Leiter verursacht Kräfte quer zur Leiterrichtung. Die aus beiden angrenzenden Feldern auf die Leiter an einem Stützpunkt in gerader Strecke wirkende Windkraft kann ermittelt werden aus:

$$Q_{\text{WC}} = q_{\text{h}} \cdot G_{\text{C}} \cdot d \cdot C_{\text{C}} \cdot (l_1 + l_2)/2 \cdot \cos^2 \varphi \quad , \tag{13.4}$$

mit:
q_{h} der Staudruck in der Höhe über Grund, siehe Gleichung (13.3)
G_{C} der Bauteilreaktionsbeiwert, der bei Leitern auch die Beweglichkeit der Leiter unter Windlasten berücksichtigt. Der Beiwert G_{C} kann entsprechend den nationalen Erfahrungen festgelegt werden. Konservativ, d. h. auf der sicheren Seite, sollte $G_{\text{C}} = 1{,}0$ gesetzt werden
d Durchmesser des Leiters
C_{C} Windwiderstandsbeiwert des Leiters. Nach DIN EN 50 119 wird hierfür der Wert 1,0 vorgegeben. Für Deutschland gilt nach DIN EN 50 119, Beiblatt 1
       $C_{\text{C}} = 1{,}2$ für $d \leq 12{,}5\,\text{mm}$
       $C_{\text{C}} = 1{,}1$ für $12{,}5 < d \leq 15{,}8\,\text{mm}$
       $C_{\text{C}} = 1{,}0$ für $d > 15{,}8\,\text{mm}$
l_1, l_2 Längen der angrenzenden Felder
φ Winkel zwischen kritischer Windrichtung und der Senkrechten zum Leiter

Wenn Leiter in geringem Abstand parallel verlaufen, darf für den windabgewandten Leiter die Windlast auf 80 % gegenüber dem windseitigen Leiter gemindert werden, wenn der Abstand zwischen den Achsen weniger als der fünffache Leiterdurchmesser beträgt.

13.1.4.4 Windlasten auf Leitungskomponenten

Die auf Joche, Querfelder, Quertragwerke und Ausleger wirkenden Windkräfte werden durch Addition der Windeinwirkungen auf die einzelnen Elemente bestimmt. Die Windeinwirkungen auf die einzelnen Elemente können mit den in 13.1.4.3 für die Leiter und in 13.1.4.5 für Fachwerke enthaltenen Beziehungen ermittelt werden.

Die *Windlast auf Komponenten* und Bauteile wirkt rechtwinklig der Achse des Isolators oder Bauteils und ist gleich

$$Q_{\text{W ins}} = q_{\text{h}} \cdot G_{\text{ins}} \cdot C_{\text{ins}} \cdot A_{\text{ins}} \cdot \cos^2 \varphi \quad . \tag{13.5}$$

Dabei ist
q_{h} Staudruck in der Höhe h, siehe Abschnitt 13.1.4.2,
G_{ins} Bauteilreaktionsbeiwert der Isolatorketten, der gleich 1,05 gesetzt werden kann,
C_{ins} Windwiderstandsbeiwert für Isolatoren, der gleich 1,2 gesetzt werden kann,
A_{ins} dem Wind ausgesetzte Isolatorteilfläche,
φ Winkel zwischen Windrichtung und der Senkrechten auf den Isolator.

Die *Windlast auf andere Bauteile* kann unter Anwendung der entsprechenden Windwiderstandsbeiwerte nach Gleichung (13.5) berechnet werden. In vielen Fällen sind

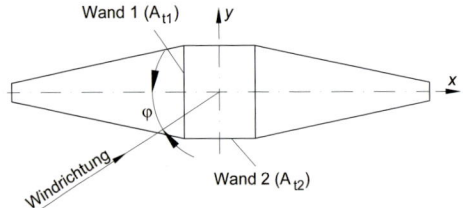

Bild 13.1: Windlasten auf Gittertragwerke.

Windlasten auf Isolatoren oder Leitungsarmaturen im Vergleich zu Lasten auf andere Komponenten gering.

13.1.4.5 Windlasten auf Gitterfachwerke

Die *Windlast auf Gittermasten* mit rechteckigen Querschnitten wirkt in Windrichtung und kann berechnet werden aus:

$$Q_{\mathrm{Wt}} = q_{\mathrm{h}} \cdot G_{\mathrm{str}} \left(1 + 0{,}2 \sin^2 2\varphi\right) \left(C_{\mathrm{t1}} \cdot A_{\mathrm{t1}} \cos^2 \varphi + C_{\mathrm{t2}} \cdot A_{\mathrm{t2}} \sin^2 \varphi\right) \qquad (13.6)$$

mit:
q_{h} Staudruck gemäß Gleichungen (13.3)
G_{str} Bauteilreaktionsbeiwert. Für Gittermasten kann G_{str} gleich 1,05 gesetzt werden
C_{t1} aerodynamischer Beiwert für die Wand 1 (siehe Bild 13.1) für den rechtwinklig zu dieser Wand wirkenden Wind
C_{t2} aerodynamischer Beiwert für die Wand 2 (siehe Bild 13.1) für den rechtwinklig zu dieser Wand wirkenden Wind
A_{t1} wirksame Fläche der Elemente der Fachwerkwand 1
A_{t2} wirksame Fläche der Elemente der Fachwerkwand 2
φ Winkel zwischen Windrichtung und der Senkrechten zur Wand 1

Alternativ können die Windlasten auch nach den Eurocodes berechnet werden. Die aerodynamischen Beiwerte C_{t1} hängen gemäß DIN EN 1991-1-4 vom Völligkeitsgrad ab. Ein geeigneter Wert ist $C_{ti} = 2{,}8$ für Gitterfachwerke von Masten mit quadratischem oder rechteckigem Querschnitt bestehend aus Winkelprofilen. Lasten auf Querträger, Quertragwerke, Querjoche und auf Ausleger können aus der Summe der Windwirkungen auf die einzelnen Elemente dieser Komponenten bestimmt werden.

13.1.4.6 Windlasten auf einstielige, lotrechte Beton- und Stahlvollwandmasten

Die Windlast auf einen einstieligen Mast ist:

$$Q_{\mathrm{W\,str}} = q_{\mathrm{h}} \cdot G_{\mathrm{str}} \cdot C_{\mathrm{str}} \cdot A_{\mathrm{str}} \qquad (13.7)$$

mit:
q_{h} Staudruck gemäß Gleichungen (13.3)
G_{str} Bauteilresonanzbeiwert; für Masten gilt $G_{\mathrm{str}} = 1{,}00$

13.1 Mechanische Lasten und ihre Einwirkung

Tabelle 13.2: Empfohlene Werte für den Faktor C_{str} für einstielige Mastarten.

Mastart	C_{str}
Stahlrohr- und Betonmasten mit kreisförmigem Querschnitt	0,7
Stahlrohrmasten mit zwölfeckigem Querschnitt	0,85
Stahlrohr- oder Betonmasten mit sechs- oder achteckigem Querschnitt	1,0
Stahlrohr- und Betonmasten mit quadratischem oder rechteckigem Querschnitt (Bild 13.7)	1,4
Wind in Richtung Hauptachse	2,0
Wind in Richtung der Querachse	1,4
Flachmasten mit quadratischem oder rechteckigem Querschnitt	
Masten mit H-Profilen	1,4

Bild 13.2: Eislast an einer Oberleitungsanlage (Foto: G. Hahn).

C_{str} Windwiderstandsbeiwert abhängig von der Form und der Oberflächenrauigkeit des Tragwerkes. Die Werte in Tabelle 13.2 sind Empfehlungen, andere Werte dürfen vom Auftraggeber festgelegt werden

A_{str} Fläche des Mastes

13.1.4.7 Eislasten

Eislasten können an Leitern und an Masten in unterschiedlichen Formen auftreten. Eisansätze an den Leitern können den Betrieb beeinträchtigen und die Tragwerke belasten. Von Bedeutung sind Eisablagerungen großer Dichte und großen Haftvermögens mit relativ großen Massen, die sich aus Niederschlägen bilden. Bei Temperaturen um 0 °C kann

Tabelle 13.3: Eislast an Leitern gemäß DIN EN 50 125-2.

Klasse	Eislast N/m
I0 (ohne Eis)	0
I1 (niedrig)	3,5
I2 (normal)	7,0
I3 (schwer)	15,0

Regen oder Nassschnee an einem Leiter gefrieren. Je nach Dauer der Wetterlage bilden sich Eiswalzen, durchsichtig oder milchig, mit nahezu kreisförmigem Querschnitt und hoher Dichte, die fest am Leiter haften. Am Fahrdraht können sie den Kontakt unmöglich machen. Bei nachgespannten Oberleitungen führen sie zu starker Vergrößerung der Durchhänge. Bild 13.2 zeigt die Eisbildung an einer Oberleitung. Wie auch die Windlasten unterliegen die Eislasten statistischen Gesetzmäßigkeiten, auf die in IEC 60 826 und DIN EN 50 341-1 sowie in [13.1] näher eingegangen wird. Nach DIN EN 50 119:2010 sind die Eislasten vom Betreiber der Bahnanlage festzulegen. Für die Bemessung von Oberleitungen wird häufig auf die Eislastvorgaben für Freileitungen Bezug genommen, wie sie z. B. in DIN EN 50 341-3-4 enthalten sind:

$$G'_{Eis} = (G'_{0\,Eis} + k_d \cdot d) \quad \text{in N/m} \quad , \tag{13.8}$$

dabei ist d der Leiterdurchmesser in Millimeter, $G'_{0\,Eis}$ gleich 5 bis 20 N/m und $k_d = 0,1$; 0,2, 0,3 und 0,4 N/(m·mm) abhängig von der Eislastzone.
In DIN EN 50 125-2 werden vier Eislastklassen definiert, die in Tabelle 13.3 angegeben sind. Diese Werte gelten für Leiterdurchmesser zwischen 10 und 20 mm. Die Temperatur während des Eisansatzes wird üblicherweise mit $-5\,°C$ angesetzt. Für Bahnen in Deutschland wird meist die Klasse I1 angenommen.

13.1.4.8 Gleichzeitige Wirkung von Wind und Eis

Die Windwirkung auf Leiter mit Eisbelastung erhöhen die Beanspruchung der Leiter und Tragwerke und sollte berücksichtigt werden, wenn die Eisbildung durch Wind begünstigt wird. Nach DIN EN 50 119 kann der Betreiber der Bahnanlage festlegen, ob die Windwirkung auf Leiter mit Eis zu berücksichtigen ist. Wenn das gleichzeitige Auftreten von Wind- und Eislast für die Bemessung von Fahrleitungsanlagen und Tragwerken zu berücksichtigen ist, kann angenommen werden, dass 50 % der Windlast gemäß Abschnitt 13.1.4.2 auf Bauwerke und Ausrüstung ohne Eis und auf die Leiter mit Eisansatz gemäß Abschnitt 13.1.4.7 wirken. Die spezifische Gewichtskraft ϱ_I des Eises kann mit 7 500 N/m³ angenommen werden, der aerodynamische Beiwert C_C mit 1,0. Der äquivalente Durchmesser D_I in m bei Eisansatz kann berechnet werden aus

$$D_I = \sqrt{d^2 + 4\,G'_{Eis}/(\pi \cdot \varrho_I)} \quad , \tag{13.9}$$

wobei d der Leiterdurchmesser ohne Eis gemessen in m und G'_{Eis} die charakteristische längenbezogene Eislast gemessen in N/m darstellen.

13.1.4.9 Temperatureinwirkungen

Die *Temperatureinwirkungen* hängen mit den anderen klimatischen Einwirkungen zusammen. Für die Bemessung von Oberleitungen sollten auf der Basis von DIN EN 50 119 angesetzt werden:
- Minimale Temperatur −20 °C ohne andere klimatische Einwirkungen
- Temperatur +5 °C bei die extremen Windlastbedingungen
- Temperatur −5 °C bei Eislasten oder kombinierter Wind- und Eiseinwirkung

13.1.5 Lasten aus Montage und Instandhaltung

Während der Errichtung und Instandhaltung treten durch Monteure, temporäre Anker, vorübergehendes Befestigen von Geräten und die Leiterverlegung zusätzliche Beanspruchungen der Tragwerke auf, die bei der Bemessung zu berücksichtigen sind. Vertikale *Errichtungslasten* betragen wenigstens 1,0 kN für die Querträger und wenigstens 2,0 kN für andere Tragwerksarten (DIN EN 50 119, Abschnitt 6.2.8). Diese Kräfte sollten einzeln als an den ungünstigsten Knotenpunkten der Querträger oder an den Angriffspunkten von Leitern an den Tragwerken wirkend angenommen werden. Tragwerke brauchen nicht für diese Lasten ausgelegt zu werden, wenn Arbeitsverfahren angewendet werden, die solche Lasten vermeiden.

Weniger als 30° gegen die Horizontale geneigte Stäbe von Gittertragwerken sollten für 1,0 kN Last vertikal im Mittelpunkt des entsprechenden Gitterstabes wirkend bemessen werden, jedoch ohne andere Lasten. Diese Last trägt dem Gewicht eines Monteurs mit Werkzeug Rechnung.

13.1.6 Ausnahmelasten

Ausnahmelasten werden vorgegeben, um die Auswirkung von Schäden zu begrenzen und anderen Ausnahmesituationen Rechnung zu tragen. Im Allgemeinen sollte an jedem Leiterangriffspunkt am Tragwerk die maßgebende Restlast infolge der Verminderung der Zugkraft eines Fahrdrahts, Tragseils oder einer Speiseleitung angesetzt werden. Meist ist es ausreichend, Ausnahmelasten für die Tragwerke am Ende eines Nachspannabschnittes und für die Ankermasten von Festpunkten zu berücksichtigen. Einzelheiten können für jedes einzelne Projekt vorgegeben werden.

13.1.7 Sonderlasten

Wenn Oberleitungen in seismisch aktiven Gegenden errichtet werden, sollten den Kräften infolge des Erdbebens oder von seismografischen Erschütterungen als *Sonderlast* Rechnung getragen werden. Einzelheiten finden sich in DIN EN 50 341-1, Anhang C. Einwirkungen, die eine Fahrleitung nach hohen Kurzschlussströmen erfährt, sollten berücksichtigt werden, falls solche Lasten wesentliche Belastungen hervorrufen können.

13.2 Quertrageinrichtungen und Seitenauszüge

13.2.1 Quertrageinrichtungen

Quertrageinrichtungen sind Ausleger unterschiedlicher Bauarten, *Ausleger über mehrere Gleise*, *flexible Quertragwerke* und *biegesteife Joche*. In den Abschnitten 3.3 und 11.2.1 sind die gebräuchlichen Ausführungen dieser Komponenten und ihre Funktion in der Oberleitung beschrieben. Gemeinsam ist ihnen die Aufgabe, die Kettenwerke zu tragen, die seitliche Lage der Fahrdrähte zum Gleis zu fixieren und die auf die Kettenwerke einwirkenden Kräfte in die Masten einzuleiten.

13.2.2 Rohrschwenkausleger

Rohrschwenkausleger, auch als Gelenkausleger bezeichnet, bestehen aus Rohrelementen und sind die häufigsten verwendeten Ausführungen für Einzelstützpunkte in einer Oberleitungsanlage. Früher verwendete, starr mit den Masten verbundene Auslegerformen werden heute im Neubau nicht mehr benutzt, sind aber noch in älteren Anlagen zu finden. Bild 11.4 zeigt eine Auslegerausführung mit einer *Tragseildrehklemme*, die auf dem Auslegerrohr befestigt ist und neben der Aufnahme der Tragseile auch die Verbindung mit dem Spitzenrohr oder -seil herstellt. Bei dieser Ausführung treten im Spitzenanker überwiegend nur Zugkräfte auf, weshalb hierfür auch ein Seil verwendet werden kann. Die Belastungen der tragenden Elemente im Ausleger sind im wesentlichen Längskräfte. Bei Auslegern nach Bild 11.5 ist die Tragseildrehklemme auf dem *Spitzenankerrohr* quer verschiebbar. Damit treten im Spitzenanker Biegemomente auf, die eine entsprechende Bemessung erfordern.

Die statisch belasteten Auslegerelemente können Stahlrohre, Stahlseile, Rohre aus Aluminiumlegierungen oder Stäbe und Rohre aus glasfaserverstärktem Kunststoff sein, die gleichzeitig als Isolation dienen. Die Bauart, die Geometrie, die Größe und die Richtung der auf den Ausleger wirkenden Kräfte und auch die verwendeten Materialien bilden die Ausgangsgrößen für die Bemessung der Auslegerbauteile.

13.2.3 Ausleger über mehrere Gleise

Wenn nur auf einer Seite einer mehrgleisigen Strecke Masten errichtet werden können, bieten sich *Ausleger über mehrere Gleise* an. Hierfür sind unterschiedliche Bauweisen in Gebrauch. Bei der im Bild 11.16 dargestellten Form wird eine Traverse aus zwei gegeneinander versteiften U-Profilen oder aus einem Vierkantrohr gelenkig am Mast befestigt, an dem dann *Hängestützen* angeschlossen sind, die die *Rohrschwenkausleger* tragen. Die vertikalen Lasten nehmen schräg angeordnete Seilanker zwischen Traverse und Mast auf.

In Nahverkehrsanlagen sind Ausleger über mehrere Gleise hergestellt aus parallel geführten Kunststoffrohren üblich, an denen die Beiseile von tragseilarmen Einfachoberleitungen oder *Obusfahrleitungen* befestigt sind (Bilder 11.17, 11.18 und 13.3). Auch hier nehmen Schrägseile die vertikalen Kräfte auf. Im Unterschied zu den Ausführungen für

13.2 Quertrageinrichtungen und Seitenauszüge

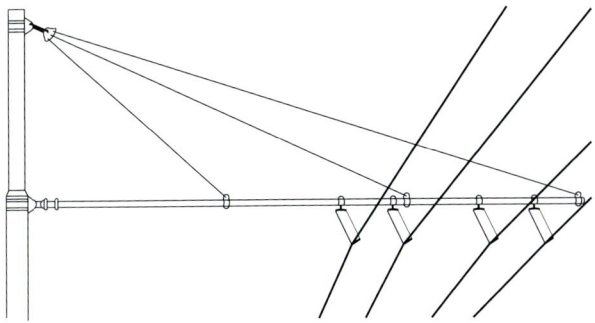

Bild 13.3: Ausleger für zwei Obusoberleitungen.

Vollbahnen übernehmen die Kunststoffrohre in den meisten DC-600-V- oder DC-750-V-Anlagen auch die Aufgabe der Isolation, so dass sich eigene Isolatoren erübrigen.

Die Ausleger über mehrere Gleise müssen die aus den Kettenwerken folgenden vertikalen und horizontalen Belastungen aufnehmen. Die sich ergebenden Beanspruchungen hängen auch von der Länge der Ausleger ab, die aus praktischen Gründen auf rund 10 m begrenzt werden sollte.

13.2.4 Flexible Quertragswerke

Für die Bespannung von Bahnhöfen mit mehr als zwei Gleisen können *flexible Quertragwerke* vorteilhaft sein, da sie keine Mastgassen zwischen den einzelnen Gleisen benötigen. Die Stützpunkte lassen sich im Quertragwerk beliebig anordnen, was vor allem bei der Bespannung von Bahnhofsköpfen mit mehreren Weichen von Vorteil ist. Flexible Quertragwerke sind mit Querspannweiten bis 80 m im Gebrauch. Die Spannweite sollte aber auf 40 m begrenzt werden. Die Bilder 3.19 und 11.19 zeigen die prinzipielle Anordnung eines flexiblen Quertragwerkes. Die vertikalen Lasten aus den Kettenwerken werden von *Quertragseilen* aufgenommen. Die horizontalen Lasten tragen die *Richtseile* in die Masten ab. Dabei dient das obere Richtseil für die Aufnahme der Lasten aus den Tragseilen, das untere Richtseil für diejenigen aus den Fahrdrähten.

Über die Quertrag- und Richtseile sind die Kettenwerke mechanisch gekoppelt und Bewegungen übertragen sich, was für den Hochgeschwindigkeitsverkehr unerwünscht ist. Deswegen werden für HGV-Anlagen in der Richtlinie der DB 997.0101 Einzelmasten empfohlen und auch weitgehend eingesetzt.

Die Quertragseile haben einen Durchhang, zwischen einem Achtel und einem Zehntel der *Querspannweite*. Bei der Auslegung sind die Kräfte in den Quertragseilen und deren Maße zu bestimmen. Die Bemessung der Richtseile ist vergleichsweise einfach, da sie einen vernachlässigbaren Durchhang aufweisen.

13.2.5 Joche

Bei *Querjochen* übernimmt ein biegesteifer Träger die Tragfunktion für die einzelnen Kettenwerke. Er wird von Masten beiderseits der Strecke getragen. Üblich sind Ausführungen, bei denen am Querträger Hängesäulen mit Rohrschwenkauslegern befestigt

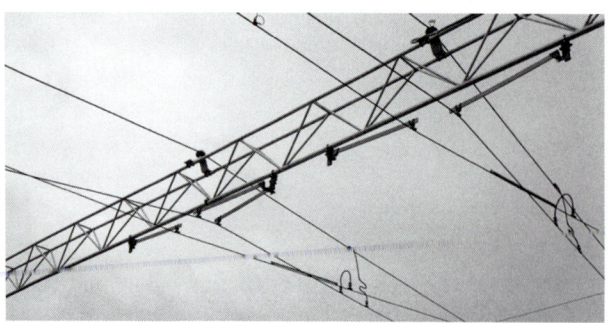

Bild 13.4: Jochkonstruktion aus Aluminium-Bauweise (Foto: Müller-Gerlach).

sind, oder solche, bei denen das Querjoch die vertikalen Lasten direkt aufnimmt und der Festlegung der Längstragseile dient, während ein *unteres Richtseil* die seitliche Festlegung der Fahrdrähte übernimmt. Bild 13.4 zeigt eine Joch-Gitterkonstruktion. Joche werden bis 40 m Spannweite eingesetzt, wobei Gitterkonstruktionen aus Stahl zweckmäßig sind. Für Spannweiten bis 25 m können auch Doppel-T-Träger oder Hohlkastenprofile verwendet werden. Im Hinblick auf die Instandhaltung werden auch Aluminiumgitterkonstruktionen in Nahverkehrsanlagen benutzt (Bild 13.4). Die Joche werden durch vertikale Belastungen und Momente aus den Hängestützen mit den Auslegern auf Biegung in einer vertikalen Ebene beansprucht (Bild 11.29). Falls an einem Joch Festpunkte oder Abspannungen angebracht sind, kommt Biegung in der horizontalen Ebene hinzu.

13.3 Masten

13.3.1 Mastenarten

Die *Masten* als Stützpunkte in einer Fahrleitung haben unterschiedliche Aufgaben zu erfüllen. Bild 13.5 zeigt den *Nachspannabschnitt* einer Oberleitungsanlage auf freier Strecke. Ein *Kettenwerk* beginnt an einem *Abspannmast* (Typ 2 oder 8). Dieser übernimmt die aus dem dort angeschlossenen Ausleger folgenden Belastungen und die Kräfte aus der Nachspannung von Fahrdraht und Tragseil. Verschiedentlich werden Nachspannmasten zur Aufnahme der in Streckenlängsrichtung wirkenden Nachspannkräfte verankert (Typ 8). Damit ergibt sich eine geringere Belastung des Mastes und seiner Gründung.

Die *Mittelmasten* (Typ 3 und 4) im *Überlappungsbereich* schließen sich an. Diese tragen häufig zwei Ausleger an entsprechend ausgebildeten Traversen. Diese Masten werden durch die über die Ausleger wirkenden Lasten aus den Kettenwerken beansprucht, die sowohl Biegemomente als auch, durch unterschiedliche Bogenzugkräfte bedingt, Torsion hervorrufen. Diese Masten sind entsprechend torsionssicher auszuführen.

Anschließend folgen *Tragmasten* (Typ 1), die das Kettenwerk mit einem Ausleger tragen und Kräfte aus der Fahrdraht- und Tragseilseitenlage oder Bogenzugkräfte sowie Windlasten übernehmen müssen. In der Mitte des Nachspannabschnitts befindet sich der *Festpunktmast* (Typ 5). Dieser übernimmt zusätzlich zu den Lasten aus dem Ket-

13.3 Masten

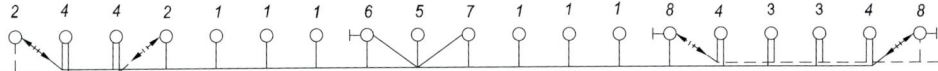

Bild 13.5: Abspannabschnitt einer Oberleitung.
1 Tragmast, *2* und *8* Abspannmasten, *3* und *4* Mittelmasten im Parallelfeld, *5* Festpunktmast,
6 und *7* Festpunktankermasten mit bzw. ohne Mastanker

tenwerk die Belastung durch die Ankerseile. Dem Festpunktmast benachbart sind *Festpunktankermasten* (Typ 6 und 7) für die *Festpunktverankerung*, die auch Längskräfte aus den Festpunktankern übernehmen und häufig mit Ankern versehen werden. Bis zum nächsten Überlappungsbereich folgen wieder die bereits beschriebenen Mastarten.

Die *Masten für Quertragwerke* nehmen die an den Quertrag- und Richtseilen wirkenden Lasten und gegebenenfalls von Abspannungen in Gleislängsrichtung herrührenden Kräfte auf. Ihre Höhe muss den geplanten Durchhang der Quertragseile berücksichtigen. Die Masten für Joche werden durch vertikale und horizontale Lasten beansprucht. Bei Fahrleitungen ist es üblich, die Joche gelenkig an den Masten anzuschließen, um biegesteife Strukturen zu vermeiden. Zu den Lasten aus den Jochen kommen gegebenenfalls Lasten aus Richtseilen oder aus direktem Anschluss von Auslegern an die Masten hinzu. In Fahrleitungsanlagen kommen noch *Masten für Bogenabzüge* und *Masten für Nachspannungen* vor, die keine Kettenwerksausleger tragen. Sie sind entsprechend den zu erwartenden Lasten auszulegen.

Masten für Oberleitungen führen häufig *Bahnenergieleitungen*. Dadurch ergibt sich eine Vielzahl von Mastbildern und zusätzlichen Belastungen, die entscheidend davon abhängen, ob die Bahnenergieleitungen mit Tragisolatoren oder mit Abspannisolatoren befestigt werden. Bild 12.77 zeigt eine Auswahl von Mastbildern für Bahnenergieleitungen der Hochgeschwindigkeitsoberleitung Sicat H1.0. Bahnenergieleitungen können *Verstärkungsleitungen* sein, die gleiches Potenzial wie die Oberleitung haben. Sie müssen deswegen nur einen elektrischen Mindestabstand aufweisen, um im Fall einer geerdeten Leitung oder Oberleitung den statischen, elektrischen Mindestabstand zu spannungsführenden Teilen einzuhalten. *Speise-* und *Umgehungsleitungen* können dagegen getrennt von der Oberleitung geschaltet werden. Für sie sind mindestens 2,0 m Abstand einzuhalten. In Bezug auf die Mastart sind *Tragmasten* mit Aufhängung der Leiter an Tragisolatoren, Zwischenverankerungsmasten mit Abspannungen der Energieleitungen und Endmasten mit Endabspannungen zu unterscheiden.

Die Mastkopfabmessungen folgen aus der vorgesehenen Führung der Bahnenergieleitung. Es gelten hierfür die Mindestabstände zu geerdeten Teilen nach DIN EN 50 341-1, die bis 1,5 kV 0,10 m, bis 15 kV 0,15 m und bis 25 kV 0,27 m betragen.

13.3.2 Lastannahmen

Auf die Tragwerke von Fahrleitungen wirken mehrere Arten äußerer Lasten gleichzeitig ein. Abhängig vom Verwendungszweck der Masten sind diese Wirkungen sinnvoll zu kombinieren, damit alle im Betrieb zu erwartenden *Lastzustände* abgedeckt und Schäden wenig wahrscheinlich sind. Die Lasten sind in den einschlägigen Normen, so DIN EN

Tabelle 13.4: Lastkombinationen für Oberleitungsmasten.

Typ[1]	Mastart	Ständige Last	Variable Last
1	Tragmast mit einem Ausleger	– Eigenlast der Leiter, Ausleger und Masten – Kräfte aus Bogenzug und Seitenverschiebung	– Windlast, Eislast (wo erforderlich)
3, 4	Tragmast mit Doppelausleger	– wie 1 – Drehmoment aus Bogenzug und Seitenverschiebung	– wie 1 – Drehmoment aus Windlast
5	Festpunkt-Mittelmast	– wie 1 – Lasten aus der Kettenwerksverankerung	– wie 1
6, 7	Festpunkt-Ankermast	– wie 1 – Lasten aus der Kettenwerksverankerung	– wie 1
2, 8	Abspannmast	– wie 1 – Lasten aus der Kettenwerksnachspannung	– wie 1

1) siehe Bild 13.5

50 119, festgelegt und betreffen unterschiedliche *Lastbedingungen* [13.2]. DIN EN 50 119 verbindet diese Lastbedingungen zu sechs Lastfällen:

Lastfall A: Lasten bei kleinster Temperatur
Lasten bei kleinster anzunehmender Temperatur und die dabei wirkenden Zugkräfte (Abschnitt 13.1.4.9)

Lastfall B: Größte Windlasten
Ständige Lasten, Windlasten auf alle Elemente gemäß Abschnitt 13.1.4.2 in ungünstigster Richtung wirkend und durch Windwirkung erhöhte Leiterzugkräfte, wobei die Umgebungstemperatur wie in Abschnitt 13.1.4.9 angegeben festgelegt werden

Lastfall C: Eislasten
Ständige Lasten, Eislasten an Leitern und Tragwerken und durch Eisansatz erhöhte Leiterzugkräfte gemäß Abschnitt 13.1.4.7

Lastfall D: Gleichzeitige Wirkung von Wind- und Eislasten
Ständige Lasten, Eislasten, Windlasten und durch Wind- und Eislasten erhöhte Leiterzugkräfte bei gleichzeitiger Wind- und Eislast nach Abschnitt 13.1.4.8, wobei die Windlasten in ungünstigster Richtung wirken

Lastfall E: Lasten aus Errichtung und Instandhaltung
Ständige Lasten, Eislasten, Leiterzugkräfte, Lasten aus Errichtung und Instandhaltung gemäß Abschnitt 13.1.5 zusammen mit Wind- und Eislasten, die in DIN EN 50 119 oder in einer Projektspezifikation vorgegeben sind

Lastfall F: Ausnahmelasten
Ständige Lasten, dauernde Zugkräfte und mit einer unbeabsichtigte Verminderung eines oder mehrerer Leiterzugkräfte, wobei in diesem Fall die Zugkräfte der Fahrdrähte, Tragseile, Hilfstragseile und der Festpunktanker wirken

13.3 Masten

Tabelle 13.5: Lastfälle von Tragwerken nach DIN EN 50 119.

Art des Tragwerkes	Lastfälle
Schwenkausleger	A, B, C, D
feste Ausleger	A, B, C, D, E, F
Quertragwerke	A, B, C, D, E, F
Portale/Joche	A, B, C, D, E, F
Tragmasten	A, B, C, D, E
Bogenauszugsmasten	A, B, C ,D ,E
Festpunktankermasten	A, B, C, D, E, F
Festpunktmasten	A, B, C, D, E
Masten für biegeweiche und -steife Quertrageinrichtungen	A, B, C, D, E, F[1)]
Masten für Flachketten	A, B, C, D; F
Masten für Nachspanneinrichtungen	A, B, C, D, E
Masten mit Speise- und Verstärkungsleitungen	A, B, C, D, E, F[2)]
Oberleitungsmasten mit Bahnenergieleitungen	A, B, C, D, E, F
Ankermasten abhängig von der Art der Masten	A, B, C, D, E, F

[1)] wenn Festpunkt vorhanden, [2)] ausgenommen gelenkig gelagerte Tragwerke

In Tabelle 13.5 sind die Lastfälle für die Bemessung der Tragwerke zusammengefasst. Für die Bemessung eines jeden Mastes oder Elementes hiervon muss der Lastfall ausgewählt werden, der die höchsten Beanspruchungen ergibt.

13.3.3 Teilsicherheitsbeiwerte für Einwirkungen

Die Europäischen Normen für Stahltragwerke EN 1993-1 und für Betontragwerke EN 1992-1 verwenden die Methode der *Teilsicherheitsbeiwerte*. Es werden Teilsicherheitsbeiwerte sowohl für Einwirkungen als auch solche für Material festgelegt. Die Teilsicherheitsbeiwerte für Einwirkungen sind in der Tabelle 13.6 gemäß DIN EN 50 119 dargestellt. Die Teilsicherheitsbeiwerte für ständige Einwirkungen γ_G und γ_C betragen 1,3. Wo das Eigengewicht günstig auf ein Bauteil einwirkt, d.h. die Last mindert, wird der Teilsicherheitsbeiwert γ_G gleich 1,0 gesetzt. Die Teilsicherheitsbeiwerte γ_W für Windlast und γ_I für Eislasten sind mit 1,3 vorgegeben. Der Teilsicherheitsbeiwert γ_C für Leiterzugkräfte unter Einwirkung von Wind und Eis beträgt 1,3.

In Ausnahmelastfällen können die Teilsicherheitsbeiwerte γ_G für ständige Lasten, γ_C für Leiterzugkräfte und γ_A für Ausnahmelasten mit 1,0 angenommen werden.

Tabelle 13.6: Teilsicherheitsbeiwerte für Einwirkungen nach DIN EN 50 119.

Lastarten	Lastfälle					
	A	B	C	D	E	F
Ständige Lasten						
– belastend γ_G, γ_C	1,3	1,3	1,3	1,3	1,3	1,0
– entlastend γ_G, γ_C	1,0	1,0	1,0	1,0	1,0	1,0
Windlasten γ_W, γ_C	–	1,3	–	1,3	–	1,0
Eislasten γ_I, γ_C	–	–	1,3	1,3	–	–
Ausnahmelasten γ_A	–	–	–	–	–	1,0
Errichtungslasten γ_P	–	–	–	–	1,5	–

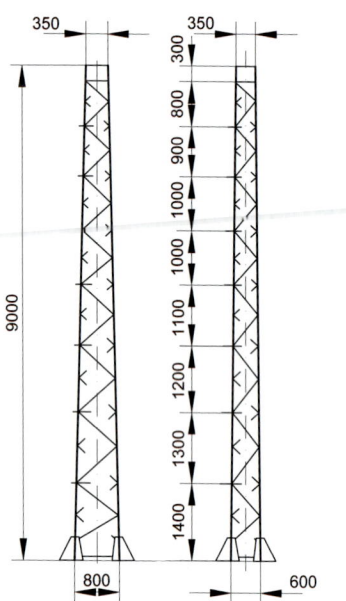

Bild 13.6: Stahlgittermast für Oberleitungen.

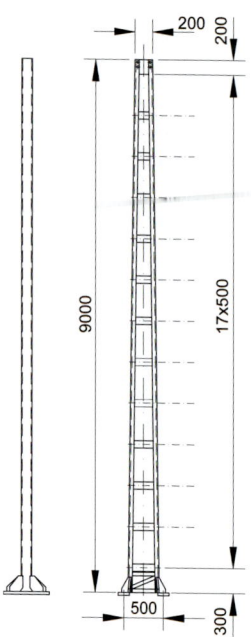

Bild 13.7: Rahmenflachmast für Oberleitungen.

Der Teilsicherheitsbeiwert für Errichtungs- und Instandhaltunglasten γ_P beträgt 1,5 und wird mit Teilsicherheitsbeiwerten γ_G, $\gamma_C = 1{,}30$ für dauernde Einwirkungen verwendet.

13.3.4 Ausführungen und Werkstoffe

Für Stützpunkte von Oberleitungen ist eine Vielzahl unterschiedlicher Mastformen in Gebrauch. *Stahlgittermasten* nach Bild 13.6 werden mit vier Eckstielen mit Winkelprofilen und dazwischen liegender diagonaler Aussteifung hergestellt. Ihre Tragfähigkeit kann einfach an die auftretende Belastung angepasst werden. Bei der DB AG sind Masten mit den Grundmaßen von 800×600 mm mit dem Winkelprofil L80 × 8 bis zu Grundmaßen von $1\,600 \times 2\,000$ mm mit dem Profil L150 × 14 üblichen, insbesondere für Abspannmasten auf freien Strecken und für Querfeldmasten.

Rahmenflachmasten (Bild 13.7) bestehen aus zwei U-Profilen, die in 500 mm Abstand mit Flachstählen verbunden sind. Sie laufen nach oben konisch zu. Profile [100, [120, [140 und [160 werden standardisiert eingesetzt. Die Rahmenflachmasten weisen in beiden Querschnittsachsen unterschiedliche Tragfähigkeiten auf. Sie werden deshalb vorwiegend für Standorte ohne Abspannungen auf freien Strecken verwendet.

Bei Oberleitungsanlagen sind in vielen Ländern *Masten aus H-Profilen* (Doppel-T-Träger) im Einsatz. Die Profile sind handelsüblich erhältlich und erfordern nur geringe Bearbeitung. Ihre Nachteile sind das relativ hohe Gewicht im Vergleich zur Tragfähigkeit,

13.3 Masten

Bild 13.8: Stahlmast aus einem Doppel-T-Profil.

Bild 13.9: Stahlrohrmast für die Oberleitung der Hochgeschwindigkeitsstrecke HSL Süd in den Niederlanden.

der geringere Widerstand gegen Durchbiegungen und ihre geringe Torsionssteifigkeit. Bild 13.8 zeigt einen Mast aus Doppel-T-Profil.

Die Maße von konischen *Stahlvollwandmasten* können den Anforderungen angepasst werden und sind in Nahverkehrsanlagen häufig zu finden. Solche Masten werden durch Walzen, Ziehen oder Schweißen hergestellt, womit sich Masten größerer Querschnittsmaße und hoher Tragfähigkeit fertigen lassen, die ausreichende Torsionssteifigkeit aufweisen. Bild 13.9 zeigt einen Mast mit konischen Stahlrohren, wie er für die Hochgeschwindigkeitsstrecke HSL Süd in den Niederlanden verwendet wurde.

Schleuderbetonmasten (Bild 13.10) haben einen kreisförmigen Querschnitt und im Inneren einen durchlaufenden Hohlraum. Die Masten sind konisch mit mindestens 15 mm/m Zunahme des Durchmessers von der Mastspitze bis zum Fuß. Die zweiteiligen, liegenden Formen werden zum Schleudern in Rotation um die Längsachse versetzt. Durch das Schleudern werden *Betonfestigkeiten* bis 70 N/mm^2 entsprechend der Betonqualität C70/80 und bis 100 N/mm^2 entsprechend C95/105 erreicht. Das dichte Gefüge schützt die Bewehrung vor Korrosion und verhindert Risse.

Die Bewehrung kann entweder schlaff mit allgemein üblichen Bewehrungsstählen oder vorgespannt ausgeführt werden. Für Bahnanwendungen haben sich *vorgespannte Beton-*

Bild 13.10: Schleuderbetonmast einer Oberleitung.

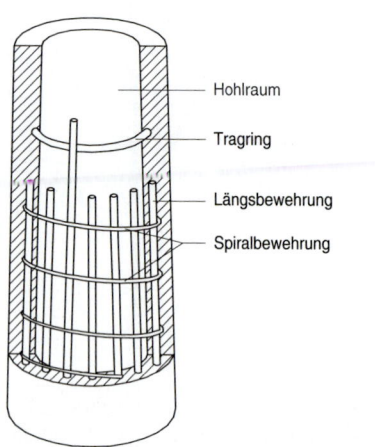

Bild 13.11: Aufbau eines Schleuderbetonmastes.

masten durchgesetzt. Die Vorspannung wird bereits vor dem Schleudern auf die Spannstähle aufgebracht. Nach dem Härten des Betons wird die Belastung der Spannstähle auf den Betonquerschnitt übertragen und erzeugt dort eine Druckspannung. Diese muss bei der Belastung durch Biegung erst überwunden werden, bevor der Beton auf Zug belastet wird, und verhindert so Querrisse im Beton. Bild 13.11 zeigt den Aufbau eines Schleuderbetonmastes.

An allen Arten von Schleuderbetonmasten wurden vor dem Jahr 2000 Schäden unterschiedlicher Art festgestellt. Diese Schäden äußerten sich in Rissen an den Formtrennnähten, in Längsrissen mit unterschiedlicher Länge und Breite, in Querrissen, vor allem bei schlaff bewehrten Masten, in Betonabplatzungen am Schaft und an den Querträgern sowie in Torsionsrissen. Die Ursachen lagen sowohl an ungenügender konstruktiver Ausbildung mit zu geringen Wandstärken, zu geringen Spiralbewehrungen und zu geringer Betonüberdeckung als auch bei Fehlern in der Herstellung. Entsprechende Änderungen in der Normung und Maßnahmen bei der Herstellung lassen erwarten, dass zukünftig solche Schäden nicht mehr auftreten.

Bei einzelnen Bahnverwaltungen, z. B. bei der ÖBB, werden *Rüttelbetonmasten* mit Vollquerschnitt eingesetzt, die auf Rütteltischen hergestellt werden. Die Bewehrung wird in rechteckige Schalungen eingelegt, der Beton eingefüllt und mit Außenrüttlern entsprechend verdichtet. Wegen der geringeren Betonfestigkeit und des Vollquerschnittes sind diese Masten deutlich schwerer als Schleuderbetonmasten gleicher Tragfähigkeit.

Bei sachgemäßer Ausführung haben Betonmasten eine lange Lebensdauer ohne Aufwendungen für Instandhaltung. Für die Anwendungen bei Oberleitungen haben sie sich insbesondere in Verbindung mit angepassten Gründungen als vorteilhaft erwiesen [13.3]. Für Abspannmasten werden allerdings, sofern diese nicht verankert sind, relativ große Querschnitte benötigt, die plump aussehen können.

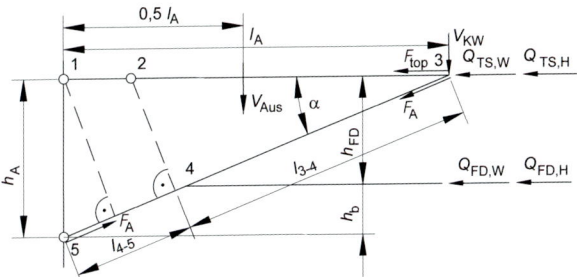

Bild 13.12: Belastung eines Auslegers.

13.4 Bemessung der Quertragwerke

13.4.1 Einführung

Die *Quertragwerke*, also Ausleger, flexible Quertragwerke und Joche werden durch die auf Kettenwerke und gegebenenfalls dort geführte andere Leitungen wirkenden Lasten beansprucht. Aufgabe der Bemessung ist das Ermitteln der Schnittkräfte und die Dimensionierung der Bauelemente unter Beachtung einschlägiger Normen. Hier sollen die am häufigsten verwendeten Bauarten für *Ausleger* und *flexible Quertragwerke* behandelt werden. Andere Bauformen können mit den hier ermittelten Kräften nach den Regeln der Baustatik bemessen werden.

13.4.2 Ausleger

13.4.2.1 Belastungen und Schnittkräfte

Die tragenden Elemente eines *Rohrschwenkauslegers* sind der *Spitzenanker*, das *Auslegerrohr*, das *Stützrohr* und gegebenenfalls das *Diagonalrohr* (Bild 11.4), das das Auslegerrohr gegen das Spitzenrohr abstützt und dessen Verformung verringert.
Auf Ausleger und damit auf Masten wirken mehrere Lastkombinationen abhängig
- vom *Maststandort* auf der Bogenaußen- oder Bogeninnenseite,
- von der *Stützpunktart*: angelenkt oder umgelenkt,
- von der *Windwirkung* sowie
- von der *Eislast*.

Die Belastungsanteile resultieren aus
- der *Vertikallast* infolge der Fahrleitung gemäß (13.1),
- der *Vertikallast* infolge Eisansatz an Leitern gemäß (13.8),
- der *Radiallast* des Tragseils gemäß (13.2),
- der *Radiallast* des Fahrdrahtes gemäß (13.2),
- der *Windlast* auf Tragseil und Fahrdraht gemäß (13.4),
- der *Gewichtslast* des Auslegers, die als in der Mitte des Auslegers wirkend angenommen wird.

Bild 13.12 zeigt die auf einen Ausleger einwirkenden Kräfte. Die Windwirkung ist in beiden Richtungen zu untersuchen. Zur Vereinfachung der Rechnung werden die einzelnen Anteile zu Vertikal- und Horizontallasten zusammengefügt:

– Vertikale Last

$$V_{\text{TS}} = V_{\text{KW}} + V_{\text{Aus}} \cdot 0{,}50 \quad , \tag{13.10}$$

– Horizontale Last aus dem Tragseil

$$Q_{\text{TS}} = Q_{\text{TS,H}} \pm Q_{\text{TS,W}} \quad \text{und} \tag{13.11}$$

– Horizontale Last auf den Fahrdraht

$$Q_{\text{FD}} = Q_{\text{FD,H}} \pm Q_{\text{FD,W}} \quad . \tag{13.12}$$

Die auf den Spitzenanker wirkende Kraft F_{top} ist

$$F_{\text{top}} = (V_{\text{TS}} \cdot l_{\text{A}} - Q_{\text{FD}} \cdot h_{\text{b}} - Q_{\text{TS}} \cdot h_{\text{A}})/h_{\text{A}} \quad . \tag{13.13}$$

Die Kraft im Auslegerrohr zwischen den Punkten 3 und 4, Bild 13.12, wird

$$F_{\text{A}} = -V_{\text{TS}} \cdot \sqrt{1 + (l_{\text{A}}/h_{\text{A}})^2} \tag{13.14}$$

und zwischen den Punkten 4 und 5

$$F_{\text{A}} = -V_{\text{TS}}\sqrt{1 + (l_{\text{A}}/h_{\text{A}})^2} - Q_{\text{FD}}\Big/\sqrt{1 + (h_{\text{A}}/l_{\text{A}})^2} \quad . \tag{13.15}$$

Die Kräfte Q_{TS} und Q_{FD} sind positiv, wenn sie in der in Bild 13.12 angezeigten Richtung wirken. Ohne Diagonalstreben tritt im Auslegerrohr das größte Biegemoment M_{B4} am Angriffspunkt des Stützrohres (Punkt 4) auf, an dem das Stützrohr befestigt ist

$$M_{\text{B4}} = Q_{\text{FD}} \cdot h_{\text{A}} \cdot l_{3-4} \cdot l_{4-5} \Big/ (l_{\text{A}}^2 + h_{\text{A}}^2) \quad . \tag{13.16}$$

Mit *Diagonalstreben* wird das System statisch unbestimmt. Da die Diagonalstrebe aber möglichst nahe dem Punkt 4 (Bild 13.12) angeschlossen wird, kann man als gute Näherung annehmen, dass sie die gesamte rechtwinklig zum Auslegerrohr wirkende Kraft aufnimmt und in das Spitzenrohr überträgt. Aus der jeweiligen Auslegergeometrie kann die Diagonalkraft F_{D} ermittelt werden

$$F_{\text{D}} \approx Q_{\text{FD}}\Big/\sqrt{1 + (l_{\text{A}}/h_{\text{A}})^2} \quad . \tag{13.17}$$

Das Biegemoment im Spitzenrohr am Punkt 2 bestimmt sich zu

$$M_{\text{B2}} = Q_{\text{FD}} \cdot h_{\text{A}} \cdot l_{2-3} \cdot l_{1-2}\Big/(l_{\text{A}}^2 + h_{\text{A}}^2) \quad . \tag{13.18}$$

Bild 13.13 zeigt die *Belastung des Stützrohres* durch die aus dem Fahrdraht resultierenden Belastungen. V_{FD} ist die Gewichtskraft der durch den Seitenhalter getragenen Fahrdrahtlänge zuzüglich der Eigengewichtskräfte des Seitenhalters, der Klemmen und

13.4 Bemessung der Quertragwerke

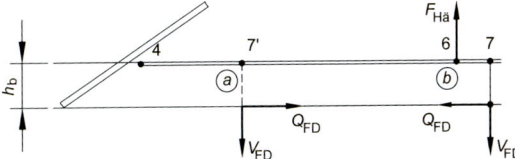

Bild 13.13: Stützrohrbelastung.
a angelenkter Stützpunkt
b ungelenkter Stützpunkt

des Stützrohres. Die *Hängerlast* $F_{Hä}$ ist beim umgelenkten Stützpunkt (Bild 13.13, Position b)

$$F_{Hä} = (V_{FD} \cdot l_{4-7} + Q_{FD} \cdot h_b)/l_{4-6} \qquad (13.19)$$

und beim angelenkten Stützpunkt (Bild 13.13, Position a)

$$F_{Hä} = (V_{FD} \cdot l_{4-7'} - Q_{FD} \cdot h_b)/l_{4-6} \quad . \qquad (13.20)$$

Wenn $Q_{FD} \cdot h_b \geq V_{FD} \cdot l_{4-7'}$ würde im Hänger eine Druckkraft auftreten und zu einem Anhub führen. Bei der Konstruktion eines Auslegers ist darauf zu achten, dass dies nicht eintritt. Andernfalls muss statt eines schlaffen Hängers eine Druckstrebe vorgesehen werden. Das Biegemoment am Anschlusspunkt b des Hängers wird berechnet zu

$$M_{B6} \approx V_{FD} \cdot l_{6-7} + Q_{FD} \cdot h_b \quad . \qquad (13.21)$$

13.4.2.2 Bemessung auf der Basis von DIN EN 50 119

Nach DIN EN 50 119 wird die *Bemessung mit Teilsicherheitsbeiwerten* durchgeführt, die auf die Eurocodes, z. B. DIN EN 1993-1-1 für Stahltragwerke, zurückgehen. Dabei wird nachgewiesen, dass die Bemessungslasten die Beanspruchbarkeits- oder Gebrauchstauglichkeitsgrenzen des Tragwerkes nicht überschreiten.
Der Bemessungswert F_d für eine Einwirkung wird ausgedrückt durch

$$F_d = \gamma_F \cdot F_K \quad , \qquad (13.22)$$

wobei γ_F den Teilsicherheitsbeiwert und F_K den charakteristischen Wert der betrachtenden Einwirkung darstellen. Der Teilsicherheitsbeiwert γ_F hängt von der Art der Einwirkung sowie deren Streuung zur ungünstigen Seite ab und deckt die Unsicherheiten des Auslegungsmodells ab. Die in DIN EN 50 119 enthaltenen Teilsicherheitsbeiwerte für Fahrleitungstragwerke sind in der Tabelle 13.6 angegeben.
Der Bemessungswert X_d der Materialseite wird allgemein definiert als

$$X_d = X_K/\gamma_M \quad . \qquad (13.23)$$

Der Teilsicherheitsbeiwert auf der Materialseite γ_M deckt ungünstige Abweichungen vom charakteristischen Wert X_K, Ungenauigkeiten in den angewandten Umrechungsfaktoren sowie Unsicherheiten in den geometrischen Eigenschaften sowie im Widerstandsmodel ab. Bei der Bemessung einer Komponente oder deren Verbindungen muss die folgende Bedingung erfüllt werden:

$$E_d \leq R_d \quad , \qquad (13.24)$$

wobei E_d den gesamten Auslegungswert der Einwirkungen darstellt, z. B. der Schnittkräfte. E_d folgt aus

$$E_d = f\left(\gamma_G\, G_K;\ \gamma_W\, Q_{WK};\ \gamma_I\, Q_{IK};\ \gamma_P\, Q_{PK};\ \gamma_C\, Q_{CK}\right) \quad . \tag{13.25}$$

Der zugeordnete Bemessungswert R_d fasst alle Werkstoffeigenschaften mit der entsprechenden Eigenschaft X_{nd} zusammen:

$$R_d = f\{X_{1d};\ X_{2d};\ \ldots\} \quad . \tag{13.26}$$

Weitere Einzelheiten siehe DIN EN 50 119:2010, Abschnitt 6.1.

Die *Schnittkräfte in Querjochen und anderen Tragwerken* werden unter Verwendung der Prinzipien der Baustatik für biegesteife und flexible Konstruktionen berechnet, die sowohl statisch bestimmt oder auch statisch unbestimmt oder flexible Seilkonstruktionen sein können. Beispiele für Modelle und Verfahren können im Eurocode DIN EN 1993-1-1 für Stahltragwerke, in DIN EN 12 843 für Betonmasten, DIN EN 1992-1-1 für Betonteile, in DIN EN 50 341-1 und den zugehörigen Veröffentlichungen für die statische Untersuchung der Bauwerke gefunden werden. Für in Oberleitungsanlagen typischerweise verwendete Tragwerke werden nachstehend Einzelheiten dargestellt.

Die tragenden Elemente der Quertragwerkmasten werden auf Druck-, Zug-, Biege- oder Torsion belastet. Die Berechnung der Bauteile muss die Art der Beanspruchung, die Knickstabilität und die Verbindungen umfassen.

Bezüglich der Untersuchungen der Tragfähigkeit von Stahltragwerken wird Bezug auf DIN EN 1993-1-1 für die Elemente der Stahlgittermasten und ihre Verbindungen für Vollwandstahlmasten und Masten aus U-Profilen genommen. Für vorgespannte Betontragwerke gilt DIN EN 12 843.

Die Nennfestigkeiten von massiven Drähten und verseilten Leitern aus metallenen Werkstoffen, die durch Zugkräfte belastet werden, folgen aus den einschlägigen Normen, z. B. DIN EN 50 182 und DIN EN 50 341-3-4. Die Norm DIN EN 50 345 gilt für Seile aus polymeren Kunststoffen.

Die Teilsicherheitsbeiwerte γ_M für Stahlwerkstoffe folgen aus DIN EN 50 119:
- Querschnitte unter Längskräften und Biegemomenten $\gamma_M = 1{,}1$
- Gitterstäbe hinsichtlich Versagen durch Knicken $\gamma_M = 1{,}1$
- Verbindungen unter Scher- und Schubkräften $\gamma_M = 1{,}25$
- Schweißverbindungen $\gamma_M = 1{,}25$
- Schrauben unter Zugbelastung $\gamma_M = 1{,}25$
- metallische Leiter unter Zugkräften $\gamma_M = 1{,}5$

Teilsicherheitsbeiwerte für Betonbauwerke sind:
- Vorspannkräfte $\gamma_M = 0{,}9$ oder $1{,}2$ abhängig davon, ob die Wirkung ungünstig oder günstig für die untersuchte Einwirkung ist
- Beton $\gamma_M = 1{,}5$
- Bewehrungsstahl, schlaff oder vorgespannt $\gamma_M = 1{,}15$

Der Teilsicherheitsbeiwert für polymere Seile sollte gemäß DIN EN 50 345 $\gamma_M = 3{,}0$ betragen.

13.4 Bemessung der Quertragwerke

Die *Bemessungswerte* können auch Momente sein. Der Nachweis der Tragfähigkeit wird unter Verwendung der Interaktionsbeziehung erbracht, wenn die Komponenten durch eine Kombination von Zug und Biegung belastet sind:

$$N_{\text{Sd}}/N_{\text{pl,Rd}} + M_{y,\text{Sd}}/M_{\text{pl},y\text{Rd}} + M_{z\text{Sd}}/M_{\text{pl},z\text{Rd}} \leq 1 \quad . \tag{13.27}$$

In (13.27) sind N_{Sd}, $M_{y,\text{Sd}}$ und $M_{z,\text{Sd}}$ die Bemessungswerte der Einwirkungen bezüglich Zug und Biegung. $N_{\text{pl,Rd}}$, $M_{\text{pl}y,\text{Rd}}$ und $M_{\text{pl}z,\text{Rd}}$ sind die plastischen Tragfähigkeiten gemäß

$$N_{\text{pl,Rd}} = A \cdot \sigma_{\text{f}}/\gamma_{\text{M}} \tag{13.28}$$

und

$$M_{\text{pl,Rd}} = W_{\text{pl}} \cdot \sigma_{\text{f}}/\gamma_{\text{M}} = 2 \cdot S_0 \cdot \sigma_{\text{f}}/\gamma_{\text{M}} \quad . \tag{13.29}$$

Für Rohre folgt das statische Querschnittsmoment S_0 aus

$$S_0 = (1/12)\left(d_{\text{e}}^3 - d_{\text{i}}^3\right) \quad . \tag{13.30}$$

Im Falle von Druck und Biegung muss die Berechnung nachweisen, dass gilt:

$$\frac{N_{\text{Sd}}}{\chi \cdot A \cdot \sigma_{\text{f}}/\gamma_{\text{M}}} + \frac{k_y \cdot M_{y,\text{Sd}}}{W_{\text{pl},y\text{Rd}} \cdot \sigma_{\text{f}}/\gamma_{\text{M}}} + \frac{k_z \cdot M_{z,\text{Sd}}}{W_{\text{pl},z\text{Rd}} \cdot \sigma_{\text{f}}/\gamma_{\text{M}}} \leq 1{,}0 \quad , \tag{13.31}$$

wobei χ ermittelt wird aus

$$\chi = 1 \bigg/ \left[\phi_{\text{k}} + \left(\phi_{\text{k}}^2 - \overline{\lambda}^2\right)^{0{,}5}\right] \tag{13.32}$$

und $k_{y,z}$ aus

$$k = 1 - \mu \cdot N_{\text{sd}}/(\chi \cdot A \cdot \sigma_{\text{f}}) \quad . \tag{13.33}$$

Auch wenn (13.33) einen höheren Wert ergibt, sollte $k_{\max} = 1{,}50$ verwendet werden. Der dimensionslose Schlankheitsgrad $\overline{\lambda}$ ist gegeben durch:

$$\overline{\lambda} = \lambda \bigg/ \left(\pi \cdot \sqrt{E/\sigma_{\text{f}}}\right) \quad , \tag{13.34}$$

Der Hilfswert ϕ_{k} folgt aus

$$\phi_{\text{k}} = 0{,}5\left[1 + \alpha\left(\overline{\lambda} - 0{,}2\right) + \overline{\lambda}^2\right] \quad . \tag{13.35}$$

Der *Imperfektionsbeiwert* α kann mit 0,21 für Rohre angenommen werden. Der Wert μ in der Beziehung (13.33) wird erhalten aus

$$\mu = \overline{\lambda}\left(2\beta_{\text{P}} - 4\right) + \left(W_{\text{Pl}}/W_{\text{el}} - 1\right) \leq 0{,}9 \quad .$$

Mit $\beta_{\text{P}} = 1{,}3$ für Rohre in Auslegern wird

$$\mu = -1{,}4\overline{\lambda} + \left(W_{\text{pl}}/W_{\text{el}} - 1\right) \quad . \tag{13.36}$$

Tabelle 13.7: Kenndaten von Aluminium- und Stahlrohren für Ausleger.

Durch-messer, Dicke mm	Quer-schnitt A mm²	Trägheits-moment I 10^4 mm⁴	Trägheits-radius i mm	elastisches Wider-standsmoment W_{el} 10^3 mm³	plastisches Wider-standsmoment W_{pl} 10^3 mm³
26 × 3,5	247,40	1,603	8,13	1,233	1,786
32 × 3,5	313,37	3,230	10,15	2,019	3,433
42 × 4	477,52	8,715	13,51	4,150	5,798
55 × 4	640,88	20,960	18,08	7,624	10,425
55 × 6	923,63	28,136	17,45	10,231	14,778
70 × 5	1 020,50	54,210	23,05	15,490	21,167
70 × 6	1 206,37	62,309	22,73	17,803	24,648
80 × 6	1 394,87	96,106	26,25	24,027	32,928

Die Werte für W_{pl} und W_{el} für Rohre können der Tabelle 13.7 entnommen werden. Das Beispiel in Abschnitt 13.8 erläutert den Nachweisvorgang.

Um die *Gebrauchstauglichkeit* abzusichern, sollte die Durchbiegung von Bauteilen in Auslegern auf 1/100 der jeweiligen Rohrlängen begrenzt werden. Diese Begrenzung kann die Bemessung im Fall von Auslegern ohne Diagonalrohr bestimmen. Im Fall eines Nachweises mit der Theorie erster Ordnung verursacht die rechtwinklig zum Auslegerrohr wirkende Komponente der Kraft F_D im Stützrohr gemäß (13.17) eine Durchbiegung. Die Verwendung der Bezeichnungen entsprechend Bild 13.12 und die Bedingung, dass l_{5-4} kleiner ist als l_{4-3}, ergibt die *größte Durchbiegung* gemäß [13.4] mit

$$f_{AL} = F_D \cdot (l_{4-5}/l_{3-5}) \cdot \left(l_{3-5}^2 - l_{4-5}^2\right)^{1,5} / \left(9\sqrt{3} \cdot E \cdot I\right) \quad . \tag{13.37}$$

Bei Auslegern mit statisch unbestimmten Ausführungen kann die Deformation auch mit handelsüblicher Computersoftware für Fachwerkstrukturen berechnet werden.

13.4.3 Flexible Quertragwerke

13.4.3.1 Einführung

Flexible Quertragwerke, auch Querfelder genannt, nehmen die vertikalen Lasten aus den Gewichtskräften der Kettenwerke und der Stützpunkte durch die Tragwirkung der gespannten Quertragseile auf, die an den Angriffspunkten der Kettenwerke eine Abwinklung erfahren. Gegenstand der Quertragwerksbemessung sind die Quertragseile und die auf die Masten wirkenden Kräfte.

13.4.3.2 Belastungen, Schnittkräfte und Durchhang der Quertragseile

Die aus den Kettenwerken folgenden Kräfte werden aus den angrenzenden Spannfeldern durch Mitteilung der Spannweiten l_1 und l_2 auf beiden Seiten der Strecke erhalten

$$G_{KWi} = m_{KWi} \cdot g \, (l_1 + l_2)/2 \quad . \tag{13.38}$$

13.4 Bemessung der Quertragwerke

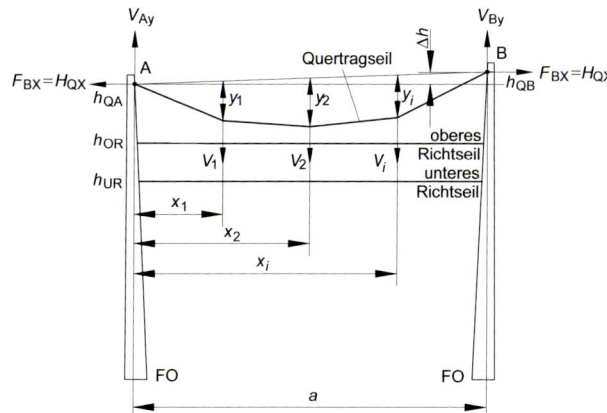

Bild 13.14: Kräfte und Durchhänge innerhalb eines Querfeldes.

Die Stützpunkteigenlasten werden mit 220 bis 250 N je Stützpunkt berücksichtigt. Daher beträgt die gesamte vertikale Last

$$V_{\text{KW}i} = G_{\text{KW}i} + 250 \quad \text{N} \, . \qquad \begin{array}{c|c} V_{\text{KW}i} & G_{\text{KW}i} \\ \hline \text{N} & \text{N} \end{array} \qquad (13.39)$$

Zusätzlich zu den Stützpunktlasten sind die Eigenlasten der Quertrag- und Richtseile, der Isolatoren in den Richtseilen, der Streckentrenner in den Kettenwerken und eine Montagelast, üblicherweise 1 kN, zu berücksichtigen. Diese Lasten teilt man zweckmäßigerweise auf die einzelnen Stützpunkte auf.

Quertragseile werden mit einem Durchhang $y_{\max}$ gleich 10 % bis 15 % der Quertragspannweite a verlegt (Bild 13.14). Wegen des großen Durchhangs kann der Einfluss der temperaturbedingten Längenänderungen auf den Durchhang der Quertragseile vernachlässigt werden. Die Kräfte und der Duchhang des Quertragwerkes kann entweder mit der Methode des Kraft- und Seileckes oder mit Hilfe des Momentengleichgewichts berechnet werden. Die Methode des Kraft- und Seileckes ist eine einfache grafische Methode und in [13.5] dargestellt.

Anhand des Quertragseiles in Bild 13.14 mit drei Stützpunkten von Längskettenwerken wird die analytische Quertragseilberechnung erläutert. Die Horizontalkraftkomponenten des Seilzuges an den Punkten A und B werden Spitzenzugkräfte genannt. Beide sind gleich groß und es gilt:

$$F_{\text{A}x} = F_{\text{B}x} = H_{\text{Q}x} \quad . \qquad (13.40)$$

Da der Durchhang $y_{\max}$ vorgegeben ist, berechnet sich die *Horizontalzugkraft im Quertragseil* aus dem größten ideellen Moment $M_{\max}$ zu:

$$H_{\text{Q}x} = M_{\max}/y_{\max} \quad . \qquad (13.41)$$

Die vertikalen Komponenten der Auflagerkräfte ergeben sich bei n Stützpunkten aus

$$V_{\text{A}y} + V_{\text{B}y} = \sum_{i=1}^{n} V_{\text{KW}i} \quad . \qquad (13.42)$$

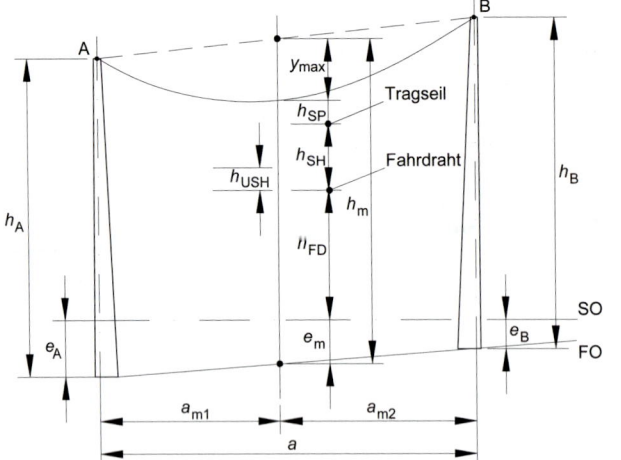

Bild 13.15: Ermittlung der Masthöhen im Quertragwerk.
h_{FD} Fahrdrahthöhe über SO
SO   Schienenoberkante
h_{SH} Systemhöhe
h_{SP} Bauhöhe eines Stützpunktes
h_{uR} Höhe des unteren Richtseiles über dem Fahrdraht
h_m Höhe des größten Querseilmomentes
FO   Fundamentoberkante

Beginnend mit dem Gleichgewicht der Momente um den Punkt A (Bild 13.15) wird

$$V_{By} \cdot a = \sum_{i=1}^{n} V_{KWi} \cdot x_i + H_{Qx} \cdot \Delta h \quad ,$$

wobei die vertikale Komponente der Stützpunkte am Mast B erhalten wird aus

$$V_{By} = \left(\sum_{i=1}^{n} V_{KWi} \cdot x_i + H_{ax} \cdot \Delta h \right) / a \quad . \tag{13.43}$$

Aus (13.42) und (13.43) kann die vertikale Kraft am Mast A abgeleitet werden

$$V_{Ay} = \sum_{i=1}^{n} V_{KWi} - \left(\sum_{i=1}^{n} V_{KWi} \cdot x_i + H_{Qx} \cdot \Delta h \right) / a \quad . \tag{13.44}$$

Nach Bild 13.14 gilt für das Gleichgewicht am Stützpunkt k

$$V_{Ay} \cdot x_k = H_{Qx} \cdot y_k + \sum_{i=1}^{k-1} (x_k - x_i) \cdot V_{KWi} \quad . \tag{13.45}$$

An der Stelle des größten Durchhangs wird y_k gleich dem gewählten Wert y_{max}. Dann folgt aus (13.45) die *Horizontalkomponente* H_{Qx} *der Quertragseilzugkraft*

$$H_{Qx} = \left(V_{Ay} \cdot x_k - \sum_{i=1}^{k-1} V_{KWi}(x_k - x_i) \right) / y_{max} \quad . \tag{13.46}$$

13.4.3.3 Bestimmung der Mastlängen des Querfeldes

Die *Fahrdrahthöhe* h_{FD} über Schienenoberkante bildet den Ausgangspunkt zur Bestimmung der *Mastlänge*. Folgende Größen sind dabei zu beachten:

- h_{uR}, das untere Richtseil liegt um 0,40 m bis 0,50 m über der Fahrdrahthöhe
- h_{SH}, die Systemhöhe des Kettenwerkes liegt zwischen 1,4 m und 2,0 m
- h_{sp}, die Bauhöhe der Stützpunkte, beträgt zwischen 0,8 m und 1,2 m, abhängig von der gewünschten Länge des kürzesten Hängers im Quertragfeld und der Isolatorenlänge und für spannungsführendes oder geerdetes oberes Richtseil

Mit den in Bild 13.15 dargestellten Maßen erhält man die mittlere Höhe h_m der Verbindungslinie der Mastspitzen an der Stelle des größten Querseilmoments zu

$$h_m = h_{FD} + h_{SH} + h_{SP} + e_m + y_{max} \quad . \tag{13.47}$$

Der Querseildurchhang y_{max} bildet den letzten Term in (13.47) und wird mit 10 und 15 % der Spannweite gewählt. Der Wert e_m ergibt sich aus der Differenz der Fundamentoberkanten und der Schienenoberkante der Bezugsschiene (Bild 13.15)

$$e_m = e_A - (e_A - e_B) \cdot a_{m1}/a \quad . \tag{13.48}$$

Der Zusammenhang zwischen den Höhen der Querseilbefestigungspunkte und dem Wert h_m gemäß (13.47) wird dann nach (Bild 13.15)

$$h_m = h_A - (h_A - h_B)a_{m1}/a \quad . \tag{13.49}$$

Aus dem Katalog der verfügbaren Mastlängen kann man h_A und h_B passend wählen und rückwärts aus (13.47) den maximalen Durchhang y_{max} ermitteln:

$$y_{max} = h_m - (h_{FD} + h_{SH} + h_{SP} + e_m) \quad . \tag{13.50}$$

Der aus (13.50) erhaltene Wert y_{max} wird für die Ermittlung der Horizontalkomponente der Quertragseilzugkraft H_{Qx} verwendet.

13.4.3.4 Belastungen und Schnittkräfte der Richtseile

Die *Richtseile* werden in Längsrichtung durch die Vorspannkraft F_{vor}, die Bogenzugkräfte und die Windlasten beansprucht. Die Bogenzugkräfte wirken entsprechend den Stützpunktlagen in vorgegebene Richtungen, während die Windkräfte in beiden Richtungen wirken können. Die höchste Richtseilkraft F_R ist daher im oberen Richtseil

$$F_{oR\,max} = F_{oRvor} + \sum_{k=1}^{n} Q_{TS,Hk} + \sum_{k=1}^{n} Q_{TS,Wk} \tag{13.51}$$

und die kleinste Richtseilkraft

$$F_{oR\,min} = F_{oR\,vor} - \sum_{k=1}^{n} Q_{TS,Hk} - \sum_{k=1}^{n} Q_{TS,Wk} \quad . \tag{13.52}$$

Die Vorspannkraft $F_{oR\,vor}$ sollte so gewählt werden, dass die minimale Kraft $F_{oR\,min}$ positiv ist. Die Kräfte $Q_{TS,Hk}$ und $Q_{TS,Wk}$ ergeben sich für die Tragseile aus (13.2) bzw. (13.4).

Für die Kraft F_{uR} im unteren Richtseil gilt analog

$$F_{uR\,max} = F_{uRvor} + \sum_{k=1}^{n} Q_{FD,Hk} + \sum_{k=1}^{n} Q_{FD,Wk} \qquad (13.53)$$

und

$$F_{uR\,min} = F_{uR\,vor} - \sum_{k=1}^{n} Q_{FD,Hk} - \sum_{k=1}^{n} Q_{FD,Wk} \quad . \qquad (13.54)$$

Die Kräfte $Q_{FD,Hk}$ und $Q_{FD,Wk}$ ergeben sich aus (13.2) bzw. (13.4). Die *Richtseilfedern* werden jeweils an dem Mast eingebaut, der aus den Bogenzugkräften die kleinere resultierende Last erhält. Die Kräfte $F_{oR\,vor}$ und $F_{uR\,vor}$ müssen für beide Masten berechnet werden. Beim Ermitteln der Richtseilkräfte aus den Lasten der einzelnen Kettenwerke ist zu beachten, dass sich Bogenzugkräfte und Windlasten gegenseitig aufheben können. So brauchen z. B. die Windlasten auf den Mast B nicht beachtet zu werden, wenn die Bogenzugkräfte auf den Mast A wirken und größer als die Windkräfte sind.

13.4.3.5 Bemessung der Quertragseile und Richtseile

Die *Quertragseile* und *Richtseile* sind für die ermittelte Horizontalkraft zu bemessen. Dabei gilt

$$H_{Qx}\gamma_C \leq n_s \cdot A \cdot \sigma_u/\gamma_M \quad . \qquad (13.55)$$

Zwei, für lange Spannweiten auch vier Bronzeseile mit je 50 bis 120 mm² Querschnitt und der Festigkeit $\sigma_u = 580\,\text{N/mm}^2$ werden verwendet. Nach DIN EN 50 119 können $\gamma_C = 1{,}30$ und $\gamma_M = 1{,}25$ eingesetzt werden.

Die Masten werden aus den Quertragwerken selbst durch die Kräfte H_{Qx}, $F_{oR\,max}$ und $F_{uR\,max}$ belastet. Häufig kommen noch die Belastungen aus Bahnenergieleitungen, aus Nachspannungen von Kettenwerken und aus direkt an den Masten angeschlossenen Auslegern hinzu. Die Bemessung von Masten wird im Abschnitt 13.5 behandelt. Die Gründungen lassen sich nach den in Abschnitt 13.7 erläuterten Verfahren auslegen. Für die praktische Bemessung von Quertragwerken sind Rechenprogramme im Einsatz, die die beschriebenen Auslegungsgrundsätze systematisch umsetzen.

13.4.4 Flachkettenverspannungen

Flachkettenverspannungen und *Querverspannungen* sind in Nahverkehrsanlagen im innerstädtischen Bereich anzutreffen, da damit auch an weiter entfernten Masten Fahrleitungen aufgehängt und auch schwierige Bespannungen von Gleisanlagen an Plätzen mit kreuzenden und abzweigenden Strecken ausgeführt werden können. Die Masten lassen sich dabei weit außerhalb der Gleisanlage an Stellen platzieren, an denen sie den Straßenverkehr nicht stören. Auch Hausmauern können genutzt werden.

Bild 13.16 zeigt die Querverspannung einer zweigleisigen Strecke. Aus den Fahrleitungen wirken die vertikalen Lasten V_1 und V_2, die aus (13.1) folgen, und die Bogenzugkräfte

13.4 Bemessung der Quertragwerke

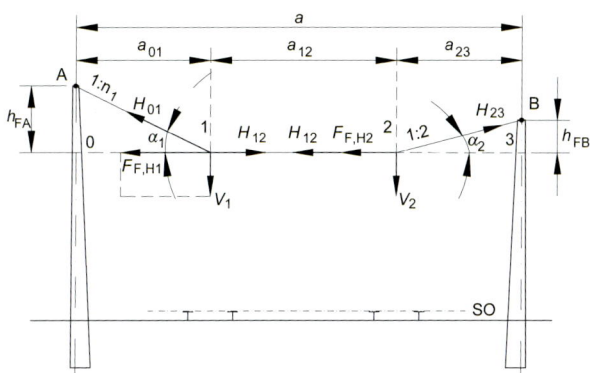

Bild 13.16: Querverspannungsanordnung einer Einfachoberleitung.

$Q_{\text{FD,H1}}$ und $Q_{\text{FD,H2}}$ gemäß Gleichung (13.2). Da die Bogenzugkräfte zum Mast A wirken, ist der Spanndraht 0–1 so zu wählen, dass er die Last V_1 aufnimmt. Die Neigung des Drahtes oder Seiles kann mit 1 : 10 bis 1 : 15 gewählt werden. Es gilt

$$H_{01} = V_1/\sin\alpha_{m1} \sim V_1/\tan\alpha_{m1} = V_1 \cdot a_{01}/h_{\text{FA}} \quad . \tag{13.56}$$

Der Querdraht zwischen den Stützpunkten muss die Kraft

$$H_{12} = Q_{\text{FD,H1}} + H_{01}\cos\alpha_{m1} \approx Q_{\text{FD,H1}} + V_1 a_{01}/h_{\text{FA}} \tag{13.57}$$

aufnehmen. Der im Punkt 2 angreifende Spanndraht muss die Resultierende aus den Kräften H_{12}, $Q_{\text{FD,H2}}$ und V_2 tragen und in deren Wirkungsrichtung angeordnet werden. Da die Neigung des Spanndrahtes 2-3 relativ gering ist, ergibt sich

$$H_{23} \sim H_{12} + Q_{\text{FD,H2}} = Q_{\text{FD,H1}} + Q_{\text{FD,H2}} + V_1 a_{01}/h_{\text{FA}} \quad . \tag{13.58}$$

Die Neigung des Drahtes 2-3 folgt zu

$$\tan\alpha_{m2} = V_2/\big(Q_{\text{FD,H1}} + Q_{\text{FD,H2}} + V_1 a_{01}/h_{\text{FA}}\big) \quad . \tag{13.59}$$

Aus dem Abstand a_{23} zum Mast B folgt die Höhendifferenz zur Aufhängung der Fahrleitung 2

$$h_{\text{FB}} = a_{23}\tan\alpha_{m2} \quad . \tag{13.60}$$

Die *Spanndrähte* oder *-seile*, nach Gleichung (13.55) zu bemessen, die Masten A und B sind für die Kräfte H_{01} bzw. H_{23} zu dimensionieren, die in einer Höhe entsprechend der Summe aus der Fahrdrahthöhe, der Bauhöhe am Oberleitungsstützpunkt und den Werten h_{FA} bzw. h_{FB} angreifen.

Für die horizontale Festlegung der Fahrdrähte werden die Anordnungen gemäß Bild 13.17 verwendet. Wenn die Abstände zwischen den Stützpunkten im Kettenwerk 20 m nicht überschreiten, wird die Seitenverschiebung über mehrere Spannfelder verteilt. An

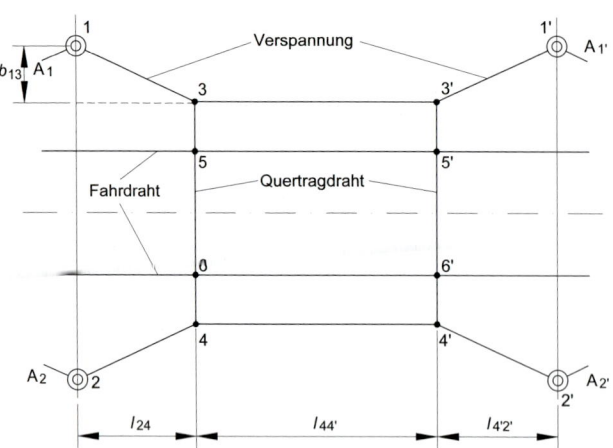

Bild 13.17: Flachkettenanordnung.

den Stützpunkten wirken sich dann nur Windlasten und vertikale Lasten aus. Für die Spannkräfte und Einbauhöhen gilt dann vereinfacht unter Beachtung der Symmetrien

$$H_{53} \approx H_{56} \approx H_{64} = V_5 \cdot n_{FKS5-3} \quad , \tag{13.61}$$

wobei n_{FK5-3} mit 10 bis 15 zu wählen ist.
Die Höhe des Spanndrahtes am Punkt 3 wird

$$h_{SD3} = h_{FH} + h_{SH} + l_{m53}/n_{FKS5-3} \quad . \tag{13.62}$$

Die Spannkraft zwischen den Punkten 1 und 3 ist

$$H_{13} = H_{53} \cdot \sqrt{l_{m13}^2 + b_{m13}^2} \,/\, b_{m13} \quad . \tag{13.63}$$

Zwischen 3 und 3' wirkt die Kraft

$$H_{33'} = H_{13} \cdot l_{m13} / \sqrt{l_{m13}^2 + b_{m13}^2} = H_{53} \cdot l_{m13}/b_{m13} \quad . \tag{13.64}$$

Die *Einbauhöhe* am Mast wird schließlich erhalten

$$h_{SD1} = h_{SD3} + V_5 \cdot \sqrt{l_{m13}^2 + b_{m13}^2} \,/\, H_{13} \quad . \tag{13.65}$$

Mit den Kräften H_{13} und den Angriffshöhen h_{SD1} sind die Tragwerke auszulegen. Häufig wirken an einem Mast mehrere Spannkräfte, die dann geometrisch zu addieren sind. Weitere Einzelheiten zur Berechnung von Flachketten finden sich in [13.6] und [13.7].

13.5 Bemessung der Masten

13.5.1 Einführung

Die bei Oberleitungsanlagen verwendeten Masten sind einstielig und momentenbelastet, auch wenn Stahlgittermasten eingesetzt werden. Kennzeichnend für die Belastung sind die auftretenden Biegemomente, denen entsprechende Beanspruchbarkeiten gegenüberstehen. Die *Bemessung der Masten* umfasst das Bestimmen der Mastlängen, die Ermittlung der Schnittkräfte und -momente und die Auswahl oder die Gestaltung geeigneter Masttypen.

13.5.2 Bestimmung der Mastlängen

Die *Länge der Masten* muss der zu tragenden Oberleitung, den Anordnungen von Bahnenergieleitungen und dem Gründungsniveau im Vergleich zur Schienenoberkante Rechnung tragen. Für Masten auf freien Strecken setzt sich die Mastlänge zusammen aus:
– Abstand e zwischen Schienenoberkante SO und Fundamentoberkante FO
– Fahrdrahthöhe h_{FD}
– Systemhöhe h_{SH}
– Abstand zwischen Befestigung des oberen Schwenkgelenkes und der Aufhängung oder Abspannung der Bahnenergieleitung h_{EH}
– Bauhöhe der Isolatoren für Bahnenergieleitungen
– Abstand h_{AL} der Mastspitze von der Bahnenergieleitung oder von der Auslegerbefestigung; wenn eine Bahnenergieleitung fehlt, ist h_{AL} meist 0,10 bis 0,15 m für Stahlmasten und 0,20 bis 0,30 m für Betonmasten
– Einsatztiefe E bei Einsetzmasten

Beispiel 13.1: Für $e = 0{,}70$ m, $h_{FD} = 5{,}50$ m; $h_{SH} = 1{,}80$ m und $h_{AL} = 0{,}10$ m ergibt sich die Mastlänge zu 8,10 m. Da Stufungen von 0,25 m oder 0,50 m zur Begrenzung der Typenvielfalt notwendig sind, wird ein 8,00 m langer Mast gewählt. Ein Ausgleich wird durch die Anpassung der Fundamentoberkante mit $e = 0{,}60$ m erreicht.

13.5.3 Belastungen, Schnittkräfte und -momente

Auf die *Stützpunkte* von Fahrleitungen wirken Lasten unterschiedlicher Ursachen ein. Über die Ausleger wirken:
– Lasten auf die Kettenwerke: die Wind- und Eigenlasten
– Auslegereigenlasten (siehe Abschnitt 13.4.2.1)

Aus Abspannungen wirken:
– Zugkräfte des am jeweiligen Stützpunkt abgespannten Kettenwerkes
– Lasten aus den Gewichten der Nachspanneinrichtungen

An den Festpunkten wirken:
– Kräfte aus den Festpunktankern
– Kräfte aus den Festpunktabspannungen

Aus den Bahnenergieleitungen folgen:
– Windlasten
– Radialkräfte
– gegebenfalls Lasten aus Zwischen- oder Endabspannungen

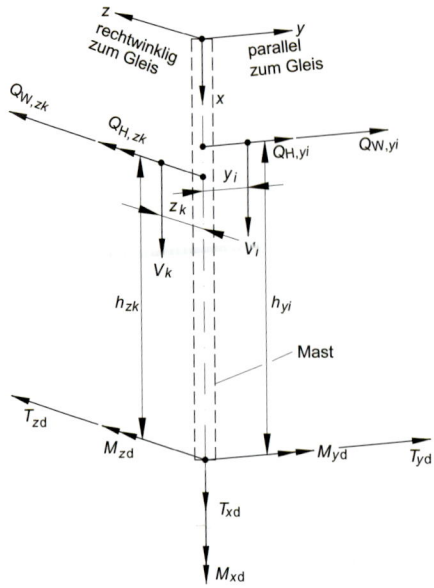

Bild 13.18: Lasten und Schnittlasten an einem Oberleitungsstützpunkt.

An Quertragwerkstützpunkten wirken:
- die Lasten aus den Quertrag- und Richtseilen

An Stützpunkten für Flachkettenverspannungen wirken die
- Spannkräfte der einzelnen Spanndrähte oder -seile

Belastungen aus Schalterquerleitungen, aus Schaltern und anderen Ausrüstungen wie Masttransformatoren und Beleuchtungen können im Einzelfall hinzukommen. Auf alle Masten wirken auch Eigenlasten und Wind. Im Sinne des allgemeinen Bauwesens sind ständige Einwirkungen und veränderliche Einwirkungen zu unterscheiden. Erstere sind die Eigenlasten und ständig wirkende Zugkräfte, letztere Wind- und Eislasten und die daraus folgenden Zugkräfte. Bei der Bemessung nach den Regeln der DIN EN 50 119 und der Europäischen Normen folgen die *Bemessungswerte der Einwirkungen* allgemein aus (13.25).

Die Biegemomente und Querkräfte an der Gründungsoberkante lassen sich nach Bild 13.18 berechnen. Aus Lasten rechtwinklig zur Gleisachse folgen das Moment M_{yd} und die Querkraft T_{zd}, aus Lasten parallel zum Gleis das Moment M_{zd} und die Querkraft T_{yd}. Die Kraft T_{xd} ist die Summe der Vertikallasten. Das bezüglich der Mastachse tordierend wirkende Moment M_{xd} kann aus unsymmetrischem Angriff der äußeren Lasten in Bezug auf die Mastachse herrühren. Im Einspannpunkt an Fundamentoberkante gilt dann für die Vertikalkräfte

$$T_{xd} = \sum_{k=1}^{n_1} \gamma_G V_k + \sum_{i=1}^{m_1} \gamma_G V_i \quad , \tag{13.66}$$

wobei γ_G den Teilsicherheitsbeiwert nach Tabelle 13.6 darstellt und V_i, V_k die vertikalen Lasten sind, die für Drähte und Seile aus (13.1) folgen. Die Bemessungslasten rechtwinklig zur Gleisachse ergeben sich aus

$$T_{zd} = \sum_{k=1}^{n_1} (\gamma_G Q_{H,zk} \pm \gamma_W Q_{W,zk}) \quad . \tag{13.67}$$

Die Kräfte $Q_{Hi,kz}$ folgen aus den Kettenwerken und Bahnenergieleitungen gemäß (13.2), (4.85) und (13.9). Die Kräfte $Q_{W,zk}$ sind Windkräfte, die in beiden Richtungen wirken können und für Kettenwerke aus Gleichung (13.4) folgen. Die Kräfte parallel zur Gleisrichtung sind

$$T_{yd} = \sum_{i=1}^{m_1} (\gamma_G Q_{H,yi} \pm \gamma_W Q_{W,yi}) \tag{13.68}$$

und folgen aus Abspannkräften der Kettenwerke und Bahnenergieleitungen. Windwirkung kommt hier nur dann infrage, wenn keine Ausleger mit Kettenwerken vorhanden sind, z. B. bei Masten für Kettenwerksabspannungen ohne Tragfunktion für Ausleger. Die Biegemomente M_{zd} und M_{yd}, die aus den Querkräften und den in den Abständen y_i und z_k wirkenden Vertikallasten um die Mastlängsachse folgen, sind

$$M_{zd} = \sum_{i=1}^{m_1} (\gamma_G Q_{H,yi} \pm \gamma_W Q_{W,yi}) \cdot h_{yi} + \sum_{i=1}^{m_1} \gamma_G \cdot V_i \cdot y_i \tag{13.69}$$

und

$$M_{yd} = \sum_{k=1}^{n_1} (\gamma_G Q_{H,zk} \pm \gamma_W Q_{zk}) \cdot h_{zk} + \sum_{k=1}^{n_1} \gamma_G \cdot V_k \cdot z_k \quad . \tag{13.70}$$

Nachspannlasten und Lasten aus Kettenwerken können bezüglich der Mastlängsachse außermittig angreifen und rufen dann Bemessungsmomente M_{xd} um die Längsachse hervor. Dies trifft z. B. bei Masten mit Doppelauslegern zu, wobei die Lasten aus den einzelnen Kettenwerken unterschiedlich sind. Wenn z_k und y_i den außermittigen Kraftangriff bewirken, gilt

$$M_{xd} = \sum_{k=1}^{n_1} (\gamma_G \cdot Q_{H,yk} \pm \gamma_W Q_{W,yk}) \cdot z_k + \sum_{i=1}^{m_1} (\gamma_G Q_{H,zi} \pm \gamma_W Q_{W,zi}) \cdot y_i \quad . \tag{13.71}$$

Die Schnittkräfte und -momente nach den Gleichungen (13.66) bis (13.71) werden für das *Bemessen der Masten und Gründungen* oder für deren Auswahl aus verfügbaren Tabellen der jeweiligen Tragfähigkeiten verwendet. Bei schlanken Strukturen, z. B. HEB-Profilen, sind zusätzlich die Durchbiegungen zu prüfen, die in Fahrdrahthöhe beschränkt bleiben müssen, um den Betrieb nicht zu beeinträchtigen (siehe Abschnitt 13.5.4.6).

13.5.4 Bemessung der Tragwerkskomponenten

13.5.4.1 Einführung

Die *Bemessung der Elemente der Tragwerke* folgt den für die einzelnen Mastarten einschlägigen Normen und Vorgaben des Stahl- und Stahlbetonbaus und beinhaltet auch

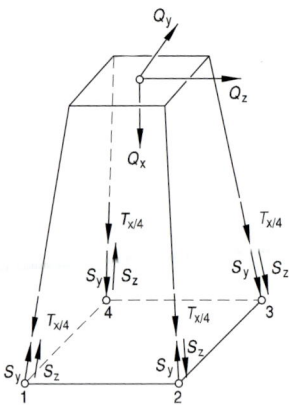 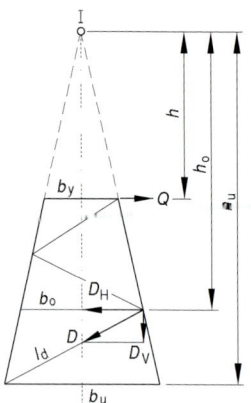

Bild 13.19: Eckstielkräfte an einem Gittermast.

Bild 13.20: Diagonalkräfte an einem Gittermast.

die Wahl des Materials, z. B. der Stahlgüte. Da Eigen- und Windlasten in die Schnittgrößen eingehen, ist die Festlegung der Querschnitte an sich ein iterativer Prozess. Bei Fahrleitungsmasten überschreiten die Lasten aus den Kettenwerken jedoch die Windlasten auf die Masten, sodass die Zahl der Iterationsschritte beschränkt bleibt.

13.5.4.2 Stahlgittermasten

Die statischen Strukturen von *Stahlgittermasten* sind räumliche Stabwerke. Die einzelnen Stabwerkstäbe erhalten im wesentlichen axiale Zug- oder Druckkräfte und werden meist aus Winkelprofilen gebildet. Bei den üblichen Ausführungsformen mit rechteckigem Mastquerschnitt ist es ausreichend, die Masten wandweise als ebene Fachwerke zu berechnen. Für *Eckstielkräfte* gilt dann nach Bild 13.19

$$\pm S_\mathrm{d} = \pm S_{y\mathrm{d}} \pm S_{z\mathrm{d}} \pm T_{x\mathrm{d}}/4 = \pm M_{y\mathrm{d}}/(2\,l_z) \pm M_{z\mathrm{d}}/(2\,l_y) \pm T_{x\mathrm{d}}/4 \quad, \tag{13.72}$$

wobei l_z und l_y die Abstände der Schwerlinien darstellen und Druckkräfte negatives und Zugkräfte positives Vorzeichen erhalten.

Die *Diagonalkräfte* der Wände y und z berechnen sich nach Bild 13.20 gemäß [13.1]

$$D_{y\mathrm{d}} = \left[\sum_{k=1}^{m_1}(\gamma_\mathrm{G}Q_{\mathrm{H},yk} \pm \gamma_\mathrm{W}Q_{\mathrm{W},yk})b_{yk} + \Delta y \sum_{k=1}^{n_1}\gamma_\mathrm{G}V_k \cdot y_k\right]\frac{l_\mathrm{d}}{m_\mathrm{D} \cdot b_{y\mathrm{o}} \cdot b_{y\mathrm{u}}} \tag{13.73}$$

und

$$D_{z\mathrm{d}} = \left[\sum_{i=1}^{m_1}(\gamma_\mathrm{G}Q_{\mathrm{H},zi} \pm \gamma_\mathrm{W}Q_{\mathrm{W},zi})b_{zi} + \Delta z \sum_{i=1}^{n_1}\gamma_\mathrm{G}V_i \cdot z_i\right]\frac{l_\mathrm{d}}{m_\mathrm{D} \cdot b_{z\mathrm{o}} \cdot b_{z\mathrm{u}}} \quad. \tag{13.74}$$

Die Größen b_{y0}, b_{yu} sowie b_{z0}, b_{zu} sind die Mastbreiten oberhalb und unterhalb der untersuchten Diagonalen. Die Größen Δy und Δz bezeichnen die Breitenzunahmen in den

13.5 Bemessung der Masten

Mastwänden y und z. Der Wert m_D ist zwei für einen einfachen und vier für einen gekreuzten Diagonalzug. Für die einzelnen Stäbe ist nachzuweisen, dass ihre Querschnitte die auftretende Zug- und Druckbelastung aufnehmen können und die Anschlüsse ebenfalls ausreichend bemessen sind.

Der Übergang zu europäischen Normen erfordert auch eine *geänderte Bemessung* nach DIN EN 1993-1-1, die zu den bisherigen nationalen deutschen Normen unterschiedliche Methoden vorgibt. Für auf Druck belastete Stäbe beträgt die Beanspruchbarkeit $N_{dpl,Rd}$

$$N_{dpl,Rd} = \chi \cdot A_{eff} \cdot \sigma_f / \gamma_M \qquad (13.75)$$

mit χ aus (13.32), A_{eff} Querschnittsfläche, σ_f Streckgrenze und γ_M Teilsicherheitsbeiwert auf der Materialseite, der 1,1 gemäß DIN EN 50119 beträgt.

Für Zugbelastung ist die Beanspruchbarkeit

$$N_{zpl,Rd} = A_{net} \sigma_u / \gamma_M \qquad (13.76)$$

mit A_{net} Nettofläche des Stabes, σ_u Zugfestigkeit und γ_M Teilsicherheitswert, der in diesem Fall 1,25 beträgt. Wenn beide Winkelschenkel angeschlossen sind, erhält man A_{net} aus

$$A_{net} = 0{,}9 \cdot (A - n_1 \cdot d_1 \cdot t_1) \quad , \qquad (13.77)$$

wobei n_1 die Anzahl der Löcher im betreffenden Querschnitt ist, d_1 der Lochdurchmesser und t_1 die Profildicke.

Wenn ein Schenkel mit nur einem Element, Schraube oder Niet, angeschlossen ist, gilt

$$A_{net} = (b_1 - d_1) \cdot t_1 \qquad (13.78)$$

wobei b_1 die Breite des angeschlossenen Schenkels darstellt. Bei zwei oder mehr Schrauben beträgt der Querschnitt A_{net}

$$A_{net} = (b_1 - d_1 + b_2/2) \cdot t_1 \quad , \qquad (13.79)$$

wobei b_2 die Breite des freien Schenkels ohne Löcher darstellt.

Die Beanspruchbarkeit einer Schraubverbindung mit n_{s1} Scherflächen A_s ergibt sich aus

$$N_{spl,Rd} = n_{s1} \cdot 0{,}6 \, \sigma_u \cdot A_s / \gamma_M \quad . \qquad (13.80)$$

Die Beanspruchbarkeit für Lochleibung für eine Verbindung mit n_2 Schrauben beträgt

$$N_{bpl,Rd} = n_2 \cdot \alpha_s \cdot \sigma_f \cdot d_1 \cdot t_1 / \gamma_M \quad , \qquad (13.81)$$

wobei α_s der kleinste der folgenden Werte ist

$$\alpha_s = \begin{cases} 1{,}20 \cdot (e_1/d_1) \\ 1{,}85 \cdot (e_1/d_1 - 0{,}5) \\ 0{,}96 \cdot (e_2/d_1 - 0{,}5) \\ 2{,}30 \cdot (e_3/d_1 - 0{,}5) \end{cases}$$

Darin ist e_1 der Randabstand in Kraftrichtung, e_2 der Lochabstand in Kraftrichtung und e_3 der Randabstand rechtwinklig zur Kraftrichtung.

Beispiel 13.2: Gesucht ist die Beanspruchbarkeit eines Stabes L100 × 10, S235, $A = 1920\,\text{mm}^2$, Knicklänge $s_k = 1{,}95\,\text{m}$, Trägheitsradius $i_\xi = 1{,}95\,\text{cm}$, angeschlossen mit vier Schrauben M20 der Güte 5.6 in beiden Schenkeln, wobei DIN EN 1993-1-1 anzuwenden ist. Streckgrenze $\sigma_f = 235\,\text{N/mm}^2$; Elastizitätsmodul $E = 210\,000\,\text{N/mm}^2$; Lochdurchmesser $d_l = 22\,\text{mm}$; $\alpha = 0{,}49$ (Knicklinie c):

$$\lambda = s_k/i_\xi = 195/1{,}95 = 100$$

$$\overline{\lambda} = \lambda / \left(\pi\sqrt{E/\sigma_f}\right) = 100/\left(\pi\sqrt{210\,000/235}\right) = 1{,}065$$

$$\phi_k = 0{,}5\left[1 + \alpha\left(\overline{\lambda} - 0{,}2\right) + \overline{\lambda}^2\right] = 0{,}5\left[1 + 0{,}49\left(1{,}065 - 0{,}2\right) + 1{,}065^2\right] = 1{,}279$$

$$\chi = 1/\left(1{,}279 + \sqrt{1{,}279^2 - 1{,}065^2}\right) = 0{,}503$$

$$N_{\text{dpl,Rd}} = 0{,}503 \cdot 1920 \cdot 235/1{,}1 \cdot 10^{-3} = 206{,}3\,\text{kN}$$

$$N_{\text{zpl,Rd}} = 0{,}9\,(1920 - 2 \cdot 22 \cdot 10)\,355/1{,}25 \cdot 10^{-3} = 378{,}3\,\text{kN}$$

Für die Schrauben der Güte 5.6 sind die Zugfestigkeit $\sigma_u = 500\,\text{N/mm}^2$ und der Scherquerschnitt $A_s = 20^2 \cdot \pi/4 = 314\,\text{mm}^2$

$$N_{\text{spl,Rd}} = 8 \cdot 0{,}6 \cdot 500 \cdot 314/1{,}25 \cdot 10^{-3} = 603\,\text{kN} \quad .$$

Für $e_1 = 40$; $e_2 = 60$; $e_3 = 40\,\text{mm}$ ergibt sich $\alpha_s = 2{,}09$ und damit

$$N_{\text{bpl,Rd}} = 4 \cdot 2{,}09 \cdot 20 \cdot 10 \cdot 355/1{,}25 \cdot 10^{-3} = 475\,\text{kN} \quad .$$

Die Druckbelastung begrenzt die Tragfähigkeit des Eckstieles und daher auch die des Mastes. Das zulässige Moment ergibt sich durch Multiplikation der Druckkraft nach Abzug der vertikalen Belastung mit dem Zweifachen der Mastbreite (siehe Gleichung (13.72)). Wenn die Mastbreite mit $b_{1,2} = (800 - (2 \cdot 32)) = 736\,\text{mm}$ angenommen wird und die vertikale Belastung 30 kN beträgt, wird das zulässige Beanspruchbarkeitsmoment M_{yd} erhalten aus $M_{\text{Kyd}} = 2 \cdot (206{,}4 - 7{,}5) \cdot 0{,}736 = 293\,\text{kN·m}$.

In der Praxis verwenden die einzelnen Bahnbetreiber *Mastfamilien*, die durch ihre Beanspruchbarkeit in beiden Querschnittsachsen gekennzeichnet sind. Bild 13.21 zeigt die charakteristischen Momente nach neuen Nachweisen für Masten der Fußbreite 600 × 800 mm und 800 × 1000 mm und unterschiedlichen Eckstielen sowie Mastlängen. Um die Tragfähigkeit eines bestimmten Mastes nachzuweisen wird die Interaktionsbeziehung verwendet:

$$M_{yd}/(M_{yK}/\gamma_M) + M_{zd}/(M_{zK}/\gamma_M) \leq 1 \quad . \tag{13.82}$$

Der Teilsicherheitsbeiwert γ_M sollte in diesem Fall gleich 1,1 gesetzt werden.

13.5 Bemessung der Masten

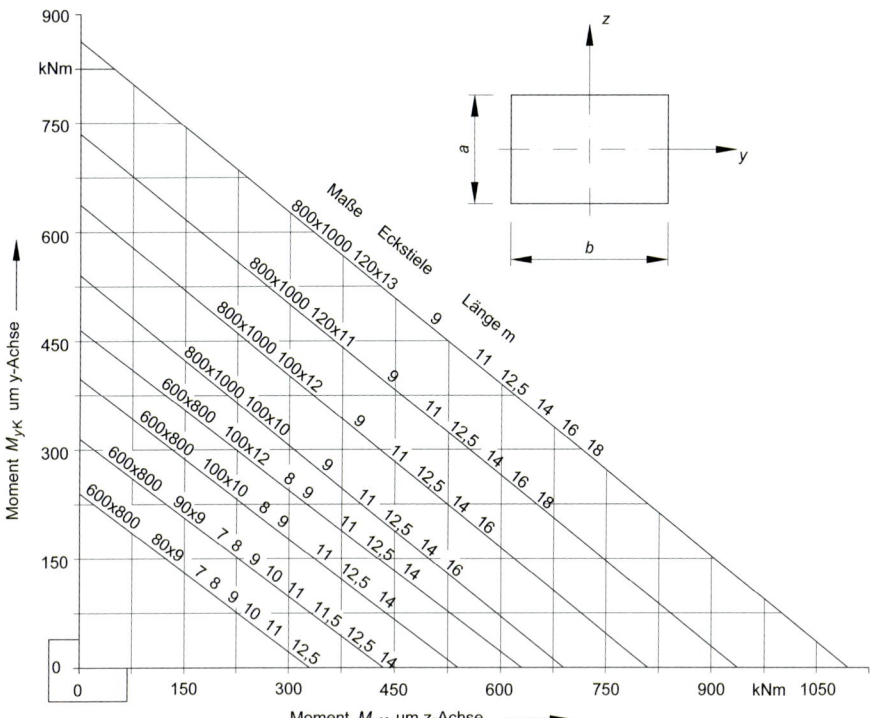

Bild 13.21: Charakteristische Momente M_K der Beanspruchbarkeit für Stahlgittermasten der DB AG.

13.5.4.3 Rahmenflachmasten

Rahmenflachmasten werden dort eingesetzt, wo die Lasten vornehmlich in einer Richtung wirken, z. B. bei Tragmasten auf freien Strecken.
Die Tragfähigkeit solcher Masten wird mit der Behandlung als Vierendeel-Träger, wie in [13.8] beschrieben, ermittelt. Bei der DB werden Masten mit Profilen U100, U120, U140 und U160 verwendet. Bild 13.22 zeigt die Grenzmomente, wobei nachzuweisen ist, dass

$$M_{zd} \leq M_{zK}/\gamma_M \quad , \tag{13.83}$$

wobei $\gamma_M = 1{,}1$ nach DIN EN 50 119 zu setzen ist.
Rahmenflachmasten werden mit vier Ankerbolzen M30 (U100) oder M36 (U120, U140 und U160) mit den Gründungskörpern verbunden.

13.5.4.4 Masten aus Doppel-T-Trägern

Masten aus Doppel-T-Trägern (z. B. HEB-Profile) erfordern in der Herstellung einen geringeren Bearbeitungsaufwand als Stahlgitter- und Rahmenflachmasten. Sie eignen

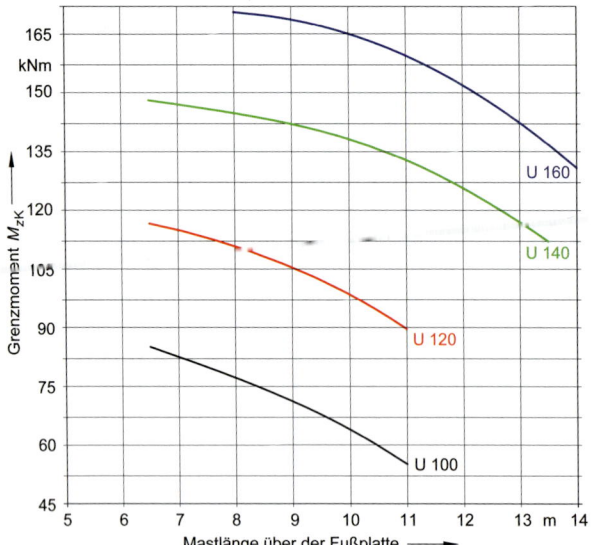

Bild 13.22: Charakteristische Grenzmomente M_{zK} für Rahmenflachmasten.

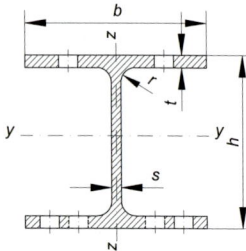

Bild 13.23: Bezeichnungen im Querschnitt eines Doppel-T-Trägers.

sich auch besonders bei begrenzten Platzverhältnissen, z. B. zwischen den Gleisen. Allerdings ist ihre Tragfähigkeit im Verhältnis zu ihrer Masse gering. Sie sind relativ biegeweich und weisen daher bei gleicher statischer Belastung *größere Durchbiegungen* auf, die im Hinblick auf die Funktion der Oberleitung in Fahrdrahthöhe auf wenige Zentimeter begrenzt werden müssen (Bild 13.23). *Doppel-T-Träger* besitzen um ihre Querachse y-y (Bild 13.23) eine beachtlich größere Tragfähigkeit als um ihre Hochachse z–z. Zur Verstärkung in der schwachen Achse können zwei Träger parallel angeordnet und direkt verschweißt oder über Bindebleche verbunden werden. Einfache Doppel-T-Träger haben nur eine geringe *Torsionssteifigkeit* um ihre Längsachse. Bei Masten mit Doppelauslegern, z. B. Mastart 4 nach Bild 13.5, ist daher auch die Verdrehung der Masten zu prüfen. Sie sollte 6° nicht überschreiten. Trotz der dieser Mastart eigenen Grenzen sind Masten aus Doppel-T-Profilen häufig kostengünstiger als alle anderen Arten der Tragwerke.

Zur Auslegung ist nachzuweisen, dass

$$N_{d(z)d}/N_{d(z)pl,Rd} + M_{yd}/(M_{ypl}/\gamma_M) + M_{zd}/(M_{ypl}/\gamma_M) \leq 1 \quad , \tag{13.84}$$

mit $N_{dpl,Rd}$ nach (13.75) und $N_{zpl,Rd}$ nach (13.76) sowie

$$M_{ypl} = 2\, S_y \cdot \sigma_f \quad \text{und} \tag{13.85}$$

$$M_{zpl} = 2\, S_z \cdot \sigma_f \quad , \tag{13.86}$$

13.5 Bemessung der Masten

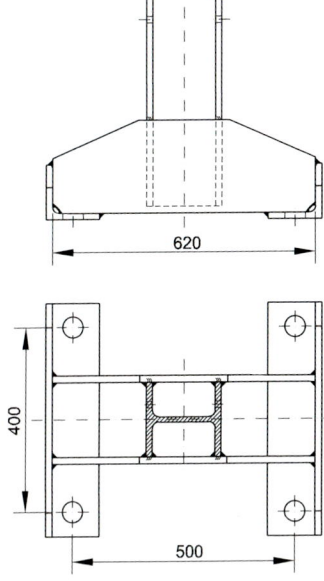

Bild 13.24: Fußkonstruktion der Masten aus Doppel-T-Trägern.

mit M_{ypl} und M_{zpl} als charakteristische Tragfähigkeiten, bei denen ein vollplastischer Zustand der Querschnitte eingetreten ist. Für Doppel-T-Träger können die statischen Momente S_y und S_z aus den folgenden Gleichungen errechnet werden

$$S_y = b_T \cdot t_T \cdot (h_T/2 - t_T/2) + (h_T/s_T - t_T)^2 \cdot s_T/2 \tag{13.87}$$

und

$$S_z = t_T \cdot b_T^2/4 + (h_T - 2t_T) \cdot s_T^2/8 \quad . \tag{13.88}$$

Die Maße b_T, h_T, t_T und s_T sind aus Bild 13.23 zu ersehen und können der Veröffentlichung [13.9] oder anderen Normen und Herstellerangaben entnommen werden.

Bild 13.24 zeigt die Fußausbildung für Masten aus einem Doppel-T-Träger. Zusätzlich zur Biegung ist bei Doppel-T-Trägern die Verdrehung nachzuweisen, wenn Torsionsmomente um die Trägerlängsachse entstehen, da Doppel-T-Träger als offene Profile torsionsweich sind. Die Verdrehung erhält man nach [13.10] für einen Doppel-T-Träger der Länge h_M in Grad aus

$$\vartheta = h_M \cdot M_{xd}/(1{,}3\, I_T \cdot G)(180/\pi) \quad \begin{array}{c|c|c|c|c} \vartheta & h & M_{xd} & I_T & G \\ \hline \circ & \text{mm} & \text{N·mm} & \text{mm}^4 & \text{N/mm}^2 \end{array} \tag{13.89}$$

mit dem Torsionswiderstandsmoment I_T nach

$$I_T = \left(2 \cdot b_T \cdot t_T^3 + (h_T - 2t_T) \cdot s_T^3\right)/3 \quad . \tag{13.90}$$

Der Schubmodul G beträgt für Stahl $8 \cdot 10^4$ N/mm^2.

Tabelle 13.8: Betongüten für stahbewehrte Betonmasten.

Bezeichnung	Nennfestigkeit β_{CWN} N/mm²	Serienfestigkeit β_{CWS} N/mm²	Bemessungswert β_{CR} N/mm²
C35/45	45	50	21
C45/55	55	60	26
C55/65	65	70	30
C75/95	95	100	44

13.5.4.5 Stahlbetonmasten

Die äußeren Lasten für *Stahlbetonmasten* folgen aus dem Abschnitt 13.5.3, woraus sich die erforderliche Nutzzugkraft als die an der Mastspitze horizontal angreifende Gesamtkraft ohne die Windbelastung auf den Mast selbst gemäß

$$Q_{td} = \left(\sqrt{M_{yd}^2 + M_{zd}^2}\right) / h_M \qquad (13.91)$$

mit M_{yd} und M_{zd} nach (13.69) bzw. (13.70) und h_M Mastlänge ermitteln lässt. Mit diesem Bemessungswert Q_{td} kann aus den Katalogen der Hersteller oder Auswahltabellen der erforderliche Mast, entweder vorgespannt oder schlaff bewehrt, ausgewählt werden. Die Querschnitte sind nach den einschlägigen Normen zu bemessen. Die Momente sind aus der *Nutzzugkraft* und der Windlast oder aus den einzelnen Kräften nach der Theorie 2. Ordnung zu ermitteln. Für werkmäßig hergestellte Betonmasten gilt DIN EN 12 843. Danach muss für Betonmasten mindestens Beton der Festigkeitsklasse C35/45 verwendet werden. Für vorgespannte Schleuderbetonmasten wird bevorzugt Beton der Festigkeitsklassen C55/65 und C75/95 verwendet.
Zur Ermittlung der ungünstigsten Beanspruchungen sind folgende Lastfälle nach DIN EN 12 843 zu unterscheiden
- Lastfall 1: ständige Lasten,
- Lastfall 2: Normallasten und
- Lastfall 3: Lasten aus Transport und Errichtung.

Als ständige Last wirken die Vertikallasten und die Zugkräfte der Leiter. Bei Normalbelastung ist zusätzlich die Windlast auf die Leiter und den Mast zu berücksichtigen. Die in den Lastfällen 2 und 3 aufzunehmenden Schnittgrößen sind für den *Grenzzustand der Einwirkungen* zu ermitteln. Es ist dann nachzuweisen, dass diese kleiner sind als die Beanspruchbarkeit, die durch Teilen der 0,7fachen Nennfestigkeit β_{CWN} von Beton nach Tabelle 13.8 durch den Teilsicherheitsfaktor γ_{CC} oder der Streckgrenze β_{CS} für Beton- und Spannstahl durch den Teilsicherheitsfaktor γ_{CS} nach Tabelle 13.9, Zeilen 3, 4 und 5, erhalten werden.
Für Beton ist mit einer Spannungs-Dehnungslinie nach Bild 13.25, für Betonstähle und Spannstahl mit einer bilinearen Linie nach Bild 13.26 zu rechnen. Bei vorgespannten Masten sind unter ständiger Last und unter 40 % des Momentes aus Normalbelastung keine Betonzugspannungen zulässig.
Die Schnittgrößen für den Grenzzustand der Einwirkungen sind unter γ_F-facher Normallast mit Berücksichtigung der Mastverformung (Theorie 2. Ordnung) zu ermitteln. Dabei ist von einer ungewollten Schiefstellung des unbelasteten Mastes von 5 mm/m

13.5 Bemessung der Masten

Tabelle 13.9: Teilsicherheitsbeiwerte bezogen auf den Grenzzustand.

			Lastfall 2 Normalbelastung	Lastfall 3 Transport und Errichtung
Für statistische Nachweise				
1	Vorspannung günstig	γ_{vf}	0,80	1,00
2	ungünstig	γ_{vf}	1,20	1,00
3	Beton	$\gamma_{CC}^{1)}$	1,50	1,30
4	Schleuderbeton	$\gamma_{CC}^{1)}$	1,40	1,25
5	Beton- und Spannstahl	γ_{CS}	1,25	1,10
Zur Berechnung der Krümmung nach Theorie 2. Ordnung				
6	Beton und Schleuderbeton	$\gamma_{CC}^{2)}$	1,20	—
7	Beton- und Spannstahl	γ_{CS}	1,15	—

1) bezogen auf $0{,}7\,\beta_{WN}$, 2) bezogen auf 0,85 mal des größten Schnittmomentes

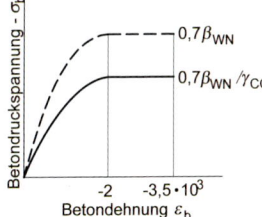

Bild 13.25: Spannungs-Dehnungslinie für Beton zur Ermittlung aufnehmbarer Schnittgrößen im Grenzzustand der Tragfähigkeit (Parabel-Rechteck-Diagramm).

auszugehen. Die Schiefstellung berücksichtigt auch Einflüsse aus Krümmungen infolge ungleicher Erwärmungen.

Die Auswirkungen der Mastverformungen dürfen jedoch unberücksichtigt bleiben, wenn das Zusatzmoment infolge Verformung und Schiefstellung für den Querschnitt an der Fundamentoberkante kleiner als 5 % bzw. für die ungünstigste Schnittstelle kleiner als 10 % ist. Für diesen Nachweis reicht eine auf der sicheren Seite liegende Abschätzung aus. Diese Voraussetzungen treffen für Fahrleitungsmasten meist zu.

Die bauliche Durchbildung von Stahlbetonmasten, insbesondere von Schleuderbetonmasten muss auch die Maßnahmen beachten, die zur Vermeidung der in der Vergangenheit beobachteten Schäden ergriffen wurden. Daher ist auf die folgenden Punkte zu achten:

– Eine ausreichende Wendelbewehrung ist erforderlich und dient auch zur Verteilung von möglichen Zugspannungen an der Oberfläche. Die Wendelbewehrung sollte daher aus geripptem Betonstahl bestehen und unabhängig von den statischen Erfordernissen vorgesehen werden. Die Bewehrung sollte den folgenden Bedingungen genügen
  – 5 mm Durchmesser und maximale Ganghöhe 60 mm,
  – 4 mm Durchmesser und maximale Ganghöhe 40 mm,
  – bis 3 mm Durchmesser und Ganghöhe kleiner als 30 mm.

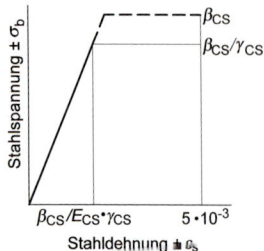

Bild 13.26: Spannungs-Dehnungslinie für Betonstahl und Spannstahl zur Ermittlung aufnehmbarer Schnittgrößen und der Verformung im Grenzzustand der Tragfähigkeit.

- Die Wanddicken des Betons sollten mindestens 40 mm betragen.
- Der lichte Abstand gleichlaufender Bewehrungsstäbe braucht außerhalb von Stoßbereichen nur so groß wie der Stabdurchmesser zu sein; er muss mindestens so groß wie der Größtkorndurchmesser sein.
- Die *Betondeckung* muss mindestens 15 mm über der Wendelbewehrung und 20 mm über dem Spannstahl betragen.
- Die Betonmasten benötigen eine Entlüftung, um Feuchtigkeit und Kondensation im Mast zu vermeiden.

Schleuderbetonmasten werden in längsteilbaren Formen hergestellt, in die zunächst die vorgeformte Wendelbewehrung und durch diese die schlaffe oder vorgespannte Bewehrung eingeführt wird. Bei vorgespannter Ausführung wird auf jeden Stab ein Spannkopf aufgesetzt. Nach dem Einbau von Buchsen zur Aufnahme von Oberleitungsbauteilen und anderen Elementen wird der Beton eingefüllt, das Oberteil der Form aufgesetzt und verschraubt. Dann können die Bewehrungsstähle mit rund 800 N/mm² vorgespannt werden.

Die Drehzahl beim Schleudern richtet sich nach dem Mastdurchmesser und der Form. Zentrifugalbeschleunigungen zwischen 10 und 50 g werden angestrebt. Der *Wasserzementwert* sinkt durch das Schleudern unter 0,4 ab, was erwünscht ist. Nach 12 bis 15 Minuten ist der Schleudervorgang abgeschlossen und die Form mit dem Mast kann in einer Wärmekammer, in der kurzzeitig Wasserdampf von außen an die Form geleitet wird, gelagert werden. Die Temperatur in der Wärmekammer sollte 50°C nicht überschreiten. Die Masten sollten rund 24 h in den Stahlschalungen bleiben. Früher übliche Wärmebehandlungen mit höheren Temperaturen waren unter anderem eine Ursache für Längsrisse. Auf diese Weise erreichen die Masten 70 % ihrer planmäßigen Festigkeit, solange sie in der Schalung lagern. Die sorgfältige Herstellung ist neben der sachgerechten Durchbildung Voraussetzung für lange Lebensdauer ohne vorzeitige Schäden.

13.5.4.6 Durchbiegung

Unter Belastung verformen sich alle Tragwerke, da sie aus elastischen Materialien bestehen. Relativ weit gespreizte Stahlgittermasten sind steife Konstruktionen und nur bei hohen Querfeldmasten können sichtbare *Verformungen* auftreten. Diese Masten werden häufig entgegen der Belastungsrichtung gestellt, z. B. mit der Außenfläche der gleisabgewandten Seite lotrecht, so dass der Mast nach der Belastung optisch lotrecht erscheint. Auch Rahmenflachmasten sind in der Hauptbelastungsrichtung steif und Durchbie-

13.5 Bemessung der Masten

gungsnachweise erübrigen sich hier meist. Bei relativ weichen Masten aus Doppel-T-Trägern hingegen kann die Begrenzung der Durchbiegungen die Bemessung der Querschnitte bestimmen. Allgemein gilt für die *Durchbiegung* f eines biegebelasteten Mastes mit veränderlichem Flächenträgheitsmoment des Querschnitts in der Höhe h über der Einspannstelle:

$$f = \frac{1}{E} \int_0^h M_z(x)/I(x) \cdot x \, \mathrm{d}x \quad . \tag{13.92}$$

Gemäß Bild 13.18 und 13.27 zählt die Koordinate x dabei von der Stelle, für die die Durchbiegung bestimmt werden soll. Da das Integral in der Gleichung (13.92) nicht immer analytisch gelöst werden kann, wurden numerische Verfahren, insbesondere auch Rechenprogramme, entwickelt, um die Durchbiegung nach (13.92) für einstielige Masten zu ermitteln. Es sei hierzu auf [13.1] verwiesen.

Bei der Verwendung von Doppel-T-Trägern ist das Flächenträgheitsmoment I längs des Trägers konstant und (13.92) kann geschlossen gelöst werden. Nach [13.4] ist die *Durchbiegung* eines Punktes an der Stelle a_o gemessen vom Angriffspunkt der Kraft F oder des Momentes M in der Höhe h über der Einspannung:

$$f_\mathrm{a} = \frac{Fh^3}{6\,EI_\mathrm{y}} \left[2 - 3\frac{a_\mathrm{o}}{h} + \left(\frac{a_\mathrm{o}}{h}\right)^3 \right] \quad , \tag{13.93}$$

infolge eines Momentes M

$$f_\mathrm{a} = \frac{Mh^2}{2\,EI_\mathrm{y}} \left[1 - 2\frac{a_\mathrm{o}}{h} + \left(\frac{a_\mathrm{o}}{h}\right)^2 \right] \tag{13.94}$$

und infolge einer gleichverteilten Streckenlast q für einen Träger der Gesamtlänge h

$$f_\mathrm{a} = \frac{q' \cdot h^4}{24 \cdot E \cdot I_\mathrm{y}} \left[3 - 4 \cdot \frac{a_\mathrm{o}}{h} + \left(\frac{a_\mathrm{o}}{h}\right)^4 \right] \quad . \tag{13.95}$$

Bei Fahrleitungen sind folgende Fälle von besonderem Interesse:
- Durchbiegung unter Windlast in der Höhe h_FD des Fahrdrahts. Es wird empfohlen, die Durchbiegung dort auf 25 mm zu begrenzen.
- Durchbiegung unter ständiger Last in Höhe h_TS des Tragseils. Es wird empfohlen diese Durchbiegung auf 1 % der Tragseilhöhe zu begrenzen.
- Durchbiegung unter Höchstlast in der Höhe h_TS des Tragseils. Es wird empfohlen diesen Wert auf 1,5 % der Tragseilhöhe zu begrenzen.

Mit Bezug auf die Bezeichnungen des Bildes 13.27 ergeben sich die folgenden Beziehungen für die Ermittlung der Durchbiegung von Masten aus Doppel-T-Profilen:
- In der Höhe des Fahrdrahts h_FD nur unter Windlast:

$$\begin{aligned} f_\mathrm{FDW} = & \left[Q_\mathrm{TSW} h_\mathrm{FD}^2 (h_\mathrm{TS} - h_\mathrm{FD}/3) + Q_\mathrm{FDW} \cdot 2\,h_\mathrm{FD}^3/3 \right. \\ & + Q_\mathrm{EW} h_\mathrm{FD}^2 (h_\mathrm{E} - h_\mathrm{FD}/3) \\ & \left. + Q_\mathrm{M} h_\mathrm{FD}^2 \left(h_\mathrm{E}/2 - h_\mathrm{FD}/3 + h_\mathrm{FD}^2/(12\,h_\mathrm{E}) \right) \right] \cdot 238/I \text{ in mm} . \end{aligned} \tag{13.96}$$

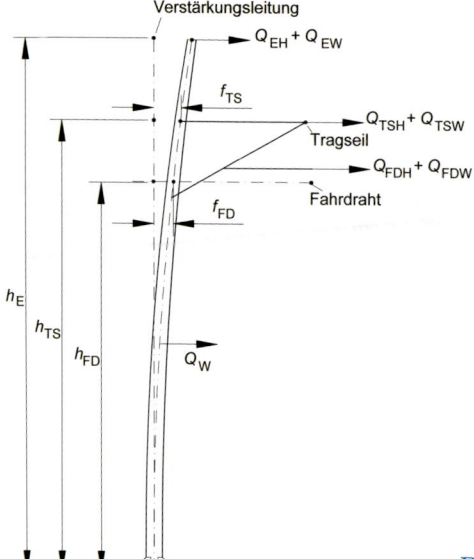

Bild 13.27: Berechnung der Durchbiegungen.

– In der Höhe des Tragseils unter ständigen Lasten

$$f_{\text{TSH}} = \left[\frac{2}{3} Q_{\text{TSH}} h_{\text{TS}}^3 / + Q_{\text{FDH}} \cdot h_{\text{FD}}^2 (h_{\text{TS}} - h_{\text{FD}}/3) + Q_{\text{EH}} h_{\text{TS}}^2 (h_{\text{E}} - h_{\text{TS}}/3) \right. \\ \left. + (V_{\text{KW}} \cdot l_{\text{A}} + V_{\text{E}} \cdot l_{\text{E}}) h_{\text{TS}}^2 \right] \cdot 238/I \text{ in mm} \quad . \tag{13.97}$$

– In der Höhe des Tragseils unter den größten Lasten

$$f_{\text{TS(H+W)}} = \left\{ (Q_{\text{TSH}} + Q_{\text{TSW}}) \cdot 2 \cdot h_{\text{TS}}^3/3 \right. \\ + (Q_{\text{FDH}} + Q_{\text{FDW}}) \cdot h_{\text{FD}}^2 (h_{\text{TS}} - h_{\text{FD}}/3) \\ + (Q_{\text{EH}} + Q_{\text{EW}}) h_{\text{TS}}^2 (h_{\text{E}} - h_{\text{TS}}/3) \\ + Q_{\text{M}} h_{\text{TS}}^2 [h_{\text{E}}/2 - h_{\text{TS}}/3 + h_{\text{TS}}^2/(12h)] \\ \left. + (V_{\text{KW}} \cdot l_{\text{A}} + V_{\text{E}} \cdot l_{\text{E}}) h_{\text{TS}}^2 \right\} \cdot 238/I \text{ in mm} \quad . \tag{13.98}$$

In den Gleichungen (13.96) bis (13.98) können die Kräfte Q_{FDH}, Q_{TSH} und Q_{EH} mit den Formeln (13.2) und (13.9), die Kräfte Q_{FDW}, Q_{TSW} und Q_{EW} mit der Gleichung (13.4) und die Größen V_{KW} und V_{E} gemäß der Gleichung (13.1) bestimmt werden. Q_{EH}, Q_{EW} und V_{E} beziehen sich auf gegebenenfalls vorhandene Energieleitungen. Q_{M} ist die gesamte Windkraft auf den Mast gemäß der Gleichung (13.7). In diesen Gleichungen wurde der Elastizitätsmodul des Stahls mit $2,1 \cdot 10^5 \text{ N/mm}^2$ eingesetzt; für I gilt die Einheit cm^4, wie meist in Tabellenwerken verwendet. Die Kräfte werden in kN, die Längen in m angegeben. Die Ergebnisse haben die Einheit mm. Das Beispiel im Abschnitt 13.8 zeigt die Anwendung dieser Formeln.

13.6 Baugrund

13.6.1 Einführung

Gründungen von Fahrleitungstragwerken müssen in der Lage sein, die aus den unterschiedlichen Belastungen resultierenden Bauwerkslasten mit ausreichender Zuverlässigkeit in den vorhandenen Baugrund einzuleiten, wobei keine unzulässigen Bewegungen der Gründungskörper auftreten dürfen. Die Bemessung und Ausführung der Gründungen sollte beachten

- Bemessungslasten und -formeln,
- Sonderlasten, wo erforderlich,
- Art und Anordnung der Gründung,
- Verformungsgrenzen,
- geotechnische Bemessungsparameter und Grundwasserspiegel,
- Werkstoffkennwerte, z. B. für Beton- und Stahlpfähle,
- Verbindung mit dem Tragwerk,
- Ausführung und Einbringung,
- Zufahrt zu den Standorten,
- elektrische Leitfähigkeit zur Erde.

Da die *Baugrund* an den Standorten einen entscheidenden Einfluss auf die Wahl und Berechnung der Gründungen haben, sollten diese vor der Gründungsbemessung ausreichend bekannt sein. Bei *Baugrunderkundungen* werden der angetroffene Baugrund entsprechend ISO 14 688 – Teil 1 und Teil 2 oder nationalen Normen klassifiziert und die für die Auswahl und Bemessung der Gründungen benötigten Eigenschaften festgelegt. Die Baugrundtechnik teilt den die Erdkruste bildenden Boden in *gewachsenen Boden* (Lockergestein), in *Felsboden* (Festgestein) und in *geschütteten Boden* ein. Lockergestein ist ein natürliches Haufwerk aus mineralischen Körnern. Es kann ohne Gewaltanwendung durch mechanische Mittel nach den vorkommenden Korngrößen zerlegt werden. Für Fels ist Gewaltanwendung zur Trennung erforderlich. Diese Einteilung unterscheidet sich teilweise von den in der Geologie üblichen Begriffen.

13.6.2 Gewachsener Boden

13.6.2.1 Klassifizierung

Gewachsener Boden ist durch einen abgeklungenen erdgeschichtlichen Vorgang, durch chemische und physikalische Verwitterung und Zersetzung der Gesteine entstanden oder kann auch organischen Ursprungs sein. Für die Zwecke des Bauwesens wird der gewachsene Boden daher in *anorganischen* oder *organischen Boden* unterteilt, wobei bei anorganischen Böden die beiden Hauptgruppen *nicht bindige, rollige Böden* und *bindige Böden* anhand der Korngrößen unterschieden werden. Die meisten in der Natur vorkommenden Böden stellen ein Gemisch unterschiedlicher Korngrößen dar. Sie werden entsprechend ihrem Hauptanteil eingeordnet.

13.6.2.2 Nichtbindige, rollige Böden

Nicht bindige Böden sind durch Korngrößen über 0,063 mm gekennzeichnet. Hierunter fallen insbesondere kohäsionlose Haufwerke aus Sand, Kies, Steinen und Blöcken (Tabelle 13.10).

13.6.2.3 Bindige Böden

Die *bindigen Böden* weisen Korngrößen kleiner 0,063 mm auf, die mit bloßem Auge nicht mehr zu erkennen sind. Die bindigen Bodenarten werden weiter nach ihren Korngrößen eingeteilt (Tabelle 13.10).

13.6.2.4 Gemischtkörnige Böden

Die *gemischtkörnige Böden* bestehen aus einem Haupt- und Nebenbestandteil und werden mit einem Hauptwort (Hauptbetriff), der den Hauptanteil beschreibt, und einem oder mehreren Adjektiven (qualifizierende Begriffe) bezeichnet, welche den zweithäufigsten Anteil, z. B. sandiger Kies saGr oder kiesiger Ton grCL benennen.
Der Hauptanteil bezüglich der Masse bestimmt die technischen Eigenschaften des Bodens. Der zweite und die weiteren Anteile bestimmen zwar nicht die technischen Eigenschaften, beeinflussen diese jedoch.
Die zweitwichtigsten Anteile werden als Adjektive vor den Hauptanteil gesetzt, um ihre Bedeutung darzustellen wie die folgenden Beispiele zeigen
- sandiger Kies (saGr),
- grobsandiger Feinkies (csaFGr),
- mittelsandiger Schluff (msaSi),
- feinkiesiger Grobsand (fgrCSa),
- schluffiger Feinsand (sifSa),
- feingiesiger, grobsandiger Schluff (fgrcsaSi),
- mittelsandiger Ton (msaCl).

Wenn grobkörnige Anteile als zweiter Anteil in einem besonders kleinen oder besonders großem Anteil vorhanden sind, sollte der Begriff „leicht" oder „schwer" dem qualifizierten Begriff vorangehen (siehe DIN EN ISO 14 688-1).
Gemischtkörnige Böden werden als nichtbindig betrachtet, wenn sie weniger als 15 % Massenprozente von Korngrößen kleiner als 0,063 mm enthalten. Die nichtbindigen Anteile bestimmen die technischen Eigenschaften des gemischtkörnigen Bodens. Ansonsten wird der Boden als bindig mit grobkörnigen Anteilen eingestuft.

13.6.2.5 Organische Böden

Organische Böden enthalten Reste von mehr oder weniger zersetzten pflanzlichen und tierischen Organismen. Neben der rein organischen Bodenart Torf sind Böden mit ton- oder schluffähnlicher Beschaffenheit mit einem nennenswerten organischen Anteil anzutreffen, die als *Mudde* bezeichnet werden. Da die Zusammendrückbarkeit dieser Böden groß ist, sind sie als Baugrund zur Aufnahme von Lasten nicht geeignet. Wegen des

13.6 Baugrund

Tabelle 13.10: Korngrößen der nichtbindigen und bindigen Böden gemäß DIN EN ISO 14 688-1.

Bodenhauptgruppe	Untergruppe	Symbol	Korngröße in mm
Nichtbindiger Boden			
Sehr grober Boden	große Blöcke	LBo	über 630
	Blöcke	Bo	über 200 bis 630
Grober Boden	Steine	Co	63 bis 200
	Kies	Gr	2 bis 63
	Grobkies	CGr	20 bis 63
	Mittelkies	MGr	6,3 bis 20
	Feinkies	FGr	2,0 bis 6,3
	Sand	Sa	0,063 bis 2,0
	Grobsand	CSa	0,63 bis 2,0
	Mittelsand	MSa	0,2 bis 0,63
	Feinsand	FSa	0,063 bis 0,2
Bindiger Boden			
Feinkornbereich	Schluff	Si	0,002 bis 0,063
	Grobschluff	CSi	0,02 bis 0,063
	Mittelschluff	MSi	0,0063 bis 0,02
	Feinschluff	FSo	0,002 bis 0,0063
	Tonkorn	Cl	unter 0,002

bestimmenden Einflusses der organischen Anteile auf die Bodeneigenschaften werden nichtrollige und bindige Böden mit mehr als 5 % Gewichtsanteilen organischer Beimengungen als organische Böden betrachtet. Zur Erkennung und Beschreibung von organischen Böden siehe DIN EN ISO 14 688-1.

13.6.3 Fels

Unter dem Begriff *Fels* werden alle Festgesteine verstanden, wobei es sich um die harten Teile der Erdkruste handelt. Für ihre Belastbarkeit ist der Verwitterungsgrad wichtig. Die Gesteine können nach DIN 4022 eingeteilt werden.

13.6.4 Geschütteter Boden

Geschüttete Böden kommen bei künstlich hergestellten Bahndämmen häufig vor. Bei diesen geplanten, ingenieurmäßigen Aufschüttungen wird das Bodenmaterial sorgfältig ausgewählt, damit eine gute Verdichtung erreicht wird. Häufig wird das beim Tunnelausbruch gewonnene Material verwendet. Gründungen in gut verdichteten Bahndämmen sind entsprechend dem Lagerungszustand, der durch Sondierung festgestellt werden kann, zu wählen und zu bemessen.

13.6.5 Baugrunderkundung

Die Stützpunkte einer Fahrleitung verteilen sich auf einen großen Bereich, wobei an den einzelnen Maststandorten unterschiedliche Bodenverhältnisse vorliegen. Vor der Bestimmung der Gründungsart, ihrer Form und ihrer Maße muss der Baugrundaufbau unter der Oberfläche bis in eine Tiefe, die mindestens der wirksamen Breite der Gründung entspricht und im Falle von Pfahlgründungen unter die Pfahlspitzen reicht, ausreichend bekannt sein. Die geotechnischen Baugrundkennwerte müssen ebenfalls bekannt sein. Deshalb sind Baugrunderkundungen erforderlich, die die Grundlage für die Ermittlung der geotechnischen Baugrundkennwerte bilden. Baugrunderkundungen können anhand der Vorgaben in DIN EN 1997-1 unter Berücksichtigung der wahrscheinlichen Gründungsart geplant werden. Die Baugrunderkundungen sollten Erkenntnisse liefern betreffend

- geometrische Werte der Oberfläche hinsichtlich Böschungsneigung und Lage des Gleises,
- die Lage von Trennflächen zwischen aufgefülltem Material und natürlich gewachsenem Boden bis in eine Tiefe entsprechend zwei Mal der Gründungsbreite unterhalb der erwarteten Gründungssohle; bei kompressiblem, weichem Baugrund, der zu Setzungen führt, kann die Erkundungstiefe erhöht werden,
- den Grundwasserstand und seine Veränderungen,
- die Baugrundarten und ihre Tragfähigkeits- und Verformungseigenschaften,
- die Änderung der Baugrundbedingungen entlang der Eisenbahnstrecke,
- besondere Bedingungen hinsichtlich des Einbringens der Gründungen: sehr weicher Boden, Felsoberfläche, große Steine usw.

Die geotechnischen Kennwerte für die Bemessung sollten entsprechend den Vorgaben in DIN EN 1997-2 ausgewertet werden. Besondere Überlegungen sind anzustellen, wenn die Verformungseigenschaften der oberen Böschungsschicht beurteilt werden müssen, und ebenso, wenn Aushub und Verfüllmaterial untersucht werden, seien diese verdichtet oder nicht. Prüfungen mit Drucksonden (CPT) oder Rammsonden (DP) werden verwendet, um die Schichtenfolge und eine Einschätzung der Bodenkennwerte zu finden. Eine Drucksonde (CPT) wird für feinkörnige Böden und eine Rammsonde (DP) für grobkörnige Baugrundarten vorgeschlagen. Die Entnahme von Bodenproben und deren nachfolgende Untersuchung im Labor sollten für eine Anzahl ausgewählter, repräsentativer Standorte durchgeführt, um den Baugrund zu benennen und die Kennwerte von vorhandenem Verfüllmaterial zu bestimmen. Messungen vor Ort mit Drucksonden in tief reichenden Verfüllungen und kohäsionslosen Baugrundarten und mit Flügelsonden in kohäsiven Baugrundarten werden empfohlen. Die geotechnischen Erkundungen und Laborversuche sollten entsprechend DIN EN ISO 22 475-1, DIN EN ISO 22 476-2, DIN EN ISO 22 476-3 und CEN ISO TS 17 892 durchgeführt werden. Die Erkundungen vor Ort sollten auch die Umgebungsbedingungen an der Baustelle als Basis für die Beurteilung der Dauerbeständigkeit der Gründungen beachten. Für die mit Aushub und Wiederverfüllung eingebrachten Gründungen sollten repräsentative Proben des Verfüllmaterials entnommen und unter Berücksichtigung der Vorgaben in DIN EN 1997-1: 2004, Abschnitt 5, untersucht werden. Die Ergebnisse der geotechnischen Baugrunder-

13.6 Baugrund

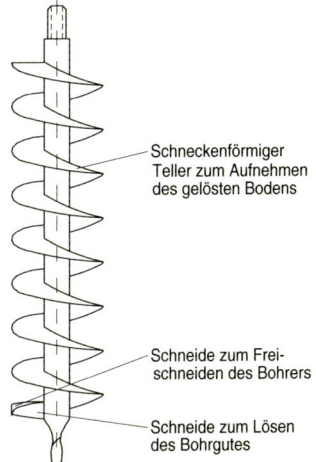

Bild 13.28: Schneckenbohrer.

kundungen werden in einem Baugrunduntersuchungsbericht gemäß den Vorgaben in DIN EN 1997-1, 3.4, zusammengefasst. Bestimmung und Einteilung von Baugrund und Fels sollten den Prinzipien in DIN EN ISO 14 688-1, DIN EN ISO 14 688-2 und DIN EN ISO 14 689-1 folgen. Wenn keine anderen Unterlagen zur Verfügung stehen, dürfen die geotechnischen Kennwerte aus den Tabellen 13.6.8 und 13.16 für die Auslegung von Gründungen verwendet werden.

Bei der Begehung der Strecke kann über die Art der Baugrunderkundung entschieden werden. Hinweise über den zu erwartenden Baugrund ergeben dabei die Unterlagen des Streckenbaus sowie anderer Bauwerke, die bei den technischen Dienststellen des Bahnbetreibers vorliegen.

13.6.6 Gewinnung von Bodenproben

13.6.6.1 Einführung

Die Verfahren zur *Gewinnung von Bodenproben* sind in DIN EN ISO 22 475-1 oder DIN 4021 festgelegt. Die Gründungen für Fahrleitungen können in den meisten Fällen der geotechnischen Kategorie 1 (GK1) zugeordnet werden. Für Fahrleitungen genügen gestörte Bodenproben, da zur Bestimmung der Bodenkennwerte Laborversuche nicht notwendig und üblich sind. Die gestörten Bodenproben dienen der Festlegung der Schichtenfolge, der Schichtgrenzen, der Beschaffenheit der Schichten, der Kornzusammensetzung, der Konsistenz, des Grundwasserstandes und dem Erkennen organischer Bestandteile. Hierfür sind Aufschlüsse mit relativ geringer Qualität (GK1) in jedem Fall ausreichend, werden aber nicht immer und auch nicht an jedem Standort ausgeführt.

Tabelle 13.11: Daten der Rammsonden nach DIN EN ISO 22 476-2.

Sondenart	Rammgewicht in kg	Fallhöhe in m
leichte Rammsonde (LRS)	10	0,50
mittelschwere Rammsonde (MRS)	30	0,50
schwere Rammsonde (SRS)	50	0,50

Tabelle 13.12: Zusammenhang zwischen Schlagzahl und Lagerungsdichte bei Rammsonden nach DIN EN ISO 22 476-2.

Bodenart, Schichtung	Schlagzahl N_{10}	
	leichte Sonde	schwere Sonde
Sand,		
mitteldicht	≥ 15	≥ 5
dicht	≥ 30	≥ 10
Sand-Kiesgemisch		
mitteldicht	≥ 15	≥ 5
dicht	$-$ [1]	≥ 18

[1] leichte Sonde nicht geeignet

13.6.6.2 Probebohrungen

In standfesten Böden liefern *unverrohrte Bohrungen* mit 100 bis 500 mm Durchmesser brauchbare Ergebnisse für die Bodenansprache und den Grundwasserstand, die Standfestigkeit und die Lagerungsdichte. Für Probebohrungen werden auch leichte Bohrgeräte, die Bohrdurchmesser von 100 bis 150 mm erlauben, eingesetzt. Zur Förderung des Bodens dienen Schneckenbohrer (Bild 13.28). Mit diesen Bohrern können auch weniger standfeste, grundwasserführende Böden erkundet werden. Bohrtiefen bis 12 m sind ohne Weiteres erreichbar. Die aus den Bohrlöchern geförderten Bodenproben sind mehr oder weniger vermischt. Das Bodenprofil ist aufgrund des in den einzelnen Schneckengängen haftenden Bodens zu erkennen.

13.6.6.3 Sondierbohrungen

Zur Baugrunderkundung für Fahrleitungen eignen sich *Sondierbohrungen* mit der *Rillensonde*. Diese besteht aus einem Sondiergestänge, das an seiner Spitze eine 1,0 m lange Kerbe besitzt. Nach dem Eintreiben wird durch Drehen des Gestänges eine Bodenprobe in die Längskerbe gedrückt und beim Ziehen des Gestänges aus dem Bohrloch gefördert. Sandböden im Grundwasser können mit diesem Verfahren nicht gefördert werden, da sie ausgeschwemmt werden. Für solche Böden sind Sonden mit einem Kernrohrvorsatz geeignet, der eine Fangvorrichtung für die zu fördernden Bodenproben besitzt. Sondierbohrungen liefern durchgehende Bodenaufschlüsse in nicht zu harten Böden.

13.6.7 Sondierungen

13.6.7.1 Einführung

Nach der Art der Niederbringung ist zwischen *Ramm- und Drucksonden* zu unterscheiden, wobei jeweils der Widerstand gemessen wird, der beim Eindringen in den Boden auftritt. *Sondierungen* ergänzen die Bodenaufschlüsse durch quantitative Aussagen

Tabelle 13.13: SPT-Sondierung im nichtbindigen und bindigen Boden (Standard Penetration Test).

Standard Penetration Test in			
nichtbindige, rollige Böden		bindige Böden	
Schlagzahl N_{30}	Lagerung	Schlagzahl N_{30}	Konsistenz
0 bis 4	sehr locker	0 bis 2	sehr weich
4 bis 10	locker	2 bis 4	weich
10 bis 30	mitteldichte	4 bis 8	mittel
30 bis 50	dicht	8 bis 15	steif
> 50	sehr dicht	15 bis 30	sehr steif
		> 30	hart

über die *Lagerungsdichte*. Bei vielen Fahrleitungsbauvorhaben reichen Sondierungen allein aus, um die notwendigen Informationen für die Ausführung der Gründungen zu erhalten. Aus der Vielzahl der unterschiedlichen Sonden werden nachfolgend diejenigen beschrieben, die im Fahrleitungsbau Anwendung finden.

13.6.7.2 Rammsonden nach DIN EN ISO 22476-2

Maße und Hinweise für die Anwendung der *Rammsonden* sind in DIN EN ISO 22476-2 und nationalen Normen wie DIN 4094 für Deutschland zu finden. Unter festgelegten Bedingungen wird ein Stab mit kegelförmiger Spitze in den Boden getrieben, wobei die Schläge gezählt werden, die für 100 mm Eindringtiefe (N_{10}) notwendig sind, woraus auf die Lagerungsdichte und Konsistenz der durchfahrenen Schichten geschlossen wird. Tabelle 13.11 zeigt die Eigenschaften der unterschiedlichen Rammsonden. Bei Fahrleitungen wird überwiegend die *leichte Rammsonde* (LRS) eingesetzt.

Sondierergebnisse haben mehrere Einflussgrößen (siehe DIN EN ISO 22476-2). Es ist nicht möglich, aus dem Eindringwiderstand auf die Bodenart zu schließen. Nach [13.11] besteht der Zusammenhang nach Tabelle 13.12 zwischen Lagerungsdichte und Schlagzahl.

13.6.7.3 Standard Penetration Test

Der *Standard Penetration Test* (SPT) gemäß DIN EN ISO 22476-3 wurde in den USA entwickelt und ist weltweit gebräuchlich. Zunächst wird eine verrohrte Bohrung hergestellt. In das Bohrloch wird ein Zylinder mit 35 mm Innendurchmesser abgelassen und mittels eines 63,2 kg schweren Fallgewichts bei 760 mm Fallhöhe 150 mm tief eingetrieben. Für die folgenden 300 mm Eindringtiefe wird dann die erforderliche Schlagzahl festgestellt (N_{30}). Die beim Eindringen in den Hohlzylinder gedrückten Bodenproben können entnommen und untersucht werden. In Abhängigkeit von der Schlagzahl wird nach [13.12] die in Tabelle 13.13 angegebene Zuordnung der *Lagerungsverhältnisse rolliger Böden* und der Konsistenz bindiger Böden angegeben.

Tabelle 13.14: Beurteilung des Angriffsgrades von Wässern und Böden vorwiegend natürlicher Zusammensetzung.

	Angriffsgrad		
	schwach angreifend pH-Wert 6,5 bis 5,5	stark angreifend pH-Wert 5,5 bis 4,5	sehr stark angreifend pH-Wert unter 4,5
Wässer: Kohlensäure (CO_2) in mg/l bestimmt mit dem Marmorversuch nach Heyer	15 bis 40	40 bis 100	über 100
Ammonium (NH_4^+) in mg/l Magnesium (Mg^{2+}) in mg/l Sulfat (SO_4^{2-}) in mg/l	15 bis 30 300 bis 1 000 200 bis 600	30 bis 60 1 000 bis 3 000 600 bis 3000	über 60 über 3 000 über 3 000
Böden: Sulfat (SO_4^{2-}) in mg je kg lufttrockenen Boden	2 000 bis 5 000	über 5 000	

13.6.7.4 Beurteilung und Klassifizierung von Fels

Vorgaben für die Beurteilung und *Klassifizierung von Fels* und seines Verwitterungsgrads finden sich in [13.13]. Der Bereich zwischen Locker- und Festgestein wird danach in sechs Gruppen unterteilt, die sich nach dem Verwitterungsgrad des Gesteins und der Kornbindung unterscheiden

- w_0 bergfrisch,
- w_1 angewittert,
- w_2 mäßig verwittert,
- w_3 stark verwittert,
- w_4 vollständig verwittert,
- w_5 lockerer Boden.

Je nach den Parametern, die der statischen Berechnung zugrunde liegen, können Felsgründungen, z. B. *Felsanker*, bei den Verwitterungsstufen w_0 bis w_2 angewandt werden.

13.6.7.5 Betonangreifende Wässer und Böden

Grundwässer und Böden können Beton angreifen, wenn sie freie Säuren, Sulfid, Sulfat, Magnesiumsalze, Ammoniumsalze oder Fette und Öle enthalten. Betonschädliches Grundwasser erkennt man an dunkler Färbung, fauligem Geruch oder am Aufsteigen von Gasblasen. Bei Verdacht auf Betonschädlichkeit des Grundwassers oder Bodens müssen Proben nach DIN 4030, Abschnitt 5, entnommen und im Labor untersucht werden. Tabelle 13.14 gibt einen Anhalt über die *Schädlichkeit von Grundwässern auf Beton*.

13.6 Baugrund

Tabelle 13.15: Typische geotechnische Kennwerte häufig angetroffener Böden nach DIN EN 50 119, Anhang C.

1	2	3	4	5	6	7	8	9
Bodenart	γ_E kN/m³	γ_{Eb} kN/m³	ϕ_R Grad	c kN/m²	c_u kN/m²	C_t MN/m³	$\sigma_{1,5}$ MN/m²	κ
Mergel, kompakt	20±2	11±2	25±5	30±5	60±20	> 200	0,64	8,0
Mergel, metamorph	19±2	11±2	20±5	10±5	30±10	50±10	0,48	6,5
Kies, unterschiedliche Körnung	19±2	10±2	38±5	–	–	150±10	0,64	8,0
Sand, lose	18±2	10±2	30±5	–	–	60±10	0,32	5,5
Sand, mittlere Dichte	19±2	11±2	33±5	–	–	80±10	0,48	6,5
Sand, dicht	20±2	12±2	35±5	–	–	100±10	0,64	8,0
Sandiger Schluff	18±2	10±2	25±5	10±5	30±10	60±10	0,32	5,5
Toniger Schluff	19±2	11±2	20±5	20±10	40±10	50±10	0,32	5,5
Lehm, Schluff, weich	17±2	7±2	20±5	–	20±10	35±5	0,48	6,5
Ton, weich	17±2	7±2	12±5	25±5	60±20	25±5	0,16	4,0
Ton, halbsteif	19±2	9±2	15±5	25±5	60±20	30±5	0,32	5,5
Ton, steif	20±2	10±2	20±5	25±5	60±20	40±5	0,48	6,5
Schiebelehm	20±2	10±2	30±5	12±7	450±350	–	0,48	6,5
Ton mit organischen Beimengungen	15±2	5±2	15±5	–	–	–	–	–
Torf, Mudde	12±2	2±2	–	–	–	–	–	–
Verfüllmaterial, Dämme, mittlere Verdichtung	19±2	10±2	25±5	–	15±5	20±5	0,48	6,5

2   γ_E Spezifisches Gewicht
3   γ_{Eb} Spezifisches Gewicht mit Auftrieb
4   ϕ_R Winkel der inneren Reibung
5   c (wirksame) Kohäsion
6   c_u nicht entwässerte Scherfestigkeit
7   C_t Steifemodul in 2 m Tiefe
8    $\sigma_{1,5}$ Grenzwert der Bodenpressung in 1,5 m Tiefe
9   κ Faktor für die Zunahme der Bodenpressung mit der Tiefe (siehe Gleichung (13.99))

13.6.8 Auswertung der Bodenerkundung; Bodenkennwerte

Bodenerkundungen können nach DIN EN ISO 14 688-1 und DIN EN ISO 14 688-2 ausgewertet und in *Schichtenverzeichnisse* eingetragen werden. Da sich die Auslegung von Gründungen für Fahrleitungen eng an die Freileitungstechnik anlehnt, wurden für die Gründungsbemessung die in der einschlägigen Norm DIN EN 50 341-1 enthaltenen *Bodenkennwerte* in DIN EN 50 119 übernommen. Die Tabelle 13.6.8 enthält einen Ausschnitt der Bodenkennwerte, soweit sie für Fahrleitungen von Bedeutung sind. Für die einzelnen Bodenarten sind die *Wichte*, der *Winkel der inneren Reibung* und die *zulässige Bodenpressung* angegeben. Die Anwendung dieser Werte setzt ein Verdichten des Bodens nach dem Wiederverfüllen voraus. In die zulässige Bodenpressung geht die Wichte des Bodens ein, da die in Tabelle 13.16 enthaltene Bodenpressung für 1,5 m Tie-

Tabelle 13.16: Bodenkennwerte zur Berechnung von Gründungen nach DIN EN 50 341-3-4.

1	2	3	4	5	6	7
Arten des Baugrundes	Wichte γ_E (Rechenwerte) erdfeucht kN/m³	unter Auftrieb kN/m³	Winkel der inneren Reibung ϕ_R Grad	Zulässige Bodenpressung, Tiefe 1,5 m kN/m²	Faktor κ	Erdauflastwinkel β_E
Gewachsene Böden						
Nichtbindige Böden						
1 Sand, locker	17	9	30	320	5,5	8
2 Sand, mitteldicht	18	10	32,5	480	6,5	8
3 Sand, dicht	19	11	35	640	8,0	10
4 Kies, Geröll, gleichförmig	17	9	35	640	8,0	12
5 Kies-Sand, ungleichförmig	18	10	35	640	8,0	12
6 Geröll, Steine, Steinschotter, ungleichförmig	18	10	35	640	8,0	12
Bindige Böden						
7 breiig	16	8	0	0	1,6	—
8 weich (leicht knetbar), reinbindig	18	9	15	64	3,2	4
9 weich, mit nichtbindigen Beimengen	19	10	17,5	64	4,0	4
10 steif (schwer knetbar), reinbindig	18	9	17,5	160	4,0	6
11 steif, mit nichtbindigen Beimengen	19	10	22,5	160	4,8	6
12 halbfest, reinbindig	18	10	22,5	320	4,8	8
13 Halbfest, mit nichtbindigen Beimengen	19	11	25	320	5,5	8
14 fest, reinbindig	18	—	27,5	640	5,5	10
15 fest, mit nichtbindigen Beimengen	19	—	30	640	6,5	10
Organische Böden, Böden mit organischen Beimengen	5 bis 16	0 bis 7	15		1,6	
Fels						
16 bei starker Zerklüftung oder ungünstiger Lagerung im gesunden, unverwitterten Zustand	20			1600		
17 mit geringer Zerklüftung oder günstiger Lagerung	25			4800		
Geschüttete Böden						
Unverdichtete Schüttungen	12 bis 16	6 bis 10	10 bis 25	48 bis 160	3,2	4 bis 10
Verdichtete Schüttungen	Zuordnung nach Bodenart und Lagerdichte					

13.6 Baugrund

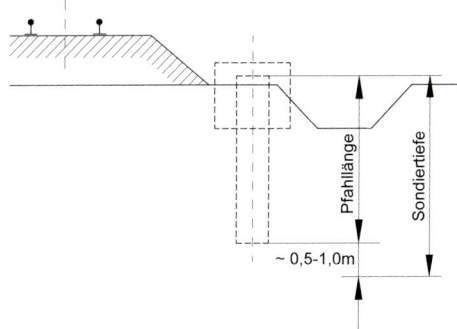

Bild 13.29: Bodenerkundungen für Pfahlgründungen.

fe gilt. Die Grenzbodenpressung σ_t in der Tiefe t_σ nimmt um die zusätzliche Belastung infolge der größeren Tiefe multipliziert mit dem Faktor κ zu (Tabelle 13.16)

$$\sigma_t = \sigma_{1,5} + (t_\sigma - 1{,}5)\gamma_E \cdot \kappa \quad . \tag{13.99}$$

Wenn Grundwasser vorhanden ist, wird die unter Auftrieb verminderte Wichte der Tabelle 13.16, Spalte 3, eingesetzt. Die Tabelle 13.16 enthält die Bodenkennwerte abhängig von den Bodeneigenschaften, wie sie aus Bodenerkundungen erhalten werden.

13.6.9 Praktische Anwendungen

Im Hinblick auf die häufigsten für Fahrleitungen eingesetzten Gründungsarten, nämlich Betonblock- oder Stufengründungen und Rammpfahlgründungen, stehen bei Baugrunduntersuchungen
- die *Tragfähigkeit* gegenüber Druckbelastung,
- die *Tiefe tragfähiger Bodenschichten* und deren Lagerungsdichte sowie
- die Erkundung der *Rammbarkeit* anstehender Böden bis zur Pfahlspitze

im Vordergrund. Dementsprechend werden am häufigsten die leichte Rammsonde nach DIN EN ISO 22 476-2 und die Rillensonde (siehe Abschnitt 13.6.6.3) eingesetzt.

Erste Einschätzungen der zu erwartenden Bodenbedingungen können durch Erkundigungen bei den für die Betreuung der Strecken zuständigen Stellen des Bahnbetreibers, bei den Oberbaufirmen oder beim Brückendienst erhalten werden. Weitere Erkenntnisse lassen sich bei einer Streckenbegehung gewinnen, so die Beurteilung der Dämme nach Höhe und Neigung, die Feststellung von Einschnitten mit Fels an der Oberfläche, von Feuchtgebieten, von Entwässerungen, usw. Im Hinblick auf den kontinuierlichen Verlauf der Bahnlinie können die Erkundungen auf Stellen mit wechselndem Baugrund und auf die Standorte mit Nachspann- und Festpunktmasten beschränkt werden.

Bei leichten Rammsonden zeigen Schlagzahlen ab 8 je 0,1 m Eindringtiefe belastbaren Boden an. Die Sondierung sollte dann bei Tragmasten noch 3,5 m und bei Nachspannmasten noch 4,5 m fortgesetzt werden und kann beendet werden, wenn sie rund 0,5 m unter das Pfahlende reicht.

Bild 13.29 zeigt eine Sondierung am Standort eines Nachspannmastes und Tabelle 13.17 die mit der leichten Rammsonde erhaltenen Schlagzahlen. Schlagzahlen über 8 wurden

Tabelle 13.17: Schlagzahlen mit der leichten Rammsonde DPL nach Tabelle 13.11 für das Beispiel nach Bild 13.29.

Tiefe	Schlagzahl n_{10}								
0 bis 1,0	4	4	2	2	6	8	10	10	12	13
1,0 bis 2,0	12	16	14	20	20	18	22	24	20	20
2,0 bis 3,0	19	24	24	22	26	23	23	24	28	30
3,0 bis 4,0	30	32	26	30	32	38	40	42	38	40
4,0 bis 5,0	36	40	40	46	50	53	52	55	54	56

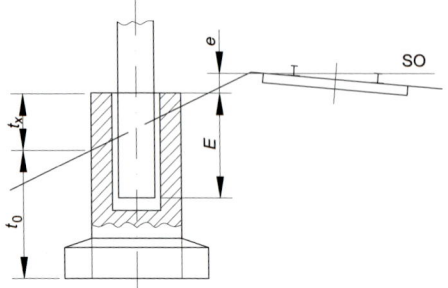

Bild 13.30: Bezeichnungen bei Gründungen für Oberleitungsmasten.

e_m Höhenunterschied zwischen Schienen- und Fundamentoberkante

E_t Einsatztiefe der Einsatzmasten in der Gründung

t_x Maß zwischen Fundamentoberkante und tiefsten Punkt am Erdaustritt

t_0 Eingrabetiefe der Gründung

SO   Schienenoberkante

bereits 0,5 m unter der Erdoberkante erreicht. Die Sondierung wurde daher bis 5,0 m fortgesetzt. Ab 1,5 m steht mitteldichter, ab 3,0 m dichter bis sehr dichter Boden mit 400 und 640 N/mm² Grenzbodenpressung an. Im Hinblick auf die Pfahlauslegung können die Bodenschichten ab 0,5 m unter Erdoberkante als tragend angesetzt werden.

13.7 Gründungen

13.7.1 Grundlagen der Auslegung

Die *Gründungsart* hängt von der Mastform, von der Art und Größe der Belastung, von den Baugrundverhältnissen und den technischen Möglichkeiten der Gründungsausführung ab. Da zwischen der Ausführung der Masten und Gründungen ein enger Zusammenhang besteht, muss die Mastauswahl auf die Gründungsmöglichkeiten Rücksicht nehmen.

Alle Gründungen für Fahrleitungsmasten sind den *Kompaktgründungen* zuzuordnen, die dadurch gekennzeichnet sind, dass der Mastschaft in einem einzigen Gründungskörper verankert ist und als Belastung neben Horizontal- und Lotrechtlasten im Wesentlichen Momente auftreten. Die Bauwerkslasten werden über Bodenpressung in der Fundamentsohle und über den seitlichen Erdwiderstand abgetragen.

Bei der *Bemessung von Gründungen* werden die Nachweise nicht mehr für Gebrauchslasten, sondern für Grenzlasten und Grenztragfähigkeiten durchgeführt. Die Grenztragfähigkeit ist dabei eine Eigenschaft jeder Gründung, bei deren Überschreitung diese ihre Funktion nicht mehr voll wahrnehmen kann oder versagt.

Die Anforderungen und die Bemessungsgrundlagen richten sich nach DIN EN 50 119.

13.7 Gründungen

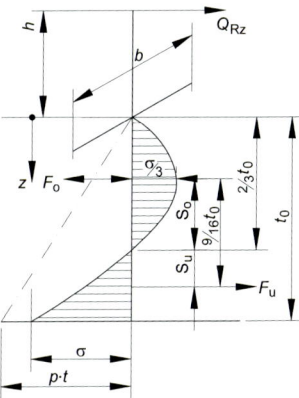

Bild 13.31: Lastabtragung bei einer Blockgründung ohne Stufen.

Die Bezeichnungen in Bild 13.30 wurden durch die DB für Oberleitungsgründungen eingeführt und werden in den folgenden Abschnitten verwendet.
Die aus den Masten und Bauwerken sich ergebenden Lasten wirken auf die Gründung. Auch deren Eigengewicht ist zu beachten. Die Lasten werden durch ihre Bemessungswerte dargestellt. Für die geotechnische Auslegung durch Berechnung gilt die allgemeine Bemessungsformel

$$E_\mathrm{d} \leq R_\mathrm{K}/\gamma_\mathrm{M} \tag{13.100}$$

mit E_d Bemessungswert der Bauwerkslasten, R_K charakteristische Gründungstragfähigkeit und γ_M Teilsicherheitsbeiwert auf der Widerstandsseite, der von der Art der Gründung abhängt und mindestens 1,20 betragen sollte.

13.7.2 Blockgründungen mit tragenden Seitenflächen

Blockgründungen aus Beton werden in der Form prismatischer Körper mit nahezu senkrechten Wänden oder in Form abgestufter Körper mit einer oder mehreren Stufen ausgeführt. Bei dieser Gründungsart tragen sowohl die Bodenpressung in der Sohlfläche als auch der seitliche Erdwiderstand zur Grenzlast bei. Der Erdwiderstand darf der Lagerungsdichte und den Bodenkennwerten entsprechend in Rechnung gestellt, wenn sichergestellt ist, dass der Boden weder dauernd noch vorübergehend entfernt wird. Bei prismatischen Gründungen, deren Höhe deutlich größer ist als ihre Breite, wird die Belastung überwiegend durch seitliche Einspannung abgetragen. In erster Näherung kann dann die Mitwirkung der Sohlfläche vernachlässigt werden. Mit dem nachfolgend beschriebenen Verfahren lassen sich auch Gründungen aus Betonkörpern mit kreisförmigen Querschnitten nachweisen.
Die Annahmen zur Ermittlung der Tragfähigkeit der Blockgründungen sind:
– Die äußeren Lasten werden vorzugsweise über Pressungen zwischen den Gründungsflächen rechtwinklig zur Lastrichtung und dem Boden übertragen.
– Die Gründung dreht sich unter der Last wie ein fester Körper um eine Drehachse, die in zwei Drittel der Gründungstiefe t_0 angenommen wird (siehe Bild 13.31).

– Ein linearer Anstieg der Bodentragfähigkeit mit der Gründung wird angenommen:

$$\sigma_{\text{zul}}(z) = p_{\text{t}} \cdot z, \tag{13.101}$$

wobei p_{t} einen Bodenwiderstandsparameter und z die Tiefe darstellen. Zur Ermittlung der charakteristischen Tragfähigkeit kann p_{t} als $200\,\text{kN}/(\text{m}^2{\cdot}\text{m})$ für mindestens halbfeste oder dichtgelagerte Böden und als $160\,\text{kN}/(\text{m}^2{\cdot}\text{m})$ für mindestens steife oder mitteldicht gelagerte Böden angenommen werden.

– Bei Einhaltung dieser Bemessungsvorgaben ist die Neigung der Gründung kleiner als ein Grad.

Die Annahme einer Drehachse in zwei Drittel Tiefe der Gründung führt zu einem parabolischen Verlauf der Pressung σ zwischen der Gründung und dem Boden

$$\sigma = -2\,p_{\text{t}}z + 3\,p_{\text{t}}/t_0 \cdot z^2 \quad . \tag{13.102}$$

Mit dieser Verteilung des Druckes können die resultierenden Kräfte oberhalb und unterhalb der *Drehachse* ermittelt werden .

Oberhalb der Drehachse gilt

$$F_{\text{Ro}} = b_{\text{F}} \int_{0}^{2/3 \cdot t_0} \sigma \mathrm{d}z = b_{\text{F}} \int_{0}^{2/3 \cdot t_0} (-2\,p_{\text{t}}z + 3\,p_{\text{t}}/t_0 \cdot z^2)\mathrm{d}z = -4/27 t_0^2 \cdot b_{\text{F}} \cdot p_{\text{t}} \tag{13.103}$$

und unterhalb der Drehachse

$$F_{\text{Ru}} = b_{\text{F}} \int_{2/3 \cdot t_0}^{t_0} \sigma \mathrm{d}z = b_{\text{F}} \int_{2/3 \cdot t_0}^{t_0} (-2\,p_{\text{t}}z + 3\,p_{\text{t}}/t_0 \cdot z^2)\mathrm{d}z = 4/27 t_0^2 \cdot b_{\text{F}} \cdot p_{\text{t}} \quad . \tag{13.104}$$

In (13.103) und (13.104) ist b_{F} die Breite der Gründung rechtwinklig zur einwirkenden Kraft. Der Abstand zwischen den beiden Kräften F_{Ro} und F_{Ru} ergibt sich aus den Schwerpunkten der Bodenpressungen s_{o} und s_{u}, die erhalten werden aus

$$\begin{aligned} s_{\text{o}} &= \frac{b_{\text{F}}}{F_{\text{Ro}}} \int_{0}^{2t_0/3} \sigma(2/3 t_0 - z)\mathrm{d}z = \frac{p_{\text{t}} b_{\text{F}}}{F_{\text{Ro}}} \int_{0}^{2t_0/3} (4\,z^2 - 4/3\,t_0 \cdot z - 3\,z^3/t_0)\mathrm{d}z \\ &= t_0/3 \end{aligned} \tag{13.105}$$

und

$$\begin{aligned} s_{\text{u}} &= \frac{b_{\text{F}}}{F_{\text{Ru}}} \int_{2t_0/3}^{t_0} \sigma(z - 2/3\,t_0)\mathrm{d}z = \frac{p b_{\text{F}}}{F_{\text{Ru}}} \int_{2 \cdot t_0/3}^{t_0} (4/3\,t_0 \cdot z - 4\,z^2 + 3\,z^3/t_0)\mathrm{d}z \\ &= 11/48\,t_0 \quad . \end{aligned} \tag{13.106}$$

Damit ergibt sich der Schwerpunktabstand s zu

$$s = (1/3 + 11/48) \cdot t_0 = 9/16\,t_0 \quad . \tag{13.107}$$

13.7 Gründungen

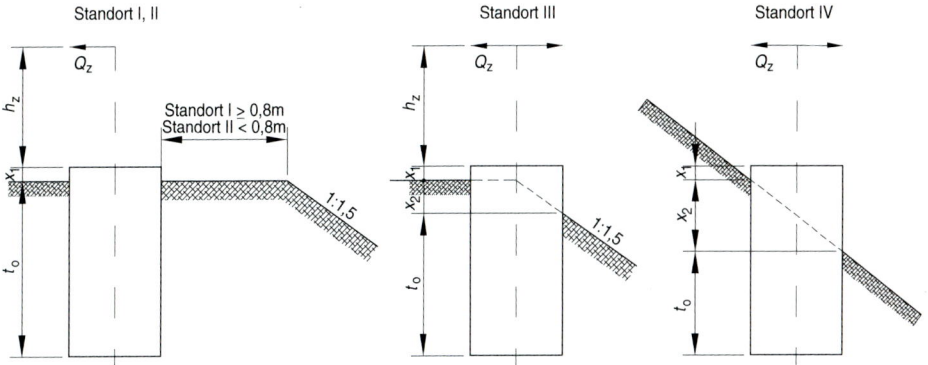

Bild 13.32: Anordnung der Blockgründungen in der Ebene und in Böschungen.

Da $F_{Ro} = F_{Ru}$ ist, gibt es aus der seitlichen Bodenpressung keine Horizontalreaktion, die der einwirkenden Last entgegen wirkt. Es wird daher vorausgesetzt, dass die horizontalen Lasten durch Reibung infolge des aktiven Erddrucks in den parallel zur Belastungsrichtung liegenden Gründungsflächen aufgenommen werden. Die Gründung wird durch ein Moment $M_{x(y)d}$ belastet, das an der Fundamentoberkante wirkt. Dieses Moment entsteht durch eine Querkraft $Q_{y(x)d}$, die in der Höhe h_M über der Fundamentoberkante angreift. Die Höhe h_M wird mit 8,0 m angenommen.

$$Q_R = M_R/h_M$$

Um die angenommene Drehachse ergibt sich das Widerstandsmoment M_{RKo}

$$M_{RKo} = F_{Ro} \cdot s = 9/16 \cdot 4/27 \, p \, t_0^3 \cdot b_F = 1/12 \, p_t \, t_0^3 \cdot b_F \quad . \tag{13.108}$$

Gemäß Bild 13.32 können vier Bedingungen bezüglich des Standortes der Blockgründungen im Querprofil unterschieden werden:
- in einer Ebene mit der Außenkante der Gründung weiter als 0,8 m von der Böschungskante entfernt (Standort I)
- in einer Ebene mit der Außenkante der Gründungen weniger als 0,8 m von der Böschungskante entfernt (Standort II)
- im Bereich der Böschungskante (Standort III)
- im Bereich der Böschung (Standort IV)

Das Moment dieser Kraft in Bezug zur Drehachse wird für den Standort I:

$$M_{x(y)d} = Q_{y(x)d} \cdot \left(h_M + t_{x1} + 2/3 t_0\right) = M_{x(y)d}/\left(1 + t_{x1}/h_M + 2/3 \cdot t_0/h_M\right) \quad .$$

Mit $h_M = 8{,}0$ m; $t_{x1} = 0{,}2$ wird erhalten

$$M_{x(y)d} = M_{RK} = p_t \cdot t_0 \cdot t_0^2 \cdot b_F / \left(12 + 0{,}3 \cdot t_0\right) \quad .$$

M_{RK} kann als charakteristische Beanspruchbarkeit bezeichnet und geschrieben werden

$$M_{RK} = p_t \cdot t_0 \cdot b_F \cdot K_1(t_0)/K_2(t_0) \quad . \tag{13.109}$$

Tabelle 13.18: Charakteristische Momente M_{RK} für Blockgründungen in kN·m.
$M_{RK} = p_t \cdot 10^3 \cdot b_F \cdot t_0 \cdot K_1/K_2$

		Standort I sehr guter Boden	Standort II	Standort III zum Gleis	Standort III vom Gleis	Standort IV zum Gleis	Standort IV vom Gleis
	$p^{1)}$	200	160	160	160	160	160
	K_1	t_0^2	t_0^2	$(t_0+0{,}3)^2$	t_0^2	$(t_0+0{,}3)^2$	t_0^2
	K_2	$12{,}3 + t_0$	$12{,}3 + t_0$	$12{,}6 + t_0$	$12{,}75 + t_0$	$13{,}05 + t_0$	$13{,}2 + t_0$
Breite b_F (m)	Tiefe t_0 (m)						
1,00	1,60	59	47	65	46	63	44
1,00	1,80	83	66	88	64	86	62
1,00	2,00	112	90	116	86	112	84
1,20	2,30	200	160	200	155	194	150
1,20	2,50	254	203	250	197	242	191

[1)] p_t in kN/(m²·m)

Für den Standort II gelten die Annahmen des Standortes I, jedoch wird bei allen Bodenarten nur $p_t \cdot t_0$ gleich $160 \, \text{kN}/(\text{m}^2 \cdot \text{m})$ gesetzt.

Bei den Standorten III und IV muss zwischen der Wirkung der Belastung in Richtung zum Gleis und vom Gleis weg unterschieden werden. Im Standort III ist bei Belastung zum Gleis die wirksame Tiefe $t_0 + t_{x2}$. Mit $t_{x2} = 0{,}3 \, \text{m}$ wird erhalten

$$K_1(t_0) = (t_0 + 0{,}3)^2 \quad \text{und} \quad K_2(t_0) = 12{,}6 + t_0 \quad .$$

Bei Belastung vom Gleis weg wird die wirksame Tiefe t_0 und die Angriffshöhe ist $h_M + t_{x1} + t_{x2}$ mit $t_{x2} = 0{,}3 \, \text{m}$. Damit wird erhalten

$$K_1(t_0) = t_0^2 \quad \text{und} \quad K_2(t_0) = 12{,}75 + t_0 \quad .$$

Im Standort IV gilt für die Belastung zum Gleis mit $t_{x2} = 0{,}6 \, \text{m}$

$$K_1(t_0) = (t_0 + t_{x2}/2)^2 = (t_0 + 0{,}3)^2 \quad ,$$

$$K_2(t_0) = (12 + 1{,}5) \cdot (t_{x1} + t_{x2}/2) + (t_0 + t_{x2}/2) = (13{,}05 + t_0)$$

und für die Belastung weg vom Gleis

$$K_1(t_0) = t_0^2 \quad ,$$

$$K_2(t_0) = 12 + 1{,}5 \cdot (t_{x1} + t_{x2}) + t_0 = 13{,}2 + t_0 \quad .$$

Tabelle 13.18 enthält Beispiele für charakteristische Beanspruchbarkeiten von Blockgründungen mit $1{,}0 \times 0{,}9 \, \text{m}$ und $1{,}2 \times 0{,}9 \, \text{m}$ Querschnitt. Es ist nachzuweisen, dass

$$M_{x(y)d} < M_{RK}/\gamma_M = M_{RK}/1{,}2.$$

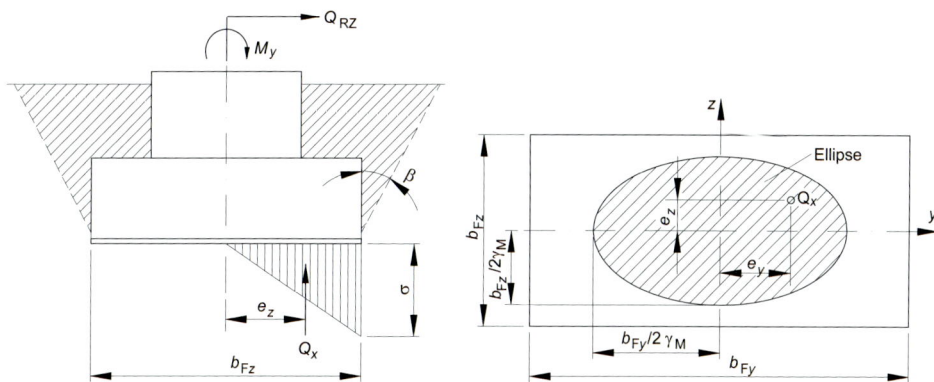

Bild 13.33: Tragwirkung einer Blockgründung mit Stufe.

Bild 13.34: Zulässiger Bereich für die Exentrizitäten e_y und e_z der gesamten Vertikallast Q_x in einer rechteckigen Gründungssohle.

13.7.3 Blockgründungen mit Stufen

Blockgründungen mit Stufen, auch Schwergewichtsgründungen oder Plattengründungen genannt, werden gewählt, wenn der Boden nicht standfest ist und nicht gegen das gewachsene Erdreich betoniert werden kann. Auch große äußere Kräfte können Blockgründungen mit Stufen erforderlich machen. Diese Gründungsart findet daher häufig bei hohen Querfeldmasten Anwendung.

Die Belastung wird hier vorwiegend über die Sohlfläche abgetragen, da die Breite meist größer ist als die Tiefe und die vertikalen Seitenflächen nur in geringem Maße zur Lastabtragung beitragen, weil eine seitliche Einspannung infolge des wiederverfüllten Aushubs nicht mehr wirksam wird.

In der Literatur finden sich mehrere Verfahren zur Bemessung von *momentenbelasteten Blockgründungen* mit Stufen. Bei Oberleitungen ist es gängige Praxis anzunehmen, dass die Belastung vorwiegend über die Sohlfläche abgetragen wird (Bild 13.33). Die seitliche Einspannung wird durch die Gewichtskraft eines Erdkörpers in Form eines Pyramidenstumpfes berücksichtigt, der an der Gründungssohle mit einem Winkel β_E gegen die Lotrechte beginnt und bis zur Erdoberfläche reicht. Der Winkel kann aus der Tabelle 13.16 entnommen werden. Das Volumen des Betonkörpers ist dabei in Rechnung zu setzen.

Bei Belastung durch Momente M_{yd} und M_{zd} muss die aus den Bodenpressungen in der Sohlfläche resultierende Kraft Q_x innerhalb der Ellipse nach Bild 13.33 angreifen. Dies trifft zu, wenn

$$(e_x/b_{Fy})^2 + (e_z/b_{Fz})^2 \leq 1/\left(4\,\gamma_M^2\right) \quad , \tag{13.110}$$

wobei $e_x = M_{yd}/Q_x$ und $e_z = M_{zd}/Q_x$. Die Momente M_{yd} und M_{zd} entsprechen den Bemessungswerten, wobei die Teilsicherheitsbeiwerte eingeschlossen sind. Die resultierende Kraft Q_x stellt die Summe aller vertikalen Lasten einschließlich der Eigengewichte

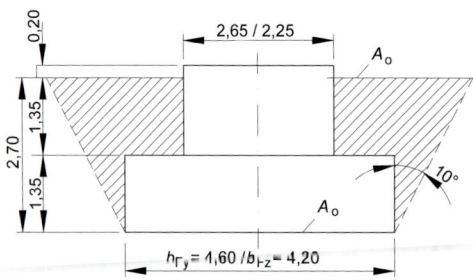

Bild 13.35. Beispiel für Blockgründung mit Stufe.

des Mastes, der Oberleitungen, der Mastausrüstung, des Eigengewichts der Gründung und des wirksamen Gewichts des überlagernden Bodens dar. Q_x ist eine charakteristische Last ohne Teilsicherheitsbeiwerte. Der Teilsicherheitsbeiwert γ_M sollte nach DIN EN 50119:2010 mindestens 1,2 betragen.

Zusätzlich zum Nachweis der Stabilität mit der Gleichung (13.110) wird der Bodendruck der Sohlfläche mit der folgenden Beziehung nachgewiesen (siehe Bild 13.33)

$$\gamma_F \cdot Q_x \leq (b_{Fy} - 2\,e_{Fy}) \cdot (b_{Fz} - 2\,e_{Fz}) \cdot \sigma_{zul}/\gamma_M \quad . \tag{13.111}$$

Die Gleichung (13.111) nimmt an, dass die Bemessungslast $\gamma_F \cdot Q_x$ gleich verteilt auf eine rechteckige Fläche mit den Maßen $(b_{Fy} - 2\,e_{Fy}) \cdot (b_{Fz} - 2\,e_{Fz})$ wirkt.
Eine alternative Methode zur Bemessung von Blockgründungen mit Stufen ist in [13.14] beschrieben und als *Sulzberger-Verfahren* bekannt.

Beispiel 13.3: Gesucht ist die zulässige Momentenbelastung einer Blockgründung mit Stufen gemäß Bild 13.35. Bodenart: Sand, dicht gelagert. Spezifisches Gewicht des Betons $22\,\text{kN/m}^3$ und des Bodens $19\,\text{kN/m}^3$. Charakteristischer Bodendruck $640\,\text{kN/m}^2$, Auflastwinkel $\beta_E = 10°$.
Gewichtskraft des Betonkörpers

$$Q_{xB} = (4{,}60 \cdot 4{,}20 \cdot 1{,}35 + 2{,}65 \cdot 2{,}25 \cdot 1{,}55)\,22{,}0 = 35{,}3 \cdot 22{,}0 = 777\,\text{kN} \quad .$$

Gewichtskraft des Bodenkörpers:
Grundfläche

$$A_u = 4{,}60 \cdot 4{,}20 = 19{,}3\,\text{m}^2$$

Fläche an der Erdoberkante

$$A_o = (4{,}60 + 2 \cdot 2{,}7 \tan 10)(4{,}20 + 2 \cdot 2{,}7 \tan 10) = 28{,}6\,\text{m}^2 \quad ,$$

$$Q_{xE} = \left[(2{,}7/3)(19{,}3 + 28{,}6 + \sqrt{28{,}6 \cdot 19{,}3}\,) - 34{,}1\right] \cdot 19{,}0 = 30{,}2 \cdot 19{,}0 = 573\,\text{kN} \quad .$$

Die gesamte charakteristische Gewichtskraft beträgt $Q_x = 777 + 573 = 1\,350\,\text{kN}$.
Aus den Bedingungen (13.110) und (13.111) werden die Grenzmomente erhalten.
Mit $e_{Fz} = 0$ ergibt sich der maximal zulässige Wert für e_{Fy} aus der Bedingung (13.111) für $\gamma_F = 1{,}20$, $b_{Fy} = 4{,}60\,\text{m}$ und $b_{Fz} = 4{,}20\,\text{m}$

$$1{,}30 \cdot 1\,350 = (4{,}6 - 2 \cdot e_{Fy})\,4{,}2 \cdot 640/1{,}2$$

13.7 Gründungen

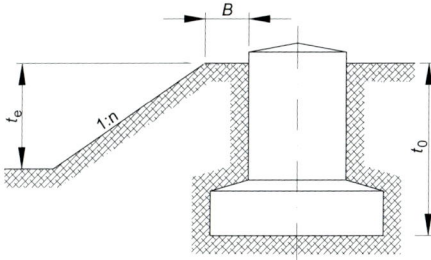

Bild 13.36: Betonblockgründung mit Stufe, angeordnet in einer Böschung.

oder

$$e_{Fy} = 1/2\,[4{,}6 - (1{,}30 \cdot 1\,350 \cdot 1{,}2)/(4{,}2 \cdot 640)] = 1{,}908\,\text{m}$$

und ebenso erhält man mit der Annahme $e_{Fy} = 0$ und $\gamma_M = 1{,}2$

$$1{,}30 \cdot 1\,350 = (4{,}2 - 2 \cdot e_{Fz}) \cdot 4{,}6 \cdot 640/1{,}2$$

oder

$$e_{Fz} = 1/2(4{,}2 - (1{,}30 \cdot 1\,350 \cdot 1{,}2)/4{,}6 \cdot 640) = 1{,}742\,\text{m} \quad .$$

Aus der Bedingung (13.110) folgt mit $e_z = 0$

$$e_{Fy} = b_{Fy}/(2 \cdot 1{,}2) = 4{,}6/2{,}4 = 1{,}917\,\text{m}$$

und für $e_{Fy} = 0$ ergibt sich

$$e_{Fz} = b_{Fz}/(2 \cdot 1{,}2) = 4{,}2/2{,}4 = 1{,}750\,\text{m} \quad .$$

Die Bedingung (13.111) (Grenzwert des Bodendruckes) begrenzt die zulässigen Bemessungsmomente

$$M_{zd} = Q_x \cdot e_{Fy} = 1\,350 \cdot 1{,}908 = 2\,576\,\text{kN} \cdot \text{m}$$

und

$$M_{zd} = Q_x \cdot e_{Fz} = 1\,350 \cdot 1{,}729 = 2\,352\,\text{kN} \cdot \text{m} \quad .$$

Die vorhandene Stabilität wird aus der Gleichung (13.110) erhalten

$$\gamma_M = e_{Fy}/2\,b_{Fy} = 4{,}60/2 \cdot 1{,}908 = 1{,}206$$

oder

$$\gamma_M = e_{Fz}/2\,b_{Fy} = 4{,}20/2 \cdot 1{,}742 = 1{,}206 \quad .$$

Für den Grenzbodendruck $400\,\text{kN/m}^2$ ergeben sich die Bemessungsmomente mit $M_{yd} = 2\,260\,\text{kN·m}$ und $M_{zd} = 2\,062\,\text{kN·m}$. Während der Grenzwert des Bodendrucks auf 62,5 % reduziert ist, werden die Grenzmomente nur auf 88 % ermäßigt.

Wenn Blockgründungen mit Stufen in der Nähe von oder in Böschungen eingebracht werden, reduziert sich ihre Tragfähigkeit abhängig von den Einbaubedingungen und der Neigung und Höhe der Böschung. Die nach den oben beschriebenen Verfahren ermittelten zulässigen Momente sind dann durch Division mit dem jeweils zutreffenden Faktor κ_n nach Tabelle 13.19 abzumindern.

Tabelle 13.19: Faktor κ_n zur Berücksichtigung des Einflusses der Böschungsneigung auf die Tragfähigkeit von Stufengründungen (Bezeichnungen siehe Bild 13.36).

Abstand b	Verhältnis Böschungstiefe/ Gründungstiefe t_e/t_0		Faktor κ_n		
m	von	bis	$n_B = 1{,}00$	$1{,}50$	$2{,}00$
0	0,25	0,50	1,10	1,07	1,04
	0,50	0,75	1,20	1,15	1,09
	1,0	$\geq 1{,}0$	1,30	1,22	1,13
0,20	0,25	0,50	1,08	1,06	1,04
	0,50	0,75	1,17	1,12	1,07
	0,75	$\geq 1{,}0$	1,25	1,18	1,11
0,40	0,25	0,50	1,06	1,05	1,03
	0,50	0,75	1,13	1,09	1,05
	0,75	$\geq 1{,}0$	1,19	1,14	1,08
0,60	0,25	0,50	1,05	1,03	1,02
	0,50	0,75	1,09	1,07	1,04
	0,75	$\geq 1{,}0$	1,14	1,10	1,06
0,80	0,25	0,50	1,03	1,02	1,01
	0,50	0,75	1,05	1,04	1,03
	0,75	$\geq 1{,}0$	1,08	1,06	1,04
1,00	0,25	0,50	1,01	1,01	1,00
	0,50	0,75	1,02	1,01	1,01
	0,75	$\geq 1{,}0$	1,03	1,02	1,01
1,10	0,25	$\geq 1{,}0$	1,00	1,00	1,00

13.7.4 Rammpfahlgründungen

Rammpfahlgründungen stellen eine wirtschaftliche Alternative zu Ortbetongründungen dar und eignen sich insbesondere für Standorte mit tief liegenden tragfähigen Bodenschichten oder mit hohem *Grundwasserstand*, der sonst einen aufwändigen Baugrubenverbau und Grundwasserhaltung notwendig machen würde. Auf die Masten abgestimmte Stahlpfähle eignen sich auch bei beengten Platzverhältnissen, erfordern wenig Aushub und stören in kritischen Bahndämmen die Bodenschichtung nur wenig.

Für Stahlgitter-, Rahmenflach- und Doppel-T-Aufsetzmasten eignen sich Stahlpfähle aus Spundwandprofilen nach Bild 13.37 besonders. Ein Betonkopf stellt die Verbindung des Pfahles mit dem Mast her. Diese Gründungsart erfordert keine Anpassung der Masten; sie werden mit Ankerbolzen auf den Fundamentkopf aufgesetzt. Die Pfahlquerschnitte können der Belastung entsprechend gewählt werden. Für hohe Kräfte in beiden Richtungen lassen sich zwei Einzelpfähle zu Doppelbohlen längs verschweißen.

Für *Schleuderbetonmasten* eignen sich *gerammte Rohre*, über die der Mast gestülpt wird [13.3] (Bild 13.38). Da die Durchmesser der Rohre kleiner als die Innendurchmesser der geschleuderten Betonmasten sein müssen, werden für eine ausreichende Tragfähigkeit relativ starkwandige und damit schwere und teurere Rohre benötigt. Als Alternative hierzu können Spundwandträger mit einem aufgeschweißten Rohrstück verwendet werden,

13.7 Gründungen

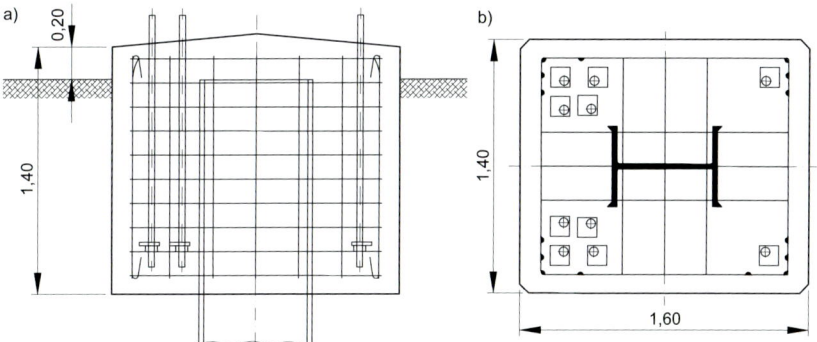

Bild 13.37: Pfahlrammpfahl mit Betonkopf. a) seitliche Ansicht, b) Draufsicht

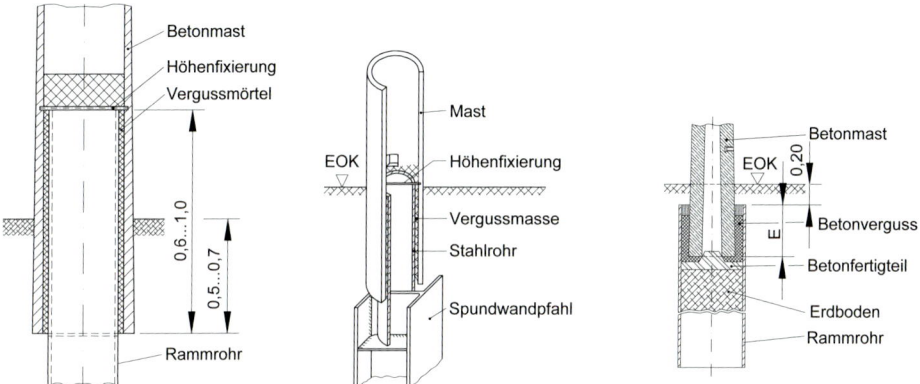

Bild 13.38: Betonschleudermast mit Stahlrohrgründung.

Bild 13.39: Betonschleudermast auf Spundwandpfahl mit aufgeschweißtem Rohr.

Bild 13.40: Betonschleudermast eingesetzt in Stahlrammrohr.

womit eine weniger aufwändige Rammgründung von Schleuderbetonmasten (Bild 13.39) entsteht. Nach dem Einrichten des Mastes wird der Zwischenraum zwischen Betonmast und Stahlrohr mit Mörtel vergossen. Der Betonmast schützt im Übergangsbereich zwischen Luft und Boden den Stahlpfahl vor Korrosion. Weitere Schutzmaßnahmen sind nicht erforderlich.

Als weitere Alternative können Beton- und Doppel-T-Masten in Stahlrammrohre mit größerem Durchmesser eingesetzt werden (Bild 13.40). Der Hohlraum wird mit Beton vergossen oder mit Splitt verfüllt. Für Stahlrohre ist ein Korrosionsschutz erforderlich. Für den *geotechnischen Stabilitätsnachweis* von Pfahlgründungen kann die in [13.15] beschriebene Methode verwendet werden. Dieses Verfahren wurde für die Bemessung von Pfählen mit großen Maßen im Hafenbau entwickelt und stellt keine hohen Anforderungen an den Umfang und die Genauigkeit von Bodenerkundungen, führt jedoch zur zuverlässigen Bemessung. Das Verfahren verwendet die in Bild 13.41 dargestellten

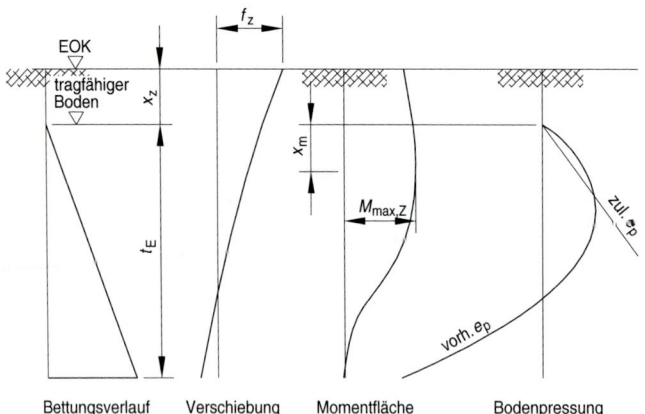

Bild 13.41: Grundlagen für Pfahlberechung nach [13.15].

Annahmen. Der *Erdwiderstand* nimmt vom Anfang der tragfähigen Schicht an linear zu. Damit der Pfahl ein *rückdrehendes Moment* erzeugt, muss er im Boden Verschiebungen erfahren. Die Zulässigkeit dieser Annahmen wurde durch Versuche geprüft und auch in zahlreichen Anwendungen ohne Versagen der Pfahlgründungen bestätigt. Das Verfahren geht vom Erdwiderstand $e_o = \gamma_E \cdot \lambda_p$ aus, wobei für den Erddruckfaktor λ_p in ebenem Gelände gilt

$$\lambda_p = \tan^2(45° + \phi_R/2) \quad . \tag{13.112}$$

Für Gründungen in einer Böschung mit dem Winkel $\tan 1/n_B$ kann der *Erdwiderstand* λ_p der Tabelle 13.20 entnommen werden. Das spezifische Gewicht des Bodens γ_E sollte mit Rücksicht auf Grundwasser gleich $10\,\text{kN/m}^3$ gesetzt werden.

Nach [13.15] und mit den Angaben in Bild 13.41 lässt sich die Stelle des größten Momentes ermitteln aus

$$x_m^3 + 3 \cdot b \cdot x_m^2 = 6 \cdot Q_{zd}/e_p \quad . \tag{13.113}$$

Die Querkraft Q_{zd} stellt die Summe der Horizontalkräfte dar und hängt mit dem Moment an der Pfahloberkante gemäß

$$Q_{zd} = M_{zd}/h_z$$

zusammen. Für Pfahlgründungen mit Beanspruchung in beiden Hauptrichtungen sind für M_{zd} und Q_{zd} die jeweiligen Resultierenden einzusetzen. Das größte Moment wird

$$M_{z\,\max} = Q_{zd}(h_z + x_{x1} + x_m) - e_p(b_F \cdot x_m^3/6 + x_m^4/24) \quad . \tag{13.114}$$

Häufig wird der entlastende, zweite Term in der Beziehung (13.114) weggelassen und man erhält vereinfacht

$$M_{z\,\max} = Q_{zd}(h_z + x_{x1} + x_m) \quad , \tag{13.115}$$

wobei x_{x1} die Dicke der nichttragfähigen Bodenschichten bedeutet.

13.7 Gründungen

Tabelle 13.20: Erddruckfaktor λ_p für Pfähle in Böschungen nach Ohde [13.10] abhängig vom Winkel der inneren Reibung ϕ_R siehe Tabelle 13.16 und der Böschungsneigung β_w. β_w ist positiv, wenn die Belastung zur Böschung wirkt, und negativ, wenn sie von der Böschung weg wirkt.

Böschungs-neigung β_w	\multicolumn{9}{c}{Winkel der inneren Reibung ϕ_R}								
	40°	35°	30°	25°	20°	15°	10°	5°	0°
+40°	70,923								
+35°	34,051	18,817							
+30°	21,592	13,226	8,743						
+25°	14,929	9,951	6,982	5,075					
+20°	11,062	7,822	5,737	4,319	3,312				
+15°	8,570	6,331	4,807	3,723	2,926	2,321			
+10°	6,840	5,228	4,080	3,235	2,595	2,099	1,704		
+ 5°	5,572	4,375	3,492	2,823	2,304	1,894	1,564	1,291	
0°	4,599	3,690	3,000	2,464	2,039	1,698	1,420	1,191	1,000
− 5°	3,826	3,124	2,577	2,143	1,792	1,504	1,262	0,992	
−10°	3,193	2,643	2,204	1,848	1,552	1,295	0,970		
−15°	2,660	2,224	1,866	1,566	1,299	0,933			
−20°	2,201	1,848	1,548	1,277	0,883				
−25°	1,796	1,502	1,231	0,821					
−30°	1,428	1,163	0,750						
−35°	1,076	0,671							
−40°	0,587								

Für die erforderliche *Einbindelänge im tragfähigen Boden* gilt nach [13.15] $t_0 = 1{,}2 \cdot t_E$, wobei t_E aus der Gleichung

$$t_E^3 (t_E + 4 \cdot b_F)/(t_E + h_{zd}) - 4\, x_m^2 (x_m + 3 \cdot b_F) = 0 \quad . \tag{13.116}$$

zu ermitteln ist, die man numerisch lösen kann. Die gesamte Pfahllänge ergibt sich aus

$$t_{pf} = t_0 + x_1 + t_x - 0{,}20 \text{ m} \quad , \tag{13.117}$$

wobei vorausgesetzt wird, dass der Pfahl 0,2 m unter der Fundamentoberkante endet. Die Definition von t_x kann dem Bild 13.30 entnommen werden. In der Praxis wird man die Pfahllängen auf 0,5-m-Stufen runden, wobei bis 0,15 m eine Rundung nach unten annehmbar ist. Für Tragmasten mit Auslegern sollte die Einbindetiefe t_o mindestens 3,0 m betragen, bei Mittelmasten in Nachspannungen 3,5 m und 4,5 m bei Endmasten. Wenn Pfähle parallel zur Böschung belastet werden, kann die Bemessung mit einer zusätzlichen ideellen, nichtfragfähigen Bodenschicht der Dicke $t_x = 0{,}945/n_B$ vorgenommen werden, wobei $1/n_B$ die Böschungsneigung wiedergibt. In Böschungen, deren Höhe größer ist als die Rammtiefe für ebenes Gelände abzüglich 1,0 m, wird die Einbindetiefe nicht aus $t_0 = 1{,}2 \cdot t_E$ sondern aus $t_0 = 1{,}7 \cdot t_E$ ermittelt, wenn die Belastungsrichtung rechtwinklig zur Böschung verläuft.

Neben der *bodenmechanischen Standsicherheit* ist die Festigkeit der Stahlpfähle nachzuweisen, wobei für die Stahlgüte S235 der Teilsicherheitsfaktor $\gamma_M = 1{,}25$ verwendet werden sollte, um auch Abrosten zu beachten.

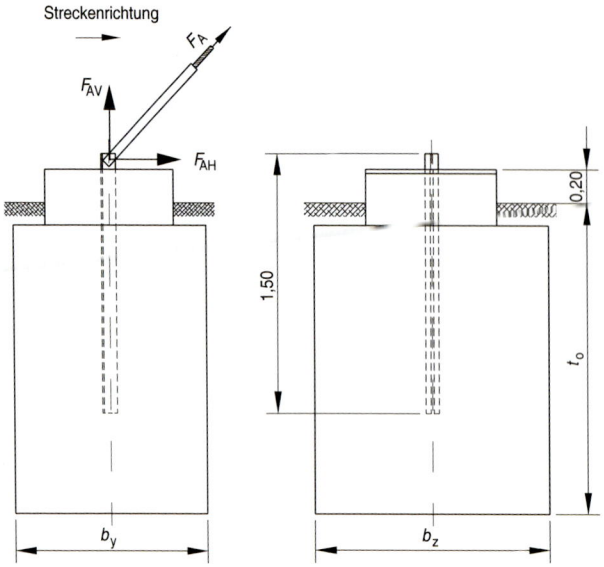

Bild 13.42: Gründungen für einen Abstannanker.

Weiter kann die *Pfahlverschiebung* am Pfahlkopf nach der Beziehung

$$f_{\text{pf}} = \frac{Q_{zd}}{E \cdot I} \left[\frac{(h_z + x_{x1} + 0{,}65 \cdot t_0)^3}{3} - (h_z + x_{x1} + 0{,}65 \cdot t_0)^2 \cdot \frac{h_{z0}}{2} + \frac{h_{z0}^3}{6} \right] \quad (13.118)$$

ermittelt werden, wobei h_{z0} die ideelle Angriffshöhe der resultierenden Querkraft bedeutet. Die Verschiebung wird für die charakteristischen Lasten ohne Teilsicherheitsbeiwerte auf der Lastseite nachgewiesen. Die horizontale Pfahlverschiebung sollte nicht mehr als 30 mm oder das 0,005-fache der Pfahllänge erreichen, wobei der kleinere der beiden Werte gilt. Ein Beispiel für die Pfahlbemessung nach [13.15] wird in Abschnitt 13.8 erläutert.

13.7.5 Gründungen für Mastanker

Bei Fahrleitungsmasten sind Anker zweckmäßig, um in einer vorgegebenen Richtung ständig wirkende Kräfte, z. B. aus Längskräften der Endabspannungen von Kettenwerken, abzutragen, die anderweitig zu hohen Biegebeanspruchungen der Masten und ihrer Gründungen führen würden. Wie aus Bild 13.42 zu ersehen, werden *Ankergründungen* durch die Vertikalkomponente F_{AV} der Ankerkraft in vertikaler Richtung und durch die Komponente F_{AH} in horizontaler Richtung belastet. Das Eigengewicht der Gründung und die Reibung gegen die Erde bilden den Widerstand gegen Herausziehen:

$$F_{Kr} = \gamma_g V_g + A_r \tau_r \quad (13.119)$$

mit V_g = Volumen der Gründung,
γ_g = spezifisches Gewicht der Gründung, z. B. von Beton,
A_r = Reibungsfläche,
τ_r = Mantelreibungswert.

13.7 Gründungen

Tabelle 13.21: Reibwerte zwischen Boden und Beton.

Bodenart	Reibwert τ_r in kN/m²
Sand, sehr dicht	20
Sand, dicht	15
Sand, mitteldicht	10
Sand, lose	5
Ton, fest	12
Ton, halbfest	6

Der Mantelreibungswert τ_r hängt vom Gründungsmaterial und vom Boden ab. In der Tabelle 13.21 finden sich hier für allgemein verwendete Daten.
Eine Ankergründung ist ausreichend gegen Herausziehen ausgelegt, wenn

$$F_{\text{AVd}} \leq F_{\text{K}r}/\gamma_{\text{M}} \quad . \tag{13.120}$$

Der Teilsicherheitsbeiwert γ_{M} sollte mindestens 1,2 betragen, wenn F_{AVd} die Bemessungslast darstellt.
Der horizontalen Belastung wirkt der *passive Erddruck* entgegen, der bei Betonkörpern als linear mit der Tiefe ansteigend angesetzt werden kann

$$e = \gamma_{\text{E}} \cdot z \cdot \left[\lambda_{\text{p}} - \lambda_{\text{a}}\right) = \gamma_{\text{E}} \cdot z \left(\tan^2(45 + \phi_{\text{R}}/2) - \tan^2(45 - \phi_{\text{R}}/2)\right]) \tag{13.121}$$

mit γ_{E} mit spezifisches Gewicht des Bodens und ϕ_{R} Winkel der inneren Reibung (siehe Tabelle 13.14).
Der gesamte Erddruck eines Körpers der Tiefe t_0 und der Breite b_{F} wird dann

$$E_{\text{P}} = 0{,}5 \cdot \gamma_{\text{E}} \cdot t_0^2 \cdot b_{\text{F}} \cdot \left(\tan^2(45 + \phi_{\text{R}}/2) - \tan^2(45 - \phi_{\text{R}}/2)\right) \quad . \tag{13.122}$$

Der resultierende Erddruck wirkt in zwei Drittel der Tiefe t_0. Die Standsicherheit ist gewährleistet, wenn der Widerstand um den Faktor γ_{M} größer ist als die horizontale Last. Daher gilt

$$F_{\text{AHd}} \leq E_{\text{P}}/\gamma_{\text{M}} \quad . \tag{13.123}$$

Ein Kippen der Ankergründung kann nicht auftreten, wenn das einwirkende Moment kleiner ist als das charakteristische Widerstandsmoment geteilt durch den Teilsicherheitsbeiwert γ_{M}

$$M_{\text{Ad}} \leq M_{\text{K}r}/\gamma_{\text{M}} \quad , \tag{13.124}$$

wobei (siehe Bild 13.42)

$$M_{\text{K}r} = F_{\text{K}r} \cdot b_{Fy}/2 + E_{\text{P}} \cdot t_0/3 \quad . \tag{13.125}$$

Tabelle 13.22: Daten der Oberleitung Sicat H1.0.

	Fahrdraht	Tragseil	Rück-leiter	Verstärkungs-leitung
	AC-120 – CuMg	Bz II 120	243 - AL1	243 - AL1
Massebelag kg/m	1,07	1,06	0,67	0,67
Durchmesser mm	13,2	14,0	20,3	20,3
Zugkraft kN	27	21	4,8	8,5
Windlast [1] N/m	9,8	10,4	11,9	11,9

[1] mit Anteil Klemmen und Hänger

Beispiel 13.4: Die Ankergrenzlast $F_{\text{A d}}$ gleich 50 kN wirkt unter 50°. Dann ist $F_{\text{AV d}} = F_{\text{A d}} \cdot \sin 50° = 38{,}3$ kN und $F_{\text{AH d}} = F_{\text{A d}} \cdot \cos 50° = 32{,}1$ kN. Als Boden wird mitteldicht gelagerter Sand angenommen mit $\gamma_{\text{E}} = 16$ kN/m³, $\phi_{\text{R}} = 30°$ und $\tau_{\text{r}} = 10$ kN/m². Die Ankergründung hat die Maße $t_0 = 2{,}00$ m, $b_{\text{Fz}} = 1{,}20$ m, $b_{\text{Fy}} = 1{,}00$ m (Bild 13.42).
Damit ergibt sich $V_{\text{g}} = 1{,}7 \cdot 1{,}0 \cdot 1{,}2 = 2{,}04$ m³. Die obere Bodenschicht mit 0,5 m Dicke wird als nicht tragend betrachtet. Daher ist $A_{\text{r}} = 1{,}5 \cdot 2 \cdot (1{,}0 + 1{,}2) = 6{,}60$ m² und die Gleichung (13.119) ergibt

$$F_{\text{K r}} = 22 \cdot 2{,}04 + 10 \cdot 6{,}60 = 110{,}9 \text{ kN} \quad .$$

Aus (13.121) wird erhalten

$$\lambda_{\text{p}} - \lambda_{\text{a}} = \tan^2(60) - \tan^2(30) = 2{,}67 \quad .$$

Gleichung (13.122) liefert

$$E_{\text{p}} = 0{,}5 \cdot 16 \cdot 2{,}0^2 \cdot 1{,}2 \cdot (\tan^2 60 - \tan^2 30) = 102{,}4 \text{ kN} \quad .$$

Aus der Gleichung (13.120) ist zu erkennen, dass

$$38{,}3 \leq 110{,}9/1{,}2 = 92{,}4 \text{ kN} \quad .$$

Der Nachweis der Stabilität gegen Kippen wird mit Hilfe der Gleichung (13.124) geführt, die auf die Sohlfläche angewandt wird

$$M_{\text{K r}} = 32{,}1 \cdot 2{,}0 + 38{,}3 \cdot 0{,}5 = 83{,}3 \leq (110{,}9 \cdot 0{,}5 + 102{,}5 \cdot 2{,}0/3)/1{,}2 = 103{,}2 \text{ kN} \cdot \text{m} \quad .$$

Die gewählte Ankergründung erfüllt die Anforderungen.

13.8 Beispiel für Bemessung der Ausleger, Masten und Gründungen

13.8.1 Oberleitungsdaten

Anhand eines Beispiels wird die *Bemessung der Ausleger, Masten und Gründungen* für eine Hochgeschwindigkeitsoberleitung ausgerüstet mit der Bauart Sicat H1.0 und

13.8 Beispiel für Bemessung der Ausleger, Masten und Gründungen

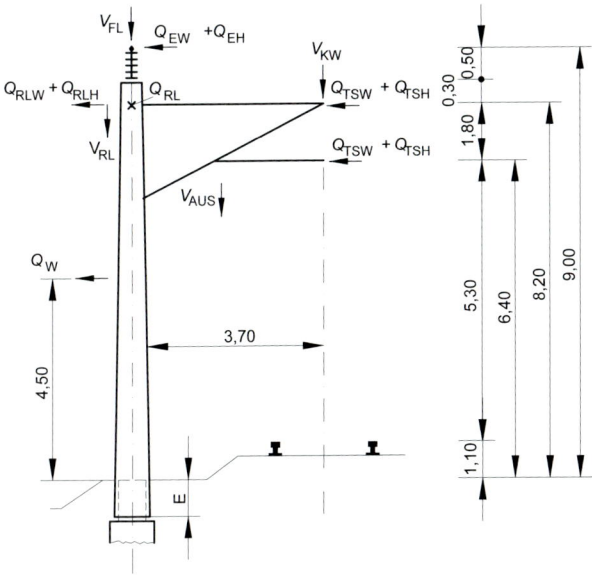

Bild 13.43: Maße und Lasteinwirkungen auf einen Oberleitungsmast.

Schwenkauslegern unter Verwendung der europäischen Normen dargestellt. Der Basisstaudruck wird entsprechend Windzone W2 mit $390\,\text{N/m}^2$ vorausgesetzt (siehe Tabelle 13.1). Die Strecke läuft im offenem Gelände (Kategorie B), wobei die Eislastklasse I2 (normal nach Tabelle 13.4) mit $7{,}0\,\text{N/m}$ Eislast gilt.
Die wesentlichen Daten der Oberleitung sind in der Tabelle 13.22 enthalten. Zusätzlich werden angesetzt:

Fahrdrahthöhe   5,30 m
Systemhöhe   1,80 m
Seitenverschiebung   ± 0,30 m
Gleisradius   10 000 m
Spannweitenlänge   65 m

Der Mast erhält eine Endabspannung des Rückleiters. Die Maße und Kräfte sind in Bild 13.43 dargestellt.
Im Beispiel werden nur numerische Daten für die Zwischenschritte der Berechnung angegeben. Die Einheiten werden wie oben genannt verwendet.
Der maßgebende Staudruck wird aus der Gleichung (13.3) für Höhen bis 7 m erhalten zu $q_h = 1{,}5 \cdot 390 = 585\,\text{N/m}^2$.
Der Winddruck auf die Leiter beträgt mit $G_C = 1{,}0$ und C_C nach Abschnitt 13.1.4.3:

Fahrdraht mit Klemmen und Hänger[1]: $Q_{\text{FDW}} = 585 \cdot 0{,}0132 \cdot 1{,}1 \cdot 1{,}15 = 9{,}8\,\text{N/m}$
Tragseil mit Klemmen und Hänger[1]: $Q_{\text{TSW}} = 585 \cdot 0{,}014 \cdot 1{,}1 \cdot 1{,}15 = 10{,}4\,\text{N/m}$
Verstärkungs- und Rückleiter: $Q_{\text{EW}} = Q_{\text{RW}} = 585 \cdot 0{,}0203 \cdot 1{,}0 = 11{,}88\,\text{N/m}$

[1] Der Faktor 1,15 berücksichtigt die Windeinwirkung auf Hänger

13.8.2 Lasten

Vertikale Lasten (nach Gleichung (13.1)):

Fahrleitung:	V_{KW}	$= 22{,}5 \cdot 65$	$= 1\,465\,\text{N}$
Ausleger:	V_{AUS}		$= 1\,500\,\text{N}$
Verstärkungsleiter:	V_{E}	$= 6{,}7 \cdot 65$	$= 440\,\text{N}$
Rückleiter:	V_{RL}	$= 6{,}7 \cdot 65/2$	$= 220\,\text{N}$
Ausrüstung Mastkopf:	V_{G}		$= 1\,000\,\text{N}$

Horizontale Lasten (siehe (13.3))

Tragseil:	Q_{TSW}	$= 10{,}4 \cdot 65 \cdot 1{,}15$	$= 676\,\text{N}$
Fahrdraht:	Q_{FDW}	$= 9{,}80 \cdot 65 \cdot 1{,}15$	$= 637\,\text{N}$
Verstärkungsleitung:	Q_{EW}	$= 11{,}88 \cdot 65$	$= 772\,\text{N}$
Rückleiter:	Q_{RLW}	$= 11{,}88 \cdot 65/2$	$= 386\,\text{N}$
Mast (HE-B260):	Q_{Wt}	$= 1{,}6 \cdot 585 \cdot 0{,}26 \cdot 8{,}5$	$= 2\,070\,\text{N}$

Horizontale Komponenten der Leiterzugkräfte (13.3), $R = 10\,000\,\text{m}$, $b = \pm 0{,}3\,\text{m}$

-Tragseil:	Q_{TSH}	$= 21\,000 \cdot 65/10\,000$	$= 137\,\text{N}$
		$+ \; 4 \cdot 0{,}30 \cdot 21\,000/65$	$= 388\,\text{N}$
			$= 525\,\text{N}$
-Fahrdraht:	Q_{FDH}	$= 27\,000 \cdot 65/10\,000$	$= 175\,\text{N}$
		$+ \; 4 \cdot 0{,}30 \cdot 27\,000/65$	$= 500\,\text{N}$
			$= 675\,\text{N}$
Verstärkungsleiter:	Q_{EH}	$= 8\,500 \cdot 65/10\,000$	$= 55\,\text{N}$
Rückleiter:	Q_{RLH}	$= 4\,800 \cdot 65/(10\,000 \cdot 2)$	$= 15\,\text{N}$
Endverankerung der Rückleiter:	Q_{RLL}		$= 4\,800\,\text{N}$

In DIN EN 50 119 sind die folgende Teilsicherheitsbeiwerte für Einwirkungen vorgegeben:

Ständige Einwirkungen	$\gamma_G = 1{,}30$, wenn Beanspruchung erhöhend wirkt
	$\gamma_G = 1{,}00$, wenn Beanspruchung ermäßigend wirkt
Veränderliche Einwirkungen	$\gamma_W = 1{,}30$

Das Eigengewicht der Leiter, Ausleger und Masten und die Querkräfte der Leiter werden als dauernd wirkende Einwirkungen betrachtet, während Wind- und Eislasten veränderliche Einwirkungen darstellen.

Die hier berechneten Lasten müssen zur Ermittlung der Schnittkräfte und -momente mit den Teilsicherheitsbeiwerten multipliziert werden.

13.8.3 Bemessung des Mastes

Der Mast wird ausgeführt mit einem Profil HE - B 260 mit Stellung der Flansche parallel zum Gleis. Die Bemessungsquerkräfte und -biegemomente am Mastfuß sind

$$\begin{aligned}
Q_{y\mathrm{d}} &= 1{,}30\,(525+675+55+15)\,+ \\
&\quad 1{,}30\,(637+676+774+387+2\,070) = 7\,543 \approx 7{,}6\,\mathrm{kN} \\
M_{z\mathrm{d}} &= 1{,}30\,(1\,465 \cdot 3{,}7 + 1\,500 \cdot 0{,}50 \cdot 3{,}70 + 525 \cdot 8{,}2 + 675 \cdot 6{,}4 + 55 \cdot 9{,}0 \\
&\quad + 15 \cdot 8{,}20) + 1{,}30\,(676 \cdot 8{,}2 + 637 \cdot 6{,}4 + 774 \cdot 9{,}0 + 387 \cdot 8{,}2 \\
&\quad + 2\,070 \cdot 8{,}5/2) = 59\,794\,\mathrm{Nm} \approx 60\,\mathrm{kNm} \\
Q_{z\mathrm{d}} &= 1{,}30 \cdot 4\,800 = 6\,240\,\mathrm{N} \approx 6{,}3\,\mathrm{kN} \\
M_{y\mathrm{d}} &= 1{,}30 \cdot 4\,800 \cdot 8{,}2 = 51\,170\,\mathrm{N} \approx 51{,}2\,\mathrm{kN}
\end{aligned}$$

Vertikalkräfte
– auf die Schnittkräfte erhöhend wirkend

$$Q_x = 1{,}30\,(1\,465+1\,500+440+220+1\,000) = 6\,013\,\mathrm{N} \approx 6{,}0\,\mathrm{kN} \quad ,$$

– auf die Schnittkräfte ermäßigend wirkend

$$Q_x = 1{,}00\,(1\,465+1\,500+440+220+1\,000) = 4\,625\,\mathrm{N} \approx 4{,}6\,\mathrm{kN} \quad .$$

Berechnung und Nachweis der Tragfähigkeit
Streckgrenze $\sigma_\mathrm{f} = 235\,\mathrm{N/mm^2}$; $\gamma_\mathrm{M} = 1{,}1$
$$W_{z\mathrm{pl}} = 1\,283 \cdot 10^3\,\mathrm{mm^3} \text{ (siehe [13.9], Profil HE–B 260)}$$
$$W_{y\mathrm{pl}} = 602 \cdot 10^3\,\mathrm{mm^3};\ A = 11\,800\,\mathrm{mm^2}$$
$$I_z = 14\,920\,\mathrm{cm^4}$$

Tragfähigkeit plastisch, Längskräfte (siehe (13.28))

$$N_{\mathrm{pl,Rd}} = 235 \cdot 11\,800/1{,}1 = 2\,520\,\mathrm{kN}.$$

Tragfähigkeit plastisch, Biegemoment (siehe (13.29))

$$\begin{aligned}
M_{z\mathrm{pl,Rd}} &= 235 \cdot 1\,283 \cdot 10^3/1{,}1 = 274\,\mathrm{kN \cdot m}, \\
M_{y\mathrm{pl,Rd}} &= 235 \cdot 602 \cdot 10^3/1{,}1 = 129\,\mathrm{kN \cdot m}.
\end{aligned}$$

Aus (13.27) folgt

$$6{,}0/2520 + 60/274 + 51{,}2/129 = 0{,}62 < 1{,}00 \quad .$$

Die Tragfähigkeit ist größer als die Bemessungslasten aus Schnittkräften und -momenten einschließlich Teilsicherheitsbeiwerten.

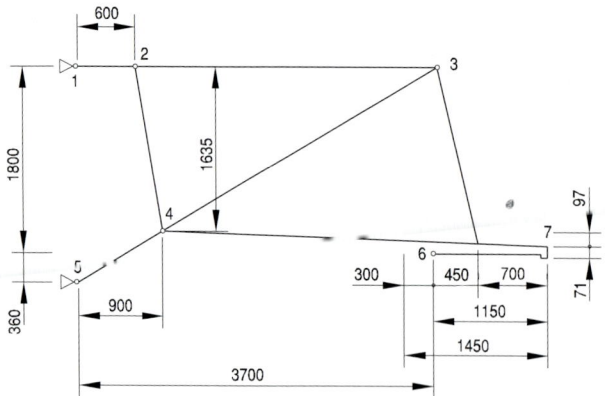

Bild 13.44: Auslegergeometrie für einen umgelenkten Stützpunkt.

Nachweis der Durchbiegung

Die Gebrauchstauglichkeit, d. h. die Durchbiegung, kann ohne Teilsicherheitsbeiwerte nachgewiesen werden. Die Durchbiegung rechtwinklig zum Gleis kann kritisch sein. Die Durchbiegung in Fahrdrahthöhe unter Windlast ergibt sich gemäß (13.96)

$$\begin{aligned}
f_{\text{FD,W}} &= [0{,}676 \cdot 6{,}4^2(8{,}2 - 6{,}4/3) + 0{,}637 \cdot 2 \cdot 6{,}4^3/3 \\
&\quad + 0{,}774 \cdot 6{,}4^2(9{,}0 - 6{,}4/3) + 0{,}387 \cdot 6{,}4^2(8{,}2 - 6{,}4/3) \\
&\quad + 2070 \cdot 6{,}4^2(8{,}5/2 - 6{,}4/3 + 6{,}4^2/(12 \cdot 8{,}5))] \cdot 238/14\,920 \\
&= 806 \cdot 238/14\,920 = 13{,}0\,\text{mm} < 25\,\text{mm} \quad.
\end{aligned}$$

Die Durchbiegung in Tragseilhöhe unter ständigen Lasten ist nach (13.97)

$$\begin{aligned}
f_{\text{TS,H}} &= [0{,}525 \cdot 2 \cdot 8{,}2^3/3 + 0{,}675 \cdot 6{,}4^2(8{,}2 - 6{,}4/3) \\
&\quad + 0{,}055 \cdot 8{,}2^2(9{,}0 - 8{,}2/3) + 0{,}015 \cdot 8{,}2^3 \cdot 2/3 \\
&\quad + (1{,}465 \cdot 3{,}7 + 1{,}500 \cdot 0{,}50 \cdot 3{,}7)8{,}2^2] \cdot 238/14\,920 \\
&= 940 \cdot 238/14\,920 = 15{,}0\,\text{mm} < 0{,}01 \cdot 8\,200 = 82\,\text{mm} \quad.
\end{aligned}$$

Die Durchbiegung in Tragseilhöhe unter größten Lasten folgt aus (13.98)

$$\begin{aligned}
f_{\text{TS(H+W)}} &= [1{,}201 \cdot 2 \cdot 8{,}2^3/3 + 1{,}312 \cdot 6{,}4^2(8{,}2 - 6{,}4/3) \\
&\quad + 0{,}829 \cdot 8{,}2^2(9{,}0 - 8{,}2/3) + 0{,}402 \cdot 2 \cdot 8{,}2^3/3 \\
&\quad + 2{,}070 \cdot 8{,}2^2(8{,}5/2 - 8{,}2/3 + 8{,}2^2/(12 \cdot 8{,}5)) \\
&\quad + (1{,}465 \cdot 3{,}7 + 1{,}500 \cdot 0{,}50 \cdot 3{,}7)8{,}2^2] \cdot 238/14\,920 \\
&= 2\,119 \cdot 238/14\,920 = 34{,}0\,\text{mm} < 0{,}015 \cdot 8\,200 = 123\,\text{mm} \quad.
\end{aligned}$$

13.8.4 Bemessung des Auslegers

Als Beispiel wird ein Ausleger aus Alumimiumlegierung für einen umgelenkten Stützpunkt nachgewiesen. Bild 13.44 zeigt die Maße.

13.8 Beispiel für Bemessung der Ausleger, Masten und Gründungen

Rohrlängen und Maße

	Länge	Maße
Spitzenrohr	$l_{1-3} = 3\,700$ mm	42×4
Auslegerrohr	$l_{5-3} = 4\,285$ mm	70×6
Diagonalstrebe	$l_{4-2} = 1\,657$ mm	$26 \times 3{,}5$
Stützrohr	$l_{4-7} = 3\,951$ mm	55×6

Bei der Bemessung werden zwei Lastkombinationen nachgewiesen
- Windlast, kein Eis (Lastfall B)
- halbe Windlast, Tragseil und Ausleger mit Eis (Lastfall D), Eislast 7,0 N/m

Vertikale Lasten
- Kettenwerk ohne Eis: $\quad V_{\text{KW}} = 1\,465$ N
- Fahrdraht: $\quad V_{\text{FD}} = 10{,}7 \cdot 65 = 700$ N
- Eisansatz am Tragseil: $\quad V_{\text{TSI}} = (1{,}06 \cdot 9{,}81 + 7{,}0) \cdot 65 = 1\,455$ N
- anteiliges Auslegereigengewicht: $V_{\text{AUS}} = 750$ N
- mit Eisansatz: $\quad V_{\text{AUS\,Eis}} = 850$ N mit Eis

Horizontallasten
- ohne Eis (Lastfall B): siehe Abschnitt 13.8.3
- mit Eis und Wind (Lastfall D):
- Tragseil:

Durchmesser mit Eis: $D_\text{I} = [7{,}0 \cdot 0{,}00017 + 0{,}014^2]^{0{,}50} = 0{,}0372$ m $\approx 0{,}037$ m

$$Q_{\text{TSW}} = 585/2 \cdot 65 \cdot 0{,}037 \cdot 1{,}15 = 809 \text{ N}$$

- Fahrdraht: $\quad Q_{\text{FDW}} = 585/2 \cdot 0{,}014 \cdot 65 \cdot 1{,}1 \cdot 1{,}15 = 337$ N

Die Lasten müssen noch mit den Teilsicherheitsbeiwerten multipliziert werden.

Nachweis des Spitzenrohres 42×4, AlMgSi1, F31

Schnittkräfte im Spitzenrohr siehe ((13.13))
Lastfall B:

$$F_{\text{top}} = \big[(1\,465 + 750) \cdot 1{,}30 \cdot 3{,}70 + (675 + 676) \cdot 1{,}30 \cdot 0{,}36 \\ + (525 + 637) \cdot 1{,}30 \cdot 2{,}16\big]/2{,}16 = 6\,736 \text{ N} \approx 6{,}75 \text{ kN}$$

Lastfall D:

$$F_{\text{top}} = \big[(1\,465 + 850 + 455) \cdot 1{,}30 \cdot 3{,}70 + (675 + 337) \cdot 1{,}30 \cdot 0{,}36 \\ + (525 + 809) \cdot 1{,}30 \cdot 2{,}16\big]/2{,}16 = 8\,122 \text{ N} \approx 8{,}1 \text{ kN}.$$

Schnittkräfte an der Diagonalstrebe (siehe (13.17))
Lastfall B:

$$F_\text{D} = \pm(675 \cdot 1{,}30 + 637 \cdot 1{,}30)/\sqrt{1 + (3{,}7/2{,}16)^2} = \pm 860 \text{ N}$$

Lastfall D:

$$F_\text{D} = \pm(675 \cdot 1{,}30 + 319 \cdot 1{,}30)/\sqrt{1 + (3{,}7/2{,}16)^2} = \pm 651 \text{ N}$$

Schnittmoment im Spitzenrohr am Anschluss der Diagonalstrebe (Gleichung (13.18) und Bild 13.44)
Lastfall B:
$$M_B = (675 \cdot 1{,}30 + 637 \cdot 1{,}30) \cdot 2{,}16 \cdot 0{,}6 \cdot 3{,}1/(3{,}7^2 + 2{,}16^2) = 373\,\text{Nm}$$
$$\approx 0{,}38\,\text{kNm}$$

Lastfall D:
$$M_B = (675 \cdot 1{,}30 + 319 \cdot 1{,}30) 2{,}16 \cdot 0{,}6 \cdot 3{,}1/(3{,}7^2 + 2{,}16^2) = 283\,\text{Nm}$$
$$\approx 0{,}28\,\text{kN}\cdot\text{m}$$

Die Gleichung (13.27) gilt für die Tragfähigkeit im Falle der Belastung durch axiale Kräfte und Momente, wenn die Scherkraft gering ist. $N_{pl,Rd}$ kann aus (13.28) erhalten werden, wobei $\sigma_f = 260\,\text{N/mm}^2$, $A = 477{,}5\,\text{mm}^2$ (Tabelle 13.3) und $\gamma_M = 1{,}1$

$$N_{pl,Rd} = 477{,}5 \cdot 260/1{,}1 = 113\,\text{kN}.$$

Der Wert $M_{pl,Rd}$ ergibt sich aus (13.29) und Tabelle 13.7

$$M_{pl,Rd} = 5{,}798 \cdot 260/1{,}1 = 1{,}37\,\text{kNm}.$$

Damit wird für die höchste Belastung erhalten (Lastfall B)

$$6{,}75/113 + 0{,}38/1{,}37 = 0{,}34 < 1{,}0 \quad .$$

Damit ist die Tragfähigkeit des Spitzenrohres nachgewiesen.

Nachweis des Auslegerrohres 70 × 6, AlMgSi1, F31
Schnittkräfte am Auslegerrohr (siehe (13.15))
Lastfall B (Druckbelastung)
$$F_A = -(1\,465 + 750) \cdot 1{,}30\sqrt{1 + (3{,}7/2{,}16)^2}$$
$$- (637 + 675) \cdot 1{,}30 \Big/ \sqrt{1 + (2{,}16/3{,}70)^2} = -7\,184\,\text{N} \approx -7{,}2\,\text{kN}$$

Lastfall D:
$$F_A = -(1\,465 + 850 + 455) \cdot 1{,}30\sqrt{1 + (3{,}7/2{,}16)^2}$$
$$- (319 + 675) \cdot 1{,}30 \Big/ \sqrt{1 + (2{,}16/3{,}70)^2} = -8\,259\,\text{N} \approx -8{,}3\,\text{kN}$$

Der Lastfall D wird maßgebend.
Der Nachweis wird nach (13.31) ohne Biegemomente geführt.
$s_k = 4\,280\,\text{mm}$; $i = 22{,}73\,\text{mm}$ (Tabelle 13.7); $\lambda = 4\,280/22{,}73 = 188$;
$\overline{\lambda} = 188/(\pi \cdot \sqrt{70\,000/260}) = 3{,}65$ gemäß (13.34)
$\phi_k = 0{,}5\,(1 + 0{,}21\,(3{,}65 - 0{,}2) + 3{,}65^2) = 7{,}5$ gemäß (13.35)
$\chi = 1/(7{,}5 + \sqrt{(7{,}5^2 - 3{,}65^2)}) = 0{,}071 < 1$
Ohne Momente wird aus (13.31) erhalten

$$8\,300/(0{,}071 \cdot 1\,206 \cdot 260/1{,}1) = 0{,}41 < 1{,}0$$

Damit ist die Tragfähigkeit des Auslegerrohres nachgewiesen.

Nachweis des Stützrohres 55 × 6, AlMgSi1, F31
Verwendung als umgelenkter Stützpunkt
Schnittkräfte am Stützrohr, Lastfall B

$$F_{St} = -(637 + 675) = -1\,312\,N \quad,$$

$$V_{FD} = (65 \cdot 10{,}7) + 100 \sim 800\,N$$

Schnittmoment (siehe (13.21))

$$M_{B6} = 1{,}30 \cdot [(1\,312 \cdot 0{,}071) + (800 \cdot 0{,}7)] = 850\,Nm \quad,$$

$s_k = 3\,950$ mm; $i = 17{,}45$ mm
$\lambda = 3950/17{,}45 = 226$
$\overline{\lambda} = 226/(\pi \cdot \sqrt{70\,000/260}) = 4{,}39$ gemäß (13.34)
$\phi_k = 0{,}5\,(1 + 0{,}21\,(4{,}39 - 0{,}2) + 4{,}39^2) = 10{,}6$ gemäß (13.35).
$\chi = 1/(10{,}6 + \sqrt{(10{,}6^2 - 4{,}39^2)}) = 0{,}049$.
Mit $k_y = 1{,}50$ (siehe (13.31)) ergibt sich: $1{,}3 \cdot 1\,312/(0{,}049 \cdot 923{,}6 \cdot 260/1{,}1) + 1{,}5 \cdot 850 \cdot 1{,}3 \cdot 10^3/(14\,778 \cdot 260/1{,}1) = 0{,}16 + 0{,}47 = 0{,}63 < 1{,}0$.
Damit ist die Tragfähigkeit des Stützrohres nachgewiesen.

Nachweis der Diagonalstrebe 26 × 3,5, AlMgSi1, F31
Schnittkraft in der Diagonalstrebe: -860 N (mit Teilsicherheitsbeiwerten).
$s_k = 1\,662$ mm; $i = 8{,}13$ mm; $\lambda = 1\,662/8{,}13 = 205$;
$\overline{\lambda} = 205/(\pi \cdot \sqrt{70\,000/260}) = 3{,}97$
$\phi_k = 0{,}5\,(1 + 0{,}21\,(3{,}97 - 0{,}2) + 3{,}97^2) = 8{,}78$
$\chi = 1/(8{,}78 + \sqrt{(8{,}78^2 - 3{,}97^2)}) = 0{,}060$
$N_{sd}/N_{Rd} = 860/(0{,}060 \cdot 247{,}4 \cdot 260/1{,}1) = 0{,}25 < 1{,}0$.
Damit ist die Tragfähigkeit der Diagonalstrebe nachgewiesen.

13.8.5 Bemessung Gründung

Eine Pfahlgründung mit Doppel-T-Spundwandprofilen Psp370 (Stahlgüte S235) wird für dieses Beispiel angewandt. Die Daten des Pfahles Psp370 sind:

$W_z = 2\,290 \cdot 10^3$ mm³ $\quad I_y = 42\,350 \cdot 10^4$ mm⁴
$W_y = 804 \cdot 10^3$ mm³ $\quad I_z = 15\,280 \cdot 10^4$ mm⁴

Wirksame Breite $b_F = 0{,}38$ m, Pfahllänge gewählt 5,0 m.
Standort: Ebenes Gelände, tragfähiger Boden: Sand ab 0,5 m unter der Oberfläche. Die Oberkante des tragfähigen Bodens liegt 0,5 m unterhalb der Fundamentoberkante, hoher Grundwasserstand. Der Nachweis wird nach Abschnitt 13.7.4 geführt.
Belastungen mit den Teilsicherheitsbeiwerten $\gamma_F = 1{,}30$

$Q_{yd} = 7{,}6\,\text{kN}$ $\qquad M_{zd} = 60\,\text{kN}\cdot\text{m}$ $\qquad h_{zd} = 60/7{,}6 = 7{,}90\,\text{m}$
$Q_{zd} = 6{,}3\,\text{kN}$ $\qquad M_{yd} = 51{,}2\,\text{kN}\cdot\text{m}$ $\qquad h_{yd} = 51{,}2/6{,}3 = 8{,}13\,\text{m}$

Resultierendes Moment: $M_{\text{Rd}} = \sqrt{60^2 + 51{,}2^2} = 78{,}9\,\text{kN}\cdot\text{m}$
Resultierende Horizontalkraft: $Q_{\text{Rd}} = \sqrt{7{,}6^2 + 6{,}3^2} = 9{,}9\,\text{kN}$
Wirksame Höhe für den Angriff der resultierenden Kräfte oberhalb des tragfähigen Bodens

$$h_{\text{ad}} = 78{,}9/9{,}9 + 0{,}5 + 0{,}5 = 9{,}0\,\text{m} \quad.$$

Spezifisches Gewicht des Bodens $\gamma_E = 10\,\text{kN/m}^3$; Winkel der inneren Reibung $\phi_R = 30°$
Spezifischer Erddruck gemäß Tabelle 13.20: $\lambda_p = 3{,}0$; Tiefe des maximalen Schnittmomentes (siehe Gleichung (13.113))

$$t_{xm}^3 + 3\cdot 0{,}38 \cdot t_{xm}^2 = 6\cdot 9{,}9/(10\cdot 3{,}0) = 1{,}98 \quad.$$

Daraus ergibt sich $t_{xm} = 0{,}97\,\text{m} \sim 1{,}00\,\text{m}$.
Die Eingrabetiefe t_E wird erhalten aus (siehe Gleichung (13.116))

$$t_E^3(t_E + 4\cdot 0{,}38)/(t_E + 9{,}00) - 4t_{xm}^2(t_{xm} + 3\cdot 0{,}38) = 0$$

Daraus folgt $\qquad\qquad t_E \approx 2{,}80\,\text{m}$
Einbettungslänge $\qquad\qquad t_0 = 1{,}2 \cdot 2{,}80 = 3{,}40\,\text{m}$
Gesamte Pfahllänge (13.117) $\qquad t_{pf} = 3{,}40 + 0{,}5 + 0{,}5 - 0{,}2 = 4{,}20\,\text{m}$
zulässige Pfahlspannung $\qquad 235/1{,}25 = 188\,\text{N/mm}^2$

$$\begin{aligned}
M_z &= 60 + 7{,}6(0{,}5 + 1{,}0 + 1{,}0) \sim 82\,\text{kN}\cdot\text{m}\\
M_y &= 51{,}2 + 6{,}3(0{,}5 + 1{,}0 + 1{,}0) \sim 67{,}0\,\text{kN}\cdot\text{m}\\
\sigma &= 82\cdot 10^6/2\,290\cdot 10^3 + 67{,}0\cdot 10^6/804\cdot 10^3 = 120\,\text{N/mm}^2 < 188\,\text{N/mm}^2.
\end{aligned}$$

Verschiebung des Pfahlkopfes unter Einwirkung der charakteristischen Lasten ohne Teilsicherheitsbeiwerte (siehe Gleichung (13.118))

$$\begin{aligned}
f_{pfz} = &\;(7{,}6/1{,}3)\cdot 10^3/(210\,000\cdot 42\,350\cdot 10^4)\cdot [(7{,}90 + 1{,}0 + 0{,}65\cdot 3{,}4)^3/3\\
&- (7{,}90 + 1{,}0 + 0{,}65\cdot 3{,}4)^2 \cdot 7{,}90/2 + 7{,}90^3/6]\cdot 10^9 = 3{,}4\,\text{mm}
\end{aligned}$$

und

$$\begin{aligned}
f_{pfy} = &\;(6{,}3/1{,}30)\cdot 10^3/(210\,000\cdot 15\,280\cdot 10^4)\cdot [(8{,}13 + 1{,}0 + 0{,}65\cdot 3{,}4)^3/3\\
&- (8{,}13 + 0{,}5 + 0{,}65\cdot 3{,}4)^2 \cdot 8{,}13/2 + 8{,}13^3/6]\cdot 10^9 = 8{,}0\,\text{mm} \quad.
\end{aligned}$$

Die gewählte Gründung erfüllt die Anforderungen. Die Verschiebungen des Pfahlkopfes sind gering.

13.9 Literatur

13.1 *Kiessling, F.; Nefzger, P.; Nolasco, J. F.; Kaintzyk, U.*: Overhead power lines – Planning, design, construction. Springer-Verlag, Berlin – Heidelberg – New York, 2003.

13.2 *Wiesner, W.*: Oberleitungen–Statische Bemessung nach DIN EN 50 119. In: Elektrische Bahnen 108(2010)10, S. 446–452.

13.3 *Bauer, K.-H.; Stotz, W.*: Rammrohrgründungen für Betonmaste. In: Elektrische Bahnen 78(1980)10, S. 260–264.

13.4 *Dubbel*: Taschenbuch Maschinenbau. Springer-Verlag, Berlin – Heidelberg – New York, 11. Auflage, 1970.

13.5 *Altmann, S.*: Die grafische Bestimmung der Quer- und Richtseillängen bei Fahrleitungen für 15 kV 16,7 Hz. In: Signal und Schiene 6(1962)11, S. 410–415, 12, S. 455–458 und 7(1963)1, S. 25–32.

13.6 *Sachs, K.*: Die ortsfesten Anlagen elektrischer Bahnen. Verlag Orell-Füssli, Zürich – Leipzig, 1938.

13.7 *Süberkrüb, M.*: Technik der Bahnstrom-Leitungen. Verlag Wilhelm Ernst & Sohn, Berlin, 1971.

13.8 *Petersen, C.*: Stahlbau. Verlag Vieweg, Braunschweig, 3. Auflage, 1993.

13.9 *Kindmann, R. u. a.*: Stahlbau Kompakt. Verlag Stahleisen, Düsseldorf, 2. Auflage, 2008.

13.10 *Hütte I*: Des Ingenieurs Taschenbuch, Theoretische Grundlagen. Verlag Wilhelm Ernst & Sohn, Berlin, 28. Auflage, 1955.

13.11 Grundbautaschenbuch. Verlag Wilhelm Ernst & Sohn, Berlin, 3. Auflage, 1980.

13.12 *Terzaghi, K.; Pech, R.*: Bodenmechanik in der Baupraxis. Springer-Verlag, Berlin – Heidelberg – New York, 1961.

13.13 *Heitfeld, K. H.*: Ingenieurgeologische Probleme im Grenzbereich zwischen Locker- und Festgestein. Springer-Verlag, Berlin – Heidelberg – New York, 1985.

13.14 *Sulzberger, G.*: Die Fundamente der Freileitungstragwerke und ihre Berechnung. Bull. des Schweizerischen Elektrotechnischen Vereins 36(1940), S. 240–243.

13.15 *Blum, H.*: Wirtschaftliche Dalbenformen und deren Berechnung. Bautechnik 9(1932)2, S. 50–55.

14 Ausführungen für besondere Anwendungen

14.0 Symbole und deren Bedeutung

Symbol	Bezeichnung	Einheit
h_{FD}	Abstand des Fahrdrahts von der Straßenoberkante	m
h_{Fz}	zulässige Höhe der Straßenfahrzeuge	m
h_{H}	Abstand der Höhenbegrenzung von der Straßenoberkante	m

14.1 Einführung

Ausführungen von *Fahrleitung für besondere Anwendungen* sind Anlagen oder Baugruppen, die mit ihren konstruktiven oder elektrotechnischen Besonderheiten von den in Regelwerken enthaltenen technischen Lösungen abweichen. Zu den besonderen Anwendungen gehören Fahrleitungen in *Instandhaltungswerken, Ladeeinrichtungen, Kreuzungen unterschiedlicher Verkehrsträger* und *spezielle Bahnsysteme*.

Diese Anlagen, häufig nur mit niedrigeren Geschwindigkeiten als bei Standardoberleitungen befahren, stellen auf Ausbaustrecken eine temporäre oder permanente Alternative z. B. zu aufwändigen Brückenneu- oder Umbauten dar, wenn deren Kosten die Rentabilität der Elektrifizierung gefährden. Das Kapitel stellt ausgewählte, historisch und technisch interessante Anlagen vor und gibt Hinweise zur Planung und Ausführung dieser Sonderkonstruktionen.

14.2 Instandhaltungswerke und -werkstätten

Für die *Instandhaltung elektrischer Triebfahrzeuge* in Werken sind die Instandhaltungsgleise überspannt und getrennt abschaltbar. Als Vorzugsvariante nutzen Betreiber aus Kostengründen in Werken die elastische Oberleitung als Einfachfahrleitung ohne Tragseil oder die Kettenwerksoberleitung. Eine Alternative bietet die in Abschnitt 11.3 beschriebene *Stromschienenoberleitung*, die sich verschwenkbar oder fest anordnen lässt [14.1]. Bild 14.1 zeigt die Einführung einer Stromschienenoberleitung in die Werkhalle. Die Werkhallentore enthalten Öffnungen mit den erforderlichen Maßen zur Durchführung der spannungsführenden Oberleitung und Kunststoffverkleidungen zur Vermeidung von Überschlägen durch eindringende Vögel. Die Öffnung für die Fahrleitung muss der Isolationskoordination nach DIN EN 50 124 entsprechen. *Trenner für Rolltore* (Bild 14.2) ermöglichen das Schließen dieser Tore.

Oberleitungsschalter erlauben, einzelne Fahrleitungen in Werkhallen von anderen Instandhaltungseinrichtungen abzutrennen und zu erden. Sie sind deshalb mit Erdkon-

Bild 14.1: Führung einer Siemens-Stromschienenoberleitung durch ein Tor der Instandhaltungsanlage der DB in München.

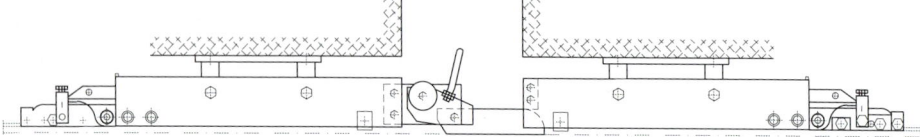

Bild 14.2: Rolltortrenner.

Bild 14.3: Einrichtung zum Abschalten und Erden der Oberleitungen.

Bild 14.4: Hubplattform im DB Bahnbetriebswerk Berlin-Rummelsburg (Bild: DB).

14.2 Instandhaltungswerke und -werkstätten

Bild 14.5: Bedientafel mit der a) geschlossenen und b) offenen Schlüsselabdeckung im Bahnbetriebswerk Berlin-Rummelsburg der DB.

takten ausgerüstet und sind im geerdeten Zustand verriegelt und verschlossen. Der Schlüssel, der sich nur in geerdeter Position abziehen lässt, ermöglicht das Öffnen des Zugangs zu Arbeitsplattformen. Bei Anlagen mit mehr als zwei Gleisen lassen sich die Fahrleitungen aller Gleise mit einem *Generalschalter*, der außerhalb des Gebäudes angeordnet ist, abschalten. Bild 14.3 zeigt eine Steuersäule für Oberleitungen in Werkhallen, wie sie im Bahnbetriebswerk der DB in München verwendet wird.

Von Bedientafeln aus können die Schalter, die die einzelnen Instandhaltungsgleise versorgen, gesteuert werden. Die Erdung der Oberleitungen mit einem von Hand bedienten *Erdungsschalter* ist an der Bedientafel ersichtlich. Eine über der Tafel angeordnete Kulisse mit sechs abziehbaren Schlüsseln sichert den Erdungsschalter im geschlossenen Zustand und damit das Instandhaltungspersonal vor unbefugter und vorzeitiger Aufhebung der Erdung. Erst wenn jeder im jeweiligen Abschnitt arbeitende Zugriffsberechtigte seinen Schlüsseln in die Kulisse gesteckt hat, lässt sich der Erdungstrennschalter wieder öffnen und die Oberleitung einschalten.

Ein weiteres Beispiel für die Schaltung und Erdung von Oberleitungen in Werkhallen zeigen die Bilder 14.4 und 14.5. Die DB verwendet diese Anlage in Berlin-Rummelsburg [14.2]. Der Steuerbefehl „Fahrleitung Erden" startet das automatisierte Abschalten und Erden der Oberleitung. Die speisenden Schalter öffnen abschnittsweise, das Oberleitungssignal EL6 (Bild 17.48) wird sichtbar und die sichtbaren Erdungsschalter verriegeln an beiden Seiten des Hallengleises schließen. Nach dem Verschließen der Erdungsschalter gibt die Steuerung die Schlüssel und die Energieversorgung der Hubbühnen frei.

Nach Beendigung der Arbeiten lässt sich die Erdung wieder aufheben und die Oberleitung einschalten, wenn die Hubplattformen in ihre Parkposition zurückgefahren und alle Schlüssel in die Kulisse der Steuertafel eingeführt sind. Die Steuertafel zeigt die jeweiligen Schaltungs- und Übergangszustände. Über einen Notfalltaster lässt sich das gleichzeitige Erden aller Oberleitungen in der Werkhalle einleiten. Die automatische Steuerung ist mit akustischen und optischen Alarmsignalen verbunden. Dieses einfach zu handhabende und zuverlässige Abschalten und Erden bewährt sich seit 2002 im Betrieb. Die Verwendung des automatischen Erdungssystems Sicat AES für Instandhaltungswerkstätten ist im Abschnitt 17.1.6.2 erläutert.

In Bild 14.6 ist die Oberleitungsbespannung einer *Drehscheibe* vor einem runden Lokschuppen im BW Freilassing der DB zu sehen. Die strahlenförmig angeordneten Fahrdrähte sichern die Stromabnahme für elektrische Lokomotiven in allen dafür vorgesehenen Fahrtrichtungen und über jeden der beiden Stromabnehmer. Der Betrieb der

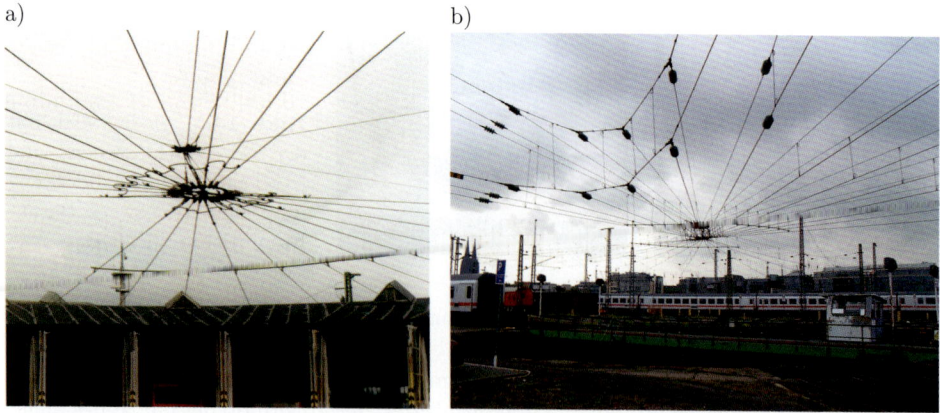

Bild 14.6: Oberleitungsanlage über Drehscheiben vor DB-Werkhallen in a) Freilassing (Bild: Nitzinger) und b) Köln.

Drehscheibe ist nur erlaubt, wenn die Stromabnehmer abgesenkt sind. Der Rückstrom fließt über Kabelverbindungen von der Drehscheibe zu den Gleisen. Moderne Lokomotivwerkhallen besitzen einen rechteckigen Grundriss. Die Gleise sind mit üblichen Oberleitungen ausgerüstet.

Wasch- und Enteisungseinrichtungen für elektrische Triebfahrzeuge nutzen besonders gestaltete Oberleitungsanlagen. Die Oberleitung ist abgetrennt und geerdet, um jeden Kontakt zwischen Wasser und spannungsführender Oberleitung zu vermeiden. Beim Waschen der Fahrzeuge in einem solchen Abschnitt bewegen Winden oder Rangierlokomotiven die Fahrzeuge oder werden wie beim ICE 1 über einen zweiten außerhalb des Waschbereiches angeordneten Stromabnehmer gespeist. Um die anderen Hochgeschwindigkeitszüge, wie ICE 2 und ICE T der DB reinigen zu können, zieht eine Winde in der Waschanlage im Münchener Werk im Mittelbereich die Züge. In den anschließenden Bereichen versorgt eine Stromschienenoberleitung die Züge mit Strom.

14.3 Wehrkammertore zum Tunnelverschluss

Wehrkammertore schotten Tunnelstrecken von Flussunterquerungen gegen eindringendes Wasser ab. Damit sie auch bei Stromausfall funktionstüchtig bleiben, sind sie in der Regel als Falltore ausgebildet. Der Bericht [14.3] beschreibt zwei Einrichtungen zum Entfernen der Oberleitung aus dem Arbeitsbereich von Wehrkammertoren.

Bei der S-Bahnunterquerung der Isar in München mit beidseits der Wehrkammertore abgespannter Oberleitung sind die Lücken zwischen den Kettenwerken durch 6 m lange *Stromschienenoberleitungen* überbrückt. Das herab gleitende Tor entriegelt diese über Rollen jeweils an einem Ende und lässt sie über einen Drehpunkt am anderen Ende wie ein Pendel nach unten und damit aus dem Profil des Tores klappen. Diese Konstruktion liegt im Anfahrtsbereich und ermöglicht 40 km/h Betriebsgeschwindigkeit.

Bild 14.7: Stromschienenoberleitung mit einer Kappvorrichtung an einem Wehrkammertor in Frankfurt/Main (Bild: Liebig).

Die Übergänge vom Kettenwerk auf die Stromschienen sind zwar elastisch abgestuft, verschleißen aber schnell und werden regelmäßig ausgewechselt.
Die Oberleitung die S-Bahnunterquerung des Mains in Frankfurt/Main besitzt aus *Kappvorrichtungen*, die bei Bedarf nach Abschaltung und Bahnerdung der Oberleitungen die Kettenwerke beim Herabfallen der Wehrkammertore durchtrennen (Bild 14.7). Das Einrasten der Radspanner begrenzt die Schäden an der Oberleitung auf die Schnittstellen. Zusätzlich halten Festpunktseile vor und hinter den Wehrkammertoren die Kettenwerke in ihrer Lage. Eine Kettenwerksentlastungsvorrichtung ermöglicht nach beseitigter Störung den Einbau vorgehaltener Ersatzfahrdrähte und Tragseile. Die Vorrichtung dient auch dem Ausbau des Kettenwerks zwischen den Stoßklemmen während der jährlichen Funktionsprüfung der Wehrkammertore. Die Ausführungen haben sich bei den regelmäßigen Prüfungen bewährt.

14.4 Systemtrennstellen

14.4.1 Einführung und Anforderungen

Im Kapitel 1 sind unterschiedliche Energieversorgungsarten beschrieben; Bild 1.1 zeigt ihre geografische Verbreitung. Der internationale Zugverkehr und die Zugumläufe des Fernverkehrs erfordern *Systemtrennungen* in den Oberleitungen an den Grenzen der Stromarten hinweg. Diese sind die Grundlage der Interoperabilität in Europa. Die TSI Energie [14.4] fordert daher, dass Züge in der Lage sein sollten, von einer Stromart in eine andere zu wechseln, ohne die zwei Stromarten zu überbrücken. Ausführung und Betrieb der Systemtrennungen hängen von der Art der beiden Stromarten, der Anordnung der Stromabnehmer auf dem Zug sowie von der Fahrgeschwindigkeit der Triebfahrzeuge ab. Es gibt zwei Möglichkeiten für die Gestaltung der Übergänge:

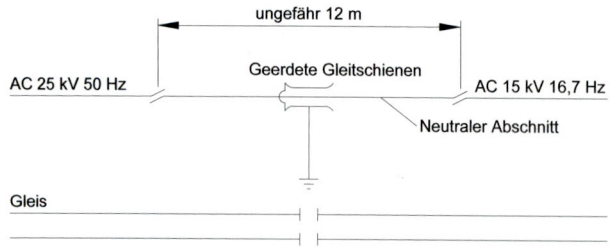

Bild 14.8: Systemtrennstelle zwischen AC 25 kV 50 Hz und AC 15 kV 16,7 Hz zwischen Frankreich und Deutschland.

– Einbau von speziellen Übergangsabschnitten, auch *Systemtrennstellen* genannt, auf freien Strecken. Dies erfordert Lokomotiven für den Betrieb für mindestens zwei Stromarten. Die Triebfahrzeuge können die Übergänge ohne Halt befahren.
– Ausrüsten eines Bahnhofs mit Oberleitungen, die sich mit jeder der beiden Stromarten betreiben lassen. Die Triebfahrzeuge brauchen nicht für beide Stromarten ausgerüstet zu sein. Der Zug hält im Bahnhof, um die Lokomotiven zu wechseln.

Die ersten Systemtrennstellen zwischen Vollbahnen wurden 1928 am Brenner zwischen Österreich und Italien und in Modane in Frankreich 1930 [14.5] eingerichtet. Die Veröffentlichung [14.6] bezeichnet die Art und Häufigkeit der Verkehre und die Art der benachbarten Energieversorgungen als wesentlich für die Ausführung der elektrischen Anlagen.

14.4.2 Systemtrennstellen auf freien Strecken

Systemtrennstellen auf freien Strecken werden mit *Mehrsystemtriebfahrzeugen* befahren. Mit Bezug auf [14.4] lassen sich zwei Arten des Fahrens Mehrsystem über die Systemtrennstellen auf freien Strecken unterscheiden:
– mit anliegendem Stromabnehmer, z. B. zwischen AC 15 kV und AC 25 kV
– mit abgesenktem Stromabnehmer, z. B. zwischen DC 3 kV und AC 25 kV

Mit Stromabnehmer befahrene Systemtrennstellen sollen
– Einrichtungen besitzen, die das Triebfahrzeug zum automatischen Hauptschalterausschalten vor Erreichen der Systemtrennstelle veranlassen und dann die Spannung der neuen Stromversorgung am Stromabnehmer erkennen, um den Systemwechsel auf dem Fahrzeug vornehmen zu können,
– so beschaffen sein, dass ein Kurzschließen oder Überbrücken der beiden Energieversorgungsarten durch die Stromabnehmer nicht möglich ist,
– Vorkehrungen in den Energieversorgungen enthalten, die ein Überbrücken der benachbarten Stromversorgungen verhindern, wenn das Ausschalten der Hauptschalter auf dem Fahrzeug fehlgeschlagen ist.

Vor dem Durchfahren von *Systemtrennstellen*, die sich nur mit abgesenkten Stromabnehmern befahren lassen, sind folgende Schritte notwendig:
– Mindestens 200 m vor Systemtrennstellen sind die Hauptschalter der Triebfahrzeuge durch Steuersignale ohne Mitwirken des Triebfahrzeugführers auszuschalten.
– Der Stromabnehmer sollte durch Streckensignale ohne Mitwirken des Triebfahrzeugführers ausgelöst und durch die Züge abgesenkt werden.

14.4 Systemtrennstellen

Bild 14.9: AC-15/25-kV-Systemtrennstelle mit Lichtbogenfangeinrichtung zwischen Deutschland und Frankreich (Foto: Behmann).

Bild 14.10: Lichtbogenfangeinrichtung mit geerdeten Gleitkufen an der 15/25-kV-Systemtrennstelle zwischen Frankreich und Deutschland (Foto: Behmann).

– Die Ausführung der Trennung zwischen den unterschiedlichen Stromversorgungsarten muss sicherstellen, dass ein Überbrücken der zwei Versorgungsarten durch einen Stromabnehmer nicht möglich ist. Im Fehlerfall führt z. B. die Fahrt mit angehobenem Stromabnehmer in einen geerdeten Oberleitungsabschnitt zum Kurzschluss und zum Abschalten beider Energieversorgungsarten.

An Systemtrennstellen zwischen DC- und AC-Versorgungsarten sind die Stromabnehmer üblicherweise zu senken und anschließend zu wechseln, weil der DC-Betrieb bei gleicher Leistung höhere Ströme benötigt. Stromabnehmer für DC-Versorgungen können erhöhte Massen der Stromabnehmerwippe und höhere Kontaktkräfte im Vergleich zu AC-Stromabnehmern haben.

Eine Trennstelle zwischen dem AC-25-kV-50-Hz-Netz der SNCF und dem AC-15-kV-16,7-Hz-Netz der DB findet sich auf der Strecke von Metz (Frankreich) nach Saarbrücken

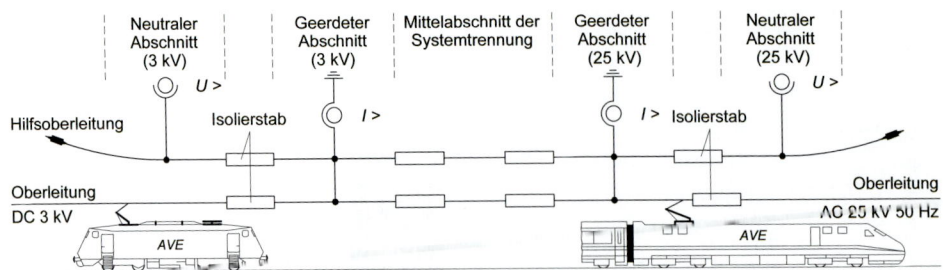

Bild 14.11: Systemtrennstelle AC 25 kV/AC 15 kV zwischen Strecke Madrid und Sevilla [14.8].

(Deutschland) (Bilder 14.8 bis 14.10). Ungefähr 12 m lange, spannungslose, neutrale Abschnitte liegen zwischen zwei Streckentrennern. Da ein Wechsel der Stromabnehmer von 1 950-mm- auf 1 450-mm-Wippenlänge erforderlich ist, befahren die Triebfahrzeuge die Trennstelle mit gesenkten Stromabnehmern. Wenn ein Stromabnehmer unbeabsichtigt gehoben bliebe, könnte die Spannung über einen Lichtbogen am Streckentrenner in den neutralen Abschnitt verschleppt werden. In diesem Fall würde der Stromabnehmer einen Kurzschluss an der Lichtbogenfangeinrichtung (Bild 14.10) auslösen, der zum Abschalten der Einspeisungen führt, wodurch ein Systemkurzschluss verhindert wird. Diese Ausführung hat sich seit 1973/74 bewährt [14.7].

Ein Beispiel für Systemtrennstellen zwischen AC- und DC-Stromversorgungen stellen die Übergänge zwischen AC 25 kV und DC 3 kV auf der Strecke Madrid–Sevilla dar, die zwischen 1992 und 2002 im Betrieb waren, bevor die Gleichspannungsabschnitte auf AC 25 kV 50 Hz umgestellt wurden [14.8]. Bild 14.11 [14.9] zeigt die ursprüngliche Ausführung. Ein Hilfskettenwerk mit neutralen und geerdeten Abschnitten wurde beim unbeabsichtigten Befahren mit angehobenem Stromabnehmer unter Spannung gesetzt. Das Anliegen der Spannung wurde über Spannungswandler in den neutralen Abschnitten dem Schutz gemeldet, der das Ausschalten der speisenden Leistungsschalter in den Unterwerken auslöste. Wenn dieser versagte, leitete der in den geerdeten Abschnitt des Hilfskettenwerkes einlaufende Stromabnehmer einen Kurzschluss und damit das Abschalten der beiden benachbarten Stromversorgungen über den Oberleitungsschutz ein. Getrennte Erdverbindungen für die DC-3-kV- und die AC-25-kV-Versorgungen verhindern die unzulässige gegenseitige Beeinflussung der beiden Stromversorgungen über das Erdpotenzial. Für die Trennung der unterschiedlichen Fahrdrahtabschnitte wurden Isolierelemente aus Kunststoff verwendet. Sie ermöglichten im Notfall das Befahren mit gehobenen Stromabnehmern bis 280 km/h.

Bild 14.12 stellt eine Systemtrennstelle der SNCF zwischen AC 25 kV und DC 1,5 kV dar. Sie wird durch *Schutzabschnitte* mit geerdeten Teilen gebildet, die mit Streckentrennern ausgeführt sind und mit abgesenkten Stromabnehmern befahren werden. Die Trennstelle ist mit einer Leistungsdiode, einem isolierten Gleisabschnitt und einer Drosselspule für die Trennung der Rückstromkreise ausgeführt.

Bei Systemtrennstellen zwischen eng verwandten Stromversorgungsarten mit unterschiedlichen Spannungen, beispielsweise DC 1,5 kV und DC 3 kV oder 15 kV AC 16,7 Hz

14.4 Systemtrennstellen

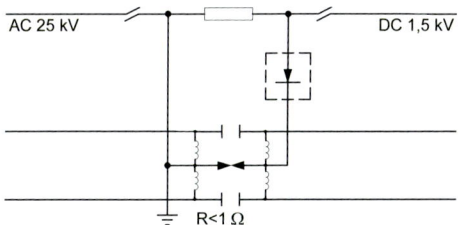

Bild 14.12: Schaltungsschema einer Systemtrennstelle zwischen AC 25 kV und DC 1,5 kV im Netz der SNCF, Frankreich.

und 25 kV 50 Hz, ist weder ein Wechsel noch das Absenken des Stromabnehmers erforderlich. Jedoch muss auch, wie bei Phasentrennstellen, der Hauptschalter am Triebfahrzeug ausgeschaltet werden. Wenn diese Schalthandlung unterbleibt, löst der Stromabnehmer am geerdeten Oberleitungsabschnitt den Kurzschluss aus, der zum Abschalten der speisenden Leistungsschalter führt.

14.4.3 Systemwechselbahnhöfe

Mehrsystemtriebfahrzeuge sind teurer als Einsystemtriebfahrzeuge. Wenn auf beiden Seiten der Versorgungsgrenzen ausgedehnte Netze mit hohem Verkehrsaufkommen vorhanden sind, würde eine große Anzahl von Mehrsystemtriebfahrzeugen notwendig sein, um einen unbeschränkten Betrieb in beiden Netzen zu ermöglichen.

Eine Alternative hierzu sind *Systemwechselbahnhöfe*, die mit den beiden benachbarten Traktionsstromarten ausgerüstet sind, um wirtschaftlichere Einsystemtriebfahrzeuge verwenden zu können und die Triebfahrzeuge der beiden Versorgungsarten vom gleichen Gleis abfahren zu lassen. Die Bahnhöfe sind auch für Rangiermöglichkeiten zum Wechseln der Triebfahrzeuge eingerichtet. Die Gleislage- und Schaltpläne der Bahnhöfe mit zwei Stromversorgungsarten sind unterschiedlich, da bereits vorhandene Bahnhöfe nachträglich mit den beiden Stromversorgungsarten ausgerüstet wurden. Es gibt Bahnhöfe mit Längs- und Quertrennungen der Oberleitungen (Bild 14.42) ohne Schaltung wie auch Bahnhöfe, bei denen die Oberleitungen mehrerer Gleise wechselseitig mit beiden Stromversorgungsarten gespeist werden können.

Wo Oberleitungen nur mit einer Stromversorgungsart betrieben werden können, rollen die Triebfahrzeuge mit gesenkten Stromabnehmern über die Systemtrennstelle. Rangierlokomotiven mit von der Oberleitung unabhängigem Antrieb, z. B. Diesellokomotiven, werden für ihre Verschiebung verwendet. Wenn Triebfahrzeuge die Stromabnehmer nicht vor der Trennstelle absenken, fahren sie in einen geerdeten Abschnitt, lösen dort einen Kurzschluss aus und veranlassen das Ausschalten der Leistungsschalter in den speisenden Unterwerken.

Die Zahl der mit *schaltbaren Oberleitungen* ausgerüsteten Gleise hängt vom Gleislageplan und den betrieblichen Notwendigkeiten ab. Die Streckentrenner über den Trennabschnitten unterteilen die Oberleitung in einzelne Schaltabschnitte, die von einem Schaltposten gespeist werden. Bild 14.13 und 14.14 zeigen Schaltpläne für Bahnhöfe mit zwei Stromarten.

Beim Einstellen der Fahrstraße für die Züge wird automatisch auch die Stromart eingestellt. Da die Weichen, Mastschalter und Signale untereinander verriegelt sind, ist das

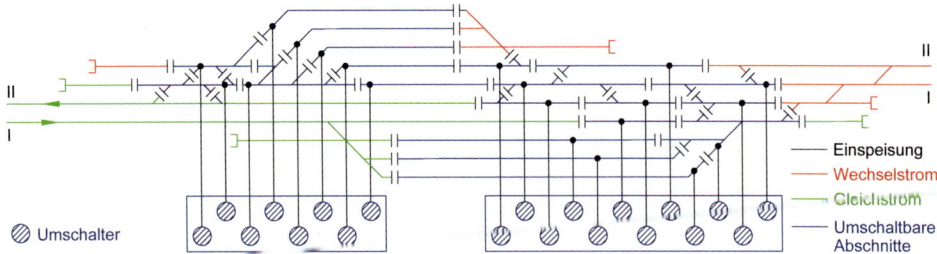

Bild 14.13: Übersichtsplan eines Systemwechselbahnhofes zwischen AC 25 kV 50 Hz und DC 3 kV in einem Bahnhof in Russland [14.10].

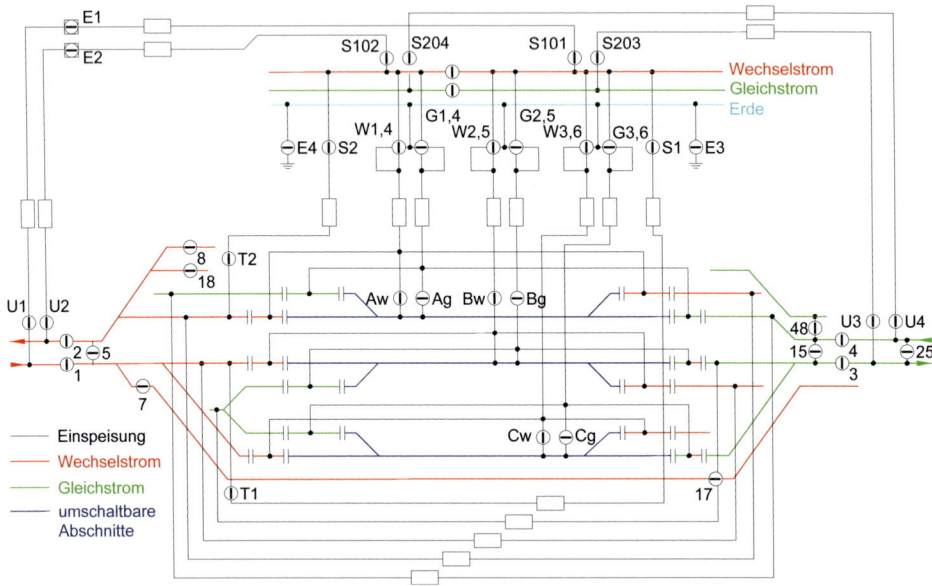

Bild 14.14: Schaltung der Fahrleitung zwischen AC 15 kV 16,7 Hz und DC 1,5 kV im Bahnhof Emmerich zwischen Deutschland und den Niederlanden.

Fahren von einem Schaltabschnitt in den benachbarten nur möglich, wenn beide mit der gleichen Speiseart versorgt werden [14.10].

Die Isolation der Oberleitung entspricht der Versorgungsart mit der höheren Nennspannung. Schutz gegen Streustromkorrosion ist für alle Masten des Bahnhofs notwendig.

Systemwechselbahnhöfe gestatten auch einen gemischten Betrieb. Dabei werden für langsame Züge Einsystemtriebfahrzeuge mit Lokwechsel und für Schnellzüge Mehrsystemtriebfahrzeuge ohne Lokwechsel und zeitaufwändigem Rangieren eingesetzt.

14.4.4 AC- und DC-Triebfahrzeuge auf denselben Gleisen

Ähnlich den Systemwechselbahnhöfen für den Übergang von einer Stromversorgungsart in eine andere gibt es auf *Bahnhöfen gemeinsame Gleisabschnitte* , die alternativ mit AC- oder DC-Stromarten betrieben werden. Die für die beiden Versorgungsarten verwendeten Gleise können auch gemeinsame Bahnsteige haben, um das Umsteigen zu erleichtern. So wird in Hohenneuendorf bei Berlin ein gemeinsames Bahnsteiggleis für die Vollbahn wechselweise mit AC 15 kV 16,7 Hz aus einer Oberleitung und für den Nahverkehr mit 0,6 kV DC aus Dritter Schiene neben dem Gleis gespeist. Dieser Oberleitungs- und Gleisabschnitt ist von der Vollbahnstromversorgung elektrisch getrennt, wobei der Traktionsstrom für die Vollbahn über einen Trenntransformator zugeführt wird.

Die Ütlibergbahn und Sihltalbahn in der Nähe von Zürich in der Schweiz nutzen die Stromart DC 1,5 kV bzw. AC 15 kV 16,7 Hz und fahren zwischen Giesshübel und Selnau [14.11] auf denselben Gleisen. Jede Versorgungsart hat eine eigene Oberleitung, die gegeneinander elektrisch getrennt sind. Die Gleichspannungsoberleitung ist 1,30 m seitlich der Gleisachse angeordnet und wird durch einen Stromabnehmer, der sich seitlich am Triebfahrzeug befindet, befahren. Jede Stromabnehmeranordnung hält das Lichtraumprofil des anderen Systems ein. Die Oberleitungsanordnung und die Betriebsführung verhindern das fehlerhafte Kurzschließen der beiden Stromarten. An der Kreuzung der beiden Oberleitungen ist ein Schutzabschnitt angeordnet, der mit AC 15 kV 16,7 Hz gespeist werden kann. Der Schaltzustand des Abschnitts wird dem Triebfahrzeugführer über Lichtsignale angezeigt. Um Streustromkorrosionsprobleme zu vermeiden, wurden auf dem gemeinsamen Abschnitt die Masten gegen die Fundamente isoliert und über Erdleiter mit dem Gleis verbunden. Die Stahlbewehrung der Tunnel der Kreuzung mit AC-15-kV-16,7-Hz-Strecken ist mit kathodischem Schutz gegen Streuströme ausgerüstet. Die DIN EN 50 122-3 enthält elektrische Sicherheitsanforderungen an die Erdung und Rückleitung bei Parallelbetrieb von Wechsel- und Gleichstrombahnen.

14.5 Bewegliche Brücken

14.5.1 Allgemeines

Bewegliche Brücken ermöglichen Kreuzungen zwischen Bahnstrecken und Schifffahrtswegen ohne den Lichtraum für die Schifffahrt zu beschränken. Bei der Ausrüstung solcher Brücken mit Oberleitungen sind die Zwänge der beiden Verkehrssysteme zu beachten.

In den Niederlanden bestehen Brücken, deren bewegliche Teile nicht mit Oberleitungen ausgerüstet und im Schwung mit gesenkten Stromabnehmern befahren werden. Stromschienenoberleitungen, ähnlich denen im Abschnitt 14.7.3 beschriebenen, lassen die Stromabnehmer auf beiden Seiten der Brücken allmählich in ihre höchste Lage gleiten und führen sie in ihre Nennarbeitshöhe nach dem Passieren der Brücke zurück, wenn der Triebfahrzeugführer den Stromabnehmer nicht von selbst abgesenkt hat. Voraussetzung dafür ist eine Endstellung der Stromabnehmer, die die maximale Fahrdrahthöhe nur wenig überschreitet. Einzelne Stromabnehmer der DB können bauartbedingt bis

Bild 14.15: Klappbrücke bei Papenburg, Nordwestdeutschland.

6,85 m über Schienenoberkante ansteigen. Wenn die Brücken in der Nähe von Bahnhöfen und Signalstandorten liegen, lässt sich ein Stehenbleiben mit Schwung fahrender Züge durch das Fehlen der Oberleitung nicht ausschließen. Dann ist eine ununterbrochene Energieversorgung der Triebfahrzeuge günstiger.

Vor vielen Jahrzehnten errichtete Drehbrücken, Klappbrücken und Hubbahnbrücken sind heute Denkmale der Ingenieurkunst. Der Elektrifizierung solcher Brücken setzt eine sorgfältige Prüfung der Belastbarkeit der Brücke voraus. Einige Brücken können die Belastungen durch Masten und Zugkräften elastischer Kettenwerke nicht aufnehmen. Bei diese Brücken ist die Anwendung von Stromschienenoberleitungen günstiger. Da Stromschienen den Schwingungen der Brücken stärker ausgesetzt sind, wird die Befahrgeschwindigkeit mit angehobenem Stromabnehmer beschränkt. Schnellzüge passieren deshalb die Brücken mit abgesenktem Stromabnehmer. Die Oberleitung stellt in diesem Fall einen Notlauf für versehentlich nicht abgesenkte Stromabnehmer und eine Einspeisung für anfahrende Triebfahrzeuge mit anliegenden Stromabnehmern dar. Die Veröffentlichung [14.12] beschreibt die Ausrüstung von *beweglichen Brücken mit Stromschienen* im Zuge der Elektrifizierung der Strecke New Haven–Boston.

14.5.2 Klappbrücken

Klappbrücken mit Waagebalken für Gegengewichte bieten ausreichend Platz für Stromschienen. Bei Rollklappbrücken nach dem System Scherzer bewegen sich die Gegengewichte auf der anderen Seite des Drehpunktes in das Lichtraumprofil der Bahnstrecke hinein. Die Oberleitungen an diesen Brücken sind mit Hilfe eines eigenen Antriebs aus dem Betriebsbereich der Gegengewichte verschwenkbar, bevor der Klappvorgang der Brücke beginnen kann.

Zwei Klappbrücken bei Papenburg in Nordwestdeutschland [14.13] bilden Beispiele hierfür, wobei der Waagebalken verlängert wurde und als Stützpunkt für die Deckenstromschiene dient. Die Gegengewichte der beiden Brücken mussten entsprechend vergrößert werden. Ein Paar Gleitkufen ähnlich denen der Streckentrenner (Bild 14.15) stellen die

Verbindung zu den elastischen Fahrleitungen her, die auf beiden Seiten des Flusses abgespannt wurden. Ein elastischer Bügel über den Kufen und der Stromschiene justiert die Gleitebene für den Stromabnehmer und dämpft die Schwingungen. Beigeklemmte Fahrdrähte verringern die Elastizität in Richtung Brücke kontinuierlich.

Die DB-Strecke Bremen–Emden führt über zwei Klappbrücken nahe der Stadt Oldenburg [14.14]. Die Portale auf beiden Ufern nehmen die Abspannungen der Fahrleitungen auf. Diese tragen auch die schwenkenden Teile der Stromschienen, die zugehörigen Antriebe und die Antriebsgestänge auf der Seite der Brücke, auf der die Gegengewichte angeordnet sind. Die vier kurzen, auf den beweglichen Abschnitten angeordneten Oberleitungen sind an einem Endportal in der Mitte der Brücke fest abgespannt und an den Gewichtskästen mit einer Federnachspanneinrichtung beweglich befestigt.

Die *Peene-Klappbrücke bei Anklam und die Ziegelgraben-Klappbrücke bei Stralsund* sind auf dem beweglichen Teil und den angrenzenden Bereichen mit einer ausgerüstet. Mit Antrieb versehene Drehausleger verschwenkten vor dem Öffnen der Brücken die Oberleitung aus dem Bereich der Gegengewichte (Bild 14.16). Aufgrund der schlechten dynamischen Eigenschaften der von den Brückenschwingungen betroffenen Oberleitung war die Fahrgeschwindigkeit mit gehobenem Stromabnehmer für die Ziegelgraben-Klappbrücke auf 20 km/h und die Peene-Klappbrücke auf 10 km/h festgelegt. Letztere wurde jedoch meist mit abgesenktem Stromabnehmer und Schwung passiert. In den Jahren 2012/2013 wurde die Peene-Klappbrücke erneuert. Die neue Klappbrücke mit hydraulischem Antrieb benötigt keine Gegengewichte [14.15]. Dadurch vereinfachte sich die Stromschienenoberleitung und ist nun mit 120 km/h und gehobenem Stromabnehmer befahrbar (Bild 14.16 c)).

Die 1999 von Amtrak elektrifizierte Strecke New Haven–Boston überquert den Connecticut River, den Niantic River und den Thames River über Drehbrücken, die mit Stromschienenoberleitungen (Bild 14.17) ausgerüstet sind und 145 km/h Befahrgeschwindigkeit zulassen [14.12]. Eine zur Seite hochklappbare Stromschiene überbrückt die Lücke zwischen den beweglichen und den festen Brückenteilen. Der bewegliche Stromschienenteil ist an einer Portalkonstruktion montiert und mit einem Antrieb ausgerüstet, der es ermöglicht, die Fahrleitung außerhalb des Lichtraumprofils zu schwenken. Verriegelungen in der Steuerung der Brücke verhindern, dass sich die Klappabschnitte öffnen lassen, bevor die bewegliche Stromschieneneinheit vollständig verschwenkt ist.

14.5.3 Drehbrücken

Drehbrücken, auch als Schwenk- oder Schwingbrücken bekannt, drehen sich 90° um einen vertikalen Drehpunkt, der auf einem Pfeiler in der Mitte der Brücke angeordnet ist, und öffnen so die Schifffahrtsstraßen auf beiden Seiten. Die Drehbrücke über die Hunte bei Elsfleth, Norddeutschland (Bild 14.18) wurde im Zuge der Elektrifizierung der DB-Strecke Bremen–Hude–Nordenham im Jahr 1980 elektrifiziert [14.14]. Bevor der Drehvorgang beginnt, sind die Verschlüsse an den Gleisen zu öffnen und die Brücke um 0,36 m in ihrer Mitte und um 0,20 m an ihren freien Enden anzuheben. Auf dem drehbaren Abschnitt der Brücke gibt es eine 200 mm² Stromschiene, die von rechtwinkligen Stahlhohlprofilen getragen wird. Die Stromschiene kann temperaturbedingte

a)

b) c)

Bild 14.16: Klappbrücke über den Fluss Peene in der Nähe von Anklam.
a) Schwenkquerträger sind mit einem Antrieb versehen, um die Oberleitung auszudrehen, bevor sich die Brücke öffnet, b) geöffnete Brücke, c) links im Bild alte Brückenhälfte mit Gegengewicht vor dem Umbau, rechts im Bild neue Brückenhälfte ohne Gegengewicht mit Verbundstromschiene (Foto: K. Schatkowski)

14.5 Bewegliche Brücken

Bild 14.17: Klappbrücke mit Stromschienenoberleitung auf der Strecke New Haven–Boston, USA (Foto: Furrer+Frey).

Bild 14.18: Drehbrücke über den Fluss Hunte in der Nähe von Elsfleth, Norddeutschland.

Bild 14.19: Schwenkbrücke mit schwenkbaren Überlappungen aus Stromschienenoberleitung auf der Strecke New Haven–Boston, USA (Foto: Furrer+Frey).

Längenunterschiede durch bewegliche Stützpunktklemmen ausgleichen. Dreieckförmig angeordnete Tragisolatoren stellen die Verbindung zu den Tragbalken her. Seitlich einrastende Gleitschienen, die im beweglichen Teil der Brücke angeordnet sind, bilden den Übergang zu den Gegenstücken der Oberleitung, die auf den anschließenden, festen Teilen der Brücken oder auf den Ufern angeordnet sind.

Die im Abschnitt 14.5.2 angesprochene Amtrak-Strecke kreuzt den Shaw Cove River und den Mystic River über *Drehbrücken*. Die beweglichen Teile sind mit Stromschienen ausgerüstet. Auf den festen Brückenteilen gehen die elastischen auf die biegesteifen Oberleitungen über. Drehbare Elemente schließen die Lücke zwischen den festen und den beweglichen Brückenteilen an beiden Enden. Diese motorbetriebenen Elemente geben genug Freiraum für den Betrieb der Brücke (Bild 14.19) [14.12].

14.5.4 Hubbrücken

Die beweglichen Segmente der *Hubbrücke* gleiten vertikal an Pfeilern, die auf beiden Seiten der Schifffahrtsstraße angeordnet sind. Da sie das Lichtraumprofil für die Schifffahrt im geöffneten Zustand nach oben begrenzen, bestimmen die höchsten Schiffe des jeweiligen Wasserweges und der höchste Wasserstand die erforderliche Hubhöhe. Bekannt sind Brücken mit wenigen Metern Hubhöhe über dem Wasserspiegel bis zur 63 m hohen Maasbrücke.

14.5 Bewegliche Brücken

Bild 14.20: Hubbrücke über das Kattwyk-Fahrwassers innerhalb des Hamburger Hafens, Deutschland.

Die Hubbrücke über das Kattwyk-Fahrwasser im Hamburger Hafen (Bild 14.20) wurde 1973 in Betrieb genommen und wird sowohl für den Schienen- als auch für den Straßenverkehr parallel genutzt. Der Hubabschnitt ist 106 m lang und wird um rund 46 m angehoben. Diese Brücke wurde 1983 mit einer AC-15-kV-16,7-Hz-*Stromschienenoberleitung* ausgerüstet, die von der Stahlkonstruktion der Brücke getragen wird [14.16]. Die elastische Oberleitungsausrüstung wird auf beiden Seiten 11 m vor dem Ende der festen Brückenteile auf der Brücke abgespannt und mit einer 8 m langen festen Oberleitungsschiene fortgesetzt. Diese Schiene endet 3 m vor dem Übergang von den festen Teilen der Brücke auf dem beweglichen Teil, da die Gegengewichte der Hubbrücke in den Lichtraum der Eisenbahn und der Straße hinein ragen, wenn die Brücke angehoben ist. Der verbleibende Spalt wird mit ungefähr 8 m langen beweglichen Oberleitungsabschnitten überbrückt, die mit Leitern von dem festen Teil aus bewegt werden und mit der Oberleitung auf dem Hubteil der Brücke verriegelt werden können (Bild 14.21). Diese Teile

a)  b)

Bild 14.21: Bewegliche Stromschienen der Kattwyk-Hubbrücke.
a) „Lage für den Zugbetrieb", b) „angehobene Brückenlage"

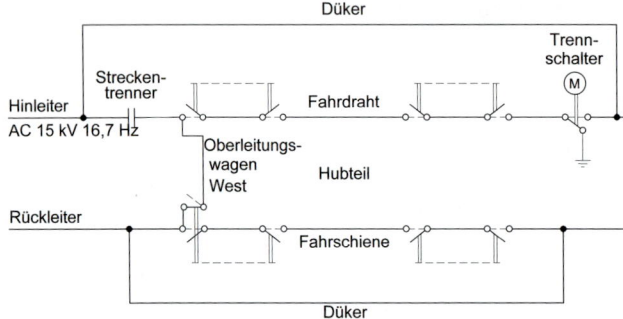

Bild 14.22: Schematisches Schaltbild der AC-15-kV-16,7-Hz-Oberleitung der Kattwyk-Brücke in Hamburg.

sind mit 5,5 m langen Stromschienen ausgerüstet; die dort angeordneten Kontaktmesser fungieren als elektrische Verbindung mit der Oberleitung auf dem Hubabschnitt. Drei Meter lange Stromschienen stellen die Verbindung des starr abgespannten Oberleitungsabschnittes zum beweglichen Brückenabschnitt her.

14.5.5 Elektrische Schaltungen und Signalisierung

Die elektrischen Schaltungen und die Signalisierung müssen die Bewegung der Brücke mit dem Bahnbetrieb und der Energieversorgung der Oberleitung koordinieren und verriegeln. Die vor dem Öffnen des beweglichen Teils der Brücke freigeschaltete Oberleitung kann erst dann wieder unter Spannung gesetzt werden, nachdem die beweglichen Teile zurückgefahren und verriegelt sind. Auf jeder Brückenseite gibt es Trennungen oder Schutzstrecken, die nach der Abschaltung der Brückenabschnitte geerdet werden. Die in Bild 14.22 gezeigte Anordnung ermöglicht die Schalthandlungen und den nicht unterbrochenen Betrieb der Energieversorgung der nachfolgenden Abschnitte über Umgehungsleitungen, die häufig über im Fluss oder in Durchlässen verlegte Kabel hergestellt werden. Bei Verwendung von Freileitungen für diesen Zweck muss auch der erforderliche

Lichtraum für die Schifffahrt bis 65 m beachtet werden. Bei der Planung der Anlage ist die Durchgängigkeit der *Traktionsstromrückführung* über Freileitungen oder Kabel zu beachten. Um die Traktionsstromrückführung während der Fahrt eines Triebfahrzeuges auf der Brücke sicherzustellen, wurden die beweglichen Brückenteile der Kattwyk-Brücke mit Kontaktmessern für den Rückstrom ausgerüstet. Die Fahrschienen der einzelnen Brückenteile sind über Kabel miteinander verbunden.

Da den Zügen vor beweglichen Brücken im geöffneten Zustand ohnehin Halt signalisiert wird, ist eine gesonderte Signalisierung des Schaltzustandes der Oberleitung gegenüber dem Zugverkehr nicht erforderlich. Eine Besonderheit stellen Brücken dar, deren Oberleitung bei geringen Geschwindigkeiten mit angelegtem und bei hohen Geschwindigkeiten mit abgesenktem Stromabnehmer befahren werden. Für sie sind entsprechende Anweisungen in der Dienstvorschrift für Langsamfahrstellen enthalten.

14.6 Niveaugleiche Kreuzungen von Bahnlinien unterschiedlicher Stromarten

14.6.1 Kreuzungen zwischen Vollbahnen und Straßenbahnen

Niveaugleiche Kreuzungen zwischen Vollbahnen und Straßenbahnen sind zwar nicht häufig anzutreffen, aber es gibt einige Beispiele in Deutschland:
- die DB-Strecke Schalke–Wanne (AC 15 kV 16,7 Hz) und die Straßenbahn Bismarckstraße (DC 0,6 kV) in Gelsenkirchen
- die DB-Strecke Huckarde-Süd Abzweig nach Deusen in Dortmund (AC 15 kV 16,7 Hz) und die Dortmunder Straßenbahn (DC 0,6 kV)
- die DB-Strecke Leipzig nach Altenburg (AC 15 kV 16,7 Hz) und die lokale Straßenbahn in Markkleeberg (DC 0,6 kV) bei Leipzig

Wegen des ausschließlichen Betriebs von Scheren- und Einholmstromabnehmern auf den Vollbahnen und Straßenbahnen war es möglich, die sich nahezu rechtwinklig kreuzenden Strecken mit Standardoberleitungen auszurüsten (Bild 14.23).

Der Fahrdraht der Vollbahn wird unterhalb des Fahrdrahtes der Straßenbahn angeordnet, um so günstige Befahrbedingungen für die Vollbahn zu erreichen. Der Unterschied in der Höhe zwischen den sich kreuzenden Fahrdrähten wird durch zusätzliche Gleitstücke aus Fahrdraht ausgeglichen, die seitlich der Fahrdrähte angeklemmt werden und so den Straßenbahnstromabnehmer auf die Höhe des Vollbahnfahrdrahtes absenken. Damit sich diese Konstruktion nicht durch die temperaturbedingte Längswanderung der Kettenwerke verzieht, ist die Kreuzung als Festpunkt gestaltet. Die Fahrgeschwindigkeiten sind im Kreuzungsabschnitt begrenzt, um Lichtbögen und erhöhten Verschleiß zu vermeiden. Sie erreichen 50 km/h für Vollbahnen und 30 km/h für die Straßenbahnen. Eine Erhöhung der Geschwindigkeit lässt sich durch Verbessern der Elastizität im Kreuzungsabschnitt erreichen, z.B durch das Verwenden von Federn in den Hängern.

Die Ausführung niveaugleicher Kreuzungen zwischen Vollbahnen und örtlichen Straßenbahnen muss sicherstellen, dass eine elektrische Verbindung der Vollbahnversorgung mit der Stromversorgung der Straßenbahn nicht möglich ist. Deshalb werden die kreuzen-

Bild 14.23: Niveaugleiche Eisenbahn-Straßenbahn-Kreuzung in Markkleeberg bei Leipzig, Deutschland.

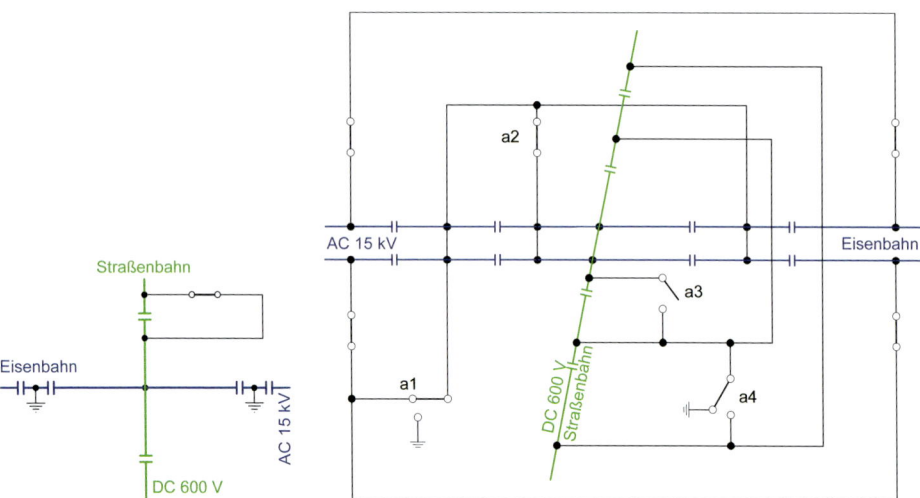

Bild 14.24: Übersichtsschaltplan der Eisenbahn-Straßenbahn-Kreuzung in Markkleeberg bei Leipzig.

Bild 14.25: Übersichtsschaltplan Kreuzung zwischen der Vollbahn und der Straßenbahn in Gelsenkirchen, Deutschland, zwischen AC 15 kV 16,7 Hz und DC 0,6 kV, Schaltzustand: Betrieb mit AC 15 kV.

14.6 Niveaugleiche Kreuzungen von Bahnlinien unterschiedlicher Stromarten

Bild 14.26: Niveaugleiche Kreuzung zwischen der Stadtbahn und der Straßenbahn in Melbourne. a) Gesamtansicht, b) Fahrdrahtkreuzungselement

den Oberleitungen mit Schutzstrecken oder Streckentrennern in allen vier Richtungen versehen (Bild 14.24).

Ein Oberleitungstrennschalter speist in Markkleeberg für Straßenbahnfahrten das 600-V-Potenzial in den gemeinsamen Oberleitungsbereich ein. Die verkürzten Schutzstrecken der DB-Oberleitung sind im Mittelteil ständig geerdet. An den Schrankenbäumen angebrachte Endkontakte sorgen für die Ausschaltung des Trennschalters beim Schließen der Schranken. Somit liegt im Zustand DB am gemeinsamen Oberleitungsbereich neutrales Potenzial an. Die Triebfahrzeuge der DB passieren den Bahnübergang mit Schwung und ausgeschaltetem Hauptschalter. Vergisst ein Tfz-Führer der DB, den Hauptschalter auszuschalten, kommt es zu einem Lichtbogen an der Schutzstrecke und zum Abschalten des speisenden Leistungsschalters im Unterwerk. Die Neigungsverhältnisse gestatten ein antriebsloses Herausrollen der Fahrzeuge aus dem Bereich des Bahnübergangs.

Eine alternative Lösung ist in Bild 14.25 gezeigt, die eine Speisung der AC 15 kV Spannung in die neutralen Abschnitte der Vollbahn und in die zentralen Abschnitte ermöglicht. Zusätzlich zur örtlichen Signalisierung der niveaugleichen Kreuzungen werden die Abschnitte der Vollbahn durch das Signal EL 1 „Hauptschalter AUS" vor und das Signal EL 2 „Hauptschalter EIN" nach der Kreuzung geschützt (Abschnitt 17.5).

Das Bild 14.26 a) zeigt eine niveaugleichen Kreuzung zwischen der zweigleisigen Straßenbahn und der zweigleisigen Stadtbahn in Melbourne und Bild 14.26 b) das verwendete Fahrdrahtkreuzungselement. Die Geschwindigkeit der Züge und der Straßenbahn beträgt an dieser Kreuzung rund 20 km/h. Die Einfachfahrleitung der Straßenbahn kreuzt das Kettenwerk der Stadtbahn. Der Kreuzungsabschnitt ist durch acht Streckentrenner in den Fahrdrähten und vier Isolatoren in den Tragseilen von den weiterführenden Oberleitungen getrennt und wird über Kreuzungsumschalter und eine Schalterleitung mit Spannung versorgt. Bei geöffneter Schranke beträgt die Oberleitungsspannung über dem Bahnübergang DC 0,6 kV und bei geschlossener Schranke DC 1,5 kV [14.17].

Weitere Fahrdrahtkreuzungselemente, die sowohl für Vollbahn-/Straßenbahn- als auch Straßenbahn-/Straßenbahnkreuzungen mit Scheren- und Einholmstromabnehmer verwendet werden können, sind im Bild 14.27 zu sehen.

Bild 14.27: Fahrdrahtkreuzungselemente in Straßenbahnoberleitungen a) und b) in Melbourne, c) in Budapest.

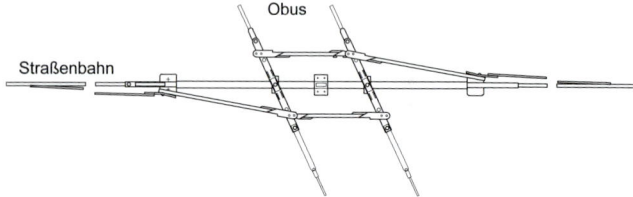

Bild 14.28: Gleitschuh eines Obus-Stangenstromabnehmers.

Bild 14.29: Oberleitungsanordnung für eine schräge Kreuzung zwischen einer Straßenbahn und einem Obus.

14.6.2 Kreuzungen zwischen Straßenbahn- und Obusanlagen

Es besteht eine große Anzahl von *Kreuzungen zwischen Straßenbahnen* und *Obusstrecken* [14.18]. Die Komponenten der Kreuzung entsprechen der Bauform von Stromabnehmer und der verwendeten Gleitschuhe. Die Mehrzahl der Straßenbahnen verwenden Stromabnehmer, die unterhalb des Fahrdrahts laufen. Dagegen sind Stromabnehmer von Obussen mit *Gleitschuhen* ausgerüstet, die die Fahrdrähte seitlich umfassen (Bild 14.28). Der Obusgleitschuh muss zu jeder Zeit eine seitliche Führung haben, was eine kompliziertere Kreuzung der Fahrdrähte zur Folge hat. Die Gleitschuhe sollen in der Betriebshöhe der Straßenbahnstromabnehmer ohne irgendwelche Hindernisse kreuzen können. In Abhängigkeit vom Winkel sind zwei Anordnungen üblich. Für Kreuzungen mit Winkeln zwischen 15° und 75° wird ein Kreuzungselement (Bild 14.29) verwendet, wobei der Straßenbahnstromabnehmer durch *isolierte Gleitstücke* über die Lücken für die Obusfahrdrähte geführt wird. Die in Bild 14.30 gezeigte Ausführung ist geeignet für Winkel zwischen 15° und 60° [14.18]. Gleitkufen drücken den Stromabnehmer der Straßenbahn ungefähr 0,10 m unter die Fahrdrähte der kreuzenden Trolleybusstrecke. Quertragdrähte halten die Oberleitungskreuzung in ihrer Lage. Eine alternative Lösung für schräge Kreuzungen zeigt Bild 14.30 b).

Im Falle von rechtwinkligen Kreuzungen, die oft zwischen Straßenbahnen und Obusstrecken im Stadtgebiet angetroffen werden, ist es schwieriger, die Lücken zu befahren. Bei der in Bild 14.31 gezeigten Anordnung gleiten die Straßenbahnstromabnehmer über

14.6 Niveaugleiche Kreuzungen von Bahnlinien unterschiedlicher Stromarten

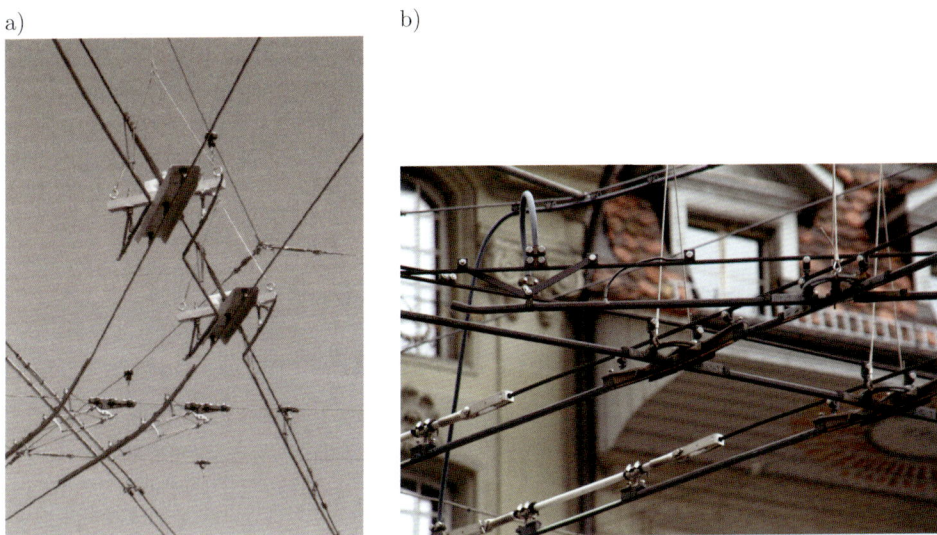

Bild 14.30: Fahrleitungsausführung für schräge Kreuzungen einer Straßenbahn und einer Obuslinie in Zürich, Schweiz. a) mit Schutzdächern über den Obusfahrdrähten (Bild: Brassel), b) mit verstellbaren Kreuzungslelementen

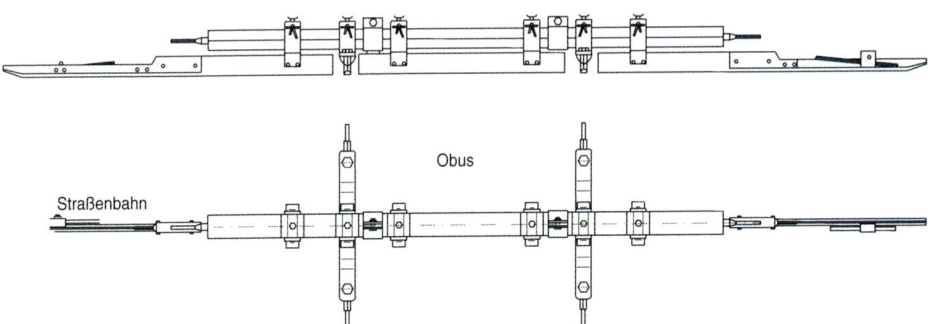

Bild 14.31: Kreuzungsabschnitt für rechtwinklige Kreuzungen zwischen Straßenbahn und Obus.

Bild 14.32: Rechtwinklige Straßenbahn-Obuskreuzung in Zürich mit verstellbaren Kreuzungselementen.

den Kreuzungsabschnitt unter Ausnützen der Schleifstückbreite und der Schwerkraft der Stromabnehmerwippe und überbrücken dabei die Lücke. Die Lücke und die Isolierstrecken sind zu kurz, um die Schleifstücke zu beschädigen. Da keine Schaltungen bei Kreuzungen zwischen Straßenbahnen und Obusanlagen verwendet werden, müssen die Kreuzungselemente für die unterschiedlichen Spannungen der zwei Obusfahrdrähte isoliert werden. Eine rechtwinklige Kreuzung zwischen Straßenbahn und Obus in Zürich zeigt Bild 14.32.

14.7 Niveaugleiche Straßenkreuzungen

14.7.1 Ausführungen für alltägliche Straßentransporte

Die Oberleitungen beschränken den *höchsten Lichtraum* für Straßenverkehr an *niveaugleichen Kreuzungen mit Bahnlinien*. Die Deutsche Straßenverkehrsordnung (StVO) [14.19, 14.20] begrenzt die Höhe der Fahrzeuge auf 4,00 m. Ein Überschreiten dieses Wertes ist nur möglich bei *Transporten mit Überhöhe*, die besonders angezeigt und genehmigt werden müssen.

In Deutschland sind niveaugleiche Straßenkreuzungen nur bis 160 km/h Fahrgeschwindigkeit der Bahn erlaubt. Die Norm DIN EN 50 122-1 und die DB Richtlinien 997 erfordern 5,50 m Mindesthöhe der Fahrleitung oder anderer Leitungen, die von den Fahrleitungsmasten getragen werden, über der Straßenoberfläche bei Spannungen über AC 1 kV oder DC 1,5 kV. Dieser Freiraum muss unter den ungünstigsten Bedingungen eingehalten werden. Alle thermischen Einwirkungen, Bewegungen des Fahrdrahtes oder anderer Leiter und Eisansatz an den Leitern sind zu beachten. Die Auswirkung dieser Bedingungen zeigt das Beispiel 14.1.

Beispiel 14.1: Um den mit 5,50 m festgelegten kleinsten Abstand nicht zu unterschreiten, muss die Oberleitung bei 45 m Spannweite mit einer *Fahrdrahthöhe* errichtet werden, die die folgenden Faktoren beachtet:

– kleinster Abstand zwischen Oberleitung und Straßenoberfläche	5,50 m
– Durchhang bei der vorgegebenen Eislast	0,07 m
– Montagetoleranz	0,03 m
– Abwärtsbewegung des Fahrdrahtes	0,05 m
– Durchhang zwischen zwei Hängern	0,02 m
Die Fahrdrahthöhe (h_{FD}) in der Ruhelage ist	5,67 m

Da die Nennfahrdrahthöhe der DB-Strecken mit Fahrgeschwindigkeiten bis 160 km/h nur 5,50 m beträgt, erfordert die Einhaltung des *kleinsten Abstandes bei niveaugleichen Kreuzungen* Kettenwerks- oder Fahrdrahtanhebungen. Die Anforderungen an die Fahrdrahtneigung und deren Änderung sind in DIN EN 50 119 vorgegeben. Kettenwerks- oder Fahrdrahtanhebungen können gemäß Abschnitt 12.12.4 geplant und Fahrdrahthöhen gemäß Abschnitt 12.12.7 berechnet werden.

Wenn bei niveaugleichen Kreuzungen die oben abgeleitete minimale Fahrdrahthöhe nicht eingehalten werden kann, müssen die Kreuzungen durch den Einbau von *Höhenbegrenzungen* für Straßenfahrzeuge geschützt werden. Diese müssen in Deutschland

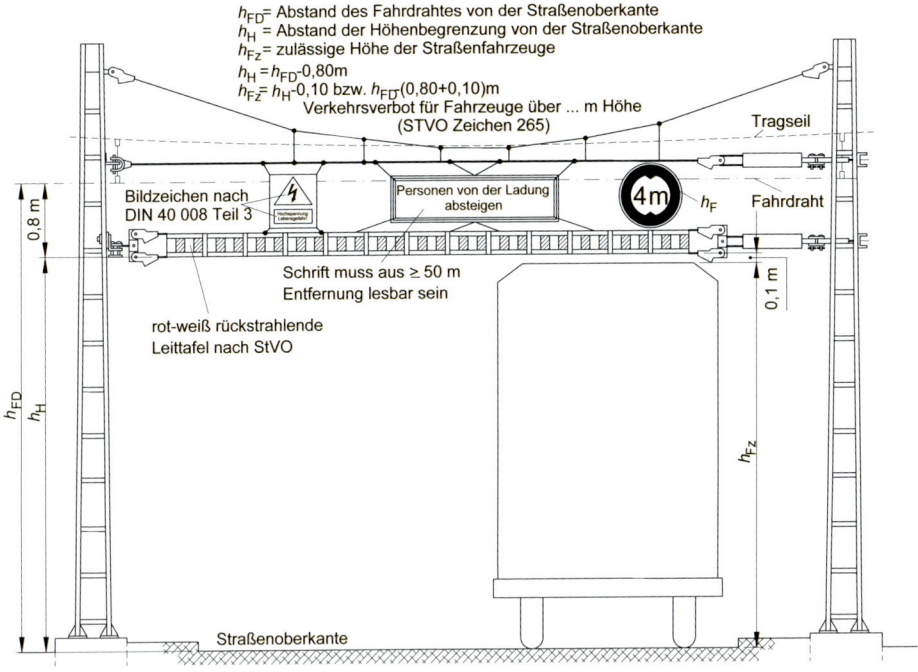

Bild 14.33: Höhenbegrenzung mit Profiltor [14.21].

zusätzlich mit Warnschildern „Gefahr durch elektrische Spannungen" und den entsprechenden Verkehrsverbotszeichen gemäß der Deutschen Straßenverkehrsordnung (StVO) [14.19, 14.20] versehen werden. Bild 14.33 zeigt eine *Höhenbegrenzungseinrichtung* mit einem Profiltor, wobei der untere Rand 0,8 m unter dem Fahrdraht angeordnet ist. Die höchste zulässige Fahrzeughöhe, die auf den Verkehrsschildern genannt ist, muss mindestens 0,1 m geringer sein als die der Höhenbegrenzung. Solche Vorkehrungen können erforderlich werden, wenn angrenzende Überbauten der Bahnstrecke eine größere Fahrdrahthöhe nicht erlauben.

14.7.2 Kreuzungen für Transporte mit Übermaßen

Wenn es keine Begrenzung der Fahrdrahthöhe infolge anderer Einrichtungen gibt, kann die zulässige Höhe für Straßenfahrzeuge durch Kettenwerks- oder Fahrdrahtanhebungen gesteigert werden. Die *größte Fahrdrahthöhe* an Bahnübergängen der DB liegt bei rund 6,00 m und ergibt sich aus der oberen Arbeitsbereichsgrenze des *Stromabnehmers* von 6,50 m gemäß UIC 608 abzüglich des Fahrdrahtanhubes bei Stromabnehmerdurchfahrten und der im Beispiel 14.1 genannten Größen. Abweichungen von der Regelfahrdrahthöhe haben einen erhöhten Errichtungs- und Instandhaltungsaufwand zur Folge, z. B. durch längere Masten, größeren Regulierungsaufwand und erhöhten Verschleiß des Fahrdrahtes. Sie sind somit nur in begründeten Ausnahmefällen anzuwenden.

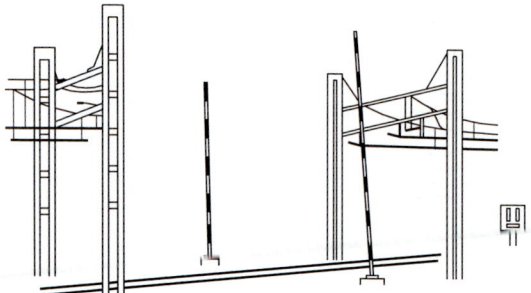

Bild 14.34: Fahrleitungssonderausführung über einem Bahnübergang für Großraumtransporte der Straße RN 9 bei Le Havre, Frankreich.

Eine weitere Vergrößerung der *Höhe für kreuzende Transporte mit Übermaß* ist möglich durch das Abschalten und Erden der Fahrleitung innerhalb des Abschnittes mit der Straßenkreuzung. Der Abstand zwischen dem Straßenfahrzeug und dem Fahrdraht kann dann auf wenige Zentimeter verringert werden, vorausgesetzt, das Schwanken des Fahrzeugs wird beachtet. Die zulässige *maximale Fahrzeughöhe* beträgt ungefähr 6,00 m unter günstigsten Bedingungen. Das Abschalten und Erden der Fahrleitung erfordert dafür berechtigtes Bahnpersonal und unterbricht den normalen Zugbetrieb. Dieses Vorgehen wird nur für seltene *Großraumtransporte* angewandt.

14.7.3 Anordnung von Lücken in der Oberleitung

Eine Alternative für niveaugleiche Kreuzungen mit Großraumtransporte ohne Beschränkung der Höhe ist der Verzicht auf die Oberleitung, d. h. eine *Lücke in der Oberleitung* oberhalb der niveaugleichen Kreuzung. Vor der Fahrleitungslücke werden die Stromabnehmer abgesenkt und der Zug fährt mit Schwung über die Lücke in der Oberleitung. Die Kreuzung der RN 9 in der Nähe von Le Havre in Frankreich [14.22] ist ein Beispiel dafür (Bild 14.34). Die Oberleitungen sind an Portalen auf beiden Seiten der Straße fest abgespannt.

Wenn der Triebfahrzeugführer vergisst, den Stromabnehmer vor der Kreuzung abzusenken, führen Stromschienenoberleitungen den Stromabnehmer in ihre äußerste Arbeitslage und nach dem Passieren der Lücke wieder zurück zur üblichen Betriebshöhe. Aus dem Gesichtspunkt der elektrischen Zugförderung ist eine solche Anlage nicht wünschenswert, weil es eine Unterbrechung in der Traktionsstromversorgung gibt und der Hauptschalter des Triebfahrzeuges abgeschaltet, der Stromabnehmer abgesenkt und die Geschwindigkeit reduziert werden müssen. Diese Ausführung hat jedoch den Vorteil, dass sie die Höhe von Großraumtransporten nicht beschränkt.

14.7.4 Vorübergehender Anhub der Oberleitung durch elektrischen Antrieb

Wenn eine Kreuzung häufig mit Großraumtransporten befahren wird, die eine größere Fahrdrahthöhe erfordern, kann es wirtschaftlich sein, eine Fahrleitung mit *veränderlicher Höhe* einzubauen, um den Freiraum an niveaugleichen Kreuzungen zu erhö-

14.7 Niveaugleiche Straßenkreuzungen

Bild 14.35: Vertikal verschiebbare Ausleger an einem Bahnübergang bei Wesel, Deutschland.

hen. Wichtigstes Anwendungskriterium für Sonderkonstruktionen zur Vergrößerung der Durchfahrtshöhe an Bahnübergängen bildet somit die Kombination von großer Häufigkeit und Höhe der Großraumtransporte, so dass andere Maßnahmen nicht wirtschaftlich sind. Der erhöhte Aufwand für diese Konstruktionen wird durch das Vermeiden von Demontage- und Montagekosten sowie von Sperrungen der Strecke für längere Zeit ausgeglichen. Zu den Anwendungsorten zählen niveaugleiche Kreuzungen von elektrifizierten Eisenbahnstrecken mit internationalen Großraumtransporttrassen sowie einzelne Hafen- und Werkszufahrten. An der Kreuzung zwischen der Bundesstraße B8 und der DB-Strecke Oberhausen–Emmerich bei Wesel war in den 60er und 70er Jahren eine *Oberleitungsanhubeinrichtung* eingebaut. Sie ermöglichte den regelmäßigen Transport übergroßer Maschinenteile von einer nahe gelegenen Fabrik zum Rheinhafen Wesel [14.23]. Vier Oberleitungsausleger der zweigleisigen Strecke waren beiderseits des Bahnübergangs über Führungsschienen beweglich an den Flachmasten angeordnet (Bild 14.35). Angetrieben über Seilzüge durch jeweils einen Elektromotor konnten sie die Kettenwerke über dem Bahnübergang um rund 3 m anheben. Der benachbarte Schrankenposten bediente die Anlage. In der erhöhten Lage war kein elektrischer Betrieb möglich.

Im Jahr 2003 wurde in Bremen-Huchting am km 38 der zweigleisigen Strecke Bremen–Osnabrück eine Oberleitungsanhubeinrichtung montiert (Bild 14.36). An vier Masten werden nach der Abschaltung und Erdung der Oberleitung die Ausleger durch elektrische Antriebe und Schubstangen gleichzeitig angehoben, bis 6,60 m Fahrdrahthöhe über dem Bahnübergang erreicht ist.

Derartige Einrichtungen lassen sich auch für den Anhub von Querfeldern mit allen daran befestigten Oberleitungen nutzen, wie die Bilder 14.37 a) und b) von einem Bahnübergang in Düsseldorf zeigen.

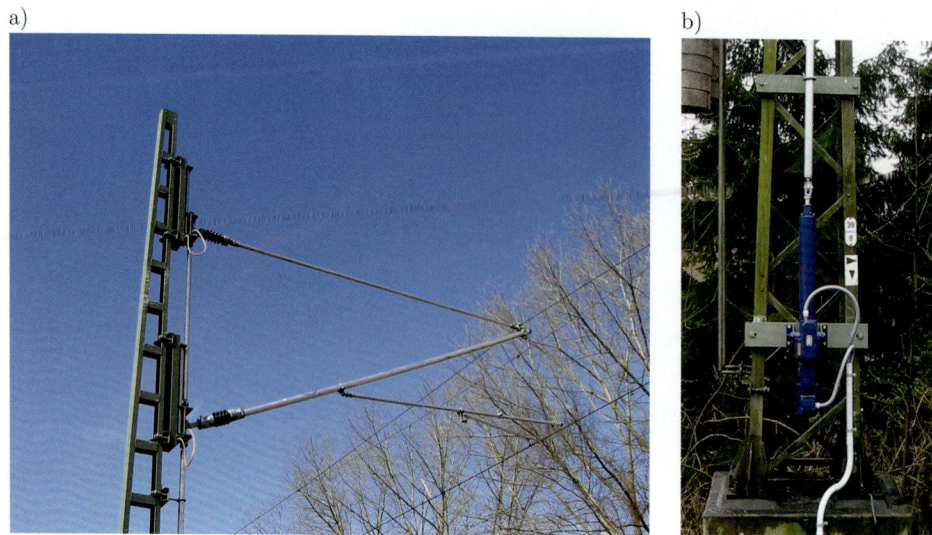

Bild 14.36: Oberleitungsanhubeinrichtung in Bremen-Huchting (Fotos: SPL Powerlines Germany GmbH & Co KG). a) verschiebbarer Ausleger, b) elektrischer Antrieb mit Schubstange

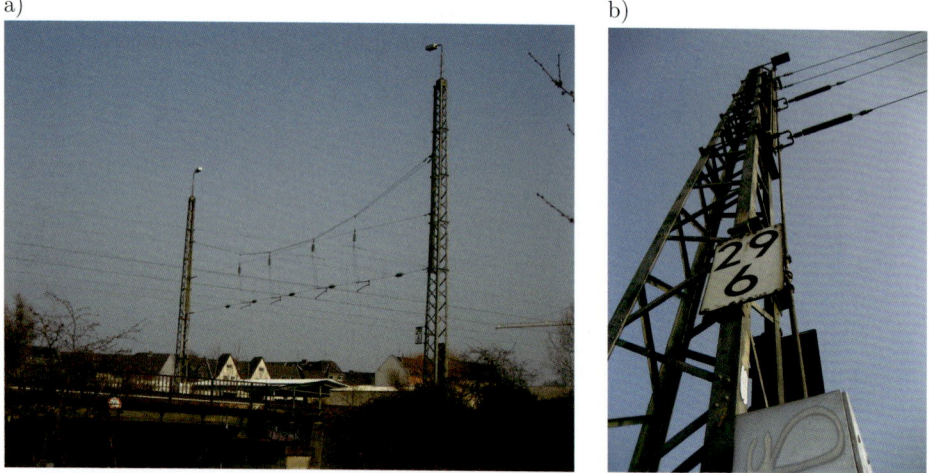

Bild 14.37: Oberleitungsanhubeinrichtung in Düsseldorf. a) Ansicht des anhebbaren Querfeldes in der Ausgangslage, b) Detailansicht eines Mastes mit vertikal verschiebarer Querfeldbefestigung

14.7 Niveaugleiche Straßenkreuzungen

Bild 14.38: Vertikal schwenkbare Ausleger an einem Bahnübergang in Biesenthal, Deutschland.

Die DB-Strecke von Berlin nach Stralsund kreuzt eine Straße für Schwerlast- und Großraumtransporte im Bahnhof Biesenthal. Als Alternative zu einem Brückenbau wurde mit der Elektrifizierung der stark belasteten Eisenbahnstrecke 1988 in Hinblick auf über 300 vorgesehenen Transporte pro Jahr mit Höhen bis 7,00 m, eine *Oberleitungsanhubeinrichtung* montiert und erprobt [14.24]. Insgesamt sechs Ausleger sind über parallelogrammförmige Gestänge und Lager vertikal schwenkbar an den Masten befestigt (Bild 14.38). Die für jedes der drei Kettenwerke synchron angesteuerten, elektrischen Kettenzüge oder bei deren Ausfall Handkurbelgetriebe ermöglichen das Heben und Senken der Ausleger um rund 1,5 m im Zeitraum von 20 s elektrisch oder 1 min manuell pro Bewegungsrichtung. Dadurch lässt sich die Durchfahrt von Großraumtransporten in Zugpausen realisieren. Nach dem Absenken gestattet die Oberleitung die volle Befahrgeschwindigkeit. Auf eine Signalisierung des Hebezustandes gegenüber den Straßentransporten oder dem elektrischen Zugbetrieb wurde verzichtet. Messungen während der Erprobung zeigten, dass in den Kettenwerken keine unzulässigen Zugkräfte oder bleibende Verformungen auftreten. Die im angehobenen Zustand nahezu verdoppelten Zugkräfte in den Beiseilen der den angehobenen Stützpunkten jeweils benachbarten, ruhenden Stützpunkte erfordern bei größeren Anhüben stärkere Querschnitte. Die Abspanngewichte bewegen sich während der Hebung nicht. Vorteil der Auslegerbefestigung über parallelogrammförmige Gestänge ist die sichere Rückkehr der Oberleitung in den Ausgangszustand selbst bei Vereisung der Anlage.

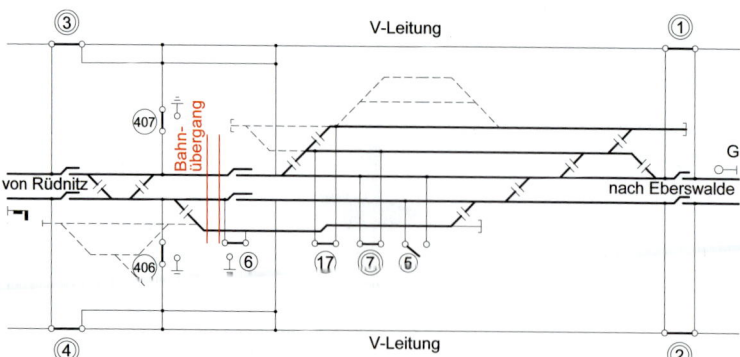

Bild 14.39: Übersichtsschaltplan für den Bahnhof mit einer Straßenkreuzung für Übermaßtransporte in Biesenthal, Deutschland.

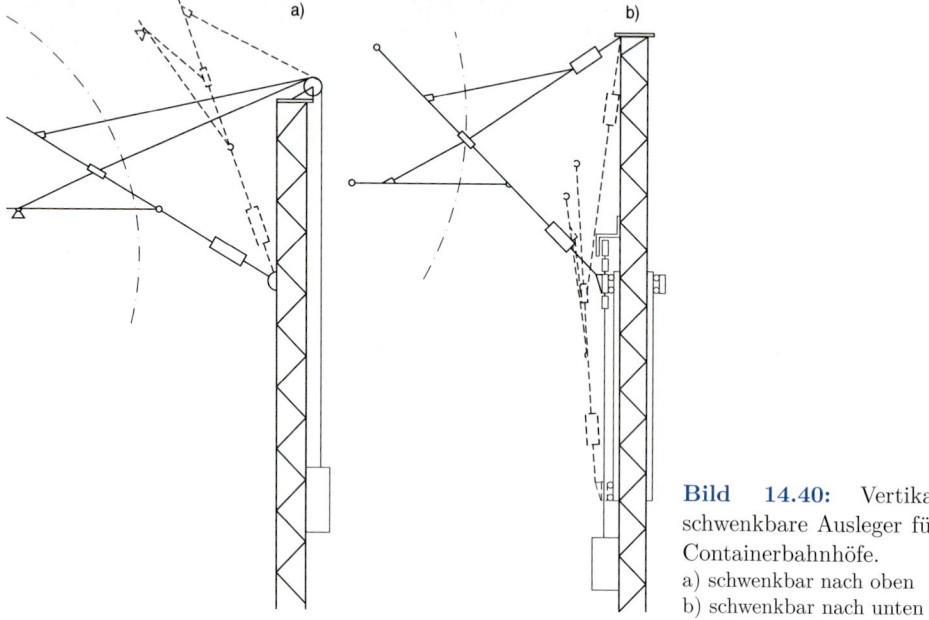

Bild 14.40: Vertikal schwenkbare Ausleger für Containerbahnhöfe.
a) schwenkbar nach oben
b) schwenkbar nach unten

Eine Inselschaltung, d. h. ein getrennter Energieversorgungsabschnitt mit Umgehungsleitungen (Bild 14.39), ermöglicht das Abschalten der Oberleitungen am Bahnübergang und die volle Stromübertragung über Umgehungsleitungen. Eine analoge Anlage wurde mit der Elektrifizierung der zweigleisigen Strecke Berlin–Frankfurt/Oder für den Bahnübergang im Bahnhof Jacobsdorf errichtet.

14.7.5 Vorübergehender Anhub oder Entfernung der Oberleitungen mit manuellen Methoden

Wenn die Notwendigkeit für das Überführen von Transporten mit Übermaß ein seltenes Ereignis ist, kommen infrage:
- *Anheben der Oberleitung mit Hilfe von Montagewerkzeugen* um ungefähr 1,00 m: Ist bereits bei der Planung der Oberleitung bekannt, dass diese Methode Verwendung finden soll, kann ihre Durchführung durch Vergrößern der Systemhöhe im Bereich des Bahnüberganges und durch Berücksichtigen der Zusatzlasten bei der Dimensionierung der Stützpunkte erleichtert werden
- *teilweise oder vollständiger Abbau*: Für die Durchfahrt von Tagebaugeräten mit weit über 10 m Höhe wird die Oberleitung abgebaut und zeitweise zwischen den Gleisen abgelegt

Beide Alternativen erfordern umfangreiche Gleissperrungen, Abschalten und Erden der Oberleitung, eine erhöhte Aufmerksamkeit des Personals sowie angepasste Montagewerkzeuge und -fahrzeuge. Solche Methoden werden nur für seltene Großraumtransporte mit über 6,00 m Höhe angewandt.

14.8 Containerbahnhöfe, Lade- und Kontrollgleise, Grubenbahnen

14.8.1 Schwenkbare Oberleitungen

Containerbahnhöfe werden häufig nicht elektrifiziert, damit die Ladefreiheit für die Portalkräne erhalten bleibt. Das erfordert das Umspannen der Züge und das aufwändige Vorhalten von zusätzlichen Diesel- oder Hybridfahrzeugen. Die nachfolgend beschriebenen Konstruktionen zum *Verschwenken der Oberleitungen* auf einem Teilstück oder der gesamten Länge des Gleises gestatten ein sicheres Be- und Entladen der Containerzüge und die ausschließliche Nutzung der elektrischen Traktion.

Anlagen, wie sie in [14.25] beschrieben sind, ermöglichen das vertikale Schwenken aller Ausleger eines Oberleitungsabschnittes um ihren Befestigungspunkt am Mast. Als Alternativen kommen das Hochziehen der Stützpunkte gemäß Bild 14.40 a) oder ihr Abklappen nach unten gemäß Bild 14.40 b) infrage. Durch die dabei eintretende seitliche Verschiebung wird das Kettenwerk aus dem Lichtraumprofil des Gleises entfernt und die Ladefreiheit hergestellt. Während der Bewegung verändert sich die Kettenwerksgeometrie. Für jeden Ausleger ist ein Einzelantrieb erforderlich.

Bild 14.41 zeigt eine *horizontal schwenkbare Oberleitung*, die aus einer Einfachfahrleitung mit Beiseilaufhängung an Rohrschwenkauslegern besteht [14.26] und mit 75 km/h befahren werden kann. Die Nachspanneinrichtung an einem Ende des Oberleitungsabschnittes gestattet die Längswanderung der Oberleitung mittels eines Antriebs am anderen Ende. Diese Bewegung führt zum Drehen der Ausleger um ungefähr 85° und damit zum Verschwenken der Oberleitung aus dem Lichtraumprofil. Zweifeldrige Überlappungen stellen die Verbindung zu den benachbarten Kettenwerken her. Andere Aus-

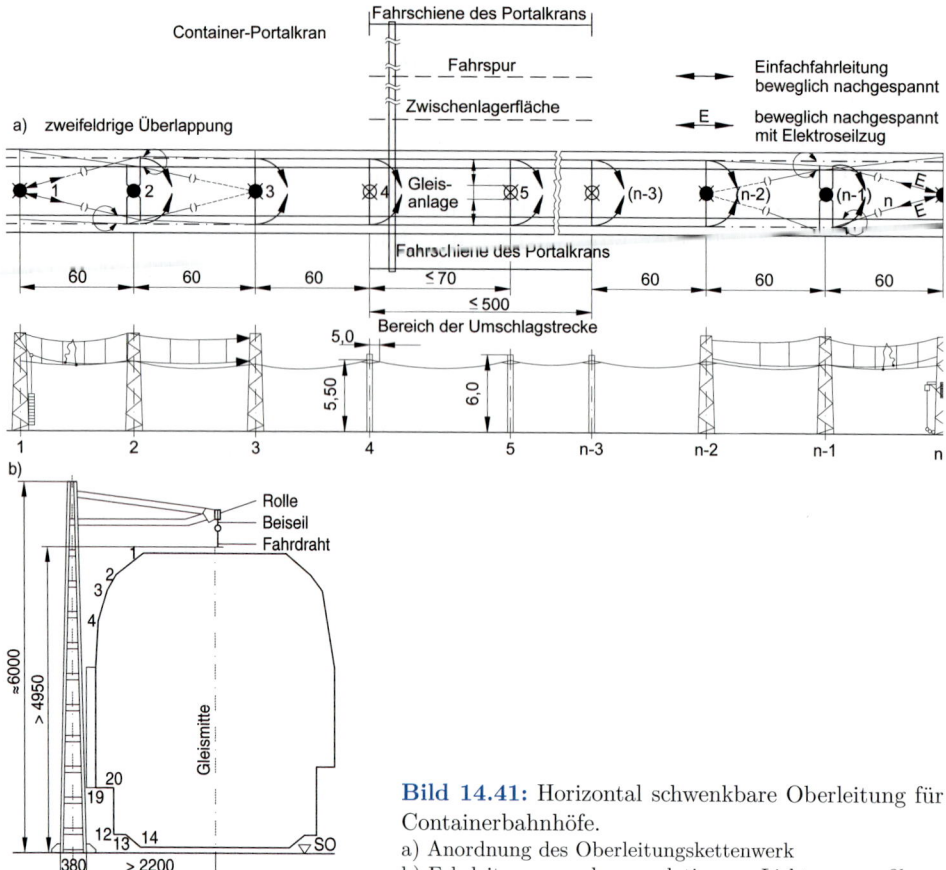

Bild 14.41: Horizontal schwenkbare Oberleitung für Containerbahnhöfe.
a) Anordnung des Oberleitungskettenwerk
b) Fahrleitungsanordnung relativ zum Lichtraumprofil

führungen mit um eine vertikale Achse drehbaren Auslegern sind in [14.27] beschrieben. Als Alternative zum Verschwenken der Oberleitung auf Containerbahnhöfen gibt es die Möglichkeit, unter Ausnutzung des Arbeitsbereiches des Stromabnehmers und unter Berücksichtigung des *größten Anhubs des Fahrdrahtes* diesen in 6,30 m Höhe anzuordnen und die Container mit hydraulischen Schwenkarmen zu laden oder zu entladen.

14.8.2 Schaltungen für Lade- und Kontrollgleise

Vor dem Verschwenken der Oberleitung und vor jeder Art von Ladearbeiten im Oberleitungsbereich muss die *Oberleitung über Lade- und Kontrollgleise* freigeschaltet und geerdet werden. Häufig erforderliches Schalten und Erden, zum Beispiel für Oberleitungen über Lade- und Zollabfertigungsgleisen, lässt sich durch entsprechende Schaltmittel und Bedieneinrichtungen, ähnlich denen, wie sie in Bild 14.3 dargestellt sind, vereinfachen. Eine als *Zoll- oder Sicherheitsschaltung* bekannt gewordene Anordnung zeigt Bild 14.42.

14.8 Containerbahnhöfe, Lade- und Kontrollgleise, Grubenbahnen

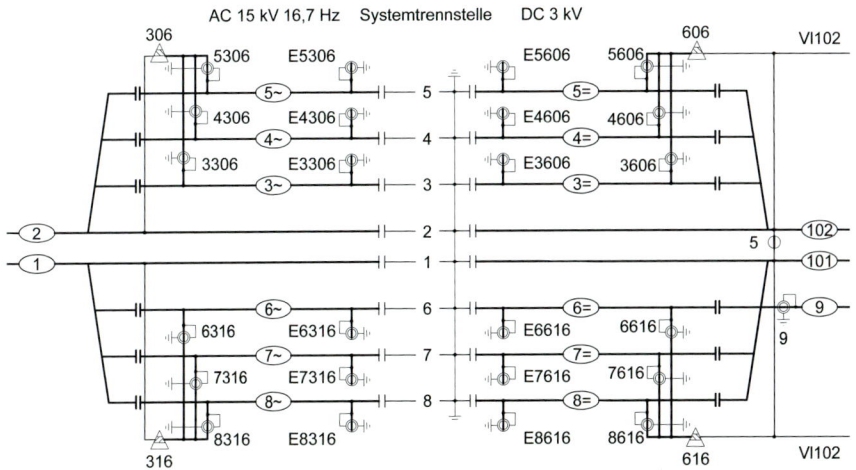

Bild 14.42: Übersichtsschaltplan für Gleise mit Zollabfertigung und gleichzeitiger Systemtrennstelle zwischen AC 15 kV und DC 3 kV im Bahnhof „Oderbrücke" bei Frankfurt/Oder.

Bild 14.43: Schwenkstrosse mit Anklammermasten für Grubenbahnen in der VEM.

Bild 14.44: Seitlich angeordneter Stromabnehmer an einer Grubenlokomotive (Bild: Siemens AG, M. Hoffmann).

Bild 14.45: Seitlich angeordnete Einfachfahrleitung (Bild: Siemens AG, M. Hoffmann).
a) Gesamtansicht, b) Stützpunkt mit Ausleger

Zusammen mit einer Systemtrennstelle ist sie am Bahnhof „Oderbrücke" bei Frankfurt/ Oder, installiert. Die Oberleitung wird gleisweise durch Streckentrenner aufgeteilt und über Oberleitungstrennschalter eingespeist oder bahngeerdet. Da in diesem Bahnhof auch eine Systemtrennstelle vorhanden ist, sind die Schaltgeräte für jedes Gleis zweifach, das heißt einmal je Stromart, vorhanden. An beiden Enden jedes Gleises befindet sich ein Steuerpult, über das das Kontrollpersonal mit seinen zugeordneten Schlüsseln und einem Taster die Freigabe zum Unterschreiten des Schutzabstandes für unterwiesenes Personal beantragen und eine Verriegelung gegen Wiedereinschalten aktivieren kann. Das Abschalten und Bahnerden der Oberleitung nimmt der Fahrdienstleiter daraufhin ohne Rücksprache mit der Zes über die Ortssteuertafel vor. Die Freigabe wird im Anschluss am Steuerpult angezeigt. Erst wenn alle Beteiligten nach Beenden der Arbeiten durch Einführen ihrer Schlüssel dem Wiedereinschalten zugestimmt haben, wird die Oberleitung durch den Fahrdienstleiter wieder unter Spannung gesetzt.

14.8.3 Schwenkstrossen und seitliche Oberleitungen

Einfachoberleitungen, die mit Anklammermasten an den schwenkbaren Gleisen von Grubenbahnen befestigt sind, bezeichnet man als *Schwenkstrossen* (Bild 14.43). Eine Trom-

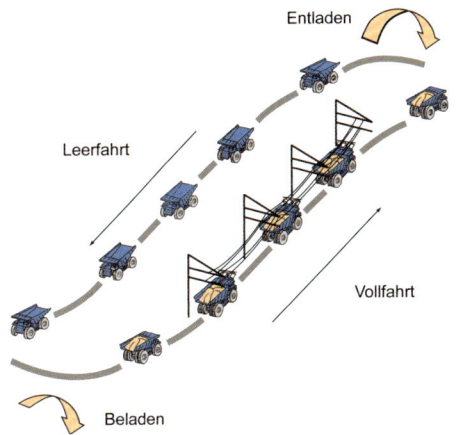

Bild 14.46: Vereinfachte Darstellung einer Kipperrundfahrt mit Oberleitung im Rampenbereich.

Bild 14.47: Elektrisch angetriebener Kipper mit Oberleitung vom Typ Sicat TT in der Lumwana Mine in Zambia.

mel am Gleisende, genannt Strossenendblock, gleicht die im Grubenbetrieb auftretenden Längenänderungen aus. Vor der Gleisverschwenkung wird die Oberleitung abgeschaltet und geerdet. Elektrische Grubenloks verfügen zusätzlich über *Seitenstromabnehmer* (Bild 14.44). Diese entnehmen die Energie seitlich angeordneten Einfachoberleitungen im Bereich der Verholeinrichtungen, um den erforderlichen Freiraum für das Be- und Entladen der Waggons zu lassen (Bild 14.45).

14.9 Oberleitungen für Nutzfahrzeuge im Tagebau und auf Straßen

14.9.1 Oberleitung für Kipper im Tagebau

Für den Transport der Erze und des Abraums in offenen Kupfer- und Goldminen Afrikas und Amerikas werden schwere Kipper mit dieselelektrischen Antrieben und rund 2 MW Leistung genutzt. Der Kipper vom Typ Hitachi EH4500 mit elektrischer Antriebstechnik von Siemens hat 250 t Nutzlast, 450 t zulässiges Gesamtgewicht und die Maße $14 \times 8 \times 7$ m (L×B×H). Auf den 6 bis 10 % steilen Auffahrtsrampen der Minen ist die Stromversorgung dieser Fahrzeuge über Oberleitungen besonders wirtschaftlich und umweltfreundlich (Bild 14.46). Das von Siemens in mehreren Ländern gebaute Stromversorgungssystem, auch *Truck Trolley* (TT) genannt, besteht aus mobilen Containerunterwerken und einer *zweipoligen Oberleitung* vom Typ Sicat TT mit einer Nennspannung zwischen 1 200 und 2 400 V. Entlang der Strecke werden Metallrohre in Bohrgründungen mit Beton vergossen und auf deren Kopf Oberleitungsmasten geschraubt. Diese tragen die Ausleger mit den beiden Kettenwerken bestehend aus jeweils zwei Tragsei-

Tabelle 14.1: Betriebsdaten des elektrischen Fahrzeugbetriebs einer Kupfermiene.

		Ohne Oberleitung	Mit Oberleitung an der Rampe
Daten für die gesamte Strecke			
– Mittlere Fahrgeschwindigkeit	km/h	10	12,45
– Fahrzeit für die 15 km-Rundfahrt	min	90	72
Daten im Bereich der 6 km langen Rampe			
– Fahrgeschwindigkeit	km/h	11	24
– Fahrzeit	min	33	15
– Dieselverbrauch pro Kipperfahrt	l	191	8
– Elektroenergieverbrauch pro Kipperfahrt	kWh	–	895
– Energiekosteneinsparung, gerundet pro Kipperfahrt	US $	–	10
– Treibstoff- bzw. Energiekosteneinsparung bei 50 Kippern mit insgesamt 280 000 Fahrten pro Jahr	US $	–	2 800 000

len und zwei im Zickzack verlegten Fahrdrähten (Bild 14.47). Zusätzliche Fahrdrähte sind im verschleißintensiveren Stromabnehmeranlegebereich beigeklemmt. Radspanner mit Gewichten spannen die Leiter jeweils mit 10 bis 12 kN Zugkraft und kompensieren deren temperaturbedingte Längswanderung (Abschnitt 11.2.3). Bei der im Tagebau üblichen Veränderung der Fahrtrassen, können die Metallmasten abgeschraubt und mit den Auslegern am neuen Standort befestigt werden.

Für die Stromabnahme sind die Kipper mit einem zweipoligen Stromabnehmer und Sensoren ausgerüstet, die die Fahrdrahtlage auf den Kohleschleifstücke erfasst und im Fahrerhaus anzeigt. Das ermöglicht dem Fahrer, den Stromabnehmer an der richtigen Stelle zu heben und den Kipper so zu lenken, dass die Fahrdrähte in der vorgesehenen Arbeitslänge der Schleifstücke bleiben. Die Antriebssteuerung wechselt automatisch vom dieselelektrischen auf den rein elektrischen Antrieb, sobald elektrische Spannung am Stromabnehmer anliegt. Wenn die Fahrdrähte den vorgesehenen Bereich der Schleifstücke verlassen, wird der Stromabnehmer automatisch gesenkt und der Antrieb auf dieselelektrische Betriebsweise umgeschaltet.

Die Tabelle 14.1 enthält Daten aus einer Wirtschaftlichkeitsberechnung für die *Stromversorgung der Kipper* in einer südafrikanischen Kupfermine. Der Rundkurs gemäß Bild 14.46 ist 15 km lang. Die mit Oberleitung ausgerüstete Rampe ist 6 km lang. Auf Grundlage dieser Daten wurde die Rückflussdauer für die erforderlichen Investitionen zur Stromversorgung und Nachrüstung der Kipper mit zwei Jahren errechnet. Die Rückflussdauer ist wesentlich von den Diesel- und Elektroenergiekosten abhängig. Durch die kürzere Fahrzeit erhöht sich die Effektivität und Produktivität der Mine. Die Anzahl der Fahrzeuge kann reduziert werden und die Lebensdauer der Antriebe verlängert sich.

Stromversorgungen für bis zu 80 Trucks und sieben Unterwerken pro Tagebau errichtete Siemens u. a. in der Barrick Goldstrike Mine in den USA, der Palabora Mine in Südafrika, der Rössing Mine in Namibia und der Lumwana Mine in Zambia.

14.9.2 Oberleitung für Lastkraftwagen und Busse auf Verkehrstrassen

Oberleitungen versorgen Busse mit Energie in Städten. Sie sind aber auch für die *Stromversorgung von Straßenfahrzeugen* auf längeren Verkehrstrassen geeignet.

Erste Ideen für elektrische Straßenfahrzeuge gab es bereits im Gründungsjahr des Unternehmens Siemens & Halske: „Wenn ich mal Muße und Geld habe, will ich mir eine elektromagnetische Droschke bauen, die mich gewiss nicht im Dreck sitzen lässt ..." schrieb Werner von Siemens im Jahr 1847.

Die ersten Oberleitungsbusse, kurz *Obus* genannt, fuhren zu Beginn des 20. Jahrhunderts. Ohne Gleis, aber mit Oberleitung sind sie spurgebunden, aber nicht spurgeführt. Der Strom wird über zwei Fahrdrähte zugeführt und über zwei rund 6 m lange Stangenstromabnehmer auf dem Dach des Fahrzeuges abgenommen, die Überholvorgänge und das Anfahren der Haltestellen 4,5 m links und rechts der Oberleitung ermöglichen. Die elektrische Nennspannung beträgt meist 600 V oder 750 V. Für Überlandverbindungen in Italien wurde die Spannung auf 1 200 V erhöht. Obusse zeichnen sich durch eine gleichmäßige geräuschlose Fahrweise, starkes Beschleunigungsvermögen und ruckfreies Bremsen aus.

Oberleitungsbusnetze wurden in rund 300 Städten betrieben, die meisten davon in Mitteleuropa, Asien und Nordamerika. Das größte Obusnetz befindet sich in Moskau.

In manchen Städten speisen die Oberleitungsnetze auch Oberleitungs-Lastkraftwagen für den städtischen Güterverkehr und für Reparaturarbeiten. Obusüberlandverbindungen gibt es in Russland und gab es in Italien mit über 100 km Streckenlängen und Geschwindigkeiten bis 80 km/h.

Wegen der Ressourcenknappheit und der angestrebten Unabhängigkeit von Rohstoffimporten wurde bereits in den 30er Jahren vorgeschlagen, die Reichsautobahnen mit Fahrleitungen auszurüsten. Geplant war eine Flachkettenoberleitung mit zwei Fahrdrähten, 80 m Mastabständen und 120 km/h maximaler Befahrgeschwindigkeit. Die Errichtungs- und Betriebskosten für das kriegsbedingt nicht realisierte Projekt wurden bereits bei der damaligen Verkehrsdichte als relativ gering eingeschätzt [14.28, 14.29].

Diese Idee wurde 2009 von Siemens erneut aufgegriffen und unter Berücksichtigung der zu erwartenden Verdopplung der Güterverkehrsleistung in Deutschland bis 2050 und der neuesten Technik gründlich untersucht. Eine Verlagerung möglichst großer Anteile des Güterverkehrs von der Straße auf die Eisenbahn stellt wegen des geringen Rollwiderstandes zwischen Stahlrad und Schiene sowie großer Transporteinheiten die energetisch günstigste Lösung dar. Die Eisenbahn kann jedoch selbst bei Verdopplung ihrer gegenwärtigen Transportleistung nur einen Teil des straßengebundenen Güterverkehrs übernehmen. Sie wurde häufig aus der Fläche verdrängt und kann so keinen End- zu Endtransport ohne Umladung absichern. Alternative Lösungen wie Energiespeicher, Brennstoffzellen und induktive Antriebe sind auf absehbare Zeit für die alleinige Energieversorgung schwerer Nutzfahrzeuge nicht geeignet. Deshalb sollten Lastkraftwagen und Busse im Fernverkehr mit klassischen Hybridantrieben und zusätzlichen Stromabnehmern ausgerüstet und auf ausgewählten Hauptverkehrstrassen über Oberleitungen mit elektrischer Energie gespeist werden. Auf oberleitungslosen Zwischen- und

 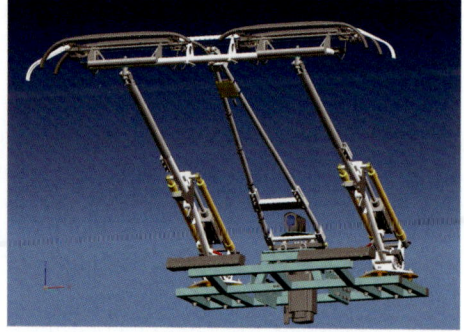

Bild 14.48: Siemens-Versuchsstrecke für elektrische Nutzfahrzeuge.

Bild 14.49: Siemens-Stromabnehmer.

Anschlussstrecken können diese Fahrzeuge dieselelektrisch fahren. Damit kann die seit 100 Jahren bei der Eisenbahn und im Nahverkehr bewährte Stromversorgung mit der Flexibilität der Straße verknüpft werden.

Diese Überlegungen waren Ausgangspunkt des Projekts **E**lektromobilität bei schweren **N**utzfahrzeugen zur **U**mweltentlastung von **Ba**llungsräumen (ENUBA), in dem Siemens gefördert durch das Bundesministerium für Umwelt, Naturschutz und Reaktorsicherheit von Juli 2010 bis September 2011 den Einsatz elektrischer Energie im Straßengüterverkehr erarbeitete und mit Funktionsmustern und Prototypen zentraler Komponenten und Teilsysteme erprobte [14.30]. Dabei wurde die technische Machbarkeit auf einer Versuchsstrecke in der Nähe von Berlin praktisch nachgewiesen. Ein rückspeisefähiges Gleichstromunterwerk diente der Energieversorgung (Bild 14.48, links unten) mit der fahrzeugbedingten Nennspannung DC 650 V.

Die 1 500 m lange, zweipolige Oberleitung (Bild 14.48) bestand aus zwei Kettenwerken mit 1,35 m Abstand mit je einem mit 10 kN nachgespanntem Tragseil BzII 120 mm^2 und einem mit 20 kN nachgespanntem, hochfestem Fahrdraht mit 150 mm^2 Querschnitt und 5,15 m Abstand zur Fahrbahn (Bild 14.48).

Ohne neue Technologien im Straßengüterverkehr ist die für Europa erforderliche CO_2-Emissionsreduzierung um 80 % und im Verkehrssektor um 60 % im Vergleich zu 1990 nicht zu erreichen [14.31]. Im Oberleitungsbetrieb stoßen die Fahrzeuge keine Schadstoffe aus. Die Bekämpfung von Schadstoffen bei der Elektroenergiebereitstellung auf Grundlage fossiler Brennstoffe verlagert sich in effizientere stationäre Großanlagen.

14.10 Fahrleitung in historischen Stadtzentren

14.10.1 Oberleitungen mit architektonischer Gestaltung

Am Anfang der Anwendung elektrischer Bahnen im *städtischen Nahverkehr* wurde der Strom den Fahrzeugen über die zwei Fahrschienen als Hin- und Rückleiter oder über einen Schlitzkanal zwischen den Gleisen zugeführt (Abschnitt 3.1). Das führte häufig zu elektrischen Unfällen durch das Berühren beider Schienen oder zu Kurzschlüssen und Störungen, wenn Regenwasser in den Schlitzkanal lief oder dieser verschmutzte. Deshalb werden seit über hundert Jahren Stromschienen und Oberleitungen zur Stromversorgung der Fahrzeuge verwendet. Stromschienen, ausgeführt als dritte Schiene im Gleisbereich, werden vor allem bei Untergrundbahnen verwendet, um die Tunnelprofile und damit die Baukosten klein zu halten. Sie versorgen auch Stadtbahnen mit eigenem, vorwiegend kreuzungsfreiem Gleiskörper. Bei Fernbahnen sind sie nur selten anzutreffen. Für die Stromzuführung haben sich Oberleitungen sowohl im Fernverkehr als auch bei Straßenbahnen und Obuslinien über viele Jahrzehnte bewährt.

Bereits mit der Einführung der ersten Oberleitungen gab es Diskussionen über ihr *architektonisches Erscheinungsbild* in den Stadtzentren und über Alternativen. Es gab deshalb immer wieder Versuche, technische Lösungen zum oberleitungslosen Fahren zu finden. Auch die Stromversorgungen gemäß den Abschnitten 14.10.2 und 14.10.3 erhöhen Investitionen und Betriebskosten für die Verkehrsmittel in Summe erheblich. Alternativen stellen architektonisch ansprechende Gestaltungen für Oberleitungskonstruktionen dar. Dazu gehören:

- Die Verwendung weniger auffälliger Einfachfahrleitungen und Flachketten
- Die Befestigung der Querseile an Gebäuden mit formschönen Rosetten
- Schlanke, an das Stadtbild angepasste Oberleitungsmasten ähnlich alten Straßenlaternen oder in Kombination mit diesen
- Kurze, unauffällige und formschöne Ausleger und Seitenhalter aus farbigen GfK-Materialien
- Die Verwendung von Kunststoffseilen als Dämpfer und von Schlingenisolatoren anstelle unförmiger, auffälliger Bauteile
- Mit hohen Zugkräften nachgespannte Fahrdrähte die große Längsspannweiten ermöglichen und damit die Anzahl der Querverspannungen verringern
- Nachspanneinrichtungen im Inneren oder im Profil der Masten
- Vermeidung von Straßenbahnkreuzungen auf historischen Plätzen oder zumindest keine Anordnung von Streckentrennern in diesen Bereichen

14.10.2 Ladestationen für Fahrzeuge mit Energiespeichern

Seit einigen Jahren werden zunehmend Speicher für die Bremsenergie und zur Versorgung in Hybridbussen mit dieselelektrischen Antrieben und in Straßenbahnen eingesetzt. Siemens entwickelte Hybridenergiespeicher, die im Haltestellenbereich über Stromabnehmer und DC-Chopper aufgeladen werden und während der Fahrt über Wechselrichter die Fahrmotoren speisen (Bild 14.50). Der Speicher besteht aus Doppelschichtkondensatoren für hohe Anfahrströme und der Batterieeinheit für die Beharrungsfahrt (Bild 14.50) und kann auch die elektrische Bremsenergie aufnehmen. Mit dieser Technik ausgerüstete Straßenbahnen können rund 2,5 km ohne Oberleitung bis zur nächsten Ladestation oder bis zum nächsten Oberleitungsabschnitt fahren.

Die *Ladestationen im Haltestellenbereich* sind mit Oberleitungsstromschienen ausgerüstet, an die die Stromabnehmer mit Einfahrt des Fahrzeuges in den Haltestellenbereich angelegt werden (Bild 14.51). Ein Ladevorgang dauert 20 bis 30 s und überschreitet da-

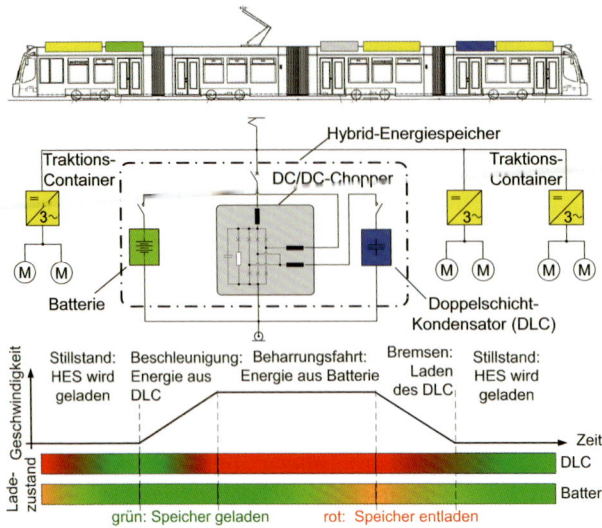

Bild 14.50: Elektrische Ausrüstung einer Straßenbahn mit Hybridenergiespeichern HES von Siemens.

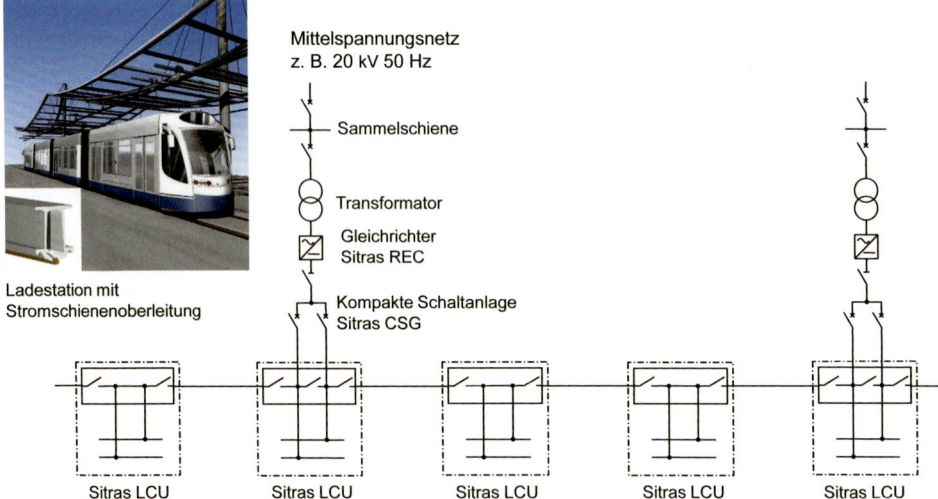

Bild 14.51: Ladestationen für Straßenbahnen mit der Stromversorgung vom Gleichstromunterwerk. LCU Local Charging Unit

Bild 14.52: Unterleitung des APS-Systems – Bodenstromschiene zwischen den Gleisen – mit einem leitfähigen Segment (Bildmitte) und einem isolierenden Segment, einer Steuerbox links unten.

mit nicht die üblichen Haltezeiten der Straßenbahn. Sowohl die Stromschiene, als auch die Stromabnehmer sind für die kurzzeitigen Ladeströme dimensioniert. Mit Ausfahrt des Fahrzeuges aus dem Haltestellenbereich wird der Ladestrom unterbrochen und der Stromabnehmer gesenkt. Die Ladestationen werden von üblichen Gleichstromunterwerken über Kabel gespeist, die ebenfalls für hohe Ladeströme ausgelegt werden.

14.10.3 Bodenstromschiene

Unterleitungen, auch bezeichnet als *Bodenstromschiene*, sind Fahrleitungen im Bodenbereich, die dem Fahrzeug den Strom von unten zuführen. Wie in den Abschnitten 3.1.1 und 14.10.1 beschrieben, wurden sie in einigen Städten mit Einführung elektrischer Straßenbahnen Ende des 19. und in der ersten Hälfte des 20. Jahrhunderts genutzt. Wegen mangelnder Sicherheit – Elektrounfälle durch unzulässige Berührungsspannungen – sowie technischer und betrieblicher Probleme durch Regenwasser, Vereisung, Verschmutzung und infolge vieler Ausfälle wurden sie durch Oberleitungen ersetzt.

Seit Beginn des 21. Jahrhunderts gibt es neue technische Entwicklungen und Anwendungen für Unterleitungen. Dazu zählt das APS-System der Firma Alstom zur Stromversorgung von Straßenbahnen in historischen Innenstädten. APS ist die Abkürzung der französischen Bezeichnung Alimentation Par Sol (Stromversorgung aus dem Boden). Der sichtbare Teil besteht aus einer Stromschiene, die auf Bodenniveau zwischen den Gleisen angeordnet ist. Zur Vermeidung unzulässiger Berührungsspannungen wird die Stromschiene nur unter dem Fahrzeug unter Spannung gesetzt. Sie ist dazu in 11 m lange Sektionen unterteilt, die jeweils aus einem 8 m langen leitfähigen Segment und einem 3 m langen isolierenden Segment bestehen (Bild 14.52).

Das leitfähige Segment wird durch ein codiertes Signal nur für die Zeit zugeschaltet, in der es vollständig durch die Straßenbahn überdeckt ist und ansonsten elektrisch mit dem Gleis verbunden. Im Fahrbetrieb sind mindestens ein und maximal zwei Segmente zugeschaltet. Jede Straßenbahn verfügt über zwei Unterflurstromabnehmer. Es liegt immer einer der beiden Stromabnehmer an einem zugeschalteten Segment an. Bevor er dieses verlässt, greift der andere Stromabnehmer die Spannung bereits vom nächsten in Fahrtrichtung liegenden Segment ab. Damit sind im Normalbetrieb eine kontinuierliche Stromversorgung unterhalb des Fahrzeuges und die elektrischen Schutzmaßnahmen im restlichen Bereich gewährleistet. Allerdings sind dafür mindestens 33 m lange Stra-

Bild 14.53: Systemtrennstelle zwischen dem APS-System und einer Oberleitung. Das APS-Systems beginnt im Bereich des vorderen Fahrzeugendes.

ßenbahnen und ständig Zu- und Abschaltung erforderlich. Dazu sind alle 22 m Kontrollboxen in den Boden eingelassen, von denen jede zwei Abschnitte steuert. Wenn im Fehlerfall ein Segment nicht abgeschaltet wird, wird von einer Steuerstation im Haltestellenbereich in kurzer Zeit der gesamte Streckenabschnitt abgeschaltet, das fehlerhafte Segment geortet, deaktiviert und die Strecke wieder zugeschaltet. Die Straßenbahn kann im Batteriebetrieb maximal 150 m mit 3 km/h über fehlerhafte Segmente fahren.

Das APS-System wurde zuerst in der historischen Innenstadt von Bordeaux auf 10 km Streckenlänge eingesetzt und ist in den ersten Jahren häufig ausgefallen. Es wird inzwischen auch in den Zentren anderer Städte z. B. Reims (2 km) und Angers (1,5 km) verwendet. Außerhalb der Zentren werden die Straßenbahnen durch Oberleitungen mit Strom versorgt. Die Systemtrennstellen (Bild 14.53) zwischen dem APS-System und der Oberleitung liegen im Haltestellenbereich. Die Umschaltung zwischen der Stromabnahme von der Unter- oder Oberleitung wird durch den Fahrer vorgenommen. Vergisst er die Umschaltung ertönt ein Warnsignal.

14.11 Literatur

14.1 *Matthes, U.*: Stromschienenoberleitung in der Fahrzeughalle Erfurt. In: Elektrische Bahnen 98(2000)1-2, S. 58–62.

14.2 *Dilger, R.; Zielinski, I.; Fröde, D.*: Abschalt- und Erdungsautomatik in der großen Wagenhalle in Berlin-Rummelsburg. In: Elektrische Bahnen 101(2003)11, S. 493–499.

14.3 *Liebig, A.*: Oberleitungen an Wehrkammertoren. In: Elektrische Bahnen 95(1997)1-2, S. 42–46.

14.4 sl Entscheidung 2008/284/EC: Technische Spezifikation für die Interoperabilität betreffend das Teilsystem Energie des transeuropäischen Hochgeschwindigkeitsbahnsystems. In: Amtsblatt der Europäischen Gemeinschaften L104 (2008), S. 1–79.

14.5 *Schwach, G.*: Oberleitungen für hochgespannten Einphasenwechselstrom in Deutschland, Österreich und der Schweiz. Villingen-Schwenningen, Verlag Wetzel-Druck, 1989.

14.6 *Kahler, P.*: Technische und wirtschaftliche Probleme an den Stoßstellen zwischen verschiedenen Bahnstromsystemen. HfV „Friedrich List" Dresden, Dissertation, 1962.

14.7 *Behmann, U.*: Schutz gegen Schäden durch Lichtbögen an Oberleitungstrennstellen. In: Elektrische Bahnen 109(2011)6, S. 304–305.

14.8 *Vega, T.*: Schnellfahrstrecke Madrid–Sevilla durchgehend mit AC 25 kV 50 Hz betrieben. In: Elektrische Bahnen 101(2003)3, S. 134–135.

14.9 *Braun, E.; Kistner, H.*: Systemtrennstellen auf der Schnellfahrstrecke Madrid–Sevilla. In: Elektrische Bahnen 92(1994)8, S. 229–233.

14.10 *Freifeld, A. W.*: Planung von Oberleitungsanlagen (in Russisch). Verlag Transport, Moskau, 1984.

14.11 *Wili, U.*: Parallelbetrieb mit Gleichstrom und Wechselstrom auf einem Gleis. In: Elektrische Bahnen 10(2003)11, S. 507–513.

14.12 *Cox, S. G.; Nünlist, F.; Marti, R.*: Deckenstromschienen für Dreh- und Klappbrücken. In: Elektrische Bahnen 99(2001)1-2, S. 90–93.

14.13 *Schäfer, H.-D.*: Elektrifizierung der Strecke Salzbergen–Emden–Norddeich (Mole). In: Elektrische Bahnen 78(1980)10, S. 265–269.

14.14 *Koswig, J.; Freidhofer, H.*: Oberleitungsanlagen bei beweglichen Brücken im Raum Bremen/Oldenburg. In: Elektrische Bahnen 78(1980)10, S. 278–282.

14.15 *Schatkowski, K.*: Oberleitung auf der Klappbrücke über die Peene in Anklam. In: Elektrische Bahnen 111(2013)4, S. 267–272.

14.16 *Hofer, R.*: Die Ausrüstung Europas größter Hubbrücke mit einer 15 kV-Oberleitung. In: Elektrische Bahnen 85(1987)3, S. 80–85.

14.17 *Joza, B.; Puschmann, R.*: Elektrischer Betrieb bei Bayside- und Hillside-Trains in Melbourne/Australien. In: Elektrische Bahnen 99(2001)4, S. 162–166.

14.18 *Brassel, W.-U.*: Parallelbetrieb und Kreuzungen von Trolleybus- und Straßenbahnoberleitungen. In: Elektrische Bahnen 102(2004)7, S. 296–301.

14.19 *STVO*: Straßenverkehrsordnung der Bundesrepublik Deutschland. In: BGBl. I S. 1565, 1970, BGBl. I S. 38, Neufassung 6. 3. 2013, BGBl. I S. 367.

14.20 *STVZO*: Straßenverkehrs-Zulassungs-Ordnung der Bundesrepublik Deutschland. BGBl. I S. 1793, 28. September 1988, Neufassung BGBl. I, S. 679. 26. April 2012. Letzte Änderung 26 Juli 2013 BGBl. I, S. 2083.

14.21 *Deutsche Bahn AG, 4Ebs 19.01.01*: Höhenbegrenzung mit Profiltor vor Bahnübergängen. Fankfurt am Main, Jahr ??.

14.22 *N. N.*: Dispositifs speciaux installes sur le domaine maritime du port du Havre (Besondere Vorkehrungen an den Oberleitungen im Bereich des Hafens Le Havre). In: La vie du rail 1129(1986), S. 3–5.

14.23 *Manz, G.*: Der elektrische Zugbetrieb der Deutschen Bundesbahn im Jahr 1966. In: Elektrische Bahnen 38(1967)1, S. 1–15.

14.24 *Schmieder, A.*: Fahrleitungshebeeinrichtung für die Durchfahrt von Großraumtransporten an niveaugleichen Bahnübergängen. In: Elektrische Bahnen 103(2005)9, S. 432–434.

14.25 Deutsches Patent 1803762, Klasse 20K. 9/01: Anordnung von Fahrleitungen in Verladezonen.

14.26 *Schmidt, P.*: Energieversorgung für den elektrischen Zugbetrieb auf Containerbahnhöfen. In: Die Eisenbahntechnik 21(1973)4, S. 157–159.

14.27 *Solka, M.*: Kippfahrleitung als Wettbewerbselement im Schienenverkehr. In: Elektrische Bahnen 103(2005)9, S. 432–434.

14.28 *Dönges, F.*: Die Verstromung der Reichsautobahnen. Ein Beitrag zur Synthese zwischen Schiene und Straße. In: VTW – Verkehrstechnische Woche 30(1936)3, S. 29.

14.29 *Oertel, W.*: Elektrischer Schnellverkehr mit Oberleitungs-Omnibussen auf der Reichsautobahn. In: VTW – Verkehrstechnische Woche 30(1936)8, S. 93ff.

14.30 *Gerstenberg, F.; Lehmann, M.; Zanner, F.*: Elektromobilität bei schweren Nutzfahrzeugen. In: Elektrische Bahnen 110(2012)8-9, S. 452–460.

14.31 *Europäische Kommission [Hrsg.]*: Fahrplan für den Übergang zu einer wettbewerbsfähigen CO_2-armen Wirtschaft bis 2050. Mitteilung der Kommission an das Europäische Parlament, KOM(2011) 112, Brüssel, 2011. Online unter: http://eur-lex.europa.eu.

15 Errichtung und Abnahme

15.0 Symbole und deren Bedeutung

Symbol	Bezeichnung	Einheit
BEL	Bahnenergieleitungen	–
BETRA	Antrag auf Gleissperrung	–
EBA	Eisenbahn-Bundesamt	–
EBC	Eisenbahn-CERT	–
EDK	Eisenbahndrehkran	–
EdA	Erklärung der Abnahmefähigkeit	–
EdB	Eisenbahnen des Bundes	–
EuK	Erdungs- und Kurzschlussvorrichtungen	–
EdB	Eisenbahnen des Bundes	–
EVU	Eisenbahnverkehrsunternehmen	–
FMW	Fahrleitungsmontagefahrzeug	–
GUV	Gesetzliche Unfallversicherung	–
HIOB	Hubarbeitsbühnen-Instandhaltungsfahrzeug für Oberleitungen	–
IFO	Instandhaltungsfahrzeug für Oberleitungen	–
INDUSI	Induktive Zugsicherung	–
IOC	Interoperabilitätsprüfbericht	–
MTW	Montage- und Instandhaltungsfahrzeug	–
NE	Nichtbundeseigene Eisenbahnen	–
OMF	Oberleitungsmontagefahrzeug	–
OSE	Ortssteuereinrichtung	–
PZB	Punktförmige Zugbeeinflussung	–
Sifa	Sicherheitsfahrschaltung	–
ZES	Zentralschaltstelle	–
SO	Schienenoberkante	–
h_{FD}	Fahrdrahthöhe	m
h_H	Abstand zwischen Messeinrichtung und Fahrdraht	m
v	Betriebsgeschwindigkeit	km/h

15.1 Grundlagen

Das *Errichten* einer Fahrleitungsanlage umfasst alle Bau- und Montagearbeiten unter Verwendung qualitätsgerecht konstruierter, gefertigter und geprüfter Bauteile (siehe Kapitel 11) und ebenso die abschließende *Abnahme*. Teil der Abnahme ist der *Probebetrieb*, der mit der Inbetriebnahme der Anlage und dem *Betreiben* der Oberleitung anfängt (siehe Kapitel 17). Die *Bau- und Montagearbeiten* (Tabelle 15.1) beginnen mit den *Gründungen* für die Masten. Das *Maststellen*, *Montieren der Ausleger* und der

Tabelle 15.1: Teilaspekte und Arbeitsschritte bei der Oberleitungsmontage.

Aspekt	Arbeitsschritte
Gründung	Standorte einmessen, Kabel- und Rohrleitungssuche, Schotterabfangungen, Aushub, Schalen, Bohren, Rammen, Ankerbolzen fixieren, Fundamenterden montieren, Betonieren und Beton verdichten
Maststellen	Anbauteile befestigen, Grube oder Köcher reinigen, Masten ein- oder aufsetzen, befestigen und ausrichten, Beton verfüllen oder Masten unterfüttern
Auslegervorfertigung	Masten einmessen, Auslegermaße berechnen, Rohre ablängen und Armaturen und Isolatoren montieren
Auslegermontage	Ausleger am Mast anbauen und gegen Verdrehen sichern
Radspannermontage	Rad einhängen und sichern, Gewichtsführung montieren, Gewichtssäule sowie Tragseil- und Fahrdrahtabspannung komplettieren
Festpunktmontage	Festpunktanker einbauen, Seile für Tragseilfestpunkt anbringen und mit vorgegebener Zugkraft spannen
Hänger- und Y-Beiseilvorfertigung	Tragseildrehklemmen einmessen, Hänger berechnen und fertigen, Beiseile auf Länge schneiden
Kettenwerksmontage	Tragseil und Fahrdraht einzeln oder gemeinsam an der Überlappung einfädeln, mit den Radspannerseilen am Anfang der Nachspannlänge verbinden, unter Vorspannung ziehen, an Auslegern einklemmen und am Festpunkt sowie den Radspannern am Ende mit der vorgegebenen Zugkraft abspannen, dabei Radspanner lösen, während des Ziehens von Tragseil und Fahrdraht Beiseile und Hänger einbauen, Fahrdrahtfestpunkt montieren, Beiseile spannen
Regulierung	Fahrdrahthöhen- und -seitenlage prüfen und bei Notwendigkeit durch Veränderung der Ausleger und Hänger anpassen
Herstellen der elektrischen Verbindungen	Einbau der elektrischen Verbinder in Nachspannungen, in Streckentrennungen, an Festpunkten, an Brücken, an Oberleitungsschaltern zwischen Fahrleitung und Verstärkungsleitung
Oberleitungsschalter	Antrieb, Gestänge und Oberleitungsschalter montieren und einstellen, Fernsteuerkabel und Schalterleitungen anschließen
Isolatoren	Isolatoren in das Kettenwerk einschneiden
Bahnenergieleitungen	Bahnenergieleitungen ziehen, spannen und einklemmen
Beschilderung	Mast-, Schalter- und Bahnenergieleitungsnummern, Hinweis- und Warnschilder an den vorgesehenen Stellen anbringen
Bahnerdung	Zu erdende Teile mit den dafür vorgesehenen Schienen verbinden, Sammelerden verlegen und anschließen, bei DC-Anlagen Spannungsdurchschlagsicherungen einbauen
Revision	Korrektur der Unterlagen entsprechend der Ausführung

15.2 Herstellen der Gründungen

Quertragwerke, der *Nachspanneinrichtungen* und der *Festpunktanker* als Vorbereitung für den nachfolgenden Einbau des *Kettenwerkes* folgen. Der Einbau der *Erdungen* vervollständigt die Arbeiten. Ausführungsunterlagen, wie Bespannungspläne, Mast- und Fundamenttafeln, Materiallisten und bei Bedarf Querprofile mit Bezug auf die *Zeichnungen für die jeweilige Oberleitungsbauart* (siehe Kapitel 12) bilden die Grundlage für diese Arbeiten. Diese Dokumente unterteilt der Planer in Projektunterlagen für die einzelnen Bahnhöfe und die freien Strecken. Der Arbeitsumfang hängt von der Länge und Anzahl der zu bespannenden Gleise ab. Die Montage der Oberleitungsanlage auf Neubaustrecken ohne Zugbetrieb oder auf Ausbaustrecken in zeitlich begrenzten Gleissperrungen bestimmt die Montageverfahren und *Arbeitsmittel*.

Die Infrastrukturbetreiber können eigene *Grundlagen für die Errichtung* von Oberleitungsanlagen in ihren Regelwerken und Richtlinien auf der Basis von internationalen und nationalen Normen (Anlage 1) festlegen. Bei der DB sind das die Richtlinie 997 und die Ebs-Zeichnungen. Die in Kapitel 12 beschriebene Planung bildet eine Voraussetzung für das Errichten, die Abnahme und das nachfolgende Betreiben.

15.2 Herstellen der Gründungen

Die Gründungsarten für die Masten werden aus den Masttypen, den statischen Belastungen, dem Baugrund und der Wirtschaftlichkeit gewählt. Sie lassen sich klassifizieren hinsichtlich der

- Einbringungsart in Bohr-, Ramm-, und Schachtgründungen,
- statischen Wirkungsweise in Flach- und Tiefgründungen und
- Gründungsform in Block-, Stufen-, Rammrohr- und Stahlpfahlgründungen.

In Deutschland haben sich seit 1990 *Rammgründungen* bewährt. Längsverschweißte *Spundwandprofile* mit einem aufgeschweißtem Rohr werden durch eine fahrbare Ramme in das Erdreich eingebracht und anschließend mit einem übergestülpten Betonmast vergossen (Abschnitt 13.7.4). Diese Methode zeichnet sich durch einen geringen Arbeitsaufwand, hohen Arbeitsfortschritt und das Vermeiden umfangreicher Betonarbeiten während des Bahnbetriebes aus. Für felsige Böden oder auf Hochgeschwindigkeitsstrecken mit Fester Fahrbahn kommen *Bohrgründungen* zur Anwendung (Bild 15.1).

Eisenbahnwaggons transportieren die erforderlichen Ramm- oder Bohrgeräte sowie Betonmischfahrzeuge zum Fundamentstandort. Bei Gründungsarbeiten vor dem Verlegen der Gleise, wie es bei Neubaustrecken oft der Fall ist, werden die Gründungen von einer Baustraße oder einem Gleisrohbauplanum eingebracht. Für umfangreiche Betonarbeiten entlang der Gleise können spezielle *Betonmischzüge* zum Einsatz kommen. Bei fehlenden Zugpausen müssen Gründungen von außerhalb der Gleisanlagen eingebracht werden.

Bei neuen Ingenieurbauwerken lassen sich die Fundamente oder Stützpunktbefestigungen in das Bauwerk integrieren und bereits mit der Errichtung der Tunnel, Brücken, Dämme und Bahnsteige herstellen.

Beim Einbringen von Fundamenten ist die Bahnerdung zu berücksichtigen (siehe Kapitel 6). Sind bei Ortbetonfundamenten ohne Bewehrung (siehe Abschnitt 13.6.9) kei-

Bild 15.1: Herstellen einer Bohrgründung an Hochgeschwindingkeitsstrecken mit fester Fahrbahn.

ne besonderen Vorkehrungen für die Bahnerdung notwendig, so ist bei Ortbetonfundamenten mit Bewehrung z. B. auf Brücken die Bewehrung mit einem zugelassenen Erdungssystem aus dem Fundamentkörper an die Erdungsbuchse heranzuführen. Die Erdungsbuchse befindet sich im Betonkörper des Fundaments und verfügt über ein Innengewinde (Bild 15.2 a)), welches den Anschlussbolzen für die Erdungsleitung zum Gleis aufnehmen kann (Bild 15.2 b)). Bei Rammrohr- oder -pfahlfundamenten ist die Erdungsleitung am Rammrohr oder -pfahl angeschweißt und wird in das Ortbetonfundament eingeführt und dort innerhalb des Fundaments an einer Erdungssammelschiene (Bild 15.3 a)) oder Erdungsbuchse angeschlossen (Bild 15.3 b)). An die Erdungssammelschiene oder Erdungsbuchse lässt sich die Erdungsleitung zum Gleis anschließen. Bei Betonmasten, die auf Rammpfählen oder in -rohren stehen, wird die am Rammrohr- oder -pfahl angeschweißte Erdungsleitung herausgeführt und nach dem Maststellen an einer im unteren Teil des Betonmastes vorhandenen Erdungsbuchse angeschraubt (Bild

15.2 Herstellen der Gründungen

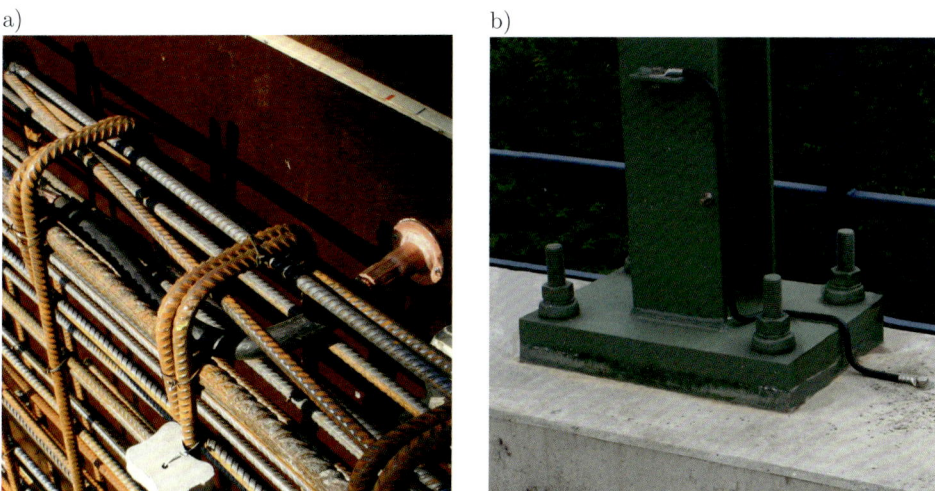

Bild 15.2: Bahnerdung am Brückenfundament.
a) Erdungsbuchse an der Schalungsseite des Fundaments vor dem Betonieren
b) Erdungskabel an der Erdungsbuchse nach dem Betonieren

Bild 15.3: Bahnerdung am Fundament mit Rammpfahl.
a) mit Erdungssammelschiene für das von rechts von der Erdungsbuchse der Erdung des Fundaments und des Rammpfahls kommende Erdungskabel, das nach unten zum Gleis und das nach oben zum Mast weiterführende Erdungskabel
b) ohne Erdungssammelschiene für das von rechts kommende Erdungskabel vom Mast zur Erdungsbuchse und das von der Erdungsbuchse nach unten zum Gleis gehende Erdungskabel

Bild 15.4: Bahnerdung am Betonmast.
a) Erdungskabel am Rammrohr angeschweißt und an der Erdungsbuchse des Betonmastes angeschraubt, wobei der Mastfuß noch nicht mit Erdstoff abgedeckt wurde
b) Erdungsbuchse für den Anschluss des vom Rammrohr kommenden Erdungskabels und das nach rechts zum Gleis weiterführende Erdungskabel, wobei der Mastfuß mit Erdstoff abgedeckt ist
c) Erdungsbuchse mit Erdungssammelschiene für das vom Rammrohr und von der Lärmschutzwand kommende und zum Gleis weiterführende Erdungskabel

15.4 a) und b)). Sind mehrere Erdungsanschlüsse z. B. Lärmschutzwände, Brückenhandläufe an die Erdungsbuchse des Mastes anzuschließen, wird eine Erdungssammelschiene genutzt (Bild 15.4 c)).

15.3 Maststellen

Beim *Maststellen* mit einem Arbeitszug vom Gleis stellt in einer Gleissperrung ein gleisgebundenes Kranfahrzeug oder ein auf einem Eisenbahn-Flachwagen stehender Autokran die Masten auf das vorgefertigte Fundament. Außerhalb des Gleises setzt ein Autokran (Bild 15.5 a)) oder Zwei-Wege-Fahrzeug die Masten auf oder in das Fundament, z. B. bei Neubaustrecken vor dem Verlegen der Gleise vom Rohbauplanum aus. Der Kran fixiert beim Stellen die Betonmasten während des Vergießens und Abbindens mit einer schnellabbindenden Vergussmasse. Die Hebeeinrichtung des Zwei-Wege-Fahrzeugs setzt die Metallmasten auf das Fundament, wo sie sich mit Ankermuttern provisorisch befestigen und anschließend entsprechend der Vorgaben senkrecht ausrichten lassen. Das Stellen der Masten mit Hubschraubern beschleunigt die Montage und ist ohne Sperrpausen zwischen den Zugfahrten möglich. Die Masten werden bereits auf den Lagerplätzen weitgehend mit den Befestigungsteilen, Radspannern und den Anbauteilen für die Ausleger vormontiert (Bild 15.5 b)).

15.4 Montage der Ausleger und Quertragwerke

Nach dem Maststellen folgt das Einmessen der Standorte, auf dessen Grundlage sich die Schnittrohrlängen und Anbaumaße für die Auslegerbauteile mit dem Auslegerberech-

15.4 Montage der Ausleger und Quertragwerke

a)

b)

c)

Bild 15.5: Maststellen.
a) mit dem Autokran außerhalb der Gleisanlage
b) mit dem Kran vom Rohbauplanum einer Hochgeschwindigkeitsstrecke
c) mit dem Hubschrauber auf einer Ausbaustrecke

a)

b)

Bild 15.6: Auslegerfertigung und -montage. a) vorgefertigte Ausleger, b) Montage der Ausleger

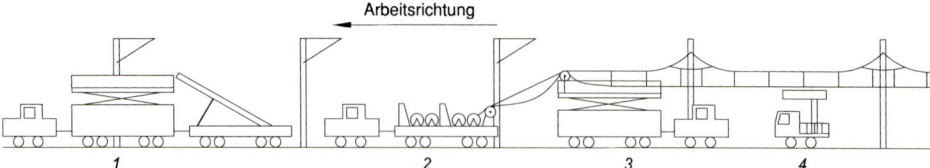

Bild 15.7: Reihenfolge der Arbeitszüge bei der mechanisierten Oberleitungsmontage.
1 erster Arbeitszug mit seitlich verschwenkbarer Arbeitsbühne und Flachwagen
2 zweiter Arbeitszug mit Spulenwagen und Achterbremse
3 dritter Arbeitszug mit Arbeitsbühne zur Kettenwerksmontage
4 vierter Arbeitszug mit Arbeitsbühne zur Regulierung der Oberleitung

nungsprogramm (siehe Abschnitt 12.17) ermitteln und anschließend zuschneiden lassen (Bild 15.6 a)). Die im Baulager vormontierten Ausleger transportiert der Arbeitszug zum Montageort. Entsprechend der auf dem Ausleger angebrachten Mastnummer, wird der Ausleger am betreffenden Mast montiert (Bild 15.6 b)).

Sind *Quertragwerke* zu montieren, müssen vor Beginn der Montage die zu überspannenden Gleise für den Zugbetrieb zwischenzeitlich gesperrt werden. Joche und Ausleger über mehrere Gleise lassen sich mit Hilfe von Kränen an den Masten befestigen. Für den Einbau vorgefertigter Querfelder und Ausleger über *mehrere Gleise* finden *Flaschenzüge* und an besonderen Stellen *Hubschrauber* Anwendung.

15.5 Montage der Kettenwerke

15.5.1 Längskettenwerk

Voraussetzung für die Oberleitungsmontage ist der Abschluss der Gleisarbeiten. Die Ist-Lage des Gleises entspricht nun der Soll-Lage. Für die Montage der Kettenwerke gibt es Montagemethoden, die von den zur Verfügung stehenden Montagegeräten und der möglichen Dauer der Gleissperrung abhängen. Dem Bild 15.7 liegt die *vollständig mechanisierte Montage der Oberleitung* an Einzelstützpunkten zugrunde, die sich auf freien Strecken anwenden lässt [15.1]. Die Gleissperrpausen sind so zu planen, dass sich mindestens das Tragseil, der Fahrdraht oder beide innerhalb einer Nachspannlänge in einem durchgehenden Ablauf montieren lassen.

Vor Beginn dieses Montageverfahrens werden die Nachspannvorrichtungen und Festpunktanker eingebaut. Die in einer Werkstatt vorgefertigten Ausleger liegen auf dem Flachwagen des Arbeitszugs. Ein Förderband transportiert diese zur Arbeitsbühne des Arbeitszuges 1 (Bild 15.7). Die Monteure können die Ausleger von einer seitlich verschwenkbaren Arbeitsbühne an den Masten befestigen.

Nach der Befestigung des Tragseiles und des Fahrdrahtes an den festgelegten Radspannern des Abspannmastes fährt der Arbeitszug 2 mit dem Spulenwagen hinterher. Die Doppelspillbremse des Spulenwagens spannt das Tragseil beim Abwickeln bereits mit der vorgesehenen Zugkraft und mit rund 3 kN den Fahrdraht. Die Einhaltung dieser Werte, besonders bei Beschleunigungs- und Bremsvorgängen der Arbeitszüge, vermeidet Welligkeiten und Knicke im Fahrdraht. Höhen- und seitenverschwenkbare Rollen leiten Tragseil und Fahrdraht in die zur Befestigung erforderliche Position über der Hubbühne des Arbeitszuges 3. Nach der Befestigung des Tragseiles in der Tragseildrehklemme folgt die Montage des Fahrdrahtes mit Bindedrähten als vorläufige Hänger und der Y-Beiseile. Der Arbeitszug 3 übernimmt nun die Montage des Tragseilfestpunktes und die Abspannung des Kettenwerks am anderen Abspannmast. Die beschriebene Montagemethode erlaubt auch die Montage von Doppelfahrdrähten.

Falls nach dem Ziehen des Kettenwerks nicht die sofortige Befahrbarkeit des Gleises durch elektrische Triebfahrzeuge notwendig ist, folgt als nächster Arbeitsschritt das Einmessen der Höhe der Tragseildrehklemmen an den Auslegern als Grundlage für die Berechnung und *Herstellung der Hänger* (siehe Abschnitt 12.17). Dieser Zwischenschritt hat sich als günstig erwiesen, weil so die Fertigung der Hänger in der Werkstatt möglich ist und eine hohe Genauigkeit der Fahrdrahtlage erreicht wird.

Bei kurzfristig erforderlicher Nutzung der Oberleitung für elektrische Triebfahrzeuge montiert der Arbeitszug 3 bereits die vorgefertigten Hänger für die Befestigung des noch nicht vollständig nachgespannten Fahrdrahtes. Als Berechnungsgrundlage für deren Anfertigung vor der Kettenwerksmontage dient hierbei die Bezugshöhe des Gleishöhenbolzens am Mast. In diesem Fall beginnt, nachdem der Arbeitszug 3 den Festpunkt erreicht und die Zugkraft des Fahrdrahts im ersten Nachspannabschnitt bei freigegebenem Radspanner auf den vorgegeben Wert gebracht hat, der Arbeitszug 4 mit den Regulierungsarbeiten (siehe Tabelle 15.1 und Bild 15.7). Ist der Arbeitszug 3 am Endverankerungsmast angekommen, wird die Zugkraft des Tragseils und Fahrdrahts auf den geplanten Wert erhöht. Anschließend fährt der Arbeitszug das Kettenwerk in der zweiten Nachspannhälfte regulierend in Richtung Festpunkt zurück.

Die *Regulierungsarbeiten* beinhalten u. a. das Einklemmen der Hänger, das Spannen der Y-Beiseile sowie die Kontrolle des Kettenwerks in Bezug auf seine geplante Lage und den Anhub des Fahrdrahtes. Abweichungen von den Sollwerten, die außerhalb der zulässigen Toleranzen liegen, lassen sich nun korrigieren.

Auf stark befahrenen, bereits elektrifizierten Eisenbahnstrecken, bei denen das vorhandene Kettenwerk oder nur der Fahrdraht vorher zu demontieren ist, verwendet man einen entsprechend modifizierten Montageablauf. Eine solche Demontage kann mehrere Gründe haben. Oft sind vorhandene Mastabstände ungeeignet für angestrebte Geschwindigkeitserhöhungen oder komplette Anlagenteile, wie Masten oder Kettenwerke, haben wegen Verschleiß oder Alterung das Ende ihrer Lebensdauer erreicht. In solchen Fällen fährt vor dem Arbeitszug 1 im Bild 15.7 ein weiterer Arbeitszug, der das vorhandene Kettenwerk demontiert.

Die Entwicklung der Montagemethoden ist geprägt von einer zunehmenden Mechanisierung und Verkürzung der Arbeitszeiten. Im Abschnitt 17.3.5 beschriebene Montagefahrzeuge und -geräte ermöglichen die Demontage, Montage und Teilregulierung einer Kettenwerksnachspannlänge in weniger als sechs Stunden. Bei kürzeren Sperrpausen oder auf Bahnhöfen mit Fahrdrahtkreuzungen oder Querfeldern ist die *Komplettmontage* meist nicht möglich, Tragseil und Fahrdraht werden getrennt und nacheinander montiert.

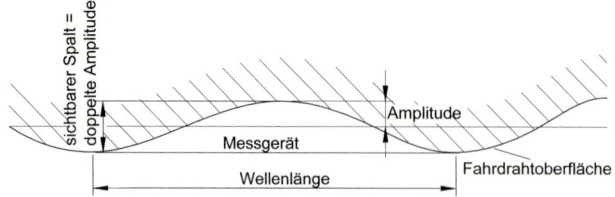

Bild 15.8: Bestimmung der Welligkeit in Fahrdrähten.

Bild 15.9: Prüfung der Welligkeit in Fahrdrähten.

Anstelle einzelner Arbeitszüge können auch größere *Montageeinheiten* Verwendung finden. Die Sperrpausenlänge sowie Art und Umfang der Arbeiten beeinflussen wesentlich den Großgeräteeinsatz. Der Aufwand für ihre Vorhaltung und das erforderliche Bedienpersonal ist hoch. Die Nutzungsdauer und damit die Effektivität ist nur bei großen Neubaustrecken groß. Bei der Elektrifizierung oder Rekonstruktion vorhandener Strecken sind für einen Teil der Arbeiten, wie die Demontage oder die Regulierung des Kettenwerkes, fahrbare Leitern im Einsatz. Diese lassen sich zur Gleisfreigabe kurzfristig von Hand aus dem Streckenprofil heben.

Montagefreundliche Konstruktionen wie Aluminiumausleger, Verbundisolatoren oder Kunststoffausleger mit Armaturen aus Kupfer-Aluminium-Legierungen, Pressverbindungen oder steckbare Klemmen erleichtern und beschleunigen die Arbeiten.

Jeder Arbeitszug ist mit zwei bis vier Monteuren besetzt. Dazu kommen die Triebfahrzeugführer, Arbeitszugführer, Gerätebediener, Sicherungsposten und Aufsichtsführenden. Die Erfahrung des Personals, die Effizienz der Ablaufplanung und der verfügbare Gerätepark bestimmen die Sperrpausenlänge. Üblich sind Sperrpausen von 1,5 bis 8 Stunden pro Gleis. Weichenbespannungen erfordern die Sperrung mehrerer Gleise für den Zugbetrieb. Infolge betriebstechnologischer Zwänge, Sperrpausenverzögerungen durch Zugverspätungen, den vor Beginn der Montage erforderlichen Schalt-, Erdungs- und Freigabemaßnahmen und der notwendigen Sicherung der Baustelle sind Arbeiten auf Ausbaustrecken oft schwierig. Bei besonders starker Streckenbelastung muss die Oberleitung nachts montiert werden. Voraussetzung dafür bilden ausreichende Beleuchtung auf den Montagefahrzeugen und zusätzliche Sicherungsmaßnahmen vor den Gefahren des nächtlichen Zugbetriebs. Eine ausreichend genaue Regulierung der Oberleitung ist unter solchen Bedingungen nur schwer möglich. Lange Sperrpausen fördern die Effektivität der Arbeiten. So lassen sich von Freitagabend bis Montag früh 12 Nachspannlängen auf einem Gleis komplett montieren.

Witterungsbedingte Einschränkungen für Montagearbeiten bestehen bei starkem Frost sowie ab 10 m/s Windgeschwindigkeit, abhängig auch von den Einsatzvorschriften für

15.5 Montage der Kettenwerke

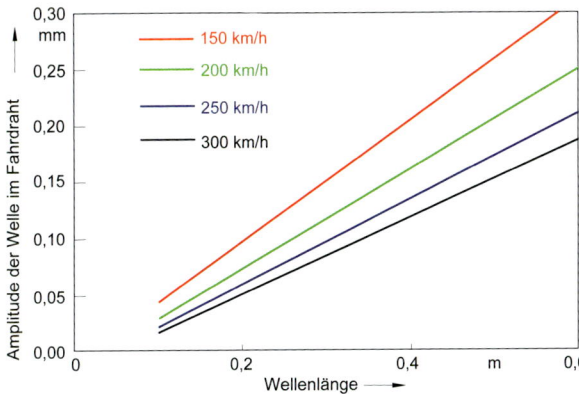

Bild 15.10: Empfohlene Grenzen für Welligkeit in Fahrdrähten nach [15.4].

Montagebühnen und -kräne. Bei heranziehenden Gewittern und Stürmen werden die Montagearbeiten an Oberleitungen eingestellt, um das Personal nicht zu gefährden.

15.5.2 Hochgeschwindigkeitsoberleitungen

Die Entwicklung instandhaltungsarmer *Hochgeschwindigkeitsoberleitungen* stellte seit 1990 steigende Anforderungen an die Montagequalität, die *Zuverlässigkeit* und die *Lebensdauer* der Bauteile, die sich beeinflussen lässt durch

- den sorgfältigen Transport der Materialien auf die Baustellen,
- den korrekten Einbau der Bauteile und Isolatoren,
- das Fetten der stromführenden Klemmen entsprechend den Herstellervorgaben,
- das Beachtung der vorgegebenen Anzugsmomente für Schraubenverbindungen.

Die Verwendung hochfester Werkstoffe wie Kupfer-Zinn- oder Kupfer-Magnesium-Legierungen für die Fahrdrähte als Voraussetzung für höhere Fahrdrahtzugspannungen und damit Befahrgeschwindigkeiten erfordern besondere Werkzeuge und entsprechendes Fachwissen der Monteure.

Die internationalen Erfahrungen zeigen, dass bei der Herstellung und beim Einbau von Fahrdrähten mit hoher Festigkeit wellenförmige Unebenheiten entstehen können. Abhängig vom Typ und den Eigenschaften des Stromabnehmers können diese zum Auftreten von Lichtbögen führen und so die Qualität des Kontakts zwischen Fahrdraht und Schleifstücken mindern [15.2, 15.3]. Es sind Erfahrungen und entsprechende Messgeräte zur Abnahme der Oberleitung notwendig, um die Unebenheiten im Fahrdraht zu erkennen. Die feinwellenförmigen Unebenheiten des Fahrdrahts lassen sich z. B. mit einem ein Meter langen Stahllineal und Spaltprüflehren mit 0,05 mm Dicke erfassen (Bilder 15.8 und 15.9). Der auf diese Weise geprüfte Spalt stellt die zweifache Amplitude der Wellen im Fahrdraht dar.

Die an Hochgeschwindigkeitsstrecken gewonnene Erfahrung [15.3] zeigt, dass sich keine Lichtbogen bilden, wenn die doppelte Amplitude der Wellen kleiner als 0,15 mm ist. Die in Japan empfohlenen Grenzen sind im Bild 15.10 [15.4] gezeigt.

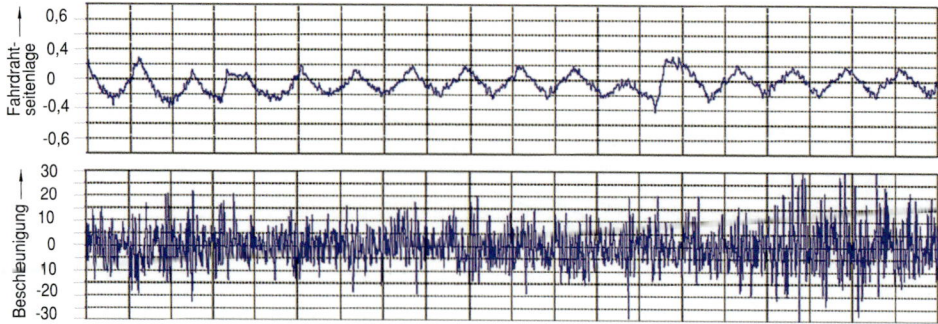

Bild 15.11: Beschleunigung des voraus laufenden Schleifstückes des Stromabnehmers DSA 380E bei 300 km/h, Tiefpassfilterfrequenz 100 Hz.
oben: seitliche Fahrdrahtlage (Zick-Zack), unten: vertikale Beschleunigung des Schleifstückes

Bild 15.12: Fahrdrahtrichtgerät für konventionelle Oberleitungen.

Bild 15.13: Fahrdrahtrichtgerät für hochfeste Fahrdrähte, entwickelt von Siemens und nkt cables.

Bild 15.14: Siemens-Fahrdrahtzugeinrichtung für Hochgeschwindigkeitsoberleitungen.

Bild 15.15: Drehhebel zur Beseitigung von Fahrdrahtverdrehungen.

Tabelle 15.2: Toleranzen für die Oberleitungsbauart Sicat H1.0 für die Hochgeschwindigkeitsstrecken Madrid–Toledo und Segovia–Valladolid in Spanien.

Parameter	Toleranz
Abstand zwischen Schienen- und Fundamenoberkante bzw. Rammrohr	±50 mm
Abstand zwischen Gleismitte und Mastvorderkante (MVK-Maß)	±50 mm
Mastneigung	±0,3°
Mastverdrehung	±5°
Längsspannweite	±500 mm
Systemhöhe SH	±30 mm
Fahrdrahtseitenlage am Seitenhalter	±30 mm
Fahrdrahthöhe am Stützpunkt	±10 mm
Fahrdrahthöhe von Hänger zu Hänger	±10 mm

Die Unebenheiten im Fahrdraht können auch durch Messung des Zusammenwirkens der Oberleitung mit dem Stromabnehmer bestimmt werden. Hierzu wird die vertikale Beschleunigung der Schleifstücke des Stromabnehmers ausgewertet (Bild 15.11). Im rechten Bereich des Bildes 15.11 treten erhöhte vertikale Beschleunigungswerte des vorlaufenden Schleifstückes auf, die Folge von Riffelbildungen im Fahrdraht sind. Mit Fahrdrahtrichtgeräten, wie im Bild 15.12 gezeigt, lassen sich die Unebenheiten und Knicke eines Einzelfahrdrahtes für konventionelle Strecken glätten. Jedoch sind die Versuche gescheitert, damit die feinen Wellen zu beseitigen, die bei der Produktion und Montage von Drähten aus Kupferlegierungen mit mehr als 400 N/mm² Festigkeit entstehen können. Ein für Kupferlegierungen neu entwickeltes Rollenrichtgerät (Bild 15.13), glättet hochfeste Fahrdrähte ausreichend. Während der Verlegearbeiten wird der Fahrdraht von der Spule über ein Spill geführt, um die Zugkraft zu erhöhen und dann durch die Druckrollen des Richtgerätes gezogen. Schließlich heben Führungsrollen mit großen Durchmessern den Fahrdraht auf die Einbauhöhe (Bild 15.14).

Verdrehte Fahrdrähte führen ebenso zu Unregelmäßigkeiten und lassen sich mit dem in Bild 15.15 gezeigten Drehhebel richten.

Gut ausgebildete Monteure sind Voraussetzung für den Einbau einer qualitativ hochwertigen Oberleitung. Die Qualität des Zusammenwirkens von Oberleitung und Stromabnehmer wird durch die geometrische Lage des Fahrdrahts beeinflusst [15.5]. Tabelle 15.2 enthält die *Toleranzen* für den Einbau der Oberleitungsbauart Sicat H1.0.

15.5.3 Streckentrenner

Die *Montage eines Streckentrenners* beginnt mit der Markierung seines Einbauortes, der sich bei Weichenverbindungen in der Mitte zwischen den beiden Gleisen befinden und 1,65 m waagerechter Abstand zwischen der Kufe des Streckentrenners und der jeweiligen Gleismitte vorhanden sein sollte. Die Streckentrennerachse soll möglichst in der Mittelsenkrechten zur Schienenkopfberührenden liegen, d. h. höchstens 150 mm Abstand zur Mittelsenkrechten haben [15.6]. Der Streckentrenner wird auf den Fahrdraht aufgesetzt. Nach dem Festziehen der Fahrdrahtendklemmen lässt sich der Fahrdraht zwischen den

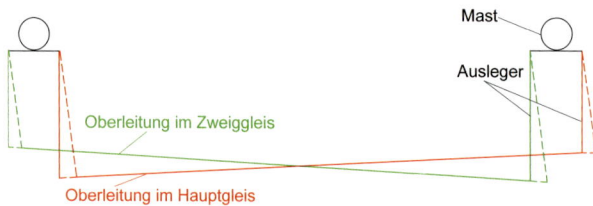

Bild 15.16: Anordnung der Ausleger für Oberleitungen über Weichen.

Klemmen trennen und entfernen. Der Trenner einschließlich seiner Gleitkufen soll sich in der horizontalen Lage zur Gleislängs- und -querrichtung befinden.

Über dem Streckentrenner sind im Tragseil ein Isolator oder Isolierstab und die Aufhängung des Streckentrenners zu montieren. Der Abstand zwischen dem obersten Streckentrennerbauteil und dem Tragseil sollte in Oberleitungen der DB größer 0,46 m sein, um bei Lichtbögen Abbrände des Tragseils zu vermeiden [15.7, 15.8].

Da Streckentrenner mit ihrer Masse Elastizitätsunterschiede im Kettenwerk verursachen, hat die höhenmäßige Regulierung der Ein- und Auslaufbereiche sowie der Gleitkufen wesentlichen Einfluss auf den Stromabnehmerlauf und die Vermeidung frühzeitiger Verschleißerscheinungen. Streckentrenner sollten rund 20 mm über der Fahrdrahtnennhöhe reguliert werden.

Wie Erfahrungen zeigen, sind Streckentrenner in Stromschienenoberleitungen ungeeignet. Die schwingenden Kufen werden innerhalb weniger Monate bis an die Verschleißgrenze abgenutzt.

15.5.4 Weichenkettenwerke

Bei der *Montage der Kettenwerke über Weichen* ist zu prüfen, ob sich bei kreuzenden Weichenkettenwerken im Auflaufbereich des Stromabnehmers beide Fahrdrähte auf einer Schleifstückhälfte befinden, da sonst Bügelfallen entstehen (Abschnitt 12.11.5 und Bild 12.21 c)).

Hänger in Kettenwerken über Weichen werden mit folgenden Schritten eingebaut:
– Prüfung der richtigen Anordnung der Ausleger für die Kettenwerke über der Weiche (siehe Bild 15.16)
– Prüfung der korrekten Seitenverschiebung für die Fahrleitungen über den Weichen an den Stützpunkten
– Messung des Abstandes zwischen den Stützpunktmitten
– Berechnung des Abstandes zwischen den Hängern
– Prüfung der Anordnung der Hänger in Bezug auf die Fahrdrahtkreuzung und die temperaturabhängige Stellung der Ausleger sowie die Abstände zwischen der Fahrdrahtkreuzung (siehe Bild 15.17) und zu den jeweiligen Festpunkten
– Einbau der Hänger am Tragseil und Fahrdraht, wobei die Ovalverpressungen an den Presshülsen der Hängerklemmen am Fahrdraht noch nicht ausgeführt und die Hänger oberhalb der Presshülsen nicht geknickt werden dürfen
– Prüfung der Fahrdrahthöhe an der Fahrdrahtkreuzung, der im Fahrdraht des Stammgleises 20 mm über der Fahrdrahtnennhöhe betragen sollte. An den Hän-

15.5 Montage der Kettenwerke

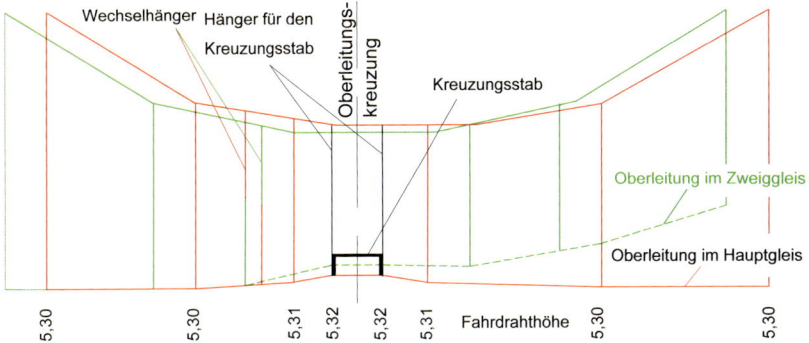

Bild 15.17: Fahrdrahthöhe und Anordnung der Hänger über Weichen.

gern vor der Fahrdrahtkreuzung sollte die Fahrdrahthöhe um 10 mm über der Fahrdrahtnennhöhe liegen. Der Kreuzungsstab ist waagerecht einzubauen wie im Bild 15.17 dargestellt
– Regulieren der Fahrdrahthöhe des Stammgleises und Pressen der Presshülsen
– Regulieren der Fahrdrahthöhe im Zweiggleis und Pressen der Presshülsen
– Prüfen der Fahrdrahthöhe auf Vordurchhang, der im Weichenbereich nicht vorhanden sein darf
– Einbauen der Wechselhänger (siehe Bild 12.21 c))
– Prüfen des Abstands zwischen den Wechselhängern, wobei dieser die temperaturabhängige Gegenbewegung der Kettenwerke über Weichen zulassen muss. Bei der Berechnung der Abstände zwischen den Wechselhängern ist der vorhandene Abstand zwischen der Fahrdrahtkreuzung und den Festpunkten zu berücksichtigen
– Schlussmessung der vertikalen und horizontalen Fahrdrahtlage als Bestätigung für die korrekte Montage der Weichenkettenwerke

15.5.5 Erdungsleitungen

Erdungsleitungen verbinden bei Wechselstrombahnen die zu erdenden Bauteile mit der Rückleitung (siehe auch Kapitel 6). An die mit der Bewehrung des Mastes verbundenen Erdungsbuchsen sind vorhandene Rückleiter- oder Erdseile im oberen Mastbereich angeschlossen (Bilder 15.2 und 15.4). Die im Oberleitungsbereich befindlichen metallenen Anlagen wie Lärmschutzwände, Brückenhandläufe, Ingenieurbauwerke sind direkt an den vorgesehenen Anschlusspunkten am Gleis oder an der Erdungsbuchse im unteren Mastbereich anzuschließen. Da diese Arbeiten kaum Gleissperrungen erfordern, lassen sich diese zur Auslastung des Personals vor und nach den Sperrpausen durchführen. Zum Anschluss der Erdungsleitungen an die Schienen verwendet die DB von ihr zugelassene schraubbare Anschlusssysteme. Die sachgerechte Verlegung und Befestigung der Erdungsleitungen schließt das Bedecken der Bahnerden z. B. mit Schotter als Schutz vor der Beschädigung durch Gleisbaumaschinen ein. Auf Hochgeschwindigkeitsstrecken treten Belastungen der Erdungsleitungen durch Sogwirkungen unter den

Bild 15.18: Befestigung einer Erdungsleitung auf der Festen Fahrbahn von Hochgeschwindigkeitsstrecken.

Hochgeschwindigkeitszügen auf. Deshalb werden die Erdungsleitungen mit Kabel umschließenden Schellen an der Festen Fahrbahn befestigt (Bild 15.18).

15.5.6 Bahnenergieleitungen

Bahnenergieleitungen (BEL) können mit herkömmlichen Leiterzugverfahren [15.9] oder mit Hilfe von Hubschraubern montiert werden. Der Copilot bedient die Bremseinrichtungen der Leiterspule und sorgt für die gleichmäßige Zugspannung des Leiters. Auf den Stützisolatoren befestigte, V-förmige Fanghilfen erleichtern den Zielanflug und nehmen den Leiter auf. Nach der Demontage der Fanghilfen kann der Leiter temperaturabhängig entsprechend der Durchhangstabelle reguliert und befestigt werden. Eine abschließende Abstandsmessung bildet die Grundlage für die Revisionsunterlagen für den Betreiber und erbringt den Nachweis für die Einhaltung der Abstände zu angrenzenden Objekten.

15.6 Mittel zum Errichten

15.6.1 Allgemeines

Entsprechend den Forderungen nach qualifizierter Errichtung und Instandhaltung von Oberleitungen [15.16, 15.17] sind neben den gebräuchlichen Werk- und Fahrzeugen auch *Sondergeräte* und *-fahrzeuge* notwendig, die es erlauben, fehlerfrei, schnell und sicher zu arbeiten. Gleiche Einrichtungen eignen sich zur präventiven und korrektiven Instandhaltung. Unkomplizierte Handhabung und ständige Einsatzbereitschaft im Eisenbahnbetrieb bei allen Wetterbedingungen sind für die Verfügbarkeit unerlässlich.

15.6.2 Hubschrauber

Hubschrauber können ohne Beeinträchtigungen des Zugverkehrs *Masten* und *Joche* montieren sowie Bahnenergieleitungen und *flexible Quertragwerke* in großen Bahnhöfen ziehen. Die Abwägung der Kosten für den Hubschraubereinsatz (Bild 15.5 c)) und für die Gleissperrung bei herkömmlicher Montage bestimmen die jeweilige Verwendung.

15.6 Mittel zum Errichten

Bild 15.19: Arbeiten mit der Ramme.
a) Rammen des Pfahls vom Gleisplanum aus, b) Stellen des Betonmastes mit der Ramme

15.6.3 Straßenfahrzeuge

Die Gründungs- und Mastarten sowie die unter Abschnitt 15.2 erläuterten Gründungsmethoden bestimmen die zu verwendenden Geräte. *Bagger* mit speziellen Greifern heben die Fundamentgruben bei Blockfundamenten aus. Für Rundfundamente sind *Bohrgeräte* zum Erdaushub üblich. Nachteilig wirkt sich dabei die Verschmutzung des Schotterbetts durch das Bohrgut aus. *Kompressionsrammen* bringen die Rammpfähle (Bild 15.19) ein. *Vibrationsrammen* können wegen einer möglichen Gefährdung des Oberbaus nur bedingt genutzt werden.

Für den Transport des Betons zum Fundament lassen sich straßengängige Fahrmischer nutzen. Diese transportieren über öffentliche Straßen den Beton zum Fundament. Sind die Fundamente von außerhalb der Gleisanlage nicht zugängig, fahren die Mischer auf Eisenbahnflachwagen und schütten den Beton vom Gleis aus in die Fundamentgruben. Straßengängige Autodrehkräne können von außerhalb der Gleise (Bild 15.20) oder von einem Arbeitszug aus die Masten stellen.

Für die Montage der Oberleitung nutzen die Errichter im Nahverkehr Straßenfahrzeuge mit Arbeitsbühnen. Die isolierte Bühne lässt dabei auch Arbeiten unter Spannung zu (Bild 15.21 a)). Bei sich nähernden Schienenfahrzeugen ist es möglich, die Arbeitsstelle

Bild 15.20: Mastmontage mit straßengängigem Autokran.

Bild 15.21: Installationsfahrzeuge. a) Zweiwegefahrzeug, b) Straßenmontagefahrzeug

15.6 Mittel zum Errichten

a)  b)

Bild 15.22: Spulenwagen für Fahrdraht- und Tragseilzug.
a) für Zwei-Wege-Fahrzeug, b) für Straßenfahrzeug

a)  b)

Bild 15.23: Eisenbahndrehkran.
a) profilfrei arbeitender EDK Multitasker 100, b) nicht profilfrei arbeitender EDK Multitasker 250

schnell freizugeben. Auf Anhängern werden die Spulen mit Fahrdraht und Tragseil mitgeführt (Bild 15.22).

15.6.4 Schienenfahrzeuge

Zum *Maststellen* sind *Eisenbahndrehkräne* (EDK) vom Gleis aus (Bild 15.23) verwendbar. Der EDK (Bild 15.23 a)) kann profilfrei gegenüber dem Nachbargleis arbeiten, sodass keine Sperrung des Nachbargleises erforderlich ist. An der Arbeitsstelle des Krans wird eine Langsamfahrstelle eingerichtet.

Zur Montage der Quertrageinrichtungen, Oberleitung, Bahnenergieleitungen, Schalterleitungen und Schalter nutzt man besondere *Montagefahrzeuge*.

Für die Montage von Fahrleitungen für Vollbahnen nutzen die Errichterfirmen überwiegend schienengebundene Montagefahrzeuge mit und ohne eigenem Antrieb. Fahrzeuge mit eigenem Antrieb benötigen keine Arbeitszuglokomotive und sind daher kürzer als Fahrzeuge ohne eigenem Antrieb mit Arbeitszuglokomotive. Die in den Bildern 15.24 a) und 15.27 dargestellten *selbstfahrenden Montagefahrzeuge* mit Arbeitsbühnen verfügen

a)  b)

Bild 15.24: Fahrleitungsmontagefahrzeug. a) MTW 100 mit eigenen Antrieb und Spulenwagen, b) Fahrleitungsmontagewagen (FMW) ohne eigenen Antrieb

über typische Ausstattungen für Montage- und Instandhaltungsfahrzeuge:
- vergrößerte Kabine mit einem Werkstattraum und Regale für Bauteile
- hydraulisch angetriebene Arbeitsplattform
- einem Ladekran mit Arbeitskorb
- Fahrdraht-Drückanlage zum Ziehen, Positionieren und Verschwenken von Tragseil und Fahrdraht
- Messstromabnehmer
- Inspektionskanzel

Moderne multifunktionale Fahrzeuge mit eigenen Antrieb ermöglichen die mechanisierte Kettenwerksmontage wie im Abschnitt 15.5 beschrieben. Bild 15.24 b) zeigt das antriebslose *Fahrleitungsmontagefahrzeug* FMW der DB, das eine Arbeitszuglok zur Einsatzstelle fährt und am Montageort dem Arbeitsablauf entsprechend bewegt. Es verfügt über eine 16,2 m lange Hubarbeitsbühne und eine schwenkbare Seitenhubbühne, die Arbeiten an 5 m von der Gleisachse entfernten Komponenten zulässt.

Besonders für Instandhaltungs- und Entstörungsarbeiten erfüllen das *Hubarbeitsbühnen-Instandhaltungsfahrzeug* (HIOB) der Baureihe 711 (Bild 15.25 a)) und das *Instandhaltungsfahrzeug* der Bauart IFO 703 (Bild 15.25 b)) die Anforderungen der DB. Beide Fahrzeuge gehören einer Fahrzeugfamilie an. Mit den Höchstgeschwindigkeiten 120 km/h bzw. 90 km/h durch Eigenantrieb erfüllen sie die Anforderungen nach kurzen Eingreifzeiten. Beide Fahrzeuge sind mit frei schwenkbaren Hubarbeitsbühnen ausgestattet, die beim HIOB 1,5 m lang und 1,6 m breit und beim IFO 2,0 m lang und 1,4 m breit sind. Bild 15.26 zeigt den Arbeitsbereich der Hub-Schwenkbühnen beider Fahrzeuge. Für Prüfzwecke sind Stromabnehmer der Bauart WBL 85 mit einzeln gefederten Schleifstücke aufgebaut. Die Aussichtskanzel gestattet die Beobachtung der Oberleitung und die Aufzeichnung mit einer Video-Kamera.

Für die Montage, Instandhaltung und Störungsbeseitigung wird das *Oberleitungsmontagefahrzeug* der Bauart OMF der DB (Bild 15.27) eingesetzt. Dieses Fahrzeug erreicht

15.6 Mittel zum Errichten

Bild 15.25: Fahrleitungsmontagefahrzeuge.
a) großes Hubarbeitsbühnen-Instandhaltungsfahrzeug (HIOB) der Baureihe 711 der DB
b) kleines Instandhaltungsfahrzeug für Oberleitungen (IFO) der Baureihe 703 der DB

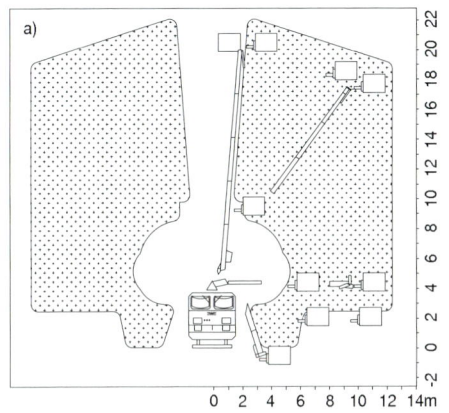
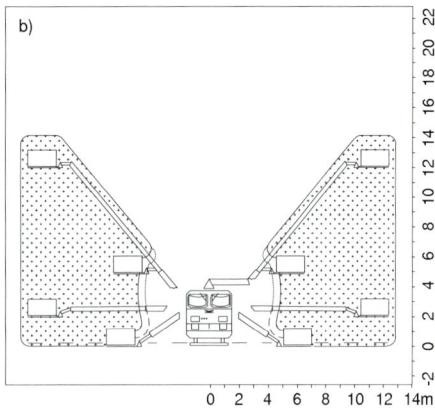

Bild 15.26: Aktionsbereich der Hubarbeitsbühnen. a) HIOB, b) IFO

Bild 15.27: Oberleitungsmontagefahrzeug Typ OMF1.

Bild 15.28: Oberleitungsbauwagen der Baureihe 575 der DB für das Ziehen von Fahrdraht und Tragseil.

160 km/h Höchstgeschwindigkeit. Der nach ergonomischen Gesichtspunkten gestaltete Kabinenaufbau verfügt beidseitig über 5 m breite Ladeöffnungen, die das Zuladen vormontierter Baugruppen erlauben. Die 8,9 m lange, begehbare Dachfläche dient zur Ablage von Material und Werkzeugen bei der Oberleitungsmontage. Die Arbeitsbühne mit 14,3 m maximaler Hubhöhe sowie 12,9 m seitlicher Reichweite und Arbeitskorb für Reichweiten bis 21 m über Schienenoberkante und 18 m maximaler seitlicher Ausladung gestatten Arbeiten an schwer zugänglichen Anlagenteilen. Ein Kranarm mit 240 MNm Lastmoment auch zum Stellen von Masten und ein Messstromabnehmer, für 25 kV isoliert und bei Bedarf bahnerdbar ergänzen dieses universelle Fahrzeug.

Oberleitungsbauwagen, auch als *Spulenwagen* bezeichnet [15.18], erlauben die mechanisierte Kettenwerksmontage wie im Abschnitt 15.5 beschrieben. Mit dem auf dem Wagen installierten maschinellen Anlagen und Vorrichtungen lassen sich Fahrdraht und Tragseil mit geringem Aufwand montieren. Beim Oberleitungsbauwagen der Baureihe 575 (Bilder 15.28 und 15.29), der Drehgestelle besitzt und 120 km/h Höchstgeschwindigkeit zulässt, gestatten die beiden an den Wagenstirnseiten angebrachten hydraulisch steuerbaren Seilhebevorrichtungen bei 7,5 m maximaler Ausfahrhöhe über Schienenoberkante das Verlegen von Fahrdraht und Tragseil.

Die Spulenböcke zum Auf- und Abspulen der Seile und Drähte verfügen über einen eigenen Antrieb und eine Bremse, die es ermöglicht, Fahrdrähte oder Tragseile mit konstanter Vorspannung zu verlegen. Zwischen den Spulenböcken zum Auf- und Abspulen und den Hubgerüsten befindet sich auf jeder Seite ein zusätzlicher Spulenbock zum Lagern von Ersatzspulen. Ein Kran mit hydraulischem Antrieb erleichtert das schnelle Verladen oder Umsetzen von Spulen sowie das Stellen von *Pioniermasten*. Die eigene Bordbeleuchtung sorgt für ausreichende Helligkeit während Nachtarbeiten. Für den Einsatz bei Oberleitungsstörungen mit größeren Beschädigungen sind auf dem Spulenwagen alle erforderlichen Drähte und Seile, dazu 8 m und 11 m lange Behelfsmasten, auch als Pioniermasten bezeichnet, Ausleger, Isolatoren und Kleinteile verfügbar.

Für hoch frequentierte Eisenbahnstrecken, die nur kurze Sperrpausen zulassen, sind Tragseil- und Fahrdrahtwechsel ausschließlich in mechanisierten Abläufen möglich. Für

15.6 Mittel zum Errichten

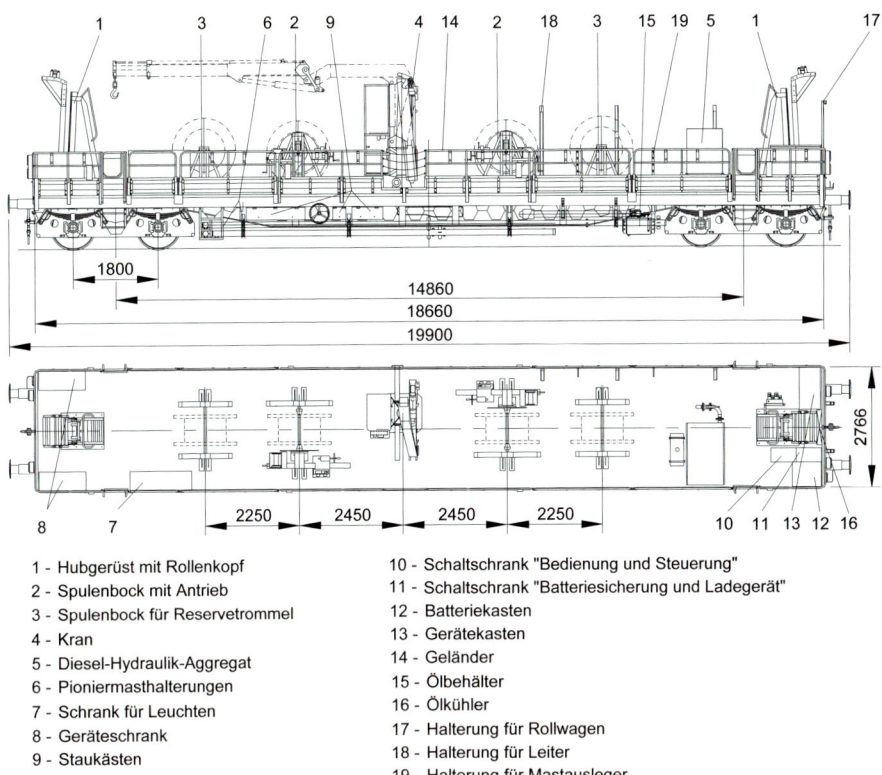

1 - Hubgerüst mit Rollenkopf
2 - Spulenbock mit Antrieb
3 - Spulenbock für Reservetrommel
4 - Kran
5 - Diesel-Hydraulik-Aggregat
6 - Pioniermasthalterungen
7 - Schrank für Leuchten
8 - Geräteschrank
9 - Staukästen
10 - Schaltschrank "Bedienung und Steuerung"
11 - Schaltschrank "Batteriesicherung und Ladegerät"
12 - Batteriekasten
13 - Gerätekasten
14 - Geländer
15 - Ölbehälter
16 - Ölkühler
17 - Halterung für Rollwagen
18 - Halterung für Leiter
19 - Halterung für Mastausleger

Bild 15.29: Bezeichnungen der Ausrüstungsgegenstände des Oberleitungsbauwagen der Baureihe 575.

die im Abschnitt 15.5 beschriebene Technologie zum Abbau und unmittelbar folgendem Wiederaufbau des Kettenwerkes dient das *Oberleitungsmontagefahrzeug* (Bild 15.24 a)), der bei guter Arbeitsorganisation nur 5,5 Stunden Sperrpausen pro Kettenwerkslänge benötigt. Der Arbeitszug besteht aus zwei selbständigen Einheiten mit jeweils eigenem Antrieb, eine für den Abbau und eine für die Montage der Oberleitung. Von horizontal beweglichen Arbeitsbühnen auf dem Dach der *Montagewagen* aus werden mit der ersten Montageeinheit die Hänger- und Ausleger demontiert. Spulenwagen spulen das Tragseil und den Fahrdraht auf. Von der zweiten Einheit aus werden die vorgefertigten Ausleger und nach Fahrdraht- und Tragseilzug – das Basisfahrzeug gestattet die stufenlos einstellbare Vorspannung zwischen 5 und 12 kN – die Hänger montiert. Die Höhe der Arbeitsplattform und die Längsposition werden auf der Plattform angezeigt. Nach Abschluss dieser Montagearbeiten kann die Oberleitung mit maximaler Streckengeschwindigkeit befahren werden [15.19]. Für die Oberleitungsmontage lassen sich auch Eisenbahn-Flachwagen mit Hubsteigern nutzen.

Bild 15.30: Zweiwege-Fahrzeuge beim Eingleisen auf einer Neubaustrecke.

Bild 15.31: Zweiwege-Fahrzeug bei der Oberleitungsmontage.

15.6.5 Zweiwege-Fahrzeuge

Zweiwege-Fahrzeuge können auf Straßen und Gleisen fahren. Sie lassen sich zur Montage von Oberleitungen für Stadt- und Fernbahnen einsetzen (Bild 15.21 a)) und gestatten Oberleitungsarbeiten, die von fahrbaren Leitern aus nicht durchführbar sind. Die Schienenfahreinrichtung des Zweiwege-Fahrzeugs erlaubt bis 80 km/h Geschwindigkeit. Oberleitungsarbeiten finden häufig nachts statt; die Arbeitsplattform wird abhängig von der Fahrtrichtung beleuchtet. Das Eingleisen des Fahrzeugs lässt sich im Winkel bis 90° an Bahnübergängen oder eigens hierfür vorgesehenen Eingleisstellen vornehmen (Bild 15.30). Fährt das Fahrzeug auf dem Gleis, kann der Monteur das Fahrzeug von der Arbeitsplattform aus bedienen (Bild 15.31). Das Fahrzeug besitzt den Arbeits- und den Antriebsmodus, in dem Inspektionen oder schnelles Fahren möglich sind. Die Fahrzeuge sind mit Sicherheitsfahrschaltung (Sifa), punktförmiger Zugbeeinflussung (PZB), früher induktive Zugsicherung (INDUSI), und Zugfunk ausgerüstet, um die Sicherheitsanforderungen der DB zu erfüllen. Die Schienenführeinrichtung führt die Fahrzeuge im Gleis ohne Antrieb, die Schienenfahreinrichtungen besitzen Antriebe.

Abhängig vom Gewicht des Fahrzeugs verwenden die Hersteller [15.20]

- Reibrad-Schienenfahreinrichtung mit einem Radsatz und Radreifen auf der Reibtrommel als Antrieb (Bild 15.32 a)),
- Gelenkrollenspurhaltern mit einem Radsatz und Radreifen auf den Schienen als Antrieb (Bild 15.32 b)),
- hydrostatisch angetriebene Schienenfahreinrichtung mit zwei Schwingen für je einen Radsatz (Bild 15.32 c)),
- hydrostatisch angetriebene Schienenfahreinrichtung bestehend aus einer Schwinge mit einem Radsatz und einem Drehgestell mit zwei Radsätzen (Bild 15.32 d)),

15.6 Mittel zum Errichten

Bild 15.32: Zweiwege-Fahrzeuge.
a) Zweiwege-Fahrzeug mit Reibrad-Schienenfahreinrichtung und Reibtrommel [15.21], b) Zweiwege-Fahrzeug mit Gelenkrollenspurhaltern, Fahrzeugreifen fahren direkt auf den Schienen [15.22], c) Schwinge/Schwinge-Schienenfahreinrichtung [15.21], d) Schwinge/Drehgestell-Schienenfahreinrichtung [15.23], e) hydrostatische Antriebs-Schienenfahreinrichtung für zwei Drehgestelle [15.23], f) Zweiwege-Fahrzeug zum Arbeiten unter Spannung [15.21]

– hydrostatisch angetriebene Schienenfahreinrichtung für zwei Drehgestelle mit je zwei Radsätzen (Bild 15.32 e)),
– hydrostatisch angetriebene Schienenfahreinrichtung mit zwei Radsätzen und mit isolierter Arbeitsplattform (Bild 15.32 f)),

Bei der Reibrad-Schienenfahreinrichtung sind zwei Anwendungen zu unterscheiden. Bei der ersten laufen die Reifen des Fahrzeugs auf einer Reibtrommel und treiben die Schienenfahreinrichtung mittels Haftreibung an (Bild 15.30 a)). Bei der zweiten Variante mit Gelenkrollenspurhaltern laufen die Fahrzeugreifen direkt auf den Schienen (Bild 15.30 b)). Die übertragbaren Antriebs- und Bremskräfte sind daher bei der ersten Variante geringer als bei der zweiten Anwendung [15.21].

Bei Schienenfahreinrichtungen mit Radsätzen, die das Fahrzeug ausheben und die Reifen keinen Kontakt mehr zur Schiene haben (Bild 15.30 c) bis f)), treiben hydrostatische Antriebe die Schienenfahreinrichtungen an und Führungseinrichtungen halten das Fahrzeug im Gleis. Diese Laufwerke können aus Schwingen (Bild 15.30 c)), Drehgestellen (Bild 15.30 d)) oder aus Kombinationen beider (Bild 15.30 e)) bestehen.

Für den Betrieb von Zweiwege-Fahrzeugen bei der DB sind die Richtlinie 931.0103 Bauanforderungen für Zweiwege-Fahrzeuge, die GUV D33 Arbeiten im Bereich von Gleisen und DIN EN 50 153 Bahnanwendungen und Fahrzeuge zu beachten.

Mit Zweiwege-Fahrzeugen (Bild 15.30 f)) und einer isolierten Hubarbeitsbühne ist das Arbeiten unter Spannung möglich. Im Fernverkehr lassen sich Arbeiten unter Spannung nicht durchführen, da die *doppelte Isolation* der Oberleitungsanlage fehlt. Im Nahverkehr mit Spannungen bis DC 750 V und doppelter Isolation bringt das Arbeiten unter Spannung erhebliche Vorteile. So lassen sich Betriebsunterbrechungen und aufwändige Vorsichtsmaßnahmen bei Abschaltungen vermeiden.

Zweiwege-Fahrzeuge mit Einzelachsen können 25 m Gleisradien und mit Drehgestellen 40 m Radien befahren. Einzelachsen ermöglichen 18 t und Drehgestelle 36 t Radsatzlasten [15.20]. Zweiwege-Fahrzeuge können in Gleislängsneigungen bis 80 ‰ anfahren und bremsen [15.23], wobei die DB den Betrieb von Zweiwege-Fahrzeugen bis zu 40 ‰ Gleisneigung zulässt [15.25]. Das Grundfahrzeug mit der Schienenfahrvorrichtung lässt sich entsprechend den Anforderungen an die Montage oder Instandhaltung unterschiedlich komplettieren mit einer

– Großraumkabine, auch als Busaufbau bezeichnet, mit Werkstatt oder Materialkästen (Bild 15.33 a)),
– Scherenarbeitsplattform (Bild 15.33 b)),
– Gelenkarbeitsplattformen (Bild 15.33 c)),
– Teleskoparbeitsplattform (Bild 15.33 d)) oder einem Ladekran.

Fahrzeuge mit Großraumkabinen (Bild 15.33 a)) können eine Werkstatt und ein Büro für Diagnosemessungen und -auswertungen enthalten. Mit Klimaanlagen ausgestattete, wärmeisolierte Fahrzeuge eignen sich für den Einsatz in Regionen mit hohen oder tiefen Temperaturen. Scherenarbeitsplattformen (Bild 15.33 b)) bewegen sich nur vertikal. Seitliche Bewegungen sind nicht möglich; die Arbeitsplattform lässt sich drehen und verlängern. Bis 11 m Höhe über SO lässt sich die Scherenarbeitsbühne anheben und erreicht somit die höchsten Anlagenteile wie Oberleitungsschalter auf Einzelmasten. Für Inspektion von Oberleitungen von Stadtbahnen, wo Fahrzeuge auch ohne Schienenvorrichtung

Bild 15.33: Zweiwege-Fahrzeuge. a) Großraumkabine von SRS Sjölanders AB [15.24], b) Scherenarbeitsplattform von Hilton Kommunal GmbH [15.20], c) Gelenkarbeitsplattformen von ZWEIWEG Schneider GmbH [15.23], d) Teleskoparbeitsplattform von ZWEIWEG Schneider GmbH [15.23]

fahren können und seitliche Fahrbewegungen möglich sind, und bei Fernbahnoberleitungen der freien Strecken eignen sich diese Arbeitsplattformen. Gelenkarbeitsplattformen (Bild 15.33 c)) lassen vertikale und horizontale Bewegungen der Arbeitsbühne zu. Zusätzlich zu den Montagearbeiten der Oberleitung können Oberleitungsschalter und Anbauteile für Bahnenergie- und Rückleiter am Mast befestigt werden.
Die Gelenk- und Teleskop-Arbeitsbühnen haben einen größeren Arbeitsradius (Bild 15.33 c)) und (Bild 15.33 d)) als z. B. Scheren-Plattformen (Bild 15.33 b)). Gelenk- und Teleskop-Arbeitsbühnen ermöglichen Bewegungen der Arbeitsplattform in und entgegen der Fahrtrichtung, ohne dass das Zweiwege-Fahrzeug vorwärts oder rückwärts bewegt werden muss. In Bahnhofsbereichen ist mit Telekop-Arbeitsbühnen (Bild 15.33 d)) das Arbeiten in großen Höhen möglich. Die Arbeitskörbe sind mit einer Höhenanzeige ausgerüstet. Arbeiten in Gleisüberhöhungen bis 170 mm sind ohne Abstützung des Fahrzeugs möglich. Die Bewegungen der Arbeitsplattform bis an die Grenzen des Hebezeugs werden überwacht und gefährliche Situationen damit verhindert. Bewegungen der Arbeitsplattform in das Lichtraumprofil des Gegengleises lassen sich ausschließen.
Die Art der Montage- oder Instandhaltungsarbeiten bestimmt die Größe der Arbeitsbühne. Bei der Oberleitungsmontage sind lange Arbeitsplattformen notwendig, bei Inspektionen während der Instandhaltung genügen kurze Arbeitsbühnen. Auch in Gleis-

überhöhungen lassen sich die Arbeitsbühnen horizontal halten und das Abrollen von Material oder Werkzeug vermeiden. Zweiwege-Fahrzeuge lassen sich auch mit Messstromabnehmern ausstatten. Dabei ist eine Wankkompensation erforderlich.

15.6.6 Leitern

Mit Rücksicht auf die Lage der Bauteile in der Fahrleitungsanlage sind Anlege-, Steh-, Auszieh- und *fahrbare Leitern* (Bild 15.34) von 4 bis 12 m Länge in Gebrauch. Außerhalb des Gefahrenbereichs der Gleise können die Vorbereitungen für das Arbeiten mit Leitern vorgenommen werden, indem die Leitern montiert oder bereits längs des Gleises ausgelegt und in Zugpausen rasch in das Gleis ein- bzw. vom Gleis ausgehoben werden. Für das Arbeiten an Betonmasten lassen sich steckbare Leitern nutzen, die am Betonmast befestigt werden.

15.6.7 Kommunikationsmittel

Bei Arbeiten, insbesondere in Zugpausen, ist eine kontinuierliche Kommunikation zwischen den Beteiligten notwendig. Stand der Technik ist hierfür eine zeitgemäße Funkverständigung. Der Schaltantragsteller beantragt die Abschaltung der Spannung in der Zentralschaltstelle (ZES), die betriebliche Sperrung des Gleises beim Fahrdienstleiter und veranlasst den Einbau der Erdungseinrichtungen. Der Arbeitsverantwortliche steht in Kontakt mit dem Obermonteur, Schaltantragsteller, Arbeitszugführer und der Sicherungsaufsicht. Für diese Kommunikation eignen sich Handsprechfunkgeräte. Jeder der Beteiligten sollte mindestens über ein Handfunksprechgerät oder ein Mobiltelefon verfügen.

15.6.8 Prüf- und Erdungsvorrichtungen für die Oberleitung

Die Erdung der Oberleitung folgt den *fünf Sicherheitsregeln* (DIN EN 50 110-1):
– Freischalten der Oberleitung
– Gegen Wiedereinschalten sichern
– Spannungsfreiheit feststellen
– Erden und Kurzschließen der Oberleitung (Bild 15.35)
– Unterweisen der Arbeitskräfte über die Grenzen der Arbeitsstelle und benachbarte, unter Spannung stehende Oberleitungen

Der Schaltantragsteller ist verantwortlich für das Herstellen der Voraussetzungen zum Arbeiten in der Nähe und an Oberleitungsanlagen. Für das Bahnerden sind mindestens ein Spannungsprüfer und je Schaltgruppe zwei Bahnerdungsvorrichtungen erforderlich. Die Erdungsvorrichtung ist so einzubauen, dass der Erdungskopf der Erdungsstange am Fahrdraht keine Wellen und Knicke erzeugt. Soll die Erdungsstange profilfrei hängen, ist diese am Ausleger in Mastnähe zu befestigen.

Bild 15.34: Fahrbare Leiter.

Bild 15.35: Prüfung der Spannungsfreiheit der Strecke und Einbau der Erdungs- und des Kurzschließvorrichtung (Foto: DB Walter, Ulm).

15.6.9 Signal- und Sicherheitsausrüstung

Signale sichern die Baustelle, die die Baugleise beiderseits mit nachts beleuchteten SH2-Scheiben sperren. Für die elektrische Sperrung der Gleise sind Signale der elektrischen Zugförderung notwendig (Bilder 17.23 und 17.24). Bei der Vorbereitung der Bauarbeiten und dem Antrag auf Gleissperrung (BETRA-Antrag) sind die betrieblichen und elektrischen Einschränkungen zu berücksichtigen. Die Signal- und Sicherheitsausrüstung ist vor dem Beginn der Arbeiten hinsichtlich Mängel zu prüfen. Nur mängelfreie Signal- und Sicherheitsausrüstung darf verwendet werden. Es ist ausreichend Ersatz vorzuhalten.

Spannungsprüfer zeigen die Spannung der Oberleitung an. Nach Feststellen der Spannungsfreiheit und Erden der Oberleitung sichern je eine oder in Unterwerksnähe je zwei *Erdungs-* und *Kurzschlussvorrichtungen* (EuK) die Arbeitsstelle beidseits (Bild 15.35).

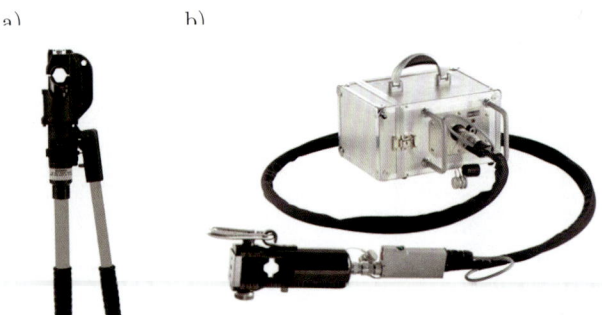

Bild 15.36: Presswerkzeuge.
a) Handpresszange
b) elektrohydraulische Hochdruckpumpe

15.6.10 Beleuchtungsmittel

Bei Arbeiten in der Nacht und in Tunneln ist eine Beleuchtung des Arbeitsbereiches erforderlich. Sind die Beleuchtungsanlagen der Fahrzeuge nicht hinreichend hell, wird entlang des Gleises eine Beleuchtungsanlage vor dem Beginn der Gleissperrung installiert. Die Beleuchtungsmittel werden entsprechend BGR 131-2 und DIN EN 12 464-1 regelmäßig geprüft.

15.6.11 Presswerkzeuge

Durch Pressen lassen sich dauerhafte Verbindungen von Seilen und Drähten herstellen, besonders in der Hauptstrombahn für stromfeste, mechanisch zuverlässige Verbindungen. Für das Anbringen von Pressklemmen sind *Spezialwerkzeuge* wie mechanische Handpresszangen (Bild 15.36 a)) oder hydraulische *Hochdruckpressen*, wahlweise mit elektrischem oder mechanischem Antrieb, erforderlich, die sich zum *Verpressen* der C- oder E-Klemmen eignen (Bild 15.36 b)).

Handpresszangen lassen sich bis 35 mm² Kupfer- und 50 mm² Aluminium-Querschnitten für Oberleitungsmaterial nutzen. Für größere Querschnitte unterstützen elektrohydraulische Hochdruckpumpen den Pressvorgang. Mit einem Vor- und Rücklauf, gesteuert mit Steuerventilen, und ölverlustloser Kupplungsmuffe für den Anschluss eines Pressenkopfes lassen sich alle Pressungen vornehmen.

15.6.12 Spann- und Lastaufnahmemittel

Hubzüge mit Gallschen Gelenkketten (Bild 15.37 a)) oder Seilen ermöglichen das Zusammenziehen von Seil- oder Drahtenden. So entlastet ein Kettenhubzug den Fahrdraht beim Einschneiden von Isolatoren und Streckentrennern. Kurze Seilstücke mit Kauschen an den Enden, auch als *Stroppe* bezeichnet, nutzt man beim Festlegen von Radspannern. Haken und *Seilzugklemmen* (Bild 15.37 b) und c)) verankern Drähte oder Seile während der Auswechslung z. B. von Isolatoren oder vollständigen Stützpunkten. *Fahrdraht-* und *Seilzugklemmen* befestigen beispielsweise Hubzüge am Fahrdraht.

Bahnenergieleitungen lassen sich über Rollen ziehen (Bild 15.37 d)), die an der Masttraverse befestigt sind. Nach dem Regulieren wird das Seil direkt am Isolator befestigt.

15.6 Mittel zum Errichten

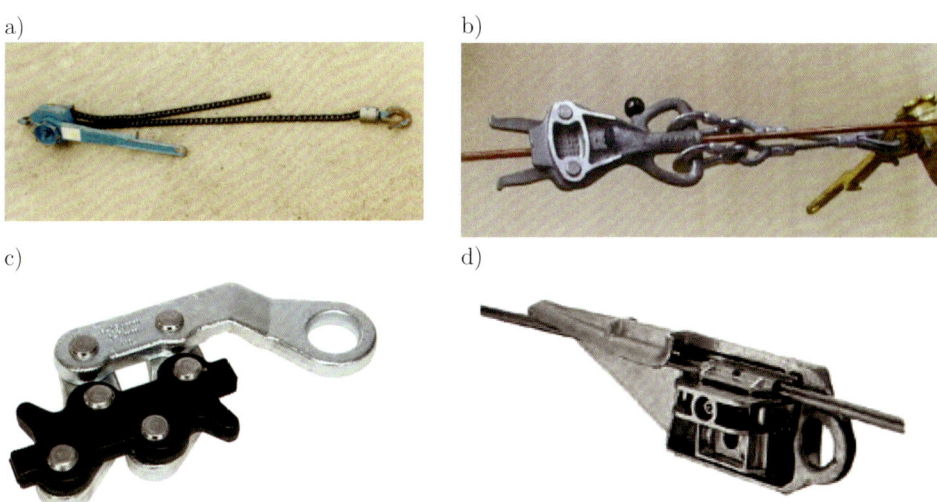

Bild 15.37: Seilzugklemmen. a) Gallsche Gelenkkette mit Hubzug, b) Seilzugklemme Siemens, c) Seilspannklemme Pfisterer, d) Fahrdrahtseilzugklemme Pfisterer

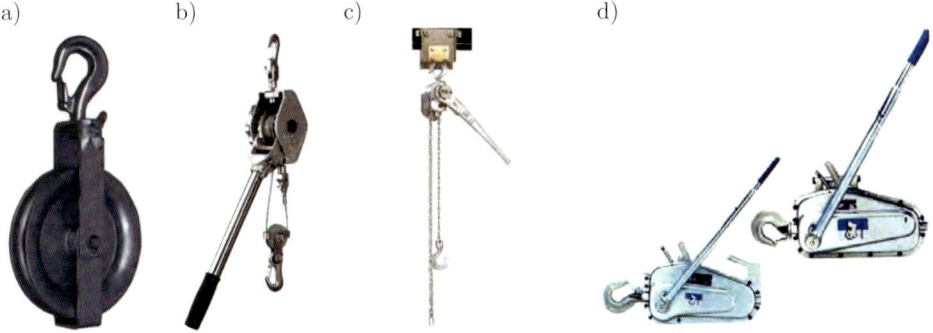

Bild 15.38: Seilzugrollen und Flaschenzüge.
a) Seilrolle Pfisterer b) Seilflaschenzug Pfisterer, c) Seilzug Pfisterer, d) Universalseilzug Pfisterer

15.6.13 Werkstattausrüstung

In der Werkstatt ist die Vormontage z. B. von Auslegern, Hängern, Erdungsleitungen, Schaltergestängen durchzuführen. Dazu sollte Werkbänke mit Schraubstöcken, Amboss, Metallsäge, Trennschleifmaschine, Blechschere, Ständerbohrmaschine und Schleifbock vorhanden sein. In der Werkstatt sollten außerdem tragbares Stromaggregat für mindestens 3 000 W, Motorkettensäge, Schienenbohrmaschine, Handbohrmaschine, elektrische Schneidkluppe, Fahrdrahtausdrehvorrichtung und eine Fahrdrahtrichtmaschine griffbereit sein.

15.6.14 Persönliche Schutzausrüstung

Die persönliche Ausrüstung der Monteure besteht mindestens aus
- durchtrittsichere Schutzschuhe mit Stahlkappe, Knöchel- und Umknickschutz,
- Schutzkleidung wie Warnweste und Handschuhe,
- höchstens fünf Jahre alter Thermoplast-Helm mit Herstellungsdatum,
- Auffanggurt als Fallschutz beim Besteigen von Masten,
- Atemschutzmaske mit Hersteller-Datum bei Anstreicharbeiten,
- Augenschutz bei Schleif- und Schweißarbeiten und
- Gehörschutz bei Schleifarbeiten

und bildet eine Voraussetzung für unfallfreies Arbeiten an Oberleitungsanlagen.

15.7 Abnahme

15.7.1 Allgemeines

Die Grundlagen der technischen Abnahme von Oberleitungen konventioneller Strecken bis 230 km/h Geschwindigkeit und Hochgeschwindigkeitsstrecken mit Geschwindigkeiten über 230 km/h unterscheiden sich nicht. Die Abnahme für beide Oberleitungskategorien folgt den Technischen Spezifikationen für die Interoperabilität des Teilsystems Energie (TSI), Europäischen Normen (EN), nationalen Normen (DIN EN) sowie den Richtlinien und Vorgaben der Bahnunternehmen. Die Technischen Spezifikationen für das Teilsystem Energie und die dazu gehörigen EN-Normen, die auch in die nationale Gesetzgebung der Mitgliedsländer der EU übernommen wurden, sind für konventionelle und Hochgeschwindigkeitsstrecken verbindlich.

15.7.2 Aufgaben des Errichters für den folgenden Betrieb

Der Errichter einer Anlage, in der TSI ENE CR [15.10] und TSI ENE HS [15.11] als Hersteller bezeichnet, muss Angaben über die Betriebsgrenzwerte für alle Bauteile der Oberleitung dem Infrastrukturbetreiber bereitstellen, die sich im Betrieb ändern können. Zum Beispiel sind Angaben über die zulässige Abnutzung des Fahrdrahtes und über zulässige Toleranzen zu liefern. Der Errichter übergibt dem Infrastrukturbetreiber die notwendigen Dokumente für den folgenden Betrieb der Oberleitungsanlage. Dazu gehören die revidierten Bauunterlagen, Hinweise für den Betrieb, Empfehlungen zur Instandhaltung sowie zur Vorhaltung von Ersatzteilen (DIN EN 50 119, Abschnitt 9.5).

15.7.3 Aufgaben des Abnahmeingenieurs

Der *Abnahmeingenieur* für Anlagen in Deutschland ist vom Eisenbahn-Bundesamt (EBA) als *Gutachter* für Abnahmen von Anlagen der Eisenbahnen des Bundes (EdB), Eisenbahnverkehrsunternehmen (EVU) mit Sitz im Ausland auf dem Gebiet der Bundesrepublik Deutschland und Nichtbundeseigenen Eisenbahnen (NE) zugelassen. Er kann zusätzlich als Gutachter des Eisenbahn-CERT (EBC) zugelassen sein. In dieser Funktion kann ein Gutachter europaweit wirken.

Der Gutachter arbeitet unabhängig, unparteiisch, weisungsfrei, gewissenhaft und persönlich. Voraussetzungen für Abnahmeingenieure des EBA und EBC sind [15.12]:
- erfolgreicher Abschluss eines elektrotechnischen Studiums
- mindestens dreijährige Berufspraxis im Fachgebiet
- mindestens Vollendung des 30. Lebensjahres
- persönliche Eignung, d. h. überdurchschnittliche Fachkenntnisse über
    - den Eisenbahnbetrieb
    - die Planung
    - den Bau und Betrieb von Anlagen
    - die Technik der Anlagen selbst sowie
    - die gesetzlichen Vorgaben und den anerkannten Regeln der Technik
- praktische Erfahrung und die Fähigkeit, Gutachten und Prüfberichte zu erstellen
- das Vorhandensein der Geräte für die Durchführung von Abnahmen
- geordnete wirtschaftliche Verhältnisse
- Unparteilichkeit und Unabhängigkeit
- vorhergehende Anerkennung als Planprüfer

Der Abnahmeingenieur ist zuständig und verantwortlich für:
- die Abnahmen vollständig zu erbringen, einschließlich der Überwachung der Mängelbeseitigung
- die Abnahmeergebnisse schriftlich in der Abnahmeniederschrift zusammenzufassen und eigenhändig zu unterschreiben
- die Darstellung der Abweichungen vom Regelwerk, ungewöhnlicher Tatbeständen oder Zweifelsfälle
- die Zusammenarbeit mit anderen anerkannten Gutachtern, auch als Co-Gutachter bezeichnet, für interdisziplinäre Abnahmen
- die zehnjährige Aufbewahrung der Abnahmedokumente
- die eigene Fortbildung sowie den notwendigen Erfahrungsaustausch einschließlich der notwendigen Nachweise

15.7.4 Vorbereitung des Abnahmeverfahrens

Voraussetzungen der Abnahme sind:
- die Montage der Oberleitungsanlage ist abgeschlossen
- die Montagefirma hat ein internes Qualitätsaudit durchgeführt und protokolliert
- die Montagefirma hat die korrekte Errichtung und Fertigstellung mittels *Erklärung der Abnahmefähigkeit* angezeigt, die die Errichtererklärung zur korrekten Errichtung der Anlage enthält
- die Ausführungsunterlagen sind durch den *Bauvorlageberechtigten* freigegeben
- die freigegebenen Ausführungsunterlagen mit dem *Planprüfbericht* liegen dem Abnahmeingenieur vollständig vor
- die Ausführungsunterlagen sind mindestens handrevidiert

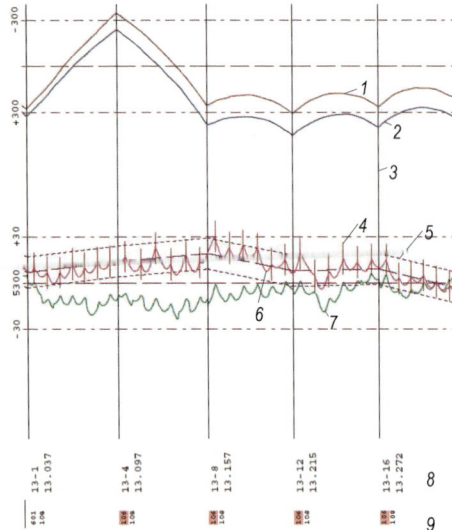

Bild 15.39: Messschrieb von zwei Fahrdrahtlagemessungen.
1 Fahrdrahtseitenlage,
 gemessen am 2.12.2003
2 Fahrdrahtseitenlage,
 gemessen am 13.10.2004
3 Maststandort
4 Hängerort
5 Toleranzbereich der Fahrdrahthöhe
6 Fahrdrahthöhe,
 gemessen am 13.10.2004
7 Fahrdrahthöhe,
 gemessen am 2.12.2003
8 Mastnummer und Stationierung der Masten
9 Codes für Unregelmäßigkeiten

Mit der Erklärung der Abnahmefähigkeit (EdA) bestätigt der Errichter den Abschluss der Montage der Anlage und das Einhalten von Gesetzen, Normen, Spezifikationen und die korrekte Ausführung entsprechend den Projektanforderungen. Der bauüberwachende Ingenieur bestätigt zusätzlich auf diesem Schriftstück die korrekte Bauausführung der nicht mehr zugänglichen Anlagenteile. Diese umfassen die Gründungen, Erdungen, Potenzialausgleichsverbindungen von Gebäuden, Schutz vor Berührungen und Kabelverlegung.

Vor der Abnahme macht sich der Abnahmeingenieur mit dem technischen Teil des Vertrages für die Oberleitungserrichtung vertraut. Die vereinbarten technischen Vorgaben wie Toleranzen, Stromabnehmertyp, Vogelschutz bilden die Basis für die Abnahme zusammen mit den normativen Vorgaben und Vorschriften des Bahnunternehmens. Der Errichter der Oberleitungsanlage stellt Zeichnungen, Montagepläne und Oberleitungslagepläne zur Verfügung. Mit dem Errichter vereinbart der Abnahmeingenieur
– den zeitlichen und inhaltlichen Ablaufplan für die Abnahme,
– die beteiligten Personen,
– die erforderlichen Fahrzeuge und Messeinrichtungen,
– die erforderlichen Dokumente vor dem Beginn der Abnahme und
– die notwendigen Dokumente nach dem Ende der Abnahme.

15.7.5 Durchführung der Abnahme

Die Anforderungen für Abnahmen sind in DIN EN 50 119, Abschnitt 8.15, enthalten. Die Abnahme bezieht sich auf technische, funktionale und auf sicherheitsrelevante Aspekte. Sie beginnt mit einer visuellen Inspektion der Bauteile nahe dem Boden. Die Messung der Fahrdrahtlage bestehend aus Fahrdrahthöhe und -seitenlage folgt (Bild 15.39). Es

schließt sich die Inspektion des Kettenwerks, der Ausleger, Oberleitungsschalter und Speiseleitungen mit einem Inspektionsfahrzeug an. Der Abnahmeingenieur erstellt zeitnahe einen Bericht, der die Ergebnisse der Abnahme zusammenfasst und die Mängel auflistet. Nach der Korrektur dieser Mängel bestätigt der Abnahmeingenieur die Mängelfreiheit, mindestens aber die Abstellung der Sicherheitsmängel.
Wenn die weiteren Voraussetzungen erfüllt sind, folgen:
- Bestätigung der Mängelbeseitigung nach der Abnahme
- Übergabe der handrevidierten Ausführungsplanungen mit der bauaufsichtlichen Genehmigung des EBA einschließlich der Dokumentation von Sonderkonstruktionen an den Betreiber. Diese Unterlagen bestehen mindestens aus:
    - den Oberleitungslageplänen
    - den Erdungsplänen
    - den Mast- und Fundamenttafeln
    - den für das Projekt erstellten Zeichnungen
    - den Querprofilen
    - den Kreuzungsnachweisen für überkreuzende Freileitungen
    - den Kabellageplänen
    - den Schaltplänen der Oberleitung
    - den Mess- und Prüfprotokolle von Kabeln über 1 kV
- Lieferung der für den Betrieb notwendigen Geräte und Ausrüstungen wie Erdungsvorrichtung, Spannungsprüfer, Schlüssel an den Betreiber
- Übergabe der Bedienungsanleitung der Ortsteuereinrichtung (OSE) und Fernwirkanlage (FWA) an den Betreiber
- Übergabe der Güteprüfprotokolle der Anlagenteile
- Bestätigung zur Anpassung des Oberleitungsschutzes in den Unterwerken
- Bestätigung über die Veröffentlichung der Inbetriebnahme in geschäftlichen Mitteilungen, der öffentlichen Presse und mit Warnplakaten
- Bestätigung über Belehrungen zum Unterspannungsetzen der Oberleitungsanlage
- Bestätigung über die Verteilung der Schaltpläne für die Oberleitung (Ebs-Ü) für den Betrieb

Anschließend empfiehlt der Abnahmeingenieur dem Inbetriebnahmeverantwortlichen das Unterspannungsetzen der Oberleitung.
Danach folgen Messfahrten, die das Zusammenwirken von Oberleitung und Stromabnehmern prüfen. Um die Ergebnisse zu bewerten und lokale Mängel örtlich zuzuordnen, hat sich der digitale Vergleich der Fahrdrahtlagemessung mit der Kontaktkraftmessung als vorteilhaft erwiesen. Bild 15.40 zeigt den digitalen Vergleich für eine freie Strecke und Bild 15.41 für eine Weiche. Es lassen sich durch den Vergleich der Fahrdrahtlage mit der Kontaktkraft die Ursachen für Kontaktkräfte außerhalb des akzeptierten Bereiches ermitteln. Grenzwertüber- oder -unterschreitungen der Kontaktkräfte haben ihre Ursachen in

(1) nicht vereinbarungsgemäßer Fahrdrahtlage,
(2) Knicken und Wellen im Fahrdaht,
(3) Elastizitätsunterschieden in der Oberleitung,
(4) Reflexionen von Ausbreitungswellen in der Oberleitung,

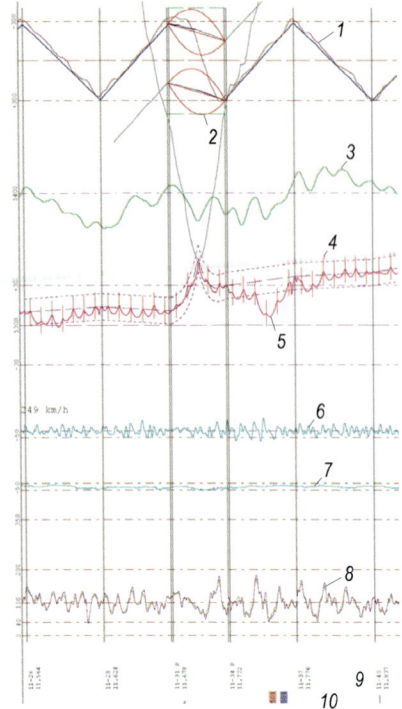

Bild 15.40: Messschrieb der Fahrdrahtlage, Sensorkräfte mit aerodynamischer Korrektur und Kontaktkräfte bei 249 km/h.
1 Statisch und dynamisch gemessene Fahrdrahtseitenlage
2 Überschreitung der zulässigen Fahrdrahtseitenlage bei 33 m/s Windgeschwindigkeit
3 Dynamische Fahrdrahthöhe
4 Hängerpositionen
5 Fahrdrahtruhelage
6 Vertikale Beschleunigung der Schleifstücke
7 Beschleunigung des Fahrzeugdaches
8 Kräfte der Sensoren mit aerodynamischer Korrektur und Kontaktkräfte nach EN 50317
9 Mastnummern und -standorte, Kilometrierung
10 Lage von Unregelmäßigkeiten

(5) ungünstigen aerodynamischen Eigenschaften von Bauwerken an der Strecke z. B. Tunnelportalen.

Die Ursache für (1) steht im Zusammenhang mit Änderungen der Fahrdrahthöhenlage. Die notwendigen Korrekturmaßnahmen lassen sich formulieren und durchführen. Eine erneute Messung zur Prüfung der beseitigten Mängel ist angebracht. Die Ursache für (2) erfordert eine erneute Inspektion der Oberleitung im Bereich des festgestellten Fehlers. Als Ursache kommt auch eine Windsicherung ohne Spiel am Ausleger in Frage. Die Ursache für (3) liegt in der Planung und der Konstruktion der Oberleitungsanlage und lässt sich nur bedingt nach der Errichtung der Oberleitung beseitigen. Kreuzende Weichenbespannungen, Überlappungen und Streckentrenner führen zu systembedingten Elastizitätsunterschieden, die sich nicht vollständig beseitigen lassen. Die Ursache für (4) ist systembedingt und lässt sich nur durch eine geänderte Konstruktion der Oberleitung beseitigen. Die Ursache für (5) resultiert aus nicht entsprechend den Vorgaben für Hochgeschwindigkeitsstrecken errichteten Ingenieurbauwerken. Solche Fehler lassen sich nach der Errichtung der Bauwerke nicht beseitigen. Der Abnahmeingenieur ordnet die festgestellten Mängel den Ursachen (1) bis (5) zu und überwacht deren Beseitigung. Die Bewertung des Teilsystems Energie entsprechend den Vorgaben der TSI Energie flankiert die funktional-technische und sicherheitsrelevante Abnahme und bildet die Grundlage für die Abnahme von Oberleitungen interoperabler Strecken. Die TSI Energie verweist auf zu beachtende europäische Normen. Da die TSI Energie nur diejenigen

15.7 Abnahme

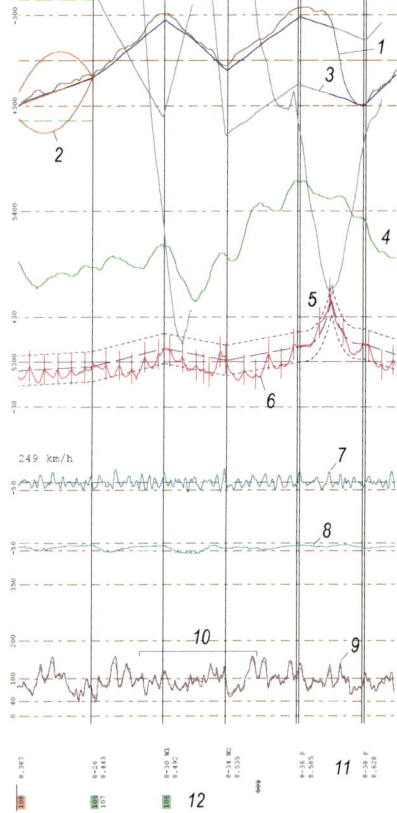

Bild 15.41: Messschrieb der Fahrdrahtlage, Kräfte am Sensor mit aerodynamischer Korrektur und Kontaktkräfte gemäß EN 50 317 bei 249 km/h über Weichen.
1 Dynamische Fahrdrahtseitenlage
2 Überschreitung der maximalen Fahrdrahtseitenlage bei 33 m/s Windgeschwindigkeit
3 Seitliche Fahrdrahtruhelage
4 Dynamische Fahrdrahthöhe
5 Hängerposition
6 Fahrdrahtruhelage
7 Vertikale Beschleunigung des Kohleschleifstückes
8 Beschleunigung des Fahrzeuges
9 Kräfte am Sensor mit aerodynamischer Korrektur und Kontaktkräfte gemäß EN 50 317
10 Weichenstandort
11 Mastnummern und Maststandorte mit Kilometrierung
12 Lage von Unregelmäßigkeiten

Bauteile abdeckt, die die Interoperabilität betreffen, sind auch nationale Normen und Vorgaben maßgebend, z. B. für Gründungen und Masten. Das Abnahmeverfahren hat somit einen europäischen, interoperablen und einen nationalen Aspekt, der durch die TSI Energie bzw. die nationalen Richtlinien gegeben ist. Es ist sinnvoll, wenn ein Abnahmeingenieur beide Aspekte bei der Abnahme berücksichtigt. Deshalb ist es vorteilhaft, wenn der Abnahmeingenieur je eine Zulassung der nationalen Behörde Eisenbahn-Bundesamt und von der benannten Stelle Eisenbahn-CERT hat. Folglich muss der Abnahmebericht, der die Ergebnisse der Abnahmeniederschriften zusammenfasst, sowohl die nationalen als auch die interoperablen Aspekte der Abnahme beinhalten. Der vorläufige Abnahmebericht dient dem EBA zur Erteilung der Genehmigung für die vorläufige Nutzung (Bild 15.42), auf deren Grundlage sich die Anlage für den Probebetrieb unter Spannung setzen lässt. Nach Abschluss der Probefahrten entsteht eine endgültige Abnahmeniederschrift, die dem EBA als Grundlage für den Interoperabilitätsprüfbericht (IOC) dient. Das EBC kann auf der Basis der endgültigen Abnahmeniederschrift die EG-Prüfbescheinigung für das Teilsystem Energie erteilen (Bild 15.42). Der Schlussabnahmebericht bildet als letzte Stufe des Abnahmeverfahrens die Grundlage für die

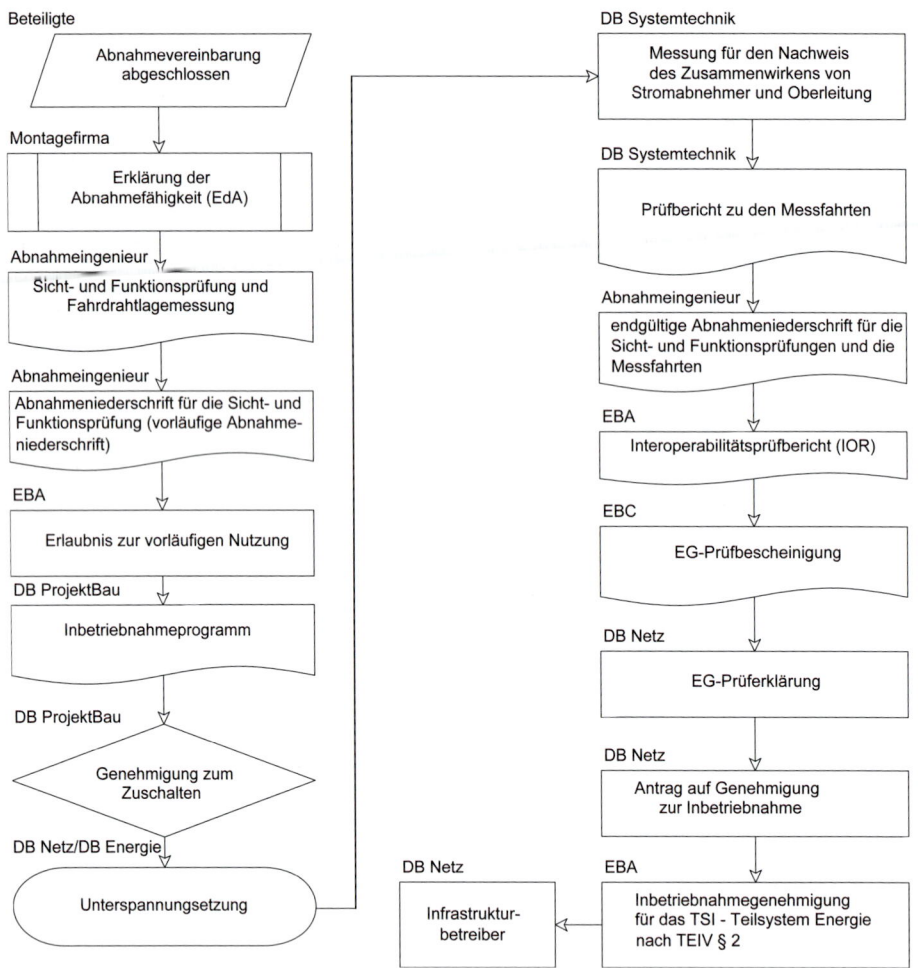

Bild 15.42: Abnahmeablauf für eine interoperable Hochgeschwindigkeitsstrecke bei der DB.

vertragliche Übernahme der Fahrleitungsanlage durch den Betreiber der Anlage. Die Veröffentlichungen [15.13, 15.14] beschreiben Beispiele für Abnahmen.

15.8 Inbetriebnahme

15.8.1 Ablauf

Nach einer Abnahmeprüfung übergibt der Abnahmeingenieur dem für die *Inbetriebnahme Verantwortlichen* den vorläufigen Abnahmebericht [15.15]. Dieser prüft die Vollständigkeit sowie die sachliche Richtigkeit des Inhalts und reicht den Antrag auf Nutzungsgenehmigung oder bei interoperablen Fahrleitungen den Antrag auf Inbetriebnahmegenehmigung mit seiner Zustimmung zur Inbetriebnahme beim EBA ein. Das EBA prüft die sicherheitsrelevanten Aspekte des Projektes und erteilt die Nutzungsgenehmigung oder die Inbetriebnahmegenehmigung möglicherweise mit Vorgaben für die Inbetriebnahme. Diese erhält der Verantwortliche für die Inbetriebnahme und setzt die Vorgaben aus der Nutzungs- oder Inbetriebnahmegenehmigung vor der Inbetriebnahme der Fahrleitungsanlage um. Bei umfangreichen Inbetriebnahmen von Oberleitungsanlagen erarbeitet der Verantwortliche für die Inbetriebnahme ein Inbetriebnahmeprogramm, welches auch ein Schaltprogramm enthalten kann.

Ohne die vom EBA erteilte *Nutzungsgenehmigung* oder *Inbetriebnahmegenehmigung* bei strukturellen Teilsystemen darf die Oberleitungsanlage nicht in Betrieb genommen werden. Der Verantwortliche für die Inbetriebnahme dokumentiert die Inbetriebnahme und zeigt diese dem EBA spätestens innerhalb von zwei Tagen nach der Inbetriebnahme an. In der Inbetriebnahmeanzeige sind die Bestimmungen für den Betrieb darzustellen, die aus möglicherweise noch vorhandenen Mängeln oder nicht fertig gestellten Anlagenteilen resultieren. Er überwacht deren Beseitigung. Der Ablauf der Inbetriebnahme geht aus dem Bild 15.42 hervor.

15.8.2 Verantwortlicher für die Inbetriebnahme

Der *Verantwortliche für die Inbetriebnahme*, eigentlich „Zuständige für die Inbetriebnahme", vertritt als Mitarbeiter des Infrastrukturbetreibers das Eisenbahnunternehmen und ist mit einer Ernennung für diese Tätigkeit autorisiert. Als Inbetriebnahmeverantwortlicher kann ein Mitarbeiter tätig sein, der über Grundkenntnisse der Streckenausrüstung, wie Ingenieurbau, Oberbau, Hochbau und des Eisenbahnbetriebes verfügt und folgende Voraussetzungen erfüllt [15.15]:
- Abschluss eines elektrotechnischen Studiums oder
- Zugehörigkeit zum gehobenen oder höheren technischen Dienst und mindestens eine zweijährige einschlägige Berufserfahrung oder
- Ausbildung als Betriebsingenieur bei der DB oder
- Anerkennung als besonders befähigter Mitarbeiter.

Er hat die Aufgaben:
- die Bauvoranzeige an das EBA mit zu unterzeichnen
- den Technische Sicherheitsbericht dem EBA vorzulegen
- die Beurteilung der Inbetriebnahmefähigkeit der Anlage vorzunehmen
- die Entscheidung zur Inbetriebsetzung der Anlage zu treffen
- die Inbetriebnahme zu dokumentieren
- die Inbetriebnahme dem EBA mit der Inbetriebnahmeanzeige mitzuteilen
- die Mängelbeseitigung zu überwachen

15.8.3 Aufgaben der Benannten Stelle

Eine Benannte Stelle prüft die *Konformität* und die *Gebrauchstauglichkeit* von *Interoperabilitätskomponenten* und führt das *EG-Prüfverfahren* für Teilsysteme durch. Nach der erfolgreichen Prüfung stellt die Benannte Stelle eine EG-Erklärung für Komponenten und eine EG-Prüferklärung für das Teilsystem aus, die die Bestätigung der Einhaltung der Vorgaben aus den TSI ENE beinhaltet. Als Interoperabilitätskomponenten definiert die Richtlinie 96/48/EG Bauteile, Bauteilgruppen, Unterbaugruppen oder komplette Materialbaugruppen, die in ein Teilsystem eingebaut sind oder eingebaut werden sollen und von denen die Interoperabilität des transeuropäischen Hochgeschwindigkeitsbahnsystems direkt oder indirekt abhängt. Das sind das Kettenwerk und der Stromabnehmer. Die Komponente Oberleitung besteht nach TSI ENE HS aus der Oberleitung, bestehend aus Tragseil, Fahrdraht, Hängern, Y-Beiseilen, Z-Seilen und Ankerseilen an Festpunkten mit den zugehörigen Verbindungselementen, Leitungsisolatoren und anderen Anschlusskomponenten, einschließlich Einspeisungen und Stromverbindern. Die Stützpunkte wie Ausleger, Masten und Fundamente sowie Rückleitungsseile, Autotransformator-Speiseleitungen, Schalter und andere Isolatoren sind nicht Teil der Interoperabilitätskomponente Oberleitung. Die Komponente Stromabnehmer wird im Rahmen der TSI Fahrzeuge bewertet und ist nicht Bestandteil der TSI ENE HS.

Der Infrastrukturbetreiber kann unter den in Europa zugelassenen Benannten Stellen eine geeignete wählen. In Deutschland arbeitet das Eisenbahn-CERT (EBC) als Benannte Stelle nach der Richtlinie 2004/50/EG für europäische Infrastrukturbetreiber und nimmt die Aufgaben der Prüfung von Komponenten und Teilsystemen wahr.

Interoperabilitätskomponenten erfordern vor der Inbetriebnahme eine EG-Konformitätserklärung und/oder EG-Gebrauchstauglichkeitserklärung, in der der Hersteller erklärt, dass ein von ihm in Verkehr gebrachtes Produkt den grundlegenden Gesundheits- und Sicherheitsanforderungen der relevanten europäischen Richtlinien entspricht, also mit ihnen konform ist. Eine spezielle Form der EG-Konformitätserklärung ist nach EG-Richtlinie 96/48/EG, Anhang IV, die EG-Gebrauchstauglichkeit einer einzelnen Interoperabilitätskomponente, wenn diese in einer eisenbahntechnischen Umgebung verwendet wird oder wenn Schnittstellen dahin bestehen.

Die Bewertung der Komponente Oberleitung oder des Teilsystems Energie einschließlich ihrer Instandhaltung vollzieht sich auf der Grundlage von Modulen der TSI ENE HS und TSI ENE CR und schließt im Ergebnis mit einer EG-Erklärung für die Komponenten oder der EG-Prüferklärung für das Teilsystem Energie ab.

15.8.4 Aufgaben des Eisenbahn-Bundesamts

Das Eisenbahn-Bundesamt (EBA) ist die Sicherheitsbehörde für das Schienennetz der Eisenbahnen des Bundes (EdB) in Deutschland. Das EBA ist zuständig für
- die Bauaufsicht über Betriebsanlagen der EdB,
- die Abwehr von Gefahren, die beim Betrieb der Eisenbahn entstehen oder von Betriebsanlagen ausgehen können,
- die Ausübung der hoheitlichen Befugnisse, Aufsichts- und Mitwirkungsrechte,
- die Inbetriebnahmegenehmigung für strukturelle Teilsysteme der transeuropäischen Hochgeschwindigkeits- und konventionellen Bahnsysteme und
- die Bauaufsicht für Betriebsanlagen der Eisenbahnen des Bundes.

Im Rahmen der Errichtung von Oberleitungsanlagen ist das EBA vor dem Beginn von Baumaßnahmen mit Bauvoranzeigen und Baubeginnanzeigen zu informieren. Daraufhin ist das EBA in der Lage, seiner Aufsichtspflicht stichprobenartig während der Errichtung nachzukommen. Die Abnahme ist dem EBA anzuzeigen, sodass das EBA die Abnahme begleiten kann. Nach dem Abschluss der Abnahme erhält das EBA die Inbetriebnahmeanzeige. Der Ablauf und das Zusammenwirken des EBC und EBA bei der Inbetriebnahme interoperabler Oberleitungen ist im Bild 15.42 dargestellt.

15.9 Literatur

15.1 *Irsigler, M.; Kohel, J.*: Oberleitungen – Neubau, Umbau und Instandhaltung. In: Elektrische Bahnen 104(2006)1-2, S. 59–69.

15.2 *Bauer, K. H.; u. a. Gerichten, F.; Kiessling, F.; Lerner, F.*: Einsatz von Aluminium für die Oberleitung der Neubaustrecken der Deutschen Bundesbahn. In: Elektrische Bahnen 84(1986)10, S. 298–306.

15.3 *Schmidt, H.; Schmieder, A.*: Stromabnahme im Hochgeschwindigkeitsverkehr. In: Elektrische Bahnen 103(2005)4-5, S. 231–236.

15.4 *Nagasaka, S.; Aboshi, M.*: Measurement and estimation of contact wire uneveness. In: Quarterly Report of Railway Technical Research Institute Japan 4(2004)2, S. 86–91.

15.5 *Rux, M.; Schmieder, A.; Zweig, B.-W.*: Qualitätsgerechte Fertigung und Montage hochfester Fahrdrähte. In: Elektrische Bahnen 105(2007)4/5, S. 269–270 und S. 272–275.

15.6 *Deutsche Bahn AG Ebs 25.04.034*: Richtlinie zum Streckentrennereinbau Deutsche Bahn AG, München, 1978.

15.7 *Deutsche Bahn AG Ebs 02.15.12*: Erforderliche Systemhöhen für Streckentrenner. Deutsche Bahn AG, München, 1964.

15.8 *Deutsche Bahn AG Ebs 02.05.27*: Erforderliche Systemhöhen für Streckentrenner in Gleichstromoberleitungen der DB (Bahnhöfe). Deutsche Bahn AG, München, 1987.

15.9 *Kießling, F. u. a.*: Overhead power lines – Planning, design, construction. Springer-Verlag, Berlin–Heidelberg–New York, 2003.

15.10 *Beschluss 2011/274/EG*: Technische Spezifikation für die Interoperabilität des Teilsystems Energie des konventionellen transeuropäischen Eisenbahnsystems. In: Amtsblatt der Europäischen Union Nr. L126 (2011), S. 1–52.

15.11 *Entscheidung 2008/284/EG*: Technische Spezifikation für die Interoperabilität des Teilsystems Energie des transeuropäischen Hochgeschwindigkeitsbahnsystems. In: Amtsblatt der Europäischen Union Nr. L104 (2008), S. 1–79.

15.12 *Einbahn-Bundesamt PRÜF-STE*: Richtlinie über die fachtechnischen Voraussetzungen und die Anerkennung von Gutachtern und Prüfern für Signal-, Telekommunikations- und Elektrotechnische Anlagen (PRÜF-STE). Eisenbahn-Bundesamt, Bonn, 2002.

15.13 *Behrends, D.; Vega, V. T.*: Assessment of interoperable overhead contact line system EAC 350. In: Elektrische Bahnen 104(2006)1-2, S. 237–241.

15.14 *Grimm, R.; Puschmann, R.; Rux, M.*: Oberleitungsabnahme am Beispiel der Neubaustrecke Köln–Rhein/Main. In: Elektrische Bahnen 101(2003)4-5, S. 200–207.

15.15 *Eisenbahn-Bundesamt VV BAU-STE*: Verwaltungsvorschrift für die Bauaufsicht über Signal-, Telekommunikations- und Elektrotechnische Anlagen (VV BAU-STE). Eisenbahn-Bundesamt Bonn, 2010.

15.16 *Borgwardt, H.*: Instandhaltungskonzeption für Oberleitungsanlagen. In: Erstellen und Instandhalten von Bahnanlagen, Edition ETR – Eisenbahntechnische Rundschau Hestra-Verlag, Darmstadt, 1993.

15.17 *Borgwardt, H.*: Druckschrift DS 462 – Grundlage einer sicheren Betriebsführung im Oberleitungsnetz der Deutsche Bundesbahn. In: Elektrische Bahnen 89(1991)4, S. 106–113.

15.18 *Borgwardt, H.*: Schienenfahrzeuge zur Oberleitungsentstörung und -instandhaltung für die Deutsche Bahn. In: Elektrische Bahnen 94(1996)11-12, S. 337–340 und S. 349–356.

15.19 *Schneider, B.; Wagner, E.*: Mechanisierte Oberleitungsmontage bei den SBB. In: Der Eisenbahningenieur 49(1998)2, S. 27–30.

15.20 *Hilton Kommunal GmbH*: Ihr Spezialist für Zweiwegefahrzeuge. Produktinformation, Gehrden, 2013.

15.21 *Lübke, D.*: Einsatzmöglichkeiten von Zweiwegefahrzeugen. In: ETR (2006)6, S. 334–338.

15.22 *Mercedes-Benz*: Wartung der Gleisinfrastruktur. Produktinformation, Stuttgart, 2013.

15.23 *ZWEIWEG Schneider GmbH & Co. KG*: Oberleitungsmontagefahrzeuge. Produktinformation, Leichlingen, 2013.

15.24 *SRS Sjölanders AB*: Road to rail, road- rail-road vehicles, product overview. Produktinformation. Osby (schweden), 2013.

15.25 *Deutsche Bahn AG Richtlinie 931.0103*: Maschinen-, Energie und Elektrotechnik, Werkstättenwesen, Nebenfahrzeuge-Bauart und Instandhaltung-Bauanforderungen für Zweiwegefahrzeuge. Deutsche Bahn AG, Berlin, 2004.

15.26 *Schörling Rail Tec*: Wartung der Gleisinfrastruktur. Produktinformation, Sehnde, 2013.

16 Ausgeführte Anlagen

16.0 Symbole und deren Bedeutung

Symbol	Bezeichnung	Einheit
CP	Comboios de Portugal (Portugiesische Eisenbahn)	–
H_{FD}	Zugkraft des Fahrdrahts	kN
H_{TS}	Zugkraft des Tragseils	kN
JBV	Jernbaneverket	–
JR	Japan Railways	–
ÖBB	Österreichischen Bundesbahnen	–
SBB	Schweizerische Bundesbahnen	–
SNCB	Société Nationale des Chemins de Fer Belges	–
SNCF	Société Nationale des Chemins de Fer Français	–
SO	Schienenoberkante	–
h_{FD}	Fahrdrahthöhe über Schienenoberkante	m
h_{SH}	Systemhöhe	m

16.1 Elektrischen Bahnen und deren Fahrleitungen

16.1.1 Fernverkehr

Die *konventionelle Fernbahn* transportiert Personen und Güter bis 200 km/h Geschwindigkeit über Entfernungen größer als 50 km national und international. Die Infrastrukturanlagen des Fernverkehrs müssen die nationalen Anforderungen, in Deutschland der EBO, und soweit zutreffend die Technischen Spezifikationen der Interoperabilität (TSI) erfüllen. Fernbahnen werden auch abhängig von der Stromversorgungsart über unterschiedliche Bauarten der Oberleitungen versorgt. Die verwendeten Oberleitungsarten sind in Abschnitt 3.3.3 beschrieben. Im Eisenbahn-Hochgeschwindigkeitsverkehr fahren Züge mit Geschwindigkeiten oberhalb 200 km/h. Die Komponenten der Eisenbahnanlage, insbesondere die verwendeten Oberleitungen, müssen den Anforderungen der hohen Geschwindigkeiten und in Europa den TSI entsprechen. Verwendete Oberleitungsbauarten sind in Abschnitt 3.3.3 beschrieben.

16.1.2 Nahverkehr

16.1.2.1 Verkehrsarten

Der Nahverkehr umfasst nach [16.1]
- Regionalbahnen,
- S-Bahnen,

Bild 16.1: Straßen- und Stadtbahnen. a) Straßenbahn in Dresden, b) Stadtbahn in Karlsruhe

- Straßenbahnen,
- Stadtbahnen,
- U-Bahnen und
- Obusanlagen.

Diese Bahnen, im Wesentlichen für den Personenverkehr genutzt, werden überwiegend elektrisch betrieben. Die Bauarten der Fahrleitung sind den verwendeten Spannungen und genutzten Trassen angepasst.

16.1.2.2 Regionalbahnen

Regionalbahnen fahren in Deutschland auf eigenen Gleiskörpern, verwenden die Energieversorgungsanlagen der DB und unterliegen den Vorgaben der TSI. Die Signalisierung entspricht derjenigen der Fernbahnen. Regionalbahnen transportieren Personen aus dem städtischen Ballungsraum in das Umland und zurück. Die Regionalbahnen füllen die Lücke zwischen Fernbahnen, die Stadtzentren miteinander verbinden, und S-Bahnen, die überwiegend im Stadtbereich verkehren. Elektrisch betriebene Regionalbahnen sind überwiegend mit Oberleitungen ausgerüstet (siehe Abschnitte 3.3.3 und 3.4).

16.1.2.3 S-Bahnen

Unter *S-Bahnen*, auch als Stadtschnellbahn bezeichnet, versteht man sowohl Bahnen auf Bahnstrecken des Regional- und Fernverkehrs, die die elektrische AC-Vollbahninfrastruktur nutzen, als auch meist innerstädtische Bahnen mit eigenem Bahnkörper und DC-Energieversorgung. Je nach Betriebsart verwenden S-Bahnen die Signalisierung der Vollbahnen oder eine eigene. Oberleitungen (Abschnitt 3.3.3) oder Dritte Schienen (Abschnitt 3.1.5) versorgen die S-Bahnen mit Bahnenergie. Bild 16.2 b) zeigt die S-Bahn Berlin mit dritter Schiene.

16.1 Elektrischen Bahnen und deren Fahrleitungen

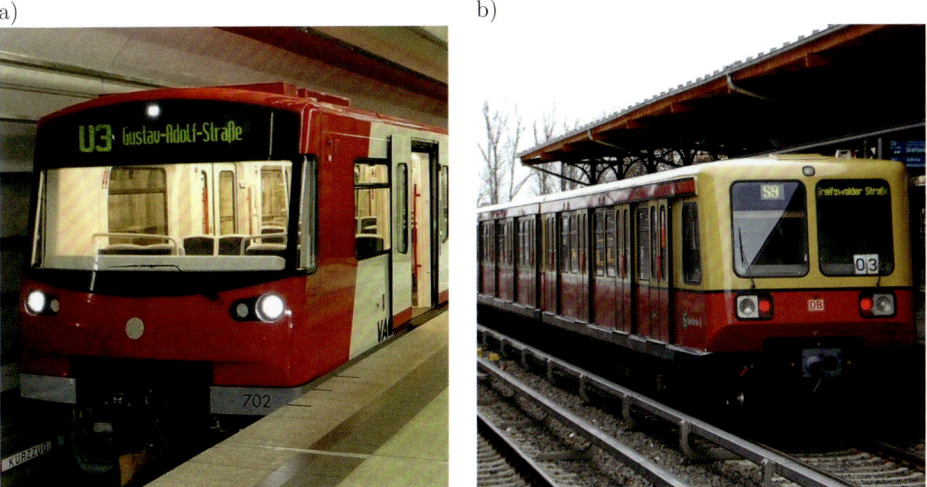

Bild 16.2: Dritte Schiene. a) U-Bahn in Nürnberg, b) S-Bahn in Berlin

16.1.2.4 Straßenbahnen

Straßenbahnen (Bild 16.2 a)) sind Verkehrsträger des Straßenverkehrs, fahren überwiegend nicht auf eigenen Trassen und sind vom übrigen Verkehr abhängig. Die Haltestellenabstände sind kurz, weshalb Straßenbahnen nur 15 km/h Durchschnittsgeschwindigkeit erreichen. Straßenbahnen unterliegen den Vorgaben der Bau- und Betriebsordnung Straßenbahn (BO-Strab), die sich von der EBO unterscheiden.

Zunehmend verkehren Straßenbahnen auch als Stadtbahnen auf eigenen Trassen und nutzen im Stadtumland auch Vollbahnanlagen mit AC-Stromversorgung. Entsprechend den unterschiedlichen Anwendungen nutzen Straßenbahnen unterschiedliche Oberleitungsbauarten (siehe Abschnitt 3.1.3).

Der Übergang von Straßenbahn ohne eigene Trasse zur Stadtbahn mit eigener Trasse ist fließend. Mit dem Karlsruher Modell, in der Innenstadt verkehren die Fahrzeuge (Bild 16.1 b)) auf der Straße als Straßenbahn und außerhalb der Innenstädte auf eigener Trasse als Stadtbahn, lassen sich die Vorteile der Straßenbahn und der Stadtbahn verbinden. Dieses Modell erlaubt es, Strecken der DB im Umland durch Zwei-System-Fahrzeuge, die sich mit DC und AC betreiben lassen, direkt mit der Innenstadt ohne Umsteigen zu verbinden.

16.1.2.5 Stadtbahnen

Stadtbahnen fahren überwiegend auf eigenen vom Straßenverkehr unabhängigen Gleistrassen und erreichen durch kreuzungsfreie Unter- oder Überführungen Durchschnittsgeschwindigkeiten, die bis 20 km/h höher als die der Straßenbahn sind. Die Stadtbahnen unterliegen der Bau- und Betriebsordnung Straßenbahn (BO-Strab) und bilden daher wie Straßenbahnen ein Verkehrselement des Straßenverkehrs. Stadtbahnen fahren in den Innenstädten oft unterirdisch und in den Außenbezirken oberirdisch. Stadtbahnen

a)    b)

Bild 16.3: Obus. a) Typ AG 300 T in Solingen, b) Typ Solaris in Eberswalde

nutzen durch Oberleitungen gespeiste Straßenbahnfahrzeuge. Die Oberleitungsbauarten hängen von den jeweiligen Gegebenheiten, z. B. Tunnelquerschnitte und offene Strecken, ab (siehe Abschnitte 3.3.2, 3.3.3, 3.3.4 und 3.4).

16.1.2.6 U-Bahnen

U-Bahnen (Untergrundbahnen) sind die leistungsfähigsten Nahverkehrsanlagen, finden sich deshalb in Großstädten und haben dort die historisch bedingten Bezeichnungen Metro, Subway usw. U-Bahnen fahren auf einem eigenen Gleiskörper überwiegend unterirdisch, unterliegen den Vorgaben der Bau- und Betriebsordnung Straßenbahn (BO-Strab) und werden über Dritte Schienen (Bilder 16.2 a) und b)) mit Energie versorgt.

16.1.2.7 Obus-Anlagen

Ein oder mehrere Elektromotoren treiben *Obusse* an. Die Traktionsenergie beziehen sie ähnlich einer Straßenbahn mittels Stromabnehmern aus einer über der Fahrbahn angeordneten jedoch zweipoligen Oberleitung. Der Obus ist somit spurgebunden, aber nicht spurgeführt. Der Obus muss die Anforderungen der Verordnung über den Betrieb von Kraftfahrunternehmen im Personenverkehr (BO-Kraft) erfüllen, die Infrastruktur folgt der Verordnung über den Bau und Betrieb der Straßenbahnen (BO-Strab).
Obus-Anlagen eröffneten ihren Betrieb zu Beginn des 20. Jahrhunderts und bestehen heute überwiegend in Mittel- und Osteuropa und in China. In Deutschland betreiben die Städte Esslingen, Eberswalde und Solingen Obus-Anlagen (Bild 16.3 a) und b)). Die Oberleitungen sind in Abschnitt 3.1.4 behandelt.

16.1 Elektrischen Bahnen und deren Fahrleitungen

a)  b)

Bild 16.4: Industriebahnen. a) spurgeführte Industriebahn Vattenfall European Mining AG in Spremberg, b) streckengebundenes Industriefahrzeug in der Uran-Mine in Lumwana/Sambia

16.1.3 Industriebahnen

16.1.3.1 Schienengebundene Bahnen

Industriebahnen mit normal- oder schmalspurigen Gleisen transportieren Güter auf werkseigenem Gelände großer Unternehmen zum Fernbahnnetz der Eisenbahnunternehmen und zu werkseigenen Kraftwerken. Solche Bahnen sind nicht öffentliche Eisenbahnverkehrs- und -infrastrukturunternehmen. Die stahlerzeugende Industrie, Hafen-Umschlagsunternehmen, Kohle-Förderunternehmen und Chemie-Unternehmen betreiben elektrifizierte Industriebahnen.

Die Verordnung über den Bau und Betrieb von Anschlussbahnen (BOA/EBOA) enthält die Anforderung für die Errichtung und den Eisenbahnbetrieb der Industriebahnen.

Elektrisch betriebene Industriebahnen nutzen unterschiedliche Stromarten. So betreibt die Vattenfall-European Mining AG in Spremberg eine über 350 km lange Industriebahn mit DC 2,4 kV (Bild 16.4 a)). Das mit AC 6 kV 50 Hz betriebene Netz der Rheinisch-Westfälischen Elektrizitätswerk AG (RWE) ist rund 300 km lang [16.2]. Die Oberleitungen sind der Stromversorgung und den Geschwindigkeiten angepasst.

16.1.3.2 Elektrisch angetriebene Lastkraftwagen

Elektrisch angetriebene Lastkraftwagen werden vor allem im Tagebau zum Transport großer Lasten in Steigungen eingesetzt. Sie beziehen ihre Energie mit Stromabnehmern aus einer zweipoligen Gleichstrom-Oberleitung, die über der Fahrbahn angeordnet ist (Bild 16.4 b)). Oberleitungslastkraftwagen lassen sich im Tagebau mit hohen Steigungen einsetzen. Mit diesel-elektrischem Hybrid-Antrieb ausgerüstete Muldenkipper nutzen im Tagebau und Bergwerk DC-0,75-kV-Oberleitungen und mit höheren Spannungen. Das Bild 16.4 b) zeigt ein Hybrid-Fahrzeug in einer Mine.

Bild 16.5: Oberleitungsbauart Sicat SD für niederländische konventionelle Strecken.
a) Wesentliche Merkmale der Oberleitungsbauart Sicat SD, b) Mast mit Ausleger, c) Pendelklemme für Doppelfahrdrähte, d) Doppelseitenhalter, e) Abzughalter für Doppelseitenhalter

16.2 Anlagen des konventionellen Fernverkehrs

16.2.1 DC-1,5-kV-Oberleitung ProRail in den Niederlanden

Die Errichtung der AC-25-kV-50Hz-Hochgeschwindigkeitsstrecke *Hogesnelheidslijn Zuid* (HSL ZUID) im Jahr 2009 machte Verbindungen zwischen der Hochgeschwindigkeitsstrecke und dem konventionellen DC-1,5-kV-Netz notwendig. In Verbindungskurven zwischen der HSL ZUID und den konventionellen Strecken stellt die DC-1,5-kV-Bauart Sicat SD (Bild 16.5 a)) den Übergang zwischen der AC-25-kV-50-Hz-Oberleitungsbauart Sicat HA und den bestehenden Gleichstromoberleitungen her [16.11].

Die verzinkten Stahlrundmasten stehen auf Fertigteilfundamenten (Bild 16.5 b)). Die Ankerbolzen mit Kontermuttern unter der Grundplatte fixieren den Fahrleitungsmast rund 100 mm über der Fundamentoberkante. Somit kann Feuchtigkeit auf der Fundamentoberkante verdunsten und führt nicht zu Fundamentschäden im Winter.

16.2 Anlagen des konventionellen Fernverkehrs

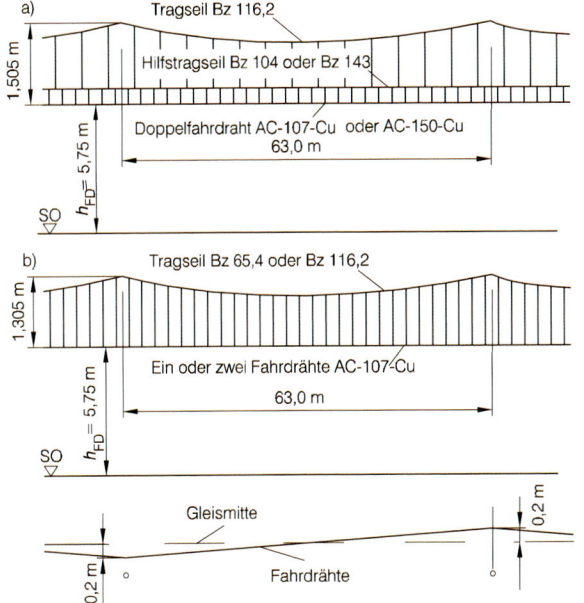

Bild 16.6: Aufbau der SNCF DC-1,5-kV-Gleichstromoberleitung.
a) normale oder verstärkte Oberleitung für Hauptstrecken
b) normale und leichte Oberleitungen für Nebenstrecken

Die Hänger tragen die beiden Fahrdrähte mit Pendelklemmen, die die vertikale Beweglichkeit der Fahrdrähte zueinander und somit einen gleichmäßigen Verschleiß beim Beschleifen durch Stromabnehmer sichern. Je zwei Leichtbau-Aluminium-Seitenhalter führen die Fahrdrähte (Bild 16.5 d)), die am Doppelabzugshalter befestigt sind (Bild 16.5 e)). Je ein Stromverbinder stellt die elektrische Verbindung zwischen den Seitenhaltern und dem Doppelabzugshalter her.

16.2.2 DC-1,5-kV-Oberleitung der SNCF in Frankreich

Die *Französische Staatsbahn* (SNCF) betreibt mit Stand Dezember 2012 ein 5 863 km langes DC-1,5-kV-Streckennetz. Auf Hauptstrecken überwiegt eine *Verbundoberleitung* wie im Bild 16.6 a) gezeigt. Y-Beiseile und Z-Seile an den Festpunkten sind nicht vorhanden. Auf Nebenstrecken und -gleisen wird eine Oberleitung mit einem einfachen und leichten Kettenwerk, wie in 16.6 b) gezeigt, verwendet.

In geraden Streckenabschnitten betragen die längsten Spannweiten 63 m. Flaschenzug-Nachspannvorrichtungen mit einem Übersetzungsverhältnis 1 : 5 spannen Tragseil und Fahrdraht nach. Stahlmasten aus Doppel-T-Profilen tragen das Kettenwerk.

16.2.3 AC-15-kV-16,7-Hz-Oberleitung Flughafenanbindung

In Deutschland entwickelte Siemens die *Oberleitungsbauart Sicat SA* für Geschwindigkeiten bis 230 km/h (Bild 16.7). Sie besteht aus einem BzII 50 Tragseil und einem AC-100 – CuAg-Fahrdraht mit 10 kN bzw. 12 kN Zugkraft (siehe Tabelle 16.1). Y-Bei-

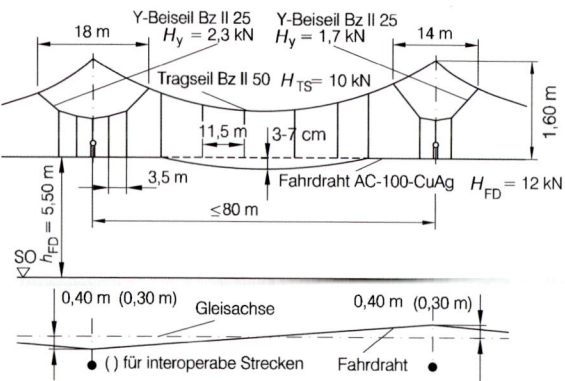

Bild 16.7: Aufbau der Siemens Oberleitungsbauart Sicat SA für die Strecke zum Flughafen Köln–Bonn.

Tabelle 16.1: Kenndaten der Oberleitungsbauart Sicat SA.

	Freie Strecken	Tunnel
Fahrdraht	AC-100–CuAg	AC-100–CuAg
Zugkraft in kN	12	12
Tragseil	Bz II 50	Bz II 50
Zugkraft in kN	10	10
Y-Beiseil	Bz II 25	Bz II 25
Zugkraft in kN	1,8/2,3	1,8/2,3
Länge in m	14/18	14/18
Spannweite in m	75	50
Systemhöhe in m	1,60	1,10
Seitenverschiebung in m	±0,30	±0,30
Fahrdrahthöhe in m	5,0–5,5	5,0–5,5
Größte Nachspannlänge in m	1 760	1 760
Überlappungen	dreifeldrig	dreifeldrig
Spannweiten in m	70 + 70 + 70	50 + 50 + 50
Streckentrennung	dreifeldrig	dreifeldrig
Spannweiten in m	70 + 70 + 70	50 + 50 + 50
Bauteile	Stahl, verzinkt	Stahl, verzinkt
Auslegerrohre	Aluminium-Gusslegierung F31	Aluminium-Gusslegierung F31
Masten	Betonmaste	Stahlhängesäulen, verzinkt
Gründungen	Stahlrohrgründung	–

seile mit 14 m Länge werden für umgelenkte Stützpunkte und 18 m Länge für angelenkte Stützpunkte verwendet. Die Systemhöhe bei einfachen Stützpunkten beträgt 1,6 m. Auf den Strecken Flughafenverbindung Köln–Bonn, Stendal–Uelzen und Itzehoe–Elmshorn [16.13] hat sich diese Bauart bewährt.

16.2.4 AC-15-kV-16,7-Hz-Tunnel-Bauart Re200 der DB

In kleinen Tunnelprofilen oder unter Bauwerken errichtet die DB die Oberleitungsbauart Re200 mit einer hierfür geeigneten Ausführung bis 200 km/h Betriebsgeschwindigkeit. Diese Bauart nutzt ein Tragseil und einen Fahrdraht. Die Stützpunkte dieser Bauart

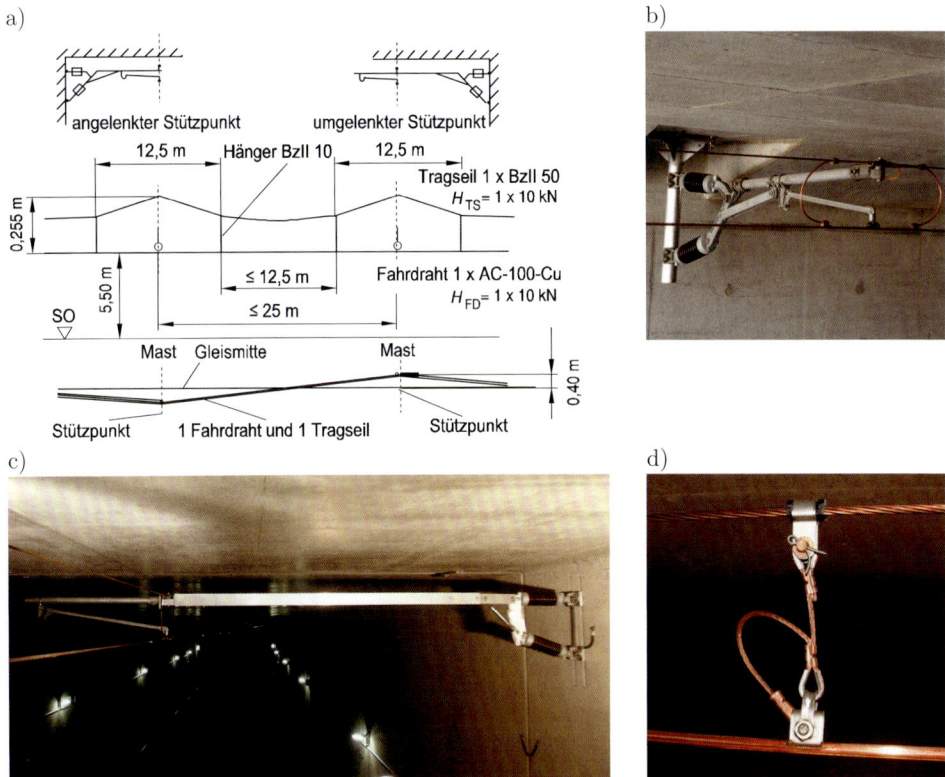

Bild 16.8: Oberleitungsbauart Re200 Deutsche Bahn für Tunnel.
a) Wesentliche Merkmale der Bauart Re200 für Tunnelanwendungen, b) angelenkter Stützpunkt, c) umgelenkter Stützpunkt, d) Hänger in Feldmitte

lassen sich auch unter Bauwerken verwenden, wie die Bilder 16.8 b) und c) zeigen. Im Bild 16.8 b) ist ein angelenkter Stützpunkt und im Bild 16.8 c) ein umgelenkter Stützpunkt unter einer Straßenbrücke dargestellt.

16.2.5 AC-25-kV-50-Hz-Oberleitung Sicat SX in Ungarn

Die *Ungarische Staatsbahn* (MÁV) nutzt auf der eingleisigen Strecke Bajánsenye–Boba seit 2010 die windschiefe Oberleitungsbauart Sicat SX für AC 25 kV 50 Hz. Die für die MÁV gestaltete Oberleitungsbauart Sicat SX ermöglicht nach Simulationen die Befahrung bis 275 km/h Betriebsgeschwindigkeit. Die Betriebserfahrungen bestätigten die berechneten Befahrungseigenschaften bis 100-m-Spannweiten und 31 m/s Windgeschwindigkeit für den 1 600-mm-Stromabnehmer-Betrieb. Für den 1 950-mm-Stromabnehmer-Betrieb wären unter gleichen Annahmen 114-m-Spannweiten möglich [16.14].
Mit den Merkmalen, Spannweiten bis 100 m, Nachspannlängen bis 2 000 m, 1 : 1,5 Übersetzungsverhältnis der Radspanneinrichtungen, keine Y-Beiseile und gute Befahrungs-

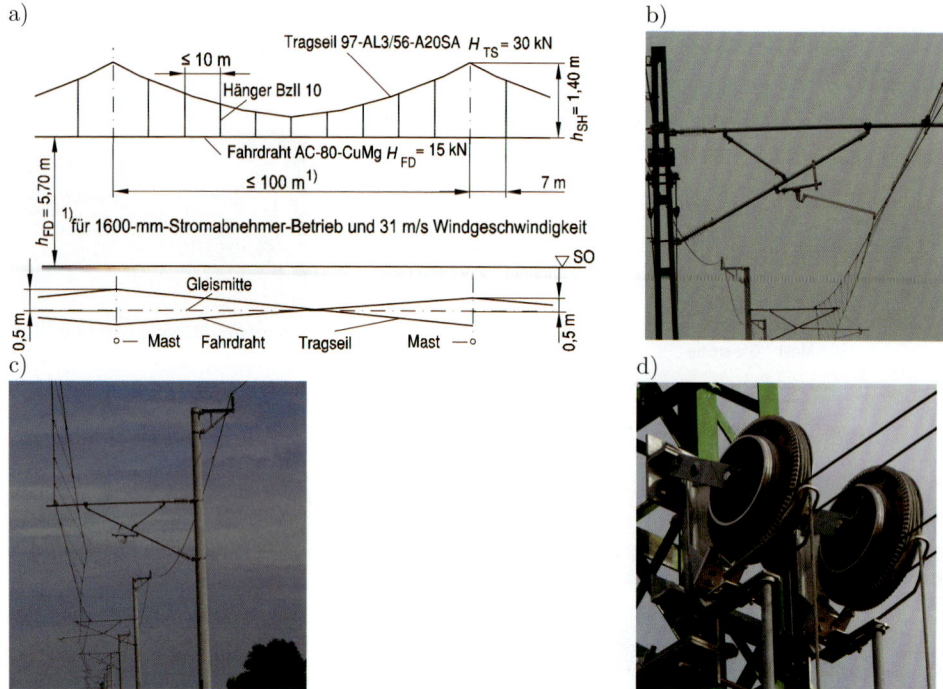

Bild 16.9: Oberleitung Sicat SX in Ungarn (Fotos: Siemens AG, D. Kunz).
a) Merkmale der Bauart Sicat SX, b) verzinkter Stahlrohr-Ausleger, c) Anordnung des Kettenwerks, d) Nachspanneinrichtung

eigenschaften, entstand eine effiziente Oberleitungsbauart. Die wesentlichen Merkmale der *Bauart Sicat SX* sind im Bild 16.9 a) dargestellt. Bilder 16.9 b) bis 16.9 d) zeigen die montierte Oberleitung mit verzinkten Stahlrohr-Auslegern.

16.2.6 AC-15-kV-Stromschienenoberleitung Zimmerbergtunnel, Schweiz

Der Schweizer Zimmerbergtunnel im Kanton Zürich ist eingleisig und 1 984 m lang. Am 1. Juni 1897 eröffnet und 1923 elektrifiziert, gehört die Strecke von Zürich nach Zug durch den Zimmerbergtunnel den *Schweizerischen Bundesbahnen (SBB)*. Sie liegt auf der Strecke Zürich–Gotthardtunnel. Zwischen Zürich und Horgen-Oberdorf und von Baar bis Zug ist die Strecke bereits zweigleisig ausgebaut, von Thalwil nach Litti/Baar einschließlich des Zimmerbergtunnels ist die Strecke eingleisig.

Die SBB ließ die im Jahr 1923 errichtete Oberleitung im Zimmerbergtunnel nach 90 Jahren Betrieb mit mehreren kleinen Instandsetzungen nun grundlegend erneuern. Durch die Nähe zum Unterwerk Sihlbrugg und den hohen Kurzschlussströmen in Unterwerksnähe entschied sich die SBB für die Errichtung einer vom Bundesamt für Verkehr (BAV) zugelassenen Stromschienen-Oberleitung.

16.3 Anlagen des Hochgeschwindigkeitsverkehrs

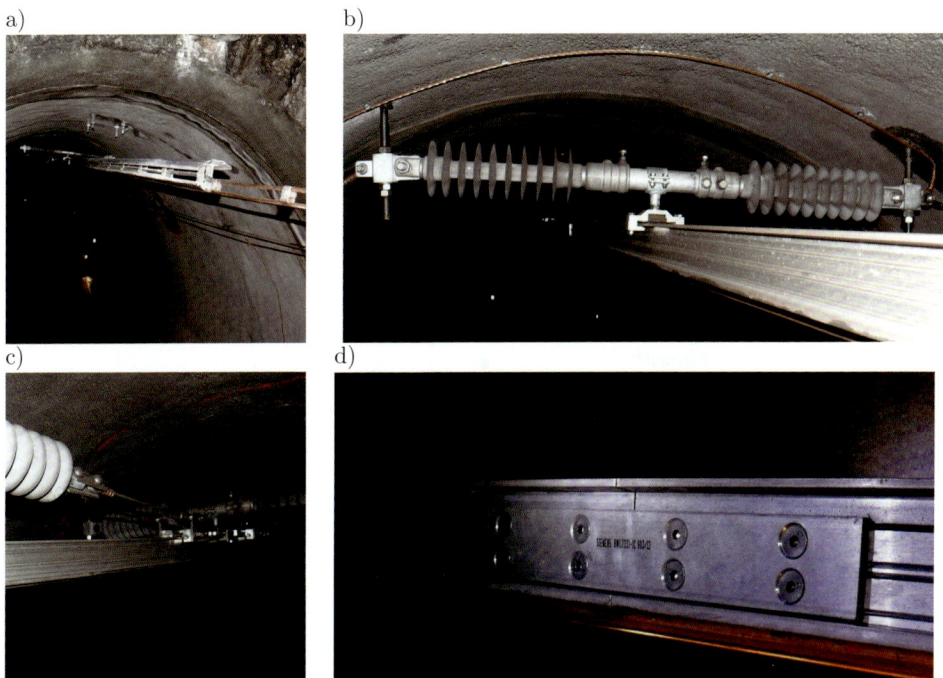

Bild 16.10: Stromschienen-Oberleitung Sicat SR im Zimmerbergtunnel in der Schweiz (Fotos: Siemens AG, F. Jung).
a) Übergang zwischen der flexiblen Oberleitung der offenen Strecke und der Stromschienen-Oberleitung am Tunnelportal, b) Stützpunkt der Stromschienen-Oberleitung im Tunnel, c) Festpunkt der Stromschienen-Oberleitung, d) Stoßverbindung der Stromschienen-Oberleitung

Bild 16.10 a) zeigt den ausgeführten Übergang zwischen flexibler Oberleitung der offenen Strecke und *Stromschiene Sicat SR* im Tunnel und Bild 16.10 b) den Stützpunkt, der dem Lichtraumprofil und dem kleinen Tunnelquerschnitt anpassten ist. Der Festpunkt zwischen den Dehnstößen und der Stromschienenstoß mit einer Laschenverbindung ist im Bild 16.10 c) bzw. im Bild 16.10 d) dargestellt.

16.3 Anlagen des Hochgeschwindigkeitsverkehrs

16.3.1 AC-15-kV-16,7-Hz-Oberleitung Köln–Düren

Die *Hochgeschwindigkeitsstrecke Köln–Düren* bildet einen Teilabschnitt des Transeuropäischen Korridors Köln–Brüssel und wird mit 250 km/h Betriebsgeschwindigkeit befahren. Aus der ursprünglich mit 160 km/h befahrenden konventionellen Strecke entstand diese Hochgeschwindigkeitsstrecke mit der *Bauart Re250*. Bild 16.11 a) enthält die wesentlichen Merkmale der Bauart, die bereits für die ersten Hochgeschwindigkeitsstrecken in Deutschland Würzburg–Hannover und Mannheim–Stuttgart zur Anwendung

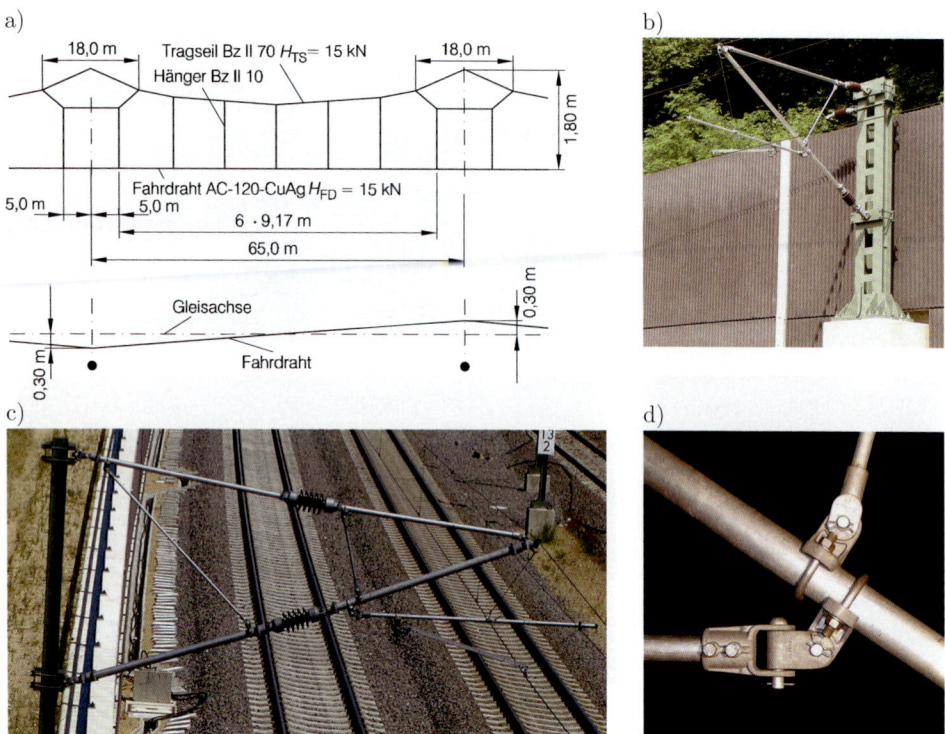

Bild 16.11: Oberleitung Re250 Köln–Düren. (Fotos: Siemens AG, Deutschland).
a) Wesentliche Merkmale der Bauart Re250, b) Aluminium-Ausleger, c) Aluminium-Ausleger mit versetzter Isolation, d) Befestigungsart des Stützrohrs am Auslegerrohr

kam und gute Befahrungseigenschaften aufweist. Bild 16.11 b) zeigt einen Standardausleger. An Stützwänden, die der Öffentlichkeit zugänglich sind, dienen Ausleger mit versetzter Isolation als Schutzmaßnahme durch Abstand (Bild 16.11 c)). Die Bauart Re250 verwendet Gelenke zur Verbindung des Stützrohrs mit dem Auslegerrohr (Bild 16.11 d)).

16.3.2 AC-15-kV-16,7-Hz-Oberleitung Oslo–Gardermoen-Flughafen, Norwegen

Norge Jernbaneverket (JBV) betreiben ein AC-15-kV-16,7-Hz-Netz, wobei heute die *Oberleitungsbauarten S20* für Geschwindigkeiten bis 200 km/h und *S25* bis 250 km/h verwendet werden. Für die *Hochgeschwindigkeitsstrecke Oslo–Gardermoen* kam die Bauart S25 zur Anwendung, die im Wesentlichen der deutschen Re250 entspricht. Diese Kettenwerksoberleitung mit Y-Beiseilen besteht aus Längsfeldern nach Bild 16.12 a) [16.16].

16.3 Anlagen des Hochgeschwindigkeitsverkehrs

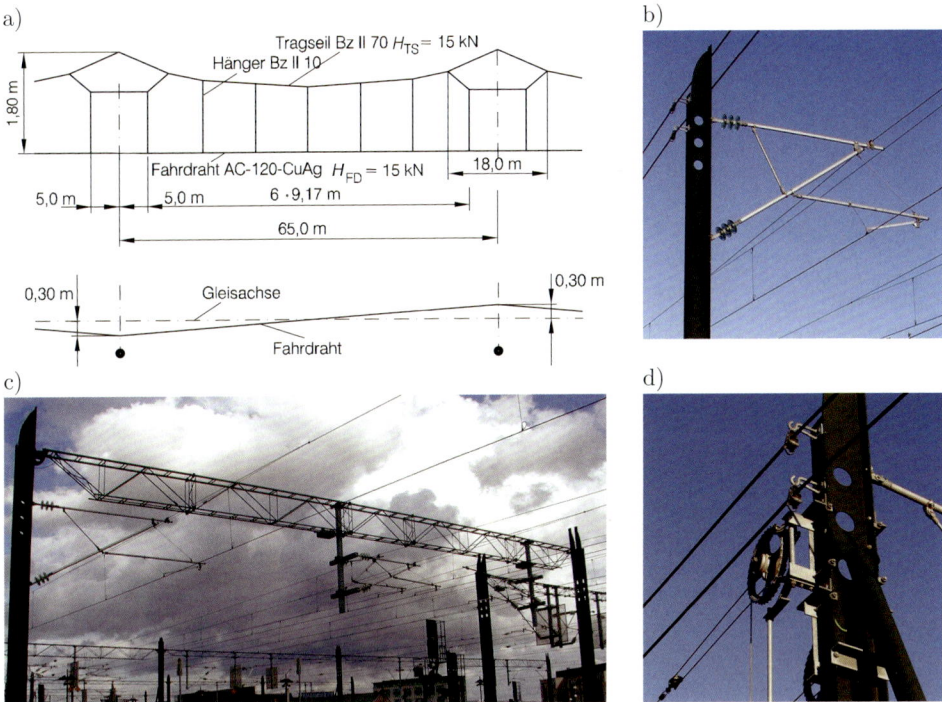

Bild 16.12: Oberleitungsbauart S25 bei den JBV in Norwegen (Fotos: JBV, T. Pedersen).
a) Merkmale der Bauart S25, b) Ausleger mit Glasisolatoren, c) Jochbauweise mit Auslegern an Hängesäulen, d) Nachspannvorrichtung

Die Ausleger in *instandhaltungsarmer Bauweise* lassen mit der auf dem waagerechten Spitzenankerrohr verschiebbaren Tragseildrehklemme und auf dem Stützrohr verschiebbaren Abzugshaltern Anpassungen der Fahrdrahtseitenlage zu (Bild 16.12 b)). Joche mit Vollwandstahlmasten in Bahnhöfen, wie in (Bild 16.12 c)) gezeigt, bilden einen modularen Baukasten, der die Anpassung an unterschiedliche Querspannweiten ermöglicht.

Auf der freien Strecke überwiegt die Einzelmastbauweise. Radspanner mit Übersetzungsverhältnis 3 : 1 nach Bild 16.12 d) spannen Fahrdraht und Tragseil getrennt nach. Die JBV führen die Rückströme mittels Booster-Transformatoren im Rückleiter. Bild 16.12 d) zeigt die isolierte Befestigung der Booster-Leitungen am Mast. Die JBV nutzen fünffeldrige Überlappungen der Kettenwerke auf der offenen Strecke und im Tunnel.

16.3.3 AC-15-kV-16,7-Hz-Oberleitung Lötschberg-Basis-Tunnel, Schweiz

Der 35 km lange Lötschberg-Basis-Tunnel verbindet die Städte Thun in den Berner Alpen nördlich des Tunnels mit der Stadt Brig im Rhonetal südlich des Tunnels und

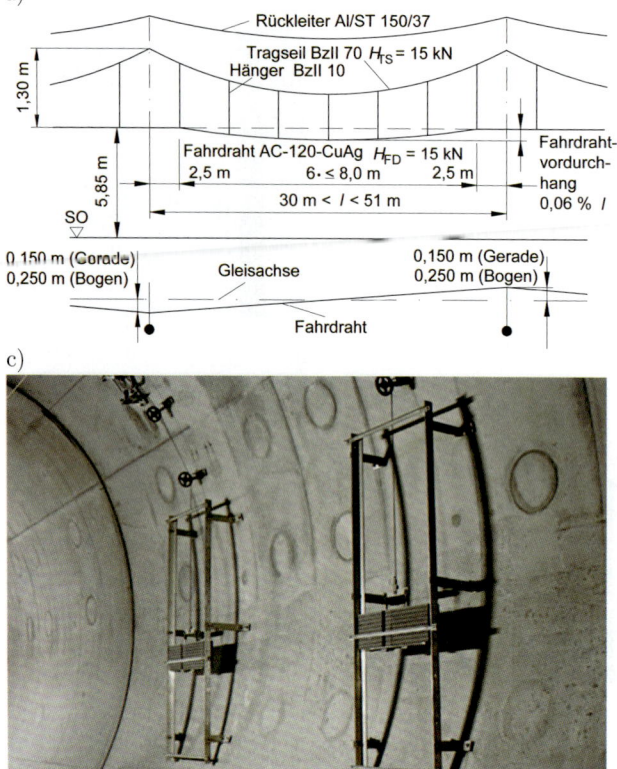
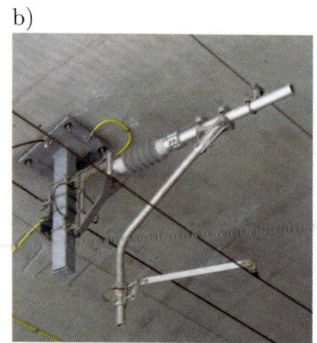

Bild 16.13: Oberleitungsbauart Re250 LBT-T II für den Lötschberg-Basis-Tunnel. a) Merkmale der Oberleitungsbauart Re250 LBT-T II, b) Ausleger im Tunnel, c) Nachspanneinrichtung

ist seit dem 09. Dezember 2007 in Betrieb. Der Tunnel bildet einen wesentlichen Abschnitt der neuen Eisenbahnverbindungen über die Alpen (NEAT) und ist Teil des europäischen Hochgeschwindigkeitsbahnnetzes. Hochgeschwindigkeitszüge durchfahren den Tunnel mit 250 km/h und Güterzüge mit 4 000 t Anhängerlast mit Geschwindigkeiten zwischen 80 und 160 km/h bei Streckenneigungen bis 30‰ [16.17]. Diese neue Schienenverbindung entlastet den Straßenverkehr.

Wesentliche Kennwerte der *Oberleitungsbauart Re250 LBT-T II* enthält Bild 16.13 a). Die Oberleitung ermöglicht die Verwendung der Schweizer Standard-Stromabnehmer mit 1 320 mm und 1 450 mm Länge, aber auch der Eurowippe mit 1 600 mm Länge. Die Simulation des Zusammenwirkens zwischen Oberleitung und Stromabnehmer ergab ein zufriedenstellendes Verhalten [16.18] bei

- zwei Stromabnehmern in 185 m Abstand bei 275 km/h,
- zwei Stromabnehmern in 18,5 m Abstand bei 200 km/h und
- drei Paare von zwei Stromabnehmern in 18,5 m Abstand und mindestens 185 m zwischen den Paaren.

Der vorgesehene Verkehr mit PKW- und LKW-Pendelzügen erforderte Vorkehrungen, um die Oberleitung an das erweiterte Lichtraumprofil anzupassen. Die Fahrdrahthöhe

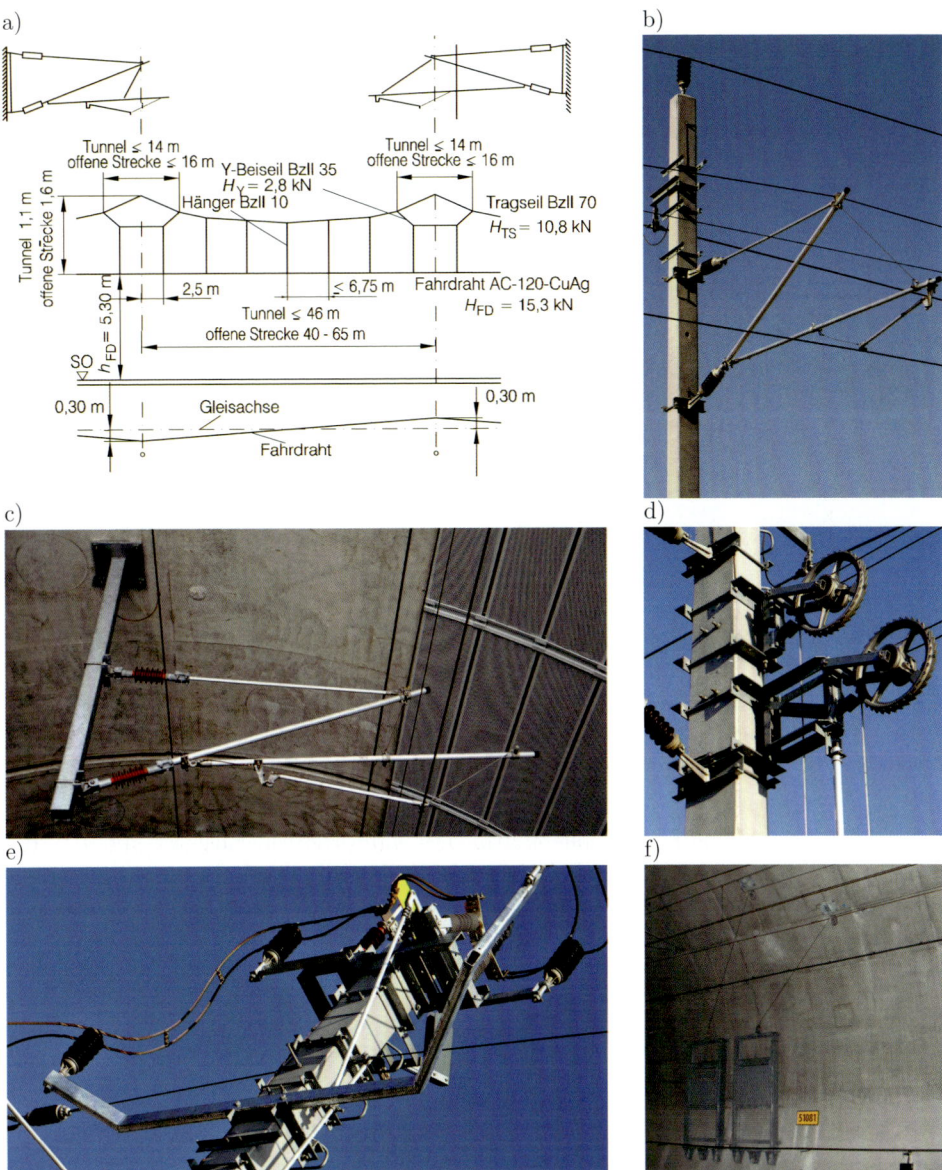

Bild 16.14: Oberleitungsbauart 2.1 für die Hochgeschwindigkeitsstrecke Wien–St. Pölten (Fotos: SPL Powerlines Austria GmbH & Co KG, H. Roman).
a) Wesentliche Merkmale der Oberleitungsbauart 2.1, b) Ausleger der offenen Strecke, c) Auslegeranordnung im Tunnel, d) Radspanner mit dem Übersetzungsverhältnis 1 : 3 auf der offenen Strecke, e) besteigbarer Rechteckbeton-Schaltermast, f) Nachspanneinrichtung im Tunnel

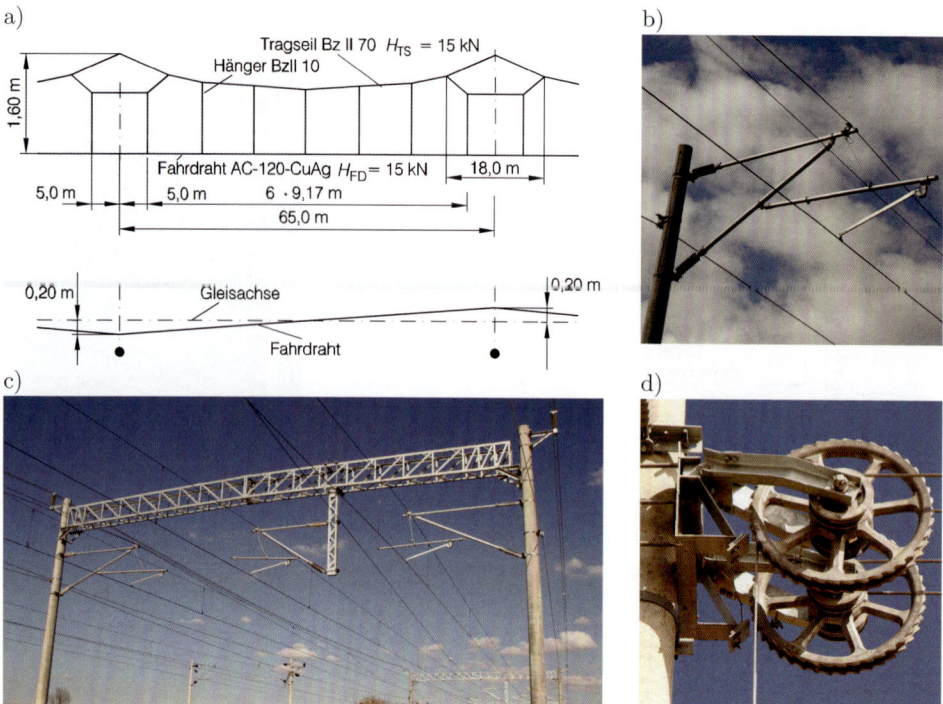

Bild 16.15: Oberleitungsbauart Re250 TCDD in der Türkei (Fotos: Siemens A.S., Türkei, E. Özkaya). a) Wesentliche Merkmale der Oberleitung, b) Ausleger, c) Jochbauweise mit Ausleger und Hängesäule, d) Nachspannvorrichtung

beträgt 5,85 m und die Systemhöhe 1,30 m. Der Fahrdrahtverschleiß ist auf 30 % begrenzt. Die Spannweite wird auf 51 m begrenzt, sodass die Hängerlängen nicht kleiner als 0,5 m werden. Die Ausleger bestehen aus korrosionsbeständigem Werkstoff und Verbundisolatoren. Verbinder überbrücken die Gelenke in den Auslegern kurzschlussfest (Bild 16.13 b)). Die Nachspanneinrichtungen der Kettenwerke zeigt Bild 16.13 c).

16.3.4 AC-15-kV-16,7-Hz-Oberleitung Wien–St. Pölten

Die 60 km lange Neubaustrecke Wien–St. Pölten ist Bestandteil des transeuropäischen Netzes (TEN) und ermöglicht seit Dezember 2012 durch den abschnittsweise, viergleisigen Ausbau eine Erhöhung der Kapazitäten für den Güterverkehr als auch kürzere Fahrzeiten im Personenverkehr. Für den 44 km langen *Hochgeschwindigkeitsstrecke Wien–St. PöltenHochgeschwindigkeitsabschnitt* errichteten die Österreichischen Bundesbahnen (ÖBB) die Oberleitungsbauart 2.1 für 250 km/h Betriebsgeschwindigkeit (Bild 16.14 a)).

Bild 16.14 b) zeigt Ausleger der offenen Strecke mit zum Gleis hin fallenden Spitzenankerrohren. Die im Bild 16.14 d) gezeigten Radspanner der offenen Strecke spannen Trag-

16.3 Anlagen des Hochgeschwindigkeitsverkehrs

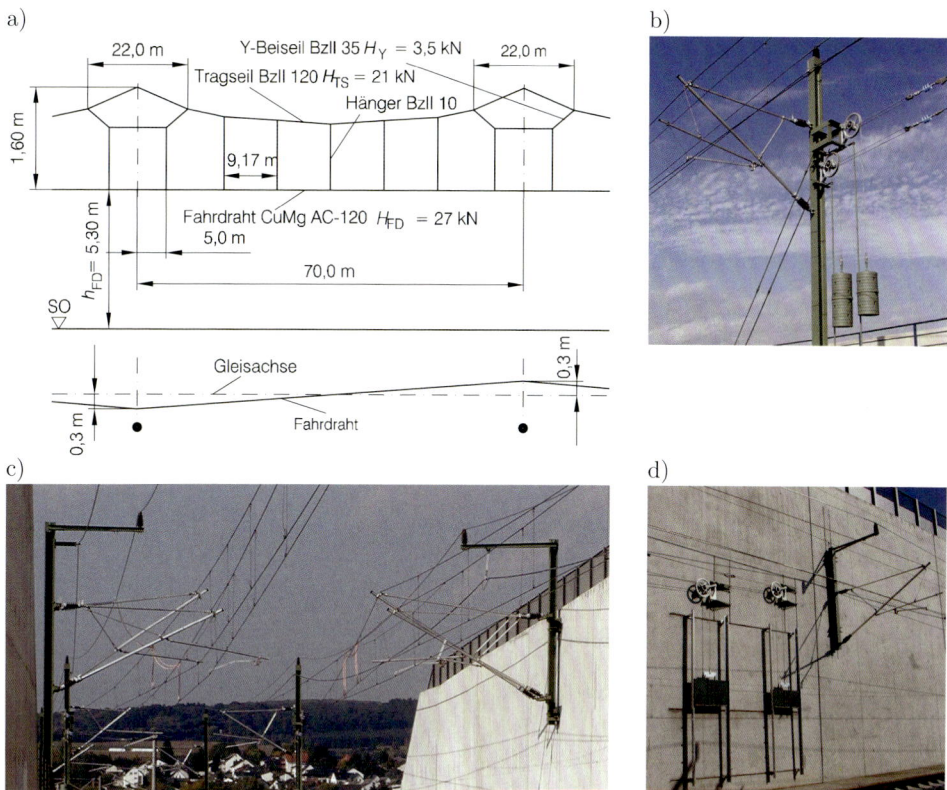

Bild 16.16: Oberleitung Sicat H1.0 für die *Hochgeschwindigkeitsstrecke Frankfurt–Köln* (Fotos: Siemens AG, H. Schmidt). a) Merkmale der Oberleitungsbauart Sicat H1.0 auf der offenen Strecke, b) Ausleger und Nachspannvorrichtungen der offenen Strecken, c) Anklammermasten an der Stützwand, d) Nachspannvorrichtung an einer Stützwand

seil und Fahrdraht getrennt nach. Die Überlappungen bestehen aus fünf Feldern. Auch auf der Neubaustrecke verwendet die ÖBB, wie im übrigen Netz, Rechteckbetonmaste (Bild 16.14 b), d) und e)).

16.3.5 AC-25-kV-50-Hz-Oberleitung Ankara–Eskişehir

Mit der Regierungsentscheidung im Jahr 2001 zum beschleunigten Ausbau des Eisenbahnnetzes in der Türkei war die Grundlage zur Netzerweiterung und zum Bau einer *Hochgeschwindigkeitsstrecke von Ankara nach Istanbul* gegeben. Am 13. März 2009 wurde der 245 km lange Abschnitt Ankara–Eskişehir als erster Teil der 533 km langen Strecke von Ankara nach Istanbul in Betrieb genommen.

Die Türkische Staatsbahn *Türkiye Cumhuriyeti Devlet Demiryolları* (TCDD) entschied sich für die deutsche *Bauart Re250* mit einigen Veränderungen (Bild 16.15 a)).

Tabelle 16.2: Kenndaten der Oberleitungsbauart Sicat H1.0.

	Offene Strecken	Tunnel
Fahrdraht	AC-120 – CuMg	AC-120 – CuMg
Zugkraft in kN	27	27
Tragseil	Bz II 120	Bz II 120
Zugkraft in kN	21	21
Y-Beiseil	Bz II 35	ohne
Zugkraft in kN	3,5	—
Länge in m	22	—
Spannweite in m	70	50
Systemhöhe in m	1,60	1,10
Seitenverschiebung in m	±0,30	±0,30
Fahrdrahthöhe in m	5,30	5,30
größte Nachspannlänge in m	1 400	1 400
Überlappungen	dreifeldrig	fünffeldrig
Spannweiten in m	70 + 70 + 70	50 + 50 + 50 + 50 + 50
Streckentrennung	fünffeldrig	fünffeldrig
Spannweiten in m	70 + 70 + 62 + 70 + 70	50 + 50 + 50 + 50 + 50
Befestigungsteile	Stahl, verzinkt	Stahl, verzinkt
Auslegerrohre	Aluminiumlegierung	Aluminiumlegierung
Masten	Betonmaste	—
Gründungen	Großrohr-Bohrgründung	—

Tabelle 16.3: Kenndaten der Oberleitungsbauart Re330.

	Offene Strecken	Tunnel
Fahrdraht	AC-120 – CuMg	AC-120 – CuMg
Zugkraft in kN	27	27
Tragseil	Bz II 120	Bz II 120
Zugkraft in kN	21	21
Y-Beiseil	Bz II 35	Bz II 35
Zugkraft in kN	3,5	3,5
Länge in m	18	18
Spannweite in m	65	50
Systemhöhe in m	1,60	1,10
Seitenverschiebung in m	±0,30	±0,30
Fahrdrahthöhe in m	5,30	5,30
größte Nachspannlänge in m	1 250	1 250
Überlappungen	fünffeldrig	fünffeldrig
Spannweiten in m	60 + 60 + 51 + 60 + 60	60 + 60 + 51 + 60 + 60
Streckentrennung	fünffeldrig	fünffeldrig
Spannweiten in m	60 + 60 + 51 + 60 + 60	60 + 60 + 51 + 60 + 60
Befestigungsteile	Stahl, verzinkt	Stahl, verzinkt
Auslegerrohre	Aluminiumlegierung	Aluminiumlegierung
Masten	Betonmaste	—
Gründungen	Großrohr-Rammgründung	—

16.3 Anlagen des Hochgeschwindigkeitsverkehrs

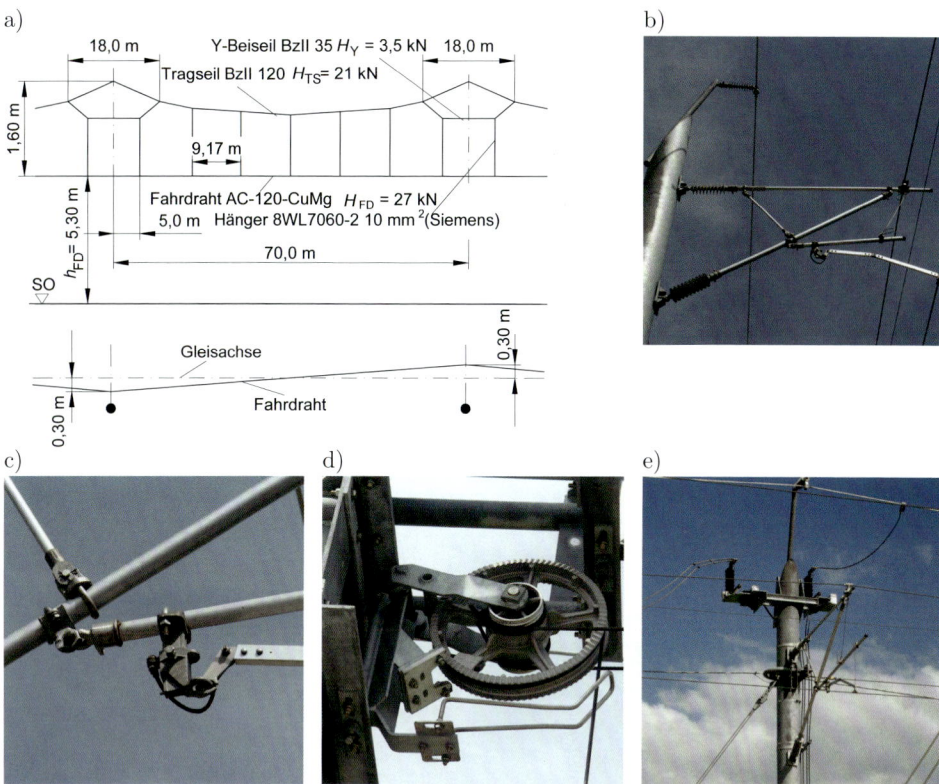

Bild 16.17: Oberleitung Sicat H1.0 für die Hochgeschwindigkeitsstrecke Amsterdam–Rotterdam–Antwerpen (Fotos: SPL Powerlines Germany GmbH, S. Grembotzki).
a) Wesentliche Merkmale der Oberleitungsbauart Sicat H1.0 HSL, b) Ausleger der offenen Strecke, c) Anschluss des Stützrohrs ans Auslegerrohr, d) Radspanner, e) Anordnung der Oberleitung an der Dilatation auf dem Viadukt Hollandsch Diep

Bild 16.15 b) zeigt den Aluminium-Ausleger ohne Diagonalrohr. Nur an Auslegern mit hochgezogenem Fahrdrahtstützpunkt befinden sich Diagonalrohre. Die Bilder 16.15 c) und 16.15 d) zeigen Joche in Bahnhöfen bzw. die verwendeten Radspanner.

16.3.6 AC-15-kV-16,7-Hz-Oberleitung Frankfurt–Köln

Die *Hochgeschwindigkeitsstrecke Frankfurt–Köln* ist 180 km lang und für den Personenverkehr vorgesehen, hat dafür bis 40 ‰ Steigung und wird mit 300 km/h Betriebsgeschwindigkeit befahren. Die Strecke ging 2002 in Betrieb. Die *Siemens-Oberleitungsbauart Sicat H1.0* (Tabelle 16.2 und Bild 16.16 a)), für Geschwindigkeiten bis 400 km/h entwickelt, wurde erstmals auf der Hochgeschwindigkeitsstrecke Köln–Frankfurt [16.19, 16.20, 16.21] verwendet.

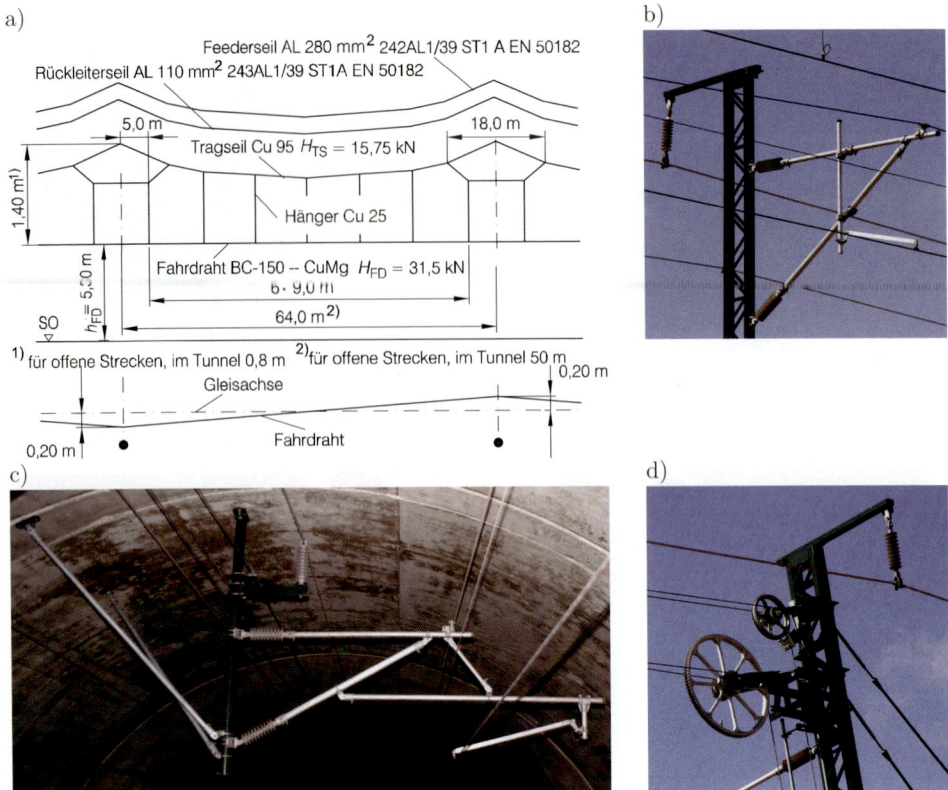

Bild 16.18: Oberleitung EAC 350 für die Hochgeschwindigkeitsstrecke Madrid–Motilla–Valencia (Fotos: Siemens AG, J. Bechmann). a) Merkmale der Oberleitungsbauart EAC 350, b) Ausleger der offenen Strecke, c) Ausleger im Tunnel, d) Radspanner

16.3.7 AC-15-kV-16,7-Hz-Oberleitung Berlin–Hannover

Die *Oberleitungsbauart Re330* (Tabelle 16.3) lässt sich bis 330 km/h Betriebsgeschwindigkeit nutzen und wurde erstmals auf der Hochgeschwindigkeitsstrecke Berlin–Hannover eingesetzt. Diese Bauart unterscheidet sich von der Oberleitungsbauart Re250 durch höhere Zugkräfte in Tragseil und Fahrdraht und größere Leiterquerschnitte des Tragseils.

16.3.8 AC-25-kV-50-Hz-Oberleitung der Strecke HSL Zuid

Die *Hochgeschwindigkeitsstrecke HSL ZUID* verbindet Amsterdam mit den Netzen in Belgien, Frankreich und Deutschland [16.11, 16.19]. Diese Strecke, mit 2 AC 25 kV 50 Hz betrieben, ist für 300 km/h Betriebsgeschwindigkeit geeignet und mit der Oberleitungsbauart Sicat H1.0 ausgerüstet (Bild 16.17 a)). Je Gleis führen die Masten einen Negativfeeder und einen Rückleiter. Bild 16.17 b) zeigt einen der verwendeten Ausleger am

Tabelle 16.4: Wichtige TGV-Strecken und Oberleitungsbauarten.

Eigenschaften	Einheit	Paris–Lyon	Paris–Le Mans/Tours	Paris–Lille/Calais	Valence–Marseille	Paris–Strasbourg
Streckenlänge	km	820	560	660	600	600
Betriebsgeschwindigkeit	km/h	260[1]	300	300	300/320	320/350
Fahrdraht – Typ – Zugkraft	– kN	15	AC-120–Cu 20	20	AC-150–CuMg 25	26
Tragseil – Art – Zugkraft	– kN	BzII 65 14	BzII 65 14	BzII 65 14	BzII 116 20	BzII 116 20
Y-Beiseil	–	ja	nein	nein	nein	nein
Vordurchhang	%[2]	0,1	0,1	0,05	0,05	0,05

[1] in 2009 abschnittsweise 300 km/h, [2] bezogen auf die Spannweite

Metall-Rundmast. Der verwendete neue Radspanner ist durch seine Trockenlager wartungsfrei und hat ein verbessertes Einrastverhalten bei Fahrdraht- oder Tragseilentlastung (Bild 16.17 d)). An den langen Viadukten treten durch Temperaturunterschiede Längsverschiebungen des Brückenbalkens auf. Diese können zur Durchhangsveränderung der Rück- und Verstärkungsleitung führen. Die Rollenaufhängung des Negativ-Feeders und der Rückleitung am Mast lassen eine Längsverschiebung des Masts auf dem Viadukt zu, ohne die Durchhänge der Leiter zu verändern (Bild 16.17 e)).

Die Oberleitungsbauart Sicat H1.0 bewährte sich auch auf den Hochgeschwindigkeitsstrecken Segovia–Valladolid und Toledo–La Sagra in Spanien mit AC 25 kV 50 Hz.

16.3.9 AC-25-kV-50-Hz-Oberleitung Motilla–Valencia, Spanien

Der spanische Infrastrukturbetreiber *Administrador de Infraestructuras Ferroviarias (ADIF)* errichtete zwischen Madrid und Valencia eine weitere mit 350 km/h befahrbare Hochgeschwindigkeitsstrecke, die im Dezember 2010 in Betrieb ging. Die 350 km lange Strecke, mit der Oberleitungsbauart EAC 350 ausgerüstet, bildet einen Teil des auf 1 600 km angewachsenen spanischen Hochgeschwindigkeitsnetzes.

Die Merkmale der *Oberleitungsbauart EAC 350* zeigt Bild 16.18 a). Die Nachspannlängen betragen maximal 1 400 m und die Längsspannweiten maximal 63 m. Die minimale Länge der 25-mm²-Kupfer-Hänger beträgt 250 mm.

Bei der AC-25-kV-50-Hz-Oberleitung sind in nicht isolierenden Überlappungen 0,2 m Abstände zwischen den Kettenwerken einzuhalten und 0,45 m in den isolierenden Überlappungen. Bild 16.18 c) zeigt einen Aluminium-Ausleger im Tunnel. Der Radspanner des Tragseils hat ein Übersetzungsverhältnis 3:1, der des Fahrdrahts 5:1 (Bild 16.18 c)). Die Oberleitung ist für 80 K Temperaturbereich ausgelegt.

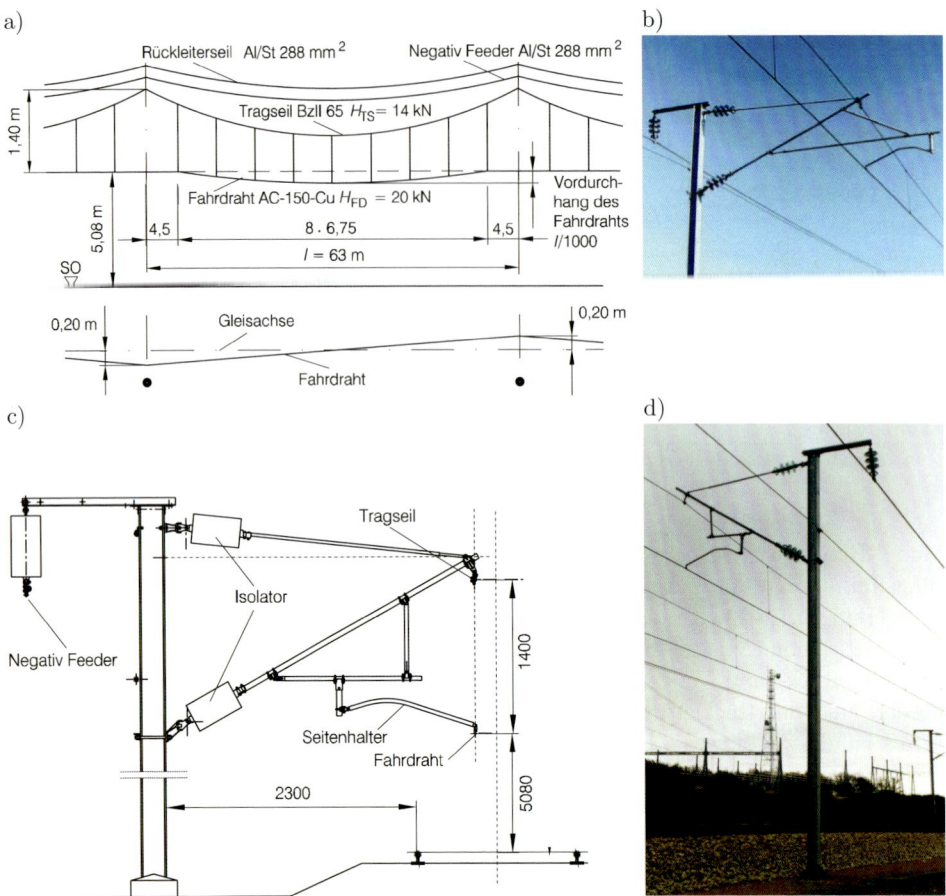

Bild 16.19: SNCF Hochgeschwindigkeitsoberleitungen in Frankreich. a) Merkmale der Hochgeschwindigkeitsoberleitung SNCF, b) Ausleger mit umgelenktem Stützpunkt auf der Strecke Paris–Le Mans/Tours, c) Mast mit angelenktem Stützpunkt auf der Atlantikstrecke, d) Mast mit angelenktem Stützpunkt auf der Strecke Paris–Strasbourg

16.3.10 AC-25-kV-50-Hz-Oberleitung Paris–Tour, Frankreich

Die *Französische Staatsbahn SNCF* betreibt mit 1 oder 2 AC 25 kV 50 Hz 1 840 km Hochgeschwindigkeitsstrecken bis 300 km/h. Die Tabelle 16.4 enthält diese Strecken, wobei sich die Fahrleitungen in vier Generationen mit jeweiligen Verbesserungen unterteilen lassen. Die Hauptkomponenten wie Klemmen, Seitenhalter usw. sind diesen Bauarten gemeinsam.

Wesentliche Eigenschaften der SNCF-Bauart für Hochgeschwindigkeitsstrecken, z. B. Paris–Tours zeigt Bild 16.19 a). Auf der Strecke *Paris–Lyon* wurde eine Bauart mit Y-Beiseilen eingebaut. Die Zugkraft des Kupferfahrdrahtes AC-120–Cu beträgt 15 kN.

Die Strecke, ursprünglich für 260 km/h errichtet, wird seit 2009 teilweise mit 270 km/h und 300 km/h befahren.

Für die Strecke *Paris–Le Mans/Tours* erhöhte die SNCF die Auslegungsgeschwindigkeit auf 300 km/h und nutzt einen mit 20 kN gespannten Fahrdraht AC-150 – Cu (Bild 16.19 a)). Das Bild 16.19 c) zeigt einen Einzelmast mit Ausleger und Stützpunkt mit Negativfeeder für 2 AC 25 kV. Die Ausführung des Fahrdrahtstützpunkts erlaubt bis 400 mm Fahrdrahtseitenlagen [16.22]. Die SNCF nutzt *Stahlmasten aus Doppel-T-Profilen*. Die *Radspanner* mit dem Übersetzungsverhältnis 5:1 sichern den Ausgleich der Fahrdraht- und Tragseillängenänderungen in Folge von Temperatureinwirkungen und Strombelastungen.

Auf der Strecke Paris–Tours erreichte am 5. Mai 1990 ein TGV-Zug die damalige *Weltrekordgeschwindigkeit* 515 km/h. Die Oberleitungsbauart und einen Ausleger dieser Strecke zeigen die Bilder 16.19 a) bzw. 16.19 b) [16.23] (siehe auch Abschnitt 10.9).

16.3.11 AC-25-kV-50-Hz-Oberleitung Beijing–Tianjin, China

Die *Hochgeschwindigkeitsstrecke Beijing–Tianjin*, als erstem Teilabschnitt der Linie Beijing–Shanghai, beauftragte das *Ministerium für Eisenbahnwesen* (MOR) für 300 km/h Betriebsgeschwindigkeit. Anlässlich der Olympiade ging diese erste Hochgeschwindigkeitsstrecke Chinas im Juli 2008 mit 350 km/h in Betrieb. Die *Oberleitungsbauart Sicat HA C* (Bild 16.20 b)), ohne Y-Beiseil, mit Vordurchhang und 50-m-Spannweiten zeigte zufriedenstellende Befahrungseigenschaften für Geschwindigkeiten bis 350 km/h. Im Bild 16.20 b) sind die wesentlichen Merkmale dieser Oberleitungsbauart ersichtlich. Die Fahrdrahthöhe beträgt 5 300 mm und der Fahrdrahtvordurchhang 0,05 % der Spannweite oder 30 mm (Bild 16.20 b)). Die Systemhöhe beträgt 1 600 mm. Die Bilder 16.20 c) und d) zeigen einen angelenkten Aluminiumausleger bzw. einen Mehrgleisausleger jeweils mit Negativfeeder und Rückleiterseil.

Die Überlappungen zwischen den Nachspannlängen erstrecken sich über fünf Felder. Radspanner mit 3 : 1 Übersetzungsverhältnis gleichen die Längenänderungen des Fahrdrahts und Tragseils infolge thermischer Einflüsse aus (Bild 16.20 e)). Oberleitungen über Weichen sind kreuzend ausgeführt. Im Bahnhofsbereich tragen Joche die Fahrleitungsstützpunkte (Bild 16.20 f)). Doppel-T-Profile tragen die Ausleger an Stahlmasten, deren Fundamente mit Bewehrungen in das 115 km lange Bahnviadukt eingelassen sind. Phasentrennstellen mit 475 m langen neutrale Zonen trennen die Speiseabschnitte.

16.3.12 AC-25-kV-50-Hz-Oberleitung Zhengzhou–Xi'an, China

Die 485 km lange *Hochgeschwindigkeitsstrecke von Zhengzhou nach Xi'an* verbindet die Ballungsgebiete der Provinzhauptstädte von Henan und Shaanxi mit den Anschlussstrecken nach Norden in Richtung Beijing, Westen in Richtung Lanzhai, Süden in Richtung Hong Kong und Osten in Richtung Lianyungang am Ostchinesischen Meer. Der insgesamt 460 km lange Hochgeschwindigkeitsabschnitt wird mit der Stromart 2 AC 50/25 kV 50 Hz betrieben und ist für 350 km/h Betriebsgeschwindigkeit ausgelegt.

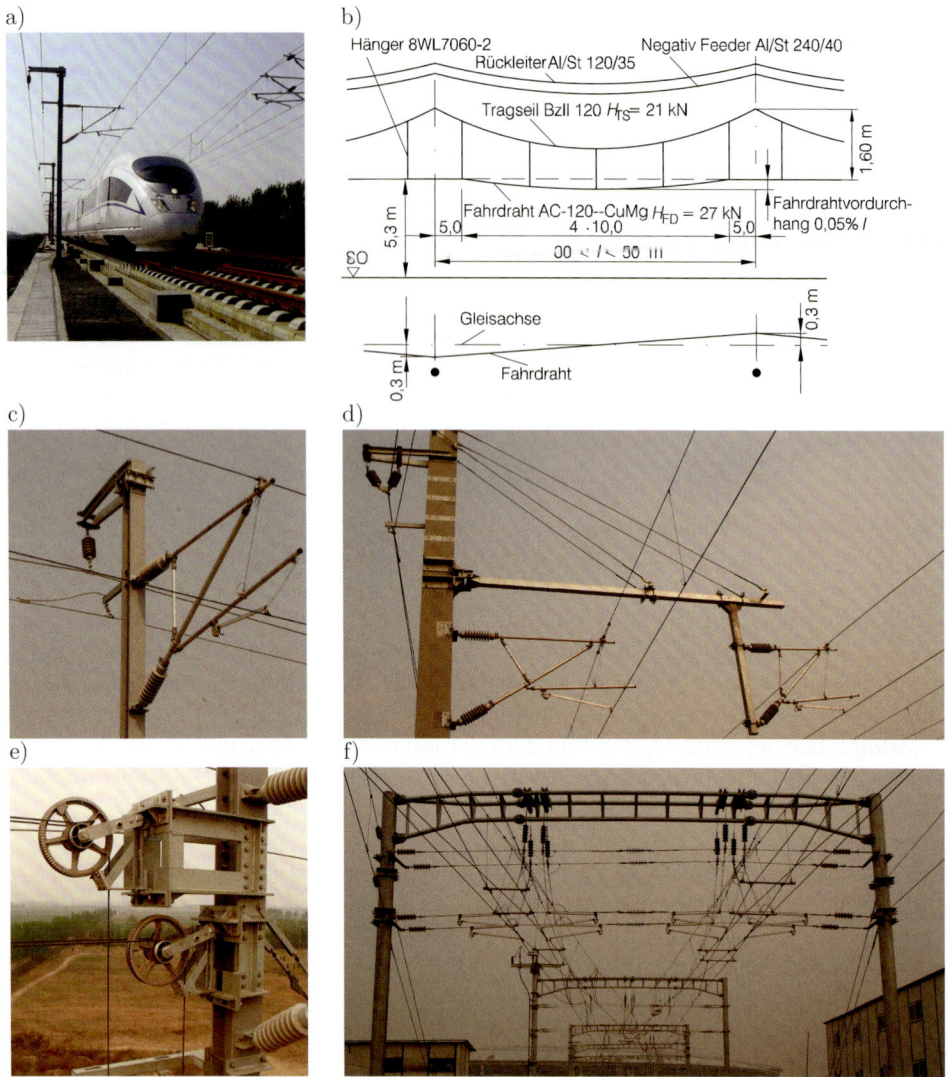

Bild 16.20: Hochgeschwindigkeitsoberleitungen Beijing–Tianjin in der VR China.
a) Hochgeschwindigkeitszug CRH 3, b) Wesentliche Merkmale der Hochgeschwindigkeitsoberleitung Sicat H A C, c) Einzelausleger mit angelenktem Stützpunkt, d) Mehrgleisausleger, e) Anordnung der Radspanner am Mast, f) Joche im Bahnhof Beijing Nan (Südbahnhof)

16.3 Anlagen des Hochgeschwindigkeitsverkehrs

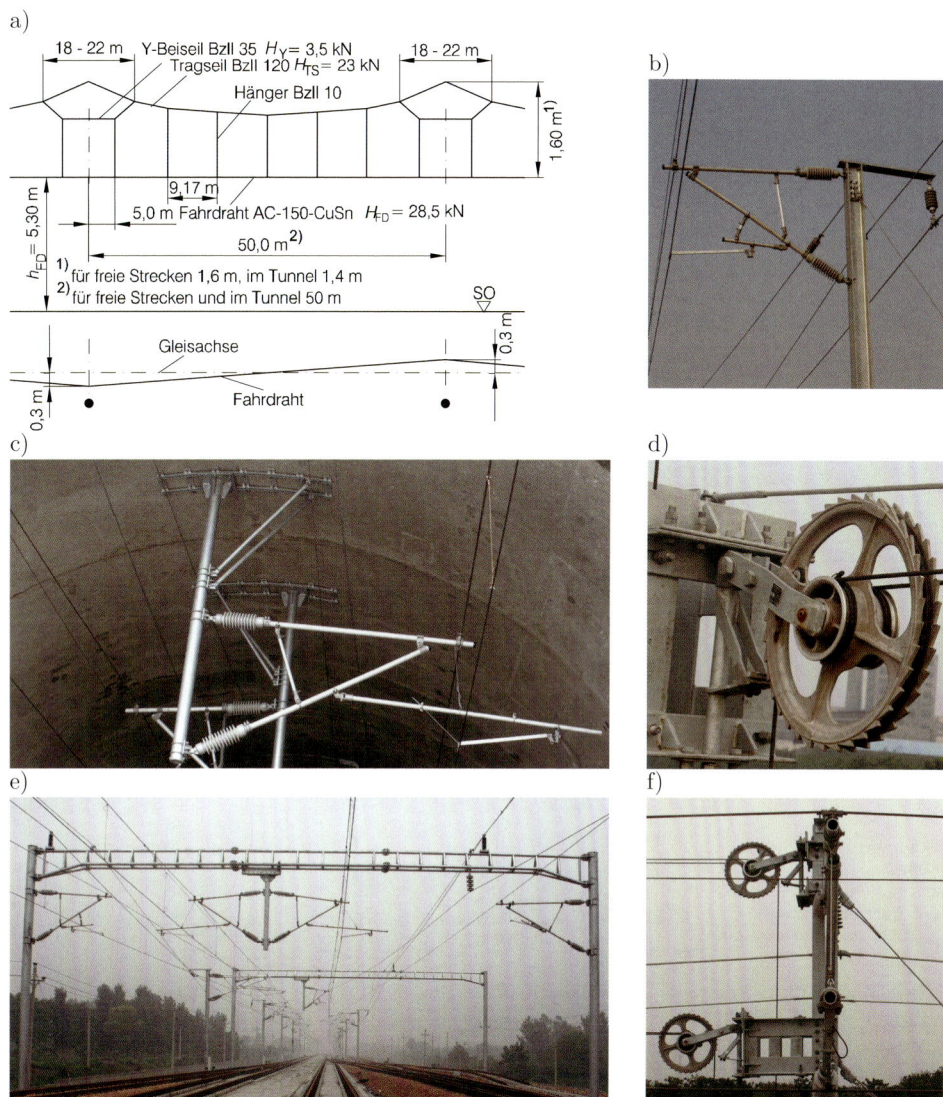

Bild 16.21: Hochgeschwindigkeitsoberleitungen Zhengzhou–Xi'an in der VR China.
a) Wesentliche Merkmale der Hochgeschwindigkeitsoberleitung SiFCAT 350.1, b) Angelenkter Ausleger mit Negativ-Feeder und Rückleitung, c) umgelenkter Ausleger im Tunnel, d) Nachspannvorrichtung der offenen Strecke, e) Joch im Bahnhof Gong Yi, f) Anordnung des Tragseil- und Fahrdraht-Radspanners

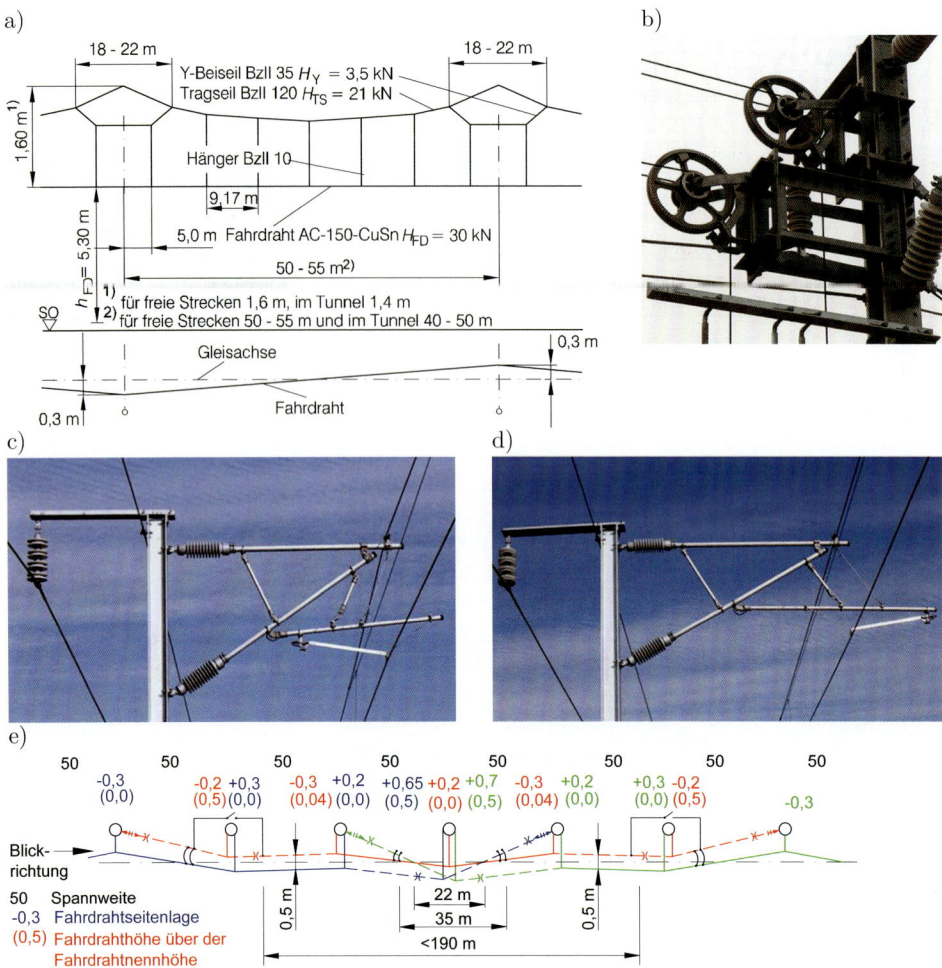

Bild 16.22: Hochgeschwindigkeitsoberleitungen Beijing–Shijiazhuang–Wuhan in der VR China (Fotos: Kai Li, CRCC-EEB). a) Wesentliche Merkmale der Hochgeschwindigkeitsoberleitung SiFCAT 350.2, b) Tragseil und Fahrdraht-Radspanner Typ Pfisterer, Luoyang in China, c) angelenkter Ausleger mit Negativ-Feeder und Rückleitung, d) umgelenkter Ausleger, e) neutrale Zone

Die *Oberleitungsbauart SiFCAT 350.1* ist nach den Entwicklern Siemens AG und FSDI (PR China Railway Fourth Survey and Design Institute Group Ltd.), der geplanten Höchstgeschwindigkeit 350 km/h in der Version 1 benannt. Sie ist das Ergebnis einer deutsch-chinesischen Entwicklung. Die in Europa für den 1 600 mm langen Stromabnehmer entworfene interoperable Oberleitung befahren die Hochgeschwindigkeitszüge CRH 2 und CRH 3 in China mit dem 1 950 mm langen Stromabnehmer, den das Ministerium für Eisenbahn als interoperablen Stromabnehmer festgelegt hat.

Die Oberleitung besteht aus je einem AC-150 – CuMg-Fahrdraht und BzII-120-Tragseil mit BzII-10-Hängern. Die Systemhöhe beträgt 1 600 mm auf der offenen Strecke und im Tunnel 1 400 mm. Die maximale Längsspannweite überschreitet weder auf der offenen Strecke noch im Tunnel 50 m. Wesentliche Merkmale der Oberleitungsbauart SiFCAT 350.1 sind dem Bild 16.21 a) zu entnehmen. Bild 16.21 b) zeigt einen typischen angelenkten Ausleger mit einem zum Gleis fallenden Spitzenankerrohr und Keramikisolatoren im Spitzenanker- und Auslegerrohr. Der Tragseilstützpunkt ist getrennt von der Befestigung des Ausleger- und Spitzenankerrohrs. Eine Stützrohrstrebe fixiert das Stützrohr des angelenkten Stützpunkts. Der Ausleger besteht aus Aluminiumrohren, Armaturen aus Aluminium-Legierungen mit rostfreien Schrauben und Splinten. Bild 16.21 c) zeigt einen umgelenkten Ausleger im Tunnel. Windsicherungen sind nur am umgelenkten Stützpunkt vorhanden. Die Überlappungen sind mit fünf Feldern ausgeführt. Die bewegliche Abfangung des Kettenwerks besteht aus einem Radspanner mit dem Übersetzungsverhältnis 3 : 1 für Fahrdraht und Tragseil (Bild 16.21 d) und f)). Stahlmasten aus H-Profilen, entsprechend der Nutzung als einfacher Trag-, Überlappungs-, Festpunkt- oder Abspannmast, tragen die Ausleger und auch die Rückleitung und Feeder-Leitung. In Bahnhöfen tragen Joche die Hängesäulen mit den Auslegern (Bild 16.21 e)). Die Oberleitungen über Weichen sind im östlichen Teil der Strecke tangential und im westlichen Teil der Strecke kreuzend ausgeführt. Die Überleitverbindungen, mit bis 120 km/h Geschwindigkeit befahrbar, sind mit Oberleitungstrennern ausgerüstet. Die neutralen Zonen sind überwiegend mit einer wirksamen Länge $\geq$ 450 m ausgeführt. In der isolierenden Überlappung sind die Bauteile der Kettenwerke 500 mm voneinander entfernt angeordnet. In beengten Verhältnissen zwischen zwei Tunnelportalen bestehen neutrale Zonen mit 58 m wirksamer Länge (siehe Abschnitt 12.12.10.3).

16.3.13 AC-25-kV-50-Hz-Oberleitung Beijing–Shijiazhuang–Wuhan, China

Die 1 170 km lange *Hochgeschwindigkeitsstrecke von Beijing über Shijiazhuang, Zhengzhou nach Wuhan* ist mit dem bereits 2010 fertiggestellten 968 km langen Abschnitt Wuhan–Guangzhou die weltweit längste Hochgeschwindigkeitsstrecke. Sie beginnt im Norden in Beijing in der Provinz Hebei und verläuft durch die Provinzen Henan und Hubei nach Wuhan. Die Strecke, im Dezember 2012 in Betrieb gegangen, verbindet die Hochgeschwindigkeitsstrecken Zhengzhou-Xi'an und Wuhan-Guangzhou und verkürzt die Reisezeit für den Personenverkehr zwischen Nord-, Zentral-, Ost- und Westchina. Auf der Strecke verkehren die Zugtypen CRH 2 und CRH 3.

Die installierte Oberleitungsanlage ist für 350 km/h Betriebsgeschwindigkeit ausgelegt und wird mit der Stromart 2 AC 50/25 kV 50 Hz betrieben. Die Oberleitungsbauart SiFCAT 350.2 basiert auf den Erfahrungen der von der Siemens AG und FSDI (siehe Abschnitt 16.3.12) entwickelten Bauart der Strecke Zhoungzhou–Xi'an mit Veränderungen, die zur Version 2 führten. Die Oberleitung SiFCAT 350.2 besteht aus einem mit 30 kN nachgespannten AC-150 – CuMg-Fahrdraht, einem mit 21 kN nachgespannten BzII 120-Tragseil, in China als CTMH-150 bzw. JTMH-120-Tragseil bzw. JTMH10 bezeichnet, und BzII 10-Hängern. Die Längsspannweite beträgt 50–55 m auf der offenen

Strecke und im Tunnel 40–50 m, wobei die Längsspannweiten 60 m auf offener Strecke und auf Brücken 50 m nicht überschreiten. Wesentliche Merkmale der Oberleitungsbauart sind dem Bild 16.22 a) zu entnehmen.

Das Bild 16.22 b) zeigt die mit dem Übersetzungsverhältnis 3 : 1 arbeitende Nachspannvorrichtung. Die Bilder 16.22 c) und d) stellen den angelenkten bzw. umgelenkten Ausleger dar, die aus Aluminiumrohren und Aluminiumlegierung-Armaturen bestehen. Im Spitzenanker- und Auslegerrohr sind Keramikisolatoren montiert. Der Tragseilstützpunkt ist getrennt von der Verbindung zwischen Ausleger- und Spitzenankerrohr ausgeführt. Seitdem auf einer südchinesischen Strecke ein gebrochener Stützrohrhänger zur Oberleitungsstörung führte, fixiert eine Stützrohrstrebe parallel zum Stützrohrhänger das Stützrohr des an- und umgelenkten Stützpunkts. Windsicherungen sind am an- und umgelenkten Stützpunkten vorhanden.

Die nicht isolierende und isolierende Überlappung besteht jeweils aus fünf Feldern mit 0,5 m elektrischem Abstand zwischen den Bauteilen der Kettenwerke. Die Phasentrennstellen mit neutralen Zonen mit 50 m wirksamer Länge bestehen aus sechs Feldern. In den neutralen Zonen beträgt der elektrische Abstand zwischen den Bauteilen der Kettenwerke 0,5 m (Bild 16.22 f)). Die positiven Betriebserfahrungen mit dieser kurzen neutralen Zone auf den Strecken Zhengzhou–Xi'an und Wuhan–Guangzhou führten auch zur Anwendung dieser Bauart auf der Strecke Beijing–Shijiazhuang–Wuhan.

Stahlmasten aus H-Profilen, entsprechend der Nutzung als einfacher Trag-, Überlappungs-, Festpunkt- oder Abspannmast, tragen die Ausleger, die Rück- und Feeder-Leitungen. In Bahnhöfen tragen Joche die Hängesäulen mit den Auslegern.

Die Oberleitungen über Weichen ist im nördlichen Teil der Strecke tangential und im südlichen Teil der Strecke kreuzend ausgeführt. Die Überleitverbindungen, befahrbar mit Geschwindigkeiten bis 120 km/h, sind mit Oberleitungstrennern ausgerüstet.

16.3.14 AC-25-kV-60-Hz-Oberleitung Tokaido, Japan

Die *Japanische Eisenbahn* (JR) verwendete beim Bau der *Shinkansen-Bahn* von Tokyo nach Osaka auf der 515 km langen Strecke die Regelspurweite 1 435 mm. Über 400 000 Fahrgäste fahren täglich mit den Zügen der Tokaido-Hochgeschwindigkeitsstrecke. Diese Eisenbahnlinie gilt als die weltweit am stärksten belastete Hochgeschwindigkeitsstrecke. Die *Tokaido-Hochgeschwindigkeitsstrecke*, die die JR Central mit dem Bahnenergieversorgungssystem 1 AC 25 kV 60 Hz betreibt, erlaubte bei der Inbetriebnahme im Jahre 1964 210 km/h Betriebsgeschwindigkeit.

Die dafür entwickelte *Verbundoberleitung* mit Hilfstragseil sorgt für eine gleichmäßige Elastizität (Bild 16.23 a)). Das Stahltragseil mit 180 mm^2 wird mit 25 kN, das Kupfer-Kadmium-Hilfstragseil mit 50 mm^2 und der Hart-Kupferfahrdraht mit 170 mm^2 werden jeweils mit 15 kN nachgespannt [16.24].

Je ein Seitenhalter legt die Seitenlage des Fahrdrahts und des *Hilfstragseils* mit 150 mm fest (Bild 16.23 b)). Beide Seitenhalter sind am Stützrohr befestigt. Die Fahrdrahthöhe beträgt 5,0 m. Das Tragseil lässt sich entsprechend der Gleislage auf dem Spitzenrohr verschieben. Beim umgelenkten Stützpunkt ist das Tragseil zwischen Mast und Auslegerspitze verschiebbar. Der angelenkte Stützpunkt lässt die Verschiebung des Tragseils

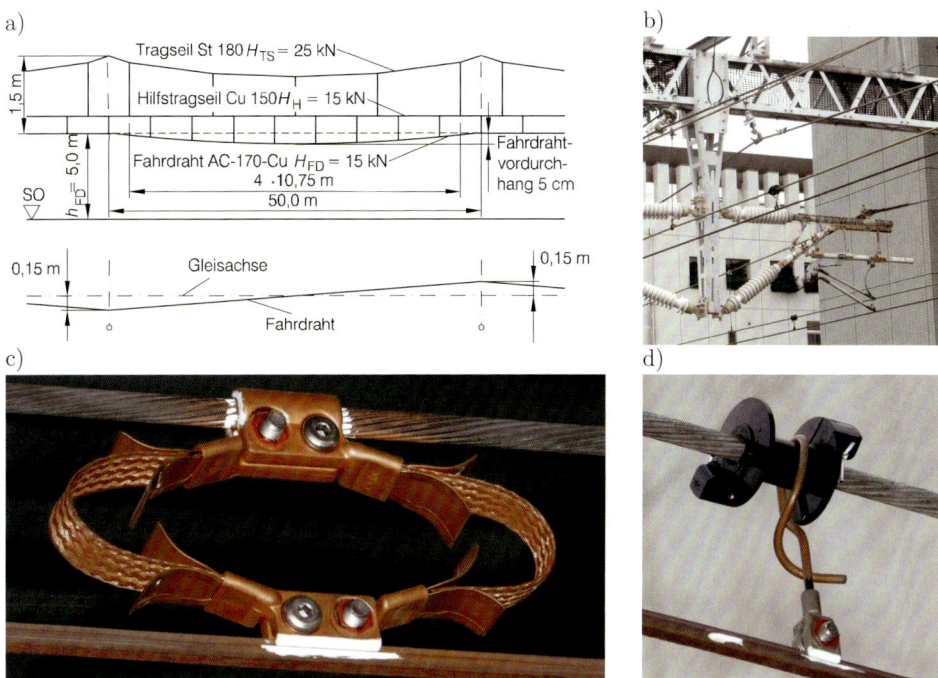

Bild 16.23: Oberleitung der Tokaido-Hochgeschwindigkeitsstrecke in Japan (Fotos: Siemens AG, M. Hoffmann). a) Wesentliche Merkmale der Oberleitungsbauart, b) Ausleger im Bahnhof Tokio der Tokaido-Strecke, c) Dämpfungselement zwischen Fahrdraht und Hilfstragseil, d) Hänger zwischen Hilfstragseil und Fahrdraht

auf dem überstehenden Stützrohr zu. Am Spitzenrohr befindet sich eine Platte mit Bohrungen zur Arretierung der Tragseildrehklemme und zur Verbindung zwischen Ausleger- und Spitzenrohr.

Dämpfungselemente zwischen Fahrdraht und Hilfstragseil sollen Schwingungen in Kettenwerken begrenzen (Bild 16.23 c)). Der Fahrdraht ist über biegesteife Hänger ohne feste Verbindung am Hilfstragseil befestigt (Bild 16.23 d)).

Einzelmaststützpunkte werden bevorzugt auf Strecken mit großen Gleisradien verwendet, Jochkonstruktionen in den Bahnhöfen. Die Nachspannlängen betragen 1 500 m. Fünffeldrige Überlappungen sorgen für den Übergang zwischen den einzelnen Abspannabschnitten.

16.3.15 DC-3,0-kV-Oberleitung Direttissima Rom–Florenz, Italien

Die *Italienische Staatsbahn* (FS) betreibt die 1991 errichtete, 238 km lange Hochgeschwindigkeitsstrecke Rom–Florenz mit DC 3 kV bis 250 km/h Betriebsgeschwindigkeit [16.12]. Im südlichen Teil der Strecke besteht das Kettenwerk aus einem Tragseil und

Bild 16.24: Joch mit Ausleger und Hängesäulen auf der Direttissima Rom–Florenz bei Valdarno im nördlichen Abschnitt, Italien (Foto: B. Puschmann).

Bild 16.25: Verbindung der Joche mit den Gründungen auf der DC 3 kV Strecke Rom–Florenz, Italien, (Foto: B. Puschmann).

zwei Fahrdrähten. Y-Beiseile sind bei dieser Bauart nicht vorhanden. Das Tragseil ist mit 27,5 kN, die Fahrdrähte mit je 15 kN nachgespannt. *Flaschenzug-Nachspannvorrichtungen* mit zwei Rollen gleichen in diesem Abschnitt Längenänderungen des Kettenwerkes aus.

Im nördlichen Streckenteil besteht das Kettenwerk aus zwei Fahrdrähten AC-150 – Cu, jeder mit 15 kN nachgespannt, und zwei 160 mm^2 Kadmium-Kupfer-Tragseilen, jedes mit 15 kN nachgespannt.

An den Stützpunkten sichern zwei Y-Beiseile die gleichmäßige Elastizität im Spannfeld. Flaschenzug-Nachspannvorrichtungen spannen die Tragseile und die Fahrdrähte getrennt nach. Dreifeldrige Parallelfelder dienen dem Kettenwerkswechsel. *Joche* nehmen oberhalb der Kettenwerke die Nachspannvorrichtungen auf, wobei Umlenkrollen die Nachspannseile zu den Nachspanngewichten innerhalb der Masten führen.

Rohrschwenkausleger tragen das Kettenwerk. Meist werden Seile als Spitzenanker verwendet. Verzinkte Stahlgitterhängesäulen, die an den Jochen angebaut sind, nehmen die Ausleger auf. Die Verwendung von Jochen überwiegt (Bild 16.24). Ein Gelenk befestigt die Jochmasten auf dem Fundament (Bild 16.25), das nur vertikale und horizontale Kräfte, jedoch keine Momente auf die Gründung überträgt.

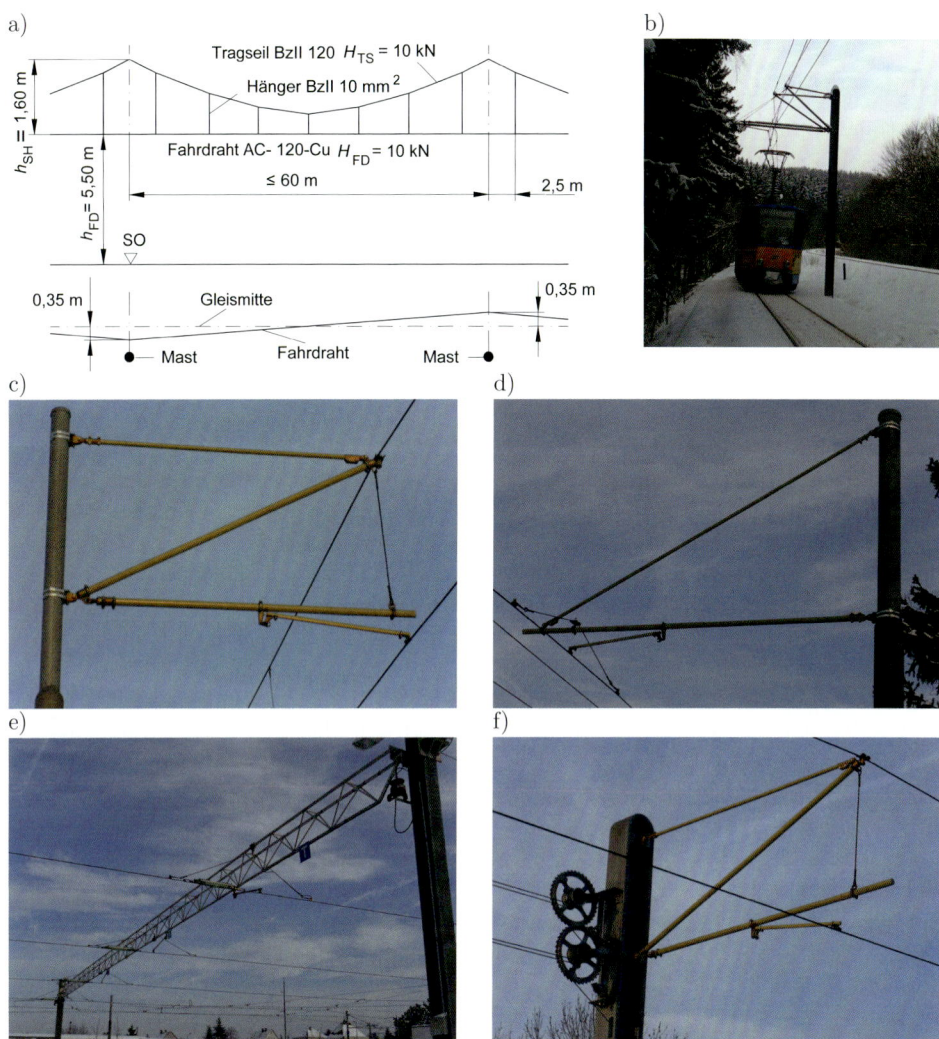

Bild 16.26: Oberleitung der Thüringer Waldbahn, (Fotos: Thüringerwaldbahn und Straßenbahn Gotha GmbH, M. Franke, 2013).
a) Merkmale der DC-0,6-kV-Neubau-Kettenwerksoberleitung, b) Triebzug am H-Profilmast mit Doppelausleger, c) GFK-Ausleger für den angelenkten Kettenwerksstützpunkt, d) GFK-Ausleger für den angelenkten Einfach-Oberleitungsstützpunkt, e) Joch im Betriebshof, f) Nachspannvorrichtung mit Führung der Gewichte in den Flanschen

16.4 Regionalbahnen

16.4.1 DC-0,6-kV-Oberleitung Gotha–Tabarz

Die Union Elektrizitäts-Gesellschaft Berlin, der Vorgänger der späteren AEG, errichtete im Stadtgebiet Gotha in Thüringen 1893 eine elektrisch betriebene Straßenbahn mit 1000 mm Spurweite, die 1894 in Betrieb ging. Es folgten 1929 die Strecken Gotha Hauptbahnhof–Tabarz mit rund 22 km und die Stichstrecke Gleisdreieck–Waltershausen mit rund 2 km. Die Thüringer Elektrizitäts-Lieferungsgesellschaft (ThELG) veranlasste den Bau und Betrieb dieser eingleisigen Strecke.

Die heutige *Thüringerwaldbahn und Straßenbahn Gotha GmbH* betreibt fünf Gleichrichterwerke mit Leistungen zwischen 1,125 MW und 3,375 MW je Unterwerk. Die Unterwerke speisen die DC-0,6-kV-Oberleitung mit 1,5 kA bis 4,5 kA. Die Oberleitung besteht außerhalb des Stadtgebiets überwiegend aus einer Kettenwerksoberleitung mit rund 60 m Mastabstand (Bild 16.26 a)). Streckenabschnitte innerhalb des Stadtgebiets sind mit Einfach-Oberleitung und an stark belasteten Abschnitten mit einer Kettenwerksoberleitung ausgerüstet (Bild 16.26 c)). Die 65 km/h Streckenhöchstgeschwindigkeit ermöglicht in Abhängigkeit der Topografie, Gleisgeometrie und Fahrzeugtyp auf dem Streckenabschnitt des Überlandbereichs eine 55 minütige Fahrzeit von Gotha nach Tabarz einschließlich der Zwischenhalte. Im Stadtgebiet Gotha sowie auf der Waldbahnstrecke befördert die Thüringerwaldbahn und Straßenbahn Gotha GmbH in einem 10- bis 30-min-Takt täglich rund 5000 Fahrgäste.

Die Fundamente der Oberleitungsmasten sind Rohrgründungen. Im Stadtgebiet Gotha und Waltershausen tragen die Fundamente zylindrisch abgesetzte Stahl-Rundmaste in schlanker Ausführung und mit Klöpperboden zur Abdeckung des Mastzopfes. Auf der Waldbahnstrecke außerhalb von Gotha kommen vorwiegend H-Profilmasten oder durch SPL entwickelte Masten zur Anwendung. Die verzinkten Stahlmasten haben im Erdübergangsbereich einen Schutzanstrich als zusätzlichen Korrosionsschutz. Zusätzliche Betonkappen schützen an besonderen Abschnitten den Korrosionsschutz der Masten vor herab rollendem Schotter als Schotterfang. Auf den noch nicht erneuerten Streckenabschnitten im Stadtgebiet Gotha und Waltershausen sind noch Betonrundmasten vorhanden. Auf der Waldbahnstrecke Gotha-Sundhausen–Gleisdreieck-Waltershausen finden sich noch Flach- und Gittermasten aus korrosionsträgem Stahl (KTS) als Aufsetzmasten auf Blockfundamenten. Abschnittsweise tragen diese Masten noch Rohrschwenkausleger aus verzinkten Stahlrohren und Hängeisolatoren.

Das Stützrohr der neuen Ausleger für die tragseillose Einfach-Oberleitung besteht aus einem 55-mm-GFK-Stab und das Ankerrohr je nach Belastung des Auslegers aus einem 38-mm- oder 55-mm-GFK-Stab (Bild 16.26 d)). Die Fahrdrahtstützpunkte bestehen bei diesem Ausleger aus Seitenhaltern mit Seilgleitern (Bild 16.26 d)). In engen Gleisradien von Wendeschleifen sind zusätzlich doppelte Kurvenabzüge montiert, um starke Abwinklungen des Fahrdrahts zu vermeiden. Bei der Kettenwerksoberleitung bestehen die Ausleger aus 38 bis 55 mm starken GFK-Rundstäben (Bild 16.26 c), d) und f)). Die Oberleitungsarmaturen sind aus einer Kupfer-Aluminium-Mehrstoffbronze. Auf dem Betriebshof tragen Joche über mehrere Gleise die Oberleitungsstützpunkte. Die aus Aluminiumrohren geschweißten Joche liegen auf H-Profilmasten.

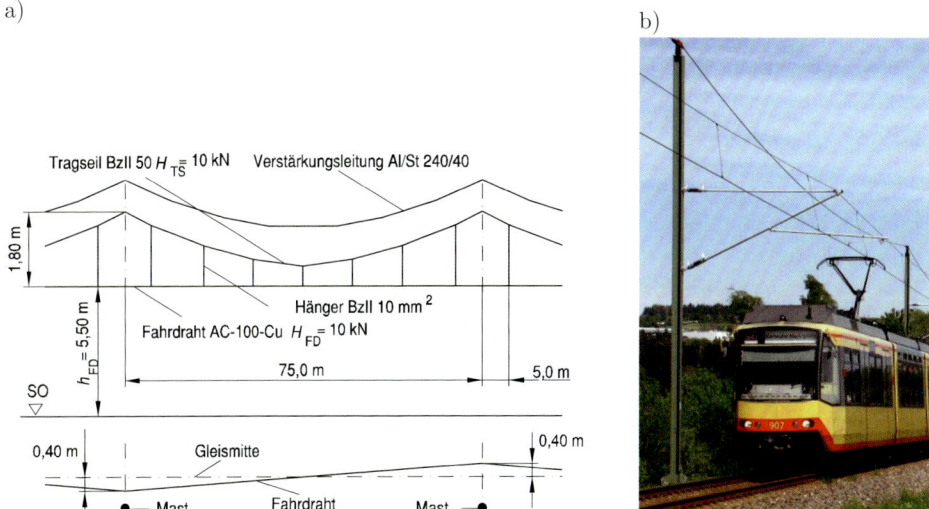

Bild 16.27: Oberleitungsbauart Re100 der AVG von Eutingen nach Freudenstadt mit dem Straßenbahnfahrzeug Typ GT8-100D/2S-M (Fotos: SPL Powerlines Germany GmbH, R. Hickethier). a) Merkmale der Oberleitungsbauart Re100, b) Stahlmast mit Al-Ausleger und Umgehungsleitung vom Unterwerk Eutingen über Freudenstadt nach Raumünzach

Als Fahrdraht der Einfachfahrleitung ist im Stadtgebiet Gotha und Waltershausen sowie in den Wendeschleifen und im Betriebshof überwiegend AC-100–Cu vorhanden. Ab 2005 verwendet die Thüringenwaldbahn in neuen Anlagen AC-120–Cu-Fahrdraht. Leichbautstreckentrenner unterteilen die Speiseabschnitte in den Kettenwerken.

16.4.2 15-kV-16,7-Hz-Oberleitung Eutingen–Freudenstadt

Die *Albtal-Verkehrs-Gesellschaft mbH (AVG)* ist bestrebt, die gemeinsame Nutzung des DC-0,75-kV- und AC-15-kV-16,7-Hz-Netzes mit gleichen Fahrzeugen ständig zu verbessern und das Netz zu erweitern. Sie elektrifizierte den eingleisigen, rund 30 km langen Regionalbahn-Streckenabschnitt von Eutingen im Gäu nach Freudenstadt. Nutzten vor der Elektrifizierung täglich rund 500 Fahrgäste die Strecke, hat sich diese Zahl im Jahr 2009 auf rund 1 400 Fahrgäste erhöht und damit nahezu verdreifacht. Durch die Elektrifizierung dieser Regionalstrecke können die elektrischen Züge der AVG und der DB von Karlsruhe über Freudenstadt nach Stuttgart verkehren.

Die AC-15-kV-16,7-Hz-Oberleitungsbauart Re100 entspricht den Anforderungen der Regionalbahn. Die Fundamente, als Ortbeton-Fundamente ausgeführt, tragen H-Profil-Stahlmasten. Instandhaltungsarme Aluminium-Ausleger führen das Kettenwerk ohne Y-Beiseile. Zur Energieversorgung der vom Unterwerk entfernt liegenden Speiseabschnitte führen die Oberleitungsmasten eine Speiseleitung 243-AL1 vom Unterwerk Eutingen über Freudenstadt nach Raumünzach. Die Daten dieser Oberleitungsbauart zeigt Bild 16.27 a).

a)  b)

Bild 16.28: Oberleitungsbauart Re100 der DB Netz zwischen Borna und Geithain (Foto: SPL Powerlines Germany GmbH, R. Hickethier). a) Zweigleis-Ausleger im Bereich des Haltepunkts, b) Einzelmastbauweise auf der freien Strecke

16.4.3 15-kV-16,7-Hz-Oberleitung Borna–Geithain

Die Teilstrecke Borna–Geithain liegt auf der sächsischen Hauptstrecke Leipzig–Neukieritzsch–Chemnitz. Sie zweigt in Neukieritzsch von der Strecke Leipzig–Hof ab und führt über Borna und Geithain nach Chemnitz. Mit der Inbetriebnahme des Leipziger City-Tunnels 2013 verkehren elektrisch betriebene S-Bahnen und Regionalbahnen von Leipzig über Borna bis Geithain. Zur Vorbereitung dieser Betriebsaufnahme elektrifizierte die *Deutsche Bahn Netz AG (DB Netz)* bereits 2010 die 18 km lange Teilstrecke von Borna nach Geithain mit der Oberleitungsbauart Re100.

Die AC-15-kV-16,7-Hz-Oberleitungsbauart Re100 entspricht den Anforderungen der S- und Regionalbahn (Bild 16.27 b)). Auf der freien Strecke überwiegt die Einzelmastbauweise, in einen kurzen Teilabschnitt der eingleisigen Strecke tragen im Haltepunkt Frohburg Zweigleis-Ausleger die Oberleitungen beider Gleise.

Die Fundamente im Bereich des Haltepunkts, als Ortbeton-Fundamente ausgeführt, tragen die Winkeltragmasten (Bild 16.28 a)) und auf der freien Strecke nehmen gerammte Pfahlgründungen die Betonmasten auf (Bild 16.28 b)). Aluminium-Ausleger führen das Kettenwerk ohne Y-Beiseile. Zur Energieversorgung des vom Schaltposten Neukieritzsch entfernt liegenden Streckenabschnitts führen die Oberleitungsmasten eine Speiseleitung 243-AL1.

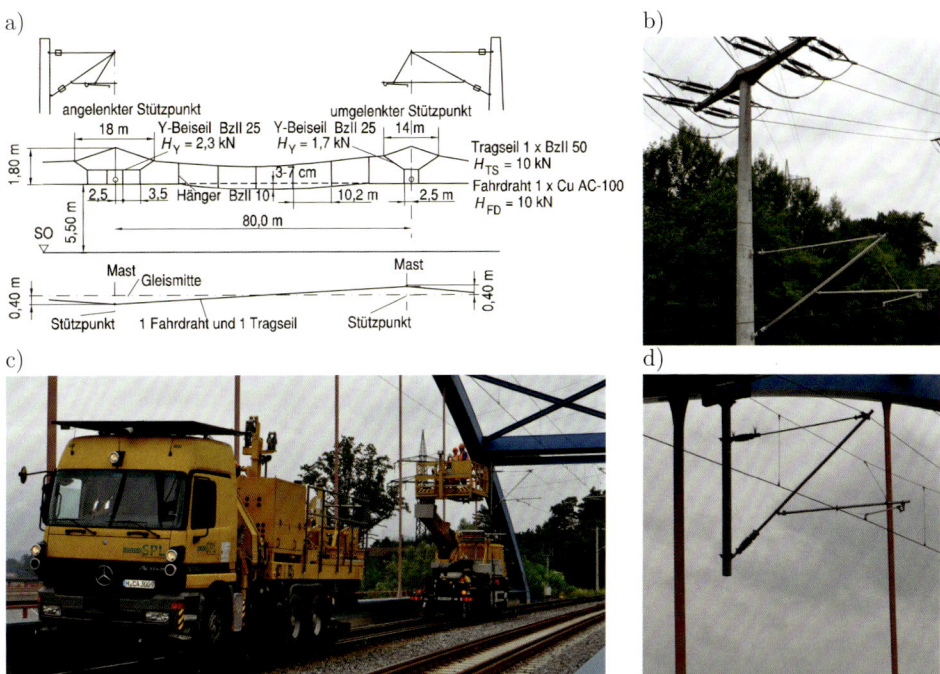

Bild 16.29: Bauart Re200 als S-Bahnoberleitung für die offene Strecke Nürnberg–Lauf–Hartmannshof (Fotos: SPL Powerlines Germany GmbH, R. Hickethier).
a) Merkmale der Re200-Oberleitungsbauart auf der offenen Strecke, b) Betonmast mit Ausleger der freien Strecke und 110-kV-Bahnstromleitung, c) Fahrdrahtzug mit einem Zwei-Wege-Fahrzeug, d) Stützpunkt an der Autobahnbrücke

16.5 S-Bahnen

16.5.1 S-Bahnen mit Oberleitungen

16.5.1.1 AC-15-kV-16,7-Hz-Oberleitung Nürnberg–Lauf

Die S-Bahn im Großraum Nürnberg-Fürth-Erlangen, am 26. September 1987 mit der ersten Linie von Nürnberg nach Lauf links der Pegnitz in Betrieb genommen, verfügt seitdem über ein Streckennetz von 224 km, welches aus vier Linien besteht. Der Betreiber DB Regio Franken transportiert täglich 105 000 Fahrgäste aus dem Umland im Großraum Nürnberg-Fürth-Erlangen. Mit der Erweiterung der ersten S-Bahn-Linie über Lauf hinaus nach Hartmansdorf entstand 2011 eine zweigleisige Strecke, die nun weiter ins Umland reicht. Bild 16.29 a) zeigt die wesentlichen Merkmale der *Oberleitung Re200* (Nürnberg)–Lauf–Hartmannshof für offene Strecken. Auf der S-Bahnstrecke Lauf–Hartmannshof verläuft die 110-kV-16,7-Hz-Bahnstromleitung auf Beton-Oberleitungsmasten (Bild 16.29 b)). Damit ließen sich zusätzliche Freileitungsmasten vermeiden und die Flächeninanspruchnahme der Freileitung reduzieren.

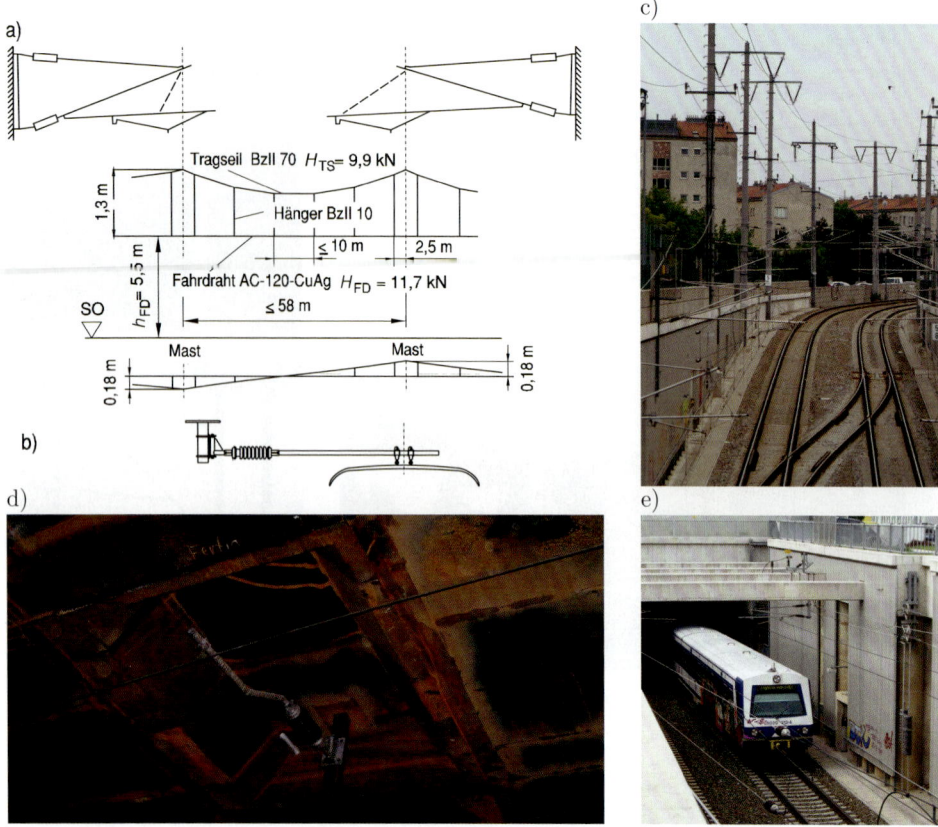

Bild 16.30: Merkmale der Oberleitungsbauart 1.2 Wien–Schwechat-Flughafen (Fotos: SPL Powerlines Austria GmbH & Co KG, H. Roman).
a) Wesentliche Merkmale der Bauart ÖBB 1.2 auf der offenen Strecke, b) Tunnelstützpunkt, c) 1-AC-110-kV-16,7-Hz-Leitung an den Rechteck-Betonmasten der Oberleitung, d) Stützpunkt im Tunnel, e) Tunnelportal mit Nachspannvorrichtung im Stadtbereich

Bild 16.29 c) zeigt den Fahrdrahtzug mit zwei Zweiwege-Fahrzeugen auf der Brücke über die Autobahn A9. Dort sind die Ausleger über Hängesäulen an der Brückenkonstruktion befestigt (Bild 16.29 d)).

16.5.1.2 AC-15-kV-16,7-Hz Oberleitung Wien–Schwechat

Die S-Bahn Wien, im Jahre 1962 eröffnet, verbindet heute mit 13 Linien und einer kurzen Zugfolge Wien mit dem Umland und transportiert täglich rund 300 000 Passagiere. Die Österreichischen Bundesbahnen (ÖBB) betreiben die Wiener S-Bahn, wie auch die Fernbahnen, mit der Stromart AC 15 kV 16,7 Hz.

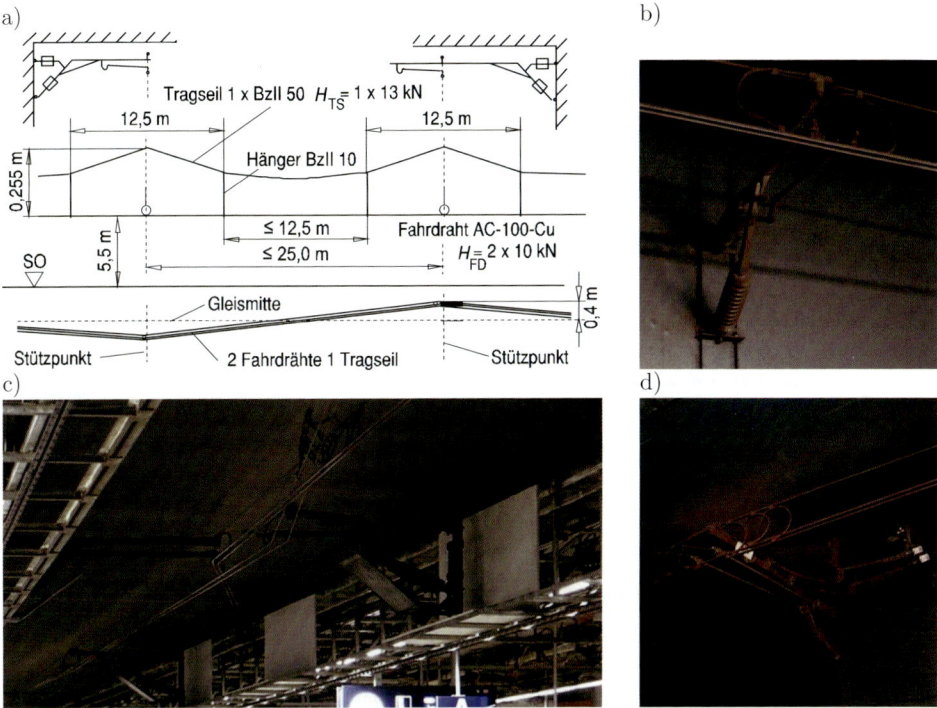

Bild 16.31: S-Bahn-Oberleitung Deutsche Bahn für Tunnelanwendungen (Fotos: A. Bauer). a) Wesentlichen Merkmale der S-Bahn-Oberleitung für Rechteck-Tunnelanwendungen, b) angelenkter Stützpunkt im S-Bahn-Tunnel in München, c) Überlappung, d) Einspeisung der Oberleitung

Der im Jahr 2003 abgeschlossene Umbau der Flughafen-S-Bahn-Linie 7 ermöglicht einen Halbstundentakt zwischen der Wiener Innenstadt und dem Flughafen Schwechat. In 16 Minuten und mit 120 km/h Betriebsgeschwindigkeit erreichen die Fahrgäste mit dem City Airport Train (CAT) vom Umsteigeknoten Wien Mitte den Flughafen.

Die Bauart ÖBB 1.2 der S-Bahn Wien (Bild 16.30 a)) nutzt Aluminiumausleger, die an rechteckigen Betonmasten befestigt sind. Die Betonmasten tragen abschnittsweise eine AC-110-kV-16,7-Hz-Bahnstromleitung (Bild 16.30 b)). Parallel zur Oberleitung führen die Masten eine Rückleitung 257-AL1/60-ST1A.

Die Trasse führt durch einige Wiener Stadtbezirke, wodurch viele an örtliche Bedingungen angepasste Konstruktionen (Bild 16.30 c)) notwendig waren. Zur Station Wien Mitte führen die Gleise durch einen Tunnel mit 5,33 m lichter Höhe (Bild 16.30 d)). Im Bild 16.30 a) sind die wesentlichen Parameter der Oberleitungsbauart 1.2 sowie ein Stützpunkt im Tunnelbereich (Bild 16.30 b)) dargestellt.

Bild 16.32: Merkmale der Oberleitungsbauart RER Paris, 2013. a) einfache Bauart, b) verstärkte Bauart, c) Ausleger am Bahnsteig, d) Stützpunkt im Tunnel, e) Jochbauweise

16.5.1.3 AC-15-kV-16,7-Hz-S-Bahn-Oberleitung der DB

Die *S-Bahn-Oberleitung* der DB ist für Rechtecktunnel in offener Bauweise oder Rundtunnel in bergmännischer Bauweise bis 100 km/h Betriebsgeschwindigkeit vorgesehen. Bild 16.31 a) enthält die wesentlichen Merkmale dieser Bauart für einen Rechtecktunnel. Charakteristisch sind das Tragseil mit 13 kN Zugkraft und die zwei Fahrdrähte AC-100–Cu mit jeweils 10 kN Zugkraft. Bild 16.31 b) zeigt einen angelenkten Stützpunkt mit zwei Seitenhaltern. In der Überlappung tragen jeweils paarweise angeordnete Ausleger die Fahrdrähte der beiden Nachspannlängen (Bild 16.31 c)). Bild 16.31 d) stellt eine Einspeisung der Oberleitung der Münchner S-Bahn dar.

Tabelle 16.5: Verkehrsanteile der RATP in Paris.

Verkehrsmittel	Anteil am Verkehrsaufkommen in %
Metro	48
Bus	34
S-Bahn (RER)	15
Straßenbahn	2
U-Bahn (Orlyval)	0,5
Standseilbahn in Montmartre	0,5

16.5.1.4 DC-1,5-kV-Oberleitung der RER, Paris

Réseau Express Régional d'Île-de-France (RER) ist das S-Bahn-Netz im Großraum Paris. Die unabhängige Pariser Transportverwaltung (*Régie autonome des transports Parisiens* – RATP) und die französische Eisenbahngesellschaft (Société nationale des chemins de fer français – SNCF) betreiben auf dem 587 km langen RER-Streckennetz die S-Bahnlinien A und B. Die Linien C, D und E betreibt die SNCF allein. Die RER-Linien bilden Durchgangsverbindungen zwischen den Vororten durch die Hauptstadt. Die RER-Linien erschließen die Umgebung von Paris (Tabelle 16.5) und transportieren rund eine Million Fahrgäste pro Tag.

Auf dem RER-Netz verkehren auf den Linien B, C, und D Zweisystemfahrzeuge für DC 1,5 kV und AC 25 kV 50 Hz, die auf den RATP-S-Bahn- sowie den südwestlichen SNCF-Linien mit DC und in den nördlichen Pariser Regionen mit AC gespeist werden. Das Bild 16.32 a) zeigt den Aufbau der einfachen DC-1,5-kV-Oberleitung, Bild 16.32 b) den der verstärkten DC-1,5-kV-Oberleitung der RER. Die einfache Oberleitung besteht aus einem Tragseil, zwei Fahrdrähten und hat kein Hilfstragseil. Die verstärkte Oberleitung nutzt einen Fahrdraht, ein Tragseil und ein Hilfstragseil. Bei der einfachen Oberleitung sind die Hänger aus flexiblen Bronzeseil (Bild 16.32 a)). Bei verstärkte Oberleitung bestehen die Hänger zwischen Tragseil und Hilfstragseil aus Kupferdrähten. Zwischen dem Hilfstragseil und dem Fahrdraht sind schlaufenförmige Kunststoffflachprofile als Hänger angeordnet, um den Stromfluss zwischen Fahrdraht und Hilfstragseil zu verhindern. Stattdessen sind in kurzen Abständen Stromverbinder vorhanden. Am Festpunkt ist der Ausleger mit Festpunktankerseilen fixiert, Z-Seile sind nicht vorhanden.

16.5.1.5 DC-1,5-kV-Oberleitung Santo Domingo, Dominikanische Republik

Die rapide Zunahme des Verkehrs führte zur Entscheidung, ein S-Bahn-Netz zur Verbesserung der Verkehrssituation in Santo Domingo zu bauen. Die erste Linie ist seit 29. Januar 2009 im Betriebseinsatz. *Oficina Para el Reordenamiento del Transporte (OPRET)* betreibt nach der Tren Urbano in San Juan, Puerto Rico, die zweite S-Bahn in der Karibik. Die Linie verläuft vom Stadtzentrum im Tunnel und ab der Station Máximo Gómez auf dem Viadukt über den Rio Ozama bis zur Endstation Mamá Tingó im Norden. Auf der offenen Strecke werden die Triebfahrzeuge über die Oberleitungsbauart Sicat LD (Bilder 16.33 a) und 16.33 b)) mit DC 1,5 kV versorgt.

Die Oberleitungsbauart Sicat LD verwendet in Santo Domingo Fahrleitungsmasten aus Stahlrohren. In den Stationen der offenen Strecke sind die Ausleger an harmonisch in die

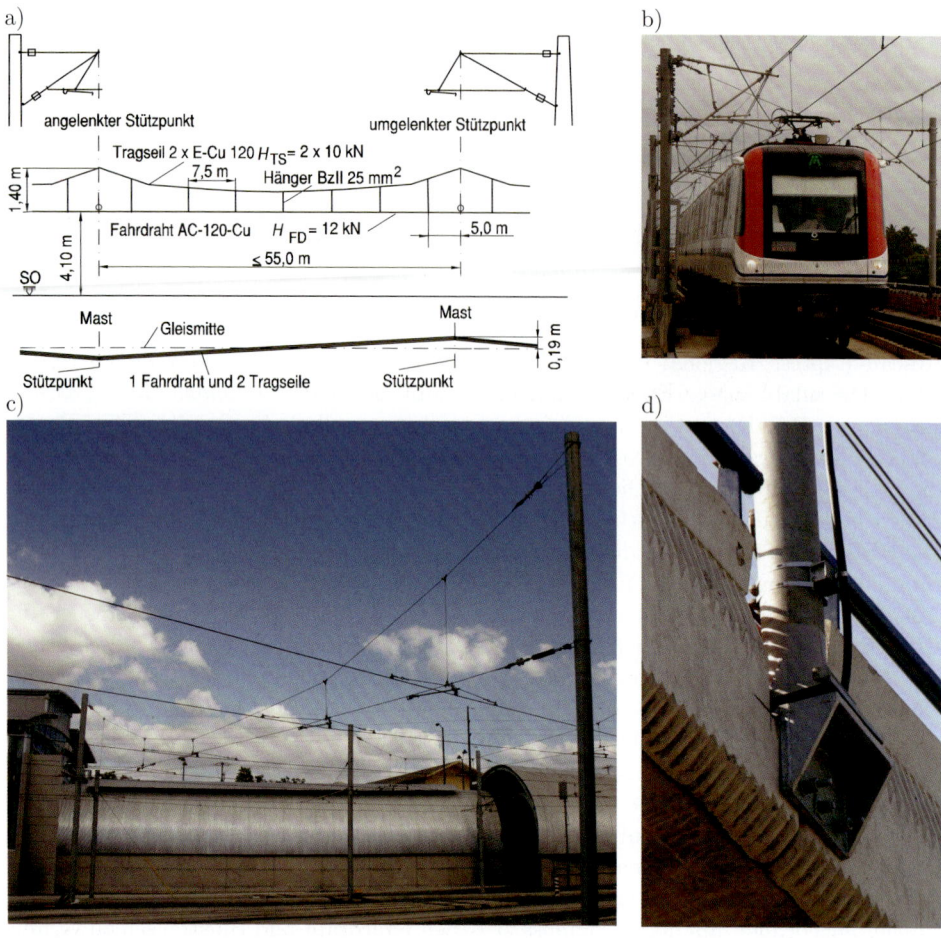

Bild 16.33: Oberleitung Sicat LD Santo Domingo.
a) Merkmale der Oberleitungsbauart Sicat LD, b) Alstom-Triebzug Metropolis 9000, c) Querfeld im Depot, d) Mastbefestigung am Viadukt

Tragwerkskonstruktion eingefügten Hängesäulen befestigt. Die Bauart Sicat LD [16.7] nutzt mit Sicat MASTER [16.8] berechnete Aluminiumausleger. Das Kettenwerk besteht aus einem Fahrdraht AC-120–Cu mit zwei Tragseilen 120-Cu-ETP und Hängern aus 25 mm² flexiblen Kupferseilen. Der Fahrdraht und die beiden Tragseile sind jeweils mit Radspannern mit Gussgewichten beweglich abgespannt, wobei ein Radspanner die beiden Tragseile nachspannt. Leichtbau-Streckentrenner Sicat 8WL5545-7A trennen die Speiseabschnitte elektrisch voneinander. Die Oberleitung ist über Weichen kreuzend ausgeführt. Im Depot sind rund 10 km Oberleitung wegen der beengten Verhältnisse an Querfeldern mit bis 25 m Querspannweite verlegt (Bild 16.33 c)). An einzelnen Gleisen tragen Einzelausleger die Einfachoberleitung mit einem Fahrdraht AC-120–Cu. An der

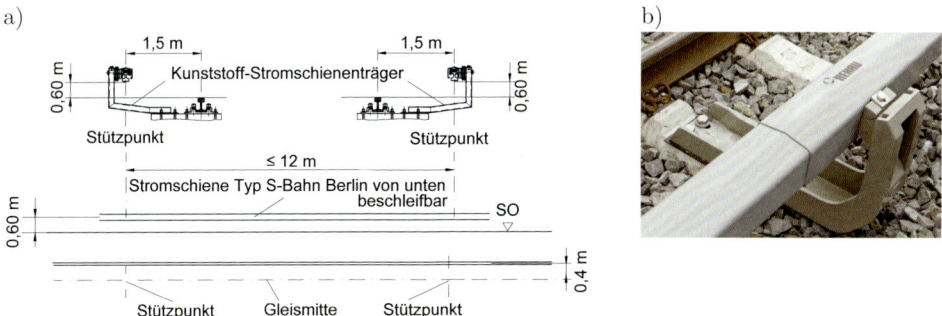

Bild 16.34: Dritte Schiene S-Bahn Berlin. a) Wesentliche Merkmale der Stromschienen-Bauart S-Bahn Berlin, b) Kunststoff-Stromschienenträger (Foto: Rehau AG)

Depoteinfahrt separieren Trenner die Oberleitung der Hallengleise von denjenigen der Außengleise.

16.5.2 S-Bahnen mit Dritter Schiene

16.5.2.1 DC-0,75-kV S-Bahn Berlin

Das Streckennetz der *S-Bahn Berlin* umfasst 332 km mit 15 Linien und 166 Bahnhöfen. Den Betrieb führt die S-Bahn Berlin GmbH als Tochter der Deutschen Bahn und als ein Unternehmen im Verkehrsverbund Berlin-Brandenburg durch.

Mit der Betriebseröffnung im Jahr 1900 auf der 11,9 km langen Strecke Wannsee–Zehlendorf mit DC 0,75 kV und von oben beschliffener Stromschiene führte Siemens & Halske erstmals den elektrischen Vorortbetrieb mit einem Triebzug bestehend aus zehn Abteilwagen und dreiachsigen Triebwagen an beiden Zugenden, durch. Täglich fanden 15 Zugfahrten je Richtung statt. 1903 begann der elektrische Betrieb auf der 9,3 km langen Strecke vom Potsdamer Vorortbahnhof nach Groß-Lichterfelde-Ost mit DC 0,55 kV und einer von oben beschliffenen Stromschiene der Union Electrizitäts-Gesellschaft Berlin (UEG), später AEG. 1924 begann vom Stettiner Vorortbahnhof, dem heutigen Nordbahnhof, nach Bernau der Betrieb mit DC 0,75 kV und einer von unten bestrichenen Stromschiene. Mit der Umstellung des elektrischen Betriebs auf der Strecke Potsdamer-Vorortbahnhof–Groß-Lichterfelde-Ost auf DC 0,75 kV und einer von unten beschliffenen Stromschiene entstand 1929 das heute noch verwendete Dritte-Schiene-Vorortbahnnetz mit 220 km Länge, welches ab 1930 die Bezeichnung Stadtschnellbahn und die Kurzbezeichnung S-Bahn trug.

Bild 16.34 a) enthält wesentliche Daten der Dritten Schiene bei der Berliner S-Bahn. Der Querschnitt der heute verwendeten Aluminium-Verbund-Stromschiene ist dem Abschnitt 11.3.2 zu entnehmen. Kunststoffträger führen die von unten beschliffene Aluminium-Verbund-Stromschiene, die auch die Kunststoffabdeckung als Berührungsschutz der Stromschiene fixieren (Bild 16.34 b)). An dem Stromschienenträger lässt sich die notwendige Stromschienenhöhe einstellen, der horizontale Abstand der Stromschiene vom Gleis an der Befestigung des Stromschienenträgers an der Schwelle.

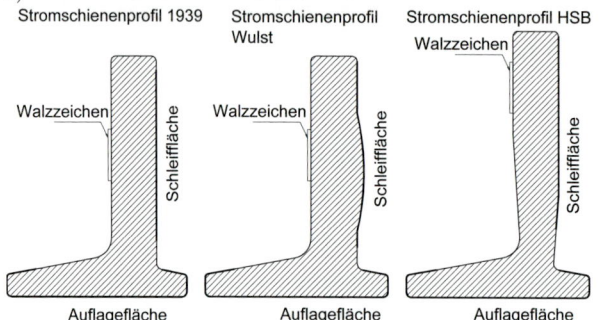

Bild 16.35: S-Bahn-Dritte-Schiene Hamburg, 2012 (Fotos: SPL Powerlines Germany GmbH, R. Hickethier)
a) Seitlich beschliffene Stromschiene
b) Stromabnehmer an der Stromschiene
c) Querschnitte der Stromschienenarten

16.5.2.2 DC-1,2-kV-Dritte-Schiene S-Bahn, Hamburg

Die für die Hamburg-Altonaer Stadt- und Vorortbahn von Siemens & Halske 1906 errichtete Oberleitung rüstete die Deutsche Reichsbahn 1937 in eine mit DC 1,2 kV betriebene Anlage mit Stromschienen um, die seitlich beschliffen werden (Bild 16.35 a) und b)). Die in 5 m Abstand an den Schwellen befestigten Stahl-Stromschienenträger tragen die Stromschienen, die durch Isolatoren zu den Stromschienenträgern isoliert sind.

Die *Hamburger S-Bahn* verwendet ein Weicheisen-Stromschienenprofil mit $5\,100\,\text{mm}^2$ Querschnitt (Bild 16.35 c)). Der Stromschienenträger führt den Stromschienenfuß (Bild 16.35 a)) und ermöglicht temperaturbedingte Längsverschiebungen im Bereich $-30\,°\text{C}$ bis $+70\,°\text{C}$ der Stromschiene. Durch Verschweißen entstehen aus den 18-m-Lieferlängen der Stromschiene 72-m-Montagelängen, die Spezialzüge zur Einbaustelle transportieren. Die bisher üblichen Dehnungsstöße in 72 m Abständen verursachten erheblichen Verschleiß an den Stromabnehmern der Fahrzeuge. Im Rahmen eines Forschungsprojekts ließen sich die lückenlosen Abschnitte auf 1 000 m verlängern [16.9].

PVC-Schutzabdeckungen ersetzen die ursprüngliche Schutzabdeckung aus Holz (Bild 16.35 a)). Bild 16.35 c) zeigt die Querschnitte der Stromschienenarten.

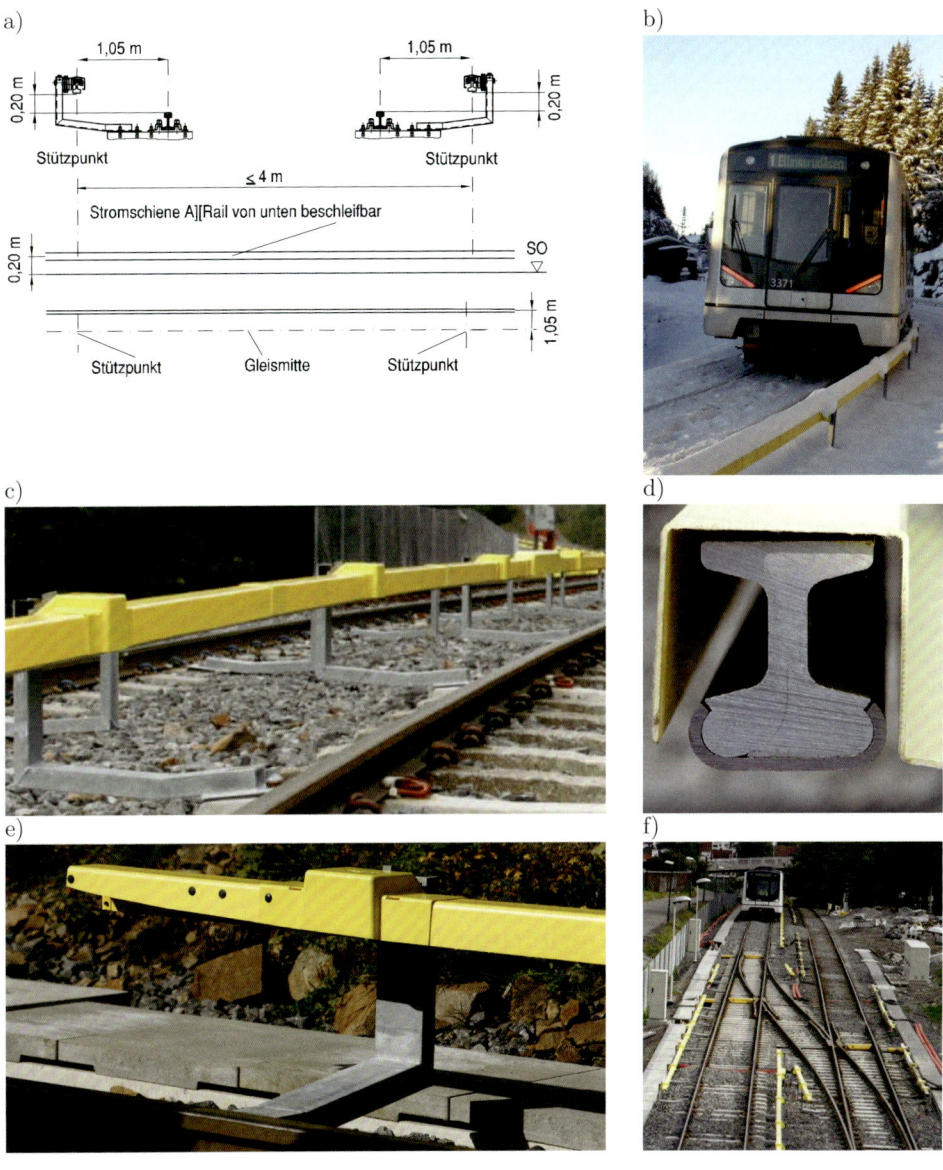

Bild 16.36: S-Bahn (T-Bane) Oslo (Fotos: SPL Powerlines Norway, A. Rød, 2013).
a) Wesentliche Merkmale der Al[Rail-Stromschienen-Bauart SPL Powerlines
b) S-Bahn-Fahrzeug MX3000
c) Stromschienenträger mit Dritter Schiene Typ SPL
d) Al[Rail-Stromschienenprofil SPL
e) Stromschienen-Rampe
f) Anordnung der Stromschienen in Weichenverbindungen

16.5.2.3   DC-0,75-kV-Dritte-Schiene S-Bahn, Oslo

Die *S-Bahn in Oslo* entstand aus mehreren Vorort- und Straßenbahnlinien. Die ab 1966 zu einem S-Bahnnetz umgestalteten Strecken umfassten 2012 sechs Linien mit 84 km Länge und 104 Stationen. Im Stadtzentrum verläuft die Bahn unterirdisch. Daher die Bezeichnung Tunnel-Bahn (T-Bane). Sie ist das nach den Omnibussen zweithäufigst genutzte Verkehrsmittel Oslos und transportiert täglich rund 165 000 Fahrgäste.

Nach der Modernisierung der Kolsåsbahn in 2012 bis Gjønnes und schließlich 2014 bis Kolsås steht eine weitere leistungsfähige S-Bahnlinie ins Osloer Umland zur Verfügung. Die mit DC 0,75 kV betriebene Kolsås-S-Bahn-Linie wurde mit einer Dritten Schiene modernisiert. Die wesentlichen Merkmale der Dritten Schiene zeigt Bild 16.36 a). Im Bild 16.36 b) zeigt das Siemens S-Bahn-Fahrzeug MX3000. Stromschienenträger Typ SPL (Bild 16.36 c)) tragen die Dritte Schiene Typ SPL A][Rail-Stromschiene im Abstand von 4 m. Die Stromschiene hat 5 332-mm²-Querschnitt und besteht aus zwei Aluminium-Hälften, die durch ein Edelstahl-Profil am unteren Teil der Stromschiene geklammert sind (Bild 16.36 d)). Ein spezielles Schweißverfahren verbindet auf dem oberen Teil der Stromschiene die beiden Aluminium-Hälften. Zum Austausch einzelner Stromschienenteile lässt sich diese Verbindung lösen. Im Rahmen der Instandhaltung können einzelne Teile des Stromschienentyps erneuert werden. Auf der Edelstahlplatte schleift der Stromabnehmerschuh des Triebfahrzeugs.

An Weichenverbindungen und Überwegen sind die Stromschienen unterbrochen. Stromschienen-Rampen sorgen für den stoßfreien Auflauf des Stromabnehmers auf dem folgenden Stromschienenabschnitt (Bild 16.36 e)). Mit geringer Neigung senkt die Stromschienen-Rampe den Stromabnehmer auf die Arbeitshöhe ab. Die Stromschienen-Rampen lassen 80 km Betriebsgeschwindigkeit zu. Die Anordnung der Stromschienen im Weichenbereich von Bahnhöfen zeigt Bild 16.36 f).

16.6   Stadtbahnen mit Oberleitung

16.6.1   DC-0,75-kV-Oberleitung Mannheim-Ost–Maimarkt

Die *Rhein-Neckar-Verkehr GmbH* (RNV) betreibt im Rhein-Neckar-Raum mit Heidelberg, Mannheim und Ludwigshafen am Rhein den öffentlichen Personennahverkehr mit rund 307 km Streckenlänge. Zur Verbesserung des Angebots erweiterte 2005 die RNV das Mannheimer Nahverkehrsnetz um das neue Teilstück der Stadtbahn Mannheim-Ost. Die neue Strecke bindet das Veranstaltungszentrum SAP-Arena und Maimarkt Mannheim an das RNV-Stadtbahnnetz an.

Die Oberleitung entspricht der RNV-Regelbauart mit Einzelauslegern (Bild 16.37 a)), Zwei-Gleis-Auslegern (Bild 16.37 b)) und flexiblen Querfeldern (Bild 16.37 c)). Die Ausleger sind aus Aluminium oder glasfaserverstärktem Kunststoff. Die Oberleitung besteht abschnittsweise aus Doppeltragseil, Hochkettenoberleitung oder Einfach-Oberleitung ohne Tragseil. Der Oberleitungsplaner folgte den architektonischen Vorgaben und wählte eine leichte, kaum sichtbare, flexible Querfeldbauweise, die den Blick auf das Brückenbauwerk freigibt (Bild 16.37 d)).

16.6 Stadtbahnen mit Oberleitung

Bild 16.37: Stadtbahn-Oberleitung RNV (Fotos: SPL Powerlines Germany GmbH, R. Hickethier). a) Masten mit Einzelausleger, b) Zweigleisausleger, c) flexibles Querfeld, d) architektonische Anpassung des flexiblen Querfelds an die Brückenkonstruktion

16.6.2 DC-0,75-kV-Oberleitung Houston, USA

Die *MetroRail Houston*, kurz METRO genannt, ist nach dem Dallas Area Rapid Transit das zweite Light Rail System in Texas und nahm 2004 auf der oberirdischen 12 km langen Linie mit 16 Haltestellen den Betrieb auf. Der Betreiber Metropolitan Transit Authority of Harris County (METRO) transportiert mit 18 Niederflur-Fahrzeugen vom Typ Siemens Avanto die Fahrgäste.

Neun Unterwerke speisen aus dem 34,5 kV oder 12,5 kV Mittelspannungsnetz die Oberleitung mit DC 0,75 kV. Die Oberleitung ist als Einfach- oder Kettenwerksoberleitung ausgeführt. Im Bild 16.38 a) sind die wesentlichen Merkmale der Kettenwerksoberleitung enthalten. Die Ausführung der Oberleitung berücksichtigt die besonderen klimatischen Bedingungen mit dem Temperaturbereich zwischen −30 °C und 50 °C. Die mit einer doppelten Isolation ausgeführten Ausleger erlauben das Arbeiten an der Oberleitung unter Spannung. Stahlrohrmasten tragen die Ausleger. Die Gewichte der Nachspannvorrichtungen befinden sich im Mastinneren, sodass keine Schutzvorkehrungen für die Gewichtssäule in den öffentlichen Bereichen notwendig sind. Für die Weichenverbindungen wird eine tragseillose Oberleitung mit Feder-Nachspannvorrichtung für 10 kN Fahrdrahtzugkraft verwendet.

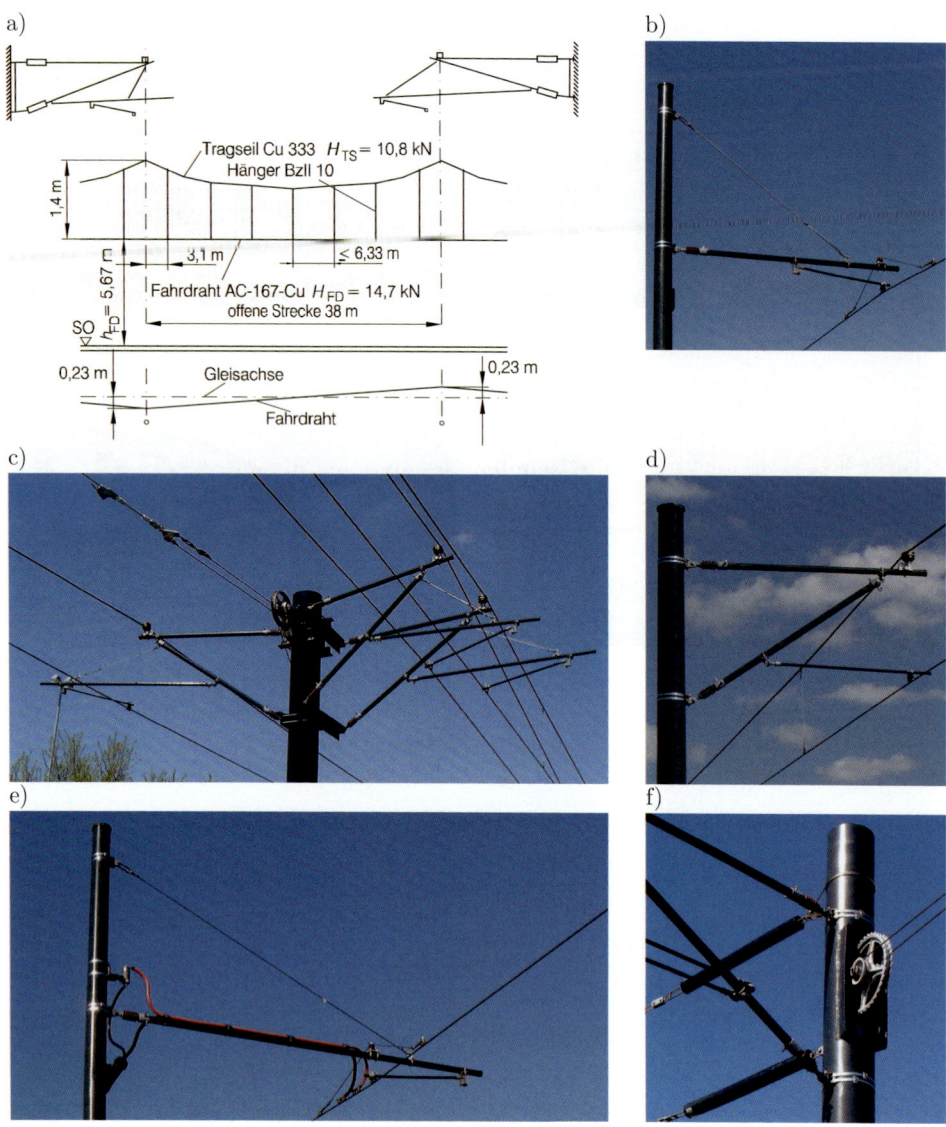

Bild 16.38: Stadtbahn-Oberleitung in Housten.
a) Wesentliche Merkmale der Bauart
b) Ausleger für die tragseillose Oberleitung
c) Nachspannvorrichtung mit Gewichtsführung im Mast
d) Ausleger für Kettenwerksoberleitung
e) Kabeleinspeisung
f) Feder-Nachspanner links und Radspanner befindet sich rechts am Mast

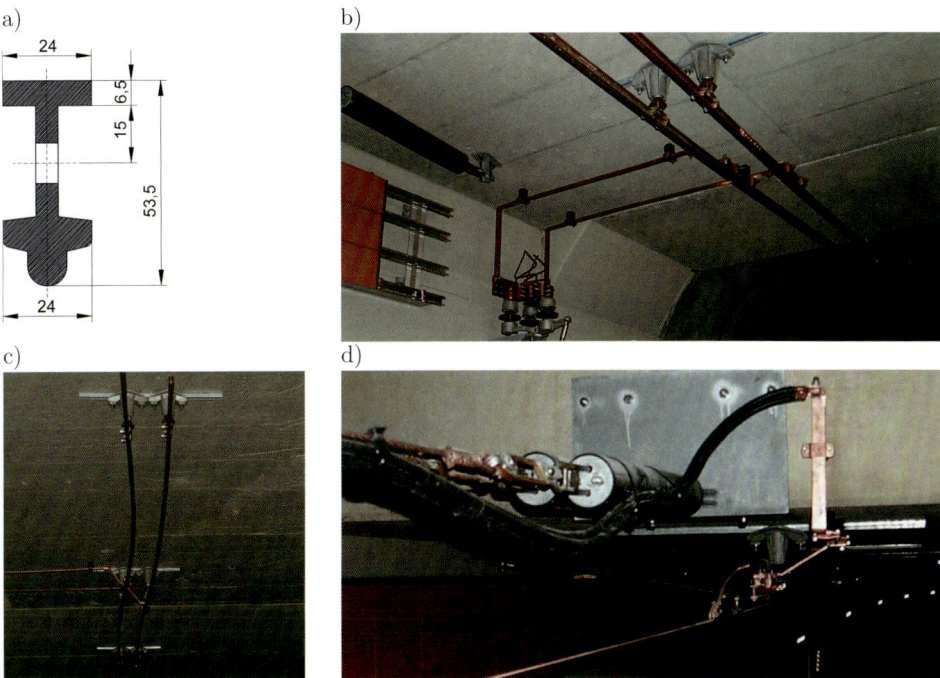

Bild 16.39: Stadtbahn-Oberleitung in Bielefeld (Fotos: SPL Powerlines Germany GmbH, K. Schemmel). a) Profil der Kupfer-Stromschiene Sicat 8WL7006-0A, b) isolierende Überlappung mit Stromschienenstützpunkt Sicat 8WL 3584-6 mit Schalter, c) Anordnung der isolierenden Überlappung an der Tunneldecke, d) Übergang von der flexiblen Oberleitung auf die Stromschienen-Oberleitung

16.6.3 DC-0,75-kV-Oberleitung Bielefeld

Die *Stadtbahn Bielefeld*, als Bahn des öffentlichen Personennahverkehrs, ging aus der seit 1900 bestehenden Bielefelder Straßenbahn hervor. In den Jahren 1978–1991 entstand ein Innenstadttunnel und die Außenstrecken erhielten überwiegend vom übrigen Straßenverkehr unabhängige Bahnkörper. Der Betreiber moBiel GmbH, als Tochter der Stadtwerke Bielefeld, erwarb neue Fahrzeuge des Typs M, welche die bisherigen Düwag Einheitswagen ersetzten. Mit der Errichtung der neuen Strecke in Richtung Universität im Jahr 2000 verkehren diese neuen Fahrzeuge auf vier Linien des 71 km langen Meterspur-Gleisnetzes.

Der Innenstadttunnel, als der Mittelpunkt des Netzes, beginnt nördlich des Hauptbahnhofs, führt über die U-Bahn-Station Jahnplatz in Richtung Süden zum Rathaus. Im Bereich des Innenstadttunnels versorgt eine DC-0,75-kV-Stromschienen-Oberleitung die Fahrzeuge mit Energie. Außerhalb des Tunnels kommen Einfach- oder Hochkettenfahrleitungen zum Einsatz.

Die Stromschienen-Oberleitung, die eine geringe Einbauhöhe aufweist, besteht aus einem 600-mm^2-Cu-ETP-Kupferprofil, wie im Bild 16.39 a) gezeigt. Stromschienenträ-

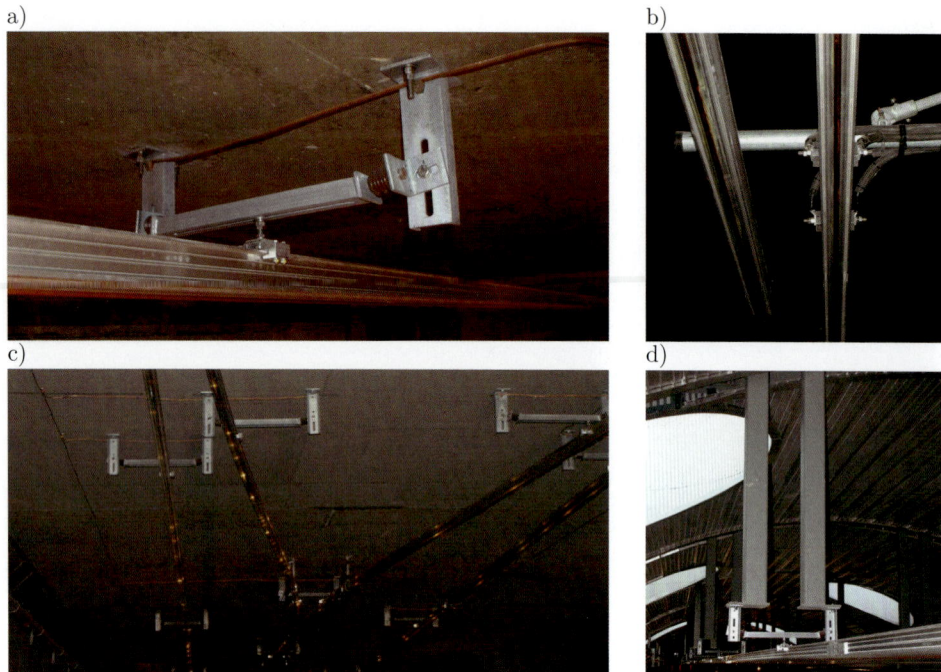

Bild 16.40: Stadtbahn-Stromschienen-Oberleitung Sicat SR in Calgary (Fotos: Siemens AG, D. Pfeffermann). a) Stützpunkt der Stromschiene, b) Stromschienen-Überlappung mit Einspeisung, c) Führung der Stromschienen im Weichenbereich, d) Stützpunkt im Stationsbereich

ger mit Isolatoren befestigen die Stromschiene an der Tunneldecke (Bild 16.39 b)). Die Speiseabschnitte der Oberleitung trennen isolierte Überlappungen, die sich durch Oberleitungsschalter überbrücken lassen (Bild 16.39 b) und c)). Den Übergang zwischen der flexiblen Oberleitung und der Stromschiene zeigt Bild 16.39 d).

16.6.4 DC-0,75-kV-Stromschienen-Oberleitung Calgary, Kanada

Die *Stadtbahn West LRT in Calgary* im Bundesstaat Alberta in Kanada erweiterte ihr Netz um eine weitere Strecke von der Innenstadt 8 km westwärts zur 69. Straße SW, auf der sich nun sechs neue Stationen befinden und sieben Unterwerke die Fahrleitung speisen. In den beiden Tunneln mit 1024 m und 270 m Länge sind DC-0,75-kV-Stromschienen-Oberleitungen installiert.

Die Calgary Transit betreibt auch die im Jahr 2012 eröffnete Anlage auf der 8,2 km langen Strecke in Calgary. Die Stützpunkte der Sicat-SR-Stromschiene sind in Abständen bis maximal 12,5 m mittels verzinkten KastenPProfilen an der Tunneldecke befestigt (Bild 16.40 a)). Die isolierenden Überlappungen trennen elektrisch die Speiseabschnitte der Unterwerke. An den isolierenden Überlappungen speisen die Unterwerke die

16.6 Stadtbahnen mit Oberleitung

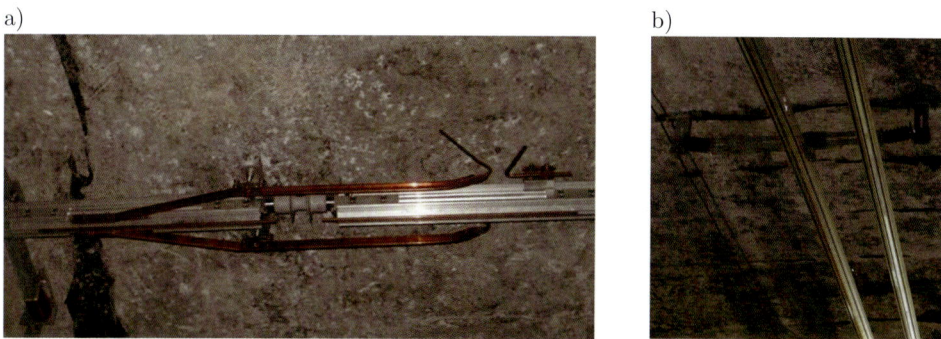

Bild 16.41: Stadtbahn-Stromschiene-Oberleitung in Fortaleza (Fotos: Siemens AG, T. Schmidt).
a) Streckentrenner in der Stromschiene, b) Stromschienen-Überlappung im Weichenbereich

DC-0,75-kV-Stromschienen-Oberleitung (Bild 16.40 b)). Im Weichenbereich führen die Stromschienen des Hauptgleis den Stromabnehmer. Eine Berührung der Stromschiene des abzweigenden Gleises durch den Stromabnehmer ist nicht möglich. Die Stromschiene des abzweigenden Gleises ist in Bezug zur 4,2 m Nennhöhe der Stromschiene des durchgehenden Hauptgleises leicht angehoben (Bild 16.40 c)). Im Stationsbereich sind die Hängesäulen der Stromschiene architektonisch der Deckenkonstruktion angepasst (Bild 16.40 d)).

16.6.5 DC-3,0-kV-Stromschienen-Oberleitung Fortaleza, Brasilien

Der brasilianische Stadtbahn-Betreiber *Metrofor* modernisierte 2012 sein Nahverkehrsnetz. Mit dem Ziel, einen sicheren, zuverlässigen und bequemen Personentransport für die benachbarten Städte Fortaleza, Caucaia, Marazion und Pacatuba für die Fußballweltmeisterschaft 2014 anzubieten, ließ Metrofor die Hauptlinien zweigleisig ausbauen und elektrifizieren. 2014 kann das Netz mit dieser Modernisierung täglich rund 700 000 Passagiere transportieren.

Die *Stadtbahn in Fortaleza* verwendet auf der 24 km langen Meter-Spur-Strecke der Linie Süd vom Depot Vila Flores zum Stadtzentrum im Tunnelbereich eine DC-3,0-kV-Stromschienen-Oberleitung. Der Auftraggeber Cia. Cearense de Transportes Metropolitanos betreibt die im Jahr 2013 errichtete Strecke, von der 4 km im Tunnel zwischen Benfica und João Felipe verlaufen, mit 120 km Betriebsgeschwindigkeit. Die Stützpunkte der Stromschiene sind im Abstand 8–12 m mittels verzinktem Kasten-Profilen an der Tunneldecke befestigt. Die Höhe der 2300-mm^2-Stromschiene beträgt von der Unterkante des Fahrdrahts bis zur Schienenoberkante 4,35 m. Streckentrenner (Bild 16.41 a)) oder isolierende Überlappungen unterteilen die Unterwerksspeiseabschnitte. An den isolierenden Überlappungen der Stromschienen speisen die Unterwerke die Stromschienen (Bild 16.41 b)). In der Mitte zwischen den Überlappungen fixiert ein Festpunkt die Stromschienen-Oberleitung.

a)  b)

Bild 16.42: Dritte-Schiene-Fahrleitung BTS Bangkok, Thailand.
a) Bahnhof mit Dritter–Schiene, b) Anordnung der Stromschienen auf dem Viadukt

Im Weichenbereich führen nur die Stromschienen des Hauptgleises den Stromabnehmer. Die Stromschiene des abzweigenden Gleises ist leicht angehoben in Bezug zur Nennhöhe der Stromschiene des durchgehenden Hauptgleises (Bild 16.41 d)), wodurch der Stromabnehmer die Stromschiene des abzweigenden Gleises nicht berührt.

16.6.6 DC-0,75-kV-Dritte-Schiene-Fahrleitung BTS Bangkok, Thailand

In Bangkok, einer Stadt mit ungefähr zehn Millionen Einwohnern, betreibt die *Bangkok Transit System (BTS)* ein städtisches Nahverkehrssystem mit insgesamt 200 km Länge. Ein 23 km langer Abschnitt, als grüne Linie bezeichnet, wurde bereits 1999 in Betrieb genommen und ist mit DC-0,75-kV-Dritter-Schiene ausgerüstet [16.5]. Die Anlage verwendet Aluminium-Stahl-Verbund-Schienen (Bilder 16.42 a) und b)). Die Stromschiene ist nicht durch Trennschalter längs der Strecke elektrisch auftrennbar, um so eine einfache Schaltung zu erzielen. Nur im Depot ist die Dritte Schiene durch Trennschalter abschaltbar. Während des Normalbetriebes sind alle Abschnitte der Dritten-Schienen über die DC-0,75-kV-Unterwerke verbunden. Im Fehlerfall eines Unterwerks lassen sich die Speiseabschnitte über einen Leistungsschalter je Gleis durchverbinden.
Isolierende Kunststoffunterlagen zwischen den Schienen und den Schwellen verringern die Streuströme, die aus den Schienen ins Erdreich und den Bauwerkskörper eindringen können. Um die Leitfähigkeit der Schienen längs des Gleises zu erhöhen, sind die Schienenstöße längs durchverbunden und zwischen den Schienen und Gleisen Verbindungskabel angebracht. Innerhalb der Bahnhöfe sind ferngesteuerte Kurzschließer mit einer Relaisrückführanordnung angeordnet. Diese verbinden die Fahrschienen mit der Bauwerkserde, wenn die zulässige Berührungsspannung der Schienen überschritten wird.

16.6 Stadtbahnen mit Oberleitung

Bild 16.43: Straßenbahn-Oberleitung in Nürnberg (Fotos: R. Knode, VAG Nürnberg).
a) Wesentliche Merkmale der Kettenwerksoberleitung
b) festabgespannter Fahrdraht mit Einpunktaufhängung
c) nachgespannter Fahrdraht mit Seilgleitern
d) Hochkettenoberleitung am Ausleger
e) Stromschienenoberleitung in der Fahrzeugabstellhalle
f) Hochkettenoberleitung am GFK-Mehrgleisausleger

Tabelle 16.6: Stromabnehmetypen und Maße bei der LVB Leipzig.

Hersteller	Typ	Stromabnehmerlänge mm	Schleifstücklänge mm
Lekov	EPDE 01-2600	1 680	1 050
Lekov	EPDE 02-2600	1 680	1 050
CKD	–	1 628	1 050
Stemmann	FB50	1 680	1 050
Stemmann	FB80	1 680	1 050
Stemmann	FB500	1 700	1 050
Stemmann	FB800	1 680	1 050

16.7 Straßenbahnen

16.7.1 Straßenbahn Nürnberg

Nürnberg mit rund 500 000 Einwohnern verfügt seit 1896 über eine elektrisch betriebene Straßenbahn, deren Betrieb auf der rund 13 km langen Strecke mit 1 435 mm Spurweite von Maxfeld–Hauptbahnhof, damals Centralbahnhof genannt, –Lorenzkirche–Plärrer–Fürth begann. Bis 1939 wuchs das Netz auf 73 km an. Durch die Schäden des zweiten Weltkriegs und Streckenrückbau paralleler Linien zur neuen U-Bahn reduzierte sich das Straßenbahnnetz und umfasst 2013 fünf Linien mit 37 km, wovon rund die Hälfte der Strecken auf eigenem Bahnkörper verläuft. Die VAG Verkehrs-Aktiengesellschaft Nürnberg betreibt dieses Netz und befördert täglich rund 125 000 Fahrgäste. Die DC-0,75-kV-Oberleitung besteht entwicklungsbedingt aus drei Bauarten (Bild 3.16):
 – festabgespannter Fahrdraht mit Einpunktaufhängung bis 15 m Stützpunktabstand
 – nachgespannter Fahrdraht mit gleitende Beiseilaufhängung bis 30 m Stützpunktabstand
 – Hochkettenoberleitung bis 60 m Stützpunktabstand

Die wesentlichen Merkmale der Hochkettenoberleitung sind dem Bild 16.43 a) zu entnehmen. Die Einfachfahrleitung mit gleitender Beiseilaufhängung und Einpunktaufhängung besteht aus nachgespanntem bzw. festabgespanntem Fahrdraht AC-100 – Cu oder AC-120 – Cu (Bild 16.43 b) bzw. Bild 16.43 c)). Bei der Hochkettenoberleitung finden AC-100 – Cu mit 10 kN und AC-120 – Cu mit 12 kN Zugkraft Anwendung. Das Tragseil BzII 50mm^2 trägt mit den Hängern BzII10 den Fahrdraht. Gfk-Ausleger und flexible Quertragwerke tragen die Hochkettenoberleitung (Bild 16.43 d) bzw. Bild 16.43 f)). Die BO-Strab begrenzt den Fahrdrahtverschleiß auf 40 %. Die VAG lässt nur 30 % Fahrdrahtverschleiß zu. Nachspannvorrichtungen spannen Fahrdraht und Tragseil getrennt nach. Die Gewichte der Nachspannvorrichtungen laufen im Mastinneren. Für kurze Nachspannlängen verwendet die VAG Feder-Nachspanner. In der Fahrzeugabstellhalle übertragen Stromschienenoberleitungen die Energie zu den Fahrzeugen (Bild 16.43 e)).

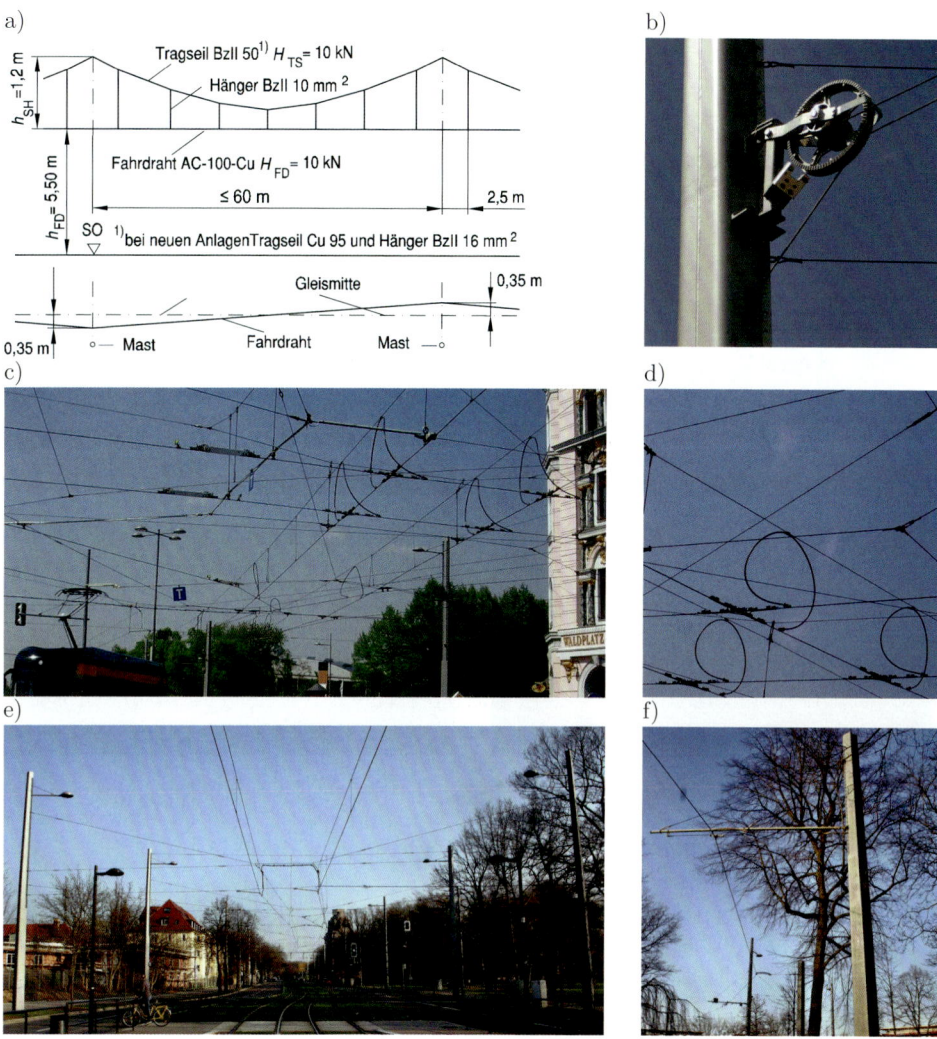

Bild 16.44: Straßenbahn-Oberleitung in Leipzig (Fotos: SPL Powerlines Germany GmbH, S. Mühl, R. Voigt).
a) Wesentliche Merkmale der Kettenwerksoberleitung
b) Nachspannvorrichtung mit Gewichtsführung im Mast
c) Kreuzung der Hochkettenoberleitung am Waldplatz
d) Kreuzungen mit Kreuzungsklemmen
e) flexibles Querfeld über einem Rasengleis
f) Rhombus-Stahlmast mit GFK-Ausleger

Bild 16.45: Straßenbahn-Oberleitung in Kayseri, Türkei. a) GFK-Stabausleger, b) Nachspannvorrichtungen am H-Profilmast mit Führung der Seile im Mastinneren, c) Elastischer Stützpunkt unter einer Brücke, d) Hänger-Dreieck bei geringer Systemhöhe unter einer Brücke

16.7.2 DC-0,6-kV-Oberleitung der Straßenbahn Leipzig

Die *Leipziger Verkehrsbetriebe (LVB)* betreiben die 1896 in Betrieb genommene Straßenbahn in der rund 530 000 Einwohner zählenden Stadt und transportieren jährlich rund 140 Mill. Fahrgäste auf dem 143 km großen Netz, dem zweitgrößten Deutschlands. Die DC-0,6-kV-Oberleitung besteht aus einem Fahrdraht AC-100 – Cu und einem Tragseil BzII-95, die Radspanner gemeinsam oder getrennt nachspannen. Auf neuen Strecken verwenden LVB Cu95-mm^2-Tragseile mit BzII-16 mm^2-Hängern. Die wesentlichen Eigenschaften der Oberleitung sind im Bild 16.44 a) dargestellt. Die Gewichte der neuen Nachspanneinrichtungen laufen innerhalb der Masten 16.44 b). Für kurze Nachspannlängen nutzt die LVB auch Tensorex-Federnachspanneinrichtungen. Kreuzungsstoßklemmen fixieren die Fahrdrähte an 90°-Kreuzungen (Bilder 16.44 c) und d)). Flexible Quertrageinrichtungen (Bild 16.44 e)) oder GFK-Ausleger (Bild 16.44 f)) führen die Oberleitung. Konisch-rhombische Stahlmasten (Bild 16.44 e)), achtkant, sechskant sowie konisch runde Spannbetonmasten tragen die Quertrageinrichtungen. Die LVB verwenden den CKD-Scherenstromabnehmer und Einholmstromabnehmer (Tabelle 16.6).

16.7 Straßenbahnen

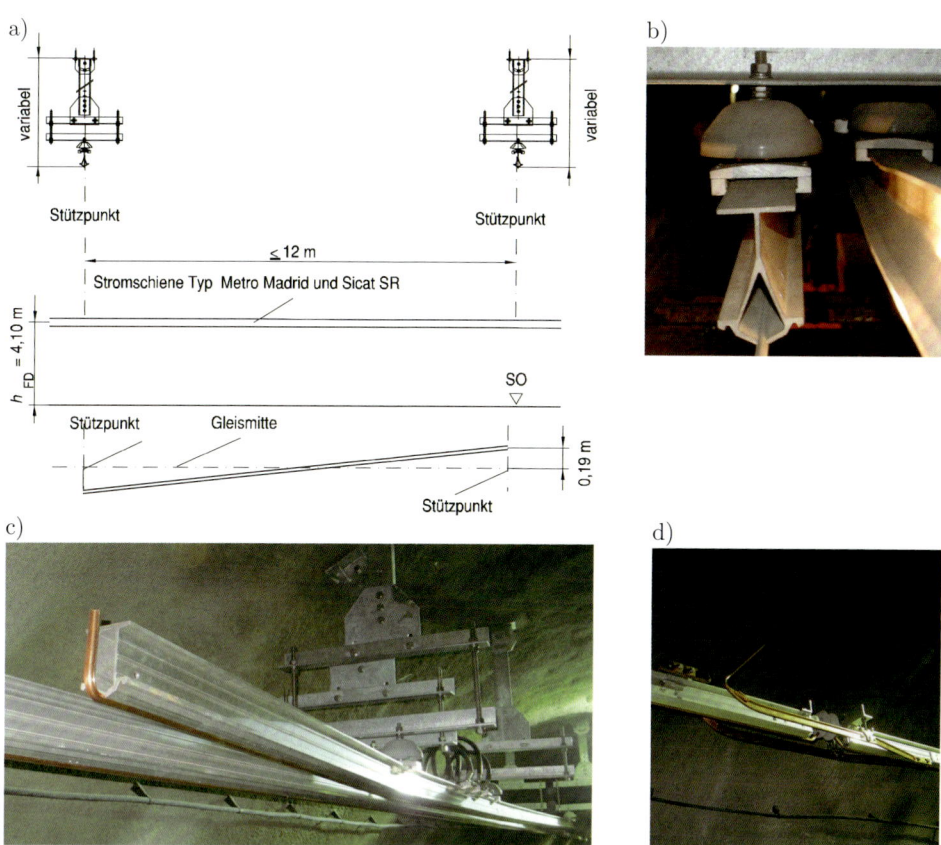

Bild 16.46: U-Bahn Stromschienen-Oberleitung in Santo Domingo. (Fotos: Siemens S.A., J. Almonte) a) Merkmale der DC-1,5-kV-Stromschienen-Oberleitungen b) Bauart Metro Madrid, c) Anordnung der Stromschienen Sicat SR in isolierenden Überlappungen, d) Trenner in der Stromschienen-Bauart Siemens Sicat SR

16.7.3 DC-0,75-kV-Oberleitung Kayseri, Türkei

Kayseri liegt in 1 064 m NN-Höhe am Fuß des erloschenen Vulkans Erciys, ist die Hauptstadt der gleichnamigen Provinz in Kappadokien und hat mit Umland rund eine Million Einwohner. Die neue Straßenbahn, als Kaseray bezeichnet, bildet eine Alternative zum stark ansteigenden Straßenverkehr. Die *Kayseri Metropolitan Municipality* eröffnete 2009 die erste Ausbaustufe mit 17 km Streckenlänge und 28 Haltestellen. Das Kettenwerk der DC-0,75-kV-Oberleitung besteht aus einem Fahrdraht AC-100 – Cu und einem Tragseil Cu-70, getrennt nachgespannt (Bild 16.45 a)) und ist an GFK-Auslegern (Bild 16.45 b)) befestigt. Die Gewichte der Nachspanneinrichtungen laufen zwischen den Flanschen der H-Masten. Unter Bauwerken tragen elastische Stützpunkte den Fahrdraht (Bild 16.45 c)). In Kettenwerksabsenkungen werden Seildreiecke zur Fahrdrahtbefestigung (Bild 16.45 d)) verwendet, womit die erforderliche Elastizität erhalten bleibt.

16.8 U-Bahnen

16.8.1 DC-1,5-kV-Stromschienenoberleitungen Santo Domingo, Dominikanischen Republik

Am 29.01.2009 eröffnete in der Hauptstadt Santo Domingo die erste *U-Bahnlinie in der Dominikanischen Republik* ihren Betrieb. Sie ist nach der Tren Urbano in San Juan, Puerto Rico, die zweite Metro in der Karibik. Die erste Linie dieser U-Bahn verläuft vom Süden unter dem Stadtzentrum im Tunnel und ab der Station Máximo Gómez auf einem Viadukt bis zur Endstation Mamá Tingó im Norden [16.6]. Eine Stromschienen-Oberleitung des Typs Metro Madrid versorgt im Tunnel der Linie 1 die Triebfahrzeuge mit DC 1,5 kV. Die zweite Linie verläuft vom Osten unter dem Zentrum hindurch in den Westen der Stadt vollständig im Tunnel. Jeweils rund zur Hälfte der Linie speisen Stromschienen der Bauarten Metro Madrid und Siemens Sicat SR die Fahrzeuge.

Wesentliche Merkmale der Stromschienen-Oberleitungen Metro Madrid und Sicat SR sind im Bild 16.46 a) dargestellt. Die Stromschienenoberleitung der Bauart Metro Madrid besteht aus 12 m langen Y-Aluminiumprofilen, in die der Fahrdraht eingeklemmt ist. In 7 bis 12 m Abständen an der Tunneldecke befestigte Hängesäulen tragen die Stromschiene. Die in 312 m Abstand angeordneten Überlappungen gleichen die Längenänderungen der Stromschiene aus. In der Mitte zwischen den Überlappungen sind die Festpunkte. Trennungen und Trenner in der Stromschiene unterteilen die Speiseabschnitte der Unterwerke. Die Bilder 16.46 b) und c) zeigen die Stromschienenprofile. Die Stromschienen-Oberleitung Typ Sicat SR ist im Abschnitt 11.3 beschrieben.

16.8.2 DC-1,5-kV-Oberleitung MTR Hong Kong

Die *Mass Transit Railway (MTR)* ist ein großflächiges U-Bahn-Netz und bildet den wichtigsten Verkehrsträger in Hong Kong. Die U-Bahn nahm 1979 mit ihrer ersten Strecke den Betrieb auf und umfasst heute 212 km mit sieben Linien und 155 Stationen. Täglich befördert die MTR rund 2 450 000 Fahrgäste. Die MTR Corporation Limited betreibt das U-Bahn-Netz in Hong Kong und auch in Beijing, Melbourne, Shenzhen, Hangzhou und Stockholm. Die MTR nutzt für die Energieübertragung zu den Fahrzeugen eine DC-1,5-kV-Oberleitung. Das Bild 16.47 a) stellt die wesentlichen Merkmale der Oberleitung MTR dar.

Die Strecken verlaufen überwiegend in Tunneln. Infolge der niedrigen Deckenhöhen im Rechteck- und Rundtunnel in der Kwun-Tong-Linie ließ sich kein Tragseil verlegen. Daher tragen *elastische Stützpunkte* die beiden Fahrdrähte AC-120 – CuAg (Bild 16.47 b)), die mit 24 kN über Gewichte beweglich nachgespannt sind.

Bild 16.47 c) zeigt die Überlappung der Kettenwerke, die aus zwei Tragseilen und zwei Fahrdrähten bestehen.

Vier *Verstärkungsleitungen* mit je Cu 150 mm^2 übertragen neben den Fahrdrähten die Energie zu den Fahrzeugen im Tunnel. Auf der später errichteten Tsuen-Wan-Linie tragen Rohrschwenkausleger nach Bild 16.47 d) und e) die Oberleitungen, die aus zwei Fahrdrähten AC-120 – CuAg und zwei Tragseilen Cu 150 bestehen. Je ein Seitenhalter

16.8 U-Bahnen

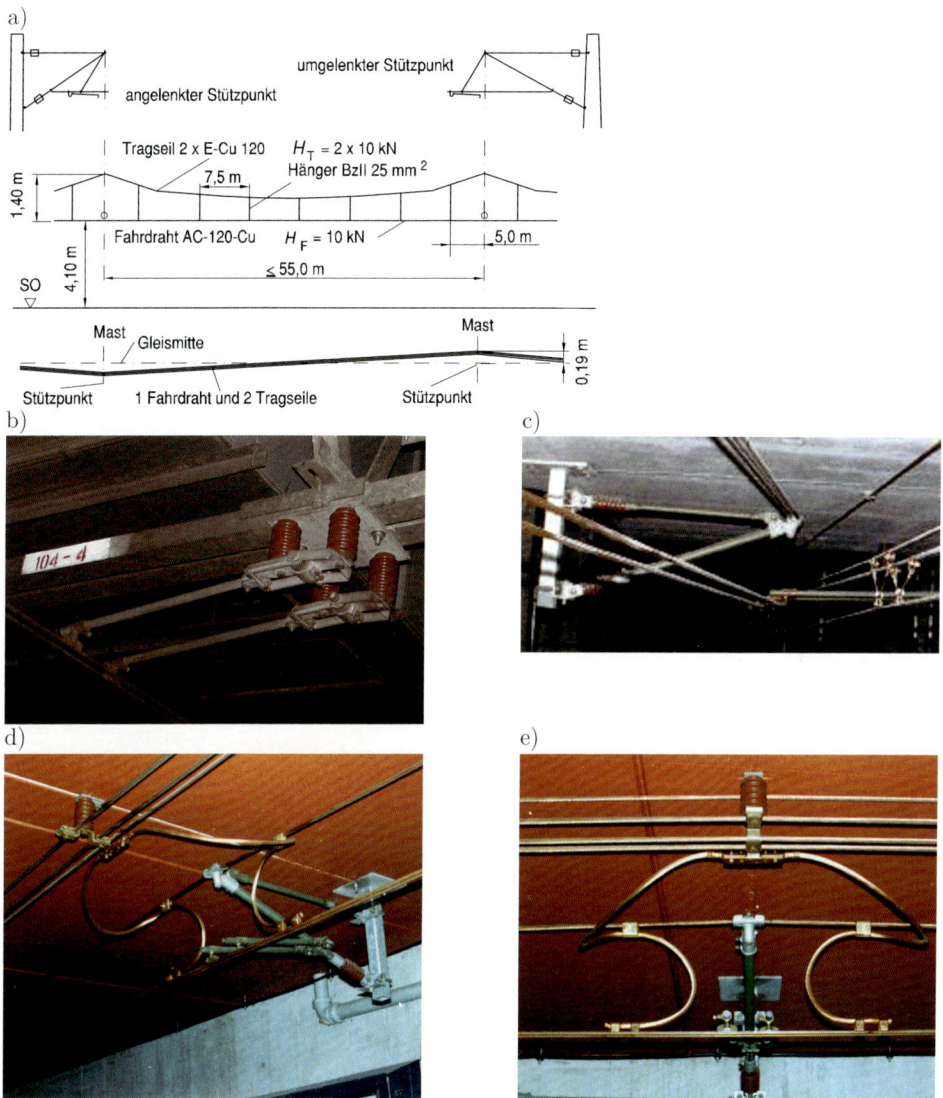

Bild 16.47: U-Bahn Hong Kong mit Oberleitung.
a) Wesentliche Merkmale der DC-0,75-kV-Oberleitung-Bauart
b) Elastischer Stützpunkt für zwei Fahrdrähte
c) Überlappung der Oberleitungen
d) und e) Stützpunkt der Oberleitung

Bild 16.48: U-Bahn Dritte Schiene in Nürnberg (Fotos: R. Knode). a) Wesentliche Merkmale der DC-0,75-kV-U-Bahn Dritte Schiene, b) Anordnung der Stromschienen in der Station, c) Anordnung der Stromschienen auf der offenen Strecke, d) Anordnung der Stromschienen im Weichenbereich

fixiert die Seitenlage mit ±0,20 m der beiden zusammen mit 24 kN nachgespannten Fahrdrähte. Die Zugkraft der Tragseile beträgt zusammen 24 kN.

16.8.3 DC-0,75-kV-Dritte Schiene Nürnberg

Die *U-Bahn Nürnberg*, 1972 auf dem Streckenabschnitt Langwasser Süd–Bauernfeindstraße eröffnet, umfasste 2013 drei insgesamt 35 km lange Linien, wovon sich 30,5 km im Tunnel, 4,5 km auf Geländeniveau und 1 km auf einer aufgeständerten Hochbahn befinden. Täglich transportiert die U-Bahn bis zu 400 000 Fahrgäste. Die Verkehrs-Aktiengesellschaft (VAG) Nürnberg betreibt das Streckennetz in Nürnberg und Fürth. Die

Instandhaltung der Infrastrukturanlagen führt die VAG im Auftrag der Städte Nürnberg und Fürth durch. Die VAG ist Mitglied im Verkehrsverbund Großraum Nürnberg (VGN), wobei die U-Bahn ein wesentlicher Teil des Verkehrsverbundes ist.
Nach der Übergabe des ersten Triebwagens vom Typ DT3 für die fahrerlose U-Bahn von Siemens an die VAG am 15. Januar 2004 folgte nach einer langen Phase des Probebetriebs am 15. März 2008 die Betriebsaufnahme der ersten automatisierten U-Bahn-Strecke Deutschlands auf der Linie U3. Die mit acht Fahrmotoren ausgerüsteten Triebzüge erreichen 80 km/h Betriebsgeschwindigkeit. Ab 2009 betreibt die VAG zusätzlich die Linien U2 vollautomatisch fahrerlos. Die Umrüstung der dritten Linie U1 auf den automatisierten fahrerlosen Betrieb ist vorerst nicht vorgesehen.
Der Gleisoberbau ist auf den oberirdischen Abschnitten und im Depot als Schotterfahrbahn ausgeführt, auf den unterirdischen Abschnitten als Feste Fahrbahn, der jeweils Schienen der Typen S41 und S49 mit der Spurweite 1 435 mm nutzt. Die noch vorhandenen Hohlschwellen tauscht die VAG schrittweise gegen Betonschwellen. Die Stromschienenanlage ist an diese drei Oberbautypen angepasst.
Mit der Stromart DC 0,75 kV versorgen die von unten beschliffene Dritte Schiene die U-Bahn-Fahrzeuge mit Traktionsenergie. Die wesentlichen Merkmale der Dritten Schiene Nürnberg sind dem Bild 16.48 a) zu entnehmen. Die Stromschienenträger sind in geraden Gleisabschnitten an jeder achten Schwelle befestigt, das entspricht 5,36 m Abstand zwischen den Stromschienenträgern. Im Gleisbogen verringert sich der Abstand zwischen den Stromschienenträgern bis 2,07 m bei der Befestigung an jeder dritten Schwelle. Bis 1998 verwendete die VAG Stahl-Stromschienenträger mit Isolatoren, danach stufenlos höhenverstellbare glasfaserverstärkte Kunststoff-Stromschienenträger (GFK) Typ Balfour Beatty (BBRail). Ab 1998 nutzte die VAG Verbundstromschienen mit 5 100 mm^2 Querschnitt anstatt Stahlstromschienen mit gleichen Querschnitt. Laschenstöße mit Schließringbolzen verbinden die Schienenabschnitte. Zum Ausgleich temperaturbedingter Längenausdehnungen sind auf offenen Strecken in 90 m Abstand Dilatationen angeordnet, im Tunnel mit geringeren Temperaturschwankungen in 180 m Abstand. Zwischen den Dilatationen oder bei kurzen Stromschienensegmenten fixieren an drei Stromschienenträgern Festpunktklemmen die Stromschiene, um ungeplante Längsbewegungen an dieser Stelle zu verhindern.
Zum Schutz gegen direktes Berühren wird die Stromschiene mit Kunststoffabdeckungen geschützt. Diese Abdeckung wird durch auf die Stromschiene aufgeklemmte Abstandshalter fixiert. Die Kunststoffabdeckungen schützen auch Einspeisestellen, Endaufläufe und Dilatationen.
Die Dritte Schiene ist streckenaußenseitig am Gleis angeordnet. Im Bahnsteigbereich ist, wie im Bild 16.48 b) zu erkennen ist, die Stromschiene auf der gleisabgewandten Seite des Bahnsteiges montiert. Auf Abschnitten mit kleinen Lichtraumprofilen der offenen Strecke, im Tunnel und im Depot sind die Stromschienen zwischen den Gleisen mit Rücksicht auf den Inspektionsweg angeordnet (Bild 16.48 c)). Stromschienenlücken in Bahnhöfen und Weichenbereichen trennen die Speisebezirke der Unterwerke.
Im Weichenbereich ist die durchgehende Stromschiene wegen des abgehenden Gleises unterbrochen und auf der gegenüberliegenden Gleisseite angebracht (Bild 16.48 d)). Endaufläufe an den Stromschienenenden mit Neigungen 1 : 50 auf Hauptstrecken und

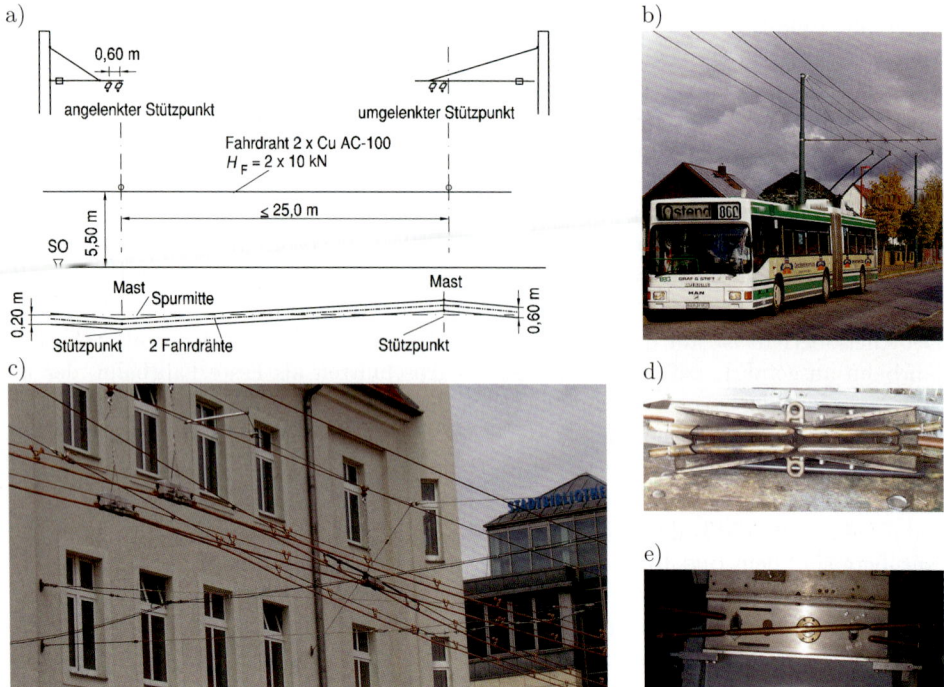

Bild 16.49: Obus-Oberleitung Eberswalde, Brandenburg (Fotos: H. Bülow).
a) Wesentliche Eigenschaften der Obus-Oberleitung, b) Oberleitungsstützpunkt am GFK-Ausleger, c) Weichen in der Oberleitung, d) und e) schaltbare Weichen

1 : 30 in Abstellanlagen und im Betriebshof ermöglichen den Auflauf des Stromabnehmers und senken diesen auf die Stromschienenhöhe 0,19 m über SO ab.

Das 6 mm starke Edelstahlprofilband, welches im unteren Bereich der Stromschiene die beiden Hälften zusammenklammert, unterliegt einer halbjährlichen Ultraschallprüfung, bei der das Instandhaltungspersonal der U-Bahn die Dicke des Stahlprofilbandes prüft. Die dadurch über Jahre gewonnenen Verschleißdaten des Edelstahlprofilbandes geben Auskunft über den Verschleiß der Stromschienen im gesamten U-Bahn Netz.

16.9 Obus Anlagen

16.9.1 DC-0,75-kV-Obus-Oberleitung Eberswalde

Der *Obus in Eberswalde*, im Jahr 1940 in Betrieb genommen, ist die älteste noch in Deutschland bestehende Oberleitungsanlage. Täglich transportiert die Barnimer Busgesellschaft rund 11 500 Fahrgäste auf 2 Linien mit rund 37 km Länge.

Drei Gleichrichterunterwerke (GUW) speisen am Unterwerksstandort und über Kabelverbindungen in 2,5 bis 3,0 km Abstand die Oberleitung mit DC 0,66 kV.

16.9 Obus Anlagen

Bild 16.50: O-Bus-Oberleitung Eberswalde, Brandenburg (Fotos: H. Bülow).
a) Einspeisung in die Oberleitung, b) Kreuzung, c) Streckentrenner, d) Querkupplung

Bild 16.49 a) zeigt die wesentlichen Merkmale der Oberleitungsbauart Eberswalde. Die Oberleitung, die aus zwei Fahrdrähten, Stützpunkten an Auslegern (Bild 16.49 b)) und flexiblen Querfeldern, Weichen (Bild 16.49 c), d) und e)), Einspeisungen (Bild 16.50 a)), Kreuzungen (Bild 16.50 b)), Trennern (Bild 16.50 c)) und Querkupplungen der Oberleitungen (Bild 16.50 d)) besteht, transportiert die Traktionsenergie zum Oberleitungsbus. Die Weichen im Bild 16.49 c) führen die Stangenstromabnehmer an Abzweigungen der Oberleitungen in die gewünschte Fahrtrichtung. Die Stromabnehmerköpfe steuern die Weichen. Oberleitungskreuzungen im Bild 16.49 d) sind über Straßenkreuzungen installiert und lassen keine Fahrtrichtungsänderung wie bei Weichen zu.

a) 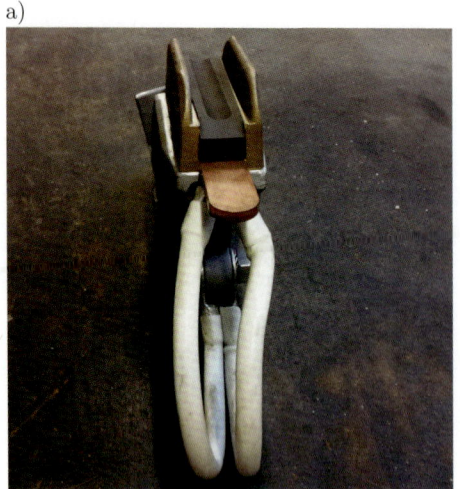 b)

Bild 16.51: O-Bus-Oberleitung Eberswalde, Brandenburg (Fotos: H. Bülow).
a) Stangenstromabnehmer-Kopf, b) Stangenstromabnehmer

Trennungen (Bild 16.50 c)) zweier aneinander grenzenden Speiseabschnitte sind mittels elektrischer Signale gekennzeichnet und stromlos zu befahren.

Querkupplungen mit elektrischen Verbindungen zwischen den Richtungsoberleitungen im Bild 16.50 a) und d) verbinden jeweils den Minus- und Pluspol der parallel geführten Fahrleitungen von Hin- und Gegenrichtung.

In Fahrtrichtung gesehen befindet sich links der plus-gepolte Fahrdraht und rechts der minus-gepolte Fahrdraht. Der Obus entnimmt die Antriebsenergie mit Stromabnehmerköpfen, die am Fahrdraht entlang gleiten und aus Gleitschuhen bestehen (Bild 16.50 c)). Von den Stromabnehmerköpfen führen die Stangenstromabnehmer die Energie zum Fahrzeug (Bild 16.50 d)).

Die Fahrdrahthöhe über der Straßenoberkante beträgt 5,5 m und darf nicht 4,5 m unterschreiten und nicht im Lichtraumprofil liegen.

Die beiden AC-100 – Cu-Breitrillen-Fahrdrähte verlaufen im 0,6 m Abstand bei der älteren Ausführung bis 1989 und bei der Schrägpendelaufhängung im 0,7 m Abstand ab 1989 parallel zueinander. Die Fahrdrahtklemmen am Seitenhalter, die schmaler als bei Oberleitungen von Eisenbahnen sind und seitlich nicht über den Fahrdraht hinausragen dürfen, behindern die Gleitschuhe der Stangenstromabnehmer nicht.

Auf Strecken mit Schrägpendelaufhängung und festverankerten Fahrdrähten betragen die Spannweiten zwischen den Betonmasten 27 m, auf Strecken ohne Fahrdrahtseitenlage und mit Nachspannvorrichtungen bis 50 m. Der Stützpunktabstand verhindert einen übermäßigen Durchhang der Fahrdrähte.

In Eberswalde tragen Stahlrohr- und Stahlgittermasten sowie Betonmasten die Querfelder, Fahrdrahtstützpunkte und Querseile (Bild 16.50 a)), die in dicht bebauten Straßenzügen mit Hilfe von Wandrosetten an den umliegenden Gebäuden befestigt sind.

16.9 Obus Anlagen

Bild 16.52: O-Bus-Oberleitung Beijing (Fotos: B. Puschmann). a) Obus in Beijing, b) Oberleitungsstützpunkte mit Pendelaufhängung, c) Gleithänger mit Isolator, d) 90°-Kreuzung

Die Ausleger sind bei der neuen Oberleitung in Eberswalde aus GFK-Stäben gefertigt. Bei Obus-Oberleitungen soll die wechselnde Seitenlage des Fahrdrahts die Wärmeausdehnung des endlos verlegten Fahrdrahts als Folge von Temperaturänderungen kompensieren. Auf die Fahrdrähte montierte Reiter verhindern das Zusammenschlagen der beiden Fahrdrähte.

Auf den nach 1989 errichteten Strecken mit Schrägpendelaufhängung ist der Fahrdraht mit wechselnder Seitenlage verlegt, sodass die Abwinklung des Fahrdrahts am Stützpunkt 1° bis 2° beträgt. Diese Abwinklung führt nicht zur Entdrahtung des Stangenstromabnehmers. Der Fahrdraht ist auf diesen Strecken fest abgespannt.

Bild 16.53: Selbsttätiges Anlegen der Stangenstromabnehmer beim Obus in Beijing (Fotos: B. Puschmann). a) Obus beginnt die Stangenstromabnehmer zu heben, b) die Stromabnehmerköpfe befinden sich im Einfädeltrichter, c) der Stromabnehmerkopf fährt auf der Stromschiene, d) der Stromabnehmer fährt auf dem Fahrdraht

Durch den Anpressdruck des Stangenstromabnehmers, durch seitliches Abschwenken des Obusses und auch durch Unebenheiten der Fahrbahn entstehen vertikale und horizontale Schwingungen der Fahrdrähte, die stärker als bei Schienenfahrzeugen ausgeprägt sind und sich negativ auf das Zusammenwirken von Stromabnehmer und Oberleitungen auswirken. Durch große Schwingungen verschleißen die Kohleschleifstücke der Stromschuhe stärker als bei vollelastischen Schrägpendelaufhängungen (Bild 16.50 c)). Durch die elastische Fahrdrahtaufhängung wird die Ungleichförmigkeit der Elastizität reduziert und der Fahrdrahtverschleiß gemindert.

16.9.2 DC-0,75-kV-Obus-Oberleitung Beijing, China

Mit der Gründung der *Beijing Electric Trolley Joint Stock Company* im Jahr 1921 begannen die Vorbereitungen für den Betrieb der ersten Straßenbahn in Beijing, die 1924 auf der ersten neun Kilometer langen Linie zwischen Qianmen und Xizhimen ihren Betrieb aufnahm. Bis 1949 kamen in Beijing sieben weitere Linien hinzu. Das Straßenbahnnetz, inzwischen auf 43 km angewachsen, war ein wichtiges Verkehrsmittel. Die aus Frankreich importierten Straßenbahnen waren veraltete Modelle, von schlechter Qualität und verursachten großen Lärm. Sie behinderten mit ihrer geringen Geschwindigkeit den weiteren Ausbau der Stadt. Daher eröffnete die *Beijing City Trolleybus Company* 1957 den *Obusbetrieb in Beijing*. 1959 hatten die Obusse sämtliche Straßenbahnlinien ersetzt und bildeten in Beijing das Hauptverkehrsmittel. Seine Vorteile, geräuscharm, umweltfreundlich, energiesparend und schnell, führten zur Erweiterung des Netzes auf heute 15 Linien mit rund 190 km Länge (Bild 16.52 a)).

Die Fahrdrahtstützpunkte bestehen aus Pendelaufhängungen. Im Bereich des Fahrdrahtstützpunkts ist ein verzinkter 10-mm-Durchmesser-Pendelstab mittels Stegklemmen parallel zum Fahrdraht beigeklemmt. Am Pendel sind die Hänger befestigt, die dauerhaft die vertikale Stellung der Stegklemmen sichern. Im Hängerdraht sind zwei Isolatoren für die doppelte Isolation eingebaut (Bild 16.52 b)). Verzinkte Auslegerrohre tragen die Fahrdrahtstützpunkte. Ankerseile fixieren die waagerechten Position der Auslegerrohre am Oberleitungsmast (Bild 16.52 c)), der auch Lampen für die Straßenbeleuchtung trägt.

In Beijing verkehren Hybridbusse, die mittels Akkumulatoren oder Supercaps die oberleitungslosen Abschnitte überbrücken. Am Beginn der Oberleitung befinden sich Einfädeltrichter (Bild 16.52 d)), unter denen die Oberleitungsbusse die Stromabnehmer heben (Bild 16.53 a)). An den Schrägen des Einfädeltrichters gleitet der Stromabnehmerkopf auf eine Stromschiene (Bild 16.53 b)). Auf dieser Stromschiene gleitet der Stromabnehmerkopf aus den Einfädeltrichter (Bild 16.53 c)). Nach rund 3 m endet die Stromschiene und der Stromabnehmer gleitet auf den Fahrdraht (Bild 16.53 d)).

16.10 Industriebahnen

16.10.1 DC-2,4-kV-Fahrleitungen im VEM-Tagebau, Brandenburg

Aus dem Braunkohlekombinat Senftenberg entstand 1990 zunächst die Lausitzer Braunkohle AG (Laubag), die 2002 mit den Hamburgischen Electricitäts-Werken (HEW), den Vereinigte Energiewerke AG (VEAG) und den Berliner Städtische Elektrizitätswerke AG (BEWAG) in der neuen Vattenfall Europe AG (VEM) aufging. Zur Vattenfall Europe Mining AG (VEM) gehören die Tagebaue und Veredlungsanlagen Jänschwalde, Cottbus-Nord, Welzow-Süd, Nochten und Reichwalde sowie das Braunkohlen-Veredlungswerk in Schwarze Pumpe, die über die elektrifizierten Strecken die Braunkohlenkraftwerke der Vattenfall Europe Generation AG Jänschwalde, Spremberg und Boxberg mit Rohbraunkohle beliefern.

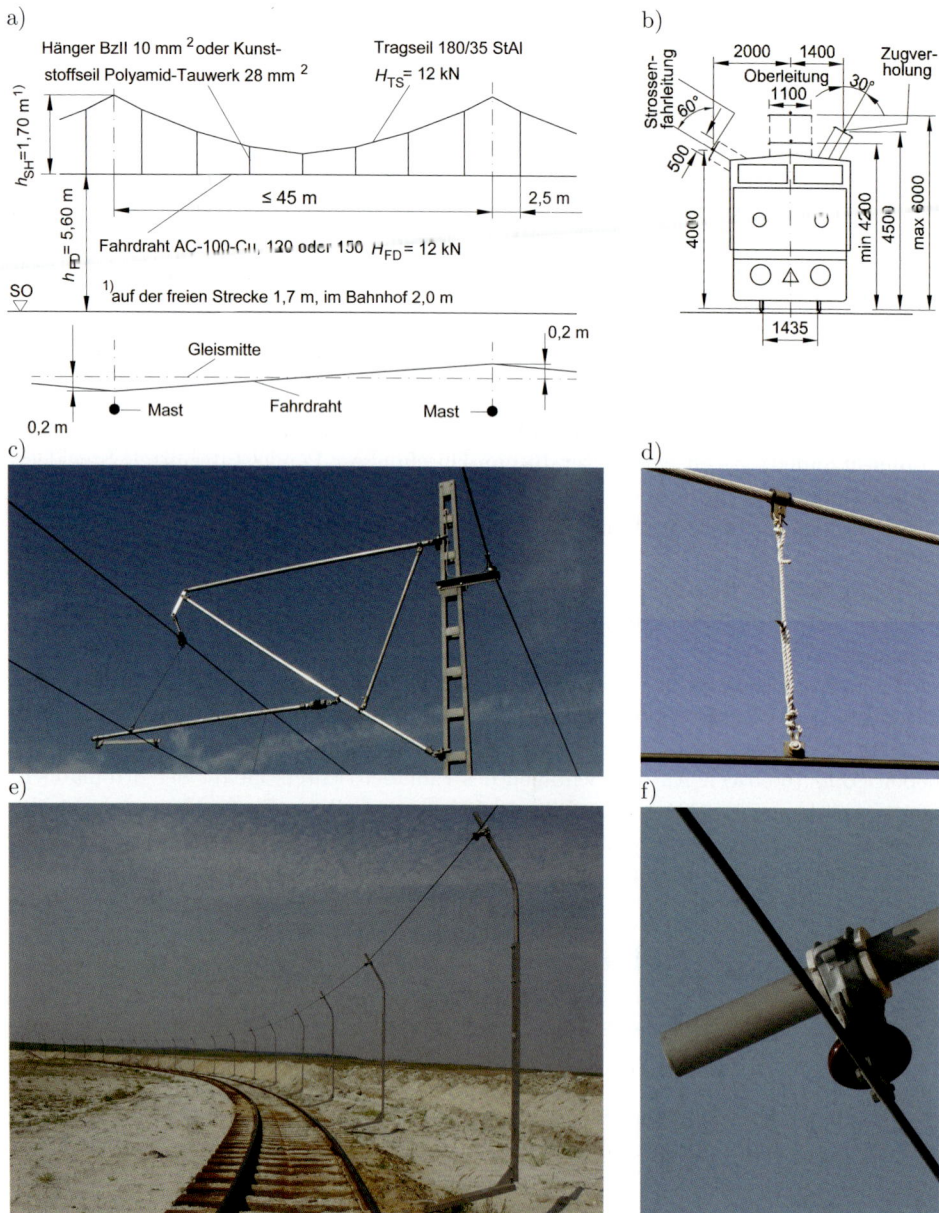

Bild 16.54: Oberleitung der Industriebahn VEM (Fotos: Siemens AG, R. Henniges).
a) Wesentliche Merkmale der Oberleitungsbauart VEM, b) Anordnung der Stromabnehmer an der Lokomotive, c) Ausleger der VEM-Bauart, d) Isolierender Hänger, e) Strossen-Fahrleitung, f) Stützpunkt der Strossen-Fahrleitung

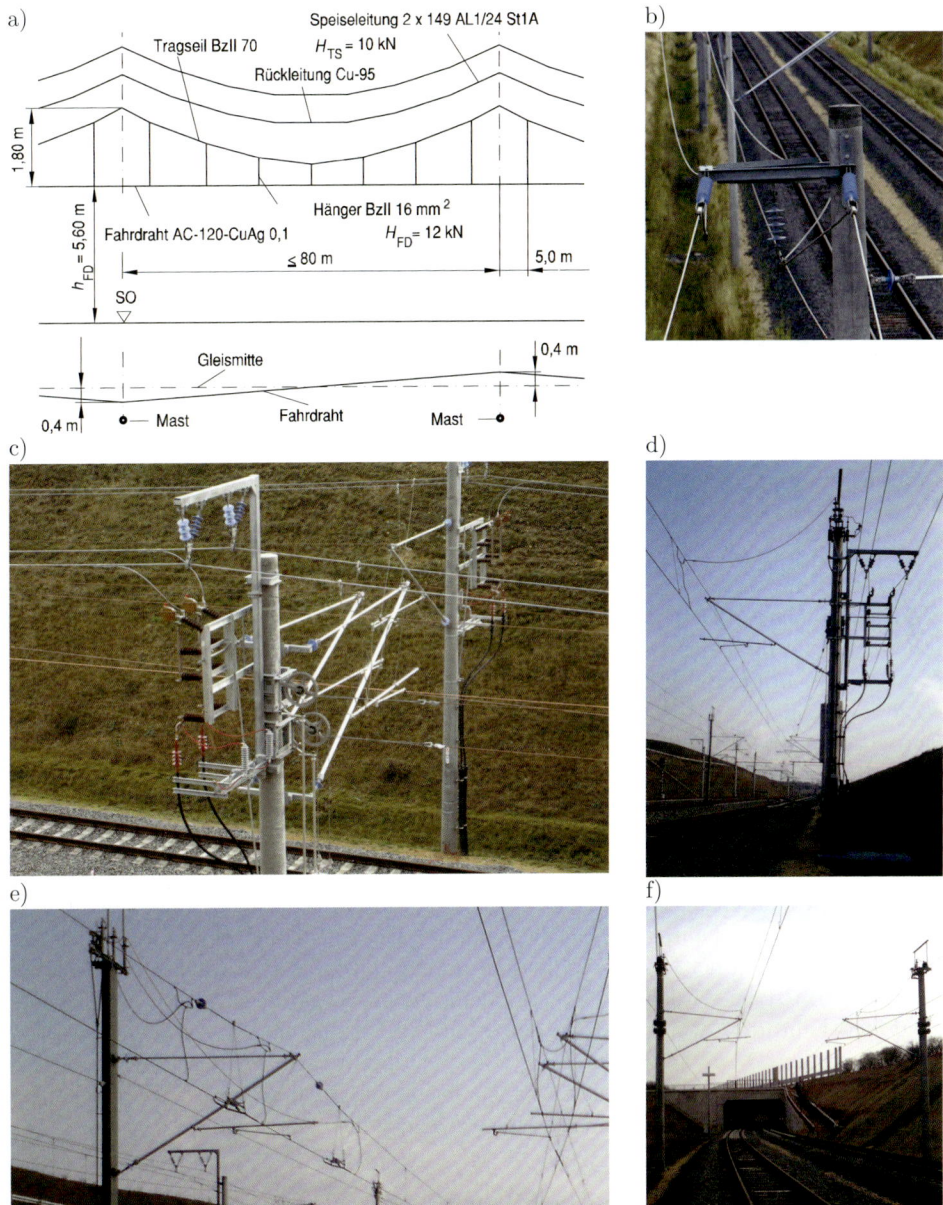

Bild 16.55: Industriebahn-Oberleitung Hambach (Fotos: SPL Powerlines Germany GmbH, M. Vousten). a) Merkmale der Oberleitungsbauart, b) 2-AC-30-kV-Speiseleitung, c) Kabelaufgang zur 2-AC-30-kV-Speiseleitung, d) 2-AC-30-kV-Speiseleitungsabgang zum Streckenunterwerk und 1-AC-6,6-kV-Kabelaufgang zur Speisung der Oberleitung, e) Schutzstrecke mit zwei Streckentrennern und der dazwischen liegenden neutralen Zone, f) Erdungsschalter auf den Oberleitungsmasten

a)

b)

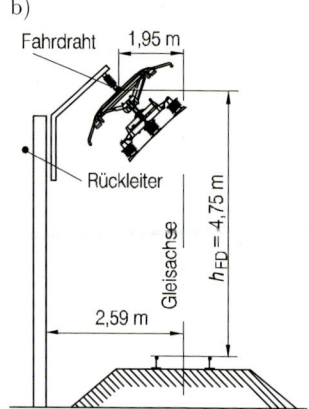

Bild 16.56: Oberleitung der Industriebahn-Oberleitung Hambach (Fotos: SPL Powerlines Germany GmbH, M. Vousten). a) Beladevorgang an der Verladestation mit Seitenfahrleitung, b) Anordnung der Seitenfahrleitung an der Verladeeinrichtung

Die Oberleitungsanlage, aus Gleichrichterunterwerken mit DC 2,4 kV gespeist, umfasst 380 Gleis-Kilometer. Die Spannungstoleranz beträgt −33 % und +20 %; die Polarität ist mit negativ für die Fahrleitung und positiv für die Rückleitung festgelegt. Bild 16.54 a) stellt die wesentlichen Merkmale der VEM-Oberleitung dar.

VEM nutzt ein eigenes Lichtraumprofil, welches kleiner als das der Eisenbahn-Bau- und Betriebsordnung (EBO) ist. Mit Rücksicht auf dieses Lichtraumprofil sind die Oberleitung, die Strossen-Oberleitung und die Zugvorholanlage angeordnet (Bild 16.54 b)). Die Drehausleger bestehen bei der VEM-Bauart aus Aluminiumrohren mit Aluminium-Gussteilen (Bild 16.54 c)). Für die Hänger wird feinfaseriges Polyamidseil verwendet (Bild 16.54 d)).

Die Strossen-Fahrleitung ermöglicht durch ihre Konstruktion das Rücken der Gleise zusammen mit der Fahrleitung. Dazu sind die Masten direkt an die Schwellen geklemmt. Im Bereich der Kippen ist die Fahrleitung mittig über dem Gleis für die Beladung in 4,0 m Höhe seitlich neben dem Gleis angeordnet (Bild 16.54 e)). Bild 16.54 f) zeigt den Fahrdraht-Stützpunkt der Strossen-Fahrleitung. Der Mastabstand beträgt dabei höchstens 15 m. In Bögen hängt die Spannweite vom Radius ab. Im Bereich der Strossen-Fahrleitung, durch Trenner von den anderen Fahrleitungsabschnitten elektrisch getrennt, überbrücken Schienenlängsverbinder die Schienenstöße.

16.10.2 AC-6,6-kV-50-Hz-Oberleitung Hambach

Zum Kohletransport im Braunkohletagebau Hambach mit den Braunkohlekraftwerken betreibt die RWE Power AG eine Industriebahn, die seit 2013 auf einer neuen 15 km langen Gleistrasse verläuft. Die Strecke, zweigleisig ausgebaut und vollständig elektrifiziert, ist wegen der Fahrzeugumgrenzungslinie der Kohlewagons für ein 3,80 m breites Lichtraumprofil mit mindestens 6,0 m Gleisabstand auf der freien Strecke ausgebaut.

Die Hambachbahn, 24 Stunden an sieben Tagen der Woche betrieben, muss mit hoher Verfügbarkeit die Kohle zwischen den Tagebauen und den Kraftwerken transportieren. Für die Fahrleitungsanlage, die im Wesentlichen der Re100 Regelfahrleitung der DB entspricht, verwendet RWE weitgehend DB-Bauteile (Bild 16.55 a)).

Die Hambachbahn erhält die Bahnenergie aus dem übergeordneten 3 AC 380/110-kV-50 Hz-Netz. Ein 380/30kV-Umspanner speist das Unterwerk Hambach, von dem eine an den Oberleitungsmasten geführte 2 AC 30-kV-50-Hz-Leitung (Bild 16.55 b)) die Streckenunterwerke versorgt. Bild 16.55 c) zeigt den am Oberleitungsmast angebrachten Lasttrennschalter, der die Energie aus der 2-AC-30-kV-Leitung zum Streckenunterwerk führt. In den Streckenunterwerken untersetzen Umspanner die Energie von 2 AC 30 kV 50 Hz in 1 AC 6,6 kV 50 Hz und speisen die Oberleitungen mit vier Leistungsschaltern, sodass jeder Leistungsschalter eine rund 4 km lange Oberleitung speist. Im Bild 16.55 d) sind der 2-AC-30-kV-50-Hz-Kabelabgang zum Streckenunterwerk und der 1-AC-6,6-kV-50-Hz-Kabelaufgang zur Einspeisung der Oberleitung dargestellt.

Die Gleise mit Abschnittslängen bis 200 m sind einschienig isoliert; Gleise mit Abschnittslängen größer 200 m sind zweischienig isoliert. Ein 95-mm^2-Cu-Kabel, als Z-Verbinder bezeichnet, verbindet beim Wechsel der isolierten Schiene die rückstromführenden Schienen. Im zweigleisig isolierten Abschnitt führen 95-mm^2-Cu-Kabel den Rückstrom von den Schienen zur Gleisdrossel und über die Mittelanzapfung.

Parallel zu den Schienen führt eine an den Oberleitungsmasten geführte 95-mm^2-Cu-Freileitung (Bild 16.56 a)) den Rückstrom zum Unterwerk und ist verbunden mit den bahnzuerdenten Anlagenteilen, die im Fehlerfall Spannungen annehmen können. In die Verbindung zwischen Rückleiter und Schiene am Maststandort sind zur Erhöhung der Impedanz Drosseln geschaltet.

An Schutzstrecken unterteilen jeweils zwei Streckentrenner mit einer dazwischen angeordneten neutralen Zone elektrisch die Oberleitung in einzelne Speiseabschnitte. Der Aufbau dieser Schutzstrecken (Bild 16.55 e)) trennt spannungsführende von zeitweise abgeschalteten Speiseabschnitten, die die Triebfahrzeuge mit zwei Stromabnehmern im Fehlerfall überbrücken können. Die motorbetriebenen Schutzstreckenschalter speisen im Grundschaltzustand die Schutzstrecke durch oder trennen diese im Fehlerfall.

In dem vorhandenen Tunnel lassen sich die Oberleitungen der beiden Gleise im Notfall mit den Speiseschaltern freischalten und mit vier Erdungsschaltern (Bild 16.55 f)) für den Einsatz der Rettungskräfte erden und gegen Wiedereinschalten sichern.

In den Verladestationen des Braunkohletagebaus Hambach übertragen Seitenfahrleitungen die Energie zu dem seitlich angeordneten Stromabnehmer (Bild 16.56 a)). Die Seitenfahrleitung gestattet die Beladung der Wagen von oben über Bandanlagen beim gleichzeitigen Vortrieb der Waggons (Bild 16.56 b)). Außerhalb der Verladestation nutzt das Triebfahrzeug den mittig auf dem Dach angeordneten Stromabnehmer.

16.11 Literatur

16.1 *Verband Deutscher Verkehrsunternehmen VDV-Förderkreis e. V.*: Stadtbahnen in Deutschland. Alba-Fachverlag GmbH & Co. KG, Düsseldorf, 2000.

16.2 *RWE Power*: Ihr zuverlässiger Partner für Schienenfahrzeuge, Instandhaltung Bahn im Technikzentrum. In: RWE Power, Produktinformation, Essen, 2013.

16.3 *Stadtwerke Oberhausen AG*; Die neue STOAG. In: Die Zeitung für den Nahverkehr 1(1997).

16.4 *N. N.*: Guide d'Entretien et de Montage pour la Ligne Aérienne d'Alimentation du METRO LEGER DE TUNIS (Handbuch für die Errichtung der Oberleitungsanlage der Stadtbahn Leger in Tunis). Siemens AG, Erlangen, 1984.

16.5 *Weitlaner, E.; Schneider, E.*: Bahnstromversorgung für die Stadtbahn BTS Bangkok. In: Glasers Analen 123(1999)6, S. 253–260.

16.6 *Bach, M.; u. a.*: Metro Santo Domingo – Errichtung und Instandhaltung der Oberleitung Sicat LD. In: Elektrische Bahnen 109(2011)1-2, S. 75–82.

16.7 *Kiessling F.; u. a.*: Líneas de Contacto para Ferrocarriles Electrificados. Siemens AG, Erlangen, 2008.

16.8 *Burkert, W.*: Oberleitungsplanung mit der erweiterten Software Sicat MASTER. In: Elektrische Bahnen 108(2010)8-9, S. 377–385.

16.9 *Hickethier, R.*: Die Stromschienenanlage und deren Planung mit Unterstützung von rechnergestützten Zeichenprogrammen. Verlag Ellert & Richter, Hamburg, 1996.

16.10 *Deutzer, F.; u. a.*: Untersuchungen von O-Bus-Fahrleitungen. In: Verkehr und Technik (2012)4, S.128–134.

16.11 *Abst, S.; u. a.*: Elektrifizierung der Hochgeschwindigkeitstrecke HSL Zuid in den Niederlanden. In: EI Der Eisenbahningenieur 58(2007)11, S. 46–57.

16.12 *Hardmeier, W.; Schneider, A.*: Direttissima Italien, die Schnellfahrstrecken Bologna–Florenz und Florenz–Rom. Orell Füssli Verlag, Zürich und Wiesbaden, 1989.

16.13 *Grimrath, H.; Reuen, H.*: Elektrifizierung der Strecke Elmshorn–Itzehoe mit der Oberleitung Sicat S1.0. In: Elektrische Bahnen 96(1998)10, S. 320–326.

16.14 *Kökényesi, M.; Kunz, D.*: Oberleitung Sicat SX – Zulassung und Betriebserfahrungen in Ungarn. In: Elektrische Bahnen 111(2013)6-7, S. 440–444.

16.15 *Krötz, W.; Resch, U.*: : Oberleitungen und Stromabnehmer – Entwicklungen bei der Deutschen Bahn. In: Elektrische Bahnen 109(2011)4-5, S. 211–215.

16.16 *Thoresen, Th. E.; Gjertsen, E.*: Neue Oberleitungen der Norges Statsbaner. In: Elektrische Bahnen 94(1996)4, S. 115–119.

16.17 *Lörtscher, M.; Aeberhard, Z.; Schär, R.*: Bahnenergiebedarf für die Lötschberg-Strecken. In: Elektrische Bahnen 105(2007)11, S. 544–554.

16.18 *Hahn, G.*: Oberleitungstechnische Ausrüstung des Lötschberg-Basistunnels. In: Elektrische Bahnen 105(2007)4-5, S. 284–289.

16.19 *Altmann, M.; Matthes, R.; Rister, S.*: Die Elektrifizierung der Hochgeschwindigkeitsstrecke HSL ZUID. In Elektrische Bahnen 104(2005)4-5, S. 248–252.

16.20 *Kohlhaas, J.; u. a.*: Interoperable Oberleitung Sicat H1.0 der Schnellfahrstecke Köln–Rhein/Main. In: Elektrische Bahnen 100(2002)7, S. 249–257.

16.21 *Grimm, R.; Puschmann, R.; Rux, M.*: Oberleitungsabnahme am Beispiel der Neubaustrecke Köln–Rhein/Main. In: Elektrische Bahnen 101(2003)4-5, S. 200–207.

16.22 *Luppi, J.; Lamon, J.-P.*: Histoire de la caténaire 25 kV (Geschichte der 25-kV-Oberleitungen). In: Revue Générale des Chemins de Fer (1992)3, S. 35–52.

16.23 *Chambron, E.*: La conduite du projet TGV Atlantique et les travaux de génie civil (Errichtung des TGV Atlantik Projekts und der Ingenieurbauwerke). In: Revue Générale des Chemins de Fer (1986)12, S. 567.

16.24 *Watanabe, K.*: Review and perspektive of SHINKANSEN. In: Elektrische Bahnen 83(1985)5, S. 145–152.

17 Betrieb und Instandhaltung

17.0 Symbole und deren Bedeutung

Symbol	Bezeichnung	Einheit
$A(t)$	Wahrscheinlichkeit für die Funktionsfähigkeit der Anlage	–
A_D	Dauerverfügbarkeit	–
ADIF	Administrador de Infraestructuras Ferroviarias	–
BuP	bahntechnisch unterwiesene Person	–
CMS	Oberleitungsüberwachungseinrichtung (Catenary Monitoring System)	–
$\overline{D}$	mittlere Störungsdauer	h
Efk	Elektrofachkraft	–
EuP	elektrotechnisch unterwiesene Person	–
JBV	Norwegischer Bahninfrastrukturbetreiber (Jernbaneverket)	–
LCC	Life cycle cost	–
LZK	Lebenszykluskosten	EUR
MTBF	mittlerer Ausfallabstand	–
N_0	Anfangsbestand an Betrachtungseinheiten	–
N_t	Anfangsbestand an Betrachtungseinheiten zu Beginn des Zeitintervalles	–
St_i	i-te Störung	–
ÖBB	Österreichische Bundesbahn	–
OLSP	Oberleitungsspannungsprüfautomatik	–
$P(t)$	Wahrscheinlichkeit, dass die Anlage funktionsfähig ist	–
PMS	Stromabnehmerüberwachungseinrichtung (Pantograph Monitoring System)	–
pH-Wert	Maß für sauren oder basischen Charakter einer wässrigen Lösung	–
$R(t)$	Wahrscheinlichkeit der ausfallfreien Arbeit	–
RFID	Funk-Frequenz-Identifikation (radio-frequency identification)	–
$\overline{T}$	mittlere Funktionsdauer	h
$\overline{T}_\mathrm{L}$	Lebensdauer	h
Vfk	verantwortliche Elektrofachkraft	–
Z	Zementgehalt	kg/m³
Z_0	Zustand der Anlage zum Zeitpunkt t_0, für den die Wahrscheinlichkeit P_0 gilt	–
Z_1	Zustand der Anlage zum Zeitpunkt t_1, für den die Wahrscheinlichkeit P_1 gilt	–
ZES	Zentralschaltstelle	–
$f(t)$	Ausfalldichtefunktion	–
t_T	Restnutzungsdauer	h
w/z	Wasserzementwert	–

Symbol	Bezeichnung	Einheit
λ_0	konstante Ausfallrate mit expotenzialverteilter Ausfalldichte $f(t)$	–
$\lambda(t)$	Fehlerrate	$1/(100\,\mathrm{km\,a})$
$\mu(t)$	Instandsetzungsrate	$1/(100\,\mathrm{km\,a})$

17.1 Betrieb

17.1.1 Begriffe

Das *Betreiben* einer Fahrleitungsanlage umfasst das *Bedienen der elektrischen Einrichtungen* und das *Arbeiten in elektrotechnischen Anlagen* mit dem Ziel des Aufrechterhaltens einer hohen Verfügbarkeit. Bild 17.1 gibt die Tätigkeiten beim Betreiben wieder.

17.1.2 Ausbildung und Unterweisung des Personals

Das *Betreiben von Fahrleitungsanlagen* setzt ausgebildetes, erfahrenes Personal voraus. Richtlinien der Betreiber legen Arbeitsabläufe und Verhaltensweisen fest, die neuen Mitarbeitern ermöglichen, Wissen für Bedienhandlungen und Arbeiten in Fahrleitungsanlagen zu erwerben.

Das Ziel der *Personalausbildung* ist das Vermitteln von Wissen zum sachgemäßen Ausführen von Arbeiten und Erkennen möglicher Gefahren bei Unregelmäßigkeiten und unsachgemäßem Verhalten. Entsprechend den Kenntnissen und dem Schwierigkeitsgrad von Arbeiten an und in der Nähe von Oberleitungsanlagen sind die folgenden Zuständigkeiten zu unterscheiden:

- *Anlagenverantwortliche* sind nach DIN EN 50 110-1 für den Betrieb der elektrischen Anlage zuständig. Erforderlichenfalls können einige mit dieser Zuständigkeit einhergehenden Aufgaben auf andere Personen übertragen werden.
- *Arbeitsverantwortliche* sind für die Durchführung der Arbeit zuständig. Erforderlichenfalls können einige mit dieser Zuständigkeit einhergehende Aufgaben auf andere Personen übertragen werden (DIN EN 50 110-1).
- *Verantwortliche Elektrofachkraft* (Vfk) sind nach DIN VDE 1000-10 Elektrofachkräfte die Fach- und Aufsichtsverantwortung tragen und vom Unternehmer dafür beauftragt sind.
- *Elektrofachkräfte* (Efk) können aufgrund ihrer fachlichen Ausbildung, Kenntnisse und Erfahrungen sowie Kenntnis der einschlägigen Normen die ihnen übertragenen Arbeiten beurteilen und mögliche Gefahren erkennen.
- *Elektrotechnisch unterwiesene Personen* (EuP) sind von Elektrofachkräften über die ihnen übertragenen Aufgaben und die möglichen Gefahren bei unsachgemäßem Verhalten unterrichtet und erforderlichenfalls angelernt sowie hinsichtlich der notwendigen Schutzeinrichtungen, persönlichen Schutzausrüstungen und Schutzmaßnahmen unterwiesen (DIN VDE 1 000-10 (VDE 1000-10):2009-01).
- *Bahntechnisch unterwiesene Personen* (BuP) führen Tätigkeiten aus, die im nichtöffentlichen Bereich nach DIN EN 50 122-1 (VDE 0115 Teil 3) liegen. Sie sind über die ihnen übertragenen Aufgaben und die möglichen Gefahren bei unsachgemäßem

17.1 Betrieb

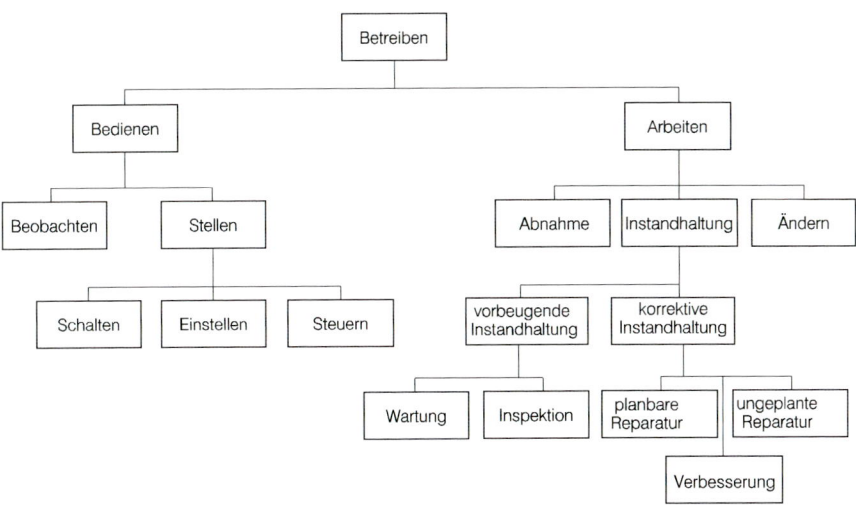

Bild 17.1: Struktur der Tätigkeiten beim Betreiben.

Verhalten unterrichtet sowie über die notwendigen Verhaltensregeln belehrt. Die bahntechnische Unterweisung führen Personen durch, die aufgrund ihrer Ausbildung, Kenntnisse und Erfahrungen die möglichen Gefahren, insbesondere aus dem elektrischen Bahnbetrieb, erkennen und beurteilen können. Bahntechnisch unterwiesene Personen dürfen selbständig keine Arbeiten an elektrischen Anlagen von Fahrzeugen und an Fahrleitungsanlagen ausführen, jedoch die nach Abschnitt 4.1.2.1 und 5.1.2.1 in DIN EN 50 122-1 (VDE 0115 Teil 3) für den nichtöffentlichen Bereich angegebenen Mindestabstände bzw. Hindernisse nach Abschnitt 4.1.3 und 5.1.3 in Anspruch nehmen.
- *Laie* ist eine Person, die weder Elektrofachkraft noch elektrotechnisch unterwiesene Person ist (DIN EN 50 110-1).

Entsprechend dem Charakter der Tätigkeiten in Fahrleitungsanlagen bilden elektrotechnische Fachkenntnisse wie auch die betrieblichen Erfahrungen gleichermaßen die Voraussetzung zum umsichtigen Ausführen der Betreiberhandlungen. Die Elektrofachkraft hat entsprechend DIN EN 50110, Teil 1, als Elektroingenieur, Elektromeister oder Elektrogeselle eine abgeschlossene elektrotechnische Ausbildung. Spezielle Anforderungsprofile an elektrotechnische Fachkräfte legen die Mindestkenntnisse und Erfahrungen für das Verhalten im Eisenbahnbetrieb fest. Die elektrotechnische Fachkraft weist Art und Umfang der Arbeiten den elektrotechnisch unterwiesenen Personen zu und beaufsichtigt diese [17.1]. Die bahntechnisch unterwiesenen Personen führen Arbeiten an elektrifizierten Strecken durch, aber nicht an Oberleitungsanlagen, und können mit der Unterweisung durch die elektrotechnische Fachkraft die Gefahren des *elektrischen Zugbetriebs* erkennen und sich entsprechend verhalten.

Die Ausbildung umfasst die Vermittlung von Kenntnissen hinsichtlich
- Aufbau der Oberleitungsanlage,
- Übersichtspläne mit Schaltanweisungen,
- Gefahren des elektrischen Zugbetriebs,
- Steuern und Bedienen von Oberleitungsschaltern,
- Aufzeichnen von Schaltgesprächen,
- Schalten in eigener Zuständigkeit,
- Aufzeichnen von Schaltgesprächen und
- Verhalten bei Gefahr.

Im Rahmen einer Prüfung weisen die Mitarbeiter die erworbenen Kenntnisse nach. Regelmäßige und auch nachweisbare Unterweisungen erneuern und vertiefen die Kenntnisse. Die Themengestaltung dafür umfasst im Laufe von zwei Jahren alle wichtigen elektrotechnischen Verhaltensnormen und dienstlichen Richtlinien sowie die Auswertung von Störungen und Unfällen.

17.1.3 Elektrotechnische Verhaltensnormen und Richtlinien

Technische Festlegungen unterstützen Anwender, Benutzer und Betreiber beim Erkennen von Gefahren, die bei unsachgemäßer Verhaltensweise gegenüber elektrotechnischen Betriebsmitteln und Anlagen entstehen können. Internationale Normen dienen dabei als allgemein anerkannte Regeln der Technik.

Produkt- und Anlagennormen z. B. DIN EN 50 119 und DIN EN 50 122-1 enthalten technische Anforderungen und Prüfvorgaben. *Betriebsnormen* wie DIN EN 50 110 regeln in Form allgemeiner Festlegungen das Verhalten und Abläufe für Betreiber und Benutzer. Innerbetriebliche Vorschriften wie die DB-Richtlinie 462 *Betrieb des Oberleitungsnetzes* ergänzen die in allgemeinen Normen enthaltenen Festlegungen für eisenbahnspezifische Bedingungen [17.2]. Die Gliederung der modular aufgebauten DB-Richtlinie 462 in *Grundsätze, Betriebsführung,* und *Arbeiten an und in der Nähe von Oberleitungsanlagen* gibt die Begriffsdefinitionen in DIN EN 50 110 und DIN VDE 0105-103:1999 mit der Unterteilung des Betriebes in Bedienen und Arbeiten wieder. Die für den *Betrieb notwendigen Festlegungen* sind in dieser Richtlinie enthalten.

Die Österreichischen Bundesbahnen fassen in der *Elektrobetriebsvorschrift* EL 52 die innerbetrieblichen Festlegungen zusammen, die in *Allgemeine Bestimmungen, Sicherheitsvorkehrungen für Arbeitszwecke* und *besondere Bestimmungen*, die sich auf das Bedienen beziehen, gegliedert sind.

17.1.4 Schalten und Erden

Die aktiven Teile der Oberleitungsanlage stehen im Regelfall unter Spannung. Betriebsführung, Instandhaltungsarbeiten und Störfälle machen *Schalthandlungen* erforderlich. Aus dem Schaltplan (siehe Abschnitt 12.2.3.7) gehen die Bezeichnung und Grundstellung der Schalter, ihre Zuordnung zu den Schaltgruppen, die Schalthandlungen bei Gefahr sowie die Standorte von Erdungs- und Kurzschließvorrichtungen (EuK) und

Spannungsprüfern hervor. Schalthandlungen dürfen nur dafür ausgebildete Personen ausführen wie Schaltbefehlsgeber, Schaltantragsteller und Bahnerdungsberechtigte. *Schaltbefehlsgeber* sind die *Schaltdienstleiter* in den Zentralschaltstellen mit der höchsten Qualifikation im Schaltdienst. Sie müssen im Rahmen einer Ausbildung mit abschließender Prüfung das notwendige Wissen erwerben und nachweisen. Sie können selbständig und eigenverantwortlich Schalthandlungen ausführen oder Schaltbefehle zur Ausführung von Schalthandlungen durch andere Personen erteilen. Bei ferngesteuerten Schaltern sind die Schaltbefehlsgeber gleichzeitig *Schalterbediener*. Ortgesteuerte oder handbediente Schalter schalten Schalterbediener, die auch eine Ausbildung als Schaltantragsteller erhalten haben. Dazu gehören
- Fahrdienstleiter auf elektrifizierten Strecken,
- Mitarbeiter eines technischen Fachbereichs und
- Mitarbeiter von Firmen zur Anlagenerrichtung und Überwachung.

Der Schaltvorgang selbst vollzieht sich auf der Grundlage eines Schaltgespräches, dessen Ablauf formal festgehalten ist. Der Schaltantrag enthält
- Bezeichnung der zu schaltenden Anlagenteilen, z. B. Bf X-Stadt, Schaltgruppe I,
- Art der Schaltung, z. B. Ausschalten,
- Zustimmung des Fahrdienstleiters zur betrieblichen Sperrung der Gleise und
- Angabe des Antragstellenden mit Code-Nummer.

Nach Genehmigung des Schaltantrages kann die Zentralschaltstelle (ZES) Schaltbefehle zum Ausschalten von Schaltern erteilen oder führt diese *Schalthandlungen* selbst durch. Der Schaltdienstleiter der ZES bestätigt nach Ausschalten und Sichern der Schalter gegen unbeabsichtigtes Wiedereinschalten die vollzogene Schalthandlung dem Schaltantragsteller.

Die ZES kann dem Schaltantragsteller die Zuständigkeit für einen Schalter des Schaltantrags übertragen. Diesen Vorgang bezeichnet die DB als Schalten in eigener Zuständigkeit (eZ). Diesen Oberleitungsschalter kennzeichnet der Schaltdienstleiter in der ZES. Speisen weitere Schalter die Schaltgruppe oder -gruppen, auf die sich der Schaltantrag bezieht, sichert der Schaltdienstleiter der ZES auch diese Schalter gegen unbeabsichtigtes Wiedereinschalten. Erst nach der betrieblichen Sperrung aller betroffenen Gleise der auszuschaltenden Schaltgruppen beim Fahrdienstleiter kann der Schaltantragsteller den eZ-Schalter ausschalten und gegen unbeabsichtigtes Wiedereinschalten sichern.

Nach dem Prüfen der Spannungsfreiheit, dem *Bahnerden der Arbeitsstelle*, z. B. mit Erdungseinrichtungen, und der mündlichen oder schriftlichen Einweisung des Aufsichtführenden für die Instandhaltungsmannschaft über die Arbeitsgrenzen und besonderen Gefahren können die Instandhaltungsarbeiten beginnen. Der Schaltantragsteller ist während der Abschaltzeit ständig erreichbar.

Nach Beendigung der Arbeiten meldet der Aufsichtsführende dem Schaltantragsteller den betriebssicheren Zustand der Oberleitungsanlage zurück. Der Schaltantragsteller meldet dem Schaltdienstleiter die Wiedereinschaltbereitschaft und stellt nach Befehl oder bei eigener Zuständigkeit selbständig den Grundschaltzustand her und hebt beim Fahrdienstleiter die betriebliche Sperrung auf. Bei mehreren Schaltantragstellern für eine Schaltgruppe dürfen Schalter erst wieder einschaltet werden, wenn alle die Wiedereinschaltbereitschaft dem Schaltdienstleiter gemeldet haben.

Der Schaltantragsteller dokumentiert das *Schaltgespräch* nach Zustimmung des Fahrdienstleiters zur betrieblichen Sperrung der Gleise und alle folgenden, mit der Schalthandlung zusammenhängenden Informationen im Fernsprechbuch für Schalthandlungen. In der Zentralschaltstelle zeichnen *Gesprächsspeicher* die Schaltgespräche auf.

Die für die Spannungsprüfung und Erdung der Oberleitung erforderlichen Geräte sind in Bahnhöfen stationiert und werden in fünf- oder zweijährigen Abständen geprüft. Unterweisungen mit der Wiederholung dienstlicher Regelungen im Schaltdienst dienen dazu, Fehlhandlungen vorzubeugen und sichere Handlungsabläufe zu trainieren. In regelmäßigen Abständen unterstützt ein *Antihavarietraining* die Festigung und Prüfung des erworbenen Wissens.

17.1.5 Aufgaben des Infrastrukturbetreibers für den Betrieb

Der *Infrastrukturbetreiber* einer Anlage muss die festgelegten Merkmale der Energieversorgung während ihrer Lebensdauer aufrechterhalten. Ein *Instandhaltungsplan* ist vom Infrastrukturbetreiber nach TSI ENE CR [17.3] und TSI ENE HS [17.4] zu erstellen, um sicherzustellen, dass die Merkmale der Bahnenergieversorgung innerhalb der definierten Grenzwerte liegen. Der Instandhaltungsplan beinhaltet eine Reihe von Dokumenten, die die vom Infrastrukturbetreiber definiertem Verfahren zur Instandhaltung der Infrastruktur beschreiben. Insbesondere muss der Instandhaltungsplan enthalten

– berufliche Qualifikation der Mitarbeiter und
– die persönliche Schutzausrüstung.

Instandhaltungsverfahren dürfen Sicherheitsmaßnahmen wie die ununterbrochene Rückstromführung, den Schutz vor Überspannungen und das Erkennen von Kurzschlüssen nicht beeinträchtigen. Der Infrastrukturbetreiber ist zuständig für die Weiterleitung von Meldungen über sicherheitsrelevante Fehler und Mängel sowie häufige Störungen an das Eisenbahn-Bundesamt (EBA).

17.1.6 Erdungsanlagen für Fahrleitungen

17.1.6.1 Allgemeines

Anwendungsgebiete der Notfallerdung für Fahrleitungen sind die Notfallrettung in Tunneln und in öffentlichen Bereichen des Nah- und Fernverkehrs als auch Instandhaltungswerke für elektrisch angetriebene Fahrzeuge. Die Notfallerdungsanlage ermöglichen die sofortige Erdung der Fahrleitungen und damit den Beginn der Rettungsarbeiten.

Die Technische Spezifikation Sicherheit von Eisenbahntunneln (TSI SRT:2007 [17.5]) gilt sowohl für neue als auch für zu erneuernde oder nachzurüstende, größer 1 km lange Tunnel auf interoperablen konventionellen und Hochgeschwindigkeitsstrecken. Weiterhin ist die EU-Verordnung 352/2009, als CSM-VO (Common Safety Methods) bezeichnet, über die Festlegung einer gemeinsamen Sicherheitsmethode für die Evaluierung und Bewertung von Risiken gemäß Artikel 6, Absatz 3, Buchstabe a, der Richtlinie 2004/49/EG von Eisenbahnverkehrs- und -infrastrukturunternehmen auf die von diesen betriebenen, sicherheitsrelevanten Einrichtungen anzuwenden [17.6].

17.1 Betrieb

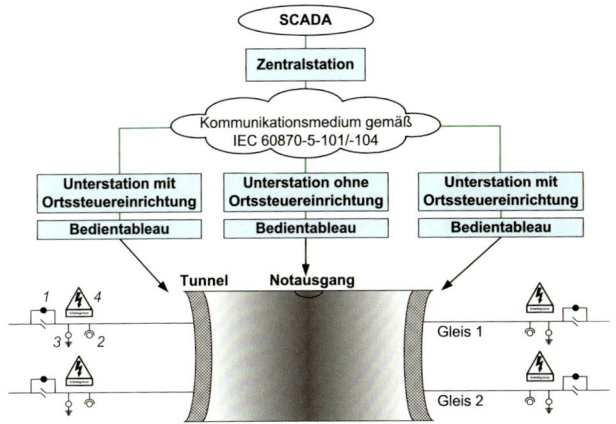

Bild 17.2: Schematischer Aufbau der Sicat AES zur Notfallerdung der AC-Fahrleitungsanlage.
1 Trennschalter oder Lasttrennschalter zum Freischalten der Fahrleitung
2 Spannungswandler oder Trennverstärker
3 Erdungstrennschalter oder Erdungslasttrennschalter
4 Arbeitsgrenzenschild

Bei Unfällen oder Störungen in Tunneln ist ein ungehinderter Zugang über die Tunneleingänge und Notausgänge für Evakuierungen erforderlich. In einem solchen Fall muss die Fahrleitung abgeschaltet und geerdet sein, bevor das Rettungspersonal den Tunnel und den Unfallbereich betreten darf.

Die erforderliche Ausrüstung ist im Bereich der Tunnelportale und Notausgänge an der Tunnelwand befestigt. Bahnbetreiber in Europa verwenden unterschiedliche Arten der Schalteinrichtungen für die *Notfallerdung* in Tunneln. Diese Einrichtungen sind im jeweiligen *Tunnelrettungskonzept* enthalten. Die Abschnitte 17.1.6.2 und 17.1.6.3 enthalten Beispiele aus Deutschland und den Niederlanden.

17.1.6.2 Notfallerdung in Deutschland

Die EBA-Richtlinie Anforderungen des Brand- und Katastrophenschutzes in Eisenbahntunneln [17.7] verlangt vom Infrastrukturbetreiber, dass die Oberleitung beim Eintreffen der Rettungskräfte spannungsfrei geschaltet und geerdet sein soll. Diese Forderung kann die DB mit 30 min Eingreifzeit bei Störungen gemäß der Richtlinie Brand- und Katastrophenschutz in Eisenbahntunneln [17.8] nicht erfüllen. Für die schnelle Abschaltung und Erdung von Oberleitungsanlagen in mehr als 500 m langen Tunneln wendet die DB deshalb die automatisierte Oberleitungsspannungsprüfeinrichtung (OLSP) an [17.9], die diese Forderung erfüllt. Das aufwändige, zweiseitige manuelle Erden mit Erdungsvorrichtungen entfällt und lässt sich stattdessen mit der automatisierten Notfallerdung Sicat AES ausführen.

Die Sicat-AES-OLSP führt die Erdung der Fahrleitung schrittweise durch und prüft den jeweiligen Zustand gemäß den fünf Sicherheitsregeln nach DIN EN 50 110 für das Arbeiten im Bereich der Fahrleitungsanlage (Abschnitt 15.6.8). Der geerdete Zustand der Fahrleitung wird an den Arbeitsgrenzen und Zugängen zum Tunnel signalisiert. Bild 17.2 zeigt den schematischen Aufbau die Sicat AES zur Notfallerdung der Fahrleitung. Die Sicat-AES-Zentralstation, die mit der SCADA-Leitzentrale verbunden ist, steuert mit den zugehörigen Unterstationen die Erdungsanlage. Bei einer Notfallrettung gibt

a)  b)

Bild 17.3: Drehbares Warnschild als Arbeitsgrenze für die Rettungskräfte auf der Flughafenanbindung Köln/Bonn.
a) Oberleitung ist eingeschaltet; das Arbeitsgrenzenschild ist nicht sichtbar
b) Oberleitung ist ausgeschaltet, geerdet und das Arbeitsgrenzenschild ist sichtbar

die Sicat-AES-Zentralstation den Startbefehl der Erdungsautomatik. Alternativ lässt sich die Notfallerdung vor Ort an den Unterstationen, die im Bereich der Tunnelportale und Notausgängen oder an den Zugängen zu den geschützten Bereichen angeordnet sind, bedienen.

Die Ausrüstung der Sicat-AES-OLSP umfasst Schalter zum Freischalten und Erden der Schaltgruppen, Spannungsmesseinrichtungen, Erdungstrennschalter oder einschaltfeste Erdungstrennschalter und Warnschilder zum Anzeigen der Arbeitsgrenzen (Bild 17.3). Die Erdungsschalter sind mit Drehwinkelgebern zur Überwachung des Einlaufes und der Endlagen des beweglichen Schalterkontaktes ausgerüstet (Abschnitt 11.2.5).

OLSP-Anlagen lassen sich für Fahrleitungen bei Wechsel- und Gleichstrombahnen (Bild 17.4) im Nah- und Fernverkehr einsetzen.

Für DC-Nahverkehrsanlagen gibt es keine einheitlichen europäischen Vorgaben für die Tunnelsicherheit und somit für die Ausführung von Notfallerdungsanlagen. Zu berücksichtigen sind in diesen Fällen nationale Normen und Betreibervorgaben.

In Instandhaltungswerken (Abschnitt 14.2) schaltet die automatisierte Notfallerdung die Fahrleitungsspannung einzelner Gleise ab, stellt die Spannungsfreiheit fest, erdet die Fahrleitungen und gibt anschließend den Zugang zur Dacharbeitsbühne z. B. in der Nähe einer Stromschienenoberleitung frei (Abschnitte 3.4 und 14.3). Dieser Zustand wird so lange mit Berechtigungsfestlegungen, z. B. Schlüsselschalter, blockiert, bis die Arbeiten in der Nähe der Fahrleitung beendet sind und der Arbeitsbereich geräumt wurde. Bild 17.5 zeigt typische Anlagen die in Werken mit Schnittstellen zur OLSP.

17.1.6.3 Notfallerdung in Tunneln in den Niederlanden

Auf der ersten Hochgeschwindigkeitsstrecke in den Niederlanden HSL ZUID (Abschnitt 16.3.8), die Amsterdam und Antwerpen verbindet, verwendet der Infrastrukturbetrei-

17.1 Betrieb

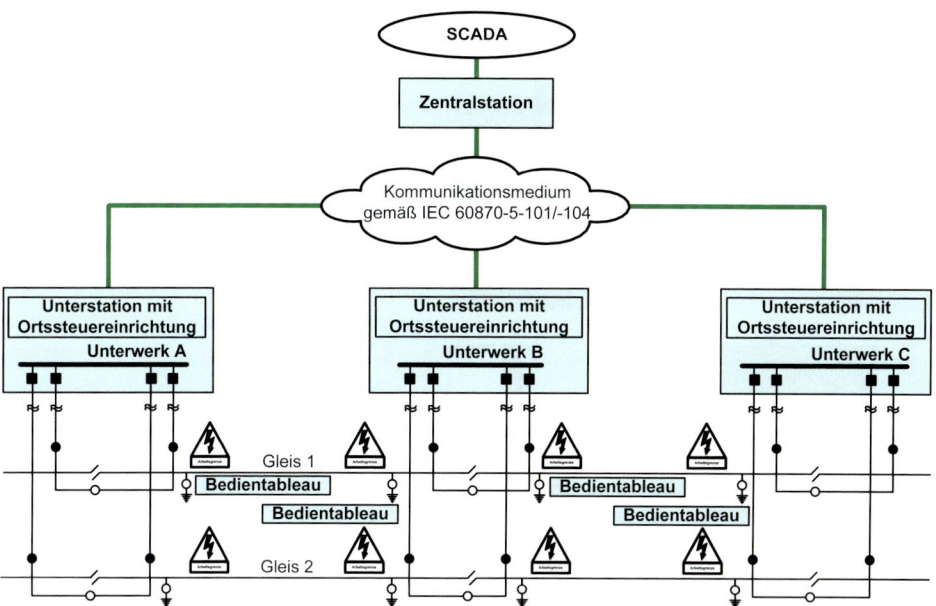

Bild 17.4: Aufbau einer an die DC-Nahverkehrsfahrleitung angepasste Sicat-AES-OLSP.

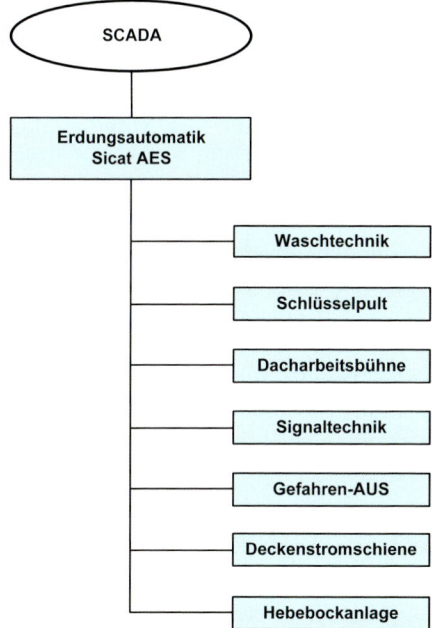

Bild 17.5: Sicat-AES-Schnittstellen zu anderen Anlagen in Instandhaltungswerken.

Bild 17.6: Erdungsschalter der HSL-ZUID-Strecke, Niederlande.

Bild 17.7: Betriebsleitzentrale in Rotterdam, Niederlande.

ber Infraspeed handbetriebene, einschaltfeste Erdungsschalter für die Notfallerdung der Oberleitungen in Tunneln. Wie auch im deutschen Netz (Bild 17.2) sind diese Erdungsschalter an den Tunnelportalen (Bild 17.6) angeordnet. Die Züge sollen auch bei Notfällen nach Möglichkeit aus den Tunneln herausfahren. Muss dennoch ein Zug unfallbedingt im Tunnel halten, wird vor Beginn der Rettungsmaßnahmen die Oberleitungsspannung durch die Schaltzentrale in Rotterdam (Bild 17.7) abgeschaltet. Die Erdungsschalter werden durch die Rettungskräfte vor Ort eingeschaltet. Eine vorherige Spannungsprüfung ist nicht vorgesehen. Falls die Oberleitungsspannung durch die Schaltzentrale nicht rechtzeitig abgeschaltet werden konnte, führt das Schließen der einschaltfesten Erdungsschalter zum Kurzschluss und Ausschalten des speisenden Leistungsschalters im Unterwerk, sodass die Notfallrettung möglich ist [17.11].

17.1.7 Unregelmäßigkeiten und ihre Erfassung

Für das Verhalten bei *Unregelmäßigkeiten* und *Störungen* im Oberleitungsnetz hält der Betreiber einen aktuellen Meldeplan vor, aus dem die erforderlichen Handlungen und der Informationsfluss erkennbar sind. Die Meldungen laufen über Fernmeldeverbindungen beim Schaltdienstleiter der Schaltzentralen zusammen, der die notwendigen Maßnahmen ergreift.

Bei Leistungsschalterauslösungen wird die Kurzschlussfreiheit automatisiert geprüft und der Speiseabschnitt bei positivem Ergebnis zugeschaltet. Bei einem *Dauerkurzschluss* ist das möglichst genaue Eingrenzen des Störungsortes hilfreich für die zielgerichtete Anfahrt der Entstörmannschaft. Die Störungsstelle wird sofort betrieblich beim Fahrdienstleiter gesperrt, freigeschaltet und mit Freimeldung in die eigene Zuständigkeit des Schaltantragstellers der Entstörmannschaft übergeben. Die sofortige betriebliche Sperrung und Bahnerdung abgeschalteter Oberleitungen ist erforderlich, um Fahrten in diese neutralen Abschnitte mit Lichtbogenbildung und Beschädigungen der Überlappungen und Streckentrenner zu vermeiden. Nach Klarheit über die erforderliche Dauer der Störungsbeseitigung gibt der Arbeitsverantwortliche (siehe Abschnitt 15.6.7) eine Zeitschätzung an die betriebsführende Stelle der Bahn ab und sorgt für eine zügige Beseitigung der Störung. Dabei können durchaus Provisorien mit *Bügel-Ab-Strecken* helfen, den Zugbetrieb kurzfristig wieder aufzunehmen und den Rückstau von Zügen abzubauen. Mit längerfristig geplanten Sperrpausen ist es später möglich, den ursprünglichen Anlagenzustand wieder herzustellen.

Die *Oberleitungsentstörungen* werden in Formularen erfasst. Diese sind innerhalb bestimmter Fristen nach einem festgelegtem Verteiler weiterzureichen und dienen der statistischen Auswertung und Analyse der Ursachen (Abschnitt 17.3.6).

17.2 Verschleiß und Alterung

17.2.1 Einteilung der Bauteile

Die *Bauteile* lassen sich bezüglich ihrer Beanspruchung unterteilen in Bauteile mit
- vorwiegend mechanischer Belastung, wie Masten und Trageinrichtungen,
- mechanischer und elektrischer Belastung, wie Kettenwerke, Bahnenergieleitungen,
- vorwiegend elektrischer Belastung, wie elektrische Verbinder mit ihren Klemmen.

Anlagenteile von Fahrleitungen unterliegen der *Alterung* und dem elektrischen und mechanischen *Verschleiß*, die von der Nutzungszeit und der Größe und Dauer der Belastung abhängen. Kenntnisse der Verschleiß- und Alterungsprozesse sind von wesentlicher Bedeutung für die Instandhaltung.

17.2.2 Betonmasten und -fundamente

Chemische und elektrochemische Prozesse führen zur Zerstörung des Materials. Bei Elektrokorrosion oxidieren Metalle als Ergebnis einer chemischen Reaktion, die meist vom Stromfluss begleitet wird. Dazu zählt die *Streustromkorrosion*.

Elektrokorrosion tritt jedoch auch ohne äußere Stromquelle auf, z. B. durch Metalle mit verschiedenen Positionen innerhalb der *Spannungsreihe* oder durch Inhomogenitäten verschiedener Oberflächenabschnitte eines Metalls, die Potentialunterschiede hervorrufen. Für den Beginn der Reaktionen reicht bereits die Luftfeuchtigkeit oder feuchte Erde als Elektrolyt aus. Entsprechend dem 1. Faradayschen Gesetz der Gleichung (6.25) werden Anodenteile zerstört. Der Metallabtrag ist proportional zur durchfließenden Strommenge [17.12]. Der Beton besteht aus festen, flüssigen und gasförmigen Bestandteilen. Der Schutzeffekt für die Bewehrung kommt nicht aufgrund des hermetischen Einschlusses sondern durch die Alkalität des Porenwassers mit pH-Werten 12,5 bis 13,5 zustande. Diese bremst die Korrosion durch die Bildung einer Schutzschicht.

Dieser Prozess kehrt sich beim Absinken der Konzentration des Kalziumoxidhydrats um. Ursachen für das Absinken können Risse, die Karbonatisierung oder das Vorhandensein von Aktivierungsmitteln im Beton sein. Zu den Aktivierungsmitteln gehören Chlorkalzium zur Beschleunigung der Abbindezeit und Chlornatrium als Frostschutz bei der Mastherstellung im Winter oder als Eisbekämpfungsmittel auf Straßen. Bei Rissen stärker als 1 mm oder Betonüberdeckungen unter 20 mm gibt es keinen *dauerhaften Schutz* für die Bewehrung.

Auf den Beton wirken folgende Einflussfaktoren
- mechanische Lasten und Pressungen,
- Wasser, das Kalziumhydroxid auswäscht, wonach sich Kalziumkarbonat, erkennbar an weißen Flecken, bildet,
- Kohlensäure in Wasser und Luft, die zur chemischen Zersetzung führt und
- Zwänge durch das zyklische Gefrieren mit 9 % Volumenvergrößerung und Tauen des Wassers in den Kapillaren des Betons und innerhalb des Mastes sowie durch Sonneneinstrahlung und Abkühlung durch die Luftströmung.

Die *Schäden*, die keine elektrischen Ursachen haben wie die Rissbildung, das Lösen des Betons von der Bewehrung, Auswirkungen aggressiver Stoffe usw. sind zwar weniger gefährlich als z. B. die Streustromkorrosion, aber dafür häufiger anzutreffen. Die wirksame Vermeidung der beschriebenen Schäden ist durch die Einhaltung der erforderlichen Beton- und Fertigungsqualität einschließlich Nachbehandlung möglich. Die Betonfestigkeit ist deshalb nicht nur unter den Gesichtspunkten der Tragfähigkeit sondern auch der Langlebigkeit zu wählen. Erfahrungen [17.12] zeigen, dass bei einem *Wasserzementwert* $w/z < 0{,}45$ und einem Zementgehalt $Z > 300\,\text{kg/m}^3$ ein ausreichender Schutz gegen Witterung, Säuren und Karbonatisierung erreicht wird. Die in Mitteleuropa in den letzten Jahrzehnten eingesetzten *Betonmasten* besitzen mit $w/z \approx 0{,}35$ und $Z \approx 400\,\text{kg/m}^3$ gute Voraussetzungen für die Anwendung bei elektrifizierten Strecken. Die Ventilation in Hohlmasten hat sich als nützlich zum Vermeiden von Rissen bewährt.

Die Gefahr von *Streustromkorrosion* besteht insbesondere bei Gleichstrombahnen, wenn Rückströme durch unterirdische Teile der Fundamente und Masten fließen. Zum Vermeiden dieser Erscheinung wird die für die Schutzauslösung bei Isolationsfehlern unumgängliche elektrische Verbindung von Masten, Fundamenten und mit den Gleisen einzeln oder in Form von Sammelerden gewöhnlich nur über *Spannungsdurchschlagssicherungen* oder Funkenstrecken ausgeführt. Bei fehlerhafter Funktion oder bei einem direkten Anschluss kann es zu einem ständigen Stromfluss in Abhängigkeit von den im Erdreich vorhandenen Potenzialunterschieden und Widerständen kommen. Bereits bei $0{,}06\,\text{A/m}^2$ Stromdichte beginnt die Elektrokorrosion der unterirdischen Anlagen. Der Ausbreitungswiderstand eines Betonmastes kann zwischen 3 und $3\,000\,\Omega$ betragen, überschreitet jedoch meistens $30\,\Omega$ nicht. Schäden an Betonfundamenten wurden bei Gleichstrombahnen vorwiegend in 0,4 bis 1,0 m Tiefe und auf 0,5 bis 1,0 m Länge beobachtet. Die Zerstörung der Schutzwirkung des Betons lässt sich nicht rückgängig machen. Das bedeutet, dass die Bewehrung auch nach dem Wegfall der Ursachen für die Streustromkorrosion weiter korrodiert. Der Unterbindung des Stromflusses durch Betonmasten und Fundamente kommt deshalb eine besondere Bedeutung zu. Die *Lebensdauer von Betonmasten* unter normalen Einsatzbedingungen beträgt nach den Erfahrungen 60 und mehr Jahre. Die Streustromkorrosion wird im Abschnitt 6.5.3 behandelt.

17.2.3 Stahlmasten, Ausleger und andere Trageinrichtungen

Die Schäden an den Metallkonstruktionen lassen sich unterteilen in
- Korrosion,
- Deformierung durch äußere Einflüsse wie Zugentgleisungen,
- Sprödigkeit bei niedrigen und Verformung bei hohen Temperaturen,
- mechanische Überlastung aufgrund von Planungs- oder Montagefehlern und
- elektrische Erosion.

Der Zerstörungsprozess bei statischer Belastung von Metallen beginnt mit Defekten im Kristallgitter. Dazu zählen Leerstellen, Einschlüsse, Verschiebungen und Oberflächendefekte. Ermüdung oder Alterung führt zu Strukturänderungen und zur Anhäufung von Verschiebungen, die die Entstehung von Mikrorissen begünstigen. Möglich sind neben der Zerstörung durch Überlast auch Ermüdungen durch zyklische Lasten.

Als ein Hauptgrund für die Korrosion erweist sich neben aggressiven Stoffen die zeitlich begrenzte Haltbarkeit und die nicht rechtzeitige Erneuerung des *Korrosionsschutzes bei Stahlteilen*. Stahlmasten rosten besonders an den Einbindestellen in den Beton des Fundamentes oder der Fundamentkappe. Diese Stellen lassen sich nur durch elastische Anstrichsysteme dauerhaft schützen. Unter Kontinentalbedingungen begünstigen Schwefelgase die Korrosion vorwiegend bei Temperaturen zwischen 0 °C und 15 °C und in Meeresnähe die Salze mit ihren Chlorionen. Voraussetzung ist eine flüssige Elektrolytschicht. Die Korrosionsgeschwindigkeit ist in Industriezentren aufgrund der Luftverschmutzung bis zu sechsmal höher als auf dem Land. Zur Vermeidung von Korrosion innerhalb von hohlen Masten ist eine Ventilation erforderlich.

Seit dem Jahr 1860 wird das *Feuerverzinken* als Korrosionsschutz für Stahlteile genutzt. Bei Bewitterung bildet Zink Deckschichten, die den Schutz der darunterliegenden Schichten übernehmen. Sie werden jedoch durch Wind und Wetter abgetragen. Die ursprünglich rund 85 µm starke Zinkschicht eines Auslegerrohres oder Stahlmastes verringert sich jährlich durchschnittlich um 2 µm bei Landluft und 3 µm bei Stadtluft und bis zu 20 µm bei Industrie- oder Meeresluft [17.13]. Bereits bei 40 µm Reststärke sind ergänzende Anstriche erforderlich. Die Korrosion hängt weiterhin ab von der Anordnung der Bauteile, da diese unterschiedliche Bedingungen für das Festsetzen von Staub und Feuchtigkeit bietet.

Seit ungefähr 1985 haben sich deshalb *Aluminiumausleger* in Deutschland als Alternative zu Auslegern aus *verzinktem Stahl- und Gusseisenteilen* weit verbreitet [17.14]. Aluminium weist eine relativ hohe Korrosionsbeständigkeit auf, da es eine dichte Oberflächenoxidschicht bildet. Die Schutzwirkung geht auch bei mechanischer Beschädigung nicht verloren, da sich die Schutzwirkung erneuert. Durch seine im Vergleich zu Stahl rund zehnmal höhere elektrische Leitfähigkeit und doppelt so große spezifische Wärme verhält sich Aluminium günstiger im Kurzschlussfall. Die Lebensdauer von feuerverzinkten Stahlbauteilen wird bei rechtzeitiger Erneuerung der Anstriche auf über 70 Jahre geschätzt. Für Aluminiumbauteile liegen bereits Erfahrungen von über 80 Jahren Lebensdauer ohne Korrosionsschutzmaßnahmen vor.

Die *Verbindung der Seitenhalter* am Abzugsgelenk kann bei lockeren Sitz zu erhöhtem mechanischen Verschleiß führen. Deshalb wird bei den Oberleitungen der DB 80 N Seitenhalter-Mindestradialzugkraft vorgegeben.

Elektrische Erosion entsteht bei Gleichstrombahnen, wenn Teilströme über bewegliche, nicht stromfeste Verbindungen fließen (Bild 17.2.6). Dabei führen 15 bis 20 V Spannungsdifferenz bereits zum Abtrag der Metallteile durch Lichtbögen. Diese Erscheinungen lassen sich durch leitfähige Überbrückungen oder Isolation dieser Stellen vermeiden.

17.2.4 Leitungen, Tragseile, Hänger und Stromverbinder

Bahnstromleitungen, Tragseile, Hänger und Stromverbinder unterliegen elektrischen und ggf. mechanischen Beanspruchungen durch Zugkräfte, klimatischen Einflüssen und Bedingungen, die zu *Ermüdungserscheinungen*, Verschleiß, Korrosion und Ausglühen führen können. Ursachen für die mechanische Ermüdung bilden Schwingungen und Vibrationen besonders in der Nähe von Massenkonzentrationen wie Klemmen und Isolatoren. Sie können zu Rissen führen.

Die hohe *Korrosionsbeständigkeit von Aluminium* erklärt sich wiederum mit der Bildung einer schützenden Oxidschicht. Bei Verschmutzung durch basische und salzhaltige Stoffe korrodiert Aluminium schneller als Kupfer. *Bimetallene Stahl-Kupferleiter*, die in verschiedenen Ländern Anwendung als Fahrdraht und Tragseil finden, korrodieren in schwefelhaltiger Luft.

Glüherscheinungen kommen bei den genannten Elementen durch Überlastung in Havariefällen und lokal unter stromführenden Klemmen vor. Ursache für die Erwärmung der Klemmen bildet die Erhöhung des *Übergangswiderstandes* z. B. durch Oxidschichten auf den Kontaktflächen, durch Abnahme des Schraubenanzugsmomentes oder durch Verformungen bei starken Temperaturänderungen. Sind nur noch wenige äußere Adern mit den Kontaktflächen der Klemmen verbunden, werden diese überlastet und glühen aus. Der Stromfluss verlagert sich auf andere, innere Adern und muss nun einen hohen Übergangswiderstand überwinden, was zu einem schnellen Anwachsen der Erhitzung führt. Die *Alterungsgeschwindigkeit* hängt bei Stromverbindern unmittelbar von der Strombelastung ab und ist bei Gleichstrombahnen entsprechend höher. Ausreichend aufgetragenes Kontaktfett oder Pressverbindungen wirken diesen Erscheinungen entgegen. Der Ausfall von *Stromverbindern* kann zum Ausglühen von nicht stromfesten Hängern führen. Potenzialunterschiede von 15 bis 20 V haben bereits Lichtbögen und elektrische Erosion an den Verbindungsstellen zur Folge. Hänger unterliegen weiterhin einer mechanischen Belastung durch Reibung und Ausknickung bei Stromabnehmerdurchgängen. Ihr Abnutzungsgrad erhöht sich bei größerer Steifigkeit des Hängers, z. B. durch stromfeste Hänger, größere Querschnitte und Verringerung der Hängerlängen.

17.2 Verschleiß und Alterung

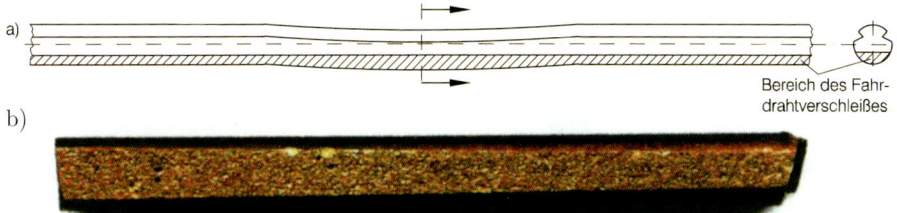

Bild 17.8: Verminderung des Fahrdrahtquerschnittes. a) mit Welligkeiten und Knicken, b) rauhe Oberfläche des Fahrdrahtes in einer DC-Anlage nach Befahrung mit verschlissenen Schleifstücken

Die Lebensdauer der aufgezählten Bauteile ist stark belastungsabhängig und schwankt zwischen 10 und 70 Jahren. Früher eingesetzte *Stahltragseile* fielen bereits nach sechs Jahren aus. Bei den seit 1960 in Russland verwendeten Stahl-Kupfertragseilen gab es bisher noch keine korrosionsbedingten Ausfälle. Die zwischen 1980 und 1990 bei der Deutschen Reichsbahn in der DDR verwendeten Stahl-Kupfer-Seile (Staku) mit 30 % Kupfermantel des Querschnittes erwiesen sich als nicht verschleißfest. Die eingebauten Staku-Seile wurden deswegen nach dreijähriger Liegedauer wieder ausgebaut.

17.2.5 Fahrdrähte

Auf *Fahrdrähte* wirken die für blanke, frei verlegte elektrische Leiter typischen Belastungen und zusätzlich die Beanspruchungen durch das Beschleifen und die Stromabnahme. Diese führen zu mechanischem Verschleiß und zur Alterung durch Erwärmung und Abbrand. Die dabei auftretenden Prozesse sind in den Abschnitten 11.2.2.2 und 7.2 erläutert.

Der lokal erhöhte *Verschleiß des Fahrdrahts* besitzt besondere Bedeutung. Die Ursachen für die örtlich verstärkte Abnutzung des Fahrdrahts sind häufig Massen im Kettenwerk, die zu intensiverem Abrieb aufgrund von größeren Kontaktkräften und zu Lichtbögen wegen zu geringer oder fehlender Kontaktkraft zwischen Fahrdraht und Stromabnehmer führen. Ähnliche Erscheinungen treten auch durch die Überlagerung von Schwingungen im Kettenwerk auf. Stromabnehmerfahrten unter *Welligkeiten* und *Knicken*, die durch Montagefehler oder während des Betriebes, z. B. durch lose Planen von Güterwaggons, entstehen können, verursachen ebenfalls verstärkte Querschnittsminderungen (Bild 17.8 a)).

Der größte lokale Verschleiß bestimmt letztendlich die *Lebensdauer des Fahrdrahts*. Sind 20 % des Querschnitts im DB-Fernverkehr und 30 % überwiegend im Nahverkehr abgetragen, müssen an den betroffenen Stellen Fahrdraht-Stoßverbinder oder neue Fahrdrahtstücke eingesetzt werden. Die maximale Anzahl der *Fahrdraht-Stoßverbinder* pro Spannweite beträgt bei den DB-Oberleitungen Re 100 vier, Re 200 ein, Re 250 ein und Re 330 ein Stück. Bei Überschreitung dieser Anzahl ist der Fahrdraht auf der gesamten Länge auszuwechseln, wie in der DB-Richtlinie 997.04 gefordert. Der zulässige Verschleiß unterscheidet sich bei den einzelnen Bahnbetreibern.

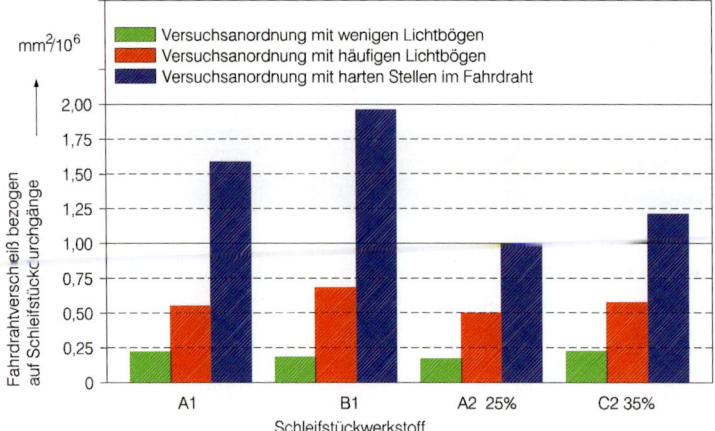

Bild 17.9: Fahrdrahtverschleiß bei reinen Kohleschleifstücken und metallisierten Schleifstücken unterschiedlicher Hersteller auf einem Versuchsstand [17.19].
A bis C Schleifstückhersteller, A1 und B1 reine Kohleschleifstücke der Hersteller A und B,
A2 25% und C2 35 mit 25% bzw. 35% Kupfer imprägnierte Kohle des Herstellers A bzw. C

Bei Doppelfahrdrähten von Gleichstrombahnen lässt sich eine unterschiedliche Beanspruchung der einzelnen Fahrdrähte beobachten, wobei der örtlich stärkere Verschleiß zwischen beiden Fahrdrähten wechselt. Ursachen dafür bilden ungleichmäßige Kontaktkraftverteilungen auf die beiden Fahrdrähte durch Stromabnehmer und die damit verbundenen verschiedenen Übergangswiderstände zwischen den Fahrdrähten und Schleifstücken, die dazu führen, dass der Strom abschnittsweise nur aus dem einen oder aus dem anderen Fahrdraht abgenommen wird.

Starke Lichtbogenbildung durch ungünstige Kombinationen von Oberleitungen und Stromabnehmern oder nicht rechtzeitig erneuerte Schleifstücke führen zu einer aufgerauhten und teilweise entfestigten Fahrdrahtkontaktfläche (Bild 17.8 b)). Diese kann nur unter erheblichen Querschnittsverlusten von Fahrdraht und Schleifstücken wieder geglättet werden.

Erfahrungen des spanischen Infrastrukturbetreibers Administrador de Infraestructuras Ferroviarias (ADIF) zeigen, dass bei AC-Bahnen mit *Graphitschleifstücken* 40 000 bis 100 000 km Laufleistung und rund zwei Millionen Stromabnehmerdurchgänge zum Erreichen der Verschleißgrenzen bei den Schleifstücken bzw. Fahrdrähten führen. Entsprechend zu den Angaben der ADIF betragen die Werte für hochbeanspruchte DC-Bahnen mit mehr als 2 000 A Strom je Stromabnehmer nur 20 000 bis 30 000 km und weniger als 100 000 Stromabnehmerdurchgänge.

Die DB ließ bis 2010 in ihrem Fahrleitungsnetz nur Stromabnehmer-Schleifstücke aus reiner Kohle zu, weil damit ein nur geringer Verschleiß der Fahrdrähte und Schleifstücke beobachtet wurde. Mit metallisierten Schleifleisten erwartete die DB einen höheren Fahrdrahtverschleiß. Einheitliche, metallisierte Schleifstücke für 1 600 mm und 1 950 mm lange Stromabnehmer nach TSI LOC&PAS CR [17.20] sollten auf interoperablen Strecken die Anzahl bisher verwendeter unterschiedlicher Stromabnehmer reduzieren. Im Rahmen einer UIC-Studie wurde auf Prüfständen der Fahrdrahtverschleiß bei reinen und metalisierten Kohleschleifstücken gemessen [17.19]. Bild 17.9 zeigt die wesentlichen Ergebnisse dieser Prüfung, aus denen die gleichwertige Nutzung von reinen und metallisierten Kohleschleifstücken für AC- und DC-Strecken hervorgeht. Die Auswirkungen auf den Verschleiß sind praktisch gleich. Somit genügt künftig ein Stromabnehmertyp mit einem Schleifstücktyp.

Aufgrund unterschiedlicher Einsatzbedingungen ist jedoch eine statistisch gesicherte, präzise Aussage über die zu erwartende, absolute *Lebensdauer* kaum möglich. Absolute Werte des Verschleißes wurden in den Versuchen ermittelt, die in den Veröffentlichungen [17.15] bis [17.16] beschriebenen sind. Die folgenden Aussagen sind für die gegebenen Einsatzbedingungen möglich:
- Fahrdrähte aus E-Kupfer verschleißen schneller als silberlegierte und diese verschleißen schneller als magnesiumlegierte Fahrdrähte
- Die Verschleißraten weisen abhängig vom Strom Minima auf, die sich mit steigender Fahrgeschwindigkeit in Richtung größerer Ströme verschieben (*Stromschmiereffekt* (siehe auch Abschnitt 10.7)
- Mit zunehmender Kontaktkraft steigt die Verschleißrate
- Der Gesamtverschleiß nimmt unter Versuchsbedingungen mit zunehmender Fahrgeschwindigkeit ab

Bezüglich der zu erwartenden *Lebensdauer* des Fahrdrahtes sind für 20 % Abnutzung folgende Aussagen möglich:
- Der Mittelwert der Lebensdauer eines Fahrdrahts mit $100\,\text{mm}^2$ Nennquerschnitt mit den Verschleißraten der Russischen DC-Bahn liegt bei einer Million Stromabnehmerdurchgänge. Bei durchschnittlich 10 Minuten Zugfolge berechnen sich daraus 20 Jahre Lebensdauer
- Für einen silberlegierten Fahrdraht, der auf einer HGV-Strecke verwendet wird, kann die Verschleißrate $8\,\text{mm}^2/10^6$ Stromabnehmerdurchgänge angenommen werden. Daraus resultiert als Lebensdauer drei Millionen Stromabnehmerdurchgänge. Bei 6 min angenommener Zugfolgezeit ergeben sich für diesen Fahrdraht über 34 Jahre Lebensdauer

Bei Fahrdrähten sind Abweichungen von der ursprünglichen Höhen- und Seitenruhelage zum Gleis infolge von Veränderungen in der Oberleitungsanlage oder der Gleislage während des Betriebes möglich. Ungünstiger, bei der Planung und Errichtung nicht ausreichend berücksichtigter Baugrund führt im Betrieb zu Mastneigungen. Äußere Einwirkungen und die bereits beschriebenen Verschleißerscheinungen können zu einer abweichenden Zugkraftverteilung und zu geometrischen Veränderungen im Kettenwerk führen. Erfahrungen in Deutschland bei der Errichtung von *hochwertigen Oberleitungen* zeigen, dass sich derartige Erscheinungen auf ein Minimum beschränken lassen.

Weiterhin treten Veränderungen der Höhen- und Seitenlage der Gleise während des Zugbetriebes und durch Oberbauarbeiten auf. Damit diese Prozesse nicht zu *Stromabnehmerentgleisungen* oder erhöhtem Verschleiß führen, sind regelmäßige Inspektionen erforderlich. Im Bild 17.10 ist die Berechnung der Fahrdrahtlebensdauer eines AC-150-CuMg Fahrdrahts dargestellt.

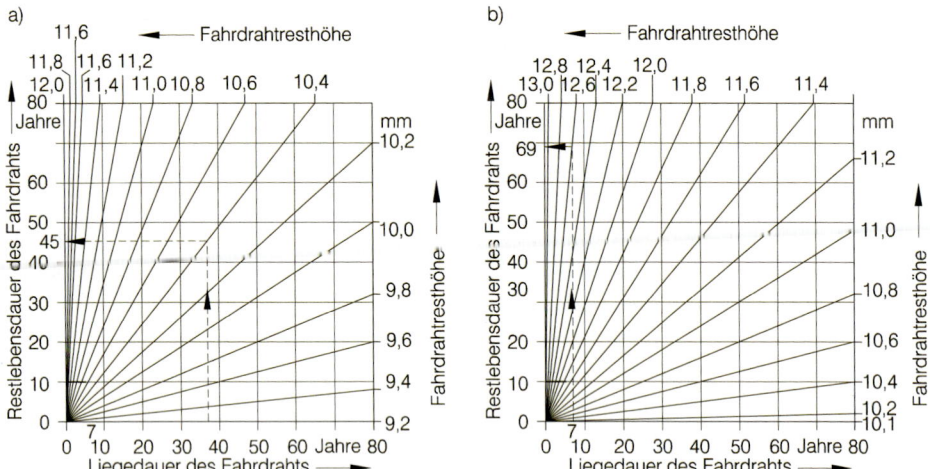

Bild 17.10: Berechnung der Lebensdauer von Fahrdrähten. a) AC-100, b) AC-120
Anmerkung: Die Berechnung gilt für gleiche Stromabnehmerdurchgänge je Jahr und gleiche Qualität des Zusammenwirkens von Stromabnehmer und Oberleitung.
Beispiel a): Das Ergebnis einer Dickenmessung des Fahrdrahtes AC-100 ergab 10,4 mm. Die Liegedauer war 37 Jahre. Aus Bild 17.10 a) kann entnommen werden, dass die weitere Lebensdauer bis zum Fahrdrahtwechsel 45 Jahre betragen wird.
Beispiel b): Das Ergebnis einer Dickenmessung des Fahrdrahtes AC-120 ergab 12,6 mm. Die Liegedauer war 7 Jahre. Aus Bild 17.10 b) kann entnommen werden, dass die weitere Lebensdauer bis zum Fahrdrahtwechsel 69 Jahre betragen wird.

17.2.6 Isolatoren

Die *Alterung von Isolatoren* wird bestimmt durch ihre mechanische und elektrische Beanspruchung. Sie ist weiterhin abhängig von den Konstruktionsformen und verwendeten Materialien. Versagt einer der auf Zug oder Druck und Biegung beanspruchten Isolatoren im Ausleger, kann dies zur Beschädigung des Stromabnehmers und als Folge zum Herunterreißen des Kettenwerks auf dem gesamten Bremsweg des Zuges führen. Ähnliche Auswirkungen haben Ausfälle der durch Zugkräfte und häufige Schwingungen beanspruchten Abspannisolatoren. Lichtbögen entstehen an den Isolatoren durch *Überschläge* z. B. durch Vögel, Blitzüberspannung oder starke Verschmutzung. Sie beschädigen Glasuren und polymere Oberflächen durch Bildung von Brandspuren und zerstören auch Schirme der Isolatoren (Bild 17.11). Sie können aber auch Isolatorbrüche hervorrufen. Teilbeschädigte Isolatoren sind mit Hilfe der Kurzschlussortung und Inspektionen zu lokalisieren und auszuwechseln, da sie durch die Defekte und bei älteren Typen durch eindringende Feuchtigkeit an Festigkeit verlieren. Erosionserscheinungen und eine vorzeitige Alterung können an stark verschmutzten, feuchten *Kunststoffisolatoren* durch elektrostatische Teilentladung auftreten. Der Verschmutzungsgrad bei Oberleitungen ist besonders bei gemischtem Verkehr mit Dieseltraktion sowie durch das Aufwirbeln von Staub und das Transportieren von Rohstoffen, die in Luft aggressiv reagieren, größer als bei Freileitungen. Die Schmutzteile enthalten ionenbildende Stoffe,

17.2 Verschleiß und Alterung

Bild 17.11: Beschädigter 15-kV-Isolator nach einem Überschlag.

Bild 17.12: Elektrische Erosion durch Gleichstrom.

die sich mit der atmosphärischen Feuchtigkeit zu Elektrolyten vereinigen. Besonders gefährlich ist ein Feuchtigkeitsbelag aus kleinen Tropfen durch Tau oder Nieselregen. Die entstehenden *Kriechströme* erwärmen die Oberfläche und führen zu einer erhöhten Leitfähigkeit des Elektrolyten, der einen positiven Temperaturkoeffizienten hat. Gleichzeitig trocknen sie die Oberfläche wieder aus. In Abhängigkeit von diesen Prozessen entstehen die erwähnten Teilentladungen und Überschläge.

Während *Stabisolatoren* nicht durchschlagbar sind, kann es bei *Kappenisolatoren* aus Porzellan oder Glas formbedingt zu Durchschlägen im Material kommen. Wegen der Klöppel-Pfannen-Verbindung zwischen den Schirmen der Kappenisolatoren führen die Beschädigungen durch Glas- oder Porzellanbruch nicht zum Herabfallen des Kettenwerks und Folgeschäden werden damit begrenzt (Bild 11.68 b)). Die abhängig von Klimabedingungen und Verschmutzung bei Gleichstrombahnen entstehenden Kriechströme bis 150 µA führen zu Korrosionsschäden an den Verbindungsteilen der Kappen. Die Verringerung des Durchmessers kann zwischen 0,15 und 0,6 mm pro Jahr betragen und das Auswechseln von Isolatoren in Tunneln bereits nach zwei bis drei Jahren erfordern.

Wegen ihrer hohen mechanischen Festigkeit, ihrer chemischen und Hitzebeständigkeit und ihrer günstigen elektrischen Eigenschaften sind *Porzellanisolatoren* weit verbreitet. Das *Aluminiumoxidporzellan* auch als Tonerde bezeichnet [17.17], das heute verwendet wird, vermeidet die Nachteile des früher verwendeten Quarzporzellans. Die Vorteile sind

– hohe Festigkeit Zuverlässigkeit,
– Temperaturbereich −50 °C bis 550 °C,
– Beständigkeit bei plötzlicher Temperaturveränderung, z. B. im Kurzschlussfall,
– geringe Alterung.

Temperaturwechsel bewirken die Alterung der Verkittung, die Porzellankörper und Befestigungsarmatur aus Temperguss verbindet und das unterschiedliche Ausdehnungsverhalten dieser Materialien ausgleichen muss. Kittung mit Portland- und Schwefelzement sind davon stärker betroffen, als solche mit *Blei*, verfügen jedoch über eine größere Beständigkeit gegenüber höheren Temperaturen, z. B. im Kurzschlussfall.

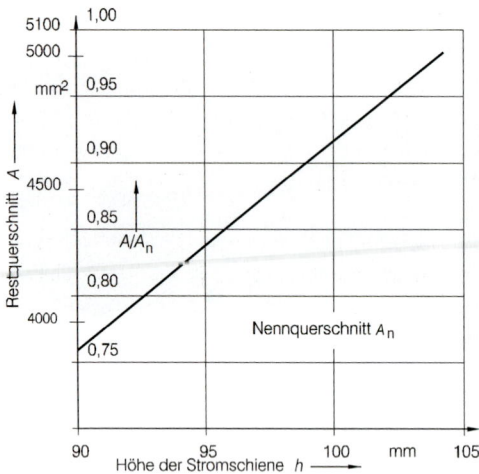

Bild 17.13: Verbleibende Querschnittsfläche einer Stromschiene A-5100 aus Stahl nach Verschleiß.

Die *Lebensdauer von Porzellanisolatoren* ohne Überschläge wird auf 50 bis 60 Jahre geschätzt. Die Ausfälle von Glasisolatoren lassen sich im Vergleich zu Porzellanisolatoren auf ihre Empfindlichkeit gegenüber Lichtbögen und Temperaturschwankungen zurückführen.

Die zunehmend häufiger verwendeten *Verbundisolatoren* sind widerstandsfähig gegen äußere Einwirkungen wie Vandalismus. In Abhängigkeit vom Oberflächenmaterial können Alterungserscheinungen durch Bewitterung und UV-Strahlung auftreten. Als besonders widerstandsfähig und langlebig haben sich *Silikonmaterialien* erwiesen, die gleichzeitig über hydrophobe Eigenschaften verfügen und seit 1980 im Einsatz sind. Das Altern der Verbundisolatoren ist auch von der Verbindung zwischen GFK-Stab, Armaturen und Kunststoffgehäuse abhängig. Unbeständige Klebemittel und Verpressungen sowie undichte Materialoberflächen können zum Eindringen von Feuchtigkeit, Durchschlägen und Ausfällen führen. Mit den Prüfungen gemäß DIN EN 62 217, DIN EN 60 112 und DIN EN 61 952 lassen sich solche Erscheinungen ausschließen.

Glasfaserverstärkte Kunststoffausleger haben sich seit 1980 in Nahverkehrsanlagen und in einer 25-kV-50-Hz-Oberleitungsanlage in Dänemark in Meeresnähe bewährt. Die zur Bindung der Glasfaser verwendeten Kunstharze unterliegen einer Alterung durch Bewitterung in Form von wechselnder Feuchte und Austrocknung der Oberfläche in Verbindung mit UV-Bestrahlung. Als Folge werden die Harzschichten abgetragen und Glasfasern treten hervor. Die Eindringtiefe während 50 Jahren wird auf wenige Zehntelmillimeter geschätzt [17.18] und beeinflusst die Festigkeit somit nur unerheblich. Die Verwendung von Oberflächenfließ mit einer verstärkten Harzschicht verlangsamt diesen Prozess bei den GFK-Stäben.

17.2.7 Trennschalter und Streckentrenner

Die bei elektrischen Bahnen verwendeten *Oberleitungsschalter* und ihre Antriebe müssen im jahrzehntelangen Freilufteinsatz mehrere tausend Schaltspiele überstehen. Dabei kommt es zu Verschleißerscheinungen an den Gestängen, den Kontaktflächen und Lichtbogenhörnern und zur Alterung der bei älteren Schaltertypen verwendeten Schmier- und Kontaktfette. Das Nachjustieren, Auswechseln von Kontaktteilen nach häufigen Schaltungen unter Last und das Erneuern der Fette in den vorgegebenen Zeitabständen sichert eine lange Lebensdauer der Geräte. So sind Siemens-Oberleitungsschalter Sicat 8WL6144-1 für 15 kV und 25 kV wartungsfrei, da die Kontakte mit einer speziellen Silbergraphitbeschichtung geschützt sind (siehe Abschnitt 11.2.5.2).

Das Befahren der *Streckentrenner* mit Stromabnehmern führt wegen erhöhter Kontaktkräfte zum Verschleiß der Streckentrennerkufen, zur Lockerung ungesicherter Schraubenverbindungen und zu Kommutationsprozessen. Letztere verursachen Lichtbögen, die über Funkenhörner nach oben abgeleitet und gelöscht werden. Der an den Ein- und Austrittsstellen der Lichtbögen entstehende Materialabtrag erfordert insbesondere bei Gleichstrombahnen regelmäßige Kontrollen und Bauteilwechsel.

Kufen von Streckentrennern in Stromschienenoberleitungen unterliegen einem hohen Verschleiß wie Erfahrungen aus Stromschienenoberleitungen in Oslo und Kopenhagen zeigen. Daher sollte die Verwendung von Streckentrennern in Stromschienenoberleitungen vermieden werden.

17.2.8 Stromschienenanlagen

Stromschienen verschleißen während des üblichen Betriebes. Für die Eisenstromschienen der Berliner S-Bahn sind folgende *Abnutzungsgrade* festgelegt, nach deren Erreichen die Stromschiene getauscht werden sollte [17.21]
- auf Vorortstrecken 10 %,
- auf Strecken im Stadtkern 15 %,
- in Abstellanlagen 20 %.

Der Verschleiß der Stromschienen ist durch Messen der Höhe h der Stromschiene (siehe Bilder 11.79 und 11.80) feststellbar. Bild 17.13 zeigt den Zusammenhang dieser Messungen mit dem Querschnitt der Stromschiene mit dem Profil A-5100.

17.3 Instandhaltung

17.3.1 Umfang

Das *Instandhalten* umfasst nach DIN EN 13 306 und DIN 31 051 alle Maßnahmen zum *Bewahren des Sollzustandes*, zum *Feststellen und Beurteilen des Istzustandes* sowie zum *Wiederherstellen des Sollzustandes* von Betriebsmitteln und Anlagen. Gemäß Bild 17.14 werden die Begriffe *Wartung*, *Inspektion* und *Reparatur* diesen Schritten zugeordnet. Wartung ist in Oberleitungsanlagen moderner Ausführung nicht erforderlich. Die Instandhaltung besteht in diesem Fall aus der Inspektion und dem Instandsetzen.

Nach [17.22] lassen sich die *Instandhaltungsmethoden* entsprechend Bild 17.14 einteilen. Die *Ausfallmethode*, bei der Bauteile erst nach Schadenseintritt ersetzt werden, ist für Oberleitungen aufgrund fehlender Redundanz und negativer Auswirkungen auf den

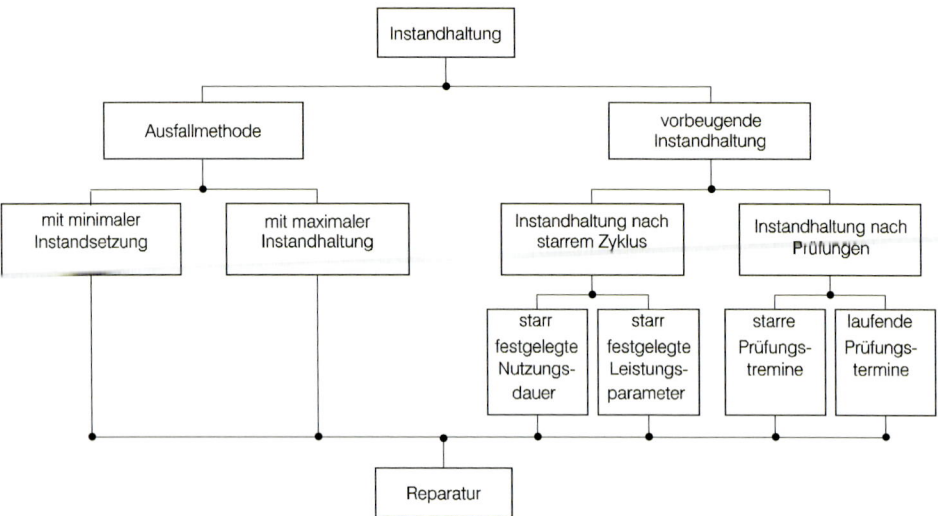

Bild 17.14: Instandhaltungsmethoden.

Zugbetrieb ungeeignet. Die *vorbeugende Instandhaltung* nach starrem Zyklus ermöglicht dagegen eine hohe Verfügbarkeit und eine Planung von Personal, Geräten und Sperrpausen, allerdings mit höherem Aufwand. Zur *vorbeugenden Instandhaltung nach Prüfung* sind die DB und zahlreiche andere europäische Bahnen übergegangen. Die Oberleitungsdiagnose wird innerhalb festgelegter Fristen durchgeführt, die die Erfahrungen, die Bedeutung der Strecken und den Zustand der Anlagen berücksichtigen. Eine Voraussetzung für diese Verfahrensweise bilden wartungsfreie Anlagenelemente. Instandsetzungen werden in Abhängigkeit von den Inspektionsergebnissen und nach Ausfällen durchgeführt.

17.3.2 Bodennahe Stromschienen

Bodennahe Stromschienen, als Dritte Schiene neben dem Gleis angeordnet, sind verglichen mit Oberleitungen für die Instandhaltung von Vorteil. Durch die leichtere Zugänglichkeit sind Inspektionen einfacher und preiswerter. Durch das Arbeiten am Boden besteht für Monteure keine Absturzgefahr. Durch den einfacheren Aufbau der bodennahen Stromschienen ohne Fundamente, Masten und Nachspannvorrichtungen ist auch die Instandhaltung und die Vorhaltung von Ersatzteilen günstiger. Stromschienen lassen mehr Stromabnehmerdurchgänge zu als Oberleitungen, bevor ein Austausch notwendig wird. Die bodennahen Stromschienen sind robuster gegenüber Stromabnehmerentgleisungen, die bei einer Oberleitung zu schweren Beschädigungen führen können.

Aus Sicht der Instandhaltung zeigt die bodennahe Stromschiene aber auch Nachteile. Diese liegen in der bodennahen Anordnung und damit in der Gefahr der Unterschreitung des Sicherheitsabstandes. Durch die Unterbrechung von Stromschienen im Weichenbereich sind aufwändige Konstruktionen mit Verkabelung und Fahrzeuge mit Stromabneh-

17.3 Instandhaltung

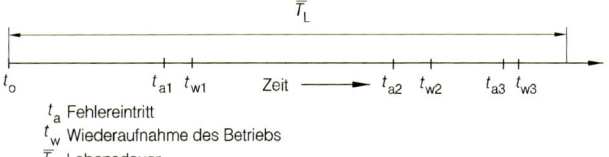

t_a Fehlereintritt
t_w Wiederaufnahme des Betriebs
$\overline{T}_L$ Lebensdauer

Bild 17.15: Wahrscheinlichkeit der fehlerfreien Verfügbarkeit für Oberleitungen mit der Zeit.

Tabelle 17.1: Mittlere Funktionsdauer in Jahren zwischen zwei Ausfällen von ausgewählten Elementen der Oberleitungsanlage auf 100 km Kettenwerk.

Element	DB(a)	RZD(b)
Masten	17,6	10,5
Stützpunkte	2,8	2,4
Kettenwerke	1,5	1,5
Streckentrenner	21,5	30,4

DB Deutsche Bahn
RZD Russische Bahn

Tabelle 17.2: Mittlere Ausfalldauerwerte der Fahrleitungsanlage der DR und SZD (in Klammern) für die Jahre 1975–1977.

Element	$\bar{D}_s$ h	$\bar{D}_{S100}$ h·100 km
Fahrdraht	5,3 (5,4)	5,4 (2,4)
Seitenhalter	3,3 (8,5)	2,1 (1,7)
Isolator	4,4 (3,2)	5,1 (1,6)
Übriges	4,2 (11,0)	18,1 (5,5)
Fahrleitung	4,2 (6,8)	30,7 (11,2)

mern auf beiden Seiten erforderlich. An einem Fahrzeug müssen zwei oder vier Schleifschuhe auf jeder Seite des Fahrzeugs vorhanden sein, um Lücken im Stromschienenverlauf zu überbrücken. Die Anordnung mehrerer Schleifschuhe stellt die Stromversorgung auch dann sicher, wenn ein Schleifschuh bei Hinderniskollision an seiner vorgesehenen Sollbruchstelle versagt.

Die bodennahe Anordnung der Stromschiene führt zur Verschmutzung der Isolation. Wegen der starren Schleifschuhlaufbahn auf der unflexiblen Stromschiene ist die Geschwindigkeit auf rund 120 km/h beschränkt. Schneeverwehungen und Schneeräumarbeiten können den Betrieb von Dritte-Schiene-Anlagen behindern.

Bei Instandhaltungsarbeiten im Gleisbereich ist eine sichere Abschaltung der Stromschiene notwendig. Mit Stromprüfkästen und Kurzschließern lassen sich die Stromschienen nach dem Abschalten prüfen bzw. erden.

17.3.3 Zuverlässigkeit

Eine Fahrleitungsanlage ist aus Sicht der *Zuverlässigkeit* ein komplexes System, das aus technischen und ökonomischen Gründen keine Redundanz besitzt. Wie andere Betriebsmittel der Bahnenergieversorgung, z. B. Transformatoren und Leistungsschalter, stellt sie ein *regenerierbares Objekt* dar, d. h. ihre Nutzung ist im Moment des Versagens nicht beendet sondern nur unterbrochen. Sie wird instandgesetzt und nimmt ihre Arbeit erneut auf. Im Bild 17.15 ist dieser Sachverhalt graphisch dargestellt. Während der Zeitspanne t_{wi} bis t_{ai+1} ist die Fahrleitungsanlage funktionsfähig, zwischen t_{ai} und t_{wi} hingegen nicht.

Das Lebensdauerverhalten einzelner Bauteile und der Fahrleitungsanlage kann mit Ausnahme des Fahrdrahtes als zufällige Größe beschrieben werden. Wesentliche Kenngrö-

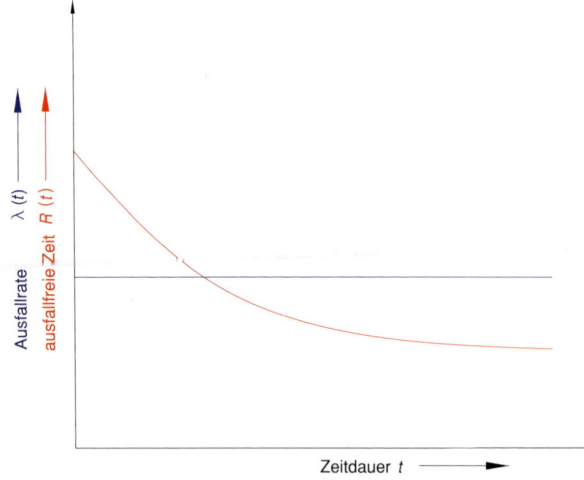

Bild 17.16: Zeitlicher Verlauf $\lambda(t)$ von Ausfallrate und Wahrscheinlichkeit der ausfallfreien Arbeit $R(t)$ bei Fahrleitungen.

ßen zum Charakterisieren des Lebensdauerverhaltens sind die Wahrscheinlichkeit der ausfallfreien Arbeit $R(t)$ und die Ausfallrate $\lambda(t)$. Im einzelnen gilt dabei:
- $R(t)$ ist die Wahrscheinlichkeit dafür, dass für eine Betrachtungseinheit, z. B. 100 km Kettenwerk, der Ausfallzeitpunkt T nicht innerhalb einer betrachteten Beanspruchungsdauer t liegt. $R(t)$ wird auch als *Überlebenswahrscheinlichkeit* bezeichnet (Tabelle 17.1 und 17.2). In der Praxis wird sie berechnet aus

$$R(t) \approx 1 - \frac{1}{N_0} \sum_{i=1}^{n} St_i \quad . \tag{17.1}$$

In der Gleichung 17.1 ist N_0 der Anfangsbestand an Betrachtungseinheiten und St_i die i-te Störung. Hierbei ist der Begriff Störung im Verkehrswesen identisch mit Ausfall, d. h. dem *Verlust der Funktionsfähigkeit*.
- $\lambda(t)$ ist die Wahrscheinlichkeit des Ausfalls einer Betrachtungseinheit mit der Lebensdauer T_L in einer Zeitspanne $(t,\ t+\Delta t)$ (Bild 17.15). Sie ist demnach die Anzahl der im Beanspruchungszeitintervall ausgefallenen Betrachtungseinheiten bezogen auf den Bestand der Betrachtungseinheiten zu Beginn des Beanspruchungsintervalles. Sie stellt die Ausfalldichtefunktion $f(t)$ bezogen auf die Überlebenswahrscheinlichkeit $R(t)$ dar. Gemäß Definition der Grundgrößen der Zuverlässigkeit ist die *Ausfallrate*

$$\lambda(t) = -(dR/dt)/R(t) = -f(t)/R(t) \quad . \tag{17.2}$$

Für $\lambda(t) = $ const. (Bild 17.16) folgen daraus die Gleichung (17.4) und $f(t) = \lambda e^{-\lambda t}$. Mit dem Bestand N_t zu Beginn des Zeitintervalles Δt berechnet sich die *empirische Ausfallrate* zu

$$\lambda(t) \approx (N_t - N_{t+\Delta t}) \Big/ (N_t \cdot \Delta t) \approx St_i \bigg/ \left[\left(N_0 - \sum_{j=1}^{i-1} St_j\right)\Delta t\right] \quad . \tag{17.3}$$

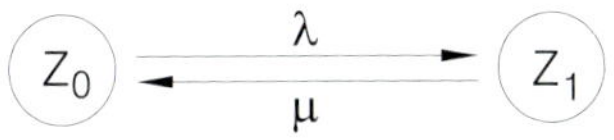

17.3 Instandhaltung

$Z_0 \xrightleftharpoons[\mu]{\lambda} Z_1$

Bild 17.17: Zustandsdiagramm für eine Fahrleitung.
λ Fehlerrate, μ Instandsetzungsrate

Da Fahrleitungsanlagen nach Ausfall umgehend instandzusetzen sind, wird in der Praxis die Ausfallrate je 100 km oder überspanntes Gleis dadurch ermittelt, dass die Anzahl der Störungen je Jahr auf diese Kettenwerkslänge bezogen wird.

Die Auswertung einer Vielzahl statistischer Daten von Fahrleitungsstörungen ergab für die jeweiligen Ausfallraten konstante Größen für Bauelemente und verschiedene Fahrleitungsbauarten nach dem Ende der Frühausfallrate und vor dem Beginn der Altersausfälle [17.23, 17.24]. Diese Aussage gilt nicht für den Fahrdraht bei Oberleitungen. Dieser weist mit steigendem Verschleiß eine zunehmende Ausfallrate auf [17.23, 17.25].

Eine konstante Ausfallrate $\lambda(t) = \lambda_0$ bedeutet, dass die Ausfalldichte $f(t)$ expotentialverteilt ist. Für diesen praxisrelevanten Fall gilt zwischen Überlebenswahrscheinlichkeit $R(t)$ und Ausfallrate der Zusammenhang (Bild 17.16 [17.26])

$$R(t) = e^{-\lambda_0 \cdot t} \quad . \tag{17.4}$$

Die *Ausfallursachen von Fahrleitungen* und deren Bauelemente sind mannigfaltig. Bei einer Detailanalyse zeigt sich, dass z. B. bei Oberleitungsanlagen das Versagen bauartabhängig zwischen knapp drei und reichlich fünf Prozent der ermittelten Ausfallraten der Oberleitungen unter realen Betriebsbedingungen liegt. Absolute Dominanz bei den im Bild 17.47 angegebenen *Ausfallraten* haben dabei Einwirkungen von außen auf die Oberleitungsanlage. Dazu zählen Einwirkungen durch den Eisenbahnbetrieb wie beschädigte Stromabnehmer, Lademaßüberschreitungen und Bauarbeiten, Witterungseinflüsse und Vandalismus. Diese angegebenen Ausfallraten sollten deswegen als *Standortausfallraten* bezeichnet werden. Sie sind signifikant höher als die Ausfallraten der Oberleitungsanlage selbst und standortabhängig. Dabei kann als Standort beispielsweise eine Bahngesellschaft angesehen werden.

Bei konstanter Ausfallrate hängt das Ausfallverhalten nicht von der vorausgehenden Beanspruchung ab. Die *mittlere Funktionsdauer* $\overline{T}$, auch als *mittlerer Ausfallabstand* MTBF) bezeichnet, ist dann

$$\overline{T} = 1/\lambda_0 \quad . \tag{17.5}$$

Die zu erwartende *Restnutzungsdauer* t_T ist der Reziprokwert $1/\lambda_0$. Der erwartete Wert für den Zeitabschnitt zwischen zwei Fehlern und der verbleibenden Lebensdauer von 100 km einer Fahrleitung wird mit den Daten des Bildes 17.47 für die DB mit 83 Tagen gerechnet. Real beobachtete Werte liegen zwischen wenigen Stunden und drei Jahren. Der mittlere Ausfallabstand erlaubt zwar keine Vorhersage des nächsten Ausfalls aber eine fundierte Planung von Instandhaltungsmaßnahmen.

Wie aus Bild 17.17 erkennbar, beschreibt die Fehlerrate λ den Übergang vom normalen, ungestörten Zustand Z_0 zum fehlerhaften Zustand Z_1. Den Übergang vom fehlerhaften Zustand Z_1 zum ungestörten Zustand Z_0 durch eine Reparatur beschreibt die Instandsetzungsrate μ.

Die instandhaltungsbedingte *Stillstandszeit* für die wiederherstellende Instandsetzung umfasst dabei die Zeitspanne zwischen Störungseintritt, d. h. dem Ausfallzeitpunkt, und der Wiederaufnahme des elektrischen Zugbetriebes. Diese auch als *mittlerer Ausfall- bzw. Störungsdauer* bezeichnete Größe $\overline{D}$ berechnet sich ausgehend von Bild 17.15 zu

$$\overline{D} = \frac{1}{n} \sum_{i=1}^{n} (t_{\mathrm{ai}} - t_{\mathrm{wi}}) \quad . \tag{17.6}$$

Die mittlere Ausfalldauer weist folgende wesentliche Zeitanteile auf
- mittlere Dauer vom Eintritt der Nichtfunktionsfähigkeit bis zum Beginn von Maßnahmen zum Wiederherstellen der Arbeits- oder Funktionsfähigkeit,
- mittlere Fahrzeit der Entstörfahrzeuge vom Stationierungs- zum Störungsort und
- mittlere Arbeitszeit für das Beseitigen der Nichtfunktionsfähigkeit der Anlage.

Aus der Störungsanalyse ergibt sich, dass von der gesamten mittleren Störungsdauer rund die Hälfte bis zu zwei Drittel der Zeit auf die Arbeitszeit zur Störungsbeseitigung entfallen.

Die mittlere Ausfallzeit ist eine zufällige Größe, die durch die *Normal-* oder *Erlang-k-Verteilung* beschreibbar ist [17.27]. Sie kann, wie die Störungsstatistik von Bahnverwaltungen ausweist, für einen Standort im angegebenen Sinn als konstante Größe betrachtet werden. Gemessene Werte der mittleren Ausfalldauer von Bauelementen und Fahrleitungen zweier Bahnverwaltungen enthält Tabelle 17.2. $\overline{D}_{\mathrm{S}100}$ ist dabei die mittlere Ausfalldauer bezogen auf 100 km Kettenwerk. Die wirkliche Dauer einer Störung schwankt zwischen etwa fünf Minuten und fünfzig Stunden. Funktions- und organisationsbedingter Stillstand zählen nicht zur Ausfalldauer.

Der Kehrwert der mittleren instandhaltungsbedingten Stillstandszeit ist die *Instandsetzungsrate* $\mu(t)$, die auch *Intensität der Instandsetzung* genannt wird. Bei konstanter Ausfalldauer gilt für die Instandsetzungsrate

$$\mu = 1/\overline{D}, \tag{17.7}$$

wobei $\overline{D}$ die konstante Ausfalldauer darstellt. Zum Beschreiben der Eigenschaften erneuerbarer Systeme eignen sich die von Markov [17.28, 17.29] angegebenen *Zuverlässigkeitsmodelle*. Die Systemzustände werden dabei durch Knoten und die Beziehungen durch gerichtete Graphen mit entsprechenden Übergangsraten definiert (Bild 17.17). Für ein Fahrleitungssystem gelten als vereinfachte Zustände:

Z_0 = Fahrleitung ist funktionstüchtig

Z_1 = Fahrleitung ist ausgefallen

und als Übergänge die Ausfallrate λ und die oben definierte Instandsetzungsrate μ. Somit kann das Zustandsbild nach Bild 17.17 gezeichnet werden. Für den Zustand Z_0 gilt die Wahrscheinlichkeit P_0 und für Z_1 entsprechend P_1. Damit kann das folgende Differentialgleichungssystem für das Beschreiben der Zustände angegeben werden:

$$\begin{pmatrix} P_0'(t) \\ P_1'(t) \end{pmatrix} = \begin{pmatrix} -\lambda & \mu \\ \lambda & -\mu \end{pmatrix} \begin{pmatrix} P_0(t) \\ P_1(t) \end{pmatrix} \quad . \tag{17.8}$$

Für die Wahrscheinlichkeit, dass das betrachtete System funktionsfähig ist, ergibt sich als Lösung von (17.8)

$$P_0(t) = \frac{\mu}{\mu + \lambda} + \frac{\lambda}{(\mu + \lambda) \cdot e^{(\lambda+\mu)t}} = A(t) \quad . \tag{17.9}$$

In der Gleichung (17.9) ist $A(t)$ die *Verfügbarkeit*, die die Wahrscheinlichkeit angibt, dass die Fahrleitung zu einem beliebigen Zeitpunkt ihre Aufgaben unter definierten Bedingungen voll erfüllen kann.

Für Bahnenergieversorgungsanlagen genügt die *Dauerverfügbarkeit* A_D, um das Ausfallverhalten genügend genau zu charakterisieren. Für Fahrleitungen elektrischer Bahnen ist etwa 24 h nach Inbetriebnahme die *Dauerverfügbarkeit* erreicht. Danach gilt

$$A_D = \frac{\mu}{\mu + \lambda} \quad . \tag{17.10}$$

Aus den Gleichungen (17.5), (17.6) und (17.9) ergibt sich

$$A_D = \frac{\overline{T}}{\overline{T} + \overline{D}} \quad . \tag{17.11}$$

Beispiel 17.1: Es ist die Dauerverfügbarkeit A_D zu ermitteln.
Es entstehen zwei Fehler je 100 km und die Fehlerrate ist $\lambda = 2 \ (100 \ \text{km} \cdot \text{a})^{-1}$,
die mittlere Reparaturdauer 10 h.
Die Instandsetzungsrate wird $\mu = (1/\overline{D}) \cdot (8\,760) = (8\,760/10) = 876 \cdot (100\,\text{km} \cdot \text{a})^{-1}$.
Die Verfügbarkeit folgt aus (17.11)

$$A_D = 876/(876 + 2) = 876/878 = 0{,}99772 \quad .$$

Das bedeutet, dass die Oberleitung $1 - 0{,}99772 = 0{,}00228$ Jahre oder 20 Stunden auf den betrachteten 100 km Kettenwerkskilometern im Jahr nicht verfügbar ist.
Die *Ausfallraten* für Oberleitungsanlagen auf Hauptstrecken bewegen sich zwischen 1 bis 4 je 100 km und Jahr [17.24] und erreichen Werte über $50/(100\,\text{km}\cdot\text{a})$ für Straßenbahnen [17.30]. Die mittlere Ausfallrate bei der DB beträgt im langjährigen Mittel $4{,}55/(100\,\text{km}\cdot\text{a})$. Die Instandhaltungsrate wurde bei der DB mit $2\,737{,}5/(100\,\text{km}\cdot\text{a})$ gemessen und entspricht einem mittleren Ausfalldauerwert von $3{,}2\,\text{h}/100\,\text{km}$. Mit diesen Ausfall- und Instandsetzungsraten findet man eine Dauerverfügbarkeit von 0,9983 für Oberleitungsanlagen. Eine Dauerverfügbarkeit von 0,9983 heißt aber, dass die Oberleitung 14,59 h im Jahr nicht verfügbar ist.
Die *Auswirkungen der Nichtverfügbarkeit* der Fahrleitung auf den elektrischen Zugbetrieb werden durch die Anzahl der *Streckengleise* und die Abstände der Bahnhöfe oder Überleitverbindungen beeinflusst. Bei einer 100 km langen eingleisigen Strecke gehen die als Beispiel genannten Dauerverfügbarkeiten der Oberleitungen unmittelbar in die *Verfügbarkeit des Zugbetriebs* auf der gesamten Strecke ein. Bei mehrgleisigen Strecken lässt sich der Zugbetrieb durch Umfahren des Störungsortes im betroffenen Abschnitt mit

Tabelle 17.3: Zeitabstände für die Inspektion von Oberleitungen bei der DB nach DB Richtlinie 997.03.

Inspektionsart	Umfang	Oberleitungen 1. Ordnung Monate	Oberleitungen 2. Ordnung Monate
Zustandsprüfung	Z1	6	24
	Z2	24	24
Funktionsprüfung	F1	6	12
	F2	12	12
	F3	12	12
	F4	24	24
	F5	72–12[1]	72–12[1]
	F6	6 [2]	24 [3]
	F7	nach Bedarf	nach Bedarf

[1] in Abhängigkeit von Anzahl der Stromabnehmerdurchgänge und festgestelltem Verschleiß, [2] nur für durchgehende Hauptgleise, [3] bei $v \geq 160\,\text{km/h}$

Einschränkungen und auf den restlichen Streckenabschnitten unbeschränkt fortsetzen. Die Dauerverfügbarkeit der Oberleitung auf 100 km geht dabei nur unter Berücksichtigung der Streckengestaltung in die Verfügbarkeit des elektrischen Zugbetriebes ein. Gravierende Auswirkungen hat das Versagen von Quertragwerken, die alle Streckengleise überspannen.

Die Verfügbarkeit lässt sich erhöhen durch

– *qualitätsgerechte, lange störungs- und instandhaltungsfreie Oberleitungen*,
– *instandhaltungsfreundliche Bauteile*, deren Zustand leicht zu diagnostizieren ist und die eine schnelle Wiederherstellung oder einen Austausch ermöglichen,
– *Verringern der Entstörzeiten* durch kurzfristige Fehlerortung und kurze Anfahrt des Entstörpersonals sowie geeignete Instandhaltungsmittel und
– gut ausgebildetes und erfahrenes Personal, das ebenfalls zu einer hohen Verfügbarkeit der Oberleitung beiträgt.

Weitere Angaben bezüglich der RAMS-Anforderungen finden sich in DIN EN 50 126, die sich mit der Zuverlässigkeit, Verfügbarkeit, Instandhaltbarkeit und Sicherheit der Bahnenergieversorgung befasst, und in CLC/TS 50 562:2011, die für ortsfeste Anlagen den Prozess, die Maßnahmen und die Nachweisführung für die Sicherheit in der Bahnstromversorgung beinhaltet.

17.3.4 Diagnostik

17.3.4.1 Grundlagen

Gemäß [17.22] versteht man unter *Fahrleitungsdiagnostik* die Ermittlung und Bewertung des Zustandes einer Fahrleitungsanlage auf der Grundlage messbarer oder äußerlich erkennbarer Merkmale nach Möglichkeit ohne wesentliche Beeinflussung des Betriebs. Ihr Ziel besteht darin, den Aufwand für notwendige Instandsetzungen zu verringern und diese zum richtigen Zeitpunkt unter Ausnutzung der Restlebensdauer der Betriebsmittel und mit minimaler Beeinflussung des Betriebes durchzuführen. Sie ist die Grundlage für den Übergang von starren Instandhaltungszyklen zur *zustandsbezogenen Instandhaltung*. Gegenstand der Oberleitungsdiagnostik ist kein örtlich begrenztes, kompaktes System sondern eine ausgedehnte, ohne Hilfsmittel nicht zugängliche, unter Spannung stehende und mechanischen Schwingungen ausgesetzte Anlage. Dies bestimmt wesentlich die Mittel und Methoden der Diagnose.

17.3.4.2 Inspektionsplan der Deutschen Bahn

Die DB führt *Inspektionen und Prüfungen* entsprechend der in der Tabelle 17.3 angegebenen Zeiträumen für die aufgeführten Streckenkategorien durch. Zur ersten Ordnung zählen die Oberleitungen der durchgehenden Hauptgleise der Hauptstrecken, der Nebenstrecken und S-Bahnen, die sich kreuzenden Kettenwerke und Quertragwerke sowie eigens festgelegte Oberleitungen, wie ältere Bauarten und besonders gefährdete Anlagen. Alle anderen Oberleitungen gehören zur zweiten Ordnung.

Zustandsprüfungen dienen dem Feststellen und Beurteilen des Istzustandes verschiedener Oberleitungsteile mit Hilfe von Ferngläsern oder einfacher Messmittel während Streckenbegehungen ohne Abschalt- oder Sperrmaßnahmen.

Die *Zustandsprüfung* Z1 umfasst Kettenwerke, Stützpunkte und Nachspanneinrichtungen. Die Zustandsprüfung Z2 beinhaltet alle anderen Anlagenelemente, wie Speise- und andere Leitungen, Kabelendverschlüsse, Schalter, Fundamente, Masten, Querträger, Bahnerdung, Ortssteuereinrichtungen, EL-Signale, Warnschilder und die Profilfreiheit. Erfasst werden u. a. schadhafte Komponenten und Verbindungen, Verschmutzungen, Korrosion und die temperaturabhängige Stellung der Kettenwerke.

Die Z3-Zustandsprüfung umfasst die Inspektion der Kettenwerke, Stützpunkte, Nachspannvorrichtungen, Quertragwerke, Fundamente, Masten und die Anlagen der Bahnerdungen von stillgelegten Oberleitungsanlagen.

Funktionsprüfungen erfassen die Funktion des Systems Oberleitung/Stromabnehmer mit Hilfe von Revisions- oder Messfahrzeugen. Sie beinhalten im Wesentlichen:
- Prüfung F1: Feststellung der *Lage sich kreuzender Fahrdrähte* bei hoher Geschwindigkeit und $F_{\text{stat}} = 150\,\text{N}$
- Prüfung F2: Erfassung der *Fahrdrahtseitenlage*, der *Stützrohrneigung* und Seitenhalter und der Stellung von Klemmen zur Vermeidung von Stromabnehmeranschlägen mit $v \leq 40\,\text{km/h}$ und $F_{\text{stat}} = 150\,\text{N}$
- Prüfung F3: Feststellung der *Fahrdrahthöhe* an kritischen Stellen, z. B. an Fahrdrahtabsenkungen unter 5,10 m und an Bahnübergängen mit Fahrdrahthöhen in Ruhelagen unter 5,75 m
- Prüfung F4: Prüfung der *Abstände* der Oberleitung zu Brücken und in Tunneln mit $F_{\text{stat}} = 250\,\text{N}$ nach Abschaltung und Erdung
- Prüfung F5: Sichtprüfung des *Fahrdrahtes auf seiner ganzen Länge* und Messung der Fahrdrahtstärke an den Stellen eines Spannfeldes mit dem vermutlich größten Verschleiß. Feststellung der zeitlichen Folge von Kontrollmessungen in Abhängigkeit von der Anzahl der Stromabnehmerdurchgänge und der Abnutzung

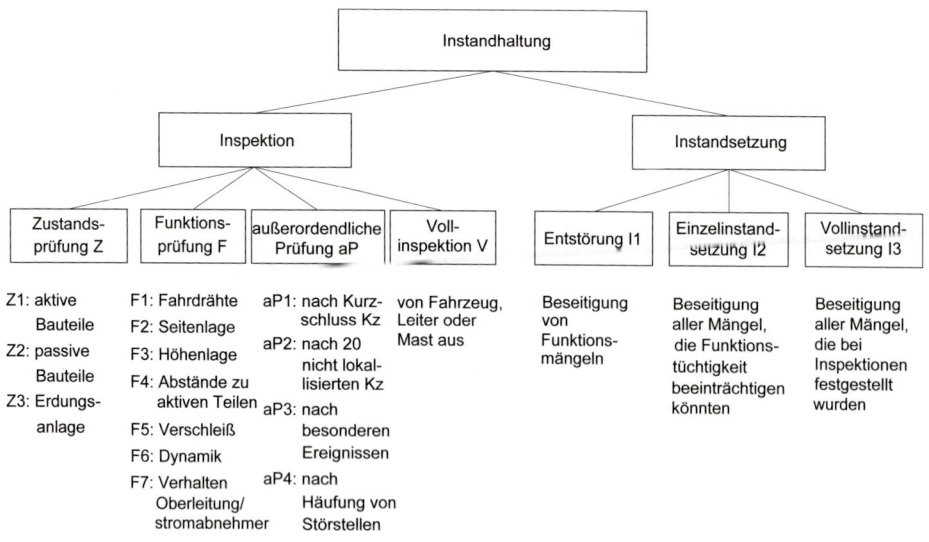

Bild 17.18: Organisation der Oberleitungsinstandhaltung bei der DB.

- Prüfung F6: Prüfung des *dynamischen Verhaltens* des Kettenwerkes bei Streckengeschwindigkeit und eingeschalteter Oberleitung mit dem Messwagen
- Prüfung F7: Beobachtung des *Stromabnehmerdurchgangs* nach Umbau oder Instandsetzung der Oberleitung

Neben diesen geplanten Diagnosemaßnahmen gibt es Zustands- und Funktionsprüfungen aus besonderen Anlässen, genannt *außerordentliche Prüfungen*. Diese sind:

- Prüfung aP1: Ermittlung des *Kurzschlussortes* und Untersuchung der Oberleitung im engeren Bereich der benachbarten Stützpunkte und der Bahnerden im Kurzschlussweg durch eine Begehung
- Prüfung aP2: Untersuchung der *ausgeschalteten Oberleitung* mit Fahrzeugen oder Leitern nach 20 nicht lokalisierten Kurzschlüssen im betreffenden Speisebezirk
- Prüfung aP3: Begehung oder Befahrung der Strecke nach besonderen Ereignissen, wie Sturm, extremen Temperaturen, Vereisungen usw.
- Prüfung aP4: Erfassen der *Fahrdrahtruhelage*, wenn bei einer Funktionsprüfung F6 gehäuft Kontaktkraftspitzen und größere Vertikalbeschleunigungen des Stromabnehmers ermittelt wurden

Die Vollinspektion beinhaltet eine umfassende Inaugenscheinnahme und Messung von Verschleißteilen der Oberleitung von Fahrzeugen und Leitern aus. Sie ist nach besonderen Ereignissen oder in Abhängigkeit von Belastungsstufen in Zeiträumen gestaffelt von mindestens 48 Monaten bei hoher Belastung bis 10 Jahre bei geringer Belastung durchzuführen und schließt die Zustandsprüfungen Z1 und Z2 mit ein. Eine Übersicht über alle Inspektionen und Instandsetzungen bei der DB enthält Bild 17.18.

Die Diagnoseergebnisse, wie *Fahrdrahtabnutzung*, Fahrdrahtlage und Kontaktkräfte sind zusammen mit den revidierten Projektunterlagen Bestandteil der Betriebsbücher.

17.3 Instandhaltung

Tabelle 17.4: Verschleißkategorien für Fahrdrähte.

Kategorie	%	Fahrdrahtstärke in mm		
		AC 100	AC 120	AC 150
I	100–94	12,0–11,0	13,2–12,0	14,5–13,3
II	95–77	10,9–10,2	11,9–11,0	13,1–12,3
III	78–80	10,1– 9,2	10,9–10,0	12,2–11,1

Diese enthalten weiterhin *Stammkarten* mit allen charakteristischen Daten und deren Änderungen sowie Betriebsblätter mit den Inspektionsergebnissen, allen Schäden, Mängeln und Reparaturen. *Instandhaltungsübersichten* dienen der Planung und Kontrolle der erforderlichen Maßnahmen und beinhalten außerdem die Störstellen und Kurzschlussorte. Die Daten werden unter Berücksichtigung der Dringlichkeit von Instandhaltungsmaßnahmen erfasst. Spricht im Rahmen der Funktionsprüfung F1 die Anzeigevorrichtung für die Fahrdrahtseitenlage im Bereich größer 750 mm an, sind die Regulierungsfehler sofort und im Bereich $\geq$ 550 mm alsbald zu beseitigen. Die gemessenen Fahrdrahtstärken unterteilt die DB in drei Kategorien nach Tabelle 17.4, wobei die Einteilung auf die wirkungsvolle Mängelbeseitigung zielt. Es richtet sich daher die Regulierung der Fahrdrahtlage vordringlich auf die Stellen, wo wegen der noch relativ geringen Abnutzung des Fahrdrahtes der größte Nutzen zu erzielen ist. Stellt die DB Mängel in der Kategorie III fest, deren Beseitigung nicht mehr wirtschaftlich sinnvoll ist, sichern Kontrollmessungen in kurzen Abständen, z. B. im Abstand von 3 Monaten, dass die Fahrdrahtstärke an den Störstellen den Grenzwert nicht unterschreitet.

17.3.5 Mess- und Diagnosemittel

17.3.5.1 Allgemeines

Unterschiedliche Messeinrichtungen sind für die Montage, Abnahmeprüfung und Instandhaltung von Oberleitungsanlagen erforderlich, um die Geometrie der Fahrleitung, die Kräfte und Temperaturen zu prüfen. Bei der Ausführung von Messungen beachtet das Personal die Anforderungen von DIN EN ISO 17 025; bei der Bewertung der Messergebnisse die Norm DIN V ENV 13 005.

17.3.5.2 Messungen der Fahrdrahtlage

Die Fahrdrahtlage bestimmt die Qualität des Zusammenwirkens zwischen Stromabnehmer und Oberleitung und als eine Konsequenz hieraus den Verschleiß des Fahrdrahts und des Stromabnehmers. Messungen der Fahrdrahtlage sollten nach der Montage und im Zuge der Instandhaltung in regelmäßigen Abständen durchgeführt werden, erfahrungsgemäß mindestens alle sechs Monate für Oberleitungen über festem Oberbau oder alle vier Monate für Oberleitungen auf Strecken mit Schotteroberbau.
Die DB führt die Messung der Fahrdrahtseitenlage einmal pro Jahr durch; die Messung der Fahrdrahthöhe im Abstand von zwei Jahren. Dabei unterscheidet die Richtlinie 997 nicht zwischen Oberleitungen über Hoch- und Standardgeschwindigkeitsstrecken sowie Fester Fahrbahn und Schotterfahrbahn.

Bild 17.19: Fahrdrahtlagemessung mit einem Lasergerät.
a) Messung der Fahrdrahtlage, b) Messgerät auf den Schienen

Für Kontrollmessungen sollten bevorzugt berührungslose Verfahren eingesetzt werden, die durch die Messung die Fahrdrahtlage nicht beeinflussen. Bei der Messeinrichtung mit einem Laser [17.31] (Bild 17.19) wird eine isolierte Metallschiene auf die Schienenköpfe aufgelegt. Die Lasermesseinrichtung bestimmt die Fahrdrahthöhe zwischen der Schienenoberkante und der unteren Kante des Fahrdrahts [17.32, 17.33]. Die Lagemesseinrichtung auf der Schiene in bezug auf die Gleisachse ergibt die horizontale Lage des Fahrdrahtes. Die seitliche Lage des Fahrdrahtes am Stützpunkt entspricht dem b-Maß. Wegen des langsamen Messfahrzeuges kann dieses Messverfahren nur beschränkt auf Weichen oder Überleitstellen verwendet werden.

Mit dem mobilen Messgerät „Mephisto" können bis zu 2 km lange Abschnitte in einer Stunde gemessen werden. Eine Lasermesseinrichtung zeichnet die Fahrdrahtlage mit der Triangulationsmethode auf. Die Messeinrichtung, auf einem mobilen Rahmen befestigt, lässt sich im Gleis bewegen (Bilder 17.20 a) und 17.20 b)) [17.34]. Die Verwendung des Ultraschallmessprinzips bildet eine Alternative zur Lasertechnik. Die Ultraschallmesseinrichtung ist auf einem Rahmen befestigt, der auf einem fahrbaren Schienenwagen aufgebaut ist (Bild 17.21). Die mobile Messeinrichtung OHL Wizard [17.35] erreicht 5 mm Messgenauigkeit bei Messgeschwindigkeiten bis 10 km/h. Diese Messeinrichtung kann auch an einem Schienenfahrzeug oder Zweiwegefahrzeug befestigt werden. Jedoch wird eine Einrichtung zur Kompensation der Fahrzeugwankbewegungen während der Messungen erforderlich.

Lasermesseinrichtungen [17.36, 17.37], die sich auf einem Messzug montieren lassen, sind für Geschwindigkeiten bis 400 km/h geeignet. Bild 17.22 zeigt eine Infrarot-Laser-Messeinrichtung mit Avalanche-Photodioden für die Messung der *Fahrdrahtlage*. Mit 400 Hz Scan-Frequenz bei Verwendung eines Polygonspiegels ist der Einfluss der Zuggeschwindigkeit auf die Messergebnisse vernachlässigbar. Bei 350 km/h Fahrgeschwindigkeit nimmt das Messsystem alle 24,5 cm einen Messdatensatz auf. Mit 10 m Messbereich ergeben sich die Fahrdrahthöhe und die Fahrdrahtseitenlage aus dem gemessenen Winkel und dem Abstand zum Fahrdraht. Die Daten der Neigungsbewegung des Fahr-

17.3 Instandhaltung

Bild 17.20: Geometrische Lagemessung des Fahrdrahtes mit dem Gerät „Mephisto".
a) Messprinzip, b) Gerät im Einsatz
h_{FD} Fahrdrahthöhe, h_H Abstand zwischen Messeinrichtung und Fahrdraht, α Winkel zwischen der Lotrechten und dem Abstand zwischen der Messeinrichtung und dem Fahrdraht

Bild 17.21: Fahrdrahtlagemessung mit Ultraschall.
Bemerkung: Der OHL Wizard ist die gelbe Einrichtung oben auf dem Rahmen.

zeugkörpers gehen in die Auswertung der Fahrdrahtlage ein. Die Messeinrichtung ist bei über 2,5 m Abstand für die Augen unschädlich. Der Laser wird automatisch abgeschaltet, wenn die Fahrgeschwindigkeit unter eine vorgegebene Grenze sinkt oder wenn der Polygonspiegel stillsteht (Bild 17.22 a)). Die Messeinrichtung ermittelt die Lage von bis zu vier Fahrdrähten in Bezug zur Gleismittelachse. Die Inspektionsfahrten können im normalen Fahrbetrieb integriert werden, ohne dass dadurch Verspätungen für andere Züge entstehen.

Bild 17.22 b) zeigt eine Einrichtung zur Messung der Fahrdrahtlage nach [17.37]. Diese Lasermesseinrichtung ermöglicht das berührungslose Messen der *Fahrdrahthöhe*, der *Fahrdrahtseitenlage* und *Fahrdrahtstärke*. Die Fahrdrahtlage und -stärke, mit vier hoch-

a)  b)

Bild 17.22: Einrichtung zur Fahrdrahtlagemessung.
a) Fahrdrahtlagemessgerät des Frauenhofer Institut für Physikalische Messtechnik IPM [17.36], b) Fahrdrahtlagemessgerät der DB auf dem CHR2 Zug in China [17.37]

auflösenden Abtastkameras gemessen, wird mittels Triangulation berechnet. Die Messeinrichtung verwendet Scheinwerfer und Laser als Lichtquellen. Die Abtastkameras sind mit den Scheinwerfern auf einem schwingungssicheren Träger montiert. Während des Tageslichtes wird der Fahrdraht auf der offenen Strecke als ein dunkles Objekt vor dem hellen Himmel erkannt; im Tunnel wird der mit Scheinwerfern beleuchte Fahrdraht als helles Objekt vor dem dunklen Hintergrund erkannt. Die Messintervalle, definiert als Abstand zwischen zwei Messungen, hängen von der erforderlichen Auswertezeit und daher von der Fahrgeschwindigkeit ab und betragen ungefähr 100 mm bei 120 km/h. Es gibt keine systembedingte Grenzgeschwindigkeit für diese Messeinrichtung. Die bis 350 km/h Messgeschwindigkeit geprüfte Messeinrichtung arbeitet unabhängig von den Umweltbedingungen; außer bei heftigem Schneefall sind Messungen immer möglich.

17.3.5.3 Optische, kontaktlose Inspektion

Die hohe Zugdichte auf Bahnstrecken hat die verfügbare Zeit für konventionelle, visuelle Inspektionen der Oberleitungen reduziert. Als Konsequenz hieraus sind *optische, kontaktlose Inspektionen* bei Geschwindigkeiten bis 160 km/h und die nachfolgende Auswertung der Aufzeichnungen erforderlich [17.38]. In Zugpausen zeichnet die Inspektionseinrichtung die *Fahrdrahthöhe*, die *Fahrdrahtseitenlage*, die *Fahrdrahtstärke*

Bild 17.23: Ausrüstung auf dem Diagnosefahrzeug [17.38].

und die *Geometrie des Kettenwerks* und dessen Tragwerke auf (Bild 17.23). Durch die Auswertung der Aufzeichnungen lassen sich Mängel identifizieren, die Tendenz betreffend weitere Entwicklung der Mängel lässt sich vorhersagen und die Aktivitäten für die Instandsetzung planen.

Aufzeichnung der Fahrdrahtlage

Die Lasereinrichtungen zeichnet kontaktlos die Höhe und die Seitenlage von bis zu vier Fahrdrähten auf. Das Schwanken des Messfahrzeuges eliminiert eine Kompensationseinrichtung bei der Berechnung der Fahrdrahtseitenlage. Die Aufzeichnung der Fahrdrahtlage lässt sich entweder mit gesenktem oder, wie bei der DB gefordert, mit gehobenem Stromabnehmer durchführen. Die statische Anpresskraft des gehobenen Stromabnehmers beträgt 100 N oder 120 N. Bild 17.24 zeigt einen Messschrieb der Fahrdrahtlagemessung zusammen mit den Fehlercodes.

Messung der Fahrdrahtstärke

Der Fahrdrahtverschleiß lässt sich aus der Breite der Kontaktfläche bei AC- und bei BC-Fahrdrähten zusätzlich aus der Resthöhe des Fahrdrahts (Bild 4.2) ermitteln. Sensoren registrieren das Profil und die Kontaktfläche des Fahrdrahtes. Die Auswertung ergibt die Resthöhe des Fahrdrahtes in 20 mm Abständen mit 0,25 mm Genauigkeit bei 120 km/h. Abschnitte mit erhöhtem Verschleiß lassen sich direkt erkennen (Bild 17.24).

Bestimmung des Maststandortes

Um die Längsspannweite der vorhandenen Oberleitungsanlage zu prüfen, sind auf dem Messwagen laserbasierte Aufzeichnungssysteme für die Ortung der Maststandorte installiert (Bild 17.23). Die beiden Ortungseinheiten sind auf der linken und rechten Seite des Messwagendaches in der Nähe der Drehgestelle aufgebaut. Jede Ortungseinheit besteht aus zwei Laserabstandssensoren. Der Messstrahl des Abstandssensors wird vertikal

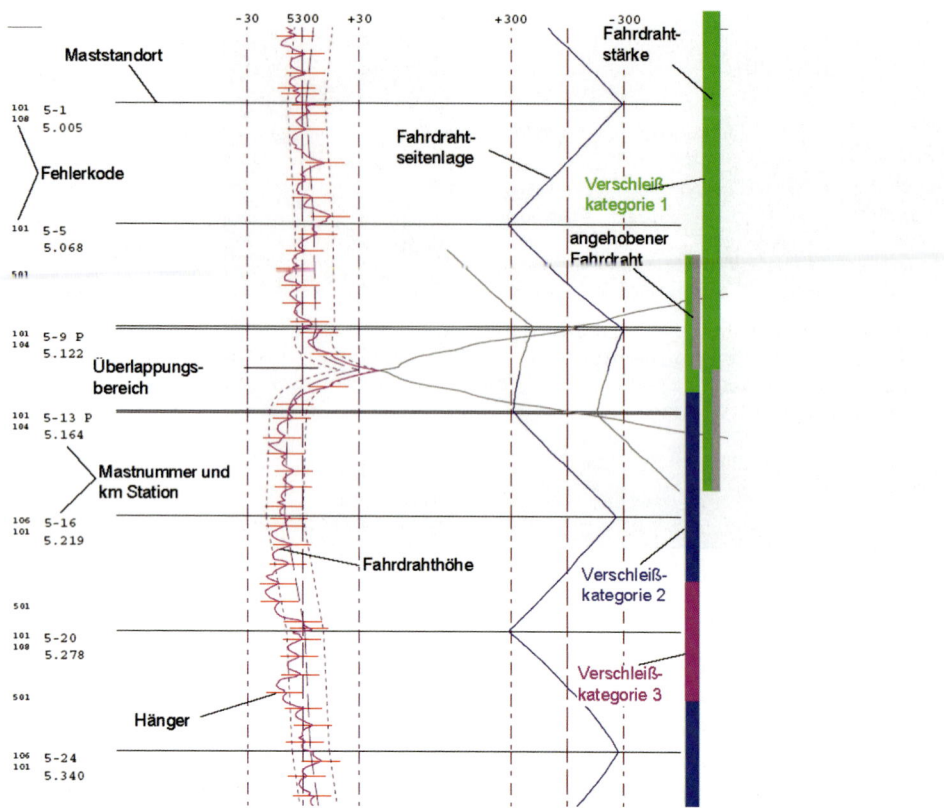

Bild 17.24: Messschrieb einer Fahrdrahtlage- und -stärkemessung [17.38].

nach oben gerichtet. Wenn beide Laserstrahlen der Ortungseinrichtungen gleichzeitig auf ein Objekt treffen, wird angenommen, dass das Objekt ein Seitenhalter und daher ein Fahrleitungsstützpunkt ist.

Inspektion der Fahrleitung

Zwei Hochgeschwindigkeitskameras scannen (Bild 17.25) kontinuierlich die Fahrleitung von unten. Der Infrarot-Laser stellt ausreichend Beleuchtung bereit, um die Inspektionsfahrten während des Tageslichts als auch während der Nacht mit verminderter Sichtbarkeit zu ermöglichen. Dabei wird die Fahrleitung von beiden Seiten aufgenommen. Somit ist eine visuelle Inspektion der Fahrleitung am Computerbildschirm mit hochauflösenden Bildern möglich (Bild 17.25 a)). Im nächsten Auswertungsschritt führt eine Bilderkennungssoftware einen Vergleich mit der ersten Aufzeichnung der Fahrleitung während der Abnahme durch und markiert geometrische Abweichungen mit einem rotem Rahmen (Bild 17.25 b)).

Inspektion der Quertragwerke

Zwei Scan-Kameras, die auf den Fahrzeugen angeordnet sind, zeichnen die Quertragwerke vor und hinter dem Fahrzeug auf (Bild 17.26). Die hochauflösenden Fotos ermög-

17.3 Instandhaltung

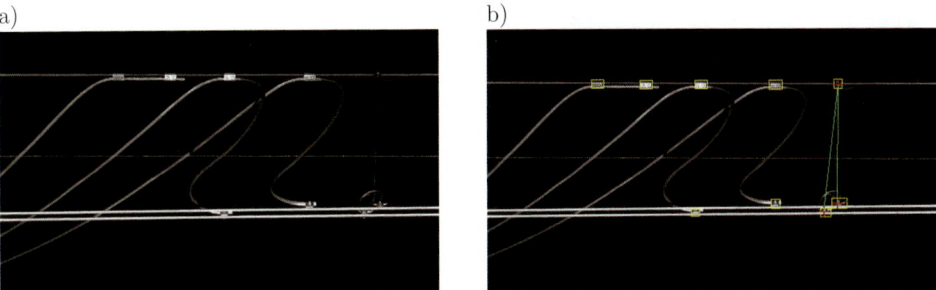

Bild 17.25: Hochauflösendes Bild des Kettenwerkes.
a) ohne Auswertung. b) mit Auswertung, grüner Rahmen: Geometrie entspricht der Geometrie zum Zeitpunkt der Abnahmeprüfung, roter Rahmen: Geometrie entspricht nicht der Geometrie zum Zeitpunkt der Abnahmeprüfung

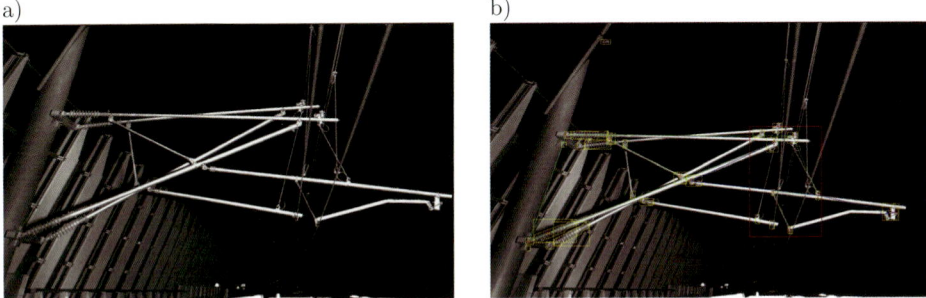

Bild 17.26: Hochauflösendes Bild eines Auslegers.
a) ohne Auswertung, b) mit Auswertung, grüner Rahmen: Geometrie entspricht der Geometrie zum Zeitpunkt der Abnahmeprüfungen, roter Rahmen: Geometrie entspricht nicht der Geometrie zum Zeitpunkt der Abnahmeprüfungen

lichen eine vorläufige Auswertung direkt nach der Inspektionsfahrt (Bild 17.26 a)). Wie bei der Inspektion des Längskettenwerks führt während der nachfolgenden Auswerteschritte eine Bilderkennungssoftware einen Vergleich mit der ersten Auswertung, die bei der Abnahme der Fahrleitung aufgenommen wurde, durch und markiert geometrische Unterschiede mit einem roten Rahmen (Bild 17.26 b)).

17.3.5.4 Messung der Mast- und Seitenhalterneigung

Während der Installation und Instandhaltung ist die Neigung der Masten, der Stützrohre und der Seitenhalter an den Auslegern zu prüfen. Die Neigung wird in Bezug zur horizontalen oder vertikalen Bezugsebene gemessen. Bild 17.27 zeigt die Messung des Seitenhalterneigungswinkels zur Horizontalen mit Hilfe einer Wasserwaage.

Bild 17.27: Einrichtung zur Messung der Neigung des Seitenhalters.

17.3.5.5 Messung der Schichtdicke des Korrosionsschutzes

Korrosionsschutzsysteme verhindern bei Stahlmasten den Abtrag des Metalls durch Rost. Die DB fordert deshalb, einen Korrosionsschutz zu verwenden. Es ist nach dem Aufbringen des Korrosionsschutzes der Nachweis der ausreichenden Schichtdicke zu erbringen. Für die Messung der Schichtdicken sind Messgeräte zur Bestimmung der Schichtdicke von

- Lacken, Farben und anderen nicht nichtferromagnetischen Schichten auf Stahl,
- isolierende Schichten auf Nichteisenmetallen,
- galvanische Schichten auf leitendem Untergrund und
- Mehrfachschichten auf isolierendem Untergrund

in Gebrauch. Bild 17.28 a) zeigt ein Dickemessgerät für galvanisch aufgetragene dünne Schichten ab 0,05 µ Stärke. Das Messgerät ist in der Lage, die Schichtdicke galvanischer Ein- und Mehrfachschichten zu messen [17.39]. Bild 17.28 b) zeigt ein Dickemessgerät für Farbschichten, die über den galvanisch aufgebrachten Zinkschichten liegen [17.40].

17.3.5.6 Messung der Leiterzugkräfte

Die Zugkräfte der Leiter lassen sich mit einem der Geräte nach Bild 17.29 a) bis d) ohne Beschädigung des Leiters während der Montage, Abnahme und Instandhaltung von Oberleitungen prüfen. Das Gerät im Bild 17.29 a) [17.41] erlaubt die Messung von 0 N bis 10 kN, z. B. am Y-Beiseil im eingebauten Zustand. Die Bilder 17.29 b) [17.42], 17.29 c) [17.43] und 17.29 d) [17.44] zeigen ähnliche Geräte wie im Bild 17.29 a). Beim Gerät im Bild 17.29 d) [17.44] werden Leitertyp und Zugkraftbereich auf der Anzeige vorgewählt. Nachdem das Gerät auf den Leiter aufgesetzt und eine Stellschraube in der Mitte des Geräts angezogen wird, kann die Zugkraft des Leiters an der Anzeige abgelesen werden.

Kraftmessgeräte, auch Dynamometer genannt, können nicht wie die Geräte in den Bildern 17.29 a) bis d) auf den Leiter aufgesetzt werden, sondern sind in den Leiter, z. B. im Y-Beiseil, einzubauen. Ein Ende des Y-Beiseils wird mit dem Tragseil über eine Zahnklemme verbunden und das andere Ende wird mit dem einen Ende des Dynamometers verbunden (Bild 17.30 a) und b) [17.46, 17.49]). Das andere Ende des Dyna-

17.3 Instandhaltung

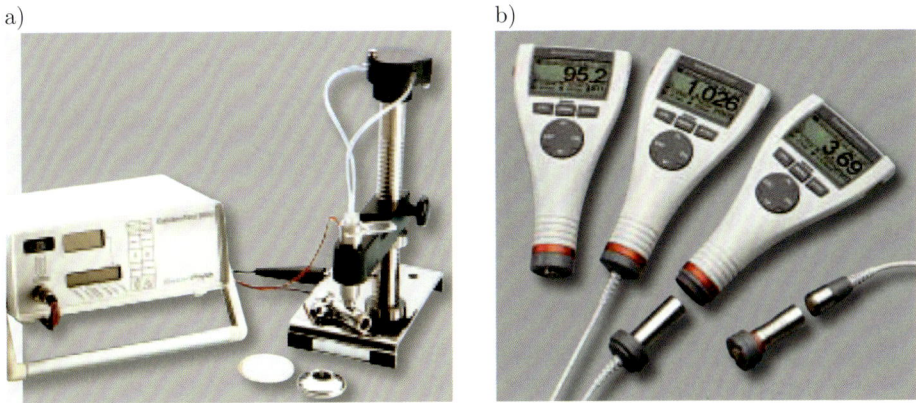

Bild 17.28: Geräte zur Messung von Korrosionsschichtdicken.
a) für galvanisch aufgetragene Schichten Typ Galvano Test von ElektroPhysik [17.39], b) für Farbschichten Typ MiniTest, Serie 700 von ElektroPhysik [17.40]

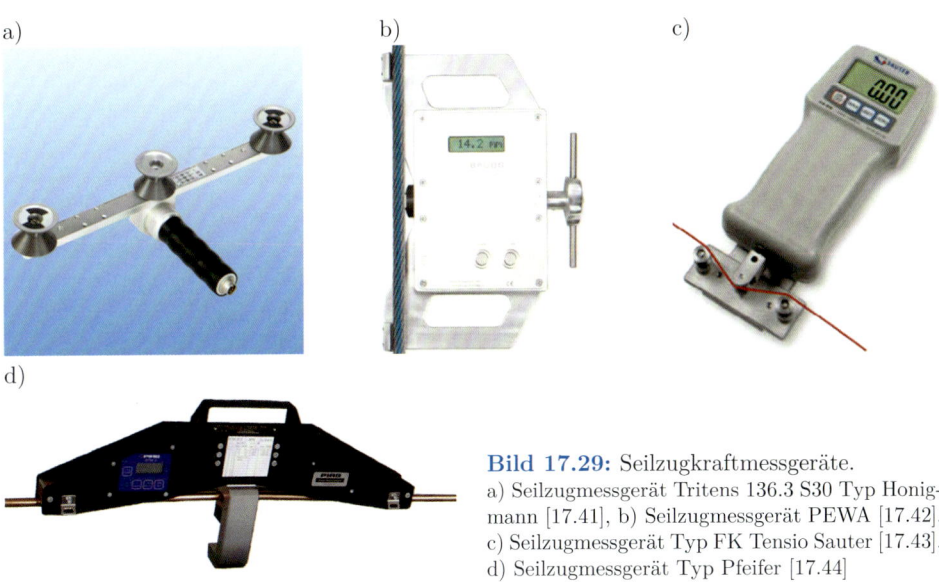

Bild 17.29: Seilzugkraftmessgeräte.
a) Seilzugmessgerät Tritens 136.3 S30 Typ Honigmann [17.41], b) Seilzugmessgerät PEWA [17.42], c) Seilzugmessgerät Typ FK Tensio Sauter [17.43], d) Seilzugmessgerät Typ Pfeifer [17.44]

mometers ist vorübergehend mit dem Tragseil über die nicht vollständig angezogene Zahnklemme verbunden. Mit einem Hubzug wird die Zugkraft im Y-Beiseil auf den geplanten Wert angezogen. Dann wird die Zahnklemme festgezogen und das Y-Beiseil ist an beiden Enden mit dem Tragseil verbunden.

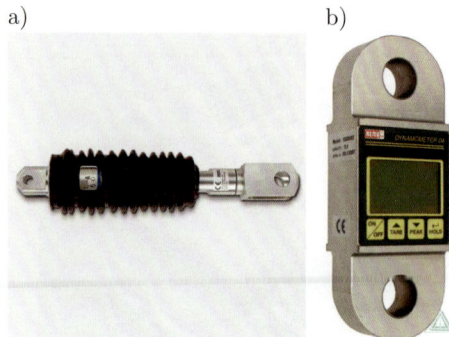

Bild 17.30: Seil-Dynamometer.
a) Messgerät mit mechanischer Anzeige Typ Vetter [17.46], b) digitales Messgerät Typ Grube [17.49]

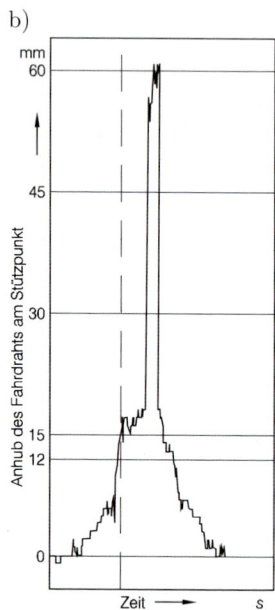

Bild 17.31: Messeinrichtung für den Fahrdrahtanhub.
a) Anhubmesseinrichtung (Photo: T. Sørensen), b) gemessener Anhub

17.3.5.7 Anhubmessung

Die Überwachung des Fahrdrahtanhubs ist im Betrieb wichtig, um Unregelmäßigkeiten beim Zusammenwirken von Stromabnehmer und Oberleitung rechtzeitig zu erkennen. Jernbaneverket in Norwegen zeichnet den Anhub mit dauernd installierten Messeinrichtungen nach dem Bild 17.31 a) auf. Bild 17.31 b) zeigt den normalen Anhubverlauf während eines Stromabnehmerdurchgangs [17.47].

Die *Stromabnehmerüberwachung Sicat PMS* (Pantograph Monitoring System) ermöglicht die Messung des Fahrdrahtanhubs am Stützpunkt (Bild 17.32). Ein elektrischer Messwertaufnehmer wird isoliert zwischen Fahrdraht und Tragseil positioniert und misst

17.3 Instandhaltung

Bild 17.32: Siemens-Anhubmesseinrichtung Sicat PMS.

die vertikale Höhenverschiebung des Fahrdrahts. Ein optischer Messwertaufnehmer ist am festgelegten Stützrohr befestigt und erfasst die Auslenkung des Seitenhalters. Mit diesen Messwerten sind Aussagen zur Kontaktkraft des Stromabnehmers an der Messeinrichtung und damit zur Befahrgüte der Fahrleitung oder zum Zustand des Stromabnehmers möglich. Falsch eingestellte oder defekte Stromabnehmer auf Triebfahrzeugen lassen sich damit von der Betriebsleitstelle erkennen und dem Instandhaltungswerk zuführen.

Die Anhubmesseinrichtung der DB wird zeitweise an Auslegern angeordnet. Ein isoliertes, am Fahrdraht befestigtes Seil, führt über Umlenkrollen zu einem Potenziometer. Der Drehwinkel des Potenziometers wird in elektrische Signale umgewandelt, die der Größe des Anhubs entsprechen (Abschnitt 10.4.6.1 [17.48]).

Vor der Betriebsaufnahme der Oberleitung eignen sich Messungen des Anhubs zeitgleich zur Messung der Kontaktkräfte, um nach der Simulation den praktischen Nachweis für die Eignung der Oberleitungsbauart zu erbringen. Der aufgezeichnete Anhub darf den geplanten Anhub nicht überschreiten (Abschnitt 10.4.6.2).

Mit einer mobilen Messeinrichtung sind Messungen des Anhubs am Stützpunkt, am ersten und letzten Hänger und in Feldmitte entsprechend den Anforderungen der TSI Energie möglich. Die Messungen erfordern vier Kameras, zwei davon zeichnen den Fahrdrahtanhub nahe am Stützpunkt auf. Die dritte Kamera zeichnet den Fahrdrahtanhub in Feldmitte auf und die vierte Kamera ist auf den sich nähernden Zug gerichtet und misst dessen Fahrgeschwindigkeit (Bild 17.33) [17.50]. Mit dieser einfach zu montierenden Messeinrichtung außerhalb des Gefahrenbereichs der Gleise sind Prüfungen des Kontaktpunktes bei der Abnahmefahrt von Oberleitungsanlagen und während der TSI Konformitätsprüfung möglich.

a)    b)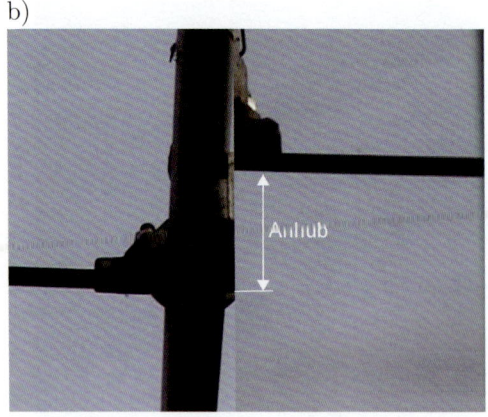

Bild 17.33: Mobile Messeinrichtung für den Fahrdrahtanhub [17.50].
a) Digitale Kamera für die Anhubmessung, b) Anhub des Fahrdrahtes als geteiltes Bild

17.3.5.8 Fahrleitungsüberwachung

Äußere Einwirkungen können Schäden an Fahrleitungen hervorrufen und Unterbrechungen des Betriebes verursachen. Zuverlässiges und schnelles Erkennen von Fehlern ist daher vorteilhaft. Die Einrichtung Sicat CMS [17.51] überwacht die Fahrleitung mit dem Ziel, bei Unregelmäßigkeiten Alarm auszulösen.

Bisher ließen sich solche Ereignisse nur durch die Schutztechnik innerhalb der Unterwerke entdecken, wenn der Oberleitungsschutz registrierte, dass die eingestellten Schwellenwerte des Stromes und der Spannungen und der daraus abgeleiteten Parameter entweder überschritten oder unterschritten wurden [17.52].

Die Einrichtung Sicat CMS überwacht kontinuierlich die Neigung der Wippe des Radkörpers der Nachspannvorrichtung. Die Neigung der Wippe in Bezug zur Horizontalen, die üblicherweise 18° bis 22° in der Anfangsstellung bei der Abnahme beträgt. Die Änderung der Kraft eines gespannten Leiters wirkt sich auf die Neigung der Wippe aus (Bild 17.34). Die Lageänderung der Wippe ermöglicht Rückschlüsse auf Störereignisse innerhalb einer Nachspannlänge, z. B. ein umgestürzter Baum in der Oberleitung, Zugkraftschwankungen oder Diebstahl von Leiterseilen [17.51]. Aus der gemessenen Wippenneigung und der daraus ableitbaren Horizontalzugkraft sind Aussagen zum Wirkungsgrad der Nachspannvorrichtung möglich.

Bei der CMS-Einrichtung wird die Lage der Wippe des Nachspannrads, wie in Bild 17.34 gezeigt, durch einen magnetostriktiven Verschiebungssensor erfasst. Dieser Sensor wirkt kontaktlos und daher ohne Verschleiß. Die Auswerteeinheit analysiert die gemessenen Werte aller Sensoren, die an Erfassungsstationen angeschlossen sind. Die Erfassungsstationen sind über Profibus, Profinet oder Mobilfunkkommunikationsstrukturen mit der Auswerteeinheit verbunden. Fehler, Warnungen und Instandhaltungsinformationen werden von der Auswerteeinheit über das SCADA-Kommunikationsnetzwerk des Betreibers über die SCADA zur Betriebsleitstelle weitergeleitet (Bild 17.35).

17.3 Instandhaltung

Bild 17.34: Anordnung des Sensors an der Schwinge eines Radspannerrads.

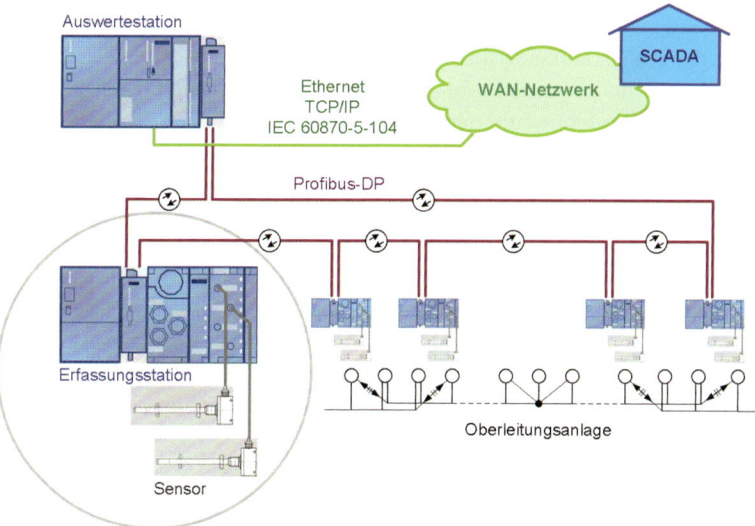

Bild 17.35: Aufbau der Sicat-CMS-Anlage.

Bild 17.36: Überwachungseinrichtung der Oberleitung auf der Hochgeschwindigkeitsstrecke HSL Zuid, Niederlande.

Ziele der Sicat-CMS-Nutzung sind:
- Beanspruchungen von Komponenten während des Betriebes zu erfassen
- Alterungsverhalten von Komponenten zu beobachten und Alterungsmodelle und Grenzwerte für die Zustandsermittlung abzuleiten
- Auswirkungen von klimatischen Einflussgrößen auf die Lageparameter der Oberleitung zu untersuchen
- festgelegte Grenzwerte der Dimensionierung zu prüfen

Mit Sicat CMS und zusätzliche Messwertaufnehmer lassen sich folgende Daten erfassen und auswerten:
- Zugkräfte im Tragseil und Fahrdraht mit Hilfe von Zugkraftmesssensoren und damit Zugkraftverringerungen in der Nachspannlänge
- Wirkungsgrad der Nachspanneinrichtung
- mittlere temperatur- und verschleißabhängige Leiterseil-Längenänderung mittels Höhenbewegung der Gewichtssäule der Nachspannlänge
- Seitenverschiebung des letzten Auslegers und Überprüfung der Seitenverschiebung von Fahrdraht und Tragseil
- indirekt die Strombelastung bei gleichzeitiger Messung klimatischer Umgebungsbedingungen
- klimatische Umgebungsbedingungen wie Lufttemperatur, Feuchtigkeit, Windgeschwindigkeit und -richtung und Globalstahlung

CMS-Einrichtungen sind in Tunneln der Hochgeschwindigkeitsstrecke Segovia–Valladolid in Spanien und auf offener Strecke der HSL Zuid in den Niederlanden (Bild 17.36) eingebaut. Auf der Strecke HSL Zuid sind zusätzliche Messwertaufnehmer zur Erfassung aller genannten Daten installiert.

17.3.5.9 Messung der Fahrdrahtverschiebung durch Wind

Infolge ihrer häufig exponierten Lage sind die Fahrleitungen der Jernbaneverket in Norwegen hohen Windgeschwindigkeiten ausgesetzt. Die Bestimmung der Längsspannwei-

Bild 17.37: Lasersensor und Anemometer zur Messung der Fahrdrahtauslenkung infolge Wind in Norwegen (Photo: T. Petersen). a) Messeinrichtungen, b) Mast mit Anemometer

ten und der Seitenverschiebungen an den Stützpunkten wurde bis 2012 mit den Annahmen nach Kapitel 4 festgelegt. Um die Genauigkeit der Berechnung hinsichtlich der Erweiterung des norwegischen Bahnnetzes innerhalb der nächsten Jahre zu prüfen, sollte die Ablenkung des Fahrdrahtes infolge Wind durch Messungen beobachtet werden. Die in den Bilder 17.37 a) und b) gezeigte Messeinrichtung zeichnet die Abweichung des Fahrdrahtes infolge Wind an der Strecke Kristiansand und Stavanger in Abhängigkeit von der Windgeschwindigkeit, der Windrichtung und der Temperatur auf. Die Strecke verläuft in einem offenem Gelände und ist hohem Wind vom Meer her ausgesetzt. Die Fahrdrahtbewegung wird mit Lasersensoren gemessen (Bild 17.37 a)). Die Anzahl der Messungen je Zeiteinheit wird durch die Windgeschwindigkeit bestimmt. Eine hohe Windgeschwindigkeit ergibt eine hohe Messrate. Die Messsignale werden über das GSM-Netz (GPRS) an eine Datenbank übertragen. Die bisherigen Ergebnisse dieser Messungen bestätigten die Berechnungen gemäß Kapitel 4. Die Messeinrichtung für die Windrichtung wird auch verwendet, um zu entscheiden, ob die Fahrgeschwindigkeit auf mit Oberleitungen ausgerüsteten Strecken bei extreme Windgeschwindigkeiten zu vermindern oder der Betrieb eingestellt werden muss mit dem Ziel, Störungen an den Oberleitungen infolge Entdrahtung von Stromabnehmern zu vermeiden.

a)  b)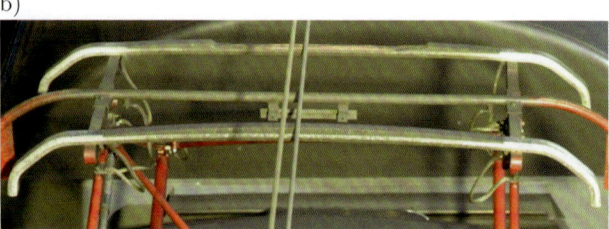

Bild 17.38: Stromabnehmerüberwachungsanlage.
a) Aufzeichnungsgerät, b) verschlissenes Kohleschleifstück (hinteres Schleifstück)

17.3.5.10 Überwachungsanlage für Stromabnehmer

Schadhafte Stromabnehmer können extremen Fahrdrahtverschleiß und Oberleitungsstörungen verursachen. Stromabnehmerüberwachungseinrichtungen sollen Schäden an den Stromabnehmern oder hohen Verschleiß an den Schleifstücken entdecken. Die in [17.53] beschriebenen Methode ermöglicht das Erkennen von Schäden an Stromabnehmerkohleschleifstücken ohne Unterbrechung des Betriebs. Der Radarsensor entdeckt zunächst das Radarecho des Schleifstücks, wenn der ankommende Zug noch ungefähr 100 m entfernt ist. Wenn sich der Zug dem Sensor nähert, wird das Echosignal verfolgt, bis der Stromabnehmer sieben Meter vor der Kamera angekommen ist. An diesem Punkt ist die Bildqualität optimal und das Bild wird aufgenommen. Um den Lokomotivführer vor dem Blitz zu schützen, ist das Blitzgerät mit einem Rotfilter ausgerüstet (Bild 17.38 a)). Nachdem die Kamera den Stromabnehmer aufgenommen hat, wird das digitale Bild in die Steuerzentrale übertragen und dann zur Bildauswerteeinheit weitergeleitet, die trennt und prüft die Bilder der Kohleschleifleisten. Wenn die Prüfung zeigt, dass die Kohleschleifstücke beschädigt oder verschlissen sind (Bild 17.38 b)), wird ein Alarmsignal über das Ethernet oder ein GSMR/GPRS-Modem übertragen.

17.3.5.11 Überwachung des Schienenpotenzials in DC-Bahnstromanlagen

Mit der Funk-Frequenz-Identifikation (RFID-Technik) lassen sich Schienenpotenziale ohne physikalischen Kontakt messen (Bild 17.39 a) und b)). Das Potenzial kann während des normalen Zugbetriebes gemessen werden und stellt einen ersten Schritt für ein gesamtes Überwachungssystem für Fahrleitungsanlagen dar. Die Schienenpotenzialmessanlage Sicat RMS verwendet die Siemens-Hörfrequenzidentifikation Sofis, deren Zuverlässigkeit bereits im Bahnbetrieb nachgewiesen wurde. Sicat RMS besteht aus
– Sensorelement, das dauernd am Gleis installiert ist,
– Übertrager- und Empfängereinheit auf dem Fahrzeug und
– stationäre Auswerteeinheit.

Diese drei Einheiten kommunizieren drahtlos über Funk. Die Art der verwendeten Identifikationstechnik stellt sicher, dass die Sensoreinheit und die Übertrager- und Empfängereinheit nur während einer kurzen Dauer kommunizieren und auch bei hohen Fahrgeschwindigkeiten Messwerte zuverlässig übertragen.

17.3 Instandhaltung

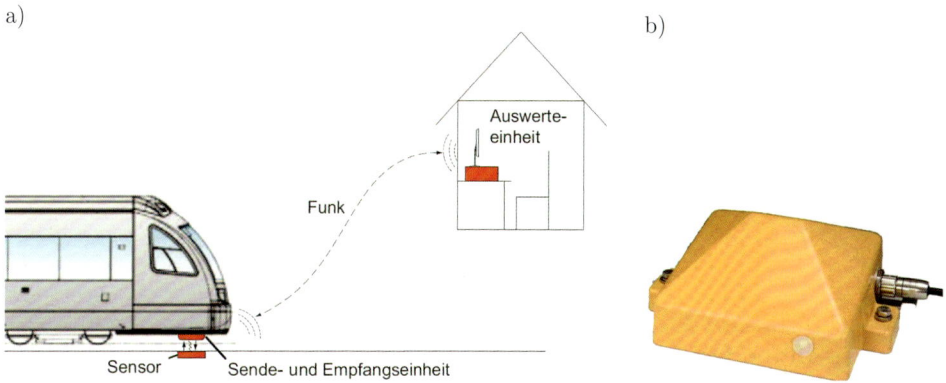

Bild 17.39: Schienenpotenzialüberwachung mit Sicat RMS.
a) Prinzip der Schienenpotenzialüberwachung, b) Sensor im Gleis

Sensoreinheit

Bei DC-Bahnanlagen gibt es Potenzialdifferenzen zwischen Erde und Schiene wegen des Zugbetriebes und der zugehörigen Spannungsdifferenzen entlang der Strecke. Deshalb wird wegen der vereinfachten Kommunikation zwischen Übertrager- und Empfängereinheit die Sensoreinheit im Gleisbereich montiert, vorzugsweise auf einer Schwelle. Das Potenzial zwischen Schiene und Erde wird gemessen und in eine andere Frequenz umgewandelt, wenn sich der Zug nähert. Dies veranlasst eine frequenzunabhängige Reflektion, die gescannt und durch die Übertrager- und die Empfängereinheit ausgewertet wird. Die Sensoreinheit braucht keine getrennte Energieversorgung, weil die gemessene Spannung gleich der Versorgungsspannung ist. Sollte eine Sensoreinheit keine Schienenspannung messen, bedeutet dies, dass dort eine Verbindung zwischen Schiene und Erde in dem betroffenen Gleisbereich vorhanden ist, die ein Risiko für Streuströme in der DC-Bahnanlage bedeutet.

Übertrager- und Empfängereinheit

Die Übertrager- und Empfängereinheit besteht aus einem Scanner, einem Stützstellenumwandler, der Stromversorgung, dem Datenspeicher mit integrierter GSM-Funkverbindung und einer Antenne. Die Übertrager- und Empfängereinheit wird in oder an einem Bahnfahrzeug befestigt und überträgt ein Funksignal im Gigahertzbereich über eine Antenne, die auf die Sensoreinheit gerichtet ist, um Signale zu empfangen und Signalreflektionen von der Sensoreinheit auszuwerten.

Auswerteeinheit

Ein PC als stationäre Auswerteeinheit kommuniziert in vorgegeben Intervallen mit der Übertrager- und Empfängereinheit am Fahrzeug mit einem Auswertesoftwarepaket des Anwenders. Die Identifikation eines einzelnen Sensors in Verbindung mit dem zugehörigen Messungen ermöglicht es, eine fehlende Bahnerdungsverbindung einfach von den Betriebsleitzentralen zu orten. Die mit der Auswertesoftware gewonnenen Daten lassen sich in ein Instandhaltungsprogramm überführen und auswerten.

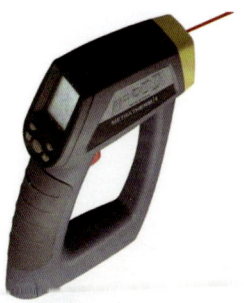

Bild 17.40: Temperaturmesseinrichtung.

Typische Anwendungen

Spannungsbegrenzungseinrichtungen sind entlang elektrifizierter Strecken installiert. Sie schützen die Anlage in Verbindung mit dem Fahrleitungsschutz durch eine dauernde Verbindung der betroffenen Teile mit dem Rückstromkreis. Typische Anlagen bilden leitende Gebäude und Tragwerke in der Nähe der Fahrleitung. Wenn Spannungsbegrenzungseinrichtungen angesprochen haben, sind diese sobald als möglich zu ersetzen. Wenn diese nicht schnell ersetzt werden, besteht die Gefahr der Führung von Gleichströmen und der Beschädigung von geerdeten Bauteilen durch Streustromkorrosion. Die Verwendung der RFID-Technik im Zugbetrieb ermöglicht, leitende Spannungssicherungen zu identifizieren durch Scannen der Daten von Schienenfahrzeugen und deren unmittelbare Auswertung. Wenn ein niedriges Schienenpotenzial in der vorgegeben Zeit gemessen wird, zeigt dies eine durchgeschlagene Spannungssicherung an. Ohne die RMS-Geräte müssen Gleise durch das Instandhaltungspersonal in regulären Abständen begangen werden, um nach durchgeschlagenen Spannungssicherungen zu suchen. Regelmäßige Gleisinspektionen zur Prüfung der Spannungsbegrenzer, die typischer Weise in der Nacht ohne Zugbetrieb durchgeführt werden, sind damit überflüssig. Die Einrichtungen werden nur dann ersetzt, wenn das erforderlich ist [17.54].

Die Einrichtung FCS 701 [17.55] stellt ein anderes System zur Überwachung der Spannungsdurchschlagsicherungen und deshalb auch des Schienenpotenzials dar.

Als eine weitere Anwendung kann eine vereinfachte Erkennungseinheit, die nur ID-Adressen von Erdungskabeln beinhaltet, an Kabeln innerhalb des Oberbaus befestigt werden. Die fehlenden Antworten der Sensoren geben das Fehlen von Kabeln an, z. B. nach einem Diebstahl.

17.3.5.12 Temperaturmessungen

Um die temperaturabhängige Lage der Ausleger und Gewichtssäulen an den Nachspanneinrichtungen zu überwachen sind Messungen der Fahrdraht- und Tragseiltemperatur erforderlich. Für diese Messungen können Temperaturmesseinrichtungen mit Laser verwendet werden (Bild 17.40), wobei die Temperatur an der Stelle gemessen wird, auf die der Laserpunkt zeigt. Während des Einbaus der Oberleitung lässt sich diese Messung im spannungslosen Zustand ausführen. Die Temperaturmessungen an der unter Spannung stehenden Oberleitung lassen sich mit dem im Bild 17.40 gezeigtem Gerät aus einem sicheren Abstand durchführen.

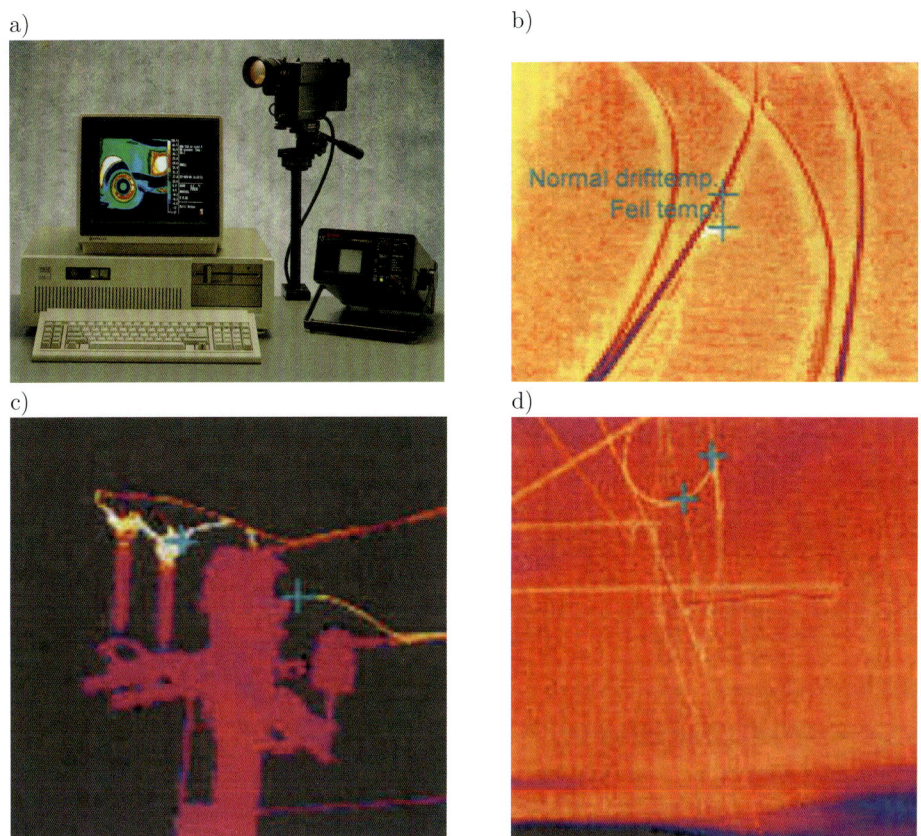

Bild 17.41: Wärmebilddiagnose bei Jernbaneverket, Norwegen.
a) Messeinrichtung mit Auswertungseinheit, b) heiße Punkte an den Anschlussstellen der Erdungsleitungen, die die Schienenstöße überbrücken, c) heiße Anschlussstellen an den Isolatoren, d) Stromverbindung zwischen Kettenwerken

17.3.5.13 Wärmebild-Kamera-Diagnose

Eine weitere Diagnosemethode für Energieversorgungsanlagen ist die *Wärmebilddiagnose*, die mit Hilfe einer Infrarot-Kamera hohe Erwärmungen schadhafter Bauteile, wie schlechte elektrisch leitende Verbindungen und Querschnittsverjüngungen von Drähten und Seilen bei Stromfluss im Vergleich zu intakten sichtbar macht [17.30]. Voraussetzung dafür bilden jedoch definierte Ströme, die sich nicht immer während des elektrischen Bahnbetriebes erzeugen lassen.

Jernbanverket in Norwegen praktiziert diese Methode mit Geräten wie im Bild 17.41 a) dargestellt. Die Bilder 17.41 b) bis d) zeigen heiße Punkte an Verbindungsstellen der Erdungsleitungen und an Speiseleitungen. Bild 17.42 zeigt die Wärmebildaufnahme eines Stromverbinders mit 350 A Messstrom. Die Klemme auf dem Fahrdraht wurde

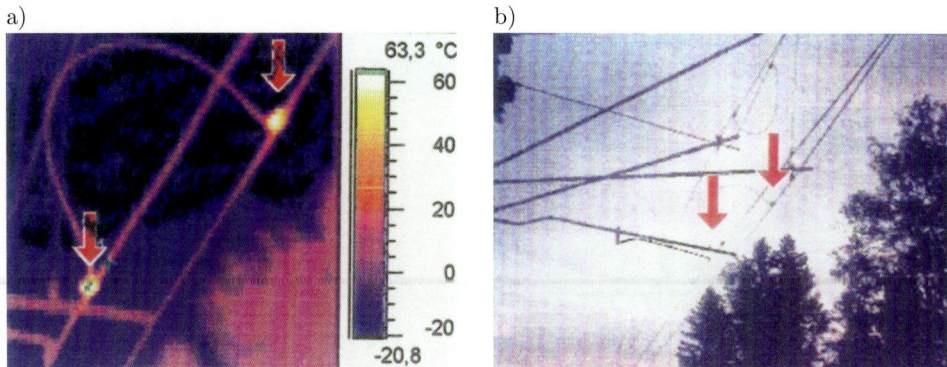

Bild 17.42: Wärmebilddiagnose. a) Stromverbinder im Wärmebild, b) übliche Fotografie

auf 63,3 °C erhitzt und hat daher eine um 45 K höhere Temperatur als der Fahrdraht und der Verbinder erreicht. Die Inspektion und Instandsetzung richten sich mit Hilfe dieser Ergebnisse zielgerichtet auf die Beseitigung dieser Mängel. Die Verfügbarkeit der Oberleitungsanlagen lässt sich durch diese Methode erhöhen und die Kosten für Inspektionen senken.

17.3.5.14 Kontaktkraftmessung

Kontaktkraftmessungen zeigen die Qualität des Zusammenwirkens zwischen Fahrleitung und Stromabnehmern an und werden verwendet, um die korrekte Montage nach Beendigung der entsprechenden Arbeiten nachzuweisen. Bei der Instandhaltung verwenden einige Infrastrukturbetreiber Kontaktkraftmessungen auch als eine funktionale Prüfung. Zum Beispiel werden bei der DB Kontaktkraftmessungen in Intervallen von sechs Monaten an Hochgeschwindigkeitsstrecken und zwölf Monaten an konventionellen Strecken durchgeführt. Durch die Verwendung zunehmend genauerer Einrichtungen, die kontaktlos Fahrdrahthöhe und seitliche Lage und auch Fahrdrahtdicke messen, verzichten einige Netzbetreiber auf die teureren Kontaktkraftmessungen. Einige Infrastrukturbetreiber betreiben Messzüge, die das Zusammenwirken von Stromabnehmer und Oberleitung sowie das Laufverhalten des Fahrwerks im Gleis messen, wodurch die Interaktion zwischen Gleis, Fahrzeug und Oberleitung geprüft werden kann.

Wenn die Kontaktkraftmessungen nur für die Abnahme oder nach einem Umbau der Oberleitung durchgeführt werden soll, lässt sich eine mobile Messeinheit verwenden. Zu diesem Zweck wird ein mit Aufnahmesensoren ausgerüsteter Stromabnehmer auf einem Triebfahrzeug aufgebaut. Eine solche Einheit kann eine Lokomotive wie in Bild 17.43 oder ein kompletter Messzug sein. Es bieten die Firmen Bombardier in Hennigsdorf, Eurailtest in Paris, ADIF in Madrid, Schunk in Stockholm und die DB Systemtechnik in München ihre Messeinrichtungen für Kontaktkraftmessungen bei Infrastrukturbetreibern an (Abschnitt 10.4.3.5.

17.3 Instandhaltung

Bild 17.43: DB-Messzug auf der Hochgeschwindigkeitsstrecke HSL Zuid, Niederlanden.

17.3.5.15 Diagnose von Dritte-Schienen-Anlagen

Das Zusammenwirken von Stromabnehmer und Stromschiene lässt sich messtechnisch, ähnlich dem Zusammenwirken von Stromabnehmer und flexibler Oberleitung, erfassen. Bei Messungen des Zusammenwirkens von bodennahen Stromschienen mit dem Stromabnehmer, auch als Schleifschuh bezeichnet, sind Sensoren am Stromabnehmer befestigt (Bild 17.44 a)). Die Messung erfasst bei Betriebsgeschwindigkeit
- die Höhenlage des Stromschuhs unter oder auf der Stromschiene und somit die Stromschienenhöhenlage,
- die Stromschienenrampen,
- die Kontaktkräfte zwischen dem Stromschuh und der Stromschiene,
- den über den Stromschuh fließenden Strom und
- den Spannungsverlauf an der Stromschiene.

Eine Kamera zeichnet die Bewegungen des Stromschuhs auf. Mit Hilfe einer Software lassen sich die Messungen auswerten und signifikante Erscheinungen wie Unter- oder Überschreitung der vorgegebenen Stromschienenhöhe- und -seitenlage ermitteln. Die Video-Aufzeichnung unterstützt diese Auswertung.

Der Schleifschuh, auf ein Prüfgestell montiert und mit unterschiedlicher Geschwindigkeit aus einer definierten Lage nach unten gezogen, lässt sich vor der Messung kalibrieren und die Übertragungsfunktion der Kontaktkräfte bestimmen.

Nach der Messung und sachkundiger Auswertung lassen sich Rückschlüsse auf die Lage und den Zustand der Stromschiene und des Schleifschuhs ziehen. Die Fehlerbilder der Stromschiene ermöglichen Lagekorrekturen, die sich anschließend in den Instandsetzungsplan einordnen lassen (Bild 17.44 b)) [17.56, 17.57].

17.3.6 Statistische Erfassung und Auswertung von Störungen

Die *statistische Erfassung* und *Auswertung* der *Material- und Betriebsdaten*, der *Inspektionen* und *Instandsetzungen* sowie der Unregelmäßigkeiten und Störungen bilden eine wichtige Grundlage für die Planung der Instandhaltung und für die Weiterentwicklung

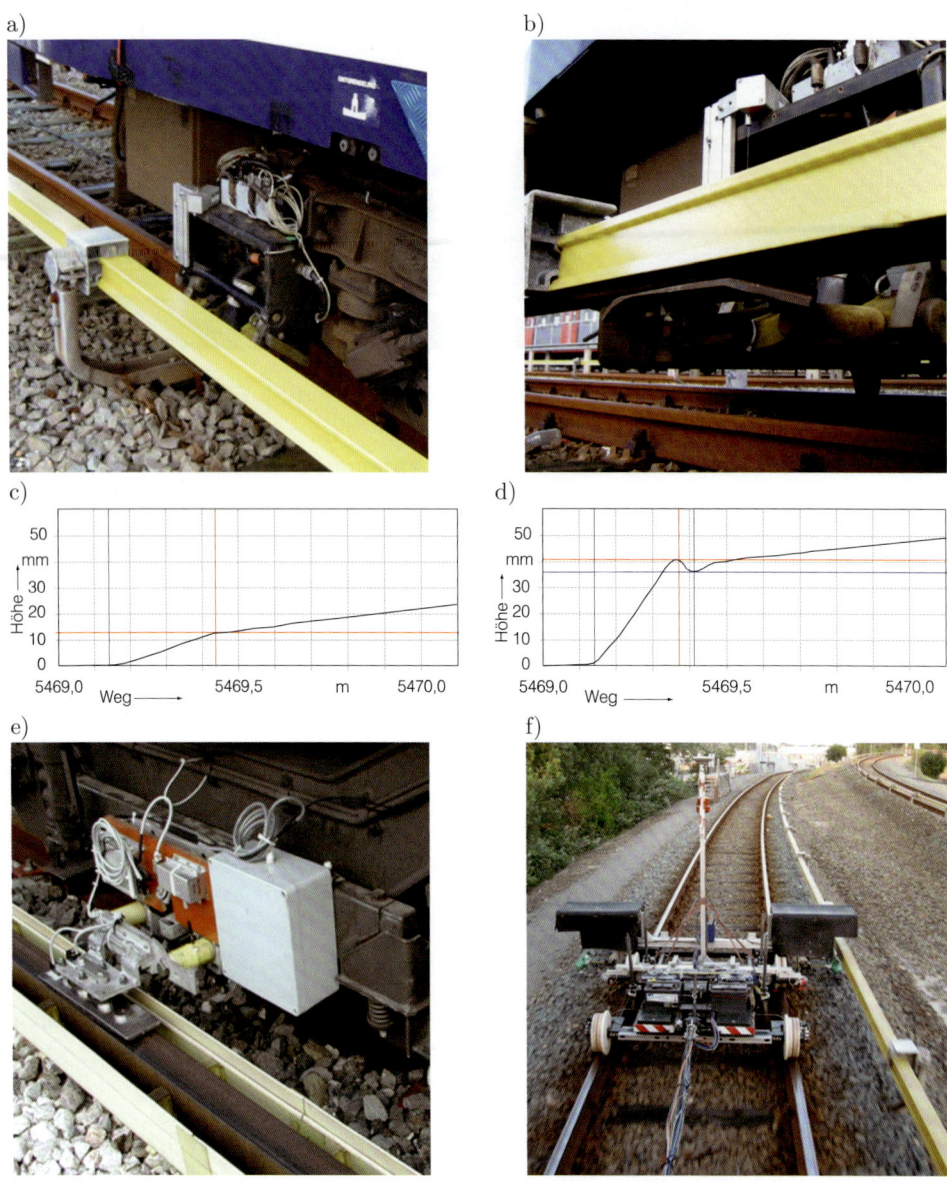

Bild 17.44: Diagnose von bodennahen Stromschienen und Schleifschuhen von S- und U-Bahnfahrzeugen. Aufbau der Diagnoseeinrichtung für von unten beschliffene Stromschienen a) von oben und b) von unten, c) gleichmäßige Höhenzunahme der Stromschienenrampe, d) ungleichmäßige Höhenzunahme der Stromschienenrampe, e) Aufbau der Diagnoseeinrichtung für von oben beschliffene Stromschienen f) Diagnosefahrzeug mit Diagnoseeinrichtung

Tabelle 17.5: Einteilung der Störungsursachen bei der DB.

Oberleitungsmängel	Interne Einwirkungen	Externe Einwirkungen
Herstellungsmängel – Isolatoren – Materialfehler **Mängel der elektrischen Betriebsführung** – Schaltanlagenstörungen – Schutzauslösungen – Spannungsunterschiede – Fehlschaltungen **Einbau- oder Instandhaltungsmängel** – Einbaumängel – Instandhaltungsmängel	**Betrieb** – Fehlleitungen – Bahnbetriebsunfälle – andere Gründe **Traktion, Werke u. a.** – Schäden an elektrischen Triebfahrzeugen – Nichtbeachten von EL-Signalen – Bahnbetriebsunfälle – Halt in Streckentrennungen – Stromabnehmerbedienung – schadhafte Wagen, fehlerhafte Ladung – sonstiges Fehlverhalten **Bau- und Signalarbeiten** – Ober- und Tiefbauarbeiten – Arbeiten an Hochbauten – Arbeiten an Signalanlagen	**Fremdeinwirkung** – Überschläge durch Tiere – Witterungseinflüsse – Straßenfahrzeuge, Baumaschinen, Panzer usw. – fremde Bahnen – Bäume, Äste – fremde Personen an und in der Nähe der Oberleitung – Haus-, Wald- und Böschungsbrände – Gegenstände in der Oberleitung – Arbeiten durch Dritte – Vandalismus, Steinwurf und Geschosse – sonstige und unbekannte Ursachen

von Oberleitungen. Durch den Betreiber vorgegebene Protokolle dienen der Registrierung aller wichtigen Daten einer Störung, wie Ort, betroffene Anlagenteile, eingesetztes Personal sowie Zeitpunkt des Störungseintritts, der Anfahrt der Entstörmannschaft und der Wiederaufnahme des elektrischen Zugbetriebs. Die *Störungsprotokolle* werden entsprechend Störungsart innerhalb von vorgegebenen Fristen an vorgesehenen Stellen verschickt und gehen in die Betriebsstatistik ein. Die DB unterteilt und erfasst *Störungsursachen* nach den Kriterien in Tabelle 17.5.

Aufgrund unterschiedlicher Methoden bei der Instandhaltung und der statistischen Erfassung sind Vergleiche zwischen einzelnen Bahnverwaltungen zur Oberleitungsstatistik und Bewertungen nur bedingt möglich. In der Tabelle 17.6 konnte deshalb nur eine begrenzte Auswahl von Daten zur Betriebsstatistik der DB und der REB gegenübergestellt werden. Bild 17.45 zeigt am Beispiel der DB, dass die Oberleitung zwar einen geringen Anteil an der Anzahl der Gesamtstörungen besitzt, jedoch einen wesentlich größeren Anteil an der Verursachung von Verspätungsminuten. Die Ursache hierfür bildet die fehlende Redundanz. Das lässt die Schlussfolgerung zu, dass qualitätsgerechte, zuverlässige Oberleitungen eine wesentliche Voraussetzung für die Pünktlichkeit im Zugverkehr darstellen. Die Aufteilung der Störungen insgesamt sowie mit Beschädigung der Oberleitungsanlage der DB und ab 10 min Verspätung nach Verursachergruppen für das Jahr 1995 enthält Bild 17.46. Die Entwicklung von *Oberleitungsstörungen* bei der DB zwischen 1976 und 1995 gibt das Bild 17.47 wieder. Die Anzahl der Störungen mit Beschädigungen und Verspätungen konnte kontinuierlich gesenkt werden. Die Mängel durch Herstellung, Einbau, Instandhaltung und Betriebsführung haben nur geringen Umfang im Vergleich zu anderen Bahnverwaltungen.

Tabelle 17.6: Ausgewählte Daten zur Betriebsstatistik im Jahr 1995 bei der DB und REB.

Kenngröße	Einheit	DB	REB
– elektrifizierte Strecken	km	17 125[1]	39 100
– elektrifizierte Gleise	km	44 809[1]	91 250
– Anteil elektrifizierte Strecken am Netz	%	42,9	44,6
– Anteil der el.Traktion am Transportvolumen	%	83,7	74,3
– Elektroenergieverbrauch ab Uw auf 1 Gleis	MWh/km	188	299
– OL-Störungen mit Zugverspätungen			
– insgesamt	1/100 Gleis-km	1,93	1,12
– davon duch E-Dienst zu vertreten	%	0,42	0,62
– davon Einwirkung von außen	%	1,51	0,50
– Anzahl der Beschäftigten der Oberleitung	$1/10^6$ Tfz-km	1,09	1,02
– Anzahl der Kurzschlüsse	1/100 Gleis-km	34	55[2]
– davon Dauerkurzschlüsse	%	1,07	3,2
– Selbstbrüche von Isolatoren	1/1 000 Gleis-km	0,98	1,46
– Versagen von Armaturen	1/1 000 Gleis-km	0,20	1,72
– Personalaufwand für die Instandhaltung der Oberleitung	Arbeitskraft/100 Gleis-km	4,4	10,8

[1]) ohne S-Bahn Hamburg und Berlin, [2]) nur AC

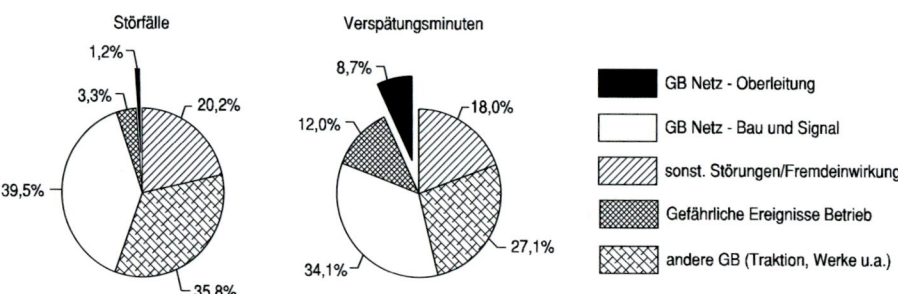

Bild 17.45: Klassifikation technische Ursachen für DB-Betriebsstörungen im Jahr 1995.

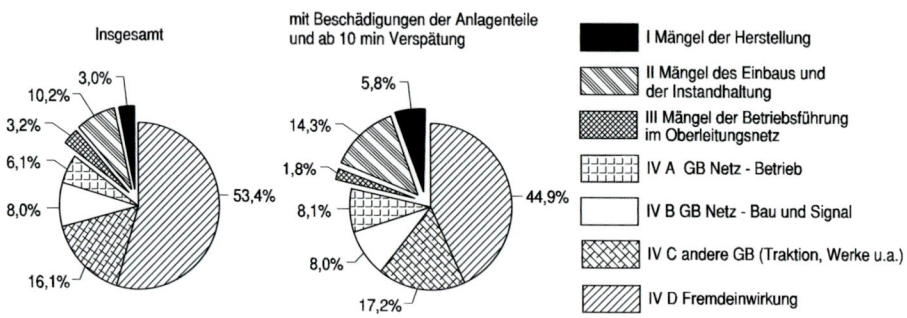

Bild 17.46: Einteilung der Störungen an Oberleitungsanlagen der DB in Bezug auf den Verursacher der Störungen.

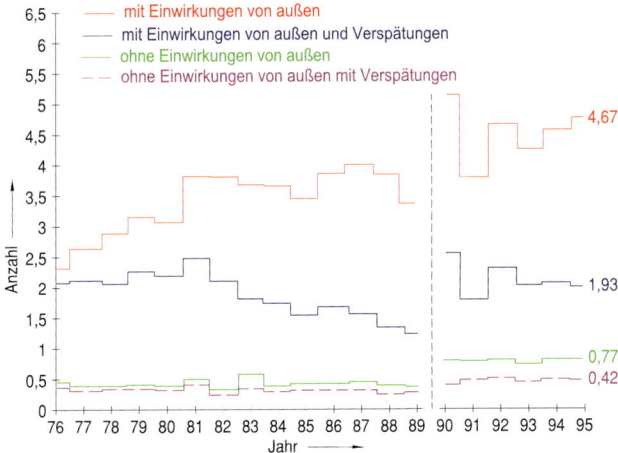

Bild 17.47: Gesamtzahl aller Störungen mit Beschädigungen je 100 Gleiskilometer durch Mängel der Herstellung, des Einbaus oder der Instandhaltung, der Betriebsführung im Oberleitungsnetz, bis 1989 Westdeutschland, seit 1990 West- und Ostdeutschland.

17.3.7 Instandsetzungen

Zweckbezogen unterteilen sich die *Instandsetzungen* bei der DB in Entstörung, Einzelinstandsetzung und Vollinstandsetzung. Die *Entstörung* umfasst das sofortige Beseitigen der Funktionsunfähigkeit der Oberleitung und von sicherheitsrelevanten Mängeln nach Störungen oder Inspektionen im vollen Umfang oder mit Ersatzmaßnahmen zur Verringerung von Zugverspätungen. Die *Einzelinstandsetzungen* dienen dem Abstellen von Mängeln, die zu einer Funktionsbeeinträchtigung führen können, z. B. Austausch ausgeglühter Stromklemmen. Sie sind in gezielt vorausgeplanten Arbeitseinsätzen zu erledigen und verlängern die Zeit bis zur nächsten Vollinspektion.

Die *Vollinstandsetzung* beinhaltet die Beseitigung aller bei den vorausgegangenen Inspektionen und Prüfungen festgestellten Mängel. Sie erfordert eine langfristige Planung, Abstimmung mit den Baubetriebsplänen und einen verstärkten Personaleinsatz und kann aus Wirtschaftlichkeitsgründen mit einer Vollinspektion verbunden werden.

Regulierungsmängel werden vordringlich dort beseitigt, wo aufgrund des noch geringen Fahrdrahtverschleißes der größte Nutzen zu erwarten ist. Bei der Verschleißkategorie III ist durch Kontrollmessungen eine Grenzwertunterschreitung auszuschließen.

Der Vermeidung von Oberleitungsstörungen dient das rechtzeitige Beseitigen von Zweigen und Sträuchern in weniger als 2,5 m einem Abstand von Masten und Leitungen.

Die *Teilerneuerung* der Oberleitungselemente erfordert spezielle Technologien unter Beachtung der zur Verfügung stehenden Sperrpausen und Montagetechnik. Der *Fahrdrahtwechsel* beginnt mit dem Ausklemmen des alten Fahrdrahtes aus der Abspannung und dem Einfädeln auf ein leere Spule. Danach wird der neue Fahrdraht anstelle des alten in die Nachspannung eingezogen und befestigt. Das Ausklemmen aus und Einklemmen in die Hänger und Seitenhalter sowie das Auf- und Abspulen des alten bzw. neuen Fahrdrahtes unter Vorspannung lässt sich gleichzeitig und unter Verwendung eines gemeinsamen Spulenwagens durchführen. Radspanner- und Seitenhalter werden zwischenzeitlich durch Montagehilfsmittel gesichert. Der Fahrdrahtwechsel dauert für eine Nachspannlänge rund 1,5 h.

Beim *Tragseilwechsel*, erforderlich nur bei Stahl- oder Stahl-Kupferseil, wird das neue Tragseil ohne oder mit geringer Vorspannung gezogen und provisorisch am alten Tragseil befestigt. Es folgen das Ausklemmen des alten Tragseils und das Verbinden des neuen mit den Stützpunkten, Hängern und Y-Beiseilen. Anschließend wird das alte Tragseil aufgespult und das Kettenwerk reguliert.

Der Austausch von mechanisch belasteten Teilen, wie Klemmen, Isolatoren, Auslegern und Aufsetzmasten erfordert zuerst die Entlastung dieser Elemente durch Montagegeräte oder Hilfsmittel. Danach folgen der Wechsel und die Belastung der neuen Bauteile. Neue Quertragwerke und Einsetzmasten können meist neben den vorhandenen eingebaut werden und übernehmen anschließend deren Lasten. Nachregulierungen und der Abbau der alten Teile schließen die Arbeiten ab.

Teilerneuerungen sind immer aufwändig und beeinträchtigen den Zugverkehr durch die erforderlichen Sperrpausen. Sie lassen sich durch langlebige Bauteile und qualitativ hochwertige Oberleitungen vermeiden oder auf ein geringes Maß beschränken.

17.4 Recycling und Entsorgung

17.4.1 Demontage

Der häufigste Fall einer teilweisen *Demontage* ist der im Abschnitt 17.3.7 beschriebene Austausch des Fahrdrahtes. Grundlegende Erneuerungen der Anlagen oder die Einstellung des elektrischen Zugbetriebes auf einzelnen Abschnitten erfordern den vollständigen *Abbau der Oberleitung*. Bei Kettenwerken wird dazu erst der Fahrdraht ausgeklemmt und aufgerollt, anschließend werden die Hänger und Beiseile entfernt und zuletzt wird das Tragseil aufgespult. Für die einzelnen Arbeitsschritte können die gleichen Geräte wie bei der Montage angewandt werden. Stehen nur kurze Sperrpausen zur Verfügung, lässt sich das Kettenwerk auch einfach in Stücken herunterschneiden und auf Flachwagen verladen. Ausleger und andere Quertragwerke werden von den Masten abgeschraubt. Stahlmasten lassen sich wiederverwendungsfähig abmontieren. Betonmaste werden gewöhnlich am unteren Teil abgetrennt und vor dem Abtransport zerkleinert. Eine Ausnahme bilden Außenrohrgründungen, die das Herausheben der Masten nach dem Entfernen der Betonabdeckung und Splittschicht gestatten. Das Abtragen von Fundamenten ist aufwändig, weshalb er im Erdreich befindliche Teil meist dort verbleibt.

17.4.2 Recyclinggerechtes Aufbereiten und Entsorgen

In Abhängigkeit von den *Recyclingmethoden* werden die demontierten Bauteile in dafür geeigneten Werkstätten aufbereitet. Dazu gehören das entsorgungsgerechte, artenreine Trennen der verschiedenen Materialien und das Schneiden der Metalle auf die von den metallurgischen Hütten vorgegebenen Längen. Das Entsorgen der einzelnen Bauteile lässt sich nach folgenden Kategorien unterscheiden:

Wiederverwendung auf gleichem Niveau: Stahl von Masten und Auslegern, unlegiertes Kupfer von Fahrdrähten und Klemmen und der legierte Fahrdraht CuAg gehören zu

17.5 Signale der elektrischen Zugförderung

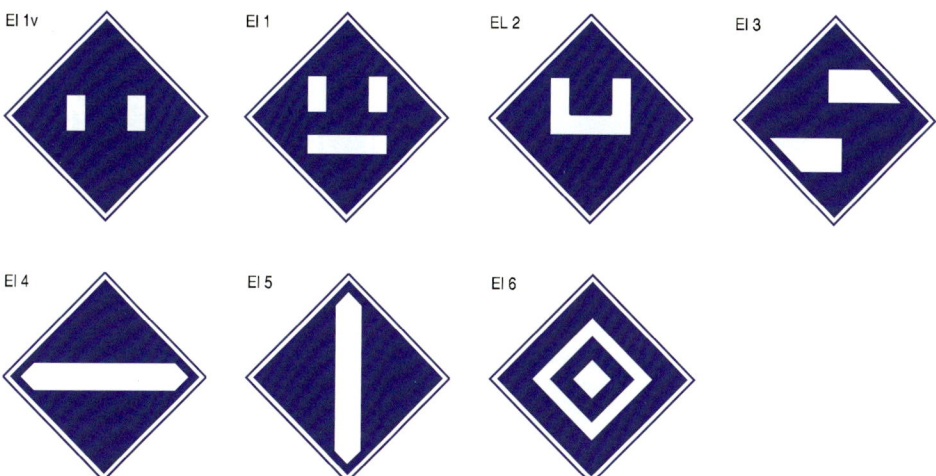

Bild 17.48: Signale für den elektrischen Betrieb gemäß der DB-Richtlinie 301.

den Materialien, die nach dem Einschmelzen und einer entsprechenden Aufbereitung für die Herstellung gleicher Bauteile wiederverwendet werden können.

Wiederverwendung auf niedrigerem Niveau: Folgende Bauteile der Oberleitungsanlage lassen sich einer Wiederverwertung auf niedrigerem Niveau zuführen:
- CuMg-Fahrdrähte und Aluminiumteile
- Betonmasten
- Kunststoffe

Deponierung: Verschlissene Porzellan- und Glasisolatoren werden meist einer Deponie zugeführt.

17.5 Signale der elektrischen Zugförderung

Aus dem elektrischen Betrieb ergeben sich Forderungen zur *Signalisierung* von spannungslosen, geerdeten und gestörten Abschnitten, von Schutzstrecken sowie von unbespannten Gleisabschnitten. Die Bedeutung der Signale für den elektrischen Betrieb wird am Beispiel der bei der DB verwendeten Signale gemäß der DB-Richtlinie 301 erläutert. Der Triebfahrzeugführer erkennt die erforderliche Handlung aus den Signalen, die neben oder über dem Gleis angeordnet sind und EL-Signale genannt werden. Die *EL-Signale* bestehen aus einer auf der Spitze stehenden, weiß- und schwarzumrandeten, blauen, quadratischen Tafel mit weißem *Schaltzeichen*. Das Bild 17.48 zeigt die bei der DB verwendeten EL-Signale nach DB-Richtlinie 301.

Das Signal El 1v kündigt das Signal E1 an und wird im Abstand einer halben Bremsstrecke vor dem Signal E1 angeordnet. Das Signal El 1 kennzeichnet den Ort, an dem der Hauptschalter des elektrischen Triebfahrzeugs spätestens ausgeschaltet sein muss, und das Signal El 2 den Ort, an dem der Hauptschalter wieder eingeschaltet werden darf. Beide Signale sind ortsfest und in der Nacht beleuchtet.

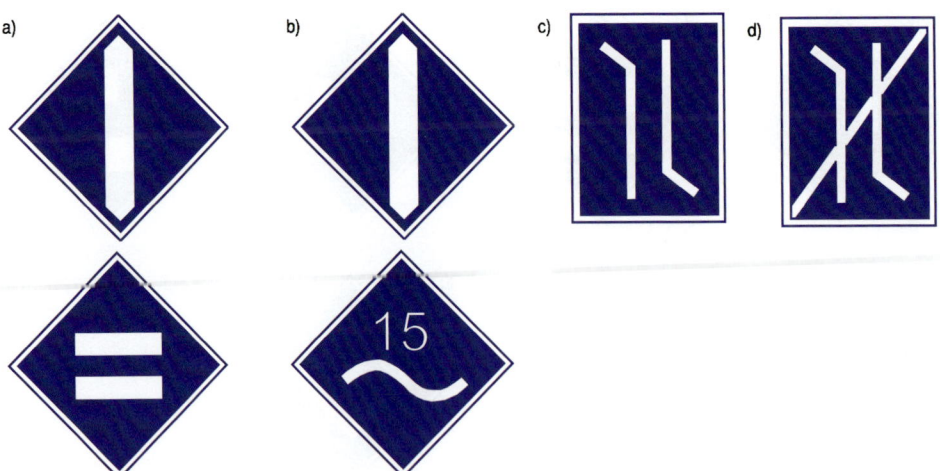

Bild 17.49: Signale für die elektrische Zugförderung. a) nach der Systemtrennstelle beginnt die DC-Stromart oder b) die AC-Stromart, c) Schild für den Beginn der isolierten Überlappungen an einer Speisebezirksgrenze, d) Schild für das Ende der isolierten Überlappungen an einer Speisebezirksgrenze

Sie befinden sich vor bzw. hinter Schutzstrecken. Bei nichtschaltbaren Schutzstrecken und bei Phasentrennstellen sind die Signale unveränderlich und zeigen stets zu Beginn der Schutzstrecke El 1, auf der Rückseite El 2, und zum Ende der Schutzstrecke El 2, auf der Rückseite El 1.

Bei Schutzstrecken, z. B. bei Kuppelstellen, werden auch schaltbare Signale angeordnet. Wenn die Schutzstrecke geschlossen ist, zeigt das Signal EL 2 dem Triebfahrzeugführer am Beginn der Schutzstrecke an, dass er den Hauptschalter nicht ausschalten muss. Wenn die Kuppelstelle geöffnet ist, zeigt das Signal EL 1, dass die Schutzstrecke wirksam ist und dass der Hauptschalter auszuschalten ist.

Bei verkürzten Schutzstrecken befindet sich das Signal El 1 direkt unterhalb des Signals El 2. Der Fahrzeugführer erkennt aus dieser Signalanordnung, dass der Hauptschalter am Ort des Signals ausgeschaltet sein muss und er nach dem Passieren der Schutzstrecke diesen wieder einschalten darf.

Die Signale El 3 bis El 5 kennzeichnen Oberleitungsabschnitte, die nicht mit angelegtem Stromabnehmer befahren werden dürfen. Das Signal El 3 steht als Ankündigungssignal mindestens 250 m vor dem folgenden Signal El 4, das auf der Rückseite das Signal El 5 zeigt. Das Signal El 4 steht 30 m vor dem mit gesenkten Stromabnehmern zu befahrenen Abschnitt. Am Signal El 4 müssen die Stromabnehmer gesenkt sein.

Ab El 5, das sich 30 m hinter dem mit gesenkten Stromabnehmern zu befahrenen Abschnitt befindet, dürfen die Stromabnehmer wieder angehoben werden. Die Signale El 3 bis El 5 sind nicht ortsfest und sind bei Bauarbeiten und Störungen zu verwenden.

Das Signal El 6 ist ortsfest und bedeutet *Ende der Oberleitung* und somit *Halt für elektrische Triebfahrzeuge* mit gehobenen Stromabnehmer. Es ist 10 m vor dem Ende des befahrbaren Oberleitungsabschnittes angeordnet.

An Systemtrennstellen zeigt das Signal im Bild 17.49 a) dem Triebfahrzeugführer, dass nach dem Durchfahren der Systemtrennstelle eine Wechselstrom-Stromart beginnt. Das Signal im Bild 17.49 b) bedeutet den Beginn einer Gleichstrom-Stromart. Über der Sinuskurve kann zusätzlich die Spannungshöhe stehen. Der Triebfahrzeugführer darf erst nach der Systemtrennstelle den Hauptschalter des Triebfahrzeugs wieder einschalten.

Die Schilder Bild 17.49 c) und d) befinden sich an den Masten innerhalb einer isolierenden Überlappung, die eine Speisebezirksgrenze des Oberleitungsnetzes bildet. Das Schild im Bild 17.49 c) stellt den Anfang und das Schild im Bild 17.49 d) das Ende der Strecke dar, in der das Triebfahrzeug nicht mit gehobenem Stromabnehmer anhalten darf. Kommen elektrische Triebfahrzeuge zwischen dem Anfang und dem Ende der durch die Schilder in den Bildern 17.49 c) und d) gekennzeichneten isolierenden Überlappung zum Stehen, sind die Stromabnehmer zu senken.

Erst nach Rücksprache mit der ZES und dem Schließen des Oberleitungsschalters an der isolierenden Überlappung ist das Heben des Stromabnehmers und die Weiterfahrt des Triebfahrzeugs möglich.

17.6 Lebenszyklus-Betrachtungen

Entscheidungen über den Bau und Einsatz von Anlagen werden von Betreibern zunehmend nicht nur anhand der Erstinvestition sondern auf der Grundlage der über die gesamte Lebensdauer eines Betriebsmittels zu erwartenden Aufwändungen und Kosten getroffen. Die während der Lebensdauer eines Betriebsmittels zu erwartenden Kosten, meist als *Lebenszykluskosten* (LZK) oder *Life cycle costs* (LCC) bezeichnet, erlauben eine ganzheitliche Wirtschaftlichkeitsbetrachtung.

Die physisch, d. h. real zu erwartende *Lebensdauer von Oberleitungen* elektrischer Bahnen ist im Vergleich mit anderen Betriebsmitteln mit 20 bis 70 Jahren hoch (Kapitel 17.3). Die Nutzungsdauer der Oberleitungen ist abhängig von der langfristigen Strecken- und Geschwindigkeitsentwicklungen. Dies spricht dafür, Oberleitungen stärker als bisher nach den LCC zu bewerten. Die Lebenszykluskosten setzen sich zusammen aus:

– *Kapitalkosten für die Herstellung*
– *Betriebs- und Betreiberkosten*
– *Instandhaltungskosten*
– *Entsorgungskosten* (Abbau und Recycling)

Die Einzelanteile sind aus Bild 17.50 ersichtlich. Auf der Basis der Lebenszykluskosten sind fundierte Vergleiche von Oberleitungen möglich. Qualitativ hochwertige Oberleitungen, die eine höhere Investition erfordern, weisen häufig bei Systemvergleichen die niedrigsten Lebenszykluskosten auf.

Das verschleißintensivste Element einer Oberleitung ist der Fahrdraht, dessen Liegedauer wesentlichen Einfluss auf die Lebenszykluskosten hat. Das *Auswechseln des Fahrdrahtes* während des Betriebs ist mit hohen Kosten verbunden. Der Fahrdrahtverschleiß besitzt deswegen für die Lebenszykluskosten eine große Bedeutung. Die Dimensionierung der Leiterquerschnitte beeinflusst die Energieverluste.

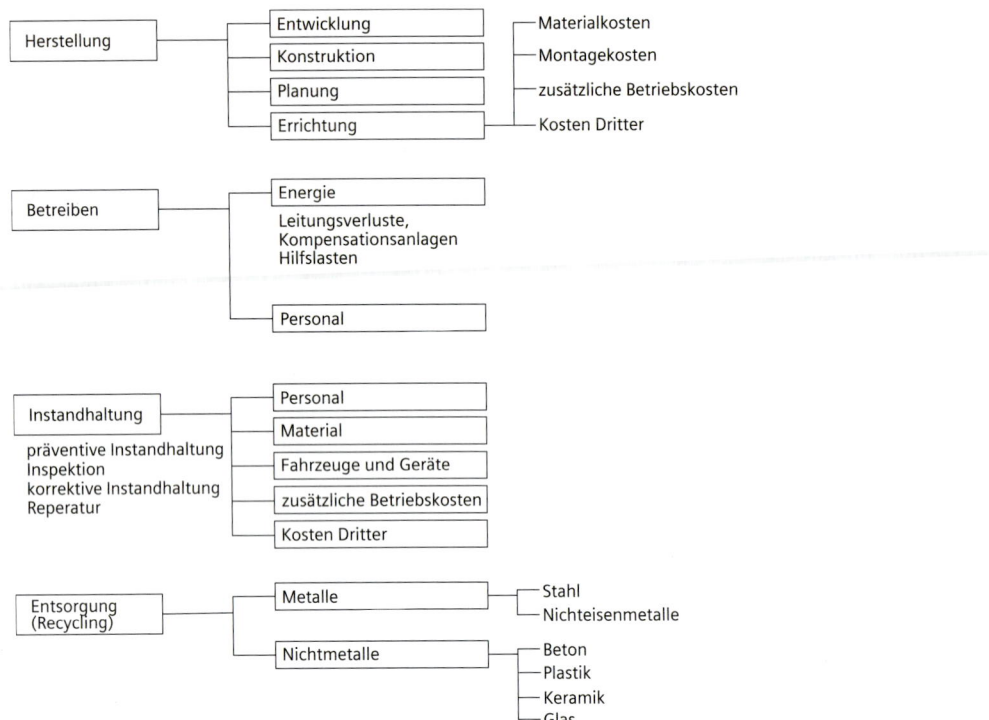

Bild 17.50: Elemente der Lebenszykluskosten von Fahrleitungen elektrischer Bahnen.

Wesentlich für die Instandhaltung ist eine hohe Zuverlässigkeit und einfache Wiederherstellbarkeit der Oberleitungsanlage nach Störungen. Oberleitungen, deren Komponenten dauerhaft und weniger empfindlich gegen Vandalismus, elektrische Überschläge, Atmosphärilien usw. sind, verursachen geringere Instandhaltungskosten. Sie stehen länger funktionsfähig zur Verfügung. Dabei ist zu berücksichtigen, dass Ausfälle nicht nur Entstörungskosten sondern eine Reihe von *Folgekosten* wie Zugverspätungen, Imageverlust usw. verursachen, die sich nicht mit Geldbeträgen bewerten lassen.

Nicht unbedeutend ist die Betrachtung der *Entsorgungskosten* der Oberleitungen. Durch die einfache Demontierbarkeit und Wiederverwendbarkeit der Oberleitungskomponenten sowie durch die Nutzung der Materialrestwerte lassen sich Kosten sparen.

17.7 Literatur

17.1 *Borgwardt, H.*: Instandhaltungskonzeption für Oberleitungsanlagen. ETR – Eisenbahntechnische Rundschau Hestra-Verlag, 1993.

17.2 *Borgwardt, H.*: Druckschrift DS 462 – Grundlage einer sicheren Betriebsführung im Oberleitungsnetz der Deutsche Bundesbahn. In: Elektrische Bahnen, 89(1991)4,

S. 106–113.

17.3 *Beschluss 2011/274/EG*: Technische Spezifikation für die Interoperabilität des Teilsystems Energie des konventionellen transeuropäischen Eisenbahnsystems. In: Amtsblatt der Europäischen Union Nr. L126 (2011), S. 1–52.

17.4 *Entscheidung 2008/284/EG*: Technische Spezifikation für die Interoperabilität des Teilsystems Energie des transeuropäischen Hochgeschwindigkeitsbahnsystems. In: Amtsblatt der Europäischen Union Nr. L104 (2008), S. 1–79.

17.5 *Entscheidung 2008/163/EG*: Technische Spezifikation für die Interoperabilität bezüglich „Sicherheit in Eisenbahntunneln" im konventionellen transeuropäischen Eisenbahnsystem und im transeuropäischen Hochgeschwindigkeitsbahnsystem (TSI SRT) In: Amtsblatt der Europäischen Union Nr. L64 (2008) S. 1–71.

17.6 *CSM-VO, Nr. 352*: Verordnung über die Festlegung einer gemeinsamen Sicherheitsmethode für die Evaluierung und Bewertung von Risiken. Europäische Kommission, 2009.

17.7 *EBA*: Anforderungen des Brand- und Katastrophenschutzes an den Bau und den Betrieb von Eisenbahntunneln. Richtlinie, Eisenbahn-Bundesamt, Bonn, 2008.

17.8 *Kruse, K.*: Brand- und Katastrophenschutz in Eisenbahntunneln. Richtlinie der Deutsche Bahn AG, Berlin, Version 3, 2003.

17.9 *Richtlinie 997.9117*: Oberleitungsspannungsprüfeinrichtung (OLSP). Deutsche Bahn AG Berlin, 2005.

17.10 *Dölling, A.; Focks, M.; Gumberger, G.*: Fahrleitungserdung – automatisiert mit Sicat AES. In: Elektrische Bahnen, 11(2013)3, S. 172–185.

17.11 *Altmann, M.; Matthes, R.; Rister, S.*: Elektrifizierung der Hochgeschwindigkeitsstrecke HSL Zuid. In: Elektrische Bahnen, 103(2005)4-5, S. 248–252.

17.12 *Weigler, H.*: Widerstand des Betons und der Bewehrung. In: Konferenz des Betoninstituts e. V. Darmstadt, 1994, S. 59–80.

17.13 *Kleingarn, J.-P.*: Feuerverzinken von Einzelteilen aus Stahl, Stückverzinken. Merkblatt Stahl 293, Beratungsstelle für Stahlverwendung und Feuerverzinken, Düsseldorf.

17.14 *Bauer, K. H.; Gerichten, F.; Kießling, F.; Lerner, F.*: Einsatz von Aluminium für die Oberleitung der Neubaustrecken der Deutschen Bundesbahn. In: Elektrische Bahnen, 84(1986)10, S. 298–306.

17.15 *Becker, K.; Resch, U.; Rukwied, A.; Zweig, B.-W.*: Lebensdauermodellierung von Oberleitungen. In: Elektrische Bahnen, 94(1996)11, S. 329–336.

17.16 *Becker, K.; Resch, U.; Rukwied, A.; Zweig, B.-W.*: Das Verschleißverhalten der Regeloberleitung Re 250 unter den Bedingungen des Hochgeschwindigkeitsschienenverkehrs. In: DET Glasers Annalen, 120(1996)6, S. 244–251.

17.17 *Liebermann, H.*: Technische Vorzüge von Tonerdeporzellan für die Zuverlässigkeit von Hochspannungsisolatoren. In: Keramische Zeitschrift 47(1995)6, S. 461–464.

17.18 *Wolf, S.*: Untersuchung zur Entwicklung eines Oberleitungsstützpunktes ohne Isolatoren. Fachhochschule Wiesbaden, Diplomarbeit, 1996,

17.19 *Auditeau, G.; Avronsart, S.; Courtois, C.; Krötz, W.*: Carbon contact strip material – Testing of wear. In: Elektrische Bahnen, 11(2013)3, S. 186–195.

17.20 *Entscheidung 2011/291/EU*: Technische Spezifikation für die Interoperabilität des Fahrzeug-Teilsystems „Lokomotiven und Personenwagen" des konventionellen transeuropäischen Eisenbahnsystems (TSI LOC&PAS CR). In: Amtsblatt der Europäischen Union Nr. L139(2011), S. 1–186.

17.21 *DR-M 24.71.010*: Abnutzung von Stromschienen. Deutsche Reichsbahn, Berlin, 1980.

17.22 *Zweig, B.-W.*: Ein Beitrag zur optimalen Gestaltung der Fahrleitungsinstandhaltung bei der DR unter besonderer Berücksichtigung der Einführung diagnostischer Methoden und Geräte. HfV Dresden, Dissertation, 1984.

17.23 *Puschmann, R.*: Ermittlung der Ausfallrate von Fahrleitungen und dUfw. HfV Dresden, 1974, Diplomarbeit,1974.

17.24 *Schmidt, P.*: Energieversorgung elektrischer Bahnen. Verlag transpress, Berlin, 1988.

17.25 *Wüsthoff, W.*: Beitrag zum Zusammenhang von Kurzschlußbeanspruchung und mittleren Ausfallabstand für Elemente des Hauptstromkreises eines Bahnenergieversorgungssystems mit 16,7 Hz. HfV Dresden, Dissertation, 1977.

17.26 *Fischer, K.*: Zuverlässigkeits- und Instandhaltungstheorie. Verlag transpress, Berlin, 1984.

17.27 *Häse, P.*: Ein Beitrag zur Bestimmung optimaler Instandhaltungsmethoden für Baugruppen von Kettenwerksfahrleitungen unter besonderer Berücksichtigung von Elementen der Zuverlässigkeits- und Erneuerungstheorie. HfV Dresden, Dissertation, 1979.

17.28 *Koslow, B. A.; Uschakow, I. A.*: Handbuch zur Berechnung der Zuverlässigkeit für Ingenieure. Hanser-Verlag, München, 1979.

17.29 *Kochs, H.-D.*: Zuverlässigkeit elektrotechnischer Anlagen. Springer-Verlag, Berlin–Heidelberg–New York, 1984.

17.30 *Petrausch, D.*: Thermische Modellierung und Thermovision bei Fahrleitungsanlagen. In: Elektrische Bahnen, 88(1990)2, S. 80–84.

17.31 *EP0 668 185:1995*: Messmethode und -gerät für die Messung der relativen Lage der Oberleitung in Bezug zum Gleis.

17.32 *Pfisterer*: Fahrdrahtlagemessgerät. Pfisterer Produktinformation, Winterbach, 2008.

17.33 *Feinmess*: Fahrleitungsmessgerät FM1. Feinmess Produktinformation, Dresden, 2008.

17.34 *CEMAFER*: Fahrbares Oberleitungsmessgerät Typ Mephisto. CEMAFER Produktinformation, Breisach, 2008.

17.35 *Puschmann, R.; Wehrhahn, D.*: Fahrdrahtlagemessung mit Ultraschall. In: Elektrische Bahnen, 109(2011)7, S. 323–330.

17.36 *Frauenhofer-Institut für Physikalische Messtechnik*: Determining the position of contact wires at 250 km/h. Product information, www.ipm.fraunhofer.de, Freiburg, 2013.

17.37 *Sarnes, B.*: Inspektion von Fahrdrahtlage und -stärke bei beliebiger Geschwindigkeit. In: Elektrische Bahnen, 99(2001)12, S. 490–495.

17.38 *Richter, U.; Schneider, R.*: Automatische optische Inspektion von Oberleitungen. In: Elektrische Bahnen, 99(2001)1-2, S. 94 – 100.

17.39 *ElektroPhysik*: Schichtdickenmessung – GalvanoTest. ElektroPhysik Produktinformation, Köln, 2012.

17.40 *ElektroPhysik*: Schichtdickenmessung – MiniTest Serie 700. ElektroPhysik Produktinformation, Köln, 2012.

17.41 *Honigmann*: Zugkraftsensor Tritens 136.3 S30 zur mobilen und stationären Zugkraftmessung. Honigmann Produktinformation, Köln, 2012.

17.42 *PEWA*: Seilspannungsmessgerät. Produktinformation, PEWA Messtechnik GmbH, 2013.

17.43 *SAUTER*: Kraftmessgerät FK Tensio. SAUTER GmbH Messtechnik Produktinformation, 2013.

17.44 *Pfeifer*: Seilvorspannung. Pfeifer Seil- und Hebetechnik GmbH, Produktinformation, 2011.

17.45 *PIAB*: Dynamometer. PIAB Kraftmesstechnik GmbH Produktinformation, Witten, 2008.

17.46 *Vetter*: Technik für Kabelverlegung und Freileitungsbau. Vetter GmbH Produktinformation, 2013.

17.47 *Thoresen, Th. E.*: System for measuring the uplift from all pantographs passing the installed system. In: Product information, Oslo, Norway, 2008.

17.48 *Möller, H.; Grebner, L.; Hofmann, D.*: Stromabnehmerdiagnose im laufenden Betrieb durch stationäre Anhubmessung. In: Elektrische Bahnen, 100(2002)6, S. 198–203.

17.49 *Grube*: Dynamometer Zugkraftmessgerät. Grube Fachkatalog Nr. 54, 2013.

17.50 *Hietzge, J.; Stephan, A.*: Berührungslose Messung des Oberleitungsanhubs. In: Elektrische Bahnen, 105(2007)4-5, S. 276–279.

17.51 *Bechmann, J. u. a.*: Überwachungseinrichtung für Oberleitungskettenwerke. In: Elektrische Bahnen, 106(2008)8-9, S. 400–407.

17.52 *Wili, U.; Zenglein, S.*: Auswirkung der RAMS-Normen auf elektrotechnische Anlagen. In: Elektrische Bahnen, 105(2007)4-5, S. 246–253.

17.53 *Sensys Traffic*: Pantograph monitoring system. Sensys Traffic AB product information, Jönköping, Sweden, 2008.

17.54 *Sicat RMS*: Überwachung des Schienenpotenzials mit Sicat RMS. In: Siemens Produktinformation, Erlangen, 2008.

17.55 *Voigt, B.; Liebert, R.*: FCS 601 — ein System zur Überwachung von Spannungsdurchschlagssicherungen. In: Signal + Draht, 92(2000)10, S. 47–48.

17.56 *Deutzer, M.; Engelmann, R.; Wilmes, T.*: Messsystem zur Prüfung einer Metro-Stromschienenanlage und eines Dritte-Schiene-Stromabnehmers. In: Verkehr+Technik, 57(2004)5, S. 1–7.

17.57 *Deutzer, M.*: Prüfung und Verbesserung der Stromentnahme in Dritte-Schiene-Anlagen. In: Elektrische Bahnen, 108(2010)8-9, S. 368–376.

Anhang: Normen

A1.1 IEC-Publikationen

IEC	Jahr	Titel
IEC 60050-811	1991-09	International electrotechnical vocabulary; chapter 811: electric traction
IEC/TS 60815 Reihe	2008-10	Guide for the selection of insulators in respect of polluted conditions
IEC 60826	2003-10	Loading and strength of overhead transmission lines
IEC 60913	2013-03	Railway applications – Fixed installations – Electric traction overhead contact lines
IEC 61089	1991-05	Round wire concentric lay overhead electrical stranded conductors
IEC/TR2 61245	1993-10	Artificial pollution tests on high-voltage insulators to be used on d.c. systems
IEC/TR3 61597	1995-05	Overhead electrical conductors – Calculation methods for stranded bare conductors
IEC 62128-1	2003-05	Railway applications – Fixed installations – Part 1: Protective provisions relating to electrical safety and earthing
IEC/TR2 61245	1993-10	Artificial pollution tests on high-voltage insulators to be used on d.c. systems

A1.2 DIN-IEC-Publikationen

DIN IEC	Jahr	Titel
DIN IEC 60273	1993-08	Kenngrößen von Innenraum- und Freiluft-Stützisolatoren für Systeme mit Nennspannungen über 1000 V
DIN IEC/TS 60479-1	2007-05	Wirkungen des elektrischen Stromes auf Menschen und Nutztiere – Teil 1: Allgemeine Aspekte

A2.1 DIN-EN-ISO-Publikationen

DIN EN	Jahr	Titel
DIN EN ISO 898	Reihe	Mechanische Eigenschaften von Verbindungselementen aus Kohlenstoffstahl und legiertem Stahl
DIN EN ISO 898-1	2013-05	Mechanische Eigenschaften von Verbindungselementen aus Kohlenstoffstahl und legiertem Stahl – Teil 1: Schrauben mit festgelegten Festigkeitsklassen – Regelgewinde und Feingewinde
DIN EN ISO 14688-1	2011-06	Geotechnische Erkundung und Untersuchung – Benennung, Beschreibung und Klassifizierung von Boden – Teil 1: Benennung und Beschreibung
DIN EN ISO 14688-2	2011-06	Geotechnische Erkundung und Untersuchung – Benennung, Beschreibung und Klassifizierung von Boden – Teil 2: Grundlagen für Bodenklassifizierungen

DIN EN ISO 14 689-1	2011-06	Geotechnische Erkundung und Untersuchung – Benennung, Beschreibung und Klassifizierung von Fels – Teil 1: Benennung und Beschreibung
DIN EN ISO 17 025	2005-08	Allgemeine Anforderungen an die Kompetenz von Prüf- und Kalibrierlaboratorien
CEN ISO TS/ prEN ISO 17 892	Reihe	Geotechnische Erkundung und Untersuchung – Laborversuche an Bodenproben
DIN EN ISO 22 475-1	2007-01	Geotechnische Erkundung und Untersuchung – Probenentnahmeverfahren und Grundwassermessungen – Teil 1: Technische Grundlagen der Ausführung
DIN ISO/TS 22 475-2	2007-01	Geotechnische Erkundung und Untersuchung – Probenentnahmeverfahren und Grundwassermessungen – Teil 2: Qualifikationskriterien für Unternehmen und Personal
DIN ISO/TS 22 475-3	2008-07	Geotechnische Erkundung und Untersuchung – Probenentnahmeverfahren und Grundwassermessungen – Teil 3: Konformitaetsbewertung von Unternehmen und Personal durch eine Zertifizierungsstelle
DIN EN ISO 22 476-2	2012-03	Geotechnische Erkundung und Untersuchung – Felduntersuchungen – Teil 2: Rammsondierungen

A2.2 DIN-EN-Publikationen

DIN EN	Jahr	Titel
DIN EN 1706	2010-06	Aluminium und Aluminiumlegierungen – Gussstücke – Chemische Zusammensetzung und mechanische Eigenschaften
DIN EN 1991	Reihe	Eurocode 1: Einwirkungen auf Tragwerke
DIN EN 1991-1-4	2010-12	Eurocode 1: Einwirkungen auf Tragwerke – Teil 1-4: Allgemeine Einwirkungen – Windlasten
DIN V ENV 1991-2-4	1996-12	Eurocode 1: Grundlagen der Tragwerksplanung und Einwirkungen auf Tragwerke – Teil 2-4: Einwirkungen auf Tragwerke; Windlasten
DIN EN 1992	Reihe	Eurocode 2: Bemessung und Konstruktion von Stahlbeton- und Spannbetontragwerken
DIN EN 1992-1-1	2011-01	Eurocode 2: Bemessung und Konstruktion von Stahlbeton- und Spannbetontragwerken – Teil 1-1: Allgemeine Bemessungsregeln und Regeln für den Hochbau
DIN EN 1993	Reihe	Eurocode 3: Bemessung und Konstruktion von Stahlbauten
DIN EN 1993-1-1	2010-12	Eurocode 3: Bemessung und Konstruktion von Stahlbauten – Teil 1-1: Allgemeine Bemessungsregeln und Regeln fuer den Hochbau
DIN EN 1997	Reihe	Eurocode 7: Entwurf, Berechnung und Bemessung in der Geotechnik
DIN EN 1997-1	2009-09	Eurocode 7: Entwurf, Berechnung und Bemessung in der Geotechnik – Teil 1: Allgemeine Regeln
DIN EN 1997-2	2010-10	Eurocode 7: Entwurf, Berechnung und Bemessung in der Geotechnik – Teil 2: Erkundung und Untersuchung des Baugrunds
DIN EN 10 025	Reihe	Warmgewalzte Erzeugnisse aus Baustählen
DIN EN 10 204	2005-01	Metallische Erzeugnisse – Arten von Prüfbescheinigungen
DIN EN 12 464-1	2011-08	Licht und Beleuchtung – Beleuchtung von Arbeitsstätten – Teil 1: Arbeitsstätten in Innenräumen
DIN EN 12 843	2004-11	Betonfertigteile – Maste
DIN V ENV 13 005	1999-06	Leitfaden zur Angabe der Unsicherheit beim Messen
DIN EN 13 306	2010-12	Instandhaltung – Begriffe der Instandhaltung

DIN EN 15 273-1	2010-11	Bahnanwendungen – Begrenzungslinien – Teil 1: Allgemeines – Gemeinsame Vorschriften für Infrastruktur und Fahrzeuge
DIN EN 15 273-2	2010-12	Bahnanwendungen – Begrenzungslinien – Teil 2: Fahrzeugbegrenzungslinien
DIN EN 15 273-3	2010-11	Bahnanwendungen – Begrenzungslinien – Teil 3: Lichtraumprofile
DIN EN 50 110-1	2005-06	Betrieb von elektrischen Anlagen
DIN EN 50 119	2010-05	Bahnanwendungen – Ortsfeste Anlagen – Oberleitungen für den elektrischen Zugbetrieb
DIN EN 50 119 Beiblatt 1	2011-04	Bahnanwendungen – Ortsfeste Anlagen – Oberleitungen für den elektrischen Zugbetrieb – Beiblatt 1
DIN EN 50 121-1	2007-07	Bahnanwendungen – Elektromagnetische Verträglichkeit – Teil 1: Allgemeines
DIN EN 50 121-2	2007-07	Bahnanwendungen – Elektromagnetische Verträglichkeit – Teil 2: Störaussendungen des gesamten Bahnsystems in die Außenwelt
DIN EN 50 121-3-1	2007-07	Bahnanwendungen – Elektromagnetische Verträglichkeit – Teil 3-1: Bahnfahrzeuge - Zug und gesamtes Fahrzeug
DIN EN 50 121-3-2	2007-07	Bahnanwendungen - Elektromagnetische Verträglichkeit – Teil 3-2: Bahnfahrzeuge – Geräte
DIN EN 50 121-4	2007-07	Bahnanwendungen – Elektromagnetische Verträglichkeit – Teil 4: Störaussendungen und Störfestigkeit von Signal- und Telekommunikationseinrichtungen
DIN EN 50 121-5	2007-07	Bahnanwendungen – Elektromagnetische Verträglichkeit – Teil 5: Störaussendungen und Störfestigkeit von ortsfesten Anlagen und Einrichtungen der Bahnenergieversorgung
DIN EN 50 122-1	2011-09	Bahnanwendungen – Ortsfeste Anlagen – Elektrische Sicherheit, Erdung und Rückleitung - Teil 1: Schutzmassnahmen gegen elektrischen Schlag
DIN EN 50 122-2	2011-09	Bahnanwendungen – Ortsfeste Anlagen – Elektrische Sicherheit, Erdung und Rückleitung - Teil 2: Schutzmassnahmen gegen Streustromwirkungen durch Gleichstrombahnen
DIN EN 50 122-3	2011-09	Bahnanwendungen – Ortsfeste Anlagen – Elektrische Sicherheit, Erdung und Rückleitung - Teil 3: Gegenseitige Beeinflussung von Wechselstrom- und Gleichstrombahnen
DIN EN 50 123	Reihe	Bahnanwendungen – Ortsfeste Anlagen; Gleichstrom-Schalteinrichtungen
DIN EN 50 123-1	2003-12	Bahnanwendungen – Ortsfeste Anlagen; Gleichstrom-Schalteinrichtungen – Teil 1: Allgemeines
DIN EN 50 123-4	2003-09	Bahnanwendungen – Ortsfeste Anlagen; Gleichstrom-Schalteinrichtungen – Teil 4: Freiluft-Gleichstrom-Lasttrennschalter, -Trennschalter und -Gleichstrom-Erdungsschalter
DIN EN 50 124-1	2006-04	Bahnanwendungen – Isolationskoordination – Teil 1: Grundlegende Anforderungen – Luft- und Kriechstrecken für alle elektrischen und elektronischen Betriebsmittel
DIN EN 50 124-2	2001-10	Bahnanwendungen – Isolationskoordination – Teil 2: Überspannungen und geeignete Schutzmassnahmen
DIN EN 50 125-2	2003-07	Bahnanwendungen – Umweltbedingungen für Betriebsmittel – Teil 2: Ortsfeste elektrische Anlagen
DIN EN 50 126	2000-03	Bahnanwendungen – Spezifikation und Nachweis der Zuverlässigkeit, Verfügbarkeit, Instandhaltbarkeit, Sicherheit (RAMS);
DIN EN 50 149	2013-02	Bahnanwendungen – Ortsfeste Anlagen – Elektrischer Zugbetrieb – Rillenfahrdrähte aus Kupfer und Kupferlegierung
DIN EN 50 151	2004-10	Bahnanwendungen – Ortsfeste Anlagen – Zugförderung – Besondere Anforderungen an Verbundisolatoren

DIN EN 50 152	Reihe	Bahnanwendungen – Ortsfeste Anlagen – Besondere Anforderungen an Wechselstrom-Schalteinrichtungen
DIN EN 50 162	2005-05	Schutz gegen Korrosion durch Streuströme aus Gleichstromanlagen
DIN EN 50 163	2008-02	Bahnanwendungen – Speisespannungen von Bahnnetzen
DIN EN 50 182	2001-12	Leiter für Freileitungen – Leiter aus konzentrisch verseilten runden Drähten
DIN EN 50 183	2000-12	Leiter für Freileitungen – Drähte aus Aluminium-Magnesium-Silizium-Legierung
DIN EN 50 189	2009-01	Leiter für Freileitungen – Verzinkte Stahldrähte
DIN EN 50 206-1	2011-2	Bahnanwendungen – Schienenfahrzeuge – Merkmale und Prüfungen von Stromabnehmern – Teil 1: Stromabnehmer für Vollbahnfahrzeuge
DIN EN 50 317	2012-05	Bahnanwendungen – Stromabnahmesysteme – Anforderungen und Validierung von Messungen des dynamischen Zusammenwirkens zwischen Stromabnehmer und Oberleitung
DIN EN 50 318	2003-04	Bahnanwendungen – Stromabnahmesysteme – Validierung von Simulationssystemen für das dynamische Zusammenwirken zwischen Stromabnehmer und Oberleitung
DIN EN 50 326	2003-01	Leiter für Freileitungen – Eigenschaften von Fetten
DIN EN 50 341	Reihe	Freileitungen über AC 45 kV
DIN EN 50 341-1	2013-11	Freileitungen über AC 45 kV – Teil 1: Allgemeine Anforderungen - Gemeinsame Festlegungen
DIN EN 50 341-3-4	2011-01	Freileitungen über AC 45 kV – Teil 3-4: Nationale Normative Festlegungen (NNA)
DIN EN 50 345	2010-05	Bahnanwendungen – Ortsfeste Anlagen – Elektrischer Zugbetrieb – Baugruppen aus isolierenden Kunststoffseilen im Fahrleitungsbau
DIN EN 50 367	2013-02	Bahnanwendungen – Zusammenwirken der Systeme – Technische Kriterien für das Zusammenwirken zwischen Stromabnehmer und Oberleitung für einen freien Zugang
DIN EN 50 388	2012-12	Bahnanwendungen - Bahnenergieversorgung und Fahrzeuge – Technische Kriterien für die Koordination zwischen Anlagen der Bahnenergieversorgung und Fahrzeugen zum Erreichen der Interoperabilitaet
DIN EN 50 423	Reihe	Freileitungen über AC 1 kV bis einschliesslich AC 45 kV
DIN EN 50 423-1	2005-05	Freileitungen über AC 1 kV bis einschliesslich AC 45 kV – Teil 1: Allgemeine Anforderungen - Gemeinsame Festlegungen
DIN EN 50 423-3-4	2005-05	Freileitungen über AC 1 kV bis einschliesslich AC 45 kV – Teil 3-4: Nationale Normative Festlegungen
DIN EN 55 024	2011-09	Einrichtungen der Informationstechnik – Störfestigkeitseigenschaften – Grenzwerte und Prüfverfahren (CISPR 24:2010)
DIN EN 55 103-2	2010-07	Elektromagnetische Verträglichkeit – Produktfamiliennorm fuer Audio-, Video- und audiovisuelle Einrichtungen sowie für Studio-Lichtsteuereinrichtungen für professionellen Einsatz – Teil 2: Störfestigkeit
DIN EN 60 027-1	2007-09	Formelzeichen für die Elektrotechnik – Teil 1: Allgemeines
DIN EN 60 034-1	2011-02	Drehende elektrische Maschinen – Teil 1: Bemessung und Betriebsverhalten
DIN EN 60 060	Reihe	Hochspannungs-Prüftechnik
DIN EN 60 071	Reihe	Isolationskoordination
DIN EN 60 099	Reihe	Überspannungsableiter
DIN EN 60 112	2010-05	Verfahren zur Bestimmung der Prüfzahl und der Vergleichszahl der Kriechwegbildung von festen, isolierenden Werkstoffen

DIN EN 60 146-1-3	1994-03	Halbleiter-Stromrichter; Allgemeine Anforderungen und netzgeführte Stromrichter; Teil 1-3: Transformatoren und Drosselspulen
DIN EN 60 168	2001-12	Prüfungen an Innenraum- und Freiluft-Stützisolatoren aus keramischem Werkstoff oder Glas für Systeme mit Nennspannungen über 1 kV
DIN EN 60 305	1996-10	Isolatoren für Freileitungen mit einer Nennspannung über 1 kV – Keramik- oder Glasisolatoren fuer Wechselspannungssysteme – Kenngrößen von Kappenisolatoren
DIN EN 60 383-1	1997-05	Isolatoren für Freileitungen mit einer Nennspannung über 1 kV - Teil 1: Keramik- oder Glas-Isolatoren fuer Wechselspannungssysteme; Begriffe, Prüfverfahren und Annahmekriterien
DIN EN 60 383-2	1997-08	Isolatoren für Freileitungen mit einer Nennspannung über 1 000 V – Teil 2: Isolatorstränge und Isolatorketten für Wechselspannungssysteme; Begriffe, Prüfverfahren und Annahmekriterien
DIN EN 60 433	1999-04	Isolatoren für Freileitungen mit einer Nennspannung über 1 000 V – Keramik-Isolatoren für Wechselspannungssysteme – Kenngrößen von Kettenisolatoren in Langstabausführung
DIN EN 60 437	1998-06	Funkstörprüfung an Hochspannungsisolatoren
DIN EN 60 529	2000-09	Schutzarten durch Gehäuse (IP-Code)
DIN EN 60 587	2008-03	Elektroisolierstoffe, die unter erschwerten Bedingungen eingesetzt werden – Prüfverfahren zur Bestimmung der Beständigkeit gegen Kriechwegbildung und Erosion
DIN EN 60 660	2000-12	Isolatoren – Prüfungen an Innenraum-Stützern aus organischem Werkstoff für Netze mit Nennspannungen über 1 kV bis kleiner 300 kV
DIN EN 60 664-1	2008-01	Isolationskoordination für elektrische Betriebsmittel in Niederspannungsanlagen – Teil 1: Grundsätze, Anforderungen und Prüfungen
DIN EN 60 672-1	1996-05	Keramik- und Glasisolierstoffe – Teil 1: Begriffe und Gruppeneinteilung
DIN EN 60 672-2	2000-10	Keramik- und Glasisolierstoffe – Teil 2: Prüfverfahren
DIN EN 60 672-3	1999-02	Keramik- und Glasisolierstoffe – Teil 3: Anforderungen für einzelne Werkstoffe
DIN EN 60 865-1	2012-09	Kurzschlussströme - Berechnung der Wirkung – Teil 1: Begriffe und Berechnungsverfahren
DIN EN 60 870-5-101	2003-12	Fernwirkeinrichtungen und -systeme – Teil 5-101: Übertragungsprotokolle; Anwendungsbezogene Norm für grundlegende Fernwirkaufgaben
DIN EN 60 870-5-103	1999-11	Fernwirkeinrichtungen und -systeme – Teil 5-103: Übertragungsprotokolle; Anwendungsbezogene Norm für die Informationsschnittstelle von Schutzeinrichtungen
DIN EN 60 870-5-104	2007-09	Fernwirkeinrichtungen und -systeme – Teil 5-104: Übertragungsprotokolle – Zugriff für IEC 60 870-5-101 auf Netze mit genormten Transportprofilen
DIN EN 60 889	1997-08	Hartgezogene Aluminiumdrähte für Leiter von Freileitungen
DIN EN 61 000-5	1997-02	Elektromagnetische Verträglichkeit (EMV) – Teil 5: Installationsrichtlinien und Abhilfemassnahmen
DIN EN 61 000-6-2	2006-03	Elektromagnetische Verträglichkeit (EMV) – Teil 6-2: Fachgrundnormen – Störfestigkeit fuer Industriebereiche
DIN EN 61 109	2009-06	Isolatoren für Freileitungen – Verbund-Hänge- und -Abspannisolatoren für Wechselstromsysteme mit einer Nennspannung über 1 000 V – Begriffe, Prüfverfahren und Annahmekriterien
DIN EN 61 232	2001-09	Aluminium-ummantelte Stahldrähte für die Elektrotechnik
DIN EN 61 284	1998-05	Freileitungen – Anforderungen und Prüfungen für Armaturen

DIN EN 61 302	1996-09	Elektroisolierstoffe – Prüfverfahren zur Beurteilung des Widerstandes gegen Kriechwegbildung und Erosion – Zyklische Prüfung
DIN EN 61 325	1996-04	Isolatoren für Freileitungen mit einer Nennspannung über 1 000 V – Keramik- oder Glasisolatoren für Gleichspannungssysteme – Begriffe, Prüfverfahren und Annahmekriterien
DIN EN 61 773	1997-08	Freileitungen – Prüfung von Tragwerksgründungen
DIN EN 61 850	Reihe	Kommunikationsnetze und -systeme in Stationen
DIN EN 61 936-1	2011-11	Starkstromanlagen mit Nennwechselspannungen über 1 kV – Teil 1: Allgemeine Bestimmungen
DIN EN 61 952	2009-06	Isolatoren für Freileitungen – Verbund-Freileitungsstützer für Wechselstromsysteme mit einer Nennspannung über 1 000 V. Begriffe, Prüfverfahren und Annahmekriterien
DIN EN 62 217	2013-07	Hochspannungs-Polymerisolatoren für Innenraum- und Freiluftanwendung - Allgemeine Begriffe, Prüfverfahren und Annahmekriterien
DIN EN 62 271-102	2012-06	Hochspannungs-Schaltgeräte und -Schaltanlagen – Teil 102: Wechselstrom-Trennschalter und -Erdungsschalter
DIN EN 62 271-200	2012-08	Hochspannungs-Schaltgeräte und -Schaltanlagen – Teil 200: Metallgekapselte Wechselstrom-Schaltanlagen für Bemessungsspannungen über 1 kV bis einschließlich 52 kV
DIN EN 62 305-2	2013-02	Blitzschutz – Teil 2: Risiko-Management

A3 DIN-VDE-Publikationen

DIN VDE	Jahr	Titel
DIN VDE 0101	2001-01	Starkstromanlagen mit Nennwechselspannungen über 1 kV (zurückgezogen)
DIN VDE 0105-103	1999-06	Betrieb von elektrischen Anlagen – Zusatzfestlegungen für Bahnen
DIN VDE 0115	Reihe	Bahnanwendungen – Allgemeine Bau- und Schutzbestimmungen
DIN VDE 0115-1	2002-06	Bahnanwendungen – Allgemeine Bau- und Schutzbestimmungen – Teil 1: Zusätzliche Anforderungen
DIN VDE 0115-3	1982-06	Bahnen; Sonderbestimmungen für ortsfeste Bahnanlagen (zurückgezogen)
DIN VDE 0210	1985-12	Bau von Starkstrom-Freileitungen mit Nennspannungen über 1 kV
DIN VDE 0228-3	1988-09	Maßnahmen bei Beeinflussung von Fernmeldeanlagen durch Starkstromanlagen; Beeinflussung durch Wechselstrom-Bahnanlagen
DIN VDE 1 000-10	2009-01	Anforderungen an die im Bereich der Elektrotechnik tätigen Personen

A4 DIN-Publikationen

DIN	Jahr	Titel
DIN ISO 3864	Reihe	Graphische Symbole – Sicherheitsfarben und Sicherheitszeichen
DIN 4021	Reihe	Baugrund; Aufschluss durch Schürfe und Bohrungen sowie Entnahme von Proben (zurückgezogen)
DIN 4022	Reihe	Baugrund und Grundwasser; Benennen und Beschreiben von Boden und Fels (zurückgezogen)
DIN 4030	Reihe	Beurteilung betonangreifender Wässer, Böden und Gase
DIN 4094	Reihe	Baugrund – Felduntersuchungen
DIN 17 122	1978-03	Stromschienen aus Stahl, für elektrische Bahnen; Technische Lieferbedingungen

DIN 31 051	2012-09	Grundlagen der Instandhaltung
DIN 43 138	1980-09	Flexible Seile für Fahrleitungsanlagen und Rückleitungen
DIN 43 140	1975-08	Fahrdrähte – Technische Lieferbedingungen (zurückgezogen)
DIN 43 156	1978-03	Elektrische Bahnen; Stromschiene, Masse und Kennwerte
DIN 48 200	Reihe	Drähte für Leitungsseile
DIN 48 200-1	1981-04	Drähte für Leitungsseile; Drähte aus Kupfer
DIN 48 200-2	1981-04	Drähte für Leitungsseile; Drähte aus Kupfer-Knetlegierungen (Bz)
DIN 48 201	Reihe	Leitungsseile
DIN 48 201-1	1981-04	Leitungsseile – Seile aus Kupfer
DIN 48 201-2	1981-04	Leitungsseile; Seile aus Kupfer-Knetlegierungen (Bz)
DIN 48 203	Reihe	Drähte und Seile für Leitungen aus Kupfer
DIN 48 203-1	1984-03	Drähte und Seile für Leitungen aus Kupfer; Technische Lieferbedingungen
DIN 48 203-2	1984-03	Drähte und Seile für Leitungen aus Kupfer-Knetlegierungen (Bz); Technische Lieferbedingungen

Stichwortverzeichnis

Ableitbelag 396, 402
Ableiter 434
    Ventil- 136
Ableitung, Gleis-Erde 396
Ablenkung, seitliche 232
Abnahme
    Fähigkeit 1063
    Fahrleitungsanlage 1031
    Ingenieur 1062
Abnutzungsgrad 1165
Abschnitt, neutraler 45
Abschnittsschalter 358, 359
Absenkeinrichtung, automatische 646
Abspannabschnitt 216
Abspannklemme 676
Abspannung
    beweglich 169
    fest 166, 169
Abstand
    Mindest- 826
        elektrischer 831, 871, 872, 1173
    Nachweis 827, 882
    Verkleinerung 829
Achszähleinrichtung 457
Äquivalent, elektro-chemisches 415
Alterung 1155
    Geschwindigkeit 1158
Aluminium
    Ausleger 1157
    Oxidporzellan 1163
    Seil 675
Anfahrstromschutz 543
Anfangskurzschlusswechselstrom 348, 485
Anhub
    konstanter statischer 628
    Messeinrichtung 615
Anhubgeschwindigkeit 563
Ankerpunkt 183
Ankerschiene, Tunnel 669
Anlagenverantwortlicher 1146
Anschlussschalter 358

Antihavarietraining 1150
Arbeiten
    an Fahrleitungen 875
    elektrotechnische Anlage 1146
Arbeitsverantwortlicher 1146
Atmosphärilie 97, 134
Auflagerkraft 208
Aufhängung, gleitende 171
Auftriebskraft, aerodynamische 606
Ausbreitungsgeschwindigkeit 96
Ausfall
    Methode 1165
    mittlere Dauer 1170
    mittlerer Abstand 1169
    Rate 1168, 1169, 1171
        empirische 1168
    Ursache 1169
Ausgleichsstrom 331
Ausleger 925
    Bemessung 976
    Berechnung 753
    Berechnungsprogramm 862
    Drehbewegung 798
    Einzel- 849
    elastischer 171
    Fertigung 864
    glasfaserverstärkter Kunststoff- 1164
    instandhaltungsarmer 1085
    Mehrgleis- 855
    Rohr 925
    über mehrere Gleise 169, 916
    Zugkraft 242
Ausnahmelast 915
Ausschaltwechselstrom 348
Außentemperatur 97
Autotransformator 79, 99, 383
    Abschnitt 383
    System 438, 444

Bahn, allgemeiner Verkehr 340, 495
Bahnbelastung 38
Bahnenergie
    16,7 Hz 56

Einspeisung 56
Erzeugung 38, 55
Übertragung 38
Verteilung 44
Bahnenergieleitung 164, 195, 879, 919
Höhenplan 871
Bahnenergieversorgung 38
Anlagen 761
dezentrale 56
zentrale 55
Bahnerdung 165, 857, 1149
Bahngleichrichterunterwerk 44
Bahnhofsabzweig 356
Bahnstromart 38
Bahnstromleitungsschutz 67, 68
Bahnstromleitungsschutzgerät 68
Bahnstromnetz 73
Bahnübergang 761
Durchfahrtshöhe 825
höhengleicher 825
Sicherheitsabstand 825
Straßenverkehrsschild 825
Bahnumspannwerk 44
Banderder 393, 442
Basiswindgeschwindigkeit 127, 130
Baufreigabe 886
Baugrund 951
Aufschluss 761
Erkundung 951
Bauteil
Bezeichnung 656
Funktion 732
instandhaltungsfreundliches 1172
Lebensdauer 656
Oberflächenschutz 656
Bauvorlageberechtigter 1063
Bauwerkserde 379, 412, 427
Bauwerkserdung 429, 437
Beanspruchung
chemische 205
elektrische 205
kinematische 205
klimatische 205
thermische 338
Bedingung, klimatische 125
Beeinflussung
Bereich 514

galvanische 389, 440, 512, 534
induktive 389, 440, 451, 512, 516, 534
kapazitive 389, 440, 512, 525, 534
ohmsche 389
radiofrequente 530
Befahrungsgüte 617
Befehlsverarbeitung 71
Begrenzungslinie
elektrische 245
Fahrzeugs-
erweiterte 768
kinematische 768, 830
statische 830
feste Anlagen 107
kinematische 245, 259
mechanisch kinematische 252, 256
Oberleitung 109
Stromabnehmer-
elektrische 767
mechanisch kinematische 251
mechanische 767
Beiseil 172
Belastbarkeit, thermische 339
Belastung
elektrische 136
geordnetes Diagramm 342
gleichmäßig verteilte 415
größter Mittelwert 338
mechanische 136
monatliche mittlere 340
Prüfung 733
Strom
zeitgewichteter 495
zeitlicher Verlauf 338
zeitgewichtete Dauerlinie 338, 339
Bemessung
elektrische 179
höhenabhängiger Staudruck 298
mechanische 179
mit Teilsicherheitsbeiwert 927
statische 97
Stoßspannung 137
thermisches Verfahren 495
Berechnung
Hängerlängen- 870
Kettenwerksabsenkung 871
Systemhöhe 871

Bereich
    anodischer 417
    kathodischer 417
Berührung, indirekte 141, 383, 412
Berührungsspannung 380, 382, 383, 386, 412, 441, 451, 455
    abgreifbare 441
    direkte 380
    indirekte 380
Beschleunigung
    Messung 597
    Sensor 604
Bespannung 753
    Durchführung mit Programm 888
    Lageplanerstellung 888
    Verwaltung mit Programm 888
Betondeckung 948
Betonfestigkeit 923
Betonmischzug 1033
Betreiben
    elektrotechnische Anlage 1146
    Kosten 1203
Betreiberfestlegung 1148
Betriebsbedingung, planmäßige 325
Betriebsgeschwindigkeit 179, 561
Betriebsmeldung 71
Betriebsnorm 1148
Betriebssammelschiene 63
Betriebsschiene 63
Betriebsstrom 514
    höchster 494
    Oberschwingung 514
    Spitzen 540
Bettungswiderstand 420
Bewehrung
    elektrische Verbindung 454
    leitende 432
Bezugserde 378
Bildschirmstörung 531
Bimetallblech 676
Blitz
    Ableiter 451
    Einschlag 135, 434
    Strom 135
    Überspannung 135
Blockgründung
    Beton- 963

Drehachse 964
    momentenbelastete 967
    Stufen- 967
Blockunterwerk 60
Boden 391
    anorganischer 951
    bindiger 951, 952
    Einbindelänge 973
    gemischtkörniger 952
    geschütteter 951, 953
    gewachsener 951
    Kennwert 959
    Lagerungsdichte 957
    leitender 378
    Leitfähigkeit 391
    nicht bindiger 951, 952
    organischer 951, 952
    Probengewinnung 955
    Rammbarkeit 961
    Schichtenverzeichnis 959
    spezifischer Widerstand 391
    Tiefe tragfähiger Schicht 961
    Tragfähigkeit
        Druckbelastung 961
        Widerstand 379
    zulässige Pressung 959
Bodenstromschiene 1027
Bogenabzug 669
Bogenlängenänderung 215
Bogenzugkraft 237
Bohrung, unverrohrte 956
Boostertransformator 383, 438, 445
Brücke
    Bauwerk 827
    bewegliche
        Elektrifizierung 997
        mit Stromschiene 998
    Eisenbahn- 841
    elektrische Verbindung 1004
    Straßen- 826
Bügel-Ab-Strecke 1155

C-Klemme 680
Containerbahnhof 1017

Dämpfungselement 1101
Dämpfungsmaß 403

Dauerkurzschluss 1155
Dauerkurzschlussstrom 348
Dauerstromtragfähigkeit 493
Dauerverfügbarkeit 1171
Deckenstromschiene 164
Dehnmessstreifen 601
Deltafunktion, Diracsche 560
Demontage 1200
Depotbereich 430, 451
Diagonalrohr 925
Diagonalstrebe 926
Dilatation 727
Diodengleichrichter 47
Distanzschutz 542
Doppelfahrdraht 672
Doppelsammelschiene 59
Doppelstockfahrgastwagen 110
Dopplereffekt 568
Dopplerfaktor 96, 179, 571, 620
Draht, aus Kupfer mit Stahlkern 675
Drehbolzen 660
Drehbrücke 999, 1002
Drehstrom-Brückenschaltung 47
Dritte Schiene 102, 162, 164
    Anlage 205
    Ausführungsart 722
    Stützpunkt 722
Drucksonde 956
Durchbiegung, größte 930
Durchhang
    Berechnung 871
    Fahrdraht 224
    Leiter 226
    maximaler 215
    Seile 224
    temperaturabhängiger 882
    Vergrößerung 133

E-Klemme 680
Edelstahldraht 674
Effekt, quasistatischer negativer 260
EG-Prüfverfahren 1069
Eigenbedarfsversorgung 65
Eigenfrequenz 577, 584
Eigenimpedanz 313
Eigenimpedanzbelag 403
Eigenlast 205, 908, 909

Eigenvektor 577
Eindringtiefe 313, 401
Einfachoberleitung 1020
Einfachsammelschiene 60
Einphasenbahn, AC 50 Hz 76
Einphasengenerator 51
Einphasenwechselstrom 39
Einpunktaufhängung 170
Einwirkung
    Bemessungswert 938
    Grenzzustand 946
Eisansatz 362
    Abschmelzen 365
    Entfernen 363
        chemisches 364
        elektrisches 364
        mechanisches 363
Eisenbahndrehkran 1049
Eislast 133, 908, 910, 913, 925
EL-Signal 1201
Elastizität 96, 174, 179
    am Stützpunkt 628
    Berechnung 577
    Gleichmäßigkeit 619
    Simulation 628
Elektrofachkraft 1146
Elektrolytkupfer 674
    hartgezogenes 672
Elektromote 160
Elektroschock 411
Elektrosmog 527
Emission, hochfrequente 512
Endverankerung
    bewegliche 161, 169, 173
    feste 187
Energierückgewinnung 326
Energieverlust
    durch Konvektion 478
Energieversorgung
    AC-Bahn 400
    DC-Bahn 411
Energieversorgungsart 189
Enteisungsmethode 370
Enteisungsschaltung 364, 365
Entsorgungskosten 1203, 1204
Entstörung 1199
    Zeitverringerung 1172

Erdausbreitungswiderstand 436
Erdband 392
Erddruck, passiver 975
Erde 165, 378
    Bauwerk 379
    ferne 378
    getrennte 378
    neutrale 378
    Tunnel 379
Erdelektrode 379, 392
Erder 165, 379, 392
    Ausbreitungswiderstand 393
Erdleiter 165
    kleinster Querschnitt 435
Erdpotenzial 379
Erdschiene 460
Erdschlusslöschspule 58, 63
Erdung 447, 461
    Kurzschließvorrichtung 1059
    Lageplan 753, 849
    Vermaschung 437
Erdungsanlage 379, 390, 411, 448, 452
    bahneigene 427
    bahnfremde 435
    Instandhaltung 437
Erdungsschalter 702, 989
Erdungswiderstand 379
Erdwiderstand 972
Erläuterungsbericht 753, 886
Erlang-k-Verteilung 1170
Ermüdung 1158
Erosion, elektrische 1158
Errichten, Grundlagen 1033
Ersatzspeisezweig 356
Erscheinungsbild, architektonisches 1025
Extremwertkriterium 607

Fahrdraht 671, 1010
    Abnutzung 1174
    Absenkung 222
    Anhub 179, 562, 572, 593, 615, 616, 768
    Auslenkung 266, 267
    Dehnung 499
    Durchhang
        größter 220
        infolge Eislast 825, 832

Grenzseitenlage 246
größter Anhub 1018
Knicke 1159
Kupferlegierung 500
Längung, bleibende 503
Lage 95
    Messung 612
    planmäßige 628
    seitliche 604
    Toleranzen 628
    über Weiche 1173
Lebensdauer 636
Material 636
Mikrowellen 640
Neigung 103
optische Messanlage 610
Prüfstand 637
Prüfung 737
Querschnitt 623
Radialkraft 180, 798
relative Längsneigung 768
Rillen- 671
Ruhelage 1174
Schmelztemperatur 499
Schwingung nach unten 833
Seitenlage 104, 183, 248, 269, 284, 1173
    maximale 180, 246, 247, 267, 272, 274, 279, 295
    Mindeständerung 288
    mit Wind 271, 279
    nutzbare 246–248, 251, 254, 255, 257, 259, 262, 291, 294
    richtungsbezogene 233
    Spannweite 285
    Stützpunkt in Gleisbögen 287
    Vorsorgewert 247
Seitenverschiebung 96, 102, 771, 870
    minimale Änderung 299
    Nahverkehrsanlage 288
Sichtprüfung 1173
Spiegel 640
Stärke 612
Stoßverbinder 1159
Stützpunkt 657, 665
Umformungsgrad 501

Verschleiß 99, 207, 607, 623, 639, 1159
Vertikalbewegung 615
Vordurchhang 159
Vorheizung 364
Wechsel 1199, 1203
Welligkeit 1159
Zick-Zack 96, 771
Zugfestigkeit, Verlust 502
Zugklemme 1060
Zugspannung, Erhöhung 623
Fahrdrahthöhe 112, 932, 1173
  größte 768, 1011
  größte planmäßige 768
  im Stammgleis 795
  im Zweiggleis 798
  kleinste 102, 767, 768, 828
  Mindest- 768
  Nenn- 768, 795
  Toleranz 833
  Verlauf 801
Fahrdrahtklemme 660
Fahrleitung 38
  Abzweig
    Stromwandler 537
  Anforderung 94
  Anlage 163, 1031
  Bauart 166
  Bauteile, Anforderung 655
  Bauweise 163, 165, 178
  besondere Anwendungen 987
  Betreiben 1146
  Diagnostik 1172
  Einfach- 102
  Einzelteile 655
  Gebrauchstauglichkeit 262
  Grundschaltung 354
  Hochkette 102
  Impedanz 309
  Netz 73
  Obus- 916
  Polarität 417
  Schaltung 352
  Strombelag 344
  thermische Bemessung 498
  Trennschalter 103
  Überwachung 1186
  veränderliche Höhe 1012
Fahrleitungsschutz 537, 545
  Verfügbarkeit 539
Fahrleitungstragwerk, Gründung 951
Fahrschienenpotenzial 429
Fahrzeug 98
  Begrenzungslinie 107
    kinematische 244
    statische 243
  größte Höhe 1012
  HIOB-Montage- 1050
  IFO-Montage- 1050
  Oberleitungsmontage- 1050
Faradaysches Gesetz 415
Federkonstante 217
Fehler
  Ortung 541, 552
Fehlereingrenzung 540
Feld
  elektrisches 389, 440, 527, 528
  elektromagnetisches 514, 533
  magnetisches 389, 440, 527, 528
Feldstärke
  elektrische 144
  magnetische 527
Fels 953
  Boden 951
  Klassifizierung 958
Fernbahn, konventionelle 1073
Fernbahnnetz 103
Ferndiagnose 73
Fernsteuermodul 72
Fernverkehr 100
Festpunkt 169, 173, 665
  mechanischer 183
Festpunktverankerung 919
Feuerverzinken 1157
Finite Elemente 574
  frequenzabhängige 577, 582
Finite-Elemente-Methode 283, 576
Flachkette
  halbe 176
  volle 177
Flachketten
  Verspannung 934
Flaschenzug 1038
Flaschenzugprinzip 687

Flussdichte, magnetische   527
Fortpflanzungskonstante   399, 403, 416
Fourier-Reihe   560
Freiheitsgrad   570
Frequenzreaktionsanalyse   613
Fundament   164
    auf Brücken   865
    Beton-   865
    Ramm-   865
    Tafel   754, 888
Funkstörung   532
Funktionsdauer, mittlere   1169
Funktionsfähigkeit, Verlust   1168
Funktionsprüfung   733, 736, 1173

Gauß-Verteilung   342, 607, 1170
Gebäude, genormtes   72
Gebrauchstauglichkeit   97, 127, 930, 1069
Gegenimpedanz   314
Gegenreaktanz   314
Gelenkgabel   658
Geschwindigkeit-Zeit-Diagramm   101
Glas, vorgespanntes   704
Gleichrichterunterwerk   45, 103
Gleichstrombahn   45
Gleichstromschnellschalter   47
Gleis
    Abschnitt
        Betrieb mit AC und DC   997
    Abstand   106
        im Tunnel   103
    äquivalenter Widerstand   400
    Betonschwellen   395
    Bogen   232
    einschienig isoliertes   456
    Freimeldung   447
        Bereich   458
    Isolierplan   761
    Koordinatenliste   761
    Längsneigung   831, 870
    Lage   760, 763
    Lageplan   848, 892
    nicht isoliertes   456
    Querneigung   831
    Querverbinder   457
    Radius   870
    Stromkreis   396, 456, 458

    Überhöhung   831, 870
    Überhöhungsfehlbetrag   870
    zweischienig isoliertes   456
Gleis-Erde
    Ableitung   396
    Potenzial   142, 416, 417
    Spannung   97, 379, 396, 402, 406, 433
    Widerstand   395
Gleithänger   180
Gleitstück, isoliertes   1008
Graphitschleifstück   1160
Grenzgeschwindigkeit   569
Grenztemperatur, zulässige   538
Großraumtransport   1012
Gründung   164, 1031
    Art   962
    Bemessung   939, 962, 976
    Bohr-   1033
    Mastanker-   974
    mit Bagger   1047
    mit Bohrgerät   1047
    mit Kompressionsramme   1047
    mit Vibrationsramme   1047
    Ramm-   1033
    Schleuderbetonmast   970
Gruppenschalter   358, 359
Gütekriterium
    dynamisches   96
    statisches   96

Hänger   172, 681
    Abstand   870
    Beiseil-   174
    Bruch   180
    Dauerprüfung   738
    Doppelfahrdraht   683
    Dreieck   156
    Einknickbedingung   567
    elastischer   176
    Federelement   176
    flexibles Seil   180
    Gleit-   828
    Hebelelement   176
    Herstellung   1039
    kleinste Länge   180
    Klemme   679
    Länge im Tunnel   181

Längenberechnung 753
Last 927
Mindestlänge 180, 828
Stützrohr 157
V-förmige Anordnung 154
Hängesäule 668
Hängestütze 916
Hakenkloben 659
Hakenschelle 659
Halbhartpunkt 501
Hartporzellan 704
Hauptpotenzialausgleichsschiene 448
Hauptschaltgruppe 72
Hauptschaltleitung 75
Hauptschutz 539
Herzschrittmacher 530, 531
Hilfstragseil 177, 1100
Himmelsstrahlung 477
Hochdruckpresse 1060
Hochgeschwindigkeit
　Bahn 346, 498
　Strecke 98
　Verkehr 98
Hochgeschwindigkeitsstrecke
　Ankara–Istanbul 1089
　Beijing–Wuhan 1099
　Beijing–Tianjin 1095
　Frankfurt–Köln 1091
　HSL ZUID 1078, 1092
　Köln–Düren 1083
　Oslo–Gardermoen 1084
　Paris–Le Mans/Tours 1095
　Paris–Lyon 1094
　Shinkansen 1100
　Tokaido 1100
　Wuhan–Guangzhou 641
　Zhengzhou–Xi'an 1095
Hochkette
　halbkompensierte 172
　vollständig nachgespannte 172
Hochstromstufe 549
Höhenbegrenzung 1010
Hohlstromschiene 723
Hubbrücke mit Stromschiene 1003
Hubzug 1060
Huckepacktransport 110

Impedanz 308
　Belag 323, 443
　mechanische 613
　Messschaltung 319
　Schiene-Erde 395
　Schutz 542
　Stufe 542
Imperfektionsbeiwert 929
Inbetriebnahme
　Genehmigung 1069
　Verantwortlicher 1068, 1069
Induktion, magnetische 527
Induktivität 308
Influenzeffekt 525
Infrastrukturbetreiber 1150
Infrastrukturregister 762
Inspektion 1165, 1173, 1195
　kontaktlose 1178
　optische 1178
　visuelle 454, 732
Instandhaltung 98, 1165
　HIOB-Fahrzeug 1050
　IFO-Fahrzeug 1050
　Kosten 1203
　Methode 1165
　Plan 1150
　Übersicht 1175
　vorbeugende 1166
　zustandsbezogene 1173
Instandhaltungswerk 987
Instandsetzung 1195, 1199
　Einzel- 1199
　Intensität 1170
　Rate 1170
Interoperabilität 97, 110
　Komponente 595, 1069
　technische Spezifikation 98
Isolation
　Bemessung 134
　doppelte 1056
　Koordination 96, 137
Isolator 703
　Alterung 1162
　Auswahl 710
　Bemessungsstoßspannung 708
　elektrische Bemessung 708
　Kappe 1163

Kittung
   Blei- 1163
   Portland- 1163
   Schwefelzement- 1163
Kunststoff 1162
mechanische Bemessung 708
Porzellan- 1163
Prüfung 740
Stab- 1163
Verbund- 1164
Verschmutzungsgrad 708
Isoliertransformator 67
Isolierwerkstoff 704
Istzustand, Feststellen und Beurteilen 1165

Jahresmittelleistung 342
Joch 855, 868, 1102
   biegesteifes 916
   Länge 870
   Montage 1046
   Radialkraft 870

Kabellageplan 753
Kabelschirm 517
Kapazitätsbelag 324
Kapitalkosten, für Herstellung 1203
Kappenisolator 705
Kappvorrichtung 991
Kausche 679
Kayseri Metropolitan Municipality 1127
Keilendklemme 658, 678
keraunischer Pegel 135
Kesselschutzwandler 61
Kettenwerk 918
   Absenkung 753
   Eigenfrequenz 570
   Elastizität 590
   halbkompensiertes 174
   halbwindschiefes 175
   Kettenlinie 226
   Messung der Geometrie 1179
   Modell 576
   Seitenlage 283
   Tabelle 754
   vollständig nachgespanntes 174
   vollwindschiefes 176

Vordurchhang 627
Kirchhoffsches Gesetz 416
Klappbrücke 998
   Ausrüstung mit Stromschiene 999
Kletterschutz 141
Klothoide 276
Knotenunterwerk 73
Körperstrom 529
Kombiwandler 61
Kommutierungsvorgang 532
Kompaktgründung 962
Kompensation, selbsttätige 172
Komponente
   reaktive 308
   reelle 308
Konformität 1069
Kontaktkraft 589, 626
   aerodynamische 123, 646
   Extremwert 607
   fahrdynamische 124
   Messung 590, 591, 597, 599, 606
   Mittelwert 607
   mittlere 124, 591, 631, 635, 645, 646
   ortsabhängige 572
   Simulation 585, 628
   Standardabweichung 606, 631
   statische 122, 591, 645
   Steuerung 633
Kontaktmaterial 636
Kontaktpunkt, dynamische Höhe 594
Kontaktqualität 618
Konusabspannklemme 678
Konvektion 475
Koppelgröße, längenbezogene 283
Koppelimpedanzbelag 403
Koppelinduktanz, längenbezogene 519
Kopplung
   galvanische 377, 395, 515, 533
   induktive 377, 493, 517
Kopplungsmechanismus 514
Korrekturgröße, aerodynamische 597
Korrosion
   Aluminium- 1158
   Bimetall- 656
   elektro-chemische 414
   Schutz 1157
   Spannungsriss- 656

Korrosions
    Beständigkeit 95
Kosten
    Folge- 1204
    Instandhaltungs- 1203
    Kapital- 1203
Kraft, aerodynamische 616
Kraftwerk 73
Kreisfrequenz 308
Kreuzung
    niveaugleiche 1005, 1010
        kleinster Abstand 1010
    Straßenbahn
        Obus 1008
    unterschiedlicher Verkehrsträger 987
Kriechstrom 1163
Kriechstromfestigkeit 704
Kriechweg
    erforderlicher 138
    Vergleichszahl 138
Kriterium
    100 mV 390
    dynamisches 622, 644
Kunststoffseil 676
Kupferlegierung 672
Kuppelstelle 45, 59
Kurzschließer 46
Kurzschluss 96, 348
Kurzschlussdauer 485
Kurzschlussort 1174
Kurzschlussstrom 410, 540
    Anstieg 351
    minimaler 351
    Summenhäufigkeit 350
    thermisch gleichwertiger 348
    Tragfähigkeit 483

Ladeeinrichtung 987
Ladegleis 1018
Ladegleisschalter 358
Lademaß 243
Ladestation, im Haltestellenbereich 1025
Längenänderung, thermische 727
Längsprofil
    Darstellung 871
    Plan 753, 870
Längsschalter 358

Längsspannung 443, 517
Längsspannungsbelag, induzierter 517
Längsspannungsfall 325
Längstragwerk 671
Längstrennung 189
Längsverbinder 456
Längswiderstand 436
Lageplan
    Bestands- 762
    Brücken- 761
    Erdungs- 857, 859
    Gleis- 761
    Kabel- 761
    Regulierungs- 848, 859
    Revisions- 762
    Schalterfernsteuerungs- 859
    Signal- 761
    Vermessungs- 760
Lagrangesche Gleichung 577
Laie, elektrotechnischer 1147
Landschaftsverbrauch 143
Last
    Bahnenergieleitung 222
    Bedingung 920
    veränderliche 910
    vorübergehende 205
    Zustand 919
Laststrom 337
    zeitgewichteter 494
Lebensdauer 1161
    Betonmast 1157
    Fahrdraht 1159
    Oberleitung 1203
    Porzellanisolator 1164
Lebenszykluskosten 1203
Leistungsbedarf 336
Leistungsfaktor 343
    Zug 346
Leistungsschalter 61, 349, 356
    Auslösung 349
    Ausschaltbefehl 537
    Überwachung 68
Leistungsverlust 102, 321, 327
Leiter
    biegesteifer 193
    nachgespannter 776
    Prüfung 737

Temperatur 475
Zugkraft 908, 909
   horizontale 910
   radiale 234
Leiter, fahrbare 1058
Leiter-Erde-Schleife, Impedanz 312
Leiter-Erde-Spannung 400
Leiter-Erdschlussfehler 69
Leitfähigkeit, thermische 507
Leitstellenanbindung 71
Leitung
   Höhenplan 753
   Schalterfall- 860
   Schalterquer- 860
   Verstärkungs- 855
Lichtbogendetektor 599
Lichtraum
   höchster 1010
   Profil 106, 854
      kinematisches 109
Life cycle costs 1203
Löschkammer 47
Luftaufnahme, photogrammetrische 763

Magnetfeld 144
Masse
   Belag 205
   längenbezogene 206
Massenträgheitskraft 597
Mast 918
   Abspann- 859, 918
   Aufsetz- 861
   Auswahl 859, 864
   Bemessung 937, 939, 976
      europäische Norm 941
   Bemessungswert 929
   Beton- 865, 1156
      vorgespannte Bewehrung 923
   Bild 860, 864
   Bogenabzugs- 919
   Doppel-T-Profil- 922, 943, 944, 1095
   Durchbiegung 944, 949
   Einsetztiefe 860
   Einzel- 851, 865
   Familie 942
   Festpunkt- 918
   Festpunktanker- 859, 919

Länge 860
Längenbestimmung 932, 937
Mittel- 918
Montage 1046
Nachspann- 918, 919
Nutzzugkraft 946
Pionier- 1052
Quertragwerks- 854, 919
Rahmenflach- 922, 943
Rüttelbeton- 924
Schleuderbeton- 923
Stahlbeton-, äußere Lasten 946
Stahlgitter- 922, 940
   Diagonalkraft 940
   Eckstielkraft 940
Stahlvollwand- 923
Standort 296, 775, 925
Stellen 1031, 1036, 1049
Tafel 754, 888
Trag- 859, 918, 919
Typ 859, 864
Überstülpbeton- 862
Verformung 948
Material
   Ermittlung 871, 888
   Liste 886, 888
   Zusammenstellung 754
Mehrgleisausleger 662
Meldungsverarbeitung 71
Messen
   Anhub 1184
   Bewehrung
      elektrische Verbindung 435
   Fahrdrahtauslenkung 1188
   Fahrdrahthöhe 1177, 1178
   Fahrdrahtlage 1175, 1176
   Fahrdrahtseitenlage 1177, 1178
   Fahrdrahtstärke 1177, 1178
   Farbschichtdicke 1182
   Kontaktkraft 1194
   Laser- 1176
   Mastneigung 1181
   mit Mephisto 1176
   mit OHL Wizard 1176
   Schienenpotenzial 1190
   Seitenhalterneigung 1181
   Stromabnehmerverschleiß 1190

Temperatur 1192
Zugkraft 1182
Messwagen 600
Messwertverarbeitung 71
Mindestluftstrecke 95, 138
Mindestzugfestigkeit 209, 211
Mittelzugspannung 222
Montage
    Arbeitsmittel 1033
    Arbeitszüge 1040
    Ausleger 1031
        über mehrere Gleise 1038
    Bahnenergieleitung 1046
    Erdung 1033
    Erdungsleitung 1045
    Fahrzeug 1046
        für Oberleitung 1049, 1053
        selbstfahrendes 1049
    Festpunktanker 1033
    Joch 1046
    Kettenwerk 1033
    Komplett- 1038, 1039
    Last 915
    mit Hubschrauber 1038, 1046
    Nachspanneinrichtung 1033
    Quertragwerk 1033, 1038
        flexibles 1046
    Streckentrenner 1043
    Weichenkettenwerk 1044
Multilevel-Direktumrichter 54, 57

Nachspanneinrichtung 166, 173, 676, 684
    Arbeitsbereich 182, 776
    elektromechanische 689
    Gewichte 182
    hydraulische 688
    mit Feder 688
    mit Flaschenzug 157, 173, 1102
    mit Hebel 157
    mit Radspanner 173, 1095
    platzsparende 183
    Reibung 183
    selbsttätige 166
    Übersetzungsverhältnis 182
    Wirkungsgrad 183, 187, 737
Nachspannlänge 166, 182, 776, 918
    halbe 166, 183

Nachspannung 166, 187
Nahsteuerung 69
Nahverkehr 102
    Anlage 104
    Bahn 104
    städtischer 1024
Nebenschaltgruppe 72
Negativfeeder 79, 383, 438
Nennspannung 96
Netz, gelöschtes 63
Netzleittechnik 73
Netzwerkmodell 523
Nichtverfügbarkeit 1171
Norton-Ersatzstromkreis 424
NOT-UMZ-Schutz 543
Notfall-Maximalstrom-Schutzstufe 550
Notfallerdung 1151
Nußelt-Zahl 478
Nutzungsgenehmigung 1069

Oberbau 395
Oberflächenerder 393
Oberleitung
    Abbau 1200
    Absenkung 830
    Anhub 590, 635
    Anhubeinrichtung 1013, 1015
    Anlage 163
    Ausführungsplanung 751
    ausgeschaltete 1174
    Bauart 169, 178, 754
    Bauteil 1155
    Bauweise 169, 178
    Beilseilaufhängung 172
    Bereich 165, 380, 468
    Betreiben 1148
    Beurteilung 588
    Drehscheibe 989
    Drehstrom 152
    Dynamikbereich 607
    dynamische Kenndaten 571
    dynamischer Anhub 622
    dynamisches Kriterium 620
    dynamisches Verhalten 1174
    Einfach- 151, 159, 169, 172
    Einfachaufhängung 151
    Elastizität 571, 617, 618, 623

Entstörung 1155
Festpunkt 166
Flachkette 166, 177
halbkompensierte 154
Hauptfunktionsgruppen 653
Hochgeschwindigkeits- 159, 175
Hochkette 152, 159, 172
   mit Beiseil 166
hochwertige 1161
in Tunneln 181
instandhaltungsarme 1041
Interoperabilitätskomponente 629
Kenndaten 754
Kettenwerk 169
Konformität, Bewertung 594
Konstruktionsparameter 607
Lageplan 753, 848, 849, 857, 886
Lebensdauer 1041
mit versetzten Hängern 173
planmäßige Lage 610
Planung 781
Prüfautomatik 70
qualitätsgerechte 1172
Regulierung 1039
Rekordfahrt 642
Rückspannungsprüfautomatik 71
schaltbare 995
Schalter 861, 987, 1164
Schalterantrieb 696
   Prüfung 742
Schutz 67, 68, 537
schwenkbare 1017
Spannweite 624
Störung 1197
Streckenprüfung 558
Stromschienen- 162, 164, 192, 710
   schwenkbare 711, 987
   Stützpunkt 710
Stützpunkt 849
Systemhöhe 626, 870
Trennschalter 72, 696
   Anforderungen 696
   für Gleichstrombahnen 699
   für Wechselstrombahnen 697
   Prüfung 742
   über Kontrollgleisen 1018
   Übergang 720

Unterbrechung 1012
Verbund- 177
Wiedereinschaltautomatik 71
windschiefe 153
Zuverlässigkeit 1041
zweipolige 1021
Oberleitung/Stromabnehmer
   Zusammenwirken 95, 98, 557, 644, 647, 674
      Analyse 586
      Anforderung 118
      Beurteilung 588
      Messung 99
      Prüfung 595, 596
      Simulation 99, 572, 584, 585, 614
Oberleitungsbauart
   EAC 350 640, 1093
   für kleine Tunnelprofile 1080
   ÖBB 641
   Re200 1107
   Re250 1083, 1089
   Re250 LBT-T II 1086
   Re330 1092
   S-Bahn 1110
   S20 1084
   S25 1084
   Sicat SA 1079
   Sicat SX 1082
   Sicat H1.0 1091
   Sicat SR 1083
   Sicat HA C 1095
   SiFCAT 350.1 1098
   unter Brücken 1080
   Verbund- 1100
Obus 1023, 1076
   Beijing 1137
   Eberswalde 1132
   Gleitschuh 1008
   Linie 152
   Oberleitung 161
   Strecke 102, 161
Ösenschelle 659
OMF-Montagefahrzeug 1050
Ortssteuereinrichtung 72

Parallelbetrieb, AC-/DC-Bahn 465
Parallelschaltfunktion 71

Pendel
    Aufhängung   170
    schräge   170
Person
    Ausbildung   1146
    bahntechnisch unterwiesene   1146
    elektrotechnisch unterwiesene   1146
    Sicherheit   383, 391, 430, 440, 908
Pfahlverschiebung   974
Phasenlage   189
Phasentrennstelle   189, 845
Phasenwinkel   309, 322
Planprüfbericht   1063
Planung
    Abweichung   754
    Ausführungs-   751, 753
    bestehende Strecke   762
    Entwurfs-   751
    Form   761
    Gliederung   761
    Inhalt   761
    neue Strecke   760
    Oberleitung   751
    Revisionsunterlage   754
    Streckenumbau   762
    Unterlage   760, 886
    Zeitplan   761
Polygon
    Berechnung   753
    Querprofil-   868
Porzellanlangstabisolator   704
Porzellanstützisolator   705
Potenzialausgleich   388, 448
Pressen   1060
Profilter   825
Projekt
    Ausrüstungsteil   888
    baureifes   753
    Bauteil   888
    Dokumentation   886
Projektierung   751
Prüfung, außerordentliche   1174
Pumpspeicherwerk   56

Querfeld   663
Querjoch   917
    Schnittkraft   928

Querkupplung   331
Querprofil   761
    Plan   753, 859, 886
Querschalter   358
Querseilhänger   663
Querspannungsfall   325
Querspannweite   917
Quertrageinrichtung   164, 169, 916
Quertragseil   663, 854, 868, 917
    Bemessung   934
    Horizontalzugkraft   931, 932
    Klemme   664
Quertragseilklemme   665
Quertragwerk   163, 663, 865, 925
    flexibeles   164
    flexibles   169, 854, 916, 917, 925, 930
        Montage   1046
    Joch   169, 184, 186, 668
    Mast   854
Querverspannung   934

Rad-Schiene-System   641
Radialkraft   237
    am Stützpunkt   235, 237
    Fahrdraht   232, 290
    Festpunktverankerung   238
    Tragseil   232
Radspanner   684
Rammpfahlgründung   970
Rammsonde   956, 957
Reaktanzbelag
    äußerer   313
    innerer   313
Reaktionskraft   602
Rechtecktunnel   669
Recyclingmethode   1200
Reduktionsfaktor   517, 518
Referenzüberhöhung   256
Reflexionsfaktor   96, 566, 567, 569, 620,
    644
Reflexionskoeffizient   565
Regelschutzstreckenautomatik   71
Regionalbahn   1074
Rekristallisation   501
Reparatur   1165
Reserveschutz   539, 542
Resonanzeigenschaft   561

Restnutzungsdauer 1169
Revisionsunterlage 754
Reynolds-Zahl 478
Richtseil 854, 917, 933
    Bemessung 934
    Feder 868, 934
    oberes 663, 865, 868
    Tragklemme 665
    unteres 664, 868, 918
Rillensonde 950
Rohrschwenkausleger 916, 925
    Anforderungen 657
Rollenspanner 686, 687
Rückleiter 380, 382, 383, 385, 438, 440,
    442, 444, 445, 462
    Anschluss 418
    Auslegung 427
    parallele 433
    Strom 382
Rückleitung 99, 165, 411
    Schiene 165
Rückstellkraft 242, 243, 777
Rückstrom
    Führung 857
    Leiter 377
    Verteilung 444

S-Bahn 1074
    Berlin 1113
    Hamburg 1114
    T-Bane, Oslo 1116
Sammelschiene
    Schutz 67
    Trennschalter 61
Sammelschienenspannung 351
Schaden 1156
Schaltabschnitt 45, 354, 764, 778
Schaltanlage 58, 73
Schaltbefehlsgeber 1149
Schaltdienstleiter 1149
Schalter 164
    Fallleitung 860
    Querleitung 860
Schalterantrieb 703
Schalterbediener 1149
Schalterstellungsmeldung 703
Schaltgespräch 1150

Schaltgruppe 45, 354, 764
    Plan 761
Schalthandlung 859, 1148, 1149
Schaltplan 764, 859
Schaltposten 59, 99, 356
Schaltung
    Verstärkungsleitung 355
    verteilte Speisung 355
Schaltvorgang 532
Schaltwerk 59
Schaltzeichen 1201
Scheinmasse 632
    dynamische 575, 613
Schiene-Erde-Potenzial 383
Schiene-Erde-Widerstand
    Messung 395
Schiene-Schiene-Widerstand 396
Schienenlängsspannung 383
Schienenpotenzial 165, 379, 382, 402, 406,
    408, 412, 416, 441, 442, 450, 462,
    512
    Längenprofil 401
    Messung 437
Schlag
    elektrischer 96, 139, 383, 440, 526
Schleifstück 118, 507
    Eigenschaft 121
    einzeln gefedertes 574
    Kohle 674
    Länge, mindeste 248
    Lebensdauer 636
    Masse 646
    Material 636, 638
    Metall 639
    metallen 507
    Verschleiß 99, 285
Schlingenisolator 706
Schnittkraft 604
Schutz 50
    Auslösung 440
    Bewehrung 1156
    digitaler 544
    durch Abstand 139, 874
    durch Hindernis 139, 874, 877
    durch Schranke 877
    Einstellung 546
    gegen Streustrom 418

kathodischer 415, 421
Maßnahme 96
NOT-UMZ- 543
Transformator 67, 69
übergeordneter 67
Schutzerde
Mittelspannung 439
Niederspannung 439
Schutzstrecke 189, 845
kurze 191
lange 190
verkürzte 695
Schutzstreckenschalter 358
Schwenkstrosse 1020
Seil, Kupferknetlegierung 674
Seiltanzen 363
Seilzugklemme 1060
Seitenbewegung 232
quasistatische 107, 244, 251, 252
zufallsbedingte 244
Seitenhalter 659
Abzugshalter 773
Belastung 773
Gelenk 1158
Verschleiß 773, 791
Gelenkhaken 180
Kräfte 154
Länge 773
Leichtbau- 157, 791, 798
Neigung 1173
Radialkraft 790
Seitenstromabnehmer 1021
Seitenstromschiene 46
Sektionswechsel
isolierender 727
nicht isolierender 727
Selektivität 352, 539
Sicherheitsregeln 1058
Sicherungsautomat 538
Signal
elektrisches 766
Mindestabstand 824
Sichtnachweis 825
Signalanlage 430
Signalisierung 1201
Silikonmaterial 1164
Sollzustand

Bewahren 1165
Wiederherstellung 1165
Sonderfahrzeug 1046
Sonderlast 915
Sondierbohrung 956
Sondierung 956
Sonneneinstrahlung 477
spezifische 478
Spanndraht, Bemessung 935
Spannseil, Bemessung 935
Spannung
induzierte 463
influenzierte 526
mittlere nutzbare 325
Netz 96
Oberschwingung 96, 521, 522
Unsymmetrie 77
Unterbrechung 589
zulässige 385
Spannungsbegrenzungseinrichtung 378, 413, 433, 440, 1156
elektronische 413
Spannungsdurchschlagsicherung 1156
Spannungsfall 102, 321, 325–327, 329, 331
Berechnungsalgorithmus 332
größter 332
maximaler 327
niedriger 390
ohmscher 382
Spannungsprüfer 1059
Spannungsreihe 1155
Spannweite
Brückenfeld- 829
Ergänzungs- 227
ideelle 216, 223
Länge 166, 179, 290, 293, 775
größtmögliche 291
Quertragwerks- 854
Speiseabschnitt
Bahnhof 358
DB-Oberleitung 356
Speisebereich 45
Speisegruppe 356
Speiseleitung 164, 919
Speiseschalter 358
Speisung
einseitige 354

zweiseitige 329, 354
    mit Querkupplung 354
Spezialwerkzeug 1060
Spitzenanker 925
Spitzenankerrohr 657, 916
Spulenwagen 1052
Spundwandprofil 1033
Stabilitätsnachweis, geotechnischer 971
Stadtbahn 102, 1075
    Bielefeld 1119
    Fortaleza, Brasilien 1121
    MetroRail Houston, USA 1117
    Rhein-Neckar 1116
    West LRT Calgary, Kanada 1120
Staffelwert 546
Stahl-Guss-Eisenteil, verzinktes 1157
Stahl-Kupferleiter, bimetallischer 1158
Stahldraht
    verzinkter 674
Stahlfahrdraht
    kupferummantelter 674
Stahlseil
    flexibeles, hochfestes 675
    verzinktes 675
Stahltragseil 1159
Stammgleis 782
Stammkarte 1175
Standard Penetration Test 957
Standfläche 877
    Hindernis 878
Standsicherheit
    bodenmechanischer 973
    Tragelement 127
Stationskommunikation 71
Stationsleittechnik 69
Stefan-Boltzmann-Konstante 478
Stegklemme 679
Stehspannung 137
Steuerort 761
Steuerung, verteilte 51
Stichprobenprüfung 731, 735
    Auswertung 736
Stillstandszeit 1170
Stoß-Kurzschlussstrom 348
Störstellenanalyse 609
Störung 1154
    Auswertung 1195

Erfassung 1195, 1197
Kategorie 1197
mittlere Dauer 1170
Protokoll 1197
Stoßerdungswiderstand 453
Strahlung
    Energieverlust 478
    globale 477
Straßen/Schienenverkehr, kombinierter 110
Straßenbahn 102, 341, 1075
Straßenbrücke, kreuzende 452
Streckenimpedanz 309, 315
Streckenlast, gleichmäßig verteilte 328
Streckenneigung 106
Streckenspeiseabzweig 356
Streckenspeiseplan 353, 766
Streckentrenner 189, 358, 689, 691, 1165
    elektrische Prüfung 741
    Lichtbogenprüfung 741
    mechanische Prüfung 741
    Prüfzertifikat 740
    Spannungsdifferenz 354
Streckentrennung 167, 187, 356, 358
Streustrom 46, 381, 411, 516, 533
    Absaugung 421
    Drainage 425
    Drainagediode 426
    Korrosion 45, 96, 377, 382, 390, 412, 414, 415, 1155, 1156
        konzentrierte 418
        verteilte 418
    Sammelnetz 425, 438
    Schutzmaßnahme 419
    Übergang 420
Strom
    durch die Erde 390
    Kontaktunterbrechung 532
    Längenprofil 401
    Oberschwingung 521
Stromabnehmer
    aerodynamischer Kraftanteil 606
    aktiver geregelter 633
    Anforderungen 645
    Arbeitsbereich 118
    Bauart 630
    Bereich 165, 380, 468

Betriebsverhalten 614
Beurteilung 588
Bügel- 160
Diagnose 615
Durchgang 638, 1174
dynamische Kennwerte 612
Eigenschaft 630
Einholm- 630, 631
Entgleisung 1161
Erfindung 149
Funktion 117
Hochgeschwindigs- 630
Höhenbewegung 590
Interoperabilitätskomponente 596
interoperabler 591
Konformität, Bewertung 595
Kontaktverhalten 635
maximale Arbeitshöhe 1011
modale Masse 646
Nachbildung 573
Prüfstand 590
Schaden 616
Stangen- 152, 159, 161
Strukturanalyse 613
Überwachung Sicat PMS 1184
zulässiger Betriebsstrom 507
zwei anliegende 634
Stromart 96, 189
Stromaufteilung 307
Strombegrenzungsdrossel 351
Strombelastbarkeit 475, 491
    Kurzschluss 96
Stromklemme 680
Stromrichtertransformator 47
Stromschiene 164, 193, 205
    Anlagen 164
    Auflauf 727
    bodennahe 1166
    Decken- 181, 192
    Dehnstoß 715, 727, 729
        Dauerstrombelastbarkeit 717
    Einfachprofil 713
    Einspeisung 717, 729
    Erdungsanschluss 719
    Festpunkt 716, 728
    Oberleitung 162, 181, 990
    Rampe 727

Sektionswechsel 714, 718
   isolierender 719
Stoß 713, 726
Streckentrenner 720
Stromtragfähigkeit 489
Stromverbinder 717
Stützpunkt
    aus Aluminium, Porzellanisolator 724
    aus GFK 722
    aus Stahl, GFK-Isolator 723
    aus Stahl, Gießharzisolator 723
Trenneinrichtung 719
Trennschalter 730
Trennstelle 730
Übergangselement 721
Verbinder, elektrischer 729
Verbindung
    Strombelastbarkeit 728
Verbundprofil 712
Weicheisen- 724
    Abnutzungsgrad 725
Stromschmiereffekt 1161
Stromtragfähigkeit 96, 307, 475, 571
Stromverbinder 684, 1158
Stromversorgung
    für Kipper 1022
    Straßenfahrzeuge 1023
Stromzuführung, Qualität 588
Stroppe 1060
Stückprüfung 731, 737
Stützpunkt 205
    angehobener 779
    angelenkter 174, 236, 657, 864
    Anhub 598
    Art 848, 925
    Bahnhofs- 868
    Belastung 937
    Daten 864
    elastischer 171, 181, 669, 855, 1128
    Fahrdrahtablenkungswinkel 790
    Fahrdrahtseitenlage 233, 910
    Hochzug 230
    Tragseil- 868
    Tunnel- 855
    umgelenkter 174, 236, 657, 868
    Weichen- 790

Stützrohr 925
    Belastung 926
    Neigung 1173
Stützrohrhänger 659
Stundenfaktor 340
Sulzberger-Verfahren 968
Summenstromschutz 68
Systemhöhe 848
    verminderte 682
Systemtrennstelle 991, 992
    mit neutralem Abschnitt 695
    Schutzabschnitt 994
Systemwechselbahnhof 995

Tagesfaktor 340
Teilerneuerung 1199
Teilsicherheitsbeiwert 921
Teilstrom
    anodischer 415
    kathodischer 415
Telegraphengleichung 517
Temperatureinwirkung 915
Temperaturkoeffizient 310
Temperaturüberwachung 537
Temperaturwechsel 1163
Tiefenerder 393
Toleranz 1043
Tonfrequenzfreimeldekreis 456
Topografie 760, 763
Torsionssteifigkeit 944
Tragseil
    Anhub 834
    Drehklemme 658, 916
    Durchhang 834
    Führungsrolle 665
    Querschnitt 623
    Radialkraft 239
    Stützpunkt 657, 868
    Toleranz 835
    Wechsel 1200
Tragwerk, Schnittkraft 928
Tragwerkselement, Bemessung 939
Traktionsenergie
    Verteilung 38
Traktionsenergie, Verteilung 56
Traktionsstrom 377
Traktionsstromrückführung 857, 1005

Transformator, Einphasen- 61
Transport, mit Übermaß 1010, 1012
Transversalwelle, Reflexion 567
Trenneinrichtung 689
Trenner
    für Rolltore 987
    mit neutralem Abschnitt 690, 694
Trennschalter
    Stückprüfung 743
Trennstelle
    elektrische 842
    Streckentrenner 842
    Streckentrennung 842
    Überlappung
        isolierende 772, 842
        nicht isolierende 772
Trennstrecke, sichtbare 696
Triebfahrzeug
    Enteisungseinrichtung 990
    Instandhaltung 987
    Mehrsystem- 992, 995
    Wascheinrichtung 990
Truck Trolley 1021
Tunnel
    Erde 379
    Erdungsanlage 46
    Erdungswirkung 449
    Rettungskonzept 1151
Typprüfung 731

U-Bahn 102, 1076
    Nürnberg 1130
    Santo Domingo 1128
Übergangsbereich, Gleis-Erde 402
Übergangsbogen 276
Übergangslänge 320, 402, 403
Übergangswiderstand 1158
Überhöhungsfehlbetrag 104, 244, 246, 251
Überhöhungsfehler 261
ÜberhöhungsfFehler 261
Überlappung 166, 289, 827
    Bereich 187, 918
    isolierende 166, 187, 189, 690, 772
    nicht isolierende 166, 187, 772
Überlastschutz, thermischer 543
Überlebenswahrscheinlichkeit 1168
Überleitverbindung

Bespannung
    tangentiale   820
Überschlag   1162
Überspannungsableiter   453
Überspannungsschutz   138
Überstromschutz   542
Übertragung, elektrischer Energie   56
Umformer
    asynchron-synchron   51
    elastischer   51
    rotierender   51
    starrer   51
    synchron-synchron   53
Umformerwerk   73
    dezentrales   44, 56
Umformung, Frequenz-   53
Umgehungsleitung   164, 919
Umgehungsschalter   358
Umrichterwerk
    dezentrales   45
    statisches   45
Umrichterwerk, statisches   53
Umweltaspekt, Transport   143
Umweltverträglichkeitsprüfung   143
UMZ-Schutz   550
Ungleichförmigkeitsgrad   182, 619
Unregelmäßigkeit   1154
Unterspeiseabschnitt   358
Unterwerk   38, 44, 59, 99, 356, 428, 447
    Bereich   353
    Gleichrichter   103
    Steuertechnik   545
    Steuerung   50
    Streckenspeiseabzweig   354

Vakuumleistungsschalter   59
Ventilableiter   136
Verankerung
    bewegliche   186
    feste   161
Verbindung
    elektrische   189, 855
        Prüfung   739
    mechanische   716
    stromtragende   716
Verbindungsklemme   679
Verbindungsschalter   358

Verbundisolator   703–705
Verbundoberleitung   1079
Verbundstromschiene
    Aluminium-Stahl-   162, 724
    Edelstahlschleiffläche   725
Verfügbarkeit   1171
Verkehrsaufkommen   100
Verkehrshäufigkeit   336
Verlustwärme   475
Vermaschung   461
    elektrische   432
Vermessung, terrestrische   763
Verriegelungsfunktion   71
Verschleiß   1155
    elektrische Komponente   638
    Fahrdraht   1159
    mechanische Komponente   638
    Messung   638
    Rate   638
Verstärkungsfaktor   569, 571, 620, 624
Verstärkungsleitung   164, 179, 919, 1128
Vertikallast   909
Viadukt, Elektrode   451
Vierte Schiene   102
Vogelschutzmaßnahme   143
Vollinstandsetzung   1199
Vordurchhang   181
Vorentwurfsplanung   751
Vorsorgewert   297

Wärmeausdehnungskoeffizient   213
Wärmebilddiagnose   1193
Wärmewechselprüfung   734
Wahrscheinlichkeitsfaktor   518
Wankbewegung, höhenabhängige   252
Wartung   1165
Wasserzementwert   948, 1156
Wehrkammertor   990
Weiche   781
    Antrieb   430
    Außenbogen-   784
    Bespannung   781, 782
        kreuzende   786, 803
        tangentiale   787, 811
    Bezeichnung   782
    Bogen-   784
    Doppelkreuzungs-   781

dynamischer Anhub 795
Fahrdrahtauflauf 787, 812
Fahrdrahtkreuzung 790
Fahrdrahtseitenlage 790, 803
Innenbogen- 784
klemmenfreier Raum 787, 791, 794, 812
Klothoiden- 782, 783
Kreuzung 781
Kreuzungsstab 786, 821
Kurzbezeichnung 782
Stromabnehmerfalle 790
unter Brücken 827
Wechselhänger 786, 795, 798
Welle, reflektierte 565
Wellenausbreitungsgeschwindigkeit 179, 559, 561, 566, 570, 571, 620, 642
Wellengleichung
   d'Alembertsche 578
   Saite 559
Wellenmodell 514
Wellenwiderstand 403
Weltkoordinatensystem WGS 84 763
Weltrekordgeschwindigkeit 1095
Wenner-Methode 392
Werkstattbereich 430, 451
Werkstoffnachweis 732
Widerstand
   Belag 309
   Boden- 401
   elektrischer 507
   längenbezogener 398
   spezifischer 310
Widerstandsfähigkeit, thermische 475
Widerstandskraft, aerodynamische 124
Wiedereinschalteinrichtung
   automatische 541
Wiedereinschaltrichtung
   automatische 545
Windabtrieb 288
   Kettenwerk 281
Windatlas, europäischer 133
Windgeschwindigkeit, regionale 180
Windlast 205, 232, 910
   auf Bauteile 911
   auf Gittermasten 912
   auf Komponenten 911
   auf Leiter mit Eis 914
   längenbezogene 131
Windsicherung 660
Windwirkung 908, 925
Windzonenkarte 129
Winkel, innere Reibung 959
Winkelmaß 403
Wirkwiderstand 308

Y-Beiseil 157, 174, 181, 628
   Aufhängung des Fahrdrahts 177
   Hochkette 166
   Länge 182

Zeichnung, Oberleitung 1033
Zeigerdiagramm 325
Zeitschutz, Maximalstrom 542
Zentralschaltstelle 70
Zug
   Neigetechnik 104
   Steuerung 98
   Velaro 118
Zugbetrieb, elektrischer 1147
Zugfahrtsimulation 332
Zugkraft 205, 209
   zulässige 209
Zugkraft-Geschwindigkeitskennlinie 101
Zugprüfung 734, 736
Zugspannung 776
   zulässige 209, 211
Zusatzlast 205
Zuschlag, horizontaler 261
Zustandsgleichung 216
Zustandsprüfung 1173
Zuverlässigkeit 1167
   Modell 1170
Zwangspunkt 821
   Bespannung 827
   Brücke 841
   Schutzstrecke 848
   Trennstelle 842
Zweiwege-Fahrzeug 1054

Gerhard Ziegler

Digitaler Distanzschutz

Grundlagen und Anwendungen

2., aktualisierte und erweiterte Auflage, 2008,
392 Seiten, 263 Abbildungen, gebunden
Print ISBN 978-3-89578-320-3, € 59,90
ePDF ISBN 978-3-89578-635-8, € 52,99

Ein Buch für Studenten und Ingenieure, die sich in das Gebiet des Selektivschutzes einarbeiten wollen, aber auch für praxiserfahrene Anwender als Einstieg in die digitale Distanzschutztechnik. Außerdem dient es als Nachschlagewerk zur Lösung von Problemen in der praktischen Anwendung.

Gerhard Ziegler

Digitaler Differentialschutz

Grundlagen und Anwendung

2., überarbeitete und erweiterte Auflage, 2013,
287 Seiten, 220 Abbildungen, 12 Tabellen, gebunden
Print ISBN 978-3-89578-416-3, € 59,90
ePDF ISBN 978-3-89578-900-7, € 52,99

Das Buch beschreibt Grundlagen des Differentialschutzes in analoger und digitaler Technik anhand neuester Siemens-Produkte. Mit Beispielen aus der Praxis ist es für Studenten und Ingenieure sowie auch erfahrene Anwender geeignet für den Einstieg in die digitale Technik.

Hartmut Kiank, Wolfgang Fruth

Planungsleitfaden für Energieverteilungsanlagen

Konzeption, Umsetzung und Betrieb von Industrienetzen

2010, 420 Seiten, 178 Abbildungen,
129 Tabellen, gebunden
Print ISBN 978-3-89578-359-3, € 69,90
ePDF ISBN 978-3-89578-664-8, € 61,99

Ingenieuren und Technikern vermittelt das Buch netz- und anlagentechnisches Grundlagenwissen zur Planung, Errichtung und dem Betrieb sicherer und wirtschaftlicher Industrienetze. Studenten und Hochschulabsolventen ermöglicht es die Einarbeitung in das Gebiet.

www.publicis-books.de

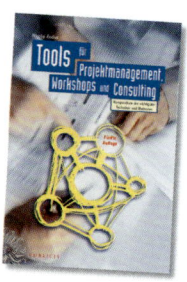

Nicolai Andler

Tools für Projektmanagement, Workshops und Consulting

Kompendium der wichtigsten Techniken und Methoden

5., wesentlich überarbeitete und erweiterte Auflage, 2013,
488 Seiten, 151 Abbildungen, 75 Tabellen, gebunden
Print ISBN 978-3-89578-430-9, € 49,90
ePDF ISBN 978-3-89578-907-6, € 43,99

Das erfolgreiche Standardwerk richtet sich an Projektmanager und -mitarbeiter, Berater, Trainer, Führungskräfte und Studenten, die mehr Instrumente beherrschen wollen als Mindmap oder Brainstorming. Sie finden darin alle wichtigen Tools, inklusive Bewertung und Hinweisen zur Anwendung.

Manfred Burghardt

Einführung in Projektmanagement

Definition, Planung, Kontrolle, Abschluss

6., aktualisierte und erweiterte Auflage, 2013, 391 Seiten,
124 Abbildungen, 29 Tabellen, gebunden
Print ISBN 978-3-89578-400-2, € 39,90
ePDF ISBN 978-3-89578-904-5, € 34,99

„Einführung in Projektmanagement" bietet Projektbeteiligten in der Industrie und Studenten eine praxisnahe, verständliche und übersichtliche Einführung in die Methoden und Vorgehensweisen des modernen Projektmanagements.

Manfred Burghardt

Projektmanagement

Leitfaden für die Planung, Überwachung und Steuerung von Projekten

9., überarbeitete und erweiterte Auflage, 2012,
839 Seiten plus 56 Seiten Beiheft,
374 Abbildungen und 115 Tabellen, gebunden
Print ISBN 978-3-89578-399-9, € 119,00
ePDF ISBN 978-3-89578-693-8, € 106,99

Das Buch ist ein umfassendes, anerkanntes Standardwerk für Projektleiter, Projektplaner und Projektmitarbeiter. Klar strukturiert vermittelt es die Methoden und Vorgehensweisen im Management von Projekten.

www.publicis-books.de